热 处 理 手 册

第1卷

工 艺 基 础

第5版

组　　编　中国机械工程学会热处理分会
总 主 编　徐跃明
本卷主编　陈乃录　戎詠华

机 械 工 业 出 版 社

本手册是一部热处理专业的综合工具书，共4卷。本卷是第1卷，共17章，内容包括金属热处理术语，合金相图，金属热处理的加热，金属热处理的冷却，金属热处理的模拟，钢铁件的整体热处理，表面热处理，化学热处理，形变热处理，不锈钢、耐热钢与高温合金的热处理，有色金属的热处理，铁基粉末冶金件及硬质合金的热处理，功能合金的热处理，先进高强钢及其热处理，气相沉积技术，喷丸强化，以及其他热处理技术。本手册由中国机械工程学会热处理分会组织编写，内容系统全面，具有一定的权威性、科学性、实用性、可靠性和先进性。

本手册可供热处理工程技术人员、质量检验和生产管理人员使用，也可供科研人员、设计人员、相关专业的在校师生参考。

图书在版编目（CIP）数据

热处理手册．第1卷，工艺基础/中国机械工程学会热处理分会组编；徐跃明总主编．—5版．—北京：机械工业出版社，2023.8

ISBN 978-7-111-73430-7

Ⅰ．①热…　Ⅱ．①中…　②徐…　Ⅲ．①热处理-手册②热处理-工艺-手册　Ⅳ．①TG15-62

中国国家版本馆CIP数据核字（2023）第116086号

机械工业出版社（北京市百万庄大街22号　邮政编码100037）
策划编辑：陈保华　　　　　责任编辑：陈保华　高依楠
责任校对：樊钟英　贾立萍　责任印制：刘　媛
北京中科印刷有限公司印刷
2023年9月第5版第1次印刷
184mm×260mm·44印张·2插页·1512千字
标准书号：ISBN 978-7-111-73430-7
定价：189.00元

电话服务　　　　　　　　　网络服务
客服电话：010-88361066　机　工　官　网：www.cmpbook.com
　　　　　010-88379833　机　工　官　博：weibo.com/cmp1952
　　　　　010-68326294　金　书　网：www.golden-book.com
封底无防伪标均为盗版　机工教育服务网：www.cmpedu.com

中国机械工程学会热处理分会

《热处理手册》第5版编委会

主任委员　周　玉

副主任委员　王华明　徐跃明　徐可为

委　　员　王　磊　戎詠华　朱文明　任瑞铭　刘　平

刘正东　闫牧夫　李　俏　李儒冠　杨鸿飞

吴　勇　吴玉程　陈乃录　陈保华　罗新民

周根树　单智伟　姚建华　顾剑锋　董小虹

韩伯群　程晓农　曾爱群　潘　邻　戴起勋

前　言

《中国热处理与表层改性技术路线图》指出，热处理与表层改性赋予先进材料极限性能，赋予关键构件极限服役性能。热处理与表层改性是先进材料和机械制造的核心技术、关键技术、共性技术和基础技术，属于国家核心竞争力。践行该路线图应该结合我国经济发展的大环境变化和制造转型升级的发展要求，以关键构件的可靠性、服役寿命和结构重量三大问题为导向，以“绿色化、精密化、智能化、标准化”为着力点，通过关键构件热处理技术领域的创新，助推我国从机械制造大国迈向机械制造强国。

热处理作为机械制造工业中的关键工艺之一，对发挥材料潜力、延长关键零部件服役寿命和推动整体制造业的节能减碳和高质量发展起着关键作用。为了促进行业技术进步，交流和推广先进经验，指导工艺操作，1972年，第一机械工业部机械科学研究院组织国内从事热处理的大专院校、研究院所和重点企业的专业技术人员，启动了《热处理手册》的编写工作，手册出版后深受广大读者欢迎。时至今日，《热处理手册》已修订四次。

在第4版《热处理手册》出版的十几年间，国内外热处理技术飞速发展，涌现出许多先进技术、装备，以及全过程质量管理方法和要求，因此亟须对《热处理手册》进行再次修订，删除陈旧过时的内容，补充先进典型技术，满足企业生产和行业技术发展的需要，切实发挥工具书的作用。鉴于此，中国机械工程学会热处理分会组织国内专家和学者自2020年5月起，按照实用性、系统性、先进性和高标准的原则开展修订工作，以求达到能正确指导生产、促进技术进步的目的。

本次修订，重点体现以下几方面：

在实用性方面，突出一个“用”字，做到应用为重，学用结合。体现基础理论、基础工艺、基础数据、基本方法、典型案例、先进标准的有机结合。

在系统性方面，突出一个“全”字，包括材料、组织、工艺、性能、应用，材料热处理、零件热处理，质量控制与质量检验、质量问题与分析，设备设计、选用、操作、维护，能源、安全、环保，标准化等，确保体系清晰，有用好用。

在先进性方面，突出一个“新”字，着重介绍新材料、新工艺、新设备、新理念、新标准、新零件、前沿理论与技术。

在高标准方面，突出一个“高”字，要求修订工作者以高度的责任感、使命感总结编写高质量、高水平、高参考价值的技术资料。

此次修订的体例与前4版保持了一定的继承性，但在章节内容上根据近年来国内新兴行业的发展和各行业热处理技术发展状况，结合我国热处理企业应用的现状做了符合实际的增删，增加了许多新内容，其中的技术信息主要来自企业和科研单位的实用数据，可靠真实。修订后的手册将成为一套更加适用的热处理工具书，对机械工业提高产品质量，研发新产品起到积极的作用。

本卷为《热处理手册》的第1卷，与第4版相比，主要做了以下变动：

由第4版的11章修订为17章。新增加了“第1章　金属热处理术语”“第5章　金属热处理的模拟”“第10章　不锈钢、耐热钢与高温合金的热处理”“第14章　先进高强钢及其热处理”和“第16章　喷丸强化”五章，并将“气相沉积”的内容从第4版“化学热处理”一章中移出，修订为“第15章　气相沉积技术”。将“第2章　合金相图”作为单独一章，取代了第4版的“基础资料”一章。在“第3章　金属热处理的加热”一章中，重新编写了“固态相变过程中原子的扩散”和“钢的加热转变”，删除了“加热节能措施”，增加了“快速加热”内容。在“第4章　金属热处理的冷却”一章中删除了“淬火冷却介质”和“淬火冷却过程的计算机模拟”内容，对“钢的过冷奥氏体转变”部分做了适当的增减，增加了“钢的硬度和淬透性”“冷却机制及冷却曲线”“冷却能力评价”“质量效应与等效冷速试样”“性能预测与工艺设计”“钢的淬火应力、裂纹与畸变”“几种淬火冷却工艺”“钢的冷处理”等内容。在“第6章　钢铁件的整体热处理”一章中删除了“钢的感应穿透加热调质”。在“第7章　表面热处理”一章中删除了“其他表面热处理方式”，对“感应热处理”进行了删减，增加了淬火零件的应力和畸变等内容。“第8章　化学热处理”一章中，增加了对高温渗碳的介绍；扩充了对渗碳、碳氮共渗常用钢种的介绍；增补了“部分结构钢渗碳、淬火、回火热处理规范及性能”数据；删除了“流态床碳氮共渗”内容；将原“离子化学热处理”改为“真空及离子化学热处理”，补充了真空渗碳技术内容；在离子化学热处理部分，增补了对活性屏离子渗氮技术的介绍。“第17章　其他热处理技术”中增加了“增材制造的热处理”等内容。对其他章节的一些内容进行了修订，如对“第13章　功能合金的热处理”进行了大幅度删减，突出了功能合金的热处理技术内容。

本手册由徐跃明担任总主编，本卷由陈乃录、戎詠华担任主编，编写的人员有：李俏、左训伟、闫满刚、姚建华、张群莉、潘邻、吴勇、王铀、肖福仁、刘平、宋旼、张骥华、高玉魁。

第5版手册的修订工作得到了各有关高等院校、研究院所、企业及机械工业出版社的大力支持，在此一并致谢。同时，编委会对为历次手册修订做出贡献的同志表示衷心的感谢！

中国机械工程学会热处理分会
《热处理手册》第5版编委会

目　　录

前言
第 1 章　金属热处理术语 …… 1
1.1　基础术语 …… 1
1.1.1　总称类 …… 1
1.1.2　加热类 …… 1
1.1.3　冷却类 …… 2
1.2　热处理工艺术语 …… 3
1.2.1　退火类 …… 3
1.2.2　正火类 …… 3
1.2.3　淬火类 …… 3
1.2.4　回火类 …… 5
1.2.5　固溶与时效类 …… 5
1.2.6　渗碳类 …… 6
1.2.7　渗氮类 …… 7
1.2.8　渗金属及渗其他非金属类 …… 7
1.2.9　多元共渗类 …… 7
1.2.10　表面处理类 …… 8
1.3　组织与性能术语 …… 8
1.3.1　组织类 …… 8
1.3.2　性能类 …… 11
1.3.3　热处理缺陷类 …… 12
1.4　热处理装备术语 …… 12
1.4.1　热处理设备类 …… 12
1.4.2　辅助设备及装置类 …… 13
1.4.3　传感器与仪表类 …… 13
参考文献 …… 13
第 2 章　合金相图 …… 14
2.1　单元系相图 …… 14
2.1.1　相平衡和相律 …… 14
2.1.2　单元系相图和相律应用示例 …… 14
2.2　二元系相图 …… 15
2.2.1　成分表示方法 …… 15
2.2.2　相图测定方法 …… 15
2.2.3　相图基本分析方法和杠杆定律 …… 16
2.2.4　凝固过程中三种典型的转变相图 … 17
2.2.5　固态相变中几种典型的转变相图 … 20
2.2.6　综合分析实例一：Fe-Fe_3C 相图 …… 21
2.2.7　综合分析实例二：富 Al 的 Cu-Al 相图及其合金时效析出对性能的影响 … 27
2.2.8　常用的 Fe 基二元相图 …… 31
2.2.9　常用的 Al 基二元相图 …… 35
2.3　三元系相图 …… 39
2.3.1　三元相图基础 …… 39
2.3.2　三元相图成分表示方法 …… 39
2.3.3　等边成分三角形中的特殊线 …… 40
2.3.4　成分的其他表示方法 …… 40
2.3.5　三元相图概述 …… 41
2.3.6　三元相图举例 …… 43
参考文献 …… 49
第 3 章　金属热处理的加热 …… 50
3.1　固态相变过程中原子的扩散 …… 50
3.2　钢的加热转变 …… 51
3.2.1　珠光体向奥氏体转变 …… 51
3.2.2　贝氏体和马氏体向奥氏体转变 …… 53
3.2.3　奥氏体化的动力学 …… 54
3.2.4　钢加热时的奥氏体晶粒长大 …… 54
3.2.5　过热和过烧 …… 56
3.3　加热计算公式和常用图表 …… 56
3.3.1　影响加热速度的因素 …… 56
3.3.2　钢件加热时间的经验计算法 …… 57
3.3.3　从节能角度考虑的加热时间计算法 …… 58
3.4　快速加热 …… 61
3.4.1　快速加热钢的组织转变和性能改善 …… 61
3.4.2　快速加热中有色合金的组织转变和性能改善 …… 63
参考文献 …… 68
第 4 章　金属热处理的冷却 …… 69
4.1　钢的淬火 …… 69
4.2　钢的过冷奥氏体转变 …… 70
4.2.1　珠光体转变 …… 70
4.2.2　马氏体转变 …… 72
4.2.3　贝氏体转变 …… 74
4.2.4　各组织的冲击韧性比较 …… 76
4.2.5　过冷奥氏体的转变动力学曲线 …… 77
4.3　钢的硬度和淬透性 …… 80
4.3.1　钢的硬度 …… 80
4.3.2　淬透性的定义 …… 80
4.3.3　淬透性曲线的测量 …… 81

4.3.4　淬透性曲线图 …… 81
4.3.5　淬透性的计算 …… 81
4.4　冷却机制及冷却曲线 …… 85
4.4.1　液体淬火冷却机制 …… 85
4.4.2　冷却曲线 …… 85
4.5　冷却能力评价 …… 87
4.5.1　表面换热系数 …… 87
4.5.2　淬冷烈度 …… 87
4.6　质量效应与等效冷速试样 …… 89
4.6.1　质量效应 …… 89
4.6.2　等效端淬距离 …… 89
4.6.3　理想临界直径 …… 92
4.6.4　等效冷速试样 …… 92
4.7　性能预测与工艺设计 …… 93
4.7.1　淬火硬度与对应马氏体组织含量的确定 …… 93
4.7.2　淬火不完全度 …… 94
4.7.3　回火温度与力学性能预测 …… 94
4.7.4　淬火冷却工艺设计 …… 95
4.8　钢的淬火应力、裂纹与畸变 …… 96
4.8.1　淬火应力 …… 96
4.8.2　淬火裂纹 …… 98
4.8.3　淬火畸变 …… 100
4.9　几种淬火冷却工艺 …… 101
4.9.1　强烈淬火 …… 101
4.9.2　水-空交替控时淬火 …… 104
4.9.3　逆淬火 …… 107
4.9.4　喷射淬火 …… 108
4.9.5　气冷淬火 …… 111
4.10　钢的冷处理 …… 114
4.10.1　影响残留奥氏体量的因素 …… 114
4.10.2　冷处理的工艺 …… 115
4.10.3　冷处理的实现 …… 116
4.10.4　冷处理的性能 …… 117
4.10.5　冷处理的异议 …… 117
参考文献 …… 117
第5章　金属热处理的模拟 …… 119
5.1　热处理过程的模拟 …… 119
5.2　热处理过程模拟的基础 …… 119
5.2.1　基本物性参数 …… 119
5.2.2　热传递计算 …… 120
5.2.3　相变计算 …… 122
5.2.4　应力和畸变计算 …… 122
5.3　加热和冷却模拟实例 …… 123
5.3.1　加热模拟 …… 123
5.3.2　回火/正火的有限元模拟 …… 125
5.3.3　淬火的有限元模拟 …… 125
参考文献 …… 129
第6章　钢铁件的整体热处理 …… 130
6.1　钢的热处理 …… 130
6.1.1　钢的退火与正火 …… 130
6.1.2　钢的淬火 …… 137
6.1.3　钢的回火 …… 153
6.2　铸铁的热处理 …… 160
6.2.1　铸铁的分类和应用 …… 160
6.2.2　铸铁热处理基础 …… 161
6.2.3　白口铸铁的热处理 …… 168
6.2.4　灰铸铁的热处理 …… 169
6.2.5　球墨铸铁的热处理 …… 173
6.2.6　可锻铸铁的热处理 …… 183
参考文献 …… 185
第7章　表面热处理 …… 187
7.1　感应热处理 …… 187
7.1.1　感应加热原理 …… 187
7.1.2　感应热处理基础 …… 192
7.1.3　感应淬火工艺 …… 198
7.1.4　感应淬火工艺参数 …… 208
7.1.5　感应淬火件的回火 …… 221
7.1.6　感应淬火零件的应力和畸变 …… 222
7.2　火焰淬火 …… 228
7.2.1　火焰加热方法 …… 228
7.2.2　火焰喷嘴和燃料气 …… 229
7.2.3　火焰淬火机床 …… 232
7.2.4　火焰淬火工艺规范 …… 233
7.3　高能束热处理 …… 236
7.3.1　高能束热处理概述 …… 236
7.3.2　激光淬火 …… 237
7.3.3　激光退火 …… 243
7.3.4　激光熔凝 …… 248
7.3.5　激光合金化 …… 252
7.3.6　激光熔覆 …… 255
7.3.7　电子束热处理 …… 259
参考文献 …… 266
第8章　化学热处理 …… 267
8.1　钢的渗碳 …… 268
8.1.1　渗碳原理 …… 268
8.1.2　气体渗碳 …… 270
8.1.3　其他渗碳方法 …… 277
8.1.4　渗碳用钢及渗碳后的热处理 …… 280
8.1.5　渗碳层的组织和性能 …… 283

8.1.6　渗碳件质量检查、常见缺陷及防止措施 …… 284
8.2　钢的碳氮共渗 …… 286
8.2.1　碳氮共渗原理 …… 286
8.2.2　气体碳氮共渗 …… 287
8.2.3　其他碳氮共渗方法 …… 289
8.2.4　碳氮共渗用钢及共渗后的热处理 …… 290
8.2.5　碳氮共渗层的组织和性能 …… 292
8.2.6　碳氮共渗工件质量检查与常见缺陷及防止措施 …… 293
8.3　渗氮及其多元共渗 …… 294
8.3.1　渗氮及其多元共渗原理 …… 294
8.3.2　常用渗氮用钢及其预处理 …… 296
8.3.3　渗氮 …… 299
8.3.4　氮碳共渗 …… 308
8.3.5　含氮多元共渗 …… 313
8.4　渗金属及碳氮之外的非金属 …… 316
8.4.1　渗硼 …… 316
8.4.2　渗铝 …… 319
8.4.3　渗锌 …… 322
8.4.4　渗铬 …… 325
8.4.5　熔盐碳化物覆层工艺 …… 327
8.4.6　渗硫 …… 328
8.4.7　渗硅、钛、铌、钒、锰 …… 329
8.4.8　多元共渗与复合渗 …… 330
8.5　真空及离子化学热处理 …… 332
8.5.1　真空化学热处理 …… 332
8.5.2　离子化学热处理 …… 343
参考文献 …… 362
第9章　形变热处理 …… 364
9.1　形变热处理原理与分类 …… 364
9.1.1　形变热处理的发展与基本原理 …… 364
9.1.2　形变热处理的工业应用和方法分类 …… 365
9.2　低温形变热处理 …… 367
9.2.1　低温形变热处理工艺 …… 367
9.2.2　钢低温形变热处理后的组织 …… 370
9.2.3　钢低温形变热处理后的力学性能 …… 372
9.2.4　低温形变淬火强化机理 …… 377
9.3　高温形变热处理 …… 379
9.3.1　工艺参数对高温形变淬火效果的影响 …… 381
9.3.2　高温形变淬火钢的组织 …… 384
9.3.3　钢高温形变热处理后的力学性能 …… 386
9.3.4　高温形变淬火强化机理 …… 393
9.3.5　钢的锻热淬火 …… 394
9.3.6　控制轧制 …… 397
9.4　马氏体相变过程中的形变 …… 399
9.4.1　形变诱发马氏体相变 …… 399
9.4.2　变塑现象和变塑钢 …… 401
9.5　马氏体相变后的形变 …… 403
9.5.1　马氏体形变强化的特点 …… 403
9.5.2　马氏体形变强化的原因 …… 403
9.5.3　淬火马氏体的形变时效 …… 403
9.5.4　回火马氏体的形变时效 …… 404
9.5.5　大形变量马氏体的形变时效 …… 406
9.6　形变与扩散型相变相结合的形变热处理 …… 407
9.6.1　应力与形变对过冷奥氏体分解过程的影响 …… 407
9.6.2　在扩散型相变前进行形变 …… 408
9.6.3　在扩散型相变中进行形变（等温形变淬火） …… 410
9.6.4　在扩散型相变后进行形变 …… 412
9.7　其他形变热处理方法 …… 414
9.7.1　利用强化效果遗传性的形变热处理 …… 414
9.7.2　预先形变热处理 …… 416
9.7.3　多边化强化 …… 417
9.7.4　表面形变热处理 …… 418
9.7.5　形变化学热处理 …… 420
9.7.6　晶粒超细化处理 …… 424
9.7.7　复合形变热处理 …… 424
9.8　有色金属的形变热处理 …… 424
9.8.1　铝合金的形变热处理 …… 424
9.8.2　铜合金的形变热处理 …… 425
参考文献 …… 425
第10章　不锈钢、耐热钢与高温合金的热处理 …… 426
10.1　不锈钢的热处理 …… 426
10.1.1　不锈钢的分类及特点 …… 426
10.1.2　不锈钢的牌号及表示方法 …… 426
10.1.3　不锈钢中主要合金元素及作用 …… 427
10.1.4　铁素体不锈钢的热处理 …… 428
10.1.5　奥氏体不锈钢的热处理 …… 430
10.1.6　双相不锈钢的热处理 …… 435
10.1.7　马氏体不锈钢的热处理 …… 438

10.1.8　沉淀硬化不锈钢的热处理 ……… 441
10.1.9　不锈钢的表面热处理 …………… 444
10.2　耐热钢的热处理 ………………… 447
10.2.1　耐热钢的工作条件及性能要求 … 447
10.2.2　抗氧化用钢 ……………………… 448
10.2.3　热强钢 …………………………… 449
10.3　高温合金的热处理 ………………… 452
10.3.1　高温合金的性能特征、分类及牌号 ……………………………… 452
10.3.2　高温合金的合金元素和相结构 … 452
10.3.3　变形高温合金的热处理 ………… 454
10.3.4　铸造高温合金的热处理 ………… 462
参考文献 ………………………………… 465

第11章　有色金属的热处理 ……………… 466
11.1　铜及铜合金的热处理 ……………… 466
11.1.1　铜及铜合金简介 ………………… 466
11.1.2　铜及铜合金的热处理方式 ……… 467
11.1.3　工业纯铜的热处理 ……………… 472
11.1.4　黄铜的热处理 …………………… 473
11.1.5　青铜的热处理 …………………… 475
11.1.6　白铜的热处理 …………………… 479
11.2　铝及铝合金的热处理 ……………… 479
11.2.1　铝及铝合金简介 ………………… 479
11.2.2　变形铝合金退火 ………………… 480
11.2.3　变形铝合金的固溶处理与时效 … 481
11.2.4　其他热处理 ……………………… 483
11.2.5　变形铝合金加工及热处理状态标记 ……………………………… 484
11.2.6　铸造铝合金的热处理 …………… 487
11.2.7　铝合金的热处理缺陷 …………… 494
11.3　镁合金的热处理 …………………… 494
11.3.1　镁及镁合金简介 ………………… 494
11.3.2　镁合金热处理的主要类型 ……… 496
11.3.3　热处理缺陷及防止方法 ………… 497
11.3.4　镁合金热处理安全技术 ………… 497
11.4　钛及钛合金的热处理 ……………… 498
11.4.1　钛合金中的合金元素 …………… 498
11.4.2　钛及钛合金的分类 ……………… 499
11.4.3　钛合金中的不平衡相变 ………… 500
11.4.4　钛合金的热处理工艺 …………… 500
11.4.5　影响钛合金热处理质量的因素 … 502
11.5　镍基合金的热处理 ………………… 502
11.5.1　铸造镍基合金的热处理 ………… 502
11.5.2　固溶强化镍基合金的热处理 …… 505
11.5.3　形状记忆镍基合金的热处理 …… 505
11.6　难熔金属的退火 …………………… 506
11.6.1　钨和钨合金的退火 ……………… 506
11.6.2　钼和钼合金的退火 ……………… 508
11.6.3　铌和铌合金的退火 ……………… 510
11.6.4　钽和钽合金的退火 ……………… 511
11.6.5　钼铼合金的退火 ………………… 513
参考文献 ………………………………… 514

第12章　铁基粉末冶金件及硬质合金的热处理 ……………………………… 515
12.1　铁基粉末冶金件及其热处理 ……… 515
12.1.1　铁基粉末冶金材料的分类 ……… 515
12.1.2　铁基粉末冶金材料的标记方法 … 516
12.1.3　铁基粉末冶金件的制造工艺流程 ………………………………… 516
12.1.4　烧结铁、钢粉末冶金件的性能…… 516
12.1.5　铁基粉末冶金件的热处理 ……… 517
12.2　钢结硬质合金及其热处理 ………… 528
12.2.1　钢结硬质合金简介 ……………… 528
12.2.2　钢结硬质合金的热处理 ………… 528
12.2.3　钢结硬质合金的组织与性能 …… 531
12.3　粉末高速钢及其热处理 …………… 534
12.3.1　粉末高速钢简介 ………………… 534
12.3.2　热等静压和热挤压粉末高速钢 … 534
12.4　硬质合金及其热处理 ……………… 535
12.4.1　硬质合金的分类和用途 ………… 535
12.4.2　影响硬质合金性能的因素 ……… 536
12.4.3　硬质合金的热处理 ……………… 536
12.4.4　国外硬质合金牌号、性能和用途 ……………………………… 538
参考文献 ………………………………… 539

第13章　功能合金的热处理 ……………… 541
13.1　磁性合金的热处理 ………………… 541
13.1.1　软磁合金的热处理 ……………… 541
13.1.2　永磁合金的热处理 ……………… 545
13.2　膨胀合金的热处理 ………………… 552
13.2.1　低膨胀合金的热处理 …………… 552
13.2.2　高膨胀合金的热处理 …………… 557
13.3　高弹性合金的热处理 ……………… 558
13.3.1　铁基高弹性合金 ………………… 558
13.3.2　镍基高弹性合金 ………………… 562
13.4　形状记忆合金及其定形热处理 …… 565
13.4.1　钛镍形状记忆合金 ……………… 565
13.4.2　铜基形状记忆合金 ……………… 570
13.4.3　铁基形状记忆合金 ……………… 572
13.5　阻尼合金 …………………………… 582

13.5.1 材料阻尼的概念和度量 …… 582
13.5.2 阻尼合金的分类 …… 584
13.5.3 阻尼合金的特性 …… 589
13.5.4 阻尼合金的热处理 …… 589
参考文献 …… 603
第14章 先进高强钢及其热处理 …… 604
14.1 双相钢 …… 605
14.1.1 热处理工艺 …… 605
14.1.2 成分设计 …… 606
14.1.3 热处理工艺对组织与性能的影响 …… 607
14.2 相变诱发塑性钢 …… 608
14.2.1 热处理工艺 …… 608
14.2.2 成分设计 …… 609
14.2.3 相变诱发塑性钢的显微组织 …… 609
14.2.4 热处理工艺对相变诱发塑性钢的显微组织和力学性能的影响 …… 610
14.2.5 相变诱发塑性钢中残留奥氏体的稳定性及其影响因素 …… 610
14.3 孪生诱发塑性钢 …… 611
14.3.1 热处理工艺 …… 611
14.3.2 两种体系的成分设计及其力学性能 …… 612
14.3.3 形变温度对力学性能的影响 …… 613
14.3.4 中锰相变诱发塑性/孪生诱发塑性钢 …… 614
14.4 淬火-分配钢 …… 616
14.4.1 热处理工艺 …… 616
14.4.2 成分设计 …… 617
14.4.3 显微组织和力学性能 …… 617
14.5 淬火-分配-回火钢 …… 618
14.5.1 热处理工艺 …… 618
14.5.2 成分设计 …… 619
14.5.3 淬火-分配-回火钢显微组织预测的淬火-分配-回火局域平衡模型 …… 619
14.5.4 淬火-分配-回火钢的显微组织及其与其他先进高强钢的比较 …… 620
14.5.5 淬火-分配-回火钢与淬火-分配钢/淬火-回火钢力学性能的比较 …… 622
14.5.6 碳含量同时提高淬火-分配-回火钢的强度和塑性 …… 622
参考文献 …… 623
第15章 气相沉积技术 …… 624
15.1 气相沉积薄膜的形成过程 …… 624
15.2 气相沉积技术分类 …… 624
15.3 主要气相沉积薄膜及其特性 …… 625
15.4 化学气相沉积 …… 626
15.4.1 化学气相沉积原理 …… 626
15.4.2 化学气相沉积涂层的技术分类及特点 …… 627
15.4.3 几种典型的化学气相沉积技术 …… 629
15.4.4 化学气相沉积技术在装备制造零部件中的典型应用 …… 632
15.5 物理气相沉积 …… 633
15.5.1 物理气相沉积概述 …… 633
15.5.2 磁控溅射镀膜 …… 635
15.5.3 电弧离子镀膜 …… 637
15.5.4 离子镀膜技术的进展 …… 639
15.5.5 装备制造零部件常用PVD涂层 …… 642
15.6 等离子体化学气相沉积 …… 644
15.7 气相沉积技术的特点及典型应用 …… 646
参考文献 …… 648
第16章 喷丸强化 …… 649
16.1 喷丸强化原理 …… 649
16.2 喷丸强化的技术参数 …… 650
16.2.1 喷丸强度 …… 650
16.2.2 覆盖率 …… 654
16.2.3 弹丸 …… 655
16.2.4 喷丸区域 …… 663
16.3 喷丸强化工艺与质量控制 …… 663
16.3.1 喷丸工艺的实现 …… 663
16.3.2 开发喷丸工艺的准则 …… 666
16.3.3 喷丸工艺过程 …… 667
参考文献 …… 668
第17章 其他热处理技术 …… 669
17.1 磁场热处理 …… 669
17.1.1 磁场对材料固态相变的影响 …… 669
17.1.2 磁场热处理对材料性能的影响及应用 …… 672
17.1.3 磁场淬火设备及存在的问题 …… 673
17.2 微弧氧化 …… 673
17.2.1 微弧氧化的发展过程 …… 673
17.2.2 微弧氧化基本原理 …… 673
17.2.3 微弧氧化工艺及其装置 …… 675
17.2.4 微弧氧化的应用实例 …… 675
17.3 增材制造的热处理 …… 678
17.3.1 3DP技术 …… 678
17.3.2 增材制造的两种主要类型 …… 679
17.3.3 金属增材制造的热处理 …… 680
17.4 离子注入 …… 683

17.4.1　离子注入的特点、设备与工艺参数 …… 683
17.4.2　适用于工业化的两种离子注入方法 …… 685
17.4.3　离子注入对钢表面耐蚀性的影响 …… 686
17.4.4　离子注入对钢表面摩擦磨损性能及硬度的影响 …… 689
参考文献 …… 691

第1章　金属热处理术语

北京机电研究所有限公司　李俏
中国机械工程学会热处理分会　徐跃明

1.1　基础术语

1.1.1　总称类

(1) 热处理　采用适当的方式对金属材料或工件进行加热、保温和冷却以获得预期的组织结构与性能的工艺。

(2) 整体热处理　对工件整体进行穿透加热的热处理。

(3) 局部热处理　仅对工件的某一部位或几个部位进行的热处理。

(4) 表面热处理　为改变工件表面的组织与性能，仅对其表面进行的热处理。

(5) 化学热处理　将工件置于适当的活性介质中加热、保温，使一种或几种元素渗入它的表层，以改变其化学成分、组织和性能的热处理。

(6) 预备热处理　为调整原始组织，保证工件最终热处理或/和切削加工质量，预先进行的热处理。

(7) 真空热处理　将工件放置在压力低于 1×10^5Pa（通常是 $10^{-1}\sim10^{-3}$Pa）的环境中进行的热处理。

(8) 可控气氛热处理　为达到无氧化、无脱碳或按要求渗碳（氮），在成分可控的炉气中进行的热处理。

(9) 保护气氛热处理　在工件表面不被氧化的气氛或惰性气体中进行的热处理。

(10) 等离子热处理（离子轰击热处理、辉光放电热处理）　在低于 1×10^5Pa（通常是 $10^{-1}\sim10^{-3}$Pa）的特定气氛中利用工件（阴极）和阳极之间产生的辉光放电进行的热处理。

(11) 感应热处理　利用电磁感应在工件内产生涡流而将工件加热后进行的热处理。

(12) 高能束热处理　利用激光、电子束、等离子体等高功率密度能源加热工件的热处理。

(13) 形变热处理　将塑性变形和热处理结合，以提高工件力学性能的复合工艺。

(14) 复合热处理　将两种或多种热处理工艺组合，以便更有效地改善工件使用性能的复合工艺。

(15) 修复热处理　指对长期运行后的热处理件（工件）在尚未发生不可恢复的损伤之前，采用合适的工艺进行热处理，使其组织结构得以改善，使用性能或几何尺寸得以恢复，服役寿命得以延长的热处理技术。

(16) 流态床热处理　工件在由气流和悬浮其中的固体粉粒构成的流态层中进行的热处理。

(17) 磁场热处理　利用磁场作用改变组织结构与性能的热处理。

(18) 多场热处理　利用磁场、超声、电场、振动等外场作用改变组织结构与性能的热处理。

(19) 热处理工艺周期　通过加热、保温、冷却，完成一种热处理工艺的过程。

1.1.2　加热类

(1) 加热制度（加热规范）　热处理过程中加热阶段所规定的时间-温度参数。

(2) 加热曲线　热处理过程中加热阶段的时间-温度曲线。

(3) 奥氏体化　将钢铁加热至 Ac_3 或 Ac_1 以上，以获得完全或部分奥氏体组织的操作。如无特殊说明，则指获得完全奥氏体化。

(4) 预热　为减少畸变，避免开裂，在工件加热至最终温度前进行的一次或数次阶段性保温的过程。

(5) 升温时间　工件表面达到工艺设定温度的时间。

(6) 保温　工件或加热介质在工艺规定温度下恒温保持一定时间的操作。恒温保持的时间和温度分别称保温时间和保温温度。保温时间包括了均温和均温后恒温保持的时间。

(7) 均温　工件表面达到工艺规定温度后保持直到工件整体达到工艺规定温度。

(8) 加热时间　是升温时间和保温时间的总称。

(9) 加热速度　在给定温度区间，单位时间内工件或介质温度的平均增值。

(10) 温度均匀性　热处理炉实际保温温度相对于工艺规定温度的精确程度，即各测试点温度相对于设定温度的最大偏差。

（11）有效加热区 在加热炉中，经温度检测而确定的满足热处理工艺规定温度和温度均匀性的工作空间。

（12）系统准确度 热处理设备的工艺仪表系统经合理补偿的温度与经过校验和偏差修正的测量仪表系统的温度偏差。

（13）穿透加热 工件整体达到均匀温度的加热方法。

（14）差温加热 有目的地在工件中产生温度梯度的加热。

（15）热传导 热处理工件存在温度差时，热量由高温向低温传递的现象。

（16）热对流 热处理炉内，加热源通过炉内介质的流动向工件传递热量的现象。

（17）热辐射 热处理炉内，加热源通过辐射电磁波向工件传递热量的现象。

（18）有效厚度 工件各部位壁厚不同时，按某壁厚确定加热时间即可保证工件的热处理质量，则该处的壁厚称为工件的有效厚度。

（19）炉内气氛 充入热处理炉内的惰性或还原性的单一气体或混合气体。用于防止氧化脱碳或还原的保护加热气体，或用于化学热处理的载气或渗碳气体。

（20）可控气氛 成分可按氧化-还原、增碳-脱碳效果控制在预定范围内的炉中气体混合物。采用可控气氛的目的是有效进行渗碳、碳氮共渗等化学热处理，以及防止钢件加热时的氧化、脱碳。

（21）保护气氛 在给定温度下能保护被加热金属及合金不发生氧化或脱碳的气氛。

（22）吸热式气氛 将燃料气和空气以一定比例混合，在一定的温度于催化作用下通过吸热反应裂解生成的气氛。一般用作工件的无脱碳加热介质或渗碳时的载气。

（23）放热式气氛 将燃料气和空气以接近完全燃烧的比例混合，通过燃烧、冷却、除水等过程而制备的气氛。根据氢气、一氧化碳的含量可分为浓型和淡型两种。

（24）氮基气氛 由纯氮气与甲醇分解气形成的混合气氛。可用作无氧化加热保护气氛，也可用作渗碳载气。

1.1.3 冷却类

（1）冷却制度 对工件热处理冷却介质或冷却速度等做的规定。

（2）冷却速度 工件热处理冷却时，温度随时间的变化。

（3）冷却时间 工件在指定温度区间内冷却所需要的时间。

（4）冷却曲线 冷却制度的图示，即工件温度随时间而降低的变化曲线。

（5）控制冷却 工件热处理时按照预定的冷却制度进行的冷却。

（6）等温转变图（又称等温转变曲线，TTT 曲线） 过冷奥氏体在不同温度等温保持时，温度、时间与转变产物所占百分数（转变开始及转变终止）的关系曲线图。

（7）连续冷却转变图（又称连续冷却转变曲线，CCT 曲线） 工件奥氏体化后连续冷却时，过冷奥氏体开始转变及转变终止的时间、温度及转变产物与冷却速度之间的关系曲线图。

（8）共析转变 在恒定温度下奥氏体转变成珠光体（铁素体+渗碳体）的可逆转变。

（9）临界冷却过程 冷却时为避免出现非预期组织的冷却过程。

（10）临界冷却速度 临界冷却过程对应的最小冷却速度。

（11）瞬时冷却速度 在某一温度时的冷却速度称为瞬时冷却速度。

（12）临界直径 钢质圆棒试样（长度≥3 倍直径）在某种介质中淬火时，中心位置获得 50%马氏体的最大直径，用 d_C 表示。

（13）理想临界直径 在淬火冷却烈度为无限大的介质中进行冷却时，圆柱钢棒试样全部淬透时的临界直径，用 d_{IC} 表示。

（14）等效冷却直径 在温度和搅动条件相同的淬火冷却介质中，某一指定温度范围内以外形不规则淬火件冷却速度最慢的部位与圆形试样（无限长）心部冷却速度相同的原则换算出的圆形试样直径。

（15）U 形曲线 用圆柱形试样测定钢的淬透性时，淬火后横截面上沿直径方向的硬度分布曲线，一般呈 U 形。

（16）有效淬火冷却区 淬火槽内能满足相应淬火冷却工艺要求的空间尺寸。工艺要求包括淬火冷却介质的流速范围、湍流程度，以及温度变化范围等。

（17）奥氏体的热稳定化 过冷奥氏体在马氏体点以上或以下的温度等温停留，导致在向低温冷却的过程中开始马氏体转变的温度降低，并且形成的马氏体比未经等温停留时减少的现象。

（18）残留奥氏体的稳定化 淬火后在室温停留

或在低温回火，使残留奥氏体在低于室温时转变为马氏体的能力减弱的现象。

1.2 热处理工艺术语

1.2.1 退火类

(1) 退火 工件加热到适当温度，保持一定时间，然后缓慢冷却的热处理工艺。

(2) 完全退火 将工件完全奥氏体化后缓慢冷却，获得接近平衡组织的退火。

(3) 不完全退火（相变区退火、亚温退火、临界区退火） 将工件部分奥氏体化后进行的退火。

(4) 再结晶退火 经冷塑性变形加工的工件加热到再结晶温度以上，保持适当时间，通过再结晶使冷变形过程中产生的晶体学缺陷基本消失，重新形成均匀的等轴晶粒，以消除形变强化效应和残余应力的退火。

(5) 回复 经冷塑性变形加工的工件加热到再结晶温度以下进行的退火，以恢复或部分恢复其力学和物理性能。

(6) 等温退火 工件加热到高于 Ac_3（或 Ac_1）的温度，保持适当时间后，较快地冷却到珠光体转变温度区间的适当温度并等温保持，使奥氏体转变为珠光体类组织后在空气中冷却的退火。

(7) 球化退火 为使工件中的碳化物球状化而进行的退火。

(8) 去氢退火（预防白点退火） 在工件组织不发生变化的条件下，通过低温加热、保温，使工件内的氢向外扩散进入大气中的退火。或在形变加工结束后直接进行的退火，以防止冷却过程中因氢呈气态析出而形成发裂（白点）。

(9) 光亮退火 工件在热处理过程中基本不被氧化，表面保持光亮的退火。

(10) 扩散退火（均匀化退火） 以减少工件化学成分和组织的不均匀程度为主要目的，将其加热到高温并长时间保温，然后缓慢冷却的退火。

(11) 稳定化退火 为使工件中细微的显微组成物沉淀或球化而进行的退火。某些奥氏体不锈钢在850℃附近进行稳定化退火，沉淀析出 TiC、NbC、TaC，防止耐晶间腐蚀性能降低。

(12) 去应力退火 为去除工件塑性变形加工、切削加工或焊接造成的内应力及铸件内存在的残余应力而进行的退火。

(13) 循环退火 将工件加热到稍高于 Ac_1 和稍低于 Ar_1 温度区间，循环加热和冷却的退火。

(14) 高温退火（晶粒粗化退火） 将工件加热至比正常退火高的温度，保持较长时间，使晶粒粗化以改善工件的切削加工性能的退火。

(15) 亚相变点退火（亚临界点退火） 使工件在低于 Ac_1 温度进行退火的工艺总称，其中包括亚相变点球化退火、再结晶退火、去应力退火等。

(16) 石墨化退火 为使铸铁内莱氏体中的渗碳体和/或游离渗碳体分解而进行的退火。

(17) 可锻化退火 使成分适宜的白口铸铁中的碳化物分解并形成团絮状石墨的退火。

(18) 等温形变珠光体化处理 工件加热奥氏体化后，过冷到珠光体转变区的中段，在珠光体形成过程中塑性加工成形的联合工艺。

1.2.2 正火类

(1) 正火 工件加热奥氏体化后在空气中或其他介质中冷却获得以珠光体组织为主的热处理工艺。

(2) 等温正火 工件加热奥氏体化后，采用强制吹风快冷到珠光体转变区的某一温度开始保温，以获得珠光体型组织，然后在空气中冷却的正火。

(3) 二段正火 工件加热奥氏体化后，在静止的空气中冷却到 Ar_1 附近即转入炉中缓慢冷却的正火。

(4) 两次正火（多重正火） 工件（主要为铸锻件）进行两次或两次以上的重复正火。

1.2.3 淬火类

(1) 淬火 工件加热奥氏体化后以适当方式冷却获得马氏体或/和贝氏体组织的热处理工艺。

(2) 淬火冷却 工件进行淬火处理时，在整个淬火周期中的冷却部分。最常见的有水淬、油淬、分级淬、空淬、气淬等方式。

(3) 淬火温度 工件在淬火冷却前的温度。

(4) 表面淬火 仅对工件表层进行的淬火，如感应淬火、火焰淬火、激光淬火、电子束淬火、接触电阻加热淬火等。

(5) 浸液式淬火 工件全部或部分浸没在液体中实施的淬火。

(6) 感应淬火 利用感应电流通过工件所产生的热量，使工件表层、局部或整体加热并快速冷却的淬火。

(7) 激光淬火 以激光作为能源，以极快的速度加热工件的自冷淬火。

(8) 火焰淬火 利用氧-乙炔（或其他可燃气体）火焰使工件表层加热并快速冷却的淬火。

(9) 电子束淬火　以电子束作为能源，以极快的速度加热工件的自冷淬火。

(10) 脉冲淬火　用高功率密度的脉冲能束使工件表层加热奥氏体化，热量随即在极短的时间内传入工件内部的自冷淬火。

(11) 光亮淬火　工件在可控气氛、惰性气体或真空中加热，并在适当介质中冷却，或在盐浴加热，在碱浴中冷却，以获得光亮或光洁金属表面的淬火。

(12) 贝氏体等温淬火（等温淬火）　工件加热奥氏体化后快冷到贝氏体转变温度区间等温保持，使奥氏体转变为贝氏体的淬火。

(13) 分级淬火　淬火冷却过程中，在适当温度的介质中保持而暂时中断冷却的淬火。

(14) 马氏体分级淬火　工件加热奥氏体化后浸入温度稍高或稍低于 *Ms* 温度的介质中保持适当时间，在工件整体达到介质温度后取出空冷以获得马氏体的淬火。

(15) 亚温淬火　亚共析钢制工件在 Ac_1 ~ Ac_3 温度区间奥氏体化后淬火冷却，获得马氏体和铁素体组织的淬火。

(16) 自冷淬火　工件局部或表层快速加热奥氏体化后，加热区的热量自行向未加热区传导，从而使奥氏体化区迅速冷却的淬火。

(17) 延迟淬火冷却（预冷淬火）　工件加热奥氏体化后浸入淬火冷却介质前先在空气中停留适当时间（延迟时间）的淬火。

(18) 双介质淬火（双液淬火）　工件加热奥氏体化后先浸入冷却能力强的介质，在组织即将发生马氏体转变前转入冷却能力缓和的介质中冷却。

(19) 冲击淬火　输入高能量以极大的加热速度使钢件表层转变至奥氏体状态，停止加热后，在极短时间内热量被传入内部而淬火冷却的工艺。

(20) 欠速淬火　钢材或钢件在加热奥氏体化后，以低于马氏体临界冷却速度淬火冷却，除形成马氏体外，还会形成一种或多种奥氏体转变产物的工艺。

(21) 加压淬火（模压淬火）　钢件加热奥氏体化后，置于特定夹具中夹紧随之淬火冷却的方法，可以减小零件的淬火冷却畸变。

(22) 接触电阻加热淬火　借助电极（高导电材料的滚轮）与工件的接触电阻加热工件表层，并快速冷却（自冷）的淬火。

(23) 电解液淬火　工件欲淬硬的部位浸入电解液中接阴极，电解液槽接阳极，通电后由于阴极效应而将浸入部位加热奥氏体化，断电后被电解液冷却的淬火。

(24) 形变淬火　将钢在低于再结晶温度的亚稳奥氏体状态下进行塑性加工，随之淬冷以获得马氏体和/或贝氏体的形变热处理工艺。

(25) 真空淬火　将工件在压力低于大气压的加热炉中进行加热予以奥氏体化，随之在气体或液体介质中进行淬冷的淬火硬化处理工艺。

(26) 气冷淬火　专指在真空中加热和在高速循环的负压、常压或高压的中性和惰性气体中进行的淬火冷却。

(27) 真空高压气淬　在真空炉内采用高于0.5MPa的单一或多种非氧化性气体作为介质进行的淬火。

(28) 强烈淬火　通过对淬火冷却介质的流量、流速和压力的控制，和在冷却过程中对工件表层和心部的冷却强度和冷却温度的控制，使工件获得所需要的组织和应力分布状态。既可避免工件淬裂和发生过大的畸变，又可提高工件力学性能和使用寿命。

(29) 热浴淬火　工件在熔盐、熔碱、熔融金属或高温油等热浴中进行的淬火冷却，如盐浴淬火、铅浴淬火和碱浴淬火等。

(30) 冷处理　工件淬火冷却到室温后，继续在一般制冷设备或低温介质中冷却的工艺。

(31) 深冷处理　工件淬火后继续在液氮或液氮蒸气中冷却的工艺。

(32) 端淬试验　将尺寸为 ϕ25mm×100mm 的标准端淬试样加热奥氏体化后在专用设备上对其一端喷水冷却，冷却后沿轴线方向测出硬度至水冷端距离关系曲线的试验方法。它是测定钢的淬透性的主要方法。

(33) 淬硬性　以钢在理想条件下淬火所能达到的最高硬度来表征的材料特征。

(34) 淬透性　以在规定条件下钢试样淬硬深度和硬度分布表征的材料特性。

(35) 淬透性曲线　用钢试样进行端淬试验测得的硬度-距水冷端距离的关系曲线。

(36) 淬透性带　同一牌号的钢因化学成分或奥氏体晶粒度的波动而引起的淬透性曲线变动的范围。

(37) 表面淬火硬化层深度　从工件表面到特定界限硬度（0.8×技术要求的最低表面硬度 HV）处的垂直距离，以 SHD 表示。

(38) 硬度分布曲线　工件淬火后，硬度由表面向心部随距离的变化曲线。

(39) 淬火冷却介质　工件进行淬火冷却所使用的冷却介质。常用的有水、水溶性盐类、碱类或有机物的水溶液，以及油、熔盐和空气等。

(40) 聚合物淬火冷却介质（水溶性淬火冷却介质）水与聚合物合成的淬火冷却介质。

(41) 冷却能力　在规定条件下，淬火冷却介质使标准试样达到一定冷却速度的能力。

(42) 冷却特性曲线　规定试样的心部冷却速度随温度变化的曲线。它反映试样在冷却介质中不同温度下的冷却能力。

(43) 蒸汽膜　淬火的第一阶段（水淬或油淬）在工件周围形成的汽化膜。

(44) 索氏体化处理　将中碳钢或高碳钢线材或带材加热奥氏体化后，在 Ac_1 以下适当温度（~500℃）的热浴中等温或在强制流动的气流中冷却以获得索氏体或以索氏体为主的组织的处理。这种组织适于冷拔，冷拔后可获得优异的强韧性配合。可分为铅浴索氏体化处理、盐浴索氏体化处理和流态床索氏体化处理等多种。是高强度钢丝或钢带制造中的一种特殊处理方法。

(45) 淬火-碳配分（Q-P 处理）　将钢淬火至 Ms~Mf 温度区间，然后回升到 Ms 点以上等温，钢中的碳由过饱和马氏体配分至未转变的奥氏体中，最终淬火获得马氏体和残留奥氏体共存的工艺。

(46) 淬火-碳配分-回火（析出）（Q-P-T 处理）　将钢淬火至 Ms~Mf 温度区间，然后回升到 Ms 点以上等温进行碳配分，在碳配分的基础上再在一定温度保温，使马氏体基体上析出共格、弥散的合金碳化物，最终淬火获得合金碳化物弥散分布的马氏体和残留奥氏体共存的工艺。

1.2.4　回火类

(1) 回火　将淬火后的工件加热（或冷却）到 Ac_1 以下某一温度，保温一定时间，然后冷却到室温的热处理工艺。

(2) 回火曲线　材料的力学性能与回火温度的关系曲线。

(3) 低温回火　工件在 250℃以下进行的回火。

(4) 中温回火　工件在 250~500℃范围内进行的回火。

(5) 高温回火　工件在 500℃以上进行的回火。

(6) 真空回火　工件在真空炉中先抽到一定真空度，然后充惰性气体的回火。

(7) 自回火　利用局部或表层淬硬工件内部的余热使淬硬部分回火的工艺。

(8) 自发回火　形成马氏体的快速冷却过程中因工件的 Ms 点较高而自发回火的现象。低碳钢在淬火冷却时就发生这一现象。

(9) 多次回火　工件淬硬后进行两次或两次以上的回火。

(10) 二次硬化　一些高合金钢在一次或多次回火后硬度上升的现象。这种硬化现象是由于碳化物弥散析出和/或残留奥氏体转变为马氏体或贝氏体所致。

(11) 回火稳定性（耐回火性）　工件回火时抵抗硬度下降的能力。

(12) 调质　工件淬火并高温回火以形成回火索氏体的热处理工艺。

(13) 回火脆性　工件淬火后在某些温度区间回火产生韧性下降的现象。回火脆性通常分为不可逆回火脆性和可逆回火脆性。

(14) 不可逆回火脆性（第一类回火脆性）　工件淬火后在 300℃左右的温度区间回火后出现韧性下降的现象。

(15) 可逆回火脆性（第二类回火脆性）　含有铬、锰、铬、镍等元素的合金钢工件淬火后，在脆化温度区（400~550℃）回火，或在更高温度回火后缓慢冷却所产生的脆性。这种脆性可通过高于脆化温度再次回火并快速冷却予以消除。消除后，若再次在脆化温度区回火或在更高的温度回火后缓慢冷却，则重新脆化。

1.2.5　固溶与时效类

(1) 固溶处理　工件加热至适当温度并保温，使过剩相充分溶解，然后快速冷却以获得过饱和固溶体的热处理工艺。

(2) 时效　工件经固溶处理或淬火后在室温或高于室温的适当温度保温，以达到沉淀硬化的目的。在室温下进行的称为自然时效，在高于室温下进行的称为人工时效。

(3) 分级时效　工件经固溶处理后进行二次或多次逐级提高温度加热的时效处理。

(4) 过时效　工件经固溶处理后用比能获得最佳力学性能（强度和硬度）高得多的温度或长得多的时间进行的时效处理。

(5) 马氏体时效处理　马氏体时效钢通过固溶时效沉淀金属间化合物相的处理。

(6) 天然稳定化处理（自然时效）　将铸铁件在露天长期（数月乃至数年）放置，使铸件的内应力逐渐松弛，并使其尺寸趋于稳定。

(7) 形变时效　铝合金、铜合金冷塑性加工与时效相结合的复合处理。

(8) 回归　某些经固溶处理的铝合金自然时效

硬化后，在低于固溶处理温度（120~180℃）短时间加热后力学性能恢复到固溶处理状态的现象。

(9) 水韧处理 为改善某些奥氏体钢的组织以提高材料韧性，将工件加热到高温使过剩相溶解，然后水冷的热处理。Mn13高锰钢加热到1000~1100℃保温后水冷，以消除沿晶界或滑移带析出的碳化物，从而得到高韧性和高耐磨性。

1.2.6 渗碳类

(1) 渗碳 为提高工件表层的含碳量并在其中形成一定的碳浓度梯度，将工件在渗碳介质中加热、保温，使碳原子渗入的化学热处理工艺。

(2) 碳氮共渗 在奥氏体状态下同时将碳、氮渗入工件表层，并以渗碳为主的化学热处理工艺。

(3) 渗碳淬火 工件渗碳或碳氮共渗后进行淬火的表面硬化工艺。

(4) 气体渗碳 工件在含碳气体中进行的渗碳。

(5) 真空渗碳（低压渗碳） 在气体压力低于 1×10^5Pa（通常是 $10\sim10^{-1}$Pa）的真空炉中进行的渗碳。

(6) 离子渗碳 在低于 1×10^5Pa（通常是 $10\sim10^{-1}$Pa）的渗碳气氛中，利用工件（阴极）和阳极之间产生的辉光放电进行的渗碳。

(7) 气体碳氮共渗 在含碳、氮的气体介质中进行的碳氮共渗。

(8) 离子碳氮共渗 在低于 1×10^5Pa（通常是 $10\sim10^{-1}$Pa）的含碳、氮气体中，利用工件（阴极）和阳极之间的辉光放电进行的碳氮共渗。

(9) 渗碳温度 钢件在渗碳过程中所保持的温度。

(10) 渗碳时间 工件达到渗碳温度后，保持至渗碳过程结束开始降温的时间。

(11) 渗碳介质（渗碳剂） 在给定条件下能将其中的碳渗入工件表面的介质。

(12) 碳势 表征含碳气氛在一定温度下改变工件表面含碳量能力的参数，通常用氧探头监控，用低碳碳素钢箔片在含碳气氛中的平衡含碳量定量监测。

(13) 碳活度 指碳在奥氏体中的活度。它与奥氏体中碳的浓度呈正比，比值称为活度系数。这个活度系数又是温度、奥氏体中溶入的合金元素种类及其浓度以及碳的浓度的函数。

(14) 碳含量分布 在沿渗碳工件与表面垂直的方向上碳在渗层中的分布。

(15) 渗碳淬火硬化层深度（渗碳硬化层深度） 工件渗碳淬火后从表面到规定硬度（一般为550HV）处的垂直距离，以CHD表示。

(16) 高温渗碳 在950℃以上进行的渗碳。

(17) 碳化物弥散强化渗碳 使渗碳表层获得细小分散碳化物以提高工件服役能力的渗碳。

(18) 薄层渗碳 工件渗碳淬火后，表面淬硬层深度小于0.3mm的渗碳。

(19) 深层渗碳 工件在渗碳淬火后淬硬层深度达3mm以上的渗碳。

(20) 滴注式渗碳 将苯、醇、酮、煤油等液体渗碳剂直接滴入炉内裂解进行的气体渗碳。

(21) 富化气 为了增加渗碳气氛的碳势而加入的含碳气体（或滴入的含碳液体），常用的有天然气、丙烷、丁烷，以及煤油和其他碳氢化合物分解产生的气体。

(22) 载气 通入热处理炉中使其形成正压的气体，因而排除外界进入的空气。用于气体渗碳炉中作为碳氢气体的稀释剂，降低它们的活性，使工艺可以得到更好的控制。

(23) 强渗期 工件在高碳势渗碳气氛条件下进行渗碳，使其表面迅速达到高碳浓度的阶段。

(24) 扩散期 强渗结束后，特意降低气氛碳势使由富碳表层向内扩散的碳量超过介质传递给工件表面的碳量，从而使渗层碳浓度梯度趋于平缓的阶段。

(25) 碳可用率 在气氛碳势从1%降至0.9%时，$1m^3$（标准状态下）气体可传递到工件表面的碳量，单位为 g/m^3。

(26) 碳传递系数 单位时间（s）内气氛传递到工件表面单位面积的碳量（碳通量）与气氛碳势和工件表面含碳量（碳钢）之间的差值之比。

(27) 露点 指气氛中蒸汽开始凝结的温度。与气氛中的蒸汽含量成正比，蒸汽含量越高，露点越高。进行气体渗碳时，可通过测定露点间接确定气氛的碳势。

(28) 直接淬火 渗碳后的工件从渗碳温度（或降至淬火温度）直接进行淬火的工艺。

(29) 一次淬火 渗碳后工件从渗碳温度冷却至室温然后重新加热进行的淬火。

(30) 二次淬火 渗碳后工件从渗碳温度淬火冷却至室温然后重新加热进行的淬火。

(31) 渗碳层细化淬火 渗碳工件冷到渗层的 Ar_1 以下保温一定时间，再加热到渗碳淬火温度进行的淬火。

(32) 心部细化淬火 渗碳工件冷到心部的 Ar_1 以下保温一定时间，再加热到渗碳淬火温度进行的淬火。

（33）空白渗碳（伪渗碳）　为预测工件渗碳后心部组织特征及可达到的力学性能，用试样在中性介质中进行与原定渗碳淬火周期完全相同的热处理。

（34）预氧化处理　工件渗碳前在400℃左右的空气中加热氧化，目的是清除工件表面的油脂物并使表面活化。

1.2.7　渗氮类

（1）渗氮　在一定温度下于一定介质中使氮原子渗入工件表面的化学热处理工艺。

（2）氮碳共渗　工件表面同时渗入氮和碳，并以渗氮为主的化学热处理工艺。

（3）一段渗氮　在一定温度和一定氮势下进行渗氮的工艺。

（4）多段渗氮　在两个或两个以上的温度和多种氮势条件下进行渗氮的工艺。

（5）气体渗氮　在可提供活性氮原子的气体中进行的渗氮。

（6）离子渗氮　在低于1×10^5Pa（通常是10~10^{-1}Pa）的渗氮气氛中，利用工件（阴极）和阳极之间产生的辉光放电进行的渗氮。

（7）液体渗氮　在含渗氮剂的熔盐中进行的渗氮。

（8）真空渗氮　在压力低于大气压的真空炉中进行的气体渗氮。

（9）气体氮碳共渗　用气体对工件表面同时渗入氮和碳，并以渗氮为主的化学热处理工艺。

（10）液体氮碳共渗　在盐浴中对工件表面同时渗入氮和碳，并以渗氮为主的化学热处理工艺。

（11）氨分解率　气体渗氮时，通入炉中的氨分解为氢和活性氮原子的程度，一般以百分比来表示。在一定渗氮温度下，氨分解率取决于供氨量，供氨越多，分解率越低，工件表面氮含量越高。供氨量固定时，温度越高，分解率越高。

（12）氮势　表征渗氮气氛在一定温度下向工件提供活性氮原子能力的参数。通常通过调整氨分解率进行监控，氨流量越大，氨分解率越低，气氛氮势越高。

（13）渗氮介质（渗氮剂）　在给定条件下能向工件表面内渗入氮的介质。

（14）氮势门槛值　在实际生产条件下，对应于一定的渗氮时间、在钢件表面形成化合物层所需的最低氮势。渗氮时间越长，氮势门槛值越低。

（15）氮浓度分布　在沿渗氮工件与表面垂直的方向上氮在渗层中的分布。

（16）渗氮硬化层深度（渗氮层深度）　渗氮工件从表面至比心部硬度高出50HV处的垂直距离，用NHD表示。

（17）氮化物　渗氮时氮与基体金属元素形成的化合物。常见的氮化物有γ'-Fe_4N、ε-$Fe_{2\sim3}N$、ζ-Fe_2N等。

（18）化合物层（白亮层）　渗氮工件表层氮化物层。

（19）扩散层　渗氮层中化合物层以下至基体之间的渗层。

（20）复合氮化物　渗氮层中氮与两种或多种基体金属元素形成的氮化物。

（21）空白渗氮　在既不增加氮又不脱氮的中性介质中进行的与渗氮工艺相同的试验。目的是了解按这种工艺渗氮后工件心部组织和力学性能是否能满足预定的要求。

1.2.8　渗金属及渗其他非金属类

（1）渗金属　工件在含有被渗金属元素的渗剂中加热到适当温度并保温，使这些元素渗入表层的化学热处理工艺。其中包括渗铝、渗铬、渗锌、渗钛、渗钒、渗钨、渗锰、渗锑、渗铍和渗镍等。

（2）离子渗金属　工件在含有被渗的等离子场中加热到较高温度，金属原子以较高速率在表面沉积并向内部扩散的工艺。

（3）金属碳化物覆层　在含有特种金属的高温硼砂熔盐中，金属原子和工件中的碳、氮原子产生化学反应，在工件表面形成钒、铌、铬、钛等金属碳化物覆层的工艺。

（4）渗硼　将硼渗入工件表面的化学热处理工艺，其中包括用粉末或颗粒状的渗硼介质进行的固体渗硼，用熔融渗硼介质进行的液体渗硼，在电解的熔融渗硼介质中进行的电解渗硼，用气体渗硼介质进行的气体渗硼。

（5）硼化物层　渗硼过程中在工件表面形成的硼的化合物。

1.2.9　多元共渗类

（1）多元共渗　将两种或多种元素同时渗入工件表面的化学热处理工艺。

（2）硫氮共渗　在工件表面同时渗入硫和氮的化学热处理工艺。

（3）硫氮碳共渗　工件在含有氰盐和硫化物的熔盐中同时渗入硫、碳和氮的化学热处理工艺。

（4）氧氮共渗　渗氮介质中添加氧的渗氮工艺。

（5）氧氮碳共渗　氧参与渗入的氮碳共渗工艺。

（6）氧化处理　在渗氮和氮碳共渗后进行的氧化处理。

（7）铬铝共渗　铬和铝同时渗入工件表面的化学热处理工艺。与此类同的有铬铝硅共渗、铬硼共渗、铬硅共渗、铬钒共渗、铝硼共渗和钒硼共渗等。

（8）铬铝硅共渗　将铬铝和硅渗入钢铁或合金表面，形成共渗层的化学热处理工艺。

（9）盐浴氮碳共渗复合处理　工件先在盐浴中进行氮碳共渗和氧化处理，经中间抛光后，再在氧化盐浴中处理，以提高工件耐磨性和耐蚀性的复合热处理工艺。

1.2.10　表面处理类

（1）表面熔凝处理　用激光、电子束等快速加热，使工件表面融化后通过自冷迅速凝固的工艺。

（2）激光熔覆　利用高能密度的激光束将具有不同成分、性能的合金与基材表面快速熔化，在基材表面形成与基材具有完全不同成分和性能的合金层的快速凝固过程。

（3）激光冲击处理　利用强脉冲激光束冲击金属工件表面，与工件表面涂覆的能量转化物质相互作用而诱导强冲击波，透入工件表面使之产生塑性变形强化的表面技术。

（4）离子注入　将预先选择的元素原子电离，经电场加速，获得高能量后注入工件的表面改性工艺。

（5）离子镀　在真空条件下，利用气体放电使气体或被蒸发物质部分电离，并在气体离子或被蒸发物质离子的轰击下，将蒸发物质或其反应物沉积在基片上的方法。其中包括磁控溅射离子镀、反应离子镀、空心阴极放电离子镀（空心阴极蒸镀法）、多弧离子镀（阴极电对金属弧离子镀）等。

（6）微弧氧化　一种直接在有色金属表面原位生长陶瓷膜的技术。微弧氧化陶瓷膜与基体结合牢固，结构致密，具有良好的耐磨、耐腐蚀、耐高温冲击和电绝缘等特性。

（7）物理气相沉积（PVD）　在真空加热条件下利用蒸发、辉光放电、弧光放电、溅射等物理方法提供原子、离子，使之在工件表面沉积形成薄膜的工艺。其中包括蒸镀、溅射沉积、磁控溅射以及各种离子束沉积方法等。

（8）化学气相沉积（CVD）　通过化学气相反应在工件表面形成薄膜的工艺。

（9）等离子体增强化学气相沉积（PECVD、PACVD）　利用各种等离子体的能量促使反应气体离解、活化以增强化学反应的化学气相沉积。它包括射频放电等离子体化学气相沉积、微波等离子体化学气相沉积、ECR（电子回旋共振）微波等离子体化学气相沉积、直流电弧等离子体喷射化学气相沉积等。

（10）强流脉冲电子束辐照　高能量密度的射束作用到材料表面时，入射能量瞬间沉积在材料表面的薄层中，被加热层的温度迅速升高，导致工件表层金属熔化、汽化及熔体喷发，形成非平衡结构，从而使材料的耐磨性、耐蚀性及抗氧化性等性能获得改善。

（11）热喷涂　将熔融状态的喷涂材料，通过高速气流使其雾化喷射在零件表面上，形成喷涂层的金属表面加工方法。

（12）等离子喷涂　利用非转移型电弧等离子体（等离子弧）为热源的热喷涂方法。采用气体、液体或水产生并稳定等离子弧的等离子喷涂方法，称为气稳、液稳或水稳等离子喷涂。

（13）喷丸　利用抛丸器或喷嘴将钢丸高速射向工件表面，以清除工件表面的氧化皮和黏附物。如抛射速度足够大，可在工件的表面形成应压力，达到提高工件疲劳强度的目的。

（14）表面氧化处理（发黑）、发蓝　工件在氧化性介质中在室温或加热到适当温度，使工件的抛光表面覆盖一层致密的氧化膜的表面处理工艺。

（15）蒸汽处理　工件在500~560℃的过热蒸汽中加热并保持一定时间，在工件表面形成一层致密氧化膜的表面处理工艺。

（16）磷化　把工件浸入磷酸盐溶液中，在工件表面形成一层不溶于水的磷酸盐薄膜的表面处理工艺。

1.3　组织与性能术语

1.3.1　组织类

（1）金相检验　泛指对金属宏观组织及显微组织进行的检验。

（2）组织　用金相观察方法，在金属及合金内部看到的涉及晶体或晶粒的大小、方向、形状、排列状况等组成关系的构造情况。

（3）宏观组织（低倍组织）　金属或合金的金相磨面经过适当处理后用肉眼或借助于放大镜观察到的组织。

（4）显微组织　用适当方法（如侵蚀）处理后的金属试样的磨面或其复型，或用适当方法制成的薄膜置于光学显微镜或电子显微镜下观察到的组织。

（5）奥氏体　γ铁中溶入碳和/或其他元素构成的固溶体。它是以英国冶金学家 R. Austen 的名字命名的。

（6）残留奥氏体　奥氏体在冷却过程中发生相变后在环境温度下残存的奥氏体。

（7）过冷奥氏体（亚稳奥氏体）　在共析温度以下存在的奥氏体。

（8）铁素体　铁或钢的晶格结构为体心立方的固溶体。

（9）α铁素体（α-Fe）　铁基合金系中从 A_3 点至室温这个温度区间内存在的、固溶有碳和/或其他元素的、晶体点阵为体心立方的固溶体。

（10）δ铁素体（δ-Fe）　铁基合金系中从 A_4 点至液相线温度这个温度区间内存在的固溶有碳和/或其他元素的、晶体点阵为体心立方的固溶体。

（11）共析铁素体　共析成分的奥氏体发生共析转变所形成的共析体内的铁素体。

（12）先共析铁素体　低于共析成分的奥氏体，从高温冷却之际，在发生共析转变之前析出的铁素体。广义则包括过冷奥氏体在形成珠光体（广义的珠光体）之前析出的铁素体。

（13）块状铁素体（多边形铁素体）　在显微镜下观察到的诸晶体的外形呈块状或者不规则的多边形的铁素体。

（14）网状铁素体　沿原始奥氏体晶界析出形成网状的先共析铁素体。

（15）碳化物　碳与一种或数种金属元素所构成的化合物。与渗碳体相对应也有一次碳化物、二次碳化物、共析碳化物、网状碳化物等。

（16）一次碳化物　过共晶成分的铁基合金的熔体在发生共晶转变之前结晶出来的碳化物。

（17）二次碳化物（先共析碳化物）　高于共析成分的奥氏体，从高温慢冷下来之际，在发生共析转变之前析出的碳化物。广义则包括过冷奥氏体在形成珠光体（广义的珠光体）之前析出的碳化物。

（18）共析碳化物　共析成分的奥氏体发生共析转变所形成的共析体内的碳化物。

（19）网状碳化物　过共析钢中沿原始奥氏体晶界析出并相互连接呈网状的碳化物。

（20）二元碳化物　一种金属元素与碳形成的碳化物。

（21）三元碳化物　两种金属元素与碳形成的碳化物，如 $(Fe, Mn)_3C$、$(Fe, Cr)_3C$、$(Fe, Si)_3C$、$(Cr, Fe)_7C$、$(Cr, Fe)_4C$、$(Cr, Fe)_{23}C_6$ 等。

（22）渗碳体　晶体结构为正交系，化学式近似于 Fe_3C 的一种间隙式化合物。它是钢和铸铁中常见的固相。

（23）合金渗碳体　含有合金元素的渗碳体。渗碳体内一部分铁原子被代位式合金元素所代替，但晶体结构并未改变。

（24）ε碳化物　密排六方结构，化学式为 $Fe_{2.4}C$ 的一种过渡碳化物。最初形成的下贝氏体内的碳化物是ε碳化物。片状马氏体在回火第一阶段脱溶出的碳化物全部或部分是ε碳化物。

（25）η碳化物　正交点阵的化学式为 Fe_2C 的一种过渡碳化物。片状马氏体在回火第一阶段脱溶出的碳化物全部或部分是η碳化物。

（26）χ碳化物　高碳钢中形成的片状马氏体，在回火过程中形成的一种过渡碳化物。χ碳化物的晶体点阵是单斜点阵，化学式是 Fe_5C_2。

（27）复合碳化物　两种或两种以上的金属元素与碳构成的碳化物，如 $(Fe, Mn)_3C$、Fe_3W_3C、$Fe_3(W, Mo)_3C$、$(Fe, Mn, W, V)_3C$、$(Cr, Fe, NI, Mn, W, Mo)_{23}C_6$ 等。

（28）特殊碳化物（合金碳化物）　晶体结构与渗碳体不同的碳化物。

（29）珠光体　铁素体薄层（片）与碳化物（包括渗碳体）薄层（片）交替重叠组成的共析组织。

（30）珠光体领域（珠光体团）　铁素体薄片和碳化物（包括渗碳体）薄片位向大致相同的区域。

（31）细珠光体（屈氏体）　奥氏体过冷到珠光体转变温度区间内的下部形成的，在光学显微镜下高倍放大只看到其总体是一团黑，分辨不出其内部构造，而实际上是很薄的铁素体层和碳化物层（包括渗碳体）交替重叠的复相组织。它是以法国金相学家 L. Troost 的名字命名的。

（32）中珠光体（索氏体）　奥氏体过冷到珠光体转变温度区间内的中部形成的，在光学显微镜下放大五六百倍才能分辨出其为铁素体薄层和碳化物（包括渗碳体）薄层交替重叠的复相组织。索氏体是以英国冶金学家 H. C. Sorby 的名字命名的组织。

（33）回火索氏体　马氏体在回火时形成的，在光学金相显微镜下放大五六百倍才能分辨出其为铁素体基体内分布着碳化物（包括渗碳体）球粒的复相组织。

（34）马氏体　钢铁或非铁金属中通过无扩散共格切变型转变（马氏体转变）形成的产物。钢铁中马氏体转变的母相是奥氏体，由此形成的马氏体化学成分与奥氏体相同，晶体结构为体心正方，可被看作是过饱和α固溶体。主要形态是板条状和片状。它是以德国冶金学家 A. Martens 的名字命名的。

（35）板条状马氏体 在低、中碳钢及不锈钢等材料中形成的由许多成群的板条组成的马氏体。这种马氏体的显微组织是细长的板条状，故称为板条状马氏体，由于板条马氏体内存在着高密度的位错，即其精细组织是（或者主要是）位错，故亦称为位错马氏体。

（36）片状马氏体 在中、高碳钢及高镍的 Fe-Ni 合金中形成的马氏体。这种马氏体的空间形状呈双凸透镜片状，所以也称之为透镜片状马氏体。每个马氏体晶体（片）的精细组织主要是微细的相变孪晶，故亦称为孪晶马氏体。这种类型马氏体的每个晶体（片），在金相磨面上观察到的通常都是与马氏体片呈一定角度的截面呈针状，故亦称针状马氏体。

（37）隐针马氏体 在光学显微镜下利用高倍观察也看不出其形态特征的马氏体。

（38）二次马氏体 淬火钢于回火后的冷却过程中由残留奥氏体转变成的马氏体。

（39）回火马氏体 淬火马氏体回火时，碳已经部分地从固溶体中析出并形成了过渡碳化物，此时的基体组织。

（40）形变马氏体 奥氏体在塑性变形过程中转变成的马氏体。

（41）贝氏体 钢铁奥氏体化后，过冷到珠光体转变温度区与 *Ms* 之间的中温区等温，或连续冷却通过这个温度区时形成的组织。这种组织由过饱和 α 固溶体和碳化物组成。它是以美国冶金学家 E. C. Bain 的名字命名的。

（42）上贝氏体 在贝氏体转变区间较高的温度范围内形成的贝氏体，其典型形态是以大致平行的、碳轻微过饱和的铁素体板条为主体，短棒状或短片状碳化物分布于板条之间。

（43）下贝氏体 在贝氏体转变区较低的温度范围内形成的贝氏体，其主体是双凸透镜片状碳过饱和铁素体，片中分布着与片的纵向轴呈 55°～65°平行排列的碳化物。

（44）粒状贝氏体 奥氏体被过冷到贝氏体转变温度区间的最上部转变而成的大块状或条状的铁素体（其内有较高密度的位错）内分布着众多小岛的复相组织。

（45）无碳化物贝氏体 一般出现于含一定量硅和铝的钢中，其形成温度在贝氏体形成温度的上限，由大致平行的板条铁素体和富碳奥氏体转变的马氏体或其他转变产物（包含未转变的富碳奥氏体）组成。

（46）带状组织 金属材料内与热形变加工方向大致平行的诸条带所组成的偏析组织，如钢材内的“铁素体带+珠光体带”“珠光体带+碳化物带”等。

（47）魏氏组织 沿母相特定晶面析出的呈片状或针状的显微组织。它是以奥地利矿物学家 Alois Josep Widmanstätten 的名字命名的。

（48）莱氏体 铸铁或高碳合金钢中由奥氏体（或其转变的产物）与碳化物（包括渗碳体）组成的共晶组织。它是以德国冶金学家 A. Ledebur 的名字命名的。

（49）相 指金属组织中化学成分、晶体结构和物理性能相同的组分。钢中这些相有奥氏体、铁素体、渗碳体等，包括固溶体、金属间化合物及纯物质（如石墨）等。

（50）母相 生成一个或多个新相的原始相。

（51）固溶体 由两种或多种元素（至少有一种是金属元素）形成的均匀的固态晶体相。

（52）相图（平衡相图） 合金系统中相的成分界限与温度的关系图。热处理常用相图如 Fe-C 相图、$Fe\text{-}Fe_3C$ 相图。

（53）相变点（临界点） 从一种组织转变到另一种组织的温度点。对于钢和铸铁，用 A_1、A_3 和 A_{cm} 等表示在平衡条件下的固态相变点。

A_1——加热时珠光体向奥氏体或冷却时奥氏体向珠光体转变的温度，一般条件下固态相变时，都有不同程度的过热度或过冷度。因此，为与平衡条件下的相变点相区别，而将在加热时实际的 A_1 称为 Ac_1，冷却时实际的 A_1 称为 Ar_1。

A_3——亚共析钢加热时先共析铁素体完全溶入奥氏体的温度或冷却时先共析铁素体开始从奥氏体中析出的温度，加热时实际的 A_3 称为 Ac_3，冷却时实际的 A_3 称为 Ar_3。

A_{cm}——过共析钢加热时先共析渗碳体完全溶入奥氏体的温度或冷却时先共析渗碳体开始从奥氏体中析出的温度，加热时实际的 A_{cm} 称为 Ac_{cm}，冷却时实际的 A_{cm} 称为 Ar_{cm}。

Ms——马氏体转变开始温度。

Mf——马氏体转变终止温度。

Md——塑性变形能够诱发奥氏体向马氏体转变的上限温度，*Md* 点位于 *Ms* 点以上。

（54）相变温度 相发生变化的温度，通常指相变开始和结束的温度范围。

（55）相变范围 从相变开始到相变结束的温度区间。

（56）再结晶 经冷塑性变形的金属或合金加热

到再结晶温度以上时，由畸变晶粒通过形核及长大而形成新的等轴晶粒的过程。

(57) 晶粒　多晶体材料内以晶界分开、晶体学位向基本相同的小晶粒。

(58) 晶粒细化　通过热处理使晶粒尺寸减小，如正火、渗碳后心部细化处理等工艺。

(59) 晶粒长大　在较高温度和/或较长时间加热时造成组织的晶粒尺寸增大。

(60) 晶粒粗化　在较高奥氏体化温度下加热较长时间使晶粒尺寸长大。

(61) 亚晶粒　晶粒内相互间晶体学位向差很小 (<3°) 的小晶块。亚晶粒之间的界面称为亚晶界。

(62) 晶粒度　指多晶体内晶粒的大小。一般用晶粒度等级 G 表征。

(63) 晶界　多晶体材料中相邻晶粒的界面。相邻晶粒晶体学位向差<10°的晶界称为小角晶界，位向差较大的晶界称为大角晶界。

(64) 相界面　相邻两种相的分界面。两相的点阵在跨越界面处完全匹配者称为共格界面，部分匹配者称为半共格界面，基本不匹配者称为非共格界面。

(65) 弥散相　从过饱和固溶体中析出或在化学热处理渗层中形成以及在其他生产条件下形成的细小、弥散分布的相。

(66) 先共析相　奥氏体在发生共析转变之前形成的转变产物，如先共析铁素体、先共析渗碳体。

(67) 金属间化合物　具有不同于纯金属及其固溶体的物理性质和晶体结构的两种或两种以上金属的化合物。

(68) 析出相长大　析出相通过元素扩散和小颗粒溶解长大成较大颗粒。

(69) 石墨　碳的一种同素异构体——六方晶系的晶体。它是铸铁内常出现的以及石墨化钢内含有的一种组织组分。

(70) 织构　多晶体金属或合金内诸晶粒的晶体学位向趋于一致的组织。

(71) 位错　晶体中常见的一维缺陷（线缺陷）。在透射电子显微镜下金属薄膜试样的衍衬像中表现为弯曲的线条。

(72) 空位　晶体结构中原子空缺的位置，属于零维晶体学缺陷。

(73) 孪晶　由点阵取向呈镜面对称的两部分所构成的晶体。

(74) 层错　面心立方、密排六方、体心立方等常见金属晶体中密排晶面堆垛层次局部发生错误而形成的二维晶体学缺陷（面缺陷）。在透射电子显微镜下的金属薄膜试样衍衬像中表现为弯曲的线条。

(75) 固溶强化　利用点缺陷对金属基体进行的强化，包括间隙固溶强化和置换固溶强化。

(76) 位错强化　通过热处理和塑性变形以提高位错密度对材料进行的强化。

(77) 细晶强化　通过细化晶粒使晶界增加，阻碍位错滑移使材料产生强化。

(78) 沉淀强化（弥散强化、析出强化）　在过饱和固溶体中形成溶质原子偏聚区和/或析出弥散分布的强化相使材料强化。

(79) 敏化　由于碳化物在晶界析出，使不锈钢对晶间腐蚀的敏感性增加的现象。

1.3.2　性能类

(1) 力学性能　材料在力作用下显示的与弹性和非弹性反应相关或包含应力-应变关系的性能。

(2) 硬度　材料抵抗变形，特别是压痕或划痕形成的永久变形的能力。常用的有布氏硬度 (HBW)、洛氏硬度 (HR)、维氏硬度 (HV)、努氏硬度 (HK)。

(3) 显微硬度　工件内显微区域的硬度。

(4) 强度　材料抵抗由外力载荷所引起的应变和断裂的能力。

(5) 塑性　材料在外力的作用下发生变形的能力。

(6) 韧性　材料在断裂前吸收能量和发生塑性变形的能力。

(7) 断裂韧度　准静态单一加载条件下的裂纹扩展阻力。

(8) 脆性　材料无明显的塑性变形即发生裂纹扩展的性质。

(9) 应力　试样上通过某点在给定平面上作用的力或分力在该点的强度。

(10) 应变　由外力所引起的试样尺寸和形状的单位变化量。

(11) 应力-应变曲线　表示正应力和试样平行部分相应的应变在整个试验过程中的关系曲线。

(12) 热应力　工件加热和/或冷却时，由于不同部位出现温差而导致热胀和/或冷缩不均所产生的应力。

(13) 相变应力（组织应力）　热处理过程中因工件不同部位组织转变不同步而产生的内应力。

(14) 形变强化（加工硬化）　材料产生塑性变形时引起的强化现象。

(15) 残余应力　工件在各部位已无温差且不受

外力作用的条件下存留下来的内应力。

1.3.3　热处理缺陷类

（1）氧化　工件加热时，介质中的氧、二氧化碳和蒸汽等与之反应生成氧化物的过程。

（2）脱碳　工件加热时介质与工件中的碳发生反应，使表面碳含量降低的现象。

（3）内氧化　工件加热时介质中生成的氧沿工件表面的晶界向内扩散，发生合金元素晶界氧化的过程。

（4）黑色组织　含铬、锰、硅等合金元素的渗碳工件渗碳淬火后可能出现的缺陷组织，在光学金相显微镜下呈断续的黑色网，是内氧化的结果。

（5）淬火裂纹　淬火冷却时工件中产生的内应力超过材料断裂强度，在工件上形成的裂纹。

（6）热裂　工件热处理时（包括加热、冷却或淬火）由于表面与心部的内应力差过大引起的裂纹或开裂。

（7）畸变　工件的原来尺寸和/或形状在热处理时发生所不希望的变化。

（8）软点　工件淬火硬化后，表面硬度偏低的局部小区域。

（9）过热　工件加热温度偏高或保温时间偏长而使晶粒过度长大，致使力学性能显著降低的现象。

（10）过烧　工件加热温度过高，致使晶界氧化和部分熔化的现象。

（11）冷脆（低温脆性）　在低温（一般指100℃以下）钢的冲击韧性随温度的降低而急剧下降的现象。

（12）蓝脆　钢在200~300℃时（表面氧化膜呈蓝色）抗拉强度及硬度比常温的高，塑性及韧性比常温的低的现象。

（13）热脆（红脆）　有些合金在接近熔点的温度受到应力或形变时沿晶界开裂。

（14）氢脆　工件因吸收氢而导致韧度降低和延时断裂强度降低的现象。

（15）σ相脆性　高铬合金钢因析出σ相而引起的脆化现象。

（16）偏析　凝固时，钢中碳、硫、锰等元素的不均匀分布。

1.4　热处理装备术语

1.4.1　热处理设备类

（1）热处理设备　用于实现炉料各项热处理工艺的加热、冷却或各种辅助作业的设备。

（2）热处理成套设备　由一台或多台热处理炉和必要的冷却及其他辅助装置，按预定热处理工序布置的设备组合。

（3）热处理炉　供炉料热处理加热用的电炉或燃料炉。

（4）箱式炉　加热室呈箱形、卧式，具有进出料炉门的间歇式电阻炉。

（5）井式炉　加热室呈井式，炉料从其顶部装料的间歇式电阻炉。

（6）台车式炉　炉底做成小车，炉料放在车上进出炉子但加热时小车滞留炉内的间歇式电阻炉。

（7）底装料炉　炉口向下，炉门侧向开闭，炉料在炉内悬挂加热的间歇式炉。通常炉口下方装有淬火槽，以便炉料迅速下降淬火。

（8）罩式炉　炉底固定，加热炉罩在其上可移动，或加热炉罩固定，炉底可升降的间歇式炉。

（9）转筒式炉　具有转动筒体的卧式连续式炉。

（10）辊底式炉　炉料由辊棒承载和输送，通过其内的连续式炉。其中有些辊棒是被驱动的。

（11）转底式炉　具有绕立轴回转的圆形或环形炉底以及进出开口的卧式连续式炉，有时只有一个开口。

（12）传送带式炉　炉料由网带或铸链带承载和输送，通过其内的连续式炉。

（13）推送式炉　每件炉料被后一件炉料沿着炉底间歇地推进的连续式炉。

（14）振底式炉　由于炉底周期性的慢进和快速返回运动，使炉料沿着炉底逐步输送的连续式炉。

（15）可控气氛炉　炉料在成分可控制在预定范围内的气氛中进行加热的热处理炉。

（16）密封多用炉　可在可控气氛中完成加热、渗碳、淬火等多用途的热处理炉。

（17）真空炉　加热室结构允许在低于大气压的压力下处理炉料的热处理炉。

（18）浴炉　把炉料浸入处于工作温度下的液态介质进行加热的炉子，如盐浴炉、液态金属浴炉和油浴炉等。

（19）流态粒子炉　炉膛内具有流动状态粒子的间歇式炉。

（20）感应加热设备　没有密闭炉室的由感应加热方法在炉料中产生电流的电热设备。按电源频率分为工频感应加热设备、中频感应加热设备、高频感应加热设备和超音频感应加热设备。

（21）等离子体加热炉　利用等离子体加热的

电炉。

(22) 火焰加热装置　利用乙炔或其他可燃气作为燃料的加热装置。

(23) 淬火设备　供炉料淬火冷却用的盛装淬冷液的装置。

(24) 冷处理设备　使炉料冷却到0℃以下的设备。

1.4.2　辅助设备及装置类

(1) 清洗设备　用水、碱水或清洗剂溶液等去除炉料上的油污和脏物的设备。

(2) 清理设备　用喷砂机、抛丸机或滚筒等清除炉料上氧化皮及污垢等的设备。

(3) 可控气氛发生装置（控制气氛发生器）　利用原料气或有机液体燃料制备一定成分气体的发生装置。

(4) 吸热式气氛发生装置　将燃料气与空气按一定比例混合后，在装有催化剂的加热反应罐内经吸热化学反应进行不完全燃烧，制备一定成分的气体的装置。

(5) 放热式气氛发生装置　将燃料气和空气以接近完全燃烧的比例混合，通过燃烧、冷却、除水等过程，制备一定成分的气体的装置。

1.4.3　传感器与仪表类

(1) 温度传感器（热电偶）　热处理时用于温度测量的传感器。

(2) 廉金属热电偶　热电元件由廉金属及其合金组成的热电偶。廉金属热电偶包括K型、N型、E型、J型和T型热电偶。

(3) 贵金属热电偶　热电元件主要由贵金属及其合金组成热电偶。贵金属热电偶包括S型、R型和B型热电偶。

(4) 载荷温度传感器　连接到工件、模拟件或原材料上，为工艺仪表提供工件或原材料温度信息的温度传感器。

(5) 氧探头　用于测定气氛中氧浓差电动势，以确定气氛中氧的浓度（即氧势）的传感器。

(6) 氢探头　渗氮时用于测量气氛中氢含量的传感器。

(7) 监控仪表　连接到控制、监测、载荷或记录温度传感器，用于指示工艺设备温度的仪表。包括温度指示仪、图表记录仪、电子数据记录仪或数据采集系统。

(8) 记录仪表　与控制或记录、监测、载荷温度传感器连接，指示热处理工艺设备温度数据并生成永久的工艺记录的仪表。包括图表记录仪、电子数据记录仪或数据采集系统。

(9) 测试仪表　用于进行系统精度校验、温度均匀性测量，或校准控制仪、记录仪、数据采集仪表或监测仪表的仪表。

(10) 工艺仪表系统　由控制、监测、记录仪表和温度传感器、补偿导线组成的系统。

(11) 测量仪表系统　由测试仪表、温度传感器、补偿导线组成的系统。

参考文献

[1] 全国热处理标准化技术委员会．金属热处理　术语：GB/T 7232—2023 [S]．北京：中国标准出版社，2023.

[2] 全国工业电热设备标准化技术委员会．热处理设备术语：GB/T 13324—2006 [S]．北京：中国标准出版社，2006.

[3] 全国热处理标准化技术委员会．热处理工艺材料　术语：GB/T 8121—2012 [S]．北京：中国标准出版社，2012.

[4] 程肃之．金属学及热处理词典 [M]．北京：机械工业出版社，1987.

[5] International Organization for Standardization (ISO). Ferrous materials—Heat treatments—Vocabulary: ISO 4885: 2018 [S]. Geneva: ISO Central Secretariat, 2018.

[6] International Organization for Standardization (ISO). Steel-Determination of the thickness of surface-hardened layers: ISO 18203: 2016 [S]. Geneva: ISO Central Secretariat, 2016.

[7] 全国钢标准化技术委员会．金属材料　力学性能试验术语：GB/T 10623—2008 [S]．北京：中国标准出版社，2008.

第2章　合金相图

上海交通大学　戎詠华

由一种元素或化合物构成的晶体称为单组元晶体或纯晶体，该体系称为单元系。对于纯晶体材料而言，随着温度和压力的变化，材料的组成相会发生变化。从一种相到另一种相的转变称为相变，由液相至固相的转变称为凝固，如果凝固后的固体是晶体，则又可称之为结晶；而不同固相之间的转变称为固态相变，这些相变的规律可借助相图直观简明地表示出来。单元系相图表示了在热力学平衡条件下所存在的相与温度和压力之间的对应关系，理解这些关系有助于预测材料的性能。在实际工业中，广泛使用的不是前述的单组元材料，而是由二组元及多组元组成的多元系材料。多组元的加入，使材料的凝固过程和凝固产物趋于复杂，这为材料性能的多变性及其选择提供了契机。在多元系中，二元系是最基本的，也是目前研究最充分的体系。二元系相图是研究二元体系在热力学平衡条件下，相与温度、成分之间关系的有力工具，它已在金属和合金中得到广泛的应用。二元系比单元系多一个组元，它有成分的变化，若同时考虑成分、温度和压力，则二元相图必为三维立体相图。鉴于三坐标立体图的复杂性和研究中体系处于一个标准大气压的状态下，所以二元相图仅考虑体系在成分和温度两个变量下的热力学平衡状态。二元相图的横坐标表示成分，纵坐标表示温度。如果体系由A、B两组元组成，横坐标一端为组元A，而另一端表示组元B，那么体系中任意两组元不同配比的成分均可在横坐标上找到相应的点。工业上应用的金属材料多半是由两种以上的组元构成的多元合金。由于第三组元或第四组元的加入，不仅引起组元之间溶解度的改变，而且会因新组成相的出现致使组织转变过程和相图变得更加复杂。因此，为了更好地了解和掌握各种材料的成分、组织和性能之间的关系，除了了解二元相图之外，还应掌握三元甚至多元相图的知识。而三元以上的相图却又过于复杂，人们对测定和分析深感不便，故有时常将多元系作为伪三元系来处理，所以用得较多的是三元相图。三元相图与二元相图比较。组元数增加了一个，即成分变量为两个，故表示成分的坐标轴应为两个，需要用一个平面来表示，再加上一个垂直于该成分平面的温度坐标轴，这样三元相图就演变成一个在三维空间的立体图形。在研究和分析材料时，往往只需要参考那些有实用价值的截面图和投影图，即三元相图的各种等温截面图、变温截面图及各相区在浓度三角形上的投影图等。立体的三元相图也就是由许多这样的截面图和投影图组合而成的。

2.1　单元系相图

2.1.1　相平衡和相律

组成一个体系的基本单元，例如单质（元素）和化合物，称为组元。体系中具有相同物理与化学性质的且与其他部分以界面分开的均匀部分称为相。通常把具有 n 个组元都是独立的体系称为 n 元系，组元数为一的体系称为单元系，组元数为 n 的称为 n 元系，并将二元系及以上的统称为多元系。多元系的相平衡热力学条件为

$$\begin{aligned} &\mu_1^{\alpha}=\mu_1^{\beta}=\mu_1^{\gamma}=\cdots=\mu_1^{P}\\ &\mu_2^{\alpha}=\mu_2^{\beta}=\mu_2^{\gamma}=\cdots=\mu_2^{P}\\ &\cdots\\ &\mu_C^{\alpha}=\mu_C^{\beta}=\mu_C^{\gamma}=\cdots=\mu_C^{P}\end{aligned} \tag{2-1}$$

即，处于平衡状态下的多相（P 个相）体系，每个组元（共有 C 个组元）在各相中的化学势 μ 都必须彼此相等。

在相平衡的热力学条件下，可推出吉布斯相律：

$$f=C-P+2 \tag{2-2}$$

式中　f——体系的自由度数，它是指不影响体系平衡状态的独立可变参数（如温度、压力、浓度等）的数目；

C——体系的组元数；

P——相数。

所有的平衡相图都必须遵循相律。因此，相律为测定的平衡相图是否正确提供了判据。

2.1.2　单元系相图和相律应用示例

单元系相图是通过几何图形描述由单一组元构成的体系在不同温度和压力条件下所可能存在的相及多相的平衡。下面以水为例说明单元系相图的表示和测定方法。

水可以以气态（汽）、液态（水）和固态（冰）

的形式存在。绘制水的相图，首先在不同温度和压力条件下，测出水-汽、冰-汽和水-冰两相平衡时相应的温度和压力，然后，通常以温度为横坐标，压力为纵坐标作图，把每一个数据都在图上标出一个点，再将这些点连接起来，得到如图 2-1 所示的 H_2O 相图。

纯铁相图如图 2-2 所示。

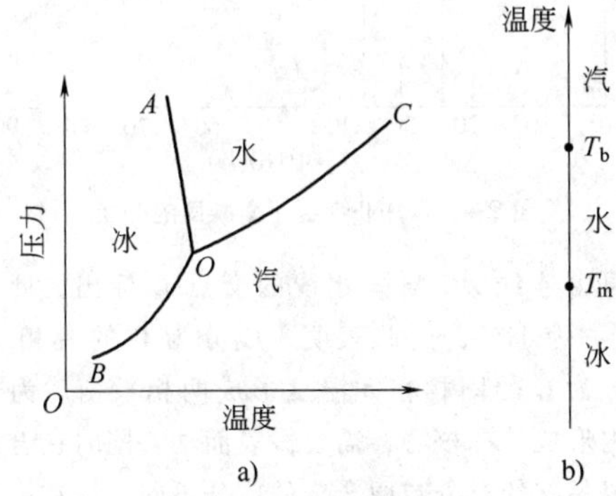

图 2-1　H_2O 相图

a）温度和压力均可变　b）仅温度可变

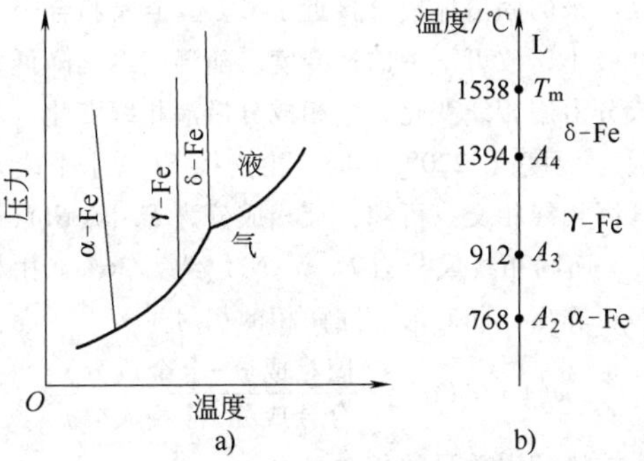

图 2-2　纯铁相图

a）温度和压力均可变　b）仅温度可变

上述相图中的相界线所表示的两相平衡时的温度和压力的定量关系，可由克劳修斯-克拉佩龙（Clausius-Clapeyron）方程决定，即

$$\frac{dP}{dT}=\frac{\Delta H}{T\Delta V_m} \tag{2-3}$$

式中　ΔH——相变潜热；

T——两相平衡温度；

ΔV_m——摩尔体积变化。

当高温相转变为低温相时，$\Delta H<0$（放热），ΔH 恒为负值，如果相变后体积收缩，即 $\Delta V<0$，则 $dP/dT>0$，相界线斜率为正；如果相变后体积膨胀，即 $\Delta V>0$，则 $dP/dT<0$，相界线斜率为负。

同素（分）异构转变时的体积变化很小，故固相线几乎是垂直的。

2.2　二元系相图

2.2.1　成分表示方法

通常研究相的平衡都是在一个标准大气压下，因此二元相图仅考虑体系在成分和温度两个变量下的热力学平衡状态。二元相图的横坐标表示成分，纵坐标表示温度。如果体系由 A、B 两组元组成，横坐标一端为组元 A，而另一端表示组元 B，那么体系中任意两组元不同配比的成分均可在横坐标上找到相应的点。

二元相图中的成分按现行国家标准有两种表示方法：质量分数（w）和摩尔分数（x）。若 A、B 组元为单质，两者换算如下：

$$w(\mathrm{A})=\frac{A_r(\mathrm{A})x(\mathrm{A})}{A_r(\mathrm{A})x(\mathrm{A})+A_r(\mathrm{B})x(\mathrm{B})}$$
$$w(\mathrm{B})=\frac{A_r(\mathrm{B})x(\mathrm{B})}{A_r(\mathrm{A})x(\mathrm{A})+A_r(\mathrm{B})x(\mathrm{B})} \tag{2-4}$$

$$x(\mathrm{A})=\frac{\dfrac{w(\mathrm{A})}{A_r(\mathrm{A})}}{\dfrac{w(\mathrm{A})}{A_r(\mathrm{A})}+\dfrac{w(\mathrm{B})}{A_r(\mathrm{B})}}$$
$$x(\mathrm{B})=\frac{\dfrac{w(\mathrm{B})}{A_r(\mathrm{B})}}{\dfrac{w(\mathrm{A})}{A_r(\mathrm{A})}+\dfrac{w(\mathrm{B})}{A_r(\mathrm{B})}} \tag{2-5}$$

式中　$w(\mathrm{A})$、$w(\mathrm{B})$——A、B 组元的质量分数，$w(\mathrm{A})+w(\mathrm{B})=1$（或 100%）；

$A_r(\mathrm{A})$、$A_r(\mathrm{B})$——组元 A、B 的相对原子质量；

$x(\mathrm{A})$、$x(\mathrm{B})$——组元 A、B 的摩尔分数，$x(\mathrm{A})+x(\mathrm{B})=1$（或 100%）。

若二元相图中的组元 A 和 B 为化合物，则以组元 A（或 B）化合物的相对分子质量 $M_r(\mathrm{A})$［或 $M_r(\mathrm{B})$］取代式（2-5）中组元 A（或 B）的相对原子质量 $A_r(\mathrm{A})$［或 $A_r(\mathrm{B})$］，以组元 A（或 B）化合物的分子质量分数来表示式（2-5）中对应组元的原子质量分数，可得到化合物的摩尔分数表达式。

2.2.2　相图测定方法

二元相图是根据各种成分材料的临界点绘制的，临界点是表示物质结构状态发生本质变化的相变点。测定材料临界点有动态法和静态法两种方法，如前者有热分析、膨胀法、电阻法等；后者有金相法，X 射线结构分析等。相图的精确测定必须配合使用多种方法。下面介绍用常用的热分析测量临界点来绘制二元相图的过程。

现以 Cu-Ni 二元合金为例。先配制一系列含 Ni 量不同的 Cu-Ni 合金，测出它们从液态到室温的冷却曲线，得到各临界点。图 2-3a 所示为纯铜，w(Ni) 分别为 30%、50%、70%的 Cu-Ni 合金及纯 Ni 的冷却曲线。由图 2-3a 可见，纯组元 Cu 和 Ni 的冷却曲线相似，都有一个水平台，表示其凝固在恒温下（$f=1-2+1=0$）进行，凝固温度分别为 1083℃ 和 1452℃。其他 3 条二元合金曲线不出现水平台，而为二次转折，温度较高的转折点（临界点）表示凝固的开始温度，而温度较低的转折点对应凝固的终结温度。这说明 3 个合金的凝固与纯金属不同，是在一定温度范围内进行的（$f=2-2+1=1$）。将这些与临界点对应的温度和成分分别标在二元相图的纵坐标和横坐标上，每个临界点在二元相图中对应一个点，再将凝固的开始温度点和终结温度点分别连接起来，就得到图 2-3b 所示的 Cu-Ni 二元相图。由凝固开始温度连接起来的相界线称为液相线，由凝固终结温度连接起来的相界线称为固相线。为了精确测定相变的临界点，用热分析法测定时必须非常缓慢地冷却，以达到热力学的平衡条件，一般冷却速度控制在 0.5～0.15℃/min 之内。

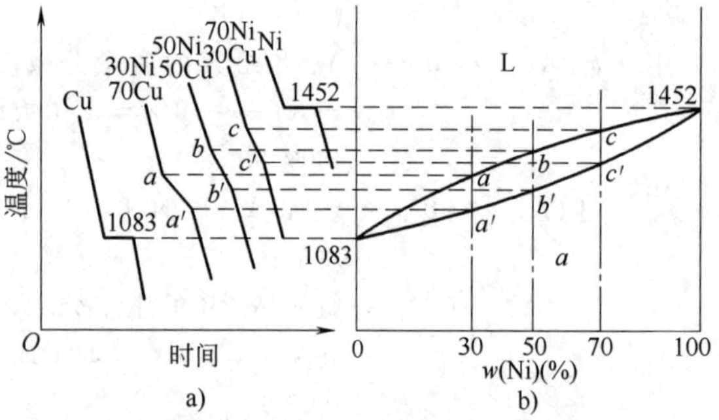

图 2-3　用热分析法建立 Cu-Ni 相图

a）冷却曲线　b）构建相图

2.2.3　相图基本分析方法和杠杆定律

平衡凝固是指凝固过程中的每个阶段都能达到平衡，即在相变过程中有充分时间进行组元间的扩散，以达到平衡相的成分。下面以 w(Ni) 为 30%的 Cu-Ni 合金（见图 2-4）为例来描述平衡凝固过程的分析方法和在两相区两相平衡时相对量计算的杠杆定律。

液态合金自高温 A 点冷却，当冷却到与液相线相交的 B 点（$t_1=1245$℃）后开始结晶，固相（α）的

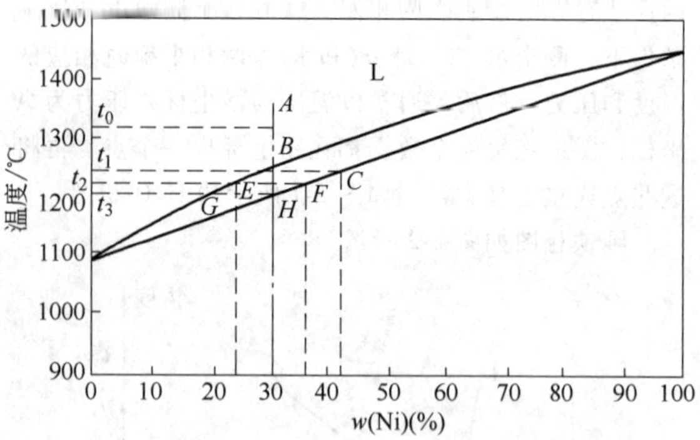

图 2-4　Cu-Ni 合金平衡凝固的分析

成分可由连线 BC 与固相线的交点 C 标出，此时 w(Ni) 约为 41%，由此表明，成分为 B 的液相（L）和成分为 C 的固相在此温度形成两相平衡。为了在液相内形成结晶核心，需要做表面功，同时在合金系中形成晶核的成分与原合金的成分不同，存在一定的自由能差，所以需要有一定的过冷度。因此，合金要略低于 t_1 温度才产生固相的形核和长大过程，此时结晶出来的固溶体成分接近于 C。但金属和合金的过冷度极小，故可不考虑过冷度。随温度继续降低，固相成分沿固相线变化，液相成分沿液相线变化。当冷却到 t_2 温度（1220℃）时，由连线 EF（水平线）与液、固相线相交点可知，液相成分为 E，w(Ni) 约为 24%，而固相线成分为 F，w(Ni) 约为 36%。由杠杆定律可算出，此时液、固两相的相对量为

$$w(\mathrm{L})/w(\alpha)=\frac{(\text{固相成分}-\text{合金成分})}{(\text{合金成分}-\text{液相成分})}$$

或液相占总量的相对量为

$$w(\mathrm{L})=\frac{(\text{固相成分}-\text{合金成分})}{(\text{固相成分}-\text{液相成分})}$$

或固相占总量的相对量为

$$w(\alpha)=\frac{(\text{合金成分}-\text{液相成分})}{(\text{固相成分}-\text{液相成分})}$$

在上述的杠杆定律中，合金成分相当于杠杆的支点，（固相成分-合金成分）和（合金成分-液相成分）相当于臂长。因此，

$$w(\mathrm{L})=\frac{36-30}{36-24}\times100\%=50\%$$

$$w(\alpha)=\frac{30-24}{36-24}\times100\%=50\%$$

此时，液、固两相各占 50%。当冷却到 t_3 温度（1210℃）时，固溶体的成分即为原合金成分［w(Ni) 为 30%］，它和最后一滴液体（成分为 G）形成平衡。当温度略低于 t_3 温度时，这最后一滴液体也结晶成固溶体。通常认为当温度等于 t_3 温度（因

过冷度极小）时，在合金凝固完毕后，得到的是单相均匀固溶体。该合金整个凝固过程中的组织变化如图 2-5 所示。由液相结晶出单相固溶体的过程称为匀晶转变，绝大多数的二元相图都包括匀晶转变部分。Cu-Ni 是典型的匀晶转变，故 Cu-Ni 合金相图是典型的匀晶相图。

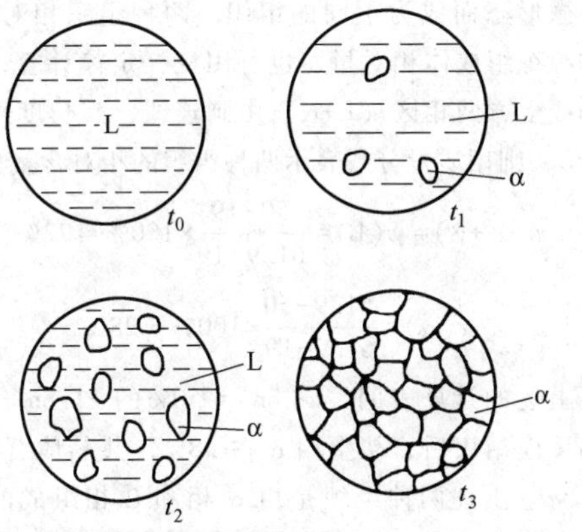

图 2-5　Cu-Ni 固溶体平衡凝固过程中的组织变化

2.2.4　凝固过程中三种典型的转变相图

1. 共晶相图和平衡凝固组织

组成共晶相图的两组元，在液态可无限互溶，而固态只能部分互溶，甚至完全不溶。两组元的混合使合金的熔点比各组元低，因此，液相线从两端纯组元向中间凹下，两条液相线的交点所对应的温度称为共晶温度。在该温度下，液相通过共晶凝固同时结晶出两个固相（三相平衡），这样两相的混合物称为共晶组织或共晶体。二元合金共晶转变是恒温转变，因为自由度为零（$f=2-3+1=0$）。

图 2-6 所示的 Pb-Sn 相图是一个典型的二元共晶相图。共晶合金在铸造工业中是非常重要的，其原因在于它有一些特殊的性质：①比纯组元熔点低，简化了熔化和铸造的操作；②共晶合金比纯金属有更好的流动性，其在凝固之中防止了阻碍液体流动的枝晶形成，从而改善了铸造性能；③恒温转变（无凝固温度范围）减少了铸造缺陷，例如偏聚和缩孔；④共晶凝固可获得多种形态的显微组织，尤其是规则排列的层状或杆状共晶组织可能成为性能优异的原位复合材料。

在图 2-6 中，Pb 的熔点（t_A）是 327.5℃，Sn 的熔点（t_B）是 231.9℃。两条液相线交于 E 点，该共晶温度为 183℃。图中 α 是 Sn 溶于以 Pb 为基的固溶体，β 是 Pb 溶于以 Sn 为基的固溶体。液相线 t_AE 和 t_BE 分别表示 α 相和 β 相结晶的开始温度，而 t_AM 和 t_BN 分别表示 α 相和 β 相结晶的终结温度。MEN 水平线表示 L、α、β 三相共存的温度和各相的成分，该水平线称为共晶线。共晶线显示出成分为 E 的液相 L_E 在该温度将同时结晶出成分为 M 的固相 α_M 和成分为 N 的固相 β_N，（$\alpha_M+\beta_N$）两相混合组织称为共晶组织，该共晶反应可写成

$$L_E \rightarrow \alpha_M+\beta_N$$

根据相律，在二元系中，三相共存时，自由度为零，共晶转变是恒温转变，故是一条水平线。图中 MF 和 NG 线分别为 α 固溶体和 β 固溶体的饱和溶解度曲线，它们分别表示 α 和 β 固溶体的溶解度随温度降低而减少的变化。

在图 2-6 中，相平衡线把相图划分为 3 个单相区——L、α、β，3 个两相区——L+α、L+β、α+β。L 相区在共晶线上部的中间，α 相区和 β 相区分别位于共晶线的两端。

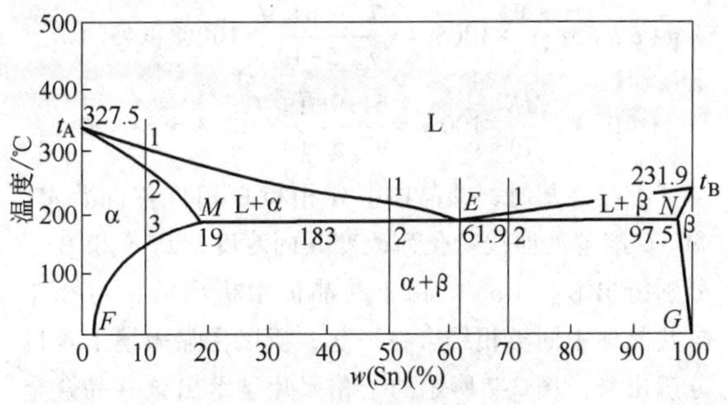

图 2-6　Pb-Sn 相图

现以上述的 Pb-Sn 合金为例，分别讨论各种典型成分合金的平衡凝固及其显微组织。

（1）单相固溶体　$w(Sn)<19\%$ 的合金由图 2-6 可见，当 $w(Sn)=10\%$ 的 Pb-Sn 的合金由液相缓冷至 t_1（图中标为 1）温度时，从液相中开始结晶出 α 固溶体。随着温度的降低，初生 α 固溶体的量随之增多，液相量减少，液相和固相的成分分别沿 t_AE 液相线和 t_AM 固相线变化。当冷却到 t_2 温度时，合金凝固结束，全部转变为单相 α 固溶体。这一结晶过程与匀晶相图中的平衡转变相同。在 t_2 与 t_3 温度之间，α 固溶体不发生任何变化（$f=2-1+1=2$，单相区中成分和温度均可变，不影响单相区的改变）。当温度冷却到 t_3 以下时，Sn 在 α 固溶体中呈过饱和状态，因此，多余的 Sn 以 β 固溶体的形式从 α 固溶体中析出，称为次生 β 固溶体，用 β_{II} 表示，以区别于从液相中直接结晶出的初生 β 固溶体。次生 β 固溶体通常优先沿初生 α 相的晶界或晶内的缺陷处析出。随着温度的继续降低，β_{II} 不断增多，而 α 和 β_{II} 相的平衡成分将分别沿 MF 和 NG 溶解度曲线变化。正如

前面已指出，两相区内的相对量（如 L+α 两相区中 L 和 α 的相对量，α+β 两相区中的 α 和 β 的相对量）均可由杠杆定律确定。图 2-6 所示为 $w(Sn)=10\%$ 的 Pb-Sn 合金平衡凝固过程。而所有成分位于 M 和 F 点之间的合金，其平衡凝固过程与上述合金相似，凝固至室温后的平衡组织均为 $\alpha+\beta_{Ⅱ}$，只是两相的相对量不同而已。而成分位于 N 和 G 点之间的合金，平衡凝固过程与上述合金基本相似，但凝固后的平衡组织为 $\beta+\alpha_{Ⅱ}$。

（2）共晶合金　$w(Sn)=61.9\%$ 的合金为共晶合金（见图 2-6）。该合金从液态缓冷至 183℃时，液相 L_E 同时结晶出 α 和 β 两种固溶体，这一过程在恒温下进行，直至凝固结束。此时结晶出的共晶体中的 α 和 β 相的相对量可用杠杆定律计算，在共晶线下方两相区（α+β）中画连线（Tie line），其长度可近似为是 MN，则有

$$w(\alpha_M)=\frac{EN}{MN}\times100\%=\frac{97.5-61.9}{97.5-19}\times100\%\approx45.4\%$$

$$w(\beta_N)=\frac{ME}{MN}\times100\%=\frac{61.9-19}{97.5-19}\times100\%\approx54.6\%$$

继续冷却时，共晶体中 α 相和 β 相将各自沿 MF 和 NG 溶解度曲线变化而改变其固溶度，从 α 和 β 中分别析出 $\beta_{Ⅱ}$ 和 $\alpha_{Ⅱ}$。由于共晶体中析出的次生相常与共晶体中同类相结合在一起，所以在显微镜下难以分辨出来。图 2-7 所示的金相照片显示出该共晶合金呈片层交替分布的室温组织（经 4%硝酸乙醇浸蚀），黑色为 α 相，白色为 β 相。

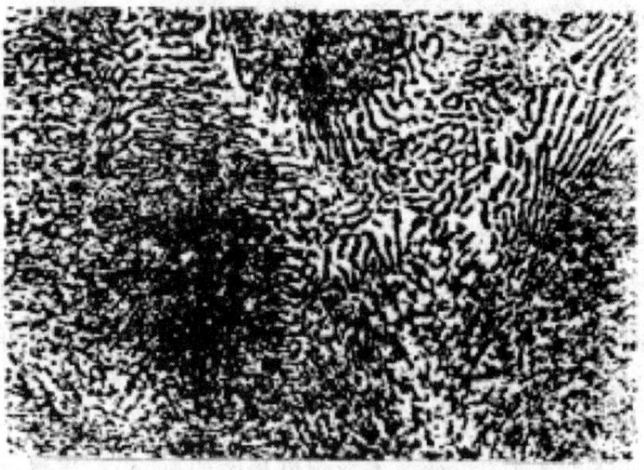

图 2-7　Pb-Sn 共晶组织的金相照片

（3）亚共晶合金　在图 2-6 中，成分位于 M、E 两点之间的合金称为亚共晶合金，因为它的成分低于共晶成分而只有部分液相可结晶成共晶体。现以 $w(Sn)=50\%$ 的 Pb-Sn 合金为例，分析其平衡凝固过程。该合金缓冷至 t_1 和 t_2 温度之间时，初生 α 相以匀晶转变方式不断地从液相中析出，随着温度的下降，α 相的成分沿 t_AM 固相线变化，而液相的成分沿 t_AE 液相线变化。当温度降至 t_2 温度时，剩余的液相成分到达 E 点，此时发生共晶转变，形成共晶体。共晶转变结束后，此时合金的平衡组织为初生 α 固溶体和共晶体（α+β）组成，可简写成 α+（α+β）。初生相 α（或称先共晶体 α）和共晶体（α+β）具有不同的显微形态而成为不同的组织。两种组织相对含量，也称组织组成体相对量，也可用杠杆定律计算，即在共晶线上方两相区（L+α）中画连线，其长度可近似为 ME，则用质量分数表示两种组织的相对含量为

$$w(\alpha+\beta)=w(L)=\frac{50-19}{61.9-19}\times100\%\approx72\%$$

$$w(\alpha)=\frac{61.9-50}{61.9-19}\times100\%\approx28\%$$

上述的计算表明，$w(Sn)=50\%$ 的 Pb-Sn 合金在共晶反应结束后，初生相 α 占 28%，共晶体（α+β）占 72%。上述两种组织是由 α 相和 β 相组成的，故称两者为组成相。在共晶反应结束后，组成相 α 和 β 的相对含量分别为

$$w(\alpha)=\frac{97.5-50}{97.5-19}\times100\%\approx61\%$$

$$w(\beta)=\frac{50-19}{97.5-19}\times100\%\approx39\%$$

注意上面计算中的 α 组成相包括初生期 α 和共晶体中的 α 相。由上述计算可知，不同成分的亚共晶合金，经共晶转变后的组织均为 α+（α+β）。但随成分的不同，具有两种组织的相对量不同，越接近共晶成分 E 的亚共晶合金，共晶体越多，反之，成分越接近 α 相成分 M 点，则初生 α 相越多。注意上述运用杠杆定律计算组织组成体相对量和组成相相对量的方法，关键在于连线所应画的位置。组织不仅反映相的结构有差异，而且反映相的形态不同。在 t_2 温度以下，合金继续冷却时，由于固溶体溶解度随之减小，$\beta_{Ⅱ}$ 将从初生相 α 和共晶体中的 α 相内析出，而 $\alpha_{Ⅱ}$ 从共晶体中的 β 相中析出，直至室温，此时室温组织应为 $\alpha+(\alpha+\beta)+\alpha_{Ⅱ}+\beta_{Ⅱ}$，但由于 $\alpha_{Ⅱ}$ 和 $\beta_{Ⅱ}$ 析出量不多，除了在初生 α 固溶体可能看到 $\beta_{Ⅱ}$ 外，共晶组织的特征保持不变，故室温组织通常可写为 $\alpha+(\alpha+\beta)+\beta_{Ⅱ}$，甚至可写为 α+(α+β)。图 2-8 所示为 Pb-Sn 亚共晶合金经 4%硝酸乙醇浸蚀后显示的室温组织的金相照片，暗黑色树枝状晶为初生 α 固溶体，其中的白点为 $\beta_{Ⅱ}$，而黑白相间者为（α+β）共晶体。

（4）过共晶合金　成分位于 E、N 两点之间的合金称为过共晶合金。其平衡凝固过程及平衡组织与亚共晶合金相似，只是初生相为 β 固溶体而不是 α 固

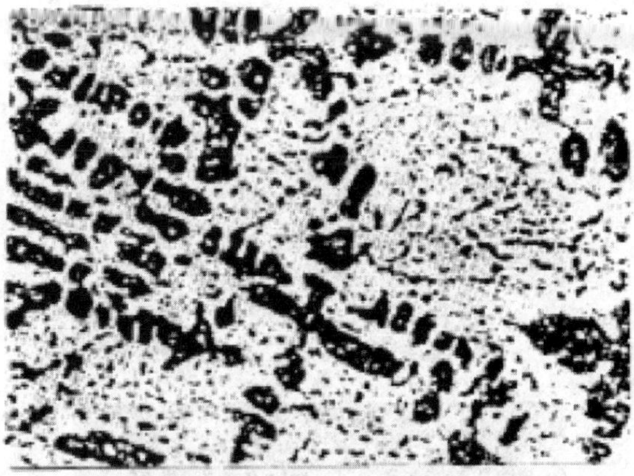

图 2-8　Pb-Sn 亚共晶组织

溶体。室温时的组织为 β+(α+β)，如图 2-9 所示。根据对上述不同成分合金的组织分析表明，尽管不同成分的合金具有不同的显微组织，但在室温下，$F \sim G$ 范围内的合金组织均由 α 和 β 两个基本相构成。所以，两相合金的显微组织实际上是通过组成相的不同形态，以及其数量、大小和分布等形式体现出来的，由此得到不同性能的合金。

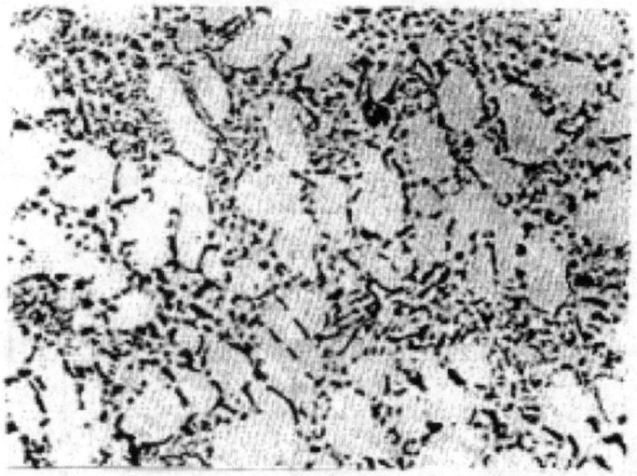

图 2-9　Pb-Sn 过共晶组织

2. 包晶相图和平衡凝固组织

组成包晶相图的两组元，在液态可无限互溶，而固态只能部分互溶。在二元相图中，包晶转变就是已结晶的固相与剩余液相反应形成另一固相的恒温转变。图 2-10 所示的 Pt-Ag 相图是具有包晶转变的相图中的典型代表。图中 *ACB* 是液相线，*AD*、*PB* 是固相线，*DE* 是 Ag 在 Pt 为基的 α 固溶体中的溶解度曲线，*PF* 是 Pt 在 Ag 为基的 β 固溶体中的溶解度曲线。水平线 *DPC* 是包晶转变线，成分在 *DC* 范围内的合金在该温度都将发生包晶转变：

$$L_C+\alpha_D \rightarrow \beta_P$$

包晶反应是恒温转变，图中 *P* 点称为包晶点。相图中的部分虚线，表示测不准，或推测的相界线。

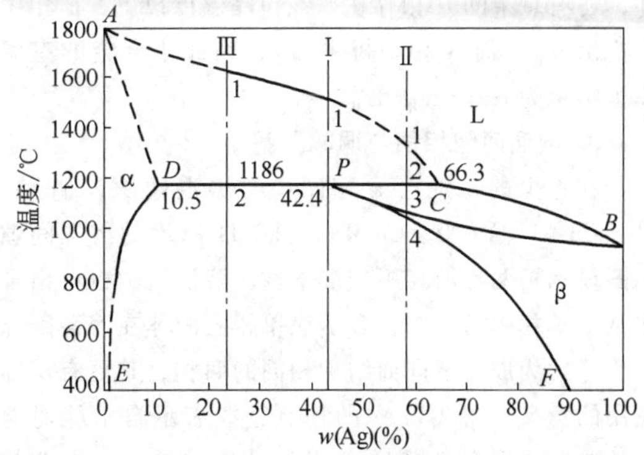

图 2-10　Pt-Ag 相图

(1) w(Ag) 为 42.4%的 Pt-Ag 合金（合金Ⅰ）　由图 2-10 可知，合金自高温液态冷至 t_1 温度时与液相线相交，开始结晶出初生相 α。在继续冷却的过程中，α 固相量逐渐增多，液相量不断减少，α 相和液相的成分分别沿固相线 *AD* 和液相线 *AC* 变化。当温度降至包晶反应温度 1186℃时，合金中初生相 α 的成分达到 *D* 点，液相成分达到 *C* 点。在开始进行包晶反应时的两相的相对量可由杠杆定律求出：

$$w(\mathrm{L})=\frac{DP}{DC}\times100\%=\frac{42.4-10.5}{66.3-10.5}\times100\%\approx57.2\%$$

$$w(\alpha)=\frac{PC}{DC}\times100\%=\frac{66.3-42.4}{66.3-10.5}\times100\%\approx42.8\%$$

w(L) 和 $w(\alpha)$ 分别表示液相和固相在包晶反应时的质量分数。包晶转变结束后，液相和 α 相反应正好全部转变为 β 固溶体。随着温度继续下降，由于 Pt 在 β 相中的溶解度随温度降低而沿 *PF* 线减小，因此将不断从 β 固溶体中析出 α_{II}。因此该合金的室温平衡组织为 $\beta+\alpha_{\mathrm{II}}$。

(2) $42.4\%<w(\mathrm{Ag})<66.3\%$ 的 Pt-Ag（合金Ⅱ）　合金Ⅱ缓冷至包晶转变前的结晶过程与上述包晶成分合金相同，由于合金Ⅱ中的液相的相对量大于包晶转变所需的相对量，所以包晶转变后，剩余的液相在继续冷却过程中，将按匀晶转变方式继续结晶出 β 相，液相成分沿 *CB* 液相线变化，而 β 相的成分沿 *PB* 固相线变化，直至 t_3 温度全部凝固结束时，固相（β）成分回到原合金成分。在 t_3 和 t_4 温度之间，单相 β 无任何变化。在 t_4 温度以下，随着温度下降，将从 β 相中不断地析出 α_{II}。因此，该合金的室温平衡组织为 $\beta+\alpha_{\mathrm{II}}$。

(3) $10.5\%<w(\mathrm{Ag})<42.4\%$ 的 Pt-Ag 合金（合金Ⅲ）　合金Ⅲ在包晶反应前的结晶情况与上述情况相似。包晶转变前合金中 α 相的相对量大于包晶反

应所需的量，所以包晶反应后，除了新形成的 β 相外，还有剩余的 α 相存在。在包晶温度以下，β 相中将析出 α_{II}，而 α 相中析出 β_{II}，因此该合金的室温平衡组织为 $\alpha+\beta+\alpha_{II}+\beta_{II}$。

3. 溶混间隙相图与调幅分解

在不少的二元合金相图中有溶混间隙，如 Cu-Pb、Cu-Ni、Au-Ni、Cu-Mn。图 2-11 所示的溶混间隙相图显示了两种液相不相混溶性。溶混间隙也可出现在某一单相固溶区内，表示该单相固溶体在溶混间隙内将分解为成分不同而结构相同的两相，其更有实际应用的意义。图 2-11 中的拐点迹线表示自由能对温度的二阶导数等于零（$dG/dT=0$）的迹线，它在相图中不显示出来。溶混间隙转变可写成 $L \rightarrow L_1+L_2$，或 $\alpha \rightarrow \alpha_1+\alpha_2$。后者在转变成两相的过程中，其转变方式可有两种：一种是通常的形核长大方式（图 2-11 中拐点迹线以外：$dG/dT>0$），需要克服形核能垒；另一种通过不需要形核的不稳定分解，称为调幅分解，其发生在拐点迹线以内（$dG/dT<0$）。溶混间隙相图形状（图中实线）类似一个“小馒头”。

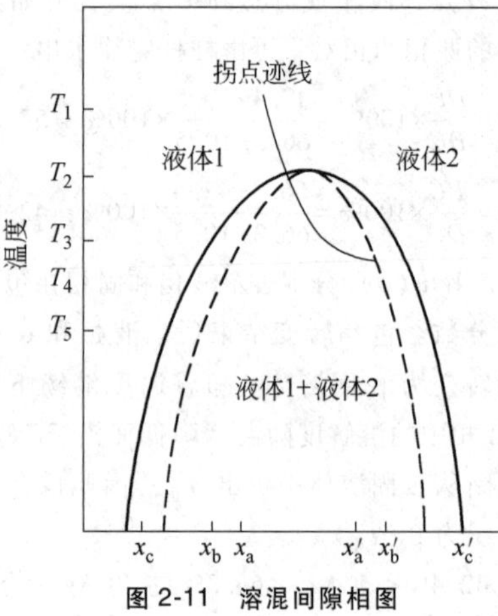

图 2-11　溶混间隙相图

图 2-12 所示为高锰的 Mn-Cu 合金中的调幅分解组织。图 2-12a 所示为 TEM 的明场像，黑白相间的条纹分别是结构相同（fcc）但成分不同的固溶体。图 2-12b 所示为对应的选取电子衍射花样，底下一行的中心点是由透射束形成的中心斑点，仔细看，其周围上下、左右存在对称的小斑点，称为卫星斑点，这是调幅分解组织的衍射特征。这种调幅组织使 Mn-Cu 合金呈现阻尼特性。

2.2.5　固态相变中几种典型的转变相图

1. 具有固溶体多晶型转变的相图

当体系中组元具有同素（分）异构转变时，则

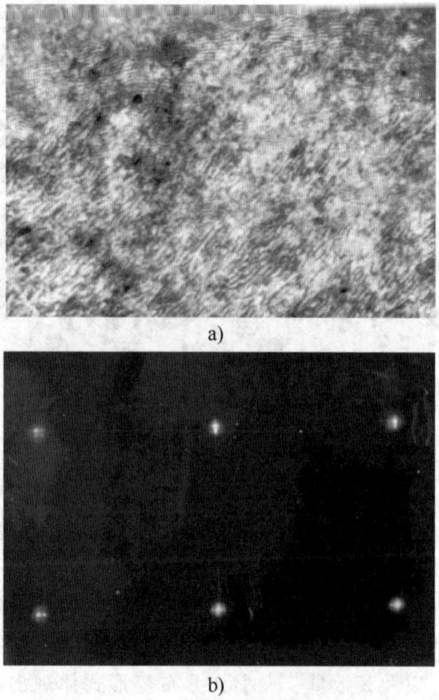

图 2-12　高锰的 Mn-Cu 合金中的调幅分解组织

a）明场像　b）选取电子衍射花样

形成的固溶体常常有多晶型转变，或称多形性转变。图 2-13 所示为 Fe-Ti 相图。Fe 和 Ti 在固态均发生同素异构转变，故相图在近钛一边有 β 相（体心立

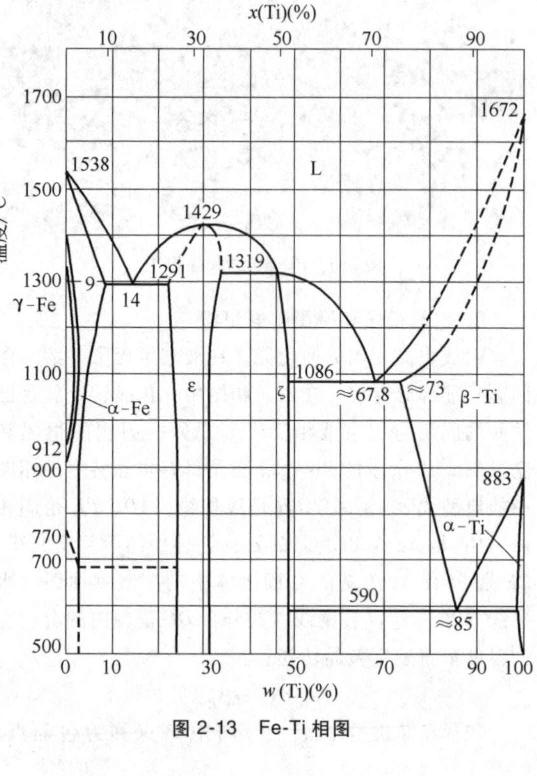

图 2-13　Fe-Ti 相图

方）$\rightarrow\alpha$ 相（密排六方）的固溶体多晶型转变，而在近铁的一边有 α（或 δ）→γ→α 的固溶体多晶型转变。

2. 具有共析转变的相图

共析转变的形式类似共晶转变，共析转变是一个固相在恒温下转变为另外两个固相。如图 2-14 所示的 Cu-Sn 相图中，γ 为 Cu_3Sn（676℃），δ 为 $Cu_{31}Sn_8$，ε 为 Cu_3Sn，ζ 为 $Cu_{20}Sn_6$，η 和 η′ 为 Cu_6Sn_5，它们都溶有一定的组元。该相图存在 4 个共析恒温转变：

Ⅳ：β→α+γ　　Ⅴ：γ→α+δ

Ⅵ：δ→α+ε　　Ⅶ：ζ→δ+ε

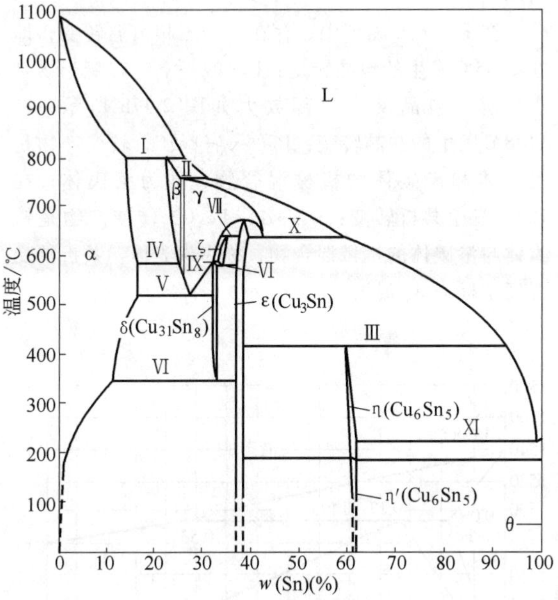

图 2-14　Cu-Sn 相图

3. 具有包析转变的相图

包析转变相似于包晶转变，但为一个固相与另一个固相反应形成第三个固相的恒温转变。如图 2-14 的 Cu-Sn 合金相图中，有两个包析转变：

Ⅷ：γ+ε→ζ

Ⅸ：γ+ζ→δ

4. 具有脱溶过程的相图

固溶体常因温度降低而溶解度减小，析出第二相。如图 2-14 的 Cu-Sn 相图中，α 固溶体在 350℃时具有最大的溶解度［w(Sn) 为 11.0%］，随着温度降低，溶解度不断减小，冷至室温 α 固溶体几乎不固溶 Sn，因此，在 350℃以下 α 固溶体在降温过程中要不断地析出 ε 相（Cu_3Sn），这个过程称为脱溶过程。

5. 具有有序-无序转变的相图

有些合金在一定成分和一定温度范围内会发生有序-无序转变。一级相变的无序固溶体转变为有序固溶体时，相图上两个单相区之间应有两相区隔开，如图 2-15 所示的 Cu-Au 相图中，w(Au) 为 51% 的 Cu-Au 合金，在 390℃以上为无序固溶体，而在 390℃以下形成有序固溶体 α′（$AuCu_3$），除此以外，α_1''($AuCu_{\mathrm{I}}$)、α_2''($AuCu_{\mathrm{II}}$) 和 α（Au_3Cu）也是有序固溶体。二级相变的无序固溶体转变为有序固溶体，则两个固溶体之间没有两相区间隔，而用一条虚线或细直线表示，如图 2-14 的 Cu-Sn 相图中，η→η′的无序-有序转变仅用一条细直线隔开，但也有人认为，该转变属一级相变，两者之间应有两相区隔开。所谓一级相变，就是新、旧两相的化学势相等，但化学势的一次偏导数不等的相变；而二级相变定义为相变时两相化学势相等，一次偏导数也相等，但二次偏导数不等。可证明，在二元系中，如果是二级相变，则两个单相区之间只被一条单线所隔开，即在任一个平衡温度和浓度下，两个平衡相的成分相同。

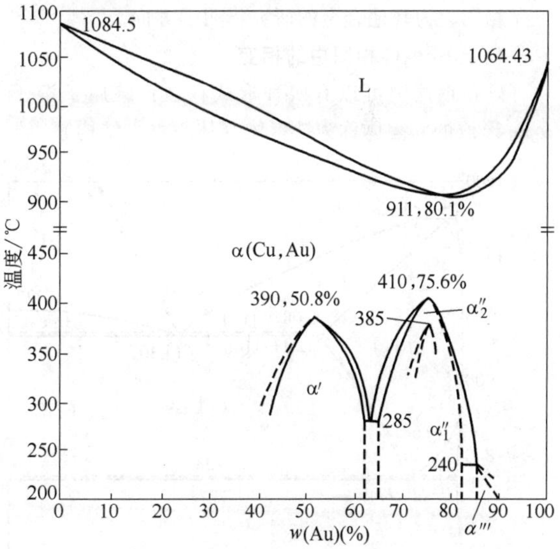

图 2-15　Cu-Au 相图

6. 具有固溶体形成中间相转变的相图

某些合金所形成的中间相并不是像前述的由两组元的作用直接得到，而是由固溶体转变为中间相。图 2-16 所示的 Fe-Cr 相图中，w(Cr) 为 46% 的 α 固溶体将在 821℃发生 α→σ 的转变，σ 相是以金属间化合物 FeCr 为基的固溶体。

7. 具有磁性转变的相图

磁性转变属于二级相变，固溶体或纯组元在高温时为顺磁性，在居里温度（T_c）以下呈铁磁性，在相图上一般以虚线表示，如图 2-16 所示。

2.2.6　综合分析实例一：$Fe\text{-}Fe_3C$ 相图

碳钢和铸铁是最为广泛使用的金属材料，铁碳相图是研究钢铁材料的组织和性能及其热加工和热处理

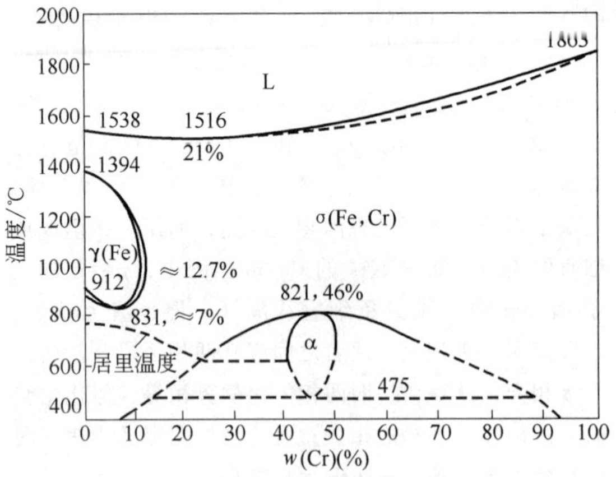

图 2-16　Fe-Cr 相图

工艺的重要工具，同时它是诸多科学家从 1897 年开始通过测定相变临界点和运用相律逐步建立的第一个二元相图，为其他合金的研究指明了方向。

1. Fe-Fe_3C 相图中的相变

碳在钢铁中可以有四种形式存在：碳原子溶于 α-Fe 形成的固溶体称为铁素体（体心立方结构），碳原子溶于 γ-Fe 形成的固溶体称为奥氏体（面心立方结构），碳原子与铁原子形成复杂结构的化合物 Fe_3C（正交点阵）称为渗碳体，碳也可能以游离态石墨（六方结构）稳定相存在。在通常情况下，铁碳合金是按 Fe-Fe_3C 系进行转变的，因为 Fe_3C 是相当稳定的亚稳相，在一定条件下（极长时间低温或较长时间高温）可以分解为铁和石墨，即 $Fe_3C\rightarrow 3Fe+C$（石墨）。因此，铁碳相图可有两种形式：Fe-Fe_3C 相图和 Fe-C 相图，为了便于应用，通常将两者画在一起，称为铁碳双重相图，如图 2-17a 所示。

在 Fe-Fe_3C 相图中，存在 3 个三相恒温转变，即在 1495℃ 发生的包晶转变：$L_B+\delta_H\rightarrow\gamma_J$，转变产物是奥氏体，包晶反应局部放大如图 2-17b 所示；在 1148℃ 发生的共晶转变：$L_C\rightarrow\gamma_E+Fe_3C$，转变产物是奥氏体和渗碳体的机械混合物，称为莱氏体；在 727℃ 发生共析转变：$\gamma_S\rightarrow\alpha_P+Fe_3C$，转变产物是铁素体与渗碳体的机械混合物，称为珠光体。共析转变温度常标为 A_1 温度。

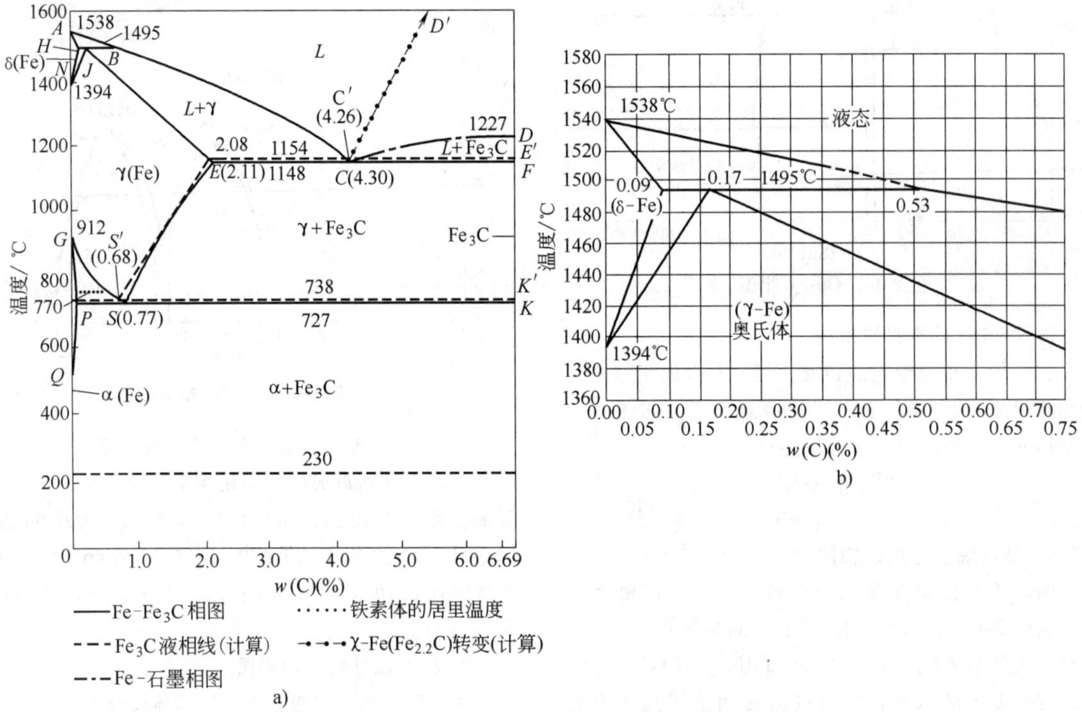

图 2-17　铁碳双重相图和包晶反应局部放大

a）铁碳双重相图　b）包晶反应局部放大

此外，在 Fe-Fe_3C 相图中还有 3 条重要的固态转变线：

（1）*GS* 线　奥氏体中开始析出铁素体（降温时）或铁素体全部溶入奥氏体（升温时）的转变线，常称此温度为 A_3 温度。

（2）*ES* 线　碳在奥氏体中的溶解度曲线。此温

度常称 A_{cm} 温度。低于此温度，奥氏体中将析出渗碳体，称为二次渗碳体，用 Fe_3C_{II} 表示，以区别于从液体中经 *CD* 线结晶出的一次渗碳体 Fe_3C_I。

（3）*PQ* 线　碳在铁素体中的溶解度曲线。在 727℃时，碳在铁素体中的最大溶解度为 0.0218%。因此，铁素体从 727℃冷却时也会析出极少量的渗碳体，称为三次渗碳体 Fe_3C_{III}，以区别上述两种情况产生的渗碳体。

图中 770℃ 的水平线表示铁素体的磁性转变温度，常称为 A_2 温度。230℃的水平线表示渗碳体的磁性转变。表 2-1 所列为 $Fe-Fe_3C$ 相图中的特征点、其碳含量和实际意义，表 2-2 列出了 $Fe-Fe_3C$ 相图中的各特性线，表 2-3 总结了 $Fe-Fe_3C$ 相图中各相的特性，表 2-4 所列为合金元素对 $Fe-Fe_3C$ 相图中同素异构转变温度（A_3 和 A_4 点）的影响。图 2-18 所示为几种常用合金元素对共析温度 A_1 及共析点含碳量的影响，这对合金设计和热处理工艺设计具有重要意义。

表 2-1　$Fe-Fe_3C$ 相图中的特征点、其碳含量和实际意义

特征点	温度/℃	碳含量（质量分数）（%）	实际意义
A	1538	0	纯铁熔点
B	1495	0.53	包晶转变时，液态合金的碳浓度
C	1148	4.30	在共晶点 $L_C \to \gamma_E + Fe_3C$
D	1227	6.69	渗碳体（Fe_3C）的熔点（理论计算值）
E	1148	2.11	碳在 γ 相中的最大溶解度
F	1148	6.69	共晶转变线与渗碳体成分的交点
G	912	0	α-Fe→γ-Fe 同素异构转变点（A_3）
H	1495	0.09	碳在 δ 相中的最大溶解度
J	1495	0.17	在包晶点 $L_B + \delta_H \to \gamma_J$
K	727	6.69	共析转变线与渗碳体成分线的交点
N	1394	0	γ-Fe→δ-Fe 同素异构转变点（A_4）
O	770	-0.50	α 相磁性转变点（A_2）
P	727	0.0218	碳在 α 相中的最大溶解度
Q	≈600	~0.005	碳在 α 相中的溶解度
S	727	0.77	共析点 $\gamma_S \to \alpha_P + Fe_3C$

表 2-2　$Fe-Fe_3C$ 相图中的各特性线

特性线	说　明
AB	δ 相的液相线
BC	γ 相的液相线
CD	Fe_3C 的液相线
AH	δ 相的固相线
JE	γ 相的固相线
HN	碳在 δ 相中的溶解度线
JN	(δ+γ)相区与 γ 相区分界线
GP	高于 A_1 时，碳在 α 相中的溶解度线
GOS	亚共析 Fe-C 合金的上临界点(A_3)
ES	碳在 γ 相中的溶解度线，过共析 Fe-C 合金的上临界点(A_{cm})
PQ	低于 A_1 时，碳在 α 相中的溶解度线
HJB	$\gamma_J = L_B + \delta_H$ 包晶转变线
ECF	$L_C = \gamma_E + Fe_3C$
MO	α 铁磁性转变线(A_2)
PSK	$\gamma_S = \alpha_P + Fe_3C$ 共析反应线，Fe-C 合金的下临界点(A_1)
230℃	Fe_3C 的磁性转变线(A_0)

表 2-3　$Fe-Fe_3C$ 相图中各相的特性

名称	符号	晶体结构	说　明
铁素体	α	体心立方	碳在 α-Fe 中的间隙固溶体，用 F 表示
奥氏体	γ	面心立方	碳在 γ-Fe 中的间隙固溶体，用 A 表示
δ	δ	体心立方	碳在 δ-Fe 中的间隙固溶体，又称高温 α 相
渗碳体	Fe_3C	正交系	是一种复杂的化合物
液相	L		铁碳合金的液相

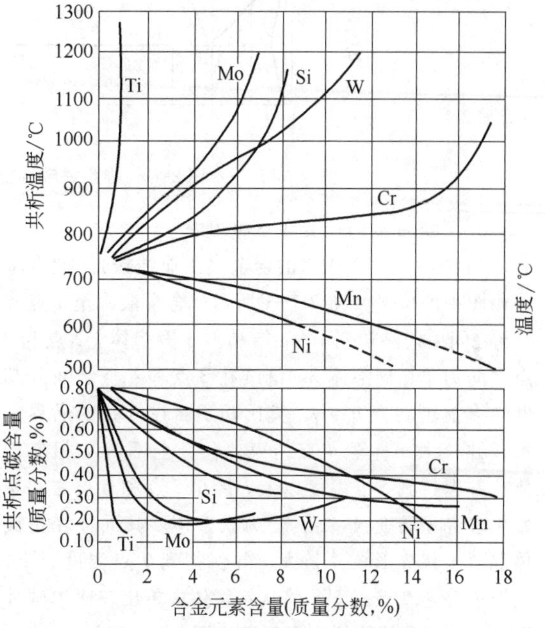

图 2-18　几种常用合金元素对共析温度 A_1 及共析点碳含量的影响

表 2-4 合金元素对 $Fe\text{-}Fe_3C$ 相图中同素异构转变温度（A_3 和 A_4 点）的影响

A_4	↕ Mn Ni C N H Cu Zn Au Co As O Zr B Sn Be Al Si P Ti V Mo W Ta Nb Sb Cr
A_3	↕ As O Zr B Sn Be Al Si P Ti V Mo W Ta Nb Sb Co Mn Ni C N H Cu Zn Au Cr①

① 当 $w(Cr) \leqslant 7\%$ 时使 A_3 降低，而当 $w(Cr) > 7\%$ 时则使 A_3 提高。

2. 钢的分类

铁碳合金通常可按碳含量及其室温平衡组织分为三大类：工业纯铁、碳钢和铸铁。碳钢和铸铁是按有无共晶转变来区分的，无共晶转变，即无莱氏体的合金称为碳钢，而有共晶转变的称为铸铁。在碳钢中，又分为亚共析钢、共析钢及过共析钢。

根据 $Fe\text{-}Fe_3C$ 相图中获得的不同组织特征，将铁碳合金按碳含量划分为7种类型（见图2-19）：

1）工业纯铁，$w(C) < 0.0218\%$。

2）共析钢，$w(C) = 0.77\%$。

3）亚共析钢，$0.0218\% < w(C) < 0.77\%$。

4）过共析钢，$0.77\% < w(C) < 2.11\%$。

5）共晶白口铸铁，$w(C) = 4.30\%$。

6）亚共晶白口铸铁，$2.11\% < w(C) < 4.30\%$。

7）过共晶白口铸铁，$4.30\% < w(C) < 6.69\%$。

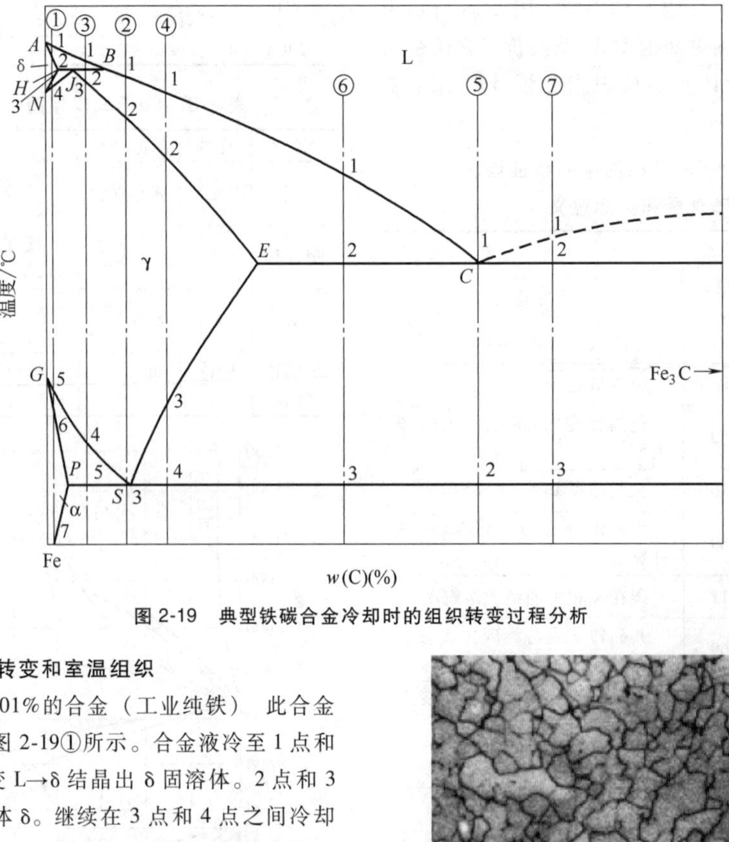

图 2-19 典型铁碳合金冷却时的组织转变过程分析

3. 7类合金的转变和室温组织

（1）$w(C) = 0.01\%$ 的合金（工业纯铁） 此合金在相图中的位置如图2-19①所示。合金液冷至1点和2点之间由匀晶转变 L→δ 结晶出 δ 固溶体。2点和3点之间为单相固溶体 δ。继续在3点和4点之间冷却发生多晶型转变 δ→γ，奥氏相不断在 δ 相的晶界上形核并长大，直至4点结束，合金全部为单相奥氏体，并保持到5点温度以上。冷至5点和6点之间又发生多晶型转变 γ→α，变为铁素体。其同样在奥氏体晶界上优先形核并长大，并保持到7点温度以上。当温度降至7点以下，将从铁素体中析出三次渗碳体 $Fe_3C_{Ⅲ}$。工业纯铁的室温组织如图2-20所示。

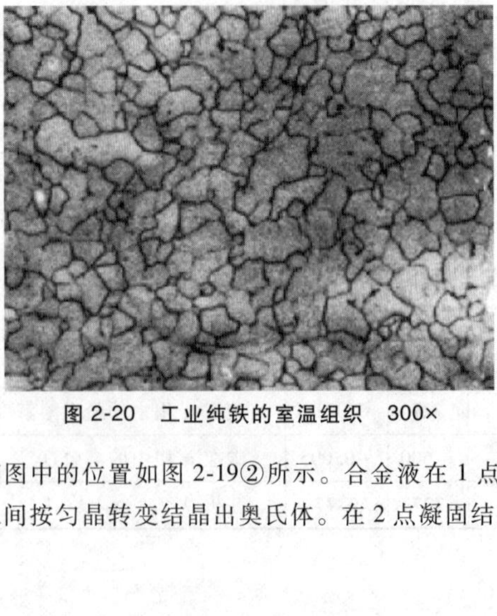

图 2-20 工业纯铁的室温组织 300×

（2）$w(C) = 0.77\%$ 的合金（共析钢） 此合金在相图中的位置如图2-19②所示。合金液在1点和2点之间按匀晶转变结晶出奥氏体。在2点凝固结束后全部转变成单相奥氏体，并使这一状态保持到 3 点温度以上。当温度冷至 3 点温度（727℃），发生共析转变 $\gamma_{0.77} \rightarrow \alpha_{0.0218} + Fe_3C$，转变结束后奥氏体全部转变为珠光体，它是铁素体与渗碳体的层片交替重叠的混合物。珠光体中的渗碳体称为共析渗碳体。当温度继续降低时，从铁素体中析出的少量 $Fe_3C_{Ⅲ}$ 与共析渗碳体长在一起无法辨认，其室温组织如图 2-21a 所示。

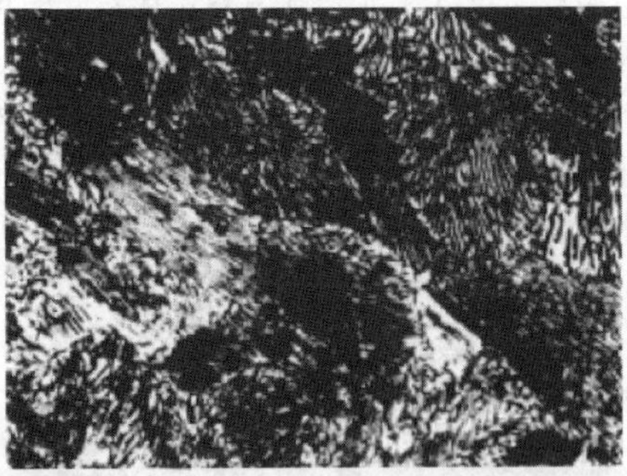

a)

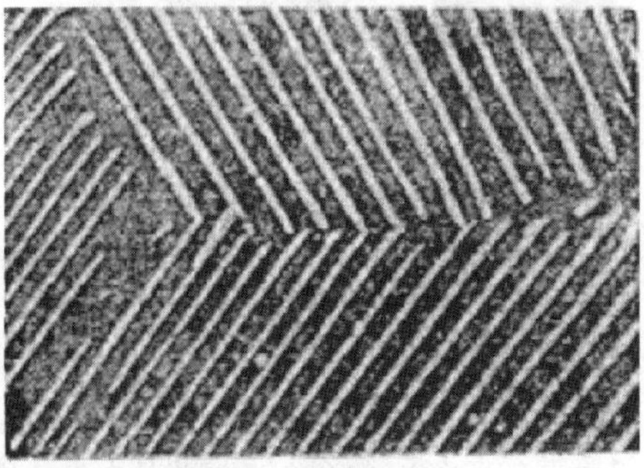

b)

图 2-21 珠光体组织

a）光学显微镜下观察的珠光体组织 600× b）在透射电镜下观察的珠光体组织（塑料一级复型） 8000×

室温下珠光体中铁素体与渗碳体的相对量可用杠杆定律求得

$$w(\alpha) = \frac{6.69 - 0.77}{6.69 - 0.0008} \times 100\% \approx 89\%$$

$$w(Fe_3C) = 100\% - 89\% = 11\%$$

$w(C) = 0.0008\%$ 为铁素体在室温时的碳溶解度极限。在如图 2-21a 所示的珠光体中，白色片状是铁素体，黑色薄片是渗碳体，这种黑白衬度是由于金相浸蚀剂对铁素体、渗碳体以及两者相界面浸蚀的速度不同所致。渗碳体不易浸蚀而凸出，其两侧的相界面在光学显微镜下无法分辨而合为一条黑线，Fe_3C 因细薄而被黑线所掩盖。用比光学显微镜分辨率高得多的透射电镜观察珠光体组织，组成相 α 和 Fe_3C 并没有黑白之分，渗碳体的形态和层片宽度更清晰，如图 2-21b 所示。

珠光体的层片间距随冷却速度增大而减小，珠光体层片越细，其强度越高，韧性和塑性也越好。如果层片状珠光体经在 A_1 温度以下适当退火处理，共析渗碳体可呈球状分布在铁素体的基体上，称为球状（或粒状）珠光体，如图 2-22 所示。球状珠光体的强度比层片状珠光体低，但塑性、韧性更好。

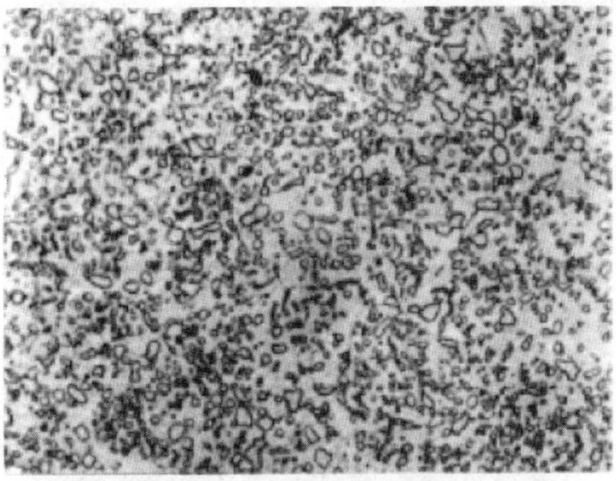

图 2-22 球状珠光体组织 400×

（3）$w(C) = 0.40\%$ 的合金（亚共析钢） 如图 2-19③所示，合金在 1 点和 2 点之间按匀晶转变结晶出 δ 固溶体。冷至 2 点（1495℃），发生包晶反应 $L_{0.53} + \delta_{0.09} \rightarrow \gamma_{0.17}$。由于合金的碳含量大于包晶点的成分（0.17%），所以包晶转变结束后，还有剩余液相。在 2 点和 3 点之间，液相继续凝固成奥氏体，温度降至 3 点，合金全部由 $w(C)$ 为 0.40% 的奥氏体组成，继续冷却，单相奥氏体不变，直至冷至 4 点时，开始析出铁素体。随着温度下降，铁素体不断增多，其含碳量沿 GP 线变化，而剩余奥氏体的碳含量则沿 GS 线变化。当温度达到 5 点（727℃）时，剩余奥氏体的 $w(C)$ 达到 0.77%，发生共析转变形成珠光体。在 5 点以下，先共析铁素体中将析出三次渗碳体，但其数量很少，一般可忽略。亚共析钢组织的金相照片如图 2-23 所示，显示出该合金的室温组织由先共析铁素体（白色）和珠光体（黑灰色，低倍下铁素体和渗碳体相间条纹无法鉴别）组成。

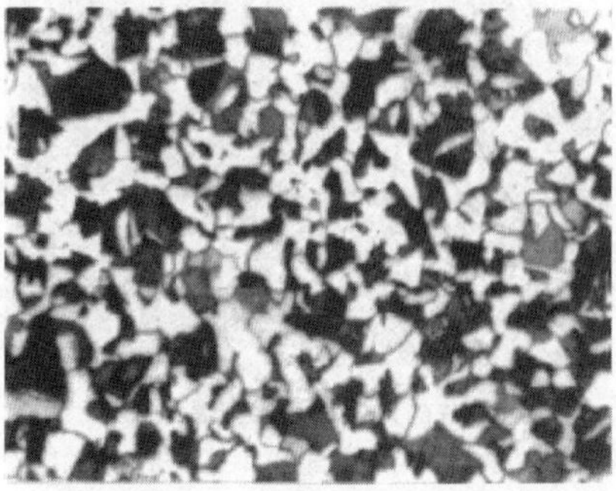

图 2-23 亚共析钢组织的金相照片 200×

（4）w(C) = 1.2%的合金（过共析钢）　如图2-19④所示，合金在1点和2点之间按匀晶过程结晶出单相奥氏体。冷至3点开始从奥氏体中析出二次渗碳体，直至4点为止。奥氏体的成分沿ES线变化；因Fe_3C_{II}沿奥氏体晶界析出，故呈网状分布。当冷至4点温度（727℃）时，奥氏体的w（C）降为0.77%，因而发生恒温下的共析转变，最后得到的组织为网状的二次渗碳体和珠光体。过共析钢组织的金相照片如图2-24所示。

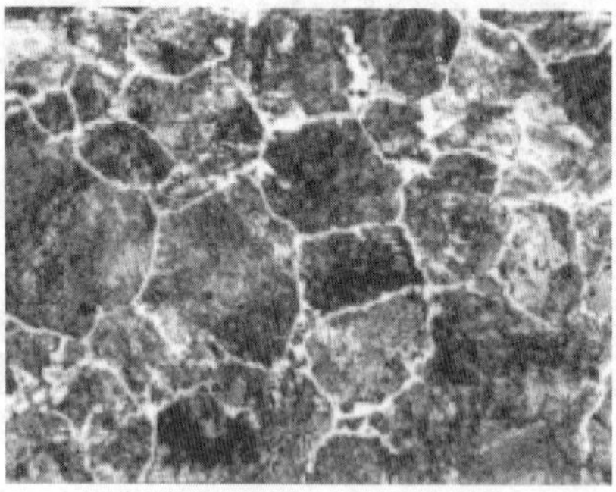

图2-24　过共析钢组织的金相照片　500×

（5）w(C)= 4.3%的合金（共晶白口铸铁）　如图2-19⑤所示，合金液冷至1点（1148℃）时，发生共晶转变：$L_{4.30} \rightarrow \gamma_{2.11} + Fe_3C$，此共晶体称为莱氏体（Ld）。继续冷却至1点和2点之间，共晶体中的奥氏体不断析出二次渗碳体，它通常依附在共晶渗碳体上而不能分辨，二次渗碳体的相对量由杠杆法则计算可达11.8%。当温度降至2点（727℃）时，共晶奥氏体的碳含量降至共析点成分0.77%，此时在恒温下发生共析转变，形成珠光体。忽略2点以下冷却时析出的Fe_3C_{III}，最后得到的组织是室温莱氏体，称为变态莱氏体，用L′d表示，它保持原莱氏体的形态，只是共晶奥氏体已转变为珠光体。共晶白口铸铁的室温组织如图2-25所示。

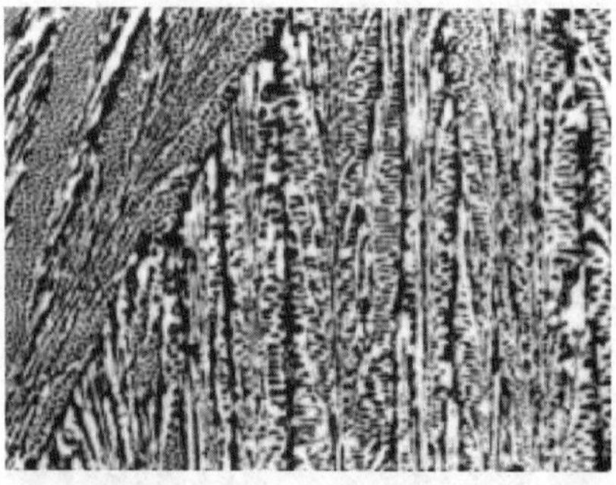

图2-25　共晶白口铸铁的室温组织　250×

注：深黑色的树枝状组成体是珠光体，其余是共晶奥氏体转变而来的珠光体。

（6）w(C)= 3.0%的合金（亚共晶白口铸铁）　如图2-19⑥所示，合金液在1点和2点之间结晶出奥氏体，此时液相成分按BC线变化，而奥氏体成分沿JE线变化。当温度到达2点（1148℃）时，初生奥氏体w(C)为2.11%，液相w(C)为4.30%，此时发生共晶转变，生成莱氏体。在2点以下，初生相奥氏体（或称先共晶奥氏体）和共晶奥氏体中都会析出二次渗碳体，奥氏体成分随之沿ES线变化。当温度冷至3点（727℃）时，所有奥氏体都发生共析转变成为珠光体。图2-26所示为该合金的室温组织。图中树枝状的大块黑色组成体是由先共晶奥氏体转变成的珠光体，其余部分为变态莱氏体。由先共晶奥氏体中析出的二次渗碳体依附在共晶渗碳体上而难以分辨。

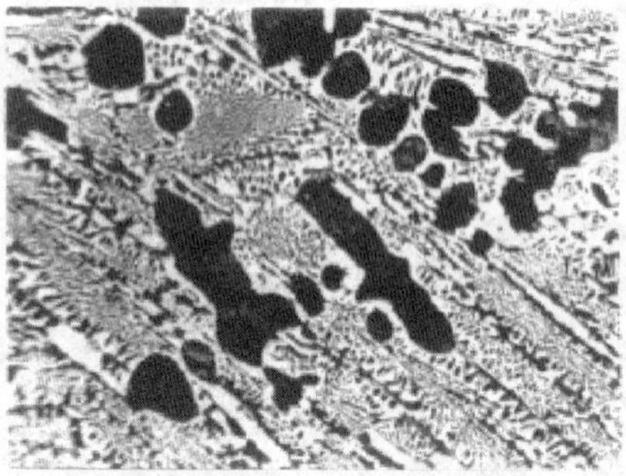

图2-26　亚共晶白口铸铁的室温组织　80×

注：白色基体是共晶渗碳体，黑色部分是变态莱氏体。

（7）w(C)= 5.0%的合金（过共晶白口铸铁）　如图2-19⑦所示，合金液冷至1点和2点之间结晶出渗碳体，先共晶相为一次渗碳体，因其是化合物，故不是以树枝状方式生长，而是以条状形态生长，其余的转变同共晶白口铸铁的转变过程相同。过共晶白口铸铁的室温组织为一次渗碳体和变态莱氏体，如图2-27所示。

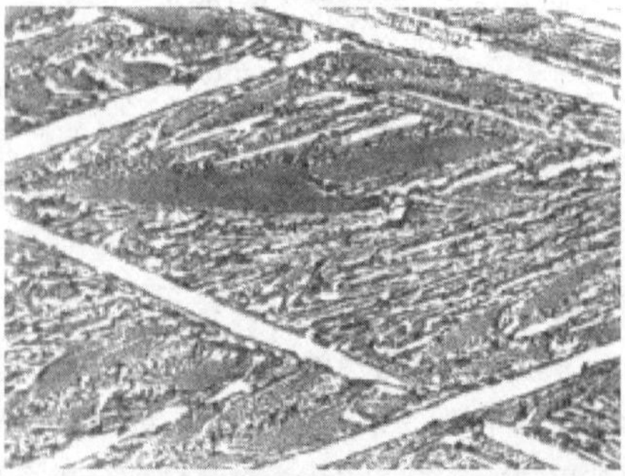

图2-27　过共晶白口铸铁的室温组织　250×

注：白色条片是一次渗碳体，其余为变态莱氏体。

根据以上对各种铁碳合金转变过程的分析，可将铁碳合金相图中的相区按组织加以标注，如图 2-28 所示。

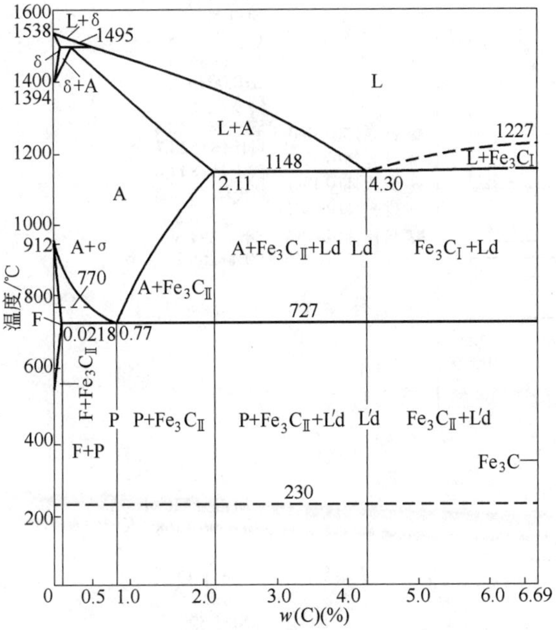

图 2-28　按组织分区的铁碳合金相图

4. 碳含量对铁碳合金的组织和性能的影响

随着碳含量的增加，铁碳合金的组织发生以下的变化：

$$F+Fe_3C_{III}\rightarrow F+P(\text{珠光体})\rightarrow P\rightarrow P+Fe_3C_{II}\rightarrow P+Fe_3C_{II}+L'd\rightarrow L'd\rightarrow L'd+Fe_3C_{I}$$

碳含量对钢的力学性能的影响，主要是通过改变显微组织及其组织中各组成相的相对量来实现的。铁碳合金的室温平衡组织均由铁素体和渗碳体两相组成，铁素体是软韧相，而渗碳体是硬脆相。珠光体由铁素体和渗碳体组成。珠光体的强度比铁素体高，比渗碳体低，而珠光体的塑性和韧性比铁素体低，比渗碳体高，而且珠光体的强度随珠光体的层片间距减小而提高。在钢中渗碳体是一个强化相。如果合金的基体是铁素体，则随碳含量的增加，渗碳体越多，合金的强度越高。但若渗碳体这种脆性相分布在晶界上，特别是形成连续的网状分布时，则合金的塑性和韧性显著下降。例如，当 $w(C)>1\%$ 以后，因二次渗碳体的数量增多而呈连续的网状分布，则使钢具有很大的脆性，塑性很低，抗拉强度也随之降低。当渗碳体成为基体时（如白口铸铁），则合金硬而脆。

工业上碳钢可分为以下三种：低碳钢［$w(C)<0.25\%$］，用于车身、薄板，强韧性好，可机械加工，可焊接。中碳钢［$0.25\%<w(C)<0.6\%$］，通常经淬火和回火处理，用于车轮、车轨、齿轮等。高碳钢［$0.6\%<w(C)<1.4\%$］、工模具钢等，通常经硬化时效处理。

淬火是通过油、有机聚合物、盐浴或水快速冷却的热处理工艺，不同于空冷的慢冷却速度，得到不同于铁碳相图的非平衡组织，奥氏体不是转变为铁素体和珠光体，而是转变为贝氏体或马氏体亚稳组织，或者部分奥氏体未转变而保留到室温，称为残留奥氏体。因此，通常应用等温转变图和连续冷却转变图，如图 2-29a 和 b 所示的 Fe-0.2C-0.58Cr-1.48Mn-0.051Nb-1.52Si 的等温转变图和连续冷却转变图。从图 2-29b 可知，只有当冷却速度大于 100℃/s 时才能得到全部马氏体，否则在连续冷却过程中得到铁素体、珠光体和贝氏体的混合组织。

5. 合金元素对钢中组织转变温度的影响

通常钢中除了碳外还需加入其他合金元素，以满足提高钢力学性能的需求。表 2-5 中列出了合金元素对钢中组织转变温度的影响，包括对奥氏体、珠光体、贝氏体和马氏体组织转变温度的影响。这是合金（微合金、低合金和高合金）钢及其工艺设计首先需要考虑的问题。

2.2.7　综合分析实例二：富 Al 的 Cu-Al 相图及其合金时效析出对性能的影响

1. 合金时效析出

Cu-Al 合金相图中富 Cu 一侧的相转变非常复杂，通常 Cu-Al 合金使用的是富 Al 一侧，其相图是非常简单的共晶相图，如图 2-30 所示，其中 θ 为 $CuAl_2$。由该图可知，在 548℃ 时发生共晶反应：

$$L_{33.2}\rightarrow\alpha_{5.65}+\theta_{52.5}\text{。}$$

研究最多的是铜含量（质量分数）约 4% 的 Al-Cu 合金。该合金没有共晶转变，只有析出（脱溶）转变，其时效析出转变复杂并具有典型性，析出转变对力学性能的研究比较系统。

当固溶体从高温淬火而呈过饱和状态时，将自发地发生分解过程，其所含的过饱和溶质原子通过扩散而形成新相析出，此过程称为析出。新相的析出通常以形核和生长方式进行。由于固态中原子扩散速率低，尤其在温度较低时更为困难，故析出过程难以达到平衡，析出产物往往以亚稳态的过渡相存在。过饱和固溶体析出分解过程是复杂多样的，因成分、温度、应力状态及加工处理条件等因素而异，通常不直接析出平衡相，而是通过亚稳态的过渡相逐步演变过来，前述的调幅分解就是一个例子。对于形核-长大型析出，也往往是分成几个阶段发展的，这里以典型

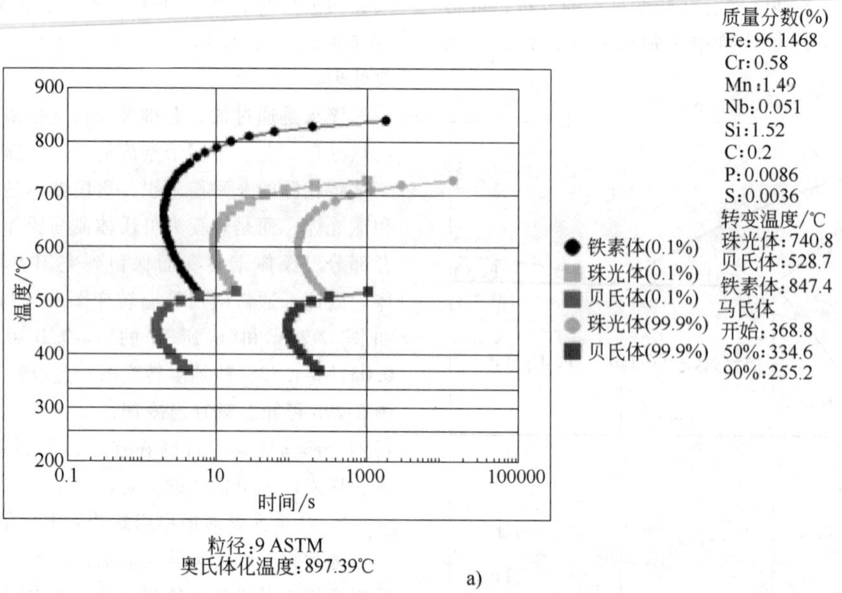

a)

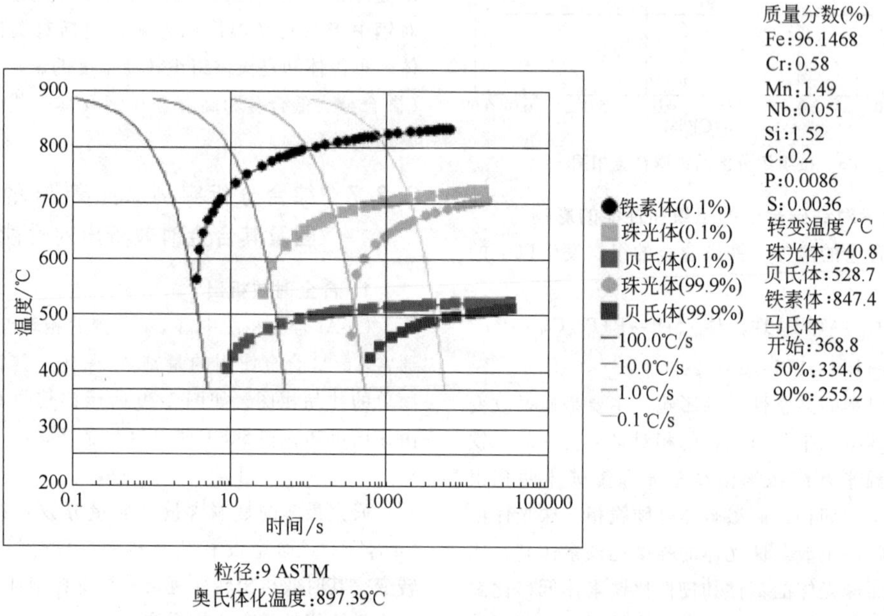

b)

图 2-29　等温转变图和连续冷却转变图

a）等温转变图　b）连续冷却转变图

表 2-5　合金元素对钢中组织转变温度的影响

影响方面		合金元素
对奥氏体化过程的影响	加速	Co
	延缓	Ti、V、Mo、W
对奥氏体等温转变的影响	保持等温转变曲线形状，向右移	Si、P、Ni、Cu 等不形成碳化物元素和弱形成碳化物元素
	等温转变曲线明显右移，珠光体和贝氏体转变曲线分开，使等温转变曲线左移	强形成碳化物元素 Ti、V、Cr、Mo、W、Co

（续）

影响方面		合金元素
对奥氏体连续冷却转变图的影响	降低奥氏体分解或转变温度	使等温转变曲线向右移的元素
	提高奥氏体分解或转变温度	使等温转变曲线向左移的元素，如 Co、Al
对马氏体转变的影响	降低 *Ms* 点	C、Mn、V、Cr、Ni、Cu、Mo、W
	影响 *Ms* 点不明显	Si、B
	提高 *Ms* 点	Co、Al
对奥氏体晶粒度的影响	阻碍晶粒长大	Ti、V、Ta、Zr、Nb 和少量 W、Mo 等形成稳定难溶碳化物的元素；N、O、S 等形成高熔点非金属夹杂物和金属间化合物的元素；Si、Ni、Co 等促进石墨化的元素；Cu，结构上自由存在的元素
	影响不明显	Cr 等形成比较易溶解碳化物的元素
	加速晶粒长大	Mn、P
	多种元素综合作用	比较复杂，不是简单叠加
对 Fe-C 相图奥氏体区的影响	缩小和封闭 A 区	Cr、W、Mo、Si、V、Ti 等
	防止或延迟回火脆性	Be、Mo、W
对回火二次硬化的影响	残留奥氏体转变	Mn、Mo、W、Cr、Ni、Co、V
	沉淀硬化	V、Mo、W、Cr、Ni、Co

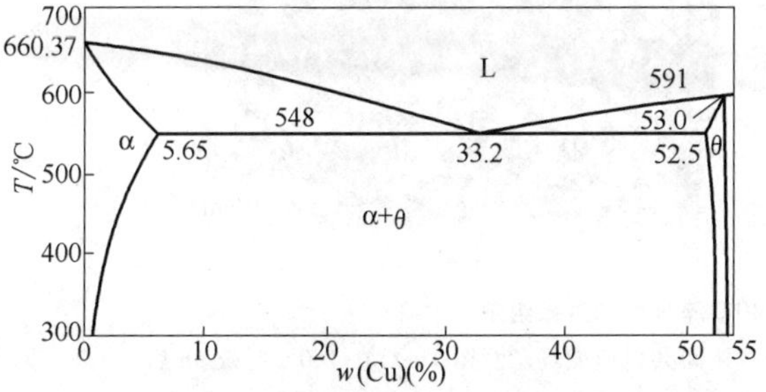

图 2-30　Cu-Al 合金富 Al 的部分相图

的 Al-4.5 Cu ［w(Cu) = 4.5%］ 合金为例来分析。人们对时效析出最早研究就是从这个合金开始的，经过长期的、多方面的研究，对它的认识也是最完善的。Cu-Al 合金相图如图 2-30 所示，Al-4.5 Cu 合金在室温的平衡组成相应为 α 固溶体和 $CuAl_2$ 金属间化合物（θ 相）。若将合金加热到 540℃，使 θ 相溶入，呈单相 α 固溶体，从此温度快冷（淬水）到室温，可得到单相的过饱和 α 固溶体（称为固溶处理），此时析出不发生，为亚稳状态。如再加热到 100～200℃ 保温（时效处理），则过饱和 α 将发生脱溶分解，并随保温时间增长而形成不同类型的过渡相。早期应用 X 射线衍射方法进行了大量的研究，得出此合金经固溶处理后时效时，沉淀相是按 G. P. 区→θ″（或称 G. P. Ⅱ）→θ′→θ（即 $CuAl_2$）的顺序逐步进行的（G. P. 是为纪念最早对此做出贡献的 Guinier 和 Preston 两位学者而命名的），而透射电子显微学的发展，使人们对此过程的结构和组织变化有了更直接的了解。图 2-31a 是时效初期（540℃淬水后，在 130℃时效 16h）形成 G. P. 区的透射电镜像，G. P. 区呈圆片状，直径约 8nm，厚仅 0.3～0.6nm，是沿着基体｛100｝面分布的铜原子富集区，它们在基体中的密度高达 10^{17}～10^{18}cm^{-3}。由于观察时试样取向是以｛100｝晶面平行于电子束方向，故平行于这组｛100｝面的 G. P. 区就表现为图中所显示的暗或白色细条，而平行于另两组｛100｝面的 G. P. 则是倾斜的，其有效厚度还不足以产生可以观察到的衬度。当时效时间延长至 24h，合金中形成过渡相 θ″，如图 2-31b 所示。θ″相为圆盘形，直径约 40nm，厚约 2nm，其成分接近 $CuAl_2$，为四方结构，$a = b = 0.404$nm，与基体的晶胞一致，而 $c = 0.78$nm（与析出物薄片相垂直的方向），较两个基体晶胞 $2c_\alpha = 0.808$nm 略小一些，故 θ″虽与 α 基体保持共格，但产生一定的弹性畸变。图 2-31c 所示为 θ″相与基体间的共格应变场情况，这种应变场是合金时效强化的重要因素。图 2-31b 中的透射电镜像是取自样品表面平行于（100）晶面［即电子束垂直于（100）面］的情况，故平行于（010）或（001）的 θ″可被观察到，呈暗色或白色细针状，而与表面平行的 θ″则不可见，但图像中出现暗色斑块（如标以 c 者）则是由于基体中弹性应变而引起的衍射衬度变化。图 2-31d 所示为以 160℃ 经 5h 时效后的电子显微像，此时 θ″相的密度很高，共格应变场也增大并扩展成彼此相互衔接的一片，形成波涛状的背景，此时合金达到最高的硬度值。当时效温度更高或时效时间更长时，合金中析出 θ′相。此时 θ″逐渐减少而至消失，θ′为沿｛100｝面析出的较大圆片，它们与基体之间已不能保持共格，凭借界面位错联系，故 θ′周围的应变场减弱，合金的硬度开始下降，表明已经过时效了。θ′也是四方结构，a、b 点阵常数仍与 α 基体接近，但 $c \approx 0.58$nm。

平衡相 θ 为 $a=b=0.606$nm，$c=0.487$nm，与 α 基体晶胞相差甚大，故与基体不共格，含有平衡相 θ 的 Al-Cu 合金已显著软化。α 基体晶胞与亚稳相和稳定相晶胞的异同性如图 2-32 所示。

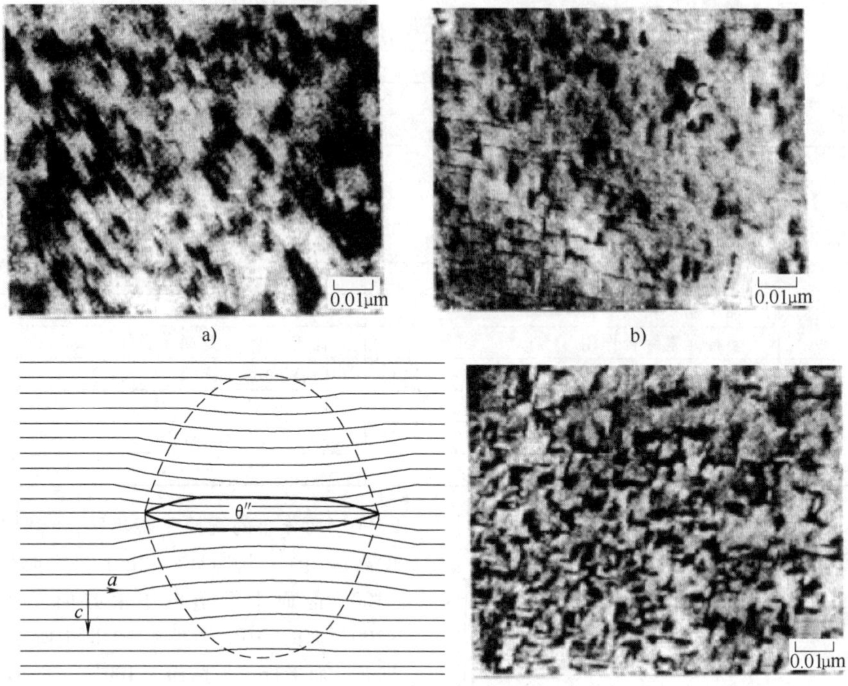

图 2-31　Al-4.5Cu 合金 540℃淬水后的显微组织

a）130℃时效 16h　b）在 130℃时效 24h　c）θ″相与基体间共格应变场示意图　d）在 160℃时效 5h 后

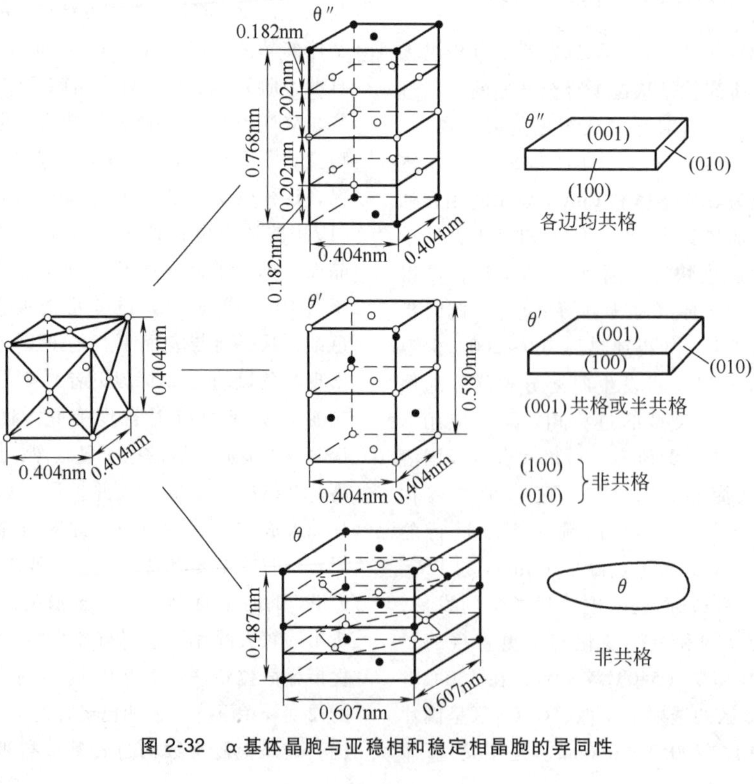

图 2-32　α 基体晶胞与亚稳相和稳定相晶胞的异同性

以上是 Al-Cu 合金中可能出现的脱溶相及其演变顺序，但如时效温度改变或合金成分变化，析出过程及形成的过渡相也会发生变化。表 2-6 列举了一些合金系的脱溶分解，可见不同合金中存在着差异。

表 2-6　一些合金系的脱溶分解

基体金属	合金	脱溶沉淀的顺序	平衡沉淀相
铝	Al-Ag	G. P. 区(球形)→γ′(片状)	→γ′(Ag_2Al)
	Al-Cu	G. P. 区(圆盘)→θ″(圆盘)→θ′	→θ($CuAl_2$)
	Al-Zn-Mg	G. P. 区(球)→*M*′(片状)	→$MgZn_2$
	Al-Mg-Si	G. P. 区(棒状)→β′	→β(Mg_2Si)
	Al-Mg-Cu	G. P. 区(棒或球)→*S*′	→*S*(Al_2CuMg)
铜	Cu-Be	G. P. 区(圆盘)→γ′	→γ(CuBe)
	Cu-Co	G. P. 区(球)	→β
铁	Fe-C	ε-碳化物(圆盘)	→Fe_3C
	Fe-N	α″(圆盘)	→Fe_4N
镍	Ni-Cr-Ti-Al	γ′(球或立方体)	→γ′[Ni_3(Ti,Al)]

2. 合金时效析出对性能的影响

时效析出对材料的力学性能有很大的影响，其作用取决于析出相的形态、大小、数量和分布等因素。一般来说，均匀析出对性能有利，能起到明显的强化作用，称为“时效强化”或“沉淀强化”；而局部析出，尤其是沿着晶界析出（包括不连续脱溶导致的胞状析出），往往对性能有害，使材料塑性下降，呈现脆化，强度也因此下降。均匀析出形成弥散分布的第二相颗粒是重要的强化机制。以 Al-Cu 合金为例来了解析出各阶段的性能变化。图 2-33 所示为 Cu 含量（质量分数，下同）为 2.0%～4.5%的 4 种 Al-Cu 合金经固溶处理后在 130℃时效不同时间后的硬度变化曲线。由该图可见，Cu 含量为 4.0%或 4.5%的合金在短时时效后即形成 G. P. 区，硬度不断提高，而在 θ″相充分析出时达到最高硬度，继续在 130℃时效则因 θ′相的大量形成使硬度下降。对于 Cu 含量较低的合金（Cu3.0%），脱溶相数量减少，故硬度提高较缓慢，所能达到的峰值也较低。至于 Cu 含量降低到 2%时，析出量少且很快就转为 θ′相，时效硬化作用甚弱。以上情况进一步表明，在 Al-Cu 合金中，θ″相起主要强化作用，这不仅是因其密度高且细小弥散分布，更由于其共格弹性应变场增至最大、形成衔接的一片，对位错运动有很大的阻碍作用。

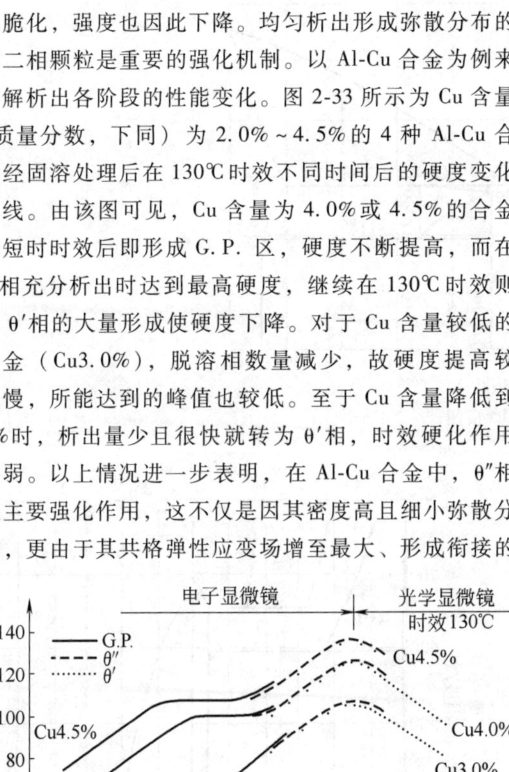

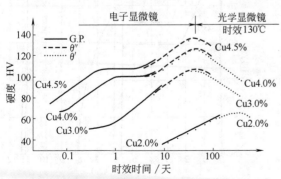

图 2-33　Al-Cu 合金时效不同时间后的硬度变化曲线

以上所举是 Al-Cu 合金的时效强化特性，对于其他的合金系，正如表 2-6 所列，各有不同的析出规律，故其时效强化的特点也不相同，应根据各个合金的特点来确定其时效处理工艺，以获得最佳的力学性能。通过析出分解而产生的时效强化是合金强化的主要途径之一，许多合金特别是 Al 基、Mg 基、Ni 基合金，以及不锈钢等基体不具有固态多型性转变的材料，都须通过合金设计利用时效强化来满足使用要求。析出分解也导致材料物理性能的变化，这变化来自时效后基体中浓度的改变、脱溶相微粒的影响和合金中应变场的作用等。时效初期使电子散射概率增加，故合金电阻上升；但过时效则因基体中溶质原子贫化而使电阻下降。合金的磁性也因时效而变化，由于析出相阻碍磁畴壁移动，软磁材料的磁导率会因时效而下降。对硬磁材料来说，因矫顽力 H_c、剩磁 B_r 也都是组织敏感的，它们与第二相的弥散度、分布情况和晶格畸变等因素有关，矫顽力的大小取决于畴壁反向运动的难易程度，故时效使 H_c 增大；析出相的弥散度越大，反迁移越困难，则 H_c 越大，B_r 也越大。调幅分解也导致材料性能的变化，所形成的精细组织使硬度、强度增高。例如，Cu-Ti 合金经时效发生调幅分解后，其强度已接近铍青铜的高强度水平。调幅分解对合金磁性的影响也是明显的。例如，Al-Ni-Co 永磁合金所呈现的组织是调幅分解形成的，由于在发生分解时合金已有磁性，则磁能与弹性能将联合影响析出组织，通过在分解时施加外磁场使浓度波动沿着磁场方向发展而形成所需的磁性异向性（定向磁合金），使磁性能显著提高。

2.2.8　常用的 Fe 基二元相图

常用的 Fe 基二元相图如图 2-34～图 2-54 所示。

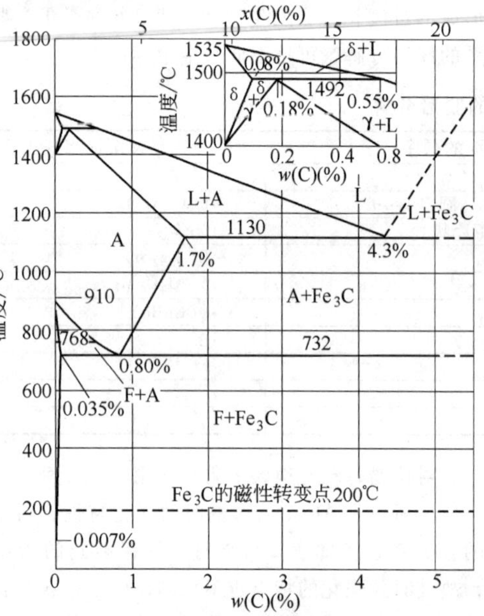

图 2-34　Fe-C 相图

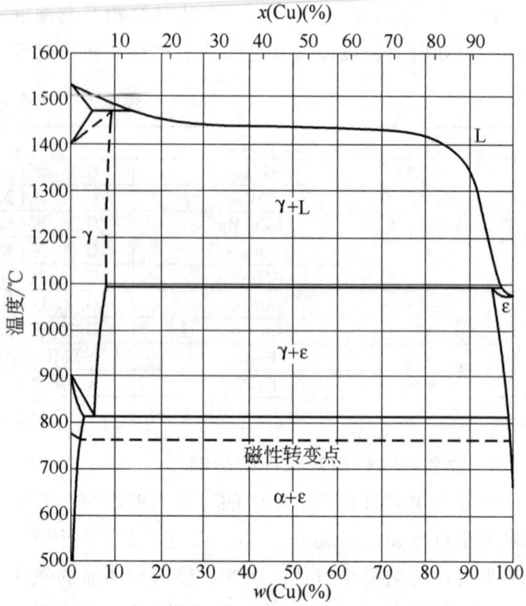

图 2-35　Fe-Cu 相图

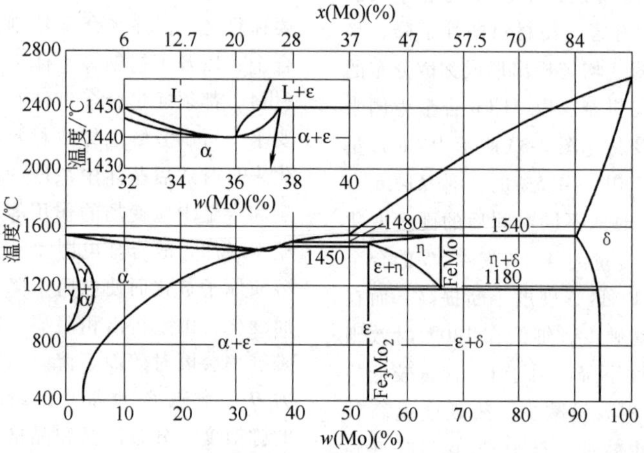

图 2-36　Fe-Mo 相图

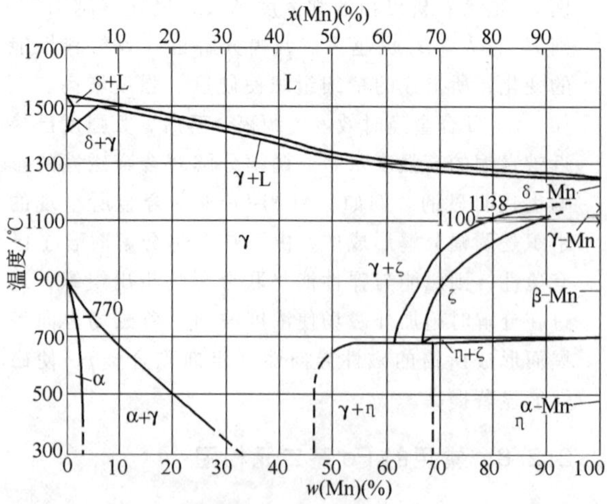

图 2-37　Fe-Mn 相图

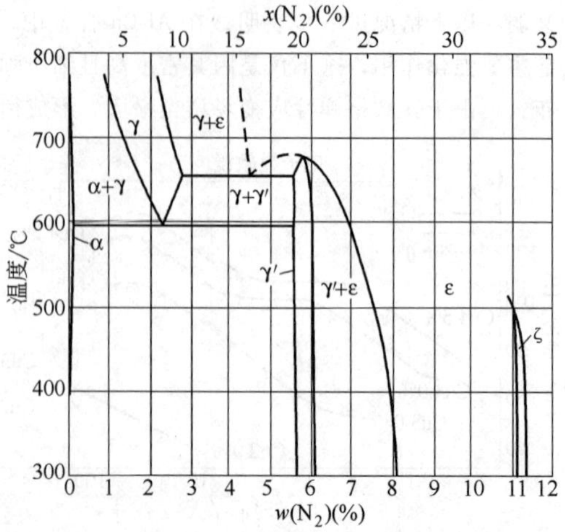

图 2-38　Fe-N 相图

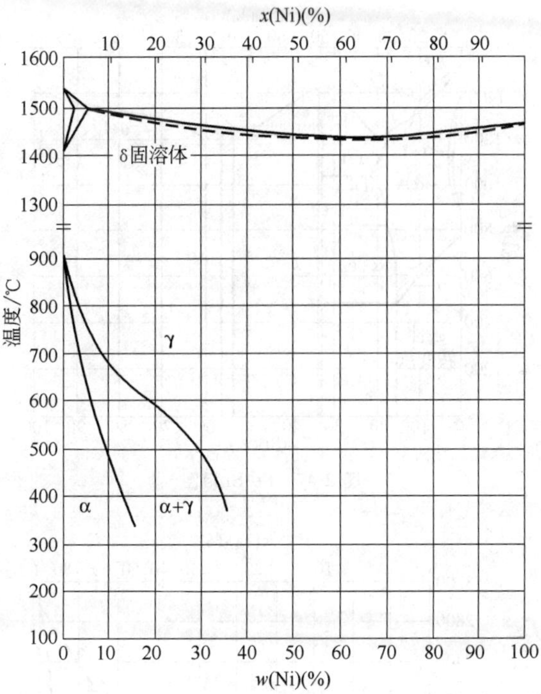

图 2-39　Fe-Ni 相图

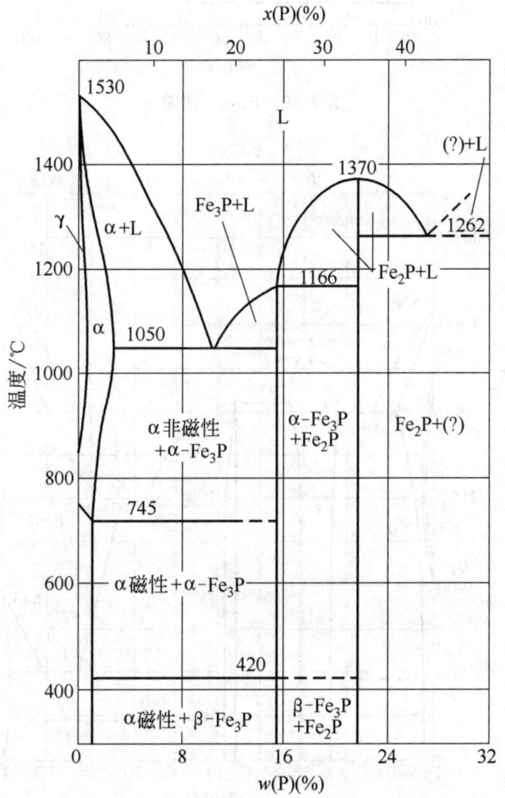

图 2-40　Fe-P 相图

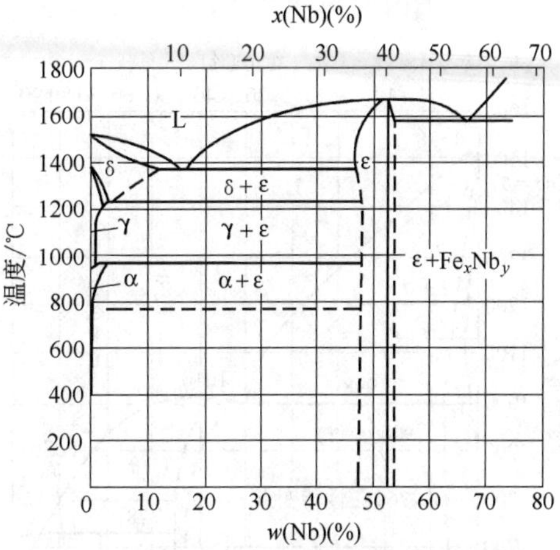

图 2-41　Fe-Nb 相图

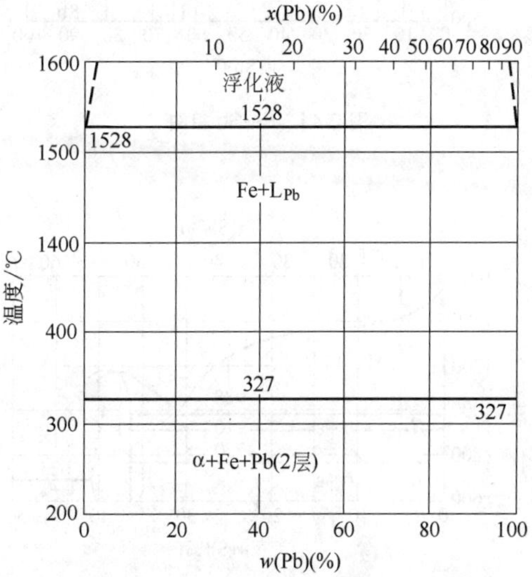

图 2-42　Fe-Pb 相图

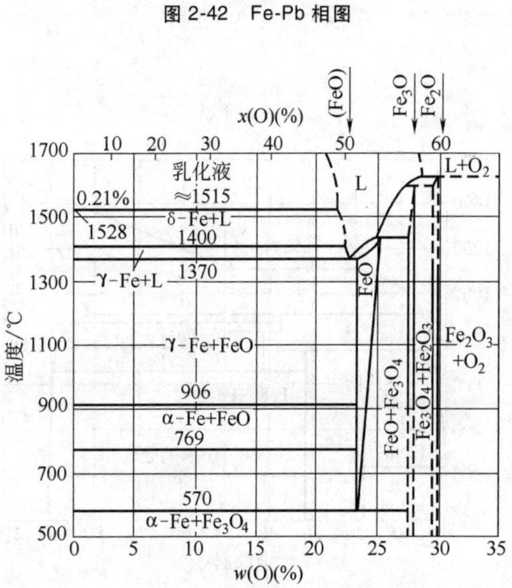

图 2-43　Fe-O 相图

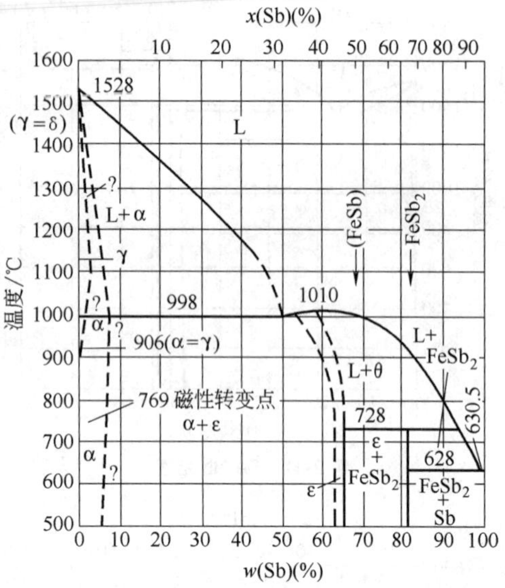

图 2-44　Fe-Sb 相图

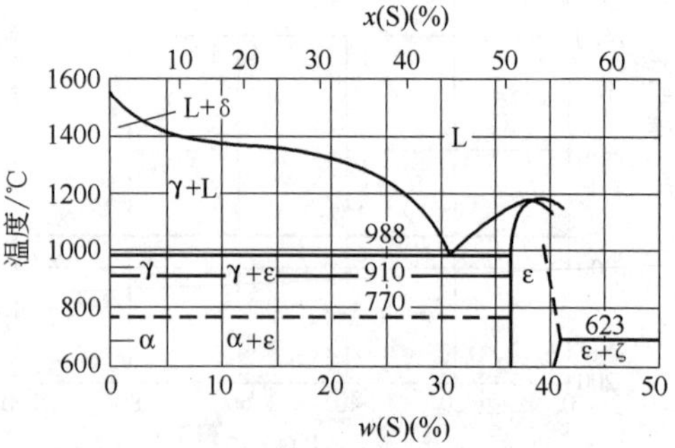

图 2-45　Fe-S 相图

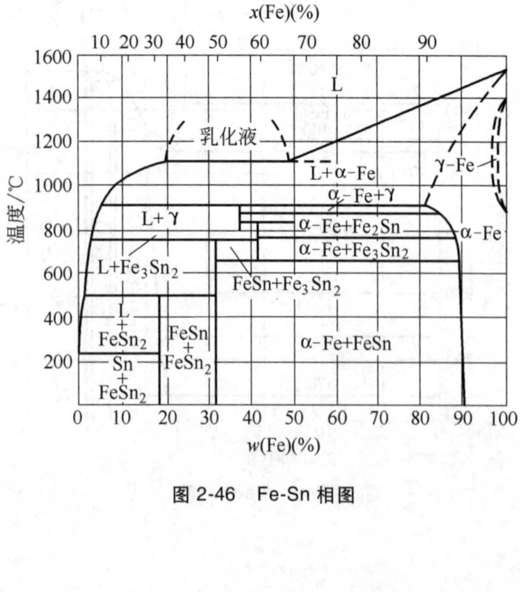

图 2-46　Fe-Sn 相图

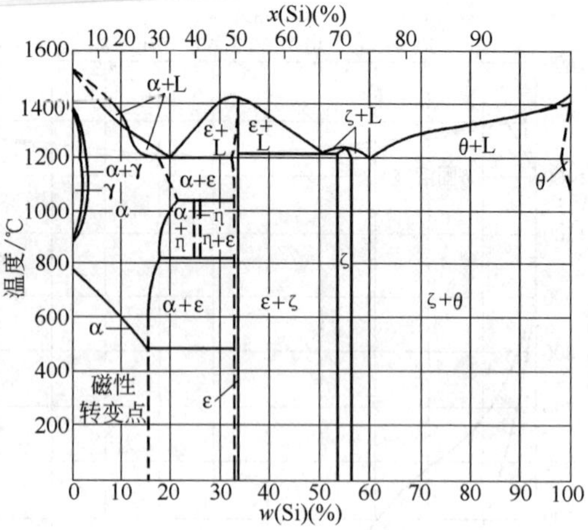

图 2-47　Fe-Si 相图

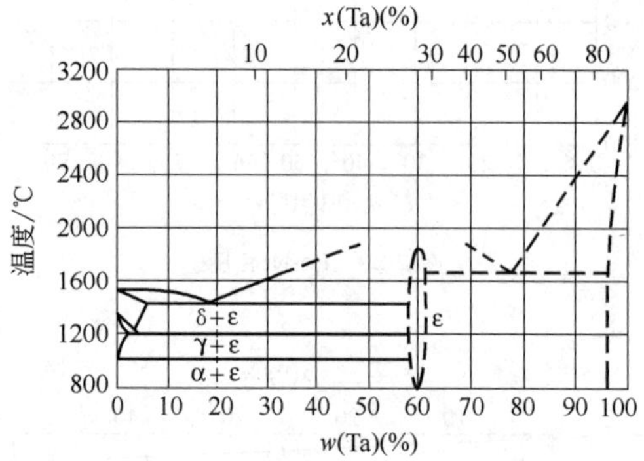

图 2-48　Fe-Ta 相图

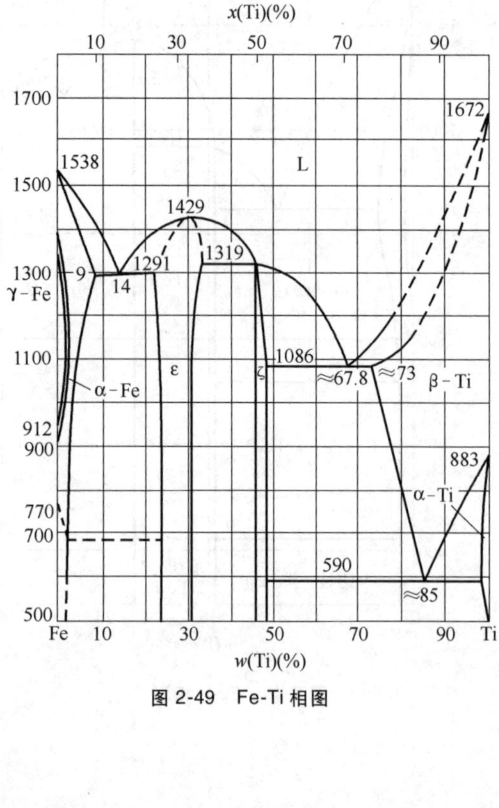

图 2-49　Fe-Ti 相图

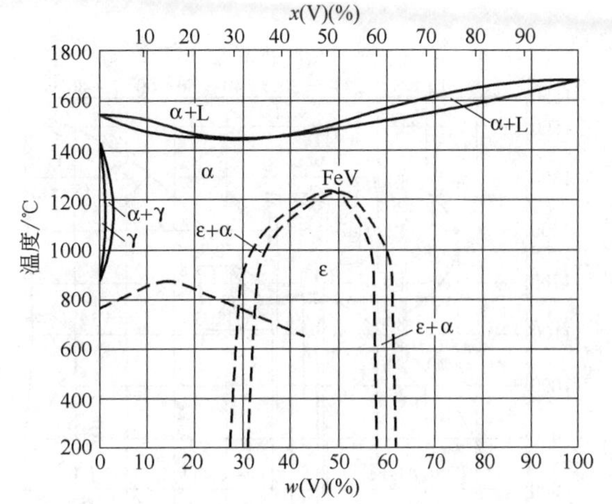

图 2-50　Fe-V 相图

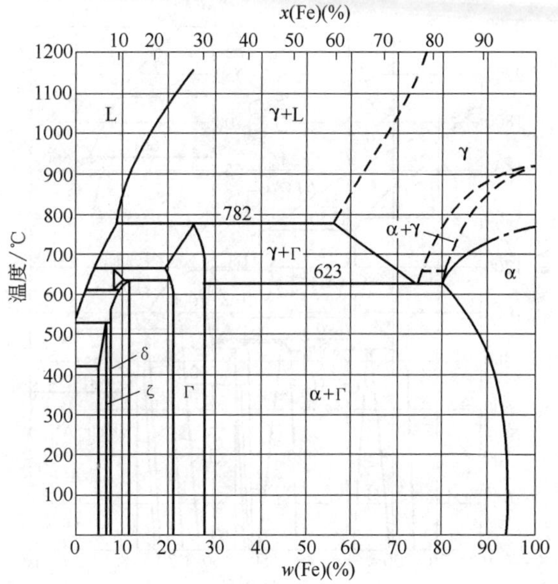

图 2-53　Fe-Zn 相图

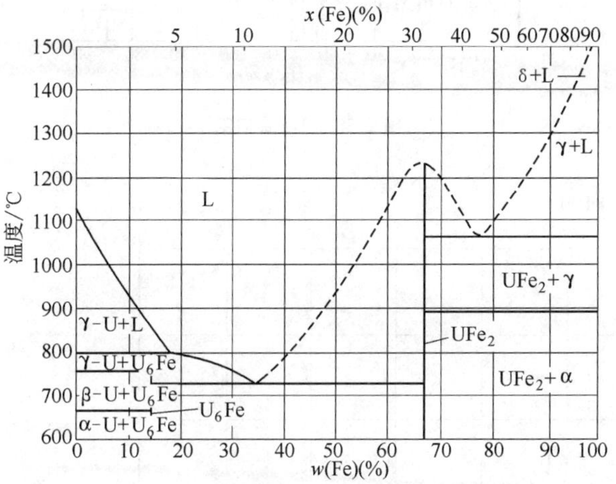

图 2-51　Fe-U 相图

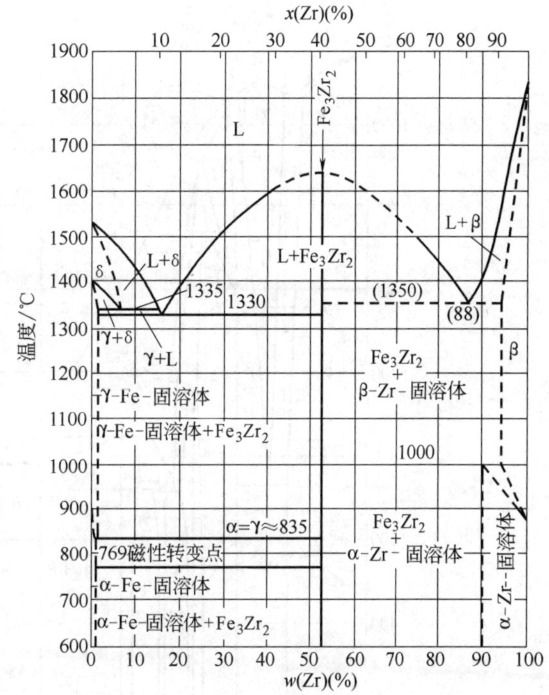

图 2-54　Fe-Zr 相图

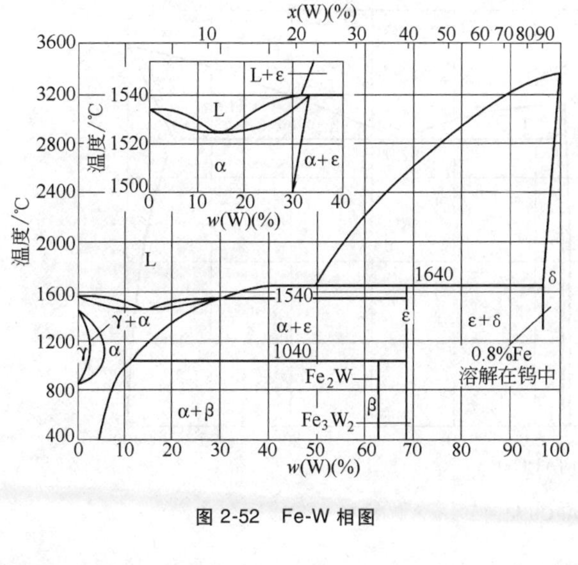

图 2-52　Fe-W 相图

2.2.9　常用的 Al 基二元相图

常用的 Al 基二元相图如图 2-55~图 2-66 所示。

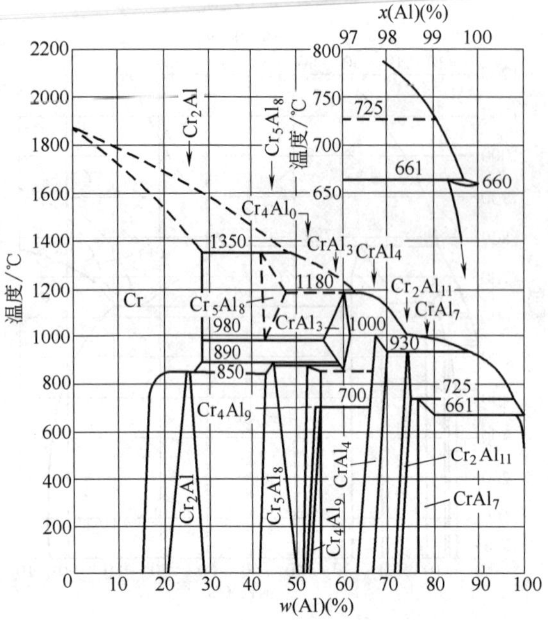

图 2-55　Al-Cr 相图

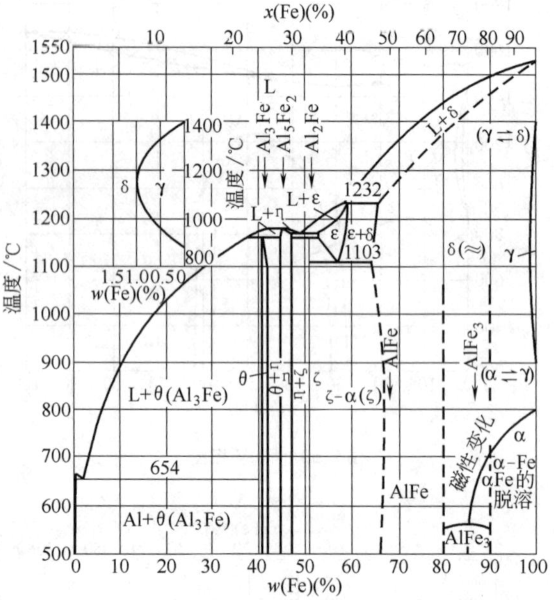

图 2-56　Al-Fe 相图

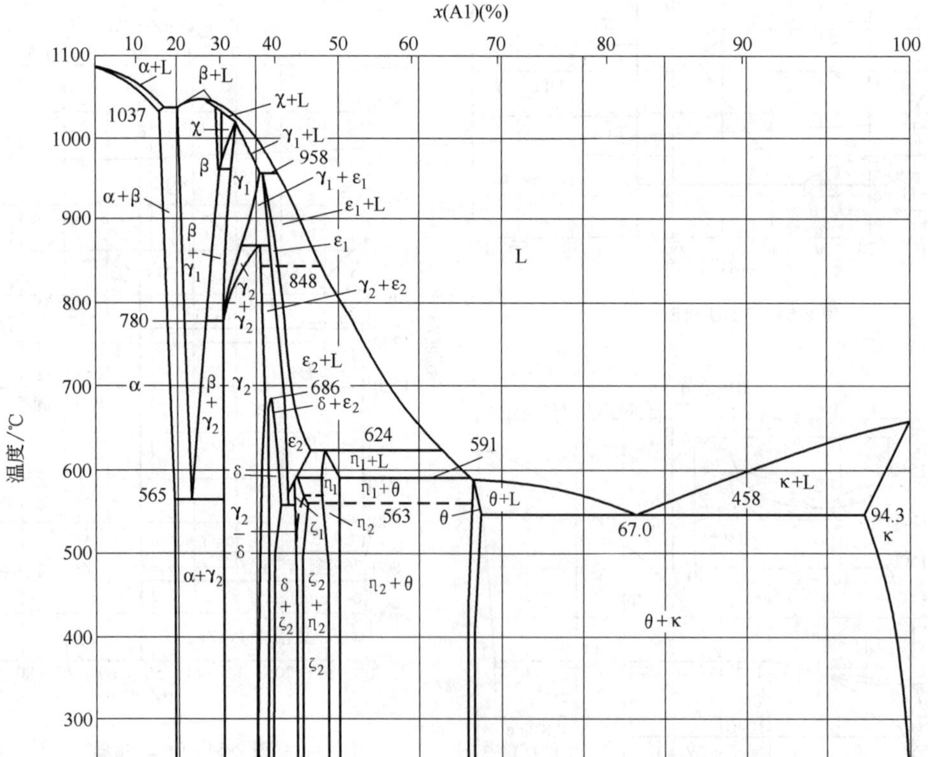

图 2-57　Al-Cu 相图

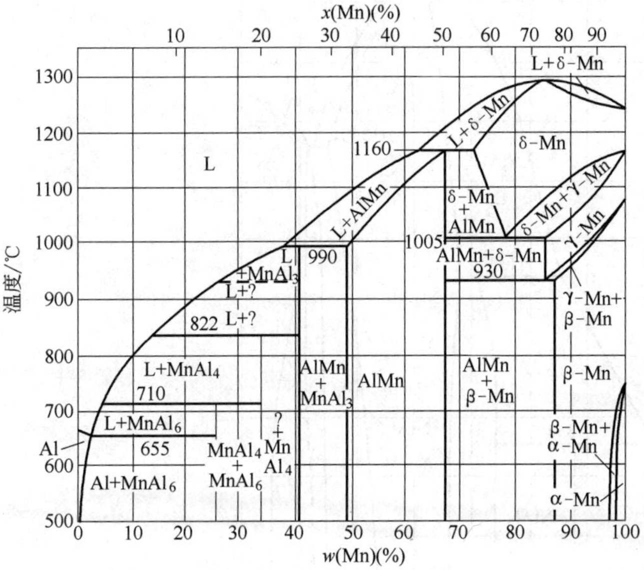

图 2-58　Al-Mn 相图

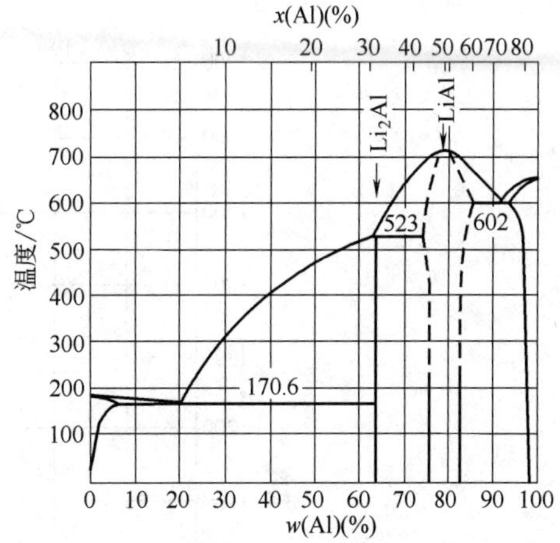

图 2-59　Al-Li 相图

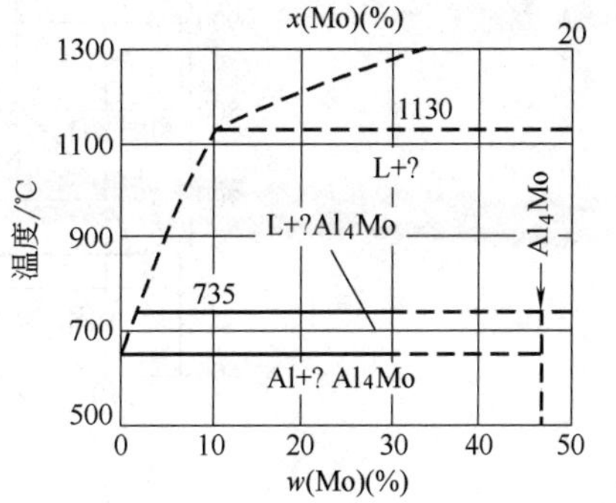

图 2-60　Al-Mo 相图

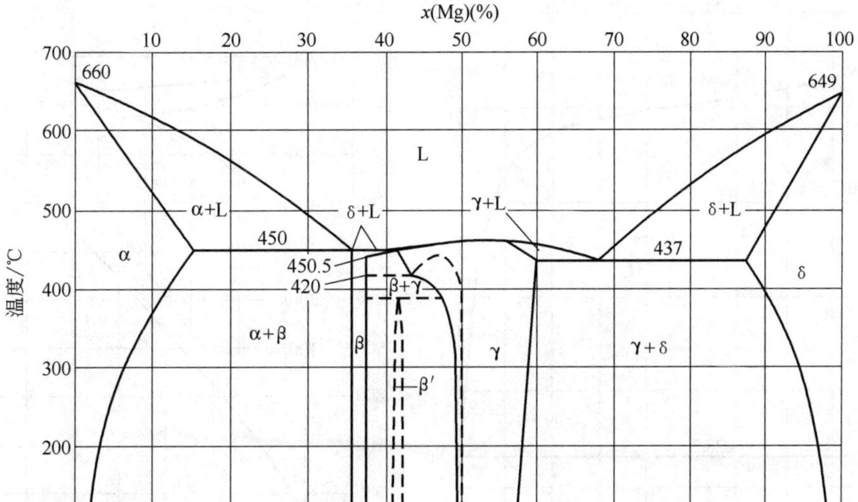

图 2-61　Al-Mg 相图

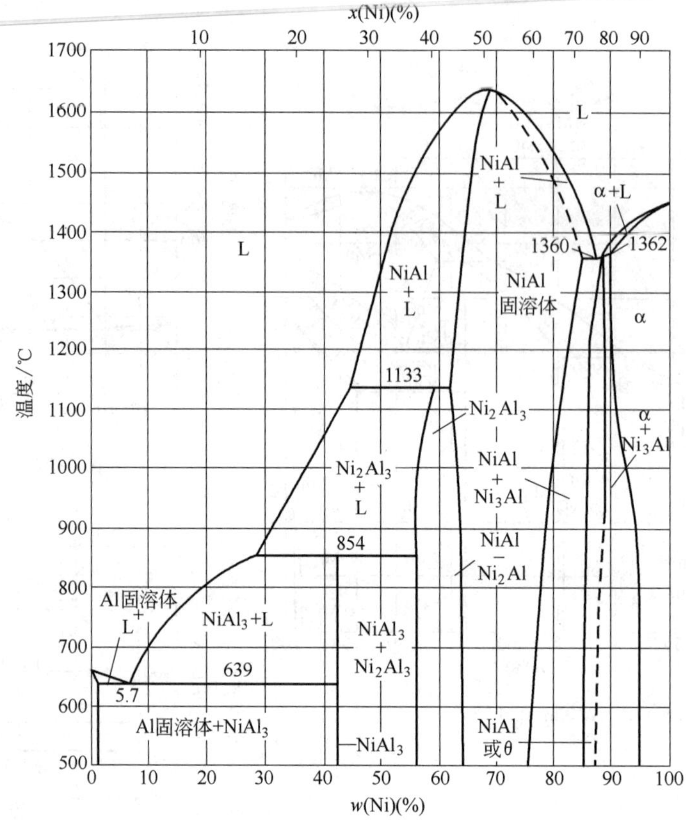

图 2-62　Al-Ni 相图

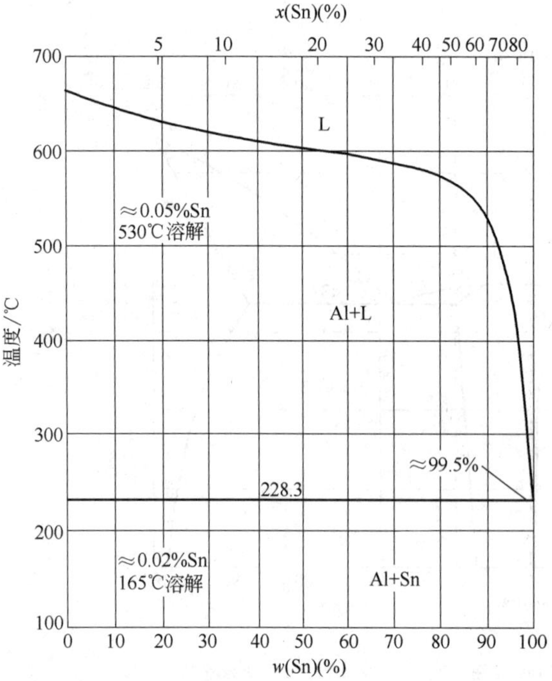

图 2-63　Al-Sn 相图

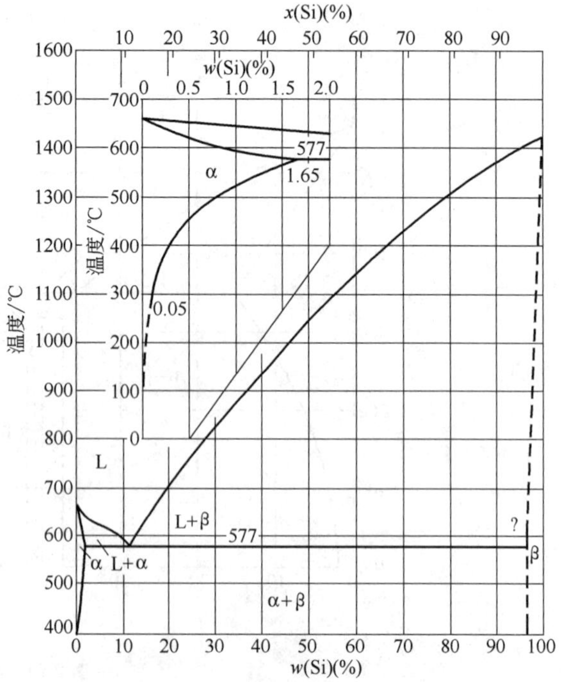

图 2-64　Al-Si 相图

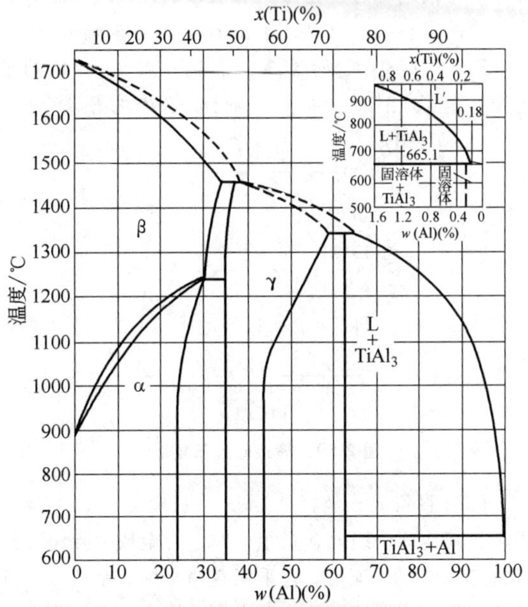

图 2-65 Al-Ti 相图

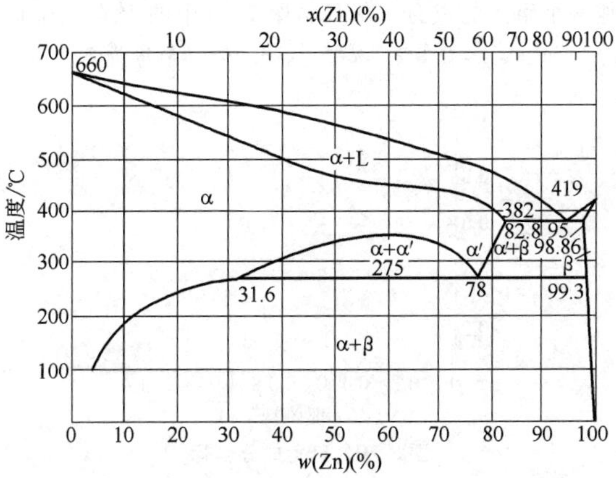

图 2-66 Al-Zn 相图

2.3 三元系相图

工业上应用的金属材料多半是由两种以上的组元构成的多元合金。由于第三组元或第四组元的加入，不仅引起组元之间溶解度的改变，而且会因新组成相的出现致使组织转变过程和相图变得更加复杂。因此，为了更好地了解和掌握各种材料的成分、组织和性能之间的关系。除了了解二元相图之外，还需要掌握三元甚至多元相图的知识。而三元以上的相图却又过于复杂，人们对测定和分析深感不便，故有时常将多元系作为伪三元系来处理，因此用得较多的是三元相图。

与二元相图比较，三元相图的组元数增加了一个，即成分变量为两个，故表示成分的坐标轴应为两个，需要用一个平面来表示，再加上一个垂直该成分平面的温度坐标轴，这样三元相图就演变成一个在三维空间的立体图形。这里，分隔每一个相区的是一系列空间曲面，而不是平面曲线。要实测一个完整的三元相图，工作量很繁重，加之应用立体图形并不方便。因此，在研究和分析材料时，往往只需要参考那些有实用价值的截面图和投影图，即三元相图的各种等温截面、变温截面及各相区在浓度三角形上的投影图等。立体的三元相图也就是由许多这样的截面和投影图组合而成的，故应着重于截面图和投影图的分析。

2.3.1 三元相图基础

三元相图与二元相图的差别，在于增加了一个成分变量。三元相图的基本特点如下：

1）完整的三元相图是三维的立体模型。

2）三元系中可以发生四相平衡转变。由相律可以确定二元系中的最大平衡相数为 3，而三元系中的最大平衡相数为 4。三元相图中的四相平衡区是恒温水平面。

3）除单相区及两相平衡区外，三元相图中三相平衡区也占有一定空间。根据相律得知，三元系三相平衡时存在一个自由度，所以三相平衡转变是变温过程，反映在相图上，三相平衡区必将占有一定空间，不再是二元相图中的水平线。

2.3.2 三元相图成分表示方法

二元系的成分可用一条直线上的点来表示，而表示三元系成分的点则位于两个坐标轴所限定的三角形内，这个三角形叫作成分三角形或浓度三角形。常用的成分三角形是等边三角形，有时也用直角三角形或等腰三角形表示成分。

图 2-67 所示为等边三角形表示法，三角形的三个顶点 *A*、*B*、*C* 分别表示 3 个组元，三角形的边 *AB*、*BC*、*CA* 分别表示 3 个二元系的成分坐标，则三角形内的任一点都代表三元系的某一成分。例如，三角形 *ABC* 内 *S* 点所代表的成分可通过下述方法求出：

设等边三角形各边长为 100%，依 *AB*、*BC*、*CA* 顺序分别代表 *B*、*C*、*A* 三组元的含量。由 *S* 点出发，分别向 *A*、*B*、*C* 顶角对应边 *BC*、*CA*、*AB* 引平行线，相交于三边的 *c*、*a*、*b* 点。根据等边三角形的性质，可得

$$Sa+Sb+Sc=AB=BC=CA=100\%$$

式中 $Sc=Ca=w(A)$；

$Sa=Ab=w(B)$；

$Sb=Bc=w(C)$。于是，Ca、Ab、Bc 线段分别代表 S 相中三组元 A、B、C 的各自质量分数。反之，如已知 3 个组元质量分数时，也可求出 S 点在成分三角形中的位置。

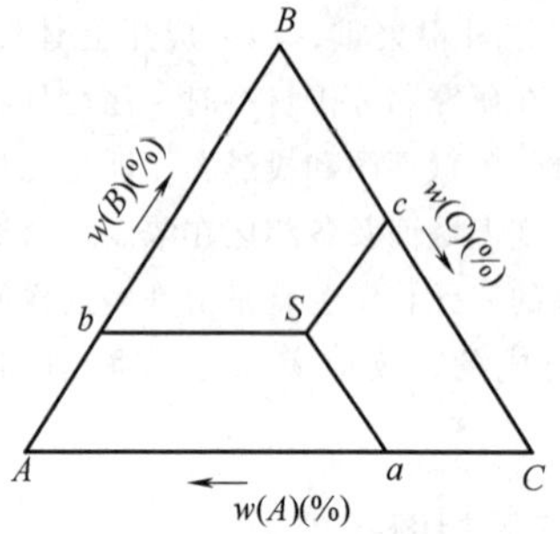

图 2-67 等边三角形表示法

2.3.3 等边成分三角形中的特殊线

在等边成分三角形中有下列具有特定意义的线：

1）凡成分点位于与等边三角形某一边相平行的直线上的各三元相，它们所含与此线对应顶角代表的组元的质量分数相等。如图 2-68 所示，平行于 AC 边的 ef 线上的所有三元相含 B 组元的质量分数都为 Ae。

2）凡成分点位于通过三角形某一顶角的直线上的所有三元系，所含此线两旁的另两顶点所代表的两组元的质量分数的比值相等。如图 2-68 中 Bg 线上的所有三元相含 A 和 C 两组元的质量分数的比值相等，即 $w(A)/w(C)=Cg/Ag$。

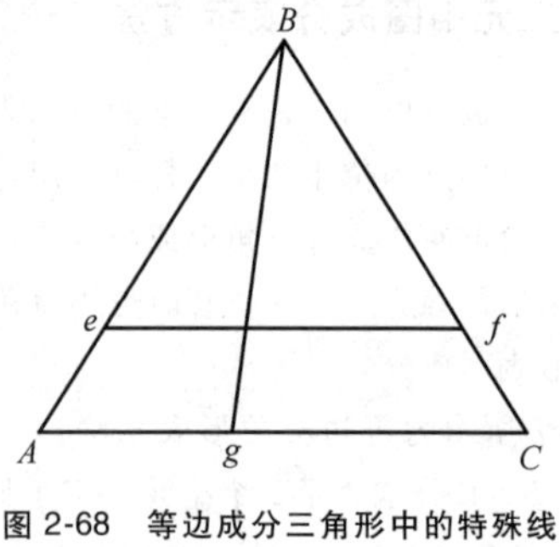

图 2-68 等边成分三角形中的特殊线

2.3.4 成分的其他表示方法

（1）等腰成分三角形 当三元系中某一组元含量较少，而另两个组元含量较多时，合金成分点将靠近等边三角形的某一边。为了使该部分相图清晰地表示出来，可将成分三角形两腰放大，成为等腰三角形。如图 2-69 所示，由于成分点 o 靠近底边，所以在实际应用中只取等腰梯形部分即可。o 点合金成分的确定与前述等边三角形的求法相同，即过 o 点分别作两腰的平行线，交 AC 边于 a、c 两点，则 $w(A)=Ca=30\%$，$w(C)=Ac=60\%$；而过 o 点作 AC 边的平行线，与腰相交于 b 点，则组元 B 的质量分数 $w(B)=Ab=10\%$。

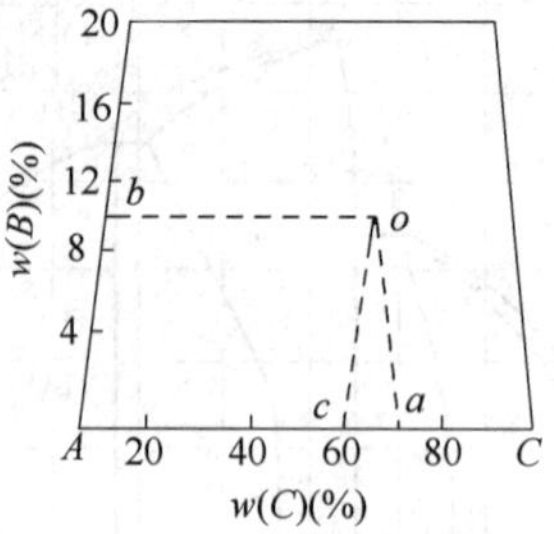

图 2-69 等腰成分三角形

（2）直角成分坐标 当三元系成分以某一组元为主、其他两个组元含量很少时，合金成分点将靠近等边三角形某一顶角。若采用直角坐标表示成分，则可使该部分相图清楚地表示出来。设直角坐标原点代表高含量的组元，则两个互相垂直的坐标轴即代表其他两个组元的成分。例如，图 2-70 中的 P 点合金成分为 $w(Mn)=0.8\%$，$w(Si)=0.6\%$，余量为 Fe。

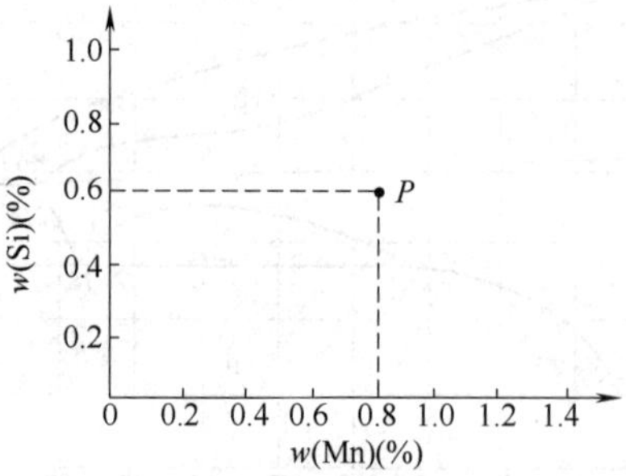

图 2-70 直角成分坐标

（3）局部图形表示法 如果只需要研究三元系中一定成分范围内的材料，就可以在浓度三角形中取出有用的局部（见图 2-71）加以放大，这样会表现得更加清晰。在这个基础上得到的局部三元相图（见图 2-71 中的Ⅰ、Ⅱ或Ⅲ）与完整的三元相图相比，不论测定、描述还是分析，都要简单一些。

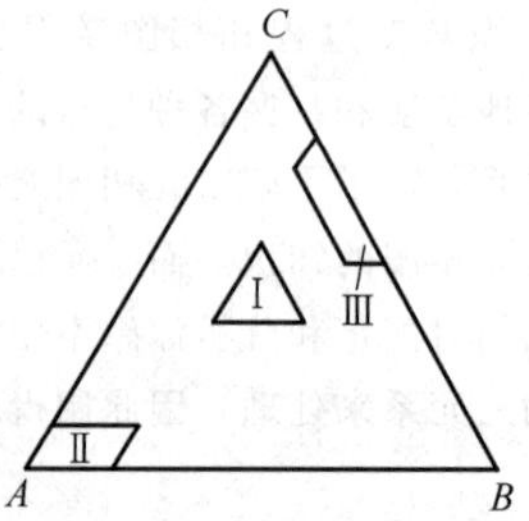

图 2-71 局部图形表示法

2.3.5　三元相图概述

三元相图具有与二元相图相似的诸多转变，但由于增加了一个成分变量，即成分变量是两个，使相图形状变得更加复杂。

根据相律，在不同状态下，三元系的平衡相数包括单相至四相。下面将归纳三元系中的相平衡和相区特征。

1. 单相状态

当三元系处于单相状态时，根据吉布斯相律可算得其自由度数为 $f=4-1=3$，它包括一个温度变量和两个相成分的独立变量。在三元相图中，自由度为 3 的单相区占据了一定的温度和成分范围，在这个范围内温度和成分可以独立变化，彼此间不存在相互制约的关系。它的截面可以是各种形状的平面图形。

2. 两相平衡

三元系中两相平衡区的自由度为 2，说明除了温度之外，在共存两相的组成方面还有一个独立变量，即其中某一相的某一个组元的含量是独立可变的，而这一相中另两种组元的含量，以及第二相的成分都随之被确定，不能独立变化。在三元系中，一定温度下的两个平衡相之间存在着共轭关系。无论在垂直截面还是水平截面中，都由一对曲线作为它与两个单相区之间的界线。两相区与三相区的界面是由不同温度下两个平衡相的共轭线组成的，因此在水平截面中，两相区以直线与三相区隔开，这条直线就是该温度下的一条共轭线。

3. 三相平衡

三相平衡时系统的自由度为 1，即温度和各相成分只有一个是可以独立变化的。这时系统称为单变量系，三相平衡的转变称为单变量系转变。三元系中三相平衡的转变有下面两种。

1）共晶型变：

共晶转变 $L\rightarrow\alpha+\beta$

共析转变 $\gamma\rightarrow\alpha+\beta$

偏晶转变 $L_1\rightarrow L_2+\alpha$

熔晶转变 $\gamma\rightarrow L+\alpha$

2）包晶型变：

包晶转变 $L+\alpha\rightarrow\beta$

包析转变 $\alpha+\gamma\rightarrow\beta$

合晶转变 $L_1+L_2\rightarrow\alpha$

在空间模型中，随着温度的变化，三个平衡相的成分点形成三条空间曲线，称为单变量线。每两条单变量线中间是一个空间曲面，三条单变量线构成一个空间不规则三棱柱体，其棱边与单相区连接，其柱面与两相区接壤。这个三棱柱体可以开始或终止于二元系的三相平衡线，也可以开始或终止于四相平衡的水平面。图 2-72 所示为共晶三角形和包晶三角形的移动规律。任何三相空间的水平截面都是一个共轭三角形，顶点触及单相区，连接两个顶点的共轭线就是三相区和两相区的相区边界线。三角空间的垂直截面一般是一个曲边三角形。

以合金冷却时发生的转变为例，无论发生何种三相平衡转变，三相空间中反应相单变量线的位置都比生成相单变量线的位置要高，因此其共轭三角形的移动都是以反应相的成分点为前导的，在垂直截面中则应该是反应相的相区在三相处的上方，生成相的相区在三相区的下方。具体来说，对共晶型转变（$L\rightarrow\alpha+\beta$），因为反应相是一相，所以共轭三角形的移动以一个顶点领先，如图 2-72a 所示。共晶转变时三相成分的变化轨迹为从液相成分画切线和 αβ 边相交，三相区的垂直截面则是顶点朝上的曲边三角形；对于包晶型转变（$L+\beta\rightarrow\alpha$），因为反应相是两相，生成相是一相，所以共轭三角形的移动是以一条边领先，如图 2-72b 所示。包晶转变时的三相浓度的变化轨迹为从液相成分画切线只和 αβ 线的延长线相交，而从 α 相成分画切线则和 Lβ 边相交，三相区的垂直截面则是底边朝上的曲边三角形。

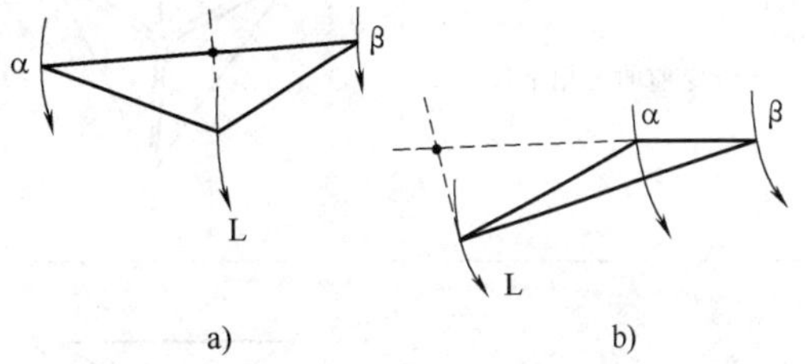

图 2-72　共晶三角形和包晶三角形的移动规律

a）共晶三角形　b）包晶三角形

4. 四相平衡

根据相律，三元系四相平衡的自由度为零，即平衡温度和平衡相的成分都是固定的。三元系中四相平衡转变大致可分为下面三类。

1）共晶型变：

共晶转变 $L\rightarrow\alpha+\beta+\gamma$

共析转变 $\delta\rightarrow\alpha+\beta+\gamma$

2）包共晶转变：

包共晶转变 $L+\alpha\rightarrow\beta+\gamma$

包共析转变 $\delta+\alpha\rightarrow\beta+\gamma$

3）包晶型变：

包晶转变 $L+\alpha+\beta\rightarrow\gamma$

包析转变 $\delta+\alpha+\beta\rightarrow\gamma$

四相平衡区在三元相图中是一个水平面，在垂直截面中是一条水平线。

四相平面以4个平衡相的成分点分别与4个单相区相连；以2个平衡相的共轭线与两相区为界，共与6个两相区相邻；同时又与4个三相区以相界面相隔。各种类型四相转变平面与周围相区的空间结构如图2-73所示。

各种类型四相平面的空间结构各不相同，这就是说，在四相转变前后合金系中可能存在的三相平衡是不一样的，同时各种单变量线的空间走向也不相同。因此，只要根据四相转变前后的三相空间，或者根据单变量线的走向，就可以判断四相平衡转变的类型。表2-7中列出了三元系中的四相平衡转变的特点（单变量线投影以液相面交线为例）。

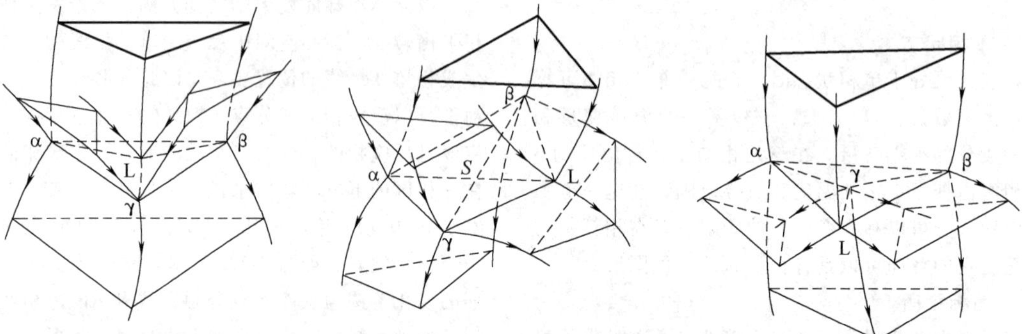

L→α+β+γ　　　L+α→β+γ　　　L+α+β→γ

图2-73　三种四相平衡区的空间结构

表2-7　三元系中的四相平衡转变的特点

转变类型	L→α+β+γ	L+α→β+γ	L+α+β→γ
转变前的三相平衡	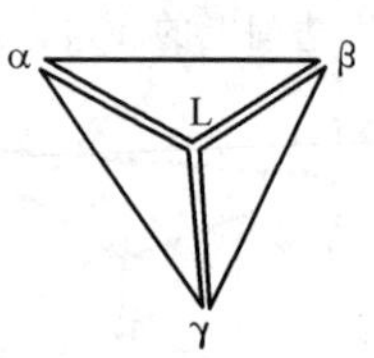	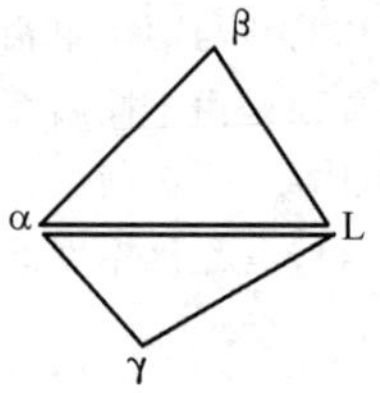	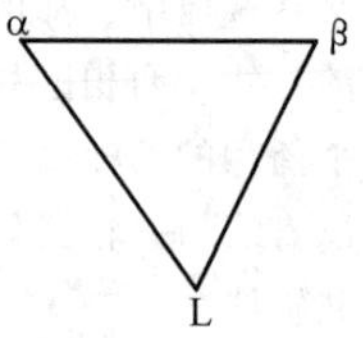
四相平衡	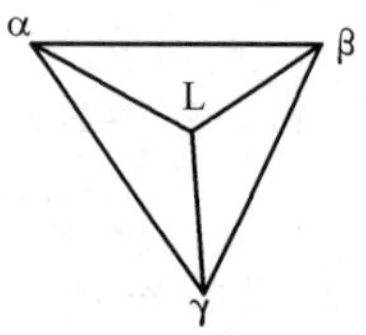	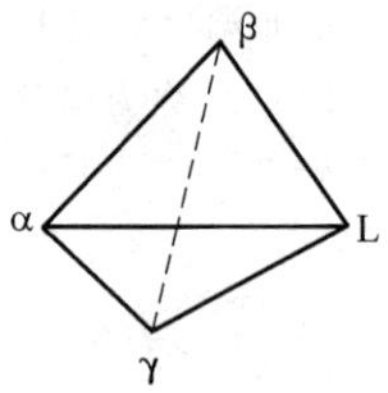	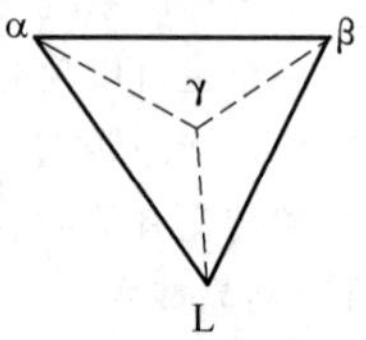
转变后的三相平衡	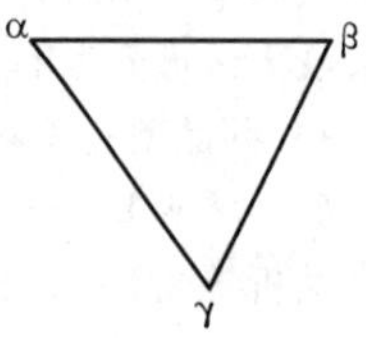	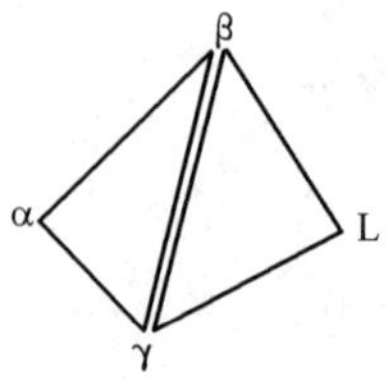	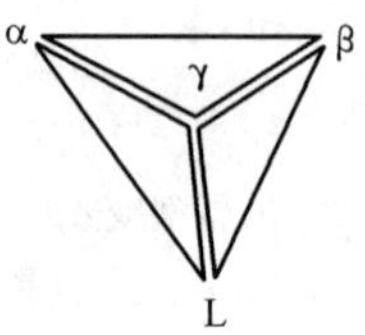
液相面交线的投影	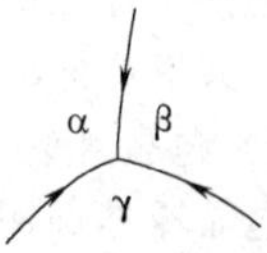	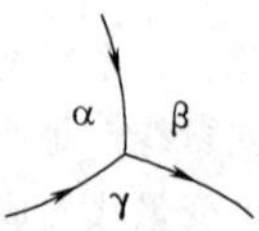	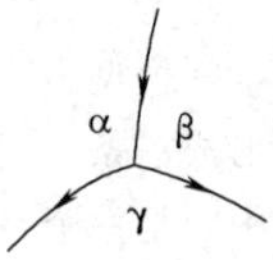

实际上有不少材料的组元数目会超过 3 个，如果组元数增加到 4 个、5 个甚至更多个，就不可能用空间模型来直接表示它们的相组成随温度和成分的变化规律。通常可把系统的某些组元的含量固定，使其成分只剩一个自变量（最多两个），利用实验或计算的方法，绘制出由温度轴和成分轴为坐标的二维或三维图形，这样的相图称为伪二元或伪三元相图。

2.3.6　三元相图举例

1. Fe-Cr-C 铸铁合金

Fe-Cr-C 系三元合金，如铬不锈钢 06Cr13、12Cr13、20Cr13，以及高碳高铬型模具钢 Cr12 等在工业中被广泛应用。此外，Fe-Cr-C 耐磨合金往往具有较高的 C 含量和较高的 Cr 含量，因此，该类 Fe-Cr-C 合金又称高铬铸铁。Fe-Cr-C 系耐磨合金，由于其硬度高且综合性能好而被广泛应用。其耐磨机制主要是在结晶过程中产生了初生碳化物 M_7C_3（正交点阵，$a=0.69$nm，$b=0.119$nm，$c=0.45$nm），该碳化物作为硬质颗粒与较硬的过共晶基体组织配合，以实现其良好的耐磨性。其中的碳含量和铬碳比（Cr/C）将直接影响初生碳化物生成的数量、性质、晶粒尺寸和分布，从而影响熔敷层的耐磨性。因此，通过调整 Cr/C 以获得不同碳化物含量和分布的微观组织结构，从而获得更好的耐磨性。

采用等离子熔敷技术在 Q235 钢表面制备出不同碳浓度和 Cr/C 的 Fe-Cr-C 合金熔敷层。所用的熔敷合金粉末为不同 Cr/C 的合金粉末 Ⅰ（试样）、Ⅱ（试样）、Ⅲ（试样），其 Cr/C 分别为 4.2、4.8 和 5.1，为过共晶成分，其化学成分见表 2-8。

表 2-8　不同 Cr/C 的合金粉末的化学成分

试样	化学成分(质量分数,%)						
	C	Cr	Mn	Si	B	Fe	Cr/C
Ⅰ	3.67	15.49	0.68	0.68	0.17	余量	4.2
Ⅱ	3.5	16.83	0.63	1.12	0.21	余量	4.8
Ⅲ	3.35	17.23	1.14	1.10	0.21	余量	5.1

各种元素对高铬铸铁组织和性能的作用如下：

（1）C　C 在 Fe-Cr-C 系合金中能少量溶入 α-Fe 中，也能在铬含量较高时与 Cr、Fe 等形成复合化合物——$(Cr, Fe)_7C_3$、$(Cr, Fe)_{23}C_6$、$(Cr, Fe)_3C$。碳对高铬铸铁韧性的影响是，当碳含量>共晶碳含量时，韧性都较差，但摩擦性能提高。

（2）Cr　Cr 是决定碳化物类型的主要因素，$w(Cr)>12\%$ 时为 M_7C_3 型碳化物。Cr 在基体中的溶解量随 C 加入量增加而增加。当 $w(Cr)=15\%$ 时，基体可溶解 8%～12% 的 Cr，碳化物中可溶解 35%～40% 的 Cr。Cr 可增加淬透性、耐磨性和耐蚀性。在碳含量一定的情况下，铬含量提高了淬透性，抑制珠光体形成，增加了奥氏体含量，提高了铸铁的韧性。

（3）Si　Si 是非碳化物形成元素，Si 使碳化物细化。硅元素可增加碳的活性，容易促使石墨形成。Si 可使铸件的淬透性下降，促使珠光体形成，影响材料的耐磨性。

（4）Mn　在 Mn 含量较低时，Mn 是强奥氏体形成元素，它既可溶于基体，提高合金的淬透性，又可溶于碳化物，降低碳化物硬度。由于 Mn 显著降低了 *Ms* 点温度，增加了淬火后残留奥氏体量，降低了淬火后的最高硬度，而且过量 Mn 溶于碳化物中使碳化物变得更脆，易产生裂纹。通常将 $w(Mn)$ 控制在 1.0%以下。

（5）B　B 元素能细化晶粒，改善碳化物的形态和分布，提高硬度和耐磨性。B 显著提高淬透性，抑制珠光体的形成，增加奥氏体的含量。

图 2-74 所示为三种试样的典型组织形貌，基于表 2-8，三种试样对应的 Cr/C 分别为 4.2、4.8 和 5.1。由图 2-74 可见，随着 Cr/C 的增加，先共晶（初生）块状碳化物（Cr_7C_3）含量逐渐增加，细小的共晶基体逐渐减少。

组织的形成可通过 Fe-Cr-C 投影图（见图 2-75）得到理解。由图 2-75 可知，依据合金成分的不同，Fe-Cr-C 合金可以分为亚共晶、共晶和过共晶 Fe-Cr-C 合金。

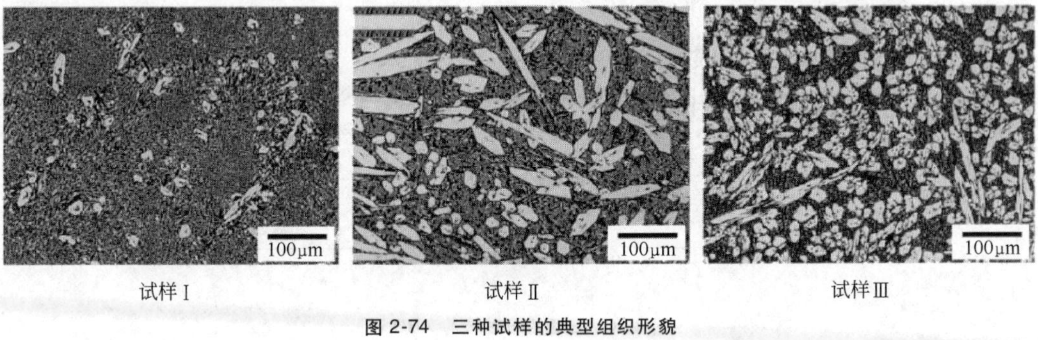

图 2-74　三种试样的典型组织形貌

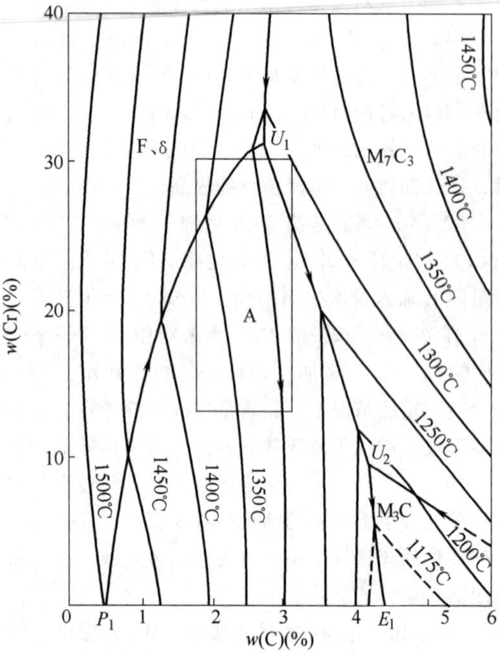

图 2-75　Fe-Cr-C 投影图

亚共晶 Fe-Cr-C 合金的 w(Cr) 在 11%～30%范围，w(C) 在 2%～3.3%范围，其初生相是奥氏体（A_{P_1}）。当合金凝固时，温度降至共晶转变温度（线 U_1-U_2）时，液相中将析出奥氏体（A_{P_1}）树枝晶。随后形成 A_{E_1}+M_7C_3 共晶碳化物。当合金中 w(C)>2.8%，w(Cr)>30%时，合金的初生相为 M_7C_3 碳化物。此时，该类合金通常称为过共晶 Fe-Cr-C 合金。该合金凝固时，在液相中首先析出 M_7C_3 碳化物（初生碳化物）。在随后的凝固过程中，发生共晶反应（L→A_{E_1}+M_7C_3）。当冷却温度降至 U_2 线时仍残留有液相，在部分成分范围内还会发生三相中包晶反应：

$$L+M_7C_3 \rightarrow M_3C$$

由图 2-75 可知，随着 Cr 含量的升高，合金发生共晶反应时的 C 含量会随之降低，室温形成的共晶奥氏体基体不稳定。通过调节合金成分，使合金中马氏体转变起始温度 *Ms* 低于室温，避免合金在过冷时形成珠光体和马氏体，成为亚稳的残留奥氏体，有利于韧性的提高。

三组成分试样的 XRD 谱如图 2-76 所示，由 XRD 谱可知，不存在 Fe_3C，表明珠光体被抑制形成，同时也不存在 bcc 马氏体，表明共晶中的奥氏体（A）被保持到室温，成为亚稳的残留奥氏体。从图 2-76 中的 M_7C_3 衍射的相对强度可知，随 Cr/C 提高，M_7C_3 的含量增加，这与图 2-74 中金相照片所显示的含量是一致的。从图 2-76 中可以看出，三种合金熔敷层中的主要相是 Cr_7C_3 和奥氏体。由于试样Ⅰ、Ⅱ和Ⅲ熔敷层中的 Cr/C 分别为 4.2、4.8 和 5.1，而 Cr 的质量分数都大于 12%，完全满足 M_7C_3 型碳化物的形成条件，所以熔敷层中的 Cr 原子主要以 Cr_7C_3 型碳化物的形式存在，其中既有初生碳化物相，也有共晶反应中与奥氏体共生生长的共晶碳化物。在试样Ⅰ中出现了碳化物 Cr_3C_2，结合图 2-77 所示的 Fe-Cr-C 三元合金系相图投影图可知，在冷却过程中，随着共晶反应的发生，其中的共晶碳化物与共晶奥氏体共同生长，但是由于生成碳化物消耗大量的 Cr 而在金属溶液中出现了 C 的富集，从而析出碳化物 Cr_3C_2，而

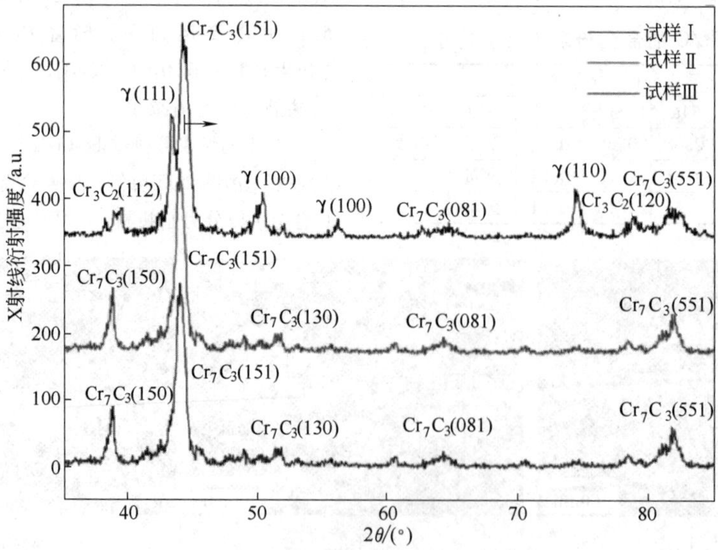

图 2-76　三组成分试样的 XRD 谱

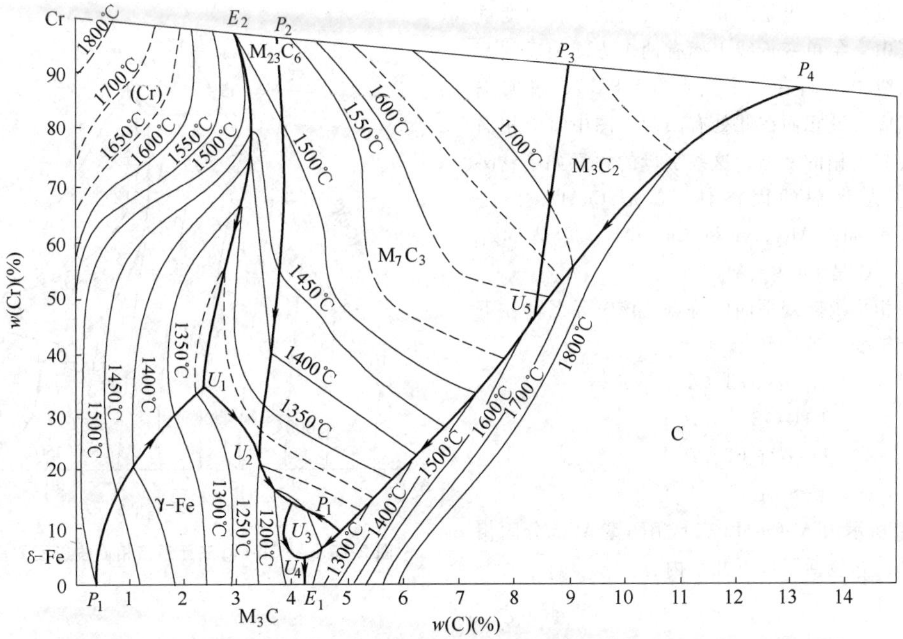

图 2-77　Fe-Cr-C 三元合金系相图投影图

不发生上述的三相包晶反应的产物 MC_3。Cr_3C_2 的硬度大于 1700HV，高温化学性质稳定，主要作为耐高温热喷涂材料在耐高温材料领域被广泛应用。相比于碳化物 M_7C_3，其 C 含量更高，硬度高而脆性大，在耐磨领域不如碳化物 M_7C_3。

图 2-78 所示为三组试样的摩擦因数随摩擦时间的变化和平均摩擦因数与磨损量的关系。由该图可知，三种试样的平均摩擦因数 Ⅰ > Ⅱ > Ⅲ，而试样 Ⅰ 的摩擦因数变化幅度最大。由于在试样 Ⅰ 中，其基体组织中存在少量的碳化物且分布不均匀，以及大量较软的奥氏体，导致在较大应力作用下容易发生应力集中而破裂脱落，部分剥落的碳化物颗粒保留在摩擦副中，从而导致摩擦因数发生较大波动。从图 2-78b 中三个试样的磨损量可以看出，试样 Ⅲ 的耐磨性最好，试样 Ⅱ 次之，而试样 Ⅰ 的耐磨性最差。

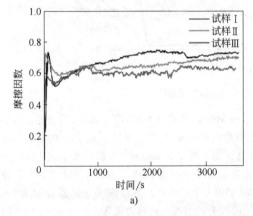

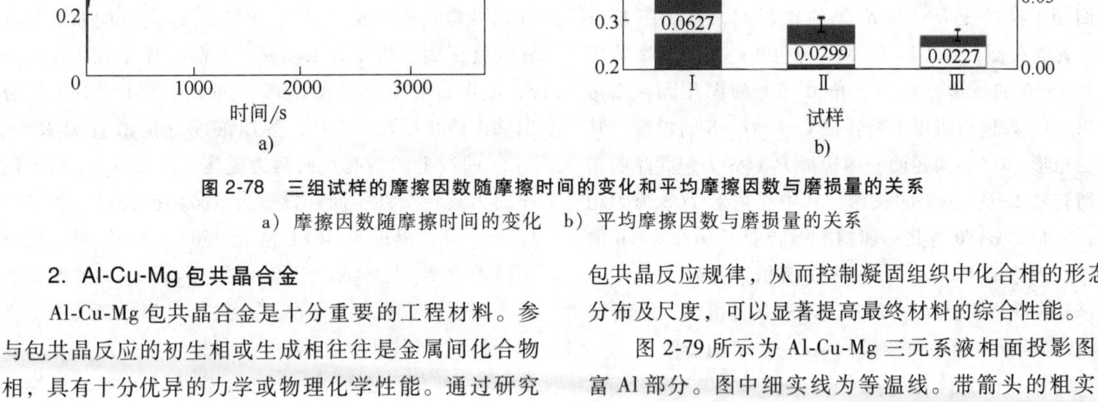

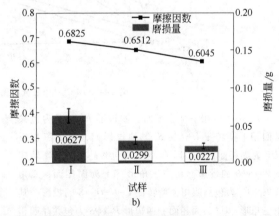

图 2-78　三组试样的摩擦因数随摩擦时间的变化和平均摩擦因数与磨损量的关系

a）摩擦因数随摩擦时间的变化　b）平均摩擦因数与磨损量的关系

2. Al-Cu-Mg 包共晶合金

Al-Cu-Mg 包共晶合金是十分重要的工程材料。参与包共晶反应的初生相或生成相往往是金属间化合物相，具有十分优异的力学或物理化学性能。通过研究包共晶反应规律，从而控制凝固组织中化合相的形态、分布及尺度，可以显著提高最终材料的综合性能。

图 2-79 所示为 Al-Cu-Mg 三元系液相面投影图的富 Al 部分。图中细实线为等温线。带箭头的粗实线

是液相面交线投影，也是三相平衡转变的液相单变量线投影。其中一条单变量线上标有两个方向相反的箭头，并在曲线中部画有一个黑点（518℃），说明空间模型中相应的液相面在此处有凸起。图中每液相面都标有代表初生相的字母，这些字母的含意如下：α-Al 是以 Al 为溶剂的固溶体，θ 是 $CuAl_2$，β 是 Mg_2Al_3，γ 是 $Mg_{17}Al_{12}$，S 是 $CuMgAl_2$，T 是 $Mg_{32}(Al, Cu)_{49}$，Q 是 $Cu_3Mg_6Al_7$。

根据四相平衡转变平面的特点，该三元系存在下列四相平衡转变：

L→α+θ+S（E_T）

L+Q→S+T（P_1）

L→α+β+T（E_V）

L+S→α+T（P_2）

图 2-80 所示为 Al-Cu-Mg 三元相图富 Al 部分固相面的投影图，它包括了以下几个内容。

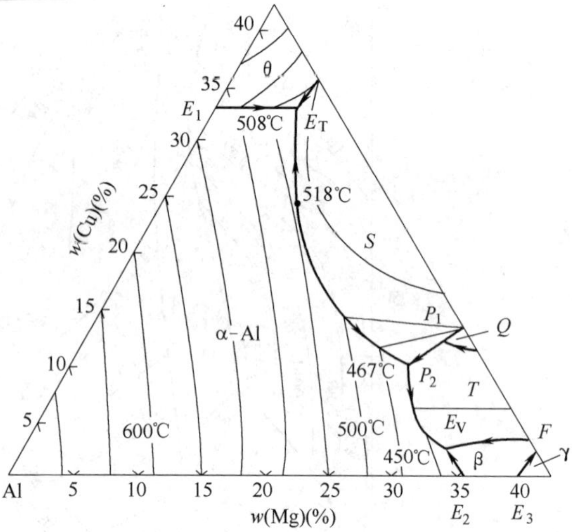

图 2-79　Al-Cu-Mg 三元系液相面投影图的富 Al 部分

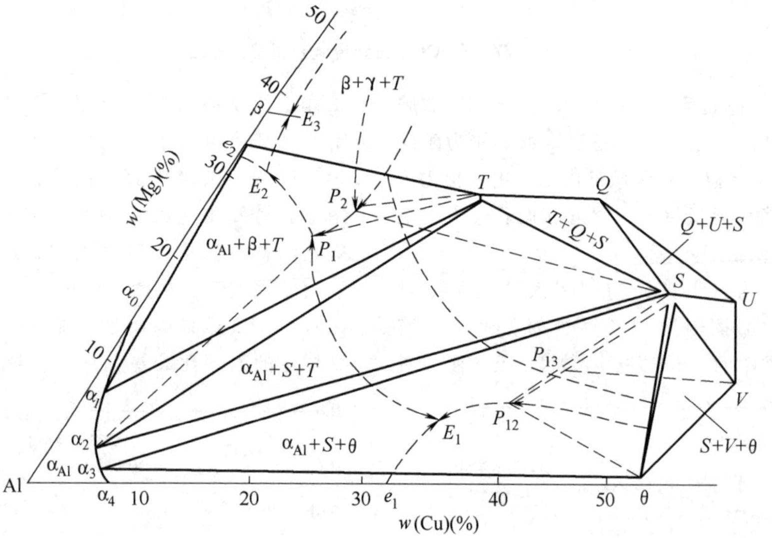

图 2-80　Al-Cu-Mg 三元相图富 Al 部分固相面的投影图

1）7 个四相平衡水平面。四边形 $P_{13}SUV$ 为包共晶四相平衡转变 L+U→S+V 的投影面，其中三角形 SUV 为固相面；四边形 $P_{12}SV$θ 为包共晶四相平衡转变 L+V→S+θ 的投影，其中三角形 SθV 为固相面；三角形 $P_{13}QU$ 为包晶四相平衡转变 L+U+Q→S 的投影，其中三角形 QUS 为固相面；四边形 P_2TQS 为包共晶四相平衡转变 L+Q→S+T 的投影，其中三角形 TQS 为固相面；三角形 $α_3S$θ 为共晶四相平衡转变 L→$α_{Al}$+S+θ 的投影；四边形 $P_1TSα_2$ 为包共晶四相平衡转变 L+S→$α_{Al}$+T 的投影，其中三角形 $α_2TS$ 为固相面；三角形 $α_1T$β 为共晶四相平衡转变 L→$α_{Al}$+β+T 的投影。

2）4 个三相平衡转变终了面。共晶三相平衡 L→$α_{Al}$+θ 转变，温度自 548℃ 降至 508℃ 时，各相浓度分别沿着 $e_1E_1α_4α_3$ 变化，连接 $α_3α_4$ 与 θ 的曲面为其转变终了面，投影为 $α_3α_4$θ；共晶三相平衡 L→$α_{Al}$+S，温度自液相单变线 E_1P_1 上的最高温度 518℃，分别移向 508℃ 及 467℃，各相浓度分别沿着 P_1E_1 及 $α_2α_3$ 曲线上的最高点向两边变化，连接 $α_2α_3$ 与 S 的曲面为其转变终了面，投影为 $α_2α_3S$；共晶三相平衡 L→$α_{Al}$+T，温度自 467℃ 降至 450℃ 时，各相浓度分别沿着 P_1E_2 及 $α_2α_1$ 变化，连接 $α_2α_1$ 与 T 的曲面为转变终了面，投影为 $α_1α_2T$；共晶三相平衡 L→$α_{Al}$+β，温度自 451℃ 降至 450℃，各相浓度分别沿着 e_2E_2 及 $α_0α_1$ 变化，连接 $α_0α_1$ 与 β 的曲面为其转变终了面，投影为 $\alpha_0\alpha_1\beta$。

3）1 个初生相凝固终了面。初生相 α_{Al} 凝固终了面的投影为 $Al\alpha_0\alpha_1\alpha_2\alpha_3\alpha_4$。

选取初生相在不同相区的成分分别为 Al-15. 0Mg-9. 6Cu 与 Al-19. 5Mg-17. 8Cu 的三元包共晶合金作为例子，进行不同冷却速度下的凝固试验，研究此类合金的凝固路径、组织形貌特征及转变规律。图 2-81 所示为利用 Thermo-Calc 软件计算得到的 Al-Cu-Mg 三元合金富 Al 角液相面投影图，所选取的 Al-15. 0Mg-9. 6Cu 与 Al-19. 5Mg-17. 8Cu 两种合金成分在图中标出。另外，图中 *PE* 点即为该合金系的包共晶转变点

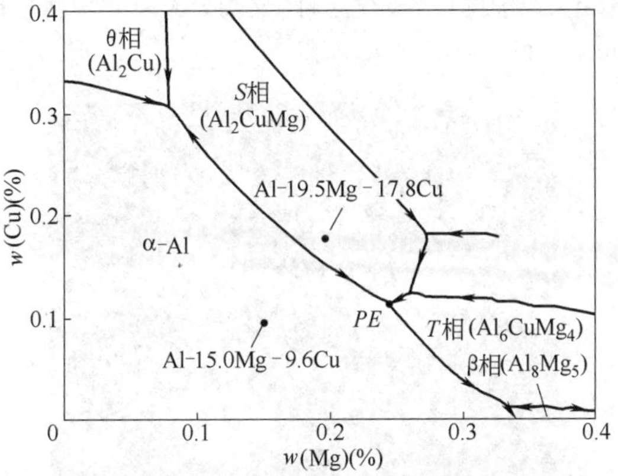

图 2-81　Al-Cu-Mg 三元合金富 Al 角液相面投影图

（Al-11. 31Cu-24. 45Mg），该点于 470. 16℃ 发生三元包共晶反应：L+*S*→α_{Al}+*T*。将金属液（880~890℃）同时浇注到石墨和硅砂两种不同材质的铸型中，冷却速度分别为 5. 69℃/s 和 0. 45℃/s。

根据液相面投影图（见图 2-79），所选合金的凝固组织可能由 α-Al、*S* 相（Al_2CuMg）、*T* 相（Al_6CuMg_4）和 β 相（Al_8Mg_5）组成。为确定凝固组织中的相组成，对 Al-15. 0Mg-9. 6Cu 与 Al-19. 5Mg-17. 8Cu 的砂型凝固试样中各相进行能谱分析，结果如图 2-82 和图 2-83 所示。图 2-82a 所示为试验获得的 Al-15. 0Mg-9. 6Cu 三元包共晶合金凝固组织，其中黑色相内为初生相 α-Al 相，能谱分析如图 2-82b 所示；最亮相内 Al、Cu、Mg 三种元素的原子比约为 2∶1∶1，相应成分为 *S* 相，能谱分析如图 2-82c 所示；深灰色相内 Al、Cu、Mg 三种元素的原子比约为 6∶1∶4，相应成分为 *T* 相，能谱分析如图 2-82d 所示。图 2-83a 所示为试验获得的 Al-19. 5Mg-17. 8Cu 三元包共晶合金凝固组织，其中黑色相为 α-Al 相，能谱分析如图 2-83b 所示；最亮相内 Al、Cu、Mg 三种元素的原子比约为 2∶1∶1，相应成分为 *S* 相（Al_2CuMg），能谱分析如图 2-83c 所示；浅灰色相内 Al、Cu、Mg 三种元素的原子比约为 6∶1∶4，相应成分为 *T* 相（Al_6CuMg_4），能谱分析如图 2-83d 所示。

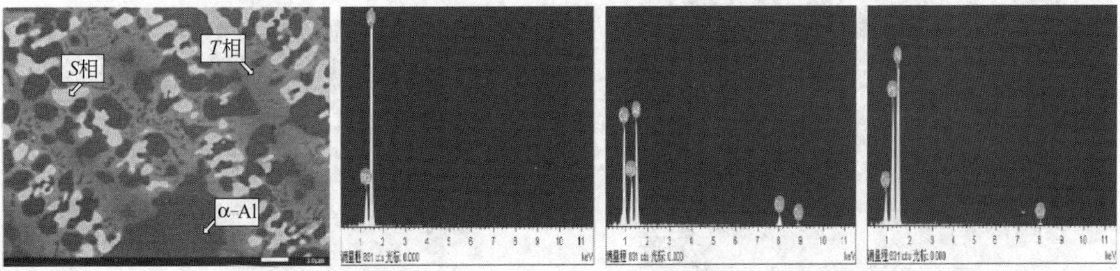

a)　b)　c)　d)

图 2-82　Al-15. 0Mg-9. 6Cu 三元包共晶合金凝固试样能谱分析

a）能谱位置　b）α-Al 相　c）*S* 相　d）*T* 相

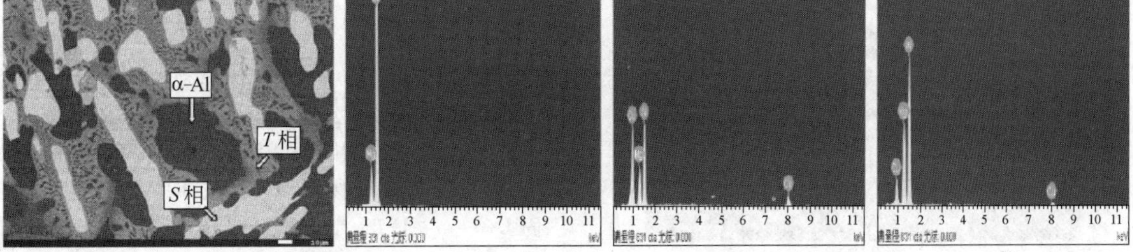

a)　b)　c)　d)

图 2-83　Al-19. 5Mg-17. 8Cu 三元包共晶合金凝固试样能谱分析

a）能谱位置　b）α-Al 相　c）*S* 相　d）*T* 相

图 2-84 所示为 Al-15.0Mg-9.6Cu 合金在石墨铸型和砂型中的凝固组织，可以看到该合金的凝固组织为明显的树枝晶组织，并且砂型凝固组织的晶粒尺度明显大于石墨铸型凝固组织。图中黑色的区域为初生相 α-Al，当达到共晶沟后形成两相共晶（α-Al+S），两相共晶中的 S 相呈团块状，并没有与另一相 α-Al 相间生长，而是依附于初生相 α-Al 生长，所以此时生成的两相共晶为离异共晶组织。到达包共晶点后，发生包共晶反应 L+S→α-Al+T，而后继续沿共晶沟凝固生成两相共晶（α-Al+T），可以看到包共晶组织与而后发生的两相共晶反应的相均为（α-Al+T），但是二者形貌是不同的。包共晶组织是灰黑相间的共生组织，而（α-Al+T）共晶为离异共晶。图 2-85 所示为 Al-19.5Mg-17.8Cu 合金在石墨铸型和砂型中的凝固组织，同样可以看到，在相同的放大倍数下，砂型凝固组织晶粒尺度远大于石墨铸型组织。与 Al-15.0Mg-9.6Cu 合金凝固组织不同的是，该合金的初生相为数量较多的白色条块状的 S 相，随后发生（α-Al+S）的共晶凝固，此阶段生成的两相共晶组织同样为离异共晶。随后发生包共晶反应，在 S 相周围形成黑白相间的包共晶组织（α-Al+T），最后发生两相共晶凝固，生成两相共晶组织（α-Al+T），该阶段生成的 T 相依附于包共晶组织中的 T 相并与 α-Al 相间生长，但是尺寸要比包共晶组织大得多。由于溶质原子在 S 相中扩散较慢，残余 S 相（高亮相）被保存下来，其周围分布着三元包共晶组织，呈不规则的团块状分布于基体中。需要注意的是，同种铸型的凝固组织对比发现，Al-19.5Mg 17.8Cu 合金的残余 S 相尺寸和数量要远大于 Al-15.0Mg-9.6Cu 合金，这是由于二者所在相区不同从而导致初生相不同造成的。Al-15.0Mg-9.6Cu 合金的残余 S 相来源于包共晶反应后剩余的（α-Al+S）的共晶，而 Al-19.5Mg-17.8Cu 合金的残余 S 相来源于包共晶反应后剩余的（α-Al+S）的共晶和初生 S 相。

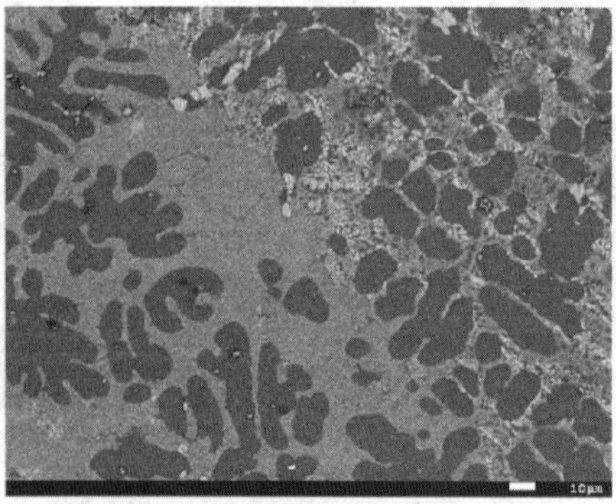

石墨铸型

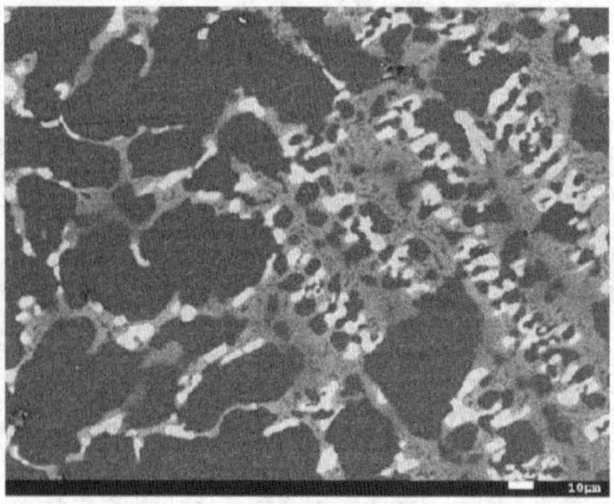

砂型

图 2-84　Al-15.0Mg-9.6Cu 合金在石墨铸型和砂型中的凝固组织

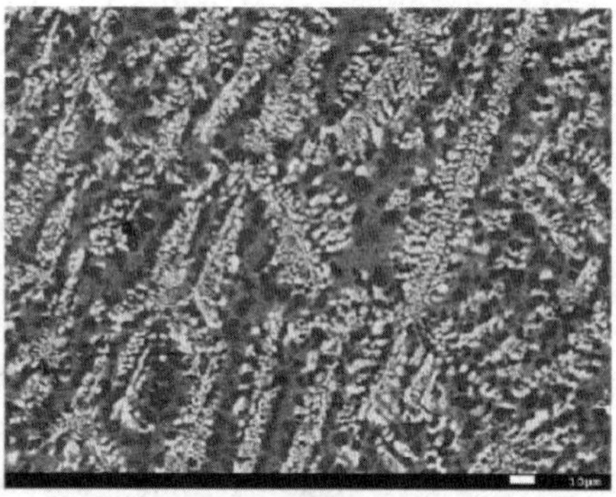

石墨铸型

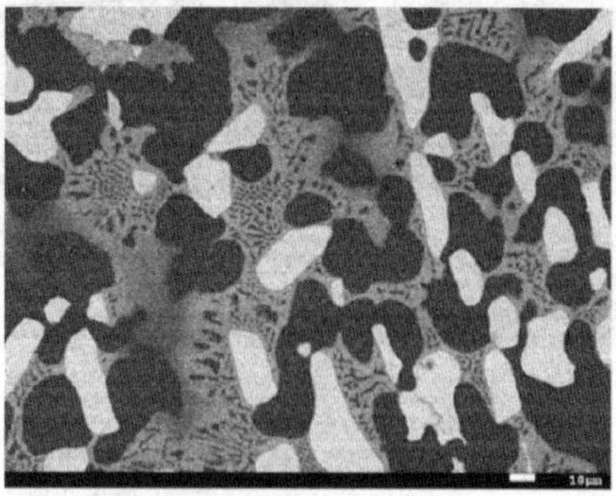

砂型

图 2-85　Al-19.5Mg-17.8Cu 合金在石墨铸型和砂型中的凝固组织

通过以上组织分析表明，Al-19.5Mg-17.8Cu 合金的凝固过程如下：随着温度的下降，初生相为 S 相，随后发生两相共晶凝固 L→α-Al+S，此两相共晶为离异共晶组织；接着在残余液体中发生包共晶凝固 L+S→α-Al+T，生成的 α-Al 相与 T 相依附在原有的初生 S 相周围呈较规则的条带状共生生长，由于 S 相中溶质原子扩散较慢，包共晶凝固反应结束后往往存在剩余的初生 S 相；最后，发生 L→α-Al+T

两相共晶反应，T 相与 α-Al 相并没有以“共生方式”生长，而是 α-Al 相依附于之前（α-Al+S）两相共晶生长，T 相依附于包共晶组织中的 T 相生长。该合金成分在试验的凝固速率下，凝固路径没有“走到”最终的三元共晶反应 $L \rightarrow \alpha$-Al+T+β，而是结束于 $L \rightarrow \alpha$-Al+T 两相共晶凝固。所以 Al-19.5Mg-17.8Cu 合金整个凝固过程如下：$L+S \rightarrow L+\alpha$-Al+$S \rightarrow L+\alpha$-Al+S+$T \rightarrow L+\alpha$-Al+T。需要指出的是，当凝固速率足够快时，是有可能到达三元共晶点（α-Al+T+β）的。例如，成分为 Al-11.80Cu-24.22Mg 的合金，在水淬的条件下，凝固后期生成少量的三元共晶组织（α-Al+T+β）。

根据以上显微组织分析，对 Al-19.5Mg-17.8Cu 合金可能的凝固机制进行了分析，图 2-86 所示为 Al-19.5Mg-17.8Cu 合金的凝固过程示意图。首先，在合金液体中生成初生 S 相并长大，如图 2-86a 所示；而后，两相共晶组织（α-Al+S）开始在初生相周围析出，并且 S 相依附于初生 S 相形成离异共晶，如图 2-86b 所示。当温度下降到包共晶反应温度时，发生三元包共晶反应 $L+S \rightarrow \alpha$-Al+T，消耗了部分 S 相，伴随着生成了包共晶组织（α-Al+T），并且两者相间共生生长，如图 2-86c 中虚线圆圈部分所示。随着温度进一步降低，开始生成两相共晶组织（α-Al+T），呈团块状，由于非均质形核相对于均质形核要容易得多，所以该两相共晶反应时生成的 T 相依附在已有的两相共晶组织（α-Al+T）周围，如图 2-86d 所示。

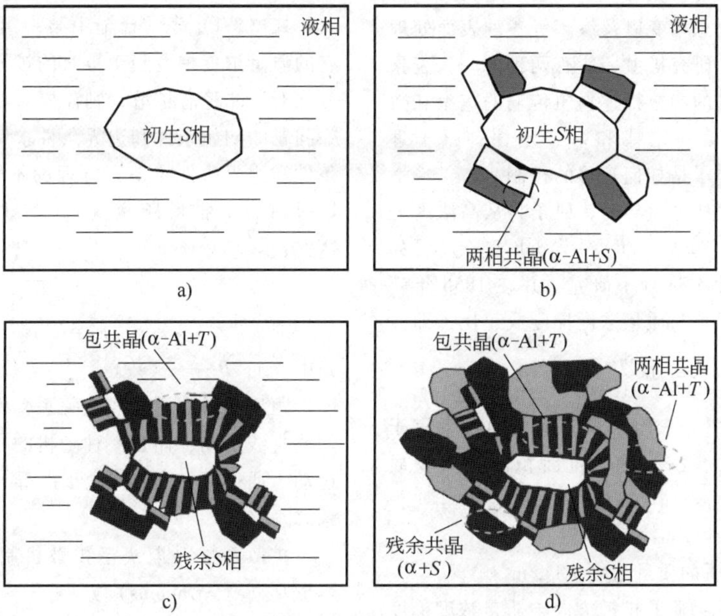

图 2-86　Al-19.5Mg-17.8Cu 合金的凝固过程示意图

a）液相中析出初生 S 相　b）液相中析出（α-Al+S）两相共晶　c）S 相周围生成包共晶组织（α-Al+T）　d）残余液相中析出两相共晶组织（α-Al+T）

参 考 文 献

[1]　胡赓祥，蔡珣，戎詠华. 材料科学基础［M］. 3 版. 上海：上海交通大学出版社，2010.

[2]　刘伟. Fe-Cr-C 系碳化物形态的微观力学模拟与耐磨性能研究［D］. 徐州：中国矿业大学，2018.

[3]　赵光伟，丁翀，叶喜葱，等. Al-Cu-Mg 包共晶合金凝固组织演变及凝固路径研究［J］. 铸造，2018，67（3）：203-207.

[4]　侯增寿，陶岚琴. 实用三元合金相图［M］. 上海：上海科学技术出版社，1982.

第3章　金属热处理的加热

上海交通大学　戎詠华

3.1　固态相变过程中原子的扩散

物质的迁移可通过对流和扩散两种方式进行。在气体和液体中物质的迁移一般是通过对流和扩散来实现的，而在固体中不发生对流，扩散是唯一的物质迁移方式，其原子由于热运动不断地从一个位置迁移到另一个位置。扩散是固体材料中的一个重要现象，诸如金属铸件的凝固及均匀化退火、冷变形金属的回复和再结晶、材料的固态相变以及渗碳等各种表面处理都与扩散密切相关。研究扩散一般有两种方法：表象理论——根据所测量的参数描述物质传输的速率和数量等，具体为扩散第一定律和第二定律；原子理论——扩散过程中原子是如何迁移的机制。

当固体中存在着成分差异时，原子将从高浓度处向低浓度处扩散。阿道夫·菲克（Adolf Fick）对如何描述原子的迁移速率进行了研究，并在1855年就指出：原子的扩散通量与质量浓度梯度成正比，即

$$J=-D\frac{\mathrm{d}\rho}{\mathrm{d}x}$$

式中　J——扩散通量，表示单位时间内通过垂直于扩散方向（x）的单位面积的扩散物质质量［$\mathrm{kg/(m^2\cdot s)}$］；

D——扩散系数（$\mathrm{m^2/s}$）；

ρ——扩散物质的质量浓度（$\mathrm{kg/m^3}$）。

式中的负号表示物质的扩散方向与质量浓度梯度$\left(\frac{\mathrm{d}\rho}{\mathrm{d}x}\right)$方向相反，即表示物质从高的质量浓度区向低的质量浓度区方向迁移。该方程称为菲克第一定律或扩散第一定律。菲克第一定律描述了一种稳态扩散，即质量浓度不随时间变化。

大多数扩散过程是非稳态扩散过程，某一点的浓度是随时间变化的，这类过程可以由菲克第一定律结合质量守恒条件推导出的菲克第二定律（或称扩散第二定律）来处理：

$$\frac{\partial\rho}{\partial t}=\frac{\partial}{\partial x}\left(D\frac{\partial\rho}{\partial x}\right)$$

如果上述菲克第二定律中的D与浓度无关，则可简化为

$$\frac{\partial\rho}{\partial t}=D\frac{\partial^2\rho}{\partial x^2}$$

在上述的扩散定律中均有这样的含义，即扩散是由于浓度梯度所引起的，这样的扩散称为化学扩散；另一方面，我们把不依赖于浓度梯度，而仅由热振动而产生的扩散（如晶粒的长大）称为自扩散，用D_s表示。自扩散系数的定义为

$$D_s=\lim_{\left(\frac{\partial\rho}{\partial x}\to 0\right)}\left(\frac{-J}{\frac{\partial\rho}{\partial x}}\right) \tag{3-1}$$

式（3-1）表示合金中某一组元的自扩散系数是它的质量浓度梯度趋于零时的扩散系数。

对于非稳态扩散，则需要对菲克第二定律按所研究问题的初始条件和边界条件求解，因此不同的初始条件和边界条件将得到方程的不同解。在不同解中，均得到一个扩散距离（x）与扩散时间（t）的表达式：

$$x=A\sqrt{Dt}$$

或

$$x^2=BDt$$

式中　A，B——常数。

距离与时间不是线性关系，说明原子的扩散不是匀速直线运动，而是一种随机的布朗运动，即无规则运动。通过无规则运动可推导出与上述相同的关系式。

扩散系数D取决于扩散机制和温度，其遵循阿累尼乌斯（Arrhenius）方程：

$$D=D_0\exp\left(-\frac{Q}{RT}\right) \tag{3-2}$$

式中　D_0——扩散常数；

Q——每摩尔原子的激活能；

R——摩尔气体常数，其值为8.314J/(mol·K)；

T——热力学温度。

由此表明，不同扩散机制的扩散系数表达形式相同，但D_0和Q值不同。对于间隙扩散机制（如间隙原子C、N等的扩散），原子扩散（迁移）需要克服周围原子束缚的阻力，这就是间隙原子所需的激活能；而对于置换元素（如Fe、Cu等）的扩散属于空位扩散机制，它不仅需要克服周围原子束缚的阻力，而且需要空位的形成能，因此，间隙扩散机制的激活能远低于空位扩散机制的激活能，这就是为什么钢件表面热处理在获得同样渗层浓度时，渗C、N比渗

Cr、Al 等金属的时间短很多。表 3-1 给出了某些扩散系统的 D_0 和 Q 值。

表 3-1 某些扩散系统的 D_0 和 Q 值

扩散组元	基体金属	$D_0/\times10^{-5}$ (m^2/s)	$Q/\times10^3$ (J/mol)
C	γ-Fe	2.0	140
C	α-Fe	0.20	84
Fe	α-Fe	19	239
Fe	γ-Fe	1.8	270
Ni	γ-Fe	4.4	283
Mn	γ-Fe	5.7	277
Cu	Al	0.84	136
Zn	Cu	2.1	171
Ag	Ag(体积扩散)	1.2	190
Ag	Ag(晶界扩散)	1.4	96

其次，温度对扩散系数具有显著影响，温度越高，原子热激活能越大，扩散系数越大。

例如从表 3-1 可以查出，碳在 γ-Fe 中扩散时，$D_0=2.0\times10^{-5}m^2/s$ 和 $Q=140\times10^3 J/mol$，由式（3-2）可以算出，在 1200K 和 1300K 时碳的扩散系数 D_{1200} 和 D_{1300} 分别为

$$D_{1200}=2.0\times10^{-5}\exp\left[\frac{-140\times10^3}{8.314\times1200}\right]m^2/s$$
$$=1.61\times10^{-11}m^2/s$$
$$D_{1300}=2.0\times10^{-5}\exp\left[\frac{-140\times10^3}{8.314\times1300}\right]m^2/s$$
$$=4.74\times10^{-11}m^2/s$$

由此可见，温度从 1200K 提高到 1300K，就使扩散系数增大约 2 倍，即渗碳速度加快了约 2 倍。

此外，还有晶体结构对扩散的影响。有些金属存在同素异构转变，当它们的晶体结构改变后，扩散系数也随之发生较大的变化。例如铁在 912℃ 时发生 γ-Fe↔α-Fe 转变，α-Fe 的自扩散系数大约是 γ-Fe 的 240 倍。合金元素在不同结构的固溶体中的扩散也有显著差别，例如 900℃ 时，在置换固溶体中，镍在 α-Fe 中的扩散系数比在 γ-Fe 中高约 1400 倍。在间隙固溶体中，氮于 527℃ 时在 α-Fe 中的扩散系数比在 γ-Fe 中约大 1500 倍。所有元素在 α-Fe 中的扩散系数都比在 γ-Fe 中大，其原因是体心立方结构的致密度（0.68）比面心立方结构的致密度（0.74）小，原子较易迁移。

在实际使用中的绝大多数材料是多晶材料，对于多晶材料，扩散物质通常可以沿三种途径扩散，即晶内扩散、晶界扩散和表面扩散。若以 Q_L、Q_S 和 Q_B 分别表示晶内、表面和晶界扩散激活能；D_L、D_S 和 D_B 分别表示晶内、表面和晶界的扩散系数，则一般规律是 $Q_L>Q_B>Q_S$ 和 $D_S>D_B>D_L$。一般认为，位错对扩散速率的影响与晶界的作用相当，有利于原子的扩散。

3.2 钢的加热转变

以往的研究绝大部分集中于高温奥氏体冷却时的相变机制。直到近十年，因高性能材料开发的需求，对奥氏体化的研究再次得到重视。在钢铁材料加工过程中存在以下两类奥氏体化：

1）让铸锭或钢坯在高温（950～1300℃）停留，并加以锻造或轧制。其目的是细化柱状晶和树枝晶铸态组织，并加速钢中置换原子如 Mn、Cr 或 Si 等的扩散使化学成分均匀。

2）热处理工作中常用的奥氏体化，通常是将钢件加热到在不超过 950℃ 的温度停留，使形成的奥氏体成为随后冷却过程中实施相变强化的母相组织。

与冷却时发生的正相变相比，加热导致的奥氏体逆转变（逆相变）具有如下显著的不同点：

1）正相变时，随温度的降低，奥氏体分解驱动力增加，但原子的扩散能力（系数）下降，因此，随过冷度的增加，室温组织形成速率先增加后降低，在某个特定过冷度达到峰值，反映在等温转变曲线上为 C 形特征；而发生奥氏体化时，相变驱动力及原子扩散能力均随过热度增加而增加，由此导致相变速率随过热度单调上升，反映在奥氏体等温转变曲线（又称奥氏体等温转变图，TTA 曲线）上为半 C 形特征。

2）影响冷却时正相变动力学的主要显微组织因素为奥氏体成分和晶粒尺寸，而升温时奥氏体逆相变的动力学不仅与合金的成分有关，还与待加热的热轧板或冷轧板的室温微观组织相关。

3）正相变时可能出现转变的不完全性，形成残留奥氏体与室温组织并存的现象；反之，奥氏体化时，一旦温度超过 Ac_3，所有的室温组织都不能长期存在，而是在较短时间内完全转变为奥氏体。

综上所述，钢的奥氏体化是非常复杂的过程，具有独特的规律。成分、室温组织（平衡组织：铁素体、珠光体；非平衡组织：贝氏体、马氏体和残留奥氏体）、加热速率、保温温度和保温时间等均是影响奥氏体化动力学和奥氏体显微组织的主要因素。

3.2.1 珠光体向奥氏体转变

碳是钢中的基本元素和主要强化元素，也是影响奥氏体化的主要元素。根据 Fe-C 相图，随碳含量增加至共析成分，亚共析钢中铁素体完全转变成奥氏体

的温度 Ac_3 越来越低，直至共析温度 A_1，表明富碳有利于奥氏体在较低温度形成。对于共析钢［碳的质量分数 $w(C)=0.77\%$］温度高于 A_1，奥氏体优先在珠光体（$\alpha_{共}+\theta_{共}$）内形核，其反应为

$$\alpha_{共}+\theta_{共}\rightarrow\gamma$$

即奥氏体 γ 主要形核于层片或球状珠光体内渗碳体 $\theta_{共}$ 与铁素体 $\alpha_{共}$ 的界面，很少在铁素体内和铁素体晶界上形核，如图 3-1 所示。图 3-2 是共析钢等温奥氏体化的动力学曲线。S 形的奥氏体量与转变时间关系表明这是一个形核长大过程。由曲线右下标出的形核率可知，转变结束后（转变过程约 100s）奥氏体晶粒数约可高达 10^7 个/cm^3。

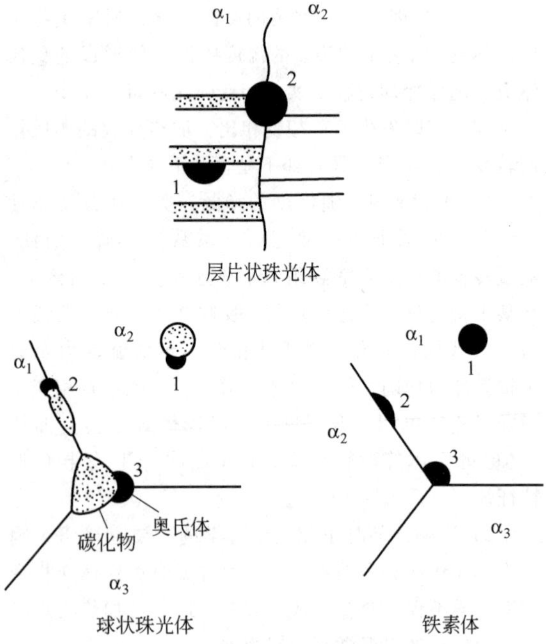

图 3-1　奥氏体（黑色）在层片状珠光体、球状珠光体和铁素体平衡组织中可能的形核位置示意图

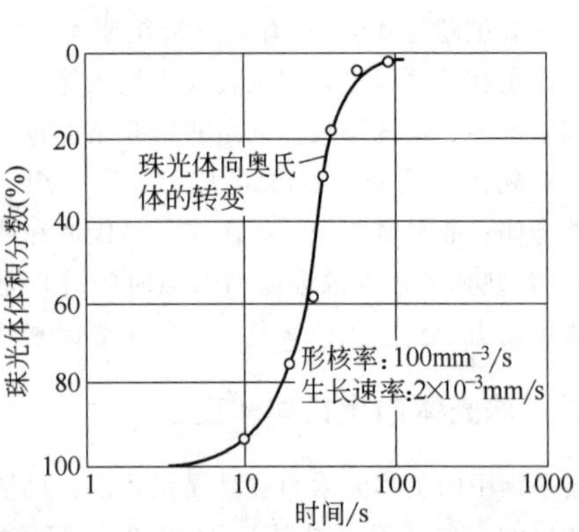

图 3-2　共析钢等温奥氏体化的动力学曲线

在某个高于共析温度（727℃）下，珠光体转变为奥氏体的生长速率为常数。在生长过程中，珠光体内的铁素体先转变为奥氏体使两相界面推移，随后留在奥氏体内的渗碳体逐渐溶解扩散，使新生成的奥氏体内碳含量接近平衡浓度。生长的主要方向平行于渗碳体层片，并与珠光体内的铁素体呈非共格的高角度界面。奥氏体甚至包围溶断的渗碳体。由于碳的扩散垂直于奥氏体生长界面推移的方向，扩散距离短（小于珠光体层片间距），奥氏体的生长速率很快。动力学计算及试验证实，珠光体团完全转变为奥氏体的时间可低至数秒。当珠光体完全转变为奥氏体时，此刻碳浓度是不均匀的。由 Fe-C 相图可知，原与铁素体平衡的奥氏体相界面处的碳含量位于对应温度的 *GS* 线（铁素体转变成奥氏体的转变线）上，其含量低于共析成分，而原与渗碳体平衡的相界面处的碳含量位于对应温度的 *ES* 线（碳在奥氏体中的溶解度曲线）上，其含量高于共析成分。由此，在奥氏体内存在碳的浓度梯度，碳的扩散必然发生，使碳浓度均匀化。珠光体转变平衡态的奥氏体所需的时间主要是渗碳体的溶解和奥氏体中碳浓度的均匀化。

当渗碳体以颗粒状分布于铁素体基体中时（球状珠光体），奥氏体先沿着渗碳体界面生长并包围渗碳体，然后奥氏体界面才向铁素体内推移，而位于奥氏体心部的渗碳体颗粒则不断溶解以提供奥氏体生长所需的碳含量。图 3-3 所示为球状珠光体钢中奥氏体

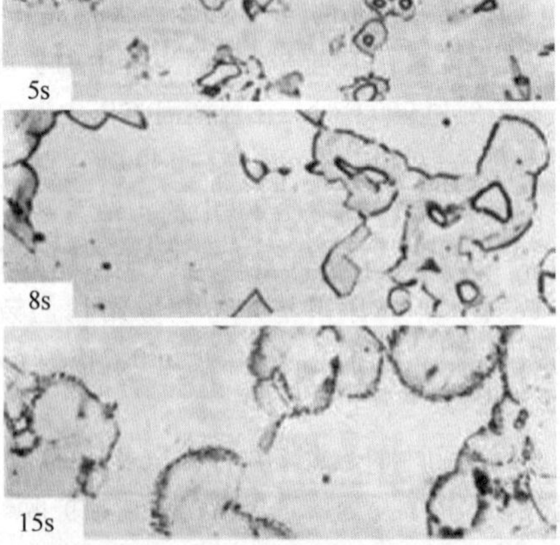

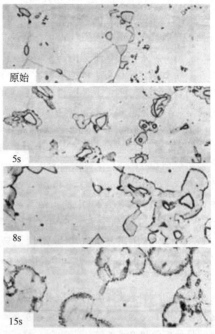

图 3-3　球状珠光体钢中奥氏体先包围渗碳体颗粒后再向铁素体生长的金相观察

先包围渗碳体颗粒后再向铁素体生长的金相观察。

3.2.2　贝氏体和马氏体向奥氏体转变

钢中存在的非平衡组织如马氏体、贝氏体和残留奥氏体，它们代表了另一类奥氏体化的室温组织。通常而言，在升温过程中，这类组织在生成奥氏体前将先发生回火反应。碳钢的回火依赖于碳的扩散并取决于回火温度和回火时间这两个参数。回火过程由一系列彼此交叉的反应构成：第一阶段（250℃以上）涉及碳的团簇和过渡碳化物（如 ε-$Fe_{2.4}C$）的析出；第二阶段（200~300℃）主要发生残留奥氏体的分解，形成铁素体和渗碳体；在更高温度发生渗碳体的粗化和球化，并伴随回火组织的再结晶反应（高于600℃）。鉴于不同的合金回火程度存在差异，室温非平衡组织的奥氏体化遵循不同的形核机制。对于回火充分的组织来说，铁素体内分布着细小颗粒状的渗碳体，进一步升温发生类似于球状珠光体的奥氏体化行为。而在回火被抑制或不充分的组织中，奥氏体化呈现不同的特点。

一般来说，低碳马氏体钢中的板条组织在回火过程中非常稳定，很难发生再结晶行为。目前认为，这可能与升温过程中析出的碳化物颗粒阻碍界面迁移有关。尤其在添加 Mn 和 Mo（稳定奥氏体，推迟扩散相变的孕育期）以及 Si 和 Al（抑制渗碳体的形成）的低合金钢中，或者在超低碳钢中，当板条马氏体和无碳化物贝氏体的分解被进一步抑制，升温时奥氏体化可分别经由残留奥氏体直接长大和新的奥氏体形核再长大两种过程进行。在 Fe-3.0Mn-1.5Si-0.1C 钢中，较低的等温温度即可观察到奥氏体在马氏体板条间形核。由于低碳马氏体板条之间为小角度界面，因此新形成的奥氏体核通常与两侧的马氏体板条呈特定取向关系，并形成低能界面，板条界面是奥氏体生长的障碍。而其他高角度的界面如马氏体领域（packet）界面和原奥氏体晶界也是奥氏体形核的优先位置。在马氏体板条界面形核的奥氏体，或在高角度界面形核的奥氏体，当长入与其有特定取向关系的马氏体内时，通常在试样表面形成浮凸，曾被认为是切变机制的证据之一。对超低碳的 Fe-13Cr-5Ni 马氏体钢试样用共聚焦激光扫描显微镜进行奥氏体化的原位观察（见图 3-4），记录了其表面浮凸的演化过程，结合显微组织转变和溶质原子扩散的实验结果，认为形成这类针状奥氏体导致的表面浮凸可能源自相变应变弛豫。

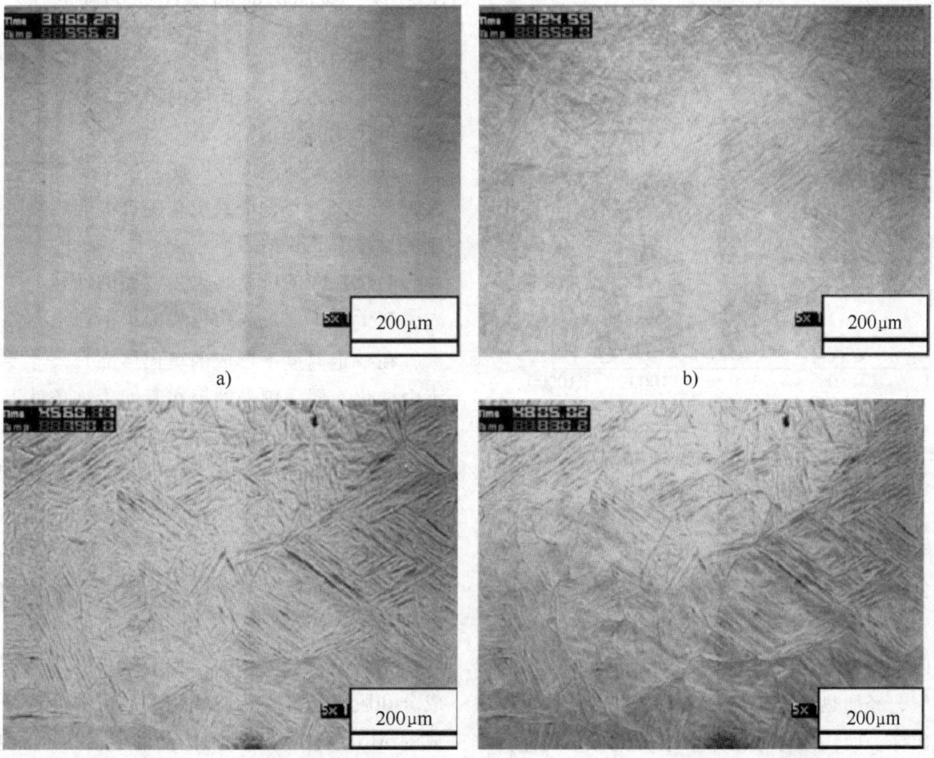

a)　b)　c)　d)

图 3-4　对超低碳的 Fe-13Cr-5Ni 马氏体钢试样连续加热（10℃/min）时形成奥氏体组织导致的表面浮凸演化过程

a）556℃　b）650℃　c）790℃　d）830℃

3.2.3　奥氏体化的动力学

图 3-5 所示为实测的 Fe-0.81C-0.65Mn-0.07Si 层片珠光体钢的 TTA 曲线。由图可知，转变量随温度的变动显示“下半 C”的特征，与理论推导的升温同时提高相变驱动力和原子扩散系数的结论相同。其次，根据图中曲线的分界可以推知不同温度时组织演化的时间顺序。如在 Fe-C 相图中，共析钢的奥氏体化起始温度为 727℃。在图中，A_1 虚线对应的温度与此相近，同样表明只有在 A_1 温度以上保温才能发生珠光体向平衡态奥氏体的转变。高于 A_1 等温，显微组织的演化可分为四个阶段，分别是孕育形核、珠光体转变为奥氏体、残余渗碳体在奥氏体内的溶解和奥氏体内成分的均匀化。以在 730℃ 等温为例，转变前的孕育期约为 25s，珠光体全部转变为奥氏体的时间约为 150s，但残余渗碳体的全部溶解则需要超过 10000s。而当温度升高到 800℃ 时，珠光体转变为奥氏体几乎瞬间完成，残余渗碳体的全部溶解时间显著降低至 100s 以下，再次表明升温可加速整个过程的动力学变化。

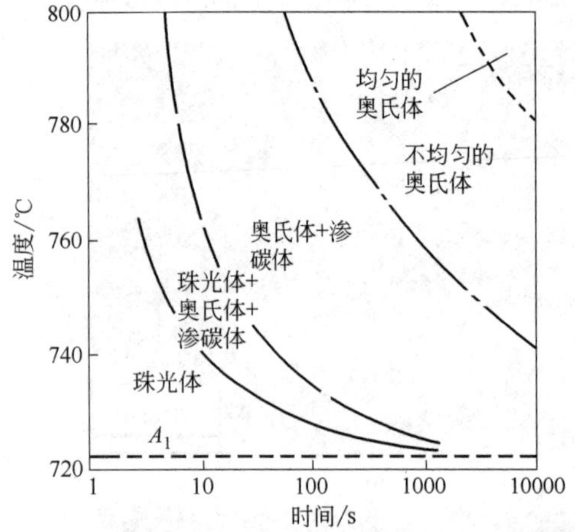

图 3-5　实测的 Fe-0.81C-0.65Mn-0.07Si 层片珠光体钢的 TTA 曲线

室温组织和合金成分是影响 TTA 曲线的重要因素。例如，Fe-0.25C-1V 合金经不同热处理分别获得铁素体（由于 V 元素使等温转变时形成大量合金碳化物，因此试样中无珠光体存在）、贝氏体和马氏体的室温组织，经加热后等温测量发现，在马氏体中最易形成奥氏体，而铁素体中最难形成奥氏体，具体为马氏体形成奥氏体的起始温度最低，孕育期最短，奥氏体形核率最高。这可能源于室温非平衡组织中存在利于奥氏体形核的高密度晶体缺陷及应变能（马氏体中的位错密度高于贝氏体，因此更有利于奥氏体的形核）。值得指出的是，马氏体条间存在残留奥氏体，在加热中可能直接由残留奥氏体长大，不需要奥氏体重新形核。因此，这三种室温组织的 TTA 曲线位置分别是马氏体居于左下，铁素体居于右上，而贝氏体居中（见图 3-6）。

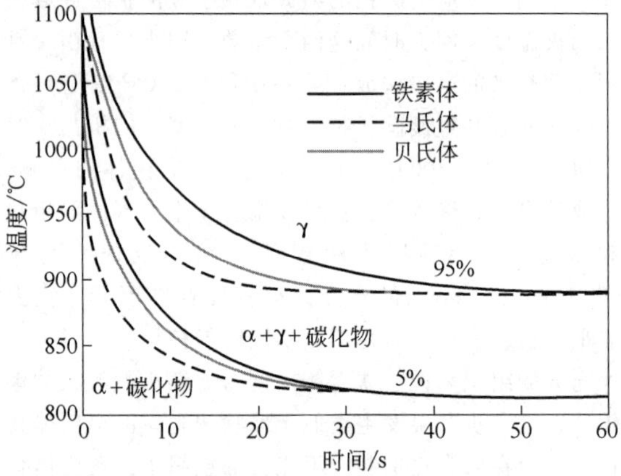

图 3-6　室温组织为铁素体、贝氏体和马氏体的 Fe-0.25C-1V 钢的 TTA 曲线

3.2.4　钢加热时的奥氏体晶粒长大

钢加热到高于 A_1 温度，奥氏体在铁素体-碳化物边界形核。此时，奥氏体的形核率总是很高，初始形成的奥氏体晶粒很细。

进一步提高温度或在此温度下长期保持，奥氏体晶粒会长大，与整个系统减少自由能的热力学趋向相应的是减少晶粒的表面积。

晶粒长大的机制是大角边界的迁移。因此晶粒长大受控于原子通过大角边界的扩散通道。

在一定温度下形成的奥氏体晶粒尺寸冷却后当然不会变化。同一牌号的钢在不同冶炼条件下会有不同的晶粒长大倾向。钢的晶粒长大倾向有两种类型：本质细晶粒钢和本质粗晶粒钢。本质细晶粒钢加热到 950~1000℃ 时晶粒长大不明显，但在更高温度下会剧烈长大（见图 3-7 中曲线 2）。而本质粗晶粒钢则相反，在稍高于 Ac_1 温度，晶粒迅速长大（见图 3-7 中曲线 1）。

钢的晶粒长大倾向从冶金学角度取决于钢的化学成分和脱氧条件。铝脱氧钢属本质细晶粒钢，钢中形成的 AlN 微粒阻碍奥氏体晶粒长大，但这些粒子被溶解（>1000~1050℃）后，晶粒会迅速长大。在过共析钢的 Ac_1~Ac_{cm} 温度区间，奥氏体晶粒的长大受制于未溶解的碳化物粒子。在亚共析钢中奥氏体在

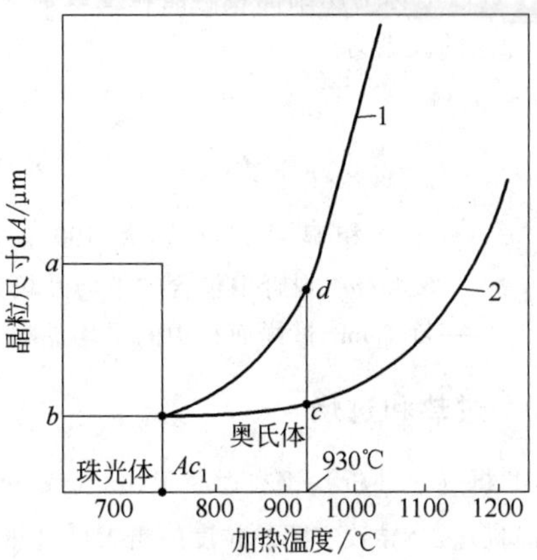

图 3-7　钢的晶粒长大与加热温度关系

1—本质粗晶粒钢　2—本质细晶粒钢

a—原奥氏体晶粒尺寸　*b*—奥氏体初始晶粒尺寸

c、*d*—在正常工艺试验中得到的晶粒尺寸

$Ac_1 \sim Ac_3$ 温度区间的晶粒长大受铁素体的阻碍。

在亚共析钢中随碳含量增加，晶粒长大倾向增大。而在过共析钢中由于受残留渗碳体的阻碍，晶粒长大倾向反而减小（见图 3-8）。

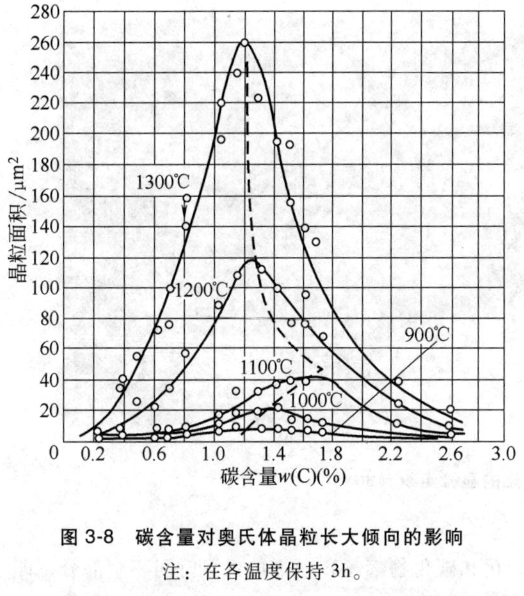

图 3-8　碳含量对奥氏体晶粒长大倾向的影响

注：在各温度保持 3h。

合金元素，尤其是碳化物形成元素（影响最大的是 Ti、V、Zr、Nb、W 和 Mo）会阻碍奥氏体晶粒长大。这是由于形成难溶于奥氏体的合金碳化物阻碍晶粒长大。影响最大的两种元素是 Ti 和 V。Mn、P、S 等元素溶入奥氏体后能加速铁原子扩散，促使奥氏体晶粒长大。

钢的原始组织和加热条件也会对奥氏体晶粒产生影响。片状珠光体的片间距越小，奥氏体形核率越大，起始晶粒越细。片状珠光体组织比球状组织形成的奥氏体起始晶粒粗。其原因是片状渗碳体表面形成具有同一取向的大量晶粒，在其长大时彼此容易结合成一个大的晶粒。加热温度明显高于临界温度时，晶粒逐步长大，原始组织的影响逐渐消失。

奥氏体晶粒尺寸随加热温度的升高或保温时间的延长而不断长大。在每一温度下均有一个晶粒加速长大的阶段，当达到一定尺寸后，长大趋向逐渐减弱（见图 3-9）。加热速度越快，奥氏体在高温下停留时间越短，晶粒越细（见图 3-10）。

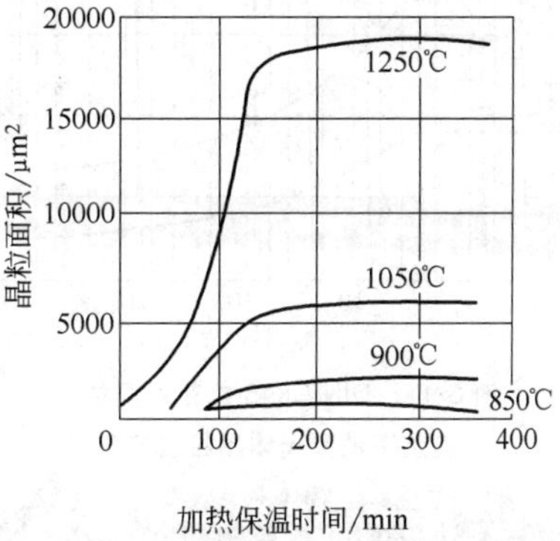

图 3-9　$w(C)=0.48\%$、$w(Mn)=0.82\%$ 钢奥氏体晶粒尺寸与加热温度及保温时间的关系

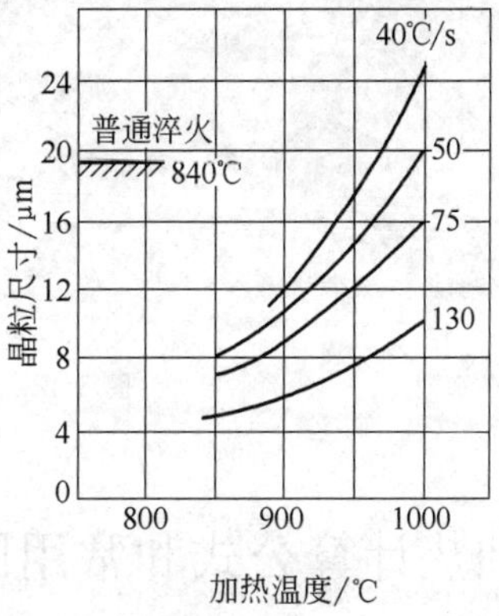

图 3-10　45 钢在不同加热温度下奥氏体晶粒尺寸与加热温度的关系

图 3-11 所示为 DIN Ck45 钢以不同加热速度被连续加热到各种奥氏体化温度时的晶粒度变化。

钢中的奥氏体晶粒度分为 8 级，1 级最粗，8 级

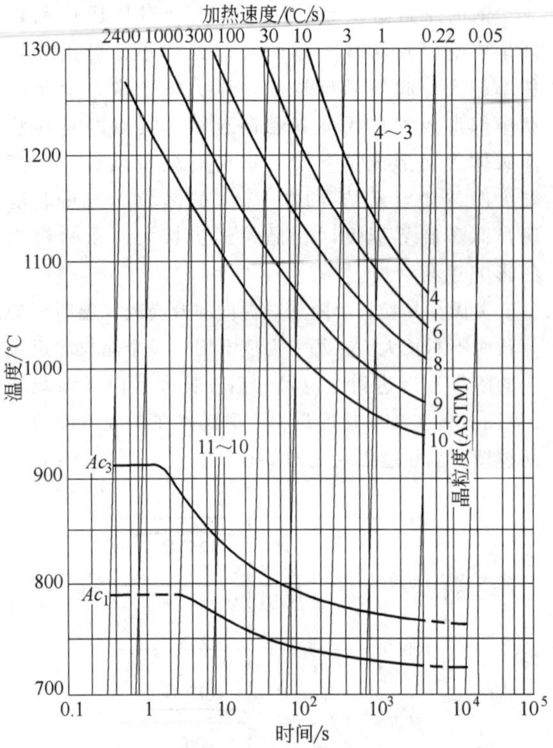

图 3-11 DIN Ck45 钢在不同加热速度下的奥氏体晶粒度变化

最细。8级以上称为超细晶粒。晶粒度级别（N）与晶粒尺寸间的关系为

$$n = 2^{N-1}$$

或

$$n' = 2^{N+3}$$

式中 n——在金相显微镜下放大100倍时，每 $6.45cm^2$ 视野中包含的平均晶粒数；

n'——每 $1mm^2$ 试样面积中的平均晶粒数。

3.2.5 过热和过烧

亚共析（过共析）钢在远高于 Ac_3（或 Ac_{cm}）温度长时间加热会导致实际晶粒度的粗大。过热钢呈石状断口，断口表面呈小丘状粗晶结构，晶粒无金属光泽，仿佛被熔化过。

在过热钢中经常发现按切变机制形成的铁素体。在高温碳扩散转移条件下，发生铁素体-魏氏体组织实际晶粒度的剧烈粗化（见图3-12a）。这种过热可以靠均匀化退火来矫正。

进一步加热到高于过热的温度，在氧化气氛中会导致钢的过烧，在晶粒边界形成铁的氧化物（见图3-12b）。过烧钢呈石板状断口。过烧是一种不可修复的缺陷。

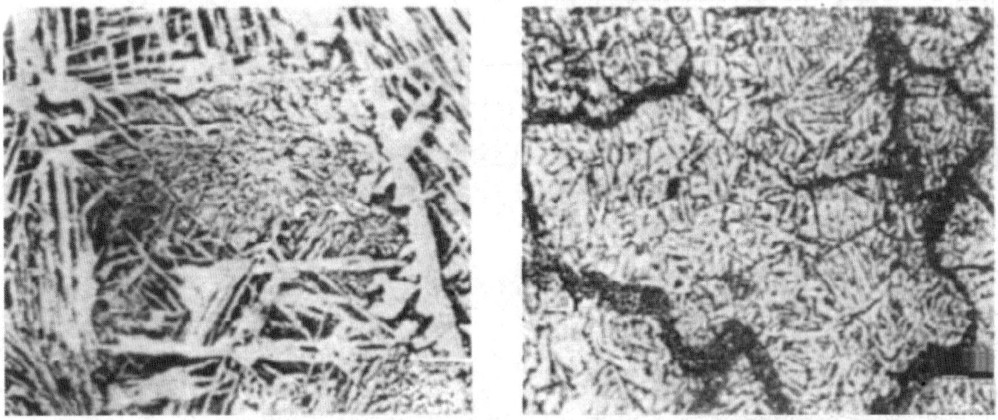

a) b)

图 3-12 亚共析钢过热和过烧的显微组织（80×）

a）过热 b）过烧

3.3 加热计算公式和常用图表

3.3.1 影响加热速度的因素

金属材料和制品加热所需时间包括从室温到炉温仪表指示达到所需温度的升温时间、炉料表面和心部温度均匀（透烧）所需的均热时间以及内外达到温度后为了完成相变（对钢而言是为了实现奥氏体均匀化和碳化物溶解）所需的保温时间三个部分，即

$$t_{加热} = t_{升温} + t_{均热} + t_{保温}$$

金属制品在炉中加热所需时间取决于加热温度、加热介质、材料本身的性质、制品的几何形状和尺寸、成批加热时物料在炉内的堆放方式以及冷热炉装料等因素。

热处理加热多采用热炉装料。铸锻件毛坯的退火、正火在大型窑炉中进行，采用冷炉装料。热炉装料时的炉温是影响加热时间的最重要因素。图 3-13 所示为 100mm 厚钢材在不同炉温下加热时表面温度的变化。炉温越高，加热越快。在不同介质中加热的加热速度有很大差异。铅浴、盐浴、火焰、静止空气中加热时的加热速度比值大致为 4∶3∶2∶1。在可控气氛炉中加热比在空气炉中要慢些，在真空炉中加热更慢。

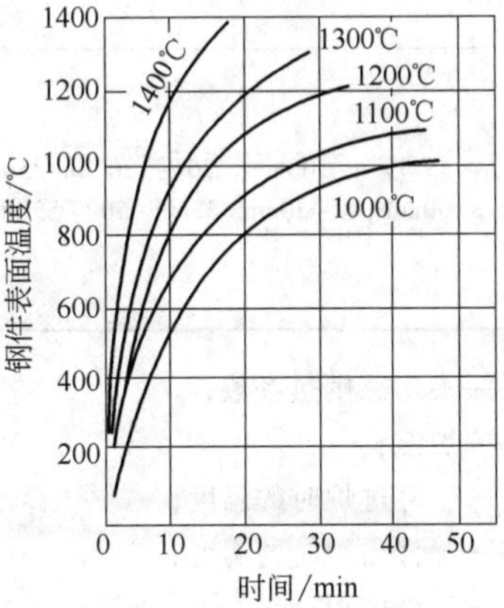

图 3-13　100mm 厚钢材在空气介质中于不同炉温下加热时的表面温度变化

金属本身的导热性、钢的合金化程度及奥氏体状态下碳化物溶解的特性都会影响均热和保温时间。对碳素钢和一般合金结构钢而言，超过相变点的加热可使相变过程迅速完成，奥氏体的均匀化也易于进行，且无须考虑过剩合金碳化物的溶解，保温时间的长短将无关紧要。金属的表面状态（黑度和表面粗糙度）对加热时间长短有影响。表面黑度大，达到规定温度所需时间短。

利用传热学的数学模型来精确计算金属材料和制品的加热时间非常复杂。在工程上，为了计算上的方便，经常做若干简化或采用经验公式来计算。

3.3.2　钢件加热时间的经验计算法

加热时间通常按工件的有效厚度计算。工件有效厚度一般可按以下规定考虑：

1）圆柱形工件按直径计算。

2）对于管形（空心圆柱件）工件：当高度/壁厚≤1.5 时，以高度计算；当高度/壁厚>1.5 时，以 1.5 倍壁厚计算；当外径/内径>7 时，按实心圆柱体计算。

3）空心内圆锥体工件以外径乘 0.8 计算。

加热时间的计算公式为

$$t = akD$$

式中　t——加热时间（min 或 s）；

a——加热系数（min/mm 或 s/mm）；

k——工件装炉条件修正系数，通常取 1.0～1.5；

D——工件有效厚度（mm）。

碳钢和合金钢在空气电阻炉与盐浴炉中的加热系数见表 3-2。工模具钢在不同介质中的加热时间见表 3-3。

表 3-2　碳钢和合金钢在空气电阻炉与盐浴炉中的加热系数（a）

钢材	a(空气电阻炉)/(min/mm)	a(盐浴炉)/(s/mm)
碳钢	0.9～1.1	25～30
合金钢	1.3～1.6	50～60
高速钢	—	15～20(一次预热) 8～15(二次预热)

表 3-3　工模具钢在不同介质中的加热时间

钢种	盐浴炉		空气炉、可控气氛炉
高速钢	直径 d/mm	加热时间/s	
	<8	96(850～900℃预热)	
	8～20	80～200	
	20～50	160～400	
	50～70	350～490	
	70～100	420～600	
热锻模具钢	直径 d/mm	加热时间/min	厚度<100mm，20～30min/25mm；厚度>100mm，10～20min/25mm(800～850℃预热)
	5	5～8	
	10	8～10(800～850℃预热)	
	20	10～15	
	30	15～20	
	50	20～25	
	100	30～40	

（续）

钢种	盐浴炉		空气炉、可控气氛炉
冷变形模具钢	直径 d/mm	加热时间/min	厚度 < 100mm，20 ~ 30min/25mm；厚度 >100mm，10 ~ 20min/25mm（800 ~ 850℃ 预热）
	5	5 ~ 8	
	10	8 ~ 10（800 ~ 850℃ 预热）	
	20	10 ~ 15	
	30	15 ~ 20	
	50	20 ~ 25	
	100	30 ~ 40	
碳素工具钢、合金工具钢	直径 d/mm	加热时间/min	厚度 < 100mm，20 ~ 30min/25mm；厚度 >100mm，10 ~ 20min/25mm（500 ~ 550℃ 预热）
	10	5 ~ 8	
	20	8 ~ 10（500 ~ 550℃ 预热）	
	30	10 ~ 15	
	50	20 ~ 25	
	100	30 ~ 40	

3.3.3　从节能角度考虑的加热时间计算法

进行加热时间计算时，常将金属制件按截面大小分为厚件和薄件。划分厚薄件的依据是毕氏准数 β_i，即

$$\beta_i=\frac{a}{\lambda}s$$

式中　a——炉料表面的供热系数[W/(m^2 · ℃)]；

λ——热导率[W/(m^2 · ℃)]；

s——炉料的厚度(mm)。

一般认为 $\beta_i<0.25$ 算薄件，也有认为 $\beta_i<0.5$ 为薄件的。对于钢来说，如 $\beta_i<0.5$，薄件的厚度极限可达280mm。因此，绝大部分钢材和制件、制品都可以认为是薄件。对于薄件来说，可以认为表面到温后，表面和心部的温度基本一致，也就是说无须考虑均温时间。总加热时间的计算就变为

$$t_{加}=t_{升}+t_{保}$$

薄件可以根据斯太尔基理论公式计算炉料升温时间 $t_{升}$。其简化式为

$$t_{升}=\frac{\rho c}{a_{\Sigma}}\ln\frac{T_{炉}-T_{始}}{T_{炉}-T_{终}}\times\frac{V}{S}$$

式中　ρ——工件的密度；

c——工件的平均比热容；

a_{Σ}——平均总供热系数；

$T_{炉}$——炉温；

$T_{始}$——工件进炉时的温度；

$T_{终}$——工件出炉时的温度；

V——工件体积；

S——工件受热表面积。

如果设几何指数 $W=\frac{V}{S}$，综合物理因素

$K=\frac{\rho c}{a_{\Sigma}}\ln\frac{T_{炉}-T_{始}}{T_{炉}-T_{终}}$，则

$$t_{升}=KW$$

对于考虑保温时间在内的总加热时间应为

$$t_{加}=KW+t_{保} \tag{3-3}$$

综合物理因素（或称加热系数）K 与被加热工件的形状（K_s）、加热介质（K_g）、加热炉次（K_c）、表面状态（K_h）、尺寸（K_d）等因素有关。所以式(3-3)可写成

$$t_{加}=K_sK_gK_cK_hK_dW+t_{保}$$

这些系数的数值范围可参照表 3-4。对于形状和尺寸不同的工件，W 值的计算也是一个较为烦琐的问题。表 3-5 所列为经过简化处理后的各种典型形状工件的 W 值。

表 3-4　影响加热时间的各物理因素系数

系数	K_s					K_g		K_c	K_h			K_d
条件	圆柱	板	管 厚壁（$\delta/D\geqslant1/4$）	管 薄壁（$l/D>20$）	管 薄壁（$\delta/D<1/4$，$l/D<20$）	盐浴炉（800 ~ 900℃）	空气炉（800 ~ 900℃）	在稳定加热状态下	空气	可控气氛	真空	薄件
取值	1	1 ~ 1.2	1.4	1.4	1 ~ 1.2	1	3.5 ~ 4	1	1 ~ 1.2	1.1 ~ 1.3	1 ~ 5	1

注：δ 为管壁厚度，D 为外径，l 为长度，下同。

表 3-5 经过简化处理后各种典型形状工件的 W 值

工件形状	圆 柱	板	管
W 值	$D/8 \sim D/4$ 或 $0.167D \sim 0.25D$	$B/6 \sim B/2$ 或 $0.167B \sim 0.5B$	$\delta/4 \sim \delta/2$ 或 $0.25\delta \sim 0.5\delta$

注：B 为板厚，下同。

将上列系数综合整理，并通过试验和修正，可得出在盐浴炉和空气炉中加热钢件时的 K 值（见表 3-6）。

表 3-6 在盐浴炉和空气炉中加热钢件时的 K 值

炉 型		盐浴炉	空气炉
工件形状	圆柱	0.7	3.5
	板	0.7	4
	薄管($\delta/D<1/4, l/D<20$)	0.7	4
	厚管($\delta/D \geqslant 1/4$)	1.0	5

与 $t_{升}$ 比较，$t_{保}$ 是一个较短的时间，它取决于钢的成分、组织状态和物理性质。对于碳素钢和一部分合金结构钢来说，$t_{保}$ 可以是零。对于合金工具钢、高速钢、高铬模具钢和其他高合金钢来说，可根据碳化物溶解和固溶体的均匀化要求来具体考虑。为了简化计算，也可采取适当增大 K 值的方式。

表 3-7 所列为综合上述 K 和 W 值范围而得出的钢件加热时间计算表。

表 3-7 钢件加热时间计算表

工件形状		圆柱	板	薄管 ($\delta/D<1/4, l/D<20$)	厚管 ($\delta/D \geqslant 1/4$)
盐浴炉	K/(min/mm)	0.7	0.7	0.7	1.0
	W/mm	$(0.167 \sim 0.25)D$	$(0.167 \sim 0.5)B$	$(0.25 \sim 0.5)\delta$	$(0.25 \sim 0.5)\delta$
	KW/min	$(0.117 \sim 0.175)D$	$(0.117 \sim 0.35)B$	$(0.175 \sim 0.35)\delta$	$(0.25 \sim 0.5)\delta$
空气炉	K/(min/mm)	3.5	4	4	5
	W/mm	$(0.167 \sim 0.25)D$	$(0.167 \sim 0.5)B$	$(0.25 \sim 0.5)\delta$	$(0.25 \sim 0.5)\delta$
	KW/min	$(0.6 \sim 0.9)D$	$(0.6 \sim 2)B$	$(1 \sim 2)\delta$	$(1.25 \sim 2.5)\delta$
备 注		l/D 值大取上限，否则取下限	l/B 值大取上限，否则取下限	l/δ 值大取上限，否则取下限	l/D 值大取上限，否则取下限

表 3-8 所列为几种典型钢件在盐浴炉中的计算加热时间和实际加热时间对比。

表 3-9 所列为几种典型钢件在空气炉中的加热时间比较。

表 3-8 几种典型钢件在盐浴炉中的计算加热时间和实际加热时间对比

工件形状尺寸/mm	计算加热时间/min		实际加热时间/min : s		淬火后硬度 HRC	备 注
	KW	aD	到温	保温		
45钢 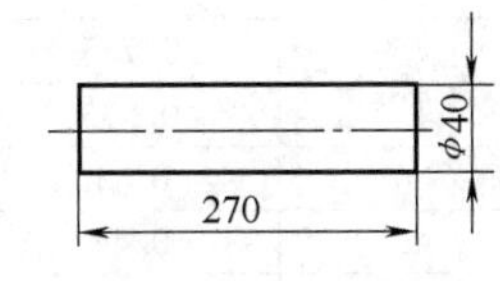	6.51 $\left(\frac{D}{6.1}\right)$	12	6 : 15	0 : 15	58	
9SiCr钢 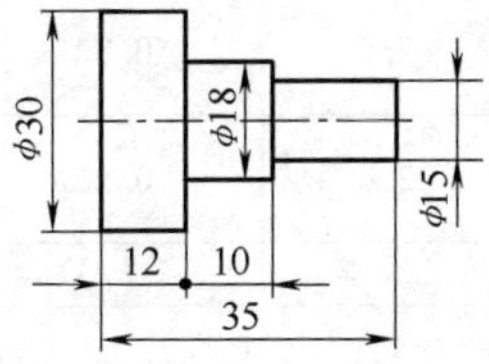	2.66 $\left(\frac{D}{8}, D\text{—平均直径}\right)$	8	2 : 30	0	65	隐针 $M+A_R+C_R$
				5 : 0	64	隐针 $M+A_R+C_R$ M 针略明显

（续）

工件形状尺寸 /mm	计算加热时间/min		实际加热时间/min：s		淬火后硬度 HRC	备　注
	KW	*aD*	到温	保温		
CrMn钢 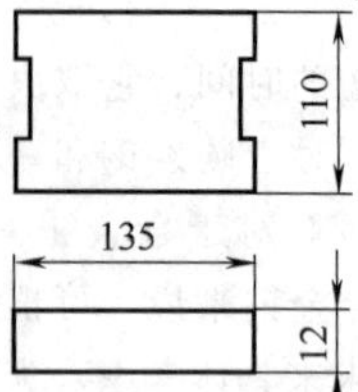	3.5 $\left(\frac{B}{3.5}\right)$	4.8	3 : 10	0 : 20	66	
45钢 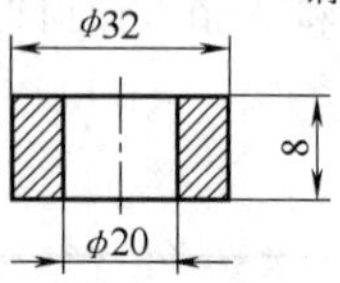	1.19 $\left(\frac{\delta}{5}\right)$	1.8	1 : 0	0	69	$\delta/D<1/4$ 按板计算
20Cr钢 (渗碳淬火) 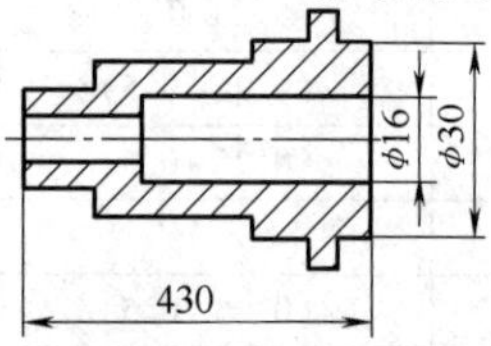	3.25 $\left(\frac{\delta}{2}\right)$	2.8	3 : 0	0	64	$\delta/D<1/4, l/\delta>20$ 按管计算
				2 : 0	63.5	

注：1. M 为马氏体，A_R 为残留奥氏体；C_R 为残留碳化物。
2. 在 $t=aD$ 中，碳钢取 $a=0.3$，合金钢取 $a=0.4$，即取数值范围的下限。

表 3-9　几种典型钢件在空气炉中的加热时间比较

尺　寸 /mm	钢号	件数	按 *aD* 法计算的时间 /min	按 *KW* 法计算的时间（入炉始算） /min	工件实际到温时间（入炉始算） /min	按 *KW* 法工件实际保温时间 /min	按 *KW* 法时间与 *aD* 法时间比例 *KW*：*aD*
ϕ20×80	45	1	20(20+0)	16.5(0.825*D*)	12	4.5	0.825
ϕ40×60	45	1	40(40+0)	26.2(0.66*D*)	21	5.2	0.655
ϕ50×70	45	1	50(50+0)	32.8(0.66*D*)	30	2.8	0.656
ϕ80×120	45	1	80(80+0)	52.5(0.66*D*)	50	2.5	0.656
ϕ100×150	45	1	102(100+2)	65.6(0.66*D*)	64	1.6	0.643
ϕ30×1130	65Mn	1	33(30+3)	25.9(0.66*D*)	18	7.9	0.785
ϕ12×650	45	4	62(42+20)	35.6(0.85*D*)	34	1.6	0.575
ϕ80×600	40CrNiMo	1	160(120+40)	66(0.83*D*)	60	6	0.41
ϕ85×580	40CrNiMo	3	157.5(127.5+30)	69.5(0.81*D*)	65	4.5	0.42
ϕ95×660	40CrNiMo	2	182.5(142.5+40)	76.3(0.8*D*)	70	6.3	0.42
ϕ100×760	40CrNiMo	1	190(150+40)	81(0.81*D*)	70	11	0.42
250×310×27	CrWMn	2	47.5(40.5+7)	45.5(1.67*B*)	45	0.5	0.96
32×53×140	45	4	37(32+5)	30.6(0.95*B*) (*K*=3.5)	23	7.6	0.82
190×190×100	45	4	182(100+82)	97.6 (0.976*B*)	95	2.6	0.52
外径 *D*=190				53(1.18*B*)			
内径 *d*=60 高度 *l*=45	45	10	79(45+34)	（高 $l<\delta$，按板计）	49	4	0.67

注：在 $t=aD$ 中，碳钢取 $a=1$，合金钢取 $a=1.5$，即取数值范围的下限。

上述计算方法适用于单个工件或少量工件在炉内间隔（工件间距离>0.5D）排放加热。堆放加热时，超过一定的堆放量，用 KW 法计算会造成较大出入。堆放量较大时则必须按厚件计算，极为烦琐。在实际生产中，多按工件的单位重量的时间数计算。如在 45kW 的箱式电炉中，ϕ50mm 以下工件的单位重量加热系数，经过试验可定在 0.6～1.0min/kg 范围内，通常取 0.6～0.8min/kg。表 3-10 所列为工具钢在火焰炉中的加热时间。

表 3-10 工具钢在火焰炉中的加热时间

最大截面尺寸/mm	工件质量/kg	加热总时间/min	加热系数/(min/kg)
25～50	45～138	115	0.85～2.56
50～75	138～227	150	0.66～1.10
75～100	227～454	195	0.43～0.86
100～125	454～680	225	0.33～0.50
125～200	680～908	300	0.33～0.44

3.4 快速加热

传统加热工艺中加热速率很小，通常为 3～10℃/s，这意味在加热过程中，所形成的各种组织均接近平衡态。快速加热指加热速率远高于传统工艺加热速率，某些快速加热系统的加热速率甚至高几个数量级，这种快速加热又称为闪烁处理，薄钢板的加热和冷却可在 10s 内完成。由于极快的加热和冷却，钢和有色合金中的组织转变必然偏离热力学平衡条件，在加热过程中的组织转变的不完全性不可避免。在快速的冷却过程中母相（如钢中的奥氏体）转变成贝氏体或/和马氏体亚稳组织，取代铁素体、珠光体平衡组织，而且奥氏体转变经常存在不完全性，即大量的残留奥氏体在室温存在。这些在极快的加热和冷却过程中所呈现组织转变的特点，为改善钢和有色合金的力学性能提供了新的途径。

3.4.1 快速加热钢的组织转变和性能改善

1. 淬火和分配钢的电阻加热

为研究试样的奥氏体化过程，膨胀测量研究采用 Gleeble3500 热机械模拟与膨胀仪（Dynamic Systems Inc.，Poestenkill，NY）。样品（Fe-0.21C-1.40Si-1.30Mn）被加工为 10mm×70mm×1.2mm 薄板，在测试中样品的长轴与轧制方向一致。在低电压强电流的电阻加热过程中采用常规加热（5℃/s）和快速加热（300℃/s）。试样在 790℃ 和 830℃ 保温 120s 后，加热至 1000℃，达到完全奥氏体化。为分析样品中的微观组织演变，采用水淬中断样品在不同加热条件下的加热。淬火-分配（Q&P）工艺在两种加热速率（5℃/s 和 300℃/s）下进行。冷轧带钢被加热到五种不同温度（770～850℃），保温时间为 0～120s。然后每个样品被淬火到 260℃，再加热到 430℃，保温 90s 进行碳分配，最后冷却到室温。

图 3-14 所示为 Q&P 工艺处理前冷轧钢板的微观组织。它是由形变的珠光体领域和形变的铁素体晶粒构成的，形变的珠光体领域和形变的铁素体晶粒的拉长方向与轧制方向（RD）一致。某些在珠光体领域中的渗碳体层片被压碎或弯曲。

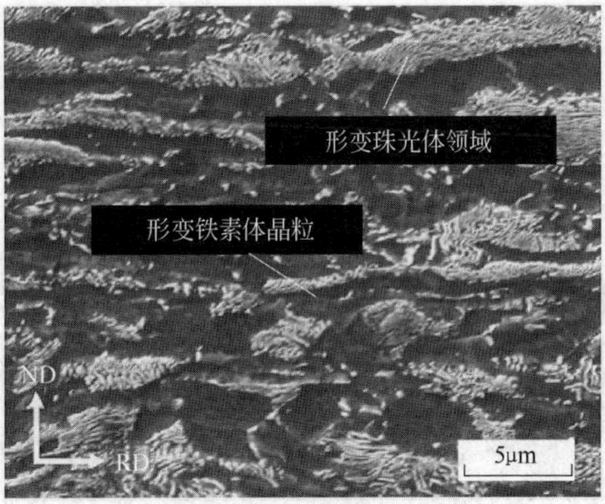

图 3-14 Q&P 工艺处理前冷轧钢板的微观组织

图 3-15 所示为在两种加热速率和两种临界退火温度下等温奥氏体化的动力学。利用杠杆定律，通过膨胀测量法研究了奥氏体的形成动力学。研究发现，在保温前，快速加热的试样（FHS）有一个比常规加热试样（CHS）更高的奥氏体的体积分数［φ(RA)］。这一结果可以归因于在非再结晶结构中缺陷结构和畸变能被保留下来，这增加了奥氏体形核位置的数量和碳的扩散速率。这种“加速效应”延伸到保温的早期阶段，导致在保温初期奥氏体形成的动力学速度显著加快，而在剩余退火过程中，奥氏体形成的动力学速度减慢。在等温过程中，扩散的碳主要来自于已溶解在再结晶铁素体中的碳化物，从而使奥氏体的体积分数缓慢而持续地增加。碳在 FHS 中的快速扩散导致了奥氏体在准平衡条件附近的转变，结果在给定的临界温度下，保温期间奥氏体体积分数比 CHS 高得多。图 3-16 所示为两种加热速率和两种临界退火温度下保温 120s 的 SEM 微观组织。由图可知，临界退火温度为 790℃ 比 830℃ 具有更多的铁素体。快速加热的组织比慢速加热的具有更细小和更多的马/奥（M/A）岛和回火马氏体（TM）。图 3-17a 所示为 CHS 和 FHS 的典型单轴应力-应变曲线。由此

可知，CHS（5℃/s）的总延伸率为26.3%，极限抗拉强度约为972MPa。当加热速率增加到300℃/s时，抗拉强度增加了110MPa，而总延伸率为25.7%，综合性能得到提高。

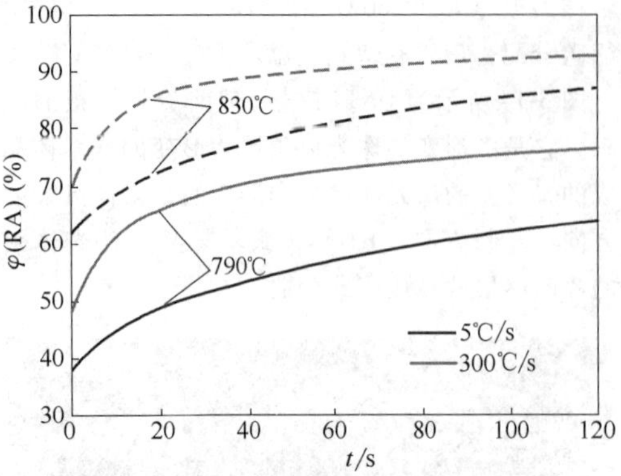

图3-15　在两种加热速率和两种临界退火温度下等温奥氏体化的动力学

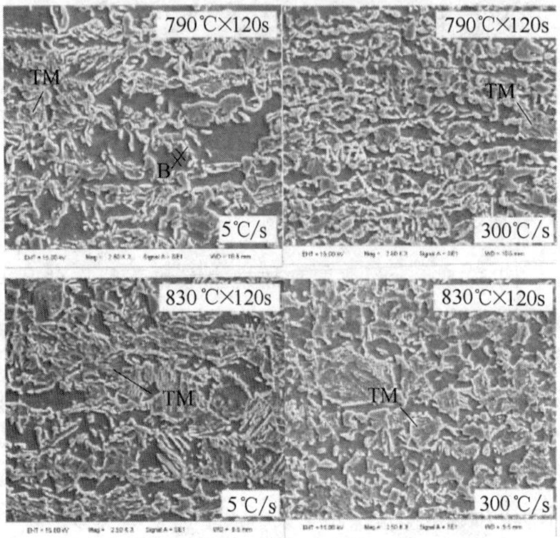

图3-16　两种加热速率和两种临界退火温度下保温120s的SEM微观组织

2. 双相钢的电脉冲处理

铁素体-马氏体双相（DP）钢具有优异的力学性能，但在马氏体等温回火过程中（涉及缓慢的加热、长的保温时间和缓慢的冷却）将发生软化，如焊接的热影响区（HAZ）的软化，即硬度的降低。在经典理论中，软化过程中马氏体的回火经历与温度关联的四个阶段如图3-18所示。显然，马氏体钢就像双相钢一样，其硬度都受温度的显著影响。当温度在第1阶段达到200℃时，碳原子扩散和偏聚在某些高能态的区域，例如晶界。在第2阶段，各种的碳化物，如ε碳化物，开始在200~400℃的温度范围析出；进一步加热至400~600℃温度范围，由此进入第3阶段，此时渗碳体（Fe_3C）颗粒开始析出和球化。当温度超过600℃时，在第4阶段，大部分的板条马氏体开始再结晶，形成等轴的铁素体，渗碳体颗粒开始粗化。双相钢在软化的四个阶段中随温度的提高，硬度逐渐下降。然而，这种由马氏体回火引起的软化，由于高应变集中在软区，经常导致焊接过程中双相钢的热影响区（HAZ）早期失效。因此，许多研究者开始研究以非等温回火取代等温回火。一个可能的方法是使用电脉冲处理（EPT），这是一种瞬间高能量输入的方法。以前对多晶金属和合金的EPT研究表明，通过热和电作用的结合实现了晶粒细化。因此，可以相应地通过EPT来改善力学性能。

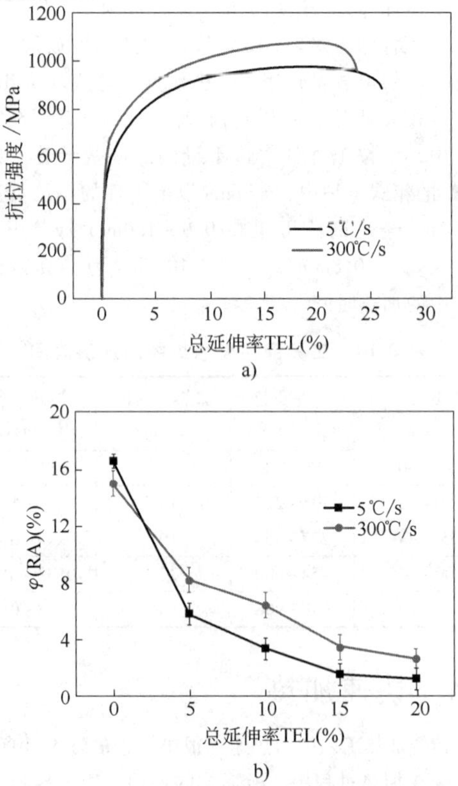

图3-17　Q&P钢在830℃保温30s的力学性能

a）单轴应力-应变曲线　b）残留奥氏体体积分数随总延伸率的变化

双相DP600（Fe-0.1C-0.25Si-1.70Mn-0.02P-0.005S-0.040Al）经冷轧至0.5mm厚。拉伸样品为狗骨状，标距和宽度分别为24.0mm和5.0mm，它们的长边垂直于轧制方向，如图3-19a、b所示。为了确定EPT效果，选择了两组样品，一组承受EPT，另一组仅等温回火（即不承受EPT）。进行EPT时，将直流电转换成脉冲电流，用数字存储示波器原位监测脉冲电流

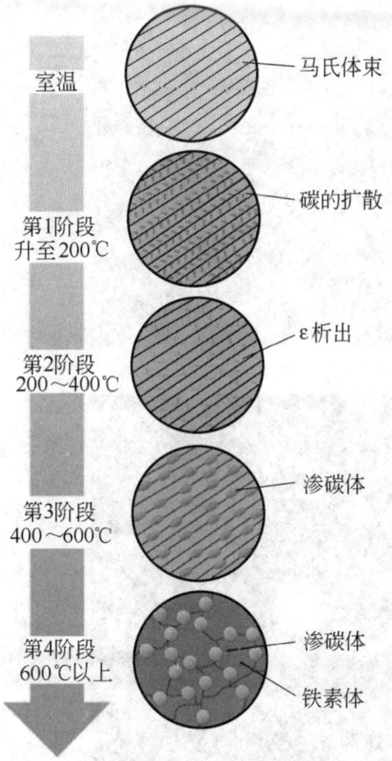

图 3-18　马氏体的回火经历与温度关联的四个阶段

波形，如图 3-19 所示。利用阴极和阳极夹片夹紧钢样并对脉冲电流进行控制。脉冲电流持续时间为 110μs，在室温的峰值电流密度为 $5.67\times10^9A/m^2$。图 3-19 中的热电偶与试样连接，在 EPT 后峰值温度立即被记录。冷轧薄板试样的光学微观结构及其 X 射

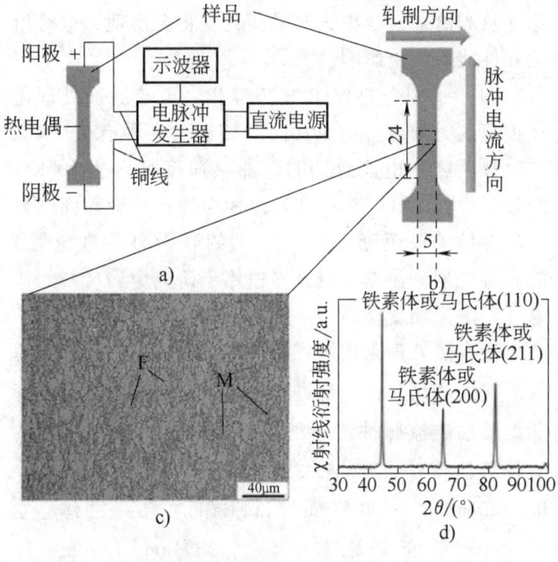

图 3-19　EPT 实验装置、狗骨状样品、双相钢的光学显微组织和对应的 XRD 谱

a）EPT 实验装置　b）狗骨状样品
c）双相钢的光学显微组织　d）XRD 谱

线衍射（XRD）谱如图 3-19c、d 所示。由此可见，仅仅存在两相：马氏体相（黑色区域）沿铁素体（灰色区域）的晶界随机分布。由图像定量分析得到：铁素体和马氏体的含量（体积分数）分别为 63.4%和 36.6%。

在图 3-20 中，在马氏体区域从微米尺度的板条到纳米尺度的颗粒的变化直接证明了 EPT 的晶粒细化作用。透射电镜观察和选区电子衍射（SAED）花样已被运用于观察样品的微观结构和确定纳米颗粒的性质。在没有经历 EPT 的样品中，马氏体板条的明场像和相应的 SAED 花样分别示于图 3-20a 和 c。EPT 后，马氏体板条的明场像和相应的 SAED 花样分别示于图 3-20b 和 d。在铁素体晶界附近发现了高密度的纳米颗粒，平均尺寸为（48±8）nm，SAED 花样证实这些纳米颗粒为渗碳体。这些纳米级渗碳体（θ）颗粒与铁素体（α）之间存在取向关系（［012］α//［101］θ）（见图 3-20d）。此外，经 EPT 后，原始马氏体（α′）板条部分分解为尺寸约为（78±13）nm 的超细晶粒铁素体。

图 3-21 所示为两组样品的工程应力-应变曲线。由此可见，EPT 显著提高了 DP 钢的屈服强度和抗拉强度，而延伸率仅微小下降。同时，样品硬度由（301±8）HV 增加到（364±12）HV，如图 3-22 所示。上述结果表明，EPT 可以改善 DP 钢的力学性能。

通过计算，EPT 提高了温度，约为 685℃，恰好对应马氏体回火软化的第 4 阶段，如图 3-22a 所示。计算的温度与热电偶测量的峰值温度（672℃）相近。显著的软化（硬度下降）发生在马氏体等温回火的第 4 阶段，某些板条马氏体（α′）变成低位错密度的回火马氏体（Tα′）伴随碳化物的析出，某些板条马氏体再结晶成等轴铁素体并长大，因此，显著软化归因于碳化物的粗化和板条马氏体再结晶为等轴铁素体后的长大。例如，原始 DP 钢的硬度［（301±8）HV］在 690℃分别等温回火 300s 和 5400s 后降低到（190±3）HV 和（179±1）HV，但是通过 EPT 后，DP 钢的硬度从（301±8）HV 提高到（364±12）HV（见图 3-22b），这归因于 EPT 的快速加热和冷却抑制了铁素体（α）晶粒长大和渗碳体的粗化，因为超细铁素体晶粒提高了 DP 钢的屈服强度和相应的硬度（Hall-Petch 方程）。

3.4.2　快速加热中有色合金的组织转变和性能改善

1. TC4 合金的电脉冲处理

钛及其合金（特别是 TC4 合金）因其高比强度、

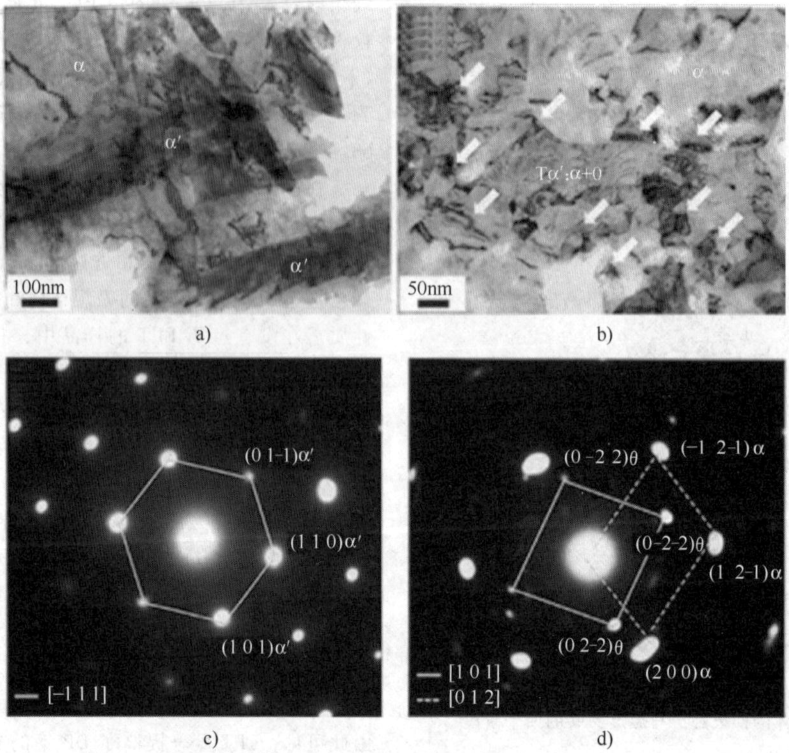

图 3-20　没有经历 EPT 和经历 EPT 的双相钢组织的 TEM 像及相应的 SAED 花样

a）没有经历 EPT 的 TEM 像　b）经历 EPT 的 TEM 像
c）没有经历 EPT 的 SAED 花样　d）经历 EPT 的 SAED 花样

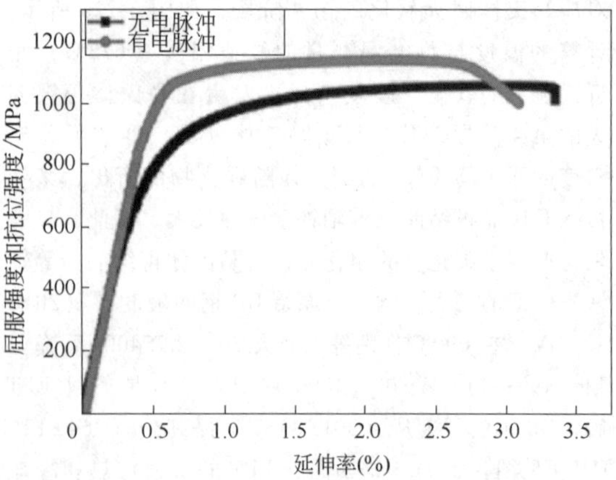

图 3-21　两组样品的工程应力-应变曲线

优越的耐腐蚀性能和优异的生物相容性而被广泛应用于许多领域，如汽车和航空航天、化工、生物医学以及民用领域。TC4 合金在平衡条件下的室温组织是由 bccβ 相和 hcpα 相构成的（见图 3-23）。当冷却较快时，部分的母相将发生无扩散的马氏体相变，形成马氏体（hcpα′）。具有 5 个独立滑移系的 β 相比只有两个独立滑移系的 α 相呈现更好的塑性。因此，两相的相对量的变化将影响 TC4 合金的力学性能。在快速加热和冷却过程中，非平衡转变将会出现，这对组织和性能将产生影响。

（1）逆相变的 bccβ 相高温相　电流脉冲处理是在很短的时间内将金属加热到高温的一种有效方法。在对金属施加电流脉冲时，加热速率可高达 10^6K/s 的数量级。此外，样品在通过铜电极快速冷却到室温之前经历了极短曝露时间（大约在微秒的数量级）的高温处理。显然，该技术适用于研究金属材料的快速升温的逆相变。

快速热处理采用厚度为 1mm 的商用 TC4 合金薄板。快速加热实验是通过在室温下对样品放电的电容器组施加电流脉冲进行的。初始样品由微米尺寸的 α-Ti 等轴晶粒［密排六方（hcp），点阵常数：a = 0.2922nm，c = 0.4667nm］和颗粒间的 β-Ti［体心立方（bcc），点阵常数：a = 0.3291nm］组成，如图 3-23a 所示，其中 β-Ti 相的体积分数小于 10%。图 3-23b 中的 SAED 花样表明两相具有经典的 Burgers 取向关系：$(0001)_\alpha // (110)_\beta$，$[11\bar{2}0]_\alpha // [1\bar{1}1]_\beta$。

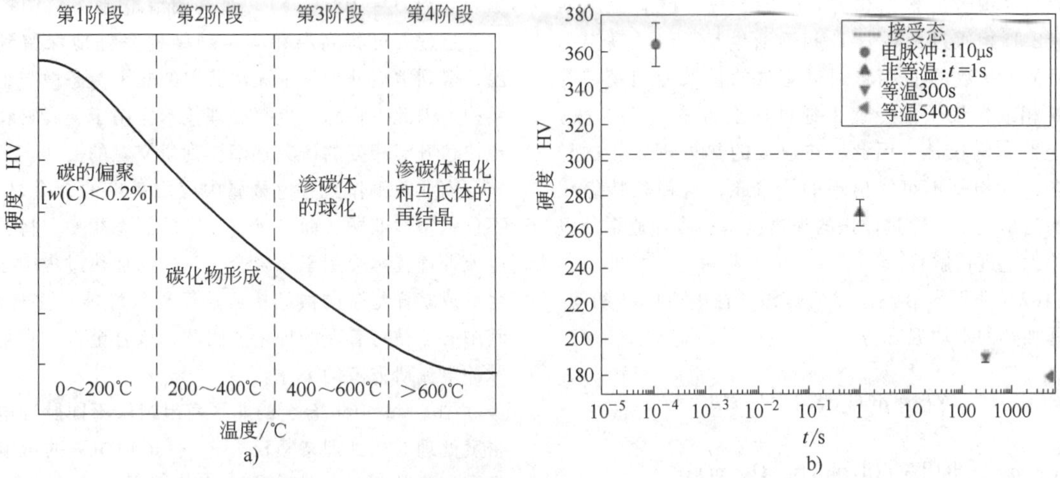

图 3-22 EPT 提高马氏体回火硬度的诠释

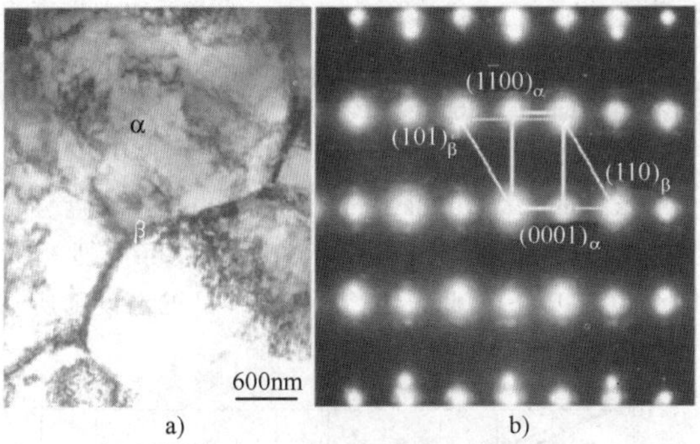

图 3-23 TC4 合金原始样品中的微观组织的 TEM 像和对应的 SAED 花样

a) TEM 像 b) SAED 花样

通过透射电镜观察，经过电流脉冲处理后的合金中 α-Ti 等轴晶粒和逆转变的高温 β-Ti 相的形态基本保持不变。然而，在每个原始的 α-Ti 晶粒中，都形成了许多层片状组织，它们基本上是在三个不同的方向上形成的，如图 3-24a 所示。在三个方向的交叉层片细化了原始 α-Ti 晶粒。薄片的厚度范围从几 nm 到大约 200nm，大多数薄片都小于 100nm，其长度从 10nm 到几 μm 不等，其受到原始 α-Ti 晶粒直径的限制。X 射线衍射和 SAED 分析表明，这些层片状组织为 β-Ti 相（$a=0.330$nm）。层片状 β-Ti 相的体积分数在 50%以上。图 3-24b 显示出典型的 TEM 明场图像，沿 α-Ti 相的［0001］方向观察，其中未转化的 α-Ti 区域（呈三角形）被三组夹角为 120°的 β-Ti 层片所包围。对应的 SAED 花样显示出 β-Ti 相的［110］晶带轴方向与 β-Ti 相的［0001］晶带轴方向平行，即为观测方向。三组 β-Ti 相的｛112｝孪晶被确定为平行于三个晶体学上等价的 α-Ti 相的｛1100｝晶面（见图 3-24c）。在图 3-24b 中 β-Ti 薄片的亮暗、交替边界就是孪晶界，此时其平行于电子束方向。图 3-24d 的高分辨率 TEM（HRTEM）像更清楚地显示出在图 3-24b 中的孪晶界。

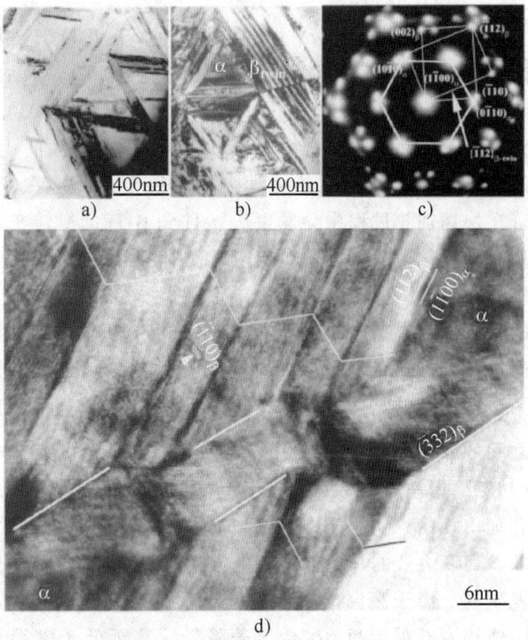

图 3-24 电流脉冲处理样品中层状组织的 TEM 像、其形成在原始晶粒中及沿平行电子束［0001］$_α$ 方向的 SAED 花样和对应于原始晶粒的高分辨率 TEM（HRTEM）像

a) TEM 像 b) 在原始晶粒中的 SAED 花样

c) 沿平行电子束［0001］$_α$ 方向的 SAED 花样

d) 原始晶粒的高分辨率 TEM（HRTEM）像

在 TC4 合金的常规处理中，从未发现过室温时存在 β 相体积分数大于 50%的现象，通常 β 相体积

分数约为 10%。根据相关合金的相图，随着温度增加，β-Ti 相通过消耗 α-Ti 相逐渐生长，但从高温冷却后的大多数的 β 相将通过通常的扩散型相变转变为 α 相或在较快的冷速下通过切变方式（无扩散）转变为 α′马氏体。因此，在通常的热处理中，这种高含量 β 相是不可能出现的。因此，这种独特组织结构的出现只能通过极快的加热速率和冷却速率的电脉冲工艺进行解释。

（2）非平衡 β 高温相的解释　在电流脉冲期间，焦耳加热的平均温升为

$$\Delta T = \rho (C_{\mathrm{p}} d S^2)^{-1} \int_0^{t_{\mathrm{p}}} I^2 \mathrm{d}t$$

式中　ρ——电阻率（$1.68 \times 10^{-6} \Omega \cdot \mathrm{m}$）；

C_{p}——比热容［610J/(kg · ℃)］；

d——样品密度（$4.42 \times 10^3 \mathrm{kg/m^3}$）；

S——样品的横截面积；

I——脉冲的瞬时电流；

t——对应的持续时间，积分可由 I-t 曲线获得。

对于研究的样品，平均温升估计为 850~1000℃。根据脉冲持续时间（≈400μs），加热速率约为 10^6K/s。估计冷却速率为 $10^2 \sim 10^3$K/s。按伪二元 Ti（≈6% Al）-V 相图，β 相是 TC4 合金在 850~1000℃ 温度区间内的主导相，而 α 相在热力学上是不稳定的。这意味着在快速加热过程中会发生从 α-Ti 到 β-Ti 的逆转变，从而趋于热力学平衡。在相变过程中，由于加热速度快，在高温下保持时间极短，原子扩散受到动力学上的限制。在快速加热过程中，具有 hcp 结构的 α 母相通过切变方式转变为具有 bcc 结构的层状 β 相。根据马氏体相变的晶体学表象理论，母相 α 与产物 β 相之间的取向关系为 $[0001]_\alpha // [110]_\beta$，$(1\bar{1}00)_\alpha$ 与 $(112)_\beta$ 相差 0.17°，这与 TEM 表征是一致的。因此，有理由相信，从 α-Ti 到 β-Ti 的逆转变是通过无扩散的、切变方式的马氏体逆转变方式在快速加热过程中发生的。由于高温 β 相的晶粒尺寸在纳米尺度，马氏体相变开始温度 Ms 会显著降低，甚至低于室温，因此 β-Ti 相向 α′相的马氏体相变被抑制，即大部分 β 高温相被保持到室温，导致超过 50% 体积分数的 β 相在室温存在。在常规钛合金中获得了由快速加热引起的大量的高温 β 相在室温存在，这为改进传统金属和合金提供了新的机会。

2. Cu-40Zn 合金的电脉冲处理

脉冲电流处理技术作为一种特殊热处理手段，可在极短的作用时间（μs）内实现金属材料的快速升温和降温（≈106℃/s），通过调节电流参数调控其相变过程，可将高温相等组织结构完好地保留到室温，得到常规处理技术无法获取的非平衡态微观组织结构。因此，将脉冲电流处理技术应用于金属材料实现快速升温相变的研究逐渐受到研究者的关注。

商业黄铜作为有色金属中应用最广的合金材料，不仅强塑性兼顾，而且具有丰富的固态相变。将脉冲电流处理技术应用于该合金，在快速加热过程中必然会形成多样复杂的微结构，从而导致性能的多样性，其中必然孕育着新的理论。因此，该合金也一直得到脉冲电流研究者的关注。

（1）Cu-40Zn 合金的非平衡组织　不同脉冲电流密度处理对热处理态蒙氏合金（Cu-40Zn）的影响已有了初步的研究。该合金由面心立方结构（fcc）的 α 相和体心立方结构（bcc）的 β 相组成。图 3-25 所示为 Cu-Zn 合金相图。实验发现，调节电流密度可将该合金快速升温相变阶段的微观组织结构完好地保留到室温，如图 3-26 所示。其中，施加电流密度分别为 15.12kA/mm²、15.66kA/mm²、15.93kA/mm²、17.01kA/mm²、17.28kA/mm²，相对应样品温度分别约为 550℃、588℃、642℃、876℃、899℃，处理时间约为 150μs。由此表明，该合金样品的温度随所施加电流密度的增加而升高。

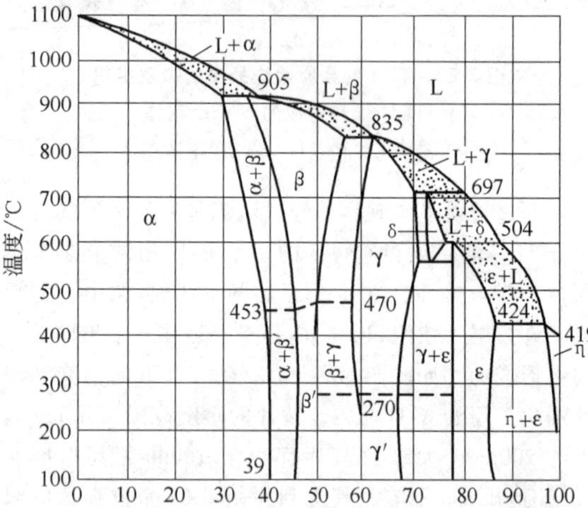

图 3-25　Cu-Zn 合金相图

由图 3-26 中的 EBSD 取向图可知，脉冲电流处理前，该合金由 α 相和原始粗大 β 相组成；当电流密度小于 15.66kA/mm² 时，即加热的温度低于 588℃，仅有少量细小高温 bccβ 相在 fccα 相晶界生成；随着电流密度的增加，温度高至 899℃，细小 β 相在 α 相晶界和晶内同时生成，而且生成量逐步增加，对比相图可知，这几乎对应于不同高温阶段的组织相对量

（利用杠杆定律计算），即脉冲电流快速加热和快速冷却，使不同相对量的高温组织保持至室温。

选取了上述三个处于不同快速升温相变阶段的样品：相变前（≈0kA/mm^2）、相变初期（≈15.66kA/mm^2）和相变后期（≈17.01kA/mm^2），借助 TEM 进一步对其微观组织结构进行了初步测试（见图 3-27）。脉冲电流处理前，fccα 相内部主要是{111}<11-2>层错（见图 3-27a）；脉冲电流处理后，fccα 相内分别出现了{111}<11-2>纳米孪晶（见图 3-27b，≈15.66kA/mm^2）和富集在 bcc 高温 β 相尖端的位错网（见图 3-27c，≈17.01kA/mm^2）。基于钢的研究表明，低的层错能（≤20mJ/m^2）有利于在亚稳的 fcc 奥氏体中发生马氏体相变；而稍高的层错能（25mJ/m^2）则在稳定的 fcc 奥氏体中诱发孪生。更高的层错能，仅发生位错滑移。奥氏体与 Cu-40Zn 合金的 α 相具有相同的 fcc 结构。因此，推测 α 相内亚结构演变可能与其层错能有关。鉴于组织的特征和层错能随温度的提高而提高，因此推测，图 3-27a 中 fccα 相的层错相对最低，而图 3-27c 中 fccα 相的层错相对最高，图 3-27b 中 fccα 相的层错居中。

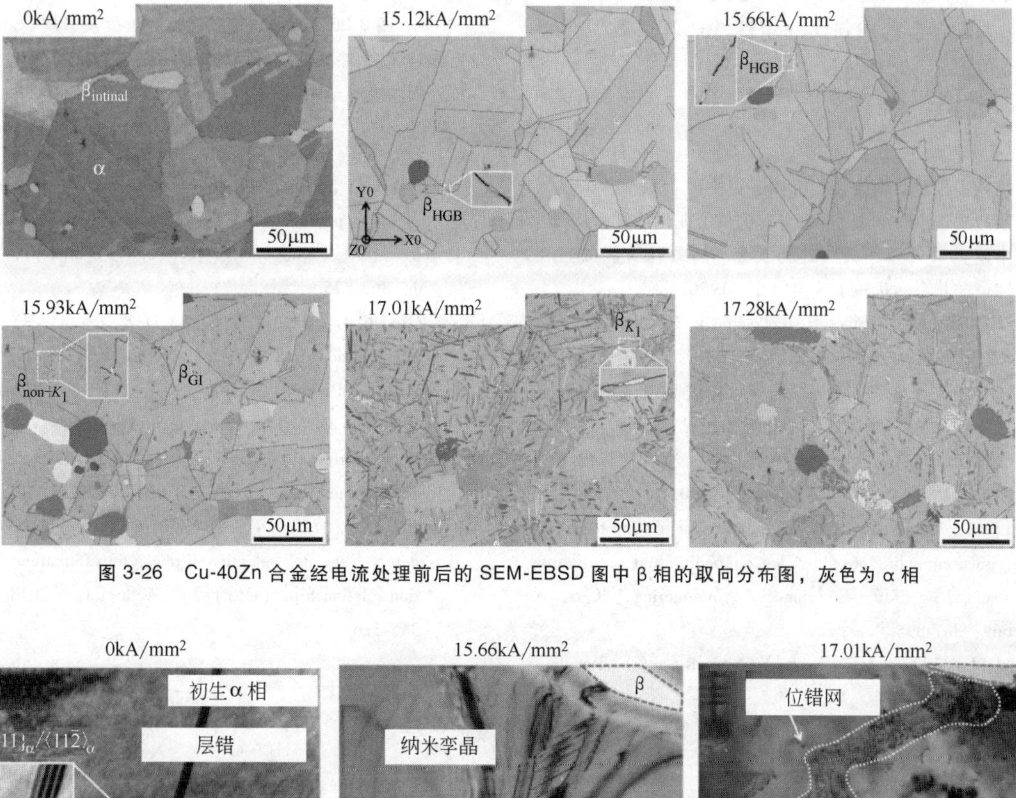

图 3-26 Cu-40Zn 合金经电流处理前后的 SEM-EBSD 图中 β 相的取向分布图，灰色为 α 相

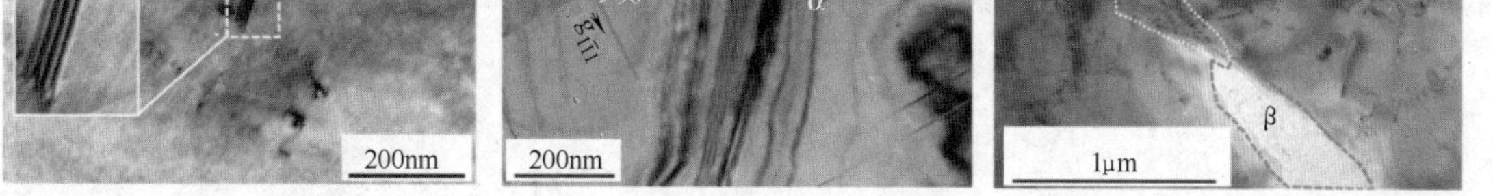

a) b) c)

图 3-27 脉冲电流处理前后 α 相的 TEM 明场像图

a）层错 b）纳米孪晶 c）位错网

（2）Cu-40Zn 合金的力学性能 对上述两种快速升温相变阶段的样品的力学性能进行了测试，并与常规热处理的样品（500℃ 两相区退火 30min 后空冷）对比，样品的应力-应变曲线如图 3-28 所示。由图 3-28 可知，不同电流密度作用下 Cu-40Zn 合金的强度和塑性显著变化。对比图 3-26 和图 3-27 可

知，较低电流密度、伴随 fccα 相基体上较少 bccβ 相的合金，其延伸率优于热处理合金，强度低于热处理合金；而高电流密度、伴随较多 bccβ 相的合金，其强度高于热处理合金，延伸率低于热处理合金，但它们的强塑积均高于热处理合金，表明电脉冲处理改善了合金的力学性能。总之，热处理样品显示出非平衡组织，不同脉冲电流密度几乎保持对应温度下的高温非平衡组织的含量，同时由于 bccβ 相比 fccα 相具有更高的硬度或强度，因此，不难理解，随着脉冲电流的提高，强度提高，塑性下降。同时可以看到，通过简单调节电流密度就可获得比传统热处理合金高的强度或塑性，这就拓展了合金的应用范围。

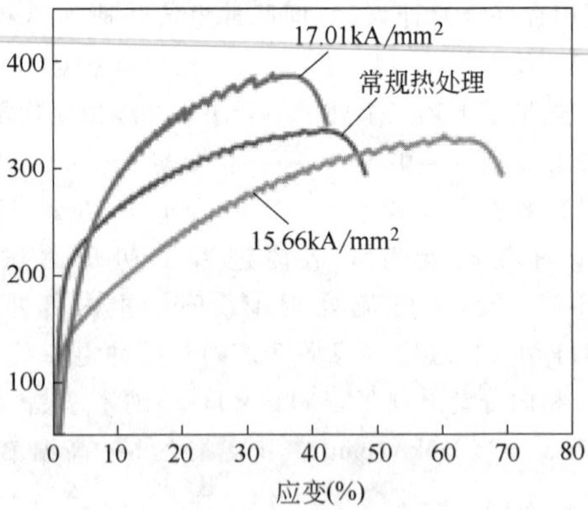

图 3-28　两种快速升温相变阶段及常规热处理的样品的应力-应变曲线

参 考 文 献

［1］ 机械工程手册编委会. 机械工程手册：第 7 卷　机械制造工艺（一）［M］. 北京：机械工业出版社，1982.

［2］ 中国机械工程学会热处理学会. 热处理节能的途径［M］. 北京：机械工业出版社，1986.

［3］ TOTTEN G E. Steel Heat Treatment Handbook ［M］. New York：Marcel Dekker，Lnc. 1997.

［4］ 戎詠华，陈乃录，金学军，等. 先进高强度钢及其工艺发展［M］. 北京：高等教育出版社，2019.

［5］ 秦盛伟. 高碳低合金 Q-P-T 钢的高强塑性及其机制的研究［D］. 上海：上海交通大学，2017.

［6］ LIU G，ZHANG S E，LI J，et al. Fast-heating for intercritical annealing of cold-rolled quenching and partitioning steel［J］. Materials Science & Engineering，2016，A 669：387-395.

［7］ LOLLA T，COLA G，NARAYANAN B，et al. Development of rapid heating and cooling（flash processing）process to produce advanced highstrength steel microstructures［J］. Materials Science and Technology，2011，27：863-875.

［8］ ZHANG W，ZHAO W S，LI D X，et al. Martensitic transformation from α-Ti to β-Ti on rapid heating［J］. APPLIED PHYSICS LETTERS，2004，84：4872-4874.

［9］ LU W J，QIN R S. Stability of martensite with pulsed electric current in dual-phase steels［J］. Materials Science & Engineering，2016，A 677：252-258.

［10］ LIU M S，ZHANG Y D，WANG X L，et al. Crystal defect associated selection of phase transformation orientation relationships（ORs）［J］. Acta Mater，2018，152：315-326.

第4章 金属热处理的冷却

上海交通大学 陈乃录

在热处理工艺中，因工件的材料种类、尺寸、结构特点和性能要求等的不同，会采用不同的冷却方式，其中钢的淬火与钢的冷处理应用最为广泛。

4.1 钢的淬火

淬火是指将金属加热到预定温度后按某种速率冷却，获得预期组织与性能的过程。对于钢的淬火是将钢件全部或部分加热到奥氏体温度区间，然后以大于临界冷却速度冷却以获得非平衡的马氏体或贝氏体组织的热处理工艺。

淬火的效果取决于冷却条件（包括淬火冷却介质特性、介质温度、介质流动状态和在介质中的冷却时间）和材料本身具有的特性。针对具体零件的成分和性能要求设计其淬火工艺、装备和评价的技术称为淬火技术。淬火技术包括：材料的淬火特性评价，淬火加热及冷却工艺的设计，淬火冷却介质及其性能的评定，淬火冷却装置的设计，淬火冷却检测方法与仪器，淬火组织、性能、残余应力、畸变、开裂的控制与预测。

按照采用的淬火冷却介质、实施的方式、达到的目的与实施的装置的不同，可以扩展出多种淬火方法，例如浸液淬火、双液淬火、喷液淬火、喷雾淬火、局部淬火、延迟淬火、断续淬火、贝氏体等温淬火、马氏体分级淬火等。

（1）浸液淬火（单液淬火） 是将完成奥氏体化的钢件，直接浸入到介质之中完成淬火目的，介质可以是油、聚合物类水溶性介质和水等。该方法最常见，工艺简单，其淬火效果取决于所选用的介质特性、介质温度和介质的流动状态。

（2）双液淬火（控时淬火） 为了获得要求的性能，往往需要在冷却过程中改变工件的冷却速度。例如，某些合金钢件为了达到既要获得高的力学性能，又要减小畸变或避免开裂的目的，采用先将工件淬入一种冷却速度较高的介质（如水或聚合物类水溶性介质）之中，持续一段时间（要求性能部位避免发生珠光体转变或贝氏体转变）之后，将工件转移到冷却速度较慢的介质（如油）之中进行马氏体转变。这种工艺要求精确控制在不同介质之中的浸液时间，因此也被称为控时淬火。

（3）喷液淬火 将高压的介质或大流量的介质直接喷到工件的全部或局部的淬火方法。这种冷却方法中工件被喷射部位由于蒸汽膜不易产生而冷却速度很高，但是未喷射到的部位往往会产生较厚的蒸汽膜而冷却速度很低，造成冷却的不均匀。为此，工件运动或喷嘴运动是对喷液淬火的基本要求。

（4）喷雾淬火 是通过高压气体带动水流形成沿一定方向运动的雾（雾状液滴）流直接喷到工件的淬火方法。这种雾流作用在工件表面的冷却效果受雾滴的运动速度和分布密度影响大，其中某些参数的微小变化会导致冷却效果发生大的变化，因此这种方法淬火的控制难度比喷液淬火大，对喷嘴和水质的要求也较高。

（5）局部淬火 用于工件只有一部分需要淬火，而另一部分不希望被淬火的情况。要实现这种淬火方法，可以将工件的一部分保护起来，与淬火冷却介质隔开，或者仅让要求淬火的部分接触到淬火冷却介质；也可以是将要求淬火的区域加热到奥氏体温度，而其他区域低于奥氏体温度。

（6）延迟淬火 为了减少淬火残余应力和畸变，将工件奥氏体化后先缓慢地（一般在空气中）冷却到略高于 Ar_3（或 Ar_1）点，然后进行淬火冷却的工艺。延迟时间是指，工件自加热炉中取出到浸入淬火冷却介质的时间。

（7）断续淬火 将工件奥氏体化后，随之快冷到 *Ms* 或 *Bs* 点附近或某一温度后从液体介质中取出进行短时间空冷，然后再浸入液体介质中进行冷却的方法。其目的是在降低相变应力减小开裂倾向的前提下，获得预期的组织和较高的韧性。

（8）贝氏体等温淬火 将钢件奥氏体化后，随之快冷到贝氏体转变温度区间（260~400℃）等温保持，使奥氏体转变为贝氏体的淬火冷却工艺。

（9）马氏体分级淬火 将钢件奥氏体化后，随之快冷到温度稍高或稍低于钢的马氏体点的液态介质（盐浴或碱浴）中，保持适当时间，待钢件的内、外层都达到介质温度后取出空冷，以获得马氏体组织的淬火冷却工艺。

淬火属于热处理的基础工艺，大多钢制结构件都需要经过淬火处理获得预期的组织和性能，如作为最终热处理的淬火（调质：淬火+高温回火）、感应淬火、真空淬火、渗碳淬火等）和预备热处理的淬火（为渗氮与表面处理做组织准备）。因此，淬火水平是衡量一个企业热处理能力的重要方面。

4.2 钢的过冷奥氏体转变

金属材料在温度、压力改变时，内部组织或结构发生变化的现象，称为相变。相变理论是研究和制定淬火冷却工艺的基础。

对于钢来说，不同状态的奥氏体（塑变、缓慢加热、快速加热）和冷却程度决定了所获得的组织和性能。冷却到平衡温度以下的奥氏体称为过冷奥氏体。过冷度不同，过冷奥氏体的转变方式、转变产物的组织结构和性能都不相同。当过冷度较小时，过冷奥氏体在较高温度范围内发生分解反应，获得具有扩散型转变特征的珠光体组织；过冷度很大时，过冷奥氏体在较低温度下发生无扩散型相变，获得马氏体组织；在两者之间温度范围内发生的转变称为中温转变，获得贝氏体组织。

4.2.1 珠光体转变

共析钢的过冷奥氏体的高温分解产物为珠光体，亚（过）共析钢的珠光体转变基本上与共析钢的珠光体转变相似，但存在伪共析转变、先共析铁素体析出和先共析渗碳体析出。

1. 共析钢的珠光体转变

（1）珠光体组织形貌 共析碳钢加热奥氏体化后缓慢冷却，在稍低于 A_1 温度时过冷奥氏体将分解为铁素体与渗碳体的混合物，称为珠光体，其典型形态呈片状或层状，如图 4-1 所示。工业用钢中也可见到如图 4-2 所示的在铁素体基体上分布着粒状渗碳体的组织，称为粒状珠光体或球状珠光体，一般是经过球化退火处理后获得的。

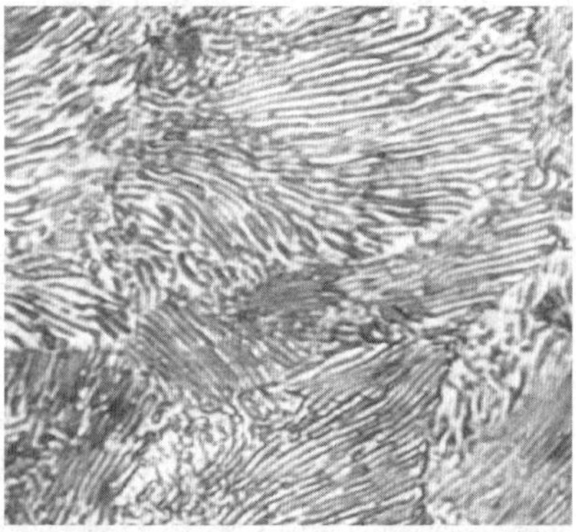

图 4-1 共析碳钢的片状珠光体组织

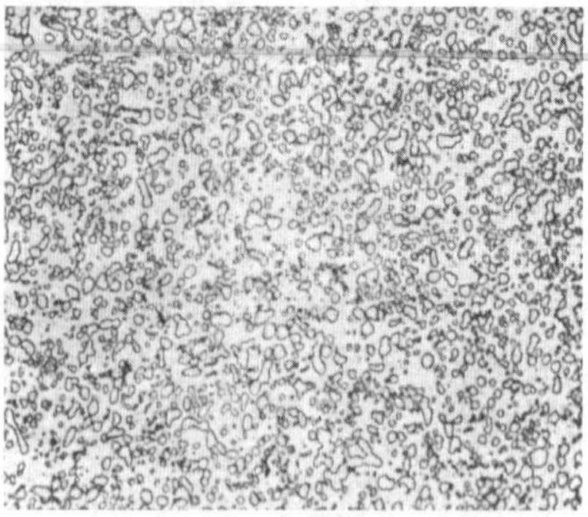

图 4-2 T12A 钢的粒状珠光体组织

（2）片状珠光体的形成过程 以渗碳体为领先相，片状珠光体的形成过程如图 4-3 所示。均匀奥氏体冷却至 A_1 点以下时，由于能量、成分和结构起伏，首先在奥氏体晶界上形成一小片渗碳体晶核。渗碳体晶核刚形成时可能与奥氏体保持共格关系，为减小应变能而呈片状。这种片状晶核按非共格扩散方式长大时，共格关系即被破坏。渗碳体晶核不仅沿纵向长大，而且也向横向长大（见图 4-3a）。渗碳体横向长大时，吸收两侧奥氏体中的 C 而使其碳浓度降低，当奥氏体的碳含量降低到足以形成铁素体时，就在渗碳体片两侧形成铁素体片（见图 4-3b）。新生成的铁素体片除了伴随渗碳体片纵向长大外，也向横向长大。铁素体横向长大时，向侧面奥氏体中排出多余的 C 而使其碳浓度增高，从而促进在铁素体侧面形成新的渗碳体片。如此循环进行下去，就形成了渗碳体片和铁素体片相间的片层状组织，即珠光体。

（3）粒状珠光体的形成过程 粒状珠光体是通过片状珠光体中渗碳体的球状化而获得的。若将片状珠光体加热至略高于 A_1 点的温度，则得到奥氏体加未完全溶解渗碳体的混合组织。此时，渗碳体已不保持完整片状，而是凹凸不平、厚薄不匀，部分已经断开。在此温度下保温将使片状渗碳体球状化，其球状化机制如图 4-4 所示。片状渗碳体球状化的原因是，由于第二相颗粒在基体中的溶解度与其曲率半径有关，总的趋势是奥氏体中的 C 原子将从渗碳体的尖角处向渗碳体的平面处扩散，这种扩散的结果，破坏了界面处的碳浓度平衡，为恢复界面碳浓度平衡，渗碳体的尖角处将溶解而使其曲率半径增大，而渗碳体的平面处将长大而使其曲率半径减小，以至逐渐成为各处曲率半径相近的颗粒状渗碳体，从而得到在奥氏体基体上分布着颗粒状渗碳体的组织。

（4）珠光体的片间距 片状珠光体是由一层铁素体与一层渗碳体交替紧密堆叠而成的。在片状珠光

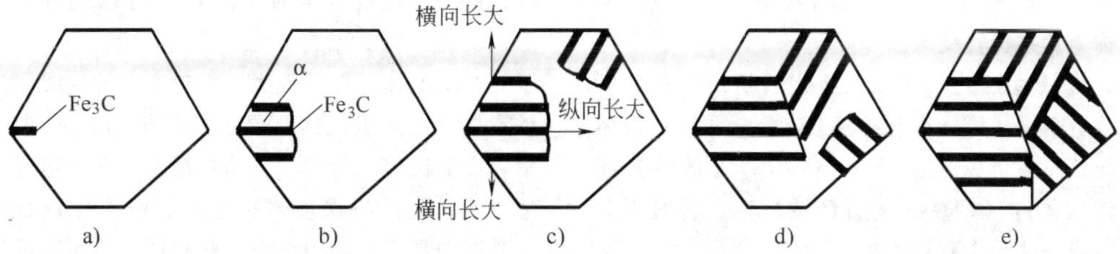

图 4-3　片状珠光体的形成过程

a）步骤 1　b）步骤 2　c）步骤 3　d）步骤 4　e）步骤 5

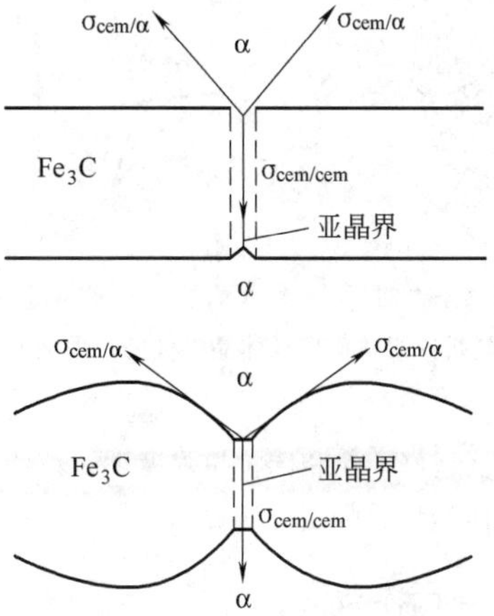

图 4-4　片状渗碳体球状化机制

体组织中，一对铁素体片和渗碳体片的总厚度称为珠光体片层间距，以 S_0 表示（见图 4-5a）。片层方向大致相同的区域称为珠光体团或珠光体晶粒（见图 4-5b）。在一个奥氏体晶粒内可以形成几个珠光体团。

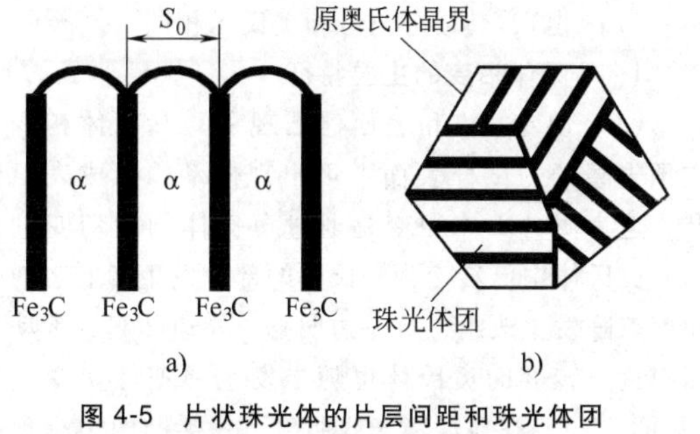

图 4-5　片状珠光体的片层间距和珠光体团

a）球光体片层间距　b）球光体团

随着珠光体转变温度下降，片状珠光体的片层间距 S_0 将减小。按照 S_0 的大小分为片状珠光体（S_0 为 150~450nm）、索氏体（S_0 为 80~150nm）、屈氏体（S_0 为 30~80nm）。虽然，片状珠光体、索氏体、屈氏体的组织形态在光学显微镜下观察差别较大，但是，在电子显微镜下观察都具有片层状特征，它们之间的差别只是片层间距不同而已。

珠光体的片层间距大小主要取决于珠光体的形成温度。随着过冷度的增大，珠光体片层间距减小。碳钢中珠光体片层间距 S_0（nm）与过冷度 ΔT 的关系可以用经验公式表示为

$$S_0 = \frac{8.02}{\Delta T} \times 10^3$$

2. 亚（过）共析钢的珠光体转变

（1）伪共析转变　图 4-6 的 *GSE* 线以上为奥氏体区，*GS* 线以左为先共析铁素体区，*ES* 线以右为先共析渗碳体区。当亚共析钢自奥氏体区缓慢冷却时，将沿 *GS* 线析出先共析铁素体。随着铁素体的析出，奥氏体的碳浓度逐渐向共析成分（*S* 点）接近，最后具有共析成分的奥氏体在 A_1 点以下转变为珠光体。过共析钢的情况与此类似，只不过析出的先共析相为渗碳体。

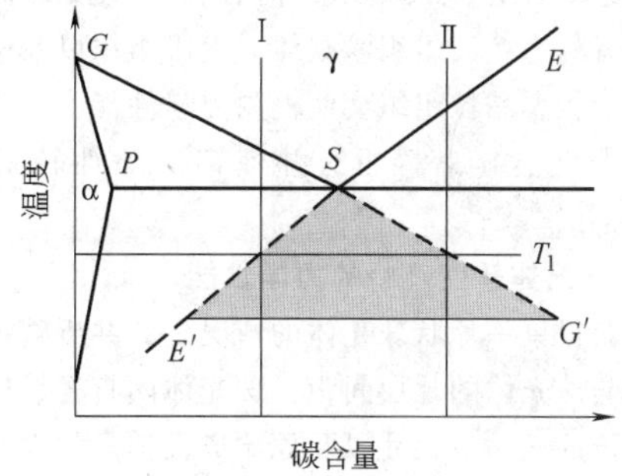

图 4-6　先共析相的析出温度范围

如果将亚共析钢或过共析钢（如合金Ⅰ或合金Ⅱ）自奥氏体区以较快速度冷却下来，在先共析铁素体或先共析渗碳体来不及析出的情况下，奥氏体被过冷到 T_1 温度以下区域，由于 *GSG′* 线和 *ESE′* 线分别为铁素体和渗碳体在奥氏体中的溶解度曲线，在此温度以下保温时，将自奥氏体中同时析出铁素体和渗碳体。在这种情况下，过冷奥氏体将全部转变为珠光体型组织，但合金的成分并非共析成分，并且其中铁素体和渗碳体的相对含量也与共析成分珠光体不同，随奥氏体的碳含量变化而变化。这种转变称为伪共析转

变，其转变产物称为伪共析组织，$E'SG'$线以下的阴影区域称为伪共析转变区。

（2）亚（过）共析钢先共析相的析出　亚共析钢或过共析钢（见图 4-6 中合金Ⅰ或合金Ⅱ）奥氏体化后冷却到先共析铁素体区（GSE'线以左区域）或先共析渗碳体区（ESG'线以右区域）时，将有先共析铁素体或先共析渗碳体析出。

在亚共析钢中，当奥氏体晶粒较细小，等温温度较高或冷却速度较慢时，Fe 原子可以充分扩散，所形成的先共析铁素体一般呈等轴块状，如图 4-7a 所示。当奥氏体晶粒较粗大，冷却速度较快时，先共析铁素体可能沿奥氏体晶界呈网状析出，如图 4-7b 所示。当奥氏体成分均匀、晶粒粗大、冷却速度又比较适中时，先共析铁素体有可能呈片（针）状，沿一定晶面向奥氏体晶内析出，此时铁素体与奥氏体有共格关系，如图 4-7c、d 所示。

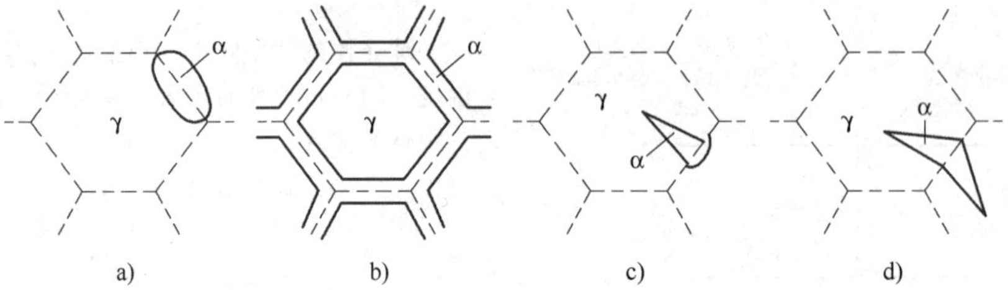

图 4-7　亚共析钢的先共析铁素体形态示意图

a）先共析铁素体　b）先共析铁素体沿奥氏体晶界析出　c）先共析铁素体向奥氏体晶内析出（单向）　d）先共析铁素体向奥氏体晶内析出（双向）

在过共析钢中，先共析渗碳体的形态可以是粒状、网状或针（片）状。但过共析钢在奥氏体成分均匀、晶粒粗大的情况下，从奥氏体中直接析出粒状渗碳体的可能性很小，一般呈网状或针（片）状渗碳体，此时将显著增大钢的脆性。

工业上将具有片（针）状铁素体或渗碳体加珠光体的组织称为魏氏组织，前者称为魏氏组织铁素体，后者称为魏氏组织渗碳体。魏氏组织以及经常与其伴生的粗大晶粒组织会使钢的力学性能，尤其是塑性和冲击性能显著降低，并使钢的脆性转折温度升高。

3. 珠光体转变产物的力学性能

在获得单一片状珠光体的情况下，共析碳钢的力学性能与珠光体的片层间距、珠光体团直径、珠光体中铁素体的亚晶粒尺寸以及原始奥氏体晶粒大小有密切的关系。珠光体的片层间距主要取决于珠光体的形成温度，随形成温度降低而减小。而珠光体团直径不仅与形成温度有关，还与奥氏体晶粒大小有关，随形成温度降低以及奥氏体晶粒细化而减小。所以共析钢珠光体的力学性能主要取决于奥氏体化温度和珠光体形成温度。随珠光体的片层间距以及珠光体团直径减小，珠光体的强度、硬度以及塑性均提高。

粒状珠光体的性能还取决于碳化物颗粒的形态、大小和分布。在成分相同的条件下，与片状珠光体相比，粒状珠光体的强度、硬度稍低，而塑性较高。一般来说，当钢的成分一定时，碳化物颗粒越细小，硬度和强度就越高；碳化物颗粒越接近等轴状，分布越均匀，韧性越好。在相同抗拉强度下，粒状珠光体比片状珠光体的疲劳强度有所提高。

4.2.2　马氏体转变

若提高冷却速度，使伪共析相变也来不及进行而将奥氏体过冷到更低温度，则由于在低温下铁原子和碳原子都已不能或不易扩散，奥氏体只能以不发生原子扩散、不引起成分改变的方式，通过切变由 γ 点阵改组为 α 点阵，这种转变称为马氏体相变，转变产物称为马氏体（为区别于平衡相变所形成的 α 相，称其为 α′相），其成分与母相奥氏体相同。

1. 马氏体相变的主要特征

（1）切变共格和表面浮凸现象　马氏体相变时在预先磨光的试样表面上可出现倾动，形成表面浮凸，这表明马氏体相变是通过奥氏体均匀切变进行的。奥氏体中已转变为马氏体的部分发生了宏观切变而使点阵发生改组，且一边凹陷，一边凸起，带动界面附近未转变的奥氏体也随之发生弹塑性切变应变（见图 4-8），在显微镜光线照射下，浮凸两边呈现明显的山阴和山阳。由此可见，马氏体的形成是以切变方式进行的，同时马氏体和奥氏体之间界面上的原子是共有的，既属于马氏体，又属于奥氏体，而且整个相界面是互相牵制的，这种界面称为切变共格界面。

（2）无扩散性　从马氏体相变的宏观均匀切变现象可知，在马氏体相变过程中原子是集体运动的，原来相邻的原子相变后仍然相邻，它们之间的相对位移不超过一个原子间距，即马氏体相变是在原子基本

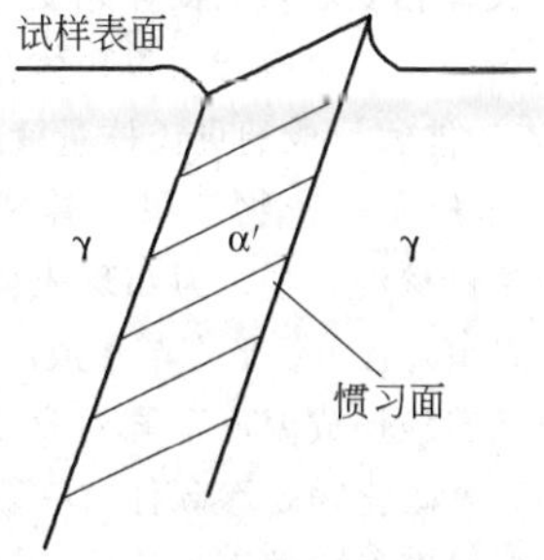

图 4-8　马氏体形成时引起的表面倾动

上不发生扩散的情况下发生的。

（3）具有特定的位向关系和惯习面　通过均匀切变形成的马氏体与母相奥氏体之间存在严格的位向关系。在钢中已经发现的位向关系有 K-S 关系（$\{111\}_{\gamma}//\{110\}_{\alpha'}$，$\langle 110\rangle_{\gamma}//\langle 111\rangle_{\alpha'}$），N-W 关系（$\{111\}_{\gamma}//\{110\}_{\alpha'}$，$<110>_{\gamma}//<001>_{\alpha}$）和 G-T 关系（$\{111\}_{\gamma}//\{110\}_{\alpha'}$，差 1°；$\langle 110\rangle_{\gamma}//\langle 111\rangle_{\alpha'}$，差 2°）。

马氏体相变中不仅新相和母相之间有严格的位向关系，而且马氏体是在母相的一定晶面上开始形成的，这个晶面即称为惯习面，通常以母相的晶面指数表示。钢中马氏体常见的惯习面有三种——$\{111\}_{\gamma}$、$\{225\}_{\gamma}$ 和 $\{259\}_{\gamma}$。惯习面随碳含量及形成温度不同而异。$w(C)<0.6\%$ 时为 $\{111\}_{\gamma}$，$w(C)=0.6\%\sim1.4\%$ 时为 $\{225\}_{\gamma}$，$w(C)>1.4\%$ 时为 $\{259\}_{\gamma}$。

（4）在一个温度范围内完成相变　奥氏体以大于临界冷却速度冷却至某一温度以下才能发生马氏体相变，这一温度称为马氏体相变开始温度，以 *Ms* 表示。如停止降温，马氏体相变立即停止，即马氏体相变是在不断降温的条件下进行的，马氏体转变量是温度的函数，而与等温时间无关。当冷却至某一温度以下时，马氏体相变便不再继续进行，这个温度称为马氏体相变终了温度，用 *Mf* 表示。所以马氏体相变是在一个温度范围内完成的。

2. 钢中马氏体的组织形态

（1）板条状马氏体　低碳钢、中碳钢、马氏体时效钢和不锈钢等的淬火组织为板条状马氏体，如图 4-9 所示，因为这种马氏体的亚结构主要为位错，通常也称为位错型马氏体。

图 4-10 所示为板条状马氏体的显微组织构成。板条状马氏体由板条群（马氏体领域）所组成（图中 A）；一个板条群又可以分成几个平行的区域（图中 B），称为同位向束（或条束）；一个板条群也可以只由一种同位向束所组成（图中 C）；每个同位向束由若干个平行板条所组成（图中 D），每一个板条为一个马氏体单晶体。

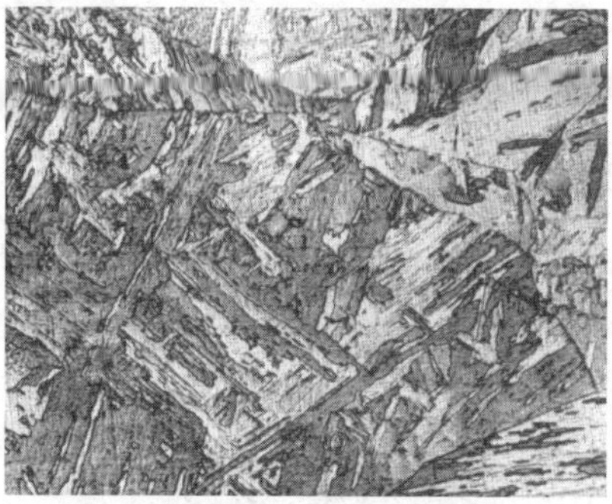

图 4-9　板条状马氏体组织

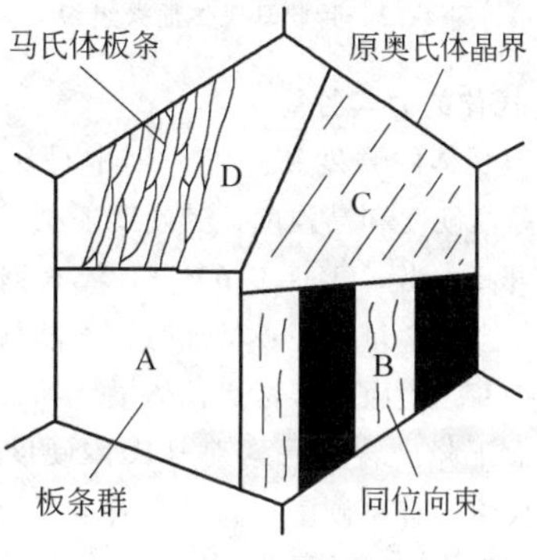

图 4-10　板条状马氏体的显微组织构成

（2）片状马氏体　图 4-11 所示为片状马氏体组织，常见于淬火高、中碳钢及高 Ni 的 Fe-Ni 合金中。片状马氏体的空间形态呈双凸透镜片状，也称为透镜片状马氏体。因其与试样磨面相截在显微镜下呈针状或竹叶状，故又称为针状或竹叶状马氏体。片状马氏体的亚结构主要为孪晶，所以又称为孪晶型马氏体。

图 4-11　片状马氏体组织

在一个成分均匀的奥氏体晶粒内，冷却至稍低于 *Ms* 点时，先形成的第一片马氏体将贯穿整个奥氏体晶粒而将其分割为两半，使随后形成的马氏体的大小受到限制（见图 4-12）。因此片状马氏体的大小不一，越是后形成的马氏体片就越小。片状马氏体中常可见到有明显的中脊和孪晶。孪晶是片状马氏体组织的重要特征。

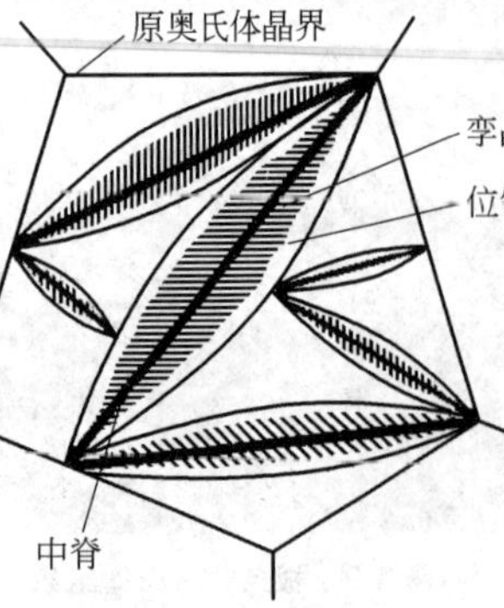

图 4-12　片状马氏体显微组织

3. 马氏体的力学性能

（1）马氏体的硬度和强度　钢中马氏体最重要的特性就是高硬度和高强度，其硬度随马氏体中碳含量增加而升高，当 $w(C)=0.6\%$ 时，淬火钢的硬度接近最大值。当碳含量进一步增加时，虽然马氏体的硬度会有所提高，但由于残留奥氏体量增加，使淬火钢的硬度反而下降。合金元素对马氏体硬度的影响不大。使马氏体具有高硬度、高强度的主要因素有相变强化、固溶强化和时效强化。

（2）马氏体的韧性　马氏体的韧性随强度的提高而下降，在屈服强度相同的条件下，位错型马氏体的断裂韧度和冲击韧性比孪晶马氏体要好得多，即使经回火后，也仍然具有这种规律。

马氏体的强度主要取决于碳含量，而马氏体的韧性主要取决于亚结构。低碳位错型马氏体具有高的强度和良好的韧性。高碳孪晶型马氏体具有高的强度，但韧性很差。位错型马氏体不仅韧性优良，而且还具有脆性转折温度低、缺口敏感性低等优点。

4.2.3　贝氏体转变

钢经奥氏体化后过冷到珠光体相变与马氏体相变之间的中温区时，将发生贝氏体相变，亦称为中温转变。在此温度范围内，铁原子已难以扩散，而碳原子尚能扩散，其相变产物一般为铁素体基体加渗碳体的非层状组织。在贝氏体相变时，过冷奥氏体通过与马氏体相变类似的切变共格机制转变为铁素体。但是，在贝氏体相变过程中又有碳原子的扩散，相变速度受碳原子的扩散速度所控制，所以，贝氏体相变兼有切变共格型相变和扩散型相变的特征。

1. 贝氏体相变的主要特征

（1）贝氏体相变的温度范围　与马氏体相变的 *Ms* 点相对应，贝氏体相变也有一个上限温度 *Bs* 点，即贝氏体转变开始温度，奥氏体必须过冷到 *Bs* 点以下才能发生贝氏体相变。与马氏体相变一样，贝氏体相变也不能进行完全，总有残留奥氏体存在。等温温度越靠近 *Bs* 点，能够形成的贝氏体量就越少。

（2）贝氏体相变的产物　贝氏体相变产物是 α 相与碳化物两相机械混合物，但与珠光体不同，贝氏体不是层片状组织，且组织形态与形成温度密切相关。碳化物的分布状态随形成温度不同而异，较高温度形成的上贝氏体，其碳化物是渗碳体，一般分布在铁素体条之间；较低温度形成的下贝氏体，其碳化物既可以是渗碳体，也可以是 ε-碳化物，主要分布在铁素体条内部。在低、中碳钢中，当贝氏体形成温度较高时，也可能形成不含碳化物的无碳化物贝氏体。随贝氏体的形成温度下降，贝氏体中铁素体的碳含量升高。

（3）贝氏体相变动力学　贝氏体相变也是一种形核和长大过程。与珠光体相变一样，贝氏体可以在一定温度范围内等温形成，也可以在某一冷却速度范围内连续冷却转变。贝氏体等温形成时，需要一定的孕育期，其 TTT 曲线也呈 C 字形。

（4）贝氏体相变的扩散性　贝氏体相变是由一个单相（γ）转变为两个相（α 相和碳化物）的过程。碳原子的扩散对贝氏体相变起控制作用，上贝氏体的相变速度取决于碳在 γ-Fe 中的扩散，下贝氏体的相变速度取决于碳在 α-Fe 中的扩散。所以，影响碳原子扩散的所有因素都会影响贝氏体的相变速度。

（5）贝氏体相变的晶体学特征　与马氏体相变相类似，贝氏体中铁素体形成时也能在平滑试样表面上产生浮凸现象。贝氏体中铁素体具有一定的惯习面，并与母相奥氏体之间保持一定的晶体学位向关系。上贝氏体的惯习面为 $\{111\}_\gamma$，下贝氏体的惯习面一般为 $\{225\}_\gamma$。贝氏体中铁素体与奥氏体之间存在 K-S 位向关系。贝氏体中渗碳体与奥氏体以及贝氏体中渗碳体与铁素体之间亦存在一定的晶体学位向关系。

2. 贝氏体的组织形态

（1）上贝氏体　在贝氏体相变区较高温度范围内形成的贝氏体称为上贝氏体。典型的上贝氏体组织在光学显微镜下观察时呈羽毛状、条状或针状，少数呈椭圆形或矩形，如图 4-13。在电镜下观察时可看到上贝氏体组织为一束大致平行分布的条状铁素体和夹于条间的断续条状碳化物的混合物（见图 4-14）。

（2）下贝氏体　在贝氏体相变区较低温度范围内形成的贝氏体称为下贝氏体。典型的下贝氏体组织在光学显微镜下呈暗黑色针状或片状，而且各个片之间都有一定的交角（见图 4-15），其立体形态为透镜状，与试样磨面相交而呈片状或针状。在电镜下观察可以看出，在下贝氏体铁素体片中分布着排列成行的

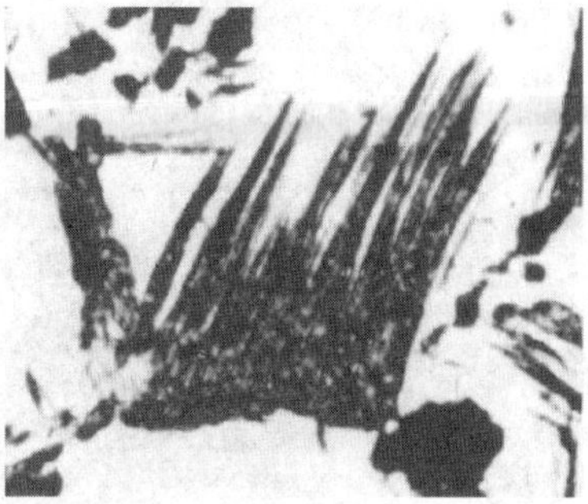

图 4-13 T8 钢的上贝氏体组织

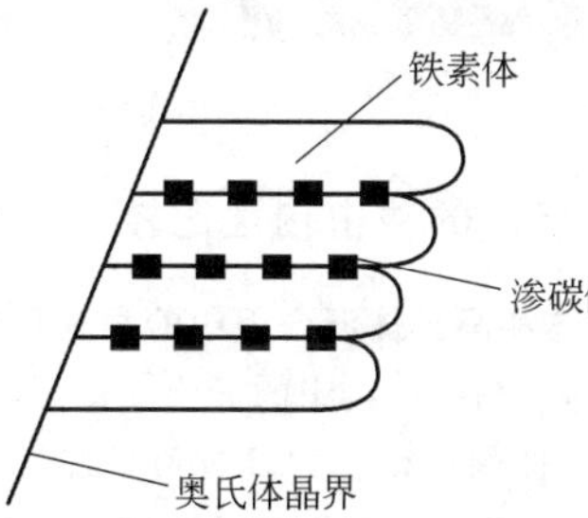

图 4-14 钢中典型上贝氏体组织示意图

细片状或粒状碳化物，并以 55°~60°的角度与铁素体针长轴相交（见图 4-16）。通常，下贝氏体的碳化物仅分布在铁素体片的内部。

图 4-15 GCr15 钢的下贝氏体组织

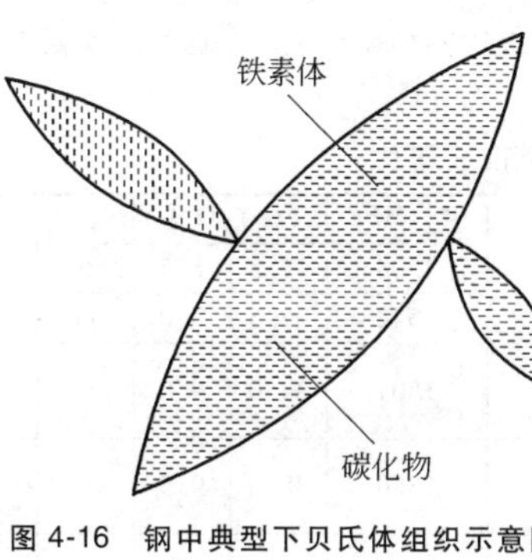

图 4-16 钢中典型下贝氏体组织示意图

（3）粒状贝氏体 低、中碳合金钢以一定速度连续冷却或在上贝氏体相变区高温范围内等温时可形成粒状贝氏体。粒状贝氏体的组织特征是在较大的块状铁素体内部出现孤立的“小岛”，呈粒状或长条状（见图 4-17）。这些“小岛”是原先高碳奥氏体随后的转变产物。在光镜下较难识别粒状贝氏体的组织形貌，在电镜下则可看出粒状（岛状）物大都分布在铁素体中，常常具有一定的方向性。

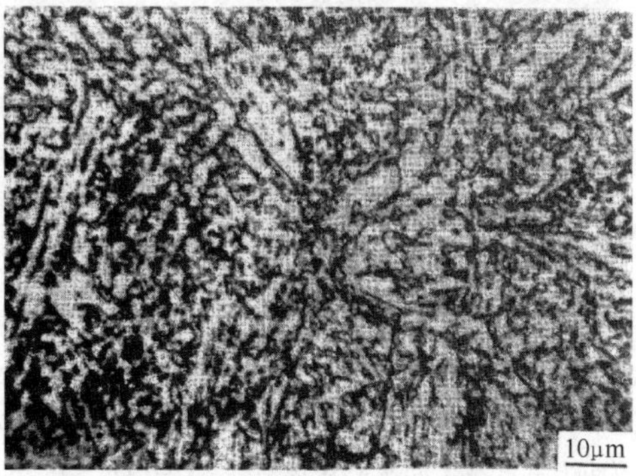

图 4-17 25Cr2MoV 粒状贝氏体

（4）无碳化物贝氏体 无碳化物贝氏体一般形成于 Si 或 Al 含量较高的低、中碳钢中，是在贝氏体相变区最高温度范围内形成的。无碳化物贝氏体由大致平行的单相条状铁素体所组成，所以也称为铁素体贝氏体或无碳贝氏体。条状铁素体之间有一定的距离，条间一般为由富碳奥氏体转变而成的马氏体，有时是富碳奥氏体的分解产物或者全部是未转变的残留奥氏体。图 4-18 所示为成分 Fe-0. 34C-1. 47Si-0. 54Al-0. 24Mo-1. 20Mn-0. 95Cr-0. 91Ni-0. 10V-1. 04Co-0. 99W 钢中的无碳化物贝氏体金相照片及其对应的 TEM 图片。钢中通常不能形成单一的无碳化物贝氏体组织，而是形成与其他组织共存的混合组织。

3. 贝氏体的力学性能

（1）贝氏体的强度和硬度 贝氏体的强度和硬度随相变温度降低而升高。贝氏体的屈服强度可用式（4-1）表示。该公式仅适用于细小弥散碳化物的分布状态，只有在碳化物间距小于贝氏体中条状铁素体厚度尺寸时，碳化物弥散度才成为有效的强化因素。所以，低碳上贝氏体的强度实际上完全由贝氏体铁素体的晶粒尺寸所控制。只有在下贝氏体或高碳上贝氏体中，碳化物的弥散强化才有比较明显的贡献。

$$R_{p0.2}=15.4\times(-12.6+11.3d^{-1/2}+0.98n^{1/4}) \tag{4-1}$$

式中 d——贝氏体中铁素体晶粒尺寸（mm）；

n——每平方毫米截面中的碳化物颗粒数。

（2）贝氏体的韧性 下贝氏体组织不但具有较高的强度，而且冲击韧度要比强度稍低的上贝氏体组

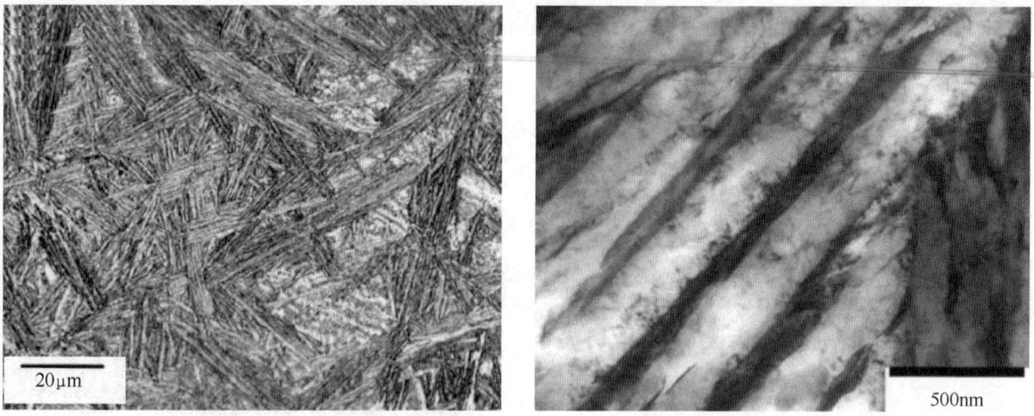

图 4-18　钢中的无碳化物贝氏体金相照片及其对应的 TEM 图片

织高得多。对于具有回火脆性的钢，等温淬火获得贝氏体与淬火回火处理获得马氏体相比，如果在回火脆性温度范围内回火，当硬度或强度相同时，贝氏体组织的冲击韧度高于回火马氏体（见图 4-19），30CrMnSi 在 1400~1750MPa 范围内，下贝氏体组织的冲击韧度高于同等强度的回火马氏体。

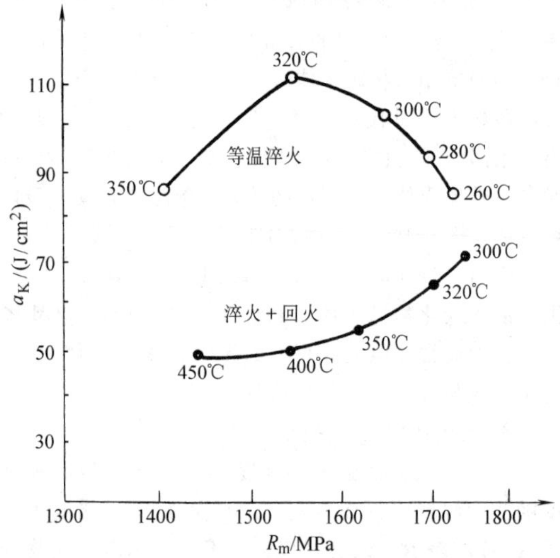

图 4-19　30CrMnSi 等温淬火与淬火+回火的冲击韧度比较

4.2.4　各组织的冲击韧性比较

1. 贝氏体和马氏体混合组织的强度和韧性

下贝氏体与马氏体组织的适当比例混合可获得良好的强度与韧性的匹配，并具有最低脆性转变温度。在马氏体转变之前形成少量下贝氏体起着分割奥氏体晶粒的作用，使马氏体细化，因而降低脆性转折温度，并有利于强度的提高。表 4-1 为 AISI 4340（对应国内牌号 40CrNiMoA）钢热处理、组织与性能对比。

2. 不同碳含量下的各种组织的冲击韧性

图 4-20 所示为不同碳含量的显微组织对冲击吸收能量 *KV* 的影响。珠光体组织是在 650℃ 的温度下转变而生成的；w(C)= 0.17%~0.54%的钢在 450℃ 的铅浴里分别经过 10s、19s、35s 和 100s 的淬火形成含有 50%马氏体的组织；w(C) 为 0.17%和 0.28%的钢采用水淬和 w(C) 为 0.40%和 0.54%的钢用油淬都可形成全马氏体组织；贝氏体的形成是用 450℃ 的铅浴淬火并保温 1h，其中 w(C)= 0.45%的钢需要保温 3h。上述所有的试件都要经回火达到同样的硬度。由图 4-20 可知，不论是低碳钢还是中碳钢，马氏体在相同温度下的冲击吸收能量均高于相同成分的贝氏体和珠光体，而且马氏体韧脆转折温度低于贝氏体和珠光体。

表 4-1　AISI 4340 钢热处理、组织与性能对比

代号	热处理工艺(奥氏体化温度 800℃)	组织	R_m/MPa	Z(%)	A(%)	A_K/J	硬度 HV
IA1	等温淬火(430℃,1000s)+空冷	$B_上$	1508	17.5	8.5	6	394
IA2	等温淬火(360℃,1000s)+空冷	$B_下$	1542	37.5	9.0	11	427
SQ1	等温转变(430℃,60s)+等温转变(360℃,1000s)+空冷	以 $B_下$ 为主的 $B_下$ 与 $B_上$ 混合物	1501	34.0	9.0	17.5	404
SQ2	等温转变(430℃,500s)+等温转变(360℃,1000s)+空冷	以 $B_上$ 为主的 $B_下$ 与 $B_上$ 混合物	1360	38.0	9.5	27	544
SQ3	中断淬火(320℃,120s)+等温淬火(320℃,120s)+等温淬火(500℃,1000s)+空冷	回火马氏体和 $B_上$ 混合物	1353	42.0	9.5	33.5	580
SQ4	中断淬火(320℃,120s)+等温淬火(400℃,1000s)+空冷	回火马氏体和 $B_下$ 混合物	1619	40.5	9.0	28.5	481

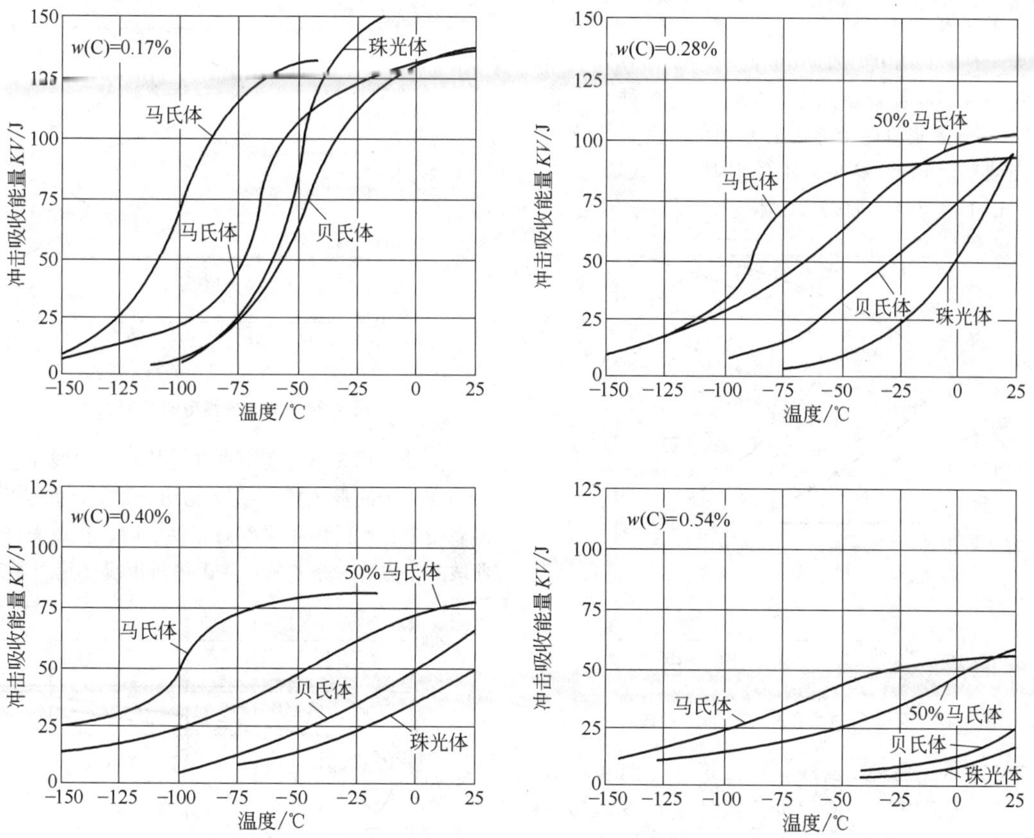

图 4-20　不同碳含量的显微组织对冲击吸收能量 KV 的影响

4.2.5　过冷奥氏体的转变动力学曲线

1. 钢的 TTT 曲线

过冷奥氏体的转变与温度和时间（或冷却速度）相关。图 4-21a 所示为相变动力学曲线，给出了新相转变体积分数与时间的关系曲线，可见，转变有孕育期，不同温度下的转变孕育期不同。转变开始后转变速度逐渐加快，转变量约为 50% 时转变速度最大，以后逐渐降低，直至转变终了。若将图 4-21a 中的实验数据改绘成 TTT 曲线，则如图 4-21b 所示。TTT 曲线综合反映了过冷奥氏体在不同过冷度下的等温转变过程：转变开始和终了时间、转变产物的类型以及转变量与温度和时间的关系等。

在恒定的转变温度下，转变量与时间的关系可以用 Avrami 方程表示为

$$f=1-\exp(-bt^n)$$

式中　f——转变量；

b——与温度有关的常数；

t——从孕育期结束后开始计算的时间；

n——Avrami 指数，表征形核、长大速率，与钢的成分、奥氏体化温度有关。

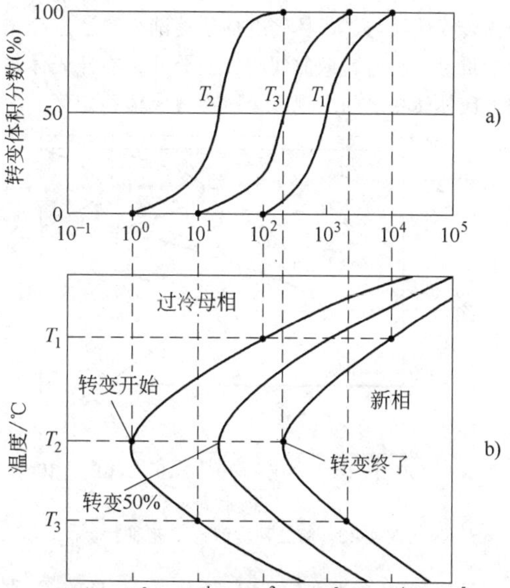

图 4-21　相变动力学曲线和 TTT 曲线

a）相变动力学曲线　b）TTT 曲线

b 和 n 用试验方法测定。

由于各种合金元素的不同影响，TTT 曲线的形状

是多种多样的。

第一种，具有单一的 C 形曲线。碳钢以及含有 Si、Ni、Cu、Co 等合金元素的钢均属于此种（见图 4-22）。实际上是由两个邻近的 C 曲线合并而成（如图中虚线所示），在鼻尖以上等温时，形成珠光体，在鼻尖以下等温时，形成贝氏体。

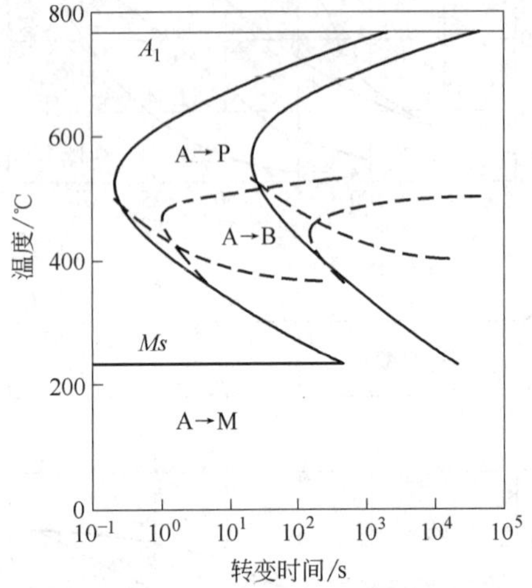

图 4-22　两个 C 曲线合并为一个 C 形曲线

第二种和第三种，曲线呈双 C 形（见图 4-23 和图 4-24）。若钢中加入能使贝氏体转变温度范围下降，或使珠光体转变温度范围上升的合金元素（如 Cr、Mo、W、V 等）时，则随合金元素含量增加，珠光体转变曲线与贝氏体转变曲线逐渐分离。当合金元素含量足够高时，两曲线将完全分开，在珠光体转变和贝氏体转变之间出现一个过冷奥氏体稳定区。

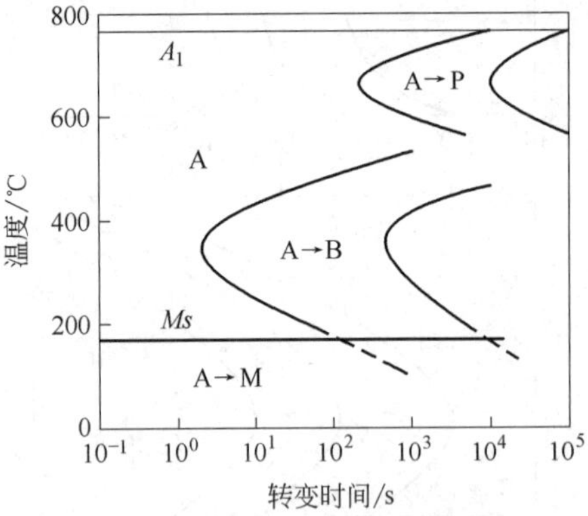

图 4-23　第二种类型的 C 形曲线

第四种和第五种，只有贝氏体转变的 C 曲线（在含 Mn、Cr、Ni、W、Mo 量高的低碳钢中）；只有珠光体转变的 C 曲线（出现于中碳高铬钢中）。

第六种，在 *Ms* 点以上整个温度区间内不出现 C 曲线。这类钢通常为奥氏体钢，高温下稳定的奥氏体组织能全部过冷至室温。

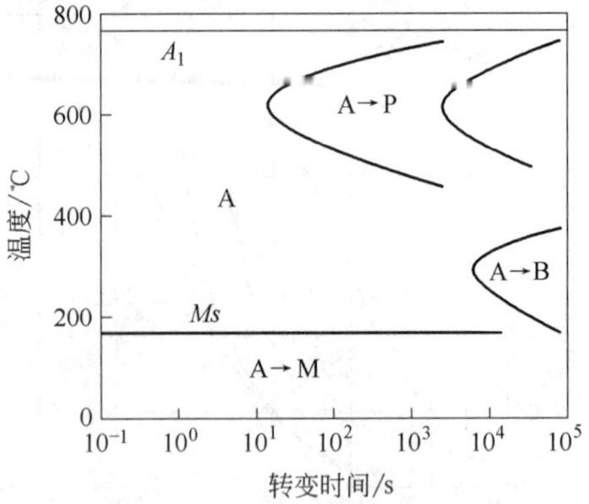

图 4-24　第三种类型的 C 形曲线

亚共析钢等温转变中在珠光体转变曲线左上方有一条先共析铁素体析出线（见图 4-25）；过共析钢等温转变中在奥氏体化温度高于 A_{cm} 时，在珠光体转变曲线左上方有一条先共析渗碳体析出线（见图 4-26）。

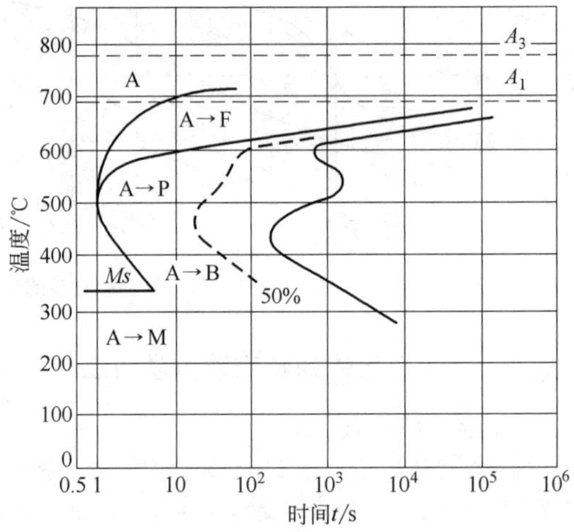

图 4-25　亚共析钢等温转变

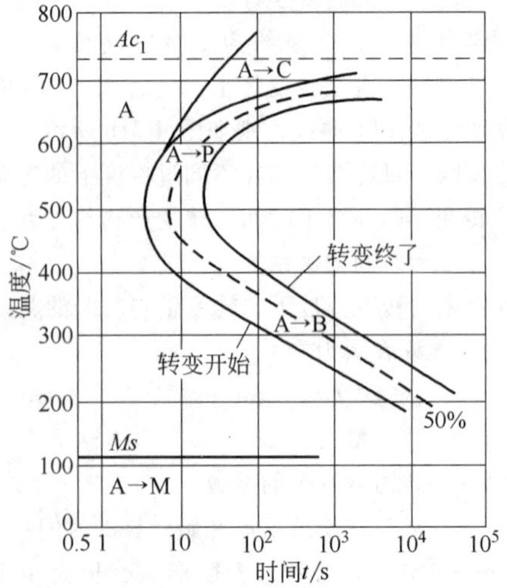

图 4-26　过共析钢等温转变

2. 钢的 CCT 曲线

实际热处理常常是在连续冷却条件下进行的，连续冷却时，过冷奥氏体是在一个温度范围内进行转变的，几种转变往往相互重叠，得到不均匀的混合组织。过冷奥氏体的 CCT 曲线则是分析连续冷却过程中奥氏体的转变过程以及转变产物的组织和性能的重要依据。

图 4-27 所示为中碳钢［$w(C)=0.46\%$］的 CCT 曲线，自左上方至右下方的若干曲线代表不同冷却速度的冷却曲线。这些冷却曲线依次与铁素体、珠光体和贝氏体转变终止线相交处所标注的数字，分别代表以该速度冷却至室温后组织中铁素体、珠光体和贝氏体所占的体积分数。冷却曲线下端的数字代表以该速度冷却所获组织的室温维氏硬度。

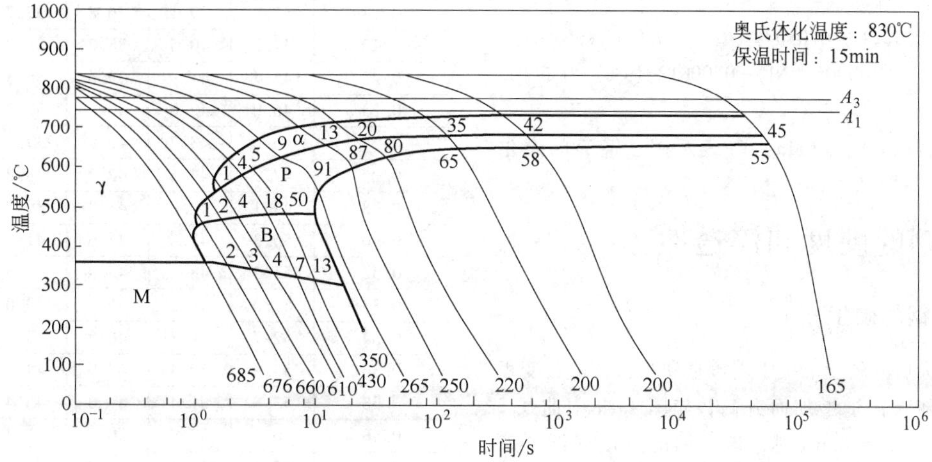

图 4-27　中碳钢［$w(C)=0.46\%$］的过冷奥氏体 CCT 曲线

在连续冷却中，使过冷奥氏体不析出先共析铁素体（亚共析钢）或先共析碳化物（过共析钢高于 A_{cm} 点奥氏体化）以及不转变为珠光体或贝氏体的最低冷却速度分别称为抑制先共析铁素体或先共析碳化物析出以及抑制珠光体或贝氏体转变的临界冷却速度。

与 TTT 曲线相比，过冷奥氏体的 CCT 曲线有如下特点：

1）CCT 曲线都处于同种材料的 TTT 曲线的右下方。这是由于连续冷却转变时转变温度较低、孕育期较长所致。

2）从形状上看，CCT 曲线不论是珠光体转变区还是贝氏体转变区都只有相当于 TTT 曲线的上半部。

3）碳钢连续冷却时可使中温的贝氏体转变被抑制。图 4-28 所示为共析碳钢的 CCT 曲线，图中的细线为共析碳钢的 TTT 曲线。由图可见，共析碳钢的 CCT 曲线只有高温的珠光体转变区和低温的马氏体转变区，而无中温的贝氏体转变区。这是由于贝氏体转变的孕育期较长所致。例如以 90℃/s 的速度冷却时，到 a 点有 50%奥氏体转变为珠光体，在 a 点和 b 点之间转变中止，从 b 点开始剩余奥氏体发生马氏体转变。

4）合金钢连续冷却时可以有珠光体转变而无贝氏体转变，也可以有贝氏体转变而无珠光体转变，或者两者兼而有之。具体图形由加入钢中合金元素的种类和含量而定。合金元素对 CCT 曲线的影响规律与对 TTT 曲线的影响相似。

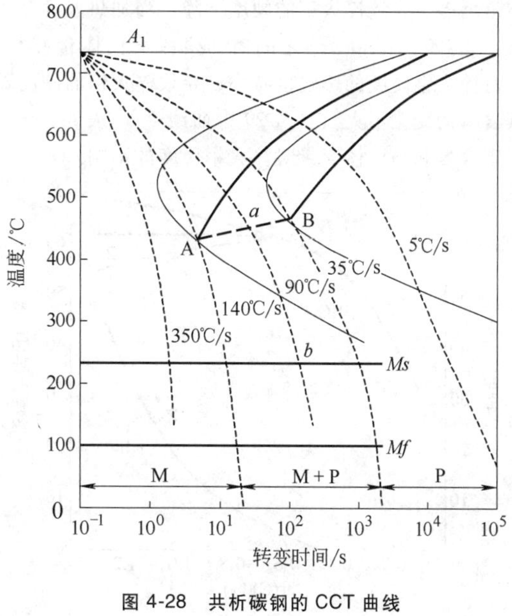

图 4-28　共析碳钢的 CCT 曲线

中碳钢经加热奥氏体化后进行淬火时，根据冷却速度的不同，不同部位可能会有铁素体、珠光体、贝氏体或马氏体转变。对于前三者通常使用 Avrami 方程和 Scheil 叠加法则进行计算，后者通常使用 K-M 方程进行计算：

$$f_M = 1 - \exp[-\alpha_M(Ms - T)]$$

式中　f_M——冷却到马氏体 Ms 点以下的温度 T 时马氏体转变量；

α_M——随成分变化的系数（K^{-1}），按下式计算：

$$\alpha_M = 0.0224 - 0.0107x(C) - 0.0007x(Mn) - 0.00005x(Ni) - 0.00012x(Cr) - 0.0001x(Mo)$$

其中，x(C)、x(Mn) 等表示碳、锰等的摩尔分数。

4.3　钢的硬度和淬透性

4.3.1　钢的硬度

钢淬火后的硬度取决于碳含量和马氏体的转变程度，硬度随碳含量增加而升高，如图 4-29 中曲线 3 所示。当 w(C) = 0.6% 时，淬火钢的硬度（图 4-29 中曲线 1 和曲线 2）接近最大值。但当碳含量进一步增加时，虽然马氏体的硬度会有所提高，但由于残留奥氏体量增加，使淬火钢的硬度反而下降。图 4-29 中曲线 1 为高于 Ac_3（或 Ac_{cm}）加热淬火时的情况，因碳化物大量溶入奥氏体中使 Ms 点下降，残留奥氏体量增多，导致淬火钢的硬度下降。当加热温度介于 Ac_3（或 Ac_{cm}）和 Ac_1 之间时，残留奥氏体量减少，其对淬火钢硬度的影响也减小，导致淬火钢的硬度随碳含量的变化不大（图 4-29 中曲线 2）。表 4-2 给出了碳含量和马氏体含量对淬火钢硬度的影响。

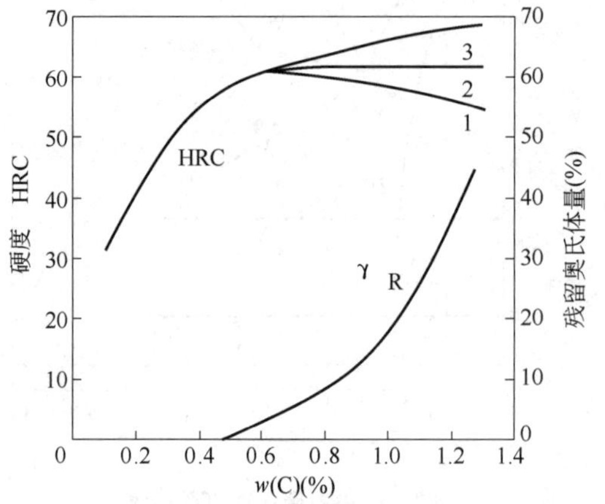

图 4-29　淬火钢的最大硬度与碳含量的关系

合金元素对马氏体硬度的影响不大，但是合金元素对钢的淬透性产生影响。

表 4-2　碳含量和马氏体含量对淬火钢硬度的影响

碳的质量分数	不同马氏体(M)体积分数时的硬度　HRC				
(%)	99%	95%	90%	80%	50%
0.10	38.5	32.9	30.7	27.8	26.2
0.12	39.5	34.5	32.3	29.3	27.3
0.14	40.6	36.1	33.9	30.8	28.4
0.16	41.8	37.6	35.3	32.3	29.5
0.18	42.9	39.1	36.8	33.7	30.7
0.20	44.2	40.5	38.2	35.0	31.8
0.22	45.4	41.9	39.6	36.3	33.0
0.23	46.0	42.0	40.5	37.5	34.0
0.24	46.6	43.2	40.9	37.6	34.2
0.26	47.9	44.5	42.2	38.8	35.3
0.28	49.1	45.8	43.4	40.0	36.4
0.30	50.3	47.0	44.6	41.2	47.5
0.32	51.5	48.2	45.8	42.3	38.5
0.33	52.0	48.5	46.5	43.0	39.0
0.34	52.7	49.3	46.9	43.4	39.5
0.36	53.9	50.4	47.9	44.4	40.5
0.38	55.0	51.4	49.0	45.4	41.5
0.40	56.1	52.4	50.0	46.4	42.4
0.42	57.1	53.4	50.9	47.3	43.4
0.43	57.2	53.5	51.0	48.0	44.0
0.44	58.1	54.3	51.8	48.2	44.3
0.46	59.1	55.2	52.7	49.0	45.1
0.48	60.0	56.0	53.5	49.8	46.0
0.50	60.9	56.8	54.3	50.6	46.8
0.52	61.7	57.5	55.0	51.3	47.7
0.54	62.5	58.2	55.7	52.0	48.5
0.56	63.2	58.9	56.3	52.6	49.3
0.58	63.8	59.5	57.0	53.2	50.0
0.60	64.3	60.0	57.5	53.8	50.7

4.3.2　淬透性的定义

钢在淬火时能够获得淬透层深度的能力称为淬透性。淬透层深度是指钢的从表面到距马氏体占 50% 的组织处的深度。淬透层深度越大，表明淬透性越好。淬透性是衡量钢淬火能力的一种以试验为依据的固有指标，它仅与钢的成分和奥氏体组织（晶粒度）有关，而与淬硬性、工件截面尺寸、淬火冷却介质特性及介质搅动状态等无关。

淬透性的表达方式之一是淬透性曲线，它是用钢的标准试样进行端淬实验测得的硬度与距离水冷端距离的关系曲线。

淬透性的另一种表达方式为理想临界直径，它是在淬冷烈度为无限大的理想冷却介质中淬火冷却后，钢棒中心得到 50% 马氏体的最大直径。

4.3.3 淬透性曲线的测量

目前测定钢的淬透性最常用的方法是Jominy末端淬火方法（见图4-30），所测出的曲线称为淬透性曲线。

4.3.4 淬透性曲线图

从淬透性曲线图可以得到如下信息：①牌号；②化学成分范围；③硬度上下限曲线，有些给出硬度中限曲线；④水淬和油淬相同硬度的圆棒直径，例如图4-31中，距离水冷端6mm，按照淬透性硬度下限曲线，对应硬度为45HRC，水淬直径31mm圆棒的中心可以达到该硬度，油淬直径15mm圆棒的中心可以达到该硬度；⑤各水冷端距离对应的700℃的冷却速度；⑥有些曲线图还可以得到保证淬透性钢上下限硬度信息，材料成形状态及正火温度和淬火温度。

4.3.5 淬透性的计算

钢的淬透性主要受化学成分（碳和合金元素）和奥氏体晶粒度的影响。研究表明，可以根据化学成分和晶粒度来计算钢的淬透性。下面是两种计算方法。

1. 依据回归方程计算淬透性曲线

式（4-2）~式（4-5）是余柏海的淬透性曲线计算公式，按照公式可以计算出不同成分钢的淬透性曲线。

$$J_0=\frac{30}{1+w(\mathrm{C})}\{w(\mathrm{C})[4.5-w(\mathrm{C})]+1\} \tag{4-2}$$

$$E_b=\left[\left(\frac{M}{4.5}\right)^4+14\right]\left\{\frac{1}{1+\left[0.5+\frac{0.4}{w(\mathrm{C})}\right]^3}+0.05\right\} \tag{4-3}$$

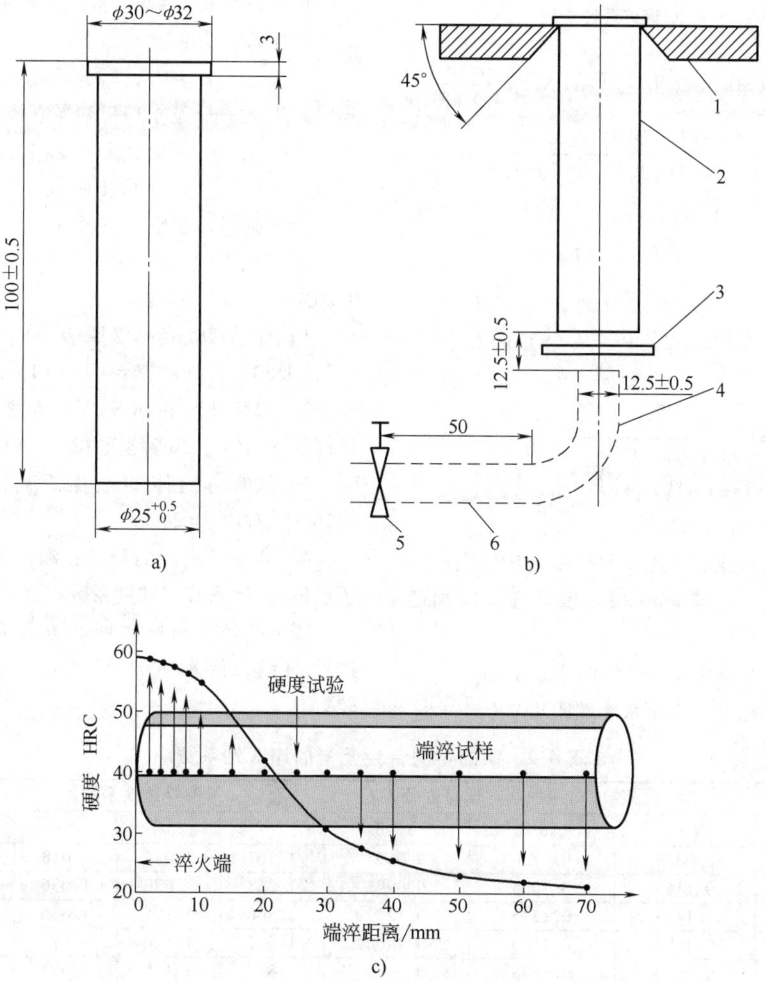

图4-30 Jominy末端淬火试验试样、喷水装置及淬透性曲线

a）端淬试样 b）喷水装置 c）淬透性曲线

1—试样定位装置 2—试样 3—圆盘 4—喷水管口 5—快速开关阀门 6—供水管

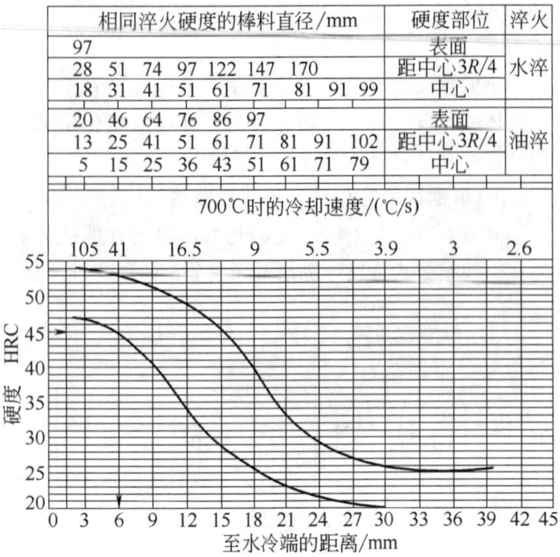

图 4-31　40MnB 钢淬透性曲线

$$M=[4+w(\mathrm{Mn})]w(\mathrm{Mn})+w(\mathrm{Ni})\sqrt{1+w(\mathrm{Ni})}+\frac{8w(\mathrm{Si})}{4+w(\mathrm{Si})}+\frac{60w(\mathrm{Cr})}{8+w(\mathrm{Cr})}+\frac{22[w(\mathrm{Mo})+w(\mathrm{W})]}{2+w(\mathrm{Mo})+w(\mathrm{W})}+\frac{260}{1+2w(\mathrm{C})}[\sqrt{w(\mathrm{B})}-10w(\mathrm{B})]+5[\sqrt{w(\mathrm{V})}-w(\mathrm{V})]+5[\sqrt{w(\mathrm{Ti})}-5w(\mathrm{Ti})]+5[\sqrt{w(\mathrm{Nb})}-8w(\mathrm{Nb})]+5[\sqrt{w(\mathrm{N})}-4w(\mathrm{N})]+[\sqrt{w(\mathrm{Al})}-3w(\mathrm{Al})]+3[\sqrt{w(\mathrm{P})}-2w(\mathrm{P})]-w(\mathrm{S})+w(\mathrm{Cu}) \tag{4-4}$$

$$J_{\mathrm{E}}=\frac{J_0}{\frac{3.2}{1+w(\mathrm{C})}\left(\frac{E}{E_{\mathrm{b}}+E}\right)^3+1} \tag{4-5}$$

式中　M——合金化当量；

J_{E}——距离水冷端 E 距离的硬度（HRC）；

J_0——距离水冷端 0mm 的硬度（即水冷端硬度）（HRC）；

E_{b}——获得半马氏体的端淬距离（mm）；

E——端淬距离（即距水冷端距离）（mm）。

2. 依据理想临界直径（D_{I}）计算淬透性曲线

（1）D_{I} 计算　在 ASTM A255-20a 的附表中查到每种合金元素对应的相乘系数，部分合金元素见表 4-3。将这些系数相乘即可得到 D_{I} 值。以下给出 42CrMo 的 D_{I} 值计算例子：

表 4-3　部分合金元素的相乘系数

元素	质量分数(%)	相乘系数
C	0.41	0.216
Si	0.30	1.21
Mn	0.70	3.333
Cr	1.0	3.16
Mo	0.20	1.60

$$D_{\mathrm{I}}=0.216\times1.21\times3.333\times3.16\times1.6=4.4\mathrm{in}=112\mathrm{mm}$$

也可按照式（4-6）和表 4-4 的与化学成分相关的淬透性系数获取。

$$D_{\mathrm{I}}=D_{\mathrm{Ibase}}f_{\mathrm{Mn}}f_{\mathrm{Si}}f_{\mathrm{Cr}}f_{\mathrm{Mo}}f_{\mathrm{V}}f_{\mathrm{Cu}} \tag{4-6}$$

式中　D_{Ibase}——基本理想临界直径；

f_x——部分合金元素的淬透性系数（x 代表合金元素）。

（2）通过理想临界直径（D_{I}）计算淬透性曲线　以 42CrMo（0.41C，0.30Si，0.70Mn，1.0Cr，0.20Mo）为例，步骤如下：

1）计算 D_{I} 值：按照表 4-4 计算 $D_{\mathrm{I}}=0.216\times1.21\times3.333\times3.16\times1.6=4.4\mathrm{in}=112\mathrm{mm}$。

2）起始硬度和 50% 马氏体硬度：查表 4-2，起始硬度 57HRC，50% 马氏体硬度 43HRC。

3）50% 马氏体的端淬距离：查表 4-5，$D_{\mathrm{I}}=112\mathrm{mm}$，对应 $J=24\mathrm{mm}$。

4）各端淬距离的硬度：端淬距离硬度值=起始硬度值/硬度系数，硬度系数查表 4-6 可获取。

表 4-7 是分别按照回归方程和 D_{I} 值计算的淬透性曲线，两种方法计算的淬透性曲线一致性较好。

表 4-4　钢的不同合金元素的淬透性系数

合金元素质量分数（%）	下列碳的晶粒度对应的基本理想直径 D_{Ibase}			合金元素的淬透性系数 f_x（x 代表下列合金元素）				
	No. 6	No. 7	No. 8	Mn	Si	Ni	Cr	Mo
0.05	0.0814	0.0750	0.0697	1.167	1.035	1.018	1.1080	1.15
0.10	0.1153	0.1065	0.0995	1.333	1.070	1.036	1.2160	1.30
0.15	0.1413	0.1315	0.1212	1.500	1.105	1.055	1.3240	1.45
0.20	0.1623	0.1509	0.1400	1.667	1.140	1.073	1.4320	1.60
0.25	0.1820	0.1678	0.1560	1.833	1.175	1.091	1.54	1.75
0.30	0.1991	0.1849	0.1700	2.000	1.210	1.109	1.6480	1.90
0.35	0.2154	0.2000	0.1842	2.167	1.245	1.128	1.7560	2.05
0.40	0.2300	0.2130	0.1976	2.333	1.280	1.146	1.8640	2.20

（续）

合金元素质量分数（%）	下列碳的晶粒度对应的基本理想直径 D_{Ibase}			合金元素的淬透性系数 f_x（x 代表下列合金元素）				
	No. 6	No. 7	No. 8	Mn	Si	Ni	Cr	Mo
0.45	0.2440	0.2259	0.2090	2.500	1.315	1.164	1.9720	2.35
0.50	0.2580	0.2380	0.2200	2.667	1.350	1.182	2.0800	2.50
0.55	0.273	0.251	0.231	2.833	1.385	1.201	2.1880	2.65
0.60	0.284	0.262	0.241	3.00	1.420	1.219	2.2960	2.80
0.65	0.295	0.273	0.251	3.167	1.455	1.237	2.4040	2.95
0.70	0.306	0.283	0.260	3.333	1.490	1.255	2.5120	3.10
0.75	0.316	0.293	0.270	3.500	1.525	1.273	2.62	3.25
0.80	0.326	0.303	0.278	3.667	1.560	1.291	2.7280	3.40
0.85	0.336	0.312	0.287	3.833	1.595	1.309	2.8360	3.55
0.90	0.346	0.321	0.296	4.000	1.630	1.321	2.9440	3.70
0.95	—	—	—	4.167	1.665	1.345	3.0520	—
1.00	—	—	—	4.333	1.700	1.364	3.1600	—

表 4-5　不同 D_I 值与获得 50%马氏体端淬距离的对应关系

J/mm	D_I/mm	J/mm	D_I/mm	J/mm	D_I/mm
1.0	7.9	18.0	94.5	35.0	137.3
2.0	15.8	19.0	97.1	36.0	139.3
3.0	23.2	20.0	100.8	37.0	141.2
4.0	30.2	21.0	103.7	38.0	143.0
5.0	36.6	22.0	106.6	39.0	144.8
6.0	42.7	23.0	109.3	40.0	146.6
7.0	48.4	24.0	112.0	41.0	148.3
8.0	53.8	25.0	114.7	42.0	149.9
9.0	58.9	26.0	117.2	43.0	151.5
10.0	63.7	27.0	119.7	44.0	153.1
11.0	68.2	28.0	122.1	45.0	154.6
12.0	72.5	29.0	124.5	46.0	156.1
13.0	76.6	30.0	126.7	47.0	157.6
14.0	80.5	31.0	129.0	48.0	159.0
15.0	84.3	32.0	131.2	49.0	160.5
16.0	87.8	33.0	133.3	50.0	161.9
17.0	91.2	34.0	135.3		

表 4-6　端淬距离的硬度系数

D_I/mm	Jominy 端淬距离/mm													
	3	5	7	9	11	13	15	20	25	30	35	40	45	50
25	1.13	1.62	2.11	2.62	2.82	2.96	3.15	3.52						
27.5	1.11	1.54	1.99	2.50	2.70	2.84	3.01	3.37						
30	1.09	1.47	1.88	2.38	2.58	2.72	2.89	3.24	3.48					
32.5	1.07	1.41	1.78	2.27	2.48	2.61	2.76	3.11	3.34	3.58				
35	1.06	1.35	1.69	2.17	2.37	2.51	2.65	2.99	3.20	3.43				
37.5	1.05	1.30	1.61	2.07	2.28	2.41	2.54	2.88	3.08	3.28	3.52			
40	1.04	1.26	1.54	1.99	2.19	2.31	2.44	2.77	2.96	3.15	3.37	3.56		
42.5	1.03	1.22	1.48	1.91	2.10	2.22	2.35	2.67	2.85	3.03	3.23	3.41	3.55	
45	1.02	1.19	1.42	1.83	2.02	2.14	2.26	2.57	2.75	2.92	3.10	3.27	3.41	3.54
47.5	1.02	1.16	1.37	1.76	1.95	2.06	2.17	2.48	2.66	2.81	2.98	3.14	3.28	3.41
50	1.01	1.13	1.33	1.70	1.87	1.99	2.10	2.40	2.57	2.71	2.87	3.03	3.16	3.29
52.5	1.01	1.11	1.29	1.64	1.81	1.92	2.02	2.32	2.48	2.62	2.77	2.92	3.05	3.18

（续）

D_I/mm	Jominy 端淬距离/mm													
	3	5	7	9	11	13	15	20	25	30	35	40	45	50
55	1.00	1.10	1.26	1.58	1.75	1.85	1.95	2.24	2.40	2.54	2.68	2.82	2.95	3.07
57.5	1.00	1.08	1.23	1.53	1.69	1.79	1.89	2.17	2.33	2.46	2.60	2.73	2.85	2.97
60	1.00	1.07	1.21	1.48	1.63	1.74	1.83	2.10	2.26	2.39	2.52	2.65	2.76	2.88
62.5	1.00	1.06	1.18	1.44	1.58	1.68	1.77	2.04	2.19	2.32	2.45	2.57	2.68	2.79
65	1.00	1.05	1.16	1.40	1.54	1.63	1.72	1.98	2.13	2.26	2.38	2.50	2.60	2.70
67.5	1.00	1.04	1.15	1.36	1.49	1.59	1.67	1.92	2.08	2.20	2.32	2.43	2.53	2.62
70	1.00	1.04	1.13	1.33	1.45	1.54	1.63	1.87	2.02	2.14	2.26	2.37	2.46	2.55
72.5	1.00	1.03	1.12	1.30	1.41	1.50	1.58	1.82	1.97	2.09	2.20	2.31	2.40	2.48
75	1.00	1.03	1.11	1.27	1.38	1.46	1.54	1.77	1.92	2.04	2.15	2.25	2.34	2.41
77.5	1.00	1.03	1.10	1.24	1.35	1.43	1.51	1.72	1.87	1.99	2.10	2.20	2.28	2.35
80	1.00	1.02	1.09	1.22	1.32	1.40	1.47	1.68	1.83	1.95	2.06	2.15	2.22	2.29
82.5	1.00	1.02	1.08	1.20	1.29	1.37	1.44	1.64	1.79	1.90	2.01	2.10	2.17	2.23
85	1.00	1.02	1.07	1.18	1.26	1.34	1.41	1.60	1.75	1.86	1.97	2.05	2.12	2.17
87.5	1.00	1.02	1.07	1.16	1.24	1.31	1.38	1.57	1.71	1.82	1.92	2.01	2.07	2.12
90	1.00	1.02	1.06	1.14	1.22	1.29	1.35	1.53	1.67	1.78	1.88	1.96	2.03	2.07
92.5	1.00	1.01	1.05	1.13	1.20	1.27	1.33	1.50	1.64	1.75	1.84	1.92	1.98	2.02
95	1.00	1.01	1.05	1.11	1.18	1.24	1.31	1.47	1.60	1.71	1.81	1.88	1.94	1.98
97.5	1.00	1.01	1.04	1.10	1.16	1.22	1.28	1.44	1.57	1.67	1.77	1.84	1.90	1.93
100	1.00	1.01	1.04	1.09	1.15	1.21	1.26	1.41	1.54	1.64	1.73	1.80	1.86	1.89
102.5	1.00	1.01	1.03	1.08	1.13	1.19	1.24	1.39	1.51	1.61	1.70	1.76	1.82	1.85
105	1.00	1.01	1.03	1.07	1.12	1.17	1.23	1.36	1.48	1.58	1.66	1.73	1.78	1.81
107.5	1.00	1.00	1.02	1.06	1.11	1.16	1.21	1.34	1.46	1.55	1.63	1.69	1.74	1.77
110	1.00	1.00	1.02	1.05	1.10	1.15	1.19	1.32	1.43	1.51	1.59	1.65	1.71	1.73
112.5	1.00	1.00	1.02	1.04	1.08	1.13	1.18	1.29	1.41	1.49	1.56	1.62	1.67	1.70
115	1.00	1.00	1.01	1.04	1.07	1.12	1.16	1.27	1.38	1.46	1.53	1.59	1.64	1.67
117.5	1.00	1.00	1.01	1.03	1.07	1.11	1.15	1.26	1.36	1.43	1.50	1.55	1.61	1.63
120	1.00	1.00	1.01	1.03	1.06	1.10	1.14	1.24	1.34	1.40	1.47	1.52	1.58	1.60
122.5	1.00	1.00	1.01	1.02	1.05	1.09	1.12	1.22	1.31	1.38	1.44	1.49	1.55	1.57
125	1.00	1.00	1.00	1.02	1.04	1.08	1.11	1.21	1.29	1.35	1.41	1.46	1.52	1.54
127.5	1.00	1.00	1.00	1.01	1.04	1.07	1.10	1.19	1.27	1.33	1.39	1.43	1.49	1.52
130	1.00	1.00	1.00	1.01	1.03	1.06	1.09	1.18	1.25	1.31	1.36	1.41	1.46	1.49
132.5	1.00	1.00	1.00	1.01	1.02	1.05	1.08	1.16	1.24	1.28	1.34	1.38	1.44	1.47
135	1.00	1.00	1.00	1.01	1.02	1.04	1.07	1.15	1.22	1.26	1.32	1.36	1.42	1.44
137.5	1.00	1.00	1.00	1.00	1.01	1.04	1.06	1.14	1.20	1.24	1.30	1.34	1.39	1.42
140	1.00	1.00	1.00	1.00	1.01	1.03	1.05	1.13	1.19	1.22	1.28	1.32	1.37	1.40
142.5	1.00	1.00	1.00	1.00	1.00	1.02	1.04	1.12	1.17	1.21	1.26	1.30	1.35	1.38
145	1.00	1.00	1.00	1.00	1.00	1.02	1.03	1.11	1.16	1.19	1.24	1.28	1.33	1.36
147.5	1.00	1.00	1.00	1.00	1.00	1.01	1.03	1.10	1.14	1.17	1.23	1.26	1.32	1.34
150	1.00	1.00	1.00	1.00	1.00	1.00	1.02	1.09	1.13	1.16	1.21	1.25	1.30	1.33
152.5	1.00	1.00	1.00	1.00	1.00	1.00	1.01	1.08	1.12	1.15	1.20	1.23	1.29	1.31
155	1.00	1.00	1.00	1.00	1.00	1.00	1.01	1.07	1.10	1.13	1.19	1.22	1.27	1.30
157.5	1.00	1.00	1.00	1.00	1.00	1.00	1.00	1.06	1.09	1.12	1.18	1.21	1.26	1.28
160	1.00	1.00	1.00	1.00	1.00	1.00	1.00	1.05	1.08	1.11	1.17	1.20	1.24	1.27
162.5	1.00	1.00	1.00	1.00	1.00	1.00	1.00	1.05	1.07	1.10	1.16	1.19	1.23	1.26
165	1.00	1.00	1.00	1.00	1.00	1.00	1.00	1.04	1.06	1.09	1.15	1.17	1.22	1.25
167.5	1.00	1.00	1.00	1.00	1.00	1.00	1.00	1.03	1.05	1.08	1.14	1.16	1.21	1.24
170	1.00	1.00	1.00	1.00	1.00	1.00	1.00	1.02	1.04	1.07	1.13	1.15	1.20	1.23
172.5	1.00	1.00	1.00	1.00	1.00	1.00	1.00	1.01	1.03	1.06	1.12	1.14	1.18	1.22
175	1.00	1.00	1.00	1.00	1.00	1.00	1.00	1.00	1.02	1.05	1.11	1.12	1.17	1.21
177.5	1.00	1.00	1.00	1.00	1.00	1.00	1.00	1.00	1.01	1.04	1.10	1.10	1.15	1.20

表 4-7　按照回归方程和 D_I 值计算的淬透性曲线

端淬距离/mm	0	3	5	7	9	11	13	15	20	25	30	35	40	45	50
回归方程计算硬度　HRC	57	57	56	55	54	52	51	49	45	42	39	37	35	33	32
D_I 值计算硬度　HRC	57	57	57	56	55	53	50	48	44	40	38	37	35	34	34

4.4　冷却机制及冷却曲线

4.4.1　液体淬火冷却机制

大多数淬火是在液体中完成的，液体介质根据物理特性可分为两大类：①淬火时发生物态变化的介质（水、油和聚合物类水溶性介质等）；②淬火时不发生物态变化的介质（熔盐或熔融金属）。水、油和聚合物类水溶性介质是最常用的介质，它们均为发生物态变化的介质。

图 4-32 所示为钢在有物态变化的介质中淬火的界面温度下的界面换热系数变化曲线，冷却过程大致可分为三个阶段：

（1）膜沸腾阶段　高温工件投入到淬火冷却介质中，一瞬间就会在工件表面产生大量过热蒸汽，紧贴工件形成连续的蒸汽膜，将工件和液体分开。由于

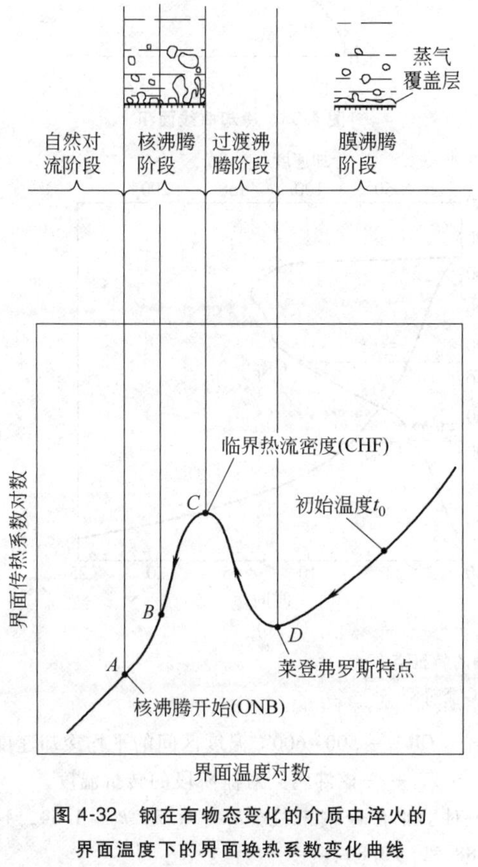

图 4-32　钢在有物态变化的介质中淬火的界面温度下的界面换热系数变化曲线

气膜是热的不良导体，这阶段的冷却主要靠辐射传热，因此，冷却速度较慢。

（2）核沸腾阶段　进一步冷却时，工件表面温度降低，工件放出热量越来越少，蒸汽膜厚度减薄直到发生破裂，以致使液体在发生破裂区域和工件直接接触，形成大量气泡溢出液体，由于介质的不断更新，带走大量热量，所以这阶段的冷却速度较快。

（3）自然对流阶段　当工件表面的温度降低至介质的沸点以下时，工件的冷却主要靠介质的对流形成，随着工件与介质的温度降低，冷却速度也逐渐降低。

对于一个工件，由于尺寸差异或不同部位液体流动状态的不同，在同一时间段往往会出现三个阶段共存。

4.4.2　冷却曲线

工件淬火后的硬化层深度与淬火冷却介质的散热特性密切相关，通常采用埋入热电偶的标准形状探头测量其在淬火冷却过程中温度随时间变化的数据来研究淬火冷却介质的散热特性。通过对温度-时间数据进行一阶求导获取的冷却速度曲线可以给出更丰富的信息，图 4-33 所示为冷却曲线常见的表示方法。

下面是通过冷却曲线判读介质冷却能力的常见方法。

（1）冷却时间与冷却速度参数法　冷却曲线参数如图 4-34 所示。

1）蒸汽膜阶段转到沸腾阶段的时间、温度和冷却速度 R_{DHmin}。

2）最大的冷却速度 CR_{max} 及发生的温度 T_{Tmax}。

3）在 200℃ 和 300℃ 的冷却速度（R_{200}、R_{300}）和冷却时间。

（2）冷却速度曲线所包围的面积　计算一定温度区间（T_1，T_2）冷却速度曲线所包围的面积来定性描述淬火冷却介质的冷却能力（见图 4-35）。温度区间的选择依赖于钢的类型和钢中的合金成分，建议对于非合金钢选择 300~600℃，对于合金钢选择 200~500℃。

（3）硬化能力（HP 值）　式（4-7）和式（4-8）分别为静态淬火油和聚合物类水溶性淬火冷却介质的硬化能力计算公式。该方法要求测量冷却曲线的探头是 Wolfson 探头，搅拌系统为 Tensi 设计的搅拌装置。图 4-36 给出了标识有这几个特征点的冷却曲线。

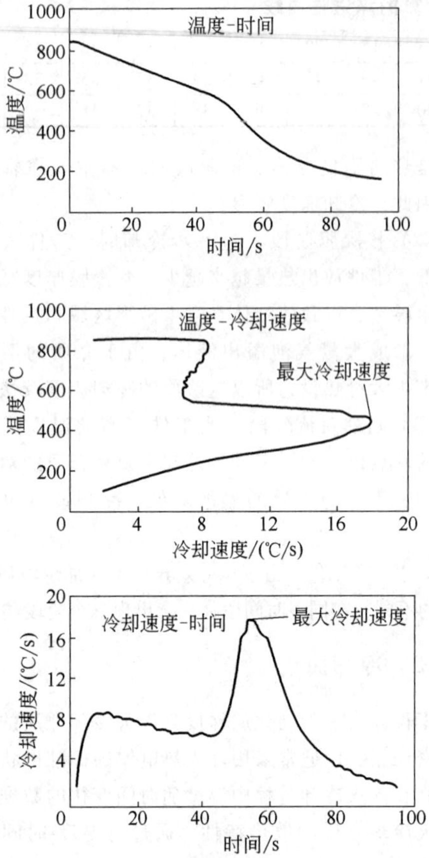

图 4-33　冷却曲线常见的表示方法

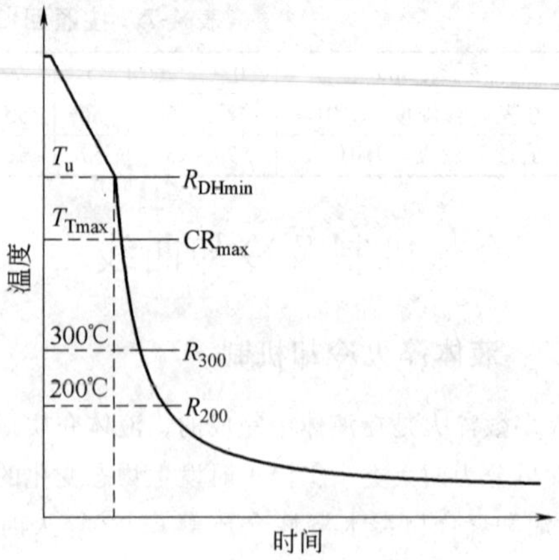

图 4-34　冷却曲线参数

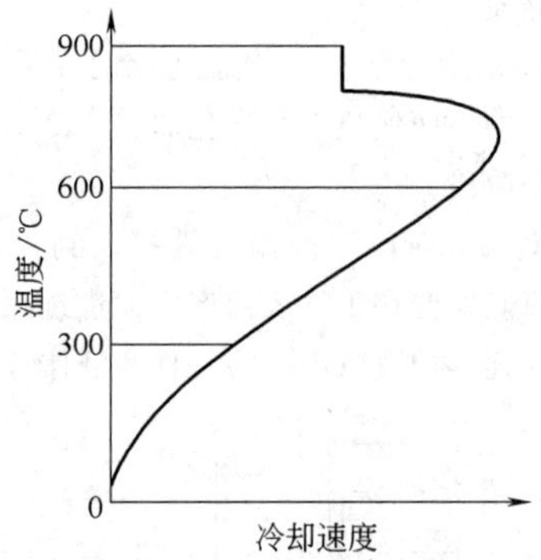

图 4-35　冷却曲线面积

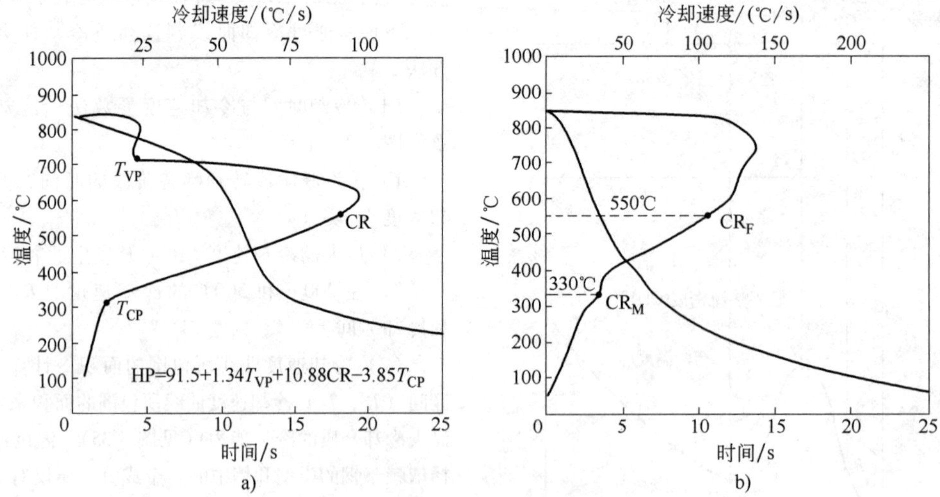

图 4-36　冷却速度曲线的特征点

a）油类介质　b）PAG 类介质

1）静态淬火油的硬化能力：

$$HP = k_1 + k_2 T_{VP} + k_3 CR - k_4 T_{CP} \quad (4\text{-}7)$$

式中　T_{VP}——蒸汽膜到核沸腾阶段的转折温度（特征温度）；

CR——500～600℃温度区间的平均冷却速度；

T_{CP}——核沸腾到对流阶段的转折温度。

对于非合金钢来说，$k_1 = 91.5$，$k_2 = 1.34$，$k_3 = 10.88$，$k_4 = 3.85$。

2）聚合物类水溶性淬火冷却介质的硬化能力：

$$HP=k_1CR_F+k_2CR_M-k_3 \tag{4-8}$$

式中　CR_F——550℃的冷却速度；

CR_M——330℃的冷却速度。

对于水溶性聚合物淬火剂来说，$k_1=3.54$，$k_2=12.30$，$k_3=168$。

4.5　冷却能力评价

4.5.1　表面换热系数

表面换热系数是指在单位时间内，当工件表面单位面积和流体之间的平均温差为1℃时，工件表面单位面积和流体之间所传递的热量，其单位是W/(m²·℃)。

冷却曲线反映的是探头心部温度随时间的变化，而表面换热系数反映的是表面热量传递的速率。与冷却曲线相比，表面换热系数能更直观地反映介质冷却能力的变化，同时换热系数也是进行有限元模拟计算的一个重要的边界条件。

获取表面换热系数方法如下：

（1）温度梯度法（近表面双测点差分法）　根据界面换热的边界条件

$$h(t_s-t_a)=\lambda\frac{\partial t}{\partial x}\bigg|_{x=0}$$

可得

$$h(t_s-t_a)=\frac{\lambda}{(t_s-t_a)}\frac{\partial t}{\partial x}\bigg|_{x=0} \tag{4-9}$$

式中　h——工件表面面积与介质之间的换热系数[W/(m²·℃)]；

t_s——工件表面温度（℃）；

t_a——工件周围介质温度（℃）。

由式（4-9）可知，只要测定出近表面的温度梯度$\frac{\partial t}{\partial x}\Big|_{x=0}$，即可求出换热系数。

（2）直接测量表面温度法　测量换热系数最简便的方法是测定表面温度变化。该方法是在距表面很近处埋设一热电偶，并以此作为表面温度，然后由有限差分法或有限元法求得整个探头的瞬态温度场分布，由最表面两点的温度求得温度梯度和换热系数值。

对空冷、炉冷等温度变化较为缓慢的情况较为适用，而温度变化较大时，受测量精度限制，误差很大。此算法成熟可靠，简单易行，但热电偶固定困难。

（3）反传热法　用反向求解传热偏微分方程的方法（简称反传热法）获得换热系数有重要应用价值。其特点是利用试验手段测得探头内部某点或某几个点上的冷却曲线，通过求解导热偏微分方程，求得物体表面边界条件和换热系数。

图 4-37 所示为 N32 油、14%PAG 水溶液和水在静态下的换热系数曲线，其特征数据见表 4-8。

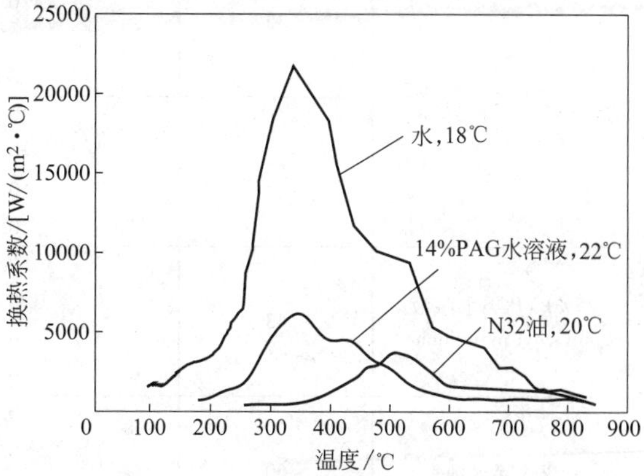

图 4-37　N32 油、14%PAG 水溶液和水在静态下的换热系数曲线

表 4-8　换热系数的特征数据

介质	流速/(m/s)	H_{max}/[W/(m²·℃)]	H_{mean}/[W/(m²·℃)]	H_{Σ}/[W/(m²·℃)]	$T_{V\max}$/℃
N32 油	0	3768	1726	0.86623×10^6	508
14% PAG 水溶液	0	6144	2480	1.24005×10^6	345
水	0	21725	8304	4.44842×10^6	338

注：H_{max} 为最大换热系数；H_{mean} 为 300~800℃温度范围内的平均换热系数；H_{Σ} 为 300~800℃温度范围内的换热系数的积分值；$T_{V\max}$ 为达到最大换热系数的温度。

换热系数受探头形状、尺寸与表面状态、介质温度与流速、数据采集与后续数据处理方法等多因素影响，不同文献提供的换热系数差异较大，如图 4-38 所示不同文献中水的换热系数与温度之间的关系曲线就存在很大差异。

4.5.2　淬冷烈度

淬冷烈度（quench severity）是 Grossmann 提出的概念，用于描述淬火冷却介质的冷却特性。把淬火冷却介质从一个热工件中吸收热量的能力定义为淬冷烈

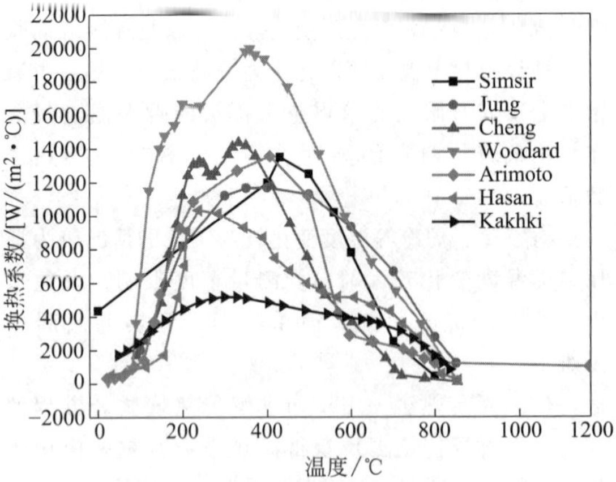

图 4-38　不同文献中水的换热系数与温度之间的关系曲线的比较

度，用 H 值表示。

$$H=\frac{h}{2k}$$

式中　H——淬冷烈度；

h——淬火冷却介质的换热系数；

k——淬火钢的热导率。

淬冷烈度是淬火冷却介质的固有特性，不受工件尺寸和淬透性的影响，是对淬火冷却介质的一个整体的、平均的评价，通常由介质的类型、温度、搅拌等因素决定。淬冷烈度值的获得通常是在将静态的水定义为1，油定义为0.20或0.25的条件下，采用变直径的试样淬火，根据淬火所获得的硬度画图，进而获得其他介质的相对淬冷烈度值。

表4-9是采用平均换热系数计算给出的某些介质的淬冷烈度 H 值与换热系数。

表 4-9　某些介质的淬冷烈度 H 值与换热系数

淬火冷却介质	温度/℃	介质流速/(m/s)	H 值	换热系数/[W/(m²·℃)]
水	32	0.00	1.1	5000
		0.25	2.1	9000
		0.51	2.7	12000
		0.76	2.8	12000
	55	0.00	0.2	1000
		0.25	0.6	2500
		0.51	1.5	6500
		0.76	2.4	10500
25%PVP 类水溶液(polyvinyl pyrrolidone)	43	0.00	0.8	3500
		0.25	1.3	6000
		0.51	1.5	6500
		0.76	1.8	7500
快速淬火油	60	0.00	0.5	2000
		0.25	1.0	4500
		0.51	1.1	5000
		0.76	1.5	6500
普通淬火油	65	0.51	0.7	3000
等温淬火油	150	0.51	1.2	5000
空气	27	0.00	0.05	200
		2.54	0.06	250
		5.08	0.08	350

严格地说，在 H 值的计算中假定了钢的热导率与淬火冷却介质的换热系数保持不变，但这并不符合实际，钢的热导率与淬火冷却介质的换热系数是温度的函数。所以 H 值不能反映淬火冷却过程中表面换热系数随温度剧烈变化的实际情况，只能作为淬火冷却介质冷却能力的粗略度量。

在无法确切测定搅拌速度和介质冷却特性的情况下，可以采用表4-10对各种搅拌情况下不同淬火冷却介质的淬冷烈度 H 值进行笼统的评价。

表 4-10　不同淬火冷却介质在各种搅拌情况下的淬冷烈度 H 值

流动或搅动	H 值			
	空气	油	水	盐水
静止	0.02	0.25~0.30	0.9~1.0	2
轻微的		0.30~0.35	1.0~1.1	2~2.2
中等的		0.35~0.40	1.2~1.3	—
充分的		0.40~0.50	1.4~1.5	—
强烈的	0.05	0.50~0.80	1.6~2	—
激烈的		0.80~1.10	4	5

4.6　质量效应与等效冷速试样

4.6.1　质量效应

淬火的硬化层深度不仅仅取决于钢的淬透性与淬火冷却介质的冷却能力，还与被淬火工件的形状和尺寸相关。工件质量越大，硬化层深度越浅，质量效应也就越大。图 4-39 所示为同种材料不同尺寸圆棒在油与水两种介质中淬火的硬化层深度示意，图中剖线部分为未淬硬部分。

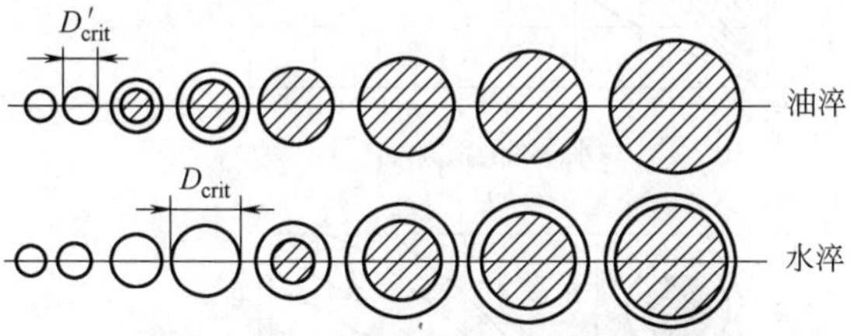

图 4-39　同种材料不同尺寸圆棒在油与水两种介质中淬火的硬化层深度示意

4.6.2　等效端淬距离

1. 由图获取不同截面位置的等效端淬距离

图 4-40 所示为不同直径（<200mm）与不同淬冷烈度情况下，沿工件截面不同位置的等效端淬距离。

根据图 4-40，结合淬透性曲线可以预测不同直径（<200mm），不同淬冷烈度和沿截面不同位置（心部到表面）的淬火后硬度。

示例 1：确定直径 100mm（4in）圆棒的某材料在淬冷烈度 $H=2$ 条件下，$r/R=0.5$ 位置可以获得的硬度。

查图 4-40f 可知：直径 100mm（4in）圆棒、$H=2$，$r/R=0.5$ 位置的等效距端淬为 0.75in，查该材料淬透性曲线图 4-41a 可以得出其硬度为 45HRC。采用相同的方法可以得出沿截面各位置的硬度（见图 4-41b）。

示例 2：确定在 $H=0.35$（油淬）条件下，$r/R=0$（心部）可以获得距淬透性曲线 0.5in 位置硬度值的圆棒直径。

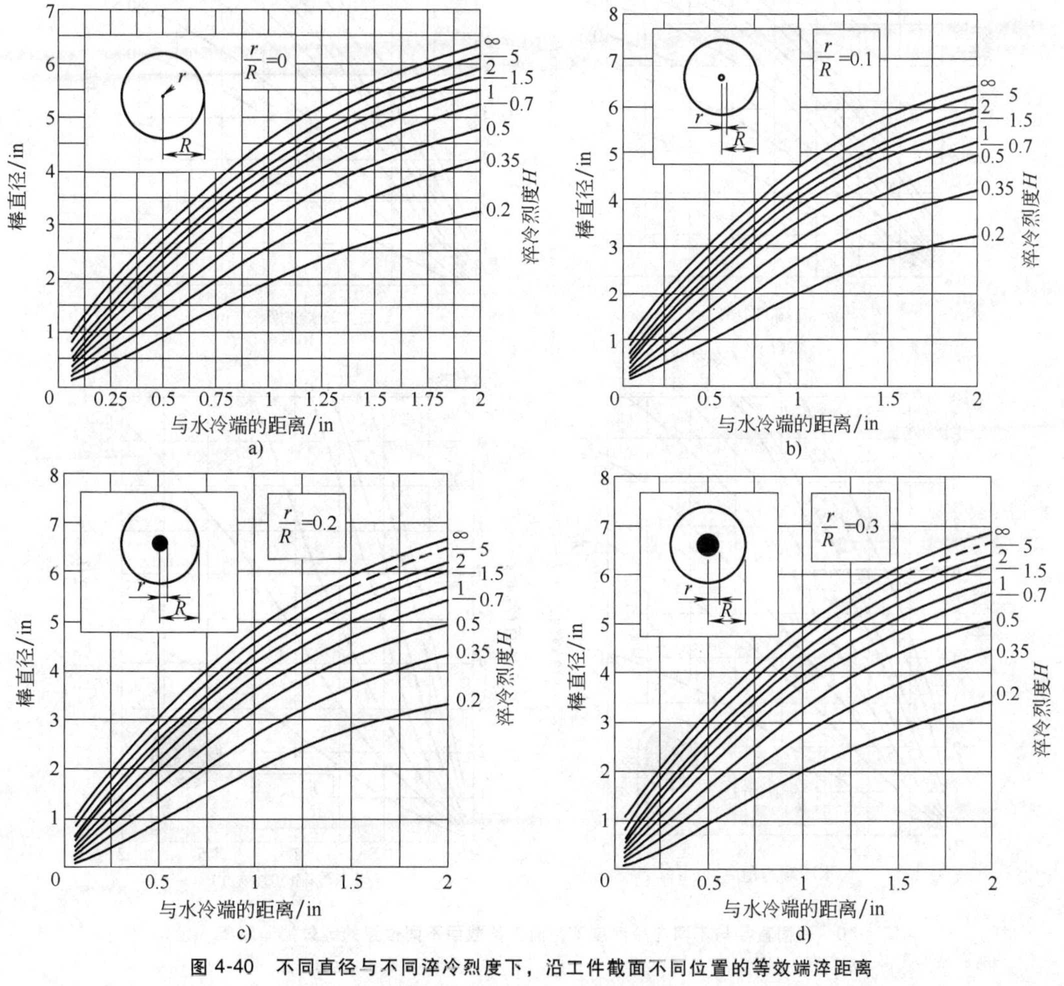

图 4-40　不同直径与不同淬冷烈度下，沿工件截面不同位置的等效端淬距离

a）$r/R=0$　b）$r/R=0.1$　c）$r/R=0.2$　d）$r/R=0.3$

注：1in = 0.0254m。

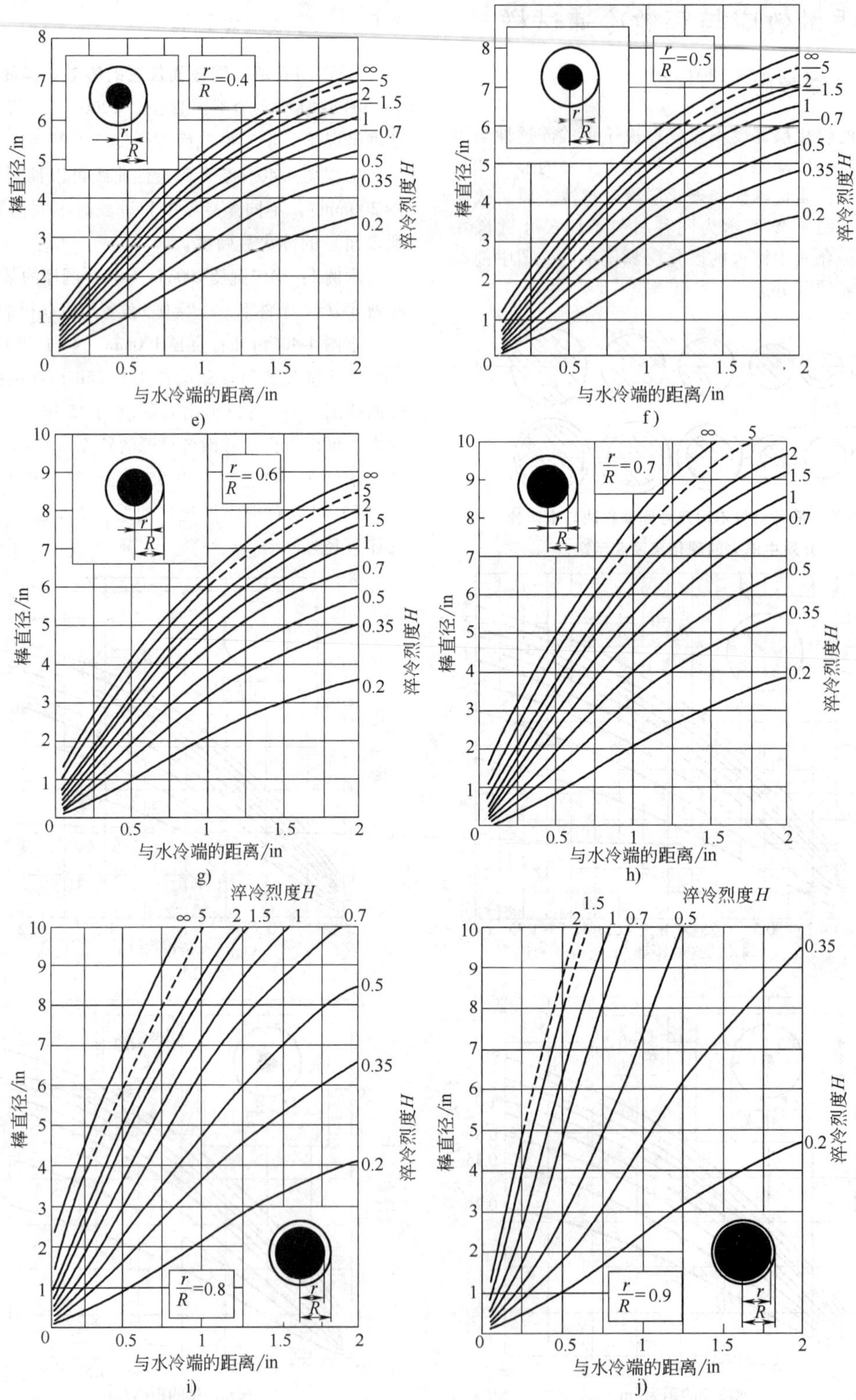

图 4-40　不同直径与不同淬冷烈度下，沿工件截面不同位置的等效端淬距离（续）

e）$r/R=0.4$　f）$r/R=0.5$　g）$r/R=0.6$　h）$r/R=0.7$　i）$r/R=0.8$　j）$r/R=0.9$

注：1in = 0.0254m。

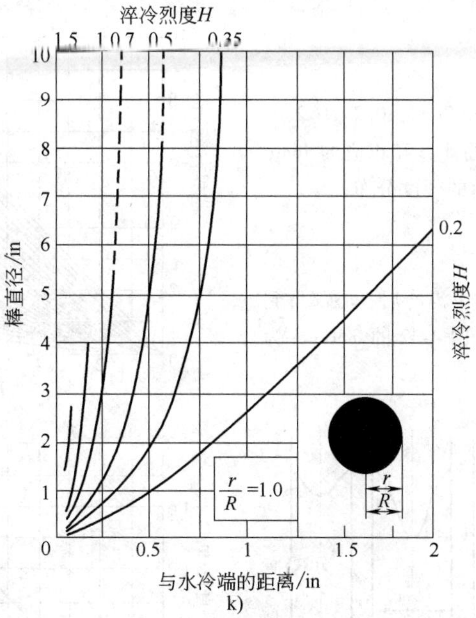

图 4-40　不同直径与不同淬冷烈度下，沿工件截面不同位置的等效端淬距离（续）

k）$r/R=1.0$

注：1in = 0.0254m。

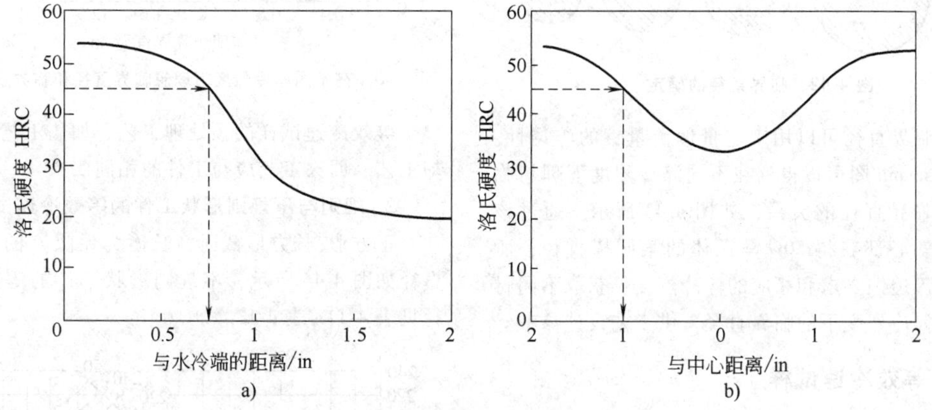

图 4-41　确定沿截面不同位置的硬度

a）轴向各位置硬度　b）径向各位置硬度

查图 4-40a 可知对应的圆棒直径为 1.25in。

示例 3：对于圆棒直径 4in 来说，确定距离心部 1.4in 位置达到端淬距离 0.56in 硬度需要的淬冷烈度值。

对于 4in 圆棒来说，$R=2\text{in}$、$r=1.4$、$r/R=1.4/2=0.7$，查图 4-40h，确定淬冷烈度 $H=1.5$ 可满足要求。

2. 由公式计算不同截面位置的等效端淬距离

在已知工件直径 D 和淬冷烈度 H 情况下，通过式（4-10）~式（4-14）求解圆棒截面上特定位置相对应的等效端淬距离 E。

表面：
$$E_S=\frac{D\exp 0.718}{5.11\,H\exp 1.28} \tag{4-10}$$

距心部 0.75R：
$$E_{0.75R}=\frac{D\exp 1.05}{8.62\,H\exp 0.668} \tag{4-11}$$

距心部 0.5R：
$$E_{0.5R}=\frac{D\exp 1.16}{9.45\,H\exp 0.51} \tag{4-12}$$

距心部 0.25R：
$$E_{0.25R}=\frac{D\exp 1.14}{7.7\,H\exp 0.44} \tag{4-13}$$

心部：
$$E_C=\frac{D\exp 1.18}{8.29\,H\exp 0.44} \tag{4-14}$$

式中　E——等效端淬距离（mm）；

D——圆棒直径（mm）；

H——淬冷烈度。

上述方程适用于：20mm<D<90mm，0.2<H<2.0，1mm<E<40mm 的情况。根据这些计算和相应的 Jominy 曲线，可以计算出工件淬火后的硬度分布。

4.6.3　理想临界直径

临界直径：钢材在某种介质中淬冷后，心部得到 50%马氏体组织时的最大直径。图 4-42 的 ϕ50mm 为该钢种的临界直径（D_{crit}）。

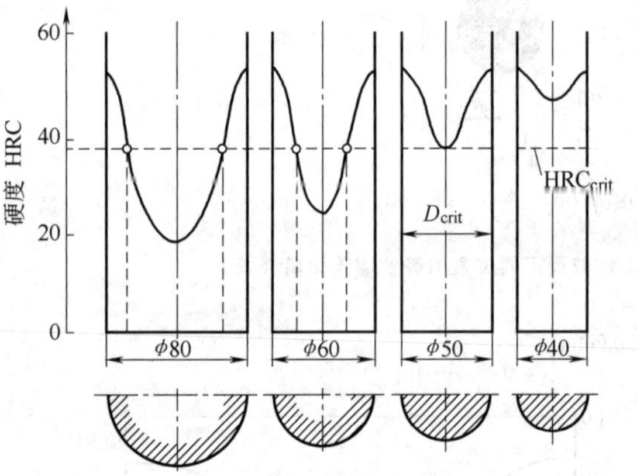

图 4-42　临界直径的确定

理想临界直径可以用来定量地衡量钢的淬透性。通过 Grossmann 图可以得到在不同淬冷烈度下理想临界直径和临界直径的关系，如图 4-43 所示。通过该图可以推知心部获得 50%马氏体的某圆棒直径，所需的材料淬透性要求和相应的淬冷烈度；获取不同材料在各种淬冷烈度下的临界直径，供工艺设计参考。

4.6.4　等效冷速试样

等效冷速直径是指在相同冷却介质、相同的初始和结束温度条件下，以不规则外形淬火件其截面的某一部位（或冷速最慢的部位）与圆形（淬火）试样截面某部位（或心部）的淬火冷却速度相等的原则换算出的圆形试样直径。

通常情况下，可以采用等效冷速试样与工件一同进行淬火冷却处理，通过检测等效冷速试样的组织和性能（硬度、强度等），由此间接地评价工件的性能。

1. 等效冷速试样的材料与处理工艺

对于重要工件，要求等效冷速试样与工件具有相同的材料牌号和冶炼炉号；对于非重要工件，等效冷速试样应与工件具有相同的材料牌号。

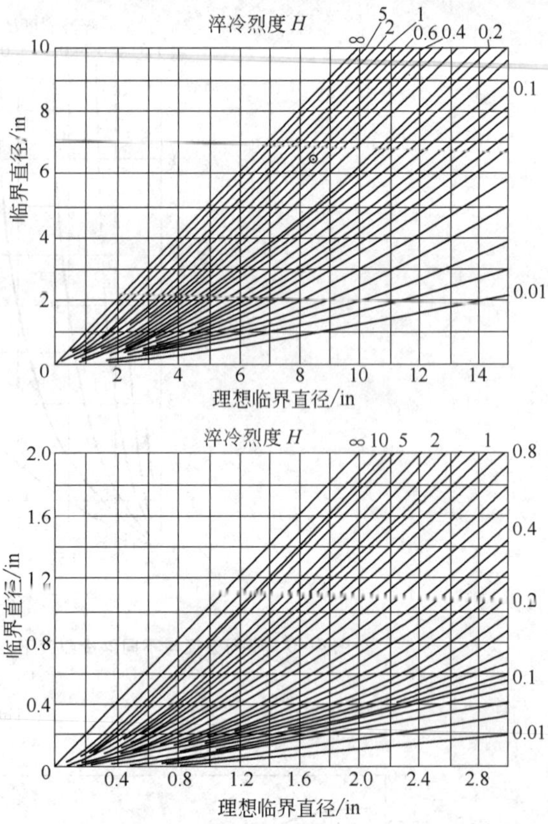

图 4-43　在不同淬冷烈度下理想临界直径和临界直径的关系

等效冷速试样的预处理工艺、加热工艺、淬火冷却工艺、回火工艺应与工件的相同。

2. 规则与不规则形状工件的等效冷速试样

正方形/长方形截面（长度为无限）的等效冷速直径如图 4-44 所示，不规则形状工件的等效冷速直径见表 4-11～表 4-13。

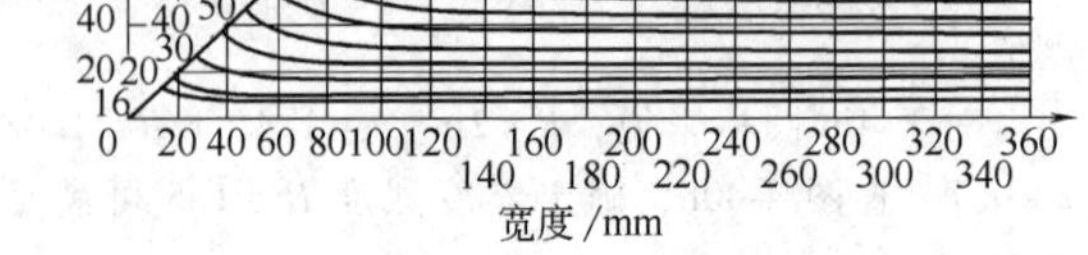

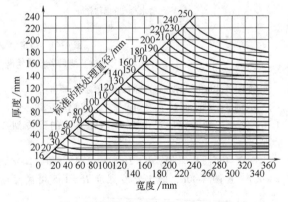

图 4-44　油淬或水淬时正方形/长方形截面钢件的心部等效冷速直径

例如：截面为 40mm×60mm 的无限长的板材的心部等效冷速直径为 51mm。

表 4-11 实心体的等效冷速直径

长度 L 的实心圆钢	长度 L 的实心六角形钢
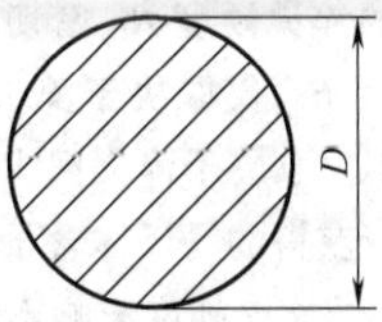	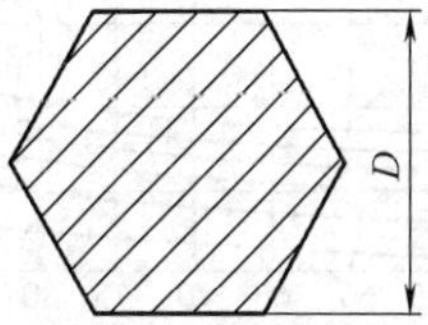
当 $L \geqslant D$ 等效冷速直径 = D	当 $L \geqslant D$ 等效冷速直径 = $1.1D$
当 $L<D$ 认为是厚度为 L 的板材	当 $L<D$ 认为是厚度为 L 的板材

表 4-12 管材的等效冷速直径

长度 L 的两端开口的管材	长度 L 的一端或二端半封闭或封闭的管材
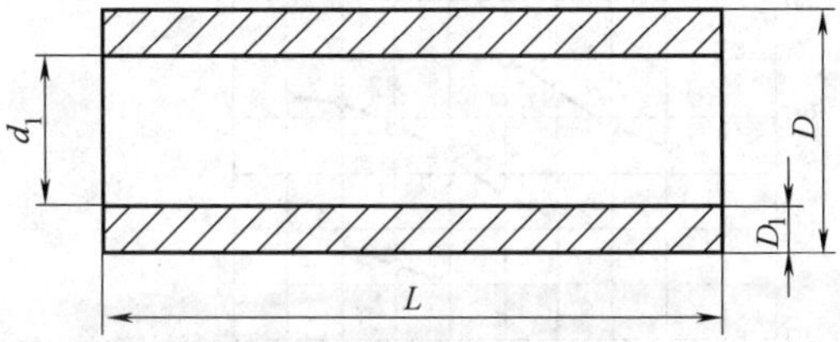	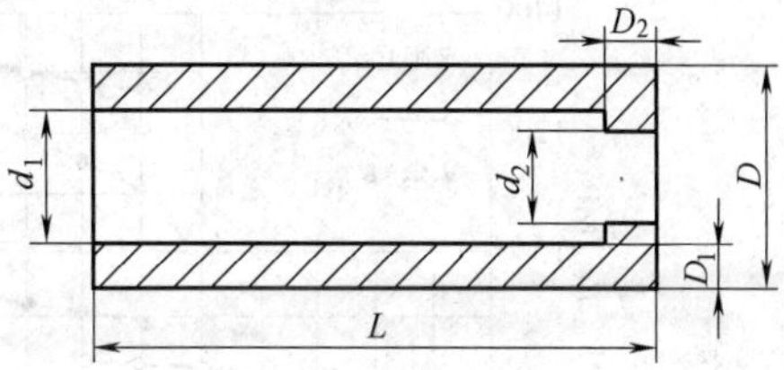
如果内径 d_1<80mm，等效冷速直径为 2 D_1 如果内径 d_1 在 80～200mm 范围内，等效冷速直径为 1.75 D_1 如果内径 d_1>200mm，等效冷速直径为 1.5 D_1	当 D<63.5mm 时，等效冷速直径为 2.5 D_1 当 D>63.5mm 时，等效冷速直径为 3.5 D_1 等效冷速直径选择 D_1 与 D_2 两个尺寸中较大的
当 $L<D$ 时，认为是厚度为 D_1 的板材 当 $L<D_1$ 时，认为是厚度为 L 的板材	

表 4-13 齿轮模数与等效冷速试样尺寸的关系

齿轮模数/mm	测量有效硬化层深度的等效冷速试样尺寸/mm	测量心部硬度与心部组织的等效冷速试样尺寸/mm
<5.5	ϕ16×50	ϕ32×76
5.5～10	ϕ25×50	ϕ57×130
10～17		ϕ76×180
>17	其直径应与半齿高处齿截面的内切圆直径大致相等，而长度相当于直径的 2～3 倍	ϕ89×205

4.7 性能预测与工艺设计

4.7.1 淬火硬度与对应马氏体组织含量的确定

通常对调质（淬火+高温回火）工件提出回火后的硬度要求，通过图 4-45 可以推论出满足该回火后硬度要求的最小淬火硬度。例如材料为 42CrMo［w(C)= 0.40%］工件的沿截面指定部位要求调质后硬度达到 35HRC，那么通过图 4-45 可以确定淬火后该部位的最小硬度应该高于 45HRC。进一步由图 4-46 可知若要淬火后硬度高于 45HRC，所需要的马氏体组织含量应高于 75%。

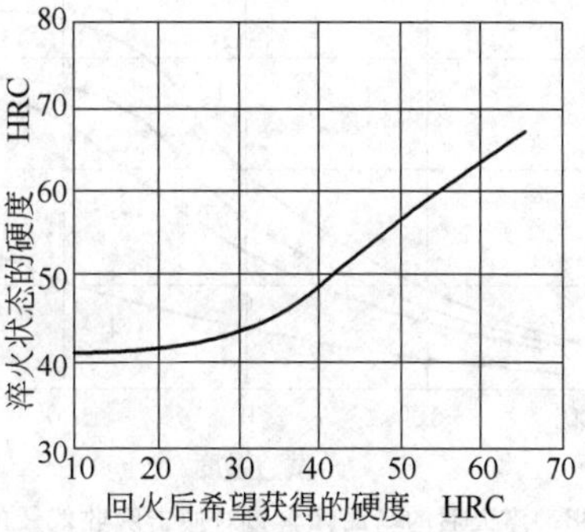

图 4-45 最小淬火硬度对应各种回火后的最终硬度

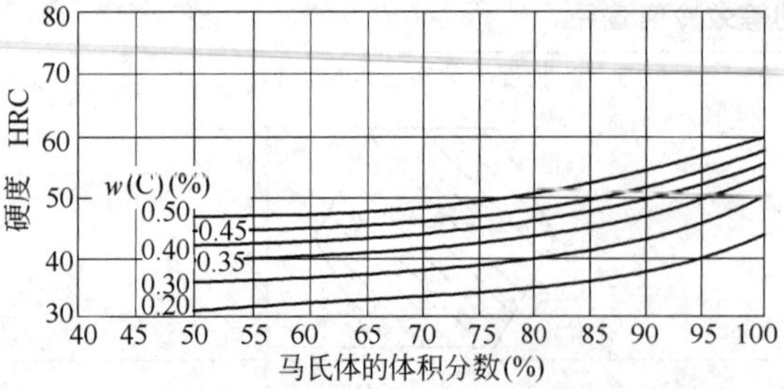

图 4-46 不同碳含量下的淬火硬度与马氏体含量之间的关系

4.7.2 淬火不完全度

力学性能或硬度是调质件的最常见的性能指标，目前多数工件还仅要求调质后达到硬度指标。有些工件虽然调质后的硬度相同，但是其强度与韧性可能会存在较大差异。这与该钢能达到的最大淬火硬度 R_M 和实际淬火时所获得的淬火硬度 R_Q 密切相关（见图 4-47），也就是说抗拉强度 R_m 仅取决于淬火回火后的硬度值，而屈服强度 R_{eL} 不仅取决于淬火回火后的硬度值，更主要取决于淬火后所获得的马氏体含量；在同一回火硬度时，抗拉强度 R_m 受淬火硬度影响不大，屈服强度 R_{eL}、伸长率 A_5、断面收缩率 Z 则受影响较大，冲击吸收能量受影响最大（见图 4-48）。所以对于调质件的性能指标应以检测具体部位的抗拉强度、屈服强度、伸长率、断面收缩率、冲击吸收能量和硬度这几个指标更为科学。如果仅仅规定调质后硬度这一个指标，应该同时规定最低回火温度不低于某一温度。

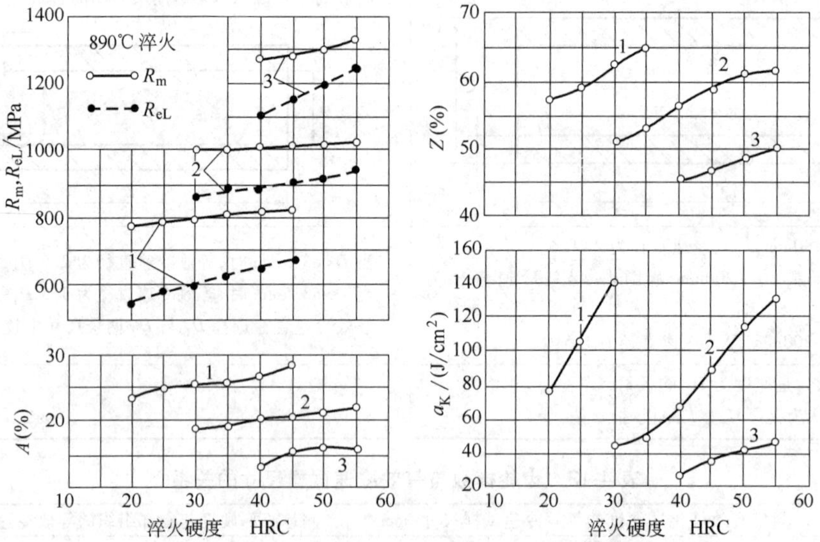

图 4-47 42CrMo 钢淬火不完全度对回火后力学性能的影响

1—回火后硬度 20HRC 2—回火后硬度 30HRC 3—回火后硬度 40HRC

注：实验用钢成分：w(C)= 0.40%，w(Si)= 0.24%，w(Mn)= 0.72%，w(Cr)= 1.05%，w(Mo)= 0.16%，w(Cu)= 0.3%，w(P)= 0.019%，w(S)= 0.023%。

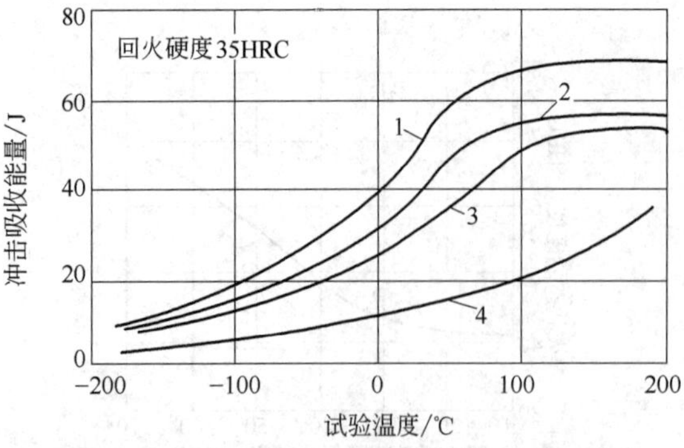

图 4-48 淬火后的马氏体含量对冲击吸收能量的影响

1—水中淬火，100%马氏体，58HRC 2—85%马氏体，51HRC 3—70%马氏体，47HRC 4—40%马氏体，40HRC

将 R_M 与 R_Q 的差异定义为淬火不完全度，分别以 $S=R_Q/R_M$ 或 $S_1=R_M-R_Q$ 表示。图 4-49 所示为淬火不完全度对力学性能的影响。淬火不完全度越小，所得到的马氏体量越多，故屈强比（R_{eL}/R_m）越高（见图 4-50）。表 4-14 给出了淬火不完全度与马氏体含量的关系，由此可获得淬火硬度下的最低马氏体含量。在强度设计上承受静载荷的零件，$S<0.72$；承受一般动载荷的零件，$0.72<S<0.94$；承受高动载荷的零件，$0.94<S<1.00$。

4.7.3 回火温度与力学性能预测

1. 回火温度计算

依据式（4-15）计算得到回火温度。

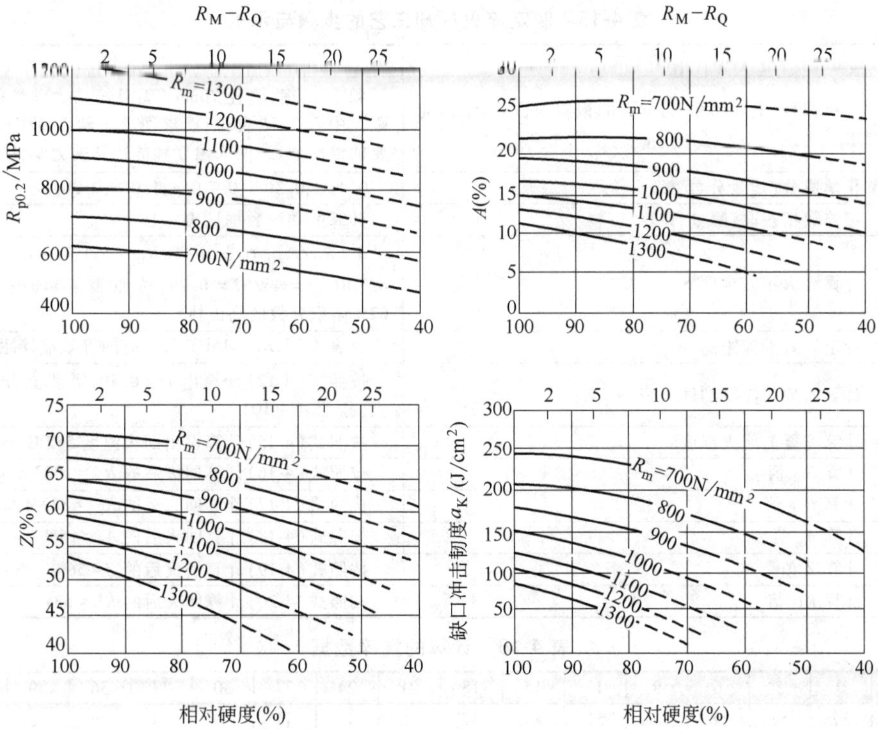

图 4-49　淬火不完全度对力学性能的影响

注：拉伸试样直径 10mm，标距 50mm；冲击试样尺寸为 10mm×10mm×55mm，缺口半径 1mm，缺口深度 2.5mm。

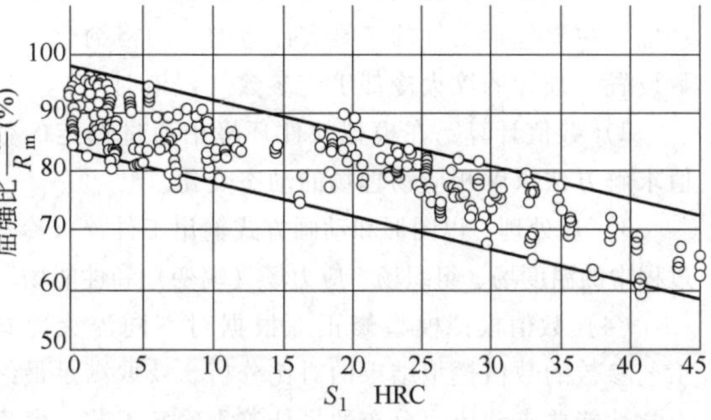

图 4-50　淬火不完全度 S_1 对屈强比（R_{eL}/R_m）的影响

表 4-14　淬火不完全度与马氏体含量的关系

淬火不完全度 S	马氏体的体积分数(%)
0.72~0.78	50~60
0.78~0.83	60~70
0.83~0.89	70~80
0.89~0.92	80~85
0.92~0.94	85~90
0.94~0.97	90~95
0.97~0.98	95~97
0.98~1.00	97~100

注：马氏体的体积分数 = 180S−80。

$$T_{temp}=917\sqrt[6]{\frac{\ln\frac{R_Q-8}{R_{temp}-8}}{S}}-273 \qquad (4\text{-}15)$$

式中　T_{temp}——回火温度（℃），适用于 400~660℃；

R_Q——要求位置淬火后的硬度（HRC）；

R_{temp}——回火后硬度（HRC）；

S——淬火不完全度（100%），$S=R_Q/R_M$。

2. 力学性能的计算

式（4-16）~式（4-20）给出了 R_m、R_{eL}、A_5、Z、KU 与回火后硬度以及 S 之间的关系式。

$$R_m=0.426R_{temp}^2+586.5 \qquad (4\text{-}16)$$

$$R_{eL}=(0.8+0.1S)R_m+170S-200 \qquad (4\text{-}17)$$

$$A_5=[0.46-(0.0004-0.00012S)R_m]\times100\% \qquad (4\text{-}18)$$

$$Z=[0.96-(0.00062-0.00029S)R_m]\times100\% \qquad (4\text{-}19)$$

$$KU=[460-(0.59-0.29S)R_m]\times0.7 \qquad (4\text{-}20)$$

式中　R_{temp}——回火后硬度（HRC）；

S——淬火不完全度。

4.7.4　淬火冷却工艺设计

1. 淬透性估测法

该方法是根据工件的淬透性曲线、等效端淬距离、淬火烈度、淬火硬度与力学性能之间的关系确定的。制定淬火冷却工艺的步骤与示例见表 4-15。

表 4-15　制定淬火冷却工艺的步骤与示例

序号	步骤方法	示　例
1	材料牌号、工件尺寸、力学性能检测部位、力学性能要求	42CrMo 钢，直径 70mm（无限长），力学性能检测部位：距离中心 0.5*R* 部位，要求回火后硬度 32HRC，确定所需要的淬冷烈度、回火温度和能达到的力学性能
2	化学成分（质量分数，%）	0.41C、0.30Si、0.70Mn、1.0Cr、0.20Mo
3	端淬数据获取：测量、计算、资料	计算的端淬数据见表 4-16
4	计算淬火不完全度 *S*	$S=R_Q/R_M$，查表 4-16，R_M = 57HRC；查图 4-45，R_Q = 45HRC；*S* = 45/57 = 0.79；按照表 4-14，该部位应获得 62%体积分数的马氏体
5	确定等效端淬距离	查表 4-16，R_Q = 45HRC，对应的等效端淬距离 *E* = 21mm
6	计算需要的淬冷烈度 *H*	按照式（4-12）计算出 *H* = 0.49；需要充分搅动的油淬火（按照表 4-10）
7	计算需要的回火温度	按照式（4-15）计算得出回火温度 557℃
8	计算 R_m 值	按照式（4-16）计算回火后的 R_m = 1023MPa
9	计算 R_{eL} 值	按照式（4-17）计算回火后的 R_{eL} = 833MPa
10	计算 A_5 值	按照式（4-18）计算回火后的 A_5 = 15%
11	计算 *Z* 值	按照式（4-19）计算回火后的 *Z* = 56%
12	计算 *KU* 值	按照式（4-20）计算回火后的 *KU* = 63J

表 4-16　计算的端淬数据

端淬距离/mm	0	3	6	9	12	15	18	21	24	27	30	33	36	39	42	45
硬度　HRC	57	57	56	54	51	49	47	45	43	41	39	38	36	35	34	33

也可按照对工件某部位的力学性能要求，根据图 4-49 查到淬火不完全度，然后推算出对淬冷烈度的要求及该部位可能获得的马氏体含量。

影响淬透性的因素较多，以淬透性为基础的工艺设计及性能预测结果可能与真实数据有较大误差，但仍可以作为工艺设计的辅助工具。

2. 数值模拟方法

（1）数值模拟基本流程　基础参数测量或收集（TTT 曲线、界面换热系数等）→数值模拟→工件淬火冷却后性能检测→数值模拟模型修正。

（2）基础数据　数值模拟所需的基础数据见表 4-17。

表 4-17　数值模拟所需的基础数据

基础数据	单　位	说　明
材料成分	—	
TTT 曲线/CCT 曲线	—	测量、收集或利用商业软件计算
界面换热系数 *h*	W/(m² · K)	测量、收集
材料密度 *ρ*	kg/m³	
比热容 *c*	J/(kg · K)	
热导率 *λ*	W/(m · K)	
潜热 *L*	J/(kg · K)	
膨胀系数 *a*	K^{-1}	
泊松比 *ν*		
弹性模量 *E*	Pa	
塑性模量 *h′*	Pa	
屈服强度 R_{eL}	Pa	
相变应变系数 *β*		
相变塑性系数 *K*	MPa^{-1}	

（3）数值模拟

1）前处理：为数值模拟提供初始的计算对象和环境，主要包括工件的三维实体造型、网格剖分、参数设置，预计的淬火冷却工艺参数（浸液时间）。

2）数值计算：在模拟软件环境中通过选定的数值求解方法求解相应物理场的动态变化。

3）后处理：以图形和动画方式输出工件淬火冷却过程中的温度场、组织场、应力场（畸变）和性能场。

（4）数值模拟模型修正　根据对不同淬火冷却工艺参数的数值模拟结果的对比分析，获取满足最终力学性能要求和应力分布的最佳淬火冷却工艺。然后按照最佳淬火冷却工艺对工件进行淬火冷却处理，根据性能检测结果对数值模拟模型进行修正，最终确定满足工件要求的淬火冷却工艺。

4.8　钢的淬火应力、裂纹与畸变

经淬火冷却后会有应力残留在工件内部，这部分应力被称为淬火残余应力。残余应力是内应力，它们在物体内互相平衡。当拉应力大于材料屈服强度时会引发畸变，当拉应力大于材料抗拉强度或破断抗力时会引发开裂。因此，控制工件淬火过程应力和残余应力是控制畸变和避免开裂的关键。

4.8.1　淬火应力

淬火冷却过程中产生的应力可分为三向应力：切向

应力、径向应力和轴向应力。下面以轴类件为例说明三向应力（见图 4-51），A 晶粒与 B 晶粒膨胀或收缩在 A 晶粒与 B 晶粒之间产生的应力为切向应力；B 晶粒与 C 晶粒膨胀或收缩在 B 晶粒与 C 晶粒之间产生的应力为径向应力；D 晶粒与 E 晶粒膨胀或收缩在 D 晶粒与 E 晶粒之间产生的应力为轴向应力。图 4-52 所示为因尺寸收缩或膨胀产生拉应力与压应力示意，拉应力（$\sigma>0$）表示为正值，压应力（$\sigma<0$）表示为负值。

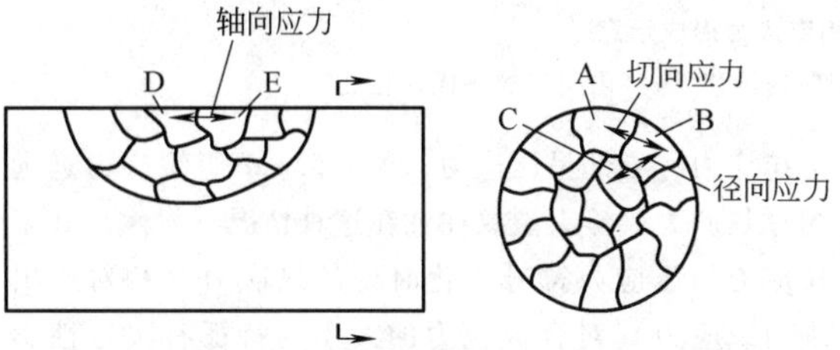

图 4-51　轴类件的三向应力示意图

1. 冷却过程中的热应力

由热应力引起的残余应力特征为表面呈压应力，心部呈拉应力。图 4-53 所示为圆柱形试样在 A_1 点以下急冷时热应力的变化示意图。冷却到 a 时刻，表面呈拉应力，心部为压应力；继续冷却，随着心表温差的逐渐加大，表面拉应力和心部压应力逐步加大，在此过程中由于心部产生的塑性变形使应力增加的幅度有所降低；随着冷却继续进行，心部温度降低加快，当心表温差达到最大值的时间［$t(\Delta T_{max})$］后温差值逐渐减小，应力也随之降低，在心表温差还明显存在的情况下，冷却到 c 时刻时表面与心部应力为零；心表应力在 c 时刻后转向，表面呈压应力而心部呈拉应力。在冷却过程中当应力大于屈服强度时，将在局部产生塑性变形，应力会得到释放；随着温度的降低，屈服强度不断提高，在表面或心部的应力不能再引起塑性变形的情况下，应力就会被保留下来。

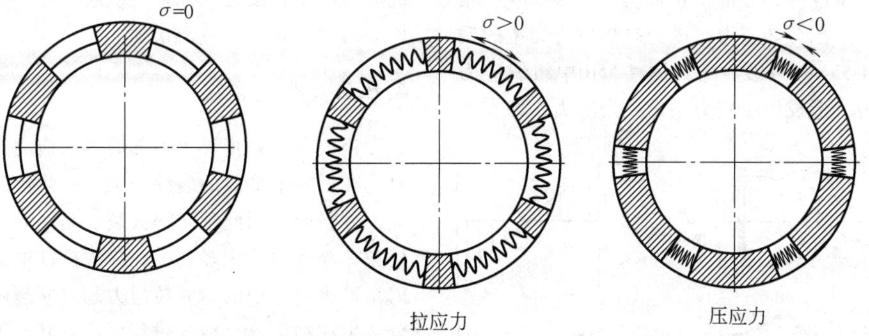

图 4-52　因尺寸收缩或膨胀产生拉应力与压应力示意

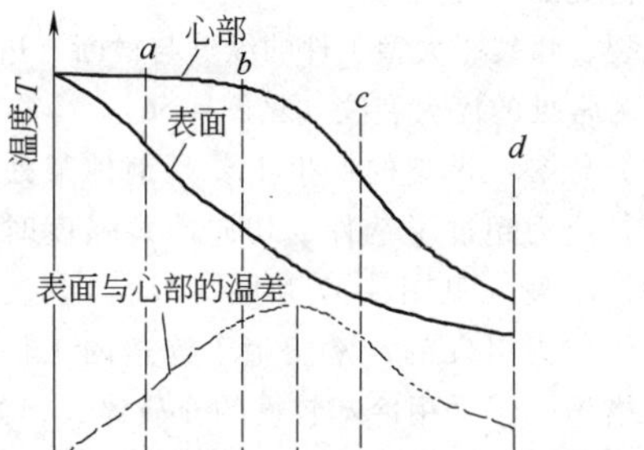

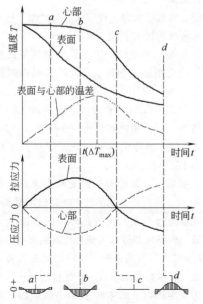

图 4-53　圆柱形试样在 A_1 点以下急冷时热应力的变化示意图

2. 冷却过程中的组织应力

钢经奥氏体化后的组织，在冷却过程中转变为珠光体、贝氏体、马氏体均会发生比体积变化，这种由于冷却过程中表面和心部温度差异造成的表面和心部组织转变时间的差异所引起的应力被称为组织应力（或称相变应力）。

在完全淬透情况下，假设不存在热应力时的组织应力演变过程，可以通过图 4-54 说明。已经奥氏体化的工件，在冷却初期，外层快速降温到 Ms 点以下，发生马氏体相变，在外层产生体积膨胀，致使外层呈现压应力，内层呈现拉应力（见图 4-54a）；继续冷却，外层马氏体相变已经完成，马氏体相变向内层推移，外层的压应力将逐渐减小，压应力最大值向内推移，内层的拉应力也逐渐减小（见图 4-54b）；进一步冷却和相变的持续进行，在外层和内层将发生应力转向，当内层已经完成马氏体转变后，外层呈现为拉应力，内层呈现为压应力（见图 4-54c）。

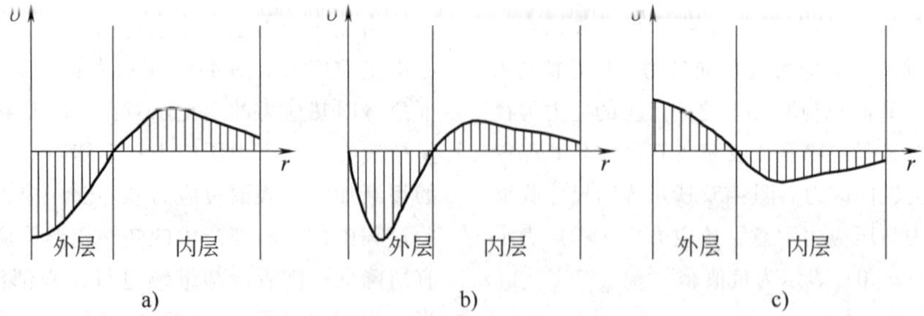

图 4-54 冷却过程中相变应力形成示意

a）外层发生马氏体相变 b）马氏体相变向内推移 c）内层完成马氏体相变

3. 冷却过程中热应力和相变应力的综合作用应力

淬火冷却过程中热应力和相变应力作用下的综合应力变化是十分复杂的。图 4-55 所示为圆柱体淬火冷却过程中应力变化的几种可能情况。图 4-55a 中冷却过程中没有发生相变，出现热应力型的残余应力分布，即表面呈压应力，心部呈拉应力；图 4-55b 中相变应力抵消了一部分热应力，成为以热应力为主的残余应力；图 4-55c 是过渡状态；图 4-55d 中组织应力超过了热应力，形成组织应力型的残余应力，即表面呈拉应力，心部呈压应力；图 4-55e 中组织应力远远超过热应力，淬火裂纹往往在这种情况下发生。处于拉应力与压应力符号变化时刻的热应力（相对于出现组织应力）对合成应力的大小与特征有决定性影响。如果相变应力出现在热应力符号变化之前，则合成应力减小；反之，如果组织应力在热应力符号变化之后出现，则合成应力增加。

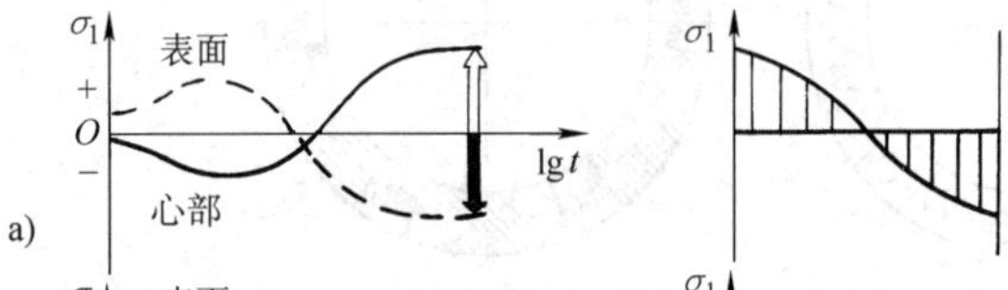

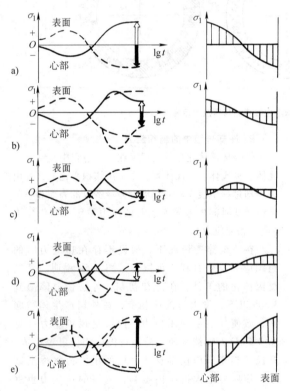

图 4-55 圆柱体淬火冷却过程中应力变化的几种可能情况

a）冷却过程中没有发生相变 b）相变应力抵消了一部分热应力

c）过渡状态 d）组织应力超过了热应力

e）组织应力远远超过热应力

4.8.2 淬火裂纹

淬火裂纹是指淬火冷却时淬火应力超过断裂强度时，在工件上形成的裂纹。工件一旦产生裂纹，将造成工件报废，因此预防淬火裂纹是热处理的一项重要任务。淬火裂纹大多产生在淬火冷却的过程中，其原因是淬火过程中的瞬时拉应力超过断裂强度；也有部分产生在结束淬火冷却过程之后，其原因是残余拉应力超过断裂强度。因此，研究淬火过程中的瞬时应力变化显得更加重要。

纵裂、弧裂、大型工件的纵劈与横断、边廓表面裂纹等为常见的淬火裂纹（见图 4-56）。

（1）纵裂 纵裂的产生主要是钢件某处截面上的切向拉应力超过了钢件的切向断裂强度时形成的一种脆性断裂（见图 4-57 和图 4-58）。纵裂是典型的由组织应力引发的，常发生于淬透的工件。纵裂的预防措施：①采用冷却较慢的介质淬火，如油淬，也可采用水淬+油冷的双液淬火；②提高淬火的终冷温度。

（2）弧裂 弧裂的典型宏观形态为形状各异的曲（弧）面，从几个不同的视向观察时都呈弧形。

弧裂首先起裂于几何敏感部位的表面（如孔洞的内表面、凹碗面和截面突变处的薄截面一侧的表面等），其形成均与马氏体包围中的淬火屈氏体软斑的存在有关。通常弧裂的形成和扩展位于屈氏体软斑附近的马氏体组织内。图 4-59 所示为弧裂形成的力学模型示意。

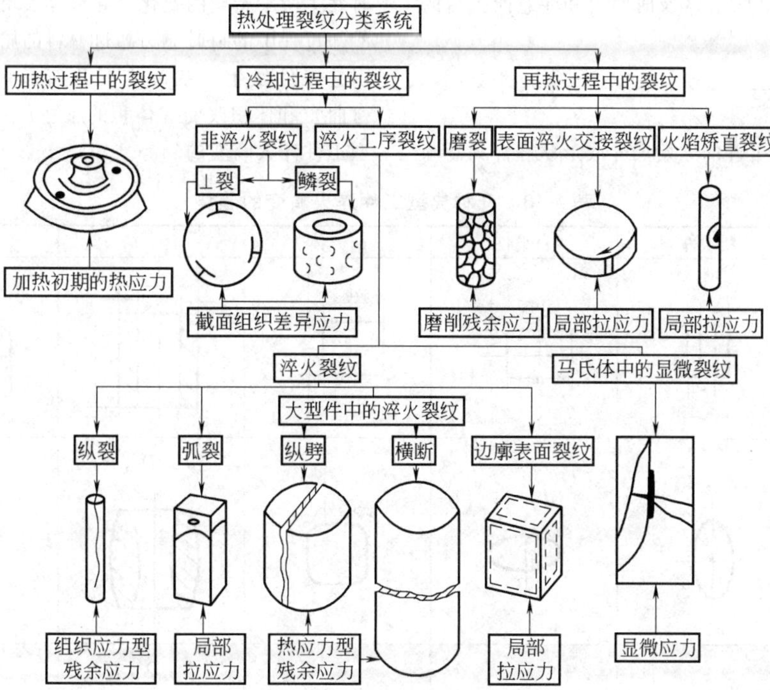

图 4-56　淬火裂纹分类

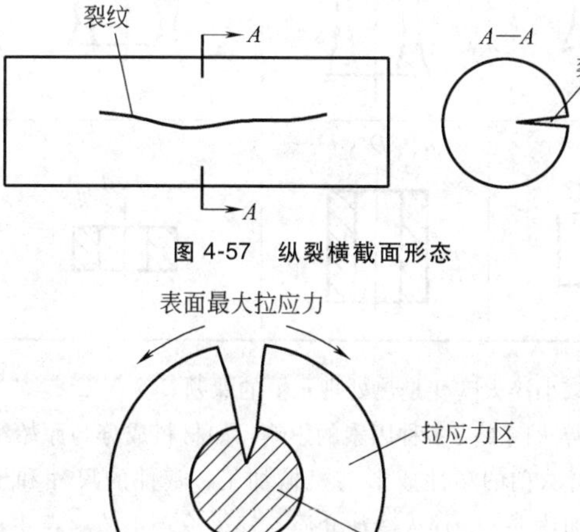

图 4-57　纵裂横截面形态

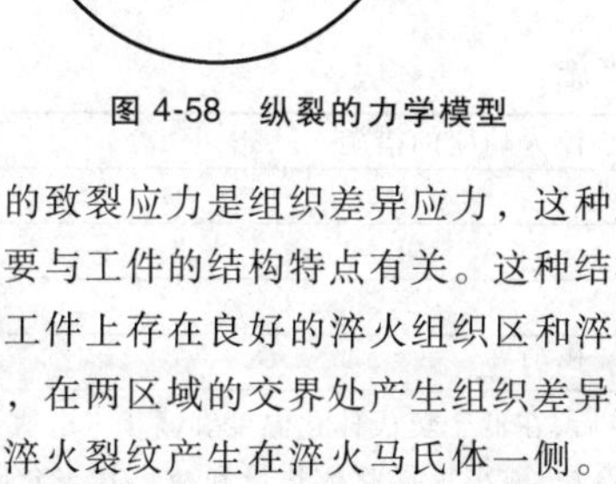

图 4-58　纵裂的力学模型

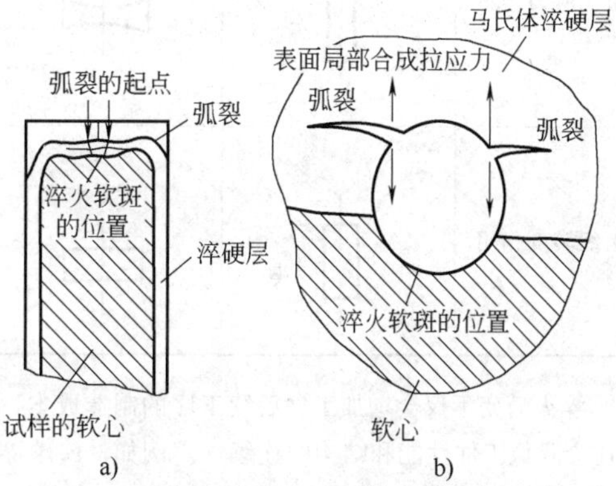

图 4-59　弧裂形成的力学模型示意

a）弧裂的产生位置及其与淬火组织的关系

b）局部合成拉应力的作用及弧裂的位置

弧裂的致裂应力是组织差异应力，这种应力的形成条件主要与工件的结构特点有关。这种结构特点导致同一种工件上存在良好的淬火组织区和淬不上火的组织区域，在两区域的交界处产生组织差异造成的拉应力区，淬火裂纹产生在淬火马氏体一侧。

预防弧裂的措施：①加强非边角区域的冷却，减小产生弧裂区域的组织差异；②对几何敏感部位进行局部弱冷，如堵孔淬火，让孔内在高温区内冷速更缓。

（3）大型零件的淬火裂纹　大型零件淬火开裂形式为纵裂和横裂，均为热应力引起的残余应力诱发。

大型短圆柱形零件常为纵向裂开，当长度为直径的两倍左右时，有横断现象，多见于碳素工具钢，这些零件中心往往存在网状渗碳体，降低钢的强度并沿其扩展。

对于大型轴类件来说，当其轴向与切向最大拉应力超过零件中心处材料的强度时，首先在该处开裂。随后在淬火应力的作用下，裂纹分别沿纵向或横向由内向外扩展，直到在外表面露出裂纹。

避免大型零件产生纵裂和横裂的措施：①淬火前进行充分预冷，降低截面温差；②淬火的结束冷却温度高于室温 200~300℃；③及时回火和注意回火后的冷却方法。

4.8.3　淬火畸变

淬火畸变是指工件的原始尺寸或形状在淬火冷却时发生所不希望的变化。导致淬火畸变的原因是淬火冷却过程中的瞬时应力超过材料的屈服强度时，便会引起工件发生形状改变（几何形状的翘曲、扭曲、弯曲）和体积改变（体积的胀缩）。表 4-18 是几种典型工件淬火畸变的趋势。

表 4-18　几种典型工件淬火畸变的趋势

	杆　件	扁平件	四方体	套　筒	圆　环
原始状态	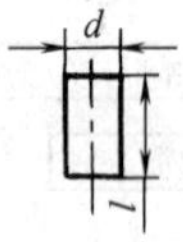	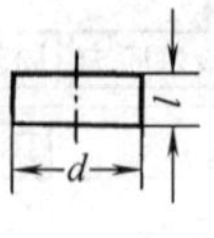	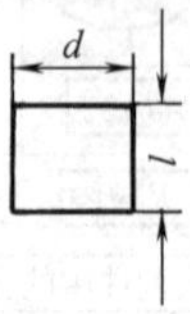	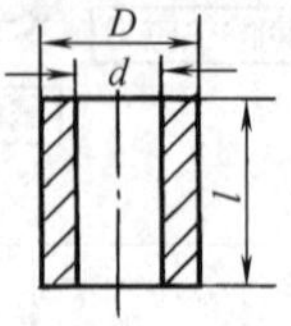	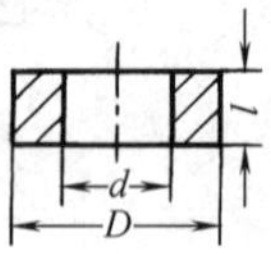
热应力作用	d^+，l^- 	d^-，l^- 	表面外凸 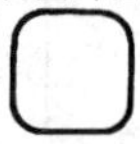	d^-，D^+，l^- 	D^+，d^- 
组织应力作用	d^-，l^- 	d^+，l^- 	表面瘪凹 	d^+，D^-，l^+ 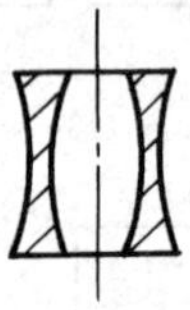	D^+，d^+ 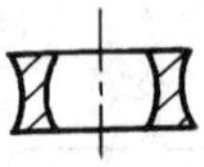
组织转变作用	d^+，l^+ 	d^+，l^+ 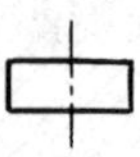	d^+，l^+ 	d^+，D^+，l^+ 	D^+，d^+ 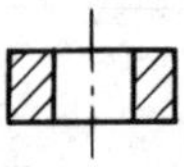

淬火畸变不仅会增加工件后续工序的制造成本，而且还会降低工件性能和结构的连续性。例如，渗碳淬火齿轮，齿与齿之间产生的非对称的淬火畸变，不但增加了磨削成本，而且由于磨削量的非对称，破坏了沿齿廓性能的连续性，使齿轮的接触疲劳性能明显降低。因此，减小淬火畸变是热处理永恒的课题。

淬火畸变受多种因素的影响，如材料成分与原始组织、淬火前的塑性成形与机械加工、零件的尺寸和形状、加热工艺、淬火冷却介质与淬火冷却工艺。表 4-19 是在淬火冷却工序中减小淬火畸变应采取的措施。

表 4-19　减小淬火畸变的措施

产生淬火畸变的原因	减小淬火畸变的措施
工件结构不合理	合理支撑、悬挂、结构补偿、压淬
工件转移过程中的相互碰撞或挤压	合理的淬火夹具
工件装夹过密	加大工件间距
介质搅动不均匀	提高有效淬火区内的介质运动的均匀性
工艺因素	加热：工件完成奥氏体化的加热后，在低于奥氏体化温度和高于 Ac_1 或 Ac_3 某个温度区间进行等温后再进行淬火冷却，减小工件整体热量和减小其与介质之间的温差控制淬火的浸液时间：在获得要求的硬化层深度或某部位温度低于 Ms 点后，结束浸液过程
介质因素	提高有效淬火区内介质温度的均匀性、用热油淬火
冷却方式	如果条件允许，可以选用马氏体分级淬火、硝盐等温淬火

畸变与油温的关系如图 4-60 所示。可以看出畸变及其畸变分散度随着油温的升高而降低。其主要原因是随着油温的升高工件周围流体的热梯度降低，导致工件冷却的均匀性升高。但是过高油温会带来两个问题——工件的硬化层深度降低；油的挥发性和发生火灾的风险急剧增加。

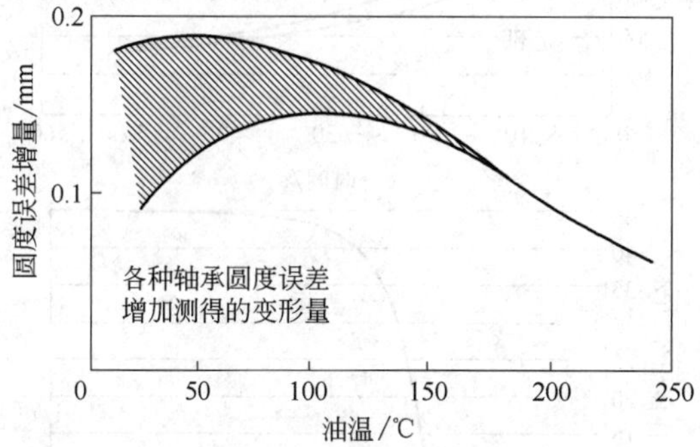

图 4-60　畸变与油温的关系

4.9　几种淬火冷却工艺

4.9.1　强烈淬火

由乌克兰 N. I. Kobasko 博士提出和发展的强烈淬火（IQ）技术是一种在强烈搅拌的水或盐水中实施分级淬火的方法。它与常规的在油、聚合物类水溶性介质和水中淬火的区别在于，它的介质冷却速度要快得多，同时具有低的开裂率。图 4-61 所示为开裂率与冷却速度的关系，随着冷却速度的增加，开裂率逐渐升高，达到最大值后又逐渐降低，也就是高冷速的强烈淬火工艺的开裂率低于水淬，与低冷速油淬相近。以下 IQ-2 和 IQ-3 工艺是两个得到工程应用的淬火冷却工艺。

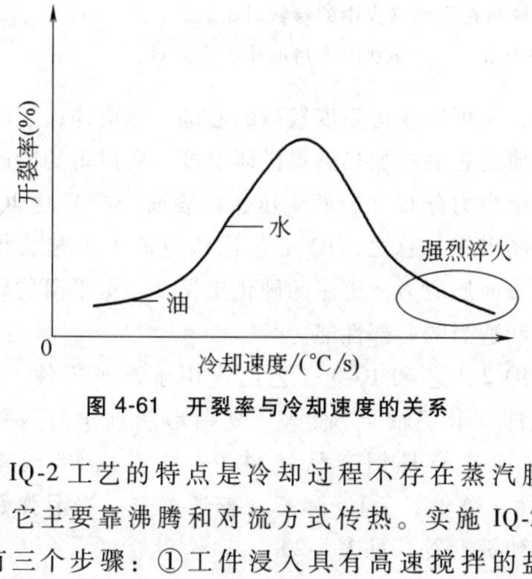

图 4-61　开裂率与冷却速度的关系

IQ-2 工艺的特点是冷却过程不存在蒸汽膜阶段，它主要靠沸腾和对流方式传热。实施 IQ-2 工艺有三个步骤：①工件浸入具有高速搅拌的盐水中直接进入沸腾冷却阶段；②从液体中取出，在空气中冷却；③再次浸入盐水中进行对流换热。IQ-2 工艺适合厚度或直径尺寸小于 12.5mm 的碳钢和合金钢工件的批量淬火。实施的设备为带有强烈搅拌和精确控制浸液与出液时间功能的周期式淬火槽或连续式淬火槽，淬火冷却介质为盐水，适合于弹簧与齿轮类件。

IQ-3 工艺的特点是冷却强度特别大，主要的传热方式是对流（无蒸汽膜和沸腾阶段发生），实施 IQ-3 工艺有两个步骤：①直接进行对流阶段的强烈冷却，在工件表面形成 100% 马氏体和具有最大压应力的硬壳；②一旦硬壳形成后，马上停止第一步的强烈冷却，转入空冷。IQ-3 工艺适合直径或厚度大于 12.5mm 的碳钢和合金钢的单个工件淬火。实施的设备可使单个工件在定向高流速介质中均匀快速冷却，适合形状简单的无台阶轴类件。

图 4-62 所示是常规淬火工艺与 IQ 工艺下工件力学性能与冷却速度的关系。常规淬火与 IQ 淬火的冷却速度之间存在一个过渡区间，这个区间与图 4-61 所示的高开裂率区间对应，应避免在这个冷却速度区间淬火。

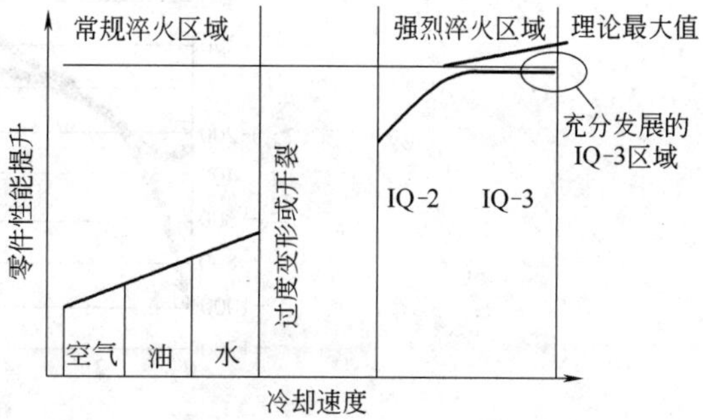

图 4-62　常规淬火工艺与 IQ 工艺下工件力学性能与冷却速度的关系

图 4-63 所示为一根经 IQ 工艺处理的 ϕ25mm 圆柱形 45 钢（AISI 1045）棒料在强烈淬火中的温度、组织及应力与常规油淬的对比。图 4-63a 为 IQ 工艺淬火，在表面开始马氏体转变时，心部仍处于高温奥氏体状态；当心部开始发生相变时，表面已经形成较深层的马氏体；而油淬表面与心部发生马氏体相变的温差不超过 50℃（见图 4-63b），这意味着油淬表面与心部几乎同时发相变；图 4-63c 为 IQ 淬火和油淬时沿圆周的切向应力，IQ 淬火的表面压应力（-1000MPa）远高于油淬（-294MPa）。

在工件表面均匀、快速冷却的前提下，IQ 工艺的关键是在表面获得最大压应力时刻中断冷却。计算

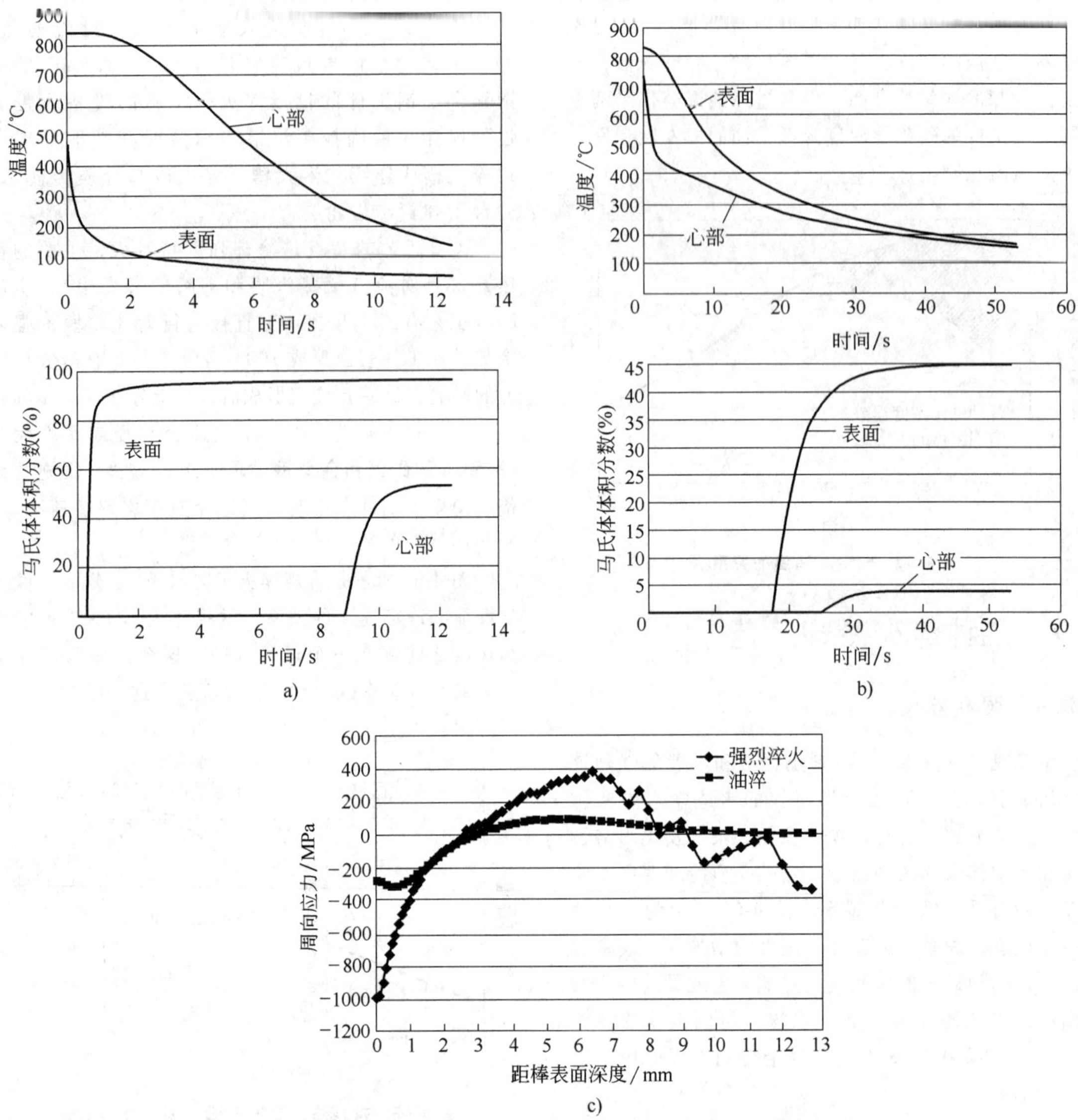

图 4-63　ϕ25mm 圆柱形 45 钢（AISI 1045）棒料在强烈淬火中的参数对比

a）强烈淬火的温度与组织曲线　b）油淬的温度与组织曲线　c）强烈淬火与油淬的应力对比

中断时间的原则如下：①在水中强烈冷却中断后，继续在空气中冷却，此过程中工件内部向外传热对表层已经转变的马氏体起到自回火的作用，提高了马氏体的韧性和减小了开裂的倾向，同时这个自回火对表层的温度回升不应大幅度降低表层的硬度和压应力的幅度；②对于淬透性较低的低、中碳钢工件或渗碳件来说，得到的硬化壳越深越好。

IQ 工艺与感应淬火的区别：感应淬火只强化工件表面，工件心部未发生任何相变。如果需要提高心部性能，感应淬火前需要对工件整体进行调质处理。而 IQ 工艺既可以在表层获得耐磨的马氏体和高的压应力，又可以获得强度较高的心部。感应淬火工件只有较薄的表层被加热到奥氏体温度，所以得到的硬度和残余应力分布（表面受压、次表面受拉）比 IQ 工艺陡峭得多。总之，IQ 工艺比感应淬火工艺获得更高的表面压应力、更深的硬化层深度、更平滑的硬度分布和适当的心部性能。

IQ-2 工艺和 IQ-3 工艺已应用于汽车零件（轴、稳定杆、十字轴）、轴承（复杂形状轴承环、轴承罩）、冷热模具钢产品（冲头、冲模）、机械零件（锻件、链轮、叉）、弹簧（普通弹簧、卷形弹簧和叶形弹簧）等，见表 4-20。

表 4-20　IQ 工艺的实际应用

零　件		改　善
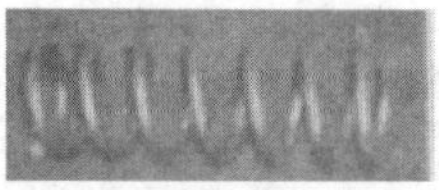	汽车螺旋弹簧	用 9259 钢和 9254 钢制造的汽车螺旋弹簧经强烈淬火后,其疲劳寿命比常规油淬提高了 15%~27%,而经强烈淬火的更轻的汽车螺旋弹簧可以达到与采用油淬的标准弹簧相同的疲劳寿命
	粉碎机螺旋弹簧	与采用油淬的相同弹簧相比,通过强烈淬火可将服役寿命延长 40%
	从动轴	采用 1040 普通碳钢制造的重型货车从动轴在强烈淬火后比用 5140 合金钢制造并油淬的标准从动轴还好,而且应用普通碳钢还降低了材料成本
	直升机测试齿轮	帕若维尔-53(Pyrowear-53)渗碳钢制造的直升机测试齿轮经强烈淬火后,与油淬的标准齿轮相比,在相同的疲劳寿命下可以多承受 14%的载荷
	汽车侧面小齿轮	采用优化淬透性钢制造的汽车侧面小齿轮经强烈淬火后,与用 8620 渗碳钢制作并油淬的标准侧面小齿轮相比,疲劳性能更高
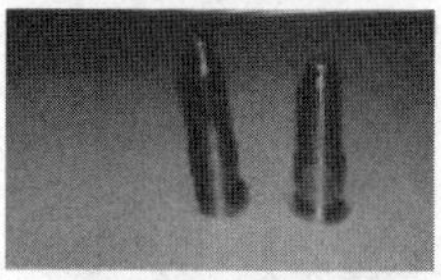	铝挤压模	用热作模具钢 H13 制造的铝挤压模经强烈淬火后,其服役寿命提高了至少 40%
	汽车球螺柱	用 1040 和 1045 普通碳钢制造的球螺柱在强烈淬火后能达到与用 4140 合金钢并油淬的标准球螺柱一样的疲劳寿命
	汽车通用十字万向节	用 1018 普通碳钢制造的通用十字万向节在强烈淬火后的工作特性与用 5120 合金钢制造并油淬的标准十字万向节相同或更好。而且强烈淬火十字万向节的渗碳周期比标准周期缩短了 15%,从而降低了过程成本
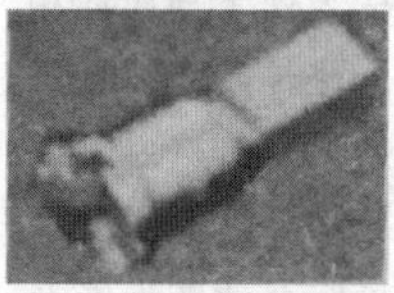	冷作冲头	用 S5 钢制造的冷作冲头经强烈淬火后,其服役寿命提高了至少 2 倍
	铸件	用 8630 钢制造的铸件经强烈淬火后,其力学性能与锻造并油淬的同样的零件相同或更好

（续）

零件		改善
	轧钢辊	用球墨铸铁制造的轧钢辊经强烈淬火后，其服役寿命比相同辊油淬后更长
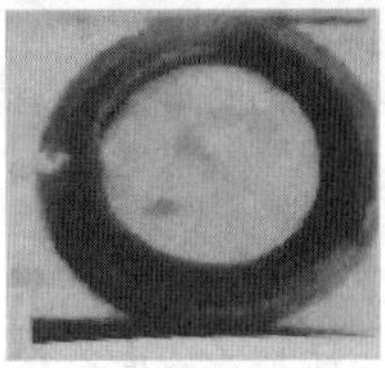	锻环	1045 钢制锻环强烈淬火后与油淬相比变形更小

强烈淬火技术的优点：①表面硬度提高 5%～10%，心部硬度提高 20%～50%，硬化层深度增加 50%～600%；②强度提高 20%～30%，韧性提高 20%～30%；③对于渗碳件，可以得到更深的硬化层深度，缩短渗碳时间；④在表层获得具有更细晶粒的超级强化马氏体；⑤更大和更深的表面残余压应力；⑥可替换成更低合金元素含量的钢，实现用低淬透性材料代替高淬透性材料；⑦为零件减重提供可能；⑧服役寿命提高 30%～800%；⑨用水或盐水替代油，既降低了介质成本，也实现了清洁生产。

强烈淬火技术的缺点：①该工艺仅考虑在工件表面获得最大残余压应力，而无法实现在工件内部一定深度获得要求的组织与性能，因此该技术仅被应用在截面尺寸较小或仅对表面硬度、应力状态有要求的产品；②由于要求对工件表面实施均匀、快速冷却，因此限制了工件的形状和尺寸，既不适合厚度过小的零件（厚度<10mm 的零件不推荐采用 IQ 工艺），也不适合壁厚跳动大的零件。

4.9.2　水-空交替控时淬火

由于存在合金钢工件采用高冷速水淬开裂的问题，低冷速的油和聚合物介质淬火仍被广泛应用，其后果是淬火过程中挥发的油和聚合物对环境产生污染，更重要的是合金钢工件的性能无法得到进一步提高。因此，合金钢件采用水淬具有环保和提高性能双重意义。

1. 水淬产生开裂的原因

工件淬火过程中产生裂纹的原因是瞬时拉应力大于抗开裂能力。而瞬时应力目前尚无法通过测量获取，通过测量获取的残余应力也无法反映出瞬时应力的发展与变化轨迹，只能根据有限元模拟了解淬火件最大拉应力的演变过程，预计产生裂纹的位置和发生的时刻。从材料、介质等方面分析，合金钢件水淬产生裂纹主要有以下两方面原因：

（1）介质方面　如果以中碳合金钢马氏体相变温度附近的 300℃/s 冷速评价介质开裂倾向，水淬的开裂倾向是油淬的 8～10 倍，是聚合物水溶性介质淬火的 2～3 倍；水淬形成蒸汽膜的温度远低于油，对于变截面厚度的工件，水淬不同部位的蒸汽膜厚度与破裂时间差异明显高于油淬，所造成冷却的不均匀性也明显高于油淬。

（2）材料方面　合金钢具有相对高的淬透性，可以获得更深的硬化层深度，相同冷却条件下合金钢的相变应力明显高于碳钢；由于合金钢中合金元素增加，降低了材料的导热性，增加了因工件的截面尺寸变化和结构变化造成的温度分布的不均匀性，导致热应力增大。

2. 间歇淬火（水-空淬火）

随着对产品性能要求的不断提高和工件尺寸的不断增大，油淬与聚合物类水溶性介质淬火的冷却强度已经不能满足对产品性能的要求。随之出现了双介质淬火冷却工艺（水淬-油冷、水淬-水溶性介质冷却等）、水-空交替淬火冷却工艺（水淬-空冷-水淬-……）等。

“水淬-油冷”淬火冷却方法在企业中应用最为广泛。其特点是利用水淬为处于高温阶段的工件提供高的冷却强度，利用油冷为处于马氏体相变温度区间的工件提供较弱的冷却。这种淬火冷却工艺对于淬透性和尺寸均适中的工件来说具有较好的效果；而对于更大尺寸的工件来说，若水淬时间过长，开裂危险增大；若水淬时间过短，指定部位的性能低于要求。而由于油本身所具有的易燃性，实际操作中无法实施“水淬-油冷-水淬-油冷-……”交替的工艺。

水-空交替淬火在企业中较为常见，虽然这种工艺具有介质使用成本低和清洁环保的特点，但始终处于需要依赖操作者的经验来实施的技艺型层面。

表 4-21 给出了大锻件水-空交替淬火冷却的工艺时间。确定各次水冷和空冷时间的一般原则：对于直径大于 300mm，合金含量较高的锻件来说，第一次水冷必须保证使锻件表面层冷却到珠光体区以下的温度，一般冷却时间为 0.3～0.5min/100mm，随后进行空冷，空冷时间不少于 1.5min。空冷时间应以不使锻件表面温度超过回火温度为限，之后的每次水冷时间逐次减少，而空冷时间逐次延长，以减小锻件截面温差，防止开裂。

表 4-21　大锻件水-空交替淬火冷却的工艺时间

截面直径/mm	101～250			251～400		
淬火冷却介质	水	空	水	水	空	水
冷却时间/min	1～3	2～3	3～6	4～8	3～5	6～8

图 4-64 是 ϕ870mm 转子水-空交替淬火工艺的冷却曲线，材料为：34CrNiMo 钢；工艺为：水 720s-空 99s-水 180s-空 150s-水 180s-空 120s-水 180s-空 120s-水 180s-空 120s-水 14400s。

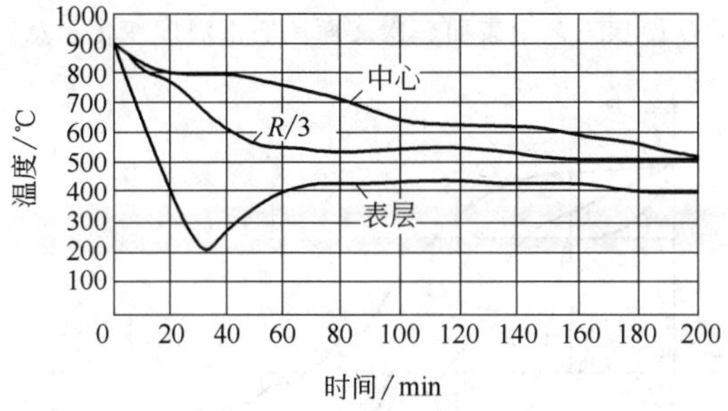

图 4-64　ϕ870mm 转子水-空交替淬火工艺的冷却曲线

式（4-21）为交替淬火冷却简化公式估计冷却时间：

$$t=\alpha D \quad (4\text{-}21)$$

式中　t——冷却时间（s）；

α——系数（s/mm）；

D——工件有效截面尺寸（mm）。

油冷时 $\alpha=9～13$s/mm；水冷时 $\alpha=1.5～2$s/mm；水淬-油冷时，水淬 $\alpha=0.8～1$s/mm，油冷 $\alpha=7～9$s/mm。

在上述确定水-空交替淬火冷却工艺时间的经验公式中，没有考虑材料、力学性能、工件形状、介质搅拌状态等方面的差异。

随着对产品性能要求的逐步提高，重要的调质件均以力学性能为考核指标，这与传统的调质仅考核表面硬度相比有了更高的要求。如果特定材料、特定尺寸的零件，仅对调质后表面硬度提出要求，其表面组织可能是回火马氏体、贝氏体或珠光体，这几种组织状态均可以通过回火工艺或球化工艺将硬度调整到要求范围之内，但是其屈服强度和韧性指标将会有很大的差异，特别是沿截面的组织与性能的梯度变化差异更大。

虽然从微观组织上看，经高温回火的马氏体组织和经球化退火的珠光体组织都是铁素体基体上分布球状渗碳体，但是二者的细微组织完全不同。马氏体和贝氏体是非平衡态的亚稳组织，其位错密度远高于平衡态的铁素体组织，因为前者具有高的碳含量。马氏体基体在高温回火中，伴随着碳化物的析出，碳含量降低而位错密度随之降低，在马氏体高温回复中，大量位错的合并和位错墙（亚晶界）的逐渐形成，使片状马氏体和贝氏体逐渐向平衡态的等轴铁素体方向转变。而珠光体中的铁素体和渗碳体均是平衡态组织，因此它们在低于 Ac_1 温度下加热，在减小单位面积的界面能（比晶界能）的驱动下，铁素体晶粒不断长大，难以形成位错墙，而渗碳体由片状向球状转变，也有极少的三次渗碳体从铁素体基体中析出。因此，由高温回火马氏体转变成的铁素体中存在大量亚晶界，铁素体晶粒尺寸远小于在低于 Ac_1 温度下退火珠光体组织中铁素体的晶粒尺寸，同时渗碳体粒子的尺寸也小于退火珠光体组织中渗碳体的尺寸。屈服强度的提高受亚晶界尺寸支配，渗碳体粒子的作用是间接的，有效晶粒尺寸减小，在提高强度的同时提高韧性。因此可以想象，高温回火的马氏体组织的强度和韧性高于经球化退火的珠光体组织。不同碳含量的显微组织对冲击吸收能量 *KV*（J）的影响如图 4-20 所示。

3. 水-空交替控时淬火工艺

交替间歇淬火工艺依据截面尺寸与冷却时间的经验关系设计，水冷和空冷的时间以及水-空交替次数是依靠试错法确定的。该工艺由于淬裂率高，经济损失大，未能得到推广。

水-空交替控时淬火（Alternately Timed Quenching by Water and Air，ATQ）工艺不同于交替间歇淬火工艺，它是基于控制开裂理论与有限元模拟制定工艺，并通过数字化淬火设备执行工艺。

（1）避免开裂的水淬工艺设计准则　在工艺设计中通过应力分离法降低拉应力、自回火效应法提高抗开裂能力和终冷控温法调控组织三个方法降低合金钢件水淬开裂倾向。

1）应力分离法降低拉应力。依据有限元模拟，对水-空时间和交替次数的优化，调整热应力与相变应力的幅度，获取表层最低拉应力（$\sigma_{拉}$）。以形状简单的合金钢阶梯轴为例，通过工艺优化，2 次水空交替冷却（工艺二）表层 $\sigma_{拉}$ 比 1 次水空冷却（工艺一）的低 140MPa（见图 4-65）。

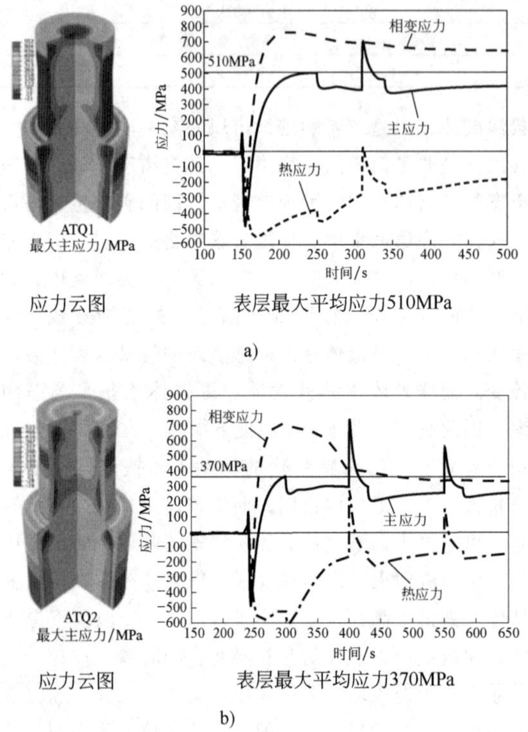

图 4-65　工艺一和工艺二下的热应力、相变应力与主应力的变化

a）工艺一（1 次水空淬火工艺）

b）工艺二（2 次水空交替淬火工艺）

2）自回火效应法提高抗开裂能力 S_k。在孕育期范围内通过增加自回火时间和回温幅度的方式提高马氏体的自回火程度，进而提高其韧性。图 4-65 的工艺二比工艺一多一次自回火过程，表层马氏体的 S_k 值得到提高。

3）终冷控温法调控组织与性能。通过控制水冷结束时间，使其做到：要求性能部位进入相应组织转变温度区间，获得要求的组织；心部区域仍有足够热量返温，能使表层马氏体组织获得自回火；延缓表层到要求性能部位的马氏体或贝氏体相变进程。

（2）ATQ 冷却工艺设计　将淬火冷却分为三个阶段进行，第一阶段为预冷阶段，第二阶段为 ATQ 冷却阶段，第三阶段为自然空冷阶段。在预冷阶段，合金钢件采取空冷的方式进行缓慢冷却，直到合金钢件表面冷却到 A_1 以上或以下的某一温度区间，其结果是减少了合金钢件的整体热容量，提升了第二阶段的冷却效果；在控时淬火冷却阶段，采用快冷（水冷）与慢冷（空冷）交替的方式进行，合金钢件在第一次水淬过程中，合金钢件表层快冷到 Ms 点以下某一温度并保持一定时间后，在表层获得部分马氏体；合金钢件在第一次空冷过程中，次表层的热量传向表层，使表层的温度升高，结果是表层刚刚转变的马氏体发生自回火，使表层的韧性和应力状态得到调整，避免了表层马氏体组织产生开裂；然后再重复水与空气的交替淬火冷却，直到合金钢件某一部位的温度或组织达到要求；完成第二阶段淬火冷却后，将合金钢件放置在空气中进行自然冷却，直到合金钢件的心部温度低于某一值后进行回火。图 4-66 所示为 ATQ 冷却工艺中表面、次表面和心部温度变化示意。

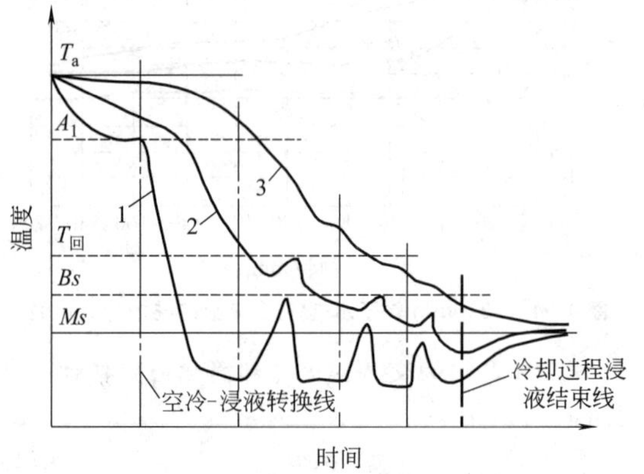

图 4-66　ATQ 冷却工艺中表面、次表面和心部温度变化示意

1—表面冷却曲线　2—次表层冷却曲线　3—心部冷却曲线

T_a—奥氏体化温度　A_1—共析温度　$T_{回}$—回火温度

Bs—贝氏体转变开始温度　Ms—马氏体转变开始温度

（3）ATQ 工艺的应用　以船用曲轴为例，工艺难点是浸水时间长则曲柄（薄部位）开裂，浸水时间短则主轴颈（厚部位）性能低于要求。图 4-67a 和 b 分别为曲轴的主轴颈（厚部位）与曲柄（薄部位）在 ATQ 下的冷却曲线。在该工艺下厚部位被冷却到预定温度（Ms 或 Bs 以下）获得满足性能要求的组织，见图 4-67a；薄部位的表层经过 3 次自回火，$\sum \Delta T \cdot \Delta t$（$\Delta T$：自回火温升；$\Delta t$：自回火持续时间）达到最大化，见图 4-67b；图 4-67c 所示为薄部位应力变化，与直接水淬（DQ）工艺应力相比，薄部位次表层获得最小 $\sigma_{拉}$（图 4-67c 中虚线）和 S_k 值相对提高 ΔS_k（图 4-67c 中实线）；图 4-67d 所示分别为 DQ 工艺（上图）与 ATQ 工艺（下图）最大主应力时刻的应力云图（颜色由深逐渐变浅，表示最大拉应力逐渐变小），ATQ 工艺薄部位最大主应力明显

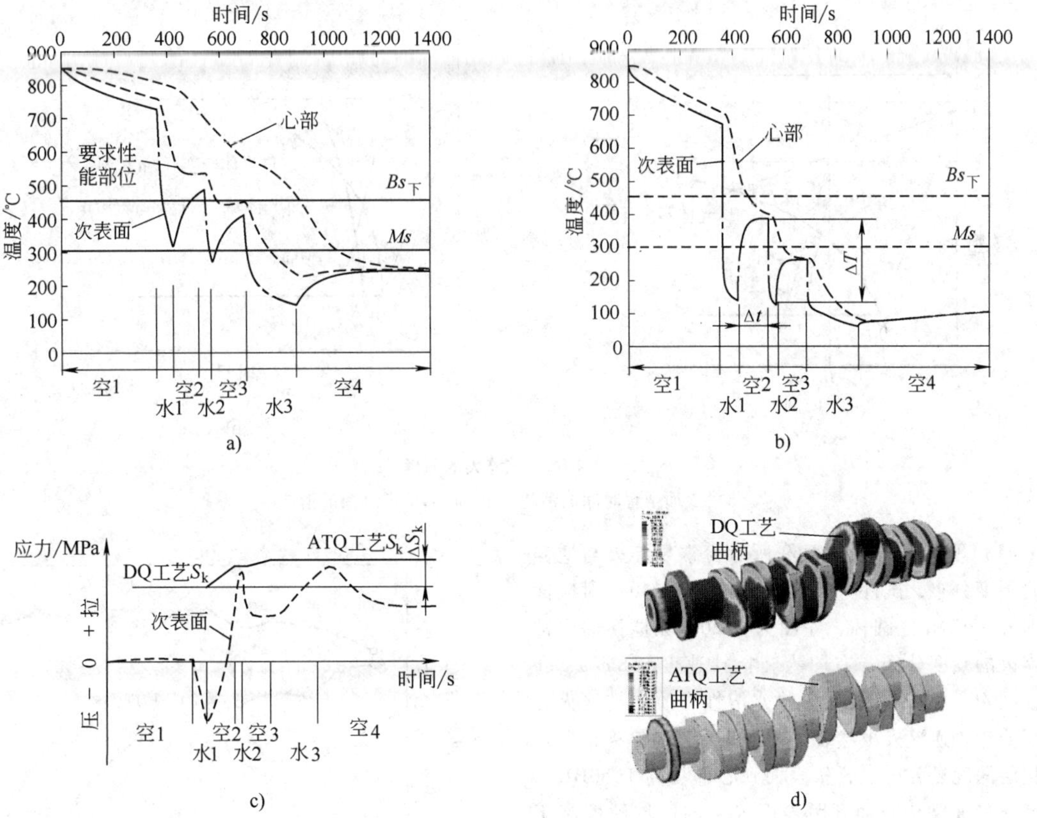

图 4-67　ATQ 工艺下曲轴避免开裂机制示例

a）厚部位截面温度变化　b）薄部位截面温度变化　c）薄部位瞬时应力变化　d）DQ/ATQ 工艺应力云图

低于 DQ 工艺。ATQ 工艺淬火后，不但解决了曲轴水淬 100%开裂的难题，而且屈服强度提高 20%以上、冲击吸收能量提高 100%以上。

4.9.3　逆淬火

逆淬火也称延迟淬火，它是通过预冷淬火，使淬火冷却过程不连续变化，得到心部硬度高于表面硬度的淬火方法。逆淬火术语是由清水（Shimizu）和田村（Tamura）在研究圆棒硬度分布后于 1978 年首先提出的，他们发现预冷淬火试棒的中心硬度比其表面更高。

逆淬火的实质是在预冷淬火中，由于淬火起始时的冷却速度相对较慢，表面的冷却速度也较慢，随后由于工件表面传热的突然跳跃性地变大，工件表面以下直至中心的冷却速度变得更大，在此之前如果心部珠光体或贝氏体转变的孕育期尚未被完全消耗，就会在心部得到马氏体组织，出现心部硬度高于表面的现象。

图 4-68 所示为逆淬火的原理。在图 4-68a 中 z 是在任意一条等温线上的总孕育时间，是珠光体或贝氏体转变开始时间。x 是冷却速度不连续变化前的孕育时间，此时表面消耗孕育时间为 x，而心部（温度仍高于或等于 A_1）孕育时间消耗为零。

在 P 点以下提高冷却速度，转变开始曲线发生改变，如图 4-68b 所示，心部的冷却曲线到达 A_1 温度才开始消耗孕育时间，如果冷却速度足够高，心部的冷却速度高于珠光体或贝氏体转变的临界冷却速度，在心部就会获得高硬度的马氏体组织。而表面由于与珠光体的转变曲线相交而硬度低于心部。

实施逆淬火的方式：①对单个工件逆淬火，可以采用喷雾淬火方式实施。通过调整喷雾的压力和流量实现起始阶段低冷速和随后高冷速的淬火冷却过程。②对于成批工件的逆淬火，高浓度的 PAG 类聚合物水溶性淬火冷却介质是目前仅有的适合介质，通过改变介质中的聚合物浓度调整预冷淬火阶段蒸汽膜厚度和持续时间，在蒸汽膜破裂后工件的冷速被突然加快，达到先慢后快的冷却节奏。

逆淬火导致心部硬度高于表面硬度，通过该工艺方法可以在提高硬化层深度、改善硬度分布和提高疲劳性能方面取得成效。

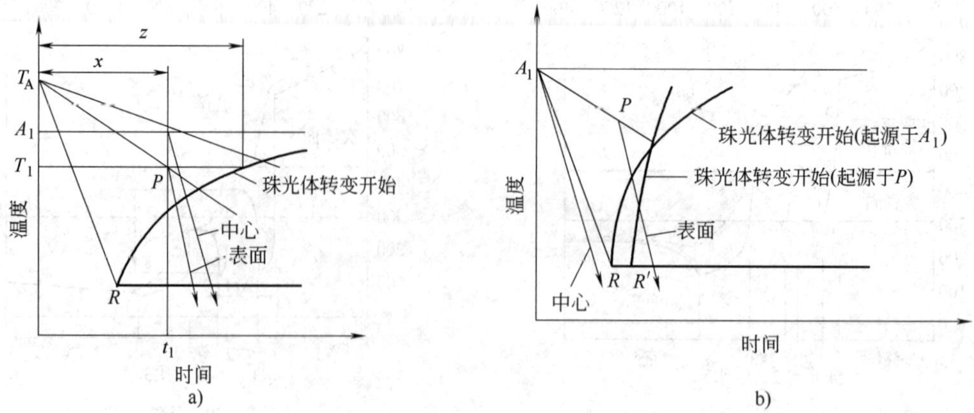

图 4-68　逆淬火的原理

a）表面孕育时间的消耗　b）心部孕育时间的消耗

（1）硬度分布　图 4-69 所示为常规淬火与逆淬火的硬度分布，试件为 ϕ50mm 的 AISI 4140（对应国内牌号 42CrMo）圆棒，左图为在 20℃ 无搅拌油中常规淬火的硬度分布；右图为在搅拌速度 0.8m/s、介质温度 40℃ 的 PAG 类聚合物水溶性介质中逆淬火的硬度分布。逆淬火虽然表面硬度低于普通淬火，但是硬化层深度显著增加，从表面到心部均高于 50HRC，而普通淬火仅从表面到距表面 $R/4$ 的区域硬度高于 50HRC。图 4-70 所示为经 480℃ 回火 2h 后的硬度分布，可见逆淬火心部硬度高于常规淬火的表面硬度，而且比常规淬火的心部硬度高出 6HRC，逆淬火的硬度曲线从表面到心部基本一致，这就保证了逆淬火组织从表面到心部基本由强韧性好的回火马氏体构成。

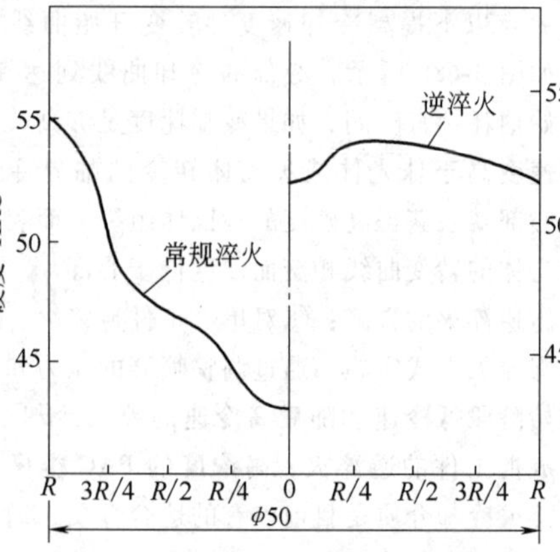

图 4-69　常规淬火与逆淬火的硬度分布

（2）对疲劳强度的影响　图 4-71 是按照图 4-69 处理的常规淬火与逆淬火后并经 500℃ 回火 2h 处理的疲劳试样弯曲疲劳 *S-N* 曲线，逆淬火的弯曲疲劳寿命明显高于常规淬火，例如在 270MPa 应力下，逆淬

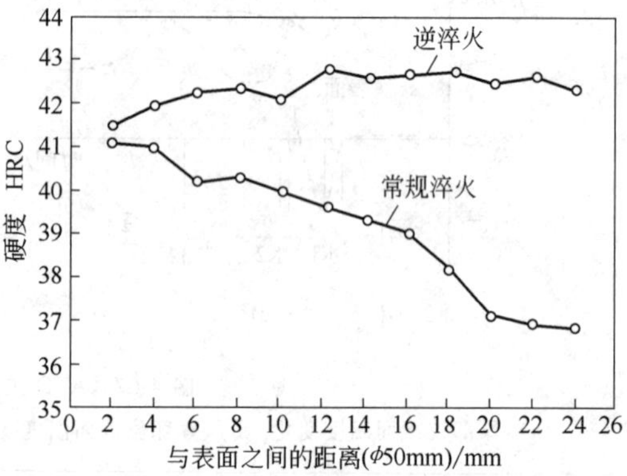

图 4-70　常规淬火与逆淬火件经回火 2h 后的硬度分布

火的弯曲疲劳寿命约高于常规淬火 7 倍。

逆淬火方法往往会使表面硬度下降，造成耐磨性降低。因此逆淬火在工艺设计上应尽量避免表面硬度的下降，也就是设计合理的蒸汽膜阶段的持续时间。

4.9.4　喷射淬火

喷射淬火是指将淬火冷却介质以喷射状态冲击淬火件表面，实现淬火冷却目的。喷射淬火是通过改变介质的种类、流量、流速、压力、温度和被淬火件之间的相对运动参数等，调整工件的冷却速度。

喷射淬火的传热机制与浸液淬火相同，二者的传热均是存在膜沸腾、核沸腾和对流传热三个阶段。与浸液淬火的搅拌功能相比，喷射淬火更容易提供更高流速的流体冲击工件表面，使蒸汽膜更早破裂，同样也加速了核沸腾和对流传热的冷却速度。图 4-72 所示为喷射淬火中膜沸腾阶段的传热，一连串的水滴接触到炽热的金属表面，当液滴温度超过 260℃ 时会在炽热工件表面形成导热性差的蒸汽膜，后续水滴只有

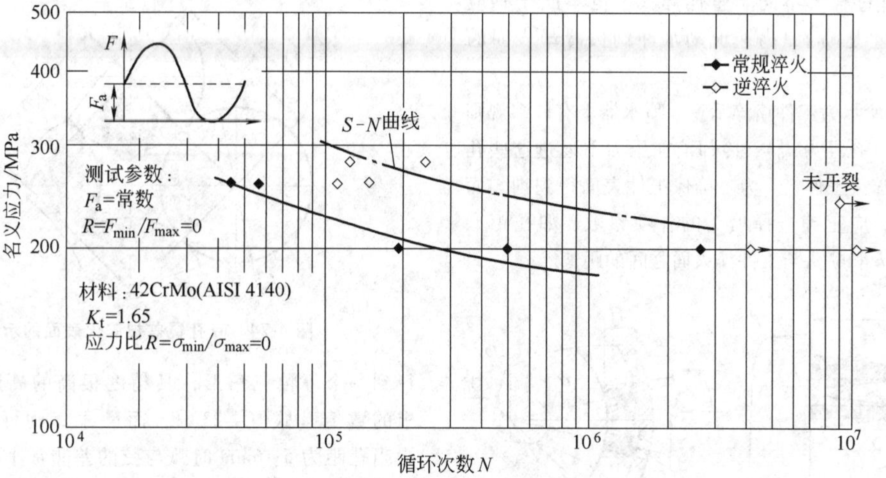

图 4-71　常规淬火与逆淬火后并经 500℃回火 2h 处理的疲劳试样弯曲疲劳 *S-N* 曲线

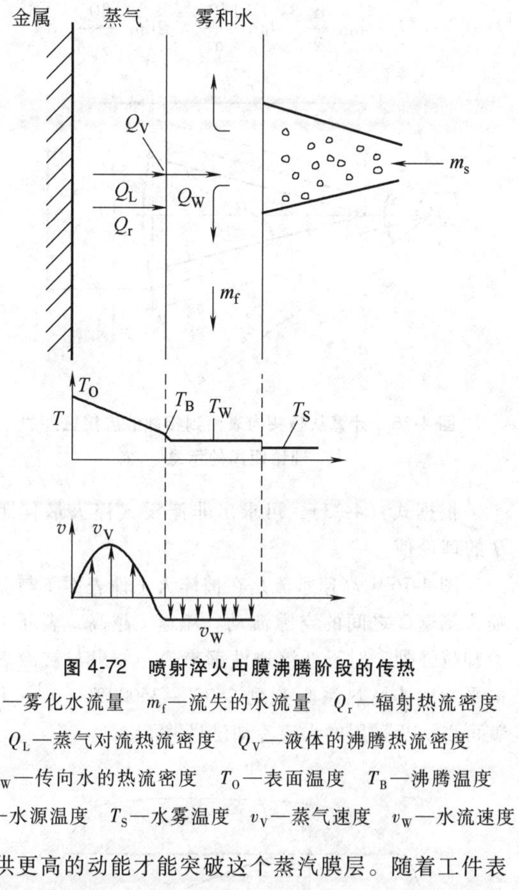

图 4-72　喷射淬火中膜沸腾阶段的传热

m_s—雾化水流量　m_f—流失的水流量　Q_r—辐射热流密度　Q_L—蒸气对流热流密度　Q_V—液体的沸腾热流密度　Q_W—传向水的热流密度　T_O—表面温度　T_B—沸腾温度　T_W—水源温度　T_S—水雾温度　v_V—蒸气速度　v_W—水流速度

提供更高的动能才能突破这个蒸汽膜层。随着工件表面温度的降低，蒸汽膜厚度会逐渐减薄，当到达某一温度时，高于平均动能的液滴会突破蒸汽膜与工件表面接触，并开始在表面铺展。这一现象发生时的温度称为莱登弗罗斯特（Leidenfrost）点。在该温度会观察到工件表面被水“润湿”。液滴与工件表面接触面积的增加会导致表面传热相应增加和温度下降加速，直至表面均被沸腾液体润湿，这个传热过程就是核沸腾阶段。随着表面温度进一步降低，核沸腾将消失并进入对流阶段。

喷射淬火的喷射液体一般是以喷嘴或开孔的形式点阵排布的。如果是喷雾形式，每个工件表面落点区自身的冲击强度存在沿落点半径的分布不均匀问题；如果是一束射流，在工件表面的落点面积占总面积的比例也无法达到 100%。因此，工件与喷射装置之间的相对运动是对喷射淬火的基本要求，如工件做旋转运动或往复直线移动，也只有这种运动才能弥补喷射淬火的冷却不均匀问题。

1. 喷射淬火应用的几种形式

（1）支撑辊差温喷射淬火　对于具有高淬透性的支撑辊，进行差温加热（将支撑辊整体加热到 500~600℃，整体进入塑性状态后，转移到差温炉对表层快速加热，使表层转变为奥氏体组织），在旋转喷淬台上完成淬火冷却过程。淬火采取喷水和喷雾两种方式，通过控制支撑辊的旋转速度、喷射液流的状态，在支撑辊的表层获取预期的组织与性能。

（2）感应加热或火焰加热后的喷射淬火　这种淬火方式最常见，如长轴类件表面感应淬火，采取工件旋转，喷水装置与感应器或火焰加热器一起沿轴线运动，在完成加热后直接实施喷射淬火。

（3）局部加热淬火　当局部需要硬化时，常常采取在工件局部加热或整体加热后对要求硬化的部位喷水的方式淬火。

（4）钢板或型钢的轧后直接淬火　钢板或型钢轧后，通常对钢板的上板面和下板面或型钢的不同部位采取不同强度和不同方式的喷射淬火。

（5）喷浸高速水流淬火（也称为体积-表面淬

火）其冷却过程既不同于整体淬火，也不同于感应加热淬火。它是喷射+高速流动水冲刷被冷却表面的淬火。

图4-73所示为工件喷淬示意。喷水器上有许多规则排列的孔洞（孔径为 d_0），冷却液在压力下通过这些孔洞喷射到被淬火工件上。为了确保工件表面得到均匀而强烈的冷却，应正确选择喷头的各项参数，如孔距 t、喷射器壁厚 h 和喷头与工件淬火面之间的距离。

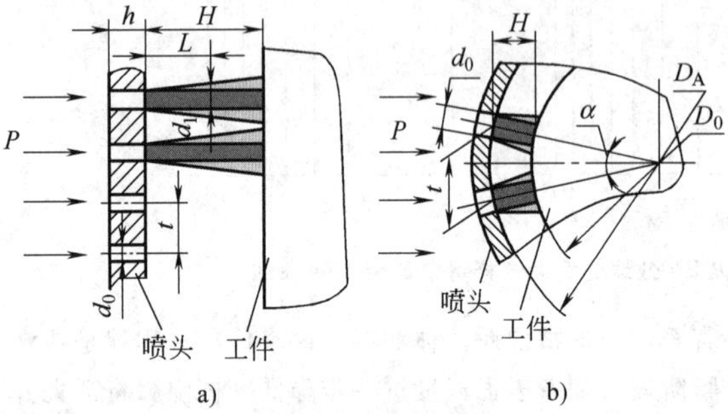

图4-73　工件喷淬示意

a）侧视图　b）俯视图

如果从流体动力学的角度来研究液体通过单个喷孔的流动，则应将这种情况视为在冷却系统工作泵的恒定压力下通过带锐边的圆柱孔流向工件。此时，只能将最初2%～4%的冷却时间当作未被水流淹没的时间（在喷头壁与被淬火工件表面间的空隙未被液体充满的时间），而其余96%～98%的冷却时间被液流充满。这种单一液流的一个重要的评定指标是其在淬火面的覆盖面积。在这种情况下，该面积将随冷却方式和喷头至淬火面的距离而变化。如果单个喷孔是带锐边的圆柱形，则在“未充满液流”工作方式下液流也呈圆柱状，而在“充满液流”工作方式下其形状则呈圆锥状，在距喷头外表面 L 处的液流的直径 d_1 可按式（4-22）确定。

$$d_1 = 0.475L + d_0 \tag{4-22}$$

喷头网格式排列的液流在互相接触前所能覆盖的最大面积是淬火面积的78.5%，而与喷孔间距 t 无关（见图4-74）。设喷孔间距为 t，则4个喷孔组合的单元的面积为 t^2。单孔液流在与相邻液流接触前的最大直径也等于 t，则覆盖（淹没）四孔单元的面积等于 $\pi t^2/4$。覆盖面积与单元面积的比值等于 $(\pi t^2/4)/t^2=\pi/4=0.785$。

从图4-75所绘示意可计算出从喷孔内表面到相邻液流接触处的理论距离（被冷却表面的最大覆盖面积），此时内圆的周长为 $\pi D=nt=360°$，而 $\alpha=360°/n$。如果通过单个喷孔中心向喷头内径划一条直线，则可

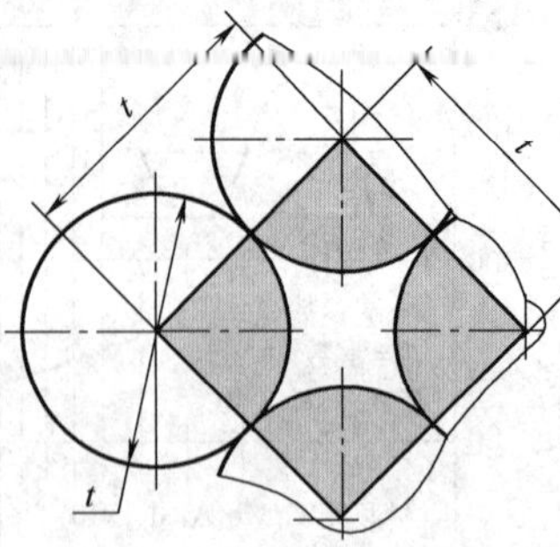

图4-74　喷孔覆盖被淬火表面的示意

得到一个等腰三角形，其精度很高的高度 H 就是所求的数值［式（4-23）］，而尺寸 Δ 则可以忽略。因为当孔距为5～6mm时弧与弦的差非常小。

$$H=\frac{\frac{1}{2}a}{\tan\frac{\alpha}{2}}=\frac{\frac{1}{2}(t-d_0)}{\tan\frac{180°}{n}}=\frac{t-d_0}{2\tan\frac{180°}{n}} \tag{4-23}$$

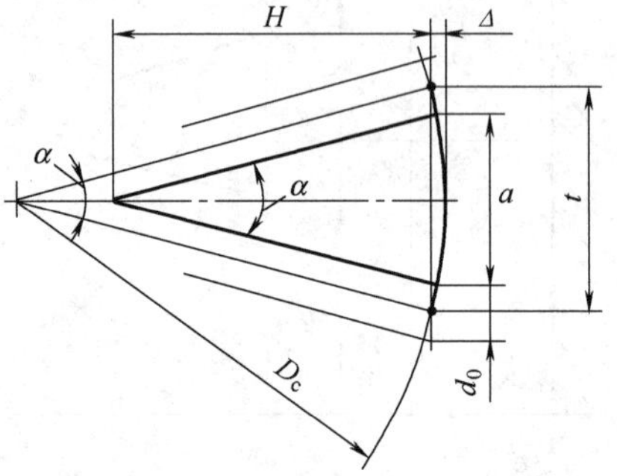

图4-75　计算从喷头内表面到相邻液流接触处的理论距离的示意

根据式（4-23），可求出非淹没式淬火最佳距离 H 的理论值。

图4-76中高速水流是在被淬火工件表面1与喷射喷头侧壁2之间的空隙流动。流速 v 越高，表面1的冷却越强烈。对于低淬透性钢来说，如果与被冷表面的平均整体换热系数达到25000～35000W/(m^2·K)，就可以认为采用的水流冷却已足够了。

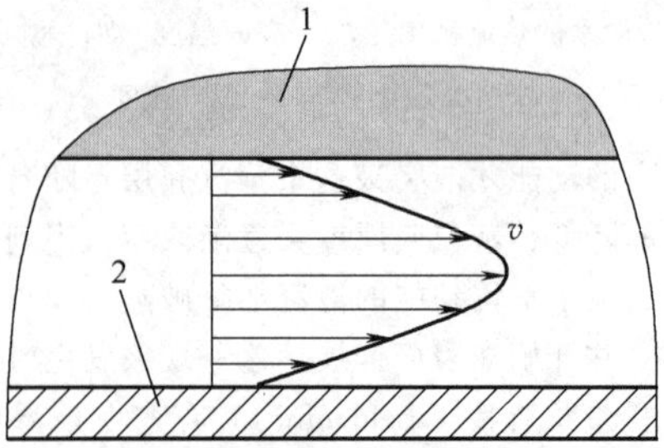

图4-76　高速水流冷却示意

1—被淬火工件表面　2—喷射喷头侧壁

图 4-77 所示为喷浸高速水流淬火装置示意。其中 H 值是按照式（4-23）计算的。应用结果表明，用喷浸高速水流淬火方法对低淬透性 60ПП 钢制造的圆柱齿轮淬火，沿齿廓和外缘的硬度和硬度均匀性均很好。

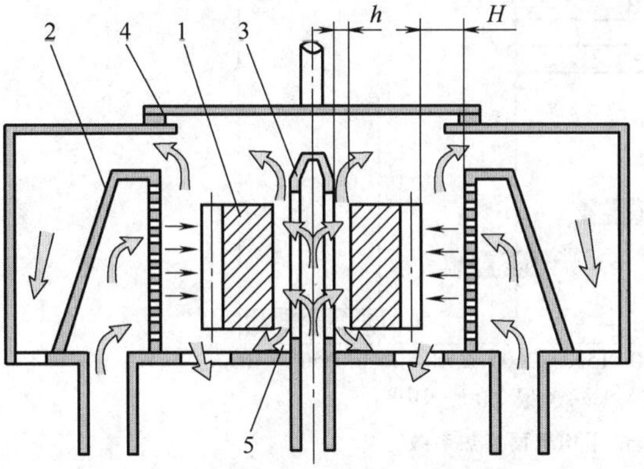

图 4-77　喷浸高速水流淬火装置示意

1—工件　2—外喷头　3—内喷头　4—盖　5—支撑

2. 几个需要注意的问题

1）通常会认为喷射淬火的重复性好于浸液淬火，但有些情况下并非如此。例如喷雾淬火，其冷却受喷射强度、喷嘴与工件距离和工件表面温度的影响，这三个参数的微小变化往往造成冷却强度的突变，比如在喷嘴与工件距离固定的情况下，当喷射强度高于某一临界值时，就可以冲破蒸汽膜实现快速冷却，而略低于这一临界值时可能冷却强度发生陡降，所以喷雾淬火较难保持稳定的冷却强度。

2）许多人认为喷射淬火的冷却强度和均匀性高于浸液淬火，其实喷射淬火的冷却强度取决于喷射斑点占工件表面积的比率，只有高于一定比率才能高于浸液淬火；而只有喷嘴与工件之间相对运动才可能实现均匀冷却。

3）喷射淬火的稳定性取决于水质、泵的功能、压缩空气系统提供的气体的稳定性。

4.9.5　气冷淬火

气冷淬火是指通过改变气体介质（空气、氮气、氦气、氩气、氢气等）的流速、压力和温度等参数，实现工件淬火冷却。最常见的有风冷淬火和高压气淬。

（1）风冷淬火　通常采用轴流风机实施风冷淬火，轴流风机将大流量与高速的风吹向被淬火工件。风冷淬火用于淬透性好的高合金钢件，前提是在风冷情况下就可以获得马氏体或贝氏体组织。为了提高风冷的换热能力，有时在风机的出风口加入水雾，形成风+水雾的冷却模式；为了提高冷却均匀性，可以在工件的不同方向布置风机进行同时冷却。该工艺在高淬透性的工模具钢、高淬透性的贝氏体钢轨、电站铸钢缸体等产品生产中被广泛采用。

风冷淬火的优点是实现方便、简单，冷却强度可以通过调整工件与风机的距离、风量、加入水雾量等参数调整。

风冷淬火的缺点是来风的方向性强；对于大尺寸工件需要多台风机组成矩阵，容易在风机之间交界处造成冷却不均匀；对于厚度差异大的工件会存在严重的冷却不均匀。

（2）高压气淬　高压气淬是以气体为介质，在高压环境下对工件进行淬火冷却的方法。多数情况下高压气淬与真空加热或真空渗碳组合形成真空高压气淬或真空渗碳高压气淬。

1）传热过程。高压气淬的工作过程：首先将完成奥氏体化的工件转移到淬火室内，大量气体被注入淬火室并在短时间内达到预期压力，气体在循环风机驱动下在淬火室内进行循环，其结果是带走工件的热量，同时气体吸收的热量传递到热交换器中。热交换器带走的总的热量可用热流密度 q 来描述，热流密度与工件表面换热系数 h 成正比，见式（4-24）。工件表面各部位表面换热系数的差异直接影响工件淬火后的性能和畸变量。

$$q=h(T_S-T_{Gas})\tag{4-24}$$

式中　T_S——工件表面温度；

T_{Gas}——气体温度。

图 4-78 所示为不同淬火冷却介质的平均表面换热系数。1MPa 氮气的换热系数低于静态油；2MPa 氮气就可以获得与油淬相当的换热系数，但是仍无法达到搅拌状态下的油淬。

换热系数 h 和工艺参数之间的理论关系为

$$h=Cv^{0.7}p^{0.7}d^{-0.3}\eta^{-0.39}c_P^{0.31}\lambda^{0.69}$$

式中　C——常数；

v——气流速度；

p——气体压力；

d——工件比直径；

η——气体动力黏度；

c_P——气体比热容；

λ——气体热导率。

常数 C 包含了其他所有影响因素，一旦选定了淬火室类型和气体介质类型，气体压力 p 和气流速度 v 成为调整冷却能力的两个重要参数。在高压气淬中气体在不同工件表面温度下的换热系数几乎保持恒定，而液体淬火（油、聚合物水溶性介质和水）的换热系数随工件表面温度变化差异非常大。液体淬火

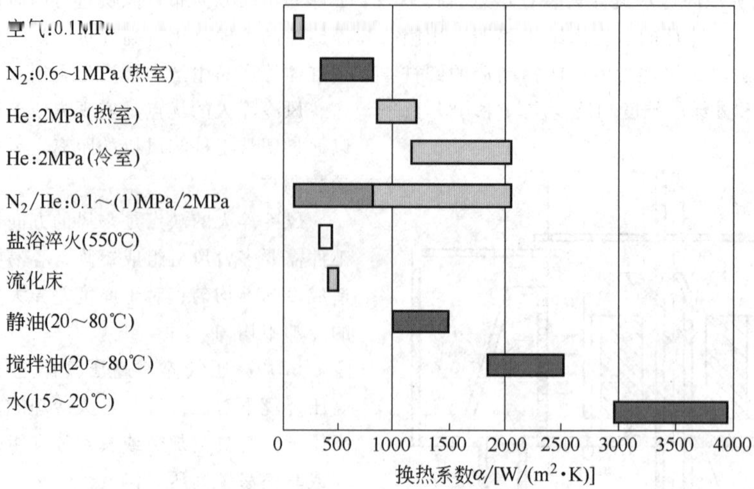

图 4-78　不同淬火冷却介质的平均表面换热系数

在工件表面存在膜沸腾、核沸腾和对流三个换热阶段，在工件表面各部位的换热系数差异较大，加大了热应力和组织应力，导致畸变加大；而高压气淬只发生对流传热，冷却均匀性明显提高，因而畸变量明显降低（见图 4-79）。

2）常用的气体介质。表 4-22 所列为标准条件下气体的物理性质，其中氮气在高压气淬中应用最广，氦气应用于一些需要更高淬火冷却速度的场合。氦气的成本较高，需要回收重用。氩气通常用于航空件的淬火。氢气出于安全考虑尚未用于工业生产。

干燥空气也可以作为高压气淬的冷却介质。但是，空气不可避免地会导致淬火过程中工件表面的氧化。对于有些工件来说，如果在后续工序中通过喷丸加工能够完全除去这个氧化层，则干燥空气就成为降低介质成本的有效途径。

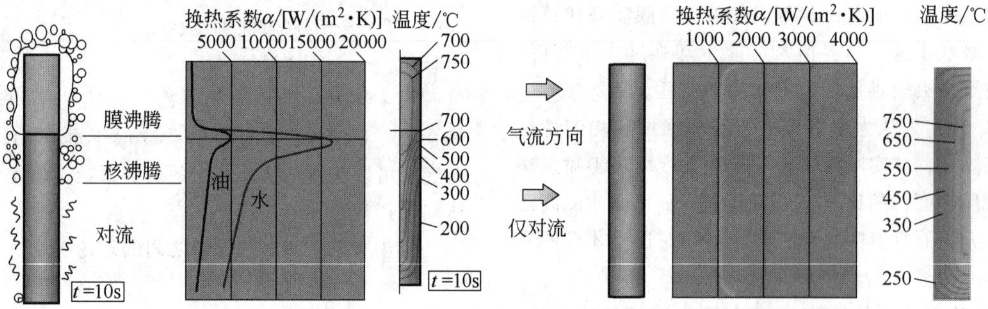

图 4-79　液体淬火与气体淬火中的换热系数及温度分布

表 4-22　标准条件下（25℃，0.1MPa）气体的物理性质

性　　质	氩气	氮气	氦气	氢气
分子式	Ar	N_2	He	H_2
15℃,0.1MPa 条件下的密度/(kg/m³)	1.6687	1.170	0.167	0.0841
密度与空气密度的比值	1.3797	0.967	0.138	0.0695
分子量/(g/mol)	39.9	28.0	4.0	2.01
比热容 c_p/[kJ/(kg·K)]	0.5024	1.041	5.1931	14.3
热导率 λ/[W/(m·K)]	177×10^{-4}	259×10^{-4}	1500×10^{-4}	1869×10^{-4}
动力黏度 η/(N·s/m²)	22.6×10^{-6}	17.74×10^{-6}	19.68×10^{-6}	8.92×10^{-8}

3）硬度与畸变的控制。与液体淬火（油淬、聚合物类水溶性介质淬火、水淬）相比，高压气淬的优点是环境友好和淬火畸变量小；其不足是冷却强度相对较低，因此工件淬火后的硬化层深度更受关注。

图 4-80 所示为高压气淬不同氮气气体压力下的冷却曲线。图 4-81 所示为高压气淬不同参数淬火的冷却曲线。通过增加气体压力 p 和流速 v 这两个参数，可以获得更深的硬化层深度。

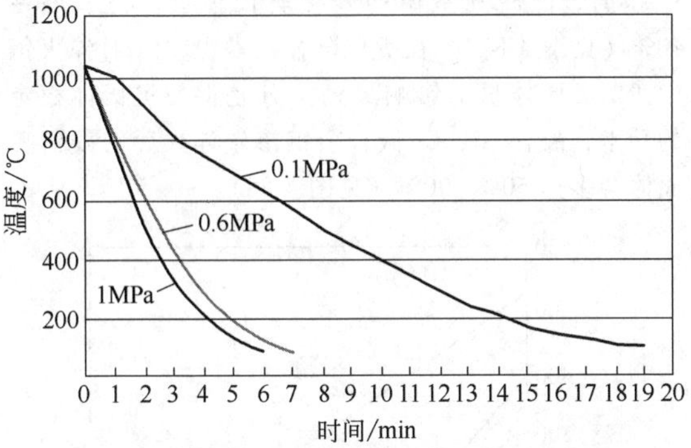

图 4-80　高压气淬不同氮气气体压力下的冷却曲线

（ϕ25mm 圆柱体在单室炉中淬火，区域：60/60/90；毛重 540kg；淬火气体：氮气；气体流速：7m/s）

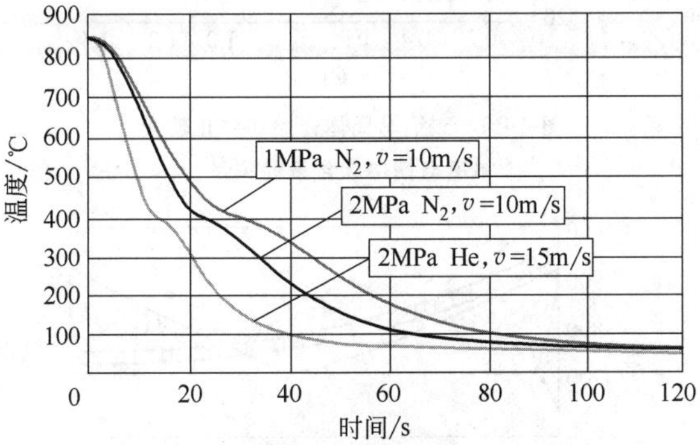

图 4-81　高压气淬不同参数淬火的冷却曲线

（ϕ10mm 圆柱体在冷室中淬火）

与液体淬火相比，高压气淬由于淬火冷却介质没有物态变化，畸变量明显减小。高压气淬在工程中要解决的问题不是畸变量绝对值的大小，而是畸变量的分散度。当畸变分散度较小时，可以在加工中对畸变进行预先补偿，所以减小同一炉次淬火件畸变量的分散度显得十分重要。解决的途径是增加淬火室内各部位冷却的一致性。

通常高压气淬的气体流动方向是从顶部穿过淬火件冷却区到底部，这种单向气体运动，由于炽热工件热量上升对流场的扰动，导致淬火区域内上层、中层和下层摆放的淬火件周围的气体流动状态各不相同，增加了淬火的不均匀性。为了解决这类问题，现在的淬火室设置气体转向机构（见图 4-82），通过气体转向实现了气流从顶部到底部和从底部到顶部的来回交替，减小了不同部位工件之间冷却的差异，缩小了淬火件之间淬火畸变量的分散度。

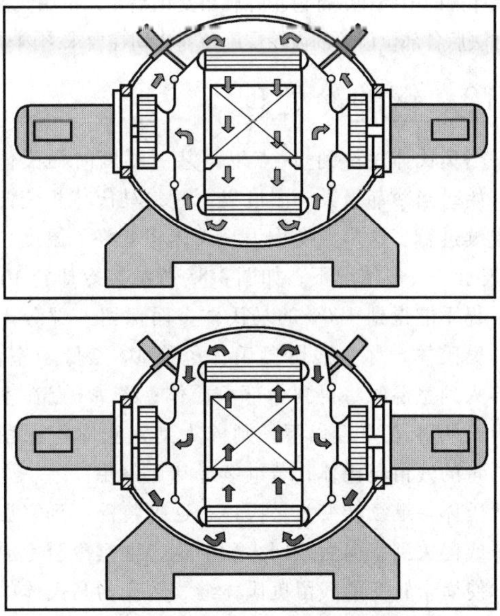

图 4-82　设置气体转向机构的淬火室示意图

图 4-83 所示为具有气流转向功能的高压气淬的齿轮齿根心部冷却曲线，图中分别为上层工件和下层工件的齿轮齿根心部冷却曲线，由于采用气流转向方式冷却，上下层的冷却曲线非常接近。图 4-84 所示为单向气流与气流转向方法淬火后的畸变比较，单向

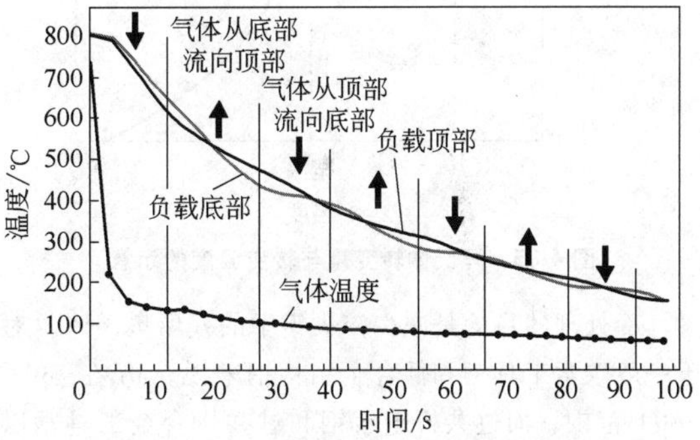

图 4-83　具有气流转向功能的高压气淬的齿轮齿根心部冷却曲线

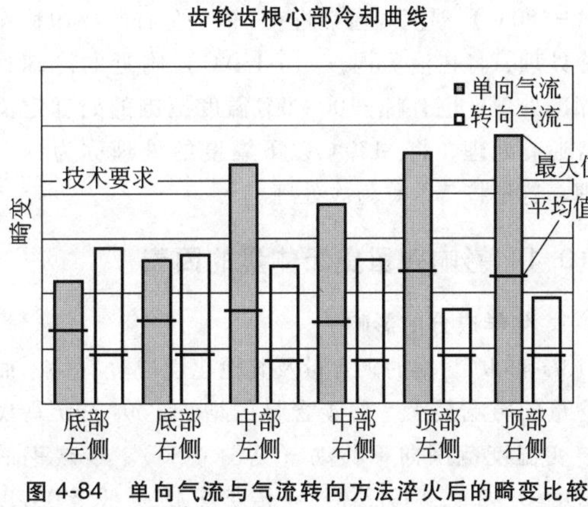

图 4-84　单向气流与气流转向方法淬火后的畸变比较

气流淬火的中部和底部齿轮螺旋角变化超差，采用气流转向方法后各部位齿轮的齿轮螺旋角变化均在要求之内。

4.10　钢的冷处理

当奥氏体过冷到 *Ms* 点以下某一温度时马氏体相变开始，当冷却至某一温度以下时，马氏体相变便不再继续进行，这个温度称为马氏体相变终了温度，用 *Mf* 表示。一般情况下，如图 4-85 所示，冷却到 *Mf* 点以下仍不能得到 100%的马氏体，而保留一部分未转变的奥氏体，称为残留奥氏体；若 *Ms* 点低于室温，则淬火到室温时将得到全部奥氏体；若 *Ms* 点在室温以上，*Mf* 点在室温以下，则淬火到室温时将保留相当数量的残留奥氏体；若继续冷却至室温以下，则残留奥氏体将继续转变为马氏体。这种将淬火到室温的钢，或淬火到室温后经回火后的钢，继续冷至室温以下，使尚未转变的残留奥氏体继续转变为马氏体的热处理操作称为冷处理。

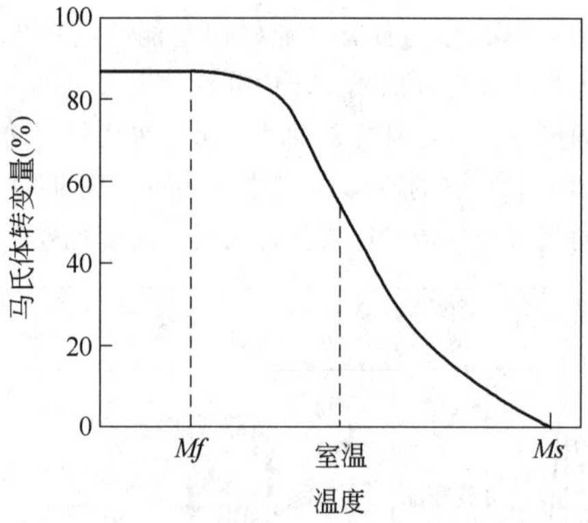

图 4-85　马氏体转变量与转变温度的示意

冷处理的目的是减少淬火钢中的残留奥氏体。对于一般碳素工具钢和低合金结构钢来说，*Mf* 在-80~-60℃范围，而过共析碳素钢和过共析合金工具钢以及含 Ni、Gr 的合金渗碳钢则需冷却到更低，接近液氮（-180℃）温度。通常将在-80℃左右的冷却称作冰冷处理，将在液氮温度（-180℃）附近的冷却称作深冷处理；也有将-100~0℃温度范围的处理定义为普通冷处理，将-130℃以下温度的处理称为深冷处理。这里将其统称为冷处理。

4.10.1　影响残留奥氏体量的因素

1. 化学成分的影响

Ms 和 *Mf* 与钢的碳含量及其他化学成分有关，而碳含量的影响最大。随碳含量的增加，*Ms*~*Mf* 马氏体转变温度范围向下移动（见图 4-86）。当碳钢的 w(C)≥0.7%时，马氏体终止转变点 *Mf* 会低至 0℃以下。大多数钢淬冷到室温（20℃）时奥氏体-马氏体转变不会完成，有部分奥氏体被保留下来，这部分奥氏体被称为残留奥氏体。钢中碳含量越高，*Mf* 温度越低，残留奥氏体量越多。当钢中 w(C)=1.0%~1.4%时，淬冷到室温的残留奥氏体会多达 20%~40%（见图 4-87）。在所有合金元素中，Cr 对淬火钢中残留奥氏体量的影响最大，Ni 是促使奥氏体稳定的元素，故含 Ni、Cr 低合金钢渗碳淬火后的残留奥氏体会多达 50%~90%（见图 4-88）。

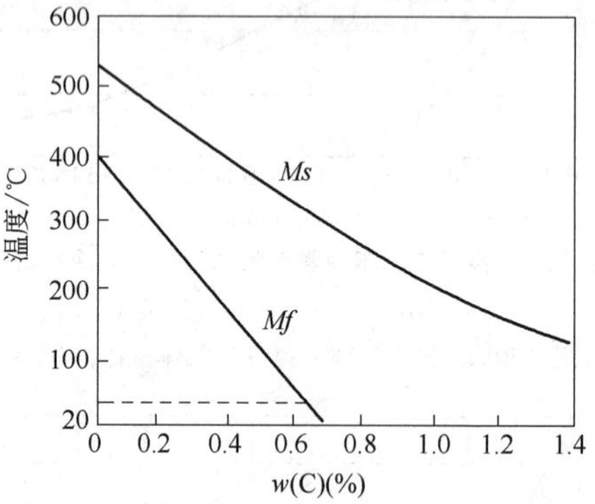

图 4-86　碳钢马氏体开始和终止转变温度与钢中碳含量的关系

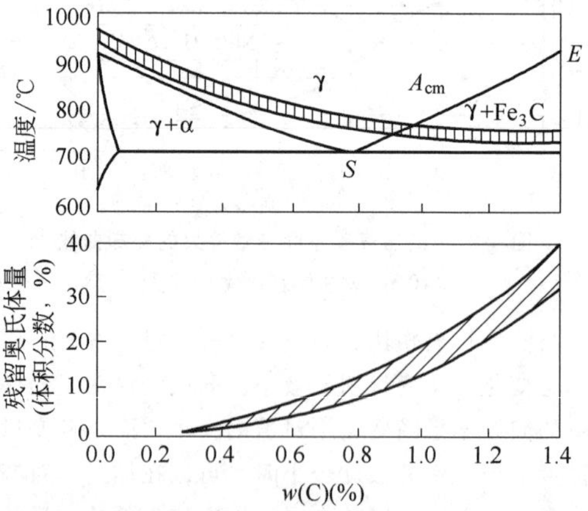

图 4-87　钢从通常的淬火温度淬冷到室温后的残留奥氏体量

2. 淬火加热奥氏体化温度和终止冷却温度的影响

随着钢的奥氏体化温度的提高，溶入奥氏体的碳化物和合金元素增多，使奥氏体稳定化程度增加。在图 4-89a 中，奥氏体化温度为 780℃，淬火后残留奥氏体量为 9.4%；图 4-89b 中，奥氏体化温度为 840℃，淬火后残留奥氏体量为 18%；图 4-89c 中，奥氏体化温度为 900℃，淬火后残留奥氏体量为 27%。

淬火终冷温度越高，与 *Mf* 温差越大，奥氏体转变越不完全。表 4-23 所列为几种工具钢的 *Mf* 温度随奥氏体化温度的变化。

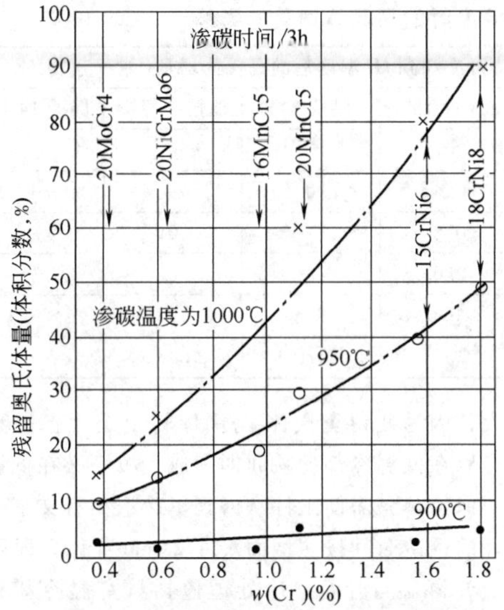

图 4-88　渗碳钢中的 Cr、Ni 含量对渗碳淬火后残留奥氏体量的影响

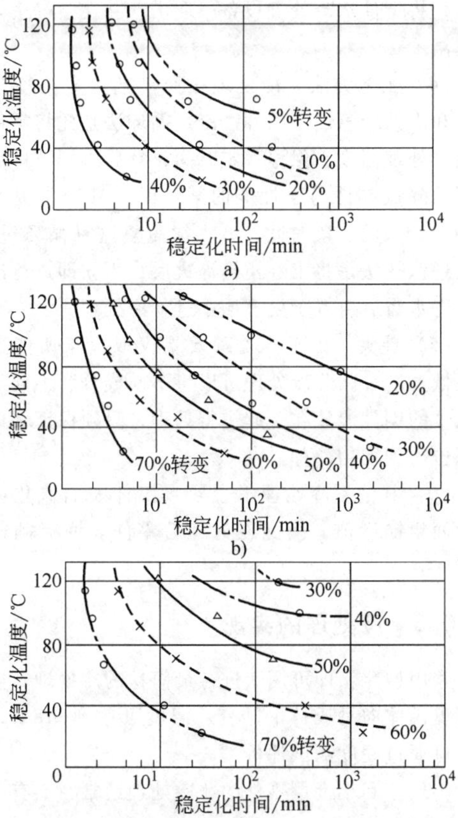

图 4-89　钢的奥氏体化温度、稳定化温度和时间对 GCr15（AISI 52100）钢在-180℃冷处理后的残留奥氏体量的影响

a）奥氏体化温度为 780℃　b）奥氏体化温度为 840℃

c）奥氏体化温度为 900℃

表 4-23　几种工具钢 *Mf* 温度随奥氏体化温度的变化

钢种	淬火温度/℃	*Mf*/℃	淬火温度/℃	*Mf*/℃
y8(T8)	780	0	—	—
y10(T10)	780	0	1000	-90
y12(T12)	780	-20	1000	-100
щX15(GCr15)	850	-30	1000	-90
Xr(CrMn)	850	-80	1000	-120
XBr(CrWMn)	820	-50	1000	-110
9XC(9SiCr)	—	—	1000	-60

3. 奥氏体稳定化的影响

钢件在淬火冷却过程中发生的奥氏体-马氏体转变，如果在 *Ms*～*Mf* 中间温度停留，再继续冷却转变为马氏体的量会减少，会有更多的残留奥氏体被保留下来。对于高碳过共析钢和渗碳淬火钢来说，这种现象特别明显，此现象被称为奥氏体的稳定化。

奥氏体稳定化的规律：①冷却到 *Ms*～*Mf* 范围内某一中间温度停留时间越长，稳定化现象越明显，即继续冷却到更低温度残留的奥氏体越多。从图 4-89 所示的 AISI 52100（GGr15）钢奥氏体稳定化温度保持时间与冷处理到-180℃可转变的奥氏体量的关系曲线可知，稳定化温度保持时间越长，在低温下可转变为马氏体的残留奥氏体越少。表 4-24 所列为几种碳素工具钢和合金工具钢淬冷到 20℃保持不同时间对继续冷却到 *Mf* 温度时的马氏体增量的影响。②淬火时在 *Ms*～*Mf* 范围内停留的温度越高，继续冷却转变的奥氏体越少。从图 4-89 所示的 AISI 52100 钢可看出奥氏体稳定化的明显规律。

通常钢在油、水、气体或聚合物类水溶性介质中淬火只能冷却到室温（约 20℃），如果钢的 *Mf* 温度在室温以下，则在室温停留后再继续通过冷处理冷却到 *Mf* 温度以下，能转变的残留奥氏体量会明显减少；这类钢在淬冷到室温后，先行 150～200℃低温回火，然后再冷却到 *Mf* 以下，能转变为马氏体的残留奥氏体将更少。

4.10.2　冷处理的工艺

钢件淬火冷却到室温或其他温度下立即进行冷处理可以获得最多马氏体。但是，多数钢淬火冷却后和进行冷处理之前需要进行回火处理，其原因是淬火冷却后直接进行冷处理时，钢件产生裂纹的风险加大。

1. 冷处理与回火的先后次序

不开裂是制定冷处理工艺的前提。尽管淬火冷却后直接进行冷处理是获得最多马氏体组织的工艺，但

表 4-24　20℃不同时间对继续冷却到 *Mf* 温度时的马氏体增量的影响

钢种	淬火温度/℃	淬冷到 20℃时的马氏体量(体积分数,%)	在 20℃保持再冷却到 *Mf* 温度后的马氏体增量(体积分数,%)				
			不保持	保持 1h	保持 24h	保持 6 昼夜	保持 14 昼夜
T8(y8)	780	98.0	1.2	0	0	—	—
T10(y10)	780	97.5	1.6	0.4	0	—	—
T12(y12)	780	96.0	3.2	0.8	—	0	—
GCr15(щX15)	850	90.0	3.0	2.0	—	0	—
CrMn(Xг)	850	81.5	11.7	10.6	9.3	5.3	0
CrWMn(XBг)	820	84.0	4.4	2.2	1.0	0.3	0

是在大多数情况下，工件回火前不进行冷处理，甚至有些钢为了避免开裂往往在淬火冷却到较高温度时就进入回火炉中回火，特别是存在尖角和截面突变等易开裂形状特征的工件。例如，测量仪、机床导轨、心轴、心棒、气缸、活塞、滚珠轴承和滚柱轴承等零件，回火后应立即进行冷处理，冷处理后立即进行再回火。重要件可能进行多次冷处理。

钢件在淬火后还是在回火后进行冷处理，其效果有很大不同。例如，淬火+二次回火的高速钢铰刀的切削寿命为 600 孔；淬火+二次回火+冷处理后的切削寿命为 900 孔；淬火+一次回火+冷处理的切削寿命为 2000 孔。因此，冷处理与回火的先后次序很重要。对于高速钢和高碳/高铬钢中的残留奥氏体，采用多次回火比采用交替冷处理+回火循环更为实用。

2. 冷处理后回火

由于钢淬火后施行冷处理会导致残余应力增大，工件产生开裂的风险增大，故冷处理后必须立即进行低温回火。尤其是对于残留奥氏体量超过 50%的零件，冷处理后应立即进行回火，否则很容易产生裂纹。

冷处理后回火对钢件性能的影响报道较少，也有些钢件选择冷处理后不进行回火。

3. 冷处理的工艺参数

（1）冷却温度　冷处理的温度取决于 *Mf* 温度。对于一般碳素工具钢和低合金结构钢来说，*Mf* 在-80～-60℃范围内，冷处理温度达到-80℃即可；而过共析碳素钢和过共析合金工具钢以及含 Ni、Gr 的合金渗碳钢则需冷却到更低温度，接近液氮（-180℃）温度，冷处理温度需要达到-180℃。

加热和淬火过程要求精确控制温度，而冷处理与其不同，冷处理的转变仅取决于所能达到的最低温度，低于最低温度不会对性能产生不利的影响。因此冷处理的温度只要求低于某一温度。

（2）保持时间　残留奥氏体转变成马氏体的量只取决于冷却达到的温度，与在低温下的保持时间关系不大，因为残留奥氏体-马氏体转变是无扩散型相变，可以在低温冷却的瞬间即完成，故不必在低温下长时间保持，只需使工件从外到里冷透。有文献建议冷处理的透冷时间按照截面尺寸 25mm/h 计算即可。

（3）降温与升温　冷处理包括从室温冷却到目标温度的缓慢冷却（约 2.5℃/min），当达到目标温度时，将其在该温度保持到截面均达到该温度后结束冷却，将钢件从冷处理设备中取出，并在空气中升温至室温。

（4）工艺方法　冷处理按照工艺可分为冷热循环法和冷处理急热法两种。冷热循环法是先将零件冷却到冷处理温度，保温一定时间，然后再把零件加热到不致降低零件力学性能的某一温度（通常为 80～190℃），保温一段时间，并多次重复这种循环过程。冷处理急热法是将工、模具淬火后，不立即进行冷处理，先水浴后再置于处理槽中进行冷处理。

（5）装夹　由于冷处理效果仅取决于所能达到的最低温度，因此冷处理可以将不同成分和不同形状与尺寸的钢件混放在一起进行处理，只须保证钢件各个部位得到均匀冷却。

（6）其他　冷处理不会导致工件表面氧化或提高表面粗糙度值，因此冷处理后零件表面无须额外处理。

4.10.3　冷处理的实现

家用型冰箱即可用于进行最简易的冷处理，实现残留奥氏体向马氏体的转变，温度可达到-18℃，其效果可通过硬度测试评价。

小尺寸和小批量零件的冰冷处理通常在盛有干冰（固体二氧化碳）+丙酮或干冰+苯混合液的保温容器中进行，其温度可达-78～-75℃；大型和大批量零件可在大型制冷机中进行，其最低温度可达-100℃。

深冷处理在液氮蒸发气体（-180℃）或浸入液氮（-190℃）中进行。

深冷处理注意事项如下：

1）不得将淬火时未冷至室温的工件直接放入冷处理装置，以免开裂。

2）对于淬火冷却后直接冷处理的钢件，淬火冷至室温后应尽快放入冷处理装置，以免使奥氏体稳定化，影响处理效果。

3）在可避免开裂的前提下，钢件冷处理前不回火，高速钢可在回火一次后进行冷处理。

4.10.4 冷处理的性能

冷处理是使残留奥氏体最大限度地转变成高强度的马氏体，并能减少表面疏松，降低表面粗糙度值的一个热处理后工序，当这个工序完成后，不仅仅是表面，几乎可以使整个金属的强度增加，耐磨性增加，尺寸稳定性增加，产生磨削裂纹的趋势降低。

关于冷处理效果的原因有两种理论。一种理论是残留奥氏体向马氏体的转变更完全。这一理论已被 X 射线衍射测量所证实。另一种理论是基于低温处理导致的亚微观碳化物沉淀导致的材料强化。与此相关的是，当亚微观碳化物析出时，马氏体内应力降低。由于内应力降低而导致的微裂纹倾向的减少也被认为是性能改善的一个原因。

在美国、日本等国家，不但把冷处理用于高速钢、轴承钢、模具钢，以提高材料的耐磨性和强韧性，进而提高工件的整体使用寿命，同时还利用冷处理对铝合金、铜合金、硬质合金、塑料、玻璃等进行改性，改善均匀性、稳定尺寸、减小变形、提高使用寿命。

1. 提高耐磨性

冷处理可以使绝大部分残留奥氏体转变为马氏体，并在马氏体内析出高弥散度的碳化物颗粒，伴随着基体组织的细微化，这种改变增加了硬度和韧性，降低了马氏体的内应力。深冷处理后的磨损形态与未深冷的显著不同，说明它们的磨损机理不同。

经冷处理的工具钢、高碳马氏体不锈钢和渗碳合金钢等材料的耐磨性明显提高。表 4-25 所列是五种工具钢在常规热处理与冷处理后的耐磨性比较，在 -84℃下冷处理可将耐磨性提高 18%～104%，在 -190℃下冷处理可将耐磨性提高 104%～560%。

表 4-25 五种工具钢在常规热处理与冷处理后的耐磨性比较

材料	耐磨抗力 R_W		
	未冷处理	冷处理	
		-84℃	-190℃
52100	25.2	49.3	135
D2	224	308	878
A2	85.6	174.9	565
M2	1961	2308	3993
O1	237	382	996

注：$R_W = Fv/WHV$，式中，F 是表面法向压力（N）；v 是滑动速度（mm/s）；W 是磨损率（mm^3/s）；HV 是维氏硬度（MPa）；R_W 是无量纲的。

2. 稳定尺寸

消除引起尺寸变化的各种因素（残留奥氏体等），使工件尺寸保持稳定。

为了减轻奥氏体稳定化效应，钢件淬火后通常先进行冷处理，然后再施行 160～175℃的低温回火。但对于量具、机床导轨、轴承钢球和滚柱，为使其尺寸稳定，故意使奥氏体稳定，经常先回火后再进行冷处理或采取回火+冷处理的多次循环。

3. 产生磨削裂纹的趋势降低

淬火+冷处理+回火，消除了残留奥氏体和未回火马氏体，降低了产生磨削裂纹的趋势，使零件更容易磨削。

4.10.5 冷处理的异议

前述冷处理的论述强调了其应用效果，但是，其价值仍存在争议。一方面，经冷处理的钢件服役寿命不稳定。例如，经深冷处理提高高速钢的切削寿命从 20 多倍到百分之几十都有，也有不提高甚至降低切削寿命的报道。另一方面，经冷处理的钢件的性能数据存在矛盾。例如，有数据表明深冷处理可使高速钢硬度提高 1～3HRC，但也有数据证明对高速钢硬度没什么影响；有数据表明深冷处理后高速钢的韧性降低，但也有数据表明结果相反。如果深冷处理对高速钢的硬度和韧性的影响相矛盾，那么高速钢工具的切削寿命就很难稳定。因此，在开始冷处理工作之前，有必要仔细进行技术与成本分析。

参 考 文 献

[1] 徐洲，姚寿山. 材料加工原理［M］. 北京：科学出版社，2003.

[2] 崔忠圻，等. 金属学与热处理［M］. 北京：机械工业出版社，2007.

[3] KHARE S, LEE K, BHADESHIA H K D H. Carbide-Free Bainite: Compromise between Rate of Transformation and Properties［J］. Metallurgical and Materials Transactions A, 2010, 41 (4): 922-928.

[4] 戴维斯. 金属手册 案头卷：上册［M］. 北京：机械工业出版社，2011.

[5] DOSSETT J L, TOTTEN G E. 美国金属学会热处理手册：A 卷 钢的热处理基础和工艺流程［M］. 汪庆华，

等译. 北京：机械工业出版社，2019.
[6] 佘柏海. 计算淬透性及机械性能的非线性方程 [J]. 钢铁，1985 (3)：43-52.
[7] 陈乃录，等. 动态淬火冷却介质冷却特性及换热系数的研究 [J]. 材料热处理学报，2001，22 (3)：41-44.
[8] FILETIN T，LISCIC B，GALINEC J. New computer-aided method for steel selection based on hardenability [J]. Heat Treatment of Metals，1996，23 (3)：63-66.
[9] 齿轮手册编委会. 齿轮手册 [M]. 北京：机械工业出版社，1990.
[10] 全国热处理标准化技术委员会. 热处理冷却技术要求：GB/T 37435—2019 [S]. 北京：中国标准出版社，2019.
[11] 戎詠华，陈乃录，等. 先进高强度钢及其工艺发展 [M]. 北京：高等教育出版社，2019.
[12] 孙盛玉. 热处理裂纹若干问题的初步探讨 [J]. 金属热处理，2009，34 (10)：109-113.
[13] 刘进益. 热处理裂纹分析：典型淬火裂纹 [J]. 东方电机，2009，1：8.
[14] 康大韬，叶国斌. 大型锻件材料及热处理 [M]. 北京：龙门书局，1998.
[15] 戎詠华，左训伟，陈乃录. 清洁的水-空交替控时淬火冷却技术：原理与应用 [J]. 金属热处理，2018，43 (4)：1-9.
[16] МИХЛЮК А И，АНИСКОВИЧ Г И，ЛИТОВЧИК Д Л. 低淬透性钢表面的淬火冷却 [J]. 热处理，2013 (1)：22-26.
[17] 樊东黎. 钢的冷处理和深冷处理 [J]. 热处理，2010，25 (6)：1-6.
[18] 李惠友. 高速钢深冷处理的现状与问题 [J]. 工具技术，2016 (2)：3-6.

第5章　金属热处理的模拟

上海交通大学　左训伟

5.1　热处理过程的模拟

几乎所有的金属机械零部件和一些工程构件的制造链中都包含加热和冷却工艺流程，以满足其服役所需的不同性能要求。这些零部件的热处理过程中会产生热量传递、内部组织转变和周边环境的作用等一系列复杂且无法直接观测的物理现象（例如淬火冷却过程的组织转变和应力变化等）。因此，热处理是金属构件制造工艺链中关键且难以控制的工序之一。热处理过程中的畸变、开裂、微观组织结构、力学性能和残余应力等的调控被认为是热制造过程中最重要的问题，一旦处理不当将造成工件报废。另外，与其他加工过程相比，热处理工序的能耗大，如何有效地提高加热效率和加热质量就成为绿色制造的一个迫切课题。过去四十年的实践已经证明，热处理过程的计算机模拟是实现上述目标的有力工具。

因热处理过程受到诸多因素的影响，其精确控制难度大。采用计算机模拟技术可以定量地显示工件在任意时刻、任意位置的温度、组织和应力分布，以及工件某一位置的温度等变量随时间的变化曲线，这为热处理技术人员的设计、工艺制订和实际过程控制等工作提供了理论依据和指导。

有限元法在淬火、回火、正火、退火等经典热处理工艺模拟方面有较好的应用前景，将在工艺设计、新工艺的开发等方面发挥重要作用。

5.2　热处理过程模拟的基础

热处理是一个多物理过程，涉及温度场、组织场和应力场等不同物理场（如传热、相变和应力）之间的复杂耦合，这种多物理场及各场之间的相互关系如图5-1所示。由于问题的复杂性、耦合性和非线性，如Ziegler热传导-弹塑性等，求取其解析解变得非常困难。目前对于这个问题已经发展了不少数值算法，如有限差分法、有限体积法和有限元法等，从应用的适用性和易用性而言，有限元法的应用比较广泛。

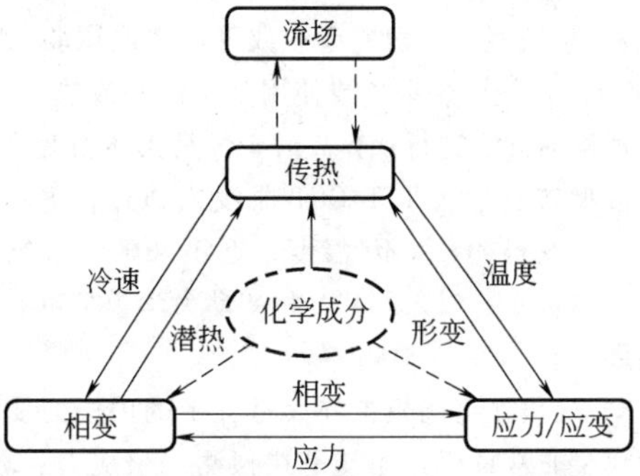

图5-1　热处理的多物理场及各场之间的相互关系

5.2.1　基本物性参数

热处理模拟涉及热物理、热化学、热机械和相变特性等方面的大量数据，这些数据通常可通过实验测量、文献查询或计算等方法得到。

实验测量是目前获取所需材料性能参数最可靠的方法，但需要专业设备、时间长且费用高，部分数据受检测设备性能等限制无法测量，只能通过外推数据或分析技术获得。文献查询是从文献中收集和查找相关数据，是最简单且费用最低的方法，但需要对数据的可靠性进行甄别，尤其需要注意的是数据获取时测量的实验条件。计算是通过应用经验模型或采用商用软件计算所需热物性数据，所需时间少，但要对结果进行基准实验验证。

热处理模拟所需的基本数据主要有密度、比热容、潜热、热导率、碳扩散系数、临界温度、扩散型动力学模型参数、应力、换热系数等。

1）密度是模拟预测畸变和残余应力的高度敏感材料参数，与材料的热膨胀系数和相变应变有关。室温下的材料密度容易测量，高温下材料的密度通常采用室温密度结合材料线性膨胀的方法进行计算。

2）比热容是对模拟结果影响巨大的相变参数，一般采用热重法，如差示扫描量热法和差示热分析等进行测量。

3）潜热可以通过计算相变期间差示扫描量热法曲线下的面积来获得。

4）热导率可采用激光闪光分析法测量材料的热扩散率，结合密度和比热容进行计算。

5）碳扩散系数取决于材料的碳浓度、化学成分等，可采用Arrhenius方程表示。

6）临界温度如马氏体转变开始温度（*Ms*）、马氏体转变结束温度（*Mf*）、贝氏体转变开始温度

(Bs)、奥氏体转变开始温度（Ac_1）和奥氏体转变临界温度（Ac_3 和 Ac_{cm}）可直接从膨胀试验、等温转变/时温转变（IT/TTT）图、连续冷却转变（CCT）图或连续加热转变（CHT）图中获得，也可以使用商业软件包（如 THERMOCALC、PANDAT 或 JMAT-PRO）进行计算。

7）扩散型动力学模型参数可从膨胀试验、TTT/CCT/CHT 曲线中提取，或使用基于经验或热力学/动力学理论的方法进行计算。对于像马氏体相变这样的非扩散型转变，从 TTT/CCT 曲线或通过计算（K-M 公式等）获得 Ms 和 Mf 温度，近年来随着研究人员对马氏体相变的深入研究，相变动力学模拟也有了新的进展。

8）应力在精确模拟淬火过程中的内应力变化时弹性模量非常重要，尤其是在预测残余应力、畸变、淬火裂纹时，模量参数可以通过多种方式确定，常用的方法是进行拉伸、弯曲或扭转等机械试验，或使用热模拟试验机（如 Gleeble、MTS 系统等）进行数据采集。对于弹塑性和黏（弹）塑性材料模型来说，主要区别在于它们对屈服和变形速率的处理。模拟中常用的是与速率无关的弹塑性模型，模型的基本材料数据是应力应变曲线，可通过实验或 JMATPRO 等商用软件进行计算。

9）换热系数是描述热处理冷却过程模拟中传热现象的一个重要参数，反映工件表面热量向介质传递的速率，可直观地反映介质的冷却特性，与淬火冷却介质的冷却能力、材料本身和表面状态紧密相关。其中淬火冷却介质冷却能力的评价方法主要有以下两种：硬化能力测试法，如 Grossman 的淬火烈度 H 值，是通过测量硬度的方法确定在标准条件下工件淬火后表面生成马氏体的厚度，以评价淬火冷却介质的冷却能力。冷却能力测试法，是通过测量淬火过程的冷却曲线，获得冷却时间、冷却速率、工件温度等特性参数的变化，以计算淬火冷却介质的冷却能力，近年来该方法被普遍采用。

表面换热系数受工件的材质、形状、大小、表面状态、探头热电偶安装位置和探头在介质中的放置方式等多种因素的影响，任何微小的改变都会引起测量结果的明显变化，加上试样的冷却过程一般都在短时间内完成，对温度数据的采集频率和质量要求很高，所有这些都导致换热系数很难精确测定和计算。

换热系数可通过反传热计算或计算流体动力学模拟获得。反传热法针对已知物体的几何形状、热物性参数、初始条件和边界条件求解物体内部或边界上的温度分布及其变化规律。其特点是根据已知的或利用实验手段测得的物体内部某点或某些点上的温度及其随时间的变化，通过求解导热微分方程，求得物体表面的综合换热系数。

反传热问题求解的基本步骤如下：

1）给定测温探头形状、尺寸、测量点位置、温度随时间的变化，以及时间和空间步长。

2）在 M-1 时刻，利用边界条件计算出 M 时刻的温度场。

3）计算敏感系数场（单位时间内，换热系数变化引起的各单位温度变化量）。

4）读取探头内点的温度值，计算热流密度。

5）由求得的热流密度返回到 1）进行计算，直到修正值小到设定精度为止。

由以上算法计算出从起始时刻到终了时刻各个时间点的 $h\sum$ 和表面温度 T，得到 $h\sum$-T 曲线。

5.2.2 热传递计算

热处理过程中的传热机制大致有传导、对流和辐射，可视为一个具有对流和辐射边界条件的瞬态热传导问题，在不同的阶段其主导传热机制不同。工件在加热、加热到冷却转移过程中以辐射传热为主，该阶段的传热可通过傅里叶方程描述，辐射热流量与淬火槽材料和几何形状密切相关；工件在淬火等快速冷却阶段时对流占主导地位。

在浸没淬火冷却过程中，工件的初始温度远高于淬火冷却介质的沸点，一般认为传热分为三个阶段：蒸汽膜阶段、核沸腾阶段和对流换热阶段。在初始瞬态阶段，冷却介质与炽热的工件表面接触导致剧烈沸腾，当足够的蒸汽完全覆盖工件表面时该阶段终止。因蒸汽膜的热导率较低，在这一阶段辐射对整体传热的贡献比较明显。当蒸汽膜破裂开始核沸腾时，介质受到破裂气膜的搅动带走大量的热量，使得冷速急剧增加；当淬火工件温度接近液体的沸点时达到冷却部件的最后阶段，即对流冷却阶段。对流冷却速率受淬火冷却介质的流速、黏度和热容等诸多因素影响，这一阶段的换热计算也最为困难。

1. 传热方程

目前人们对淬火冷却过程的温度场描述，基本都是基于经典的傅里叶固态导热微分方程。在三维坐标系条件下，非稳态且具有热源的傅里叶导热微分方程可以表示为

$$\lambda\left(\frac{\partial^2 T}{\partial x^2}+\frac{\partial^2 T}{\partial y^2}+\frac{\partial^2 T}{\partial z^2}\right)+q'=\rho c_{\mathrm{p}}\frac{\partial T}{\partial t}$$

式中　λ——材料的传热系数［$W/(m^2 \cdot K)$］；

T——热力学温度（K）；

q'——内热源的热流密度（W/m^2）；

ρ——材料密度（kg/m^3）；

c_p——材料比定压热容［$J/(kg \cdot K)$］；

t——时间（s）。

求解固态热传导问题的数值方法有很多，有限差分法、有限元法和边界元法等是常用的方法。有限差分法物理概念清楚、方法简单、计算量小，能够达到较高的精度；但差分网格划分的灵活性较差，仅考虑单元节点的值而忽略单元的影响，无法有效地解决复杂形状和复杂边界条件的问题。有限元法克服了上述缺点，具有很大的灵活性和适应性，可以方便地处理任何复杂形状边界，同时还能达到较高的精度。边界元法是将结构的边界进行离散，降低了维数使得计算工作大大简化，输入数据量很少，计算机内存占用量小，适用于处理无界场和高应力集中问题及热传导问题，但处理非线性或各向异性问题较为困难。根据上述不同计算方法各自的特点、结合淬火冷却过程中工件界面复杂的换热状况，对其求解大多采用有限元法。

对淬火冷却过程温度场的求解，涉及三维瞬态问题、相变问题、热物性参数（如热导率、密度、比热容等）、对流与辐射换热系数等复杂多变的诸多因素，这使得温度场的求解过程比较复杂。淬火冷却过程的温度场作为一个典型的非线性问题，选用何种求解方法，对于能否完成淬火冷却过程温度场的求解至关重要。目前非线性方程解法主要有三种，即迭代法、增量法和混合法。迭代法的优势在于简单易行，不足的是收敛稳定性较差，不能很好地保证收敛到精确解。增量法是将载荷以微小增量的形式逐渐施加，用分段离散线性化的方法来近似非线性问题，其收敛稳定性较好；但通常情况下很难预先估计出载荷增量的值，因此该方法无法判断其偏离精确解的近似程度，整个过程的计算量相对较大。混合法是增量形式的迭代法，它结合了迭代法和增量法的优点，计算精度更高，可以判断每一增量步终了时方程解的近似程度。因此混合法是当前非线性方程解法的主流方法，目前使用广泛的混合法主要有牛顿-拉弗逊法、修正牛顿-拉弗逊法和准牛顿-拉弗逊法等。

2. 边界换热条件

首先测量工件内部若干点温度数据，再由一维温度场方程、一维敏感系数场方程以及它们的边界条件来进行矩阵迭代计算，可以同时求出工件表面的热流密度以及表面温度，然后根据热流密度的计算公式，就能够计算得到工件的表面换热系数：

$$q = h(T_s - T_g)$$

式中　q——表面热流密度；

h——表面换热系数；

T_s——工件表面温度；

T_g——环境介质温度。

对于辐射传热来说，表面换热系数的计算可采用以下经验公式进行：

$$h = \alpha(T_s - T_g)^{0.25} + \varepsilon\sigma(T_s^2 + T_g^2)(T_s + T_g) \quad (5\text{-}1)$$

式中　α——常数，一般取 2.2；

ε——工件的黑度系数，对于金属材料，其值为 0.6~0.85；

σ——斯特藩-玻尔兹曼常数。

对于浸液等淬火冷却，可先测定冷却介质（如水）的冷却曲线，再利用反传热法等进行求解。图 5-2 所示为采用方形平板探头（20mm×120mm×120mm）测定16℃的水在不同状态下的冷却曲线和换热系数。值得注意的是，受冷却曲线测量探头的材质和形状、介质的流速状态、温度数据采集质量等诸多因素的影响，即使同一介质的换热系数计算值相差也较大。

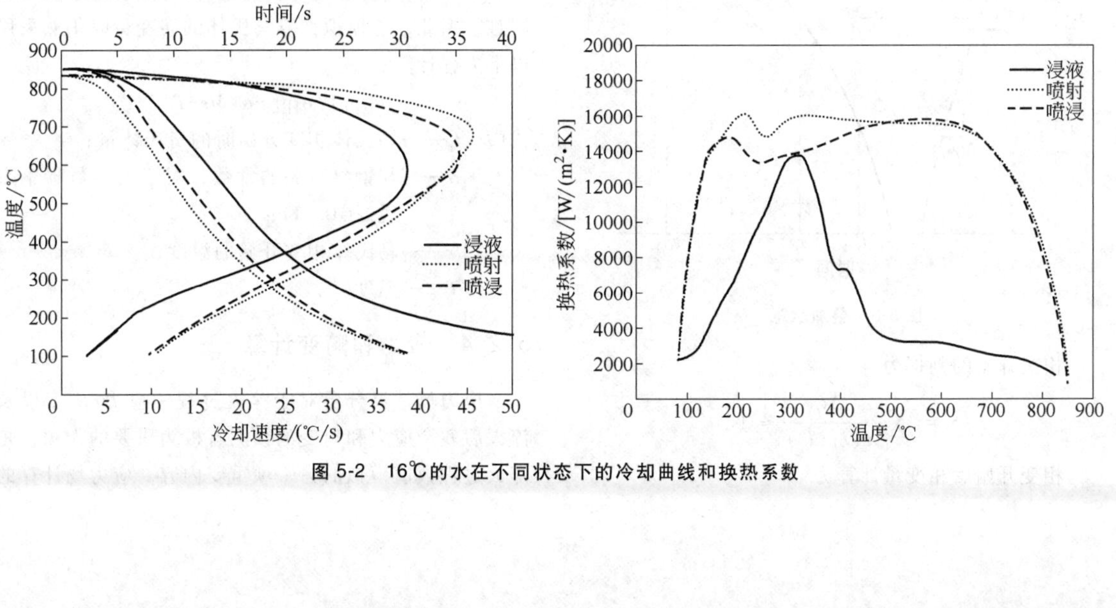

图 5-2　16℃的水在不同状态下的冷却曲线和换热系数

5.2.3 相变计算

淬火冷却过程中发生的固态相变可分为扩散型相变（如珠光体相变）和非扩散型相变（如马氏体相变）两类，相变量的数值计算模型可分为 CCT 曲线模拟和 TTT 曲线模拟两类。

CCT 曲线反映了在不同冷速冷却条件下，各种相变反应开始与终了的时间、对应温度以及相应的转变体积分数。在进行相变量计算时，通常需要将实际淬火冷却的温度场变化过程近似表达成温度或时间的函数关系，然后再应用 CCT 曲线数据进行统一求解。有研究人员在计算低合金钢轴承淬火残余应力和畸变时，对于扩散型相变和非扩散型相变都采用 Weibull 提出的计算方程计算相变量。

TTT 曲线描述的是在不同温度下等温过程中各类相变开始、终了时间及相应转变量与时间的关系。

1. 扩散型相变

对于奥氏体、珠光体和铁素体等扩散型相变，在计算扩散型相变的转变量时，将连续冷却过程离散为许多微小的等温段，借助 Scheil 叠加法则来判断相变的开始时刻，利用 Avrami 方程计算相变量。通过将时间离散的办法，将实际连续冷却过程近似看作一个阶梯冷却的过程，对每一个离散时间段按等温冷却来考虑，再根据 Scheil 叠加法则将各个阶梯等温作用过程叠加起来，从而实现 TTT 曲线对连续冷却过程的相变模拟计算（见图 5-3）。

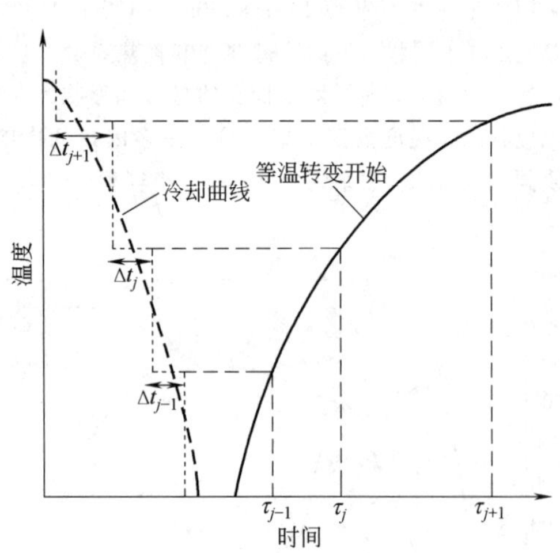

图 5-3 叠加示意

相变开始的判据为

$$S = \sum_{i=1}^{n} \frac{\Delta t_i}{\tau(\xi_k, T_i)} \approx 1$$

相变开始后相变量计算为

$$f = 1-\exp[-b(t-t_s)^n] \qquad (5-2)$$

n、b 是取决于等温温度的系数，其计算方法：从测试的转变量随时间的变化曲线上读取三个数据点，即 (f_1, t_1)、(f_2, t_2)、(f_3, t_3)，代入式（5-2）中，得

$$f_1 = 1-\exp[-b(t_1-t_s)^n]$$

$$f_2 = 1-\exp[-b(t_2-t_s)^n]$$

$$f_3 = 1-\exp[-b(t_3-t_s)^n]$$

化简后得

$$n = \frac{\lg\frac{\ln(1-f_1)}{\ln(1-f_2)}}{\lg\frac{t_1-t_s}{t_2-t_s}} = \frac{\lg\frac{\ln(1-f_1)}{\ln(1-f_3)}}{\lg\frac{t_1-t_s}{t_3-t_s}}$$

$$b = \frac{-\ln(1-f_1)}{(t_1-t_s)^n} \qquad (5-3)$$

通过多次迭代使式（5-3）左右两边的差值在规定的精度内可得到 t_s，从而计算出 n、b，再根据式（5-2）计算出珠光体或贝氏体转变结束的时间。

上述近似的方法同样存在较大的计算偏差，Li 基于 Kirkaldy 的模型提出了另外一种相变量计算模型，即通过数值积分法求解扩散型相变的动力学速度方程，每一步的变化量直接叠加。该模型全面地考虑了合金成分、激活能、晶粒度的影响，但是公式中的动力学参数、晶粒度、激活能都需要借助经验公式或试验确定。

2. 非扩散型相变

对于一般碳钢及合金钢来说，淬火过程中的非扩散性马氏体相变转变量与时间无关，随着过冷温度的加大而增加。在 Ms 温度以下，不同温度的马氏体转变量可以根据马氏体相变时膨胀量和温度关系曲线图得到马氏体转变量和温度之间的关系。但马氏体开始和结束转变的时间相对较长，开始、结束切线位置并不能十分精确地判断，判断转变的开始和结束点比较困难。因此，在模拟计算马氏体的转变量时仍然采用以下方程计算：

$$f = f_r\{1-\exp[-\alpha(Ms-T)]\}$$

式中 f_r——马氏体相变开始时的奥氏体量；

α——与钢材有关的常数，对于大多数碳钢来说 $\alpha = 0.011$；

Ms——马氏体相变开始的温度；

T——温度。

5.2.4 应力和畸变计算

应力场计算分析对于淬火过程中应力/应变以及淬火后残余应力和畸变的预测有极为重要的作用，是淬火过程数值模拟的另一项重要内容。应力场计算的准确程度与所采用的材料力学模型密切相关。

目前的淬火应力场计算所使用的模型已经从原来的弹性模型改进为弹塑性模型，同时考虑了材料的力学性能，如加工硬化特性、塑性流动法则、屈服准则等，通常采用 Von Mises 准则、等向硬化条件和普朗特-劳埃斯（Prandtl-Reuss）塑性流动法则。因而在实际应力场计算时，通常会考虑应力、温度、相变的耦合作用。

淬火过程中，工件每个点的总应变增量可分解为以下五个部分，由于淬火时间较短，可忽略蠕变应变：

$$\Delta\varepsilon_{ij}=\Delta\varepsilon_{ij}^{el}+\Delta\varepsilon_{ij}^{pl}+\Delta\varepsilon_{ij}^{th}+\Delta\varepsilon_{ij}^{tr}+\Delta\varepsilon_{ij}^{tp}$$

$\Delta\varepsilon_{ij}^{el}$、$\Delta\varepsilon_{ij}^{pl}$、$\Delta\varepsilon_{ij}^{th}$、$\Delta\varepsilon_{ij}^{tr}$ 和 $\Delta\varepsilon_{ij}^{tp}$ 为弹性、塑性、热、相变和相变应变增量。

热应变和相变应变为各向同性，分别使用以下方程进行计算：

$$\Delta\varepsilon_{ij}^{th}=\delta_{ij}\sum_{k=1}^{3}\varphi_k\alpha_k\Delta T$$

$$\Delta\varepsilon_{ij}^{tr}=\delta_{ij}\sum_{k=2}^{3}\Delta\varphi_k\beta_k$$

式中　k——1、2、3，分别表示奥氏体、贝氏体和马氏体；

α_k——k 相的热膨胀系数；

δ_{ij}——Kronecker 函数；

β_k——k 相的相变膨胀系数。

奥氏体、贝氏体和马氏体的平均热膨胀系数分别测定为 $2.25\times10^{-5}K^{-1}$、$1.30\times10^{-5}K^{-1}$ 和 $1.15\times10^{-5}K^{-1}$。奥氏体向贝氏体或马氏体转变的相变膨胀系数分别为 $(9.5\times10^{-6}\sim9.0\times10^{-3})T$、$(1.1\times10^{-5}\sim9.5\times10^{-3})T$。

应力增量通过以下方程进行计算：

$$\Delta\sigma_{ij}=\lambda\delta_{ij}\Delta\varepsilon_{kk}^{el}+2\mu\Delta\varepsilon_{ij}^{el}+\Delta\lambda\delta_{ij}\varepsilon_{kk}^{el}+2\Delta\mu\varepsilon_{ij}^{el}$$

$$\lambda=\frac{E}{1-2\nu}-\frac{E}{3(1+\nu)}$$

$$\mu=\frac{E}{2(1+\nu)}$$

式中　$\Delta\sigma_{ij}$——Cauchy 应力张量的增量；

E——混合相的弹性模量，可通过线性混合法则进行计算；

ν——混合相的泊松比，可通过线性混合法则进行计算。

当相变在外加应力作用下发生时，即使其等效应力低于母相屈服应力，材料也会产生异常的塑性应变，称为相变塑性。相变塑性的增量表达式可采用如下形式：

$$\Delta\varepsilon_{ij}^{tp}=3K(1-\varphi)\Delta\varphi S_{ij}$$

式中　K——应力的函数；

φ——新相体积分数；

$\Delta\varphi$——新相体积分数增量；

S_{ij}——偏应力张量。

目前，二维和轴对称问题淬火应力场计算较为成熟，三维淬火应力场的模拟计算还不够完善，需要做进一步发展和研究。在应力场计算中由二维扩展到三维并不困难，但本构关系有待进一步完善，这就涉及应力场与相变之间关系的本质性基础研究。此外，对于复杂结构和受力模型有限元方程求解的收敛性问题，虽然目前可以通过优化网格和重新设计微小受力结构等方法来解决，但通过软件进行自动优化求解仍是该技术今后发展的目标。

5.3　加热和冷却模拟实例

5.3.1　加热模拟

加热是热处理过程的必要工序，在热处理过程中能耗占比高，对后续产品质量和成本影响大。加热过程受到加热方式、工件排布和加热炉内环境等诸多因素的影响，使得加热工况看似简单、实则较为复杂。传统的加热工艺大部分是按经验或半经验方式制订，加热规范和保温时间普遍偏向保守。

随着计算机模拟技术和模型的不断完善，计算的温度场模拟等更加接近实际加热温度，这对不同材质、不同形状工件加热规范的制订起到了很好的指导作用。如采用三维元胞自动机模型对 GCr15 轴承钢晶界、碳化物的长大等进行了模拟，优化后的加热时间缩短了一半以上，生产效率提高 1.39 倍，能耗大幅度降低。研究人员还建立了 18CrNiMo7-6（对应国内牌号 17Cr2Ni2Mo）钢锭凝固过程及加热过程的有限元模型，实测了锻造支承辊用钢 6Cr2MnMoV（近似国内牌号 6CrMnSi2Mo1V）的高温热物性参数，通过等效模冷法获得了钢锭在热装热送过程不同阶段的温度场分布。运用 ANSYS 有限元软件对大型 H 型钢的加热过程进行了模拟分析，发现了获得均匀温度场及最小残余应力的有效方法，研究了钢坯温度场均匀性对于应力场的影响，对在加热炉内的加热过程进行控制，为解决大型 H 型钢残余应力水平过高等问题提供了理论依据。

对于能源、冶金、运输等行业重型装备用大型锻钢件，利用商业有限元模拟软件对其加热等基本流程进行了模拟，模拟结果对实际生产起到了指导作用。下面以 SA508 Gr. 3 钢一体化顶盖为例说明加热模拟对温度场和组织场均匀性的影响。

图 5-4 所示为一体化顶盖的调质热处理工件尺寸（直径为 4823mm，内径为 3753mm，壁厚为 200～

460mm)。按照一体化顶盖的实际形状进行建模，考虑到一体化顶盖的对称性，取其中心界面的 1/2 作为模型，采用四节点单元进行有限元建模，网格划分通过 MSC-Marc 软件的 AUTOMESH 功能实现。锻件加热过程的工艺参考锻件生产过程的实际工艺，具体奥氏体化过程的工艺如图 5-5 所示。

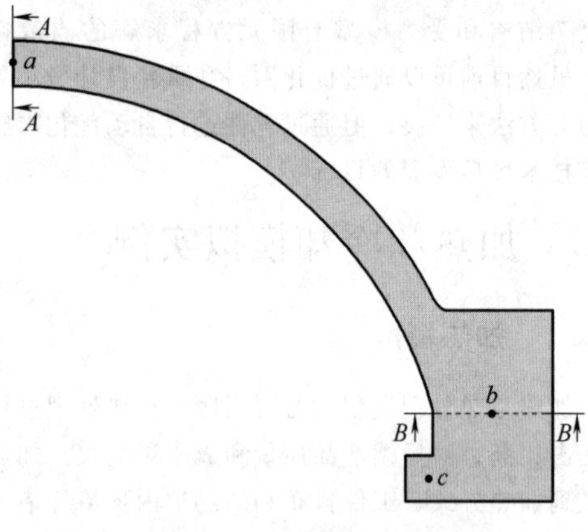

图 5-4　一体化顶盖的调质热处理工件尺寸

奥氏体化加热的温度云图如图 5-6 所示，不同壁厚处的加热情况存在显著的差异，初始锻件的温度场分布并不均匀，经过 900℃ 均温 5h 后温度的均匀性得到了较好的提高。

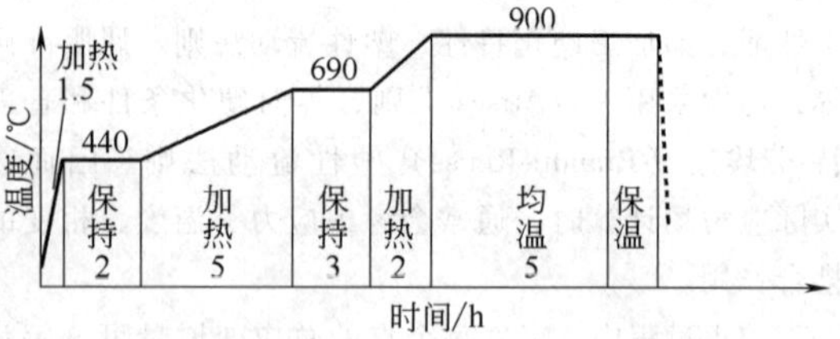

图 5-5　奥氏体化过程的工艺

参考点的温度曲线（见图 5-7）反映了加热过程的温度历史，可见锻件不同壁厚处的加热时间差异较大。经过均温 5h 后，锻件的温度分布较为均匀，满足了奥氏体化均匀和奥氏体晶粒无显著长大的需求。

温度场的不均匀，必然导致组织场的分布不均匀，加热速度的不均匀导致奥氏体化转变的速率也相差较大。图 5-8 所示为模拟加热至不同温度时的奥氏体分布云图，可以清楚地看到加热过程中不同位置的奥氏体化状况，这为工艺设计人员制订加热、保温时间等提供了指导。

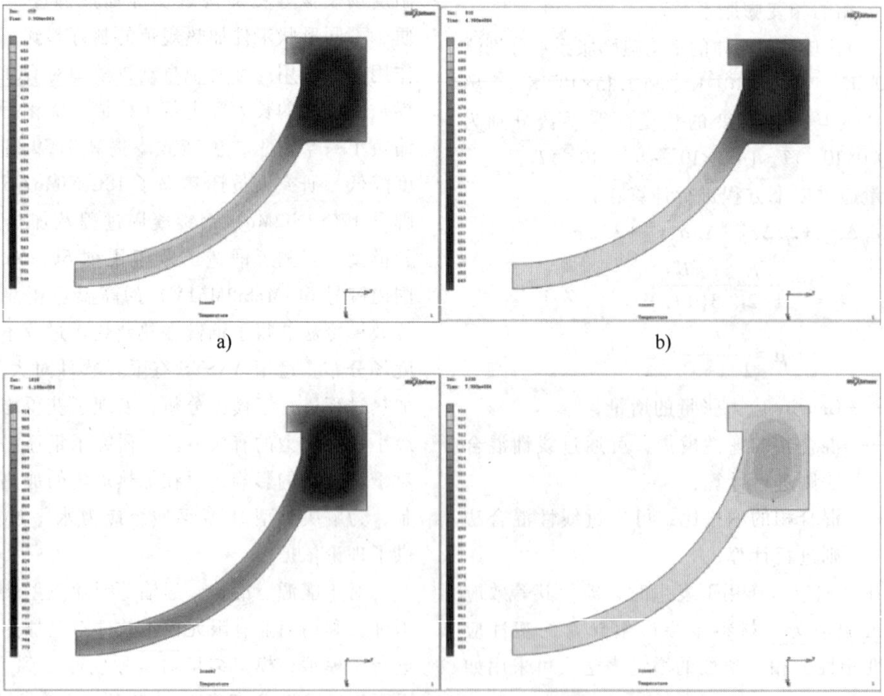

a)　b)　c)　d)

图 5-6　奥氏体化加热的温度云图

a）加热至 690℃　b）690℃×3h　c）加热至 900℃　d）900℃×5h

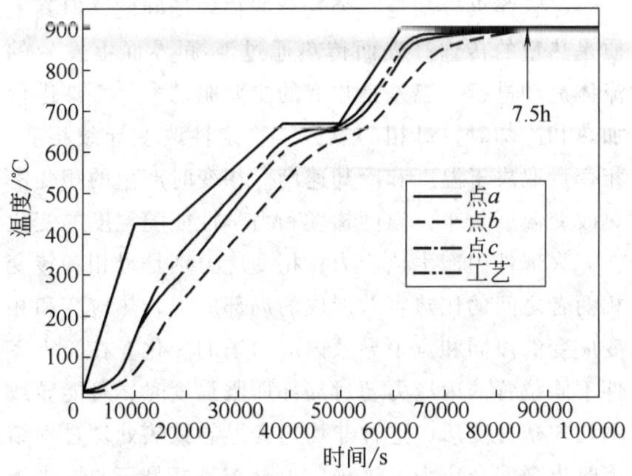

图 5-7 一体化顶盖锻件参考点的温度曲线

5.3.2 回火/正火的有限元模拟

淬火后的马氏体组织中存在过饱和的碳、高应变能和界面能，以及淬火后还有一定量的残留奥氏体，其组织状态处于不稳定状态。正是这些组织的不稳定状态和平衡状态的自由能差，为转变提供了驱动力，使得回火转变成为一种自发的转变，一旦原子具有足够的能量，转变就会自发进行。回火可以消除或减少淬火件的内应力，调整工件的强度和韧性等性能，同时还可使马氏体和残留奥氏体分解，从而起到稳定钢件组织和尺寸的作用。因此，回火是调整工件性能的有效手段。

研究人员采用有限元模拟软件 DEFORM 对 ZG06Cr13Ni4Mo 试样进行了正火和回火模拟，利用模拟的残余应力与实测值的比较，对优化回火工艺提供了指导。朱利民采用 ANSYS 对 65Mn 锯片装夹的回火温度场、应力场进行模拟，回火的温度和应力分布如图 5-9 所示。

利用模拟结果，进一步提高了锯片的温度和热应力分布的均匀性，有效减小了回火热变形，提高了生产效率。

5.3.3 淬火的有限元模拟

在制订淬火工艺前，必须清楚地了解最终产品的性能要求、来料的化学成分和组织状态、加热和冷却过程的组织变化，以便通过分析或实验来设计工艺过程，以达到理想性能。基于上述考虑，淬火模拟要首先考虑以下几个方面：

1）防止开裂。

2）要求的微观组织结构、硬度、性能和残余应力分布。

3）允许的最大畸变量。

4）加热、冷却的温度和时间等。

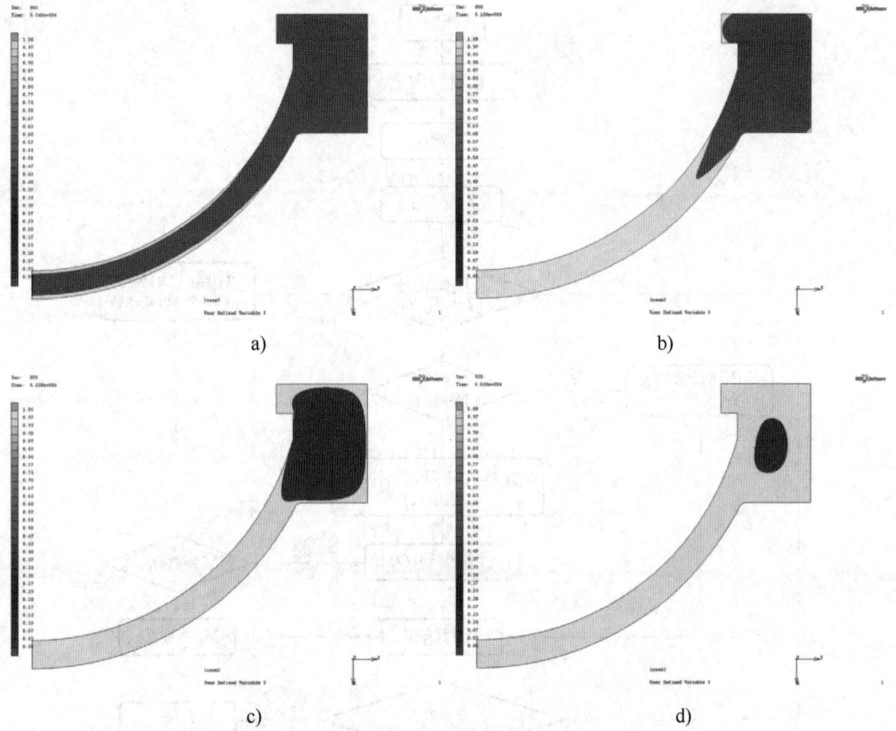

a) b) c) d)

图 5-8 模拟加热至不同温度时的奥氏体分布云图

a）加热至 800℃ b）加热至 840℃ c）加热至 860℃ d）加热至 890℃

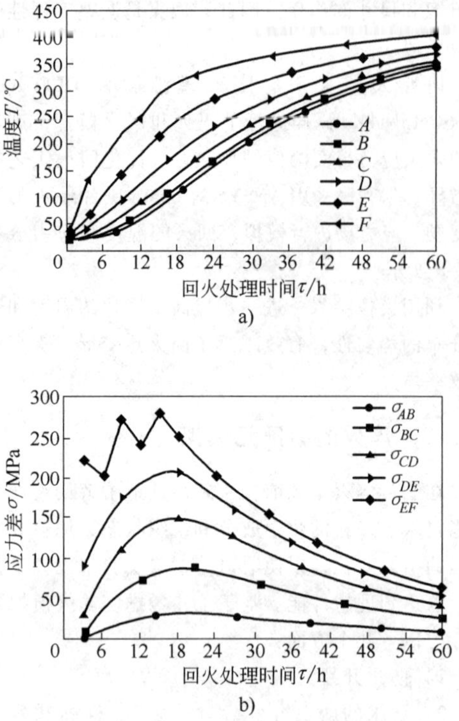

图 5-9　锯片回火的温度和应力分布

a）径向回火过程温度变化规律

b）径向回火过程应力分布规律

尽管淬火冷却是一个复杂的物理场问题，但其本质是热量的传递，表面传热通过液-固界面上发生的流体流动进行。温差是相变的主要驱动力，工件进行加热和冷却时，母相的热力学稳定性改变导致相变，相变量取决于温度和冷却速度。相变时产生的相变潜热改变温度分布，温度梯度和力学性能随温度的变化在淬火部件中产生热应力；相变应力则是母相和转变相两者之间的比热容差形成的局部应力，热应变和相变应变的协同和竞争导致内应力场的变化。在淬火零件不同位置的内应力超过局部屈服强度时，可能导致不均匀塑性变形，这种非均匀变形导致热处理过程结束时出现残余应力，这种应力分布是好是坏，取决于应力的大小、方向和分布。

淬火冷却属于界面条件发生急剧变化的复杂情况，在进行温度-相变-应力模拟时采用反复迭代的方式进行求解。模拟计算流程如图 5-10 所示。

以下以 42CrMo 试样的模拟为例，演示淬火冷却过程的模拟。

1. 模拟采用的模型

试验件的几何形状如图 5-11a 所示，采用有限元方法建立相应的运算模型。根据对称性原理，取试验件 1/8 对称面进行计算，网格划分如图 5-11b 所示。取图 5-11a 中标示的 3 个测试点 A、B、C 进行分析。

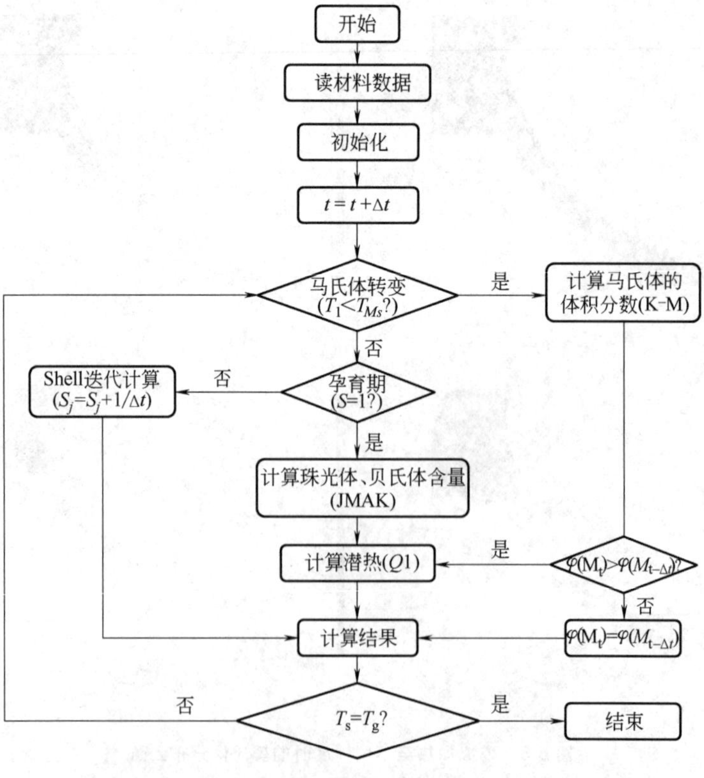

图 5-10　模拟计算流程

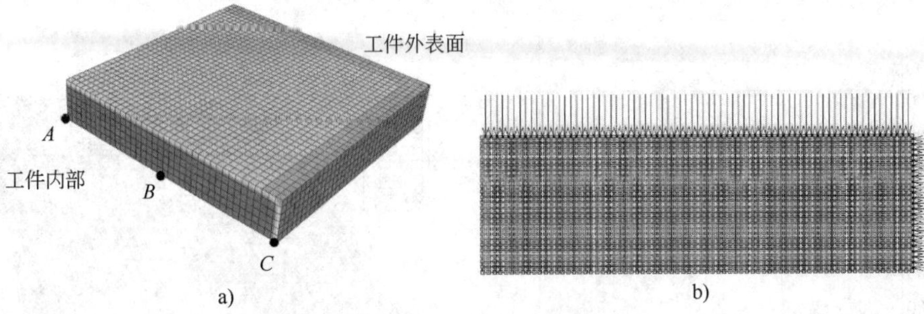

图 5-11　试验工件示意

a）几何尺寸　b）网格模型

2. 模拟的热物性参数

模拟计算采用的材料为典型的中碳合金钢 42CrMo（42CrMo4），化学成分见表 5-1，热物性参数见表 5-2，模拟中不同温度的热导率采用线性插值的方法计算。水的换热系数采用图 5-2 的数据。空气的换热系数主要考虑辐射和对流换热的影响，采用经验公式（5-1）。模拟采用的 TTT 曲线见图 5-12，模拟工艺见表 5-3。奥氏体化温度为 850℃。

表 5-1　试验工件的化学成分

元素	C	Si	Mn	P	S	Cr	Ni	Mo	Cu	Ti
质量分数(%)	0.40	0.244	0.63	0.006	0.004	1.03	0.473	0.20	0.11	0.006

表 5-2　42CrMo 的热物性参数

温度/℃	比热容/[J/(kg/K)]	热导率/[W/(m/K)]
20	470	38.58
100	484	36.17
200	521	35.13
300	560	34.12
400	607	32.98
500	668	31.43
600	745	28.86
700	1075	19.81
800	796	20.66
900	684	23.87
1000	677	23.04

3. 模拟冷却结果

图 5-13～图 5-15 分别是工艺 1～工艺 3 的温度曲线、温度云图、马氏体组织云图和应力云图。

在实际的生产过程中，借助有限元模拟的温度、组织和应力分布数据，研究工艺参数对各种场的影响规律，可在大量减少试验次数和成本的情况下优化淬火工艺方案，使工艺更加高效合理。

表 5-3　试验件模拟工艺

工艺	空冷时间/s	浸水冷时间/s
工艺 1	1500	
工艺 2		100
工艺 3	30	10
	40	40

注：试验工艺中，工艺 2 模拟工件从加热炉中取出后直接浸入水中。

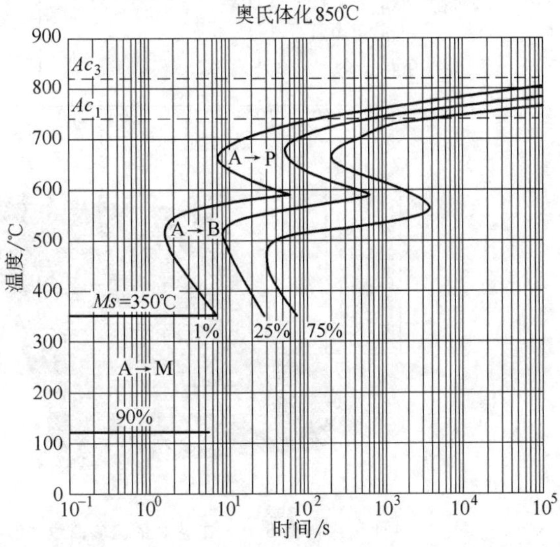

图 5-12　42CrMo 在 850℃奥氏体化的 TTT 曲线

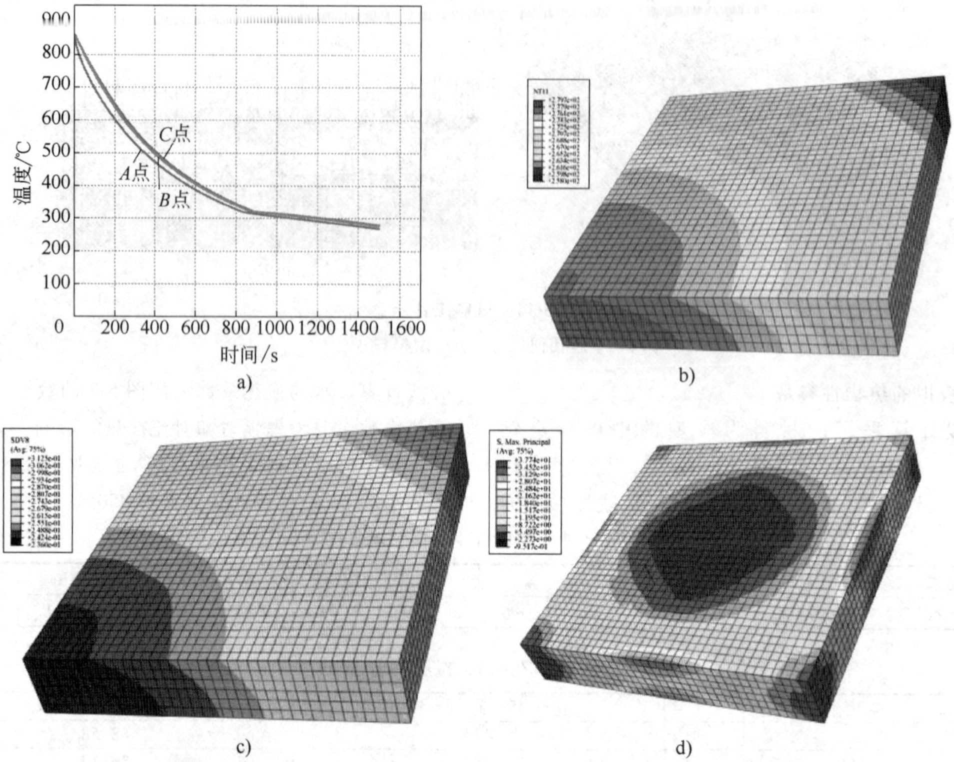

图 5-13　工艺 1 的温度曲线、温度云图、马氏体组织云图和应力云图

a）温度曲线　b）温度云图　c）马氏体组织云图　d）应力云图

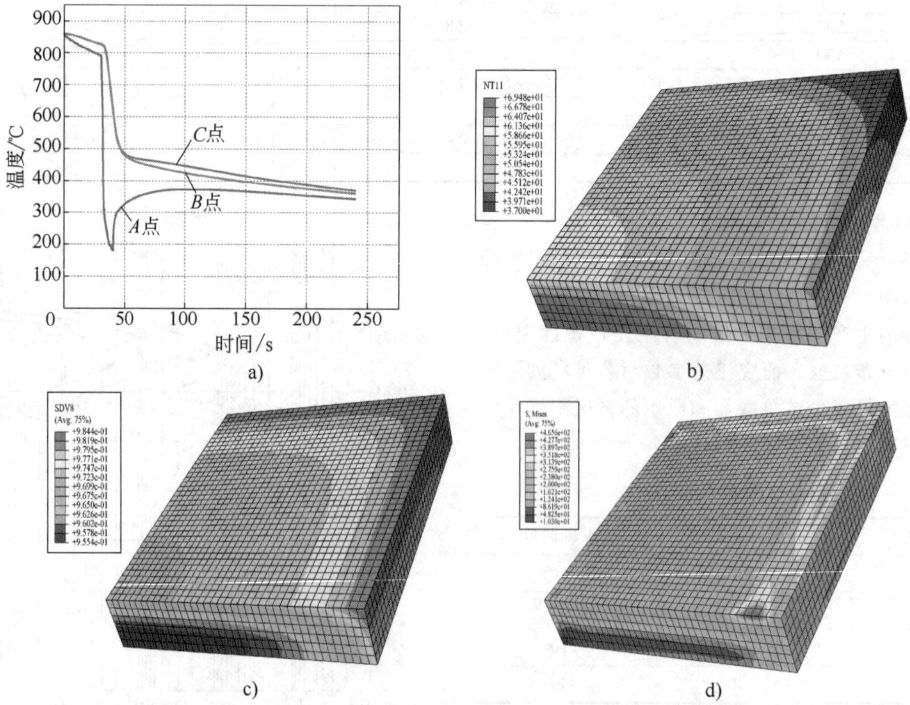

图 5-14　工艺 2 的温度曲线、温度云图、马氏体组织云图和应力云图

a）温度曲线　b）温度云图　c）马氏体组织云图　d）应力云图

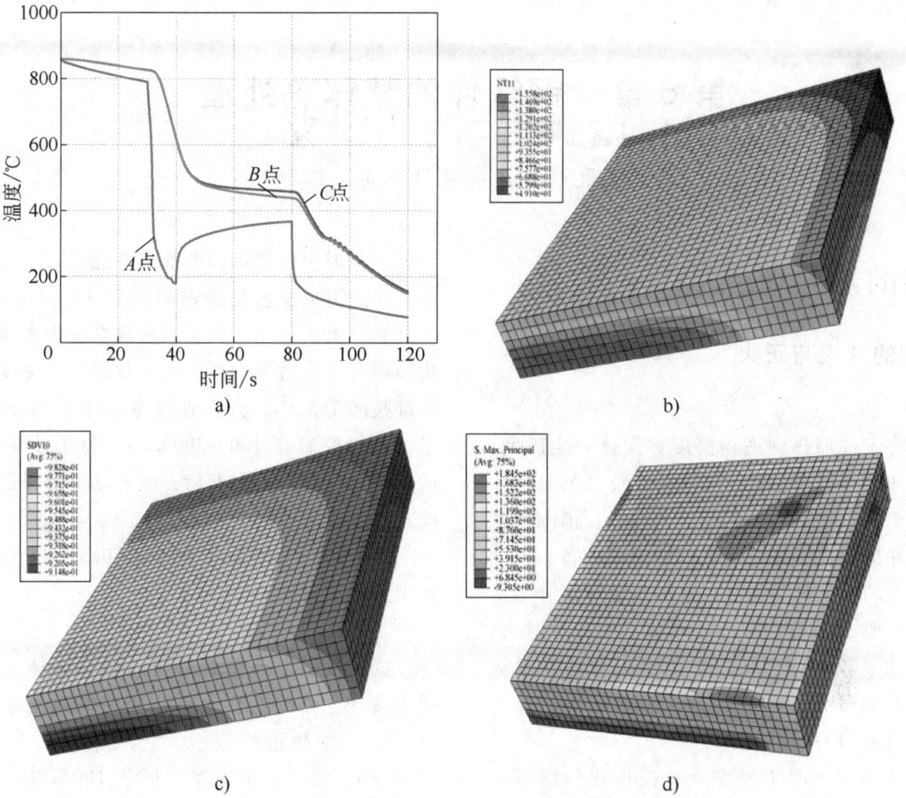

图 5-15　工艺 3 的温度曲线、温度云图、马氏体组织云图和应力云图

a）温度曲线　b）温度云图　c）马氏体组织云图　d）应力云图

参 考 文 献

[1] LISCIC B, TENSI H M, CANALE L C F, et al. Quenching Theory and Technology [M]. Boca Raton: CRC Press, 2010.

[2] JU D Y, MUKAI R, SAKAMAKI T. Development and application of computer simulation code COSMAP on induction heat treatment process [J]. International Heat Treatment and Surface Engineering, 2011, 5 (2): 65-68.

[3] 刘庄，吴肇基，吴景之，等. 热处理过程的数值模拟 [M]. 北京：科学出版社，1996.

[4] SCHICCHI S D, HOFFMANN F, HUNKEL M, et al. Numerical and experimental investigation of the mesoscale fracture behaviour of quenched steels [J]. Fatigue & Fracture of Engineering Materials & Structures, 2017, 40 (4): 556-570.

[5] 刘玉. 中碳钢淬火应力分布的测定和有限元模拟 [D]. 上海：上海交通大学，2017.

[6] 王伟佳. 多种常用钢在不同淬火介质中换热系数的测算 [D]. 大连：大连理工大学，2007.

[7] SMOLJAN B. Numerical simulation of steel quenching [J]. Journal of Materials Engineering and Performance, 2002, 11: 75-79.

[8] LI H P, ZHAO G Q, NIU S T, et al. Inverse heat conduction analysis of quenching process using finite-element and optimization method [J]. Finite Elements in Analysis and Design, 2006, 42 (12): 1087-1096.

[9] ASM International Handboog Committee. ASM Handbook Volume 4A: Steel Heat Treating Fundamentals and Processes [M]. Russell Township: ASM Intenational, 2013.

[10] 朱坚民，毛得吉，李海伟，等. 65Mn 钢圆锯片回火过程的有限元模拟及加热方法改进 [J]. 机械科学与技术，2013, 32 (11): 1566-1573.

[11] 李传维. 核电压力容器大型锻件组织与性能研究及热处理数值模拟 [D]. 上海：上海交通大学，2016.

[12] GÜR C H, PAN J S. Handbook of Thermal Process Modeling of Steels [M]. Boca Raton: CRC Press, 2008.

[13] ARIZA E A, MARTORANO M A, BATISTA DE LIMA N, et al. Numerical Simulation with Thorough Experimental Validation to Predict the Build-up of Residual Stresses during Quenching of Carbon and Low-Alloy Steels [J]. ISIJ International, 2014, 54 (6): 1396-1405.

第6章　钢铁件的整体热处理

中国机械工程学会热处理分会　徐跃明
北京机电研究所有限公司　李俏

6.1　钢的热处理

6.1.1　钢的退火与正火

1. 退火

退火是将工件加热到适当温度，保持一定时间，然后缓慢冷却的热处理工艺。退火的主要目的是使钢的成分均匀化，改善力学性能及工艺性能，消除或减小内应力，并为零件的最终热处理做组织准备。

钢件退火的工艺种类很多，按加热温度可分为两大类：一类是临界温度（Ac_1 或 Ac_3）以上的退火，包括完全退火、不完全退火、扩散退火和球化退火等；另一类是临界温度以下的退火，包括再结晶退火、去应力退火和去氢退火等。

（1）完全退火　将工件完全奥氏体化后缓慢冷却，获得接近平衡组织的退火。完全退火多用于亚共析钢，锻钢件、铸钢件、焊接件等常存在晶粒粗大或晶粒大小不均匀等组织缺陷，使钢的强度、塑性和韧性达不到技术要求。完全退火可为后续的热处理工艺做组织准备。对于一些含碳量较高的碳钢或合金钢来说，完全退火可改善切削加工性能。

完全退火工艺是将钢加热至 Ac_3 以上 30～50℃，使其完全奥氏体化。对于某些高合金钢来说，为使碳化物溶解，应适当提高奥氏体化温度。完全退火的工件都是随炉加热，升温速度取决于设备功率和装炉量，一般控制在 100～200℃/h。为了使炉内工件烧透，炉温升至预定温度后，应有足够的保温时间，可按式（6-1）计算：

$$\tau=(3\sim4)+(0.4\sim0.5)Q \qquad (6\text{-}1)$$

式中　τ——保温时间（h）；

Q——装炉量（t）。

为了使钢退火后获得粗片状珠光体，保温后应缓慢冷却。钢的连续冷却转变图中珠光体转变曲线越靠右，冷却越要缓慢。一般碳素钢冷速应低于200℃/h，低合金钢冷速应低于100℃/h，高合金钢冷速应为20～50℃/h。通常冷至500℃以下可出炉空冷。

表6-1所列为碳钢的完全退火温度。表6-2所列为常用结构钢的完全退火温度。表6-3所列为铸钢件完全退火工艺规范。

表6-1　碳钢的完全退火温度

w(C)(%)	奥氏体化温度/℃	奥氏体分解温度/℃	硬度　HBW
0.20	860～900	700～860	111～149
0.25	860～900	700～860	111～187
0.30	840～880	650～840	126～197
0.40	840～880	650～840	137～207
0.45	790～870	650～790	137～207
0.50	790～870	650～790	156～217
0.60	790～870	650～790	156～217
0.70	790～840	650～790	156～217
0.80	790～840	650～790	167～229
0.90	790～830	650～790	167～229
0.95	790～830	650～790	167～229

表6-2　常用结构钢的完全退火温度

结构钢牌号	相变临界点/℃			退火	
	Ac_1	Ac_3	Ar_1	加热温度/℃	硬度　HBW
20CrMnMo	710	830	620	850～870	≤217
35CrMo	755	800	695	830～850	≤229

（续）

结构钢牌号	相变临界点/℃			退火	
	Ac_1	Ac_3	Ar_1	加热温度/℃	硬度　HBW
40Cr	780	840	690	860~890	≤207
40MnB	730	780	650	820~890	≤207
40CrNi	735	768	660	820~850	≤247
40MnVB	740	786	645	850~880	≤207
40CrNiMoA	760	810		840~880	≤269
38CrMoAlA	760	885	675	900~930	≤229
45Mn2	711	765	626	810~840	≤217
50Mn2	710	760	596	810~840	≤229
50CrVA	752	788	688	810~870	≤255

表 6-3　铸钢件完全退火工艺规范

铸钢牌号	截面尺寸/mm	装炉		650~700℃		700℃~退火温度		冷却速度/(℃/h)	出炉温度/℃
		温度/℃	保温时间/h	升温速度/(℃/h)	保温时间/h	升温速度/(℃/h)	保温时间/h		
ZG200-400 ZG230-450 ZG270-500	<200	≤650	—	—	2	120	1~2	≤120	450
	201~500	400~500	2	70	3	100	2~5		400
	501~800	300~350	3	60	4	80	5~8		350
	801~1200	260~300	4	40	5	60	8~12		300
	1201~1500	≤200	5	30	6	50	12~15		250
ZG310-570 ZG20Mn ZG35CrMn ZG35Mn ZG35SiMnMo ZG35CrMnSi	<200	400~500	2	80	3	100	1~2	≤80	350
	201~500	250~350	3	60	4	80	2~5		350
	501~800	200~300	4	50	5	60	5~8		300
ZG55CrMnMo	<500	250~300	2	40	2~4	70	2~5		200
	501~1000	≤200	4	30	5~8	50	5~10		200

（2）不完全退火　将工件部分奥氏体化后缓慢冷却的退火。不完全退火是在钢的组织已基本达到要求，只有珠光体片层偏细（属于索氏体或屈氏体）、硬度偏高而不利于切削加工时采用的一种节能退火工艺。与完全退火的不同之处是加热温度略高于 Ac_1。

（3）等温退火　工件加热到高于 Ac_3（亚共析钢）或 Ac_1 与 Ac_{cm} 之间（过共析钢）的温度，保持适当时间待奥氏体转变完成并基本均匀后，以较快的速度冷却到珠光体转变温度区间的适当温度并等温保持，使奥氏体转变为珠光体类组织后在空气中冷却的退火。

等温退火对于改善连续冷却转变图中珠光体转变曲线非常偏右的钢的切削加工性能非常实用。这些钢采用完全退火或不完全退火来获得珠光体组织是十分困难的，因为奥氏体化后必须非常缓慢地冷却才能在连续冷却过程中完成珠光体转变，工艺周期过长，否则便会形成马氏体，使钢变硬，无法进行切削加工。采用等温退火，使奥氏体在既能转变为硬度不太高的珠光体、完成转变时间又不太长的温度下进行等温转变，工艺简单易行，而且可以缩短生产周期。同时，等温转变形成的组织比较均匀，不像连续转变那样，在较高温度下与较低温度下形成不完全相同的组织。

等温退火时的奥氏体化温度一般与完全退火相同，对于合金含量较高的大型铸锻件，可适当提高加热温度。等温转变的温度和时间可根据钢的等温转变图选定，选择的原则是在保证钢的硬度符合要求的前提下，奥氏体能在较短时间内完成珠光体转变，等温温度越高，先共析铁素体含量越多，珠光体的片层也越粗，硬度越低；等温温度越低，退火后的硬度越高。等温保持时间比连续冷却转变图中珠光体转变终了时间略长，以保证过冷奥氏体分解完全。由加热温度冷至等温转变温度的冷却速度无关紧要。在不考虑内应力问题时，等温转变结束后即可出炉空冷。

常用合金结构钢等温退火工艺规范见表 6-4。

表6-4　常用合金结构钢等温退火工艺规范（获得大部分珠光体组织）

钢号	奥氏体化温度/℃	等温分解温度/℃	保持时间/h	大致硬度 HBW
40Mn2	830	620	4.5	183
20CrNi	885	650	4	179
40CrNi	830	660	6	187
50CrNi	830	660	6	201
12Cr2Ni4	870	595	14	187
30CrMo	855	675	4	174
40CrMo	845	675	5	197
50CrMo	830	675	6	212
20CrNiMo	885	660	6	197
40CrNiMo	830	650	8	223
20Cr	885	690	4	179
30Cr	845	675	6	183
40Cr	830	675	6	187
50Cr	830	675	6	201
50CrV	830	675	6	201
20CrNiMo	885	660	4	187
30CrNiMo	845	660	6	192
40CrNiMo	830	660	6	197
50CrNiMo	830	650	8	212

（4）球化退火　为使工件中的碳化物球状化而进行的退火。其目的是改善切削性能，减小淬火时的变形开裂倾向，使钢件得到均匀的最终性能。球化退火主要用于$w(C)>0.6\%$的各种高碳工具钢、模具钢、轴承钢，使片状珠光体变成粒状珠光体（铁素体与近似球形的渗碳体构成的复相组织）。为了改善中碳及中碳合金钢冷变形工艺性，有时也进行球化退火，以提高成品率和模具使用寿命。低碳钢一般不进行球化退火，否则硬度过低反而会使切削加工性能变坏。

钢中的碳化物包括一次（液析）碳化物、二次碳化物（由奥氏体中析出）和共析碳化物。一次碳化物是铸锭枝晶偏析所引起的亚稳定莱氏体结晶的产物，颗粒尺寸较大，常沿轧制方向分布，形成偏析碳化物带，硬度高、脆性大，易造成淬火裂纹，使钢的耐磨性变差，以至工件在使用中造成表面脱落或中心破裂。一次碳化物的球化主要靠合理的锻造工艺，例如反复的镦拔和适当的高温扩散退火来获得。二次碳化物及共析碳化物的球化与锻造工艺有关，为了在退火后获得均匀分布的粒状碳化物，锻造后的组织应为细片状珠光体及细小的网状碳化物。如果终锻温度过高或冷却太慢，则易生成粗大网状碳化物，在退火中无法消除。如终锻温度太低，碳化物易沿晶界变形方向析出而形成线条状组织，退火后将有方向性，使钢的强度降低，加工性能变坏。珠光体片较细时，球化退火时可采用较低的温度和较短的时间。退火温度越低，未溶解的碳化物数量越多，越容易获得均匀分布的细粒状珠光体组织。珠光体片较粗时，在正常退火工艺下，不宜获得均匀的细粒状珠光体。因此，为了得到良好的球化组织，必须严格控制锻造工艺。当钢中存在严重网状碳化物时，必须先进行正火，然后再进行球化退火。

球化退火的质量由碳化物的形状和颗粒大小评定。球化效果好坏的关键是加热温度，温度过高，碳化物将全部溶入奥氏体，奥氏体中的碳及合金元素富集区也会消失，钢缓冷后会获得片层状珠光体；加热温度过低，原有的片层状珠光体不发生转变或部分保留，冷却后也不能获得符合要求的粒状珠光体。冷却速度对退火后的组织也有影响，冷速偏高则碳化物颗粒过细，使钢的硬度偏高；冷速偏低则碳化物颗粒过于粗大，影响随后淬火组织的质量。

球化退火的方式主要以下几种，可根据具体情况进行选择。

1）低温球化退火。在稍低于Ac_1温度长时间保温后缓冷至室温。适应于经冷变形加工、淬火，以及原珠光体片层较薄且无网状碳化物的情况。

2）一次球化退火。加热到高于Ac_1温度并充分保温，然后以极慢的冷速（10~20℃/h）炉冷至500~650℃出炉冷却。由于加热温度不高，碳化物不能全部溶入奥氏体，残留下来的碳化物以细小颗粒状分布。冷却过程中，残留下来的细颗粒碳化物作为晶核，使新形成的珠光体中的碳化物围绕它们长大成球状。奥氏体中还有一些碳及合金元素的富集区，也会作为珠光体转变时碳化物的形核位置，使碳化物呈球状长大。

3）循环球化退火。在稍高于 Ac_1 并稍低于 Ar_1 的温度区间循环加热和冷却。加热温度与上面两种工艺相同，加热保温时间较短，冷却到 Ar_1 以下温度的保温时间约为加热保温时间的 1.5 倍。这种工艺适用于小批量生产的小型工具。

4）等温球化退火。加热到高于 Ac_1 温度保温适当时间，冷至稍低于 Ar_1 温度保温较长时间（使等温转变进行完毕）再冷却到室温。如果原始组织中网状碳化物较严重，则需加热到略高于 Ac_{cm} 的温度，使网状碳化物溶入奥氏体，然后再较快地冷却到 Ar_1 以下温度进行等温球化退火。

常用工具钢等温球化退火的工艺规范见表 6-5。几种冷挤压钢件的球化退火工艺规范见表 6-6。球化退火的典型工艺曲线及工艺参数见表 6-7。

表 6-5　常用工具钢等温球化退火的工艺规范

钢号	临界点/℃			加热温度/℃	等温温度/℃	硬度　HBW
	Ac_1	Ac_{cm}	Ar_1			
T8A	730	—	700	740~760	650~680	≤187
T10A	730	800	700	750~770	680~700	≤197
T12A	730	820	700	750~770	680~700	≤207
9Mn2V	736	765	652	760~780	670~690	≤229
9SiCr	770	870	730	790~810	700~720	197~241
CrWMn	750	940	710	770~790	680~700	207~255
GCr15	745	900	700	790~810	710~720	207~229
Cr12MoV	810	—	760	850~870	720~750	207~255
W18Cr4V	820	—	760	850~880	730~750	207~255
W6Mo5Cr4V2	845~880	—	740~805	850~870	740~750	≤255
5CrMnMo	710	760	650	850~870	~680	197~241
5CrNiMo	710	770	680	850~870	~680	197~241
3Cr2W8V	820	1100	790	850~860	720~740	—

表 6-6　几种冷挤压钢件的球化退火工艺规范

钢号	加热温度/℃	保温时间/h	等温温度及时间/℃(h)	冷却速度/(℃/h)	出炉温度/℃	硬度　HBW
15Cr、20Cr	860±10	3~4	700±10 (6~8)	<50	300	<130
15Cr、20Cr	780±10	2~3			500	125~131
15Cr、20Cr	720	5~6			450	≤125
35、45、40MnB	720	6~7			550	≤145
08、15、20	720	2~3		空冷		≤120
20MnV、40Cr、50	950~1000	1.0~1.5	700±10 (2.0~2.5)	60	500	140
40Cr	770±10	4~5	670±10 (5~6)	炉冷		≤160

表 6-7　球化退火的典型工艺曲线及工艺参数

退火方法	工艺曲线	工艺参数	备注
一次球化退火	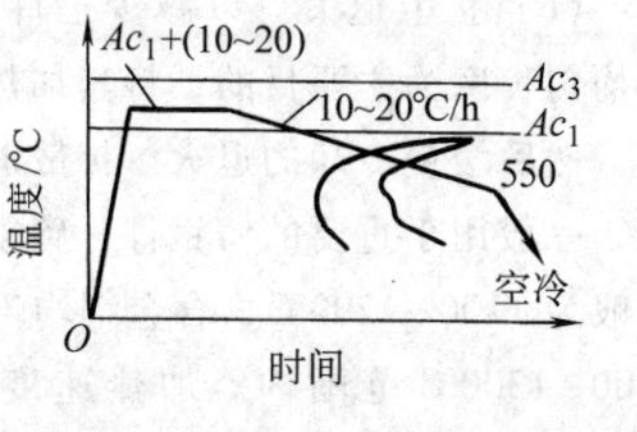	加热温度：Ac_1+(10~20)℃ 保温时间：取决于工件透烧时间，不宜过长 冷却速度：一般以 10~20℃/h 的速度冷却到 550℃以下空冷，碳钢的冷速可稍快些(20~40℃/h)	共析及过共析钢的球化退火。球化较充分，周期长

（续）

退火方法	工艺曲线	工艺参数	备注
等温球化退火	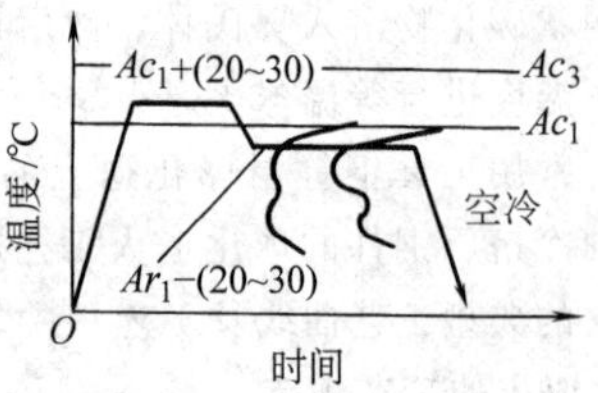	加热温度：Ac_1+（20~30）℃ 等温温度：Ar_1−（20~30）℃ 冷却速度：以20~30℃/h速度冷却到Ar_1以下等温 等温时间：取决于等温转变图及工件截面尺寸，等温后空冷	过共析钢、合金工具钢的球化退火。球化充分、易控制，周期较短，适宜大件
循环球化退火	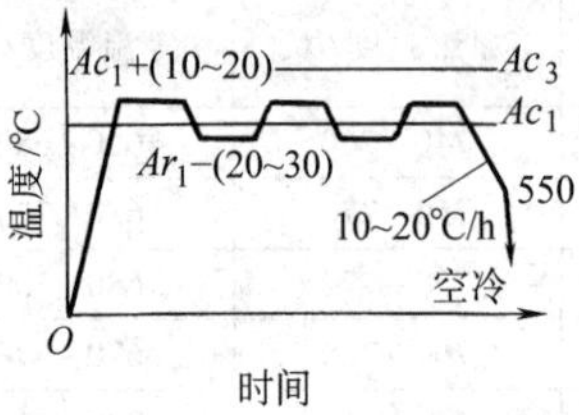	加热温度：Ac_1+（10~20）℃ 等温温度：Ar_1−（20~30）℃ 保温时间：取决于工件截面均温时间 循环周期：根据球化要求等级而定，以10~20℃/h缓冷到550℃空冷	过共析碳钢及合金工具钢，周期较短。球化较充分，但控制较繁，不宜大件退火
感应加热快速球化退火	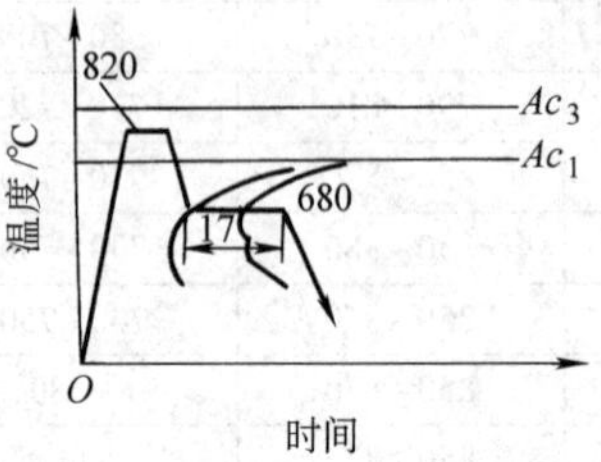	加热温度：低于Ac_{cm}，接近淬火温度下限并短时保温，奥氏体中有大量未溶碳化物 加热速度：由单位功率决定 等温温度：根据硬度要求而定 保温时间：根据感应加热后测定的等温转变图决定	截面尺寸不大的碳素钢、合金工具钢、轴承钢等的快速球化退火
快速球化退火	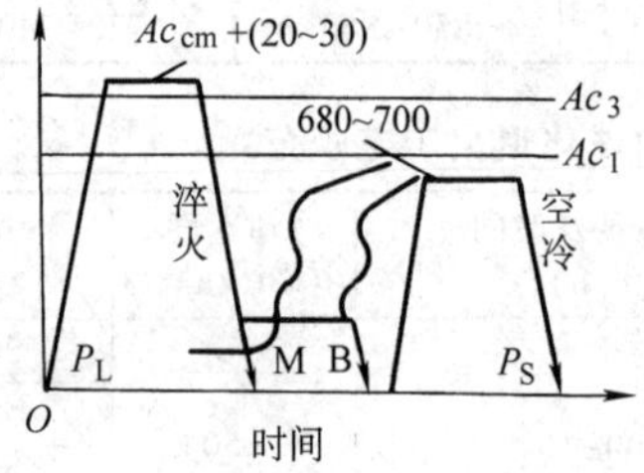	加热温度：Ac_{cm}或Ac_3+（20~30）℃ 冷却：淬油或等温淬火（获得马氏体或贝氏体） 高温回火：680~700℃，1~2h	共析、过共析碳钢及合金钢锻件快速球化退火或淬火工件返修，重淬前的预处理畸变较大，工件尺寸不能太大（仅限于小件）

（5）预防白点退火　为防止工件在热形变加工后的冷却过程中因氢呈气态析出而形成发裂（白点），在形变加工完成后直接进行的退火。退火的目的是使氢扩散到工件之外。氢在α-Fe中的扩散系数比在γ-Fe中大得多，而氢在α-Fe中的溶解度又比在γ-Fe中低得多。为此预防白点退火的要点就是首先使奥氏体转变为铁素体+碳化物复相组织，然后在略低于Ac_1的温度保温，使氢通过扩散排出。

对于珠光体转变较快而贝氏体转变速度较慢的钢（碳素钢及低合金钢），可在奥氏体化后缓冷至稍低于A_1的温度（通常是620~660℃）保温脱氢。对于珠光体转变较慢而贝氏体转变速度较快的钢（某些中高合金钢），应先缓冷至发生贝氏体转变的温度（通常为280~320℃）保温，在完成贝氏体转变后重新加热至略低于Ac_1的温度保温脱氢。

扩散保温时间与钢的化学成分、氢含量的高低及工件界面大小有关。钢的白点敏感性越大、原始氢含量越高、工件的截面积越大，保温时间就越长。通常可按每100mm截面厚度5~10h估算，有些重要工件甚至要延长至每100mm截面厚度30h。保温后的冷却速度一般控制在20~40℃/h，冷至100~150℃即可出炉空冷。

预防白点退火的工艺曲线如图6-1所示。

（6）扩散退火　以减少工件化学成分和组织的不均匀程度为主要目的，将其加热到高温并长时间保温，然后缓慢冷却的退火。扩散退火也称为均匀化退火，一般用于重要的铸钢件。碳素钢均匀化退火温度一般为1100~1200℃，合金钢均匀化退火温度通常在1200~1300℃范围内。加热速度一般控制在100~200℃/h范围内，保温时间按工件界面厚度每25mm

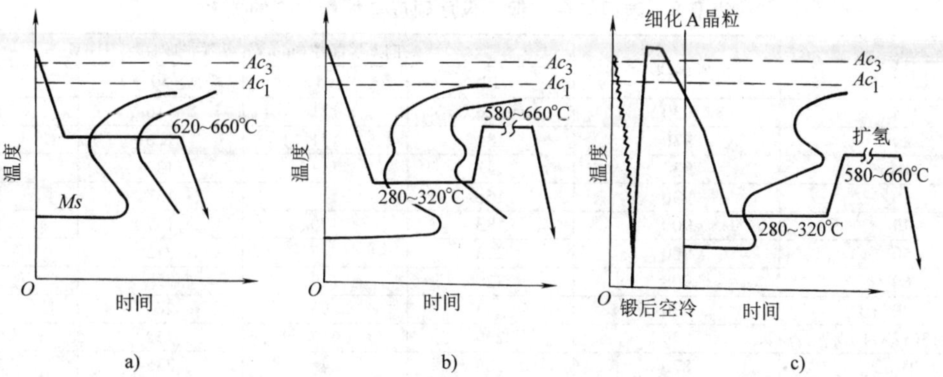

图 6-1　预防白点退火的工艺曲线

a）碳钢低合金钢　b）中合金钢　c）高合金钢

保温 30~60 min 估算。冷却速度一般为 50℃/h，高合金钢为 20~30℃/h。碳钢及一般合金钢出炉温度应低于 600℃，高合金钢出炉温度应低于 350℃，以免发生马氏体转变。扩散退火温度高，常使钢的晶粒过度长大，退火后需再进行一次完全退火或正火加以细化。

（7）再结晶退火　经冷塑性变形加工的工件加热到再结晶温度以上，保持适当时间，通过再结晶使冷变形过程中产生的晶体学缺陷基本消失，重新形成均匀的等轴晶粒，以消除形变强化效应和残余应力的退火。一般钢材再结晶退火温度在 600~700℃ 范围内，保温 1~3 h 空冷，对 $w(C)<0.20\%$ 的普通碳钢，在冷变形时，临界变形速率若达 6%~15% 范围，则再结晶退火后易出现粗晶，因此应避免在该范围内形变。

（8）去应力退火　为去除工件塑性变形加工、切削加工或焊接造成的内应力及铸件内存在的残余应力而进行的退火。去应力退火一般稍低于再结晶温度进行，钢铁材料一般在 550~650℃ 范围内，热作模具钢及高合金钢可适当升高到 650~750℃ 温度，退火时间与退火温度有关。去应力退火时，钢中残余应力的消除程度与退火温度和时间的关系如图 6-2 所示。

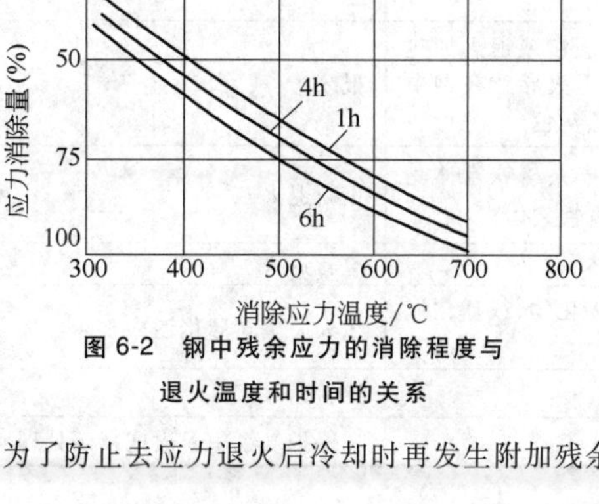

图 6-2　钢中残余应力的消除程度与退火温度和时间的关系

为了防止去应力退火后冷却时再发生附加残余应力，应缓冷至 500℃ 以下出炉空冷，大截面工件需缓冷到 300℃ 以下出炉空冷。

2. 正火

正火是将工件加热奥氏体化后在空气中冷却得到珠光体型组织的热处理工艺。与退火工艺相比，正火加热温度比较高，特别是过共析钢，正火加热通常要超过 Ac_{cm}；冷却速度较快，可以进一步增大组织细化的效果，使韧性得到明显的改善。正火工艺周期短，可以降低生产成本。

对于亚共析钢来说，正火可以消除钢中大块的或网状的铁素体或带状组织，获得较细的片状珠光体，硬度较退火高，可改善切削加工性能或作为淬火前的预备热处理。对于过共析钢来说，当组织中存在网状碳化物时，必须进行正火消除钢中的网状碳化物，为球化退火做组织准备。对于中碳碳素钢或低合金结构钢来说，正火和退火一样，可以使锻钢件及铸钢件奥氏体晶粒细化，由于正火生产成本比退火低，常用正火代替退火作为淬火前的预备热处理。

对力学性能要求不太高的大型锻件常采用正火作为最终热处理，可以避免淬火时的开裂倾向。正火后需进行高温回火，以消除应力，得到良好的力学性能。

由于工件表面与心部冷速的差异，当直径较大时正火后截面上的性能将很不均匀，由此而产生的差异称为质量效应。碳钢与合金钢正火后硬度与质量效应的关系见表 6-8。

亚共析钢正火加热温度可取 Ac_3+(30~50℃)，过共析钢正火加热温度可取 Ac_{cm}+30~50℃。为改善低碳钢的切削加工性能而进行正火时，加热温度常进一步提高，目的是使奥氏体晶粒粗大一些，从而使过冷奥氏体的稳定性有所提高，进一步减少铁素体的数量。正火保温时间可按每毫米工件厚度 1min 估算，如采用正火工艺使偏析组织均匀化时，保温时间需要加长。

表 6-8　碳钢与合金钢正火后硬度与质量效应的关系

钢号	正火温度/℃	在以下直径(mm)正火后的硬度　HBW			
		12	25	50	100
15	930	126	121	116	116
20	930	131	131	126	121
20Mn	930	143	143	137	131
30	930	156	149	137	137
40	900	183	170	167	167
50	900	223	217	212	201
60	900	229	229	223	223
70	900	293	293	285	269
12Cr2Ni4	870	269	262	252	248
40Mn2	870	269	248	235	235
30CrMo	870	217	197	167	163
42CrMo	870	302	302	285	241
40CrNiMoA	870	388	363	341	321
40Cr	870	235	229	223	217
50Cr	870	262	255	248	241

正火冷却速度越大，奥氏体分解温度越低，则珠光体转变产物越细，应力越大，硬度越高。正火一般采用空冷，对某些渗碳件、过共析钢件（防止析出网状碳化物），以及大型件（由于质量效应）的正火，应采用风冷、喷雾冷却甚至水冷等方式。工件堆装厚度或锻件尺寸较大时，在静止空气中往往达不到正火所要求的冷却速度，而出现块状铁素体或网状渗碳体组织，此时需采用鼓风冷却方式来达到正火的目的。对于一些机器零件毛坯来说，正火时可用喷雾冷却代替空冷。

1）等温正火。工件加热奥氏体化后，采用强制吹风快冷到 S 曲线的鼻部（孕育期最短，温度约为 550~600℃），等温保持，使过冷奥氏体在此温度范围内转变为珠光体组织，然后在空气中冷却的正火。由于珠光体转变在同一温度下进行，等温正火较普通正火能够获得较均匀一致的珠光体组织。

2）二段正火。工件加热奥氏体化后，在静止的空气中冷却到 Ar_1 附近随即转入炉中缓慢冷却的正火。

3）两次正火、多次正火。工件（主要为铸锻件）进行两次或两次以上的重复正火。大型锻件由于钢锭较大，结晶缓慢，铸态组织粗大而偏析严重；锻造时形变量较小而不均匀，终锻温度相差较多以至锻件中心及先锻好部分在高温停留时间长等原因，奥氏体晶粒粗大、不均匀。多次正火是细化及均匀化大型锻件晶粒的有效方法。第一次正火采用较高温度 Ac_3+(150~200)℃，第二次正火采用较低温度 Ac_3+(30~50)℃，第一次正火可消除热加工中形成的过热组织，并使难溶第二相充分固溶入奥氏体中，第二次正火使奥氏体晶粒细化。

3. 退火、正火缺陷与补救措施

退火、正火缺陷与补救措施见表 6-9。

表 6-9　退火、正火缺陷与补救措施

缺陷类型	说　明	补救措施
过烧	加热温度过高使晶界局部熔化	报废
过热	加热温度高使奥氏体晶粒粗大，冷却后形成魏氏组织或粗晶组织，钢的冲击性能下降	完全退火或正火补救
黑斑	碳素工具钢由于终锻温度过高（>1000℃），冷却缓慢或退火加热过高，在石墨化温度范围长时间停留，或多次返修退火导致在钢中出现石墨碳，并在其周围形成大块铁素体，断口呈黑灰色	报废
反常组织	Ar_1 附近冷速过低或在 Ar_1 以下长期保温，会在先共析铁素体晶界上出现粗大渗碳体或在先共析渗碳体周围出现宽铁素体	重新退火
网状组织	加热温度过高及冷速慢形成网状铁素体或渗碳体	重新退火
球化不均匀	球化退火前未消除网状碳化物形成残存大块状碳化物，或球化退火工艺控制不当出现片状碳化物	正火后重新球化退火
硬度偏高	退火冷速过快或球化不好	重新退火
脱碳	工件表面脱碳层严重，超过技术条件要求	在保护气氛中退火或复碳处理

6.1.2　钢的淬火

1. 钢的淬透性与淬硬性

淬透性是指钢淬火后获得马氏体的能力。通常以淬火表面以下具有特定硬度或特定马氏体含量的组织处距表面的距离来度量。影响淬透性的因素主要是化学成分、原始组织和晶粒度。钢的连续冷却转变图中珠光体、贝氏体开始转变曲线越偏右，它的淬透性就越高。凡是使连续冷却转变图中珠光体、贝氏体转变开始曲线向右推移的因素，都会使钢的淬透性提高。溶入奥氏体中的碳及合金元素（Co 除外）都使钢的淬透性提高。晶粒越大，钢的淬透性越大。

淬硬性是指钢淬火后能获得的最大硬度。马氏体的硬度是淬火钢能够达到的最高硬度，淬硬性以该种钢完全转变成马氏体的硬度来度量。淬硬性或淬火硬度主要取决于马氏体中的碳含量（见图 6-3），合金元素的影响很小。图 6-4 所示为不同碳含量钢淬火后的硬度。知道了钢的碳含量，便可以估计该种钢淬火后可以达到的最高硬度。当钢中不能得到全部马氏体时，淬火后的硬度将随马氏体含量的减少而降低。碳含量及马氏体组织含量相同时，合金钢中的硬度要略高于碳素钢，相当于图 6-3 中曲线带的上限。图 6-4 中的曲线 1 为完全淬火时的硬度曲线，碳含量较低时，淬火后的硬度随碳含量的增加而增加；但碳含量较高时，由于淬火后残留奥氏体的增多，硬度随碳含量的增加反而有所下降。图 6-4 中的曲线 2 对于过共析钢所采用的是不完全淬火，淬火后马氏体的碳含量均相同，故硬度不随碳含量变化。为真正获得马氏体硬度与碳含量的关系，必须采用完全淬火并立即进行冷处理，使奥氏体完全转变为马氏体，如图 6-4 中曲线 3。马氏体在 $w(C)<0.60\%$ 时，其硬度随碳含量的增加而显著增加，但当 $w(C)>0.60\%$ 以后，硬度增长的趋势明显下降。

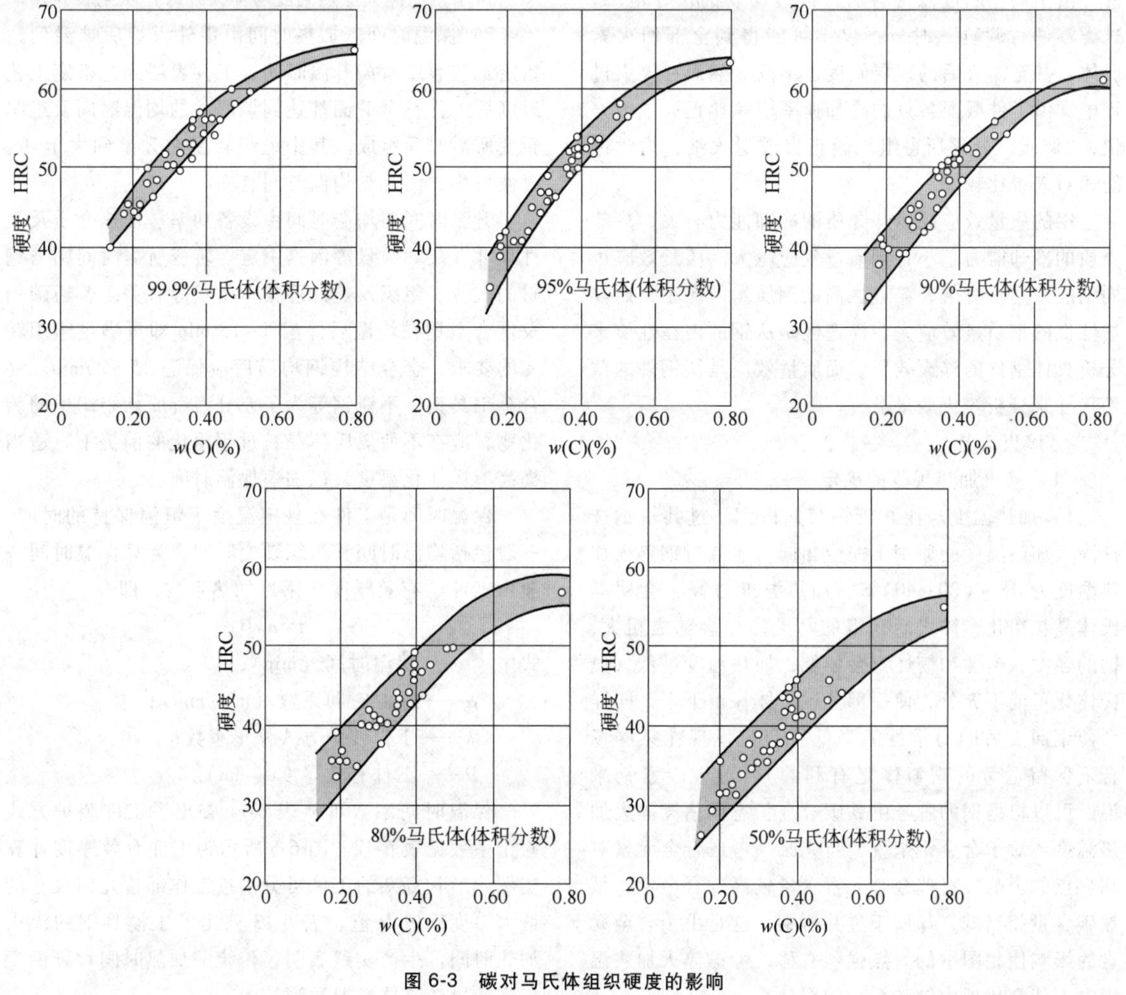

图 6-3　碳对马氏体组织硬度的影响

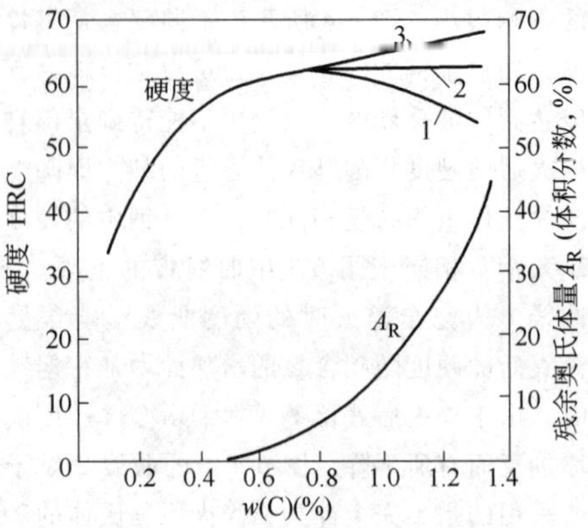

图 6-4　不同碳含量钢淬火后的硬度

1—高于 Ac_3　2—高于 Ac_1　3—马氏体硬度

淬硬层深主要取决于钢的质量（尺寸）效应、淬透性和介质冷却能力。钢件尺寸越小，越容易淬透，反之尺寸越大，淬硬层越浅。对较大尺寸的低合金钢调质零件以及某些超过一定尺寸的碳素钢调质零件，由于尺寸超过该材料的可淬透淬硬的尺寸范围，这类零件“调质”时，不仅不可能得到全部回火索氏体，甚至淬火后的表层硬度也不高。然而在淬火过程中，沿工件截面各点的冷却速率毕竟比正火或退火快，“调质”处理所得组织较正火或退火细，力学性能相对来说比较好。

钢的质量效应同冷却介质的冷却能力有关，冷却介质的冷却能力越小，则质量效应越大。质量效应也同钢的淬透性有关，淬透性高的钢质量效应小，而淬透性低的钢质量效应大。淬透性是从钢的内在性质来分析具体钢件的淬火效果，而质量效应是从钢件的截面尺寸来分析淬火效果。

2. 淬火工艺

(1) 淬火加热规范的确定

1) 加热温度。亚共析钢与共析钢、过共析钢选择淬火加热温度的原则不完全相同。亚共析钢淬火加热温度为 Ac_3+(20~40)℃，加热温度过高，会使奥氏体晶粒粗化，淬火后获得的马氏体也会随之粗大，钢的强度、塑性和韧性都会偏低；加热温度过低，奥氏体化可能不充分，使一部分铁素体保留下来，同样会使钢回火后的力学性能降低（研究发现在某些场合下保留适量的铁素体是有利的）。对于碳素钢来说，可以根据钢的牌号由铁碳合金状态图估算淬火加热温度。对于合金钢来说，首先必须考虑合金元素对临界点的影响，有些合金元素含量较高的合金钢，虽然碳含量相当低，却属于过共析钢，这是由于合金元素的影响使相图中的 *S* 点强烈右移，考虑淬火加热温度时不能简单地由铁碳合金相图估算。

共析钢、过共析钢淬火加热温度无论碳含量高低，只应略高于 Ac_1，一般为 Ac_1+(20~40)℃。加热温度过高，不仅使奥氏体和由它转变而成的马氏体粗化，而且碳化物充分溶入奥氏体后使其中碳及合金元素的浓度提高，*Ms* 下降，以致淬火后残留奥氏体数量过多。共析钢和过共析钢主要用于工具、轴承等工件，这类工件对钢的要求主要是较高的硬度和耐磨性。残留奥氏体数量过多，不仅使钢的硬度和耐磨性降低，而且由于它在工件工作过程中可能发生转变，会影响工件的尺寸稳定性。共析钢和过共析钢淬火时保留适量的碳化物，不但不会使它的硬度下降，而且会有效提高它的耐磨性。碳化物的形状越接近球状，颗粒越细小，钢的耐磨性越好。

对于一些高合金钢来说，选择淬火加热温度时不仅要考虑合金元素对加热相变温度的影响，而且要考虑合金碳化物的难溶性，因此有些高合金过共析钢如高速钢、高铬钢的淬火加热温度会很高。

常用钢的淬火加热温度与淬火冷却介质见表 6-10。

2) 保温时间。加热时间由零件入炉后炉温到达指定工艺温度所需升温时间、工件表层到达指定工艺温度后工件整个截面都达到该温度的均温时间及组织转变所需时间组成。其中组织转变在升温到大于 Ac_1 时便发生，因此与均温时间有交叉。

升温时间与均温时间由设备功率、加热介质及工件尺寸、装炉数量等因素决定。转变所需时间则与钢材的成分、组织及热处理技术要求等有关。普通碳钢及低合金钢在均温后保温 5~15 min 即可满足组织转变的要求，合金结构钢均温后应保温 15~25min。高合金工具钢、不锈钢等为了充分溶解原始组织中的碳化物，应在不使奥氏体晶粒过于粗化的前提下，适当提高奥氏体化温度，以缩短保温时间。

保温时间是工件在规定温度下恒温保持的时间，一般包括均温时间和组织转变时间，计算保温时间一般由工件“有效厚度”乘以加热系数，即

$$t=\alpha kD$$

式中　t——保温时间 (min)；

α——保温时间系数 (min/mm)；

k——工件装炉方式修正系数；

D——工件有效厚度 (mm)。

保温时间系数可从表 6-11 查出。工件装炉方式修正系数见表 6-12。图 6-5 所示为工件有效厚度计算实例，形状复杂的工件可分别按工作部位几何尺寸的最大厚度确定 *D* 值。表 6-13 列出了工模具钢的淬火加热时间。生产实践表明，传统的加热时间计算偏于保守，可依具体情况适当缩短。

表 6-10　常用钢的淬火加热温度与淬火冷却介质

钢号	淬火加热温度/℃	淬火冷却介质	说明
45	820~840 840~860	盐水 碱浴	
30Mn2	840~880	油	
40Mn2	830±10	油	
40B	820~860	油	
50B	840~860	油	
40MnB	850~880	油	
40MnVB	860~880	油	
20Cr	860~880	水、油	
40Cr	850~870	油	
38CrSi	900	油	
20CrMo	880	水、油	
35CrMo	850~870	油	
42CrMo	850	油	
30CrMnSi	880~900	油	
35SiMn	900~920	水、油	
12CrNi3A	860±10	油	
20CrNi3A	820~840	油	
40CrNiMo	820~840 840~860	水 油	
38CrMoAl	930~950	油	
65Mn	830	油	
55SiMnVB	860	油	
60Si2Mn	870	油	
60Si2CrA	870	油	
55SiCrA	860	油	
60CrMnA	830~860	油	
50CrVA	850	油	
20CrMnTi	830~850	油	
40CrNiMoA	820~840	油	
30CrMnSi	880~900	油	
T7~T12 T7A~T12A	780~800 810~830	盐水 碱浴、硝盐	
8Cr3	850~880	油	
9Mn2V	780~800 790~810	油 碱浴、硝盐	
CrWMn	820~840	油	
Cr2	830~850	碱浴、硝盐	
GCr15	830~860 855~885	油 碱浴、硝盐	等温淬火
GCr15SiMn	820~850	油	
GCr18Mo	875~900	油、碱浴、硝盐	等温淬火
G95Cr18	1050~1100	油	
9SiCr	850~870	油	
4CrW2Si	860~900	油	
5CrW2Si	860~900	油	
6CrW2Si	860~900	油	
5Cr3Mn1SiMo1V	930~950	气	
5CrMnMo	830~850	油	
5CrNiMo	840~860	油	
3Cr2Mo	840~860	油	
3Cr2MnNiMo	850~880	油	
2Cr13	1000~1050	油、水	
4Cr13	1050	油	
Cr4Mo4V	1100~1120	油	
3Cr2W8V	1050~1100 1140~1150	油 油	常规淬火，要求冲击韧性时；高温淬火，要求热强性时
4Cr5MoSiV1(H3)	1020~1050	油、气	要求热硬性时，可以采用更高的淬火温度
4Cr5MoSiV	1000~1020	油、气	
4Cr5W2VSi	1030~1050	油、气	
4Cr3Mo3SiV	1010~1050	油、气	
3Cr3Mo3W2V	1030~1120		
5Cr4W2Mo2V	1100~1140	油、气	
Cr12	960~980 1050~1100	油或硝盐分级 油或硝盐分级	一般冷冲模要求热硬性
Cr12MoV	980~1020 1050~1120	油或硝盐分级 油或硝盐分级	要求热硬性
W6Mo5Cr4V2	1000~1100 1180~1220	油、气、分级	
W18Cr4V	1000~1100 1260~1280	油、气、分级	
W2Mo9Cr4VCo8	1190±10	油、气、分级	
W9Mo3Cr4V	1220~1250	油、气、分级	
W6Mo5Cr4V2Al	1190~1250	油、气、分级	

表 6-11　保温时间系数

工件材料	直径/mm	<600℃ 气体介质炉中预热	800~900℃ 气体介质炉中加热	750~850℃ 盐浴炉中加热或预热	1100~1300℃ 盐浴炉中加热
碳素钢	≤50 >50		1.00~1.20 1.20~1.50	0.30~0.40 0.40~0.50	
低合金钢	≤50 >50		1.20~1.50 1.50~1.80	0.45~0.50 0.50~0.55	
高合金钢 高速钢		0.35~0.40	0.65~0.85	0.30~0.35	0.17~0.20 0.16~0.18

表 6-12　工件装炉方式修正系数

工件装炉方式	修正系数	工件装炉方式	修正系数
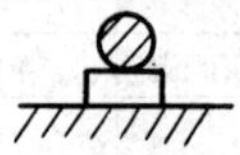	1.0	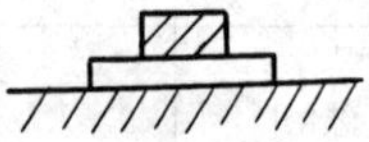	1.0
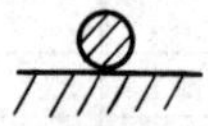	1.0	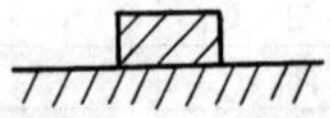	1.4
	2.0	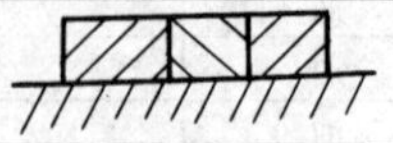	4.0
	1.4	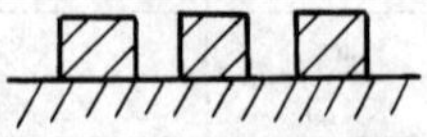	2.2
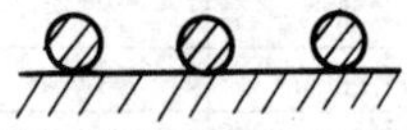	1.3	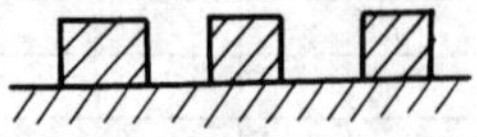	2.0
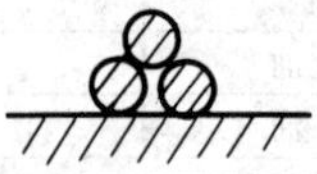	1.7	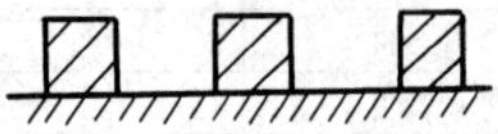	1.8

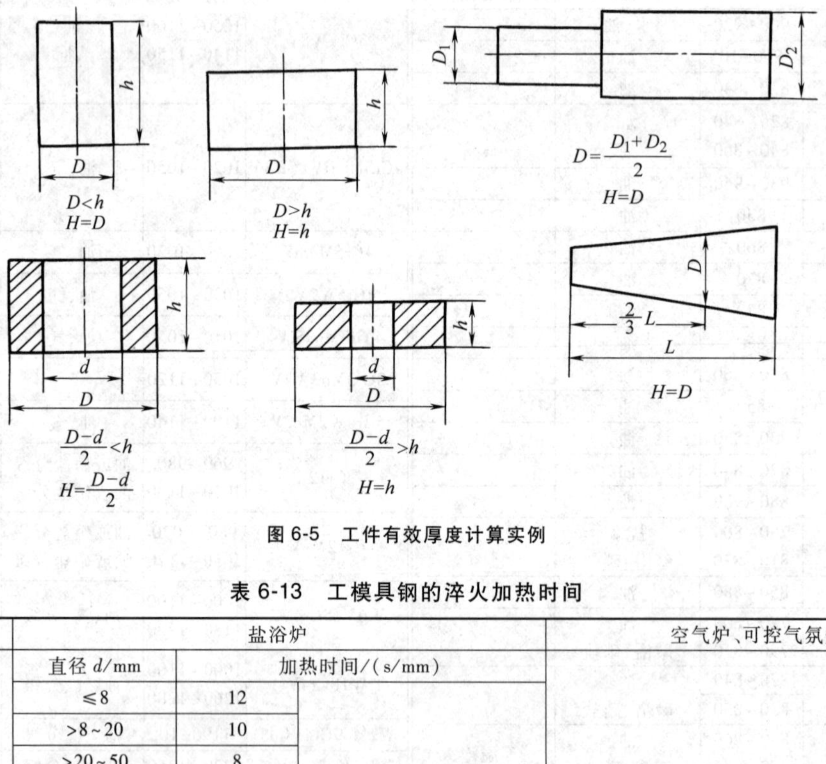

图 6-5　工件有效厚度计算实例

表 6-13　工模具钢的淬火加热时间

<table>
<tr><th>钢种</th><th colspan="3">盐浴炉</th><th>空气炉、可控气氛炉</th></tr>
<tr><td rowspan="7">高速钢</td><td>直径 d/mm</td><td colspan="2">加热时间/(s/mm)</td><td rowspan="7"></td></tr>
<tr><td>≤8</td><td>12</td><td rowspan="6">850~900℃预热</td></tr>
<tr><td>>8~20</td><td>10</td></tr>
<tr><td>>20~50</td><td>8</td></tr>
<tr><td>>50~70</td><td>7</td></tr>
<tr><td>>70~100</td><td>6</td></tr>
<tr><td>>100</td><td>5</td></tr>
<tr><td rowspan="7">热锻模具钢</td><td>直径 d/mm</td><td colspan="2">加热时间/min</td><td rowspan="7">厚度小于 100mm:20~30min/25mm
厚度大于 100mm:10~20min/25mm
(800~850 ℃预热)</td></tr>
<tr><td>5</td><td colspan="2">5~8</td></tr>
<tr><td>10</td><td>8~10</td><td rowspan="5">800~850℃预热</td></tr>
<tr><td>20</td><td>10~15</td></tr>
<tr><td>30</td><td>15~20</td></tr>
<tr><td>50</td><td>20~25</td></tr>
<tr><td>100</td><td>30~40</td></tr>
</table>

（续）

钢种	盐浴炉			空气炉、可控气氛炉
冷变形模具钢	直径 d/mm	加热时间/min		厚度小于 100mm：20~30min/25mm 厚度大于 100mm：10~20min/25mm （800~850 ℃预热）
	5	5~8		
	10	8~10	800~850℃预热	
	20	10~15		
	30	15~20		
	50	20~25		
	100	30~40		
碳素工具钢 合金工具钢	直径 d/mm	加热时间/min		厚度小于 100mm：20~30min/25mm 厚度大于 100mm：10~20min/25mm （500~550 ℃预热）
	10	5~8		
	20	8~10	500~550℃预热	
	30	10~15		
	50	20~25		
	100	30~40		

工件在真空加热时温升缓慢，当真空炉中监控热电偶升到设定温度时，被加热的工件还远未到温，即真空加热的滞后现象，尤其在 600℃以下，工件的加热速度要比空气中慢得多。对 GCr15 钢试样在不同介质中的加热速度进行测定，试样心部加热到 850℃时所需的时间，在真空炉中均温时间约为盐浴炉的 6 倍、空气炉的 1.5 倍。

真空加热时，工件的均温时间可按下面的经验公式计算：

$$t_{均}=\alpha D$$

式中　$t_{均}$——均温时间（min）；

α——均温时间系数（min/mm），见表 6-14；

D——工件有效厚度（mm）。

表 6-14　均温时间系数

加热温度/℃	均温时间系数 α/（min/mm）	预热情况
600	1.6~2.2	—
800	0.8~1.0	600℃预热
1000	0.3~0.5	600℃、800℃预热
1100~1200	0.2~0.4	600℃、800℃、1000℃预热

注：没有预热，直接加热时，均温系数应增大 10%~20%。

图 6-6 所示为 Cr12MoV 钢的真空淬火工艺曲线，图中的保温时间是按下列经验公式计算的：

$$t_1=30+(1.5\sim2)D$$

$$t_2=30+(1.0\sim1.5)D$$

$$t_3=20+(0.25\sim0.5)D$$

式中　t_1，t_2——第一、第二次预热时间（min）；

t_3——最终保温时间（min）；

D——工件有效厚度（mm）。

图 6-7 所示为改进后的工艺曲线，将第一、第二次的预热温度分别由 650℃和 860℃提高到 780℃和 930℃，其透热时间可以缩短约 1/3，同时由于第二次预热温度升高，淬火加热保温时间也可缩短一半。这种工艺完全可以防止热应力引起的畸变和开裂，又能明显地缩短生产周期，降低成本，提高效率。

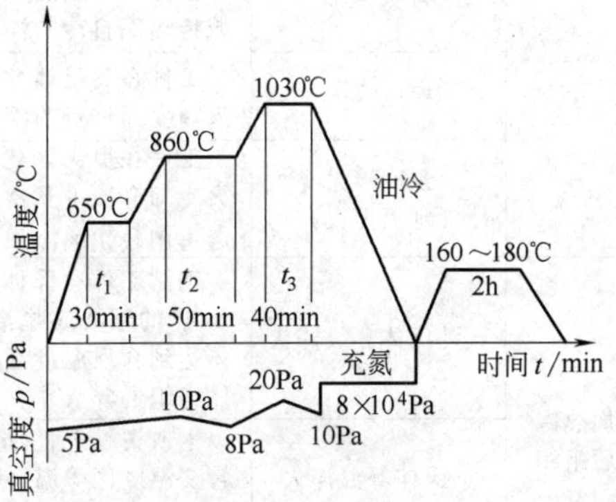

图 6-6　Cr12MoV 钢的真空淬火工艺曲线

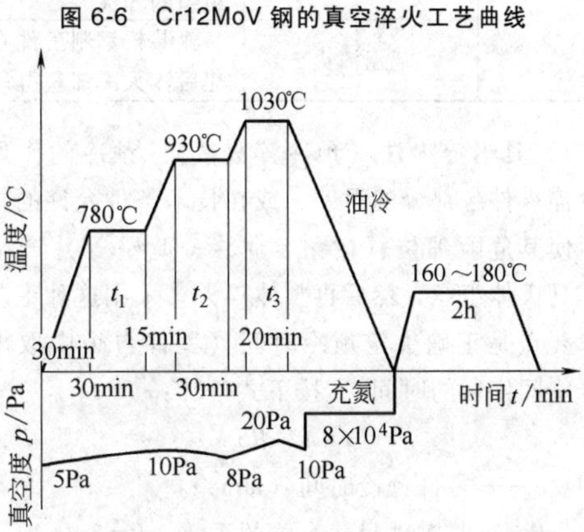

图 6-7　改进后的 Cr12MoV 钢真空淬火工艺曲线

3）加热速度。对于形状复杂，要求变形小，或用合金钢制造的大型铸锻件，必须控制加热速度以保证减少淬火畸变及开裂倾向，一般以 30～70℃/h 限速升温到 600～700℃，均温一段时间后再以 50～100℃/h 速度升温。形状简单的中、低碳钢、直径小于 400mm 的中碳合金结构钢可直接到温入炉加热。

（2）淬火冷却方法　淬火冷却方法的分类及其适用范围见表 6-15。

表 6-15　淬火冷却方法的分类及其适用范围

淬火冷却方法		方法特点	适用范围
按冷却介质分	水冷淬火	以水作为冷却介质的淬火冷却	低、中碳钢及低碳、低合金钢工件
	油冷淬火	以油作为冷却介质的淬火冷却	大多数合金结构及合金工具钢工件
	空冷淬火	以空气作为冷却介质的淬火冷却	高速钢、马氏体不锈钢工件
	风冷淬火	以强迫流动的空气或压缩空气作为冷却介质的淬火	中碳合金钢大型工件
	气冷淬火	以 N_2、H_2、He 等气体在负压、常压和高压下冷却的淬火	在真空炉内的淬火冷却
	盐水淬火	以盐类水浴液作为冷却介质的淬火	碳钢及低合金工具钢
	水基聚合物水溶液淬火	以聚合物水浴液作为冷却介质的淬火	冷速介于水、油之间或代替油冷
按冷却方式分	喷液淬火	用喷射液体作为冷却介质的淬火	多用于表面淬火或局部淬火
	喷雾冷却淬火	工件在水和空气混合喷射的雾中冷却的淬火	中碳合金钢大型工件
	热浴淬火	工件在熔盐、熔碱、熔融金属或高温油中的冷却淬火	中碳钢及合金钢为减小变形
	双介质淬火	工件奥氏体化后先浸入冷却能力强的介质，在材料即将发生马氏体转变时立即转入冷却能力较弱的介质中冷却的淬火	中高碳合金钢为减小畸变并获得较高硬度时的冷却方法，适用于尺寸较大的工件
	自冷淬火	工件局部或表层奥氏体化后，依靠向未加热区域传热而自冷的淬火	高能量密度加热的自冷淬火等
	模压淬火	·工件在奥氏体化后先在特定夹具下为减少淬火畸变而进行的淬火	板状、片状及细长杆类工件淬火
	预冷淬火（延迟淬火）	工件在奥氏体化后先在空气中或其他缓冷淬火冷却介质中预冷到稍高于 Ar_1 或 Ar_3 温度，然后再用较快的冷却介质进行淬冷的方法	截面变化较大，或形状较复杂易淬裂的工件
按加热冷却后组织	马氏体分级淬火	钢制工件奥氏体化后浸入温度稍高或稍低于 Ms 点的碱浴或盐浴中保持适当时间，在工件整体达到介质温度后取出空冷以获得主要是马氏体组织的淬火	减小淬火应力的高碳工具钢的工具、模具
	贝氏体等温淬火	钢或铸铁工件加热奥氏体化后快冷到贝氏体转变温度区等温，使奥氏体转变为主要是贝氏体组织的淬火	对形状复杂的中高合金工具钢，可获得较高硬度与韧性，且畸变小
	亚温淬火	亚共析钢制工件在 Ac_1～Ac_3 温度区间奥氏体化后淬火冷却获得马氏体及铁素体组织的淬火	低、中碳钢及低合金钢，抑制回火脆性，降低临界脆化温度（FATT）

1）延迟淬火法（预冷淬火法）。预冷的作用是减少淬火件各部分的温差，或在技术条件允许的情况下，使其危险部位（棱角、薄缘、薄壁等）产生部分非马氏体组织，然后再整体淬火。采用这种工艺的技术要点是正确决定预冷时间（零件自炉中取出到淬冷之间停留的时间），按下式估算：

$$\tau = 12 + RS$$

式中　τ——零件预冷时间（min）；

R——与零件尺寸有关的系数，$R=3～4$；

S——危险截面厚度（mm）（危险淬裂区截面）。

2）双介质淬火法。此法多用于碳素工具钢及大截面合金工具钢要求淬硬层较深的零件。对碳素工具钢，一般以每 3mm 有效厚度在水中停留 1s 估算。形状复杂的工件以每 4～5mm 在水中停留 1s 估算。大截面合金工具钢可按每毫米有效厚度 1.5～3s 计算。

与双介质淬火原理相同的淬火方法有水-空气、油-空气、油-水-油等淬火方法。其一般均希望在临界温度范围内冷却较快，而在马氏体点附近缓冷，以减小淬火应力引起的畸变及防止淬裂。

3）马氏体分级淬火。分级淬火工艺的关键是分级盐浴的冷速一定要保证大于临界淬冷速度，并且使淬火零件保证获得足够的淬硬层深度。

不同钢种在分级淬火时均有其相应的临界直径。

表 6-16 列出了几种钢材在不同介质中淬火时的临界直径。从表 6-16 中可以看出，分级淬火时零件的临界直径比油淬、水淬时都要小。因此，对大截面碳钢、低合金钢零件不适宜采用分级淬火。

为了降低临界淬冷速度，淬火加热温度可比普通淬火提高 10~20℃。

表 6-16　几种钢材在不同介质中淬火时的临界直径　　（单位：mm）

淬火方法	能淬透的临界直径					
	45	30CrNiMo	45Mn	GCr15	5CrMnMo	5CrNiMo
分级淬火	2.25	7.25	7.25	12.50	22.00	42.50
油淬	7.25	12.50	12.50	19.75	32.25	57.25
水淬	10.00	19.75	19.75	32.25	47.50	86.50

图 6-8 所示为马氏体分级淬火工艺示意。其中图 6-8a 所示为分级温度高于 *Ms* 的分级淬火，适用于淬透性较好的钢，分级温度在 *Ms* 点以上 10~30℃。对于形状复杂、畸变控制严格的高合金工具钢，分级淬火前可以采用多次分级冷却，分级冷却温度应尽量选择在过冷奥氏体的稳定性较大的温度区域，以防止在分级冷却中发生其他非马氏体转变。

图 6-8b 所示为分级温度低于 *Ms* 的分级淬火，又称马氏体等温淬火，适用于淬透性略低钢种制造的工件，分级温度在 *Ms* 点以下 50~100℃。要求淬火后硬度较高、淬透层较深的工件应选择较低的分级温度，较大截面零件分级温度要取下限，形状复杂、畸变要求较严的小型零件，则应取分级温度的上限。

常用分级淬火冷却介质见表 6-17。

分级停留时间主要取决于零件尺寸。截面小的零件一般在分级盐浴中停留 1~5min 即可。经验上分级时间（以秒计）可按 30+5*d* 估计。*d* 为零件有效厚度（单位为 mm）。

表 6-18 所列为几种常用钢材分级淬火后的硬度。

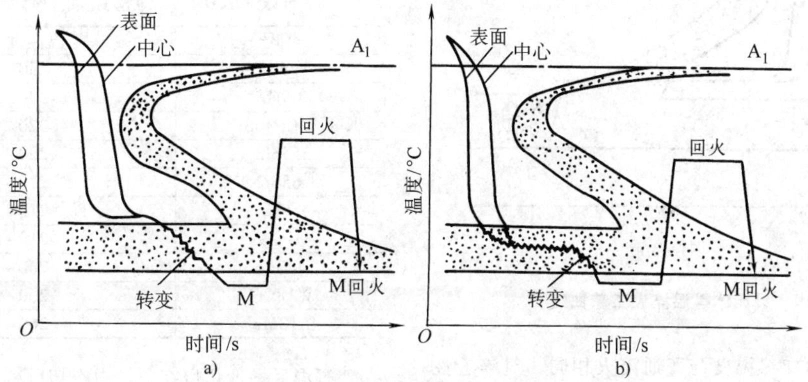

图 6-8　马氏体分级淬火工艺示意

a）分级温度>*Ms*　b）分级温度<*Ms*

表 6-17　常用分级淬火冷却介质

热浴	淬火冷却介质成分(质量分数)	熔化温度/℃	使用温度范围/℃
中性盐浴	50% $BaCl_2$+20% NaCl+30% KCl	560	580~800
硝盐浴	50% KNO_3+45% $NaNO_3$	218	230~550
硝盐浴	53% KNO_3+40% $NaNO_2$+7% $NaNO_3$（另加 2%~3% H_2O）	100	110~130
硝盐浴	55% KNO_3+45% $NaNO_2$	137	150~500
碱浴	80% KOH+20% NaOH(另加 6% H_2O)	130	140~250

表 6-18　几种常用钢材分级淬火后的硬度

钢号	加热温度/℃	冷却方式	硬度 HRC	备注
45	820~830	水	>45	<12mm 可淬硝盐
	860~870	160℃硝盐或碱浴	>45	<30mm 可淬碱浴

（续）

钢号	加热温度/℃	冷却方式	硬度 HRC	备注
40Cr	850~870	油或160℃硝盐	>45	
65Mn	790~820	油或160℃硝盐	>55	
T12A	770~790	水	>60	<12mm 可淬硝盐
	780~820	180℃硝盐或碱浴		<30mm 可淬碱浴
T7、T8	800~830	水	>60	<12mm 可淬硝盐
		160℃硝盐或碱浴		<25mm 可淬碱浴
GCr9	820~830	水	>60	约>25mm 淬火
	840~850	160℃硝盐或油		<25mm 淬油或硝盐
3Cr2W8V	1070~1130	油或580~620℃分级	46~55	
W18Cr4V	1260~1280	油或600℃盐浴分级	>62	

4）贝氏体等温淬火。贝氏体等温淬火工艺曲线如图6-9所示。贝氏体等温淬火可在保证较高硬度（共析碳钢约为56~58 HRC）的同时保持很高的韧性。由于下贝氏体转变的不完全性，空冷到室温后常出现相当数量的淬火马氏体与残留奥氏体。

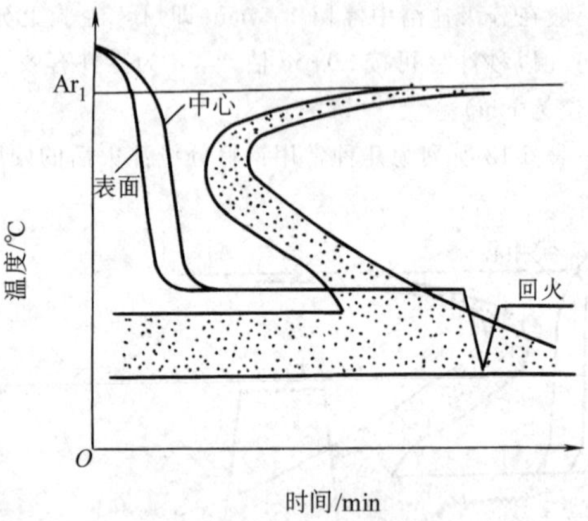

图6-9　贝氏体等温淬火工艺曲线

等温淬火的加热温度与普通淬火相同，对淬透性较差的碳钢及低合金钢可适当提高加热温度，对尺寸较大的零件也可适当提高加热温度。

尺寸较大的零件等温温度应取下限或采用分级等温冷却，即先将零件淬入较低温度的分级盐浴中停留较短时间，然后放入等温盐浴。表6-19列出了几种钢材可等温淬火的最大尺寸及硬度。一般认为在 $Ms+(0\sim30℃)$ 等温可以获得满意的强度和韧性。几种常用钢的等温温度见表6-20。

等温时间的计算公式为

$$\tau=\tau_1+\tau_2+\tau_3$$

式中　τ_1——零件从淬火温度冷却到盐浴温度所需时间，该时间与零件尺寸及等温温度有关；

τ_2——均温时间，主要取决于零件尺寸；

τ_3——从C曲线上查出的转变所需时间。

表6-19　几种钢材可等温淬火的最大尺寸及硬度

钢号	最大直径或厚度/mm	最高硬度 HRC
T10	4	57~60
T10Mn	5	57~60
65	5	53~56
65Mn	8	53~56
65Mn2	16	53~56
70MnMo	16	53~56
50CrMnMo	13	52
5CrNiMo	25	54

表6-20　几种常用钢的等温温度

钢号	等温温度范围/℃
65	280~350
65Mn	270~350
30CrMnSi	320~400
55Si2	330~360
65Si2	270~340
T12	210~220
GCr9	210~230
9SiCr	260~280
W18CrV	260~280
Cr12MoV	260~280

等温后一般可以在空气中冷却以减少附加的淬火应力。零件尺寸较大、要求淬硬层较深时可考虑油冷或喷雾冷却。等温淬火后的回火温度应低于等温温度，高碳钢在等温淬火后适当回火，钢的韧性可进一步提高。

5）喷液淬火。对于仅要求局部硬化的零件（如内部型腔），可在特制的喷液装置中淬火。如图6-10所示，内型腔表面需硬化的模具整体加热后放在喷液装置上使之在流动水中激冷，而模具其余部分在空气中冷却，待模具整体温度降到600℃以下时，全部淬油。硬化层深度及硬度与水流速度、流量、压力、水温、喷水方式及喷水时间等有关。

对某些大型模具，为防止棱角边缘淬火开裂可实行局部顶喷淬火，即首先将棱角预喷冷却后停止片刻，再靠内部传导热量将预喷部位迅速回火成回火马氏体，然后整体淬冷。

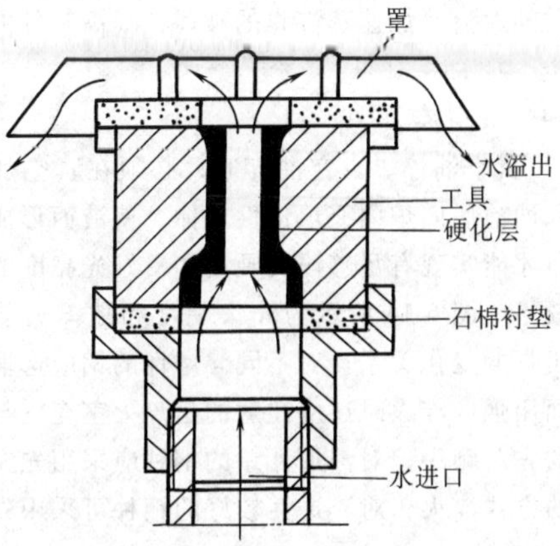

图6-10 模具内腔喷液装置

6）模压淬火。对板状、片状零件及细长的杆状零件（如离合器摩擦片、盘形螺旋齿轮、锯片、锭杆等），加热到淬火温度后可置于特定夹具或淬火压床上压紧冷却，这种方法可以有效地减小工件淬火畸变。

7）喷雾淬火。对大型轴类零件，诸如转子、支撑辊等重要零件，广泛使用喷雾淬火。大型轴类零件喷雾冷却的主要优点是，冷却速度可以调节，可满足不同钢种不同直径大锻件淬火冷却要求，也适应同一零件不同淬火部位对冷速的要求。

（3）淬火操作

1）合理选择和使用工夹具，单件淬火工件常用的吊挂或绑扎吊挂方法（见图6-11）。多件加热淬火时常用吊架和吊筐（见图6-12）。

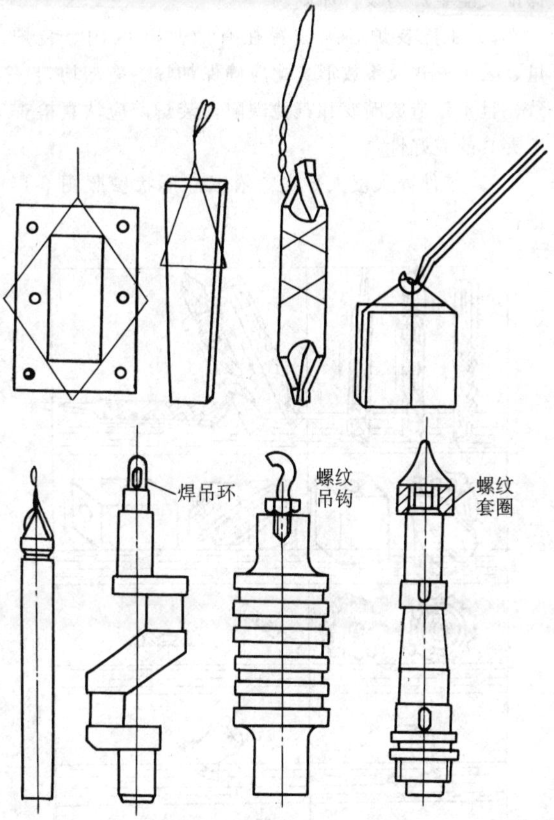

图6-11 工件吊挂方法示例

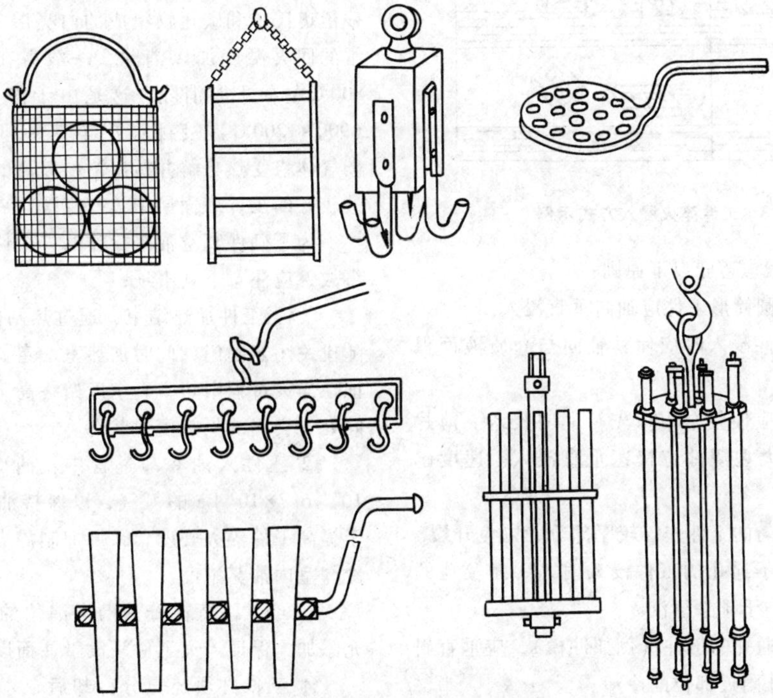

图6-12 淬火夹具示例

所有的吊架及夹具均应以减少加热和淬冷畸变、保证安全生产为设计原则。

2）工件装炉必须放置在有效加热区内。装炉量、装炉方式及堆放形式均应确保加热、冷却均匀一致，且不致造成畸变和其他缺陷。装炉前应认真检查工夹具的完好性。

3）工件淬火浸入方式应依工件形状参照图6-13进行。

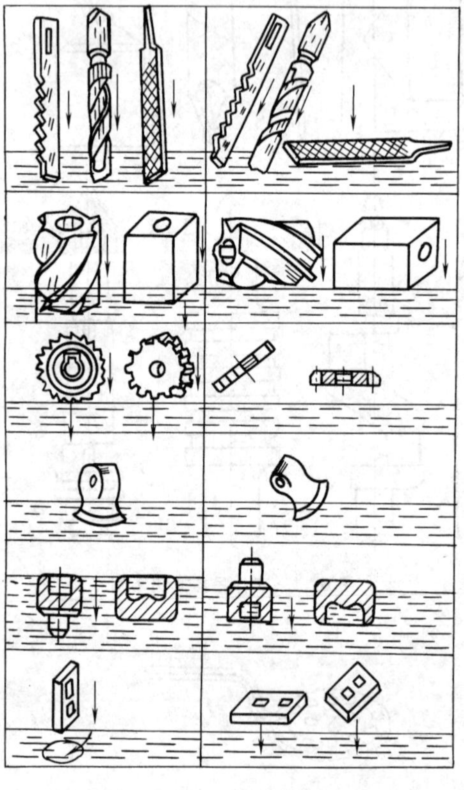

图6-13　工件淬火浸入方式示例

淬火冷却一般应遵守以下原则：

① 细长形、圆筒形工件应轴向垂直浸入。

② 圆盘形工件浸入时应使其轴向与介质液面保持水平。

③ 薄刃工件应使整个刃口先行同时浸入。薄片件应垂直浸入，大型薄件应快速垂直浸入。速度越快，畸变越小。

④ 厚薄不均匀的工件先淬较厚部分，以免开裂。

⑤ 有凹面或不通孔的工件浸入时，凹面及孔的开口端向上，以利于排除蒸汽。

⑥ 长方形带通孔的工件（例如冲模），应垂直斜向淬入，以利于孔附近部位的冷却。

⑦ 工件浸入淬火冷却介质后应适当移动，以增强介质的对流，加速蒸汽膜的破裂，提高工件的冷却速度。

（4）真空淬火

1）真空油淬。真空油淬时，必须在真空加热后工件入油前后向炉内充填惰性气体，使液面形成一定压强，才能实现有足够淬火硬度和良好光亮度的真空油淬效果。图6-14所示为淬火硬度和随淬火前油面不同压强的变化关系。对不同淬透性的钢应选取不同的油面压强。淬火时还应注意的是淬火室充气与淬火入油的先后顺序，对淬透性差的钢种应采用先充气后入油的方式淬火，对淬透性较好的钢种可采用先入油后充气方式淬火。

另外，油面压强对淬火畸变亦有极大影响，降低油面压强，可使淬火畸变显著减轻。因此，淬火油面压强，应在保证淬火硬度和淬透层的前提下尽可能低一些。一般淬火前压强应提高到26 kPa以上，常采用向冷却室回充氮气的工艺，压强为0.04~0.05MPa（常用40~67kPa，高于67kPa对冷却特性的影响就不显著了）。淬火前压强接近0.1MPa，可得到高的淬火硬度，充氮气有利于安全操作。

真空油淬时为满足冷却能力的要求，需要有足够的油量，一般取工件（包括料盘）质量与油量之比1∶10~1∶15，油槽容积应比油与工件体积之和大15%~20%以上。新油第一次使用时需脱气处理。

高速工具钢经真空油淬后，在工件表面出现大量残留奥氏体和碳化物组成的白亮层，无法用560℃正常的回火温度加以消除，一般需在700℃以上甚至800℃左右才能消除。这是由于淬火油在高温工件（900~1200℃）接触后分解产生CO、CH_4，这些渗碳气体将受热分解并析出浓度较高的活性炭，渗入活性较好的工件表面层中，产生瞬间渗碳现象。

为了确保真空油淬操作的安全性，防止发生爆燃事故，应注意下列事项：

① 当工件加热结束，通过热闸门进入淬火室后，随机关闭热闸门，此时加热室一定要继续抽真空，保证在淬火过程中热室真空度始终高于冷室，使两室之间处于良好的隔热密封状态。

② 工件入油冷却过程中，油冷室应充入4.0×10^4~6.7×10^4 Pa的氮气，以保持油面压强，既有利于提高工件淬火硬度，又可抑制淬火油的挥发，降低冷却室内油雾浓度。

③ 经常注意检查油槽中油位的高度，并及时补充添加；保证淬火工件浸没于油面以下足够的深度。

④ 工件必须经充分冷却后，才能提升，出油沥干，并对油冷室抽真空，以去除油冷室上方的油雾

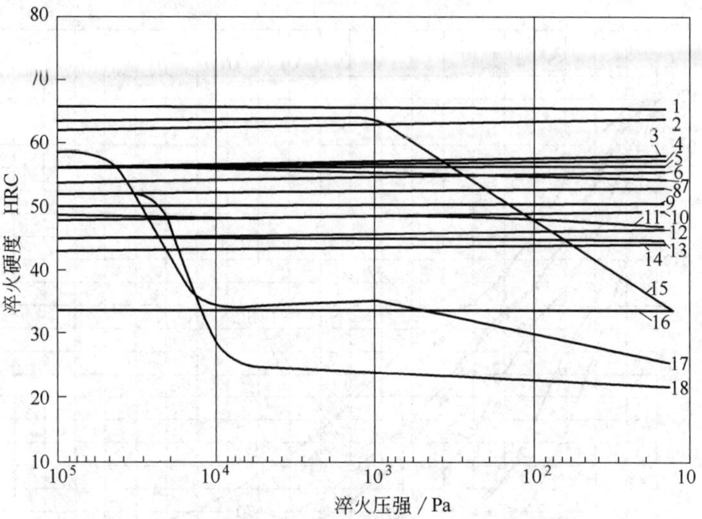

图 6-14　淬火硬度和随淬火前油面不同压强的变化关系

1—Cr12MoV　2—60Si2Mn　3—40CrNi2Si2MoVA　4—40CrMnSiMoVA　5—37CrNi3A　6—40CrA　7—40CrNiMoA　8—38CrMoAlA　9—30CrMnSiNi2A　10—1Cr11Ni2W2MoV　11—30CrMnSiA　12—Cr17NiA（在用非标牌号）　13—18Cr2Ni4WA　14—12Cr13　15—65Mn　16—T8A　17—12CrNi3A　18—45

气，然后才能关闭真空阀门，放气出炉。

⑤ 对不允许充分冷透的工件，出油后工件需在气冷室停留足够时间，使油雾气冷凝成油滴回到油槽，并对油冷室抽真空，去除油雾气，然后才能放气开炉门。

⑥ 对大型模具，更安全的方法是：工件出炉前对冷室抽真空，去除油雾气后，再向冷室充入氮气至 0.1MPa，随后开炉门卸料。

2）真空高压气淬。真空高压气淬时的冷却速度与气体种类、气体压强、流速、炉子结构及装炉状况有关，常用的冷却气体有氩、氦、氢、氮。各种气体淬火的冷却能力可用换热系数进行比较，见表 6-21。由表可见，冷却压强为 0.6MPa 的循环 N_2，流速 60~80m/s 时已达到 550℃ 盐浴分级冷却的能力；炉压达 2MPa 循环 H_2 或 He 的冷却能力可达到静止油的水平；4MPa 的 H_2 的冷却能力接近水淬。

表 6-21　各种淬火冷却介质的换热系数的比较

淬火冷却介质和淬火参数	换热系数/[W/(m²·K)]	淬火冷却介质和淬火参数	换热系数/[W/(m²·K)]
盐浴 500℃分级冷却	350~450	1MPa, N_2 快速循环	400~500
流态床	400~500	0.6MPa, He 快速循环	400~500
油(20~80℃)静止	1000~1500	1MPa, He 快速循环	550~650
油(20~80℃)搅拌循环	1800~2200	2MPa, He 快速循环	900~1000
水(15~25℃)	3000~3500	0.6MPa, H_2 快速循环	450~600
空气无强力循环	50~80	1MPa, H_2 快速循环	≈750
0.1MPa, N_2 循环	100~150	2MPa, H_2 快速循环	≈1300
0.6MPa, N_2 快速循环	300~400	4MPa, H_2 快速循环	≈2200

通用的高压气淬炉在不同工作情况下冷却能力的比较见图 6-15、图 6-16 和表 6-22。

（5）提高钢强韧性的淬火工艺

1）奥氏体晶粒超细化淬火。获得超细奥氏体晶粒有三种途径：一是采用具有极高加热速度的新能源，如大功率电脉冲感应加热（冲击加热淬火）、电子束、激光加热。二是采用奥氏体逆相变的方法，即将零件奥氏体化后淬火得到马氏体组织，然后又以较快速度重新加热到奥氏体化温度，加热速度越快，越可在淬火马氏体中形成细小的球状奥氏体，在一定条件下还可能在板条马氏体边界形成细小的针状奥氏体，往返循环加热数次，可以达到很细的奥氏体晶粒。三是在奥氏体和铁素体两相区交替循环加热淬火。

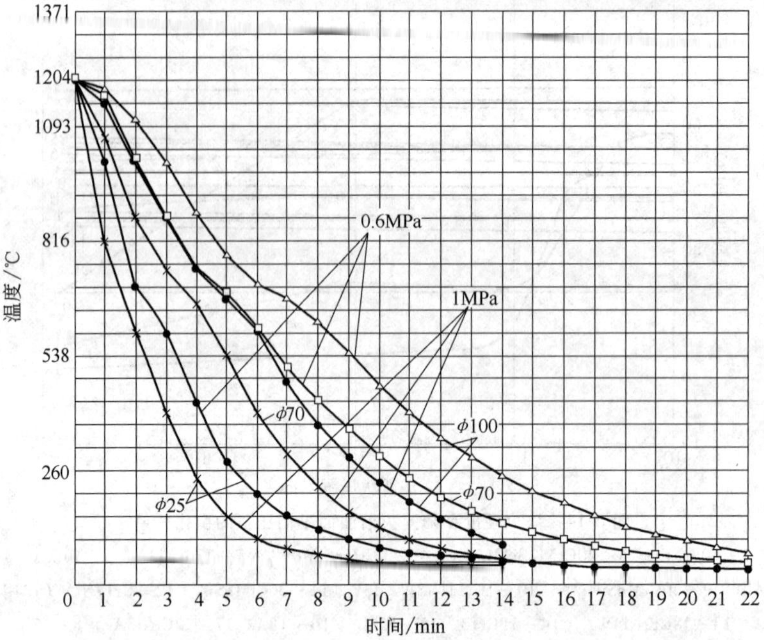

图 6-15　高压气淬时气体压力对冷却速度的影响

注：1. 炉型：610mm×610mm×910mm（全石墨热室）。

2. 温度为工件心部热电偶指示温度。

3. 装炉量 272kg，2 层装料。

4. 试件尺寸：ϕ25mm×100mm、ϕ70mm×75mm、ϕ100mm×100mm。

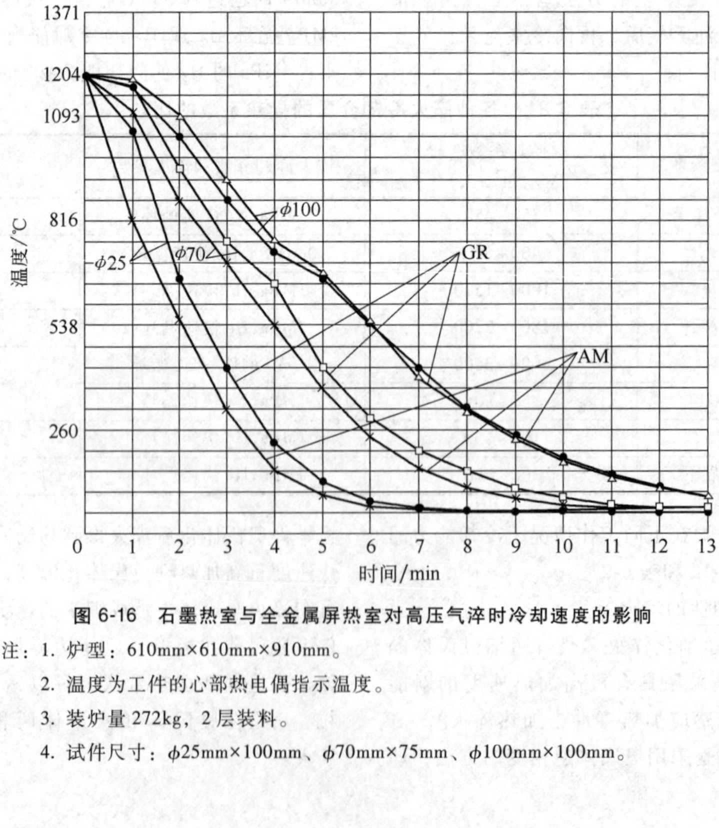

图 6-16　石墨热室与全金属屏热室对高压气淬时冷却速度的影响

注：1. 炉型：610mm×610mm×910mm。

2. 温度为工件的心部热电偶指示温度。

3. 装炉量 272kg，2 层装料。

4. 试件尺寸：ϕ25mm×100mm、ϕ70mm×75mm、ϕ100mm×100mm。

表 6-22　几种钢真空高压气淬的淬硬能力

牌号	相应压力下的淬硬尺寸/mm			硬度 HRC
	0.6MPa	1MPa	2MPa	
50NiCr13(德国 DIN)	80	100	120	59
X45NiCrMo4(德国 DIN)	160	180	200	56
MnCrWV	40	80	120	64
5CrW2Si	60	80	100	60
9Mn2V	40	80	120	63
Cr5Mo1V	160	200	200	63
Cr12	60	100	160	64
D6(美国)	160	200	200	65
Cr12MoV	160	200	200	63
5CrNiMo	100	160	200	56
4Cr5MoSiV	160	200	250	54
4Cr5MoSiV1	160	200	250	54
H10(美国)	100	140	160	50
H10A(美国)	160	200	200	52
40Cr13		100	120	56
W6Mo5Cr4V2	100	120	150	65
W2Mo9Cr4VCo8	120	150	180	66
M48(美国)	120	150	180	67
GCr15	—	10	20	63
35Cr2Ni2MoA	20	40	60	54
100CrMo73(德国 DIN)	5	10	25	64

注：此表来源于国外数据，我国牌号为近似对照，供参考。

3）碳化物超细化淬火，淬火时细化碳化物的主要途径如下：

① 高温固溶碳化物的低温淬火要点是将钢加热到高于正常淬火的温度，使碳化物充分溶解，然后快冷到低于 Ar_1 的中温转变区保温或直接淬火后于 450~650℃回火，析出极细碳化物相，然后再于低温（稍高于 Ac_1）加热淬火。

② 调质后再低温淬火，高碳工具钢先调质可使碳化物均匀分布，而后的低温加热淬火可显著改善淬火后钢中未溶碳化物的分布状态，从而提高韧性。这种工艺已成功应用于冷冲模的热处理。

4）亚温淬火，亚共析钢加热到 Ac_1 与 Ac_3 之间的淬火称为亚温淬火，又称临界区淬火。淬火后的组织为少量游离铁素体+马氏体+弥散分布的细小残留奥氏体，磷等有害夹杂集中在铁素体晶粒内（不在原奥氏体晶界上），使钢的脆性降低，不仅提高了回火后的韧性，降低了回火脆性倾向及冷脆转变温度，而且消除了回火脆性状态的晶间断裂倾向。

亚温淬火可单独进行，或在完全淬火后进行，也可在调质后进行。在调质后进行亚温淬火可有效提高钢的韧性，而在退火或正火后进行亚温淬火则不能改善钢的韧性。

亚温淬火的加热温度以接近上相变点为宜。淬火加热时以升温进入临界区的方式效果较好，此时铁素体是未溶解完的，呈细小均匀分布，对提高韧性有利。如在 Ac_3 点以上加热完全奥氏体化，降温进入临界区，则铁素体沿奥氏体晶界析出，或在奥氏体内成堆析出，对改善韧性不利。

表 6-23 所列为中碳钢亚温淬火温度及经亚温淬火处理与调质处理后性能的对比。

表 6-23　中碳钢亚温淬火温度及经亚温淬火处理与调质处理后性能的对比

钢号	相变点/℃		热处理规范	硬度 HRC	a_K/(J/cm^2)						冷脆转折温度差/℃
	Ac_1	Ac_3			25℃	-20℃	-60℃	-80℃	-100℃	-196℃	
22CrMnSiMo	—	800~860	淬火 860℃+回火 575℃×2h	27.5	62.4	—	27.1	—	—	—	>60
			淬火 860℃+回火 575℃×2h+淬火 785℃+回火 575℃×2h	24.4	96.8	75.8	62.2	—	—	—	
35CrMo	755	800	淬火 860℃+回火 575℃×2h	36.4	122.5	122.3	78.7	66.2	62.5	38.3	~60
			淬火 860℃+回火 575℃×2h+淬火 785℃+回火 550℃×2h	37.3	150.7	148.6	142.9	131.2	120.1	55.8	
40Cr	743	782	淬火 860℃+回火 630℃×2h	30.7	157.0	109.9	76.9	67.4	65.4	27.3	<20
			淬火 860℃+回火 600℃×2h+淬火 770℃+回火 600℃×2h	29.8	147.2	133.3	89.9	69.0	67.0	28.2	
42CrMo	730	780	淬火 860℃+回火 600℃×2h	36.0	120.1	119.7	115.9	105.9	85.8	—	—
			淬火 860℃+回火 600℃×2h+淬火 765℃+回火 600℃×2h	38.7	—	126.3	117.0	95.5	94.1	—	
45	724	780	淬火 830℃+回火 600℃×2h	17.0	146.8	145.7	112.1	92.9	85.2	—	—
			淬火 830℃+回火 600℃×2h+淬火 780℃+回火 600℃×2h	20.2	152.6	149.7	119.0	99.6	85.1	35.7	

5）控制马氏体、贝氏体组织形态的淬火。

① 中碳钢高温淬火，提高某些中碳合金钢的淬火温度，可在淬火后得到较多的板条马氏体，并在板条之间夹杂厚度达 10mm 的残留奥氏体薄片，40CrNiMo 钢加热温度从 870℃ 提高到 1200℃ 淬火不经回火，断裂韧度（K_{IC}）可提高 70%，低温回火后，可再提高 20%。

② 高碳钢低温短时加热淬火，高碳钢在略高于 Ac_1 温度加热淬火可获得更高的硬度、耐磨性以及较好的韧性，淬火组织由很细的板条马氏体及片状马氏体碳化物和少量残留奥氏体组成，而且畸变开裂倾向较小。

6）低碳合金钢复合组织淬火。试验表明，12MnNiCrMoCu 钢淬火后存在 10%～20%（体积分数）的贝氏体时具有最好的韧性，并可降低钢的脆性转变温度。利用复合组织强韧化热处理的关键在于确定最佳复合组织的配比及复合组织形成条件的控制。

3. 淬火缺陷

（1）淬火畸变与淬火裂纹　淬火畸变是不可避免的现象，只有超过规定公差或产生后无法矫正时才构成废品。通过适当选择材料，改进结构设计，合理选择淬火、回火方法及规范等可有效地减小与控制淬火畸变。变形超差可采用热校直、冷校直、热点法校直、加压回火等措施加以修正。

淬火裂纹一般是不可补救的淬火缺陷。只能采取积极的预防措施，如减小和控制淬火应力、方向、分布，同时控制原材料质量及正确的结构设计等。

（2）氧化、脱碳与过热、过烧　零件淬火加热过程中若不进行表面防护，将发生氧化、脱碳等缺陷，其后果是表面淬硬度下降，达不到技术要求，或在零件表面形成网状裂纹。并严重降低零件外观质量，加大表面加工粗糙度甚至超差。所以精加工零件淬火加热均需在保护气氛下或盐浴炉内进行。小批生产零件也可采用防氧化表面涂层加以防护。

过热导致淬火后形成粗大的马氏体组织，将导致淬火裂纹形成或严重降低淬火件的冲击韧度，极易发生沿晶断裂。因此，应当正确选择淬火加热温度，适当缩短保温时间，并严格控制炉温加以防止。出现的过热组织如有足够的加工余量可以重新退火（正火），细化晶粒后再次淬火返修。

过烧常发生在淬火高速钢中，其特点是产生了鱼骨状共晶莱氏体。过烧后使淬火钢严重脆化，形成不可挽回的废品。

（3）硬度不足　淬火、回火后硬度不足一般是由于淬火加热不足、表面脱碳、在高碳合金钢中淬火后残留奥氏体过多或回火不足等因素造成。在含铬轴承钢油淬时，还经常发现表面淬火后硬度低于内层的现象，田村等人认为这是逆淬现象。主要是由于零件在淬火冷却时，如果淬入蒸汽膜期长、特征温度低的油中，由于表面受蒸汽膜保护，孕育期可能比中心要多，其作用相当于淬火初期在空气中的预冷作用，从而发生部分非马氏体转变，并且还发现零件淬火后由于下部的热油上升，使上部的蒸汽膜阶段更长些，从而比下部更容易出现逆淬现象。解决硬度不足的缺陷必须分清原因，采取相应对策加以防止。

（4）软点　淬火零件出现的硬度不均匀也叫软点。与硬度不足的主要区别是在零件表面上硬度有明显的忽高忽低现象，这种缺陷可能是由于原始组织过于粗大及不均匀（如有严重的组织偏析，存在大块碳化物或大块自由铁素体），淬火冷却介质被污染（如水中有油珠悬浮），零件表面有氧化皮或零件在淬火液中未能适当运动，致使局部地区形成蒸汽膜而阻碍了冷却等因素造成。通过金相分析并研究工艺执行情况，可以进一步判明究竟由哪一种原因导致的废品。软点可以通过返修重淬加以纠正。

（5）其他组织缺陷　对淬火工艺要求严格的零件，不仅要求淬火后满足硬度要求，还往往要求淬火组织符合规定的等级。如对淬火马氏体等级、残留奥氏体数量、未溶铁素体数量、碳化物的分布及形态等所做的规定。当超过这些规定时，尽管硬度检查通过，组织检查仍为不合格品。常见的组织缺陷包括粗大淬火马氏体（过热）、渗碳钢及工具钢淬火后的网状碳化物及大块碳化物、调质钢中的大块自由铁素体、高速钢返修淬火后的萘状断口（有组织遗传性的粗大马氏体）及工具钢淬火后残留奥氏体量过多等。

4. 淬火时的畸变和开裂

（1）淬火畸变

1）一般规律。淬火加热和冷却，尤其是冷却过程中产生的热应力和组织应力都会使淬火工件的形状和尺寸发生变形，形成畸变。组织应力主要是由于相变产生的组织与原始组织比体积有差别而产生的。表 6-24 所列为钢中各种组织在常温下的比体积。不同碳含量的钢马氏体转变的体积变化列于表 6-25。碳素工具钢各种组织转变引起的尺寸变化列于表 6-26。表 6-27 列出了几种简单形状工件由热应力、组织应力和组织转变体积效应引起的形状和尺寸畸变特征。

表 6-24 钢中各种组织在常温下的比体积

组织	w(C)(%)	比体积/(cm^3/g)
奥氏体	0~2	0.1212+0.0033w(C)
马氏体	0~2	0.1271+0.0025w(C)
铁素体	0~0.02	0.1271
渗碳体	6.7±0.2	0.136±0.001
ε 碳化物	8.6±6.7	0.140±0.002
珠光体		0.1271+0.0005w(C)

表 6-25 不同碳含量的钢马氏体转变的体积变化

w(C)(%)	马氏体的密度/(g/cm^3)	退火态的密度/(g/cm^3)	生成马氏体的体积变化(%)
0.10	7.918	7.927	+0.113
0.30	7.889	7.921	+0.401
0.60	7.840	7.913	+0.923
0.85	7.808	7.905	+1.227
1.00	7.778	7.901	+1.557
1.30	7.706	7.892	+2.576

表 6-26 碳素工具钢各种组织转变引起的尺寸变化

组织转变	体积变化(%)	尺寸变化(%)
球化组织→奥氏体	-4.64+2.21w(C)	-0.0155+0.0074w(C)
奥氏体→马氏体	4.64-0.53w(C)	0.0155+0.0018w(C)
球化组织→马氏体	1.68w(C)	0.0056w(C)
奥氏体→下贝氏体	4.64-1.43w(C)	0.0156-0.0048w(C)
球化组织→下贝氏体	0.78w(C)	0.0026w(C)
奥氏体→铁素体+渗碳体	4.64-2.21w(C)	0.0155-0.0074w(C)
球化组织→铁素体+渗碳体	0	0

表 6-27 几种简单形状工件由热应力、组织应力和组织转变体积效应引起的形状和尺寸畸变特征

	杆 件	扁平件	四方体	套 筒	圆 环
原始状态	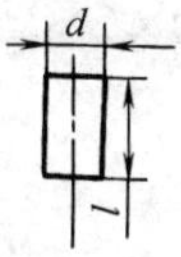	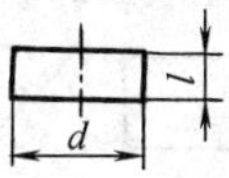	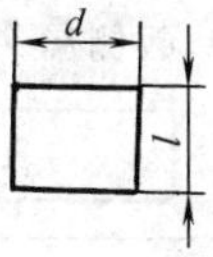	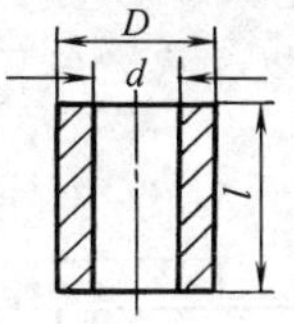	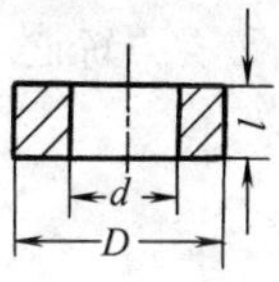
热应力作用	d^+, l^- 	d^-, l^- 	表面外凸 	d^-, D^+, l^- 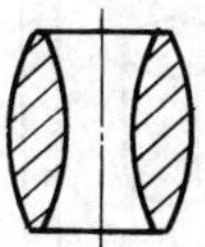	D^+, d^- 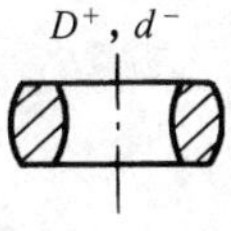
组织应力作用	d^-, l^- 	d^+, l^- 	表面瘪凹 	d^+, D^-, l^+ 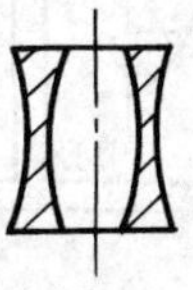	D^-, d^+ 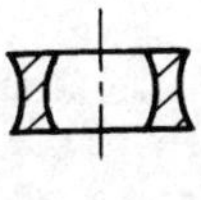

（续）

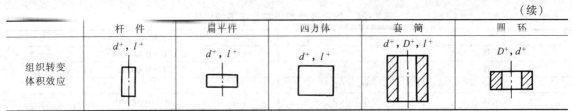

	杆　件	扁平件	四方体	套　筒	圆　环
组织转变体积效应	d^+，l^+ 	d^+，l^+ 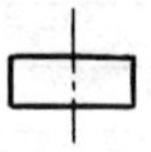	d^+，l^+ 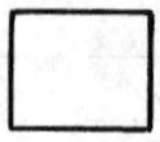	d^+，D^+，l^+ 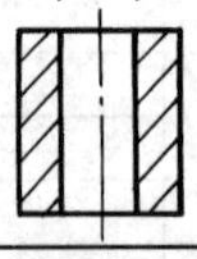	D^+，d^+ 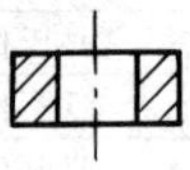

注：1. 当圆（方）孔体的内径 d 很小时，则变形规律如轴类或正方体类；当扁圆（方）孔体的内径 d 很小时，则其变形规律如扁平体。

2. “-”表示收缩趋向，“+”表示胀大趋向。

2）减小畸变的措施。

① 合理选择钢材与正确设计。对形状复杂、各部位截面尺寸相差较大而又要求畸变极小的工件，应选用淬透性较好的合金钢，以便能在缓和的淬火冷却介质中冷却。零件设计时应尽量减小截面尺寸的差异，避免薄片和尖角。必要的截面变化应平滑过渡，尽可能对称，有时可适当增加工艺孔。

② 正确锻造和进行预备热处理。对高合金工具钢，锻造工艺的正确执行十分重要，锻造时必须尽可能改善碳化物分布，使之达到规定的级别。高碳钢球化退火有助于减小淬火畸变。采用消除内应力退火，去除机械加工造成的内应力，也可减小淬火畸变。

③ 采用合理的热处理工艺。为了减小淬火畸变，可适当降低淬火加热温度。对于形状复杂或用高合金钢制作的工件，应采用一次或多次预热。预冷淬火、分级淬火和等温淬火都可以减小工件的畸变。

3）淬火畸变的矫正。

① 热压矫正，使工件在机械压力作用下冷却或在冷至接近 Ms 时加压矫正，可利用奥氏体的塑性消除或减小淬火工件的畸变。

② 热点矫正，用乙炔-氧火焰在工件的凸起侧局部短时加热，利用局部加热和冷却的内应力实现矫正。热点矫正的要点如下：

a）热点大小以 ϕ4～ϕ8mm 为宜。

b）对一般结构钢，热点温度以 750～800℃ 为宜，工具钢可稍微降温。

c）碳钢矫正后采用水冷，合金钢用压缩空气冷却。

d）应根据变形的几何特征考虑热点顺序。沿全长均匀弯曲时，先点最凸处，然后向两端对称地进行热点。工件局部急弯时，采用局部连续热点。热点法一般适用于中小型轴类零件。

e）反击矫正，将畸变工件置于平板上，用淬过火的扁嘴钢锤敲击凹处，使之伸展而变直。这种方法适用于淬火后硬度较高、直径在 30mm 以下的轴类、杆类工件。

f）冷压矫正，将工件于冷态在压力机上矫正。这种方法用于硬度不高或淬硬层较浅的工件。

g）回火矫正，在回火过程中加压矫正。这种方法对薄片类工件特别适宜。

（2）淬火开裂

1）淬火裂纹的类型及形成原因，淬火裂纹类型及形成裂纹的内应力如图 6-17 所示。淬火裂纹形成条件见表 6-28。

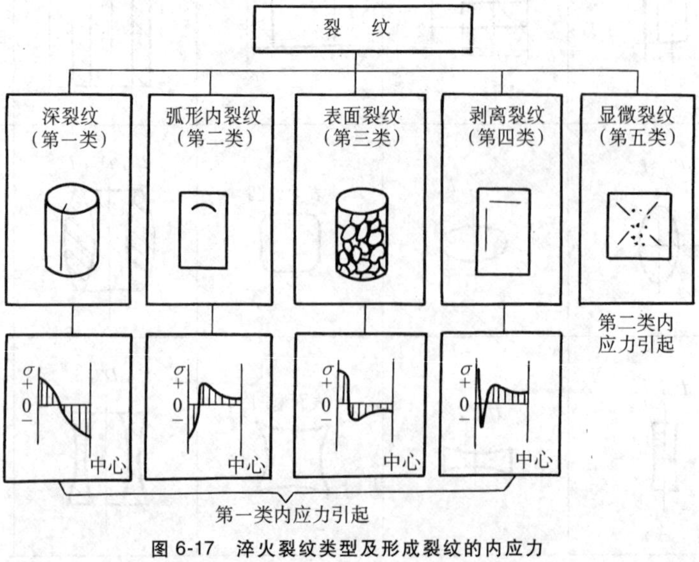

图 6-17　淬火裂纹类型及形成裂纹的内应力

表 6-28　淬火裂纹形成条件

裂纹类型	形成条件及裂纹特征
纵向裂纹	常发生于淬透的工件,或原材料中碳化物带状偏析严重,或非金属夹杂物纵向延伸,由表面向内裂开,裂纹深而长
弧形裂纹	常发生于未淬透的工件或渗件,裂纹位于工件弯角处,隐藏于一定深度下的表层中
网状裂纹	表层脱碳的工作易产生这种裂纹,化学热处理、高频感应淬火工件也常产生这种裂纹,裂纹位于工件表面,深度为 0.01~2mm
剥离裂纹	出现于表面淬火工件或化学热处理工件,剥离层为淬硬层或扩散硬化层
显微裂纹	出现于高碳钢针状马氏体中,粗大奥氏体晶界上或晶内存在组织缺陷处

2）防止淬火开裂的措施。

① 合理设计工件结构，工件截面应均匀，避免尖锐的棱角，防止应力集中。

② 合理选择钢材，适当采用淬透性较大、过热敏感性小、脱碳敏感性小的钢材，以减小淬火应力。

③ 正确制定淬火工艺，尽可能降低淬火加热温度。例如，*Ms* 以上快速冷却，增大表面的压应力；*Ms* 以下缓慢冷却，减小组织应力。淬火冷至 60~100℃时立即回火以降低残余内应力。

6.1.3　钢的回火

1. 钢在回火时的转变

钢淬火后获得的马氏体及残留奥氏体都属于介（亚）稳相，回火时它们将发生一系列转变。钢淬火组织在回火过程中的转变见表 6-29。

表 6-29　钢淬火组织在回火过程中的转变

阶　段	回火温度/℃	组织转变	
		低碳板条马氏体	高碳片状马氏体
回火准备阶段（碳原子偏聚）	25~100	碳、氮原子在位错线附近间隙位置偏聚,$w(C)<0.25\%$时钢中不出现碳原子集群	碳原子集群化形成预脱溶原子团,进而形成长程有序化或调幅结构
回火第一阶段（马氏体分解）	100~250	$w(C)=0.20\%$钢中碳原子继续偏聚而不析出	在 100℃左右马氏体内共格析出 ε 碳化物,马氏体基体中 $w(C)=0.20\%\sim0.30\%$ 时上述组织称为回火马氏体
回火第二阶段（残留奥氏体分解）	200~300	$w(C)<0.40\%$淬火钢中不出现残留奥氏体	$w(C)>0.40\%$钢中残留奥氏体分解为下贝氏体
回火第三阶段（渗碳体形成）	250~400	在碳原子偏聚区直接形成渗碳体(θ 碳化物)	在$(112)_M$、$(110)_M$晶面上及马氏体晶界上析出片状渗碳体(θ 碳化物) 400℃左右渗碳体聚合、变粗并球状化,但回火后铁素体中仍保留马氏体晶体外形
回火第四阶段	400~600	位错胞及胞内位错线逐渐消失,片状渗碳体球状化,内应力消除,但仍保留马氏体外形	
	500~600	形成合金碳化物(二次硬化),仅在含 Ti、Cr、Mo、V、Nb、W 的钢中出现,Fe_3C可溶解	
	600~700	α 再结晶和晶粒长大,球状 Fe_3C 粗化,在中碳和高碳钢中再结晶被抑制,形成等轴铁素体	

（1）回火转变各阶段的特点

1）马氏体分解。不同碳含量的马氏体随回火温度升高不断析出细小的碳化物，其碳含量不断下降。马氏体经过分解后获得的是仍有一定碳过饱和度的 α 固溶体与 ε 碳化物的混合组织，称为回火马氏体。

在 150℃以下为马氏体分解的第一阶段。由于温度低，碳原子尚不能进行长距离扩散，此时碳首先向大量存在于马氏体中的位错及孪晶界面偏聚。高碳马氏体在 150℃以下回火时，在马氏体的富碳区析出高度分散的 ε 相（Fe_xC），其成分相当于 $Fe_{2.4}C$，为具有密集（排）六方点阵的间隙相。马氏体中围绕析出碳化物部分的碳浓度迅速降低，而远离碳化物处马氏体的碳浓度不变，这种分解方式称为双相分解。分解过程是以不断发生成新的碳化物并伴有新的贫碳区的方式进行的，在分解过程中同时存在两种正方度 c/α 不同的马氏体，故称双向分解。随着回火时间的延长，高碳区越来越少，当高碳区完全消失时，双相区即告结束。在回火第一阶段结束时，马氏体分解为

ε 相和 w(C) = 0.25% ~ 0.30%的低碳马氏体。

150 ~ 300℃为马氏体分解的第二阶段，马氏体将以单相分解，即连续分解方式进行。此时碳原子可进行远距离扩散，由于析出的碳化物有可能从较远地区获得碳原子而长大，马氏体内部的碳浓度梯度可通过碳原子的扩散而消除，碳化物开始缓慢地聚集，马氏体的碳浓度迅速下降，当回火温度达 300℃左右时，马氏体中的碳从过饱和下降到接近于饱和成分，正方度 c/α 接近 1，马氏体分解也就基本结束。

合金元素对马氏体分解的第一阶段影响很小，但对马氏体分解的第二阶段有比较明显的影响。合金元素对碳化物析出及转变的性质没有影响，但可以改变碳化物转变的温度范围，推迟马氏体的分解。

2）碳化物转变。如上所述，高碳马氏体在回火第一阶段，在马氏体的富碳区析出高度分散的 ε 相（Fe_xC），呈杆状或片状，其成分相当于 $Fe_{2.4}C$，为具有密集六方点阵的间隙相。在马氏体回火的第三阶段（250 ~ 400℃），马氏体中碳含量进一步降低，位错重新排列，密度下降，并在孪晶面上沉淀 χ 相碳化物，它属于单斜结构，化学式为 Fe_5C_2，惯习面为 $\{112\}_\alpha$，随回火温度升高，χ 相碳化物由 5 nm 增大到 90 nm。回火第三阶段后期，χ 相碳化物原位转化为 θ 碳化物即渗碳体 Fe_3C，θ 相碳化物也可由 ε(η) 碳化物直接形成。图 6-18 所示为 w(C) = 1.34%高碳马氏体回火时三种碳化物的析出范围。这一阶段完成后，钢的组织由饱和的 α 相加片状（或细小颗粒状）的渗碳体组成，这种组织称为回火屈氏体。回火屈氏体仍保持原马氏体形态，但模糊不清。随回火温度升高，碳化物与 α 相的共格将逐渐破坏，碳化物将聚集长大，形成颗粒状碳化物。

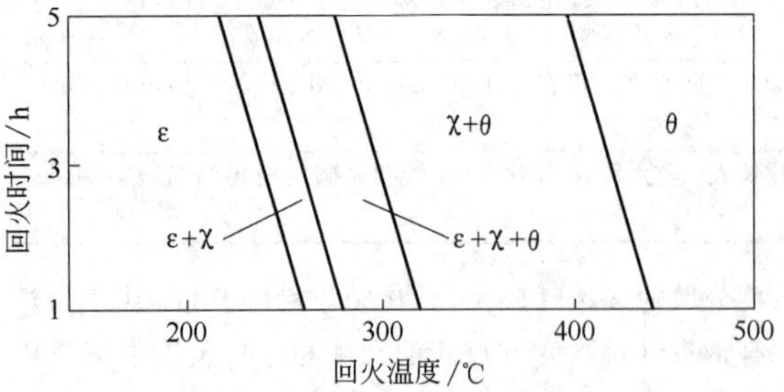

图 6-18　w(C) = 1.34%高碳马氏体回火时三种碳化物的析出范围

在含有较多碳化物形成元素的合金钢中，高于 500℃回火时渗碳体溶解，形成细小、弥散分布的合金碳化物。合金碳化物的形成顺序见表 6-30。合金碳化物的弥散析出可使某些高合金钢出现二次硬化现象。合金元素对马氏体回火过程的影响见表 6-31。

表 6-30　合金碳化物的形成顺序

成分(质量分数,%)	合金碳化物形成顺序
Fe-2V-0.2C	$Fe_3C \rightarrow V_4C_3$
Fe-4Mo-0.2C	$Fe_3C \rightarrow Mo_2C \rightarrow M_6C$
Fe-6W-0.2C	$Fe_3C \rightarrow W_2C \rightarrow M_{23}C_6 \rightarrow M_6C$
Fe-12Cr-0.2C	$Fe_3C \rightarrow Cr_7C_3 \rightarrow Cr_{23}C_6$

表 6-31　合金元素对马氏体回火过程的影响

合金元素	作　用
硅	溶入 ε 碳化物，使其稳定性提高，延长第一阶段时间，并提高第三阶段温度
镍、钴、铝	非碳化物形成元素，对回火三个阶段有延缓作用，铝显著阻止 ε→θ 相碳化物的转化
铬	既能形成合金化物，又可溶入渗碳体，推迟回火三个阶段，增加马氏体回火抗力，w(C) = 12%的钢在 450℃出现二次硬化现象，但 Cr_7C_3 极易粗化
锰	大量溶入渗碳体中，降低 ε→θ 转化温度，其作用与铬、铝、硅作用相反
钼、钨、钒、钛、铌	强烈形成碳化物元素，不溶于渗碳体中，高于 400℃分别形成稳定碳化物并造成二次硬化（形成 Mo_2C、V_4C_3、W_2C、TiC、NbC 等）

3）残留奥氏体的分解。碳钢在 200 ~ 300℃回火时，残留奥氏体将迅速分解；合金钢中的残留奥氏体往往要在更高的温度下进行分解。在 Ms 点以下回火时，残留奥氏体转变为马氏体，在 Ms 点以上贝氏体形成区内转变为贝氏体，在珠光体形成区内转变为珠光体。如果钢中加入很多使残留奥氏体稳定的合金元素，它可能在回火温度下完全不分解，只是在回火后冷却时由于马氏体点的升高而转变为马氏体，此时称为二次淬火，在高速钢和高铬工具钢的热处理过程中都可以看到二次淬火的实例。

4）回复、再结晶和内应力消除。低、中碳钢淬火后得到的板条马氏体中存在大量的位错，与冷变形后相似，回火过程中将发生回复与再结晶。高于 400℃回火后，α 相的回复已十分明显，板条马氏体内部的位错缠结和位错胞壁消失。回火温度高于 600℃时，回复后的 α 相开始发生再结晶，板条特征逐渐消失，形成等轴 α 晶粒，颗粒状的渗碳体均匀分布在等轴 α 相晶粒内，这种组织称为回火索氏体。

高碳钢淬火后得到的片状马氏体的亚结构主要是孪晶，回火温度高于 250℃时，孪晶开始消失。回火温度达到 400℃时，孪晶全部消失。回火温度高于 600℃时，发生再结晶使片状特征消失。碳化物析出引起的晶界钉扎作用及铁原子迁移激活能的提高，使再结晶过程受到抑制，故高碳钢只能在更高的温度下进行。

淬火时，由于热应力及组织应力的作用，钢件在冷却到室温后，内部仍残留较大的应力，按其作用范围分为三类：第一类为宏观区域性的内应力，第二类为在几个晶粒微观区域性的内应力，第三类为在一个原子集团范围内处于平衡的内应力。第一类内应力的存在将引起零件变形，通常在淬火后必须通过回火降低第一类内应力。图 6-19 所示为 30 钢在回火过程中内应力的变化情况。在回火开始时，内应力下降迅速，然后逐渐缓慢，达到一定值后不再继续下降，下降的程度取决于回火温度。经 550℃ 回火，第一类内应力接近完全消失。

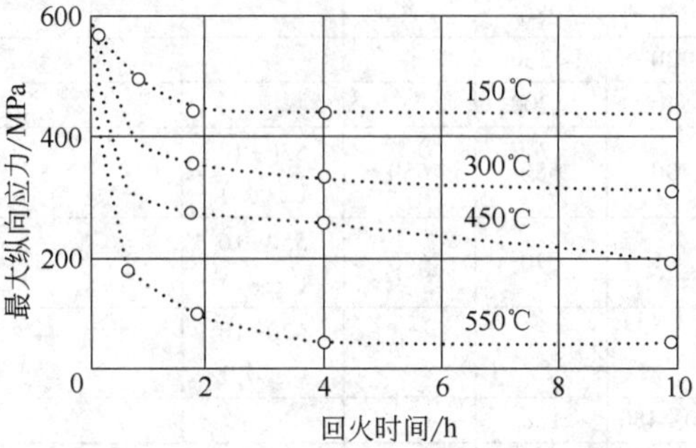

图 6-19　30 钢在回火过程中内应力的变化情况

2. 回火工艺

（1）回火的主要目的　工件淬火后进行回火的主要目的如下：

1）消除淬火时产生的残余内应力，提高材料的塑性和韧性。

2）获得良好的综合力学性能。

3）稳定工件尺寸，使钢的组织在工件使用过程中不发生变化。

（2）回火工艺参数

1）回火温度。

常用钢根据硬度选用的回火温度见表 6-32。

表 6-32　常用钢根据硬度选用的回火温度

钢号	回火温度/℃								备注
	25~30 HRC	30~35 HRC	35~40 HRC	40~45 HRC	45~50 HRC	50~55 HRC	55~60 HRC	>60HRC	
35	520	460	420	350	290	<170			
45	550	500	450	380	320	240	<200		
50	560	510	460	390	330	240	180		
60	620	600	520	400	360	310	250	180	
T8、T8A	580	530	470	430	380	320	230	<180	
T10、T10A	580	540	500	450	400	340	260	<200	
T12、T12A	580	540	490	430	380	340	260	<200	
40Cr	650	580	480	450	360	200	<160		
30CrMnSi	620	530	500	480	230	200			
35CrMo	600	550	480	400	300	200			
42CrMo	620	580	500	400	300		180		
40CrNi	580	550	460	420	320	200			
40CrNiMoA	640	600	540	480	420	320			
38CrNiMlA		680	630	530	430	320	200		
40MnVB	600	460							
65Mn	600	640	500	440	380	300	230	<170	
60Si2Mn	660	620	590	520	430	370	300	180	
50CrV	650	560	500	440	400	280	180		
GCr9		550	500	460	410	350	270	<180	
GCr15	600	570	520	480	420	360	280	<180	
GCr15SiMn				480	420	350	280	<180	
Cr6WV		700	650	600	540	450	250	<180	
9Mn2V				500	400	320	250	<180	
9SiCr	670	620	580	520	450	380	300	100	
CrMn		590	540	490	430	340	280	<180	
CrWMn	660	640	600	540	500	380	280	<220	
Cr12		720	680	630	560	520	250	<180	1000℃以下淬火
Cr12MoV		750	700	650	600	550		525(二次)	1000℃以上淬火
9CrWMn		620	570	520	470	370	250	<200	

（续）

钢号	回火温度/℃								备注
	25~30 HRC	30~35 HRC	35~40 HRC	40~45 HRC	45~50 HRC	50~55 HRC	55~60 HRC	>60HRC	
6SiMnV		600	530	470	400				
5CrMnMo		580	540	480	420	300	<200		
5CrNiMo	700	600	550	450	380	280	<200		
4CrW2Si		600	550	480	420	<300			
3Cr2W8V			700	640	540	<200			
W18Cr4V				720	700	680	650	550±10（三次）	
W9Cr4V2						670	640	550±10（三次）	
W6Mo5Cr4V2								570±10（三次）	
2Cr13	630	610	580		260~480	180			
4Cr13	630	610	580	550	520	200~300			
9Cr18					580	530	100~200	<100	
42Cr9Si2	800	700	600	500	380	300	<190		

2）回火时间。从工件入炉后炉温升至回火温度的时间开始计算，一般为1~3h。可参考经验公式确定：

$$t_n = K_n + A_n D$$

式中　t_n——回火时间（min）；

K_n——回火时间基数（min）；

A_n——回火时间系数（min/mm）；

D——工件有效厚度（mm）。

K_n 和 A_n 的推荐值见表6-33。

3）回火后的冷却。钢制工件回火后多采用空冷，不允许重新产生内应力的工件应缓冷。对高温回火脆性敏感的钢，450~650℃回火后应油冷。

4）回火的应用。各种工件的回火温度范围、回火后钢的组织，以及回火目的见表6-34。高铬冷作模具钢和高速钢淬火后须经2~3次回火，以充分发挥二次硬化效果和降低残留奥氏体量。回火温度一般略高于最大二次硬化温度，硬度与强度略有降低，但冲击抗力大大提高。第一次回火使淬火马氏体得以回火和残留奥氏体得以转变，第二次回火又使残留奥氏体转变产物得以回火。

表6-33　K_n 和 A_n 的推荐值

回火条件	300℃以下		300~450℃		450℃以上	
	箱式电炉	盐浴炉	箱式电炉	盐浴炉	箱式电炉	盐浴炉
K_n/min	120	120	20	15	10	3
A_n/(min/mm)	1	0.4	1	0.4	1	0.4

表6-34　各种工件的回火温度、回火组织及回火目的

工件名称	回火温度/℃	回火组织	回火目的	工艺名称
工具、轴承、渗碳件及碳氮共渗件表面淬火件	150~250	回火马氏体	在保持高硬度的条件下，使脆性有所降低，残余内应力有所减小	低温回火
弹簧、模具等	350~500	回火屈氏体	在具有高屈服强度及优良的弹性的前提下使钢具有一定塑性和韧性	中温回火
主轴、半轴、曲轴连杆、齿轮等重要零件	500~650	回火索氏体	使钢既有较高的强度又有良好的塑性和韧性	高温回火
切削加工量大而变形要求严格的工件及淬火返修件	600~760		消除内应力	去应力回火
精密工模具、机床丝杠、精密轴承	120~160℃长期保温	稳定化的回火马氏体及残留奥氏体	稳定钢的组织及工件尺寸	稳定化处理

3. 钢回火后的力学性能

（1）硬度　钢的硬度随回火温度的升高而下降（见图 6-20）。碳含量高的碳钢在 ε 碳化物析出时硬度略有上升。含有强碳化物形成元素的合金钢在形成特殊碳化物时发生“二次硬化”，硬度上升（见图 6-21）。高速钢等高合金钢中残留奥氏体量较多，且十分稳定，其中一部分残留奥氏体在回火后虽未充分分解，但冷却后转变为马氏体，使钢的硬度升高。

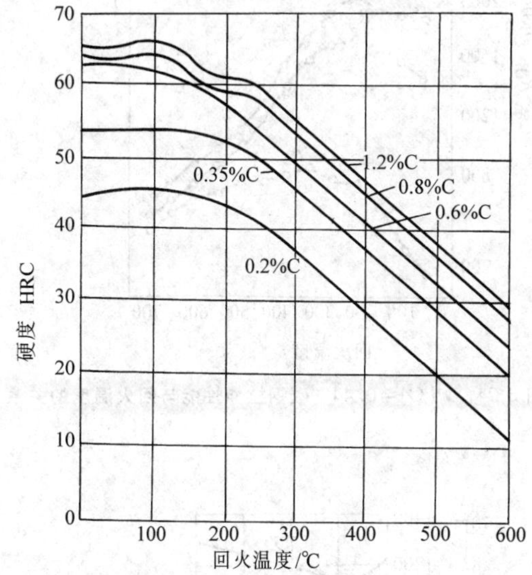

图 6-20　碳钢的回火硬度曲线

注：图中碳元素含量为质量分数。

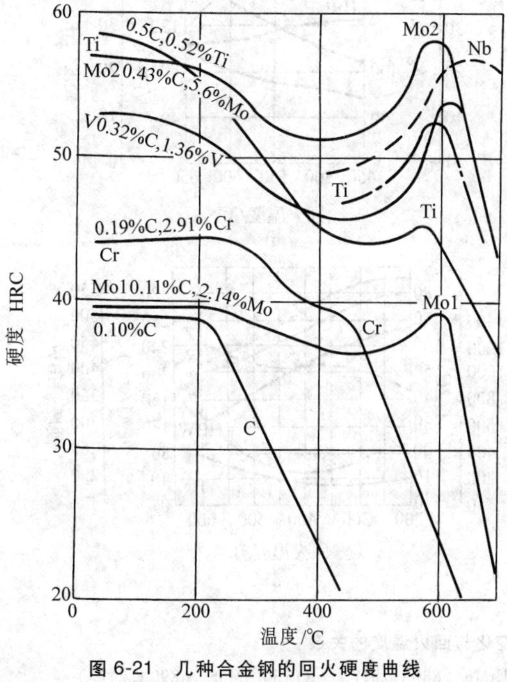

图 6-21　几种合金钢的回火硬度曲线

注：图中各元素含量为质量分数。

调质处理时，要求淬火-回火后得到一定硬度值时，为了保证能获得较高的综合力学性能，钢材淬火后的硬度值有一最低要求（图 6-22）。

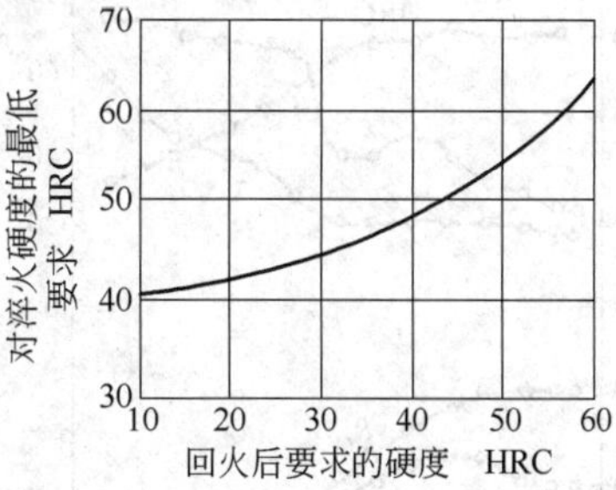

图 6-22　根据回火后硬度的要求选择的淬火硬度

（2）强度及塑性　碳钢在较低温度下回火后强度略有提高，塑性基本不变，回火温度进一步提高时强度下降而塑性上升（见图 6-23、图 6-24）。几种结构钢力学性能变化与回火温度的关系如图 6-25 所示。高速钢淬火低温回火和多次回火后的力学性能列于表 6-35。

（3）韧性　四种碳钢及一种铬镍钢回火后的冲击韧度见图 6-26 和图 6-27。曲线表明，在 250～400℃回火后韧度下降，此时的脆性称为第一类回火脆性或回火马氏体脆性，铬镍钢在 450～600℃回火时韧度再次下降，由此产生的脆性称为第二类回火脆性或高温回火脆性。

4. 回火缺陷与预防

回火后常见的缺陷主要如下：

（1）硬度不合格　回火后硬度偏高或偏低，或是硬度不均匀，后者大多是在成批回火零件中在同一批内出现，主要原因是炉温不均匀，回火温度规定错误或炉温失控。同批零件回火硬度不均，大多是由于回火炉本身温度不均匀造成的，如炉气循环不均匀、装炉量过大等。

（2）畸变　主要由淬火应力在回火过程中重新分布引起，因此对形状扁平、细长零件要采用加压回火或趁热校直等办法弥补。

（3）回火脆性　碳钢在 200～400℃范围内回火，室温冲击韧度出现低谷，称为回火马氏体脆性（TM6），又称第一类回火脆性。在合金钢中，该类脆性发生温度范围稍高，在 250～450℃范围内。某些合金钢在 350～525℃范围内回火，或在稍高温度下回火后缓慢冷却。通过上述温度范围时，会出现冲击韧度下降现象，这类已脆化的钢重新加热至预定回火温度（稍高于脆化温度范围）然后快冷至室温，脆性消失。这类回火脆性称为马氏体的高温回火脆性或第二类回火脆性，也叫可逆回火脆性。

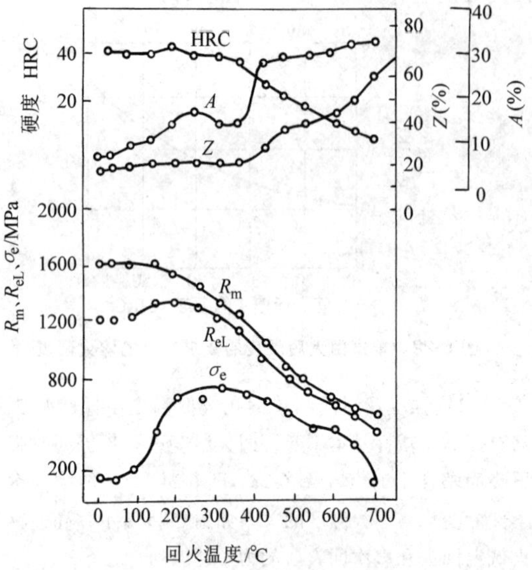

图 6-23　w(C) = 0.25%碳钢拉伸性能与回火温度的关系

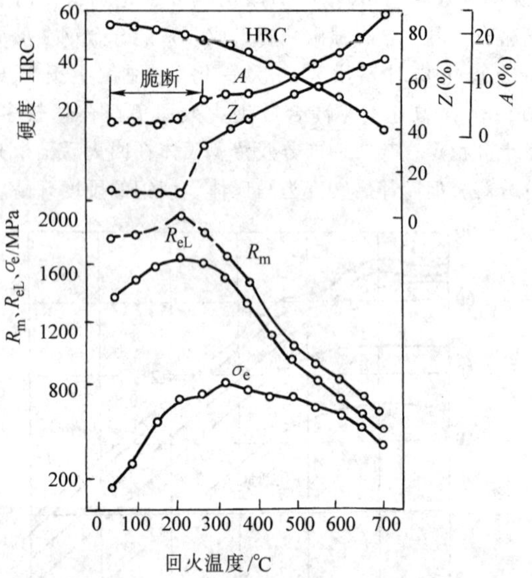

图 6-24　w(C) = 0.41%碳钢拉伸性能与回火温度的关系

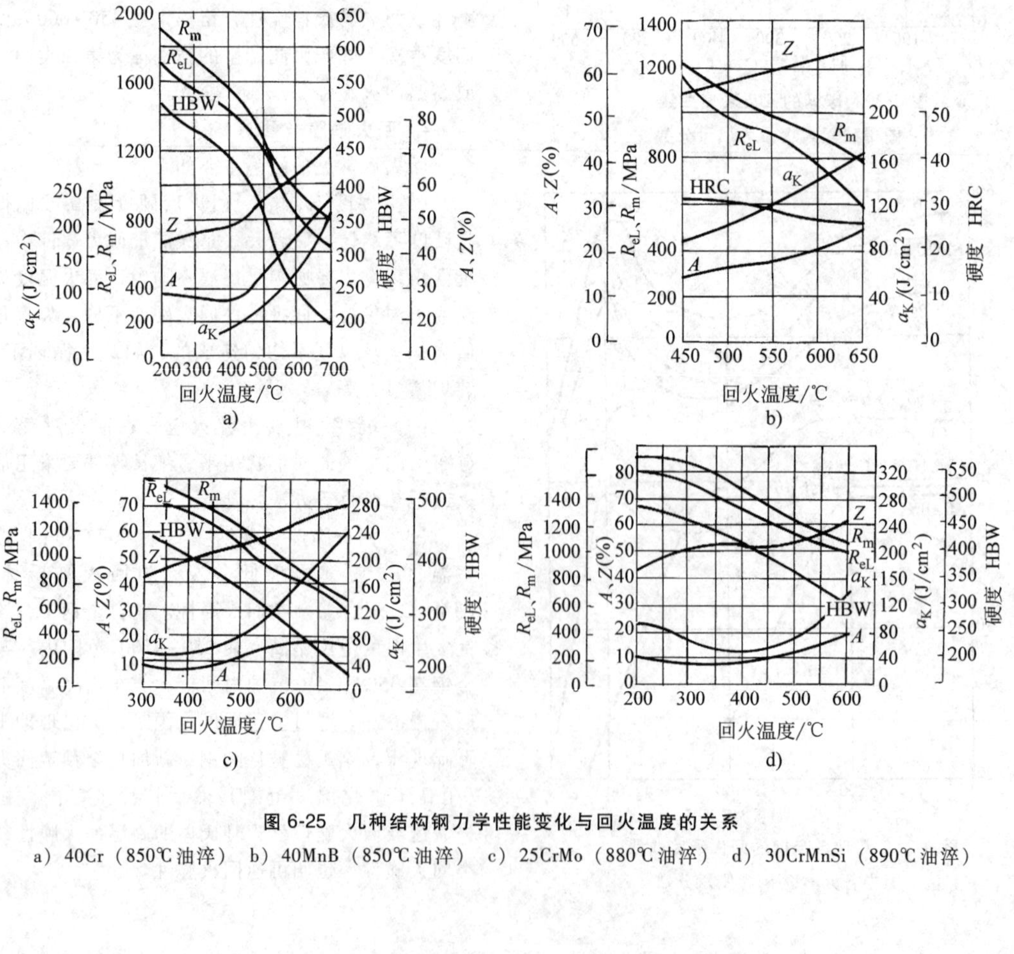

图 6-25　几种结构钢力学性能变化与回火温度的关系

a）40Cr（850℃油淬）　b）40MnB（850℃油淬）　c）25CrMo（880℃油淬）　d）30CrMnSi（890℃油淬）

表 6-35　高速钢淬火低温回火与多次回火后的力学性能

钢号	回火工艺	抗弯强度 σ_{bb}/MPa	冲击韧度 a_K/(J/cm^2)	硬度 HRC	620℃×4h 加热后的硬度 HRC
W18Cr4V	560℃×1h，三次	2100	33	64	59
	350℃×1h，一次+560℃×1h，三次	2150	36	65	60~61

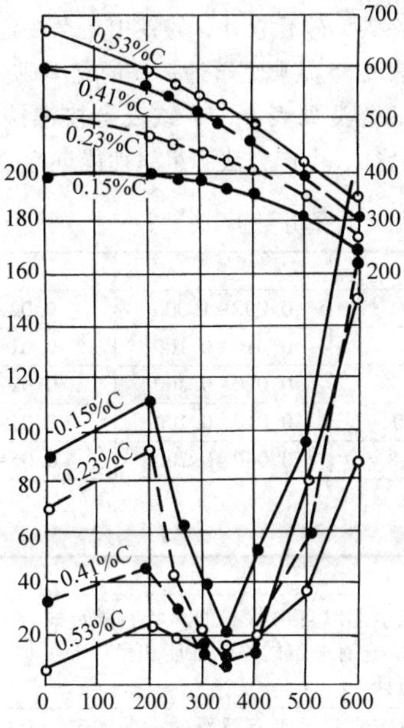

图 6-26　四种碳钢回火后的冲击韧度

注：图中的碳含量为质量分数。

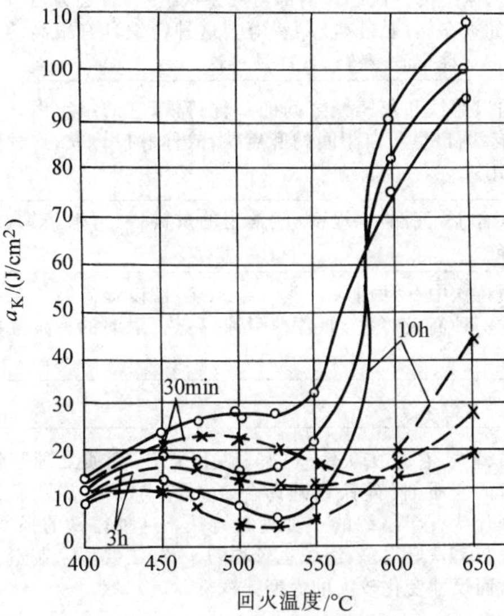

图 6-27　铬镍钢回火后的冲击韧度

实线—回火后水冷　虚线—回火后炉冷

注：此钢化学成分为 w(C)=0.35%，w(Mn)=0.52%，w(Si)=0.24%，w(Ni)=3.44%，w(Cr)=1.05%，w(P)=0.010%，w(S)=0.020%。

1）第一类回火脆性（回火马氏体脆性）　造成该类回火脆性的机理研究尚未完全统一，下列三种理论都有一定试验根据：片状碳化物沉淀理论；杂质元素晶界偏聚理论；残留奥氏体薄膜分解理论。

2）第二类回火脆性（马氏体高温回火脆性）　现已查明这类脆性是由于 Sn、Sb、As、P 等杂质偏聚在原奥氏体晶界引起的。研究还表明合金元素对这类回脆有重大影响。具体表现如下：

① 脆化元素有 H、N、Si、Bi、S、P、As、Sn、Sb、Se 等。

② 促进偏聚元素为 Cr。

③ 复合偏聚元素有 Mn 和 Ni。

④ 增加晶界结合力元素为 C。

⑤ 阻止偏聚元素有 Mo 和 Ti。

一般合金元素是在奥氏体化过程中向晶界偏聚，而杂质元素是在脆化处理过程中向晶界偏聚的。用俄歇电子能谱仪研究发现，合金元素 Ni、Cr、Mn 等与杂质元素（P、Sb、As、Sn 等）协同在晶界偏聚对高温回火脆性的影响更为显著，Mo 对抑制高温回火脆性有显著的作用。钢中加入 0.30%~0.50%质量分数的 Mo 即可。过量后形成 Mo_2C 反而使回火脆性倾向增加。

除上述理论之外，第二类回火脆性机理还有以下两种理论，一是碳化物-铁素体界面开裂理论。该理论认为碳化物沉淀时杂质被排斥到碳化物-铁素体界面铁素体一侧，杂质在上述地点的浓缩形成了低能断裂的通道。第二种理论称为位错模型理论，该学说认为杂质原子钉扎位错造成回火脆性，并认为碳化物钉扎位错也是产生第二类回火脆性的原因。以上两种学说并未获得广泛的认可。

除采用合金化及在回火脆性温度以上温度快冷可抑制脆性外，采用两相区热处理也可防止回火脆性，即在淬火回火处理中增加一次在两相区（α+γ）温度的加热淬火处理。由于沿奥氏体晶界产生了许多相当于 14~16 级极细的小奥氏体晶粒，从而使杂质原子在晶界上偏聚量分散减少，同时也增大了疲劳裂纹扩展的阻力。

总之，产生第一类回火脆性的零件需重新加热淬火，产生第二类回火脆性的零件应重新回火和回火后快速冷却。

(4) 网状裂纹　在高速钢、高碳钢中若表面脱碳，则在回火时内层比体积变化大于表层，在表面形成多向拉应力而形成网状裂纹。同时由于回火时表面加热速度过快，产生表层快速优先回火而形成多向拉应力，也会形成网状裂纹。

对于高碳、高合金钢制造的复杂刀具、模具及高冷硬轧辊来说，由于淬火应力很大，如果未在淬火后及时回火，将随时有开裂的风险。

6.2　铸铁的热处理

6.2.1　铸铁的分类和应用

铸铁是一种以铁、碳、硅元素为基础的复杂的多元合金，其碳含量（质量分数）一般在 2.0%～4.0% 的范围。除碳、硅元素外，铸铁中还存在锰、磷、硫等元素。表 6-36 是典型普通铸铁的化学成分范围。

铸铁的分类见表 6-37，该表是按铸铁的断口特征、成分特征、生产方法和组织性能进行的分类。

表 6-36　典型普通铸铁的化学成分范围（质量分数）　（%）

铸铁类型	C	Si	Mn	P	S
灰铸铁	2.5～4.0	1.0～3.0	0.2～1.0	0.002～1.000	0.02～0.25
球墨铸铁	3.0～4.0	1.8～2.8	0.1～1.0	0.010～0.100	0.01～0.03
可锻铁	2.2～2.9	0.9～1.9	0.15～1.2	0.020～0.200	0.02～0.20
蠕墨铸铁	2.5～4.0	1.0～3.0	0.2～1.0	0.010～0.100	0.01～0.03
白口铸铁	1.8～3.6	0.5～1.9	0.25～0.8	0.060～0.200	0.06～0.20

表 6-37　铸铁的分类

分类方法	分类名称	说　明
按断口颜色	灰铸铁	灰铸铁中的碳大部分或全部以自由状态的片状石墨形式存在，其断口呈暗灰色，故称为灰铸铁。它有一定的力学性能和良好的可加工性，是工业上应用最普遍的一种铸铁
	白口铸铁	白口铸铁是组织完全没有或几乎没有石墨的一种铁碳合金，其中碳全部以渗碳体形式存在，断口呈白亮色，因而得名。这种铸铁硬而且脆，不能进行切削加工，工业上很少直接应用它来制作机械零件。在机械制造中，有时仅利用它来制作需要耐磨而不承受冲击载荷的机件，如拉丝板、球磨机的铁球等，或用激冷的办法制作内部为灰铸铁组织，表层为白口铸铁组织的耐磨零件，如火车轮圈、轧辊、犁铧等。这种铸铁具有很高的表层硬度和耐磨性，通常又称为激冷铸铁或冷硬铸铁
	麻口铸铁	麻口铸铁是介于白口铸铁和灰铸铁之间的一种铸铁，它的组织由珠光体+渗碳体+石墨组成，断口呈灰白相间的麻点状，故称麻口铸铁，这种铸铁性能不好，极少应用
按化学成分	普通铸铁	普通铸铁是指不含合金元素的铸铁，一般常用的灰铸铁、可锻铸铁、激冷铸铁和球墨铸铁等
	合金铸铁	合金铸铁是在普通铸铁中有意加入一些合金元素，借以提高铸铁某些特殊性能而配制成的一种高级铸铁，如各种耐蚀、耐热、耐磨的特殊性能铸铁
按生产方法和组织性能	普通灰铸铁	参见“灰铸铁”
	孕育铸铁	孕育铸铁又称变质铸铁，它是在灰铸铁的基础上采用“变质处理”，即是在铁液中加入少量的变质剂（硅铁或硅钙合金），造成人工晶核，获得细晶粒的珠光体和细片状石墨组织的一种高级铸铁。这种铸铁的强度、塑性和韧性均比一般灰铸铁好得多，组织也较均匀一致，主要用来制造力学性能要求较高而截面尺寸变化较大的大型铸铁件
	可锻铸铁	可锻铸铁由一定成分的白口铸铁经石墨化退火后而成，其中碳大部分或全部呈团絮状石墨的形式存在，由于其对基体的破坏作用较之片状石墨大大减轻，因而相比灰铸铁具有较高的韧性，故又称韧性铸铁。可锻铸铁只是具有一定的塑性但并不可以锻造，通常多用来制造承受冲击载荷的铸件

（续）

分类方法	分类名称	说　明
按生产方法和组织性能	球墨铸铁	球墨铸铁简称球铁，它是通过在浇铸前往铁液中加入一定量的球化剂（如纯美或其合金、硅铁或钙合金），以促进碳呈球状石墨结晶而获得的。由于石墨呈球形，应力大为减轻，它主要减小金属基体的有效截面积，因而这种铸铁的力学性能比普通灰铸铁高得多，也比可锻铸铁好。此外，它还具有比灰铸铁好的焊接性和可接受热处理的性能；与钢相比，除塑性和韧性稍低外，其他性能均接近，是一种同时兼有钢和铸铁优点的优良材料，因此在机械工程上获得了广泛的应用
	特殊性能铸铁	特殊性能铸铁是一组具有某些特性的铸铁，根据用途的不同分为耐磨铸铁、耐热铸铁、耐蚀铸铁等。这类铸铁大部分都属于合金铸铁，在机械制造上的应用也较为广泛

6.2.2　铸铁热处理基础

铸铁的热处理工艺和钢的热处理工艺基本相似，但由于铸铁中存在石墨以及化学成分等方面的差异，其热处理又具有一定的特殊性。主要表现在以下方面：

1）铸铁是 Fe-C-Si 三元合金，其共析转变发生在一个相当宽的温度范围内，在这个温度范围内存在铁素体+奥氏体+石墨的稳定平衡和铁素体+奥氏体+渗碳体的准稳定平衡。在共析温度范围内的不同温度点，都对应着不同的铁素体和奥氏体平衡量，这样，只要控制不同的加热温度和保温时间，就可以获得不同比例的铁素体和珠光体基体组织，在较大幅度内调整铸铁的力学性能。

2）尽管铸铁总碳含量很高，但石墨化过程可使碳全部或部分以石墨形态析出，使它不仅具有类似低碳钢的铁素体组织，甚至可控制不同的石墨化程度，得到不同数量和形态的铁素体与珠光体（或其他奥氏体转变产物）的混合组织。从而使铸铁通过热处理，既可以获得相当于高碳钢的性能，又可以获得相当于中、低碳钢的性能，而钢则没有这种可能性。

3）铸铁奥氏体及其转变产物的碳含量可以在一个相当大的范围内变化。控制奥氏体化温度和加热、保温、冷却条件，可以在相当大的范围内调整和控制奥氏体及其转变产物的碳含量，从而使铸铁的性能在较大的范围内进行调整。

4）与钢不同，铸铁中石墨是碳的集散地。相变过程中，碳常需进行远距离的扩散，其扩散速度受温度和化学成分等因素的影响，并对相变过程及相变产物的碳含量产生很大的影响。

5）热处理不能改变石墨的形状和分布特性，而铸铁热处理的效果与铸铁基体中的石墨形态有密切关系。对于灰铸铁来说，热处理有一定的局限性。对于球墨铸铁来说，球墨铸铁中石墨呈球状，对基体的削弱作用较小，因而凡能改变金属基体的各种热处理方法，对球墨铸铁都非常有效。

铸铁的这些金相学特点和相变规律是铸铁热处理的理论基础，对于指导生产具有重要意义。

1. Fe-C-Si 三元相图

图 6-28 和图 6-29 所示分别为不同硅含量的 Fe-C-Si 三元准稳定系相图和稳定系相图。

Fe-C-Si 三元相图与 Fe-C 二元相图的主要区别是共晶和共析转变不在恒温而是在一个温度范围内进行。在共晶温度范围内，液体、奥氏体、石墨（稳定系）或渗碳体（准稳定系）三相共存；在共析转变温度范围内，铁素体、奥氏体、石墨（稳定系）或渗碳体（准稳定系）三相共存。此外，共晶点和共析点的碳含量随硅含量的增加而减少；硅含量的增加还缩小了相图上的奥氏体区，当硅含量超过 10%（质量分数）以后，奥氏体区趋于消失，此种合金不出现奥氏体相。

2. 铸铁的共析温度范围及其影响因素

铸铁共析转变温度与化学成分、原始组织、石墨形状以及加热和冷却速度有关。由于铸铁共析转变发生在一个温度范围内，在此分别以 Ac_1 上限、Ac_1 下限和 Ar_1 上限、Ar_1 下限表示加热和冷却时的临界温度范围。表 6-38 所列为各种铸铁共析转变临界温度范围的参考数据。铸铁化学成分对共析转变临界温度范围的影响列于表 6-39。

随硅含量增加，铸铁的共析临界温度升高，临界温度范围扩大，图 6-30 所示为硅含量对稀土镁球墨铸铁临界温度的影响。锰降低铸铁共析临界温度，图 6-31 所示为锰含量对稀土镁球墨铸铁临界温度的影响。

磷和镁是提高铸铁共析临界温度的元素，镍显著降低临界温度，铜对铸铁共析临界温度没有显著的影响。

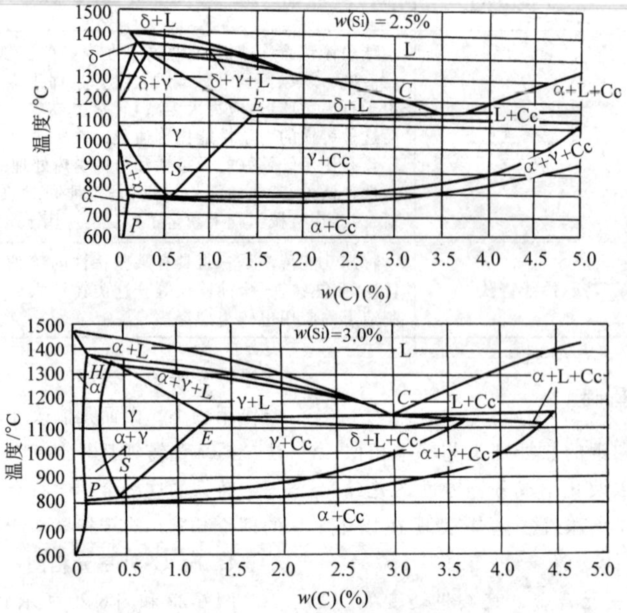

图 6-28　Fe-C-Si 三元准稳定系相图

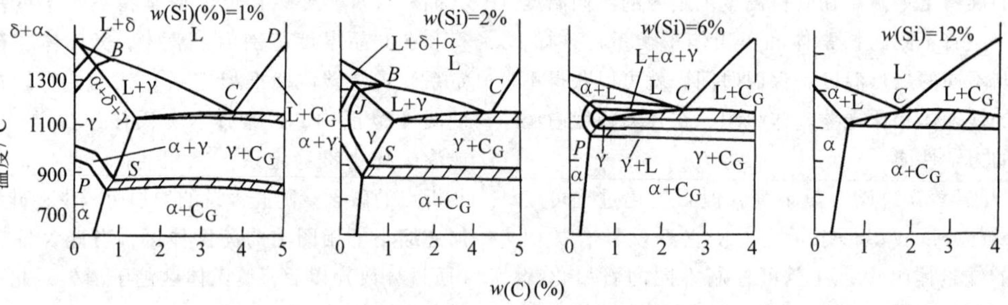

图 6-29　Fe-C-Si 三元稳定系相图

表 6-38　各种铸铁共析转变临界温度范围

铸铁类型	化学成分(质量分数,%)									临界温度/℃			
	C	Si	Mn	P	S	Cu	Mo	Mg	Ce	Ac_1 下限	Ac_1 上限	Ar_1 上限	Ar_1 下限
灰铸铁	3.15	2.2	0.67	0.24	0.11	—	—	—	—	770	830	—	—
	2.83	2.17	0.50	0.13	0.09	—	—	—	—	775	830	765	723
合金灰铸铁	2.86	2.27	0.50	0.14	0.09	Cr0.70	Ni1.70	—	—	770	825	750	700
	2.85	2.24	0.45	0.13	0.10	Ni2.30	0.09	—	—	780	830	725	625
	2.85	2.25	0.55	0.13	0.09	3.00	—	—	—	770	825	725	680
可锻铸铁	2.60	1.13	0.43	0.178	0.163	—	—	—	—	—	—	768	721
	2.35	1.31	0.43	0.134	0.170	—	—	—	—	—	—	785	732
球墨铸铁	3.80	2.42	0.62	0.08	0.033	—	—	0.041	0.035	765	820	785	720
	3.80	3.84	0.62	0.08	0.033	—	—	0.041	0.035	795	920	860	750
	3.86	2.66	0.92	0.073	0.036	—	—	0.05	0.04	755	815	765	675
合金球墨铸铁	3.50	2.90	0.265	0.08	—	0.62	0.194	0.039	0.038	790	840	—	—
	3.40	2.65	0.63	0.063	0.0124	1.70	0.20	0.037	0.053	785	835	—	—

表 6-39 铸铁化学成分对共析转变临界温度范围的影响

元素	影响趋势	每 1%合金含量对临界温度的影响			
		加热		冷却	
		Ac_1 上限	Ac_1 下限	Ar_1 上限	Ar_1 下限
Si	提高、扩大	提高 40℃	提高 30℃	提高 37℃	提高 29℃
Mn	降低、缩小	降低 15~18℃		降低 40~45℃	
P	提高	w(P)<0.20%时，每增加 0.01%提高 2.2℃			
Ni	降低	降低 17℃	降低 14~23℃	—	—
Cu	<0.8%时降低	降低 53℃	降低 76℃	—	—
	>1.45%时提高	提高 5℃	提高 8℃		
Cr	提高	提高 40℃		—	—

加热速度快，共析临界温度升高。盐浴炉加热比空气炉加热临界温度提高 10~15℃。冷却速度每增加 1℃/h，Ar_1 上限和 Ar_1 下限分别降低 0.5℃。

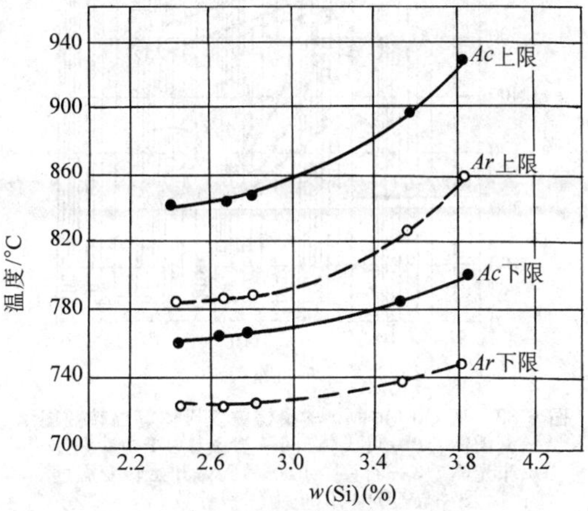

图 6-30 硅含量对稀土镁球墨铸铁临界温度的影响

注：该稀土镁球墨铸铁的成分为 $w(C)=3.8\%$，$w(Mn)=0.62\%$，$w(P)=0.08\%$，$w(Si)=0.033\%$，$w(Mg)=0.014\%$，$w(RE)=0.035\%$。

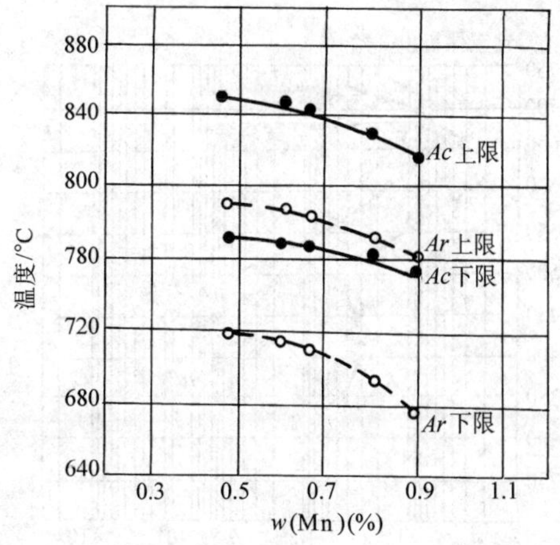

图 6-31 锰含量对稀土镁球墨铸铁临界温度的影响

注：该稀土镁球墨铸铁的成分为 $w(C)=3.86\%$，$w(Si)=2.66\%$，$w(P)=0.073\%$，$w(S)=0.036\%$，$w(Mg)=0.05\%$，$w(RE)=0.04\%$。

3. 加热时的组织转变

铸铁的铸态组织主要有铁素体+石墨、铁素体+珠光体+石墨、珠光体+石墨三种，加热时铸铁组织的转变情况可归纳为三个方面。

1）在临界温度（Ac_1 下限）以下加热时，共析渗碳体开始球化和石墨化，加热速度越慢，球化和石墨化进行得越强烈；加热温度升高，共析渗碳体的分解速度加快，珠光体的数量减少。铸铁中的硅是石墨化元素，可促进石墨化过程的进行，而锰、磷、铬等是稳定碳化物的元素，对石墨化过程有抑制作用，有利于珠光体的粒化。

2）在临界温度范围内加热时，当加热温度超过临界温度 Ac_1 下限时，即开始铁素体向奥氏体转变的相变过程。在临界温度范围内，铁素体、奥氏体、石墨（稳定系）或渗碳体（准稳定系）三相共存。随着加热温度的升高，奥氏体的数量逐渐增加，而铁素体数量相应减少，直至加热到 Ac_1 上限温度，铁素体完全消失。铸铁中奥氏体的形成过程符合一般的相变规律，即形核和长大。

3）当加热温度超过临界温度 Ac_1 上限时，铁素体和珠光体完全奥氏体化，铸铁原始组织中存在的自由（一次）渗碳体分解为奥氏体和石墨，即高温石墨化。随加热温度升高，石墨化过程加速，石墨表层一部分碳将溶入奥氏体中，使奥氏体中碳含量增加（沿相图中的 *ES* 线变化）；同时，升高温度导致奥氏体晶粒长大和石墨的聚集。铸铁中的合金元素碳、硅、铜、铝、镍等促进石墨化过程，可加速渗碳体分解。而铬、钼、钒、硫等稳定碳化物的元素，则降低渗碳体的分解速度。

4. 冷却时的组织转变

铸铁件热处理后的冷却，主要分为以下三个阶段。

1）在临界温度以下冷却，随着温度的降低，过饱和的碳从奥氏体中析出。缓慢冷却时，析出反应按稳定系进行，碳以石墨形态析出；冷却速度加快，反应也可能按准稳定系析出渗碳体。

2）冷却到共析转变临界温度范围内，奥氏体开始转变成铁素体和石墨，形成奥氏体、铁素体和石墨三相组织共存。随温度降低，时间延长，铁素体数量增多。直至低于 Ar_1 下限温度时，奥氏体全部分解为铁素体和石墨。

3）冷却到共析转变临界温度以下慢冷时，奥氏体转变成铁素体和石墨；快冷时，将产生过冷奥氏体，在不同的温度和冷却速度下转变成不同的组织。

奥氏体的转变工艺有以下两种：

1）奥氏体等温转变。与钢的奥氏体等温转变过程相似，铸铁的过冷奥氏体等温转变可分为三个温度区域：即高温转变区（Ar_1 至 550℃左右），在此温度区间，奥氏体发生扩散分解，形成珠光体组织；中温转变区（500℃左右至 *Ms* 点），过冷奥氏体的等温转变产物为贝氏体；低温转变区（*Ms* 点以下），过冷奥氏体转变为马氏体。

铸铁的过冷奥氏体等温转变图如图 6-32～图 6-34 所示。

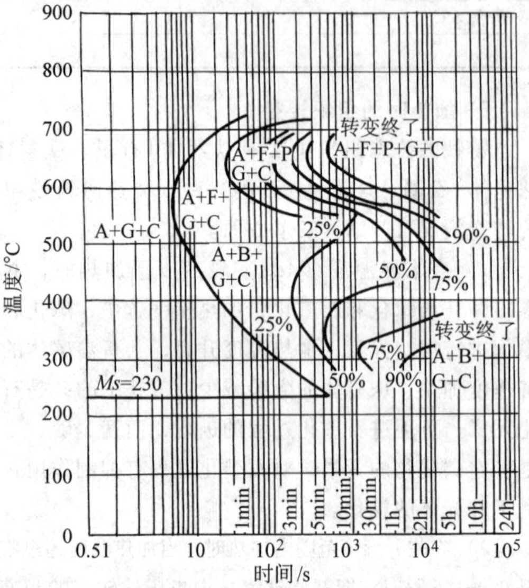

图 6-32　Cu-Mo 合金球墨铸铁奥氏体等温转变图

A—奥氏体　B—贝氏体　C—渗碳体　F—铁素体
P—珠光体　G—石墨；*Ms*—马氏体转变起始温度

注：1. 转变产物的量为体积分数。
2. 试件的化学成分为 $w(C)=3.95\%$，$w(Si)=2.6\%$，$w(Mn)=0.71\%$，$w(Mo)=0.41\%$，$w(Cu)=0.92\%$，$w(S)=0.018\%$，$w(P)=0.08\%$。
3. 原始状态为铸态，经 810℃×30min 奥氏体化，加热和冷却速度为 2～3℃/min。
4. 加热时共析转变临界温度下限为 770℃，上限为 880℃，冷却时共析转变临界温度下限为 770℃。

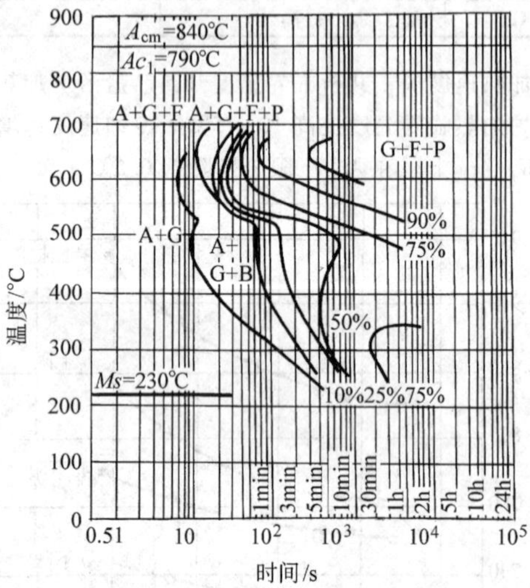

图 6-33　低 Cu-Mn-Mo 球墨铸铁奥氏体等温转变图

A—奥氏体　B—贝氏体　C—渗碳体　F—铁素体
P—珠光体　G—石墨　*Ms*—马氏体开始转变温度

注：1. 图中转变产物的量为体积分数。
2. 试件的化学成分为 $w(C)=3.5\%$，$w(Si)=2.9\%$，$w(Mn)=0.265\%$，$w(P)=0.08\%$，$w(Mo)=0.194\%$，$w(Cu)=0.62\%$。
3. 奥氏体化 880℃×20min。

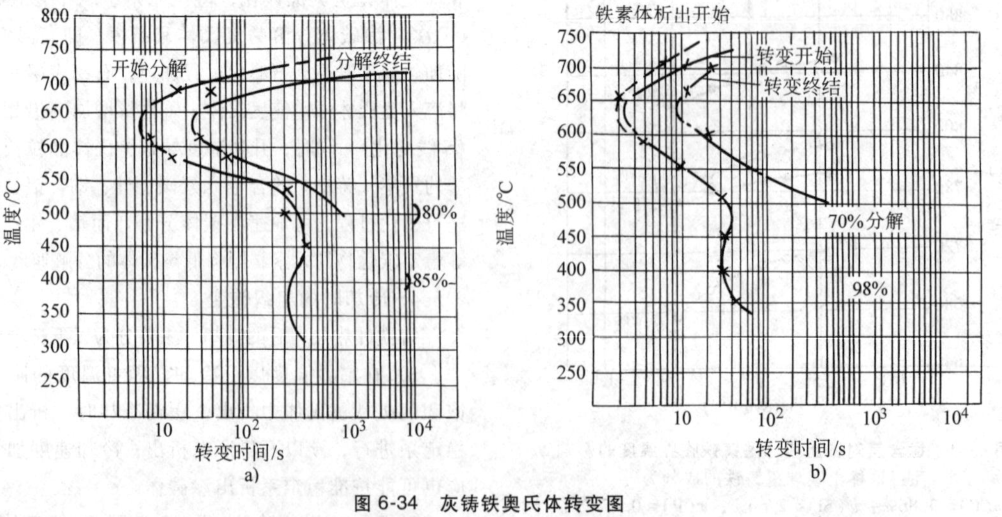

图 6-34　灰铸铁奥氏体转变图

a）亚共晶铸铁　b）过共晶铸铁

2）奥氏体连续冷却转变。几种球墨铸铁的过冷奥氏体连续冷却转变图如图 6-35～图 6-41 所示。奥氏体化温度为 900℃，保温 20min。图中曲线下端数字为硬度值（HV10）。

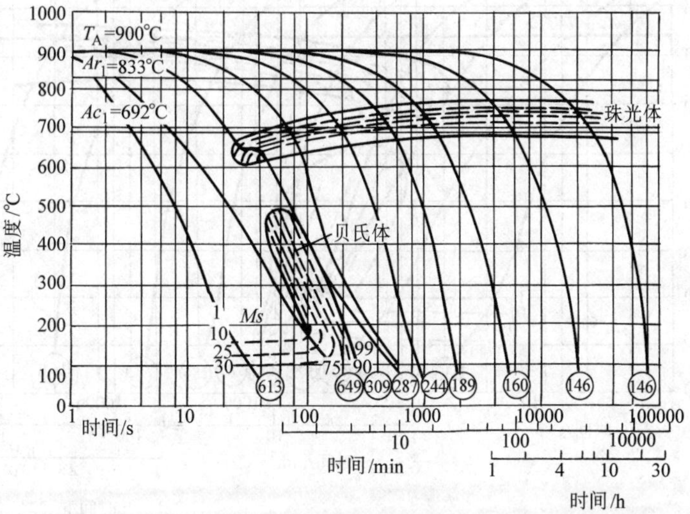

图 6-35　w(Si) = 2.71%非合金化球墨铸铁奥氏体连续冷却转变图

注：试样成分为 w(C) = 3.59%，w(Si) = 0.29%，w(Mn) = 0.022%，w(P) = 0.024%，w(S) = 0.007%，w(Cr) = 0.04%，w(Ni) = 0.03%，w(Mo) = 0.022%，w(Mg) = 0.024%。

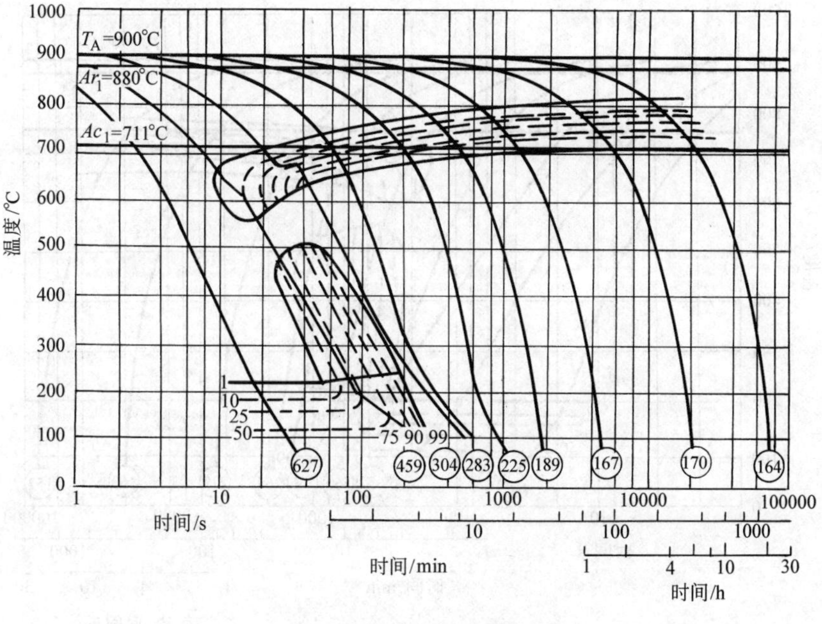

图 6-36　w(Si) = 3.45%非合金化球墨铸铁奥氏体连续冷却转变图

注：试件成分为 w(C) = 3.54%，w(Si) = 3.45%，w(Mn) = 0.31%，w(P) = 0.024%，w(S) = 0.005%，w(Cr) = 0.04%，w(Ni) = 0.04%，w(Mo) = 0.022%，w(Mg) = 0.023%。

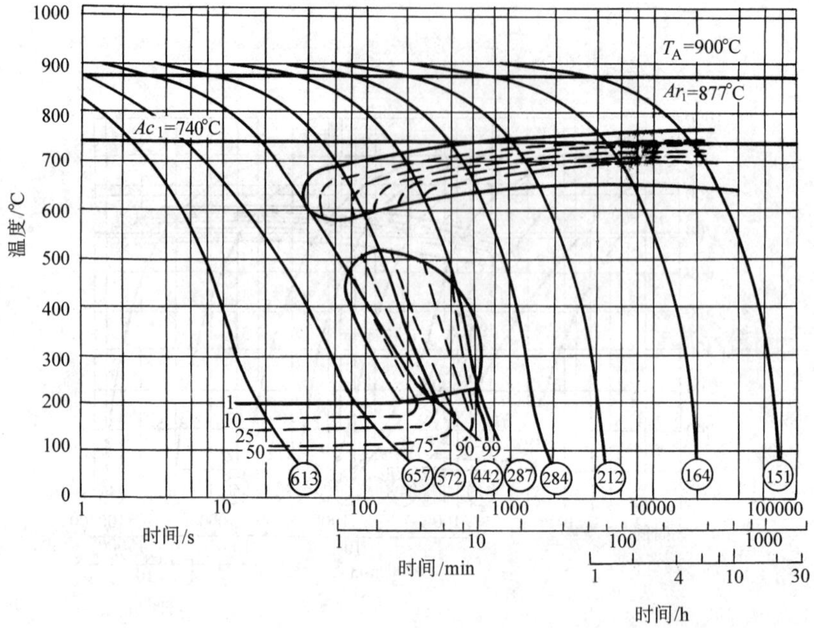

图 6-37　w（Mo）= 0.25%钼球墨铸铁奥氏体连续冷却转变图

注：试件成分为 w(C)= 3.33%，w(Si)= 2.69%，w(Mn)= 0.32%，w(P)= 0.022%，w(S)= 0.008%，w(Mo)= 0.25%。

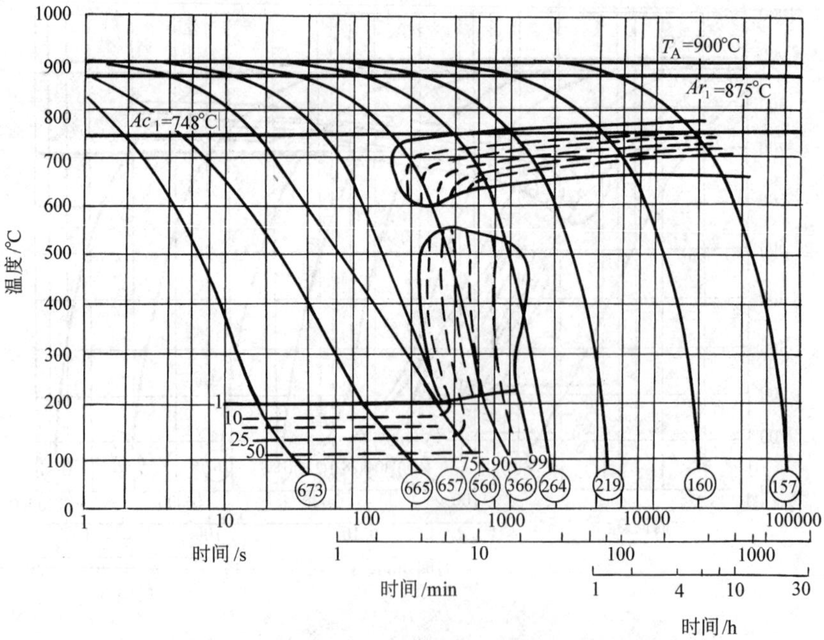

图 6-38　w(Mo)= 0.75%钼球墨铸铁奥氏体连续冷却转变图

注：试件成分为 w(C)= 3.33%，w(Si)= 2.57%，w(Mn)= 0.31%，w(P)= 0.024%，w(S)= 0.008%，w(Mo)= 0.75%。

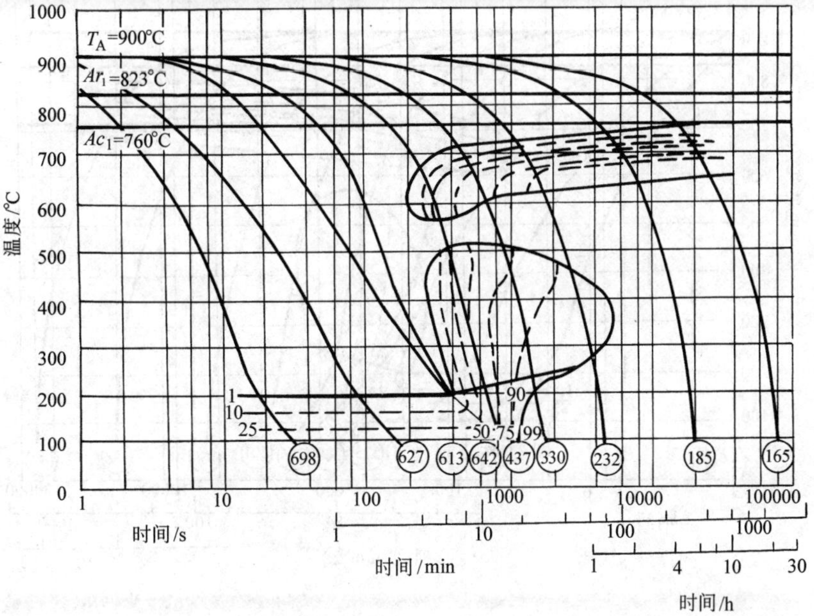

图 6-39　w(Ni)= 0.61%、w(Mo)= 0.5%镍钼球墨铸铁奥氏体连续冷却转变图

注：试件成分为 w(C)= 3.39%，w(Si)= 2.45%，w(Mn)= 0.32%，w(P)= 0.023%，w(S)= 0.011%，w(Ni)= 0.61%，w(Mo)= 0.50%。

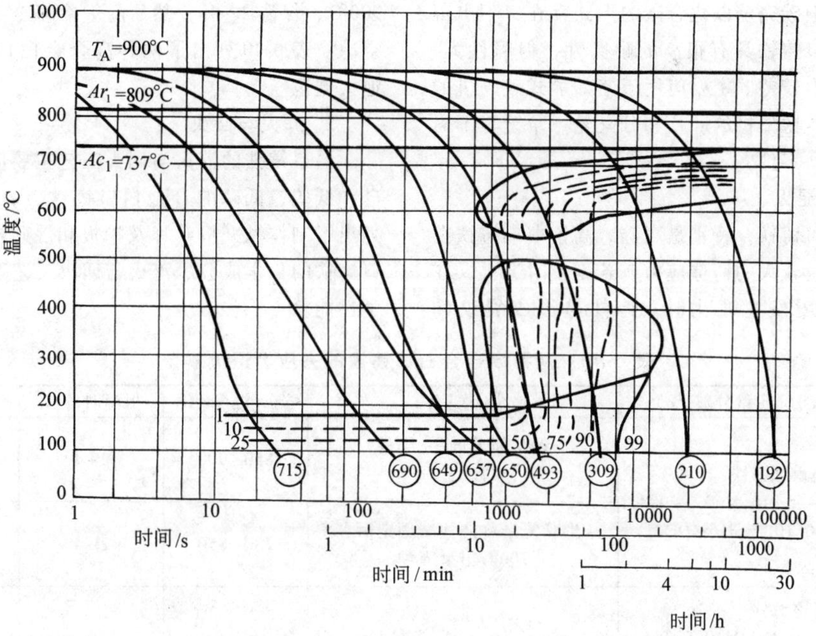

图 6-40　w(Ni)= 2.37%、w(Mo)= 0.5%镍钼球墨铸铁奥氏体连续冷却转变图

注：试件成分为 w(C)= 3.33%，w(Si)= 2.40%，w(Mn)= 0.32%，w(P)= 0.024%，w(S)= 0.08%，w(Ni)= 2.37%，w(Mo)= 0.50%。

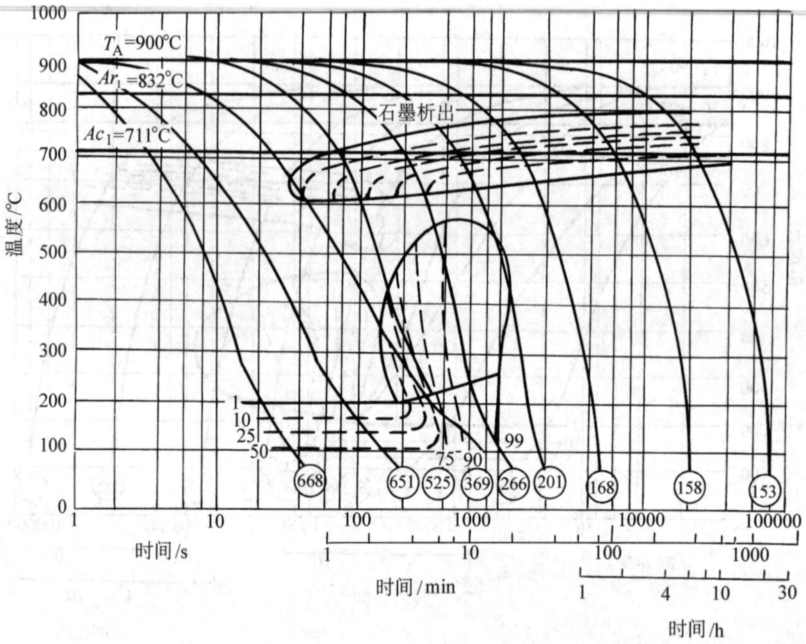

图 6-41　钼硼球墨铸铁奥氏体连续冷却转变图

注：试件成分为 w(C) = 3.61%，w(Si) = 2.75%，w(Mn) = 0.35%，w(S) = 0.003%，w(Mo) = 0.24%，w(B) = 0.0024%，w(Cr) = 0.07%，w(Cu) = 0.07%，w(Al) = 0.020%，w(Mg) = 0.040%。

6.2.3　白口铸铁的热处理

白口铸铁中碳完全以化合碳的形式存在，不出现石墨，因此白口铸铁具有很高的耐磨性，但脆性大，抗冲击载荷能力较差。主要应用于诸如颚式破碎机的破碎板和底板、抛丸机的叶片和分丸轮、犁镜等不需切削加工的耐磨零件。

1. 去应力退火

高合金白口铸铁，特别是高硅、高铬白口铸铁在铸造过程中产生较大的铸造应力，若不及时退火，在受到振动或环境发生变化时，铸件易形成裂纹和开裂。

高合金白口铸铁去应力退火温度一般为 800～900℃，保温 1～4h，然后随炉冷却至 100～150℃出炉空冷。表 6-40 列出了两种高合金白口铸铁的去应力退火规范。

2. 淬火与回火

白口铸铁的淬火与回火工艺主要应用于低碳、低硅、低硫、低磷的合金白口铸铁，表 6-41 和表 6-42 列出了制作抛丸机叶片及护板和混砂机刮板的三种白口铸铁的化学成分、淬火与回火工艺及热处理后的力学性能。

表 6-40　两种高合金白口铸铁的去应力退火规范

铸铁种类和成分(质量分数,%)	加热速度	退火温度/℃	保温时间/h	冷却速度
高硅耐蚀铸铁 (C0.5～0.8、Si14.5～16、Mn0.3～0.8、S<0.07、P≤0.10 或 Si16～18)	形状简单的中、小件 ≤100℃/h	850～900	2～4	随炉缓慢冷却 (30～50℃/h)
	形状复杂件浇注凝固后， 700℃出型入炉	780～850	2～4	随炉缓慢冷却 (30～50℃/h)
高铬铸铁 (C0.5～0.8、Si0.5～1.3、Mn0.5～0.8、Cr26～30、S≤0.08、P≤0.10 或 C1.5～2.2、Si1.3～1.7、Mn0.5～0.8、Cr32～36、S≤0.10、P≤0.10)	500℃以下:20～30℃/h 500℃以上:50℃	820～850	铸件壁厚/25	随炉缓慢冷却 (25～40℃/h) 至 100～150℃ 出炉空冷

表 6-41 三种白口铸铁的化学成分（质量分数,%）

C	Si	Mn	S	P	Cr	V	Ti	Cu	Mo	FeSiRE 合金加入量
2.5~3.0	1.5~2.0	2.5~3.5	<0.025	<0.09	2.5~3.5	0.3	0.1	0.2	0.1	1.5~2.0
2.4~2.7	<1.0	0.4~0.6	<0.04	<0.04	3.5~4.2	—	—	—	—	1.5
2.4~2.6	0.8~1.2	0.5~0.8	<0.05	<0.10	—	0.5~0.7	—	0.8~1.0	0.5~0.7	—

表 6-42 三种白口铸铁的淬火与回火工艺及力学性能

淬火工艺			回火工艺		回火后力学性能				铸态硬度 HRC
温度/℃	时间/min	冷却	温度/℃	时间/min	R_m/MPa	δ_{bb}/MPa	a_k/(J/cm^2)	硬度 HRC	
850~860	30	室温油冷 40~50s	180~200	90	441	608~736	—	61~63	43.5~55.0
850~880	20	在 180~240℃ 硝盐中冷 40~60s	180~200	120	—	—	4.4~6.7	64~68	47~50
880	60	油冷	180	120	—	—	—	62~65	—

3. 等温淬火

白口铸铁贝氏体等温淬火可使脆的莱氏体和渗碳体组织转变成综合力学性能较好的贝氏体，满足犁铧、饲料粉碎机锤头、抛丸机叶片及衬板等零件的性能要求。一般采用等温淬火工艺的白口铸铁的化学成分应控制在以下范围内：w(C)＝2.2%～2.5%，w(Si)<1.0%，w(Mn)＝0.5%～1.0%，w(P)<0.1%，w(S)<0.1%。

白口铸铁等温淬火加热温度为（900±10）℃，保温时间为 1h，等温温度为（290±10）℃，等温时间为 1.5h。

6.2.4 灰铸铁的热处理

1. 退火

1）去应力退火。为了消除铸件的残余应力，稳定其几何尺寸，减少或消除切削加工后产生的畸变，需要对铸件进行去应力退火。

确定铸铁的去应力退火温度必须考虑其化学成分。普通灰铸铁在温度超过 550℃时，即可能发生部分渗碳体的石墨化和粒化，使强度和硬度降低。当含有合金元素时，渗碳体开始分解的温度可提高到 650℃左右。

图 6-42~图 6-44 所示为普通灰铸铁和合金灰铸铁退火温度与应力消除程度的关系。图 6-45 所示为灰铸铁退火温度与力学性能的关系。

通常，普通灰铸铁去应力退火温度以 550℃为宜，低合金灰铸铁为 600℃，高合金灰铸铁可提高到 650℃，加热速度一般选用 60~120℃/h。

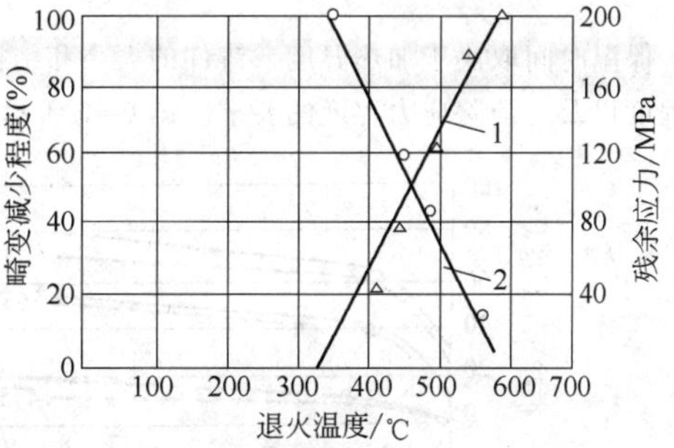

图 6-42 灰铸铁退火温度与内应力消除程度的关系

1—变形减少程度 2—残余应力

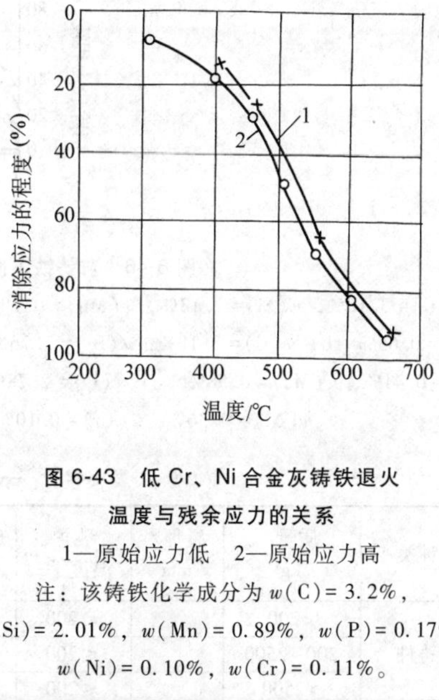

图 6-43 低 Cr、Ni 合金灰铸铁退火温度与残余应力的关系

1—原始应力低 2—原始应力高

注：该铸铁化学成分为 w(C)＝3.2%，w(Si)＝2.01%，w(Mn)＝0.89%，w(P)＝0.17%，w(Ni)＝0.10%，w(Cr)＝0.11%。

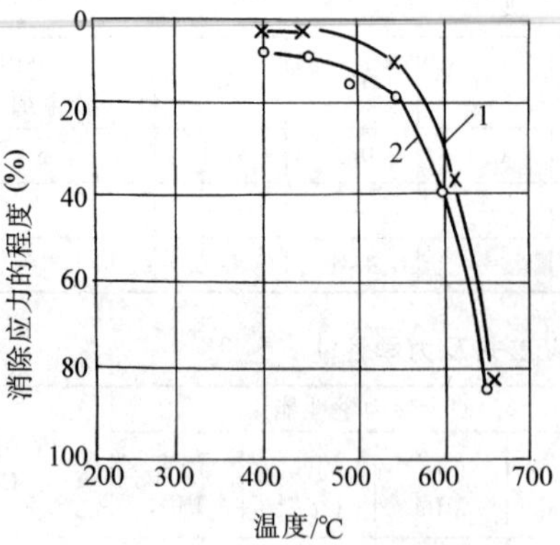

图 6-44　Ni-Cu-Cr 高合金灰铸铁退火温度与残余应力的关系

1—原始应力低　2—原始应力高

注：该铸铁化学成分为 w(C)= 2.16%，w(Si)= 2.08%，w(Mn)= 0.75%，w(P)= 0.84%，w(Cu)= 1.75%，w(Cr)= 7.11%，w(Ni)= 5.19%。

保温时间取决于加热温度、铸件的大小和结构复杂程度以及对消除应力程度的要求。图 6-46 所示为灰铸铁不同退火温度下保温时间与残余内应力的关系。

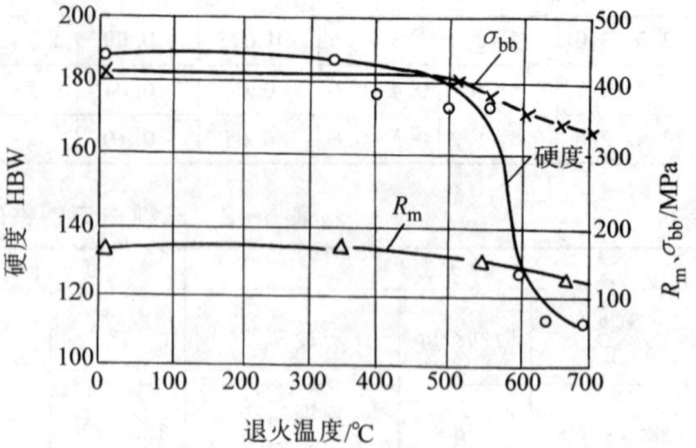

图 6-45　灰铸铁退火温度与力学性能的关系（退火 3h）

注：该铸铁化学成分为 w(C)= 3.61%，w(Si)= 2.00%，w(Mn)= 0.35%，w(S)= 0.118%，w(P)= 0.35%。

铸件去应力退火的冷却速度必须缓慢，以免产生二次残余应力，冷却速度一般控制在 20~40℃/h，冷却到 200~150℃以下，可出炉空冷。一些灰铸铁件的去应力退火规范见表 6-43。

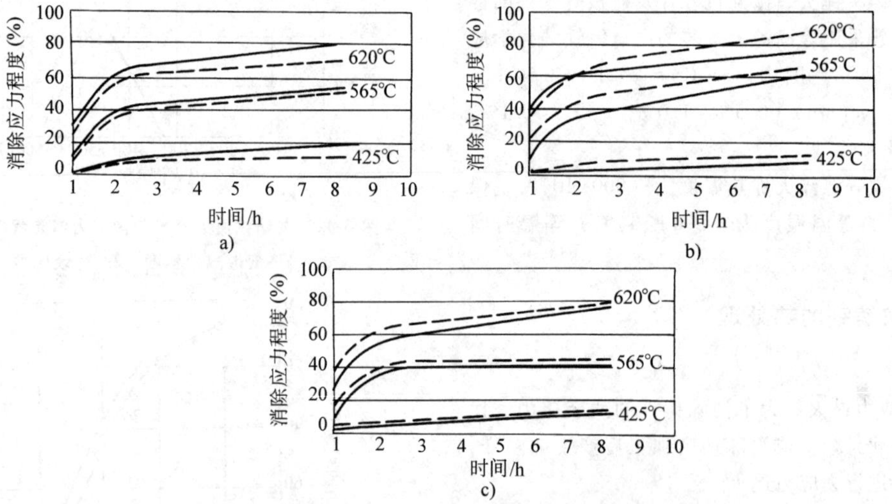

图 6-46　灰铸铁不同退火温度下保温时间与残余应力的关系

a) w(C)= 3.18%，w(Si)= 2.13%，w(Mn)= 0.70%，w(S)= 0.125%，w(P)= 0.73%，w(Ni)= 1.03%，w(Cr)= 2.33%，w(Mo)= 0.65%　b) w(C)= 3.12%，w(Si)= 2.76%，w(Mn)= 0.78%，w(S)= 0.097%，w(P)= 0.075%，w(Ni)= 1.02%，w(Cr)= 0.41%，w(Mo)= 0.58%　c) w(C)= 2.78%，w(Si)= 1.77%，w(Mn)= 0.55%，w(S)= 0.135%，w(P)= 0.069%，w(Ni)= 0.36%，w(Cr)= 0.10%，w(Mo)= 0.33%，w(Cu)= 0.46%，w(V)= 0.04%

表 6-43　一些灰铸铁件的去应力退火规范

铸件种类	质量/kg	壁厚/mm	装炉温度/℃	升温速度/(℃/h)	加热温度/℃		保温时间/h	缓冷速度/(℃/h)	出炉温度/℃
					普通铸铁	低合金铸铁			
一般铸件	<200		≤200	≤100	500~550	550~570	4~6	30	≤200
	200~2500		≤200	≤80	500~550	550~570	6~8	30	≤200
	>2500		≤200	≤60	500~550	550~570	8	30	≤200

（续）

铸件种类	质量/kg	壁厚/mm	装炉温度/℃	升温速度/(℃/h)	加热温度/℃		保温时间/h	缓冷速度/(℃/h)	出炉温度/℃
					普通铸铁	低合金铸铁			
精密铸件	<200		≤200	≤100	500~550	550~570	4~6	20	≤200
	200~3500		≤200	≤80	500~550	550~570	6~8	20	≤200
简单或圆筒状一般精度铸件	<300	10~40	100~300	100~150	500~600		2~3	40~50	<200
	100~1000	15~60	100~200	<75	500		8~10	40	<200
结构复杂较高精度铸件	1500	<40	<150	<60	420~450		5~6	30~40	<200
	1500	40~70	<200	<70	450~550		8~9	20~30	<200
	1500	>70	<200	<75	500~550		9~10	20~30	<200
纺织机械小铸件	<50	<15	<150	50~70	500~550		1.5	30~40	150
机床小铸件	<1000	<60	≤200	<100	500~550		3~5	20~30	150~200
机床大铸件	>2000	20~80	<150	30~60	500~550		8~10	30~40	150~200

2）石墨化退火。灰铸铁件进行石墨化退火是为了降低硬度，改善加工性能，提高铸铁的塑性和韧性。

若铸件中不存在共晶渗碳体或其数量不多时，可进行低温石墨化退火；当铸件中共晶渗碳体数量较多时，须进行高温石墨化退火。

铸铁低温退火时会出现共析渗碳体石墨化与粒化，从而使铸铁硬度降低，塑性增加。

灰铸铁低温石墨化退火工艺是将铸件加热到稍低于 Ac_1 下限温度，保温一段时间使共析渗碳体分解，然后随炉冷却，其工艺曲线如图 6-47 所示。

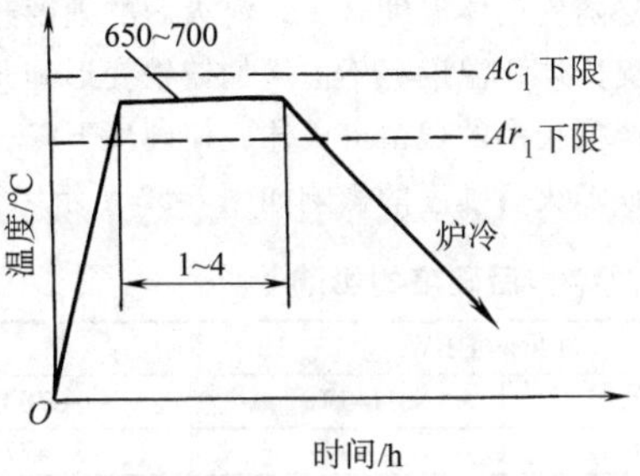

图 6-47　灰铸铁低温石墨化退火工艺曲线

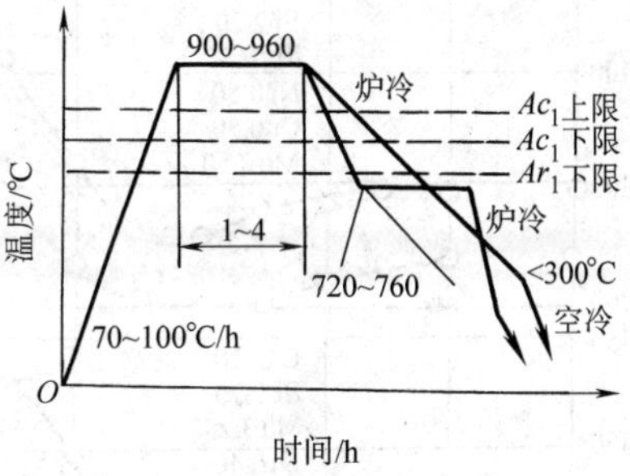

图 6-48　铁素体基体高温石墨化退火工艺

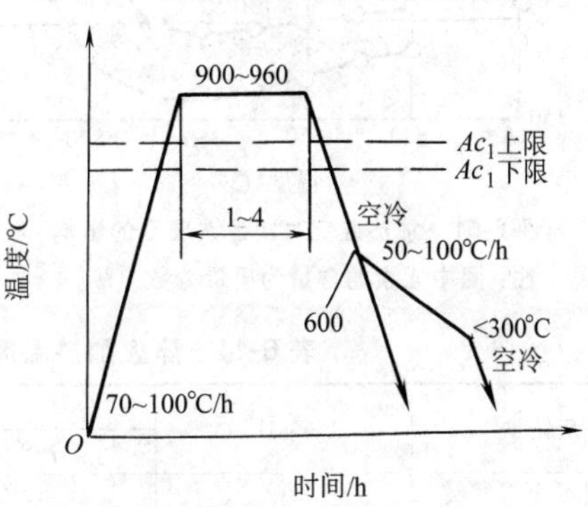

图 6-49　珠光体基体高温石墨化退火工艺

高温石墨化退火工艺是将铸件加热至高于 Ac_1 上限以上的温度，使铸铁中的自由渗碳体分解为奥氏体和石墨，保温一段时间后根据所要求的基体组织按不同的方式进行冷却。如要求获得高塑性、韧性的铁素体基体，其工艺规范和冷却方式按图 6-48 进行；如要求获得强度高、耐磨性好的珠光体基体组织，则其工艺规范和冷却方式可按图 6-49 进行。

2. 正火

灰铸铁正火的目的是提高铸件的强度、硬度和耐磨性，或作为表面淬火的预备热处理，改善基体组织。其正火工艺规范如图 6-50 所示。一般的正火是将铸件加热到 Ac_1 上限+(30~50)℃，使原始组织转变为奥氏体，保温一段时间后出炉空冷（见图 6-50a）。形状复杂的或较重要的铸件正火处理后需再进行消除内应力的退火。如铸铁原始组织中存在过量的自由渗碳体，则必须先加热到 Ac_1 上限+(50~100)℃的温度，先进行高温石墨化以消除自由渗碳体（见图 6-50b）。

加热温度对灰铸铁硬度的影响如图 6-51 所示，在正火温度范围内，温度越高，硬度也越高。因此，要求正火后的铸铁具有较高硬度和耐磨性时，可选择加热温度的上限。

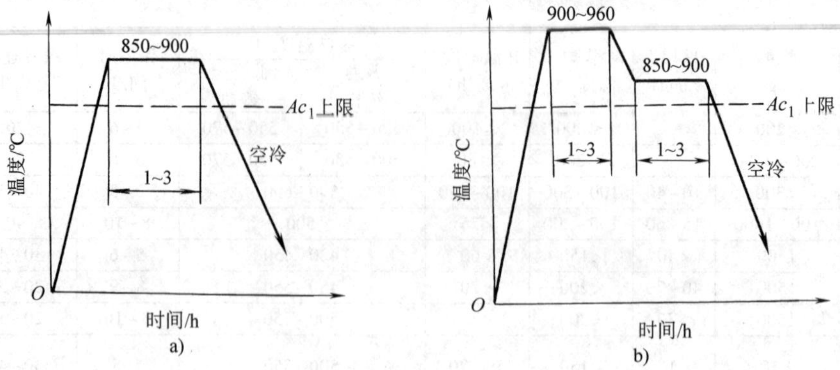

图 6-50　灰铸铁正火工艺规范

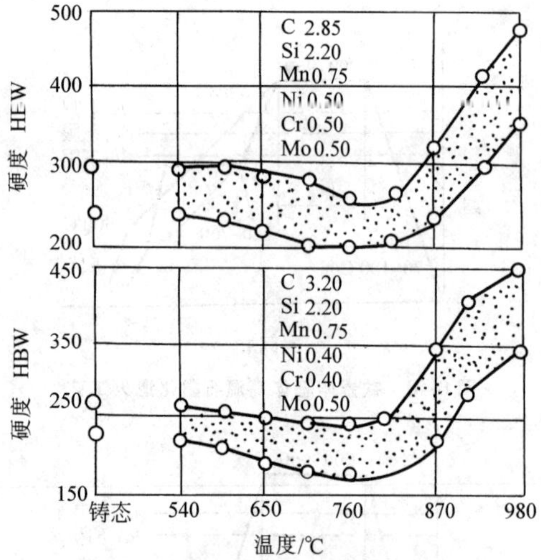

图 6-51　加热温度对灰铸铁硬度的影响

注：图中元素的含量为质量分数（%）。

正火后冷却速度影响铁素体的析出量，从而对硬度产生影响。冷速越大，析出的铁素体数量越少，硬度越高。因此可采用控制冷却速度的方法（空冷、风冷、雾冷），达到调整铸铁硬度的目的。

3. 淬火与回火

1）淬火。铸铁淬火工艺是将铸件加热到 Ac_1 上限+(30~50)℃的温度，一般取 850~900℃，使组织转变成奥氏体，并在此温度下保温，以增加碳在奥氏体中的溶解度，然后进行淬火，通常采用油淬。对形状复杂或大型铸件应缓慢加热，必要时可在 500~650℃预热，以避免不均匀加热而造成开裂。

淬火加热温度对灰铸铁淬火（油淬）后硬度的影响见表 6-44。表 6-45 所列为表 6-44 所列铸铁的化学成分。随奥氏体温度升高，淬火后的硬度升高，但过高的奥氏体化温度，不但增加铸铁变形和开裂的危险，还产生较多的残留奥氏体，使硬度下降，保温时间对铸铁淬火后硬度的影响如图 6-52 所示。

表 6-44　淬火加热温度对灰铸铁淬火（油淬）后硬度的影响

灰铸铁	铸态	硬度　HBW			
		790℃	815℃	845℃	870℃
A	217	159	269	444	477
B	255	207	444	514	601
C	223	311	477	486	529
D	241	355	469	486	460
E	235	208	487	520	512
F	235	370	477	480	465

表 6-45　几种铸铁的化学成分（质量分数）　（%）

铸铁	TC①	CC②	Si	P	S	Mn	Cr	Ni	Mo
A	3.19	0.69	1.70	0.216	0.097	0.76	0.030	—	0.013
B	3.10	0.70	2.05	—	—	0.80	0.270	0.37	0.450
C	3.20	0.58	1.76	0.187	0.054	0.64	0.005	痕量	0.480
D	3.22	0.53	2.02	0.114	0.067	0.66	0.020	1.21	0.520
E	3.21	0.60	2.24	0.114	0.071	0.67	0.500	0.06	0.520
F	3.36	0.61	1.96	0.158	0.070	0.74	0.350	0.25	0.470

① TC—总碳含量。
② CC—结合碳含量。

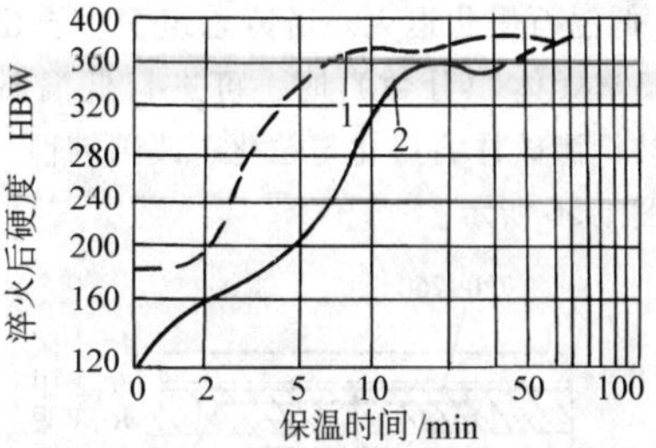

图 6-52　保温时间对铸铁淬火后硬度的影响（840℃）

1—原始组织为珠光体　2—原始组织为铁素体

注：该铸铁的化学成分为 $w(C)=3.34\%$，$w(Si)=2.22\%$，$w(Mn)=0.7\%$，$w(P)=0.11\%$，$w(S)=0.10\%$。

2）回火。回火温度对淬火铸铁力学性能的影响如图 6-53 所示。为了避免石墨化，回火温度一般应低于 550℃，回火保温时间（h）按 $t=$［铸件厚度(mm)/25］+1 计算。

3）等温淬火。为了减小淬火变形，提高铸件综合力学性能，凸轮、齿轮、缸套等零件常采用等温淬火。

等温淬火的加热温度和保温时间与常规淬火工艺相同，等温温度对灰铸铁力学性能的影响见表 6-46。

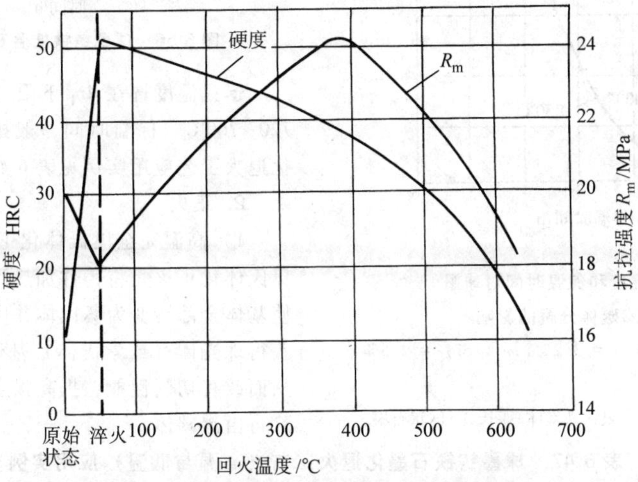

图 6-53　回火温度对淬火铸铁力学性能的影响

表 6-46　等温温度对灰铸铁力学性能的影响

等温温度/℃	$w(C_{总})=2.83\%$，$w(C_{化})=0.7\%$，$w(Cr)=0.19\%$，$w(Si)=1.90\%$		$w(C_{总})=2.83\%$，$w(C_{化})=0.7\%$，$w(Cr)=0.15\%$，$w(Mo)=0.50\%$，$w(Si)=1.92\%$		$w(C_{总})=2.83\%$，$w(C_{化})=0.71\%$，$w(Cr)=0.14\%$，$w(Mo)=0.24\%$，$w(Si)=1.20\%$		$w(C_{总})=3.56\%$，$w(C_{化})=0.66\%$，$w(Si)=2.08\%$	
	σ_{bb}/MPa	硬度 HBW	σ_{bb}/MPa	硬度 HBW	σ_{bb}/MPa	硬度 HBW	σ_{bb}/MPa	硬度 HBW
铸态	593	229	734	251	711	240	615	255
250	358	492	432	515	410	507	407	470
300	898	332	1070	386	1010	388	697	346
350	860	317	884	340	942	334	644	282
500	702	286	698	314	733	290	680	299
600	659	237	758	265	745	252	718	273

6.2.5　球墨铸铁的热处理

1. 退火

1）高温石墨化退火。当球墨铸铁铸态组织中有共晶渗碳体、一次渗碳体时，为了改善切削加工性能，提高塑性和韧性，必须进行高温石墨化退火，其工艺规范如图 6-54 所示。

高温石墨化后的冷却根据所要求的基体组织而定，采用图 6-54 中 1、2 的冷却方式可获得铁素体基体；保温后直接空冷（方式 3），可获得珠光体基体。

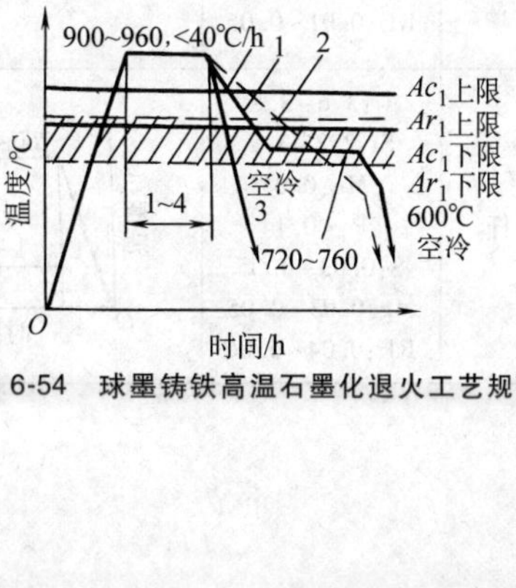

图 6-54　球墨铸铁高温石墨化退火工艺规范

高温石墨化退火加热温度为 Ac_1 上限+(30~50)℃，一般为 900~960℃。如果自由渗碳体量占 5%（体积分数）以上，特别是有碳化物形成元素存在时，应选择较高温度（950~960℃）。当铸件中存在较多量的复合磷共晶时，则加热温度高达 1000~1020℃。退火温度和保温时间对球墨铸铁中自由渗碳体分解的影响如图 6-55 所示。

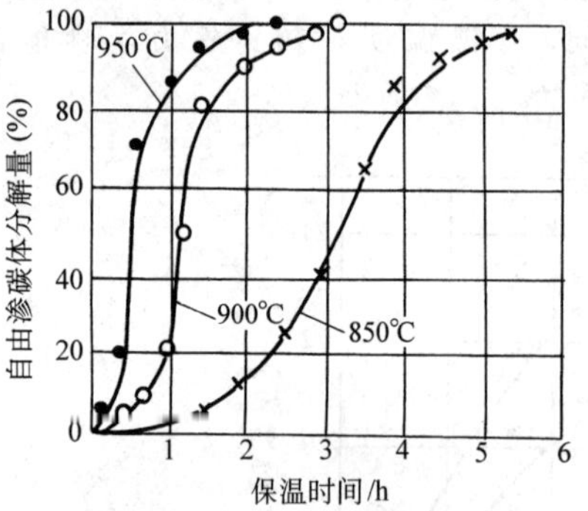

图 6-55　退火温度和保温时间对球墨铸铁中自由渗碳体分解的影响

注：1. 化学成分为 w（C）= 3.2%，w（Si）= 2.5%，w（Mn）= 0.7%。

2. 原始组织为珠光体+牛眼状铁素体+莱氏体+球状石墨。

2）低温石墨化退火。当铸态组织中自由渗碳体量少于 3%（体积分数）时，可进行低温石墨化退火，使共析渗碳体石墨化与粒化，改善韧性，其工艺规范如图 6-56 所示。

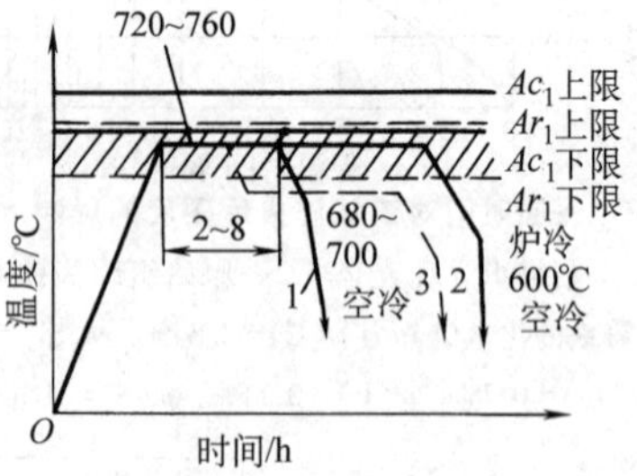

图 6-56　球墨铸铁低温石墨化退火工艺规范

退火温度选在 Ar_1 下限与 Ac_1 下限之间，一般为 720~760℃，保温时间一般按 2~8h。球墨铸铁石墨化退火工艺应用实例见表 6-47。

2. 正火

1）高温完全奥氏体化正火。球墨铸铁高温完全奥氏体化正火是将铸件加热到 Ac_1 上限+(30~50)℃，使基体全部转变为奥氏体并使奥氏体均匀化，冷却后获得珠光体（或索氏体）基体加少量牛眼状铁素体，从而改善切削性能，提高强度、硬度、耐磨性，或去除自由渗碳体。

表 6-47　球墨铸铁石墨化退火工艺（高温与低温）应用实例

铸件名称	化学成分（质量分数,%）	退火工艺曲线	力学性能	基体组织（体积分数）	备注
高压机四级缸缸套	C:3.2~3.6 Si:2.2~2.6 Mn:0.4~0.6 P:<0.1 S:<0.03 Cu:0.1~0.12 Mg:0.03~0.05 RE:0.02~0.045	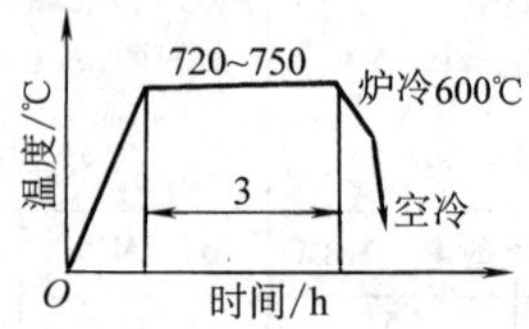	R_m = 440~540MPa A = 10%~22% a_K ≥ 4J/cm² 硬度 130~190HBW	F:≥90% 磷共晶≤1%	铸态无自由渗碳体及严重的成分偏析
拖拉机零件：差速器壳体、摇臂、拨叉、踏板、轮毂、轴承座盖等	C:3.2~3.6 Si:2.2~2.8 Mn:0.6~0.7 P:<0.1 S:0.016~0.03 Mg:0.035~0.038 RE:0.01~0.05	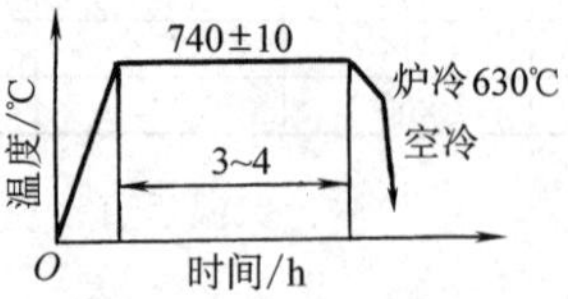	R_m = 460~500MPa A = 14%~22% a_K = 6~13.5J/cm²	F:≥80% P:≤20%	
汽车连杆	C:3.6~3.8 Si:2.8~3.2 Mn:0.6 P:<0.1 S:0.03~0.05 Mg:0.03~0.05 RE:0.04~0.06	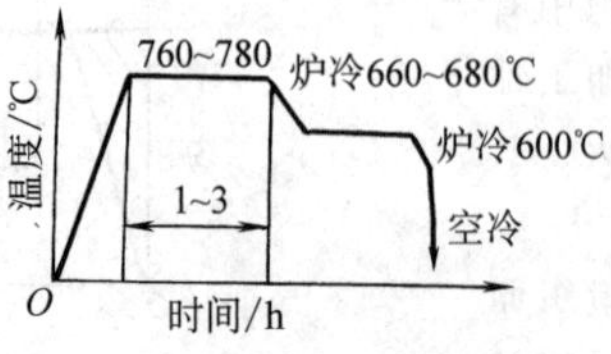	R_m = 440~560MPa A = 14%~25% a_K ≥ 5J/cm²	F:≥80% P:≤20%	

（续）

铸件名称	化学成分（质量分数，%）	退火工艺曲线	力学性能	基体组织（体积分数）	备注
汽车离合器踏板、中间传动轴支架、后桥壳、壳盖等	C：3.8～4.1 Si：2.0～2.4 Mn：0.5～0.8 P：<0.1 S：<0.06 Mg：0.03～0.04 RE：0.03～0.04	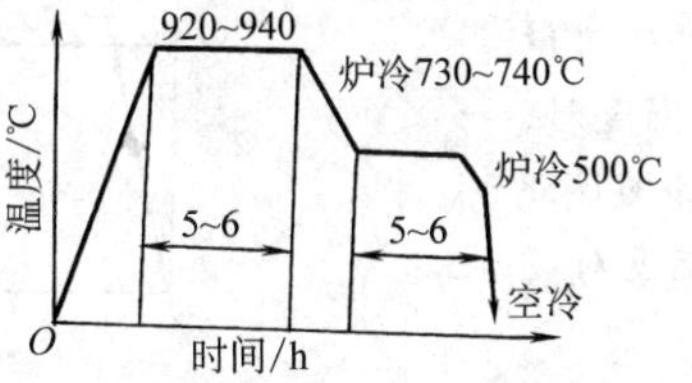	R_m=455MPa A=18%～22% a_K≥15J/cm^2 硬度 170HBW	F：>90% 自由渗碳体<1%	—
80t 油压机内缸、汽车轮毂、驻车制动支架、中压阀门等	C：3.8～4.1 Si：2.5～3.0 Mn：0.4～0.5 P：<0.1 S：<0.02 Ti：0.06～0.14 V：0.05～0.17 Mg：0.03～0.045 RE：0.03～0.055	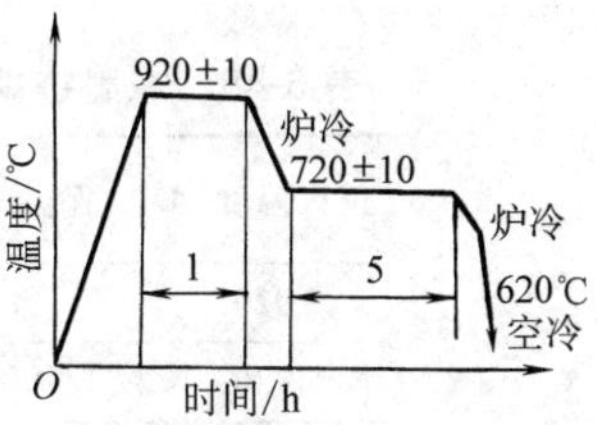	R_m=490MPa A=14%～22% a_K=10～125J/cm^2	F：>90% 少量 P	—
铜液泵起重吊环、缸座、高压缸体、曲轴、主动轴、齿轮、冷冻机曲轴、旋涡泵叶轮、蒸汽往复泵曲轴、十字头等	C：3.2～3.8 Si：2.4～3.0 Mn：<0.4 P：<0.1 S：<0.03 Mg：0.015～0.03 RE：0.015～0.03	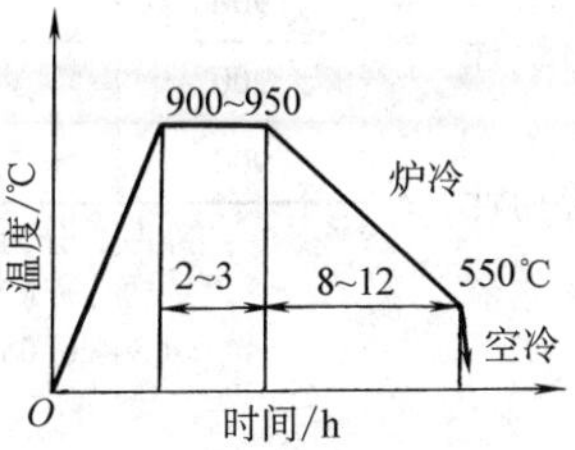	R_m=340～440MPa A=8%～20% a_K=2.5～8J/cm^2 硬度 160～200HBW	F：>90% 少量 P	—
中、高压阀门	C：3.5～3.9 Si：2.3～3.0 Mn：<0.4 P：<0.1 S：<0.03 Mg：0.03～0.04 RE：0.03～0.07	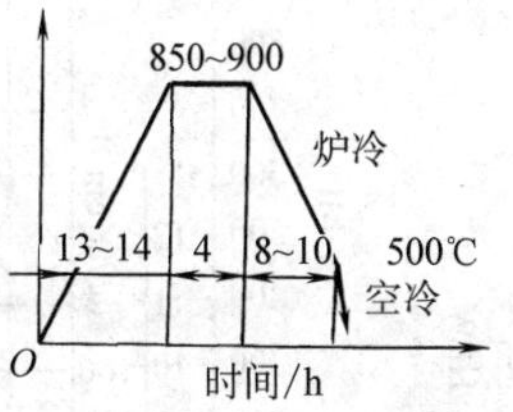	R_m>440MPa A>12% a_K>3J/cm^2 硬度 150～197HBW	F：>90% 少量 P	—
机引五铧犁、红旗 100 拖拉机等农机零件	C：2.8～3.4 Si：2.4～2.8 Mn：0.4～0.7 P：<0.12 S：<0.01 Mg：0.05～0.08	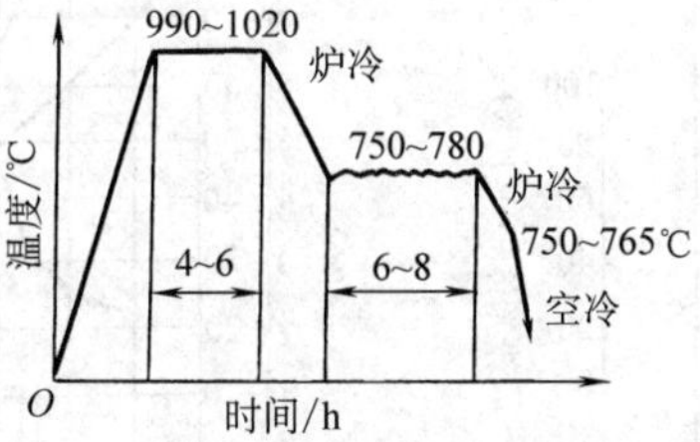 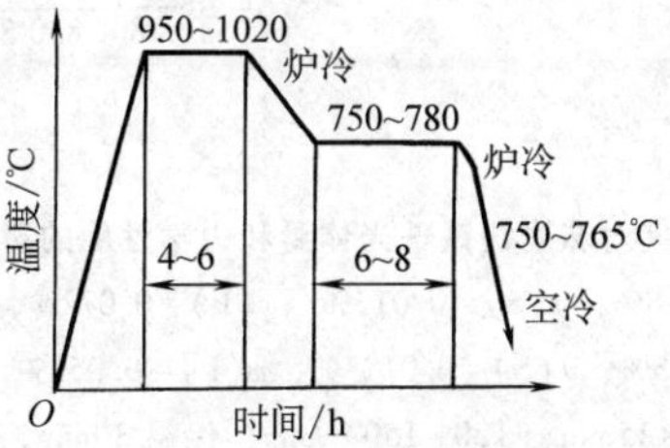	R_m≥390MPa A≤16% a_K>13J/cm^2 硬度 156HBW	F：95%～100% P≤5%	磷偏高

高温完全奥氏体化正火工艺曲线如图 6-57 所示，正火温度一般为 900~940℃，温度过高会引起奥氏体晶粒长大，溶入奥氏体中的碳量过多，冷却时易在晶界析出网状二次渗碳体。当为了消除铸态组织中过量的自由渗碳体或复合磷共晶而必须提高正火温度时，这时为了避免形成二次网状渗碳体，可采用如图 6-58 所示的阶段正火工艺。图 6-59 所示为正火温度对球墨铸铁珠光体量和力学性能的影响。

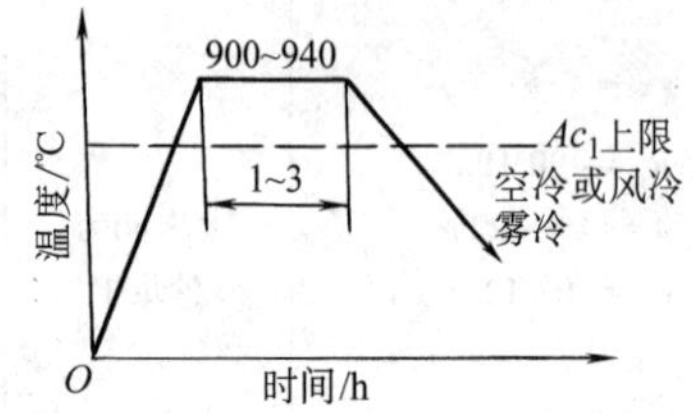

图 6-57　高温完全奥氏体化正火工艺曲线

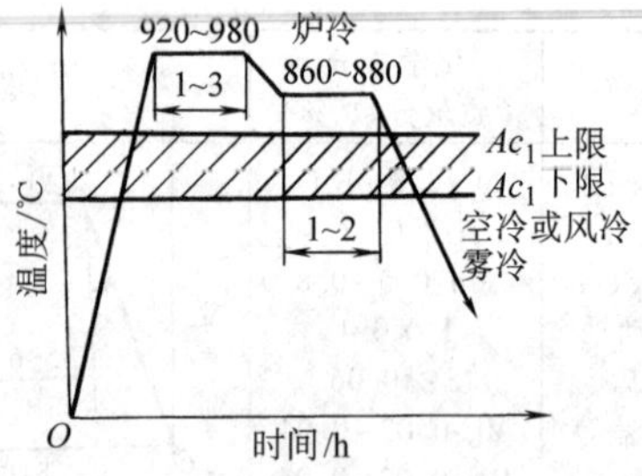

图 6-58　阶段正火工艺曲线

正火冷却方式对珠光体量的影响见表 6-48。采用风冷或喷冷，加快冷却速度，可显著提高基体组织珠光体量。

表 6-48　球墨铸铁正火冷却方式对珠光体量的影响

正火温度/℃	保温时间/h	冷却方式	珠光体量（体积分数,%）
920	1	空冷	70~75
920	1	风冷	85
920	1	喷液冷	90~95
900	1.5	空冷	70~75
900	1.5	风冷	85
900	1.5	喷液冷	90~95

注：铸件成分为 w(C) = 3.7%~4.2%，w(Si) = 2.4%~2.5%，w(Mn) = 0.5%~0.8%，w(P) < 0.1%，w(S) < 0.05%。

球墨铸铁件正火后必须进行回火处理以改善韧性和消除内应力，回火工艺为 550~650℃，保温 2~4h，回火温度对球墨铸铁硬度的影响如图 6-60 所示。

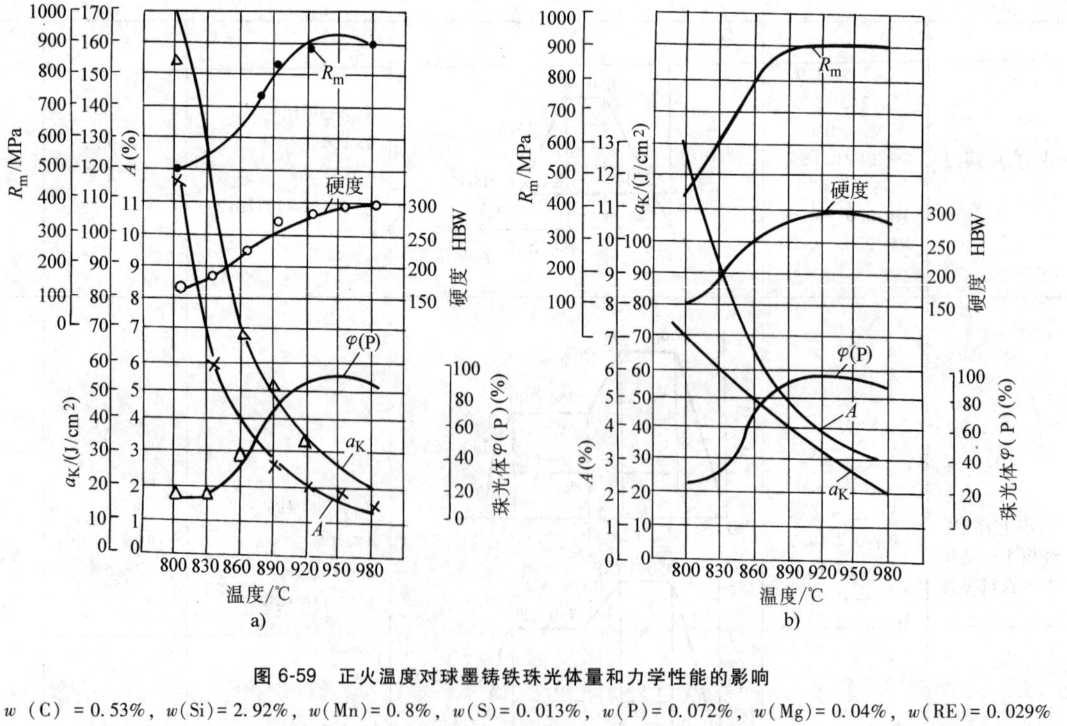

图 6-59　正火温度对球墨铸铁珠光体量和力学性能的影响

a) w（C）= 0.53%，w(Si) = 2.92%，w(Mn) = 0.8%，w(S) = 0.013%，w(P) = 0.072%，w(Mg) = 0.04%，w(RE) = 0.029%

b) w（C）= 0.53%，w(Si) = 2.05%，w(Mn) = 0.75%，w(S) = 0.0123%，w(P) = 0.059%，w(Mg) = 0.047%，w(RE) = 0.034%

注：铸态试样 25mm×25mm×（120~150）mm，保温 30min，风冷。

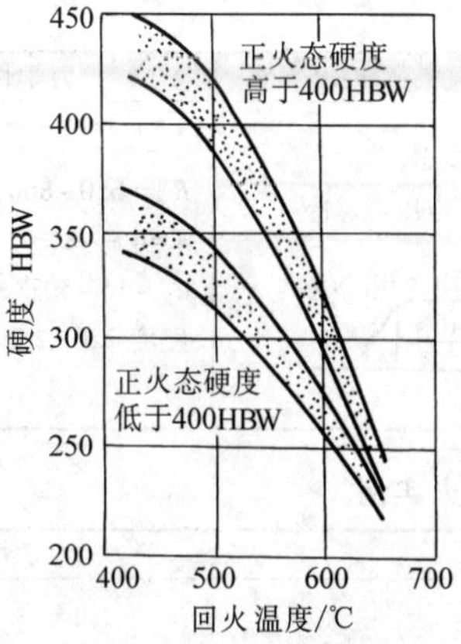

图 6-60　回火温度对球墨铸铁硬度的影响

2）中温部分奥氏体化正火。球墨铸铁中温部分奥氏体正火是将铸件在共析临界转变温度内［Ac_1 下限+(30~50)℃］加热，基体中仅有部分组织转变为奥氏体，剩下的铁素体正火后以碎块状或条块状分散分布。中温部分奥氏体化正火的球墨铸铁具有较高的综合力学性能，特别是塑性和韧性。

中温部分奥氏体化正火工艺曲线如图 6-61 所示，正火温度一般为 800~860℃，当球墨铸铁中存在过量的自由渗碳体或成分偏析较严重时，可采用图 6-62 所示的阶段部分奥氏体化正火工艺。正火温度和保温时间与珠光体量的关系如图 6-63 和图 6-64 所示。

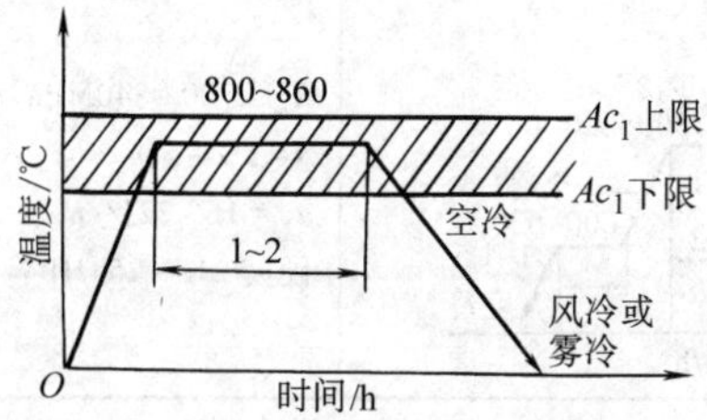

图 6-61　中温部分奥氏体化正火工艺曲线

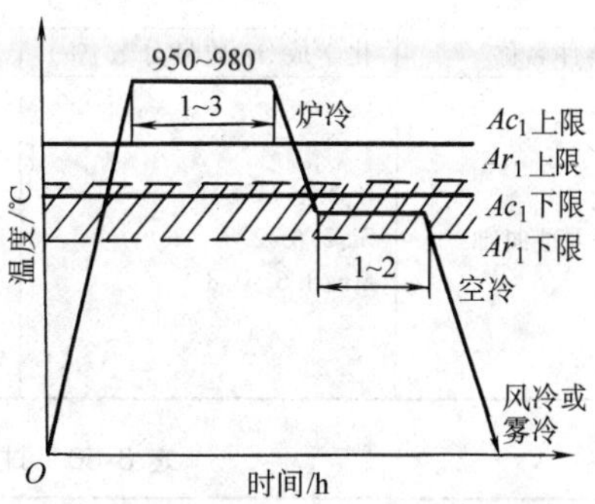

图 6-62　阶段部分奥氏体化正火工艺曲线

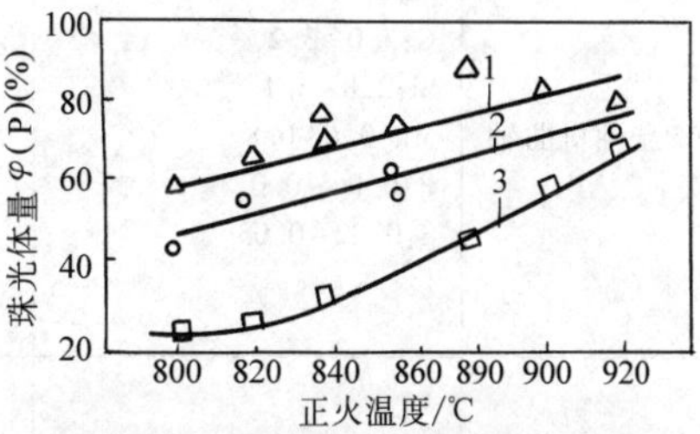

图 6-63　正火温度与珠光体量的关系

1—w(Si)= 2.42%　2—w(Si)= 2.82%

3—w(Si)= 3.27%

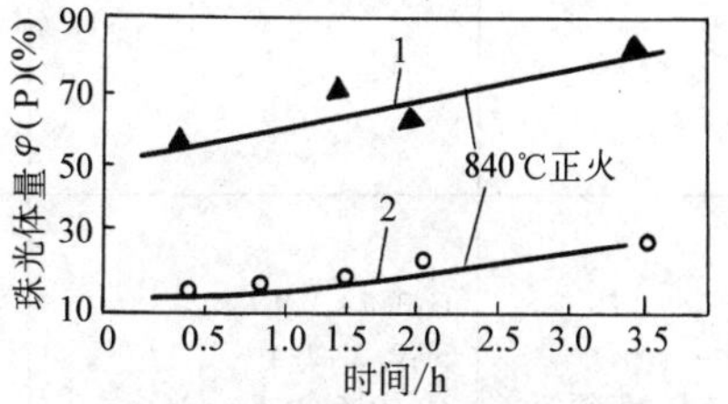

图 6-64　保温时间与珠光体量的关系

1—w(Si)= 2.42%　2—w(Si)= 3.27%

3）正火应用实例。球墨铸铁正火工艺应用实例列于表 6-49 和表 6-50。

表 6-49　球墨铸铁完全奥氏体化正火实例

铸件名称	化学成分(质量分数,%)	工艺曲线	力学性能
NJ130 及 NJ230 汽车曲轴、凸轮轴、变速杆叉等	C:3.80~4.05 Si:2.0~2.3 Mn:0.6~0.8 P:<0.10 S:0.02~0.03 RE:0.020~0.035 Mg:0.025~0.045	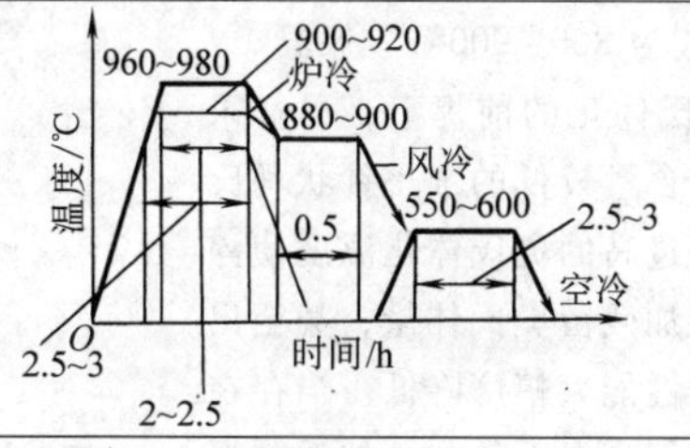	R_m = 850~950MPa A = 2%~4% a_K = 25~50J/cm^2 硬度 255~285HBW
汽车曲轴	C:3.6~3.7 Si:2.4~2.8 Mn:0.7~0.9	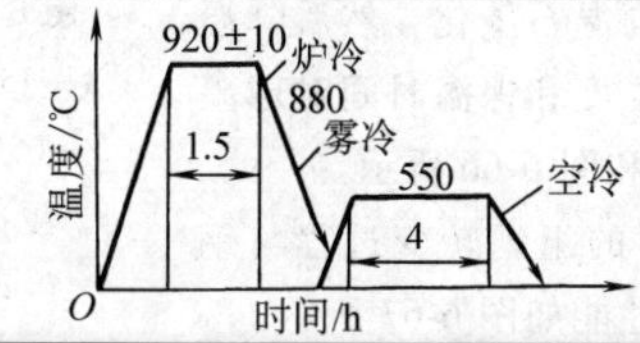	R_m = 800~900MPa A>2.0% a_K = 12~15J/cm^2 硬度 240~270HBW

（续）

铸件名称	化学成分(质量分数,%)	工艺曲线	力学性能
压缩机大型曲轴	C:3.1~3.6 Si:2.6~2.9 Mn:0.6~0.8	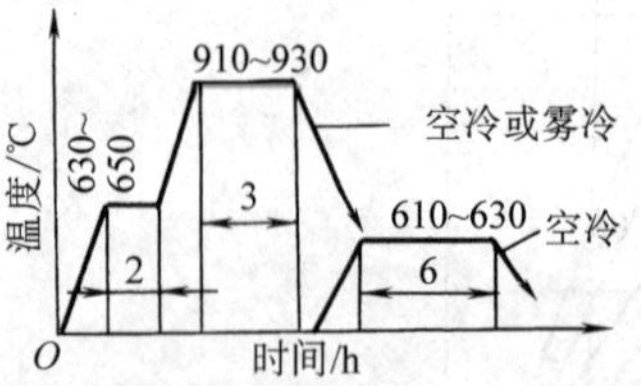	R_m=650~800MPa A=4%~8% a_K=15~50J/cm^2 硬度 220~255HBW

表 6-50　球墨铸铁部分奥氏体化正火实例

铸件名称	化学成分(质量分数,%)	工艺曲线	力学性能
190、195 柴油机曲轴	C:3.0~3.2 Si:2.8~3.1 Mn:0.6~0.8 P:0.06~0.07 S:0.02~0.03	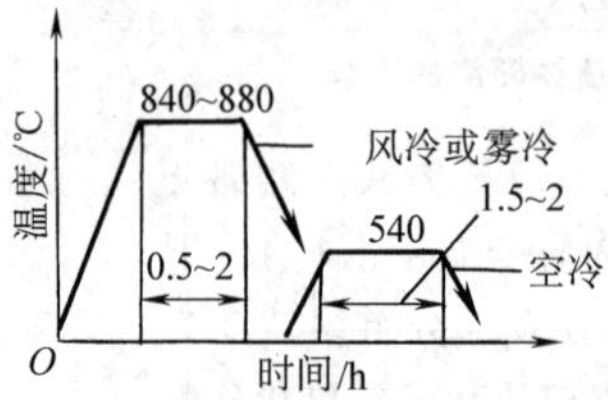	R_m=770~930MPa A=3.8%~8.2% a_K=25~26J/cm^2 229~277HBW
大型船用空心曲轴	C:3.8~3.9 Si:2.2~2.4 Mn:0.6~0.8	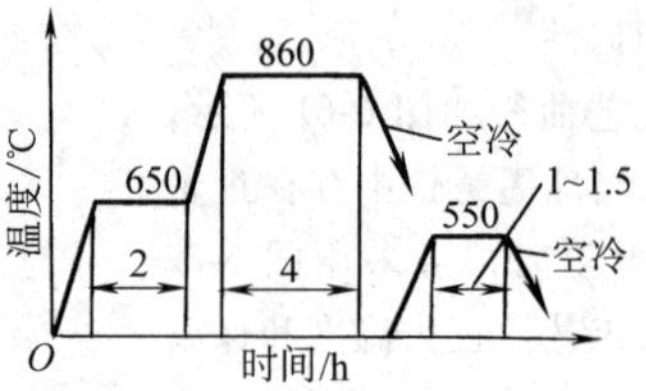	R_m=780~850MPa A=2%~2.5% a_K=20~30J/cm^2
曲轴、连杆、齿轮等	C:3.7~3.9 Si:2.2~2.4 Mn:0.6~0.8 P:<0.10P S:<0.04	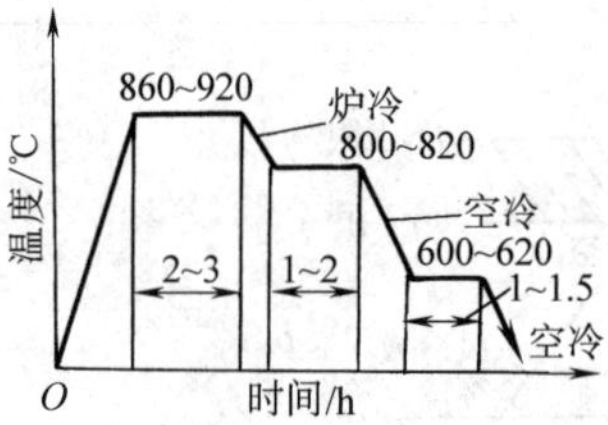	R_m=700~840MPa A=2%~5% a_K=16~22J/cm^2 硬度 215~254HBW

3. 淬火与回火

1）淬火。球墨铸铁淬火可以获得更高的耐磨性及良好的综合力学性能，淬火温度选择在 Ac_1 上限+(30~50℃）比较适宜，一般为 860~900℃，保温 1~4 h 淬火。在保证能完全奥氏体化的前提下，尽量采用较低的温度，以便获得碳含量较低的细小针状马氏体及较好的综合力学性能。过高的奥氏体化温度使淬火后的马氏体针变粗，并增加残留奥氏体量，甚至出现二次网状渗碳体，使力学性能大幅度降低。当存在过量自由渗碳体时，可先进行高温石墨化，然后降温至淬火温度保温后淬火。淬火温度和保温时间对球墨铸铁力学性能的影响如图 6-65 和图 6-66 所示。

2）回火。球墨铸铁回火时的组织转变过程与钢相似，不同温度回火后的力学性能如图 6-67 所示。

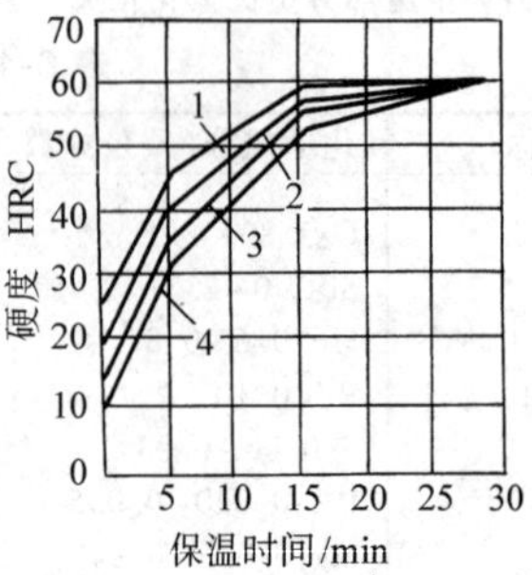

图 6-65　原始组织和淬火保温时间对球墨铸铁硬度的影响

1—15%（体积分数）铁素体　2—30%（体积分数）铁素体
3—65%（体积分数）铁素体　4—100%（体积分数）铁素体

注：该球墨铸铁成分为 $w(C)=0.30\%$，$w(Si)=2.63\%$，$w(Mn)=0.30\%$，$w(P)=0.020\%$，$w(S)=0.009\%$。

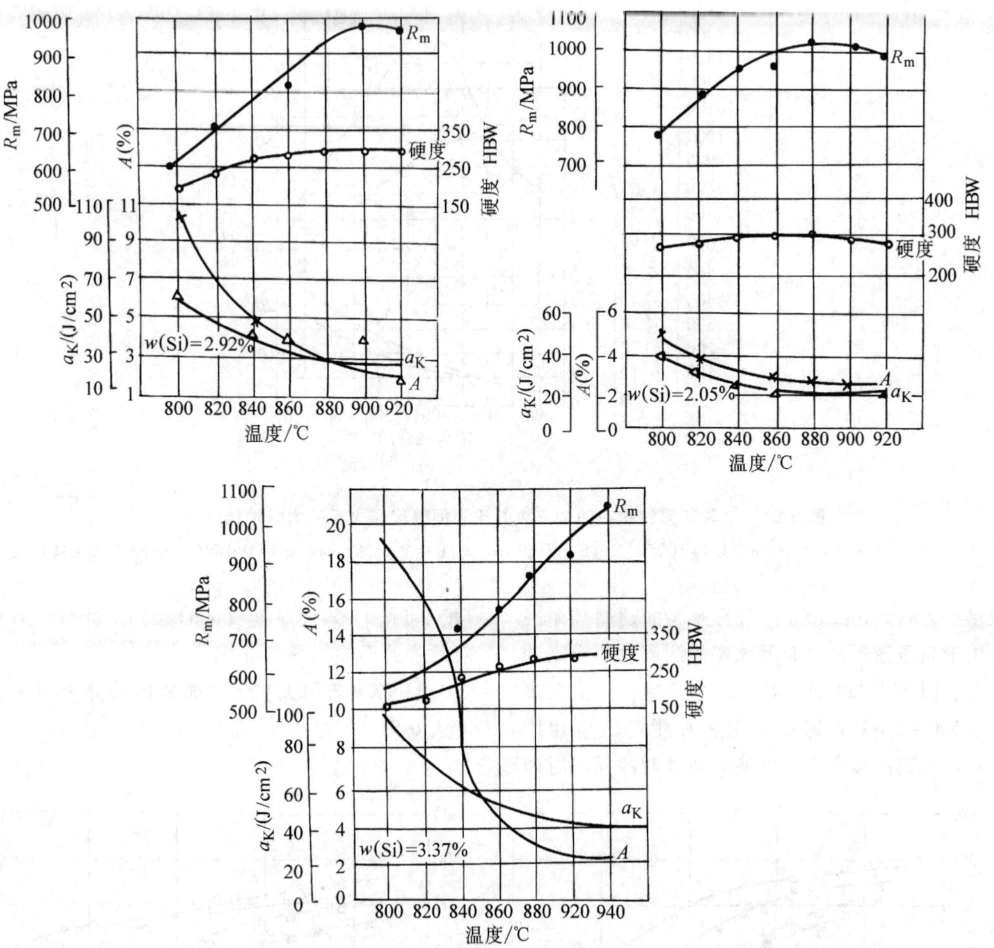

图 6-66　经不同温度淬火，580℃回火时力学性能变化曲线

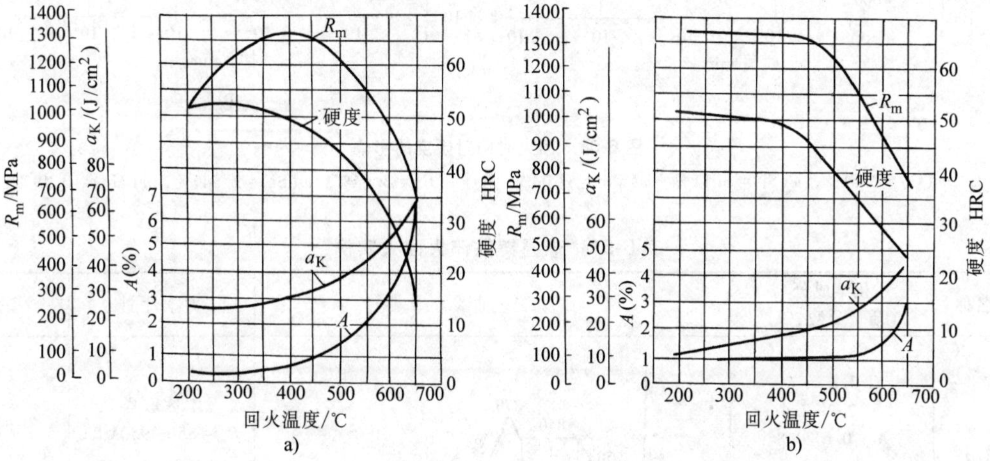

图 6-67　三种球墨铸铁在油中淬火并于不同温度回火后的力学性能

a）w(C)= 3.46%，w(Si)= 3.37%，w(Mn)= 0.62%，w(S)= 0.009%，w(P)= 0.069%，w(Mg)= 0.056%，w(RE)= 0.045%，940℃油淬

b）w(C)= 3.53%，w(Si)= 2.92%，w(Mn)= 0.80%，w(S)= 0.013%，w(P)= 0.072%，w(Mg)= 0.04%，w(RE)= 0.045%，900℃油淬

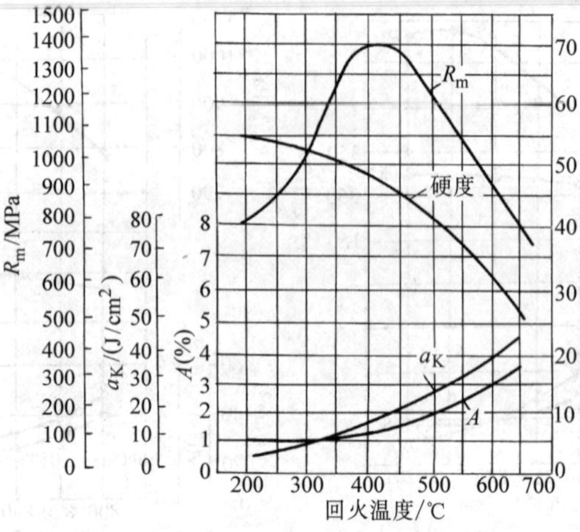

c)

图 6-67　三种球墨铸铁在油中淬火并于不同温度回火后的力学性能（续）

c）w(C) = 3.53%，w(Si) = 2.05%，w(Mn) = 0.75%，w(S) = 0.023%，w(P) = 0.059%，w(Mg) = 0.047%，w(RE) = 0.034%，880℃油淬

低温回火（140~250℃）后具有高的硬度和耐磨性，常用于高压液压泵心套及阀座等耐磨性要求高的零件；中温回火（350~400℃）较少采用；淬火后高温回火（500~600℃）即调质工艺在生产上应用广泛，可获得较高的综合力学性能。回火时的保温时间（h）可按 t = 铸件厚度（mm）/25+1 计算，回火时间对硬度的影响如图 6-68 所示。

3）淬火与回火实例。球墨铸铁淬火回火实例列于表 6-51。

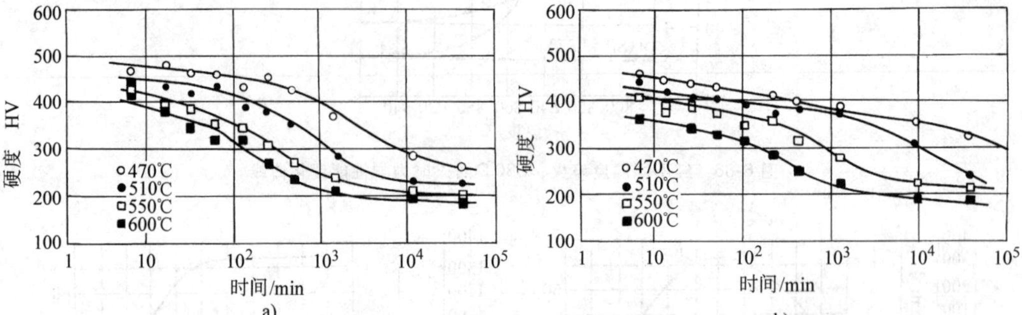

图 6-68　回火时间对硬度的影响

a）w(C) = 3.61%，w(Si) = 3.11%，w(Mo) = 0.04%　b）w(C) = 3.64%，w(Si) = 2.547%，w(Mo) = 0.49%

表 6-51　球墨铸铁淬火回火实例

铸件名称	化学成分（质量分数，%）	工艺曲线	力学性能	备注
大型船用柴油机曲轴	C:3.8~3.9 Si:2.2~2.4 Mn:0.6~0.8 Cu:0.4 Mo:0.2 Mg:0.04~0.06 RE:0.02~0.04	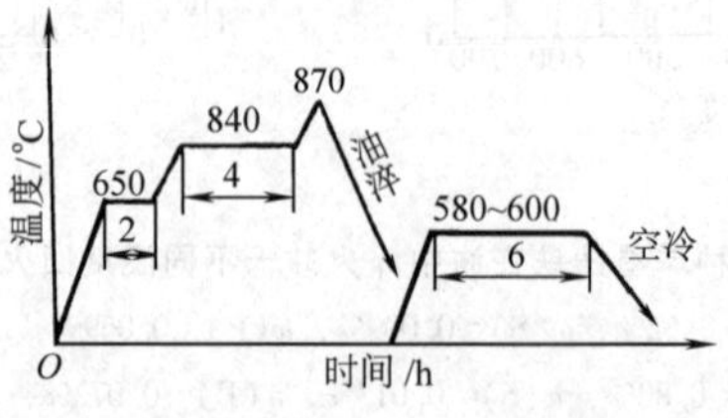	本体取样 R_m = 850~950MPa A = 1.5%~2.0% a_K = 20~30J/cm²	短时升温至 870℃ 以防淬火转移时降温

（续）

铸件名称	化学成分（质量分数，%）	工艺曲线	力学性能	备注
6250 柴油机连杆	C：3.4～3.8 Si：2.4～2.8 Mn：0.5～0.7 S：0.03 P：0.04～0.06 RE：0.015～0.030	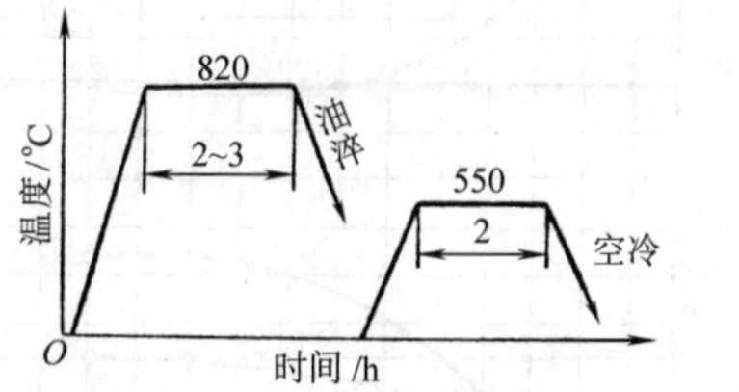	本体取样 R_m = 710～800MPa A = 3%～5% a_K = 30～50J/cm^2 硬度 215～269HBW	属不完全淬火
卷管机胎管	C：3.67 Si：2.70 Mn：0.83 P：0.065 S：0.025 Mo：0.40 Mg：0.035 RE：0.03	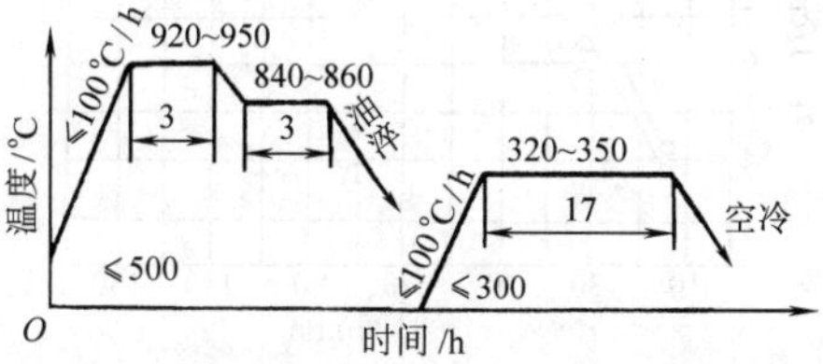	试样 R_m = 1230MPa A = 3%～5% a_K = 11J/cm^2 硬度 415HBW	铸件形状复杂，重 6.5t

4. 等温淬火

球墨铸铁在贝氏体转变区进行等温淬火，可以获得良好的综合力学性能。等温淬火时的加热温度与常规淬火时加热温度相同，为 860～900℃，硅含量较多或铸态基体组织中铁素体数量较多时取上限。

上贝氏体等温淬火时，可采用较高的加热温度（900～950℃），此时奥氏体中具有较高的碳含量，形成上贝氏体的下限温度降低，有利于上贝氏体的形成。不同加热温度对球墨铸铁等温淬火后的力学性能的影响如图 6-69 所示。

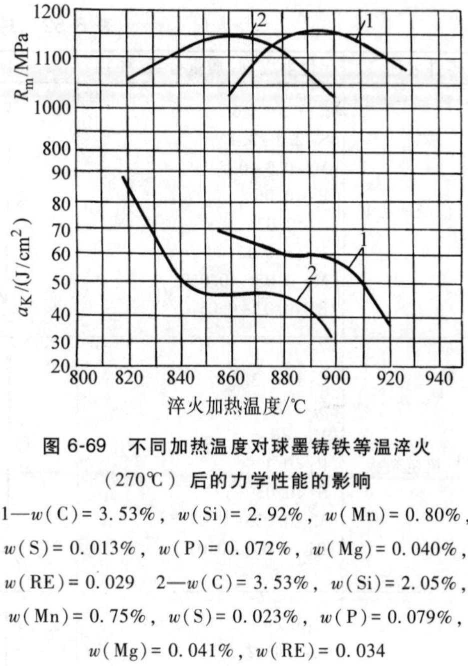

图 6-69　不同加热温度对球墨铸铁等温淬火（270℃）后的力学性能的影响

1—w(C) = 3.53%，w(Si) = 2.92%，w(Mn) = 0.80%，w(S) = 0.013%，w(P) = 0.072%，w(Mg) = 0.040%，w(RE) = 0.029　2—w(C) = 3.53%，w(Si) = 2.05%，w(Mn) = 0.75%，w(S) = 0.023%，w(P) = 0.079%，w(Mg) = 0.041%，w(RE) = 0.034

球墨铸铁下贝氏体等温淬火时的等温温度为 260～300℃，上贝氏体等温淬火时的等温温度为 350～400℃，等温时间为 60～120min。下贝氏体等温淬火组织以下贝氏体和少量马氏体为基体组织，主要用于具有高强度、高硬度、高耐磨性的球铁件。上贝氏体等温淬火组织以上贝氏体和残留奥氏体为基体组织，用于要求高强度、高韧性的球铁件。等温温度对球墨铸铁等温淬火后力学性能的影响如图 6-70 所示。等温时间对力学性能的影响如图 6-71 所示。球墨铸铁等温淬火实例见表 6-52，可供参考。

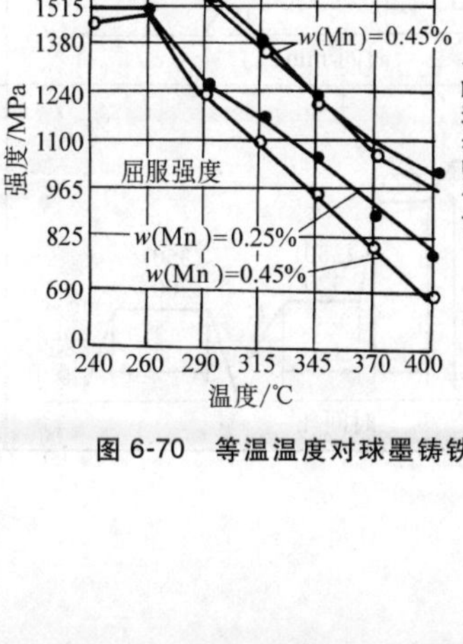

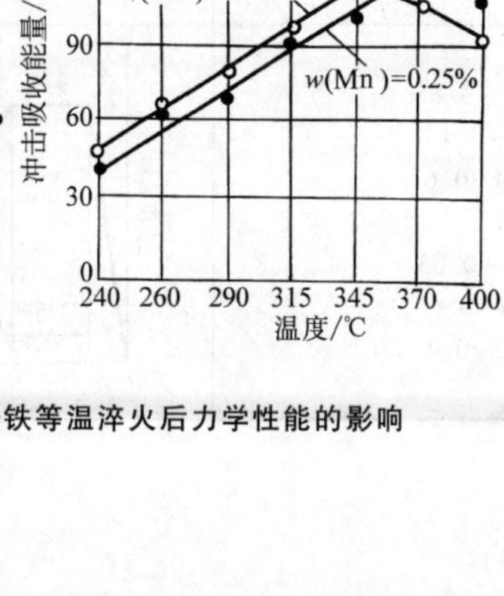

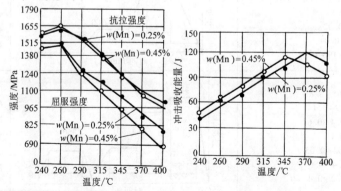

图 6-70　等温温度对球墨铸铁等温淬火后力学性能的影响

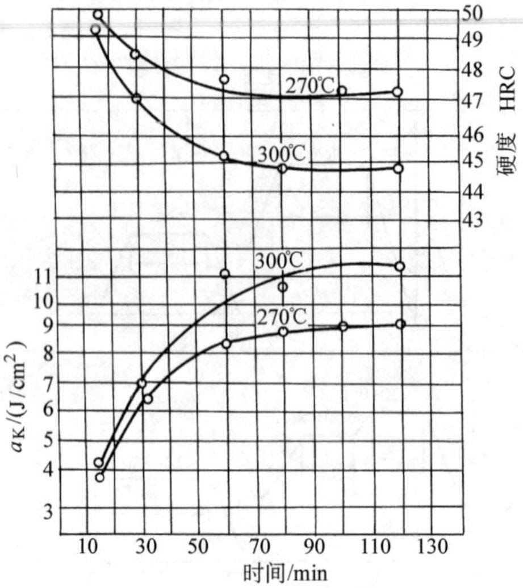

图 6-71　等温时间对力学性能的影响

表 6-52　球墨铸铁等温淬火实例

铸件名称	化学成分(质量分数,%)	工艺曲线	力学性能
拖拉机减速齿轮	C:3.3～3.6 Si:2.8～3.1 Mn:0.3～0.5 P:<0.06 S:<0.03 Mo:≈0.15 Mg:0.035～0.060 RE:0.03～0.05	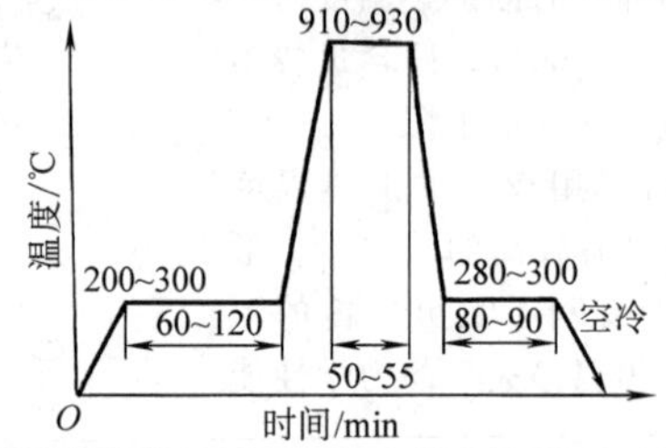	R_m = 1270～1500MPa A = 1%～2% a_K = 60J/cm^2 硬度 43～45HRC
拖拉机链轨板	C:3.6～3.8 Si:2.8～3.2 Mn:<0.5 P:<0.1 S:<0.03 Mg:0.035～0.07 RE:0.035～0.07	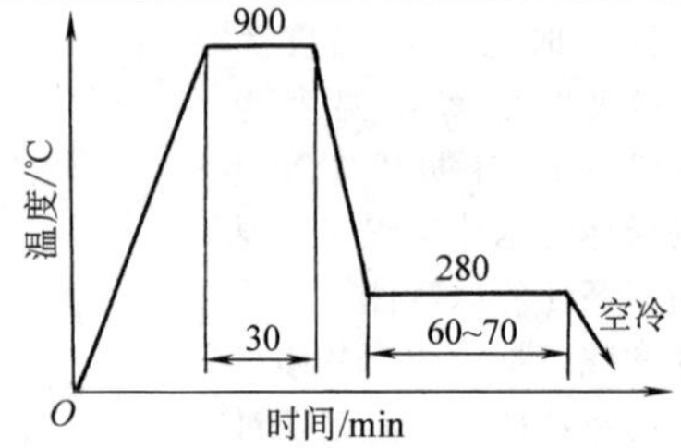	a_K = 30J/cm^2 硬度 38～44HRC
柴油机凸轮轴	C:3.7～4.2 Si:2.4～2.6 Mn:0.5～0.8 P:<0.1 S:≤0.02 Mg:>0.04 RE:0.03～0.05	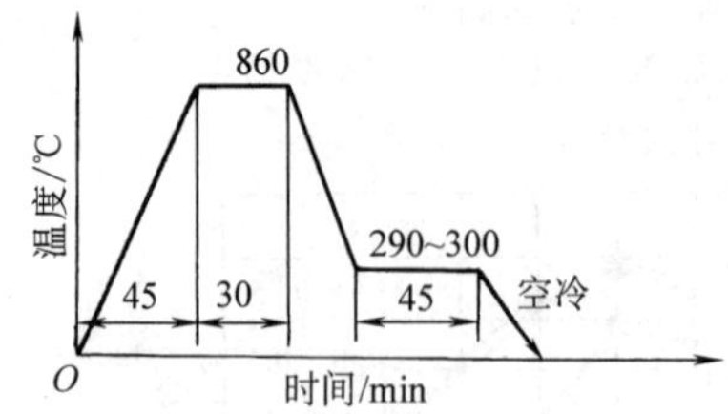	R_m = 1050～1200MPa R_{eL} = 950～1000MPa a_K = 41～42J/cm^2 A = 1.2% 硬度 39～46HRC
对置二冲程曲轴	C:3.65～3.85 Si:2.9～3.1 Mn:0.4～0.6 P:<0.1 S:0.02～0.03 Cu:0.4～0.6 Mo:0.2～0.4	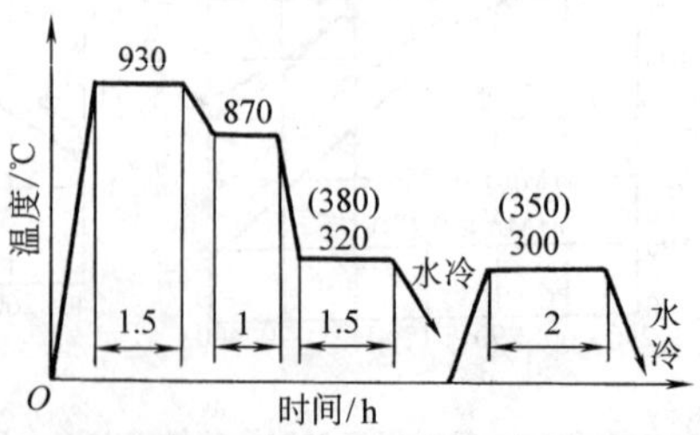	R_m = 1330MPa R_{eL} = 11.0MPa A = 3.8% a_K = 70.1J/cm^2 硬度 415HBW

6.2.6　可锻铸铁的热处理

1. 白心可锻铸铁热处理

白心可锻铸铁是白口铸铁在氧化介质中经长时间的加热退火，使铸坯脱碳后形成的，此过程被称为脱碳退火。生产白心可锻铸铁的加热温度为 950～1000℃。在加热和保温过程中，铸坯表面与炉中氧化性气氛反应引起脱碳，心部渗碳体石墨化并形成团絮状石墨。常用的脱碳剂及脱碳反应见表 6-53。

薄铸件退火后心部组织为铁素体+少量珠光体+团絮状石墨。厚铸件心部常残留部分自由渗碳体，韧性较差。生产白心可锻铸铁的退火工艺实例见表 6-54。

表 6-53　生产白心可锻铸铁的脱碳剂

脱碳剂	脱碳反应	说　明
粒度 8～15mm 铁矿石或氧化铁屑+大粒砂与铸件一起装箱密封，填加量约为铸件重量的 10%～20%	$CO+FeO=CO_2+Fe$ $CO+Fe_3O_4=CO_2+3FeO$ $CO_2+C=2CO$	加热至 950～1000℃ 保温后炉冷至 650～550℃ 出炉
$\varphi(CO_2)\approx4\%$、$\varphi(CO)\approx11\%$、$\varphi(H)\approx8\%$、$\varphi(H_2O)\approx5.5\%$ 其余为氮气，通入 O_2 或 H_2O 调节	$CO_2+C=2CO$ $H_2O+C=H_2+CO$ $2CO+O_2=2CO_2$ $CO+H_2O=CO_2+H$	加热至 1050℃ 保温后炉冷至 550℃ 出炉

表 6-54　生产白心可锻铸铁的退火工艺实例

化学成分（质量分数，%）	脱碳剂（质量分数）	退火工艺	R_m/MPa	A(%)
C3.2～3.5，Si0.4～0.5，Mn0.4～0.5，P<0.25，S<0.25	赤铁矿 70% 建筑砂 30%	加热至 1080℃ 需 24h，保温 70h 炉冷 20h 至 650℃ 出炉空冷	>300	>3
C2.8～3.2，Si0.4～0.6，Mn0.4～0.6，P<0.2，S<0.2	赤铁矿 60% 建筑砂 40%	加热至 960～980℃ 需 24h，保温 40～50h 炉冷 20h 至 650℃ 出炉空冷	>350	>3
C2.6～2.8，Si0.6～0.8，Mn0.6～0.8，P<0.15，S<0.15	赤铁矿 50% 建筑砂 50%	加热至 930～950℃ 需 24h，保温 40h 炉冷 20h 至 650℃ 出炉空冷	>450	>5

2. 黑心可锻铸铁热处理

黑心可锻铸铁是白口铸坯经石墨化退火后形成的。在退火过程中，白口铸坯中的自由渗碳体和共析渗碳体通过脱碳和石墨化转变为铁素体和团絮状石墨，从而使塑性和韧性得到显著提高。

生产黑心可锻铸铁的石墨化退火过程可分为五个阶段，如图 6-72 所示。升温方式和速度决定于加热炉型及铸坯孕育处理条件。在 300～400℃ 保温 3～5h 或在 300～450℃ 间采取 30～40℃/h 的加热速度（图 6-72 中虚线），均可促进石墨形核，加速石墨化过程，缩短退火周期。由低温径直升温时，加热速度可在 40～90℃/h 的范围内选择。

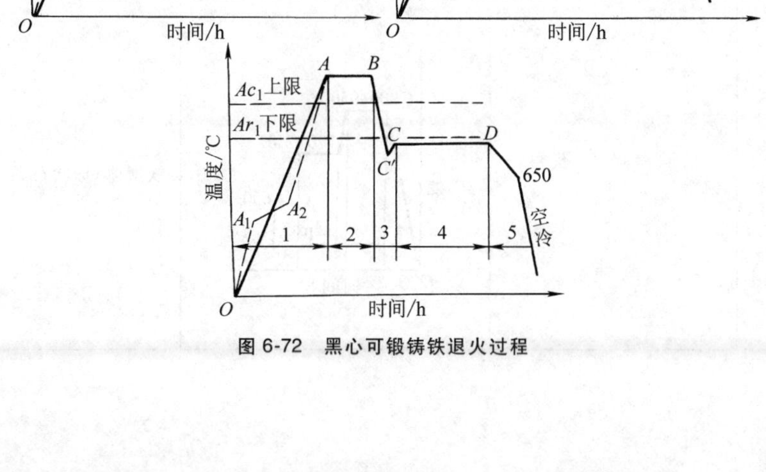

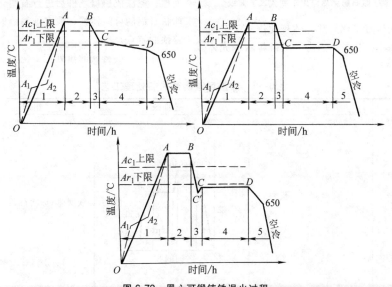

图 6-72　黑心可锻铸铁退火过程

3. 珠光体可锻铸铁热处理

珠光体可锻铸铁的化学成分与黑心可锻铸铁相似，生产珠光体可锻铸铁可采用三种不同的热处理工艺。

1）自由渗碳体石墨化后正火加回火。工艺曲线如图 6-73 所示。采用图 6-73a 工艺时，奥氏体中碳浓度较高，冷却时易出现二次网状渗碳体，采用图 6-73b 工艺时，可使这种情况有所改善。回火的目的是使可能出现的淬火组织转变为珠光体并消除内应力。这种处理方法适用于厚度不大的铸件。

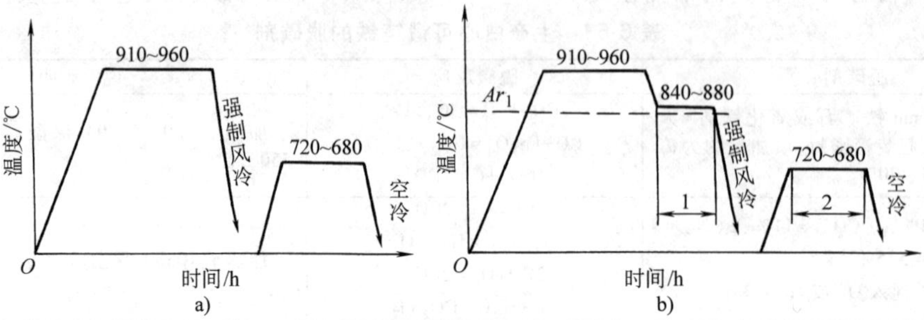

图 6-73　自由渗碳体石墨化后正火加回火工艺曲线

a）工艺一　b）工艺二

2）自由渗碳法石墨化后淬火加回火。工艺曲线如图 6-74 所示。这种工艺可用于各种厚度的铸件，回火温度根据对力学性能的要求选定，一般在 600℃以上。650℃回火后的组织为珠光体+索氏体+少量铁素体+团絮状石墨。

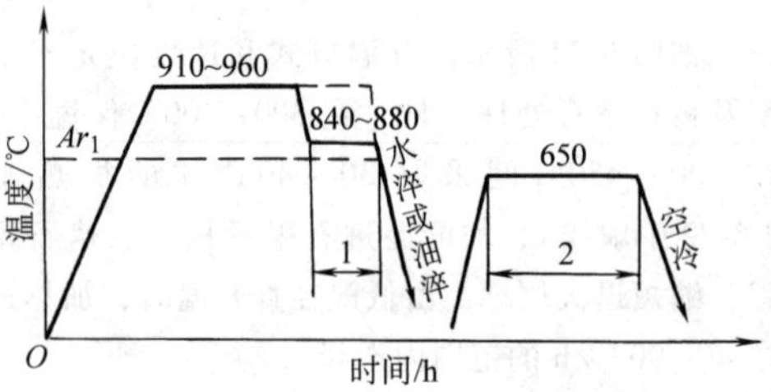

图 6-74　自由渗碳体石墨化后淬火加回火工艺曲线

3）自由渗碳体石墨化后珠光体球化退火工艺曲线如图 6-75 所示。采用这种工艺可获得粒状珠光体基体。

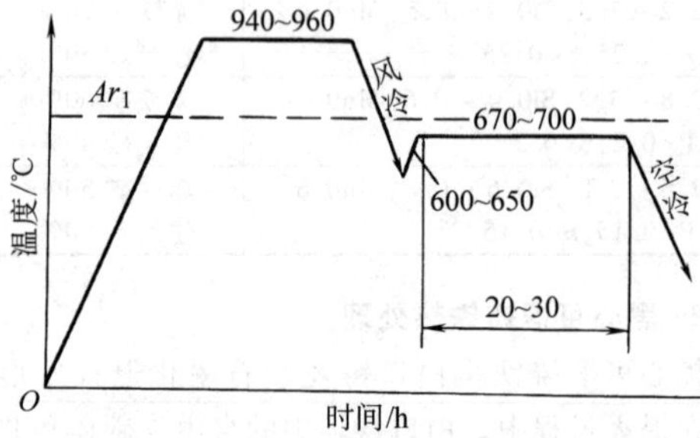

图 6-75　自由渗碳体石墨化后珠光体球化退火工艺曲线

4. 球墨可锻铸铁热处理

球墨可锻铸铁是将一定化学成分的铁液进行球化处理，浇注成白口坯件后进行石墨化退火而获得具有球状石墨的可锻铸铁，兼有球墨铸铁和可锻铸铁两种铸铁的特点。

球墨可锻铸铁的热处理工艺见表 6-55。

表 6-55　球墨可锻铸铁的热处理工艺

热处理工艺	主要目的	工艺曲线	组织	备注
铁素体化退火	消除渗碳体，获得高韧性	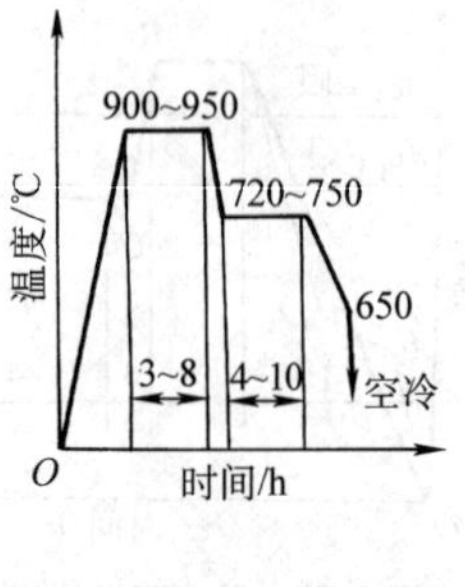	铁素体+球状石墨	

（续）

热处理工艺	主要目的	工艺曲线	组织	备注
高温石墨化退火	消除渗碳体，获得较高的综合性能	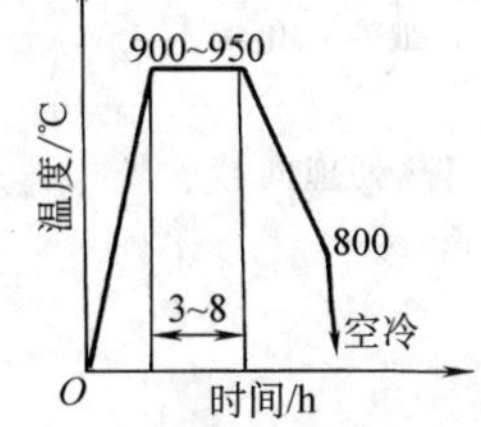	珠光体+牛眼状铁素体+球状石墨	
高温石墨化退火+正火	消除渗碳体，获得强度较高的珠光体组织，高韧性	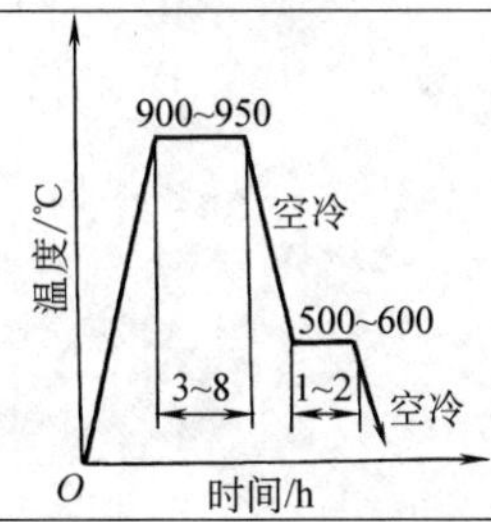	球光体+球状石墨	
高温石墨化退火+中温回火	消除渗碳体，获得较好的综合力学性能	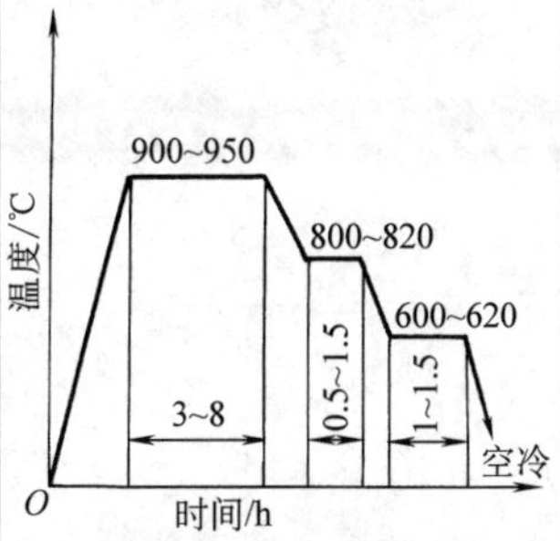	珠光体+破碎铁素体+球状石墨	
高温石墨化+中温淬火	消除渗碳体，获得高强度，同时保持一定的塑韧性	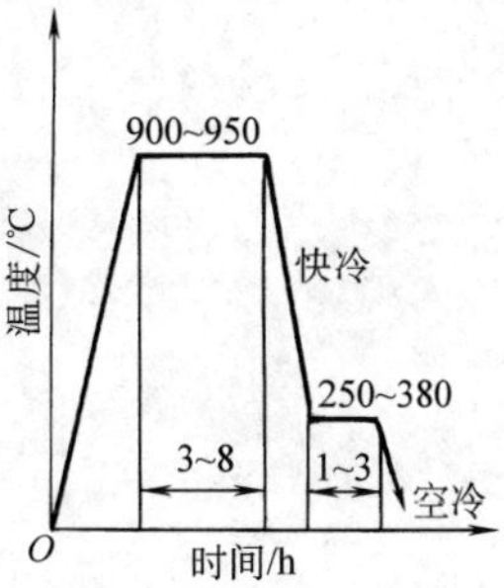	贝氏体+残留奥氏体+马氏体+球状石墨	可利用铸件余热进行高温石墨化处理，再快冷后进行等温淬火

参 考 文 献

[1] 崔崑. 钢的成分、组织与性能：上册 [M]. 北京：科学出版社，2013.

[2] 崔崑. 钢的成分、组织与性能：下册 [M]. 北京：科学出版社，2013.

[3] 樊东黎，徐跃明，佟晓辉. 热处理技术数据手册 [M]. 2 版. 北京：机械工业出版社，2009.

[4] 姜振雄. 铸铁热处理 [M]. 北京：机械工业出版社，1978.

[5] 中国机械工程学会铸造分会. 铸造手册：第 1 卷 [M]. 北京：机械工业出版社，2021.

[6] 樊东黎，徐跃明，佟晓辉. 热处理工程师手册 [M]. 3 版. 北京：机械工业出版社，2011.

[7] ASM International. ASM International Handbook：Volume 4D：Heat Treating of Irons and Steels [M]. Geauga：ASM International，2014.

[8] 曾正明. 机械工程材料手册：金属材料 [M]. 北京：机械工业出版社，2013.

[9] 沈阳铸造研究所. 球墨铸铁 [M]. 北京：机械工业出版社，1983.

[10] 马登杰，韩立民. 真空热处理原理与工艺 [M]. 北

京：机械工业出版社，1988.
[11] 潘健生，胡明娟. 热处理工艺学 [M]. 北京：高等教育出版社，2009.
[12] 阎承沛. 真空与可控气氛热处理 [M]. 北京：化学工业出版社，2006.
[13] 中国机械工程学会热处理分会. 金属热处理问答 [M]. 北京：机械工业出版社，1993.
[14] 薄鑫涛，郭海祥，袁凤松. 实用热处理手册 [M]. 上海：上海科学技术出版社，2009.
[15] 雷廷权，傅家骐. 金属热处理工艺方法 500 种 [M]. 北京：机械工业出版社，1998.
[16] 全国热处理标准化技术委员会. 金属热处理标准应用手册 [M]. 3 版. 北京：机械工业出版社，2016.

第7章 表面热处理

北京亿磁电热科技有限公司 闫满刚
浙江工业大学 姚建华 张群莉㊀

对钢的表面进行加热、冷却、改变表面层组织而不改变表面层成分的工艺称为表面热处理。常用的表面热处理方法有感应热处理、火焰淬火、高能束热处理等。另外还有新发展的快速加热技术，如将一定波长范围的可见光进行聚焦而形成的聚集光束表面热处理等。通过表面热处理可以获得良好的心部韧性和表面强度及硬度的搭配，满足耐磨、传动以及疲劳场合的需求。表面淬火广泛应用于中碳调质钢、球墨铸铁等。基体相当于中碳钢成分的珠光体铁素体基的灰铸铁、可锻铸铁、合金铸铁等原则上也可以进行表面淬火。

7.1 感应热处理

感应淬火是最常用的表面淬火方法，具有工艺时间短、工件变形小、生产率高、节能、环境污染少、工艺过程易于实现机械化和自动化等优点。早先感应加热按获得变频电能的方式分为工频（50～100Hz）、中频（1～10kHz）、超音频（20～100kHz）、和高频（300～450kHz），目前晶体管固态电源可以调制5Hz～450kHz的任意频率，满足从低频到高频的任意应用。图7-1所示为当前用于感应热处理的电源类型。

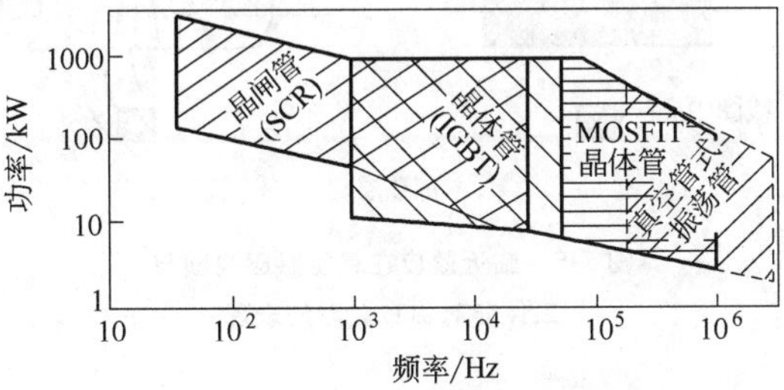

图7-1 当前用于感应热处理的电源类型

7.1.1 感应加热原理

感应加热的主要依据是：电磁感应、趋肤效应和热传导三项基本原理。

1. 电磁感应和趋肤效应

在由导体绕成的线圈两端加上交流电压，则在线圈内产生交变磁场。将导体工件置于线圈之中，在工件内会产生感应电动势，进而形成感应电流且变化频率等同感应线圈的变化频率，这种现象称作电磁感应。感应电流在工件内产生焦耳热（I^2R），且电流和热的分布极不均匀。这种分布和多种电磁效应有关，包括趋肤效应、临近效应、环形效应，尖角效应等。

当处于感应线圈磁场中的导体在交变磁场的作用下形成感应电流时，导体中的电流便趋向于表层，电流从表面向心部呈指数规律衰减，如图7-2所示，这种现象即所谓的趋肤效应。趋肤效应是交流电流在导体内分布的趋势，使得电流密度在导体表面附近最大，并随着导体深度的增加而减小，遵循公式：

$$\frac{I_x}{I_0}=e^{-x/\delta} \tag{7-1}$$

式中 I_x——距离表面 x 处的电流密度；

I_0——表面电流密度。

基本方程表明，涡流强度随表面距离的变化呈指数规律。涡流高度集中在工件表层中，它随距表面距离的增大面急剧下降。工程应用中，规定 I_x 降至表面涡流 I_0 的 e^{-1}（e=2.7718）处的深度为电流透入深度。将式（7-1）画成曲线图，其结果如图7-2所示。这里用 δ(mm) 表示，它近似为

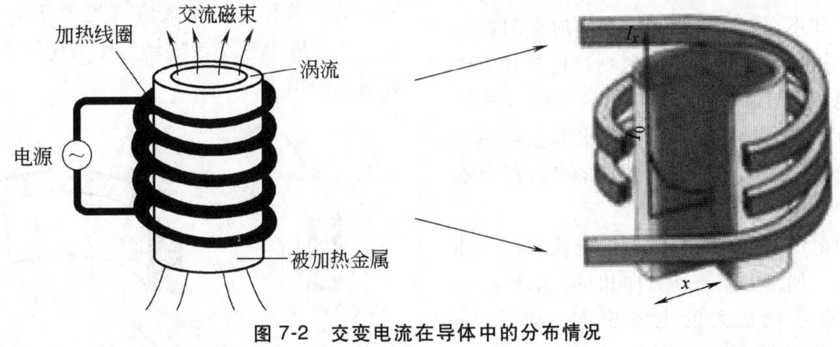

图7-2 交变电流在导体中的分布情况

㊀ 7.1、7.2由闫满刚执笔，7.3由姚建华、张群莉执笔。

$$\delta = 5.03 \times 10^4 \sqrt{\frac{\rho}{\mu f}}$$

式中　ρ——材料的电阻率（$\Omega \cdot cm$）；

μ——材料的相对磁导率，无量纲；

f——电流的频率（Hz）。

由于涡流产生的热量与涡流强度的平方成正比（$Q=0.24I^2R$），所以从表面向心部的热量的下降比涡流强度下降更快（见图 7-3）。计算证明，86.5%的热量是发生在 δ 的薄层中，因此。在工程中可近似认为，涡流只存在于工件表层深度为 δ 的薄层之中，而在 δ 薄层范围以外的心部中没有涡流。上述规定在实际应用中已具有足够的精度。

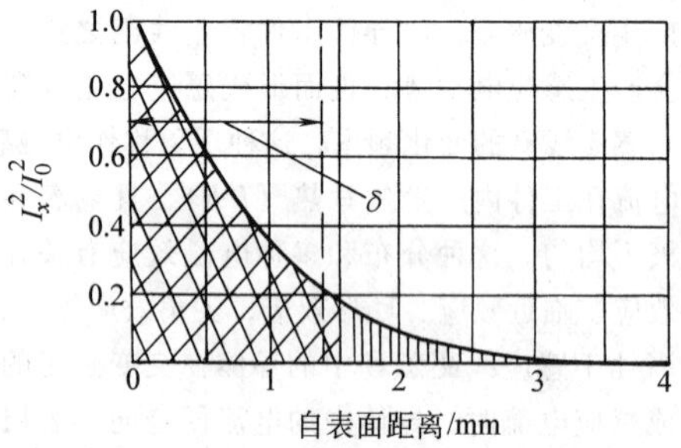

图 7-3　涡流强度由工件表面向纵深的变化

电流透入深度在工程应用上有重要作用，它是我们预先估算工艺参数、选择设备型号、设计工艺方式的主要依据。需要提到的是，在感应加热过程中，电流透入深度不是恒定的。实际上，工件的相对磁导率的值不是恒定的，而且它随材料温度和磁场的变化而变化。具体应用时需要同时考虑后面介绍的相关变量的非线性特性。

2. 感应加热的其他效应

除了趋肤效应外，感应加热应用时还会遇到“临近效应”“环状效应”“尖角效应”和“端部效应”。

（1）临近效应　在趋肤效应的讨论中，一般假设导体单独存在，而且在其附近不存在其他带电体。在大多数情况下并不存在这种情形，很多时候附近都会有导体存在，这些导体有自己的磁场，且与其他磁场相互作用使电流和能量分布发生畸变。图 7-4 所示为临近效应导致的导电排截面电流密度分布。当在一个导体附近存在另外一个导体时，两者的电流都会重新分布。

如果导体中电流的流动方向相同，电流会在两外侧边偏集。然而，如果电流流动方向相反，电流会在相互靠近的内侧形成最大的电流密度，如图 7-4 所示。

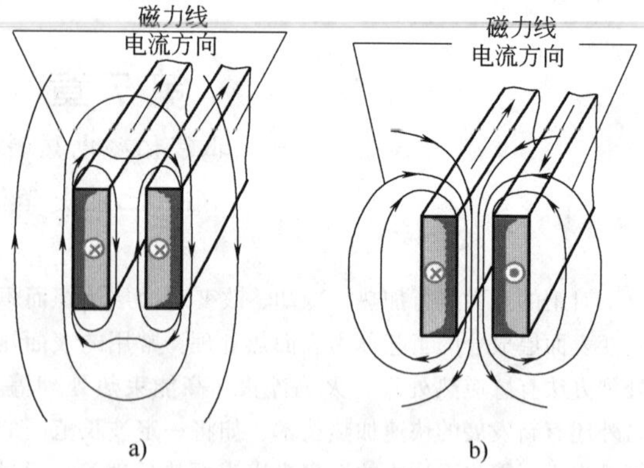

图 7-4　临近效应导致的导电排截面电流密度分布

a）两极同向电流　b）两极反向电流

这种临近效应现象在感应淬火中最常见，这是控制淬硬层分布最有效的物理机制，在感应器的形状设计中得到了广泛应用，临近效应经常是得到局部高温和低温区的主要手段。

根据法拉第定律，工件中感应电流的流动方向与感应线圈中的相反，因此，根据临近效应，感应线圈中的电流与工件中的感应电流会在两者临近的表面聚集，且方向相反。导体和工件之间的缝隙越小、电磁耦合越好的区域，加热强度会越高，如图 7-5 所示。

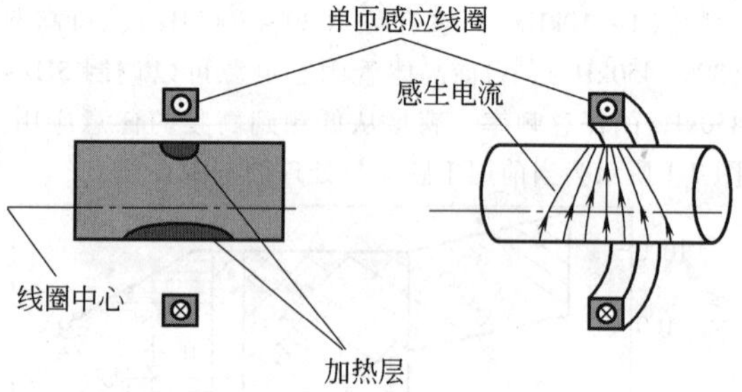

图 7-5　临近效应在单匝感应线圈与工件非对称布置时的表现

（2）环状效应　通过感应圈的电流集中在内侧表面的现象称为环状效应（见图 7-6）。环状效应是由于感应圈电流交流磁场的作用使外表面自感应电动势增大的结果。

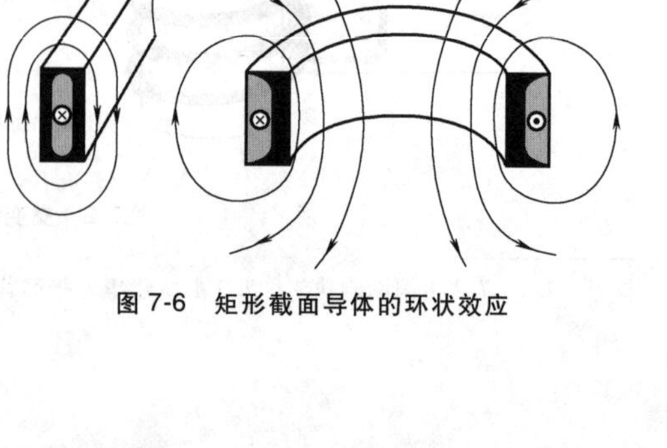

图 7-6　矩形截面导体的环状效应

加热外表面时环状效应是有利的，而加热平面与内孔时，它却会使感应器的电效率显著降低。为提高平面和内孔感应器的效率，常需设置导磁体，以改变磁场强度的分布，迫使电流接近零件所需加热的表面。

（3）尖角效应　感应加热时，处于磁场中的零件在尖角、小孔处有时会产生涡流集中的现象称作尖角效应。当电流频率增高时，此现象更为显著。

如图 7-7a 所示，感应器和工件表面等间隙加热，但工件棱角部温度明显高于其他表面，加热层深度也大于其他表面，这种现象就是“尖角效应”。尖角效应不仅针对表面突出的部位，而且针对表面凹陷的键槽、油孔等仍然明显（见图 7-7b）。对于细长件，尖角效应表现在其一端就是端部效应。

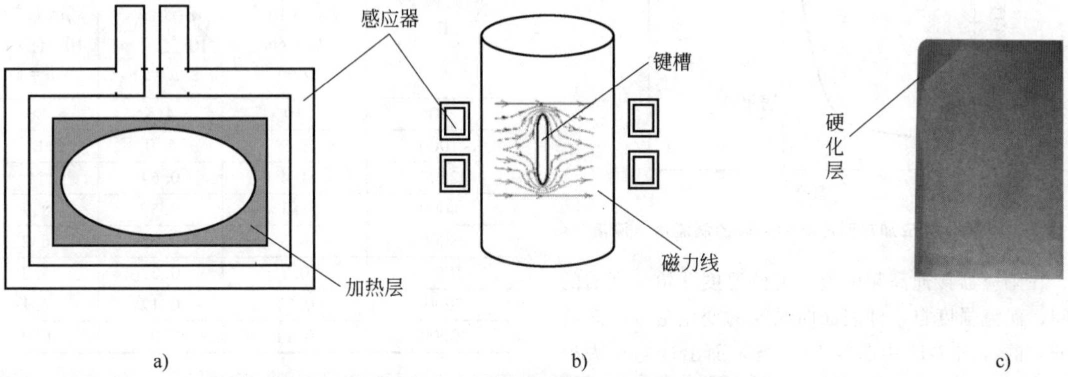

图 7-7　尖角效应的几种形式

a）被加热工件外面有棱突出　b）被加热工件表面键槽下凹　c）连续移动淬火工件端头棱角硬化层剖面

尖角效应在感应加热时应该减小或避免。它是造成局部过热、组织粗大、淬火开裂的诱因。生产中常利用临近效应、磁屏蔽等手段对其抑制。图 7-8 所示为一个示例。

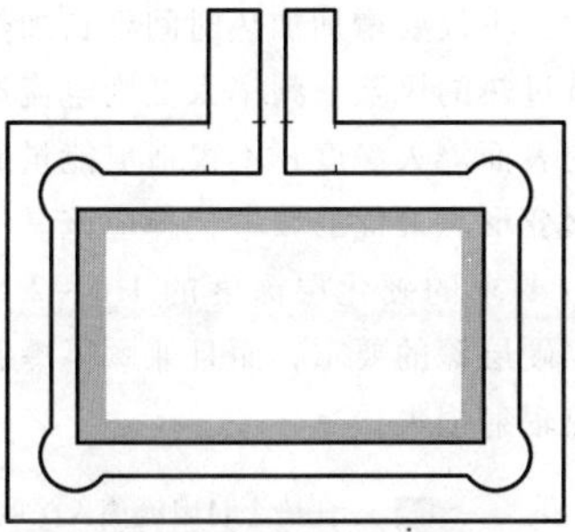

图 7-8　矩形工件的尖角效应的避免的一个示例

（4）端部效应　通常的感应加热模型都假定工件是无限长的。现实中处于电磁场中的被加热工件都具有一定长度，这样当有限长的工件一端进入感应线圈的磁场而另一端相对无限长时，在工件端部的磁场会产生很大的变形，这种现象被称作端部效应。这对于感应加热的能量分布同样造成很大的差异，经淬火后端部剖切面出现明显的马蹄形状（见图 7-7c），严重时造成淬火开裂。端部效应是尖角效应的一种特例。

3. 感应加热深度

需要知道的是，通常关于趋肤效应电流和能量分布的假设对于多数的表面淬火并不适用，这些假设在非磁性材料感应加热中只适用于一些特定情况。比如，电流和能量的指数分布只对具备固定电阻率以及磁导率的实心零件适用。对于大多数表面感应淬火，能量分布并不均匀，工件存在温度梯度。这些温度梯度导致电阻率、磁导率与理论假设不相符。因此，传统的 δ 定义在合适的情况下只适用于粗略估计。

钢铁材料的电阻率 ρ 在加热过程中随温度升高不断增加（在 800~900℃ 范围内，各类钢的电阻率基本相同，约为 $10^{-4}\Omega\cdot cm$）；磁导率在居里点以下基本不变（其数值与磁场强度有关），但在达到居里点时，突然下降为真空的磁导率（$\mu=1$）（见图 7-9）。

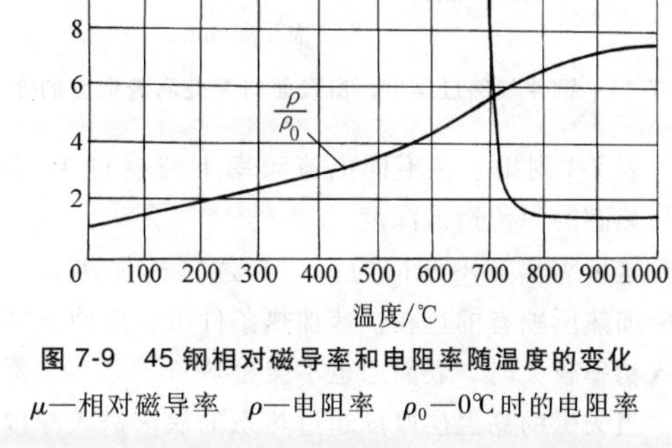

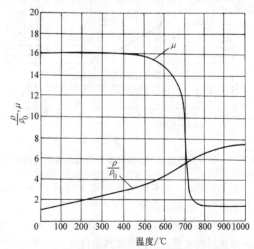

图 7-9　45 钢相对磁导率和电阻率随温度的变化

μ—相对磁导率　ρ—电阻率　ρ_0—0℃时的电阻率

因此，当温度到达居里点失磁后，涡流的透入深度将显著增大。超过失磁点的涡流透入深度称为热态的涡流透入深度。低于失磁点时称为冷态的涡流透入深度。热态的涡流透入深度比冷态的大许多倍（见图7-10）。

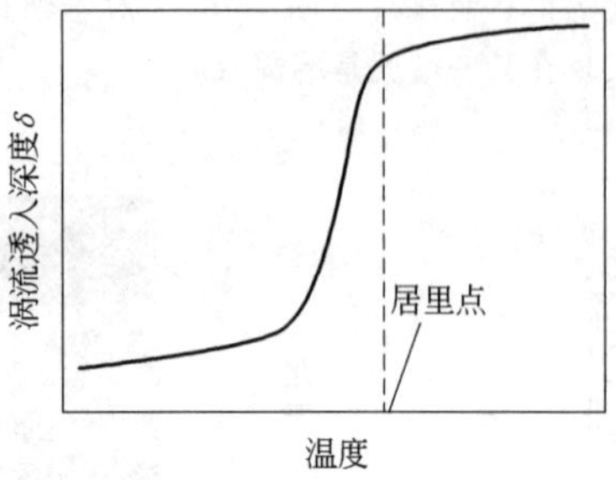

图7-10　钢件感应加热时冷态和热态的涡流透入深度

在感应器接通高频电流，工件温度开始升高前的瞬间，涡流强度自工件表面向纵深的变化是按冷态特性分布的（图7-11中曲线1）。当表面出现超过失磁点的薄层时，在和薄层相邻的内部交界处的涡流强度就发生突然变化，工件的加热层被分成两层（图7-11中曲线2）。外层的涡流强度显著下降，最大的涡流强度处于这两层的交界处，因而高温表层加热速度降低，交界处升温加速，并迅速向内部推移。

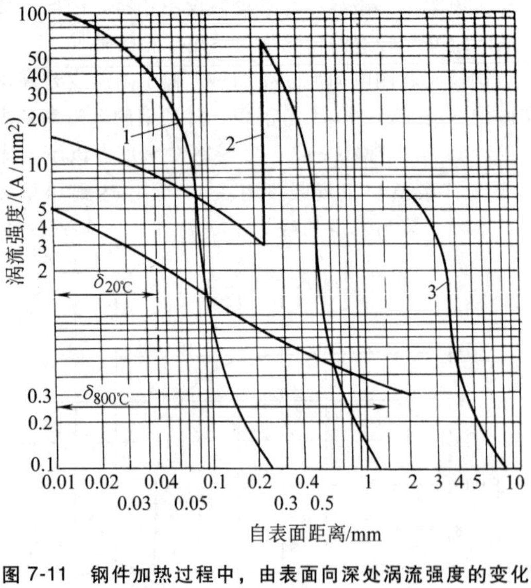

图7-11　钢件加热过程中，由表面向深处涡流强度的变化

表7-1列出了在不同电流频率下纯铜与45钢冷态与热态的涡流透入深度。

这种靠涡流不断向内部“渗透”的加热方式是感应加热所独有的。在快速加热条件下，即使向零件输入功率较大时，表面层也不会过热。

当失磁的高温层厚度超过热态的涡流透入深度以后，加热层深度的增加主要依靠热传导的方式进行。其加热过程及沿截面的温度分布特性同用外热源加热的基本一样，其效率比涡流透入式加热低得多。

表7-1　不同电流频率下纯铜与45钢冷态与热态的涡流透入深度　（单位：mm）

电流频率/Hz	纯铜	45钢	
	$t=20℃$ $\rho=2\times10^{-6}$ Ω · cm $\mu=1$	$t=20℃$ $\rho=0.2\times10^{-4}$ Ω · cm $\mu=1$	$t=850℃$ $\rho=1.2\times10^{-4}$ Ω · cm $\mu=1$
50	10	4.5	80
1000	2.2	1.0	18
2500	1.4	0.64	11
4000	1.1	0.50	8.7
8000	0.8	0.35	6.2
10000	0.7	0.32	5.5
70000	0.27	0.12	2.1
400000	0.11	0.05	0.9

进行一定深度的表面加热时，应该力求用涡流“透入式加热”。为了做到这一点，应正确选择电流频率，同时所选择的加热速度应能在尽可能短的时间内达到规定的加热深度。

在选择电流频率时，既不能太高也不能太低，如图7-12所示。频率太高，则电流透入深度小于要求的淬火深度，不仅要增加加热时间延长加热节拍，同时表面还有过热的风险。频率太低则电流透入深度远大于要求的表面淬火深度，不仅造成能量的浪费而且还增大淬火变形。最优的频率选择应该是热态下电流透入深度为要求的硬化层深度的1.5~2.5倍，这不仅满足了淬硬层深的要求，而且兼顾了冷态心部的吸热和表面热辐射损失。

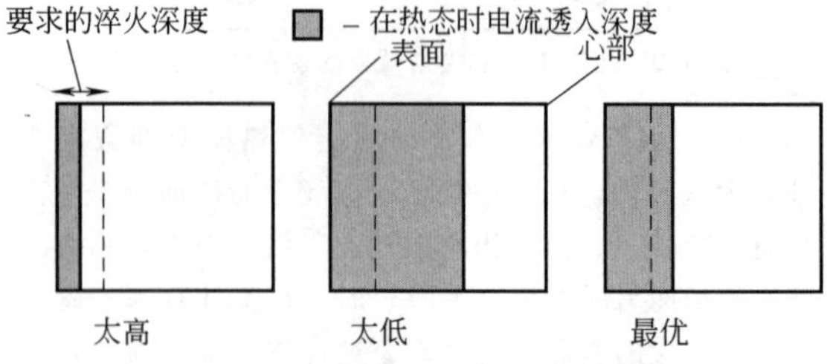

图7-12　要求的淬火深度和所选频率

4. 感应透热淬火

当零件需要高强度时需要透热淬火。弹簧、链条、钢梁，以及其他紧固件如螺栓等是需要高强度的很好例子。管和套也常采用透热淬火。由于趋肤效应，感应加热用于表面淬火是常见的应用形式。感应透热淬火有时也是可行的，尽管它不如感应透热用于

锻前加热、热成型、熔炼等应用的多。

无论是感应透热淬火还是锻前加热，透热的目的都是要使整个工件得到均匀一致的温度水平。这和趋肤效应相悖。因此感应透热需要综合应用涡流加热和热传导技术。

如前所述，当进行穿透淬火时，零件的整个截面都需要加热到转变温度以上，然后冷却。由于这是深层加热，要在短时间内达到心表均匀的温度而且保持高的效率，频率的选择就非常重要。通常进行穿透淬火的频率在低频及中频之间（50~500kHz）。

趋肤效应在透热淬火过程中仍起重要作用。图 7-13 所示为一个直径 16mm 棒材经感应加热表面淬火和感应透热淬火的工艺过程计算机模拟结果。无论所采用的频率如何，在心部区域都没有电流流动以及热量产生，因此实心轴的心部区域通过表层高温区的热传导进行加热。降低频率可以弱化趋肤效应的影响。当频率由 125kHz 减小到 10kHz 时，提供了更深层的加热效果，使表面到心部的温度差减小，尤其是在奥氏体化温度附近截面温度更均匀。加热时间由 2s 增加到 8s，提供了向心部区的充足热流来保证热传导。通过低频率可以得到深层加热以及温度的均匀分布，低频率应用还可以减少加热时间，从而减少工件表面过热。

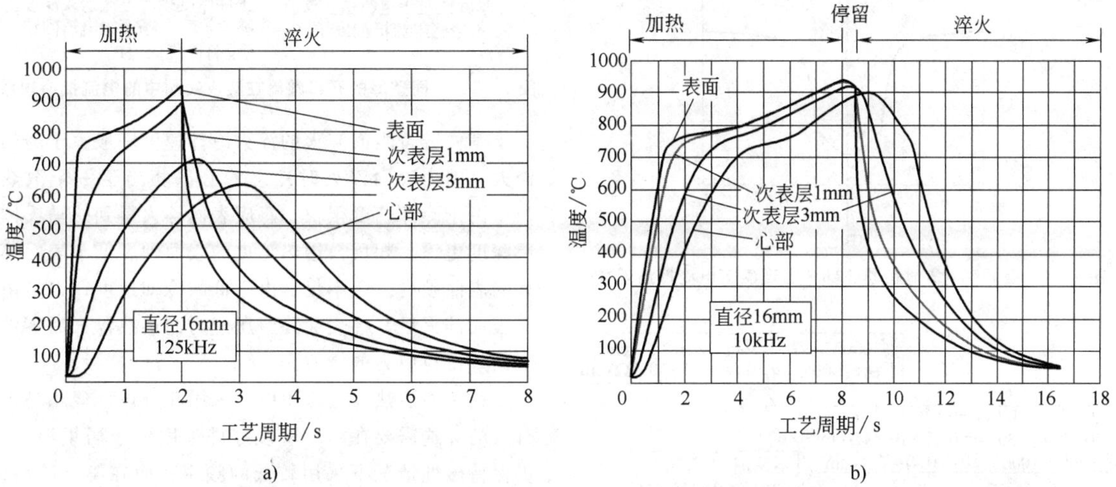

图 7-13　一个直径 16mm 棒材经感应加热表面淬火（1.2mm）和感应透热淬火的工艺过程计算机模拟结果

a）感应淬火　b）感应透热淬火

在透热淬火过程中提供充足的径向热量传导、更长的加热时间和比表面淬火更低的频率是几个重要要求。因为，透热淬火的一个最重要目的就是被加热钢心部的充分奥氏体化，同时保证表面温度不能过热。另一个明确要求是使用温度和浓度更低的淬火液来保证加热工件的冷却速度。此外，适合的奥氏体化及充足的淬火烈度、工件的淬透性都影响钢的淬火结果。

透热淬火有时也采用短时间延迟淬火，这也是减小淬火初始阶段的心表温差，使径向温度分布更均匀的有效手段。从图 7-13 中可以看到，在加热过程中有 0.5s 的停留延迟，这可以帮助温度均匀分布，有利于淬火。随后的时间-温度-冷却曲线是非线性的，这与之前提到的比热的非线性相关。在透热淬火中，马氏体先从表面形成，这里的冷却速度比心部区更大。心部及其附近区域最后形成马氏体，因此表面比心部区域的硬度稍微高一些。在透热淬火中马氏体形成动力学可以影响残余应力的分布，根据淬火烈度，可以使表面产生拉应力，心部产生压应力。

工件的尺寸对选择频率起关键作用。不恰当的过低频率会降低加热效率。对于圆棒加热，其影响程度可以用圆棒半径和电流透入深度之比 R/δ 来判定。增加 δ 会使表面到心部的温度均匀化，通过低频率可以得到深层加热以及温度的均匀分布。然而，频率太低会导致感应电流抵消现象出现，这种现象会降低加热效率。在一些极端情况下，达到一定水平后就很难记录到温度的增加，这时工件对于感应线圈的电磁场来说是几乎像玻璃一样。图 7-14 所示为频率太低时轴心部的感应电流抵消现象。

感应电流抵消现象可以通过选择合适的频率来避免，这时保证 $R/\delta>2$ 即可。如果 $1.5<R/\delta<2$，会出现不明显的感应电流抵消。对比图 7-13 示例中表面淬火研究可以看出，透热淬火时频率由 125kHz 减小到 10kHz，居里点上使 δ 由 1.7mm 增加到 5.4mm 这样也会使 R/δ 由 4.7 变到 1.48，比上面的范围略低，因而出现一些感应电流抵消。图 7-15 所示为感应器效率受电流抵消作用的影响，无论是哪种材质的导体。当

$d/\delta>4$ 即 $R/\delta>2$ 时，感应器的效率达到最大。这一点在感应透热加热时要引起注意。表 7-2 给出了不同直径圆棒透热淬火推荐的频率。

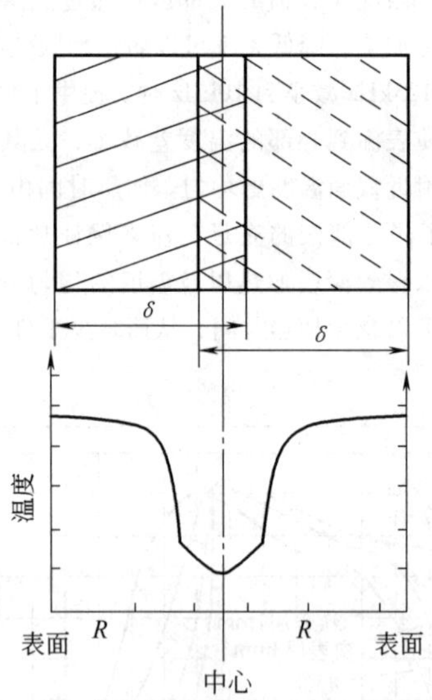

图 7-14 当 $R/\delta<2$ 时在圆心部会出现感应电流抵消现象

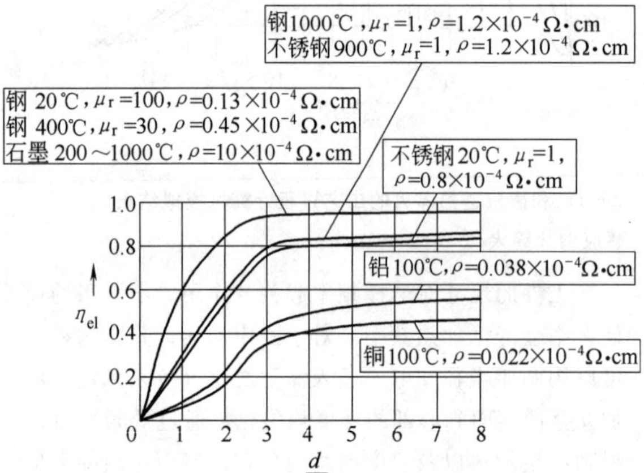

图 7-15 感应器效率受电流抵消作用的影响

表 7-2 不同直径圆棒透热淬火推荐的频率

工件直径/mm	推荐频率/kHz
2～6	200～400
6～12	30～200
12～25	8～30
25～50	3～8
50～75	1～3
75～150	0.18～1
150+	0.06～0.18

当透热淬火圆筒工件时，这种现象会更复杂。它的出现是外径/δ 和壁厚/δ 的非线性函数。还有就是感应器设计。图 7-16 所示为不同壁厚的开口圆筒在感应线圈中的电流抵消现象。当圆筒壁厚相对于电流透入深度太薄时，由于涡流抵消而加热几乎不会发生；而只有当圆筒壁厚大于涡流透入深度时才能加热。

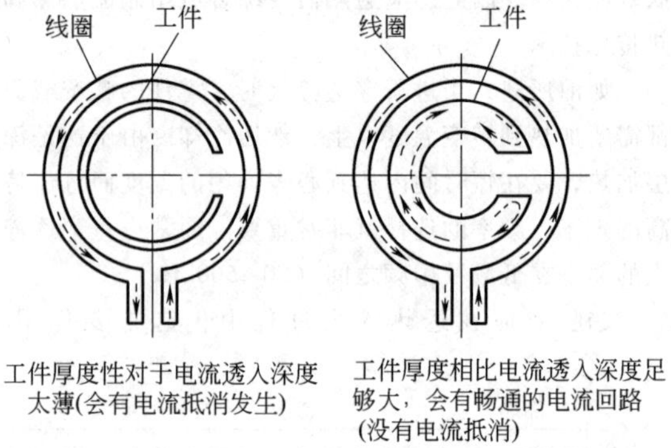

图 7-16 不同壁厚的开口圆筒在感应线圈中的电流抵消现象

零件进行表面淬火的淬火冷却速度一般大于透热淬火。因为表面淬火时冷态的心部相当于一个散热片。由于冷却速度很快，感应表面淬火得到的马氏体层深度更深。相反，透热淬火的表面硬度低于表面淬火的表面硬度。这不仅是由于低的冷却速度，也是由于表面淬火后零件表面残留压应力而透热淬火后零件表面残留拉应力的缘故。

在一些透热淬火应用中，采用双频设计概念是很有效的。这需要在第一阶段零件温度低于居里温度，仍保持磁性情况下采用较低的频率；而在第二阶段，当零件失去磁性后，透入深度扩展到之前的 15～18 倍，这时采用较高频率更有效。因为在这一阶段热传导更有影响。

通常，用于透热淬火的功率密度要低于表面淬火。表 7-3 所列为直径为 12～50mm 中碳钢圆棒透热淬火推荐的功率密度。

表 7-3 直径为 12～50mm 中碳钢圆棒透热淬火推荐的功率密度

f/kHz	功率密度/(kW/cm²)
1	0.186
3	0.093
10	0.0775
30	0.062

7.1.2 感应热处理基础

通常讨论的钢的热处理是在这样一种条件下，即零件在奥氏体化温度下保持足够的时间从而达到完全转变为奥氏体且整个零件截面温度一致。相对于常规处理，感应加热在淬火前的初始状况是零件温度不均匀。最终，只在接近表面层里形成奥氏体。

奥氏体层的深度取决于感应加热设备的输出参数控制（时间、频率等），表面加热的最终结果是出现很大的温度梯度而且材料不同的部位经历了不同的时间-温度过程。由于快速加热和随后冷却淬火和常规热处理相比表面层在淬火前进行奥氏体化的保温时间非常短。

由于存在着高频电磁场和感应淬火的局部加热影响，用常规的热电偶及其他普通温度测量设备在感应淬火零件上直接测量温度是非常困难的。因此，常常使用理论分析，结合针对局部的显微组织变化来分析，评估实际感应淬火零件上不同位置上的实际加热过程。

1. 快速加热对相变温度及相变力学的影响

（1）加热速度对相变温度的影响　以过共析轴承钢 GCr15 为例，连续加热速度对相变温度的影响如图 7-17 所示。由于这种钢中铬含量高，它存在一个三相区：珠光体＋奥氏体＋碳化物，由两个临界点 Ac_{1b} 和 Ac_{1c} 所标识，而不像铁碳合金或低合金钢那样为单一临界点 Ac_1。图 7-17 中，Ac_{cm} 表示碳化物全部溶解的温度，Ac_2 表示居里温度。

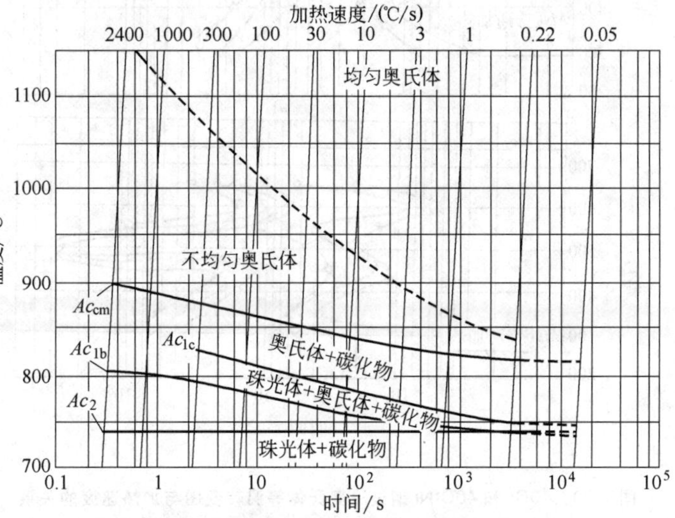

图 7-17　连续加热速度对相变温度的影响

由图 7-17 可见，其临界点均随加热速度的增大而增高。铁素体、碳化物组织越粗大，临界点上升也越快。在快速加热时，珠光体向奥氏体转变是图 7-17 所示的水平台阶以上几十摄氏度的温度范围内完成的。该图表明，加热速度越快，相变进行最激烈的温度和完成相变的温度越高。但亚共析钢中的自由铁素体向奥氏体转变的上限温度不会超过 910℃，因为此时 α-Fe 可以在无碳的条件下转变为 γ 相。

（2）加热速度对相变动力学的影响　在一般等温加热的条件下，珠光体向奥氏体转变的速度随等温温度的提高而加快（见表 7-4、图 7-18）。

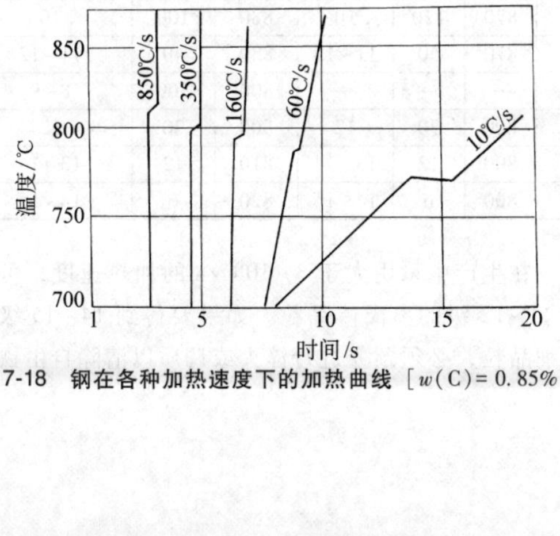

图 7-18　钢在各种加热速度下的加热曲线［$w(C)=0.85\%$］

表 7-4　珠光体在不同温度下转变为奥氏体的时间［$w(C)=0.86\%$］

温度/℃	725	745	775	800
时间/s	1200	340	150	20

在连续加热的条件下，珠光体向奥氏体转变的动力学也可用图 7-19 来说明。由 A_1 点出发的不同仰角的射线表示相变区的各种加热速度，它们分别与曲线 1（相变开始）和曲线 2（相变结束）相交于 a_1，a_2

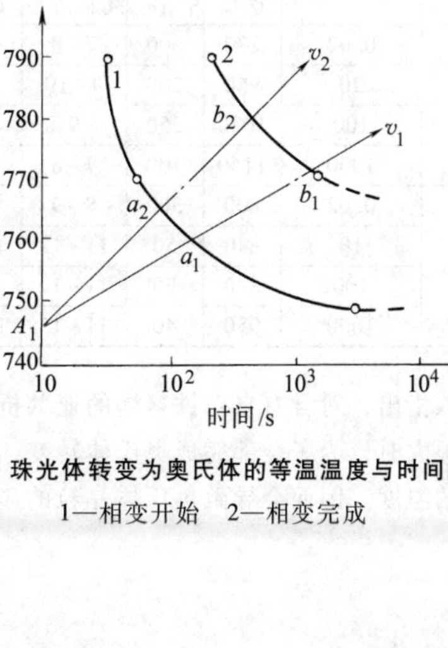

图 7-19　珠光体转变为奥氏体的等温温度与时间的关系

1—相变开始　2—相变完成

和 b_1，b_2……显然。加热速度越大（$v_2>v_1$），进行相变的温度越高，所需要的时间越短。

40Cr 和 40CrNi 钢过冷奥氏体等温转变图与加热速度的关系如图 7-20 所示，在加热温度相同的条件下，加热速度越高，奥氏体的稳定性越差，这是由于加热速度越高，加热时间越短，形成的奥氏体晶粒越细小且成分越不均匀。提高加热温度，奥氏体的稳定性将增加。

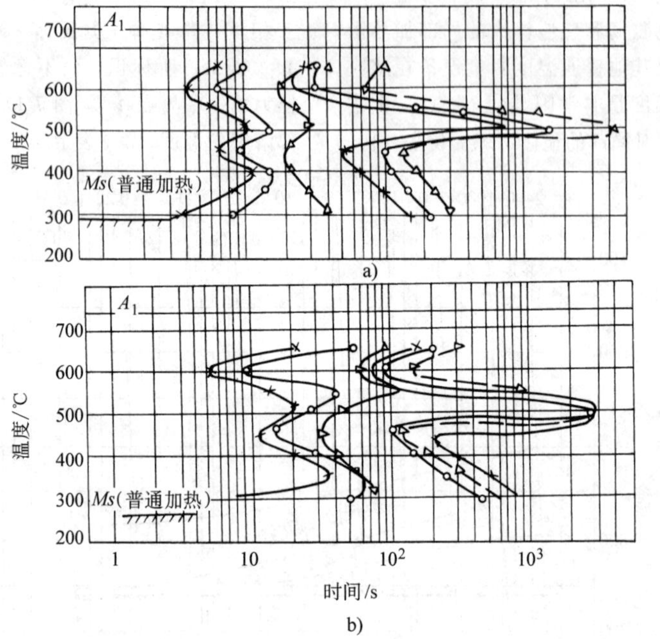

图 7-20　40Cr 和 40CrNi 钢过冷奥氏体等温转变图与加热速度的关系

a）40Cr　b）40CrNi

×—感应加热，加热速度为 225℃/s　○—感应加热，加热速度为 120℃/s　△—炉中加热

注：奥氏体化温度为 950℃。

2. 快速加热对相变后的组织与性能的影响

（1）加热速度对奥氏体晶粒大小的影响　实践证明，对具有均匀分布的铁素体和渗碳体组织的零件进行快速加热时，当加热速度由 0.02℃/s 增高到 100~1000℃/s 时，初始奥氏体晶粒度由 8~9 级细化到 13~15 级。加热速度为 10℃/s 左右时初始奥氏体晶粒度为 11~12 级，要得到 14~15 级的超细化晶粒必须采用 100~1000℃/s 的加热速度（见表 7-5）。

表 7-5　各种钢在连续加热时转变终了温度（℃）与初始奥氏体晶粒面积（S）的关系

钢号	加热速度/(℃/s)	原始组织											
		正火			退火			淬火			调质(淬火+650℃回火)		
		t/℃	S/μm²	晶粒等级	t/℃	S/μm²	晶粒等级	t/℃	S/μm²	晶粒等级	t/℃	S/μm²	晶粒等级
20	0.02	870	600	7~8	—	—	—	870	900	7	—	—	—
	20	960	200	9~10	—	—	—	870	150	9~10	870	150	9~10
	100	1020	250	9	—	—	—	870	120	10	880	100	10
	1000	1150	700	7~8	—	—	—	870	50	11~12	880	40	11~12
40	0.02	800	300	8~9	—	—	—	—	—	—	800	300	8~9
	10	840	50	11~12	850	110	10	800	30	12	800	30	12
	100	870	50	11~12	—	—	—	800	12	13~14	810	12	13~14
	1000	950	40	11~12	1050	250	9	800	6	14~15	820	6	14~15

应该指出，对含有自由铁素体的亚共析钢，当加热速度很大时，为了全部完成奥氏体转变，必须加热到较高的温度。因而会导致奥氏体晶粒的显著长大。

在生产中采用大于 3~10℃/s 的加热速度，可得到 11~12 级的奥氏体晶粒。如果要得到 14~15 级的超细晶粒，必须预先进行淬火或调质以清除自由铁素体，并采用高达 100~1000℃/s 的加热速度。

（2）加热速度对淬火钢组织的影响　在快速加热的条件下，珠光体中的铁素体全部转变为奥氏体后，仍会残留部分碳化物。即使这些碳化物全部溶解，奥氏体也不一定会完全均匀化。淬火后将得到碳含量不等的马氏体。提高加热温度可以减轻或消除这种现象，但温度过高又将导致奥氏体晶粒粗大。

对于低碳钢，即使加热到 910℃ 以上，在快速加热的条件下仍难以完成奥氏体的均匀化，有时甚至会在淬火钢中出现铁素体。

当材料和原始组织一定时，加热温度应根据加热速度选定。

（3）加热速度对表面淬火件硬度的影响　感应加热表面淬火时，在一定的加热速度下可在其一相应的温度下获得最高的硬度（见图 7-21）。提高加热速度，这一温度向高温推移（见图 7-22）。

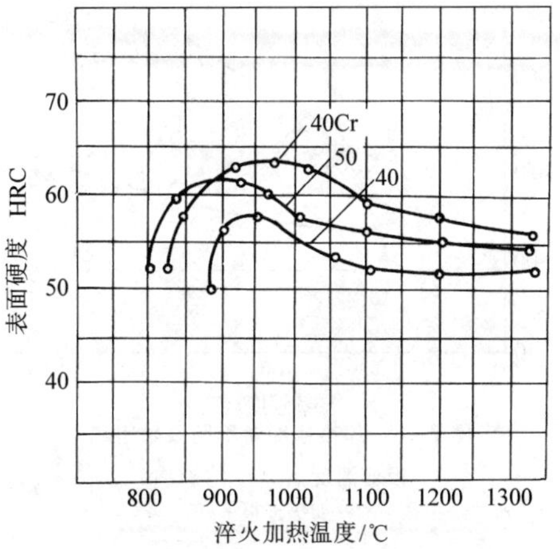

图 7-21　表面硬度与淬火加热温度的关系
（加热速度为 380~400℃/s）

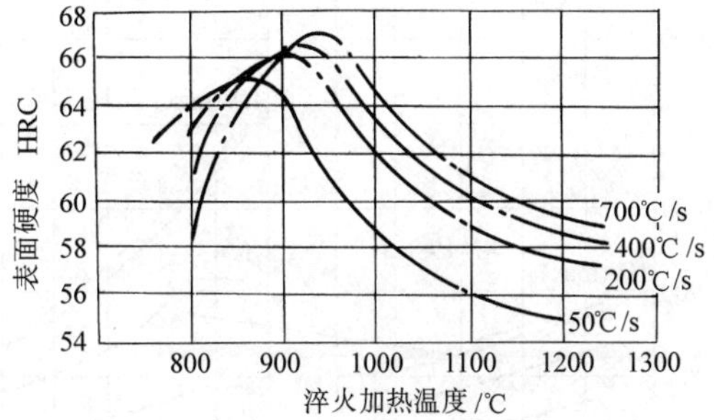

图 7-22　在不同加热速度下的
表面硬度与淬火加热温度的关系

对相同的材料，经感应加热表面淬火（喷射冷却）后，其硬度比普通淬火的高 2~6HRC（见图 7-23）。这种现象被称为“超硬度”。

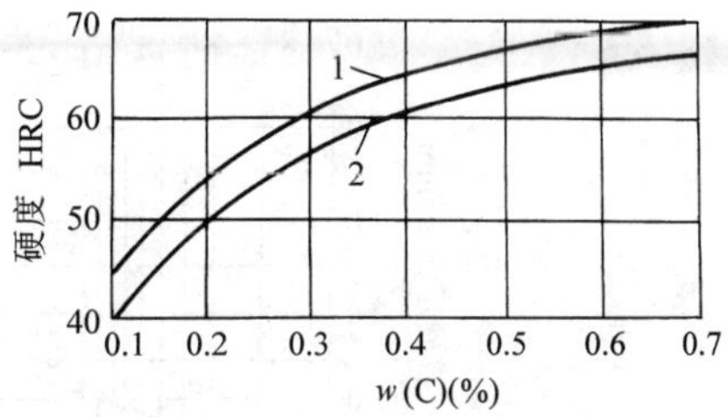

图 7-23　碳钢表面淬火时出现的“超硬度”现象
1—感应淬火　2—普通炉中加热淬火

（4）表面淬火件的耐磨性　工作时发生磨损的钢制零件，其磨损量在很大程度上取决于硬度。对同样的材料、采用高频表面淬火时耐磨性比普通淬火高得多（见图 7-24）。

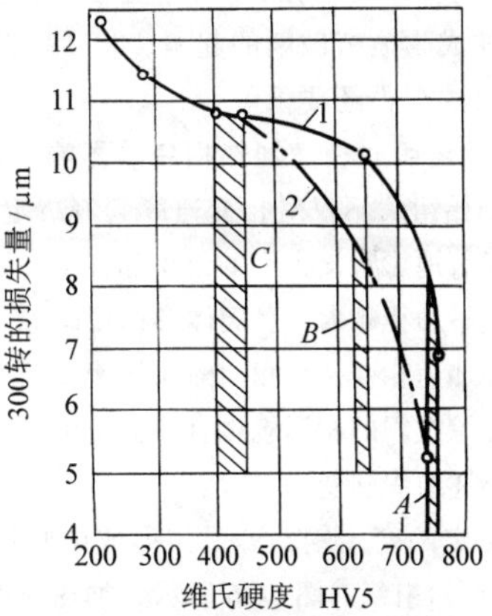

图 7-24　淬火过的 45 钢的平均磨损
1—炉中加热淬火　2—感应加热表面淬火
A—淬火，没有回火　*B*—淬火和在 200℃ 下回火
C—淬火和在 400℃ 下回火

（5）抗疲劳性能　在采用正确的表面淬火工艺和获得合理的硬化层分布时，可以显著提高工件的抗疲劳性能。

如果工件表面有缺口，采用表面淬火几乎可以完全消除缺口对疲劳性能的有害作用（见表 7-6）。

表 7-6　高频表面淬火对 40CrNiMo 钢疲劳性能的影响

试样形式	疲劳极限/MPa	
	调质处理试样	高频感应淬火试样
光滑试样	441~470.1	617.4
缺口试样	137.2	588

注：缺口深度为 0.4mm，锥度为 60°，圆角半径为 0.2mm。

表面淬火能提高钢疲劳强度的原因除表面层本身强度增高外，还与在表面形成很大的残余压应力有关。表面残余压应力越大，钢制工件的抗疲劳性能越高。淬硬层过深会降低表面残余压应力，只有选择最佳的淬硬层深度才能获得最高的疲劳性能（图 7-25）。

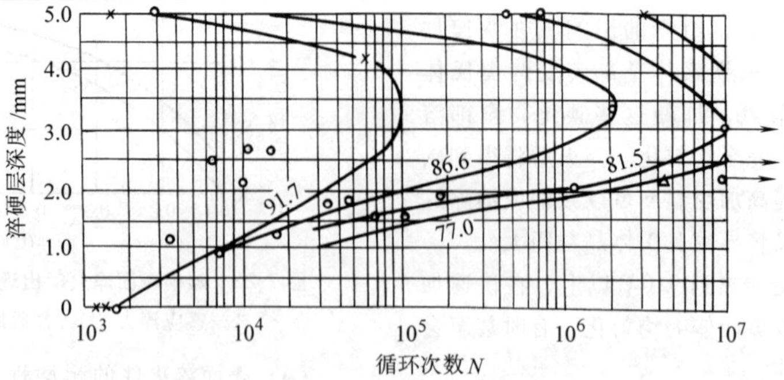

图7-25　钢在各种表面淬硬层深度时的疲劳断裂次数［$w(C)=0.74\%$］

注：试样直径10mm，曲线上数字为在试棒表面所作用的交变应力（MPa）。

若硬化区分布不合理，例如过渡层在应力透入深度范围内，或者热影响区在工作受力区内露出表面，该处就往往成为疲劳破断的起源，将使疲劳寿命比不经表面淬火的工件还要低。

3. 原始组织对快速加热相变的影响

钢的原始组织不仅对相变速度起着决定性的作用，而且还会显著地影响淬火后的组织和性能。原始组织越细，两相接触面积越大，奥氏体形核位碳原子扩散路程越短，越会加速相变，在相同的加热速度下奥氏体化温度越低，原始组织的相形貌也有很大影响。片状珠光体易于完成上述组织转变。

对于给定的合金钢，奥氏体形成的临界转变温度 Ac_3 取决于原始组织。图7-26所示为加热速度对不同原始组织相变温度点 Ac_3 的影响（C53钢）。它们分别是退火组织（铁素体+大片状碳化物），或者淬火后分别在205℃和575℃回火所得的回火组织和调质组织。对于感应加热前这三种原始组织，碳浓度分布最均匀的是低温回火马氏体组织，而最不均匀的是退火材料中存在的低碳铁素体区域和片状碳化物区域。图7-26表明，对于给定的显微组织，Ac_3 随着加热速度的增加而增加。主要是快速加热时工艺时间短，对应的需要加热的试样要达到相同程度扩散控制的显微组织改变在低温下需要更长时间。图7-26还表明，对于给定的加热速度，要达到完全奥氏体化需要的温度对于退火钢是最高的，因为它的碳分布是最不均匀的，而对于低温回火马氏体钢是最低的，因为它加热前的碳分布是最均匀的。

对组织要求严格的零件，采用感应淬火时，事先应进行预备热处理，结构钢的预备热处理多为调质（淬火+高温回火）。原始组织及加热速度对C53钢相变点的影响如图7-27所示，在相同的加热速度下，调质钢（左）的淬火温度明显比正火钢（右）的低。正火组织和调质组织的对比如图7-28所示。采用更细化的组织所取得的硬化层深度更深（图7-29）。

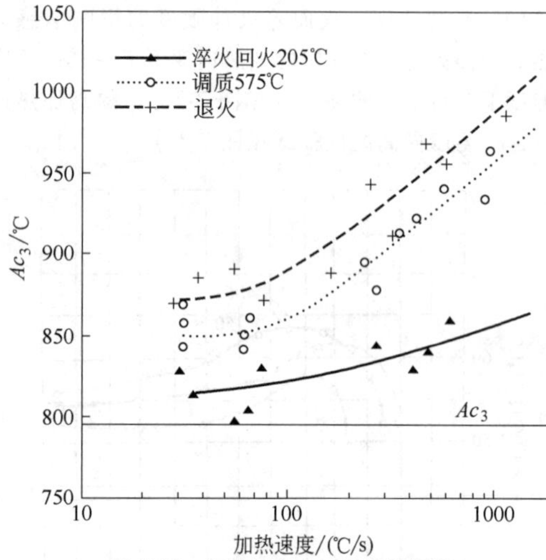

图7-26　加热速度对不同原始组织相变温度点 Ac_3 的影响

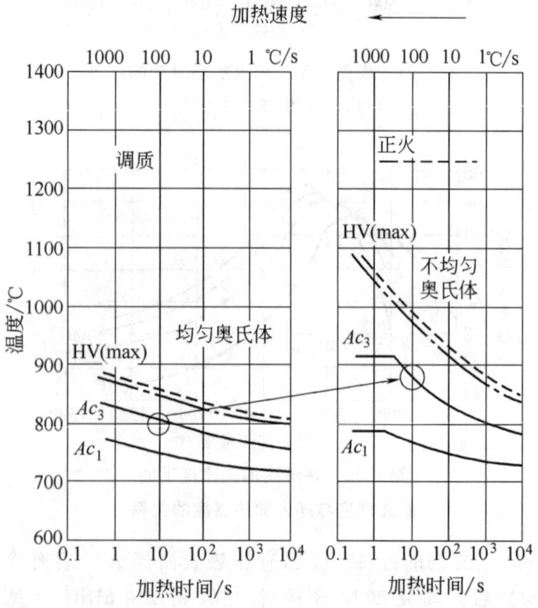

图7-27　原始组织及加热速度时C53钢相变点的影响

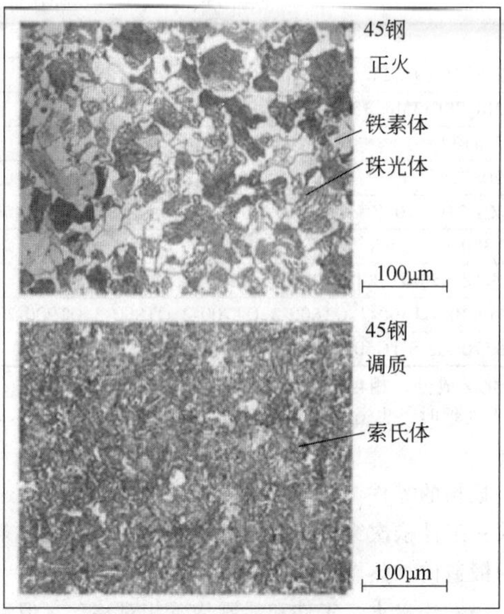

图 7-28　正火和调质组织对比

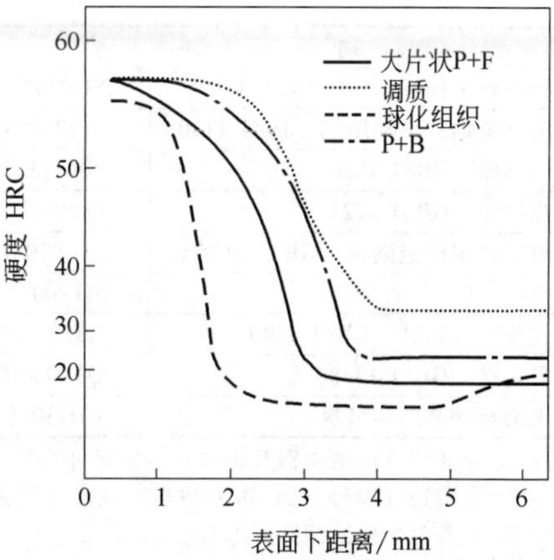

图 7-29　不同原始组织 40Mn2 感应淬火钢棒经 150℃，1h 回火后的硬度曲线

4. 适合感应淬火的钢

用于感应的钢包括普碳钢和合金钢。选择某种合金钢和初始显微组织要考虑多种因素，包括零件尺寸、成本、表面和心部需要的力学性能等。一般来说，人们希望淬火后钢的硬度应该达到 60HRC 以上，最低也应该在 (55±3) HRC；因此感应钢至少含 0.3%C（质量分数）以保证淬火冷却前的奥氏体中溶解足够的碳来达到表层的硬度。但是，碳含量一般不要大于 0.5%（质量分数），超过这个值，淬火开裂的风险急剧增加，所以需要仔细地选择淬火工艺和淬火冷却介质。除了硬度，这由表层马氏体的碳含量所决定（见图 7-23），钢的淬透性也用来评估用来感应淬火钢的可行性。然而，淬透性这个评估工具是基于常规热处理条件的，如淬火态数据和临界直径计算，它假定淬火冷却前材料在奥氏体化温度保持了足够充分的时间来使初始显微组织完全转化为均匀的奥氏体。同样假设在淬火前奥氏体化温度保持了足够长时间消除了初始显微组织的差异。之前说过，感应淬火中奥氏体化在快速感应加热工艺中经常是不完全的，因此对同一合金钢，现有的淬透性和钢在感应淬火时的响应可能不同。适合感应淬火的钢号见表 7-7。不同钢感应淬火取得的硬度和深度见表 7-8。

表 7-7　适合感应淬火的钢号

类　　别	牌　　号
优质碳素结构钢　GB/T 699	20、30、35、40、45H、50、55、60 25Mn、30Mn、35Mn、40Mn、45Mn、50Mn、60Mn、70Mn
保证淬透性结构钢　GB/T 5216	45H、15CrH、20CrH、20Cr1H、40CrH、45CrH、16CrMnH、20CrMnH、15CrMnBH、17CrMnBH、40MnBH、45MnBH、20MnVBH、20MnTiBH、15CrMoH、20CrMoH、22CrMoH、42CrMoH、20CrMnMoH、20CrMnTiH、20CrNi3H、12Cr2Ni4H、20CrNiMoH、20CrNi2MoH
合金结构钢　GB/T 3077	15CrH、20CrH、20Cr1H、45CrH、16CrMnH、20CrMnH、15CrMnBH、17CrMnBH、20CrMnTiH、20CrNi3H、12Cr2Ni4H、20CrNiMoH、20CrNi2MoH 30Mn2、35Mn2、40Mn2、45Mn2、50Mn2、20MnV、27SiMn、35SiMn、42SiMn、40B、45B、50B、40MnBH、45MnBH、40MnVB 20CrMoH、22CrMoH、20CrMnMoH 30Cr、35Cr、40Cr、50Cr、38CrSi、30CrMo、35CrMo、42CrMo、40CrV、40CrMn、25CrMnSi、30CrMnSi、35CrMnSiA、40CrMnMo、40CrNi、45CrNi、50CrNi、40CrNiMoA
弹簧钢　GB/T 1222	65、70、85、65Mn、70Mn、55Si2Mn、55SiMnB、55SiMnVB、60Si2Mn、60Si2MnA、60Si2CrA、60Si2CrVA、55CrMnA、60CrMnA、60CrMnMoA、50CrVA、60CrMnBA
高碳铬轴承钢　GB/T 18254	GCr14、GCr15、GCr15SiMn、GCr15SiMo、9Cr18Mo
碳素工具钢　GB/T 1298	T7、T8、T8Mn、T9、T10、T11、T12、T13
合金工具钢　GB/T 1299	9Mn2V、CrWMn、9CrWMn、5CrMnMo、5CrNiMo

（续）

类别	牌号
锻钢冷轧工作辊 GB/T 13314	8CrMoV、8Cr2MoV、9Cr2、9Cr2Mo、9Cr2W、9Cr3Mo、9Cr2MoV
锻造合金钢支承辊用钢 JB/T 4120	9Cr2、9Cr2Mo、9CrV、75CrMo、70Cr3Mo、35CrMo、42CrMo、55Cr
不锈钢棒 GB/T 1220	20Cr13(2Cr13)、30Cr13(3Cr13)
耐热钢棒 GB/T 1221	4Cr9Si2、4Cr10Si2Mo、8Cr20Si2Ni
一般工程用铸造碳钢 GB/T 11352	ZG 230-450、ZG 270-500、ZG 310-570、ZG 340-640
灰铸铁 GB/T 9439	HT200、HT250、HT300、HT350
珠光体可锻铸铁 GB/T 9440	KTZ 450-06、KTZ 550-04、KTZ 650-02、KTZ 700-02
球墨铸铁 GB/T 1348	QT400-18、QT400-15、QT450-10、QT500-7、QT600-3、QT700-2、QT800-2、QT900-2
粉末冶金铁基结构材料	FTG30、FTG60、FTG90、FTG70Cu3、FTG60Cu3Mo

注：1. 保证淬透性结构钢及各种合金钢铸件参照表中所示牌号或化学成分，相当者可选用。
2. 渗碳钢（牌号参照 JB/T 3999）经渗碳后采用感应淬火回火处理时，也适用本标准有关内容。
3. 必要时可提出特殊要求。

表 7-8 不同钢感应淬火取得的硬度和深度

钢号	硬度 HRC	最大深度/mm
结构钢		
35	49~55	3
45	53~59	3
50	56~62	3
60	56~62	3
35Mn	49~55	4
40Mn	53~59	4
40Cr	53~59	5
35CrMo	49~55	10
42CrMo	53~59	10
50CrMo	56~62	10
50CrV	56~62	10
40CrNiMo	49~55	15
	49~55	15
工具钢		
T12	56~62	
4Cr5MoSiV1	53~59	10
不锈钢		
20Cr13	49~55	4
40Cr13	53~59	4
轴承钢		
GCr15	59~65	4
耐热钢		
42Cr9Si2	53~59	2
铸铁		
HT250	45~51	3
QT600-3	53~59	3
QT700-2	56~62	3

截至目前，被用于感应淬火的钢几乎涵盖了除石墨铸铁以外的所有钢号。当然，以中碳合金结构钢应用最为普遍，其他在特殊场合也有应用。

7.1.3 感应淬火工艺

1. 常用感应淬火方法

感应淬火有以下四种主要方法。

扫描淬火：线圈或工件相对移动，工件通常在线圈内旋转，以在工件表面得到均匀的硬化层。

拔长的零件（如棒、线材、管材等）的步进式淬火：工件依次穿过一系列在线的线圈，类似于条和棒的锻造前加热。

一发法淬火：工件和线圈均不相对移动，但工件旋转以保证整个区域同时被淬火。

静态淬火：类似于一发法淬火，但是工件形状不规则，这样不允许旋转。

四种方法根据零件特点又有多种变化。淬火一般方式如图 7-30 所示。

（1）扫描淬火　可以应用在圆柱体工件的外径、内径以及平面。水平或竖直扫描感应器均可以使用，竖直扫描感应器在淬火较短或适宜长度的圆棒类零件的场合应用非常普遍。此时工件通过顶尖或其他夹持机构朝感应器移动，或者感应器朝零件移动并一边移动一边淬火。移动位置和速度通常通过伺服电动机调节，一些感应电源具备在扫描过程中改变功率及频率的功能。

当扫描加热外表面的时候（比如一根实心棒），感应线圈一般是环绕着旋转的工件成环形。淬火喷水环放置在感应线圈附近以便对加热区域进行淬火。有时可以使用机加工的组合一体式淬火感应器。无论哪种感应器，淬火装置都包含有很多孔的淬火盒，以保证淬火液在特定的角度和距离喷淬加热部分。

（2）步进式淬火　拔长零件（如棒、线材、管等）可以用水平卧式感应系统进行淬火。螺旋形感应线圈经常用于步进式加热，这里工件会穿过多个感应线圈。步进式淬火也用来淬火具有不同截面尺寸的长轴。

步进式淬火往往采用多个参数的线圈分别实现预热、中间加热和最终加热；或者是采用同一个线圈不同频率、功率实现不同直径的台阶轴的不同区域淬火。当采用多线圈时可以适应很快的速度，经常超过 1m/s，根据负载匹配效率，感应线圈可以进行串联或并联电气连接。单一频率或多频率系统（双频更常见）可以应用。

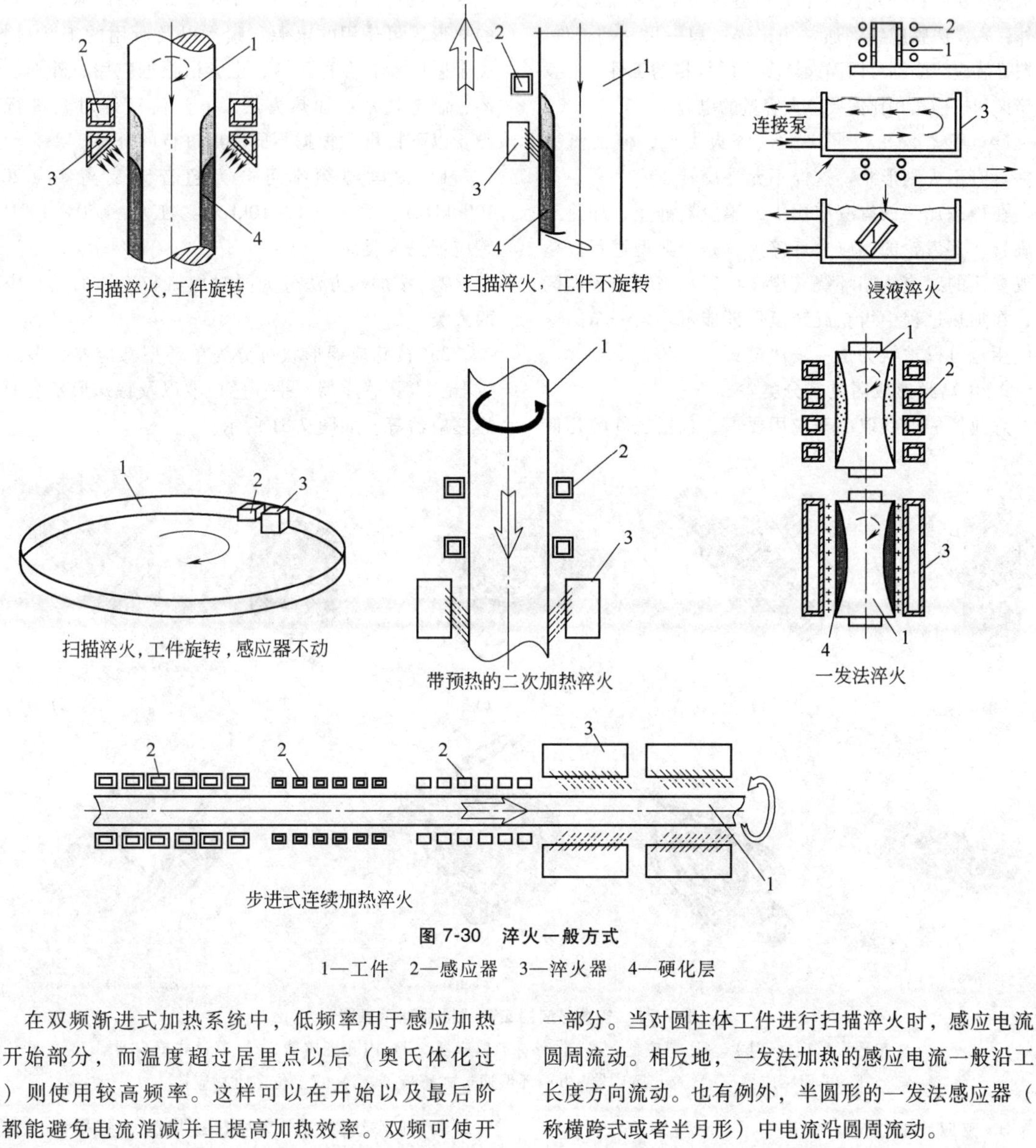

图 7-30　淬火一般方式

1—工件　2—感应器　3—淬火器　4—硬化层

在双频渐进式加热系统中，低频率用于感应加热的开始部分，而温度超过居里点以后（奥氏体化过程）则使用较高频率。这样可以在开始以及最后阶段都能避免电流消减并且提高加热效率。双频可使开始加热时的表面到心部区域温度梯度降低，这在加热低韧性钢时非常重要。

在一些应用中，双频往往会造成更高的投资费用，这是一个缺点。因而，当淬火小直径的工件时，使用大的高频逆变电源较为经济。当工件从最后一匝感应线圈出来时，进行淬火。为了避免淬火液回流的可能，淬火水盒通常位于最后一匝感应线圈后 20~100mm 距离。考虑到线速度可能很大，在第一个淬火盒后面会增加几个淬火盒以保证充分淬火。

（3）一发法淬火　采用一发法淬火，工件和感应线圈均不向对方移动，然而，工件一般会旋转。需要淬火的所有表面同时被加热，而不是像扫描淬火那样只加热一部分。当对圆柱体工件进行扫描淬火时，感应电流沿圆周流动。相反地，一发法加热的感应电流一般沿工件长度方向流动。也有例外，半圆形的一发法感应器（也称横跨式或者半月形）中电流沿圆周流动。

通常情况下，一发法更适用于淬火相对较短的工件，或者只需要热处理相对较小区域的工件。这种方法也适合处理轴对称或出现变直径的圆柱工件，如台阶轴、凸轮等异形件。这类工件若采用扫描淬火可能出现不理想的奥氏体化（由于电磁场的畸变）以及不充分淬火（由于形状限制，某些区域可能淬火层不均匀），可能会降低硬度甚至出现断裂，这些都是不希望发生的情况。

有时候一发法在淬火长工件时比扫描方法更好。例如淬火汽车轴时，一发法可以通过短时间内淬火整个长度来减少节拍时间。然而，一发法也存在一些不足。其中之一就是同扫描感应线圈相比价格较高，这是因为一发法感应线圈在一定程度上需要适应整个工件的形状。此外，一发法感应线圈通常用来淬火单一尺寸的工件。而扫描感应线圈则可以淬火许多不同规格的工件。一发法淬火和扫描法相比需要更大容量的电源。

（4）静态淬火　同一发法淬火类似，但被淬火工件具有不规则形状，这样不允许旋转。

在静态加热的有些应用中，感应器静止，加热工件旋转。直齿轮的感应自旋淬火就是个典型过程。单匝或多匝的感应线圈环绕着齿轮可以用来加热表面区域，在加热过程中齿轮旋转以保证能量均匀分布。这种应用也可以被认为是一发法淬火。

2. 中高频感应器及其分类

感应器的形状取决于应用要求，包括工件的几何形状、材料，可用空间，加热方式，生产速度，要求的热形，可使用的电源、频率以及所用的工装材料。关于感应器有多种设计，也尝试根据应用、外形、频率、制造技术、加热方法、电流流动等对其进行分类。以下提供了根据不同应用进行的分类。

1）按电源频率可分为超音频及高频（20～1000kHz）、中频（1～10kHz）、工频（50～100Hz）感应器三大类。

2）按加热方法分为同时加热和连续加热感应器两大类。

3）按感应器形状可分为单环型感应器、多匝感应器、内孔感应器、平面感应器以及特殊形状表面加热感应器等，如图7-31所示。

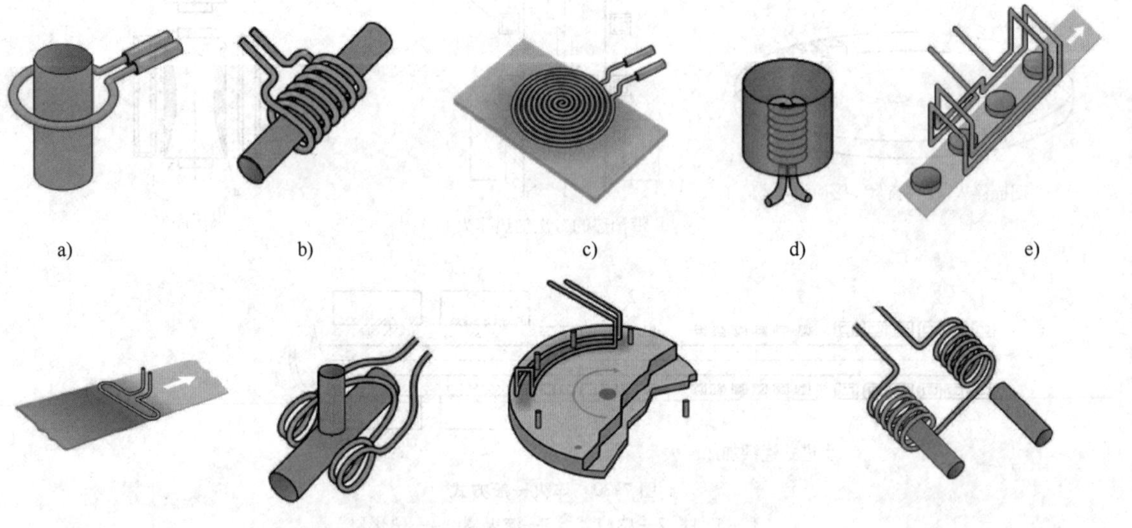

a)　b)　c)　d)　e)

f)　g)　h)　i)

图7-31　各类感应器工作线圈原理示意图

a）单环形感应器　b）多匝感应器　c）曲奇饼形感应器　d）内孔感应器　e）通过式感应器　f）平面感应器　g）跨式感应器　h）环形通过式感应器　i）双工位多匝感应器

3. 感应器的组成

感应器由下列各部分组成（见图7-32）。

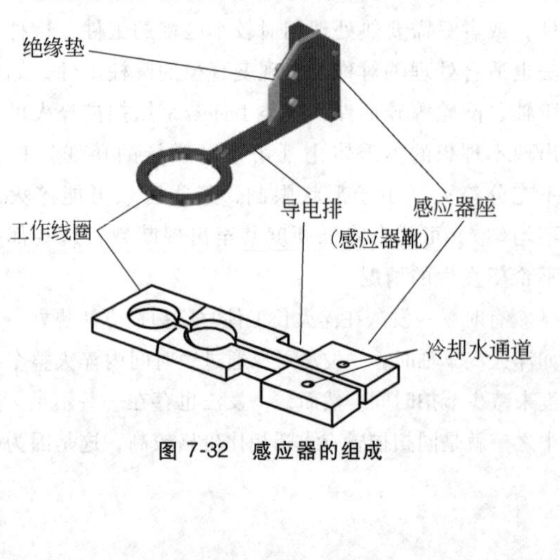

图7-32　感应器的组成

1）工作线圈，产生加热磁场的施感导体，影响加热区的形状和大小。需依据加热需求精确设计和加工。

2）导电排（汇流排），用于补偿工作线圈和感应器连接座之间的空间距离，将电能传递给工作线圈。

3）感应器座，是感应器和加热电源装配的基础。也是感应器制造尺寸保证的基础。外部为规则几何表面，内部一般有冷却水通道，通过较大的结合面实现感应器的水电连接。实际应用场合下和导电排一起制备为通用件，成为感应器靴，方便焊接各种工作线圈。

4）绝缘垫用于感应器回路需要电隔离的局部物

理绝缘。

在某些情况下，感应器还装有导磁体、磁屏蔽、喷水盒和定位装置以及防止感应器变形的加固装置。

4. 中频和高频感应器的设计

虽然淬火回火感应器的设计依据和用于其他感应加热（如锻造加热、熔炼、钎焊等）的感应器所采用的原理都是样的，都是基于电磁感应的多种效应，但是，由于淬火回火周期时间短，比功率密度高、热处理质量控制精密，淬火回火感应器又有很大的特殊性。

感应器的通用设计要求如下：

1）达到零件规定的淬硬范围及技术要求。

2）便于制造，达到标准化、通用化及系列化。

3）具有一定的强度、刚性及使用寿命。

4）便于装卸且再次安装前后一致性好。

5）具有高效性、可靠性。

6）与加热电源相匹配。

（1）工作线圈　工作线圈作为施感导体，在工作时承载着高电流密度的电流，自身产生很大的焦耳热。因此常采用导电性好、性价比高的纯铜制作。通常情况下，采用电工纯铜（T2）能够满足大多数应用要求，特殊情况下采用含杂质更少的无氧纯铜作为工作线圈的材料。

为了提高载流密度，工作线圈一般采用冷却水冷却，所以截面一般为中空。冷却水的流量需求取决于加载功率。

根据趋肤效应，中高频电流在铜材表面流动，且电流透入深度取决于工作频率。在有水冷情况下，假定线圈温度为常温，则电流透入深度 $\delta_{铜}$ 公式可以简化为

$$\delta_{铜}=\frac{67}{\sqrt{f}}$$

式中　$\delta_{铜}$——电流透入深度（mm）；

f——工作频率（Hz）。

实际应用中，工作线圈的最小壁厚应不小于 $1.6\delta_{铜}$，这样导体利用率最高、电阻最小、通水冷却效率最高。但同时工作线圈的几何尺寸和状态又和淬火加热结果密切相关，因此，需要一定的刚性保证工作中不变形，所以壁厚也不能太薄。

常用的感应器工作线圈壁厚推荐见表 7-9。

表 7-9　常用的感应器工作线圈壁厚推荐

工作频率/kHz	电流透入深度 $\delta_{铜}$/mm	计算最小壁厚 $1.6\delta_{铜}$/mm	工作线圈壁厚/mm	工作频率/kHz	电流透入深度 $\delta_{铜}$/mm	计算最小壁厚 $1.6\delta_{铜}$/mm	工作线圈壁厚/mm
450	0.1043	0.1670	1	4	1.1068	1.7709	2
200	0.1565	0.2504	1	3	1.2780	2.0448	2
100	0.2214	0.3542	1	2	1.5652	2.5044	3
60	0.2858	0.4572	1	1	2.2136	3.5418	4
20	0.4950	0.7920	1	0.5	3.1305	5.0088	5
10	0.7000	1.1200	1.5	0.2	4.9497	7.9196	8
8	0.7826	1.2522	1.5	0.1	7.0000	11.2000	12
6	0.9037	1.4459	2	0.05	9.8995	15.8392	16
5	0.9899	1.5839	2				

感应器的载流密度是指有效圈单位截面上通过的电流值，感应器载流密度的允许值既和铜材材质有关，也和使用工况相关；电工铜材无水冷却长期工作的载流密度允许值是 10A/mm²，短时无水的载流密度允许值可达 50A/mm²；普通水冷条件下工作线圈的载流密度可达 150A/mm²；现在高压无气泡水冷下载流密度允许值为 1200A/mm²。

针对环形感应器，计算中频感应器有效圈载流密度为

$$A=\frac{N_1}{N_2}\frac{U_{负}}{U_{额}^2}1000\frac{P_c}{b+\delta_{铜}}$$

式中　A——有效载载流密度（A/mm²）；

N_1——变压器一次圈匝数；

N_2——变压器二次圈匝数；

$U_{负}$——中频负载电压（V）；

$U_{额}$——中频额定电压（V）；

P_c——接入中频电容功率（kVAr）；

b——导电板宽度（mm）；

$\delta_{铜}$——电流在铜中透入深度（mm）。

工作线圈的规格和形状取决于所要加热的热区形状和设备能力。最常见的工作线圈是单匝环形的（见图 7-33），它常用于轴类件的扫描淬火。

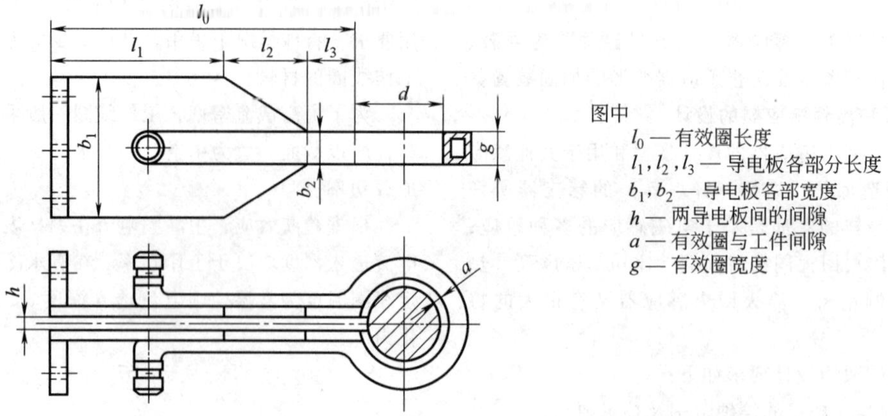

图 7-33　感应器结构尺寸示例

对于采用图 7-33 所示结构的单匝环形感应器来说，工作线圈的电感 L_1(H) 为

$$L_1=\frac{4\pi l_0 a}{g}$$

式中　l_0——有效圈展开长度（cm）；

a——有效圈与工件间隙（cm）；

g——感应器有效圈宽度（cm）。

当采用图 7-33 所示导电板时，其电感 L_2(H) 为

$$L_2=\frac{4\pi h l_1}{b_1}+\frac{4\pi h l_2}{b'}+\frac{4\pi h l_3}{b_2} \tag{7-2}$$

$$b'=\frac{b_1+b_2}{2}$$

式中　h——导电板间的间隙（cm）；

l_1、l_2、l_3——导电板各部分的长度（cm）。

我们知道，线圈和工件的耦合加热，线圈可以看作是一个感性负载，那么电源的输出功率和线圈的感抗 X_L 成正相关，因此增大线圈的 L 将有利于电源功率的输出。

从式（7-2）可以看出，为增大有效圈电感，应增大 l_0，减小 g；若增大 a，虽增大电感，但会降低耦合，不可取；若减小 g，有效圈变窄，也不可取；一般用增大 $\frac{l_0}{g}$ 比值，此值应在 5~10 范围，当此值小于 5 时，改用多匝（见图 7-34），多匝时，有

$$l_0=\pi d n$$

多匝线圈比单匝线圈具有更大的电感，并且将在相同的功率输出下以更高的电压和更低的电流运行。

如果线圈导电排较长，构成了螺线管线圈中电阻损耗的主要部分，则可以通过增加线圈匝数来提高效率。这样达到工件中相同的加热效应，线圈中的电流将更小，这意味着导流排中的电阻损耗更低。

根据电磁感应原理，在感应器内流动的交流电会产生随时间变化的磁场，流经感应器的电流量决定了感应器产生的磁场强度。感应器周围的这些磁场会在场内的任何导电部件中感应出涡流，涡流随线圈电流相同的频率变化，涡流与线圈电流的方向相反。这些涡流导致导电工件中产生焦耳热（I^2R）。

图 7-34　多匝环形感应器

感应器的冷却是必要的，以去除导体中电流产生的热量，以及通过工件传递到线圈的热量。冷却通常是通过流过空心导体的冷却水来完成的。所需的冷却水流量为

$$Q=\frac{Pk_1k_2}{3.78k_3\nabla T}$$

式中　Q——感应器合适的冷却水流量（L/min）；

P——感应器上总功率（kW）；

k_1——管路系数（感应加热时，一般用 0.5）；

k_2——Btu 与 kWh 的转换常数，为 3415；

k_3——水热容量转换常数，为 500；

∇T——冷却水允许温升，一般为 40℃。

（2）加热区热型控制　感应器热型控制通过调整感应器线圈设计，使得感应涡流在工件中产生均匀的加热层分布。感应线圈的匝数、线匝和工件之间的间隙、功率密度和频率共同决定了加热效果和最终的奥氏体化层分布。工件和线圈相对比例的影响如图 7-35 所示，图中示出了圆形工件的外径和内径上的不同位置处的线圈放置的效果。线圈的位置和线圈的包络影响加热边缘处的加热效果。

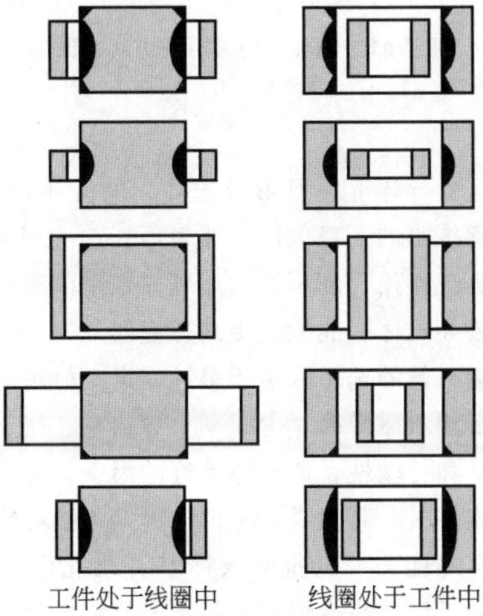

图 7-35　工件和线圈相对比例的影响

感应线圈被设计成包络形，然后改变包络面积可以使得边缘处的加热层与在中心的加热层深度发生很大变化。频率越低，由于加热边缘效应，所需的包络越多。标准的耦合线圈在 10kHz 下使用需要大约 3mm 的间隙，而在 450kHz 下仅需要 1.5mm 的间隙。耦合间隙的影响也很大，线匝和工件之间的耦合越近，磁力线越强。强磁场产生更强的涡流，因此加热更快。对于内孔加热，机加工线圈在内孔中可以加工不同的尺寸，其影响输入到工件中的能量，最终影响加热区面积和形状。

图 7-36 是两种改善加热区形状的例子。当采用

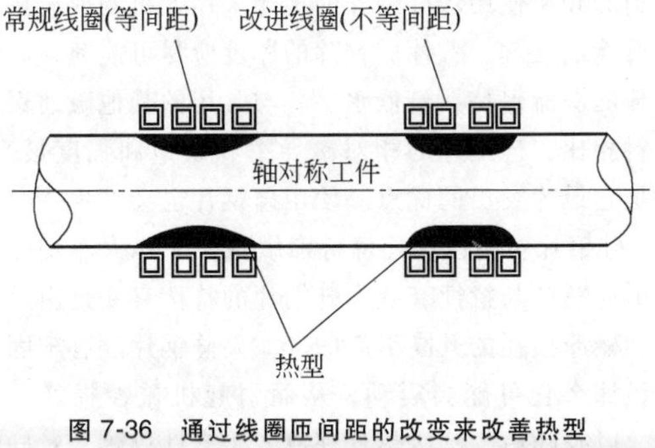

图 7-36　通过线圈匝间距的改变来改善热型

静止或者一发法感应器时，有时需要仿形或者变形感应器以得到均匀的硬化层或者加热层。当采用常规等间距螺旋线圈加热时，由于电磁场端头效应导致了月牙形的加热层；而当感应器的形状做成匝间距两端和中间不同时，它将促使在端部更强的磁场密度，增强了均匀加热的区域。如图 7-37 所示，对于单匝线圈，也可有类似的变形。

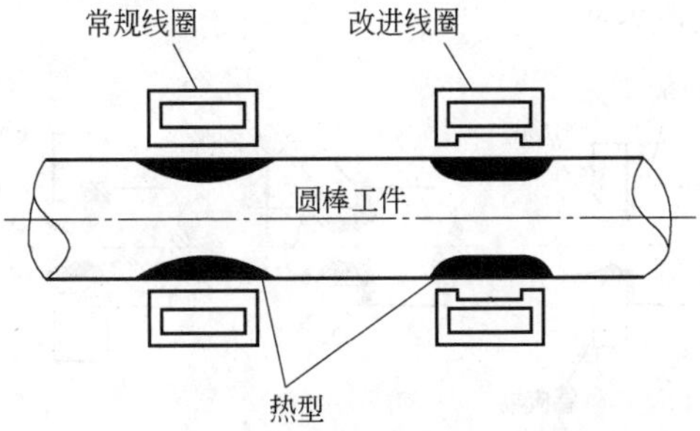

图 7-37　常规单匝线圈热型和改进线圈热型

采用频率来改变加热深度是熟知的操作。但受频率和磁场密度不同的影响，加热区轮廓也会不同。当采用高频（比如 450kHz）时，加热轮廓深度可能只有 0.4mm，而采用低的频率（比如 8kHz）将得到一个深 3.5mm 加热层和一个完全不同的加热层轮廓。图 7-38 所示为相同耦合状态下，高低两种频率造成端部效应热型的对比。

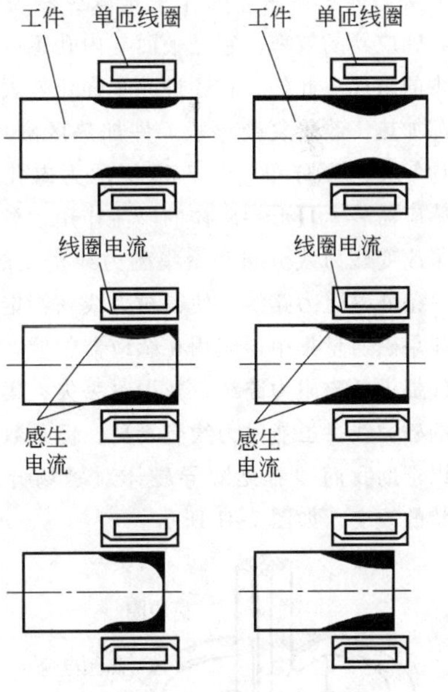

图 7-38　高低频率下端部效应热型的对比

a）高频　b）低频

感应器的形状和断面轮廓也将随热处理层深的要求及零件的形状而改变。图 7-39a 显示了一个感应器

将主要加热工件直径最小的部分（由于电磁环形效应），轴肩部分不能同样地加热。通过改变感应器的形状以及在工件小直径处降低和工件间的耦合将可能使硬化层重新分布。图 7-39b 显示了加热层通过圆角过渡以及减小轴肩的间隙和增大小直径的耦合间隙来实现。在同样的例子中，如果工件的两段不同直径都需要硬化层，则感应器在大直径处的间隙也要小（见图 7-39c）。

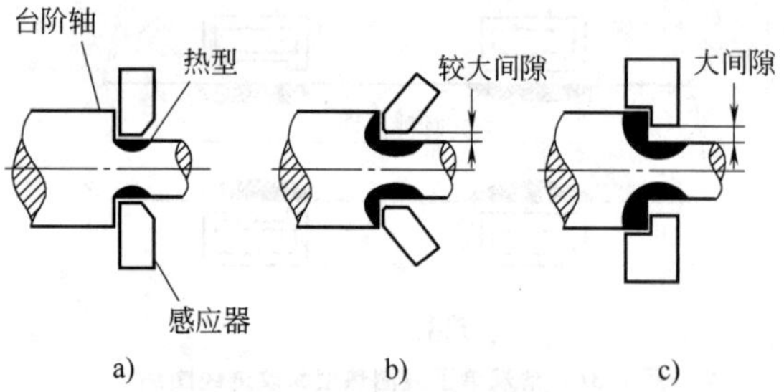

图 7-39 感应器间隙随不规则形状零件改变来改变热型

a）情况 1 b）情况 2 c）情况 3

以上是通过感应器工作线圈的导体形状改变热型的示例。实际应用中，改变热型还有一个有效的方法，就是使用导磁体。

5. 导磁体的种类和应用

（1）导磁体 导磁体的作用是减少磁力线的逸散和提高感应器的效率。它是平面与内孔感应加热中不可缺少的附件。此外，它还进一步强化外表面的加热和局部加热，改善复杂形状工件加热区磁场分布，以获得均匀的温度分布。图 7-40 所示为内孔感应器及平面感应器装上∏形导磁体的驱流作用示意。导磁体提供了改变磁力线分布和聚集磁力线密度的能力。提供了一条低磁阻力路线，使得磁力线在特定的区域集中。如果磁通量集中器应用在感应器领域，它可以为磁力线提供低磁阻力路线，减少磁丢失，集中磁场中想要的磁力线。虽然磁力线看不见，但是数值仿真技术可以帮助我们“看见”导磁体对磁场分布和磁力线形状的改变，如图 7-41 所示。

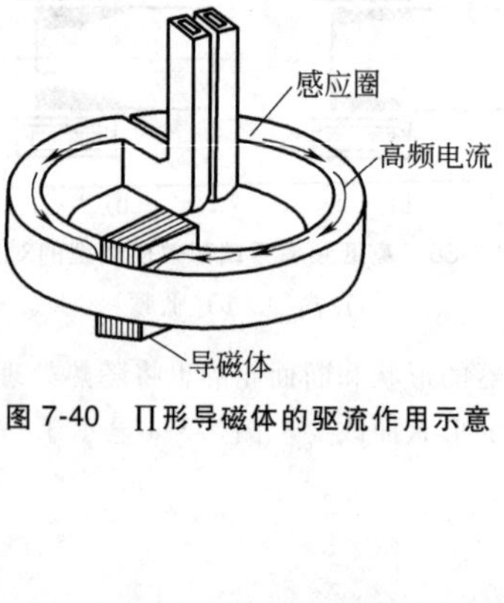

图 7-40 ∏形导磁体的驱流作用示意

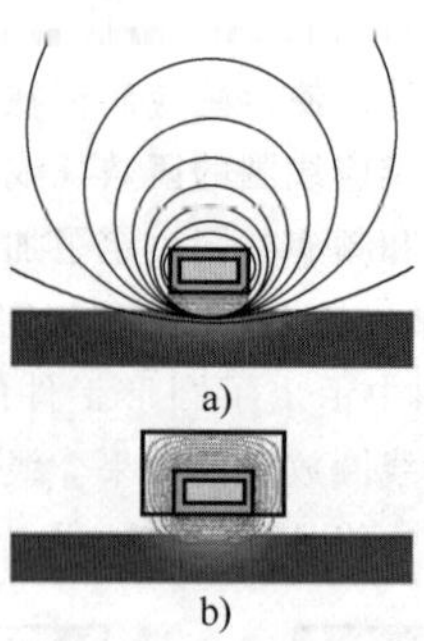

图 7-41 施加导磁体时磁力线的聚集

a）不加导磁体 b）∏型导磁体

感应器导体上装∏形导磁体，电流通过导体时，被驱向感抗小的开口侧的导体表面，这一现象称为导磁体的驱流作用。利用这一原理，在平面和内孔感应器上加装导磁体，能大大提高感应器效率。

导磁材料的选择取决于多种因素。值越高越好的因素包括相对磁导率、电阻率、导热率、居里点、磁饱和密度和可塑性；值越低越好的因素，包括磁滞和感应电流损失。其他需要考虑的因素包括可冷却与可承受高温的能力、抵抗淬火冷却介质化学侵蚀的能力、可加工型与易成型性、易于安装和拆除性，以及成本。这取决于热处理系统中导磁体聚集器的材质、频率、功率密度和几何形状。

在感应热处理中用于磁力线集中器的最常见导磁体材料类型有硅钢片、电解精炼铁基材料、铁基材料、纯铁氧体和铁氧体基材料、软质可成型材料。

硅钢片应用在热处理中是源于电机和变压器工业。硅钢片是有晶粒取向的磁合金，它分为镍铁合金和冷轧或热轧硅铁合金两种。硅钢片一般为 0.06～0.8mm 厚。薄的硅钢片用于较高频率。厚度超过 0.3mm 的硅钢片一般用于低于 3kHz 的频率；成沓的硅钢片可有效地在工频到 15kHz 范围内使用。当然，硅钢也有成功应用于高频（100kHz 以上）的应用。

硅钢片彼此片间必须要进行电气绝缘，并且要在适当的频率使用。硅钢片的绝缘采用无机物或有机物进行涂层处理。各片硅钢片的厚度应尽可能薄，以使心部的涡流保持在最低水平。与常用的其他磁通聚集材料相比，硅钢片的相对磁导率和磁饱和强度最高，这是它最为突出的优点。使用硅钢片也会发生一些问题。硅钢片对腐蚀性环境特别敏感，如淬火冷却介质会引起锈蚀与特性衰变。硅钢片的特性衰变是由矫顽力和磁滞损耗的升高引起的。如果硅钢片没有牢固压紧，那么它可能会震动，从而引起机械性损坏、噪声，以及随后的感应热处理或者生产性故障。对硅钢片的棱角必须特别注意。因为电磁端部效应使它们易于过热。

采用硅钢片的最主要优点之一是价格相对低廉，并且较其他材料能承受更高温度。硅钢片叠片还能用于感应器支撑并同时保持与它的相互绝缘。另外一个优点就是硅钢片具有极高的磁导率和很高的饱和磁通密度（1.4~1.9T）。没有哪个磁聚集器具有这样高的饱和磁通密度，包括任何形式的磁-电介质及铁氧体材料。这意味着在一些热处理应用中硅钢片在强磁场中能保持更好的磁性。图 7-42 所示为不同频率推荐使用的硅钢片规格。

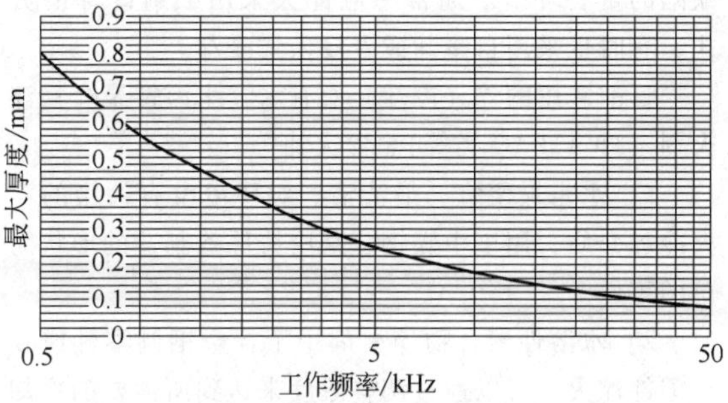

图 7-42　不同频率推荐使用的硅钢片规格

电解精炼铁基材料和羰基铁基材料应用始于 20 世纪 80 年代到 90 年代，这些产品（200~400kHz）在热处理中的高频应用较少。其他材料包括铁氧体或者铁氧体基的材料可用到 50kHz 以上的高频。

铁氧体是密质陶瓷结构，由氧化铁（FeO）和一种或多种金属例如镍、锌、镁的氧化物或者碳酸盐混合制造而成。它们被压实，在一个炉里用高温烧结，然后加工成适于感应器的形状。在相对弱的磁场中铁氧体具有很高的磁导率（μ_r = 2000 以上）。铁氧体相当易碎，这是它的主要缺点，其他缺点还有低的饱和磁密度（一般为 0.3~0.4T），低的居里点温度（约为 220℃）、不易机械加工以及不能承受冲击热。

近年来还开发出了可任意成型的糊状导磁体，也主要应用在高频场合。

需要说明的是在具体应用中，既可只用一种导磁体材料，也可用几种导磁体材料配合作用。导磁体具有以下优点。

1）驱流作用：改变电流路径（图 7-43a），典型应用如内孔加热感应器。

2）磁力线聚集作用：提高了加热效率，降低了对电源的功率需求。

3）屏蔽作用：避免不需要的区域被磁场加热（图 7-43b）。也减少电磁场辐射对人体的危害。

导磁体具有以下缺点。

1）增加感应器的制造成本。

2）导磁体的性能受环境冷热作用改变，工作中脱落会造成热处理质量波动。

因此，在感应热处理过程中能不用导磁体尽量不用。

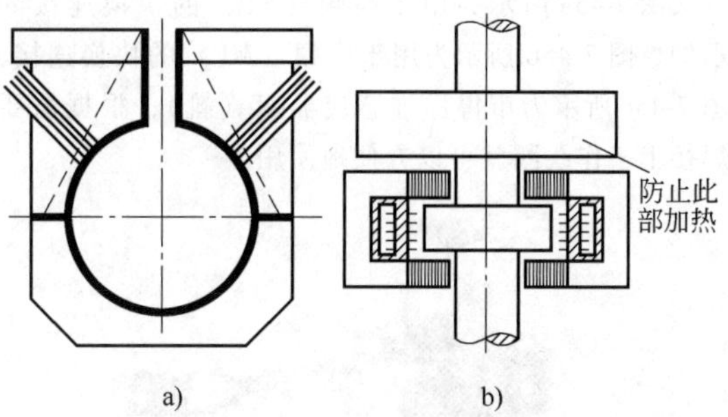

图 7-43　导磁体的应用举例

a）改变电流方向　b）磁屏蔽

注：图 a 虚线为不加导磁体时电流走捷径，导磁体用于强迫电流走所要求的途径；图 b 导磁体用于防止有效圈邻近部位受热。

（2）汇流排与连接座　为减小汇流排的感抗和电阻，应尽量减小其长度和间距。汇流排的间距一般为 1~3mm。高频感应器的汇流排与连接座可做成一体，中频感应器汇流排和连接座可做成一体也可做成拆卸式的。

为减少加热深孔时的能量损失和提高加热速度，最好采用同心式汇流排（见图 7-44）。

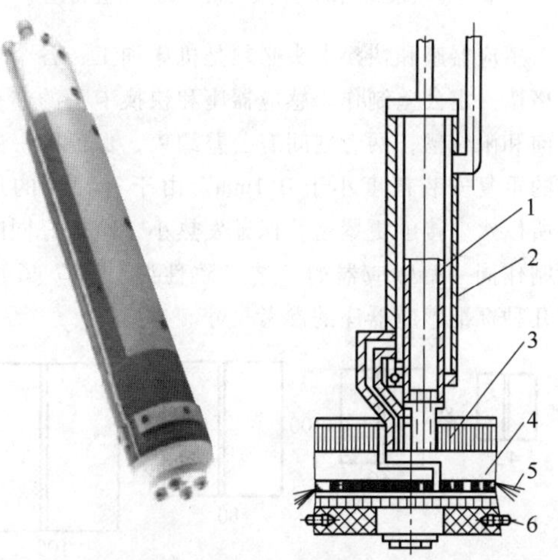

图 7-44　双管同心式汇流排内孔连续淬火感应器结构与实物

1—内导电管（汇流条）　2—外导电管（汇流条）

3—导磁体　4—感应圈　5—淬火冷却水　6—黄铜挡销

（3）感应器座和快换卡座　所有线圈必须连接到变频电源的输出端，通常是通过变压器或铜汇流排连接。对于感应热处理，由于工件品种繁多，感应线圈需要频繁更换。以往采用螺栓孔直接连接（例如利用变压器输出端规孔），安装重复精度得不到保证；当更换感应器时，需要重复工艺调试和引起淬火质量波动。现在普遍统一采用感应器座（靴）和快换卡座。

图 7-45a 所示为用于高频（RF）的快换连接的示例，图 7-45b 所示为用于中频（MF）的快换连接，图 7-45c 所示为市售标准感应器座（靴），根据需要焊接上工作线圈就可以方便地使用。

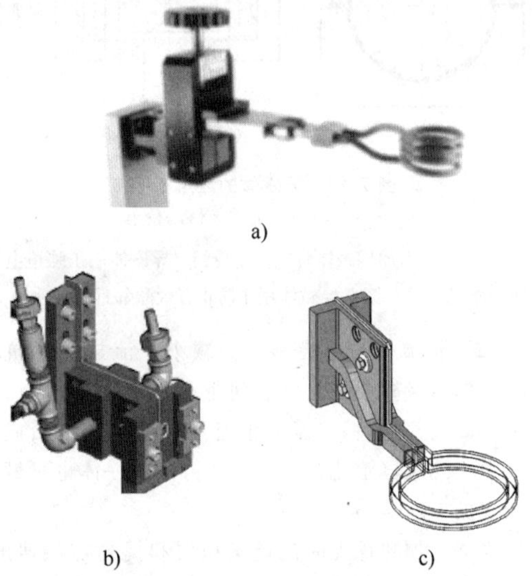

图 7-45　高频快换、中频快换和感应器座

a）高频快换　b）中频快换　c）感应器座

感应器座和快换卡头必须是机床加工，各个尺寸严格按一定公差制作。感应器座和快换卡头的连接有导向和限位槽，两者之间有公差约束，保证同一感应器的重复安装精度小于 0.1mm。由于有额外的压紧块所以水电接触更紧密，保证发热小、冷却好同时分批制作同一型感应器的工艺一致性好。图 7-46 所示为几种标准感应器座的参考尺寸。

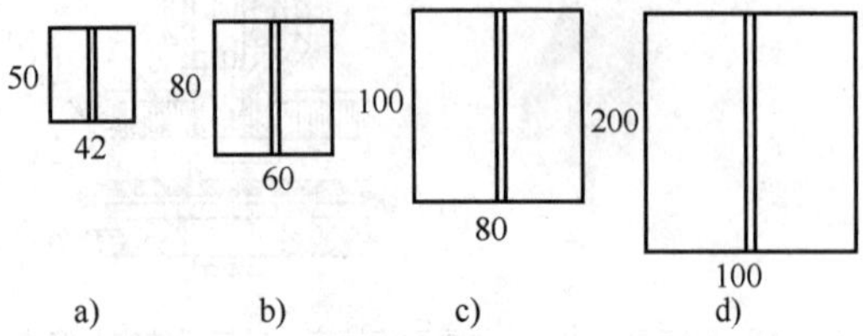

图 7-46　几种标准感应器座的参考尺寸

a）高频 100kW 以下　b）中频 100kW 以下

c）中频 200kW 以下　d）中频 400kW 以下

6. 淬火冷却介质和喷液淬火器

感应加热后的淬火冷却及冷却介质应根据材料、工件形状和大小，以及采用的加热方式和淬硬层深度等因素综合考虑确定。

少数情况下，特别是高频局部淬火可以利用工件基体的吸热自淬火，也就是不需要额外的冷却。多数情况下，钢件的感应淬火需要淬火冷却介质辅助冷却。高淬透性钢的感应淬火有时可以用压缩空气冷却，但是普通淬透性钢或低淬透性钢的感应淬火必须采用淬火液。并通过淬火器控制对加热工件进行淬火。

淬火冷却介质是用于工件淬火冷却所使用的介质。选择合适的淬火冷却介质和冷却参数是避免淬火缺陷的重要环节。通常感应淬火采用喷射冷却的方式，有时也采用自冷却或者浸入式冷却。

目前常用的淬火冷却介质有水、水溶性聚合物淬火剂（PVA\PAG 类等）、淬火油等。

1）水是最便宜、最清洁、对环境没有污染的淬火冷却介质，用于中碳钢、某些铸件等制造的形状简单的零件。

2）水溶性聚合物淬火剂用于合金钢制零件或复杂零件淬火，可以通过调整浓度来达到所需要的冷却速度。

3）淬火油多用于浸入式淬火。

喷水压力与冷却速度的关系如图 7-47 所示。水温对其冷却能力有显著影响，随着水温升高，冷却能力大大降低，50℃的水喷射冷却能力接近静态水的冷却能力。

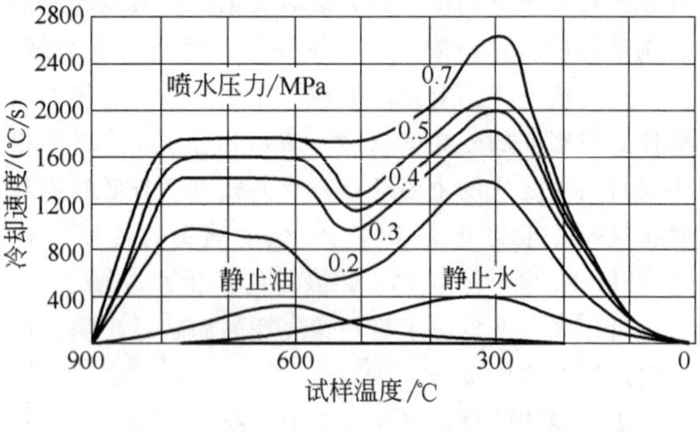

图 7-47　喷水压力与冷却速度的关系

对于水溶性聚合物淬火冷却介质，除了温度和喷射压力外，溶质的浓度也对冷却速度有显著影响（见图 7-48）。

目前应用于感应淬火的淬火油已比较少见，基本仅在油烟污染环境中使用。水溶性聚合物淬火冷却介质的冷却速度可以通过调节浓度来达到同淬火油一样的冷却特性，因而普遍替代了淬火油，对比见表 7-10。

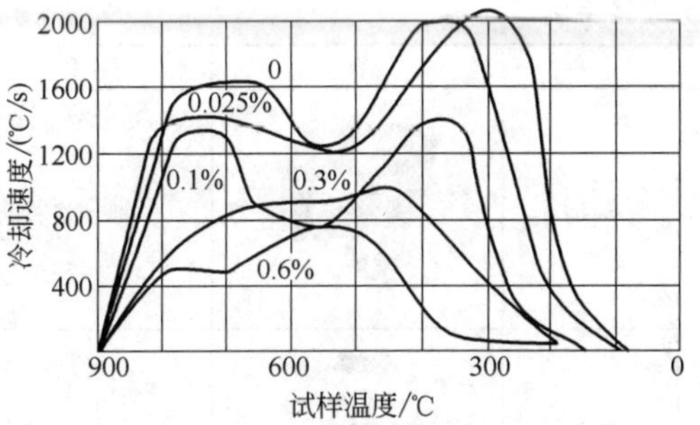

图 7-48　淬火冷却介质的温度、浓度对冷却速度的影响

表 7-10　水溶性聚合物与水、油冷却能力比较

淬火冷却介质		冷却速度/(℃/s)
清水		2.0
快冷油		8~10
中速油		10~15
慢冷油		>15
水溶性聚合物（体积分数）	4%	2.5
	10%	3.2
	14%	5.2
	18%	12.8
	20%	32.6
	24%	37

水溶性聚合物淬火剂的主要特点是具有逆溶性。当工件表面温度高于介质的逆溶点时，聚合物从溶液中析出，沉附在工件表面，从而减缓了工件的冷却速度。同时溶质的带出，降低了淬火液的浓度，改变了淬火特性，因此应用中要对其进行监控。

逆溶性是指，在常温下完全溶于水，可以制成不同浓度的水溶液，当液温高于逆溶点（对于水溶性聚合物来说为 50℃左右）时，溶质从水中析出，低于这一温度又重新溶解于水，这种性能称为逆溶性，该温度称为逆溶点。

水溶性聚合物的应用可显著降低变形量，解决裂纹问题。目前市售的水溶性聚合物类淬火液品牌众多，在应用时应严密监视淬火液浓度、流量、温度、喷射压力等参数，唯有如此，才能稳定淬火质量。

感应喷液淬火器有两种形式，即利用有效圈本体兼作喷液淬火器和附加喷液淬火器。采用附加喷液淬火器比较普遍。淬火器的形式既可以是环形，也可以是平面型，取决于加热类型和具体应用（见图 7-49），核心作用是将奥氏体化的钢以一定冷却速度冷却到马氏体转变点以下。

设计喷液器时，应注意以下几点：

1）每平方厘米淬火表面应有 3~4 个喷水孔，一般应成棋盘式交叉布置，钻孔直径常用 1.5~2.5mm，钻孔中心线应与受冷表面相垂直（同时淬火）或成一定角度（扫描淬火，30°~45°）（见图 7-50）。

2）喷液淬火器进水管面积之和一般应大于或等于所有喷水孔面积之和，这样才能保证一定的喷水压力。

3）喷水器进水管进入水腔，要使所有喷水孔同时均匀地喷出水柱，使零件各部分能均匀地得到冷却。

4）扫描淬火时，无论采用感应器喷水还是辅助喷水圈喷水，均要保证：喷水不应反溅到正在加热的表面上；加热表面预冷时间不要太长，一般不大于 1s（即零件加热终止到喷水开始这一段时间），否则零件表面不易淬硬。

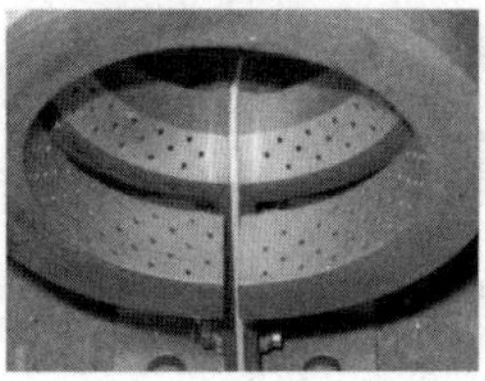
a)

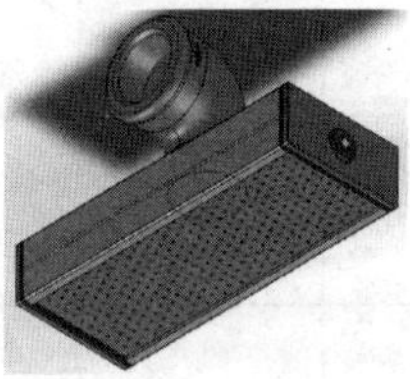
b)

图 7-49　喷液淬火器的实例

a）环形　b）平面型

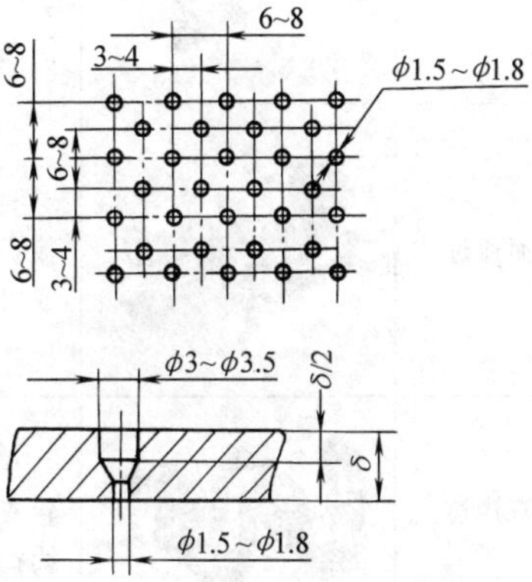

图 7-50　高中频感应器喷水孔的尺寸及排列方式

不同加热状况或不同钢材感应淬火时，需要不同的冷却速度。对喷液淬火器来讲，可选用不同的喷淋密度，喷液总流量等于一次加热面积的总和与喷淋密度的乘积。一般来说，对于常规感应表面淬火，淬火液流量密度可选 0.01~0.015L/(cm^2·s)；对于透热感应表面淬火，淬火液流量密度可选 0.04~0.05 L/(cm^2·s)；对于低淬透性钢感应表面淬火，淬火液流量密度可选 0.05~0.1L/(cm^2·s)。

7. 各种类型感应器举例

各种类型感应器举例见表 7-11。

表 7-11　各种类型感应器举例

类型	名称	示例	用途
连续扫描式	单匝环形		高中频轴类扫描淬火
	双匝环形		一次或扫描淬火
	环形带集成淬火器		高中频轴类扫描淬火
连续通过式	环形通过式		环形输送机构连续上料局部淬火或回火
	平面通过式		直线送料平板类工件淬火或回火
	双沟道		单双沟道回转支承沟道连续扫描淬火
	单齿沿齿廓		大模数齿轮单齿沿齿廓淬火
一发法	鞍形	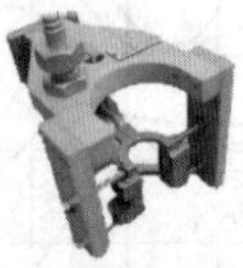	半轴一次淬火
	跨轴		曲轴回转淬火
	纵向磁场	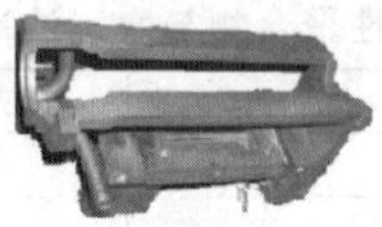	传动轴一次淬火
	台阶轴		台阶轴一次淬火
其他	内孔		内孔一次或扫描淬火
	双联环形		两件同时扫描淬火
	仿形		凸轮或异形件一次淬火
	多匝		一次或扫描淬火回火

7.1.4　感应淬火工艺参数

典型的感应淬火工艺：加热零件表面或需要的局部到奥氏体化温度，并保持充足时间（如果需要）以便奥氏体化完成，然后迅速冷却到马氏体形成温度（*Ms*）之下，以获得表面硬度、淬硬层深度进而获得所需要的力学性能。

表面硬度、淬硬层深度以及心部要求决定了所用钢的等级。淬火钢能够取得的硬度随钢中碳含量增加而增大。这在碳含量（质量分数）达 0.65%～0.7%之前都符合的很好，而随后随含碳量增加，增大的程度很低。无论是哪种碳含量的材料，感应淬火得到的硬度比传统淬火稍高，这种现象有时称作超硬现象。

影响硬度和表面深度的主要因素是温度分布、材料的原始组织、化学成分、淬火条件及钢的淬透性。在表面感应淬火过程中，温度分布可通过频率选择、功率密度、加热时间及线圈形状来控制。

1. 感应淬火的钢种和能取得的硬度和深度

表 7-7 列举了感应淬火常用的钢种；表 7-8 列举了我国常用感应淬火钢（以及相近对应的国外牌号钢）淬火所能达到的有效硬化层深度及其用途。需要说明的是上述数据是在恰当工艺参数下取得的，供参考。

表 7-12 列出不同有效硬化层深度及其用途。

表 7-12　不同有效硬化层深度及其用途

硬化层深度/mm	用　途
0.4~1.0	直径 14mm 以下小轴、模数小于 1.5 的花键、内花键、轿车转向齿条及其他细小的轿车零件，主要用于提高零件的耐磨性
1.0~3.0	直径为 15~30mm 的小轴、销子、变速叉、凸缘等零件，主要用于提高零件的耐磨性能
2.0~4.0	中型车的曲轴、转向球头销、轻型车转向节、轿车输出突缘及杆部直径为 20~30mm 的微型车半轴等，主要用于要求耐磨性或疲劳强度的零件
3.0~6.0	重型车的曲轴(圆角淬火)、中型车转向节及杆部直径<40mm 轻型车半轴等零件，主要用于对疲劳强度要求较高的零件
5.0~7.0	杆部直径<52mm 的中型车半轴、差速器壳等，用于疲劳强度要求高的零件
7.0~10.0	杆部直径为 52~58mm 的重型车半轴、贯通等轴，用于疲劳强度要求很高的零件
10.0~12.0	杆部直径为 58mm 以上重型车半轴等，用于疲劳强度要求极高的零件

注：对于形状复杂零件来说，由于感应淬火的工艺特点而造成淬火硬化层不能完全仿形。因此，形状复杂的零件除总体上选用表中某一硬化层等级外，在个别部位允许给出范围以外的淬硬层深度，例如发动机凸轮轴、阶梯轴结构的小客车差速器突缘等零件。

表 7-12 是根据用途推荐的硬化层深度。实际生产中，热处理工作者一般是依据图样要求的硬化层深度，选取合适的设备，开发合适的频率、功率、淬火方式等来满足图样要求。

感应淬火工件的硬化层深度和分布需求取决于其应用的工况。在零件图样上，或以平行于轮廓线以点画线的形式图示淬火区域，或以虚线形式在剖面线上勾勒出硬化层的分布形态，再辅以尺寸线标示出硬化层的范围。如图 7-51 所示。

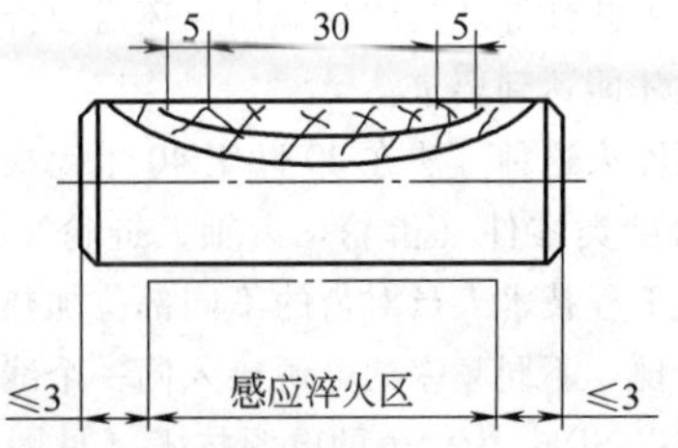

图 7-51　工件硬化层深度分布的标识示例

2. 表面感应淬火的频率选择

前面提到，电流透入深度最好是表面感应淬火硬化层深度 DS 的 1.5~2 倍，这样效率最高。

针对钢的特性，对淬火温度大约在 800~900℃ 的钢表面淬火，上述关系可以简化为

$$\left(\frac{3.85}{DS}\right)^2 < F < \left(\frac{16}{DS}\right)^2$$

式中　F——电流频率。

表 7-13 给出了不同淬火硬化层深度（DS）推荐的电流频率。

表 7-13　不同淬火硬化层深度推荐的电流频率

硬化层 DS/mm	1	1.5	2	3	4	5	6	8
最高频率/kHz	250	110	62.5	27	15.6	10	7	3.9
最佳频率/kHz	60	27	15	6.7	3.8	2.4	1.7	1
最低频率/kHz	15	6.7	3.76	1.7	0.94	0.6	0.42	0.23

实际应用中，也可以按照表 7-14 根据淬火硬化层深度和工件直径选择频率。

表 7-14　根据淬火硬化层深度和工件直径选择频率

淬火硬化层深度/mm	工件直径/mm	1000Hz	3000Hz	10000Hz	20~600kHz	≥200kHz
0.4~1.3	6~25				好	好
1.3~2.5	11~16			中	好	好
	16~25			好	好	好
	25~30		中	好	中	中
	>50	中	好	好	差	差
2.5~5.0	25~50		好	好	差	差
	50~100	好	好	中		
	>100	好	中	差		

如果最适宜的频率不能达到，可以通过调节过程参数来得到适宜的表面深度。如果频率低于最适宜频率，增大功率以及缩短加热时间就可能得到合适的表面深度；如果频率高于适宜频率，降低功率以及延长加热时间就可能得到合适的表面深度。

需要注意的是，上述使用经验法则来决定过程参数的最佳搭配很容易被误导。因为需要感应淬火的工件各自状况不同，比如材料等级、预处理组织、几何

形状以及工艺性等。具体到应用，还需要经过实际测试和验证才能达到要求。

双频淬火这种方法在 20 世纪 40 年代提出，用于低畸变的齿类零件（齿轮，齿轴，链轮）的感应淬火。以往工程技术人员对齿的不同部位加热用单一频率很难实现。不同频率的电源接入同一个线圈也很困难。现在以 SDF® 为代表的电源技术（见图 7-51）可以用一个淬火线圈同时接入两个电源的频率，实现“轮廓淬火”。不同的加热层深度依赖于施加的频率，这样在工件表面实现期望的“轮廓”硬化层。

双频淬火可以通过特殊的逆变电源产生两种不同的频率来实现。两种频率的存在可以提高齿轮淬火系统的性能。低频率可以对齿的根部进行奥氏体化，高频率可以对齿的顶部进行奥氏体化，得到齿轮的沿齿廓的热形。

采用两个频率的电源同时施加在同一个感应圈上的技术称作异步双频技术（见图 7-52）。近年来又开发出了一个电源同时输出高频和低频的产品，其高频脉冲叠加在低频振荡波形上（见图 7-53），被称作同步双频技术。

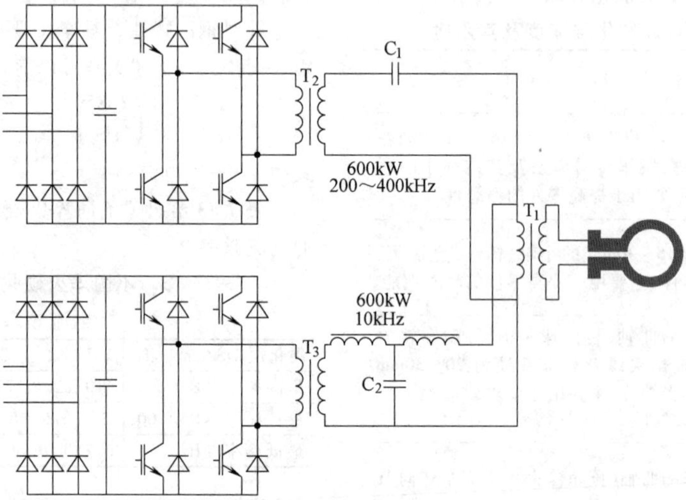

图 7-52　双频电源 SDF® 原理

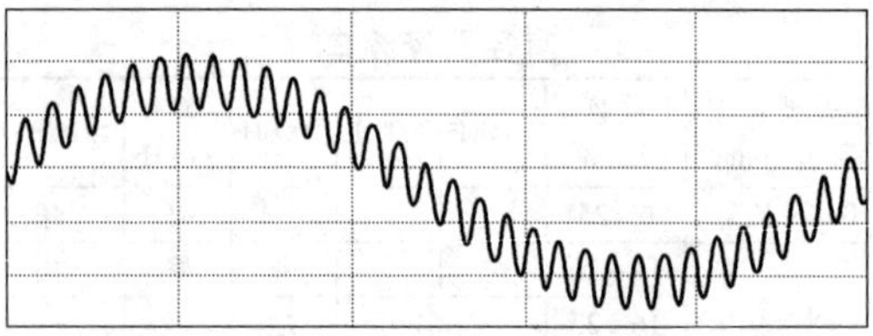

图 7-53　同步双频技术感应线圈上的电流波形

实际上这种工艺限制在两个频率的配合，而且这两个频率之间的比率处于 10～40 范围内。更多频率产生三个以上硬化层深在工程中没有体现出任何优点，因此一般常把轮廓淬火等同于双频淬火。

要实现沿表层的轮廓淬火，就是要减少热量由表层向心部传导，这就要求加热时间尽可能地短，通常在 100～500ms 范围内。因此，工件被施加的功率密度非常大，需要电源的功率就很大。受制于电源的能力和性价比的限制，目前的双频感应淬火仅应用在直径小于 250mm 的小型零件上。对于齿轮来说，一般用于模数在 1～3 范围的工件（见图 7-54）。

图 7-54　双频轮廓淬火齿轮

3. 功率和时间的确定

具有复杂形状的零件要获得所需的硬度分布存在一些挑战，正确选择工艺参数，包括功率、功率密度、时间设置、扫描速度、喷淋淬火的细节，对于确保达到所需的表面淬火条件和硬度的分布是至关重要的。

硬化层形状与温度分布相关，而且可以通过选择频率、时间、功率和工件/线圈几何形状来控制。多年来行业上已经积累了无数“经验法则”来快速估计感应加热近似参数。各种法则主要侧重于圆柱钢件的淬火，然而许多的“经验法则”是非常主观的，仅限于特定的工艺条件。最广泛的应用包括功率密度法等。

更接近的快速粗略估算功率、时间等工艺参数的方法是基于引起内部变化的材料的比热容、质量、加热速度等。钢经感应加热达到一定层深范围内奥氏体化然后淬火，其能量来源于感应加热热源，同时还要抵消因为热传导、热辐射等造成的热散失，称为能量估算法。

工艺参数计算最准确的方法就是使用数值模拟，包括有限元分析、有限差分（FDM）、边缘元素方法（EEM）边界元方法（BEM）等。借助于现代计算机工具，已经有商业计算软件能预测淬火结果，并反馈更新工艺参数进行工艺优化。

（1）功率密度和加热时间　硬化层深度是频率、功率密度以及加热持续时间的函数。对于一发法淬火，表 7-15 可以用来近似确定频率和功率密度。

表 7-15　碳钢要得到不同的硬化层深度所需要的频率和功率密度

电流频率 F /kHz	DS/mm	低功率密度/ (kW/cm²)	高功率密度/ (kW/cm²)
450	0.38~1.14	1.1	1.86
	1.14~2.29	0.46	1.24
10	1.52~2.29	1.24	2.32
	2.29~4.06	0.77	2
3	2.29~3.05	1.55	2.6
	3.05~5.08	0.77	2.17
1	5.08~7.11	0.77	1.86
	7.11~8.89	0.77	1.86
200~450（齿轮包络淬火）	0.38~1.14	2.32	3.87

过高的功率密度可导致感应器的寿命缩短。在这种情况下，感应器的适当冷却就显得很关键。

很多情况下，可以通过功率密度和频率的组合来得到想要的结果。事实上，当需要一个薄层硬化时，可以通过降低推荐的频率，采用高功率密度和短时加热来达到；反过来，如果想要用一套高频装置达到一个深的硬化层，可以采用低的功率密度和长的加热时间达到。根据淬硬层深度选择功率密度和加热时间图 7-55 所示，图中显示选择不同频率、功率密度和加热时间可以得到相同的硬化层深。但是，除非所能使用的设备类型受限，一般还是选择加热时间最短的方式得到的效果最佳。

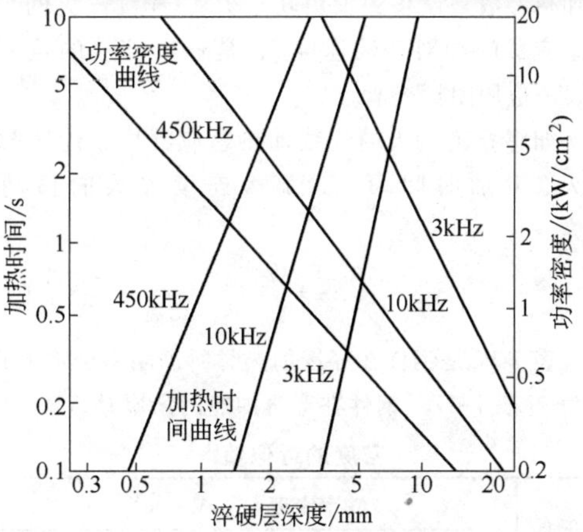

图 7-55　根据淬硬层深度选择功率密度和加热时间

通常，用于透热淬火的功率密度要低于表面淬火的。表 7-16 所列为直径为 12~50mm 中碳钢棒透热淬火需要的频率和功率密度。

表 7-16　直径为 12~50mm 中碳钢棒透热淬火需要的频率和功率密度

F/kHz	功率密度/(W/cm²)
1	185
3	93
10	78
30	62

功率密度（也称比功率）ρ 的定义为感应功率 P_L 与其同时加热面积 S_L 的比值：

$$\rho = P_L / S_L$$

上述关系针对同时加热方式，此时加热面积一般近似于感应器覆盖面积，感应功率近似于电源输出功率除以系统效率。同时淬火的加热时间一般用图表法确定。

同时淬火法的加热参数主要是设备的输出功率 P_E，和加热时间 t_h。

功率密度确定以后，感应加热设备的额定功率为

$$P_E = \frac{S\rho}{\eta_1 \eta_2}$$

式中　S——一次淬火加热的面积，被感应器包容或接近的零件面积（cm^2）；

ρ——功率密度（W/cm^2）；

η_1——淬火变压器效率，一般为 0.7~ 0.8；

η_2——感应器耦合效率，一般为 0.4~0.85，取决于感应器设计。

针对具体应用，若现实设备功率大于所需电源功率，则可以采用同时淬火工艺淬火。反之，就必须改

变工艺方式，比如采用扫描淬火方式。连续淬火法主要加热参数是设备的输出功率 P_E，连续淬火的工件与感应器的相对运动速度 v，是连续淬火的重要参数，一般用图标查取。

如将宽度为 h 的连续加热感应器用于连续扫描淬火，其加时间为 t_h，那么连续淬火的移动速度为

$$v=\frac{h}{t_h} \tag{7-3}$$

表 7-17 是钢件在穿透加热时所需功率密度的近似值，采用高频设备进行齿轮全齿同时加热淬火时，如要在齿顶不过热的前提下获得一定的淬硬层，则齿轮模数越大，所用在功率密度越小（见表 7-18）。

表 7-17　钢件在穿透加热时所需功率密度的近似值①

频率②/Hz	功率密度③/(kW/cm²)				
	150~425℃	425~760℃	760~980℃	980~1095℃	1095~1205℃
60	0.009	0.023	④	④	④
180	0.008	0.022	④	④	④
1000	0.006	0.019	0.078	0.155	0.217
3000	0.005	0.016	0.062	0.085	0.109
10000	0.003	0.012	0.047	0.070	0.085

① 为了淬火、回火或锻造操作。
② 使用合适频率及设备正常的总工作效率。
③ 一般情况下，这些功率密度是对 12~50mm 的截面尺寸而言的。尺寸较小的截面可使用较高的输入，尺寸较大的工件可能需要较低的功率输入。
④ 不推荐使用。

表 7-18　齿轮全齿同时加热时的功率密度
（频率为 200~300kHz）

模数 m/mm	1~2	2.5~3.5	3.75~4	5~6
功率密度/(kW/cm²)	2~4	1~2	0.5~1	0.3~0.6

对照表 7-19 可根据淬硬层深度选择加热时间与功率密度，图 7-56 所示是一次加热淬火时淬硬层深度、最高加热温度、加热时间、功率密度之间的关系曲线，图 7-57 示出了连续加热淬火时淬硬层深度、最高加热温度、感应器移动速度、功率密度之间的关系曲线。

（2）能量估算法　功率密度法提供了一种简便的、依据加热面积估算功率的方法，而事实上感应加热层深度不同，加热机理发生了变化。首先趋肤效应让最表层率先将温度升高到居里点温度，这时由于这部分钢的磁导率大幅下降因而加热效率也随之大幅下降，升温速度变慢；相反，次表层由于仍是高磁导率层因而加热效率和加热速度仍保持高水平，这时出现次表层的感应电流大于表层也就是温度高于表层的现象，也称作磁波现象，这种现象在 20 世纪 60 年代已被发现。相比之下，依据加热面积计算的功率密度法估算工艺参数就比较粗略了。

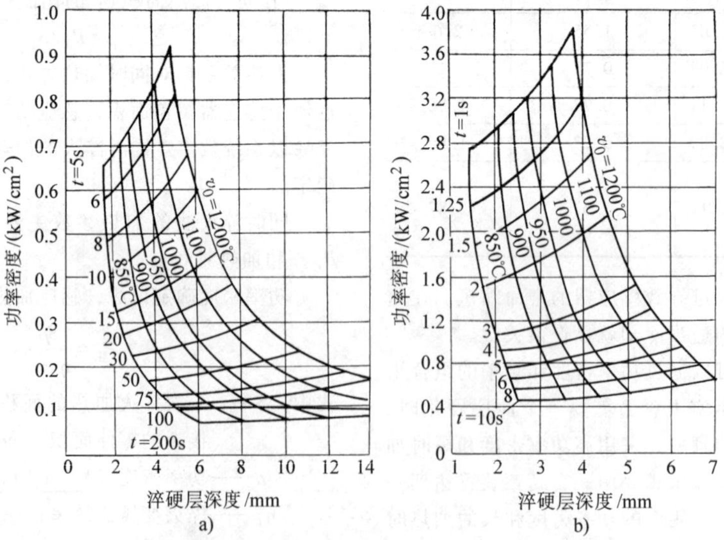

图 7-56　一次加热淬火时淬硬层深度、最高加热温度、加热时间功率密度之间的关系曲线

a）电源频率 f=10kHz　b）电源频率 f=4kHz

表 7-19　根据淬硬层深度选择加热时间与功率密度

项目	淬硬层深度/mm	加热时间/s	功率密度/(kW/cm²)	淬硬层深度/mm	加热时间/s	功率密度/(kW/cm²)	淬硬层深度/mm	加热时间/s	功率密度/(kW/cm²)	淬硬层深度/mm	加热时间/s	功率密度/(kW/cm²)	淬硬层深度/mm	加热时间/s	功率密度/(kW/cm²)	淬硬层深度/mm	加热时间/s	功率密度/(kW/cm²)
直径/mm	f=2.5kHz,圆柱外表面加热																	
20	2	0.8	2.65	3	1.5	1.5	4	2	1.18	5			6			7		
30	2	1	2.62	3	2	1.35	4	3.1	1.0	5	5.5	0.65	6			7		
40	2	1	2.6	3	2.3	1.28	4	4	0.88	5	7.1	0.58	6	10	0.45	7	13.3	0.38
50	2	1	2.6	3	2.7	1.24	4	4.8	0.81	5	8.5	0.54	6	13	0.41	7	17.8	0.34
60	2	1	2.6	3	3.0	1.21	4	5.2	0.79	5	9.5	0.51	6	15	0.39	7	20.5	0.31
70	2	1	2.6	3	3.2	1.2	4	5.6	0.78	5	10.1	0.5	6	16.1	0.38	7	22.8	0.3
80	2	1	2.6	3	3.1	1.2	4	5.7	0.76	5	10.8	0.49	6	17.2	0.37	7	25	0.29
90	2	1	2.6	3	3.1	1.2	4	6	0.75	5	11.3	0.49	6	18	0.30	7	26.2	0.28
100	2	1	2.6	3	3.1	1.2	4	6	0.75	5	11.7	0.49	6	18.7	0.35	7	27.8	0.28
110	2	1	2.6	3	3.1	1.2	4	6	0.75	5	11.9	0.49	6	19.2	0.35	7	28.5	0.28
厚度/mm	f=2.5kHz,平面零件单面加热																	
10	2	0.7	3.7	3	3	1.8	4	5.9	1.0	5	8.8	0.8	6	11	0.66			
15	2	0.7	3.55	3	3.6	1.62	4	7.9	0.88	5	11.9	0.68	6	16.5	0.54			
20	2	0.7	3.52	3	4.0	1.54	4	8.7	0.78	5	14.2	0.6	6	22	0.46	7	29	0.4
25	2	0.7	3.52	3	4.0	1.54	4	8.7	0.78	5	16.5	0.52	6	27.5	0.4	7	38	0.38
30	2	0.7	3.52	3	4.0	1.54	4	8.7	0.78	5	17.5	0.52	6	29.8	0.4	7	41.5	0.35
35	2	0.7	3.52	3	4.0	1.54	4	8.7	0.78	5	18	0.52	6	30.7	0.4	7	42.7	0.35
40	2	0.7	3.52	3	4.0	1.54	4	8.7	0.78	5	18	0.52	6	31	0.4	7	43.5	0.35
45	2	0.7	3.52	3	4.0	1.54	4	8.7	0.78	5	18	0.52	6	31	0.4	7	44	0.35
50	2	0.7	3.52	3	4.0	1.54	4	8.7	0.78	5	18	0.52	6	31	0.4	7	44.2	0.35
直径/mm	f=4kHz,圆柱外表面加热																	
20	21	1.0	2.20	3	1.88	1.25	4	2.5	0.98	5			6			7		
30	2	1.25	2.17	3	2.50	1.12	4	3.88	0.83	5	6.88	0.54	6			7		
40	2	1.25	2.17	3	2.88	1.06	4	5.00	0.73	5	8.88	0.48	6	12.5	0.37	7	16.63	0.32
50	2	1.25	2.17	3	3.38	1.03	4	6.00	0.67	5	10.63	0.45	6	16.25	0.33	7	22.25	0.28

（续）

项目	淬硬层深度/mm	加热时间/s	功率密度/(kW/cm^2)	淬硬层深度/mm	加热时间/s	功率密度/(kW/cm^2)	淬硬层深度/mm	加热时间/s	功率密度/(kW/cm^2)	淬硬层深度/mm	加热时间/s	功率密度/(kW/cm^2)	淬硬层深度/mm	加热时间/s	功率密度/(kW/cm^2)	淬硬层深度/mm	加热时间/s	功率密度/(kW/cm^2)
直径/mm	f=4kHz，圆柱外表面加热																	
60	2	1.25	2.17	3	3.75	1.00	4	6.50	0.66	5	11.88	0.42	6	18.75	0.32	7	25.63	0.26
70	2	1.25	2.17	3	3.75	1.00	4	7.00	0.65	5	12.63	0.41	6	20.13	0.32	7	28.5	0.25
80	2	1.25	2.17	3	3.88	1.00	4	7.13	0.63	5	13.50	0.40	6	21.5	0.31	7	31.25	0.24
90	2	1.25	2.17	3	3.88	1.00	4	7.50	0.62	5	14.13	0.40	6	27.0	0.30	7	32.75	0.23
100	2	1.25	2.17	3	3.88	1.00	4	7.50	0.62	5	14.63	0.40	6	23.38	0.30	7	34.75	0.23
110	2	1.25	2.17	3	3.88	1.00	4	7.50	0.62	5	14.88	0.40	6	24.01	0.30	7	35.63	0.23
厚度/mm	f=4kHz，平面零件单面加热																	
10	2	0.88	3.10	3	3.75	1.49	4	7.38	0.83	5	11	0.66	6	13.75	0.55	7		
15	2	0.88	2.95	3	4.50	1.34	4	9.88	0.73	5	14.88	0.56	6	20.63	0.45	7		
20	2	0.88	2.92	3	5.00	1.28	4	10.88	0.65	5	17.75	0.50	6	27.50	0.38	7	36.25	0.33
25	2	0.88	2.92	3	5.00	1.28	4	10.88	0.65	5	20.63	0.43	6	34.38	0.33	7	47.5	0.32
30	2	0.88	2.92	3	5.00	1.28	4	10.88	0.65	5	21.88	0.43	6	37.25	0.33	7	51.88	0.29
35	2	0.88	2.92	3	5.00	1.28	4	10.88	0.65	5	22.50	0.43	6	38.75	0.33	7	53.38	0.29
40	2	0.88	2.92	3	5.00	1.28	4	10.88	0.65	5	22.50	0.43	6	38.75	0.33	7	54.38	0.28
45	2	0.88	2.92	3	5.00	1.28	4	10.88	0.65	5	22.50	0.43	6	38.75	0.33	7	55.0	0.29
50	2	0.88	2.92	3	5.00	1.28	4	10.88	0.65	5	22.50	0.43	6	38.75	0.33	7	55.25	0.29
直径/mm	f=8kHz，圆柱外表面加热																	
20	2	1.2	1.7	3	3	0.83	4	4.5	0.58	5			6			7		
30	2	1.5	1.58	3	3.8	0.78	4	7.0	0.51	5	10	0.38	6	14	0.3	7	18	0.25
40	2	1.8	1.52	3	4.1	0.74	4	8.5	0.48	5	13.7	0.34	6	20	0.26	7	24.5	0.21
50	2	1.8	1.5	3	4.3	0.72	4	9.5	0.46	5	16	0.315	6	24	0.24	7	32	0.19
60	2	1.8	1.5	3	5	0.71	4	10	0.45	5	18	0.31	6	27	0.22	7	38	0.18
70	2	1.8	1.5	3	5.5	0.7	4	10.8	0.44	5	19.3	0.3	6	30	0.21	7	43	0.17
80	2	1.8	1.5	3	5.8	0.7	4	11.5	0.44	5	20.2	0.3	6	32	0.21	7	47	0.17
90	2	1.8	1.5	3	5.8	0.7	4	12	0.44	5	21	0.3	6	34	0.21	7	50	0.17
100	2	1.8	1.5	3	5.8	0.7	4	12.2	0.44	5	22	0.3	6	35.5	0.21	7	52.5	0.17
100	2	1.8	1.5	3	5.8	0.7	4	12.5	0.44	5	22.5	0.29	6	36.5	0.21	7	54.5	0.17

厚度/mm	*f*=8kHz,平面零件单面加热																	
10	2	1.5	1.77	3	4	1.1	4	8.0	0.7	5	10	0.5	6	13		7	17	
15	2	2	1.73	3	5.5	1.0	4	11.5	0.59	5	17.5	0.45	6	24.5	0.38	7	30	0.3
20	2	2	1.72	3	6	0.97	4	13	0.58	5	22	0.41	6	30.5	0.32	7	41	0.26
25	2	2	1.72	3	6	0.97	4	13.5	0.56	5	24.5	0.4	6	35	0.3	7	52	0.22
30	2	2	1.72	3	6	0.97	4	13.5	0.56	5	25	0.4	6	38	0.29	7	62	0.21
35	2	2	1.72	3	6	0.97	4	13.5	0.56	5	25	0.4	6	40	0.29	7	64	0.21
40	2	2	1.72	3	6	0.97	4	13.5	0.56	5	25	0.4	6	42	0.29	7	70	0.21
45	2	2	1.72	3	6	0.97	4	13.5	0.56	5	25	0.4	6	42	0.29	7	71	0.21
50	2	2	1.72	3	6	0.97	4	13.5	0.56	5	25	0.4	6	42	0.29	7	71.5	0.21
直径/mm	*f*=250kHz,圆柱外表面加热																	
10	2	2.5	0.5	3			4			5			6			7		
20	2	4.0	0.44	3	9.0	0.28	4	11.5	0.22	5			6			7		
30	2	7.0	0.43	3	12.5	0.27	4	19	0.205	5	23	0.165	6	29	0.145	7	34	0.125
40	2	8.0	0.425	3	16.5	0.265	4	23	0.195	5	31	0.16	6	39	0.135	7	45	0.115
50	2	9.0	0.422	3	18	0.26	4	28	0.19	5	39	0.155	6	48	0.13	7	56	0.11
60	2	9.3	0.42	3	20	0.255	4	31	0.188	5	43	0.15	6	56	0.125	7	68	0.108
70	2	9.5	0.42	3	20.5	0.255	4	34	0.187	5	49	0.148	6	62	0.12	7	78	0.105
80	2	9.7	0.42	3	21	0.255	4	37	0.187	5	52	0.148	6	69	0.12	7	86	0.103
90	2	9.8	0.42	3	22	0.255	4	38.5	0.187	5	56	0.148	6	73	0.12	7	92	0.102
100	2	10	0.42	3	23	0.255	4	40	0.187	5	59	0.148	6	79	0.118	7	99	0.101
厚度/mm	*f*=250kHz,平面零件单面加热																	
10	2	11	0.42	3	19	0.29	4	26	0.24	5	30	0.205	6	37	0.18	7	40	0.165
15	2	14	0.413	3	26	0.273	4	38	0.22	5	49	0.185	6	58	0.16	7	65	0.14
20	2	17	0.41	3	30	0.26	4	49	0.21	5	62	0.172	6	78	0.15	7	90	0.13
25	2	17	0.41	3	35	0.255	4	56	0.209	5	73	0.165	6	91	0.142	7	112	0.22
30	2	17	0.41	3	37	0.25	4	60	0.20	5	83	0.162	6	107	0.14	7	130	0.12
35	2	17	0.41	3	37.5	0.25	4	64	0.197	5	90	0.162	6	118	0.14	7	148	0.118
40	2	17	0.41	3	38	0.25	4	65	0.195	5	96	0.162	6	127	0.14	7	160	0.118
45	2	17	0.41	3	38	0.25	4	65	0.195	5	98	0.162	6	132	0.14	7	169	0.118
50	2	17	0.41	3	38	0.25	4	65	0.195	5	100	0.162	6	139	0.14	7	178	0.118

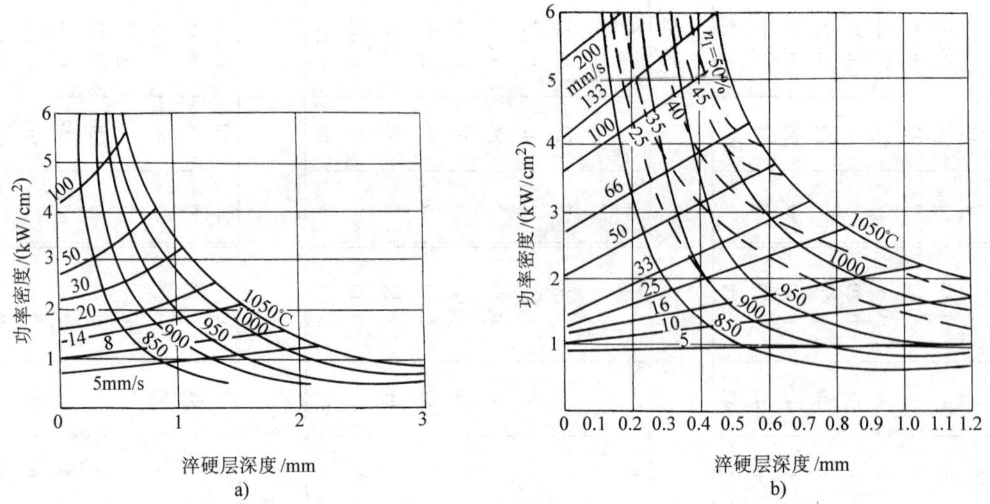

图 7-57　连续加热淬火时淬硬层深度、最高加热温度、感应器移动速度、功率密度之间的关系曲线

a）电源频率 f=10kHz　b）电源频率 f=550kHz

能量法是依据加热层体积、质量、升温到奥氏体化温度所吸收的热能，与持续时间的比值进行估算的。对于单匝圆柱体一次加热模式，其计算模型如图 7-58 所示。假定硬化层的质量为 m，加热起始温度为 T_{in}，终了温为 T_f，根据比热容的定义，对于黑体材料，假定材料的平均比热容为 c_p，那么，其达到淬火温度吸收的热量 Q_H 为

$$Q_H = mc_p(T_f - T_{in}) \tag{7-4}$$

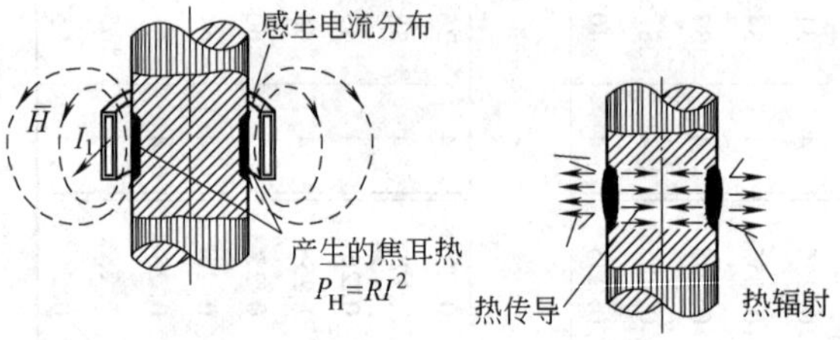

图 7-58　能量法功率估算模型

a）热源为焦耳热　b）还包括热传导和热辐射

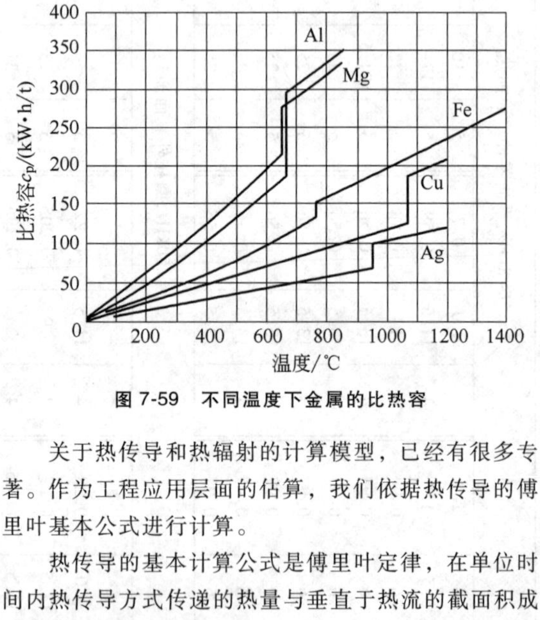

图 7-59　不同温度下金属的比热容

实际工程中，以往的工程师们已经测出了一些常用材料在不同温度下的比热容，如图 7-59 所示。对于钢，作为估算，一般假定淬火温度为 900℃，由图可查得热容 c_p 为 185kW · h/t。这样利用式（7-4）可以很简便地估算出吸收的热量。

感应加热的能量来源是焦耳热。如果要更精确地估算所需要的能量，一般还要考虑热传导和热辐射带来的热损失。当在工件表面形成加热层时，表层和心部冷的基体形成温度梯度，这样必然出现热传导现象。同理，在热的表面和环境温度形成温差，也必然存在热辐射能量损失。

关于热传导和热辐射的计算模型，已经有很多专著。作为工程应用层面的估算，我们依据热传导的傅里叶基本公式进行计算。

热传导的基本计算公式是傅里叶定律，在单位时间内热传导方式传递的热量与垂直于热流的截面积成正比，与温度梯度成正比，负号表示导热方向与温度梯度方向相反。

$$q_{传} = \lambda S(T_{表} - T_{心})$$

式中　$q_{传}$——热量（W）；

λ——材料的热导率［W/(m · K)］；

$T_{表}$——感应透热层的温度（K）；

$T_{心}$——心部冷态温度（K）。热导率是材料的固有物理特性，代表材料的导热性能，热导率越大，说明材的导热性能越好。

同样地，作为估算，我们对热辐射依据斯特潘-波尔兹曼定律进行计算：

$$q'_{射}=\sigma_s\varepsilon(T_s^4-T_f^4)$$

式中　σ_s——辐射表面相对于黑体的系数。

对于钢件加热，换算为摄氏温度则可以近似为

$$q_{射}=5.67\times10^{-8}\varepsilon[(T_s+273)^4-(T_a+273)^4]$$

式中　ε——发射率；

T_s——辐射面温度（℃）；

T_a——环境温度（℃）。

发射率 ε 是在同一温度下工件特定辐射率与黑体的辐射率的比率。因为事实上工件在被加热升温过程中表面温度不断变化，这就意味着 ε 在不断变化。作为工程应用常规，把居里点以下温度段发射率 ε 看作一个常数，把居里点以上温度段发射率看作另一常数来计算，已经能够满足精度要求。更精确地计算请参考相关专著。

这样工件所需要的总焦耳热量 q_w 可以计算为这三部分热量之和：

$$q_w=q_H+q_{传}+q_{射}$$

假定加热时间为 t，实际工作升温需要的功率为 p_0，则

$$p_0=\frac{q_w}{t}$$

同前述一样，需要中频电源的输出功率还要考虑传输效率，除以效率系数。

能量法对于估算工艺参数具有很好的指导意义。它可以适用于任何频率和任何加热方式。包括扫描感应淬火，只不过针对扫描淬火的加热时间和扫描速度相关，参见式 7-3。

（3）数值计算法　与使用经验法不同，现代感应淬火专家采用具备更高效率的数值方法。通过电磁场、热转变、冶金性能耦合的计算技术可以帮助人们预测工艺结果，而这些是用其他方法很难得到的。随着计算机的计算能力提高和计算模型的日益完善，近年来发展了许多基于感应热处理的更精确的数值计算方法。一般数值计算流程如图 7-60 所示。

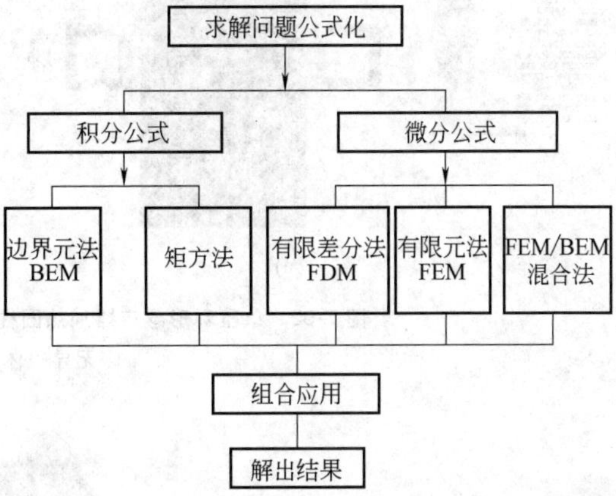

图 7-60　一般数值计算流程

感应热处理的计算模型涉及电磁场的求解模型、热的求解模型以及二者的耦合模型。这些研究已经取得很大进展，并已经有商业软件。通过这些模型，可以直观地“看”出感应加热过程磁场的变化（见图 7-61），以及工件中温度分布（见图 7-62）的变化。进一步将温度模型和冷却过程组织转变模型耦合，以预测硬化层分布的计算软件也在研究之中（见图 7-63），相信不久也会有商品软件出现在市场上。

需要说明的是，目前大多数软件都是基于规则、对称、均质、线性等一系列简化条件进行的计算，仿真的精度还不是太高，最终还需要结合真正的样件实际淬火操作，并进行实验室检测才能得到真实的结果，然后反过来对计算条件进行修正，来提高预测精度。当然，对于一般趋势性预测，还是有很好的指导作用的。

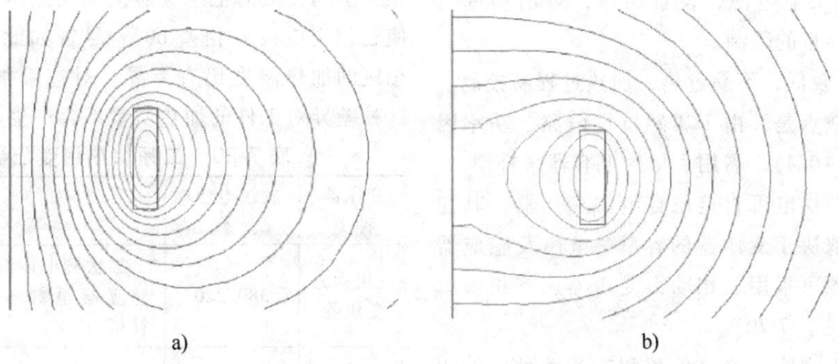

图 7-61　矩形截面感应器靠近普通物体和靠近导电工件表面时周围磁场变化的 2D 仿真

a）普通非磁性物体　b）磁性导体

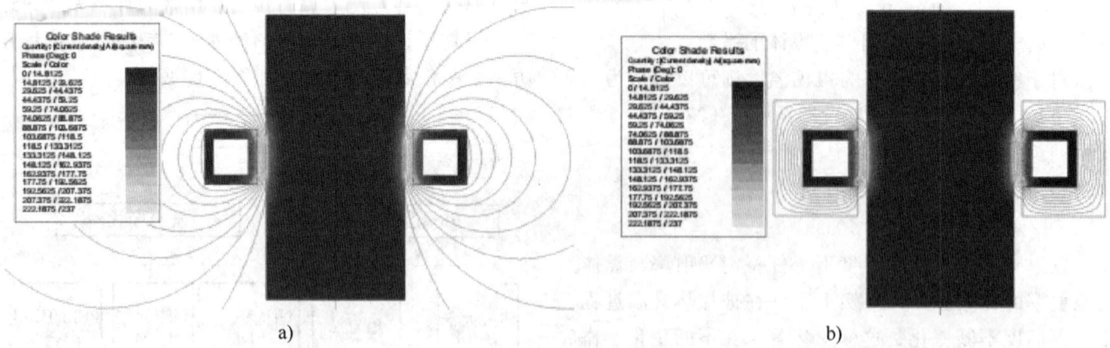

图 7-62　单匝环形感应器加热圆柱体一定时刻表面温度和磁力线的 2D 仿真

a）无导磁体　b）有∏型导磁体

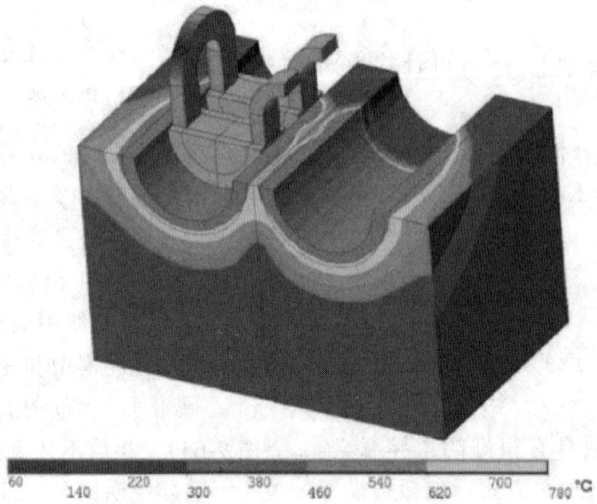

图 7-63　回转支承滚道扫描感应淬火的温度和硬化层的 3D 计算机仿真

4. 冷轧工频感应加热表面淬火工艺

工频感应加热的特点如下：

1）电流穿透层较深，钢材失磁后可透入 70mm，因而在大件表面可获得 15mm 以上的淬硬层。

2）直接使用工业电源，设备简单，输出功率只受到电源变压器容量的限制。

3）加热速度较低，不易过热，加热过程易控制。

工频感应的缺点是，由于属感抗性电路，功率因数低（$\cos\phi=0.2\sim0.4$），需用大量的电容器来补偿。

工频感应器的供电可直接取自电源变压器，其加热时的输出功率取决于变压器的容量、电压及感应器的参数。工频电源可采用三相动力变压器、三相或单相电炉变压器（见表 7-20）。

如前所述，工频感应器分单相和三相两种。单相感应器加热均匀（其供电线路示于图 7-64a），但在功率大时，会使电网载荷失去平衡，影响供电质量。此时可采用图 7-64b 所示的平衡补偿线路，利用平衡补偿电抗和电容器来达到三相平衡。

为了减少设备，对于功率太大的工频感应器可以采用三相供电（见图 7-64c 和 d）。由于三相感应器的三相相位彼此相差 120°，使第一相与第三相的磁力线相互削弱，故需把感应器接成倒三角形或倒 Y 形，以使三相变成彼此相差 60°。尽管如此，三相感应器各相区的加热温度仍有差异。对连续加热感应器来说，这种差异对工件的加热质量不会产生多大影响。

表 7-20　工频加热用变压器特性

变压器种类	次级电压/V	工作特性
三相动力变压器	380/220	二次侧电压高，不能调节，所用感应器匝数多，二次侧有电容补偿
三相或单相电炉变压器	有若干级可供调节（一般为 110~240）	二次侧电压低，所用感应器匝数少，制造简单，但电流较大匝间振动大，应注意加固，一次侧和二次侧有电容补偿

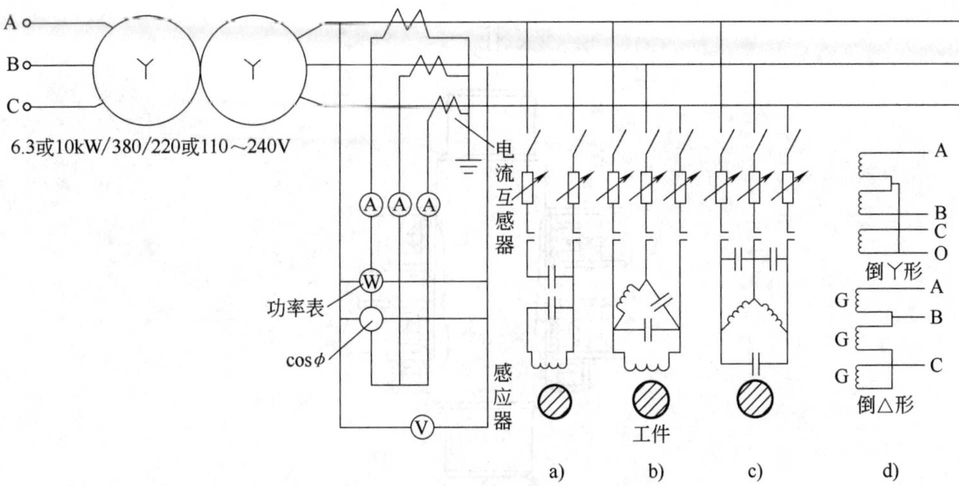

图 7-64 工频感应加热系统的供电

a）单相感应器 b）平衡补偿线路 c）三相供电 d）改进三相供电

采用现代晶体管调频技术已经能够生产出从 5Hz 到几百 Hz 的低频电源，替代原来的工频加热技术。它是通过对工频供电进行整流，逆变后，经过负载匹配输出需要频率的电流。低频晶体管逆变电源原理如图 7-65 所示，整流是三相全波整流，因此不存在偏载；功率因数高可达 0.9 以上，因此更节能和可控。

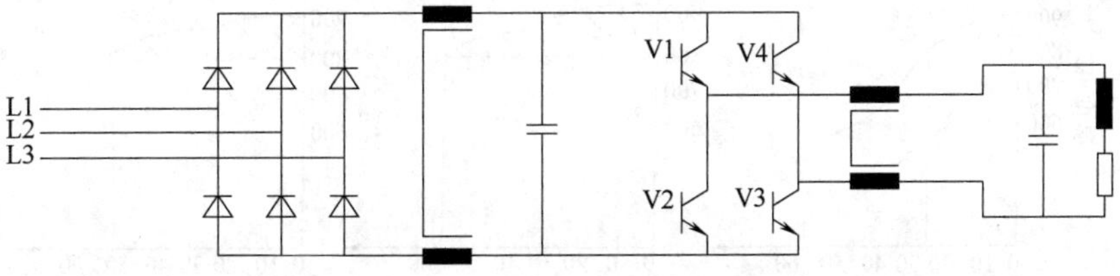

图 7-65 低频晶体管逆变电源原理

冷轧辊工频感应淬火的方法如下：

1）工频感应器整体感应淬火。

2）工频连续感应淬火。

3）工频双感应器连续感应淬火。

4）双频连续感应淬火。

用两个不同频率（一个工频一个中频）供电的双感应器连续加热，可以加深表面加热层的深度和延长表面加热层的奥氏体化时间，从而获得较深的淬硬层。采用工频双感应器连续感应淬火，亦可实现加深表面加热层的深度和延长表面加热层的奥氏体化时间，获得较深的淬硬层，且只需单一的工频电源，设备投资小，热处理成本低。

图 7-66 所示为 ϕ500mm×1700mm 冷轧辊工频双感应器感应淬火法示意，其感应淬火的工艺参数列于表 7-21。上列三种加热方法沿截面温度的变化对比如图 7-67 所示。ϕ500mm×1700mm 9Cr2Mo 钢试验辊经工频双感应器感应淬火工艺参数见表 7-22，感应淬火后沿截面硬度分布列于表 7-23。

表 7-21 ϕ500mm×1700mm 冷轧辊工频双感应器连续感应淬火的工艺参数和效果

双频的频率	主要工艺参数		表面加热层特征			距辊面 15mm 处的奥氏体化时间/min	距辊面 15mm 处的冷却速度/(℃/s)	有效淬硬层深度/mm	备注
	功率密度/(kW/cm²)	移动速度/(mm/s)	温度曲线形状	加热到 800℃ 以上的深度/mm	加热到 880℃ 以上的深度/mm				
50Hz/250Hz	0.3(50Hz 为 0.2,250Hz 为 0.1)	0.5～0.7	等温降温式	50	20 (>870℃)	10	4.5	15～20	表面温度 900℃ 两感应器间距 150mm

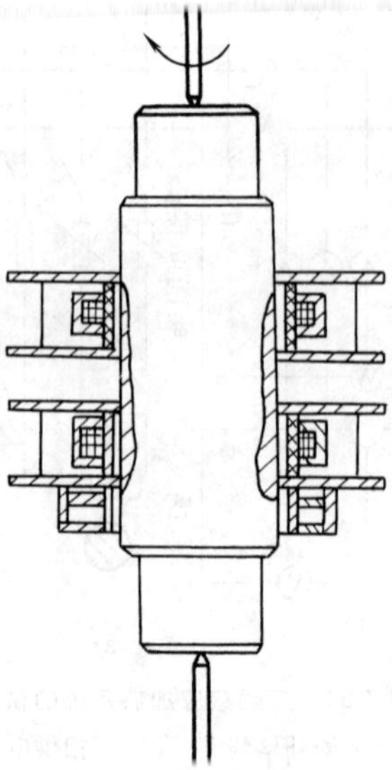

图 7-66　ϕ500mm×1700mm 冷轧辊工频双感应器感应淬火法示意

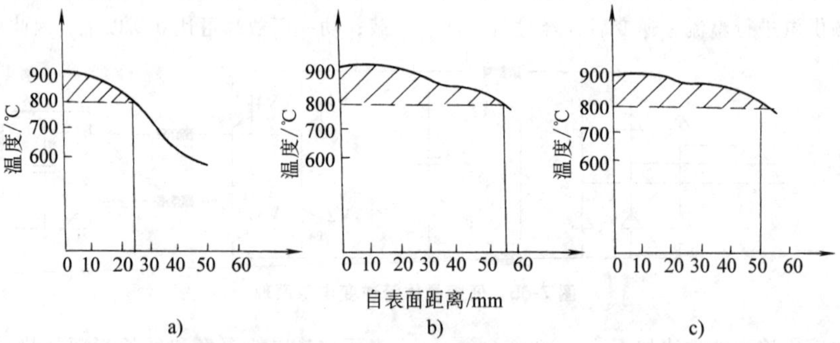

图 7-67　三种工频感应方法沿截面温度的变化

a）单工频连续感应　b）工频双感应器感应　c）50/250Hz 双频感应

表 7-22　ϕ500mm×1700mm 9Cr2Mo 试验辊工频双感应器感应淬火工艺参数

序号	工艺参数		预热 第一次	预热 第二次	淬火加热和冷却
1	感应器移动速度/(mm/s)		1	1.5	0.6
2	电压(空载/负载)/V		375/368		375/366
3	电流	上感应器/A	2100		2325
		下感应器/A	1575		1538
4	功率密度	上感应器/(kW/cm²)	0.15	0.15	0.19
		下感应器/(kW/cm²)	0.12	0.114	0.12
5	上下感应器距离/mm		80	80	80
6	喷水开始时上感应器位置/mm				150
7	平喷式喷水器进水压/MPa				10
8	停电时上感应器位置/mm				1910
9	延续冷却时间/min				30

表 7-23　ϕ500mm×1700mm 9Cr2Mo 钢试验辊经工频双感应器感应淬火后沿截面硬度分布

自表面距离/mm	2.5	5.0	7.5	10	12.5	15	17.5	20	22.5	25	27.5	30	32.5	35	37.5	40	42.5
硬度 HRC	64	64	64	64	64	63	62	59	55	55	53	49	47	44	42	37.5	35

7.1.5 感应淬火件的回火

1. 感应淬火件的回火方式

感应淬火后的零件可在加热炉中回火，也可采用自回火或感应回火。

（1）炉中回火 感应淬火冷透的工件、浸淬或连续淬火后的工件以及薄壁和形状复杂的工件，通常在空气炉或油浴炉中回火。几种常用钢零件感应加热表面淬火件的炉中回火规范列于表7-24。

表7-24 几种常用钢零件感应加热表面淬火件的炉中回火规范

钢号	要求硬度HRC	淬火后硬度HRC	回火规范	
			温度/℃	时间/min
45	40~45	≥50	280~320	45~60
		≥55	300~320	45~60
	45~50	≥50	200~220	45~60
		≥55	200~250	45~60
	50~55	≥55	180~200	45~60
50	53~60	54~60	160~180	45~60
40Cr	45~50	≥50	240~260	45~60
		≥55	260~280	45~60
42SiMn	45~50		220~250	45~60
	50~55		180~220	45~60
15、20Cr 20CrMnTi（渗碳淬火后）	56~62	56~62	180~200	60~120

（2）自回火 自回火就是利用感应淬火冷却后残留下来的热量而实现的短时间回火。采用自回火可简化工艺，并可在许多情况下避免淬火开裂。

采用自回火时，应严格控制冷却剂的温度、喷冷时间和喷射压力。具体的操作规范应通过具体工件的试验来确定，因此，自回火的方法主要用于大批量生产。

表7-25列出了45钢达到相同硬度的自回火温度与炉中回火温度的比较。

表7-25 45钢达到相同硬度的自回火温度与炉中回火温度的比较

平均硬度HRC	回火温度/℃	
	自回火	炉中回火
62	185	130
60	230	150
55	310	235
50	390	305
45	465	365
40	550	425

注：淬火后硬度63.5~65HRC炉中回火1.5h。

（3）感应回火 连续感应淬火的长轴或其他零件，有时采用感应回火比较方便。这种回火方法，可以紧接在淬火后进行。由于回火温度低于磁性转变温度，电流的透入深度较小。另一方面，为降低表面淬火件过渡层中的残余拉应力，回火的感应加热层深度应比淬火层深才能达到回火目的。因此，感应回火应采用很低的频率或很小的功率密度，延长加热时间，利用热传导使加热层增厚。采用同时加热法时，可利用继续加热法使加热层增厚。

感应回火的最大特点是回火时间短。因此要达到与炉中回火相同的硬度及其他性能时，回火温度应相应提高。

此外，采用感应回火，由于加热时间短，所得到的显微组织有极大的弥散度，回火后的耐磨性和冲击韧度比炉中回火高。

淬火钢的回火，加速了被锁定在马氏体畸变的体心立方结构中碳原子的快速扩散，因此导致马氏体分解出碳化物。扩散是一个时间温度的过程，温度的影响可以通过增加回火温度抑或在该温度下的保持时间来达到。实验表明，相似的回火反应可以通过控制这两个因素来得到。在一定的条件下，一个短时间的高温回火可以提供与长时间的较低温度回火相同的硬度，如图7-68所示。40Cr钢在663℃经过10min和621℃经过100min回火都可得到35HRC。在感应淬火时，通常长时间低温热处理会被短时间高温热处理取代。

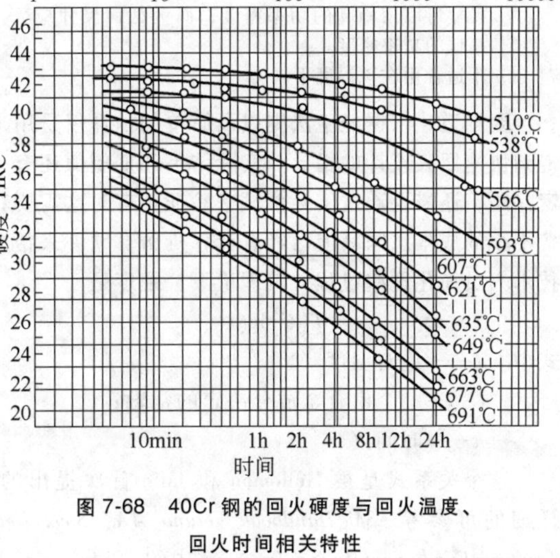

图7-68 40Cr钢的回火硬度与回火温度、回火时间相关特性

感应回火的工艺方法原则上可以采用和感应淬火相同的方法。它可以是一发法，也可以是连续扫描法、步进加热法或者静态加热法。

2. 感应回火的工艺参数

感应回火设备工艺参数的选择和感应淬火相类似。也涉及能量、频率、加热和线圈设计等。不过这些更专业，也需要对加热的材质、所需温度及其分布（如温度均匀性以及要选择的淬火区域的热型/应力释放等）、节拍时间、应用要求等更了解。事实上已经有大量成功的案例，大量的图表、表格和简单公式对基本工艺的估算已经在工业上使用很多年。以下是简单介绍。

回火的能量密度比淬火的低许多（6~15倍），通常接近 0.046kW/cm^2，这样做是为了将温度梯度降到最低。钢感应淬火和回火到不同温度所需要的近似功率密度列于表7-26；和感应淬火相比最主要的区别就是使用的频率偏低，因为钢的电磁特性在具体的回火温度下是不一样的，相对电阻率较低同时相对磁导率较高。按照透入深度的公式可知，为了获得更好的温度均匀性和效率，应该使用更低的频率，比如1~5kHz。

表7-26　钢感应淬火和回火到不同温度所需要的近似功率密度

频率 f/Hz①	输入功率密度/(kW/cm^2)②			
	150~425℃	425~760℃	760~980℃	980~1095℃
60	0.009	0.023	③	③
180	0.008	0.022	③	③
1000	0.006	0.019	0.08	0.155
3000	0.005	0.016	0.06	0.085
10000	0.003	0.012	0.05	0.070

① 表中数据基于使用合适的功率频率以及恰当的设备。
② 通常上述数据针对截面尺寸 13~50mm 而言；小截面尺寸可以用稍高的功率密度，而大截面尺寸应采用稍低的功率密度。
③ 不适合用在该温度下。

要知道，依据经验法则以及简单的估算仅是用来得到快速回火设计的指导。实际结果和期望值还有一定差距，还需要通过实际调试来验证。有时这需要花费不小的成本。国际上已经有计算机仿真软件来帮助技术人员简化这些过程，其理论下，硬度是

$$T(C+\lg t)$$

式中　T——绝对温度（K）；

C——一个由合金成分决定的常数；

t——时间（s）。

这个关系式是被 Hollomon 和 Jaffe 首次提出的，详细的可参考 *ASM Handbook Volume 4A*: *Steel Heat Treating Fundamentals and Processes* 中的“Tempering of Steels”他们发现钢的常数 C 的值通常为10~15。这在炉式回火工艺中已经被验证。后来的工作得出一个单一值 $C=18$ 是满足大多表淬碳钢的常数。硬度函数改写为

$$P=1.8T(18+\lg t)\times10^{-3}$$

将 Hollomon-Jaffe 关系式应用于感应回火还要非常小心。需要提及的是有一个回火温度上限，就是 A_1 温度，这个温度是碳化物开始溶入基体和二次奥氏体化的开始。另外一个是回火后的冷却方式，空冷或水冷的过程也要计算在内，因为回火时间很短，以秒计。实际中感应回火时间一般不短于感应淬火加热时间的2倍。

在回火过程中，常常使用比淬火更低的频率，因为 δ 值很小。同一个感应线圈和同一个电源有可能被同时应用于淬火或回火。在实际应用中，减少资金投入和更少的工装储存和维护费用，是一个合理的追求，但有时候并不一定是最好的选择。许多实例表明，同感应器和电源不能同时用于感应淬火和回火，如有些电源的输出功率小于额定功率的5%时变得不可控等。

是否对感应加热零件回火，使用哪种回火方法，以及工艺如何选择，应该取决于应用要求。总体而言，回火会降低硬度（不包括二次硬化的现象）和残余应力，同时增加韧性和抗冲击性（不出现回火脆性时）。回火对于其他力学性能的影响不好定义，是多样化的，取决于具体的载荷状况、零件的几何形状、功能和钢的牌号等。因此，最好首先证实回火相对于实际零件在使用预期的服役条件下，能够发挥相应的作用。

感应回火提供了针对单个零件的工艺，它的热处理方式对避免任何延迟开裂问题都是非常有益的，因为最小化了淬火和回火之间的时间间隔。由于经济性、每个零件的可追溯性和制造柔性，使感应回火变得更普遍。它能够大量地缩短回火时间，减少占用的场地。感应回火在许多场合中都可以使用，但要得到合适的结果需要仔细地执行。采用感应回火，几秒或几十秒就完成了。当使用短的回火时间时，更密切地控制工艺参数就很有必要，同时确保感应圈与零件位置相一致，以避免回火结果波动。

决定使用哪一个回火工艺应该细心衡量，研究表明，在有些情况下通过不同回火技术处理的零件的力学性能是相同的；然而在另一些情况下，在更高的温度和更短的时间下回火零件的性能与在更低的温度和更长的时间下回火零件的性能则不同。这并不意味着有一种回火方法总好于另一种，而要取决于零件的具体应用，任何工艺的最优化都要看零件在测试中的表现和实际的服役效果。

7.1.6　感应淬火零件的应力和畸变

感应淬火是最常用的零件热处理方法之一。和其

他热处理过程一样，感应淬火也经历钢的温度的变化、组织的变化以及形状的变化。这些变化也带来零件的内应力的变化，并且在任何时刻内应力都在不断地调整平衡，最终造成残余应力。

对于感应热处理，由于特殊的加热方式导致其残余应力的产生具有一定的特殊性。内应力的产生是由于心部与表面的温度差造成的热应力和相变过程中体积变化比不同导致的。在热处理过程中，固相转变总是伴随着潜在热量的释放、体积的变化和塑性转变。这些对残余应力的状态都会起到一定影响。其中固相转变过程中相变热的释放和在液-固转变过程中的相似，但热量更少一些。体积变化的发生是由于母相（如奥氏体）和生成相（珠光体、铁素体、贝氏体和马氏体）的密度不同引起的。

内应力有以下作用：在热-冷加工的每一时刻，当内应力低于屈服点时，残余应力不会引起裂纹或者断裂；当内应力超过屈服点时，塑性变形和畸变就会发生；当内应力超过材料的抗拉强度时，工件就有可能开裂。在这种极端情况下，畸变和高的残余应力便会产生。

热处理工作者经常面对这样一个目标，就是为了在金属内部得到希望的残余应力而在需要的硬度和得到强韧性的显微组织之间妥协。在热处理过程中产生的应力可以分为初始应力、过渡应力和残余应力。初始应力的大小和分布取决于热处理前的工序。热处理加热和冷却过程中产生的过渡应力取决于实际工艺操作，其将在热处理工序完成后部分或者全部消失。残余应力则是整个加工工序完成后零件内部平衡所得。本节让我们考察在感应淬火过程中应力是如何表现的。在这里残余应力的形成机制和其他工艺诸如渗碳和氮化是不一样的。

在表面淬火硬化过程中，由于马氏体转变，使得表面层产生残余压应力。微观组织的转变均会影响到纵向的、切向的和径向的应力。残余应力的大小和分布主要取决于硬度分布、工件的几何形状，合金元素的影响不大。残余应力的大小与分布可以随着感应加热状况及淬火方式变化。在圆柱体淬火过程中，纵向和切向的应力产生于表面，而纵向、切向和径向应力产生于心部。

机械零件内的残余应力的大小、分布的信息对于确保构件的长寿命是很重要的。如果只考虑硬度和层深，则不能确保零件的持久性。零件的全部应力既包括零件内的残余应力也包括来自零件外部产生的应力。外部应力在零件表面经常会有一个最大值，因为很多载荷都含有一定的弯曲或者扭转。因此，总的残余压应力在大部分构件的荷载表面层是很重要的。

机械零件受到弯曲和扭转载荷时，其持久性可以通过足够高的残余压应力来提高。对于抗疲劳，在硬化部分区域的表层残余压应力也是特别重要的，因为疲劳裂纹通常会起源于表面。为了获得较高的抗疲劳性能，表面的残余应力的大小以及从表面到心部的分布必须考虑。因为机械零件总应力由荷载和残余应力叠加而成，因此表面感应淬火强化是增加疲劳强度的。

1. 应力和畸变的原因

一般说来，有两种类型的应力——热应力和相变产生的组织应力。热应力是由温度的不同大小和梯度造成的。相变应力由于发生了相变而形成了奥氏体、贝氏体或者马氏体。总的应力是两类应力的叠加。在热处理的不同阶段，两类应力的总应力的影响不同。应力和开裂密切相关。

（1）热应力及畸变　在机械部件出现加热或者冷却时，当表面和内部出现温度差时，第一种残余应力就会很快地出现。图 7-69 所示为立方体在加热和冷却过程中由于温度变化而产生的膨胀和收缩而发生畸变。可以看出，经过一个热冷循环应力和畸变持续发生改变，最终造成残余应力和畸变。

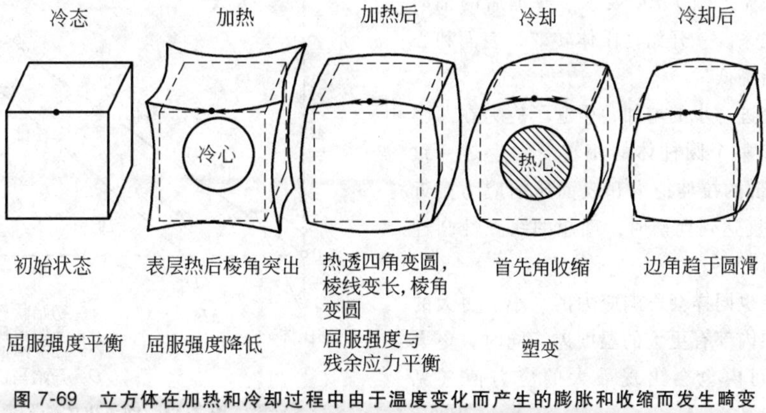

图 7-69　立方体在加热和冷却过程中由于温度变化而产生的膨胀和收缩而发生畸变

在热处理时，淬火过程通常会在工件横截面产生很大的温度差，因此也就有较大的残余应力存在（特别是当外部加热时间很短时，比如由双频感应淬火齿轮，通常加热时间小于 1s）。由局部温度的不同产生的热应力会影响理想的线弹性圆柱体（没有塑性变形的发生）在淬火过程中的收缩。图 7-70a 展示了圆柱体表面与心部的温度-时间趋势。表面与内部的温度差会影响在淬火过程中理想线弹性圆柱体的纵向应力。当 $t=t_{\max}$ 时达到最大温度差（$\Delta T_{\max}$）。在这一点，表面达到最大的热应力。

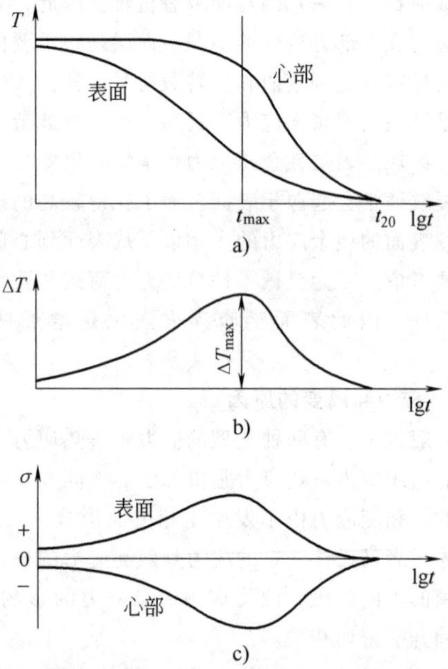

图 7-70　圆柱体不同部位的冷却曲线

a）表面与心部的温度-时间趋势
b）表面和心部在不同时刻的温差
c）淬火过程中的轴向热应力

图 7-70b 展示了表层与心部的热应力以及相变应力随时间的变化关系。图 7-70c 展示了叠加后的轴向热应力随时间的关系。一开始马氏体转变，表面和心部的应力立即开始降低。

随马氏体相变进一步的增加，引起了应力在两个区域的反转。假如整个圆柱体的相转变发生是一致的，在 $t=t_{20}$ 时心部的拉伸应力和表面压缩应力接近于 0。这样，当温度达到均衡时，理想的线弹性圆柱体就没有残余应力存在。

圆柱体的直径也同样会影响应力的大小。更大的直径会导致表面和内部有更大的温度差。同时，更大的直径在较长时间内也会出现最大的应力值（见图 7-71）。

（2）相变应力和畸变　在钢的圆柱体进行感应淬火的过程中，热应力和组织转变应力会同时发生，最终应力将是两种类型应力结合的结果，而畸变则是热冷变形和组织形变叠加的结果。

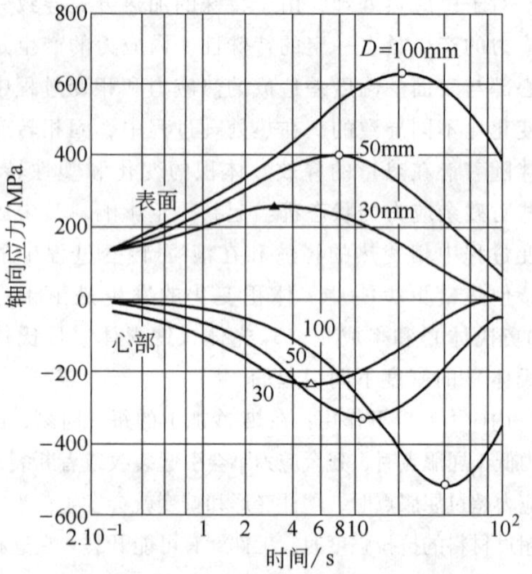

图 7-71　钢棒水淬时表层和心部轴向应力的对比

钢淬火的伸长量曲线如图 7-72 所示，图中描述了这种畸变的趋势。从室温开始为原点（A 点）。随着加热温度增加，工件首先会近似线性膨胀伸长，在图例中显示为棒的伸长曲线。此时材料的微观结构是体心立方（bcc）结构；一旦达到奥氏体化温度（B 点），晶体就会变成立方面心（fcc）结构，这种紧密的结构会导致长度略有缩短。进一步的温度升高会导致奥氏体结构的膨胀，直到达到完全奥氏体化的目标温度（C 点）。随后开始淬火过程，给零件足够快的冷却速度以避免不需要的中间转变，在达到所谓的马氏体起始转变温度 Ms 之前，奥氏体结构体积持续减小到达 D 点。这结果与初始状态相比总长度甚至减小。现在奥氏体转变为体积更大的淬火组织（马氏

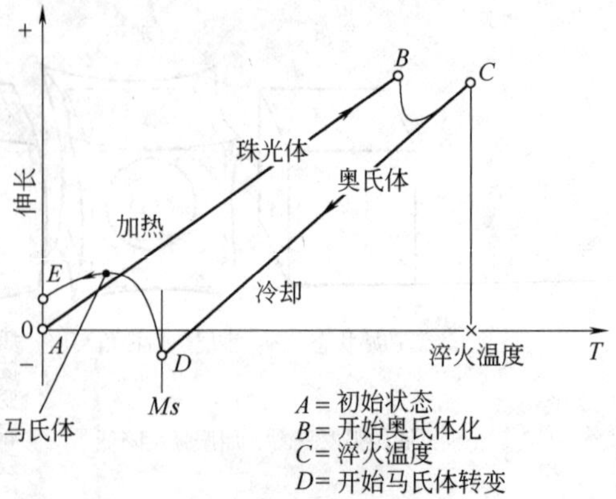

图 7-72　钢淬火的伸长量曲线

体），则体积将再次开始不规律地增加。最后当再次回到室温，工件会保留稍大的体积（与 A 点相距一段距离的 E 点），这就是畸变（AE）。

在工件轮廓不对称或单面热处理的情况下，不对称张力的形成是显而易见的。这些条件将导致附加的尺寸和形状变化。

2. 感应淬火的一般特点

（1）温度分布　和与炉内淬火相比，感应淬火硬化的一个优势就是处理时间短。它只需要对表面进行加热而不是整个零件。因而只有少量的材料参与到奥氏体向马氏体转变的膨胀过程中，产生的较浅的淬硬层结果造成较小的畸变。浅层淬火时体积变化甚至会被忽略，而深层淬火时则不然。如果淬硬层深度较浅，而这一部分比例又相对较大，或者所使用的钢材具有足够的淬透性，它就可进行空冷或可能借助从加热表面层到部件未加热部分的热传导自冷淬火。随着淬硬层的增加和工件重量的增加，则必须采用淬火装置使实际冷却速度接近临界冷却速度。这些需求可通过选择合适的冷却油或者聚合物溶液来达到。

图 7-73 所示为一个感应淬火硬化工艺周期中零件内部温度沿直径方向的变化过程。在图中一个钢棒被环形感应器感应加热，在开始只在表层 δ_1 范围内温度急剧升高，随着加热持续到断电前，最后有 δ_2 范围的钢被加热到奥氏体转变温度以上，还有一部分热量使得次表层的温度有不同程度的升高。随后开始向表面喷射淬火液，这时表面优先冷却到马氏体转变开始点以下，形成硬化层 δ_3；持续冷却后表层奥氏体全部转变为马氏体组织，得到硬化层 δ_4，此时心部温度反而高于表面层；这时停止喷射冷却则心部热量向外侧传导使得马氏体回火，这个过程也称作自回火。

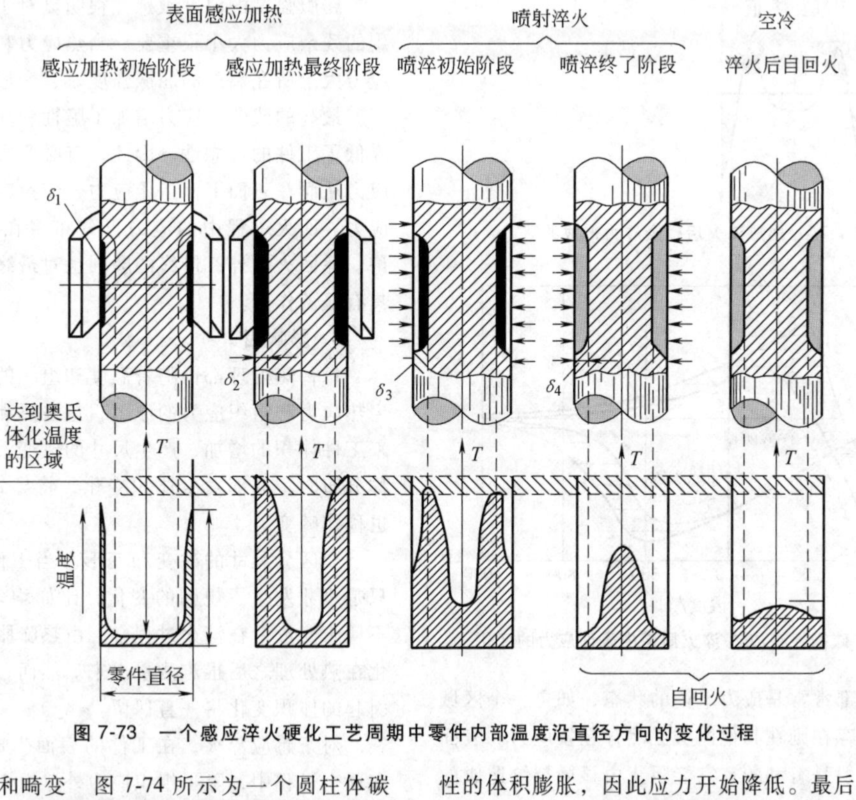

图 7-73　一个感应淬火硬化工艺周期中零件内部温度沿直径方向的变化过程

（2）应力和畸变　图 7-74 所示为一个圆柱体碳钢件在感应淬火后残余应力形成的动力学表现。在整个热循环的第一个阶段，位于感应线圈中的圆棒截面上趋于膨胀；工件在这一点上温度相对较低（低于 500℃）。在这一阶段碳钢非塑性状态，因此膨胀很困难，在工件内部形成了应力。

随着温度的升高，在表面变形处应力将增大（见图 7-75）。在温度 520～750℃ 范围内，钢进行塑性的体积膨胀，因此应力开始降低。最后，当温度高于 850℃ 时，钢的表面自由膨胀，加热区的直径大于初始的直径。由于表面层的屈服点温度大大低于升高的温度（这是在奥氏体化状态），材料将是完全塑性的。其结果是表层的应力显著降低。

经过淬火，淬火液喷射到加热表面上，外表层瞬间失去塑性并且在工件表面出现一个显著的拉应力（见图 7-74），这个最大值一般在刚好高于 Ms 点的温度。马氏体的形成降低了表面的拉应力而最终在表面形成压应力。最后，当工件内部温度完全降下来后，在工件体内形成了压应力和拉应力的复合状态。

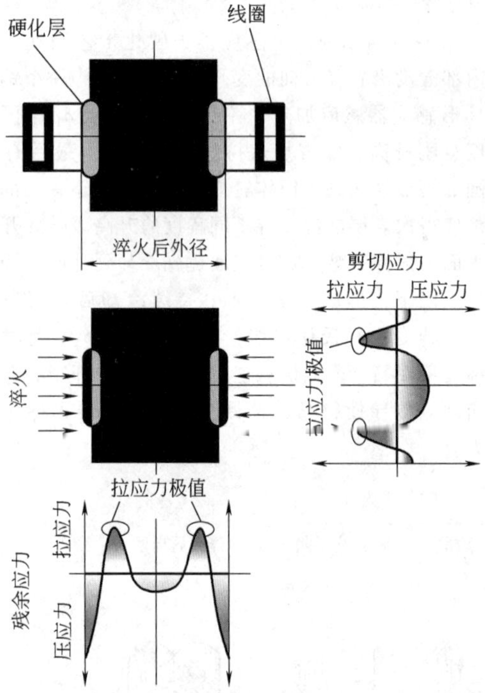

图7-74　感应淬火后残余应力形成的

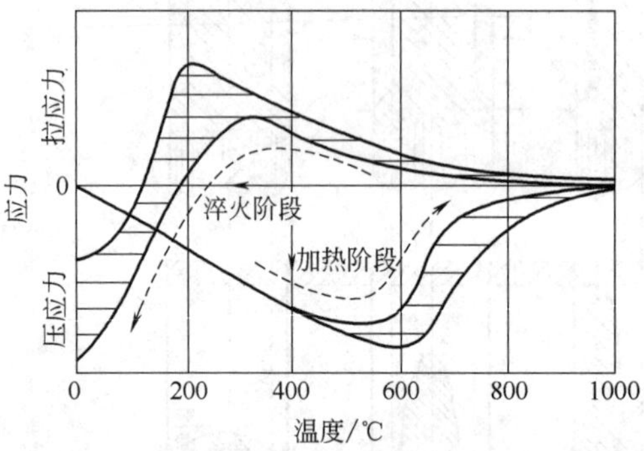

图7-75　碳钢棒在加热-淬火周期中表面应力的变化

工件内部常常是应力平衡的状态，如果一个区域有压应力的存在则在其他区域必然存在拉应力。表面的压应力一般是有利的，它能阻止由显微裂纹造成的裂纹传播。另外，这种应力对于工件在服役生涯中抵御弯曲和扭转畸变是非常有利的。

需要强调的是，最大拉应力刚好出现在硬化层之下（见图7-74）。这是工件最危险的区域。其最大值直接决定着表面裂纹的产生。

对于复杂形状的工件的感应热处理来说，残余应力的分布更复杂。X射线分析可以让研究者得到残余应力的三维分布。热处理工作者知道，温和的淬火冷却介质可以降低马氏体转变期间的冷却速度从而降低裂纹的发生概率并减小畸变。

在实际应用中，是没有之前假定的理想的线弹性变形行为的。金属材料的屈服强度限制了塑性变形的极限范围，它具有很强烈的温度相关性，随着温度的升高而降低。

在任何温度下，当应力超出相应的屈服强度时，塑性变形就会发生。抗拉强度也与温度有关。在圆柱体淬火冷却过程中，在表面产生纵向、切向应力，而在柱体心部会产生纵向、切向和残余应力。塑性变形只会在心部应力超出材料相应温度的屈服强度的时候才会发生。

局部的收缩和转变应力取决于温度、冷却状态、几何形体、材料的机械和热力学性能，屈服强度取决于温度和材料微观组织。

屈服强度的温度敏感性很明显对于淬火冷却后产生的残余应力大小很重要。当热应力和相变应力的总应力大于所在温度的屈服强度时，变形就会产生。

最终的残余拉应力增加了脆性和缺口敏感性，而降低了工件的可靠性。因此，有必要去除工件的一些应力从而在表面上保持压应力，使拉应力远小于载荷应力。回火过程中的应力再分布将在其他章节中讨论。除回火之外，最终的磨削也对最终残余应力分布具有显著作用。

3. 影响因素

每种热处理都伴随着温度和组织的改变，这是产生热应力和组织应力的原因，最终热和组织应力会带来工件体积的增加，产生尺寸的改变。当内应力不对称分布时，局部发生体积变化，将导致形状的改变，也称作畸变。

要区分尺寸的改变和变形。当工件的形状不变，只是尺寸发生了规则的变化，比如均匀热胀冷缩时，不属于变形。在淬火过程中，由热膨胀引起的体积变化在热处理之后很难测量出来。然而，由于组织转变引起的体积变化将一直保留。

对于感应淬火，在工件的表面生成马氏体组织。在这个过程中，除了组织应力外，由于表面和心部冷却速度不同造成的应力也会出现。最终残余应力的不对称性分布将导致淬火畸变。畸变是不期望发生的改变。

产生畸变后将带来后续显著的附加成本以进行处理。例如，校直和磨削，因此，应尽可能地减少。对于批量产品，通过预先试验确定畸变的趋势并在生产中予以避免。当然，如果是单件产品就比较困难。然而，经过设计、工艺、车间人员的通力合作，单件的畸变也可减小。

1）导致不可预测淬火畸变的因素通常包括尺寸和形状、材料、硬化层深度、淬火方式、奥氏体化温度、淬火冷却速度、回火温度和回火时间。

工件形状不合理的设计、原材料状态的不合理以及淬火机床的缺陷导致的淬火变形可以避免或较少。这些因素包括预先加工应力、硬化层波动和表面脱碳、表面不规则的形状、原始组织、材料轧制纤维方向、淬硬层的不对称、更换淬火冷却介质、淬火速度和淬火冷却介质分布。

2）尺寸和形状。工件的形状对变形的影响很大。截面形状变化太大以及只在一面有沟槽将导致畸变。

对于轴、管等步进式淬火，工件的直径越细，变形越大；实践经验表明，即使直径一样，管或空心轴的淬火畸变也会比较小。这主要是空心轴本体在淬火前有更均匀的内应力分布。在原始材料中，由工件自重导致的变形一般发生在细长轴。辅助支承特别是可移动辅助支承可显著降低畸变。然而，要特别注意在顶尖中的弹簧力不能太大，否则将限制伸长变形。

在淬火平板、机床导轨面等处将会产生凹畸变。畸变程度取决于截面比（长径比）或者淬火宽度和淬火区之下材料强度的比值。这个比值越小，产生的畸变越小。在另一个反方向预变形或者在淬火设备上成对加工是抵消畸变的方法。对于机床导轨面淬火，可以预先反向成型，这将改善最终形状。

实际上，对于有数据支撑的导轨面淬火畸变，也可以反向弯曲到相应的尺寸，这样淬火后畸变被抵消。

通常来说，工件越小，畸变越显著。

横截面和淬火长度比越大，畸变越小。较小比例的畸变可以通过同时硬化相反的表面来补偿。然而，这个方法只有当两面应力对称时才能成功。这意味着两边的加热均匀，淬火体积也均衡，进而在两面的截面模型也一样。和垂直淬火不同，长轴件水平淬火时零件的自重运动会导致畸变。因此，如果可能，这类零件要垂直装卡。

整体淬火畸变主要取决于零件自身的形状，这类零件中盘状的畸变最小。带缘齿轮和带筋板齿轮，它们的布置决定了外径在硬化过程中是否会变成凸形、凹形或圆锥形。此外，由于硬化过程中外径处产生的内应力，内孔很可能会收缩。因此，内孔在淬火前只进行预加工。

齿轮的实践经验表明，采用齿面淬火时，齿根下方的轮辋厚度至少应等于总齿深，采用齿根硬化时至少应为齿深的1.5倍，而采用整体淬火硬化时应为齿深的2或3倍，以保证畸变尽可能小。实践经验还表明，由于这些轮辋厚度在应力消除条件下，齿轮质量通常会降低一到两个精度等级。

3）预先加工应力。进行加工时在零件内部或多或少都会产生应力。应力值取决于切削力、工具的钝性、材料的原始强度，以及材料的韧性。在此过程中，可能会出现达到弹性极限的不对称内应力。当具有这样高内应力的工件被加热时，大概率就会产生变形。

因此，形状不规则的工件、单独而纤薄的组件或工件在淬火前经过大量加工的，需要在淬火前去应力。在淬火前这些变形需要被纠正，但不用通过矫直来纠正，因为这会增加新的应力，称作矫直应力。这些变形是通过加工纠正的。消除应力应该通过增加工序间的中间退火，精加工到磨削尺寸，每个面只留1~2mm的余量。有时在精加工磨削之后还要再增加一次去应力。

去应力应该在高于500℃的温度下进行，如果可能，600~650℃更佳。对于淬硬钢，去应力温度应该低于回火温度50℃以免影响淬火硬度。保温时间应该保证工件全部热透，随后工件被缓慢冷却并稳步下降至少300℃。如果发生不均匀冷却，将产生新的应力进而造成后续淬火畸变。

当然，完全去除应力是不可能的，一般是降低内应力。

4）淬硬层波动、脱碳和表面去除。采用旋转扫描感应淬火时要避免出现淬硬层波动和脱碳，不同的硬化层深度和硬度参数的后果不同，故畸变是不可避免的。

在预处理过程中，比如调质，表面的脱碳或氧化程度要减少，在随后的机加工过程中要正确地去除。

5）原始组织。原始组织对尺寸的影响很大。如果一个工件内或者两个工件之间的原始组织不同，这些不同组织不同转变产生的应力造成的尺寸或体积变化将不均匀。随后的淬火中，这个因素将导致负面作用，特别是在之前第一次淬火中确定的变形值留余量很小的情况下，将导致废品的发生。

所用于预先处理的设备应该状态良好，保证合理的温度分布和合理的加热和冷却工艺。

6）轧制纤维方向的影响。纤维的方向对形状的变化很重要。在淬火过程中，工件沿热轧制纤维方向的长大比其他方向大。具有垂直纤维方向（平行于孔轴）的环更规则地收缩。具有水平纤维方向（垂直于孔轴）的环更容易变成椭圆形。这种变形不能通过热处理影响。工件设计成固有轧制纤维方向平行于回转轴才能有较小的畸变。

7）冷却速度。淬火速度越温和，部件形状稳定性越高。当选择淬火冷却介质时，应该检查选择的淬火冷却介质是否能得到需要的硬度和淬火深度。图 7-76 所示为水和压缩空气淬火后内应力和硬度的比较。

8）淬火温度。淬火温度也很重要。淬火温度升高将导致淬硬层深增加，从而体积变化增加。

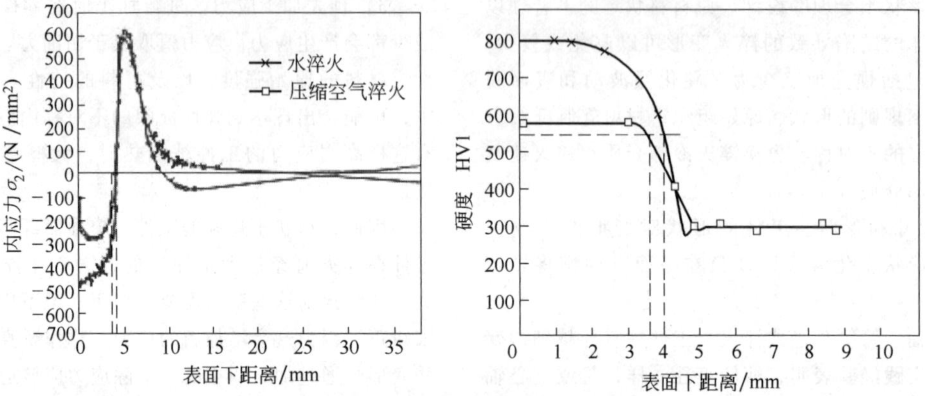

图 7-76　水和压缩空气淬火后内应力和硬度的比较

注：硬化层深度为 4. 1mm/3. 6mm。

7. 2　火焰淬火

火焰淬火是将火焰喷向工件表面，使工件表层一定厚度奥氏体化，随后将工件投入淬火槽中或将淬火冷却介质喷射到工件表面，在工件表面得到淬硬层。

火焰淬火的优点如下：

1）简便易行，设备投资少。

2）方法灵活，适用于多品种少量或成批局部表面淬火。

3）对处理大型零件具有优势。

火焰淬火的缺点如下：

1）只适用于喷射方便的表面；薄壁零件不适合火焰淬火。

2）淬火质量受操作者的技能影响大。

3）操作中须使用有爆炸危险的混合气体。

7. 2. 1　火焰加热方法

1. 固定位置加热法

固定位置加热法除火焰喷嘴固定不动外，工件在加热时亦不移动。这种操作若与淬火机床配合，可进行大批量生产。图 7-77 所示是对气门摇臂的固定法火焰淬火。

2. 工件旋转加热法

利用一个或几个固定的火焰喷嘴，在一定时间内对旋转的工件表面进行加热并随后淬火，主要用于直径较小的圆盘状零件或模数较小的齿轮表面的加热淬

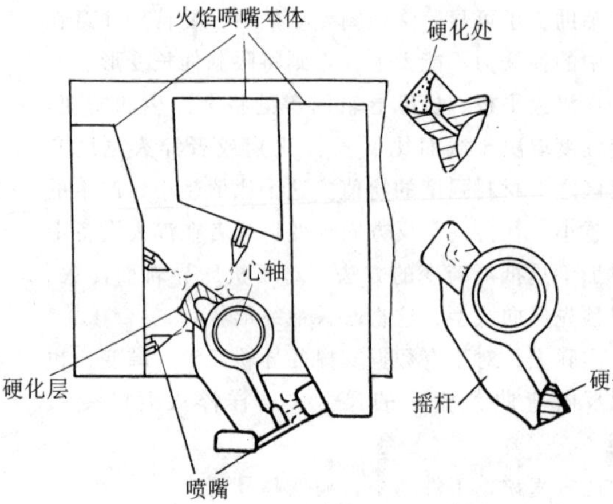

图 7-77　对气门摇臂的固定法火焰淬火

火，如图 7-78、图 7-79 所示。

3. 连续加热法

连续加热法是沿着固定不动的工件表面以一定的速度移动火焰喷嘴和喷水装置，或固定火焰喷嘴和喷水装置而移动工件的淬火方法。连续加热法在导轨、剪刀片、大型冷作模具、大齿轮等零件上应用广泛，如图 7-80 所示。若在火焰喷嘴和喷水装置移动的同时，将工件自身旋转，则形成复合运动加热法，多用于长轴类零件，如图 7-81 和图 7-82 所示。

固定法和旋转法的特点如下：

1）硬化层较深。

2）由于加热速度较慢，在工件内部储存较多的

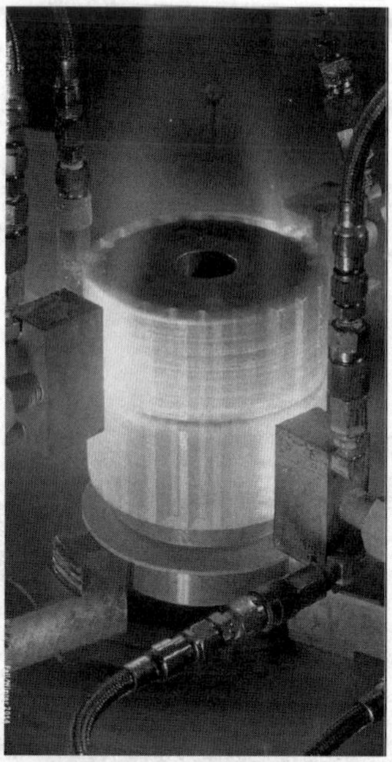

图 7-78　销轴的旋转整体淬火

图 7-79　齿轮的旋转整体淬火

热量，冷却相应比较缓慢，不易淬裂。

3）淬后自回火效果好。

4）薄壁工件不适合。

连续加热法的特点如下：

1）与固定法比较，硬化层较浅，一般为 2~3mm。

2）由于该工艺加热、冷却迅速，需要机械操作，烧嘴的精度与气体调整的工艺控制较为重要。

3）高碳钢与合金钢容易发生淬裂，应适当预热，冷却剂也应恰当选择，可采用喷气或喷雾淬火。

7.2.2　火焰喷嘴和燃料气

火焰喷嘴是火焰淬火的主要工装，为了保持较长的使用寿命，火焰喷嘴须用高熔点合金或陶瓷等材料制作，火焰喷嘴的结构也应按照被加热零件和加热方式的不同而有所差异。图 7-83 和图 7-84 所示为几种典型火焰喷嘴的结构。

火焰加热所用气体燃料有城市煤气、天然气、丙烷、乙炔、氢气等，其中乙炔是最常用的，表 7-27 和表 7-28 列出了几种常用气体燃料的性质。

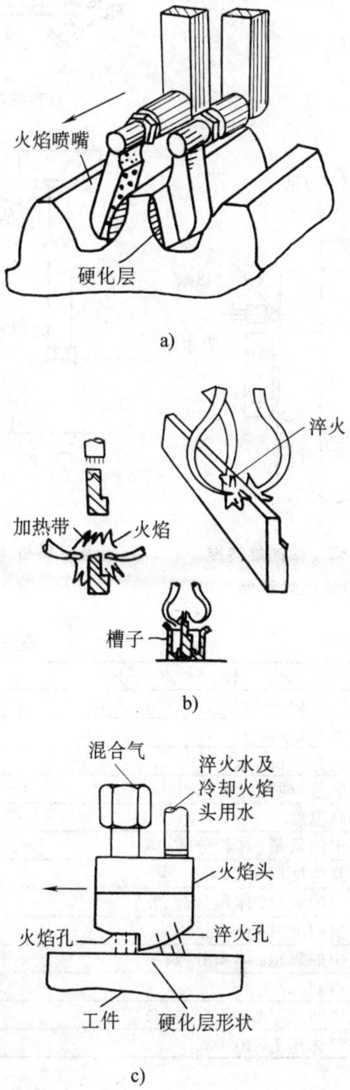

图 7-80　连续加热法火焰淬火示意图

a）大齿轮淬火　b）长刀片淬火　c）导轨淬火

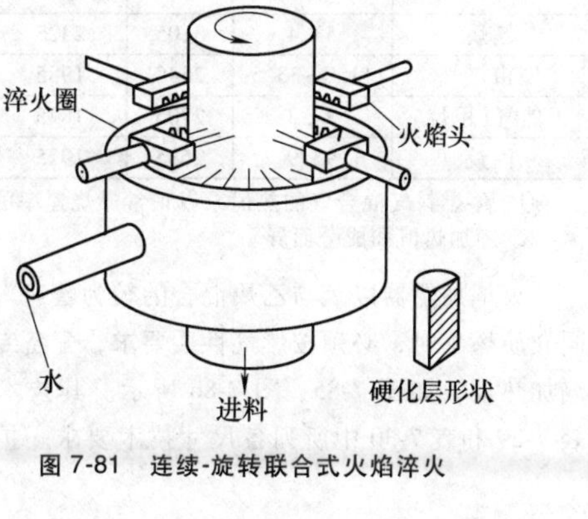

图 7-81　连续-旋转联合式火焰淬火

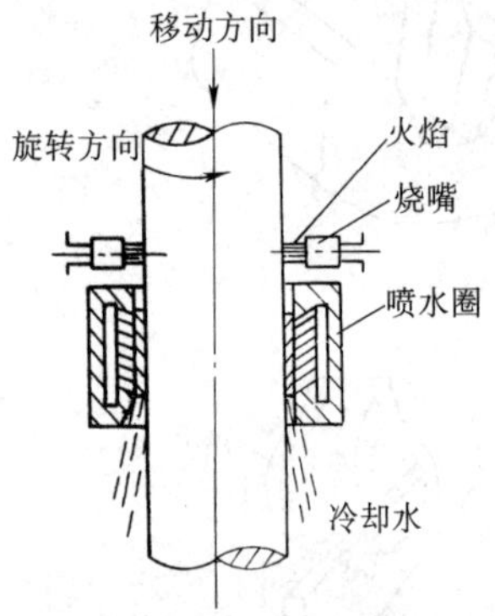

图 7-82　轴的旋转推进法火焰淬火

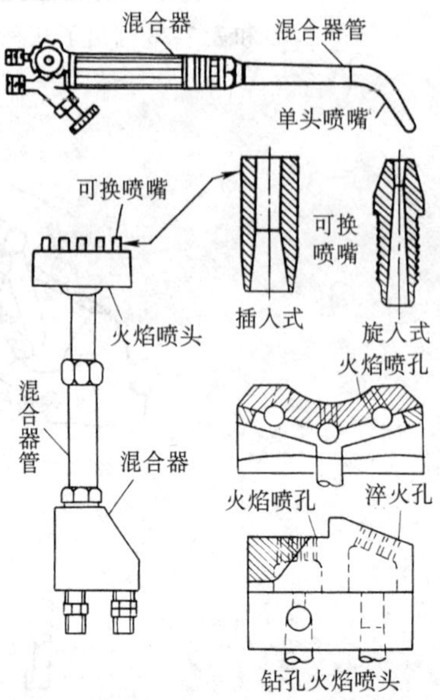

图 7-83　几种常用火焰喷嘴构造

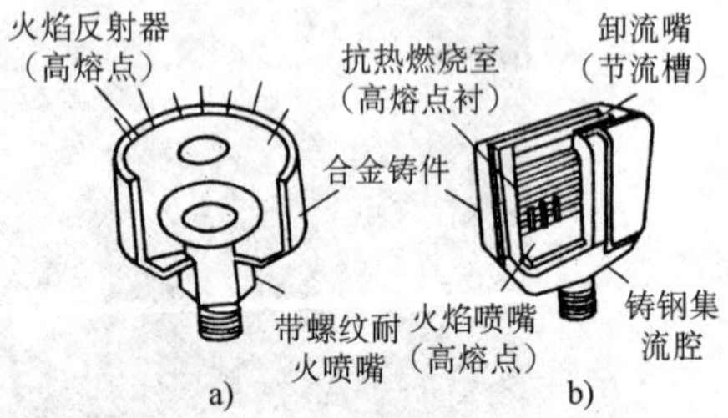

图 7-84　典型的用空气-燃料气燃烧的喷嘴
a）辐射型　b）高速对流型（不用水冷）

表 7-27　火焰淬火用气体燃料

性　　质	煤气	甲烷	丙烷	乙炔	氢
燃烧热值/(kJ/m^3)	17974～19228	39823	101658	58896	12749
容积密度/(kg/m^3)	0.646	0.714	2.019	1.1709	0.8987
理论需氧量/(m^3/m^3)	0.795～0.890	2	5	2.5	0.5
实际需氧量/理论氧量(%)	75	100	70～80	40～70	70
火焰最高温度/℃	2800	2930	2750	3100	2650
混合气中的氧量(体积分数,%)	35	55	55	55	22
火焰最高速度/(cm/s)	705	330	370	1350	890
混合气中的氧量(体积分数,%)	45	65	88	72.5	29
最大火焰烈度/[kJ/(cm^2/s)]	12.67	8.40	10.70	44.73	13.96
混合气中的氧量(体积分数,%)	42	62	80	70	25
比热容/(kJ/m^3)	640	1129	941	577	1095
混合气中的氧量(体积分数,%)	37	65	80	50	40
要求的气体压力/10^5Pa	0.3	0.5	1.0	0.8	0.5

表 7-28　用于火焰淬火的燃料气

气　　体	加热值/(MJ/m^3)	火焰温度(用氧)/℃	火焰温度(用空气)/℃	氧与燃料气常用比率	氧与燃料气混合气比热值①/(MJ/m^3)	正常燃烧速率/(mm/s)	燃烧强度/[mm·MJ/(s·m^3)]	空气与燃料气常用比率
乙炔	53.4	3105	2325	1.0	26.7	535	14284	—
城市煤气	11.2～33.5	2540	1985	②	②	②	②	②
天然气(甲烷)	37.3	2705	1875	1.75	13.6	280	3808	9.0
丙烷	93.9	2635	1925	4.0	18.8	305	5734	25.0

① 氧-燃料气混合气的热值乘以正常燃烧速率的乘积。
② 随加热值和成分而异。

火焰加热器以氧与乙炔混合的较为普遍。使用不同介质燃气时，必须按燃气性质要求，配备专用的火焰加热器，如图 7-85、图 7-86 所示。其技术数据见表 7-29 和表 7-30 中所列各尺寸技术要求。扩大或缩小各供气与出气通路的截面，使氧与不同燃料气混合后燃烧以保证火焰稳定。所以加热器适用氧气压力为 294～784kPa，燃气压力为 49～147kPa。喷火嘴多焰孔截面积应为各孔的总圆面积之和。

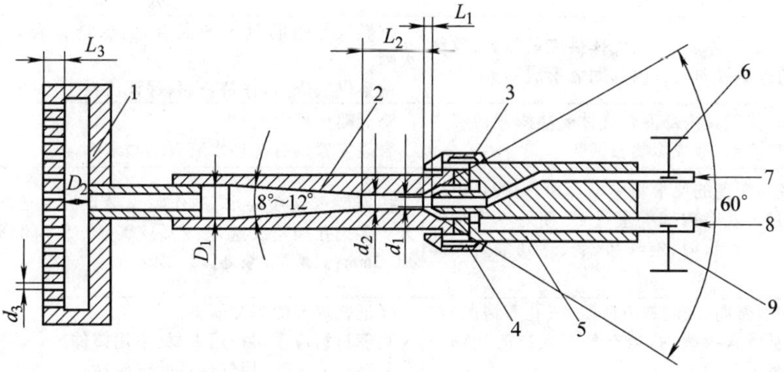

图 7-85　专用火焰加热器结构示意图

1—喷火嘴　2—混合室　3—喷嘴　4—螺帽　5—炬体　6—氧气调节阀　7—氧气导管　8—燃气导管　9—燃气调节阀

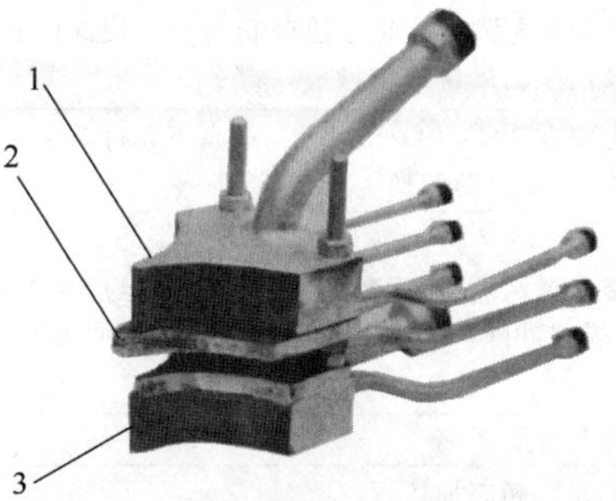

图 7-86　专用仿形火焰加热器外观

1—喷火嘴　2—挡板　3—喷液淬火器

表 7-29　专用火焰加热器主要结构尺寸

主要尺寸	符号	经验公式
喷嘴孔径	d_1	—
混合口孔径	d_2	—
喷火嘴孔径	d_3	—
混合室通路孔径	D_1	$(1.5\sim3)d_2$
储气室直径	D_2	$(1.5\sim2)d_3$
喷嘴与混合口间隙	L_1	$(1.2\sim1.5)d_1$
混合孔径长	L_2	$(6\sim12)d_2$
喷火嘴孔径深	L_3	$(5\sim10)d_3$

表 7-30　使用不同燃气的孔径规格

燃气名称	计　算　式	
	d_2	d_3
乙炔	$\approx(3\sim3.3)d_1$	$\approx3d_1$
氢	$\approx(3.2\sim3.5)d_1$	$\approx3.5d_1$
丙烷	$\approx(2.7\sim3)d_1$	$\approx3.2d_1$
天然气	$\approx(2.9\sim3.2)d_1$	$\approx3.1d_1$
城市煤气	$\approx(4.2\sim4.5)d_1$	$\approx4.5d_1$
焦炉煤气	$\approx(4\sim4.5)d_1$	$\approx6d_1$
煤油	$\approx(2.9\sim3.2)d_1$	$\approx3.8d_1$

煤油与氧气混合的火焰加热器与用其他燃气的工具不同，应先将液态的煤油经气化并经过毛毡和苛性钠层滤清，以便脱水和消除固体微粒的焦油产物以及环烷酸、磺基环烷酸和其盐类，然后供给特制的火焰加热器，如图 7-87 及图 7-88 所示。

火焰加热工具使用故障和处理方法见表 7-31。

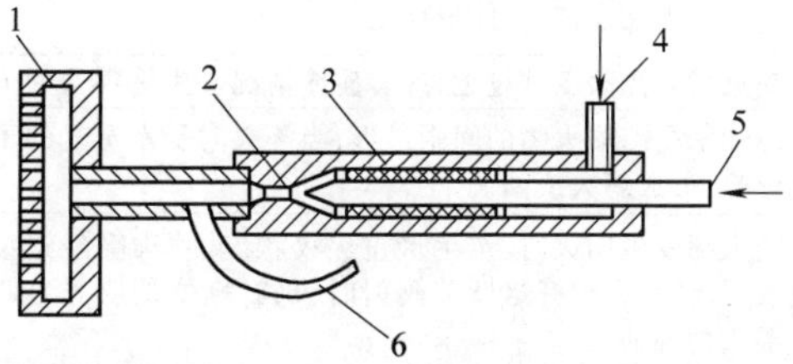

图 7-87　煤油火焰式加热蒸发用火焰淬火装置

1—喷火嘴　2—混合室　3—石棉垫料蒸发室　4—气化煤油进口　5—氧气进口　6—火焰式蒸发嘴

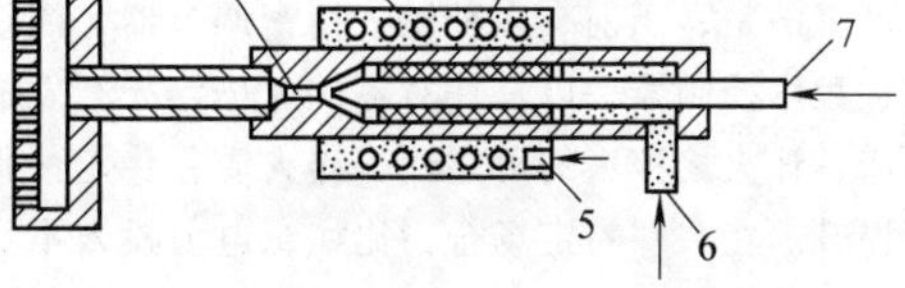

图 7-88　煤油电热式加热蒸发用火焰淬火装置

1—喷火嘴　2—混合室　3—电热式蒸发器　4—石棉垫料蒸发室　5—电源进口　6—气化煤油进口　7—氧气进口

表 7-91 火焰加热工具使用故障和处理方法

故障及原因	处理方法
混合气燃烧速度高,气体流速低,气体供应量不足,致使在工具外部燃烧的火焰导向工具内部回燃形成回火	按燃气与不同氧气的混合比例,选择合理的混合室,喷嘴及喷火嘴 调整供气压力,保持流速,保证流量供给
喷火嘴热量过高,使工具内部混合气体受热膨胀而产生附加阻力,妨碍供气流动,造成爆鸣及回火	降低喷火嘴温度 合理安置设有冷却水装置的喷水嘴
喷火嘴出口孔径与深度的要求制作不合理,一般是出口孔径过大,孔深度过短及嘴内储气室过宽,使外界多量空气积聚于火嘴气室内,点火时,空气与燃气达到最易爆炸范围,立即发生回火	按照燃气性质要求,制作喷火嘴点火时放泄适量余气,然后再点火。多焰孔径建议选用:乙炔/氧 ϕ0.5~ϕ0.8mm;丙烷/氧 ϕ0.8~ϕ1.2mm;天然气/氧 ϕ1.5~ϕ2mm
喷火嘴某部钎焊有微漏,或材料有砂眼、气孔等情况,在点燃火焰后,空气被吸入火嘴内,当空气混入燃气达到一定比例时,即产生爆鸣及回火	保证钎焊部的焊接质量 喷嘴材料应采用挤压铜材,不用铸件 新制的喷火嘴,用气压试验气密性
火焰加热工具的混合室、喷嘴、喷火嘴、调节阀等零部件连接处气密性不好,使应隔离的各毗邻通路发生连通,造成气体流窜影响原定的气体流程而回火	检查各部件气密部位配合面的精度,如有不精确或损坏的应予调换,在总装时,各螺纹紧固件必须拧紧,不应漏气
火焰加热工具的各零部件处沾有油脂,油脂与氧在一定压力下产生剧烈的氧化反应,发生自燃或回火,有烧损氧气调节阀及氧气胶管的危险	清除火焰加热工具沾染的油脂 各部件严禁与油脂接触,对必须涂润滑脂的部件,如调节阀的气密垫料部位,应采用抗氧化性能好的硅脂与石墨浸涂的石棉垫料,或含有石墨的聚四氟乙烯作为垫料
氧气胶管老化和氧气压力过高,对抗氧化性能较差的胶管,极易产生回火或自燃而烧损胶管	氧气工作压力应在294~490kPa范围,最高不超过784kPa 陈旧老化的胶管,应及时调换
由于火焰加热工具使用的时间较长,以及日常回火等因素,在氧气调节阀、喷火嘴、燃气与混合口通路等部位聚积炭黑污垢,影响气流,当火焰随聚积的点燃炭黑呈暗红状态向工具内部蔓延时,即形成回火	定期清除积聚炭黑污垢,可用酸洗加热烧除(以约500℃的火焰烧尽炭灰)及人造爆鸣冲除(关小氧及燃气,产生人造回火)等方法
喷火嘴与淬火工件过近,或有碰撞情况发生爆鸣及回火	调整喷火嘴与工件的距离
冷却水孔与喷火嘴的间距过近,当淬火时受水蒸气的干扰影响,形成熄火或回火	在喷火嘴与水孔之间应加挡板 选定适宜的冷却水出口斜度
喷火嘴发生回火时,产生严重灭火状况,喷火嘴经连续数次关闭后,在再开启调节阀门时,仍有燃烧的明光自喷火嘴内向外冲出	燃气调节阀与氧气调节阀关闭气密性不良,应予检修或调换 喷火嘴制作质量不良和火孔孔径扩大,必须更换喷火嘴

7.2.3 火焰淬火机床

火焰淬火有其经济性、便捷性，以及可以处理单件复杂零件的优势。但是在靠人工操作燃烧器的时代，要获得可靠的热处理结果也并非易事。事实上，由于人为操作过程不可控，这种方法一般情况下已经被废弃。

可喜的是，当前有多种燃气精密调节器、流量传感器、程序控制器，以及针对零件火焰淬火开发的淬火机床，让火焰淬火的可靠性、淬火质量稳定性得到大幅提升。在一些特定场合，比如，电力投入不足或采用感应淬火需要兆瓦级的功率而投入产出严重不成比例时，当零件形状复杂、批量小因而采用感应淬火工艺难度太大时，火焰淬火仍不失为一种替代工艺。

和感应淬火机床相类似，火焰淬火机床成套系统也包括4个部分：夹持工件完成动作的机床，加热能源供给系统，淬火冷却介质循环冷却系统，冷却水系统。在这里只对淬火冷却介质温度控制提供热交换，没有感应加热电源的冷却，因此规格可以减小（相比于感应淬火系统）。

火焰淬火机床根据火焰淬火方式的不同，也分为固定加热型、旋转加热一次淬火型和旋转加热连续淬火型，当然也有以上几种方式的组合。图7-89所示为齿轮旋转加热一次淬火机床的工作区和外观。

加热能源供给系统这里主要由燃气供气系统、流量调节和控制阀、烧嘴保持调节架、燃烧嘴等组成。在这里烧嘴类似于感应器，在机床运行过程中要按程序沿各个轴移动，而且位置、速度可控。这离不开程序控制和伺服运动系统的支持。

现代自动化火焰淬火机床具有以下主要特征：

1）淬火程序和所有基本参数储存在执行器的硬盘上。

2）采用电子控制压力和流量系统，优化能耗。

3）燃烧器是自动定位的。

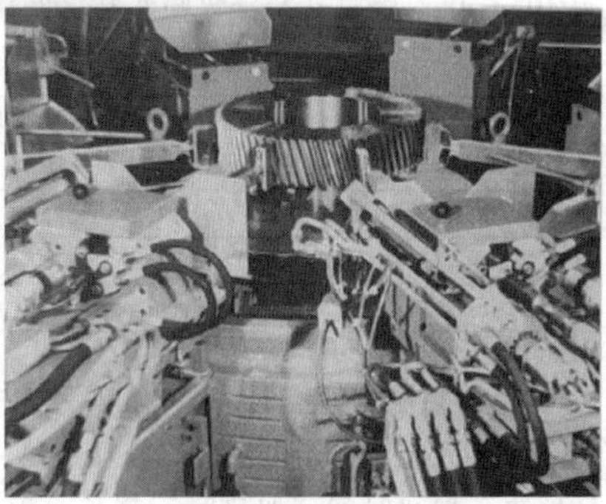

a)

b)

图 7-89　齿轮旋转加热一次淬火机床
a）工作区　b）外观

4）由于燃烧器性能提高，所需要的燃烧器数量减少。

5）通过快速更换系统更换燃烧器。

6）通过 CNC 控制实现精确的可复制性，或能融入生产线。

通过这些措施，使得安装时间大大缩短；淬火质量更可控，重复性好，而且对操作人员的依赖性小。

和感应淬火相比，火焰淬火在特定情况下也有优势：齿面和齿根必须淬火，而淬火零件数量有限且尺寸很大的齿轮表面淬火。图 7-90 所示为大模数齿轮轴采用单齿火焰淬火的应用示例。图 7-91 所示为一个模数 35 的工程齿轮采用单齿火焰淬火的外观。对于大规格异形件单件生产的工程零件来说，火焰淬火也有应用之处，尽管目前应用很少。

图 7-90　大模数齿轮轴的单齿火焰淬火的应用示例

7.2.4　火焰淬火工艺规范

火焰淬火加热速度比较快，奥氏体化温度向高温方向推移。但火焰表面加热工件内部温度分布曲线比较平缓，这是由热传导所决定的（不同于感应加热）。因此，对于规定淬火深度的火焰淬火，工件表面加热温度应该高一些。不同材料的火焰淬火温度要比一般普通淬火温度高 20~30℃。火焰淬火适用的钢种比感应加热更为广泛。表 7-32 中列出了一些钢号的火焰淬火温度，供操作者参考。

图 7-91　模数 35 的工程齿轮单齿火焰淬火的外观

表 7-32　一些钢号（铸铁）的火焰淬火温度

钢号及铸铁	加热温度/℃
35、ZG270-500、40	900~1020
45、ZG310-570、50、ZG340-640	880~1000
50Mn、65Mn	860~980
40Cr、35CrMo	900~1020
42CrMo、40CrMnMo、35CrMnSi	900~1020
T8A、T10A	860~980
9SiCr、GCr15	900~1020
20Cr13、30Cr13、40Cr13	1100~1200
灰铸铁、球墨铸铁	900~1000

由于火焰淬火具有较快的加热速度，因此对工件最好是先进行正火或调质处理，以获得细粒状或细片状珠光体。

在加热深度较大的情况下，急热又急冷易引起火焰淬火开裂。进行预热可以缓和急速加热并利用工件内部残留热量减慢冷却速度，这对防止缺陷具有良好的效果。对于连续法，可采取在加热烧嘴前加预热烧嘴的方法。

在加热过程中，工件表面与烧嘴之间的距离应保持固定，以保证加热温度的均匀，一般焰心距工件表面约 2~3mm 为好，当工件的截面大、碳含量低时，这个距离可适当减小；若工件的截面小，碳含量高，则这个距离适当增加。

采用连续淬火时，根据钢的淬透性，烧嘴孔与淬火喷水孔间的距离可在 10~25mm 范围内调整，参见表 7-33。为了使水花不溅在焰心处，喷出的水柱应后倾 10°~30°，烧嘴孔与淬火喷水孔之间应设挡板。

表 7-33　烧嘴孔与淬火喷水孔间的距离

钢　号	烧嘴孔与淬火喷水孔间的距离/mm
35、40、45	10
35Cr、40Cr、ZG40Mn	15
55、50Mn、ZG340-640	20
35CrMnSi、40CrMnMo	25

1. 加热温度的控制

对于固定法及旋转法火焰表面加热，工件表面温度取决于加热时间。加热时间越长，表面温度越高。图 7-92a 为固定法加热摇臂杆时表面温度与加热时间的关系。图 7-92b 为圆柱体采用旋转法火焰表面加热的加热时间、加热温度、硬化深度之间的关系曲线。

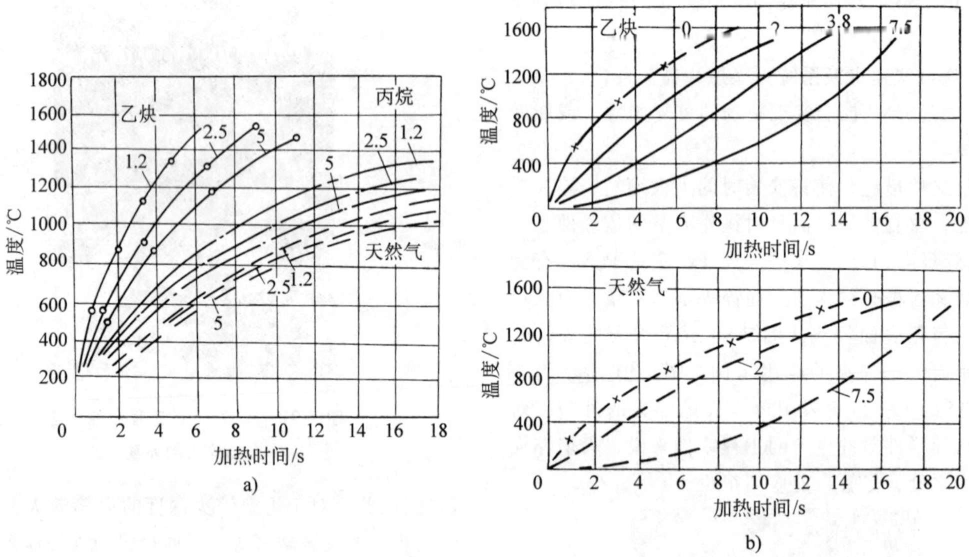

图 7-92　不同加热方式加热时表面温度和加热时间之间的关系

a）固定法加热摇臂杆　b）圆柱体采用旋转法火焰表面加热

火焰加热的加热速度与烧嘴尺寸、燃料气体种类、混合比、混合气体压力及消耗量（流量）有关。表 7-34 所列为使用 10cm 宽的烧嘴时，硬化层深度与烧嘴移动速度、气体消耗量的关系。此时，混合气体压力为 10~11kPa；气体混合（体积）比 O_2/C_2H_2 为 1.5/1.0~11/1.0。

图 7-93 所示为 25mm×50mm×100mm 的钢试样，当烧嘴移动速度为 75mm/min、烧嘴与工件表面距离为 8mm 时，实际加热时间与工件表面温度分布的关系。图 7-93a 中表明在火焰表面加热空冷后表层温度的变化。图 7-93b 是火焰表面加热后水冷时表面温度分布曲线。加热 60s 后开始水冷，此时表面温度急剧下降。65s 以后表面温度已低于内层温度，继续冷却到 100s 时温度趋于一致。这种温度分布将使热应力和组织应力增加。

表 7-34　硬化层深度与烧嘴移动速度、气体消耗量的关系

硬化层深度/mm	烧嘴移动速度/(mm/s)	C_2H_2 消耗量/(cm^3/cm^2)	O_2 消耗量/(cm^3/cm^2)
8	0.8	3300	3600
6	1.25	3200	3350
5	1.67	1650	1760
3	2.1	1300	1400
1.5	2.5	1060	1180

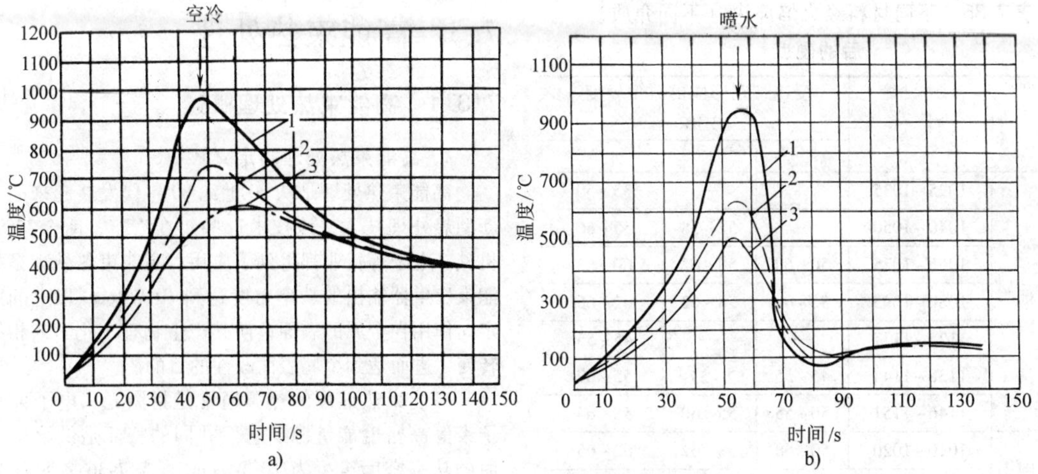

图 7-93 实际加热时间与工件表面温度分布的关系

a）空冷时 b）水冷时

1—表面温度 2—表面下 2mm 处温度 3—表面下 10mm 处温度

注：试样尺寸为 25mm×50mm×100mm；烧嘴移动速度为 75mm/min；烧嘴与工件间距为 8mm。

烧嘴与工件之间的距离对表面加热温度也有很大影响。从图 7-94 中可以看到，当移动速度一定，烧嘴距离由 12mm 减小到 10mm 或 8mm 时，表面温度及淬火表面硬度均相应升高。烧嘴与工件间距应当保持在热效率最高的范围内，一般为焰心还原区顶端距工件表面 2~3mm 为好。

图 7-95 所示是烧嘴与工件间距一定时，移动速度与淬火表面硬度的关系。烧嘴移动速度太慢会使表面过热，反而使淬火后硬度下降。

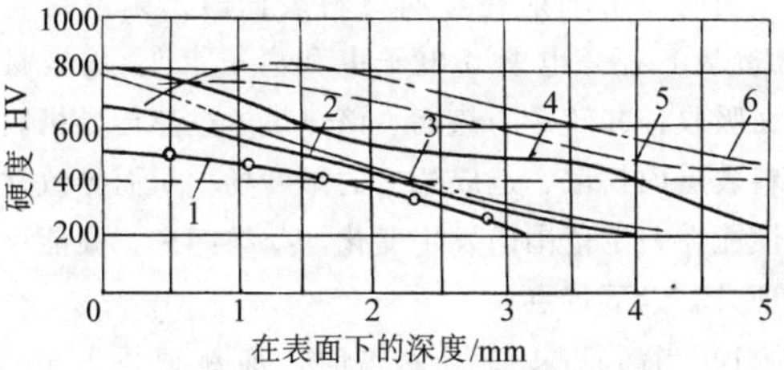

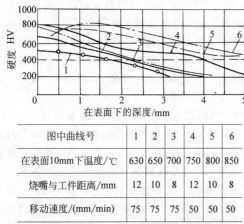

图中曲线号	1	2	3	4	5	6
在表面10mm下温度/℃	630	650	700	750	800	850
烧嘴与工件距离/mm	12	10	8	12	10	8
移动速度/(mm/min)	75	75	75	50	50	50

图 7-94 工件淬火表面硬度与烧嘴距离及移动速度关系

注：试样尺寸为 25mm×75mm×100mm，空冷。

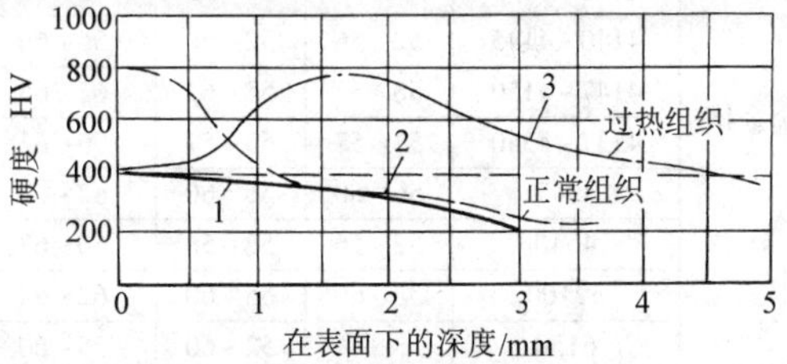

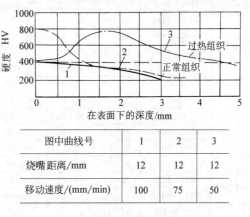

图中曲线号	1	2	3
烧嘴距离/mm	12	12	12
移动速度/(mm/min)	100	75	50

图 7-95 烧嘴距离及移动速度与淬火表面硬度的关系

注：试样尺寸为 25mm×75mm×100mm，空冷。

2. 淬火冷却介质及冷却方式

对于手动火焰淬火，可将工件投入油或水中冷却，这种方法硬化层较深，一般适用于不需要急冷的合金钢或简单碳钢小工件。对于要求表面硬度高的工件，则表面急冷，一般在烧嘴上加工喷射孔喷射冷却剂进行连续加热冷却。对于旋转法火焰淬火来说，则可采用冷却圈进行喷射淬火冷却介质冷却。

淬火冷却介质的冷却速度应设法调节。除了调节淬火冷却介质的流量、压力与温度外，可选用不同淬火冷却介质，如水［一般淬火条件下水的喷射密度为 8~20cm^3/(cm^2 · s)］、不同浓度的逆溶性淬火冷却介质（如聚乙烯醇）等，为了减少淬火开裂和变形，对于合金钢也可用喷雾或压缩空气冷却。

表 7-35 中列出了不同材料经火焰淬火（不同介质）后的硬度。

表 7-35　不同材料经火焰淬火（不同介质）后的硬度

材料		受冷却剂影响的典型硬度 HRC		
		空气①	油②	水②
碳钢	1025~1035	—	—	33~50
	1040~1050	—	52~58	55~60
	1055~1075	50~60	58~62	60~63
	1080~1095	55~62	58~62	62~65
	1125~1137	—	—	45~55
	1138~1144	45~55	52~57③	55~62
	1146~1151	50~55	55~60	58~64
渗碳碳钢	1010~1020	50~60	58~62	62~65
	1108~1120	50~60	60~63	62~65
合金钢	1340~1345	45~55	52~57③	55~62
	3140~3145	50~60	55~60	60~64
	3350	55~60	58~62	63~65
	4063	55~60	61~63	63~65
	4130~4135	—	50~55	55~60
	4140~4145	52~56	52~56	55~60
	4147~4150	58~62	58~62	62~65
	4337~4340	53~57	53~57	60~63
	4347	56~60	56~60	62~65
	4640	52~56	52~56	60~63
	52100	55~60	55~60	62~64
	6150	—	52~60	55~60
	8630~8640	48~53	52~57	58~62
	8642~8660	55~63	55~63	62~64
渗碳合金钢④	3310	55~60	58~62	63~65
	4615~4620	58~62	62~65	64~66
	8615~8620	—	58~62	62~65
马氏体不锈钢	410 和 416	41~44	41~44	—
	414 和 431	42~47	42~47	—
	420	49~56	49~56	—
	440(典型的)	55~59	55~59	—
铸铁（ASTM 级）	30	—	43~48	43~48
	40	—	48~52	48~52
	45010	—	35~43	35~45
	50007、53004、60003	—	52~56	55~60
	80002	52~56	56~59	56~61
	60-45-15	—	—	35~45
	80-60-03	—	52~56	55~60

① 为了获得表中的硬度值，在加热过程中，那些未直接加热区域必须保持相对冷态。

② 薄的部位在淬油或淬水时易于开裂。

③ 经旋转和旋转-连续复合加热，材料的硬度比经连续式、定点式加热材料的硬度稍低。

④ $w(C)=0.90\%\sim1.10\%$渗层表面的硬度值。

7.3　高能束热处理

7.3.1　高能束热处理概述

1. 高能束热处理的定义

高能束热处理是从20世纪80年代发展起来的一类新型热处理技术，该技术近些年在汽车、冶金、纺织、机械、电子等行业都得到了应用。高能束热处理是指高能束发生器输出的功率密度达到10^4W/cm^{2}以上的能束定向作用在金属的表面，使其产生物理、化学或相结构转变，进而达到金属表面改性的目的。

高能束热处理的热源通常是指激光、电子束和离子束等高密度能量源，它们共同的特征是供给材料表面的功率密度至少为10^4W/cm^2。表7-36表明各类高能束处理的机理和结果。表7-37表示各类高能束热处理的功率密度和热处理能力的比较。

表 7-36　各类高能束热处理的机理和结果

作用	类型		
	激光束	电子束	离子束
原子	√	√	√
离子	√	√	√
晶格	√	√	√
位错	√	√	√
熔化	√	√	
汽化	√	√	
作用结果	相变、熔覆、合金化、冲击强化、非晶强化		注入和沉积强化

2. 高能束热处理的特征

当高能束辐射在金属材料表面时，无论是光能（激光束）还是电能（电子束和离子束），均被材料表面吸收，并转换为热能。该热量通过热传导机制在材料表层内扩散，造成相应的温度场，从而导致材料的性能在一定范围内发生变化。归纳起来，高能束热处理具有以下特点：

1）当高能束加热金属时，加热速度高达5×10^3℃/s以上。在如此高的加热速度下，金属共析转变温度Ac_1点上升100℃以上。因此高能束热处理时允许金属表面在熔化温度和相变Ac点之间变化，尽管过热度较大，但不致发生过热或过烧现象。激光束、电子束、离子束经过聚焦后作用在金属表面上的特征几乎相同。例如高能束作用在金属表面，其过热度和过冷度均大于常规热处理，因此表面硬度也高于常规处理5~10HRC。

2）高能束热处理是靠束流作用在金属表面上，对金属进行加热，属非接触式加热，没有机械应力作用。由于高能束加热速度和冷却速度都很快，热应力极小，因此工件变形也小。

表 7-37　各类高能束热处理的功率密度和热处理能力的比较

类型	供给材料表面的功率密度（实验平均值）/（W/cm^2）	峰值功率密度（局部处理实验值）/（W/cm^2）	材料表面吸收的能量密度（理论值）/（J/cm^2）	能源的产生类型
激光束	$10^4 \sim 10^8$	$10^8 \sim 10^9$	10^5	光
电子束	$10^4 \sim 10^7$	$10^7 \sim 10^8$	10^6	电子
离子束	$10^4 \sim 10^5$	$10^6 \sim 10^7$	$10^5 \sim 10^6$	在强磁场下微波放电

3）由于高能束加热速度快，奥氏体长大及碳原子和合金原子的扩散受到抑制，可获得细化和超细化的金属表面组织。

4）由于高能束作用面积小，金属本身的热容量足以使被处理的表面骤冷，其冷却速度高达 10^4℃/s 以上，保证完成马氏体的转变；而且急冷可抑制碳化物的析出，从而减少脆性相的影响，并能获得隐晶马氏体组织。

5）对于激光束、电子束而言，高能束热处理金属表面将会产生 200~800MPa 的残余压应力，从而大大提高金属表面的疲劳强度。

3. 高能束热处理设备

高能束热处理装置主要包括高能束能量源、运动机构、束流传输系统、热处理加工头、监测与控制系统、材料输送系统、辅助系统等。在高能束热处理设备中，高能束能量源尤为重要，决定了热处理的成本、效率。高能束能量源即激光发生器、电子束发生器和离子发射器。其他装置根据工艺要求与高能束能量源进行配置，集成为高能束热处理成套装备，如激光淬火系统、激光强化修复系统、激光毛化系统、高速熔覆系统、电子束合金化系统等。下面以激光热处理为例介绍激光发生器的选择与应用。

在 21 世纪之初，主要用于激光热处理工程的激光器为 CO_2 激光器及 Nd:YAG 激光器。随着多种高功率激光器的开发，对金属材料吸光率更高的高功率激光器更受青睐，包括半导体激光器、碟片激光器、光纤激光器等。几种典型激光器及其特点见表 7-38。

表 7-38　几种典型激光器及其特点

激光器类型	半导体激光器	光纤激光器	碟片激光器	CO_2 激光器	Nd:YAG 激光器
激光波长/μm	0.98	1.06	1.06	10.6	1.06
体积	很小	小	大	很大	大
电光效率	45%	30%	15%	10%	5%
维护周期	3 年	2 年	1 年	6 个月	3 个月
关键部件成本	低	很低	高	中	中
运行成本	很低	很低	中	较高	高

CO_2 气体激光器由于体积大、能耗高等原因，其市场应用正在逐步缩小。随着制造业的快速发展，对于关键零部件的激光热处理提出了大面积处理、特殊结构可变宽度处理、均匀化处理等要求。虽然光纤激光器和碟片激光器光束质量优异，但难以通过光束变换系统调制出符合大面积或特殊部位热处理要求的近平顶分布的光斑。半导体激光器采用半导体作为泵浦源，可直接实现电光转换，整体效率高达 50%以上，且能通过光束处理获得矩形、线形、圆形以及环形且能量分布均匀的光斑，如今已有最大光斑宽度为 140mm 的光斑，且可实现光斑尺寸的动态可变可调。而固体激光器、光纤激光器和碟片激光器都需要半导体激光器作为光泵浦源，无论电光转换效率多高，整体效率仍然逊色于半导体激光器。从体积、能耗、光束质量等各方面综合考虑，半导体激光器是激光热处理的首选。

近年来，随着对材料性能要求的逐渐提高，高能束热处理朝着自动化、智能化方向发展，可以自动控制激光束、电子束、离子束各种参数，实现精准、可选择的材料改性。随着人们的社会环保和可持续发展意识的提高，在“双碳战略”背景下，作为典型的绿色制造技术，高能束热处理技术处理过程能耗低、无污染、无排放，有望大面积替代传统表面处理工艺，在工业上的应用将越来越广泛。

本部分将重点介绍与高能束热处理过程相联系的激光淬火、激光退火、激光熔凝、激光合金化、激光熔覆及电子束热处理技术。

7.3.2　激光淬火

1. 激光淬火概述

对于钢铁材料而言，激光淬火是在固态下经受激光辐照，其表层被迅速加热至奥氏体化温度以上，并在激光停止辐射后快速冷却得到马氏体组织的一种工艺方法，所以又叫作激光相变硬化。适用的材料为珠光体灰铸铁、铁素体灰铸铁、球墨铸铁、碳钢、合金钢和马氏体型不锈钢等。此外，还对铝合金等进行了成功的研究和应用。激光单道扫描后典型的硬化层深度为 0.5~1.0mm，通过特定工艺优化后硬化层深度可达到 2.0~3.0mm，通过激光复合淬火技术硬化层深度可达到 5.0mm 以上。激光淬火的主要目的是在工件表面选择局部产生硬化带从而提高强度和耐磨性，还可以通过在表面产生压应力来提高疲劳强度。它的工艺优点是简便易行，强化后零件表面粗糙度小、变形小，基本上不需经过加工即能直接装配使用；产生的硬化层会具有很高的硬度，一般不回火即能应用；它特别适合于形状复杂、需局部强化、精加工后不易采用其他方法强化的零件。

2. 激光淬火工艺基础

（1）激光淬火的能量传递　激光淬火过程中，激光束将能量传递给了其所照射的材料。激光与材料之间的能量转化遵循能量守恒法，即

$$E_0=E_{反射}+E_{吸收}+E_{通过}$$

式中　E_0——入射到材料表面的激光能量；

$E_{反射}$——被激光照射材料反射的能量；

$E_{吸收}$——被激光照射材料吸收的能量；

$E_{通过}$——激光透过材料后仍保留的能量。

$$1=\frac{E_{反射}}{E_0}+\frac{E_{吸收}}{E_0}+\frac{E_{通过}}{E_0}=R+\alpha+T$$

式中　R——反射系数；

α——吸收系数；

T——透射系数。

对于激光无法透过的材料，此时 $E_{通过}=0$，则

$$1=R+\alpha$$

对于各向同性的均匀物质来说，被激光所照射的材料吸收激光中能量强度为 I 的入射激光通过厚度为 $\mathrm{d}x$ 的薄层后，激光强度的相对减少量 $\mathrm{d}I/I$ 与所吸收厚度 $\mathrm{d}x$ 成正比，即 $\mathrm{d}I/I\propto\mathrm{d}x$，则

$$\frac{\mathrm{d}I}{I}=\alpha\mathrm{d}x \tag{7-5}$$

对于式（7-5），假设入射到材料表面的激光强度为 I_0，将式（7-5）从 $0\sim x$ 积分，可得激光入射到距离表面为 X 处的激光强度 I。

$$I=I_0\mathrm{e}^{-\alpha X}$$

材料对激光的吸收系数 α 取决于材料的种类、激光波长、温度、表面粗糙度及涂层情况等。

（2）温度场　由于激光淬火是一个急冷急热的过程，且工艺影响因素多，所以许多学者利用数值模拟进行仿真预测。以常用的 42CrMo 钢为例，通过光纤传导半导体激光器进行表面深层淬火，采用 Comsol 软件对淬火过程的温度场进行建模，可获得试样在激光淬火过程中不同时刻、不同位置的温度分布，研究试样横向、纵向表面各点以及距离试样表面不同距离各点的温度历史和冷却速度。

为分析激光淬火过程中温度场的时间分布，选择 0~42s 时间段内多个温度场分布，如图 7-96 所示。

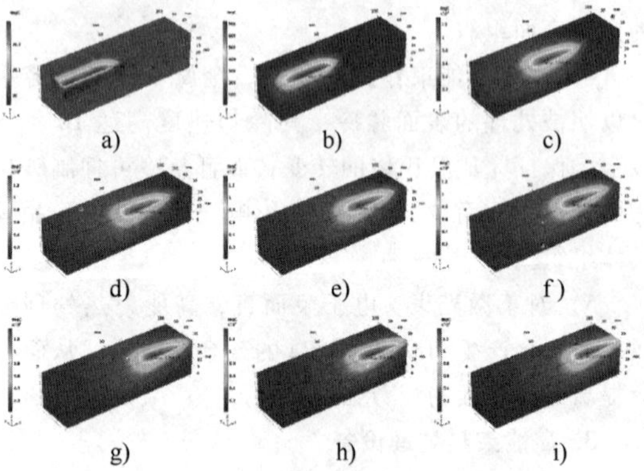

图 7-96　激光淬火温度场时间分布

a）0s　b）3s　c）20s　d）30s　e）35s　f）36s　g）40s　h）41s　i）42s

从图 7-96 可以发现，试样初始温度为 20℃，随着光斑的开始照射，试样表面温度迅速增加。在第 3s 时，试样表面峰值温度为 711.406℃。随着光斑向 x 正方向移动，在第 10s 时峰值温度已达到了 1122.30℃，但此时温度升高速率明显变慢。在第 20s 时峰值温度为 1296.01℃。可以发现，在第 36s 时峰值温度达到 1354.22℃，在最后 3s 内，峰值温度分别为 1359.44℃、1361.51℃、1361.25℃。这说明此时已基本处于稳态，向外耗散的热量等于输入的热量。另外，从激光淬火温度场的时间分布图还可以发现，试样峰值温度的位置与激光中心的位置并不同步，存在一定的滞后性。

为具体分析试样经激光淬火后的温度场时空分布，分别取横截面、纵截面的对称线作为研究对象，并将对称线上不同位置、不同时刻的温度场分布分别绘制，如图 7-97、图 7-98 所示。

从图 7-97 可以看出，试样表面横向的温度场在同一时间时呈阶梯状分布，即光斑未照射区域温度低，光斑照射区域温度几乎一致，且过渡区的温度梯度很大。这是因为光斑照射区域是材料直接通过逆轫致辐射效应吸收激光的能量而迅速升温，而未照射区域是通过材料的热传导升温的，两者的温升速率相差

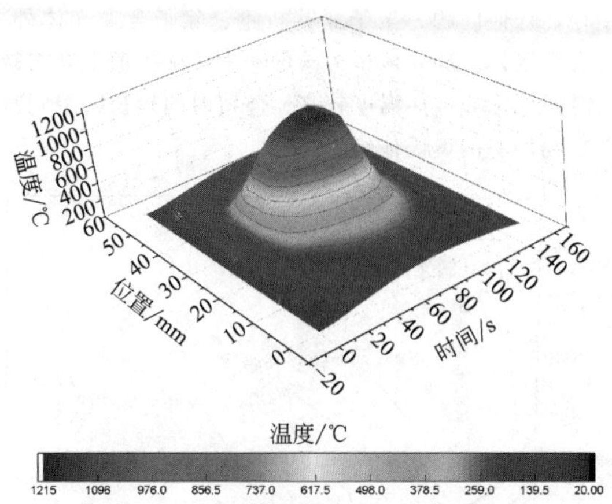

图 7-97　试样表面横向的温度场时空分布

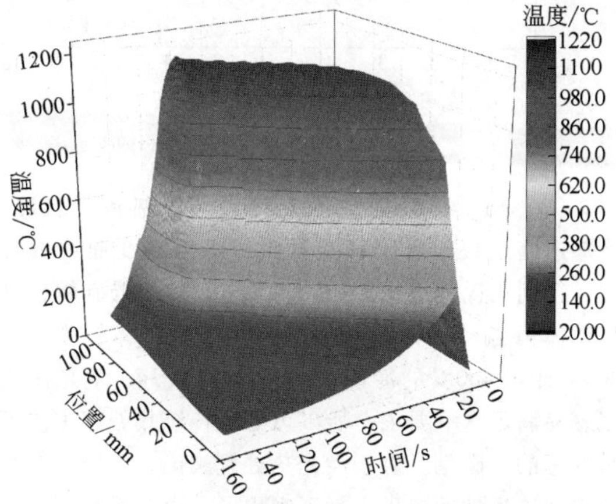

图 7-98　试样表面纵向的温度场时空分布

好几个数量级，所以温度场呈阶梯状分布。

从图 7-98 可以看出，在同一位置时，试样表面的横向温度场呈“人”字形分布，不同位置的“人”字形峰值温度不同，且升温、降温速率不同。分析同一位置的整个温度历史过程，在未受到激光照射时由于热传导温度缓慢上升，距激光光斑的距离越近，温度升高速率越快，当热量输入量与热传导的热量相同时，该位置温度达到最高，即“人”字形峰顶，随后激光离开该位置后迅速降温，当温度下降时，与外界环境温度的温差变小，单位时间内向外散失的热量减少，所以降温速率先快后慢。

为分析试样表面各点的温度历史，根据温度历史曲线求得其冷却速度随时间的变化，以试样表面中心点为基准点，沿激光扫描方向（x 方向），以 10mm 为间距向前（x 正向）、向后（x 负向）各取三个点，共计 7 个点，以这几个点作为试样纵向表面的特征点研究其温度历史并分析冷却速度；同样的，以试样表面中心点为基准点，垂直于激光扫描方向（y 方向），由于横向温度分布对称，故以 5mm 为间距向前（y 正向）取 6 个点，以这几个点作为试样横向表面的特征点研究其温度历史并分析其冷却速度。

将纵向所取得 7 个点温度历史绘制如图 7-99 所示，从图中可以看出，从基准点的最左侧点（即激光最先扫描的点）向右观察，每个点的峰值温度先增加后减少，试样表面温度峰值不在正中间点，而是偏右一段距离，这说明了在激光加热试样表面过程中，因热量传导、积累导致的温度不均匀性。

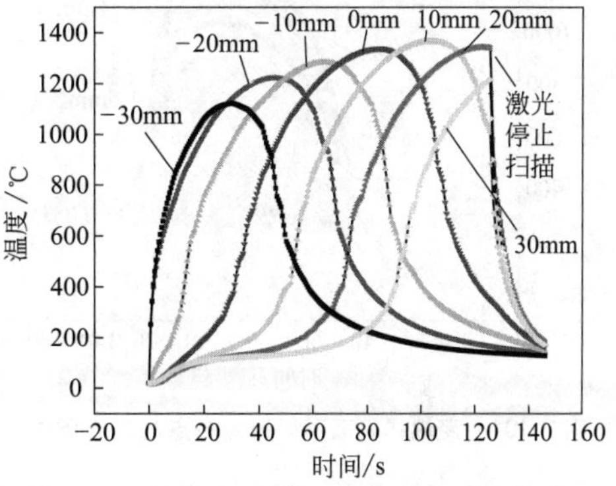

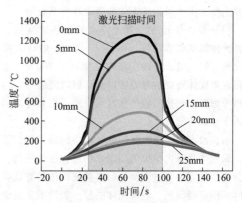

图 7-99　纵向各点的温度历史

图 7-100 所示为横向所取的 6 个点的温度历史，可以看出，中心基准点在任意时刻温度都最高，距离中心点越远的点温度越低，在光斑照射时间范围内（第 26s 至第 100s，记为 t_period），对于某一点，该点温度到达峰值温度的时间在 t_period 的后半段，各点到达峰值温度的时间分别为 76s、76s、76s、76s、77s、78s。

此外，从图 7-100 中还发现各点之间的峰值温度差值也不相同。为分析这种差别，以中心对称点（0mm）为起始点分析各点之间的温度梯度，其值分别为 34.2℃/mm、121.4℃/mm、38℃/mm、15℃/mm、7.6℃/mm，可以发现在光斑宽度边界处温度梯度很

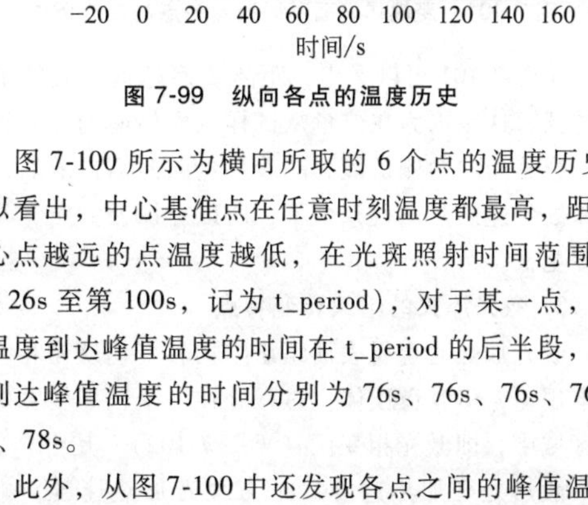

图 7-100　横向各点的温度历史

大，如图中5mm点与10mm点之间温度梯度可达121.4℃/mm。

选择试样横向截面下距离表面分别为0mm、0.5mm、1mm、1.5mm、2mm、2.5mm、3mm的7个点，研究各点在激光淬火过程中的温度变化。图7-101所示为距试样表面不同距离各点的温度历史。

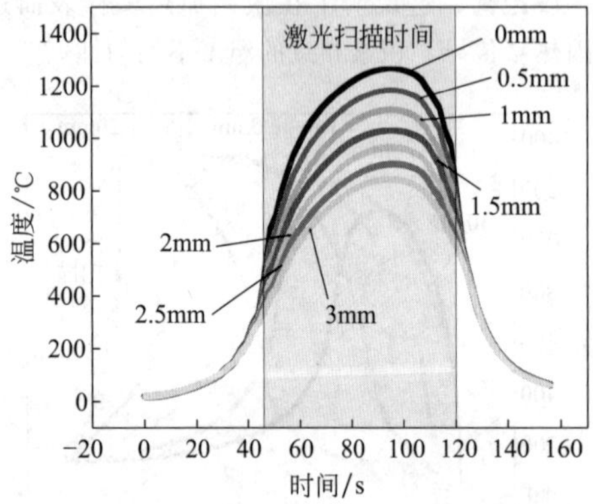

图7-101　距试样表面不同距离各点的温度历史

从图7-101可以看出，距离表面越远，其峰值温度越低，这是因为在热量从试样表面传递到深处过程中，会逐渐向两侧扩散，随着热量向两侧扩散后，向更深处传递的热量就减少了，所以更深处的点其峰值温度更低。

3. 激光淬火的组织转变特点

激光加热时金属表面组织结构转变仍遵循相变的基本规律，但其奥氏体化过程处在一个较高较宽的温度区域中，即激光相变区（见图7-102）。其中v_2、v_3为一般热处理加热速度，v_1为激光加热速度，虚线表示激光相变区范围。激光加热的上限温度可视为金属固相线温度，v_1线与奥氏体转变终了温度交点可视为下限温度。

激光相变区经自冷淬火获得微细马氏体组织，其硬度主要取决于母相奥氏体的碳含量和晶粒度。

（1）奥氏体转变　激光淬火的加热速度快，因而奥氏体转变临界温度（Ac_1）升高。一般认为激光淬火加热时，奥氏体转变临界温度可取800℃，由于材料在奥氏体转变临界温度以上停留时间极短，因而必须考虑有无充分的碳扩散时间、能否得到均匀的奥氏体组织的问题。

用扩散方程对奥氏体转变过程中的碳扩散计算表明，珠光体晶粒内碳扩散均匀化的过程是很快的。尽管激光热处理加热过程快，材料在奥氏体转变临界温度以上停留时间短，但珠光体晶粒一般均能完成碳扩散，转变为均匀的奥氏体组织。共析钢的奥氏体转变不存在任何问题，至于亚共析钢，除了含珠光体外，还有铁素体。珠光体中的碳向铁素体中扩散，则需较长时间。除非加热温度较高、停留时间较长，否则难以得到均一的奥氏体组织。

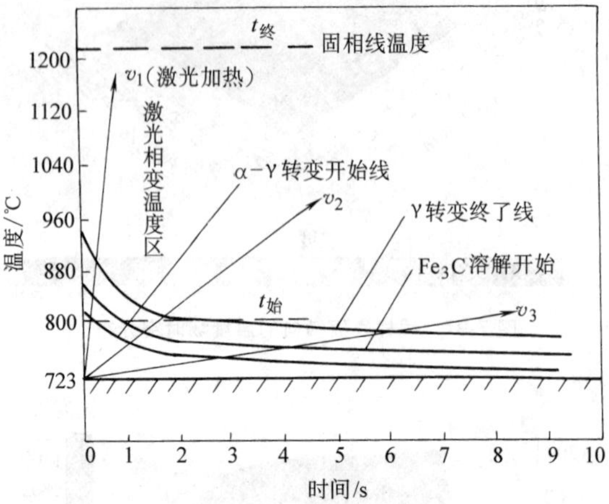

图7-102　奥氏体转变图

（2）马氏体转变　激光淬火是靠热传导自冷，冷却速度很快，足以避开奥氏体恒温转变曲线的鼻尖，得到马氏体组织。如$w(C)=0.1\%$的低碳钢，其奥氏体恒温转变曲线表明，为实现马氏体转变，由800℃冷至400℃的冷却时间应小于0.3s，激光淬火很容易满足这一要求，所以可处理传统热处理工艺不易处理的低碳钢。对于激光热处理来说，碳钢与合金钢之间淬透性的差别也就不突出了。由于激光淬火比传统热处理冷却速度快，相应地处理表面的硬度通常比传统热处理工艺的高。

铸铁也可以进行激光淬火处理。铸铁激光处理的主要对象是珠光体铸铁，它由珠光体和石墨组成，其中珠光体的相变过程与钢中珠光体的相变硬化相似，在铸铁的激光淬火中起决定性的作用。石墨周围则由于部分碳扩散而形成马氏体壳层。珠光体铸铁可以通过激光淬火处理达到共析钢那样的高硬度。铁素体灰铸铁由铁素体和石墨组成。石墨向铁素体中扩散需要很长时间。采用激光热处理仅能在石墨周围形成马氏体硬壳，不能提高其总的硬度，但仍能改善材料的耐磨性能。

4. 激光扫描方式

激光热处理扫描方式如图7-103所示，可分为三种，具体需根据零件硬化的要求而定。

对于大面积材料表面的激光淬火，则需要采用搭接的方式，各扫描带之间需要重叠，后续扫描将在邻近的硬化带上造成回火软化区，如图7-104所示。

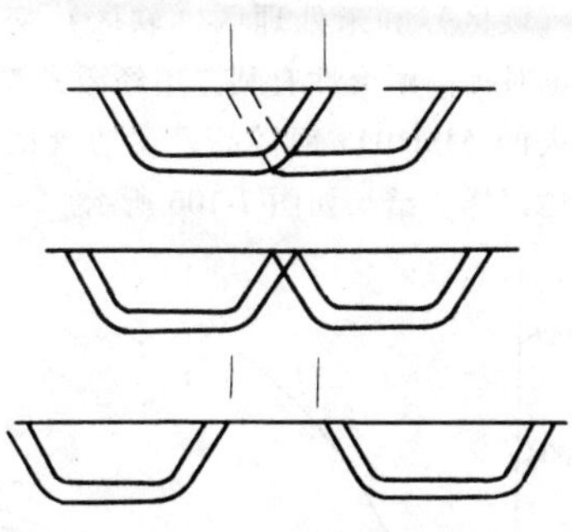

图7-103　激光热处理扫描方式

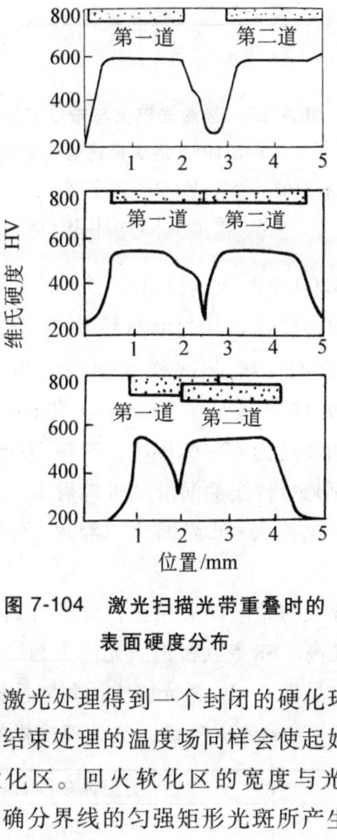

图7-104　激光扫描光带重叠时的表面硬度分布

为了用激光处理得到一个封闭的硬化环带，则在搭接部分，结束处理的温度场同样会使起始硬化部分造成回火软化区。回火软化区的宽度与光斑特性有关，具有明确分界线的匀强矩形光斑所产生的淬火软化区比高斯光斑的小。

随着激光光学系统技术的发展，一次性扫描光斑宽度可达100mm以上，可实现非搭接的大幅面激光热处理，从而避免搭接区的软带现象。

5. 激光淬火工艺参数选择

激光淬火处理最重要的是要控制表面温度和淬硬层深度，且要求在保证一定的淬火层深度的前提下，有较高的扫描速度，即在保证热处理质量的前提下有较高的加工效率。实际操作中，主要控制激光功率、光斑尺寸、扫描速度等工艺参数。为了避免材料表面发生熔化，功率密度一般低于10^5 W/cm^2。

激光淬火工艺参数的选择，可结合优化设计方法及神经网络模型。采用正交试验设计方法，可充分利用标准化的正交表来进行实验方案的设计，并对实验结果进行分析，最终达到减少实验次数、缩短实验周期、迅速找到最优方案的目的。利用正交表进行实验分析，可以将不同的实验因素按照对优化指标的影响程度大小排列，有利于对主要因素进行有效合理的控制，且有利于寻找各实验影响因素的最优组合方式。

以45钢材料为基体，采用半导体激光器的控温模式进行激光淬火，主要变量为控制温度、光斑尺寸和扫描速度，三个因素分别确定四个水平，设计三因素四水平的正交试验见表7-39。

表7-39　正交试验因素水平表

因素	水平1	水平2	水平3	水平4
光斑宽度/mm	3	4.5	6	7.5
控制温度/℃	1200	1235	1270	1305
扫描速度/(mm/s)	2	2.75	3.5	4.25

根据正交表进行激光淬火实验，获取不同参数下的硬化层深度，然后即可分析工艺参数对硬化层深度的影响。表7-40所列工艺参数对硬化层深度的影响规律，K_i表示硬化层深度指标相关的水平的4次实验之和的平均值；R为极差，即同一列中K_i的最大值与最小值之差。同一列中，K_i值大的表明该工艺参数在这个水平对实验结果的影响最大；而极差R的大小用来衡量试验中对应参数作用的大小，极差大的参数，意味着它的三个水平对“指标”影响较大，通常是重要因素。

表7-40　工艺参数对硬化层深度的影响规律

项目	光斑宽度/mm	扫描速度/(mm/s)	控制温度/℃
K_1	0.698	0.863	0.813
K_2	0.81	0.883	0.875
K_3	0.975	0.880	0.883
K_4	1.013	0.870	0.925
R	0.315	0.020	0.112

采用同样的方法，可分析获得工艺参数对硬化层硬度的影响规律。

6. 常用钢铁材料的激光淬火

(1) 碳钢

1) 低碳钢。20钢用常规淬火方法很难淬硬，经激光淬火后硬化层深度可达0.45mm左右，表层显微硬度为420~463.6HV。激光淬火硬化区表层组织是板条马氏体，过渡层组织为马氏体+细化铁素体，基体为珠光体+铁素体。

2) 中碳钢。中碳45钢（调质态）激光淬火层的组织以细小板条马氏体为主，过渡区为马氏体+屈氏体组成的混合组织。45钢退火态激光淬火表层组织为细针状马氏体，过渡区为隐针马氏体+屈氏体+铁素体，心部为珠光体+铁素体组织。

3）高碳钢。对于 T8 钢及 T12 钢的研究表明，激光淬火组织为马氏体+屈氏体+渗碳体组织，此外还有一定量的残留奥氏体。

（2）合金钢

1）轴承钢。GCr15 钢经激光淬火后，硬化区的组织为隐针马氏体+合金碳化物+残留奥氏体；过渡区的组织为隐针马氏体+回火屈氏体+回火索氏体+合金碳化物；基体是回火马氏体+合金碳化物颗粒+残留奥氏体。

2）高速钢。W18Cr4V 高速钢经激光淬火后硬化区表层的组织为隐针马氏体+未溶合金碳化物+残留奥氏体；基体为回火马氏体+合金碳化物。

除了上述典型钢种外，对许多合金钢如 20CrMnTi、40Cr、42CrMo、40CrMo、50CrMnMo、4Crl3、38CrMoAl、18Cr2Ni4WA、Cr12 等均有研究工作报道。

（3）铸铁

对于 HT200，激光淬火后的组织可分为两层，第一层为白亮层，是完全淬火马氏体；第二层为淬火马氏体加片状石墨。

7. 激光淬火层的性能

（1）硬度　研究表明钢铁材料激光淬火层的硬度一般要比常规淬火法得到的高 15% ~ 20%，图 7-105 所示为不同碳含量的钢经激光淬火后所得的硬度与常规淬火所得硬度的对比曲线，各种碳素钢经激光淬火后，其显微硬度值均高于常规淬火获得的显微硬度值，且钢中碳含量越高，显微硬度提高得越多。硬度提高的可能原因是，激光淬火后形成的位错密度比常规淬火位错密度高，且其马氏体组织极细。

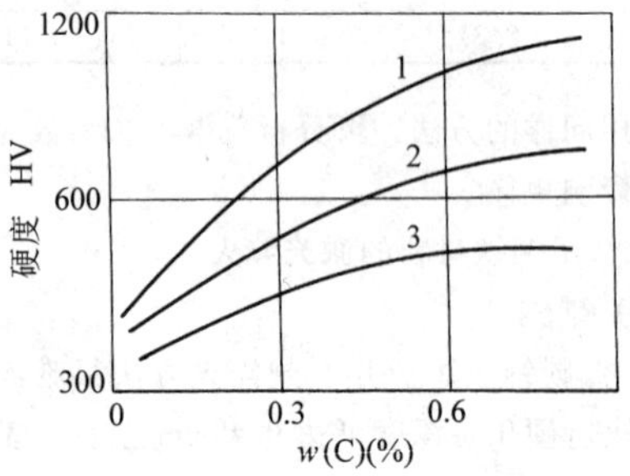

图 7-105　钢的显微硬度与碳含量之间的关系

1—激光淬火　2—常规淬火　3—非强化状态

（2）耐磨性　激光淬火带的硬度比传统热处理的高，其耐磨性也更好。由于激光处理时可以形成激光处理区（硬区）和未处理区（软区）交替并存的状态，这也对提高耐磨性有利。用经激光淬火后与未经激光淬火的 AISI1045 钢样品，在销盘试验机上进行磨损对比试样，结果如图 7-106 所示。

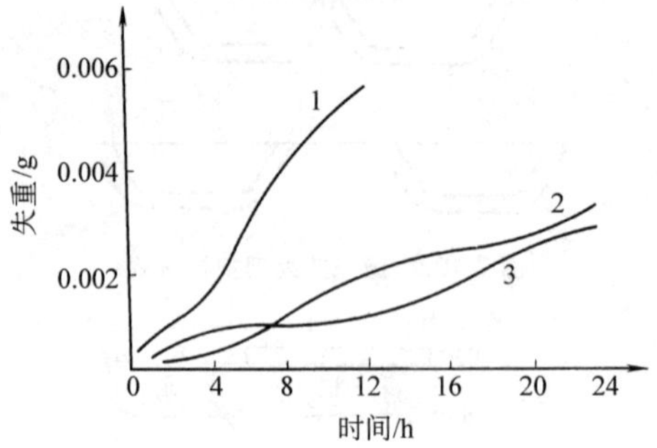

图 7-106　经激光淬火与未处理的 AISI1045 钢磨损试验

1—未处理：95HRB　2—激光淬火：55HRC
3—激光淬火：61HRC

在 MM200 型磨损试验机上测定了四种钢材激光淬火试样的耐磨性，并与普通热处理试样进行对比，结果见表 7-41。磨损试样尺寸为 10mm×10mm×20mm，激光淬火区尺寸为 3mm×20mm，对磨滚轮 Cr12MoV 钢硬度为 60~62HRC，转速 200r/min，加载 1470N（150kgf），注油润滑。可以看出，激光处理试样的耐磨性比淬火+低温回火、淬火+高温回火试样显著提高。

激光淬火与感应淬火相比，处理得到的试样表面耐磨性也较高。SK-5 共析钢激光淬火与高频淬火表面耐磨性对比见表 7-42，激光淬火后耐磨性提高一倍。

表 7-41　激光淬火和普通热处理试样的耐磨性

钢材	磨损体积/mm^3		
	激光淬火	淬火+低温回火	淬火+高温回火
45	0.105	0.161	2.232
T12	0.082	0.131	—
18Cr2Ni4WA	0.386	0.837	2.232
40CrNiMoA	0.064	0.082	1.047

表 7-42　SK-5 钢激光淬火与高频淬火表面耐磨性对比

处理方法	激光淬火	感应淬火
硬度　HRC	64~67	60~63
淬火深度/mm	0.7~0.9	2~3
擦伤	未出现	出现
磨耗损失/mg	0.5	1

8. 激光淬火的应用

（1）轴承　采用宽带激光深层淬火技术对大型重载轴承滚道进行表面强化，激光硬化层深度达 3mm 以上，一次性扫描宽度 4～64mm 可调，表面硬度达 55～65HRC，极大提高了轴承的使用寿命。采用激光复合淬火技术，硬化层深度可达 5mm 以上。

（2）精密异形导轨面　KS-63 导轨原采用 20 钢镀铜—渗碳—淬火工序，现改用 45 钢激光淬火，硬化层深达 0.4mm，畸变 ≤0.1mm，硬度达 58～62HRC。经台架磨损试验滑动 2 万次后，表面完好无损，用于生产每年可节约成本 10 万元。

（3）发动机用缸套　为提高缸套的耐磨性和增加发动机的使用寿命，对铸铁缸套内壁以螺旋线进行扫描，使内壁约有 40% 面积被激光淬火。试验表明，激光淬火层在提高耐磨性和耐蚀性方面都非常优越。

（4）锭杆　CCr15 钢锭杆经激光淬火后，锁杆尖部形成冠状硬化区，硬度高于 900HV，硬化层的轴向深度大于 0.5mm，在对比试验中其使用寿命比常规热处理的高一倍以上。

（5）齿轮　采用宽带激光淬火法对 40Cr 材料制造的轧钢机三重箱齿轮轴的试验表明，激光硬化层深 1.2～1.4mm，宽 20mm，表面硬度达 55～60HRC，心部硬度达 30～35HRC。

（6）冷作模具　对用 Cr12 钢、T10 钢制造的冷作模具采用激光表面硬化后，装机考核结果表明，使用寿命分别可提高 0.33 倍和 9 倍。

采用激光淬火的工件还有很多，如凸轮、主轴、曲轴、凸轮轴等。表 7-43 列出了一些典型零件激光淬火的实例。

表 7-43　典型零件激光淬火实例

编号	零件名称	材料及状态	优点或效果
1	轴承	42CrMo 钢，调质态	激光淬火后硬化层深度 3mm 以上，表面硬度最高达 65HRC，硬化层深度和硬度可调
2	齿轮	各种钢	仅对齿面进行激光加热处理，柔性好，对非处理区域无影响
3	汽车曲轴	球墨铸铁	硬度提高到 55～62HRC，耐磨性和疲劳强度均提高
4	凸轮轴	铸铁	变形 <0.13mm，硬度达 60HRC，硬化层均匀，耐磨性有很大提高
5	缸套	灰铸铁或合金铸铁	螺旋状激光淬火，采用大光斑慢扫描；网纹状淬火，采用小光斑快扫描，形成以淬火带为骨架的微油池。激光淬火后机车使用寿命提高 3～5 倍
6	纺织用针板	45 钢	替代整体用 40Cr 材料，降低成本，硬度高于 600HV，无变形，满足出口需要
7	游标卡尺	GCr15	刃口部位硬度显著提高，增强了耐磨性，提高使用寿命
8	阀杆导孔	灰铸铁	获得高硬马氏体，提高耐磨性，变形很小
9	梳棉用针布	60 钢、65Mn 钢，齿高 1mm，齿根宽 10.5mm，齿距 0.75mm，齿尖厚度 0.13mm	火焰法对短齿针布无法处理。激光淬火比原火焰法质量及稳定性均高，耐用性好
10	大型内燃发动机阀杆锁夹	42CMo 钢，一般在调质后精加工状态下使用	激光强化层硬度达 700～780HV，耐用性大幅提高。未处理的运行 2000h 后，内部凸出的棱边均已磨平，而经激光处理的很少变化
11	活塞环槽侧面	灰铸铁或球墨铸铁	其他方法难以进行，用激光淬火可显著提高表面硬度和耐磨性，提高耐用性
12	舰艇用火箭发射安全凸轮	AISI 4030	硬度 62HRC，互搭区很窄，硬度 51HRC，变形很小（<0.03mm）。原用碳氮共渗法，时间需 24h，并有环境污染问题
13	M-1 或 M60 战车零件（T-142 端头联结器）	AISI 4010	硬度达 55HRC，层深小于 5mm，由于激光淬火的高精密性及可控性，使零件在恶劣的使用条件下格外耐用

7.3.3　激光退火

1. 激光退火概述

激光退火是指利用高能束激光对材料进行退火处理的加工方法。激光退火技术最早用于修复离子注入损伤的半导体材料。用激光束照射半导体表面，在照射区内产生极高的温度，使晶体的损伤得到修复，并消除位错。它能有效地消除离子注入所产生的晶格缺陷，同时由于加热时间极短，可避免破坏集成电路的浅结电导率和其他结特性。在金属材料领域，激光退火热处理的应用也相对广泛，主要用于冲压成型件的表面软化处理，提高零件的塑韧性。

2. 激光退火工艺

与激光淬火相似，激光退火的主要工艺参数有激光功率、光斑尺寸和扫描速度。在实践中，激光热处理的过程控制方法有功率模式和温控模式。功率模式即选择一定的激光功率，匹配相应的扫描速度进行激光热处理。该方法有一定局限性，周围环境以及激光器本身的不稳定性将导致输出功率的不稳定，从而影响热处理过程中的温度分布，带来热处理质量的不稳定。温控模式是通过采集材料表面的实时温度实时调控激光输出功率，使材料表面温度基本维持稳定，从而提供可控的热输入。通过控制温控温度和激光扫描速度就可以控制激光热处理最高温度和热处理维持时间，当温度高于再结晶温度时就能使材料发生再结晶退火。材料发生回复再结晶使预拉伸后的形变晶粒变为均匀的奥氏体晶粒，进而导致材料的物理性能发生改变，材料的强度硬度降低，塑性得到提高。

(1) 工艺参数对软化区组织的影响　以固溶态 022Cr17Ni12Mo2 不锈钢为基体，为了模拟实际冲压成型工况下的塑性变形，对固溶处理后 022Cr17Ni12Mo2 板材做预拉伸处理，然后进行激光再结晶退火。图 7-107 所示为预拉伸处理后试样纵截面的显微组织。可以看到晶粒发生变形，沿流变方向被拉长，退火孪晶界被破碎，但仍有部分孪晶存在。预拉伸处理后，022Cr17Ni12Mo2 中各晶粒内部发生了滑移变形，出现明显的滑移带，部分晶粒可见明显的平行滑移线。由于预拉伸形变量较大，滑移线密度大，启动滑移的晶粒数较多，一些晶粒中甚至出现了交叉滑移。

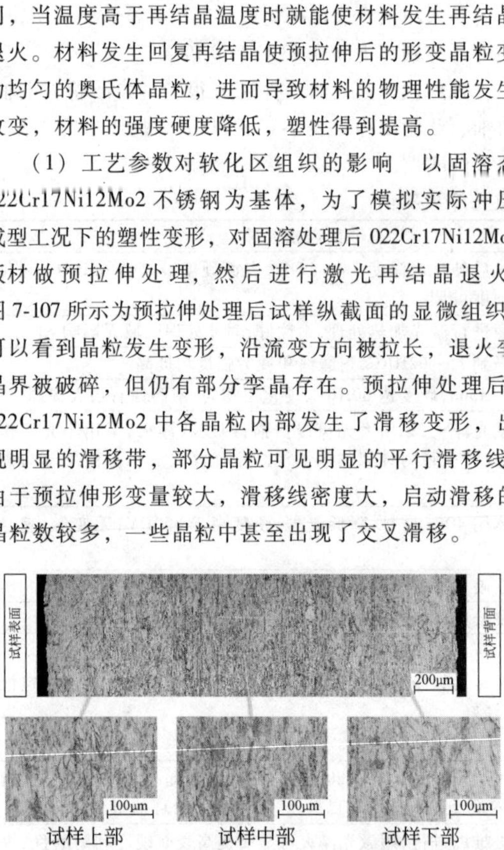

图 7-107　预拉伸处理后试样纵截面的显微组织

图 7-108～图 7-110 所示为激光退火处理后试样纵调截面显微组织，均采用温控模式，温控温度为 1673K，扫描速度分别为 5mm/s、10mm/s、15mm/s。图 7-108 的扫描速度最慢，热输入时间最久，可以发现试样上部、中部、下部均为等轴奥氏体组织，且晶粒尺寸较大，甚至与固溶态基体接近，还可以观察到个别晶粒尺寸异常长大。随着扫描速度的增大，晶粒逐渐变小。

如图 7-110 所示，试样表面为等轴奥氏体晶粒，试样中部和下部仍存在密集滑移带，且晶粒仍为变形

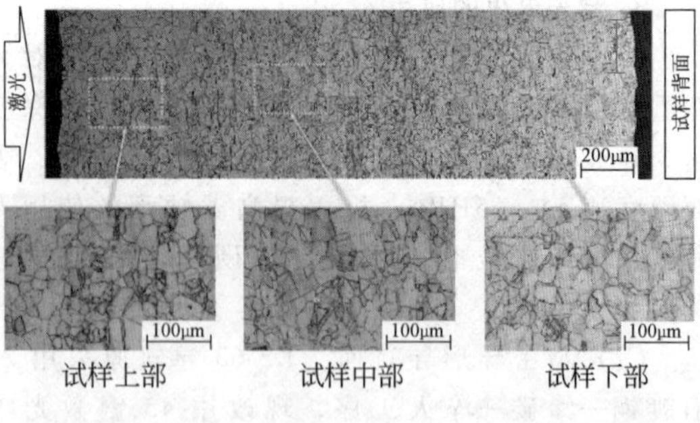

图 7-108　B1 组（1673K，5mm/s）纵截面显微组织

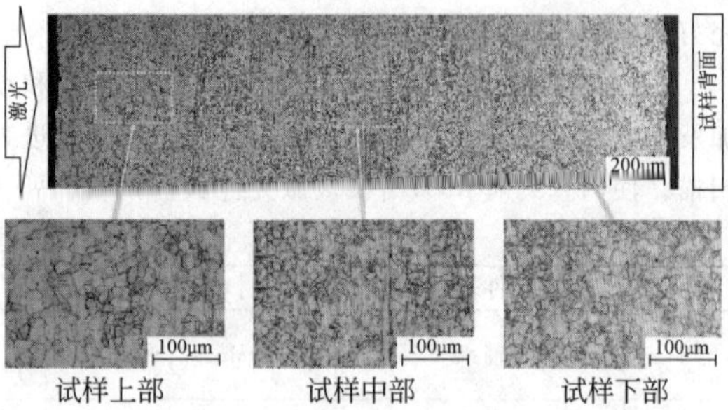

图 7-109　B2 组（1673K，10mm/s）纵截面显微组织

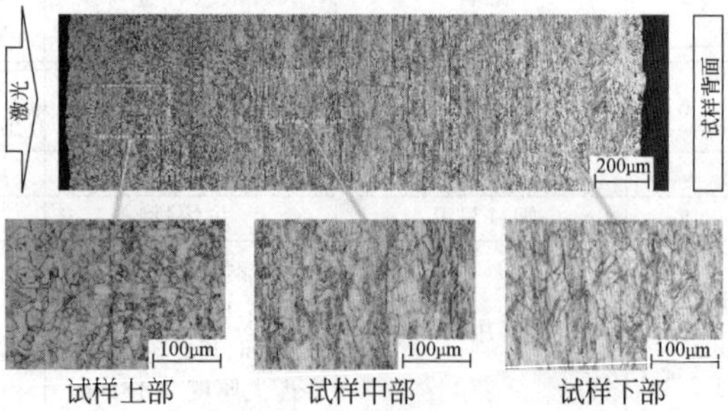

图 7-110　B3 组（1673K，15mm/s）纵截面显微组织

晶粒。试样中上部存在一个界面，该界面上部为细小的再结晶晶粒，下部为存在少量滑移带的变形晶粒，说明该界面为再结晶界面，该处的最高温度和总热输入量刚好达到再结晶临界条件。由 B3 组组织分析可以发现试样由背面到表面所处状态分别为变形晶粒、回复、再结晶和晶粒长大四个状态，这同样是随着深度增加总热输入量减少导致的。

激光再结晶退火可以实现塑性变形后 022Cr17Ni12Mo2 材料的回复再结晶，可以发现明显的再结晶和晶粒长大现象。而激光温控温度和扫描速度决定了材料的最高温度和总热输入量，从而调控各点的回复再结晶进程，实现对材料不同深度晶粒尺寸的调控。

（2）工艺参数对软化区硬度的影响　可用软化程度定量表征激光再结晶退火后对材料的实际软化效果，用 $\alpha_{软}$ 表示。软化程度是激光处理后硬度下降量与预拉伸后硬度增加量的比值，见式（7-6）。利用此表达式即可计算各工艺参数下激光退火后的定量软化效果，从而为工艺选择提供参考。

$$\alpha_{软}=\frac{\beta_{预拉}-\beta_{处理}}{\beta_{预拉}-\beta_{原始}}\times 100\% \tag{7-6}$$

式中　$\alpha_{软}$——软化程度；

$\beta_{预拉}$——预拉伸对照组的平均硬度；

$\beta_{处理}$——激光处理后靠试样背面硬度稳定阶段的平均值；

$\beta_{原始}$——固溶态原始对照组的平均硬度。

1）激光温控温度对软化区硬度的影响。图7-111所示为一定激光扫描速度下，不同温控温度试样深度方向的硬度分布。由图7-111a可知，当扫描速度为5mm/s时，激光温控温度从1723K到1623K，材料均完全软化，各组平均硬度均低于固溶态原始对照组的平均硬度。但结合纵截面的金相分析，可知改组参数下表面已熔化，违背退火热处理不改变表面特性的要求，同时说明已找到扫描速度为5mm/s时温控温度的上阈值。图7-111b所示为扫描速度为10mm/s时，各温控温度下深度方向的硬度分布。随着温控温度的降低，平均硬度逐渐增加，这是由于温控温度降低，材料的总热输入量减少，导致回复再结晶及晶粒长大程度不同，晶粒尺寸的变化主要导致了硬度的变化。图7-111c所示为扫描速度为15mm/s时各温控温度处理后的硬度结果。可以明显观察到硬度值随深度的增加呈规律性变化，说明温控温度为1623~1723K情况下，扫描速度为15mm/s均已低于再结晶的最低能量阈值，硬度值随深度的增加呈现低硬度稳定阶段、硬度升高阶段和高硬度稳定阶段。由此可以分析得出，随着温控温度的增加，软化深度逐渐增加。也可大致预估不同工艺下的再结晶临界深度。

综上可知，实验证明激光再结晶退火可有效降低预拉伸后的材料硬度，甚至低于固溶态原始对照组的平均硬度。而扫描速度一定时，温控温度越高，材料退火后硬度越低。当总热输入量低于完全再结晶退火的最低阈值时，板材部分再结晶退火，退火深度随温控温度的升高而增加。同时，温控温度对软化程度的影响作用大小与扫描速度有关。

2）扫描速度对软化区硬度的影响。表7-44所列为温控温度相同，不同扫描速度下试样的平均硬度。

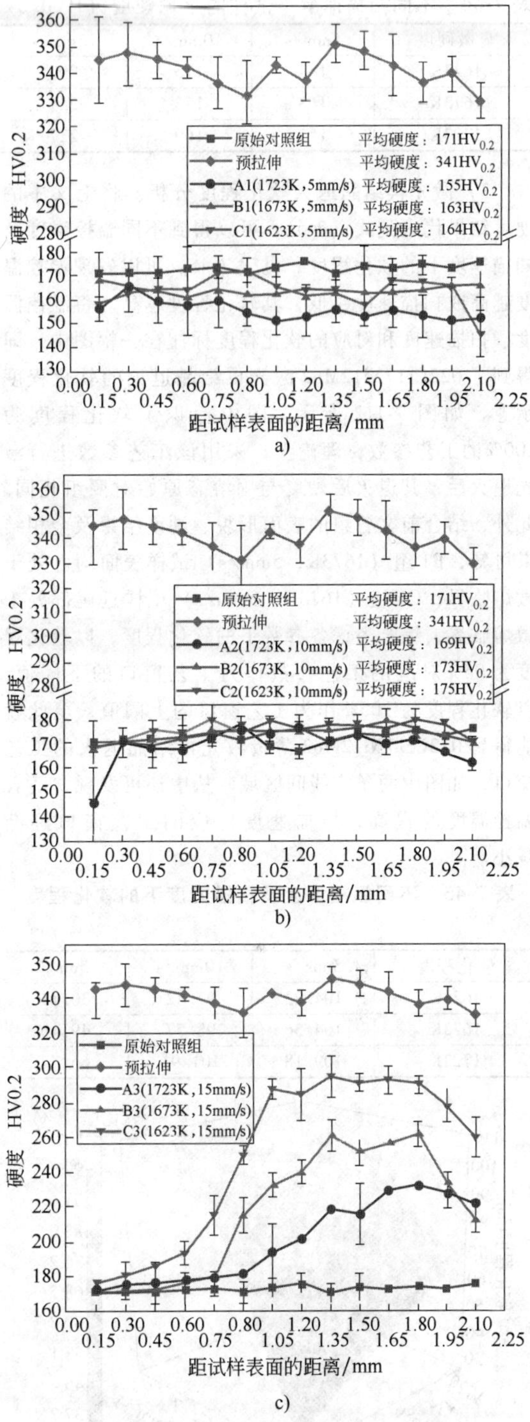

图7-111　一定扫描速度不同温控温度下的硬度分布图

a）5mm/s　b）10mm/s　c）15mm/s

可以发现相同温控温度情况下，扫描速度的提高会导致硬度的提高，即软化效果的降低。

表 7-44　不同扫描速度下试样的平均硬度（HV0.2）

显微硬度	5mm/s	10mm/s	15mm/s
1623K	164	175	290
1673K	163	173	257
1723K	155	169	227

3）激光再结晶退火软化程度分析。将上文中的硬度结果代入到式（7-6），可以得到不同温控温度及扫描速度下的软化程度，见表 7-45，可以发现温控温度越高或扫描速度越低，其软化程度越高。将温控温度、扫描速度和对应的软化程度标注在一幅图中，即得到了 022Cr17Ni12Mo2 激光再结晶退火的软化程度示意，如图 7-112 所示。图中标识了软化程度为 100%的工艺参数，理论上，采用该工艺参数进行激光退火后，其退火后硬度与固溶态原始对照组相同。此外，结合前文各组的表面形貌、硬度结果及金相结果可知，B1 组（1673K，5mm/s）试样表面均已处于微熔临界，C1 组（1623K，5mm/s）试样近尾部处于微熔临界，综合考虑各参数下的软化程度，以软化程度为 95%对应的工艺参数作为工艺窗口的下阈值，以软化程度为 105%作为工艺窗口的上阈值，至此就能得到 022Cr17Ni12Mo2 薄板激光再结晶退火的工艺窗口，如图中两条实线间区域。从中还可发现，随着温控温度的提高，扫描速度对应的工艺窗口逐渐减小。

表 7-45　不同温控温度及扫描速度下的软化程度

（%）

软化程度	5mm/s	10mm/s	15mm/s
1623K	104.23	97.42	30.11
1673K	104.56	98.57	49.16
1723K	109.18	101.91	66.77

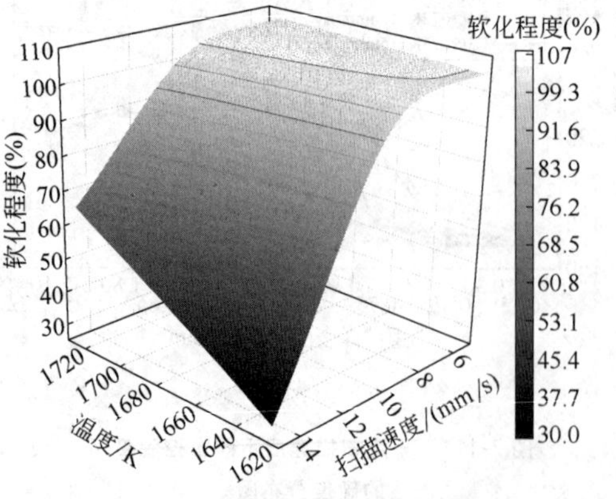

图 7-112　激光再结晶退火的软化程度示意

3. 激光退火性能

金属材料在冷加工后，金属变形抗力和强度增加，塑性指标降低。而激光处理可让材料发生回复与再结晶，使其恢复塑性指标，得到良好的力学性能。为进一步研究激光瞬时退火软化处理后试样力学性能的改善情况，可通过室温拉伸实验和拉伸断口分析定量和定性地评定不同工艺激光处理后的软化效果。

图 7-113 所示为实验测得的 022Cr17Ni12Mo2 不

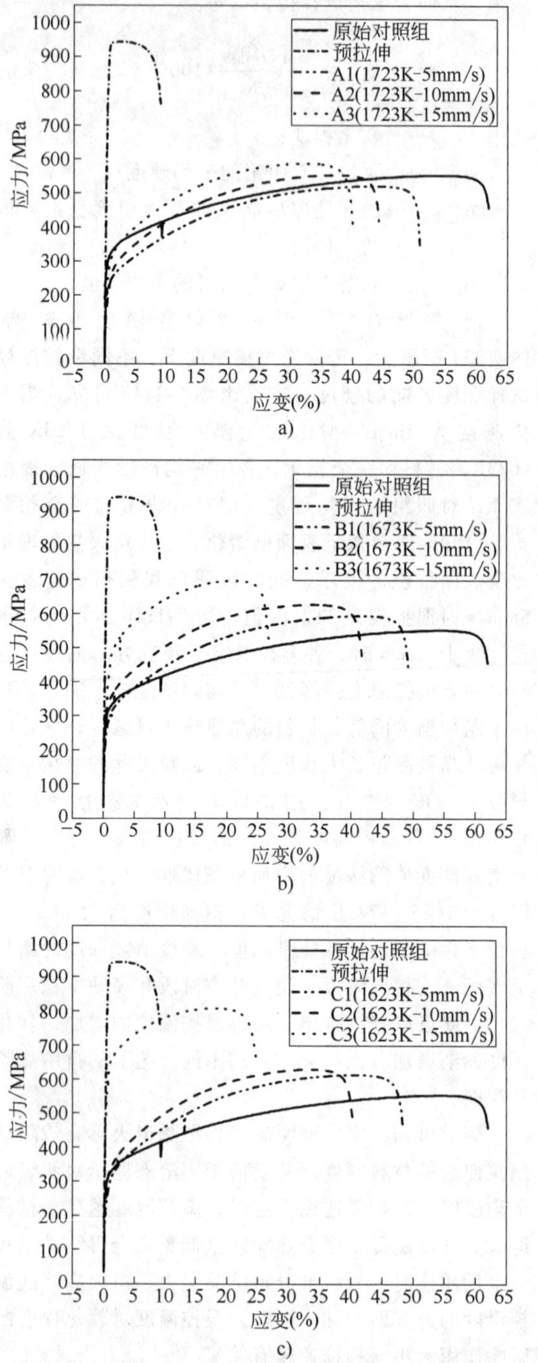

图 7-113　激光退火前后的应力应变对比曲线

a）激光处理 A 组　b）激光处理 B 组　c）激光处理 C 组

锈钢激光退火前后的应力应变对比曲线，结果表明，实验所用 022Cr17Ni12Mo2 不锈钢并无明显屈服点。预拉伸后峰值应力显著提高，峰值应变急剧下降。激光退火后各组的应力应变曲线变化趋势均一致，峰值应力随着扫描速度的提高而增大，峰值应变随着扫描速度的提高而减小，且峰值应力均低于预拉伸对照组，峰值应变均高于预拉伸对照组，说明激光退火软化后塑性得到了提高。

从图 7-114 中不同工艺处理后抗拉强度与断后伸长率数据可以看出，相同温控温度下，扫描速度越快，抗拉强度越高，断后伸长率越低，软化效果越弱；相同扫描速度情况下，温控温度越低，抗拉强度越高。

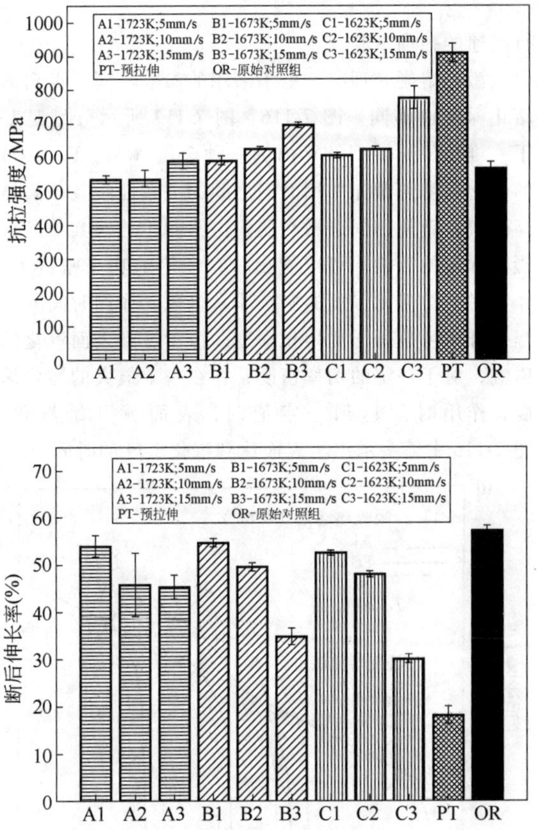

图 7-114　022Cr17Ni12Mo2 不锈钢试样的拉伸性能

结合金相图与硬度分析可知，温控温度越高扫描速度越慢，也就是热量输入量增加，变形晶粒和滑移系消失，晶粒尺寸增大，回复再结晶更充分，导致抗拉强度降低。而回复再结晶越充分，其断后伸长率越高，即塑性恢复越明显。

抗拉强度越低，断后伸长率越大，其软化程度越大，且软化程度的大小是由抗拉强度与断后伸长率共同决定的，而软化程度是由显微硬度计算得到，故可以通过显微硬度结果定性分析材料的软化程度。在实际工业应用中，对试样表面及截面进行硬度分析，即可预估软化程度的范围，即预估材料的抗拉强度与断后伸长率，分别对应材料强度与塑性，以便判断退火后试样力学性能是否达到后续冲压工艺的要求。

4. 激光退火的应用

材料表面激光退火热处理，较为典型的应用在金属材料、半导体材料等领域，不同材料所采用的退火机制有所不同。

半导体硅材料是当前研究领域的热点，激光退火的光斑可控、扫描位置可控的局部处理优势尤为明显，因此在多晶硅材料制备中，激光退火应用尤为广泛，材料吸收激光的高密度能量，使其达到相变温度以上，而后降温，便可产生多晶硅。Yuan 等学者探究了在厚度为 200nm 的非晶硅薄膜上进行激光退火的相变过程。Chen 等建立了非晶硅薄膜激光退火的数值模型，研究了能量密度的影响规律及阈值能量。Shieh 等则探究了飞秒激光应用于非晶硅晶化的可能性。国内学者段国平等研究了连续激光和脉冲激光在非晶硅晶化领域的优劣。

在金属材料领域，国内外研究学者已从各方面入手验证了激光退火热处理的可行性。Shimada 提出在 06Cr19Ni10 钢的晶界工程中，在相对低的温度下进行轻微的预应变激光退火可以优化晶界特征分布从而得到优异的耐晶间腐蚀性。Tsay 等提出采用激光退火的 06Cr17Ni12Mo2（316）奥氏体不锈钢的疲劳裂纹扩展行为在各种环境（实验室空气，气态氢气和饱和硫化氢溶液）中具有较高的抗疲劳裂纹扩展能力。Yang 等提出激光表面退火使 06Cr19Ni10 钢产生大量孪晶界，从而使耐晶间腐蚀性得到改善。

姚建华等对发生加工硬化的 06Cr19Ni10 钢容器壁进行了激光软化处理，发现加工硬化区域的板条状马氏体均转变成奥氏体，材料硬度大幅降低并出现再结晶晶粒，温度再升高则组织发生完全再结晶；对发生预拉伸硬化的 022Cr17Ni12Mo2 不锈钢进行激光再结晶退火处理，通过温控模式下矩形光斑激光再结晶退火工艺研究，获得激光再结晶退火工艺与组织性能的关系，并做出激光再结晶退火工艺窗口，为工业中实现 022Cr17Ni12Mo2 不锈钢准确可控的激光再结晶退火提供借鉴。

在此激光软化的基础上，还发展出了新的研究方向，即激光加热辅助切削技术，这是一种先局部加热工件后利用刀具进行切削的加工方法。采用该方法可以利用先前的预热降低材料的硬度及强度，降低刀具需要承受的切削力，以提高刀具的使用寿命，同时还能提高生产效率和提高产品质量，如提高表面精度。通常采用电弧、火焰和激光等热源加热。由于激光有其独特的高相干性、高方向性和高能量密度，以及光斑尺寸易于控制，容易实现自动化等优点，是开展加热辅助加工的较优热源。杨立军等探讨了利用激光对材料进行软化，并利用其热应力效应实现加工的可行性，着重研究了激光辅助切削技术，利用该技术进行陶瓷材料加工过程中的温度分布、切屑形状及工件表面精度的控制。

与传统的热处理方法相比，激光热处理通过控制激光方向可以对材料表面任意局部进行处理，利用其高能量改变表面微观结构，产生残余压应力，提高其拉伸性能。同时激光热处理可实现选区软化，避免工件的整体变形。通过激光退火工艺的调节，使得热处理效果可根据要求灵活调节，易实现退火软化程度的差异化控制，自动化程度高。

7.3.4　激光熔凝

1. 激光熔凝概述

激光表面熔凝处理（表面快速熔化且快速凝固）是利用激光束在极短的时间内以 $10^5 \sim 10^7 W/cm^2$ 的功率密度在金属零件表面快速扫描，使之迅速形成一层非常薄的熔化层，随后利用工件冷态基体的吸热与传导使熔池中的金属液体以 $10^6 \sim 10^8 K/s$ 的速度冷却，凝固，细化材料表层组织，减少偏析，形成高度过饱和固溶体等亚稳定相乃至非晶态，从而提高零件表面的耐磨性、抗氧化性和抗腐蚀性能。

2. 激光熔凝工艺

激光熔凝是典型的快速加热和快速凝固过程，对于这样的快速凝固过程，可用如下三个参数描述：

（1）冷却速度　在相同熔化深度的情况下，它主要取决于激光束的功率密度。

（2）温度梯度　主要取决于激光束的功率密度和扫描速度。

（3）凝固速率　与激光束的功率密度无关，而随扫描速度变化。

为了进行激光表面熔凝处理，应选择较大功率的激光器，同时匹配良好的聚焦系统，以期得到功率密度极高的光斑，并且使这种光斑在零件表面上进行快速的扫描。一般情况下，如采用较低及中等程度的扫描速度时，普通工作台是适用的；但在有些需要极高扫描速度的情况下，直线运动的工作台不再适用，其原因是限于长度关系，加速区及减速区所占台面过长。一种如图 7-115 所示的转盘式工作台可以用来进行高速的扫描试验。

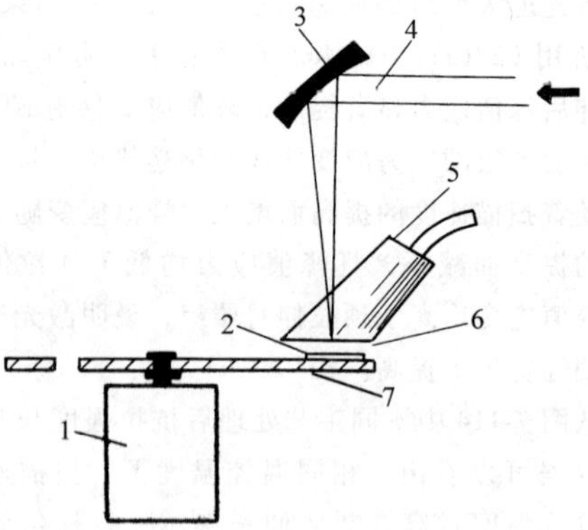

图 7-115　转盘式工作台

1—变速电阻　2—试样　3—聚焦镜　4—激光束　5—插入式气体保护罩　6—光束焦点　7—转盘

激光熔凝处理时，由于采用的参数不同，得到的熔化深度也不同。图 7-116、图 7-117 所示分别是基于一维热传导模型计算出的三种金属（Al、Fe、Ni）的熔化深度与激光作用时间之间的关系曲线及超高铬高碳双相钢使用固态激光器采用不同工艺对其单道熔凝层深度的影响。可以看出，在一定的功率密度下，作用时间对熔化深度的影响非常显著。作用时间的小幅提升便可显著增加熔化深度。由于受到表面汽化的影响，对于一定的功率密度，存在一个最大的熔化深度，作用时间达到一定值时，表面就开始汽化。图 7-116 中箭头示出了表面达到汽化温度的时间。

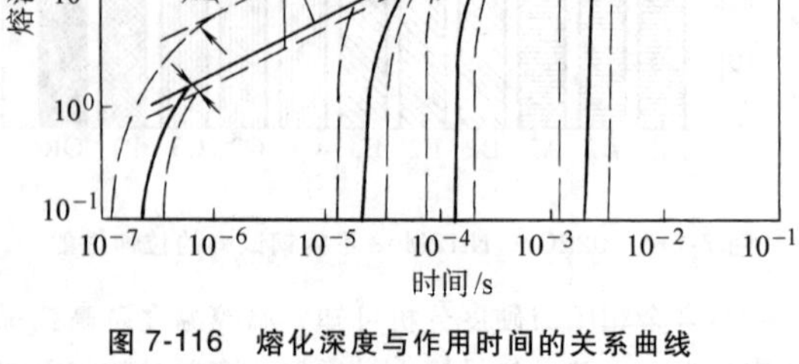

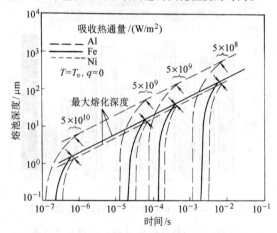

图 7-116　熔化深度与作用时间的关系曲线

激光熔凝要求冷却速度非常快，对于金属 Ni，其冷却速度与熔化深度及功率密度的关系如图 7-118 所示。当功率密度越高，或熔化深度越浅时，冷却速度与温度梯度就越大。当熔化深度趋近于零时，冷却速度最大；当达到最大熔化深度时，冷却速度最小。

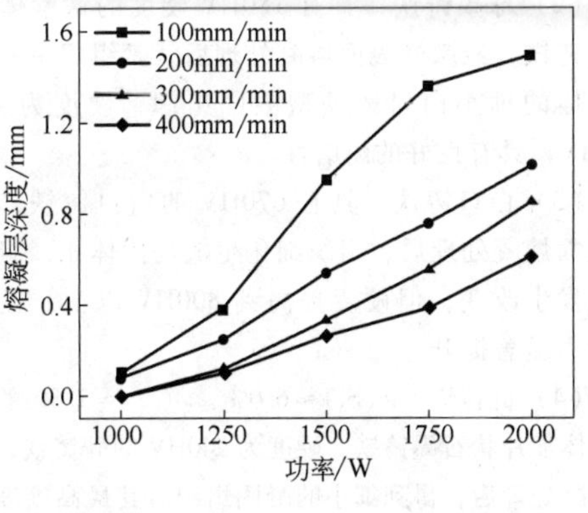

图 7-117　不同工艺参数对熔凝层深度的影响

激光熔凝纯 Ni 时，其温度梯度曲线和凝固速度曲线如图 7-119 所示。

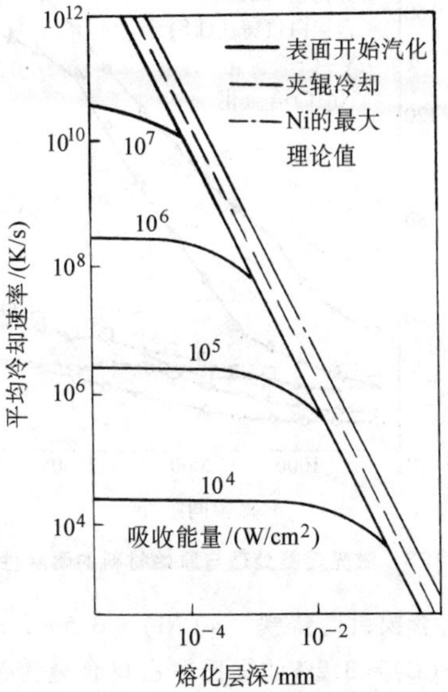

图 7-118　冷却速度与熔化深度及功率密度的关系

从图中可以看出，当激光能量输入停止后，在固液界面上的温度梯度 G 将从最大开始下降，且当表面凝固时变为零。凝固速度在开始凝固后从零逐渐加快，越接近表面凝固速度越快。

激光熔凝也可以作为激光熔覆的后处理工艺，以降低表面粗糙度，降低残余应力。以激光熔凝作为 Q235 基板在激光熔覆 AISI 316（对应国内牌号 06Cr17Ni12Mo2）不锈钢后处理手段为例（见图 7-120），在激光熔覆后进行激光熔凝，熔覆层表面的宏观形貌随着激光功率的增大而有所改善，其组织结构在激光熔凝后基本没有较大变化（见图 7-121）。

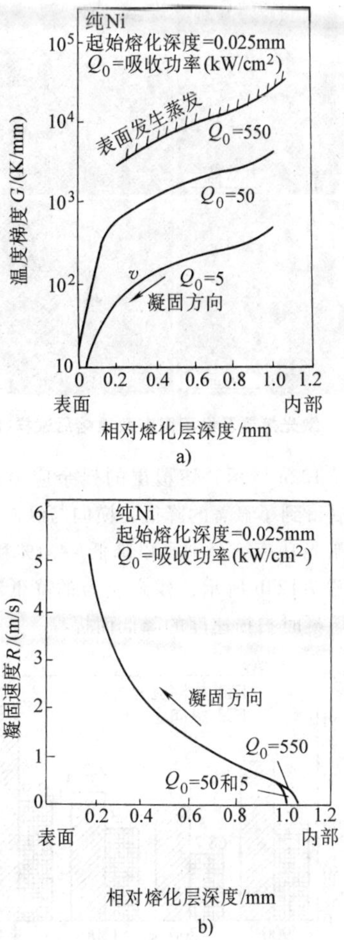

图 7-119　温度梯度曲线和凝固速度曲线

a）温度梯度与熔化深度的关系

b）凝固速度与熔化深度的关系

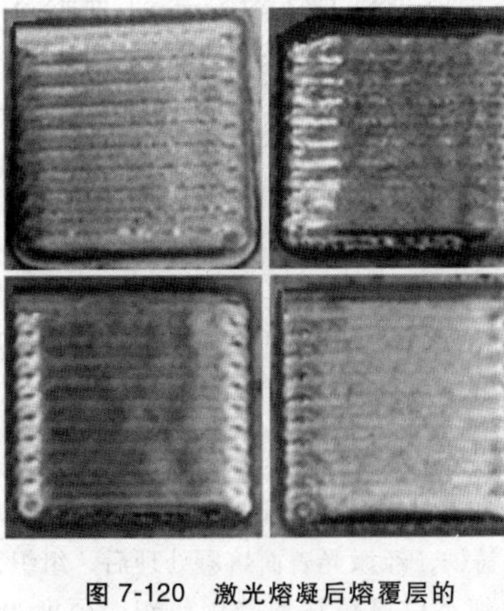

图 7-120　激光熔凝后熔覆层的宏观形貌变化

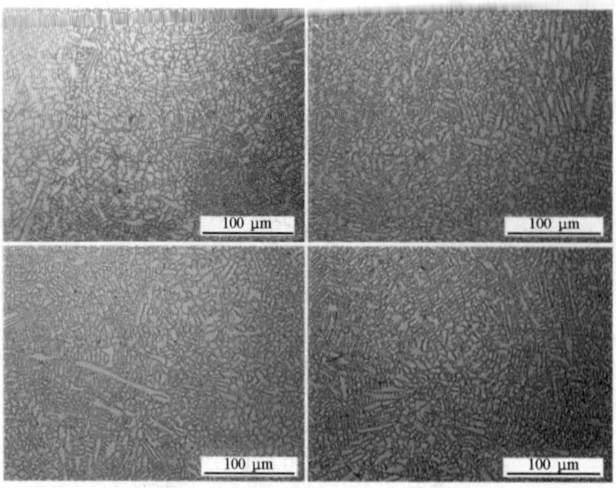

图 7-121　激光熔覆及经不同参数重熔后试样微观组织

如图 7-122a 所示，熔覆层的残余应力在激光熔凝处理过后得到了显著的降低，横向与纵向残余应力在合适的激光功率下分别可以降低 44.1%和 43.1%。此外，如图 7-122b 所示，残余应力的降低程度也会随着激光熔凝时扫描速度的降低而提高。

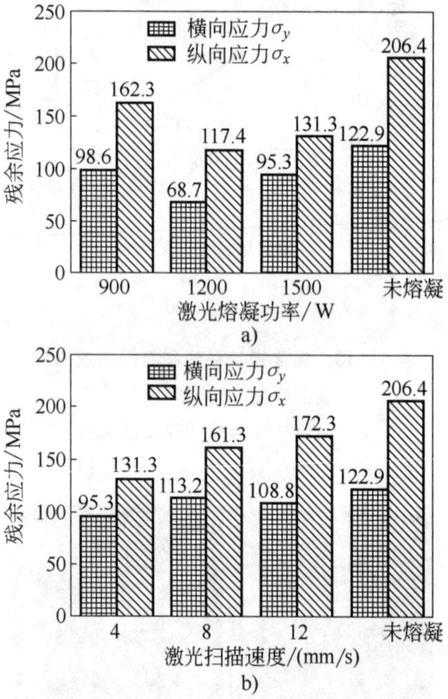

图 7-122　熔覆层激光熔凝后残余应力变化

a）激光熔凝功率与残余应力的关系

b）激光扫描速度与残余应力的关系

3. 激光熔凝层性能

（1）灰铸铁　具有 250HV 硬度的珠光体基体和片状石墨铸铁，经激光表面熔凝处理后，组织为含有马氏体的细小白口铸铁型凝固组织，硬度为 960~1160HV，磨损性能提高 2~3 倍。

（2）球墨铸铁　具有 180HV 硬度的铁素体基体球墨铸铁，经激光表面熔凝处理后，其组织主要为含马氏体的细小白口铸铁型凝固组织，硬度为 400~950HV，具有良好的耐磨性。

（3）白口铸铁　具有 670HV 的白口铸铁，经激光表面熔凝处理后，组织细化生成马氏体相，组织形态未发生改变，但硬度提高到 800HV 以上，且抗磨损能力显著提升。

（4）硅铸铁　$w(Si)\approx6.0\%$、$w(C)\approx2.5\%$的铁素体基体加片状石墨铸铁，硬度为 240HV 的硅铸铁，经激光熔凝处理后，得到细小的凝固组织。其最高硬度可超过 1000HV，耐磨性得到显著提高（见图 7-123）。

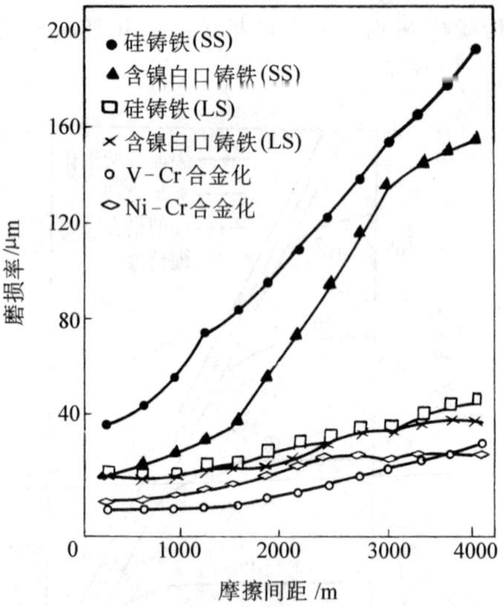

图 7-123　激光熔凝处理与原始材料的耐磨性对比

（5）含镍白口铸铁　$w(Ni)\approx3.5\%$，$w(Cr)\approx1.5\%$，$w(C)\approx3.2\%$的马氏体白口合金铸铁经激光熔凝处理后，硬度值在 550~610HV 范围。

（6）高镍耐热铸铁　$w(Ni)\approx21\%$，$w(C)\approx3.0\%$，组织为奥氏体基体加片状石墨和少量磷共晶的高镍耐热铸铁，硬度为 160HV，经激光熔凝处理后，组织为细小的奥氏体和渗碳体共晶，硬度提高到 360~450HV，耐磨性能大幅提高。

（7）高铬铸铁　$w(Cr)\approx30\%$，$w(C)\approx1.0\%$，组织为铁素体基体和 M_7C_3 碳化物，硬度约为 230HV，经激光熔凝后硬度提高至 300~400HV，但组织未发生改变。

（8）45 钢　$w(C)\approx0.45\%$，$w(Si)\approx0.18\%$，$w(Mn)\approx0.65\%$，$w(Cr)\approx0.25\%$，组织为珠光体加块状铁素体，硬度约为 220HV，经激光熔凝后硬度提高近一倍至 450HV，熔凝区的组织转变为均匀、致密的马氏体组织，图 7-124 所示为工件在高功率半导体

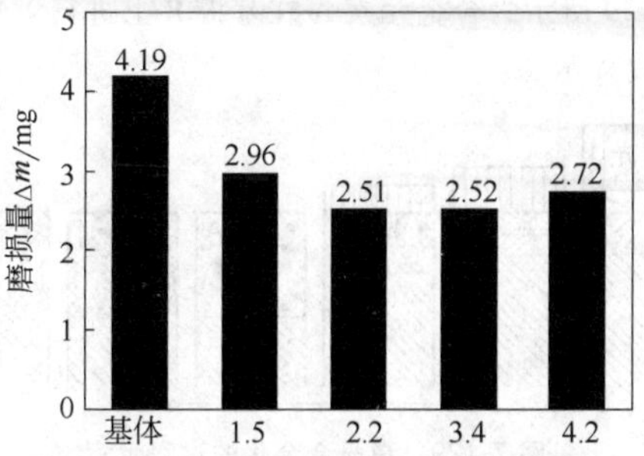

图 7-124　不同激光功率后的耐磨性结果

激光器以不同功率熔凝后的耐磨性结果。

作为后处理工艺的激光熔凝技术在改善前道工序的残余应力的同时也保证了良好的耐磨性。如图 7-125 所示，激光熔凝后熔覆层的显微硬度会因为基体的金属元素再次升温而扩散，导致稀释率有一定的降低，且随着激光功率的提高，硬度降低得更多，综合来说，显微硬度的降低程度较小。

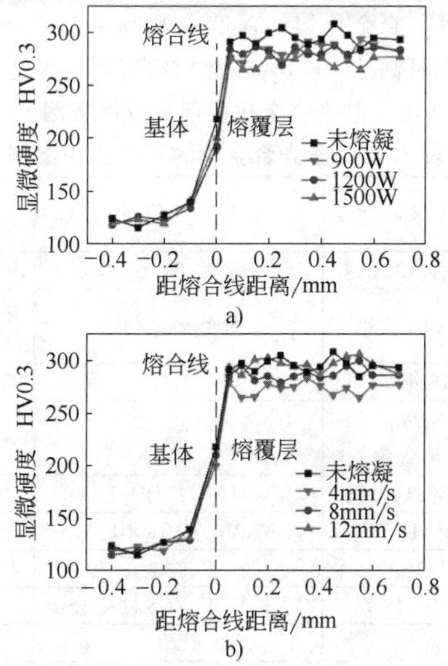

图 7-125　激光熔凝后试样的显微硬度曲线

4. 激光熔凝的应用及展望

（1）活塞环　活塞环是燃油发动机内部的核心部件，已广泛地用在各种动力机械上，如蒸汽机、柴油机、汽油机、压缩机、液压机等。服役环境的恶劣，导致活塞环需要高性能表面。活塞环经激光熔凝处理后，经台架耐久及装机试验结果表明，其使用寿命提高一倍以上，达到镀铬活塞环的水平。

（2）轧辊　热轧辊作为轧制生产的关键部件，工作时承受着较大的工作压力及冲击作用，而孔型表面直接与高温轧材接触，承受着较大的磨损和热疲劳作用，因此要求轧辊整体要有较好的强韧性，其工作表面更要有较高的耐磨性和抗热疲劳性，采用激光熔凝强化技术可进行表面强化处理，显著提升其服役寿命。

（3）热作模具　热作模具零件的热疲劳裂纹是一种表面裂纹，其宽度窄、深度浅、分布随机，对这种裂纹应及时修复。激光熔凝技术是在母材的基础上，不添加辅助材料，利用激光高密度能量，使表层微小区域快速熔化和凝固，在快速熔凝中裂纹得以愈合。采用激光熔凝能取得良好修复效果，单元体能够有效阻碍裂纹扩展，修复表面具有良好的抗热疲劳性能（见图 7-126）。

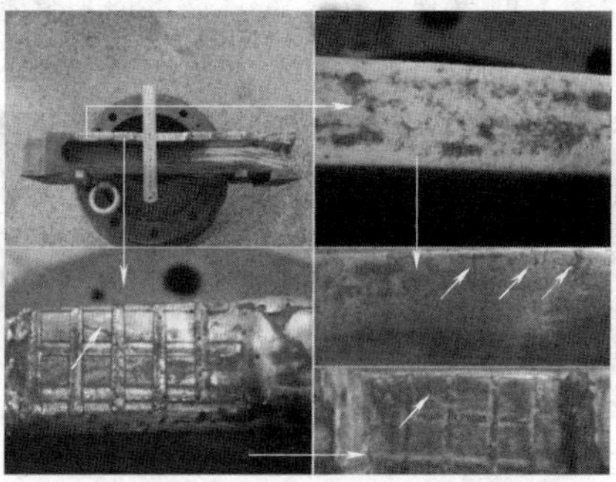

图 7-126　激光熔凝在热作模具上的应用

（4）热喷涂层　热喷涂技术作为表面工程技术领域中应用最为广泛的技术之一，往往因为涂层中产生多孔的层状结构使得涂层易与基体脱落，采用激光重熔技术可以使得图层与基体其间的多孔层状结构在重新熔化的金属液流动中被重新填充，降低孔隙率甚至消失，使其转变为均匀的致密组织，由此提高了其与基体的结合强度以及耐磨、耐腐蚀性能。图 7-127 所示为热障涂层在不同工艺处理下的高温抗熔盐腐蚀

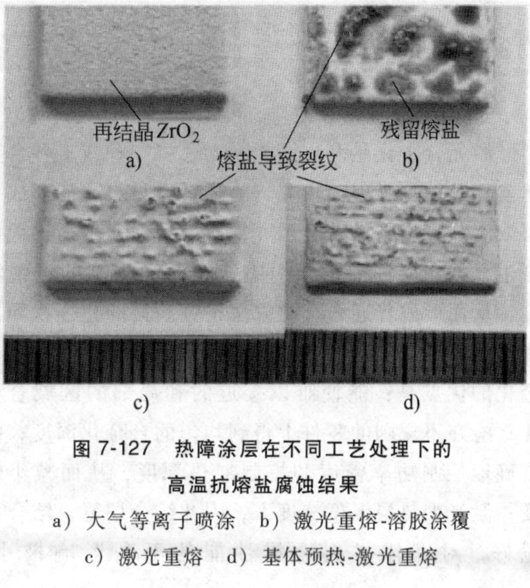

图 7-127　热障涂层在不同工艺处理下的高温抗熔盐腐蚀结果

a）大气等离子喷涂　b）激光重熔-溶胶涂覆
c）激光重熔　d）基体预热-激光重熔

结果，尽管激光熔凝技术无法改进涂层的抗熔盐腐蚀性能，但可以有效减少涂层的表面裂纹面积。

（5）激光熔凝的应用展望　利用激光熔凝技术对金属材料、非金属材料进行表面处理可获得优异的性能，从而延长设备的使用寿命。目前，激光熔凝技术已应用于汽车、冶金、石油、重型机械、农业机械等存在严重磨损机器的行业，以及航空、航天等行业。此外，采用激光熔凝技术与仿生技术相结合，如在金属基体上制备“软”“硬”相间的仿生结构，可有效提高其耐磨性（见图 7-128），是激光熔凝技术发展进步的新思路之一。随着科学技术的进步及国家对激光技术的重视，激光熔凝技术的前景将更加广阔。

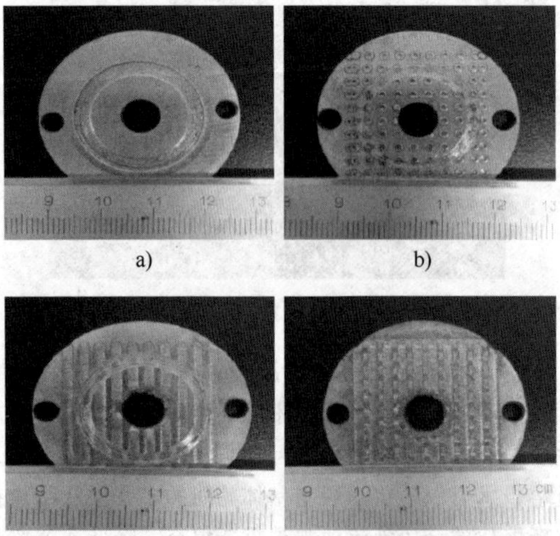

图 7-128　经过磨损试验后的激光熔凝试样

a）未处理试样　b）点状仿生试样

c）条状仿生试样　d）网状仿生试样

7.3.5　激光合金化

1. 激光合金化概述

激光合金化是利用高能激光束将一种或多种合金元素和基体材料表面快速熔凝在基体材料表面形成一层浓度高且均匀的合金层。快速熔凝的非平衡过程使合金元素在凝固后的组织中能够达到很高的过饱和度，从而形成普通合金化方法很难获得的化合物和饱和固溶体，及具有特殊性能的表面合金化层。激光合金化的优点是：能使难以接近的和局部的区域合金化；能在不规则的零件上得到均匀的合金化深度；能准确地控制功率密度和控制加热深度，从而减小畸变；激光加热层温度梯度大，因此结合层窄，结合质量好，对基体材料金属性能的不利影响极小。图 7-129 所示为合金元素 A 在基板 B 上进行激光合金化的过程示意。

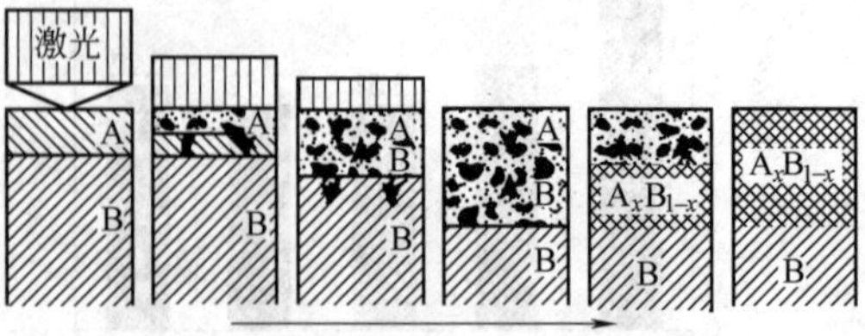

图 7-129　激光合金化的过程示意

就经济意义而言，激光合金化可节约大量昂贵的合金元素，可在廉价金属表面获得高耐磨、耐热及耐蚀的表面层。表面合金化可用于碳钢、合金钢、高速钢、不锈钢和铸铁等，合金化元素包括 Cr、Ni、W、Ti、Mn、B、V、Co、Mo 等。激光合金化依据所添加的合金元素的物质形态可分为气相和固相合金化。激光合金化的功率密度一般为 $10^4 \sim 10^8 W/cm^2$，要采用近似聚焦的光束，一般在 0.1~10ms 内形成要求的合金化熔池，合金化熔池深度一般为 0.5~2.0mm，自激冷速度可高达 $10^{11}K/s$，相应的凝固速度达 20m/s。表 7-46 列出了激光合金化的部分应用案例。

表 7-46　激光合金化的部分应用案例

基体材料	添加的物质	硬度 HV
Fe、45 钢、40Cr 钢	B	1950~2100
45 钢、GCr15 钢	MoS_2、Cr、Cu	耐磨性提高 2~5 倍
T10 钢	Cr	900~1000
ZAlSi9Mg 铸造铝合金	Fe	≤480
Fe、45 钢、T8A 钢	Cr_2O_3、TiO_2	≤1080
Fe、GCr15 钢	Ni、Mo、Ti、Ta、Nb、V	≤1650
1Cr12Ni2WMoVNb 钢	B、胺盐	1225、950
Fe、45 钢、T8 钢	C、Cr、N、W、YG8 硬质合金	≤900
Fe	石墨	1400
Fe	TiN、Al_2O_3	≤2000
45 钢	WC+Co、WC+Ni+Cr+B+Si、WC+Co+Mo	1450、700、1200
铬钢	WC、TiC、B	2100、1700、1600
铸铁	FeTi、FeCr、FeV、FeSi	300~700
06Cr19Ni10 钢	TiC	665

2. 激光合金化方法

激光合金化的方法通常有预置涂覆法、同步送粉法、硬质微粒子喷射法、激光气体合金化法等。

（1）预置涂覆法　预置涂覆法通常采用黏结、火焰及等离子喷涂等方法，将所要求的合金粉末预先涂覆在要合金化的零件表面，然后用激光加热熔化，冷却后在表面形成新的合金化层。预置涂覆法在一些铁基材料表面进行合金化时普遍采用，其中黏结剂涂覆法最简单、经济，不需要任何设备。将选择好的合金粉末与黏结剂混合调成浆状，刷涂或喷涂在零件表面，自然干燥后即可使用。但涂层的黏结剂在激光合金化过程中受热分解，会产生一定数量的气体，对激光辐射产生周期性的屏蔽，使得熔化层的深度不均匀；另一方面，黏结剂大多是有机物，受热分解后形成炭黑物质容易污染基体材料表面，影响基体材料和涂层的熔合。

喷涂的方法是将合金化材料加热到熔化或半熔化状态，喷涂到基体表面。这种方法基体材料表面的污染较小，预置涂层的厚度容易控制，但火焰喷涂、等离子喷涂的火焰接触容易使基体材料表面氧化，因此必须严格控制其工艺参数，对于氧化倾向大的金属必须采用保护措施。

（2）同步送粉法　同步送粉法又可分为侧向送粉法和同轴送粉法。侧向送粉法是指送粉喷嘴位于激光束的一侧，粉末流与激光束成一定角度进入光束作用区，这种方法的特点是激光束的出口与粉末的出口之间距离较远，合金粉末和激光束的可控性较好，不会出现因合金粉末过早熔化而堵塞激光束出口的现象。但由于其只有一个送粉方向，激光光束和粉末流的输出不对称限制了激光合金化的方向，因而不能在任意方向上获得均匀的合金化层。同轴送粉法将粉末喷嘴直接连接在激光头的正下方，激光束通道、粉末流通道和外层导向气流通道三者轴线重合。该方法克服了侧向送粉法在扫描方向上的限制，因此被广泛运用于激光合金化。

激光合金化预置涂覆法与同步送粉法过程如图 7-130 所示。

（3）硬质微粒子喷射法　在工件表面加热形成熔池的同时，从一喷嘴中喷入碳化物或氮化物等细小颗粒，使粒子进入熔池得到合金化层。合金化层的厚度取决于扫描速度、激光功率和束斑尺寸等工艺参数。

（4）激光气体合金化法　激光气态合金化大多引入气体 N_2，又称为激光氮化。激光气态氮化是以高能激光束为热源照射 N_2 环境中的基体材料表面，使其熔化形成液相金属熔池；同时高能激光束可将氮气的三键打开，将氮气激活为活性氮原子，与液相金属熔池中的钛发生强烈化学冶金反应，形成氮化物硬质相。随着高能激光束的移动，液相金属熔池快速冷却凝固，从而形成枝晶状的氮化物表层，最后达到提高表面硬度和耐磨性的目的。由于氮气为反应气体无污染，以及基体变形小等特点，此方法逐渐被激光加工业内人士所推崇。在适当的气氛中应用激光加热熔化基体材料来获得合金化，主要用于软基材表面，如 Al、Ti 及其合金。

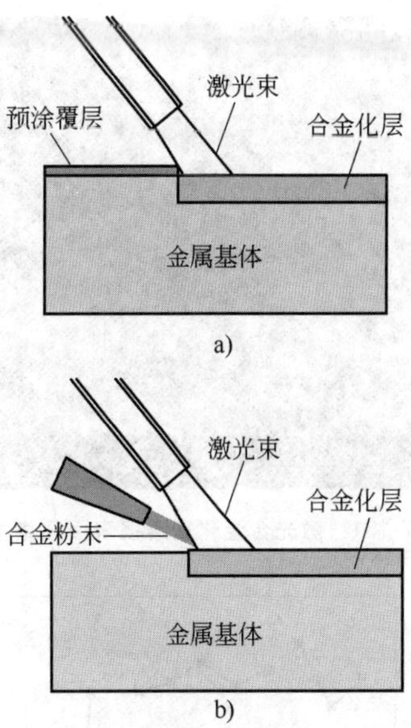

图 7-130　激光合金化预置涂覆法与同步送粉法过程

a）预置涂覆法　b）同步送粉法

3. 激光合金化层的应用

许多学者对激光合金化涂层的硬度和耐磨性进行了研究。对 Ti 合金，利用激光碳硼共渗和碳硅共渗的方法，实现了 Ti 合金表面的合金化，硬度由 299~376HV 提高到 1430~2290HV，与硬质合金圆盘对磨时，合金化后耐磨性可提高两个数量级。对于 20CrNiMo 和 20CrNi4Mo 钢的研究表明，钢在渗碳、渗硼后经激光熔化使合金元素重新分布并均匀化，硬度略有提高，并且提高了耐低应力磨料磨损性能。这是因为激光熔化后组织的硬度、韧性及表面致密度均有提高，并消除了 Fe_2B 相的择优取向。

采用高功率半导体激光器对 Cu 基体与 Cr、Ti 元素进行合金化后产生 Cu-Ti 等金属间化合物，由于固溶体合金化、Cr、Cu-Ti 等硬质相的存在（见图 7-131），激光合金化后产生的 TiC 颗粒显著提高了试样的耐磨性。

如图 7-132 所示，对珠光体球墨铸铁与 WC-12Co 粉末进行激光合金化后，珠光体球墨铸铁的表面没有缺陷，石墨完全溶解在熔融的铁基中，表面处理区域中产生了更加细小的均匀枝晶，硬度可达 1200HV。

对 45 钢 NiCr 合金化后，硬度为 728HV，合金层比基体材料耐磨性高 2~3 倍，在高速高载荷下尤为明显。在工具钢表面激光合金化 W、WC、TiC 的结

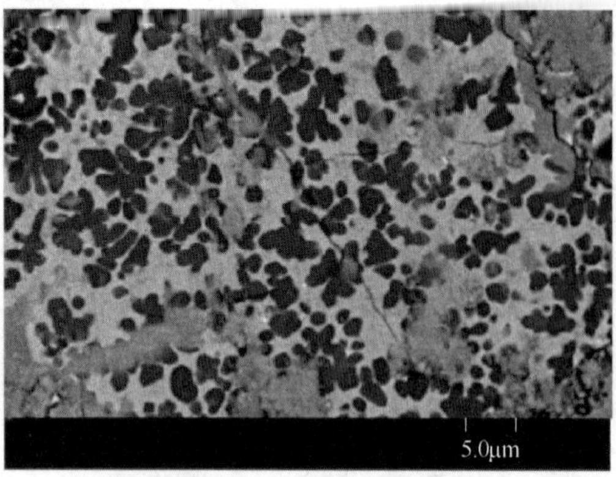

图 7-131　激光合金化后磨损表面显微组织

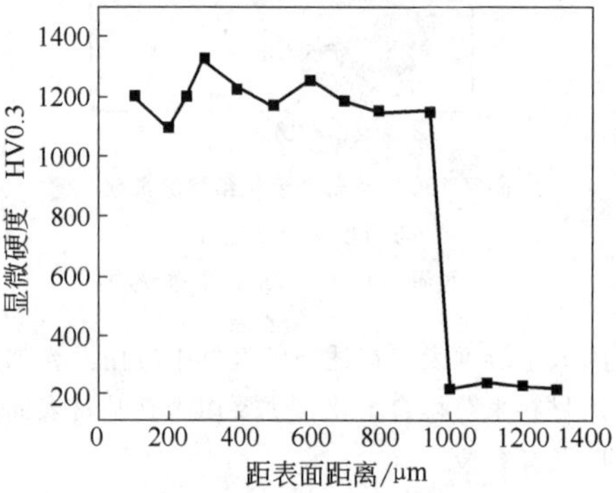

图 7-132　WC-12Co 激光合金化横截面的显微硬度分布

果表明，由于马氏体相变硬化、碳化物沉淀和弥散强化的共同作用，使合金层的耐磨损性能明显提高。

采用添加 Al 元素的方法对 Ti 合金基体材料表面进行了激光气体合金化处理后，激光合金化复合涂层的硬度和耐磨性能均能提高。TiN/Al 复合涂层硬度最高能达到 1400HV 左右，分别约为基体材料硬度的 3 倍和 4 倍。在较高的激光功率、较低扫描速度、较大的氮气流量下，TiN/Ti_3Al 复合涂层的耐磨损性能为 Ti 合金基体材料的 4 倍左右，TiN/Al 复合涂层的耐磨损性能则为基体的 6~8 倍。Ti 合金基体材料磨损机制为磨粒磨损和粘着磨损。激光合金化复合涂层的磨损主要是磨粒磨损，表现为显微切削和 TiN 硬质相剥落。

对 2Cr13 不锈钢汽轮机叶片进行激光合金化，经激光合金化后的硬化层表面平均硬度可达 701.2HV0.2，较未处理表面硬度提高了 180%左右，经装机实验表明，处理后的叶片使用寿命提高了 1 倍以上。浙江工业大学等单位已将激光合金化技术批量化应用于工业汽轮机末级叶片进汽边的抗水蚀强化，产品已覆盖全国 85%以上的工业汽轮机机组。

激光合金化还能够改善材料的抗高温氧化和硫化性能。BT22 合金经处理后，腐蚀速度减少到原来的 1/6。美国 AVCO 公司采用激光合金化技术对汽车排气阀进行了表面处理，使其耐磨性和抗冲击能力得到显著提高。在 45 钢上进行的 TiC-Al_2O_3-B_4C-Al 激光复合合金化，其耐磨性可高达 CrWMn 钢的 10 倍。用此工艺处理的磨床托板比原用 CrWMn 钢制的托板寿命延长了 3~4 倍。在一台 6.5kW 激光器上对铸铁阀座进行表面合金化处理，15s 内得到了厚 0.75mm 的富 Cr 合金表层，它能经受 550~600℃的工作温度。

采用镍包石墨材料对 TC4 合金基体材料激光合金化，Ti 元素与 C 元素反应生成陶瓷强化相。Ni、Ti 等元素形成的多种金属间化合物与基体具有较好的相容性，使得基体材料在耐磨、耐高温性上取得了提升，耐磨性最高可提高近 14 倍（见图 7-133）。并且在 800℃的冷热循环试验下，合金化的热循环寿命相较于基体提高了近 3 倍。

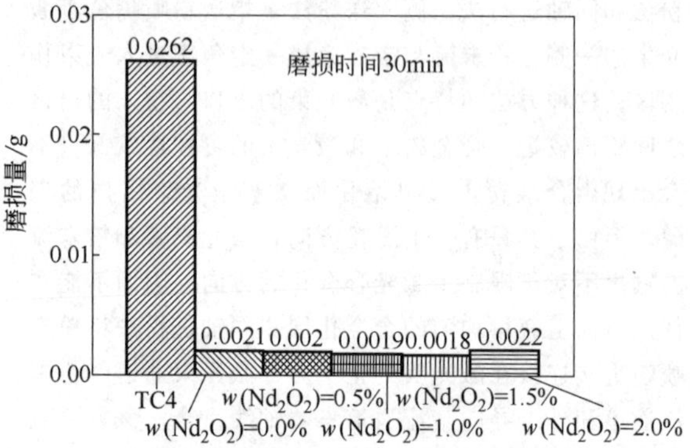

图 7-133　不同成分的激光合金化与基体材料在磨损实验后的磨损量

激光合金化同样能够提升材料的抗汽蚀性能。在 TC4 钛合金表面合金化制备镍钛表面改性层，通过 TC4 基体和镍钛合金涂层的汽蚀累计失重量与时间的关系曲线来评估其抗汽蚀性能。经 12h 汽蚀实验后测定，TC4 基体损失质量 4.1 mg，而镍钛合金涂层的损失质量为 1.1mg。合金化层的抗汽蚀性能比基体提高了 2.7 倍。这是因为镍钛合金涂层与基体之间具有良好的冶金结合，具有较好韧性的 $NiTi_2$ 以及陶瓷基颗粒相的强化效应，从而使涂层具有强韧性的同时具有高硬度，提高了 TC4 基材的抗汽蚀性。

在轧辊、模具、汽车工业中，激光合金化因其灵活度高、成本较低等特点得到了广泛的应用，在提高轧辊耐磨性、寿命，改善模具耐磨性、耐腐蚀性、综合力学性能，以及提升汽车发动机气缸、活塞等耐磨性、耐腐蚀性、耐高温性上做出了显著的贡献，具有非常重要的工业应用价值。

7.3.6 激光熔覆

1. 激光熔覆概述

激光熔覆也称激光包覆或激光熔敷，是通过在基材表面添加熔覆材料，利用高能密度的激光束使之与基材表面薄层一起熔化再凝固，在基层表面形成与其冶金结合的熔覆层，从而提高材料表面的耐磨、耐蚀和抗氧化等性能。激光熔覆可达到表面改性或修复的目的，既满足了对材料表面特定性能的要求，又节约了大量的贵重元素。

激光合金化与激光熔覆的不同之处在于，激光合金化是使添加的合金元素和基材表层在熔融状态下充分混合，凝固后形成合金化层；而激光熔覆则是使添加合金材料全部熔化而基材表层仅微熔，在使熔覆层与基材材料形成冶金结合的同时最大限度保持熔覆层的成分基本不变。

激光熔覆能量密度高度集中，基材材料对熔覆层的稀释率很小，熔覆层组织性能容易得到保证。激光熔覆精度高、可控性好，适合于对精密零件或局部表面进行处理，可以处理的熔覆材料品种多、范围广。激光熔覆技术同其他表面强化技术相比具有如下优点：

1）冷却速度快（高达 10^6℃/s），属于快速凝固过程，容易得到细晶组织或产生平衡态所无法得到的新相，如非稳相、非晶态等。

2）涂层稀释率低（一般小于 5%），与基体呈牢固的冶金结合或界面扩散结合，通过对激光工艺参数的调整，可以获得低稀释率的良好涂层，并且涂层成分和稀释度可控。

3）热输入和畸变较小，尤其是采用高功率密度快速熔覆时，变形可降低到零件的装配公差内。

4）粉末选择几乎没有任何限制，特别是可在低熔点金属表面熔覆高熔点合金。

5）熔覆层的厚度范围大，单道送粉一次涂覆厚度在 0.2~2.0mm 范围。

6）能进行选区熔覆，材料消耗少，具有卓越的性价比。

7）光束瞄准可以使难以接近的区域熔覆。

8）工艺过程易于实现自动化。

2. 激光熔覆工艺

（1）激光熔覆材料的输送方式　激光熔覆材料是指用于成形熔覆层的材料，按形状划分为粉材、丝材、片材等。其中，粉末状熔覆材料的应用最为广泛。激光熔覆作为定向增强材料表面性能的技术，其材料输送方式可以分为三种，即同轴送粉方式、侧向送粉方式及预置铺粉方式（见图 7-134）。

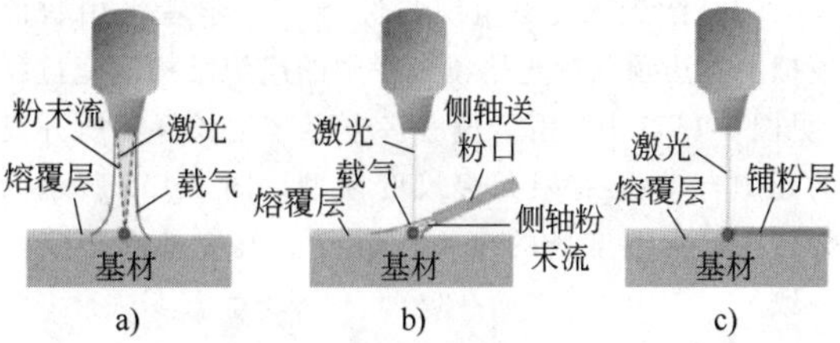

图 7-134　激光熔覆粉末输送方式

a）同轴送粉　b）侧向送粉　c）预置铺粉

（2）激光熔覆的相互作用　激光熔覆技术涉及物理、冶金、材料科学等多个领域，能够有效提高工件表面的耐蚀、耐磨、耐热等性能，节省材料的成本，国内外对此应用越来越广泛。

激光熔覆过程中激光功率密度的分布区间为 10^5~10^6W/cm^2。在整个激光熔覆过程中，激光、粉末、基材三者之间存在着相互作用关系，即激光与粉末、激光与基材以及粉末与基材的相互作用。

1）激光与粉末的相互作用。当激光束辐射粉末时，部分能量被粉末吸收，使得到达基材表面的能量衰减，而粉末由于激光的加热作用，在进入金属熔池之前，粉末形态发生改变，依据所吸收能量的多少，粉末形态有熔化态、半熔化态和未熔相变态三种。

2）激光与基材的相互作用。使基材熔化产生熔池的热量来自于激光与粉末作用衰减之后的能量，该能量的大小决定了基材熔深，进而对熔覆层的稀释产生影响。

3）粉末与基材的相互作用。合金粉末在喷出送粉口之后在载气流力学因素的扰动下产生发散，导致部分粉末未进入基材金属熔池，而是被束流冲击到未熔基材上发生飞溅。这是侧向送粉式激光熔覆粉末利用率较低的一个重要原因。

激光熔覆工艺中最常用的熔覆层材料是 Co 基、Fe 基、Ni 基自熔合金。根据实际需要，可在上述自熔合金中加入各种具有特殊性能如高耐磨的碳化物（如 TiC、SiC、WC）、氮化物（TiN）、硼化物（TiB_2）以及氧化物陶瓷颗粒强化相等，经过激光熔覆工艺后形成金属/陶瓷复合涂层，可对材料表面性能起到明显的改善作用。例如，在 TC4 表面制备以原位生成 TiC 颗粒和直接添加 WC 颗粒为增强相的两种耐磨熔覆层，TiC 和部分熔化的 WC 颗粒均能够弥散分布于基体上，由于增强相颗粒的弥散强化及激光沉积组织的细晶强化作用，使得基材的硬度和耐磨性均得到了提高，涂层的硬度从涂层表面到基材呈现梯度下降趋势，熔覆层硬度保持在 400～450HV 范围内，熔覆层的耐磨性分别比基材提高了约 46 和 55 倍。

（3）激光熔覆层组织与性能　有学者采用数值模拟的方法预测激光熔覆过程中的组织结构演变过程（见图 7-135），采用“偏心多边形”生长算法所开发的元胞自动机-有限元多尺度模型，图 7-136 所示为熔覆过程中温度场的模拟，熔覆层形貌基本与实际一致。

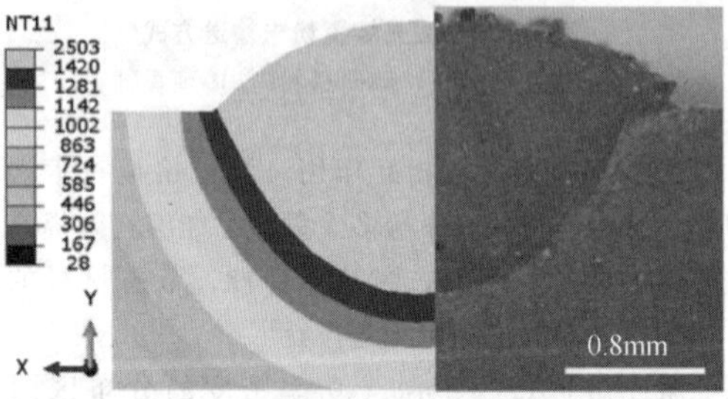

图 7-135　激光熔覆层形貌实验结果与模拟结果对比

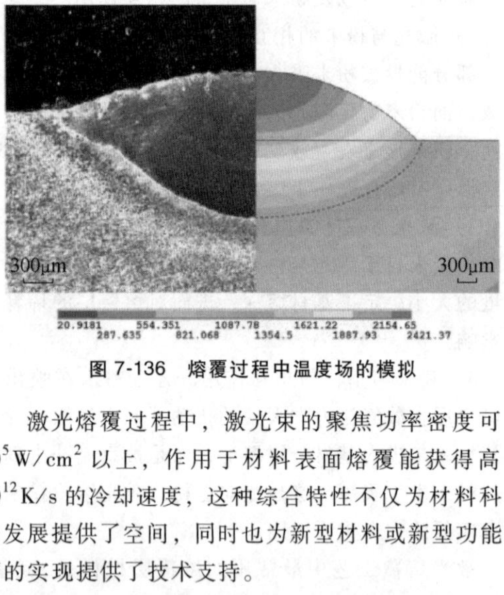

图 7-136　熔覆过程中温度场的模拟

激光熔覆过程中，激光束的聚焦功率密度可达 $10^5W/cm^2$ 以上，作用于材料表面熔覆能获得高达 $10^{12}K/s$ 的冷却速度，这种综合特性不仅为材料科学的发展提供了空间，同时也为新型材料或新型功能表面的实现提供了技术支持。

激光熔覆的熔体在高温度梯度下远离平衡态的快速冷却条件，使凝固组织中形成大量过饱和固溶体、介稳相甚至新相，提供了制造功能梯度原位生成颗粒增强复合层的热力学和动力学条件。

为提高钛合金的高温抗氧化性和耐磨性，可采用 $Ni80Cr20\text{-}Cr_3C_2$ 合金粉末在 TC4 钛合金表面进行激光熔覆，获得以 Cr_3C_2+TiC 为耐磨增强相，以高温抗氧化性和高温强韧性良好的 NiCr 镍基高温合金为基体的熔覆层，熔覆层的硬度达 1000HV，耐磨性大幅度提高。

以 Ni 基自熔性合金和含 SiC、B_4C、WC 等颗粒熔覆而成的复合陶瓷涂层具有良好的耐腐蚀性。以 Co 基自熔性合金为基体的合金涂层也显示出了良好的抗汽蚀和冲蚀的能力。Co 基合金的主要成分是 Co、Cr、W，具有良好的抗高温性能和综合力学性能。

在 TC4 上熔覆 $CaHPO_4 \cdot 2H_2O \cdot CaCO_3$ 粉末，并加入稀土氧化物 Y_2O_3，可制备出含羟基磷灰石（HAP）活性生物陶瓷的复合涂层。Y_2O_3 促进了羟基磷灰石等相生成，提高了羟基磷灰石相结构的稳定性。加入稀土氧化物 Y_2O_3 还可使激光熔覆生物陶瓷层组织细化，强度提高，硬度得到改善。应用激光熔覆技术可制备致密的羟基磷灰石和 $Ca_3(PO_4)_3OH$ 涂层，加入稀土可显著降低裂纹率。

以镍包石墨粉末为原材料，采用高功率激光器在 TC4 钛合金表面熔覆耐磨涂层，在 MXP-2000 型销盘式摩擦磨损试验机上进行熔覆层的干摩擦磨损试验，用扫描电镜对磨损表面进行分析。结果表明，激光熔覆层的摩擦系数为 0.56，与钛合金基体的摩擦系数基本相同，但激光熔覆层的磨损失重比钛合金基体低接近一个数量级，表明激光熔覆层可以大大提高钛合金表面的耐磨性。TC4 钛合金的磨损机制以黏着磨损为主，激光熔覆层的磨损机制以磨粒磨损为主，熔覆层的高硬度加上弥散分布的 TiC 增强相是其耐磨性提高的主要原因。

（4）工艺参数对组织与性能的影响　激光熔覆过程中，激光功率、扫描速度、光斑直径综合决定的涂层稀释率是影响激光熔覆质量的关键因素。激光功率、扫描速度与光斑直径相互影响，决定了涂层的力学性能、缺陷情况以及耐磨性等性能。

1）激光功率对组织与性能的影响。

激光功率直接影响气孔是否产生以及熔覆层结合能力的大小等。

图 7-137 所示为不同激光功率对激光熔覆层晶体形貌的影响模拟。激光功率逐渐增大时，熔覆层内热累积逐渐增多，晶体形核时就越困难，使得晶体粗化。

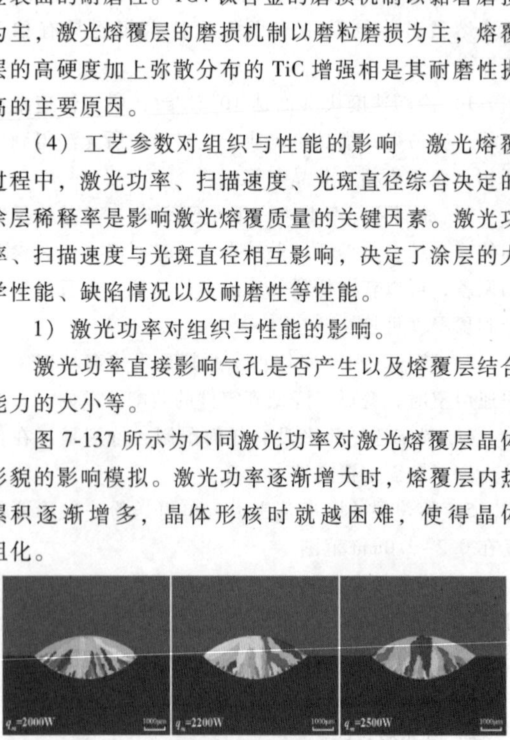

图 7-137　不同激光功率对激光熔覆层晶体形貌的影响模拟

采用激光熔覆技术在 T10 钢表面熔覆 FeCrTiMoNiCo 高熵合金涂层，激光功率对涂层表面的化合物组成有影响。试样XRD结果表明，熔覆层中的组织主要为体心立方结构的固溶体与少量的$TiCo_3$，激光功率的提高使得$TiCo_3$化合物呈现先增加后减少的趋势，并且熔覆层的厚度也随着激光功率的提升而提升，但硬度会先升高后降低，这是因为在高功率下基体熔化较多，使得稀释率提高。激光功率与熔覆层厚度、相组成、显微硬度的对应关系见表7-47。

表7-47　激光功率与熔覆层厚度、相组成、显微硬度的对应关系

激光功率	熔覆层厚度	相组成	显微硬度
2.0kW	250μm	bcc固溶体、少量$TiCo_3$化合物	760HV
2.5kW	600μm	bcc固溶体、TiFe化合物	780HV
3.0kW	800μm	bcc固溶体、少量$TiCo_3$化合物	750HV

2）扫描速度对熔覆层性能的影响。

扫描速度决定了激光束与粉末、基体的相互作用时间的长短，也就影响了稀释率、涂层结合性能，最终直接影响涂层的性能质量。

模拟结果显示，激光扫描速度的提高使得熔覆层在相同时间内得到的热累积越少，晶体越易形核，熔覆层的力学性能就越好（见图7-138）。

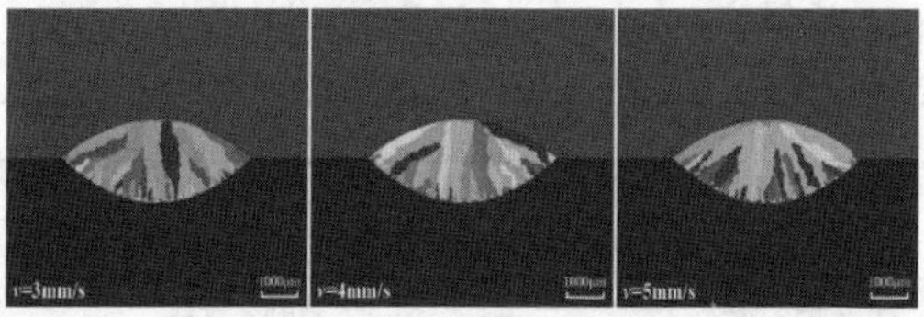

图7-138　不同激光扫描速度下熔覆层晶体生长的模拟结果

激光功率为2.2kW时，激光扫描速度与$MoFeCrTiWNb\text{-}(Al_2O_3)_{0.5}$熔覆层表面质量的关系见表7-48。

表7-48　扫描速度与熔覆层表面质量的关系

扫描速度	裂纹	孔隙	未熔物	粗糙度
4mm/s	有	有	有	粗糙
5mm/s	无	无	无	平整
6mm/s	无	无	无	较平整

3）光斑直径对熔覆层性能的影响。

激光器的光斑直径可以通过改变激光器的离焦量进行改变，正离焦与负离焦的熔覆质量也有所区别。有研究表明，相对于正离焦，负离焦具有低稀释率且无孔隙，这是由于正离焦激光束截面的能量分布有所不同。

此外，光斑直径与送粉的范围直径接近时，粉末的熔覆效果才达到最佳，获得最佳的涂层质量。

3. 激光熔覆的应用

激光熔覆技术因无污染且制备出的涂层与基材呈冶金结合等优点已成为当代材料表面改性的研究热点。激光熔覆技术经过数十年的发展，已从实验室进入实际工业应用中，在航空航天、动力装备、船舶制造、机械工业、石油与汽车工业等行业得到了广泛应用。

（1）在机械工业中的应用　机械工业中轴承、曲轴、转子、丝杠等这些配件在运行工作过程中易受到磨损，磨损后会导致整个机床的走位和震动，直接影响数控机床零件的加工。针对工业配件的修复问题，学者们也一直在探索研究。以某天然气净化厂汽轮机汽缸结合面的变形故障作为研究对象，采用激光熔覆技术对汽缸变形位置进行现场修复，对熔覆层进行渗透检测和超声波检测发现熔覆层完好无缺陷，汽缸回装后引汽试机，汽缸漏气现象消除。另外激光表面熔覆技术的表面改性技术也已广泛应用于模具的表面性能强化和修复中，模具激光熔覆前后对比如图7-139所示。利用激光熔覆技术对大型齿轮轴轴颈进行修复，可恢复磨损尺寸，由于采用耐磨专用合金粉末，可进一步提高修复部位的性能，延长轴颈的使用寿命（见图7-140）。

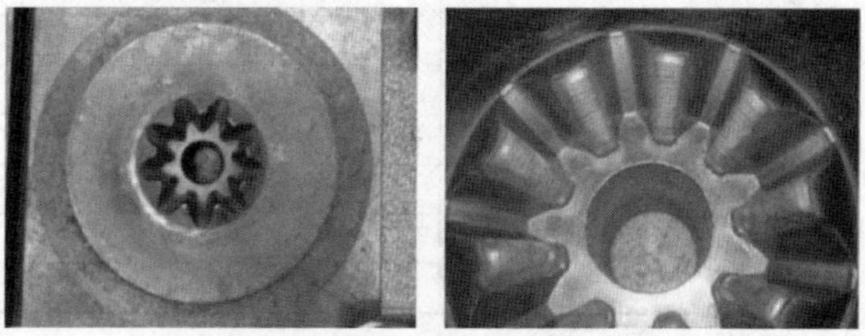

图7-139　模具激光熔覆前后对比

图7-140　大型齿轮轴轴颈激光修复

（2）在石化领域中的应用　在石油化工行业，由于设备处于长期的恶劣工作环境中，更容易使零部件产生严重腐蚀、剧烈磨损现象，会导致大型昂贵零部件彻底报废。激光熔覆制造可应用在石油勘探领械。如以抽油机光杆常用的 20CrMo 钢为基体材料，选择 Co 基、Ni 基和 Fe 基合金粉末为熔覆材料，测得合金涂层硬度 Co 基为 520HV0.2，Ni 基为 408HV0.2，Fe 基为 370HV0.2，而基体硬度为 265HV0.2，试件的硬度比基体显著提高，且其耐磨性均有所提高。对油田中使用的注水泵柱塞进行激光熔覆修复，选取镍基粉末作为涂层材料，对比不同激光参数下的涂层硬度，可使注水泵柱塞使用寿命延长 50%，成本降低 38%以上。以激光熔覆技术对炼油厂火炬气螺杆压缩机壳体及阴阳转子进行修复，采用多层熔覆工艺，熔覆层数达到 5 层，最厚熔覆层总厚度达到 4mm，实现大面积熔覆，修复后设备功能恢复良好，压缩量能够满足生产工艺要求。

（3）在船舶制造中的应用　船舶上有许多大型设备，如果发生零部件损坏，往往会造成重大经济损失与危害。船舶修理过程中如何快速修复失效零部件并具有高度可靠性，一直是人们谋求解决的技术难题之一。以往碰到零部件损坏，一般是直接更换，但由于船舶行业零部件价格通常比较昂贵，而且订购新零件周期太长，满足不了船舶快速修理的要求。结合激光熔覆技术的特点与优势，船舶上的各类钢、铸铁零部件的磨损、腐蚀失效可利用激光熔覆技术进行修复，修复后的整体性能可达到甚至超过新品。由于激光熔覆修复技术所产生的修复层为冶金结合，修复后其组织致密，结合强度高，不易脱落，逐渐成为船舶零部件最有效的修复工艺之一。激光熔覆修复技术在船舶行业修复零件及部位见表 7-49。

表 7-49　激光熔覆在船舶行业修复零件及部位

部件名称	工件名称	材质	修复部位
柴油机	缸套	铸铁	刮碳环
	活塞	铸铁	环槽内侧
	活塞顶	合金钢	环槽内侧
	曲轴	铸铁、铸钢	主轴位、拐位
	缸盖	铸铁	损伤位、裂纹
	机座	铸铁	轴瓦位
	曲柄	铸铁	轴瓦位
	压轴转子	合金钢	轴承位
动力推进系统	艉轴	35 钢	密封位
	艉轴衬套	不锈钢	外表面密封位
	艉轴联轴器	合金钢	内外套配合位
	离合器联轴器	合金钢	外套、轴配合位
其他	泵	合金钢	转子轴
	阀	合金钢、铸铁	密封位、裂纹
	轴	合金钢	轴承位、磨损位

（4）在汽车制造中的应用　在汽车工业领域，激光熔覆技术最先用于汽车零件方面。采用激光熔覆技术熔覆 NiCrBSi 和 CoCrW 合金粉末于发动机排气阀的阀门座表面，得到了高性能的晶粒组织，使得阀门座表面的耐磨性和耐蚀性提高到原来的 3~4 倍。针对垂直表面（例如汽车发动机缸体、缸套等）的激光强化要求，研制了垂直面送粉喷嘴和垂直面送粉激光强化系统，实现了在垂直放置的灰铸铁表面进行送粉激光熔覆的表面处理。在 45 钢曲轴连杆轴颈上激光熔覆 Fe 基合金粉末，通过改良熔覆工艺参数，可获得无裂纹和气孔缺陷，并且硬度为基体 2~3 倍的熔覆层，解决了曲轴轴颈易出现裂纹和过度磨损的问题。

（5）在轨道交通业中的应用　高速列车常常会由于钢轨、列车关键部件的磨损导致失效，如制动盘以及车轴的磨损等。

采用激光熔覆技术可以有效提高列车关键部件的耐磨性，如在 30CrNiMo 表面熔覆 Co06 涂层，在不同温度的工况下的磨损量（见图 7-141）表明，200℃下基体的黏着磨损在经过熔覆后会转变为磨粒磨损，显著提高了部件的耐磨性。此外，采用高熵合金粉末

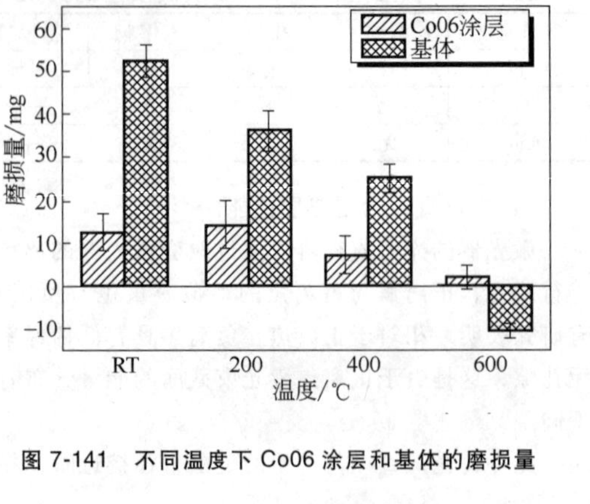

图 7-141　不同温度下 Co06 涂层和基体的磨损量

不仅可以提高基体的耐磨性，同样也可以提高其耐腐蚀性能。

（6）在动力装备中的应用　在汽轮机行业领域，叶片是汽轮机的重要部件，它的寿命和安全性能对汽轮机的经济效益有重大影响。一台汽轮机装有几千片大小不同的叶片，据统计，叶片运行事故约占汽轮机事故率的 40%。叶片的失效形式是以断裂和点蚀为主，其中疲劳断裂是突然而又致命的。水蚀引起的失重对叶片的疲劳和震动有直接影响。大型汽轮机末级叶片（包括次末级）是在湿蒸汽（蒸气中夹杂的大量水滴）条件下工作的，加之末级动叶叶顶的线速度为超音速，这样对末级叶片的水蚀更为严重。因此，有必要运用激光表面熔覆技术，对叶片、转子轴等材料进行激光局部强化以及修复再制造。针对 2Cr13、05Cr17Ni4Cu4Nb（17-4PH）等汽轮机部件，将激光表面熔覆技术用于金属叶片强化，可替代表面镀铬、火焰淬火、感应淬火等传统强化工艺，有效克服了传统技术的污染、变形、断裂及质量不稳定等局限性，大幅度提高了汽轮机叶片的使用寿命。如图 7-142 所示为汽轮机叶片激光熔覆的过程和结果。

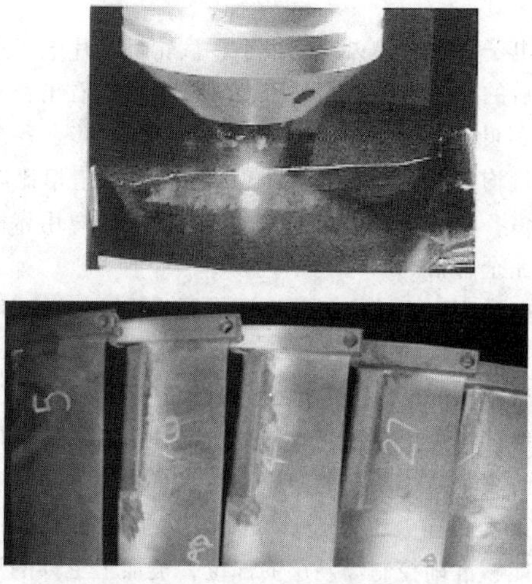

图 7-142　汽轮机叶片激光熔覆的过程和结果

图 7-143 所示为采用激光熔覆技术成形航空发动机以及燃气轮机叶片。

7.3.7　电子束热处理

1. 电子束热处理概述

电子束热处理就是用电子束发生器输出功率密度至少达 10^3W/cm^2 以上的能束，定向作用在金属上，通过改变材料表层的组织结构和化学成分，提高其性能，达到表面改性的热处理方式。按入射电子束与作用时间的关系，可将电子束热处理分为连续型电子束和脉冲型电子束；按相变类型可将电子束热处理分为电子束加热表面淬火、电子束加热表面熔凝、电子束加热表面合金化等。

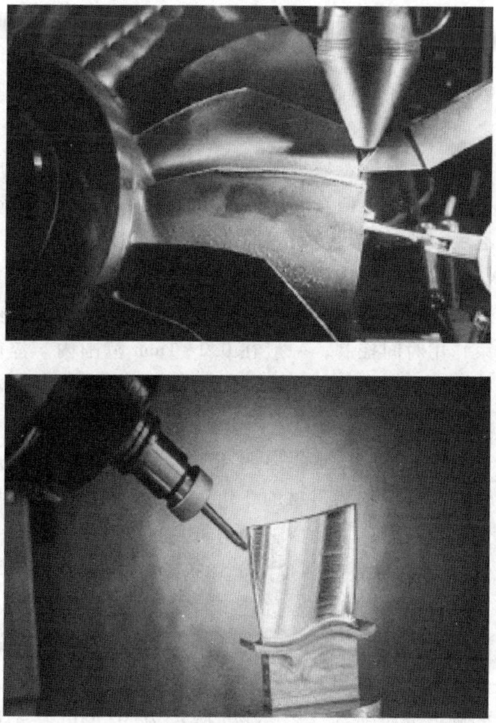

图 7-143　激光熔覆成形叶片

电子束加热与激光加热的区别在于它是在真空室内进行的（<0.666Pa），电子束的最大功率可达 10^9W/cm^2，如此高的功率密度作用于金属表面，可在极短的时间内将金属表面熔化。因此，电子束加热表面热处理与激光加热表面热处理一样，具有很高的加热和冷却速度，淬火可获得超细晶粒组织，也可进行表面合金化或熔覆。相比激光热处理，电子束热处理成本低，约为激光的一半；虽然电子束热处理不如激光操作方便，但真空条件使处理的零件表面质量更好。

2. 电子束加热表面淬火

通过高能量束加热工件表面，工件表面升温并发生相变，然后自冷却实现马氏体转变。电子束表面淬火加热和冷却速度很快，表面马氏体组织显著细化，硬度提高，表面呈残余压应力，提高了材料的抗疲劳性能和耐磨性。由于它具有能量密度极高、热效率高、精密易控及多功能等特点，在工业领域的各个行业得到了广泛的应用，是高科技发展不可缺少的特种加工手段之一。利用电子束加热表面淬火时，一般都通过散焦方式将功率密度控制在 $10^4 \sim 10^5$W/cm^2，加热速度在 $10^3 \sim 10^5$℃/s。

加热时，电子束流以很高的速度轰击金属表面，电子和金属材料中的原子相碰撞，带给原子能量，使受轰击的金属表面温度迅速升高，并在被加热层同基体之间形成很大的温度梯度。金属表面被加热到相变点以上温度时，基体仍保持冷态，电子束轰击一旦停止，热量即迅速向冷态基体扩散，从而获得很高的冷却速度，使被加热金属表面进行“自淬火”。

电子束加热表面淬火常用于具有马氏体硬化能力的铁基材料的选择性表面硬化，淬火淬硬层深度受电子束作用时间控制，一般在 0.2～1mm 范围内。淬硬层的深度与扫描速度、扫描方式等有密切的关系。对 45 钢、30CrMnSiA、T10、3Cr2Mo 钢等材料进行电子束表面淬火试验，结果表明 45 钢淬硬层的最高硬度可达 912HV，约为母材的 3 倍；30CrMnSiA 钢淬硬层的最高硬度可达 520HV，约为母材的 2.5 倍；T10 工具钢淬硬层的最高硬度可达 839HV，约为母材的 3 倍；3Cr2Mo 钢淬硬层的最高硬度为 735HV，约为基体的 2.45 倍。图 7-144 所示为 45 钢横截面的显微硬度分布图，图 7-145 所示为 T10 钢在电子束流为 6mA 时的硬度分布曲线。图 7-146 所示为 3Cr2Mo 在不同束流下显微硬度随距表面距离的分布。表 7-50 是 42CrMo 钢电子束表面淬火效果。图 7-147 所示为

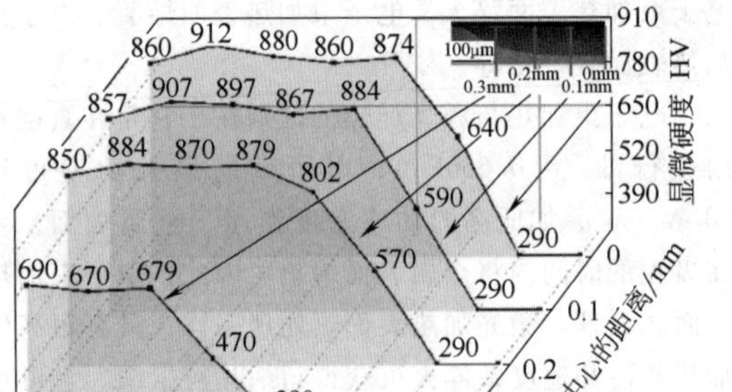

图 7-144　45 钢电子束表面淬火后横截面的显微硬度分布图

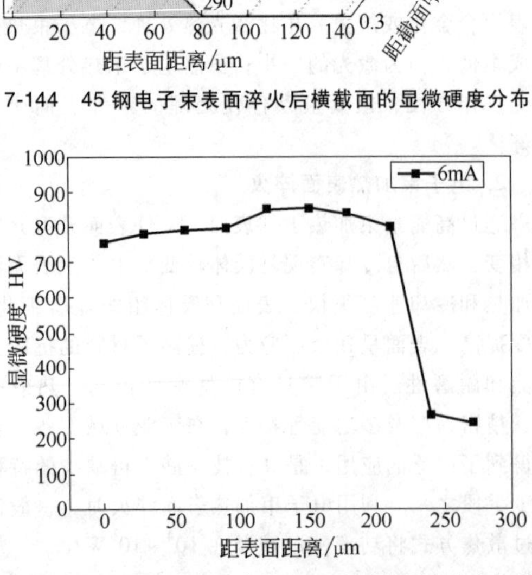

图 7-145　T10 钢在电子束流为 6mA 时的硬度分布曲线

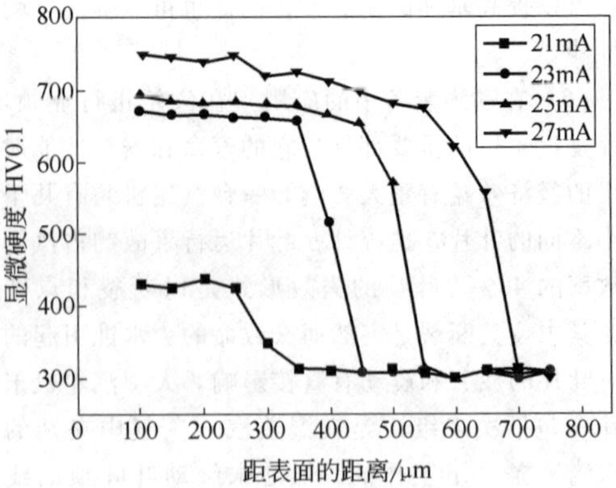

图 7-146　3Cr2Mo 在不同电子束流下显微硬度随距表面距离的分布

40CrMn 钢在不同扫描方式下的电子束硬化效果。

电子束表面淬火工艺可用于汽轮机末级叶片进汽边的防水蚀强化。叶片处理时，采用叶片移动速度为 5mm/s，以保证硬化深度在 0.5mm 以上，达 1mm 左右。由于强化部位在叶片进汽边的边缘，采用一次处理，叶片侧面不易硬化，可以采用两次处理的方法。首先处理侧面，然后处理背弧面。处理工艺见表 7-51。

电子束表面淬火畸变很小，汽轮机叶片电子束淬火前后的尺寸检测结果列于表 7-52，可以看出：只有 1303 号叶片的第 5 点变化量为 0.15mm，其余各点的变化量均在 0.1mm 以下。与其他处理工艺相比畸变小得多，畸变量可以减少一个数量级。用户用靠模检查亦完全合格。

电子束表面淬火工艺主要应用于汽车工业和航空航天工业。例如以电子束表面淬火工艺对航空发动机主轴轴承圈 M50 钢进行表面强化处理，处理后的旋转接触面淬硬层深度可达 0.75mm，以此代替整体淬火，解决了疲劳断裂的问题。在汽车工业方面，利用电子束表面淬火工艺处理柴油发动机的凸轮顶杆部位，能够准确控制淬硬层的部位，被加工工件的形状对加工效果的影响较小。

3. 电子束加热表面熔凝

电子束熔凝处理是利用电子束辐射金属表面，使其迅速达到熔点以上，形成过热状态，此刻整体金属尚处于冷态，则基体金属就成为熔化金属的“淬火剂”而将其迅速冷却至室温。因电子束加热冷却速度高达 10^4℃/s，故称之为快速熔凝。电子束快速熔凝可在一定程度上保持液态下两组元完全互溶的特性，使第二相来不及析出就发生凝固。在合金钢的处理中，电子束重熔不仅可以使合金组成各相间的化学元素进行重新分布，还能在一定程度上降低元素的显

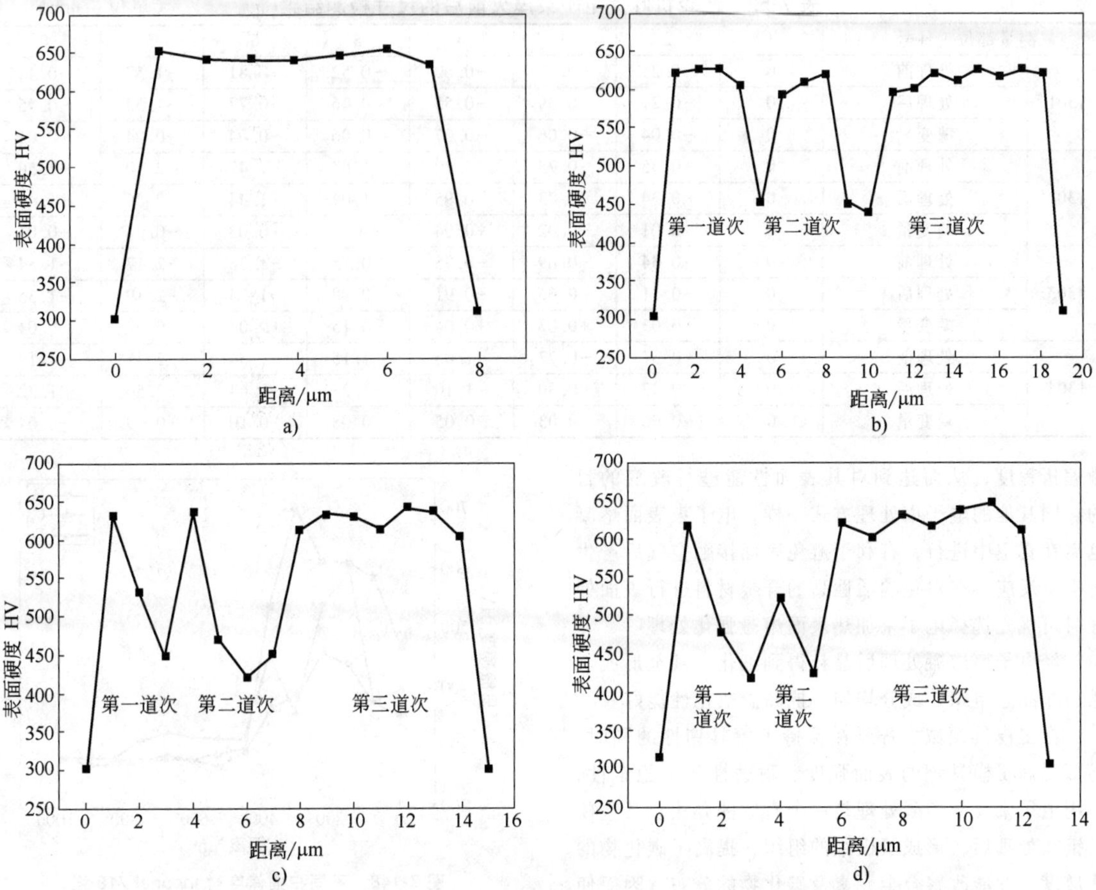

图 7-147　40CrMn 钢单道次和多道次电子束扫描后的表面硬化效果

a) 单道次　b) 33%的重叠率　c) 55%的重叠率　d) 85%的重叠率

表 7-50　42CrMo 钢电子束表面淬火效果

序号	加速电压/kV	电子束流/mA	电子束功率/kW	淬火带宽度/mm	淬火层深度/mm	硬度 HV	表层金相组织
1	60	15	0.90	2.4	0.35	627	细针马氏体 5~6 级
2	60	16	0.96	2.5	0.35	690	隐针马氏体
3	60	18	1.08	2.9	0.45	657	隐针马氏体
4	60	20	1.20	3.0	0.48	690	针状马氏体 4~5 级
5	60	25	1.50	3.6	0.80	642	针状马氏体 4 级
6	60	30	1.80	5.0	1.55	606	针状马氏体 2 级

注：试样尺寸为 10mm×10mm×50mm，表面粗糙度 Ra=0.4μm；所用设备为 30kW 电子束焊机；加速电压为 60kV，聚焦电流为 500mA，扫描速度为 10.47mm/s，电子枪真空度为 $4×10^{-2}$Pa，真空室真空度为 0.133Pa。

表 7-51　叶片电子束表面淬火处理工艺

处理部位	加速电压/kV	电子束流/mA	电子束斑尺寸/mm	叶片移动速度/(mm/s)	后道工序
侧面	50	36~46	15×8	5	235℃×3h 回火
背弧面	50	40~54	25×8	5	回火

表7-52　汽轮机叶片电子束淬火前后的尺寸检测结果　　（单位：mm）

测量部位工件号		1	2	3	4	5	6	7	8
1301	处理前	0	-0.25	-0.45	-0.62	-0.52	-0.81	-1.57	-0.44
	处理后	0	-0.21	-0.39	-0.55	-0.46	-0.77	-1.53	-0.45
	畸变量	0	-0.04	-0.06	-0.07	-0.06	-0.04	-0.04	+0.01
1302	处理前	0	-0.35	-0.75	-0.99	-1.02	-1.47	-2.30	-1.50
	处理后	0	-0.34	-0.73	-0.95	-1.02	-1.44	-2.26	-1.49
	畸变量	0	+0.01	+0.02	+0.04	0	+0.03	+0.04	+0.01
1303	处理前	0	-0.34	-0.69	-0.95	-0.75	-1.38	-2.17	-1.34
	处理后	0	-0.31	-0.66	-0.91	-0.90	-1.34	-2.19	-1.35
	畸变量	0	+0.03	+0.03	+0.04	-0.15	+0.04	-0.02	-0.01
1304	处理前	0	-0.37	-0.77	-1.05	-1.15	-1.54	-2.41	-1.18
	处理后	0	-0.43	-0.80	-1.10	-1.23	-1.64	-2.50	-1.22
	畸变量	0	-0.06	-0.03	-0.05	-0.08	-0.10	-0.09	-0.04

微偏析程度，从而达到对其表面性能进行改变的目的。同其他的电子束处理方式一样，电子束表面熔凝也需在真空中进行，有利于避免表面接触空气后产生的不良反应。在对化学活性高的合金材料进行表面处理时可优先选择电子束加热表面熔凝强化处理。

经电子束熔凝处理后晶粒得到细化，甚至形成微晶、非晶态组织，成分均匀，抗高温氧化性能好。

在工模具领域，若要在保持工模具韧性的同时，局部提高工模具钢的表面强度、耐磨性和热稳定性，采用电子束局部熔凝处理是一个有效的办法。某些模具钢在处理后，形成了极细的组织，提高了碳化物的弥散度，并能改善合金元素及碳化物的分布，因而使材料的表面硬度和热稳定性大大提高。Inconel 718典型电子束表面熔凝工艺参数见表7-53。图7-148所示为不同扫描速度对Inconel 718强化层硬度的影响。图7-149为40Cr在不同电子束照射次数下截面硬度的对比曲线。

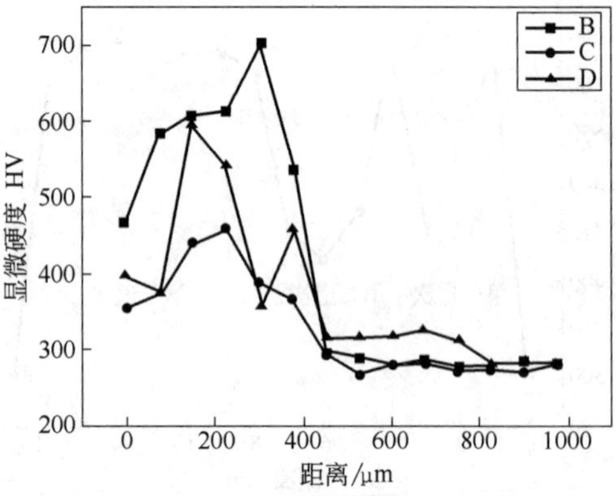

图7-148　不同扫描速度对Inconel 718强化层硬度的影响

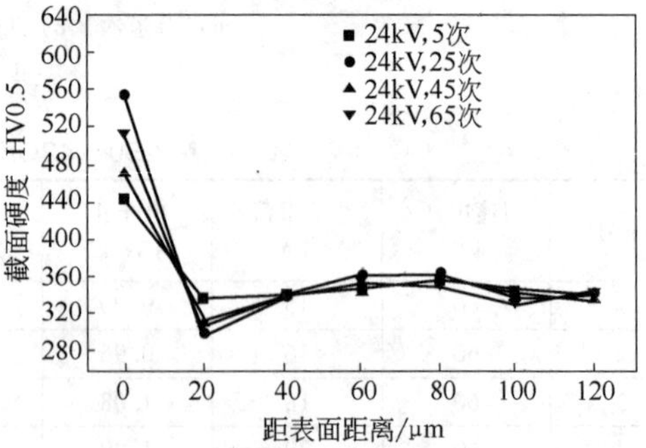

图7-149　40Cr在不同电子束照射次数下截面硬度对比曲线

表7-53　Inconel 718典型电子束表面熔凝工艺参数

序号	加速电压/kV	电子束流/mA	热输入/(J/mm)	扫描速度/(mm/min)
1	40	10	48	500
2	40	10	32	750
3	40	10	24	1000

电子束表面熔凝还可用于模具表面的抛光。传统的抛光方法耗时长且效率低下，对于复杂构造的零件来说尤为如此，因此为了获得具有良好表面质量的金属模具，通常采用电子束表面熔凝的抛光方法。模具钢材表面经过电子束照射加工处理后会在表面形成一层组织细小，耐磨和耐腐蚀性能均有显著提高的保护层。钢材表面改性层的深度在几微米左右，并且强电流脉冲电子束表面抛光强化处理不会影响基材的加工组织。对于不同斜面角度的模具，电子束抛光具有极高的效率以及优良的改性性能，故常用于模具产品的抛光中。经由电子束辐照技术抛光后的45钢表面形貌和力学性能均得到改善，抛光区域的机械划痕完全消失，粗糙度降至0.412±0.02μm，强化区的硬度高达912HV。

同时，可以利用模拟的手段来对抛光中的影响因素进行精确控制来达到最佳性能。通过研究 45 钢表面微熔状态下的电子束功率以及钢材表面熔化所需的功率密度的临界关系，通过数值模拟的手段来研究不同工艺参数下试样温度场的变化规律。具体可改变的工艺参数有电子束流、扫描速度等。先建立一个扫描电子束的热源模型，通过模拟不同工艺参数下的表面温度场变化，结合模拟过程中温度场的变化特点，可分析出电子束表面熔凝的工作机理。电子束功率密度达到试样熔融所需能量仅是基本条件，扫描时间的长短决定了周期内电子束对试样表面做功的大小。通过调节工艺参数，可控制电子能量密度和散热速率，减少熔坑和褶皱等表面缺陷的出现。表 7-54 所列为 45 钢典型电子束表面熔凝抛光工艺参数。图 7-150 所示为 45 钢经电子束改性后的显微硬度变化。图 7-151 所示为 45 钢在不同电子束流对不同倾斜角度斜面抛光处理的表面粗糙度变化。图 7-152 为 45 钢典型的电子束抛光有限元模型。

表 7-54　45 钢典型电子束表面熔凝抛光工艺参数

序号	加速电压/kV	电子束流/mA	扫描速度/(mm/s)	扫描半径/mm	扫描频率/Hz	聚焦电流/mA
1	60	6	3.5	4	300	380
2	60	7	3.5	4	300	380
3	60	8	3.5	4	300	380
4	60	9	3.5	4	300	380

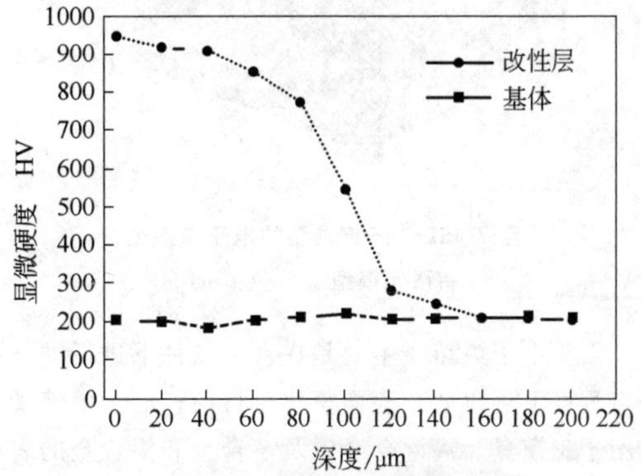

图 7-150　45 钢经电子束改性后的显微硬度变化

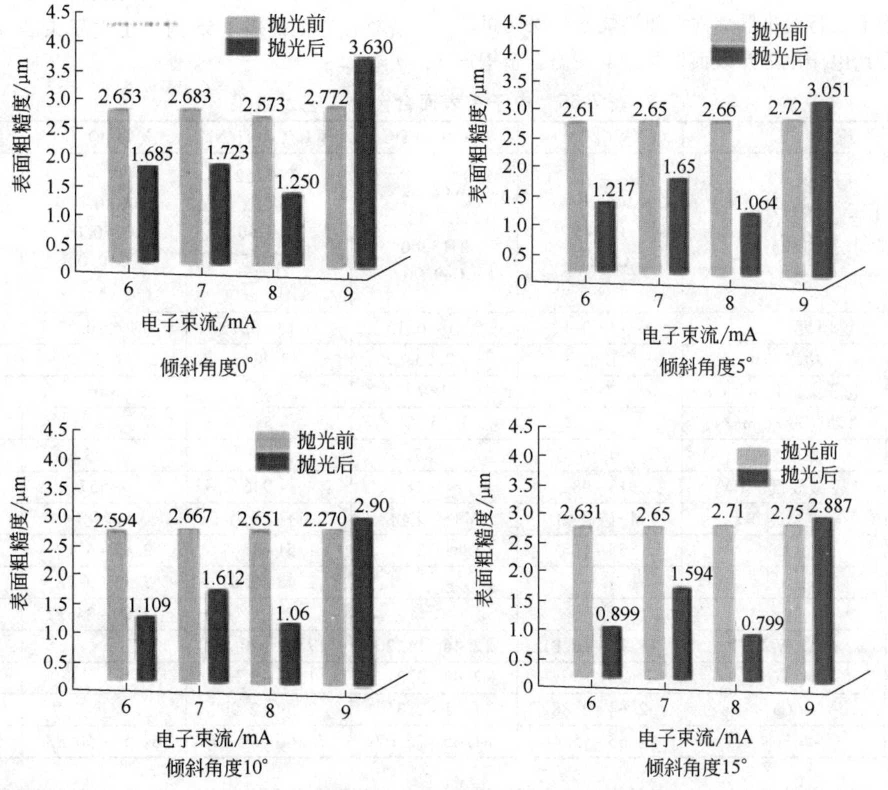

图 7-151　45 钢在不同电子束流对不同倾斜角度斜面抛光处理的表面粗糙度变化

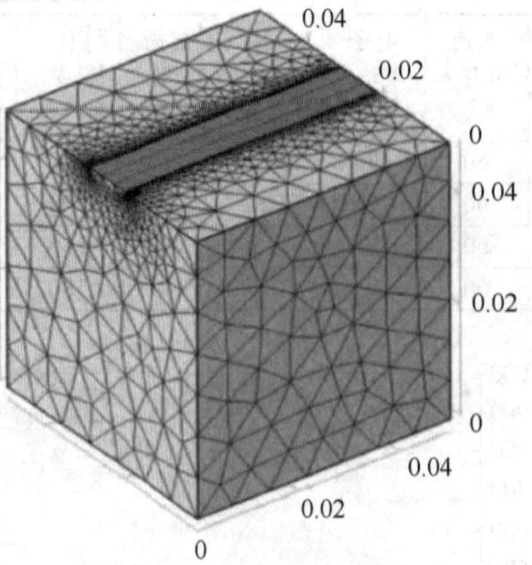

图 7-152　45 钢典型的电子束抛光有限元模型（单位：m）

由于电子束熔凝主要是在真空条件下进行的，在一定程度上可以防止表面氧化。目前，电子束熔凝主要用于工模具、高温合金以及镁合金和铝合金的表面处理，能够提高其表面强度、耐磨性和热稳定性。

AISI 310S（对应国内牌号 06Cr25Ni20）为高铬奥氏体不锈钢，常用于制造高温部件，制造在 1000~1050℃温度下运行的机器部件，如燃烧室、涡轮机的叶片等。利用电子束加热表面熔凝来对高温合金钢进行表面改性后在钢的表层出现了胞状的结晶结构，沿着晶胞边界的纳米颗粒稳定了材料的缺陷亚结构，使得耐磨性显著提升至原材料的 8 倍，钢的显微硬度是原材料的 1.2 倍。柴油机引擎中的活塞环经电子束熔凝处理后，其磨损量明显减小，使用寿命提高了 3~5 倍。高速钢孔冲模具经此方法处理后其使用效率大大提升，冲孔件的数量由原来的 16 千件提升至 30 千~40 千件。用电子束表面熔凝强化的方法强化高速钢模具的端部刃口后，其表层组织得到细晶化，碳化物细小弥散，从而获得强韧性的最佳配合。

4. 电子束加热表面合金化

电子束表面合金化是采用气相沉积或等离子热喷涂等方法将所选的粉末涂覆在试样表面上，通过精确控制电子束的功率密度和作用时间，将表面合金粉末进行熔化的同时局部的基体表层也发生熔化，局部区域内发生合金混合并产生一层合金层，从而使工件表面性能得到提高。一般选择含有 W、C 等元素的合金粉末（如 WC、TiC），可使材料的耐磨性得到提高；选择含有 Ni、Cr 等元素的合金粉末，可提高材料表面的抗腐蚀性能与淬透性。合金化层一般具有高硬度、高耐磨、强抗蚀等特殊性能，但是处理后表面的光洁度不同。表 7-55 列出了电子束表面合金化工艺及效果。

表 7-55　电子束表面合金化工艺及效果

粉末		WC/Co	WC/Co+TiC	WC/Co+Ti/Ni	NiCr/Cr_3C_2	Cr_3C_2
粉末中合金元素含量（质量分数,%）		W82.55 C5.45 Co12.0	W68.52 C7.92 Ti13.60 Co9.96	W68.52 C4.52 Co9.96 Ti7.65 Ni9.35	Ni20.0 C770.0 C10.0	Cr86.7 C13.3
涂层厚度		0.11~0.12	0.10~0.13	0.13~0.15	0.16~0.22	0.15~0.17
电子束工艺	功率/kW	1.82	2.03	1.89	1.24	1.24
	电子束斑尺寸/mm	7×9	7×9	7×9	6×6	6×6
	移动速度/(mm/s)	5	5	5	5	5
合金层	深度/mm	0.50	0.55	0.50	0.45	0.36
	显微硬度　HV	913~981	≈1018	≈946	≈557	557~642
	显微组织	M+碳化物	M+碳化物	M+碳化物	γ+碳化物	γ+碳化物
合金层成分（质量分数，%）	C	1.55~1.65	1.81~2.22	1.51~1.67	3.85~5.12	5.80~6.52
	Ni			2.43~2.81	7.11~9.78	
	Cr				24.89~34.22	36.13~40.94
	W	18.16~19.81	12.46~16.20	17.82~20.56		
	Ti		2.47~3.21	1.99~2.30		
	Co	2.64~2.88	1.81~2.35	2.59~2.99		
	Fe	77.65~75.66	81.45~76.02	73.66~69.67	64.15~50.88	58.07~52.54

在电子束表面熔凝处理 45 钢的基础上添加合金元素，可以实现电子束加热表面合金化处理，使制备的涂层和基体完美地熔化结合到一起，产生一层结合力极强的合金强化层，从而达到试样表层合金化的效果，提高试样表面的硬度和耐磨性。表 7-56 所列为 45 钢典型电子束合金化工艺参数，电子束处理前采

用等离子热喷涂技术在45钢表面分别制备了20μm的钨粉合金涂层和50μm的钼粉合金涂层。图7-153所示为45钢在不同电子束功率下的硬度分布曲线。

表7-56　45钢典型电子束合金化工艺参数

序号	加速电压/kV	电子束流/mA	电子束斑直径/mm	扫描速度/(mm/min)
1	70	1	4	50
2	70	2	4	50
3	70	3	4	50
4	70	4	4	50
5	70	3	4	30
6	70	3	4	40
7	70	3	4	50
8	70	3	4	60
9	70	5	4	50
10	70	6	4	50
11	70	7	4	50
12	70	8	4	50
13	70	7	4	30
14	70	7	4	40
15	70	7	4	50
16	70	7	4	60

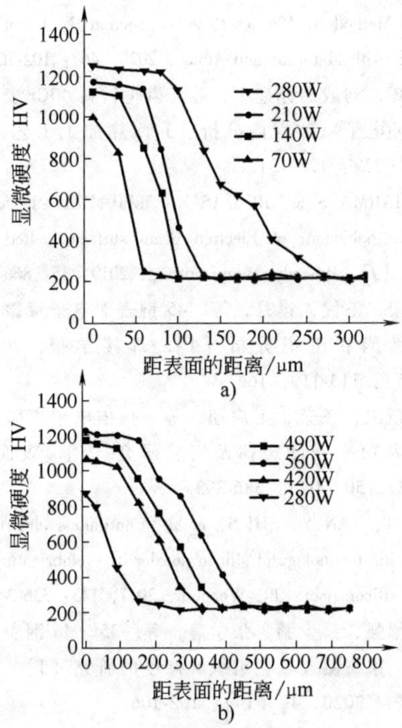

图7-153　45钢在不同电子束功率下的硬度分布曲线

a）添加W粉　b）添加Mo粉

45钢常见的处理方式包括调质与电子束加工等。出厂状态（正火处理后）下45钢表面的平均硬度为230HV，将出厂试样调质处理后，试样表面的平均硬度约为290HV；经电子束扫描熔凝处理后试样表面的硬度达820HV，比调质处理提高了2~3倍；添加Mo粉后，表面的硬度为1150HV；添加W粉后，表面硬度高达1250HV，比调质处理硬度提高了4~5倍。

还可利用电子束扫描与等离子热喷涂相结合的方法。利用等离子热喷涂先在基材表面制备涂层，然后再用连续扫描电子束对其表面进行熔凝处理，可以使一种或者多种合金元素与基材结合，从而制备出性能优良的表面改性层，提高材料的强度硬度、耐磨性以及腐蚀性能。图7-154所示为不同电子束流对35CrMoA合金化层横截面显微硬度的影响。图7-155所示为不同电子枪移动速度对35CrMoA试样截面显微硬度的影响。35CrMoA经铬镍合金化处理后，当电子束流为12mA时表层最高硬度可达670HV，是基体的2.2倍；热影响区最高硬度可达800HV，是基体的2.6倍。当扫描速度在4~6mm/s时，热影响区最高硬度可达650~760HV，是基体的2.1~2.5倍。

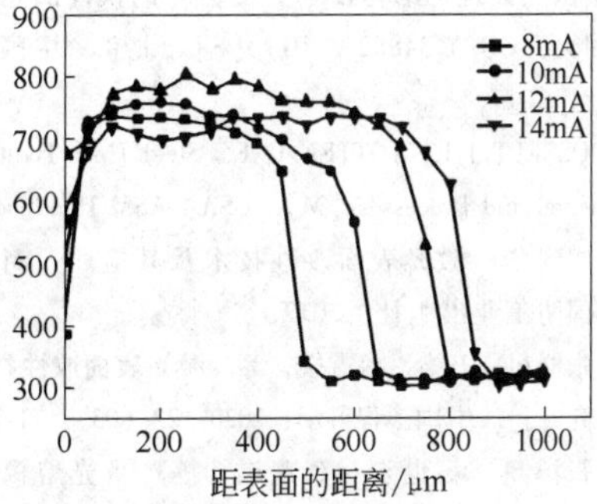

图7-154　不同电子束流对35CrMoA试样横截面显微硬度的影响

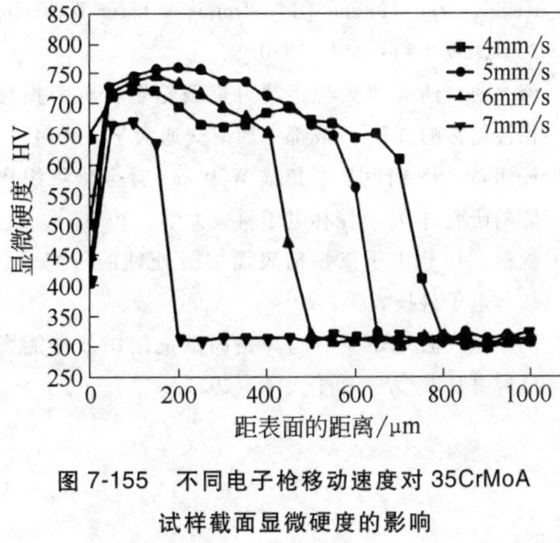

图7-155　不同电子枪移动速度对35CrMoA试样截面显微硬度的影响

电子束合金化技术因具有直接加工复杂几何形状的能力，所以非常适于小批量复杂零件的直接量产。

该工艺使零件定制化成为可能，可以获得用其他制造技术无法形成的几何形状。此工艺多用于航空飞行器及发动机多联叶片、散热器、支座、吊耳等复杂结构的制造。

参考文献

[1] RUDNEV V, TOTTEN G E. Induction Heating and Heat Treatment [M]. USA: ASM Handbook, 2014.

[2] DOSSELT J L, TOTTEN G E. Steel Heat Treating Technologies [M]. USA: ASM Handbook, 2014.

[3] 潘天明. 现代感应加热装置 [M]. 北京：冶金工业出版社，1996.

[4] 约翰 戴维斯，彼得 辛普森. 感应加热手册 [M]. 张淑芳等译. 北京：国防工业出版社，1985.

[5] RUDNEV V, LOVELESS D, COOK R, et al. Handbook of Induction Heating [M]. Boca Raton: inducoheat inc, 2017.

[6] 沈庆通，梁文林. 现代感应热处理技术 [M]. 2版. 北京：机械工业出版社，2015.

[7] 沈庆通，黄志. 感应热处理技术300问 [M]. 北京：机械工业出版社，2013.

[8] 全国热处理标准化技术委员会. 钢铁件的感应淬火与回火：GB/T 34882—2017 [S]. 北京：中国标准出版社，2017.

[9] DOSSELT J L, TOTTEN G E. Steel Heat Treating Fundamental and Processes [M]. USA: ASM Handbook, 2013.

[10] 姚建华. 激光表面改性技术及其应用 [M]. 北京：国防工业出版社，2012.

[11] 张群莉，王梁，梅雪松，等. 激光表面改性技术发展研究 [J]. 中国工程科学，2020, 22 (03): 71-77.

[12] 张津超，石世宏，龚燕琪，等. 激光熔覆技术研究进展 [J]. 表面技术，2020, 49 (10): 1-11.

[13] CUI C, GUO Z, LIU Y, et al. Characteristics of cobalt-based alloy coating on tool steel prepared by powder feeding laser cladding [J]. Optics & Laser Technology, 2007, 39 (8): 1544-1550.

[14] 郭火明. 激光淬火与熔覆对重载轮轨材料磨损与损伤性能影响 [D]. 成都：西南交通大学，2014.

[15] 任旭隆. 45钢电子束扫描W和Mo合金化组织和性能的研究 [D]. 桂林电子科技大学，2018.

[16] 祝鹏. 45钢电子束扫描表面熔凝处理的研究 [D]. 桂林电子科技大学，2014.

[17] 冯勋恒. 激光熔凝对超高铬高碳钢组织及性能影响研究 [D]. 大连理工大学，2021.

[18] 屈岳波，周健，赵琳，等. 45钢光纤激光熔凝工艺 [J]. 焊接学报，2015, 36 (07): 59-62+116.

[19] 熊安辉，刘延辉，李客，等. 灰铸铁表面激光重熔的数值模拟与工艺试验 [J]. 激光与光电子学进展，2022, 59 (03): 247-256.

[20] YANG Y W, CRISTINO V A M, TAM L M, et al. Laser surface alloying of copper with Cr/Ti/CNT for enhancing surface properties [J]. Journal of Materials Research and Technology, 2022, 17: 560-573.

[21] 孟晓曦. 钛合金表面镍包石墨激光合金化层的组织和性能 [D]. 山东大学，2021.

[22] LI X K, WANG R, XIN Z, et al. Changes in surface roughness and microstructure of 45 steel after irradiation by electron beam [J]. Materials Letters, 2021, 296: 129934.

[23] YU J, WANG R, WEI D Q, et al. Effect of different scanning modes on the surface properties of continuous electron beam treated 40CrMn steel [J]. Nuclear Instruments and Methods in Physics Research Section B: Beam Interactions with Materials and Atoms, 2020, 467: 102-107.

[24] 李晖，刘威，孙迎军，等. 齿轮材料40Cr表面强流脉冲电子束改性的分析 [J]. 热加工工艺，2015, 44 (22): 128-131.

[25] SHARMA S K, BISWAS K, MAJUMDAR J D, et al. Wear behaviour of Electron beam surface melted Inconel 718 [J]. Procedia Manufacturing, 2019, 35: 866-873.

[26] 王荣，王优，崔月，等. 45钢表面电子束微熔抛光的性能和组织分析 [J]. 焊接学报，2019, 40 (05): 113-119, 166.

[27] 李新凯，王荣，王启超，等. 扫描电子束微熔抛光临界功率密度规律及实验研究 [J]. 表面技术，2021, 50 (07): 386-393.

[28] LU T, TAN Y, SHI S, et al. Continuous electron beam melting technology of silicon powder by prefabricating a molten silicon pool [J]. Vacuum, 2017, 143: 336-343.

[29] 魏德强，吕少鹏，张学静，等. 35CrMo钢表面扫描电子束铬镍合金化组织和硬度的研究 [J]. 热加工工艺，2020, 49 (14): 102-106.

第8章　化学热处理

武汉材料保护研究所有限公司　潘邻　吴勇[㊀]

化学热处理是表面合金化与热处理相结合的一项工艺技术。它是将金属或合金工件置于一定温度的活性介质中保温，使一种或几种元素渗入工件表层，并配以不同的后续热处理，最终赋予工件所需的化学成分、组织和性能的热处理工艺。

在整个热处理技术中，化学热处理占有相当大的比重。通过化学热处理实现表面强化，在提高表面强度、硬度、耐磨等性能的同时，保持心部的强韧性，使产品具有更高的综合机械性能；化学热处理还可以在很大程度上改变表层的物理和化学性质，提高零部件的抗氧化、耐腐蚀等性能；同时，化学热处理也是修复工程修复热处理技术的重要组成部分。因此，化学热处理是机械制造、化工、能源动力、交通运输、航空航天等众多行业中不可或缺的工艺技术。常用化学热处理方法及作用见表8-1。

表8-1　常用化学热处理方法及作用

处理方法	渗入元素	作　用
渗碳及碳氮共渗	C或C、N	提高工件的耐磨性、硬度及疲劳强度
渗氮及氮碳共渗	N或N、C	提高工件的表面硬度、耐磨性、抗咬合能力及耐蚀性
渗硫	S	提高工件的减摩性及抗咬合能力
硫氮及硫氮碳共渗	S、N或S、N、C	提高工件的耐磨性、减摩性及抗疲劳、抗咬合能力
渗硼	B	提高工件的表面硬度，提高耐磨能力及红硬性
渗硅	Si	提高表面硬度，提高耐蚀、抗氧化能力
渗锌	Zn	提高工件抗大气腐蚀能力
渗铝	Al	提高工件抗高温氧化及含硫介质中的腐蚀能力
渗铬	Cr	提高工件抗高温氧化能力，提高耐磨及耐蚀性
渗钒	V	提高工件表面硬度，提高耐磨及抗咬合能力
硼铝共渗	B、Al	提高工件耐磨、耐蚀及抗高温氧化能力，表面脆性及抗剥落能力优于渗硼
铬铝共渗	Cr、Al	具有比单一渗铬或渗铝更优的耐热性能
铬铝硅共渗	Cr、Al、Si	提高工件的硬度及高温性能

根据钢中元素与渗入元素相互作用形成的组织结构，化学热处理可分为两大类：第一类是渗入元素在基体金属中富化但未超过固溶度，形成金属固溶体（固溶扩散或纯扩散），如渗碳。第二类为某种类型的反应扩散。其一是扩散元素富化超过固溶度，与钢中元素形成有序相（金属间化合物），如渗氮；其二是渗入元素在溶质元素晶格中的固溶度非常小，以致使两种元素相互作用形成化合物，如渗硼。

化学热处理通常由四个基本过程组成：

1）介质中的化学反应。在一定温度下介质中各组元发生化学反应或蒸发，形成渗入元素的活性组分（金属原子直接从熔融态渗入者除外）。

2）渗剂扩散。活性组分在工件表层向内扩散，反应产物离开界面向外逸散。

3）相界面反应。活性组分与工件表面碰撞，产生物理吸附或化学吸附，溶入或形成化合物，其他产物解吸离开表面。

4）被吸附并溶入的渗入元素向工件内部扩散，当渗入元素的浓度超过基体金属的固溶度时，发生反应扩散，产生新相。

根据介质的物理形态，化学热处理可分类如下：

㊀ 8.1、8.2、8.3、8.5由潘邻执笔，8.4由吴勇执笔。

- 固体法
  - 粉末法
  - 涂渗法
    - 膏剂法
    - 熔渗法
  - 电镀、电泳或喷涂后扩散退火（退火温度低于渗入元素熔点）
- 液体法
  - 熔盐法
    - 熔盐浸渍
    - 熔盐电解
  - 热浸法
  - 电镀、电泳或喷涂后扩散退火（退火温度高于渗入元素熔点）
  - 水溶液电解加热
- 气体法
  - 气体或液体化合物分解、还原、置换
  - 真空蒸发法
  - 流态粒子法
- 辉光离子法
  - 离子渗碳（碳氮共渗）
  - 离子渗氮（氮碳共渗）
  - 离子渗硫等

根据钢铁基体材料在进行化学热处理时的组织状态，化学热处理工艺可分类如下：

- 奥氏体状态
  - 渗碳
  - 碳氮共渗
  - 渗硼及硼铝共渗，硼硅共渗，硼锆共渗，硼碳复合渗，硼碳氮复合渗
  - 渗铬及铬铝共渗，铬硅共渗，铬钛共渗，铬氮共渗
  - 渗铝及铝稀土共渗，铝镍共渗
  - 渗硅
  - 渗钒，渗铌，渗钛
- 铁素体状态
  - 渗氮
  - 氮碳共渗
  - 氧氮共渗及氧氮碳共渗
  - 渗硫
  - 硫氮共渗及硫氮碳共渗
  - 渗锌

8.1 钢的渗碳

8.1.1 渗碳原理

1. 渗碳反应和渗碳过程

（1）渗碳反应　钢的渗碳是在一定成分的化学介质中进行的，这种使钢渗碳的含碳介质称为渗碳剂。根据渗碳剂形态，可分为固体渗碳、液体渗碳和气体渗碳三种类型。无论采用何种渗碳剂，主要渗碳组分均为 CO 或 CH_4，产生活性碳［C］原子的反应分别为

$$2CO \xrightleftharpoons{Fe} [C]+CO_2$$

$$CO \xrightleftharpoons{Fe} [C]+\frac{1}{2}O_2$$

$$CO+H_2 \xrightleftharpoons{Fe} [C]+H_2O$$

$$CO_4 \xrightleftharpoons{Fe} [C]+2H_2$$

（2）渗碳过程　渗碳可分为三个过程：

1）渗剂中形成 CO、CH_4 等渗碳组分。

2）供碳组分传递到钢铁表面，在工件表面吸附、反应，产生活性碳原子，当活性碳原子达到一定浓度值后渗入钢铁表面，未分解的 CO_2 和（或）H_2O 解吸离开工件表面。

3）渗入工件表面的碳原子向内部扩散，形成一定碳浓度梯度的渗碳层。

（3）与渗碳过程有关的重要参量

1）碳势 C_p。碳势是表征含碳气氛在一定温度下与钢件表面处于平衡时可使钢表面达到的碳含量，一般采用低碳钢箔片测量。将厚度小于 0.1mm 的低碳钢箔置于渗碳介质中施行穿透渗碳后，测定钢箔的碳含量，其数值即等于此渗碳介质在该渗碳温度下的碳势。

2）碳活度 a_C。碳活度是渗碳过程中，钢的奥氏体中碳的饱和蒸汽压 p_C 与相同温度下以石墨为标准态的碳的饱和蒸汽压 p_C^o 之比，$a_C=p_C/p_C^o$。它的物理化学意义是奥氏体中碳的有效浓度。奥氏体中碳活度 a_C 与碳浓度的关系为 $a_C=f_C w(C)$，f_C 为活度系数，其数值与温度、合金元素种类及含量有关。

3）碳传递系数 β。碳传递系数是表征渗碳界面反应速度的常数，也称为碳的传输系数，量纲为 cm/s，物理意义为单位时间（s）内气氛传递到工件表面单位面积的碳量（碳通量 J'）与气氛碳势和工

件表面碳含量之间的差值（C_p-C_s）之比，即 $\beta=J'/(C_p-C_s)$。碳传递系数与渗碳温度、渗碳介质、渗碳气氛的组分等有关（见图 8-1 及表 8-2）。

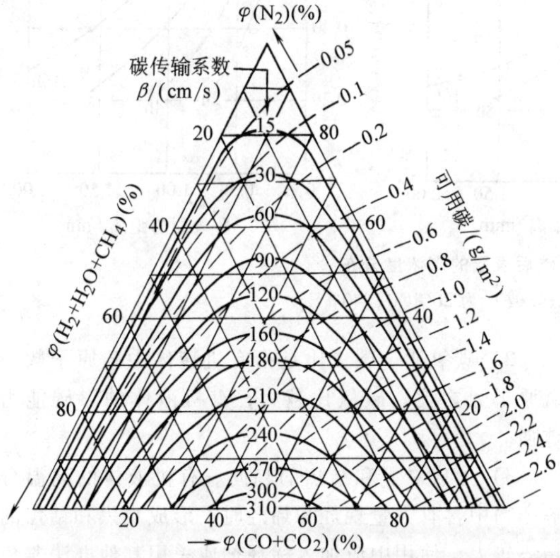

图 8-1　900℃时，β 值与渗碳气体组分的关系

表 8-2　几种渗碳气氛的碳传递系数（β）

气　氛	880℃	1000℃
C_3H_8 制备的吸热式气氛	1.04	2.28
CH_4 制备的吸热式气氛	1.13	2.48
甲醇-乙酸乙酯滴注式渗碳气氛	2.43	5.53
$\varphi(N_2)$30%(甲醇+乙酸乙酯)	0.30	0.67
$\varphi(N_2)$20%(甲醇+乙酸乙酯)	0.13	0.29

一般采用钢箔渗碳的方式测量气体渗碳中的 β 值。测量方法是在一定渗碳气氛和渗碳温度下，放入厚度小于 0.1mm 的钢箔渗碳，因钢箔很薄，可近似地把它的渗碳过程看作纯界面过程，并认为钢箔内表面和心部的碳含量一致，因而

$$\frac{\partial C}{\partial t}\delta=2\beta(C_p-C)$$

式中　C——渗碳过程中钢箔奥氏体的瞬时碳浓度；

δ——钢箔的厚度；

C_p——渗碳介质的碳势。

方程的解为

$$\beta=\frac{\delta\ln\dfrac{C_p}{C_p-C}}{2t}$$

4）碳的扩散系数。碳的扩散系数与渗碳温度、奥氏体碳浓度及合金元素的种类和含量有关。其中影响最大的是渗碳温度。常用渗碳钢的碳含量及合金元素含量均不高，可不考虑它们的影响。扩散系数 D 与温度 T(K) 的关系可近似表达为

$$D=0.162\exp\left(-\frac{16575}{T}\right) \tag{8-1}$$

2. 工艺参数对渗碳速度的影响

渗碳层深度 d 可近似计算为

$$d=k\sqrt{t}-\frac{D}{\beta} \tag{8-2}$$

式中　d——渗碳层深度；

k——渗碳速度因子；

t——渗碳时间；

D——扩散系数；

β——碳传递系数。

其中渗碳速度因子与渗碳温度、碳势成正比，与心部含碳量成反比，与合金元素品种及其含量也有关系。

1）渗碳温度。由式（8-1）可知，随着渗碳温度升高，碳在钢中的扩散系数呈指数上升，渗碳速度加快，但渗碳温度过高会造成晶粒长大，工件畸变增大，设备寿命降低等负面效应。所以渗碳温度通常控制在 900~950℃ 范围内。

2）渗碳时间。由式（8-2）可知，渗碳时间与渗碳层深度呈平方根关系。渗碳时间越短，生产效率越高，能耗越低，但是对于浅层渗碳来说，渗碳时间太短，渗层深度控制难以准确。应通过调整渗碳温度、碳势来延长渗碳时间，以便精确地控制渗层深度。

3）碳势的影响。渗碳介质碳势越高，渗碳速度越快，但渗层碳浓度梯度越陡（见图 8-2）。碳势过高，还会出现工件表面积碳。气体渗碳中常采用强渗碳—扩散的方式解决这一矛盾。

3. 气体渗碳中的碳势测量与控制

炉气 CO 含量保持不变的条件下，a_c 与 CO_2、O_2 含量存在对应关系，可采用 CO_2 红外仪及氧探头间接测量碳势。在 p_{CO}、p_{H_2} 保持不变的条件下。炉气中的 H_2O 含量与碳势存在对应关系，也可采用露点仪间接测量碳势。采用上述方法测量碳势有一个前提条件，即 CH_4 参与渗碳反应的速度较慢，可不予考虑其渗碳作用。考虑 CH_4 的影响时可采用 CH_4 红外仪间接测量碳势。

对于气体渗碳来说，影响气氛碳势的变量有 p_{CO}、p_{CO_2}、p_{CH_4}、p_{H_2}、p_{H_2O}、p_{O_2} 和 w(C) 七个组分。这七个变量共有的元素有三个，因而气体渗碳体系的自由度为 $\phi=7-(3+1)=3$。从理论上讲，要完全约束整个体系，应控制三个变量。由于需要增加测控设备，投资增大，在一定的工艺条件下，采用双参数控制，如 O_2-CO、CO_2-CO 等也能获得较好的结果。当炉气成分基本不变时，可采用单参数控制（生产中一般用氧探头），但应使用钢箔监测。

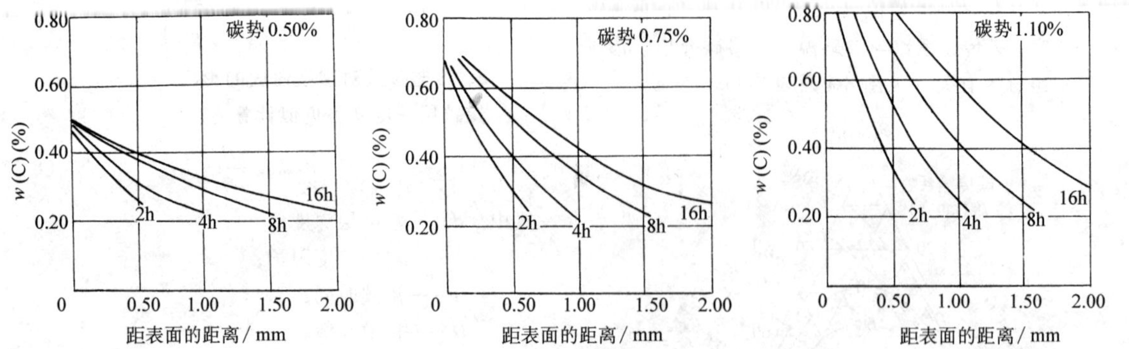

图 8-2　20 钢在不同碳势下渗碳后表层的碳浓度分布

注：渗碳温度为 920℃，气氛（体积分数）为 20%CO，40%H_2。

8.1.2　气体渗碳

1. 滴注式气体渗碳

滴注式气体渗碳是指将苯、醇、煤油等有机液体直接滴入渗碳炉中裂解进行渗碳的方法。

（1）滴注剂的选择和组成原则　滴注剂通常由一种或几种含碳的有机化合物液体组成。一般采用两种或两种以上的有机液体，其中一种起稀释作用，其余为渗碳剂。

选配滴注剂时，应考虑下列特性：

1）碳当量。碳当量是指高温分解后产生 1mol 活性碳原子所需的质量。碳当量越小，有机液体的供碳能力越强。

2）碳氧比。碳氧比是指有机液体中碳原子数与氧原子数之比。碳氧比越大，有机液体的渗碳能力越强。

3）形成炭黑和结焦的趋向。有机液体的高温分解产物中含有大量烷烃和烯烃时，形成炭黑和结焦的趋势较大。使用中应加入稀释剂或采用其他办法避免炭黑的形成和结焦。

4）分解产物中 CO 和 H_2 的含量稳定性。在单参数控制碳势渗碳时这一点很重要。如前所述，无论采用 CO_2 红外仪、露点仪还是氧探头，其单独控制气氛碳势的前提是炉气中 CO 和 H_2 的含量基本不变。

常用有机液体的碳当量、碳氧化和渗碳反应式列于表 8-3。

表 8-3　常用有机液体的渗碳特性

名称	分子式	碳当量/g	碳氧比	产气量/(m^3/kg)	渗碳反应式	用途
甲醇	CH_3OH	—	1	—	$CH_3OH \rightarrow CO+2H_2$	稀释剂
乙醇	C_2H_5OH	46	2	1.95	$C_2H_5OH \rightarrow [C]+CO+3H_2$	渗碳剂
异丙醇	C_3H_7OH	30	3	1.87	$C_3H_7OH \rightarrow 2[C]+CO+4H_2$	强渗碳剂
乙醚	$C_2H_5OC_2H_5$	24.7	4	—	$C_2H_5OC_2H_5 \rightarrow 3[C]+CO+5H_2$	强渗碳剂
丙酮	CH_3COCH_5	29	3	1.54	$CH_3COCH_5 \rightarrow 2[C]+CO+3H_2$	强渗碳剂
乙酸乙酯	$CH_3COOC_2H_5$	44	2	1.53	$CH_3COOC_2H_5 \rightarrow 2[C]+2CO+4H_2$	渗碳剂
煤油	航空煤油、灯用煤油主要成分为 C_9-C_{14} 和 C_{11}-C_{17} 的烷径	1.42（平均）	—	—	850℃以下裂解不充分，含大量烯烃（乙烯、丙烯），容易产生炭黑和结焦。应在 900~950℃使用，高温下理论分解式：$n_1(C_{11}H_{24} \sim C_{17}H_{36}) \rightarrow n_2CH_4 + n_2CH_4+n_2[C]+n_3H_2$	强渗碳剂

（2）典型滴注剂

1）甲醇-乙酸乙酯滴注剂。这种滴注剂中甲醇是稀释剂，乙酸乙酯是渗碳剂。不同温度下甲醇-乙醇乙酯碳势与露点、氧探头输出值的关系如图 8-3 所示。

由于乙酸乙酯分解时产生 CO_2 中间产物，所以不推荐采用 CO_2 红外仪测试碳势。

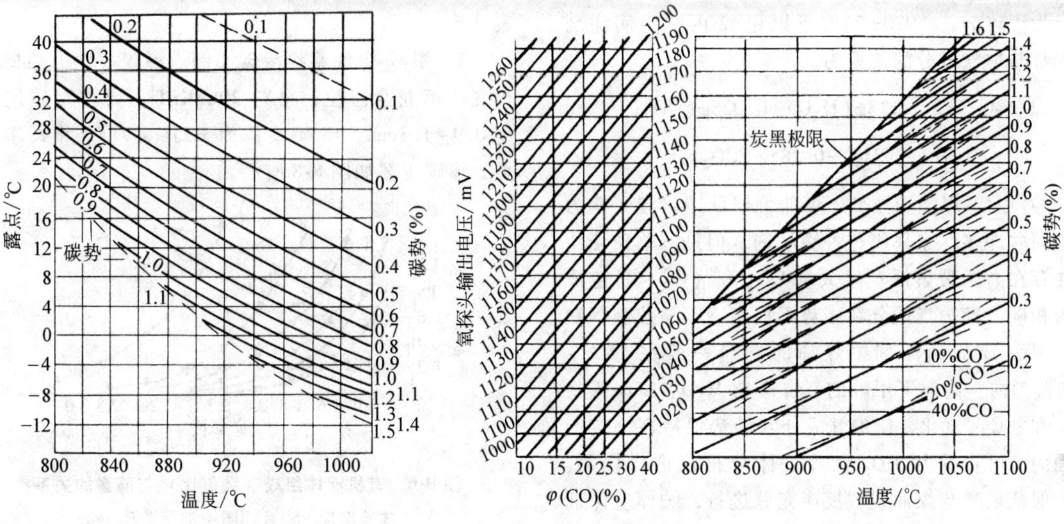

图 8-3　不同温度下甲醇-乙醇乙酯碳势与露点、氧探头输出值的关系

改变滴注剂中甲醇与乙酸乙酯的比率，炉气中 CO 含量基本不变（见图 8-4）。因此，采用单参数控制时，碳势控制较准确，这是这种滴注剂的最大优点。表 8-4 为几种滴注剂用露点仪或 CO_2 红外仪控制时的最大碳势偏差。

2）甲醇-丙酮。由图 8-4 和表 8-4 可知，甲醇-丙酮分解产物中，虽然 CO 含量的稳定性略低，但是由于丙酮的裂解性能优于乙酸乙酯，而且采用 CO_2 红

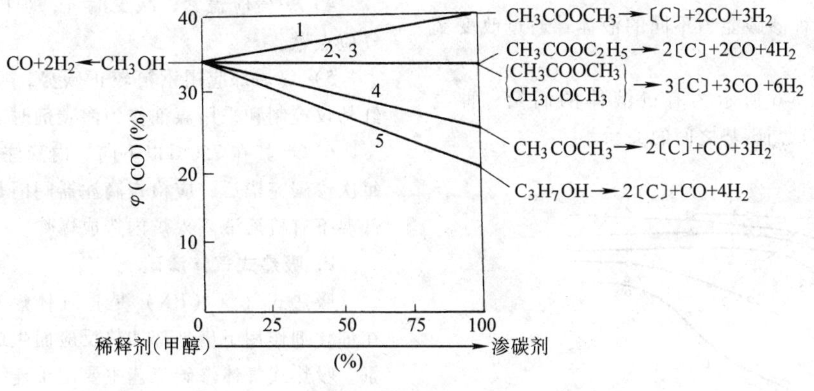

图 8-4　几种滴注剂中甲醇与渗碳剂的比率变化对 CO 含量的影响

1—乙酸甲酯　2—乙酸乙酯　3—甲醇+丙酮　4—丙酮　5—异丙醇

表 8-4　几种滴注剂用露点仪或 CO_2 红外仪控制时的最大碳势偏差　　（%）

滴注剂	露点控制		CO_2 红外仪控制	
	工作范围	全范围	工作范围	全范围
甲醇-乙酸乙酯	±0.035	±0.055	±0.055	±0.08
甲醇-75%丙酮+25%乙酸乙酯	±0.045	±0.075	±0.05	±0.05
甲醇-丙酮	±0.065	±0.105	±0.065	±0.10

注：1. 本表列举的是稀释剂与渗碳剂比例变化引起的碳势最大测量误差值（渗碳温度为 920℃，碳势为 1.0%）。

2. 工作范围是指渗碳剂的质量分数在 15%～90%的范围内变化。

3. 全范围是指滴注剂中渗碳剂的质量分数在 0～100%内变化。

外仪控制时优于乙酸乙酯，所以常用丙酮代替乙酸乙酯作为渗碳剂，(920±5)℃下以甲醇-丙酮为滴注剂时碳势与炉气成分的关系为

$$C_p=0.363-1.113\varphi(H_2O)+0.025\varphi(CO)+0.312\varphi(CH_4)-0.285\varphi(CO_2)$$

3）甲醇-煤油滴注剂。煤油价格低廉，渗碳能力强，国内许多厂家采用这种滴注剂。但是，单独使用煤油存在高温裂解后产生大量 CH_4 和［C］，易造成炉内积碳，且炉气成分和碳势不稳定、不易控制等缺点。甲醇-煤油滴注剂中煤油的含量一般在 15%～30%范围内，高温下甲醇的裂解产物 H_2O、CO_2 等将 CH_4 和［C］氧化，使炉气成分和碳势保持在一定的范围内，可以采用 CO_2 红外气体分析仪进行控制。为了保证甲醇与煤油裂解反应充分进行，炉体应保证四个条件：①炉气静压高于 1500Pa；②滴注剂必须直接滴入炉内；③加溅油板，增加滴注剂的分散程度；④滴注剂通过 400～700℃温度区的时间不长于 0.07s。

（3）碳势调节方法　滴注式渗碳中常采用下列两种方法调节碳势：

1）改变滴注剂中稀释剂和渗碳剂的比例和（或）调整滴注剂的滴量。

2）使用几种渗碳能力不同的液体，通过改变滴液来调节碳势。

图 8-5、图 8-6 所示为有机液体的滴量、种类（以碳氧比表示）与碳势之间的关系。

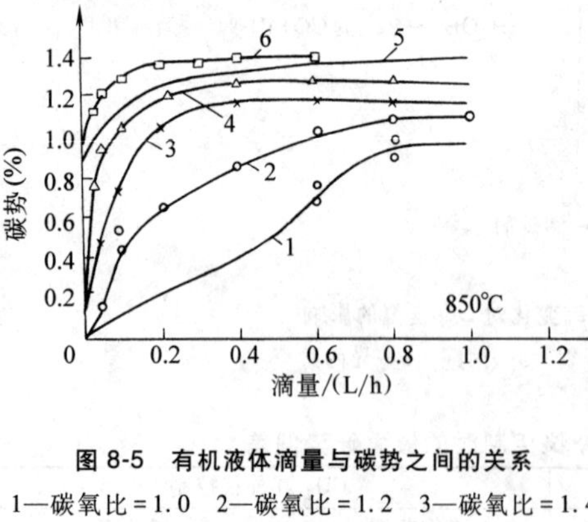

图 8-5　有机液体滴量与碳势之间的关系

1—碳氧比=1.0　2—碳氧比=1.2　3—碳氧比=1.4
4—碳氧比=1.6　5—碳氧比=2.0
6—碳氧比=2.23

（4）典型滴注式渗碳工艺举例

1）通用甲醇-煤油滴注式渗碳工艺。这种通用工艺可供不具备碳势测量与控制仪器的企业使用，使用时应根据具体情况进行修正。工艺见图 8-7 及表 8-5。

2）甲醇-煤油滴控渗碳实例。渗碳零件为某型汽车变速箱五速齿轮，材料 20CrMnTi，要求渗碳层深度 0.9～1.3mm，渗碳设备为 RTJ-75-9T 型井式渗碳炉，渗碳工艺如图 8-8 所示。

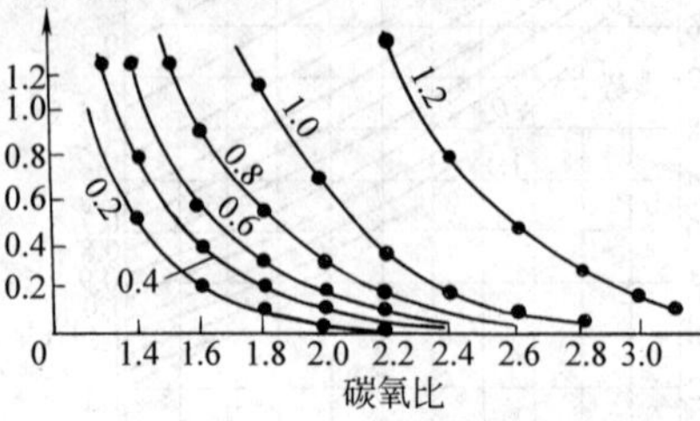

图 8-6　有机液体组成（碳氧比）与滴量的关系

（试验温度 950℃，图中数字为碳势）

（5）滴注式渗碳的操作要点及注意事项

1）渗碳工件表面不得有锈蚀、油污及其他污垢。

2）同一炉渗碳的工件，其材质、技术要求、渗后热处理方式应相同。

3）装料时应保证渗碳气氛的流通。

4）炉盖应盖紧，减少漏气，炉内保持正压，废气应点燃。

5）每炉都应用钢箔较正碳势，特别是在用 CO_2 红外仪控制和采用煤油作为渗碳剂时。

6）严禁在 750℃以下向炉内滴注任何有机溶液。每次渗碳完毕后，应检查滴注器阀门是否关紧，防止低温下有机溶液滴入炉内造成爆炸。

2. 吸热式气体渗碳

吸热式气氛（RX）是将气体燃料与空气混合，在催化剂作用下借外部加热反应而生成的一种可控气氛。吸热式气体渗碳工艺主要用于连续式炉和密封箱式炉。

（1）吸热式渗碳气氛及渗碳反应　吸热式渗碳气氛由吸热式气体加富化气组成。常用吸热式气体的成分见表 8-6，一般采用甲烷或丙烷作富化气。吸热式气氛中 CO_2、H_2O、CO 和 H_2 发生水煤气反应

$$CO_2+H_2O \rightleftharpoons CO_2+H_2$$

渗碳时，消耗 CO 和 H_2，生成 CO_2 和 H_2O

$$CO+H_2 \rightleftharpoons [C]+H_2O$$

$$2CO \rightleftharpoons [C]+CO_2$$

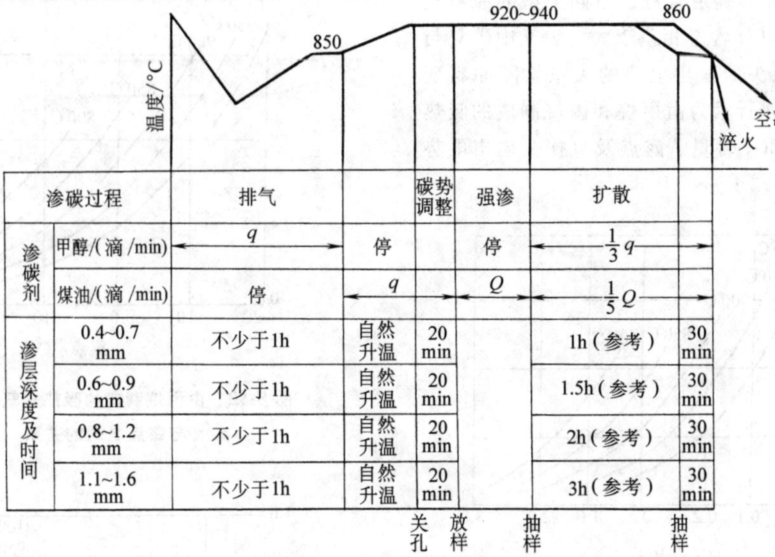

图 8-7 通用甲醇-煤油滴注式渗碳工艺曲线

注：q=0.13×渗碳炉功率（kW），Q=1×工件吸碳表面积（m^2）。

表 8-5 强渗时间、扩散时间及渗碳层深度

要求的渗碳层深度/mm	不同温度下的强渗时间			强渗后的渗碳层深度/mm	扩散时间/h	扩散后的渗碳层深度/mm
	(920±10)℃	(930±10)℃	(940±10)℃			
0.4~0.7	40min	30min	20min	0.20~0.25	≈1	0.5~0.6
0.6~0.9	1.5h	1.0h	30min	0.35~0.40	≈1.5	0.7~0.8
0.8~1.2	2h	1.5h	1h	0.40~0.55	≈2	0.9~1.0
1.1~1.6	2.5h	2h	1.5h	0.60~0.70	≈3	1.2~1.3

注：若渗碳后直接降温淬火，则扩散时间应包括降温及降温后停留的时间。

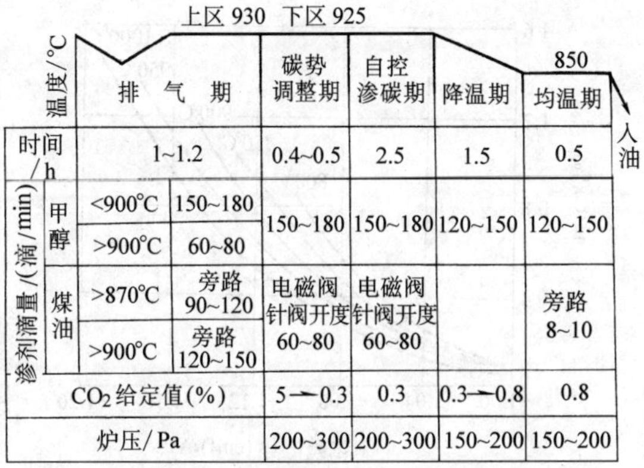

图 8-8 甲醇-煤油 CO_2 红外气体分析仪控制滴注式渗碳工艺

加入富化气（CH_4）会反过来消耗 CO_2 和 H_2O 补充 CO 和 H_2，促进渗碳反应进行，其反应式为

$$CH_4+CO_2 \rightleftharpoons 2CO+2H_2$$

$$CH_4+H_2O \rightleftharpoons CO+3H_2$$

上述四个反应式相加可得出

$$2CH_4 \rightleftharpoons 2[C]+4H_2$$

富化气为丙烷时，丙烷在高温下最终形成甲烷，再参加渗碳反应

$$C_3H_8 \longrightarrow 2[C]+2H_2+CH_4$$

$$C_3H_8 \longrightarrow [C]+2CH_4$$

表 8-6 常用吸热式气体成分（体积分数）

（%）

原料气	混合比（空气：原料气）	CO_2	H_2O	CH_4	CO	H_2	N_2
天然气	2.5	0.3	0.6	0.4	20.9	40.7	余量
城市煤气	0.4~0.6	0.2	0.12	0~1.5	25~27	41~48	余量
丙烷	7.2	0.3	0.6	0.4	24.0	33.4	余量
丁烷	9.6	0.3	0.6	0.4	24.2	30.3	余量

（2）吸热式渗碳气氛碳势的测量与控制 调整吸热式气体与富化气的比例即可控制气氛的碳势。由

了 CO 和 H_2 的含量基本保持稳定，只测定单一的 CO_2 或 O_2 含量，即可确定碳势，不同类型的原料气制成的吸热式气体 CO 含量相差较大，炉气中碳势与 CO_2 含量露点氧探头的输出电势的关系均随原料变化。图 8-9~图 8-14 所示为由甲烷和丙烷制成的吸热式气氛中碳势与 CO_2 含量、露点及氧探头输出电势之间的关系曲线。

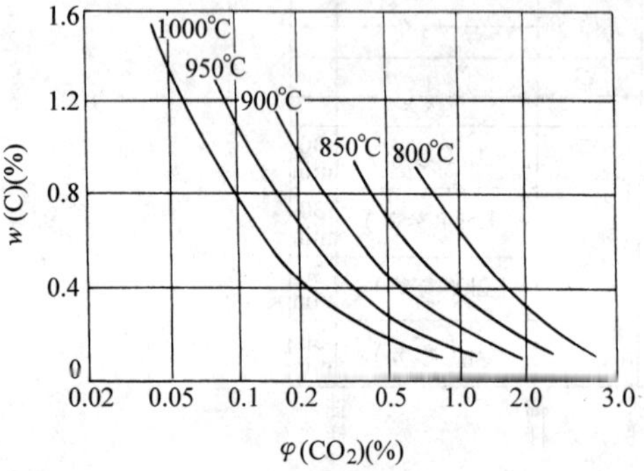

图 8-9　由甲烷制成的吸热式气氛中碳势与 CO_2 含量之间的关系

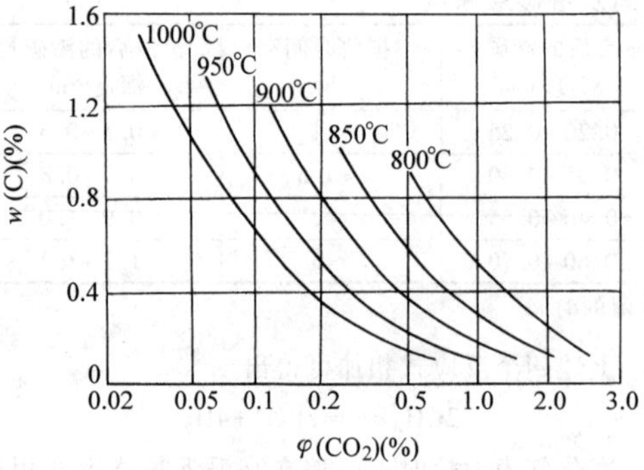

图 8-10　由丙烷制成的吸热式气氛中碳势与 CO_2 含量之间的关系

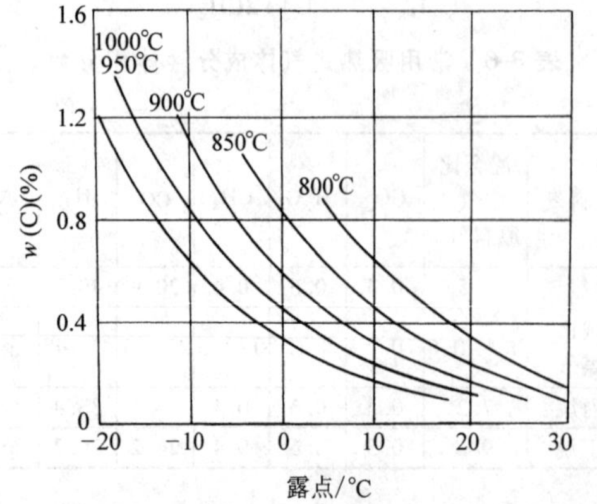

图 8-11　由甲烷制成的吸热式气氛中碳势与露点之间的关系

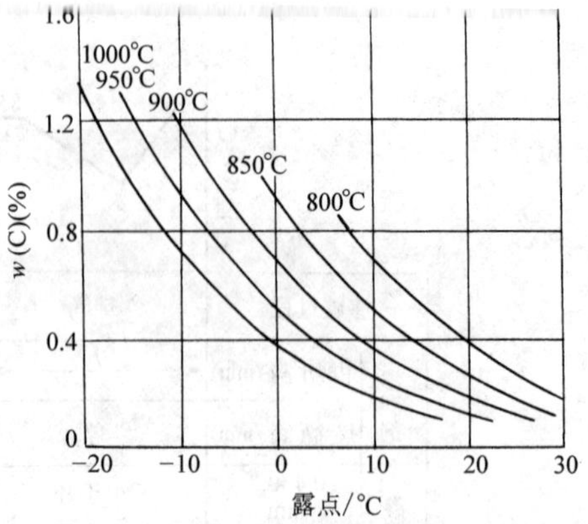

图 8-12　由丙烷制成的吸热式气氛中碳势与露点之间的关系

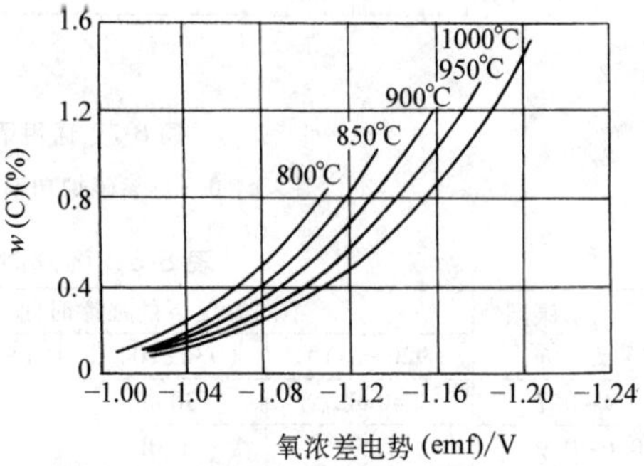

图 8-13　由甲烷制成的吸热式气氛中碳势与氧探头输出电势之间的关系

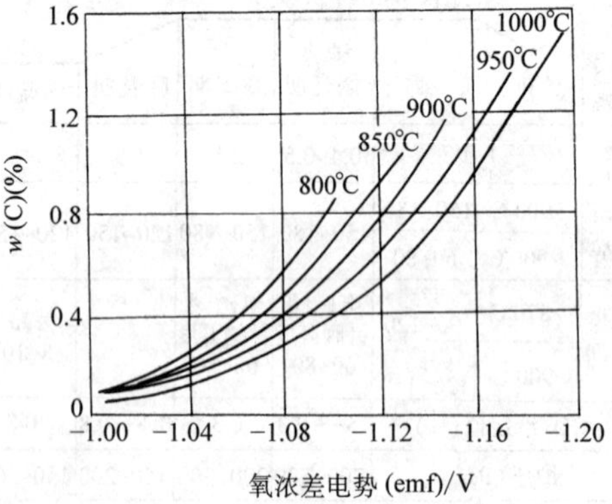

图 8-14　由丙烷制成的吸热式气氛中碳势与氧探头输出电势之间的关系

（3）吸热式气体渗碳工艺实例　吸热式气体多用于连续式炉的批量渗碳处理。图 8-15 所示为连续作业吸热式气体渗碳设备及工艺示意。

吸热式气体渗碳气氛中的 H_2 和 CO 的含量都超

过了在空气中的爆炸极限 [$\varphi(H_2)=4\%$，$\varphi(CO)=12.5\%$]，炉温一定要高于 760℃ 才能通入渗碳气氛，以免发生爆炸。由于 CO 有毒，炉体应有较好的密封性。炉口应点火，以防止 H_2 和 CO 泄漏造成爆炸和发生人员中毒事故。采用 CH_4 特别是 C_3H_8 作为富化气时，炉内易形成积碳，应定期烧除炭黑。

3. 氮基气氛渗碳

氮基气氛渗碳是指以氮气为载体添加富化气或其他供碳剂的气体渗碳方法。该方法具有能耗低、安全、无毒等优点。

（1）氮基渗碳气氛的组成　几种典型氮基渗碳气氛的成分见表 8-7。

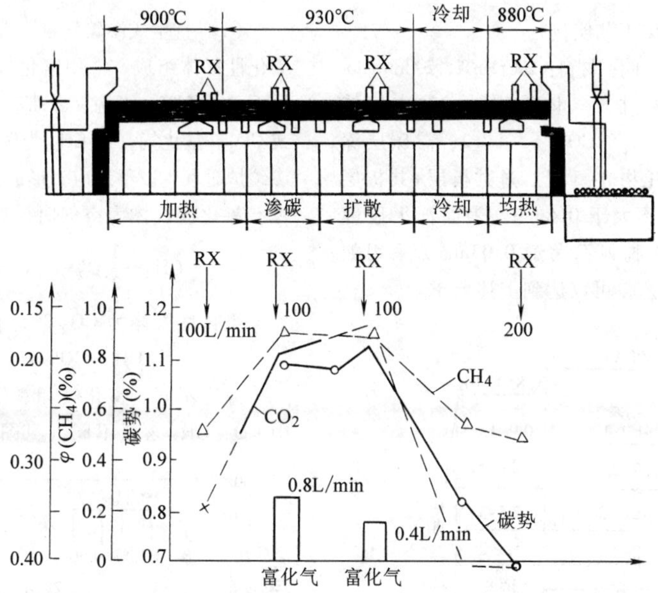

图 8-15　连续作业吸热式气体渗碳设备及工艺示意

表 8-7　几种典型氮基渗碳气氛的成分（体积分数）

序号	原料气组成	气氛成分(体积分数,%)					碳势(%)	备　注
		CO_2	CO	CH_4	H_2	N_2		
1	甲醇+N_2+富化气	0.4	15~20	0.3	35~40	余量	—	Endomix 法 Carbmaag(Ⅱ)
2	$N_2+\left(\frac{CH_4}{空气}=0.7\right)$	—	11.6	6.4	32.1	49.9	0.83	CAP 法
3	$N_2+\left(\frac{CH_4}{CO_2}=6.0\right)$	—	4.3	2.0	18.3	75.4	1.0	NCC 法
4	$N_2+C_3H_8$ (或 CH_4)	0.024 0.01	0.4 0.1	15	— —	— —	— —	渗碳 扩散

表 8-7 所列的氮基渗碳气氛中，甲醇-N_2-富化气最具代表性，其中氮气与甲醇的比例以 40%N_2+60% 甲醇裂解气为最佳。可以采用甲烷或丙烷作为富化气，即 Endomix 法，也可采用丙酮或乙酸乙酯，即 Carbmaag(Ⅱ) 法。Endomix 法多用于连续式炉或多用炉；Carbmaag(Ⅱ) 法采用滴注式，多用于周期式炉。

（2）氮基气氛渗碳的特点

1）不需要气体发生装置。

2）成分与吸热式气氛基本相同。气氛的重现性与渗碳层深度的均匀性和重现性不低于吸热式气体渗碳。

3）具有与吸热式气氛相同的点燃极限。由于 N_2 能自动安全吹扫，故采用氮基气氛的工艺具有更大的安全性。

4）适宜用反应灵敏的氧探头作碳势控制。

5）渗入速度不低于吸热式气体渗碳（见表 8-8）。

表 8-8 几种渗碳气氛的渗碳能力比较

气氛类型	吸热式气氛	氮基气氛	滴注式气氛
成分(体积分数)	CO 20%, H_2 40%	$N_2$40%	CO 33%, H_2 66%
材料	20CrNiMo		低碳钢
渗碳工艺	927℃×4h		950℃×2.5h
碳传递系数 β/(10^{-5}cm/s)	1.30	0.35	2.8
渗碳速度/(mm/h)	0.44	0.56	0.30

(3) 氮基气氛渗碳工艺实例

工件：泥浆泵阀体、阀；材料：20CrMnTi，20CrMnMo，20CrMo；设备：105kW 井式气体渗碳炉；炉内气体成分（体积比）：N_2 : H_2 : CO=4 : 4 : 2；渗碳层深度不小于 1.6mm，碳化物 3~5 级。过共析层+共析层不小于 1mm，过渡层不大于 0.6mm，表面淬火硬度 62~65HRC，表面氧化脱碳不大于 0.03mm。采用如图 8-16 所示的渗碳工艺，可以达到上述要求。

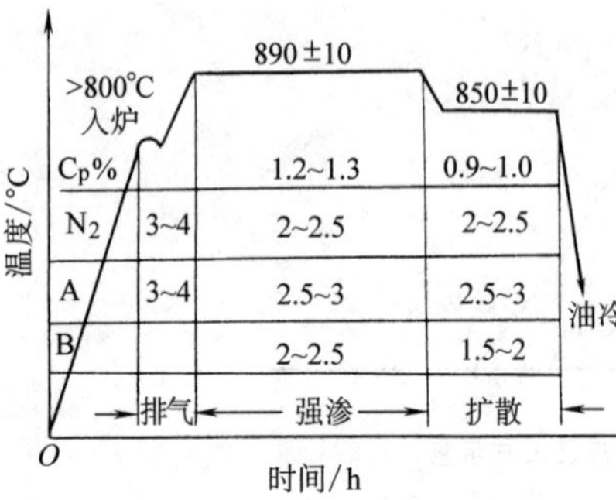

图 8-16 阀体、阀座氮基气氛渗碳工艺

注：N_2 流量单位为 m^3/h，A（甲醇）、B（碳氢化合物）流量单位为 L/min。

4. 直生式气体渗碳

直生式渗碳是将富化气（或液体渗碳剂）与空气或 CO_2 气体直接通入渗碳炉内形成渗碳气氛的一种渗碳工艺。随着控制技术不断发展，直生式渗碳的可控性也不断提高，应用面不断扩大。图 8-17 所示为直生式渗碳系统简图。

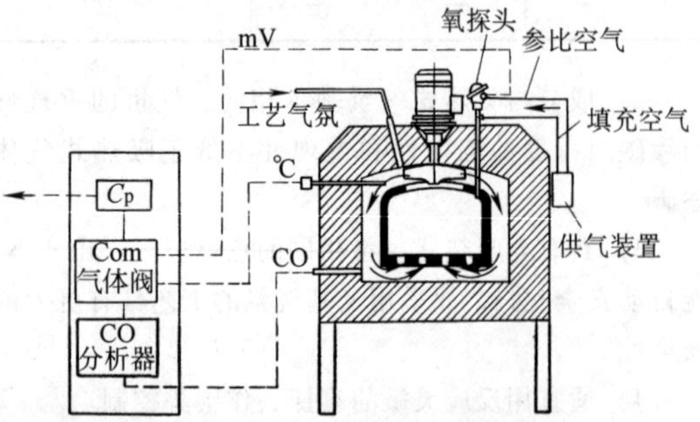

图 8-17 直生式渗碳系统简图

(1) 直生式渗碳气氛 直生式渗碳气体由富化气+氧化性气体组成。常用富化气为天然气、丙烷、丙酮、异丙醇、乙醇、丁烷、煤油等，氧化性气体可采用空气或 CO_2。富化气（以 CH_4 为例）和氧化性气体直接通入渗碳炉时发生以下反应，形成渗碳气氛。

氧化性气体为空气时，有

$$CH_4+\frac{1}{2}O_2+N_2 \rightleftharpoons CO+2H_2+N_2$$

氧化性气体为 CO_2 时，有

$$CH_4+CO_2 \rightleftharpoons 2CO+2H_2$$

温度不同，富化气和氧化性气体不同，渗碳气氛中 CO、CH_4 含量不同（见图 8-18）。

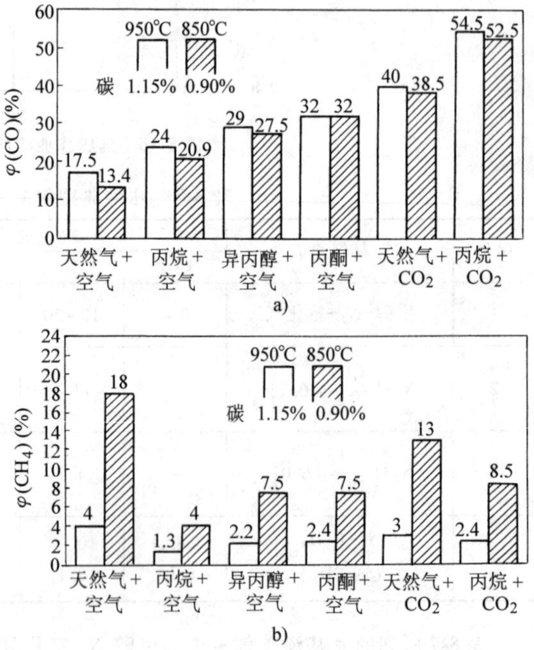

图 8-18 850℃和 950℃温度下直生式气氛的组成

a) CO 平均含量 b) CH_4 平均含量

(2) 直生式渗碳气氛的碳势及控制 直生式气体渗碳的主要渗碳反应是

$$CO \rightleftharpoons [C]+\frac{1}{2}O_2 \tag{8-3}$$

渗碳气氛是非平衡气氛，CO 含量不稳定。所以

应同时测量 O_2 和 CO 含量，再通过式（8-3）计算出炉内的碳势。

调整富化气和氧化性气体的比例可以调整炉气碳势。通常是固定富化气的流量（或液体渗碳剂的滴量），调整空气（或 CO_2）的流量。

（3）直生式气体渗碳的优点

1）碳传递系数较高（见表 8-9）。

2）与吸热式气体渗碳相比，直生式渗碳可以节省一套气体发生装置，设备投资更小；对渗碳炉的密封性要求不高，即使有空气渗入炉内引起炉气成分波动，碳势的多参数控制系统也会及时调整氧化性气体（空气或 CO_2）的通入量，精确地控制炉气碳势。

3）碳势调整速度快于吸热式和氮基渗碳气氛。

4）渗碳层均匀，重现性好。

5）原料气的要求较低，气体消耗量低于吸热式气体渗碳（见表 8-10）。

表 8-9　不同气氛中的碳传递系数（β）比较

渗碳气氛类型	吸热式（天然气）	吸热式（丙烷）	甲醇 $+40\%N_2$	甲醇 $+20\%N_2$	天然气+空气（直生式）	丙烷+空气（直生式）	丙酮+空气（直生式）	异丙醇+空气（直生式）	天然气+CO_2（直生式）	丙烷+CO_2（直生式）
φ(CO)(%)	20	23.7	20	37	17.5	24	32	29	40	54.5
$\varphi(H_2)$(%)	40	31	40	54	47.5	35.5	34.5	41.5	48.7	39.5
$\beta/(10^{-5}$ cm/s)	1.25	1.15	1.62	2.12	1.30	1.34	1.67	1.78	2.62	2.78

注：渗碳温度为 950℃，碳势 $C_p=1.15\%$。

表 8-10　直生式与吸热式气体渗碳的耗气量对比

炉型	生产能力/(kg/h)	耗气量/(m^3/h)	
		吸热式气氛（吸热式气体+富化气）	直生式气氛（天然气+空气）
箱式炉	350	7	1
滚筒式炉	170	15	1.5
网带式炉	淬火:800 渗碳(渗层 0.1mm):560	25	1.7
转底式炉	1500	4.8	3.5

8.1.3　其他渗碳方法

1. 液体渗碳

液体渗碳即盐浴渗碳，其所需设备简单，渗碳速度快，渗碳层均匀，操作方便，特别适用于中小型零件及有不通孔的零件。但盐浴中的毒性物质对环境和操作者存在危害。

（1）盐浴配制　渗碳盐浴一般由基盐、催化剂、供碳剂三部分组成。基盐一般不参与渗碳反应，常用 NaCl、KCl、$BaCl_2$ 或复盐配制。改变复盐成分配比可调整盐浴的熔点和流动性。$BaCl_2$ 有时兼有催化作用。催化剂一般采用碳酸盐，如 Na_2CO_3、$BaCO_3$、$(NH_2)_2CO$。供碳剂常用 NaCN、木炭粉、SiC。根据供碳剂及催化剂的种类可将渗碳盐浴分成两大类。

1）NaCN 型。这类盐以 NaCN 为供碳剂，使用过程中 CN 不断消耗，老化到一定程度后取出部分旧盐，添加新盐，增加 CN^- 活性。这种盐浴相对易于控制，渗碳件表面的碳含量也较稳定，但是 NaCN 剧毒，须限制使用。

2）无 NaCN 型。这类盐浴常用木炭粉、SiC 或两者并用作为供碳剂，催化剂为 Na_2CO_3、$(NH_2)_2CO$。这类盐浴无 NaCN，但是 Na_2CO_3 和 $(NH_2)_2CO$ 在盐浴中会反应生成少量 NaCN。以 SiC 为供碳剂的盐浴，使用过程中盐浴黏度增大，并有沉渣产生。以木炭粉为供碳剂的盐浴，木炭粉易漂浮，造成盐浴成分不均匀，可将木炭粉、SiC 等用黏结剂制成具有一定密度的中间块使用。

（2）盐溶渗碳工艺（见表 8-11）

表 8-11　盐溶渗碳的盐浴组成，工艺及效果

序号	盐浴成分（质量分数,%）	渗碳工艺及效果(成分为质量分数)
1	NaOH4~6, $BaCl_2$80, NaCl14~16	盐浴控制成分:NaCN0.9%~1.5%,BaCl68%~74% 20CrMnTi,20Cr,900℃×3.5~4.5h,表面最高碳含量:0.83%~0.87%

（续）

<table>
<tr><th>序号</th><th>盐浴成分
（质量分数，%）</th><th>渗碳工艺及效果（成分为质量分数）</th></tr>
<tr><td>2</td><td>603渗碳剂①10
NaCl35~40，
KCl40~45
$Na_2CO_3$10</td><td>盐浴控制成分：2%~8% Na_2CO_3，该盐浴原料无毒，但配制并加热后，反应产生0.5%~0.9% NaCN。20钢920℃渗碳
<table>
<tr><td>保湿时间/h</td><td>1</td><td>2</td><td>3</td></tr>
<tr><td>渗碳层深度/mm</td><td>>0.5</td><td>>0.7</td><td>>0.9</td></tr>
</table></td></tr>
<tr><td>3</td><td>$NaCO_3$10，
NaCl35，
KCl45，
渗碳剂②10</td><td>第一次配制加入10%渗碳剂，以后补充量6%~8%。盐浴稳定成分均匀，A3钢900℃渗碳表面碳含量为0.99%
<table>
<tr><td rowspan="3">渗碳时间 i
/h</td><td colspan="6">盐浴中不同位置第 i 小时试验的渗速/（mm/h）</td></tr>
<tr><td colspan="2">上</td><td colspan="2">中</td><td colspan="2">下</td></tr>
<tr><td>A+D</td><td>B+D</td><td>A+D</td><td>B+D</td><td>A+D</td><td>B+D</td></tr>
<tr><td>1</td><td>0.45</td><td>0.54</td><td>0.48</td><td>0.52</td><td>0.49</td><td>0.51</td></tr>
<tr><td>2</td><td>0.46</td><td>0.52</td><td>0.48</td><td>0.52</td><td>0.46</td><td>0.52</td></tr>
<tr><td>3</td><td>0.45</td><td>0.52</td><td>0.46</td><td>0.51</td><td>0.46</td><td>0.52</td></tr>
</table></td></tr>
<tr><td>4</td><td>NaCl42~48，
KCl42~48，
草酸混合盐
0.5~5.0，
炭粉1~8</td><td>
<table>
<tr><td colspan="6">930℃渗层深度/mm</td><td colspan="5">表面碳含量</td></tr>
<tr><td rowspan="2">钢种</td><td colspan="5">渗碳时间/h</td><td rowspan="2">钢种</td><td colspan="4">渗碳工艺：（温度/℃）×（时间/h）</td></tr>
<tr><td>1</td><td>2</td><td>3</td><td>4</td><td>5</td><td>920×2</td><td>920×10</td><td>930×3</td><td>950×5</td></tr>
<tr><td>20</td><td>0.46</td><td>0.62</td><td>0.74</td><td>0.82</td><td>0.87</td><td>20</td><td>0.88</td><td>1.12</td><td>0.93</td><td>1.16</td></tr>
<tr><td>20CrMnTiA</td><td>0.60</td><td>0.99</td><td>1.14</td><td>1.20</td><td>1.41</td><td>20CrMnTiA</td><td>0.92</td><td>1.18</td><td>0.98</td><td>1.10</td></tr>
</table>
每使用8h添加1%~3%的炭粉。连续使用三天后，添加0.5%~5.0%的草酸混合盐</td></tr>
</table>

① 603渗碳剂成分（质量分数）：NaCl5%，KCl10%，$Na_2CO_3$15%，木炭粉50%，尿素20%。

② 渗碳剂成分：Na_2CO_3，木炭粉，SiC，硼砂，黏结剂A或B，辅助黏结剂D（甲基纤维素）。

（3）盐浴渗碳操作要点

1）新配制的盐或使用中添加的盐应预先烘干，新配制和盐浴添加供碳剂时应搅拌均匀。

2）定期检测调整盐浴的成分。

3）定期放入渗碳试样，随工件渗碳淬火及回火并按要求对试样进行检测。

4）工件表面若有氧化皮、油污等，进炉之前应予去除，并应保持干燥，防止带入水分引起熔盐飞溅。

5）渗碳或淬火完毕后应及时清洗去除工件表面的残盐。

6）含NaCN的渗碳盐有剧毒。在原料的保管、存放及工人操作等方面都要格外认真。残盐、废渣、废水的清理及排放都应按有关环保要求执行。

2. 固体渗碳

固体渗碳不需专门的渗碳设备，但渗碳时间长，渗层不易控制，不能直接淬火，劳动条件也较差，主要在单件、小批量生产等特定条件下采用。

（1）固体渗碳渗剂　固体渗碳剂主要由供碳剂、催化剂组成。供碳剂一般为木炭、焦炭；催化剂一般是碳酸盐，如 $BaCO_3$、Na_2CO_3 等，也可采用醋酸钠、醋酸钡等作为催化剂。

固体渗碳剂加黏结剂可制成粒状渗碳剂，这种渗剂松散，渗碳时透气性好，有利于渗碳反应。

几种常用固体渗碳剂见表8-12。

表8-12 几种常用固体渗碳剂

渗碳剂成分（质量分数，%）	使用效果
$BaCO_3$15，$CaCO_3$5，木炭	920℃渗碳，平均渗速0.11mm/h，渗碳层深1.0~1.5mm，表面 w(C)=1.0%，新旧渗剂配比为3:7
$BaCO_3$3~5，木炭	1）20CrMnTi，930℃×7h，渗碳层深1.33mm，表面 w(C)=1.07% 2）用于低合金钢时，新旧渗剂比为1:3；用于低碳钢时，$BaCO_3$ 应增至15%
$BaCO_3$3~4，$Na_2CO_3$0.3~1，木炭	18Cr2Ni4WA及20Cr2Ni4A，渗碳层深1.3~1.9mm时，表面 w(C)=1.2%~1.5%，用于12CrNi3时 $BaCO_3$ 需增至5%~8%
醋酸钠10，焦炭30~35，木炭55~60，重油2~3	由于含醋酸钠（或醋酸钡），渗碳活性较高，渗速较快，但容易使表面碳含量过高。因含焦炭，渗剂热强度高，抗烧损性能好

（2）固体渗碳工艺　图 8-19 所示为两种典型的固体渗碳工艺。填入渗碳剂的渗碳箱传热速度慢，图 8-19a 和图 8-19b 中透烧的目的是使渗碳箱内温度均匀，减少零件渗层深度的差别。透烧时间与渗碳箱的大小有关，建议参考表 8-13。图 8-22b 中扩散的目的是适当降低表面碳含量，使渗层适当加厚。

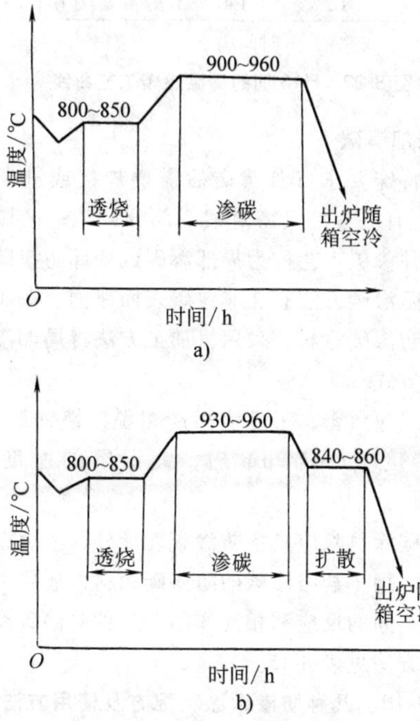

图 8-19　固体渗碳工艺

a）普通工艺　b）分级渗碳工艺

表 8-13　固体渗碳透烧时间

渗碳箱尺寸（直径×高）/mm	250×450	350×450	350×600	460×450
透烧时间/h	2.5~3.0	3.5~4.0	4.0~4.5	4.5~5.0

渗碳时间应根据渗碳层要求、渗剂成分、工件及装箱等具体情况确定，往往需要试验摸索。

渗碳剂的选择应根据具体情况确定，要求表面碳含量高、渗层深，则选用活性高的渗剂；含碳化物形成元素的钢，则应选择活性低的渗剂。

（3）固体渗碳操作要点

1）工件装箱前不得有氧化皮、油污、焊碴等。

2）渗碳箱一般采用低碳钢板或耐热钢板焊成，容积一般为零件体积的 3.5~7 倍。

3）工件装箱前，应先在箱底铺放一层 30~40mm 厚的渗剂，再将零件整齐地放入箱内，工件与箱壁之间、工件与工件之间应间隔 15~25mm，间隙处填上渗剂。工件应放置稳定，放置完毕后用渗剂将空隙填满，直至盖过工件顶端 30~50mm。装件完毕后盖上箱盖，并用耐火泥密封。

4）多次使用渗剂时，应用部分新渗剂与部分旧渗剂混合使用，配制比例根据渗剂配方而定。

3. 高温渗碳

渗碳是一项周期较长的热处理工艺，能耗大，深层渗碳尤其突出，因此，如何缩短渗碳周期，一直是人们关注的焦点。高温渗碳很好地解决了这一突出问题。高于常规气体渗碳温度 930℃ 的渗碳称为高温渗碳。经计算，将温度由 930℃ 提高至 1050℃ 达到相同的渗层深度，大约可缩短渗碳时间 2/3 以上。显然，采用高温渗碳，节能和缩短工艺周期的效果显著。

（1）高温渗碳特点　碳在奥氏体中的扩散推算出钢的渗碳层深度 δ 与渗碳温度 T 和时间 t 之间存在下列关系

$$\delta=660+\exp\left(-\frac{8278}{T}\right)\cdot\sqrt{t}$$

在给定温度 T 下则为

$$\delta=K\sqrt{t}$$

式中　K——与渗碳温度相关的系数。K 和 T 的关系列于表 8-14。

表 8-14　不同渗碳温度下的 K 值

渗碳温度/℃	875	900	925	950	980	1000	1020	1050
K 计算值	0.4837	0.5641	0.654	0.7530	0.8856	0.9826	1.087	1.2566

由表 8-14 中的值，可以推算 1000℃ 渗碳和 925℃ 渗碳达到相同的渗层深度，如 $\delta=2.0$mm，相应的渗碳时间分别为 9.4h 和 4.2h，即 1000℃ 渗碳时间可减少 50%以上。

渗碳时间和渗碳温度的相互关系如图 8-20 所示。由图可见，渗碳温度从 950℃ 提高至 1050℃ 可使渗碳周期缩短 50%［图中 $A_{0.35}$ 为工件从表面至 w(C)=0.35%处的深度］。

高温渗碳面临的最大挑战是基体材料晶粒粗化问题，这种情况在碳素结构钢中尤为明显，而在含 Mo 和 V 的合金结构钢中尚不显著。因此，高温渗碳时应选用本质细晶粒钢，或含 Mo、V、Ti 和 Nb 的合金钢。我国现在已研制含 Nb 的齿轮用钢 20CrMoNb 和 20Cr2Ni2MoNb，它们可以应用于高温渗碳。对淬火加热温度为 1050~1100℃ 的合金工具钢进行高温渗碳不会产生晶粒粗化弊病。如 3Cr2W8V 在 1000℃ 渗碳，

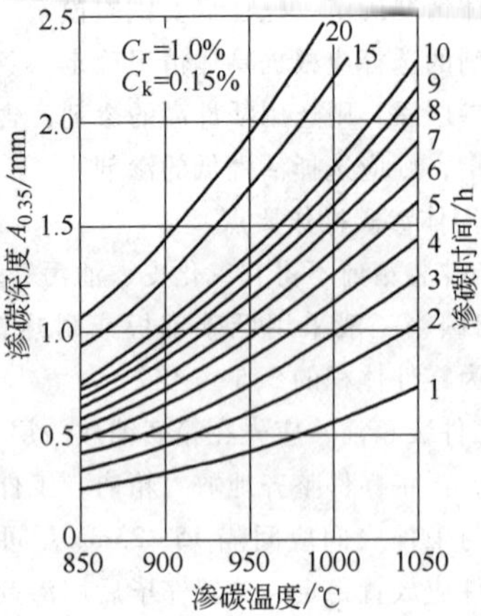

图 8-20　渗碳时间和渗碳温度的相互关系

注：表面碳势 $C_p=C_r=1.0\%$，工件心部碳含量 $C_k=0.15\%$。

渗层达 2mm，表面 $w(C)=1.8\%$，表面硬度为 65~68HRC，可使使用寿命提高约 70%~100%。也有采用在 1100℃固体高温渗碳处理 3Cr2W8V 热挤模，模具使用寿命提高 4~7 倍。将 18CrMnTi、12CrNi3A 和 20Cr 等钢在 920℃渗碳 15h 和 1000℃渗碳 8h 缓冷至室温+850℃淬油+180℃回火的工件力学性能进行比较，高温渗碳后的性能不比常规渗碳差。

（2）高温渗碳实例

1）20 CrMnTi 钢高温深层渗碳，工件渗层深度为 4mm，使用井式渗碳炉传统工艺方法的总工艺时间为 72h。在高温渗碳炉中采用 1010℃高温渗碳，总工艺时间为 16h，提高生产效率 2 倍以上，节约能源达 60 %。工艺曲线如图 8-21 所示。

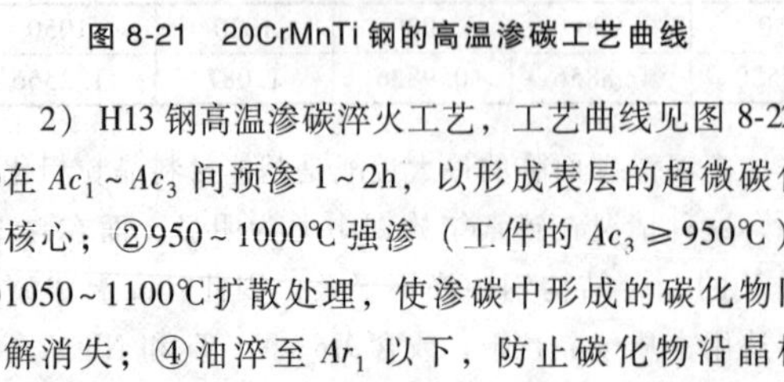

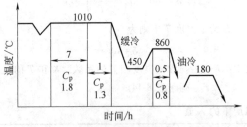

图 8-21　20CrMnTi 钢的高温渗碳工艺曲线

2）H13 钢高温渗碳淬火工艺，工艺曲线见图 8-22。①在 Ac_1~Ac_3 间预渗 1~2h，以形成表层的超微碳化物核心；②950~1000℃强渗（工件的 $Ac_3 \geqslant 950$℃）；③1050~1100℃扩散处理，使渗碳中形成的碳化物网溶解消失；④油淬至 Ar_1 以下，防止碳化物沿晶析出；⑤980~1050℃（$C_p=1.0\%$）短时间保温后淬火作为最终热处理。这种处理将使 H13 钢的表层获得细的弥散碳化物的高硬度高耐磨组织，硬度为 65~67HRC，而心部仍保持着具有高强度高韧性的 H13 钢基体。

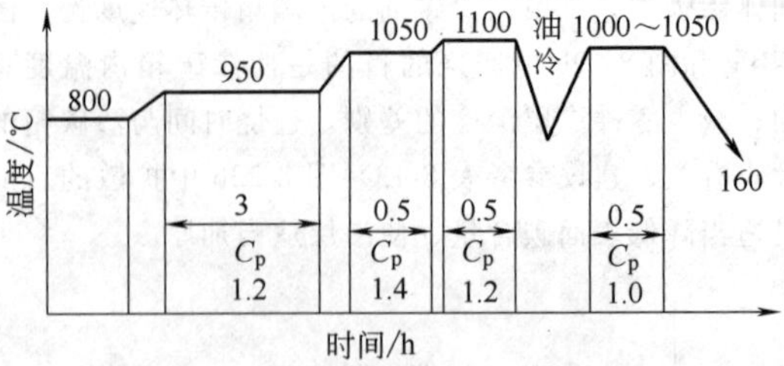

图 8-22　H13 钢的高温渗碳工艺曲线

4. 局部渗碳

由于特殊要求（如渗碳后需要焊接或进一步机加工等），有些零件只需对某一部分或某一区域进行渗碳，这种渗碳工艺称为局部渗碳或局部防渗碳。常用的局部防渗碳方法有在非渗碳表面镀铜、在非渗碳表面涂覆防渗碳涂料、采用机加工方法将局部渗碳层去掉三类方式。

镀铜层应致密，工件表面越粗糙，镀铜层越厚，表面粗糙度 $Ra>3.2\mu m$ 时，镀铜层的厚度应大于 0.013mm。

防渗碳涂料除应具备防渗碳性能外，渗后涂层应易于清除。用于盐浴渗碳的防渗碳涂料，还要考虑涂料与盐浴之间的反应和相互作用。几种防渗碳涂料配方及使用方法见表 8-15。

表 8-15　几种防渗碳涂料配方及使用方法

涂料配方(质量分数)	使用方法
a:氧化亚铜 2 份,铅丹 1 份 b:松香 1 份,乙醇 1 份	将 a、b 分别混合均匀后,用 b 将 a 调成糊状,用毛刷向工件防渗部位涂抹,涂层厚度大于 1mm,应致密无孔,无裂纹
熟耐火砖粉 40%,耐火黏土 60%	混合均匀后用水玻璃调配成干稠状,填入轴孔处并捣实,然后风干或低温烘干
玻璃粉(200 目)70%~80%,滑石粉 30%~20%,水玻璃适量	涂层厚度约为 0.5~2mm,涂后经 130~150℃烘干
硅砂 85%~90%,硼砂 1.5%~2.0%,滑石粉 10%~15%	用水玻璃调匀后使用
铅丹 4%,氧化铝 8%,滑石粉 16%,水玻璃 72%	调匀后使用,涂敷两层,此剂适用于高温防渗碳

机加工去除局部渗碳层的工序，应在淬火之前进行。这种方法一般仅限于特定情况和渗层深度小于 1.3mm 的工件。

8.1.4　渗碳用钢及渗碳后的热处理

常用的渗碳钢种见表 8-16。为使渗碳工件具有较高的力学性能，渗碳后应进行正确的热处理，以获得合适的组织结构。一般认为渗碳层的表层应为细针状或隐晶马氏体，碳化物呈细颗粒状弥散均匀分布，不得呈网状，渗层中残留奥氏体量应在允许范围之内。工件心部应为细晶粒组织，不允许有大块铁素体存在，工件畸变应当最小。部分结构钢渗碳及渗后热处理规范见表 8-17。

表 8-18 列出了渗碳件常用渗后热处理工艺及适用范围。

表 8-16　常用的渗碳钢种

钢种类型	牌　号
碳素结构钢	Q215、Q235、Q275
优质碳素结构钢	08、10、15、20、25、15Mn、20Mn、25Mn
合金结构钢	20Mn2、27SiMn、20MnV、15Cr、20Cr、15CrMn、20CrMn、20CrMnSi、25CrMnSi、20CrMnTi、12CrMo、15CrMo、20CrMo、20CrMnMo、12CrMoV、20Mn2B①、20MnTiB，20MnVB、20MnMoB、20SiMnVB①、20MnTiBRE①、20Cr3MoWVA①、20CrNi、12CrNi2、12CrNi3、20CrNi3、20CrNi2①、12Cr2Ni4、20Cr2Ni4、18Cr2Ni4WA、20Cr2Ni4WA①、20CrNiMo、17Cr2Ni2Mo①、18CrMnNiMoA

① 在用非标牌号。

表 8-17　部分结构钢渗碳、淬火、回火热处理规范及性能

牌　号	渗碳温度/℃	淬火		回火		表面硬度 HRC
		温度/℃	介质	温度/℃	介质	
15	920~940	760~800	水	160~200	空气	—
20	920~940	770~800	水	160~200	空气	—
20Mn	910~930	770~800	水	160~200	空气	58~64
20Mn2	910~930	810~890	油	150~180	空气	≥55
20MnV	900~940	800~840	油	160~200	空气	≥56
20Mn2B	910~930	800~830	油	150~200	空气	≥57
20SiMnVB	920~940	860~880	油	180~200	空气	56~61
20Cr	920~940	770~820	油或水	160~200	油或空气	58~64
20CrMo	920~940	810~830	油或水	160~200	空气	58~64
20CrMnMo	900~930	810~830	油	180~200	空气	58~63
20CrMnTi	920~940	830~870	油	180~200	空气	56~63
20CrNi	900~930	800~820	油	180~200	空气	58~63
12CrNi2	900~940	810~840	油	150~200	油或空气	≥56
12CrNi3	900~920	810~830	油	150~200	空气	≥58
12Cr2Ni4	900~930	770~800	油	160~200	空气	≥60
18Cr2Ni4WA	900~940	840~860	油	150~200	空气	≥56
20CrNiMo	920~940	780~820	油	180~200	空气	58~65

表 8-18　渗碳件常用渗后热处理工艺及适用范围

热处理工艺及曲线图	组织及性能特点	适 用 范 围
1)直接淬火,低温回火 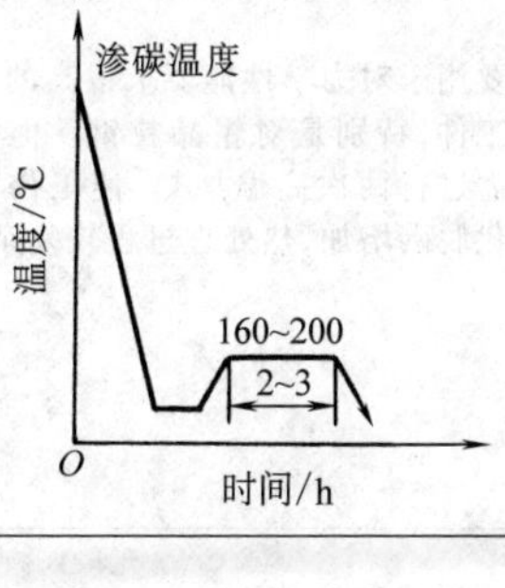	不能细化钢的晶粒,工件淬火畸变较大,合金钢渗碳件表面残留奥氏体量较多,表面硬度较低	操作简单,成本低廉,用于处理变形和承受冲击载荷不大的零件,适用于气体渗碳及液体渗碳工艺

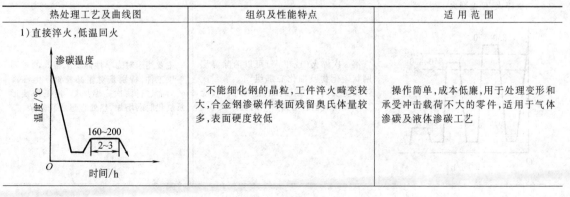

（续）

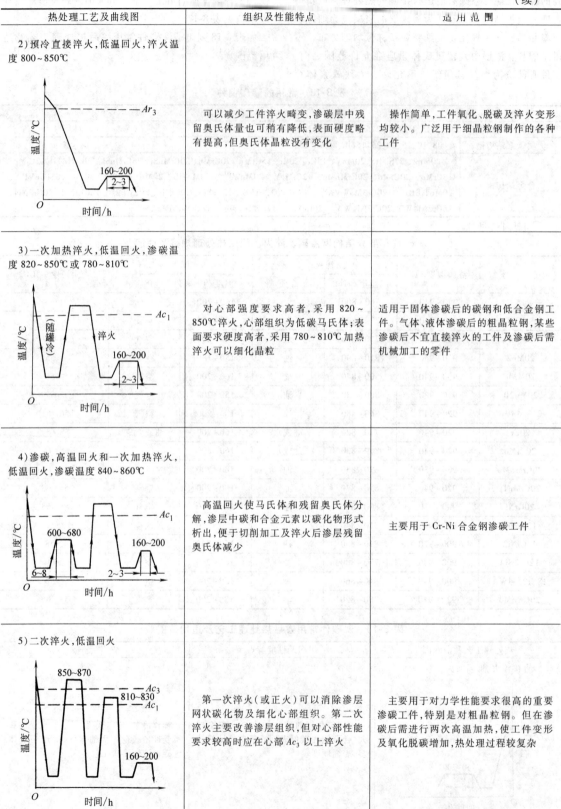

热处理工艺及曲线图	组织及性能特点	适用范围
2）预冷直接淬火，低温回火，淬火温度800~850℃ 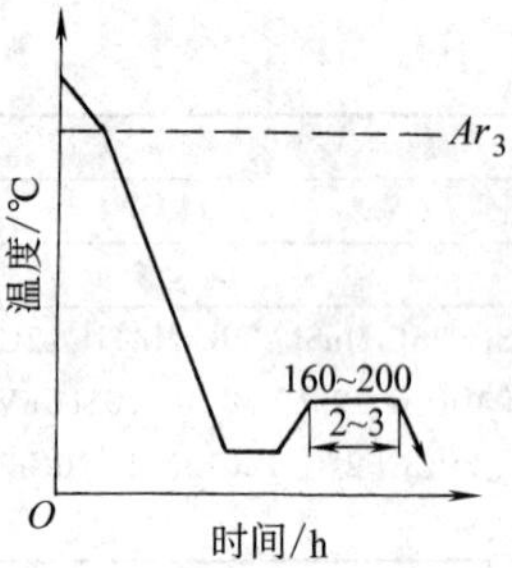	可以减少工件淬火畸变，渗碳层中残留奥氏体量也可稍有降低，表面硬度略有提高，但奥氏体晶粒没有变化	操作简单，工件氧化、脱碳及淬火变形均较小。广泛用于细晶粒钢制作的各种工件
3）一次加热淬火，低温回火，渗碳温度820~850℃或780~810℃ 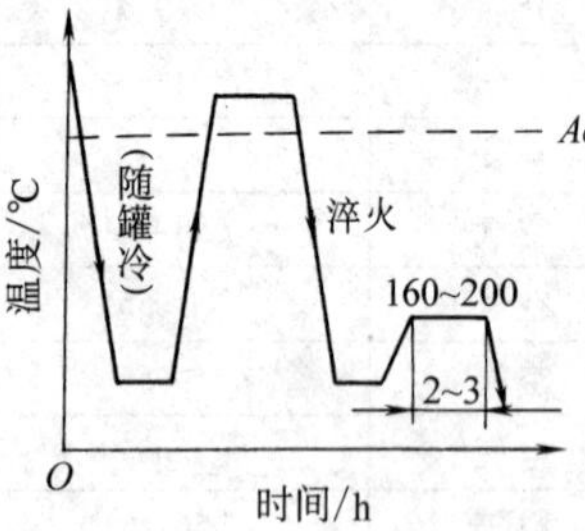	对心部强度要求高者，采用820~850℃淬火，心部组织为低碳马氏体；表面要求硬度高者，采用780~810℃加热淬火可以细化晶粒	适用于固体渗碳后的碳钢和低合金钢工件。气体、液体渗碳后的粗晶粒钢，某些渗碳后不宜直接淬火的工件及渗碳后需机械加工的零件
4）渗碳，高温回火和一次加热淬火，低温回火，渗碳温度840~860℃ 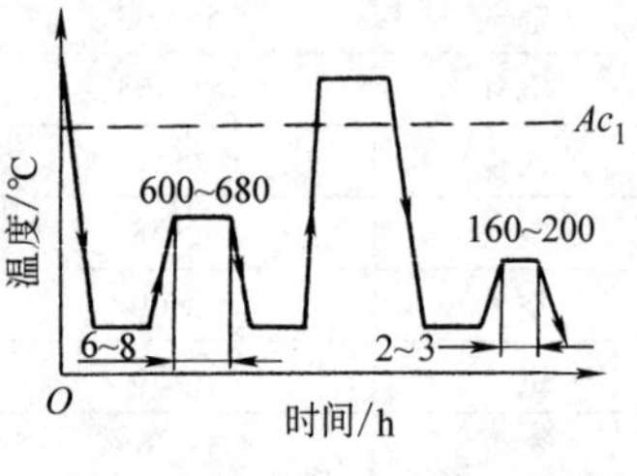	高温回火使马氏体和残留奥氏体分解，渗层中碳和合金元素以碳化物形式析出，便于切削加工及淬火后渗层残留奥氏体减少	主要用于Cr-Ni合金钢渗碳工件
5）二次淬火，低温回火 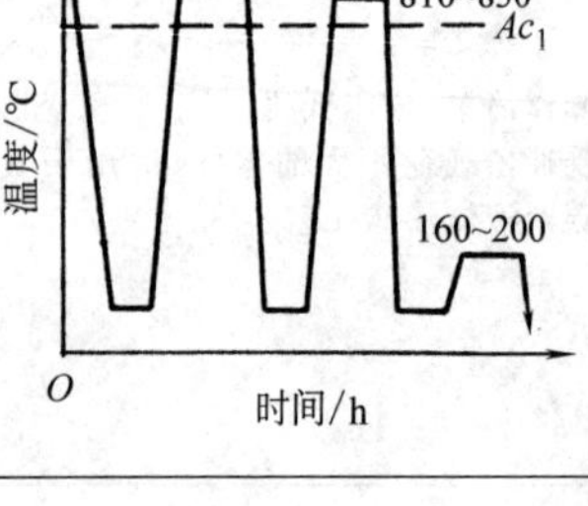	第一次淬火（或正火）可以消除渗层网状碳化物及细化心部组织。第二次淬火主要改善渗层组织，但对心部性能要求较高时应在心部Ac_3以上淬火	主要用于对力学性能要求很高的重要渗碳工件，特别是对粗晶粒钢。但在渗碳后需进行两次高温加热，使工件变形及氧化脱碳增加，热处理过程较复杂

（续）

热处理工艺及曲线图	组织及性能特点	适 用 范 围
6）二次淬火冷处理，低温回火 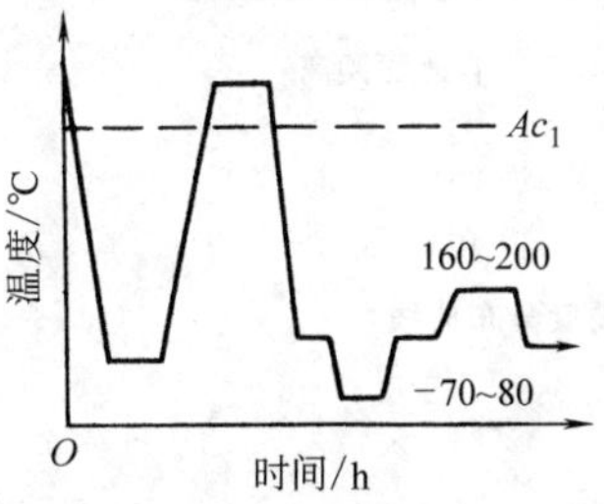	高于 Ac_1 或 Ac_3（心部）的温度淬火，高合金钢表层残留奥氏体较多，经冷处理（−70～80℃）促使奥氏体转变，从而提高表面硬度和耐磨性	主要用于渗碳后不需要机械加工的高合金钢工件
7）渗碳后感应淬火，低温回火 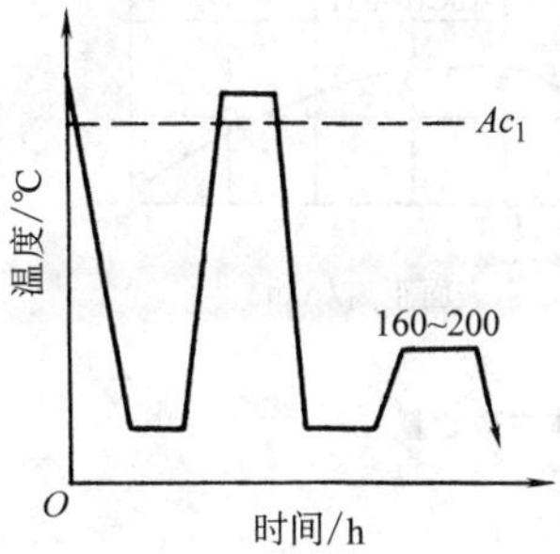	可以细化渗层及靠近渗层处的组织。淬火畸变小，不允许硬化的部位（如齿轮轴孔、轮辐上的螺纹孔等），不需预先防渗	各种齿轮及轴类件

8.1.5　渗碳层的组织和性能

1. 渗碳层的组织

图 8-23 所示为 10 钢渗碳缓冷后渗碳层的显微组织。根据表面碳含量、钢中合金元素及淬火温度，渗碳层的淬火组织大致可以分为两类。一类是表面无碳化物，自表面至中心，依次由高碳马氏体加残留奥氏体逐渐过渡到低碳马氏体，图 8-24 所示为碳钢渗碳淬火后渗碳层的碳含量、残留奥氏体量及硬度分布曲线。另一类在表层有细小颗粒状碳化物，自表面至中心渗碳层淬火组织依次为细小针状马氏体+少量残留奥氏体+细小颗粒状碳化物→高碳马氏体+残留奥氏体→逐步过渡到低碳马氏体，图 8-25 所示为 18CrMnTi 钢 920℃渗碳 6h 直接淬火后渗碳层奥氏体中碳含量、残留奥氏体量及硬度分布曲线。细颗粒状碳化物出现，使表面奥氏体合金元素含量减少，残留奥氏体较少，硬度较高。在与之邻接的无碳化物处，奥氏体合金元素含量较高，残留奥氏体较多，硬度出现谷值。

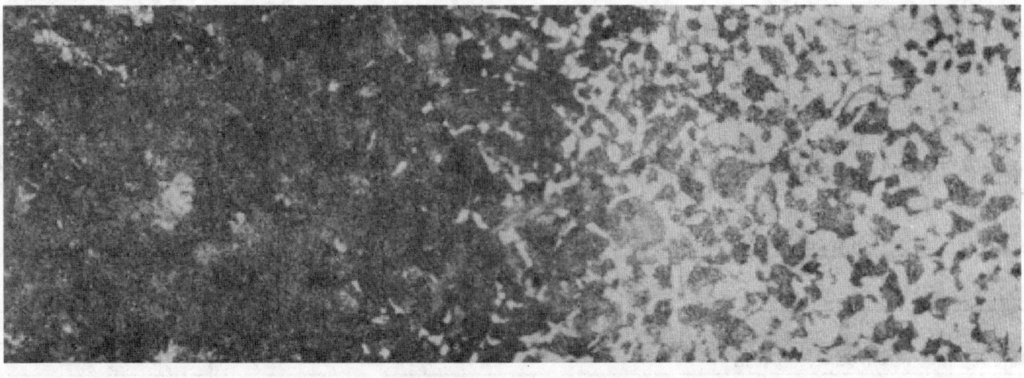

图 8-23　10 钢渗碳缓冷后渗碳层的显微组织　250×

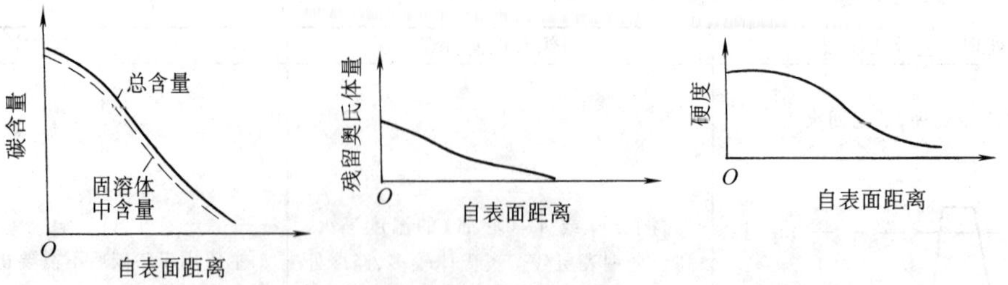

图 8-24　碳钢渗碳淬火后渗碳层的碳含量、残留奥氏体量及硬度分布曲线

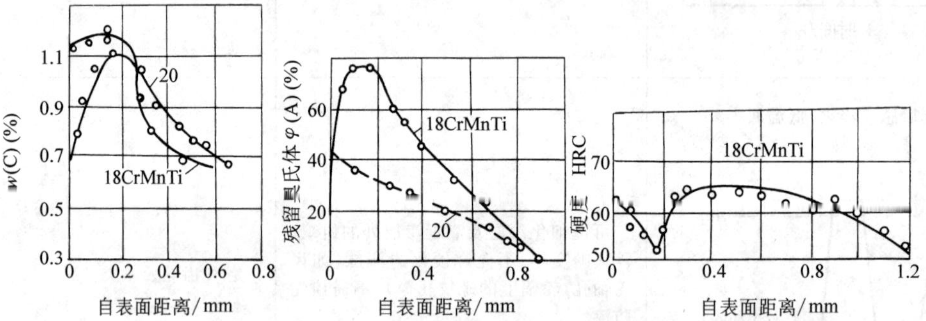

图 8-25　18CrMnTi 钢 920℃渗碳 6h 直接淬火后渗碳层奥氏体中碳含量、残留奥氏体量及硬度分布曲线

2. 渗碳层的性能

渗碳层的性能取决于表面碳含量及分布梯度和淬火后的渗层组织。一般希望渗层碳分布梯度平缓，表面碳含量应控制在 $w(C)\approx 0.9\%$，通常认为残留奥氏体含量 $\varphi(A)<15\%$。但由于残留奥氏体较软，塑性较高，借助微区塑性变形，可以弛豫局部应力，延缓裂纹的扩展，渗碳层中含有 $\varphi(A)=25\%\sim30\%$ 的残留奥氏体，反而有利于提高接触疲劳强度。表面粒状碳化物增多，将提高表面耐磨性及接触疲劳强度，碳化物数量过多，特别是呈粗大网状或条块状时，将使冲击韧度、疲劳强度等性能变坏，应加以限制。

3. 渗碳件的性能

心部组织对渗碳件性能有重大影响，合适的心部组织应为低碳马氏体，但零件尺寸较大，钢的淬透性较差时，允许心部组织为屈氏体或索氏体，但不允许有大块状或过量的铁素体。

在工件截面尺寸不变的情况下，随着渗层深度的减小，表面残余压应力增大，有利于弯曲疲劳强度的提高。但压应力的增大有极限值，渗层过薄时，由于表层马氏体的体积效应有限，表面压应力反而会减小。

渗层越深，可承载的接触应力越大。渗层过浅，最大切应力将发生于强度较低的非渗碳层，致使渗碳层塌陷剥落。但渗碳层深度增加，将使渗碳件冲击韧度降低。

渗碳件心部的硬度不仅影响渗碳件的静载强度，也影响表面残余压应力的分布，从而影响弯曲疲劳强度。在渗碳层深度一定的情况下，心部硬度增高，表面残余压应力减小。心部硬度较高的渗碳件渗碳层深度应较浅。渗碳件心部硬度过高，会降低渗碳件冲击韧性。心部硬度过低，承载时易于出现心部屈服和渗层剥落。汽车、拖拉机渗碳齿轮的渗层深度一般按齿轮模数的 15%~30% 的比例确定。心部硬度在齿高的 1/3 或 2/3 处测定，硬度值为 33~48HRC 时合格。

8.1.6　渗碳件质量检查、常见缺陷及防止措施

1. 渗碳件质量检查（见表 8-19）

表 8-19　渗碳件质量检查

检查项目	检查内容及方法	备　注
外观检查	表面有无腐蚀或氧化	
工件变形	检查工件的挠曲变形、尺寸及几何形状的变化	根据图样技术要求

（续）

检查项目	检查内容及方法	备　注
渗层深度	宏观测量：打断试样，研磨抛光，用硝酸乙醇溶液浸蚀直至显示出深棕色渗碳层，用带有刻度尺的放大镜测量 显微镜测量：渗碳后缓冷试样，磨制成显微试样。根据有关标准规定，测量至规定的显微组织处，例如测至过渡区作为渗碳层深度等	在渗碳淬火后进行
硬度	包括渗层表面，防渗部位及心部硬度。一般用洛氏硬度 HRC 标尺测量	在淬火后检查
金相组织	渗层碳化物的形态及分布，残留奥氏体数量，有无反常组织，心部组织是否粗大及铁素体是否超出技术要求等，一般在显微镜下放大 400 倍观察	按技术要求及标准进行

2. 渗碳件常见缺陷及防止措施（见表 8-20）

表 8-20　渗碳件常见缺陷及防止措施

缺陷形式	形成原因及防止措施	返修方法
表层粗大块状或网状碳化物	渗碳剂活性太高或渗碳保温时间过长 降低渗剂活性。当渗层要求较深时，保温后期适当降低渗剂活性	在降低碳势气氛下延长保温时间，重新淬火 高温加热扩散后再淬火
表层大量残留奥氏体	淬火温度过高，奥氏体中碳及合金元素含量较高 降低渗剂活性，降低直接淬火或重新加热淬火的温度	冷处理 高温回火后，重新加热淬火 采用合适的加热温度，重新淬火
表面脱碳	渗碳后期渗剂活性过分降低，气体渗碳炉漏气，液体渗碳时碳酸盐含量过高。在冷却罐中及淬火加热时保护不当，出炉时高温状态在空气中停留时间过长	在活性合适的介质中补渗 喷丸处理（适用于脱碳层深不大于 0.02mm 时）
表面非马氏体组织	渗碳介质中的氧向钢中扩散，在晶界上形成 Cr、Mn 等元素的氧化物，致使该处合金元素贫化，淬透性降低，淬火后出现黑色网状组织（屈氏体） 控制炉内介质成分，降低氧的含量，提高淬火冷却速度，合理选择钢材	提高淬火温度或适当延长淬火加热保温时间，使奥氏体均匀化，并采用较快淬火冷却速度
反常组织	当钢中含氧较高（沸腾钢），固体渗碳时渗碳后冷却速度过慢，在渗碳层中出现先共析渗碳体网的周围有铁素体层，淬火后出现软点	提高淬火温度或适当延长淬火加热保温时间，使奥氏体均匀化，并采用较快淬火冷却速度
心部铁素体过多	淬火温度低，或重新加热 淬火保温时间不够	按正常工艺重新加热淬火
渗层深度不够	炉温低，渗层活性低，炉子漏气或渗碳盐浴成分不正常 加强炉温校验及炉气成分或盐浴成分的监测	补渗
渗层深度不均匀	炉温不均匀，炉内气氛循环不良，升温过程中工件表面氧化，炭黑在工件表面沉积，工件表面氧化皮等没有清理干净，固体渗碳时渗碳箱内温差大及催渗剂拌和不均匀	报废或降级使用
表面硬度低	表面碳浓度低或表面脱碳，残留奥氏体量过多，或表面形成屈氏体网	表面碳浓度低者可进行补渗 残留奥氏体多者可采用高温回火或淬火后补一次冷处理消除残留奥氏体 表面有屈氏体者可重新加热淬火
表面腐蚀和氧化	渗剂中的硫或硫酸盐、催渗剂在工件表面熔化，液体渗碳后工件表面粘有残盐、氧化皮，工件涂硼砂重新加热淬火等均引起腐蚀，工件高温出炉不当均引起氧化 仔细控制渗剂及盐浴成分，对工件表面及时清理及清洗	报废
渗碳件开裂	渗碳后慢冷时组织转变不均匀所致，如 18CrMnMo 钢渗碳后空冷时，在表层屈氏体下面保留了一层未转变的奥氏体，后者在随后的冷却过程中或室温停留过程中转变为马氏体，使渗层完成共析转变，或加快冷却速度，使渗层全部转变为马氏体加残留奥氏体	报废
渗碳后变形	夹具选择及装炉方法不当，工件自重产生变形，工件厚薄不均，加热冷却过程中因热应力和组织应力导致变形	合理吊装工件，对易变形件采用压床淬火或进行热校

8.2　钢的碳氮共渗

8.2.1　碳氮共渗原理

在奥氏体温度下，同时将碳、氮活性原子渗入工件表面，且以渗碳为主的表面化学热处理工艺称为碳氮共渗。碳氮共渗层的性能和工艺方法与渗碳基本相似，但是由于氮原子的渗入，碳氮共渗件呈现出新的特点。

1. 氮原子渗入对渗层组织转变的影响

氮原子的渗入可使钢的奥氏体化温度降低，碳氮共渗可以在低于渗碳的温度下进行，从而使基体晶粒长大趋势和渗后淬火畸变减小。氮原子的渗入还使等温转变曲线右移，致使马氏体点下降，因此，氮的渗入可以提高渗层的淬透性（见图 8-26），但同时使渗层中残留奥氏体量增加。另外，氮的渗入增加了共渗层的回火稳定性。

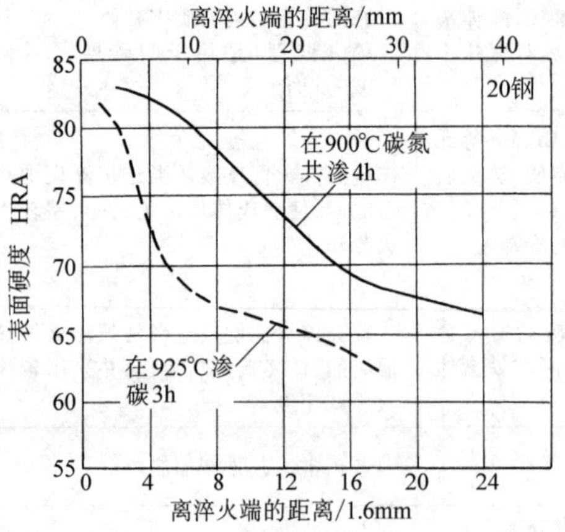

图 8-26　碳氮共渗层和渗碳层端淬曲线对比

注：材料为 20 钢，成分为 w(C) = 0.17% ~ 0.24%，w(Si) = 0.10% ~ 0.20%，w(Mn) = 0.30% ~ 0.60%。

2. 碳氮共渗的特点

（1）共渗温度对共渗层中碳、氮含量的影响　随着共渗温度的升高，共渗层中的氮含量降低，碳含量先是增加，到一定温度后反而降低（见图 8-27）。

（2）共渗时间对共渗层中碳、氮含量的影响　共渗初期（≤1h），共渗层表面的碳、氮含量随着时间的延长同时提高。继续延长共渗时间，表面的碳含量继续提高，但氮含量呈现下降趋势，如图 8-28 所示。

（3）共渗层中碳、氮的相互影响　共渗初期（≤1h），氮原子渗入工件表面使钢的 Ac_3 点下降，有利于碳原子的扩散，随着氮原子不断渗入，渗层中会形成碳氮化合物相，反而阻碍碳原子扩散，碳原子会减缓氮原子的扩散。

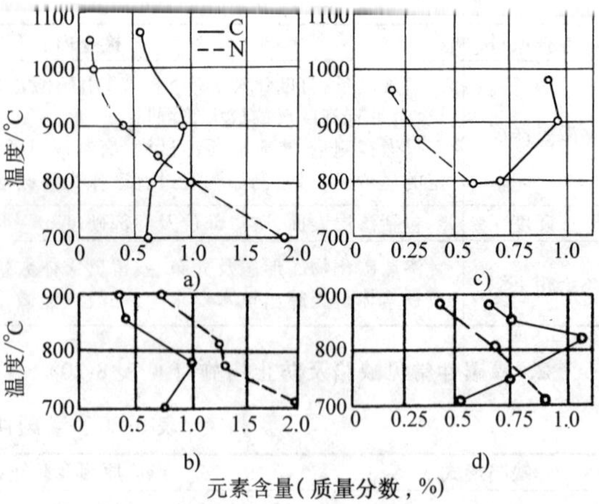

图 8-27　碳氮共渗温度对共渗层中碳、氮含量的影响

a）50%CO+50%NH_3 气体　b）23%~27%NaCN 盐浴

c）50%NaCN 盐浴

d）30%NaCN+8.5%NaCNO+25%NaCl+36.5%Na_2CO_3 盐浴

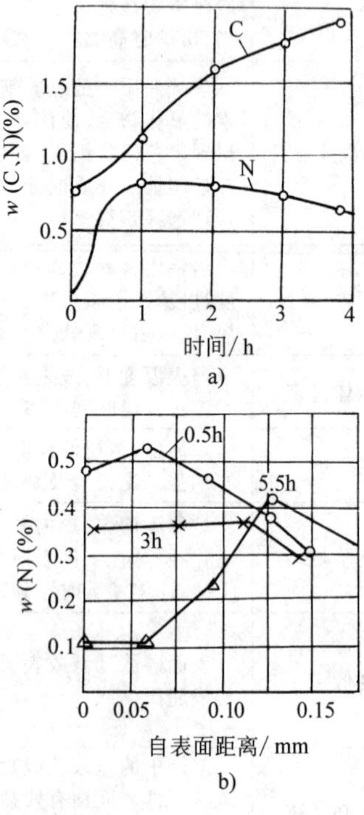

图 8-28　碳氮共渗保温时间对共渗层中碳、氮含量的影响

a）共渗层表面碳氮含量（材料：T8，温度 800℃，渗剂：苯+氨）　b）共渗层截面中碳氮含量分布（材料：30CrMnTi，渗剂：三乙醇胺，温度 850℃）

（4）碳氮共渗的工艺特点

1）碳氮共渗处理温度低，可减少工件畸变量，降低能耗。

2）碳氮共渗层有较好的淬透性和回火稳定性。

3）碳氮共渗层具有较高的疲劳强度和耐磨性能。

4）碳氮共渗处理初期有较快的渗入速度，故而一般都将共渗层控制在 0.2～0.75mm 范围内。共渗层表面的 $w(C)>0.6\%$、$w(N)\approx0.1\%\sim0.4\%$。

8.2.2　气体碳氮共渗

1. 气体碳氮共渗气氛及渗剂

（1）以氨气为供氮剂的碳氮共渗剂　这类碳氮共渗剂由 NH_3+渗碳剂组成。其中，渗碳剂可以是吸热式气氛、氮基气氛和滴注式渗碳剂。渗碳剂除向工件表面提供碳原子外，还会与氨发生反应，形成氰氢酸。氰氢酸分解，形成碳、氮原子，进一步促进渗碳和渗氮。

共渗剂中氨加入量对炉内的碳势、氮势都有影响（见图 8-29），对被渗工件所形成的共渗层的成分、性能也有一定的影响（见图 8-30）。一般来说，由氨气+富化气+载气组成的碳氮共渗剂中氨的加入量为 2%～12%（体积分数），这种共渗剂通常用于连续式作业炉。在以煤油为供碳剂的碳氮共渗剂中，氨的体积分数约为 30%。

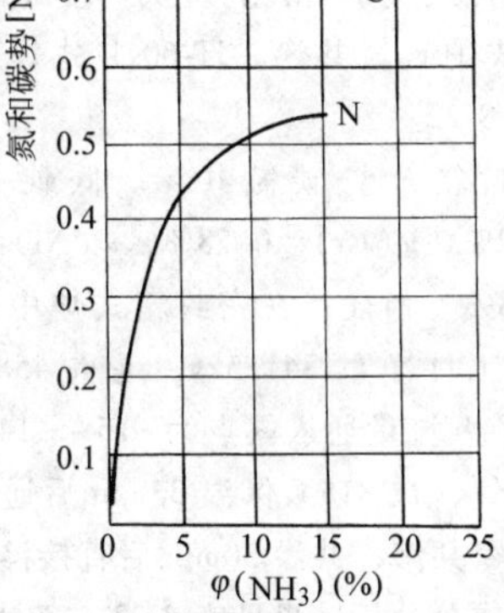

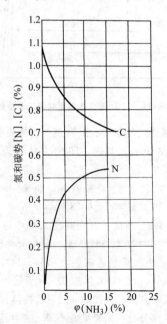

图 8-29　氨加入量对碳氮共渗炉内碳势、氮势的影响

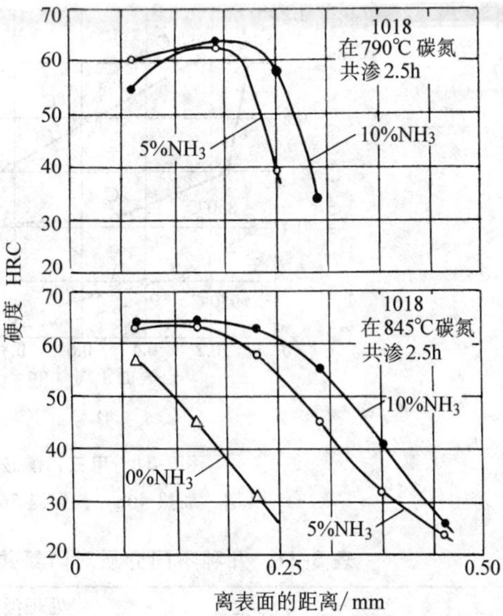

图 8-30　碳氮共渗气体中的氨量对共渗层硬度梯度的影响

（2）以有机液体为供氮剂的碳氮共渗剂　有机液体供氮剂常采用三乙醇胺、甲酰胺、尿素等，一般均含有碳原子，裂解后具有程度不等的供碳能力。供碳能力强的有机液体（如三乙醇胺）可单独使用，供碳能力较弱的可加入液体渗碳剂，以提高渗碳能力。

三乙醇胺作为碳氮共渗剂时，在炉内发生下列反应，形成碳氮共渗气氛。

$$(C_2H_5O)_3N \xrightarrow{\triangle} 2CH_4+3CO+HCN+3H_2$$

$$2HCN \rightarrow H_2+2[C]+2[N]$$

图 8-31 所示为用三乙醇胺碳氮共渗时共渗层中的碳、氮含量。

（3）气体碳氮共渗气氛的测量与调整　碳势的测量方法与渗碳相同，可以用氧探头、红外气体分析仪或露点仪；氮势测量可用氢探头或氢分解仪测量气氛中氢的浓度，进而换算为氮势。碳势和氮势的测量与控制均由成套的装置完成，可以通过调整共渗剂中供碳组元的流量（或滴量）来调整碳势，通过控制氨气的流量或含氮有机化合物的滴量来调整氮势。

几种不同介质对碳氮共渗工艺性能及共渗层表面碳、氮含量的影响见表 8-21（JT-90 井式气体渗碳炉，材料为 20Cr）。

2. 气体碳氮共渗的温度和时间

碳氮共渗处理温度常选在 820～860℃范围内，共渗时间根据渗层的深度而定。共渗层深度与时间的关系可表述为

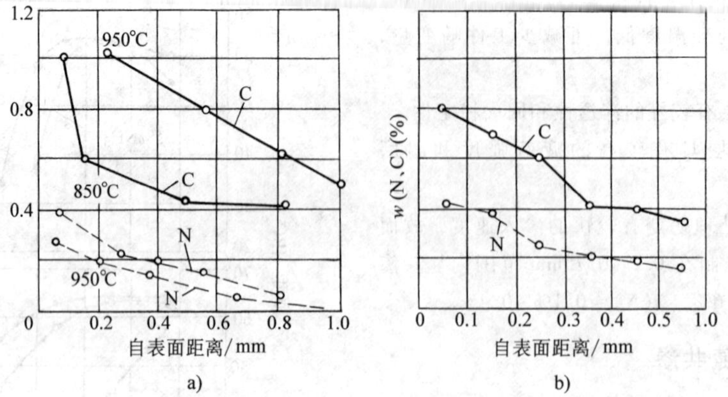

图 8-31　用三乙醇胺碳氮共渗时共渗层中的碳、氮含量

a）40 钢，加热 40min，保温 5h　b）18CrMnTi，加热 1.5h，850℃保温 1.5h

表 8-21　几种不同介质对碳氮共渗工艺性能及共渗层表面碳、氮含量的影响

介质名称	介质用量	处理温度/℃	平均渗速/(mm/h)	表面含量(质量分数)		炉内炭黑情况
				C	N	
苯胺	140~160 滴/min	900	0.13~0.14	0.88	0.05	较多
三乙醇胺	120~150 滴/min	900	0.09~0.10	1.01	0.13	无
煤油+氨气	200~220 滴/min+0.2m^3/h	920	0.10~0.13	0.80	0.08	少量

注：渗层深度为 0.70~0.85mm（测至 1/2 过渡区）；渗速按保温时间计算；碳、氮含量为表面至 0.1mm 深度内的平均值。

$$x=K\sqrt{t}$$

式中　x——共渗层深度（mm）；

K——常数；

t——共渗保温时间（h）。

共渗温度、时间对碳氮共渗层深度的影响见图 8-32。

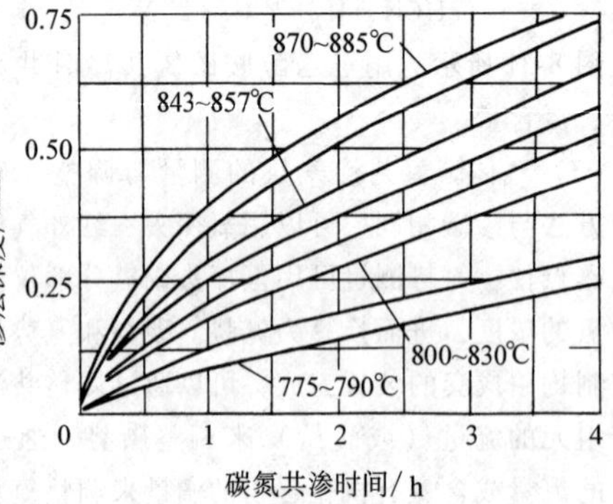

图 8-32　共渗温度、时间对碳氮共渗层深度的影响

3. 气体碳氮共渗工艺实例

（1）氨气+煤油滴注式气体碳氮共渗　被渗零件为 40Cr 钢汽车变速器齿轮，渗层深度 0.25~0.4mm，表面硬度 60~63HRC，心部硬度 50~53HRC，表面 $w(C)=0.8\%$，$w(N)=0.3\%\sim0.4\%$，共渗设备为 JT-60 式渗碳炉，碳氮共渗工艺曲线如图 8-33 所示。

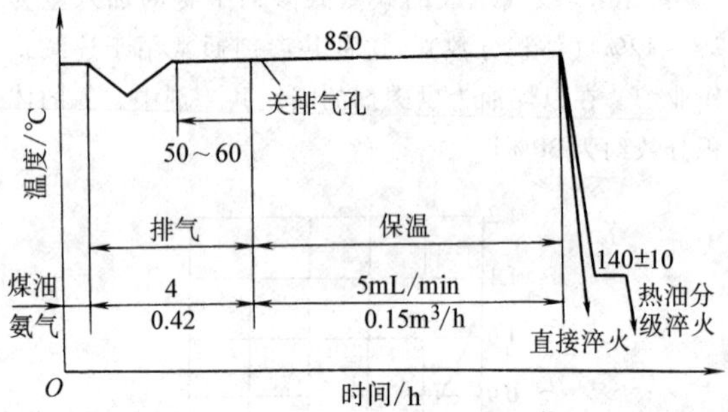

图 8-33　40Cr 钢气体碳氮共渗工艺曲线

（2）吸热式气氛+富化气+氨气碳氮共渗

1）井式炉碳氮共渗。JT-60 井式炉碳氮共渗工艺参数见表 8-22。

2）密封箱式炉碳氮共渗。低碳 Cr-Ni-Mo 钢 [$w(C)=0.2\%$，$w(Cr)=0.58\%$，$w(Ni)=0.64\%$，$w(Mo)=0.18\%$] 齿轮，在密封箱式炉中进行碳氮共渗。每炉装工件净重 341.5kg，毛重 458.5kg。全过程以 21.2m^3/h 流量通入露点为−15~−14℃的吸热式气体作为载气，在 815℃保温 33min 后通入丙烷和氨气，进行碳氮共渗，共渗 30min 后直接淬火。碳氮共渗末期炉气成分分析结果见表 8-23，密封箱式炉气体碳氮共渗工艺见表 8-24，渗层碳含量分布曲线如图 8-34 所示。

表 8-22　JT-60 井式炉碳氮共渗工艺参数

零件材料	氨气流量/(m^3/h)	液化气流量/(m^3/h)	吸热式气体流量/(m^3/h)		温度/℃	淬火冷却介质
			装炉 20min	20min 后		
15Cr、20Cr、40Cr、Q345、18CrMnTi①	0.05	0.1	5.0	5.0	上区 870	油
Y2①、08、20、35	0.05	0.15	5.0	0.5	下区 860	碱水

注：吸热式气体成分为 $\varphi(CO_2)\leqslant1.0\%$，$\varphi(O_2)=0.6\%$，$\varphi(CnH_2n)=0.6\%$，$\varphi(CO)=26\%$，$\varphi(CH_4)=4\%\sim8\%$，$\varphi(H_2)=16\%\sim18\%$，$N_2$ 余量。

① 在用非标牌号。

表 8-23　碳氮共渗末期炉气成分分析结果（体积分数）　(%)

取样空间	气体含量				
	CO_2	CO	CH_4	H_2	N_2
工作室	0.4	20.4	1.2	34.2	余量
前室	0.8	22.4	1.2	34.2	余量

表 8-24　密封箱式炉气体碳氮共渗工艺

炉膛尺寸(长×宽×高)/mm	渗剂	供氨量/(m^3/h)	氨占炉气总量(体积分数,%)	使用说明
915×610×460	煤气制备吸热式气氛(露点 -5~0℃)15m^3/h,液化石油气 0.2m^3/h,炉气 $\varphi(CO_2)=0.1\%$、$\varphi(CH_4)=3.5\%$	0.40	2.6	35 钢,860℃×65~70min 共渗,层深 0.15~0.25mm,50~60HRC
	丙烷制备吸热式气氛 12m^3/h,丙烷 0.4~0.5m^3/h,炉气露点 -12~-8℃	1.0~1.5	7.5~10.7	20Cr,20CrMnTi,850℃×160min 共渗,层深 0.58~0.59mm,HRC≥58

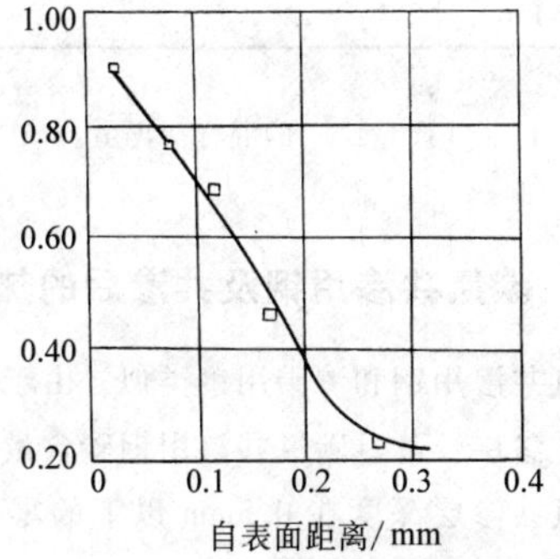

图 8-34　低碳 Cr-Ni-Mo 钢齿轮，碳氮共渗后渗层碳含量分布曲线

3）氮基气氛碳氮共渗。采用推杆式连续渗碳和碳氮共渗生产线对 20 齿自行车飞轮进行碳氮共渗，共渗后直接淬火，再进行回火。工艺参数见表 8-25，生产过程中采用氧探头测量炉内碳势，推杆炉炉膛容积为 8.6m^3。

8.2.3　其他碳氮共渗方法

1. 液体碳氮共渗

液体碳氮共渗即盐浴碳氮共渗，因最早的盐浴采用氰盐作为碳、氮供剂，故也称氰化。盐浴碳氮共渗设备简单，但是其最大的缺点是盐浴中含氰盐，造成环境污染甚至危及人身安全。

表 8-25　飞轮碳氮共渗、淬火回火工艺参数

工作区域	1 区	2 区	3 区	4 区
工作温度/℃	860	870	870	850
甲醇流量/(L/h)	2.5	2.5	2.5	2.5
氮气流量/(m^3/h)	2	2	2	2
丙烷流量/(m^3/h)		0.06~0.6	0.06~0.6	
氨气流量/(m^3/h)		0.3	0.3	
碳势控制值(%)		1.1	1.05	
氧探头输出值/mV		1143	1137	
淬火油温/℃	90~110			
回火(温度/℃)×(时间/h)	160×1.5			

碳氮共渗盐浴主要由中性盐和碳氮供剂组成。中性盐一般采用氯化钡、氯化钾、氯化钠中的一种或几种，其作用是调整盐浴的熔点和流动性，使之适合在碳氮共渗温度下使用。目前使用的碳氮共渗剂主要有氰盐和尿素两种。

共渗盐浴中的氰化钠和通过氧化生成的氰酸钠不断被空气中的氧所氧化，盐浴的共渗能力不断下降。为了恢复盐浴的活性，当盐浴老化到一定程度时，向盐浴中加入再生剂，使盐浴的老化产生物碳酸盐转化为氰化物，从而实现盐浴的活化，达到减少污染的目的。再生剂的主要成分是三嗪杂环有机聚合物，分子式为 $[C_6H_3N_9]_n$，再生反应为

$$2[C_6H_3N_9]_n+9nNa_2CO_3 \rightarrow 18nNaCNO+3nCO_2+3nH_2O$$

几种结构钢碳氮共渗盐浴成分及工艺见表 8-26。

表 8-26 几种结构钢碳氮共渗盐浴成分及工艺

盐浴成分(质量分数,%)	处理温度/℃	处理时间/h	渗碳层深度/mm	备 注
NaCN50，NaCl50（NaCN20～25，NaCl25～50，$Na_2CO_3$25～50）①	840	0.5	0.15～0.2	工件碳氮共渗后从盐浴中取出直接淬火，然后在 180～200℃回火
	840	1.0	0.3～0.25	
	870	0.5	0.2～0.25	
	870	1.0	0.25～0.35	
NaCN10，NaCl40，$BaCl_2$50（NaCN8～12，NaCl30～55，Na_2CO_3≤20，$BaCl_2$≤25）②	840	1.0～1.5	0.25～0.3	工件共渗后空冷，然后再加热淬火，并在 180～200℃回火，渗层中 w(N)=0.2%～0.3%，w(C)=0.8%～0.2%，表面硬度 58～64HRC
	900	1.0	0.3～0.5	
	900	2.0	0.7～0.8	
	900	4.0	1.0～1.2	
NaCN8，NaCl10，$BaCl_2$82（NaCN3～8，NaCl≤30，$BaCl_2$≤30，$BaCO_3$≤40）	900	0.5	0.2～0.25	盐浴面用石墨覆盖，以减少盐浴热量和碳的损耗
	900	1.5	0.5～0.8	
	950	2.0	0.8～1.1	
	950	3.0	1.0～1.2	
	950	5.5	1.4～1.6	

① 括号内给出的是盐浴工作成分。

② 盐浴活性逐渐下降后，添加 NaCN 使其恢复，通常用 NaCN∶$BaCl_2$=1∶4（质量比）的混合盐再生。

碳氮共渗盐浴中含有剧毒的氰化物，盐的贮存、运输及生产过程中都应采取严格的防护措施。经盐浴碳氮共渗后的工件表面均会带出残盐，这些残盐会带入清洗液、淬火油中，所以这类物质不能直接排放。废盐中也含有大量氰盐，必须按有关规定处理。

2. 固体碳氮共渗

固体碳氮共渗是在固体介质中进行的碳氮共渗处理，工艺过程与固体装箱渗碳工艺相似，是较原始的方法，所得渗层较薄且不易控制，运用于单件及小批量生产。常用的几种固体碳氮共渗剂见表 8-27。

表 8-27 常用的几种固体碳氮共渗剂

介质组成(质量分数,%)	备 注
木炭 60～80，亚铁氰化钾 20～40	渗剂混合均匀与工件装入铁箱中，加盖用泥封严入炉温度：840～880℃
木炭 40～50，亚铁氰化钾 15～20，骨灰 20～30，碳酸盐 15～20	
木炭 40～60，亚铁氰化钾 20～25，骨灰 20～40	

8.2.4 碳氮共渗用钢及共渗后的热处理

碳氮共渗用钢和渗碳用钢类似。由于碳氮共渗温度较低，渗层较薄，碳氮共渗用钢碳含量可高于渗碳钢。碳氮共渗层深度在 0.3mm 以下的零件，钢的碳含量可提高至 0.5%（质量分数），常采用 40CrMo、40Cr、40CrNiMo、40CrMnMo 钢等。

碳氮共渗以后直接淬火，不仅畸变较小，而且可以保护共渗层表面的良好组织状态。碳氮共渗层淬透性较高，可采用冷却能力较低的淬火冷却介质。

应注意的是，碳氮共渗介质中有氨，氨溶解于水形成 NH_4OH，对铜基材料有强烈的腐蚀作用。故连续式作业炉或密封箱式炉气体碳氮共渗时忌用水淬，否则将腐蚀水槽中的铜制热交换器。

多数碳氮共渗齿轮在 180～200℃回火，以降低表面脆性，同时保证表面硬度不低于 58HRC。为了减少合金钢制零件磨削裂纹，也应经回火处理。低碳钢零件经常在 135～175℃的温度回火，可减少尺寸的变

化。定位销、支承件及垫圈等只需表面硬化的耐磨件，可以不回火。

表 8-28 所列为几种碳氮共渗后的热处理工艺及其适用范围。

表 8-28　碳氮共渗后的热处理工艺及适用范围

热处理工艺	特点及适用范围	工艺简图
从共渗温度直接水淬，低温回火	工艺简单，是最普遍应用的热处理方式。适用于中、低碳钢，低碳低合金钢。只适于液体碳氮共渗或井式炉碳氮共渗。不适于密封箱式炉或连续式作业炉碳氮共渗	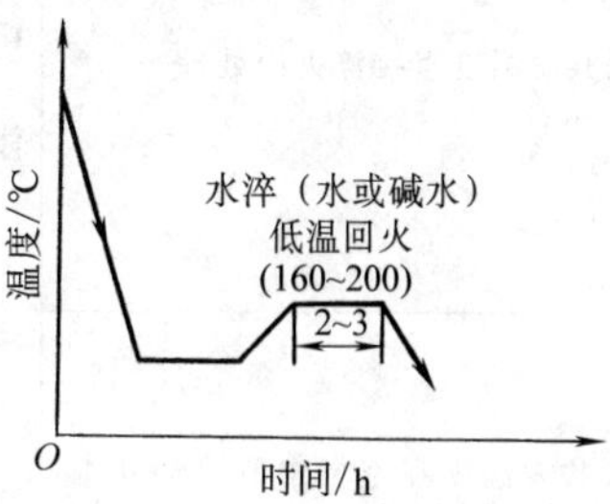
从共渗温度直接油淬，低温回火	工艺简单，是最普遍应用的热处理方式。适用于合金钢淬火，适于各种炉型进行碳氮共渗后的直接淬火	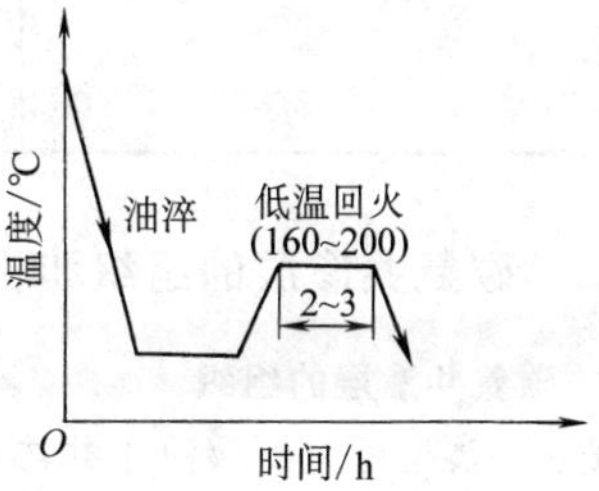
从共渗温度直接分级淬火，空冷，低温回火	淬火油可以在 40~105℃的温度范围内使用，对要求热处理变形小的零件，可以采用闪点高的油在较高油温内淬火，对变形要求高的合金钢制零件，也可以采用盐浴淬火	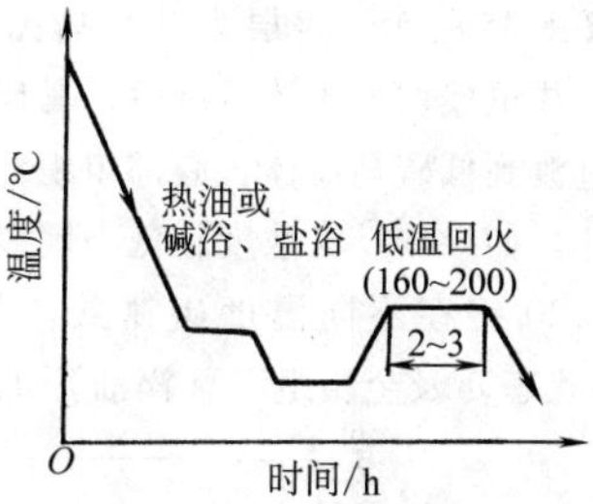
直接气淬	细小零件，采用气淬，可减小变形，降低成本，但应仔细装炉，以便气淬时气流冷却均匀	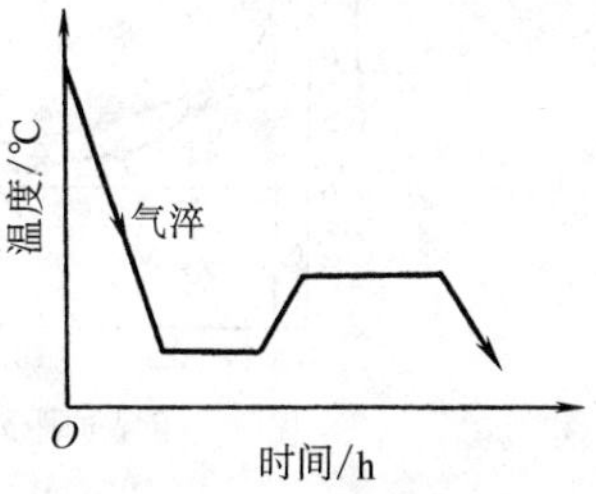
一次加热淬火	适用于因各种原因不宜直接淬火，或共渗后尚需机械加工等情况。淬火前的加热应在脱氧良好的盐炉或带保护气氛的加热设备中进行	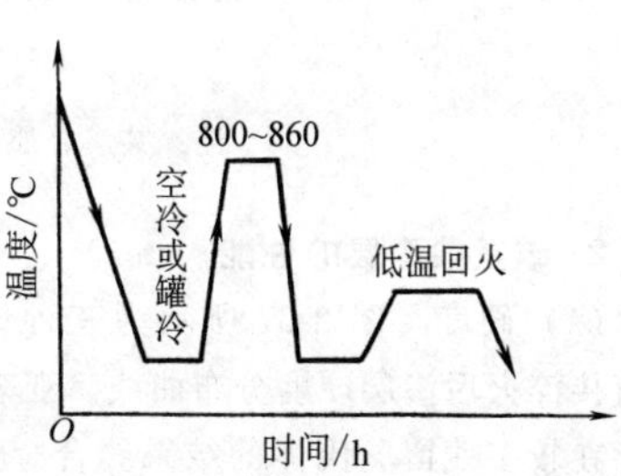

（续）

热处理工艺	特点及适用范围	工艺简图
从共渗温度直接淬火冷处理	适用于含 Cr-Ni 较多的合金钢，如12CrNi3A，20Cr2Ni4A 及 18Cr2Ni4WA 等，-80～-70℃的冷处理可减少残留奥氏体，使表面硬度达到技术要求	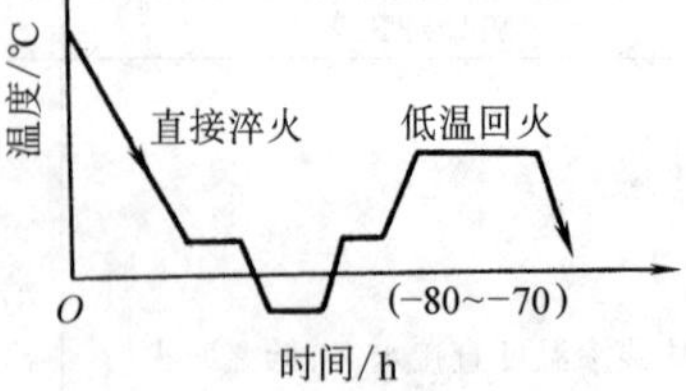
从共渗温度在空气中或冷却井中冷却，高温回火、重新加热淬火后低温回火	共渗后需机械加工的，也可用高温回火代替水冷处理，以减少残留奥氏体，高温回火应在生铁屑或保护气氛中进行	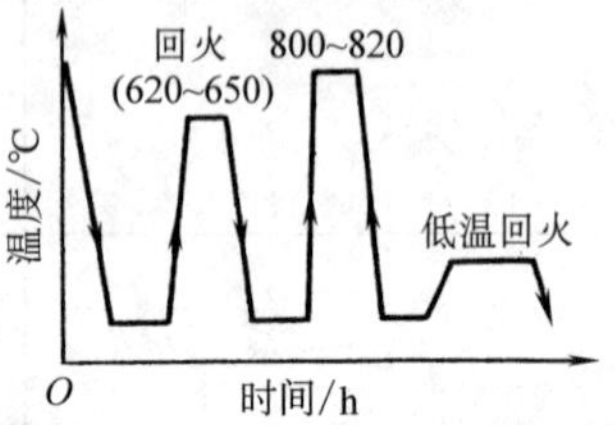

8.2.5　碳氮共渗层的组织和性能

1. 碳氮共渗层的组织

碳氮共渗层的组织取决于共渗层中碳、氮浓度，钢种及共渗温度。10 钢碳氮共渗层淬火后的显微组织如图 8-35 所示。表层为针状马氏体基体加残留奥氏体，往里残留奥氏体量减少，马氏体逐渐由高碳马氏体过渡到低碳马氏体，心部组织为铁素体和板条状马氏体。如果碳、氮浓度较低，则表面不出现碳氮化合物。20 钢在不同温度碳氮共渗层中碳、氮含量（空冷状态）及金相组织（淬油）如图 8-36 所示。

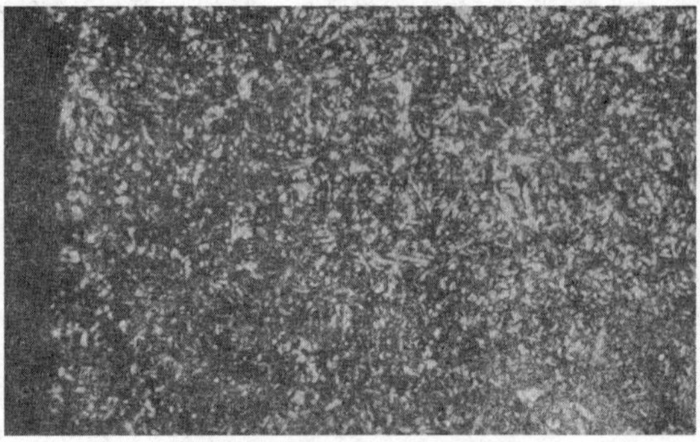

图 8-35　10 钢碳氮共渗层淬火后的显微组织　250×

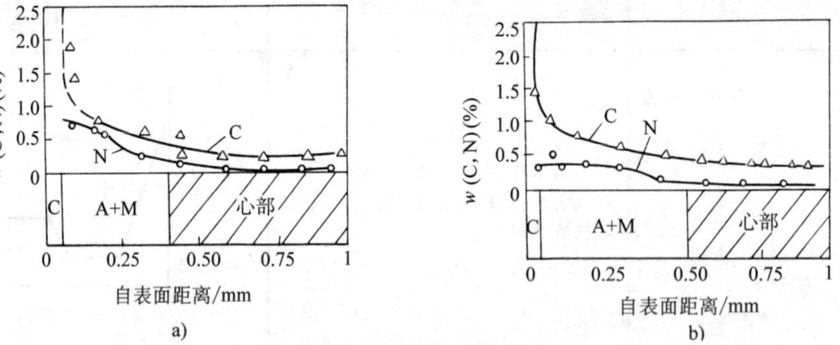

图 8-36　20 钢在不同温度碳氮共渗后，渗层中的碳、氮含量（空冷状态）及金相组织（淬油）

a）760℃，4h　b）815℃，4h

C—碳化物　A—奥氏体　M—马氏体

注：共渗介质（体积分数）为 40%NH_3+10%CH_4+50%吸热式气体。

2. 碳氮共渗层的性能

（1）硬度　图 8-37 所示为三种钢 850℃碳氮共渗直接淬火后渗层硬度分布曲线。亚表层的硬度降低是存在较多残留奥氏体的结果。合金元素含量越高，残留奥氏体数量越多，亚表层硬度下降越多。

（2）耐磨性　由于碳氮化合物的存在，碳氮共渗比渗碳工件的表面耐磨性稍高。表 8-29 所列为钢渗碳及碳氮共渗后的耐磨性对比。

（3）疲劳强度、抗弯强度与冲击韧度　共渗层中碳氮含量增加，使碳氮化合物量增加，耐磨性和接

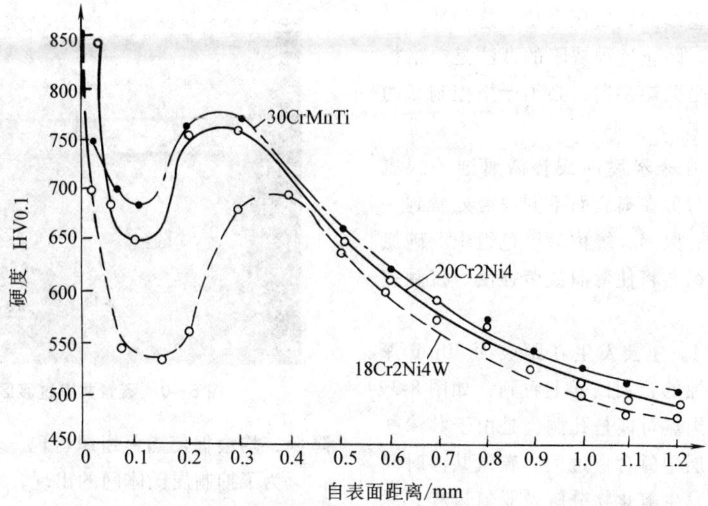

图 8-37　三种钢 850℃碳氮共渗直接淬火后渗层硬度分布曲线

表 8-29　钢渗碳及碳氮共渗后的耐磨性对比

牌　号	碳氮共渗			渗　碳	
	表层的碳、氮含量		失量/g	表层碳含量	失量/g
	w(C)(%)	w(N)(%)		w(C)(%)	
20CrMnTi	0.89	0.273	0.018	0.89	0.026
	1.15	0.355	0.017	1.15	0.025
	1.27	0.426	0.015	1.40	0.021
30CrMnTi	0.92	0.257	0.018	1.00	0.025
	1.24	0.323	0.016	1.16	0.024
	1.34	0.414	0.016	1.37	0.022
20	0.81	0.315	0.024	0.80	0.030
	0.88	0.431	0.011	1.00	0.029
	0.98	0.586	0.002	1.00	0.029

触疲劳强度提高。但氮含量过高将出现黑色组织，致使接触疲劳强度降低。图 8-38 所示为 30CrMnTi 钢气体碳氮共渗（层深 0.50~0.70mm）层中，碳、氮含量对弯曲疲劳强度、抗弯强度及冲击韧度的影响。

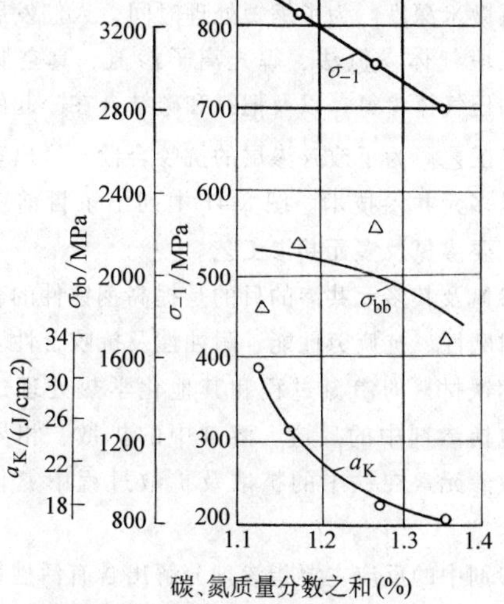

图 8-38　30CrMnTi 钢气体碳氮共渗（层深 0.50~0.70mm）层中，碳、氮含量对弯曲疲劳强度（σ_{-1}）、抗弯强度（σ_{bb}）及冲击韧度 a_K 值的影响

8.2.6　碳氮共渗工件质量检查与常见缺陷及防止措施

碳氮共渗质量检查项目与渗碳工件相同，当共渗层较薄时，其硬度检查方法可参考表 8-30。

表 8-30　碳氮共渗层硬度检查方法

层深/mm	<0.2	0.2~0.4	0.4~0.6	<0.6
硬度检查方法	锉刀或显微硬度计	HR15N	HRA	HRC

常见缺陷有表面脱碳、脱氮，出现非马氏体组织，心部铁素体过多，渗层深度不够或不均匀，表面硬度低等。其表现形式、形成原因以及预防补救措施，基本上和渗碳件相同。除此之外，碳氮共渗件中还有一些与氮的渗入有关的缺陷。

(1) 粗大碳氮化合物　表面碳氮含量过高，以及碳氮共渗温度较高时，工件表层会出现密集的粗大条块状碳氮化合物。共渗温度较低，炉气氮势过高时，工件表层会出现连续的碳氮化合物。这些缺陷常导致渗层剥落或开裂。防止这种缺陷的办法是严格控制碳势和氮势，特别是共渗初期，必须严格控制氨的加入量。

（2）黑色组织 在未经腐蚀或轻微腐蚀的碳氮共渗金相试样中，有时可在离表面不同深度处看到一些分散的黑点、黑带、黑网，统称为黑色组织。碳氮共渗层中出现黑色组织，将使弯曲疲劳强度、接触疲劳强度及耐磨性下降。

1）点状黑色组织。主要发生在距表面40μm深度内，可以在未经浸蚀的金相试样上看到，如图8-39所示。据分析，这种黑点可能是孔洞，是由于共渗初期炉气氮势过高，渗层中氮含量过大，碳氮共渗时间较长时碳浓度增高，发生氮化物分解及脱氮过程，原子氮变成分子氮析出而形成。

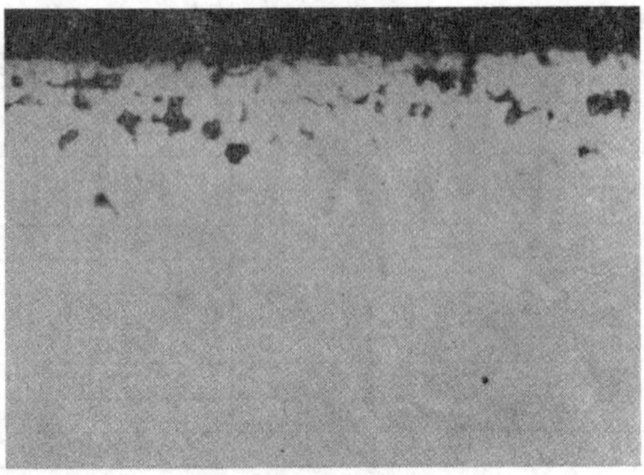

图8-39 碳氮共渗表层黑点 400×

注：材料为20Mn2TiB，880℃碳氮共渗6h，水冷。

2）表面黑带。出现在距共渗层表面0~30μm的范围内。主要是由于形成合金元素的氧化物、氮化物和碳化物等小颗粒，使奥氏体中合金元素贫化，淬透性降低，从而形成屈氏体。

3）黑色网。位于黑带内侧伸展深度较大的范围（达300μm）内。这是由于碳、氮晶间扩散，沿晶界形成Mn、Ti等合金元素的碳氮化合物，降低附近奥氏体中合金元素的含量，淬透性降低，形成屈氏体网。

4）过渡区黑带。出现于过渡区，如图8-40所示。主要是由于过渡区的Cr和Mn生成碳氮化合物后使局部合金化程度降低，从而出现屈氏体。这种黑带不在表面层出现的原因是因该处碳、氮浓度较高，易形成马氏体组织。

为了防止黑色组织的出现，共渗层中氮的含量不宜过高，一般超过0.5%（质量分数）就容易出现点状黑色组织。层中氮含量也不宜过低，否则容易出现屈氏体网。氨的加入量应适中，氨量过高，炉气露点降低，均会促使黑色组织再现。

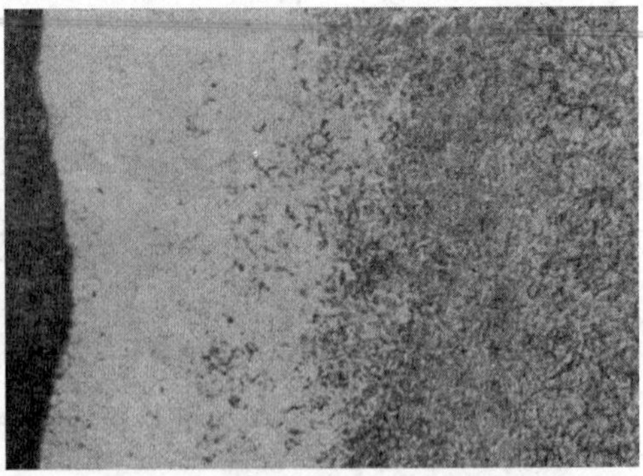

图8-40 碳氮共渗过渡区黑带 80×

为了抑制屈氏体网的出现，可以适当提高淬火加热温度和采用冷却能力较强的淬火冷却介质。产生黑色组织的深度小于0.02mm时可以采用喷丸强化补救。

8.3 渗氮及其多元共渗

8.3.1 渗氮及其多元共渗原理

钢铁件在一定温度的含有活性氮的介质中保温，使其表面渗入氮原子的过程称为钢的渗氮或氮化；介质中除了氮之外，还有活性碳原子存在，实现氮碳的同时渗入（以渗氮为主），称之为氮碳共渗或软氮化；钢铁零件同时渗入硫氮碳、氮氧、硫氮钒等多种原子，称之为多元共渗。

渗氮及其多元共渗处理通常在500~590℃范围内进行，可采用气体、熔盐或颗粒的渗氮剂。原始渗氮工艺的处理时间需30h以上，处理后氮可扩散到数十至数百微米深度。为了缩短处理时间，人们发展了二段及三段气体渗氮法、辉光离子渗氮、真空脉冲渗氮、加压气体渗氮，以及把氮和碳结合在一起的氮碳共渗等工艺。为了改善渗层的抗咬合性，又出现了硫氮碳等多元共渗技术。图8-41中列出了目前工业应用的主要渗氮及多元共渗工艺。

渗氮及其多元共渗的目的是提高钢铁件的表面硬度、耐磨性、抗疲劳性能、耐蚀性及抗咬合性。

钢铁材料的渗氮过程和其他化学热处理过程一样，包括渗剂中的反应、溶剂中的扩散、相界面反应、被渗元素在铁中的扩散及扩散过程中氮化物的形成。

渗剂中的反应主要指渗剂分解出含有活性氮原子的过程，该物质通过渗剂中的扩散输送至材料表面，参与界面反应，在界面反应中产生的活性氮原子被铁表面吸收，并向内部扩散。

使用最多的渗氮介质是氨气，在渗氮温度时，氨是亚稳定的，它发生如下分解反应：

$$2NH_3 \rightleftharpoons 3H_2+2[N]$$

当活性氮原子遇到铁原子时则发生如下反应：

$$Fe+[N] \rightleftharpoons Fe(N)$$

$$4Fe+[N] \rightleftharpoons Fe_4N$$

$$2\sim3Fe+[N] \rightleftharpoons Fe_{2\sim3}N$$

$$2Fe+[N] \rightleftharpoons Fe_2N$$

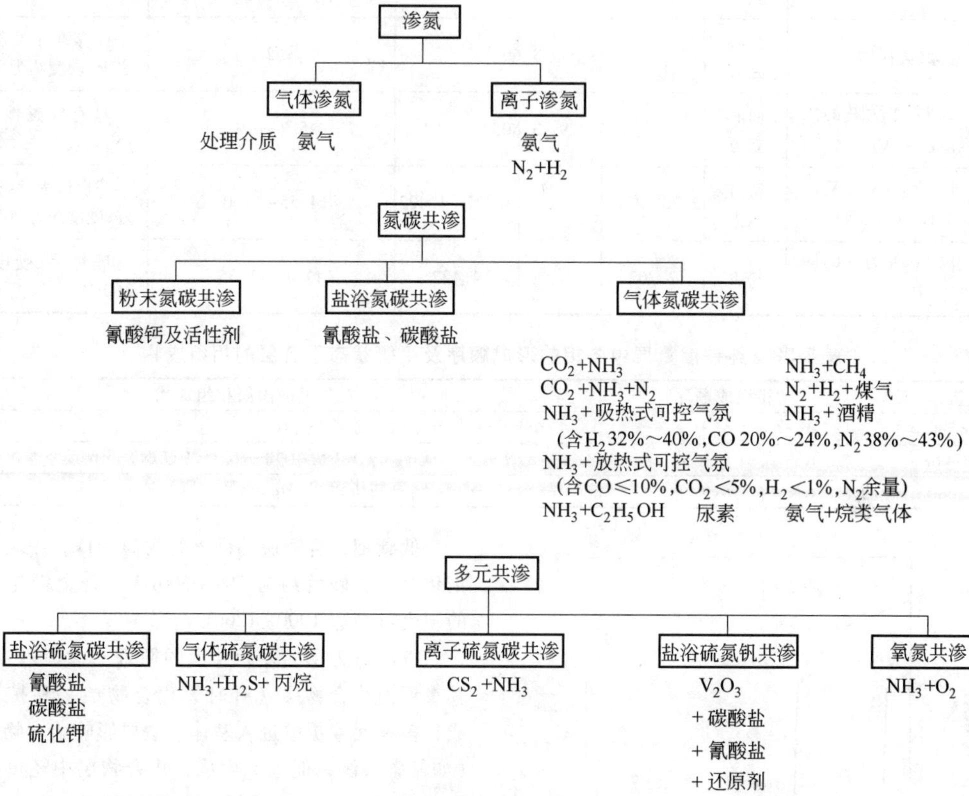

图 8-41　目前工业应用的主要渗氮及多元共渗工艺

纯铁渗氮时，渗氮层中所有可能出现的相可以根据铁-氮状态图进行分析（见图 8-42）。Fe-N 系中存在的相见表 8-31。除表中所列各项外，Fe-N 系中可能出现含氮马氏体 α′和介稳相 α″。前者是渗氮后快冷的产物，呈体心正方点阵，硬度较高（可达 650HV 左右）；α″氮化物的分子式为 $Fe_{16}N_2$ 或 Fe_8N，呈体心正方点阵。

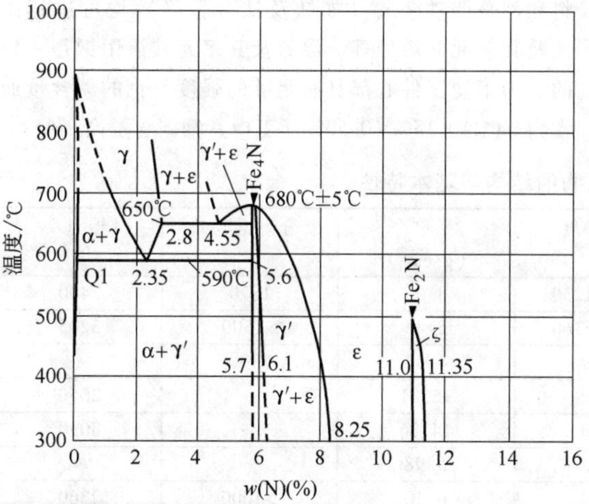

图 8-42　铁-氮状态图

不同于渗碳，渗氮过程是一个典型的反应扩散过程。依照铁-氮状态图，可得出不同温度下渗层中各相的形成顺序及各层的相组成物（见表 8-32）。

由图 8-43 可说明渗氮层的形成过程。在渗氮初期的 τ 时刻，表层的 α 固溶体未被氮所饱和，氮化层深度随时间增加而增加。随着气相中的氮不断渗入，使 α 达到饱和氮含量 C_{max}^{α}，即 τ_1 时刻。在 $\tau_1\sim\tau_2$ 时间内，气相中的氮继续向工件内扩散而使 α 相过饱和，引发 α→γ′反应，产生 γ′相。渗氮时间延长，表面形成一层连续分布的 γ′相，达到 γ′中的过饱和极限后，表面开始形成氮含量更高的 ε 相。

渗氮钢中加入合金元素将形成合金氮化物，使渗层硬度和耐磨性提高。表 8-33 列出了渗氮层中氮化物的结构与基本特性。

表 8-31　渗氮层中各相的性质（纯铁渗氮）

相	本质及化学式	晶体结构	晶格常数/0.1nm			氮含量（质量分数,%）	主要性能
			a	*b*	*c*		
α	含氮铁素体	体心立方	~2.87			590℃时达最大值 0.11，室温下降至 0.004	具有铁磁性
γ	含氮奥氏体	面心立方	3.57~3.66			≤2.8	仅存在于共析温度之上，硬度约为 160HV
γ′	以 Fe_4N 为基的固溶体（Fe_4N）	面心立方	3.789~3.803			5.7~6.1	具有铁磁性，脆性小，硬度约为 550HV
ε	以 $Fe_{2\sim3}N$ 为基的固溶体（$Fe_{2\sim3}N$）	密排六方	2.70~2.77	—	4.377~4.422	4.55~11.0	脆性稍大，耐蚀性较好，硬度约为 265HV
ξ	以 Fe_2N 为基的固溶体（Fe_2N）	斜方	2.762	—	4.422	11.1~11.35	脆性大，硬度约为 260HV

表 8-32　纯铁渗氮层中各相的形成顺序及平衡状态下各层的相组成物

渗氮温度/℃	相组成顺序	由表及里的渗层相组成物
<590	$\alpha\to\alpha_N\to\gamma'\to\varepsilon$	$\varepsilon\to\varepsilon+\gamma'\to\gamma'\to\alpha_N+\gamma'$（过剩）$\to\alpha$
590~680	$\alpha\to\alpha_N\to\gamma\to\gamma'\to\varepsilon$	$\varepsilon\to\varepsilon+\gamma'\to\gamma'\to(\alpha_N+\gamma')$共析组织$\to\alpha_N+\gamma'$（过剩）$\to\alpha$
>680	$\alpha\to\alpha_N\to\gamma\to\varepsilon$	$\varepsilon\to\varepsilon+\gamma'\to(\alpha_N+\gamma')$共析组织$\to\alpha_N+\gamma'$（过剩）$\to\alpha$

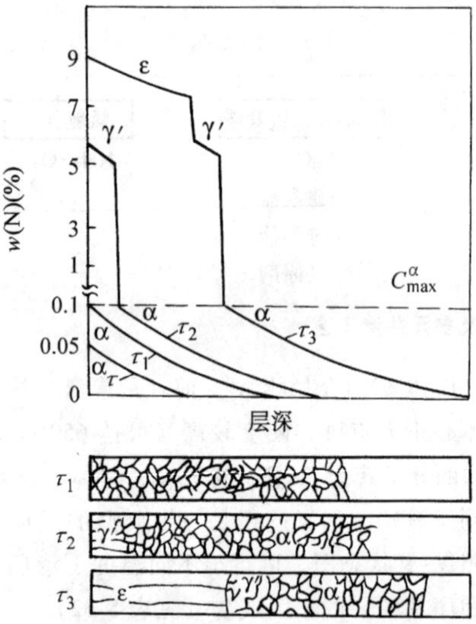

图 8-43　共析温度以下渗氮时氮含量与相组成的关系

低碳钢化合物层的硬度约为 300HV，中碳和高碳钢化合物层硬度约为 500~600HV，合金钢化合物层的硬度可高达 1000~1200HV。

以渗氮为主的多元共渗的原理与渗氮基本一致，其渗层由化合物层（有时无化合物层）和扩散层组成，多种元素扩散进入基体，主要影响化合物层结构（如氮碳共渗，促进 ε 生成，化合物层中还可能出现 Fe_3C），或是在表面形成一层新的覆层（如氧氮共渗时产生 Fe_3O_4 层，硫氮共渗时产生 FeS_2 和 FeS 层）。

8.3.2　常用渗氮用钢及其预处理

渗氮工艺对材料的适用面非常广，一般的钢铁材料和部分非铁金属（如钛及钛合金等）均可进行渗氮及其多元共渗处理。渗氮及其多元共渗用钢是一致的。为了使工件心部具有足够的强度，钢的碳含量通常为 $w(C)$0.15%~0.50%（工模具钢碳含量高一些）。

表 8-33　渗氮层中氮化物的结构与基本特性

氮化物	氮含量（质量分数,%）	晶体结构	显微硬度 HV	密度/（g/cm^3）	分解温度/℃	熔点/℃
AlN	34.18	六方	1225~1230	3.05	1870	2400
TiN	21.1~22.6	面心立方	1994~2160	5.43	>1500	3205
NbN	13.1~13.3	六方	1400	8.40	2300	—
Ta_2N	3.0~3.4	六方	1220	15.81	—	2050
TaN	5.8~6.5	六方	1060	14.36	—	3090
V_3N	8.4~11.9	六方	1900	5.98	—	—
VN	16.0~25.9	面心立方	1520	6.10	>1000	2360
Cr_2N	11.3~11.8	六方	1570	6.51	—	1650

（续）

氮化物	氮含量（质量分数，%）	晶体结构	显微硬度 HV	密度/（g/cm^3）	分解温度/℃	熔点/℃
CrN	21.7	面心立方	1093	5.8~6.10	1500(离解)	—
Mo_3N	5.4	正方	—	—	—	—
Mo_2N	6.4~6.7	面心立方	630	8.04	600(离解)	—
MoN	12.73	六方	—	8.06	600(离解)	—
W_2N	4.39	面心立方	—	12.20	800	—
WN	7.08	六方	—	12.08	600	—
Fe_4N	5.3~5.75	面心立方	≥450	6.57	670(离解)	—
Fe_3N	8.1~11.1	六方	—	—	—	—
Fe_2N	11.2~11.8	正交	~260	—	560(离解)	—

添加钨、钼、铬、钛、钒、镍、铝等合金元素，可改善材料渗氮处理的工艺性及综合力学性能。表 8-34 列出一些常用的渗氮钢及多元共渗材料。

表 8-34 常用渗氮钢的钢种

类别	牌号	渗氮后的性能特点	主要用途及备注
低碳钢	08、08Al、10、15、20、Q195、Q235、20Mn、30、35	抗大气与水腐蚀	螺栓、螺母、销钉、把手等零件
中碳钢	40、45、50、60	提高耐磨、抗疲劳性能或抗大气及水的腐蚀性能	曲轴、齿轮轴、心轴、低档齿轮等零件
低碳合金钢	18Cr2Ni4WA、18CrNiWA、20Cr、20CrNi3A、20Cr2Ni4A、20CrMnTi、25Cr2Ni4WA、25Cr2MoVA	耐磨、抗疲劳性能优良，心部韧性高，可承受冲击载荷	非重载齿轮、齿圈、蜗杆等中、高档精密零件
中碳合金钢	40Cr、50Cr、50CrV、38CrMoAl、38Cr2MoAlA、35CrMo、35CrNiMo、35CrNi3W、38CrNi3MoA、40CrNiMo、45CrNiMoV、42CrMo、30Cr3WA、30CrMnSi、30Cr2Ni2WV	耐磨、抗疲劳性能优良，心部强韧性好，特别是含 Al 钢，渗氮后表面硬度很高，耐磨性很好	机床主轴、镗杆、螺杆、汽轮机轴、较大载荷的齿轮和曲轴等
模具钢	Cr12、Cr12Mo、Cr12MoV、3Cr2W8、3Cr2W8V、4Cr5MoSiV、4Cr5MoSiV1、4Cr5W2VSi、5Cr4NiMo、5CrMnMo、CrWMn	耐磨、抗热疲劳、热硬性好，有一定的抗冲击疲劳性能	冷冲模、拉深模、落料模、有色金属压铸模、挤压模等
工具钢	W18Cr4V、W9Mo3Cr4V、W6Mo5Cr4V2、W18-Cr4VCo5、65Nb	耐磨性及热硬性优良	电池模具、高速钢铣刀、钻头等多种刃具
不锈钢 耐热钢 超高强钢	12Cr13、20Cr13、30Cr13、40Cr13、1Cr18Ni9Ti、15Cr11MoV、42Cr9Si2、13Cr12NiWMoVA、45Cr14-Ni14W2Mo、40Cr10Si2Mo、17Cr18Ni9、Ni18Co9Mo-5Ti、5Cr21Mo9Ni4N	耐磨性、热硬性及高温强度优良，能在 500~600℃ 服役，渗氮后耐蚀性有所下降，但在许多介质中仍有较高的耐蚀性	纺纱机走丝槽，在腐蚀介质中工作的泵轴、叶轮、中壳、内燃机气阀以及在 500~600℃ 环境下工作且要求耐磨的零件
含钛渗氮专用钢	30CrTi2、30CrTi2Ni3Al	耐磨性优良，热硬性及抗疲劳性能好	承受剧烈的磨粒磨损且无冲击的零件
球墨铸铁及合金铸铁	QT600-3、QT800-2、QT450-10	耐磨性优良，抗疲劳性能好	曲轴及缸套、凸轮轴等

38CrMoAl 钢是应用最广的渗氮钢。该钢经渗氮处理后，可获得很高的硬度，耐磨性好，具有良好的淬透性。加入钼后，抑制了材料的第二类回火脆性，心部具有一定的强韧性，广泛用于主轴、螺杆、非重载齿轮、气缸筒等需高硬度、高耐磨而又冲击不大的零件。由于 Al 的加入，在冶炼过程中易形成非金属夹杂物，有过热敏感性，渗氮层表面脆性倾向增大。近年来，无铝渗氮钢的应用越来越多，对表面硬度要求不很高而需较高心部强韧性的零件，可选用 40Cr、40CrVA、35CrMo、42CrMo 等材料。对工作在循环弯曲或接触应力较大条件下的重载零件，可选用 18Cr2Ni4WA、20CrMnNi3MoV、25Cr2MoVA、38CrNi3-MoA、30Cr3Mo、38CrNiMoVA 等材料。曲轴及缸套可选球墨铸铁或合金铸铁材料。

为了保证渗氮零件心部有较高的综合力学性能，处理前一般需进行调质处理（工模具采用淬火+回火处理），以获得回火索氏体组织。常用渗氮钢的调质处理工艺及调质后的力学性能见表 8-35。回火温度对 38CrMoAl 钢渗氮层硬度及深度的影响见表 8-36。

表 8-35　常用渗氮钢的调质处理工艺及调质后的力学性能

材料	调质工艺			力学性能					备注
	淬火温度/℃	冷却介质	回火温度/℃	R_m/MPa	R_{eL}/MPa	A(%)	Z(%)	α_K/(J/cm^2)	
18CrNi4WA	850~870	油	525~575	1170	1020	12	55	117	200~220HBW
20CrMnTi	910~930	油	600~620	—	—	—	—	—	
20Cr3MoWV	1030~1080	油	660~700	880	730	12	40	—	
30Cr3WA	870~890	油	580~620	980	830	15	50	98	
30CrMnSi	880~900	油	500~540	1100	900	10	45	50	
30Cr2Ni2WVA	850~870	油	610~630	980	830	12	55	117	
35CrMo	840~860	油	520~560	1000	850	12	45	80	
35CrAlA	920~940	油或水	620~650	880	740	10	45	78	
38CrMoAlA	920~940	油	620~650	980	835	15	50	88	
38CrWVAlA	900~950	油	600~650	980	835	12	50	88	
40Cr	840~860	油	500~540	1000	800	9	45	60	
40CrNiMo	840~860	油	600~620	100	850	12	55	100	
40CrNiWA	840~860	油	610~630	1080	930	12	50	78	
50CrVA	850~870	油	480~520	1300	1150	10	40	—	
3Cr2W8	1050~1080	油	600~620	1620	1430	11	38	34	
4Cr5MoSiV1	1020~1050	油	580~620	1830	1670	9	28	—	
5CrNiMo	840~860	油	540~560	1370	—	11	44	51	
Cr12MoV	980~1000	油	540~560	—	—	—	—	—	52~54HRC
W18Cr4V	1260~1310	油	550~570（三次）	—	—	—	—	—	≥63HRC
W6Mo5Cr4V2	1200~1240	油	550~570（三次）	—	—	—	—	—	≥63HRC
20Cr13	1000~1050	油或水	660~670	600	450	16	55	80	
42Cr9Si2	1020~1040	油	700~780	900	600	19	50	—	
1Cr18Ni9Ti	1000~1100	水	—	550	200	40	55	—	固溶处理 34HRC
15Cr11MoV	930~960		680~730	450	240	21	61	60	
45Cr14Ni14W2Mo	820~850	水	—	706	314	20	35	—	
50Cr21Mo9Ni4N	1175~1185	水	750~800	900	700	5	5		
QT600-3	920~940	空冷	—	725	464	3.6	—	20	正火 220~230HBW

表 8-36　回火温度对 38CrMoAl 钢渗氮层硬度及深度的影响

回火温度/℃	回火后硬度　HRC	渗氮层深度/mm	渗氮层硬度　HRA
720	21~22	0.51~0.58	80~81.5
700	22~23	0.50~0.51	80~82
680	24~26	0.46~0.49	80~82
650	29~31	0.40~0.43	81~83
620	32~33	0.38~0.40	81~83
590	34~35	0.37~0.38	82~83
570	36~37	0.37~0.38	82~83

注：940℃淬火，渗氮工艺为 520~530℃，35h，氨分解率 25%~45%。

形状复杂、畸变量要求较高的精密零件，在精加工前应进行 1~2 次稳定化处理，以消除机加工引起的内应力，并保证组织稳定。稳定化处理的加热温度应介于氮化温度与回火温度之间，一般高于渗氮温度约 30℃。渗氮件表面粗糙度对处理效果也有明显影响，粗糙的表面致使渗层的不均匀性和脆性倾向增大。渗氮可使较粗糙的表面粗糙度改善，又使光洁表面变得粗糙，一般处理后表面粗糙度 *Ra* 在 0.8～1.4μm 范围内。渗氮件处理前表面粗糙度 *Ra* 以 1.6～0.8μm 为宜。

8.3.3　渗氮

1. 气体渗氮

（1）气体渗氮设备及渗氮介质　气体渗氮的基本装置如图 8-44 所示，它一般由渗氮炉、供氨系统、氨分解测定系统和测温系统组成。渗氮炉有井式电阻炉、钟罩式炉及多用箱式炉等多种形式，均应具有良好的密封性。炉中的渗氮罐一般用 1Cr18Ni9Ti 不锈钢制造，钢中的镍及镍的某些化合物对氨的分解具有很强的催化作用，且随着渗氮的炉次增加，催化作用增强，使氨分解率不断增加，此时必须加大氨的通入量才能稳定渗氮质量。因此，在使用若干炉次后，应定期对渗氮罐进行退氮处理（退氮工艺为 800～860℃，空载保温 2～4h）。目前，已有低碳钢搪瓷渗氮罐应用于实际生产，可保证运行 400h 后氨的分解率基本不变。氨气的流量和压力可通过针形阀进行调节。罐内压力用 U 形油压计测量，一般控制在 30～50mm 油柱。泡泡瓶内盛水，以观察供氨系统的流通状况。在渗氮工艺控制技术中，把渗氮气氛的“氮势”可定义为 $P_{NH_3}/P_{H_2}^{1.5}$，可见氨分解率越低（通氮越多），氮势越高。生产中通常是通过调节氨分解率控制渗氮过程。氨分解测定计是利用氨溶于水而其分解产物不溶于水这一特性进行测量的。使用时首先关闭进水阀并将炉罐中的废气引入标有刻度的玻璃容器中，然后依次关闭排气、排水阀和进气阀，打开进水阀，向充满废气的玻璃容器注水。由于氨溶于水，水占有的体积即可代表未分解氨的容积，剩余容积为分解产物占据，从刻度可直接读出氨分解率。

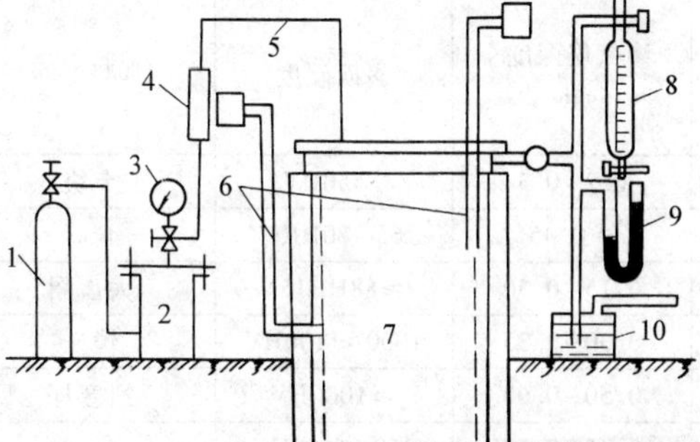

图 8-44　气体渗氮的基本装置

1—氨瓶　2—干燥箱　3—氨压力表　4—流量计
5—进气管　6—热电偶　7—渗氮罐
8—氨分解测定计　9—U 形压力计　10—泡泡瓶

近年来，随着技术的发展，以电信号来反映氨分解率的测量仪器已广泛应用，使得渗氮过程计算机控制成为可能。这种氨分解率测定仪器可分为两大类，一类是利用氢气、氮气及氨气的导热性差异测定氨分解率；另一类是根据多原子气体对辐射的选择吸收作用，用红外线测量炉气成分，从而确定氨分解率。目前，氢探头的制造技术日臻成熟，更有配套的计算机氮势控制系统应用，通过测量渗氮炉气中氢含量的变化，自动推导出炉气中氨的分压，然后调节通入气体流量调整炉内氮势，达到可控渗氮目的。

渗氮用液氨应符合 GB/T 536—2017 一级品的规定，纯度大于 95%（质量分数）。导入渗氮罐前，应先经过干燥箱（装有硅胶、氯化钙、生石灰或活性氧化铝等干燥剂）脱水，氨气中水的含量应小于 2%（质量分数）。

（2）气体渗氮工艺参数及操作过程

1）渗氮温度。以提高表面硬度和强度为目的的渗氮处理，其渗氮温度一般为 480～570℃。渗氮温度越高，扩散速度越快，渗层越深。但渗氮温度超过 550℃，合金氮化物将发生聚集长大而使硬度下降（见图 8-45）。

2）渗氮时间。渗氮保温时间主要决定渗氮层深度，对表面硬度也有不同程度的影响（见图 8-45）。渗氮层深度随渗氮保温时间延长而增厚，且符合抛物线法则，即渗氮初期增长率较大，随后增幅趋缓。渗氮层表面硬度随着时间延长而下降，同样与合金氮化物聚集长大有关，而且渗氮温度越高，长大速度越快，对硬度的影响也越明显。

3）氨分解率。渗氮过程中钢件是 NH_3 分解的触媒。与工件表面接触的 NH_3 才能有效提供活性氮原子。因而气氛中氨分解率越低，向工件提供可渗入的氮原子的能力越强。但分解率过低，则易使合金钢工件表面产生脆性白亮层。氨分解率偏低还会使渗层硬度下降。氨分解率一般控制在 15%～40%。

氨分解率用氨流量调节。氨流量一定时温度越高，分解率越大。为了使氨分解率达到工艺规定的数值，必须增加氨气流量。

装炉前，需对工件表面的锈斑、油污、铁屑及其他杂物进行清理，以保证氮的有效吸附。常用的清洗剂有水溶性清洗剂、汽油、四氯化碳等。用水溶性清

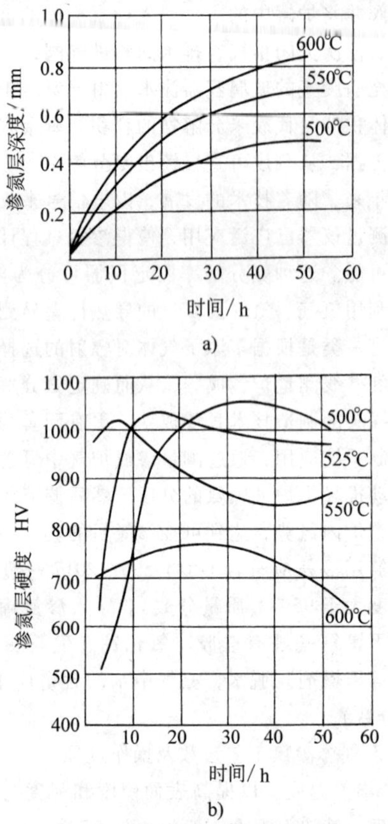

图 8-45　38CrMoAl 钢渗氮层深度及硬度与渗氮温度和时间的关系

a）对渗氮层深度的影响　b）对渗氮层硬度的影响

洗剂清洗的工件应用清水漂洗干净、烘干。

气体渗氮包括排气、升温、保温、冷却三个过程。渗氮操作先排气后升温，排气与升温可同时进行。在450℃以上，应降低升温速度，避免超温。保温阶段应严格控制氨气流量、温度、氨分解率和炉压，保证渗氮质量。渗氮保温结束后停电降温，但应继续通入氨气保持正压，以防止空气进入使工件表面产生氧化色。温度降至200℃以下，可停止供氨，工件出炉。对一些畸变要求不严格的工件可在保温完后立即吊出炉外油冷。

（3）结构钢与工具钢的气体渗氮

1）一段渗氮。一段渗氮是在同一温度下（一般在480~530℃）长时间保温的渗氮工艺。在15~20h内采用较低的氨分解率使工件表面迅速吸收大量氮原子，并形成弥散分布的氮化物，提高工件表面硬度；在中间阶段，氨分解率可提高到30%~40%，使表层氮原子向内扩散，增加渗层深度；保温结束前2~4h，氨分解率应控制在70%以上，进行退氮处理，减薄或清除脆性白亮层。

2）两段渗氮。第一段的渗氮温度和氨分解率与一段渗氮相同，目的是在工件表面形成高弥散度的氮化物；第二段采用较高的温度（一般550~600℃）和氨分解率（约40%~60%），以加速氮在钢中的扩散，增加渗氮层深度，并使渗层的硬度分布趋于平缓。由于第一阶段在较低温度下形成的高度弥散细小的氮化物稳定性高，因而其硬度下降不显著。两段渗氮可缩短渗氮周期，但表面硬度稍有下降，畸变量有所增加。

3）三段渗氮。三段渗氮是对两段渗氮所存在的一些不足进行改进而形成的。其特点是在两段渗氮处理后再在520℃左右继续渗氮，以提高表面硬度。

常用结构钢和工具钢的气体渗氮工艺规范见表8-37。

表8-37　常用结构钢和工具钢的气体渗氮工艺规范

材　　料	渗氮工艺参数				渗氮层深度/mm	表面硬度	典型工件
	阶段	温度/℃	时间/h	氨分解率（%）			
38CrMoAl		510±10	17~20	15~35	0.2~0.3	>550HV	卡块
		530±10	60	20~50	≥0.45	65~70HRC	套筒
		540±10	10~14	30~50	0.15~0.30	≥88HR15N	大齿圈
		510±10	35	20~40	0.30~0.35	1000~1100HV	镗杆
		510±10	80	30~50	0.50~0.60	≥1000HV	活塞杆
		535±10	35	30~50	0.45~0.55	950~1100HV	
		510±10	35~55	20~40	0.3~0.55	850~950HV	曲轴
		510±10	50	15~30	0.45~0.50	550~650HV	
	1	515±10	25	18~25	0.40~0.60	850~1000HV	十字销、卡块
	2	550±10	45	50~60			
	1	510±10	10~12	15~30	0.50~0.80	≥80HR30N	大齿轮、螺杆
	2	550±10	48~58	35~65			

（续）

材　　料	渗氮工艺参数				渗氮层深度/mm	表面硬度	典型工件
	阶段	温度/℃	时间/h	氨分解率（%）			
38CrMoAl	1	510±10	10~12	15~35	0.5~0.8	≥80HR30N	气缸筒
	2	550±10	48~58	35~65			
	1	510±10	20	15~35	0.5~0.75	>750HV	
	2	560±10	34	35~65			
	3	560±10	3	100			
	1	525±5	20	25~35	0.35~0.55	≥90HR15N	
	2	540±5	10~15	35~50			
	1	520±5	19	25~45	0.35~0.55	87~93HR15N	
	2	600	3	100			
	1	510±10	8~10	15~35	0.3~0.4	>700HV	齿轮
	2	550±10	12~14	35~65			
	3	550±10	3	100			
40CrNiMoA		520±10	25	25~35	0.35~0.55	≥68HR30N	
	1	520±10	20	25~35	0.40~0.70	≥83HR15N	曲轴
	2	545±10	10~15	35~50			
12Cr2Ni3A	1	500±10	53	18~40	0.59~0.72	503~599HV	齿轮
	2	540±10	10	100			
25CrNi4WA	1	520±10	10	25~35	0.25~0.40	≥73HRA	受冲击或重载零件
	2	550±10	10	45~65			
	3	520±10	12	50~70			
30Cr2Ni2WA		500±10	55	15~30	0.45~0.50	650~750HV	
30CrMnSiA		500±10	25~30	20~30	0.20~0.30	≥58HRC	
30Cr3WA	1	500±10	40	15~25	0.40~0.60	60~70HRC	曲轴等
	2	520±10	40	25~40			
35CrNi3WA	1	505±10	40	15	≥0.7	>45HRC	
	2	525±10	50	40~60			
35CrMo	1	505±10	25	18~30	0.5~0.6	650~700HV	
	2	520±10	25	30~50			
50CrVA		460±10	15~20	10~20	0.15~0.25	—	弹簧
		460±10	7~9	15~35	0.15~0.25	—	
40Cr		490±10	24	15~35	0.20~0.30	≥550HV	齿轮
	1	520±10	10~15	25~35	0.50~0.70	>50HRC	
	2	540±10	52	35~50			
18CrNiWA		490±10	30	25~30	0.20~0.30	≥600HV	轴
18Cr2Ni4A		500±10	35	15~30	0.25~0.30	650~750HV	
3Cr2W8V		535±10	12~16	25~40	0.15~0.20	1000~1100HV	模具
Cr12，Cr12Mo Cr12MoV	1	480±10	18	14~27	≥0.20	700~800HV	
	2	530±10	22	30~60			
Cr18Si2Mo		570±10	35	30~60	0.2~0.25	≥800HV	要求耐磨的抗氧化件
W18Cr4V		515±10	0.25~1	20~40	0.01~0.025	1100~1300HV	刀具

4）耐蚀渗氮。耐蚀渗氮的目的是获得厚度为15~60μm致密的ε相层，以提高工件在大气及水中的耐蚀能力。耐蚀渗氮处理时氨分解率不应超过70%，渗氮温度可达600~700℃，保温时间以获得要求的渗层深度为依据，时间过长将使ε相变脆。表8-38所列为纯铁、碳素钢耐蚀渗氮工艺。

为使渗氮层具有足够的耐蚀性，应保证ε相层具有50%以上的致密区。对耐蚀渗氮层进行质量检查，可将渗氮零件浸入10%的硫酸铜溶液中静置2~3min，以零件表面不沉淀析出铜为合格。

表 8-38　纯铁、碳素钢耐蚀渗氮工艺

材　料	渗氮工艺				ε 相层厚度/μm
	温度/℃	时间/h	氨分解率(%)	冷却方法	
DT（电工纯铁）	550±10	6	30~50	随炉冷却至 200℃以下出炉空冷，以提高磁导率	20~40
	600±10	3~4	30~60		20~40
10	600±10	6	45~70	根据要求的性能、零件的精度，分别冷至 200℃出炉空冷，直接出炉空冷，油冷或水冷	40~80
10	600±10	4	40~70		15~40
20	610±10	3	50~60		17~20
30	620~650	3	40~70		20~60
40、45、40Cr、50 以及所有牌号的低碳钢	600±10	2~3	35~55	要求基体具有强韧性的中碳或中碳合金钢零件尽可能水冷或油冷	15~50
	650±10	0.75~1.5	45~65		
	700±10	0.25~0.5	55~75		

5）可控渗氮。在渗氮生产中，对应一定的渗氮时间，形成化合物层所需的最低氮势称为氮势的门槛值。材质、渗氮工艺参数、工件表面状况、炉内气流特点等都会影响氮势门槛值。氮势门槛值曲线可通过实际测量绘制，是制订可控渗氮工艺的重要依据。图 8-46 所示为通过实验得到的 40CrMo(E19) 钢制发动机曲轴的无白亮层气氛氮势门槛值与渗氮时间的关系。所谓可控渗氮，就是根据氮势门槛值曲线，适时调整工艺参数，获得工件所需的渗氮层组织。

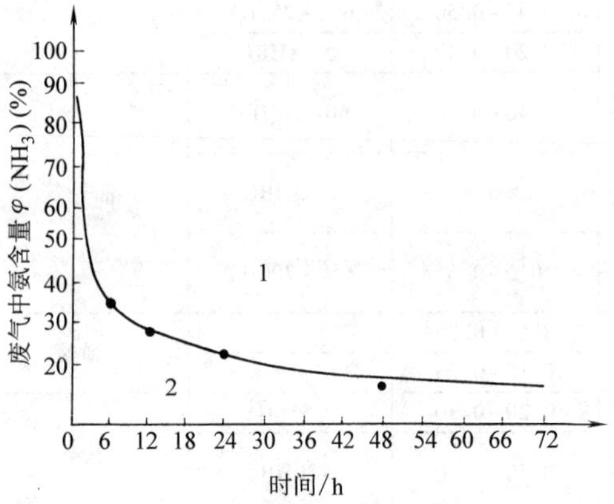

图 8-46　无白亮层气氛氮势门槛值与渗氮时间的关系

1—出现白亮层　2—不出现白亮层

注：渗氮温度 515℃。

现代的气氛控制渗氮工艺引入了调节气氛的参数氮势 K_n：

$$K_n = \frac{P_{NH_3}}{P_{H_2}^{3/2}}$$

式中　P_{NH_3} 和 P_{H_2}——气氛中氨气和氢气的分压。

温度和通入炉膛内的气氛直接决定氮势的高低，氮势又决定着工件表面的氮平衡浓度，从而决定着渗氮层的组成和结构。例如，530℃左右的正常渗氮温度及 $w(N)=5.7\%\sim6.1\%$ 时，形成面心立方的 γ′ 氮化物（Fe_4N），而在 $w(N)=7.8\%\sim11.3\%$ 的较高氮含量下，则形成密集六方的 ε 氮化物（$Fe_{2\sim3}N$）。可以通过调节 K_n 值，达到调整表面渗氮层表面白亮层结构的目的，实现可控渗氮。上述目标可采用计算机渗氮系统得以实现。

图 8-47 所示为纯铁在不同温度条件下渗氮层结构与氮势的关系，可作为其他材料渗氮处理的参考。

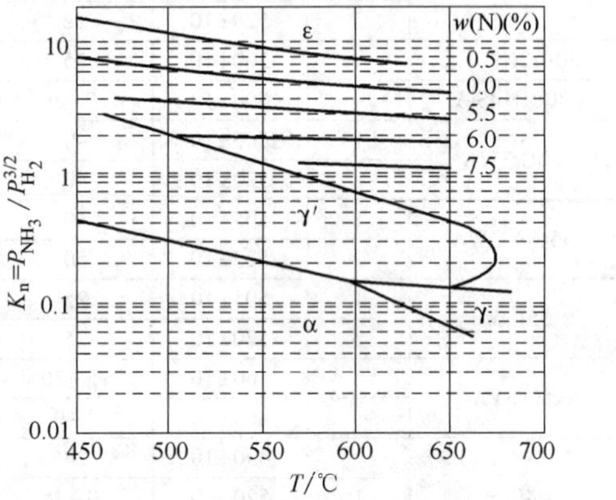

图 8-47　纯铁在不同温度条件下渗氮层结构与氮势的关系

（4）不锈钢与耐热钢的渗氮　由于不锈钢和耐热钢铬含量较高，与空气作用会在表面形成一层致密的氧化物薄膜（钝化膜）。这种薄膜会阻碍氮原子的渗入。不锈钢、耐热钢与结构钢渗氮的最大区别就是前者在进入渗氮罐之前，必须进行去钝化膜处理。通用的方法有机械法和化学法两大类。

1）喷砂。工件在渗氮前用细砂在 0.15~0.25MPa 的压力下进行喷砂处理，直至表面呈暗灰色，清除表面灰尘后立即入炉。

2）磷化。渗氮前对工件进行磷化处理，可有效破坏金属表面的氧化膜，形成多孔疏松的磷化层，有利于氮原子的渗入。

3）氯化物浸泡。将喷砂或精加工后的工件用氯化物浸泡或涂覆，能有效地去除氧化膜。常用的氯化物有 $TiCl_2$ 和 $TiCl_3$ 等。

通常进行渗氮处理的有铁素体型、马氏体型及奥氏体型不锈钢和耐热钢，工艺规范和处理结果见表 8-39。

表 8-39　不锈钢和耐热钢气体渗氮工艺规范和处理结果

材　料	渗氮工艺参数				渗层深度/mm	表面硬度	脆性等级
	阶段	温度/℃	时间/h	氨分解率（%）			
Cr10Si2Mo		590	35~37	30~70	0.20~0.30	84HR15N	
12Cr13		500	48	18~25	0.15	1000HV	
		560	48	30~50	0.30	900HV	
20Cr13		500	48	20~25	0.12	1000HV	
		560	48	30~35	0.26	900HV	
12Cr13 20Cr13 15Cr11MoV	1	530	18~20	30~45	≥0.25	≥650HV	
	2	580	15~18	50~60			
1Cr18Ni9Ti		550~560	4~6	30~50	0.05~0.07	≥950HV	Ⅰ-Ⅱ
	1 2	540~550 560~570	30 45	25~40 35~60	0.20~0.25	≥900HV	Ⅰ-Ⅱ
24Cr18Ni8W2		560	24	40~50	0.12~0.14	950~1000HV	
		560	40	40~50	0.16~0.20	900~950HV	
		600	24	40~70	0.14~0.16	900~950HV	
		600	48	40~70	0.20~0.24	800~850HV	
45Cr14Ni14W2Mo		550~560	35	45~55	0.080~0.085	≥850HV	Ⅰ-Ⅱ
		580~590	35	50~60	0.10~0.11	≥820HV	
		630	40	50~80	0.08~0.14	≥80HR15N	
		650	35	60~90	0.11~0.13	83~84HR15N	

（5）铸铁的渗氮　由于铸铁中碳、硅含量较高，氮扩散的阻力较大，要达到与钢同样的渗氮层深度，渗氮时间需乘以 1.5~2 的系数。铸铁中添加锰、硅、镁、铬、钨、镍和铈等元素，可提高渗氮层硬度，但会降低渗氮速度；铝既可提高渗氮层硬度，又不会降低渗层深度。

采用渗氮处理可使铸件表面获得一定深度、致密、化学稳定性较高的 ε 化合物层，能显著提高材料抗大气、过热蒸汽和淡水腐蚀的能力。球墨铸铁耐蚀渗氮的预处理通常采用石墨化退火获得铁素体基体。渗氮处理温度为 600~650℃、保温 1~3h、氨分解率 40%~70%的工艺，可获得 0.015~0.06mm 的渗氮层，表面硬度约为 400HV。

（6）非渗氮部位保护　根据使用和后续加工的要求，工件的一些部位不允许渗氮，因此，在渗氮之前，必须对非渗氮部位进行保护处理。常用方法有以下几种：

1）镀锡法。锡［或 $w(Sn)=20\%$ 的锡铅合金］的熔点很低，在渗氮温度下，锡层熔化并吸附在工件表面，可阻止氮原子渗入。为提高非渗氮面对锡层的吸附力及锡层的均匀性，应控制工件表面的粗糙度。表面太光滑，锡在工件表面容易流淌，难以吸附；但表面过于粗糙，则会影响锡吸附层的均匀性，一般表面粗糙度 Ra 在 3.2~6.3μm 为宜。防渗效果与镀锡厚度有关，锡层过厚容易流淌，太薄则达不到防渗效果，镀锡层一般控制在 0.003~0.015mm。

2）镀铜法。工件的非渗氮部位镀铜，同样可达到防渗的目的。常用的镀铜方式有两种，一是粗加工后镀铜，然后再精加工去除渗氮面的镀层；另一种是工件精加工后对非渗氮部位进行局部保护（如采用夹具、涂料、包扎等），然后镀铜。近年来发展起来的刷镀工艺，可容易实现在所需的非渗氮部位局部镀铜。镀铜法多用于不锈钢及耐热钢的防渗氮保护。采用镀铜法时，非渗氮面的表面粗糙度 $Ra \leq 6.3\mu m$，镀铜层厚度不低于 0.03mm。

3）涂料法。非渗氮面涂覆防渗氮涂料以隔绝渗氮介质与工件表面的接触，阻止氮的渗入，此法简单易行，应用面广。理想的防渗氮涂料应具有防渗效果好、对工件无腐蚀、渗氮后易于清除等特性。防渗氮涂料种类较多，并不断有产品问世。目前工厂使用较多的涂料是水玻璃加石墨粉，具体配方：中性水玻璃［$w(Na_2O)=7.08\%$、$w(SiO_2)=29.54\%$］中加入

10%~20%（质量分数）的石墨粉。

防渗氮面的表面粗糙度 Ra 在 12.5~3.2μm 为宜。涂覆前应对表面进行喷砂等清洁处理，然后加热到 60~80℃。涂料随配随用，涂覆层应均匀，厚度为 0.6~1.0mm，涂覆后可自然干燥，或在 90~130℃烘干。

2. 其他渗氮方法（见表 8-40）

表 8-40　其他渗氮方法

渗氮方法	工艺方式	渗剂(质量分数)	工艺及效果
固体渗氮	把工件和粒状渗剂放入铁箱中加热保温	由活性剂和填充剂两部分组成。活性剂可用尿素、三聚氰酸[$(HCNO)_3$]、碳酸胍{$[(NH_2)_2CNH]_2 \cdot H_2CO_3$}、二聚氨基氰[$NHC(NH_2)NHCN$]等。填充剂可用多孔陶瓷粒、蛭石、氧化铝粒等	520~570℃保温 2~16h
盐浴渗氮	在含氮熔盐中渗氮	①在 50% $CaCl_2$+30% $BaCl_2$+20% NaCl 盐浴中通氨 ②亚硝酸铵(NH_4NO_2) ③亚硝酸铵+氯化铵	450~580℃
真空脉冲渗氮	先把炉罐抽到 1.33Pa 的真空度，加热到渗氮温度，通氨至 50~70kPa，保持 2~10min，继续抽到 5~10kPa 反复进行	NH_3	530~560℃
加压渗氮	通氨使氨工作压力提高到 300~5000kPa，此时氨分解率降低，气氛活度提高，渗速快	NH_3	500~600℃渗速快，渗层质量好
流态床渗氮	在流态床中通渗氮气氛，也可采用脉冲流态床渗氮，即在保温期使供氨量降到加热时的 10%~20%	NH_3	500~600℃，减少 70%~80%氨消耗，节能 40%
催化渗氮	①洁净渗氮法：向渗氮罐中加入 0.15~0.6kg/m³ 与硅砂混合的 NH_4Cl ②CCl_4 催化法：渗氮前期的 1~2h 往炉罐通入 50~100mL/m³ 四氯化碳 ③稀土催渗法：稀土化合物溶入有机溶剂通入炉罐	NH_3+NH_4Cl	500~600℃
电解气相催渗	干燥氨通过电解槽和冷凝器再入炉罐	①含 Ti 的酸性电解液：海绵钛 5~10g/L，工业纯硫酸 30%~50%，NaCl150~200g/L，NaF30~50g/L ②NaCl、NH_4Cl 各 100g 饱和水溶液加入 110~220mL HCl 和 25~100mL 甘油，最后加水至 1000mL，pH=1 ③NaCl400g，25% $H_2SO_4$200mL，加水至 1500mL，也可再加甘油 200mL	500~600℃
高频渗氮	工件置于耐热陶瓷或石英玻璃容器中靠高频感应电流加热，容器中通氨或工件表面涂膏剂	NH_3 或含氮化合物膏剂	520~560℃
短时渗氮	保持适当的氨分解率，适当提高渗氮温度在各种合金钢、碳钢和铸铁件表面获得 6~15mm 化合物层	NH_3	560~580℃保温 2~4h，氨分解率为 40%~50%，表面层硬度高

3. 渗氮件的组织和性能

（1）渗氮件的组织　典型的 38CrMoAl 钢气体渗氮后的金相组织如图 8-48 所示，其表面是化合物层，在金相显微镜下呈亮白色，也称之为白亮层，主要为 ε 相；次表层是基体上弥散分布的 γ′相，呈现黑色；与中心索氏组织有明显交界的是 γ′+α 组织。

（2）渗氮件的性能

1）渗氮层硬度及耐磨性。钢铁件渗氮后表面硬度及耐磨性较渗碳等其他热处理方法所获得的硬度要高。渗氮层的高硬度是由于表面形成了 ε 相、过饱和氮对 α-Fe 的时效强化以及渗氮扩散过程中合金元素与氮的交互作用和渗氮钢的合金氮化物沉淀硬化所

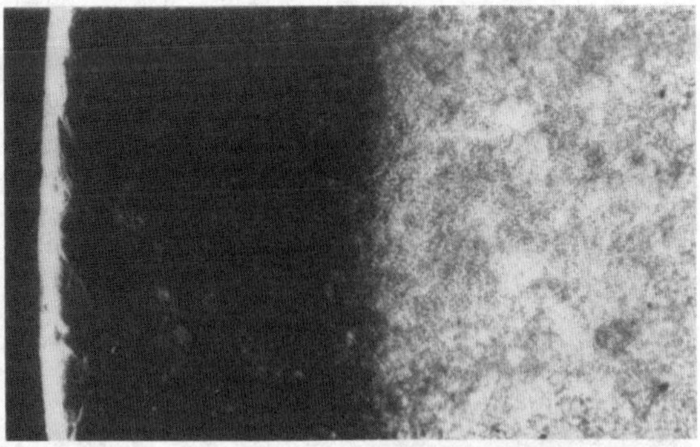

图 8-48　38CrMoAl 钢气体渗氮后的金相组织　100×

致。在扩散层中，不同渗层深度处氮化物尺寸及结构没有差别，但是氮化物分布密度沿深度方向减小，因此硬度下降。

2）抗疲劳性能。由于渗氮表层具有较大的残余压应力，它能部分抵消在疲劳载荷下产生的拉应力而使疲劳强度显著提高，表 8-41 列出几种材料渗氮后的抗疲劳性能。

3）抗咬合性能。渗氮处理均可显著提高零件的抗咬合性能，表 8-42 列出了几种材料的抗咬合性能（Falex 试验）对比。

表 8-41　几种材料渗氮后的抗疲劳性能

材　料	弯曲疲劳强度/MPa		接触疲劳强度/MPa
	未处理	渗氮后	
38CrMoAl	475	608	2205
45	431	500	1303
18Cr2Ni4W	529	680	—
40CrNiMoV	501	680	—
40CrMnMo	490	647	—

表 8-42　几种材料的抗咬合性能对比

材　料	失效或极限负荷/N	
	渗氮处理	未处理
38CrMoAl	11714	1112
45 钢	13350	3560
QT600-3	11269	6300

4）红硬性。渗氮表面在 500℃ 以下可长期保持其高硬度，短时间加热到 600℃ 硬度无明显下降，而当加热温度超过 600~625℃ 时，渗氮层中部分弥散分布的氮化物的集聚和基体组织的转变将使硬度下降。

5）渗氮层的耐腐蚀性。当渗层中存在一层致密的 ε 相时，表面具有良好的耐腐蚀性；而当表面以 γ′相为主时耐腐蚀性较差。表 8-43 列出了两种材料气体渗氮后的耐蚀性。

表 8-43　两种材料气体渗氮后的耐蚀性

处理工艺与表层组织	材　料	工业大气	自来水	盐雾箱
气体渗氮（ε 相）	45、38CrMoAl	良好，2 年以上不锈	良好，6 月以上不锈	良好，120h 不锈
气体渗氮（γ′相）	45、38CrMoAl	差，1~3 月出锈	—	—

4. 渗氮件的质量检验及常见缺陷防止

（1）渗氮件的质量检验

1）外观检查。正常的渗氮工件表面呈银灰色或浅灰色，不应出现裂纹、剥落或严重的氧化色及其他非正常颜色。如果表面出现金属光泽，则说明工件的渗氮效果欠佳。

2）渗层硬度检查。渗氮层表面硬度可用维氏硬度计或轻型洛氏硬度计测量，当渗氮层极薄时（如不锈钢渗层等）也可使用显微硬度计。若需测定化合物层硬度或从表面至心部的硬度曲线，则采用显微硬度法。值得注意的是，硬度检测试验力的大小必须根据渗氮层深度而定，试验力太小使测量的准确性降低，但过大则可能压穿渗层。根据不同渗氮层深度推荐的硬度计试验力值见表 8-44。

表 8-44　根据不同渗氮层深度推荐的硬度计试验力值

渗氮层深度/mm	<0.2	0.2~0.35	0.35~0.5	>0.5
维氏硬度计试验力/N	<49.3	≤98.07	≤98.07	≤294.21
洛氏硬度计试验力/N	—	147.11	147.11 或 249.21	588.42

3）渗氮层深度检查。渗氮层深度的测量方法有断口法、金相法和硬度梯度法三种，以硬度梯度法作为仲裁方法。

断口法是将缺口的试样打断，根据渗氮层组织较细呈瓷状断口而心部组织较粗呈塑性断破的特征，用 25 倍放大镜进行测量。此法方便迅速，但精度较低。

金相法是利用渗氮层组织与心部组织耐蚀性不同的特点来测量渗氮层深度的。经过试剂腐蚀的渗氮试样在放大 100 或 200 倍的显微镜下，从试样表面沿垂直方向测至与基体组织有明显的分界处的距离，即为渗氮层深度（见图 8-48）。对一些钢种的渗氮层显微组织与扩散层无明显分界线的试样，可加热至接近或略低于 Ac_1（700~800℃）的温度，然后水淬，利用渗氮层含氮而使 Ac_1 降低的特点来测定层深，此时渗层淬火成为耐蚀性较好的马氏体组织，而心部为耐蚀性较差的高温回火组织。采用金相法测得的渗氮层深度，一般较硬度梯度法所测值稍浅。

硬度梯度法是将渗氮后的试样沿层深方向测得一系列硬度值并连成曲线，以从试样表面至高于基体硬度值 50HV 处的垂直距离为渗氮层深度。试验采用维氏硬度法，试验力规定为 2.94N，必要时可采用 1.96~19.6N 范围内的其他试验力，但此时必须注明试验力数值。

对于渗氮层硬度变化平缓的工件（如碳钢或低碳低合金钢制件），其渗氮层深度可从试验表面沿垂直方向测至比基体维氏硬度值高 30HV 处。

4）渗氮层脆性检查。渗氮层的脆性多用维氏硬度压痕的完整性来评定。采用维氏硬度计，试验力为 98.07N（特殊情况下可采用 49.03N 或 294.21N，但需进行换算）对渗氮试样缓慢加载，卸去载荷后观察压痕状况，依其边缘的完整性将渗氮层脆性分为 5 级（见图 8-49）。压痕边角完整无缺为 1 级；压痕一边或一角碎裂为 2 级；压痕两边或两角碎裂为 3 级；压痕三边或三角碎裂为 4 级；压痕四边或四角碎裂为 5 级。其中 1~3 级为合格，重要零件 1~2 级为合格。

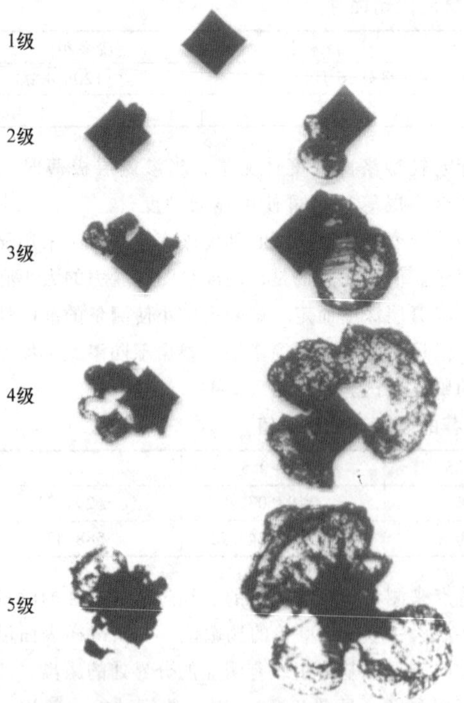

图 8-49 渗氮层脆性评定图

采用压痕法评定渗氮层脆性的主观因素较多，目前已有一些更客观的方法开始应用。如采用声发射技术，测出渗氮试样在弯曲或扭转过程中出现第一根裂纹的挠度（或扭转角），用以定量描述脆性。

5）金相组织检查。渗氮件金相组织的检查包括渗氮层组织检查及心部组织检查两部分。合格的渗氮层组织中不应有脉状、波纹状、网状以及骨状氮化物，这些粗大的氮化物会使渗层变脆、剥落。合格的心部组织应为回火索氏体组织（调质预处理），不允许大量游离铁素体存在。正常的渗层组织及常见不合格组织的金相照片如图 8-50~图 8-53 所示。

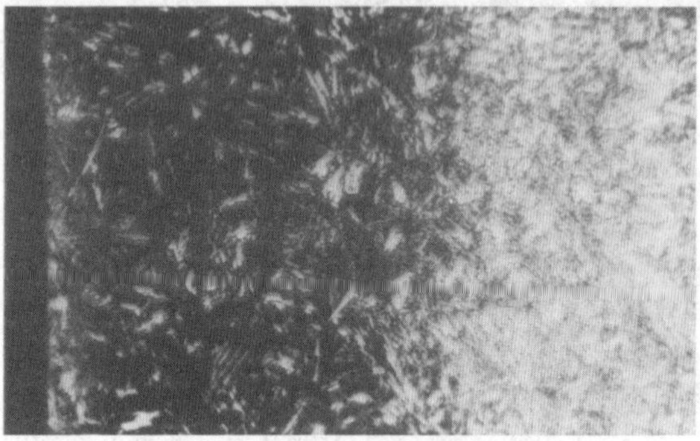

图 8-50 合金钢正常的渗氮层组织 500×

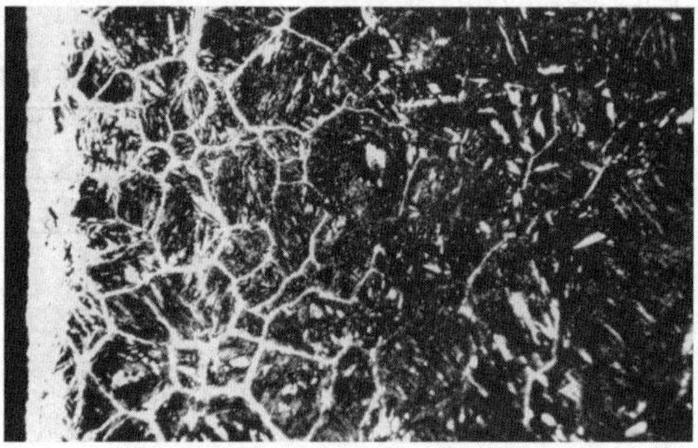

图 8-51 具有网状氮化物的不合格渗层 450×

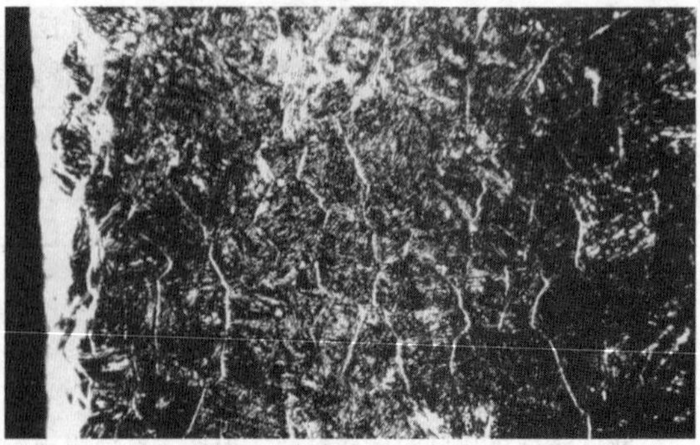

图 8-52 具有波纹状（脉状）组织的不合格渗层 450×

6）渗氮层疏松检查。将渗氮金相试样进行浸蚀后放在 500 倍显微镜下，取其疏松最严重的部位进行

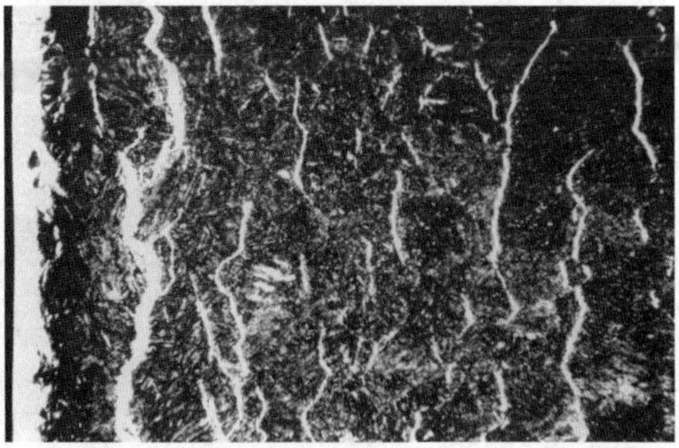

图8-53 具有鱼骨状氮化物的不合格渗层 450×

评级。按表面化合物层内微孔的形状、数量及密集程度分为5级：化合物层致密表面无微孔为1级；化合物层较致密、表面有少量细点状微孔为2级；化合物层微孔密集成点状孔隙、由表及里逐渐减少为3级；微孔占化合物层2/3以上厚度、部分微孔聚集分布为4级；微孔占化合物层3/4以上厚度、部分呈孔洞密集分布为5级。一般零件1~3级为合格，重要零件1~2级为合格给出依据的标准。

7）耐蚀性检查。对耐蚀渗氮件须进行耐蚀性检查，根据ε相层的厚度和致密度进行评定。致密区厚度通常在10μm以上。耐蚀性的常用检查方法有以下两种：

① 硫酸铜水溶液浸渍或液滴法。将试样浸入$w(CuSO_4)$=6%~10%的水溶液中保持1~2min，试样表面无铜沉淀为合格。

② 赤血盐-氯化钠水溶液浸渍或液滴法。取10g $K_3(FeN)_6$及20gNaCl溶于1L蒸馏水，渗氮试样浸入该溶液中保持1~2min，无蓝色印迹为合格。

8）尺寸及畸变检查。工件经渗氮处理后尺寸略有膨胀，其胀大量约为渗氮层深度的3%~4%。渗氮件的畸变量远较渗碳、淬火等处理畸变小，适当的预处理、装炉方式及工艺流程可将畸变量降至更小。渗氮后需精磨的工件，其最大畸变处的磨削量不得超过0.15mm。

（2）渗氮件的缺陷及预防　工件渗氮处理后产生的缺陷涉及外观、几何尺寸、组织结构、机械及耐蚀性等方面，有些是诸多因素共同影响的结果，情况较为复杂，必须具体分析。渗氮件常见缺陷及预防措施列于表8-45。

表8-45 渗氮件常见缺陷及预防措施

缺陷类型	产生原因	预防措施
表面氧化色	冷却时供氨不足，罐内出现负压，渗氮罐漏气，压力不正常，出炉温度过高，干燥剂失效，氨中含水量过高，管道中存在积水	适当增加氨流量，保证罐内正压，经常检查炉压，保证罐内压力正常 炉冷至200℃以下出炉更换干燥剂装炉前仔细检查，清除积水
表面腐蚀	氯化铵（或四氯化碳）加入量过多，挥发太快	除不锈钢和耐热钢外，尽量不加氯化铵，加入的氯化铵应与硅砂混合，降低挥发速度
渗氮件变形超差	机加工产生的应力较大，零件细长或形状复杂 局部渗氮或渗氮面不对称 渗氮层较厚时因比容大而产生较大组织应力，导致变形 渗氮罐内温度不均匀 工件自重的影响或装炉方式不当	渗氮前采用稳定化回火（高于渗氮温度），采用缓慢、分阶段升温法降低热应力，即在300℃以上每升温100℃保温1h；冷却速度降低 改进设计、避免零件结构不对称；降低升温及冷却速度 胀大部位采用负公差，缩小部位采用正公差；选用合理的渗层深度改进加热体布置，增加控温区段，强化循环 装炉力求均匀；杆件吊挂平稳且与轴线平行，必要时设计专用夹具或吊具
渗氮层出现网状及脉状氮化物	渗氮温度太高，氨含水量大，原始组织粗大 渗氮件表面粗糙，存在尖角、棱边，气氛氮势过高	严格控制渗氮温度和氨含水量；渗氮前进行调质处理并酌情降低淬火温度 提高工作质量，减少非平滑过渡，严格控制氨分解率
渗氮层出现鱼骨状氮化物	原始组织中的游离铁素体较高，工件表面脱碳严重	严格掌握调质处理工艺，防止调质处理过程中脱碳；渗氮时严格控制氨含水量，防止渗氮罐漏气，保持正压
渗氮件表面有亮点，硬度不均匀	工件表面有油污 材料组织不均匀 装炉量太多，吊挂不当 炉温、炉气不均匀	清洗去污 提高前处理质量 合理装炉 降低罐内温差，强化炉气循环

（续）

缺陷类型	产生原因	预防措施
渗氮层硬度低	温度过高 分段渗氮时第一段温度太高 氨分解率过高或中断供氨 密封不良，炉盖等处漏气 新换渗氮罐，夹具或渗氮罐使用过久 工件表面的油污未清除	调整温度，校验仪表 降低第一段温度，形成弥散细小的氮化物，稳定各个阶段的氨分解率 更换石棉、石墨垫，保证渗氮罐密封性能；新渗氮罐应经过预渗；长久使用的夹具和渗氮罐等应进行退氮处理，以保证氨分解率正常 渗氮前严格进行脱脂除锈处理
渗氮层太浅	温度（尤其是两段渗氮的第二段）偏低保温时间短 氨分解率不稳定 工件未经调质预处理 新换渗氮罐，夹具或渗氮罐使用太久，装炉不当，气流循环不畅	适当提高温度，校正仪表及热电偶 酌情延长时间 按工艺规范调整氨分解率 采用调质处理，获得均匀致密的回火索氏体组织 进行预渗或退氮处理 合理装炉，调整工件之间的间隙
渗氮层脆性大	表层氮浓度过高 渗氮时表面脱碳 预先调质处理时淬火过热	提高氨分解率，减少工件尖角、锐边或粗糙表面 提高渗氮罐密封性，降低氨中的含水量 提高预处理质量
化合物层不致密，耐蚀性差	氮浓度低，化合物层薄 冷却速度太慢，氮化物分解 零件锈斑未除尽	氨分解率不宜过高 调整冷却速度 严格消除锈斑

8.3.4 氮碳共渗

在工件表面同时渗入氮、碳元素，且以渗氮为主的工艺方法，称为氮碳共渗。氮碳共渗机理与渗氮相似，随着处理时间的延长，表面氮浓度不断增加，发生反应扩散，形成白亮层及扩散层。氮碳共渗使用的介质必须能在工艺温度下分解出活性的氮、碳原子，当介质为氨气加放热式或吸热式混合气体时，发生如下分解反应，提供活性的氮、碳原子：

$$2NH_3 \rightleftharpoons 3H_2+2[N]$$

$$2CO \rightleftharpoons [C]+CO_2$$

由于碳的渗入，氮碳共渗表层形成的相要复杂一些。例如，当 $w(N)=1.8\%$、$w(C)=0.35\%$ 时，在560℃发生 $\gamma \rightleftharpoons \alpha+\gamma'+z$ [Fe(CN)] 共析反应，形成 $\alpha+\gamma'+z$ 的机械混合物。需要指出的是，碳主要存在于化合物层中，几乎不渗入扩散层。

1. 气体氮碳共渗

根据使用介质，气体氮碳共渗分为三大类：

（1）混合气体氮碳共渗　氨气加入吸热式气氛（RX）可进行氮碳共渗。吸热式气氛由乙醇、丙酮等有机溶剂裂解，或由烃类气体制备而成，其成分（体积分数）一般控制在 $H_2$32%～40%、CO20%～24%、CO_2≤1%、$N_2$38%～43%，气氛的碳势用露点仪测定。$\varphi(NH_3):\varphi(RX)\approx1:1$ 时，气氛的露点控制到±0℃，可获得较理想的氮碳共渗层和共渗速度。

氨气中加入放热式气氛（NX）也可进行氮碳共渗，混合气中 $\varphi(NH_3):\varphi(NX)\approx(5\sim6):(4\sim5)$。放热式气氛成分（体积分数）一般为 $CO_2\leqslant10\%$，$CO<5\%$，$H_2<1\%$，余量为 N_2。

由于放热式气氛中CO的含量较低，它与氨气混合进行氮碳共渗比采用吸热式气氛排出的废气中有毒物质HCN的含量低得多，而且制备成本也较低，有利于推广应用。此外，氨气还可直接与烷类气体介质（如甲烷、丙烷等）混合，进行氮碳共渗。

多数钢种的最佳共渗温度为560～580℃。为了不降低基体强度，共渗温度应低于调质回火温度。保温时间及吸热式炉内气氛对共渗效果的影响分别见表8-46及表8-47。

表8-46 保温时间对氮碳共渗层深度与表面硬度的影响

材料	(570±5)℃，2h			(570±5)℃，4h		
	硬度 HV	化合物层深度/μm	扩散层深度/mm	硬度 HV	化合物层深度/μm	扩散层深度/mm
20	480	10	0.55	500	18	0.80
45	550	13	0.40	600	20	0.45
15CrMo	600	8	0.30	650	12	0.45
40CrMo	750	8	0.35	860	12	0.45
T10	620	11	0.35	680	15	0.35

表 8-47　吸热式炉内气氛（RX）露点对氮碳共渗层深度与表面硬度的影响

材料	炉气露点								
	8~10℃			-2~2℃			-8~-10℃		
	硬度 HV	化合物层深度/μm	扩散层深度/mm	硬度 HV	化合物层深度/μm	扩散层深度/mm	硬度 HV	化合物层深度/μm	扩散层深度/mm
45	508	20	0.65	540	20	0.50	600	20	0.45
15CrMo	542	18	0.50	580	14	0.50	650	10	0.45
40CrMo	657	15	0.55	720	14	0.50	860	12	0.45

共渗条件：$\varphi(NH_3)$：$\varphi(RX)$=2：3，氮分解率 20%~30%，共渗温度 570℃，保温时间 4h，油冷。

（2）尿素热解氮碳共渗　尿素在 500℃以上分解反应为

$$2(NH_2)_2CO \longrightarrow 2CO + 4[N] + 4H_2$$
$$\longrightarrow [C] + CO_2$$

其中，活性氮、碳原子作为氮碳共渗的渗剂。尿素可通过三种方式送入炉内：①采用机械送料器（如螺杆式）将尿素颗粒送入炉内，在共渗温度下热分解；②将尿素在裂解炉中分解后再送入炉内；③用有机溶剂（如甲醇）按一定比例溶解后滴入炉内，然后发生热分解。

除了共渗温度、保温时间、冷却方式等因素外，尿素的加入量对氮碳共渗效果也会产生很大影响，根据渗氮罐大小及不同的装炉量，尿素的加入量可在 500~1000g/h 范围内变化。图 8-54 所示为球墨铸铁曲轴（QT500-7）在 RJJ-105 井式气体渗碳炉中进行氮碳共渗的工艺。曲轴处理后，共渗层深度为 0.05~0.08mm，表面硬度为 490~680HV。

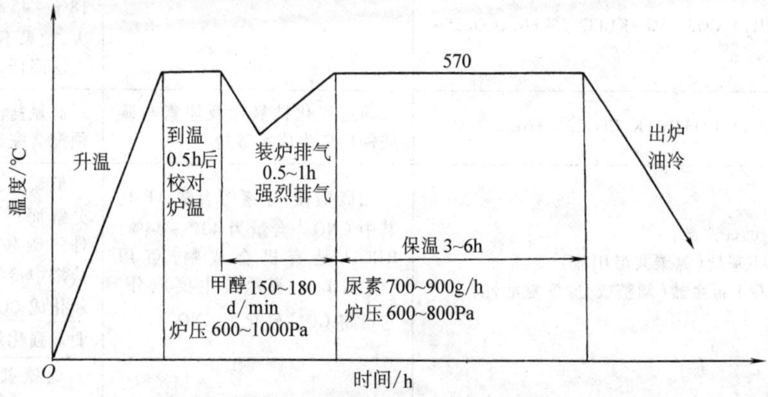

图 8-54　球墨铸铁曲轴气体氮碳共渗工艺

（3）滴注式气体氮碳共渗　滴注剂采用甲酰胺、乙酰胺、三乙醇胺、尿素及甲醇、乙醇等，以不同比例配制。

表 8-48 所列是采用 70%甲酰胺+30%尿素（质量分数）作为渗剂进行气体氮碳共渗的结果（保温时间 2~3h）。也可以在通入氨气的同时，滴入甲酰胺、乙醇、煤油等液体碳氮化合物进行滴注通氨气体氮碳共渗。

表 8-48　70%甲酰胺+30%尿素氮碳共渗效果

材料	温度/℃	共渗层深度/mm		渗层硬度(HV0.05)	
		化合物层	扩散层	化合物层	扩散层
45	570±10	0.010~0.025	0.244~0.379	450~650	412~580
40Cr	570±10	0.004~0.010	0.120	500~600	532~644
HT250	570±10	0.003~0.005	0.100	530~750	508~795
Cr12MoV	540±10	0.003~0.006	0.165	927	752~795
3Cr2W8V	580	0.003~0.011	0.066~0.120	846~750	657~795
	600	0.008~0.012	0.099~0.117	840	761~1200
	620	—	0.100~0.150	—	762~891
W18Cr4V	570±10	—	0.090	—	1200
T10	570±10	0.006~0.008	0.129	677~946	429~466
20CrMo	570±10	0.004~0.006	0.179	672~713	500~700

2. 盐浴氮碳共渗

（1）盐浴成分及主要特点　盐浴氮碳共渗是最早的氮碳共渗方法，按盐浴中 CN^- 含量可将氮碳共渗盐浴分为低氰、中氰及高氰型。由于环保的原因，中、高氰型盐浴已经逐渐淘汰。

低氰盐浴与氧化反应配合，排放的废水、废气、废盐中 CN^- 量可达到国家标准规定。几种典型的氮碳共渗盐浴成分及特征见表 8-49。

表 8-49　几种典型的氮碳共渗盐浴成分及特征

类型	盐浴配方（质量分数）及商品名称	获得 CNO^- 的方法	特征
氰盐型	KCN 47%+NaCN 53%	$2NaCN+O_2=2NaCNO$ $2KCN+O_2=2KCNO$	盐浴稳定，流动性良好，配制后需经几十小时氧化生成足量的氰酸盐后才能使用。毒性极大，目前已较少采用
氰盐-氰酸盐型	NS-1 盐 85%（NS-1 盐：KCNO40%+NaCN60%）+ $Na_2CO_3$15% 为基盐，用 NS-2（NaCN75%+KCN25%）为再生盐	通过氧化，使 $2CN^-+O_2 \rightarrow 2CNO^-$，工作时的成分为（KCN+NaCN）约 50%，$CO_3^{2-}$ 2%～8%	不断通入空气，CN^- 含量最高达 20%～25%，成分和处理效果较稳定。但必须有废盐、废渣、废水处理设备方可采用
尿素型	$(NH_2)_2CO$40%+$Na_2CO_3$30%+$K_2CO_3$20%+KOH10%	通过尿素与碳酸盐反应生成氰酸盐：$2(NH_2)_2CO+Na_2CO_3=2NaCNO+2NH_3+H_2O+CO_2$	原料无毒，但氰酸盐分解和氧化都生成氰化物。在使用过程中，CN^- 不断增多，成为 $CN^-\geqslant 10\%$ 的中氰盐。国内用户使用时在 CNO^- 含量 18%～45% 范围内，波动较大，效果不稳定，盐浴中 CN^- 无法降低，不符合环保要求
	$(NH_2)_2CO$37.5%+KCl37.5%+$Na_2CO_3$25%		
尿素-氰盐型	$(NH_2)_2CO$34%+$K_2CO_3$23%+NaCN43%	通过氰化钠氧化及尿素与碳酸钾反应生成氰酸盐	高氰盐浴，成分稳定，但必须配套完善的消毒设施
尿素-有机物型	Degussa 产品： TF-1 基盐（氮碳共渗用盐） REG-1 再生盐（调整成分，恢复活性）	用碳酸盐，尿素等合成 TF-1，其中 CNO^{-1} 含量为 40%～44%；REG-1 是有机合成物，可用 $(C_6N_9H_5)_x$ 表示其主要成分，它可将 CO_3^{2-} 转化为 CNO^-	低氰盐，使用过程中 CNO^- 分解而产生 $CN^-\leqslant 4\%$。工件氮碳共渗后在 AB1 氧化盐浴中冷却，可将微量 CN^- 氧化成 CO_3^{2-}，实现无污染作业。强化效果稳定
	国产盐品： J-2 基盐（氮碳共渗用盐） Z-1 再生盐（调整盐浴成分，恢复活性）	J-2 中 CNO^- 含量 37%±2%，Z-1 的主要成分为有机缩合物，可将 CO_3^{2-} 转变成 CNO^-	低氰盐，在使用过程中 $CN^-<3\%$。工件氮碳共渗后在 Y-1 氧化盐浴中冷却，可将微量 CN^- 转化为 CO_2^{2-}，实现无污染作业。强化效果稳定

盐浴氮碳共渗的关键成分是碱金属氰酸盐 MCNO（M 代表 K、Na、Li 等元素），常用氰酸根（CNO^-）浓度来度量盐浴活性。CNO^- 分解产生活性氮、碳原子渗入工件表面，但同时也产生有毒的氰根（CN^-），为此，加入氧化剂可使 CN^- 氧化转变为 CNO^-。

目前应用较广的尿素-有机物型盐浴氮碳共渗，CNO^- 浓度由被处理工件的材质和技术要求而定，一般控制在 32%～38%，CNO^- 含量低于预定值下限时，添加再生盐即可恢复盐浴活性，其表达式为

$$aCO_3^{2-}+bZ\text{-}1(\text{或 REG-1})=xCNO^-+yNH_3\uparrow+zH_2O\uparrow$$

（2）盐浴氮碳共渗工艺　为避免氰酸根浓度下降过快，共渗温度通常不高于 590℃；温度低于 520℃时，处理效果因受到盐浴流动性的影响而变差。不同温度保温 1.5h 氮碳共渗层深度见表 8-50。表面硬度与保温时间的关系如图 8-55 所示。

几种材料的盐浴氮碳共渗层深度与表面硬度见表 8-51。

3. QPQ 处理

盐浴氮碳共渗或硫氮碳共渗后再进行氧化、抛光、再氧化的复合处理称之为 QPQ（Quench-Polish-Quench）处理。该技术近年来得到广泛应用，其处理工序：预热（非精密件可免去）→520～580℃氮碳共渗或硫氮碳共渗→在 330～400℃的氧化浴中氧化 10～30min→机械抛光→在氧化浴中再次氧化。氧化

表 8-50　不同温度保温 1.5h 氮碳共渗层深度　（单位：μm）

材料	(540±5)℃		(560±5)℃		(580±5)℃		(590±5)℃	
	化合物层	总渗层	化合物层	总渗层	化合物层	总渗层	化合物层	总渗层
20	9	350	12	450	14	580	16	670
40CrNi	6	220	8	300	10	390	11	420

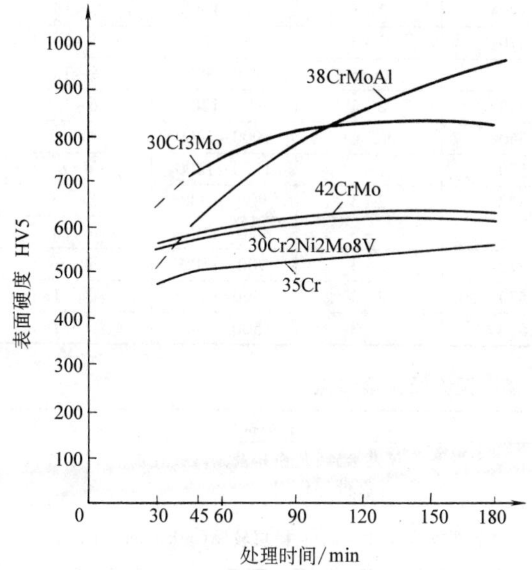

图 8-55　不同材料的试样于 580℃处理后表面硬度与保温时间的关系

目的是消除工件表面残留的微量 CN^- 及 CNO^-，使得废水可以直接排放，工件表面生成致密的 Fe_3O_4 膜。

在实际工件上，表面总是呈现凹凸不平的状态，凸起部位的氧化膜一般呈拉应力，易剥落，通过抛光处理，可降低粗糙度，除去呈拉应力的氧化膜，经二次氧化后生成的氧化膜产生拉应力的可能性减小，因此，二次氧化处理极为关键。QPQ 处理使工件表面粗糙度大大降低、显著地提高了耐蚀性，并保持了盐浴氮碳共渗或硫氮碳共渗层的耐磨性、抗疲劳性能及抗咬合性。可获得赏心悦目的白亮色、蓝黑色及黑亮色。图 8-56 所示为 QPQ 处理工艺曲线。表 8-52 列出常用材料的 QPQ 处理规范及渗层深度和硬度。

4. 固体氮碳共渗

固体氮碳共渗处理时将工件埋入盛有固体氮碳共渗剂的共渗箱内，密封后放入炉中加热，保温温度为 550~600℃。共渗剂可重复多次使用，但每次应加入 10%~15%的新渗剂。该工艺适于单件小批量生产。常用固体氮碳共渗渗剂配方及特点列于表 8-53。

表 8-51　几种材料的盐浴氮碳共渗层深度与表面硬度

材　料	前处理工艺	化合物层深度/μm	扩散层深度/mm	表面显微硬度
20	正火	12~18	0.30~0.45	450~500HV0.1
45	调质	10~17	0.30~0.40	500~550HV0.1
20Cr	调质	10~15	0.15~0.25	600~650HV0.1
38CrMoAl	调质	8~14	0.15~0.25	950~1100HV0.2
30Cr13	调质	8~12	0.08~0.15	900~1100HV0.2
12Cr18Ni9Ti	固溶	8~14	0.06~0.10	1049HV0.05
45Cr14Ni14W2Mo	固溶	10	0.06	770HV1.0
20CrMnTi	调质	8~12	0.10~0.20	600~620HV0.05
3Cr2W8	调质	6~10	0.10~0.15	850~1000HV0.2
W18Cr4V	淬火、回火 2 次	0~2	0.025~0.040	1000~1150HV0.2
HT250	退火	10~15	0.18~0.25	600~650HV0.2

注：45Cr14Ni14W2Mo 于（560±5）℃共渗 3h，W18Cr4V 于（550±5）℃共渗 20~30min，其余材料处理工艺为（565±5）℃共渗 1.5~2.0h。

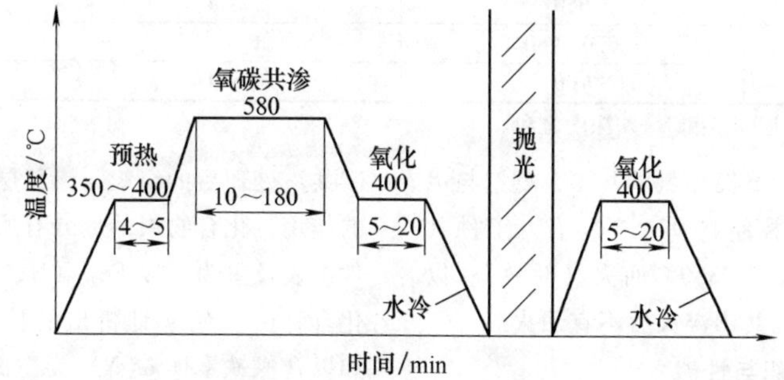

图 8-56　QPQ 处理工艺曲线

表 8-52　常用材料的 QPQ 处理规范及渗层深度和硬度

材料种类	代表牌号	前处理	共渗温度/℃	共渗时间/h	表面硬度 HV	化合物层/μm
低碳钢	Q235、20、20Cr	—	570	2~4	500~700	15~20
中碳钢	45、40Cr	不处理或调质	570	2~4	500~700	12~20
高碳钢	T8、T10、T12	不处理或调质	570	2~4	500~700	12~20
氮化钢	38CrMoAl	调质	570	3~5	900~1000	9~15
铸模钢	3Cr2W8V	淬火	570	2~3	900~1000	6~10
热模钢	5CrMnMo	淬火	570	2~3	770~900	9~15
冷模钢	Cr12MoV	高温淬火	520	2~3	900~1000	6~15
高速钢	W6Mo5Cr4V2(刀具)	淬火	550	0.5~1	1000~1200	—
高速钢	W6Mo5Cr4V2(耐磨件)	淬火	570	2~3	1200~1500	6~8
不锈钢	12Cr13、40Cr13	—	570	2~3	900~1000	6~10
不锈钢	12Cr18Ni9Ti	—	570	2~3	950~1100	6~10
气门钢	53Cr21Mn9Ni4N	固溶	570	2~3	900~1100	3~8
灰铸铁	HT200	—	570	2~3	500~600	总深 0.1mm
球铸铁	QT500-7	—	570	2~3	500~600	总深 0.1mm

表 8-53　常用固体氮碳共渗渗剂配方及主要特点

序号	渗剂配方(质量分数)	主要特点
1	木炭 40%~50%,骨灰 20%~30%,碳酸钡 15%~20%,黄血盐 15%~20%	木炭及骨灰供给碳;黄血盐及碳酸钡在加热时分解,供给碳氮原子,并有催渗作用
2	木炭 50%~60%,碳酸钠 10%~15%,氯化铵 3%~7%,黄血盐 25%~35%	活性较持久,适用于共渗层较厚(>0.3mm)的工件
3	尿素 25%~35%,多孔陶瓷(或蛭石片)25%~30%,硅砂 20%~30%,混合稀土 1%~2%,氯化铵 3%~7%	尿素的 50%~60%与硅砂拌匀,其余溶于水并用多孔陶瓷或蛭石吸附后于 150℃以下烘干再用。此法适于共渗层深度不大于 0.2mm 的工件

5. 奥氏体氮碳共渗

由于在奥氏体状态下进行氮碳共渗可提高渗速,短时间内即可形成一定厚度的化合物层,在次表层形成高氮奥氏体层,因此,工件表面硬化层较深,硬度梯度平缓,具有较高的耐磨性和疲劳强度。常用的奥氏体氮碳共渗温度为 600~700℃,氮碳渗入后渗层发生相变形成奥氏体。

(1) 奥氏体氮碳共渗层的组织结构　奥氏体氮碳共渗层最外层是 ε 相为主的化合物层;次表层是奥氏体淬冷后形成的马氏体和残留奥氏体;第三层是过渡层,包括 α+γ′层和与基体交接的扩散层。共渗层淬火、回火后,化合物层内侧出现硬度高达 1200HV 的灰色带,过渡层的 α-Fe 中析出 γ′相,回火温度越高,γ′针越粗大。

(2) 奥氏体硫氮共渗工艺　表 8-54 所列为推荐的奥氏体氮碳共渗工艺参数。

表 8-54　推荐的奥氏体氮碳共渗工艺参数

设计共渗层总深度/mm	共渗温度/℃	共渗时间/h	氨分解率(%)
0.012~0.025	600~620	2~4	<65
0.020~0.050	650	2~4	<75
0.050~0.100	670~680	1.5~3	<82
0.100~0.200	700	2~4	<88

注:共渗层总深度指 ε 层深度和 M+A 深度之和。

在气体渗氮炉中进行奥氏体氮碳共渗,氨气与甲醇之比(体积分数)可控制在 92∶8 左右。工件共渗淬火后可根据要求在 180~350℃回火(时效);以耐蚀为主要目的的工件,共渗淬火后不宜回火。

6. 氮碳共渗件的组织与性能

(1) 氮碳共渗件的组织　钢铁材料 600℃以下氮碳共渗处理后的组织与渗氮层组织大致相同,由于碳的作用,化合物层的成分有所变化,碳素钢及铸铁工件由表及里为,以 $Fe_{2\sim3}(N, C)$ 为主、含有 Fe_4N 的化合物层,有 γ′针析出的扩散层(弥散相析出层)和以含氮铁素体 α(N) 为主的过渡层。在合金钢中,还含有铬、铝、钼、钒、钛等元素与氮结合的合金氮化物。HT250 低温氮碳共渗层组织如图 8-57 所示，共渗层深度从工件表面测量至扩散层。

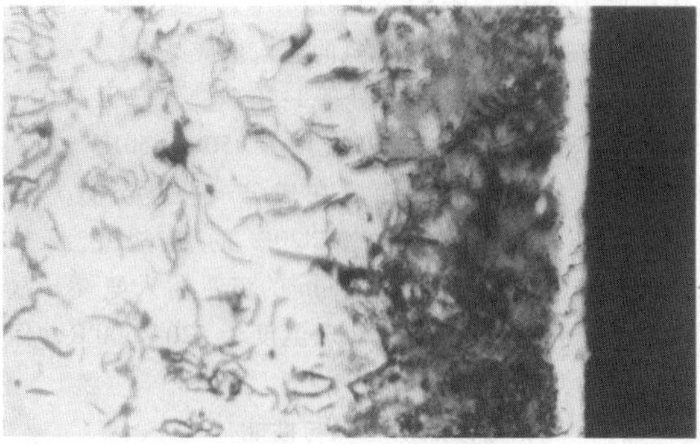

图 8-57　HT250 低温氮碳共渗层组织　200×

图 8-58 所示为 45 钢气体氮碳共渗盐浴氮碳共渗与未处理的耐磨性对比，由图可见，氮碳共渗处理后耐磨性比未处理显著提高。

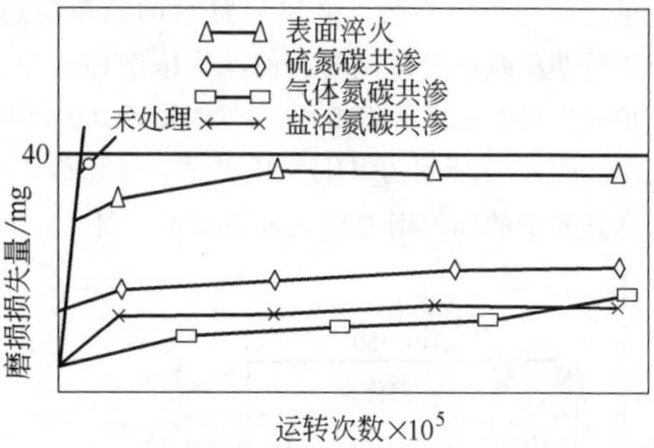

图 8-58　45 钢气体氮碳共渗盐浴氮碳共渗与未处理的耐磨性对比

（2）氮碳共渗件的性能

1）渗层的硬度及耐磨性。氮碳共渗层的深度与表面（层）显微硬度分见表 8-46～表 8-48、表 8-51 和表 8-52。

2）抗咬合性及抗疲劳性能。表 8-55 列出了部分材料氮碳共渗层的抗咬合性及抗疲劳性能，一般工件氮碳共渗后其疲劳极限提高 20%以上。

表 8-55　部分材料氮碳共渗层的抗咬合性及抗疲劳性能

材　　料	抗咬合性(Falex 试验)负荷/N	抗疲劳性	
		弯曲疲劳强度/MPa	接触疲劳强度/MPa
45	3000	540	1725
QT600-3	2533		1950
4Cr5MoViSi	2116	696	3900
Cr12MoV			4087
25CrMoV	2800		2381
38CrMoAl	2633	588	

3）耐蚀性能。各种材料（不锈钢除外）氮碳共渗后的耐蚀性普遍提高，具有耐大气、雨水（与镀锌发蓝相当）及抗海水腐蚀（与镀镉相当）的能力。不同方法处理的 42CrMo 试样在含 3% NaCl 及 0.1% H_2O_2 的水溶液中浸泡 22h 的腐蚀状况见表 8-56。

表 8-56　不同方法表面处理后的表面耐蚀性

表面处理方法	腐蚀损失量/(g/m^2)	试样外观
镀硬铬(层厚 20μm)	5.9	3h 后开始出现腐蚀点，17h 出现蚀斑，22h 后约有 50%表面锈蚀
氮碳共渗后氧化	痕量	目测无锈斑
氮碳共渗→氧化→抛光	0.24	边缘上有少量锈斑
氮碳共渗→氧化→抛光→氧化	痕量	光学显微镜检测无锈斑

8.3.5　含氮多元共渗

1. 氧氮共渗

在渗氮的同时通入含氧介质，即可实现钢铁件的氧氮共渗，处理后的工件兼有蒸汽处理和渗氮处理的共同优点。

（1）氧氮共渗层的结构　氧氮共渗渗层分为三个区域：表面氧化膜、次表层氧化区和渗氮区。表面氧化膜与次表层氧化区厚度相近，一般为 2～4μm，前者是吸附性氧化膜，后者是渗入性氧化层（在光学金相显微镜下能发现碳化物在该区中的存在），二者的分界面就是工件的原始表面。氧氮共渗后形成多孔 Fe_3O_4 层，具有良好的减摩性能、散热性能、抗黏着性能。

氧氮共渗时采用最多的渗剂是浓度不同的氨水。氮原子向内扩散形成渗氮层，水分解形成的氧原子向内扩散形成氧化层并在工件表面形成黑色氧化膜。

（2）氧氮共渗工艺　目前，氧氮共渗主要用于高速钢刀具的表面处理。氧氮共渗温度一般为540~590℃；共渗时间为60~120min；氨水氨的质量分数以25%~30%为宜，排气升温期氨水的滴入量应加大，以便迅速排除炉内空气，共渗期氨水的滴量应适中，降温扩散期应减小氨水滴量，使渗层浓度梯度趋于平缓。炉罐应具有良好的密封性，炉内保持300~1000Pa的正压。图8-59所示为RJJ35-9T井式气体渗碳炉中以氨水为共渗剂的高速钢刀具氧氮共渗工艺曲线。

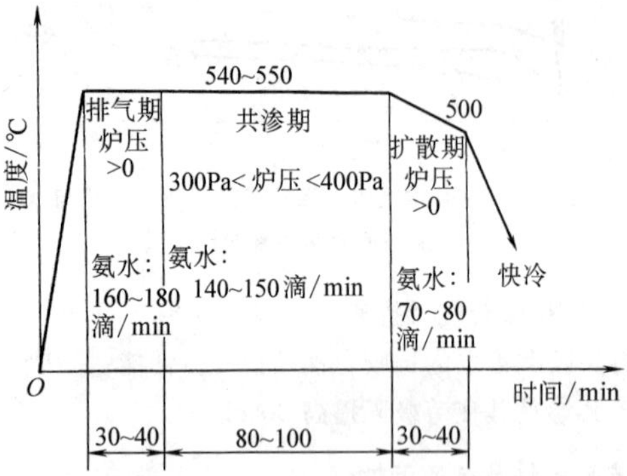

图8-59　以氨水为共渗剂的高速钢刀具氧氮共渗工艺曲线

2. 硫氮共渗

（1）气体硫氮共渗　以氨气和硫化氢作为渗剂，体积比为 NH_3 : H_2S = (9~12) : 1，氨分解率约为15%。炉膛较大时，硫化氢的通入量应减少。

高速钢经530~560℃处理1~1.5h，可获得0.02~0.04mm厚的共渗层，表面硬度为950~1050HV。

（2）盐浴硫氮共渗　在成分（质量分数）为 $CaCl_2$50% + $BaCl_2$30% + NaCl20% 的熔盐中添加FeS8%~10%，并以1~3L/min的流量通入氨气（盐浴容量较大时取上限），处理温度为520~600℃，保温时间为0.25~2.0h。

（3）硫氮共渗层的组织与性能

1）共渗层组织。钢铁件硫氮共渗层的最表层是很薄的 FeS_2，内侧是连续的 $Fe_{1-x}S$ 层（介质中硫的含量较低时无 FeS_2 出现），在硫化层之下是硫化物与氮化物共存层，接着是渗氮层。

2）耐磨与减摩性能。W18Cr4V钢试样的耐磨与减摩性能见表8-57，表8-58是45钢渗氮与硫氮共渗摩擦磨损性能对比。

表8-57　W18Cr4V钢试样在Amsler磨损试验机上的试验结果

试样的热处理工艺	硫氮共渗参数			对磨200转后的试验结果		备　注
淬火，回火	温度/℃	时间/h	p_{NH_3}/p_{H_2S}	失量/mg	摩擦系数	
淬火、回火，无氰盐浴硫氮共渗	—	—	—	100.80	0.065	LA-N22全损耗系统用油润滑。气体硫氮共渗在小井式炉中进行，因 $\varphi(H_2S)$ 高达10%，表层FeS层较盐浴法厚，故失重较大，但摩擦系数更小
淬火、回火，气体硫氮共渗	560±10	1	—	13.10	0.030	
淬火、回火，气体硫氮共渗	500±10	1	10	45.00	0.025	

表8-58　45钢渗氮与硫氮共渗摩擦磨损性能对比

表面处理条件	润滑摩擦			非润滑摩擦		
	最大载荷/N	摩擦系数	摩擦表面状态	最大载荷/N	摩擦系数	摩擦表面状态
离子渗氮560℃，16h	2500	0.032	部分表面发生剧烈划伤	400	0.16	有热黏着
气体氮碳共渗570℃，5h	1200	0.038	发生热黏着	200	0.40	试样一开始就发生热黏着
盐浴渗氮570℃，1.5h	2000	0.035	部分表面发生热黏着	470	0.28	黏着使摩擦系数增大，有细磨屑出现
盐浴硫氮共渗570℃，2h	2500	0.032	有少数划伤	780	0.13	有塑性变形和局部划痕
盐浴硫氮共渗570℃，1.5h	2500	0.030	几乎没有划伤	1150	0.11	有塑性变形和浅划痕

3）抗咬合性能。45钢和3Cr2W8V钢经不同工艺处理试样的抗咬合性能见表8-59。

钻头、铰刀、铣刀、拉刀、铲刀片等高速钢刀具经（560±10）℃×20~60min或（590±10）℃×8~20min硫氮共渗，其使用寿命可显著提高。不重磨刀具和重磨刀具的第一轮切削数据表明，在充分润滑条件下加工硬度较低的零件时，刀具寿命可提高0.5~2倍；加工310~400HBW的调质中硬度件可提高1.5~6倍。干摩擦状态下加工的刀具寿命通常可提高2倍以上。

表 8-59　经不同工艺处理试样的抗咬合性能

材料	调质试样的表面处理工艺	润滑剂	Falex 试验持续时间/s		停机时试样的情况		
			连续加载	恒载 3336N	载荷/N	试验力矩/N·m	试样表面状况
45 钢	—	L-AN22	—	2	3336	7.9	咬　合
	加氧氮碳共渗	L-AN22	—	9	3336	9.0	咬　合
	硫氮共渗	L-AN22	—	500	3336	4.5	尚未咬合
3Cr2W8V	加氧氮碳共渗	L-AN22	140	—	11120	9.3	尚未咬合
	硫氮共渗	L-AN22	152	—	13345	8.5	尚未咬合
	加氧氮碳共渗	干摩擦	—	—	2669	6.8	咬　合
	硫氮共渗	干摩擦	—	—	2669	4.1	尚未咬合

3. 硫氮碳共渗

(1) 气体硫氮碳共渗　气体硫氮碳共渗是在气体氮碳共渗的基础上加入含硫介质实现的。

1) 甲酰胺与无水乙醇以 3∶1（体积比）混合，加入 8~10g/L 硫脲作为渗剂滴进炉内，3Cr2W8V 经 570℃×3h 共渗处理，表面形成一薄层 FeS，化合物层厚 9.6μm，总渗层为 0.13mm（测至 550HV 处）。

2) 将三乙醇胺、无水乙醇及硫脲以 100∶100∶2（体积比）混合制成滴注剂，共渗时通入 0.1m^3/h 氨及 100 滴/min 的滴注剂，W18Cr4V 经 550~560℃×3h 共渗处理，表面硬度可达 1190HV，共渗层深度 0.052mm。

(2) 盐浴硫氮碳共渗　盐浴法是进行硫氮碳共渗处理采用较多的方法，由于无氰盐浴出现，使得无污染作业成为可能。盐浴硫氮碳共渗类型及工艺参数见表 8-60。

表 8-60　盐浴硫氮碳共渗类型及工艺参数

类型	渗剂成分(质量分数)或配方	工艺参数		备　注
		温度/℃	保温时间/h	
氰盐型	$NaCN66\% + KCN22\% + Na_2S4\% + K_2S4\% + NaSO_44\%$ $NaCN95\% + Na_2S_2O_35\%$	540~560 560~580	0.1~1 —	剧毒,目前已极少采用
原料无毒	$(NH_2)_2CO57\% + K_2CO_3\ 38\% + Na_2S_2O_35\%$	500~590	0.5~3	前苏联 ЛИВТ-6а 法,原料无毒,但使用时产生大量氰盐,有较大毒性
无污类型	工作盐浴(基盐)由钾、钠、锂的氰酸盐与碳酸盐及少量的硫化钾组成,用再生盐调节共渗盐浴成分	500~590 (常用 550~580)	0.2~3	法国的 Sursulf 法及我国的 LT 法,应用较广

无污染硫氮碳共渗盐浴工作盐浴中含 CNO^- 31%~39%、碱金属离子 42%~45%、CO_3^{2-} 14%~17%、S^{2-}(5~40)×10^{-4}%、CN^- 0.1%~0.8%。盐浴中的反应与盐浴氮碳共渗相似，活性氮、碳原子来源于 CNO^- 的分解、氧化以及其分解产物的转变。硫促使氰化物向氰酸盐转化。盐浴中氰酸根浓度降低时，可加入有机化合物制成的再生盐，以恢复盐浴活性。表 8-61 为无污染硫氮碳共渗层的深度及化合物层硬度。

表 8-61　无污染硫氮碳共渗层的深度及化合物层硬度

工　件	材　料	工艺参数		化合物层厚度/μm	共渗层总深度/mm	化合物层致密区最高硬度 HV0.025
		温度/℃	时间/h			
调节阀	45	565±10	1.5~2	18~24	0.20~0.31	650
齿　轮	35CrMoV	550±10	1.5	13~17	—	—
链　板	20	565±10	2~3	20~28	0.22~0.35	500
铝合金压铸模	3Cr2W8V	565±10	2~3	—	—	1000
冷冲模	Cr12MoV	520±10	3~4	—	—	1050
刀　具	W18Cr4V	560±10	0.2~0.6	—	0.02~0.05	1100
曲　轴	QT600-3	565±10	1.5~2	14~18	0.74~0.12	900
潜卤泵叶轮	ZGCr28 (曾用牌号)	565±10	3	10~14	0.025~0.034	—
缸　套	HT200	565±10	1.5~2	12~150	0.72~0.12	800

氰酸根浓度对共渗层深度、化合物层疏松区厚度以及共渗层性能有较大影响，通常以36%±(1~2)%为宜，以抗咬合减摩为主要目的时控制在38%±(1~2)%；以提高耐磨性为主的工件选择34%±(1~2)%为宜。

随着盐浴中S^{2-}增多，渗层中FeS增加，减摩效果增强，但化合物层疏松区变宽，一般控制在S^{2-}<10×10^{-4}%较佳。

(3) 硫氮碳共渗层的组织与性能

1) 共渗层组织。工件经硫氮碳共渗处理后，最表层为0~10μm的富集FeS层，次表层为化合物层，它由FeS、$Fe_{2\sim3}(N,C)$、M_xN_y、Fe_4N及Fe_3O_4组成，以下是氮的扩散层。

2) 共渗层性能。硫氮碳共渗层的抗咬合及减摩性能，主要取决于化合物区的组织结构；而共渗层的接触疲劳强度，还需充分考虑共渗层的深度及硬度梯度。

$Fe_{2\sim3}N$及Fe_3O_4相在碱、盐、工业大气中具有一定的耐蚀性，因此，硫氮碳共渗，尤其是共渗后再进行氧化处理，在非酸性介质中耐蚀性很好。

8.4 渗金属及碳氮之外的非金属

8.4.1 渗硼

将硼元素渗入工件表面的化学热处理工艺称为渗硼。金属和合金渗硼主要是为了提高其表面的硬度、耐磨性和耐蚀性，特别是提高耐磨粒磨损能力。

1. 渗硼工艺

(1) 固体渗硼 固体渗硼采用固体或粉末状渗剂，不需要专门设备，但劳动条件较差，渗硼后无法直接淬火，渗剂消耗较大。

固体渗硼剂一般分为B_4C型、B-Fe型和硼砂型。硼砂型渗硼剂成本低，但渗硼能力弱，容易结块并黏结工件。几种典型的固体渗硼剂及渗硼工艺见表8-62。

表8-62 几种典型的固体渗硼剂及渗硼工艺

渗硼剂(质量分数)	材料	渗硼工艺	渗硼层组织	深度/μm
B-Fe72%,$KBF_4$6%,$(NH_4)_2CO_3$2%,木炭20%	45	850℃×5h	$FeB+Fe_2B$	120
B-Fe5%,$KBF_4$7%,SiC78%,木炭8%,活性炭2%	45	900℃×5h	Fe_2B	90
B_4C1%,$KBF_4$7%,活性炭2%,木炭8%,SiC82%	45	900℃×5h	Fe_2B	94.5
硼砂10%~25%,Si5%~15%,$KBF_4$3%~10%,C20%~60%,$(NH_4)_2CS$少量	40Cr	900℃×4h	Fe_2B	124
	GCr15	900℃×4h	Fe_2B	82

(2) 硼砂熔盐渗硼 硼砂熔盐渗硼设备简单，一般为坩埚式盐浴炉。生产成本低，操作方便，部分材料渗后可直接淬火。缺点是熔盐流动性较差，残盐清洗比较麻烦，特别是小孔、盲孔中的残盐清洗更难。采用专门的残盐清洗可使清洗效果得到一定的改善。典型的硼砂熔盐渗硼工艺见表8-63。

表8-63 几种典型的硼砂熔盐渗硼工艺

渗硼剂(质量分数)	材料	渗硼工艺	渗硼层组织	深度/μm	备注
Al10%,硼砂90%	45	950℃×5h	$FeB+Fe_2B$	185	熔盐流动性相对较好
Al10%,硼砂80%,NaF10%	45	950℃×5h	$FeB+Fe_2B$	231	
SiC20%,硼砂70%,NaF10%	45	950℃×5h	Fe_2B	115	残盐清洗相对较易
Si-Ca合金10%,硼砂90%	20	950℃×5h	$FeB+Fe_2B$	70~200	残盐清洗较难

(3) 膏剂渗硼 膏剂渗硼是在固体渗硼剂的基础上加黏结剂，涂覆于工件表面进行渗硼。黏结剂有水解硅酸乙酯、松香乙醇、明胶、水等。可采用一般的加热方式，也可采用感应加热、激光加热、等离子轰击加热等方式。可采用保护气氛保护，也可采用自保护渗硼膏剂。典型的膏剂渗硼工艺见表8-64。

表8-64 典型的膏剂渗硼工艺

渗硼膏剂成分(质量分数)	加热方式	材料及渗硼工艺	渗硼层组织	深度/μm
硼铁,KBF_4,硫脲,明胶	辉光放电	3Cr2W8V 600℃×4h 650℃×4h 700℃×2h	$FeB+Fe_2B$	40 60 65
B_4C4%,$KBF_4$20%,NH_4Cl0.5%,$NiCl_3$0.5%,SiC75%,黏结剂为松香、酒精	高频加热	1150℃,多次送电,每次送电30s,共20min	$FeB+Fe_2B$	≥90
$H_3BO_3$20%~35%,稀土合金40%~50%,活化剂10%~15%,$Al_2O_3$8%~15%,黏结剂为呋喃树脂	空气中自保护加热	45钢 920℃×6h	少量$FeB+Fe_2B$	200

（4）电解渗硼　电解渗硼是以石墨或不锈钢作为阳极，工件作为阴极，通以 10～20V、0.1～0.5A/cm^2 的直流电，在熔融的硼砂盐中进行渗硼。

电解渗硼时硼砂受热分解并电离：

$$Na_2B_2O_7 \xrightarrow{\triangle} 2Na^+ + B_4O_7^{2-}$$

在阳极上发生反应：

$$B_4O_7^{2-} \longrightarrow 2e + B_4O_7$$

$$2B_2O_7 \longrightarrow 4B_2O_3 + O_2 \uparrow$$

在阴极（工件）上发生反应：

$$Na^+ + e \rightarrow Na$$

$$6Na + B_2O_3 \rightarrow 3Na_2O + 2[B]$$

上述反应产生的活性硼原子［B］扩散进入工件，形成渗硼层。电解渗硼工艺见表 8-65。

表 8-65　电解渗硼工艺

电解渗硼剂(质量分数)	渗硼工艺	渗硼层组织	深度/μm
$Na_2B_4O_7$100%	800～1000℃×2～6h	$FeB+Fe_2B$	60～450
$Na_2B_4O_7$80% NaCl20%	800～950℃×2～4h	$FeB+Fe_2B$	50～300
$Na_2B_4O_7$90% NaOH10%	600～800℃×4～6h	$FeB+Fe_2B$	25～100

注：电流密度 0.1～0.3A/cm^2。

电解渗硼的优点是速度快，处理温度范围宽，渗层易于控制。缺点是坩埚寿命短，形状复杂零件的渗层不均匀，盐浴易老化。

2. 渗硼层的组织结构

渗硼层有单相（Fe_2B）和双相（$FeB+Fe_2B$）两种。FeB 的显微硬度为 1500～2200HV0.1，Fe_2B 的显微硬度为 1100～1700HV0.1。渗硼工艺、渗硼剂及渗硼材料中的合金元素及碳含量不同，渗硼层组织形貌不同。根据形貌将渗硼层组织分为如图 8-60 所示的几种类型。

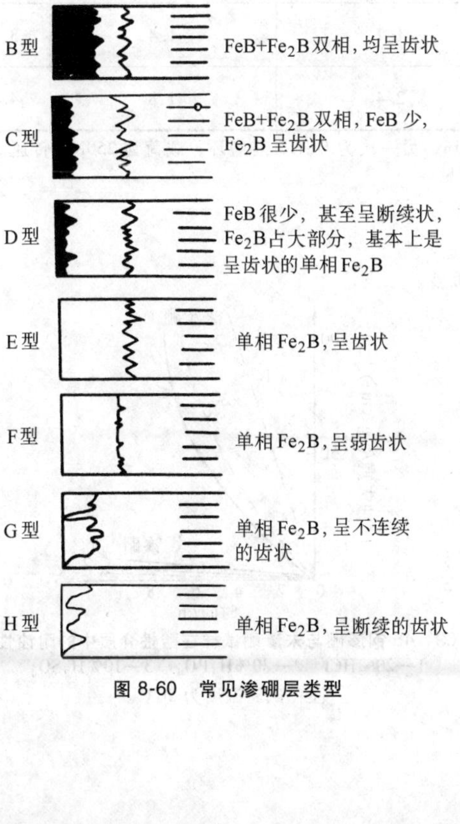

图 8-60　常见渗硼层类型

单相 Fe_2B 渗硼层脆性较低，所以多采用 E 型和 F 型渗硼层。FeB 具有比 Fe_2B 更高的硬度，在接触型低载荷的磨粒磨损条件下，也可采用 D 型渗硼层。

3. 渗硼材料及钢中合金元素对渗硼层的影响

一般的钢、铸铁、钢结硬质合金都可以进行渗硼处理。钢的碳含量及合金元素增加，齿状渗硼组织前沿平坦化，阻碍硼的扩散，减小渗硼层的深度（见图 8-61）。渗硼过程中碳被挤向基体，在过渡区形成富碳区。中低碳钢在渗硼后空冷，过渡区会形成过共析组织。

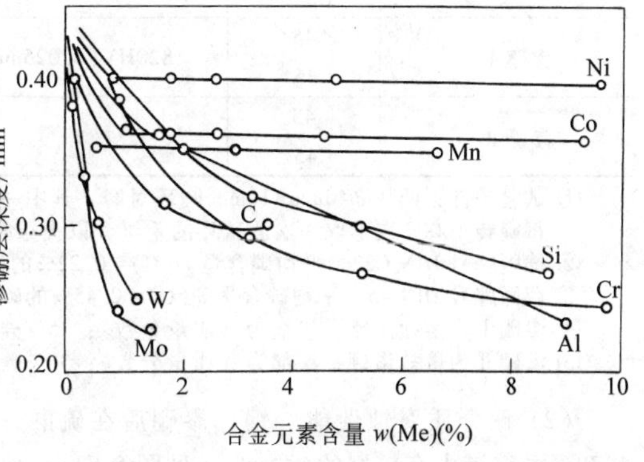

图 8-61　钢中合金元素时渗硼层深度的影响

在渗硼过程中硅被硼原子置换，向基体内扩散。硅含量高的钢材在渗硼层下会形成铁素体软带，$w(Si) \geqslant 1\%$ 的钢材渗硼时，应针对工件的服役条件考虑这种铁素体软带的影响。Si 还被认为是渗硼层中产生孔洞的根源之一。

4. 渗硼后的热处理及表面处理

在低载荷下服役的工件，渗硼后可直接使用。在高载荷下使用的工件，渗硼后应再热处理，以提高基体强度，避免出现“蛋壳效应”。热处理工艺可参照相应钢种的常规淬火回火工艺，但是淬火加热应低于硼共晶化温度。低温回火的工具钢（Cr12 型、CrWMn 等），适当提高回火温度以改善其韧性，可进一步提高工件的使用寿命。

渗硼后淬火加热应避免脱硼。建议采用保护气体、真空、中性盐浴或其他保护方式加热。回火可在空气、保护气氛、油浴中进行，但不能在硝盐浴中加热。

工件渗硼后，可采用金刚石、碳化硼或绿色碳化硅等磨料或磨具进行研磨加工，降低表面粗糙度。但应低转速研磨，防止渗硼层产生裂纹。

5. 渗硼层的性能

（1）耐磨性能　渗硼表面耐磨粒磨损的性能优于渗氮、镀硬铬等（见图 8-62）。

在滚动磨损的条件下，渗硼层的耐磨性能也优于渗氮层和氮碳共渗层（见表 8-66）。

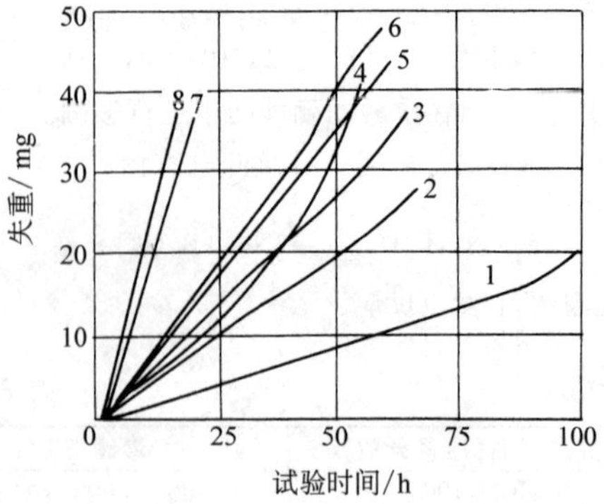

图 8-62　渗硼层与渗氮、镀铬层的耐磨粒磨损性能对比
1—40 钢渗硼（0.2mm，1300~1500HV）
2—40 钢镀铬（0.135mm）　3—38CrMoAl 渗氮（940~1200HV）　4—含硼铸铁（950HV）
5—GCr15 钢高频淬火　6—T8 钢高频淬火
7—40 钢一般淬火　8—孕育铸铁淬火回火

表 8-66　渗硼层与渗氮层、氮碳共渗层滚动摩擦耐磨性能对比①

处理	钢	硬度	失重/mg		
			第一个 10000 次循环	第二个 10000 次循环	总计
气体渗氮	20 C22②	65~66HRC 870HV(0.025mm)	11.3	6.8	18.1
盐浴渗氮	20 C22②	62HRC 770HV(0.025mm)	6.0	8.4	14.4
高温盐浴渗氮	20 C22②	63~65HRC 820HV(0.025mm)	10.1	7.2	17.3
氮碳共渗	20 C22②	820HV(0.025mm)	2.4	2.6	5.0
渗硼Ⅰ④	45 C45③	820HV(0.025mm)	1.7	1.4	3.1
渗硼Ⅱ⑤	45 C45③		2.4	1.8	4.2

① 试验条件：两块 ϕ40mm×10mm 圆环对磨。其中一块为测试圆环，另一块为 GCr15 对磨环，载荷为 250N，转速 7r/s，每旋转 10000 次称取一次测试环的重量，以失重多少计算磨损量。
② 德国牌号 DIN C22，平均碳含量 w(C)=0.22%的碳钢。
③ 德国牌号 DIN 45，平均碳含量 w(C)=0.45%的碳钢。
④ 渗硼Ⅰ为溶盐渗硼，渗剂为（质量分数）：35%硅铁，65%硼砂。
⑤ 渗硼Ⅱ为熔盐渗硼，渗剂为（质量分数）：30%碳化硅，70%硼砂。

（2）耐介质腐蚀性能　钢件渗硼后在硫酸、盐酸和磷酸溶液中有较好的耐蚀性（见图 8-63）。但在硝酸中耐蚀性较差。

（3）抗高温氧化性能　渗硼层具有良好的抗高温氧化性能，可在 800℃以下的空气中使用。

6. 渗硼工艺的应用

渗硼工艺可在工模具、泥浆泵缸套、农机犁铧、地质牙轮钻头、矿山机械等许多要求耐磨抗腐蚀的零件上应用，也可采用普通碳素钢或低合金钢经渗硼处理后代替部分合金工模具钢、不锈钢使用。表 8-67 列举了几个渗硼工艺在模具上的应用及其效果。

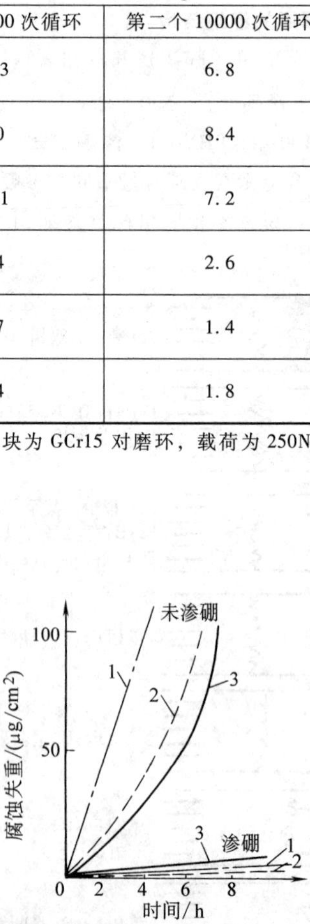

图 8-63　45 钢渗硼与未渗硼试样在酸性介质中的耐蚀性对比
1—20%HCl　2—30%H_3PO_4　3—10%H_2SO_4
注：试验温度为 56℃。

表 8-67　几个渗硼工艺在模具上的应用及其效果

模具名称	被加工零件	模具材料及工艺	使用寿命	效果
冷拔模外模	ϕ56mm×2~4mm 30CrMnSiA 无缝管	45 钢,碳氮共渗	400m/模	提高寿命近 3 倍
		45 钢,渗硼	1500m/模	
冷镦模凹模	M8 六角螺母	Cr12MoV,淬火、回火	2~3 万件	提高寿命 6 倍
		Cr12MoV,渗硼	14~22 万件	
螺帽冲孔顶头	M6 螺栓	65Mn,淬火、回火	0.3~0.4 万件	提高寿命 4 倍
		65Mn,渗硼	2 万件	
热冲压模	六角螺母	3Cr2W8V,碳氮共渗	1 万件	提高寿命 5 倍
		3Cr2W8V,渗硼	6 万件	
挤压模	偏心螺杆	Cr12MoV,淬火、回火	0.1~0.15 万件	提高寿命 1~2 倍
		T10 钢,渗硼	>0.32 万件	

8.4.2　渗铝

钢铁材料和高温合金渗铝可提高耐蚀性。按照渗铝层组织结构，可分为热镀型渗铝和扩散型渗铝。热镀型渗铝（即热浸镀铝）主要用于材料在 600℃ 以下服役时的腐蚀防护。扩散型渗铝主要用于提高材料在高温条件下的耐蚀性。

1. 渗铝工艺

（1）热浸镀铝（也称热浸铝、热镀铝）

1）工艺流程。将表面洁净的钢件浸入 680~780℃ 的熔融铝或铝合金熔液中，即可获得热浸镀渗铝层。工艺流程：工件→脱脂→去锈→预处理→热浸镀铝。

2）热浸镀铝层的形成以及影响因素。热浸镀铝层的形成可分为以下三个步骤：

① 表面洁净的钢铁浸入熔融的铝液，铝液在钢铁表面浸润。

② 形成由铝铁金属间化合物组成的扩散层，扩散层由 $FeAl_3$（θ 相）和 Fe_2Al_5（η 相）组成。

③ 工件从铝液中提升出时表面附着一层与铝液成分相同的镀层。

热浸镀铝层便是由过程②形成的扩散层和过程③形成的镀铝层组成的。

热浸镀铝层中铝覆层的厚度与钢铁提出铝液时的提升速度有关（见图 8-64）。扩散层的厚度则与热浸镀铝温度、时间、铝液成分及钢中合金元素有关。其相互关系如图 8-65、图 8-66 所示。由于扩散层塑性较差，对于热浸镀铝后还需进行塑性加工的工件，应尽量减薄扩散层。

（2）粉末渗铝　粉末渗铝是扩散型渗铝的主要工艺之一。将钢铁或高温合金与渗铝剂一同装箱并密封，在 800~950℃ 加热扩散数小时，冷却后可获得扩散型渗铝层。

渗铝剂主要为 Al（或 Al/Fe)-NH_4Cl-Al_2O_3 型，

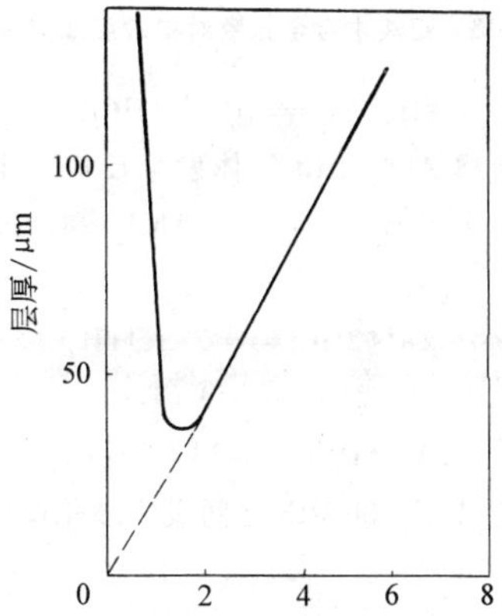

图 8-64　提升速度与热浸镀铝层厚度的关系

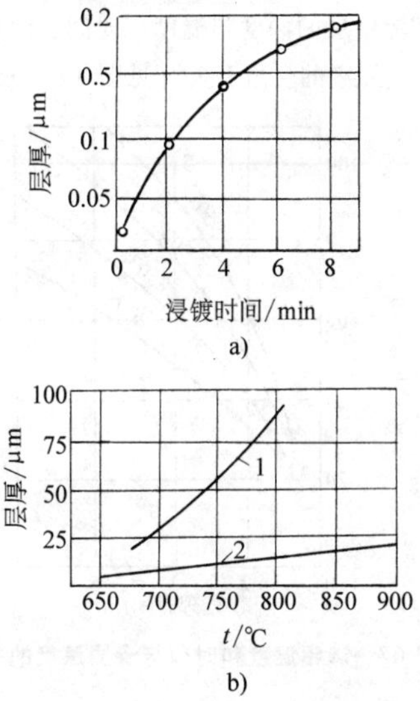

图 8-65　热浸镀铝温度和时间对扩散层厚度的影响

a）热浸镀铝时间的影响（纯铝，71O℃，软钢）

b）热浸镀铝温度的影响（15s）

1—纯铝　2—Al+6%Si（质量分数）

在渗铝过程中发生如下反应

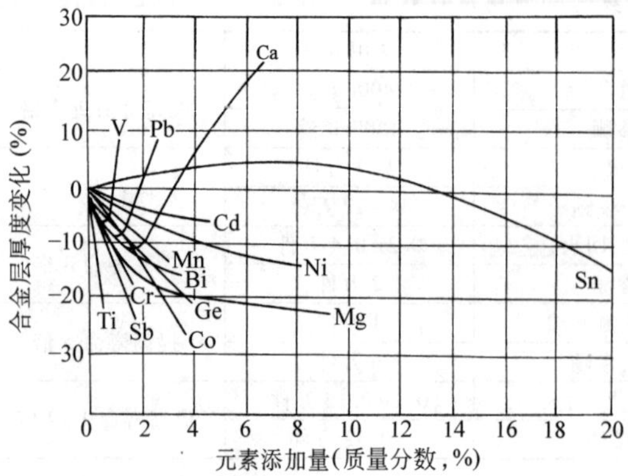

图 8-66　铝液中合金元素对扩散层厚度的影响

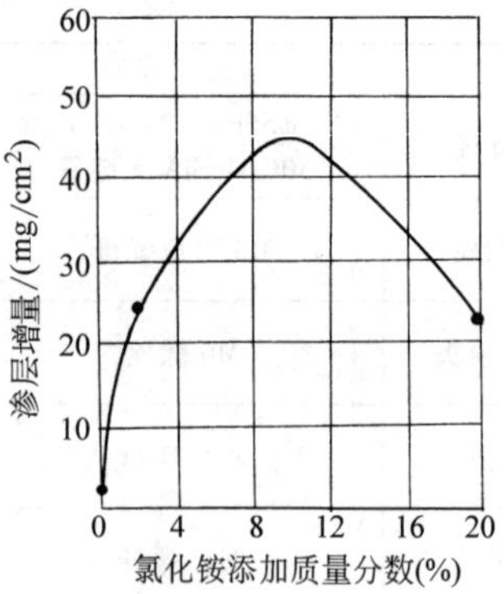

图 8-68　渗铝剂中氯化铵含量与渗层深度的关系

$$NH_4Cl \xlongequal{} NH_3\uparrow + HCl\uparrow$$

首先金属 Al 与 HCl 气体发生反应，生成气相卤化物 $AlCl_x$（主要含 $AlCl_3$、$AlCl_2$ 和 AlCl），反应如下：

$$2Al+2HCl \rightleftharpoons 2AlCl+H_2$$

$$Al+2HCl \rightleftharpoons AlCl_2+H_2$$

$$2Al+6HCl \rightleftharpoons 2AlCl_3+3H_2$$

$AlCl_3$、$AlCl_2$ 和 AlCl 之间发生歧化反应，生成活性 Al 原子：

$$AlCl+AlCl_2 \xlongequal{} AlCl_3+[Al]$$

上述反应中，在钢铁表面析出的［Al］活性原子渗入工件，形成完全由铝铁化合物组成的渗铝层。

扩散型渗铝层的深度与温度、时间、渗剂成分、钢中的碳及合金元素的含量有关（见图 8-67~图 8-70）。

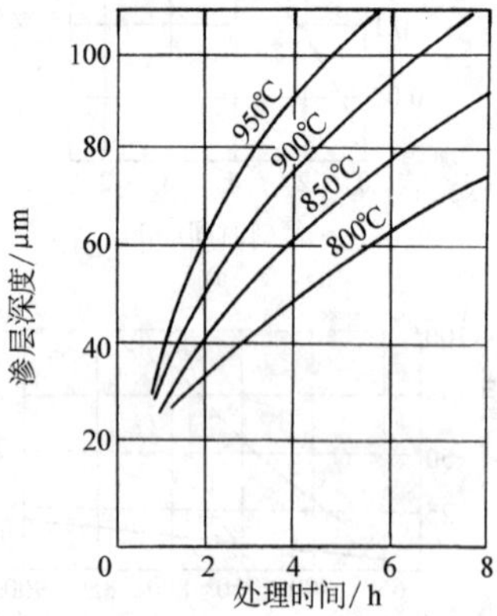

图 8-67　渗铝温度和时间与渗层深度的关系

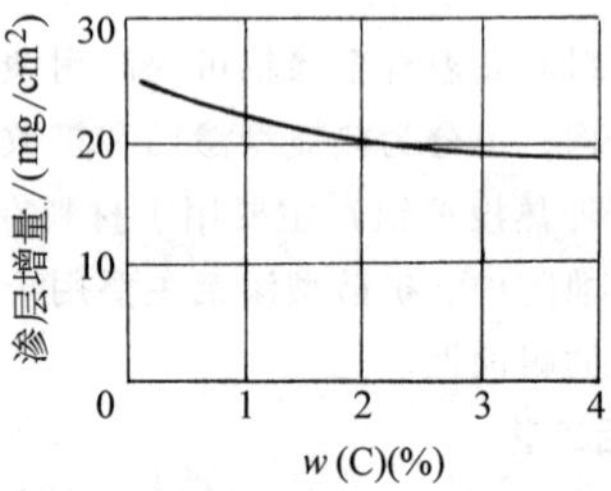

图 8-69　钢中碳含量对渗铝层深度的影响

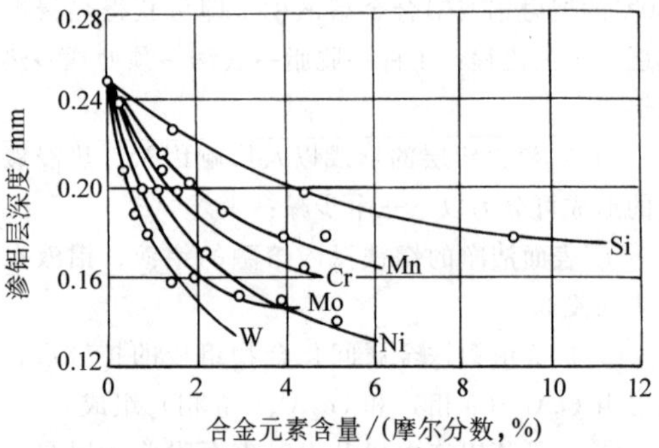

图 8-70　钢中合金元素含量对渗铝层深度的影响

（3）其他渗铝工艺

1）热镀扩散法。将钢铁工件热浸镀铝处理后再在 800~950℃的温度下进行扩散，使得热镀铝表面的镀铝层全部转变成铝铁化合物层，形成扩散型渗铝层。

2）料浆法渗铝。将固体渗铝剂加黏结剂和水调成料浆，涂覆在工件表面，加热扩散渗铝。

3）电泳-扩散渗铝。利用电泳法将铝粉均匀涂覆在工件表面，然后加热扩散渗铝。加热温度低于 500℃时，只能形成铝烧结涂层，加热温度高于 600℃时，可形成扩散型渗铝层。

4）热喷涂-扩散渗铝。采用热喷涂或静电喷涂的方法，在工件表面上涂覆一层铝，再进行热扩散渗铝。

2. 渗铝层的性能

（1）热浸镀铝层的性能

1）耐大气腐蚀性能。热浸镀铝钢材具有优异的耐大气腐蚀性能，在几种大气环境下与热浸镀锌的耐蚀性对比见表 8-68。热浸镀铝在硫化物环境、普通水、海水中的耐蚀性优于热浸镀锌，比较结果见图 8-71 及表 8-69。

表 8-68　几种大气环境下热浸镀铝与热浸镀锌的耐蚀性对比

大气暴晒试验地区	大气类型	腐蚀率/(μm/年)		腐蚀率之比
		镀锌层	镀铝层	
库尔海滩,北卡罗来纳(距离海边 800ft[①]远)	海洋	1.25	0.30	5.1
卡尼,新泽西	工业	3.975	0.50	5.0
门罗维尔,宾夕法尼亚	半工业	1.675	0.25	6.7
宾夕法尼亚南部	半乡村	1.850	0.20	9.3
波特县,宾夕法尼亚	乡村	1.175	0.125	9.4

注：试样尺寸 4in×4in（1in=25.4mm），腐蚀率由失重换算而得。

① 1ft=0.3048m。

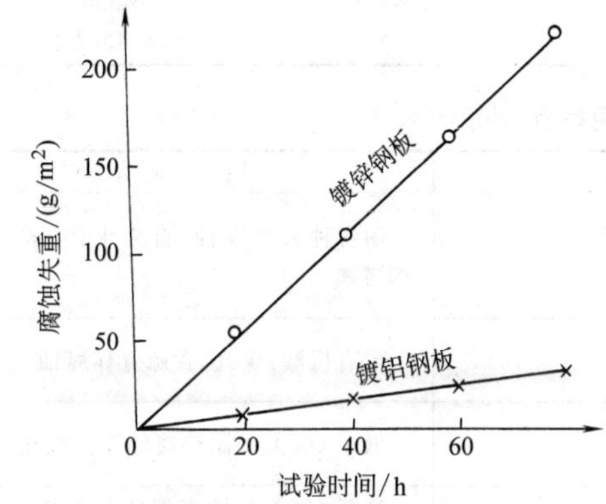

图 8-71　热浸镀铝与热浸镀锌与 SO_2 气氛下的耐蚀性对比

注：试验条件为，SO_2 体积分数 0.04%，空气和 SO_2 的流量 20L/min，温度 40℃，湿度 95%。

表 8-69　热浸镀铝与热浸镀锌在普通水和人造海水中腐蚀 10 个月的结果比较

水质	Ⅰ-型镀铝钢板	Ⅱ-型镀铝钢板	镀锌钢板
普通水	无变化	几乎无变化	7 个月后发生灰色锈点
人造海水 [w(NaCl)=8%]	无变化	稍变为灰白色	5 个月后发生灰色锈点

2）耐热性能。普通碳钢热浸镀铝后，在空气中的耐热性与 Cr13 系列不锈钢相当，在 SO_2、H_2S 等气氛中的高温耐蚀性能甚至优于 18-8 型不锈钢。

（2）扩散型渗铝层的性能

1）力学性能。钢件经渗铝后，屈服强度和伸长率基本上无变化，抗高温蠕变性能有所提高（见表 8-70）。

表 8-70　渗铝钢与未渗铝钢抗高温蠕变性能对比

项目	试样断裂时间/h	试验条件
未渗铝钢	59	温度 760℃
渗铝钢	995	载荷 1400N/cm²

2）高温下的耐蚀性。扩散型渗铝主要用于提高钢铁材料及高温合金在高温空气、H_2S、SO_2、熔盐等环境下的耐蚀性。其性能见表 8-71～表 8-73。

3. 渗铝工艺的应用

热浸镀铝生产效率高，适于处理形状简单的管材、丝材、板材、型材。这类工件在 600℃ 以上使用时，应采用热浸镀-扩散法获得扩散型渗铝层。

粉末法生产效率低，操作比较麻烦，但渗层比热镀-扩散型易控制，一般用于渗层要求较高，形状复杂，特别是有不通孔、螺纹的工件。渗铝的应用举例见表 8-74。

表 8-71　不同材料经渗铝与未渗铝抗高温氧化性能对比

材料	590℃×1000h		650℃×1000h		800℃×1000h		900℃×1000h	
	未渗铝	渗铝	未渗铝	渗铝	未渗铝	渗铝	未渗铝	渗铝
低碳钢	0.41	0.043	—	—	100h 8.59	0.048	—	0.1475
1.0Mo	0.353	—	0.836	—	—	—	—	—
5.0Cr-0.5Mo	0.163	—	0.366	0.008	—	—	—	—
18Cr-8Ni	—	—	0.011	0.006	—	0.033	200h 0.5240	0.0444

表 8-72　渗铝与未渗铝钢抗高温 H_2S 腐蚀性能对比

材　料	试验条件	腐蚀失重/(mg/cm²)	
		未渗铝	渗铝
低碳钢	$w(H_2S)=6\%$,480℃,24h	1.02	0.035
	$w(H_2S)=100\%$,650℃,24h	1.735	0.6

（续）

材　料	试验条件	腐蚀失重/(mg/cm^2)	
		未渗铝	渗铝
18Cr-8Ni	$w(H_2S)=6\%$，480℃，24h	0.029	0.12
	$w(H_2S)=100\%$，650℃，24h	36.5	0.1

表 8-73　镍基 GH135 合金渗铝与未渗铝耐熔盐热腐蚀性能对比

腐蚀介质（质量分数）	温度/℃	时间/h	腐蚀失重/(g/cm^2)	
			未渗铝	渗铝
NaCl25%+$Na_2SO_4$75%	700 750	3	24.1 43.1 75.7	5.5 5.0 15.2

表 8-74　渗铝的应用举例

工件名称	渗铝方法	用　途
高速公路护栏，电力输变电铁塔，桥梁钢结构，海上钻井塔架，自来水管，架空通信电缆，钢芯铝绞线的芯线，船用钢丝绳，编织网用钢丝，瓦楞板	热浸镀铝	耐各种大气腐蚀，自来水、河水、海水腐蚀
化工生产用醋酸、柠檬酸、丙酸、苯甲酸等有机酸输送管道，煤气及含硫气体输送管道	热浸镀铝	耐有机酸、煤气、含硫气体腐蚀
汽车消声器，排气管，食品烤箱，粮食烘干设备烟囱	热浸镀铝	低于 600℃的耐热腐蚀和抗氧化
加热炉炉管，退火钢包，各类热交换器，炼钢炉吹氧管，硫酸转化器	热浸镀-扩散法或粉末法	高于 600℃的抗高温氧化及高温含硫气氛热腐蚀
燃气轮机叶片，炉用结构件，高温紧固件，燃气、燃油烧嘴	粉末法，料浆法	抗高温氧化及热腐蚀

8.4.3　渗锌

渗锌主要用于提高钢铁材料在大气和天然水环境中的耐蚀性，其工艺方法和渗铝相似，可分为浸镀型和扩散型两种。热浸镀锌（也称热浸锌、液体渗锌等）所获得的表面组织由扩散层和锌镀层组成，属于浸镀型渗锌。扩散型渗锌层则完全由扩散层组成，采用粉末渗锌和真空渗锌工艺获得。

1. 热浸镀锌

热浸镀锌是将表面洁净钢铁制件浸入熔融的锌或锌合金熔液中获得渗锌层的表面化学热处理工艺。钢带、钢丝等采用连续式热浸镀锌。钢铁制件（如型钢、紧固件等机械零件）则采用批量式热浸镀锌。本章节只介绍批量热浸镀锌的工艺及性能。

（1）热浸镀锌工艺　批量热浸镀锌工艺流程：钢铁制件→脱脂→除锈→助镀剂→干燥→热浸镀锌→冷却→钝化→成品。

助镀剂的主要作用为去除钢铁表面残存的氧化铁，以及改善工件与锌液的浸润性。助镀剂的主要成分为 $ZnCl_2$ 和 NH_4Cl，钢铁制件经助镀进入锌液以后发生以下反应：

$$NH_4Cl \rightleftharpoons NH_3+HCl$$

$$FeO+2HCl \rightleftharpoons FeCl_2+H_2O$$

$$Fe_2O_3+6HCl \rightleftharpoons 2FeCl_3+3H_2O$$

$$Zn+FeCl_2 \rightleftharpoons ZnCl_2+Fe$$

$$3Zn+2FeCl_3 \rightleftharpoons 3ZnCl_2+2Fe$$

在锌液中，钢铁制件表面的铁与锌发生扩散反应形成扩散层，其主要成分为 Γ 相（Fe_5Zn_{26}）、δ 相（$FeZn_7$）、ζ 相（$FeZn_{13}$）。钢铁制件从锌液中提出时，表面覆盖上一层镀锌层，镀锌层为 η 相，其主要成分与锌液成分基本相同。热浸镀锌层就是由上述扩散层和镀锌层组成的。

锌铁反应扩散形成的 ζ 相很脆，它的一部分存在于扩散层中，一部分则脱落进入锌液形成锌渣。ζ 相的形成量大不仅会增加渗层的脆性，而且会使锌渣量增大，锌耗量增加。扩散层中铁含量与锌渣中铁含量之和称为铁损量，铁损量与热浸镀锌温度的关系如图 8-72 所示。为了避免铁损量过大，镀锌温度应避开铁损量的峰值温度。普通结构钢采用 470℃以下的低温镀锌，常用温度为 440~460℃。铸铁采用 540℃以上的高温镀锌。热浸镀锌温度越高则流动性越好，对于形状复杂的零件，如螺栓，也采用高温镀锌。为了减少铁损，镀锌时间也应尽量短，铁损量与热浸镀锌时间的关系如图 8-73 所示。镀锌层（即 η 相）的厚度则与工件的提升速度和锌液的流动性有关，提升速度越快，镀锌层越厚，锌液的流动性越好，镀锌层越薄。

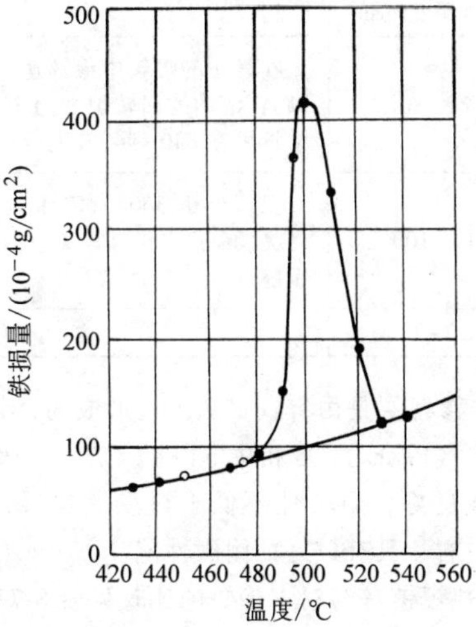

图 8-72　铁损量与热浸镀锌温度的关系

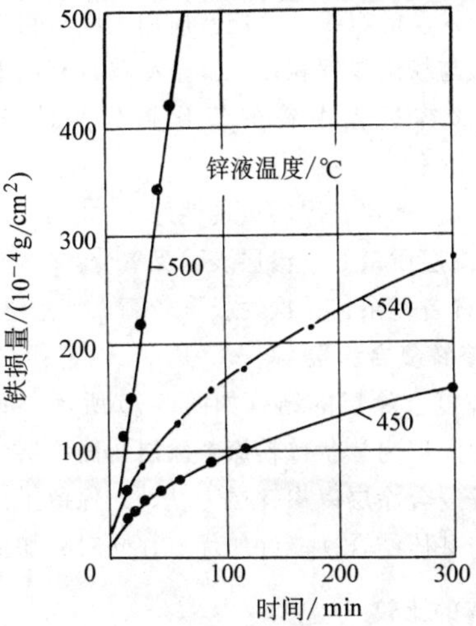

图 8-73　铁损量与热浸镀锌时间的关系

（2）热浸镀锌的性能及应用　热浸镀锌在各类大气环境中都具有良好的耐蚀性，被广泛地应用于户外钢结构和机械零件的表面保护，如输变电铁塔、高速公路护栏、城市道路灯杆、桥梁、汽车及工程机械用紧固件及零件等。热浸镀锌层在各类大气环境中的腐蚀速率及典型使用寿命见图 8-74 和表 8-75。

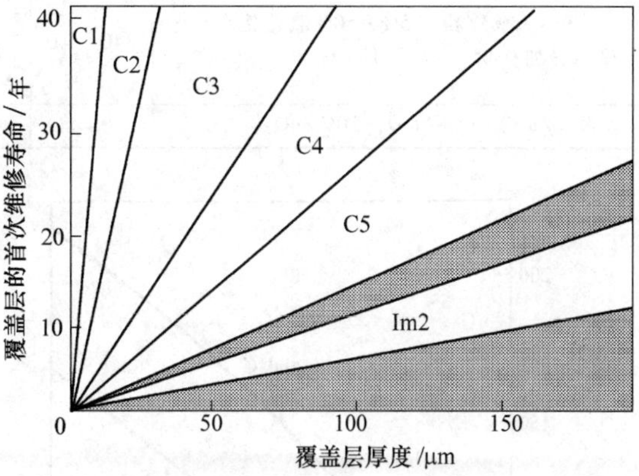

图 8-74　按典型腐蚀速率分类的各种腐蚀环境中热浸镀锌层的典型使用寿命

注：1. 每种环境均以条带表示，边线表明在该环境中热浸镀锌层典型寿命的上限和下限。
2. 小环境的特殊影响未包括在内。

热浸镀锌层在土壤、混凝土、pH6～11 的水环境（如河流、海水、部分工业用水）也都具有良好的耐蚀性，在船用管路及零件、海上钻井平台结构件、石油开采抽油管、民用及工业用输水管、建筑预埋件等方面都获得广泛的应用。

2. 粉末渗锌

1）粉末渗锌工艺及性能。几种粉末渗锌剂及处理工艺见表 8-76。温度及时间对渗锌层深度的影响如图 8-75 所示。

表 8-75　热浸镀锌层在各类大气环境中的腐蚀危险及腐蚀速率

编号	腐蚀环境种类	环境腐蚀性	腐蚀速率 锌的平均厚度损失/(μm/年)
C1	室内:干燥	很低	≤0.1
C2	室内:偶尔结露 室外:内陆乡村	低	0.1～0.7
C3	室内:高湿度、轻微空气污染 室外:内陆城市或温和海滨	中	0.7～2
C4	室内:游泳池、化工厂等 室外:工业发达的内陆或位于海滨的城市	高	2～4
C5	室外:高湿度工业区或高盐度海滨	很高	4～8
Im2	温带海水	很高	10～20

表 8-76　几种粉末渗锌剂及处理工艺

渗剂成分(质量分数)	处理工艺			备　注
	温度/℃	时间/h	渗层深度/μm	
97%~100%Zn(工业锌粉)+0~3%NH_4Cl	390±10	2~6	20~80	在静止的渗箱中渗锌速率仅为可倾斜、滚动的回转炉中的 1/3~1/2;渗锌可在 340~440℃进行
50%~75%锌粉+25%~50%氧化铝(氧化锌),另加 0.05%~1%NH_4Cl	340~440	1.5~8	12~100	温度低于 360℃,色泽银白,表面光亮,高于 420℃呈灰色且表面较粗糙
50%Zn 粉+30%Al_2O_3+20%ZnO	380~440	2~6	20~70	

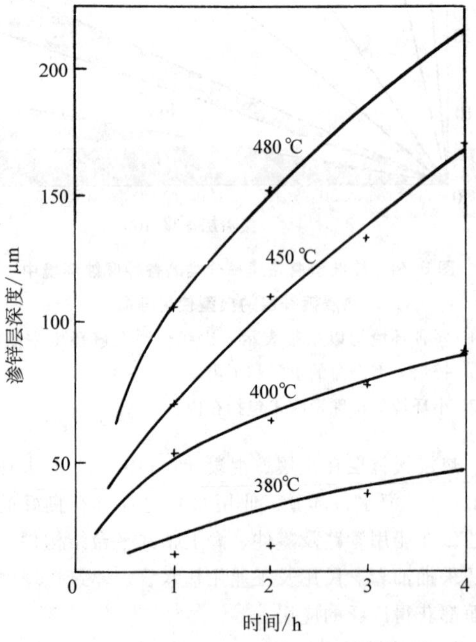

图 8-75　粉末渗锌温度及时间对渗锌层深度的影响

粉末渗锌层是由锌铁扩散反应形成的，其主要成分为 δ 相 ($FeZn_7$)。δ 相中 $w(Fe)=7\%\sim11\%$，致密性和韧性良好，耐蚀性不低于热浸镀锌层，硬度为 250HV 左右，具有较好的耐磨性能。

2) 热浸镀锌与粉末渗锌的比较见表 8-77。

3. 真空渗锌

真空渗锌也是由锌铁扩散反应形成的渗锌层，因此真空渗锌层的组织、性能及应用范围与粉末渗锌基本一致。与粉末渗锌相比，真空渗锌具有以下特点：

1) 渗锌过程中锌的氧化损失少，锌的利用率高。

2) 工艺稳定，渗层重现性好。

3) 渗层质量好，渗层表面无氧化。

4) 设备复杂，一次性投资较高。

4. 渗锌复合涂层

渗锌复合涂层的结构如图 8-76 所示，底层为渗锌层，中间层为片状锌粉涂料涂层，面涂层为封闭涂层。渗锌复合涂层以渗锌层为基础，保留了渗锌层硬度高、与基体结合性能好的优点，同时叠加了片状锌粉涂料涂层+封闭涂层耐盐雾性能好的优点，具有极为优异的耐大气腐蚀性能，耐盐雾腐蚀试验可达 2000h（单一渗锌层耐盐雾腐蚀试验仅为 200~300h）。渗锌复合涂层被应用于钢制零件和小型钢制结构件的长效腐蚀防护，如高速铁路轨道扣件、地铁隧道 C 型预埋槽、地铁隧道管片螺栓等。

表 8-77　热浸镀锌与粉末渗锌的比较

项　目	热浸镀锌	粉末渗锌
生产效率	生产效率高,带材、丝材和管材可连续化生产	较热浸镀锌低
涂层均匀性及可控性	采用吊镀法生产的镀层不均匀,厚度不可控,对于有配合要求的工件,如螺栓、螺母,难以达到配合要求	渗层均匀,深度可控,螺栓螺母等渗后基本可达到配合要求
锌耗量	每吨产品耗锌 60~100kg	每吨产品耗锌 20~40kg
锌锅腐蚀问题	外热式热浸镀锌的锌锅腐蚀严重,锌锅寿命短的只有半年	无锌锅腐蚀问题
涂装性能	与漆膜结合力差,涂漆易剥落	与漆膜结合力好,渗锌后可直接涂漆
适用工件及应用	钢带、钢板、钢丝、钢管型钢。应用于大气、土壤、水及海水等环境中的耐蚀保护	钢制零部件、粉末冶金件、铸铁件、钢管、型钢等。应用于大气、土壤、水及海水和 500℃以下的空气或含硫气氛中的耐腐蚀防护

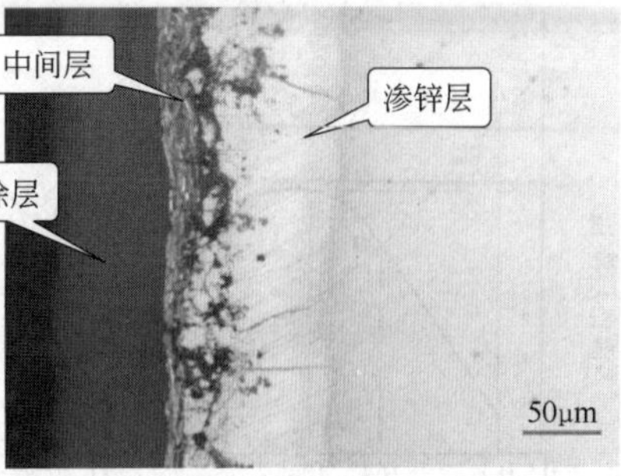

图 8-76　渗锌复合涂层的结构

8.4.4　渗铬

渗铬可以提高钢铁材料、镍基合金、钴基合金的耐腐蚀、抗高温氧化和热腐蚀性能。一定碳含量的钢铁材料，经渗铬后还兼有良好的耐磨性能。

1. 渗铬工艺

（1）固体渗铬　固体渗铬是采用粉状或粒状渗铬剂进行渗铬的工艺。固体渗铬剂一般由供铬剂、填充剂和活化剂组成。供铬剂一般采用铬粉或铬铁粉，填充剂一般为氧化铝、黏土等，活化剂一般为铵的卤化物。

固体渗铬不需要专门设备，只需将渗铬剂与工件一起装入渗铬罐（箱）内，罐或箱密封后放入炉内加热即可，也可采用真空渗铬。常用渗铬温度为 950 ~1100℃。固体渗铬的缺点是劳动条件较差，能耗较高，渗剂消耗量较大。

（2）气体渗铬　气体渗铬的渗剂通常为气态铬的卤化物，应用较多的是 $CrCl_2$。$CrCl_2$ 是由 H_2+HCl 气体或 NH_4Cl 分解形成的 HCl 与金属铬反应形成。将工件置于密封的炉内，预制的 $CrCl_2$ 气体通入炉内或直接在炉内形成 $CrCl_2$ 气体，使之与工件反应，在工件表面形成渗铬层。

气体渗铬渗速快，劳动强度小，适合于大批量生产，但是工艺过程难以控制，产生的 Cl_2、HCl 渗铬气氛对设备腐蚀性较大，而且危害人体健康。

2. 渗铬层的组织

渗铬层的形成过程及组织受钢中碳含量和渗剂成分的影响。

据铁-铬二元相图，工业纯铁在 950~1100℃ 范围内呈奥氏体状态。铬含量超过它在奥氏体中的溶解度时，会产生 γ→α 相变，渗铬温度下的渗铬层一般为 α+γ 两相组织，在渗铬后的冷却过程中，渗铬层中的 γ 相也会转变成 α 相。所以工业纯铁渗铬层主要由垂直于表面的含铬 α 相组成。渗铬过程中钢中的碳原子由基体向表面扩散，在钢铁的表层和 α 相晶界形成碳化物。低中碳钢的组织一般为 $Cr_{23}C_6$+α 相，渗铬层下往往有贫碳区。中高碳钢渗铬时。其渗铬层的组织一般为 $Cr_{23}C_6$+$(Cr,Fe)_7C_3$。渗铬剂中的 NH_4Cl 在升温过程中分解产生的 NH_3 会对钢铁产生渗氮作用，所以渗铬层中还会出现 Cr(C,N)。

表 8-78 列出渗铬层的组织与成分，图 8-77 所示为工业纯铁粉末渗铬层组织。

表 8-78　渗铬层的组织与成分

钢中含碳量（质量分数,%）	渗铬层组织	渗层中平均铬含量（质量分数,%）	渗层中平均碳含量（质量分数,%）
0.05	α	25	
0.15	α+$(Cr,Fe)_7C_3$	24.5	2~3
0.41	$(Cr,Fe)_7C_3$	30	5~7
0.61	$(Cr,Fe)_7C_3$	36.5	5~6
1.04	$(Cr,Fe)_{23}C_6$+$(Cr,Fe)_7C_3$	70	8
1.18	$(Cr,Fe)_{23}C_6$+$(Cr,Fe)_7C_3$+$(Cr,Fe)_3C$	80.0 以上	8

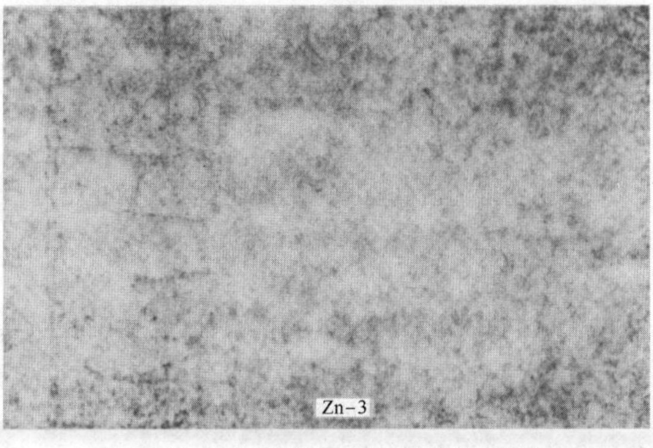

图 8-77　工业纯铁粉末渗铬层组织　250×

3. 影响渗铬层深度的因素

（1）温度和时间的影响　渗铬温度、时间与渗铬层深度的关系如图 8-78 所示。

（2）渗剂成分的影响　粉末渗铬中，渗剂中的 Cr 或 (Cr-Fe)/Al_2O_3 之比越大，渗速越快，而且 Cr-Fe 的渗速快于 Cr。NH_4Cl 或其他铵的卤化物含量对渗速有一定的影响，但是 NH_4Cl 的含量一般为 1%~5%（质量分数），含量过高渗铬后残留在工件表面的卤化铵会影响渗铬层的外观和耐蚀性。

气体渗铬中，渗铬速度主要与通入炉内的 H_2+HCl 气体压力及 HCl 含量有关（见图 8-79，图 8-80）。

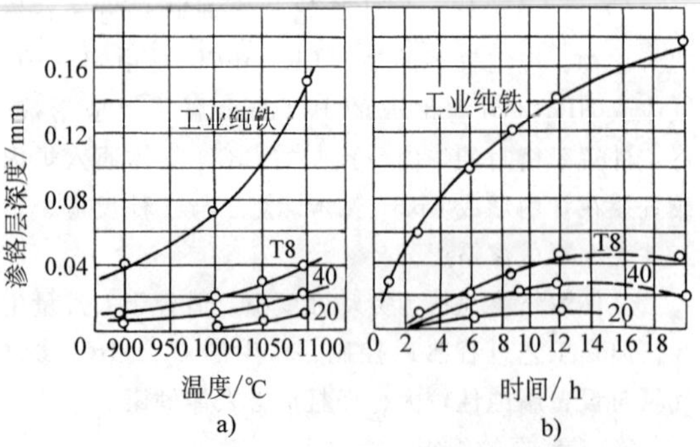

图 8-78　渗铬温度、时间与渗铬层深度的关系

a）温度的影响（6h）　b）时间的影响（1050℃）

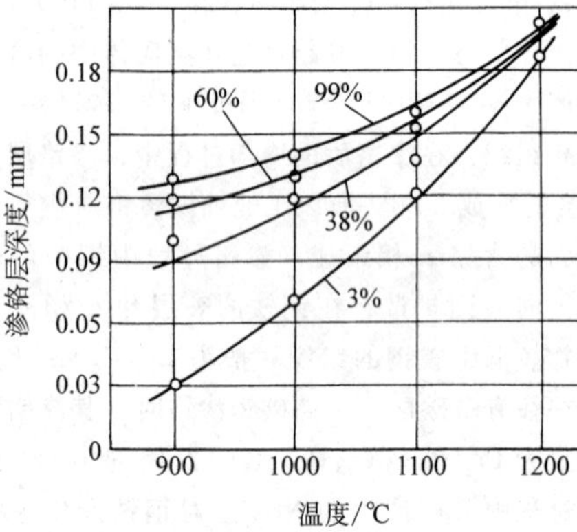

图 8-79　渗铬层深度与 HCl 含量（质量分数）的关系（3h）

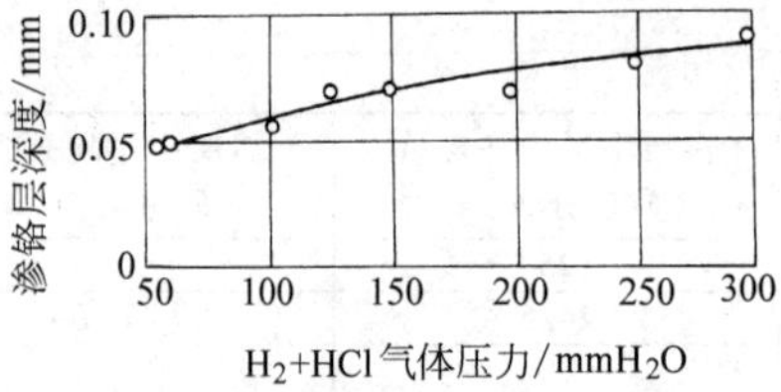

图 8-80　渗铬层深度与 H_2+HCl 气体压力的关系（100℃×3h）

注：$1mmH_2O=9.8Pa$。

（3）钢中碳含量的影响　钢中的碳含量对渗铬层的形成有以下两方面的影响：

1）碳与铬形成碳化铬，不利于铬的扩散，所以碳含量越高，越不利于 α 相的形成。

2）碳与铬形成碳化物，有利于形成 $(Cr,Fe)_7C_3$ 和 $(Cr,Fe)_{23}C_6$。在共析点附近，这种碳化物层最厚。

碳含量对渗铬层深度的影响如图 8-81 所示。

4. 渗铬材料、渗层设计及渗后处理

（1）渗铬材料　各种合金钢、碳钢、铸铁、镍基合金、钴基合金、钨、钼、钽、钛等金属材料根据需要都适于渗铬。

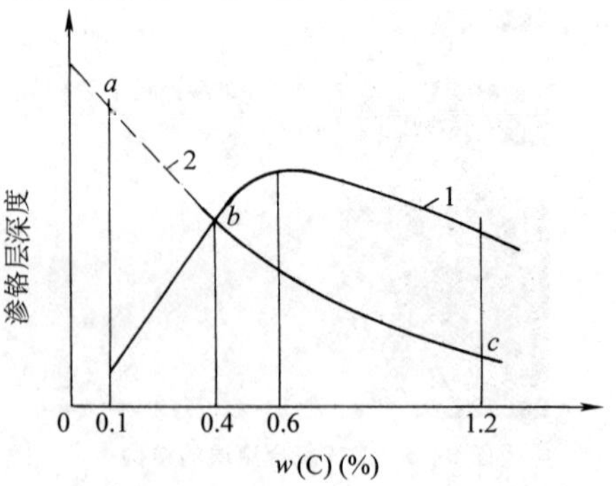

图 8-81　碳含量对渗铬层深度的影响

1—碳化物层厚度　2—α 相厚度

（2）渗层设计　钢铁材料可根据使用环境，按表 8-79 所推荐的渗铬层结构和深度设计渗铬层。

表 8-79　渗铬层结构和深度的选择设计

使用环境	渗铬层结构	渗铬层深度/μm
850℃以下的腐蚀性气体或空气	含铬的 α 固溶体相	100~150
一般大气	含铬的 α 固溶体相	50~100
850℃以下腐蚀氧化或有磨损同时作用	碳化铬层	20~60
磨损条件下，或工件和截面较小或有锐角	碳化铬层	10~20

850℃以上使用的零件，则要考虑采用耐热钢、镍基合金、钴基合金等材料渗铬。

（3）渗铬后处理

1）在一定载荷下工作并有强度要求的零件渗铬后，进行正火处理可细化晶粒，提高基体的强度或韧性；进行淬火、回火处理可提高基体的强度。正火、淬火处理最好在保护气氛或其他非氧化条件下加热，否则渗铬层表面会因氧化而变色。当然这种变色只影响外观，对耐蚀性影响不大。

2）精饰。渗铬层可以抛光，电解抛光的效果优于机械抛光。

5. 渗铬层的质量检验、常见缺陷及其防止措施

1）渗铬层的质量要求及检验。渗铬层应连续、致密，达到使用环境对渗层结构和深度的要求。渗铬层的检测方法以金相法为准，作为一般情况下的生产控制可以采用硫酸铜法（浸入质量分数为 15% 的硫酸铜水溶液）检测渗层的致密性和连续性，用磁性测厚仪检测碳化铬层的厚度。

2）常见缺陷及其防止措施见表8-80。

表8-80　渗铬层常见缺陷及其防止措施

缺陷类型	产生原因	防止措施
表面黏结渗剂	粉末渗铬时渗剂中有水分和低熔点杂质	焙烧氧化铝、装罐前烘干渗剂
渗层剥落	碳化物层过厚，特别容易出现在尖角、淬火等条件下	减少碳化物层厚度，改进工件结构设计，选用正火或等温淬火
无渗层或渗层不连续	粉末渗铬剂失效、渗铬罐密封不好	更换渗铬剂，密封渗铬罐
表面有腐蚀斑	NH_4Cl 用量过多，表面残留量大	减少 NH_4Cl 用量

8.4.5　熔盐碳化物覆层工艺

在高温下将钢铁材料放入硼砂盐浴中保温一定时间，可在材料表面形成几微米到几十微米的金属碳化物层，这种工艺称为硼砂熔盐碳化物覆层技术（俗称TD法）。熔盐碳化物覆层工艺可在钢铁表面获得一系列高硬度覆层，主要包括铬、铌、钛碳化物覆层，我国习惯上称之为熔盐渗铬、渗钒、渗钛。该工艺所需设备简单，操作方便，所获得的碳化物覆层具有极高的硬度，优异的耐磨、耐蚀性能。

1. 碳化物覆层处理工艺方法及碳化物覆层结构（见表8-81）

表8-81　碳化物覆层处理工艺方法及碳化物覆层结构

类型	盐浴成分（质量分数）	处理工艺	覆层厚度/μm	覆层相结构	试样材料
铬碳化物覆层	10%Cr_2O_3，5%Al，硼砂	1000℃×6h	14.7	$Cr_{23}C_6$，$(Cr,Fe)_7C_3$	T8
	10%Cr，硼砂	100℃×6h	17.5		
钒碳化物覆层	10%V-Fe，硼砂	1000℃×5.5h	24	VC	T12
	10%V_2O_5，5%Al，硼砂	1000℃×8h	25		
铌碳化物覆层	10%Nb，硼砂	1000℃×5.5h	20	NbC	T12

熔盐渗金属处理完毕后清水煮沸去除工件表面残盐，也可用专门的残渣清洗剂去除残盐。碳化物覆层的金相组织为一层白亮带（见图8-82）。

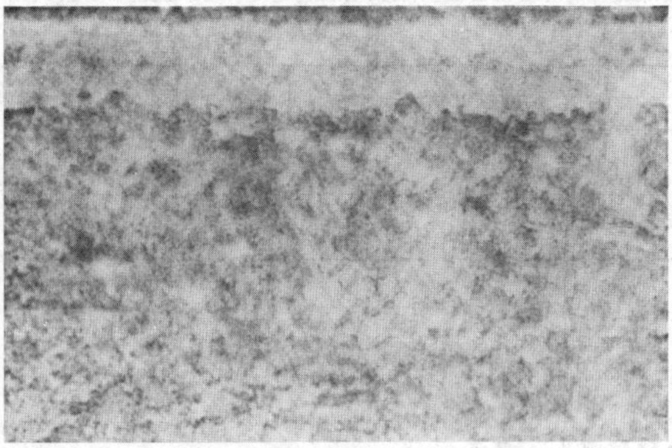

图8-82　T12A钢Cr-Ti碳化物层金相组织　500×

2. 碳化物覆层的形成及影响因素

（1）碳化物覆层的形成机理　熔盐碳化物覆层通过三个过程形成：

1）熔盐中产生碳化物形成元素（Cr、V或Nb）的活性原子。

2）活性原子在钢铁表面吸附，并与碳原子反应形成碳化物，钢铁表面碳含量因此而降低。

3）钢铁心部与表面的碳存在浓度差，碳原子不断向表面扩散，继续与吸附在表面的活性金属原子（Cr、V、Nb）反应，形成碳化物覆层并不断增厚。

（2）碳化物覆层形成的影响因素

1）温度和时间。碳化物覆层的厚度 δ(cm) 与处理时间 t(s) 及温度 T(K) 之间符合阿累尼乌斯关系：

$$\delta = K_0 \exp\left(-\frac{Q}{RT}\right)$$

K_0 及 Q 值见表8-82和表8-83。

表8-82　不同钢材在熔盐碳化物覆层处理中的 K_0 和 Q 值

材料	K_0/(cm/s)	Q/(kJ/mol)
45	2.5×10^{-3}	184~201
T10	5.2×10^{-3}	184
GCr15	2.7×10^{-2}	201
9CrWMn	4.7×10^{-3}	184
W6Mo5Cr4V2	2.7×10^{-1}	242

表8-83　不同钢材熔盐铬碳化物覆层处理中的 K_0 和 Q 值

材料	K_0/(cm/s)	Q/(kJ/mol)
10	2.9×10^{-6}	125
45	1.7×10^{-3}	180
T11	4.8×10^{-3}	159

2）钢中碳含量的影响。在其他条件相同的情况下，钢的碳含量越高，形成的碳化物覆层越厚（见图8-83）。

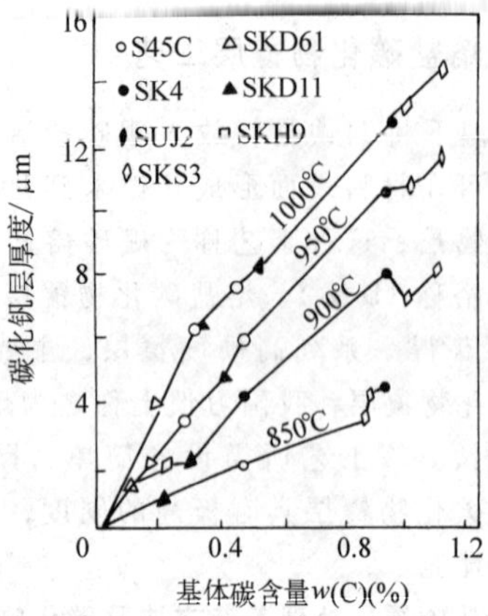

图 8-83　基体碳含量对碳化钒层厚度的影响

3. 适用钢种及覆层后的热处理

碳含量 0.4%以上的碳素钢和 0.3%以上的合金钢，原则上都可以进行碳化物覆层处理。工作中承受较大载荷或一定冲击力的零件，覆层处理后应进行淬火、回火，以提高基体硬度，防止使用过程中因基体变形而造成覆层塌陷。

经覆层处理后可随即升（降）至淬火温度后直接淬火。淬火温度低于覆层处理温度的钢材，特别是晶粒粗化趋向较大的钢材，如 65Mn、40MnB、T8、T11、T12 等，为了保证其韧性，可先正火后再进行淬火、回火。

4. 熔盐碳化物覆层的应用

熔盐碳化物覆层工艺可在耐磨耐蚀零件上应用，特别是应用于工模具，将大幅度地提高其使用寿命，普通碳钢、低合金钢经本工艺处理后代替部分高合金工模具钢、不锈钢等使用。应用举例见表 8-84，应用效果举例见表 8-85。

表 8-84　熔盐碳化物覆层工艺应用举例

种　类	工件名称	作　用
热作模具	锻压模、镦锻模、轧锻模、温挤模	耐磨、抗高温氧化
冷作模具	拉伸模、切边模、落料模、冷冲模、拔丝模	耐磨、抗黏着
成形模	压铸模、重力铸造套筒销、玻璃模、塑料成形模、橡胶成形模	耐熔融铝、锌、铜等腐蚀、耐磨
刀具	剪切刀片、钻头、丝锥、切削刀具	耐磨、抗黏着
管、泵、阀	柱塞、液压缸、阀芯、阀座、阀杆、喷嘴、泥浆泵缸套	耐化工介质腐蚀，耐冲刷
机械零件	辊、销、导向板、导轨、链、轴、衬套、心棒、棘爪等	耐磨

表 8-85　应用效果举例

工件名称	材料及工艺	使用寿命/万件	效　果	备　注
缩杆模	Cr12MoV，淬火、回火	0.7	提高 2.5 倍以上	用于 Q235 钢螺钉缩杆
	Cr12MoV，VC 覆层	>1.8		
拉深模	Cr12MoV，淬火、回火	1.7～1.8	提高约 9 倍	深冲 Q235 钢板
	Cr12MoV，VC 覆层	>1.73		
	Cr12MoV，热处理+镀铬	3.0	提高 1.2 倍	深冲 15 钢
	55 钢，VC 覆层	>6.6		
落料模	Cr12MoV，淬火、回火	—	提高 10 倍以上	冲裁厚度为 3.2mm 的 08F 钢板
	Cr12MoV，NbC 覆层	—		

8.4.6　渗硫

钢铁工件经渗硫处理后，可获得良好的减摩抗咬合性能。渗硫层是铁与硫反应形成的硫铁化合物覆层。常用低温电解渗硫工艺方法见表 8-86。

表 8-86　常用低温电解渗硫工艺方法

序号	熔盐成分（质量分数）	工艺参数			主要渗硫反应
		温度/℃	时间/min	电流密度/(A/dm²)	
1	KSCN75%，NaSCN25%	180～200	10～20	1.5～3.5	熔盐中： $KSCN \rightarrow K^+ + SCN^-$ $NaSCN \rightarrow Na^+ + SCN^-$ 盐槽为阴极： $SCN^- + 2e \rightarrow CN^- + S^{2-}$ 工件为阳极： $Fe \rightarrow Fe^{2+} + 2e$ $Fe^{2+} + S^{2-} \rightarrow FeS$
2	序号 1 盐，再加 $K_4Fe(CN)_6$ 0.1%，$K_3Fe(CN)_6$ 0.9%	180～200	10～20	1.5～2.5	
3	KSCN73%，NaSCN24%，$K_4Fe(CN)_6$ 2%，KCN0.07%，NaCN0.03%，通氮气搅拌，氮气流量 59m³/h	180～200	10～20	2.5～4.5	
4	KSCN60%～80%，NaSCN20%～40%，$K_4Fe(CN)_6$ 1%～4%+S_x 添加剂	180～200	10～20	2.5～4.5	
5	NH_4SCN30%～70%，KSCN30%～70%	180～200	10～20	2.5～4.5	

电解渗硫的工艺过程：工件→脱脂→热水洗→冷水洗→酸洗→水洗→热水煮→烘干→渗硫→冷水洗→热水洗→烘干→浸油。

电解渗硫所用盐浴各组分易与铁及空气中的 CO_2 等反应形成沉渣而老化。沉渣的主要成分为 $Fe[Fe(CN)_6]_2$、$Fe_4[Fe(CN)_6]_3$、$FeCO_3$、FeS_3 等。盐浴沉渣的形成速率 $Q=0.153\sim0.399g/(dm^2\cdot min)$（工件表面积以 dm^2 计，累计渗硫时间以 min 计）。Q 值越小，表明该盐浴抗老化性越好。一般盐浴中沉渣量为 3%～4%（质量分数）时，渗硫层质量即显著降低。

电解渗硫前，工件必须脱脂，否则不仅会影响渗硫质量，而且还会污染盐浴。渗硫盐浴含水时，渗硫层的耐磨和抗咬合性能都将明显下降。所以工件渗硫之前应烘干。新配制的盐浴或放置时间较长的盐浴也应空载加热 4～24h 充分脱水。

老化的旧盐回收后可与新盐按 1∶1 比例配制使用。旧盐按下述工艺回收：

旧盐→溶解于蒸馏水中→过滤除渣→二次过滤除渣→加热（<200℃）蒸发水分→回收盐。

渗硫层是一种以 FeS 为主的硫铁化学反应覆层。250℃以下渗硫时，渗硫层深度为 5～15μm；500℃以上的盐浴渗硫、气相渗硫或离子渗硫层可达 25～50μm 厚。处理不当时，渗硫层中会出现 FeS_2、$FeSO_4$ 相，使减磨性能明显降低。FeS 为六方晶系，硬度低于 100HV0.05，受力沿（0001）晶面滑移。另外，渗硫层中存在许多平均孔径为 17nm 的微孔，这些微孔能吸附润滑油。在上述两种机理的作用下，渗硫层具有良好的润滑减摩作用。易于形变的渗硫层还可在工件与工件之间起隔绝作用，避免金属与金属接触摩擦发热而造成咬死。渗硫层的减摩、抗咬死性能见表 8-87。

表 8-87 渗硫层的减摩、抗咬死性能

牌　号	处理工艺	试验方法	试验结果	备　注
35CrMo	调质	连续加载在 Falex 试验机上进行	18620N·s 咬合咬死前 $\mu=0.4$	N·s 为牛顿·秒，单位之前的数字称为品质系数 F，品质系数越大，摩擦学性能越好；μ 为摩擦因数
	调质后低温电解渗硫		31200N·s 尚未咬合 $\mu=0.15$	
15CrNi	V 形块与销形试样都渗碳，淬火，回火至(63±1)HRC	干摩擦条件下连续加载	承载 3500～5500N 试样发生蠕变仍未咬合	在 Fales 试验机上进行试验
QT600-3	等温淬火 等温淬火然后电解渗硫	加载至 490N 后恒载运行	$\mu=0.35$	
W6Mo5Cr4V2	V 形块与销形试样均为淬火、回火	加载至 500N 后恒载持续	14.5min 咬合	试验在通氮气的条件下，于(540±10)℃进行
	淬火、回火后进行渗硫		120min 开始咬合但未咬死	

8.4.7 渗硅、钛、铌、钒、锰（见表 8-88）

表 8-88 渗硅、钛、铌、钒、锰的方法及性能

	方法	渗剂成分(质量分数)及工艺	渗层组织及性能
渗硅	粉末法	硅铁 75%～80%，Al_2O_3 20%～25%；1050～1200℃×6～10h，渗层深度：0.09～0.9mm	渗硅层组织通常为硅在 α 铁中的固溶体。有时分为两层，外层为 $Fe_3Si(\alpha')$，内层为含硅的 α 固溶体 渗硅层往往多孔，在 170～200℃油中浸煮后，有较好的减磨性能，渗硅能提高钢的抗氧化性能，但较渗铬、渗铝差。渗硅层在海水、硝酸、硫酸及大多数盐及稀碱中有良好的耐蚀性，但由于渗硅层多孔，容易出现点蚀，甚至脓疮腐蚀。低硅钢片渗硅片，硅含量可提高到 7%（质量分数）左右，铁损明显降低
		硅铁 80%，Al_2O_3 8%，NH_4Cl 12%；950℃×2～3h，多孔渗硅层	
	熔盐法	($BaCl_2$ 50%+NaCl50%) 80%～85%，硅铁 15%～20%；1000℃×2h，10 号钢，渗层深度：0.35mm	
		(Na_2SiO_3 2/3+NaCl1/3) 65%，SiC35%；950～1050℃×2～6h，渗层深度：0.05～0.44mm	
	熔盐电解法	Na_2SiO_3 100%；1050～1070℃×1.5～2.0h，电流密度：0.20～0.35A/cm²，可获得无隙渗硅层	
	气体法	硅铁(或 SiC)，HCl(或 NH_4Cl)，也可外加稀释气；950～1050℃	
		$SiCl_4$，H_2(或 N_2，Ar)；950～1050℃	
		$SiCl_4$，H_2(或 NH_3，Ar)；950～1050℃	

（续）

	方法	渗剂成分（质量分数）及工艺	渗层组织及性能
渗钛	粉末法	$TiO_2$50%，$Al_2O_3$29%，Al18%，$(NH_4)_2SO_4$2.5%，NH_4Cl0.5%；T8钢，1000℃×4h，渗层深度：0.02mm	1）渗钛层组织：工业钝铁和08钢：TiFe（或TiFe）+含钛α固溶体；中高碳钢TiC 2）性能及应用：TiC的硬度为3000~4000HV，具有很高的耐磨性，可用于刀具、模具。渗钛层在海水、稀HNO_3碱液、酒石酸、醋酸中具有良好的耐蚀性能，可应用于海洋工程、化工、石油等多个领域 3）适用材料：钢、铸铁、硬质合金
		钛铁75%，$CaF_2$15%，NaF4%，HCl6%；1000~1200℃×10h以内	
	熔盐电解法	$K_2TiF_6$16%，NaCl84%，添加海绵钛，石墨作阳极，盐浴面上Ar保护；850~900℃，电压3~6V，电流密度：0.95A/cm^2	
		Ti（或TiI_4，$TiBr_4$），H_2；750~1000℃	
	气体法	海绵钛与工件同置于真空炉内，彼此不接触，真空度：0.5~1×10^{-2}Pa，900~1050℃ 举例：1050℃×16h下，08钢可得0.34mm渗钛层，45钢可得0.08mm渗钛层，12Cr18Ni10Ti可得0.12mm渗钛层	
渗铌	粉末法	Nb50%，$Al_2O_3$49%，NH_4Cl1%；950~1200℃	低碳钢：α固溶体 中高碳钢：NbC或Nb+α固溶体 耐磨性、耐蚀性好
	气体法	铌铁，H_2，HCl；1000~1200℃	
		$NbCl_5$，H_2（或Ar）；1000~1200℃	
渗钒	粉末法	钒铁60%，高岭土37%，NH_4Cl3%；1000~1100℃	低碳钢：α固溶体 中高碳钢：VC或VC+α 耐50%HNO_4、98%H_2SO_4，10%NaCl腐蚀，VC层耐磨
	气体法	V（或钒铁），HCl（或VCl，H_2）；1000~1200℃	
渗锰	粉末法	Mn（或锰铁）50%，$Al_2O_3$49%，NH_4Cl1%；950~1150℃	低碳钢：α固溶体 中高碳钢：$(Mn、Fe)_3C$或$(Mn、Fe)_3C$+α 渗锰层耐磨，在10%NaCl具有耐蚀性
	气体法	Mn（或锰铁），H_2，HCl；800~1100℃	

8.4.8　多元共渗与复合渗

两种或两种以上元素在同一道工序中渗入金属或合金表面称为多元共渗。共渗元素为两种时，称为二元共渗，为三种时，称为三元共渗。两种或两种以上元素先后在两道或多道工序中渗入（有时也采用先镀后扩散）金属或合金表面，则称为复合渗。多元共渗和复合渗的目的是获得比单元渗更好的渗层综合性能，或是降低生产成本。

1. 以渗硼为主的共渗与复合渗

（1）硼铝共渗　硼铝共渗工艺列于表8-89。硼铝共渗层比渗硼层具有更好的耐磨、耐热和抗介质腐蚀性能，可用于热作模具等工件。

表8-89　硼铝共渗工艺

工艺方法	渗剂成分（质量分数）	工艺参数	渗层深度/μm		
			纯铁	45钢	T8
粉末法	$Al_2O_3$70%，$B_2O_3$16%，Al13.5%，NaF0.5%①	950℃×4h	175	140	125
	$Al_2O_3$70%，$B_2O_3$13.5%，Al16%，NaF0.5%②	1000℃×4h	280	230	200
熔盐电解法	$Na_2B_4O_7$19.9%，$Al_2O_3$20.1%，$Na_2O·K_2O$60%，电流密度：0.3A/cm^2	950℃×4h	130		
熔盐法	硼砂，铝铁粉，氟化铝，碳化硼，中性盐	840~870℃×3~4h	70~130		
膏剂法	Al8%，$B_4O_7$72%，$Na_3AlF_6$20%，另加黏结剂	850℃×6h	50		

① 以提高耐磨为主。

② 以提高耐热性为主。

（2）硼铬、硼钒、硼钛共渗　B-Cr、B-V、B-Ti二元共渗和B-Cr-V、B-Cr-Ti三元共渗剂由粉末渗硼剂加上铬、钒、钛供剂组成。共渗温度为850~1050℃，为防止渗剂结块可通氩气或氢气保护。共渗层的耐磨性优于渗硼层。图8-84所示为在碳化硅磨粒磨损条件下的耐磨性能对比。

（3）硼碳复合渗　硼碳复合渗是一种先渗碳再渗硼的工艺方法。渗碳、渗硼可采用常规工艺，通常为气体渗碳+固体渗硼。硼碳复合渗后应根据工件的材质和服役条件进行淬火和回火处理。

淬火应在保护气氛中进行，以防止渗层氧化和脱碳。硼碳复合渗的抗接触疲劳强度不低于渗碳，耐磨

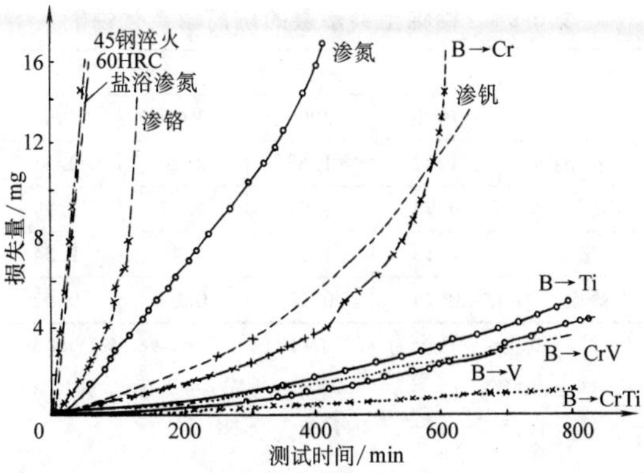

图 8-84　在碳化硅磨粒磨损条件下的耐磨性能对比

性则比渗碳提高 1.5 倍。低合金钢经硼碳复合渗后可代替昂贵的钴基硬质合金用于地质牙轮钻头等零件。

（4）硼硅共渗　可采用固体粉末法、熔盐法和电解法进行硼硅共渗处理，渗剂中 B、Si 含量不同，所获得的渗层相组成也不同（见表 8-90）。

表 8-90　渗剂中 B、Si 含量对渗层组织的影响（100℃×6h）

渗剂成分(质量分数)	渗层组织
B_4C80%，$Na_2B_4O_7$15%，Si4.75%，NH_4Cl0.25%	FeB、Fe_2B
B_4C75.5%，$Na_2B_4O_7$14.5%，Si9.5%，NH_4Cl0.5%	FeB、Fe_2B、FeSi
B_4C67%，$Na_2B_4O_7$13%，Si19%，NH_4Cl1%	Fe_2B、FeSi
B_4C63%，$Na_2B_4O_7$12%，Si23.5%，NH_4Cl1.5%	FeSi、Fe_2B

硼硅共渗层的耐热耐蚀性略高于渗硼层，抗腐蚀疲劳强度则明显高于渗硼层。

2. 以渗铝为主的共渗

（1）铝铬共渗（或铬铝共渗）　铝铬共渗可采用多种工艺方法，目前常用粉末法。调整 Al/Cr 比，可以获得不同成分的共渗层，粉末铬铝共渗工艺见表 8-91。

表 8-91　粉末铝铬共渗工艺

渗剂成分(质量分数)	钢材	工艺参数	渗层深度/mm	渗层元素含量(%)	
				Cr	Al
AlFe 粉 75%，CrFe 粉 25%，另加 NH_4Cl1.5%	10 钢	1025℃×10h	0.53	6	37
AlFe 粉 50%，CrFe 粉 50%，另加 NH_4Cl1.5%	10 钢	1025℃×10h	0.37	10	22
AlFe 粉 20%，CrFe 粉 80%，另加 NH_4Cl1.5%	10 钢	1025℃×10h	0.23	42	3

铬铝共渗主要用于提高钢铁和耐热合金的抗高温氧化和热腐蚀性能。图 8-85 表明，渗层的铬、铝含量不同，耐高温氧化性能也有明显的差异。

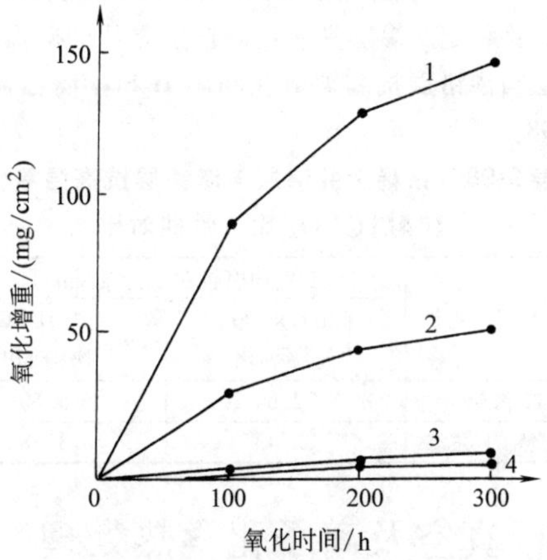

图 8-85　几种铬铝共渗层在 900℃下的抗高温氧化性能对比

1—w(Cr)= 40%，w(Al)= 0.4%
2—w(Cr)= 15%，w(Al)= 5%
3—w(Cr)= 8%，w(Al)= 5%
4—w(Cr)= 0.2%，w(Al)= 8%

（2）铬铝硅共渗　铬铝硅三元共渗一般采用粉末法。铬、铝、硅供剂有两种系列，即 Al-Cr_2O_3-SiO_2 和 Al（或 AlFe）-Cr（或 SiC）。填充剂仍用 Al_2O_3，SiC 也可兼作填充剂。活化剂采用 NH_4Cl 或 AlF_3。

铬铝硅三元共渗可提高钢铁和耐热合金的抗高温氧化、热疲劳性能。几种渗层耐高温高速气体冲蚀性能对比见表 8-92。铬铝硅共渗可用于燃气轮机叶片。

表 8-92　几种渗层耐高温高速气体冲蚀性能

渗层种类	无渗层	渗铝	铝铬共渗	铝硅共渗	铬铝硅共渗
冲蚀深度/μm	0.16	0.07	0.06	0.05	0.03

注：试验条件：温度 1150℃，气流速度 610m/s，试验时间 2h。

（3）镀镍渗铝及镀镍铝铬共渗　FeCo27 合金（ASTM 牌号）电镀镍后，在 750℃×6～8h 下进行粉末渗铝或铝铬共渗，镀镍渗铝层深度为 40～70μm，主要成分为 $FeAl_3$、Fe_2Al_5 和 Ni_2Al_3；镀镍铝铬共渗层深度为 25～35μm。两种渗层都具有良好的抗高温氧化性能，与单一的渗铝抗高温氧化性能对比见表 8-93。

3. 稀土和其他元素的共渗

稀土元素与其他元素共渗时，稀土元素的渗入量很小，但是微量的稀土元素具有很明显的催渗作用，使渗速增加 20%以上，并且不同程度地提高了渗层的综合性能。

表 8-93　FeCo27 合金几种渗层在 800℃下的抗高温氧化性能对比

处理工艺	氧化增重/(g/m²)	
	100h	200h
未处理	37.8	58.0
渗铝	5.4	7.9
镀镍+渗铝	1.9	4.2
镀镍+铝铬共渗	2.8	9.7

(1) 铝稀土共渗　铝稀土共渗可提高镍基合金的抗高温氧化（见表 8-94）、耐熔盐热腐蚀和抗热震性能（见表 8-95），可用于燃气轮机叶片的表面保护。

表 8-94　铝稀土共渗层的抗高温氧化性能

工　艺	氧化增重/(g/m²)			
	100h	200h	300h	400h
未保护	1.32	1.62	2.24	2.51
铬铝共渗	0.72	1.01	1.27	1.29
渗铝	1.13	1.25	1.48	1.54
铝稀土共渗	0.24	0.28	0.59	0.62

注：试验材料成分为 $w(Cr)=16\%$，$w(Co)=8.5\%$，$w(Al)=3.5\%$，$w(Ti)=3.2\%$，$w(W)=2.6\%$，$w(Ta)=1.75\%$，$w(C)=0.13\%$，余 Ni。

表 8-95　铝稀土共渗层的耐熔盐热腐蚀和抗热震性能

处理方法	熔盐热腐蚀结果		热震循环次数
	开始破坏时间/h	100h 损失量/(g/m²)	试验方法：1000℃加热 5min，风冷 3min 为一次循环
未共渗	15~20	15400	80 次开裂
铝稀土共渗	>150	0.6	200 次开裂

注：试验材料为 GH146 合金。

(2) 硼稀土共渗　稀土元素的渗入，降低了渗硼层的脆性（见表 8-96）。硼稀土共渗层具有比渗硼层更好的耐磨及抗介质腐蚀性能（见图 8-86、表 8-97）。

表 8-96　渗硼与硼稀土共渗层的脆性指标

处理方法	出现第一条显微裂纹时的挠度/mm	对应的负荷/N	吸收能量/J	对应的应力/MPa
渗硼	0.3	2450	0.37	274
硼稀土共渗	0.35	2646	0.46	304
渗硼	0.32	2528	402	284
硼稀土共渗	0.51	3146	804	352

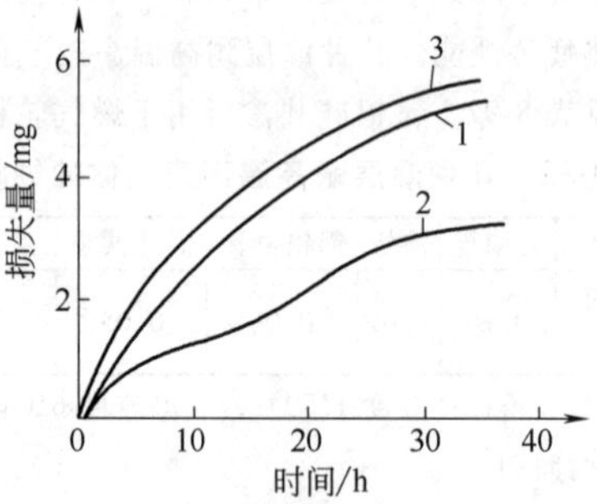

图 8-86　40Cr 钢耐磨性对比

1—渗硼　2—硼稀土共渗　3—硼锆共渗

表 8-97　硼稀土共渗与渗硼层在 10%H_2SO_4 中的耐蚀性能比较

处理方法	腐蚀失重/(g/cm²)		
	24h	48h	96h
未处理	10.6	15.9	22.6
渗硼	1.4	3.0	9.2
硼稀土共渗	0.7	2.3	7.7

(3) 铬稀土共渗　与渗铬相比，铬稀土共渗中加入稀土元素明显地提高了渗速。铬稀土共渗层的抗冲击疲劳、耐高温氧化、耐介质腐蚀等性能均优于渗铬层，铬稀土共渗层具有比渗铬层更低的摩擦系数。共渗层与渗铬层抗高温氧化和耐 H_2SO_4 腐蚀性能见表 8-98。

表 8-98　铬稀土共渗层与渗铬层抗高温氧化和耐 H_2SO_4 腐蚀性能对比

处 理 工 艺	平均腐蚀失重/(g/cm²)	
	900℃×100h 高温氧化	45%H_2SO_4 腐蚀 50h
T12 渗铬	22.64	5.50
T12 铬稀土共渗	12.43	3.78

8.5　真空及离子化学热处理

8.5.1　真空化学热处理

1. 真空化学热处理特性

真空化学热处理是指在真空（低压）条件下加热工件，在其表面渗入金属或非金属元素，从而改变表面化学成分、组织和性能的热处理方法。

真空化学热处理的基本原理与普通化学热处理相

同，通常可分为含被渗元素的渗剂分解、活性原子的吸收和被渗原子在基材中扩散三个基本过程。

真空化学热处理有多种分类方法，根据在真空条件下外部介质与钢表面相互作用的形式，真空化学热处理分为如下几种类型：

1）真空气相法。在真空条件下，以气体介质作为被渗元素来源，分解产生的活性原子渗入工件表面，改变材料表层的成分、组织及性能，例如，真空渗碳、真空渗氮、真空气相渗金属（如真空气相渗铬）、真空气相渗非金属（如真空气相渗硼）等。

2）真空固相法。在真空条件下，以固体介质作为被渗元素来源，分解产生的活性原子渗入工件表面，改变材料表层的成分、组织及性能。该法又分为真空密封法渗金属和非金属、真空料浆法渗金属和非金属以及真空镀膜法渗金属。

3）离子轰击法。利用真空条件下气体辉光放电产生的离子轰击效应，使被渗元素的活性原子渗入工件表面，改变材料表层的成分、组织及性能。例如，离子渗氮、离子渗碳等。

按照加热温度的高低，又可分为奥氏体状态下的真空化学热处理和铁素体状态下的真空化学热处理，前者的典型工艺为真空渗碳，后者的典型代表为真空渗氮。

由于在真空条件下实现加热和表面合金化，真空化学热处理具有一些突出的特点。

1）与普通化学热处理方法相比，真空化学热处理具有渗入速度快、生产效率高的特点。导致这些结果的原因如下：

① 真空中加热，工件表面光亮，具有优异的脱气净化效果，工件表面活化，原子的吸收及扩散速度更快。

② 真空中加热，避免了工件表面氧化，因而可以提高处理温度，加速原子的扩散。

③ 真空中加热，渗剂及分解出的活性原子不易氧化，活性更强，有利于吸收及扩散。

④ 真空中加热，工件表面不脱碳，不产生晶界氧化，有利于提高零件的疲劳强度。

⑤ 真空条件下，活性介质更容易蒸发，特别是在渗金属时，可利用在真空中金属的蒸气压升高的特点，提高活性金属原子的蒸发浓度。例如，真空气相渗铬时，在 907℃时，铬的蒸气压约为 1.3×10^{-3}Pa，在 1090℃时约为 1.3×10^{-1}Pa。

⑥ 真空离子化学热处理过程中电场的介入，加速渗剂的分解，提高活性原子的活度（呈离子态），同时又因等离子体轰击工件表面，提高了表面活性，加速被渗原子的吸收与扩散。

2）真空化学热处理质量高。主要体现在工件的表面质量好，无氧化、无脱碳、表面光亮；工件的变形小；渗入元素的浓度及渗层深度易于控制。

3）真空化学热处理周期短，渗剂利用率高，可显著节省渗剂，降低能耗。

4）劳动条件好，环境污染小。

2. 真空渗碳及碳氮共渗

（1）真空渗碳概述　真空渗碳也称真空低压渗碳，是一种非平衡的强渗-扩散型渗碳过程。其一般过程可描述为，处于具有一定分压的碳氢气氛的真空条件下的工件，在奥氏体温度区间进行渗碳并在真空条件下进行扩散，随后于油或高压气淬条件下淬火冷却的过程。与传统气体渗碳相比，真空渗碳具有以下一系列突出的特点：

1）无内氧化（黑色组织），能显著提高零件表面疲劳性能，极大提高产品的可靠性和使用寿命。

2）零件热处理畸变小，甚至可替代压床淬火，减小后期的加工量，节省加工成本。

3）渗层控制精度高，计算机模拟控制精度可达 ±0.05mm。真空渗碳表面碳含量不必通过碳势控制，只需控制渗碳压力和渗碳气流量即可实现表面碳含量的精确控制，其过程具有良好的重复性，质量稳定。

4）处理后零件表面质量好，不氧化、不脱碳，保持金属原有的光亮状态，可节省清洗、喷丸工序。

5）在低压和高温状态下，渗碳过程可大大缩短，生产率高。渗碳温度范围跨度大，从低温渗碳到最高渗碳温度可达到 1050℃，大大节省工艺时间，有效节约时间和能源成本，更有利于完成特殊钢种的渗碳工艺。

6）对特殊产品渗碳具有独特效果，可对小孔、不通孔等零件实现均匀渗碳，可在不锈钢、含硅钢等普通气体渗碳效果不好甚至难以渗碳的材料上获得良好的渗碳层。

7）无火帘、排气口、油烟，生产过程中不会产生 CO、SO_2 等有害气体或表面杂质，工作环境清洁、环境污染小，绿色环保。

8）适应面广、灵活性大，可实现在线生产。

真空渗碳研究始于 20 世纪 50 年代，1960 年申请第一个专利。一般是将甲烷（CH_4）、丙烷（C_3H_8）、乙炔（C_2H_2）或天然气作为富化气直接通入炉内，裂解后形成渗碳气氛，采用高纯氮气作为工艺过程的调节气体。以乙炔作为真空渗碳用富化气时，真空室压强一般控制在 400～800Pa。早期的真空渗碳，主要采用甲烷、丙烷等作为富化气，为了得到理想的渗碳效果，炉内必须维持较高的压力，烷烃裂解后形成的炭黑对炉壁易造成污染，致使该项技术的发展一度受到很大影响。20 世纪 90 年代中期，出现了采用乙炔进行真空渗碳的工艺，促进真空渗碳技术发生革命性的变化。乙炔的结构特点及其裂解特性决定了渗剂具有较高的渗碳能力：在 900℃、930℃ 和 1050℃ 三种渗碳温度下，乙炔真空渗碳较丙烷真空渗碳的单位面积碳传输量分别高出 3%、19% 和 34%；在 900℃ 和 930℃ 时较常规气体渗碳分别高出 37% 和 48 %。实践表明，采用乙炔作为富化气进行真空渗碳可有效避免真空渗碳过程中炭黑和焦油的形成，用乙炔取代丙烷渗碳已成为真空渗碳的发展趋势。目前，生产实际中应用的基本都是乙炔真空渗碳技术。

（2）真空渗碳原理　真空渗碳一般与淬火工艺结合进行，图 8-87 所示为真空渗碳淬火过程与 Fe-Fe_3C 相图结合情况（图中设定基材碳浓度 C_o = 0. 2%，表面碳浓度 C_s = 0. 8%）。

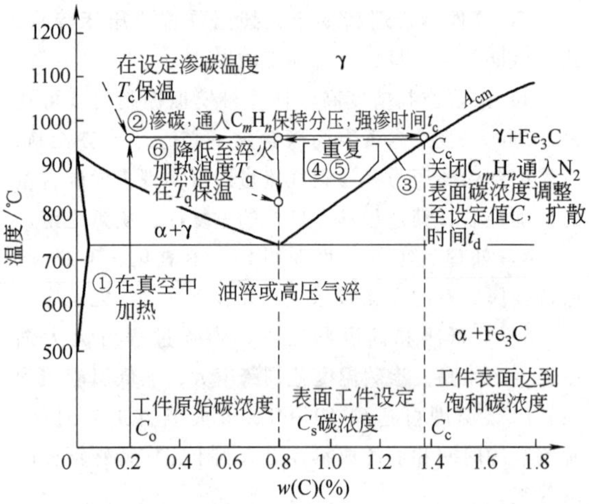

图 8-87　真空渗碳淬火过程与 Fe-Fe_3C 相图结合情况

1）工件进炉后在真空条件（<10Pa，基本达到无氧条件）进行加热。

2）达到设定的奥氏体化温度 T_c 保温，并通入渗碳的气氛（C_mH_n），保持一定分压进行强渗，时间为 t_c，使工件表面达到奥氏体在该温度下的饱和值 C_c（饱和碳浓度将随合金元素的加入而改变）。

3）关闭和抽去渗碳气氛，充入 N_2，进入扩散阶段，使工件表面含碳量下降至 C，同时碳向工件内部扩散使渗层增加（又称扩渗阶段），时间为 t_d。

4）当工件表面达到设定的表面碳浓度 C_s 时，抽真空（至<10Pa），再通入 C_mH_n，保持一定分压又进入强渗阶段，使工件表面再达到 C_c 后重复图 8-87 中③的操作。

5）重复 2）和 3）的操作，即在不断调整工件表面碳浓度的同时完成碳的扩渗，以达到设计的渗碳层深度。

6）降温至淬火的奥氏体化温度 T_q 并保温，调整炉内压力进行油淬或高压气淬。

7）如果要求细化奥氏体晶粒，建议完成扩渗阶段以后，提高降至淬火的奥氏体化温度 T_q 时的冷速，这时可采取由加热炉转移至淬火室的方法。

（3）真空渗碳设备　真空渗碳设备是在真空退火或真空淬火设备基础上发展起来的。我国将真空分为低（10^2～10^5Pa）、中（10^{-1}～10^2Pa）、高（10^{-5}～10^{-1}Pa）和超高真空（低于 10^{-5}Pa）几个等级。目前，大多数真空热处理炉的工作真空度在 1. 33×10^{-3}～1. 33Pa 区间。真空渗碳设备一般分为单室或双室真空渗碳高压气淬炉、双室真空渗碳油淬炉、多室真空渗碳炉等周期式设备以及真空渗碳炉与真空高压气淬室或真空油淬室、真空回火炉组成的生产线，其突出的特点是选择的多样性、具有多种用途和先进的渗碳控制系统。用户可根据不同的要求，对真空渗碳设备做出多种选择，根据设备配置处理室个数的要求，选择单室、双室、三室或多室炉；根据渗碳工件装载方式的不同，可选择立式或卧式炉；根据淬火方式的不同，可选择油淬或气淬炉；根据处理室功能的不同，可在设备中选择脱气室、预热室、渗碳室、碳氮共渗室、缓冷室或淬火室；根据工艺要求配置后处理设备（如真空回火炉等）；设备既可以安装在专门的热处理车间，也可安装在混合车间，与冷加工设备组成联合生产线；设备根据生产量的大小，既可以是周期式真空渗碳设备，也可以是生产线式的真空渗碳设备。真空渗碳设备具有多种用途，能灵活地实现多种热处理工艺，如真空渗碳、真空碳氮共渗、真空渗碳+油淬、真空渗碳+气淬，还具有真空回火炉的全部功能。

除一般热处理炉须具有的测量、控制等基本技术条件外，真空渗碳炉还应达到以下专门技术要求：

1）渗碳室极限真空度≤50Pa，达到极限真空度的抽气时间不大于 30min，压升率不大于 0. 5Pa/(L·s)。

2）渗碳室有效加热区温度均匀性偏差不超出 ±5℃。

3）常压下加热允许对地绝缘电阻不低于 5MΩ。

4）高压气淬室应配备淬火冷却气氛充入压强自动控制和压强自动补偿功能。

5）高压气淬室水冷换热器冷却水进口温度不大于 27℃，压力不小于 0. 2MPa。

6）真空油淬室淬火槽瞬间充入氮气时，油面压强应能自动控制，其推荐值为 8×10^4Pa。

7）为适应工件缓冷要求，真空油淬室应具有≤0.2MPa 气冷功能。

由于真空渗碳设备具有环境友好、可控性强、易于实现自动化等优点，特别适合集中配置，根据技术要求采用合理、经济的工艺路线，发挥更大效益。图 8-88 所示为某汽车零件真空热处理专区配置图。该系统的真空渗碳炉共有 6 个真空渗碳室、1 个气淬室和 1 个油淬室。真空炉设置了专门的冷却循环水系统，同时整个真空热处理系统设备配有 5 个低温回火炉用于淬火后的低温回火热处理，1 台前清洗和 1 台后清洗设备以及风冷台和 1 个高温回火炉，低压氮气罐用于储存保护气体氮气，高压氮气罐用于储存淬火用高压氮气，轨道小车负责将放置零件的料盘传输至各处理单元，中央控制系统管控各处理单元完成相应的工艺操作，整个设备系统运行由真空热处理控制系统智能操控并自动运行。

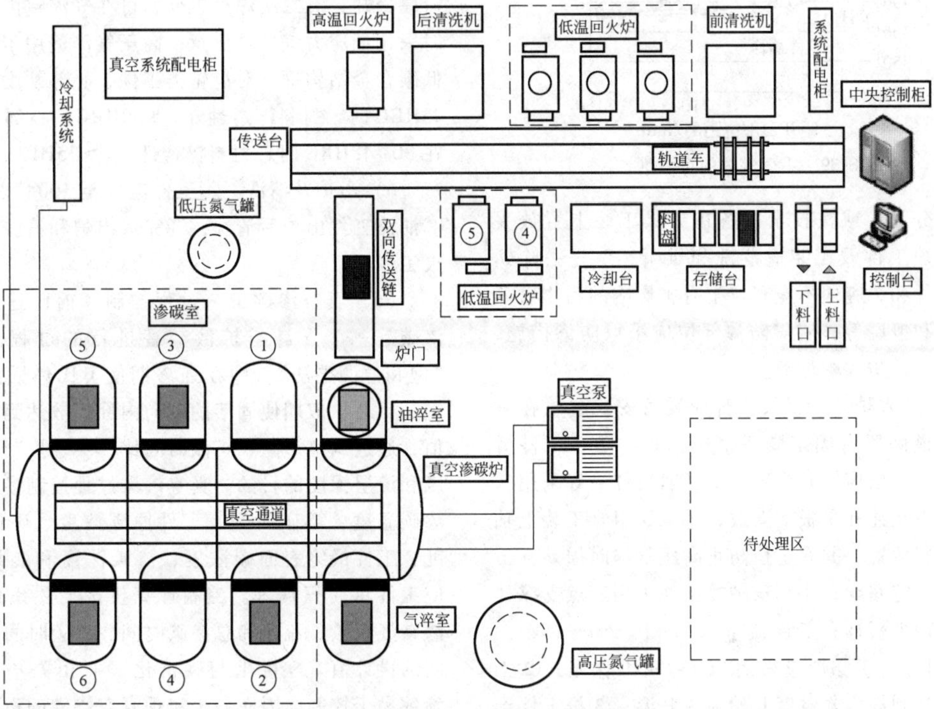

图 8-88　某汽车零件真空热处理专区配置图

（4）真空渗碳工艺材料　烃类气体是常用的真空渗碳渗剂，主要有 CH_4、C_3H_8、C_2H_4 和 C_2H_2 等，四种碳氢化合物的分解反应式见表 8-99。其中，C_2H_2 热分解的反应热为 226.9kJ/mol，是放热反应。按式⑥可得 2 个自由碳原子，具有强的渗碳能力，虽然在真空渗碳炉内也有产生焦油和炭黑的可能，但仅在与金属接触时发生，在炉内非工件金属表面做一定涂料处理即可防止。当采用 C_3H_8 作为渗剂时则无法避免炭黑出现，因而增加渗碳炉维护难度。

表 8-99　四种碳氢化合物的分解反应式

化合物	分解反应式	
甲烷 CH_4	$CH_4 \rightarrow CH_4$	①
丙烷 C_3H_8	$C_3H_8 \rightarrow C+2CH_4$	②
	$C_3H_8 \rightarrow C_2H_4+CH_4 \rightarrow C+2CH_4$	③
	$C_3H_8 \rightarrow C_2H_2+H_2+CH_4 \rightarrow 2C+2H_2+CH_4$	④
乙烯 C_2H_4	$C_2H_4 \rightarrow C+CH_4$	⑤
乙炔 C_2H_2	$C_2H_2 \rightarrow 2C+H_2$	⑥

除了富化气选择不当可能对炉膛和工件造成污染外，还可能影响渗碳质量，尤其是深孔件。采用气体渗碳及真空渗碳的渗碳试样，用距渗碳层表面 0.1mm 的硬度来表示工件直径 5mm、长 150mm 的细孔内面的可渗碳性（处理条件为渗碳温度 900℃，淬火温度 850℃，渗碳气体压力约 50Pa），如图 8-89 所示。与气体渗碳相比，使用乙炔进行真空渗碳能达到较深部位，可渗碳性良好。此外，甲烷在处理条件下的渗碳结果比气体渗碳差。

一般来说，真空渗碳用富化气为乙炔气体或丙烷气体，纯度不低于 96%（体积分数）；工艺过程中压强调节用气体为高纯氮气，纯度不低于 99.995%。相应管路中压强应稳定在 0.2MPa 左右。

（5）真空渗碳工艺操作过程

1）工件准备。①工件应按材料、尺寸、形状和

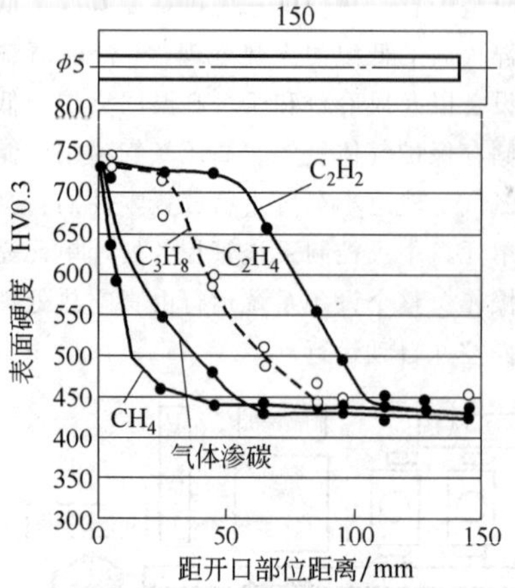

图 8-89　不同气体的可渗性

技术要求分类，或按技术准备在夹具工装上置放妥当；②入炉工件及工装应清洗和烘干，事先去除锈斑；③工件和炉膛内不应有产生有害影响的污物、低熔点涂料和镀层等；④需防渗部位应采取防渗措施，如用镀层或戴防渗螺母等。

2）工件入炉。①平放工件应妥善安稳置放在支撑板上，最好置有固定脚或采用挡板，防止工件滑落，工件上下层应错开放置；②一般工件最好采用三点支撑，不在冲孔平板上安放；③双层组合工装上轴类零件竖直放置，并有定位防止高压气淬时摇动，工件间保持一定间距；④较长轴类零件采用三点支撑挂装，不应用平板冲孔工装。

3）升温。①空炉应采用 860~890℃ 保温；②工件入炉后达到规定真空度开始加热升温；③按工件形状、装炉方式、工件数量、变形要求选用加热速率，一般在 700~800℃ 保温 25~45min，然后升至工作温度并保温 20~30min 后开始渗碳；④为避免工件表面的合金元素蒸发，一般在 800℃ 以下可在真空中加热，在 800℃ 以上须通惰性保护气体。

4）渗碳和扩散。①按工艺技术要求和规定操作规范选定设置渗碳温度，其中对畸变要求严格的工件应选常用渗碳温度的下限范围；②为减小齿轮类零件节圆部位和齿根部位的渗层差，采用的脉冲供气的富化气，脉冲时间不应小于 50s；③对具有不通孔和深孔的零件，富化气采用 C_2H_2，并采用较高供气压强和气体流量；④富化气中适量添加高纯氮气可避免炭黑产生。

5）淬火工序根据操作工艺卡要求，分为油淬工序和高压气淬工序。油淬工序在真空油淬室中进行。淬火时，油淬室应充入高纯氮气，淬火槽油面压强推荐 $8×10^4$Pa。油淬冷却时，油槽应进行搅拌和循环冷却。注意，真空淬火油首次加油后要进行加热，抽真空除气；为适应工件缓冷功能，真空油淬室应具有 ≤0.2MPa 气冷功能。高压气淬工序在高压气淬室中进行。高压气淬温度应高于油淬温度，气淬压力、搅拌时间、淬火时间依据工件大小和畸变要求而定。对 20CrMnTiH、20CrMoH 和 20CrNiMoH 等钢件的气淬温度为 860~900℃；为减小工件畸变，可在气淬过程的不同阶段选择不同冷却速度和冷却时间实现工件的分阶段冷却；对二次淬火工件，可在气淬室内缓冷，此时采用低压力气冷。注意，高压气淬适用于高淬透性低碳合金结构钢。对齿轮类工件，心部硬度要求 25~45HRC 时，材料淬透性 J_{11} ≥ 30HRC；心部硬度要求在 30~48HRC 时，材料淬透性 J_{11} ≥ 35HRC。

6）出炉及清洗。①工件应冷至 100℃ 以下出炉；②油淬工件出炉后清洗；③完成出炉和清洗后进入回火工序。

（6）真空渗碳工艺过程控制　前已述及，真空渗碳是一个强渗与扩散交替进行的过程，称之为“饱和值调整法”，即在强渗期使奥氏体固溶碳并达饱和，在扩散期使固溶的碳向内部扩散达到目标要求值，通过调整渗碳、扩散时间比，实现控制表面碳浓度和渗层深度的目的。真空渗碳过程控制参数主要有渗碳温度、渗碳时间、工件原碳浓度、碳的饱和浓度、工件最终表面碳浓度、渗碳深度和装炉量（对应工件总面积）等。控制计算机按上述条件计算出渗碳气流量、流速和总渗碳时间、渗碳时间、扩散时间的设计值（实际上与碳富化率 F 相关）等。这些参数易于控制，因而易于实现真空渗碳的重现性。但这种计算和控制还是基于已有的经验数据，尚未实现精密的“反馈”控制。

真空渗碳淬火过程如图 8-90a 所示，图 8-90b 说明了饱和调整法的实施过程。图中 C_c 为奥氏体中饱

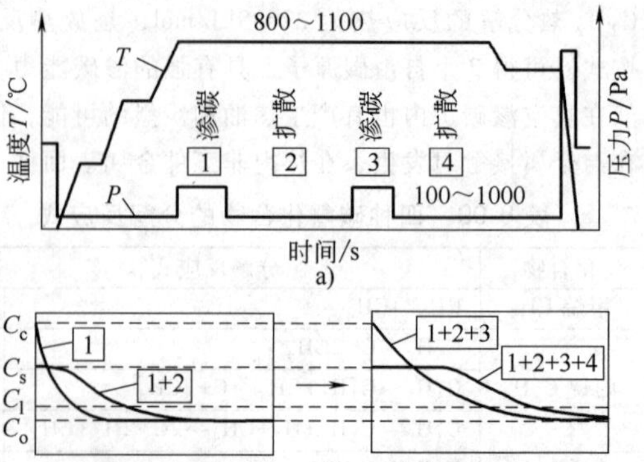

图 8-90　真空渗碳淬火过程示意图
a）真空渗碳淬火　b）饱和调整法

和碳浓度；C_s 为表面设定碳浓度；C_1 为有效硬化层对应含碳量；C_0 为心部含碳量。图中的 1 对应图 8-87 中的②，1+2 对应图 8-87 中的③，1+2+3 对应图 8-87 中的④，1+2+3+4 对应图 8-87 中的⑤。

（7）真空渗碳工艺参数

1）真空渗碳温度。真空渗碳加热一般采用 920~1050℃，常用温度为 920~980℃。

2）真空渗碳压强和气体流量。真空渗碳压强一般采用 300~2000Pa，常用压强 400~800Pa，工艺气氛进口压强一般为 0.2MPa。强渗过程中富化气以脉冲方式通入，为平衡炉内压强，扩散过程可通入适量氮气。强渗过程中富化气通入量一般按装料工件表面积确定，表面积越大，流量也就越大，一般每炉工件表面积不大于 20m²。富化气流量见表 8-100。

表 8-100　真空渗碳富化气流量

工件表面积/m²	≤3	3~10	10~20
丙烷气流量流量/(L/h)	3000	4500	5700
乙炔流量/(L/h)	1200	2000	2700

3）真空渗碳保温时间。渗碳保温时间分渗碳时间、扩散时间。前者按渗碳温度、渗层深度和碳富化率确定，富化率一般为 8~15mg/(m²·h)；扩散时间按表面碳含量和碳含量梯度确定。真空渗碳保温时间见表 8-101。

表 8-101　真空渗碳保温时间　（单位：min）

渗碳温度/℃	920		940		960		980	
碳富化率/[mg/(cm²·h)]	8		11		13		15	
渗层深度(550HV1)/mm	渗碳时间	扩散时间	渗碳时间	扩散时间	渗碳时间	扩散时间	渗碳时间	扩散时间
0.30	7	26	6	21	4	12	4	9
0.60	15	94	11	80	10	60	8	40
0.90	22	240	17	163	15	120	12	68
1.20	29	420	24	320	20	230	17	140
1.50	37	697	30	530	25	400	22	260

碳富化率是指真空渗碳炉在试验温度条件下达到热稳定状态时通入富化气，工件单位面积上单位时间内的碳增量。计算公式为

$$F=\frac{W-W_0}{t\cdot S}$$

式中　F——工件碳富化率/[mg/(cm²·h)]；
W——工件渗碳后质量（mg）；
W_0——工件渗碳前质量（mg）；
t——富化气通入总时间（h）；
S——工件表面积（cm²）。

（8）真空渗碳件质量检验　真空渗碳淬火件质量检验一般应在回火后进行，回火要求应符合 JB/T 3999 的规定。

1）外观检验。工件表面光亮洁净，无裂纹等缺陷。一般采用目视检验，必要时采用体视显微镜或放大镜。

2）硬度。表面硬度和心部硬度应符合图样技术要求，表面硬度测定部位按图样上的要求确定，心部硬度可在同炉处理的设计试块上进行，严格要求则应在实际工件上割取试块。硬度值偏差范围按 JB/T 3999 或供需双方技术协议要求，检验方法应符合 GB/T 230.1、GB/T 4340.1、JB/T 6050 的规定。

3）硬化层深度。硬化层深度可在同炉处理的设计试块上进行，严格要求则在实际工件上割取的试块上进行，检验方法应符合 GB/T 9450 的规定。

4）显微组织。检查项目包括马氏体级别、表面碳化物形态分布及数量、表面残留奥氏体数量、非马氏体组织等。

5）畸变。符合产品过程中控制的畸变量要求，测量部位方法按供需双方技术协议的规定。

6）其他。按技术要求或供需双方技术协议要求，对其他力学性能进行检验。

（9）真空碳氮共渗　采用碳氮共渗工艺可降低处理温度，提高渗层硬度和疲劳性能。真空碳氮共渗处理温度一般为 800~900℃，典型的渗层深度为 0.25~0.50mm，工件表面 $w(C)=0.6\%\sim0.8\%$，$w(N)=0.15\%\sim0.30\%$。相应的工艺曲线如图 8-91 所示，过程压力与真空渗碳相同，为 500~2000Pa，气氛为 C_3H_8 或 C_2H_2，在强渗/扩散阶段后通入氨气，通入的量和时间取决于所要求的表面氮含量和深度。

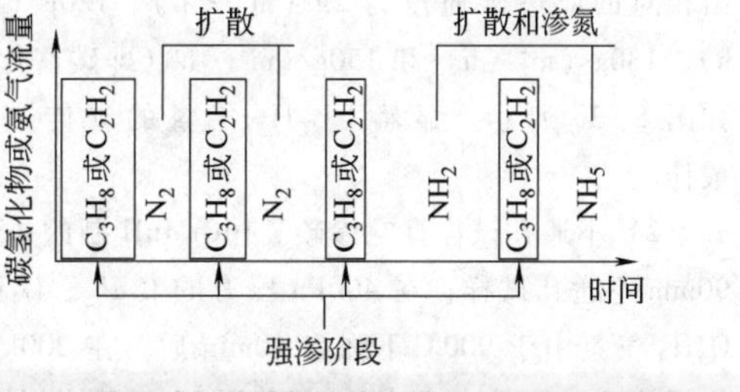

图 8-91　真空碳氮共渗的强渗、扩散和渗氮工艺曲线

29MnCr5 钢经几种真空化学热处理后的硬度和渗层深度见表 8-102。

表 8-102　29MnCr5 钢经几种真空化学热处理的硬度和渗层深度比较

处理方法	低压渗碳+气淬	低压渗碳气淬+回火	低压渗碳气淬+分级淬火	低压碳氮共渗+气淬
表面硬度　HV	885	800	872	927
心部硬度　HV	440	445	460	460
渗层深度/mm	0.39	0.40	0.45	0.38

真空碳氮共渗处理的供气方式可采用脉冲法或恒压法。恒压法供气时，共渗也可由渗入和扩散两个阶段组成。渗入工件中的氮原子，在扩散阶段会同时向基体内和工件表面两个方向扩散，所以扩散阶段时间不宜过长，以免过度脱氮。AISI 1080（对应国内牌号 T8Mn）在 900℃ 钢真空碳氮共渗后表面的碳、氮含量及硬度分布如图 8-92 所示。

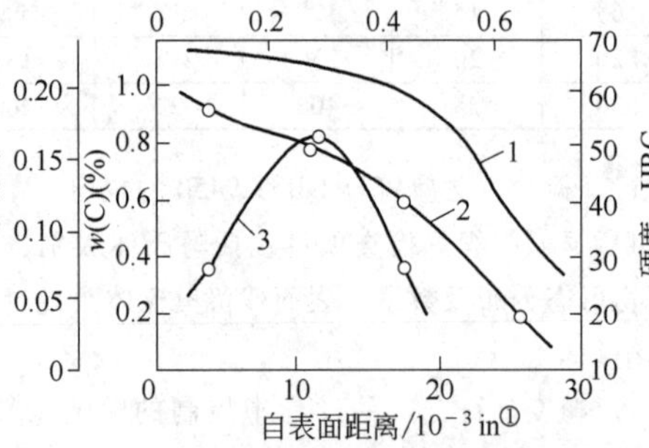

图 8-92　AISI 1080 钢真空碳氮共渗后表层状况

1—硬度　2—含碳量　3—含氮量

① 1in = 0.0254m。

(10) 典型材料和零件真空渗碳处理

1) 圆平状试样真空渗碳。16CrMnH 圆平状试样在 900℃、950℃、1000℃ 和 1050℃ 于 1kPa 压力的 C_3H_8、C_2H_2 中强渗 10min 后，在 200kPa 氮气下快冷测得的表面含碳量梯度如图 8-93a、b 所示。同时比较了 C_2H_2、C_3H_8、C_2H_4 和 CH_4 等 4 种渗碳气体在 1000℃ 时的渗碳结果，对碳浓度分布曲线面积积分得出相对的应渗碳通量为 2g/(m^2·h)、120g/(m^2·h)、130g/(m^2·h) 和 150g/(m^2·h)（即碳富化率），如图 8-93c 所示。显然，C_2H_2 气氛的碳传递效率最佳。

2) 不通孔试样真空渗碳。16CrMnH 制的 ϕ3mm×90mm 不通孔试样，在 400Pa 压力的 C_2H_2、C_3H_8 和 C_2H_4 气氛中于 900℃ 下强渗 10min 后，在 200kPa 氮气下快冷，然后在 500kPa 氮气下于 860℃ 气淬的渗碳均匀性结果（以测定的硬度表示）如图 8-94 所示。结果表明，乙炔的渗碳均匀性最佳。

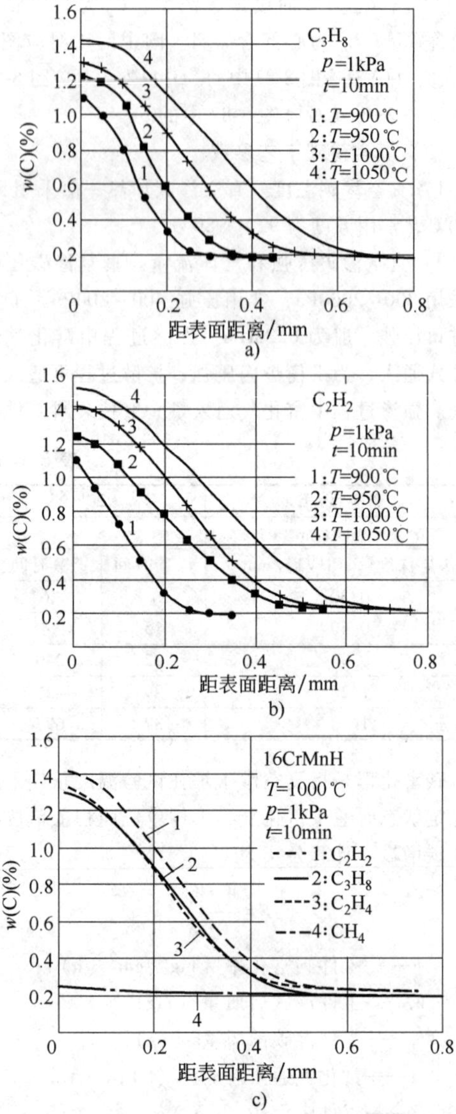

图 8-93　16CrMnH 圆平状试样真空渗碳的碳含量分布曲线

a) C_3H_8　b) C_2H_2　c) 1000℃ 渗碳比较

3) 汽车变速箱齿轮轴真空渗碳。20MnCrS5 钢制汽车变速箱齿轮轴采用真空渗碳+高压气淬处理，工艺曲线如图 8-95 所示。工件在 960℃ 乙炔气氛中进行强渗-扩散交替的渗碳处理（脉冲渗碳），渗碳压强为 800~1500Pa，扩散时通入高纯氮气保护；渗碳结束后采用高压氮气淬火。真空渗碳淬火处理工艺周期短，渗层质量好，畸变小，表面光洁，彻底解决了传统油淬火清洗和污染问题。真空渗碳与可控气氛生产效率对比见表 8-103，变形对比见表 8-104。

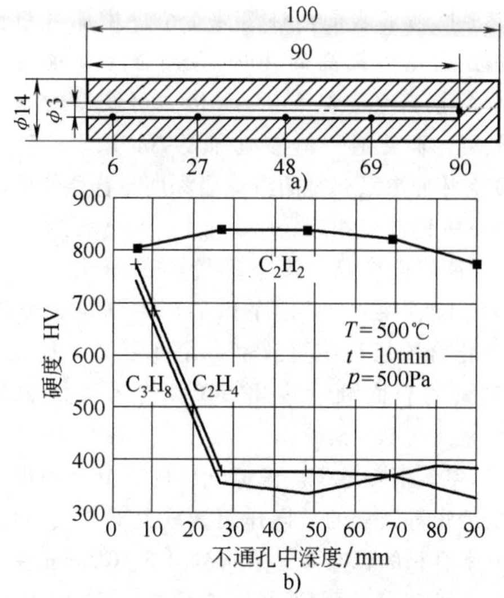

图 8-94　渗碳均匀性结果

a）测定渗碳均匀性的不通孔试样中表面硬度

b）不同气氛真空渗碳后不通孔中表面硬度

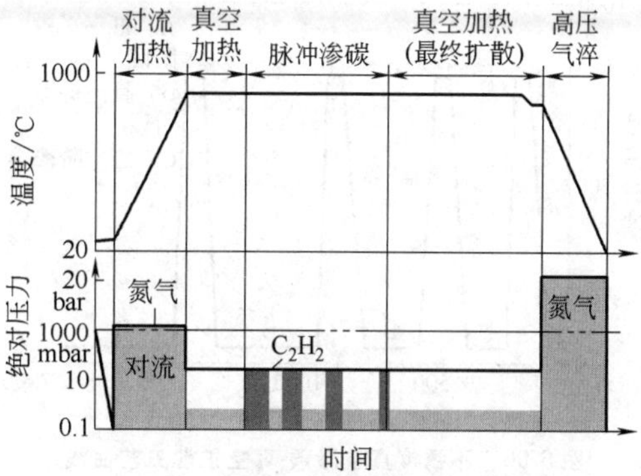

图 8-95　齿轮轴真空渗碳淬火工艺曲线

表 8-103　真空渗碳与可控气氛生产效率对比

热处理炉	渗层深度要求/mm	强渗与扩散时间/h	装炉量/件
真空炉	1.0	4.5	224
连续炉	1.0	9.33	106

表 8-104　齿轮轴出来后径向圆跳动情况对比（三点测量）

炉型	工件名称	零件总数/件	径向圆跳动/mm				节拍/s
			≤0.04	0.04~0.06	0.06~0.1	>0.1	
			检测件数/件				
真空炉	外输入轴	450	296	122	32	0	12
	输出轴一	450	300	111	39	0	9
连续炉	外输入轴	450	133	135	137	45	28
	输出轴一	450	10	108	163	69	14

从表 8-104 可见，三个测量点的圆跳动同时都在 0.04mm 以内的零件，真空炉生产的达到 66.67%，而连续炉生产的零件只占 29.56%，且真空炉生产的轴类零件的圆跳动几乎没有超过 0.1mm 的。因此，真空渗碳在提高零件校直节拍及产能的同时又大幅降低了零件由于圆跳动过大而引起的校直断裂问题。

4）汽车从动锥齿轮真空渗碳。16CrMnH 制齿轮，要求表面硬度达 680~780HV30，心部硬度达 320~480HV30，有效硬化层深度（硬度 510HV1）达 0.5~0.8mm。

真空渗碳工艺参数为，渗碳温度 950℃，加热和均温时间 50min，渗碳时间 9.25min，扩散时间 49.75min，C_2H_2 气富化率 13.81g/(m^2·h)；采用高纯氮气淬火，压力 1.5MPa，淬火时间 15min；回火温度 150℃，回火时间 3h。

处理后质量检测结果为，表面硬度 720~729HV30，心部硬度 350~356HV30；齿面有效硬化层深度（硬度 510HV1）0.64mm；齿面显微组织为碳化物（1 级）+残余奥氏体（2 级）+马氏体（2 级），无明显非马氏体组织。

5）不锈钢真空渗碳。由于不锈钢表面存在的钝化膜阻碍了碳原子的扩散，较低温度渗碳效率很低，因此利用真空环境可去除钝化膜以及真空渗碳炉较高加热温度的特点，对不锈钢件采用真空渗碳淬火工艺是一项较好的选择。对 10Cr17（铁素体型）不锈钢和 14Cr17Ni2（马氏体型）不锈钢制某型水中发动机关键部件进行真空渗碳处理，可达到理想效果。

真空渗碳工艺采用 C_2H_2 真空渗碳-真空扩散方式进行，工艺曲线如图 8-96 所示。渗碳温度为 1070℃，保温 8 小时。在 700~800Pa 压力下真空炉中的试样表面形成较高碳势，保持一段时间后，将加热室抽至高真空，进入扩散阶段，完成一次脉冲过程。如此循环并逐渐延长每个脉冲过程真空扩散阶段的时间，直至最终完成渗碳。渗碳结束后随炉冷却至 850℃，然后在 100kPa 压力的氮气中快速冷却。渗碳后在普通箱式炉 300℃回火 1 小时。处理后渗碳层深度分别为 0.58mm、1.0mm，金相组织符合要求，工件硬度见表 8-105。

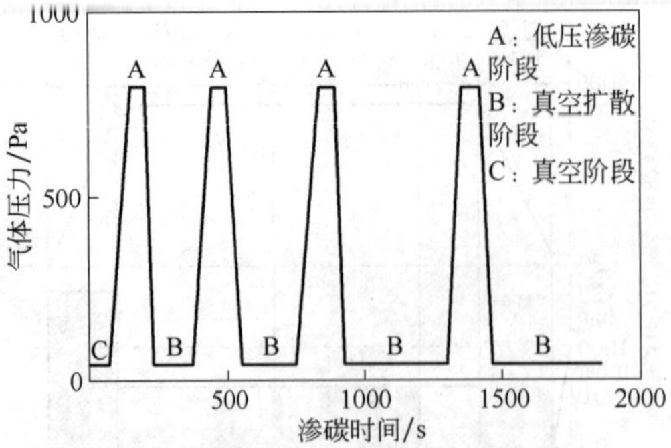

图 8-96　不锈钢真空渗碳-真空扩散工艺曲线

表 8-105　不锈钢试样真空渗碳淬火回火表面硬度和心部硬度

试样材料	渗碳淬火后硬度　HRC		300℃回火后　HRC	
	心部	表面	心部	表面
10Cr17	16,17	52,53	16,17	40,41
14Cr17Ni2	51,52	62,63	42,43	52,53

3. 真空渗氮及氮碳共渗

真空渗氮（又称真空氮化）是在低真空（几千帕至几十千帕）、低温（520~550℃，耐蚀渗氮可到650℃）条件下将活性氮原子渗入材料表层的化学热处理工艺技术，是真空热处理与气体渗氮相结合的工艺手段。真空渗氮除了承袭真空热处理的优点外，与气体渗氮相比，其工艺时间更短，渗层性能更优，与基体的结合更牢固。

（1）真空渗氮的特点

1）渗氮速度快。真空净化作用提高了工件的表面活性，从而提高工件表面吸附能力；脉冲循环供气，使得渗氮区域的表面活性氮原子浓度增加（与普通渗氮相比，氮势提高约40%），增强渗氮能力。如38CrMoAl钢真空渗氮530℃×10h，可获得约0.3mm的渗氮层，而普通气体渗氮需要20h以上；550℃×10h真空脉冲渗氮获得的渗氮层深度与普通气体渗氮540℃×33h的渗层相近。

2）渗层硬度高。真空环境不仅净化工件表面（洁净化和活性），而且净化了炉内气氛，使渗氮层中的化合物层组织更致密，硬度更高。如530℃真空渗氮的表面硬度高出540℃气体渗氮200HV左右。

3）氨气消耗量少。渗氮气体的充分利用以及渗氮周期缩短等因素的共同作用，减少了氨气消耗量。每立方米容积的真空渗氮炉得到0.3~0.5mm渗层所需液氨不足2kg，而普通气体渗氮需要1kg/h以上。

4）渗氮层均匀。因脉冲式送气，活性氮原子可以到达气体渗氮无法达到的部位，能对尖角、锐边、狭缝、不通孔、微孔及叠压表面进行渗氮，获得均匀致密的渗氮层，有效防止渗氮的尖角效益。

（2）真空渗氮设备　真空渗氮炉主要分为立式、卧式等形式。立式（井式、钟罩式）一般为外热式，即加热元件在真空罐之外，这种炉型具有结构简单的特点；卧式真空炉的加热元件在真空室内，结构较为复杂，一般安装炉内导流装置，可实现渗氮件快速冷却。不管为何种炉型，真空渗氮设备都由真空炉体、真空获得系统、加热与温度测量系统、工作气体干燥与输送系统、控制系统等部分组成。图8-97所示为卧式真空渗氮系统示意。

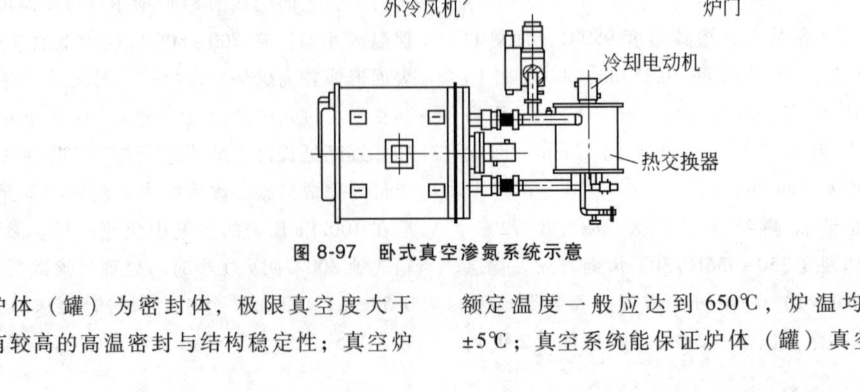

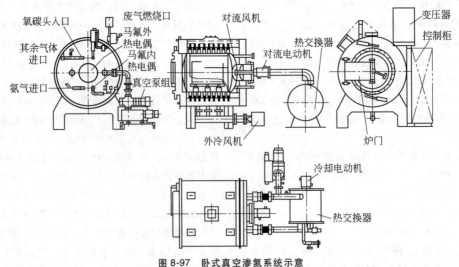

图 8-97　卧式真空渗氮系统示意

真空炉体（罐）为密封体，极限真空度大于0.1Pa，具有较高的高温密封与结构稳定性；真空炉额定温度一般应达到650℃，炉温均匀性不超出±5℃；真空系统能保证炉体（罐）真空的获得，并能随工艺需要及时调整炉内的真空度；控制系统通过压力、温度、气氛浓度等传感器测量并对加热装置、真空泵、流量计、电磁阀以及运动单元等进行管控，保证渗氮温度、渗氮时间、气体配比与输入量等参数的有效控制，保障工艺实施。

（3）真空（脉冲）渗氮工艺过程　与普通气体渗氮一段、二段、三段的渗氮模式不同，真空渗氮通常以脉冲送气方式进行。工件装入真空炉后开始抽真空至 0.1Pa，通电升温加热，工件达到要求的渗氮温度后（一般 520～560℃）保温一段时间（30～60min，视装炉量而定）以净化工件表面和透热，然后停止抽真空，向炉内通入渗氮气体（氨气等）使炉压升高至 50～70Pa，保持一定时间（2～5min）再抽真空至 5～10Pa（排气），并保持一定时间后停止排气，再通入氨气至 50～70Pa。如此反复多次"充气-抽气"，直到渗层达到要求为止。最后降温至 200～300℃出炉。在整个渗氮过程中炉温可保持恒定或变动。工艺曲线如图 8-98 所示。

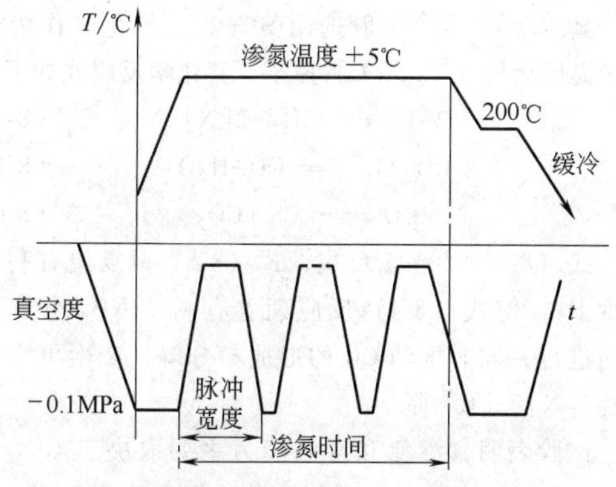

图 8-98　真空渗碳工艺曲线

（4）工艺参数对真空渗氮过程和渗层性能的影响

1）初始真空度。工件装炉后开始抽真空所达到的真空度，即为初始真空度。工艺初始抽真空，是为了净化工件，除去表面的氧化物、油脂及吸附性气体。一般来讲，较低的真空条件，有利于洁净工作表面，提高被渗气体在表面的吸附与活性氮原子的分解。

2）渗氮温度与渗氮时间。在相同时间内，渗氮温度越高，渗层深度越大。在同一温度下，渗氮层深度随渗氮时间的延长而不断增加。

渗氮初期，渗氮层深度增加较快，后期增速放慢。在低于 500℃时，随着温度增加，表面硬度增大，并逐步达到峰值，进一步延长渗氮时间，表面硬度下降。渗氮温度对渗氮速度具有较大的影响，渗氮温度越高，渗氮速度越快，但长时间较高温度保温，可能导致化合物层的组织粗化，硬度降低，耐磨、耐蚀、耐疲劳性能下降。渗氮温度与时间对 38CrMoAl 钢真空渗氮层深度、表面硬度的影响如图 8-99、图 8-100 所示，对 Q235 钢硬度分布的影响如图 8-101 所示。

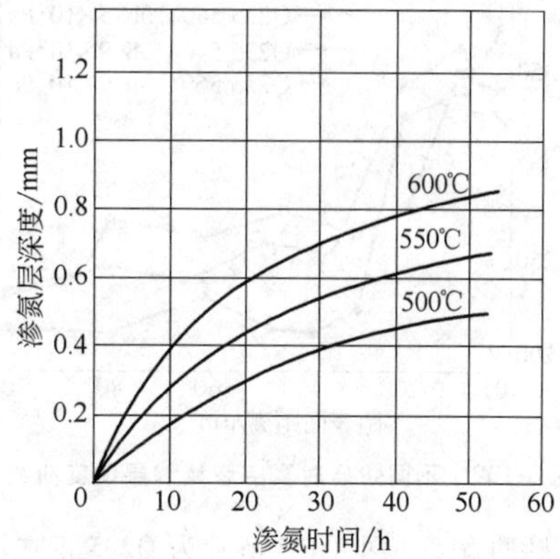

图 8-99　渗氮温度与时间对 38CrMoAl 钢真空渗氮层深度的影响

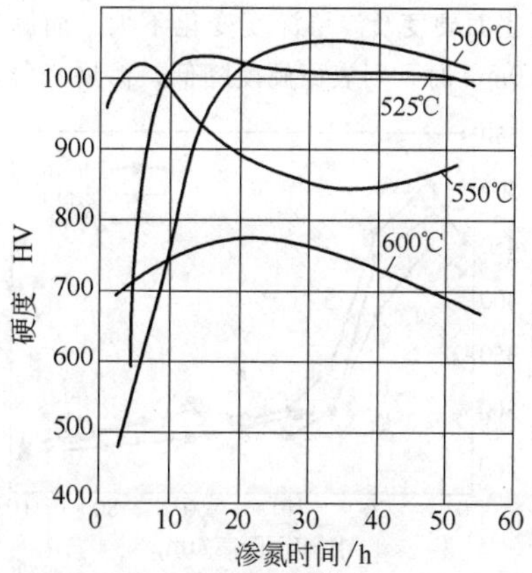

图 8-100　渗氮温度与时间对 38CrMoAl 钢真空渗氮表面硬度的影响

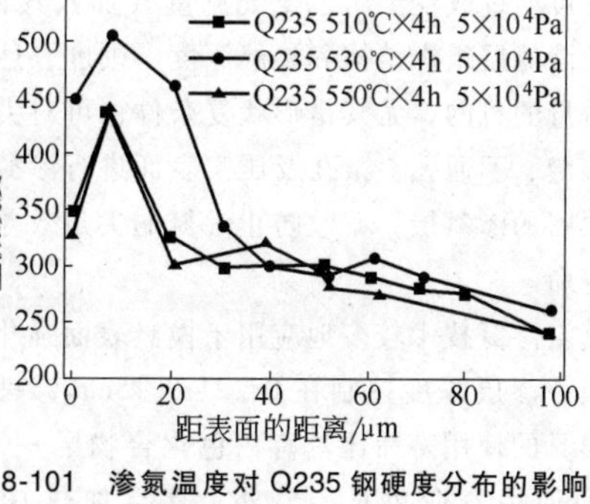

图 8-101　渗氮温度对 Q235 钢硬度分布的影响

3）炉气压力和氨气流量。炉气对真空渗氮过程和渗层性能的影响是由于炉气压力对氨的分解过程产生影响而形成的。提高炉气压力，可降低氨的分解率，提高活性原子的供给量，提高渗速。同样原理，增加氨气流量，可提高真空渗氮速度和渗氮层硬度。Q235 钢在不同炉压时真空渗氮渗层硬度曲线如图 8-102 所示。

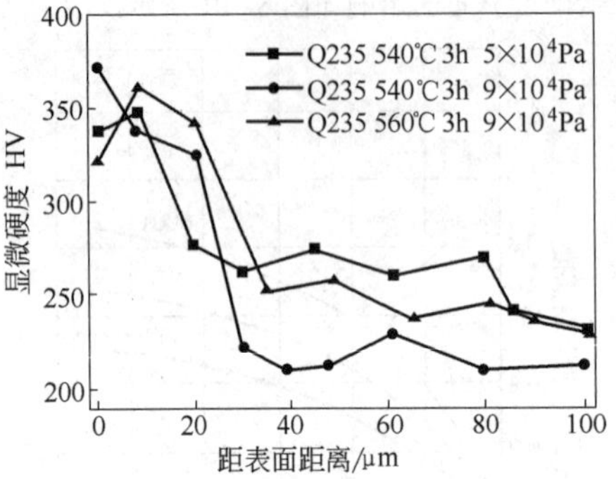

图 8-102　不同炉压时真空渗氮渗层硬度曲线

4）脉冲宽度。图 8-103 所示为 Q235 钢在渗氮温度 530℃、渗氮时间 4h、工作炉压 5×10^4Pa 下不同脉冲宽度时渗氮渗层硬度曲线。脉冲间隔选在 10~15min 时表面硬度及渗层深度变化不大，而脉冲间隔延长至 20min 时，则表面硬度降低，渗层变薄。

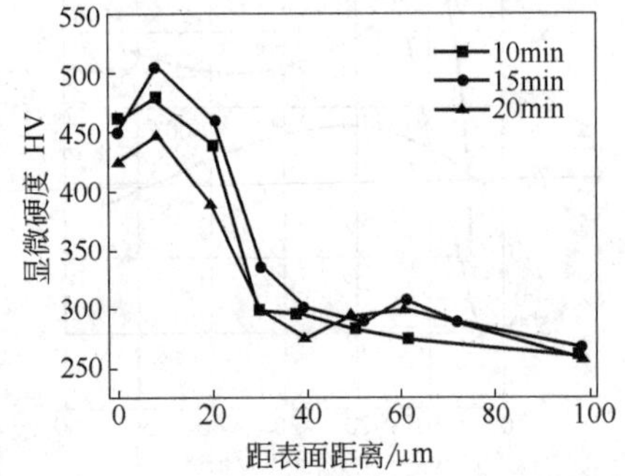

图 8-103　不同脉冲宽度时真空渗氮渗层硬度曲线

总之，真空渗氮基本上可消除渗氮层中的脉状组织，并可通过改变炉压、氨气流量（加入其他气体）来调控渗氮层组织结构和渗层深度、硬度，达到提高渗层质量的目的，尤其是形状复杂件，可对尖角、锐边、狭缝、不通孔、微孔及压实表面进行渗氮，获得均匀致密的渗氮层，有效防止渗氮的尖角效益，提高使用寿命。

真空渗氮技术较多地应用于模具表面强化。对于挤压模，渗层深度控制在 0.12~0.15mm，只有扩散层的模具的使用寿命比具有白色化合物层+扩散层的模具的使用寿命更长。另外，真空加热具有退脆（氮）效应，即采用真空退氮处理工艺，利用炉压的变化，使氮浓度降低，从而减少或消除白色化合物层，为消除“白亮层”开辟了新的途径。

部分材料采用 530℃×6h，氨气为渗氮介质，脉冲时间设为 2min，炉压上限-0.01MPa、下限-0.08MPa 的工艺进行真空渗氮处理，试验结果见表 8-106。

表 8-106　部分材料真空渗氮试验结果

材料	化合物层/mm	扩散层深度/mm	表面硬度 HV0.1
3Cr2Mo	0.035	0.10~0.15	843
Cr12MoV	无	0.08~0.10	883
38CrMoAl	无	0.12~0.15	1142
3Cr2W8V	无	0.10~0.12	873
4Cr5MoSiV1	无	0.05	1057

（5）真空氮碳共渗　真空氮碳共渗（又称真空软氮化）是在真空条件下将氮、碳原子同时渗入工件表层，且以渗氮为主、渗碳为辅的工艺过程。碳的渗入促进了氮原子的扩散，所以氮碳共渗除了具有真空渗氮硬度高、耐蚀性好的特点外，其渗层深度比真空渗氮更大，脆性更小，渗层的致密性更高，具有更好的耐磨性、抗咬合性和承载能力。

真空氮碳共渗一般选用氨气和二氧化碳作为渗剂，提供活性［N］、［C］原子，其化学反应式如下：

$$2NH_3 \rightleftharpoons 3H_2+2[N] \tag{8-4}$$

$$CO_2+H_2 \rightleftharpoons CO+H_2O \tag{8-5}$$

$$2CO \rightleftharpoons [C]+CO_2 \tag{8-6}$$

式（8-4）为平衡反应，式（8-5）的反应有利于减少 H_2，使式（8-4）反应朝着有利于 NH_3 分解的方向进行，同时推动 CO 的形成与分解，产生更多的活性［N］、［C］原子。

试验表明，渗氮和渗碳能力主要取决于 CO_2 和 NH_3 的配比关系，CO_2 过少，则渗碳效果不明显；CO_2 过多，则渗层脆性增大。当 $w(CO_2):w(NH_3)=(5\sim10):(90\sim95)$时，能得到较高的硬度值。

真空氮碳共渗的处理温度常用 510~560℃。部分材料采用 530℃×10h+560℃×4h 二段共渗，渗剂中 CO_2 为 5%，脉冲时间设为 2min，炉压上限-0.01MPa，下限-0.08MPa 的工艺进行真空氮碳共渗处理，结果见表 8-107。

表 8-107　真空氮碳共渗处理结果

材料	化合物层/mm	扩散层深度/mm	表面硬度 HV0.1
3Cr2Mo	无	0.15~0.20	630
Cr12MoV	无	0.15~0.17	1046
38CrMoAl	无	0.15~0.18	883
3Cr2W8V	无	0.15~0.16	981
4Cr5MoSiV1	无	0.10~0.12	884

比较表 8-106、表 8-107 可见，真空氮碳共渗的渗层硬度略低于真空渗氮，渗层深度则大于真空渗氮。

（6）典型材料和零件真空渗氮应用　部分典型材料和零件真空渗氮应用见表 8-108。

表 8-108　部分典型材料和零件真空渗氮应用

应用类别		材　质	母材硬度 HRC	表面硬度 HV	全渗层深度 /mm	白亮层深度 /μm
挤压模具	空心	4Cr5MoSiVl	52	1100	0.10	8
	空心		50	1000	0.08	无
压铸模具		4Cr5MoSiVl	46	800	0.06	无
铸型		2Cr3Mo2NiVSi(PH 钢)	52	1100	0.15	3
型芯		4Cr5MoSiVl	52	1100	0.12	9
锻模		4Cr5MoSiVl	48	1100	0.15~0.30	10
塑料模		30Cr13	52	1000	0.10	6
		3Cr2Mo	33	800	0.15	10
		25CrNiMoAl(P21 钢)	40	900	0.15	8
冷冲模		Cr12MoV	56	1100	0.07	3
钻头、铣刀		W6Mo5Cr4V2	64	1300	0.03	无
难削刀具		Co 高速钢	66	1300	0.04	无
钢用圆锯		Cr12MoV 改良	62	1200	0.08	无
切纸刀		95Cr18	56	1200	0.08	3
汽车零件		NiCrMo 钢	30	700	0.25	18
精密齿轮		NiCrMo 钢	33	700	0.30~0.50	14
飞机零件		NiCrMo 钢	39	800	0.25	12
高强零件		Cr 系时效硬化钢	54	1000	0.13	6
建筑机械中的齿轮		CrMo 钢	30	700	0.40~0.60	18
耐磨零件		45 钢	21	600	0.05	20
汽车零件		铸铁		500	0.02	12
汽车弹簧		55SiCrMnCu	42	900	0.15	无

8.5.2　离子化学热处理

置于低压容器内的工件在电场的作用下产生辉光放电，带电离子轰击工件表面使其温度升高，实现所需原子渗扩进入工件表面的化学热处理方法，称之为离子化学热处理。与常规化学热处理相比，离子化学热处理具有许多突出的特点：渗层质量高、处理温度范围宽、工艺可控性强、工件变形小、易于实现局部防渗；渗速快、生产周期短，可节约时间 15%~50%；热效率高、工作气体耗量少，一般可节能 30%以上，节省工作气体 70%~90%；无烟雾、废气污染，处理后工件和夹具洁净，工作环境好；柔性好，便于生产线组合。因此，自 20 世纪 60 年代离子化学热处理获得工业应用以来，该技术得到了飞速发展，已成为化学热处理中的一个重要分支。

1. 离子化学热处理基础

（1）辉光放电　辉光放电是一种伴有柔和辉光的气体放电现象，它是在数百帕的低压气体中通过激发电场内气体的原子和分子而产生的持续放电。真空容器中的气体放电不符合欧姆定律，其电流与电压之间的关系，可用稀薄气体放电伏安特性曲线描述（见图 8-104）。在含有稀薄气体的真空容器两极间施加电压，开始阶段电流变化并不明显，当电压达到 c 点时，阴阳极间电流突然增大，阴极部分表面开始产生辉光，电压下降；随后电源电压提高，阴极表面覆盖的辉光面积增大，电流增加，但两极间的电压不变，至图中 d 点，阴极表面完全被辉光覆盖；此后，电流增加，极间电压随之增加，超过 e 点，电流剧烈增大，极间电压陡降，辉光熄灭，阴极表面出现弧光放电。c 点对应的电压称为辉光点燃电压。在 Oc 段，气体放电靠外加电压维持，称为非自持放电；超过 c 点即不需要外加电离源，而是靠极间电压使得稀薄气体中的电子或离子碰撞电离而维持放电，称为自持放电。从辉光点燃至 d 点，称为正常辉光区，de 段为异常辉光区。离子化学热处理工作在异常辉光区，在此区间，可保持辉光均匀覆盖工件表面，且可通过改变极间电压及阴极表面电流密度，实现工艺参数调节。

气体性质、电极材料及温度一定时，辉光点燃电压与气体压强 p 和极间距离 d 的乘积有关，描述这种

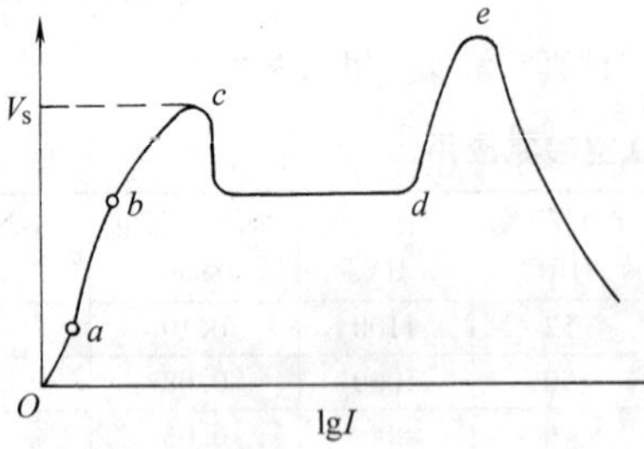

图 8-104　稀薄气体放电伏安特性曲线

关系的曲线称为巴兴曲线（见图 8-105）。采用氨气进行离子渗氮，在室温下 $p\times d=655\text{Pa}\cdot\text{mm}$ 时，点燃电压有一最低值，约为 400V；当 $p\times d<1.33\times10^2\text{Pa}\cdot\text{mm}$ 或 $p\times d>1.33\times10^4\text{Pa}\cdot\text{mm}$ 时，点燃电压可达 1000V 以上。由此可知，实现辉光放电应有足够的电压，离子渗氮的点燃电压一般为 400~500V。

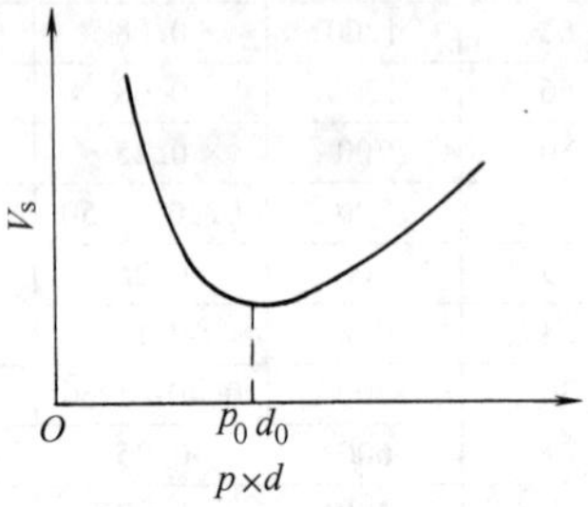

图 8-105　辉光放电点燃电压与气体压强及两极间距离乘积的关系曲线

进入自持放电阶段后，阴阳极间的辉光分布并不均匀，有发光部位和暗区（见图 8-106）。从阴极发射出的电子虽然被阴极位降加速，因刚离开阴极时速度很小，不能产生激发，形成无发光现象的阿斯顿暗区；在阴极层（阴极辉光区），电子达到相当于气体分子最大激发函数的能量，产生辉光；电子能量超过分子激发函数的最大值时，电离发生，激发减少，发光变弱，形成阴极暗区；在负辉区，电子密度增大，电场急剧减弱，电子能量减小而使分子有效地激发，此时辉光的强度最大；此后，电子能量大幅度下降，电子与离子复合而发光变弱，即为法拉第暗区；随后电场逐渐增强，形成正柱区，该区电子密度和离子密度相等，又称为等离子区，这一区间的电场强度极小，各种粒子在等离子区主要做无序运动，产生大量非弹性碰撞；在阳极附近，电子被阳极吸引、离子被排斥而形成暗区，而阳极前的气体被加速了的电子激发，形成阳极辉光且覆盖整个阳极。

阿斯顿暗区、阴极层及阴极暗区具有很大的电位降，总称为阴极位降，三区的宽度之和即为阴极位降

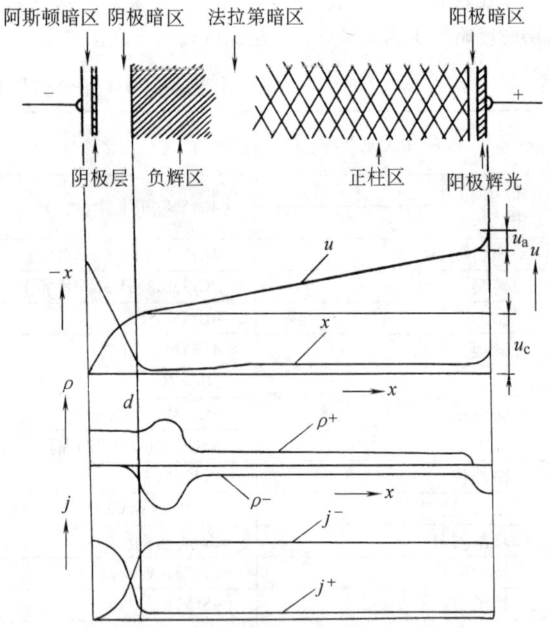

图 8-106　直流辉光放电中的电位 u、电场 x、空间电荷密度 ρ 及电流密度 j

区 d_k。阴极位降区是维持辉光放电不可或缺的区域。

正常辉光放电时的阴极位降取决于阴极材料和工作气体种类，而与电流、电压无关，其值为一常数，等于最低点燃电压。当气体种类和阴极材料一定时，阴极位降区宽度 d_k 与气体压力 p 有下列关系：

$$d_k=0.82\frac{\ln(1+1/\gamma)}{Ap} \tag{8-7}$$

式中　γ——二次电子发射系数；

A——常数。

从式（8-7）可知，$p\times d_k=$ 常数。当阴极间距不变，减小压力至 $d_k=d$ 时，则阴阳极间除阳极位降外，其他各部分都不存在，放电仍能进行，若 p 进一步减小，使 $d_k>d$，辉光立即熄灭，因此，在一般的放电装置中，真空度高于 1.33Pa 便很难发生辉光放电；在其他条件不变的情况下，仅改变极间距 d，d_k 始终不变，其他各区相应缩小，一旦 $d<d_k$，辉光熄灭，这就是离子化学热处理中常用的间隙保护的原理。一般间隙宽度在 0.8mm 左右。

异常辉光放电时，阴极位降及阴极位降区不仅与压力 p 有关，还和电流密度有关，并有

$$d_k=\frac{a}{\sqrt{j}}+\frac{b}{p}$$

式中　a、b——常数；

j——电流密度。

两平行阴极 k_1 及 k_2 置于真空容器中，当满足气

体点燃电压时，两个阴极都会产生辉光放电现象，在阴极附近形成阴极暗区。当两阴极间距离 $d_{k1k2}>2d_k$ 时，两个阴极位降区相互独立，互不影响，并有两个独立的负辉区，正柱区公用；当 $d_{k1k2}<2d_k$ 或气体降低时，两个负辉区合并，此时从 k_1 发射出的电子在 k_1 的阴极位降区加速，而它进入 k_2 的阴极位降区时又被减速，因此，如果这些电子没有产生电离和激发，则电子在 k_1 和 k_2 之间来回振荡，增加了电子与气体分子的碰撞概率，可以引起更多的激发和电离过程。随着电离密度增大，负辉光强度增加，这种现象称为空心阴极效应。

如果阴极为空心管，空心阴极效应更为明显，其光强分布如图 8-107 所示。空心阴极效应的出现，会在局部区域形成高温，且温度越高，电离密度越大，在实际生产中应特别注意。

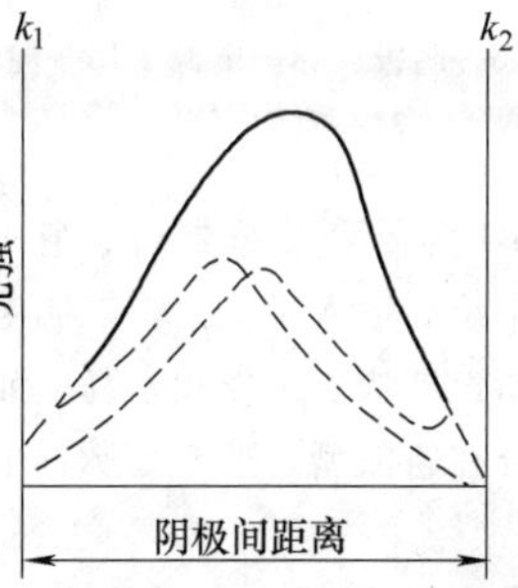

图 8-107　空心阴极放电极间光强分布

（2）离子化学热处理原理　开发最早且应用最广的离子化学热处理技术为离子渗氮，在此，以离子渗氮过程来说明离子化学热处理的基本原理。目前离子渗氮理论尚无定论，提出较早的是溅射与沉积理论（见图 8-108）。

真空炉内，在作为阴极的工件和作为阳极的炉壁间加直流高压，使得稀薄气体电离形成等离子体，N^+、H^+、NH_3^+ 等离子在阴极位降区被加速并轰击工件表面，产生一系列反应。首先，离子轰击动能转化为热能，使工件温度升高。其次，离子轰击击出电子，产生二次电子发射。最重要的是由于阴极溅射作用，工件表面的碳、氮、氧、铁等原子被轰击出来，而铁原子与阴极附近的活性氮原子（或 N^+ 离子及电子）结合形成 FeN。这些化合物因背散射效应又沉积在阴极表面，在离子轰击和热激活作用下依次分解：$Fe \rightarrow FeN \rightarrow Fe_2N \rightarrow Fe_3N \rightarrow Fe_4N$，并同时产生活性氮原子［N］，该活性氮原子大部分渗入工件内，一部分返回等离子区。

溅射与沉积模型是被较多人接受的理论。此外，

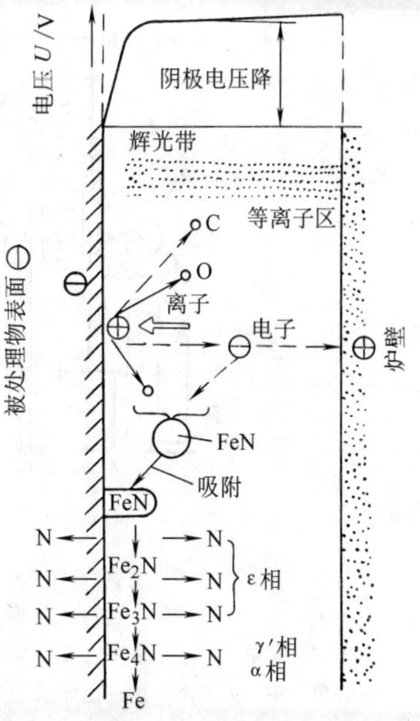

图 8-108　离子渗氮过程中工件表面反应模型

还有分子离子模型、中性氮原子模型以及碰撞离解产生活性氮原子模型等。

2. 离子渗氮

（1）离子渗氮工艺特点　离子渗氮具有许多其他处理方式所不具备的特点：①处理温度范围宽，可在较低温度下（如 350℃）获得渗氮层；②渗氮速度快；③化合物层结构易于控制；④可大幅度节省能源和工作气体；⑤采用机械屏蔽隔断辉光，容易实现非渗氮部位的防渗；⑥自动去除钝化膜，不锈钢、耐热钢等材料无须预先进行去膜处理；⑦离子渗氮处理在很低的压力下进行，排出的废气很少，气源为氮气、氢气和氨气，基本上无有害物质产生。

（2）离子渗氮设备及操作　离子渗氮设备由炉体（工作室）、真空系统、介质供给系统、温度测量及调节系统和供电及控制系统等部分组成。图 8-109 所示为离子渗氮装置示意图。

离子渗氮炉按炉型分为堆放工件的钟罩式炉、吊挂工件的井式炉和侧端开门的卧式炉。目前，大多数离子渗氮炉为双层水冷结构的冷壁型炉体，这种炉型结构简单，但热损失大，工件与内壁间存在 200～300℃的温差，炉温均匀性较差，因此在工件入炉时，必须综合考虑工件的形状及大小、摆放位置、阴阳极间的距离等因素，尽可能调节炉温均匀性。近年来，保温式热壁炉得到较快发展，通过增加炉内保温层和辅助加热装置，大幅度降低了热损失，减小了炉内温差，温度均匀度可控制在±10℃以内。

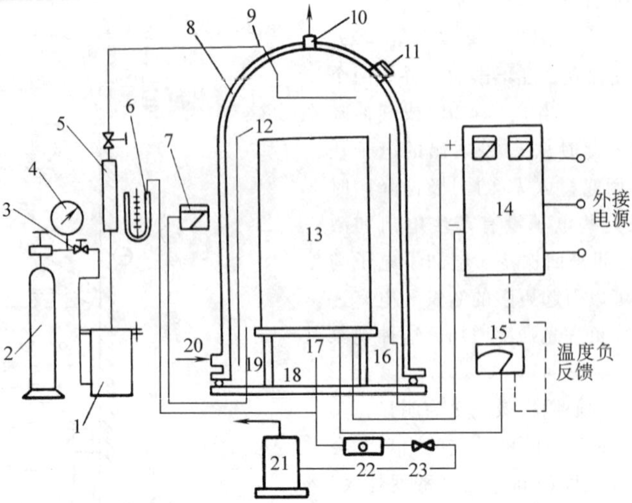

图 8-109 离子渗氮装置示意图

1—干燥箱 2—气瓶 3、22、23—阀 4—压力表 5—流量计 6—U形真空计 7—真空计 8—钟罩 9—进气管 10—出水管 11—观察孔 12—阳极 13、16—阴极 14—电源 15—温度表 17—热电偶 18—抽气管 19—真空规管 20—进水管 21—真空泵

离子渗氮是利用气体放电的异常辉光区的电特性，实现电压与电流的调节。异常辉光放电容易转变为弧光放电，使阴极位降降低，电流剧增，以至烧坏工件，损坏电气系统，必须尽量避免辉光放电向弧光放电的过渡。一旦出现弧光，应尽快灭弧。灭弧系统的可靠性直接关系离子化学热处理设备能否正常运行。早期离子渗氮电源采用电感电容振荡灭弧，这种方法灭弧速度较慢，无功消耗大，空心阴极效应难以消除。目前，这种电源大多数已被脉冲电源所取代。

脉冲离子化学热处理是20世纪90年代发展起来的一种新型离子化学热处理技术，是该领域的一项重大技术进步，其核心是引进了脉冲电源。脉冲电源的应用，大大提高了离子化学热处理的电气性能和工艺性能，可有效解决弧光放电及空心阴极效应等问题，对具有深孔和复杂形状的内孔、凹腔等工件的渗氮处理可获得均匀的渗层，在节约能源方面也显示了突出的特点，现已得到广泛应用。

脉冲电源是一种对直流输出的电压与电流进行调制处理、间歇给负载提供电功率的电源。加在负载上的电压与电流具有周期性的近似矩形波脉冲。直流脉冲电源分为斩波型和逆变型两类，斩波型控制电路比逆变型控制电路简单，但斩波型的脉冲频率比逆变型低，一般为数千赫，而逆变型可达数十千赫。斩波型、逆变型直流脉冲电源中的功率器件，一般选用快速晶闸管、可关断晶闸管（GTO）、电力晶体管（GTR）以及近来发展起来的绝缘栅双极型晶体管（IGBT）。IGBT为复合功率器件，它是电压控制型，具有驱动功率小、输入阻抗大、控制电路简单、开关损耗小、通断速度快、工作频率高、元件容量大等优点，特别适合在斩波型、逆变型脉冲电源中作为功率开关器件。

在离子渗氮操作时，应对待渗工件按用途、材质、形状及比表面积分类进行处理。对非渗部位及不通孔、沟槽等处，应采取屏蔽措施；对需渗的长管件内壁以及工件温度偏低部位，还应考虑增加辅助阳极或辅助阴极。工件装炉完毕，首先抽真空至10Pa（绝对压力）以下，然后接通直流电源，通入少量气体起辉溅射，用轻微打弧的方法除去工件表面的脏物，待辉光稳定后增加气体流量以提高炉压，增大电压和电流。工件到温后再调节电压，维持适当的电流密度。炉压一般控制在130~1060Pa。根据工艺要求保温适当时间。保温结束后关闭阀门，停止供气和排气，切断辉光电源，工件在处理气氛中随炉冷却至200℃以下即可出炉。

（3）离子渗氮材料选择及预处理 渗氮材料的选择必须根据产品服役工况，结合渗氮工艺综合考虑，其选用原则及预处理与其他渗氮方式一致（参见8.3.2节）。除常用的合金结构钢、工模具钢外，不锈钢、铸铁等材料进行离子渗氮也有很好的效果。表8-109列出部分材料离子渗氮工艺和效果。

采用离子法，特别适用于不锈钢、耐热钢等表面易生成钝化膜的材料的渗氮处理。由于钝化膜阻碍氮原子向基体扩散，采用常规渗氮处理，必须先去除钝化膜，随即马上进行渗氮，以防止钝化膜再生。离子渗氮时，只须在炉内进行溅射就可去除钝化膜，处理非常方便。

表 8-109　部分材料离子渗氮工艺和效果

材　料	工艺参数			表面硬度 HV0.1	化合物层厚度/μm	总渗层深度/mm
	温度/℃	时间/h	炉压/Pa			
38CrMoAl	520~550	8~15	266~532	888~1164	3~8	0.35~0.45
40Cr	520~540	6~9	266~532	650~841	5~8	0.35~0.45
42CrMo	520~540	6~8	266~532	750~900	5~8	0.35~0.40
25CrMoV	520~560	6~10	266~532	710~840	5~10	0.30~0.40
35CrMo	510~540	6~8	266~532	700~888	5~10	0.30~0.45
20CrMnTi	520~550	4~9	266~532	672~900	6~10	0.20~0.50
30SiMnMoV	520~550	6~8	266~532	780~900	5~8	0.30~0.45
3Cr2W8V	540~550	6~8	133~400	900~1000	5~8	0.20~0.30
H13	540~550	6~8	133~400	900~1000	5~8	0.20~0.30
Cr12MoV	530~550	6~8	133~400	841~1015	5~7	0.20~0.40
W18Cr4V	530~550	0.5~1	106~200	1000~1200	—	0.01~0.05
45Cr14Ni14W2Mo	570~600	5~8	133~266	800~1000	—	0.06~0.12
20Cr13	520~560	6~8	266~400	857~946	—	0.10~0.15
1Cr18Ni9Ti	600~650	27	266~400	874	—	0.16
Cr25MoV	550~650	12	133~400	1200~1250	—	0.15
10Cr17	550~650	5	666~800	1000~1370	—	0.10~0.18
HT250	520~550	5	266~400	500	—	0.05~0.10
QT600-3	570	8	266~400	750~900	—	0.30
合金铸铁	560	2	266~400	321~417	—	0.10

(4) 离子渗氮工艺参数

1) 气体成分及气体总压力。目前，用于离子渗氮的介质有 N_2+H_2、氨及氨分解气。氨分解气可视为 $\varphi(N_2)=25\%$、$\varphi(H_2)=75\%$ 的混合气。

直接将氨气送入炉内进行离子渗氮，使用方便，但渗氮层脆性较大，而且氨气在炉内各处的分解率受进气量、炉温、起辉面积等因素的影响，并会影响炉温均匀性。对大多数要求不太高的工件，仍可采用直接通氨法。将氨气通过一个加热到 800~900℃ 的含镍不锈钢容器即可实现氨气的热分解，采用热分解氨可较好地解决上述问题。采用氨气进行离子渗氮，一般只能获得 ε+γ′相结构的化合物层。

采用 N_2+H_2 进行离子渗氮，可实现可控渗氮。其中 H_2 为调节氮势稀释剂，氮氢混合比对离子渗氮层深度、表面硬度及相组分的影响分别见图 8-110、图 8-111 和表 8-110。

离子渗氮炉气压力高时辉光集中，气压低时辉光发散。实际操作中，炉气压力可在 133~1066Pa 的范围内调整，处理机械零件采用 266~532Pa，高速钢刀具则采用 133Pa 低气压。高气压下化合物层中 ε 相含

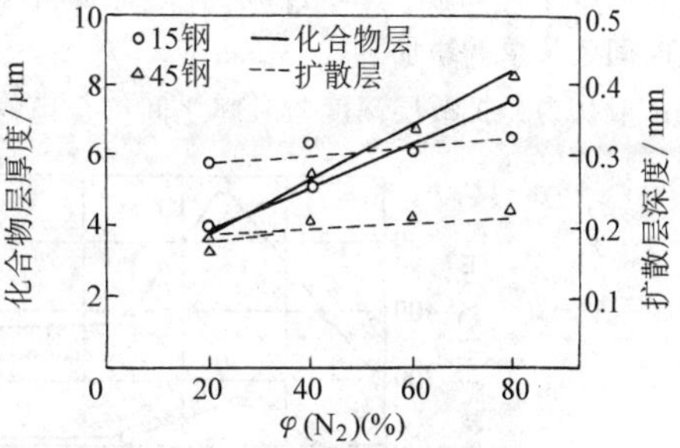

图 8-110　氮氢混合比对离子渗氮化合物层厚度和扩散层深度的影响

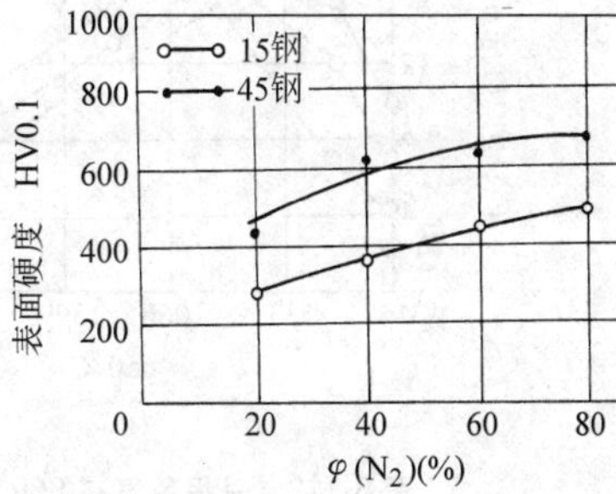

图 8-111　氮氢混合比对离子渗氮层表面硬度的影响

表 8-110　气体成分、渗氮温度、炉压对化合物层相成分的影响（体积分数）　（%）

气体成分 $N_2:H_2$	材料	530℃，3h				550℃，3h	
		267~330Pa		533~600Pa		533~600Pa	
		γ′	ε	γ′	ε	γ′	ε
1∶9	45	100	0	100	0	100	0
	40Cr	100	0	93	7	89	11
	35CrMo	100	0	91	9	84	16
2∶8	45	100	0	100	0	88	12
	40Cr	93	7	85	15	70	30
	35CrMo	89	11	80	20	63	37
	38CrMoAl	—	—	—	—	52	48
2.4∶7.6	45	—	—	93	7	—	—
	40Cr	—	—	76	24	—	—
	35CrMo	—	—	73	27	—	—
氨	工业纯铁	—	—	61	39	—	—
	45	—	—	44	56	—	—
	40Cr	—	—	29	71	—	—
	35CrMo	—	—	23	77	—	—

量增高，低气压易获得 γ′相。在低于 40Pa 或高于 2660Pa 的条件下离子渗氮不易出现化合物层。气体总压力对离子渗氮层深度的影响如图 8-112 所示。

2）渗氮温度。离子渗氮温度对 38CrMoAl 渗层深度和硬度的影响如图 8-113 和图 8-114 所示。表面硬度在一定温度范围内存在最大值。随着渗氮温度提高，渗氮中的氮化物粗化，致使硬度下降。

3）渗氮时间。渗氮时间对 γ′ 和 ε 相层厚度影响具有不同的规律（见图 8-115）。小于 4h 时 γ′相随时间延长而增厚，4h 后基本保持定值，而 ε 相厚度随渗氮时间延长单调增加。

一般认为，扩散层深度与时间之间符合抛物线关系，其变化规律与气体渗氮相似。离子渗氮时间对渗层硬度分布的影响如图 8-116 所示。随着渗氮时间延长，扩散层加深，硬度梯度趋于平缓；但保温时间增加引起氮化物组织粗化，导致表面硬度下降。

4）放电功率。图 8-117 所示为工件表面的辉光放电功率密度与渗氮层总深度的关系，渗氮层深度随功率密度提高而增加。

（5）离子渗氮层组织　较之其他渗氮方法，离子渗氮（包括离子氮碳共渗）的一个重要特点是化合物层的组织可调。采用不同的工艺参数，表层可分别获得 γ′、ε、γ′+ε、ε+γ′+Fe_3C、ε+Fe_3C 的化合物层组织，还可获得无化合物层的纯扩散层组织。一般

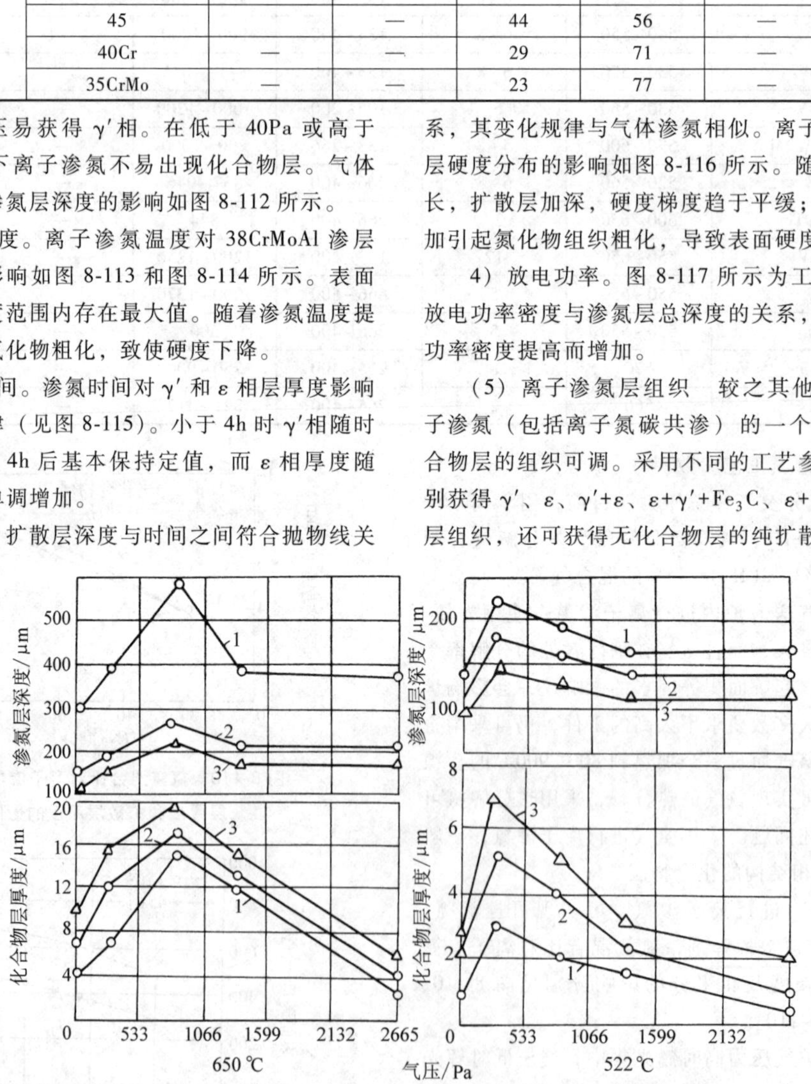

图 8-112　采用氨气在 650℃和 522℃离子渗氮 1h 对离子渗氮层深度的影响

1—纯铁　2—40Cr　3—38CrMoAl

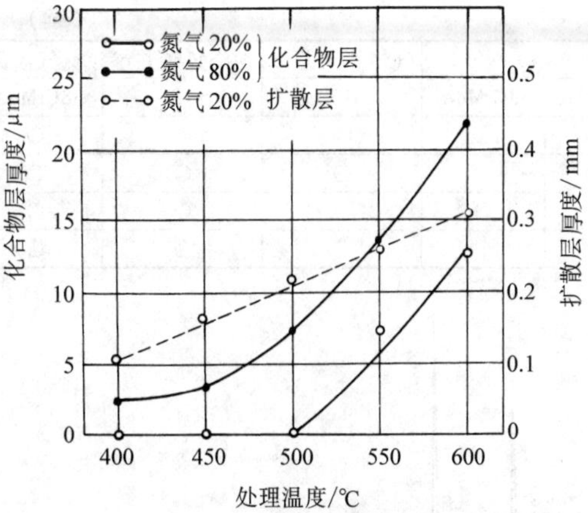

图 8-113　38CrMoAl 钢离子渗氮温度对渗层深度影响

注：保温 4h，炉压 665Pa。

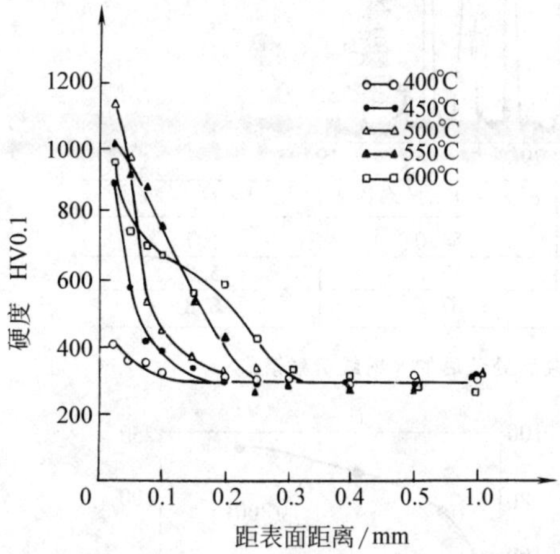

图 8-114　38CrMoAl 钢离子渗氮温度对渗层硬度分布的影响

注：保温 4h，炉压 665Pa，$\varphi(N_2)=80\%$。

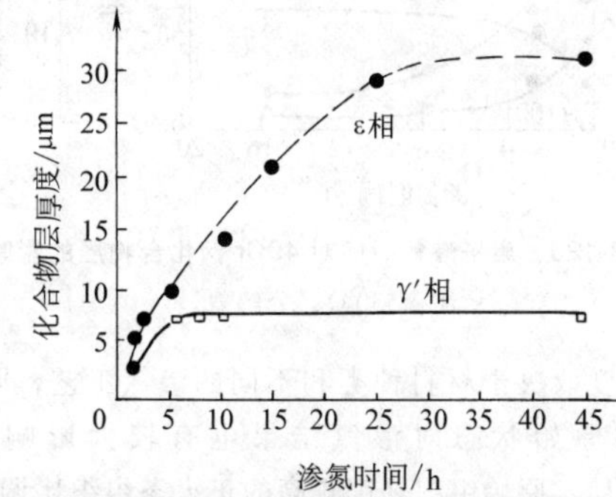

图 8-115　35CrMoV 钢离子渗氮时 ε 相和 γ′相化合物层厚度随渗氮时间的变化

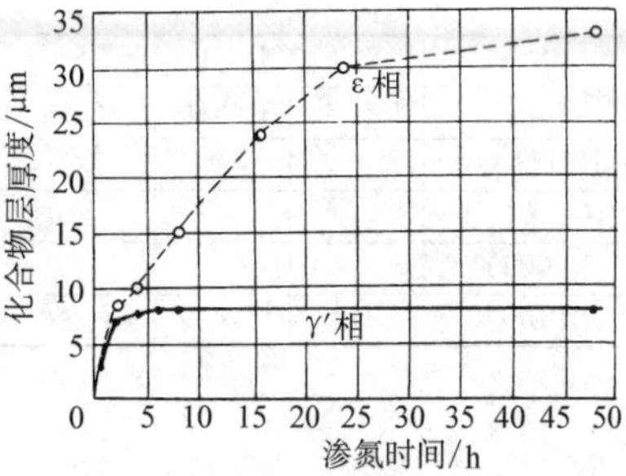

图 8-116　38CrMoAl 钢离子渗氮时间对渗氮层硬度分布的影响

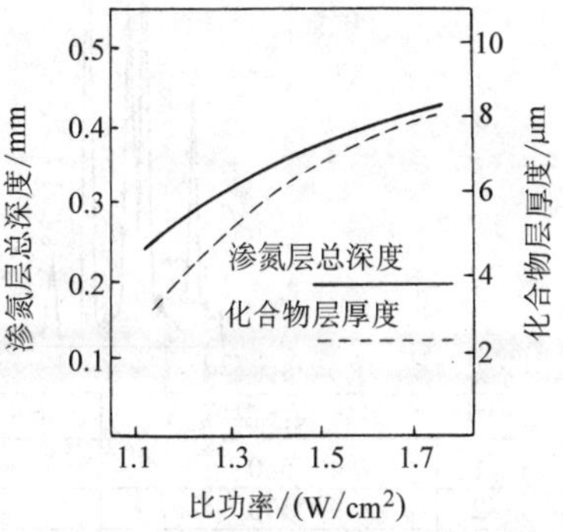

图 8-117　工件表面的辉光放电功率密度与渗氮层总深度的关系

来说，渗氮层中无化合物层或有以 γ′相为主的化合物层，适用于疲劳磨损和交变负荷的工况；对黏着磨损负荷，则以较厚的 ε 相化合物层为佳；当化合物层中出现 Fe_3C 时，将使化合物层的厚度和硬度下降，脆性增加，因此，离子氮碳共渗时，应特别注意碳的加入量。

1）化合物层的相组成。离子渗氮的工艺参数和炉气成分对化合物层的相组成影响很大，表 8-111 列出各种渗氮工艺条件下化合物层的 x 射线衍射结果；在离子渗氮时各种工艺条件下所获得的化合物层相组成见表 8-110。

从表 8-110、表 8-111 可以看出，离子渗氮处理可调节化合物层的相组成，随着炉气中氮含量的增加，ε 相所占的比例提高；合金元素的存在有助于 ε 相生成；提高炉气中的碳含量，促进 ε 相生长。另外，在较低温度、较低炉压以及较长保温时间的条件下，有利于 γ′相生成（见图 8-118~图 8-120）。

表 8-111　各种渗氮工艺条件下化合物层的 x 射线衍射结果

工　艺	离子渗氮[$\varphi(N_2)=25\%$]				离子渗氮[$\varphi(N_2)=80\%$]				气体氮碳共渗	盐浴氮碳共渗	氨气渗氮
材　料	15	45	35CrMo	38CrMoAl	15	45	35CrMo	38CrMoAl	15	15	38CrMoAl
α-Fe(110)	○	○	○	○	○	○	○	○	○	○	○
γ′-Fe_4N(200)	○	○	○	○	○	○	○	○			○

（续）

工　艺	离子渗氮[$\varphi(N_2)=25\%$]				离子渗氮[$\varphi(N_2)=80\%$]				气体氮碳共渗	盐浴氮碳共渗	氨气渗氮
材　料	15	45	35CrMo	38CrMoAl	15	45	35CrMo	38CrMoAl	15	15	38CrMoAl
γ'-$Fe_4N(111)$	○	○	○	○	○	○	○	○			○
ε-$Fe_{2\sim3}N(101)$				○		○	○	○	○	○	○
ε-$Fe_{2\sim3}N(002)$				○		○	○	○	○	○	○
ε-$Fe_{2\sim3}N(100)$				○		○	○	○	○	○	○

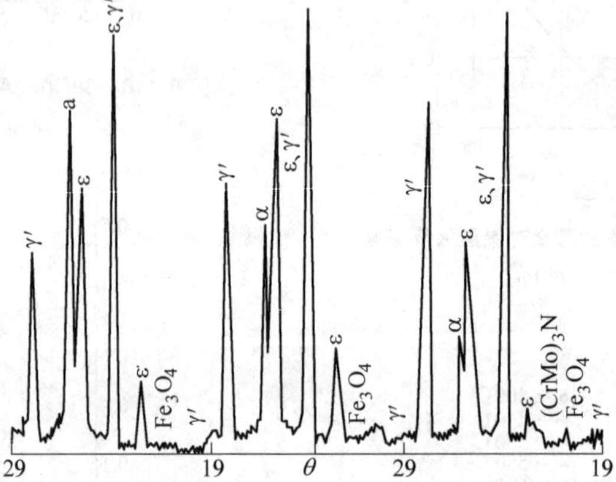

代号	氮碳共渗温度/℃	$\varphi[\varepsilon-Fe_{2\sim3}(C、N)](\%)$	$\varphi(\gamma'-Fe_4N)(\%)$	$\varphi(Fe_3O_4)(\%)$
1	550	44.3	54.0	1.7
2	570	41.0	53.0	5.8
3	590	25.7	67.5	6.8

图 8-118　42CrMo 钢不同温度离子氮碳共渗处理后的 x 射线衍射谱

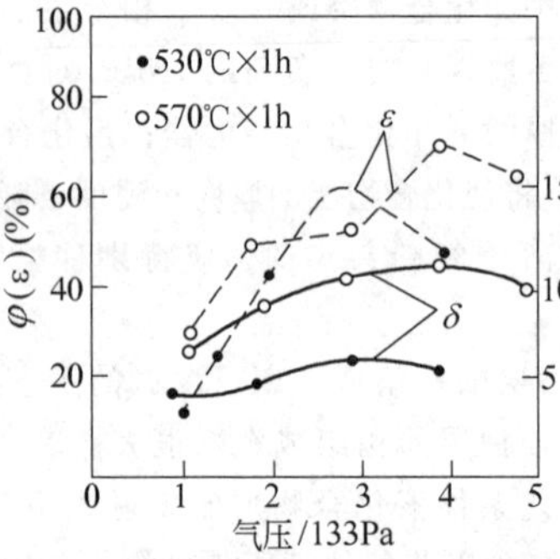

图 8-119　炉气压力对 40Cr 钢离子渗氮化合物层相组成的影响

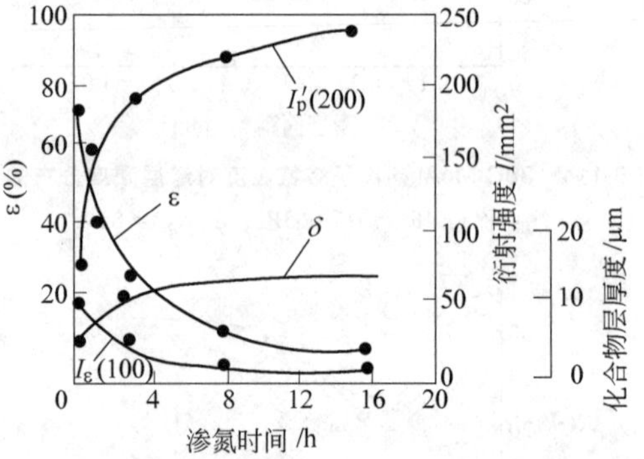

图 8-120　离子渗氮时间对 40Cr 钢化合物层的影响

注：530℃，分解氨。

离子渗氮化合物层的形貌与其他渗氮方法所获得的形貌基本一致。

2）扩散层的组织。对于碳钢来说，扩散层基本上由 $\alpha_N+\gamma'+Fe_3C$ 组成；对于合金钢来说，除上述组织外，还存在高硬度、高弥散分布的合金氮化物。合金钢渗氮扩散层的硬度比碳钢高得多，对提高抗疲劳性能十分有利。

（6）离子渗氮层的性能

1）表面硬度及硬度梯度。离子渗氮层的硬度及硬度梯度取决于材料种类和不同的渗氮工艺，同时，材料的原始状态对渗氮结果也有较大影响（见图 8-121），原始组织硬度较高的正火态组织比调质态组织所获得的渗氮层硬度更高；结构钢在退火组织状态下进行渗氮，硬化效果较差。

渗氮温度对离子渗氮层硬度的影响较大（见图 8-122），过低或过高的温度都会降低强化效果。不同的工艺方法对渗氮层的表面硬度将产生较大影响，表 8-112 列出了不同渗氮工艺处理后材料的渗层深度及硬度。

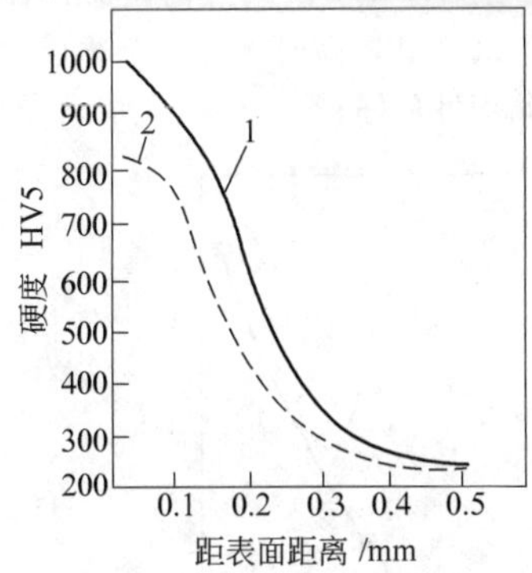

图 8-121　38CrMoAl 钢不同原始状态离子渗氮后的硬度分布

1—正火态　2—调质态

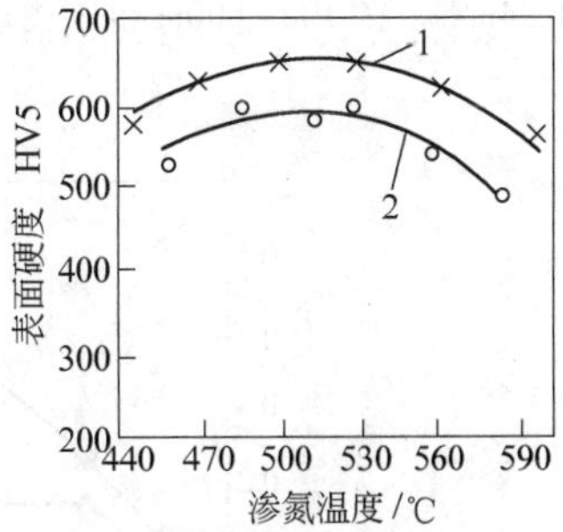

图 8-122　38CrMoAl 钢离子渗氮温度对表面硬度的影响

1—正火态　2—调质态

表 8-112　不同渗氮工艺处理后材料的渗层深度及硬度

工艺方法		50 钢			SCM21		
		化合物层/μm	表面硬度 HV	扩散层/mm	化合物层/μm	表面硬度 HV	扩散层/mm
离子渗氮	$\varphi(N_2)=20\%$	3	319	0.2	5	752	0.3
离子渗氮	$\varphi(N_2)=80\%$	7	390	0.3	10	882	0.4
盐浴氮碳共渗		20	473	0.4	13	673	0.4
气体氮碳共渗		7.5	390	0.35	12	707	0.4

2）韧性。渗氮层的组织结构不同，其韧性也有较大差异。化合物层结构对韧性的影响如图 8-123 所示（根据扭转角试验的应力应变曲线出现屈服现象及产生第一根裂纹的扭转角大小来衡量渗氮件韧性好坏）。由图可见，仅有扩散层的渗氮层韧性最好，γ′相化合物层次之，而具有 γ′+ε 的双相层最差。

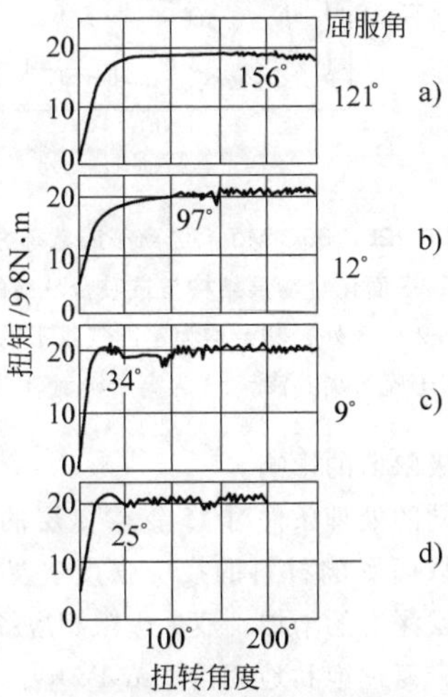

分图号	渗层组织：化合层 /μm	渗层组织：扩散层 /μm	备注
a	无	无氮化物析出的氮化层(单一的γ′相)90μm	1) 材料：32CrMoV 2) a、b、c 为离子渗氮 520℃×24h 3) d 为气体渗氮：520℃×30h 4) 表面硬度 760～820HV 5) 渗氮层深 0.19～0.22mm
b	γ′=5～7μm	无氮化物析出的氮化层(单一的γ′相)55μm	
c	ε=12～16μm	无氮化物析出的氮化层(单一的γ′相)55μm	
d	γ′+ε=8～11μm	无氮化物析出的氮化层(单一的γ′相)55μm	

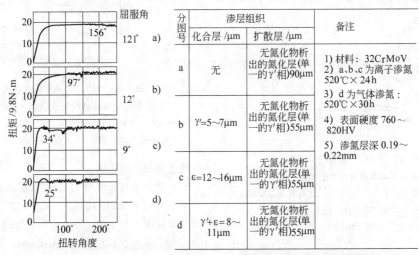

图 8-123　32CrMoV 钢不同渗氮化合物层结构对韧性的影响

a）无化合物层，520℃×24h 离子渗氮　b）5～7μm 单一 γ′相，520℃×24h 离子渗氮　c）12～16μm 单一 ε 相，520℃×24h 离子渗氮　d）8～11μm γ′+ε 相，510℃×30h 气体渗氮

化合物层的厚度对渗氮层的韧性产生影响。随着化合物层厚度增加，韧性下降。另外，碳钢离子渗氮层的韧性优于合金钢。

3）耐磨性。不同的材料、渗氮层组织状态对耐磨性都会产生较大影响，而且，耐磨性的高低还直接受摩擦条件的制约。

①滑动摩擦。图 8-124 所示为不同处理工艺在滑动摩擦试验中的摩擦距离和磨损量的关系（摩擦速度恒定为 0.94m/s，在 100~600m 范围内改变摩擦距离），从图可知，离子渗氮层的耐磨性优于气体渗氮，炉气中氮含量较高时（即化合物层中 ε 的相对量更高）耐磨性最好。

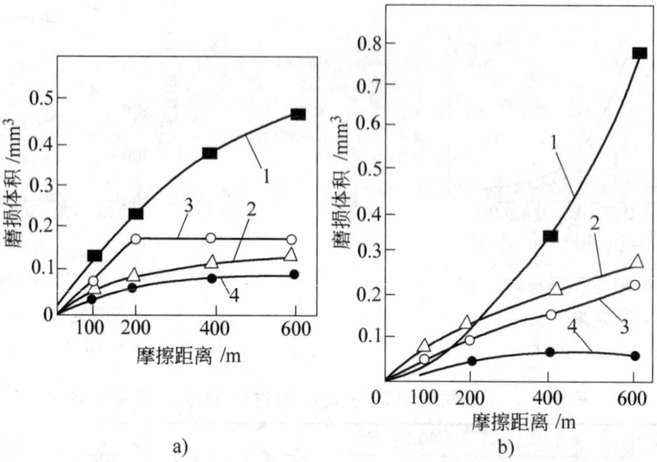

图 8-124　不同处理工艺在滑动摩擦试验中的摩擦距离和磨损量的关系

a）15 钢　b）38CrMoAl

1—未处理　2—气体渗氮　3—$\varphi(N_2)$ = 25%离子渗氮　4—$\varphi(N_2)$ = 80%离子渗氮

②滚动摩擦。图 8-125 所示为 MAC24 钢在不同渗氮条件下滚动摩擦试验的结果，从中看出，渗氮层中化合物层越薄，抗滚动摩擦磨损性能越好，这是因为化合物层易出现早期破坏所造成的。

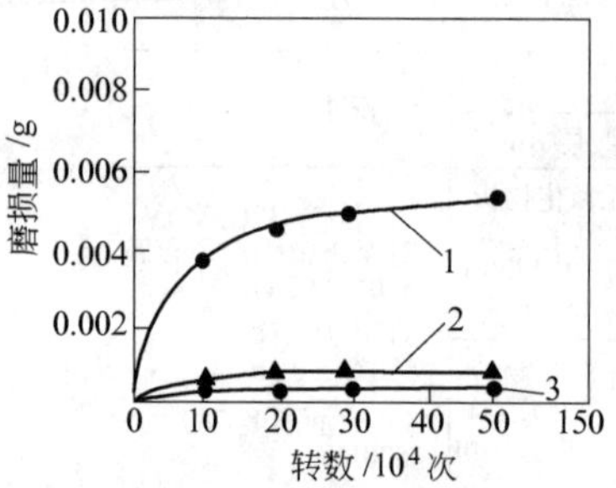

图 8-125　MAC24 钢在不同渗氮条件下滚动摩擦试验的结果

1—520℃×80h 气体渗氮（920HV，化合物层 25μm）

2—二段气体渗氮（920HV，化合物层 12μm）

3—520℃×30h 离子渗氮（915HV，化合物层 5μm）

4）抗咬合性能。图 8-126 所示为 35CrMo 钢经离子渗氮等方法处理后表面化合物层结构与抗咬合性能的关系。从中可知，存在硫化物的化合物层的抗咬合性能最佳，且发生咬合所需载荷随 ε 相的相对量增加而加大。

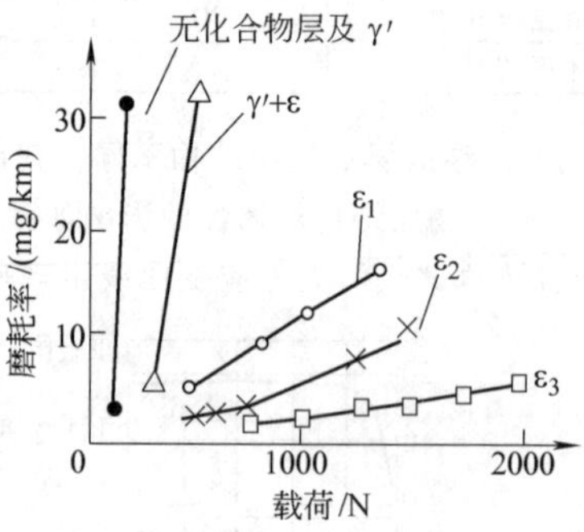

图 8-126　35CrMo 钢经离子渗氮等方法处理后表面化合物层结构与抗咬合性能的关系

注：除 ε2、ε3 外，其余均为不同气氛下的离子渗氮处理；ε2 为离子硫氮碳共渗，ε3 为离子硫氮碳共渗处理+抛光。

5）疲劳性能。离子渗氮处理可提高材料的抗疲劳性能。表 8-113 列出了离子渗氮对几种材料光滑试样疲劳极限值的影响。

不同的处理条件对 15 钢渗氮层的组织结构产生影响，从而影响材料的疲劳强度（见图 8-127）。随着渗氮层深度的增加，疲劳极限相应提高；渗氮后快速冷却，氮过饱和地固溶于 α-Fe 中，比缓冷后从 α-Fe 中析出平板状的 γ′相和微细粒状 $\alpha''(Fe_{16}N_2)$ 相的渗氮层具有更高的疲劳极限。

6）耐蚀性。离子渗氮层具有良好的耐蚀性，一般以获得致密的 ε 相化合物层为佳，但 ε 相在酸中易分解，故渗氮层不耐酸性介质腐蚀。表 8-114 列出各种处理试样的盐雾试验结果，可见离子渗氮层的耐蚀性很好，甚至超过了镀铬处理。

表 8-113　离子渗氮对几种材料光滑试样疲劳极限值的影响

材料	处理方法	疲劳极限/MPa	疲劳极限上升率
15	未处理	240	1.00
	$\varphi(N_2)$=25%离子渗氮	390	1.63
45	未处理	280	1.00
	$\varphi(N_2)$=25%离子渗氮	430	1.54
35CrMo	未处理	420	1.00
	$\varphi(N_2)$=25%离子渗氮	620	1.48
38CrMoAl	未处理	380	1.00
	$\varphi(N_2)$=25%离子渗氮	610	1.60

表 8-114　各种处理试样的盐雾试验结果

编号	处理方法	喷雾时间/h			
		1	3	10	24
1	未处理	30%红锈	50%红锈	80%红锈	停止
2	镀铬	无异常	微量红锈(5%)	50%红锈	停止
3	离子渗氮	无异常	无异常	无异常	无异常
4	离子渗氮后抛光	无异常	无异常	无异常	无异常

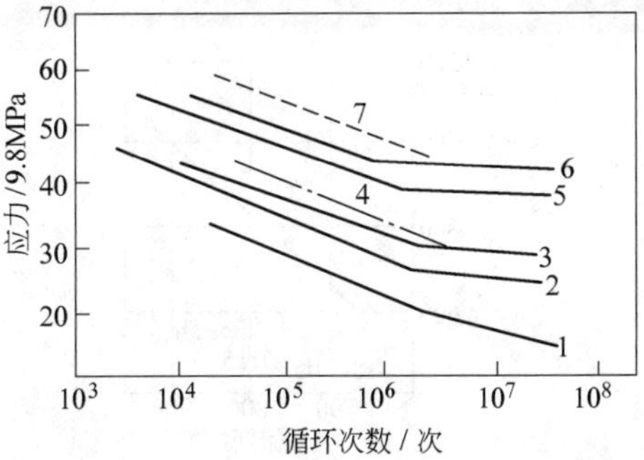

图 8-127　不同的处理条件对 15 钢渗氮层疲劳强度的影响
1—未处理　2—550℃×0.5h 离子渗氮　3—550℃×2h 离子渗氮　4—550℃×6h 离子渗氮　5—570℃×1h 离子渗氮，水冷　6—570℃×2h 离子渗氮，水冷　7—570℃×2h 盐浴氮碳共渗，水冷

不锈钢离子渗氮的目的是提高材料表面的硬度和耐磨性，这类材料渗氮后，其耐蚀性会下降，见表 8-115。对于需进行离子渗氮处理的不锈钢工件来说，获得无化合物层的渗氮层对耐蚀性较为有利；气氛中氮含量提高、氮原子渗入量增加，都会加快腐蚀速度。

(7) 活性屏离子渗氮技术　20 世纪 90 年代末，卢森堡工程师 Georges 发明了“活性屏离子渗氮”技术，并在活塞环等一些机械零部件获得成功应用。

与普通直流离子渗氮技术不同的是，活性屏离子渗氮技术是将高压直流电源的负极接在真空室内一个铁制的网状圆筒上，被处理的工件置于网罩的中间，工件呈电悬浮状态或与 100V 左右的直流负偏压相接(见图 8-128)。当直流高压电源被接通后，低压反应室内的气体被电离。在直流电场的作用下，这些被激活的离子轰击圆筒的表面，离子撞击的动能在圆筒的表面转变成热能，从而加热圆筒。同时，在离子轰击下不断有铁或铁的渗氮物微粒被溅射下来。所以在活性屏离子渗氮过程中，这个圆筒同时起到两个作用，一是通过辐射加热，将工件加热到渗氮处理所需的温度；二是向工件表面提供铁或铁的氮化物的微粒。当这些微粒吸附到工件表面后，高含氮量的微粒便向工件内部扩散，达到渗氮的目的。由于在活性屏离子渗氮处理过程中，气体离子是轰击这个圆筒，而不是直接轰击工件的表面，所以直流离子渗氮技术中存在的

表 8-115　12Cr18Ni9 奥氏体不锈钢离子渗氮后的耐蚀性

编号	离子渗氮条件			硬度 HV	渗层深度/mm	腐蚀失重/[g/(m²·h)]			
	温度/℃	时间/h	炉气成分 $\varphi(N_2)$(%)			H_2SO_4 水溶液		HCl 水溶液	
						pH=2	pH=3	pH=2	pH=3
1	550	6	17.3	1382	0.08	2.30	0.24	0.17	<0.10
2	550	6	30	1211	0.11	2.55	0.19	0.17	<0.10
3	550	6	60	1339	0.11	2.19	0.13	0.60	0.15
4	500	10	30	1568	0.10	2.41	0.28	0.24	<0.10
未处理				—	—	0.17	<0.10	<0.10	<0.10

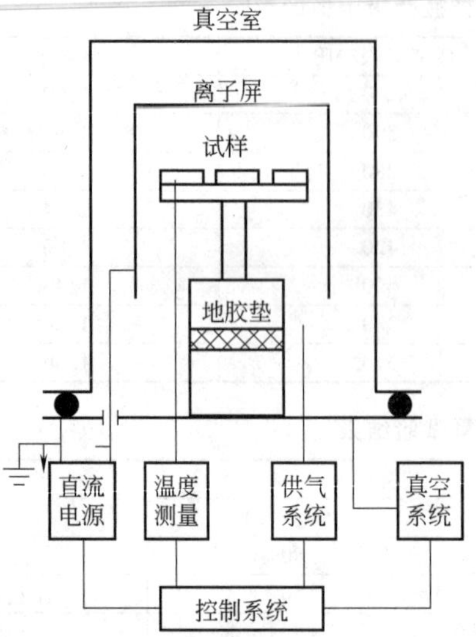

图 8-128　活性屏离子渗氮试验装置示意

问题也就迎刃而解，如工件打弧、空心阴极效应、电场效应、温度测量等。由于在活性屏离子渗氮处理过程中不再发生打弧现象，对离子渗氮电源的要求也大大降低，过去消耗大量电能的限流电阻也可以拆除。试验已经证明，活性屏离子渗氮可以达到和普通直流离子渗氮相近的处理效果，它的出现是直流离子渗氮技术的一大进步。

722M24 合金钢［化学成分（质量分数）：C0.25%，Mo0.5%，Cr3%，Mn0.6%，Fe 余量］，经（520±1)℃×12h、炉气 $\varphi(H_2):\varphi(N_2)=75:25$、炉压 500Pa 活性屏离子渗氮处理，可获得 100～110μm 的渗氮层，这一厚度比直流离子渗氮处理的厚度低 10%～15%。

38CrMoAl 钢，经 540℃×6h、纯 N_2 气氛、辉光放电电压 800～1200V 活性屏离子渗氮处理，可获得 210～250μm 的渗氮层，表面硬度可达 700～900HV。

（8）钛及钛合金离子渗氮　钛及其合金具有高的比强度、耐热性、耐腐蚀性和低温性能，广泛用于航空、航天、化工、造船及精密机件、人工关节等领域和产品，但钛及其合金普遍存在硬度低、耐磨性差、不耐还原性介质腐蚀等缺点，限制了它们的应用。采用离子渗氮处理，可提高钛及其合金的硬度、耐磨性和耐蚀性。

钛材一般采用不含氢的气氛进行离子渗氮（如氮气、氩气等），以防氢脆。若用氮氢混合气或氨气渗氮，渗氮后冷至 600℃即应停止供氢。在纯氮条件下，最佳工作气体压力为 1197～1596Pa，温度为 800～950℃，低于 500℃无渗氮效果。钛材渗氮后，表面呈金黄色，且色泽随渗氮温度提高而加深。在 800～850℃范围内渗氮，表面组织由 α+δ(TiN)+ε(Ti_2N) 组成。渗氮温度对渗层深度和表面硬度的影响如图 8-129、图 8-130 所示，表 8-116 列出部分钛材离子渗氮工艺及表面硬度、耐蚀性。

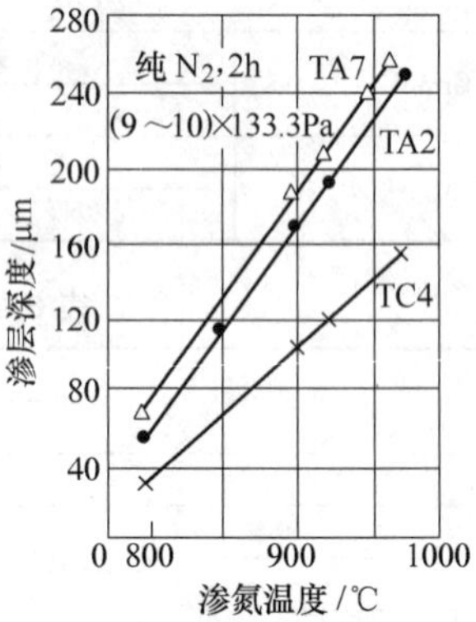

图 8-129　离子渗氮温度对钛材渗层深度的影响

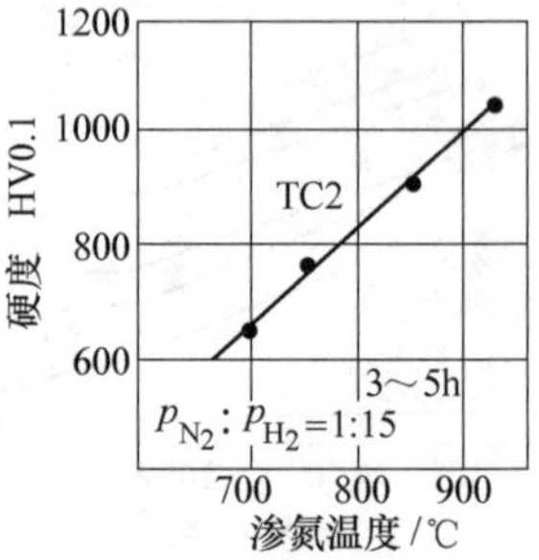

图 8-130　离子渗氮温度对 TC2 钛合金表面硬度的影响

除了钛及其合金可采用离子渗氮方法进行表面强化外，对其他部分有色金属也有一些离子渗氮的尝试，如铝、钼、钽、铌等。离子渗氮处理的真空环境以及离子轰击效应，可以在更多的材质表面强化中发挥作用。

3. 离子氮碳共渗

离子氮碳共渗的主要目的是获得较厚的 ε-$Fe_{2\sim3}N$ 化合物层，提高材料表面的耐磨性。离子氮碳共渗工艺是在离子渗氮的基础上加入含碳介质（如乙醇、丙酮、二氧化碳、甲烷、丙烷等）而进行的。供碳剂的供给量和温度均会对化合物层的相组成产生影响。一般来说，加入微量渗碳剂，有利于化合物层生成，气氛中碳含量进一步增大，促使 Fe_3C 生成，化合物层减薄；温度升高，化合物层中 ε 相的体积分数降低（见表 8-117 和表 8-118）。

共渗温度对离子氮碳共渗层深度和硬度的影响见表 8-119。

表 8-116　部分钛材离子渗氮工艺及表面硬度、耐蚀性

材料	工艺参数	表面硬度 HV0.3	腐蚀状况		
			处理工艺	腐蚀介质	腐蚀率/(mm/年)
TA2 纯钛	退火,未渗氮	160~190	940℃×2h 退火	仿人体液	0.0017
TC4 合金	退火,未渗氮	310~330	800℃×1h 退火	5% H_2SO_4	1.0203
TA7 合金	退火,未渗氮	330~350	—	—	—
TA2 纯钛	940℃×2h 离子渗氮,$\varphi(N_2):\varphi(H_2)=1:1$	1150~1620	850℃×4h 渗氮	仿人体液	0.0012
TA2 纯钛	850℃×2h 离子渗氮,$\varphi(N_2):\varphi(H_2)=1:1$	1000~1200	530℃×1h 退火	5% H_2SO_4	0.1217
TA2 纯钛[①]	900℃×2h 离子渗氮,$\varphi(N_2):\varphi(H_2)=1:1$,	1150~1300	750℃×4h 渗氮	5% H_2SO_4	0.0069
TA2 纯钛	940℃×2h 离子渗氮,纯 N_2	1200~1450	850℃×4h 渗氮	5% H_2SO_4	0.0069
TA2 纯钛	940℃×2h 离子渗氮,$\varphi(N_2):\varphi(Ar)=1:1$	1385~1540	530℃×1h 退火	5% H_2SO_4	0.1349
TA2 纯钛	800℃×2h 离子渗氮,$\varphi(N_2):\varphi(Ar)=1:2$	900~1260	750℃×4h 渗氮	10% H_2SO_4	0.0021
TA2 纯钛	800℃×2h 离子渗氮,$\varphi(N_2):\varphi(Ar)=1:1$	850~900	850℃×4h 渗氮	10% H_2SO_4	0.0084
TA2 纯钛	800℃×6.5h 离子渗氮,$\varphi(N_2):\varphi(Ar)=1:4$	950~1100	—	—	—
TC4 合金	940℃×2h 离子渗氮,$\varphi(N_2):\varphi(H_2)=1:1$	1385~1670	850℃×1h 渗氮	仿人体液	0.0021
TC4 合金	800℃×2h 离子渗氮,$\varphi(N_2):\varphi(Ar)=1:1$	800~1100	850℃×1h 渗氮	15% H_2SO_4	0.0211
TA7 合金	970℃×2h 离子渗氮,纯 N_2	1500~1800	—	—	—
TA7 合金	800℃×2h 离子渗氮,纯 N_2	1050~1280	—	—	—

① 离子渗氮结束后降温至 600℃停止供氢。

表 8-117　45 钢化合物层相组成相对量与共渗介质成分的关系

序号	$\varphi(N_2):\varphi(C_2H_5OH)$	(体积分数,%)			备　注
		$Fe_{2\sim3}N$	Fe_4N	Fe_3C	
1	10 : 0.5	23	0	0	离子氮碳共渗工艺:(580±10)℃×3h,氨气与乙醇之比为共渗温度下裂解气的体积之比
2	10 : 1.0	27	72	1	
3	10 : 2.0	6	49	45	

表 8-118　42CrMo 钢离子氮碳共渗温度对化合物层相组成相对量的影响

序号	氮碳共渗温度/℃	(体积分数,%)			备　注
		$Fe_{2\sim3}N$	Fe_4N	Fe_3C	
1	550±10	44.3	54.0	1.7	氮碳共渗介质:$\varphi(NH_3)=97\%$,$\varphi(CO_2)=3\%$,处理时间 3h
2	570±10	41.0	53.2	5.8	
3	590±10	25.7	67.5	6.8	

表 8-119　共渗温度对离子氮碳共渗层深度和硬度的影响

温度/℃	20 钢				45 钢				40Cr			
	表面硬度 HV0.1	白亮层厚度/μm	共析层厚度/μm	扩散层厚度/mm	表面硬度 HV0.1	白亮层厚度/μm	共析层厚度/μm	扩散层厚度/mm	表面硬度 HV0.1	白亮层厚度/μm	共析层厚度/μm	扩散层厚度/mm
540	550~720	8.52	—	0.38~0.40	550~770	8.52	—	0.36~0.38	738~814	7.5	—	0.75
560	734~810	12	—	0.40~0.43	734~830	12	—	0.38~0.40	850~923	8~10	—	0.31
580	820~880	15	15~18	0.43~0.45	834~870	15~18	17	0.40~0.42	923~940	2~13	11~13	0.35
600	876~889	19~20	17~19	0.45~0.48	876~890	20	15~20	0.42~0.45	934~937	17~18	15	0.38~0.40
620	876~889	13~15	20	0.48~0.52	820~852	13~15	20	0.45~0.50	885~934	11~12	15~16	0.40
640	413	5~7	28.4	0.54~0.55	412	57	25.5	0.50~0.52	440	5~6	19.88	0.43
660	373	1.42	—	—	373	2.84	—	—	429	3.25	—	0.45

注：保温时间 1.5h。

离子氮碳共渗气氛中含碳气氛比例应严格控制。通常情况下，$\varphi(C_3H_8)<1\%$、$\varphi(CH_4)<3\%$、$\varphi(CO_2)<5\%$、$\varphi(C_2H_5OH)<10\%$（一些含碳介质是依靠炉内负压吸入的，因而实际通入量远远低于流量计的指示值）。表 8-120 列出了部分材料常用的离子氮碳共渗层深度及表面硬度。

表 8-120　部分材料常用的离子氮碳共渗层深度及表面硬度

材　　料	心部硬度	化合物层深度/μm	总渗层深度/mm	表面硬度　HV
15	≈140HBW	7.5~10.5	0.4	400~500
45	≈150HBW	10~15	0.4	600~700
15CrMn	≈180HBW	8~11	0.4	600~700
35CrMo	220~300HBW	12~18	0.4~0.5	650~750
42CrMo	240~320HBW	12~18	0.4~0.5	790~800
40Cr	240~300HBW	10~13	0.4~0.5	600~700
3Cr2W8V	40~50HRC	6~8	0.2~0.3	1000~1200
4Cr5MoSiV1	40~51HRC	6~8	0.2~0.3	1000~1200
45Cr14Ni14W2Mo	250~270HBW	4~6	0.08~0.12	800~1200
QT600-3	240~350HBW	5~10	0.1~0.2	550~800HV0.1
HT250	≈200HBW	10~15	0.1~0.15	500~700HV0.1

近年来，在国际上开始兴起离子氮碳共渗+离子后氧化复合处理新技术（称之为 PLASOX 或 INOITOX）。在离子氮碳共渗处理的基础上再进行一次离子氧化处理，可在ε化合物层表面生成数微米厚度的黑色致密 Fe_3O_4 膜，进一步提高钢铁材料表面的耐磨性和耐蚀性，如45钢经离子氮碳共渗+离子后氧化复合处理后，其耐蚀性可与不锈钢媲美。但进行离子氮碳共渗+离子后氧化复合处理时，需对一般的离子渗氮炉进行改造，加装保温装置。

4. 离子渗碳及碳氮共渗

（1）离子渗碳设备　离子渗碳处理温度较高，单纯采用直流辉光放电加热工件所需电流较大，处理过程中极易转变为弧光放电而无法正常工作。目前较多采用辅助加热的炉型，其结构示意如图 8-131 所示。

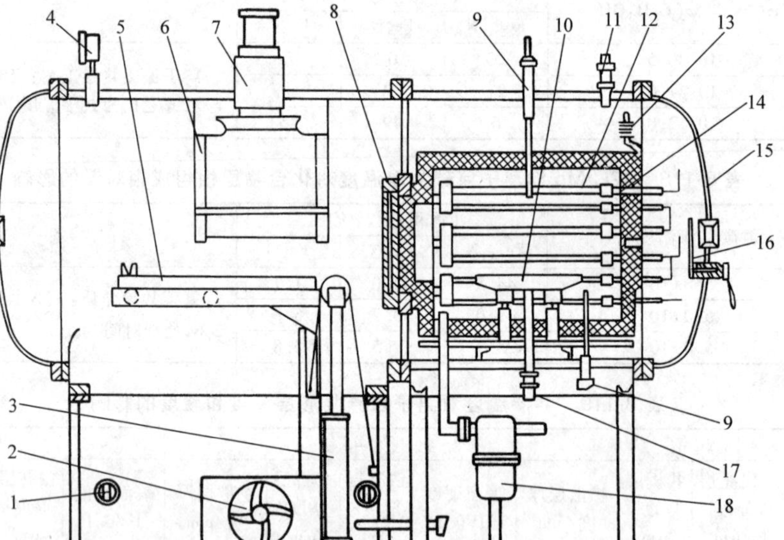

图 8-131　离子渗碳炉结构示意

1—油加热器　2—油搅拌器　3—升降液压缸　4—压力计　5—送料小车　6—导流板　7—气冷风扇　8—中间密封门　9—热电偶　10—工件料架　11—真空规管　12—加热体　13—进气管　14—保温层　15—水冷炉壁　16—观察窗挡板　17—阴极　18—废气过滤器

这种设备具有直流辉光放电和电阻辅助加热两套电源，工件升温和保温的热能主要由电阻加热提供，而直流电源提供离子渗碳过程中形成等离子体的能量。两套电源可分别控制，可使工艺参数在很大的范围内调节。设备的前部为淬火室，后部为渗碳室，渗碳完毕的工件可直接在真空条件下进行淬火（油淬或气淬），保证了工件的表面质量。

离子渗碳原理、基本工艺和设备操作过程与离子渗氮相似，包括工件的清洗、狭缝及非渗碳部位的屏蔽保护等。除了设备检修之外，渗碳室一般处于真空状态，因此，经表面清洗并干燥后的工件放上淬火室的送料小车，淬火室需先抽真空至 1000Pa 以下，才能开启中间密封门，将工件送入淬火室。工件在真空状态下通过电阻加热至 400℃以上，便可通入少量气体、打开辉光电源进行溅射，由于前期采用电阻加热升温，已将油渍等处理前未清洗干净的污物蒸发并排出炉外，因而辉光溅射的过程很快，待工件升至渗碳温度，即可送入工作气体进行渗碳处理。渗碳完成后，工件移至淬火室进行直接淬火或降温淬火，工件入油前，淬火室需填充纯氮至 40～73kPa，否则工件难以淬硬；对具有高压气淬装置的设备，则可直接启动气淬系统进行淬火。离子渗碳淬火后的工件，需进行 180～200℃的低温回火，以消除应力。

（2）离子渗碳工艺

1）离子渗碳温度与时间。由于辉光放电及离子轰击作用，离子态的碳活性更高，工件表面形成大量的微观缺陷，提高了渗碳速度，但总的来说，离子渗碳过程主要还是受碳的扩散控制，渗碳时间与渗碳层深度之间符合抛物线规律。较之渗碳时间，温度对渗速的影响更大。在真空条件下加热，工件的形变量较小，因此，离子渗碳可在较高的温度下进行，以缩短渗碳周期。几种材料离子渗碳处理的渗层深度见表 8-121。

表 8-121　几种材料离子渗碳处理的渗层深度　（mm）

材料	900℃				1000℃				1050℃			
	0.5h	1.0h	2.0h	4.0h	0.5h	1.0h	2.0h	4.0h	0.5h	1.0h	2.0h	4.0h
20 钢	0.40	0.60	0.91	1.11	0.55	0.69	1.01	1.61	0.75	0.91	1.43	—
20CrMo	0.55	0.83	1.11	1.76	0.84	0.98	1.37	1.99	0.94	1.24	1.82	2.73
20CrMnTi	0.69	0.99	1.26	—	0.95	1.08	1.56	2.15	1.04	1.37	2.08	2.86

2）强渗碳与扩散时间之比。离子渗碳时，工件表面极易建立起较高的碳浓度，一般须采用强渗与扩散交替的方式进行。强渗与扩散时间之比对渗层组织和深度有较大影响（见图 8-132）。渗扩比过高，表层易形成块状碳化物，并阻碍碳进一步向内扩散，使总渗层深度下降；渗扩比太小，表面供碳不足，也会影响层深及表面性能。采用适当的渗扩比（如 2∶1 或 1∶1），可获得理想的渗层组织（表层碳化物弥散分布）并能保证渗层深度。对深层渗碳件，扩散所占比例应适当增加。

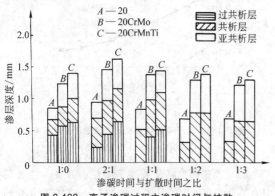

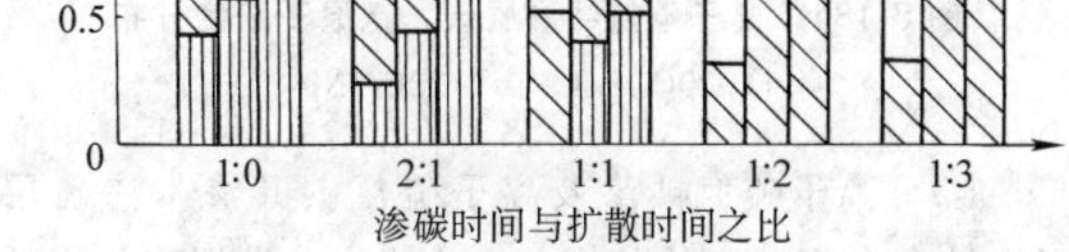

图 8-132　离子渗碳过程中渗碳时间与扩散时间之比对渗层深度及组织的影响

注：1000℃×2h。

3）辉光电流密度。工业生产时采用的辉光电流密度较大，足以提供离解含碳气氛所需能量，迅速建立向基体扩散的碳浓度。离子渗碳层深度主要受扩散速度控制。如果排除电流密度增加使工件与炉膛温差加大这一因素，辉光电流密度对离子渗碳层深度不会产生太大的影响，但会影响表面碳浓度达到饱和的时间。

4）稀释气体。离子渗碳的供碳剂主要采用 CH_4 和 C_3H_8，以氢气或氮气稀释，渗碳剂与稀释气体之比约为 1∶10，工作炉压控制在 133～532Pa。氢气具有较强的还原性，能迅速清洁工件表面，促进渗碳过程，对清除表面炭黑也较为有利，但使用时应注意安全。

5）离子渗碳的应用。离子渗碳的部分应用实例见表 8-122。

（3）离子碳氮共渗　离子渗碳气氛中加入一定量的氨气，或直接用氮气作稀释剂，可进行离子碳氮共渗。离子碳氮共渗可在比气体法更宽的温度区间进行，温度升高，钢中渗入的氮减少，用普通方法进行碳氮共渗，温度一般不超过 900℃，而采用离子法，可实现 900℃以上的碳氮共渗。

与离子渗碳相似，离子碳氮共渗也应采用强渗+扩散的方式进行，不同的渗扩比对渗层组织和深度将会产生较大的影响。20CrMnTi 及 20Cr2Ni4 钢在不同渗扩比的条件下进行离子碳氮共渗，其渗层深度及组织分布见表 8-123。

综合考虑渗层组织及表面硬度等因素，渗扩比在 3∶3 时较佳，其共渗层硬度分布及碳、氮原子浓度分布如图 8-133 及图 8-134 所示。

表 8-122　离子渗碳的部分应用实例

工件名称	材料及尺寸	离子渗碳工艺	离子渗碳效果
喷油嘴针阀体	18Cr2Ni4WA	(895+5)℃×1.5h 离子渗碳、淬火及低温回火	表面硬度≥58HRC,渗碳层深度 0.9mm
大马力推土机履带销套	20CrMo,ϕ71.2mm×165mm(内孔 ϕ48mm)	1050℃×5h 离子渗碳,中频淬火	表面硬度 62~63HRC,有效硬化层深度 3.3mm
搓丝板	12CrNi2	910℃离子渗碳,强渗 30min+扩散 45min,淬火及低温回火	表面硬度 830HV0.5,有效硬化层深度 0.68mm
齿轮套	30CrMo	910℃离子渗碳,强渗 30min+扩散 60min,淬火及低温回火	表面硬度 780HV0.5,有效硬化层深度 0.86mm
减速机齿轮	20CrMnMo,ϕ817mm×180mm	(960±10)℃离子渗碳,强渗 3h,扩散 1.5h	渗碳层深度 1.9mm,表面 w(C)=0.82%

表 8-123　不同渗扩比的离子碳氮共渗层深度及组织分布　(mm)

渗扩比	20CrMnTi				20Cr2Ni4			
	过共析层	共析层	亚共析层	总渗层	过共析层	共析层	亚共析层	总渗层
6∶0	0.30	0.50	0.40	1.20	0.20	0.55	0.45	1.20
4∶2	0.15	0.60	0.45	1.20	0.15	0.55	0.50	1.20
3∶3	0.05	0.60	0.40	1.05	0.03	0.60	0.52	1.15
2∶4	0	0.60	0.45	1.05	0	0.60	0.50	1.10

注：共渗温度 850℃，共渗时间（强渗+扩散）6h；氢气作为放电介质，强渗阶段 $\varphi(C_3H_8)=5\%$，扩散阶段 $\varphi(C_3H_8)=0.5\%$；共渗后直接淬火，然后在 250℃进行 2h 真空回火。

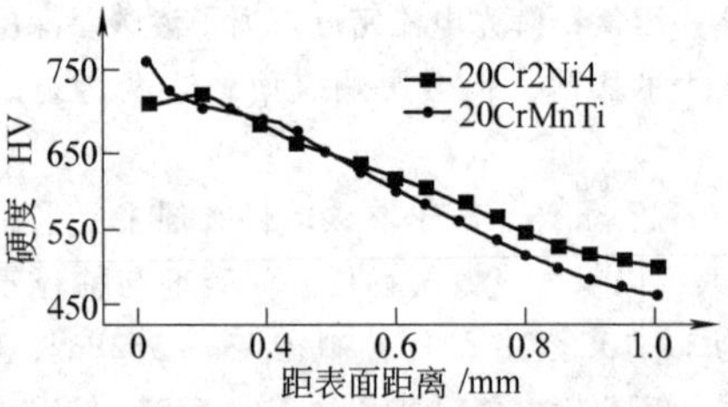

图 8-133　离子碳氮共渗层硬度分布

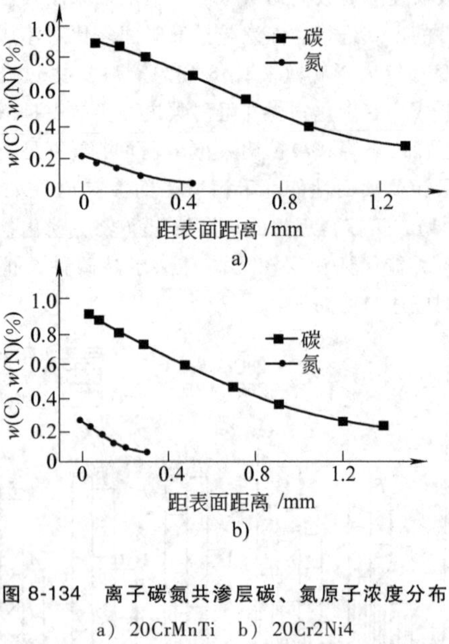

图 8-134　离子碳氮共渗层碳、氮原子浓度分布

a）20CrMnTi　b）20Cr2Ni4

5. 离子渗硫及含硫介质的多元共渗

在辉光电场的作用下含硫介质电离，硫元素渗入工件表层形成硫化物层，可有效提高零件表面的耐磨性和抗咬合性能。

（1）低温离子渗硫　低温离子渗硫一般在 160~280℃的较低温度下进行，设备大部分为经过改造的离子渗氮炉，设备改造的目的是防止硫对输气管道和密封件的腐蚀。含硫介质的供给方式主要有以下几种：利用硫蒸气进行离子渗硫，硫的蒸发器可放在炉内或炉外；依靠负压将 CS_2 直接吸入炉内；将硫化亚铁与蒸汽反应生成 H_2S 气体再送入炉内。

离子渗硫的速度较快，一般经 2~4h 处理即可获得 10~20μm 的渗硫层，且随着渗硫温度升高和保温时间延长，渗层表面硫含量逐渐增多，见表 8-124。

低温离子渗硫技术适用于基体硬度较高的材料，如经淬火、回火处理的轴承钢、模具钢等，如果基体强度太低则很难充分发挥渗硫层的耐磨损性能。

（2）离子硫氮共渗及离子硫氮碳共渗　渗硫层只有结合在高硬度的基体上，才能充分发挥硫化物的减摩润滑作用，因此，实际生产中应用较多的是离子硫氮共渗和离子硫氮碳共渗。

1）离子硫氮共渗。一般采用 NH_3 和 H_2S 作为共渗剂进行离子硫氮共渗，NH_3 与 H_2S 之比（体积比）为 10∶1~30∶1，图 8-135 所示为 20CrMnTi 钢在不同

表 8-124　45 钢在不同工艺条件下离子渗硫处理后渗层表面硫含量

处理工艺	160℃	190℃	220℃	250℃	280℃	190℃				
	1h					0.5h	1h	2h	3h	4h
x(S)(%)	1.70	2.61	5.62	8.68	27.20	1.27	2.61	3.22	3.26	3.30

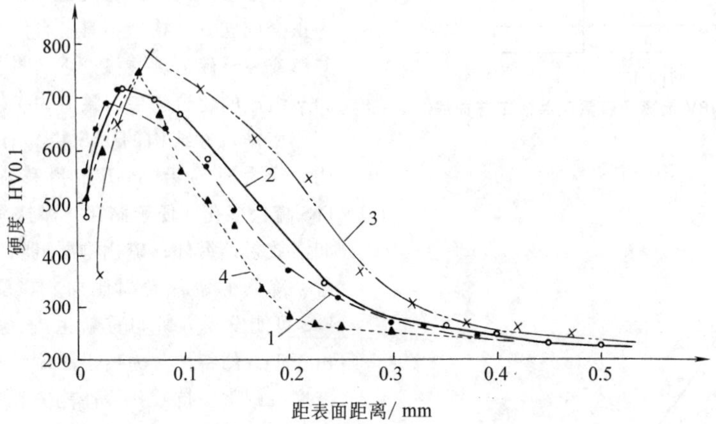

图 8-135　不同 NH_3/H_2S 比值下离子硫氮共渗层硬度分布

1—10∶1　2—20∶1　3—30∶1　4—60∶1

注：570℃×2h。

气氛下离子硫氮共渗层的硬度分布，气氛配比对离子硫氮共渗层硬度、深度和硫含量的影响见表 8-125。硫的渗入，不仅在工件表面形成硫化物层，而且还有一定的催渗作用。气氛中硫含量存在一最佳配比，硫含量太高易形成脆性 FeS_2 相，出现表层剥落。

离子硫氮共渗已用于工具、模具及一些摩擦件处理，具有比其他方法共渗更高的效率（见表 8-126）。

表 8-125　气氛配比对离子硫氮共渗层硬度、深度和硫含量的影响

气氛配比 $\varphi(NH_3):\varphi(H_2S)$	表面硫含量 w(S)(%)	W18Cr4V		40Cr		脆性等级 (HV5 压痕)
		渗层深度/mm	表面硬度 HV	渗层深度/mm	表面硬度 HV	
氨	—	0.110	1302	0.28	692	Ⅰ
15∶1	0.057~0.060	0.110	1302	0.28	698	Ⅰ
10∶1	0.079~0.093	0.116	1283	0.31	676	Ⅰ
5∶1	0.13~0.18	0.130	1275	0.32	644	Ⅰ
3∶1	—	0.107	1197	0.27	575	Ⅰ~Ⅱ
2∶1	0.36	0.093	1095	0.23	539	Ⅰ

注：(520±10)℃×2h。

表 8-126　高速钢不同共渗方法的渗速比较

共渗工艺	离子硫氮共渗	液体硫氮共渗	气体硫氮共渗	气体硫氮共渗	碳氮氧硫硼共渗
	(550±10)℃×15~30min	530~550℃×1.5~3h	570℃×6h	550~560℃×3h	560~570℃×2h
渗层深度/mm	0.051~0.067	0.03~0.06	0.097	0.04~0.07	0.03~0.07

2）离子硫氮碳共渗。离子硫氮碳共渗可用 NH_3（或 N_2+H_2）加入 H_2S 及 CH_4（或 C_3H_8 等）作为处理介质。如 20CrMo 钢在 $\varphi(N_2)=20\%\sim80\%$、$\varphi(H_2S)=0.1\%\sim2\%$、$\varphi(C_3H_8)=0.1\%\sim7\%$ 及余量 H_2（或 Ar）的气氛中进行 400~600℃ 离子硫氮碳共渗，硫化物层可达 3~50μm，表面硬度为 600~700HV。

由于采用硫化亚铁与稀盐酸反应制备 H_2S 的方法工艺性较差，且 H_2S 对管路的腐蚀和环境污染严重，因而在实际生产中，大多数采用 CS_2 作为供硫及供碳剂。可将无水乙醇与 CS_2 按 2∶1（体积比）的比例制成混合液，依靠炉内负压吸入，再以氨气与混合气按 20∶1~30∶1（体积比）的比例向炉内送气，即可进行硫氮碳共渗。共渗时硫的通入量同样不能太大，否则将引起表面剥落。图 8-136 和图 8-137 所示

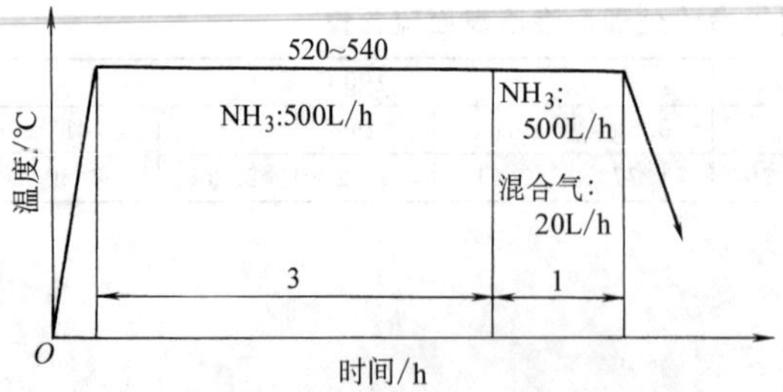

图 8-136 3Cr2W8V 钢离子硫氮碳共渗工艺曲线

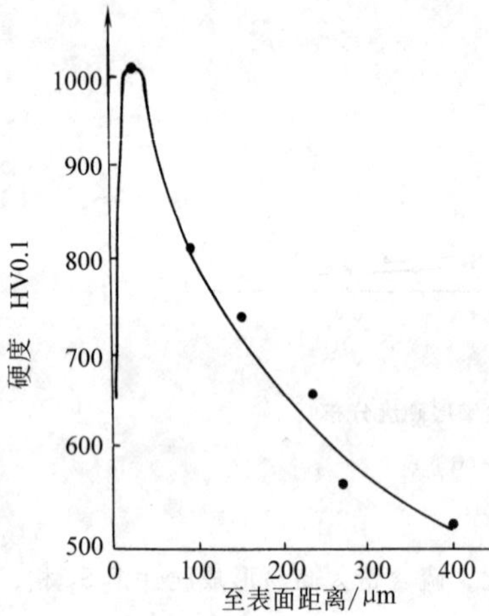

图 8-137 3Cr2W8V 钢离子硫氮碳共渗层硬度分布曲线

分别为 3Cr2W8V 钢离子硫氮碳共渗工艺及硬度分布曲线。

（3）离子渗硫及其多元共渗层的组织与性能 渗硫层一般由密排六方结构的 FeS 组成，硬度约 60HV；当硫含量进一步提高时可能生成 FeS_2，FeS_2 为正交或立方结构，不具备自润滑性能。对离子硫氮共渗或离子硫氮碳共渗处理的材料，次表层为 ε 相或 ε+γ′组成的化合物层，接着为扩散层。

密排六方结构的 FeS 相具有类似石墨的层状结构，受力时易沿｛001｝滑移面产生滑移；其次，FeS 疏松多孔，便于储存并保持润滑介质，改善液体润滑效果；另外，硫化物层阻隔了金属之间的直接接触，降低了黏着磨损倾向。在受热和摩擦受热时，FeS 可能发生分解与重新生成，并沿晶界向内扩散。由于 FeS 的特性，为离子渗硫或共渗层带来了优良的减摩、耐磨、抗咬死等性能。表 8-127 所列为不同离子渗硫工艺处理的 45 钢试样在 SKODA 试验机上的耐磨性对比。图 8-138 所示为几种材料经低温离子渗硫处理后在球-盘试验机上测定的摩擦因数和磨损宽度与未渗硫试样进行的对比。3Cr2W8V 钢经图 8-136 所示的工艺进行离子硫氮碳共渗处理后的抗咬合试验曲线如图 8-139 所示。

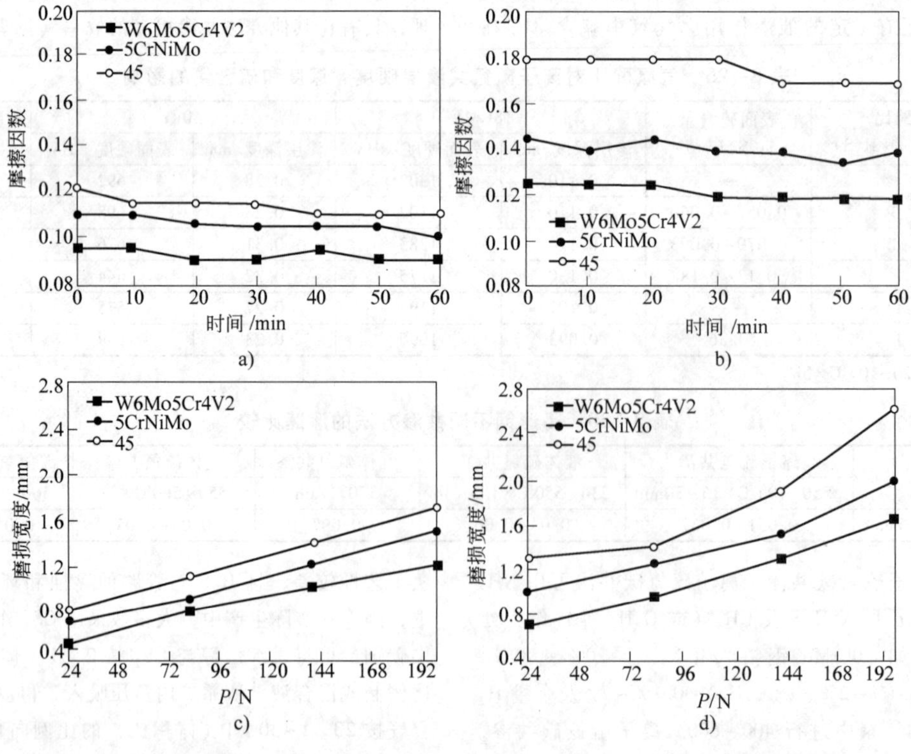

图 8-138 几种材料经低温离子渗硫的摩擦因数和磨损宽度与未渗硫试样的对比

a）渗硫层摩擦因数 b）未渗硫试样摩擦因数 c）渗硫层磨损宽度 d）未渗硫试样磨损宽度

表 8-127　不同离子渗硫工艺处理的 45 钢试样的耐磨性对比

载荷/N	50		30		10	
耐磨性	体积磨损量/(mg/m^3)	相对磨损量	体积磨损量/(mg/m^3)	相对磨损量	体积磨损量/(mg/m^3)	相对磨损量
280℃×3h	20.81	6.57	10.30	7.05	1.362	4.66
240℃×3h	20.43	6.69	5.391	13.48	0.5867	10.90
200℃×3h	24.66	5.54	10.35	7.02	1.852	3.43
160℃×3h	53.27	2.57	33.31	2.18	6.396	0.99
45 钢未渗硫	136.7	1	72.66	1	6.353	1
240℃×0.5h	43.46	3.15	21.41	3.39	3.662	1.73
240℃×1h	29.66	4.61	11.70	6.21	1.995	3.18
240℃×2h	16.41	8.33	8.009	9.07	0.5313	11.96

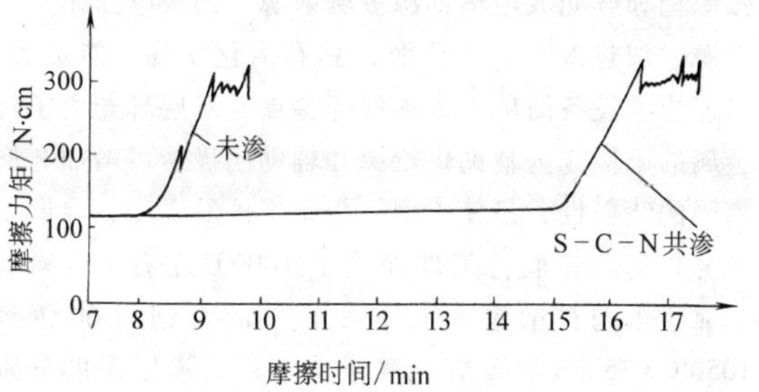

图 8-139　3Cr2W8V 钢离子硫氮碳共渗试样抗咬合试验曲线

6. 离子渗金属

(1) 双层辉光离子渗金属　双层辉光离子渗金属是多种离子渗金属技术中较为成熟的一种。该技术的基本原理是在真空容器内设置阳极、阴极（工件）以及欲渗金属制成的金属靶（源极），阴极和阳极之间以及阴极与源极之间各设一个可调直流电源（见图 8-140）。当充入真空室的氩气压力达到一定值后，调节上述电源，在两对电极之间产生辉光放电，形成

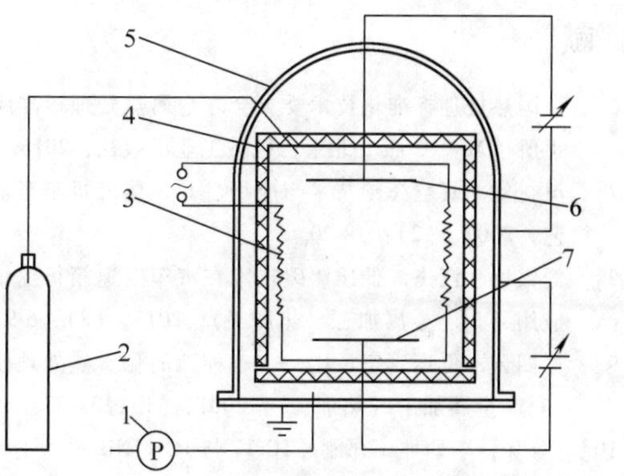

图 8-140　双层辉光离子渗金属原理

1—真空泵　2—气源　3—辅助加热器　4—阳极（隔热屏内壁）　5—炉体　6—源极　7—阴极

双层辉光现象。工件在氩离子轰击下温度升至 950~1100℃，而源极欲渗金属在离子轰击作用下被溅射成为离子，高速飞向阴极（工件）表面，被处于高温状态的工件所吸附，并扩散进入工件内部，从而形成欲渗金属的合金层。能渗入的合金元素有钨、钼、铬、镍、钒、锆、钽、铝、钛、铂等，除渗入单一元素外，还可进行多元共渗，渗层的成分可为 0~100% 金属或合金，深度可达数百微米。

较之离子渗氮等，双层辉光离子渗金属工艺需控制的参数较多，包括工作压力（p）、源极电压（U_s）、工作电压（U_c）、温度（T）、处理时间（τ）、工件与源极间距离（d）等。在 $p=39.9Pa$、$U_s>900V$、$U_c=400V$、$d=15mm$ 的条件下，20 钢经 1000℃×1h+800℃×1.5h 离子渗金属处理（源极为 Ni80Cr20），渗层表面合金分布曲线如图 8-141 所示；当 $p=39.9Pa$、$U_s=700V$ 的条件下，20 钢经 1000℃×3h 离子渗金属处理（源极为 W-Mo），渗层的 W、Mo 总含量分布曲线如图 8-142 所示。

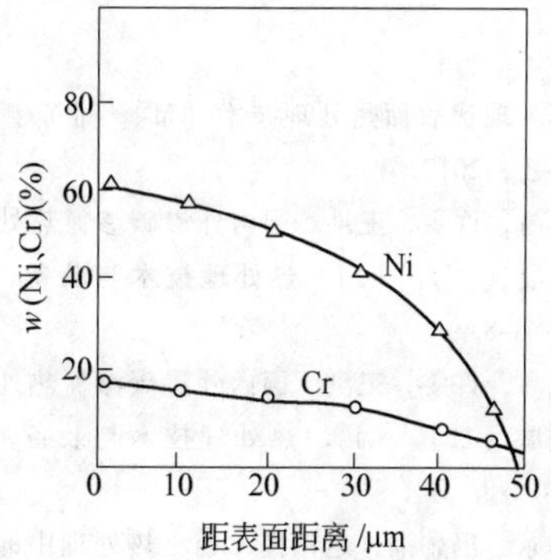

图 8-141　Ni、Cr 渗层表面合金分布曲线

双层辉光离子渗金属的渗层成分可调性强，能模拟许多高合金钢的成分，适用范围广，该技术已在一

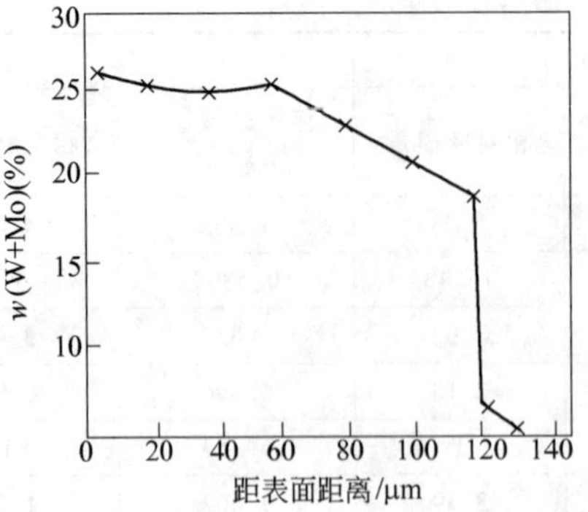

图 8-142　渗层的 W、Mo 总含量分布曲线

些产品上应用。

（2）多弧离子渗金属　多弧离子渗金属是在多弧离子镀的基础上发展起来的渗金属技术，图 8-143 所示为设备结构示意。工作时，首先在工件上施加 2000V 以上的负偏压，用引弧极引燃阴极电弧，所产生的金属离子流被加速并迅速将工件轰击加热至 1000℃左右，金属离子除轰击加热工件外，还有足够的能量在工件表面迁移和扩散，实现离子渗金属的目的。与辉光放电相比，弧光放电具有放电电压低（20~70V）、电流密度大（>100A/cm^2）的特点，因而多弧离子渗金属渗速快，只要能加工成阴极电弧源靶材的金属或合金均可进行多弧离子渗金属处理。

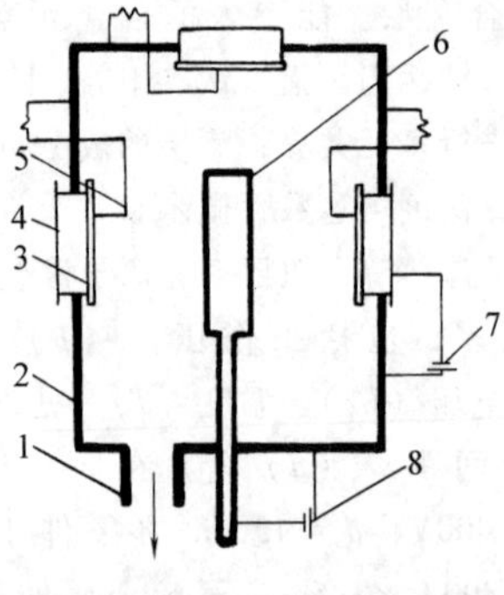

图 8-143　多弧离子渗金属设备结构示意
1—真空系统　2—真空室　3—弧源靶材
4—阴极弧源座　5—触发极　6—工件
7—弧源电源　8—工件偏压电源

08 钢在 1100℃进行 20min 多弧离子渗钛，可获得深度为 70μm 的渗钛层。经 13min 渗铝后，渗层深度可达 60μm。

（3）加弧辉光离子渗金属　该技术是在双层辉光离子渗金属的装置中引入冷阴极电弧源，产生弧光放电，选用欲渗元素的固态纯金属或合金制成阴极电源靶和辉光放电辅助源极溅射源。阴极电弧作为蒸发源、加热源、离子化源，具有离化率高、能量大、渗速快、设备简单、成本低等特点。双层辉光离子渗金属的源极作为辅助供给源和辅助阴极，可增加金属离子的绕射性，易使大型、复杂工件的温度、渗层及成分均匀。一般将工件加热至 1000℃左右，金属离子靠轰击与扩散渗入工件表面。如 10 钢和 60 钢经 1050℃×35min 加弧辉光离子渗铝后，渗层深度分别为 110μm 和 90μm，试样表面铝含量可达 8%（质量分数）。

（4）气相辉光离子渗金属　在离子化学热处理设备中适量通入欲渗金属的化合物蒸气（如 $TiCl_4$、$AlCl_3$、$SiCl_4$ 等），用调节蒸发器温度和蒸发面积来控制通入量，同时按比例通入工作气体（氢气或氩气）。在阴极（工件）与阳级之间施加直流电压，形成稳定的辉光放电，促使炉气电离，产生欲渗元素的金属离子，这些离子高速轰击工件表面，并在高温下向工件内部扩散，实现气相辉光离子渗金属。

参考文献

[1]　潘邻. 现代表面热处理技术 [M]. 北京：机械工业出版社，2017.

[2]　朱祖昌，许雯，王洪. 国内外渗碳渗氮热处理工艺的新进展（一）[J]. 热处理技术与装备，2013，34（4）：1-8.

[3]　朱祖昌，许雯，王洪. 国内外渗碳渗氮热处理工艺的新进展（二）[J]. 热处理技术与装备，2013，34（5）：1-8.

[4]　刘晔东，冯耀潮，赵伟民，等. 热处理中的节能减排与环保技术浅谈 [J]. 金属热处理，2009，34（5）：103-107.

[5]　韩永珍，李俏，徐跃明，等. 真空低压渗碳技术研究进展 [J]. 金属热处理，2018，34（10）：253-261.

[6]　全国热处理标准化技术委员会. 金属热处理标准应用手册 [M]. 3 版. 北京：机械工业出版社，2016.

[7]　奥村望. 真空渗碳技术与应用 [J]. 国外机车车辆工艺，2007，（2）：18-20.

[8]　舒银坤，汪杰. 低压渗碳技术在汽车变速箱行业中的应用 [J]. 金属加工（热加工），2018，（8）：6-9.

[9]　严韶云. 低压真空渗碳——一种新的化学热处理技术 [J]. 金属加工（热加工），2001，（1）；31-33.

[10]　董琛，李炳坤，郑刚. 1Cr17 与 1Cr17Ni2 两型不锈钢低压真空渗碳工艺研究 [J]. 舰船电子工程，2020，40（7）：204-206.

[11]　李宝民，王志坚，徐成海. 真空热处理 [M]. 北京：化学工业出版社，2019.

[12] 薄鑫涛. 真空渗氮 [J]. 热处理, 2020, 35 (2): 58-59.
[13] 王达鹏, 郭成龙, 董笑飞, 等. 低压真空渗碳技术在轴齿热处理中的应用与变形控制 [J]. 汽车工艺与材料, 2021, (3): 25-33.
[14] 苏红文. 真空渗氮工艺特性及渗氮层性能研究 [D]. 大连: 大连海事大学, 2009.
[15] 张建国. 渗氮技术的发展及真空渗氮新技术 [J]. 金属热处理, 1997, (11): 24-27.
[16] 杜树芳. 离子渗氮技术发展与设备改造 [J]. 金属加工 (热加工), 2018, (6); 18-23.
[17] 赵程. 活性屏离子渗氮技术的研究 [J]. 金属热处理, 2004, 29 (3): 1-4.

第 9 章　形变热处理

哈尔滨工业大学　王铀

9.1　形变热处理原理与分类

9.1.1　形变热处理的发展与基本原理

将压力加工与热处理紧密结合同时达到成形与强化双重目的广义形变热处理工艺早已被人们所认识并广泛利用。远在人类开始使用铁器不久，便利用锻造的方法使生铁脱碳成钢，并制成各种刀具。宋朝沈括所著《梦溪笔谈》中说：“……取精铁，锻之百余火，每锻称之，一锻一轻，至累锻而斤两不减，则纯钢也……”后来人们又发现，锻造而成的钢制刀具，不经淬火，强度及耐磨性是不高的。明朝崇祯十年（1637）宋应星撰写的《天工开物》一书中记载：“凡熟铁、钢铁已经炉锤，水火未济，其质未坚。乘其出火时，入清水淬之，名曰健钢、健铁。言乎未健之时，为钢为铁，弱性犹存也。”可见，最早的热处理工艺是与锻造过程紧密结合起来的，很可能就是原始形态的形变热处理（锻热淬火）。到了近代，压力加工与热处理紧密结合的综合工艺仍在许多场合下广泛应用。例如，用室温形变来强化工业纯金属（铝、铜等）及单相合金（Al-Mg、Al-Mn 及简单奥氏体钢等），辅以不同程度的软化退火，可以得到强度与塑性的良好组合。至于从节省能耗并减少氧化损失出发而普遍采用的锻热淬火，更可以说是典型的高温形变热处理工艺了。随着科学技术的不断发展，人们对金属内部组织结构的变化规律及其同加工处理过程之间的联系就了解得更为深入了。

金属及合金的强度取决于原子间结合力及组织状态两大因素，一般来说，原子间结合力主要因金属基体的本性（以熔点、弹性模量、自扩散系数、特征温度等为表征）而不同。溶入基体（固溶体）中的合金元素只能在不大的范围内改变原子间结合力。各种加工处理过程虽然不能使原子间结合力发生显著变化，但却能在极大程度上改变组织状态。

因为金属强度与其中所含缺陷密度的关系曲线上存在一最小值（见图 9-1），故改变组织状态以提高金属强度的途径有二：其一，是尽可能地减少金属中所含的缺陷，使之接近理想的完整晶体，让所有原子同时参与抵抗外加应力的作用，以达到接近理论数值（E/10 或 G/15）的强度水平。例如，纯铁晶须的抗拉强度已经能够达到 7000MPa，甚至更高。其二，是在已含相当数量缺陷的各种金属材料上通过一定的加工处理进一步引进大量的位错以及造成阻挡位错运动的各种障碍。这时，或者由于位错本身的相互阻塞，或者由于受溶质原子、沉淀相、晶界、亚组织等所构成的障碍所拦截，使得在外加应力作用下的滑移过程变得困难起来，从而达到提高强度的效果。这后一种方法在提高强度的水平方面虽不及前面的一种，但由于在工业生产中易于实现，因而得到了广泛的实际应用。例如，中碳钢丝经铅浴淬火拔丝后抗拉强度可提高到 3500MPa 左右。虽然上述两种方法在工艺上以及金属组织状态上截然不同，但其效果都是一致的，都是增加了参与抵抗外力作用的原子数目，即提高了原子间结合力利用的同时程度。试验证明，高纯度铁单晶的临界滑移应力不过 7MPa，而前面提到的铅浴淬火冷拔钢丝（3500MPa）或纯铁晶须（7000MPa）的强度是其 500 倍或 1000 倍。这就看出了改变组织状态在强化金属方面所能达到的巨大效果。

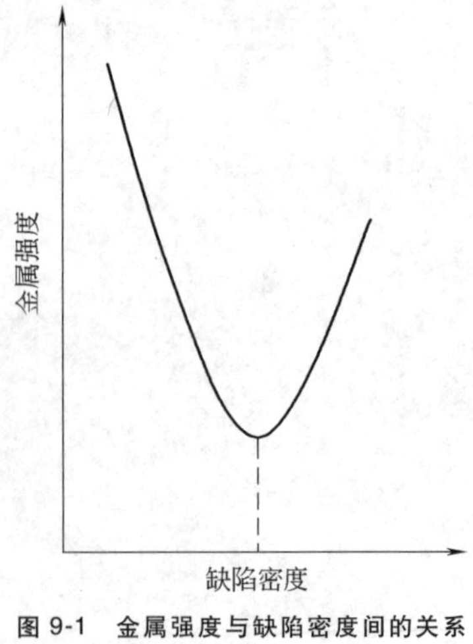

图 9-1　金属强度与缺陷密度间的关系

在已知成分的金属材料上合理地综合运用形变强化与相变强化，可以预期得到更为满意的强化效果。即用形变的方法向金属中引进大量位错，再用热处理方法将这些位错牢固地钉扎起来，最终使金属得到包含大量难以移动的位错的相当稳定的组织状态从而达到更高的强度及塑性（韧性），这就是形变热处理的基本原理。

9.1.2　形变热处理的工业应用和方法分类

由于工作条件（温度、加载方式等）以及由此而来的破坏形式的不同，原子间结合力及组织状态这两大因素在决定金属强度方面所起的作用是不同的。通常，当工作温度较低，加载速度较大时，滑移型形变占主导地位，组织状态对金属强度起着决定性作用。而当温度较高，加载速度较小时，扩散型形变占主导地位，这时对金属强度起决定性作用的是原子间结合力，既然形变热处理是由改善组织状态来影响强度的，那么从原则上来说，这种强化手段完全可以应用于有效提高一般金属材料及机器零件室温下的强度、韧性及中温短期工作的热强性。

冶金工厂轧制金属材料时，采用形变热处理工艺以提高出厂产品的力学性能是最方便不过的了。因此，各种截面型材的形变热处理近年来得到了广泛的应用。由于锻造技术的发展，也使形状比较复杂的机器零件的形变热处理工艺得以顺利进行。形变热处理已有广泛的应用，如在一般机器零件方面应用于螺钉、螺栓及螺塞、滚珠轴承及内外套圈、板簧及卷簧、连杆、轴类及轴梢、弹簧钢制扭力杆、压气机及汽轮机叶片、链轮及齿轮、充气瓶等，在工具方面应用于冷凿及镗凿、车刀、麻花钻、丝锥、镀片铣刀、剪刀、冲头及冲核、冲裁模、铆钉模及冷锻模等，在武器制造及尖端技术方面则应用于炮弹丸、穿甲弹壳、喷气发动机紧固件、空压机叶片及导弹蒙皮等。随着形变热处理研究的不断深入，可以适用的零件及钢材范围必将日益广泛。

现有的形变热处理工艺方法极其繁多，名称也很不统一，不少作者曾经多次提出过形变热处理工艺方法的分类。如利用钢在形变热处理时发生的主要相变类型来讨论并分类钢的形变热处理工艺方法（见表 9-1）。此外，还有关于时效合金（包括沉淀硬化奥氏体钢、镍基合金、铝及镁合金等）形变热处理的特点及其分类，和将几种方法联合使用的“复合形变热处理”，形变热处理与化学热处理相结合的“形变化学热处理”以及“表面形变热处理”等。

应该指出，形变热处理既然是形变与相变两种强化手段的结合，那么，显然形变热处理工艺方法分类的最突出的标志，首先便是形变与相变二者安排的顺序（区分为相变前形变、相变中形变及相变后形变三大类别），其次便是形变温度范围及相变方式。表 9-1 所列的分类也就是按照形变与相变的安排顺序、形变温度与相变方式这三个标志进行的。

表 9-1　形变热处理工艺及应用

类别	工艺	原理	用途	效果
低温形变热处理	低温形变淬火	钢在奥氏体化后急冷至等温转变区（500~600℃），施行 60%~90%形变后退火	高强度零件，如飞机起落架、火箭蒙皮、高速钢刀具、模具、炮弹及穿甲弹壳、板簧	保持韧性，提高强度和耐磨性，可使高强钢的强度从 1800MPa 提高到 2500MPa 以上
	低温形变等温淬火	钢在奥氏体化后急冷至最大转变孕育区（500~600℃），施行形变后在贝氏体区等温淬火	热作模具	在保持较高韧性前提下，提高强度至 2300~2400MPa
	等温形变淬火	在等温淬火的奥氏体—珠光体或奥氏体—贝氏体转变过程中形变	适于等温淬火的小零件，如小轴、小模数齿轮、垫片、弹簧、链节等	提高强度，显著提高珠光体转变产物的冲击韧度
	连续冷却形变处理	在奥氏体连续冷却转变过程中施行形变	适于小型精密耐磨、抗疲劳件	可实现强度与韧性的良好配合
	诱发马氏体的低温形变	对奥氏体钢施行室温或更低温度的形变（一般为轧制），然后时效	18-8 型不锈钢，PH15-7Mo 过渡型不锈钢以及 TRIP 钢	在保证韧性的前提下提高强度
	珠光体低温转变	钢丝奥氏体化后在铅浴或盐浴中等温淬火得到细珠光体组织，再施行>80%形变量的拔丝	制造钢琴丝和钢缆丝	使珠光体组织细化、晶粒畸变。冷硬化显著提高强度
	马氏体（回火马氏体、贝氏体）形变时效	对钢在回火马氏体或贝氏体态施行室温形变，最后 200℃时效	低碳钢淬成马氏体，室温下形变，最后回火	使屈服强度提高三倍，冷脆温度下降

（续）

类别	工艺	原理	用途	效果
低温形变热处理	预形变热处理	钢材室温形变强化，中间软化退火，然后快速淬火、回火	适用于形状复杂，切削量大的高强钢零件	提高强度及韧性，省略预备热处理工序
	晶粒多边化强化	钢材于室温或较高温度施行小变形量（0.5%～10%）形变，于再结晶温度加热，使晶粒呈稳定多边化组织	锅炉紧固件，汽轮或燃气轮机零件	提高高温持久强度和蠕变抗力
高温形变热处理	高温形变淬火	精确控制终锻和终轧温度，利用锻、轧余热直接淬火，然后回火	加工量不大的碳钢和合金结构钢零件，如连杆、曲柄、叶片、弹簧、农机具及枪炮零件	提高强度10%～30%，改善韧性、疲劳抗力、回火脆性、低温脆性和缺口敏感性
	高温形变正火	适当降低终锻、终轧温度，然后空冷，或强制空冷，或等温空冷	适用于改善以微量元素V、Nb、Ti强化的建筑结构材的塑性和碳钢及合金结构钢锻件的预备热处理	提高钢材韧性，降低脆性转变温度，提高疲劳抗力
	高温形变等温淬火	利用锻、轧后余热施行珠光体区域或贝氏体区域内的等温淬火	用于w(C)＝0.4%钢缆绳高碳钢丝及小型紧固件	提高强度及韧性
	亚温形变淬火	在Ac_1和Ac_3间施行形变淬火	在严寒地区工作的构建和冷冻设备构件	明显改善合金结构钢脆性，降低冷脆域
	利用形变强化遗传性的热处理	用高温或低温形变淬火使毛坯强化，然后施行中间软化回火，以便于切削加工，最后二次淬火，低温回火，可再现形变强化效果	适用于形状复杂、切削量大的高强钢零件	提高强度和韧性，取消毛坯预备热处理工艺
	表面高温形变淬火	用高频或盐浴使工件表层加热至Ac_1或Ac_3以上，实行滚压强化淬火	高速传动轴、轴承套圈等圆柱形或环形零件，履带板和机铲等磨损零件	显著提高零件疲劳强度、耐磨性及使用寿命
	复合形变热处理	把高温形变淬火和低温形变淬火复合，或将高温形变淬火与马氏体形变时效复合	适用于Mn13、工具钢和冷作模具钢等难以强化的钢材	提高韧性、强度、疲劳强度和耐磨性等综合力学性能
形变化学热处理	利用锻热渗碳淬火或碳氮共渗	零件在奥氏体化以上温度模锻成形，随即在炉中渗碳或碳氢共渗，淬火，回火	中等模数齿轮	节能，提高渗速、硬度及耐磨性
	锻热淬火渗氮	钢件锻热淬火后，高温回火时渗氮或氮碳共渗	模具、刀具及要求的耐磨件	加热渗氮或碳氮共渗过程，提高耐磨性
	低温形变淬火渗硫	钢件低温形变淬火后，回火与低温电解渗硫结合	高强度摩擦偶件，如凿岩机活塞，牙轮钻等	心部强度高，表面减摩
	渗碳件表面形变时效	渗碳、渗氮、碳氮共渗零件渗后在常温下施行表面喷丸或滚压，随后低温回火，使表面产生形变时效作用	航空发动机齿轮，内燃机缸套等耐磨及疲劳性能要求极高的零件	显著提高零件表面硬度，耐磨性，使表面产生压应力，明显提高疲劳抗力
	渗碳表面形变淬火	用高频电流加热渗碳件表面，然后施行滚压淬火，也可在渗碳后直接进行滚压淬火	齿轮等渗碳件	零件表面可以获得极高的耐磨性

9.2 低温形变热处理

将钢加热至奥氏体状态保持一定时间，急速冷却至 Ac_1 以下（低于奥氏体再结晶温度）而高于 Ms 的某一中间温度，进行形变然后淬火得马氏体组织的综合处理工艺称为亚稳奥氏体形变淬火或低温形变淬火（为了叙述方便，以下均称为低温形变淬火）。图 9-2 所示为低温形变淬火工艺。为了获得良好的力学性能组合，一般不希望在亚稳奥氏体的形变及随后的冷却过程中产生非马氏体组织，因而要求过冷奥氏体具有足够的稳定性（钢的 TTT 曲线比较偏右）。从低温形变淬火工艺易于进行的角度出发，则要求将形变温度选择在亚稳奥氏体最稳定或足够稳定的温度区间之内。

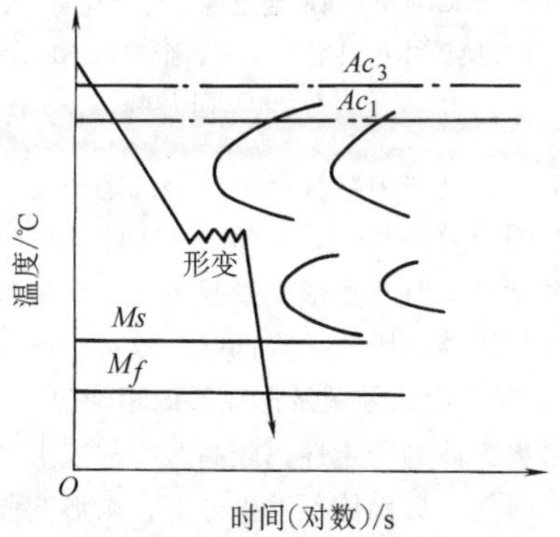

图 9-2 低温形变淬火工艺

9.2.1 低温形变热处理工艺

工艺参数对低温形变淬火效果有很大影响。为了弄清低温形变淬火的强化规律，以达到优化工艺的目的，我们将对下列工艺参数逐个地进行讨论：奥氏体化温度、形变温度、形变前后的停留及形变后的再加热、形变量、形变方式及形变速度。

1. 奥氏体化温度

奥氏体化温度对低温形变淬火效果的影响随钢的成分而大不相同。在形变量相同的条件下（均为 91%），奥氏体化温度在 1038~1290℃ 范围内变化时，对 AISI H11（对应国内牌号 4Cr5MoSiV）钢低温形变淬火后的拉伸性能几乎没有影响。但提高奥氏体化温度，却使低温形变淬火 0.3% C-3.0% Cr-1.5% Ni 钢（质量分数，后同）的强度和断面收缩率同时下降。图 9-3 示出了奥氏体化温度（以及奥氏体化前的预先固溶处理）对低温形变淬火 40CrNiMo［化学成分（质量分数）：C0.37%，Ni1.52%，Cr1.20%，Mo0.30%］钢抗拉强度的影响结果。钢的预先固溶处理温度为 1300℃，保持时间 30min，处理后的钢淬火成马氏体。奥氏体化温度为 830~1050℃，奥氏体化后进行 600℃，75%的低温形变淬火处理。由图可见，预先的高温固溶处理降低低温形变淬火钢的抗拉强度，而奥氏体化温度越低，低温形变淬火钢的抗拉强度越高。因此，建议在可能条件下，尽量采用较低的奥氏体化温度。因为奥氏体化温度越低，奥氏体的晶粒越细，碳化物溶解扩散越不能充分进行，奥氏体的浓度越不均匀，这种组织上的不均匀性为以后形变时碳化物的析出和杂质原子向位错上的集聚提供了有利的条件，因而使强度提高。

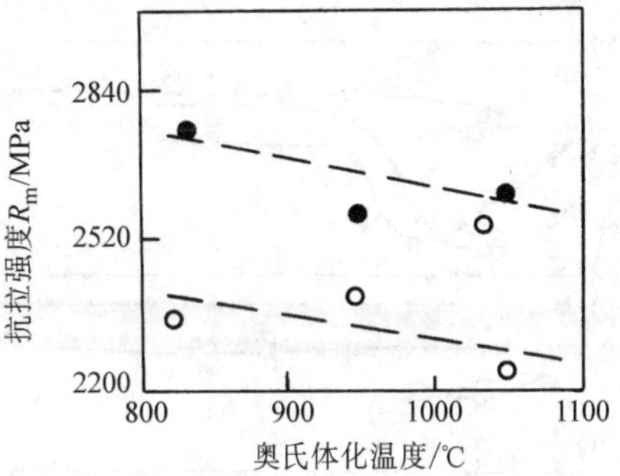

图 9-3 40CrNiMo（En24）钢奥氏体化温度对低温形变淬火抗拉强度的影响

○—1300℃ 预固溶处理 ●—无预固溶处理

2. 形变温度

低温形变淬火工艺中的一个关键性参数就是形变温度。形变温度对 18CrNiW 钢拉伸性能的影响如图 9-4 所示。从图中可见，形变温度在 300~1000℃ 范围内变化时，随着形变温度的降低，强度不断增高，伸长率却不断下降。图 9-5 示出了低温形变淬火 H11 钢的拉伸性能随形变温度的变化。由图 9-5a 可见，形

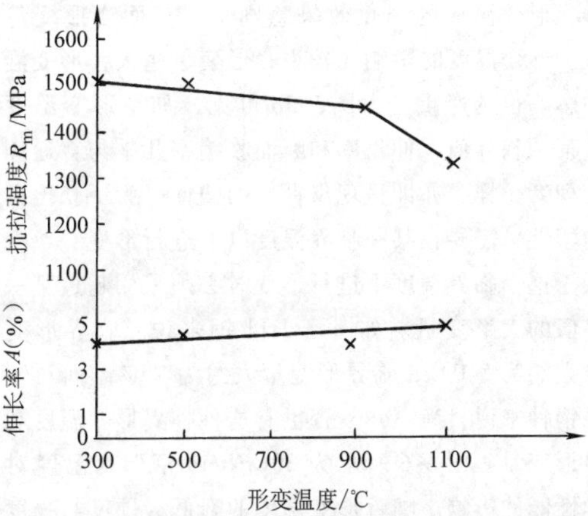

图 9-4 形变温度对 18CrNiW 钢拉伸性能的影响

（形变量 60%，回火温度 100℃）

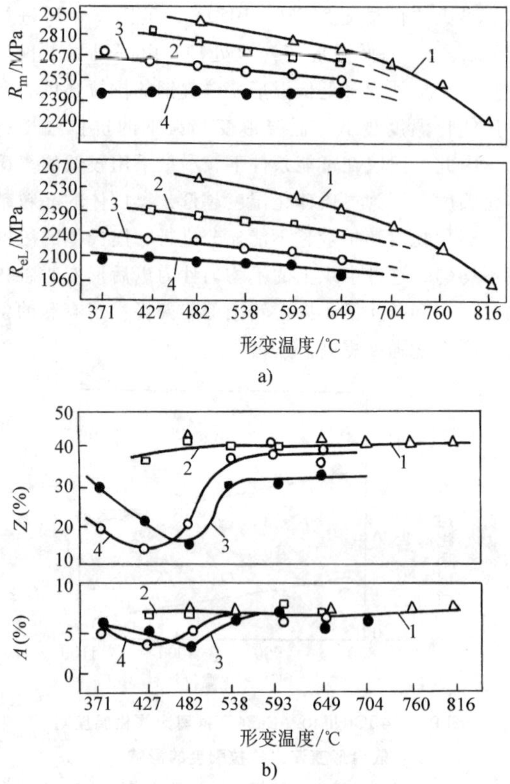

图9-5 H11钢形变温度对形变淬火回火后力学性能的影响

a）抗拉强度与屈服强度 b）断后伸长率与断面收缩率

1—94%形变量 2—75%形变量

3—50%形变量 4—30%形变量

注：一般处理时 R_m = 2170MPa、R_{eL} = 168MPa

变温度越低时强度越高，而当形变温度高于704℃时，形变淬火的强化效果急剧下降。而当形变量小时，形变温度的影响比较小；形变量越大，形变温度的影响也越严重。由图9-5b可见，如果形变温度高于某一临界值，伸长率和断面收缩率几乎与普通淬火处理者一样，亦即呈现出良好的塑性。为了获得良好的塑性，需要在某一临界温度以上进行形变。或者在低于这个临界温度下进行形变时必须采用超过某一临界值的大形变量。如对于H11钢来说，临界形变温度大约为540℃，临界形变量大约为75%。而对于其他钢种来说，尚不知是否也有这种临界形变温度和临界形变量。图9-6所示为30CrNiMo钢形变温度对力学性能的影响。随着形变温度的降低，硬度与强度不断升高，而塑性与韧性不断下降。当形变温度低于500℃时，由于形成了贝氏体组织使强度急剧下降。

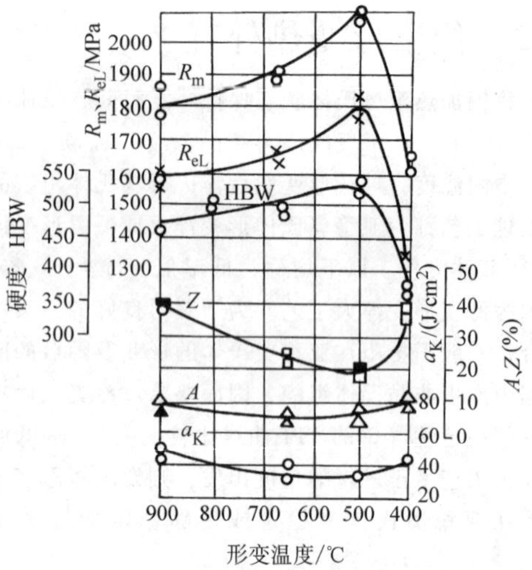

图9-6 30CrNiMo钢形变温度对力学性能的影响

注：奥氏体化温度1150℃，形变量50%，形变淬火后200℃回火4h。

看来，形变温度对力学性能影响的总趋势是，形变温度越低，强化效果越大，但塑性与韧性则有所下降。当形变温度过低时，在形变过程或在形变后的冷却过程中形成贝氏体，则显著降低强化效果。

3. 形变前后的停留及形变后的再加热

如果奥氏体的稳定性比较高，冷却至形变温度并停留一段时间，奥氏体不发生分解，则形变前的停留对低温形变淬火后的性能没有影响。

为了获得满意的强化效果，低温形变淬火时通常要求形变量达到60%以上。但是，一般进行低温形变时要一次获得这样大的形变量是相当困难的，研究发现只要多次小形变时累积起来的总形变量与一次形变时相同，则两种形变并淬火后钢的性能就没有多大差异。由表9-2可以看出，两种形变淬火规范虽然不同，但却获得了相近的强化效果，550℃中间保温与一次形变63%的规范相比，既没有产生弱化，也没有产生进一步的强化。

表9-2 中间加热对30CrMnSiNiA钢低温形变淬火力学性能影响

工艺过程	R_m/MPa	R_{eL}/MPa	a_K/(J/cm²)
900℃油中淬火	2100	1880	34
900℃奥氏体化→550℃形变63%→油淬	2360	2170	20
900℃奥氏体化→550℃形变25%→550℃保持1h→再形变25%→550℃再保持1h→再形变13%→油淬	2350	2130	22

注：回火温度275℃。

一般认为形变后应立即淬火，稍有停留就会降低形变淬火效果。其实，并非在所有情况下都是如此。有人介绍了一种低温形变淬火的新方法。这种方法是在亚稳奥氏体形变后，将钢料加热至略高于形变温度的某一温度，在这个温度下保持几分钟使奥氏体产生多边化过程，然后进行淬火和回火。与普通低温形变淬火相比，这种处理能进一步提高某些钢的强度与塑性。该作者选用 15CrNiMoV、15Cr12NiMoWVA、25Cr2MnSiNiWMo 和 28Cr3SiNiMoWVA 四种钢进行试验。试样的处理规范：1050～1100℃ 或 1200℃ 奥氏体化，550℃ 形变 30%～37%，然后将试样加热至 550～700℃ 并保持 5～1000s，最后淬火成马氏体。经过这一处理后上述四种钢的力学性能见表 9-3。可以看出，多边化处理能显著地提高 15CrNiMoV 钢的塑性。随着多边化处理温度的提高及时间的延长，塑性不断增加。而强度则略有下降。650℃ 保持 34s 时，强度与塑性的配合最好。

表 9-3　多边化处理温度和时间对 15CrNiMoV、15Cr12NiMoWVA、25Cr2MnSiNiWMo 和 28Cr3SiNiMoWVA 钢低温形变淬火后性能的影响

多边化处理温度/℃	保持时间/s	15CrNiMoV①		15Cr12NiMoWVA②		25Cr2MnSiNiWMo②		28Cr3SiNiMoWVA②	
		R_m/MPa	Z(%)	R_m/MPa	Z(%)	R_m/MPa	Z(%)	R_m/MPa	Z(%)
普通热处理		1600	16	1700	38	1900	20	1980	17
低温形变淬火		2050	18	2000	33	2120	26.8	2230	28
700	5	1900	25	1975	34	—	—	—	—
	20	1800	28	1965	34.5	—	—	—	—
	34	1780	33	—	—	—	—	—	—
	100	—	—	1960	34.5	—	—	—	—
	400	—	—	1910	34.5	—	—	—	—
	1000	—	—	1815	37	—	—	—	—
650	5	2000	20	1980	28.5	2155	30.6	2225	30
	20	1920	20	1980	28.5	2150	31	2220	32
	34	1880	23	—	—	—	—	—	—
	100	—	—	1970	28.5	2150	34	2220	32
	400	—	—	1940	28.5	2135	36	2220	31.8
	1000	—	—	1870	29	1865	31	2210	31.5
600	5	—	—	2020	32	2180	35.8	2250	31.5
	20	—	—	2040	37	2170	36.6	2280	34
	100	—	—	2055	34	2165	38	2280	34
	400	—	—	2015	28	2155	38	2290	34
	1000	—	—	1980	25	2150	35	2290	34
550	5	—	—	2080	29.5	2210	26	2350	25.5
	20	—	—	2095	25	2210	24	2315	24.5
	100	—	—	2095	22	2200	29.5	2320	23.5
	400	—	—	2080	22	2185	34.5	2305	26
	1000	—	—	2070	23	2185	36	2395	26.5

① 形变量 35%～37%。
② 形变量 30%～33%。

4. 形变量

在形变热处理过程中形变量是一个最重要的参数。为获得最好的力学性能组合，可在很大范围内调整形变量。在低温形变淬火温度范围内，一般形变量越大，强化效果越显著。

形变量对非二次硬化型 0.3%C-3.0%Cr-1.5%Ni 钢拉伸性能的影响如图 9-7 所示。奥氏体化温度为 930℃，形变温度为 540℃，回火温度为 330℃。从图中可见，抗拉强度和屈服强度随形变量的增加而呈直线上升，屈服强度上升的比率为每 1%形变量 5MPa。在具有一定含碳量的二次硬化型钢［例如 AISI 410 不锈钢（对应国内牌号 12Cr13）和 AISI 4340 钢（对应国内牌号 40CrNiMoA）］中也获得了类似的屈服强度随形变量而上升的比率——每 1%形变量 6MPa。从图 9-7 中还看到，形变量对伸长率几乎没有影响。形变量增加时，断面收缩率有所下降。

5. 形变方式

可供选择的形变方式有轧制、挤压、旋压、锤锻、爆炸成型和深拉延。一般棒材、钢带、钢板都采用轧制变形，棒材也可用挤压变形。直径<250mm 的

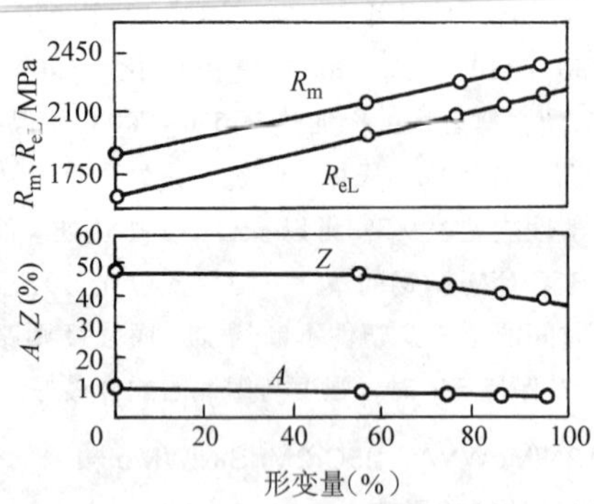

图 9-7　形变量对 0.3%C-3.0%Cr-1.5%Ni 钢拉伸性能的影响

注：奥氏体化温度 930℃、形变温度 540℃、回火温度 330℃。

管材可采用旋压，各种锻件可用锻锤和压力机锻压成型，直径<76mm 的管材可用爆炸成型，直径<305mm 的管材可用深拉延。

有关各种形变方式对钢的低温形变淬火强化效果的研究表明：低温形变淬火强化效果与形变温度及形变量有关，而与形变方式无关。图 9-8 所示为压力机活塞运动速度对以挤压方式低温形变淬火的美国 Vasco Max 钢（相当于国内 5Cr4W3Mo2V 钢）材拉伸性能的影响。从图中可见，随着活塞运动速度的增大，尽管挤压开始温度不同（分别为 593℃ 和 649℃），强度指标均下降。这是因为，当活塞运动速度增大时，工件内部发热，与提高形变温度的效果相当，从而使强度指标下降。当形变量一定时（70%），用两种形变方式可获得相同的强化效果。

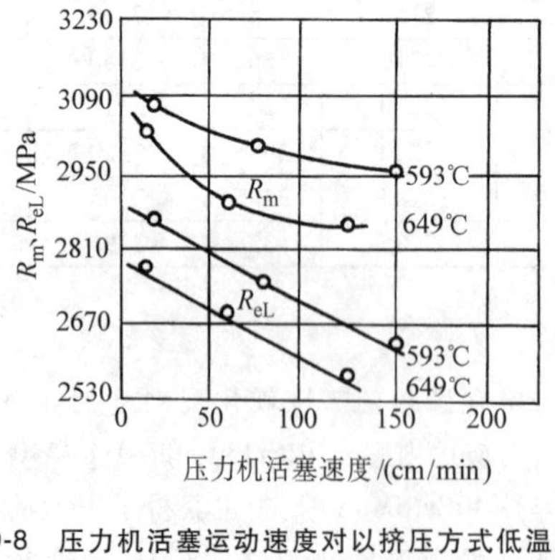

图 9-8　压力机活塞运动速度对以挤压方式低温形变淬火的美国 Vasco Max 钢材拉伸性能的影响

注：开始挤压温度为 593℃ 和 649℃，形变量 70%，回火温度为 552℃。

6. 形变速度

形变速度对低温形变淬火效果的影响目前还找不出统一的规律。

随着活塞运动速度（形变速度）的增大，抗拉强度和屈服强度均相应下降。前面指出，这种强度的下降可能与形变过程中钢料的升温效应有关。

有人考察了形变速度对不同的三种钢强化效果的影响。结果表明，提高形变速度，使低温形变淬火钢的抗拉强度增加（见表 9-4）。钢种不同，强度增幅也不同。对 1.5%Ni-Cr-Mo 和 3%Cr-Ni-Si 来说，增大形变速度时，强度增加幅度较大，而塑性变化不大。对 4.25%Ni-Cr-Mo 钢来说，增大形变速度时，强度提高不多，而塑性稍有下降。这个试验的形变方式为拉伸，所用试样较小（断面积只有 $8mm^2$），可能在形变过程中试样温度变化不大，因而提高形变速度相当于降低形变温度，而使钢的强度进一步提高。

表 9-4　形变速度对抗拉强度的影响

钢种		1.5% Ni-Cr-Mo		4.25% Ni-Cr-Mo		3% Cr-Ni-Si	
形变量(%)		50	80	50	80	50	80
抗拉强度/(kg/mm^2)	形变速度小	197	222	201	219	190	257
	形变速度大	231	229	205	232	225	279

当截面较大的工件形变时，由于机械能向热能的转化，心部温度随形变速度提高而迅速增加，温度的作用使强化效果降低。工件截面小时，随形变速度的增加，工件的温度升高不大，使形变过程基本在恒定温度下进行，从而有好的强化效果。

7. 形变后的冷却

为避免可能产生非马氏体组织而使性能显著变坏，形变后一般都采取快速冷却，以保证形变奥氏体转变为马氏体。

图 9-9 所示为非马氏体组织的形成对低温形变淬火 H11 钢拉伸性能的影响。亚稳奥氏体形变后，于 704℃ 恒温保持，使之进行部分珠光体转变。随着珠光体量的增加，强度直线下降。当于 539℃ 恒温保持，使之进行部分贝氏体转变时，也会导致强度下降，但下降的幅度较小。所以，在低温形变淬火整个过程，包括奥氏体化后到形变温度的冷却过程、形变过程以及形变后的保温和冷却过程中，为了获得良好而稳定的力学性能，应避免非马氏体组织的形成。

然而，在过冷奥氏体相当稳定不会产生非马氏体的前提下，形变后的保温和加热对强化效果有时还有好的作用。

9.2.2 钢低温形变热处理后的组织

1. 形变淬火钢的组织的特征

低温形变淬火钢金相组织上最更要的特征是马氏

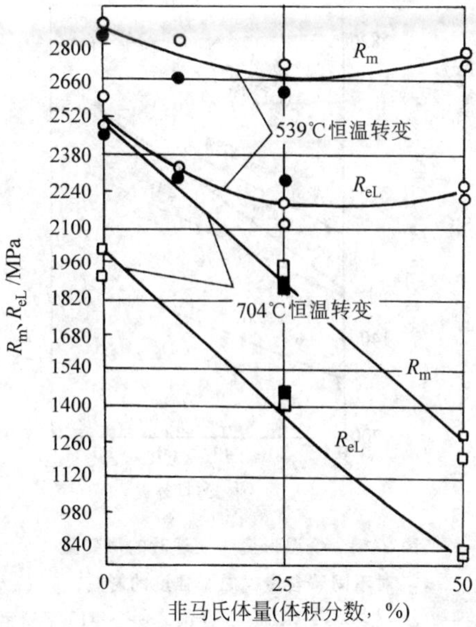

图 9-9　非马氏体组织的形成对低温形变淬火 H11 钢拉伸性能的影响

●—539℃轧制，形变量 75%　○—482℃轧制，形变量 75%
■—539℃轧制，形变量 25%　□—482℃轧制，形变量 25%

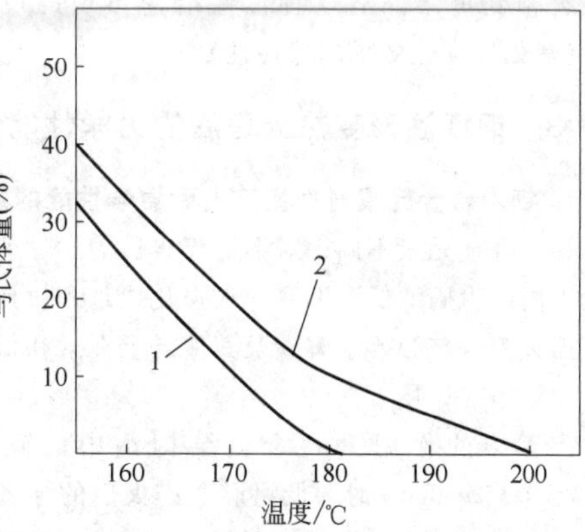

图 9-10　马氏体量与形变温度和形变量间的关系

1—形变量 83%　2—未形变

体片细小。在一定奥氏体化温度下，形变量增加，马氏体显著细化。马氏体的细化通常多用亚稳奥氏体形变后提供了更多的马氏体形核部位，以及由于形变而造成的各种缺陷和滑移带能阻止马氏体片长大来解释。

研究表明：少量形变有促进马氏体转变的作用，即提高 *Ms* 点，使残留奥氏体量减少；大量形变则会阻碍马氏体转变，即降低 *Ms* 点，使残留奥氏体量增加，也就是产生了所谓机械稳定化作用。

一般来说，低温形变淬火会使钢中的残留奥氏体量增加。0.49%C-3%Cr-1.5%Ni 钢在 510℃、83%低温形变淬火时，*Ms* 点下降 20℃，残留奥氏体量增加 13%左右（见图 9-10）。随着碳含量的增加，残留奥氏体量增大。在 $w(C)=0.47\%$ 和 $w(C)=0.63\%$ 的钢中，随着形变量的增加，残留奥氏体量有所增多；当形变量超过 75%以后，残留奥氏体量又有所减少，即产生了反稳定化作用。这种反稳定化的原因，可能是由于在大形变量下产生大量缺陷，促使生核率增加了的缘故，也可能是由于碳化物在形变中从奥氏体析出而使 *Ms* 点升高，从而引起残留奥氏体量减少。

2. 形变淬火钢的精细结构与碳化物析出

低温形变淬火后马氏体的位错密度很高，并含有高度弥散的碳化物，已经被大量的电子显微镜直接观察和 X 射线结构分析方法所证明。

45CrMnSi 在 535℃下形变 30%然后淬火所得到马氏体的位错密度与回火温度的关系曲线，如图 9-11 所示。由图中可见，低温形变淬火可显著提高位错密度。以 150℃回火者为例，普通淬火试样的位错密度为 $5.3\times10^{11}cm/cm^2$，而低温形变淬火者则增高到 $11.4\times10^{11}cm/cm^2$。

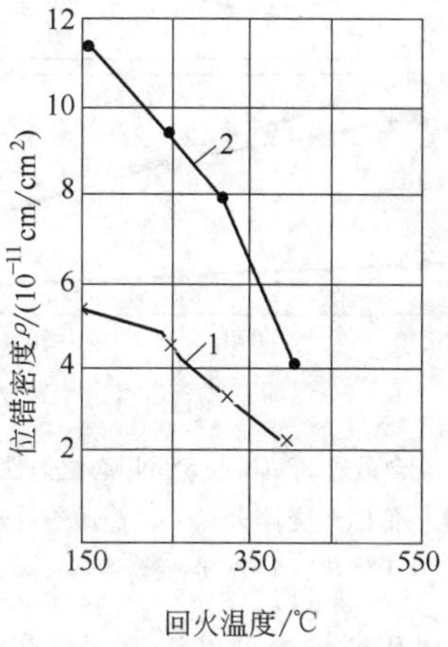

图 9-11　位错密度与回火温度的关系曲线

1—普通淬火　2—低温形变淬火

许多人还对形变奥氏体的精细构造进行了研究，观察到在形变过程中奥氏体基底上有大量的细小碳化物析出。如观察到 Fe-30%Ni-0.08%C 合金（*Ms* = 20℃）于 14℃、60%形变淬火后，碳化物沿滑移线析出。含有析出碳化物的奥氏体与不含碳化物的奥氏体之间的显微硬度差值为 85。在其他合金中也证实形变过程中自奥氏体直接析出了 $Cr_{23}C_6$、VC 或 MoC 等碳化物。

位错的密度及其结构决定着钢的强度和韧性，而位错结构的稳定与否又决定着钢的抗再结晶能力，以及多次相变重结晶后这种位错结构再现的可能性（形变热处理强化效果的遗传性）。

9.2.3　钢低温形变热处理后的力学性能

1. 钢中合金元素对形变淬火后力学性能的影响

钢中合金元素不同，对形变淬火后力学性能的影响也不同。为搞清低温形变淬火强化机理和设计低温形变淬火钢，有必要了解碳及其他合金元素在低温形变淬火钢中的作用。

（1）碳的作用　在合金结构钢中的碳含量 $w(C)=0.3\%\sim0.6\%$ 时，低温形变淬火后的强度随着碳含量的增加呈直线上升（见图9-12），由于形变淬火而获得的强度增量几乎保持一个常数。对多种钢所进行的研究均表明低温形变淬火引起的强度增量与钢中的碳含量无关，只决定于形变量。强度增量与形变量间存在着线性关系（见图9-13）。

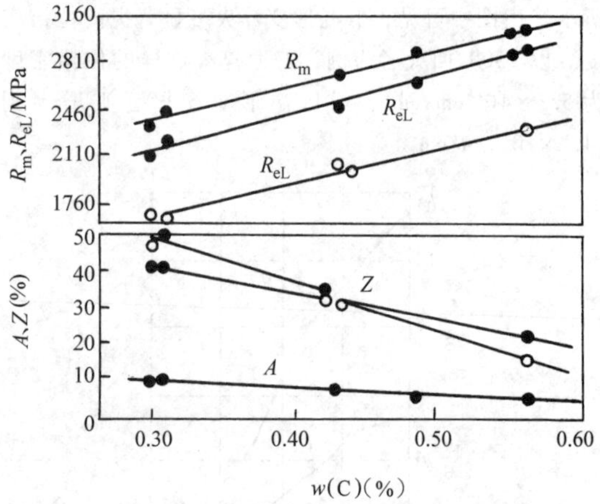

图9-12　碳含量对3%Cr-1.5%Ni钢拉伸性能的影响

●—低温形变淬火　○—普通热处理

注：900℃奥氏体化，540℃形变量91%，330℃回火。

综合上述研究结果可以认为，当钢中的碳含量（质量分数）在0.1%~0.6%变化时，因低温形变淬火而引起的强度增量与碳含量无关。随着钢中合金元素含量的不同，强度增加率也不同。

当钢中的碳含量低于某一界限时，低温形变淬火的强度增加率将随碳含量的不同而变化，碳含量越低，强度增加率越小。如在不同碳含量的Fe-Ni合金上所获得的结果表明：$w(C)=0.8\%$ 的Fe-Ni合金的屈服强度增加率是 $w(C)=0.003\%$ 合金的二倍。试验与推算结果都证明，低温形变淬火用钢的最低碳含量 $w(C)\approx0.1\%$。

当钢中 $w(C)>0.6\%$ 时，低温形变淬火后的强度有下降的趋势。在不同碳含量的钢上发现，随着碳含

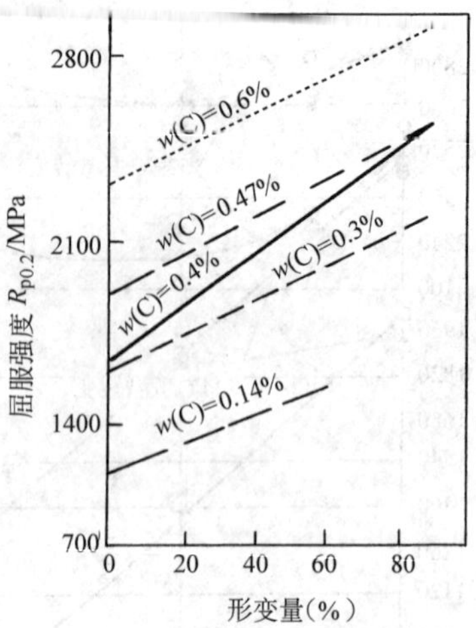

图9-13　低温形变热处理时的形变量对不同碳含量钢屈服强度的影响

——3%Cr钢　------AISI 4340钢　— —410不锈钢

量的变化，R_m-$w(C)$ 曲线上出现极大值（见图9-14）。超过此极大值后，拉伸断口由韧性变为脆性断。对应强度最大值的碳含量 $w(C)=0.48\%$。此外，曾在 $w(C)=0.35\%$、$w(C)=0.40\%$、$w(C)=0.49\%$ 的三种4.5Ni-Cr钢中发现，当 $w(C)=0.4\%$ 时，低温形变淬火后屈服强度增量最大。因此，为了得到良好的力学性能组合，低温形变淬火用钢的碳含量应控制在 $w(C)<0.5\%$。

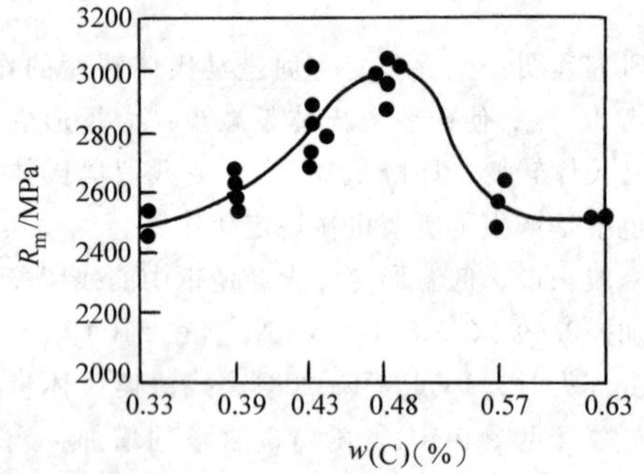

图9-14　碳含量对1.86%Cr-2.33%Ni-1.05%Mn-1.03%Si-1.03%W-0.47%Mo钢低温形变淬火强度的影响

注：1000℃奥氏体化、550℃形变量90%，100℃回火。

（2）碳化物形成元素的作用　Mo、V、Cr等碳化物形成元素在低温形变淬火中具有显著的作用（见图9-15）。从图中可见，不含碳化物形成元素的Fe-Ni-C合金屈服强度增加率为每1%形变量6MPa，碳含量很少的Fe-Ni合金强度增加率很小，而碳化物形成元素Mo、V、Cr总含量（质量分数）达7%的H11钢的屈服强度增加率则为9MPa。

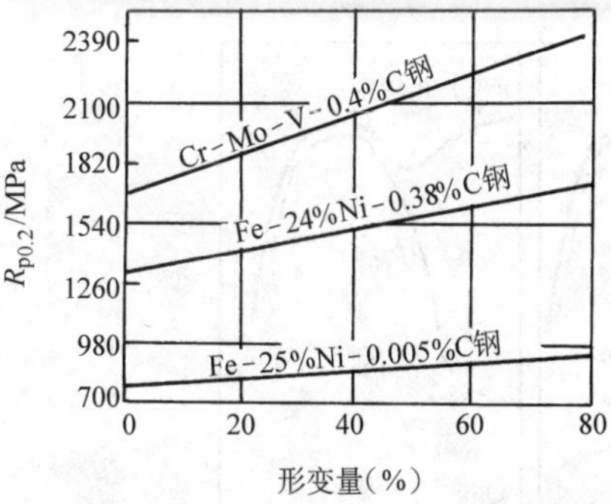

图 9-15　含碳化物形成元素的 H11 钢和不含碳化形成元素的 Fe-Ni-C 合金的低温形变淬火屈服强度的增加率

为了研究奥氏体的形变强化以及碳化物形成元素的影响、还必须引入奥氏体加工硬化度（nK）这一概念。假定奥氏体在 427～538℃温度下形变，其真应力 σ 与真应变 ε 之间符合下列关系：

$$\sigma = K\varepsilon^n \tag{9-1}$$

式中　K——强化系数；

n——加工硬化指数。

从式（9-1）可求出加工硬化率 $\delta\sigma/\delta\varepsilon = nK^{n-1}$，定义 ε = 100% 时的加工硬化率为加工硬化度，即 $|\delta\sigma/\delta\varepsilon|_{\varepsilon=100\%} = nK$。

研究表明碳化物形成元素能显著地提高强度增加率。

（3）非碳化物形成元素的作用　非碳化物形成元素 Si 是奥氏体和铁氏体的固溶强化元素，能显著地提高钢的回火抗力。在 0.4%C（质量分数）的 Cr-Ni-Mo 钢中加入 1.5%Si（质量分数），在低温形变淬火并 200～300℃回火后的抗拉强度达到 2670MPa，屈服强度为 2350MPa，而加入 0.3%Si（质量分数）时，其抗拉强度仅为 2200MPa，屈服强度仅为 1960MPa。也有人介绍 Si 与 Cr 的组合能显著地改善低温形变淬火钢的性能。

Mn 在提高低温形变淬火钢的强度与塑性方面没有什么特殊的贡献，但其价格便宜，可作为 Ni 的代用品来增加亚稳奥氏体的稳定性，便于钢实施低温形变淬火工艺。Ni 的固溶强化作用不大，但可提高钢的韧性，提高亚稳奥氏体的稳定性。

2. 低温形变淬火钢的回火抗力

低温形变淬火钢的一个重要特性是有较高的回火抗力，使形变淬火而产生的强化效果可保持到很高的回火温度。图 9-16 所示为 45CrMnSi 钢低温形变淬火与普通淬火试样的硬度-回火温度曲线。试样的处理规范：950℃奥氏体化，535℃压缩形变 30%，然后油冷淬火。从图可见，低温形变淬火的硬度增量（4.5HRC 左右）一直保持到 600℃这样高的回火温度。

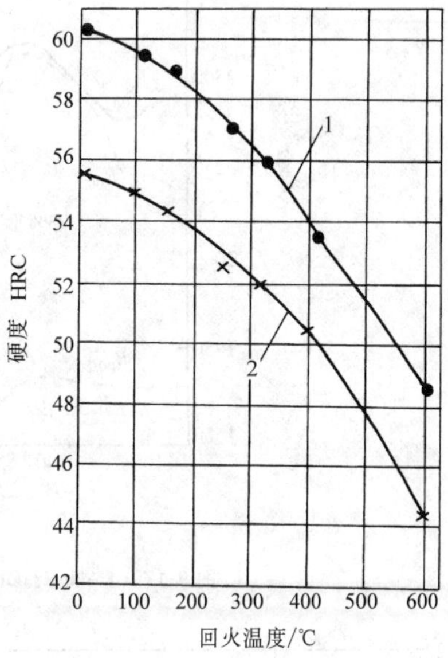

图 9-16　45CrMnSi 钢低温形变淬火与普通淬火试样的硬度-回火温度曲线

1—低温形变淬火　2—普通淬火

低温形变淬火可改变淬火回火时有二次硬化特性钢的性能。图 9-17 所示为 1%Ni-2%Cr-Mo-V 钢 93% 低温形变淬火后的回火特性。这种钢普通淬火后的二次硬化现象并不明显，但在 93% 低温形变淬火后，二次硬化异常显著。

在美国 300M、H11 和 Vasco Max 钢上获得了抑制二次硬化的效果（见图 9-18）。图中可见，这三种钢（尤其后两种钢）在普通淬火时，都有明显的二次硬化现象。但经过较大形变量的低温形变淬火之后，二次硬化现象几乎完全被抑制，并呈现出较高的回火抗力。Vasco Max 钢的回火抗力异常高。

低温形变淬火之所以能促进或抑制钢的二次硬化过程，须用亚稳奥氏体形变对碳化物形成过程的影响予以解释。前已述及，亚稳奥氏体形变有促进碳化物沉淀的作用（应变诱发碳化物沉淀）。这种应变诱发作用因合金、形变量、形变温度、形变速度以及奥氏体化温度等的不同而异。与普通淬火相比，形变淬火试样的碳化物更弥散而细小，于是我们观察到低温形变淬火对二次硬化的促进作用的主要表现是二次硬化峰值高和开始出现二次硬化的回火温度移向低温。

3. 低温形变淬火钢的力学性能

（1）拉伸性能　与普通淬火处理相比，低温形

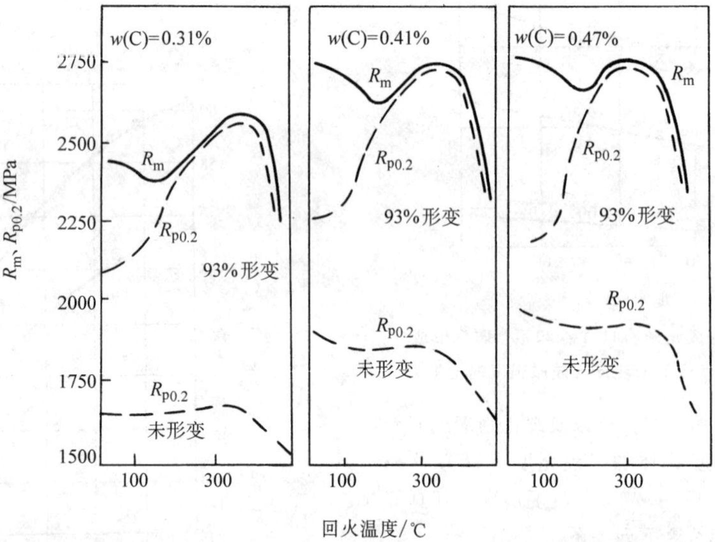

图 9-17　1%Ni-2%Cr-Mo-V 钢 93%低温形变淬火后的回火特性

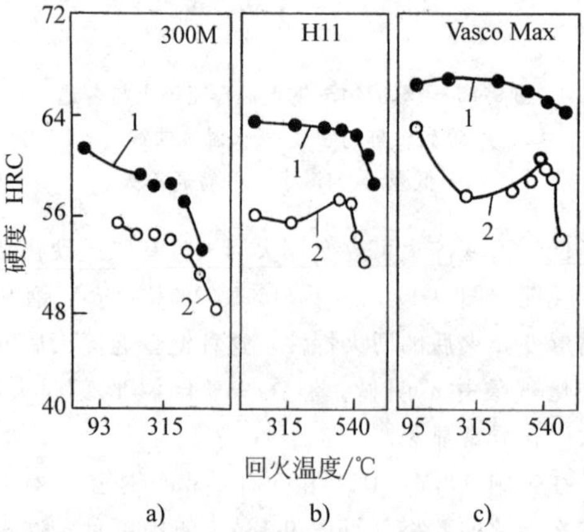

图 9-18　美国 300M、H11 和 Vasco Max 钢低温形变淬火的回火特性

a）593℃形变 68%　b）455~565℃形变量 91%　c）595℃形变量 91%

1—低温形变淬火　2—普通淬火

变淬火能在塑性基本保持不变的情况下提高抗拉强度 300~700MPa，有时甚至能提高 1000MPa。例如，Vasco Max 钢经普通热处理后抗拉强度为 2200MPa，屈服强度为 1950MPa，伸长率为 8%，低温形变淬火处理后则分别达到 3200MPa，2900MPa 和 8%。表 9-5 所列为已发表的低温形变淬火钢的力学性能。

低温形变淬火不但能够提高常温力学性能，而且能提高其高温力学性能。Vasco Max 钢低温形变淬火和普通淬火后的高温瞬时抗拉强度如图 9-19 所示。由图中可见，低温形变淬火钢在 593℃下的抗拉强度比普通处理钢在 482℃下的抗拉强度还要高，538℃下的高温抗拉强度与普通热处理钢的常温抗拉强度相当。在 5%Cr-Mo-V 钢上也得到了类似的结果。

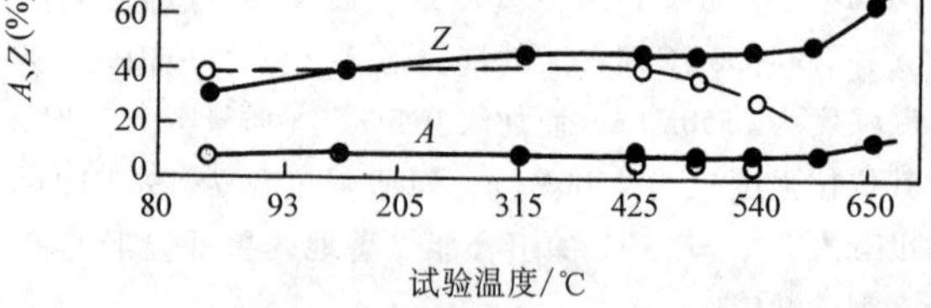

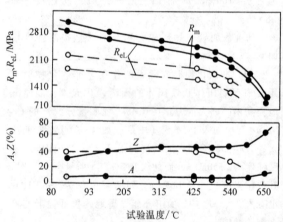

图 9-19　Vasco Max 钢低温形变淬火和普通淬火后的高温瞬时抗拉强度

●—91%形变淬火，550℃回火

○—普通淬火，580℃回火

（2）冲击性能　目前，低温形变淬火对钢的冲击性能的影响规律尚无统一认识。

Cr13 钢低温形变淬火后的冲击韧度和普通淬火的比较如图 9-20 所示。可以看出，低温形变淬火使钢的冲击值水平有较大的提高，而对脆性转变温度影响不大。各种热处理方式对不同碳含量的 Cr5Mo2SiV 钢冲击韧度的影响如图 9-21 所示，在 $w(C)=0\sim0.4\%$ 范围内，见到低温形变淬火后钢的冲击值均低

表 9-5　低温形变淬火钢的力学性能

材料	低温形变淬火			抗拉强度 R_m/MPa		屈服强度 R_{eL}/MPa		伸长率 A (%)	
	形变温度/℃	形变量(体积分数,%)	回火温度/℃	低温形变淬火	普通热处理	低温形变淬火	普通热处理	低温形变淬火	普通热处理
Vasco Max	590	91	570	3200	2200	2900	1950	8	8
V63(0.63%C-3%Cr-1.6%Ni-1.5%Si)	540	90	100	3200	2250	2250	1700	8	1
V48(0.48%C-3%Cr-1.6%Ni-1.5%Si)	540	90	100	3100	2400	2100	1550	9	5
D6A	590	71	—	3100	2100	2300	1650	6	10
A41(0.41%C-2%Cr-1%Ni-1.5%Si)	540	93	370	3750	—	2750	1800	—	—
A47(0.47%C-2%Cr-1%Ni-1.5%Si)	540	93	315	3750	—	2750	1900	—	—
H11	500	91	540	2700	2000	2450	1550	9	10
Halcomb218	480	50	—	2700	2000	2100	1600	9	4.5
B12(0.4%C-5%Ni-1.5%Cr-1.5%Si)	540	75	—	2700	2200	1950	1750	7.5	2
Labelle HT	480	65	—	2600	1900	2450	1700	5	6
A31(0.31%C-2%Cr-1%Ni-1.5%Si)	540	93	370	2600	—	2600	1600	—	—
A26	540	75	—	2600	2100	1900	1800	9	0
Super Tricent	480	65	—	2400	2200	2100	1800	10	6
AISI 4340	840	71	100	2200	1900	1700	1600	10	10
12Cr 不锈钢	430	57	—	1700	—	1400	—	13	—
12%Cr-2%Ni	550	80	430	1650	1280	1400	1000	15	21
12%Cr-8.5%Ni-0.3%C	310	90	—	—	—	1800	420	—	—
24%Ni-0.38%C	100	79	150	—	—	1750	1350	—	—
25%Ni-0.005%C	260	79	—	—	—	980	840	—	—
34CrNi4	—	85	—	—	—	2880	2970	12	2
40CrSiNiWV	—	85	—	2760	2000	2260	1660	5.9	5.5
40CrMnSiNiMoV	—	85	—	2800	2110	2250	1840	7.1	8.0
En30B	450	46	250	1820	1520	1340	1070	16	18

于普通淬火，而高温形变淬火却使之普遍提高。低温形变淬火对冲击性能影响的情况，随钢种的不同而有极大差异。如试验发现，低温形变淬火能提高 CrMo 钢的强度指标，但使冲击值下降，而对 0.2%C-12%Cr 钢却同时使强度及冲击值达到很高。

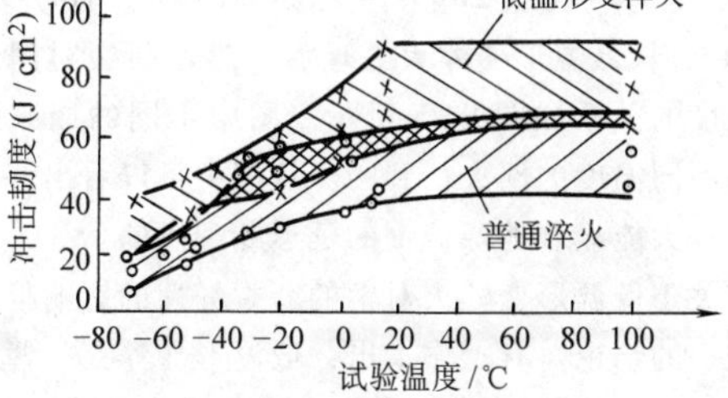

图 9-20　Cr13 钢低温形变淬火后的冲击韧度和普通淬火的比较

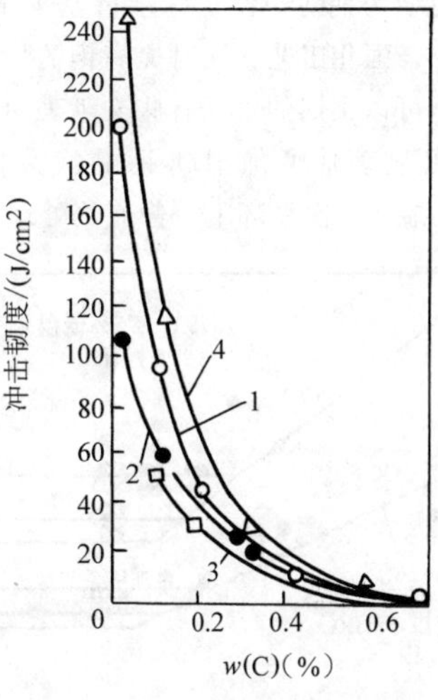

图 9-21　各种热处理方式对不同碳含量的 Cr5Mo2SiV 钢冲击韧度的影响

1—普通热处理（真空熔炼）　2—普通热处理（一般熔炼）　3—低温形变淬火（真空熔炼）　4—高温形变淬火（真空熔炼）

（3）疲劳性能　一般情况下，结构钢疲劳极限总是随静抗拉强度水平的提高而呈下降的趋势。如图 9-22 所示，在普通热处理条件下，当钢的 R_m<1000~

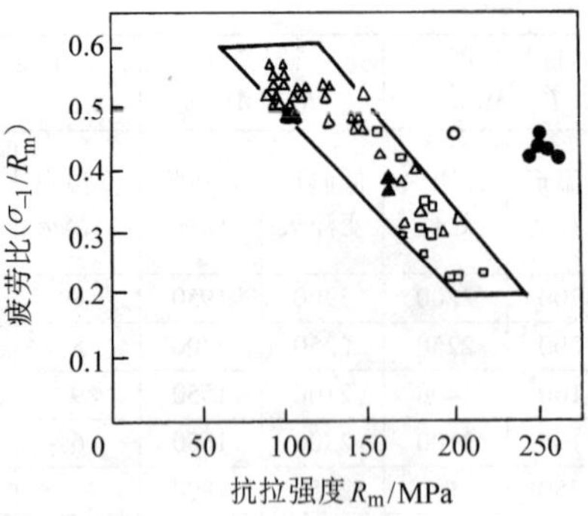

图 9-22　钢的疲劳比（σ_{-1}/R_m）与抗拉强度 R_m 之间的关系

△、▲、□—取自不同研究者的数据　○—H11 钢普通淬火回火　●—H11 钢低温形变淬火回火

1200MPa 时，疲劳极限与抗拉强度的比值（σ_{-1}/R_m）大约为 0.5~0.6；当处于 $R_m \approx 1500$MPa 的高强度状态时，σ_{-1}/R_m 便要降到 0.3~0.4；而在超高强度下（$R_m = 2000$MPa），σ_{-1}/R_m 便只有 0.2 左右了。这种情况往往成为高强度或超高强度钢使用中的极大障碍，因而不得不采用一些特殊的工艺措施改善零件的表面状态（造成压应力层）以提高疲劳抗力，或者被迫地压低钢的强度水平（增高回火温度）将其降格使用。这一现象与在高强度水平下钢的塑性必然减小有关。通常认为钢的疲劳极限与抗拉强度及断面收缩率 Z 之间大体呈 $\sigma_{-1} = ZR_m$ 的关系。前已指出，采用合适的低温形变热处理规范能在大幅度提高抗拉强度的同时使结构钢的塑性指标维持基本不变。因此，利用这一综合强化工艺，同时提高钢的静力强度和疲劳抗力便是可以预期的了。有些文献表明，低温形变热处理可以显著地增加 H11 钢的疲劳极限。如图 9-23 所示，在 10^7 次循环下，普通热处理 H11 钢的疲

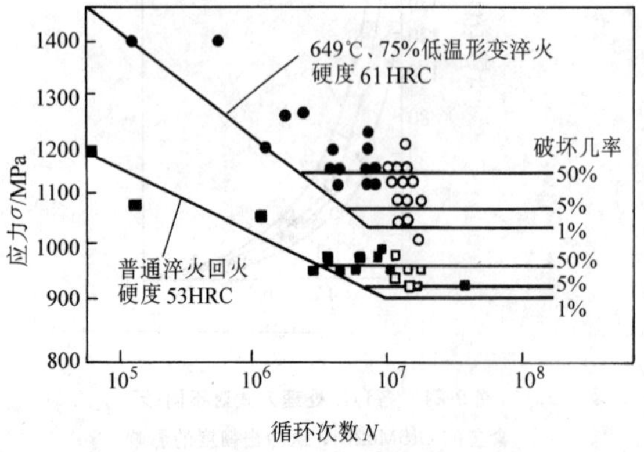

图 9-23　H11 钢低温形变淬火和普通淬火、回火的应力—循环曲线

●、■—破断　○、□—未破断

劳极限 σ_{-1} 平均为 960MPa（破坏概率为 50%），低温形变淬火后则为 1180~1210MPa，即增加了 23%~26%。在普通热处理条件下，这种钢于 2000MPa 的抗拉强度下具有相当高的疲劳比（$\sigma_{-1}/R_m = 0.4 \sim 0.5$，参见图 9-22）。低温形变淬火后，抗拉强度提高到 2600MPa 左右，而疲劳比仍保持不变。

图 9-24 所示为几种结构钢和低温形变淬火 H11 钢的缺口试样疲劳极限与抗拉强度的关系。低温形变淬火 H11 钢与普通热处理 H11 钢相比，缺口敏感性无大差异。

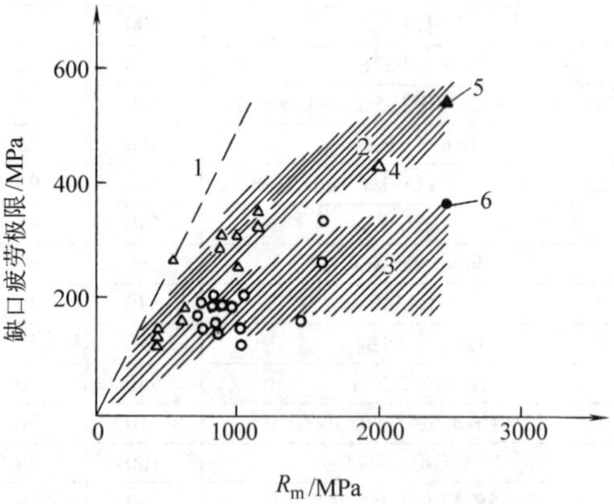

图 9-24　几种结构钢和低温形变淬火 H11 钢的缺口试样疲劳极限与抗拉强度的关系

1—无缺口　2—应力集中系数 $K_f = 1.75 \sim 2.1$（△）　3—应力集中系数 $K_f = 2.75 \sim 3.0$（○）　4—H11 钢普通淬火回火　5、6—H11 钢低温形变淬火

（4）断裂倾向性与断裂韧性　将高强度钢制件或试样置于某种介质内，在小于屈服极限的静负荷下经过某段时间之后，外观上几乎没有什么塑性变形而突然断裂的现象，称为延迟断裂。

D6AC 钢［牌号 45CrNiMo1VA，化学成分（质量分数）：C0.48%，Mn0.74%，Cr1.12%，Mo0.97%，V0.13%］低温形变淬火处理后，延迟断裂时间与屈服强度的关系如图 9-25 所示。图中不同的屈服强度是用不同温度的回火得到的。从图中可以看出，低温形变淬火能显著地降低钢的延迟断裂倾向。

关于低温形变淬火对钢的断裂韧性的影响很难得出统一的结论。有工作指出，低温形变淬火与普通热处理比较，在强度相同时具有较高的断裂韧度（见图 9-26）。不同处理对于 SKD-5 钢［牌号 3Cr2W8V，化学成分（质量分数）：C0.3%，W9%，Cr2.5%，V0.34%］缺口试样抗拉强度和断裂韧度的影响如图 9-27 所示。从图 9-27 中可见，当回火温度低于 400℃时，低温形变淬火的 SKD-5 钢缺口抗拉强度低于普

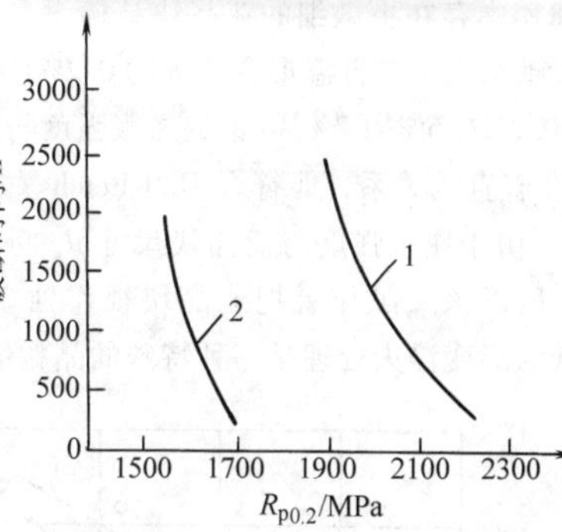

图 9-25　D6AC 钢的延迟断裂

1—低温形变淬火（900℃×2h 奥氏体化，538℃65%形变）2—普通淬火回火

注：介质为蒸馏水，$\sigma=0.75R_{p0.2}$。

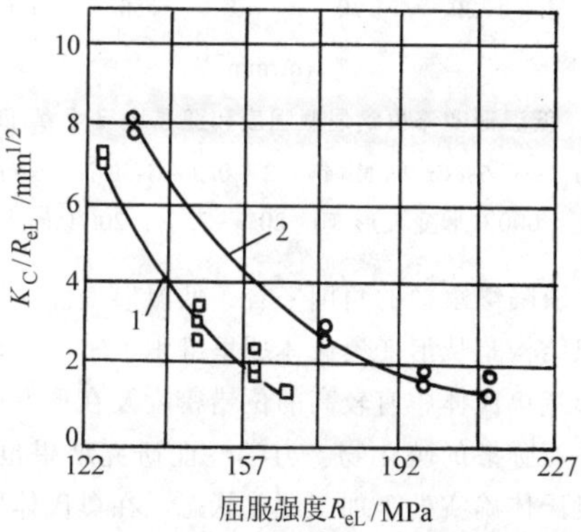

图 9-26　H11 钢低温形变淬火断裂韧度和屈服强度的关系

1—普通淬火　2—65%形变淬火

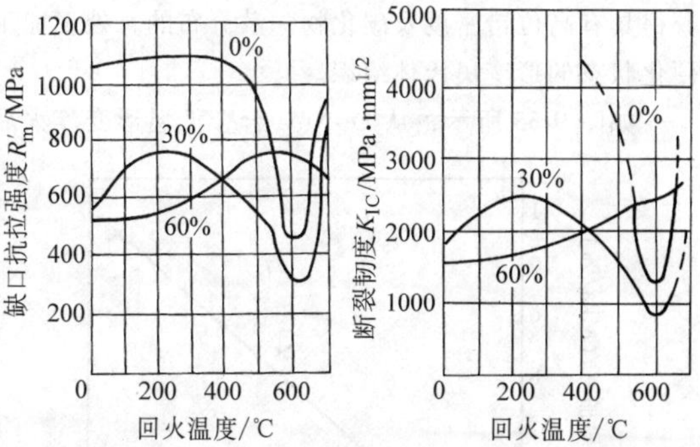

图 9-27　SKD-5 钢低温形变淬火后的缺口试样抗拉强度和断裂韧度的回火温度关系曲线

通热处理的，形变量越大，低得越多。当回火温度为 600℃时，30%低温形变淬火和普通热处理 SKD-5 钢的缺口抗拉强度都非常低，而 60%低温形变淬火者却较高。从图 9-27 中可见，断裂韧度 K_{IC} 与回火温度的关系和缺口抗拉强度与回火温度的关系十分相似。

（5）力学性能的各向异性　低温形变淬火钢的力学性能具有方向性。图 9-28 及图 9-29 所示为 0.4%C-9%Ni-4%Co 钢低温形变淬火后纵向（压延方向）与横向的力学性能。从图中可见，抗拉强度虽然没有表现出什么方向性，但韧性和塑性则有明显的方向性。这种各向异性随着形变量的增加而增大（见图 9-30），随着形变温度的提高而减小。

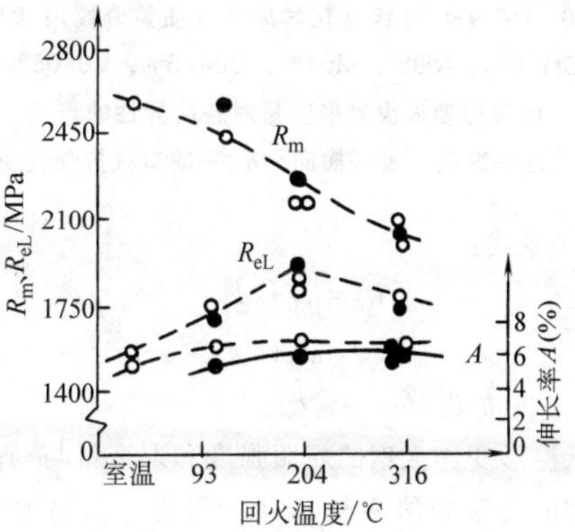

图 9-28　0.4%C-9%Ni-4%Co 钢低温形变淬火后力学性能的方向性

●—横向　○—纵向

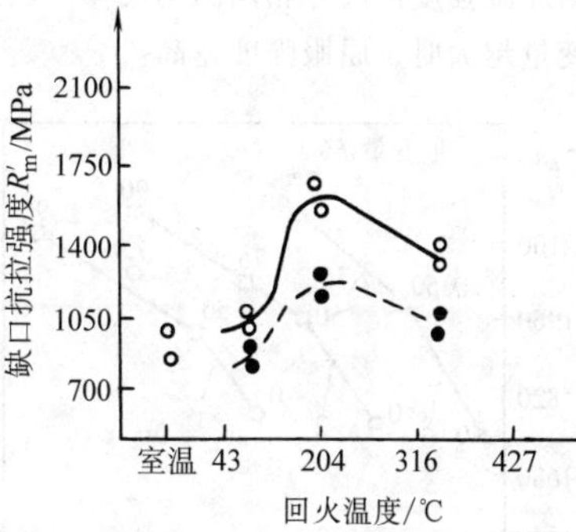

图 9-29　0.4%C-9%Ni-4%Co 钢低温形变淬火后的纵向与横向缺口抗拉强度随回火温度的变化

●—横向　○—纵向

9.2.4　低温形变淬火强化机理

综上所述，低温形变淬火钢主要有三个基本特征：①强度增加；②塑性与韧性降低不多；③抗回火能力增大。曾提出过多种有关强化机理的论点，均不能圆满解释上述三条基本特征。目前流行的有关强化机理说法有下面三种。

1. 马氏体细化说

马氏体细化说先得到了低温形变淬火钢得抗拉强度 R_m 及屈服强度 R_{eL} 与马氏体片尺寸 d 间的 Hall-

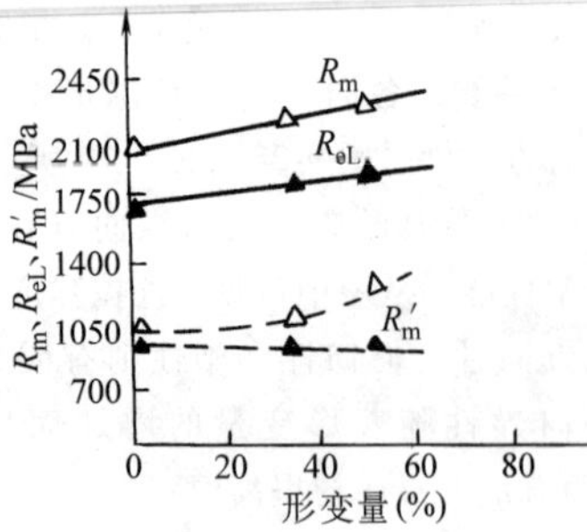

图 9-30　HP-9-4-40 钢［化学成分（质量分数）：C0.4%，Cr1.0%，Ni8%，Mo1%，Co4.5%，V0.08%）

低温形变淬火时形变量对各向异性的影响

△—纵向　▲—横向　R'_m—缺口抗拉强度

Petch 关系式：

$$R_m = \sigma_0 + kd^{-1/2}$$

$$R_{eL} = \sigma_0 + k'd^{-1/2}$$

式中　σ_0、k 及 k'——常数。

低温形变淬火钢的屈服强度和形变量与马氏体片尺寸间的关系如图 9-31 所示。可见，低温形变淬火确实细化了马氏体组织。就某个一定的奥氏体化温度来说，形变量越大时，马氏体组织越细，屈服强度越高。但用不同的形变量和不同的奥氏体化温度可以获得具有不同屈服强度但尺寸相同的马氏体。在这种情况下，形变量越大时，屈服强度越高。

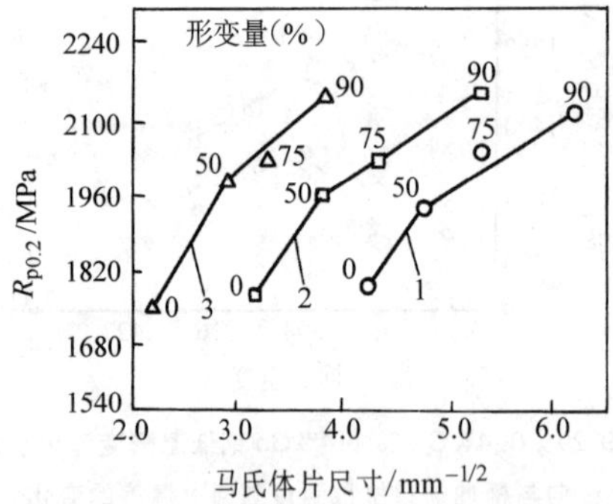

图 9-31　0.32%C-3.0%Cr-1.5%Ni 钢低温形变淬火后屈服强度和形变量与马氏体片尺寸间的关系

奥氏体化温度：1—930℃，2—1040℃，3—1150℃

研究认为：屈服强度主要取决于形变量，而马氏体尺寸的影响是第二位的。所以，不能认为马氏体细化是低温形变淬火强化的主要原因，但可以用马氏体细化很好地解释低温形变淬火钢在强度增高时仍能维持良好韧性的现象。

2. 缺陷继承说

低温形变淬火马氏体中存在着大量的位错，在位错线上析出细小而弥散的碳化物，在低温形变淬火的马氏体细片中存在更微细的亚晶块结构。

有文献给出了在低温形变淬火的 0.2%C-5%Cr-2%Mo 钢和 0.2%C-5%Ni-2%Mo 钢的屈服强度与亚晶块尺寸 d_s 存在着直线关系，即符合 Hall-Petch 关系式（见图 9-32）。由于屈服强度与亚晶块尺寸 d_s 间存在着直线关系，所以该文献作者把亚晶块视作独立的晶粒，并认为低温形变淬火处理是一种特殊的晶粒细化处理。

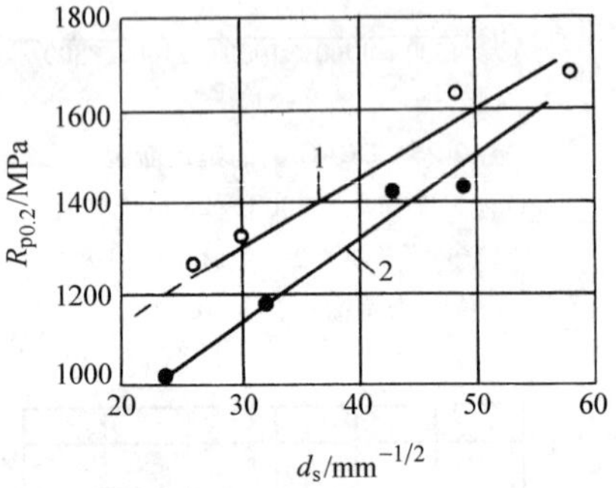

图 9-32　低温形变淬火钢屈服强度和亚晶块尺寸 d_s 间的关系

1—0.2%C-5%Cr-2%Mo 钢　2—0.2%C-5%Ni-2%Mo 钢

注：600℃形变、形变量 20%～75%，200℃回火。

从缺陷继承说的角度来看，低温形变淬火马氏体的组织结构是从形变奥氏体那里继承下来的。研究发现在形变奥氏体中有较高的位错密度及在形变中析出的细小而弥散的碳化物。力学性能研究结果也表明，形变奥氏体确实处于加工硬化状态。在奥氏体中因应变诱发而产生的碳化物沉淀，既有钉扎位错的作用，又有在继续形变中使位错增殖的作用。应变—诱发碳化物沉淀—碳化物钉扎位错—开动新的位错—再沉淀—再钉扎—再开动新的位错，如此循环不已，最终获得具有高位错密度及碳化物弥散分布的，处于加工硬化状态的形变奥氏体组织。

如图 9-33 所示，从 Fe-Ni-C 合金低温形变淬火后

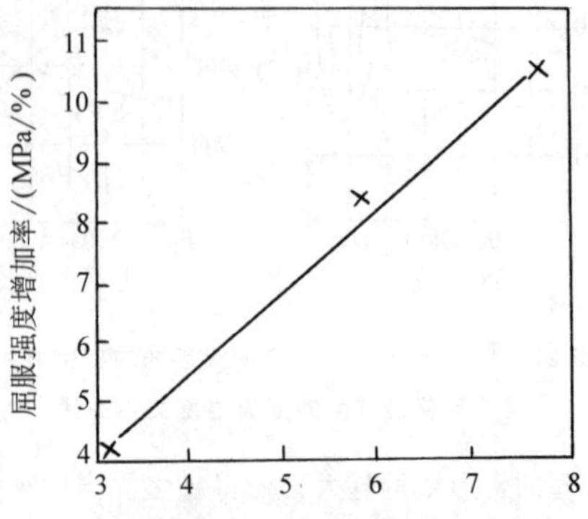

图 9-33　Fe-Ni-C 合金低温形变淬火后的屈服强度增加率与奥氏体加工硬化度的关系

的屈服强度增加率与奥氏体加工硬化度的关系曲线可以看出，在形变淬火钢的屈服强度与奥氏体加工硬化度间存在着良好的线性关系。

在 45Cr3Ni8Si 钢上也得到了低温形变淬火钢的强度与形变奥氏体屈服强度间的线性关系（见图 9-34）。在 AISI 4340 钢上也得到了低温形变淬火马氏体的硬度与形变奥氏体流变应力间的线性关系（见图 9-35）。

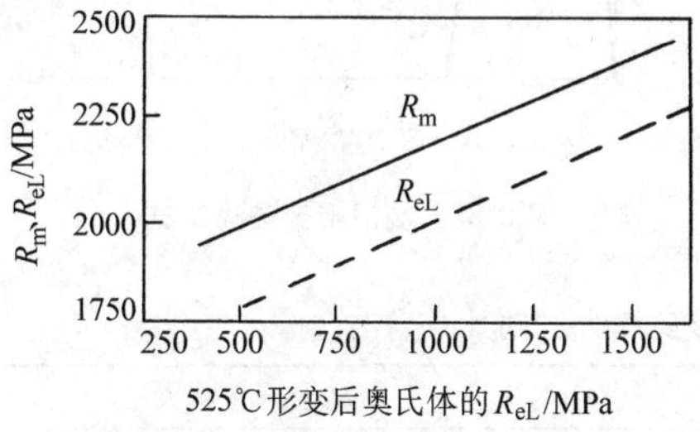

图 9-34　45Cr3Ni8Si 钢形变淬火后的强度与形变奥氏体屈服强度的线性关系

注：形变温度 525℃，形变奥氏体屈服强度是在不同形变量条件下获得的。

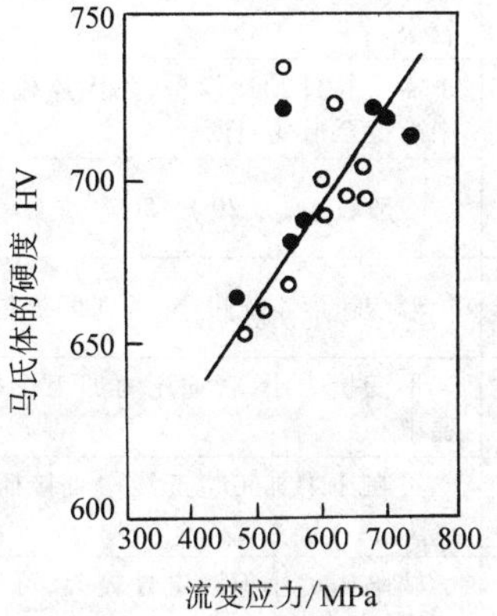

图 9-35　AISI 4340 钢低温形变淬火马氏体硬度与形变奥氏体流变应力间的线性关系

注：550℃和 650℃形变。

3. 形变奥氏体中碳化物析出说

研究发现，亚稳奥氏体强度随形变量的增加而不断上升，当形变量超过 40%时，强度上升的速度更快（见图 9-36）。

一些研究工作证实，在 500℃左右的形变温度下，形变奥氏体中可以直接沉淀出碳化物。在奥氏体形变过程中之所以能够析出碳化物，一方面与形变为碳化物形核提供了大量的部位以及应力诱发置换扩散（属于空位扩散）有关，另一方面也和该温度下碳在奥氏体中的过饱和度有关。

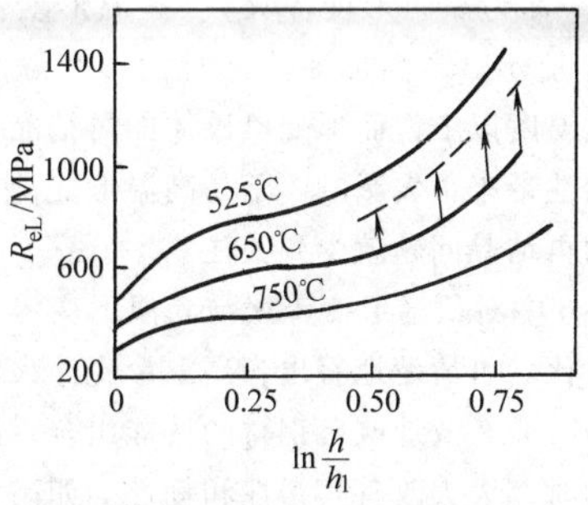

图 9-36　45Cr3Ni8Si 钢亚稳奥氏体在不同温度下压缩时的强度曲线

碳化物在形变奥氏体位错上的沉淀反过来又影响奥氏体形变中产生的位错的密度，因为沉淀物能很快地钉扎已有位错，使得在进一步形变时能以更大的速度产生新的位错。这样就提供了更多的沉淀部位，如此相互促进，反复不已。这就可以解释图 9-36 中出现的亚稳奥氏体形变的高应变强化速度，也可以解释低温形变淬火钢的强度与形变量间的线性关系，还可以解释低温形变淬火钢为什么具有较高的回火抗力。

低温形变淬火时所形成的马氏体含有较高的位错密度、细小而弥散的碳化物和较低的固溶体含碳量。与普通淬火相比，固溶体含碳量低，可能就是低温形变淬火钢有较高的塑性和韧性的主要原因。

前已述及，低温形变淬火导致亚晶块结构的形成。这种亚晶块具有普通晶粒的性质，从而可以将低温形变淬火视为一种特殊的晶粒细化方法。如所熟知，钢的晶粒越细，屈服强度及冲击值越高，脆性转变温度越低。低温形变淬火如同一般晶粒的细化处理一样可以达到提高钢的屈服强度与韧性的目的。还有人认为，低温形变淬火钢具有较高的塑性与韧性，可能与残留奥氏体量较多有关。

总之，目前公认的低温形变淬火强化机理有：①低温形变淬火钢马氏体细化；②形变奥氏体中的位错等点阵缺陷大部分为马氏体所继承；③马氏体中的密度很高的位错被碳原子或碳化物所强固钉扎；④在含有强碳化物形成元素的钢中，奥氏体形变时合金碳化物有某种程度的析出，引起二次硬化。然而，对于一个具体的钢来说，并不一定是一种机理在起作用，很可能是几种机理在同时起作用。

9.3　高温形变热处理

将钢加热至稳定奥氏体区保持一段时间，在该温度下形变，随后进行淬火以获得马氏体组织的综合处理工艺叫作稳定奥氏体形变淬火或高温形变淬火

（以下统一称为高温形变淬火）。高温形变淬火工艺如图9-37所示。高温形变淬火时的形变温度一般都在再结晶温度以上，而形变奥氏体的再结晶会给钢的强度和韧性带来很大影响。于是高温形变淬火过程中奥氏体的再结晶问题就受到关注。

表9-6中对低温形变淬火与高温形变淬火进行了全面的对比。可清楚地看出，高温形变淬火辅以适当温度的回火能有效地改善钢材的性能组合，即在提高强度的同时，大大改善其塑性和韧性。如高温形变淬火可提高钢材的裂纹扩展功、冲击疲劳抗力、断裂韧性、疲劳破断抗力、延迟破断裂纹扩展抗力、磨损抗力、接触疲劳抗力（尤其是在超载区）等，从而增加钢件使用的可靠性。

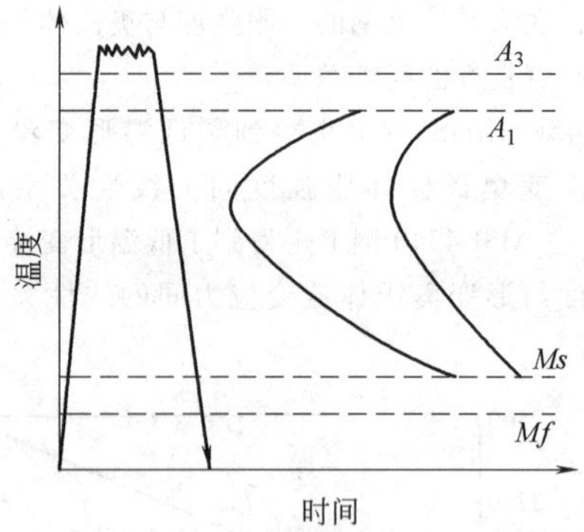

图9-37 高温形变淬火工艺

表9-6 低温形变淬火与高温形变淬火的对比

项目		低温形变淬火	高温形变淬火
对钢材要求		过冷奥氏体需有较高稳定性	无特殊要求
		只适用于中、高合金钢	碳钢、低合金钢亦可
		在形变设备能力许可下对载荷无尺寸要求	适用较小截面零件及型材，截面过大则形变时因内热而引起再结晶，影响强化效果
特性	形变温度	低于 Ac_1 的亚稳奥氏体区域，通常在奥氏体再结晶温度以下，原子扩散及缺陷运动较慢	高于 Ac_3 的稳定奥氏体区域，通常在奥氏体再结晶温度之上，原子扩散及缺陷运动较快
	形变前的预冷	奥氏体化后需在特殊设备中快速预冷至形变温度	不需要特殊预冷设备，奥氏体化后可在空气中冷待至形变温度
	有效强化时的形变量	一般大于60%，常为75%~90%	一般较小，为20%~50%
	形变速度	对形变速度没有限制，在过冷奥氏体稳定区内可以尽量降低形变速度	形变速度不能过小，否则再结晶现象严重
	形变设备及工艺安排	形变抗力高，需能力较大的压力加工设备	形变抗力小，普通压力加工设备即可满足要求
		需要设计专门的生产流程	可在压力加工生产线中直接插入淬火、回火工序
显微组织特征		缺陷（位错）密度大但稳定性较小，多均匀分布在晶内	缺陷密度小但稳定性较大，可按多边化机构形成网络式位错结构
		晶界结构无特殊变化	境界常呈锯齿状
强韧化效果	强度	提高较多	提高较少
	塑性	变化不大或略有降低	改善较多
	韧性	略有增减	提高较显著
	冷脆性	脆性转变温度变化不大	脆性转变温度下降
	可逆回火脆性	略有抑制	消除可逆回火脆性
	不可逆回火脆性	无甚影响	减弱不可逆回火脆性
	断裂韧性	尚无定论	显著提高
	脆断强度	影响不大	显著提高
	缺口敏感性	影响不大	显著提高
	疲劳性能	提高较少	提高较多
	热强性	多数情况使之降低	可提高短期热强性

此外，高温形变淬火可降低钢材脆性转变温度及缺口敏感性，在低温破断时呈韧性断口。

高温形变淬火对钢材无特殊要求，一般碳钢、低合金钢均可应用。

高温形变淬火的形变温度高，形变抗力小，因而在一般压力加工（轧、锻）条件下即可采用，并且极易安插在轧制或锻造生产流程之中。

然而，与低温形变淬火相比，高温形变淬火也有一定缺点：因形变通常是在奥氏体再结晶温度以上的范围内进行的，因而强化程度一般不如低温形变淬火的大；这种工艺适宜在截面较小的材料上进行，否则会因产生大量内热而使再结晶发展，严重影响强化效果。

尽管如此，高温形变淬火由于能使钢材得到较高的强韧化组合效果以及工艺上极易进行，从而得以发展，甚至具有比低温形变淬火更为广阔的前途。

9.3.1　工艺参数对高温形变淬火效果的影响

形变温度、形变量、形变后淬火前的停留时间、形变速度以及形变淬火后的回火等工艺参数对高温形变淬火效果有很大影响，下面逐一进行讨论：

1. 形变温度

图 9-38 所示为形变温度对具有宽阔亚稳奥氏体稳定区的 18CrNiW 钢拉伸性能的影响。由图可见，随着形变温度的下降，形变淬火并回火后的强度不断升高，而塑性则有所下降。

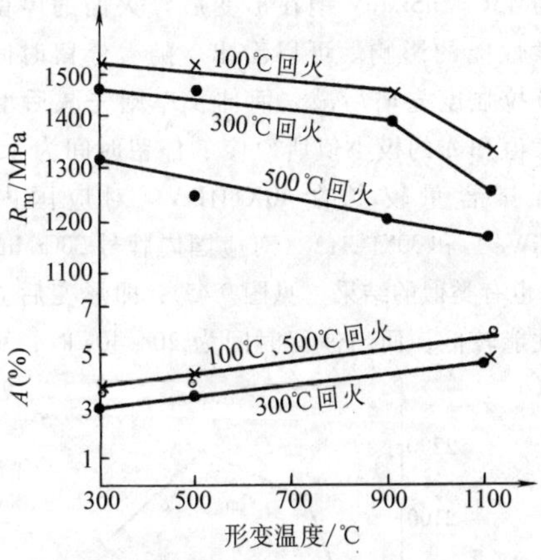

图 9-38　形变温度对 18CrNiW 钢拉伸性能的影响（形变量 60%）

×—100℃回火　●—300℃回火　○—500℃回火

形变温度对 30CrMnSiA 钢在 -195℃ 下拉伸性能的影响如图 9-39 所示。可见，高温形变淬火能显著地提高钢的脆断强度和塑性。形变温度越低，效果越好。断口分析结果也表明，形变试样的断口是穿晶破断形式，而非沿晶界破断。这说明高温形变淬火的确提高了原奥氏体晶界的强度，从而提高了脆断强度 S_K，使塑性与韧性也有了提高。

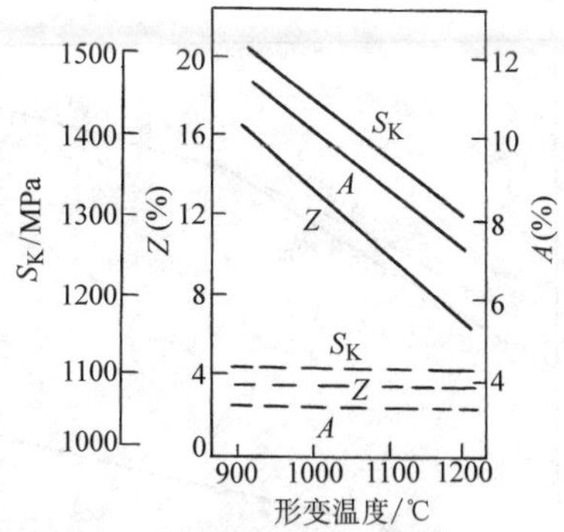

图 9-39　形变温度对 30CrMnSiA 钢在 -195℃下拉伸性能的影响（形变量 30%）

---普通淬火　——高温形变淬火

形变温度对 SCM445 钢［化学成分（质量分数）：C0.44%，Mn0.73%，Cr1.01%，Mo0.19%］抗拉强度和断裂韧度 K_{IC} 的影响如图 9-40 所示。从图中可见，形变温度越低，高温形变淬火钢的强度和断裂韧度越高。

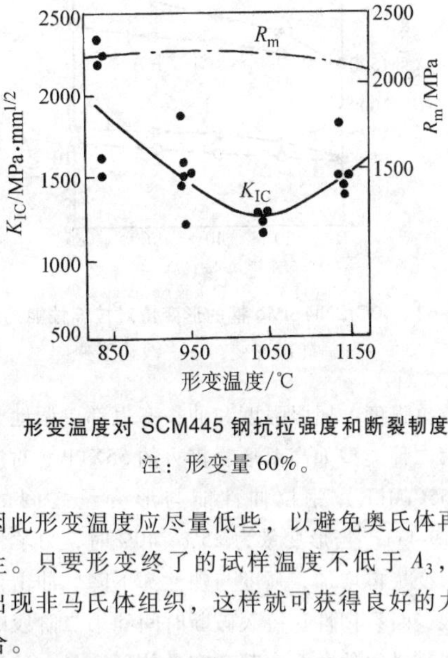

图 9-40　形变温度对 SCM445 钢抗拉强度和断裂韧度的影响

注：形变量 60%。

因此形变温度应尽量低些，以避免奥氏体再结晶的发生。只要形变终了的试样温度不低于 A_3，就不至于出现非马氏体组织，这样就可获得良好的力学性能组合。

2. 形变量

形变量对高温形变淬火后力学性能的影响大体可以归纳为两类：力学性能随形变量而单调地增减或是在性能-形变量曲线上出现极大或极小值。

典型的第一种类型如形变量对 45CrMnSiMoV 钢拉伸性能的影响（见图 9-41）。该钢在 1000℃ 奥氏体化后，于 900℃ 轧制，然后油冷淬火后 315℃ 回火。从图中可见，随着形变量的增加，钢的抗拉强度、硬度、伸长率和断面收缩率都不断提高。在 40Cr2Ni4SiMo 钢上得到了类似的结果（见图 9-42）。随着形变量的增

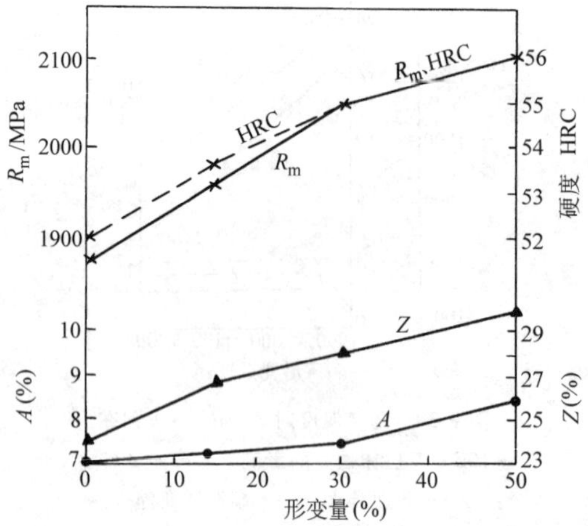

图 9-41　45CrMnSiMoV 钢拉伸性能和形变量的关系

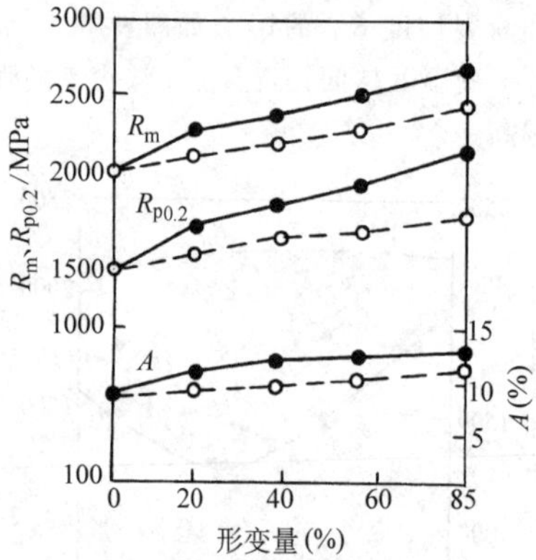

图 9-42　40Cr2Ni4SiMo 钢的形变量对拉伸性能的影响
---轧制形变　——锻造形变

加，抗拉强度、屈服强度和伸长率也都单调地升高。

第二种类型如高温形变淬火的 55XГP（对应国内牌号 55CrMnB）钢拉伸性能与形变量之间的关系（见图 9-43）。当形变量为 25%~40%时，力学性能最好。形变量再增加，强度与塑性都下降。冲击值、疲劳极限、断裂韧性、持久破断时间和第二阶段蠕变速度与形变量间的关系中都存在最佳形变量。这种形变量与力学性能关系存在极值的现象在钢中较为普遍，是形变奥氏体中形变强化与再结晶弱化这一对矛盾过程相互作用的结果。影响这对矛盾过程的各种因素，都会对最佳形变量有影响。

Cr、Mo、W、V、Mn、Ni 和 Si 等合金元素有延缓再结晶的作用。所以，当钢中这些元素含量较多时（如图 9-41 的 45CrMnSiMoV 钢和图 9-42 的 40Cr2Ni4SiMo 钢），在所研究的形变量范围内，即使形变量较大，再结晶过程也不易进行，而是形变强化

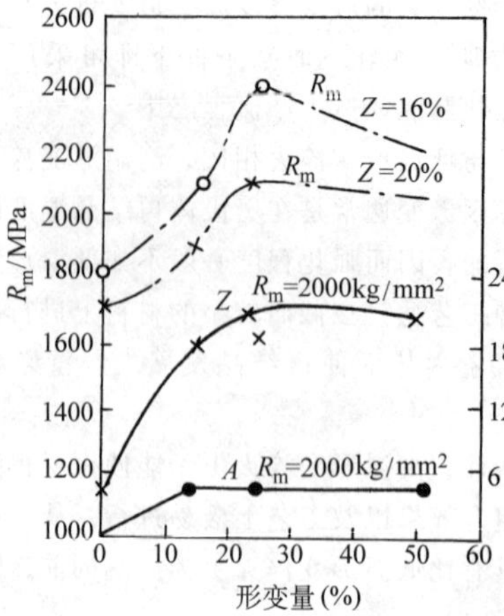

图 9-43　55XГP 钢抗拉强度（当 Z=16%和 20%时）和塑性（当 R_m=2000MPa 时）与形变量间的关系

过程一直起主导作用。结果表现出性能随形变量而单调地变化。

3. 形变后淬火前的停留时间

因高温形变淬火的形变温度比奥氏体的再结晶温度高，故形变后的停留必然会影响形变淬火钢的组织与性能。许多研究指出，形变后必须立即淬火；但也有人认为，允许形变后有一段时间的停留。图 9-44 所示为 45CrMnSiMoV 钢在形变后淬火前的停留时间对力学性能的影响。可以看出，随着停留时间的增长，抗拉强度先增后减，而伸长率则先减后增，R_m 的极大值和 A 的极小值所对应的停留时间为 15s。在合金元素含量较多的 40X1ИBA（对应国内牌号 40Cr1NiWA）和 30XГСИA（对应国内牌号 30CrMnSiNiA）钢中，也有类似的结果（见图 9-45），即形变后立即淬火时性能较低，而当停留时间为 20~40s 时，可获得

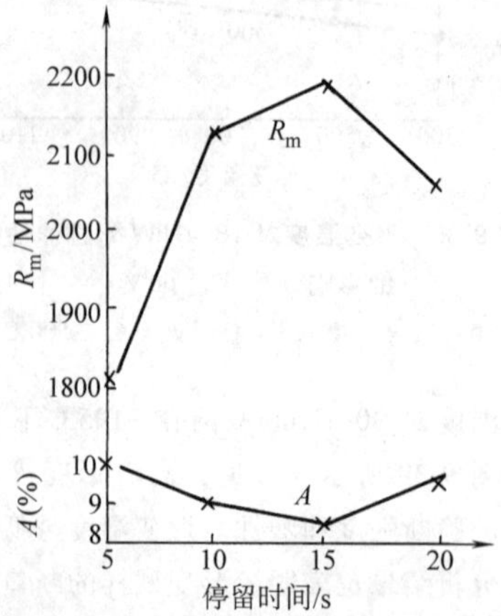

图 9-44　45CrMnSiMoV 钢在形变后淬火前的停留时间对力学性能的影响

注：1000℃奥氏体化，900℃形变淬火，250℃回火。

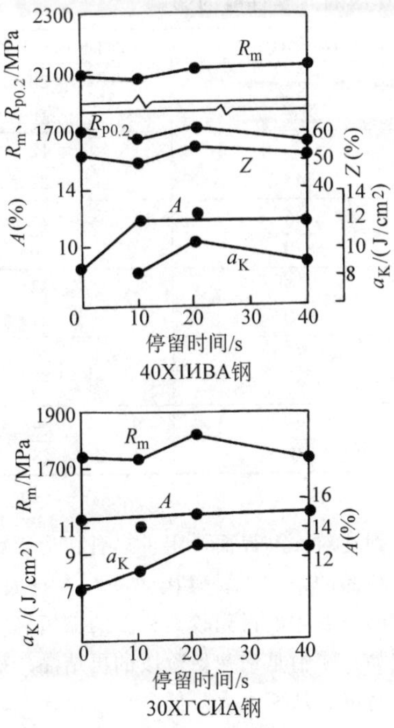

图 9-45　停留时间对 40X1ИBA 钢和 30XГСИА 钢力学性能的影响

注：1030℃奥氏体化，900℃形变淬火，200℃回火。

最佳的力学性能组合。

4. 形变速度

关于形变速度对高温形变淬火效果影响的研究结果不多。但一般认为当形变温度及形变量一定时，对应着最佳强化效果应存在一个最佳的形变速度。图 9-46 所示为形变速度对 40 钢力学性能的影响。由图中可见，当形变速度较小时，随着形变速度的增加，强度不断上升，塑性数值也较高。当形变速度过大时，由于内部热量的积聚，导致再结晶的可能性增大，强度增加缓慢，塑性开始降低。当形变速度更大时，因为去强化过程来不及进行，强度将得到提高，而同时塑性下降。

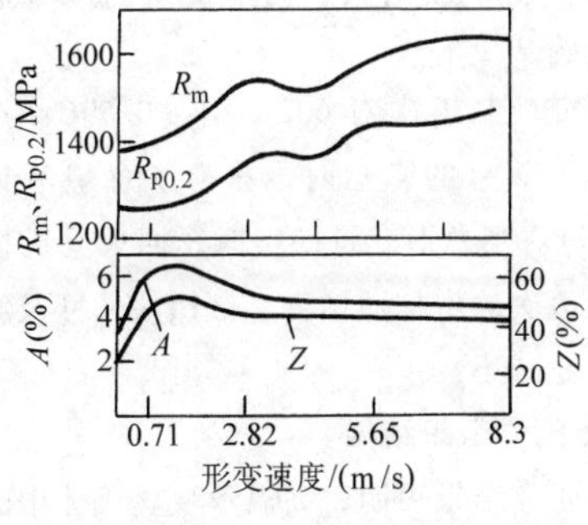

图 9-46　形变速度对 40 钢力学性能的影响

注：950℃形变，轧制形变量 37%，淬火后在 350℃回火 40min。

在实际生产条件下，形变速度是由采用的轧制和锻压设备决定的。利用锻造的方法实现高温形变热处理时，不同类型的锻造设备所能提供的形变速度大致如下：

液压机	0.02～0.3m/s
机械式压力机	0.05～1.5m/s
落锤锻机	3～8m/s
高速锻造机	10～30m/s

5. 回火

在高温形变淬火状态下，基体中的碳含量比普通淬火状态的低。如高温形变淬火状态下，马氏体中的碳含量相当于普通淬火及 180℃回火后的碳含量。因而高温形变淬火钢具有较高的塑性与韧性，于是对高温形变淬火钢可以采用更低一些的温度回火，而不致担心发生脆性破断。所以对高强度结构钢件多采用低温回火（100～200℃）以获得回火马氏体组织。

在高温形变淬火处理过程中，形成了非常稳定的亚结构，即细小而弥散分布的碳化物所钉扎的较规则排列的位错结构。这种位错结构具有很高的回火抗力。

而对要求塑性比较高的或在低温以及高温环境下工作的工件，则应进行高温回火，以获得回火索氏体组织。回火温度对 55C2（对应国内牌号 55Si2），55C2M［对应国内牌号 55Si2Mo，w(Mo)＝0.26%］和［55C2B（对应国内牌号 55Si2W），w(W)＝1%］钢力学性能的影响，见图 9-47、表 9-7 及图 9-48。从

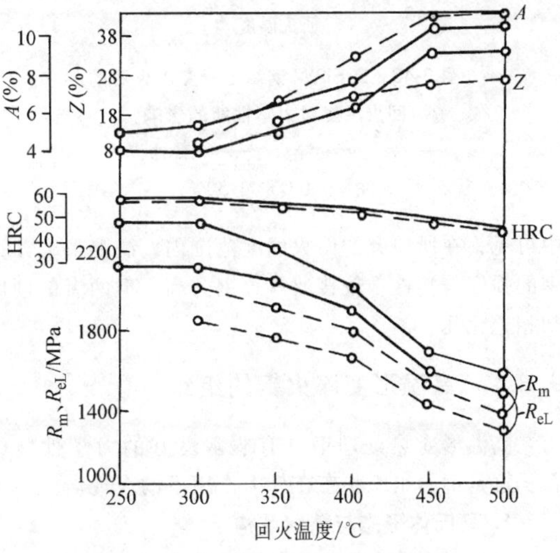

图 9-47　55Si2 钢高温形变淬火的回火温度对力学性能的影响

——高温形变淬火　－－－普通淬火

注：950℃形变 50%。

表 9-7 回火温度对高温形变淬火的 55Si2Mo 钢的力学性能的影响

回火温度/℃	抗拉强度 R_m/MPa	屈服强度 R_{eL}/MPa	伸长率 A(%)	断面收缩率 Z(%)
250	2520/脆断	2300/脆断	7/脆断	20/脆断
300	2520/2200	2300/2000	7/4	12/22
350	2400/2150	2260/1860	7.5/6.0	27/20
400	2220/2000	2080/1860	7.5/8.0	33/27
450	1870/1700	1760/1610	8/9	34/28
500	1750/1550	1640/1450	9/10	34/28

注：分子数值为形变量 50%的高温形变淬火，分母为普通淬火。

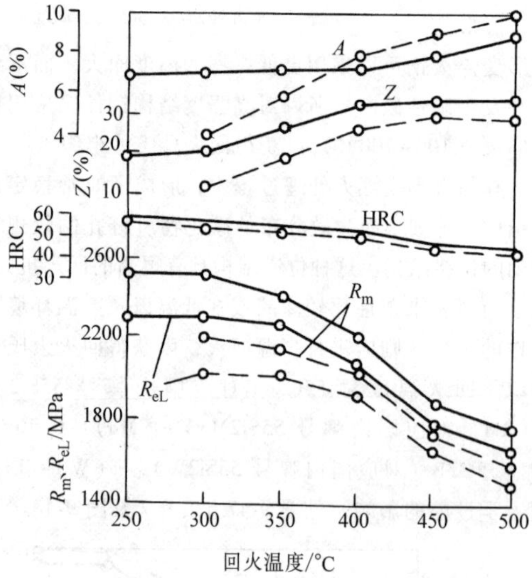

图 9-48 55Si2W 钢高温形变淬火后的回火温度对力学性能的影响

——高温形变淬火 ---普通淬火

注：960℃形变 50%。

中可见，在所研究的回火温度范围内，高温形变淬火钢的强度与塑性都较普通淬火钢为高，但两者的硬度却相差无几。

9.3.2 高温形变淬火钢的组织

高温形变热处理钢具有非常良好的力学性能组合，这是钢的组织状态在外力作用下的表现。

1. 马氏体形态与精细结构

高温形变淬火能显著细化马氏体晶粒。随着形变量的增大，马氏体晶粒尺寸不断减小。与低温形变淬火有些相似，即在没有再结晶发生的条件下，高温下的形变使奥氏体晶粒沿形变方向被拉长，马氏体针细长的晶粒到达对面晶界而受阻。只有在形变奥氏体发生初始再结晶的条件下，奥氏体晶粒本身大大细化，马氏体针的长度才能得到较高程度的缩短。然而奥氏体的再结晶，哪怕是最初始阶段的再结晶，都会严重减小位错密度，从而大大降低强化效果，所以这是力求避免的。有人证明，70%形变量的高温形变淬火使奥氏体晶粒尺寸由 31～35μm 减小到 9～12μm，马氏体晶粒也得到了相应的细化。

高温形变淬火所引起的组织结构上的另一个重要特征，是马氏体（回火马氏体）位错密度与位错结构的变化。高温形变淬火使位错密度明显增加已被多次证明。高温形变淬火 40CrNiMoA 钢的 X 射线结构分析结果表明在强度与回火马氏体（110）线条宽度（代表位错密度）间存在着良好的对应关系（见图 9-49）。高温形变淬火后所产生的这种组织结构上的高位错密度，正是获得这种强化效果的主要原因。而马氏体晶粒细化对强度的贡献并不明显，它的作用主要反映在塑性方面。高温形变淬火对 GCr15 钢精细结构的影响见表 9-8。随着形变量的增加，回火马氏体的位错密度不断增大，当形变量为 89%时，位错密度提高约 2.2 倍。

在研究轧制道次对 60Si2 钢（0.59C-2.65Si）高温形变淬火效果的影响时，获得了意想不到的结果（见表 9-9）。当总形变量一定时，回火马氏体位错密度随轧制道次的增加而增大，嵌镶块尺寸及第Ⅱ类内应力则不断减小。

2. 奥氏体组织结构

许多研究结果表明，高温形变奥氏体中的多边化过程对高温形变淬火钢的强度、韧性和强化效果的稳定性都有良好的作用。

在高温形变奥氏体的组织变化中，除了随着形变

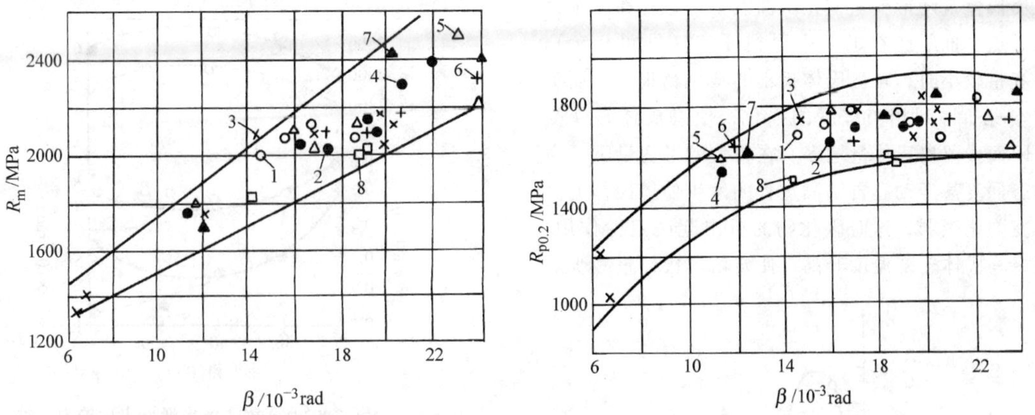

图 9-49　40CrNiMoA 钢形变淬火后的强度与回火马氏体（110）线条宽度的对应关系

1—550℃　2—850℃　3—形变量 70%　4—形变量 70%，850℃　5—形变量 70%，550℃

6—形变量 80%，850℃　7—形变量 80%，550℃　8—普通淬火后，不同温度回火

表 9-8　高温形变淬火对 GCr15 钢精细结构的影响

形变量(%)	线条宽度		镶嵌块尺寸 $D/10^{-6}$cm	第二类内应力 $\frac{\Delta a}{a}/10^{-3}$rad	位错密度 $\rho/10^{11}$cm^{-2}
	$\beta_1(110)/10^{-3}$rad	$\beta_2(211)/10^{-3}$rad			
0	8.64	16.9	4.42	2.61	1.44
10	9.15	17.7	3.45	2.65	1.67
35	9.55	19.4	2.94	2.61	2.24
60	11.05	20.5	2.54	2.60	2.42
89	12.72	20.9	1.90	1.89	3.24

注：300℃回火 2h。

表 9-9　高温形变淬火对 60Si2 钢精细结构的影响

形变量(%)	轧制道次	镶嵌块尺寸 $D/10^{-6}$cm	第二类内应力 $\frac{\Delta a}{a}/10^{-3}$rad	位错密度 $\rho/10^{11}$cm$^{-2}\times10^{-3}$
0	0	2.96	3.12	37.80
70	1	2.52	1.36	49.40
70	2	1.35	0.975	54.80
70	3	1.09	0.21	73.60

量的增大，奥氏体晶粒逐渐被拉长之外，还发现有产生“锯齿状”晶界的现象。锯齿状晶界大体产生于 900~1100℃、20%~30%形变量的条件。锯齿状晶界能够阻碍滑移向相邻晶粒内的继续进行，并且减慢在晶界上发生的显微裂纹汇合为宏观裂纹的进程，因而能在提高强度、改善塑性、抑制回火脆性及阻碍蠕变破断过程中起到相当良好的作用。

于是，选择适当的高温形变淬火规程（形变温度、形变量、淬火前停留时间等），使得在奥氏体晶内发生多边化过程，同时得到普遍发展的晶界的锯齿化，可以获得相当良好的力学性能组合。这也正是高温形变淬火与低温形变淬火过程在奥氏体组织结构方面最突出的差别。

3. 残留奥氏体

诸多文献表明，高温形变淬火与低温形变淬火一样，使钢中残留奥氏体量增多。也有作者认为，高温形变淬火使残留奥氏体量减小，或者对残留奥氏体量无甚影响。

事实上，在高温形变淬火过程中，存在两个影响残留奥氏体量的相互矛盾因素。一个因素是，自高温形变奥氏体中析出了碳化物，因而使奥氏体碳含量及合金元素含量有所减少，马氏体转变点升高，形核容易，结果使残留奥氏体量减小。另一个因素是，由于形变奥氏体中存在着大量位错与压应力，以及嵌镶结构的细化等原因，马氏体形核及成长均较困难，结果使残留奥氏体量增多。在这两种因素的同时作用下，残留奥氏体量随形变量变化的曲线上应该存在一个最大值。这个推断已在工作中得到证实（见图 9-50）。当形变量较小时，自奥氏体析出的碳化物很少，而奥氏体本身却得到相当程度的强化，使马氏体转变受阻，因而残留奥氏体量增多。在较大的形变量下，由于动态回复甚至动态再结晶过程的发生使奥氏体的高温形变强化减弱，这时碳化物的析出起决定性作用，从而将马氏体转变温度升高，使残留奥氏体量减少。

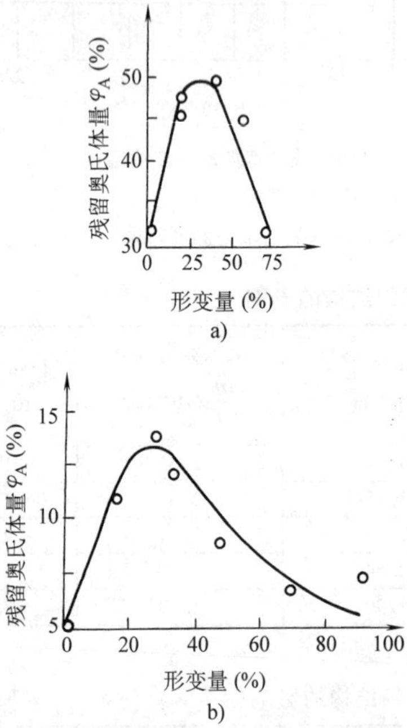

图 9-50　T12 钢和 50CrNi4Mo 钢 900℃形变淬火（未回火）后的残留奥氏体量与形变量的关系

4. 碳化物的析出

55CrMnSiVA 钢的强度及马氏体中碳含量与形变量的关系如图 9-51 所示。马氏体中的碳含量随着形变量的增加而先减后增，当形变量为 50%时，碳含量最少，为 0.18%（未形变时为 0.53%）。(110) 线条宽度 β 的变化规律与碳含量一样。抗拉强度和伸长率的变化与碳含量相反，随着形变量的增加而先增后减。当形变量为 40%时抗拉强度最大，形变量为 50%时，伸长率最大。当形变量为 60%时，由于形变奥氏体的再结晶而导致抗拉强度和伸长率的下降，马氏体中碳含量也增加。如果我们使形变温度从 950℃降至 850℃，当形变量为 60%时奥氏体也不会发生再结晶，而马氏体中的碳含量继续下降（如图 9-51 中虚线所示）。

已经证实奥氏体在形变中确实有碳化物析出。例如，图 9-52 就示出了形变量对 T12 钢残留奥氏体晶体点阵常数的影响：当形变量增加时，残留奥氏体点阵常数变小。点阵常数的减小是因奥氏体中碳含量下降而引起的，当形变量为 75%时，点阵常数减小了 0.0006nm。这相当于奥氏体中碳含量下降 0.2%。此外，文献还介绍，高温形变淬火能使奥氏体的电阻率下降。

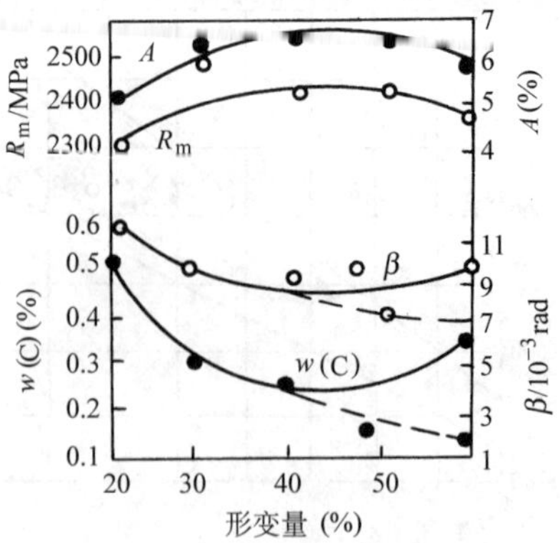

图 9-51　55CrMnSiVA 钢高温形变淬火后的力学性能、马氏体碳含量，(110) 线宽度与形变量的关系

注：实线形变温度为 950℃，虚线 850℃。

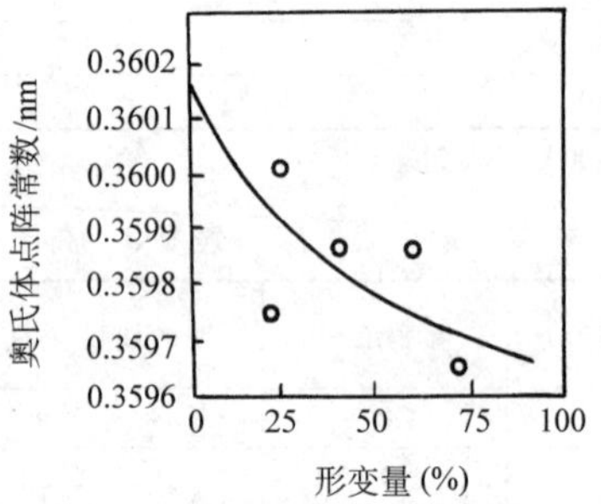

图 9-52　T12 钢残留奥氏体晶体点阵常数与形变量的关系

注：1100℃奥氏体化，900℃形变，10%NaCl 液体中冷却。

9.3.3　钢高温形变热处理后的力学性能

1. 钢中合金元素对形变淬火后力学性能的影响

低温形变淬火对钢材的成分以及亚稳奥氏体区的宽阔程度有许多特殊要求，而通过高温形变淬火，不论是普通的碳钢还是合金钢都能获得令人满意的强韧化效果。

合金元素影响低温形变淬火效果的一些基本规律，也适用于高温形变淬火。但高温形变淬火的形变温度高使其显示出了特殊性。高的形变温度加速了形变奥氏体中原子的扩散，以及点阵缺陷的运动等，于是产生两种相反的效应：一是由于原子扩散和位错运动的加速，使位错重新组合，而形成稳定的、对性能

（特别是对塑性）有良好影响的位错结构；二是由于上述过程的加速，如控制不好，将因再结晶而导致高温形变淬火强化效果的减弱，甚至完全消除。因此要努力使这些过程的发展程度恰到好处，以获得优良的形变强韧化效果。

（1）碳的作用　碳含量对 Cr-Mn-B 钢力学性能的影响如图 9-53 所示。可见，在普通淬火条件下，当碳含量 w(C) = 0.4%时，已可获得良好的力学性能组合。当这个钢的碳含量 w(C) = 0.4%时，高温形变淬火后强度的提高并不显著，但塑性储备却较大。而当碳含量 w(C) 接近 0.6%时，高温形变淬火的强化效果很显著，其塑性与 w(C) = 0.4%钢普通淬火并 200℃回火后（Z = 15%）一样。从拉伸性能的角度来看，Cr-Mn-B 钢的碳含量 w(C) 在 0.4%～0.6%范围内时，能在保证良好塑性的情况下比较显著地提高强度。

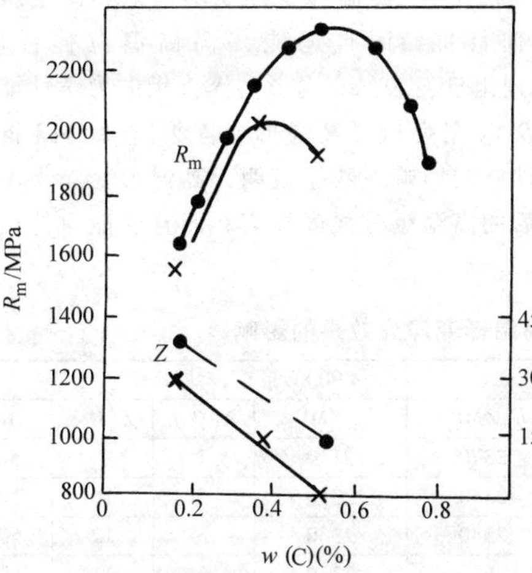

图 9-53　碳含量对 Cr-Mn-B 钢力学性能的影响（200℃回火）

●—高温形变淬火　×—普通淬火

图 9-54 示出了碳含量对碳钢扭转的抗弯强度与塑性的影响。扭转试验时，高温形变淬火碳钢的最大抗剪强度对应的碳含量为 w(C) = 0.75%，而普通淬火钢为 w(C) = 0.55%；弯曲试验时则分别为 w(C) = 0.55%和 w(C) = 0.45%。

由于钢的强度变化与碳含量的关系存在极值，故从工件的结构强度出发，建议高温形变淬火钢的碳含量以 w(C) = 0.45%～0.6%为最好。这样，就可以保证在复杂应力状态下高温形变淬火零件工作的可靠性。

（2）合金元素的作用　增加钢中的硅含量能提高高温形变强化效果。硅含量对 w(C) = 0.6%钢高温形变淬火后力学性能的影响如图 9-55 所示，而表 9-10 则给出了所用钢的化学成分和加热临界温度。此处，形变温度为 Ac_3 + 40～50℃，轧制形变量为 50%。由图可见，随着硅含量的增加，无论高温形变淬火处理还是普通淬火处理后的强度都不断提高。例如，同是在 300℃回火，当 w(Si) = 0.2%时，形变淬火后 R_m = 1900MPa；而当硅含量增大到 w(Si) = 2.2 时，R_m 上升到 2400MPa。

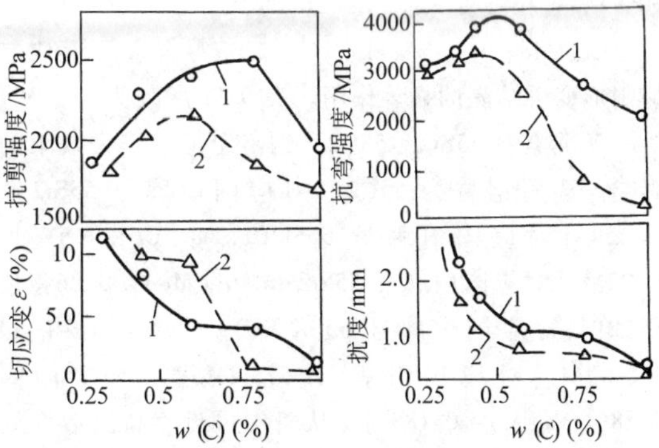

图 9-54　碳含量对碳钢扭转的抗弯强度与塑性的影响

1—高温形变淬火　2—普通淬火

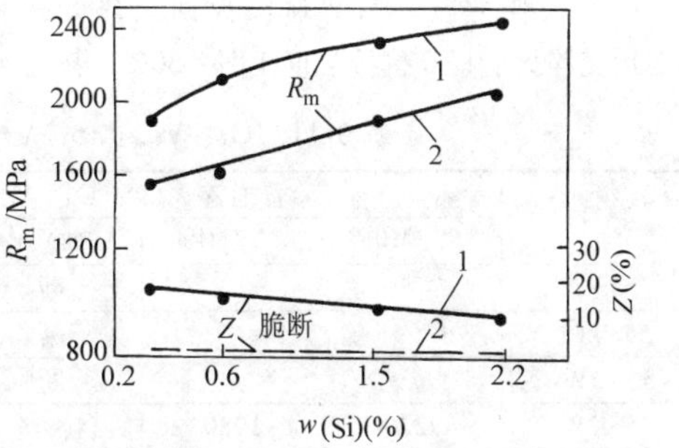

图 9-55　硅含量对 w(C) = 0.6%钢力学性能的影响

1—高温形变淬火　2—普通淬火

注：300℃回火 1h。

表 9-10　试验钢种的化学成分和加热临界温度

牌号	C	Si	Mn	Ac_1	Ac_3
	质量分数(%)			℃	
60	0.60	0.21	0.24	740	800
60Si0.6	0.58	0.65	0.24	750	820
60Si1.5	0.61	1.34	0.33	770	845
60Si2	0.62	2.08	0.25	780	890

随着硅含量的增大，塑性有些下降。w(Si) = 2.2%的钢于普通淬火及 300℃回火后，R_m = 2000MPa，拉伸试样呈现脆性破断，在高温形变淬火后用同样温度回火，R_m 达 2400MPa，Z = 10%。在普通淬火回火钢上为了获得同样的断面收缩率（Z =

10%)，抗拉强度只能达到1600MPa。

Cr、Mo、W、V、Mn、Ni和Si等合金元素均有抑制形变再结晶的显著作用。表9-11所列为Cr、W、Mo、V元素对55Si2（55C2）钢高温形变淬火效果的影响。选用钢材为55C2（对应国内牌号55Si2）、55C2X［对应国内牌号55Si2Cr，w(Cr)≈1%］、55C2M［对应国内牌号55Si2Mo，w(Mo)=0.26%］、55C2B［对应国内牌号55Si2W，w(W)≈1%］和55C2ΦM［对应国内牌号55Si2MoV，w(Mo)=0.28%，w(V)=0.18%］。从表中可见，高温形变处理55Si2钢的抗拉强度在2280~2370MPa范围内，断面收缩率为7%~10%，而含有Cr、Mo、W、V等碳化物形成元素的55Si2钢强度增加150~300MPa，同时塑性增大一倍左右。可见碳化物形成元素在高温形变淬火中，尤其在提高塑性方面起着良好的作用。高温形变淬火时Ni对钢再结晶过程的阻碍作用如图9-56所示。

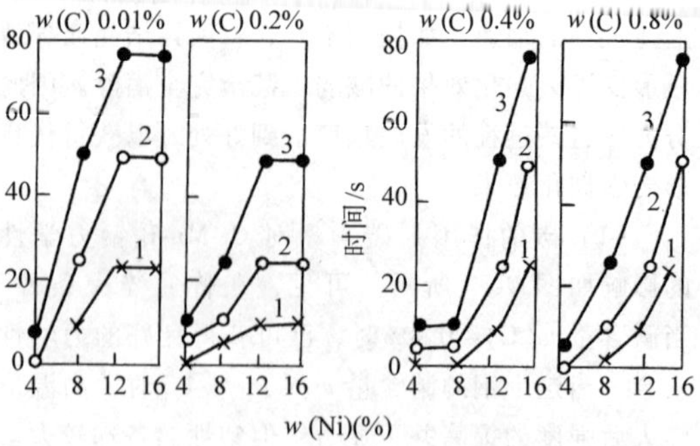

图9-56 高温形变淬火时Ni对钢再结晶过程的阻碍作用

1—加工硬化状态 2—加工再结晶 3—聚集再结晶

2. 高温形变淬火钢的力学性能

尽管高温形变淬火在提高强度方面的作用不如低温形变淬火显著，但它却能显著地改善钢的塑件，增加钢的韧性储备，从而提高钢材抗脆性断裂的能力。

（1）拉伸性能 与普通淬火回火热处理相比，高温形变淬火能提高抗拉强度10%~30%，甚至40%。值得注意的是，高温形变淬火还能比较显著地使塑件提高40%~50%。而且，高温形变淬火所用形变量可以降低到20%~50%范围（而低温形变淬火则高达60%以上）。高温形变淬火不但能提高钢材的室温拉伸性能，而且还能提高高温拉伸性能。表9-12列出已发表的高温形变淬火钢的力学性能数据，表9-13则列出了高温形变淬火对20Cr13钢高温拉伸性能的影响。数据表明，高温形变淬火不仅使回火后的高温短时强度提高，而且还能保持很高的塑性。

表9-11 Cr、W、Mo、V元素对55Si2钢高温形变淬火效果的影响

牌号	普通淬火(250℃回火)					900℃形变淬火				
	R_m/MPa	R_{eL}/MPa	A(%)	Z(%)	HRC	R_m/MPa	R_{eL}/MPa	A(%)	Z(%)	HRC
55Si2	脆		断		56	2370	2110	5	7	56
55Si2Cr	脆		断		57	2540	2310	5	10	57
55Si2Mo	脆		断		57	2580	2330	5	12	57
55Si2W	2230	1980	4	10	57	2610	2360	6	11	57
55Si2MoV	2300	2080	5	11	57	2580	2330	6	14	57
牌号	960℃形变淬火					1050℃形变淬火				
	R_m/MPa	R_{eL}/MPa	A(%)	Z(%)	HRC	R_m/MPa	R_{eL}/MPa	A(%)	Z(%)	HRC
55Si2	2320	2060	7	9	56	2280	2030	7	10	56
55Si2Cr	2540	2310	9	18	57	2480	2250	9	25	57
55Si2Mo	2520	2310	7	20	57	2500	2290	9	25	57
55Si2W	2600	2330	9	24	57	2550	2390	9	24	57
55Si2MoV	2580	2330	8	18	57	2600	2340	9	26	57

表9-12 高温形变淬火钢的力学性能

钢种	R_m/MPa		R_{eL}/MPa		A(%)		高温形变热处理工艺		
	高温形变淬火	普通淬火	高温形变淬火	普通淬火	高温形变淬火	普通淬火	形变量(%)	形变温度/℃	回火温度/℃
50CrNi4Mo	2700	2400	1900	1750	9	6	90	900	100
50Si2W	2610	2230	2360	1980	6	4	50	900	250
55Si2MoV	2580	2300	2330	2080	6	5	50	900	250
60Si2Ni3	2800	2250	2230	1930	7	5	50	950	200

（续）

钢种	R_m/MPa		R_{eL}/MPa		A(%)		高温形变热处理工艺		
	高温形变淬火	普通淬火	高温形变淬火	普通淬火	高温形变淬火	普通淬火	形变量(%)	形变温度/℃	回火温度/℃
M75(俄钢轨钢)	1750	1300	1500	800	6.5	4	35	1000	350
Mn13	1150	1040	430	447	53.3	53.3	45	1050	—
45CrMnSiMoV	2100	1875	—	—	8.5	7	50	900	315
20	1400	1000	1150	850	6	4.5	20	—	200
20Si2	1350	1100	1000	800	11	5	40	—	200
40	2100	1920	1800	1540	5	5	40	—	200
40Si2	2280	1970	1750	1400	8	3	40	—	200
60	2330	2060	2200	1500	3.5	2.5	20	—	200
Q235	690	—	63.5	350	—	—	30	940	—
45CrMnSiNiWTi	2410	2100	2160	2000	5	4	40	800~820	100
20CrMnSiWTi	1760	1520	1560	1340	7.8	8.3	50	800	—
45CrNi	1970	1740	—	—	8.2	4.5	50	950	250
18CrNiW	1450	1150	—	—	—	—	60	900	100
AISI 4340	2250	2230	1690	1470	10	9	40	845	95
55CrMnB	2400	1800	2100	—	4.5	1	25	900	200
40Cr2Ni4SiMo	2500	2000	1900	1350	13	8	60	—	—
47Cr8	2420	1650	2200	1520	8	3.5	75	—	200
55Si2	2220	1820	2010	1750	—	—	15~20	—	300
50SiMn	2040	1750	1760	1540	—	—	15~20	—	300
40CrSiNiWV	2370	2000	2150	1660	8.1	5.9	85	—	200
40Cr2NiSiMoV	2300	1910	2140	1590	9.1	6.4	95	—	200
40CrMnSiNiMoV	2200	1960	1750	1530	10.5	8.3	85	—	200
55Cr5NiSiMoV	2280	2110	1990	1840	9.0	7.1	85	—	250

表 9-13　高温形变淬火对 20Cr13 钢高温拉伸性能的影响

形变量(%)	拉伸试验温度 500℃			650℃		
	R_m/MPa	A(%)	Z(%)	R_m/MPa	A(%)	Z(%)
0	597	11	68	342	20	90
25	576	9.7	71	340	18	88
33	620	11	66	356	24	97
58	621	9.7	63	—	—	—
76	800	14	66	—	—	—
试样处理	加热到 1200~1100℃形变淬火，600℃回火 2h			加热到 1200~1100℃形变淬火，700℃回火 2h		

（2）冲击性能　对 AISI 5150 钢［化学成分（质量分数）：C0.5%，Mn0.9%，Ni0.11%，Cr0.80%，对应国内牌号 50Cr］的研究结果表明，高温形变淬火能显著地提高冲击韧性（见图 9-57），其处理规范：843℃奥氏体化空冷至 792℃，形变 60%淬火，并在不同温度下回火。从图中可见，高温形变淬火能数倍地提高钢的冲击韧性。而且，高温形变淬火试样呈韧性破断，普通淬火时呈脆性破断。图 9-58 所示为高温形变淬火对 AISI 4340 钢冲击吸收能量的影响，图 9-58a 为淬火状态下的冲击值，图 9-58b 为 230℃回火 1h 后的冲击值。从图中大体上可看到冲击吸收能量上升和脆性转变温度下降的明显趋势。表 9-14 所列为高温形变淬火对不同碳含量的 Cr5Mo2SiV 钢的脆性转变温度的影响。从表中可见，高温形变淬火确有降低脆性转变温度的作用。

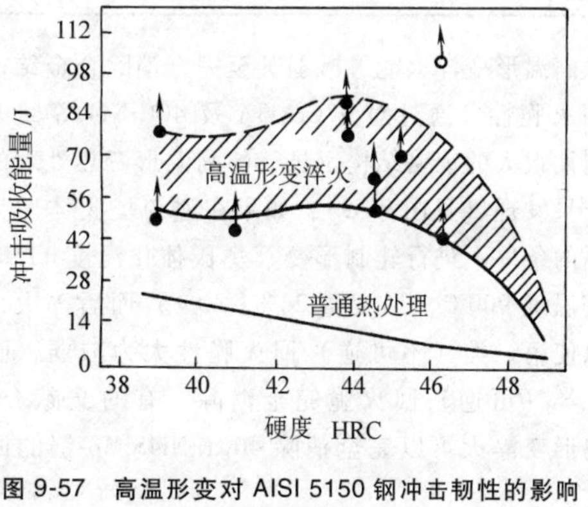

图 9-57　高温形变对 AISI 5150 钢冲击韧性的影响

注：箭头表示试样未破断。

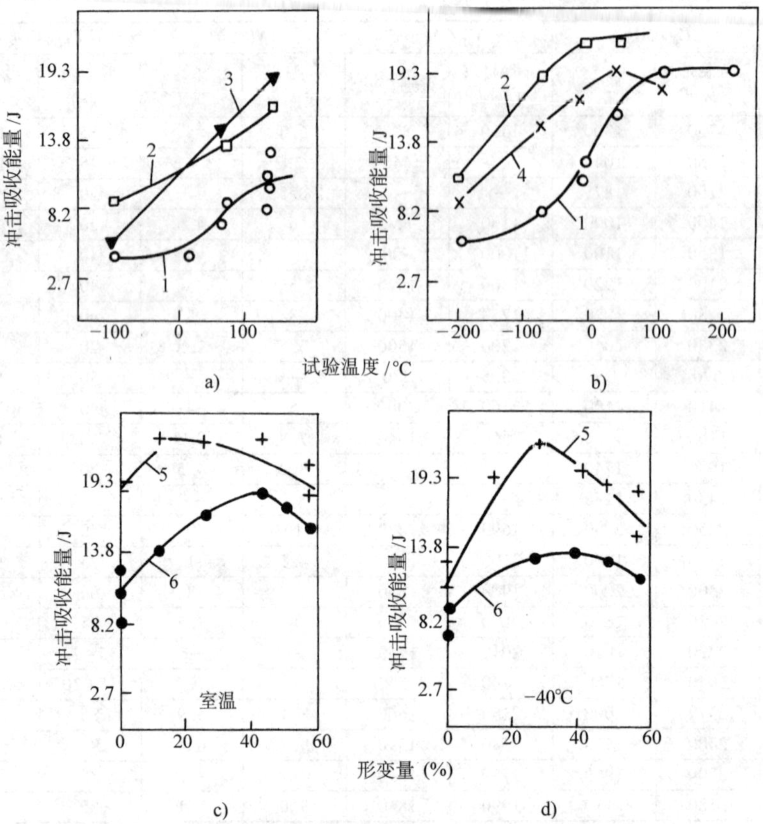

图 9-58　高温形变淬火对 AISI 4340 钢冲击吸收能量的影响

1—普通淬火　2—形变 25%　3—形变 40%

4—形变 54%　5—232℃回火　6—淬火态

表 9-14　高温形变淬火对不同碳含量的 Cr5Mo2SiV 钢脆性转变温度的影响

w(C)(%)	冶炼方式	脆性转变温度/℃		
		低温形变淬火	高温形变淬火	普通淬火
0.3	一般	—	190~-30	210~10
	真空	200~10	160~-40	190~-30
0.4	一般	—	210~-10	235~20
	真空	260~40	190~-30	210~-20

高温形变淬火能够减弱甚至完全消除合金结构钢的回火脆性。通过对 37CrNi3A 及 40CrNi4 等回火脆倾向性很大的镍铬结构钢进行的高温形变热处理的研究结果发现（见图 9-59），如果在避免奥氏体发生再结晶的条件下进行轧制形变（奥氏体化温度 1150℃，形变温度 900℃，形变量 26%~30%）而后淬火，便可以使第一类（不可逆）回火脆性大为减弱，而使第二类（可逆）回火脆完全消除。有的文献介绍，高温形变淬火可以完全消除 40Cr2Ni4SiMo 钢的回火脆性。

（3）疲劳性能　高温形变淬火能提高钢的疲劳极限，但应特别注意最佳形变量的问题。在 55Si2 和 50CrMnA 钢上的试验结果如图 9-60、图 9-61 所示。可以看出，高温形变淬火能使钢的疲劳极限提高 20%左右。例如，在高温形变淬火及 300℃回火后，55Si2 钢的疲劳极限 σ_{-1} = 630MPa，50CrMnA 的为 600MPa，而普通热处理后则分别为 525MPa 和 520MPa。图 9-62 所示为高温形变淬火时的形变量对 Mn-Cr-B 系 AISI 5160 弹簧钢（对应国内牌号 60CrMnA）疲劳性能的影响。从图中可见，当形变量为 30%左右时，疲劳极限有最大值，达 540MPa。与普通热处理后所得的 410MPa 相比较，提高了将近 32%。

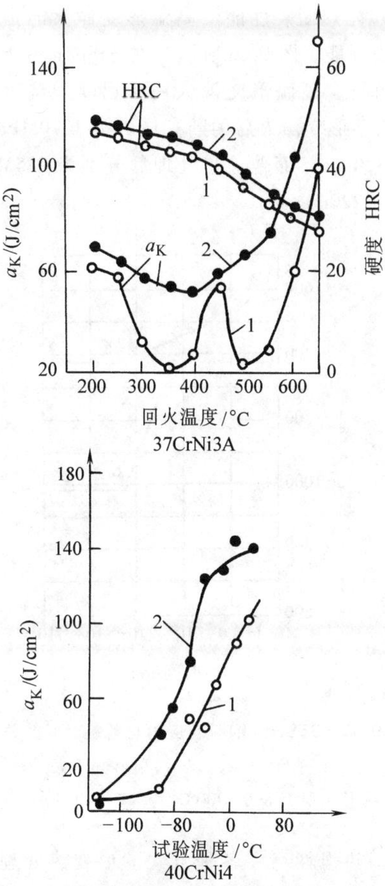

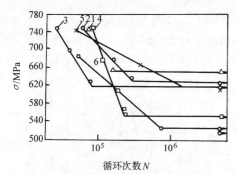

图 9-59　高温形变淬火对 37CrNi3A 钢和 40CrNi4 钢冲击韧度的影响

1—普通淬火　2—高温形变淬火

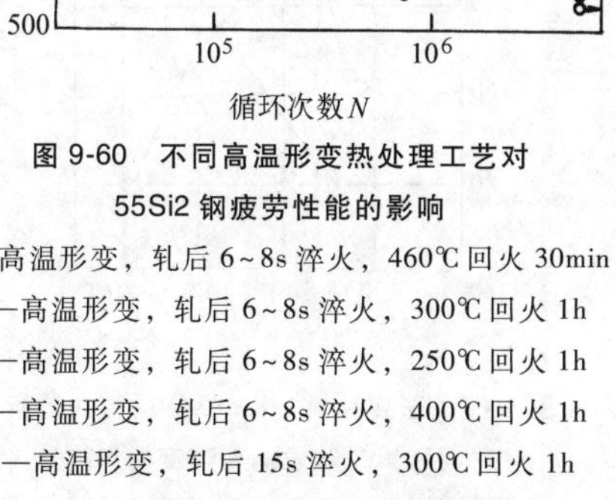

图 9-60　不同高温形变热处理工艺对 55Si2 钢疲劳性能的影响

1—高温形变，轧后 6~8s 淬火，460℃ 回火 30min

2—高温形变，轧后 6~8s 淬火，300℃ 回火 1h

3—高温形变，轧后 6~8s 淬火，250℃ 回火 1h

4—高温形变，轧后 6~8s 淬火，400℃ 回火 1h

5—高温形变，轧后 15s 淬火，300℃ 回火 1h

6—普通淬火，500℃ 回火 30min

注：950℃ 奥氏体化、油冷淬火。

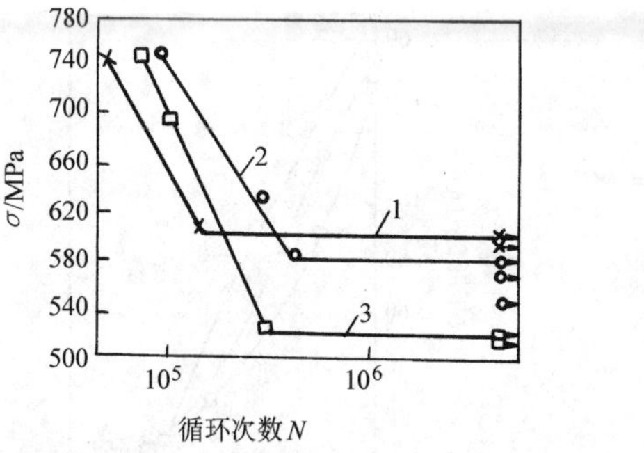

图 9-61　高温形变热处理规范对 50CrMnA 钢疲劳性能的影响

1—高温形变，轧后 6~8s 淬火，300℃ 回火 1h　2—高温形变，轧后 6~8s 淬火，400℃ 回火 1h　3—普通淬火 500℃ 回火 1h

注：900℃ 奥氏体化，油冷淬火。

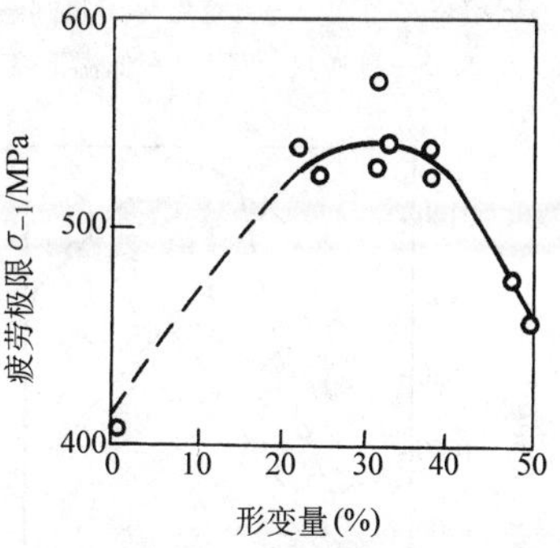

图 9-62　AISI 5160 钢高温形变淬火时的形变量对疲劳极限的影响

(4) 裂纹扩展功与断裂韧性　高温形变淬火能提高钢材的裂纹扩展功和断裂韧性，降低钢材的缺口敏感性，提高钢材的塑性储备。高温形变淬火对不同碳含量的 5Cr-2Mo-Si-V 钢裂纹扩展功的影响如图 9-63 所示。

高温形变淬火钢材的断裂韧度 K_{IC} 值随形变量的变化有极大值关系。图 9-64 所示为高温形变淬火对 Cт.3（对应国内牌号 Q235）和 35SiMn 钢断裂韧度的影响。从图中可见，对应着 K_{IC} 的最大值有一最佳形变量。

在屈服强度相同时，高温形变淬火钢材的断裂韧度比普通淬火者高得多。如有人将 60Si2 钢［化学成分（质量分数）：C0.58%，Mn0.97%，Si1.92%］于高温形变淬火（轧制到 830℃ 随即淬火）与普通淬火（热轧至 1050℃，空冷，然后再加热到 950℃，油淬）后，回火到相同的屈服强度（$R_{p0.2}$），进行断裂韧度的比较（见图 9-65）。结果表明，随着 $R_{p0.2}$ 值的升高（即回火温度的降低），普通淬火试样的断裂韧度下降较快，而高温形变淬火者变化较小。且在 $R_{p0.2}$ 值为 1000~1800MPa 的区间，高温形变淬火后的 K_{IC} 值始终比普通淬火者高出大约 1000MPa · mm$^{1/2}$。

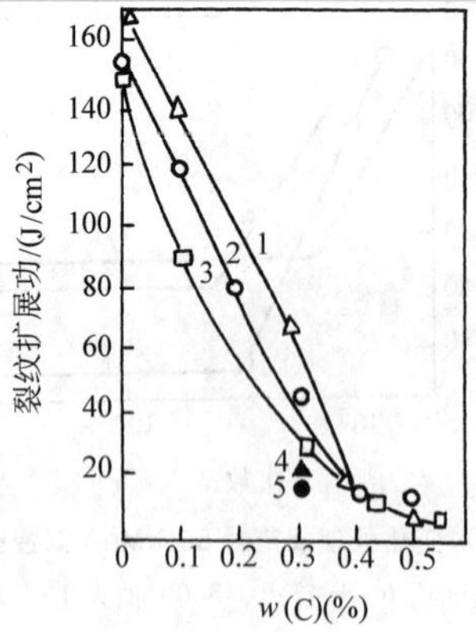

图 9-63　不同处理方法对不同碳含量的 5%Cr-2%Mo-Si-V 钢裂纹扩展功的影响

▲●—一般熔炼　□△○—真空熔炼　1、4—高温形变淬火　2、5—普通热处理　3—低温形变淬火

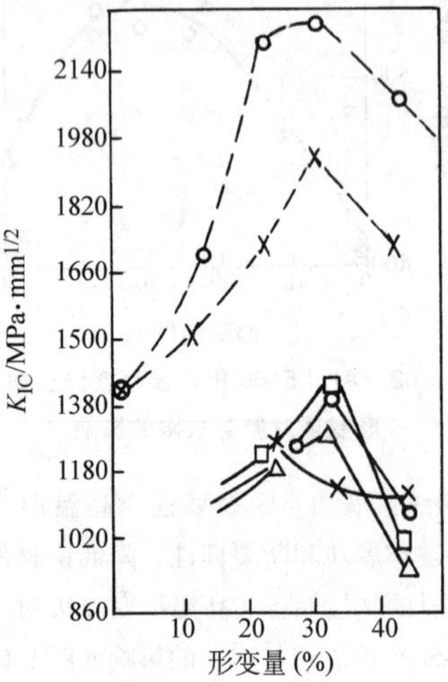

图 9-64　高温形变淬火对 Cт. 3 和 35SiMn 钢断裂韧度的影响

－－－ 35SiMn 钢　——Q235　○—950℃形变　△—900℃形变　□—850℃形变　×—800℃形变

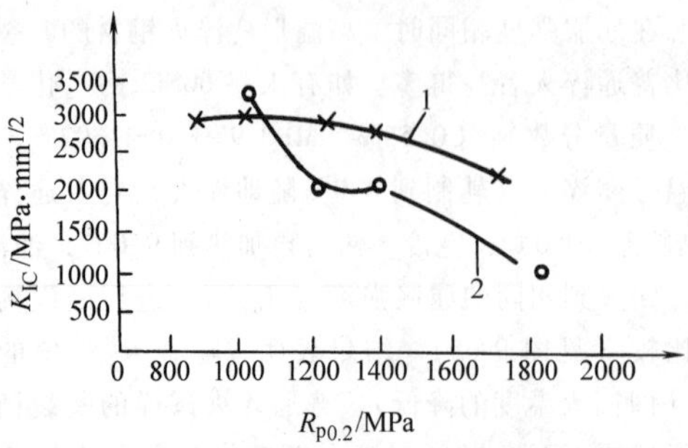

图 9-65　60Si2 钢断裂韧度和屈服强度的关系

1—高温形变淬火　2—普通淬火

（5）延迟断裂性能　高温形变淬火能提高钢的延迟断裂性能。图 9-66 所示为在 35SiMn 钢上的试验结果。可见，高温形变淬火使延迟断裂抗力提高了 40%。高温形变淬火后的断裂应力为 1370MPa，断裂时间为 320min；而普通热处理后分别为 985MPa，断裂时间为 220min。

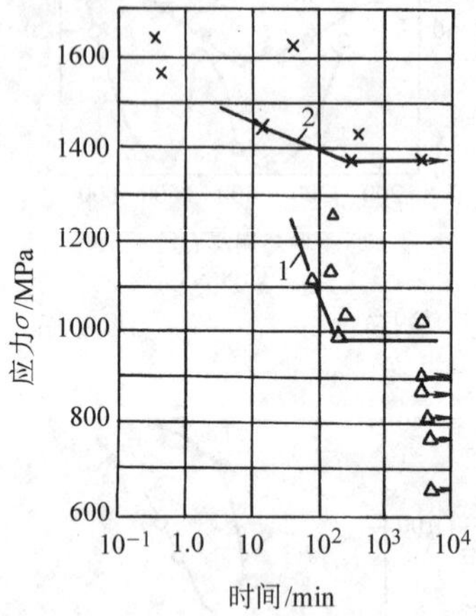

图 9-66　35SiMn 钢断裂应力与断裂时间的关系

1—普通淬火　2—高温形变淬火

注：形变温度 800～900℃，形变量 20%～28%。

（6）热强性　在各种方式的形变热处理中，高温形变热处理对提高结构钢热强性有最好的效果。图 9-67 所示为高温形变淬火下形变量对 20Cr13 钢热强性的影响。从图中可见，在 550℃，应力为 300MPa 的试验条件下，高温形变淬火能延长试样的持久破断时间，降低第二阶段蠕变速度。与普通淬火者相比，当形变量为 33% 时，持久破断时间延长了两倍（由 111h 增加到 326h），第二阶段蠕变速度降

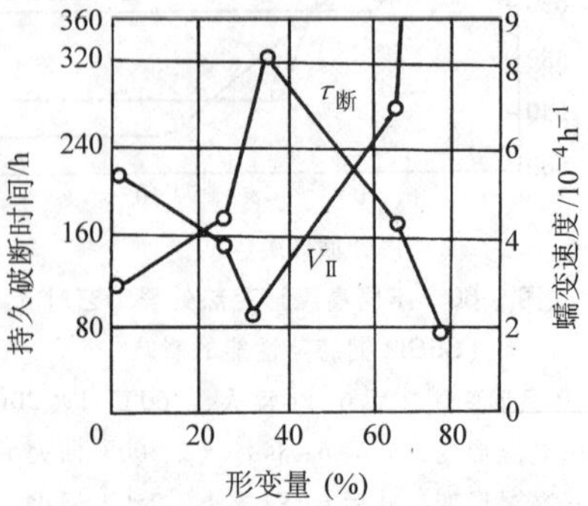

图 9-67　形变量对 20Cr13 钢的持久破断时间和第二阶段蠕变速度的影响

注：试验温度 550℃，应力 300MPa，试样 1200℃奥氏体化，1100℃形变淬火，600℃回火 2h。

低 1/2 以上（由 0.054%/h 降低到 0.022%/h）。持久破断时间随形变量的增加先增后减，在 33%～60% 范围内存在一个最佳形变量。在该试验所用的各种形变量中以 33% 为最佳。

此外，高温形变热处理还能提高钢的耐磨抗蚀性能。

9.3.4　高温形变淬火强化机理

高温形变淬火与低温形变淬火在强化机理上应有许多相同之处，诸如马氏体细化、碳化物相的析出、点阵缺陷的继承等，同样也构成高温形变淬火的主要强化因素。但是，两者间最主要的区别在于形变温度的不同，因而，高温形变淬火强化机理的种种特点，莫不直接与形变温度较高这一点直接有关。

表 9-15 简单归纳了高温及低温形变淬火强化因素的差异。不过，任何人也不否认碳化物的析出及其在强化中的作用。

表 9-15　高温及低温形变淬火强化因素的差异

强化因素	高温形变淬火	低温形变淬火
马氏体细化	程度较小	程度较大
碳化物析出	存在	存在
点阵缺陷及其结构	密度较小	密度较大
	大部分以多边化方式构成亚晶界	均匀分布在晶内
	稳定性较大	稳定性较小
晶界状态	可形成锯齿状晶界	难形成锯齿状晶界

1. 缺陷继承问题

事实上，在高温形变淬火中，形变奥氏体获得的缺陷为转变后的马氏体所继承。故形变奥氏体的位错密度越高，由之产生的马氏体位错密度也越高。高温形变奥氏体位错结构的特点是，形成明显的多边化边界，位错大部分堆积在边界上，而亚晶粒内部位错较少。这种结构稳定性较高，对随后产生的马氏体的韧性有良好的作用。

已证明高温形变奥氏体的位错结构为马氏体所直接继承。许多人在奥氏体中观察到一个约 240℃ 的内耗峰（当扭摆振动频率为 1Hz 时）。这是由间隙原子碳在 γ-Fe 中的微扩散所引起的。研究发现，在高温形变时，形变量的增加能使奥氏体的约 240℃ 内耗峰增大，与之相对应，马氏体的 200℃ 内耗峰值亦增大。两者间的对应关系充分说明了，奥氏体和马氏体间存在着点阵缺陷的继承关系。研究还发现 40 钢因淬火或高温形变淬火而引起的强度增量（与退火状态比较）和 200℃ 内耗峰值间存在着某种线性关系。高温形变淬火后强度增量较大，而内耗峰值的增加相对较小。

2. 奥氏体的高温形变过程

奥氏体在高温形变过程中所发生的组织变化的特征，可以按照应变强化（或弱化）曲线的走向进行间接的判断。根据 $w(\mathrm{C})=0.25\%$ 钢在 1100℃ 扭转形变时的真实应力-应变曲线得到了如下几个特点：

1）在应变最初阶段，应力急剧增大至达到某一峰值，即存在应变强化。对应这一状态的组织特点是，位错的无序分布以及高的位错密度和空穴密度。

2）当热形变温度恒定时，随着形变速度的增加，与峰值对应的应力及应变数值增大，即热作硬化状态增强。或当形变速度恒定时，随着温度的降低，情况也是一样。

3）按照动态回复机构产生的弱化效应超过了强化效应，因而使曲线上出现峰值。在热形变条件下动态回复（就是在有形变应力作用条件下的回复）得到显著发展，成为在形变进程中去强化的第一步。由于来得及发生滑移或位错攀移，而使亚晶块结构得到充分的发展。

4）然后存在一稳定阶段，其特征是在应力不变（或略有变化）的条件下，产生极大的应变。称之为热形变的稳定阶段，即应变造成的强化过程与同时发生的弱化过程之间的动态平衡。上述的弱化过程可能是动态多边化（位错比较容易从原来的滑移面脱出而形成亚晶界），或者是动态再结晶，也就是在有形变应力作用条件下的再结晶。

形变金属中位错的不规则排列，由于位错的滑移或攀移而规则化，称为多边化。形变金属经多边化处理后，位错因攀移而堆砌成墙，形成亚晶界，而亚晶粒内部位错很少。

在热形变过程中，动态再结晶的进行主要是由于亚晶粒的聚合以及大角晶界在临近区域的迁移而引起的。尽管按亚晶界聚合机理而进行的再结晶使得许多缺陷能够保留在再结晶区域中，但其弱化作用仍比多边化过程厉害得多。

在热形变中，如果形变速度大，使钢处于强烈热作硬化状态，在较高温度下因再结晶而引起的去强化成为主要过程。当形变速度较小，热作硬化状态尚不十分激烈，而形变时间又不足以进行动态再结晶时，钢的弱化过程将按照动态多边化的机理进行。由此看来，为了进行动态再结晶，必须在高温、一次大形变条件下，造成激烈的热作硬化状态，这种状态通常在挤压或多辊轧制时可以见到。因此，当热形变结束后，由于形变条件（形变温度、形变速度、形变应力）的不同，奥氏体在高温下的精细结构将是不同的。

高温形变淬火以后，可得到与低温形变淬火甚至与冷形变相似的组织与性能。在另一种热形变条件下，可得到与动态回复相应的亚结构开始形成的组织状态，这时强度指标下降，而塑性、韧性及脆断抗力上升。

对应变强化倾向性较高的钢材，在稳定阶段的变化，可按着动态再结晶机理进行。在这种情况下，动态回复阶段形成的亚结构可能带来最好的性能组合。动态再结晶的发生并不意味着完全的去强化，在动态再结晶之后，仍可得到较高的力学性能组合。

在稳定阶段，由于动态多边化的结果，形成了完备而稳定的亚结构，具有最高的力学性能组合，即在强化的同时，提高脆断抗力，提高材料的可靠性。因此，在确定高温形变淬火的热形变规范时，应考虑利用动态多边化，以获得完善的亚结构或至少应是动态回复（可看作是动态多边化的起始阶段）。这样才能保证获得良好的性能组合，即高强度及高脆断抗力。

3. 形变奥氏体再结晶问题

从以上分析中可以看出，形变奥氏体所获得的位错，虽然因高温的作用在数量（密度）上有所减少，但同时却发生了位错结构的重新排列——多边化过程。其结果使得分散在晶粒内部杂乱无章的位错大部分消失。取而代之的是稳定性极高的亚晶组织，也即由位错墙构成的网络组织。同时，过高的应力集中区域也会在位错的热运动中消失。这种网络形式的位错结构及晶内应力集中的去除乃是最理想的组织状态，使得钢材具有极为良好的强度及塑性、韧性的组合。

实际上，这种多边化过程就是再结晶的最初始阶段。当然，在选择高温形变淬火工艺参数（形变温度、形变量、形变速度、淬火前的停留时间等）时必须注意，不能允许再结晶过程过分的发展，尤其是集聚再结晶（二次再结晶）的阶段绝不允许发生。否则，形变所引入的各种形式的位错结构均将遭到彻底破坏，而不能取得明显的强韧化效果。

在可以避免再结晶发生的条件下，奥氏体形变温度越高时，形变强化效果越低，但由于随后的热过程而发生的去强化程度也越少。在有可能发生再结晶的情况下，奥氏体化温度越高时，再结晶过程发展得越缓慢。这种现象对高温形变淬火极为有利。

通常，合金钢在奥氏体区域达到完全再结晶所需的时间会更长。在一般的高温形变淬火工艺中，最佳形变量均小于50%（常为30%左右），所以为完成再结晶所需的时间就更长。因此，在一般工艺条件下，要避免集聚再结晶是完全可能的。

9.3.5 钢的锻热淬火

钢的锻热淬火也称为锻造余热淬火。是一种奥氏体化及形变温度较高（一般在1050～1250℃）的典型高温形变热处理工艺。由于锻后余热的利用，节省了热处理（正火和调质）的重新加热，而且还得到了较好的力学性能组合。因此，锻热淬火已成为高强度零件生产方面的重要工艺方法，获得了广泛应用。

1. 锻热淬火钢的力学性能

锻热淬火钢具有优良的拉伸、冲击和疲劳性能。在普通热处理情况下，强度、硬度上升时总是伴随着塑性及韧性的下降，而锻热淬火却能使强度和冲击值同时提高。锻热淬火与普通淬火钢力学性能的比较列于表9-16。图9-68所示为锻热淬火对S50C钢（日本牌号，相当于我国50钢）疲劳性能的影响。锻热淬火对33CrNiSiMnMo钢断裂韧度 K_{IC} 的影响如图9-69所示。锻热淬火及普通淬火的S45C钢（日本牌号，相当于我国45钢）500～700℃回火后的抗拉强度、硬度、伸长率及冲击值的变化，见表9-17及图9-70。锻热淬火钢的高硬度一直保持到600℃回火以前，可见其回火抗力很高。以550℃回火为例，锻热淬火可提高硬度13.5%、抗拉强度8%、伸长率15%、冲击值23%。在同等强度（或硬度）下，锻热淬火钢具有优越的冲击韧性和疲劳性能。

表9-16　锻热淬火与普通淬火钢力学性能的比较

零件名称	工艺	力学性能					
		R_m/MPa	R_{eL}/MPa	A(%)	Z(%)	a_K/(J/cm^2)	硬度
农机耙片(65Mn)	锻热淬火	—				13	49HRC
	普通淬火	—				119.6	49HRC
4115连杆(45)	锻热淬火	820			46	102	260HBW
	普通淬火	770			63	123	221HBW
拖拉机接片(45)	锻热淬火	880		16	47	56	—
	普通淬火	790		17	43	58	—
拖拉机转向臂(45)	锻热淬火	—		—	—	100	255HRC
	普通淬火	—		—	—	105	—

（续）

零件名称	工艺	力学性能					
		R_m/MPa	R_{eL}/MPa	A(%)	Z(%)	a_K/(J/cm^2)	硬度
拖拉机立直落管(45)	锻热淬火	785	690	22.5	41	—	22HRC
	普通淬火	840	660	15	32	—	25HRC
拖拉机主动升降臂(45)	锻热淬火	925	778	10.0	42	70	23HRC
	普通淬火	830	635	30.0	57	120	21HRC
拖拉机转向节半轴(45)	锻热淬火	770	680	23	62	92	—
	普通淬火	—	—	—	—	110	—
拖拉机转向臂轴(45)	锻热淬火	860	705	15	20.5	—	18HRC
	普通淬火	755	720	24	59	—	14HRC
S195 连杆(45)	锻热淬火	1000	—	13.6	48.8	67	302HBW
	普通淬火	841	—	19.6	64	113	294HBW
S195 连杆(45)	锻热淬火	942	829	13.6	61	125	27.8HRC
	普通淬火	867	708	21.6	58.1	123	24.4HRC
K701 拖拉机连杆(45)	锻热淬火	1000	—	13.7	44.3	130	290HBW
	普通淬火	745	—	17.2	61	84	280HBW
K701 拖拉机吊物(40Cr)	锻热淬火	1130	—	10.7	37.1	88	327HBW
	普通淬火	1002	—	9.6	45.2	57	235HBW
135 柴油机连杆(40Cr)	锻热淬火	830	—	21	68	175	250HBW
	普通淬火	770	—	19	66	160	235HBW
高强螺母(20CrMn)	锻热淬火	868	769	24.0	74.3	—	247HBW
	普通淬火	727	655	22	73.2	—	210HBW
履带链板(40Mn)	锻热淬火	870	780	2.0	—	89	268HBW
	普通淬火	800	620	21.8	—	85	246HBW
汽车第一轴突缘(45)	锻热淬火	846	—	—	—	106	264HBW
	普通淬火	817	—	—	—	106	225HBW

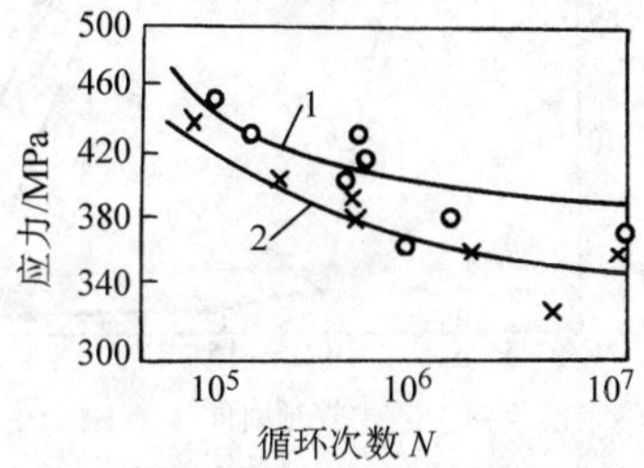

图 9-68　锻热淬火对 S50C 钢疲劳性能的影响
1—锻热淬火　2—普通淬火

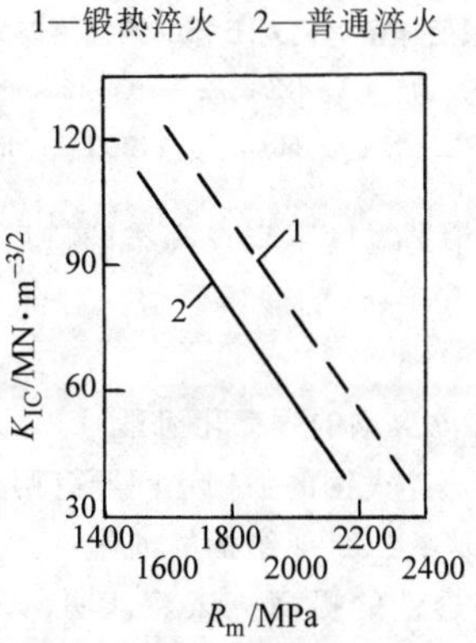

图 9-69　锻热淬火对 33CrNiSiMnMo 钢断裂韧度 K_{IC} 的影响
1—锻热淬火　2—普通淬火

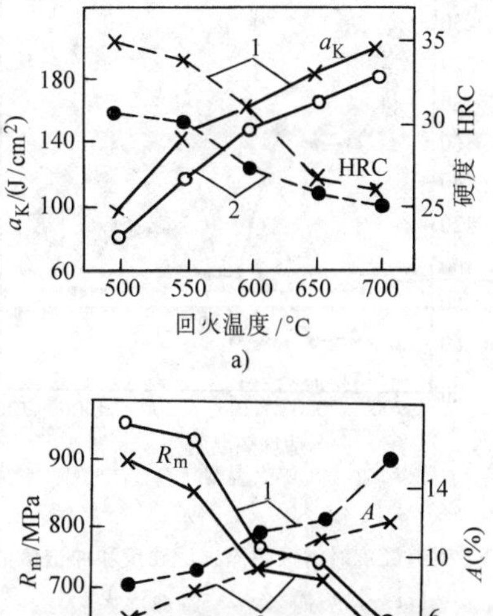

图 9-70　回火温度对 S45C 钢力学性能的影响
1—锻热淬火　2—普通淬火

表 9-17　S45C（45）钢锻热淬火的力学性能

回火温度/℃	抗拉强度/MPa				伸长率(%)			
	锻热淬火	普通淬火	差值	增加率(%)	锻热淬火	普通淬火	差值	增加率(%)
500	960	900	6	6.7	8.5	6.1	2.4	39
550	930	855	7.5	9.3	9.2	8.0	1.2	15
600	770	725	4.5	6.2	11.2	9.0	2.2	24.5
650	750	705	4.5	5.6	12.0	11.0	1.0	9.2
700	645	610	3.5	5.6	16.0	12.0	4.0	33
回火温度/℃	冲击韧度/J·cm				硬度　HRC			
	锻热淬火	普通淬火	差值	增加率(%)	锻热淬火	普通淬火	差值	增加率(%)
500	96	82	14	17	35.2	31.0	4.2	13.5
550	145	118	27	23	34.0	30.0	4.0	13.3
600	160	146	14	9.6	31.0	27.2	3.8	13.3
650	180	162	18	11.1	26.6	25.6	1.0	3.9
700	195	180	15	8.3	25.8	25.2	0.6	2.4

2. 影响锻热淬火效果的工艺因素

影响锻热淬火效果的首要工艺因素是锻造温度。锻造温度对 S50C 钢硬度和冲击值的影响，如图 9-71 所示。从图中可见，锻造温度为 900～1050℃时，锻热淬火钢具有非常优异的韧性，并具有较高的强度。所以从获得最佳的强韧化效果出发，希望锻造温度不宜过高，以避免集聚再结晶的发生。

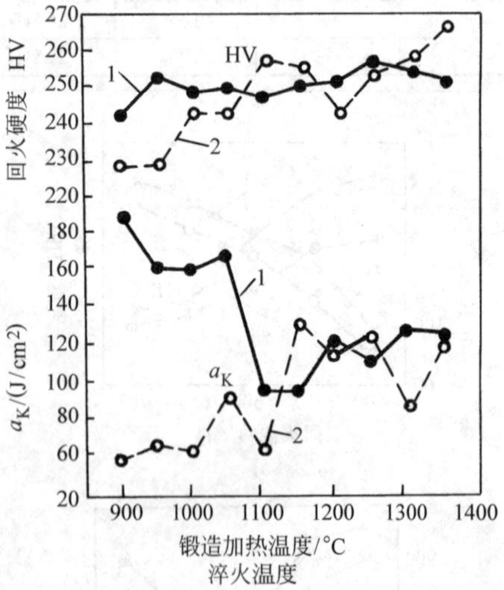

图 9-71　锻造温度对钢锻热淬火后硬度和冲击值的影响

1—锻热淬火　2—普通淬火

注：回火温度 600℃。

锻造后淬火前的停留时间对锻热淬火效果的影响是现场作业时一个重要的工艺参数。停留时间（1～25s）对不同温度（900～1200℃）S45C 钢锻热淬火硬度的影响如图 9-72 所示。从图中可见，900℃锻造后停留 1s 后的淬火硬度为 62HRC，停留 5s 后为 59HRC，停留 7s 后硬度显著下降到 26～29HRC。硬度如此急剧下降，是由于锻造加热温度较低，形变奥氏体易于再结晶所致。而当锻造温度为 1200℃时，停留 1s 后的硬度为 61.5HRC，10s 后为 59.3HRC，20s 后为 58.7HRC，即略有下降。停留 25s 时，钢件温度下降严重，以致有铁素体析出，使硬度急剧降低。

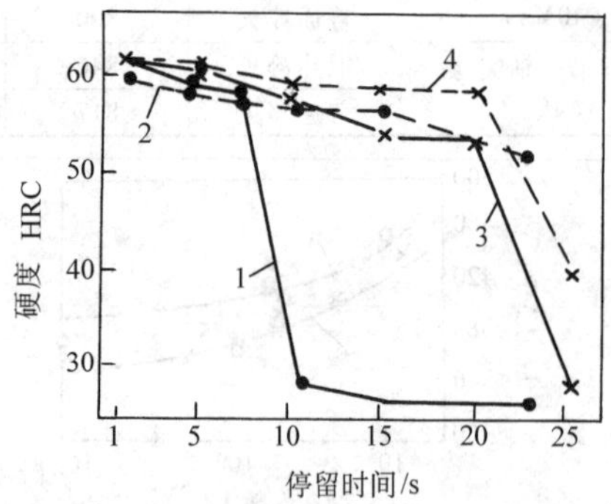

图 9-72　锻后停留时间对 S45C 钢锻热淬火硬度的影响

1—900℃，形变量 48%　2—1050℃，形变量 51%

3—1200℃，形变量 60%　4—1200℃，形变量 70%

因此，锻造温度不宜过高，锻造后应立即淬火，对碳钢仅可有 3～5s 的锻后停留，对合金钢则可稍长一点。

3. 锻热淬火钢的强韧化机理

关于锻热淬火钢的强韧化问题有两种说法，一是淬透性的提高；二是亚结构的细化。

（1）淬透性的提高　试验证明，锻造后立即淬火可显著地提高钢的淬透性。锻热淬火对三种碳钢淬透性的影响如图 9-73 所示。锻造温度为 1300℃，锻造比是 3。从图中可见，锻热淬火使临界直径增大 2

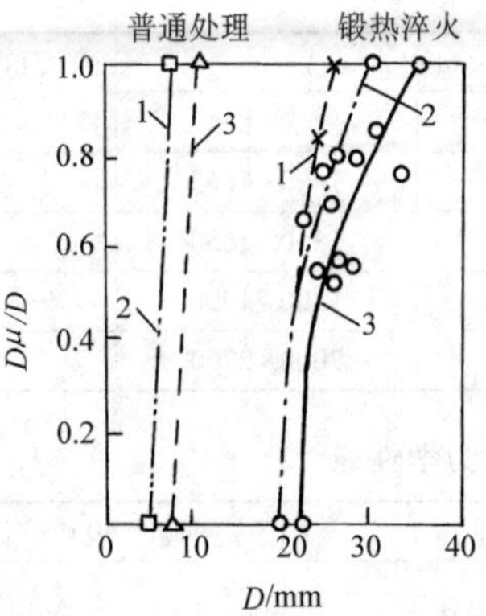

图 9-73 锻热淬火对三种碳钢淬透性（临界直径）的影响

1—w(C)= 0.46%钢 2—w(C)= 0.51%钢

3—w(C)= 0.55%钢

倍以上。奥氏体化温度越高，淬透性的提高越明显。奥氏体化温度提高会使晶粒变大，但与同一温度下未锻造试样比较，晶粒仍很细小。锻热淬火时，由于提高了淬透性，淬火完全，因而硬度较高。与淬火不完全的钢比较，完全淬火钢回火后具有较高的冲击韧性。故一般认为，硬度与冲击值高是由于淬火完全所致。

（2）亚结构的细化 同一般高温形变淬火一样，锻热淬火的强韧化效果是由于组织结构上的变化所造成的。组织结构上的变化不外乎马氏体细化，点阵缺陷的继承和微细碳化物弥散析出等，在高温形变淬火部分已经讨论过，这里不再重述。下面只就锻热淬火钢组织结构上的特点予以讨论。

对 SCr3 钢（0.36%C-1.02%Cr 钢，对应国内牌号 35Cr）、S10C（0.1%C 钢，对应国内牌号 08）和 S45C（0.45%C 钢，对应国内牌号 45）锻热淬火与普通淬火后的组织观察表明：普通淬火钢中的碳化物比较粗大，并近于球状，马氏体平直而细长，基底为再结晶铁素体。而锻热淬火钢的碳化物细小而弥散，基底再结晶不完全，有原来马氏体的痕迹，马氏体针弯曲而互相交错。

钢在 600℃ 回火后出现明显的亚晶块组织。不过，锻热淬火钢的亚晶块尺寸较小，而且亚晶界发展得比较完善。而普通淬火钢的亚晶块尺寸较大，亚晶界很不完善。当然，从亚晶块具有普通晶粒作用的观点出发，亚晶块越小时，强度越高，韧性越好。

采用锻热淬火后，可用低价的碳钢代替高价的合金钢，所以，它既能降低热处理成本，减少材料费用，又能确保得到强韧的锻件。

9.3.6 控制轧制

控制轧制，或称轧热淬火，是与锻热淬火相似的方法，作为将钢材的轧制与热处理相结合的一种高温形变热处理工艺，它在组织性能及强韧化机理方面，与锻热淬火一样，均服从一般高温形变淬火的规律。各种板材、带材、棒材和管材都可以此途径处理。

板材控制轧制强化效果最明显。表 9-18 所列为试验用钢 10ХНСД（俄罗斯牌号，对应国内牌号 10CrNiCu）和 Ст.3（俄罗斯牌号，对应国内牌号 Q235）的化学成分。这两种钢板轧后淬火的冷却工艺列于表 9-19。其力学性能要求列于表 9-20，经各种处理后的力学性能列于表 9-21 和表 9-22。

非调制钢在锻轧后施行控制冷却，其力学性能不低于甚至高于调制处理的中碳钢和中碳低合金钢。目前这类钢已广泛用于曲轴、连杆、半轴、齿轮轴等汽车、拖拉机零件。几种用于柴油机连杆的钢的锻造工艺和控冷方式列于表 9-23。表 9-24 所列为这些钢冷锻后的力学性能和金相组织。用其制造连杆的疲劳抗力列于表 9-25。连杆整体抗拉试验数据列于表 9-26。

表 9-18 试验钢种 10ХНСД 和 Ст.3 的化学成分（质量分数） （%）

牌号	成分序号	化学成分							
		C	Mn	Si	S	P	Cr	Ni	Cu
10ХНСД	1	0.10	0.59	0.97	0.015	0.024	0.73	0.52	0.57
	2	0.12	0.79	0.98	0.020	0.029	0.81	0.52	0.44
	3	0.08	0.63	0.85	0.028	0.010	0.62	0.55	0.48
	4	0.11	0.72	0.94	0.011	0.015	0.64	0.59	0.53
Ст.3	1	0.18	0.57	0.26	0.031	0.035	0.10	0.08	0.06
	2	0.19	0.57	0.26	0.030	0.008	0.06	0.06	0.08
	3	0.19	0.48	0.20	0.036	0.008	0.08	0.08	0.05
	4	0.17	0.50	0.23	0.040	0.006	0.08	0.09	0.08

表 9-19 10XHCД 和 Ст.3 钢板轧后淬火的冷却工艺

板厚/mm	终轧温度/℃	淬火温度/℃	耗水量/(m^3/h)		钢板移动速度/(m/s)
			上喷水管	下喷水管	
8	890~950	800~860	715~780	1400~1665	0.75
10~12	980~1010	920~960	715~865	1350~1650	0.50
16~20	960~1060	940~1000	715~920	1300~1900	0.25
25~40	1010~1100	950~1050	950~1200	2000~2700	0.25

表 9-20 10XHCД 和 Ст.3 钢板标准力学性能

钢板	R_m/MPa	R_{eL}/MPa	A(%)	a_K(-40℃)/(J/cm²)
Ст.3 ГОСТ380—60	440~470	240	25	50
10XHCД ГОСТ5038—65	540	400	—	50

表 9-21 10XHCД 钢板经各种处理后的力学性能

成分序号	板厚/mm	钢板处理状态	R_m/MPa	R_{eL}/MPa	A(%)	Z(%)	a_K(时效前)/(J/cm²)	a_K(时效后)/(J/cm²)
1	10	淬火机上快冷	820~990	720~840	12~19	—	30~35	35~40
	10	热轧	540~560	400~420	15~25	22~23	24~35	26~38
	20	淬火机上快冷	890~1010	750~840	7.5~14	41~58	35~60	41~63
	20	补充回火	690~730	550~640	19~22	—	40~50	55~104
	20	热轧	570~580	410~450	24~30	58~64	15~20	21~26
	20	淬火压床上快冷	720~820	680~750	16~20	54~61	25~35	30~41
2	12	淬火机上快冷	760~890	630~750	12~15	—	45~52	49~56
	12	热轧	560~580	400~420	26~30	—	20~32	23~36
	20	淬火机上快冷	880~970	720~850	8.8~14.5	45~54	—	—
	20	淬火压床上冷却	700~790	650~680	12~21	—	45~90	48~95
3	25	淬火机上快冷	690~790	570~670	9~18	30~42	45~50	51~56
	25	补充回火	570~610	430~490	19~25	—	55~100	60~101
	25	热轧	470~490	300~350	25~26	50~52	20~25	24~28
4	20	淬火机上快冷	820~1080	700~860	12~20	30~55	31~45	34~49
	20	热轧	480~490	320~340	26~29	55~57	23~31	28~56
	20	淬火压床上冷却	720~820	590~720	8~9	38~58	28~40	34~61

表 9-22 Ст.3 钢板经各种处理后的力学性能

成分序号	板厚/mm	钢板状态	R_m/MPa	R_{eL}/MPa	A(%)	Z(%)	a_K(时效前)/(J/cm²)	a_K(时效后)/(J/cm²)
1	10	淬火机上快冷	590~700	400~560	8~20	34~38	53~82	57~68
	20	淬火机上快冷	630~670	470~570	14~19	38~57	31~42	35~46
	20	淬火机上快冷，补充回火	530~580	380~450	21~31	—	35~58	40~63
	20	热轧	470~480	310~330	26~28	50~57	30~38	35~45
2	12	淬火机上快冷	540~640	360~450	12~24	—	60~96	63~102
	12	热轧	450~490	300~350	30~31	53~55	13~43	38~45
	20	淬火机上快冷	570~590	390~480	12~24	—	30~80	33~82
	20	淬火压床上快冷，补充回火	500~590	340~410	20~27	51~58	40~88	42~91

（续）

成分序号	板厚/mm	钢板状态	R_m/MPa	R_{eL}/MPa	A(%)	Z(%)	a_K(时效前)/(J/cm²)	a_K(时效后)/(J/cm²)
3	20	热轧	490~510	270~310	25~31	—	28~31	31~85
	20	回火压床上冷却	520~550	380~400	20~28	46~61	30~60	35~64
	20	淬火机上快冷	650~700	500~550	12~19	44~47	20~49	23~52
	20	淬火机上快冷，补充回火	480~570	360~440	19~29	50~56	35~53	39~58
4	20	热轧	480~490	320~340	26~29	55~57	21~25	24~28
	16	淬火机上快冷	580~720	430~570	13~19	42~57	27~65	31~70
	16	淬火机上快冷，补充回火	520~550	420~470	21~26	—	40~60	45~46
	16	热轧	460~470	300~340	26~30	52~55	21~25	24~30

表9-23 几种钢的锻造工艺和控冷方式

牌号	加热温度/℃	始锻温度/℃	终锻温度/℃	控冷方式
S53C	1200±10	1100±10	950±20	锻后调质
F35MnVS	1210±10	1120±10	960±20	先空冷后堆冷
F40MnVS	1200±10	1100±10	950±20	
35MnVNbS	1210±10	1120±10	960±20	

表9-24 几种钢冷锻后的力学性能和金相组织

牌号	R_m/MPa	R_{eL}/MPa	屈强比	A(%)	Z(%)	a_{KV}/(J/cm²)	硬度HBW	金相组织	晶粒度
S53C	875~885	660~670	0.75	17~19	55~57	60~63	231~248	S+F	6~8
F35MnVS	875~890	610~630	0.70	17~20	46~50	45~50	249~260	P+F	5~7
F40MnVS	875~932	610~634	0.68	15~18	46~50	50~72.5	260~277	P+F	5~7
35MnVNbS	970~1123	684~765	0.69	12~16	32~46	47.5~65	265~288	P+F	5~7

表9-25 钢疲劳抗力的安全系数

牌号	处理工艺	疲劳抗力/kN	安全系数 n	强度比(%)
S53C	调质	57.7	1.7	100
35MnVS	锻后空冷	85.0	2.5	147
40MnVS	锻后空冷	77.5	2.3	134
35MnVNbS	锻后空冷	89.1	2.6	154

表9-26 钢连杆抗拉实验结果

牌号	断裂负荷平均值/kN	最小截面积/mm²	整体抗拉强度/MPa	强度比(%)
S53C	221	257	976	100
35MnVS	230	257	1021	104
40MnVS	242	257	1102	112
35MnVNbS	286	257	1167	120

9.4 马氏体相变过程中的形变

马氏体相变过程中的形变包括两种情况：

1）在奥氏体钢上进行室温（或低温）形变以诱发部分马氏体相变，从而获得具有奥氏体及马氏体双相组织的、处于冷作硬化状态的高强度钢。

2）利用变塑现象（相变诱发塑性），使变塑钢（TRIP钢）在使用中不断发生马氏体相变，从而得到高强度与超塑性（有时可达500%~1000%）的组合。

9.4.1 形变诱发马氏体相变

1. 形变对奥氏体钢中马氏体相变的影响

我们知道，钢在淬火时所发生的马氏体相变起始于 *Ms* 点。随着温度的下降，马氏体转变量不断增加。但钢中的马氏体相变不能进行到底，因而在淬火钢中总是存在一部分残留奥氏体。如果对这种钢在一定条件下进行塑性形变，将会促使残留奥氏体向马氏体转变。塑性形变的温度越低，马氏体转变量越大。

对在室温下稳定的奥氏体钢进行形变，同样可以诱使马氏体相变发生。结果是形变量越大时，马氏体转变量越多；形变温度越高时，马氏体转变量越少。当形变温度高过其一临界温度时，即使形变量再大，也不能诱发马氏体相变。这个临界温度通常称为 *Md* 点。由塑性形变而诱发生成的马氏体称为形变马氏体，而 *Md* 点称为形变马氏体开始生成点。显然，*Md* 点高于同钢种的 *Ms* 点。

就是说在外力作用下，在高于 *Ms* 点的温度也能发生马氏体相变。这里需要分析马氏体相变的驱动力。

马氏体相变驱动力说明如图 9-74 所示，说明了马氏体和奥氏体的自由能与温度的关系。当温度为 T_0 时，两相的自由能相等。温度高于 T_0 的区域是奥氏体热力学稳定区，在这个区域内不能发生马氏体到奥氏体转变。温度低于 T_0 的区域是马氏体热力学稳定区，在这个区域内有可能发生奥氏体到马氏体转变。但由于马氏体的转变是一种无扩散的切变型相变，在相变过程中点阵变形比较严重，为了克服由于点阵切变和维持新相与母相的共格联系而造成的各种阻力，在马氏体相变前必须积蓄起足够的能量。因此，在 T_0 温度下不会发生马氏体相变，而必须过冷到某一个温度，以积蓄起足够的自由能（$\Delta F_{A\text{-}M}$）使马氏体相变得以发生。这个温度称为 *Ms* 点，（$\Delta F_{A\text{-}M}$）称为马氏体相变的化学驱动力。

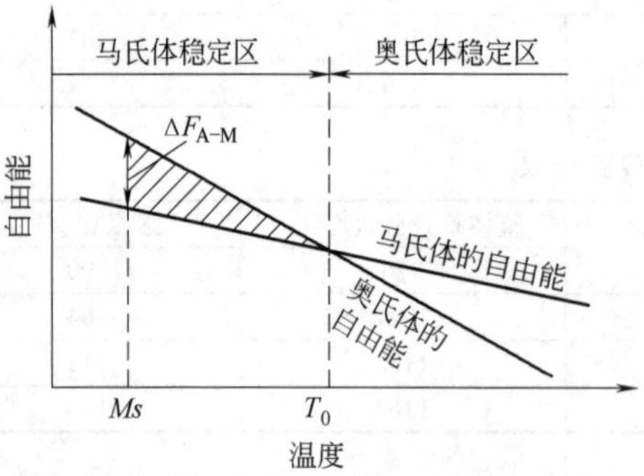

图 9-74　马氏体相变驱动力说明

关于马氏体相变可能因塑性形变而发生在 *Ms* 点以上的原因，曾有过种种设想。其中之一就是能否用机械驱动力部分地或全部地代替化学驱动力的设想（见图 9-75）。图中划斜线的部分表示马氏体相变的化学驱动力随温度的变化情况。当温度为 *Ms* 时，化学驱动力（即两相自由能的差值）等于 $\Delta F_{A\text{-}M}$。图上的线 *ab* 表示在化学驱动力上面叠加上去的那部分机械驱动力。假设在某一温度 T_1 下，化学驱动力为 *mn*，机械驱动力为 *Pm*，则 *Pm*+*mn* 刚好等于 $\Delta F_{A\text{-}M}$，而 T_1 又处于马氏体热力学稳定温度区间之内，因此就会发生马氏体转变。从机械驱动力可能全部代替化学驱动力的角度出发，*Md* 的上限温度应该是 T_0，但这时必须有一种合适的形变方式能够提供足够的机械驱动力。

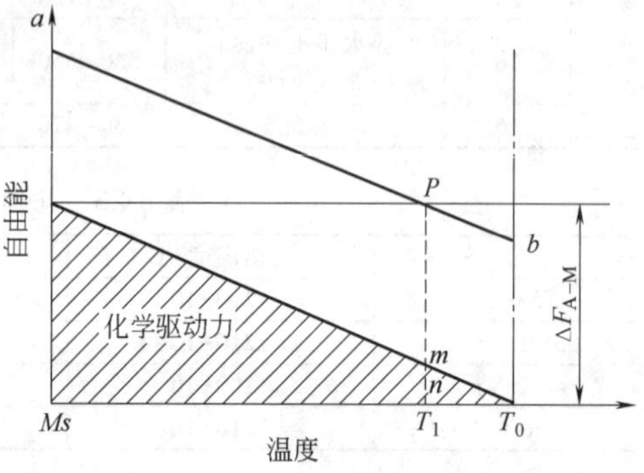

图 9-75　形变诱发马氏体相变说明图

2. 钢中合金元素对形变诱发马氏体相变的影响

钢中合金元素对形变诱发马氏体相变的影响有二：一是对奥氏体稳定性的影响；二是对奥氏体层错能的影响。

对奥氏体稳定性的影响，主要表现在 T_0 和 *Ms* 点温度的变化上。从钢的合金化原理可知，除 Co、Al 等几种元素外，共他合全元素（包括 C、Cr、Mn、Ni、N、Cu、Mo、W、V 等）都降低 T_0 和 *Ms* 点，从而提高奥氏体的稳定性。由于奥氏体钢在马氏体相变过程中的形变于室温下进行最方便，所以一般将钢的 *Ms* 点控制在室温附近或略低于室温。

许多人提出，18-8 型不锈钢的奥氏体稳定性可用 Ni 当量表示，Ni 当量越大时，奥氏体越稳定，而在形变温度及形变量相同的情况下，诱发的马氏体量也越少。Ni 当量表示如下：

$$\text{Ni 当量}=w(\text{Ni})+0.68w(\text{Cr})+0.55w(\text{Mn})+0.45w(\text{Si})+27w(\text{C})+27w(\text{N})+1.0w(\text{Mo})+0.20w(\text{Co})。$$

当 Ni 当量在 25.5%~26.0%以上时，钢的 *Md* 点低于室温，因而室温形变不能诱发马氏体相变；在 20.5%~25.5%范围内时，室温形变就能够诱发马氏体相变。Ni 当量越低，马氏体量越多。Ni 当量为 20.5%时，*Ms* 点等于室温；低于 20.5%，则 *Ms* 点高于室温。在后一种情况下室温形变后钢中存在着两种马氏体，即形变马氏体和普通冷却马氏体。Ni 当量为 17%时，*Ms* 点在室温附近。所以 Ni 当量小于 17%时，室温下全部为普通冷却马氏体组织。在这种情况下于室温进行形变，不会再有形变马氏体产生。

钢中合金元素对奥氏体层错能的影响主要表现在 *Md* 和 *Ms* 温度间隔的改变上。在 18-8 型奥氏体不锈钢中，Ni 使层错能提高，Cr 则使之降低。与其他钢种相比，18-8 型钢具有较低的层错能（约 13erg㊀/cm^2）。定性地讲，Ni、C、Cu、Nb 等是提高奥氏体层错能的合金元素；而 Cr 和 Mn 是显著降低层错能的合金元素。

奥氏体的层错能越低，越易产生形变马氏体，即在较高的温度和较小的外力作用下，亦能诱发马氏体相变。其结果是，提高了 *Md* 点的温度，扩大了 *Md* 与 *Ms* 之间的温度范围。这一点对后面将要介绍的变塑钢的设计是十分有益的。

3. 马氏体相变中的形变对钢的力学性能的影响

形变温度对奥氏体钢的强化效果影响很大。大量文献证明，形变温度越低，钢的形变强化效果越大。301（12Cr17Ni7）不锈钢在-195℃形变（40%）后，R_m 达 2100MPa，而在 20℃形变后仅为 1250MPa。曾研究了形变温度和形变量对 18-8 型不锈钢力学性能的影响。发现随着形变量的增加，强度急剧上升，而伸长率显著下降。降低形变温度时，上述倾向更加剧烈：-183℃形变 40%以上使伸长率从 56%下降到 2%~3%，而强度达到 1800~2000MPa（屈服强度和抗拉强度的数值趋于一致）。就是在 20℃进行形变，当形变量为 60%时，伸长率也只有 5%左右。当回火温度低于 500℃时，随着回火温度的提高，强度有所上升。但当回火温度超过 600℃时，强度下降，而塑性开始恢复。而且，形变温度越低时，形变马氏体量越多，强化效果也越明显。强化效果与形变马氏体量之间大体呈直线关系。

在一系列铬镍奥氏体不锈钢上进行的关于化学成分对-75℃形变后强化效果影响的研究表明：*Ms* 点最高的 301（18-8）钢强度上升最明显，*Ms* 点最低的 310S（06Cr25Ni20）钢强度上升最少。在研究稳定性不同的铬锰奥氏体钢（30Cr2Mn10、30Cr16Mn10、47Cr10Mn8、60Mn7、20Cr10Mn10）300~500℃温轧后力学性能的改变时亦发现，在形变诱发马氏体相变倾向性较明显的钢（30Cr2Mn10、47Cr10Mn8、60Mn7）上得到了良好的力学性能组合，其他钢则较差。

可将马氏体相变过程中的形变强化归纳为三部分：①奥氏体的加工硬化；②形变奥氏体不断转变成马氏体而引起的相变强化；③马氏体的加工硬化。奥氏体的层错能越低时，奥氏体的加工硬化程度越高，形变诱发马氏体量也越多，因而在马氏体相变过程中进行的形变强化效果越高。含有多量 Cr 的不锈钢和高 Mn 钢强化效果易好，其原因也就在这里。形变温度低及形变量大时强化效果好，原因也在其中。

9.4.2　变塑现象和变塑钢

1. 变塑现象及超塑性

在合金上也发现的伸长率异常高的现象被称为超塑性。

将 $w(Zn)=70\%\sim85\%$ 的 Al - Zn 合金加热至共析温度 275℃以上的均匀固溶体区，然后急冷，在室温或低于 275℃的温度下进行拉伸试验，结果发现当试验温度为 250℃时，最大的伸长率可达 650%。Al-Zn 合金的这种超塑性现象与淬火后所得的亚稳定组织向平衡状态过渡有关。

由相变诱发塑性而得到的超塑性现象在纯铁、铁基合金及钢中已被发现。这时的超塑性与 γ-α 转变、奥氏体-珠光体转变或奥氏体-马氏体转变有关联。如共析碳钢［$w(C)=0.91\%$，全部为片间距离约为 65nm 的珠光体组织］于 716℃下（为铁索体及渗碳体双相组织）以 0.0044/min 的速度拉伸，给出 133% 的伸长率。如果将这种共析钢在 Ac_1 温度上下经 21 次反复加热冷却，可使伸长率增大到 420%。

超塑性现象是一种类似高温蠕变的现象，即只有当试验温度较高（高于 $0.5T_s$），形变速度较小时才能得出较大的伸长率，并且在拉伸试验中不产生缩颈。一般来说，两相共存的组织具有非常良好的超塑性。

对 Fe-28.7% Ni-0.26% C（*Ms* = -35℃，*Md* = 5℃），Fe-30.8% Ni-0.005% C（*Ms* = -57℃，*Md* = -15℃）和 Fe-12.62% Ni-15.38% Cr-0.002% C（*Ms* = -58℃，*Md* = 124℃）三种合金的研究表明：

1）在 *Md* 点以上，随着试验温度的变化，伸长率变化不大。在 *Md* 以下，随着温度的下降，伸长率急剧增加，达最大值而后下降。伸长率的最大值发生在 *Md* 与 *Ms* 之间，所对应的温度也就是直到破断前形变诱发马氏体相变一直在持续缓慢进行着的那个温度。

2）对层错能较高的 Fe-Ni 系合金，*Md*~*Ms* 的温度范围较窄，伸长率峰较尖，而对于层错能比较低的不锈钢系合金，如 Fe-Cr-Ni 合金，*Md*~*Ms* 的温度范围比较宽，伸长率变化比较平坦，而且在这较宽的温

㊀ $1erg=10^{-7}J$。

度范围内，其数值都比较大。Fe-Cr-Ni 合金的伸长率峰在室温左右。

合金在拉伸试验过程中伴有马氏体相变时会呈现出很高的塑性，与结构材料应力弛豫能力有关，即决定于应力集中区域局部塑性形变发生的可能性。这种应力弛豫的可能性，不仅可借助一般的滑移形变或孪晶形变来实现，也可借助无扩散的马氏体相变来实现。所以，也可将马氏体相变看作塑性形变的一种方式。

2. 变塑钢

由相变诱发塑性（变塑现象）而获得的超塑性有重要的实际意义。利用超塑性可以设计新的压力工艺来加工在一般条件下塑性不足的金属材料，或者制造形状复杂的锻造毛坯。利用相变诱发塑性的原理，可将现有成分的某些合金及钢材处理成一种特殊的组织状态（变塑状态）以改善金属材料的强度、塑性或其他力学性能。利用相变诱发塑性的现象可以设计高强度、高塑性的新合金系列及新钢种（变塑钢）。

形变诱发马氏体相变和马氏体相变诱发塑性的规律性被成功地利用来发展高强度高塑性变塑钢，并得到了广泛的应用。变塑钢的成分设计遵循了下述原则：

1）从形变诱发马氏体相变的角度出发，希望钢的奥氏体层错能尽量低，以便使这种相变易于进行。

2）从相变诱发塑性的角度出发，希望钢材在室温（使用温度）处于两相（大量的奥氏体和少量的马氏体）共存的状态，并希望 *Md*~*Ms* 温度范围尽量宽，*Md* 点应高于室温，而 *Ms* 点低于室温。这样，当使用温度在室温上下波动时，也能保证钢件具有优异的塑性。

3）从形变强化效果方面考虑，希望钢中含有足够数量的碳以及 Mo、V、Ti 等合金元素。此外，为了提高钢的强度水平，还应加入适量的固溶强化奥氏体和马氏体的合金元素。

部分变塑钢的化学成分见表 9-27。在 A 系钢中，C、Mo 起到增强形变强化效果的作用；C、Cr、Ni、Mn 用以调整 *Md*、*Ms* 点；C、Mo、Si 起奥氏体固溶强化作用；C、Mn 等起马氏体固溶强化作用。在 B、C 和 D 钢中，主要是用 Ni 来调整 *Md*、*Ms* 点。对于 A 系钢来说，因为含有 Cr 和 Mn，所以层能低，*Md*~*Ms* 温度范围较宽，可以在较宽的温度范围内获得良好的塑性，使用起来方便。此外，这种钢由于层错能低，奥氏体的加工硬化度也较高。但 B、C 和 D 钢的层错能较高，*Md*~*Ms* 温度范围很窄，如不很好地控制 *Md*、*Ms* 点，室温下将得不到良好的塑性，但如果精心调整，也可获得比 A 系钢还好的塑性。

表 9-27　部分变塑钢的化学成分（质量分数）

（%）

牌号	化学成分					
	C	Si	Mn	Cr	Ni	Mo
A-1	0.31	1.92	2.02	8.89	8.31	3.80
A-2	0.25	1.96	2.08	8.88	7.60	4.04
A-3	0.25	1.90	0.92	8.80	7.80	4.00
B	0.25	—	—	—	24.40	4.10
C	0.23	—	1.48	—	22.0	4.10
D	0.24	—	1.48	—	20.97	3.51

变塑钢的处理方法如图 9-76 所示。变塑钢经过 1200℃固溶化处理后冷至室温，全部成为奥氏体组织（*Ms* 在室温以下），然后于 400℃左右形变（温加工）并在零下温度深冷处理，使之发生马氏体相变。由于钢的 *Ms* 点较低，深冷处理后只能形成非常少量的马氏体。为了增加马氏体含量，将钢于室温下或室温附近形变。这样，不仅使奥氏体进一步加工硬化，而且还可产生更多的马氏体，从而达到调整强度及塑性的目的。

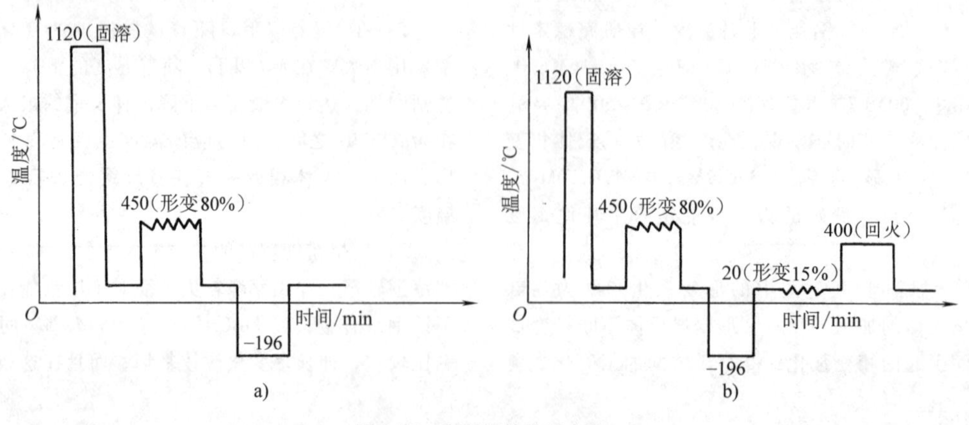

图 9-76　变塑钢的处理方法

变塑钢经过上述处理后，强度达 1410～2110MPa，伸长率达 25%～80%。对变塑钢有时在室温形变后还进行 400℃的最终回火（见图 9-76b）。经过这种处理，钢中大部分是奥氏体，同时也存在少量的马氏体。

变塑钢有很高的韧性。9.0%Cr-8%Ni-4%Mo-2%Mn-2%Si-0.3%C 标准成分变塑钢的断裂韧性 K_{IC} 和 K_C 都很高。当屈服强度为 1620MPa 时、K_C 为 8750N · mm$^{-3/2}$ 左右，室温下的 K_{IC} 约为 3250N · mm$^{-3/2}$，在－196℃时为 4860N · mm$^{-3/2}$。变塑钢如此高的断裂韧性应归功于在破断过程中所发生的奥氏体向马氏体的转变。

9.5　马氏体相变后的形变

作为强化钢材及合金的有效措施，马氏体相变后的形变得到了相当广泛的重视。形变使钢材的缺陷（位错）密度增高，从而内能增大，造成促进各种物理化学过程发生及发展的驱动力。因此，如果将淬火（或低温回火）马氏体施加形变，则除一般 α-固溶体形变强化效果之外，还将不可避免地发生类似过饱和固溶体分解的时效过程。

将马氏体相变及随后的形变时效相结合的强化工艺称作马氏体形变强化。还可细分为马氏体形变时效与回火马氏体形变时效两种。

为使钢材获得进一步的强化并使组织状态更趋向于稳定，以及去除形变应力，不论是马氏体，还是回火马氏体，在形变时效之后一般均进行最终的回火（时效）。马氏体相变后的形变通常在空温进行，故工艺简单，适用于各种钢材。

9.5.1　马氏体形变强化的特点

必须指出，马氏体（或低温回火马氏体）的形变强化，与奥氏体形变然后转变成马氏体的形变热处理强化方法（即高温或低温形变热处理）相比，有着极为明显的特点：

1）高温及低温形变热处理使钢的拉伸曲线向高应力方向移动，而基本上不改变曲线的形状，破断时达到的伸长率与一般热处理时相差不大。但马氏体的形变强化却使应力-应变曲线形状发生严重改变，曲线上常出现明显的上屈服点（屈服齿）并且破断时给出较小的伸长率。马氏体相变后进行形变强化时产生缩颈的滞后现象，即拉伸曲线上的应力越过最大值后先下降，而后又略有升高，然后产生缩颈，使应力不断减小，直到破断为止。

2）在进行马氏体相变前的形变时，需要相当大的形变量方可使强度水平得到较大幅度的提高，但马氏体相变后的形变，常因伴随着时效过程的发生，而在极小的形变量下（0.5%～3%）就能得到很高的强化效果及较大的脆化程度。

3）马氏体形变强化的效果与碳含量关系极大，即随着碳含量的增加，强化效果迅速提高。而马氏体相变前的形变效果，在碳含量 $w(C)>0.1\%$时，与碳含量之间的关系不大。

9.5.2　马氏体形变强化的原因

马氏体（及低温回火马氏体）的形变时效，服从一般过饱和固溶体形变时效的规律：①在形变中已产生部分的时效过程，即动态应变时效；②在形变后的加热（回火）中时效过程更为加剧；③碳化物等析出相更均匀弥散地分布；④脆性增大。

马氏体在形变过程中所得到的高度强化效果，通常是以形变对时效过程的影响及析出相的弥散度及分布状态来衡量的。而形变对上述过程的影响，首先在于所引入的高密度的缺陷（位错）。当以极小量的形变施加于马氏体时便可造成大量位错，从而缩短了溶质原子聚集的路程。

9.5.3　淬火马氏体的形变时效

在一般情况下，随着形变量的增加，形变时效量（以 $\Delta\sigma$ 来表示）增大；时效时间延长，$\Delta\sigma$ 亦增大，于某一时效时间达到最高值，而后下降。时效温度越高，达到最高值的时间越短。形变时效过程的激活能大约为 22kcal/mol㊀，与碳原子在马氏体中的扩散激活能几乎相等。于是可以推知，马氏体的形变时效强化与碳原子的扩散有关，是碳原子在预先形变中所引入的位错线上聚集（或沉淀）的结果。

4340 钢马氏体的形变量在 1%以下时，屈服强度不断上升；形变量为 1.44%时，出现少许软化现象；大于 3%以上的形变则使钢获得再度强化，并出现明显的上下屈服点。这种加工软化现象（当形变量为 1.44%时）在 Fe-19.4%Ni-0.60%C 钢中亦被发现。形变温度越低时，软化倾向越明显。

淬火马氏体的形变能显著提高钢的弹性极限和屈服强度，但与此同时塑性和韧性也相应地下降。

形变对 20 钢马氏体（双相钢）拉伸性能的影响如图 9-77 所示。形变较小时（10%）加工硬化能力特别显著，伸长率下降也较快，而后强化趋势减弱，伸长率基本不变。

㊀ 1cal＝4.1868J。

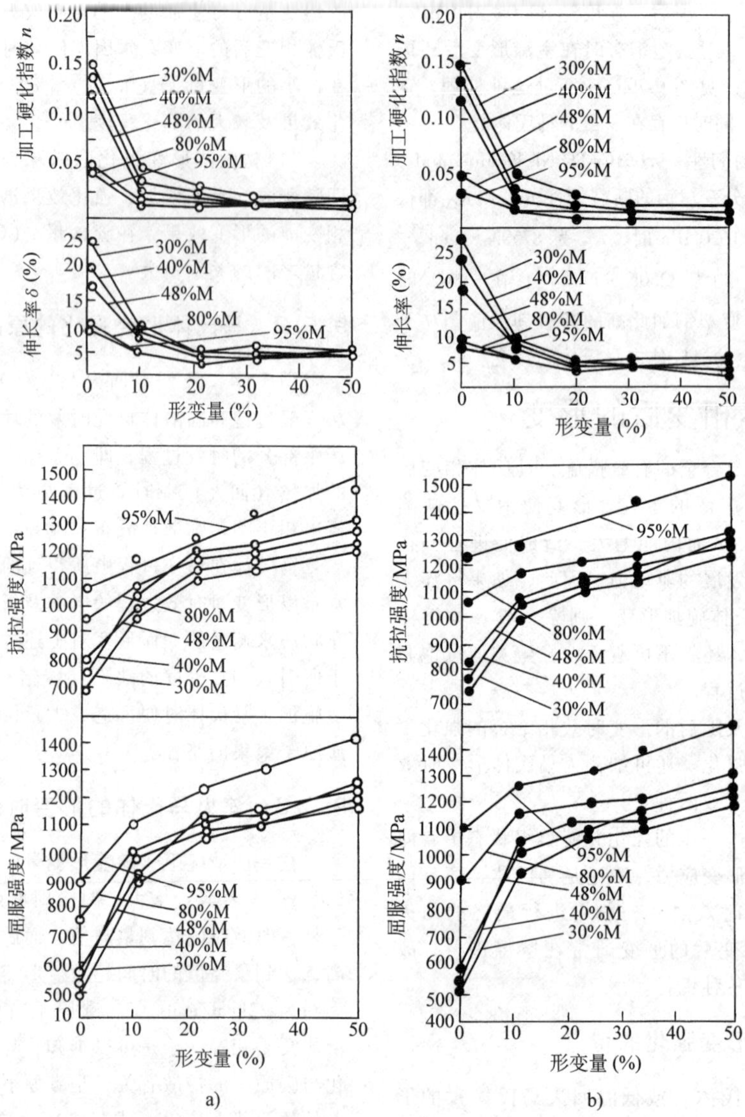

图 9-77　冷轧形变量对双相 20 钢拉伸性能的影响

a）未经预淬　b）经 920℃ 预淬

9.5.4　回火马氏体的形变时效

回火马氏体的形变时效可以显著地提高钢材的强度，是获得高强度材料的重要手段。如果选择适当的工艺参数，还可以在提高强度的同时保持足够的塑性与韧性。回火马氏体的形变时效工艺如图 9-78 所示。

1. 形变量对回火马氏体形变强化效果的影响

将高强度钢 300M，于 315℃ 进行回火马氏体形变时效，当形变量为 0.4% 时，屈服强度从 1720MPa 提高到 1960MPa。小于 0.4% 的形变对抗拉强度、伸长率和断面收缩率都影响不大；而当形变量超过 0.4% 以后，随着形变量的增大，屈服强度和抗拉强度不断提高，并趋于同一数值（$R_{eL}/R_m \approx 1$），则塑性明显下降，呈现出相当大的脆性。当形变量为

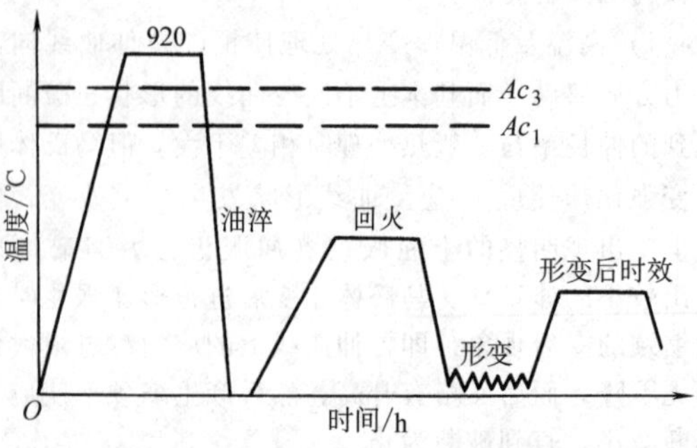

图 9-78　回火马氏体的形变时效工艺

0.6%时，均匀延伸量下降到零。所以，回火马氏体形变时效以小形变量为佳，不宜超过 0.4%。马氏体形变时效处理还能改善钢的疲劳性能。

2. 预先回火及最终回火温度的影响

考察形变前后的回火温度对 AISI 4340 钢抗拉强度的影响。认为从提高强度的角度出发，预先回火温度以 104℃为最佳，温度升高将降低强化效果。最终回火温度以 116℃为最好，这时可得到 2850MPa 的高强度。

应该指出，在马氏体（及回火马氏体）形变时效强化工艺中，最终回火规范（温度，时间）对强度、塑性指标有十分重要的影响。有人研究了 45Cr、45CrMo、45CrMnSi2Ni3Mo 及 45CrMnSi2MoV 四种钢在 200℃回火马氏体形变后最终回火规范对力学性能的影响。工艺规范：淬火后进行 200℃，1h 的预先回火，然后于室温下拉伸形变（1%~1.5%），最后进行 200~400℃，2h 的最终回火。为了比较，还进行了一般淬火及回火试样的力学性能测定。

结果，在普通淬火及 200℃回火后，上述四种钢，虽然在化学成分上有较大的不同，但强度极限却相差不多（2100~2300MPa），塑性也很接近。这是符合一般结构钢在碳含量相同时，低温回火后力学性能比较接近而与所含合金元素无关的规律的。但在 1%~1.5%形变后进行相同规范的回火（200℃，2h），却使屈服极限大为提高。强度极限的提高程度比屈服极限要小一些，例如，45Cr 钢的 $R_{p0.2}$ 由 1670MPa 提高到 2200MPa，R_m 由 2180MPa 提高到 2270MPa；45CrMo 钢的 $R_{p0.2}$ 由 1730MPa 提成到 2250MPa，R_m 由 2190MPa 提高到 2290MPa；45CrMnSi2MoV 钢的 $R_{p0.2}$ 由 1850MPa 提高到 2460MPa，R_m 由 2280 提高到 2540MPa。1%~1.5%的拉伸形变使得这几种钢在 200℃最终回火后的断面收缩率降低不多（由 28%~35%下降到 25%~30%），而使伸长率的减小比较显著（由 7%~9%减小到 4%~5%）。

随着回火温度的提高，45Cr 及 45CrMo 钢的强度指标下降较快，经 400℃回火后形变强化的效果几乎全部消失。但是，成分复杂的 45CrMnSi2Ni3Mo 及 45CrMnSi2MoV 钢却表现出相当好的抗回火能力，形变强化的效果即使在 400℃回火后还能很好地保持。由这些结果可以推断，采用含有碳化物形成元素的成分较为复杂的钢，可以利用回火马氏体形变时效的有效强化作用，并且能够允许较高的最终回火温度（300~400℃）使塑性有所提高，以获得力学性能的良好组合。

形变时效对 30CrMnSi 钢的硬度、抗拉强度及伸长率的影响如图 9-79 和图 9-80 所示。

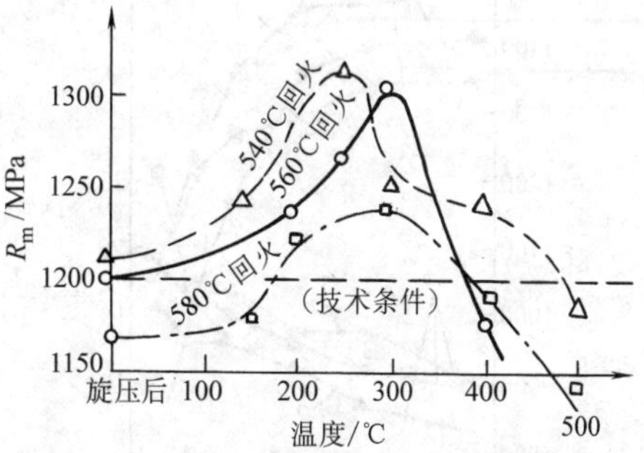

图 9-79　不同温度回火后 30CrMnSi 钢经形变（成形）及不同温度时效后的强度值

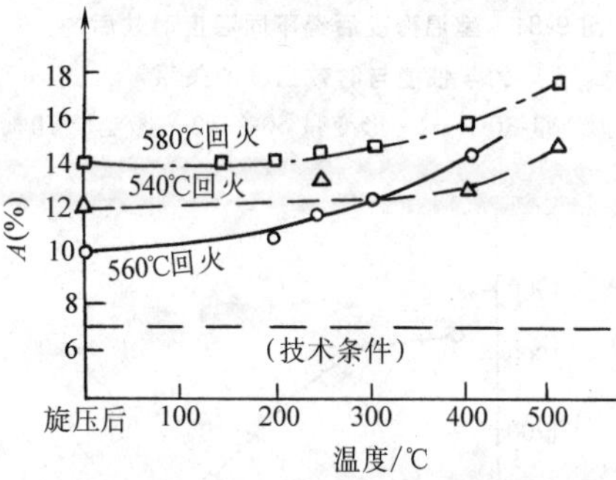

图 9-80　不同温度回火的 30CrMnSi 钢经形变（成形）及不同温度时效的伸长率

28CrNiSiMoWV 钢 920℃淬火，620℃回火，室温形变 30%、50%、70%后经不同温度时效后的力学性能与时效温度的关系如图 9-81 所示。室温形变 50%时，不同回火温度对形变时效后抗拉强度的影响如图 9-82 所示。

低温回火马氏体的形变时效以及最终回火中组织状态的变化，可大体归纳为，淬火马氏体低温预先回火后的组织，包含细小的 ε 碳化物及碳含量 w(C)=0.25%~0.35%的固溶体，使钢处于相当强化的状态，在随后的形变过程中，由于引入了新的位错，强度得到进一步提高。当钢中含有较多的强化 α 固溶体及形成碳化物的元素时，上述过程在大多数情况下因原子（C 及 Fe）扩散较为困难而变得缓慢起来，使得钢具有较大的抗回火能力。一般来说，在普通淬火回火时抗回火能力较高的钢材，在马氏体形变时效后的抗回火能力也较高。

3. 形变温度的影响

形变时效处理显著地改变应力-应变曲线形状，在曲线上出现上下屈服点，而上屈服点就是强度的最

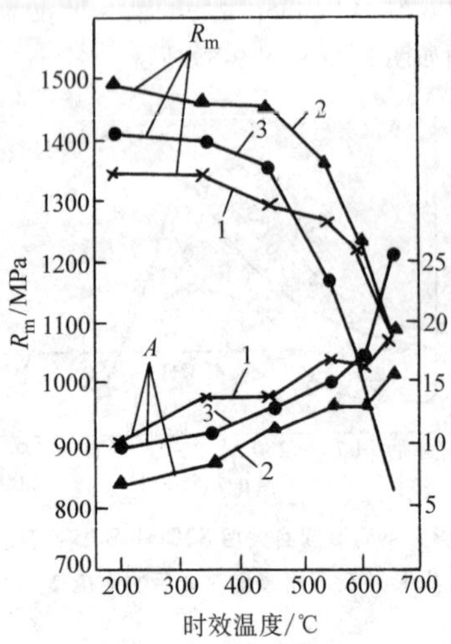

图 9-81　室温形变后经不同温度时效后的力学性能与时效温度的关系

1—形变量 30%　2—形变量 50%　3—形变量 70%

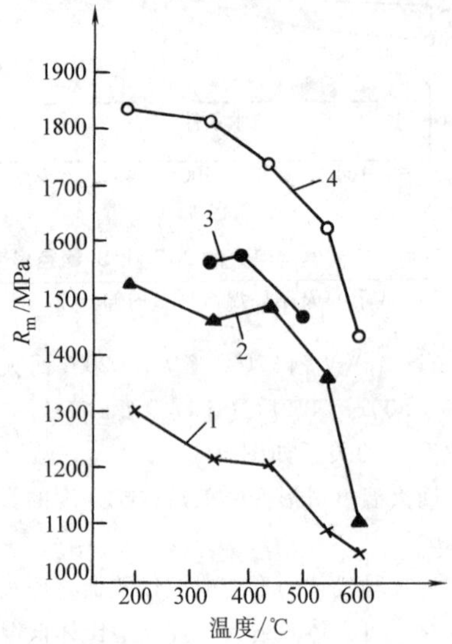

图 9-82　室温形变 50%时不同温度回火对形变时效后抗拉强度的影响

1—660℃回火　2—620℃回火

3—600℃回火　4—570℃回火

高值。出现这种形状的应力-应变曲线是不理想的，它说明试样在破断前没有明显的塑性变形，而一旦发生变形，试样几乎马上就要开始破断。所以，尽管这种方法能获得很高的强度，工程上却很难采用。

曾在 H11 钢上进行了中温形变时效的研究，试验所用的预备回火和最终回火温度皆为 482℃，形变温度有 21℃、149℃、232℃、315℃、400℃ 及 482℃，形变量为 2%，形变速度为 $1.35\times10^{-5}s^{-1}$。研究发现，中温形变时效提高屈服强度近 560MPa（34%），提高抗拉强度近 100MPa（4.5%）。当形变温度为 149℃左右和 400～482℃时，能获得良好的力学性能组合。形变温度为室温时，应力-应变曲线形状与 AISI 4340 钢室温形变时效的一样。当形变温度为 149℃左右或 400℃时，获得了最理想的曲线形状，这时材料处于塑性和韧性都很高的可靠状态。当形变温度为 315℃时，钢处于脆性状态。综上所述，最佳工艺条件的中温形变时效基本上能克服室温形变时效的弱点——强度高而塑性低，为用形变时效方法生产高强度、高塑性材料开辟了新的途径。马氏体形变时效方法已开始在钢材生产中应用。用这种方法生产 AISI 4340、AISI 4140（对应国内牌号 42CrMo）钢圆棒、六角钢棒和钢板，抗拉强度可达 2800MPa（普通淬火为 2100MPa）。该方法用于高速钢也获得了良好的效果。

9.5.5　大形变量马氏体的形变时效

很多人主张，在回火马氏体形变时效处理时应采用极小量的形变。而当形变量较大时，效果显著恶化。然而有人介绍，用较大的形变量（例如 15%～20%）才能获得良好的强韧化效果。而且认为，形变量大时所出现的不良效果是因为形变不均匀所造成的。在有的文献中研究了 0～20%的形变量对回火马氏体形变时效过程的影响。表明马氏体的形变时效能显著地提高钢的强度，而不致增大其裂纹敏感性。较大的形变量（15%～20%）不但无害，反而更有利于降低 KBK 钢（俄罗斯牌号）的表面缺陷敏感性。特别是当表面裂纹长度达 6mm 时，有裂纹与无裂纹时的抗拉强度之比 R_m/R_m^0 的数值仍然在 1 左右。这提高了强度而又不增加脆性。

而且，当形变量为 15%～20%时，这种钢具有很高的强度和足够的塑性与韧性（Z=25%左右，a_K=16J/cm^2）。除此以外，大形变量时的回火马氏体形变时效还能减小 KBK 钢延迟破断的倾向性，并提高其抗应力腐蚀能力。

为了进一步揭示在大形变量条件下马氏体形变时效的强化过程，有的作者研究了碳含量对 200℃最终回火前后屈服强度的影响。试验用钢的合金成分相当于 Cr2NiMnSiMo，碳含量为 w(C)=0.26%、w(C)=0.37%及 w(C)=0.42%。比较形变后未最终回火时的屈服强度数据，发现随着碳含量的增加，马氏体形变强化的效果变得更为显著。但是，最终回火所产生的附加强化作用，却随着碳含量的增大而减小。当钢中碳含量较大时，在马氏体形变中有大量的碳原子聚集在位错线上而造成较大的形变强化效果。而在随后的最终回火中，不易发生碳化物的沉淀过程，所以给出了较小的附加强化。当碳含量较高时，马氏体形变中产生较多的孪晶，可能对上述过程也起一定的作用。

9.6　形变与扩散型相变相结合的形变热处理

将形变与扩散型（珠光体、贝氏体）相变相结合大大拓宽了形变热处理理论研究及实际应用的领域。

9.6.1　应力与形变对过冷奥氏体分解过程的影响

在形变热处理工艺的研究中，不仅要考虑温度与时间，也有必要弄清应力与形变对奥氏体分解过程的影响规律。

1. 应力的影响

大部分作者认为，应力使珠光体及贝氏体转变加速。在接近共析成分的碳钢 AISI 1085［w(C)= 0.89%］上证明，施加 91MPa 的拉伸应力使 690℃下的珠光体转变的起始及终止时间均有所提前。在含硼的亚共析 AISI 10B45［w(C)= 0.45%，w(B)= 0.03%］上亦发现，91MPa 的应力使奥氏体在 680℃下的铁素体及珠光体转变均加速。应力使珠光体转变加速的现象，可以利用来改进某些过冷奥氏体稳定性较大的钢锻件（如高速钢）的退火工艺。

有的工作表明，应力对奥氏体等温分解动力学的影响在贝氏体区域的下部尤其强烈。研究 40CrNi5Si［化学成分（质量分数）：C0.37%，Cr1.81%，Ni4.47%，Si1.25%］及 80Cr4［化学成分（质量分数）：C0.81%，Cr3.86%］钢在贝氏体区域的转变动力学曲线与应力的关系，得出结论随着拉伸应力的增大，40CrNi5Si 钢在 300℃下的转变不断加速。即使施加的应力小于在同一温度下的屈服极限（525℃下 R_{eL} = 15～20MPa，300℃下 R_{eL} = 25～30MPa）时，等温转变仍然有显著加速的情况。而当应力超过屈服极限时，转变加速得更为强烈。80Cr4 钢在贝氏体区域的转变动力学研究表明，应力使转变加速最强烈的是在贝氏体温度范围内，同时，转变开始阶段的加速现象不如结束阶段来得大。

有的工作表明，w(Mn)= 1.2%及 w(Mn)= 3.8%的钢（其 Ms 在 20℃附近）于 1050℃在真空中加热 20min 后在水中淬火，得到全部奥氏体组织。取淬火的试样在 250～350℃范围加热，将发生奥氏体的等温转变，并且伴随体积的增大。350℃下等温转变时，体积增大 0.3%，而在 250℃下转变时，体积增大 1%。这种伴随以体积显著增大的中温转变，在施加压应力时，必然会发生转变减慢的现象。果然，在高压箱中将压力（实际上是各向压缩应力）由 10MPa 增大到 10000～40000MPa 时，发现随着压力的增大，表示转变量的电阻率及磁饱和率的变化速度不断减慢。

高压使铁碳状态图发生巨大变化。随着压力的不断增高，共析点（S）的温度不断下降，碳含量不断减小。这种压力对 $\gamma \to \alpha$ 转变的巨大抑制作用必然要反映到过冷奥氏体等温转变图上来。研究表明，高压可使先共析铁素体消失、S 曲线向右下方移动以及 Ms 点显著降低。随着压力的增加，各种钢的 Ms 点几乎呈直线不断下降。在高压下形成的马氏体，由于含有大量的孪晶，硬度比常压下形成的要高。

2. 形变对珠光体转变动力学的影响

在形变对奥氏体→珠光体转变动力学的影响方面，已有的研究结果比较统一，即无论是稳定奥氏体的形变（高温形变），还是亚稳奥氏体的形变（低温形变），均使珠光体转变加速，从而使钢的淬透性变坏。

曾将 50 钢于 950℃奥氏体化后进行 50%的高温轧制，然后淬水。结果发现，在金相组织中除马氏体外还有相当数量的珠光体存在；但在未形变而直接淬水时却得到全部马氏体组织。有文献报道，在 T10 钢上无论是高温还是低温奥氏体的形变，均使珠光体转变加速，而且当形变温度越低，形变量越大时，这种影响越大。

与碳钢的情况相同，形变也使合金钢的珠光体转变加速。如有人将 35CrNi5Si 钢［化学成分（质量分数）：C0.35%，Cr1.13%，Ni5.1%，Si1.04%］在 1000℃下加热 10min，然后冷待至 800℃并轧制形变 15%、30%及 70%，之后测定了奥氏体 TTT 曲线。结果表明，800℃下的形变使珠光体相变开始及终止的时间均为缩短，形变量越大时，转变开始及结束的时间缩短得越多。

3. 形变对贝氏体转变动力学的影响

形变对贝氏体转变动力学的影响要比对珠光体转变的影响复杂得多。据现有的资料，尚难给出统一的结论。大体上，高温下稳定奥氏体的形变使贝氏体转变速度减慢，而孕育期可能延长或缩短；在亚稳奥氏体区低于贝氏体形成上限温度的形变（一般在 450℃以下）使转变速度加快，而在亚稳奥氏体区高于贝氏体形成上限温度（一般在 700～450℃范围内）的形变则使转变速度减慢。

研究表明，35CrNi5Si 钢在 800℃下的形变量越大时，300℃以下的贝氏体转变孕育期越长。在 350℃以上时，随着形变量的增大，贝氏体转变孕育期先是延长，然后缩短。与 35CrNi5Si 钢的情况一样，40CrNiMoA 钢也可用高温形变的方法通过抑制贝氏体转变来提高淬透性。在 w(C)= 0.14%的钢上，虽然 1000℃，50%的形变使连续冷却时贝氏体转变开始温度上升，说明形变缩短了孕育期，但转变结束的温度曲线都向右下方移动，证明形变使贝氏体转变结束阶段变慢了。对许多钢贝氏体转变动力学的影响的研究都表明，稳定奥氏体的形变使这些钢的贝氏体转变过程均为减慢，完成一定转交量（5%、50%）所需的时间大都延长。而且，在形变量与贝氏体转变时间延长倍数的关系中，存在一最佳形变量。对应这个最佳形变量的转变时间延长倍数为最大值，而超过此形变量后，转变时间延长倍数又减小。

有研究指出，贝氏体转变孕育期及转变速度与形变温度及形变量均有关系，但影响较大的还是形变温度。例如，从 35CrNi5Si 钢的试验结果发现，在同一形变量（30%）下，600～1000℃间的形变使 300～350℃的贝氏体转变减慢，而 300～350℃间的形变却使之加快；500℃下的形变使转变开始阶段略有加快（孕育期减小）而后又使之减慢下来。这种情况进一步证明了上述关于奥氏体形变对贝氏体转变动力学影响机构的解释。当形变温度较高（600～1000℃）时，在形变当时或随后的等温保持中能够形成多边化亚组织，造成了不利于共格型转变的条件，从而使贝氏体转变减慢；当形变温度很低（300～350℃）时，形变造成的大量紊乱位错促进扩散过程的进行，从而使贝氏体转变加快。

9.6.2　在扩散型相变前进行形变

按照形变强化状态的过冷奥氏体分解产物的不同，可以将扩散型相变前对奥氏体进行形变的处理区分为形变等温淬火（获得珠光体或贝氏体组织）及形变正火（在连续冷却过程中分解成单一的或混合组织）两类，其工艺流程如图 9-83 所示。现分别加以讨论。

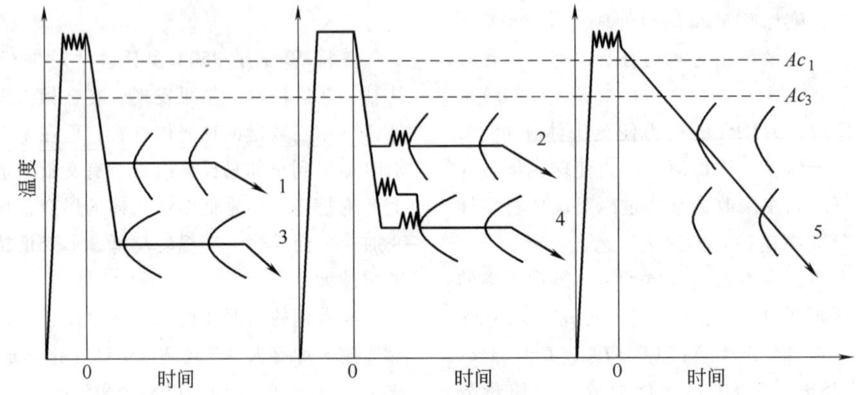

图 9-83　在扩散型相变前进行形变的各种形变热处理工艺流程

1—高温形变奥氏体的珠光体化　2—低温形变奥氏体的珠光体化　3—高温形变奥氏体的贝氏体化　4—低温形变奥氏体的贝氏体化　5—形变正火

1. 获得珠光体组织的形变等温淬火

众所周知，珠光体组织的力学性能与片间距离有着极为密切的关系。随着珠光体片间距离的减小，钢在强度及塑性方面能够得到不断的改善。使形变奥氏体转变为珠光体时，可以获得片间距极细的组织，加之奥氏体中所发生的形变诱发碳化物弥散质点的沉淀现象，将使钢的强度得到相当的提高。有文献在 w(C)= 0.42%及 w(C)= 0.82%的碳钢上利用拔丝方法使亚稳奥氏体产生形变，然后经过铅浴进行珠光体等温淬火，成功地获得了优异的力学性能。在未经形变的情况下，540℃等温转变组织中有大块的先共析铁素体存在，而且珠光体片间距也较大。随着形变量的增大，先共析铁素体含量不断减少，珠光体组织也逐渐细化。当形变量为 20%以上时，先共析铁素体已完全消失，而得到了极为微细并且均匀的索氏体组织。如果将形变等温淬火成珠光体组织的丝材再进行高温下的拔丝形变，则可以得到进一步的强化。

有关获得珠光体组织的形变等温淬火的强化机制的研究不多。一般认为，形变等温淬火珠光体之所以具有比普通等温淬火珠光体更高的强度，主要是由于珠光体组织的细化以及先共析铁素体含量减少及分布的均匀化，而不像获得马氏体组织的形变淬火那样与缺陷（位错）密度及其结构有密切关系。

2. 获得贝氏体组织的形变等温淬火

获得贝氏体组织的形变等温淬火，是在扩散性相变前进行形变的工艺方法中研究得比较多的一种。有工作在 55CrMnSiTiB［化学成分（质量分数）：C0.54%，Cr1.1%，Mn1%，Si0.55%，Ti0.05%，B0.003%］及 55CrMnSiNiMoV［化学成分（质量分数）：C0.51%，Cr0.85%，Mn0.9%，Si0.45%，Ni0.76%，Mo0.23%］钢上研究了高温形变等温淬火成贝氏体组织的工艺方法。形变等温淬火规范：950℃奥氏体化，800℃形变 25%，285℃等温转变。这样处理后，两种钢的强度水平相同，约为 1850~1900MPa（49~51HRC）。为了进行比较，在这两种钢上还进行了普通淬火回火及一般等温淬火，规范如下：55CrMnSiTiB——800℃加热淬火及 380℃回火，或在 330℃下等温淬火；55CrMnSiNiMoV——880℃加热淬火及 375℃回火，或在 330℃下等温淬火。结果，在相同的抗拉强度水平下，这两种钢经形变等温淬火后的屈服强度值与一般等温淬火者比较接近，而比普通淬火及回火者略低一些（约低 100MPa 左右）。然而在脆断强度及塑性指标方面，形变等温淬火者却要优异得多。在这两种钢上，当抗拉强度相同时，高温形变等温淬火给出了突出的冲击韧性及疲劳强度值。例如，形变等温淬火能够使冲击值比普通淬火及回火后提高一倍。在-60℃的低温下，等温淬火后的冲击值比淬火回火者要低，而形变等温淬火者却要比前二者高出许多。与普通淬火及等温淬火相比，获得贝氏体组织的高温形变等温淬火能够保证极为良好的力学性能组合。

在共析钢上采用获得贝氏体组织的高温形变等温淬火，亦可同时改善强度及塑性。例如，将共析钢在 950℃下轧制形变 25%后于 300℃等温淬火 40min，可以使钢的强度极限比普通热处理者提高 300MPa，而屈服极限提高 440MPa。将等温转变温度提高到 400℃时，强度指标与普通热处理者相同（R_m = 1300MPa，R_{eL} = 940MPa），而伸长率却由 8.7%（普通淬火，回火）提高到 16%，断面收缩率由 24.7%提高到 46%。

如果说，稳定奥氏体的形变等温淬火能使钢材在中等强度水平下保持较高的塑性，那么，亚稳奥氏体的形变等温淬火便可使其在高强度下保持较高塑性。在 H11 钢上系统地研究了获得贝氏体组织的低温形变淬火工艺。将钢在 1010℃奥氏体化以后，于 480℃下进行 50%的轧制形变，然后在 232~343℃范围内的不同温度下保持 4h 以进行贝氏体转变，之后冷却到室温或液氮温度，最后在 290℃下进行 1h 的回火。结果，在低于 290℃的温度下进行等温转变时，转变温度对力学性能无显著影响；而在高于 290℃的温度下进行等温转变时，虽然保温时间长达 4h，然而贝氏体转变并未进行完毕，残留的奥氏体在冷却中转变为马氏体，从而出现部分的低温形变淬火效应，使得强度指标上升，塑性下降。因此，290℃以下的形变等温淬火，配合以减少残留奥氏体的液氮处理，可以得到最好的力学性能组合。经过这样处理的 H11 钢具有 R_m = 2450MPa，R_{eL} = 175MPa，A = 11%，Z = 27%的拉伸性能。而在无形变的情况下，290℃等温淬火及回火后的拉伸性能为 R_m = 2200MPa，R_{eL} = 1680MPa，A = 5.5%。这里可以清楚地看出，亚稳奥氏体的低温形变与贝氏体等温转变相配合，能在高强度水平下使钢具有较好的塑性。对于 H11 钢来说，低温形变（480℃，50%）奥氏体于 290℃等温转变后可以得到最佳的力学性能组合。

由此可见，选择适于进行亚稳奥氏体形变的中碳中合金钢（这些钢种往往有较高的抗回火能力）来进行获得贝氏体组织的低温形变淬火，再配合较高温度的回火，可以用来制造高强度高塑性的重要机器零件。

关于碳化物析出、显微组织细化及位错密度增高这三个基本强化因素的作用，有如下结论：

1）形变奥氏体中碳化物相的析出。由于讨论的是在相变前进行形变的情况，因此，碳化物的析出是在相变前发生的，而与随后转变为何种组织无关。也就是说，碳化物析出这个强化因素所起的作用对形变淬火马氏体、贝氏体或珠光体的情况都是一样的（尽管在获得不同显微组织时所占的百分比可能不同）。

2）显微组织细化。在一般情况下，马氏体组织的粗细（包括马氏体片的长度与厚度）对强度无大影响。因此，奥氏体的形变虽然能使淬火马氏体的组织显著细化，但马氏体组织细化却无明显的强化作用。这时的强化作用主要是马氏体精细结构的改变。珠光体组织却不同，片间距离的改变能使强度指标发生显著的变化，因而奥氏体形变等温淬火后所得到的极细的珠光体，其强度要比一般等温淬火珠光体高一些。也就是说，显微组织的细化在形变等温淬火珠光体中是占首要地位的强化因素。贝氏体组织的情况居于马氏体及珠光体之间。随着等温转变温度的降低，贝氏体组织不断细化，强度也不断升高，但组织细化及强度升高的程度却不如珠光体组织那样显著。

3）位错密度的增高。位错密度的增高是形变淬火马氏体强化中最突出的因素。在形变等温淬火珠光体中，由于转变的扩散性质，奥氏体在形变中所获得的高位错密度虽然能促进转变过程，但却难以遗传给珠光体而大部分消失。因此，位错密度的增高不可能在形变等温淬火珠光体中起到什么强化作用。贝氏体组织的情况居于马氏体与珠光体之间。由于贝氏体转变的扩散性及共格性的双重性质，形变奥氏体的高位错密度能够部分地被贝氏体组织所继承。因此，在形变等温淬火贝氏体中，位错密度的增高是占有一定比重的强化因素，但不如在形变淬火马氏体中那样突出。

3. 形变正火

将奥氏体进行高温形变然后连续冷却，依钢种、零件尺寸及冷却速度的不同，得到贝氏体、珠光体或铁素体与珠光体混合组织的处理工艺，称作形变正火。形变正火工艺与普通热加工（轧制或锻造）十分接近。所不同的，是在形变正火工艺中，最终加工温度比较低，常在 Ac_3 附近甚至 Ac_1 以下，以避免再结晶过程的严重发展。显而易见，进行形变正火，目的不在于提高钢的强度，而是改善塑性及韧性。许多工作证明，采用这种处理工艺，能有效地提高钢的冲击韧性并降低脆性转变温度。

有的著作中研究了低碳的 Si 镇静钢［化学成分（质量分数）：C0.24%，Si0.16%］、NDI 钢［化学成分（质量分数）：C0.13%，Si0.07%］及含 Nb 钢［化学成分（质量分数）：C0.2%，Nb0.025%］的形变正火。最终 50% 的形变后采用空冷，得到铁素体与珠光体的混合组织。降低最终轧制温度，使晶粒度不断减小，可以得到屈服强度的不断提高与脆性转变温度的不断降低。在上述三种钢中，含 Nb 钢因有 NbC 质点强化而有最高的屈服强度；NDI 钢因碳含量最低，珠光体组织所占分量最少，而有最低的脆性转变温度（1%的珠光体使脆性转变温度提高 3.5℃）。通常，在半镇静钢里加添微量的 Nb，可使强度提高，而脆性转变温度有上升的趋势，因此，可以通过形变正火来加以改善。

对共析碳钢进行的形变正火工艺研究证明，在 860~950℃ 加热并形变后，65~85℃/s 的冷却速度能够保证得到最细密的珠光体组织。形变量对上述冷却速度的高温形变正火后脆断强度的影响是，对应每一形变温度均有获得最大脆变强度的最佳形变量：780℃——25%，860℃——15%，950℃——6%~8%。

除了高强度及塑性以外，形变正火还可以改善共析碳钢的抗磨损性能及疲劳性能。共析碳钢形变正火比普通正火后的弯曲疲劳强度也要高出许多。

总的看来，形变正火比普通正火使钢的强度及塑性均有所提高，但提高的幅度要比形变淬火小得多。形变正火，由于工艺简单，而且适用于截面较大、形状复杂的零件，其应用的前途将不亚于形变淬火或形变等温淬火工艺。

9.6.3　在扩散型相变中进行形变（等温形变淬火）

等温形变淬火是在奥氏体等温分解过程中施加形变，即将钢加热到 Ac_3 以上的温度进行奥氏体化，然后急冷到 Ac_1 以下的亚稳奥氏体区域，并使形变与等温转变过程于某一温度下同时进行的形变热处理工艺。为的是在提高强度的同时获得较高的韧性。根据形变及转变温度的不同，可将等温形变淬火区分为获得珠光体组织的及获得贝氏体组织的两种（见图 9-84）。

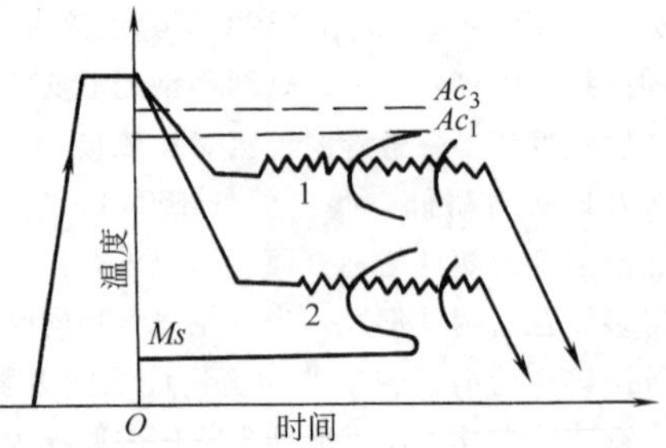

图 9-84　等温形变淬火工艺示意

1—获得珠光体组织　2—获得贝氏体组织

1. 获得珠光体组织的等温形变淬火

这种方法对提高钢材强度作用不大，对提高冲击韧性及降低脆性转变温度却效果显著。例如，0.4%C 钢于 600℃ 进行等温形变淬火，可得到 864MPa 的屈服强度，20℃ 的下冲击吸收能量高达 230J。En18 钢［化学成分（质量分数）：C0.48%，Cr0.98%，Ni0.18%，Mn0.86%，Si0.25%，S0.021%，P0.023%］获得珠光体组织的等温形变淬火工艺如图 9-85 所示，经不同规范处理后的力学性能数据列于表 9-28。为了确定 En18 钢等温形变淬火工艺的最佳规范，研究了形变温度（即等温转变温度）及形变量对力学性能的影响，得到 En18 钢等温形变淬火的最佳规范为 950℃ 奥氏体化，600℃ 形变及等温转变，70% 形变量，形变及等温转变时间 20min。

获得珠光体组织的等温形变淬火工艺适用于低碳或中碳的低合金钢。在珠光体转变部分的最小孕育期如有 30s~1min 的时间，便足以进行等温形变淬火。过长的珠光体转变结束时间对进行这种工艺是不利的，将会对形变过程造成极大困难。另一方面，当钢

表 9-28　En18 钢经不同规范处理后的力学性能

序号	处理规范	硬度 HV30	$R_{p0.1}$/MPa	R_m/MPa	A (%)	Z (%)	室温夏比冲击吸收能量/1.356J	冲击吸收能量为 54.24J 时的脆性转变温度℃
1	热轧空冷，未回火	333	622	1093	14.6	32.0	5	—
2	热轧空冷，200℃回火 1h	348	628	1297	7.9	36.8	6	—
3	热轧空冷，400℃回火 1h	342	998	1218	9.5	44.6	5	—
4	热轧空冷，600℃回火 1h	282	716	923	13.5	56.5	13	—
5	热轧水冷，为回火	702	1080	2008	2.2	4.6	3	—
6	热轧水冷，400℃回火 1h	—	1020	1611	9.6	41.0	8	—
7	热轧水冷，600℃回火 1h	—	1010	1124	16.7	50.4	24	—
8	热轧水冷，700℃回火 1h	—	659	973	25	68	79	-40
9	650℃等温淬火	260	380	798	22.2	39.2	8	—
10	750℃形变量 70%，650℃等温淬火	275	609	999	15.9	43.4	18	+100
11	650℃等温淬火，700℃球化退火 100h	180	314	754	25.4	57.8	15	+100
12	600℃，70%等温形变淬火，空冷	312	857	1039	25.5	63.4	160	-40
13	600℃，70%等温形变淬火，水冷	318	907	1083	19.1	62.0	165	—

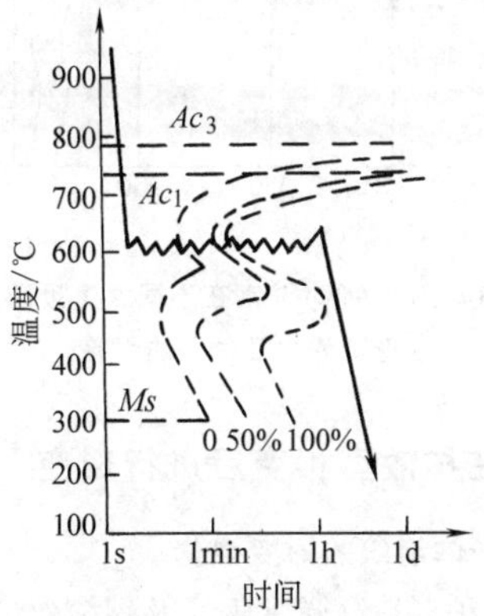

图 9-85　En18 钢等温形变淬火工艺（950℃加热 1h，铅浴冷至 550~700℃轧制，形变量 70%）

材选定之后，可以按照未形变时 S 曲线上的转变终了时间设计形变规范。考虑到形变对珠光体转变的加速作用，可以保证在整个转变时间内均施行形变，因而能够得到全部球化的珠光体组织。

已经证实，珠光体转变前的奥氏体形变，只能促进转变的加速和铁素体-珠光体组织的细化，但不能改变珠光体片状组织的形态。珠光体的球化只能发生在形变与相变同时进行（等温形变淬火）或者相变结束后的形变及加热过程之中。

2. 获得贝氏体组织的等温形变淬火

这种工艺的强化作用是比较显著的。同时能够保持理想的塑性。对 40CrSi 钢［化学成分（质量分数）：C0.41%，Cr0.57%，Si1.22%］在贝氏体转变过程中形变的等温形变淬火工艺进行了研究，所得力学性能试验结果列于表 9-29。可以看出，在贝氏体转变过程中的形变强化效果与形变量及形变温度（即转交温度）有很大关系。当形变量为 15%~18%时，随

表 9-29　40CrSi 钢在不同等温形变淬火规范处理后的力学性能

处理规范				力学性能						金相组织（面积分数，%）		
形变温度/℃	形变速度 $\dot{\varepsilon}$/s^{-1}	形变量 (%)	奥氏体转变量 (%)	硬度 HRC	R_m/MPa	$R_{p0.2}$/MPa	$A_{总}$ (%)	$A_{均匀}$ (%)	Z (%)	残留奥氏体	马氏体	贝氏体或珠光体
350	10^{-2}	16	10	49	1890	1890	7.1	1	56	15	0	85
	10^{-2}	19	5	53	1920	1670	10.0	9.5	54	10	43	47
	10^{-2}	28	0	49	2000	2000	8.5	1	58	0	0	100
400	10^{-2}	17	4	42	1460	1460	16.5	11.5	62	14	10	76
	10^{-2}	17	2	42	1420	1420	18.5	13.5	64	16	9	75
	10^{-2}	30	0	45	1750	1700	12.0	8.5	57	0	0	100
450	10^{-3}	16	10	38	1460	920	19.0	16.0	46	25	7	68
	10^{-3}	15	22	38	1420	1040	20.5	17.2	50	25	3	72
550	0	0	—	36	1230	1020	11.0	8.5	50	—	—	100
	10^{-2}	17	46	36	1250	1070	12.0	10.0	54	—	—	100
	10^{-2}	40	2	36	1260	1140	14.5	10.0	60	—	—	100

（续）

处理规范				力学性能						金相组织(面积分数,%)		
形变温度/℃	形变速度$\dot{\varepsilon}$/s^{-1}	形变量（%）	奥氏体转变量（%）	硬度HRC	R_m/MPa	$R_{p0.2}$/MPa	$A_总$（%）	$A_{均匀}$（%）	Z（%）	残留奥氏体	马氏体	贝氏体或珠光体
600	0	0	—	34	1180	920	12.0	9.5	55	—	—	100
	10^{-1}	17	0	34	1200	1020	15.0	10.0	64	—	—	100
	10^{-3}	40	5	34	1260	1150	16.0	11.0	68	—	—	100
700	0	0	—	22	940	540	16.0	11.0	62	—	—	100
	10^{-2}	18	0	22	940	610	17.0	12.0	70	—	—	100
	10^{-2}	30	5	22	960	670	20.0	13.0	70	—	—	100

着形变温度的不同，在试样中可以得到不同百分比的组织成分（贝氏体、马氏体及残留奥氏体）。在转变开始阶段进行形变，尚不能使α相得到加工硬化。增大形变量，可使中温转变进行完全，从而得到均匀一致的贝氏体组织，达到最佳的强化效果。随着形变温度的升高，强度逐渐降低，而塑性则有升高的趋势。图9-86所示为不同规范处理后的40CrSi钢拉伸曲线。在350℃下进行等温形变处理时，屈服强度较高，塑性差；在400℃及450℃下大于20%形变量时方能得到有效的强化，同时塑性也有提高。

比较表9-29中所列的贝氏体等温形变淬火（350~450℃）及珠光体等温形变淬火（550~700℃）后的力学位能数据不难发现，在获得贝氏体组织的情况下，强度水平要高出许多，而塑性指标则与获得珠光体组织时比较接近，都保持在相当高的水平。其中，尤以规范6（400℃、30%形变）最为突出，能在强度为R_m=1750MPa，$R_{p0.2}$=1700MPa的条件下得到A=12%，Z=57%的塑性指标。40CrSi钢于获得贝氏体组织的等温形变淬火后，除了改善强度及塑性以外，还使冲击韧度得到提高（见图9-87）。

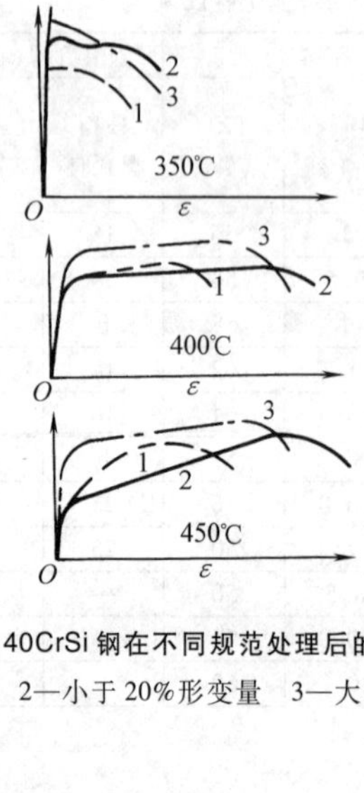

图9-86 40CrSi钢在不同规范处理后的拉伸曲线

1—0形变量 2—小于20%形变量 3—大于20%形变量

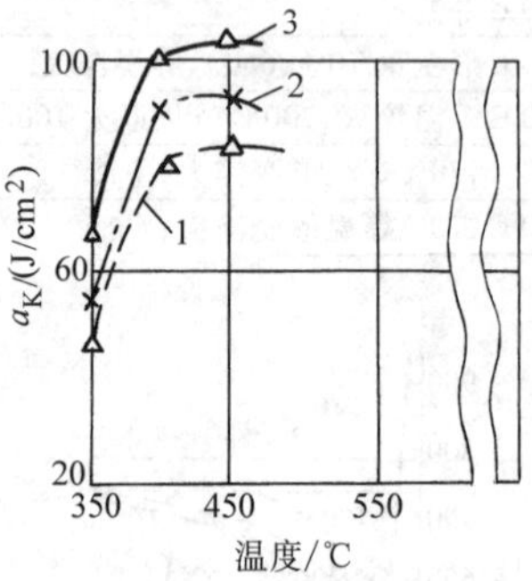

图9-87 40CrSi钢在不同温度贝氏体形变淬火后的冲击韧度

9.6.4 在扩散型相变后进行形变

1. 珠光体组织的形变强化

这是一种制造高强度钢丝及钢缆丝的传统方法，是在钢丝奥氏体化“铅浴”（或盐浴等温）之后得到细片状珠光体组织或珠光体+铁素体组织，再经大形变量（>80%）的拉拔，获得R_{eL}≥2100MPa高强度钢丝的形变工艺。也有人称之为珠光体低温形变。在这种工艺方法中，渗碳体产生塑性形变，其取向与拔丝方向渐趋一致；铁素体的片间距离因受到压缩而变细，其取向也与拔丝方向平行。这样，便构成了一种类似复合材料的强化组织。图9-88所示为w(C)=0.93%钢丝珠光体低温形变的屈服强度与形变量的关系。

近年来，低碳钢（铁素体-珠光体组织）的低温加工逐渐受到重视。为了避免在室温下形变可能引起的脆性断裂，将钢在高于室温而低于再结晶温度以下的温度范围内进行形变。AISI 1027钢［化学成分（质量分数）：C0.26%，Mn1.26%，对应国内牌号30］在不同温度下拔丝（形变量80%）后的力学性能如图9-89所示。可以看出，在316~427℃范围内形变时，可以得到最高的强度，而伸长率及断面收缩率稍低，但仍在可用的水平以上。在较低温度下形变时，接近单纯的加工硬化性质，强度的提高不显著

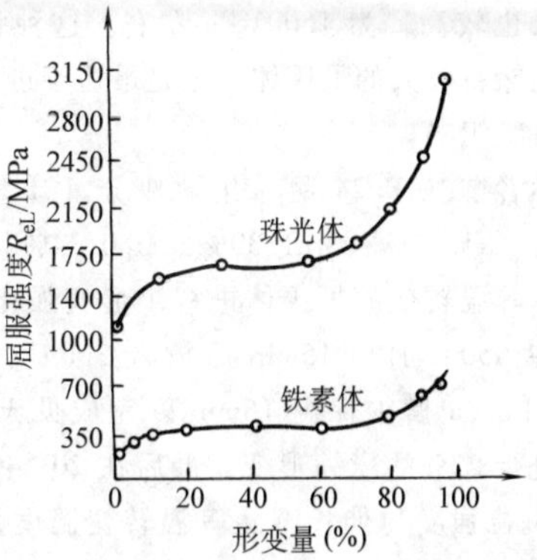

图 9-88　w(C) = 0.93%钢丝珠光体低温形变的屈服强度与形变量（截面压缩率）的关系

（参看图 9-88 中铁素体的形变强化曲线）。出现最高强度值的形变温度与形变速度有关。当形变速度较大时，对应最高强度的形变温度应向高温处推移。

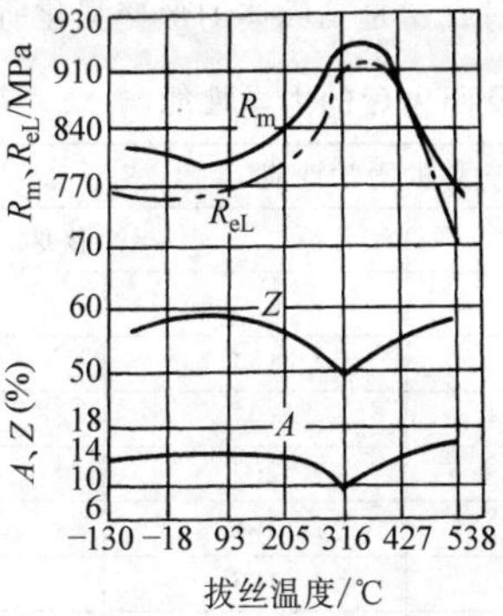

图 9-89　AISI 1027 钢在不同温度下拔丝（形变量 80%）后的力学性能

珠光体的低温加工近年来被广泛利用于进行碳化物的快速球化处理。曾详细研究了 SUJ-2 轴承钢［C1.0%，Cr1.5%，对应国内牌号 GCr15］的快速球化工艺。通常，为了改变轴承钢碳化物的形态并使之均匀分布，需要进行球化退火。包括 780℃下 6h 的保温及随后极为缓慢的冷却（以 15℃/h 的速度冷至 650℃后炉冷至室温），整个球化退火过程需要 20h 左右（见图 9-90a）。这样处理的轴承钢，原始的片状碳化物虽已球化，但质点尺寸不细，且不均匀，夹有无规则分布的粗大颗粒。如将原始片状珠光体组织加热至 780℃保温 6min 后，进行 80%的形变然后以 30～50℃/h 的速度冷至 650℃后出炉空冷，则可将工艺（炉内）时间缩短至 4h 以下（图 9-90b 中曲线 1）。这种利用低温加工的快速球化法已可将工艺时间缩短至原来的 1/5。如果在 780℃下保温 6min，形变 80%，之后转入 720℃的另一炉中保持 30min，然后出炉空冷，则只需要不到 1h 的工艺时间（图 9-90b 中曲线 2），将普通球化退火缩短至原来的 1/20。利用上述两种快速球化法所得的碳化物质点细小且分布极为均匀，而且可提高轴承钢淬火回火后的力学性能（见图 9-91）。

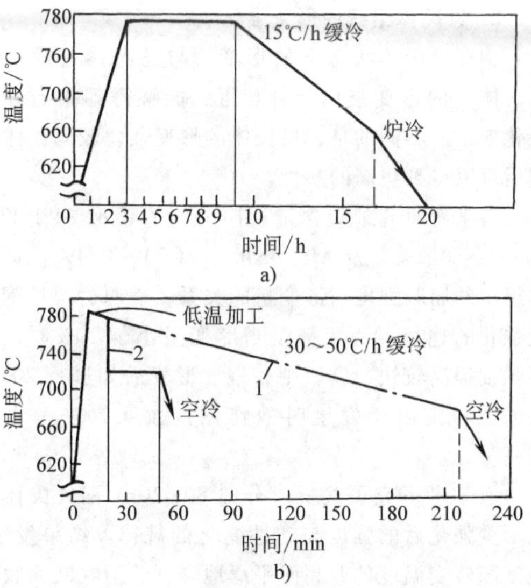

图 9-90　SUJ-2 钢的球化退火工艺

a）普通球化退火　b）快速球化退火

1—低温加工后缓冷　2—低温加工后降温保持

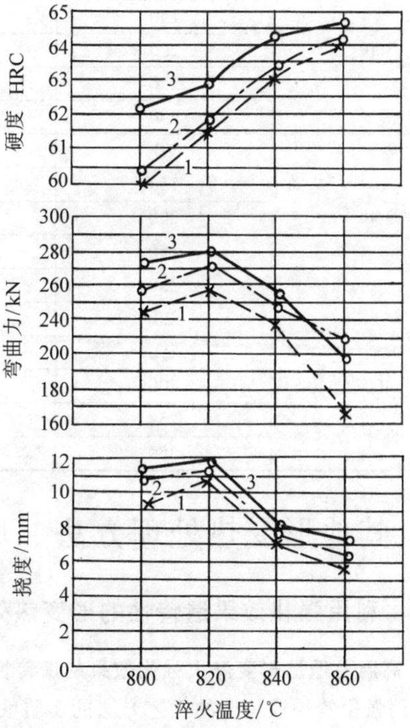

图 9-91　SUJ-2 钢经不同球化、800～860℃奥氏体化淬火，180℃回火后的力学性能

1—普通球化退火　2—低温加工后缓冷快速球化　3—低温加工后降温保持快速球化

2. 贝氏体组织的形变强化

钢在贝氏体状态下的形变，与马氏体（或回火马氏体）的形变强化十分相近，能够得到相当好的强化效果。不同的是，贝氏体的形变强化较马氏体形变后可以得到更高的塑性。

有学者研究了碳含量不同的铬镍钼钢 AISI 4320 [w(C)≈0.2%] 及 AISI 4340 [w(C)≈0.4%] 贝氏体组织的屈服强度与形变量的关系，表明这两种钢形变强化的趋势相近，都是当形变量小于 20%时，屈服强度提高较快，以后则较慢。形变后如进行 205℃ 的回火，则由于发生时效作用，强度有进一步的增高。

有学者研究了共析成分的 80Si2CrA 钢贝氏体组织形变强化后的强度与塑性变化的规律。结果发现，强度随转变温度的升高而平滑地降低，但在断面收缩率及冲击韧性值曲线上都出现一个峰值。对应 300℃ 等温转变有最高的断面收缩率及冲击韧性值的配合，强度极限也较高，为 1500MPa 左右。这种强度较高而且塑性储备较大的贝氏体，正是最适于进行形变强化的预备组织。

有学者曾在 En24 钢［化学成分（质量分数）：C0.34%，Cr1.25%，Mn1.39%，Mo0.34%］上对不同温度下等温转变的贝氏体进行了形变强化的研究。将钢料在 850℃ 加热 15min 后放入 300℃、360℃ 及 400℃ 的 Pb-Zn 槽中保温 16min 以完成贝氏体转变，之后再进行 23%的压缩形变，最后在 20～400℃ 下回火 1h。抗拉强度与伸长率随等温转变温度及形变后的回火温度而改变的试验结果也列于表 9-30。由表中的数据可以看到，随着等温转变温度的降低，贝氏体在形变前及形变后的强度逐渐增高。转变温度越低时，形变强化的效果越大。

表 9-30 中的数据还说明，300℃ 等温转变的贝氏体在形变中提高强度的同时还保持持着相当良好的塑性（A=20%），这是马氏体的形变强化所达不到的。

表 9-30　En24 钢不同转变温度的贝氏体在形变及回火后的力学性能

等温转变温度/℃	回火温度/℃	贝氏体的力学性能			
		0 形变		23%形变	
		R_m/(kg/mm^2)	A(%)	R_m/(kg/mm^2)	A(%)
300	20	174	20	184	19
	150	174	22	197	20
	200	177	21	202	18
	250	172	21	196	18
	350	169	22	183	19
360	20	142	—	148	—
	150	141	—	153	—
	200	142	—	160	—
	250	142	—	154	—
	350	143	—	147	—
400	20	132	—	140	—
	150	133	—	147	—
	200	133	—	147	—
	250	133	—	146	—
	350	133	—	139	—

9.7　其他形变热处理方法

9.7.1　利用强化效果遗传性的形变热处理

1. 高温及低温形变淬火强化效果的遗传性

利用强化效果遗传性的工艺方法的实质就是先以形变热处理方法造成毛坯的高强度状态，再以中间软化工序将硬度降低下来以便进行切削加工，然后再经淬火再现原来的强化效果，最后获得高强度的，形状、尺寸、精度均符合要求的零件。

大量的工作已经证实形变奥氏体的强化可以通过 γ→α 转变遗传给马氏体，使钢在淬火后的强度显著提高，这也就是高温及低温形变淬火所依据的基本原理。

对于钢在形变热处理后所获得的强化效果，经多次 α→γ→α 重结晶之后是否可以再现，以及再现的条件和程度问题，已有大量的研究。

许多研究工作已证实钢在高温形变淬火后获得的强化效果经过多次重结晶之后仍能再现。在 45CrNi 和 55Si2 钢上获得的遗传性列于表 9-31。可以清楚地看出，这两种钢在一般热处理之后的强度（R_m、R_{eL}）均较低，而在900℃轧制50%的高温形变淬火之后，强度得到了相当的提高。高温形变淬火及600℃中间回火（软化）后进行二次热处理（淬火及回火），在相同的最终回火温度条件下，强化效果很好地再现出来，与单纯高温形变淬火后十分相近。类似的情况在55CrMnB、60Si2、40Cr2Ni4SiMo、37CrNi3A、30Cr2MnMoTi、50Cr2MnSi2及50Cr2MnSi2V、37Cr1NiWA，以及其他一系列钢种上也先后发现。

钢在低温形变淬火后获得的强化效果，经过多次重结晶之后仍能再现，最近也有了一些报导。在0.8%C-18%Ni钢上所获得的遗传性见表9-32。

表 9-31　45CrNi 和 55Si2 钢高温形变淬火强化效果的遗传性

钢种	处理规范	R_m/(kg/mm²)	R_{eL}/(kg/mm²)	A(%)	Z(%)
45CrNi	900℃轧制50%油淬,200℃回火1h	209	—	4	31
	900℃轧制50%油淬,600℃回火1h,830℃油淬,200℃回火1h	207	—	8.6	42
	830℃油淬,200℃回火1h	188	—	3	10
55Si2	900℃轧制50%油淬,600℃回火,900℃油淬,600℃回火	108	94	16.8	40
	900℃油淬,600℃回火	98	85	17.9	34

表 9-32　0.8%C-18%Ni 钢低温形变淬火强化效果的遗传性

处　理	R_m/(kg/mm²)	R_{eL}/(kg/mm²)	A(%)	Z(%)
550℃形变40%,深冷至-196℃,+950℃保持15min,水冷至室温,深冷至-196℃,100℃回火	231	211	9	48
550℃形变40%,深冷至-196℃,100℃回火	242	222	6	48
950℃形变40%,深冷至-196℃,100℃回火	233	215	7	57
950℃两次回火至-196℃,100℃回火	212	200	2	9
950℃一次回火至-196℃,100℃回火	218	190	6	45

2. 形变淬火强化效果遗传的条件

（1）形变温度　形变温度越高，形变淬火的强化效果越低，但二次淬火后强化效果再现的程度越高。这是因为，当形变温度高时，产生的亚结构稳定性很高。

形变温度越低，强化效果越大，但在随后的加热过程中去强化作用也越显著；相反，当形变温度较高时，虽然强化效果较小，但在随后的加热过程中去强化作用却比较缓慢。

从强化效果的稳定性和获得良好的力学性能组合的角度出发，我们希望形变淬火时的形变温度高些。如果将强化效果分成组织稳定部分与组织不稳定部分，那么形变温度高时，组织稳定部分所占比例要大些，因而强化效果遗传的程度要大些。

（2）形变后的中间处理　形变后的中间处理包括低温形变后的中间加热、高温形变后的停留及形变淬火后二次淬火前的中间回火这三个方面。

1）低温形变后的中间加热。低温形变淬火的强化效果很不稳定，在二次加热淬火后强化效果往往消失，为了稳定强化效果并改善低温形变淬火钢的塑性，许多人研究了形变后的中间加热对低温形变淬火以及二次淬火后力学性能的影响并指出，中间加热使低温形变淬火钢强化效果的稳定性得到提升，二次淬火后强化效果的再现程度有所增长。

2）高温形变后的停留。人们研究了高温形变后的停留对60Si2V钢二次淬火后力学性能的影响，发现性能随停留时间的变化并非单调的，其走向与停留时间对高温形变淬火后性能影响曲线的走向完全一样。二次淬火钢的性能完全取决于高温形变淬火钢的性能，其间存在着一一对应关系，只不过是二次淬火后强度略低些而已。

3）二次淬火后的强度较普通处理钢为高，而且接近高温形变淬火钢的强度。中间回火温度高时，二次淬火后的强度略低些，但塑性却有所提高。

（3）形变后的转变类型　形变后的转变包括马氏体、贝氏体和珠光体转变三种情况。

有研究使形变奥氏体转变成贝氏体，然后进行二次淬火，获得了良好的强化效果继承效应。在30Co2MnMoTi钢上进行的试验表明，400℃下保持的时间越长，强化效果再现的程度越好，就是在400℃

保持15s都比高温形变后直接淬火的效果要好。此外，高温形变500℃等温转变和低温形变500℃等温转变（高温形变等温淬火和低温形变等温淬火）后二次淬火，效果也很好。即，奥氏体形变后转变成贝氏体，有利于强化效果的储存，这种储存于再次淬火时得以再现。

一般认为，当形变奥氏体于700℃左右转变成珠光体时，奥氏体的位错结构难以为珠光体所继承，以后进行二次淬火时，不会得到良好的力学性能。

（4）二次淬火时的加热速度、加热温度和保持时间　一般希望二次淬火加热速度尽可能地快些。二次淬火温度不宜过高，一般以 Ac_3+(20～30℃) 为宜。如果二次淬火温度不是过高，保温时间则影响不大。

3. 形变淬火强化效果遗传的原因

形变热处理强化效果遗传至 α→γ→α 转变之后的原因，曾有过许多研究。

强化效果在相变重结晶过程中的遗传问题，实际上是位错结构与密度的继承问题。在反复重结晶过程中强度的变化与位错密度的变化有良好的对应关系。这样的对应关系在45CrNi钢和其他钢种上曾多次被发现。

关于位错结构在相变重结晶过程中的继承问题，已借助于电子显微镜观察60Ni20［化学成分（质量分数）：C0.6%，Ni20%］钢中证实，高温形变后的奥氏体的多边化结构，经过 γ→α→γ 相变重结晶后，仍然可以保持。

而为了取得强化效果的继承效应，必须在相变重结晶前获得一个密度较高的，稳定的位错结构——多边化结构。上述的一切措施——低温形变后的中间加热，高温形变后的停留，选择适当的多边化过程易于进行的形变温度以及形变奥氏体的贝氏体转变等，都是为形成这种亚结构提供条件。而二次淬火时的快速加热，较低的加热温度和较短的保持时间，都是为不破坏这种亚结构而采取的必要措施。

9.7.2　预先形变热处理

预先形变热处理已经研究得相当深入，并在钢管、钢板、丝材、板簧及其他钢材或零件（例如活塞梢）上已经获得广泛的应用。这种方法的工艺顺序是将平衡组织的钢（退火、正火或调质状态）于室温（或零下温度）进行冷形变，获得相当程度的强化，然后进行中间回火（软化），最后再进行快速加热的二次淬火及最终回火（见图9-92）。预先形变热处理也是利用强化效果遗传性的原理而建立的。所不同的是，这里利用的是 α 相在室温下的形变强化效果在随后 α→γ→α′ 相变中继承的现象。

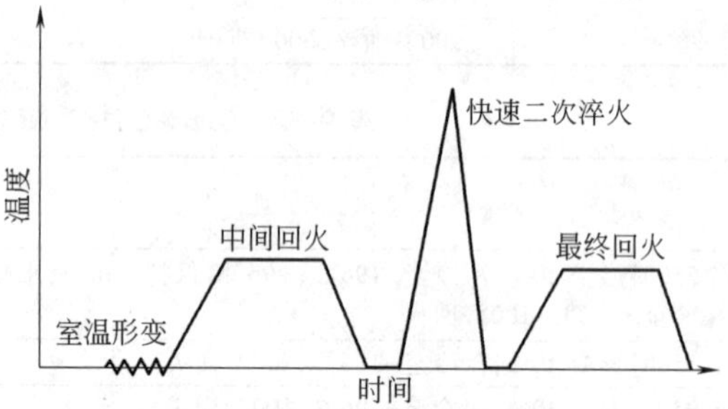

图9-92　预先形变热处理工艺方法

1. 预先形变热处理的强化效果

与普通热处理相比，室温下预先形变然后再进行淬火及回火处理（预先形变热处理）后，钢的抗拉强度及屈服强度都有相当增长（10%～30%），而塑性则保持不变或略有增减。

预先形变热处理对碳钢有相当的强化效果。如预先形变热处理能大幅度地提高淬火状态的40钢的强度与塑性（见表9-33）。与此同时（211）线条宽度、电阻率及矫顽磁力都有相应的增加，而奥氏体晶粒尺寸 d 则比普通热处理后小。

表9-33　不同处理40钢的性能

热处理	R_m/(kg/mm²)	Z(%)	A(%)	$\beta\times10^3$	电阻率 ρ/(μΩ/cm)	矫顽力 Hc/Oe①	d/μm
850℃炉中加热淬火	170	20	7	19.3	18.7	20.4	20
920℃快速加热(500℃/s)淬火	210	29	11	21.2	20.8	27.2	14
室温形变60%后870℃快速加热(500℃/s)淬火	245	42	12	25.4	22.1	31.3	10

① 1Oe=79.5775A/m。

在许多低合金结构钢上也证实了预先形变热处理的强化效果。如预先形变热处理提高了45钢及45Cr钢的硬度，使得在带有磨料的润滑剂下的滑动磨损抗力大为提高。而且预先形变热处理不但对钢的强度有显著影响，还在相当程度上影响钢的回火脆倾向性。如当室温形变量为0～15%时，40CrNi钢的回火脆倾向性减小，而当室温形变量大于15%以后，回火脆倾向性急剧增大。

研究室温形变对淬火回火后 GCr15 钢冲击韧性的影响时也发现，随着形变量的增大，a_K 值逐渐提高，到达某最大值而后下降。当室温形变量与随后的热处理配合适当时，可将脆性转变温度降低到 -40℃ 到 -60℃，而将 -100℃ 下的 a_K 值由没有形变时的 0.5 增加到 4~6kg · m/cm^2。

2. 工艺参数对预先形变热处理强化效果的影响

预先形变热处理包括四个工序（见图 9-92）：室温形变、中间回火、淬火及最终回火。下面分别介绍这四个工序的工艺参数对预先形变热处理强化效果的影响。

（1）中间回火温度　在室温形变量为 5%、15%、50%的情况下，不进行中间回火或进行过高温度（600℃）的中间回火均使 T9 钢的力学性能下降到普通高频感应淬火及回火后的水平。而当中间回火温度为 400℃时，却得到了最佳的强化效果：当室温形变量为 15%~50%时，R_m 达到 2300~2350MPa，比普通高频处理（R_m=1950MPa）要高出 350~400MPa。

强度的变化与位错密度及结构之间存在着良好的对应关系。400℃的中间回火使 α 相含有发展得比较完全而又较稳定的亚结构，在随后的 α→γ→α′转变中被继承下来，使最后得到的马氏体具有最高的位错密度。

（2）室温形变量　随着形变量的增大，40 钢的抗拉强度和断面收缩率都不断增加。当形变量为 60%时，抗拉强度高达 245kg/mm^2，而断面收缩率为 42%。在 400℃最佳中间回火条件下，T9 钢的抗拉强度随形变量的增大而提高。300℃中间回火时的情况也是一样，只是抗拉强度提高得缓慢一些。600℃中间回火以后，当形变量小于 25%时抗拉强度基本不变，而当形变量为 50%时，抗拉强度反而下降。当未采用中间回火时，抗拉强度随着形变量的增大也不断提高，但始终保持着比较低的水平。

GCr15 钢的冲击韧性值与室温形变量关系曲线上存在一个峰值。这些事实都说明，从强韧化综合效果出发，形变量并不是越大越好。

（3）淬火加热温度与加热时间　淬火加热温度、最终回火温度越低，屈服强度的增量越大。一般希望淬火温度低些，保持时间短些，才能充分发挥预先形变热处理的强化作用。

（4）最终回火温度　T9 钢的强度指标随最终回火温度的升高而增大，至 300℃时达到最大值然后减小。而当最终回火温度为 400℃时，预先形变热处理的强化效果便完全消失，所得 $R_{p0.2}$ 及 R_m 值比普通高频感应淬火者还略低一些。这是因为，当回火温度较低（<300℃）时。自淬火马氏体析出了弥散而细小的碳化物，使钢得到进一步的强化。而当回火温度较高（>300℃）时，伴随着碳化物颗粒的集聚长大，还发生了 α 相原有亚结构的严重破坏。塑性（A、Z）的变化，则是随着回火温度的升高而单调地增大，而且预先形变热处理试样比普通高频感应淬火者始终要高一些。

3. 预先形变热处理强化

预先形变热处理的强化机制可归纳如下：钢材在平衡状态（α 相及碳化物）下于室温形变时获得相当数量的位错，在随后适当规范的中间回火中于 α 相内形成比较稳定的位错结构（α 相亚组织），这种位错结构通过 α→γ→α′重结晶被马氏体继承。过低的中间回火温度不能提供足够的热激活，无法使室温形变时引进的位错重新排列，形成稳定的 α 相亚组织；过高的中间回火温度、过高的淬火加热温度及过长的保温时间，以及过高的最终回火温度，均能使这种稳定的位错结构遭到破坏。因此，都不能达到预期的强化效果。

9.7.3　多边化强化

多边化处理工艺方法，是在整个热处理过程进行完毕之后，将钢材或合金于室温或高温下进行小量（0.3%~10%）形变，然后在低于再结晶的温度下加热并保持一定时间，以造成充分发展的多边化亚组织。这种多边化亚组织的位向夹角很小，使得位错在较为缓慢的运动过程中塞积起来，从而阻碍晶内滑移的进行，提高蠕变抗力，并且还可使强化相质点的集聚长大变得困难，增加金属组织结构的稳定性，使长期使用时的热强性得到提高。

1. 一般多边化处理

这种处理是将钢材在室温或高温下拉伸形变（连续加载或以蠕变的方式进行）1%~10%，然后在低于再结晶的温度之下进行多边化退火。采用这种方式处理的钢材，具有发展良好的多边化亚组织，长期使用条件下的热强性能得到大幅度提高，而瞬时强度（R_m，R_{eL}）变化不大。热强性的提高主要表现在第二阶段蠕变速度的减小、持久强度及抗应力弛豫能力的提高方面。在蠕变条件下进行形变，由于原子处于热激活状态，位错的攀移更易于进行，所以多边化过程需要的时间比室温下形变然后加热者要短得多。因此，利用蠕变条件进行多边化强化，常常得到比室温形变然后退火者更高的效果。几种工业用钢多边化强化对蠕变速度的影响列于表 9-34。可以看出，合适的多边化处理规范可使钢的蠕变速度减小至约 1/20 甚至约 1/40。

表 9-34 几种工业用钢多边化强化对蠕变速度的影响

材料	多边化处理规范				蠕变试验条件		蠕变速度 v/(%/h)	v_0/v
	形变量(%)	形变温度/℃	退火温度/℃	退火时间/h	温度/℃	应力/(kg/mm²)		
工业纯铁	5	20	550	25	400	20	$\frac{3.20}{4.8\times10^{-1}}$	6.5
工业纯铁	0.8	450	450	24	450	8.5	$\frac{1.1\times10^{-4}}{4.5\times10^{-5}}$	24.4
10钢	5	20	550	25	400	21.5	$\frac{1.29\times10^{-1}}{3.34\times10^{-3}}$	38
1X18H9(12Cr18Ni9)	10	600	600	100	600	15	$\frac{2.9\times10^{-6}}{5.6\times10^{-5}}$	5.2
1X18H9T(1Cr18Ni9Ti,在用非标牌号)	0.3	575	575	24	575	18	$\frac{4.8\times10^{-3}}{2.5\times10^{-4}}$	19.2
ЭИ395(GH1040)	2.5	625	625	50	625	26	$\frac{4.6\times10^{-3}}{1.5\times10^{-4}}$	30

值得注意的是，在利用蠕变方式进行形变时，必须将形变量控制在一个严格的范围内。过大的蠕变下的形变量，将会导致微裂纹的产生，造成内部损伤。当然，在大多数情况下进行多边化处理时，最方便的形变方式不是单向拉伸或者蠕变，而是压力加工中的轧制。

2. 分级多边化处理

分级多边化处理时的形变不是一次完成，而是在高温下分几次（4~5次）进行，每次形变后均保温一段时间以进行多边化退火。这种分数次形变并退火的方式，能使钢材最终得到比较均匀的形变及比较充分的多边化过程。在轧制时尤其如此，多边化过程按次序由钢材表面层开始，逐渐深入内部，最后达到均匀一致。

3. 多次多边化处理

多次多边化处理是专为体心立方点阵的金属材料（低碳钢、低合金钢、铁素体不锈耐热钢以及某些难熔金属）设计的。这种方法是，在连续加载条件下将金属形变到全部屈服平台出现之后卸载，然后于低于再结晶的温度下进行时效，如此反复进行多次（一般为4~5次）。在这种处理之后，于金属内部可以造成含有被溶质原子牢固钉扎的高密度位错群的稳定组织。与其他多边化强化方法不同，多次多边化处理可以在保持原有塑性的条件下提高静态强度（R_m，R_{eL}）1.5~2倍。如果在高温下进行多次多边化处理，还可有效地提高金属的热强性。

9.7.4 表面形变热处理

表面形变强化工艺，如喷丸强化、滚压强化等；与零件整体热处理强化或表面热处理强化相结合可以显著地提高机器零件的疲劳强度、耐磨性及抗应力腐蚀能力，延长零件的使用寿命。

1. 表面高温形变淬火

表面高温形变淬火方法，是将零件表面层（高频）加热到临界点以上使之奥氏体化，并在高温下进行表面滚压使表面层产生形变，随后迅速淬火。这种工艺方法能显著提高零件的疲劳强度、接触疲劳强度以及耐磨性。

图9-93所示为轴类钢件表面高温形变淬火装置示意。在9Cr钢上的试验结果如图9-94及图9-95所示。可以看出，与普通高频感应淬火相比，表面高温形变淬火能够有效地提高接触疲劳强度。随着滚压力（亦即表面形变量）的增大，表面破损的接触循环次数先增后减，到65kg时为最大值，在最佳处理条件下，对应10^7循环次数的接触疲劳极限从普通处理时的2000MPa提高到225MPa，而在$<10^7$循环次数的范围内，接触疲劳寿命可以提高2.5~5倍。9Cr钢表面高温形变淬火后的力学性能如表9-35所示。

表 9-35 9Cr钢表面高温形变淬火后的力学性能①②

形变温度/℃	弯矩/kN·m	抗弯强度σ_{bb}/MPa	挠度f/mm	强化层深度/mm	硬度HRC
850	3133/3194	3747/3790	18.7/17.5	3.0/2.7	67/66
900	3270/3318	3932/3940	18.2/17.7	5.0/4.5	68/67
950	3044/3518	3714/4438	13.7/16.6	穿透	66/66
1000	2911/3268	3431/3842	10.0/9.3	穿透	66/67

① 拉拔速度0.5m/min，140℃回火1.5h。
② 分子的形变量为10%，分母的形变量为15%。

40 钢及 40Cr 钢的接触疲劳极限与 950℃ 高温形变时滚压力大小的关系如图 9-96 所示。当滚压力为 55kg 时，接触疲劳极限最高。

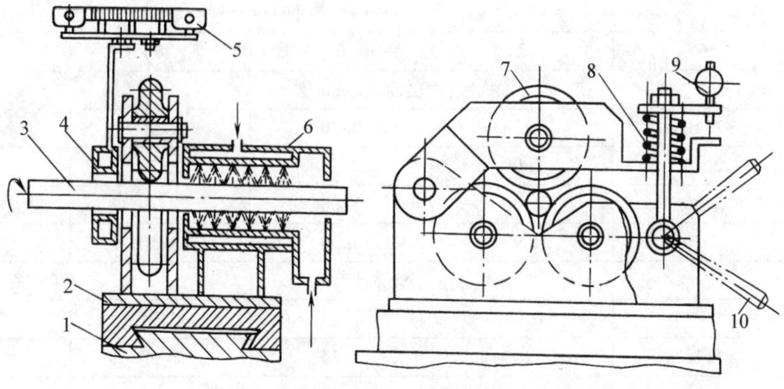

图 9-93　轴类钢件表面高温形变淬火装置示意

1、2—夹具　3—工件　4—感应器　5—高频变压器　6—喷雾器　7—压辊　8—校准弹簧　9—千分表　10—调整机构

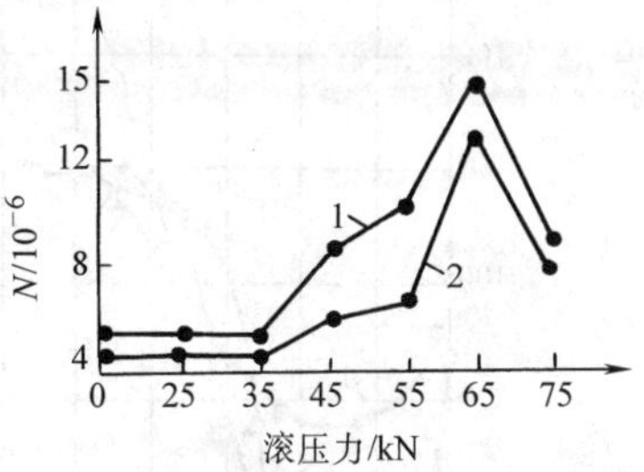

图 9-94　9Cr 钢表面高温形变淬火后接触疲劳强度与滚压力的关系

1—形变温度 950～970℃　2—形变温度 900～920℃

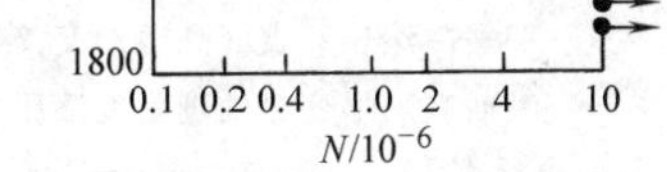

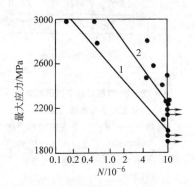

图 9-95　9Cr 钢接触疲劳曲线的对比

1—普通高频感应淬火　2—950℃ 滚压形变，滚压力 650kN，160～180℃ 回火

特别值得指出的是，表面高温形变淬火的 40Cr 钢比用其他方法（包括喷丸强化）处理者具有最高的接触疲劳极限（见表 9-36）。

表面高温形变淬火还能够有效地提高钢的耐磨性。45 钢及 65Mn 钢耐磨性与滚压力间的关系如图 9-97 所示。表 9-37 所列为 40Cr 钢表面高温形变淬火后的强化层深度和相对耐磨性。

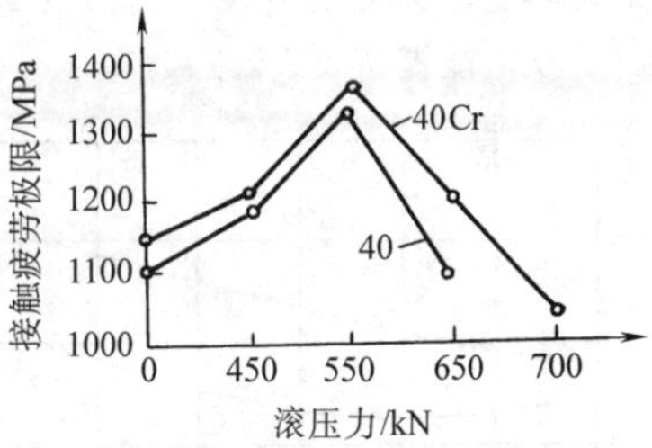

图 9-96　40、40Cr 钢表面形变淬火后的接触疲劳极限与滚压力的关系

注：形变温度 950℃，回火温度 180～200℃。

表 9-36　40Cr 钢经各种处理后的接触疲劳极限

处理工艺	硬度 HRC	接触疲劳极限/MPa
整体淬火，低温回火	46～48	940
整体淬火，低温回火，喷丸强化	49～51	1080
高频感应淬火，低温回火	51～53	1180
高频感应淬火，低温回火，喷丸强化	54～56	1233
高温滚压淬火（950℃，55kg），180～200℃ 回火	50～52	1270

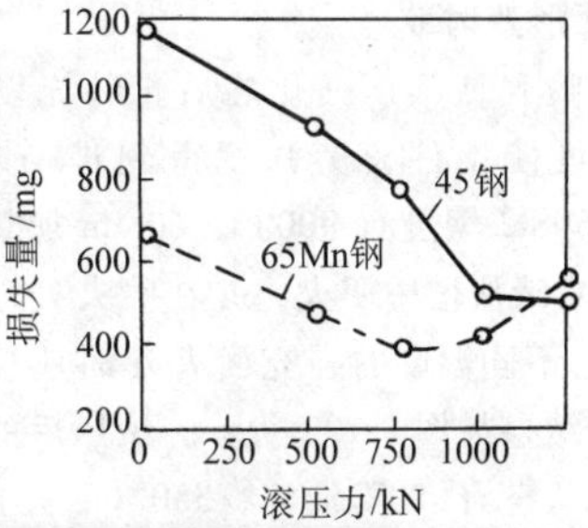

图 9-97　40 钢、65Mn 钢耐磨性与滚压力间的关系

表 9-37　40Cr 钢表面高温形变淬火后的强化层深度和相对耐磨性

滚压力/kN	形变温度 850℃		形变温度 950℃		
	形变时间/s				
	6	8	6	8	10
强化层深度/mm					
600	2.10	1.30	2.30	2.00	1.65
800	2.10	2.00	2.50	2.20	1.90
1000	2.90	2.30	3.00	2.70	2.40
1200	3.70	2.90	3.90	3.50	3.10
相对耐磨性①					
600	1.08	0.97	1.13	0.91	0.80
800	1.19	1.05	1.34	1.09	0.93
1000	1.30	1.16	1.43	1.23	1.04
1200	1.16	1.10	1.21	1.04	0.90

① 以高频加热淬火的耐磨性作为 1。

表面高温形变淬火可明显改善钢的表面粗糙度（见图 9-98），从而能提高疲劳极限。

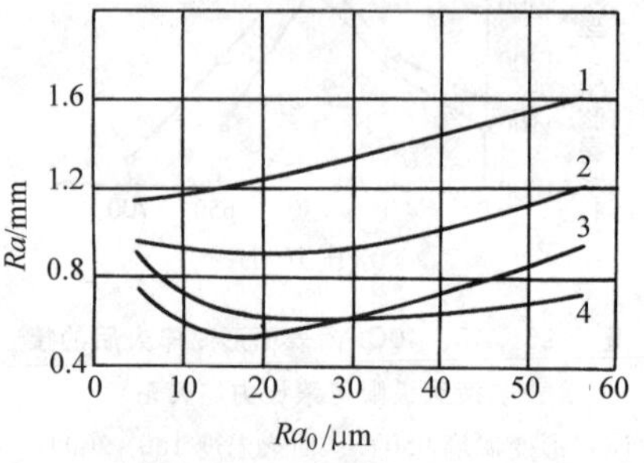

图 9-98　钢体表面高温形变淬火后的表面粗糙度（Ra）与原始粗糙度（Ra_0）及形变力间的关系

1—600kN　2—800kN　3—1000kN　4—1200kN

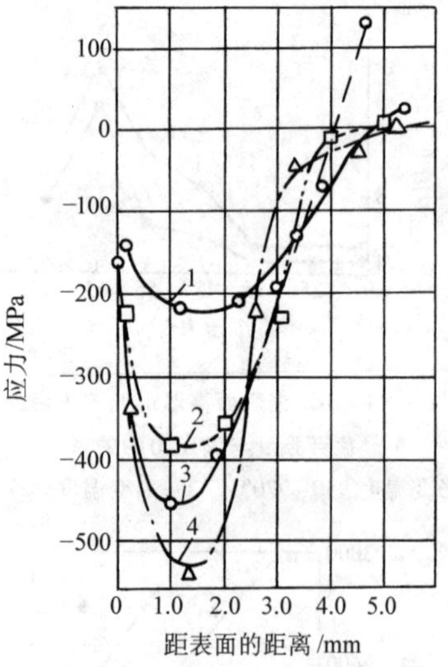

图 9-99　50 钢履带链节经不同表面强化后的表层残余压应力

1—高频表面淬火　2—表面高温形变热处理　3—冷滚压和表面高温形变淬火　4—表面高温形变热处理后冷滚压

2. 预冷形变表面形变热处理

钢件预先施行压力的，然后再进行表面形变淬火也能发挥冷形变的遗传作用，得到好的强化效果。预冷形变可使钢件在表面高温形变热处理时形成高的残余压应力（见图 9-99 和图 9-100），于是可显著提高其抗疲劳能力。还可提高钢件的表面粗糙度和耐磨性（见表 9-38 和图 9-101）

3. 表面形变时效

钢件在喷丸或滚压强化之后再补充以时效（低温回火），可使钢件疲劳强度得到进一步的提高。55Si2 钢和 60Si2 钢进行 900℃，60min 加热，然后油淬及于 450℃ 硝盐槽中回火，并在喷丸处理后于 20～500℃ 下进行不同温度的补充回火（时效）后的疲劳强度的试验结果如图 9-102 所示。滚压后的时效也可使预先调质状态（880℃ 油淬，550℃ 回火）的 40r 钢疲劳强度比时效前提高约 20%。

9.7.5　形变化学热处理

形变既可加速化学热处理过程，又可强化化学热处理效果。所以将形变强化或形变热处理强化与化学热处理相结合的形变化学热处理引起了人们的重视。

1. 形变对钢中扩散过程的影响

应力和形变均可加速钢中铁的自扩散与置换原子的扩散。结果证明，无论是弹性、小塑性形变，还是大塑性形变，拉应力均使铁的自扩散过程加速。而在

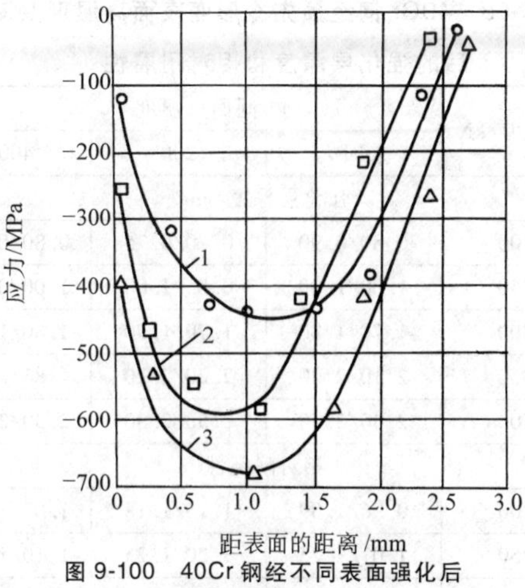

图 9-100　40Cr 钢经不同表面强化后的表层残留应力

1—感应淬火　2—预冷形变表面高温形变淬火

3—表面高温形变热处理

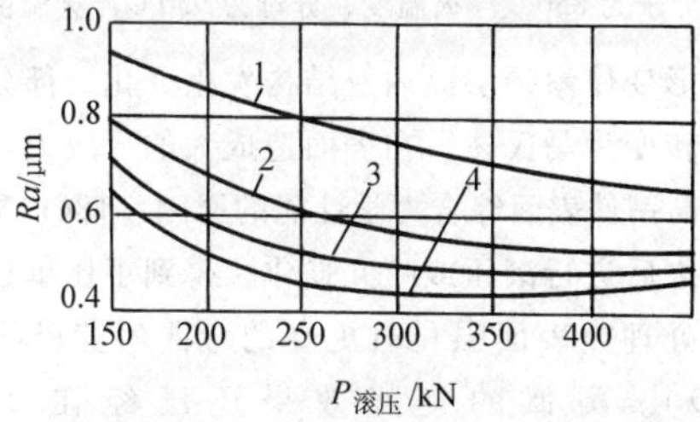

图 9-101　钢件与冷形变表面形变淬火后的表面粗糙度与形变进给量的形变力之间的关系

形变进给量：1—0. 25mm/r　2—0. 2mm/r

3—0. 15mm/r　4—0. 10mm/r

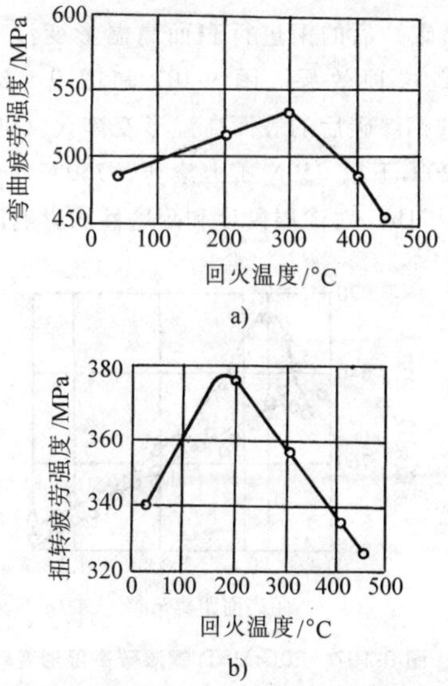

图 9-102　喷丸强化后补充回火对钢材疲劳强度的影响

a）55Si2 钢弯曲疲劳强度　b）60Si2 钢扭转疲劳强度

应力不变的情况下，随着塑性形变量的增加，铁的自扩散系数不断增大。在应力不变的条件下，自扩散激活能随着形变量的增大而减小（见图 9-103）。

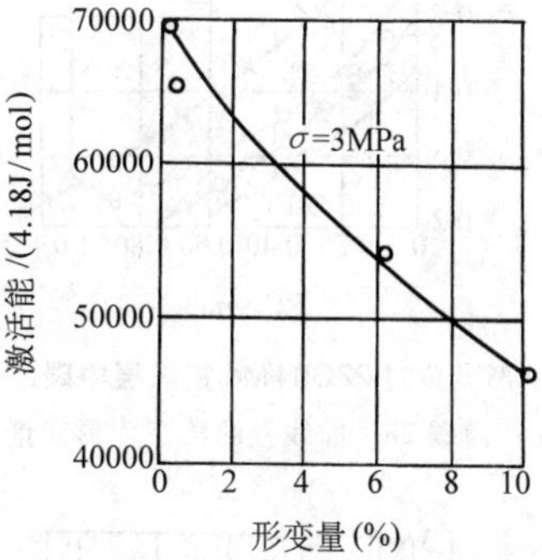

图 9-103　形变量对铁自扩散激活能的影响

应力和形变对形成置换固溶体的溶质原子的扩散过程的影响与对铁的自扩散过程的影响相类似。这是由于，形变金属中晶体缺陷（位错密度）增多，而原子沿位错线发生择优扩散，因而使扩散过程加速。

但是，关于应力和形变对与化学热处理密切相关的间隙原子（C、N 等）的扩散过程的影响比较复杂。有人认为塑性形变加速碳原子的扩散过程。也有人得出了预先塑性形变减缓碳在奥氏体中扩散过程的结论。

22CrNiMo 钢渗碳层深度与形变量的关系及渗碳层中碳浓度的分布情况分别如图 9-104 及图 9-105 所示。在 15Cr 钢中也发现了形变使渗碳浓度增高的效果（见图 9-106）。

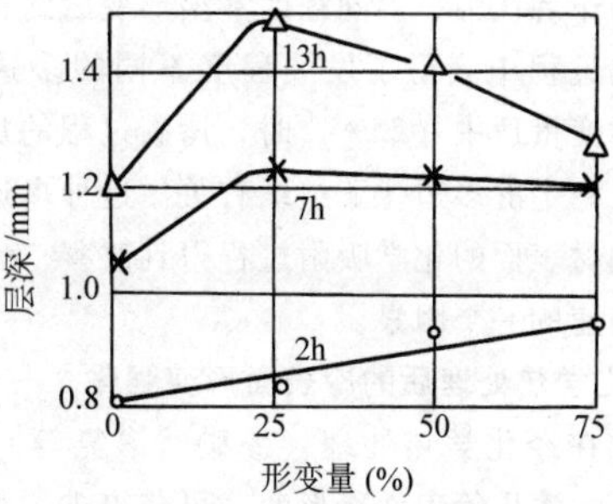

图 9-104　22CrNiMo 钢渗碳层深度和形变量的关系

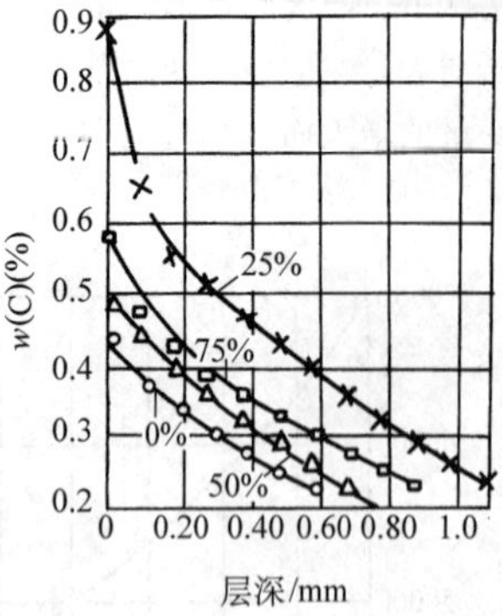

图 9-105　形变量对 22CrNiMo 钢渗层中碳分布的影响

注：渗碳 2h，曲线上的数字为形变量。

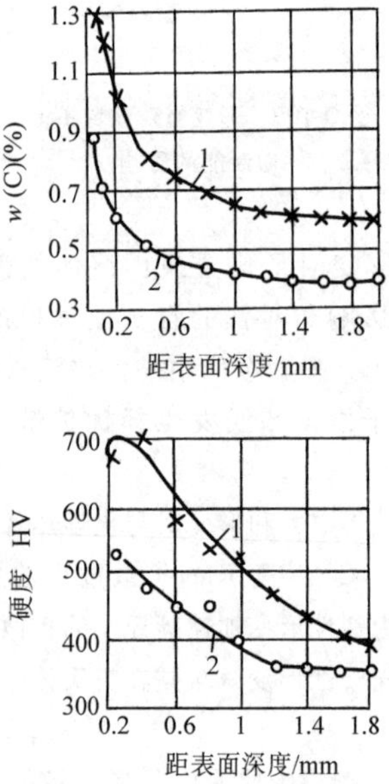

图 9-106　形变量对 15Cr 钢渗碳层碳含量和硬度梯度的影响

1— 形变量（%）　2—未形变

有的作者认为，不同程度室温形变后的钢在渗碳时的加热过程中获得了发展程度不同的多边化亚组织。当形变量适中（25%）时，渗碳过程的加速与钢中形成了稳定的多边化亚组织有关。这种多边化亚组织可使钢材表面的化学吸附过程得到改善，也是使渗碳过程加速的一个因素。

2. 化学热处理后的冷表面形变强化

钢材在经化学热处理（渗碳、渗氮等）后施行表面喷丸、滚压等表面冷形变，可获得进一步的强化效果，得到更高的表面硬度、耐磨性及疲劳强度等性能。

表 9-38　40Cr 钢经预先冷形变表面高温形变淬火后的强化层深度和相对耐磨性①②

滚压力/kN	中间回火温度/℃		
	未回火	200	400
强化层深度/mm			
200	0.80/0.90	0.70/0.75	0.80/0.70
250	1.00/1.00	0.85/1.00	1.00/0.90
300	1.70/1.80	1.70/1.90	1.80/1.80
350	2.10/2.20	2.20/2.20	1.85/2.20
400	2.40/2.40	2.50/2.30	2.30/2.40
相对耐磨性			
200	0.96/1.09	1.15/1.18	1.03/1.02
250	1.01/1.25	1.20/1.25	1.10/1.18
300	1.08/1.30	1.28/1.30	1.12/1.12
350	1.02/1.10	1.19/1.10	1.08/1.08
400	1.00/1.08	1.10/1.08	1.05/0.99

① 以高频感应淬火效果为 1。

② 分子为 850℃ 淬火温度，分母为 950℃ 淬火温度。

冷形变使渗碳层晶内亚结构发生变化，部分残留奥氏体转变为马氏体，在表面造成大的压应力。这些都是提高钢件表面综合力学性能的原因。18Cr2Ni4WA 钢渗碳之后进行滚压或喷丸强化，得到了比单独使用化学热处理或表面强化时更高的弯曲疲劳极限（见表 9-39）。类似的良好效果还已经在 20 钢、18CrMnTi、25CrMnMo 等许多钢上得到证实。

3. 化学热处理后表面高温形变淬火

高温形变淬火能显著提高结构钢的耐磨性和接触疲劳强度，尤其是对中碳结构钢更是如此。将化学热处理（渗碳）后的钢进行表面高温形变淬火则能进一步提高这种效果。图 9-107 和图 9-108 所示为 20CrMnTi 钢渗碳后的表面高温形变淬火（900℃ 高频加热，820℃ 下以 850N 压力滚压，760℃ 淬火，最后 200℃ 回火 1h）对渗层硬度和耐磨性的影响。

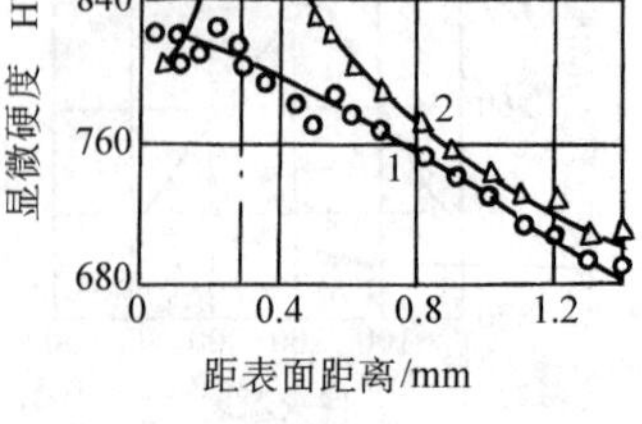

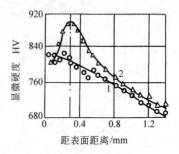

图 9-107　20CrMnTi 钢渗碳高温形变淬火的渗层硬度梯度比较

1—普通高频感应淬火　2—表面高温形变淬火

表 9-39　18Cr2Ni4WA 钢化学热处理后冷形变和一般热处理后的力学性能比较

试样编号	处理方式	强化层深度/mm	硬度 HRC		弯曲疲劳极限
			表面	心部	
1	淬火+低温回火	—	—	36~38	270
2	调质+渗氮	0.35~040	650~750HV	32~34	480
3	渗碳,高温回火,淬火,低温回火	0.9~1	57~60	36~38	510
4	同 3	0.55~0.70	57~60	36~40	540
5	淬火,低温回火,2000kN 压力下滚压	0.6	38~40	36~38	425
6	同 3,随后 2500kN 压力下滚压	渗碳层 0.9~1.1,滚压强化层约 0.5	59~62	36~38	559
7	同 3,随后喷丸强化	渗碳层 0.9~1.1,喷丸强化约 0.2	58~61	36~38	629

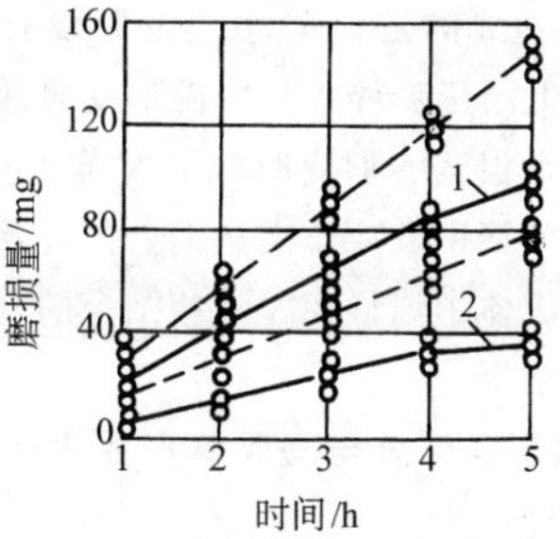

图 9-108　20CrMnTi 钢渗碳表面高温形变淬火的渗层磨损量的比较

1—普通高频感应淬火　2—渗碳表面高温形变淬火

--- 与淬火的 45 钢块对磨　——与铸铁对磨

4. 多边化处理后的化学热处理

多边化处理可以有效地提高钢及合金的蠕变抗力及持久强度。如果在已形成多边化亚组织的钢中利用化学热处理的方法渗入间隙原子（C、N），则由多边化过程建立起来的亚晶界（位错墙）可以被间隙原子所钉扎，能使钢的蠕变抗力及持久强度得到进一步的提高。这一设想已为许多试验结果所证实。

w(C) = 0.08% 钢进行多边化处理（拉伸形变 2.1%，600℃ × 8h 退火）后，进行化学热处理（400℃×6h 的渗氮），然后，进行了 550℃×110h 的低温退火。这样处理之后，钢中氮含量（质量分数）由原来的 0.08% 增加到 0.47%。这种处理和其他各种处理后的室温力学性能及持久强度试验结果见表 9-40 及图 9-109。

表 9-40　w(C) = 0.08%钢经多边化+渗氮和其他热处理、化学热处理后的力学性能

处理工艺	R_m/MPa	R_{eL}/MPa	A(%)
原始状态	357	195	38.8
多边化处理,室温拉伸 2.1%,600℃退火 8h	372	231	36.9
400℃渗氮 6h,550℃退火 110℃	418	246	34.3
室温拉伸 2.1%,600℃退火 8h,400℃渗氮 6h,550℃退火 110h	42	272	26.2

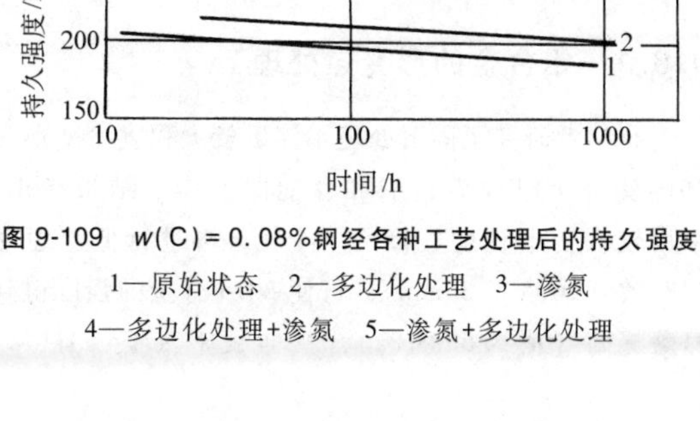

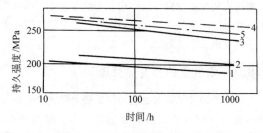

图 9-109　w(C) = 0.08%钢经各种工艺处理后的持久强度

1—原始状态　2—多边化处理　3—渗氮

4—多边化处理+渗氮　5—渗氮+多边化处理

5. 表面纳米化后的化学热处理

表面纳米化改变了材料表面的结构，表面纳米晶之间形成高体积分数的界面为元素扩散提供了理想的通道，使材料表面的化学热处理更容易进行。例如在利用氨气分解对钢铁材料进行渗氮处理的常规方法中，温度一般大于 500℃，时间大于 20h。然而，经表面机械研磨处理或得到纳米晶的纯铁在 300℃下渗氮 9h 就得到非常满意的氮化物层，即表面纳米化能够有效地降低化学热处理的温度和时间，提高渗入元素的浓度和渗层厚度。

9.7.6 晶粒超细化处理

用形变与热处理相结合的方法细化奥氏体晶粒能得到良好的效果。这种方法的程序是：加热至刚刚高于 Ac_3 的温度，保持一段时间，达到完全奥氏体化，然后以较大的压下量使奥氏体发生强烈形变，之后等温保持一段时间，使奥氏体进行起始再结晶，并于晶粒尚未开始长大之前进行快速冷却。用这种方法可获得晶粒十分细小的高强度高塑性钢材。

下面介绍另一种细化马氏体晶粒的形变热处理方法。这种处理方法的程序是：加热至奥氏体化温度，然后冷却到亚稳奥氏体区并进行低温形变，之后冷至稍低于 *Ms* 点的温度以得到少量的马氏体，然后再加热至某一中间温度，使已得到的马氏体回火，之后再冷至低于 *Ms* 点的另一更低的温度，然后再进行中间加热，如此循环多次，直到奥氏体全部转变成马氏体为止。用这种方法也能得到超细晶粒，其原因是，低温形变提供了更多的马氏体形核部位，以及先期形成的马氏体妨碍了以后形成的马氏体的长大。

晶粒超细化处理的方法还有很多。例如，也可考虑形变热处理与急冷急热相结合的方法。其程序是预先形变淬火处理（高温、低温形变淬火皆可，以 *Ar* 点附近形变为最佳）——以非常快的速度加热至奥氏体化温度——淬火回火。此法与预先形变热处理方法十分相似。用此法可得到超细晶粒的高强度、高塑性材料，抗拉强度达 2800MPa，伸长率为 5%～7%，断面收缩率为 20%～30%。

9.7.7 复合形变热处理

将两种或两种以上不同的形变热处理工艺方法联合使用，称为复合形变热处理。

1. 复合形变淬火

考虑到低温形变淬火可显著提高强度，而高温形变淬火则可有效改善塑性与韧性，于是人们将这两种方法联合使用，以期获得高强度、高韧性材料。复合形变淬火工艺如图 9-110 所示。

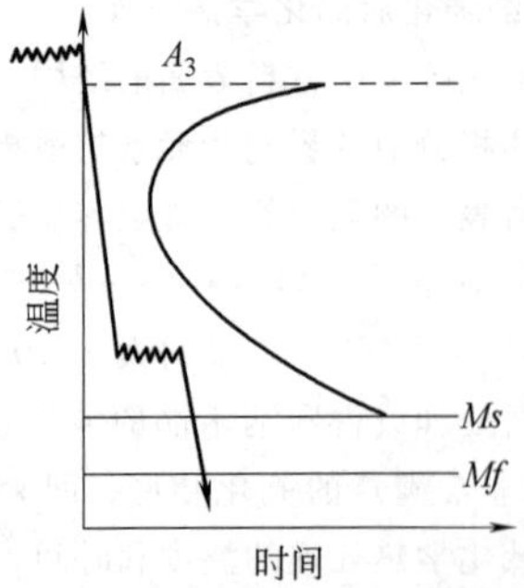

图 9-110 复合形变淬火工艺

在 $w(C)=0.3\%\sim0.4\%$，并含有 Mo、V、W 等元素的 Cr-Ni 钢上研究了复合形变淬火效应。试验结果表明，复合形变淬火的屈服强度增加率远远高于高温形变淬火，高于或等于低温形变淬火。与低温形变淬火比较，复合形变淬火有较高的韧性和相等的塑性。

2. 低温形变淬火与马氏体形变时效相结合的复合形变热处理

低温形变淬火与马氏体形变时效相结合的复合形变热处理，可以使钢材得到良好的强韧化效果。

如与其他处理规范相比，低温形变淬火及回火马氏体中温形变时效相结合的复合形变热处理，可使 H11 钢得到最好的强韧化效果——R_m = 2800MPa，A=12%。更重要的是，应力-应变曲线有一个更为理想的形状。低温形变淬火与中温形变时效相结合的优越性，在一个很宽的形变时效温度范围内都能得到。在工具钢、弹簧钢及冷作模具钢上都发现低温形变淬火及回火马氏体中温形变时效相结合的复合形变热处理有良好的结果。

3. 高温形变淬火与马氏体形变时效相结合的复合形变热处理

与普通淬火相比，高温形淬火已使 ЧСН16440 钢 [化学成分（质量分数）：C0.44%，Ni3.7%，Cr0.84%] 的抗拉强度有了显著的改善，在 150～250℃ 范围内回火时，R_m 大致提高了 250～300MPa；而高温形变淬火之后的马氏体形变时效又使 R_m 得到进一步的改进。这种效果在 900℃ 最终回火后更为显著：普通淬火后的 R_m 为 1900MPa，高温形变淬火者为 2200MPa，而高温形变淬火并经马氏体形变时效者则平均为 2750MPa（在 2650～2900MPa 范围），塑性（A，Z）的变化不大。

9.8 有色金属的形变热处理

不像钢铁材料的形变热处理，有色金属的形变热处理研究相对要少得多。但在有关原理方面，可以从钢铁材料的形变热处理处得到借鉴。这里仅介绍几个研究例子供参考。

9.8.1 铝合金的形变热处理

有学者研究了固溶处理水淬后较大程度冷变形对 2014 铝合金时效后组织和性能的影响。结果指出：采用较大变形程度（65%）冷轧，再进行低温短时间时效（160℃，30min），可使 2014 合金的强度得到显著提高（R_m = 568MPa），其伸长率（A = 11.6%）

仍不低于常规时效处理（固溶处理，水淬，160℃，12h）的伸长率；经这样冷变形的2014合金，在稍高温度短时间回复处理，将导致时效强化能力显著降低。

有人研究了双重时效的低温形变热处理对Al-Mg-Si-RE合金力学性能的影响。双重时效的低温形变热处理使该合金获得抗拉强度 $R_m=350MPa$、$R_{p0.2}=291MPa$ 和伸长率 $A=6\%$ 的最佳综合力学性能。显然用这种处理工艺比用固溶淬火+时效的普通热处理工艺优越。

铝合金最终形变热处理是指铝合金经固溶处理+预时效+冷变形+终时效的整套工艺。经最终形变热处理的材料性能比单纯进行固溶+时效的要好。在最终形变热处理过程中，由于溶质原子的分布和状态发生了变化、沉淀析出过程和形变位错运动过程交互影响，对铝合金的力学性能产生了很大影响，最终材料的强度极限可提高20%以上。

9.8.2　铜合金的形变热处理

冷变形可提高Cu合金的峰值机械性能。如在一定时效温度下，增加冷变形量可以缩短Cu-9Ni-6Sn合金达到峰值性能的时间。在400℃时效的情况下，变形量从75%增加到99.75%，时效时间由30min缩短到1min，屈服强度提高到227MPa。同时由于时效时间的缩短，可以使时效工艺在连续炉内进行。另一方面，冷变形量的增加，可以使时效温度降低，从而提高材料峰值强度，如99.75%冷变形、350℃时效得到的强度比400℃时效提高了185MPa。可以认为，欲使合金在最短的时间内获得最高的机械强度，所需的冷变形量至少要大于95%。

有人指出，Cu合金形变热处理的工艺关键为控制过饱和α固溶体的晶粒度；时效前施以一定量的冷形：根据使用性能要求选择冷变形量、时效温度，并使其时效时间适应连续生产。

参考文献

[1]　雷廷权，姚忠凯，杨德庄，等．钢的形变热处理［M］．北京：机械工业出版社，1979．

[2]　雷廷权，傅家骐．金属热处理工艺方法500种［M］．北京：机械工业出版社，1998．

[3]　TONG W P，TAO N R，WANG Z B，et al，Nitriding Iron at Lower Temperatures［J］．SCIENCE，2003，299（1）：686-688．

[4]　姚斌，李峰，张国强．形变热处理对Fe-19Mn-2Al-0.6C圆钢拉伸性能及组织演变的影响［J］．锻压技术，2022，47（8）：208-214．

[5]　史媛媛．金属材料热处理形变的影响因素及预防措施［J］．世界有色金属，2021（11）：5-6．

[6]　林芷青，张福成，马华，等．锻焊和形变热处理对铸造高锰钢辙叉耐磨性的影响［J］．金属热处理，2021，46（8）：92-98．

[7]　张国铭，刘峰，张莹莹，等．基于预形变热处理对GH4169蠕变性能影响的研究［J］．合成材料老化与应用，2021，50（1）：29-31，143．

[8]　韦家虎，董建新，付书红，等．形变参数对GH4169合金热变形行为的影响［J］．材料热处理学报，2013，34（7）：58-64．

[9]　王丰，杜宇辰，刘雨健，等．航发轴承基体高强韧组织形变-相变协同精确控制定量研究［J］．锻压技术，2021，46（9）：99-104．

第 10 章　不锈钢、耐热钢与高温合金的热处理

燕山大学　肖福仁

根据 GB/T 17616—2013《钢铁及合金牌号统一数字代号体系》的规定，按主要性能及使用特性分类，将不锈钢、耐蚀钢和耐热钢归属为一类，统称不锈钢和耐热钢。但是，严格来说，它们是有区别的。不锈钢应指在空气中或接近中性的介质中不产生锈蚀的钢；耐蚀钢应指在一些含有化学腐蚀介质，如酸、碱、盐及其溶液、海水和一些腐蚀性气体中能够不产生或少产生腐蚀的钢；耐热钢应指在较高温度环境中能够抗氧化、抗蠕变的钢。当然，一般的耐蚀钢和耐热钢都具有不锈的特性。习惯上，常把不锈钢和耐蚀钢简称为不锈钢。

10.1　不锈钢的热处理

10.1.1　不锈钢的分类及特点

按 GB/T 20878—2007《不锈钢和耐热钢　牌号及化学成分》的规定，将不锈钢、耐热钢按组织分为铁素体型不锈钢、奥氏体型不锈钢、奥氏体-铁素体型（双相）不锈钢、马氏体型不锈钢、沉淀硬化型不锈钢。不同类型不锈钢、耐热钢的定义如下：

（1）不锈钢　以不锈、耐蚀性为主要特性，且铬含量至少为 10.5%（质量分数），碳含量最大不超过 1.2%（质量分数）的钢。

（2）铁素体型不锈钢　基体以体心立方晶体结构的铁素体组织（α 相）为主，有磁性，一般不能通过热处理硬化，但冷加工可使其轻微强化的不锈钢。

（3）奥氏体型不锈钢　基体以面心立方晶体结构的奥氏体组织（γ 相）为主，无磁性，主要通过冷加工使其强化（并可能导致一定的磁性）的不锈钢。

（4）奥氏体-铁素体（双相）型不锈钢　基体兼有奥氏体和铁素体两相组织（其中较少相的含量一般大于 15%，体积分数），有磁性，可通过冷加工使其强化的不锈钢。

（5）马氏体型不锈钢　基体为马氏体组织，有磁性，通过热处理可调整其力学性能的不锈钢。

（6）沉淀硬化型不锈钢　基体为奥氏体或马氏体组织，并能通过沉淀硬化（又称时效硬化）处理使其硬（强）化的不锈钢。

（7）耐热钢　在高温下具有良好的化学稳定性或较高强度的钢。

10.1.2　不锈钢的牌号及表示方法

目前我国不锈钢和耐热钢按 GB/T 20878—2007 执行。在该标准中规定了钢的统一数字编号、牌号及化学成分，与旧标准在钢牌号和成分规定有很大的不同。统一数字编号按 GB/T 17616 的规定确定原则。统一数字代号为 S+五位阿拉伯数字，S 为 stainless and heat resisting steel 的首字母。铁素体型钢为 S1××××；奥氏体-铁素体型钢为 S2××××；奥氏体型钢为 S3××××；马氏体型钢为 S4××××；沉淀硬化型钢为 S5××××。

钢牌号按照国家标准规定是采用汉语拼音字母、化学元素符号和阿拉伯数字相结合的原则。

1）汉语拼音字母一般用来（在需要时）表示钢的产品名称、用途、冶炼和浇注方法等。字母的标注位置多在牌号头部或尾部，有的也标注在中部。如易切削不锈钢在牌号前加“Y”（Yi，易），铸造不锈钢在牌号前加“ZG”（Zhu Gang，铸钢）。

2）钢中的合金元素用化学元素周期表中的化学元素符号表示，稀土元素用“RE”表示。

3）合金元素含量的表示。钢中的主要合金元素含量用数字表示在相应合金元素的后面，以合金元素平均含量的百分之几标注，微量合金元素，如钛、铝、氮、钒等，在钢中虽然含量很低，也应以合金元素符号标出，但不必标注含量。

4）碳含量的表示相比与 GB/T 1220—1992 及以前的版本中有很大改变。GB/T 1200—1992 及以前的版本中依据碳含量的不同，按如下规则标注：$w(C)\leqslant 0.03\%$时，在牌号前标注“00”；$w(C)\leqslant 0.09\%$时，在牌号前标注“0”；$w(C)<0.15\%$时，在牌号前标注“1”；$w(C)>0.15\%$时，用平均碳含量×10 表示，记在牌号前部。在 GB/T 1220—2007 版本中，则规定碳含量采用三位或两位阿拉伯数字表示：$w(C)\leqslant 0.01\%$时，在牌号前标注“008”；$w(C)\leqslant 0.03\%$时，在牌号前标注“022”；$w(C)\leqslant 0.04\%$时，在牌号前标注“03”；$w(C)\leqslant 0.07\%$时，在牌号前标注“05”；$w(C)\leqslant 0.08\%$时，在牌号前标注“06”；$w(C)\leqslant 0.09\%$时，在牌号前标注“07”；$w(C)\leqslant$

0.12%时，在牌号前标注“10”；$w(C)\leq0.15\%$时，在牌号前标注“12”；$w(C)>0.15\%$时，用平均含碳量×100 表示，记在牌号前部。

10.1.3　不锈钢中主要合金元素及作用

不锈钢中的合金元素主要从以下几个方面发挥作用：①促进钢的钝化膜的生成和稳定；②提高钢的电极电位；③调整钢的组织结构；④减少或消除钢中组织的不均匀性，增强组织的稳定性；⑤平衡或减小碳对耐蚀性的不利作用；⑥强化钢的基体，调整钢的力学性能；⑦改善冷、热加工工艺性能。

（1）铬　在不锈钢的合金元素中，铬是最重要的元素。铬在不锈钢中不仅能显著促进钝化膜生成和稳定，还能显著提高铁基固溶体的电极电位。依据腐蚀的电化学理论，加入铁基固溶体时，只有铬含量达到一定值，即当铬与铁的摩尔比达到 1/8、2/8、3/8……$n/8$ 时，铁基固溶体的电极电位才会跳跃式地增高，钢的耐蚀性才会明显地提高（见图 10-1）。由图 10-1 可见，当铬与铁的摩尔比达到 $n/8$ 规律时，产生第一个突变值，即铬与铁的摩尔比为 12.5%时，可使铁的电位由-0.56V 跃增至 0.2V，从而使钢钝化，钢在大气等弱腐蚀性介质中具有较好的耐蚀性。如不考虑钢中碳与铬的作用，11.7%（质量分数）就是构成不锈钢的最低限度铬需要量。但由于碳是钢中必然存在元素，它能与铬形成一系列铬的碳化物，为使钢中固溶体的铬含量不低于 11.7%（质量分数），通常把钢中的铬含量适当提高一些，这就是实际应用的不锈钢铬含量最低不低于 13%（质量分数）的原因。如果希望进一步提高钢的耐蚀性（例如耐沸腾硝酸腐蚀），就需要更高的铬含量。

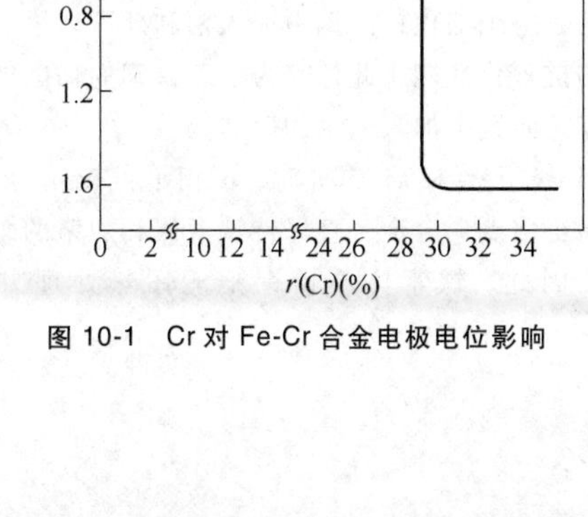

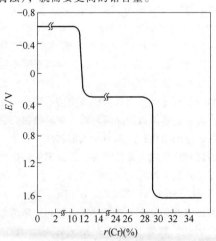

图 10-1　Cr 对 Fe-Cr 合金电极电位影响

（2）镍　镍是奥氏体不锈钢最重要的元素。镍本身是优良的耐腐蚀材料，但是，因其价格昂贵及其他一些因素，使其应用受到一定限制。镍是强奥氏体稳化元素，但是，在低碳的镍钢中要获得纯奥氏体组织，$w(Cr)$ 要达到 24%以上，而 $w(Cr)$ 达到 27%以上才能使钢在某些介质中改善耐蚀性。但当镍与铬共同存在于钢中时，镍的作用会发生很大的变化。例如，在 $w(Cr)=17\%$ 的铁素体不锈钢中，加入 2%（质量分数）左右的镍以后，变成了马氏体不锈钢；当 $w(Cr)$ 提高到 8%左右时，一般情况下可获得单相奥氏体组织，即被广泛应用的 18-8 型奥氏体不锈钢，其比相同铬含量的铁素体不锈钢和马氏体不锈钢有更优良的耐蚀性，而且，加工性能、焊接性能、低温下的塑性和冲击韧性更好。由此可见，镍在不锈钢中的应用通常配合铬才能更好地发挥作用，才能改变不锈钢的组织，从而使不锈钢的力学性能、加工性能和在某些腐蚀介质中的耐蚀性得到很大的改善。

（3）碳　碳是钢的主要组成元素，碳在钢中的含量及分布形式决定了钢的组织和性能。碳在不锈钢中对组织、力学性能、耐蚀性有很大的影响，可以说是起主导作用的。

碳是一种强烈扩大奥氏体区域和稳定奥氏体组织的元素，其作用程度大约是镍的 30 倍，碳在不锈钢中对改善组织和力学性能的作用是有益的。但碳是强碳化物形成元素，碳和铬的亲和力大，极易与不锈钢中的铬结合形成化合物，使固溶体中的铬减少，从而使钢的耐蚀性受到影响，特别是这种铬的碳化物沿晶界析出时，会引起该处产生贫铬区，引起晶间腐蚀，对不锈钢的耐蚀性起到有害的作用。随着冶金技术的进步，根据对不锈钢耐蚀性的需求，出现了越来越多的低碳、超低碳的新型不锈钢钢种。由上可见，碳在不锈钢中发挥着有益和有害的两个方面的作用，这一点应在选择和使用不锈钢，以及制订正确热处理方法时予以注意。

（4）钼　钼是改善奥氏体不锈钢和双相不锈钢抗孔蚀能力最主要的元素。钼加入不锈钢中，可增强钢的钝化作用，从而提高钢的耐蚀性。但钼是形成铁素体的元素，如果要使钢获得奥氏体组织，应考虑钢中钼的影响。因此，含钼的奥氏体不锈钢中都适当地提高了镍含量，以平衡钼的作用。在马氏体不锈钢中含有钼时，热处理应适当提高淬火温度，以保证含钼的碳化物充分溶解。

（5）铜　铜是形成奥氏体的元素，但作用效果不大，对组织无显著影响。铜能提高奥氏体的稳定性。不锈钢中加入铜，主要是提高在硫酸中的耐蚀性，特别是与钼一起加入效果更显著，这可能与其在硫酸中具有较高的稳定性有关。铜在沉淀硬化不锈钢中，因时效处理析出富铜的强化相，可提高钢强度。另外，在不锈钢中析出纳米富铜相，提高钢抗微生物腐蚀的性能，形成抗菌不锈钢。

（6）钛和铌　钛和铌都是强碳化物形成元素，比铬更容易形成碳化物。钛和铌在不锈钢中，钢中的碳优先与钛和铌结合，避免铬碳化物形成及沿晶界析出，就保证了在晶界处不存在贫铬区，可有效地防止不锈钢产生晶间腐蚀。为保证不锈钢不产生晶间腐蚀，除保证钢中有足够量的钛和铌外，还应进行适当的热处理，才能充分发挥钛和铌的作用。但钛和铌都是形成铁素体的元素，有可能使奥氏体钢中产生少许铁素体，如果热处理或使用不当，有可能形成δ相，从而引起脆性，对加工性能产生不利的影响。

（7）氮　氮是一种强烈扩大奥氏体区和稳定奥氏体组织的元素，其作用效果相当于镍的25~30倍，因此氮可以取代部分镍，达到了节约镍的效果。氮还能提高在含有氯离子介质中的耐点（孔）腐蚀和耐缝隙腐蚀性能。但过高的氮含量可能使不锈钢铸件产生气孔等缺陷，所以加入氮的量要合理控制，其质量分数一般不超过0.2%。

（8）锰　锰是扩大奥氏体区和稳定奥氏体组织的元素，其作用效果相当于镍的1/2。锰在不锈钢中的应用主要是取代一部分镍，特别是缺镍的国家以锰代镍生产奥氏体不锈钢。锰对提高铁基固溶体电极电位能力不大，形成氧化膜的防护作用也很低，对不锈钢耐蚀性作用不大。当钢中 $w(Cr)>15\%$ 时，若 $w(Mn)>10\%$，则组织中会增加δ相含量，反而对钢的耐蚀性和力学性能产生不利作用，所以还应注意控制锰的加入量。

（9）硅　硅是铁素体形成元素，能提高不锈钢中在氧化性介质中的耐蚀性、抗晶间腐蚀性能和抗点腐蚀性能。硅的加入还可改善钢的铸造性能。但硅含量高易促进σ相形成，使铸件脆化，降低钢的力学性能。

（10）铝　铝在不锈钢中应用较少，但在抗氧化钢中添加量较高。当钢中铝达到一定含量时，可使钢钝化，提高在氧化性酸中的耐蚀性。在一些沉淀硬化不锈钢中加入铝，其在时效处理时能析出镍铝金属间化合物，使钢强化。

（11）硫和硒　硫和硒的加入会降低钢的韧性，对耐蚀性也表现出不利作用，一般很少使用。在某些不锈钢中有意识地提高硫含量或加入硒，主要是为提高不锈钢，特别是奥氏体不锈钢的切削性能。

（12）钨　钨在不锈钢中很少应用。随着双相不锈钢的研究开发，发现钨对双相不锈钢提高耐缝隙腐蚀的作用是明显的。一般认为，在不锈钢中钨的功能类似钼，可抑制金属的再溶解，从而起到延缓腐蚀作用，还有的研究认为，一定含量的钨可减少钢的中温脆化倾向。

除了上述各元素外，有的为提高不锈钢的某些性能还加入其他一些元素，如为提高时效硬化不锈钢的硬度加入钴，为提高不锈钢热强性加入钒，为改善工艺性能加入稀土元素等。

虽然以上对合金元素在不锈钢中的作用进行了说明，但实际不锈钢是多种元素共存的，它们的影响要比每个元素在不锈钢中的单独作用更复杂。因此，在实际不锈钢合金化中，不仅要考虑每种元素的自身作用，还要考虑它们之间的相互作用和影响。

10.1.4　铁素体不锈钢的热处理

铁素体不锈钢是 $w(Cr)=12\%\sim30\%$ 的铁基合金。铁素体不锈钢不含或仅含少量的镍元素，钢的成本较低。铁素体不锈钢的耐蚀性（对硝酸、氨水等）和抗氧化性较好，特别是抗应力腐蚀性能和切削加工性能均优于奥氏体不锈钢。但由于铁素体不锈钢存在着脆性、缺口敏感性大和焊接性差等缺点，在生产和应用上受到很大限制。自20世纪70年代以来，随AOD（亚氧脱碳法）、VOD（真空吹氧冶炼）等精炼技术的发展和应用，生产出了超纯铁素体不锈钢，极大地改善了钢的性能，扩展了铁素体不锈钢应用领域，铁素体不锈钢广泛用于受力不大的耐酸结构和氧化环境。

1. 铁素体不锈钢的组织及特点

铁素体不锈钢成分的主要差异是铬含量。我国的铁素体不锈钢可分成三种类型：Cr13型、Cr17型和Cr25-28型。这类钢碳含量较低，$w(C)\approx0.1\%$。钢中铬含量较高，平均铬含量从最低的13%至最高的28%（质量分数）。除了Cr外，还可以根据不同的性能要求加入其他的合金元素。例如，加钼、铜是为了提高钢在非氧化性介质及有机酸中的耐蚀性；加钛可以防止高铬铁素体钢的晶间腐蚀；加氮可使高铬铁素体钢铸态组织细化；向钢中加入铝和硅可以进一步提高钢的抗氧化性能；此外，为了改善钢的切削加工性能，有时向钢中加入适量的硫和锡。

当 $w(Cr)=13\%\sim30\%$ 时，α相不再转变为γ相，从室温至熔点，合金一直保持铁素体和加铬的碳化物组织。因此，铁素体不锈钢不能用热处理方法来强化。

铁素体不锈钢的主要缺点是脆性大。其主要原因如下：

（1）晶粒粗大　这类钢铸态组织晶粒粗大。粗大的晶粒组织，不能通过加热冷却过程中的相变来细化，只能通过压力加工（热轧、锻造）来碎化。当加工温度超过再结晶温度后，晶粒长大倾向很大，加热至 900℃以上晶粒即显著粗化。由于晶粒细化，这类钢冷脆性大，冷脆转变温度高，室温冲击韧性低。生产中需要将这类钢的终轧、终锻温度控制在 750℃或更低的温度。此外，向钢中加入少量的钛，可使晶粒粗化倾向稍有降低。

（2）σ 相析出　铁素体不锈钢在 550~850℃长期停留时，将从 δ 铁素体中析出 σ 相，使钢变脆。σ 相为高硬度（>85HRC）的 FeCr 金属间化合物，具有复杂六方点阵，析出时还伴随体积变化，故引起很大脆性。σ 相又常常沿晶界析出，所以还可引起晶间腐蚀。在实际生产中，由于铬钢中成分偏析和其他稳定 σ 相合金元素（例如硅、铌、钛、钼等）作用，$w(\mathrm{Cr})=17\%$的不锈钢就可能形成 σ 相。锰能大量溶于 σ 相中，使形成 σ 相的极限铬含量降低。镍则有与锰相反的作用，并升高 σ 相的上限温度。碳和氮使 σ 相的极限铬含量提高。预先冷加工也促使形成 σ 相的倾向增大，并使形成 σ 相的温度降低。

σ 相的形成是缓慢的，温度越低，形成速度越慢，如 $w(\mathrm{Cr})=27\%$的钢在 550℃加热几千小时才能形成 σ 相。已形成 σ 相而变脆的钢，加热到 850℃以上，保温时间不少于 1h，则 σ 相会重新溶解，使钢的塑性、韧性恢复正常。对于含有镍、钼、锰的钢，欲使 σ 相溶解，则必须加热到更高的温度且长时间保温。σ 相常于高铬铁素体钢、奥氏体-铁素体不锈钢及奥氏不锈钢中形成，在铁素体不锈钢中更容易形成。

（3）475℃脆性　在高铬铁素体钢中，若 $w(\mathrm{Cr})>15\%$，在 400~525℃温度范围内长时间加热或缓冷时，钢在室温下变脆，最高脆化温度在 475℃左右，这种脆性称为 475℃ 脆性。这种脆性可以通过高于 475℃温度加热（600~650℃）随后快冷来消除。大量研究表明，引起 475℃脆性原因：在 475℃加热时，在铁素体内的铬原子趋于有序化，形成许多富铬（Cr80%+Fe20%，摩尔分数）小区域，它们与母相共格，引起点阵畸变和内应力，使钢的韧性降低，强度升高。

（4）高温脆性　高铬铁素体不锈钢，当加热到 900℃以上，然后冷却到室温，会呈现严重脆化，其耐蚀性急剧降低，这种现象称为高温脆性。产生高温脆性的原因：对含有较多间隙原子（C、N）的铁素体不锈钢，从高温冷到室温时，会在晶界处或位错上析出高铬的碳化物或氮化物引起脆性；还有人认为，高铬铁素体钢（Cr17 型、Cr25 型）在 900℃以上加热淬火时，由于碳、氮及合金元素向晶界吸附，使晶界区稳定奥氏体元素浓度增高，形成一层包围铁素体晶粒的奥氏体层，在淬火冷却时转变为马氏体，也能造成钢的韧性下降。

2. 铁素体不锈钢的热处理

对于铁素体不锈钢，为改善其塑性、韧性，保证耐蚀性，消除应力，通常采用退火处理。在我国相关不锈钢标准所列的铁素体不锈钢中，从化学成分控制上可有两种情况，即一般铁素体不锈钢和高纯铁素体不锈钢。后者比前者碳含量更低，对氮、硅、锰、磷、硫等杂质元素的含量控制更严格，所以在退火工艺上也略显不同。

（1）退火　铁素体不锈钢在应用中应避免 σ 相脆性、475℃脆性、高温脆性及晶间腐蚀敏感倾向，以保证有较好的塑性、韧性、耐蚀性和较小的应力。因此，热处理工艺的选择应以此为目标。

按照我国的相关标准，常见牌号的铁素体不锈钢热处理工艺和力学性能见表 10-1。高铬铁素体不锈钢的退火温度一般不超过 900℃，为了避免 σ 相析出及出现 475℃脆性，退火保温时间不宜过长（一般保温 1h），另外退火至 600℃左右也应快冷。对高纯铁素体不锈钢，退火温度可以高于一般铁素体不锈钢，通常采用 900~1050℃，保温后快冷。在实际应用时，退火工艺的制订还应该考虑具体钢的成分和目的：为控制晶粒长大倾向，温度可略低些；含有硒、硫的易切削铁素体不锈钢，为提高切削性能，控制钢不被过度软化，其退火温度也要偏低一些；为保证合金元素充分固溶，使钢的组织更加均匀，可适当提高一些加热温度；铸造铁素体不锈钢的退火温度也应偏高一些。冷却过程控制也应根据具体材料成分、尺寸大小、形状复杂程度、热处理目的、欲达到的热处理效果和可能出现的热处理缺陷等因素确定实际冷却方法，如缓冷采用砂冷、坑冷、炉冷或限速冷却，快冷采用空冷、风冷、油冷、水冷或其他介质冷却等。

（2）去应力退火　铁素体不锈钢在焊接和冷加工后，应进行去应力退火，以消除应力和改善塑性。依据具体情况，可采用较低温度（230~370℃），也可以采用较高温度，在 700~760℃保温后，以不大于 50℃/h 速度缓冷至 600℃后空冷，但要注意 σ 相少量析出的危险。去应力退火的保温时间可为 1.5~2h 或更长。

3. 铁素体不锈钢的热处理缺陷和预防

尽管铁素体不锈钢热处理方法比较简单，但操作不当也可能产生热处理缺陷。

（1）晶间腐蚀的敏化倾向　w(C)>0.01%的一般铁素体不锈钢，退火温度超过 850℃以上，由于晶界析出物的产生，会增加晶间腐蚀的敏感性。在实际生产中，对于铁素体不锈钢的退火应严格执行工艺，控制加热温度。

表 10-1　常见牌号的铁素体不锈钢热处理工艺和力学性能

牌号	热处理工艺		力学性能 ≥					用途举例
	退火温度/℃	冷却方式	R_m/MPa	R_{eL}/MPa	A(%)	Z(%)	HBW ≤	
06Cr13Al	780～830	空冷	410	177	20	60	183	耐蒸汽、碳酸铵液及含硫石油设备等
022Cr12	700～820	空冷	265	196	22	60	183	汽车排气装置、锅炉燃烧室、喷嘴等
10Cr17	780～850	空冷	450	205	22	50	193	硝酸化工设备、食品加工设备等
10Cr17Mo	780～850	空冷	450	205	22	60	183	用途同 10Cr17，但比 10Cr17 抗盐酸溶液腐蚀强
008Cr30Mo2	900～1050	水冷	450	295	20	40	228	耐乙酸、乳酸等有机酸及氢氧化钠设备

（2）脆性　铁素体不锈钢在较高温度加热时会产生高温脆性，在 400～600℃保温或缓冷会有 σ 相脆性和 475℃脆性产生的可能性。应注意控制加热温度不能过高，又要避免在脆性区温度停留，在 600℃以下应快冷为好。

（3）晶粒长大　铁素体不锈钢晶粒长大的倾向大，对钢的塑性、韧性不利。从这一角度考虑，铁素体不锈钢热处理时也应尽量采用较低温度，并防止过热产生。

（4）表面贫铬　在氧化性气氛中，铁素体不锈钢高温、短时加热，会使钢表面的铬优先氧化而贫铬，这必然使钢的表面铬含量降低，导致耐蚀性降低。对没有加工余量的工件，可采用光亮退火或真空退火的工艺方法，避免产生铁素体不锈钢的表面贫铬现象。

10.1.5　奥氏体不锈钢的热处理

奥氏体不锈钢是应用最广、牌号最多的钢种，约占不锈钢总产量的 2/3。这是因为奥氏体不锈钢具有较好的耐蚀性、冷加工成形性、焊接性等一系列优点，除作为耐蚀构件外，这类钢还可用于高温作为承受低载荷的热强钢。

1. 奥氏体不锈钢成分、组织及性能

奥氏体不锈钢按化学成分可分为铬-镍系、铬-锰-氮系、铬-锰-镍-氮系。后两种是以锰、氮代镍以及锰、氮节镍的钢种。

奥氏体不锈钢最基本的合金元素是铬和镍，代表性的牌号是 w(Cr)≈18%、w(Ni)≈8%的铬-镍奥氏体不锈钢，常称为 18-8 型不锈钢。铬和镍的元素配比基本上保证了钢的组织是稳定的奥氏体。在 18-8 型不锈钢的基础上，改变碳含量或添加其他合金元素，赋予了这类不锈钢更优良的性能。

1）降低碳含量或加入钛、铌元素，可提高耐晶间腐蚀性能。

2）加入铝、钼、铜元素，可提高在硫酸中的耐蚀性。

3）加入硅并提高铬、镍等元素的含量，可提高不锈钢在浓硝酸中的耐蚀性。

4）加入钼或氮元素，可以提高奥氏体不锈钢在含有氯离子介质中的抗点腐蚀性能。

5）锰和氮可以取代铬-镍奥氏体不锈钢中的镍，以节约稀有贵重金属镍。

6）奥氏体不锈钢大幅度降低碳含量，严格限制钽、钴含量，可应用于核能工业。

但加入某些合金元素时，应考虑这些元素对组织的稳定作用，应对铬、镍含量做适当的调整。对于铬-镍奥氏体不锈钢，为保证钢的组织获得完全奥氏体组织，镍含量应不小于下列经验公式所给出的数值：$w(\mathrm{Ni}) \geqslant 1.1\,[w(\mathrm{Cr})+w(\mathrm{Mo})+1.5w(\mathrm{Si})+1.5w(\mathrm{Nb})]-0.5w(\mathrm{Mn})-30w(\mathrm{C})-8.2\%$。当钢中镍含量低于按此公式的计算值时，则钢的组织不完全是奥氏体，可能还有一定量的 δ 铁素体。此公式适用于自高温快速冷却钢的组织。

对于以锰、氮代镍的 Cr-Mn-Ni-N 奥氏体不锈钢，当 w(Mn)=5%～14%时，为保证在 1150℃时能获得完全奥氏体组织，所需要的碳加氮的最小含量应满足下列公式：$w(\mathrm{C})+w(\mathrm{N}) \geqslant 0.078\{w(\mathrm{Cr})+0.63w(\mathrm{W})$

$+1.4w(Mo)+2.5w(V)+2.8w(Nb)+1.74[w(Si)-0.5\%]-12.5\%\}-0.05w(Ni)$。

由于碳的存在，18-8 奥氏体不锈钢室温下平衡相为 $\gamma+\alpha+M_{23}C_6$，平衡组织为 $A+F+M_{23}C_6$。这是因为这类钢在高温下有一个含碳较宽的奥氏体相区。在缓慢冷却时，沿 *ES* 线碳以合金碳化物形式析出，主要为 $(Fe, Cr)_{23}C_6$。缓冷至 *SK* 线以下，还要发生部分 γ 转变为 α，故其室温的平衡组织为 $F+A+M_{23}C_6$。在加热时，当加热温度达到 *ES* 线以上时，$M_{23}C_6$ 又可完全溶于奥氏体中，经淬火，高温状态的碳等元素的过饱和固溶体将保持至室温。因此，18-8 型奥氏体钢的单一奥氏体组织是通过热处理的配合获得的。

此外，如果加热温度过高，还会有 δ 铁素体形成。如果钢中铬含量过高或含有其他铁素体形成元素，在 650~850℃还会有 σ 相析出。

奥氏体不锈钢的组织结构决定了其力学性能的特点：强度较低而塑性和韧性较高。表 10-2 列出了典型奥氏体不锈钢热处理工艺及力学性能。在我国不锈钢标准中，给定的奥氏体不锈钢抗拉强度一般为 480~520MPa。对于奥氏体不锈钢锻材、轧材，没给出冲击试验值，实际上，奥氏体不锈钢固溶处理后的冲击吸收能量 *KU* 可达 120J 或更高。奥氏体不锈钢的力学性能不能通过热处理进行调整，但可通过形变强化（冷加工硬化）达到提高强度的目的。

表 10-2　典型奥氏体不锈钢热处理工艺及力学性能

牌号	热处理规范		拉伸性能≥			HBW ≤	应用领域
	固溶温度/℃	冷却方式	R_{eL}/MPa	R_m/MPa	*A*(%)		
12Cr17Ni7	1010~1150	水冷	205	500	50	187	在弱介质中有良好耐蚀性，可经冷加工强化，用于车辆、航空器、传送带、紧固件、弹簧、筛网等
12Cr18Ni9	1050~1150	空冷或水冷	200	550	45	187	在体积分数小于或等于 65%的硝酸中具有良好的耐蚀性，加工性能良好，焊后有晶间腐蚀倾向。常用在建筑装饰部件及要求有一定腐蚀性的结构件和低磁性部件
17Cr18Ni9	1100~115	空冷或水冷	220	580	40	217	性能高于 12Cr17Ni7，可用于要求耐蚀性和一定强度要求的环境
06Cr19Ni10	1050~1100	空冷或水冷	220	520	40	201	良好的耐蚀性及冷加工冲压性、低温性能，是奥氏体不锈钢生产用量最多的牌号之一，如输酸管道及非磁性部件
022Cr19Ni10	1050~1100	空冷或水冷	210	490	40	201	奥氏体超低碳不锈钢，耐晶间腐蚀，焊接后可免热处理。常用于石油、化工、化肥设备中的容器、管道等零部件
06Cr19Ni10N	1050~1100	空冷或水冷	240	550	30	201	加氮提高钢的强度、改善耐蚀性，用于制造要求耐蚀又有一定强度的结构件
06Cr19Ni9NbN	980~1150	空冷或水冷	275	585	30	241	铌改善晶间腐蚀，氮显著提高强度，用于制造要求高强度且耐晶间腐蚀的焊接设备和部件
06Cr18Ni11Ti	920~1150	空冷或水冷	205	520	40	217	在氧化性介质中有较好的耐蚀性，适用于食品、化工、医药、核能等设备
06Cr18Ni11Nb	980~1150	空冷或水冷	205	515	40	201	加入了铌有良好的耐晶间腐蚀性能，在多种酸、碱溶液中有良好的耐蚀性，应用于石油、化工、食品、造纸、合成纤维等工业设备
20Cr13Mn9Ni4	1120~1150	空冷或水冷	220	520	30	217	具有良好耐大气腐蚀性能，在蒸汽、碱溶液及其他弱介质中有一定耐蚀性，用于代替 12Cr18Ni9、17Cr18Ni9 钢制造有一定不锈性要求的冲压件、结构件及低磁部件，用于飞机制造
06Cr17Ni12Mo2	1010~1150	空冷、油冷、水冷	210	520	40	217	常用奥氏体不锈钢，在海水和稀还原性介质（硫酸、磷酸、醋酸和甲酸）中有联合耐蚀性，主要制造稀还原性介质和耐点蚀的结构件和零部件

（续）

牌　　号	热处理规范		拉伸性能≥			HBW ≤	应用领域
	固溶温度/℃	冷却方式	R_{eL}/MPa	R_m/MPa	A(%)		
022Cr17Ni12Mo2	1010~1150	空冷、油冷、水冷	210	490	40	217	超低碳奥氏体不锈钢，焊接性能好，对硫酸、磷酸、乙酸、甲酸、氯盐、卤素均有良好的耐蚀性。用于制造合成纤维、石油、化工、纺织、化肥、印染等工业装备，如塔、槽、容器、管道等
022Cr18Ni14Mo2Cu2	1010~1150	空冷或水冷	230	500	40	217	在硫酸、磷酸及有机酸等介质中具有良好耐蚀性和耐晶间腐蚀性能，用于制造化工、化肥和纤维等工艺设备，如容器、管道、结构件等
06Cr19Ni13Mo3	1010~1150	空冷或水冷	205	520	35	217	用于制作造纸、印染设备，石油化工及耐有机酸腐蚀、点蚀的装备等。
022Cr19Ni13Mo3	1010~1150	空冷或水冷	205	520	40	217	超低碳不锈钢，加钼提高钢耐蚀性及耐点蚀性能
022Cr19Ni16Mo5N	1050~1150	空冷或水冷	230	520	35	217	增加钼含量，增加氮超级奥氏体不锈钢，用于高抗点蚀要求的构件和零件
14Cr23Ni18	1050~1150	空冷或水冷	205	520	40	217	在氧化性介质中具有很好的耐蚀性，同时具有良好的高温力学性能。用于耐蚀部件又可作为耐热钢使用，如炉用部件和汽车排气装置

2. 奥氏体不锈钢耐腐蚀特点

（1）耐均匀腐蚀性能　18-8型奥氏体不锈钢对氧化性介质，如大气、稀硝酸或中等浓度的硝酸、浓硫酸是耐腐蚀的，在氢氧化钠和氢氧化钾的溶液中，在相当宽的浓度和温度范围内有较好的耐蚀性；而在还原性介质，如盐酸、亚硫酸中不耐腐蚀，在浓硝酸中也不耐腐蚀。

含钼的奥氏体不锈钢在有机酸和某些还原性酸中有好的耐蚀性，在硝酸中不耐腐蚀。

含高硅的铬-镍奥氏体不锈钢在浓硝酸中耐蚀性好。

含钼、铜、硅的奥氏体不锈钢在硫酸介质中有更好的耐蚀性。

铬-锰-氮系奥氏体不锈钢在腐蚀性不太强的介质中，如室温下的硝酸、甲酸、乙酸等介质中，耐蚀性与18-8型奥氏体不锈钢相当；但在腐蚀性较强的介质中，如高温硝酸、硫酸、磷酸等介质中，耐蚀性不如18-8型奥氏体不锈钢。

（2）耐晶间腐蚀性能　奥氏体不锈钢在450~800℃加热一段时间之后，以及奥氏体不锈钢焊接接头在焊接后，其热影响区母材（曾在450~800℃受过热）在许多腐蚀介质中会发生晶间腐蚀。普遍的观点认为是碳化物沿晶界析出，使晶界处产生局部贫铬区，从而产生晶间腐蚀。奥氏体不锈钢的耐晶间腐蚀能力与碳含量有关，碳含量越低，耐晶间腐蚀能力越强。当$w(C)>0.03\%$时，奥氏体晶间腐蚀倾向显著增加。含稳定化元素钛或铌的奥氏体不锈钢耐晶间腐蚀能力优于不含稳定化元素的奥氏体不锈钢。

节镍的铬-锰-镍-氮系奥氏体不锈钢有晶间腐蚀倾向，但不一定比不含稳定化元素的铬-镍奥氏体不锈钢严重，而且，在相同的腐蚀率下，其允许的极限碳含量比18-8型不锈钢高。

（3）耐点腐蚀和耐缝隙腐蚀性能　点腐蚀（点蚀）也是奥氏体不锈钢在使用中经常出现的腐蚀破坏形式之一。影响不锈钢耐点腐蚀的因素很多，除钢的化学成分影响外，钢的组织不均匀部位往往也促进点腐蚀。例如，钢中的晶界、硫化物、氧化物夹杂、显微偏析区、零件表面加工刀痕、残余拉应力、表面油污和缝隙、空洞等都可能成为点腐蚀的起源。

提高不锈钢耐点腐蚀性能最好的方法是合金化。钢中加入铬、钼、氮可显著提高耐点腐蚀性能；镍、硅、稀土元素等也有一定作用。目前提高奥氏体不锈钢耐点腐蚀性能的主要措施是加入合金元素钼，这可能是钼与腐蚀性阴离子［Cl^-］结合成$MoOCl_2$保护膜，从而防止氯离子穿透钝化膜的缘故。另外，钢中铬含量增加，使不锈钢的氧化膜化学稳定性增加，点蚀倾向显著减少，因此高铬不锈钢（Cr25型）的点蚀倾向较小。

（4）耐应力腐蚀开裂性能　奥氏体不锈钢对应力腐蚀开裂敏感。钢中的镍含量对提高耐应力腐蚀开裂有重要的作用。

3. 奥氏体不锈钢的热处理

依据化学成分、热处理目的不同，奥氏体不锈钢常采用的热处理方式有固溶处理、稳定化退火处理、消除应力处理及敏化处理等。

（1）固溶处理　奥氏体不锈钢的固溶处理是把钢加热到其相图上的单一奥氏体区，得到成分均匀的单一奥氏体组织，然后快冷，使高温成分均匀过饱和固溶体组织状态保持到室温。奥氏体不锈钢固溶热处理的目的是要把在以前各加工工序中产生或析出的合金碳化物（如 $M_{23}C_6$ 等）及σ相重新溶解到奥氏体中，获取单一的奥氏体组织（有的可能存在少量的δ铁素体），以保证材料有良好的力学性能和耐蚀性，充分地消除应力和冷作硬化现象。固溶处理后，钢的焊接、热加工、冷加工及其他工艺操作中的应力和晶间腐蚀倾向均得到消除，因此固溶处理后的钢具有高的耐蚀性，是防止晶间腐蚀的重要手段。

固溶处理适合任何成分和牌号的奥氏体不锈钢。

虽然奥氏体系列的不锈钢化学成分、种类不同，但固溶处理加热温度的差别不大。常见牌号奥氏体不锈钢固溶处理加热推荐温度范围见表10-2。奥氏体不锈钢固溶温度一般采用1000~1150℃。奥氏体不锈钢中的含铬碳化物和σ相的分解、固溶是随加热温度的升高而增加的，提高加热温度，并可减少保温时间，并可使碳化物充分分解和固溶，但加热温度太高会带来其他的不利作用。所以，对一般18-8奥氏体不锈钢，固溶温度采用1050℃左右是适宜的；含钼的奥氏体不锈钢，因钼会降低扩散速度，其固溶温度可提高一些，如1080℃左右；奥氏体不锈钢的化学成分中，形成铁素体元素（以铬当量计）和形成奥氏体元素（以镍当量计）的比例接近出现铁素体的区界时，固溶温度宜取较低温度；铸造奥氏体不锈钢，因其组织成分不均匀性大，为保证固溶处理效果，固溶温度比同牌号的锻材、轧材要高。

奥氏体不锈钢热导率小，固溶处理保温时间应比一般钢长些。

固溶处理冷却速度应保证能完全固定高温固溶的奥氏体组织状态，因此应迅速快冷（薄壁件可空冷），一般多采用水冷，以避免钢在缓冲时又有 $M_{23}C_6$ 碳化物析出。

（2）稳定化处理　稳定化处理是针对加钛或铌奥氏体不锈钢设计的一种热处理工艺。加钛或铌的目的是让钢中的碳和钛或铌形成稳定的TiC或NbC，不形成或少形成 $Cr_{23}C_6$，以防止奥氏体不锈钢的晶间腐蚀。为了达到奥氏体不锈钢稳定化处理的目的，使钢中的碳尽量形成TiC或NbC，稳定化处理加热温度的选择很重要。这个温度的选择原则应是高于 $M_{23}C_6$ 的溶解温度，低于或略高于TiC或NbC的开始溶解温度。在这个温度范围加热、保温，使 $M_{23}C_6$ 能充分溶解，而TiC或NbC不溶解或很少溶解。一般加热温度为850~930℃，保温2~4h，空冷。含Ti不锈钢选择该温度即可，而含Nb钢应采用高的加热温度。奥氏体不锈钢稳定化处理的冷却方式和冷却速度对稳定化效果没有多大影响，为了防止形状复杂工件的变形或为保证工件的应力最小，可采用较小的冷却速度，如空冷或炉冷。

（3）消除应力处理　奥氏体不锈钢消除应力处理工艺应根据材质类型、使用环境、消除应力目的及工件形状尺寸等情况而定，表10-3列出了奥氏体不锈钢消除应力热处理推荐的处理方法和应用条件。

1）材质类型。为更好地说明，将材质分为Ⅰ、Ⅱ、Ⅲ三个类型。Ⅰ类为 $w(C) \leqslant 0.03\%$ 的超低碳奥氏体不锈钢；Ⅱ类为含稳定化元素的奥氏体不锈钢；Ⅲ类为除Ⅰ、Ⅱ类外的奥氏体不锈钢。

Ⅰ类奥氏体不锈钢的碳含量低于敏化温度下奥氏体固溶碳量；Ⅱ类奥氏体不锈钢由于稳定化元素的作用，它们消除应力处理工艺的选择范围宽，不受更多限制；Ⅲ类奥氏体不锈钢为防止含铬碳化物的析出，不可在480~950℃范围加热，可以在固溶温度加热后快冷，也可以在480℃以下的温度加热后缓慢冷却，从消除应力的效果看，前者效果好于后者。

2）使用环境。对产生严重应力腐蚀的环境，在选材上，最好采用Ⅰ类或Ⅱ类奥氏体不锈钢，并在900~1100℃加热后缓慢冷却。如果采用Ⅲ类奥氏体不锈钢，应在固溶加热并快冷后补充一次低温去应力处理。对产生晶间腐蚀环境，最好采用Ⅰ类或Ⅱ类奥氏体不锈钢，可缓慢冷却，Ⅲ类奥氏体不锈钢必须快冷；如果在工件生产中有产生敏化的可能而又在产生晶间腐蚀的环境中工作，则应采用Ⅰ类奥氏体不锈钢，加热到固溶温度后快冷，或采用Ⅱ类奥氏体不锈钢，加热到稳定化温度后缓慢冷却。

3）工件形状。工件形状复杂、易变形，应采用较低的加热温度和缓慢的冷却速度，Ⅱ类奥氏体不锈钢可以用稳定化处理加热温度和缓慢的冷却方式。

4）去应力的主要目的。去除加工过程中产生的应力或去除加工后的残余应力，可采用固溶处理的加热温度并快冷，Ⅰ类、Ⅱ类奥氏体不锈钢可采用较缓慢的冷却方式；为保证工件最终尺寸的稳定性，可采

表 10-3　奥氏体不锈钢消除应力热处理推荐的处理方法和应用条件

使用条件及去应力目的	Ⅰ类（超低碳）	Ⅱ类（含稳定元素）	Ⅲ类（其他）
用于强应力腐蚀环境	A、B	B、A	①
用于中等应力腐蚀环境	A、B、C	B、A、C	C①
用于低应力腐蚀环境	A、B、C、D、E	B、A、C、D、E	C、E
消除局部应力	E	E	E
用于晶间腐蚀环境	A、C②	A、C、B②	C
消除加工较大残余应力	A、C	A、C	C
消除加工过程的应力	A、B、C	B、A、C	C③
有大的加工残余应力、使用时产生应力及大截面焊件	A、C、B	A、C、B	C
保证零件尺寸稳定性	F	F	F

注：1. 表中方法顺序为优先选择顺序。
A：1010~1120℃加热保温后缓慢冷却；
B：850~900℃加热保温后缓慢冷却；
C：1010~1120℃加热保温后快速冷却；
D：480~650℃加热保温后缓慢冷却；
E：430~480℃加热保温后缓慢冷却；
F：200~480℃加热保温后缓慢冷却。
2. 保温时间按每 25mm 保温 1~4h 计算，较低温度时应采用较长保温时间。

① 在较强应力腐蚀环境工作的工件，最好选用Ⅰ类钢进行 A 处理或Ⅱ类钢进行 B 处理。
② 工件在制造过程中，产生敏化情况应用。
③ 如果工件在最终加工后进行 C 处理，此时可采用 A 处理或 B 处理。

用低的加热温度和缓慢的冷却速度；为消除在工作环境中可能产生新应力的工件的残余应力或为消除大截面焊接件的焊接应力，最好选用Ⅰ类或Ⅱ类奥氏体不锈钢，加热后缓慢冷却；为消除只能采用局部加热方式工件的残余应力，应采取低温度加热并缓慢冷却的方式。

（4）敏化处理　敏化处理实际上不属于奥氏体不锈钢或其制品在生产制造过程中应该采用的热处理方法，而是在进行检验奥氏体不锈钢抗晶间腐蚀能力试验时所采用的一个程序。

敏化处理实质上是使奥氏体不锈钢对晶间腐蚀更敏感化的处理。因为敏化处理可以使奥氏体不锈钢中的合金碳化物（如 $M_{23}C_6$ 等）较大程度地沿晶界析出，从而使其在晶间腐蚀介质中更快产生晶间腐蚀，以便快速检验奥氏体不锈钢抗晶间腐蚀的能力。

在我国有关的不锈钢耐晶间腐蚀倾向试验方法中，一般规定 $w(C) \leqslant 0.03\%$ 或含有稳定化元素奥氏体不锈钢的敏化处理工艺为加热到 650℃，锻材、轧材试片保温 2h 空冷，铸材试片保温 1h 空冷。

对一些特殊使用场合，为更严格地考核材料的耐晶间腐蚀能力，在某些标准中，对奥氏体不锈钢的敏化处理工艺规定得更为苛刻，依据工件的使用温度、碳含量，以及是否含钼元素等因素而采用不同的敏化处理工艺。对敏化处理的升、降温速度应加以控制。所以，在判定奥氏体不锈钢晶间腐蚀倾向性大小时，应注意采用的敏化处理工艺。

敏化时间对敏化处理效果也有影响。在敏化温度随着保持时间的延长，$M_{23}C_6$ 析出得更充分，晶界的贫铬情况也就更明显，晶间腐蚀效果就更严重。但当保持时间继续延长，长到足以使铬可以扩散到晶界区，并消除晶界区的局部贫铬效果时，则晶间腐蚀现象也会随之解除。

4. 奥氏体不锈钢的热处理应注意事项

奥氏体不锈钢的热处理工艺相对简单，但在实际生产中，也应注意一些问题。

1）合理选择奥氏体不锈钢固溶处理加热温度。在奥氏体不锈钢的材料标准中，规定的固溶处理加热温度范围较宽，实际热处理生产时，可考虑钢的具体成分、含量、使用环境、可能失效形式等因素，合理地选择最佳加热温度。但是，要注意防止固溶处理加热温度太高，防止经过锻轧已细化晶粒的长大所带来的不利影响，如晶间腐蚀敏感性增大、降低钢的强度和冷加工质量、增加 δ 相出现风险及其含量等。所以，奥氏体不锈钢固溶处理时，要适当控制加热温度。

2）合理控制稳定化处理工艺。含稳定化元素的奥氏体不锈钢，固溶处理后再经稳定化处理时，会使力学性能有下降的趋势。强度下降的原因与稳定化处理、强碳化物形成与长大有关。稳定化处理温度宜取下限，一般为 860~930℃。过高的稳定化处理温度将提高碳在奥氏体固溶体中的固溶度，当零件在敏化温度区间加工或工作时，可能发生多余部分的碳在晶界处形成碳化物析出，增加钢的晶间腐蚀敏感性。

3）奥氏体不锈钢不宜多次进行固溶处理。在重要奥氏体不锈钢产品的生产时，都明确规定奥氏体不锈钢经一次固溶处理后，如因某些原因需要重新固溶处理，则只允许进行一次。其原因是重复多次固溶加热，会引起晶粒长大，给材料性能带来不利影响。

10.1.6　双相不锈钢的热处理

双相不锈钢是近十几年发展起来的新型不锈钢。双相不锈钢是指在固溶处理后具有奥氏体和铁素体两相组织，且其中一相的体积分数不小于 25%的不锈钢。双相不锈钢在含 Cl^- 介质中具有良好耐点腐蚀、缝隙腐蚀性能、应力腐蚀性能，以及良好的力学和工艺性能而得到广泛重视。

1. 双相不锈钢的成分及分类

双相不锈钢是为改善奥氏体不锈钢在海水中的耐点腐蚀性能在 18-8 奥氏体不锈钢成分的基础上发展起来的。双相不锈钢合金成分的确定应考虑如下因素：保证耐蚀性，特别是耐点腐蚀、耐缝隙腐蚀、耐应力腐蚀破裂的能力；保证双相钢的特征，即固溶处理后能具备两相，各相的体积分数不小于 25%；具有一定的强度、塑韧性；具有良好的铸造、热处理及可加工性。因此，在铬、镍成分的基础上，还添加钼、氮、钨等合金元素以提高耐点腐蚀性能。除上述合金元素外，从提高耐蚀性，节约镍元素，稳定碳等要求出发，有的双相不锈钢中还适当加入锰、铜、钛、铌等合金元素。

双相不锈钢一般可分为四类：

第一类属低合金型，这类钢的合金成分以铬、镍为主，且含量偏低，不含钼，如 12Cr21Ni5Ti。在耐应力腐蚀方面，这类钢可代替 AISI 304 或 316 使用。

第二类属中合金型，与低合金型双相不锈钢相比，加入了钼或铜及氮等，如 022Cr22Ni5Mo3N、022Cr23Ni5Mo3N。其耐蚀性可替代 AISI 316L。

第三类属高合金型，一般 $w(\mathrm{Cr})=25\%$，还含有钼和氮，有的还含有铜和钨，如 03Cr25Ni6Mo3Cu2N。这类钢的耐蚀性中合金型双相不锈钢。

第四类属超级双相不锈钢型，含高钼和氮，有的也含钨和铜，如 022Cr25Ni7Mo4N、022Cr25Ni7Mo4WCuN。这类钢可适用于苛刻的介质条件，具有良好的耐蚀与力学综合性能，可与超级奥氏体不锈钢相媲美。

2. 双相不锈钢的组织

双相不锈钢良好的力学性能和耐蚀性，是通过改变双相不锈钢两相的比例、两相中合金成分及消除其他析出相来实现的。在不同的加热温度和不同的冷却条件，对两相比例、两相中合金成分和析出相均产生重要的影响。

双相不锈钢在平衡状态下的两相比例主要与化学成分有关，即与钢中铬当量（Cr_{eq}）和镍当量（Ni_{eq}）及其比例系数（$P=Cr_{eq}/Ni_{eq}$）有关。P 值越大，说明双相不锈钢中的铁素体含量也越大。但是，双相不锈钢中两相的比例还会受到加热温度的影响，即 P 值相同的双相不锈钢，在不同的温度加热后，有不同的两相比例。双相不锈钢随加热温度的升高，奥氏体减少，铁素体增加。当加热温度超过 1300℃时，某些双相不锈钢甚至可以变成单相铁素体组织。因此，为了控制双相不锈钢两相组织具有理想的比例，应选择合理的加热温度和保温时间。

双相不锈钢两相相对稳定平衡时，合金元素在两相中的含量也相对稳定。但是，合金元素在两相中的分配是不同的。一般的分配规律是，铁素体形成元素，如铬、钼、硅等富集于铁素体中；奥氏体形成元素，如镍、氮、锰等富集于奥氏体中。合金元素在不同的加热温度条件下，在两相中的分配是不同的。随着温度的升高，合金元素在两相中的分配趋于均匀，即合金元素在铁素体中的含量与在奥氏体中的含量的比值趋于 1。

双相不锈钢除铁素体和奥氏体两相外，在 300~1000℃时效或不正确的热处理时会出现不少二次相，如二次奥氏体（γ_2）、氮化物、金属间化物、碳化物等。这些二次相的存在会对双相不锈钢的力学性能和耐蚀性产生不利的影响。

（1）二次奥氏体（γ_2）　双相不锈钢的两相组织，随加热温度的升高，铁素体比例增加，当温度超过 1300℃时，有些双相不锈钢可能全部转变为铁素体组织。这时的铁素体稳定性差，在随后的冷却过程中，在铁素体晶界处会有部分铁素体转变成奥氏体，这种奥氏体称为二次奥氏体。依据形成温度不同，二次奥氏体的形成机制及形态也有所差别：一种是在较高温度以形核和长大的方式形成的二次奥氏体，这种高温形成的二次奥氏体，在组织形态上具有魏氏组织特征；另一种是在较低的温度范围，如在 300~650℃温度区间，以非扩散型转变形成的二次奥氏体，这种二次奥氏体属马氏体型的切变转变；还有一种情况，是在 600~800℃温度范围，铁素体组织中析出 σ 相或碳化物时，在其周围形成的富镍贫铬区也会转变为二次奥氏体，这种二次奥氏体的形成方式归类于铁素体共析反应，是共析反应产物，即 $\alpha \rightarrow \sigma+\gamma_2$。无论是以哪一种方式形成的二次奥氏体，都会造成新的合金成分的不均匀，给耐蚀性带来不利的影响。

（2）碳化物　双相不锈钢在低于 1050℃ 温度加热、保温时，在铁素体和奥氏体相界面处将有碳化物析出。高于 950℃ 时析出 M_7C_3 型碳化物，低于 950℃ 时析出 $M_{23}C_6$ 型碳化物。$M_{23}C_6$ 优先在 α/γ 界面形成，在 α/α 和 γ/γ 界面也有析出，但在铁素体和奥氏体内很少发现。$M_{23}C_6$ 长大时会大量消耗相邻铁素体中的铬，这部分铁素体转变为二次奥氏体，出现 $M_{23}C_6$ 和 γ_2 富集区。

在双相钢不锈钢中，相界析出的碳化物不会像在奥氏体不锈钢中对耐晶间腐蚀带来那么大影响。因为双相不锈钢碳含量很低，析出碳化物量很少，且铁素体中高铬含量能快速补充修复碳化物周围腐蚀膜。在超级双相不锈钢中 $w(C)<0.02\%$，几乎没有任何形式的碳化物析出。

（3）氮化物　含氮的双相不锈钢中，由于氮在铁素体中的溶解度很低，呈过饱和状态，自高温冷却时，可能有氮化物，如 Cr_2N 或 CrN 析出。氮化物本身对双相不锈钢的力学性能和耐蚀性不会产生明显的影响，但 Cr_2N 析出常常伴生二次奥氏体形成，这会引起局部成分的不均匀，给耐蚀性带来不利的作用。

（4）金属间化合物　双相不锈钢中除化学成分和相比例外，金属间相的析出也对钢的性能有显著影响。双相不锈钢中的金属间相主要有 σ 相、χ 相、α′相、R 相、π 相和 $Fe_3Cr_3Mo_2Si_2$ 相等。这些相都是脆性相，会影响钢的力学性能和耐蚀性，应尽量避免它们的析出。

1）σ 相。双相不锈钢中 σ 相是危害性最大的一种析出相，它硬且脆，可显著降低钢的塑性、韧性；又由于它富铬，因而在其周围往往出现贫铬区或由于它本身的溶解而使钢的耐蚀性降低。在高铬铁素体不锈钢中，σ 相的形成温度一般低于 820℃，且形成速度很慢，需数小时，因此，从高温冷却，就 σ 相转变而言，并不是一个要考虑的问题。但对双相不锈钢就不同了，由于铁素体相中钼扩大了 σ 相的形成温度范围和缩短了形成时间，σ 相甚至在高于 950℃ 时就存在，而且数分钟之内即可析出，因此，为了避免 σ 相的析出，双相不锈钢，尤其是含高铬、钼的超级双相不锈钢，在固溶处理后要求快冷。

另外，经高温固溶处理后的时效过程中，σ 相沿 $\alpha/\alpha/\gamma$ 界面交点形核，沿 α/α 和 α/γ 界面生长，还会伴随发生类似于铁素体共析反应，是共析反应产物，即 $\alpha\rightarrow\sigma+\gamma_2$。这加剧了 σ 相对耐蚀性的影响。

2）χ 相。在双相不锈钢中，χ 相一般在 700～900℃ 温度范围内首先沿铁素体晶界及铁素体-奥氏体相界析出，通常析出的数量要比 σ 相少很多，且与 σ 相相比，它在较低的温度和较窄的温度范围内存在。χ 相是硬、脆的富铬、钼金属间相，化学式为 $Fe_{36}Cr_{12}Mo_{10}$，同样对韧性和耐蚀性有不良的影响。但因它常与 σ 共存，很难区分它的影响，且因它占的比例较少，显得不如 σ 相那么重要，但也不容忽视。有研究结果表明，026Cr18Ni5Mo3Si2 钢在 750～950℃ 温度范围相变主要形式为 $\alpha\rightarrow\gamma_2+\sigma(\chi)$，转变最敏感的温度为 800～900℃。短时间时效 χ 相为主相，二者数量随时间增加，但一定时间时效后，随时间延长，χ 相量递减而 σ 相量递增，σ 相逐渐成为主相，因此，可将 χ 相视为一种能转变为 σ 相的亚稳相。

3）α′相。双相不锈钢在 400～500℃ 温度区间也会表现出脆性，类似铁素体不锈钢中的 475℃ 脆性。双相不锈钢的这种脆性产生在铁素体相中。双相不锈钢中的这种脆性与双相不锈钢中的铁素体调幅分解的亚微观尺度富铬和富铁区有关，铁素体的分解形成的富铬偏聚区称为 α′相。

因双相不锈钢比铁素体不锈钢铬含量高而碳含量低，高、低铬区的形成对钢的耐蚀性影响不大，但 α′相的存在对双相不锈钢的严重危害就是导致脆性。为保证双相不锈钢具有良好的塑性和韧性，应采用正确的热处理方式消除 α′相。

4）R 相。R 相也是一种在铁素体中析出的高钼金属间化合物相，化学式为 Fe_2Mo，它的析出温度范围为 550～750℃。

5）π 相。π 相是在 22Cr-8Ni-3Mo 钢焊缝金属中 600℃ 时效时发现的。π 相与 R 相相同，在铁素体晶粒内析出，含有高铬和钼，化学式为 $Fe_7Mo_{13}N_4$，也是一种氮化物。

6）$Fe_3Cr_3Mo_2Si_2$ 相。在 026Cr18Ni5Mo3Si3 双相不锈钢中发现了一种片状金属间相。它的析出温度范围为 450～750℃，往往在 α/γ 相界及 α 晶界、亚晶界上析出，有时也会以细针状向晶内延生，此金属间相不易长大。

双相不锈钢中不同第二相对钢的力学性能和耐蚀性产生一定的影响，这些不利的影响需要根据各相形成条件在热处理过程中避免和消除。

3. 双相不锈钢性能特点

（1）钢的力学性能　双相不锈钢的两相组织特征决定了其力学性能特征，与单相奥氏体不锈钢和单相铁素体不锈钢相比，强度和硬度更高，塑性和韧性介于两者之间。

双相不锈钢力学性能的这个特征是由其化学成分

和两相构成的特点决定的。双相不锈钢中的一些元素，如碳、铬、钼、铜、氮等都可对基体组织起到强化作用，各合金元素之间的比例调整合适，还可减少脆性相的析出，保证塑性和韧性。由于两相的存在，相互之间制约了晶粒的长大，使双相不锈钢保持了细晶粒，双相不锈钢的强度，特别是屈服强度较高，并保证有一定的塑性和韧性。这种作用还与两相比例的变化有关，一般情况是随铁素体量的增加，强度特别是屈服强度升高；随奥氏体量的增加，塑性和韧性升高。

（2）耐蚀性　双相不锈钢具有优良的耐蚀性，特别是在含 Cl^- 介质中的耐点腐蚀、耐缝隙腐蚀和耐应力腐蚀的能力更是优于其他不锈钢。双相不锈钢的这种耐蚀性特点，与其化学成分和两相结构有关。

双相不锈钢中的各合金元素都具有良好的抗腐蚀能力。铬是提高钢耐蚀性的基本元素，能形成稳定的钝化膜，并促进受到破坏的钝化膜的自修复。钼可以提高钝化膜的稳定性，氮能够促进钝化膜的均匀性，在提高点蚀指数能力上是铬的 20~30 倍。

双相不锈钢的两相结构也有利于提高其耐蚀性。双相不锈钢的两相中高的铬、钼、氮含量，保证各相腐蚀电位均处于钝化区，从而保证钢具有良好的耐蚀性。两相结构使钢的晶粒更细，晶界面积更多，降低了引起腐蚀的析出物在晶界处的浓度，并且，在有析出物产生形成贫铬区时，会很快从高铬的铁素体相得到铬的补充，恢复该处铬的浓度。

按化学成分评定双相不锈钢耐点蚀能力的常用标准是钢的点蚀当量 PRE。PRE 值越大，钢的耐点蚀能力越强。

常见的双相不锈钢点蚀当量计算公式为 $PRE\ N = w(Cr) + 3.3w(Mo) + 16w(N)$。

另外，还有考虑 Mn、W、P、S 元素作用：$PRE\ Mn = w(Cr) + 3.3w(Mo) + 30w(N) - w(Mn)$；$PRE\ W = w(Cr) + 3.3[w(Mo) + 0.5w(W)] + 16w(N)$；$PRE(P+S) = w(Cr) + 3.3w(Mo) + 30w(N) - 123[w(P) + w(S)]$。

此外，评定双相不锈钢耐点蚀能力的标准还有临界点蚀温度 CPT，临界点蚀温度越高，说明耐点蚀能力越强。

根据点蚀当量 PRE 公式，低合金型双相不锈钢的点蚀当量指数 PRE 不大于 25；中合金型双相不锈钢的点蚀当量指数 PRE 在 25~35 范围内；高合金型双相不锈钢的点蚀当量指数 PRE 在 35~40 范围内；超级双相不锈钢型的点蚀当量指数 PRE 大于 40。

4. 双相不锈钢的热处理工艺

双相不锈钢是指在固溶处理后具有奥氏体和铁素体两相组织的不锈钢，因此，其热处理工艺相对简单，主要是固溶处理。另外，对特殊情况的铸件可采用退火消除应力。

（1）双相不锈钢的固溶处理　双相不锈钢最基本也是最重要的热处理是固溶处理，表 10-4 列出了典型铁素体-奥氏体双相不锈钢的热处理工艺和力学性能。不同类型的双相不锈钢，其固溶处理的加热和冷却基本理论是相同的，只是因合金元素的种类和含量的不同，在加热温度上略有差别。

低合金双相不锈钢一般只含铬、镍合金元素，并且合金元素的含量不太高，固溶温度不易过高，一般经 950~1050℃ 加热后水冷，可获得 55%~70%（体积分数）铁素体。加热温度过高可能使组织中的铁素体量过多，这不仅对耐蚀性不利，还可能因组织中的奥氏体量太低而引起晶粒粗大，降低钢的力学性能。

中合金双相不锈钢除含铬、镍合金元素外，有的还加入了钼、氮等元素。钢中加入了氮元素，使奥氏体的稳定性提高，在较高的温度加热仍能保持一定量的奥氏体。固溶处理加热温度可适当提高，经 1000~1100℃ 加热固溶处理后有较好的强度和塑性。考虑固溶温度对组织、力学性能和耐蚀性的影响，这类双相不锈钢的固溶处理采用 1040~1080℃ 加热后水冷为宜，固溶处理后可保证组织中含有 40%~50%（体积分数）的铁素体。

表 10-4　典型铁素体-奥氏体双相不锈钢的热处理工艺和力学性能

牌　号	热处理规范		拉伸性能　≥			硬度　≤	
	固溶温度/℃	冷却方式	R_{eL}/MPa	R_m/MPa	A(%)	HRW	HRC
022Cr19Ni5Mo3Si2N	930~1150	水冷	440	630	25	290	31
022Cr22Ni5Mo3N	1020~1100	水冷	450	520	25	293	31
022Cr23Ni5Mo3N	1020~1100	水冷	450	520	25	293	31
03Cr25Ni6Mo3Cu2	1050~1100	水冷	490	640	25	290	31
022Cr25Ni7Mo4WCuN	1050~1100	水冷	550	750	25	—	—

高合金双相不锈钢一般含有 w（Cr）>25%的铬元素和比低、中合金双相不锈钢高的镍元素，另加入了较高含量的铜、氮等元素。除铬、镍、氮元素外，还加入了铜。铜也是稳定奥氏体的元素，促进双相不锈钢中奥氏体相的稳定。由于铜、氮的作用，促进了奥氏体的稳定性，加热到 1200℃ 时仍有近 40%（体积

分数）的奥氏体相。

超级双相不锈钢的化学成分具有超低碳、低硫、低磷、高铬、高镍的特点，同时含有钼、钨、铜、氮等合金元素。由于高的合金含量，特别是钨的加入，使其固溶温度可适当提高，在实际生产中，固溶温度可选用1100～1120℃的温度范围，加热保温后水冷。

双相不锈钢固溶处理工艺比较简单，但是在实际热处理时还应注意以下问题。

固溶加热速度，特别是在低温段的加热速度应予以控制，不宜过快。一方面是因为双相不锈钢合金成分含量高，导热慢，缓慢加热有利于减少工件内外温差和保证合金元素充分溶解；另一方面是因为双相不锈钢在前期热加工过程中（锻、轧或铸造），不可避免地存在脆相析出，使材料变脆。如果工件尺寸大，截面变化明显，形状复杂，又会存在较大应力，而固溶加热速度快又产生新的应力，这些因素共同作用的结果可能造成工件产生热处理裂纹。

双相不锈钢固溶处理的冷却方式对耐蚀性的影响很大。因此，不仅对铸件、锻件，就是对铸件补焊或双相不锈钢的焊接构件，为保证性能，也应尽量采用固溶水冷处理。

（2）双相不锈钢消除应力处理　双相不锈钢的最终热处理以固溶处理为最好。但在有些情况下，如铸件粗加工后的缺陷补焊、复杂的结构焊接件及施工现场不具备固溶处理条件等，为减少工件应力，可采用消除应力处理。消除应力处理的温度和保温时间应慎重确定，应选择在没有碳化物、氮化物及金属间相析出的区间。消除应力的温度或选择在200～250℃范围，或选择在550～600℃范围，但保温时间不应大于10h。

10.1.7 马氏体不锈钢的热处理

马氏体不锈钢是在Cr13型不锈钢基础上发展起来的一种既有耐蚀性又能热处理强化的不锈钢。马氏体不锈钢的耐蚀性、塑性和焊接性比奥氏体、铁素体不锈钢差，但有较好的力学性能（高强度、高硬度及高耐磨性）和耐蚀性的结合，在机械工业中得到广泛应用。

1. 马氏体不锈钢的化学成分和分类

按相关国家标准给出的马氏体的牌号和化学成分，马氏体不锈钢的铬含量主要集中在13%～18%（质量分数）范围内，与铁素体不锈钢相比，碳含量明显增加或添加一定量的镍元素。由于碳和镍是γ稳定元素，这类钢加热至高温时将得到较多的γ相或完全得到γ相，γ相在淬火冷却时能得到马氏体组织，从而获得高的强度和耐磨性。马氏体不锈钢在高铬、碳、镍成分基础外，还添加一定钼、钨、铜、铌、钒、硅等元素以改善马氏体的性能。

从现在常用的马氏体不锈钢来看，可以大致将马氏体不锈钢分为三种类型：即低碳及中碳Cr13型马氏体不锈钢；低碳Cr17Ni2型马氏体不锈钢；高碳-高铬型马氏体不锈钢。

（1）低碳及中碳Cr13型马氏体不锈钢　Cr13型马氏体不锈钢的室温平衡组织为铁素体+$Cr_{23}C_6$。这类钢在加热和冷却时都具有α⇌γ转变，并且这类钢还含有较高的铬，过冷奥氏体比较稳定，淬透性很高，空冷即可获得马氏体。根据空冷的淬火金相组织，可把14Cr13列为马氏体-铁素体钢；20Cr13和30Cr13列为马氏体钢；40Cr13列为马氏体-碳化物钢。这类马氏体不锈钢的耐蚀性较差，且随碳含量增加到0.3%（质量分数）以上后显著恶化。在Cr13的基础上，添加不同合金来可改善马氏体不锈钢某些性能：提高硫、锰含量改善切削性能，如Y12Cr13、Y30Cr13等；加钼Cr13型马氏体不锈钢，如32Cr13Mo；低碳加镍的Cr13型马氏体不锈钢，如04Cr13Ni5Mo。

马氏体型不锈钢是价格最低廉的不锈钢。12Cr13、20Cr13主要制作要求塑性、韧性高与受冲击载荷的零件，如汽轮机叶片、水压机阀、热裂设备配件等，还可制作常温下耐蚀介质浓度不太高的设备。30Cr13、40Cr13主要用于要求高硬度又具有耐蚀性的零件或工具，如医疗器械、滚珠轴承部件等。

（2）低碳Cr17Ni2型马氏体不锈钢　低碳Cr17Ni2马氏体不锈钢是在Cr17型铁素体钢的基础上加入2%（质量分数）Ni而得到的，如14Cr17Ni2、17Cr16Ni2等。镍是扩大γ相的元素，镍的加入可使低碳Cr17钢的组织由铁素体过渡到高温时的γ+α两相状态，淬火后γ相转变为马氏体。这样，低碳Cr17Ni2钢既保持了Cr17钢的耐蚀性，又具备12Cr13、20Cr13钢的力学性能。这类钢在海水和硝酸中具有较好的耐蚀性，特别在海水中具有很高的抗电化学腐蚀性能。例如，船舶尾轴、压缩机转子等产品制造中广泛应用这类钢。

（3）高碳-高铬型马氏体不锈钢　高碳高铬马氏体不锈钢是指$w(C)>0.7\%$，$w(Cr)=16\%\sim19\%$的马氏体不锈钢。同时，还加入钼、钒等合金元素，如68Cr17、85Cr17、108Cr17、102Cr17Mo、95Cr18、90Cr18MoV等。

由于较高的铬含量，使共析点S左移。当$w(Cr)\approx18\%$时，共析$w(C)\approx0.3\%$，高碳高铬马氏体不锈钢已属于过共析钢。加热奥氏体化后，组织中仍会保留一定量的过剩含铬碳化物。经过淬火、回火后，这些碳化物会保留下来。这类钢常在淬火后再低温回火处理的状态下使用，组织为回火马氏体和合金碳化物，具有很高的硬度。这类钢常用来制造刀具、手术器械、耐蚀轴承等。

2. 马氏体不锈钢的热处理

相对于奥氏体不锈钢和铁素体不锈钢，马氏体不锈钢更多地应用于制造有较高机械强度要求、对耐蚀性要求不太严格的工况条件下服役的零部件。因此，马氏体不锈钢大多在淬火、回火状态下使用，有时也在退火状态下使用。马氏体不锈钢热处理的主要方式是退火或退火后再淬火、回火处理。依据钢的具体成分、种类、使用条件的不同，选择不同的热处理方式和工艺参数。

（1）马氏体不锈钢退火　马氏体不锈钢因具有高的铬含量，具有较高的淬透性，在锻、轧后冷却过程可能获得全部或部分马氏体，导致其硬度过高，因此，必须通过退火消除。但对不同类型马氏体不锈钢，因碳、铬含量的不同，采用的退火工艺也略有差异。表 10-5 给出了马氏体不锈钢的退火工艺规范。

1）Cr13 型马氏体不锈钢的退火。Cr13 型马氏体不锈钢主要采用两种退火方式。一是完全退火，即将锻件加热至 Ac_1 以上 50~100℃，实际生产中通常选用 850~880℃。充分保温后，以小于 25℃/h 的速度冷却至 600℃ 后出炉空冷。钢的硬度能够降低到 220HBW 以下。二是低温退火，也称为高温回火，将锻件加热至 700~800℃，充分保温后空冷，使马氏体转变为回火索氏体，降低硬度。经低温退火后，钢的硬度可以降低到 230HBW 以下。

表 10-5　马氏体不锈钢的退火工艺规范

<table>
<tr><th rowspan="2">牌号</th><th colspan="3">不完全退火</th><th colspan="3">正火</th><th colspan="3">去应力退火或高温回火</th></tr>
<tr><th>加热温度/℃</th><th>冷却方式</th><th>硬度 HBW</th><th>加热温度/℃</th><th>冷却方式</th><th>硬度 HBW</th><th>加热温度/℃</th><th>冷却方式</th><th>硬度 HBW</th></tr>
<tr><td>06Cr13</td><td>800~900</td><td>缓冷</td><td>≤183</td><td>—</td><td>—</td><td>—</td><td>—</td><td>—</td><td>—</td></tr>
<tr><td rowspan="2">12Cr13</td><td>730~780</td><td rowspan="2">空冷</td><td>≤229</td><td rowspan="2">—</td><td rowspan="2">—</td><td rowspan="2">—</td><td rowspan="2">—</td><td rowspan="2">—</td><td rowspan="2">—</td></tr>
<tr><td>850~900</td><td>≤170</td></tr>
<tr><td>20Cr13</td><td rowspan="3">870~900</td><td rowspan="3">炉冷</td><td>≤187</td><td rowspan="3">—</td><td rowspan="3">—</td><td rowspan="3">—</td><td rowspan="3">730~780</td><td rowspan="10">空冷</td><td rowspan="3">≤229</td></tr>
<tr><td>30Cr13</td><td>≤206</td></tr>
<tr><td>40Cr13</td><td>≤229</td></tr>
<tr><td>Y25Cr13Ni2</td><td>840~860</td><td>炉冷</td><td>206~285</td><td>—</td><td>—</td><td>—</td><td>730~780</td><td>≤254</td></tr>
<tr><td>14Cr17Ni2</td><td>—</td><td>—</td><td>—</td><td>—</td><td>—</td><td>—</td><td>670~690</td><td>≤285</td></tr>
<tr><td>13Cr11Ni2W2MoV</td><td>—</td><td>—</td><td>—</td><td>900~1000</td><td>空冷</td><td>—</td><td>730~750</td><td>197~269</td></tr>
<tr><td>14Cr12Ni2WMoVNb</td><td>—</td><td>—</td><td>—</td><td>1140~1160</td><td>空冷</td><td>—</td><td>680~720</td><td>229~320</td></tr>
<tr><td>13Cr14Ni3W2VB</td><td>—</td><td>—</td><td>—</td><td>930~950</td><td>空冷</td><td>—</td><td>670~690</td><td>197~285</td></tr>
<tr><td>95Cr18</td><td>880~920</td><td>炉冷</td><td>≤269</td><td>—</td><td>—</td><td>—</td><td>730~790</td><td>≤269</td></tr>
<tr><td>90Cr18MoV</td><td>880~920</td><td>炉冷</td><td>≤241</td><td>—</td><td>—</td><td>—</td><td>730~790</td><td>≤254</td></tr>
<tr><td>40Cr10Si2Mo</td><td colspan="8">等温退火：1000℃~1040℃，保温 1h，随炉冷却至 750℃，保温 3h~4h，空冷</td><td>197~269</td></tr>
<tr><td>13Cr13Mo</td><td>820~920</td><td>缓冷</td><td>≤200</td><td>—</td><td>—</td><td>—</td><td>650~750</td><td>快冷</td><td>192</td></tr>
<tr><td>32Cr13Mo</td><td>870~900</td><td>炉冷</td><td>≤229</td><td>—</td><td>—</td><td>—</td><td>730~780</td><td>空冷</td><td>≤229</td></tr>
<tr><td>158Cr12MoV</td><td>840~880</td><td>炉冷</td><td>206~254</td><td>—</td><td>—</td><td>—</td><td>—</td><td>—</td><td>—</td></tr>
<tr><td>68Cr17</td><td>820~920</td><td>缓冷</td><td>≤225</td><td>—</td><td>—</td><td>—</td><td>—</td><td>—</td><td>—</td></tr>
<tr><td>85Cr17</td><td>820~920</td><td>缓冷</td><td>≤225</td><td>—</td><td>—</td><td>—</td><td>—</td><td>—</td><td>—</td></tr>
<tr><td>108Cr17</td><td>800~920</td><td>缓冷</td><td>≤269</td><td>—</td><td>—</td><td>—</td><td>—</td><td>—</td><td>—</td></tr>
</table>

2）14Cr17Ni2 马氏体不锈钢的退火。14Cr17Ni2 马氏体不锈钢与 Cr13 型不锈钢一样，也是采用高温回火或完全退火。低温退火规范：退火温度 670~700℃，炉冷，组织为珠光体。高温退火规范：退火温度 850 ~870℃，油冷或空冷，硬度小于 250HBW。

3）高碳-高铬马氏体不锈钢的退火。高碳-高铬马氏体属过共析钢，其退火可采用低温退火（或称为再结晶退火）和不完全退火。低温退火规范：退火温度 730 ~ 750℃，保温后油冷，硬度小于 255HBW。其目的是消除残余应力和消除加工硬化。高温退火规范：退火温度 850~870℃，保温后炉冷至 600℃ 以下出炉空冷，硬度小于 255HBW。该退火温度在 Ac_1 815~865℃ 线附近，可改善组织，降低硬度，获得珠光体+碳化物。

（2）马氏体不锈钢淬火和回火　马氏体不锈钢性能是通过淬火+回火实现的，淬火和回火工艺直接影响钢的使用性能。表 10-6 列出了典型马氏体不锈钢的热处理工艺及性能。不同类型马氏体不锈钢因成分不同，热处理工艺也有所不同。

Cr13型马氏体不锈钢淬火的主要目的是要获得马氏体组织。即将其加热到 Ac_3 以上的一个温度范围，使合金碳化物充分溶解，得到碳与铬较均匀的奥氏体，最终获得马氏体组织。Cr13型钢因碳含量不同，原始组织存在差异，各自的淬火温度略有不同。12Cr13钢由于碳含量较低，加热到淬火温度时，仍处于奥氏体和铁素体两相区的边缘部分，组织中会含有一定量的铁素体，淬火温度对组织中的铁素体含量也产生影响。在材料标准中推荐的12Cr13钢淬火温度为950~1000℃，但在实际生产中，为保证碳及合金元素的充分溶解，常取淬火温度在1000~1050℃。更高的淬火温度对组织中的铁素体含量也产生影响。相对于12Cr13钢来说，20Cr13、30Cr13、40Cr13钢的碳含量更高，组织中不会出现铁素体，淬火温度主要考虑碳化物的溶解。一般情况下，在淬火温度为980~1000℃时，碳化物能充分溶解于奥氏体中，保证淬火、回火后获得理想的力学性能和耐蚀性。实际生产中的淬火温度略提高一些，20Cr13钢淬火温度通常取1030~1050℃，而30Cr13钢则取1020~1050℃，淬火后的组织为马氏体。40Cr13钢已属于过共析钢，淬火温度更高，可用1050~1080℃，淬火后的组织为马氏体加碳化物。虽然Cr13型钢具有良好的淬透性，在空冷条件下就能获得马氏体，但采用油冷可以获得更好的组织和性能。

Cr13型马氏体不锈钢淬火后不仅硬度较高，而且钢中内应力较大，必须及时进行回火，否则会引起开裂。Cr13型不锈钢的回火方式有两种：低温回火和高温回火。对要求高硬度和耐磨性的零件，一般采用200~250℃低温回火。例如，30Cr13、40Cr13钢多采用低温回火，得到回火马氏体组织，硬度为48~50HRC。此时由于大量的铬仍保持在固溶体中，在保证较高硬度的同时耐蚀性也比较高。对要求综合力学性能的零件，一般采用550~750℃高温回火。例如，12Cr13与20Cr13钢一般均采用高温回火，得到回火索氏体组织。由于回火温度高，合金元素扩散比较容易，固溶体中析出的碳化铬附近的贫铬区很容易在回火过程重新获得铬浓度的平衡，钢仍具有好的耐蚀性。一般Cr13型不锈钢不宜在400~600℃范围内进行回火，因为在此温度回火，钢中易弥散析出铬的碳化物，导致钢的耐蚀性降低，而且冲击韧性也较低。Cr13型不锈钢也具有回脆性倾向，因此，Cr13型不锈钢高温回火应采用油冷。

14Cr17Ni2钢较适宜的淬火温度为980~1000℃，淬火冷却方法一般采用油冷，淬火组织为马氏体+铁素体及少量残留奥氏体。

14Cr17Ni2钢淬火后采取275~350℃低温回火和600~700℃高温回火，回火后组织分别为回火马氏体和回火索氏体。14Cr17Ni2钢淬火后一般不采用350~550℃回火，在此温度回火钢的耐蚀性及冲击韧性均低，这与钢在此温度下具有回火脆性及“475℃脆性”有关。

高碳-高铬马氏体属过共析钢，这类钢因其碳含量较高，组织中存在较多的合金碳化物，淬火温度应适当提高一些，以保证合金碳化物能够充分溶解。加热时不易溶解的碳化物对阻止晶粒长大有一定的作用，也保证了提高淬火温度的可行性。一般来说，95Cr18钢的淬火温度可用1050~1080℃，90Cr18MoV钢的淬火温度可用1060~1090℃。淬火冷却应采用油冷，避免空冷发生工件表面脱碳、氧化和硬度降低。淬火后得到马氏体+残留奥氏体+共晶碳化物组织。这类钢因淬火组织中存在大量残留奥氏体，在回火前应进行深冷处理，冷处理温度为-70℃左右。

表10-6　典型马氏体不锈钢的热处理工艺及性能

<table>
<tr><th rowspan="2">牌号</th><th colspan="2">淬火或固溶处理</th><th colspan="3">按强度选择的回火或时效</th><th colspan="3">按硬度选择的回火或时效</th></tr>
<tr><th>淬火或固溶温度/℃</th><th>冷却方式</th><th>抗拉强度/MPa</th><th>回火或时效温度/℃</th><th>冷却方式</th><th>硬度HBW</th><th>回火或时效温度/℃</th><th>冷却方式</th></tr>
<tr><td rowspan="5">12Cr13</td><td rowspan="5">1000~1050</td><td rowspan="5">油冷或空冷</td><td>780~980</td><td>580~650</td><td rowspan="4">油冷或水冷</td><td>254~302</td><td>580~650</td><td rowspan="4">油冷或水冷</td></tr>
<tr><td>880~1080</td><td>560~620</td><td>285~341</td><td>560~620</td></tr>
<tr><td>980~1180</td><td>550~580</td><td>254~362</td><td>550~580</td></tr>
<tr><td>1080~1270</td><td>520~560</td><td>341~388</td><td>520~560</td></tr>
<tr><td>>1270</td><td><300</td><td>空冷</td><td>>388</td><td><300</td><td>空冷</td></tr>
<tr><td rowspan="6">20Cr13</td><td rowspan="6">980~1050</td><td rowspan="6">油冷或空冷</td><td>690~880</td><td>640~690</td><td rowspan="5">油冷或空冷</td><td>229~269</td><td>650~690</td><td rowspan="6">油冷或空冷</td></tr>
<tr><td>880~1080</td><td>560~640</td><td>254~285</td><td>600~650</td></tr>
<tr><td>980~1180</td><td>540~690</td><td>285~341</td><td>570~600</td></tr>
<tr><td>1080~1270</td><td>520~560</td><td>341~388</td><td>540~570</td></tr>
<tr><td>1080~1370</td><td>500~540</td><td>388~445</td><td>510~540</td></tr>
<tr><td>>1370</td><td><350</td><td>空冷</td><td>>445</td><td><350</td></tr>
</table>

（续）

牌　　号	淬火或固溶处理		按强度选择的回火或时效			按硬度选择的回火或时效		
	淬火或固溶温度/℃	冷却方式	抗拉强度/MPa	回火或时效温度/℃	冷却方式	硬度HBW	回火或时效温度/℃	冷却方式
30Cr13	980~1050	油冷或空冷	880~1080	580~620	油冷或水冷	254~285	620~680	油冷或水冷
			980~1180	560~610		285~341	580~610	
			1080~1270	550~600		341~388	550~600	
			1180~1370	540~590		388~445	520~570	
			1270~1470	530~570		445~514	500~530	
			>1470	<350	空冷	>514	<350	空冷
40Cr13	1000~1050	油冷或空冷	980~1180	590~640	油冷或水冷	285~341	600~650	油冷或空冷
			1080~1270	570~620		341~388	570~610	
			1180~1370	550~600		388~445	530~580	
			1270~1470	540~580		—	—	
			1370~1570	300~357		445~514	300~370	空冷
			>1570	<350	空冷	>514	<350	
Y25Cr13Ni2	1000~1020	油冷或空冷	880~1080	580~680	油冷或水冷	269~302	580~680	油冷或水冷
			980~1180	540~630		285~362	540~630	
			1080~1270	520~580		302~388	520~580	
			1180~1370	500~540		362~445	500~540	
	900~930		1370~1570	<300	空冷	≥44HRC	<300	空冷
14Cr17Ni2	940~1040	油冷	690~880	580~680	油冷或水冷	229~269	580~700	油冷或水冷
			780~980	590~650		254~302	600~680	
			880~1080	540~600		285~341	520~580	
			980~1180	500~560		320~375	480~540	
			1080~1270	480~547		—	—	
			>1270	300~360	空冷	>375	<350	空冷
13Cr11Ni2W2MoV	990~1010	油冷或空冷	<880	680~740	空冷	241~258	680~740	空冷
			880~1080	640~680		269~320	650~710	
			>1080	550~590		311~388	550~590	
14Cr12Ni2WMoVNb	1140~1160	油冷或空冷	<880	680~740	空冷	241~258	680~740	空冷
			880~1080	640~680		269~320	650~710	
			>1080	570~600		320~401	570~600	
13Cr14Ni3W2VB	1040~1060	油冷或空冷	>930	600~680	空冷	285~341	600~680	空冷
			>1130	500~600		330~388	500~600	
95Cr18Mo	1010~1070	油冷	—	—	—	50~55HRC	250~380	空冷
						>55HRC	160~250	
90Cr18MoVb	1050~1070	油冷	—	—	—	50~55HRC	260~320	空冷
						>55HRC	160~250	
40Cr10Si2Mo	1010~1050	油冷或空冷	—	—	—	302~341	700~760	空冷

这类钢主要用于要求高硬度、高耐磨性的零件，淬火后一般采用低温回火，获得回火马氏体+共晶碳化物组织。例如，制造刀具、量具、轴承套圈、钢球等，可用150~170℃回火，硬度大于60HRC；一般耐磨件用200~240℃回火，硬度保证在55~60HRC。

10.1.8　沉淀硬化不锈钢的热处理

铁素体不锈钢和奥氏体不锈钢有较好的耐蚀性，但不能通过热处理方法调整力学性能；马氏体不锈钢可以通过热处理方法在较大范围内调整力学性能，但其耐蚀性却不够理想。为弥补了这些不锈钢的不足，开发出了沉淀硬化不锈钢。沉淀硬化不锈钢是指在不锈钢化学成分的基础上添加不同类型、数量的强化元素，通过沉淀硬化过程析出不同类型和数量的碳化物、氮化物、碳氮化物和金属间化合物，使钢在获得高强度和韧性的条件下，又保持高的耐蚀性，以满足不同服役工况下的性能要求。

1. 沉淀硬化不锈钢的分类及成分特点

沉淀硬化不锈钢是在其他不锈钢的基础上发展起来的，最终的组织和性能是由固溶处理和时效处理决定的。因此，沉淀硬化不锈钢主要是按固溶处理工序后所具有的组织形态和硬化机制分类的，基本上可分为马氏体沉淀硬化不锈钢、半奥氏体沉淀硬化不锈钢、奥氏体沉淀硬化不锈钢、铁素体-奥氏体双相沉淀硬化不锈钢四种类型。在旧标准中，该类钢的种类很少，仅几种，主要分为马氏体沉淀硬化不锈钢、半奥氏体沉淀硬化不锈钢、奥氏体沉淀硬化不锈钢。虽然新标准中钢种数量有所增加，并增加了铁素体-奥氏体双相沉淀硬化不锈钢，但与其他类型不锈钢相比，钢种数量仍很少。

（1）马氏体沉淀硬化不锈钢　这类钢主要是在17-4PH钢基础上发展起来的，其碳含量一般低于0.1%（质量分数），铬含量一般为12~17%（质量分数），通过加入硬化元素（铜、铝、钛和铝等）进行强化，以弥补强度不足，并加入适量镍以改善耐蚀性。在标准中有四种钢：04Cr13Ni8Mo2Al、05Cr15Ni5Cu4Nb、05Cr17Ni4Cu4Nb、09Cr17Ni5Mo3N。

（2）半奥氏体沉淀硬化不锈钢　半奥氏体沉淀硬化不锈钢，又称为过渡型沉淀硬化不锈钢或马氏体-奥氏体沉淀硬化不锈钢，这类钢主要是在17-7PH不锈钢基础上发展起来的，其 $w(\mathrm{Cr}) \geqslant 12\%$，碳含量低，并且以铝作为其主要沉淀硬化元素。在标准中代表牌号有07Cr17Ni7Al、07Cr15Ni7Mo2Al这两种钢。另外，在此基础上，还有以Mn代Ni的07Cr12Ni4Mn5Mo3Al钢。这类型钢比马氏体沉淀硬化不锈钢有更好的综合性能。

（3）奥氏体沉淀硬化不锈钢　这类钢镍含量［$w(\mathrm{Ni})>25\%$］和锰含量都高，$w(\mathrm{Cr})>13\%$，以确保良好的耐蚀性和抗氧化性，通常添加钛、铝、钒或磷作为沉淀硬化元素，同时加入微量硼、钒、氮等元素，以获得优良的综合性能。在标准中，仅有一种钢，即06Cr15Ni25Ti2MoAlVB钢。这类钢是在淬火状态和时效状态都为稳定奥氏体组织的不锈钢，其强化效果低于马氏体沉淀硬化不锈钢和半奥氏体沉淀硬化不锈钢。这类钢因碳、磷含量较高，其热加工性较差，但因无磁性的特点，被广泛应用于生产要求无磁性的零件。

（4）铁素体-奥氏体沉淀硬化不锈钢　这类钢的基体组织为奥氏体和铁素体两相组织，添加的沉淀硬化合金元素的特点是易溶于奥氏体而不易溶于铁素体，在固溶处理时溶于铁素体中，在时效处理时从铁素体中析出，使钢得到强化。为了保证这类钢中铁素体的稳定性，较多地加入了硅、铝元素。在标准中仅给出一种钢，即022Cr12Ni9Cu2NbTi钢。采用超低碳含量，13%（质量分数）左右铬保证耐蚀性，添加9%（质量分数）的镍稳定奥氏体，并添加铜、铌、钛，硅、锰、钼等。

沉淀硬化不锈钢一般是先经固溶处理获得较低的硬度后，再用不太高的加热温度的时效得到强化。大量的冷加工可以在高温固溶处理后完成，在时效硬化处理时，低温时效能有效避免氧化、变形等热处理弊端，减小精加工预留量。另外，沉淀硬化不锈钢还可以通过时效处理工艺的调整，控制时效后钢的性能，显著弥补了其他类型不锈钢性能的不足。

2. 沉淀硬化不锈钢组织控制的热处理方法

沉淀硬化不锈钢的强化主要是依靠第二相从基体组织中沉淀析出实现的。虽然沉淀硬化不锈钢的基体组织有所不同，但其强化均依靠沉淀相（第二相质点）析出的含量和尺寸。在组织中的沉淀相的析出量越大，强化效果越显著；沉淀相质点的弥散度越大，强化效果越好。则沉淀硬化不锈钢的热处理主要有两个过程：通过固溶处理先获取稳定的基体组织，再通过时效处理实现第二相质点沉淀析出。但对上述四个类型的沉淀硬化不锈钢，为达到强化的目的，处理的过程也有所不同。

（1）固溶处理　固溶处理也常称A处理（austenite conditioning），是任何一种沉淀硬化不锈钢都要经历的一个热处理过程。固溶处理的高温加热，使可沉淀元素充分地溶于基体组织中，保证在以后的冷却过程中处于过饱和状态，为下一步的时效过程中能大量地弥散析出创造充分条件。

固溶处理效果对最终的处理结果有重要的影响。固溶温度或保温时间不足，合金元素不能较好地溶解于基体中。沉淀强化元素在以后的时效过程中的析出量不足，影响强化效果；固溶温度过高，使钢的晶粒粗化，降低钢的性能，特别是冲击韧性。另外，对马氏体沉淀硬化不锈钢和半奥氏体沉淀硬化不锈钢，固溶温度还影响钢的固溶强化效果和奥氏体稳定性，同样会影响最终的热处理效果和性能。固溶处理的冷却也对固溶处理效果有一定影响。固溶首先应保证足够的冷却速度，使沉淀强化元素充分固溶于基体中，但是，高的固溶冷却速度增加了马氏体沉淀硬化不锈钢淬火硬度，增大了淬火变形和开裂的倾向。

（2）调整处理　调整处理也常称T处理（transformation treatment），就是调整钢的马氏体转变点 Ms

和 Mf。这种方法主要用于半奥氏体沉淀硬化不锈钢，有时也用于马氏体沉淀硬化不锈钢。

半奥氏体沉淀硬化不锈钢的马氏体转变点较低，固溶处理后的组织基本上是奥氏体组织，基体强度较低，影响后续时效处理的强化效果。调整处理是在固溶后再进行一次低于固溶处理温度的处理，使奥氏体中的碳和合金元素析出，降低奥氏体基体中碳及合金的含量，降低奥氏体的稳定性，提高马氏体转变点，使冷却后的组织转变为马氏体，增加时效强化效果。

半奥氏体沉淀硬化不锈钢调整处理加热温度应根据预想的调整处理效果来确定，一般依据 $M_{23}C_6$ 析出温度确定，在 750~950℃范围内。

（3）冷变形处理　冷变形处理也常称 C 处理（cold working）。冷变形处理主要用于半奥氏体、奥氏体、奥氏体-铁素体沉淀硬化不锈钢。

冷变形处理就是将材料在固溶处理后进行一定程度的冷变形加工，通过冷变形使钢中的奥氏体在 Md 点以下转变成马氏体。在材料成分一定的条件下，变形程度越大，奥氏体向马氏体转变的量越多，对基体的强化程度越大。固溶处理后进行一定程度的冷变形，在基体组织强化后再进行时效处理，可使材料获得理想的性能和强化效果。但是，冷变形处理会使材料塑性、韧性下降。

（4）冷处理　冷处理也常称为 R 处理（refrigeneration treatment）。沉淀硬化不锈钢的冷处理就是将固溶处理或固溶处理+调整处理后的沉淀硬化不锈钢再进行一次低于室温（通常在-73℃左右）的冷处理，由于冷处理的温度低于 Mf 点温度，使原组织中较稳定的奥氏体向马氏体转变后，再进行时效处理，可以保证材料获得优良的性能和强化效果。

（5）时效处理　沉淀硬化不锈钢的时效处理也常称为 H 处理（hardening treatment），有的也叫沉淀硬化处理或硬化处理。时效处理是所有沉淀硬化不锈钢必须进行的处理程序，也是沉淀硬化不锈钢热处理中最重要的处理程序。时效处理的目的是使过饱和溶于基体中的沉淀硬化合金元素以极细的质点形式析出，这种析出质点可能是合金元素的质点，也可能是金属间化合物的质点。这种析出质点的形态与分布和时效温度及保温时间有关。

（6）均匀化处理　沉淀硬化不锈钢的均匀化处理主要用于铸件。其作用是改善铸件成分和组织的不均匀性，细化晶粒，并使铸件凝固时形成的多边形铁素体趋于球化。铸件经过均匀化处理，对以后的固溶效果及最终时效强化效果有积极的作用。均匀化处理温度一般选在 1060~1150℃。

（7）焊后热处理　沉淀硬化不锈钢的焊后热处理包含铸件补焊后或结构件焊接后的热处理。焊后热处理的目的和作用依焊接或铸件补焊前材料的热处理状态而确定。若焊前材料未经过固溶处理，则焊后应进行固溶处理和时效处理，以保证母体及焊缝（或补焊处）达到要求的性能；若焊前材料经过了固溶处理或固溶、时效处理，则焊后可采用时效处理或略低于时效温度的去应力处理。

3. 沉淀硬化不锈钢的热处理

不同类型的沉淀硬化不锈钢，应采用不同的热处理方法获得所需性能。

（1）马氏体沉淀硬化不锈钢　马氏体沉淀硬化不锈钢固溶处理后的基体组织基本上是马氏体，具有较好的强度，再经适当的时效处理即可满足性能要求。一般情况下，采用固溶处理，再进行一次时效处理。

1）固溶处理。马氏体沉淀硬化不锈钢的固溶处理应保证钢中的碳和合金元素充分溶于奥氏体中，但也不宜过高。太高的加热温度不仅会引起晶粒粗大，还会使马氏体转变点太低，致使固溶处理后产生较多的残留奥氏体。一般马氏体沉淀硬化不锈钢固溶温度在 1000~1080℃范围内。例如，05Cr17Ni4Cu4Nb 马氏体沉淀硬化不锈钢，采用 1020~1060℃固溶处理，可控制 Ms 在 80~120℃，Mf 在 30℃左右。

2）时效处理。马氏体沉淀硬化不锈钢的优势在于可以通过时效工艺调整钢的强度、塑性和韧性。05Cr17Ni4Cu4Nb 马氏体沉淀硬化不锈钢在时效过程中析出富铜的 ε 相，在 480℃左右时效时获得最大强化，随时效温度升高，强度、硬度降低，但塑性有所提高。05Cr17Ni4Cu4Nb 钢经固溶处理及不同温度时效处理后的性能见表 10-7。为保证沉淀相的充分析出和时效效果，时效的保温时间一般不少于 4h。保温后可采用空气冷却。

马氏体沉淀硬化不锈钢，一般情况下采用固溶后时效处理就能满足使用要求，但有的情况下，如要求组织更均匀并严格控制残留奥氏体量，则需要在固溶处理后进行一次调整处理。调整处理温度需要根据性能要求和残留奥氏体量在 750~950℃内调整。这可保证材料获得最大量的马氏体，消除残留奥氏体，经时效处理后，沉淀析出相更均匀，残留奥氏体量最小，强化效果更好。

（2）半奥氏体沉淀硬化不锈钢　这类半奥氏体沉淀硬化不锈钢是在 07Cr17Ni7 这一不稳定的奥氏体钢中添加铝，如 07Cr17Ni7Al、07Cr15Ni7Mo2Al 钢。为获得时效硬化效果，需采用中间调整处理、深冷处

表 10-7 沉淀硬化不锈钢热处理工艺及性能

牌号	固溶处理规范		中间处理温度/℃+冷处理工艺	按强度选择		按硬度选择	
	固溶温度/℃	冷却方式		抗拉强度/MPa	回火或时效温度/℃	HRC	回火或时效温度/℃
05Cr17Ni4Cu4Nb	1030~1050	空冷或水冷	—	>930	580~620	30~35	600~620
				>980	550~580	35~40	550~580
				>1080	500~550	38~43	500~550
				>1180	480~500	41~45	460~500
07Cr17Ni7Al	1050~1070	空冷或水冷	760	>1140	565	≥39	565
			950+(-70℃×8h)	>1250	510	≥41	510
07Cr15Ni7Mo2Al	1050~1070	空冷或水冷	760	>1210	565	≥40	565
			950+(-70℃×8h)	>1250	510	41	510
06Cr15Ni25Ti2MoVB	900~980	空冷或快冷		>950	700~760	≥248 HBW	700~760

理或冷变形获得马氏体，再经过马氏体转变和析出NiAl化合物而硬化。其热处理工艺见表10-7。该钢在氧化性酸中耐蚀性良好，而在硫酸、盐酸等非氧化性酸中耐蚀性差。经固溶处理或中间调整处理后的耐酸性最好，而用调整处理、冷处理、冷变形处理后的耐酸性变差。该钢的焊接可采用与奥氏体不锈钢相同的焊接工艺。若采用与母材成分相同的焊条焊接，则焊缝中将出现大量的δ铁素体，造成焊缝韧性的下降，因而焊条中可适当地降铬或增镍。焊接时应采用惰性气体保护以防焊条中铝的氧化。为获得良好的焊接效率，退火后的焊件，最好先进行固溶处理，然后再进行调整和时效处理。该类钢主要用于制造飞机外壳及结构件、导弹的压力容器及结构件、喷气发动机零件、弹簧、隔膜、波纹管、天线、紧固件、测量仪表等。

(3) 奥氏体沉淀硬化不锈钢　奥氏体沉淀硬化不锈钢的代表性钢种为06Cr15Ni25Ti2MoVB钢，该钢也称为铁镍基高温合金，不仅在固溶态为稳定的奥氏体组织，而且在时效态亦然。其热处理工艺和性能见表10-7。该钢经固溶处理+高温时效后，由钢中形成金属间化合物来提高强度和改善高温性能。其高温强度好，使用温度可达600~700℃，650℃以下的高温屈服强度与室温差不多，并且低温韧性良好，但存在室温强度低、焊接性差等缺点。

10.1.9 不锈钢的表面热处理

不锈钢的热处理除依据钢的类型不同，分别有退火、淬火、回火、调质、固溶、稳定化、沉淀时效及消除应力等处理外，还可以依据钢的类型及使用功能的需要，采用其他热处理方式，如渗氮、碳氮共渗、硫氮碳共渗、QPQ处理、表面淬火等。

1. 不锈钢的渗氮

不锈钢渗氮的目的是提高表面硬度、耐磨性和抗疲劳性能。各种类型的不锈钢原则上都可进行渗氮处理。

(1) 渗氮层的相结构　根据铁-氮平衡图，随氮含量的不同，铁与氮可形成α、γ、α′、ε、ξ相等。α相是含氮铁素体，α相在室温氮含量只有0.004%（质量分数），在590℃时最大氮含量为0.11%（质量分数）；γ相是含氮奥氏体，只存在于共析温度（约591℃）以上，共析氮含量约为2.35%（质量分数），最大氮含量为2.8%（质量分数）（约650℃），共析反应为γ→α+α′；α′相是一种固溶体（Fe_4N），硬度大于550HV，α′相脆性不大；ε相是近于Fe_3N和Fe_2N之间的一种固溶体，有的称为$Fe_{2\sim3}N$，ε相脆性稍大，硬度约为260HV；ξ相是Fe_2N固溶体，其氮含量比ε相更高，脆性更大，在显微镜下不易与ε相区分，也有将其归于ε相的。

在不锈钢渗氮组织中，除Fe_4N、Fe_3N和Fe_2N，还存在合金氮化物，如Cr_2N、CrN、Mo_3N、Mo_2N、MoN、TiN、NbN、AlN等。

(2) 渗氮方法　渗氮的方法较多，如气体渗氮、离子渗氮、高频渗氮、盐浴渗氮、固体渗氮、真空脉冲渗氮等。其中，气体渗氮和离子渗氮是较常用的渗氮方法。

1) 气体渗氮。气体渗氮温度一般在480~570℃范围内，渗氮温度越高，扩散速度越快，渗层越深。但渗氮温度超过550℃时，合金氮化物发生集聚长大而使渗层硬度下降。保温时间主要取决于渗氮层深度。保温时间越长，渗氮层深度越大，但保温时间太长，会因合金氮化物集聚长大而使硬度有下降的趋势。氨的分解率对渗氮层的硬度及性质有明显的影响，在实际的渗氮温度、压力条件下，氨的分解率一般控制在15%~45%。不锈钢中合金元素含量高，阻碍氮的吸收和扩散，所以不锈钢渗氮时的温度应偏高，氨的分解率也相应提高。

气体渗氮根据要求的不同，有一段渗氮、二段渗氮、三段渗氮等方法。典型不锈钢气体渗氮工艺规范和渗氮效果见表10-8。

2）离子渗氮。离子渗氮温度和保温时间根据工件材质及对渗层深度的要求来考虑。典型不锈钢离子渗氮的主要工艺规范和效果见表10-9。

表10-8　典型不锈钢气体渗氮工艺规范和渗氮效果

牌　号	渗氮方法		工艺参数			表面硬度　HV	渗层深度/mm
			温度/℃	时间/h	氨分解率(%)		
12Cr13	一段渗氮法		500	48	18~25	≥1000	≥0.15
			560	48	30-50	≥900	≥0.30
20Cr13			500	48	20~25	≥1000	≥0.12
			560	48	35~55	≥900	≥0.26
06Cr18Ni11Ti			570	80	35~55	900~1000	0.2~0.3
12Cr13	二段渗氮法	Ⅰ	530	18~20	35~45	≥650	≥0.12
		Ⅱ	580	15~18	50~60		
20Cr13		Ⅰ	530	18~20	35~45	≥650	≥0.25
		Ⅱ	580	15~18	50~60		
06Cr18Ni11Ti		Ⅰ	545	30	25~40	≥900	0.20~0.25
		Ⅱ	565	45	35~60		

表10-9　典型不锈钢离子渗氮的主要工艺规范和效果

牌　号	工艺参数		渗层深度/mm	表面硬度　HV
	温度/℃	时间/h		
12Cr13	520~600	8~10	≥0.1~0.15	≥800
20Cr13	520~600	8~10	≥0.1~0.15	≥850
30Cr13	520~600	8~10	≥0.1~0.15	≥850
06Cr18Ni11Ti	550~600	8~10	≥0.1~0.15	≥900

2. 不锈钢的氮碳和硫碳氮共渗

氮碳共渗是同时向工件表面渗入氮和碳，表面获得共渗组织。氮碳共渗温度低，氮的扩散速度和固溶量远高于碳，渗层仍以碳氮化物和氮化物为主和少量 Fe_3C 的混合组织，氮碳的比例约为7.4∶1。

氮碳共渗工艺方法有气体氮碳共渗、液体氮碳共渗等。

典型不锈钢液体碳氮共渗工艺及性能见表10-10。

表10-10　典型不锈钢液体碳氮共渗工艺及性能

材料	共渗工艺		渗层深度/mm	表层硬度　HV
	共渗温度/℃	共渗时间/min		
06Cr18Ni11Ti	570	120~150	>40	>950
14Cr17Ni2	570	120~150	>40	>950
12Cr13	560	150	≥25	>1000
20Cr13	560	150	≥25	>1000
40Cr13	560	150	≥25	>1000
05Cr17Ni4Cu4Nb	570	180	≥25	>950

硫氮碳共渗实际上就是在氮碳共渗盐中加入硫元素，工件表面在渗入氮、碳的同时渗入硫的工艺过程。在共渗过程中，以硫、氮为主渗入元素，工件经硫氮碳共渗后，在最表面层有不大于10μm的FeS密集层，次表面层为含有FeS、Fe_2（N，C）、Fe_3（N，C）及 Fe_4N 的共渗层，再向里为以氮为主的扩散层，碳只能以 Fe_3C 的形式存在于表面化合物层。由于工件共渗层最外层有FeS存在，大大降低了工件表面的摩擦因数，从而提高了抗咬合和抗黏着性能。

3. 不锈钢的QPQ处理

QPQ（quench-polish-quench）实质是一种盐浴复合处理技术。它是在经盐浴渗氮或碳氮共渗处理后，为了降低工件的表面粗糙度值，对工件表面进行一次抛光，然后再在盐浴中进行一次氧化处理。利用两种性质不同的盐浴处理，通过多种元素渗入金属表面形成复合渗层，从而达到使工件表面改性的目的。工件没有经过淬火，但达到了表面淬火的效果，因此，国外称之为QPQ，国内称之为“氮碳氧复合处理技术”。这种技术实现了渗氮工序和氧化工序的复合、氮化物和氧化物的复合、耐磨性和耐蚀性的复合、热处理技术和防腐技术的复合。

QPQ 处理主要有以下过程：①液体渗氮（或液体氮碳共渗）；②渗后冷却，渗后冷却必须采用 pH 值为 12～12.5 的碱性氧化盐浴冷却，氧化盐的熔点不大于 300℃，使用温度在 350～400℃范围内，保持时间依据工件大小或多少控制在 15～30min，采用空冷或水冷，工件氧化后，在表面形成 Fe_4O_3 薄膜；③表面抛光，采用机械方法对冷却的工件表面进行抛光或研磨，将工件表面粗糙度 *Ra* 降低至 0.09～0.15μm；④氧化，经机械抛光或研磨后的工件放入与冷却盐相同的氧化盐浴中再氧化，氧化温度保持在 350～400℃，时间一般在 5～10min。

QPQ 处理可以大幅度提高工件表面的耐磨性、耐蚀性，而工件几乎不发生变形。这对于精密零件和表面粗糙度要求较高的工件来说是非常必要的。

4. 不锈钢的感应淬火

感应淬火处理在保证工件基体具有优良的强度、塑性和韧性的同时，提高了工件的表面硬度、耐磨性和抗疲劳性。感应淬火在马氏体不锈钢制零件中的应用越来越广。

20Cr13、30Cr13、05Cr13Ni5Mo、05Cr17Ni4Cu4Nb 等马氏体不锈钢和马氏体沉淀硬化不锈钢均可采用感应淬火。

（1）感应加热的组织转变特点对原始组织的要求　感应加热速度快，钢的相变点 Ac_1、Ac_3、Ac_{cm} 升高，转变温度范围也变宽。由于加热速度快，过热度大，奥氏体形核速度快，奥氏体晶粒会更细，但加热速度越快，奥氏体后组织中的碳化物越难以充分溶解，奥氏体中的成分越不易均匀化。原始晶粒越细小，碳化物尺寸越小、越均匀，奥氏体形核越多，合金元素原子扩散距离也越短，奥氏体的形成和均匀化过程也就越快。

因此，感应加热前良好的原始组织尤为重要，马氏体不锈钢感应淬火前应进行调质处理。

（2）马氏体不锈钢感应淬火的工艺要点

1）加热温度。马氏体不锈钢因含有较多的合金元素，在奥氏体转变和均匀化时，需要更高的加热温度，原则上比炉中整体加热提高 30～80℃，马氏体不锈钢感应加热温度应为 1080～1150℃。

2）加热速度和加热时间。感应加热时，加热速度是一个重要的参数，它直接影响淬火加热深度和淬火质量。通常所说的感应加热速度是指钢加热失磁后的加热速度，加热时间是指工件表面从受热到工件离开感应器的时间。马氏体不锈钢中合金含量高，其感应淬火的加热时间应比一般碳素钢、低合金钢的加热时间略长，以保证钢中合金元素的充分溶解。

3）淬火冷却。马氏体不锈钢感应淬火的冷却可视工件及操作方便，采用压缩空气、合成淬火剂、水或盐水。

4）回火。马氏体不锈钢高频感应淬火后，应根据技术要求的硬度及时回火。一般回火保温时间为 90～120min。

常见马氏体不锈钢（含马氏体沉淀硬化不锈钢）高频感应淬火温度及回火温度见表 10-11。

5. 不锈钢的复合处理

不锈钢的各种热处理，如正火、退火、调质、固溶、稳定化、渗氮、氮碳共渗、高频感应淬火等可以使工件达到某种功能要求。单一热处理虽然能够改善某些性能，但也对另一些性能产生不利的影响，很难满足复杂服役环境对工件性能的要求。因此，把两种或两种以上的热处理方法，或把热处理与表面处理结合起来，将对工件功能的发挥有更好的作用。

（1）渗氮+整体淬火　用马氏体不锈钢制作有高强度、耐磨、耐疲劳要求的零件时，需要对零件进行整体淬火+低温回火，但淬火表面硬度和耐磨性不足，且表面处于拉应力状态也降低疲劳性能。虽然可以通过渗氮处理提高表面硬度和耐磨性，渗氮预备热处理及渗氮过程中的高温回火作用使心部强度降低。如果渗氮后再进行整体淬火+低温回火，将获得好的组织、性能和应力状态。

工件经渗氮处理后，工件表面层含有较高的氮量。在淬火加热过程中，加速氮向内扩散，增加渗氮层的深度，高氮可以稳定奥氏体，降低 *Ms* 点。在后面淬火冷却时，虽然表面层先冷却，但发生马氏体转变的时间却迟于心部，最终零件的表面残余应力转变为压应力，可显著提高零件的抗疲劳能力。有研究表明，先渗氮再淬火的零件可提高疲劳寿命 3～6 倍。

表 10-11　马氏体不锈钢高频感应淬火温度及回火温度

牌　号	预备热处理	原始组织	淬火温度/℃	回火温度/℃		
				40～45HRC	>45～50HRC	>50HRC
12Cr13	调质	回火索氏体	1020～1040	180～200	—	—
20Cr13	调质	回火索氏体	1080～1100	260～300	180～200	—

（续）

牌　号	预备热处理	原始组织	淬火温度/℃	回火温度/℃		
				40~45HRC	>45~50HRC	>50HRC
30Cr13	调质	回火索氏体	1080~1100	360~400	300~340	200~240
05Cr12Ni5Mo	调质	回火索氏体	1050~1080	180~220	—	—
05Cr17Ni4Cu4Nb	固溶+时效	回火索氏体+析出相	1080~1110	470~480	—	—

（2）渗氮+高频感应淬火　经过渗氮的工件一般不再进行其他热处理，但因渗氮层较薄，有时承受不了较大的表面压力，特别是马氏体不锈钢渗层只能达到 0.1~0.3mm。在渗氮后再进行一次高频感应淬火，不仅高频感应淬火硬化层厚可达 1.2~1.5mm，而且已渗氮的工件表面层的氮原子会向工件内部扩散，提高了渗氮层深度，降低渗氮层的脆性；同时，工件表面获得的是固溶氮和碳的细马氏体，也提高了表面硬度。

（3）渗氮+低温渗硫　不锈钢经渗氮获得了较高的表面硬度，在提高工件磨粒磨损和疲劳磨损方面起到良好的作用。但是，在工件实际的使用工况中，也可能还存在黏着磨损，抵抗这种磨损单靠表面硬度是不够的，还应设法降低表面的摩擦因数。因此，对渗氮工件表面再进行一次低温渗硫，在硬渗氮表面形成软的、均匀的 FeS 薄膜，在摩擦中起到自润滑作用，从而增加了工件表面的抗黏着磨损能力。

（4）高频感应淬火+低温渗硫　这种复合处理的作用相似于渗氮+低温渗硫复合处理的作用。硬的高频感应淬火表面与软的渗硫膜的同时存在，改善了工件表面的功能。

采用复合处理时，首先应选择正确的复合处理方式和组合；其次，要考虑两种处理的相互作用并合理安排处理程序，以防止程序安排不当引起的不良影响。

10.2　耐热钢的热处理

耐热钢是在高温下工作并具有一定抗氧化能力、耐蚀性和强度的铁基合金。耐热钢按使用条件，一般分为两类：一类称为抗氧化钢，这类钢在高温工作时，主要失效原因是高温氧化，应具有良好的化学稳定性，但承受的载荷并不大；另一类称为热强钢，这类钢在高温服役时，承受载荷较大，失效方式为高温强度不足、蠕变开裂和高温脆性等。

10.2.1　耐热钢的工作条件及性能要求

锅炉、汽轮机、动力机械、工业炉和航空、石油化工等设备的许多构件常处于 300℃ 以上的高温环境，甚至高于 1200℃。这些高温服役的构件要承受各种载荷，同时还与高温气体接触，表面会发生高温氧化或燃气腐蚀；另外，长期高温工作时，钢内部将发生原子扩散，使组织结构发生变化，导致性能随服役时间发生变化。因此，耐热钢的性能要求如下：①良好的化学稳定性，即高温抗氧化性和耐气体腐蚀性；②足够高的高温强度、抗蠕变性能及高温疲劳强度；③良好的组织稳定性；④良好的导热性、低的热膨胀系数等高温物理性能；⑤良好的机械加工、铸造、焊接及锻造等加工工艺性能。

1. 耐热钢的抗氧化

钢抗氧化性是指钢在高温有氧环境中迅速被氧化，但氧化后能在钢的表面形成一层连续、致密且能牢固附着在表面上的氧化膜，这层膜能够起到保护作用，使钢不再继续被氧化。

一般碳素钢在 300℃ 以上时就开始被氧化，所形成的氧化层由 Fe_3O_4 和 Fe_2O_3 组成，它们的结构复杂，而且比较致密，原子在这种结构内扩散速度较小，所以氧化较慢。在 570℃ 以上时，所生成的氧化膜共有三层，由外表面至内层依次为 Fe_2O_3、Fe_3O_4 和 FeO，其厚度比例大致为 1∶10∶100。FeO 为缺立方点阵的缺位固溶体，其中铁原子有空位，铁原子容易通过 FeO 而扩散；另外，由于 FeO 结构疏松，易于破裂，这样也加速氧化进行。因此，FeO 出现时，钢的氧化加剧。要提高钢的抗氧化性，就必须阻止 FeO 形成。在钢中加入合金元素，形成致密而稳定的氧化膜，阻止铁离子和氧离子在氧化膜中的扩散，从而提高钢的抗氧化性。

铬、铝、硅是提高钢抗氧化能力的主要元素，这三种元素与氧的亲和力比铁大，便于发生选择性氧化并形成 Cr_2O_3、Al_2O_3、SiO_2 氧化膜。这些氧化膜结构致密、稳定，并与基体结合牢固，抑制或避免疏松的 FeO 生成和长大。铬、铝单独加入能提高钢的抗氧化性，但铝的加入增大钢的脆性，故一般作为辅助元素加入，一般加入质量分数控制在 3% 以下。硅也能提高钢的抗氧化能力。其他元素中，镍、锰对抗氧化性能影响不大；钒降低钢的抗氧化性。少量稀土元素也可以提高钢的抗氧化性，使晶界优先氧化现象几乎消失，特别是在1000℃以上时更有效。

2. 耐热钢的热强性

金属工件在承受高温下长时间载荷作用时，可能会出现两种失效形式：一是在远低于其抗拉强度应力的作用下产生的断裂；二是在远低于其屈服强度应力情况下，工件发生连续和缓慢地塑性变形而导致的失效。钢的高温力学性能与室温力学性能差别在于：高温下其力学性能还要受到温度和时间影响，而这种影响也导致断裂形式发生变化，由低温穿晶断裂（韧性断裂）过渡到高温晶界断裂。

金属材料的强度是由晶粒和晶界强度共同决定的。温度升高，由于原子结合力的下降，晶内和晶界强度都要下降。但由于晶界缺陷较多、原子扩散较晶内快，因此晶界强度比晶内下降快。当温度升高到一定温度时，原来室温下晶界强度高于晶内的状况会转变为晶界强度低于晶内强度。晶内强度和晶界强度相等的温度称等强度温度。当加载速度较慢时，由于扩散的影响，等强度温度也下降。

金属在高温下的力学性能与温度和加载时间相关，其高温强度或热强性不能以室温下的强度为依据。热强性是指耐热钢在高温和载荷作用下抵抗塑性变形和破坏的能力。热强性包括钢在高温条件下的瞬时性能和长时性能。

瞬时性能是指在高温条件下进行常规力学性能试验所测得的性能指标，如高温抗拉强度和高温冲击吸收能量性等。其特点是高温短时加载，其性能指标只能作为选材的一个参考指标。长时性能是指材料在高温及载荷共同长时间作用下所测得的性能指标，包括蠕变极限、持久强度、应力松弛、高温疲劳强度和冷、热疲劳强度等，这些是评定高温材料必须建立的性能指标。

随着温度的升高，耐热钢抵抗塑性变形和断裂的能力不断降低的因素如下：随着温度升高，钢的原子间结合力降低、原子扩散系数增大，从而导致钢的组织由亚稳态向稳态过渡，如第二相的聚集长大，多相合金中的成分变化，亚结构粗化及发生再结晶等这些因素都导致钢的软化；随着温度升高，载荷作用时间加长，钢的变形不仅有滑移，还有扩散形变及晶界的滑动与迁移等方式，晶界滑移不仅产生变形还促进裂纹的萌生，产生晶间断裂。因此，提高钢热强性的原理是提高钢基体的原子结合力和晶界高温强度，使其具有对抵抗蠕变有利的组织结构。主要强化途经有基体强化、晶界强化、第二相析出强化等。

10.2.2 抗氧化用钢

抗氧化钢主要用于制作在高温下长期工作且承受载荷不大的构件，例如工业加热炉中的构件、炉底板、料架、炉罐、辐射管等，主要包括铁素体抗氧化钢和奥氏体抗氧化钢两类。

1. 铁素体抗氧化用钢

铁素体抗氧化用钢是在铁素体不锈钢基础上进一步合金化形成的钢种，其牌号、成分在GB/T 20878—2007中有规定。按成分、抗氧化性或使用温度可分Cr13型、Cr18型和Cr25型钢。典型牌号铁素体抗氧化用钢热处理规范、力学性能及用途举例见表10-12。

表10-12 典型牌号铁素体抗氧化用钢热处理规范、力学性能及用途举例

牌号	热处理规范		力学性能≥				用途举例
	退火温度/℃	冷却方式	R_{eL}/MPa	R_m/MPa	A(%)	Z(%)	
16Cr25N	780~880	快冷	275	510	20	40	抗氧化性强，1082℃以下不产生易剥落的氧化皮，用于燃烧室
06Cr13Al	780~830	空冷或缓冷	177	410	20	60	由于冷却硬化少，可用来制作燃气透平压缩机叶片、退火箱、淬火台架等
022Cr12	780~820	空冷或缓冷	196	365	22	60	耐高温氧化，可用来制作要求焊接的部件，如汽车排气阀净化装置、锅炉燃烧室、喷嘴等
10Cr17	780~850	空冷或缓冷	205	450	22	50	制作900℃以下的耐氧化部件，如散热器、炉用部件、油喷嘴等

铁素体抗氧化用钢为单一铁素体组织，热处理加热过程没有相变，钢晶粒较粗大，韧性低，在使用中应特别注意不宜承受过大载荷。

2. 奥氏体抗氧化用钢

奥氏体抗氧化用钢是在奥氏体不锈钢基础上发展起来的，比铁素体抗氧化钢具有更好的热强性和加工工艺性能，因此在高温下可承受一定载荷。典型牌号奥氏体抗氧化用钢热处理规范、力学性能及用途举例见表10-13。

表 10-13　典型牌号奥氏体抗氧化用钢热处理规范、力学性能及用途举例

牌　号	热处理规范		力学性能≥				用途举例
	退火温度/℃	冷却方式	R_{eL} /MPa	R_m /MPa	A (%)	Z (%)	
22Cr21Ni12N	1050~1150	快冷	430	820	26	20	以抗氧化为主的汽油及柴油机排气阀等
16Cr23Ni13	1030~1150	快冷	205	560	45	50	980℃以下可反复加热的抗氧化钢。用于加热炉部件、重油燃烧器等
20Cr25Ni20	1050~1180	快冷	205	590	40	50	1035℃以下可反复加热的抗氧化钢，用于炉用部件、喷嘴、燃烧室等
06Cr19Ni10	1010~1150	快冷	205	520	40	60	通用耐氧化钢，可承受870℃以下反复加热
06Cr23Ni13	1030~1150	快冷	205	520	40	60	可在 980℃以下反复加热，用于炉用材料
06Cr25Ni20	1030~1180	快冷	205	520	40	60	可在 1035℃加热，用于炉用和汽车净化装置材料
26Cr18Mn12Si2N	1100~1150	快冷	390	685	35	45	有较高的高温强度和抗氧化性，且有较好的抗硫及抗增碳性，用于吊挂支架、渗碳炉构件，加热炉传送带、料盘、炉爪等
16Cr20Ni14Si2	1080~1130	快冷	295	590	35	50	具有较高的高温强度及抗氧化性，在 600~800℃有析出相的脆化倾向，适于制作承受应力的各种炉用构件
16Cr25Ni20Si2	1080~1130	快冷	295	590	35	50	

10.2.3　热强钢

1. 珠光体耐热钢

珠光体耐热钢是指在正火状态下显微组织主要是珠光体+铁素体的耐热钢，广泛用于 600℃以下工作的石油化工及动力工业的设备。珠光体耐热钢按碳含量的高低可分为低碳和中碳珠光体耐热钢，按用途分为锅炉钢管用钢和叶轮、叶片、紧固件用钢。

（1）低碳珠光体耐热钢　低碳珠光体耐热钢主要用于制作锅炉管线，也称为锅炉管用钢。对锅炉管线来说，其管内是高压蒸汽，外壁与火焰及烟气接触。为了使管子在长期工作条件下安全可靠，对管子用钢一般有如下要求：足够的高温强度和持久塑性；足够的抗氧化性及耐蚀性；足够的组织稳定性；良好的冷、热加工工艺性能，例如轧制、穿管、冷拔、弯管及焊接等。

低碳珠光体耐热钢的成分特点：碳含量低，$w(C)=0.08\%\sim0.2\%$，使钢具有良好冷热加工性能，碳化物量相对减少，抗氧化性好且珠光体不易球化和石墨化，有利于组织稳定；加入铬、钼、钒、钛等合金元素，可产生固溶强化并形成稳定碳化物，提高钢的热强性、阻止珠光体球化和碳化物聚集长大，而且强碳化物形成元素在 500~750℃范围内析出 MC 型或 M_2C 型碳化物，产生弥散强化作用；限制硅、铝含量，降低钢的石墨化倾向。

低碳珠光体耐热钢的热处理工艺一般为正火+高温回火。这类钢正火温度比一般钢的正火温度高 100~150℃，以便使碳化物能够完全溶解和均匀分布，并获得适当的晶粒度。正火空冷后的组织依据合金元素种类、含量及工件尺寸不同，可分别获得铁素体加珠光体组织、贝氏体及低碳马氏体。高温回火主要是使固溶体中析出弥散分布的碳化物，实现析出强化，并促进固溶体基体与碳化物相之间的合金元素合理分配，使组织更加稳定。一般回火温度要高于工件使用温度 100℃。低碳珠光体耐热钢的热处理规范、力学性能及用途举例见表 10-14。

（2）中碳珠光体耐热钢　中碳珠光体耐热钢主要用于耐热的紧固件（螺栓、螺母、汽封弹簧片、阀杆等）、汽轮机转子（主轴、叶轮）等。

紧固件用热强钢，首先要求具有高的应力松弛稳定性，使紧固件长期保持一定的预紧力；其次要求具有一定的持久强度和抗氧化性，保证紧固件不会出现

表 10-11　低、中碳珠光体耐热钢的热处理规范、力学性能及用途举例

类别		牌号	热处理规范				力学性能≥				用途举例
			正火或淬火温度/℃	冷却方式	回火温度/℃	冷却方式	R_m/MPa	R_{eL}/MPa	A(%)	Z(%)	
低碳珠光体热强钢	锅炉钢管用钢	16Mo	880	空冷	630	空冷	400	250	25	60	管壁温度<450℃
		12CrMo	900	空冷	650	空冷	420	270	24	60	管壁温度<510℃
		15CrMo	900	空冷	650	空冷	450	300	22	60	管壁温度<560℃
		12CrMoV	970	空冷	750	空冷	450	230	22	50	
		12Cr1MoV	970	空冷	750	空冷	500	250	22	50	管壁温度<580℃
		12MoWVBR	1000	空冷	760	空冷	650	510	21	71	管壁温度<580℃
		12Cr2MoWSiVTiB	1025	空冷	770	空冷	600	450	18	60	管壁温度<620℃
		12Cr3MoVSiTiB	1050~1090	空冷	720~790	空冷	640	450	18	—	管壁温度<620℃
中碳珠光体热强钢	叶轮、转子、紧固件用钢	24CrMoV	900	油冷	600	水或油冷	800	600	14	50	450~600℃工作的叶轮，<525℃紧固件
		25Cr2MoVA	900	油冷	620	空冷	950	800	14	55	<540℃紧固件
		25Cr2Mo1VA	1040	空冷	670	空冷	750	600	16	50	<565℃紧固件
		25Cr1Mo1VA	970~990一次正火 930~950二次正火	空冷	680~700	空冷	650	450	16	40	<535℃整锻转子
		35CrMo	850	油冷	560	油或水冷	1000	850	12	45	<480℃螺栓，<510℃螺母
		35CrMoV	900	油淬	630	水或油冷	1100	950	10	50	500~520℃叶轮及整锻转子
		35Cr2MoV	860	油冷	600	空冷	1250	1050	9	35	<535℃叶轮及整锻转子
		34CrNi3MoV	820~830	油冷	650~680	空冷	870	750	13	40	<450℃叶轮及整锻转子
		20Cr1Mo1VNbTiB	1050	油冷	700	空冷	—	—	—	—	570℃紧固件
		20Cr1Mo1VTiB	1050	油冷	700	空冷	—	—	—	—	570℃紧固件

脆性断裂和氧化咬合；同时应具有高的室温力学性能，保证紧固件装配时不发生屈服。这类钢碳含量都高于低碳珠光体耐热钢，为了提高淬透性和回火稳定性，合金化以铬、钼为主并根据用途不同适量加入钛、铌、钒、硼等，并且其含量也比低碳珠光体耐热钢稍有提高。

汽轮机转子用钢的工作环境是在过热的蒸汽作用下，承受很大的复杂应力，要求钢应具有高的均匀一致的综合力学性能和组织稳定性，以及高的蠕变强度、持久强度、抗氧化和热蒸汽腐蚀能力。这类零部件一般采用锻造成形，较少采用焊接等。因此，这类钢的碳含量高于紧固件用钢，通常采用中碳珠光体耐热钢。

中碳珠光体耐热钢的热处理采用淬火+高温回火，使用状态的组织为回火索氏体。中碳钢的热处理规范、力学性能及用途举例见表 10-14。

2. 马氏体耐热钢

马氏体耐热钢包括两种类型：一种是用于制作工作温度在 450~620℃的汽轮机叶片，称叶片用钢；另一种主要用于制作工作温度在 700~850℃的内燃机排气阀，称排气阀用钢。

（1）叶片用钢　汽轮机叶片除承受复杂应力（离心力、弯矩、拉力等）作用外，还受高压蒸汽的冲刷。因此，要求具有高的耐蚀性、热强性、耐磨性和高的抗氧化性。这类钢是在 Cr13 型马氏体不锈钢基础上适当调整化学成分而发展起来的。为了提高叶片工作温度，在 Cr13 型马氏体不锈钢基础上加钼、钨、钒和铌以强化基体和形成稳定碳化物，并加硼以强化晶界。必须指出，加入上述合金元素后，为避免形成较多的 δ-铁素体，应适当降低铬含量，有时还加入一量的镍元素，以保证淬火加热时获得单一的奥氏体组织。GB/T 8732—2014 规定了汽轮机叶片用钢的牌号、化学成分、工艺及性能。

（2）排气阀用钢　汽车和内燃机中的排气阀工作温度一般在 700~850℃范围。燃气中还含有硫、钠、钒等气体及盐类腐蚀介质，同时在工作中气阀还经常受到机械疲劳、热疲劳及气体冲刷等。因此，排气阀用钢应具有更高的高温强度、硬度、韧性、抗氧化、耐蚀性，以及更好的组织稳定性和良好的工艺性能。GB/T 23337—2009 推荐了内燃机排气门钢的化学成分。为了达到上述排气阀的性能要求，马氏体排气阀钢碳含量较高，并添加硅元素进一步提高抗氧化性能。钢中的钼除提高淬透性外，还可以降低第二类回火脆性。

马氏体耐热钢热处理一般采用 1000℃以上的淬火温度，以保证所有碳化物固溶与合金元素的有效作用，然后空冷或油冷，回火温度应根据要求来选用。排气阀用钢的回火温度一般应高于使用温度 100℃，并应避开 400~600℃回火脆区。表 10-15 给出了 GB/T 23337—2009 推荐的排气阀用钢的热处理规范及性能。

表 10-15　排气阀用钢的热处理规范及性能

牌号	热处理规范				室温力学性能≥				
	淬火温度/℃	冷却方式	回火温度/℃	冷却方式	$R_{p0.2}$/MPa	R_m/MPa	A (%)	Z (%)	硬度 HBW
42Cr9Si2	1000~1050	油冷	700~780	空冷或水冷	590	880	19	50	266~325
45Cr9Si3	1000~1050	油冷	720~820	空冷或水冷	700	900	14	40	266~325
51Cr8Si2	1000~1050	油冷	700~780	空冷或水冷	680	880	10	35	266~325
40Cr10Si2Mo	1000~1050	油冷	650~750	空冷或水冷	685	885	14	35	≥260
80Cr20Si2Ni	1030~1080	油冷	700~800	空冷	680	880	10	15	≥295
85Cr18Mo2V	1050~1080	油冷	700~820	空冷	800	1000	7	12	290~325

3. 奥氏体耐热钢及合金

动力工业的燃气轮机叶片、轮盘、发动机气阀和喷气发动机的某些零件，主要工作温度在 600~750℃范围，有的可达 850℃左右。石油化工装置许多构件，例如制氢转化炉管、乙烯裂解炉管等，其工作温度有的已达到 1050℃，并且还经受高压、氧化及渗碳性介质的强烈作用。因此珠光体、马氏体类型耐热钢（α-Fe 基）在化学稳定性和热强性两个方面都很难满足要求，必须更换基体组织，即采用 γ-Fe 基的奥氏体钢。γ-Fe 基比 α-Fe 基具有更高的热强性，其原因如下：γ-Fe 晶型的原子间结合力比 α-Fe 大；γ-Fe 中铁及其他元素原子的扩散系数小；再结晶温度高，可达 800℃以上，而 α-Fe 再结晶温度仅为 450~600℃。γ-Fe 基耐热钢还具有较好的抗氧化性、高的塑性和韧性，以及良好的焊接性，但也有室温强度低、导热性差、压力加工及切削困难等缺点。

根据合金化方法及强化机制，奥氏体耐热钢及铁基合金可以分成三类：固溶强化型；碳化物沉淀强化型；金属间化合物沉淀强化型，又称为铁基耐热合金。

（1）固溶强化型　这类钢是低碳、主加元素为铬镍的奥氏体组织的钢，为了进一步利用固溶强化提高热强性，钢中常含有钨、钼元素，如 06Cr25Ni20、20Cr25Ni20、12Cr16Ni35、06Cr17Ni12Mo2Ti、06Cr17Ni12Mo2 等。这类钢焊接及冷加工成形性能良好，一般在固溶处理状态下使用，其固溶处理工艺参考表 10-2 和表 10-13。这类钢可用在受热温度较高、承受载荷不大的零部件上，例如工业加热炉马弗罐、辐射管、传送带，喷气发动机排气管，冷却良好的燃烧室部件，以及工业炉热交换器管线等。

（2）碳化物沉淀强化型　碳化物强化型奥氏体耐热钢的化学成分特点是：既含有较高的铬、镍以形成奥氏体，又含有钨、钼、铌、钒等强碳化物形成元素，是以碳化物为沉淀强化相的奥氏体铁基高温合金。这类钢可在铸态下使用或锻、轧后经固溶处理+时效处理后使用。在时效处理过程中，钢中析出大量的弥散碳化物 $M_{23}C_6$、MC 等，一方面使钢沉淀强化，另一方面也稳定组织。时效温度一般高于使用温度。这类钢主要用于使用温度在 600~650℃的发动机轮盘、高温紧固件，内燃机车排气阀等。表 10-16 给出了典型碳化物析出强化型奥氏体耐热钢的牌号、热处理规范及性能。

表 10-16　典型碳化物析出强化型奥氏体耐热钢的牌号、热处理规范及性能

牌号	热处理规范				室温力学性能≥				
	淬火温度/℃	冷却方式	回火温度/℃	冷却方式	$R_{p0.2}$/MPa	R_m/MPa	A (%)	Z (%)	硬度 HRC
45Cr14Ni14W2Mo	1100~1200	水冷	720~800	空冷	395	785	25	35	—
55Cr21Mn8Ni2N	1140~1180	水冷	760~815	空冷	550	900	8	10	≥28
53Cr21Mn9Ni4N	1140~1200	水冷	760~815	空冷	580	950	8	10	≥28

（续）

牌　　号	热处理规范				室温力学性能≥				
	淬火温度/℃	冷却方式	回火温度/℃	冷却方式	$R_{p0.2}$/MPa	R_m/MPa	A（%）	Z（%）	硬度HRC
20Cr21Ni12N	1100~1200	水冷	700~800	空冷	430	820	26	20	—
50Cr21Mn9Ni4Nb2WN	1160~1200	水冷	760~800	空冷	580	950	12	15	≥28
61Cr21Mn10Mo1V1Nb1N	1100~1200	水冷	720~800	空冷	800	1000	8	10	≥32
33Cr23Ni8Mn3N	1150~1200	水冷	780~820	空冷	550	850	20	30	≥25

（3）金属间化合物沉淀强化型　这类合金的特点是碳含量很低，一般 $w(C)=0.08\%$；镍含量较高，一般 $w(Ni)=20\%\sim40\%$；同时还含有一定量的铝、钛、钼、钨、钒、硼等元素。高的镍含量除了保证得到稳定奥氏体组织外，镍在时效中还要与铝、钛等元素形成 γ' 相［Ni3(Al，Ti)］沉淀强化；合金中的钨、钼可溶于奥氏体基体产生固溶强化；合金中的钒和硼能强化晶界，硼还可以使晶界网状沉淀相改变为断续沉淀相，因而还可提高合金的持久塑性。这类钢因镍含量高，常归类于铁镍基高温合金，如GH2132、GH2135、GH2130等沉淀强化相的奥氏体铁基高温合金。这类合金在航空工业中得到广泛应用，主要用于制作使用温度在650~700℃且载荷应力较大的涡轮盘、涡轮机匣、涡轮导向器叶片等。合金的化学成分及热处理工艺详见高温合金的热处理。

10.3　高温合金的热处理

10.3.1　高温合金的性能特征、分类及牌号

高温合金是指以铁、镍、钴为基，能在600℃以上的高温及一定应力作用下长期工作的一类金属材料。高温合金具有较高的高温强度，良好的抗氧化和耐热腐蚀性能，良好的疲劳性能、断裂韧度、塑性等综合性能。高温合金为单一奥氏体基体组织，在各种温度下具有良好的组织稳定性和使用的可靠性。基于上述性能特点，以及高温合金的合金化程度很高，故英美等国称之为超合金（super alloy）。

高温合金从一开始就主要用于航空发动机。在现代先进的航空发动机中，高温合金材料用量占发动机总量的40%~60%。在航空发动机中，高温合金主要用于四大热端部件，即导向器、涡轮叶片、涡轮盘和燃烧室。除航空发动机外，高温合金还是火箭发动机及煤气轮机高温热端部件的不可替代的材料。目前，高温合金在核能、能源动力、交通运输、石油化工、冶金矿山和玻璃建材等诸多领域得到推广应用。这类高温合金中一部分主要仍然利用高温合金的高温高强度特性，而另外一部分则主要是开发和应用高温合金的高温耐磨性和耐蚀性。高温耐磨耐蚀的高温合金，由于主要目标不是高温下的强度，这些合金成分上的特点是以镍、铁或钴为基，并含有20%~35%的铬，以及大量的钨、钼等固溶强化元素，而铝、钛等 γ 形成元素则要求含量甚少或者根本不加入。

高温合金分类有如下几种：

1）通常按合金基体元素种类，高温合金可分为铁基、镍基和钴基合金三类。目前使用的铁基合金镍含量高达25%~50%（质量分数），这类铁基合金有时又称为铁镍基合金。

2）根据合金强化类型不同，高温合金可分为固溶强化型合金和时效沉淀强化型合金，不同强化型的合金采用不同的热处理工艺。

3）根据合金材料成形方式的不同，高温合金可分为变形合金、铸造合金和粉末冶金合金三类。变形合金的生产品种有饼材、棒材、板材、环形件、管材、带材和丝材等，铸造合金则有普通精密铸造合金（等轴晶铸造高温合金）、定向凝固合金和单晶合金之分，粉末冶金则有普通粉末冶金高温合金和氧化物弥散强化高温合金两种。

按GB/T 14992—2005《高温合金和金属间化合物高温材料的分类和牌号》，我国高温合金根据合金的基本成形方式或特殊用途，将合金分为变形高温合金、铸造高温合金（等轴晶铸造高温合金、定向凝固柱晶高温合金和单晶高温合金）、焊接用高温合金丝、粉末冶金高温合金和弥散强化高温合金。

10.3.2　高温合金的合金元素和相结构

1. 高温合金的合金元素

高温合金的合金化非常复杂，除了严格控制的杂质元素外，所涉及的合金元素有近20种，主要的有Fe、Co、Ni、Ti、Zr、Hf、V、Nb、Ta、Cr、Mo、W、RE、Al、Mg、Ce、Y、C、B等。这些元素在合金中的作用归纳为如下六个方面：

1）成为奥氏体基体的元素——Ni、Fe、Co。

2）稳定表面的元素——Cr、Al、Ti、Ta、Y、RE、Hf。其中Cr、Al、Y、RE、Hf主要提高合金的

抗氧化能力，而 Cr、Ti、Ta 有利于耐热腐蚀。

3）固溶强化元素——W、Mo、Cr、Re、Al、Nb、Ta。这些元素固溶进 γ 基体中，起固溶强化作用。

4）金属间化合物形成元素——Al、Ti、Nb、Ta、Hf 和 W。这些元素形成金属间化合物 Ni_3Al、Ni_3Nb、Ni_3Ti 等。上述元素可固溶进金属间化合物中，进一步强化金属间化合物。

5）碳化物和硼化物形成元素——C、B、Cr、W、Mo、V、Nb、Ta、Zr、Hf。这些元素能形成各种类型碳化物和硼化物相，强化合金。

6）晶界和枝晶间强化元素——B、Mg、Ce、Y、Zr、Hf。这些元素以间隙原子或第二相形式强化晶界或枝晶间。

2. 高温合金中的析出相

高温合金的合金元素可形成 20 余种相，这些相可归纳为固溶体、金属间化合物和间隙化合物三大类。

（1）固溶体　Ni 基高温合金的基体是面心立方 γ 固溶体，构成这种奥氏体基体的元素主要有 Ni、Co、Fe、Cr、Mo、W 等元素。γ 基体中各种合金元素形成置换固溶体，固溶的元素越多，取得的强化效果越大。在复杂的高温合金中，由于固溶元素的相互影响，每个元素在高温合金中的溶解度与它在二元合金中的溶解度相差很大，因此对许多实用型高温合金都用化学相分析技术测定各个元素在 γ 相中的含量。在一些高强度铸造 Ni 基高温合金中，除 Ni 以外的其他固溶元素总量可超过 50%（摩尔分数），其中 Co、Cr 的溶解度最大，Mo、W、Al 次之。其他元素溶解度很低。

（2）金属间化合物　高温合金常见的金属间化合物几乎都是过渡族金属元素之间的化合物，按晶体结构可以分为两类，一类为几何密排相——GCP 相；另类为拓扑密排相——TCP 相。

几何密排相是密排的有序结构，即晶体结构都是由密排面按不同方式堆垛而成，只是由于密排面上 A 原子和 B 原子的有序排列方式不同和密排面的堆垛方式不同，形成了多种不同的结构。在高温合金中，常见的 GCP 相有 Cu_3Au 型面心立方有序结构的 γ′相（Ni_3Al）、Ni_3Al 型密排六方有序结构的 η 相（Ni_3Ti）、Cu_3Ti 型正交有序结构的 δ 相（Ni_3Nb）。这些相的配位数为 12，分子式表示为 B_3A。B 元素指 Mn、Fe、Co、Ni 等元素，A 元素指原子半径较大的 Ti、V、Cr 各族元素。

拓扑密排相的晶体结构很复杂，其共同点是原子排列比等径球体的最密排列还要紧密，配位数达到 14~16，原子间距较短。拓扑密排相为了得到较高的空间利用率，要求有两种大小不同的原子，全部或主要为四面体堆垛结构。拓扑密排相又属于电子化合物，相的稳定性与电子原子比有密切关系。原子外层电子之间的相互作用强烈。在高温合金中常见的拓扑密排相有 B_2A 型的 Laves 相、BA 型的 σ 相、B_7A_6 型的 μ 相，其中 A 元素通常指周期表中的 Ti、V、Cr 各族元素，B 元素指 Fe、Co、Ni 等元素。

为了提高高温合金的塑性和中温强度，合金中添加了 Zr 和 Hf，在铸造合金枝晶间常存在面心立方结构的金属间相 Ni_5Zr 和 Ni_5Hf。高 Al 铸造 Ni 基合金中以及 Al 偏析都会在合金中产生体心立方有序相 β-NiAl 相。表 10-17 给出了主要析出相的结构。

表 10-17　高温合金中主要析出相的结构

相	化学式	晶体结构	点阵参数/nm
γ′	Ni_3Ti	面心立方(有序)	$a=0.359$
γ″	Ni_3Ti	体心立方(有序)	$a=0.362;c=0.741;c/a=2.04$
δ	Ni_3Nb	正交(有序)	$a=0.511;b=0.425;c=0.741$
η	Ni_3Ti	密排六方(有序)	$a=0.511;c=0.830$
β	NiAl	体心立方(有序)	$a=0.291$
σ	FeCr	四方	$a=0.879;c=0.456;c/a=0.52$
μ	B_7A_6	三角	$a=0.476\sim0.479;c=2.570\sim2.590$
Laves	B_2A	密排六方	$a=0.475\sim0.483;c=0.769\sim0.777$
Ni_5Zr	Ni_5Zr	面心立方	$a=0.671$
Ni_5Hf	Ni_5Hf	面心立方	$a=0.669$

（3）间隙化合物　过渡族元素与 C、N、B 等元素常形成碳化物、氮化物和硼化物等间隙相。间隙相的晶体结构特点是金属原子尽可能密排，而原子半径小的 C、N 和 B 原子位于金属原子的间隙之中，间隙相的共同特点是具有高熔点、高硬度和高脆性，还具有某些金属的特性，例如具有导电性，且电阻随温度升高而增大。表 10-18 给出了高温合金中可能出现的碳化物、氮化物和硼化物的结构及点阵参数。

表10-18 高温合金中碳化物、氮化物和硼化物的结构及点阵参数

化学式	晶体结构	点阵参数/nm	化学式	晶体结构	点阵参数/nm
HfC	面心立方	$a=0.464$	TiN	面心立方	$a=0.423$
ZrC	面心立方	$a=0.468$	VN	面心立方	$a=0.413$
TaC	面心立方	$a=0.446$	TaN	密排六方	$a=0.413$；$c=0.459$
NbC	面心立方	$a=0.446$	M_7C_3	斜方	$a=0.413$；$b=0.699$；$c=0.459$
TiC	面心立方	$a=0.431$	$M_{23}C_6$	复杂面心立方	$a=1.050\sim1.070$
VC	面心立方	$a=0.418$	M_6C	复杂面心立方	$a=1.100\sim1.175$
ZrN	面心立方	$a=0.423$	M_3B_2	四方	$a=0.571\sim0.585$；$c=0.322\sim0.320$
NbN	面心立方	$a=0.439$	M_2SC	立方	$a=0.320\sim0.337$；$c=1.120\sim1.195$

间隙相按其晶体结构可分为八面体间隙相、三棱柱间隙相和复杂结构的间隙相三类。形成三种结构的间隙相和金属原子的相对尺寸有关。如果 r_N 为间隙原子半径，r_M 为金属原子半径，当 $r_N/r_M<0.59$ 时容易形成八面体型间隙化合物。在高温合金中 Ti、V、Nb、Ta、Za、Hf 等元素的碳化物或氮化物都属于八面体间隙相，它们主要具有面心立方结构，有少部分是密排六方结构。当 $r_N/r_M>0.59$ 时，就形成三棱柱型间隙的密排结构或金属原子致密排列的复杂结构的间隙相。之所以形成三棱柱型间隙密排结构是由于这种密排结构中金属原子较小，八面体间隙太小容不下间隙原子，但三棱柱型间隙较大，间隙原子就容易处在这种间隙位置，高温合金中 M_3C 和 M_7C_3 属于这类化合物，有时称非八面体间隙化合物。具有复杂结构的间隙相的金属原子高度密排，在高温合金中这种间隙化合物主要有 M_6C 和 $M_{23}C_6$ 碳化物。这两种化合物都具有复杂面心立方结构，在 $M_{23}C_6$ 中碳原子处于十二面体间隙中，而在 M_6C 中碳原子处于八面体间隙中。间隙相大多以固溶体的形式存在，不仅金属原子可以互相取代，而且 C、N、B 原子也可相互部分取代。与碳生成碳化物稳定性越高的元素，置换“M”中其他元素时可使碳化物越稳定。高温合金中各种碳化物的稳定顺序：HfC>ZrC>TaC>NbC>TiC>VC，$MC>M_6C>M_{23}C_6>M_7C_3$。

高温合金中还存在四方晶体结构的 M_3B_2 硼化物和六方结构 M_2SC 碳硫化物的两种间隙相。M_3B_2 中“M”通常是 Cr、Mo、W、Nb、Ti、Fe、Co、Ni 等元素，M_2SC 中“M”通常是 Ti、Zr、Hf 等元素，这两种间隙相非常稳定，在高温热处理或长期使用时很难分解。

10.3.3 变形高温合金的热处理

高温合金的性能主要取决于它的化学成分和组织结构。当化学成分一定时，影响合金组织的因素有冶炼、铸造、塑性变形和热处理等工艺。其中热处理工艺对合金组织的影响更为明显。不同加热温度、保温时间和冷却速度，以及各种特殊热处理，可使合金的晶粒度、强化相的溶解或沉淀、析出相的数量和颗粒尺寸，甚至晶界状态等都不同。因此，同一种合金经不同热处理后具有不同的组织，因而具有不同的性能和用途。

按热处理目的，变形高温合金热处理可分为三类：一是以降低硬度、提高塑韧性为目的的软化热处理，即退火；二是以强化为目的的热处理，包括固溶处理、中间处理（也称为低温固溶或高温时效）和时效处理三个阶段；三是特殊目的的热处理，如弯曲晶界热处理、多次固溶和多次时效等。

1. 铁或铁镍［$w(Ni)<50\%$］及镍为主要元素变形高温合金的热处理

（1）退火处理　变形高温合金在冷热加工过程中，材料因加工硬化或冷热过程产生较大的残余应力，为改善材料的加工性能，降低材料硬度，提高塑性和韧性，以及构件的服役性能，采用退火处理消除这些不利影响，这种退火处理也称为软化处理，它分为去应力退火和再结晶退火处理。

1）去应力退火。去应力退火的目的是消除高温合金材料在冷热加工过程中所产生的残余应力，去应力退火温度通常低于合金再结晶温度。具体热处理规范应根据合金的成分和组织，以及各种加工成形过程中残余应力的类型和大小来选择。确定热处理规范时，在考虑到最大残余应力消除的同时，还要尽可能防止对合金力学性能和抗氧化性能的不利影响。

实际进行去应力退火的合金只能针对固溶强化型合金。而对于时效硬化高温合金，因为 γ′相在去应力退火温度下析出发生时效强化，而增加了合金加工成形难度。另外，对一些铁基固溶强化型合金，经去应力退火后，增大晶间裂纹敏感性，因此，也不能进行去应力退火，而应以再结晶退火代替。

大多数变形钴基合金，即使加工中的残余应力很大，一般也不采用去应力退火，而是进行再结晶退火

来消除应力。

2）再结晶退火。再结晶退火是将合金加热到再结晶温度以上使其完全再结晶，以达到控制晶粒度和最大程度软化的目的。再结晶退火通常用于固溶强化型的变形高温合金的冷热加工之后。对于γ′相析出强化型变形高温合金，通常其再结晶退火可按该合金的固溶处理规范进行，所不同的只是这两种处理的目的，再结晶退火的目的是提高塑性，降低硬度，以便于加工和焊接成形。

大多数变形高温合金都经冷加工成形，冷加工条件苛刻，高温合金难以一次成形，往往需要多次的中间退火。变形高温合金再结晶退火后的晶粒度对合金的力学性能有很大影响，而晶粒度的控制不仅与退火温度和时间有关，还与退火前的冷热加工变形量的大小有关，其退火工艺应根据具体情况确定，甚至采用多次退火。

（2）固溶处理　高温合金成分复杂，在高温合金凝固和随后冷却过程中析出碳化物相 MC、M_6C 和 $M_{23}C_6$ 等，在塑性变形过程中进一步析出 MC、M_6C、$M_{23}C_6$ 或粗大γ′强化相。固溶处理的目的就是将这些相尽量溶入基体中，以得到单相组织，为时效沉淀析出均匀细小的强化相做组织准备，同时，为保证高温合金的性能，要获得均匀的合适晶粒尺寸。固溶处理后的组织同时受到加热温度、保温时间及冷却速度的影响。

一般来说，升高固溶温度和延长保温时间有利于第二相的固溶，但固溶温度升高时，合金晶粒长大，甚至低熔点共晶相熔化，因此固溶温度又不能过高。选择固溶温度和保温时间应考虑合金的成分及其使用条件，通常，高温合金的固溶温度为1000~1200℃。

固溶强化的高温合金一般需经冲压成形，要求塑性和冷热疲劳性能高，因此其固溶温度应较低，以获得细晶粒。对时效沉淀强化的高温合金，如果要求高的屈服强度和疲劳性能，也要求晶粒细小，其固溶温度也应较低。如果要求合金具有高的持久和蠕变性能，其晶粒尺寸以较大为宜，应选择的固溶温度较高。

合金的晶粒大小，还与该温度下的保温时间长短有关，但其影响不如温度明显。

固溶处理后的冷却速度对以后的时效析出相颗粒的大小也有影响，尤其是对高合金化的高温合金更为明显。大部分合金固溶处理后采用空冷，少数合金采用水冷或者油冷。

（3）中间处理　中间处理是介于固溶处理与时效处理之间的热处理，也称之为稳定化处理、低温固溶或高温时效处理。中间处理的目的是使高温合金晶界析出一定量的各种碳化物相或硼化物相，如二次 MC、$M_{23}C_6$、M_6C 以及 M_3B_2 等，同时使晶界及晶内析出较大颗粒的γ′相。晶界颗粒碳化物析出，提高晶界强度，晶内大的γ′相析出，使晶界、晶内强度得到协调配合，提高合金持久和蠕变寿命及持久伸长率，改善合金长期组织稳定性。

高温合金中的碳化物主要有 MC、$M_{23}C_6$、M_6C 和 M_7C_3，它们的析出温度范围不同，因而中间处理温度不同。对不同成分的高温合金，应根据碳化物或硼化物析出的温度范围和性能要求，选取合适的中间处理温度。

（4）时效处理　高温合金时效处理，有时也称沉淀处理，其目的是在合金基体中析出一定数量和大小的强化相，如γ′相、γ″相等，以达到合金最大的强化效果。一般来说，合金的时效温度随着合金中合金元素含量的增多，尤其是铝、钛、铌、钨和钼的增加而升高，其温度在650~980℃范围。对有些合金，为了抑制σ相、μ相等一些有害相的析出，时效温度有所改变。通常时效温度就是合金的主要使用温度。高温合金强化效果和高温性能与时效的数量、尺寸、分布有关。对有些高温合金，时效处理分二级进行，其目的是调整强化相的大小，以获得强度和塑性的最佳配合。

（5）弯曲晶界热处理　高温合金晶界形态对高温合金的持久性能、蠕变性能、持久塑性有显著的影响。弯曲晶界可以增加合金的抗蠕变和持久性能，而且同时提高合金的持久塑性。普通热处理的合金晶界都是平直的，要想获得锯齿形状的弯曲晶界需要进行特殊的热处理，获得弯曲晶界的热处理方式主要有三种：控制固溶后冷却速度的控冷处理；固溶后析出相再次固溶处理；固溶处理后空冷到某一温度下保温，然后再空冷的等温处理。

1）控冷处理是将合金加热到固溶温度，保持一定时间，使第二相充分固溶并让晶粒长大到合适程度，然后控制一定的冷却速度（往往是比空冷速度缓慢）冷却到某一温度或室温之后再进行时效处理。由于缓冷过程中在晶界上沉淀粗大的第二相（γ′相或各种碳化物），加上位向与界面能等作用，使晶界产生了锯齿形弯曲。缓冷处理中析出的第二相总是粗大的，类似过时效的情况。这种情况下获得的弯曲晶界虽然提高了晶界强度，使合金塑性有显著改善，但晶内“过时效”降低了合金的蠕变、持久和疲劳性能。这样，晶内与晶界强化没有得到配合，合金塑性的增加是在牺牲强度情况下实现的，这种处理方法难以得到良好的综合性能。

2）再次固溶处理克服了缓冷工艺的缺点，提高了合金热强性能。它是在控冷处理之后接着进行一次固溶处理，将基体内粗大的第二相（一般为 γ' 相）大部分溶解，然后在空冷或时效时重新析出较弥散的第二相。这样既保留了弯曲晶界，提高晶界的强度，又由于晶内细 γ' 相重新析出而提高了晶内强度，使晶界、晶内强度有了较好的配合，强度和塑性都有提高。

3）等温处理就是将合金固溶后空冷到某一温度并保持一定时间，然后再冷却到室温。对于以 γ' 相强化的镍基高温合金，固溶后空冷中 γ' 相迅速析出，尺寸较小且弥散分布，而弯曲晶界是在等温处理时因晶界上沉淀出第二相（多数为碳化物）造成的。这种等温处理与控冷处理的最主要区别是形成弯曲晶界的温度较低，因而强化相细小，使强度和塑性得到了更好的配合。

形成弯曲晶界的基本原因就是在高温下使晶界首先析出第二相，如 γ' 相和碳化物相。这样在高温下发生晶界迁移时，第二相颗粒钉扎住部分晶界使之不动，而在第二相颗粒之间的晶界发生晶界迁移，从而造成了锯齿形弯曲晶界。

（6）热处理工艺　典型变形高温合金件的热处理工艺见表10-19和表10-20。

表10-19　典型铁或铁镍［w(Ni)<50%］为主要元素的变形高温合金件的热处理工艺

序号	合金牌号	工件类型	工艺名称	热处理工艺			硬度HBW
				加热温度/℃	保温时间	冷却方式	
1	GH1015	板材	中间退火	1080	厚度≤3mm:8~12min; 厚度=3~5mm:12~15min	空冷或冷	—
			固溶处理	1130~1170			
		棒材、锻件、环轧件	固溶处理	1140~1170	0.2~0.4min/mm×t+30min	空冷或快冷	—
2	GH1016	板材	中间退火	1080	厚度≤3mm:8~12min; 厚度=3~5mm:12~15min	空冷	—
			固溶处理	1140~1180		空冷	—
		棒材、锻件、环轧件	固溶处理	1160	0.2~0.4min/mm×t+15min	空冷或快冷	—
3	GH1035	板材	中间退火	1060~1100	1.2~2.0min/mm×t	空冷	—
			固溶处理	1100~1140			
		环轧件	固溶处理	1120	0.2~0.4min/mm×t+1h	水冷	—
			去应力退火	720	0.4~0.6min/mm×t+(8~12)h	空冷	—
4	GH1040	棒材、锻件	固溶处理	1200	0.2~0.4min/mm×t+1h	空冷	—
			去应力退火	700	0.4~0.6min/mm×t+16h	空冷	—
5	GH1131	板材	中间退火	1000~1070	厚度≤3mm:8~12min; 厚度=3~5mm:12~15min	空冷	—
			固溶处理	1130~1170		空冷	—
		棒材、锻件	固溶处理	1130~1170	0.4~0.6min/mm×t+45min	空冷或快冷	—
6	GH1140	板材	中间退火	1050	厚度≤3mm:10~15min; 厚度=3~5mm:15~20min	空冷	—
			固溶处理	1050~1090		空冷	—
		棒材、锻件	固溶处理	1070~1090	0.2~0.4min/mm×t+1h	空冷	—
7	GH2018	板材	退火或固溶	1110~1150	厚度≤3mm:8~12min; 厚度=3~5mm:12~15min	空冷	—
			时效	800	0.2~0.4min/mm×t+16h	空冷	—
8	GH2036	热轧棒材、锻制棒材	固溶处理	1140	直径<45mm:80min; 直径≥45mm:0.2~0.4min/mm×t+80min	水冷	—
			时效	670℃保温0.4~0.6min/mm×t+12h,然后随炉升温至770~800℃保温0.2~0.4min/mm×t+12h		空冷	277~311
		冷拉棒材	固溶处理	1140	0.2~0.4min/mm×t+80min	水冷	—
			时效	670℃保温0.4~0.6min/mm×t+(12~14)h,然后随炉升温至770~800℃保温0.2~0.4min/mm×t+(10~12)h		空冷	277~311
		锻制圆饼、环轧件、盘锻件	固溶处理	1130~1140	0.2~0.4min/mm×t+80min	水冷	—
			时效	650~670℃保温0.4~0.6min/mm×t+(14~16)h,然后随炉升温至770~800℃保温0.2~0.4min/mm×t+(16~20)h		空冷	277~311

（续）

序号	合金牌号	工件类型	工艺名称	热处理工艺			硬度 HBW
				加热温度/℃	保温时间	冷却方式	
9	GH2038	棒材	固溶处理	1180	0.2～0.4min/mm×t+1h	水冷	—
			时效	780	0.2～0.4min/mm×t+(16～25)h	空冷	240～302
10	GH2132	板材、丝材焊接件、棒材、锻件、环轧件	固溶（工艺 A）	980	板材、丝材：15min～30min；其他：0.2～0.4min/mm×t+1h	空冷或快冷	—
			时效（工艺 A）	700～760	0.2～0.4min/mm×t+16h	空冷	248～341
		板材、丝材焊接件、棒材、锻件、环轧件	固溶（工艺 B）	900	板材、丝材：15～30min；其他：0.2～0.4min/mm×t+1h	空冷或快冷	—
			一次时效（工艺 B）	705	0.4～0.6min/mm×t+16h	空冷	—
			二次时效（工艺 B）	650	0.4～0.6min/mm×t+16h	空冷	277～363
11	GH2130	棒材	一次固溶	1180	0.2～0.4min/mm×t+1h	空冷	—
			二次固溶	1050	0.2～0.4min/mm×t+4h	空冷	—
			时效	800	0.2～0.4min/mm×t+(16～20)h	空冷	269～341
12	GH2135	棒材、锻件、环轧件	固溶处理（工艺 A）	1140	0.2～0.4min/mm×t+4h	空冷	—
			一次时效（工艺 A）	830	0.2～0.4min/mm×t+8h	空冷	—
			二次时效（工艺 A）	650	0.2～0.4min/mm×t+16h	空冷	255～321
		棒材、锻件/环轧件	固溶处理（工艺 B）	1080	0.2～0.4min/mm×t+4h	空冷	—
			一次时效（工艺 B）	830	0.2～0.4min/mm×t+8h	空冷	—
			二次时效（工艺 B）	650	0.2～0.4min/mm×t+16h	空冷	277～352
13	GH2150	锻件、棒材、环轧件	固溶处理	1040～1080	0.2～0.4min/mm×t+1h	空冷	—
			时效	750	0.2～0.4min/mm×t+(16～24)h	空冷	277～375
		板材	固溶处理	1040～1080	10～15min	空冷	—
			时效	750	0.2～0.4min/mm×t+16h	空冷	—
14	GH2302	锻件、棒材、环轧件	一次固溶	1180	0.2～0.4min/mm×t+1h	空冷	—
			二次固溶	1050	0.2～0.4min/mm×t+4h	空冷	—
			时效	800	0.2～0.4min/mm×t+16h	空冷	269～341
		板材	固溶处理	1120	厚度≤3mm：10～15min；厚度：3～5mm：15～20min	空冷	—
			时效	800	0.2～0.4min/mm×t+16h	空冷	—
15	GH2706	板材、带材、棒材、锻件、环轧件	固溶处理（工艺 A）	980	板材、带材：0.2～0.4min/mm×t+5min；棒材、锻件、环轧件：0.2～0.4min/mm×t+30min	空冷	—
			时效（工艺 A）	730℃保温 0.4～0.6min/mm×t+8h，随后炉冷至 620℃保温 0.4～0.6min/mm×t+8h		空冷	≥285
		板材、带材、棒材、锻件、环轧件	固溶处理（工艺 B）	930～955	板材、带材：0.2～0.4min/mm×t+5min；棒材、锻件、环轧件：0.2～0.4min/mm×t+30min	空冷	—
			稳定化处理（工艺 B）	843	0.2～0.4min/mm×t+3h	空冷	—
			时效（工艺 B）	720℃保温 0.4～0.6min/mm×t+8h，随后炉冷至 620℃保温 0.4～0.6min/mm×t+8h		空冷	≥303

（续）

序号	合金牌号	工件类型	工艺名称	热处理工艺			硬度 HBW
				加热温度/℃	保温时间	冷却方式	
16	GH2761	大型锻件、涡轮盘	固溶处理	1120	0.2~0.4min/mm×t+2h	水冷	—
			一次时效	850	0.2~0.4min/mm×t+4h	空冷	—
			二次时效	750	0.4~0.6min/mm×t+24h	空冷	271~388
		棒材及环轧件	固溶处理	1090	0.2~0.4min/mm×t+2h	水冷	—
			一次时效	850	0.2~0.4min/mm×t+4h	空冷	—
			二次时效	750	0.4~0.6min/mm×t+24h	空冷	321~415
17	GH2901	棒材及锻件	固溶	1065~1090	0.2~0.4min/mm×t+2h	水或油冷	—
			一次时效	750~800	0.2~0.4min/mm×t+4h	空冷	—
			二次时效	705~750	0.4~0.6min/mm×t+24h	空冷	302~380
18	GH2696	丝材	时效	700~750	3~5h	空冷	≥40 HRC
		板材	时效	700~750	3~5h	空冷	35~40 HRC
		Ⅰ组冷拉棒	时效	750℃保温 16h，随后炉冷至 650℃保温 16h		空冷	—
		Ⅱ组冷拉棒	时效	750℃保温 16h，随后炉冷至 650℃保温 16h		空冷	—
		Ⅲ及Ⅳ组冷拉棒	固溶（工艺 A）	1100	0.2~0.4min/mm×t+1h	油、聚合物水溶液	—
			时效（工艺 A）	780	0.2~0.4min/mm×t+16h	空冷	285~341
		Ⅲ及Ⅳ组冷拉棒	固溶（工艺 B）	1100~1120	3~5h	油、聚合物水溶液	—
			一次时效（工艺 B）	840~850	3~5h	空冷	—
			二次时效（工艺 B）	700~730	16~25h	空冷	262~341
		锻件、环轧件、热轧棒	固溶（工艺 A）	1100	0.2~0.4min/mm×t+1h	油、聚合物水溶液	—
			时效（工艺 A）	780	0.2~0.4min/mm×t+16h	空冷	285~341
		锻件、环轧件、热轧棒	固溶（工艺 B）	1100~1120	0.2~0.4min/mm×t+3h	油、聚合物水溶液	—
			一次时效（工艺 B）	840~850	0.2~0.4min/mm×t+3h	空冷	—
			二次时效（工艺 B）	700~730	0.2~0.4min/mm×t+(16~25)h	空冷	262~321
19	GH2903	环轧件	固溶处理	845	0.2~0.4min/mm×t+1h	空冷	—
			时效	720℃保温 0.4~0.6min/mm×t+8h，随后以 45~65℃/h 炉冷至 620℃保温 0.4~0.6 min/mm×t+8h		空冷	341~415
20	GH2907	棒材、环轧件	固溶处理	980	0.2~0.4min/mm×t+1h	空或快冷	—
			时效	750℃保温 0.2~0.4min/mm×t+(8~12)h，随后炉冷至 620℃保温 0.4~0.6min/mm×t+8h		空冷	302~375
21	GH2909	棒材、锻件环轧件	固溶处理（工艺 A）	980	0.2~0.4min/mm×t+1h	空冷	—
			时效（工艺 A）	720℃保温 0.4~0.6min/mm×t+8h，随后以 45~65℃/h 炉冷至 620℃保温 0.4~0.6min/mm×t+8h		空冷	≥331
		棒材、锻件环轧件	固溶处理（工艺 B）	980	0.2~0.4min/mm×t+1h	空冷	—
			时效（工艺 B）	745℃保温 0.4~0.6min/mm×t+8h，随后以 45~65℃/h 炉冷至 620℃保温 0.4~0.6min/mm×t+8h		空冷	≥331

（续）

序号	合金牌号	工件类型	工艺名称	热处理工艺			硬度 HBW
				加热温度/℃	保温时间	冷却方式	
22	GH2901	棒材及锻件	固溶	1065～1090	0.2～0.4min/mm×t+2h	水冷或油冷	—
			一次时效	750～800	0.2～0.4min/mm×t+4h	空冷	—
			二次时效	705～750	0.4～0.6min/mm×t+24h	空冷	302～380

注：t 为工件有效厚度（mm）。

表 10-20　典型镍和钴为主要元素的变形高温合金件的热处理工艺

序号	合金牌号	工件类型	工艺名称	热处理工艺			硬度 HBW
				加热温度/℃	保温时间	冷却方式	
1	GH3030	板材、焊接件	固溶处理	980～1020	厚度≤3mm：8～12min； 厚度=3～5mm：12～16min	水冷或油冷	—
		丝材	固溶处理	980～1020	直径≤3mm：8～12min； 直径=3～5mm：12～16min	空冷	—
		冷拉棒材	固溶处理	980～1020	0.2～0.4min/mm×t+30min	空冷	—
		环轧锻件	固溶处理	980～1020	0.2～0.4min/mm×t+2h	空冷	—
2	GH3039	板材	固溶处理	980～1020	厚度≤3mm：8～12min； 厚度=3～5mm：12～16min	空冷	—
		棒材、锻件	中间退火	1050	0.2～0.4min/mm×t+30min	空冷	—
			固溶处理	1050～1090	0.2～0.4min/mm×t+30min	空冷或快冷	—
3	GH3044	板材	固溶处理	1120～1060	厚度≤3mm：8～12min； 厚度=3～5mm：12～16min	空冷	—
		棒材、锻件环轧件	中间退火	1120	0.2～0.4min/mm×t+15min	空冷	—
			固溶处理	1120～1060	0.2～0.4min/mm×t+15min	空冷	—
4	GH3128	板材	固溶处理	1140～1180	厚度≤3mm：8～12min； 厚度=3～5mm：12～16min	空冷	—
		棒材、锻件	中间退火	1100	0.2～0.4min/mm×t+15min	空冷	—
			固溶处理	1150～1170	0.2～0.4min/mm×t+1h	空冷	—
5	GH3536	板材	固溶处理	1130～1170	厚度≤3mm：8～12min； 厚度=3～5mm：12～16min	空冷	—
		棒材、锻件	去应力退火	870	0.2～0.4min/mm×t+1h	空冷	—
			固溶处理	1175	0.2～0.4min/mm×t+15min	空冷或快冷	—
6	GH3625	棒材、板材、锻件、环轧件	去应力退火	900	0.2～0.4min/mm×t+1h	空冷	—
			固溶处理（工艺 A）	925～1030	0.2～0.4min/mm×t+1h	板材：空冷 其他：快冷	—
			固溶处理（工艺 B）	1090～1200	0.2～0.4min/mm×t+15min	板材：空冷 其他：快冷	—
7	GH4033	转动件用棒材及锻件	固溶处理	1080	0.2～0.4min/mm×t+8h	水冷或油冷	—
			时效处理	700	0.4～0.6min/mm×t+16h	空冷	353～321
		一般用途的棒材及锻件	固溶处理（工艺 A）	1080	0.2～0.4min/mm×t+8h	空冷	—
			时效（工艺 A）	700 或 750	0.4～0.6min/mm×t+16h	空冷	—
		环锻件及锻制饼件	固溶处理（工艺 A）	1080	0.2～0.4min/mm×t+8h	空冷	—
			时效（工艺 A）	750	0.4～0.6min/mm×t+16h	空冷	—
8	GH4037	棒材及锻件	一次固溶	1170～1180	0.2～0.4min/mm×t+2h	空冷	—
			二次固溶	1050	0.2～0.4min/mm×t+4h	缓冷	—
			时效	800	0.2～0.4min/mm×t+16h	空冷	269～341

（续）

序号	合金牌号	工件类型	工艺名称	热处理工艺			硬度HBW
				加热温度/℃	保温时间	冷却方式	
9	GH4049	棒材、锻件	一次固溶	1200	0.2~0.4min/mm×t+2h	空冷	—
			二次固溶	1050	0.2~0.4min/mm×t+4h	空冷	—
			时效	850	0.2~0.4min/mm×t+8h	空冷	302~363
10	GH4080A	冷轧板、带材加工的件	时效	750	4h	空冷	≥285
		叶片用棒材、毛坯	固溶处理	1080	0.2~0.4min/mm×t+8h	空冷或快冷	—
			时效	700	0.4~0.6min/mm×t+16h	空冷	≥285
		棒材、锻件其他零件	中间退火	1060	0.2~0.4min/mm×t+4min	空冷或快冷	—
			固溶处理	1080	0.2~0.4min/mm×t+4h	空冷或快冷	—
			时效	700℃:(0.4~0.6min/mm×t+16h; 或 750℃:(0.4~0.6min/mm×t+4h		空冷	≥285
11	GH4090	冷轧薄板、带加工零件	时效	700~750	4h	空冷	—
		冷拉丝加工的弹簧	时效	600℃保温 16h,或者 600℃保温 4h		空冷	—
		棒材、锻件	固溶处理	1080	0.2~0.4min/mm×t+8h	空冷	—
			时效	710	0.4~0.6min/mm×t+4h	空冷	—
12	GH4093	棒材、锻件	固溶处理	1050~1080	0.2~0.4min/mm×t+8h	空冷	—
			时效	710	0.4~0.6min/mm×t+16h	空冷	—
13	GH4099	板材加工的结构件	中间退火	1100	15~20min	空冷或快冷	—
			固溶处理	1120~1160	厚度≤3mm:8~12min; 厚度=3~5mm:12~16min	空冷	—
			时效	900℃保温 5h,或者 800℃保温 8h		空冷	—
14	GH4133 GH4133B	饼坯、盘件环件、棒材	固溶处理	1080	0.2~0.4min/mm×t+8h	—	—
			时效	750	0.4~0.6min/mm×t+16h	空冷	262~363
15	GH4141	锻件、环件、棒材	退火(工艺 A)	1080	0.2~0.4min/mm×t+30min	空冷	—
			固溶处理(工艺 A)	1065	0.2~0.4min/mm×t+30min	空冷或快冷	—
			时效(工艺 A)	760	0.2~0.4min/mm×t+16h	空冷	≥346
			退火(工艺 B)	1080	0.2~0.4min/mm×t+1h	空冷	—
			固溶处理(工艺 B)	1120	0.2~0.4min/mm×t+30min	空冷	—
			时效(工艺 B)	900	0.2~0.4min/mm×t+4h	空冷	≥283
16	GH4145	丝材加工的弹簧	时效	650	4h	空冷	—
		棒材、锻件、环轧件	固溶处理(工艺 A)	1150	0.4~0.6min/mm×t+4h	空冷	—
			时效(工艺 A)	840℃保温 0.4~0.6min/mm×t+24h,随后在 2h 内空冷到 705℃以下,然后重新加热到 705℃保温 0.4~0.6min/mm×t+(19~21)h		空冷	262~341
			固溶处理(工艺 B)	980	0.2~0.4min/mm×t+1h	空冷	—
			时效(工艺 B)	730℃保温 0.2~0.4min/mm×t+8h,随后以 45~56℃/h 炉冷到 620℃保温 0.4~0.6min/mm×t+8h		空冷	302~401

（续）

序号	合金牌号	工件类型	工艺名称	热处理工艺			硬度HBW
				加热温度/℃	保温时间	冷却方式	
17	GH4163	棒材、锻件、环轧件	固溶处理	1150	0.4~0.6min/mm×t+4h	空冷或快冷	—
			时效	800	0.4~0.6min/mm×t+8h	空冷	—
18	GH4169	弹簧	冷拉+时效	720℃保温8h，随后以45~65℃的冷速炉冷到620℃保温8h		空冷或快冷	—
		棒材、锻件、环轧件、盘件	中间退火	840~960	0.2~0.4min/mm×t+30min	空冷	—
			固溶处理（工艺A）	950~1010	0.2~0.4min/mm×t+1h	空冷或快冷	—
			时效（工艺A）	720℃保温0.4~0.6min/mm×t+8h，随后以45~56℃/h炉冷到620℃保温0.4~0.6min/mm×t+8h		空冷	341~450
		棒材、锻件、环轧件	固溶处理（工艺B）	1020~1055	0.2~0.4min/mm×t+1h	空冷或快冷	—
			时效（工艺B）	775~880	0.2~0.4min/mm×t+(6~9)h	空冷	298~354
19	GH4202	管材、冷轧板材	固溶处理	1080	厚度≤3mm：8~12min；厚度=3~5mm：12~16min	空冷	—
			时效	850	5h	空冷	—
		棒材、锻件	固溶处理（工艺A）	1100~1150	0.2~0.4min/mm×t+4h	空冷	—
			时效（工艺A）	800~850	0.2~0.4min/mm×t+(5~10)h	空冷	240~340
			固溶处理（工艺B）	1000	0.2~0.4min/mm×t+1h	空冷	—
			时效（工艺B）	750	0.4~0.6min/mm×t+16h	空冷	—
20	GH4220	棒材、锻件	一次固溶	1220	0.2~0.4min/mm×t+4h	空冷或快冷	—
			二次固溶	1050	0.2~0.4min/mm×t+4h	空冷	—
			时效	950	0.2~0.4min/mm×t+2h	空冷	285~341
21	GH4500	锻件、环轧件、盘件	一次固溶	1120	720℃保温8h，随后以45~65℃的冷速炉冷到620℃保温8h	空冷或快冷	—
			二次固溶	1080	0.2~0.4min/mm×t+2h	空冷	—
			一次时效	845	0.2~0.4min/mm×t+24h	空冷	—
			二次时效	760	0.2~0.4min/mm×t+16h	空冷	≥346
22	GH4648	板材	固溶处理	1130~1150	厚度≤3mm：8~12min；厚度=3~5mm：12~16min	空冷	—
			时效	780~920	16h	空冷	—
		棒材、锻件环轧件	固溶处理	1120~1170	0.2~0.4min/mm×t+1h	空冷	—
			时效	880~920	0.2~0.4min/mm×t+16h	空冷	—
23	GH4698	棒材、锻件	一次固溶	1120	0.2~0.4min/mm×t+8h	空冷	—
			二次固溶	1000	0.2~0.4min/mm×t+4h	空冷	—
			一次时效	775	0.2~0.4min/mm×t+16h	空冷	—
			二次时效	700	0.2~0.4min/mm×t+(16~24)h	空冷	285~341
24	GH4710	棒材、锻件、环轧件	一次固溶	1170	0.2~0.4min/mm×t+4h	空冷	—
			二次固溶	1080	0.2~0.4min/mm×t+4h	空冷	—
			一次时效	845	0.2~0.4min/mm×t+24h	空冷	—
			二次时效	760	0.2~0.4min/mm×t+16h	空冷	≥360

（续）

序号	合金牌号	工件类型	工艺名称	热处理工艺			硬度HBW
				加热温度/℃	保温时间	冷却方式	
25	GH4738	棒材、锻件环轧件	固溶处理（工艺A）	1080	0.2~0.4min/mm×t+4h	空冷	—
			一次时效（工艺A）	845	0.2~0.4min/mm×t+4h；叶片锻件：24h	空冷	—
			二次时效（工艺A）	760	0.2~0.4min/mm×t+16h	空冷	32~42HRC
			固溶处理（工艺B）	960~1038	0.2~0.4min/mm×t+4h	油、水、聚合物水溶液	—
			一次时效（工艺B）	845	0.2~0.4min/mm×t+4h	空冷	—
			二次时效（工艺B）	760	0.2~0.4min/mm×t+(1~4)h	空冷	321~437
		紧固件	固溶处理	1040~1080	0.2~0.4min/mm×t+(1~4)h	空冷	—
			一次时效	845	0.2~0.4min/mm×t+4h	空冷	—
			二次时效	760	0.2~0.4min/mm×t+16h	空冷	—
26	GH5118	棒材、锻件环轧件	固溶处理	1175	0.2~0.4min/mm×t+(30~60)min	快冷	—
			去应力退火	1120	0.2~0.4min/mm×t+4h	快冷	—
27	GH5605	棒材、锻件环锻件	固溶处理	1175~1230	0.2~0.4min/mm×t+15min	快冷	—
28	GH6783	棒材、锻件环轧件	固溶处理	1150~1120	0.2~0.4min/mm×t+4h	快冷	—
			一次时效	845	0.2~0.4min/mm×t+(2~4)h	快冷	—
			二次时效	720℃保温0.2~0.4min/mm×t+8h，随后以45~65℃/h的冷速炉冷到620℃保温0.2~0.4min/mm×t+8h		快冷	≥27HRC

注：t为工件有效厚度（mm）。

2. 钴为主要元素变形高温合金的热处理

钴为主要元素变形高温合金的热处理同样包括固溶、固溶+时效和时效三种热处理。这类变形高温合金主要是碳化物强化型合金，热处理的目的是改善碳化物的分布，固溶并重新析出更细小的$M_{23}C_6$颗粒。1150℃以上固溶1~4h，可使合金内第二相（即粗大的碳化物）大部分固溶，并在一定程度上使铸态组织均匀化。但是，在固溶处理温度下碳化物不可能完全固溶，因此大多数钴基合金是不可能完全固溶处理的。760~980℃时效处理，则可使$M_{23}C_6$颗粒析出更细小均匀，时效温度越低，析出相越细小，抗拉强度越高，塑性越低；而要获得较高的高温持久强度和塑性，一般要求析出相略粗大些，因此应根据材料的使用性能要求，选择时效处理工艺。

10.3.4　铸造高温合金的热处理

1. 铸造高温合金的特点

早期铸造高温合金一般以铸态直接使用。随着铸造合金使用温度的提高，为了使组织均匀化，提高合金的高温蠕变和持久性能，一些铸造合金的合金化程度越来越高，特别是定向凝固高温合金及单晶合金的出现，使热处理成为铸造合金零部件生产中不可缺少的工序之一。

高温合金的热处理与合金成分和显微组织特点密切相关。在成分和显微组织方面，与变形高温合金不同，铸造合金具有如下特点：

1）普通多晶铸造合金和定向凝固合金的碳含量一般为w(C)≥0.10%，高于变形合金。而单晶合金不含碳，碳含量一般控制在w(C)≤0.01%。因此，普通多晶铸造合金和定向凝固合金中的一次碳化物MC含量远高于变形合金，而单晶合金中则只有细小分散的晶内一次碳化物MC。

2）为了尽可能获得较高的高温持久强度相蠕变性能，一些高强度Ni基铸造高温合金都含有很高的W、Mo、Ta等难熔金属元素，其中Ta等元素易形成较稳定的碳化物，影响碳化物在热处理过程中的分解反应程度。定向凝固和某些铸造合金还往往含有1.0%~2.0%（质量分数）的Hf，这些合金加入Hf的目的是提高持久性能和瞬时强度，并可显著提高定向凝固合金的横向性能，防止型芯铸件在凝固冷却过程中发生开裂。但合金含 Hf 时，其凝固温度降低到1210℃以下，这是由于含 Hf 的合金内形成低熔点相 Ni_5Hf，Ni_5Hf 出现于 γ-γ′共晶和 M_3B_2 硼化物周围，对 γ-γ′共晶和 M_3B_2 硼化物的提早熔化有明显的诱发作用，使其在更低温度下熔化。低碳含 Hf 合金的熔化倾向更严重，因为低碳合金的基体对 Ni_5Hf 相的固溶能力下降，而使合金中 Ni_5Hf 量增加。

3）铸造高温合金的铸态组织是一种偏离平衡态的组织，即具有树枝状凝固结晶的组织特点，在树枝干和树枝晶间存在着严重的成分和组织的不均匀性。这种不均匀性使合金材料在一种热处理工艺下产生完全不尽相同的效果。

铸造高温合金的成分和显微组织特点，也决定了铸造高温合金热处理规范与变形高温合金有所不同。

2. 多晶铸造高温合金的热处理

铸造高温合金主要用于燃气涡轮的涡轮叶片和导向器叶片，其热处理的主要目的是提高高温强度、持久和蠕变性能。铸造高温合金热处理常用的有三类：时效处理、固溶处理和固溶+时效处理。

（1）时效处理　铸造高温合金直接时效处理的作用是提高合金的中温持久性能并减小性能的波动。时效处理温度一般为 860~950℃，时间为 16~32h。时效处理温度低则处理时间长，时效温度高则处理时间短。时效处理过程中，铸态粗 γ′相不发生变化，只是细 γ′相析出于粗大 γ′相之间的 γ 基体内，另外晶界析出 $M_{23}C_6$ 和 M_6C 二次碳化物颗粒。正是这些变化，对合金的高温强化起着一定作用。

（2）固溶处理　固溶处理的作用是将铸态粗大 γ′相颗粒全部或部分固溶后，在空冷过程中析出更细小的 γ′颗粒，以提高合金的高温强度。通常铸造合金固溶温度范围为 1180~1210℃。合金的固溶温度越高，铸态粗大 γ′相固溶得越多，固溶处理后析出细 γ′量越多，合金强度越高。当固溶温度使合金中全部粗 γ′相固溶时，这种固溶处理称为完全固溶处理，否则就称为不完全固溶处理。选用哪一种固溶处理，由合金的用途来决定，一般为了获得较高的高温强度时采用完全固溶处理，而为了获得一定的高温强度并兼有良好的塑性时采用不完全固溶处理。除此之外，通常铸造合金采用不完全固溶处理。其原因还在于铸造高温合金中含有 γ-γ′共晶相和 M_3B_2 低熔点硼化初相，γ-γ′共晶相的熔化温度约为 1250℃，M_3B_2 相的熔化温度约为 1220℃，而完全固溶处理，使铸态粗大 γ′相全部固溶温度必须高于 1250℃，此时铸造合金已发生过烧，这是高温合金热处理所不允许的。

在固溶处理过程中，铸态组织的显微偏析，减少枝晶间偏聚元素 Nb、Ti、Al、Hf 和枝晶中偏聚元素 Cr、W、Mo 的相互扩散可以消除偏析。但在不完全固溶处理下，这种铸态显微偏析难以消除。

在固溶处理过程中，除 γ′相固溶外，还有碳化物的分解和析出，MC 一次碳化物缓慢分解，并析出 $M_{23}C_6$ 和 M_6C 二次碳化物，后者以颗粒状或针状分布于晶界和晶内的残余 MC 周围。

（3）固溶+时效处理　铸造合金通过完全固溶处理后，合金强度提高了，但是塑性明显下降，因此目前一些高强度铸造高温合金，为了获得优良的综合性能（既有很高的强度，又有一定的塑性），合金固溶后应再进行时效处理。时效处理分一级、二级和三级。一级时效处理温度仍为 860~950℃，二级时效处理分为高温 1050~1080℃时效和低温 760℃时效，三级时效处理一般为 1050~1080℃+860~950℃+760℃。由于二级和三级时效处理后，合金中既有粗大 γ′相，又有细小 γ′相弥散析出，从而使合金具有最佳的综合性能。

铸造高温合金用作涡轮叶片和导向器叶片时，一般须涂覆防腐抗氧化涂层。涂覆合金涂层后的涂层扩散处理温度也正是一般高温时效温度 1050~1080℃，因此合金经涂层扩散处理后无须再进行高温时效处理。

（4）热处理工艺　典型铸造高温合金的热处理工艺见表 10-21。

表 10-21　典型铸造高温合金的热处理工艺

序号	合金牌号	工艺名称	热处理工艺			备注
			加热温度/℃	保温时间	冷却方式	
1	K211	时效	900	0.2~0.4min/mm×t+5h	空冷	—
2	K214	固溶处理	1100	0.2~0.4min/mm×t+5h	空冷	—
3	K401	固溶处理	1120	0.2~0.4min/mm×t+10h	空冷	—
4	K430	固溶处理	1210	0.2~0.4min/mm×t+4h	空冷	—
5	K406	固溶处理	980	0.2~0.4min/mm×t+5h	空冷	—
6	K406C	固溶处理	980	0.2~0.4min/mm×t+5h	空冷	—
7	K408	固溶处理	1150	0.2~0.4min/mm×t+4h	空冷	—
8	K409	固溶处理	1080	0.2~0.4min/mm×t+4h	空冷	或铸态使用
		时效	980	0.2~0.4min/mm×t+10h	空冷	

（续）

序号	合金牌号	工艺名称	热处理工艺			备注
			加热温度/℃	保温时间	冷却方式	
9	K412	固溶处理	1150	0.2~0.4min/mm×t+7h	空冷	—
10	K418	固溶处理	1180	0.2~0.4min/mm×t+2h	空冷	或铸态使用
		时效	930	0.2~0.4min/mm×t+16h	空冷	
11	K423	固溶处理	1190℃保温0.2~0.4min/mm×t+15min，随后在45min内炉冷至100℃出炉		空冷	或铸态使用
12	K424	固溶处理	1210	0.2~0.4min/mm×t+4h	空冷	或铸态使用
13	K438	固溶处理	1120	0.2~0.4min/mm×t+2h	空冷	—
		时效	850	0.2~0.4min/mm×t+24h	空冷	—
14	K441	固溶处理	1100℃保温0.2~0.4min/mm×t+2h，随后炉冷至900℃出炉		空冷	—
15	K477	固溶处理	1160℃保温0.2~0.4min/mm×t+2h，随后炉冷至1080℃出炉		空冷	—
		时效	760	0.2~0.4min/mm×t+16h	空冷	—
16	K480	均匀化	1220	0.2~0.4min/mm×t+2h	空冷	—
		一次固溶	1090	0.2~0.4min/mm×t+4h	空冷	—
		二次固溶	1050	0.2~0.4min/mm×t+4h	空冷	—
		时效	840	0.2~0.4min/mm×t+16h	空冷	—
17	K491	固溶处理	随炉升温至1080℃，0.2~0.4min/mm×t+4h		空冷	—
		时效	900	0.2~0.4min/mm×t+10h	空冷	—
18	K4002	时效	870	0.2~0.4min/mm×t+16h	空冷	—
19	K4130	去应力退火	1040	0.2~0.4min/mm×t+1h	空冷	—
20	K4163	固溶	1150	0.2~0.4min/mm×t+2h	空冷	—
		时效	800	0.2~0.4min/mm×t+8h	空冷	—
21	K4196	均匀化	1090	0.2~0.4min/mm×t+1h	空冷或快冷	—
		固溶处理	955	0.2~0.4min/mm×t+(1~2)h	空冷	—
		时效	720℃保温0.4~0.6min/mm×t+8h，随后以45~65℃/h的冷速炉冷到620℃保温0.4~0.6min/mm×t+8h		空冷	—

注：t为工件有效厚度（mm）。

3. 定向凝固高温合金热处理

普通铸造高温合金固溶处理后往往强度提高而塑性和持久寿命下降，这是因为合金内存在各个取向不同的晶粒，由于其内γ′析出强化，使晶界附近难以塑性变形。多晶体塑性变形时需要各个晶粒协调变形，即晶界易于变形流动，否则容易开裂。定向凝固高温合金的应变通过晶界传递而不开裂的能力大增，所有晶界沿应力轴方向生长，因此定向凝固高温合金通常采用固溶处理来获得最佳性能。

为了使定向凝固高温合金内所有铸态粗大γ′相（包括共晶γ-γ′相）全部溶解，以便冷却时细小γ′相能在整个合金基体内均匀析出，要求进行完全固溶处理，即将合金加热到γ′相固溶温度以上。但是，固溶温度不能超过合金的液相线温度，否则会引起合金过烧，使合金性能显著降低。而大多数定向凝固高温合金，特别是含Hf的合金，合金的液相线温度往往低于铸态γ′相的固溶温度。为了尽可能使铸态γ′相更固溶，通常将固溶处理温度选择在合金液相线温度以下10~20℃。此外，对于含Hf的定向凝固高温合金，应先在1100~1200℃下进行预处理，以最大限度地消除合金中低熔点相Ni_5Hf，降低定向凝固高温合金过烧倾向，再进行正常的固溶处理。

γ′相颗粒尺寸影响合金的力学性能，为此必须控制固溶结束以后的冷却速度，以控制γ′相颗粒尺寸。通常定向凝固高温合金固溶处理应采用快冷，一般冷却速度应达到55℃/min左右。

为提高定向凝固合金的屈服强度等性能，合金还需进行中温时效处理。时效处理温度为700~900℃，时间为16~32h。

4. 单晶高温合金热处理

单晶高温合金材料内没有晶界，合金内无C、B、Zr等晶界强化元素。由于这些元素的低熔点化合物的消除，使合金的液相温度增加了60~90℃，从而使单晶合金的固溶处理温度显著提高，γ-γ′共晶相全部固溶，因此单晶高温合金全部采用完全固溶处理。

在完全固溶处理条件下，固溶温度达到 1260℃ 以上，除铸态 γ′相和 γ-γ′共晶相基本上全部固溶外，单晶合金成分和显微组织中的树枝状偏析基本消除，即固溶处理在单晶合金中起着均匀化处理的作用。

参 考 文 献

[1] 迟泽浩一朗. 不锈钢——耐蚀钢的发展［M］. 王昆，译. 北京：冶金工业出版社，2007.
[2] 张文华. 不锈钢及其热处理［M］. 沈阳：辽宁科学技术出版社，2010.
[3] 赵昌盛. 不锈钢的应用及热处理［M］. 北京：机械工业出版社，2010.
[4] 文九巴. 金属材料学［M］. 北京：机械工业出版社，2010.
[5] 崔崑. 钢的成分、组织与性能：上册［M］. 北京：科学出版社，2013.
[6] 崔崑. 钢的成分、组织与性能：下册［M］. 北京：科学出版社，2013.
[7] 黄乾尧，李汉康，等. 高温合金［M］. 北京：冶金工业出版社，2000.
[8] 师昌绪，仲增墉. 中国高温合金五十年［M］. 北京：冶金工业出版社，2006.

第 11 章　有色金属的热处理

上海理工大学　刘平

11.1　铜及铜合金的热处理

11.1.1　铜及铜合金简介

在众多金属材料中，铜是人类最早认识和使用的金属之一，早在史前时代，人类就开始采掘露天铜矿，并用获取的铜制作武器、工具及其他器皿。古埃及人在象形文字中，用带圈的十字架表示铜，含义是“永恒的生命”，赞誉了它经久耐用和可以重复再生使用的特性。人类从居无定所到定居，在从事农业生产的过程中，一直在使用铜，铜的早期使用对人类的文明影响深远。

纯铜是一种紫红色的表面具有金属光泽的金属，是一种典型的面心立方结构，原子量为 63.546，密度为 $8.933g/cm^3$，熔点为 1084.62℃，导电导热性能优异。自然界中，铜多以铜矿物形式存在，铜矿物与其他矿物聚合成铜矿石，这些铜矿石，通过筛选可获得含铜品位较高的铜精矿。铜矿石通常可分为三类：①硫化矿，例如黄铜矿（$CuFeS_2$）、斑铜矿（Cu_5FeS_4）和辉铜矿（Cu_2S）等；②氧化矿，如赤铜矿（Cu_2O）、孔雀石［$CuCO_3Cu(OH)_2$］、蓝铜矿［$2CuCO_3Cu(OH)_2$］、硅孔雀石（$CuSiO_32H_2O$）等；③自然铜。在铜矿石中，含铜 0.5%~3%（质量分数）的铜矿石均有开采价值，采用浮选法可将矿石中一部分杂质去除，从而得到含铜 8%~35%（质量分数）的精矿砂，这些精矿砂经过冶炼成为精铜及铜制品。目前冶炼铜的方式主要分为两种：火法冶炼与湿法冶炼。火法冶炼是指通过熔融冶炼和电解精炼生产出阴极铜，即电解铜，一般适用于高品位的硫化铜矿。除了铜精矿之外，废铜作为精炼铜的主要原料之一，包括旧废铜和新废铜，旧废铜来自旧设备和旧机器，废弃的楼房和地下管道；新废铜来自加工厂弃掉的铜屑（铜材的产出比为 50%左右），一般废铜供应较稳定，废铜可以分为三种：裸杂铜，品位在 90%以上；黄杂铜（电线），含铜物料（旧马达、电路板）；由废铜和其他类似材料生产出的铜，也称为再生铜。湿法冶炼一般适于低品位的氧化铜，生产出的精铜称为电积铜。

纯铜具有高导电和导热性能，仅次于银，20℃时铜的电阻率为 $1.673\mu\Omega\cdot cm$，热导率为 $401W/(m\cdot K)$，因此常用于各种导线、电缆、导电牌、电器开关等导电器材和各种冷凝管、散热管、热交换器、真空电弧炉的结晶器等。导电器材用量占铜材总量一半以上。所有杂质和加入元素均不同程度地降低铜的导电和导热性能，固溶于铜的元素（除 Ag、Cd 外）对铜的导电和导热性能降低较多，而呈第二相析出的元素则对铜的导电、导热性降低较少。Ti、P、Si、Fe、Co、As、Be、Mn、Al 会大大降低铜的导电性。与其他强化方法（如固溶强化）相比，冷加工后导电性的降低要小得多。Al_2O_3 弥散强化可提高铜的强度而又不使其导电率明显下降。纯铜还具有良好的耐蚀性，铜的标准电极电位为+0.345V，比氢高，在水溶液中不能置换氢，因此，铜在许多介质中化学稳定性好。铜在大气中耐蚀性良好，暴露在大气中的铜能在表面生成难溶于水并与基底紧密结合的碱性硫酸铜（即铜绿，$CuSO_4\cdot 3Cu(OH)_2$）或碱性碳酸铜（$CuCO_3\cdot Cu(OH)_2$）薄膜，对铜有保护作用，可防止铜继续腐蚀。铜在淡水及蒸汽中抗蚀性能也很好。所以野外架设的大量导线、水管、冷凝管等，均可不另加保护。铜在海水中的腐蚀速度不大，约为 0.05mm/年；加入 0.15~0.3%As（质量分数）能显著提高铜对海水的耐蚀性。铜在非氧化性的酸（如盐酸）、碱、多种有机酸（如醋酸、柠檬酸、脂肪酸、乳酸、草酸）中有良好的耐蚀性。但是，铜在氧化剂和氧化性的酸（如硝酸）中不耐蚀。氨、氯化铵、氰化物、汞盐的水溶液和湿润的卤素族元素等，均引起铜的强烈腐蚀。铜在常温干燥空气中几乎不氧化，但当温度超过 100℃时开始氧化，并在其表面生成黑色的 CuO 薄膜。在高温下，铜的氧化速度大为增加，并在表面上生成红色的 Cu_2O 薄膜。铜作为一种面心立方晶格，滑移系多且易变形，退火态的铜不经过中间退火可压缩 85%~95%而不产生裂纹。纯铜在 500~600℃呈现“中温脆性”，热加工需在高于脆性区温度下进行。中温脆性是低熔点金属 Pb、Bi 与 Cu 生成低熔点共晶，分布在晶界上造成的，这是因为在中温区它以液体状态存在于晶界，造成热脆，而在较高温度时，由于 Pb、Bi 在 Cu 中的固溶度增大，微量 Pb、Bi 又固溶于铜的晶粒内，不造成危害，从而使塑性又升高。

铜合金是一种以纯铜为基体，向其加入一种或几种其他元素所构成的合金。通常来说，铜合金可分为黄铜、青铜以及白铜。黄铜是以锌作为主要添加元素的合金，外观呈黄色，铜锌二元合金称为简单黄铜。简单黄铜性能变化规律：其导电、导热性随 Zn 含量的增加而下降，而力学性能（抗拉强度、硬度）则随 Zn 含量的增加而上升；二元黄铜在工业上的应用根据其性能来调控。在铜锌合金中加入少量 Pb、Sn、Al、Mn 等，一般为 1%～2%（质量分数），少数达 3%～4%，极个别达到 5%～6%，组成多元合金，这种三元以上的黄铜被称作特殊黄铜或复杂黄铜。其中第三组元为铅的称为铅黄铜，铅能提高黄铜的切削性能，使零件获得高的表面质量，同时提高合金的耐磨性，同时具有较高的强度、耐蚀性以及良好的导电性。第三组元为锡的称为锡黄铜，锡抑制黄铜脱锌，提高黄铜的耐蚀性。锡黄铜在淡水及海水中均耐蚀，故称海军黄铜。除此之外还有以高强和耐蚀为特性的铝黄铜，以及具有良好力学性能、工艺性能和耐蚀性能的锰黄铜。青铜是 Sn、Al、Be、Si、Mn、Cr、Cd、Zr、Ti 等与铜组成的铜合金，主要分为锡青铜和无锡青铜（特殊青铜）。锡青铜是最古老的铜合金，在古代，鼎、钟、武器、铜镜等均由锡青铜制作，具有强度高、弹性好、耐磨性强以及铸件体积收缩性小的特点。无锡青铜中根据成分不同又可分为铝青铜和铍青铜。白铜是一种以镍为主要添加元素的铜基合金，呈银白色。铜镍之间彼此可无限固溶，从而形成连续固溶体，一般来说，白铜中 $w(\mathrm{Ni})=25\%$。纯铜中加入镍能显著提高强度、耐蚀性、硬度、电阻率和热电性，并降低电阻率温度系数。因此白铜的力学性能比其他铜合金更好，不仅如此，白铜还具有良好耐蚀性、耐热性、耐寒性和电化学性能，以及具有高塑性，同时还可冷热压加工。根据成分的不同，白铜可分为普通白铜、复杂白铜和工业白铜，其中，铜镍二元合金即普通白铜，三元以上的白铜被称为复杂白铜，如铁白铜、锰白铜、锌白铜和铝白铜等。工业白铜则主要分为结构白铜和电工白铜两大类，结构白铜中，铝白铜性能和普通白铜 B30 接近（B 代表镍的含量），且价格低廉，铝白铜中的铝能显著提高合金的强度和耐蚀性，常被作为 B30 的替代品；锌白铜在 15 世纪时就已经在我国使用，被称为“中国银”，锌可大量固溶于铜镍之中，产生固溶强化作用，提高抗腐蚀性。锌白铜中添加铅以后，可提高其切削性能，在具有高强度和耐蚀性的同时，还具有较好的弹性，价格低廉，因此被广泛应用于仪器仪表和医疗器械件中。电工白铜是指具有良好热电性能的白铜，主要以锰白铜为主（含锰量不同），具有很高的电阻率和较低的电阻率温度系数，适用于制备标准电阻元件和精密电阻元件。

11.1.2　铜及铜合金的热处理方式

纯铜常用的热处理方式为再结晶退火。铜合金常用的热处理方式有均匀化退火、去应力退火、再结晶退火、固溶及时效处理。

均匀化退火的主要目的是使铸锭、铸件的化学成分均匀，主要在冶金厂、铸造车间进行。

去应力退火的主要目的是消除变形加工、焊接、铸造过程中产生的残余内应力，稳定冷变形或焊接件的尺寸与性能，防止工件在切削加工时产生变形。冷变形黄铜、铝青铜、硅青铜，其应力腐蚀破裂倾向严重，必须进行去应力退火。铜合金去应力退火温度比再结晶退火温度低 30～100℃，为 230～300℃。成分复杂的铜合金温度稍高，一般为 300～350℃。保温时间为 30～60min。去应力退火对铜合金的强度和硬度无明显影响，而部分铜合金去应力退火时会出现退火硬化现象，$w(\mathrm{Zn})>10\%$、$w(\mathrm{Al})>4\%$ 的铝青铜，$w(\mathrm{Mn})>5\%$ 的黄青铜这种现象尤为明显。这与形成有序固溶体或溶质原子在位错周围集聚有关。

再结晶退火包括加工工序间的退火和产品的最终退火，目的是消除加工硬化，恢复塑性和获得细晶粒组织。黄铜的晶粒度对其加工性能有较大影响，细晶粒组织强度高，加工表面质量好，但变形抗力大，成型难度大。粗晶粒组织易于加工，但表面质量差，疲劳性能差，因此，对用于压力加工的黄青铜，必须根据需要控制晶粒度。

铜及铜合金在加工过程中的光亮退火容易氧化。为了防止氧化，提高工件表面质量，须在保护气氛或真空炉中退火，此即光亮退火。常用保护气有蒸汽、氨分解气、氮气干燥的氢气，具体应用详见表 11-1。

铜合金的退火处理根据不同目的可以有不同的工艺程序，如软化退火、成品退火和坯料退火。软化退火即两次冷轧之间以软化为目的的再结晶退火，亦称中间退火。冷轧后的合金产生纤维组织并发生加工硬化，通过把合金加热到再结晶温度以上，保温一定的时间后缓慢冷却，使合金再结晶成细化的晶粒组织，获得好的塑性和低的变形抗力，以便继续进行冷轧加工。这种退火是铜合金轧制中最主要的热处理。成品退火即冷轧到成品尺寸后，通过控制退火温度和保温时间来得到不同状态和性能的最后一次退火。成品退

表 11-1　铜合金退火常用保护气类型

材料	退火用炉气	使用注意事项
w(Zn)<15%的黄铜、铝青铜	1) $\varphi(H_2)$ = 2%的燃烧氨气 2) $\varphi(H_2+CO)$ = 2% ~ 5%的不完全燃烧炉气 3) 蒸汽	1) 使用蒸汽时，管道内的积水必须排出后方可通气 2) 使用氨分解气时，通过燃烧来减少氢含量，将其中蒸汽完全排出 3) 使用氨气时，必须除氧，以防止爆炸 4) 大批量可采用真空（锌含量高的除外）或低真空（133.322×10^{-2}Pa）与通氨气或氮气配合
w(Zn)<15%的黄铜、锌白铜	强还原气氛	
锡青铜及含 Sn 及 Al 的低锌铜合金	不含 H_2S 的中等还原气氛	
铝、铬、硅、铍青铜	纯氢气或氨分解气	

火有控制状态和性能的要求，如获得软状态、半硬状态制品以及通过控制晶粒组织来得到较好的深冲性能制品等。成品退火除再结晶温度以上退火，还有再结晶温度以下的低温退火。坯料退火是热轧后的坯料通过再结晶退火来消除热轧时不完全热变形所产生的硬化，并通过退火使组织均匀的热处理方法。淬火-回火（时效）是对某些具有能溶解和析出的以及发生共析转变的固溶态合金，在高于相变点温度时，经过保温使强化相充分溶解，形成均匀固溶体又在急冷中形成过饱和固溶体的淬火状态，再经过低温或室温，使强化相析出或相变来控制合金性能的热处理方法。

退火工艺规范是根据合金性质、加工硬化程度和产品技术条件的要求决定的。退火的主要工艺参数是退火温度、保温时间、加热速度和冷却方式。退火工艺规范的确定应满足以下三方面的要求：①保证退火材料的加热均匀，以保证材料的组织和性能均匀；②保证退火材料不被氧化，表面光亮；③节约能源，降低消耗，提高成品率。因此，铜材的退火工艺规范和所采用的设备应能具备上述条件。如炉子设计合理，加热速度快，有保护气氛，控制精确，调整容易等。表 11-2 列出了部分常用铜合金的退火工艺规范。

表 11-2　部分常用铜合金的退火工艺规范

合 金 牌 号	退火温度/℃		保温时间/min
	中间退火	成品退火	
HPb59-1、HMn58-2、QAl7、QAl5	600 ~ 750	500 ~ 600	30 ~ 40
HPb63-3、QSn6.5-0.1、QSn6.5-0.4、QSn4-3	600 ~ 650	530 ~ 630	30 ~ 40
QSn7-0.2、QSn4-3	600 ~ 650	530 ~ 630	30 ~ 40
BZn15-20、Bal6-1.5、BMn40-1.5	700 ~ 850	630 ~ 700	40 ~ 60
TMg0.8	500 ~ 540	—	30 ~ 40
B19、B30	780 ~ 810	500 ~ 600	40 ~ 60
H80、H68、HSn62-1	500 ~ 600	450 ~ 500	40 ~ 60
H95、H62	600 ~ 700	550 ~ 650	30 ~ 40
BMn3-12	700 ~ 750	500 ~ 520	40 ~ 60
TU1、TU2、TP1、TP2	500 ~ 650	380 ~ 440	30 ~ 40
T2、H90、HSn70-1、HFe59-1-1	500 ~ 600	420 ~ 500	30 ~ 40
TCd1、TCr0.5、TZr0.4	700 ~ 850	420 ~ 480	30 ~ 40

铜合金固溶处理的目的是为了获得成分均匀的过饱和固溶体，并通过随后的时效处理获得强化效果。有些合金（如铍青铜、硅青铜等）固溶处理可提高塑性便于进行冷变形加工。复杂铝青铜固溶处理后可获得类马氏体组织。

铜合金固溶处理必须严格控制炉温。温度过高会使合金晶粒粗大，严重氧化和过烧，变脆。温度过低，固溶不充分，又会影响随后的时效强化。炉温精度应该控制在±5℃以内，加热后一般采用水冷。铜合金时效一般采用人工时效或热加工后直接人工时效。已经时效过的，为了消除由于某种原因而产生的内应力，还需要进行再时效（温度比前段略低）。温度控制精度也要求更高，一般不超出±3℃的范围。表 11-3 为部分铜合金固溶（淬火）-时效（回火）的工艺规范。

热处理炉内气氛控制根据热处理时炉内介质与材料表面作用的特点，把热处理分为普通（即空气为介质）热处理，保护性气氛热处理（即通常称的光亮退火）和真空热处理。火焰加热炉是一种老式的普通热处理方式，采用如煤气等为燃料的燃烧加热。

表 11-3　部分铜合金固溶（淬火）-时效（回火）的工艺规范

合金牌号	固溶(淬火)			时效(回火)	
	加热温度/℃	保温时间/min	冷却介质	加热温度/℃	保温时间/min
TBe2	700~800	15~30	水	300~350	120~150
TCr0.5	920~1000	15~60	水	400~450	120~180
TZr0.2	900~920	15~30	水	420~440	120~150
Bal6-1.5	890~910	120~180	水	495~505	80~120

氧化性气氛，就是燃料在过剩空气的情况下燃烧，使炉内有较多的氧。还原性气氛，燃烧过程中炉内空气不足，由于燃料的未充分燃烧而 CO 和 CO_2 较多。中性气氛是炉内控制在氧化与还原之间的气氛。微氧化气氛，是炉内含有微量的氧，有一定的氧化作用。炉内气氛的控制是根据合金的性质和技术要求来进行的。铜及铜合金一般都不用氧化性气氛，因为其不但破坏表面品质、氧化烧损大，而且合金内的低熔点的成分，如 Sn、Pb、Sn、Zn、Cd 等容易被蒸发等。因此，大多采用还原性或中性炉内气氛。对于热处理时容易吸氢产生氢脆、渗硫的合金通常采用微氧化气氛，如含镍的合金、纯铜等。火焰加热炉将逐渐被电加热、保护气体连续加热的退火炉所代替。

由于密封技术和保护性气体制造技术的进步，现在大多是采用保护性气氛加热。保护性气体成分要求在加热时与合金不发生反应；对炉子的部件、热电偶、电阻器件无侵蚀作用；成分稳定，制造简单，供应方便。保护性气氛加热大多采用电加热方式。20 世纪 90 年代后采用电感应加热的连续退火炉，都是采用保护性气氛、强制循环风式在线退火，简化了工序，提高了表面品质和生产效率。过去的保护性气氛是采用氮、二氧化碳、煤气燃烧后的净化气体或蒸汽等，由于炉子的密封性差，使用的保护气体浓度低、成本高等原因，没有取得满意的效果。现在的保护气体成分，主要是氮加氢。根据不同的合金采用不同的氮氢比，加氢保护对黄铜尤为有效。由于氢的热导率是氮的 1.7 倍，可以大大提高热的传导速度。加氢后可缩短加热时间，尤其在强风的作用下，对流传热效果更好，使退火材料加热均匀，保证了热处理铜材组织性能的均匀。在强风的作用下，带走了润滑剂的挥发物，提高了表面品质。制造保护性气体有以下几种方法：

① 氨分解气体：液氨汽化后进入填充镍触媒剂的裂化器内，在 750~850℃的温度下，裂化生成氨和氢，经净化除水除残氨后送入炉内。这种保护性气体适用于黄铜的退火。按计算 1kg 氨可生成 1.97m^3 的氢和 0.66m^3 的氮。

② 氨分解气体燃烧净化：如果需要降低氨的比例，可烧掉部分氢，在燃烧过程中增加氮。

③ 氨分解气体加入空分氮（或液氮汽化），经净化后送入炉内，可根据需要得到不同比例的氢加氮的保护性气体。

④ 用量较少时，可用瓶装氮和瓶装氢做保护性气体。

⑤ 煤气燃烧后的气体，一般含 96%（体积分数）的 N_2 和小于 4%（体积分数）的 CO 和 H_2，需净化后使用。

⑥ 纯氮，空分法制氮一般纯度可达 99.9%（体积分数）。焦炭分子筛变压吸附空分制氮新工艺，采用了无油压缩机，氮中含氧小于 5×10^{-6}，露点为 -65℃。这对于含氧量较高的纯铜、锡磷青铜的退火是最适宜的。

表 11-4 列出铜及铜合金热处理保护气氛的类型和成分。纯铜采用中性或微还原性气氛，也可在微氧化性气氛中加热（表 11-4 中的 1、7），均要限制硫、氧、氢的含量；黄铜采用还原性的气氛（表 11-4 中的气氛 2、3、4、5）；高锌黄铜［$w(Zn)>30\%$］为了防止脱锌和变色要限制 CO_2 和 H_2O 的含量；硅青铜、铝青铜的气氛必须纯净干燥，采用表中的气氛 2、4、5；铍青铜淬火时一般采用表中气氛 5；白铜采用表 11-4 中气氛 1、3、4、5。

表 11-4　铜及铜合金热处理保护气氛的类型和成分

编号	名称	类型	主要性质	常用组分(体积分数,%)					
				N_2	H_2	CO	CO_2	O_2	CH_4
1	完全燃烧的碳氢化合物	低放热性，不纯	不可燃，轻微还原性	83~89	0.2~0.5	0.5~1.0	10~14	—	0~1
2	同上(去除 CO_2 及 H_2O)	低放热性,纯	不可燃,中性	95~99	0.5~3	0.5~3	微	—	0~1
3	同上(去除 CO_2 及 H_2O)	高放热性,纯	可燃,有毒,还原性	71	12	15	0.1	—	2

（续）

编号	名称	类型	主要性质	常用组分(体积分数,%)					
				N_2	H_2	CO	CO_2	O_2	CH_4
4	完全反应的碳氢化合物	高放热性,干	还原性	28~40	40~46.5	19~25	微	—	0.4~1
5	分解氢	未燃烧	可燃,还原性	25	75	—	—	—	—
6	氮气	纯	中性	96~99	1	—	—	—	—
7	二氧化碳	不纯	惰性	—	—	—	99.8	0.2	—
8	水蒸气	不纯	中性	—	—	—	—	—	—

真空热处理是指在退火加热时，将装料的空间抽成真空，退火材料不与任何介质接触的一种退火方式。真空退火有两种形式：外热式和内热式。外热式是加热元件置于炉胆外面，采用电加热，外热式真空炉结构简单，容易制造，装出料方便，但升温慢，热损失大，炉胆寿命低。内热式真空炉的加热元件在炉胆内，热处理材料也放在炉胆内，常采用钨、钼、石墨等材料作为加热元件。特点是升温快、加热温度高、炉胆寿命长。但炉的结构复杂，投资大，降温慢。采用真空退火时，纯铜采用 $133.3\times10^{-2}\sim133.3\times10^{-1}$Pa，大多铜合金采用 $133.3\times10^{-3}\sim133.3\times10^{-2}$Pa 的真空度。真空退火时，料出炉时要在温度降至100℃以下才能破坏真空，防止退火料氧化。近年来，铜合金的热处理不推荐采用真空退火，因为真空是热的不良导体，它只靠热辐射传热，特别是表面光亮的材料，以辐射加热更是困难。除了热效率低外，还难以得到性能均匀的热处理成品，因此逐渐被保护气氛、气垫式连续退火所代替。

热处理设备主要是热处理炉。选择热处理炉应考虑如下条件：即满足热处理工艺的要求，保证品质和性能；选择合适的热源，满足生产的需要；炉子结构简单，温度控制准确，耐用，投资少；自动化程度高，生产效率高，劳动条件好，操作方便。

（1）普通铜及铜合金热处理炉　铜合金的常用的退火炉，按结构分为箱式炉、井式炉、步进式炉、车底式炉、辊底式炉、链式水封炉、单膛炉、双膛炉、罩式炉等，按生产方式分为单体分批式退火炉、气垫式连续退火炉等，按炉内气氛分为无保护气氛退火炉、有保护气氛退火炉和真空退火炉等，按热源分为煤炉、煤气炉、重油炉、电阻炉和感应炉等。淬火炉有立式、卧室和井式三种。

（2）常见的铜合金热处理炉　目前，热处理炉方面发展的主要趋势如下：改进设计，寻找新工艺，提高热利用效率；采用低温或高温快速退火，减少氧化、脱锌；采用保护性气体退火和强制循环通风，使之快速加热、温度均匀，提高退火产品品质；增强封闭效果，简化工序提高集成度和连续化水平。气垫式炉是现代常用的铜合金单条带材的退火炉，有在线退火，也有单独退火。现在的气垫式退火炉，往往将酸洗、水洗、烘干、表面涂层、钝化处理等结合在一起。它和钟罩式退火炉比，炉温高、退火时间短，可以实现高温快速退火，如对厚0.05~1.5mm的带材，只需几秒钟的加热时间，对于厚带也只需一分多钟。加热速度可调、加热均匀，退火表面品质好，组织性能均匀。气垫式炉退火带材的最大厚度和最小厚度之比为10：15，最大宽度和最小宽度之比为2，同一条带厚与宽的比小于1/250。目前，可实现厚度0.05~1.5mm，宽度250~1100mm带材的退火，退火速度为4~100m/min，生产能力达5t/h，热效率达85%，热源采用电或燃气加热均可。气垫式炉由开卷、焊接、脱脂、炉子、酸洗、剪切、卷取机辊、控制辊、活套塔等组成。图11-1所示为带材连续生产线的退火与酸洗机列示意，图11-2所示为各种铜合金气垫式炉连续退火示意。

气垫式退火炉是连续热处理的新技术。将带材通过炉子时，上下表面被均匀喷射的高温气流托起悬浮在热处理炉中，上下喷气相距80mm，被托浮的带材达到无接触。为了退火连续的进行，设有两套开卷机和两套卷取机。为提高带材表面品质，清除带材表面的轧制油或乳液，带材进入退火炉要经过脱脂、水洗和干燥。在退火纯铜或青铜带材时，为带材的表面不发生氧化，也不进行酸洗，加热区和冷却区要充入成分为 $\varphi(H_2)=2\%\sim5\%$，$\varphi(N_2)=95\%\sim98\%$ 的保护气体。在退火黄铜带材时，加热区和冷却区不充保护性气体，但需要进行酸洗、水洗和干燥。对某些特殊用途的铜合金，退火后进行涂层和干燥。为了防止带材跑偏，在加热区和冷却区上下两排的喷嘴处设有光电对中装置和纠偏辊，带材卷取后的边缘不齐率在±1mm范围内。有的气垫式退火连续炉还带张力矫平装置。采用气垫式连续炉大大提高了表面品质和制品组织性能的均匀度。表11-5列出了连续退火炉与气垫式退火炉技术参数对比。

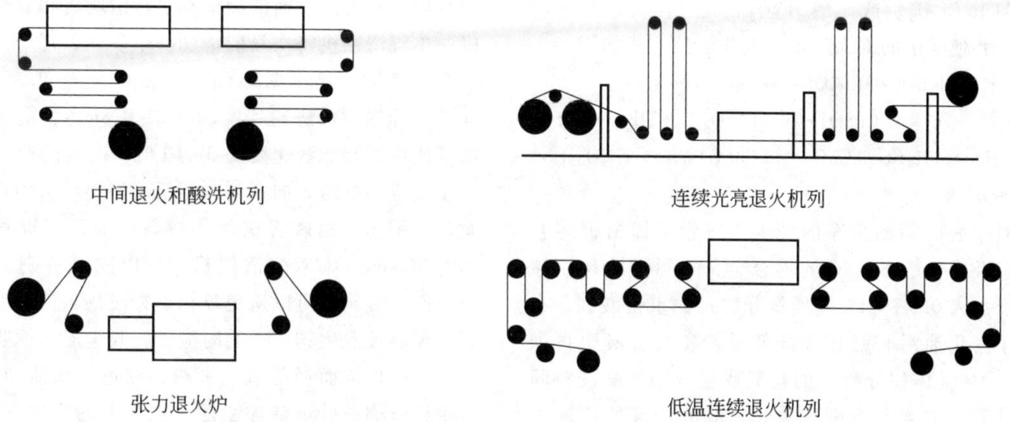

图 11-1　带材连续生产线的退火与酸洗机列示意

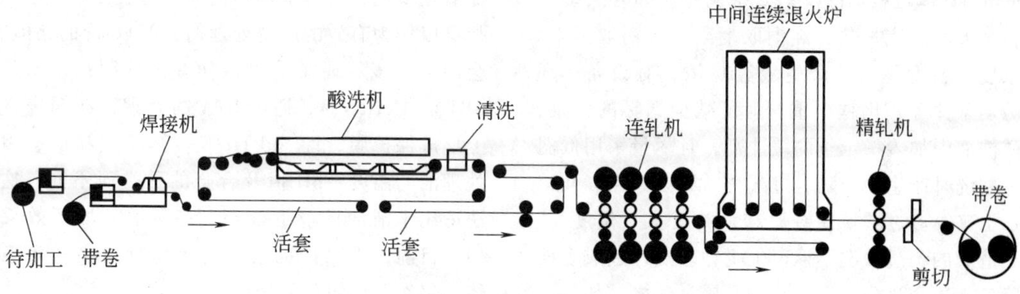

图 11-2　各种铜合金气垫式炉连续退火炉示意

表 11-5　连续退火炉与气垫式退火炉技术参数对比

项目	连续退火炉	气垫式退火炉
退火带材规格(厚×宽)/mm	(0.15~1.6)×(200~640)	(0.1~1.5)×(500~1050)
带卷内径(外径)/mm	500(820)	500(1300)
炉内最高温度/℃	800	750
带材最高温度/℃	700±5	700±5
带材出冷却室温度/℃	80~100	70~80
带材退火时间/℃	2~10	4~50
加热区额定功率/kW	160	600
最大生产能力/(t/h)	1.0	4.7
活套塔补偿长度	—	—
炉前/m	15.2	60
炉后/m	10.0	60

在铜合金热轧和热处理的加工过程中，板坯或带坯的表面容易发生氧化，为了清除表面的氧化皮，需酸洗。通常的酸洗程序：酸洗—冷水洗—热水洗—烘干。对于目前采用的酸洗机列工作过程也是要经过这个程序。生产车间的酸洗工艺有如下要求：对材料表面酸洗要干净，采用有效的酸和酸液的浓度，酸洗时间要短，酸液的利用效率要高，要有防污染的措施，以及注意对人身安全和健康的防护，考虑废液及产物的回收再利用。

酸洗时采用硫酸或与硝酸混合的水溶液的反应过程：氧化皮被溶解，或被化学反应所生成的气体（氢气的气泡）施加机械作用而剥离。铜及铜合金与酸液的化学反应式如下：

$$CuO+H_2SO_4 \longrightarrow CuSO_4+H_2O$$

$$Cu_2O+H_2SO_4 \longrightarrow Cu+CuSO_4+H_2O$$

$$Cu+2HNO_3 \longrightarrow Cu\ (NO_3)_2+H_2$$

铜及其合金的表面氧化，最外层是氧化铜 CuO，在氧化铜的里面是氧化亚铜 Cu_2O，氧化亚铜在硫酸中的溶解是很慢的。为了使表面处理得干净，加速氧化亚铜的溶解，要在硫酸溶液中加入适量的氧化剂重

铬酸钾 $K_2Cr_2O_7$，或硝酸 HNO_3。但这样会恶化劳动条件，并使酸槽的寿命降低。其化学反应式如下：

$$K_2Cr_2O_7+2H_2SO_4+3Cu_2O \longrightarrow CuSO_4+Cu_5(CrO_4)_2+2H_2O+K_2SO_4$$

$$4HNO_3+H_2SO_4+CuO \longrightarrow CuSO_4+Cu(NO_3)_2+2NO_2+3H_2O$$

对于表面不易洗净的纯铜、青铜、锌白铜等合金，以及含 Be、Si、Ni 的铜合金，与稀酸液作用缓慢，可加入 0.5%~1%（质量分数）的重铬酸钾。有的为了净化油污和强化酸洗效果，在酸洗液中再加 0.5%~1%（体积分数）的盐酸或氢氟酸。酸洗时间与酸洗液的浓度及温度有关。一般酸洗液的浓度为 5%~20%（体积分数），温度为 30~60℃，时间为 5~30min。具体可根据酸洗的效果调整，如夏天多为室温，冬天用蒸汽加热，纯铜取上限，黄铜取下限。酸液浓度、温度越高，产生酸雾越浓，对设备、环境、劳动条件等恶化越严重。为了减少烟雾的污染，常在酸洗液中加入一定量的缓冲剂，且尽量采用低温酸洗。酸洗时产生的缺陷有过酸洗、腐蚀斑点、残留酸迹、水迹等。过酸洗主要是酸液浓度大、温度高、时间长造成的，过酸洗不但产生腐蚀斑点，造成表面品质降低，还会过分地损耗酸和金属。反之，如果酸浓度、温度过低和时间过短，氧化皮会清洗不彻底。残留酸迹、水迹主要是清洗不干净，或干燥不及时、不彻底。为了实现快速酸洗，提高表面品质，出现了采用电解酸洗、超声波酸洗的新方法。酸洗液在酸洗过程中，浓度会不断地减小，当酸液的硫酸含量小于 50~100g/L，铜含量大于 8~12g/L 时，应及时补充新酸液或更换成新酸液。在配制新酸液时，必须先放水后加酸以确保安全。酸槽中严禁使用铁制工具，以防板带表面产生斑点。更换下来的废酸液可用氨中和处理，提取硫酸铜、铜粉及制成微量元素化肥，也可用电解法获得再生铜和再生酸液。配制酸液时用波美计测量酸的比重。

表面清理的方法很多，酸洗就是其中的一种常用的化学方法。常用的还有机械清理方法，如下面三种：

1）表面清刷机清洗和手工修理。其目的是清除轧件表面在酸洗后残存的氧化铜粉和酸迹，以提高表面品质。常用的表面清刷机有单辊清刷机和双辊清刷机。单辊清刷机每次只能清刷一个表面，每个刷辊有一个支撑辊，起压紧作用，刷辊的线速度为 0.6~6m/s，压紧辊的进给速度为 0.2~0.8m/s，刷辊的线速度比压紧辊的线速度大 3~10 倍。刷辊的回转方向与压紧辊的进给方向相同或相反。刷辊可采用棕、尼龙丝、钢丝、锡磷青铜丝等材料制成，刷辊直径为 200~300mm。对双辊清刷机，可以同时清刷上下两个表面。湿刷时可以避免氧化铜粉飞扬，但刷丝材料要避免腐蚀及生锈。干刷时应设置收尘器，回收氧化铜粉。轧件表面局部氧化铜粉、变色、水渍和斑点，可用钢丝刷或砂纸清擦去除，表面上的麻坑、裂纹、起皮、压坑及夹灰等缺陷，用刮刀修理。为了防止表面氧化变色，有时采用抑制剂进行表面处理。用铬酸盐可以作为有效的防锈处理剂，但+6 价的铬酸有毒，会污染环境。现在采用一种有机抑制剂，苯并三唑（BTA，$C_6H_5N_3$），通过 BTA 的处理，在铜合金表面上形成保护膜，即 CuBTA 膜。其厚度和形态因 BTA 处理液的温度、pH 值及合金的种类而不同，这种方法适用于清洁环境下处理，在腐蚀环境下效果不理想。目前，为除掉铜表面的氧化物及表面污染的基体，仍然采用铬酸处理。

2）压光。对要求表面光洁度高的产品，有时采用压光或抛光的工序。通常采用辊轧机进行压光，辊径较大，轧制速度较低，辊面的表面质量非常高，压光时的压下量总加工率为 3%~10%。通过多道次压光，可使产品的表面接近辊面的表面质量。压光时，使用的润滑油要求，黏度很小，如白油、煤油等。

3）抛光。表面抛光是采用尼龙辊或亚麻辊的辊式抛光机，结构与双辊清刷机相似。尼龙辊为两对或三对，抛光时喷注抛光剂及粒度为 3.5~5μm 的滑石粉，抛光剂是水和 Cr_2O_3 的混合物，比例为 10∶1。

11.1.3 工业纯铜的热处理

工业纯铜的热处理主要是再结晶退火，目的是改变晶粒度、消除内应力、使金属软化或者改变晶粒度。退火温度为 500~700℃。加工铜管材、棒材、带材、线材的退火温度及保温时间见表 11-6。

表 11-6 加工铜管材、棒材、带材、线材的退火温度及保温时间

类型	牌号	直径或厚度/mm	退火温度/℃	保温时间/min
管材	纯铜 T2、T3 及无氧铜 TU1、TU2	≤1.0	470~520	40~50
		1.05~1.75	500~550	50~60
		1.8~2.5	530~580	50~60
		2.6~4.0	550~600	50~60
		≥4.0	580~630	60~70

（续）

类型	牌号	直径或厚度/mm	退火温度/℃	保温时间/min
棒材	纯铜 T2,无氧铜 TU1、TU2,无磷铜 TP1	软制品	550~620	60~70
带材	T2	≤0.09	290~340	
		0.1~0.25	340~380	
		0.3~0.55	350~410	
		0.6~1.2	380~440	
线材	T2、T3	0.3~0.8	410~430	

为了防止氢病，退火前必须将工件清洗干净。对含氧铜，特别是 $w(\mathrm{O})>0.02\%$的纯铜，不能在木炭或其他还原性气氛保护下进行，只能在微氧化气氛（例如燃烧完全的煤气炉）中进行，最好在真空炉中进行，或将退火温度限制在 500℃以下，经验表明，500℃以下由于氢、碳等元素在固态铜中扩散慢，氢病不容易发生。退火完毕，工件应迅速水冷，以减少氧化。

工业纯铜再结晶退火的影响因素主要取决于退火温度和保温时间，实验表明，退火温度低于 550℃时，保温时间的影响较小，若退火温度高则保温时间对晶粒度影响颇大。所以在高温下退火应尽量缩短保温时间，以避免粗大晶粒。为了避免出现再结晶结构，退火前的冷变形度不应大于 40%~60%，退火温度不应超过 700℃，冷变形度越大，退火温度越高，再结晶结构越明显。表 11-7 列出了加工铜的再结晶退火温度以及保温时间。

表 11-7　加工铜的再结晶退火温度以及保温时间

产品类型	代号	退火温度/℃	保温时间/min	直径或厚度/mm
管材	纯铜 T2、T3,磷无氧铜 TUP,无氧铜 TU1、TU2	450~520	40~50	≤1.0
		500~550	50~60	1.05~1.75
		530~580	50~60	1.8~2.5
		550~580	50~60	2.6~4.0
		580~630	50~70	>4.0
棒材	纯铜 T2,无氧铜 TU1,磷无氧铜 TUP(软制品)	550~620	60~67	—
带材	T2	290~340	—	≤0.09
		340~380		0.1~0.25
		350~410		0.3~0.55
		380~440		0.6~1.2
线材	T2、T3	410~430	—	0.3~08

11.1.4　黄铜的热处理

如图 11-3 所示，Cu-Zn 二元系相图中，固态下有 α、β、γ、δ、ε、η 六个相。α 相是以铜为基的固溶体，其晶格常数随锌含量的增加而增大，锌在铜中的溶解度与一般合金相反，随温度降低而增加，在 456℃时固溶度达最大值［$w(\mathrm{Zn})=39\%$］；之后，锌在铜中的溶解度随温度的降低而减少。$w(\mathrm{Zn})=25\%$的 α 相区，存在 Cu_3Zn 化合物的两种有序化转变，采用 X 射线、电阻、差热分析等方法测定发现：在 450℃左右 α 无序固溶体转变为 α_1 有序固溶体，在 217℃左右，α_1 有序固溶体转变为 α_2 有序固溶体。α 固溶体具有良好的塑性，可进行冷热加工，并有良好的焊接性能。

β 相：以电子化合物 CuZn 为基的体心立方晶格固溶体。冷却过程中，在 468~456℃温度范围，无序相 β 转变成有序相 β′。β′相塑性低，硬而脆，冷加工困难，所以含有 β′相的合金不适宜冷加工。但加热到有序化温度以上，β′→β 后，又具有良好塑性。β 相高温塑性好，可进行热加工。γ 相是以电子化合物 Cu5Zn8 为基的复杂立方晶格固溶体，硬而脆，难以压力加工，工业上不采用。所以，工业用黄铜的锌含量均小于 46%（质量分数），不含 γ 相。工业用黄铜，按其退火组织可分为 α 黄铜和 α+β 两相黄铜，β 黄铜只用作焊料。$w(\mathrm{Zn})<36\%$的 α 黄铜：H65~H96 为单相 α 黄铜，α 黄铜的铸态组织中存在树枝状偏析，枝轴部分铜含量较高，不易腐蚀；呈亮色，枝间部分锌含量较高，易腐蚀，故呈暗色。变形及再结晶退火后，得到等轴的 α 晶粒，而且出现很多退火孪晶，这是铜合金形变后退火组织的特点。

α+β 两相黄铜中 $w(\mathrm{Zn})=36\%\sim46\%$，H62 与 H59 均属于此。凝固时发生包晶反应形成 β 相，凝

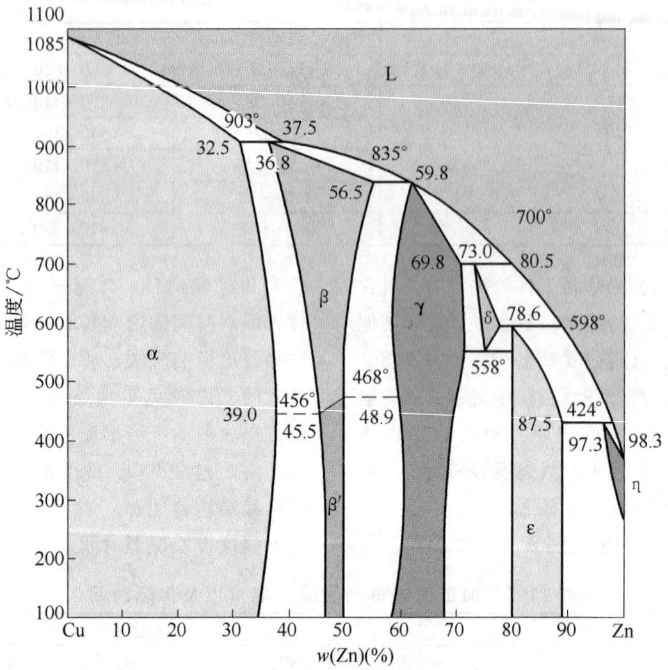

图 11-3 Cu-Zn 相图

注：α 为 Cu 基固溶体 fcc，黄铜基体相；β 为 CuZn 基固溶体 bcc；γ 为 Cu5Zn8 基固溶体 bcc。

固完毕，合金为单相 β 组织，当冷至 α+β 两相区时，α 相自 β 相析出，残留的 β 相冷至有序转变温度（456℃）时，β 无序相转变为 β′有序相，室温下合金为 α+β′两相组织。铸态 α+β′黄铜，α 相呈亮色（因锌含量低，腐蚀浅），β′相呈黑色（因锌含量高，腐蚀深）。经变形和再结晶退火后，α 相具有孪晶特征，β′相没有。

α 黄铜具有良好的塑性，适于冷、热加工。所有黄铜在 200~600℃ 温度范围内均存在中温低塑性区，这主要是微量杂质（铅、锑、铋等）的影响，它们与铜生成低熔点共晶而最后凝聚在晶界上，形成低熔点共晶薄膜，从而造成热加工过程的“热脆”。然而黄铜的塑性会随温度升高而重新显著增长，表明这些杂质在高温时的溶解度明显增加。脆性区温度范围与锌含量有关，具体温度要看锌含量，如 H90、H80，HPb59-1 等的低塑性区。加入微量混合稀土或锂、钙、锆、铈等能与杂质形成高熔点化合物的元素，均能有效减轻或消除杂质的有害影响，从而消除热脆性。如加铈能与铅和铋形成 Pb2Ce 及 Bi2Ce 等高熔点化合物。黄铜的热加工一般应在高于脆性区的温度进行，α+β 黄铜室温塑性较低，只能热变形，要加热到 β 相区热轧，但温度不能太高，因 β 相长大得快，以保留少量 α 相为宜，利用残留 α 相限制 β 晶粒长大。所以，热变形温度通常选择在（α+β）/β 相变温度附近。

普通黄铜中铅是有害杂质，由于铅熔点低，几乎不溶于黄铜，它主要分布于晶界上。$w(\mathrm{Pb})>0.03\%$ 时，黄铜在热加工时出现热脆；但对冷加工性能无明显影响。在 α+β 两相黄铜中，铅的容许含量可比 α 黄铜高一些，因为两相黄铜在加热和冷却过程中，会发生固态相变，使铅大部分转入晶内，减轻有害影响。少量铅可提高两相黄铜的切屑性能，使加工件表面获得高的表面质量。普通黄铜中的杂质铋呈连续脆性薄膜分布在黄铜晶界上，既产生热脆性，又产生冷脆性，对黄铜的危害性远比铅更大，在 α 及 α+β 黄铜中要求 $w(\mathrm{Bi})\leqslant 0.002\%$。减轻 Pb 和 Bi 有害影响的有效途径是加入能与这些杂质形成弥散的高熔点金属化合物的元素，如 Zr 可分别与 Pb、Bi 形成高熔点稳定化合物 Zr*x*Pb*y* 和 Zr*x*Bi*y*（熔点 2200℃）。普通黄铜中的锑随温度下降，锑在 α 黄铜中溶解度急剧减小；在 $w(\mathrm{Sb})<0.1\%$ 时，就会析出脆性化合物 Cu2Sb，呈网状分布在晶界上，严重损害黄铜的冷加工性能。锑还促使黄铜产生热脆性，因锑在固态铜中的共晶温度为 645℃，所以，锑是黄铜中的有害杂质。加入微量锂可与锑形成高熔点的 Li3Sb（熔点 1145℃），从而减轻锑对黄铜塑性的有害影响。而普通黄铜中的砷室温下在黄铜中的溶解度小于 0.1%，过量的砷则产生脆性化合物 Cu3As，分布在晶界上，

降低黄铜塑性。黄铜中加入 0.02%~0.05%（质量分数）As，可防止黄铜脱锌。砷使黄铜制品表面形成坚固的保护膜，提高黄铜对海水的耐蚀性。表 11-8 列出了普通黄铜的热处理及其力学性能。

表 11-8 普通黄铜的热处理及其力学性能

代号	化学成分(质量分数,%)		热处理	力学性能		
	Cu	Zn		R_m/MPa	A(%)	HBW
H96	95~97	余量	退火	250	35	—
H80	79~81	余量	退火	270	50	—
H68	67~70	余量	退火	300	40	—
H59	57~60	余量	退火	300	25	—
			变形	420	5	103

复杂黄铜中加入少量其他合金元素使铜锌系中的 α/（α+β）相界向左移动（缩小 α 区）或向右移动（扩大 α 区）。所以，复杂黄铜的组织即相当于简单黄铜中增加或减少锌含量的合金组织。其中锡抑制黄铜脱锌，提高黄铜的耐蚀性，锡黄铜在淡水及海水中均耐蚀，加入 0.02%~0.05%（质量分数）As 可进一步提高耐蚀性。锡还能提高合金的强度和硬度，常用锡黄铜含 1%（质量分数）Sn，含锡量过多会降低合金的塑性。锡黄铜能较好地承受热、冷压力加工，但 HSn70-1 在热压力加工时易裂，需要严格控制杂质含量［如 w(Pb)≤0.03%］，铜取上限［w(Cu)=71%］，锡取下限［w(Sn)=1.0%~1.2%］，这样，在 700~720℃ 热轧或 670~720℃ 热挤，可获得良好效果。锡黄铜主要用于海轮、热电厂的高强耐蚀冷凝管、热交换器，以及船舶零件等。黄铜中加入少量铝能在合金表面形成坚固的氧化膜，提高合金对气体、溶液、高速海水的耐蚀性；铝的锌当量系数高，形成 β 相的趋势大，强化效果高，能显著提高合金的强度和硬度。铝含量增高时，将出现 γ 相，剧烈降低塑性，使合金的晶粒粗化。为了使合金能进行冷变形，铝含量应低于 4%（质量分数）。w(Al)=2% Al、w(Zn)=20%的铝黄铜，其热塑性最高。为了进一步提高铝黄铜的抗脱锌腐蚀能力，常加入 0.05% As 及 0.01% Be 或 0.4% Sb 及 0.01% Be（均为质量分数）。铝黄铜以 HAl77-2 用量最大，主要是制成高强、耐蚀的管材，广泛用作海船和发电站的冷凝器等。铝黄铜的颜色随成分而变化，通过调整成分，可获得金黄色的铝黄铜作为金粉涂料的代用品。锰起固溶强化作用，少量的锰可提高黄铜的强度、硬度。锰黄铜能较好地承受热、冷压力加工。锰能显著升高黄铜在海水、氯化物和过热蒸汽中的耐蚀性。锰黄铜、特别是同时加有铝、锡或铁的锰黄铜广泛用于造船及军工等部门。Cu-Zn-Mn 系合金的颜色与锰含量有关，随锰含量的增加，其颜色逐渐由红变黄，由黄变白，w(Cu)=63.5%，w(Zn)=24.5%，w(Mn)=12%的黄铜，具有良好的力学性能、工艺性能和耐蚀性，已部分地替代含镍白铜应用于工业上。表 11-9 列出了复杂黄铜的主要化学成分及力学性能。

表 11-9 复杂黄铜的主要化学成分及力学性能

组别	代号	主要化学成分(质量分数,%)		力学性能		
		Cu	其他	R_m/MPa	A(%)	HBW
铅黄铜	HPb 63-3	62.0~65.0	Pb 2.4~3.0	600	5	—
		59.0~61.0	Pb 0.6~1.0	610	4	
锡黄铜	HSn 90-1	88.0~91.0	Sn 0.25~0.75	520	5	148
	HSn 62-1	61.0~63.0	Sn 0.7~1.1	700	4	—
铝黄铜	HAl77-2	76.0~79.0	Al 1.8~2.6	650	12	170
硅黄铜	HSi 65-1.5-3	63.5~66.5	Si 1.0~2.0 Pb 2.5~3.5	600	8	160
锰黄铜	HMn 58-2	57.0~60.0	Mn 1.0~1.2	700	10	175
铁黄铜	HFe 59-1-1	57.0~60.0	Fe 0.6~1.2	700	10	160
镍黄铜	HNi 65-5	64.0~67.0	Ni5.0~6.5	700	4	—

11.1.5 青铜的热处理

锡青铜是最古老的铜合金，用于制作鼎、钟、武器、铜镜等。锡青铜具有耐蚀、耐磨、弹性好和铸件体积收缩率小等优点。锡青铜有三大用途：①用作高强、弹性材料，如制作弹簧、膜片、弹性元件；②用作耐磨材料，如制作滑动轴承的轴套、齿轮等耐磨零件；③铸件体积收缩小、耐蚀，用来制作艺术铸件，如铜像等。

如图 11-4 所示，铜锡相图中有两个包晶反应和三个共析反应。δ 相是 γ 相在 520℃时的共析分解产物，这个相在 350℃时分解成 α+ε 相。β 相和 γ 相只在高温时才稳定。温度一降低，它们就立即分解，因此，在一般条件下它们实际上不可能出现。δ 相的分解进行得极慢，以致在 w(Sn)<20%的合金中，ε 相实际上不存在。锡青铜实际上只能存在以下的组织：①铸造合金中的枝晶组织，这是因为这种合金的凝固间隔很宽；②低锡合金（QSn4-0.3 和 QSn4-3），变形和退火后组织为 α 固溶体；③高锡合金，由 α 固溶体和共析体 α+δ 组成。

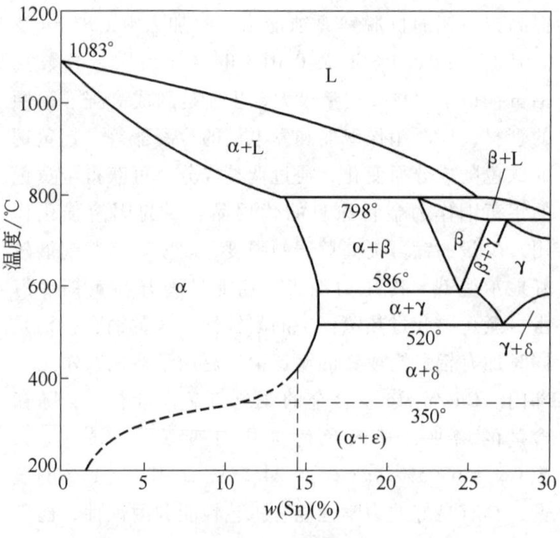

图 11-4　铜锡相图

铜锡合金结晶温度间隔可达 150~160℃，流动性差；锡在铜中扩散慢，熔点相差大，枝晶偏析严重，枝晶轴富铜，呈黑色；基底富锡，呈亮色。铸锭在进行压力加工前要进行均匀化退火，并经多次压力加工和退火后，才基本上消除枝晶偏析。锡青铜凝固时不形成集中缩孔，只形成沿铸件断面均匀分布在枝晶间的分散缩孔，所以，铸件致密性差，在高压下容易渗漏，不适于铸造密度和气密性要求高的零件。锡青铜线收缩率为 1.45%~1.5%，热裂倾向小，利于获得断面厚薄不等、尺寸要求精确的复杂铸件和花纹清晰的工艺美术品。锡青铜有“反偏析”倾向，铸件凝固时富锡的易熔组分在体积收缩和析出气体的影响下，由中心向表面移动，在铸件中出现细小孔隙和化学成分不均匀。当“反偏析”明显时，在铸件表面上会出现灰白色斑点或析出物形状的所谓“锡汗”。这些析出物是脆性的，w(Sn)= 15%~18%，主要由 δ 相晶体组成，对铸件质量不利。锡青铜的性能与含锡量及组织有关。在 α 相区，Sn 含量增加，抗拉强度及塑性均增大，在大约 10%Sn（质量分数）附近，塑性最好，在 21%~23%Sn（质量分数）附近抗拉强度最大。δ 相（Cu31Sn8）硬而脆，随着 δ 相的增多，抗拉强度起初升高，其后也急剧下降。工业用合金中，w(Sn)= 3%~14%，变形合金中，w(Sn)≤8%，且含磷、锌或铅等。锡青铜熔炼时用磷脱氧，微量磷［w(P)= 0.3%］能有效地提高合金的力学性能。压力加工锡磷青铜，w(P)≤0.4%，此时锡青铜力学和工艺性能最好，有高的弹性极限、弹性模量和疲劳极限（100×10^6 次循环时达 250~280MPa），用于制作弹簧、膜片及弹性元件。磷在锡青铜中溶解度小，且随锡含量增加，温度降低，溶解度显著减少。室温时磷在锡青铜中的极限溶解度为 0.2%左右。磷含量过高将形成 628℃的三元共晶 α+δ+Cu_3P，在热轧时磷化物共晶处于液态，造成热脆。磷增加流动性，但加大反偏析程度。磷化物硬度高，耐磨。磷化物+δ 相作为硬相，为轴承合金提供了所必需的条件，所以在铸造耐磨锡青铜中，磷含量可达 1.2%（质量分数）。锌缩小锡青铜的结晶温度间隔，减少偏析，提高流动性，促进脱氧除气，提高铸件密度。锌能大量溶入 α 固溶体中，改善合金的力学性能。含锌加工锡青铜均具有单相 α 固溶体组织（如 QSn4-3）；锡锌青铜中 w(Zn)= 2%~4%时，具有良好的力学性能和抗蚀性能，用于制造弹簧、膜片等弹性元件、化工器械、耐磨零件和抗磁零件等。铅不固溶于青铜，以纯组元状态存在，呈黑色夹杂物分布在枝晶之间，可改善切削和耐磨性。铅含量低时［如 w(Pb)= 1%~2%］主要改善切削性，铅含量高时［w(Pb)= 4%~5%］用作轴承材料，降低摩擦系数。所以锡铅青铜用以制造耐蚀、耐磨、易切削零件或轴套、轴承内衬等零件。微量 Zr、B、Ti 可细化晶粒，改善锡青铜的力学性能和冷热加工性能。As、Sb、Bi 降低锡青铜的塑性，对冷热加工性能有害。

简单铝青铜和复杂铝青铜。只含铝的为简单铝青铜，除铝外另含铁、镍、锰等其他元素的多元合金为复杂铝青铜。Cu-Al 相图如图 11-5 所示，w(Al)<7%的合金在所有温度下均具有单相 α 固溶体组织。α 相塑性好，易加工。实际生产条件下，w(Al)= 7%~8%的合金组织中便有 α+γ_2 共析体。γ_2 是硬脆相（520HV），它使硬度、强度升高，塑性下降。w(Al)= 9.4%~15.6% 的合金缓慢冷却到 565℃ 时，发生 β→α+γ_2 转变，形成共析体组织。(α+γ_2) 共析体组织与退火钢中的珠光体相似，具有明显的片层状特征。β 单相区快速淬火时，共析转变受阻，此时的相

变过程：无序 β→有序 β_1→$\beta_{1'}$或 $\gamma_{1'}$，此时形成的马氏体 $\beta_{1'}$（或 $\gamma_{1'}$）因 Al 的浓度而异。Cu-Al 系的马氏体是热弹性马氏体，具有形状记忆效应。但在 Al 浓度高的 Cu-Al 二元系合金中，即使快速淬火也不能阻止 γ_2 相的析出，不出现热弹性马氏体相变，所以添加 Ni 来抑制 Cu 或 Al 的扩散，使 β 相稳定，以便通过淬火获得热弹性马氏体。

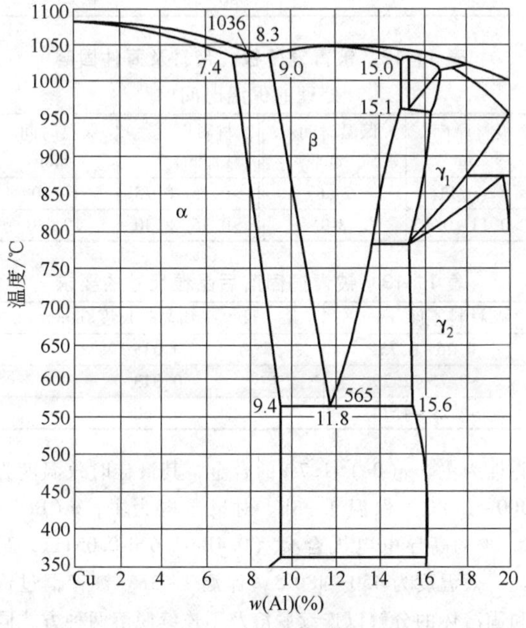

图 11-5　Cu-Al 相图

二元铝青铜的强度和塑性随铝含量的增加而升高，塑性在 w(Al)≈4%时达最大值，其后下降，而强度在 w(Al)≈10%时达最大值。工业铝青铜 w(Al)=5%~11%。铝青铜具有力学性能高、耐蚀、耐磨、冲击时不产生火花等优点。α 单相合金塑性好，能进行冷热压力加工。α+β 合金能承受热压力加工，但主要用挤压法获得制品，不能进行冷变形。铝青铜结晶温度间隔仅 10~80℃，流动性很好，几乎不生成分散缩孔，易得致密铸件，成分偏析也不严重，但易生成集中缩孔，易形成粗大柱状晶，使压力加工变得困难。为防止铝青铜晶粒粗大，除严格控制铝含量外，还用复合变质剂（如 Ti+V+B 等）细化晶粒。加入钛和锰能有效改善其冷、热变形性能。在铝青铜中锰元素能显著降低铝青铜 β 相的共析转变温度和速度，稳定 β 相，推迟 β→(α+γ_2)，避免“自发回火”脆性。溶解于铝青铜中的锰，可提高合金的力学性能和耐蚀性。w(Mn)=0.3%~0.5%能减少热轧开裂，提高成品率。改善合金的冷、热变形能力。少量铁能溶于锡青铜 α 固溶体中，显著提高力学性能，含量高时以 Fe3Al 析出，使合金力学性能变坏，耐蚀性恶化，铝青铜中 w(Fe)≤5%。Fe 能使铝青铜晶粒细化，阻碍再结晶进行，w(Fe)=0.5%~1%就能使单相或两相铝青铜的晶粒变细。Fe 能使铝青铜中的原子扩散速度减慢，增加 β 相的稳定性，抑制引起合金变脆的 β→(α+γ_2) 自行回火现象，显著减少合金的脆性。镍能显著提高铝青铜的强度、硬度、热稳定性、耐蚀性和再结晶温度。加入镍的铝青铜可热处理强化，Cu-14Al-4Ni 为具有形状记忆效应的合金。铝青铜中同时添加镍和铁，能获得更佳的性能。w(Al)=8%~12%、w(Ni)=4%~6%、w(Fe)=4%~6%的 Cu-Al-Ni-Fe 四元合金，其组织中会出现 K 相，当 w(Ni)>w(Fe) 时，K 相呈层状析出，而当 w(Ni)<w(Fe) 时，K 相呈块状，仅当 w(Ni)≈w(Fe) 时，K 相呈均匀分散的细粒状，有利于得到很好的力学性能。所以工业铝青铜中铁、镍含量相等。QAl10-4-4 在 500℃的抗拉强度比锡青铜在室温的强度还高。改变时效温度可以调整其强度与塑性的配合。含镍和铁的铝青铜作为高强度合金在航空工业中广泛用来制造阀座和导向套筒，也在其他机器制造部门中用来制造齿轮和其他重要用途的零件。

w(Al)>9%的铝青铜通过淬火与回火得到强化，原理与钢的强化相似，高温加热时出现 β 相，淬火后 β 相转变成亚稳组织 β′马氏体，将其加热回火时会分解成细小的（α+γ_2）共析组织，使强度硬度提高，铝青铜的淬火与回火工艺见表 11-10。

表 11-10　铝青铜的淬火与回火工艺

合金代号	淬火			回火			硬度 HBW
	温度/℃	时间/h	冷却	温度/℃	时间/h	冷却	
QAl9-2	790~810	1~2	水	390~410	1.5~2	空气	200~250
QAl9-4	840~860	1~2	水	340~360	1.5~2	空气	160~220
QAl10-3-1.5	830~840	1~2	水	300~350	1.5~2	空气	207~289
QAl10-4-4	910~930	1~2	水	640~660	1.5~2	空气	250~300

铍青铜是指 w(Be)=1.5%~2.5%的铜合金，铍在铜中的最大溶解度为 2.7%，随温度下降而显著减少，且又有明显的沉淀硬化效果，能获得良好的综合力学性能。淬火时效强度高，抗拉强度 R_m = 达

1250～1500MPa，硬度达 350～400HBW。弹性极限高（700～780MPa），弹性稳定性好，弹性滞后小，耐蚀、耐磨、耐寒、耐疲劳，无磁性，冲击不产生火花，导电、导热性能好，所以，铍青铜的综合性能优良。铍青铜用作高级弹性元件（如弹簧、膜片、手表的游丝），特殊要求的耐磨元件，高速、高压下工作的轴承、衬套、齿轮等。Cu-Be 相图如图 11-6 所示，α 相是以铜为基的置换固溶体，面心立方晶格，有良好的塑性，可冷热变形。铍原子半径（111.3pm）比铜原子（127.8pm）小，造成严重晶格歪扭。α 相有明显溶解度变化，866℃时 2.7%，605℃时 1.55%，室温时 0.16%。有强烈的时效强化效应。γ_1 是以电子化合物 Cu2Be 为基的无序固溶体，体心立方结构，高温塑性好，淬火过冷到室温，柔软，可冷变形。γ_1 相在缓冷时发生共析分解。γ_2 是电子化合物 CuBe 为基的有序固溶体，低温稳定相，室温硬而脆。

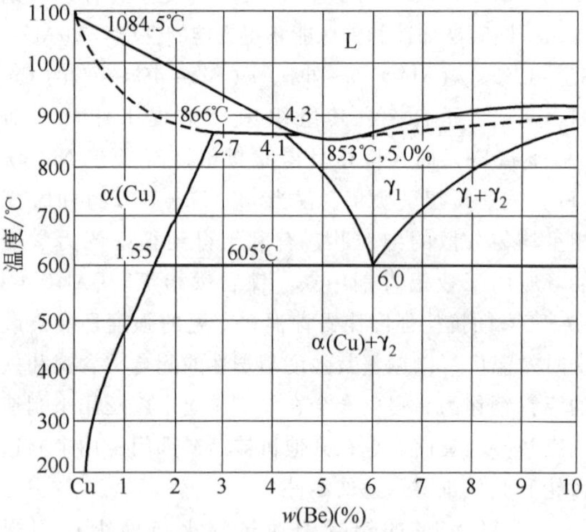

图 11-6　Cu-Be 相图

铍青铜的固溶与时效工艺见表 11-11，对一般棒材、条材和横截面厚度较大的零件，加热保温时间按每 25.4mm/h 计算，对薄件保温时间见表 11-12。严格控制固溶温度，既要保证合金元素的溶解，又不能使晶粒急剧长大，铍青铜固溶处理后晶粒尺寸的要求见表 11-13。固溶加热后，应立即淬入低于 25℃的水中，转移时间不得超过 3～5s。

在 760～790℃固溶处理，保温时间为 8～15min。为防止固溶体冷却时分解，常用水淬。淬火后冷变形 30%～40%再进行时效，铍青铜淬火状态具有极好的塑性，可冷加工成管材、棒材和带材等，时效在还原性气氛中进行。影响性能的因素是时效温度和时效时间，最佳时效温度与铍青铜的铍含量有关。对要求以

表 11-11　铍青铜固溶与时效工艺

合金代号	固溶温度/℃	时效工艺	
		温度/℃	时间/h
QBe2	780～800	(320～350)±5 (350～380)±3	1～3 0.25～1.5
QBe1.9	780～800	(315～340)±5 (350～380)±3	1～3 0.25～1.5
QBe1.7	780～790	(300～320)±5 (350～380)±3	1～3 0.25～1.5

表 11-12　铍青铜薄板、带材及薄件固溶处理的保温时间

板材厚度/mm	保温时间/min	材料厚度/mm	保温时间/min
≤0.11	2～6	>0.25～0.75	6～10
>0.11～0.25	3-9	>0.75～2.30	10～30

表 11-13　铍青铜固溶后晶粒尺寸的要求

材料厚度/mm	最大平均晶粒尺度/mm
0.25～0.75	0.035
>0.75～2.29	0.043
>2.29～4.78	0.060

弹性为主、$w(Be)>1.7\%$的合金，其最佳时效温度为 300～330℃，保温 1～3h。对以导电为主，$w(Be)<0.5\%$的高导电电极合金（0.4Be-1.6Ni-0.05Ti），最佳时效温度为 450～480℃，保温 1～3h。铍青铜过饱和固溶体的分解以连续脱溶及不连续脱溶两种方式同时进行。连续脱溶是 α 过饱和固溶体的主要分解方式，其脱溶过程：过饱和固溶体→ γ''→ γ'→ γ_2。

γ''为原子有序排列的过渡相，是过渡晶体结构的片状沉淀物。γ''密度高，与母相的比容差别大，其周围形成很大的应力场，对位错滑移造成阻力。随着时效时间的增加，γ''尺寸增大，与母相之间的共格应力场增大，最后转变为与母相半共格的中间过渡相 γ'。铍青铜的最高力学性能是在 γ''将开始向中间相 γ'转变的阶段获得的。不连续脱溶开始于晶界，然后长入相邻晶体中，形成片层状结构，此种现象又称“晶界反应”。不连续脱溶的产物为中间过渡相 γ'，当不连续脱溶胞自晶界向晶内长大时，晶内才开始按正常（连续脱溶）方式脱溶。因此，当晶内由于脱溶而强化时，晶界部分早已过时效，造成组织和性能的不均匀，使合金的抗蚀性能和力学性能降低。当时效温度低于 380℃时，铍青铜以连续脱溶为主，不连续脱溶只在晶界周围相当小的区域内发生。在 380℃以上时效时，则不连续脱溶占优势。因此，铍青铜的时效温度一般为 310～330℃。此外，铍青铜时效时，伴随第二相的析出，其体积收缩约 0.2%左右，因此，铍青

铜制品应留足够的加工余量。

为了减缓时效过程，抑制晶界反应，铍青铜要加入其他合金元素。微量元素 Co、Ni、Fe 和 Ti 能缓和过饱和固溶体的分解，抑制铍青铜的晶界反应和过时效软化。Co 和 Ni 的作用最明显，并且淬火温度越高效果越大，但 Co 的价格比 Ni 贵，所以国产铍青铜均加 Ni 不加 Co。镍有稳定 α 固溶体和抑制 α 相在淬火过程中发生分解的作用。Ni 还能抑制铍青铜的再结晶过程，阻止加热时晶粒长大。Ni 能抑制时效中的晶界反应，因为 Ni 吸附于晶界，减少 Be 在晶界的过饱和度，但 Ni 降低 Be 在铜中的溶解度，缩小 α 区，常使铍青铜出现一定数量的硬脆 γ_2 相，对合金的疲劳强度、弹性滞后和弹性稳定性都产生不良影响。为此，要严格控制 Ni 含量，使合金不出现或少出现 γ_2 相。Ni 的合适加入量为 0.2%～0.4%（质量分数）。微量 Fe 的作用与 Co、Ni 相似，并有细化晶粒的作用，但加入量不能超过 0.15%（质量分数），否则会出现新的含 Fe 相，降低耐蚀性和时效硬化效果。微量 Ti（质量分数为 0.1%～0.25%）对过饱和固溶体分解的抑制作用比 Fe、Ni、Co 还强，能细化晶粒和降低晶界上铍的浓度，减弱晶界反应，同时使合金中的硬脆 γ_2 相减至极少，从而使疲劳强度提高，时效后有好的弹性稳定性和小的弹性滞后。磷促进铍青铜的晶界反应，加速固溶体分解，使铍青铜加热时晶粒长大，影响合金性能，因此，在生产铍青铜时，用磷脱氧被认为是无益的。铅能使铍青铜的晶界反应迅速发展，加速合金软化，损害热加工性能，但少量铅可改善铍青铜的切削性。

11.1.6　白铜的热处理

白铜耐蚀性、耐热性、耐寒性好，强度中等，塑性高，能冷、热压加工，还有很好的电学性能，用作结构材料外、高电阻和热电偶合金。按用途分为结构白铜和电工白铜。结构白铜具有很好的耐蚀性，优良的力学性能和压力加工性能，焊接性好，用于造船、电力、化工及石油等部门中制造冷凝管、蒸发器、热交换器和各种高强耐蚀件等。

普通白铜即 Cu-Ni 二元合金。铜与镍形成无限固溶体，为单相固溶体。普通白铜在各种腐蚀介质中具有极高的化学稳定性，广泛应用于海船、医疗器械、化工设备等。普通白铜的冷热加工性能好，可生产各种尺寸的板、带、管、棒等半成品。冷凝管及热交换器原用黄铜及锡黄铜制造，易脱锌腐蚀，用铝黄铜腐蚀大为减轻，但高效机械及电站要求能在高温高压下工作的冷凝管及热交换器，此时需用更高强度及更高耐蚀性的 Cu-Ni 系合金。舰艇用冷凝管 Ni 含量多为 10%～30%（质量分数）。普通白铜中加入少量铁，称为铁白铜。铁能显著细化晶粒，提高强度和耐蚀性，尤其是提高海水冲击腐蚀时的耐蚀性。$w(\mathrm{Ni})$ = 10%的铜合金中加入 1%～2% Fe（质量分数），对提高耐流动海水的冲刷腐蚀有显著效果。$w(\mathrm{Ni})$ = 30%的合金中加入 0.5% Fe（质量分数），有相同作用。白铜中 Fe 的加入量不超过 2%（质量分数），否则反而引起腐蚀开裂。锌白铜亦称镍银或德国银。锌能大量溶于 Cu-Ni 合金，形成单相 α 固溶体。锌起固溶强化作用，提高强度及抗大气腐蚀能力。BZn15-20 耐蚀性高，银白色光泽和力学性能好，能承受热冷压力加工；用于精密仪器、电工器材、医疗器材、卫生工程用零件及艺术制品。铝能显著提高白铜的强度和耐蚀性，但使合金的冷加工性能变差。铝白铜的力学性能和导热性比 B30 还好，耐蚀性接近 B30，焊接性好，可代替 B30。

电工白铜中应用最广泛的电工白铜是康铜、锰铜和考铜。BMn3-12 锰白铜又称锰铜，其具有高的电阻和低的电阻温度系数，电阻值很稳定，与铜接触时的热电势不大，用来制作工作温度在 100℃以下的标准电阻、电桥、电位差计以及其他精密电气测量仪器仪表中的电阻元件。BMn40-1.5 锰白铜又称康铜，其热电动势高，电阻温度系数低，电阻稳定，耐蚀性、耐热性好，有高的力学性能并能很好地承受压力加工。康铜与 Cu、Fe、Ag 配对时有高的热电势，康铜与铜线接触的热电势为 3.9×10^{-5}V/℃，而锰铜只有 1.6×10^{-6}V/℃，铜与康铜配用于 -100～300℃温区测温，也用来制作滑动变阻器，以及工作温度在 500℃以下的加热器。BMn43-0.5 锰白铜又称考铜。电阻系数高，与铜、镍铬、铁配对时产生的热电势大，同时温度系数很小（实际上等于零）。广泛用在测温计中作补偿导线和热电偶的负极。考铜和镍铬合金配对组成的热电偶，测温范围可由 -253℃（液氢）到室温，灵敏度极高。

11.2　铝及铝合金的热处理

11.2.1　铝及铝合金简介

铝的原子序数为 13，原子量为 26.982，铝呈银白色，密度为 2.702g/cm³，属于面心立方结构，熔点为 660.37℃，沸点为 2467℃。铝在地壳中含量在 7%以上，在全部化学元素中含量占第三位（仅次于氧和硅），在全部金属元素中占第一位。铝于 1825 年由丹麦化学家奥斯德发现。1827 年德国化学家武勒重复了奥斯德的实验，并不断改进制取铝的方法。1854年德国化学家德维尔用钠代替钾还原氯化铝，制得铝件。铝热法：用铝从其他氧化物中置换金属，如

$$8Al+3Fe_3O_4=4Al_2O_3+9Fe+795kcal^{\ominus}$$

高温下铝也与非金属反应，亦溶于酸或碱中。但与水、硫化物、浓硫酸、任何浓度的醋酸，以及一切有机酸类均无作用。铝以化合态存在于各种岩石或矿石里，如长石、云母、高岭土、铝土矿、明矾。铝由其氧化物与冰晶石（Na_2AlF_6）共熔电解制得。纯铝大量用于电缆、日用器皿；其合金质轻而坚韧，是制造飞机、火箭、汽车的结构材料。

铝具有较高的耐大气腐蚀性，这是由于铝在大气中极易和氧作用生成一层牢固致密的氧化膜，可防止铝继续氧化；即使在熔融状态，仍然能维持氧化膜的保护作用。因此，铝在大气环境中是抗蚀的。Al_2O_3膜具有酸、碱两重性，因此，纯铝除在氧化性的浓硝酸（体积分数80%~98%）中有极高的稳定性外（优于Ni-Cr系不锈钢），在硫酸、盐酸、碱、盐和海水中均不稳定。铝还具有良好的低温性能，无低温脆性，在摄氏零度以下随着温度的降低，其强度和塑性提高。其导电性仅次于银、铜、金，优异的导热性可用于制作热交换器。铝的无磁性使其在冲击时不容易产生火花，可用于制作如仪表材料、电气设备的屏蔽材料，易燃、易爆物的生产器材等。铝还具有较低的强度（80~130MPa）和较高的塑性（延展率30%~50%），能被加工成铝箔。

然而纯铝中含有较多杂质，例如Fe、Si、Cu、Zn、Mn、Ni、Ti等，这些元素的含量以及相对比例（铁硅比）对纯铝的性能有较大的影响。共晶温度时的极限溶解度为铁0.052%、硅1.65%，并随温度下降而急剧减小。铝中存在很少的铁或硅时就出现$FeAl_3$或β(Si)，它们性质硬脆，使纯铝塑性变差，尤其针状的$FeAl_3$影响更甚。如图11-7所示，Fe、Si共存时，出现$FeAl_3$和β(Si)相、α(Fe_3SiAl_{12})及β($Fe_2Si_2Al_9$)。$w(Fe)>w(Si)$时，为富Fe化合物α(Fe_3SiAl_{12})；$w(Si)>w(Fe)$时，为富Si化合物p(Fe_2Si_2)、骨骼状α(Fe_3SiAl_{12})、枝条状α(Fe_3SiAl_{12})、粗针状β($Fe_2Si_2Al_9$)。这些相又硬又脆，使铝的塑性急剧下降，后者尤为严重。硅含量控制要求更严格，铁硅质量比Fe∶Si≥2~3。铝中铁硅比不当时，会引起纯铝铸锭产生裂纹。$w(Fe+Si)<0.65\%$时，$w(Fe)>w(Si)$以减少铸键开裂倾向。$w(Fe+Si)>0.65\%$时，共晶数量增加，热裂纹易被共晶液体充填而愈合。所以铁硅比的影响减小。$FeAl_3$、α、β相的电位比铝高，破坏了纯铝表面氧化膜的连续性，因而降低了纯铝的耐蚀性，同时也降低了纯铝的导电性。

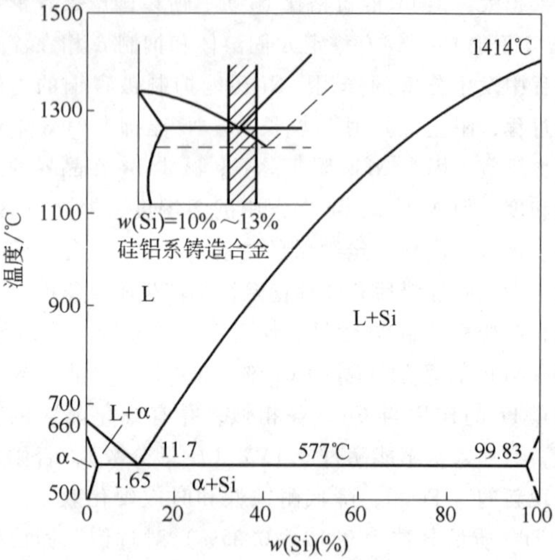

图11-7　Al-Si相图

11.2.2　变形铝合金退火

退火处理是以获得成分均匀、组织稳定的金相成分或以优良的工艺性能为目的的一种热处理工艺。根据目的和要求不同，退火可以分为均匀化退火、再结晶退火、中间退火和成品退火。

（1）均匀化退火　均匀化退火主要是在铝合金冶炼厂进行。如果均匀化退火冷却速度过快，可能产生淬火效应。为防止淬火效应的形成，退火后应随炉冷却，或出炉后堆放在一起空冷。

（2）再结晶退火　采用再结晶退火可消除各种塑性变形而造成的晶体缺陷和加工硬化，提高产品塑性和韧性。金属再结晶过程是一个形核和核长大的过程。

（3）中间退火　在冷变形加工过程中，当变形量较大时，一次冷变形往往难以达到要求的尺寸和形状，需要通过退火来消除加工硬化，恢复塑性，以利于继续加工变形。

（4）成品退火　根据合金特性和使用要求，成品退火可分为不完全退火（低温退火）和完全退火（高温退火）两类。完全退火是将经冷塑性变形引起冷作硬化的或已产生部分淬火硬化的合金，加热至相变点以上的温度并保温，使合金变成单相固溶体，然

$\ominus$　1cal=4.187J。

后缓慢冷却（一般为随炉冷却），以保证固溶体分解和第二相质点聚集的扩散过程得以进行。不完全退火是将合金加热至相变临界点以下某一适当温度保温，然后较快地冷却（一般为空冷），消除部分冷作硬化效应，以便随后进行变形量较小的成形工序，或在提高塑性的同时还要保留部分冷变形获得的强化效果（半冷作硬化）。

金属冷变形所消耗的变形功除大部分以热的形式放散外，小部分以储能的形式留在金属内部。储能的形式是晶格畸变和各种晶格缺陷，如点缺陷、位错、亚晶界、堆垛层错等。冷变形储能可以表示为冷变形后金属的自由能增量，它是冷变形金属发生组织变化的驱动力。

将塑性变形后的金属材料加热到 $0.5T_{溶}$ 温度附近，进行保温，随时间的延长，金属的组织将发生一系列的变化，这种变化可以分为三个阶段。在第一个阶段，从显微组织上几乎看不出任何变化，晶粒仍保持伸长的纤维状，称为回复阶段；在第二个阶段，在变形的晶粒内部开始出现新的小晶粒，随着时间的延长，新晶粒不断出现并长大，这个过程一直进行到塑性变形后的纤维状晶粒完全改组为新的等轴晶粒为止，称为再结晶阶段；在第三个阶段，新的晶粒逐步相互吞并而长大，直到晶粒长大到一个较为稳定的尺寸，称为晶粒长大阶段。若将保温时间确定不变，而使加热温度由低逐步升高，也可以得到相似的三个阶段。我们将第一个阶段称为回复阶段，第二个阶段称为再结晶阶段，第三个阶段称为晶粒长大阶段。在回复阶段，硬度值略有下降，但数值变化很小，而塑性有所提高。强度一般是和硬度成正比例的一个性能指标，所以回复过程中强度的变化也应该与硬度的变化相似。在再结晶阶段，硬度与强度均显著下降，塑性大大提高。如前所述，金属与合金因塑性变形所引起的硬度和强度的增加与位错密度的增加有关，由此可以推知，在回复阶段，位错密度的减少有限，只有在再结晶阶段，位错密度才会显著下降。

11.2.3　变形铝合金的固溶处理与时效

铝合金加热到 α 相区，经保温使第二相溶入 α 固溶体，然后水冷，得到过饱和的 α 固溶体，这一过程为铝合金的固溶处理。随后将经过固溶处理的合金常温放置（自然时效）或在较高温度保温（人工时效），第二相从过饱和固溶体中缓慢析出，使铝合金的强度硬度明显提高。这种固溶处理后的铝合金随时间延长而发生硬化的现象称为时效强化。

铝合金淬火后，强度和硬度并不高，但塑性很好。冷却后室温放置一段时间，铝合金强度和硬度会明显提高，同时塑性明显下降。铝合金的这种淬火后力学性能随着时间延长而显著提高的现象称为时效硬化现象，这一过程称为时效。铝没有同素异构转变，在近铝端处亦没有共析转变，只有固态溶解度随温度变化的曲线。将铝合金固溶处理时，高温下的过饱和 α 固溶体被原封不动地保留到室温。但是这种过饱和固溶体在室温下处于不平衡状态，有脱溶分解和析出强化相而趋于稳定的倾向。随着时间的延长，强化相逐渐脱溶而使合金强度硬度提高，即所谓时效硬化。时效有自然时效和人工时效两种方式。时效温度对时效速度有很大影响，时效温度高，时效速度快，但温度越高，时效所获得的最高强度却越低。当时效温度超过 150℃，强化达到最大值后，继续时效则效果下降，合金开始软化。温度越高，开始软化的时间越早，软化速度也越快。当时效温度降至室温以下时，时效的速度十分缓慢。在 -50℃ 时，淬火后的固溶体即使经过长时间的时效，其性能也不会发生明显变化。根据这一现象，可以通过降低温度来抑制时效。

在各种可时效硬化的合金中，硬铝合金一般进行自然时效，时间一般不少于 4 天。锻铝合金一般进行人工时效，时效温度为 150~180℃，时间为 6~10h。超硬铝通常采用人工时效，时效温度为 120~140℃，时间为 16~24h。淬火后须进行人工时效的工件应及时进行时效，间隔不超过 4h。经过时效的铝合金，在切削过程中还会产生应力，对精度要求高的工件，还需进行去应力退火。人工时效后的铝合金去应力退火温度，应比淬火后的时效温度低 20~40℃，时间为 2~4h。对自然时效后的硬铝，去应力退火温度应为 80~100℃，时间为 2h。在时效处理前进行固溶处理时，加热温度必须严格控制，以便使溶质原子能最大限度地固溶到固溶体中，同时又不致使合金发生熔化。许多铝合金固溶处理加热温度容许的偏差只有 5℃ 左右。进行人工时效处理，必须严格控制加热温度和保温时间，才能得到比较理想的强化效果。生产中有时采用分段时效，即先在室温或比室温稍高的温度下保温一段时间，然后在更高的温度下再保温一段时间，有时会得到较好的效果。

硬铝有强烈的时效强化作用，经过时效强化处理后具有很高的硬度和强度，具有优良的加工工艺性能，可以加工成板、棒、管、线材、型材及锻件等半成品，广泛应用在航空、汽车和机械中。超硬铝合金是目前室温强度最高的一类铝合金，其强度达 500~700MPa，超过高强度的硬铝 2A12（LY12）合金（400~430MPa），可用于航空飞机大梁、起落架等承受重载的零部件。锻铝合金具有优良的锻造工艺性能，主要用于制作外形复杂的锻件。

表11-14列出了变形铝合金热处理工艺及硬度。表11-15列出了铝合金固溶处理的加热保温时间。表11-16列出了变形铝合金固溶时效温度。

表11-14　变形铝合金热处理工艺及硬度

合金	固溶温度/℃	过烧温度/℃	淬火冷却介质温度/℃	时效温度/℃	时效时间/h	硬度 HBW
2A01(LY1)	495~505	—	室温水	自然时效	>96	≥70
2A02(LY2)	495~505	512	室温水	165~175	16	100
2A04(LY4)	503~507	518	室温水	自然时效	120~240	115
2A06(LY6)	503~507	518	室温水	自然时效	120~240	≥120
				125~135	12~14	
2B11(LY8)	499~505	—	室温水	自然时效	>96	≥105
2B12(LY9)	485~495	502	室温水	自然时效	>96	110~120
				185~195	6~12	
2A10(LY10)	520~530	—	室温水	自然时效	>96	≥90
				70~80	24	
2A11(LY11)	499~505	525	室温水	自然时效	>96	≥105
2A12(LY12)	485~495	505	室温水	自然时效	>96	120~135
				185~195	6~12	140~160
2A16(LY16)	530~540	545	室温水	165~190	18~36	≥100
2A17(LY17)	530~540	545	室温水	180~195	12~16	≥95
6A02(LD2)	520~530	570	室温水	自然时效	>240	≥95
				155~165	8~15	
6070(LD2-2)	546~552	565	<40℃水	160	8	>120
2A50(LD5)	515~525	545	室温水	150~160	6~12	105~125
2B50(LD6)	515~525	545	室温水	150~160	6~12	105~125
2B70(LD7-1)	520~535	545	室温水	185~195	20	≥115
2A80(LD8)	520~535	545	室温水	185~195	20	≥115
2A90(LD9)	505~520	—	室温水	230~240	5~7	95~120
			65~100℃水	165~170	5~7	
2A14(LD10)	499~505	515	室温水	160~170	18	120~140
				165~175(锻件)	10	
4A11(LD11)	504~516	540	小件室温 大件65~100℃水	168~174	6~12	≥120
6061(LD30)	525~530	—	室温水	170~175	6~8	95~120
6063(LD31)	515~525	—	室温水	160~200	10	≥80
6082	530	—	室温水	170	3~4	115~120
7A03(LC3)	467~473	—	室温水	双级:95~105/160~170	3/3	≥150
7A04(LC4)	465~475	525	室温水	双级:120/160	3/3	140~170
7A09(LC9)	450~470	525	室温水	双级:100~110/170~180	6~8/8~10	125~150
7A10(LC10)	467~473	525	室温水	双级:100~110/170~180	6~8/8~10	≥130
7A52(LC52)	460	—	室温水	120	24	≥120

注：室温约20℃。

表 11-15 铝合金固溶处理的加热保温时间

金属厚度/mm	保温时间/min					
	盐槽	空气炉	适用于包铝的铝合金		适用于锻件	
			盐槽	空气炉	盐槽	空气炉
1.2	5	10~20	5	12~12	—	—
1.2~2.0	10	15~30	7	15~20	—	—
2.0~3.0	12	17~40	10	20~25	10	15~30
3.0~5.0	15	20~45	15	30~35	15	20~45
5.0~10.0	20	30~60	20	35~40	25	30~50
10.0~20.0	25	35~75	—	—	35	35~55
20.0~30.0	30	45~90	—	—	40	40~60
30.0~50.0	40	60~120	—	—	50	60~150
50.0~75.0	50	100~150	—	—	60	150~210
75.0~100.0	70	120~180	—	—	90~180	180~240
100.0~150.0	80	150~210	—	—	120~240	210~360

表 11-16 变形铝合金固溶时效温度

牌号	固溶				时效			硬度 HBW
	加热温度/℃	保温时间/min	冷却	过烧温度/℃	加热温度/℃	保温时间/h	冷却	
LD2:6A02	510~530	有效厚度≤30mm/75	水冷	565	155~165	8~15	空冷	≥85
LD5:2A50	515~525	30~50mm/100	水冷	545	150~160	8~15	空冷	≥95
LD6:2B50	515~525	51~100mm/120~150	水冷	550	150~160	6~12	空冷	≥95
LD7:2A70	2618AT851 厚板的最佳生产工艺参数，即固溶温度 530℃，预拉伸永久变形量：1.5%~3%，人工时效温度 190℃，时效时间 20h							
LD10:2A14	499~505	101~150mm/180~210	水冷	515	165~175	10	空冷	≥110
LD30:6061	525~530		水冷	555	170~180	8	空冷	≥95
LD31:6063	515~525		水冷	565	160~200	1~10	空冷	≥73
LY2:2A02	495~505		水冷	510	165~175	16	空冷	≥100
LY10:2A10	520~530		水冷	540	室温	≥96	—	≥90
LY12:2A12	485~498		水冷	505	室温	≥96	—	≥100
LY16:2A16	530~540		水冷	545	165~190	18~36	空冷	≥150
LC3:7A03	465~475		15s 内水冷	>500	4h 内 95~105×3h+160~170×3h		空冷	≥150
LC4:7A04	465~475		15s 内水冷	>500	4h 内 115~125℃×3h+155~165℃×3h		空冷	≥150
LC10:7A10	467~473		水冷	480	135~140×16h		空冷	≥130
7A19(LC19)	465	≥30	水冷		125℃时效 24h(或者采用双级时效：100℃时效 6h,150℃时效 4h),抗拉强度可达 450MPa			≥130

11.2.4 其他热处理

铝及铝合金的热处理可分为如图 11-8 所示的四种情况：退火、固溶淬火、时效和回归。其中退火是指产品加热到一定温度并保温到一定时间后以一定的冷却速度冷却到室温。通过原子扩散、迁移，使之组织更加均匀、稳定，消除内应力，可大大提高材料的塑性，但强度会降低；均匀化退火是指在高温下长期保温，然后以一定速度冷却，使铸锭化学成分、组织与性能均匀化，可提高材料塑性 20%左右，降低挤压力 20%左右，提高挤压速度 15%左右，同时使材料表面处理质量提高；中间退火又称局部退火或工序间退火，是为了提高材料的塑性，消除材料内部加工应力，在较低的温度下保温较短的时间，以利于继续加工或获得某种性能的组合；成品退火又称完全退火，是在较高温度下保温一定时间，以获得完全再结晶状态下的软化组织，具有最好的塑性和较低的强度；快速相变退火方法利用再结晶退火中相变的细化效果，改善了钢的韧性和强度。相比传统冷轧带材的工业退火，以这种方式能够实现真正的晶粒细化。总之，韧性和强度关系保持与传统的相似。对于所有研究的钢种来说，都满足霍尔-佩奇关系。而且，已经证明，只要采用感应加热设备便可实现半工业规模的快速相变退火循环。

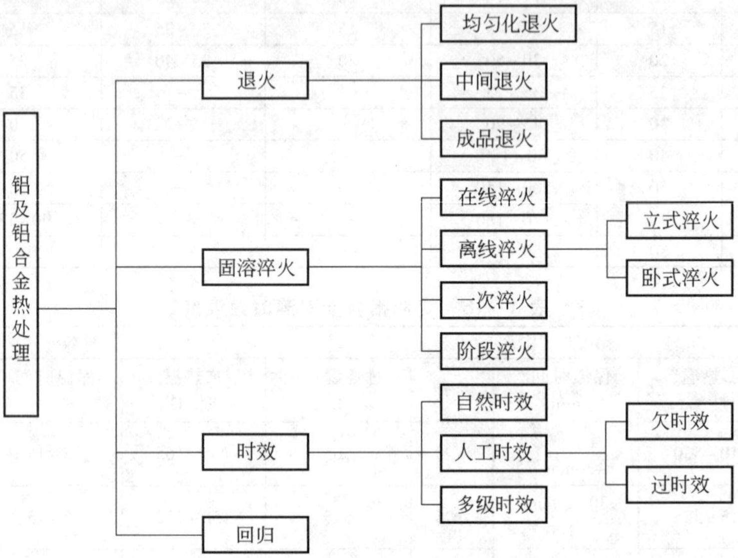

图 11-8 铝及铝合金热处理分类

将可热处理强化的铝合金材料加热到较高的温度并保持一定的时间，使材料中的第二相或其他可溶成分充分溶解到铝基体中，形成过饱和固溶体，然后以快冷的方法将这种过饱和固溶体保持到室温，此时它是一种不稳定的状态，因处于高能位状态，溶质原子随时有析出的可能，但材料塑性较高，可进行冷加工或矫直工序。

在线淬火是指，对于一些淬火敏感性不高的合金材料，可利用挤压时的高温进行固溶，然后用空冷或用水雾冷却进行淬火以获得一定的组织和性能。离线淬火是指，对于一些淬火敏感性高的合金材料，必须在专门的热处理炉中重新加热到较高的温度并保温一定时间，然后以不长于 5s 的转移时间淬入水中或油中，以获得一定的组织和性能，根据设备不同，可分为盐浴淬火、水淬、空气淬火、立式淬火、卧式淬火。

时效是指经过固溶淬火的材料，在室温或较高温度下保持一段时间，不稳定的过饱和固溶体会分解，第二相粒子会从过饱和固溶体中析出（或沉淀），分布在 α 铝晶粒周边，从而产生强化作用，称为析出（沉淀）强化。有的合金（如 2024 等）可在室温下产生析出强化作用，称为自然时效。有些合金（如 7075 等）在室温下析出了强化不明显，而在较高温度下的析出强化效果明显，称为人工时效。为了获得某种性能，控制在较低的时效温度和保持较短的时效时间，这种方式称为欠时效。为了获得某些特殊性能和较好的综合性能，在较高的温度下或保温较长的时间状态下进行的时效称为过时效。多级时效是指为了获得某些特殊性能和良好的综合性能，将时效过程分为几个阶段进行。为了提高塑性，便于冷弯成形或矫正形位公差，将已淬火时效的产品，在高温下加温较短的时间即可恢复到新淬火状态，称为回归处理。

11.2.5 变形铝合金加工及热处理状态标记

变形铝及铝合金的基础状态代号用一个英文大写字母表示，见表 11-17 和表 11-18。细分状态代号采用基础状态代号后跟一位或多位阿拉伯数字表示，见表 11-19 和表 11-20。常见板带产品状态代号举例见表 11-21。有两点需注意：①经冷加工处理原则上也可用矫直替代；②对不需加工强化的，不影响力学性能极限的矫直（平）。

表 11-17　变形铝及铝合金的基础状态代号

代号	名称	说明与应用
F	自由加工状态	适用于在成形过程中,对加工硬化和热处理条件无特殊要求的产品,对该状态产品的力学性能不做规定
O	退火状态	适用于经完全退火获得最低强度的加工产品
H	加工硬化状态	适用于通过加工硬化提高强度的产品,产品在加工硬化后可经过(也可不经过)使强度有所降低的附加热处理。H 代号后面必须跟有两位或三位阿拉伯数字
W	固溶处理状态	一种不稳定状态,仅适用于经固溶处理后室温下自然时效的合金,该状态代号仅表示产品处于自然时效阶段
T	热处理状态(不同于 F、O、H)	适用于热处理后,经过(或不经过)加工硬化达到稳定状态的产品。T 代号后面必须跟有一位或多位阿拉伯数字

表 11-18　变形铝及铝合金的状态说明

代号	状　态	说　明
T1	高温成形+自然时效	适用于高温成形后冷却、自然时效,不再进行冷加工(或影响力学性能极限的矫平、矫直)的产品
T2	高温成形+冷加工+自然时效	适用于高温成形后冷却,进行冷加工(或影响力学性能极限的矫平、矫直)以提高强度,然后自然时效的产品
T3	固溶处理+冷加工+自然时效	适用于固溶处理后,进行冷加工(或影响力学性能极限的矫平、矫直),然后自然时效的产品
T4	固溶处理+自然时效	适用于固溶处理后,不再进行冷加工(或影响力学性能极限的矫直、矫平),然后自然时效的产品
T5	高温成形+人工时效	适用于高温成形后冷却,不经冷加工(或影响力学性能极限的矫直,矫平),然后进行人工时效的产品
T6	固溶处理+人工时效	适用于固溶处理后,不再进行冷加工(或影响力学性能极限的矫直、矫平),然后人工时效的产品
T7	固溶处理+过时效	适用于固溶处理后,进行过时效至稳定化状态。为获取除力学性能外的其他某些重要特性,在人工时效时,强度在时效曲线上越过了最高峰点的产品
T8	固溶处理+冷加工+人工时效	适用于固溶处理后,经冷加工(或影响力学性能极限的矫直、矫平)以提高强度,然后人工时效的产品
T9	固溶处理+人工时效+冷加工	适用于固溶处理后,人工时效,然后进行冷加工(或影响力学性能极限的矫直、矫平)以提高强度的产品
T10	高温成形+冷加工+人工时效	适用于高温成形后冷却,经冷加工(或影响力学性能极限的矫直、矫平)以提高强度,然后进行人工时效的产品

表 11-19　细分状态代号 T_ _ 状态

状态代号	说明与应用
T42	O 或 F 状态+固溶处理+自然时效(稳定)产品
T62	O 或 F 状态+固溶处理+人工时效产品
T73	固溶处理后,经完全过时效以达到最好的抗应力腐蚀和抗剥落腐蚀性能的产品
T74	固溶处理后经中级过时效,该状态的强度、抗应力腐蚀和抗剥落腐蚀性能大于 T73 状态,但小于 T76 状态
T76	固溶处理后经中级过时效,该状态的强度、抗应力腐蚀和抗剥落腐蚀性能较高
T7×2	O 或 F 状态+固溶处理+过时效,力学性能及抗腐蚀性能达到 T7×状态的产品
T81	固溶处理+1%左右的冷加工变形+人工时效的产品
T87	固溶处理+7%左右的冷加工变形+人工时效的产品

表 11-20 细分状态代号 T_ _ 5_ 状态拉伸消除应力状态

状态代号	说明与应用
T_51	适用于固溶处理或自高温成型过程后冷却，按规定量进行拉伸的厚板、薄板轧制或冷精整的棒材以及自由锻件、环形锻件或轧制环，这些产品拉伸后不再进行矫直 厚板永久变形量为 1.5%～3%，薄板永久变形量为 0.5%～3%，轧制或冷精整棒材的永久变形量为 1%～3%，自由锻件、环形锻件或轧制环的永久变形量为 1%～5%
T_510	适用于固溶处理或自高温成型过程后冷却，按规定量进行拉伸的挤制棒材、型材和管材以及拉伸（或拉拔）管材，这些产品拉伸后不再进行矫直 挤制棒材、型材和管材的永久变形量为 1%～3%，拉伸（或拉拔）管材的永久变形量为 1.5%～3%
T_511	适用于固溶处理或自高温成型过程后冷却，按规定量进行拉伸的挤制棒材、型材和管材以及拉伸（或拉拔）管材，这些产品拉伸后可轻微矫直以符合标准公差 挤制棒材、型材和管材的永久变形量为 1%～3%，拉伸（或拉拔）管材的永久变形量为 0.5%～3%
T_52	适用于固溶处理或自高温成型过程后冷却，通过压缩来消除应力，以产生 1%～5%的永久变形量的产品
T_54	通过拉伸与压缩相结合来消除应力，适用于在终锻模内通过冷整形来消除应力的模锻件

表 11-21 常见板带产品状态代号举例

H14	应变-硬化-1/2 硬
H16	应变-硬化-3/4 硬
H18	应变-硬化-4/4 硬
H19	应变-硬化-超硬
H××4	适于与 H××状态-加工得来的压花板和装饰板或带材
H111	在后续操作（如拉直或矫直）的过程中退火和轻微应变-硬化（少于 H11）
H112	在高温小冷加工后或受限的冷加工（规定力学性能的范围）后进行轻微应变-硬化
H116	适于 w(Mg)≥4%的 Al-Mg 合金并规定力学性能范围和抗剥离腐蚀性能
H22	应变-硬化和局部退火-1/4 硬
H24	应变-硬化和局部退火-1/2 硬
H26	应变-硬化和局部退火-3/4 硬
H28	应变-硬化和局部退火-4/4 硬（完全硬化）
H32	应变-硬化和稳定化处理-1/4 硬
H34	应变-硬化和稳定化处理-1/2 硬
H36	应变-硬化和稳定化处理-3/4 硬
H38	应变-硬化和稳定化处理-4/4 硬（完全硬化）
H42	应变-硬化和涂漆或涂染-1/4 硬
H44	应变-硬化和涂漆或涂染-1/2 硬
H46	应变-硬化和涂漆或涂染-3/4 硬
H48	应变-硬化和涂漆或涂染-4/4 硬（完全硬化）
W	固溶处理（不稳定状态），也可以规定自然时效时间（如 W2h）
W51	固溶处理（不稳定状态），通过拉伸来消除应力，（薄板：0.5%～3%永久变形，厚板：1.5%～3%永久变形），拉伸后产品再进行进一步矫直
T3	固溶处理，冷加工并自然时效
T31	固溶处理，约 1%冷加工并自然时效
T351	固溶处理，通过拉伸来消除应力（薄板：0.5%～3%永久变形，厚板：1.5%～3%永久变形），并进行自然时效，拉伸后产品不进行进一步矫直
T36	固溶处理，约 6%冷加工并自然时效
T37	固溶处理，约 7%冷加工并自然时效
T39	固溶处理，进行适当的冷加工以获得规定的力学性能，可在自然时效之前或之后进行冷加工
T4	固溶处理并自然时效
T42	固溶处理并自然时效，适于从 O 或 F 状态中进行热处理的试验材料或者适于从使用者的任一状态进行热处理的产品
T451	进行固溶处理，并通过拉伸来消除应力（薄板：0.5%～3%永久变形，厚板：1.5%～3%永久变形），并进行自然时效
T6	固溶处理，然后进行人工时效

（续）

T61	固溶处理，然后在欠时效状态下进行人工时效以改进可成形性
T6151	进行固溶处理，并通过拉伸来消除应力（薄板：0.5%~3%永久变形，厚板：1.5%~3%永久变形），再人工欠时效，拉伸后产品不再进行进一步矫直
T64	固溶处理，然后在欠时效状态下（在 T6 与 T61 之间）进行人工时效以改进可成形性
T651	进行固溶处理，并通过拉伸来消除应力（薄板：0.5%~3%永久变形，厚板：1.5%~3%永久变形），并进行人工时效，拉伸后产品不再进行进一步矫直
766	进行固溶处理然后进行人工时效，通过对工艺的特别控制来获得高于 T6 的力学性能（6000 系合金）
T7	固溶处理，然后进行过时效处理
T73	固溶处理，然后进行过时效以获得最佳的抗应力腐蚀性能
T732	固溶处理，并进行过时效以获得最佳的抗应力腐蚀性能，适于从 O 或 F 状态中进行热处理的试验材料，或适于使用者从任一状态中进行固溶处理
T7351	进行固溶处理，并通过拉伸来消除应力（薄板：0.5%~3%永久变形，厚板：1.5%~3%永久变形），然后进行过时效得最佳的抗应力腐蚀性能，拉伸后的产品不再进一步矫直
T74	固溶处理，然后进行过时效（在 T73 与 T6 之间）
T7451	进行固溶处理，通过拉伸来消除应力（薄板：0.5%~3%永久变形，厚板：1.5%~3%永久变形），然后进行过时效（在 T73 到 T76 之间），拉伸后产品不再进一步矫直
T76	固溶处理，过时效，以获得较好的抗剥落腐蚀性能
T761	固溶处理，过时效，以获得较好的抗剥落腐蚀性能（适于 T475 板和带材）
T762	固溶处理，过时效，以获得较好的抗剥落腐蚀性能，适于从 O 或 F 状态进行热处理的试验材料，或者适于使用者从任一状态进行热处理的产品
T7651	进行固溶处理，并通过控制拉伸来消除应力（薄板：0.5%~3%永久变形，厚板：1.5%~3%永久变形），然后进行过时效以获得较好的抗剥落腐蚀性能，拉伸产品不再进一步矫直
T79	固溶处理然后进行过时效（极有限的过时效）
T8	固溶处理，冷加工并进行人工时效
T81	固溶处理，约 1%冷加工并进行人工时效
T82	由使用者进行固溶处理，拉伸控制为最小的永久变形 2%，然后进行人工时效（8090 合金）
T841	固溶处理，冷加工，然后进行人工欠时效（适于 2091 合金和 8090 合金薄板和带材）
T84151	固溶处理，通过拉伸（1.5%~3%永久变形）来消除应力，然后进行人工欠时效（适于 2091 和 8090 合金板材）
T851	进行固溶处理，并通过控制拉伸来消除应力（薄板：0.5%~3%永久变形，厚板：1.5%~3%永久变形），然后进行人工时效，拉伸产品不再进一步矫直
T86	固溶处理，约 6%的冷加工，然后进行人工时效
T87	固溶处理，约 7%的冷加工，然后进行人工时效
T89	固溶处理，进行适当的冷加工，然后进行人工时效
T9	固溶处理，人工时效，然后进行冷加工

11.2.6　铸造铝合金的热处理

铸造铝合金的代号用“铸铝”二字的汉语拼音手写字母“ZL”加三位数字表示，其中第一位数字表示合金系别（1 为铝硅系合金；2 为铝铜系合金；3 为铝镁系合金；4 为铝锌系合金），第二、三位数字表示合金的顺序号。例如 ZL111 表示 11 号铝硅系铸造铝合金。铸造铝合金的牌号是由“Z+基体金属的化学元素符号（即 Al）+合金元素符号+数字”组成。如 ZAlSi12 表示 $w(\mathrm{Si}) \approx 12\%$ 的铸造铝合金。常用的铸造铝合金有铝硅铸造合金 ZL101、ZL104、ZL105、ZL107 和 ZL109，铝铜铸造合金 ZL201、ZL202 和 ZL203，铝镁铸造合金 ZL301 和 ZL303，以及铝锌铸造合金 ZL401 和 ZL402。铝硅铸造合金拥有优良的铸造性、焊接性、耐蚀性以及足够的力学性能，但合金的致密度较小，适宜制造致密度要求不太高的、形状复杂的铸件。铝铜铸造合金耐热性高，其高温强度随铜含量的增加而提高，而合金的铸缩率和形成裂纹的趋向则减小。但由于铜含量增加，使合金的脆性增加，故铜含量一般不超过 14%（质量分数）。铝镁合金是密度最小（$2.55\mathrm{g/cm^3}$）、耐蚀性最好、强度最高（抗拉强度可达 350MPa）的铸造铝合金，但由于结晶温度范围宽，故流动性差，形成疏松趋向大，其铸造性能不如铝-硅合金好。铝锌铸造合金有较高的强度，是最便宜的一种铸造铝合金，其主要缺点是耐蚀性差。

铝硅系铸造铝合金又称硅铝明，其中 ZL102（ZAlSi12）称为简单硅铝明。在普通铸造条件下，ZL102 组织几乎全部为共晶体，由粗针状的硅晶体和 α 固溶体组成，强度和塑性都较差。生产上用钠盐变质剂进行变质处理，得到细小均匀的共晶体加一次 α 固溶体组织，以提高性能。加入其他合金元素的铝硅铸造合金复杂（或特殊）硅铝明。铝硅系铸造铝合金的铸造性能好，具有优良的耐蚀性、耐热性和焊接性，可用于制造飞机、仪表、电动机壳体、气缸体、风机叶片、发动机活塞等。表 11-22 列出了铝硅系铸造铝合金的牌号和主要化学成分。表 11-23 列出了典型铸造铝硅合金的成分、力学性能和用途。

表 11-22　铝硅系铸造铝合金的牌号和主要化学成分

合金牌号	合金代号	主要化学成分(质量分数,%)							
		Si	Cu	Mg	Zn	Mn	Ti	其他	Al
ZAlSi7Mg	ZL101	6.5~7.5		0.25~0.45					余量
ZAlSi7MgA	ZL101A	6.5~7.5		0.25~0.45			0.08~0.20		余量
ZAlSi12	ZL102	10.0~13.0							余量
ZAlSi9Mg	ZL104	8.0~10.5		0.17~0.35		0.2~0.5			余量
ZAlSi5Cu1Mg	ZL105	4.5~5.5	1.0~1.5	0.4~0.6					余量
ZAlSi5Cu1MgA	ZL105A	4.5~5.5	1.0~1.5	0.4~0.55					余量
ZAlSi8Cu1Mg	ZL106	7.5~8.5	1.0~1.5	0.3~0.5		0.3~0.5	0.10~0.25		余量
ZAlSi7Cu4	ZL107	6.5~7.5	3.5~4.5						余量
ZAlSi12Cu2Mg1	ZL108	11.0~13.0	1.0~2.0	0.4~1.0		0.3~0.9			余量
ZAlSi12Cu1Mg1Ni1	ZL109	11.0~13.0	0.5~1.5	0.8~1.3				Ni0.8~1.5	余量
ZAlSi5Cu6Mg	ZL110	4.0~6.0	5.0~8.0	0.2~0.5					余量
ZAlSi9Cu2Mg	ZL111	8.0~10.0	1.3~1.8	0.4~0.6		0.10~0.35	0.10~0.35		余量
ZAlSi7Mg1A	ZL114A	6.5~7.5		0.45~0.60			0.10~0.20	Be0.04~0.07	余量
ZAlSi5Zn1Mg	ZL115	4.8~6.2		0.4~0.65	1.2~1.8			Sb0.1~0.25	余量
ZAlSi8MgBe	ZL116	6.5~8.5		0.35~0.55			0.10~0.30	Be0.15~0.40	余量

表 11-23　典型铸造铝硅合金的成分、力学性能和用途

合金牌号	合金代号	化学成分(质量分数,%)			铸造方法	热处理方法	力学性能			用途举例
		Si	Mg	Mn			R_m/MPa	A(%)	HBW	
ZAlSi7Mg	ZL101	6.5~7.5	0.25~0.45		金属型	固溶处理+不完全时效	205	2	60	形状复杂的零件,如飞机仪表零件、抽水机壳体、柴油机零件等
					砂型		95	2	60	
					砂型变质处理	固溶处理+完全时效	225	1	70	

（续）

合金牌号	合金代号	化学成分（质量分数,%）			铸造方法	热处理方法	力学性能			用途举例
		Si	Mg	Mn			R_m/MPa	A(%)	HBW	
ZAlSi12	ZL102	10.0~13.0			金属型	退火	145	3	50	形状复杂的仪表壳体、水泵壳体、工作温度在200℃以下的高气密性、低载零件等
					砂型变质处理		135	4	50	
ZAlSi9Mg	ZL104	8.0~10.5	0.17~0.35	0.2~0.5	金属型	固溶处理+完全时效	235	2	70	在200℃以下工作的内燃机气缸头、活塞等

铝铜系铸造铝合金的耐热性好，强度较高；但密度大，铸造性能、耐蚀性能差，强度低于铝硅系合金。常用代号有 ZL201（ZAlCu5Mn）、ZL203（ZAlCu4）等。主要用于制造在较高温度下工作的高强零件，如内燃机气缸头、汽车活塞等。表 11-24 列出了铝铜系铸造铝合金代号与主要化学成分。表 11-25 列出了典型铝铜系铸造合金的成分、性能和用途。

表 11-24　铝铜系铸造铝合金代号与主要化学成分

合金牌号	合金代号	主要化学成分（质量分数,%）						
		Si	Cu	Mg	Mn	Ti	其他	Al
ZAlCu5Mn	ZL201		4.5~5.3		0.6~1.0	0.15~0.35		余量
ZAlCu5MnA	ZL201A		4.8~5.3		0.6~1.0	0.15~0.35		余量
ZAlCu4	ZL203		4.0~5.0					余量
ZAlCu5MnCdA	ZL204A		4.6~5.3		0.6~0.9	0.15~0.35	Cd0.15~0.25	余量
ZAlCu5MnCdVA	ZL205A		4.6~5.3		0.3~0.5	0.15~0.35	Cd0.15~0.25 V0.05~0.3 Zr0.05~0.2 B0.05~0.06	余量
ZAlRE5Cu3Si2	ZL207	1.6~2.0	3.0~3.4	0.15~0.25	0.9~1.2		Ni0.2~0.3 Zr0.15~0.25 RE4.4~5.0	余量

表 11-25　典型铝铜系铸造合金的成分、性能和用途

合金牌号	合金代号	化学成分（质量分数,%）			铸造方法	热处理方法	R_m/MPa	A(%)	HBW	用途举例
		Cu	Mn	其他						
ZAlCu5Mn	ZL201	4.5~5.3	0.6~1.0	Ti 0.15~0.35	砂型	固溶处理+自然时效	295	8	70	在300℃以下工作的零件,如发动机机体、气缸体等
						固溶处理+不完全时效	335	4	90	
ZAlCu4	ZL203	4.0~5.0			砂型	固溶处理+不完全时效	215	3	70	形状简单的中载零件,如托架、在200℃以下工作并切削加工性好的零件等

铝镁系铸造铝合金的耐蚀性好，强度高，密度小；但铸造性能差，耐热性低。常用代号为 ZL301（ZAlMg10）、ZL303（ZAlMg5Si1）等。主要用于制造外形简单、承受冲击和在腐蚀性介质下工作的零件，如舰船配件、氨用泵体等。表 11-26 列出了铝镁系铸造合金代号及主要化学成分。表 11-27 列出了典型铝镁系铸造合金的成分、性能和用途。

表 11-26　铝镁系铸造合金代号及主要化学成分

合金牌号	合金代号	主要化学成分（质量分数,%）						
		Si	Mg	Zn	Mn	Ti	其他	Al
ZAlMg10	ZL301		9.5~11.0					余量
ZAlMg5Si	ZL303	0.8~1.3	4.5~5.5		0.1~0.4			余量

（续）

合金牌号	合金代号	主要化学成分(质量分数,%)						
		Si	Mg	Zn	Mn	Ti	其他	Al
ZAlMg8Zn1	ZL305		7.5~9.0	1.0~1.5		0.1~0.2	Be0.03~0.1	余量
ZAlZn11Si7	ZL401	6.0~8.0	0.1~0.3	9.0~13.0				余量
ZAlZn6Mg	ZL402		0.5~0.65	5.0~6.5		0.15~0.25	Cr0.4~0.6	余量

表11-27 典型铝镁系铸造合金的成分、性能和用途

合金牌号	合金代号	化学成分(质量分数,%)			砂型变质处理	热处理方法	力学性能			用途举例
		Si	Mg	Mn			R_m/MPa	A(%)	HBW	
ZAlMg10	ZL301		9.5~11.0		砂型	固溶处理+自然时效	280	10	60	在大气或海水中工作的零件,在150℃以下工作,承受大振动载荷的零件等
ZAlMg5Si	ZL303	0.8~1.3	4.5~5.5	0.1~0.4	砂型		145	1	55	

铝锌系铸造铝合金的铸造性能好，强度较高，可自然时效强化；但密度大，耐蚀性较差。常用代号为ZL401（ZAlZn11Si7）、ZL402（ZAlZn6Mg）等。主要用于制造形状复杂受力较小的汽车、飞机、仪器零件。表11-28列出了典型铝锌系铸造合金的成分、力学性能和用途。

表11-28 典型铝锌系铸造合金的成分、力学性能和用途

合金牌号	合金代号	化学成分(质量分数,%)			砂型变质处理	热处理方法	力学性能			用途举例
		Si	Mg	Zn			R_m/MPa	A(%)	HBW	
ZAlZn11Si7	ZL401	6.0~8.0	0.1~0.3	9.0~13.0	金属型	人工时效	245	1.5	90	飞机、仪表零件等

铸造铝合金的金相组织比变形铝合金的金相组织粗大，因而在热处理时也有所不同。前者保温时间长，一般都在2h以上，而后者保温时间短，有的只要几十分钟。因为金属型铸造、低压铸造、差压铸造的铸件是在比较大的冷却速度和压力下结晶凝固的，其结晶组织比石膏型铸造、砂型铸造的铸件细很多，故其热处理的保温时间也短很多。铸造铝合金与变形铝合金的另一不同点是壁厚不均匀，具有异形截面或内通道等复杂结构形状，为保证热处理时不变形或开裂，有时还要设计专用夹具予以保护，并且淬火冷却介质的温度也比变形铝合金高，故一般多采用人工时效来缩短热处理周期和提高铸件的性能。铸造铝合金热处理的目的是提高材料力学性能和耐蚀性，稳定尺寸，改善切削加工性和焊接性等工艺性能。因为许多铸造铝合金的力学性能都不能满足使用要求，除Al-Si系的ZL102和Al-Zn系的ZL401合金外，其余的铸造铝合金都要通过热处理来进一步提高铸件的力学性能和其他使用性能。其具体作用有以下几个方面：①消除由于铸件结构（如壁厚不均匀、转接处厚大）等原因使铸件在结晶凝固时因冷却速度不均匀所造成的内应力；②提高合金的强度和硬度，改善金相组织，保证合金有一定的塑性和切削加工性能、焊接性能；③稳定铸件的组织和尺寸，防止和消除高温相变而使体积发生变化；④消除晶间和成分偏析，使组织均匀化。

铸造铝合金的热处理目前有退火、淬火（固溶处理）、时效和循环处理等工艺，分述如下：

1）退火。退火的作用是消除铸件的铸造应力和机械加工引起的内应力，稳定加工件的形状和尺寸，并使Al-Si系合金的部分Si晶体球状化，改善合金的塑性。其工艺如下：将铝合金铸件加热到280~300℃，保温2~3h，随炉冷却到室温，使固溶体慢慢发生分解，析出的第二质点聚集，从而消除铸件的内应力，达到稳定尺寸、提高塑性、减少变形的目的。热处理状态代号为T2。

2）淬火。淬火也叫固溶处理或急冷处理。其工艺如下：将铝合金铸件加热到较高的温度（一般在接近于共晶体的熔点，大多在500℃以上），保温2h以上，使合金内的可溶相充分溶解。然后，急速淬入60~100℃的水中，由于铸件受到急冷，使其在合金中得到最大限度溶解的强化相固定并保存到室温。

3）时效。其工艺如下：将经过淬火的铝合金铸件加热到某个温度，保温一定时间出炉空冷到室温，使过饱和的固溶体分解，让合金基体组织稳定。合金在时效过程中，大致需经过几个阶段：随着温度的上升和时间的延长，过饱和固溶体点阵内原子的重新组合，生成溶质原子富集区（称为 G-P Ⅰ区）；随着 G-P Ⅰ区消失，第二相原子按一定规律偏聚并生成 G-P Ⅱ区，之后生成亚稳定的第二相（过渡相）；大量的 G-P Ⅱ区和少量的亚稳定相结合以及亚稳定相转变为稳定相、第二相质点聚集几个阶段。时效处理又分为自然时效和人工时效两大类。自然时效是在室温下进行时效强化的处理。人工时效又分为不完全人工时效、完全人工时效、过时效三种。不完全人工时效是将铸件加热到 150～170℃（较低温度下），保温 3～5h，以获得较好的抗拉强度、良好的塑性和韧性，但耐蚀性降低。完全人工时效是将铸件加热到 175～185℃（较高温度下），保温 5～24h，以获得足够的抗拉强度（即最高的硬度），但伸长率降低。过时效也称稳定化回火，它是将铸件加热到 190～230℃，保温 4～9h，使强度有所下降，塑性有所提高，以获得较好的抗应力腐蚀能力。

4）循环处理。把铝合金铸件冷却到零下某个温度（如-50℃、-70℃或-195℃）并保温一定时间，再把铸件加热到 350℃以下，使合金中的固溶体点阵反复收缩和膨胀，并使各相的晶粒发生少量位移，以使这些固溶体结晶点阵内的原子偏聚区和金属间化合物的质点处于更加稳定的状态，从而达到产品零件尺寸、体积更加稳定。这种反复加热、冷却的热处理工艺，即循环处理，仅适于处理在使用中要求尺寸很稳定、极精密的零件（如检测仪器上的某些零件）；一般铸件均不做这种处理。

热处理操作技术要点如下：

1）应根据铸件结构形状、尺寸、合金特性等制定热处理工艺。

2）热处理前应检查热处理设备、辅助设备、仪表等是否合格和正常，炉膛各处的温度差是否在规定的范围之内（±5℃）。

3）装炉前铸件应吹砂或冲洗，应无油污、脏物、泥土，合金牌号不应相混。

4）形状易产生变形的铸件应放在专用的底盘或支架上，不允许有悬空的悬壁部分。

5）检查铸件性能的单铸或附铸试棒应随工件一起同炉热处理，以真实反映铸件的性能。

6）在保温期间应随时检查、校正炉膛各处温度，防止局部高温或烧化。

7）在断电后短时间不能恢复时，应将在保温中的铸件迅速出炉淬火，等恢复正常后，再装炉、保温和进行热处理。

8）在盐槽中淬过火的铸件，应在淬火后立即用热水冲洗，清除残盐，防止腐蚀。

9）发现淬火后铸件变形，应立即予以校正。

10）需要时效处理的铸件，应在淬火后 0.5h 内进行时效处理。

11）如经热处理后发现性能不合格，可重复进行热处理，但次数不得超过两次。

铸造铝合金热处理状态代号、状态类别及其特性见表 11-29。铸造铝合金的固溶处理及时效处理工艺参数见表 11-30。

表 11-29　铸造铝合金热处理状态代号、状态类别及其特性

热处理状态代号	热处理状态类别	特　　性
T1	人工时效	对湿砂型、金属型特别是压铸件，由于固溶冷却速度较快有部分固溶效果，人工时效可提高强度、硬度，改善切削加工性能
T2	退火	消除铸件在铸造和加工过程中产生的应力，提高尺寸稳定性及合金的塑性
T4	固溶处理加自然时效	通过加热、保温及快速固溶冷却实现固溶，再经过随后时效强化，以提高工件的力学性能，特别是提高工件的塑性及常温耐蚀性
T5	固溶处理加不完全人工时效	时效是在较低的温度或较短的时间下进行，进一步提高合金的强度和硬度
T6	固溶处理加完全人工时效	时效在较高温度或较长时间下进行，可获得最高的抗拉强度，但塑性有所下降
T7	固溶处理加稳定化处理	提高铸件组织和尺寸稳定性及合金的耐蚀性，主要用于较高温度下工作的零件，稳定化温度可接近于铸件的工作温度
T8	固溶处理加软化处理	固溶处理后采用高于稳定化处理的温度进行处理，获得高塑性和尺寸稳定性好的铸件
T9	冷热循环处理	充分消除铸件内应力及稳定尺寸，用于高精度铸件

表 11-30　铸造铝合金的固溶处理及时效处理工艺参数

序号	牌号	代号	热处理状态	固溶处理 温度/℃	固溶处理 保温时间/h	固溶处理 冷却介质及温度/℃	固溶处理 最长转移时间/s	时效处理 温度/℃	时效处理 保温时间/h	时效处理 冷却介质
1	ZAlSi7Mg	ZL101	T2	—	—	—	—	290~310	2~4	空气或随炉冷
			T4	530~540	2~6	60~100,水	25	室温	≥24	—
			T5	530~540	2~6	60~100,水	25	145~155	3~5	空气
			T6	530~540	2~6	60~100,水	25	195~205	3~5	空气
			T7	530~540	2~6	60~100,水	25	220~230	3~5	空气
			T8	530~540	2~6	60~100,水	25	245~255	3~5	空气
2	ZAlSi7MgA	ZL101A	T4	530~540	6~12	60~100,水	25	—	—	空气
			T5	530~540	6~12	60~100,水	25	室温	≥8	空气
								再 150~160	2~12	
			T6	530~540	6~12	60~100,水	25	室温	≥8	空气
								再 175~185	3~8	
3	ZAlSi12	ZL102	T2	—	—	—	—	290~310	2~4	空气或随炉冷
4	ZAlSi9Mg	ZL104	T1	—	—	—	—	170~180	3~17	空气
			T6	530~540	2~6	60~100,水	25	170~180	8~15	
5	ZAlSi5Cu1Mg	ZL105	T2	—	—	—	—	175~185	5~10	空气
			T5	520~530	3~5	60~100,水	25	170~180	3~10	
			T7	520~530	3~5	60~100,水	25	220~230	3~10	
6	ZAlSi5Cu1MgA	ZL105A	T5	520~530	4~12	60~100,水	25	155~165	3~5	空气
7	ZAlSi8Cu1Mg	ZL106	T1	—	—	—	—	175~185	3~5	空气
			T5	510~520	5~12	60~100,水	25	145~155	3~5	
			T6	510~520	5~12	60~100,水	25	170~180	3~10	
			T7	510~520	5~12	60~100,水	25	225~235	6~8	
8	ZAlSi7Cu4	ZL107	T6	510~520	8~10	60~100,水	25	160~170	6~10	空气
9	ZAlSi12Cu2Mg1	ZL108	T1	—	—	—	—	190~210	10~14	空气
			T6	510~520	3~8	60~100,水	25	175~185	10~16	
			T7	510~520	3~8	60~100,水	25	200~210	6~10	
10	ZAlSi12Cu1Mg1Ni1	ZL109	T1	—	—	—	—	200~210	6~10	空气
			T6	495~505	4~6	60~100,水	25	180~190	10~14	
11	ZAlSi15Cu6Mg	ZL110	T1	—	—	—	—	195~205	5~10	空气
12	ZAlSi9Cu2Mg	ZL111	T6	分段加热		60~100,水	25	170~180	5~8	空气
				500~510	4~6					
				再 530~540	6~8					

13	ZAlSi7Mg1A	ZL114A	T5	530~540	4~6	60~100,水	25	155~165	4~8	空气
			T8	530~540	6~10			160~170	5~10	
14	ZAlSi8MgBe	ZL115	T4	535~545	10~12	60~100,水	25	室温	≥24	—
			T5	535~545	10~12			145~155	3~5	空气
15	ZAlSi8MgBe	ZL116	T4	530~540	8~12	60~100,水	25	室温	≥24	—
			T5	530~540	8~12			170~180	4~8	空气
16	ZAlCu5Mn	ZL201	T4	分段加热		60~100,水		室温	≥24	—
				525~535	5~9					
				再 535~545	5~9					
			T5	分段加热		60~100,水	20	170~180	3~5	空气
				525~535	5~9					
				再 535~545	5~9					
17	ZAlCu5MnA	ZL201A	T5	分段加热		60~100,水	20	155~165	6~9	空气
				530~540	7~9					
				再 540~550	7~9					
18	ZAlCu4	ZL203	T4	510~520	10~16	60~100,水	25	室温	≥24	—
			T5	510~520	10~15	60~100,水	25	145~155	2~4	空气
19	ZAlCu5MnCdA	ZL204A	T6	533~543	10~18	室温~60,水	20	170~180	3~5	空气
20	ZAlCu5MnCdVA	ZL205A	T5	533~543	10~18	室温~60,水	20	150~160	8~10	空气
			T6	533~543	10~18	室温~60,水	20	170~180	4~6	
			T7	533~543	10~18	室温~60,水	20	185~195	2~4	
21	ZAlRE5Cu3Si2	ZL207	T1	195~205	5~10	195~205	5~10	195~205	5~10	空气
22	ZAlMg10	ZL301	T4	425~435	12~20	沸水或 50~100 油	25	室温	≥24	—
23	ZAlMg5Si1	ZL303	T1	—	—	—	—	170~180	4~6	空气
			T4	420~430	15~20	沸水或 50~100 油	25	室温	≥24	—
24	ZAlMg8Zn1	ZL305	T4	分段加热		沸水或 50~100 油	25	室温	≥24	—
				430~440	8~10					
				再 425~435	6~8					
25	ZAlZn11Si7	ZL401	T1	—	—	—	—	195~205	5~10	空气
26	ZAlZn6Mg	ZL402	T1	—	—	—	—	175~185	8~10	空气

注：铸件在固溶冷却介质中停留的时间，以铸件最大厚度为确定依据，但不应少于 2min。

11.2.7　铝合金的热处理缺陷

铝合金铸件热处理后常见的质量问题有力学性能不合格、变形、裂纹、过烧等缺陷，下面对其产生原因和消除与预防办法进行叙述。

(1) 力学性能不合格　通常表现为退火状态伸长率偏低，淬火或时效处理后强度和伸长率不合格。其形成的原因有多种，如退火温度偏低，保温时间不足，或冷却速度太快；淬火温度偏低、保温时间不够，或冷却速度太慢（淬火冷却介质温度过高）；不完全人工时效和完全人工时效温度偏高，或保温时间偏长；合金的化学成分出现偏差等。

消除这种缺陷可采取以下方法：再次退火，提高加热温度或延长保温时间；提高淬火温度或延长保温时间，降低淬火冷却介质温度；如再次淬火，则要调整其后的时效温度和时间；如成分出现偏差，则要根据具体的偏差元素、偏差量，改变或调整重复热处理的工艺参数等。

(2) 变形与翘曲　通常在热处理后或随后的机械加工过程中，反映出铸件尺寸、形状的变化。产生这种缺陷的原因如下：加热升温速度或淬火冷却速度太快（太激烈）；淬火温度太高；铸件的设计结构不合理（如两连接壁的壁厚相差太大，框形结构中加强筋太薄或太细小）；淬火时工件下水方向不当及装料方法不当等。

消除与预防的办法如下：降低升温速度，提高淬火冷却介质温度，或换成冷却速度稍慢的淬火冷却介质，以防止合金内产生残余应力；在厚壁或薄壁部位涂敷涂料或用石棉纤维等隔热材料包覆薄壁部位；根据铸件结构、形状选择合理的下水方向或采用专用防变形的夹具；变形量不大的部位，则可在淬火后立即予以矫正。

(3) 裂纹　表现为淬火后的铸件表面用肉眼可以看到明显的裂纹，或通过荧光检查肉眼看不见的微细裂纹。裂纹多曲折不直并呈暗灰色。产生裂纹的原因如下：加热速度太快，淬火时冷却太快（淬火温度过高或淬火冷却介质温度过低，或淬火冷却介质冷却速度太快）；铸件结构设计不合理（两连接壁壁厚相差太大，框形件中间的加强筋太薄或太细小）；装炉方法不当或下水方向不对；炉温不均匀，使铸件温度不均匀等。

消除与预防的办法如下：减慢升温速度或采取等温淬火工艺；提高淬火冷却介质温度或换成冷却速度慢的淬火冷却介质；在厚壁或薄壁部位涂敷涂料或在薄壁部位包覆石棉等隔热材料；采用专用防开裂的淬火夹具，并选择正确的下水方向。

(4) 过烧　表现为铸件表面有結瘤，合金的伸长率大大下降。产生过烧的原因如下：合金中的低熔点杂质元素如 Cd、Si、Sb 等的含量过高；加热不均匀或加热太快；炉内局部温度超过合金的过烧温度；测量和控制温度的仪表失灵，使炉内实际温度超过仪表指示温度值。

消除与预防的办法如下：严格控制低熔点合金元素的含量不超标；以不超过 3℃/min 的速度缓慢升温；检查和控制炉内各区温度偏差不超出 ±5℃；定期检查和校准温度测控仪表，确保仪表测温、示温、控温准确无误。

(5) 表面腐蚀　表现为在铸件的表面出现斑纹或块状等，其色泽与铝合金铸件表面明显不同。产生这种缺陷的原因如下：硝盐液中氯化物含量超标（质量分数高于 0.5%）而对铸件表面（尤其是疏松、缩孔处）造成腐蚀；从硝盐槽中取出后没得到充分的清洗，硝盐黏附在铸件表面（尤其是窄缝隙、不通孔、通道中）造成腐蚀；硝盐液中混有酸或碱，或者铸件放在浓酸或浓碱附近受到腐蚀等。

消除与预防的办法如下：尽量缩短铸件从炉内移到淬火槽中的时间；检查硝盐中氯化物的含量是否超标，如超标，则应降低其含量，从硝盐槽中加热的铸件应立即用温水或冷水冲洗干净；检查硝盐中酸和碱的含量，如有酸或碱则应中和或停止使用；不要把铝合金铸件放在浓酸或浓碱的附近。

(6) 淬火不均匀　表现为铸件的厚大部位（特别是其内部中心）的伸长率和硬度偏低，薄壁部位（特别是其表层）的硬度偏高。产生这类缺陷的原因如下：铸件加热和冷却不均匀，厚大部位冷却和传热较慢。

消除与预防的办法如下：重新进行热处理，降低升温速度，延长保温时间，使厚薄部位温度均匀一致；在薄壁部位涂敷保温性的涂料或包覆石棉等隔热材料，尽量使铸件各部位同时冷却；使厚大部位先下水；换成有机淬火剂，降低冷却速度。

11.3　镁合金的热处理

11.3.1　镁及镁合金简介

1808 年英国化学家戴维使用钾还原氧化镁制成镁。镁是银白色金属，密度为 1.74g/cm^3，是常用结构材料中最轻的金属，熔点为 648.8℃，沸点为 1090℃，是一种密排六方结构，具有延展性，无磁性且有良好的热消散性，热导率为 156W/(m · K)。镁具有较强还原性，能与热水反应放出氢气，燃烧时能产生炫目的白光，镁与氟化物、氢氟酸和铬酸不发生作用，也不受苛性碱侵蚀，但极易溶解于有机和无机酸中，镁能直接与氮、硫和卤素等化合，包括烃、醛、醇、酚、胺、脂和大多数油类在内的有机化学药品与镁仅仅轻微地或者根本不发生作用。镁存在于菱镁矿、白云石、光卤石中。镁是在自然界中分布最广的十个元素之一，通常由两种方法来制镁，工业上利用电解熔融氧化镁，另外一种是在电炉中用硅铁等使其还原而制得金属镁。可用于制造轻合金、烟火、闪光粉、镁盐等，由于其结构性能类似于铝，因而可用于飞机、导弹中。

纯镁的化学活性高，在潮湿大气、海水、无机酸及其盐类、有机酸、甲醇等介质中均会引起剧烈的腐蚀，而在干燥大气、碳酸盐、氟化物、铬酸盐、氢氧化钠溶液、苯、四氯化碳、汽油、煤油及不含水和酸的润滑油中很稳定。室温下，镁表面与大气中氧作用，形成氧化镁薄膜，但薄膜较脆，也不像氧化铝薄膜那样致密，故其耐蚀性很差。纯镁的室温强度低、塑性差，纯镁单晶体临界切应力约为 4.8MPa，其多晶体的强度和硬度很低，不能直接用作结构材料。纯镁铸态和加工态性能对比见表 11-31。

表 11-31　纯镁铸态和加工态性能对比

加工状态	R_m/MPa	R_{eL}/MPa	E/GPa	A(%)	Z(%)	HBW
铸态	11.5	2.5	45	8	9	30
变形状态	20.0	9.0	45	11.5	12.5	36

可在纯镁中加入 Al、Zn、Mn、Zr 及稀土等元素制成镁合金，如 Mg-Mn 系、Mg-Al 系、Mg-Zn 系和 Mg-RE 系等合金系。可将镁合金分为铸造镁合金和变形镁合金。

1）按 GB/T 1177—2018《铸造镁合金》的规定，铸造镁合金（除压铸外）代号由字母“Z”“M”（它们分别是“铸”“镁”的汉语拼音第一个字母）及其后的一个阿拉伯数字组成。ZM 后面数字表示合金的顺序号。示例如下：

```
ZM  6
│   └── 顺序号
└────── 表示铸造镁合金
```

2）按 GB/T 25748—2010《压铸镁合金》的规定，压铸镁合金代号由字母“Y”“M”（它们分别是“压”“镁”的汉语拼音第一个字母）及其后的三个阿拉伯数字组成。YM 后面第一个数字表示合金系列，其中 1、2、3 分别表示镁铝硅、镁铝锰、镁铝锌系列合金，YM 后面第二、三两个数字表示顺序号。示例如下：

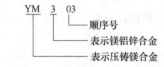

```
YM  3  03
│   │  └── 顺序号
│   └───── 表示镁铝锌合金
└───────── 表示压铸镁合金
```

3）按 GB/T 5153—2016《变形镁及镁合金牌号和化学成分》的规定，变形镁合金牌号以英文字母加数字再加英文字母的形式表示。前面的英文字母是其最主要的合金组成元素代号（元素代号符合表 11-32 的规定，可以是一位也可以是两位），其后的数字表示其最主要的合金组成元素的大致含量。最后面的英文字母为标识代号，用以标识各具体组成元素相异或元素含量有微小差别的不同合金。

表 11-32　镁及镁合金中的元素代号

元素代号	元素名称	元素代号	元素名称
A	铝	M	锰
B	铋	N	镍
C	铜	P	铅
D	镉	Q	银
E	稀土	R	铬
F	铁	S	硅
G	钙	T	锡
H	钍	W	钇
J	锶	V	钆
K	锆	Y	锑
L	锂	Z	锌

示例如下：

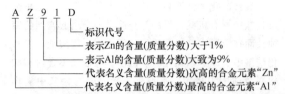

A Z 9 1 D
- D——标识代号
- 1——表示Zn的含量(质量分数)大于1%
- 9——表示Al的含量(质量分数)大致为9%
- Z——代表名义含量(质量分数)次高的合金元素“Zn”
- A——代表名义含量(质量分数)最高的合金元素“Al”

铸造镁合金中合金元素含量高于变形镁合金，以保证液态合金具有较低的熔点、较高的流动性和较少的缩松缺陷等。如果还需要通过热处理对镁合金进一步强化，那么所选择的合金元素还应该在镁基体中具有较高的固溶度，而且这一固溶度还会随着温度的改变而发生明显的变化，并在时效过程中能够形成强化效果显著的第二相。铝在 α-Mg 中的固溶度在室温时大约只有 2%，升至共晶温度 436℃时则高达 12.1%，因此压铸 AZ91HP 合金具备了一定的时效强化能力，其强度有可能通过固溶和时效的方法得到进一步的提高。

11.3.2 镁合金热处理的主要类型

铸造和变形镁合金均可进行退火（T2）、时效（T1）、淬火（T4）和人工时效（T6，T61），规范和应用范围与铸造铝合金基本相同，只是镁合金的扩散速度、淬火敏感性低。镁合金可用静止或流动的空气淬火，也有时用热水淬火（如 T61），强度比空冷的 T6 高。绝大多数镁合金对自然时效不敏感，淬火后在室温能长期保持淬火状态，即使人工时效，时效温度也要比铝合金高（达 175~250℃）。镁合金加热时的氧化倾向比铝合金高，为了防止燃烧，加热炉应保持中性气氛或通入 SO_2 气体。

镁合金的热处理方式与铝合金基本相同，但镁合金中原子扩散速度慢，淬火加热后通常在静止或流动空气中冷却即可达到固溶处理目的。另外，绝大多数镁合金对自然时效不敏感，淬火后在室温下放置仍能保持淬火状态下的原有性能。值得注意的是，镁合金氧化倾向比铝合金强烈。当氧化反应产生的热量不能及时散发时，容易引起燃烧，因此，热处理加热炉内应保持一定的中性气氛。镁合金常用的热处理类型如下：

T1——铸造或加工变形后不再单独进行固溶处理而直接人工时效。这种处理工艺简单，也能获得相当的时效强化效果，特别是对 Mg-Zn 系合金，因晶粒容易长大，重新加热淬火往往晶粒粗大，时效后的综合性能反而不如 T1 状态。

T2——为了消除铸件残余应力及变形合金的冷作硬化而进行的退火处理。例如，Mg-Al-Zn 系铸件合金 ZM5 的退火工艺为 350℃×2~3h，空冷；冷却速度对性能无影响。对某些处理强化效果不显著的合金（如 ZM3），T2 为最终热处理退火。

T4——固溶处理+自然时效。可用以提高合金的抗拉强度和延伸率。ZM5 合金常用此工艺。为获得最大的过饱和固溶度，淬火加热温度通常只比固相线低 5~10℃。镁合金原子扩散能力弱，为保证强化相充分固溶，需要更长的加热时间，特别是砂型厚壁铸件。对薄壁铸件或金属型铸件加热时间可适当缩短，对变形合金则更短。这是因为强化相溶解速度除与本身尺寸有关外，晶粒度也有明显影响。例如，ZM5 金属型铸件，淬火加热规程为 415℃×8~16h，薄壁（10mm）砂型铸件加热时间延长到 12~24h；而厚壁（>20mm）铸件为防止过烧应采用分段加热，即 360℃×3h+420℃×21~29h。淬火加热后一般为空冷。

T6——固溶处理+完全人工时效。目的是提高合金的屈服强度，但塑性相对有所降低。T6 主要应用于 Mg-Al-Zn 系及 Mg-RE-Zr 系合金。对高锌的 Mg-Zn-Zr 系合金，为充分发挥时效强化效果，也可选用 T6 处理。

T61——热水中淬火+人工时效。一般 T6 为空冷，T61 采用热水淬火，可提高时效强化效果，特别是对冷却速度敏感性较高的 Mg-RE-Zr 系合金。

氢化处理除以上介绍的热处理方式外，国内外还发展了一种氢化处理，以提高 Mg-Zn-RE-Zr 系合金的力学性能，效果颇为显著。Mg-Zn-Zr 系合金的特点是常温强度超过 Mg-Al-Zn 及 Mg-RE-Zr 系，但工艺性能差，显微疏松和热裂倾向比较严重，焊接性能也不好。若在 Mg-Zn-Zr 基础上添加稀土元素或钍，可明显改善工艺性，但也伴随产生一个新的问题，即 Mg-Zn-RE-Zr 系中，第二相 Mg-RE-Zn 化合物常以粗块状聚集在晶粒边界构成脆性网络，从而大大降低了合金的强度和塑性。这种晶界相十分稳定，常规热处理难以使其溶解和破碎，因而不能有效地改进性能。如将合金在氢气气氛中加热固溶处理，则发现连续的粗块状化合物已被断续的细点状化合物取代，数量上也有所减少。这是因为氢气处理时，氢扩散到金属基体内部与 Mg-RE-Zn 化合物发生反应。稀土元素与氢有很高的亲和力，化合成稀土氢化物，呈黑色小颗粒状，而原化合物中的锌与氢不发生反应，被释放出来，转入基体。经此处理既改善了晶界结构，又提高了基体的固溶度，从而显著提高了合金的力学性能。氢化处理的缺点是氢扩散较慢，厚壁铸件所需保温时间较长，并需要专门的渗氢设备。

镁合金热处理在工艺上主要应注意防止零件在高温加热过程中发生氧化与燃烧，加热炉常用空气循环电炉，炉温波动<5℃，加热体与零件之间应安置屏蔽罩，一般用不锈钢制作。炉内需保持中性气氛（二氧化碳或氩气）或含 0.5%~1%SO_2（体积分数）的大气气氛。二氧化硫由管道通入炉膛或事先在炉内按 0.5%~1%的比例放置黄铁矿（FeS_2）或黄铜矿（$CuFeS_2$）。热处理常见的缺陷为不完全淬火、晶粒长大、表面氧化、过烧及变形等。

11.3.3　热处理缺陷及防止方法

镁合金常见的热处理缺陷有变形、力学性能不足或不均匀、过烧、表面氧化等。

1）变形。镁合金在高温下强度很低，很软。淬火加热时，往往由于加热不均匀、加热过快、装炉方式不当及淬火冷却过急等原因，极易造成变形。尤其是当零件形状复杂，尺寸相差较大时，更应注意。为了减小变形，可采取以下措施：①进行一次消除应力退火；②降低淬火加热速度或采取分段加热；③壁厚相差较大时，可用石棉绳包扎薄壁部分，使加热及冷却比较均匀。零件的变形可在淬火状态下进行校正。

2）力学性能不足。力学性能不足主要是不完全淬火造成的（如淬火温度过低，加热时间不足等）。试验表明，对 ZM5 合金强化相溶解超过 85%才能保证充分的时效强化处理。Mg-RE-Zr 系合金对冷却速度比较敏感，如淬火冷却过慢，也会降低力学性能。力学性能不足问题，可用重复淬火解决。造成力学性能不均匀的主要原因是加热或冷却不均匀，在零件厚壁处强化相溶解不充分，而且冷却较慢，以致性能偏低。可用二次淬火矫正。

3）过烧。镁合金零件过烧可以通过外观检查（出炉时或喷砂后）、性能试验、断口观察、显微组织分析等方法发现。在过烧零件的表面一般会出现强烈氧化的金属瘤，塑性降低，低倍试片表面出现小孔；显微组织中固溶体晶粒长大，共晶体量增加，晶界氧化，甚至出现微孔洞等。防止过烧的方法是严格控制炉温，降低淬火加热速度或采用分段加热。例如，ZM5 合金由于锌偏析可能在组织中形成低熔点共晶体（熔点 360℃），因而一次直接加热到正常淬火温度（415℃）容易造成过烧。

4）表面氧化。镁合金表面氧化后，会出现灰色到黑色的粉末，零件喷砂后，表面残留小孔洞。形成原因是加热温度过高或炉内温度局部下降吸入水分和空气等。对此应调整炉温和增强炉内保护气氛。

11.3.4　镁合金热处理安全技术

镁具有非常活泼的化学性质，镁粉和镁屑极具易燃、易爆性，这是安全生产和防范危险的关键。在镁合金生产经营中如不重视安全生产，将会酿成毁灭性的灾难。不正确的热处理操作不但会损坏镁合金铸件，而且可能引起火灾，因此必须十分重视热处理时的安全技术。

1）加热前要准确地校正仪表，检查电气设备。

2）装炉前必须把镁合金工件表面的毛刺、碎屑、油污或其他污染物及水汽等清理干净，并保证工件和炉膛内部的干净、干燥。

3）镁合金工件不宜带有尖锐棱角，而且绝对禁止在硝盐浴中加热，以免发生爆炸。

4）生产车间必须配备防火器具。炉膛内只允许装入同种合金的铸件，并且必须严格遵守该合金的热处理工艺规范。

5）由于设备故障、控制仪表失灵或操作错误导致炉内工件燃烧时，应当立即切断电源，关闭风扇并停止保护气体的供应。如果热处理炉的热量输入没有增加，但炉温迅速上升，从炉中冒出白烟，则说明炉内的镁合金工件已发生剧烈燃烧。

6）绝对禁止用水灭火。镁合金发生燃烧后应该立刻切断所有电源或燃料，以及保护气体的输送，使得密封的炉膛内因缺氧而扑灭小火焰，如果火焰继续燃烧，那么根据火焰特点可以采取相应的灭火方法：如果火势不大，而且燃烧的工件容易安全地从炉中移出，则应该将工件转移到钢制容器中，并且覆盖上专用的镁合金灭火剂。如果燃烧的工件既不容易接近又不能安全转移，则可用泵把灭火剂喷洒到炉中，覆盖在燃烧的工件上面。如果以上两种方法都不能安全地灭火，则可以使用瓶装的 BF_3 或 BCl_3 气体。通过炉门或炉壁中的聚四氟乙炔软管将高压的 BF_3 气体从气瓶通入炉内，最低含量为 0.04%（体积分数）。持续通入 BF_3，直到火被扑灭而且炉温降至 370℃以下再打开炉门。BCl_3 气体也通过炉门或炉壁中的管道导入炉内，含量约为 0.4%（体积分数）。为了保证足够的气体供应，最好给气瓶加热。BCl_3 可与燃烧的镁反应生成浓雾，包围在工件周围，达到灭火的目的。持续通入 BCl_3，直到火被扑灭而且炉温降至 370℃为止。在完全密封的炉子内，可以使用炉内风扇，使得 BF_3 或 BCl_3 气体在工件周围充分循环。

BCl_3 是首选的镁合金灭火剂，但是 BCl_3 的蒸气具有刺激性，与盐酸烟雾一样，对人体健康有害。BF_3 在较低浓度下就能发挥作用，同时不需要给气瓶

加热就能保证 BF_3 气体的充分供应，而且其反应产物的危害比 BCl_3 的小。如果镁合金已燃烧了较长的时间，并且炉底上已有很多液态金属，则上述两种气体也不能完全扑灭火焰，但仍有抑制和减慢燃烧的作用，可与其他灭火剂配合使用，以达到灭火的目的。可供选择的灭火剂还有干燥的铸铁屑、石墨粉、重碳氢化合物和熔炼镁合金用溶剂（有时）等。这些物质可以隔绝氧，从而闷熄火焰，扑灭火灾。扑灭镁合金火灾时，除了要配备常规的人身安全保护设施外，还应该佩戴有色眼镜，以免合金燃烧时发出的剧烈白光伤害眼睛。

镁合金热处理时应特别注意以下几点：

1）温度控制要严格。

2）处理温度在350℃以上时，必须用1%（体积分数）以上的 SO_2 气体保护。

3）制品表面不可附着铝或锌。因为这些污物会使局部发生溶化，成为着火的原因。

4）若着火时，可加助溶剂，尽可能移出炉外放到安全场所。在无法移开的危急情况下，通入0.04%（体积分数）的 BF_3 气体可灭火。

11.4　钛及钛合金的热处理

11.4.1　钛合金中的合金元素

1. 合金元素的分类

纯钛塑性和韧性虽好，但强度低，加入适当合金元素可以明显改善组织和性能，以满足工程上不同性能的要求。钛与其他元素之间的作用取决于它们的原子结构、晶体类型与原子尺寸等因素。

与钛形成连续固溶体元素（合金化）的元素（10个）为同族元素或近邻元素，性质相似，原子尺寸相差小于8%。其中Zr、Hf与Ti同族，具有相同的晶体结构和同素异晶转变，因此与α-Ti与β-Ti形成连续固溶体；V、Nb、Ta与Mo具有体心立方结构，即与β-Ti同晶，因此与β-Ti形成连续固溶体；而与α-Ti形成有限固溶体。

一些元素由于原子外层电子结构、晶体类型和原子尺寸与钛都有较大差异，故只能与钛形成有限固溶体（合金化）。代位固溶体元素：Mn、Fe、Co、Ni、Cu、Al、Ga、Sn、Si；间隙固溶体元素：B、C、O、N、H。

生产钛时用到的卤素，在钛中完全不溶解，而只形成共价键或离子键化合物：$TiCl_4$、TiI_4。碱金属和碱土金属与钛不发生作用。故用卤素还原 TiO_2 得到 $TiCl_4$（TiI_4），再用Na（Mg、Ca）与Cl结合，使钛游离出来。

2. 主要合金元素的分类

钛合金中主要的合金元素分为以下几类：β相同晶元素V、Mo、Nb、Ta，共析型β相稳定元素，分为慢析型元素Cr、Mn和快析型元素Cu；α相稳定元素Al；合金元素Sn和Zr。

β相稳定元素一般可降低β相转变温度，可分为两类：

1）产生β相共析分解的元素，如Cr、Mn、Fe、Cu、Ni、Co、W。随着温度降低，β相转变为α相+金属间化合物。共析反应的速率随元素而异，Cu、Si等合金化时，共析转变快，析出 $TiCu_2$、Ti_5Si_3；Fe、Mn、Cr、Co、Ni等合金化时，共析转变速率较慢，即使连续缓慢冷却，也可能转变不完全，保留一些残余的β相。快冷时，共析反应可以完全被抑制，过冷β相可以保留到室温。这个过程还与合金含量有关，合金含量增加，β相可完全过冷到室温。

2）Mo、V、Nb、Ta等元素。二元相图上不产生β相共析分解，但慢冷时析出α相，快冷时有α′相马氏体相变。

α相稳定元素Al能提高α相→β相转变温度，这是因为Al是最有效的α相强化元素，起固溶强化作用，Al的比重轻，因此可提高钛合金的比强度，还可有效提高低温强度和高温强度（550℃以下），显著提高钛合金的再结晶温度，增加氢在钛合金中的溶解度，减轻氢的危害。

合金元素（Sn、Zr）等能有效强化α相，它们在α-Ti与β-Ti中有较大的固溶度，但对α/β相变温度影响较小，故称中性强化元素。

3. 常用合金元素

钛合金中常用的合金元素有Al、Sn、Zr、V、Mo、Mn、Cr、Si、RE、Fe、Cu，其中工业上应用最广泛的元素Al。Al是α相稳定元素：除工业纯钛外，各类钛合金中几乎都添加Al，Al主要起固溶强化作用，每添加1%（质量分数）Al，室温抗拉强度增加50MPa。铝在钛中的极限溶解度为7.5%，超过此值，出现有序相Ti3Al（α_2 相），对合金的塑性、韧性及应力腐蚀不利，故一般加Al量不超过7%（质量分数）。Al改善抗氧化性，Al比Ti还轻，能减小合金密度，并显著提高再结晶温度，如添加5%（质量分数）Al可使再结晶温度从纯钛600℃提高到800℃。Al增加固溶体中原子间结合力，从而提高合金的热强性。在可热处理β合金中，加入3%（质量分数）左右Al，可防止由亚稳定β相分解产生的ω相而引起的脆性。Al还提高H在α-Ti中的溶解度，减少由氢化物引起氢脆的敏感性。

Sn 和 Zr 是常用的中性元素，它们在 α-Ti 和 β-Ti 中均有较大的溶解度，常和其他元素同时加入，起补充强化作用。为保证耐热合金获得单相 α 组织，除 Al 以外，还加入 Sn 和 Zr 进一步提高耐热性，同时对塑性不利影响比 Al 小，使合金具有良好的压力加工性和焊接性能。Sn 能减少对氢脆的敏感性。钛锡系合金中，当 Sn 超过一定浓度时也会形成有序相 Ti3Sn，降低塑性和热稳定性。为了防止有序相 Ti3X（α_2 相）的出现，考虑到 Al 和其他元素对 α_2 相析出的影响，Rosenberg 提出铝当量公式。只要铝当量低于 8%～9%，就不会出现 α_2 相。

$$\text{Al 当量} = w(\text{Al}) + 1/3w(\text{Sn}) + 1/6w(\text{Zr}) + 1/2w(\text{Ga}) + 10w[\text{O}]\% \leqslant 8\% \sim 9\%$$

V 和 Mo：β 稳定元素中应用最多，固溶强化 β 相，并显著降低相变点、增加淬透性，从而增强热处理强化效果。含 V 或 Mo 的钛合金不发生共析反应，在高温下组织稳定性好；但单独加 V，合金耐热性不高，其蠕变抗力只能维持到 400℃，为了提高蠕变抗力，加 Mo 的效果比 V 高，但密度更大；Mo 还改善合金的耐蚀性，尤其是提高合金在氯化物溶液中的抗缝隙腐蚀能力。

Mn、Cr：强化效果大，稳定 β 相能力强，密度比 Mo、W 等小，故应用较多，是高强亚稳定 β 型钛合金的主要添加剂。但它们与钛形成慢共析反应，在高温下长期工作时，组织不稳定，蠕变抗力低；当同时添加 β 同晶型元素，特别是 Al 时，有抑制共析反应的作用。

Si：共析转变温度较高（860℃），加 Si 可改善合金的耐热性能，因此在耐热合金中常添加适量 Si，加入 Si 量以不超过 α 相最大固溶度为宜，一般为 0.25%左右。由于 Si 与钛的原子尺寸差别较大，在固溶体中容易在位错处偏聚，阻止位错运动，从而提高耐热性。

RE：提高合金耐热性和热稳定性。RE 的内氧化作用，形成了细小稳定的 RE_xO_y 颗粒，产生弥散强化。由于内氧化降低了基体中的氧浓度，并促使合金中的锡转移到稀土氧化物中，这有利于抑止脆性 α_2 相析出。此外，RE 还有强烈抑制 β 相晶粒长大和细化晶粒的作用，因而可以改善合金的综合性能。

11.4.2　钛及钛合金的分类

工业纯钛退火得到单相 α 组织，属 α 型钛合金。工业纯钛根据杂质含量不同分为 TA0、TA1、TA2、TA3、TA1GELI、TA1G、TA1G-1、TA2GELI、TA2G、TA3GELI、TA3G、TA4GELI、TA4G，其中 TA 为 α 型钛合金的代号，数字表示合金的序号。随着序号增大，钛的纯度降低，抗拉强度提高，塑性下降。纯钛只能冷变形强化。当变形度大于 30%以后，强度增加缓慢，塑性不再明显降低。纯钛的热处理为再结晶退火（540～700℃）和去应力退火（450～600℃），退火后均采用空冷。工业纯钛可制成板、管、棒、线、带材等半成品。工业纯钛可作为重要的耐蚀结构材料，用于化工设备、滨海发电装置、海水淡化装置和舰艇零部件。

钛合金按组织类型可分为三种，

1）α（用 TA 表示）：全 α、近 α 和 α+化合物合金。以 Al、Sn、Zr 为主要合金元素，在近 α 型钛合金中还添加少量 β 稳定化元素，如 Mo、V、Ta、Nb、W、Cu、Si 等。

2）β（用 TB 表示）：热力学稳定型 β 合金、亚稳定 β 型合金和近 β 型合金。

3）α-β（用 TC 表示）：以 Ti-Al 为基再加适量 β 稳定元素。

表 11-33 列出了部分钛合金牌号及化学成分。

表 11-33　部分钛合金牌号及化学成分

TA5	Ti-4Al-0.005B
TA7	Ti-5Al-2.5Sn
TA12-1	Ti-5Al-4Sn-2Zr-1Mo-1Nd-0.25Si
TB2	Ti-5Mo-5V-8Cr-3Al
TC1	Ti-2Al-1.5Mn
TC3	Ti-5Al-4V
TC4	Ti-6Al-4V
TC6	Ti-6Al-1.5Cr-2.5Mo-0.5Fe-0.3Si

结构型钛合金强度较高，长期使用温度在 400℃以下。例如 TA7 合金，为 α 型钛合金，属 Ti-Al-Sn 系（Ti-5Al-2.5Sn），其中 Al 和 Sn 起稳定 α 相和固溶强化作用。其性能特点如下：

1）具有中等强度和较高的耐热性，可在 400℃下长期工作。

2）具有良好的低温性能和焊接性能。随温度降低，强度升高，塑性略有下降。间隙元素含量低的合金，在−250℃时仍保持良好的塑性，用于超低温高压容器，多以管材供应。

3）冷热加工性较差。轧制工艺对热成型影响较大，轧制温度为 750℃左右，具有较好的热成型性，高温轧制塑性反而降低，原因是晶粒粗化，但通过交叉轧制改善组织，可提高热塑性。

TC4（Ti-6Al-4V）为 α-β 型合金，是国际上的一种通用型钛合金，其用量占钛合金总消耗量的 50%

左右。在航空工业上多用于做压气机叶片、盘和紧固件等；当间隙元素含量低时，具有良好的低温性能，可制作在-196℃下使用的低温容器。合金元素Al为基本组元，用以保证合金在常温及高温下的性能，V赋予合金热处理强化能力，可改善塑性，且V是β同晶型元素，不存在共析反应，故组织稳定性较好，长期使用温度可达350℃；可减少Ti-Al系合金形成α相的危险以及减轻Al的偏析。TC4合金处于α+β相区，α+β→β转变温度为996℃。在平衡条件下，β相约占7%~10%（体积分数）。

11.4.3　钛合金中的不平衡相变

纯钛在慢冷时以扩散的方式完成β相至α相的转变，在快冷时无扩散，属于马氏体转变。钛合金的相转变温度或升高、降低或基本保持不变。存在α+β两相区，即β→α转变在一个温度范围内完成。

钛和钛合金的β→α转变具有以下特点：

1）新相和母相存在严格的取向关系。如冷却时，α相总是以片状或针状有规则地析出，形成魏氏组织。

2）钛的β→α转变所需的过冷度或过热度很小。当加热温度超过β相变点后，β相极易长大，形成粗晶（由于高温加热而造成的脆性称β脆性）。

3）β相区加热形成的粗晶，不能像钢铁那样利用同素异晶转变使之晶粒细化；只有经适当形变再结晶才能消除粗晶魏氏组织。其原因是，钛的两个同素异晶体比容差小，仅为0.17%，而铁为4.7%，同时钛的弹性模量小，在相变过程中不能产生足够的形变硬化，以引起基体再结晶，使晶粒细化。

β相在慢冷时的转变：合金加热到β相区后缓冷，将从β相中析出次生α相。随着温度降低，次生α相不断增多，β相不断减少，β稳定化组元浓度连续增高。当达到室温时，两相分别达到各自平衡浓度，室温得到α+β相平衡组织。缓冷时，先在原β晶界开始形核长大，形成晶界α，然后从晶界向晶内呈集束状扩展，直至互相接触为止。相互平行位向一致的一组片状α构成一个群体，称为α集束，β相处于片状α相之间，呈连续的或间断的层片状，冷却后形成魏氏组织（α+β相）。加热温度越高、冷却越缓慢，则α片越厚，α集束尺寸也越大，形成位向比较单一的集束，这种组织称并列式魏氏结构。冷却速度较快时，α相不仅可在晶界上生核，同时在β晶粒内部可独立生核，这样α群体数目增多，组织细化，这种由多种取向的片状α相构成的组织称作网状魏氏结构。

加热到α+β两相区慢冷与上述转变主要差别如下：①原来存在的α相在冷却过程中不发生转变，为了与析出的次生α相区别，称为初生α相；②随着冷却速度减慢，次生α相由晶内成核逐步变为在初生α相和β相界面处成核长大，并与初生α相连成一体，而β相呈网络状（晶间β），网络状β也可能进一步集聚成块状；③加热温度较低，β相浓度较高，过冷度较大，故转变组织更为细密。某些两相钛合金从β相区或（α+β）相区上部温度连续冷却，在β→α转变时，β/α相界上存在界面相或界面层。界面相由两层组成，靠近β相一边的层比较完整，且外观较光滑，称单片层，具有面心立方结构；靠近α相一侧的层有许多条痕，称条纹层，具有六方结构，但和相邻的α相晶体取向关系不同。界面层厚度与冷却速度有关，在适当的冷却速度下，厚度达到最大值。界面相是在连续冷却时β→α转变的一个过渡阶段，面心立方单片层是β→α转变的一个中间结构，条纹层已接近完成β→α的转变。β/α界面相的存在对两相钛合金性能产生影响，疲劳裂纹易在界面层萌生。

β相在快冷时的转变：钛合金从β相区淬火，发生无扩散的马氏体转变，当β稳定元素含量低时，β转变为α′马氏体；当β稳定元素含量高时，β转变为α″马氏体。当合金元素含量在临界浓度附近时，淬火形成亚稳定六方晶格ω相。ω转变与马氏体转变的相同点是，相变速度快，即使很高冷速也不能抑制其进行；母相与ω相成分相同；转变具有可逆性，保持共格界面等，故β→ω转变是一种无扩散转变。ω转变与马氏体转变的不同点是，形核率高，形核容易，长大困难，尺寸细小弥散，表面没有浮凸效应。

11.4.4　钛合金的热处理工艺

在钛合金材料的工程应用中，热处理工艺是确保钛合金正确使用的重要手段。钛合金的热处理工艺主要包括退火处理、固溶处理和时效处理。根据钛合金的不同类型和不同的退火目的，退火处理又可分为消除应力退火、完全退火（再结晶退火）、双重退火、等温退火、脱氢真空退火等几种形式。根据加热温度的不同，固溶处理又可分为以下两种类型：在（α+β）/β相变点温度以上进行的固溶处理，简称为β固溶；在（α+β）/β相变点温度以下进行的固溶处理，简称为α+β固溶。对时效处理，根据时效后获得的强度水平，有峰值时效和过时效（软化时效）之分。

钛合金热处理有以下特点：

1）马氏体相变不能引起合金的显著强化，这个特点与钢的马氏体相变不同，钛合金的热处理强化只能依赖淬火形成的亚稳相（包括马氏体相）的时效分解。

2）应避免形成 ω 相。形成 ω 相会使合金变脆，正确选择时效工艺（如采用高一些的时效温度，即可使 ω 相分解为平衡的 α+β 相。

3）同素异构转变难以细化晶粒。

4）导热性差。导热性差可导致钛合金，尤其是 α-β 型钛合金的淬透性差，淬火热应力大，淬火时零件容易翘曲。由于导热性差，钛合金变形时易引起局部温升过高，使局部温度有可能超过 β 相转变温度而形成魏氏组织。

5）化学性活泼。热处理时，钛合金易与氧和蒸汽反应，在工件表面形成一定深度的富氧层或氧化皮，使合金性能变坏。钛合金热处理时容易吸氢，引起氢脆。

6）β 相变温度差异较大，即使是同一成分，但冶炼炉次不同的合金，其 β 转变温度有时也会有很大差别（一般相差 5～70℃）。这是制定工件加热温度时要特别注意的特点。

7）在 β 相区加热时 β 晶粒长大倾向大。β 晶粒粗化可使塑性急剧下降，故应严格控制加热温度与时间，并慎用在 β 相区温度加热的热处理。

钛合金的热处理工艺可分为退火处理、固溶处理和时效处理。在退火处理中，消除在冷加工、冷成形及焊接等工艺过程中产生的内应力。这种退火有时也称为不完全退火，在这一过程中主要发生回复。退火的温度低于该合金的再结晶温度，消除应力退火的时间取决于工件的厚度、残余应力大小、所用的退火温度以及希望消除应力的程度，其冷却的方式一般采用空冷，对大尺寸和形状复杂的零件也可以采用炉冷。完全退火主要目的是为了使组织和相成分均匀、降低硬度、提高塑性、获得稳定的或具有一定综合性能的显微组织。在完全退火过程中主要是发生再结晶，完全退火的温度高于该合金的再结晶温度，所以也称为再结晶退火。双重退火包括高温和低温两次退火处理，其目的是使合金组织更接近平衡状态，以保证其在高温及长期应力作用下的组织及性能稳定性。双重退火特别适用于高温钛合金。对 α-β 型钛合金在 (α+β)/β 转变温度以下 100℃ 的范围内保温后直接转移到比该合金实际使用温度稍高的炉内继续保温一定时间，然后出炉空冷。等温退火是双重退火的种特殊形式。真空退火是为防止钛合金氧化及污染而在真空条件下进行的退火，同时，真空退火还可部分去除钛合金中的氢含量，防止钛合金发生氢脆。

钛合金进行固溶处理的目的是获得可以产生时效强化的亚稳定 β 相，即将 β 固溶体以过饱和的状态保留到室温。固溶处理的温度选择在 (α+β)/β 转变温度以上或以下的一定范围内进行（分别称为 β 固溶和 α+β 固溶），固溶处理的时间应能保证合金元素在 β 相中充分固溶。

钛合金进行时效处理的目的是促进固溶处理产生的亚稳定 β 相发生分解，产生强化效果。时效过程取决于时效温度和时效时间，时效温度和时效时间的选择应该以合金能获得最好的综合性能为原则。确定钛合金的时效工艺通常是根据时效硬化曲线来进行的。时效硬化曲线描述了合金在不同时效温度下，力学性能与时效时间的关系，力学性能可以是室温抗拉性能，也可以是硬度或其他性能。时效温度的选择通常应避开相脆化区，因此，一般选择在 500℃ 以上。时效温度太低，难以避开 ω 相，若温度过高，则由 β 相直接分解的 α 相粗大，合金的强度降低。根据时效后的强化效果，可以将时效分为峰值时效和过时效。峰值时效的强度高，塑性相对满意；过时效则强度下降，而塑性更好，高温下的组织稳定性（热稳定性）及耐蚀性好。有些合金为了获得较好的韧性和抗剪切性能，也采用较高温度时效。这种时效也称为稳定化处理。为了使合金在使用温度下有较好的热稳定性，可以采用在使用温度以上的时效。有时为了控制时效析出相的大小、形态和数量，某些合金还可以采用多级时效处理，也称为分级时效。分级时效通常先在低温时效，然后在较高温度时效。

对于 α 型钛合金，由于两相区很小，退火温度一般选择在 (α+β)/β 相变点以下 120～200℃。对 TA7 钛合金，其 (α+β)/β 相变点为 950～900℃，板材退火温度选定在 700～750℃，棒材退火温度选定在 800～850℃。温度过高会引起氧化和晶粒长大，温度过低时再结晶进行不完全。α 型钛合金不能通过固溶时效进行强化，通常不进行固溶处理。

对于 α+化合物型钛合金来说，固溶处理的目的是保留过饱和 α 固溶体，固溶处理温度一般选择在刚好低于共析温度的范围，例如 Ti-2Cu 合金，共析温度为 798℃，固溶处理温度选择在 790℃，冷却方式可选择空冷。

α-β 型钛合金的完全退火温度一般选在 (α+β)/β 相变点以下 120～200℃，冷却方式采用空冷。例如对 TC4 钛合金，其 (α+β)/β 工程相变点为 980～1010℃，则完全退火温度选在 750～850℃，消除应力退火温度选在 700～800℃。TC6 钛合金的 β 转变温度约为965℃，对TC6棒材在870～920℃保温1～2h，然后自接转移至550～650℃的另一炉中保温2h，空冷（等温退火），或高温阶段结束后，打开炉门待炉温降至550～650℃后保温2h，再空冷。

α-β型钛合金固溶处理温度通常选择在（α+β）/β相变点以下40～100℃，即两相区的上部温度范围，但不加热到β单相区，因为加热到β单相区后，会产生粗大晶粒，对韧性有害，固溶处理的时间应能保证合金元素在固溶体中充分固溶。固溶处理时应快速冷却，通常采用水冷或油冷。时间稍加延误，会在原始β晶粒的晶界上析出二相，影响固溶处理的效果。以TC4钛合金为例，最小截面厚度在6mm以下、6～25mm及25mm以上时，固溶处理延迟的最长时间分别规定为6s、8s和10s。对于TC4钛合金棒材、锻件来说，固溶处理的温度通常为900～970℃，保温时间根据材料尺寸而在20～120min范围内变化，采用水淬。尺寸小，需要的保温时间也相应减少。通常对于α-β型钛合金，根据合金成分的不同，时效温度选取500～600℃，时效时间选择4～12h，冷却方式均采用空冷。对于TC4钛合金来说，时效温度选取480～690℃，时效时间选择2～8h。

对于β型钛合金来说，完全退火即固溶处理，退火温度一般选择在（α+β）/β相变点以上80～100℃。完全退火的保温时间取决于退火处理的零件及半成品的截面尺寸。尺寸增大，需要的退火保温时间相应增加。β型钛合金的固溶温度应选择在β转变温度上下附近位置，例如TB2的β转变温度为750℃，其固溶温度实际选定为750～800℃。若固溶处理温度选择过低，则β固溶合金元素扩散不够充分，原始α相多，固溶时效后强化效果差。若固溶温度选择过高，则晶粒粗化，固溶时效后的强化效果也会降低。冷却大多采用水冷，但有些合金例如TB2等也可采用空冷以防形变。对于β型钛合金来说，通常固溶处理保温时间比两相合金要短些，例如TA11棒材、锻件为20～90min，TB2、TB3等棒材、锻件为10～30min，这是因为单相合金的热传导性通常优于两相合金。但对于TB5及TB6的棒材、锻件来说，保温时间分别会长至10～90min和60～120min，这是因为这两种合金的合金化程度高，元素扩散更加困难，因而需要保温较长时间才能获得均匀稳定的固溶体。β型钛合金中的β稳定元素含量高，β相的稳定程度高，亚稳态β相的分解比较缓慢，所需时效时间较长。时效前的冷加工和低温预时效都可以大大加速亚稳态β相的分解速度，使时效时间变短。可热处理强化的β型钛合金的时效温度较低，为450～550℃，时间较长，为8～24h，冷却方式均采用空冷。对TB2钛合金，时效温度选取450～550℃，时效时间选择8～24h。

11.4.5 影响钛合金热处理质量的因素

由于热处理钛合金产生的典型缺陷包括产生粗大晶粒、合金力学性能和使用性能偏离已定的技术条件、强烈的气体饱和、合金元素从表面或者沿界面蒸发、零件或半成品产生翘曲，以及由于热应力和相应力产生的裂纹。除最后一种典型缺陷外，前几种缺陷都可通过合理制定和严格控制热处理制度来防止，最后一种缺陷的防止方法包括降低淬火温度、提高时效温度、使用等温淬火和在低温时效前引入预高温时效。

11.5 镍基合金的热处理

11.5.1 铸造镍基合金的热处理

20世纪60年代中期以前，铸造高温合金一般是在铸态下直接使用，随着铸造高温合金使用温度的不断提高，为了使组织均匀化和合金的高温蠕变和持久性能得到改善，加之一些铸造高温合金的合金化程度越来越高，热处理成为铸造高温合金不可缺少的工序之一。高温合金的热处理分为3类：固溶处理、固溶+时效热处理和时效热处理，其中以固溶处理最为重要。固溶处理的作用是将铸态组织中粗大的γ′相和γ/γ′共晶全部或大部分固溶，然后在冷却过程中析出更为细小的γ′相，以提高合金的高温强度，实现成分均匀化。固溶处理主要是改变γ′相的形态，具体包括γ′相的形状、尺寸、分布和含量等方面，它们是决定合金力学性能的关键因素。在固溶处理过程中，除γ′相和γ/γ′共晶发生固溶外，还有初生MC碳化物的分解以及二次M23C6或M6C碳化物的析出，它们以颗粒状或针状分布于晶界和晶内的MC碳化物周围。此外，高温合金中含有较多的合金化元素，如W、Mo、Nb、Ti和Cr等，有可能形成拓扑密排（TCP）相，对合金的力学性能产生很大的危害。合理的热处理制度可以控制TCP相的析出，调整碳化物的形态。

固溶处理温度、固溶处理时间和冷却速率为热处理工艺的主要参数。其中，固溶处理温度对合金组织与性能的影响最为明显。图11-9a所示为在保温时间为2h，空冷条件下，实验合金在760℃、660MPa和980℃、180MPa下的持久寿命随固溶处理温度的变化曲线。在固溶处理温度较低的阶段，持久寿命随温度升高而延长。固溶处理温度为 1220℃ 时，760℃、660MPa 条件下的持久寿命最长；固溶处理温度为 1180℃时，980℃、180MPa 条件下的持久寿命最长。超过峰值温度，持久寿命随温度的升高而降低。此外，在相同固溶处理温度下，760℃、660MPa 条件下的持久寿命高于 980℃、180MPa 的。图 11-9b 所示为室温拉伸性能随固溶处理温度的变化曲线，当固溶处理温度从 1120℃ 升高到 1220℃ 时，屈服强度和抗拉强度随温度升高而增强；在 1220℃ 时达到峰值后，继续升温，屈服强度和抗拉强度下降。

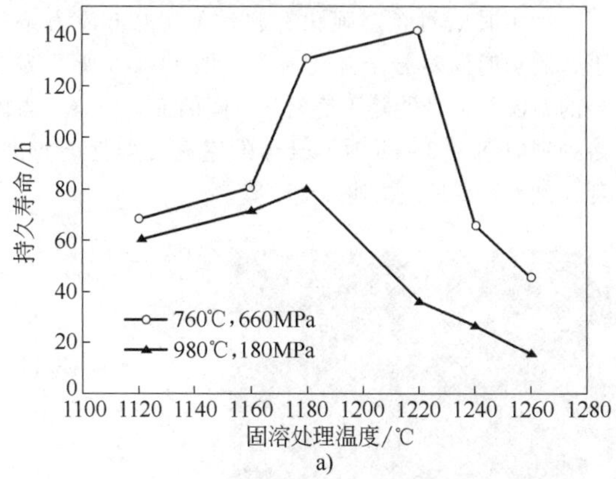

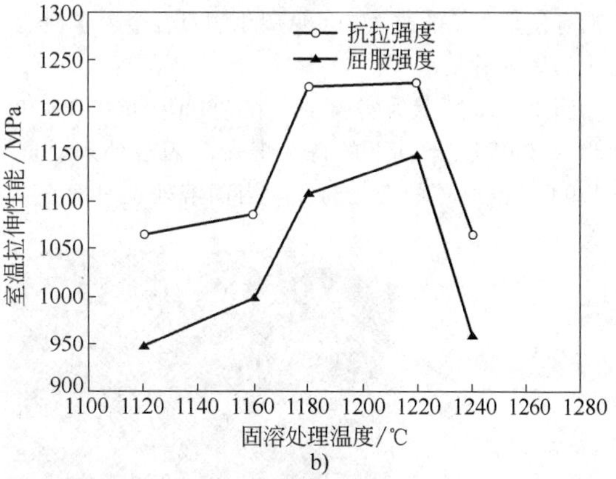

图 11-9　合金的持久寿命和室温拉伸性能随固溶处理温度的变化曲线

a）持久寿命-固溶处理温度　b）室温拉伸性能-固溶处理温度

提高固溶处理温度改变了合金的组织结构，这是造成合金性能变化的主要原因。固溶处理温度在 1120℃时，铸态组织中原始粗大 γ′相和 γ/γ′共晶不能全部溶解，致使重新析出 γ′相数量少，分布不均匀。固溶处理温度提高，粗大 γ′相和 γ/γ′共晶溶解较充分，重新析出的 γ′相数量较多，γ′相的分布相对均匀。所以，固溶处理温度较高时，合金的拉伸性能较高，持久寿命较长。图 11-10 所示为不同固溶处理温度下 γ′相的形态，在 1120℃时，γ′相呈四方形，平均尺寸约为 1μm（见图 11-10a），面积分数为 59.9%；温度为 1160℃时，γ′相的平均尺寸约为 0.8μm（见图 11-10b），面积分数为 63.9%；温度为 1220℃时，相更加方正细小，平均尺寸约为 0.2μm（见图 11-10c），面积分数为 69.8%。γ′相是高温合金中的主要强化相，γ′相数量越多，合金的强化效果越好，力学性能才能得以改善。固溶处理温度为 1220℃时，不仅 γ′相的数量增大，γ′相的尺寸和分布也更加细小均匀，而且共晶组织基本溶解，对提高合金的拉伸性能和持久性能有利；温度为 1240℃ 时，合金发生了初熔（见图 11-10d），导致合金力学性能下降。

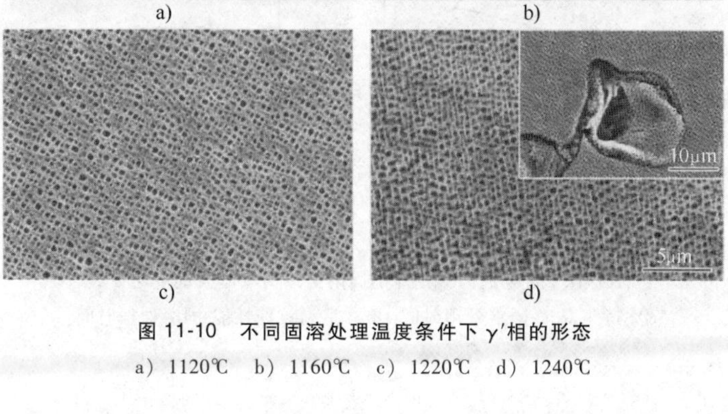

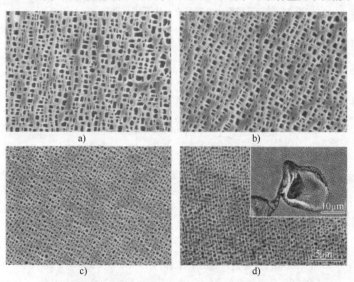

图 11-10　不同固溶处理温度条件下 γ′相的形态

a）1120℃　b）1160℃　c）1220℃　d）1240℃

除 γ′相外，共晶对合金性能也有影响，当温度从 1120℃升高到 1220℃时，共晶溶解越来越充分，数量越来越少（见图 11-11）；到 1220℃时，基本观察不到共晶组织（见图 11-11c）。由图 11-11 还可以看出，随着固溶处理温度的变化，碳化物的形态和分布没有发生明显的改变，可见碳化物对合金力学性能变化的影响不大。

图 11-12a 所示为实验合金在 760℃、660MPa 和 980℃、180MPa 条件下的持久寿命随固溶处理时间（1120℃，空冷）的变化曲线。当固溶处理时间在 2～8h 内时，760℃、660MPa 的持久寿命随时间延长而下降，而 980C、180MPa 条件下的持久寿命随时间增加而提高，可见不同实验条件下持久寿命表现不同的变化规律。所以，在材料应用过程中，应根据合金的使用条件来选择固溶处理时间，在低温大应力环境下，缩短时间对合金强化有利；在高温低应力条件下，延长时间对合金强化有利。图 11-12b 所示为合金的室温拉伸性能随固溶处理时间的变化曲线，当固溶处理时间为 2～4h 时，合金的室温拉伸性能较高；延长到 6～8h 时，拉伸性能下降。

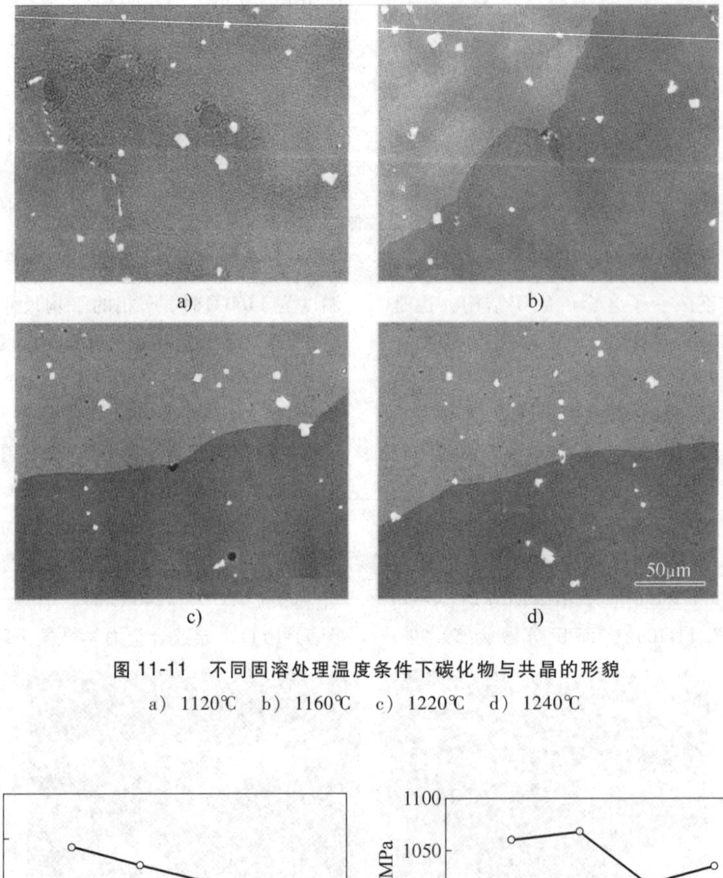

图 11-11　不同固溶处理温度条件下碳化物与共晶的形貌

a）1120℃　b）1160℃　c）1220℃　d）1240℃

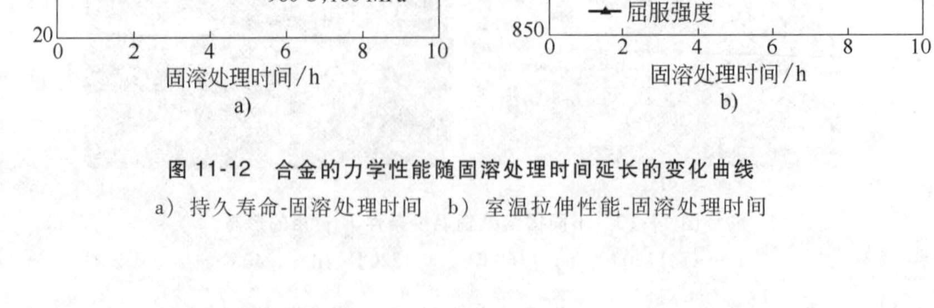

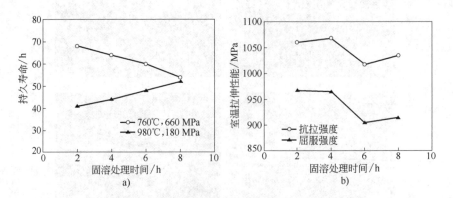

图 11-12　合金的力学性能随固溶处理时间延长的变化曲线

a）持久寿命-固溶处理时间　b）室温拉伸性能-固溶处理时间

11.5.2　固溶强化镍基合金的热处理

固溶强化镍基高温合金是以 Ni 作为基体元素，通过添加固溶强化元素对 γ 奥氏体基体进行强化的一类镍基合金。固溶强化镍基高温合金的使用温度通常在 800℃以下，但在一些对高温耐腐蚀性要求较高的场合，其使用温度可达到 1200℃。由于这类合金具有组织稳定性好、服役温度高等优势，因而在航空航天、石油化工以及核工业领域得到了广泛的应用。

以两种固溶强化合金 617 合金（对应国内牌号 NCr22-12-9）和 625 合金（对应国内牌号 NCr22-9-3.5）为例，研究镍基合金经时效处理后的析出行为。其中原始态 617 合金为 1175℃固溶处理后空冷，原始态 625 合金为供货态合金（871℃均匀化退火 30min 后水淬）在 1149℃固溶处理 1h 后空冷。两种合金的化学成分见表 11-34。

表 11-34　617 合金和 625 合金的化学成分（质量分数）　（%）

牌号	C	Si	Mn	S	Al	B	Co	Cr	Cu	Fe	Mo	Ti	P	Nb	W	NG
N06617	0.06	0.11	0.06	0.001	0.95	0.001	12.0	21.5	0.06	1.24	9.23	0.35	0.005	—	—	余量
N06625	0.054	0.27	0.13	0.0003	0.20	0.003	0.46	20.86	0.11	4.63	8.86	0.23	0.008	3.47	0.14	余量

不同状态下 617 合金和 625 合金的扫描电镜（SEM）图像如图 11-13 所示。图 11-13a 和 d 显示了两合金原始态形貌，由图可见，晶内分布少量第二相颗粒，而第二相在晶界上分布更少。二次电子（SE）图像示出原始态 617 合金晶内颗粒为富 Ti 的 TiN 和富 Cr 的 M23C6 碳化物，尺寸分别为 1.5~5μm 和 1~6μm，TiN 颗粒数量少（合金 N 量少）。原始态 625 合金晶内颗粒分别为富 Ti 的 TiN（1~4μm）和富 Nb 的 MC 型碳化物［M 指 Nb 和少量的 Ti，MC 也可表示为（Nb，Ti）C］，一些 TiN 颗粒被 MC 碳化物包裹（见图 11-13d）。617 合金时效 300h 后晶内和晶界析出大量细小第二相（见图 11-13b），625 合金时效后晶界析出相的数量多，晶内析出相的数量少，晶界析出相一类沿晶界分布，另一类向晶内延伸（见图 11-13e）。随着时效时间延至 3000h，两种合金的析出物数量明显增多（见图 11-13c 和 f），625 合金中的针状析出物长大（见图 11-13f）。

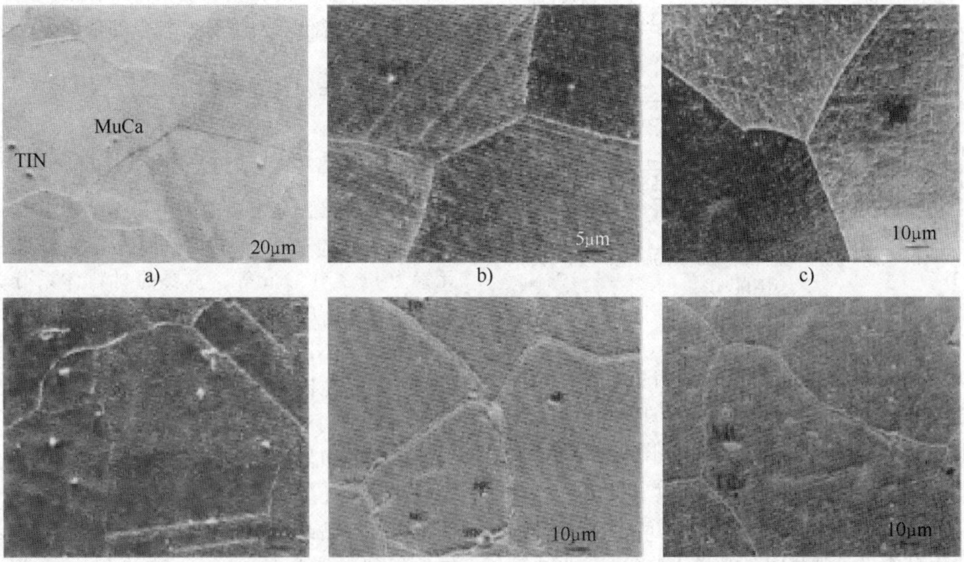

图 11-13　不同状态下 617 合金和 625 合金的 SEM 图像
a）617 合金原始态　b）617 合金时效 300h　c）617 合金时效 3000h
d）625 合金原始态　e）625 合金时效 300h　f）625 合金时效 3000h

11.5.3　形状记忆镍基合金的热处理

NiTi 合金是最早发现并应用于实际的形状记忆合金，具有丰富的相变现象。和其他两类记忆合金相比，它有许多优良的性能：优异的形状记忆和超弹性、良好的力学性能、耐腐蚀、耐磨性能和生物相容性以及高阻尼特性，因而受到材料科学和工程界的普遍重视。NiTi 合金是目前应用最为广泛的形状记忆合金，其范围已涉及航天、航空、机械、电子、交通、建筑、能源、生物医学及日常生活等领域。然而，由于 NiTi 合金的价格昂贵，对制造工艺要求十分严格，合金的相变温度也十分敏感，w(Ti) 变化范围仅 0.3%，相变温度改变范围仅 30~50℃，因此，在某些方面限制了它的大量使用。

NiTi 基形状记忆合金的马氏体相变温度取决于合金成分及组成元素。在大多数情况下，1%Ni 的成分变化，甚至会导致 100K 相变温度的改变。NiTi 二元合金并不是普通的无序金属，是具有 B2 结构的金属化合物。但它也并不是固定成分的线性化合物。它在富 Ni 区域对额外的 Ni 有一定的溶解度，但是却不能溶解多余的 Ti。图 11-14 所示为 NiTi 合金相图。可以看出富 Ti 区域基本上是垂直的，而富 Ni 区域在高温处有一定的溶解度（大约为 6%，在 1000℃下）。经过高温淬火后可以在室温下呈现没有析出相的固溶体。

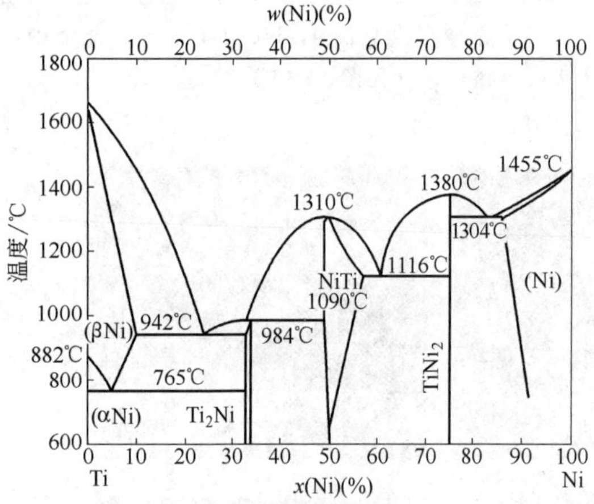

图 11-14　NiTi 合金相图

淬火后的 NiTi 合金表现为一步相变，并且相变温度与合金中 Ni 的含量密切相关。NiTi 二元合金中马氏体相变温度与 Ni 含量的关系如图 11-15 所示，在富 Ti 区域，相变温度基本上与成分含量无关，稳定在 60℃左右。这很有可能是因为在富 Ti 区域 NiTi 的溶解极限基本上是垂直的，因此几乎不可能形成富 Ti 的 NiTi 固溶体。所以富 Ti 的 NiTi 合金的性质类似于 Ti-50Ni 合金。在富 Ni 区域，增加 Ni 的含量会导致合金的相变温度急剧减小。在 w(Ni) = 51.5%的合金中，马氏体相变温度甚至降到了 0K。

马氏体相变温度对于成分含量有如此巨大的依赖性，可以从以下几个方面解释。在马氏体相变之前，温度下降的过程中弹性常数 c 发生软化。相变出现时

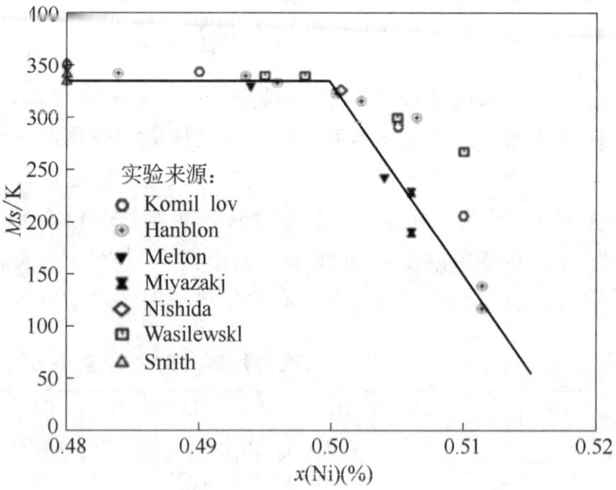

图 11-15　NiTi 二元合金中马氏体相变温度与 Ni 含量的关系

弹性常数 c'存在一个临界值，这一临界值似乎对成分变化不甚敏感。另一方面，弹性常数 c'不仅依赖成分，同时也依赖温度。第一级相变对 c'的软化仅仅是局部的，所以 c'对温度的依赖性较小。而另一方面，在马氏体合金中弹性常数对成分有很强的依赖性。这是由于合金化处理显著改变了晶格的动态性能。因此，为了保持弹性常数 c'在相变温度范围内，一个微小的成分变化（导致弹性常数 c'发生较大变化）必须要由一个较大的相变温度变化来补偿。这就解释了为什么相变温度会对成分有较强的依赖性。

11.6　难熔金属的退火

11.6.1　钨和钨合金的退火

高密度钨合金主要由钨相和黏结相组成，其中钨相含量在 85%~97%范围内，而 γ 黏结相的主要组成元素为 Fe、Ni、Cu 等，主要的材料体系分为 W-Ni-Fe、W-Ni-Cu 及少量的 W-Hf 等。

考虑到 Ni、Fe 元素在钨相中的溶解度非常小，钨相以近乎纯钨的状态分布于钨合金的黏结相中，因此我们只研究 γ 黏结的成分随温度的变化。表 11-35 列出了细晶和传统（粗晶）钨合金黏结相的主要化学成分随热处理温度的变化情况。从表中可以看出，两种钨合金黏结相 W、Ni、Fe 含量随温度表现出不同的规律，细晶钨合金 γ 黏结相中的 W 含量在 1000℃以前基本没有变化，为 22.28%（质量分数），而传统钨合金的则在 1200℃之前含量几乎不发生变化，为 22.89%（质量分数）。对于 Ni、Fe 元素来说，当温度低于 1000℃进行退火后，两种合金的含量均未发生较大的变化，其中细晶钨合金的含量（质量分数）分别为 55.14%Ni、22.63%Fe，传统钨合金的含量（质量分数）分别为 54.53%Ni、22.45%Fe。

表 11-35　不同退火温度下挤压态细晶和粗晶钨合金 γ 黏结相的化学成分

挤压态粗晶 W93NiFe 合金的退火温度/℃	化学成分(质量分数,%)		
	W	Ni	Fe
400℃	23.52	54.05	22.24
800℃	22.98	54.55	22.20
1000℃	22.11	54.98	22.92
1200℃	22.96	52.96	24.81
1350℃	28.14	50.22	21.99
挤压态细晶 W93NiFe 合金的退火温度/℃	化学成分(质量分数,%)		
	W	Ni	Fe
400℃	23.33	54.67	21.93
800℃	21.66	55.55	22.80
1000℃	21.86	55.20	23.15
1200℃	26.11	52.89	21.01
1350℃	24.32	53.45	22.06

传统钨合金在低温条件下进行退火，元素的热扩散受到限制，因此黏结相各元素含量没有变化。而对于细晶钨合金来说，由于晶粒度较小，钨晶粒表面的活性原子比较多，促使细晶钨晶粒表面的 W 原子能够在较低温度下向黏结相进行扩散，从而造成黏结相 W 含量的增加，从表中可以看出，细晶黏结相 W 含量在较低的退火温度（1000℃）下便会增加。

由图 11-16a 和 b 可知，低温退火后，挤压后的显微组织没有发生明显的变化，这是因为当温度低于再结晶温度时，原子的扩散速度很慢，迁移的距离不大，故在低温下进行退火，合金的显微组织不会发生明显的改变。随着退火温度的升高，形变组织发生了比较大的变化，当温度为 900℃时，高于 γ 黏结相的再结晶温度（$\approx 0.4T_m$），Ni、Fe 元素通过热激活作用发生扩散的能力显著加强，使得在热挤压过程中部分被挤压至断裂的钨颗粒之间被黏结相所充满（见图 11-16c），降低了 W-W 颗粒的接触程度；当温度升高到 1350℃ 时，组织中大部分细小的钨颗粒（<10μm）周围被 γ 黏结相填满且细小钨颗粒数量增加，说明高温下的退火可细化钨颗粒及降低 W-W 界面接触面积，改善钨相和黏结相的分布，有利于合金冲击性能的提高。造成钨颗粒细化和 W-W 界面接触的降低与钨相和黏结相的热膨胀因子不匹配而产生的热应力密切相关。具体而言，在退火升温过程中，由于钨相和黏结相的膨胀因子不匹配，使 W-W 界面受到拉应力的作用，有利于黏结相的填充与钨相中过饱和的 Ni、Fe 元素向 W-W 界面的扩散并与之反应形成黏结相，从而降低 W-W 接触面积。此外，由于高温条件下表面扩散作用十分显著，使挤压后钨合金中存在的残留孔隙因表面扩散而消失（见图 11-16），表明高温条件下进行热处理有助于降低合金的孔隙，进一步提高合金的致密度。

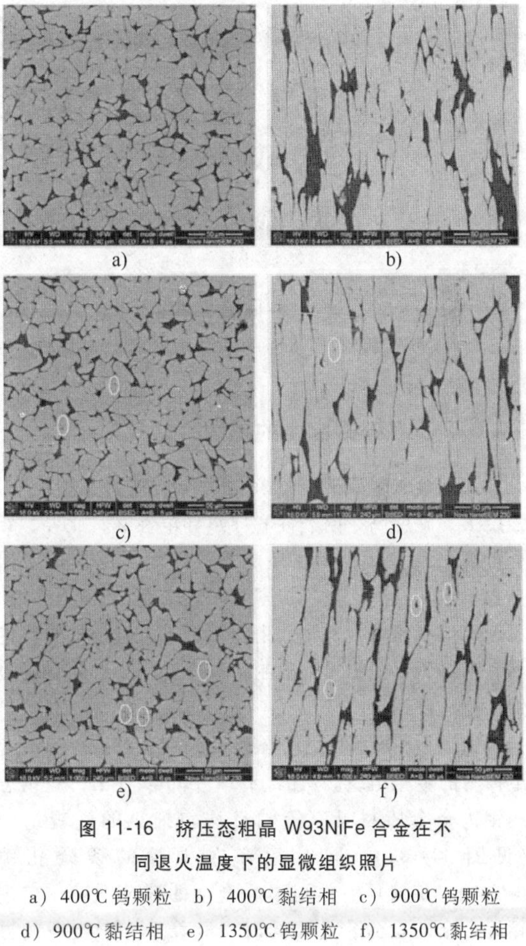

a)　b)　c)　d)　e)　f)

图 11-16　挤压态粗晶 W93NiFe 合金在不同退火温度下的显微组织照片

a）400℃钨颗粒　b）400℃黏结相　c）900℃钨颗粒　d）900℃黏结相　e）1350℃钨颗粒　f）1350℃黏结相

图 11-17 所示为挤压态细晶 W93NiFe 合金在不同退火温度下的显微组织照片。与传统钨合金一样，低温条件下，细晶钨合金的显微组织没有发生明显的变化，钨颗粒由于挤压变形的作用表现出不规则的形貌（见图 11-17a），而黏结相也由于协调变形成长条状（见图 11-17b）。但在高温条件下，细晶钨合金表现出与粗晶钨合金明显不同的性质：从横向组织（见图 11-17e）可以看出，经挤压而变成不规则形状的钨颗粒有向球形转化的倾向，但倾向不是很明显；此外，可以发现经过高温退火后，黏结相体积明显增加，而且对位于钨颗粒之间的黏结相的球化程度非常明显。从纵向组织（见图 11-17f）可以看出，黏结相的分布较低温退火的更加均匀且 W-W 界面由于晶界的扩散作用变得非常不清楚。黏结相体积比的增加和分布均匀性的提高对于提高挤压态细晶钨合金的强韧性匹配十分有利。造成挤压态细晶和粗晶钨合金在相同退火条件表现出不同性质的原因是，钨相表面的活性原子随钨晶粒降低而快速增加，增强钨晶粒表面钨原子向黏结相扩散的能力，从而使粗晶钨合金和细晶钨合金表现出不同的性质。另外，由于钨颗粒和黏结相形状的不规则，造成了位于不同曲率表面上原子扩散能力的不同，使原子从凸面向凹面发生迁移，最终发生规则化。

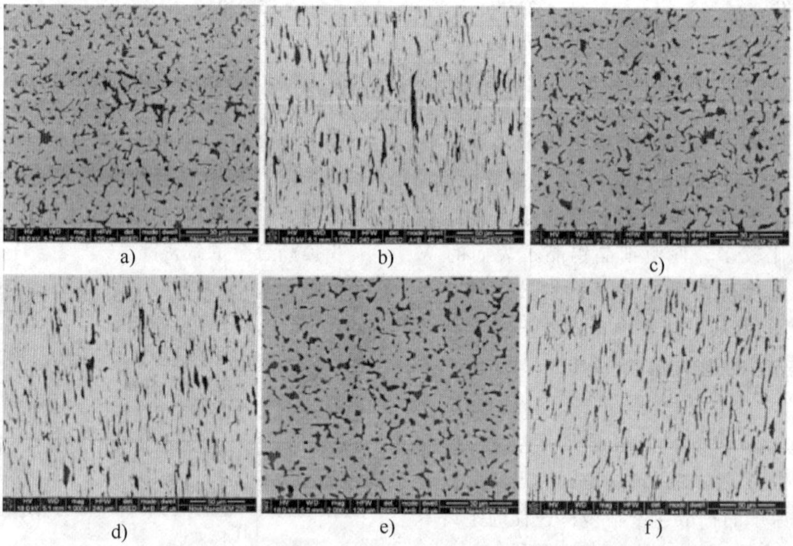

图 11-17　挤压态细晶 W93NiFe 合金在不同退火温度下的显微组织照片

a）400℃钨颗粒　b）400℃黏结相　c）900℃钨颗粒　d）900℃黏结相　e）1350℃钨颗粒　f）1350℃黏结相

11.6.2　钼和钼合金的退火

钼是具有重要战略意义的稀有金属，其熔点高，强度大，硬度高，耐磨性和导热导电性好，此外，钼合金膨胀系数小，耐蚀性能好，因而广泛应用于冶金、机械、石油、化工、国防、航空航天、电子、核工业等诸多领域。但是，由于钼及钼合金的低温脆性和高温抗氧化能力差，限制了钼合金作为结构材料更加广泛地使用。

图 11-18 所示为烧结态和旋锻加工态 Mo-50W 合金棒材的金相组织。从图 11-18 中可以看出，烧结态的钼钨合金棒材具有等轴且均匀细小的微观组织（见图 11-18a），同时还存在少量的残余孔隙（<3%）。旋锻可有效地消除合金的残余孔隙，实现钼钨合金的全致密化，同时，沿着垂直于旋锻的方向，合金的微观组织被拉长变形呈纤维状（见图 11-18b）。图 11-19 所示为 Mo-50W 合金旋锻棒材经不同温度退火后的金相组织。从图 11-19 中可以看出，经 1250℃退火后，晶粒基本保持纤维状，表明在此温度下合金尚处于回复阶段（见图 11-19a）。随着退火温度的升高，晶粒逐渐发生多边形化和等轴化（见图 11-19b 和 d），当退火温度升高至 1450℃时，合金基本完成再结晶（见图 11-19e）。进一步提高退火温度至 1500℃时，晶粒进一步长大（见图 11-19f）。从上述结果可知，随着退火温度的升高，钼钨合金旋锻棒材中的加工应力逐渐消除，发生回复和再结晶，显微组织由加工纤维状组织逐渐转变为等轴晶粒，并于 1450℃左右基本完成再结晶。此后，继续升高温度后，再结晶的晶粒会产生合并长大，形成粗大的晶粒组织。

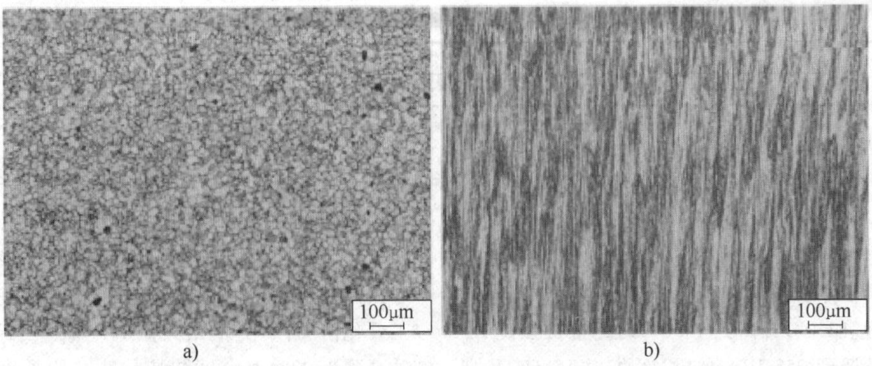

图 11-18　烧结态和旋锻加工态 Mo-50W 合金棒材的金相组织

a）烧结态　b）旋锻加工态

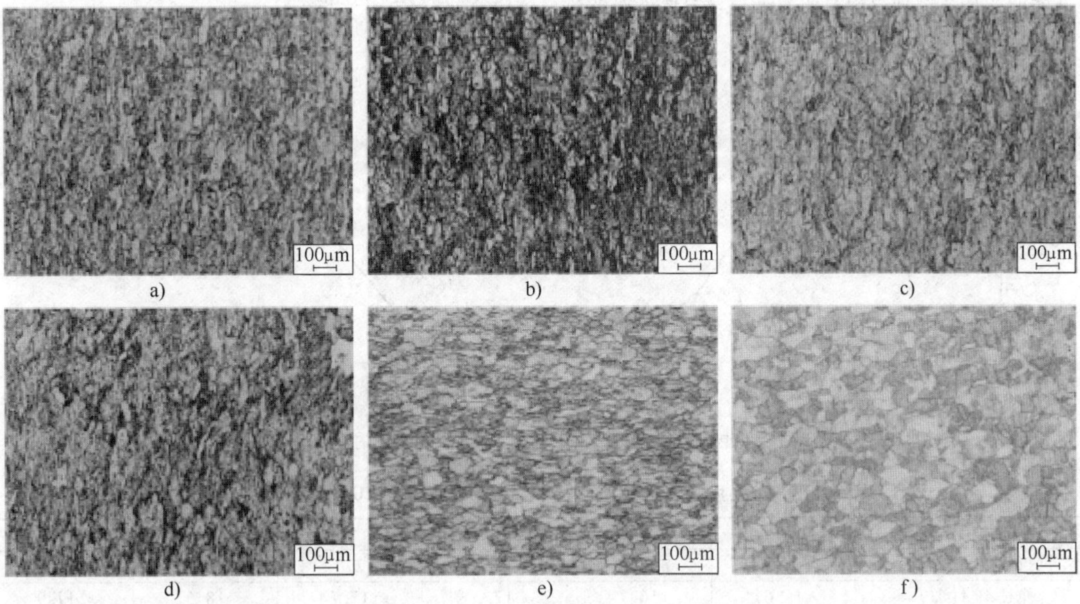

图 11-19　Mo-50W 合金旋锻棒材经不同温度退火后的金相组织

a）1250℃×2h　b）1300℃×2h　c）1350℃×2h　d）1400℃×2h　e）1450℃×2h　f）1500℃×2h

图 11-20 所示为 Mo-50W 合金棒材经不同的温度退火后的硬度变化，其具体数值列于表 11-36。可以看出，随着退火温度的提高，合金的硬度逐渐下降。同时发现合金硬度在 1450℃附近出现明显转折，温度低于 1450℃时，合金硬度随着退火温度升高而下降较快，而在退火温度高于 1450℃时，硬度随退火温度升高而下降的速度减缓。合金的硬度变化与微观组织演化直接相关，加工态的钼钨合金由于加工硬化的原因，其硬度较高。经退火后，变形储能逐步得到释放，流线型组织发生再结晶，合金的硬度迅速下降。当温度升高至 1450℃时，合金的变形织构基本消失，微观组织转变为均匀细小的等轴状晶粒组织，再结晶基本完成，进一步提高退火温度，再结晶晶粒发生长大，合金硬度下降的趋势放缓。

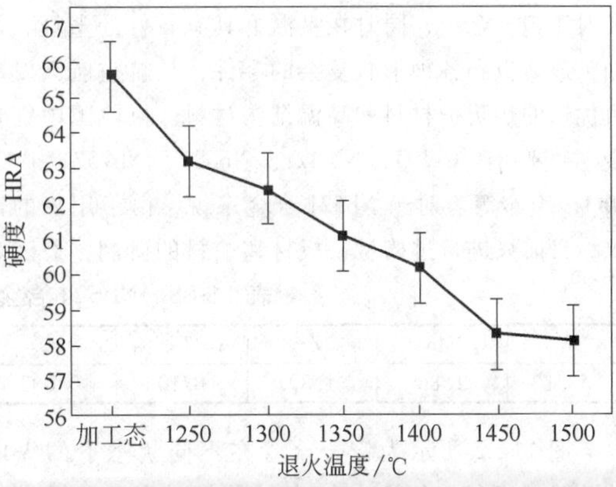

图 11-20　Mo-50W 合金棒材经不同温度退火后的硬度变化

表 11-36　Mo-50W 合金棒材经不同温度退火后的硬度

退火温度/℃	未退火	1250	1300	1350	1400	1450	1500
硬度　HRA	65.6	63.2	62.4	61.1	60.2	58.3	58.1

经不同温度退火后的 Mo-50W 合金棒材在 1200℃ 下的高温力学性能测试结果见图 11-21 和表 11-37。从图 11-21 中可以看出，退火温度对钼钨合金棒材的高温力学性能有明显影响。随退火温度的升高，抗拉强度 R_m 下降，伸长率 A 出现先升高再下降的趋势。当退火温度从 1250℃升高到 1450℃时，抗拉强度 R_m 由 301MPa 降低到 258MPa，伸长率 A 由 15.6%升高到 18.5%。继续提高退火温度至 1500℃时，R_m 进一步下降至 251MPa，但 A 下降至 17.9%。合金高温力学性能的变化与微观组织有明显关系，当退火温度在 1250℃～1450℃ 范围内时，合金发生了回复与再结晶，由纤维状组织向等轴状组织转变，纤维状组织比例逐渐减少，等轴状组织的比例提高，变形储能逐渐释放，使得合金强度逐渐降低，而塑性逐渐提高。当退火温度达到 1450℃时，合金再结晶基本完成，加工硬化消失，A 达到最大值 18.5%。当退火温度继续升高到 1500℃时，再结晶晶粒开始长大，晶界数量逐步减少，使得强度 R_m 进一步降低，但由于晶粒尺寸粗化的原因，合金的塑性也开始下降，从峰值的 18.5%下降至 17.9%。

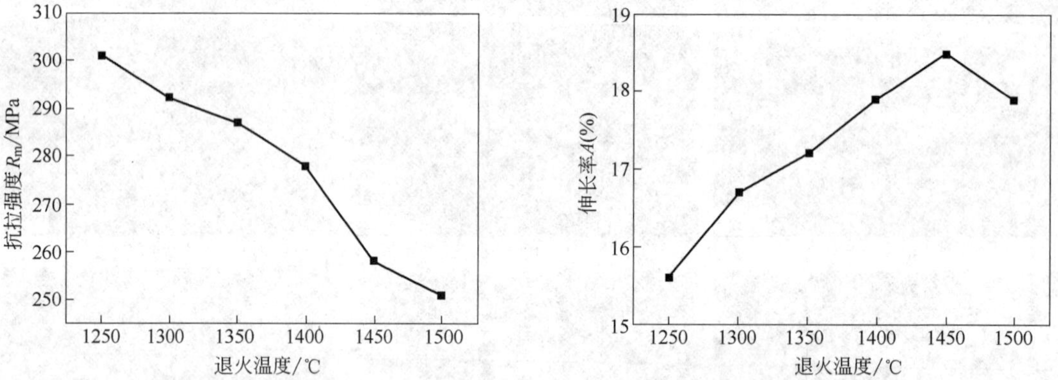

图 11-21　经不同温度退火后的 Mo-50W 合金棒材在 1200℃下的高温力学性能测试结果

表 11-37　经不同温度退火后的 Mo-50W 合金棒材在 1200℃下高温力学性能

退火温度/℃	1250	1300	1350	1400	1450	1500
抗拉强度 R_m/MPa	301	292	287	278	258	251
伸长率 A(%)	15.6	16.7	17.2	17.7	18.5	17.9

11.6.3　铌和铌合金的退火

铌及其合金在高温下能保持很高的强度，且密度相对于钽合金小，同时在室温下具有较好的塑性，可加工成薄板和各种形状复杂的零件，是航空航天发动机优选的热防护材料和高温结构材料。目前国内铌合金主要有 C-103、Nb-1Zr、Nb521、Nb752、D43、Nb319 合金等。对于 Nb521 合金来说，由于用户的需求，目前只进行过棒材、板材和箔材的研制，但随着技术的发展，现在迫切需要制备能在高温下使用的铌合金管材。然而铌合金管的组织和性能直接影响管材的后续加工，因此合适的热处理制度就显得尤为重要。

以西北有色金属研究院常规生产的 Nb521 合金铸锭为例，其化学成分见表 11-38。该合金经过常规的压力加工、轧制等，得到外径为 10.23mm，厚 0.13mm 的铌合金薄壁管。管材经过碱洗除油、酸洗、吹干后，放入真空热处理炉中进行等温退火处理。退火温度为 1200～1300℃。

表 11-38　Nb521 合金铸锭的化学成分（质量分数）　　(%)

W	Mo	Zr	Ta	C	O	N	H	杂质元素	Nb
5.31	1.86	1.82	0.10	0.003	0.014	0.003	0.001	<0.005	余量

图 11-22 所示为铌合金管在不同状态下的纵向截面显微组织。图 11-22d 所示是材料未经过退火的纵向截面显微组织。从图中可以看出，管材的硬态组织沿长度方向为细长的条带状纤维组织，这是原

来的等轴晶粒沿受力方向被压扁或拉长而得到的。由于该合金属于单相固溶体合金，冷变形的管材在退火过程不会发生相变，但会发生再结晶，形变组织会逐渐消失。从图 11-22a 中可看出，细长的显微组织经过退火后，部分晶粒完成了再结晶过程，但仍有部分晶粒未发生再结晶。从图 11-22b 中可看出，较高的退火温度提供了材料再结晶的动力，在该温度下材料发生了完全再结晶，得到完全再结晶组织。从图 11-22c 中可看出，继续提高退火温度，使得已完成再结晶的晶粒发生了长大。从显微组织分析得到，铌合金管应该选择在 1250℃ 下进行完全再结晶退火。

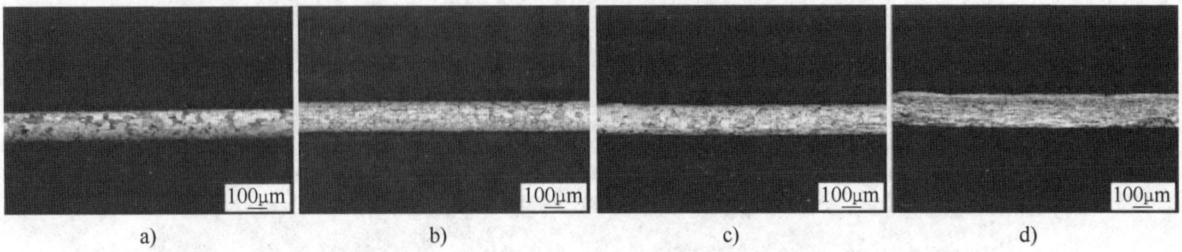

图 11-22　铌合金管在不同状态下的纵向截面显微组织

a）1200℃　b）1250℃　c）1300℃　d）硬态

铌合金管的室温拉伸性能与退火温度的关系见表 11-39。表 11-39 中结果表明，材料在硬态的情况下，抗拉强度和屈服强度远远高于退火态的强度，但塑性相对较差。塑性变形使材料的位错密度增大，大量的位错使得滑移进行困难，同时点缺陷、堆垛层错等也随着加工变形而增加，这也阻碍了金属继续变形，最终产生了加工硬化，大大提高了材料强度而降低了材料的塑性。在经过退火后，随着退火温度的升高，管材的抗拉强度和屈服强度相对于硬态都在降低，而塑性提高。这表明材料在经过冷加工后加热到一定温度，变形的组织重新形核，产生新的无畸变的等轴晶粒，材料内部因冷加工残留的各种缺陷随着热处理温度的升高而逐渐消失，塑性恢复到冷加工前的软化状态。在 1200℃ 时强度最高，塑性最差；在 1250℃ 时，塑性最高，强度适中。

表 11-39　铌合金管的室温拉伸性能与退火温度的关系

退火温度/℃	R_m/MPa	$R_{p0.2}$/MPa	A(%)
1200	478	353	22.5
1250	448	332	27
1300	442	328	26
硬态	711	640	5

11.6.4　钽和钽合金的退火

钽合金是以钽为基加入其他元素组成的合金。钽的阳极氧化膜很稳定，耐蚀，介电性能优异，适于制造电解电容器。钽抗化学腐蚀能力强，除氟化氢、三氧化硫、氢氟酸、热浓硫酸和碱外，能抵御一切有机和无机酸的腐蚀，因而可用作化学工业和医学的耐蚀材料。钽的碳化物是制造硬质合金的重要添加剂。此外，钽也用于某些电子管中。1958 年，TaW10 合金投入生产。20 世纪 60 年代，钽合金作为高温结构材料用于航天工业。钽和钽合金产品有板材、带材、箔材、棒材、线材、异型件和烧结制品等。

二元钽钛合金 ϕ1.5mm 丝材经不同温度（800～1050℃）保温 1h 退火空冷后的纵向金相组织如图 11-23 所示。可以看出，800℃ 退火处理后，丝材纤维组织出现连续性受破坏现象，形成短纤维结构；同时，纤维密度变稀，组织出现松弛，局部被拉长的晶粒粗化。850℃ 处理后，晶粒粗化现象增多，局部晶粒等轴化。900℃ 退火的试样组织由拉长的原始晶粒和少数的再结晶晶粒组成，再结晶晶粒在原始晶粒边界形成，950℃ 退火后，再结晶晶粒增多，拉长的原始晶粒逐渐消失。1000℃ 退火后，纤维组织完全消失，出现了完全的等轴再结晶组织，晶粒长大并不明显，这是因为再结晶形核和长大都是热激活过程，形核率和核长大速率都随温度的提高而增长，退火温度对刚完成再结晶的晶粒尺寸影响不大。1050℃ 退火后发生了二次再结晶，组织内部少数较大的晶粒优先快速成长，逐步吞食掉周围的大量小晶粒，最后形成非常粗大的组织。

ϕ1.5mm 丝材 1000℃ 退火经不同保温时间后水冷的显微组织如图 11-24 所示。保温时间为 10min 的试样组织中的加工流线组织已经不明显，只有少数细小的再结晶晶粒在表层形成。保温时间为 20min 时，组织中的再结晶晶粒体积分数 φ 达到 70%，并且由于再结晶晶粒核心向变形基体生长的速率比晶粒长大的速率大得多，所以基体组织由等轴的再结晶晶粒组成。保温晶粒体积分数 φ30min 后，再结晶晶粒体积分数 φ 达到 95%左右，组织细小而均匀。由于拉伸加工道次变形量较小，变形合金试样内各区域稳定再结晶晶核形成的孕育期长短不相同，变形集中在金属丝材的表层，表层金属反复强化而积蓄的储存能与心部金属内能分布不均使热力学驱动力不平衡，表层金属易发生再结晶，因此再结晶优先在表层形成。

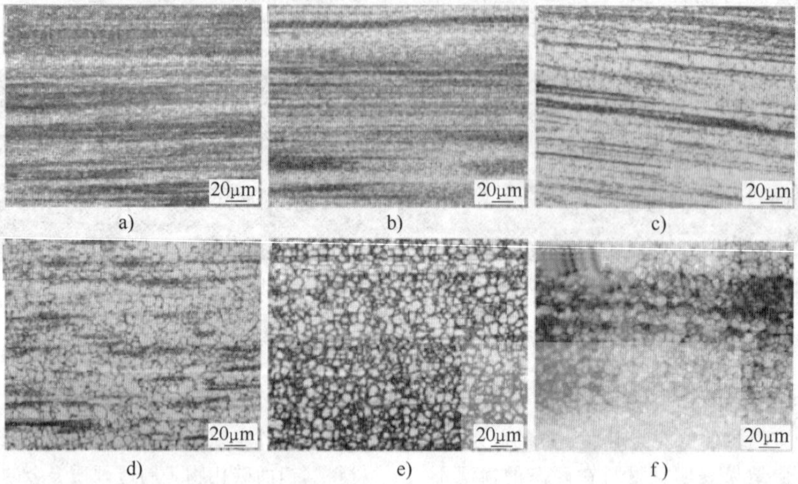

图 11-23　ϕ1.5mm 丝材经不同温度保温 1h 退火空冷后的纵向金相组织

a）800℃　b）850℃　c）900℃　d）950℃　e）1000℃　f）1050℃

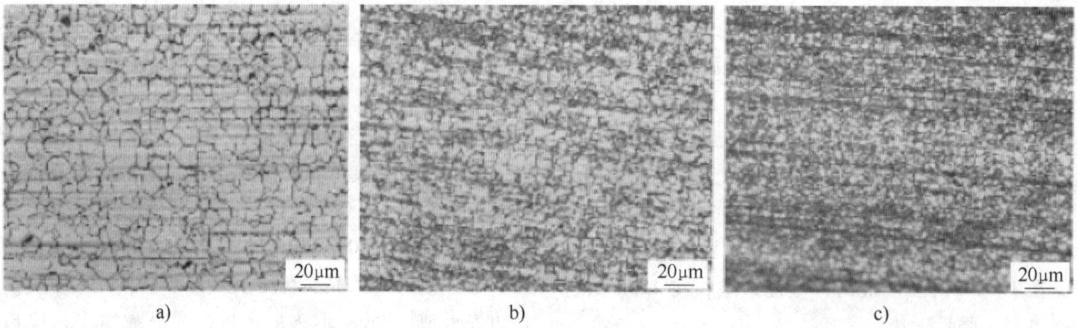

图 11-24　ϕ1.5mm 丝材 1000℃退火经不同保温时间后水冷的显微组织

a）φ=17%，970℃　b）φ=47%，950℃　c）φ=70%，930℃

变形钽钛合金发生完全再结晶后的显微组织如图 11-25 所示，可以看出，经 17%变形后的再结晶晶粒尺寸平均达 15μm，经 47%变形后的再结晶晶粒尺寸平均达 6μm，经 70%变形后的平均再结晶晶粒尺寸只有 1μm。由此可见，变形量越大，再结晶晶粒尺寸越细小。根据金属学理论，变形金属组织结构中主要以位错形式保留的储存能是退火过程中再结晶的驱动力，而再结晶过程中的形核率随金属变形量的增大而增大，即变形量越大，以位错形式积聚的储存能越多，因而大大增加了再结晶过程中的形核率，从而使再结晶后的组织晶粒细小。

变形程度会明显影响合金的再结晶温度，其原因是变形量显著提高位错密度，而合金中 80%~90%的再结晶储存能以位错形式储存在变形金属中。位错产生的再结晶驱动力与位错密度成正比，因而变形后的金属内部变形量越大，其储存能越高，再结晶的驱动力也就越大，再结晶过程就能在越低的温度下进行。从图 11-25 可以看出变形量从 17%增大至 70%，再结晶温度下降约 40℃，说明变形量对再结晶温度影响较大。

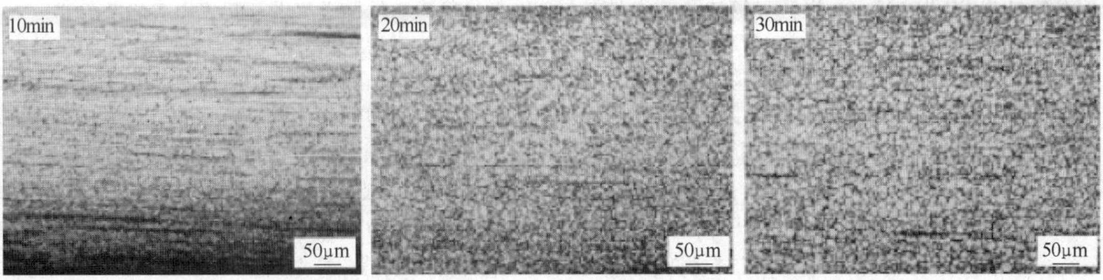

图 11-25　变形钽钛合金发生完全再结晶后的显微组织

11.6.5　钼铼合金的退火

钼铼合金是通过在钼基体中添加一定比例的铼元素，提高纯钼的强度，大幅度降低钼的塑脆转变温度，还可以显著改善材料的高温性能、焊接性能、抗辐射性能，尤其是明显改善室温加工性能和热震性能。钼铼合金由于具有良好的室温塑性和高温强度，可以进一步进行加工变形，如弯曲、冲压以及焊接等操作，制备成栅极、屏蔽筒等电子管零部件，使用在雷达、通信及其他领域。

钼铼合金具有优良的室温塑性，作为重要元器件应用于电子、半导体等行业。钼铼合金通过粉末冶金工艺方法制备，并经过热轧和冷轧变形，得到需要厚度尺寸的钼铼合金箔材。钼铼箔材还需要进行弯曲、冲压等加工工序制作成零部件应用，对箔材的力学性能有很高的要求。轧制后的退火处理不仅可以消除应力，还有助于改善材料的性能，因此退火处理对钼铼箔材非常重要。

钼铼合金（Mo35Re）箔材试样分别进行 4 种温度的退火处理，相应的金相如图 11-26 所示。从图 11-26 中可以看到，箔材经过 1100℃×2h 的退火处理后，轧制方向的晶粒形状由扁长形转变为长条状，长度缩短，宽度增加。垂直于轧制方向的晶粒的晶界开始变得规则和清晰，但晶粒仍基本呈现为变形状态。经过 1200℃×2h 的热处理后，钼铼合金的晶粒开始出现较小的规则的等轴晶，晶粒长度进一步缩短，宽度继续增大，可以看到钼铼合金的晶粒已经开始回复再结晶。进一步提高退火温度至 1300℃后，晶粒进一步等轴化，轧制方向的晶粒回复成为短粗颗粒状态，而从横向更加明显地看出晶粒已部分完成再结晶，个别晶粒进一步长大。经过 1400℃×2h 的高温退火处理后，晶粒等轴化已完全实现，并有长大现象出现。由于“铼效应”的存在，钼铼合金的晶粒细化，虽进行高温热处理，但晶粒并未异常长大，晶粒在 30~60μm 范围内。其中铼效应是指铼能够同时提高钨、钼、铬的强度和塑性的现象。添加少量（质量分数为 3%~5%）的铼能够使钨的再结晶起始温度升高 300~500℃——铼的上述作用被称为铼效应。

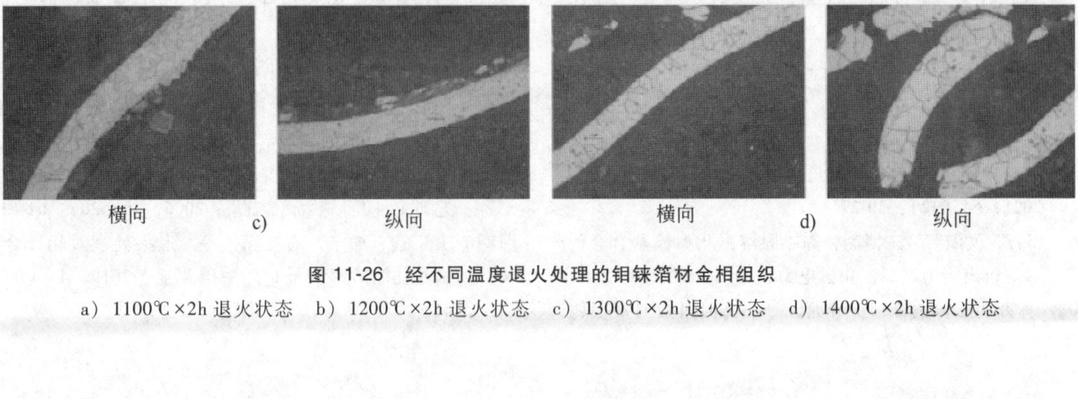

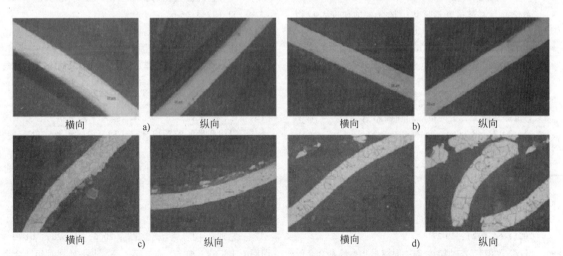

图 11-26　经不同温度退火处理的钼铼箔材金相组织

a）1100℃×2h 退火状态　b）1200℃×2h 退火状态　c）1300℃×2h 退火状态　d）1400℃×2h 退火状态

从表 11-40 中可以看出，钼铼箔材在轧制态具有最高的抗拉强度和最低的伸长率，这可以认为是由于箔材在冷轧过程中形成了大量的位错胞和位错环的缘故。经过退火处理后，箔材的抗拉强度下降，而延伸率明显改善。随着退火温度的提高，抗拉强度随之降低，在 1300℃退火后，材料的纵向伸长率达到 21%，横向伸长率有 19%，HT3 材料显示出具有较好的室温塑性。另外，HT3 的横向和纵向的抗拉强度非常接近材料 HT2，相差不到 1%，伸长率则达到最高值。HT3 样品较好的性能，一方面是由于钼铼合金在室温变形过程中，形成位错滑移和孪生，形成孪晶。另一方面是由于钼铼合金材料发生了部分再结晶，晶粒存在细小的等轴晶和变形晶粒，晶界弯折和相互交错，形成类似锁扣的效应，进而提高了伸长率和塑性。进一步提高退火温度至 1400℃，材料的抗拉强度下降明显，伸长率则急剧恶化，不到 10%。巨大变化的原因可以解释为高温退火使得钼铼晶粒完全再结晶，位错密度基本消失，晶界变得平直。在受到拉应力时，晶界结合处的强度较低，易沿着晶粒开裂，造成力学性能的恶化。

表 11-40 不同退火状态下钼铼合金箔材的力学性能数值

符号	退火状态	方向	抗拉强度/Pa	伸长率 A(%)
RS	轧制态	横向	1130	7
		纵向	1050	10
HT1	1100℃×2h	横向	1060	11
		纵向	995	14
HT2	1200℃×2h	横向	986	16
		纵向	960	18
HT3	1300℃×2h	横向	975	19
		纵向	956	21
HT4	1400℃×2h	横向	870	6
		纵向	860	9

参 考 文 献

[1] 林浩然. 铜与铜合金力学性能及强韧化机制研究[D]. 合肥：中国科学技术大学，2021.

[2] 梁英. Al-Mg-Mn 变形铝合金在退火过程中组织和性能的研究 [D]. 哈尔滨：哈尔滨工业大学，2007.

[3] 王慧敏，陈振华，严红革，等. 镁合金的热处理[J]. 金属热处理，2005，30（011）：49-54.

[4] 司松海. 铜基和镍基形状记忆合金的研究与应用[D]. 镇江：江苏大学，2021.

[5] 赵石磊，赵昆，王富文. NiTi 基形状记忆合金相变温度的影响因素 [J]. 有色金属工程，2021，11（02）：38-47.

[6] 杨金侠，李金国，王猛，等. 热处理工艺对一种新型铸造镍基高温合金的组织和性能影响 [J]. 金属学报，2012，48（06）：654-660.

[7] 田伟，常松，周长申，等. 镍基变形高温合金的热处理组织转变及金相分析 [J]. 金属热处理，2021，46（08）：30-35.

[8] 陈国庆，张戈，刘政，等. 固溶强化镍基高温合金及其与异种材料焊接研究进展 [J]. 航空制造技术，2021，64（12）：20-27.

[9] 郭岩，侯淑芳，王博涵，等. 固溶强化型镍基合金的时效析出行为 [J]. 中国电力，2013（9）：34-38.

[10] 林万明，段剑锋，王春龙，等. 高温时效对高温镍基合金沉淀强化的影响 [J]. 金属热处理，2008，33（12）：66-68.

[11] 郭永安. 热处理对镍基高温合金组织和性能的影响[D]. 沈阳：沈阳工业大学，2007.

[12] 林万明，段剑锋，王春龙，等. 高温时效对高温镍基合金沉淀强化的影响 [J]. 金属热处理，2008，33（12）：66-68.

[13] 杨昌麟. 挤压态细晶钨合金动态力学性能及退火的研究 [D]. 长沙：中南大学，2013.

[14] 王东辉，袁晓波，李中奎，等. 钼及钼合金研究与应用进展 [J]. 稀有金属快报，2006，25（12）：1-7.

[15] 席莎，朱琦，王娜，等. 退火工艺对钼钨合金微观组织和性能的影响研究 [J]. 中国钼业，2021，45（3）：56-59.

[16] 夏明星，郑欣，蔡小梅，等. 退火温度对铌合金薄壁管组织和力学性能的影响 [J]. 热加工工艺，2018，47（16）：215-216.

[17] 周伟，陈军，赵永庆，等. 钽钛合金再结晶退火工艺研究 [J]. 热加工工艺，2006，35（20）：61-63.

[18] 王广达，熊宁，唐亮亮，等. 退火处理对钼铼合金箔材性能的影响 [J]. 中国钼业，2019，43（02）：41-44.

第12章 铁基粉末冶金件及硬质合金的热处理

中南大学 宋旼

粉末冶金是以金属粉末（或金属粉末与非金属粉末的混合物）为原料，经成形和烧结过程制造金属材料、复合材料，以及多种不同类型制品的工艺方法。它是少、无切削加工工艺之一，可用以制造其他方法难以成形的零件和各种精密机器零件，同时能够极大地推进开发新型材料和关键制品。

粉末冶金生产过程主要包括粉料制备、成形、烧结及烧结后处理。

粉料制备过程包括金属粉末的制取，掺加成形剂、增塑剂等粉料的混合以及制粉、烘干、过筛等预处理。

粉料混合方法可分为机械法和化学法两种。其中机械法混料主要采用各种混合机械如球磨机、V形混合器、锥形混合器等进行粉料混合，同时机械法混料又可分为干式和湿式。当组元粉末密度接近以及对粉末均匀性要求不高时采用干式法，干式法在铁基制品生产和钨粉、碳化钨粉末的生产中被广泛采用。采用湿式法时，在粉料中加入大量汽油、酒精等易挥发液体，并施行球磨，以使其混合均匀，增加组元粉粒间的接触面，并改善烧结性能。为改善粉末的成形性和可塑性，在其中尚需加入汽油、橡胶液或石蜡等增塑剂。对细粉末要施行制粒处理，以改善粉粒的流动性。湿粉要烘干，混合粉需过筛。化学法混料是将金属或化合物粉末与添加金属的盐溶液均匀混合，或者是各组元都以盐溶液的形式混合，然后经沉淀、干燥、还原等处理得到混合粉末。

通过成形过程，使粉料成为具有一定形状、尺寸和密度的型坯，一般的成形方法有常温加压、加温加压和注射成形等方法。

粉末件成形后通过烧结使颗粒间发生扩散、熔焊、化合、溶解和再结晶等物理化学过程，从而获得所需要的物理、力学性能，常用的烧结方法有真空烧结、气氛烧结、加压烧结和活化烧结等。

12.1 铁基粉末冶金件及其热处理

铁基粉末冶金件是以铁粉或合金钢粉为主要原料，用粉末冶金方法制成的机器零件，其特点是材料和零件的同一性、多孔性、合金化及金相组织的特殊性、晶粒度可调。

12.1.1 铁基粉末冶金材料的分类

表12-1所列为铁基粉末冶金材料的分类和特性。

表12-1 铁基粉末冶金材料的分类和特性

分类原则	类　别	性能或说明
按化学成分分	烧结铁	用低碳铁粉、化合碳的质量分数不大于0.2%
	烧结钢	化合碳质量分数为0.2%~1.0%，余为Fe
	烧结合金钢	除碳外，还添加一种或多种合金元素，如Cu、Ni、Mo、S、P、Cr、V、Mn、Si、B及RE，余为Fe
	烧结不锈钢	以Cr、Ni奥氏体不锈钢为主，还有马氏体、铁素体不锈钢。通常用雾化的预合金粉为原料
按材料强度分	低强度烧结钢	抗拉强度<400MPa
	中强度烧结钢	抗拉强度为400~600MPa
	中高强度烧结钢	抗拉强度为600~800MPa
	高强度结构钢	抗拉强度>800MPa
按材料密度分	低密度烧结钢	密度<6.2g/cm³
	中密度烧结钢	密度为6.2~6.8g/cm³
	中高密度烧结钢	密度为6.8~7.2g/cm³
	高密度烧结钢	密度>7.2g/cm³
	全致密烧结钢	理论密度

12.1.2　铁基粉末冶金材料的标记方法

按 GB/T 4309—2009 的规定，铁基粉末冶金结构材料的标记方法为

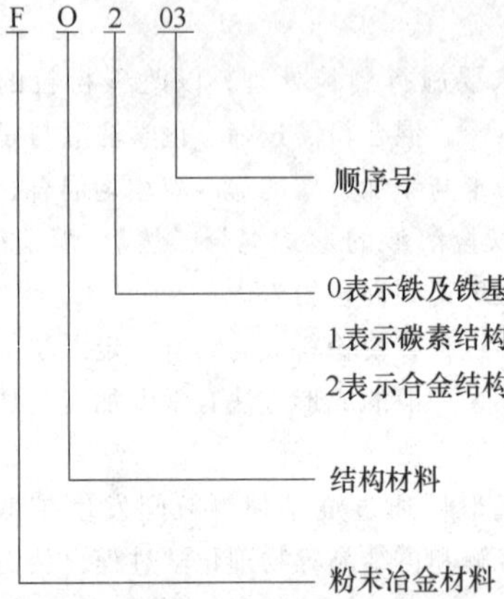

12.1.3　铁基粉末冶金件的制造工艺流程

图 12-1 所示为铁基粉末冶金结构件的工艺流程，主要分为混粉、成形、烧结、后处理工艺。

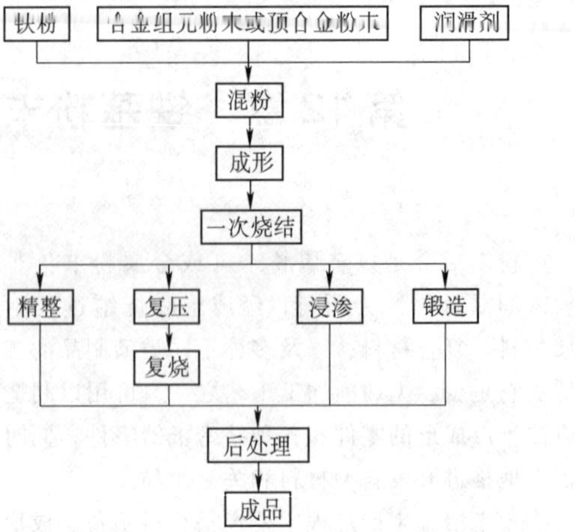

图 12-1　铁基粉末冶金结构件的制造工艺流程

12.1.4　烧结铁、钢粉末冶金件的性能

烧结铁、钢粉末冶金件的性能列于表 12-2，烧结不锈钢粉末冶金件的性能列于表 12-3。铁基粉末冶金件具有广泛的应用，比如在汽车发动机上的凸轮轴与曲轴链轮、摇臂支架、凸轮轴护圈、燃料泵偏心轮和曲轴链轮等。

表 12-2　烧结铁、钢粉末冶金件的性能

类别	合金成分①（质量分数）（%）	密度/(g/cm^3)	烧结态力学性能≥				热处理态力学性能≥		
			抗拉强度/MPa	断后伸长率（%）	冲击韧度②/(J/cm^2)	硬度 HBW	抗拉强度/MPa	冲击韧度②/(J/cm^2)	硬度 HRA
烧结铁	C≤0.1	6.4	100	3.0	5.0	40	—	—	—
		6.8	150	5.0	10.0	50			
烧结低碳钢	C>0.1~0.4	6.2	100	1.5	5.0	50			
		6.4	150	2.0	10.0	60	400	3.0	50
		6.8	200	3.0	15.0	70	450	3.0	55
烧结中碳钢	C>0.4~0.7	6.2	150	1.0	5.0	60	—	—	—
		6.4	200	1.5	5.0	70	450	3.0	45
		6.8	250	2.0	10.0	80	500	5.0	50
烧结高碳钢	C>0.7~1.0	6.2	200	0.5	3.0	70			
		6.4	250	0.5	5.0	80	500	3.0	50
		6.8	300	1.0	5.0	90	550	5.0	55
烧结铜钢	C>0.5~0.8 Cu:2~4	6.2	250	0.5	3.0	90			
		6.4	350	0.5	5.0	100	550	3.0	55
		6.8	500	0.5	5.0	110	650	5.0	60
烧结铜钼钢	C:0.4~0.7 Cu:2~4、Mo:0.5~1	6.4	400	0.5	5.0	120	550	3.0	55
		6.8	550	0.5	5.0	130	700	5.0	65
烧结磷钢	C:0.4~0.7 P:0.6	6.4	390~450		5~10	100~130	—	—	—
		6.8	490~600		10~20	150~160			
烧结铜磷钼钢	C:0.4~0.7 Cu:1.0 Mo:0.5 P:0.6	7.0	530~650	1.5~2.0	5~10	170	950~1000	5~10	68~71
							850~900	25~30	61~63③

① 表中 C 均指化合碳。
② 无缺口。
③ 600℃回火，其余均200℃回火。

表 12-3　烧结不锈钢粉末冶金件的性能

类别	牌号	合金成分(质量分数)(%)						密度/(g/cm³) ≥	力学性能≥	
		Ni	Cr	Mo	Mn ≤	Si ≤	C ≤		抗拉强度/MPa	硬度 HBW
镍-铬	F5001T	8~11	17~19	—	2.0	1.5	0.08	6.4	230	68
	F5001U							6.8	310	80
镍-铬-钼	F5011T	10~14	16~18	1.8~2.5	2.0	1.5	0.08	6.4	230	68
	F5011U							6.8	295	75

12.1.5　铁基粉末冶金件的热处理

热处理是改善铁基粉末冶金零件的使用性能，提高强度、硬度、耐磨性和耐蚀性的有效方法之一。在压制成形、绕结后可以进行淬火、回火、时效处理和化学热处理。表 12-4 所列为汽车粉末冶金零件的性能和常用热处理工艺。铁基粉末冶金零件由于内部存在孔隙，在热处理时应注意以下几点：

表 12-4　汽车粉末冶金零件的性能和常用热处理及表面处理工艺

零件名称	材　料	节省加工工时	性　能		常用热处理及表面处理		
			耐磨性	耐热性	渗碳淬火、回火	蒸汽处理	铜合金熔浸
计时齿轮	Fe,Fe-C	○	○		○		○
计时链轮	Fe,Fe-C	○	○		○		○
凸轮轴止推板	Fe-Cu	○	○		○		
阀座	特殊合金	○		○			
气阀摇臂球体	Fe-Cu-C		○		○		
气阀摇臂盖	Fe-C	○					○
阀簧底座销	Fe-C-Ni	○			○		
燃料泵偏心轮	Fe	○	○		○		
燃料泵次摆线转子	Fe-Cu	○	○				
燃料泵摇杆	Fe-C	○			○		
燃料泵控制齿轮	Fe-Cu-Ni,Fe-Cu-C	○					
风扇带轮	Fe-Cu	○					
水泵叶轮衬垫	Fe-C	○					
热调节阀推杆	不锈钢	○		○			
V 形带轮	Fe-Cu	○				○	
启动器减速齿轮	Fe-Cu,Fe-Cu-Ni,Fe-Cu-C	○					
启动器链轮	Fe-Cu,Fe-Cu-C	○					
配油调速器离心锤	Fe-Cu-C	○				○	
轴承环	Fe-Cu-C	○					
同步器环	Fe-C	○	○				
同步离合器毂	Fe-C-Ni	○	○				
连杆球座	Fe-C-Mn		○				
球接头	Fe-C	○	○		○		
减振器销	Fe-C,Fe-Cu-C	○					
减振导向器	Fe-C	○				○	
推杆类零件	Fe,Fe-Cu,Fe-Cu-C,Cu-Sn	○					
离合器毂	Fe-Cu-C	○					○
球座盖	Fe-Cu-C	○					
转向器座零件	Fe-C-Ni	○			○		
车窗开闭调节器齿轮	Fe-Cu-C	○			○		
车门撞销	Fe-Cu-C	○	○		○		

○—可以采用的工序及可能提高的性能。

1）熔盐渗入零件后很难清洗，孔隙内表面易被腐蚀，孔隙度超过10%的结构零件不应在盐浴炉内加热。

2）零件孔隙在热处理过程中容易氧化和脱碳，一般应采用保护气氛或在固体填料保护下加热。

3）由于零件存在孔隙，使其导热性能降低，淬火加热温度应比普通钢件提高50℃，加热时间也应适当延长。

4）粉末冶金件应在油中淬火，不宜在盐水或碱水中淬火。

5）粉末冶金件中孔隙的存在可能促使淬火裂纹出现；如果零件密度分布不均匀，由于热应力和组织应力的作用，在冷却时易引起畸变。

1. 铁基粉末冶金件热处理用炉及保护气氛

（1）热处理用炉　铁基粉末冶金零件通常在气体介质炉中加热，表12-5所列为烧结炉示意和对保护气氛的要求。

（2）保护气氛。在确定热处理气氛时，除了应考虑气氛对铁基粉末冶金零件的力学、物理和化学性能影响外，还要考虑经济性。铁基粉末冶金零件的热处理气氛分为中性气氛和还原气氛。铁基粉末冶金零件的热处理气氛见表12-6和表12-7。

表12-5　铁基粉末烧结炉示意和对保护气氛的要求

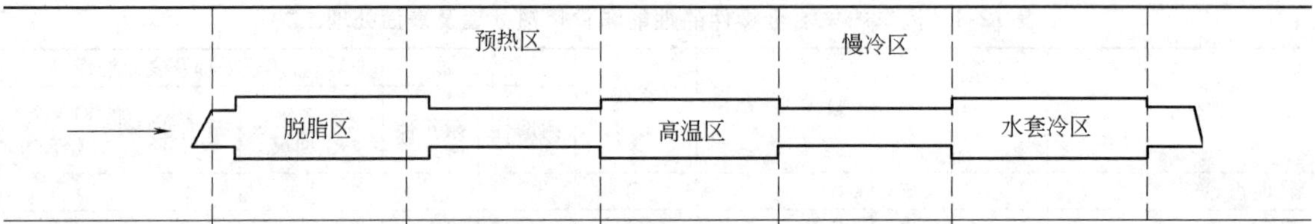

气氛功能	快速均匀传热 燃烧 从前门排出油气	减少表面氧化物、烧除润滑剂等 渗碳	熔铜涂敷或 渗入 烧结 控碳	控碳 控制冷速 防止氧化	冷却 防止氧化 或可控轻微氧化
炉气成分	轻微氧化	氧化性 不增碳不脱碳	还原 最好不增碳 脱碳	还原 最好不增碳 脱碳	轻微还原或中性、 或轻微氧化
温度范围(钢)/℃	425→650	650→1040	1040→1120	1120→815	815→室温

表12-6　铁基粉末冶金制品烧结气氛特性

气氛		典型露点/℃	烧结温度下气体特性①														单位体积相对成本②
			Al	Cu	黄铜	青铜	Ni	Ag	Mo	W	Fe	Fe-Cu	Fe-C	Fe-Cu-C	碳钢	不锈钢	
氢	液体	-75	R	R	R	R	R	R	Y	Y	R	R	—	—	—	Y	9~20
	大容量气体	-70	R	R	R	R	R	R	Y	Y	R	R	—	—	—	Y	20~35
	蒸气甲烷	-40~-50	R	R	R	R	R	R	Y	Y	R	R	—	—	—	Y	9~14
氮基	具有吸热式富化剂	-20~-10	X	R	R	R	R	R	—	C_2	C_2	C_2	C_2	C_2	C_2	—	1.5~6⑤
	具有氢富化剂	-70	Y④	R	R	R	R	R	R	N	N	N	N	N	N	R	1.7~7⑤
	具有甲烷富化剂	-20~-10	X	R	R	R	R	R	—	C_2	C_2	C_2	C_2	C_2	C_2	—	1.6~6.5⑤
氨基	分解氨	-40~-50	R	R	R	R	R	R	R	R	N	N	—	—	N	R	3.3~7.2
	燃烧氨，富化	20~30③	R	R	—	R	R	R	—	—	D_3	D_3	—	—	—	—	2.3~5.1
放热式气	富化，饱和	20~30	X	R	—	R	R	R	—	—	D_3	D_3	—	—	—	—	1
	中度富化，饱和	20~30	X	R	—	—	R	R	—	—	—	—	—	—	—	—	0.9
净化放热式气	富化	-40	R	R	R	R	R	R	—	—	C_1	C_1	C_1	C_1	C_1	—	1.5~2.2
	中度富化	-40	R	R	R	R	R	R	—	—	C_1	C_1	C_1	C_1	C_1	—	1.5~2.2
放热式气	富化、干燥	-20~-10	X	R	R	R	R	R	—	C_3	C_3	C_3	C_3	C_3	C_3	—	1.6~3.2
	十分富化、干燥	-5~0	X	R	R	R	R	R	—	C_2	C_2	C_2	C_2	C_2	C_2	—	1.5~3.1
	中度富化、饱和	20~30	X	R	—	R	R	R	—	—	D_1	—	—	—	—	—	1.5~3
	弱饱和	-20~-30	X	R	—	—	R	R	—	—	D_3	D_3	—	—	—	—	1.5~2.5

① R—还原，Y—合适，C_1—弱渗碳，C_2—渗碳，C_3—强渗碳，N—既不渗碳也不脱碳，X—不合适，D_1—轻脱碳，D_3—强度脱碳。
② 成本接近并相当于富化、饱和放热式气。
③ 经冷却或吸收塔，露点可以降低。
④ 推荐用无富化气的氮。
⑤ 价格范围包括定点厂生产或液态罐交付。

表 12-7 铁基粉末件烧结和热处理用的气氛

气氛				退火用					渗碳用		热处理		渗透用		氧化物还原							烧结																								
				铜	羰基铁	电解铁	低碳钢	中碳钢	铁	钨加灯黑	钢+碳	钢+铜	铁	钢+碳	钴	铁	钼	镍	碳钢和合金钢	不锈钢	钨	阿尔尼科合金	铍	黄铜	青铜	耐热金属碳化物	铜	铁	铁+铜	铝	金属陶瓷	钼	镍	铌	银	碳钢和合金钢	不锈钢	钽	钛	钍	钨	钨合金	铀	氧化铀	钒	锆
氢	电解水		不提纯饱和	●	●	●	●						●			●		●			●				●		●	●	●				●		●									●		
			提纯							●					●		●			●		●		●		●				●		●					●				●	●	●			
	散装压缩气体			●	●	●	●			●			●		●	●	●	●		●	●	●				●		●				●					●				●	●	●			
	碳氢化合物催化转化		不提纯饱和	●	●	●	●						●			●		●			●				●		●	●	●				●		●									●		
			经干燥							●					●		●			●		●		●		●						●					●				●	●	●			
	取自液氢									●					●		●			●		●		●		●				●		●					●				●	●	●			
用下列气体富化的氮基气氛	氢或分解氨		反应气体	●	●	●	●			●		●	●		●	●	●	●	●	●	●			●	●	●	●	●	●	●		●	●		●		●				●	●		●		
			添加甲醇					●			●			●					●																	●										
	吸热式气		添加甲醇	●			●	●			●	●	●	●		●		●	●					●	●		●	●	●				●		●	●										
氨制备气氛	分解氨		反应干燥气体	●	●	●	●			●			●		●	●	●	●		●	●			●	●		●	●	●	●		●	●		●		●				●	●		●		
			含水分饱和气体																																											
	燃烧分解氨		富化饱和	●	●	●	●						●												●		●	●	●				●		●									●		
			饱和贫气	●																																										
	氨+空气直接催化转化	富化	富化饱和	●	●	●	●						●												●		●	●	●				●		●									●		
			冷却到 4.4℃																																											
			干燥																	●				●						●							●									
		贫气	反应饱和																																											
			冷却到 4.4℃																																											
			干燥																																											

（续）

气氛				退火用					渗碳用		热处理		渗透用		氧化物还原							烧结																								
				铜	羰基铁	电解铁	低碳钢	中碳钢	铁	钨加灯黑	钢+碳	钢+铜	铁	钢+碳	钴	铁	钼	镍	碳钢和合金钢	不锈钢	钨	阿尔尼科合金	铍	黄铜	青铜	耐热金属碳化物	铜	铁	铁+铜	铝	金属陶瓷	钼	镍	铌	银	碳钢和合金钢	不锈钢	钽	钛	钍	钨	钨合金	铀	氧化铀	钒	锆
碳氢化合物重整气体添加甲醇	放热式气	富气	反应饱和	●			●						●												●		●	●	●				●		●											
			冷冻																																											
		中等富化饱和		●			●																		●								●		●											
		饱和贫气																																												
	净化放热式气	富气		●			●	●			●	●		●					●					●	●		●	●	●				●		●	●										
		中等富气	反应气体	●			●	●			●	●		●					●					●	●		●	●	●				●		●	●										
			添加甲烷																																											
			贫气	●																								●							●											
	吸热式气	富气干燥		●				●	●		●	●		●					●					●	●		●									●										
		富气、充分干燥	反应气体	●				●			●	●	●	●					●					●	●		●									●										
			添加甲烷						●																																					
		中等富化饱和		●			●						●												●		●	●	●				●		●											
		贫气饱和		●			●						●												●		●	●	●				●		●											
液氩或散装压缩气体																								●		●				●	●	●		●			●	●	●	●	●	●	●	●	●	●
氦气、散装压缩气体																								●		●				●	●	●		●			●	●	●	●	●	●	●	●	●	●
真空度<15Pa																								●		●		●	●	●	●	●		●		●	●	●	●	●	●	●	●	●	●	●
空气	正常																													●																
	湿气																																													

注：推荐用湿气时，也可用于干燥气体，效果更好，唯碳氢化合物重整气体例外。此时干燥放热式气的碳势比湿气高，可能会引起低碳钢渗碳。使用干燥气体时，常要求炉子的建造和运作能保证炉内气氛的纯洁度。

2. 铁基粉末冶金件的淬火、回火和时效处理

（1）淬火与回火处理 铁基粉末冶金零件的力学性能取决于合金元素的种类和含量、零件的密度和热处理。碳含量、密度及热处理对铁基粉末冶金件抗拉强度的影响如图 12-2 所示。铁基粉末冶金材料回火温度对抗拉强度和硬度的影响如图 12-3 所示。回火温度超过 100℃时，硬度很快下降。经 300℃回火后抗拉强度具有最高值。通常，中碳和高碳的铁-碳、铁-碳-铜粉末冶金件可以热处理强化。淬火加热温度为 790~900℃，油冷；在 175~250℃下空气或中温回火 0.5~1h。几种高碳粉末冶金材料经淬火和回火处理后的力学性能见表 12-8。

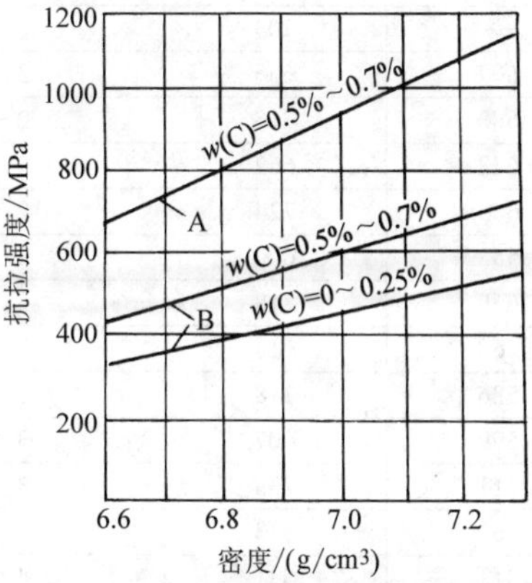

图 12-2 碳含量、密度及热处理对铁基粉末冶金件抗拉强度的影响

A—热处理后的铁基烧结件

B—未经热处理的铁基烧结件

铁基粉末冶金结构材料的淬透性同样是用顶端淬火法测定的。冷却介质、奥氏体化温度和时间、合金元素的分布、晶粒大小及加热气氛等都能影响淬硬层深度，其中影响最大的是粉末冶金件的密度和合金元素的种类及含量。零件密度越高，水冷端的硬度越高，其硬化层也较厚，但比同一成分的锻钢淬透性低，其主要原因是密度低、导热性差。

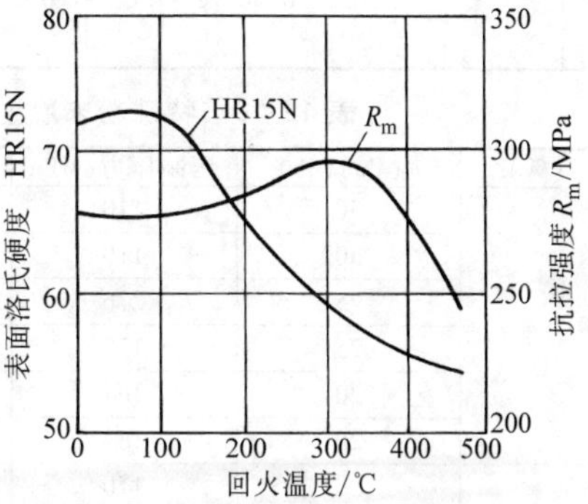

图 12-3 铁基粉末冶金材料回火温度对抗拉强度和硬度的影响

注：$w(C)=0.8\%$，$\rho=6.0g/cm^3$。

镍、铬、钼和铜等合金元素能显著提高零件的淬透性，特别是当它们同时存在时，这一影响更加明显。几种特殊粉末冶金铁基结构材料的热处理效果见表 12-9。特殊粉末冶金铁基结构材料经不同热处理后的力学性能见表 12-10。

表 12-8 几种高碳粉末冶金材料经淬火和回火处理后的力学性能

材料	化学成分(质量分数,%)					密度/(g/cm³)	抗拉强度/MPa	热处理前		热处理后	
	Fe	Cu	Ni	C	其他			基体硬度 HV0.2	表面硬度 HRB	基体硬度 HV0.2	表面硬度 HRA
Fe-C 系	余量	—	—	0.6~0.8	<1	>6.4	>350	180~230	>35	600~800	>35
	余量	—	—	0.6~0.8	<1	>6.6	>400	180~230	>45	600~800	>40
Fe-Cu-C 系	余量	3~5	—	0.6~0.8	<1	>6.4	>450	200~240	>50	600~800	>45
	余量	3~5	—	0.6~0.8	<1	>6.6	>500	200~240	>60	600~800	>52
	余量	3~5	—	0.6~0.8	<1	>6.8	>550	200~240	>65	600~800	>55
Fe-Cu-Ni-C 系	余量	3~5①		0.6~0.8	<1	>6.6	>500	180~230	>60	600~800	>50
	余量	3~5①		0.6~0.8	<1	>6.8	>550	180~230	>65	600~800	>55

① Cu、Ni 金属粉末成分的总和。

表 12-9 几种特殊粉末冶金铁基结构材料的热处理效果

化学成分(质量分数,%)								和理论密度之比(%)	烧结后		热处理后	
Fe	C	Cu	Mn	Ni	Mo	Co	Si		抗拉强度/MPa	硬度 HRB	抗拉强度/MPa	硬度 HRC
其余	0.5	—	0.40	0.25	0.75	—	0.25	75	221	46	255	28
								80	298	58	400	38
								85	351	68	448	48

（续）

化学成分(质量分数,%)								和理论密度之比(%)	烧结后		热处理后	
Fe	C	Cu	Mn	Ni	Mo	Co	Si		抗拉强度/MPa	硬度HRB	抗拉强度/MPa	硬度HRC
其余	—	—	0.40	0.35	0.75	—	0.25	74	125	76	180	27
								79	207	80	248	39
								84	234	91	389	45
其余	—	2.25	0.40	1.0	0.25	0.5	0.25	74	296	53	470	20
								79	496	62	586	30
								84	676	75	773	40

表12-10　特殊粉末冶金铁基结构材料经不同热处理后的力学性能

w(C)(%)	w(Cu)(%)	压制压力/MPa	热处理	屈服强度/MPa	抗拉强度/MPa	伸长率(%)
0.2	30	110	f. c. ①	552	635	3
	30	110	w. q. t. ②	—	703	—
	25	276	f. c.	607	655	3
	25	138	w. q. t.	683	718	2
	20	164	f. c.	648	662	3
	20	164	w. q. t.	683	724	2
0.4	30	110	f. c.	552	600	3
	30	110	w. q. t.	669	718	3
	25	138	f. c.	565	614	3
	25	138	w. q. t.	586	718	3
	20	164	f. c.	599	607	3
	20	164	w. q. t.	711	738	3
	20	164	o. q. t. ③	669	833	—
0.6	25	138	f. c.	311	531	4
	25	138	o. q. t.	455	572	3
	20	164	f. c.	504	669	4
	20	164	o. q. t.	524	669	—
	15	276	f. c.	539	662	4
	15	276	o. q. t.	531	641	2
	10	690	f. c.	545	559	4
	10	690	o. q. t.	517	620	2
	10	690	w. q. t.	752	793	—
1.1	25	138	f. c.	441	524	4
	25	138	o. q. t.	538	600	2
	20	164	f. c.	559	676	4
	20	164	o. q. t.	545	731	2
	15	276	f. c.	547	662	2
	15	276	o. q. t.	579	690	—

① f. c.——炉冷。
② w. q. t——炉冷，再加热，水淬，回火。
③ o. q. t——炉冷，再加热，油淬，回火。

（2）时效处理　某些铁基粉末冶金材料在热处理时有时效硬化现象。在高温烧结时，合金元素溶入铁粉内，随即快速冷却以抑制过剩相析出，然后在适当的温度下加热时效，使过饱和固溶体发生分解，并析出强化相，可使材料的强度和硬度提高。

根据Fe-C相图，铜在α-Fe中的溶解度随温度的降低而减小，在共析转变温度835℃时，铜在α-Fe中的最大溶解度为5%，如果将合金加热到900℃，然后迅速冷却，形成过饱和固溶体，在400~500℃时效硬化处理2~4h，可使铁铜粉末冶金材料的抗拉强度和硬度显著提高。

3. 铁基粉末冶金件的化学热处理

（1）渗碳和碳氮共渗　低碳铁基粉末冶金件可通过渗碳淬火或碳氮共渗淬火进行表面强化，以提高硬度和耐磨性。铁基粉末冶金件多采用固体渗碳和气体渗碳。固体渗碳剂与用于钢铁者相同，在中温箱式炉中加热，900～950℃保温 2～5h，渗碳层厚度为 1.31～1.57mm，表面碳含量 $w(c)=1.1\%\sim1.3\%$，表面硬度为 52～58HRC，心部硬度为 120HBW。固体渗碳操作简便，但生产周期长，效率低；渗层质量难于控制，零件孔隙易被渗碳剂污染，已逐渐被气体渗碳或碳氮共渗所取代。

气体渗碳或碳氮共渗在密封的箱式炉、井式炉或连续式炉中进行。气体渗碳温度可取 900～930℃，用煤油或吸热气氛作为渗剂，碳势可控制在 0.8%～1.2%，渗碳时间为 1.5～3.5h，渗碳件在炉内降温到 850～870℃后淬油，于 150～200℃回火 2h，渗碳后表面 $w(C)=0.8\%\sim1.0\%$，表面硬度约 50HRC。

气体碳氮共渗温度可在 820～870℃范围内选择，采用煤油或工业酒精和氨气作渗剂，根据渗层厚度要求，共渗时间可取 1～3h，共渗后直接淬油，于 180～200℃回火 2h。

粉末冶金件的密度对渗层质量有很大影响。铁基粉末冶金件密度对渗碳淬火后硬度的影响如图 12-4 所示。由图可知，在渗碳时间较长的情况下，密度越大，渗碳层硬度越高；当渗碳时间不够长时（例如 0.5h），硬度和密度关系曲线上有一最小值。渗碳时间增加，其最小值消失。为了保证渗层的表面硬度，必须采用足够的渗碳时间。铁基粉末冶金件密度与碳氮共渗层硬度分布特性的关系如图 12-5 所示。粉末冶金件密度越低，其硬化层越厚，硬度分布越平缓；密度越大，其硬化层越薄，硬度分布越陡，接近于碳钢碳氮共渗后的硬度分布特性。

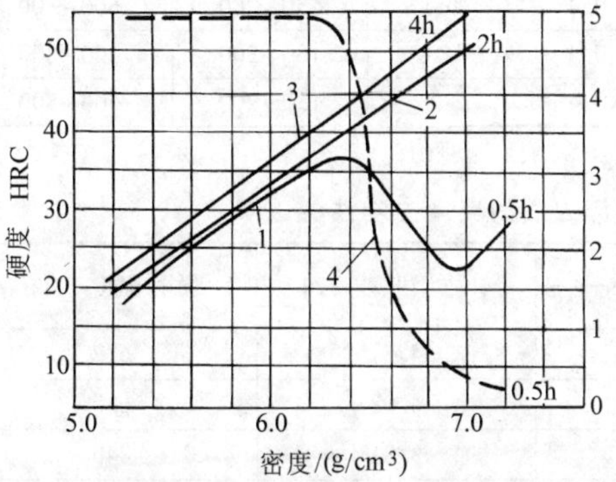

图 12-4　铁基粉末冶金件密度对渗碳淬火后硬度的影响

1、2、3—硬度　4—渗碳层深度

注：试样尺寸为 10mm×20mm×25mm。

铁基粉末冶金件密度和渗碳时间对渗层深度的影响如图 12-6 所示。当试样密度低于 6.5g/cm³ 时，经 0.5h 渗碳即可使试样渗透。当密度高于 6.5g/cm³ 时，0.5h 渗碳刚能形成渗碳层，其渗层将随渗碳时间的延长而增厚。铁基粉末冶金件密度对渗碳淬火后的有效淬硬层深度影响如图 12-7 所示。密度越大，有效淬硬层越薄。

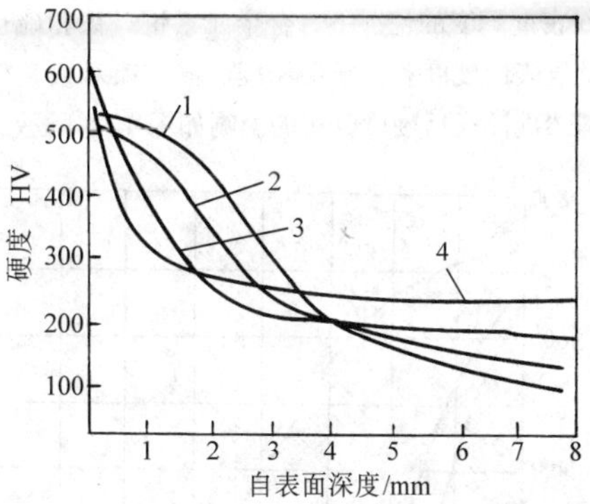

图 12-5　铁基粉末冶金件密度与碳氮共渗层硬度分布特性的关系

1—6.0g/cm³　2—6.4g/cm³　3—6.8g/cm³　4—T8A 钢

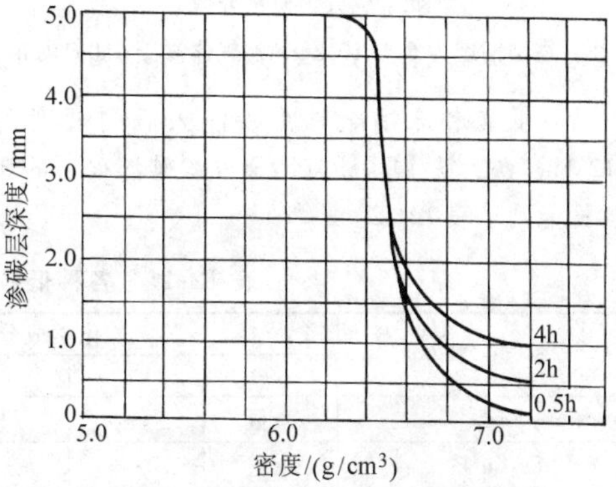

图 12-6　铁基粉末冶金件密度和渗碳时间对渗碳层深度的影响

注：910℃在 100 目碳粉中渗碳。

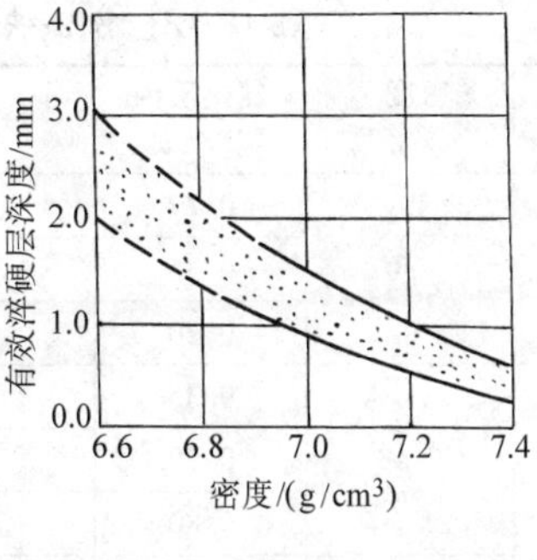

图 12-7　铁基粉末冶金件密度对渗碳淬火后的有效淬硬层深度的影响

注：900℃渗碳，1.5～2h，850℃淬火 200℃回火。

在密度不变的情况下，合金元素铜、镍和硫也能增加渗碳层表面硬度和淬硬层深度。铜、镍对铁基粉末冶金材料渗碳淬火后硬度分布的影响如图 12-8 所示。

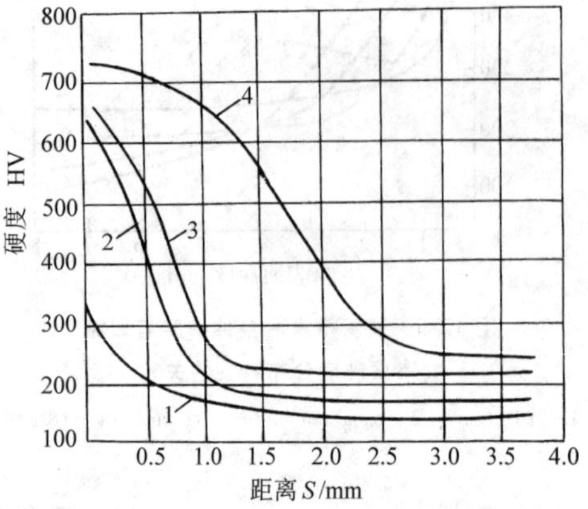

图 12-8　铜、镍对铁基粉末冶金材料渗碳淬火后硬度分布的影响

1—Fe+0.5%C　2—Fe+2.5%Cu+0.5%C　3—Fe+2.5%Cu+1%Ni+0.5%C　4—Fe+2.5%Cu+2.5%Ni+0.5%C

（元素成分为质量分数）

注：烧结密度为 6.7×10^3kg/m；气体渗碳 850℃×2h。

各种低碳粉末冶金件渗碳淬火后的硬度列于表 12-11，铁、铁-铜系粉末冶金件渗碳淬火后的典型力学性能列于表 12-12。

（2）气体渗氮和气体氮碳共渗　为了在畸变较小的前提下提高铁基粉末冶金件的表面硬度和耐磨性，特别是提高其耐蚀性，可采用气体渗氮和气体氮碳共渗。

铁基粉末冶金件的气体渗氮与钢铁制品相同，在分解氨中进行。图 12-9 所示为 Fe-1.5%Cu-0.5% C 烧结材料渗氮层硬度分布曲线。由图可见，铁基粉末冶金材料可在较短的渗氮时间内得到较理想的硬度和硬度分布曲线。

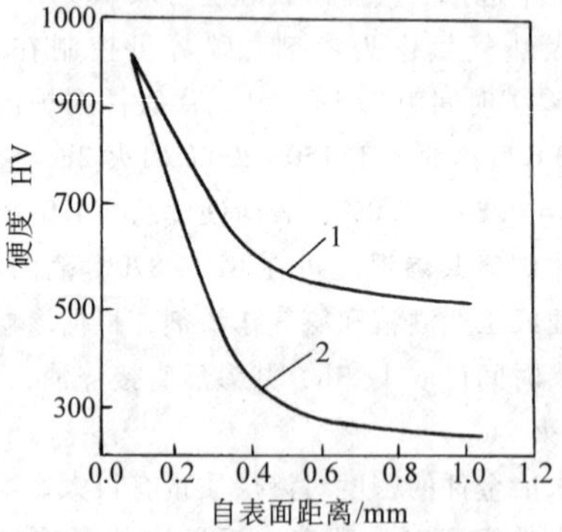

图 12-9　Fe-1.5%Cu-0.5%C 烧结材料渗氮层硬度分布曲线

1—7.1g/cm³　2—7.3g/cm³

注：500℃渗氮 1h。

表 12-11　各种低碳粉末冶金件渗碳淬火后的硬度

材　料	化学成分(质量分数,%)					硬度　HV0.2	
	Fe	Cu	Ni	C	其他	热处理前	热处理后
Fe 系	余量	—	—	—	<1	80~120	600~800
Fe-Cu 系	余量	2~3	—	—	<1	150~200	600~800
Fe-C 系	余量	—	—	0.2~0.4	<1	150~200	600~800
Fe-Cu-C 系	余量	3~5	—	0.2~0.4	<1	150~200	600~800
Fe-Cu-Ni-C 系	余量	3~5①		0.2~0.4	<1	150~200	600~800

① Cu、Ni 金属粉末成分的总和。

表 12-12　铁、铁-铜系粉末冶金件渗碳淬火后的典型力学性能

	密度/(g/cm³)	硬化层深度/mm	硬度		冲击吸收能量/J	抗拉强度/MPa
			HRC	HR30N		
Fe 系	7.0	0.27	—	45	4.31	617
		0.35	—	48	4.08	638
		0.70	15	55	3.81	840
Fe 系	7.48	0.35	—	43	6.20	824
		0.50	—	54	5.52	912
		0.80	22	59	4.56	952
Fe-Cu 系	7.28	0.40	—	65	4.19	1080
		0.60	—	70	3.24	853
		0.90	45	70	3.43	952

气体碳氮共渗温度为 560~580℃，采用工业酒精（或甲醇）和氨气或三乙醇氨作渗剂，共渗时间为 1.5~2.5h，出炉油冷。金相组织和低碳钢气体氮碳共渗后相似。

（3）蒸汽处理（氧化处理）　为了提高铁基粉末冶金件的耐蚀性，减小摩擦因数，改善摩擦特性，可采用蒸汽处理。蒸汽处理是将粉末冶金件放在过热和过饱和蒸汽中加热氧化，其表面形成一层均匀、致密、有铁磁性、厚度为 3~4μm 的蓝色四氧化三铁薄膜，它具有良好的耐蚀性，能吸油，降低摩擦因数，改善摩擦特性，对粉末冶金件的封孔效果显著。采用蒸汽处理的零件有汽车减振器活塞、缝纫机拨叉、齿轮等。

蒸汽处理的主要工艺参数包括温度、时间、蒸汽流量和压力。蒸汽处理的温度和时间对粉末烧结件形成氧化膜的影响如图 12-10 所示。一般处理温度为 540~560℃，处理时间为 40~60min。加热温度低，时间短，氧化膜薄，颜色淡，耐蚀性差；加热温度过高，时间过长，氧化膜容易剥落。经适宜的蒸汽处理后可形成 3~4μm 厚的四氧化三铁薄膜，不仅能使粉末烧结零件表面发蓝，而且能使开口孔隙发蓝。

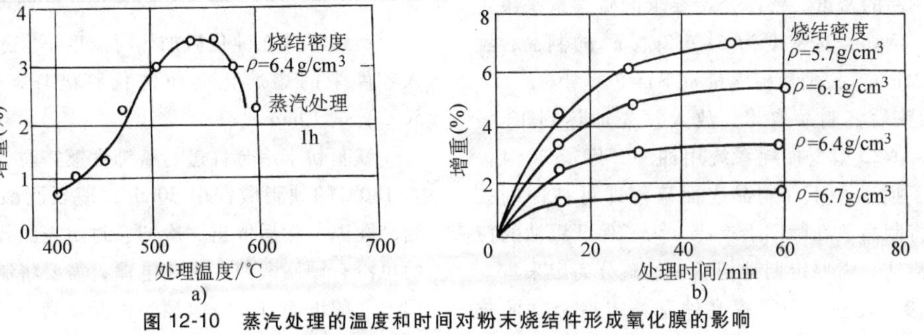

图 12-10　蒸汽处理的温度和时间对粉末烧结件形成氧化膜的影响

a）处理温度的影响　b）处理时间的影响

蒸汽流量和压力也是影响氧化膜质量的重要参数，在不影响炉温的前提下，蒸汽气流和炉膛压力应尽量提高，以促进四氧化三铁的形成和保证炉膛的蒸汽呈饱和状态。蒸汽处理对铁基粉末冶金件力学性能的影响如图 12-11 所示。在铁基粉末冶金钝化防锈冶金件中填充各种物质和蒸汽处理对提高抗拉强度和硬度的比较如图 12-12 所示。

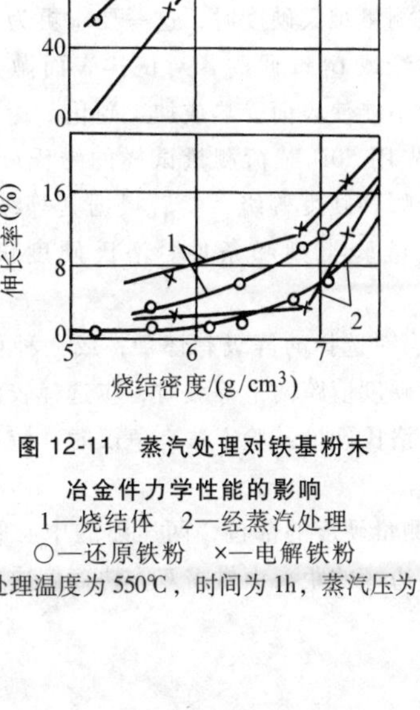

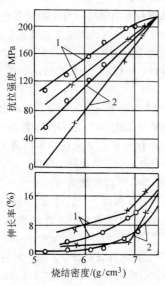

图 12-11　蒸汽处理对铁基粉末冶金件力学性能的影响

1—烧结体　2—经蒸汽处理

○—还原铁粉　×—电解铁粉

注：蒸汽处理温度为 550℃，时间为 1h，蒸汽压为 0.1MPa。

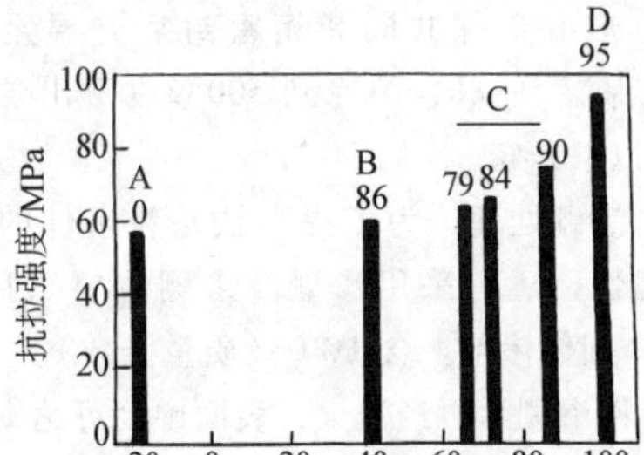

图 12-12　填充各种物质和蒸汽处理对提高抗拉强度和硬度的比较

A—烧结体　B—充填石蜡　C—充填塑料

D—蒸汽处理（550℃×1h，蒸汽压为 0.1MPa）

注：用还原铁粉烧结，密度 5.2g/cm³，图中黑柱上面的数字为充填率。

在大批量生产时，有时由于装炉量过大，经一次处理后，氧化膜往往颜色较淡或不均匀，对此，可进行第二次蒸汽处理，进一步加深颜色，改善表面质量。

（4）渗硫处理　为了提高铁基粉末冶金件表面硬度和耐磨性，改善其加工性能和运转状态下的润滑条件，防止咬合现象，可采用渗硫处理。

铁基粉末冶金零件可采用气体、液体和固体渗硫法及低温电解渗硫，也可将烧结粉末零件置于熔融的硫中施行熔浸。浸硫处理的工艺过程如下：

1）将固态硫放在加热炉中加热，温度控制在130℃左右，此时硫的流动性最好。温度过高则硫液变稠，不利浸渍，要严格控制硫液温度，以有利浸硫效果。

2）将制品装入铁丝筐内，一起放入液体硫中。如果首先将零件预热到 100~150℃，浸渍时间仅需 3~4min。不进行预热的制品浸渍时间为 25min。当然，还应根据制品的密度、壁厚及所要求的硫含量来决定浸渍时间。例如，对密度为 6~6.2g/cm^3 的制品，浸渍时间为 25min，浸渍后硫含量 $w(S)=3\%\sim4\%$。

3）浸完后将制品取出，放入预先加热到 130~150℃的 L-AN22 型全损耗系统用油中，停留 30s 后，将制品上下搅动一下，制品表面硫液即可被冲刷去除，然后将制品放在筛网上空冷。为了保证浸油的使用效果和清洁，需要定期地把油中的硫分离出来。

（5）渗铬处理　为了提高铁基粉末冶金件的抗氧化性和耐蚀性，特别是提高其表面硬度和耐磨性，可采用固体渗铬处理。渗铬剂的组成（质量分数）为铬铁粉［$w(Cr)\geqslant60\%$，280μm］60%，三氧化二铝（280μm）37%，氯化铵（三级试剂）3%。将渗铬剂与粉末冶金件共同装箱密封后升温至 1050~1100℃，保温 5~8h，炉冷到 500℃以下出炉，空冷到 200℃以下开箱。

（6）渗硼处理　为了提高铁基粉末件的表面硬度和耐磨性，还可采用渗硼。渗硼主要采用 B4C+KBF_4+SiC 固体渗剂。含 1%C（质量分数）的铁基粉末冶金零件渗硼后再经淬火，表面硬度可达 1500HV。为了改善渗硼层脆性，可采用硼氮共渗。铁基粉末冶金件在高温化学热处理时极易过热，使材料晶粒长大，性能降低，必须加以注意。

4. 铁基粉末冶金件的电镀

铁基粉末冶金件在仪器仪表、电影机械、缝纫机零件等方面也得到了广泛应用，其中不少零件需要进行电镀处理。

铁基粉末冶金件可进行镀锌和装饰性镀铬，其工艺过程与一般钢铁零件电镀相同。由于粉末冶金零件的多孔性，在镀前需要封闭表面孔隙，防止镀液渗入零件内部发生腐蚀。镀锌件常采用蜡封，并用滚筒打光至表面无蜡层为止。装饰镀铬件的孔隙度小于 5%时，不需要采取封闭表面孔隙的措施；孔隙度大于 5%时可采用手工抛光、钢球抛光、表面精压。当孔隙度较大时，可浸渍硬脂酸锌（180℃）；孔隙度达 20%时，可用硅树脂浸渍。在浸渍硬脂酸锌和硅树脂后应用滚筒打光，然后方可进行装饰镀铬。

铁基粉末冶金件镀锌时，可采用无氰电镀，其工作液配方及工艺条件如下：

氯化铵	200~220g/L
氯化锌	50~55g/L
硼酸	25~30g/L
硫脲	1.5~2.5g/L
pH 值	6~6.2
阳极电流密度	0.8~1.5A/dm^3

镀锌零件在钝化后加热时温度不宜过高，以免充入零件中的蜡熔化而使钝化膜破坏，一般为 40~50℃，烘 10min。

铁基粉末冶金件进行装饰性镀铬时，先将制品浸入 180℃的硬脂酸锌中 20min，使硬脂酸锌溶液进入制品孔隙，然后取出、冷却、封闭表面孔隙。由于表面也浸有硬脂酸锌，影响电镀，需要将制品放入装有锯木屑的滚筒打光，以擦除表面硬脂酸锌，然后再进行电镀，电镀工艺和一般电镀铬工艺相同。

5. 铁基粉末冶金件热处理后的检验

铁基粉末冶金件热处理前后的质量控制主要是测量硬度。粉末冶金材料是由固体材料和孔隙组成的复合体，通常将用布氏、洛氏和维氏硬度试验机测得的烧结粉末冶金材料硬度值称为表观硬度，以区别于致密材料的硬度值。

（1）表观硬度的测定　粉末冶金零件的表观硬度与其化学成分、密度、加工工艺及测定部位有关，在测量横截面上硬度基本均匀，或距表面 5mm 范围内硬度基本均匀的粉末冶金材料的硬度时，必须注意下列各点：

1）试样表面必须清洁、平滑、无氧化皮和外来污物。在测量维氏硬度时，这一要求更为重要。通常用金相砂纸或 6μm 研磨膏对试样表面抛光。在制备试样时，不能使表面受热或加工硬化。

2）先用 50N 载荷测量试样的维氏硬度（HV5）确定属于哪种硬度等级，然后根据其等级按表 12-13 选定硬度试验类型和条件。洛氏硬度试验条件见表 12-14。

3）当对选择的等级有怀疑，或一种材料的技术条件规定硬度值跨两个等级时，应选择较低的一级试验条件。洛氏硬度试验方法有争议时，应以维氏硬度为基准方法。

4）测量硬度的部位，两压痕的中心距或压痕中心至试样边缘的距离由供需双方协商解决。

表 12-13　试验类型和条件的选择

硬度级 HV5	试验条件		
>15~60	HV5	HBW2.5/62.5/30	HRH
>60~105	HV10	HBW2.5/62.5/15	HRF
>105~180	HV30	HBW2.5/62.5/10	HRB
>180~330	HV50	HBW2.5/187.5/10	HRA
>330	HV100	HBW2.5/187.5/10	HRC

表 12-14　洛氏硬度试验条件

洛氏硬度	压头类型	预载荷/N	总载荷/N
HRA	金刚石锥体 120°	100	600
HRB	钢球 1.5875mm(1/16in)	100	1000
HRC	金刚石锥体 120°	100	1500
HRF	钢球 1.5875mm(1/16in)	100	600
HRH	钢球 3.175mm(1/8in)	100	600

5）打出五个合格压痕，计算或读出相应的硬度值，将最低的硬度值舍去，报出其余四个硬度值的算术平均值，四舍五入成整数。试验报告可用各点硬度值或用硬度范围表示，同时写明选定的硬度试验类型及试验条件。

6）硬度值不允许由一种标度（如维氏、布氏或洛氏）换算成另一种标度。不能用硬度值来估算强度大小。

7）经化学热处理后，在截面上距表面层 5mm 深度以内的硬度不均匀，表观硬度应采用维氏硬度（HV5）或洛氏硬度（HR15N）测量。如有效渗层很浅，可采用 HV1。表观硬度很高时，可采用 HRC。如测定单位没有维氏硬度计来确定硬度等级，可以暂时采用中 2.5mm 的压头球测布氏硬度，只要保证其压痕直径 d 在 $0.25D<d<0.6D$ 范围内即可。

（2）化学热处理渗层的测定　铁基粉末冶金件在渗碳或碳氮共渗淬火后，可用显微硬度试验法测定其有效渗层深度。有效渗层深度是指硬度下降到规定值处至表面的垂直距离。

显微硬度（HV0.1）在垂直于试样表面的剖面上测量，测量区由供需双方商定，测量表面应抛光，应防止试样棱角破坏、过热和孔隙引起的表面轮廓不清。

测量有效渗层深度的显微硬度压痕位置如图 12-13 所示。在每一深度 d_1、d_2、d_3 等位置上至少打出三个压痕，过低和过高的硬度值都舍去。从表面向内部测量，在 d_1、d_2、d_3 等处按 0.05mm、0.1mm、0.2m、0.3mm、0.4mm、0.5mm、0.75mm、1.0mm、1.5mm、2.0mm、3.0mm 距离测量硬度，相邻两压痕间的距离 S 不应小于压痕对角线长度的 2.5 倍，压痕分布在垂直于表面、宽度 W 为 1.5mm 的区域内。

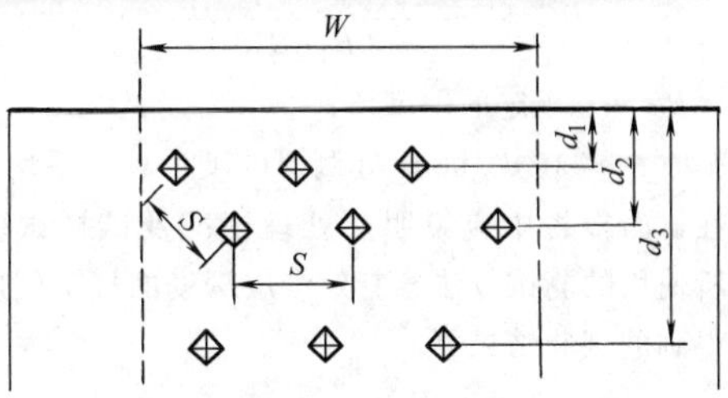

图 12-13　显微硬度压痕位置

算出渗层每一深度上各点硬度的算术平均值，画出“硬度-自表面距离”曲线（见图 12-14），对应规定的硬度值 HG 点作水平线，它与硬度变化曲线交点的横坐标，即为有效渗层深度 DC。

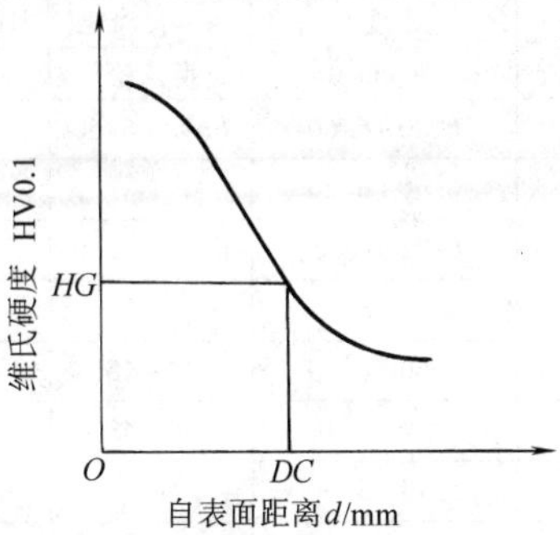

图 12-14　测定有效表面层深度的方法（一）

在工厂实际生产中，可用下述方法测量有效渗层深度：将硬度随自表面距离的变化看成一条直线，并在自表面两个距离 d_1 和 d_2 处测定显微硬度（见图 12-15）。其中 d_1 小于所估计的有效渗层深度；d_2 大于所估计的有效渗层深度，但小于全渗层深度。d_1 和 d_2 可根据类似材料的已有经验数据估计。这两个深度上至少测定五次显微硬度，并标出相应的硬度算术平均值，有效渗层深度 DC 为

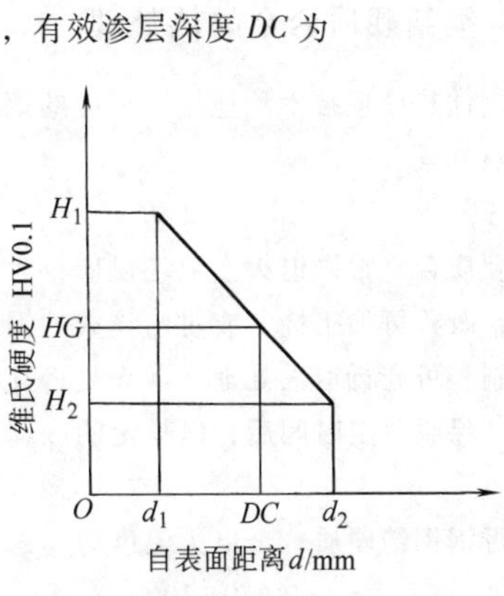

图 12-15　测定有效表面层深度的方法（二）

$$DC=d_1+\frac{(d_2-d_1)(H_1-HG)}{(H_1-H_2)}$$

式中　HG——规定的硬度值；

H_1、H_2——在 d_1 和 d_2 处测得的硬度算数平均值。

在试验报告中应说明热处理情况及试样试验部位、所使用的测试方法、有效渗层深度的规定硬度值及所得到的试验结果等。

12.2　钢结硬质合金及其热处理

12.2.1　钢结硬质合金简介

钢结硬质合金是以钢为黏结相，以碳化物（主要是 WC、TiC）为硬质相，用粉末冶金方法生产的复合材料。其微观组织是细小的硬质相，弥散均匀分布于钢的基体中（用于模具的钢结硬质合金，基体主要采用含铬、钼、钒的中高碳合金工具钢或高速钢）。钢结硬质合金是介于钢和硬质合金之间的一种材料，具有以下特点：具有可机加工性和可热处理性，还可以锻造、焊接。与硬质合金相比，成本低，适用范围更广，具有良好的物理、力学性能，具有良好的自润滑性、较低的摩擦系数和优良的化学稳定性。与高合金模具钢相比，具有较高的弹性模量、耐磨性、抗压强度和抗弯强度。与硬质合金相比，具有较好的韧性。生产方法有普通粉末冶金法、熔渗法、热压法和热等静压法。钢结硬质合金的性能列于表 12-15。

表 12-15　钢结硬质合金的性能

牌号（在用非标）	密度/(g/cm³)	硬度 HRC		抗弯强度/MPa	抗压强度/MPa	冲击韧度/(J/cm²)	弹性模量/GPa
		退火态	淬火态				
GT35	6.40~6.60	6.40~6.60	68~72	1400~1800		≥6	306
TM6	6.60~6.80		≥65①	≥2000			
R5	6.35~6.45	6.40~6.60	70~73	1200~1400		≥3	321
R8	6.15~6.35	≤45	62~66	1000~1200		≥1.5	
T1	6.60~6.80	44~48	68~72	1300~1500		3~5	308
D1	6.90~7.10	40~48	69~73	1400~1600			
ST60	5.70~5.90	70②		1400~1600		≥3	
TLMW50	10.21~10.37	35~42	66~68①	≥2000		8~12	
GW50	10.20~10.40	38~40	67~71	1700~2300	≥3780	≥12	
GJW50	10.2~10.30	35~38	65~66	1500~2200		≥7	
DT	9.70~9.90	32~38	62~64①	2500~3600	≥2850	18~25	280
BR40	9.50~9.70	38~43	60~66①	1650~1750		5~8	
BR20	—	32~38	58~60	2000~2400		12~20	
GA5	12.50~13.50		85~87HRA①	2450~3040	≥4110	6.86~10.8	522

① 淬火回火态。

② 该牌号无热处理效应。

12.2.2　钢结硬质合金的热处理

一般钢铁热处理技术均适用于相应的钢结硬质合金基体的热处理。

1. 退火

钢结硬质合金常以退火态毛坯供应，为了进一步降低硬度，改善可加工性，或对已淬火的钢结硬质合金进行改制，可施行退火处理。退火是将其加热到临界点以上，保温一定时间后，以规定的冷却速度冷却到室温。

亚共析钢钢结硬质合金退火温度为

$$t_{退火}=Ac_3+(50\sim100℃)$$

过共析钢钢结硬质合金退火温度为

$$t_{退火}=Ac_1+(50\sim100℃)$$

钢结硬质合金一般采用等温退火工艺，几种典型钢结硬质合金的等温退火工艺规范如图 12-16～图 12-20 所示。

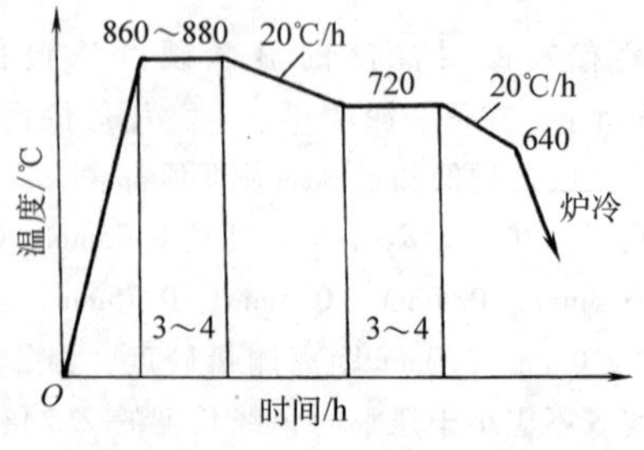

图 12-16　GT35 合金的等温退火工艺规范

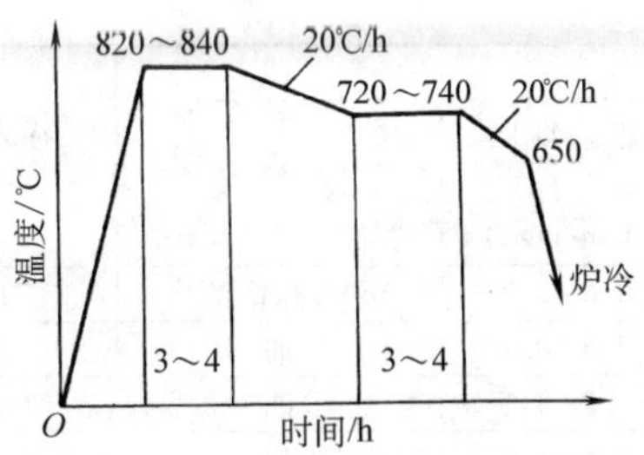

图 12-17　R5、T1 合金的等温退火工艺规范

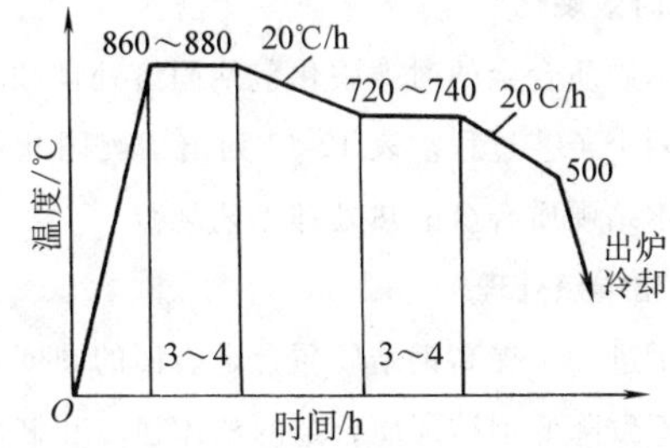

图 12-18　TLMW50 合金的等温退火工艺规范

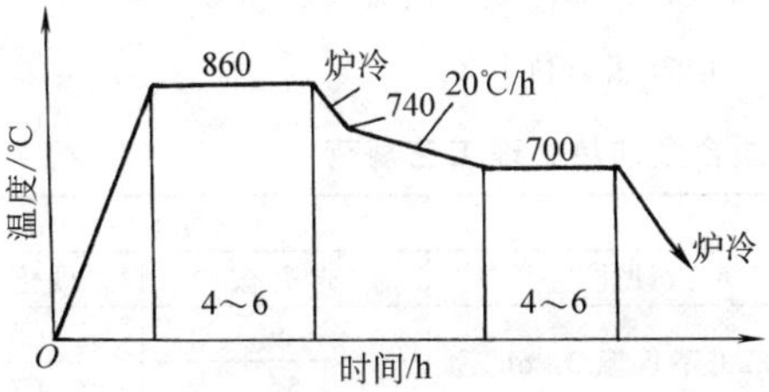

图 12-19　GW50 合金的等温退火工艺规范

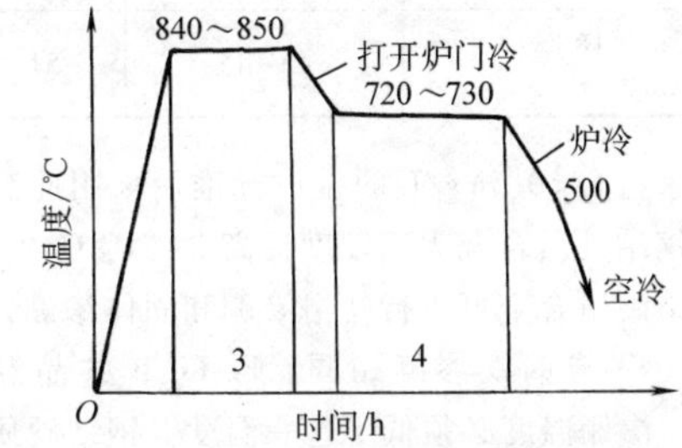

图 12-20　GJW50 合金的等温退火工艺规范

钢结硬质合金可在箱式炉、井式炉、连续式炉或真空炉内退火，在使用普通退火炉时，为防止合金表面氧化脱碳，常用木炭、铸铁屑或还原性气氛加以保护。

2. 淬火

钢结硬质合金可采用普通淬火、分级淬火和等温淬火。其淬火加热温度范围很宽，可根据化学成分、对组织和性能的要求以及零件形状复杂程度具体确定。钢结硬质合金的导热性较低［热导率为 1.25～2.65W/(m^2·K)］，在加热过程中应采用一次预热（800～850℃）或两次预热（500～500℃；800～850℃），几种典型钢结硬质合金的淬火工艺见表 12-16。

淬火加热采用盐浴炉时，为了防止零件氧化脱碳或产生麻点，盐浴应充分脱氧和除渣。当采用箱式炉加热时，为了防止氧化脱碳，应采用木炭或铸铁屑作保护填料。保温时间取决于加热设备类型：盐浴炉加热，热透速率可按 0.7min/mm 计算；在通入保护气氛的箱式炉加热，热透速率可按 2.5min/mm 计算。

3. 回火

淬火后的钢结硬质合金必须进行回火处理，回火工艺规范可根据其化学成分和用途确定。GT35 合金在磨损条件下工作时，可在较低的温度下回火（200～250℃），以获得高硬度和高耐磨性；在冲击负荷下工作时，可在较高的温度下回火（450～500℃），以获得较高的强度和韧性。R5 合金在 450～500℃ 回火，可获得最高硬度值。碳化钨系钢结硬质合金在 200℃ 回火可获得良好的综合力学性能。高速钢钢结硬质合金（T1，D1）可采用高速钢的回火工艺，在 560℃ 三次回火。几种钢结硬质合金的回火曲线如图 12-21 所示。由图 12-21 可知，高碳中铬钼合金钢钢结硬质合金 GT35，硬度随回火温度升高而单值降低。铬、钼、钨、钒含量较高的钢结硬质合金 R5、R8、T1 具有二次硬化现象。其硬度峰值出现在 500～550℃。低铬钼合金钢钢结硬质合金（碳化钨系）也具有二次硬化现象。

表 12-16　几种典型钢结硬质合金的淬火工艺

牌号	淬火设备	淬火工艺条件					淬火硬度 HRC
		预热温度/℃	预热温度/min	加热温度/℃	保温时间[①] 按速率计 /(min/mm)	冷却介质	
GT35	盐浴炉	800～850	30	960～980	0.5	油	69～72
R5	盐浴炉	800	30	1000～1050	0.6	油或空气	70～73
R8	盐浴炉	800	30	1150～1200	0.5	油或空气	62～66
T1	高温盐浴炉	800	30	1240	0.3～0.4	600℃盐浴空冷	73

（续）

牌号	淬火设备	淬火工艺条件					淬火硬度 HRC
		预热温度/℃	预热温度/min	加热温度/℃	保温时间①按速率计/(min/mm)	冷却介质	
D1	高温盐浴炉	800	30	1220~1240	0.6~0.7	560℃盐浴油冷	72~74
TLMW50	盐浴炉	820~850	30	1050	0.5~0.7	油	68
GW50	箱式炉	800~850	30	1050~1100	2~3	油	68~72
GJW50	盐浴炉	800~820	30	1020	0.5~1.0	油	70

① 保温时间=工件有效尺寸×热透速率，单位为 min。

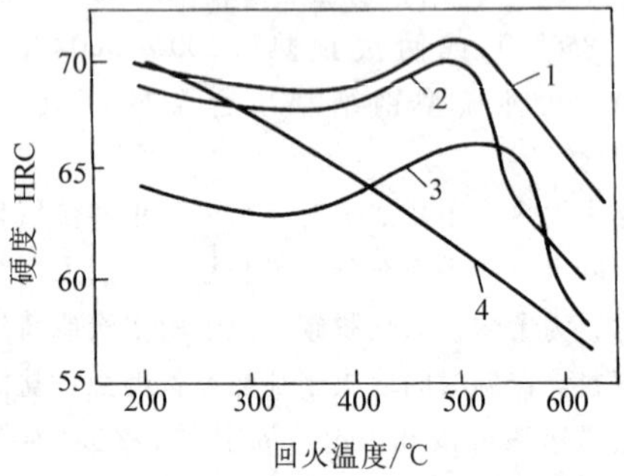

图 12-21 几种钢结硬质合金的回火曲线
1—T1 合金 2—R5 合金 3—R8 合金 4—GT35 合金

4. 时效硬化

钢结硬质合金的时效硬化包括固溶处理和时效硬化处理两个工艺过程。表 12-17 列出了美国几种时效硬化型钢结硬质合金的热处理工艺规范。

5. 化学热处理

为了进一步提高钢结硬质合金表面的硬度和耐磨性，又不致降低钢结硬质合金的整体强度和韧性，可采用化学热处理。目前，钢结硬质合金的化学热处理方法有三种，即渗氮、氮碳共渗和渗硼处理，其他化学热处理方法有待开发。

表 12-17 美国几种时效硬化型钢结硬质合金的热处理工艺规范

牌号 Ferro-TiC	基本类型	热处理工艺		硬度 HRC	
		固溶处理	时效硬化	退火态	硬化态
M-6	超低碳高镍马氏体时效钢	在 816℃ 下保温 1~1.5h 后空冷	在 482℃下保温 3~6h 后空冷	49	63
M-6A				54	67
M-6B				58	68
MS-5	镍铬马氏体不锈钢	在 980℃下保温 30min 后空冷	在 482℃ 下保温 10h 后空冷	46~50	60~62
HT-2	铁铬镍奥氏体合金	在 1093℃下保温 15h 后空冷	在 788℃ 下保温 8h 后空冷	43~45	51~54

渗氮通常采用氨气作介质，渗氮温度为 490~510℃，渗氮时间为 1~2h。时效硬化型钢结硬质合金的时效处理可与渗氮同时进行，但渗氮时间应相应延长。渗氮后表面硬度为 68~72HRC，渗氮层厚度为 0.1~0.15mm。渗层组织中有 ε 相（$Fe_{2-3}N$）、γ 相（Fe_4N）和含氮铁素体。渗氮后的氮化物颗粒为坚硬、强韧的渗层基体所支撑，使表面具有优异的耐磨性和抗擦伤性。

钢结硬质合金可进行气体氮碳共渗和盐浴氮碳共渗。气体氮碳共渗时通常采用乙醇通氨或三乙醇胺作氮碳共渗介质。共渗温度为 560~580℃；共渗时间为 1~4h。盐浴氮碳共渗可采用 LT（中国）、QPQ（美国 Kolene 和我国成都工具研究所）、TFI+ABI（德国 DEGUS-SA）、Sur-Sulf（法国 HEF）的商品盐。当前的 N-C、S-N-C、S-N-C-O 共渗已能做到原料无毒、盐浴保证 $w(CNO^-)$ = 30%~34% 的稳定成分，$w(CN^-)<1\%$，清洗废水符合<0.5mg/L 的排放标准。采用此法可将高速钢钢结硬质合金表面硬度提高 2~3HRC。

钢结硬质合金可进行盐浴渗硼和固体渗硼，其渗硼剂和工艺与钢铁渗硼相同。Fe-Fe_2B 共晶温度为 1149℃，渗硼温度必须低于这一温度。钢结硬质合金渗硼后可进行常规热处理。经渗硼处理后的钢结硬质合金表面不仅具有高硬度、高耐磨性和低的摩擦因数，抗氧化性和耐蚀性也较高。

6. 沉积硬质化合物层

在钢结硬质合金表面上沉积薄层耐磨的 TiC、TiN、Ti（C，N）和 TiC-TiN 层能显著提高其耐磨性，沉积方法主要是化学、物理气相沉积和离子镀。沉积 TiC 后可施行渗碳处理或沉积 TiC 后再进行烧结处理。镍-磷镀层也可提高钢结硬质合金刀具的切削寿命，因为它可降低切削力。

12.2.3　钢结硬质合金的组织与性能

1. 钢结硬质合金的组织特征

钢结硬质合金基体的组织取决于其化学成分和热处理工艺：表 12-18 和表 12-19 列出化学成分对钢结硬质合金组织状态和性能的影响；表 12-20～表 12-23 列出热处理对钢结硬质合金组织特征的影响。

表 12-18　不锈钢的组织状态与主要合金元素含量的关系

序号	组织状态	主要合金元素含量(质量分数,%)		
		C	Cr	Ni
1	马氏体	0.4～1.0	12～18	—
2	半铁素体	<0.1	12～18	—
3	铁素体	<0.15	25～28	—
4	奥氏体	<0.1	>18	>8

表 12-19　用不同硬质相及高速钢制备的钢结硬质合金的性能变化

合金序号	成分(质量分数,%)				$V_{碳化物}/V_{高速钢}$	密度/(g/cm^3)	硬度　HRC			可加工性
	TiC	WC	W18Cr4V 高速钢	W2Mo9Cr4VCo8 高速钢			退火态	淬火态	560℃三次回火态	
1	30	—	70	—	43.2/56.8	7.02	43～46	70～73	66～68	易
2	—	40	60	—	27/73	10.60	50～54	59～61	70～72	难
3	23	7	70	—	39/61	7.56	43～46	68	68	易
4	25	5	70	—	40.5/59.5	7.41	43～46	65	65	易
5	5	25	70	—	24.5/75.5	9.47	52～53	60～63	70	难
6	5	25	—	70	23/77	8.62	41～43	53～55	66	易
7	30	—	—	70	41.2/58.8	6.70	42～44	66～69	67	易

表 12-20　典型合金工具钢钢结硬质合金各种热处理状态的组织特征

牌号	组织特征				
	烧结态	退火态	淬火态	回火态① 低温	回火态① 高温
GT35	TiC+贝氏体	TiC+珠光体	TiC+马氏体	TiC+回火马氏体+碳化物	TiC+索氏体(或托氏体)+碳化物
R5	TiC+马氏体+$(Cr,Fe)_7C_3$	TiC+α 铁素体+$(Cr,Fe)_{23}C_6$+$(Cr,Fe)_7C_3$	TiC+淬火马氏体+$(Cr,Fe)_7C_3$	TiC+回火马氏体+$(Cr,Fe)_7C_3$	TiC+索氏体 $(Cr,Fe)_{23}C_4$+$(Cr,Fe)_7C_3$
TLMW50 GW50	WC+细珠光体	WC+珠光体+复式碳化物	WC+马氏体	WC+回火马氏体+复式碳化物	WC+索氏体+复式碳化物
GJW50	WC+索氏体+复式碳化物	WC+索氏体+复式碳化物	WC+马氏体+残留奥氏体	WC+回火马氏体	WC+索氏体

① 小于 300℃回火态，回火马氏体；450℃回火态，托氏体；600℃回火态，索氏体。

表 12-21　典型不锈钢钢结硬质合金各种热处理状态的组织特征

牌号	组织特征			备　注
	烧结态	退火态	硬化态	
R8	TiC+铁素体+复式碳化物桥接相		TiC+铁素体+少量马氏体	有淬火硬化效应
ST60	TiC+奥氏体			无热处理效应

表 12-22　典型高速钢钢结硬质合金各种热处理状态的组织特征

牌号	组织特征			
	烧结态	退火态	淬火态	500℃回火态
D1 T1	TiC+极细珠光体(托氏体)	TiC+球化体+碳化物	TiC+马氏体+残留奥氏体	TiC+托氏体+碳化物

表 12-23　典型高锰钢钢结硬质合金各种热处理状态的组织特征

牌号	组织特征	
	烧结态	水韧处理态
TM60 TM52	TiC+珠光体+碳化物	TiC+奥氏体

2. 钢结硬质合金的物理、力学性能

常用钢结硬质合金的热膨胀系数见表 12-24。典型合金工具钢钢结硬质合金、典型不锈钢钢结硬质合金、典型高速钢钢结硬质合金和典型高锰钢钢结硬质合金的物理、力学性能分别列于表 12-25～表 12-28。

表 12-24　常用钢结硬质合金的热膨胀系数

温度范围/℃	热膨胀系数 $\alpha/(10^{-6}/K)$						
	GT35	R5	TLMW50	GW50	ST60	R8	T1
20～100	6.09	8.34	6.72	8.90	8.6	6.63	4.37
20～200	8.43	9.16	8.06	9.10	10.1	7.58	8.54
20～300	10.04	9.95	8.65	9.34	11.8	8.68	9.68
20～400	10.37	10.53	9.07	9.40	11.2	9.81	10.38
20～500	11.22	10.71	9.62	9.52	11.5	9.98	10.86
20～600	11.51	10.82	10.15	9.70	11.6	10.40	11.25
20～700	11.83	11.13	10.60	9.86	11.8	10.60	11.48
20～800	—	—	—	—	11.7	10.80	11.10
20～900	—	—	—	—	11.9	11.00	11.14

表 12-25　典型合金工具钢钢结硬质合金的物理、力学性能

牌号	密度/(g/cm³)	硬度 HRC		抗弯强度①/MPa	冲击韧度①/(J/cm²)	弹性模量/MPa		电阻率/(Ω·mm²/m)		摩擦因数②	
		退火态	淬火态			退火态	淬灭态	退火态	淬火态	自配对	与T10配对
GT35	6.40～6.60	39～46	68～72	1400～1800	5.89	30600	29800	0.812	0.637	0.030	0.109
R5	6.35～6.45	44～48	72～73	1200～1400	2.94	32100	31300	0.784	0.269	0.044	0.104
TLMW50	10.21～10.37	35～40	66～68	2000	7.85	—	—	—	—	—	—
GW50	10.20～10.40	38～43	69～70	1700～2300	11.8	—	—	—	—	—	—
GJW50	10.20～10.30	35～38	65～66	1520～2200	6.97	—	—	—	—	—	—

① 系淬火态性能。

② 采用国产 MM200 型摩擦磨损试验机，滑动摩擦，以 L-AN22 全损耗系统用油润滑。

表 12-26　典型不锈钢钢结硬质合金的物理、力学性能

牌号	密度/(g/cm³)	硬度 HRC		抗弯强度/MPa	冲击韧度/(J/cm²)	摩擦因数①
		退火态	淬火态			
R8	6.15～6.35	40～46	62～66	1000～1200	1.47	0.215
ST60	5.7～5.9	70	70	1400～1600	2.94	—

① 采用国产 MM200 摩擦磨损试验机。对偶材料为石墨，干态滑动摩擦。

表 12-27　典型高速钢钢结硬质合金的物理、力学性能

牌号	密度/(g/cm³)	硬度 HRC			抗弯强度/MPa	冲击韧度/(J/cm²)	抗拉强度/MPa		抗扭强度/MPa	
		退火态	淬火态	三次回火态(500℃)			与P18对焊	与45Cr对焊	与P18对焊	与45Cr对焊
D1	6.90～7.10	40～48	69～73	66～69	1400～1600	—	>690	545	>830	>755
T1	6.60～6.80	44～48	68～72	70.1	1300～1500	3～5	—	—	—	—

注：断裂发生在对焊的钢基上。

表 12-28 典型高锰钢钢结硬质合金的物理、力学性能

牌号	密度/(g/cm^3)	硬度 HRC		抗弯强度/MPa	冲击韧度/(J/cm^2)
		烧结态	水韧处理态		
TM60	6.2 ± 0.05	59~61	59~61	2100	9.81
TM52	6.1 ± 0.1	60~62	60~62	1900	7.95

注：钢基体组织状态有很大关系。

高锰钢钢结硬质合金在工作过程中，耐磨表面层随工作磨损不断产生加工硬化，同时工件的心部保持很高的韧性。因此，它在与其他耐磨材料对比试验时显示出优异的性能（见表 12-29）。试验是在冲击磨料磨损试验机上进行的，磨料为 150 目细砂纸（硅砂 1000HV）。

表 12-29 高锰钢钢结硬质合金与其他耐磨材料的耐磨性对比试验结果

序号	耐磨材料	热处理方式	硬度	相对耐磨性①β
1	ZGMn13	1050℃水淬	210HV	1.16
2	Mn13 [w(C)= 1.53%]	1050℃水淬	230HV	1.30
3	高韧白口铸铁	900 ℃加热,300℃等温淬火	58HRC	1.47
		900℃油淬	62~64HRC	1.23
4	45SiMn2VB 铸钢	960 ℃淬火，180℃回火	—	1.24
5	7Cr2WVSi 铸钢	1000℃淬火,400℃回火	—	1.37
6	GT35 钢结硬质合金	950℃油淬,200℃回火	68~70HRC	9.0
7	TM52 钢结硬质合金	1050℃水淬	61~62HRC	16.5

① 采用 20 热轧钢（HV = 190MPa）作为标准材料。所谓相对耐磨性是指材料的磨损量与标准材料磨损量之比值。从表中可以看出，TM52 的耐磨性比硬度与其相当的高锰钢要高十几倍，而同样以 TiC 作硬质相的 GT35，尽管其硬度比 TM52 高，但耐磨性几乎比 TM52 低一半。这再次表明，钢结硬质合金的耐磨性与钢基体组织状态有很大关系。

3. 钢结硬质合金的化学性能

合金工具钢钢结硬质合金具有良好的抗氧化性。由图 12-22 可知，R5 合金具有良好的抗氧化性，甚至比奥氏体不锈钢钢结硬质合金 ST60 还好，GT35 合金的抗氧化性能较差。

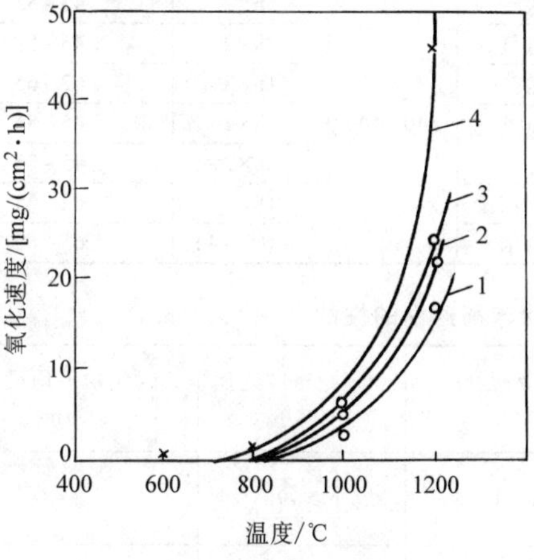

图 12-22 几种钢结硬质合金在不同温度下的氧化速度

1—R5 合金 2—ST60 合金 3—R2 合金 [w(Ni) 为 6.5%，其他成分同 R5] 4—GT35 合金

R5、GT35 和 R8 合金的耐蚀性见表 12-30 和表 12-31。

表 12-30 R5、GT35 合金的耐蚀性

合金	热处理状态	腐蚀介质（质量分数）	腐蚀速度/[$mg/(cm^2 \cdot d)$]	腐蚀情况
R5	淬火态	浓 HNO_3	6.58	稳定,腐蚀 2 天后仍具金属光泽
R5	回火态		7.57	稳定,腐蚀 2 天后仍具金属光泽
GT35	淬火态		6.73	稳定,腐蚀 2 天后仍具金属光泽
R5	淬火态	50% H_2SO_4	3.67	开始时略有反应，30min 后稳定
R5	回火态		3.48	开始时略有反应，30min 后稳定
GT35	淬火态	50% H_2SO_4	4.29	开始时略有反应，30min 后稳定
R5	淬火态	30%HCl	20.64	反应激烈
R5	回火态		24.05	反应激烈
GT35	淬火态		88.31	反应很激烈
R5	淬火态	30% H_3PO_4	44.03	反应很激烈
R5	回火态		93.20	反应很激烈
GT35	淬火态		133.85	反应非常激烈

表 12-31 R8 合金的耐蚀性

腐蚀介质(质量分数)	腐蚀速度/[mg/(cm^2·d)]	腐蚀介质(质量分数)	腐蚀速度/[mg/(cm^2·d)]
30% HCl	12.40	10% NaCl	0.10
68% HNO_3	0.60	50% NaOH	0.03
50% H_2SO_4	3.80	10% CH_3COOH(醋酸)	0.12

注：试验温度 13~21℃。

12.3 粉末高速钢及其热处理

把高速钢粉末冷压烧结制成接近成品的坯件，用热挤压法制成棒材或用热等静压法制成大型坯料。粉末高速钢成分组织均匀、碳化物颗粒小（<5μm）。力学性能高，加工性能好，刀具寿命长，可用于拉刀、铣刀、滚刀、插齿刀、成形刀等大型、精密、复杂形面刀具；用于高温合金、钛合金、高强度钢等难加工材料的切削刀具；用于自动机床刀具，冷、热作模具，以及摇臂镶块、气门座和叶片泵叶片等耐磨零件。

12.3.1 粉末高速钢简介

表 12-32 列出冷压烧结粉末高速钢的牌号和化学成分，其密度、硬度及热处理工艺列于表 12-33。表 12-34 列出 SM2 和 SR 冷压烧结粉末高速钢的性能。

表 12-32 冷压烧结粉末高速钢的牌号和化学成分

牌号(在用非标)	化学成分(质量分数,%)									
	W	Mo	Cr	V	Si	C	Mn①	P①	S①	O
F3702M F3702H F3702F	5.50~6.75	4.50~5.50	3.80~4.40	1.75~2.20	≤0.40	0.80~0.90	≤0.40	≤0.03	≤0.03	≤0.10
F3703M F3703H F3703F					0.50~0.80	0.95~1.20				
F3711F	12.00~13.00	6.00~7.00	3.50~4.50	4.50~5.50	≤0.30	1.70~1.90	≤0.40	≤0.03	0.03~0.08	≤0.10

① 不作限定指标。

表 12-33 冷压烧结粉末高速钢密度、硬度及热处理工艺

牌号(在用非标)	密度/(g/cm^3)	退火态硬度 HBW	淬火温度/℃	冷却介质	回火温度/℃	回火时间×次数	淬火回火态硬度 HRC
F3702M	6.40~6.80	≤251	1150~1200	油或氮气	540~560	2h×2	45~55
F3702H	6.80~7.95		1150~1200	油或氮气		2h×2	45~55
F3702F	≥7.95		1180~1230	油或盐浴		1h×3	62~65
F3703M	6.40~6.80		1150~1200	油或氮气		2h×2	45~55
F3703H	6.80~7.75		1150~1200	油或氮气		2h×2	45~55
F3703F	≥7.95		1180~1230	油或盐浴		1h×3	62~65
F3711F	≥8.05	≤283	1210~1250	油或盐浴		1h×(3~4)	65~69

表 12-34 SM2 和 SR 冷压烧结粉末高速钢的性能

代号	牌号(在用非标)	硬度 HRC	抗弯强度/MPa	冲击韧度/(J/cm^2)	和理论密度之比(%)	碳化物平均尺寸/μm
SM2	F3702F F3703F	63~66	1800~2000	8~10	≥99	2~4
SR	F3711F	66~69	1800~2400	8~12	≥99.5	2~4

12.3.2 热等静压和热挤压粉末高速钢

表 12-35 所列为热等静压和热挤压粉末高速钢 FT15 的化学成分，其热处理工艺和热处理后的性能见表 12-36 和表 12-37。

表 12-35　粉末高速钢 FT15 的化学成分

元素	化学成分(质量分数,%)									
	C	W	Cr	V	Co	Mn	Si	P	S	O
含量	1.45~1.60	11.50~13.60	3.60~4.50	4.20~5.20	4.20~5.20	≤0.4	≤0.3	≤0.03	≤0.03	$\leq 270\times10^{-4}$

表 12-36　热等静压 FT15 热处理工艺及性能

和理论密度之比(%)	退火态硬度 HBW	淬火温度/℃	回火温度/℃	回火时间×次数	淬火回火态硬度 HRC	抗弯强度/MPa	碳化物平均尺寸/μm
100	≤290	1200~1240	520~540	2h×3	65~68	≥4000	1.4

表 12-37　热挤压 FT15 热处理工艺及硬度

退火态硬度　HBW	淬火温度/℃	冷却剂	回火温度/℃	回火时间×次数	淬火回火态硬度　HRC
≤280	1230~1260	油	520~540	2h×(3~4)	65~68

12.4　硬质合金及其热处理

硬质合金是以难熔金属硬质化合物（硬质相或陶瓷相）为基，以金属为黏结剂（金属相），用粉末冶金方法制造的高硬度、高耐磨性材料。该合金种类繁多，有以下特点：

1）高硬度（83~93HRA）和高耐磨性。

2）高弹性模量（E=370~680GPa），刚性好。

3）高抗压强度（3260~6400MPa）。

4）高化学稳定性、高耐酸碱腐蚀性。

5）高抗弯强度（900~2800MPa）。

6）断裂韧性较低。

表 12-38 所列为硬质合金各种碳化物的性能。

表 12-38　硬质合金各种碳化物的性能

碳化物类型	相对分子质量	w(C)(%)	晶体类型	熔点/℃	密度/(10^3kg/m^3)		弹性模量/MPa	抗压强度/MPa	抗弯强度/MPa	硬度 HV
					计算值	实测值				
TiC	59.89	20.05	面心立方	3140	4.23	4.25	410000~510000	2910	280~400	2850±10
WC	195.85	6.12	六方晶型	2870	15.52	15.63	710000	2910	490~600	1780
TaC	192.9	6.23	面心立方	3880	13.95	14.30	291000	—	—	1600
NbC	104.9	11.46	面心立方	3773	8.20	7.82	338000	—	—	1961±96
W_2C	380.0	3.16	密排六方	2860	17.15	17.20	421000	—	—	—
Cr_3C_2	180.1	13.31	斜方晶系	1750	6.92	6.68	—	—	—	1336
VC	62.9	19.07	面心立方	2810	5.25	5.77	270000	—	—	2094

12.4.1　硬质合金的分类和用途

硬质合金的分类和用途见表 12-39。

表 12-39　硬质合金的分类和用途

类别	符号	成　分	特　点	用　途
钨钴合金	YG	WC、Co，有些牌号加少量 TaC、NbC、Cr_3C_2 或 VC	在硬质合金中，此类合金的强度和韧性最高	刀具、模具、量具、地质矿山工具、耐磨零件等
钨钛钴合金	YT	WC、TiC、Co，有些牌号加少量 TaC、NbC 或 Cr_3C_2	较高的硬度，良好的耐热性，抗氧化性能好，抗月牙洼性能较好	加工钢材的刀具
钨钛钽(铌)钴合金	YW	WC、TiC、TaC、(NbC)、Co	高的高温硬度、高温强度，抗氧化性能好，具有高的耐磨性和耐热性	加工合金钢、耐热合金、合金铸铁、特硬铸铁和镍铬不锈钢等
碳化钛基合金	YN	TiC、WC、Ni、Mo，有些牌号加少量(Ta，Nb)C、Cr_3C_2 或 VC	高硬度，高耐磨性，高耐热性，良好的抗月牙洼磨损性能，抗氧化性能好	对钢材精加工的高速切削刀具
涂层合金	CN	涂层成分 TiC+Ti(CN)+TiN	表面耐磨性和抗氧化性好，基体强度较高	钢材、铸铁、非铁金属及其合金的加工刀具
	CA	涂层成分 $TiC+Al_2O_3$		

12.4.2　影响硬质合金性能的因素

硬质合金的性能主要受硬质相和黏结相成分和结构的影响。影响硬质合金性能的因素有碳化物种类、碳化物颗粒大小和形态添加剂、碳含量、组织缺陷热处理、表面处理。其中 Co 含量对 WC-Co 硬质合金冲击韧度的影响很大，如图 12-23 所示。不同 Co 含量的 WC-Co 硬质合金抗弯强度与平均自由程的关系如图 12-24 所示。

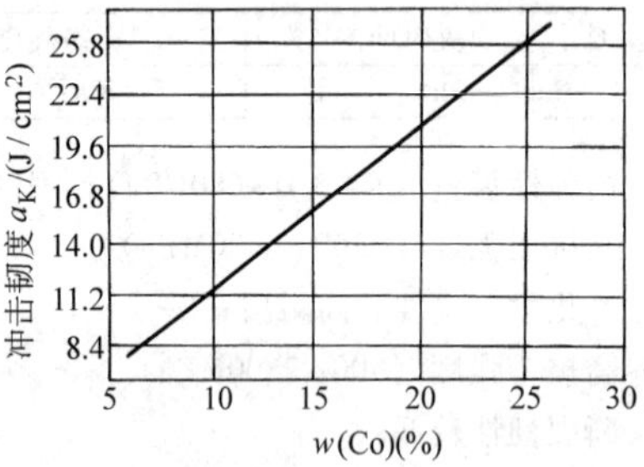

图 12-23　钴含量对 WC-Co 硬质合金冲击韧度的影响

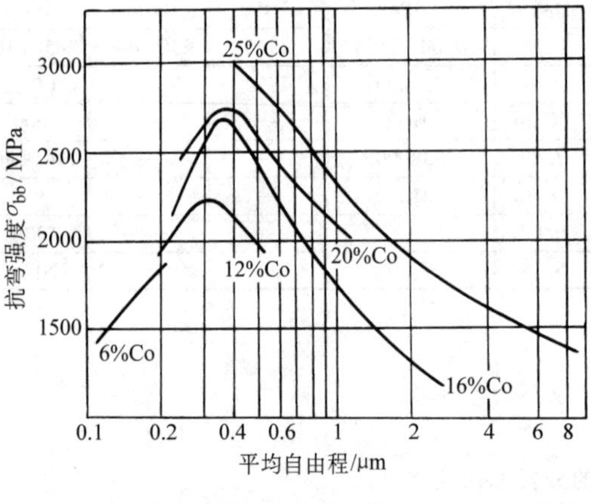

图 12-24　不同钴含量（质量分数）的 WC-Co 硬质合金抗弯强度与平均自由程的关系

12.4.3　硬质合金的热处理

1. 退火

WC-10% Co 两相合金中钨的固溶度曲线如图 12-25 所示，该曲线也是 γ(Co)+WC 转变为复相（WC+γ+Co_3W）的临界温度曲线。在临界温度以上进行退火，可获得两相组织。在临界温度以下进行退火，可获得 WC+γ+Co_3W 三相组织。650℃ 退火对 WC-10%Co 合金抗弯强度的影响见表 12-40。

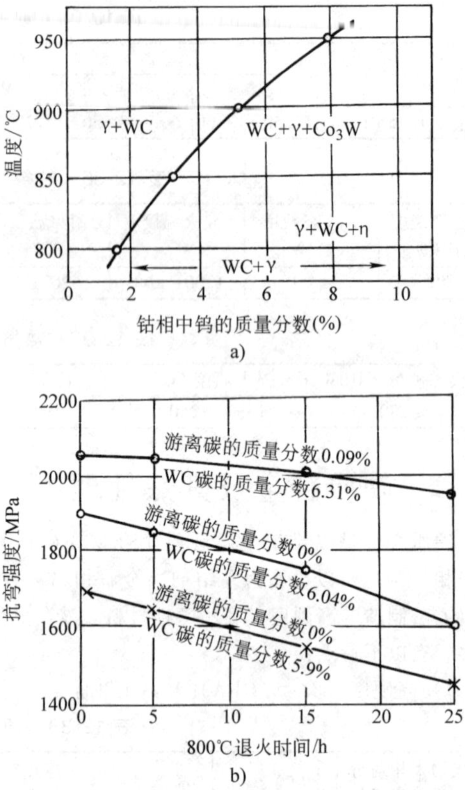

图 12-25　WC-10%Co 两相合金中钨的固溶度曲线

a）钨的固溶度曲线　b）800℃退火对抗弯强度的影响

表 12-40　650℃退火对 WC-10%Co 合金抗弯强度的影响

退火时间/h	抗弯强度/MPa
165	2590±250
	2320±250

2. 淬火

淬火可抑制 WC 析出及钴的同素异构转变（Co 密排六方晶$\overset{417℃}{\longleftrightarrow}$Co 面心立方）。实践表明，$w$(Co) = 40% 的合金淬火后强度可提高 10%，但 w(Co) = 10% 的合金经淬火后强度却降低。

3. 时效硬化

Co 过饱和固溶体等温分解时的相变见表 12-41。WC-Co 合金在 850~950℃ 等温可出现 η_1 和 η′相。η_1 和 η′相的成分接近 η（Co_3W_3C），但 η_1 相的钨含量稍低，η′相的钨含量稍高，其晶格常数比 η_1 相大。在 725~775℃ 等温转变时出现 α′相，电子显微镜观察表面，它是析出在黏结相 α-Co 中的一种极细小的分散相 α′（Co_3WC_x）。在 550~650℃ 等温时有 ε′相出现，它是一种接近于 Co_3WC_x 的致密组织。经 165h 等温处理后还可以见到 Co_3W（针状组织）和 ε-Co（密排六方结构）。在 250~400℃ 等温可形成 Co_2C 相。

表 12-41　Co 过饱和固溶体等温分解时的相变

温度范围/℃	相变
950~1250	α-Co(W·C)→α-Co+WC
350~950	α-Co(W·C)→α-Co(重结晶)+η_1+WC→α-Co+η′+WC
750~850	α-Co(W·C)→α-Co(C)+Co_3W→ε-Co+η_1+WC→ε-Co(7)+η′+WC
725~775	α-Co(W·C)→α-Co+α′→α-Co(C)+Co_3W(针)
600~750	α-Co(W·C)→α-Co+α′→ε-Co(C)+Co_3W(六方)
650~750	ε-Co(W·C)→ε-Co(C)+Co_3W(针)
550~650	ε-Co(W·C)→ε-Co(C)+ε′→ε-Co(C)+Co_3W(针)
550~650	ε-Co(W·C)→ε-Co(C)+ε′→ε-Co(C)+Co_3W(六方)
250~400	ε-Co(W·C)→ε-Co(W)+Co_2C

注：溶解温度为 1250℃。

WC-Co 合金时效时，合金硬度因 α′相和 ε′相析出而提高，但当发生 Co_2W 析出时，硬质合金硬度将会降低。时效时间对 WC-Co 合金黏结相硬度及合金硬度的影响如图 12-26 和图 12-27 所示。

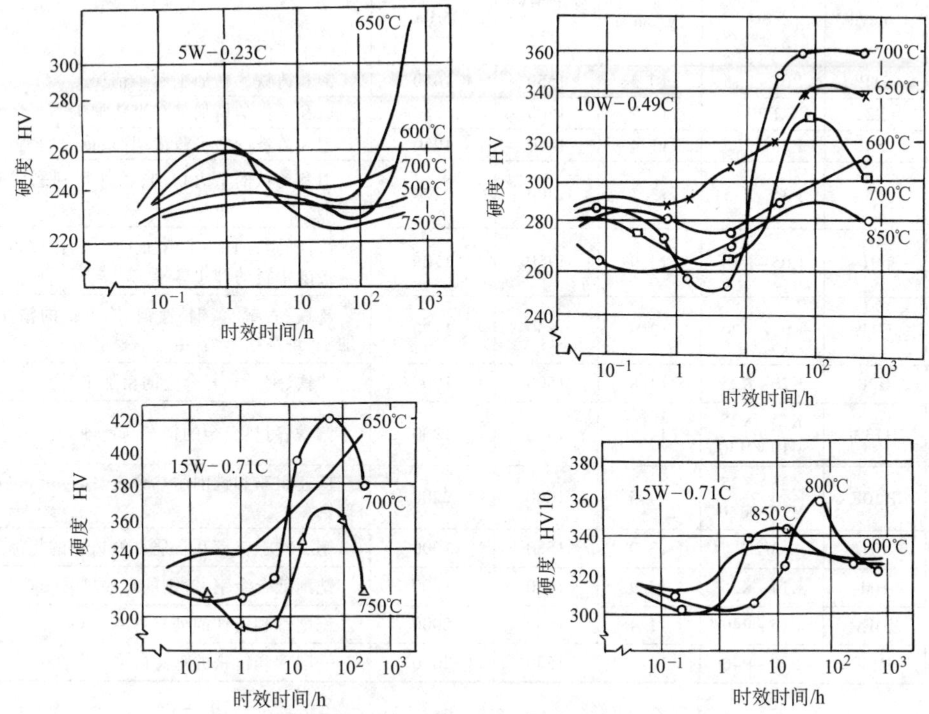

图 12-26　WC-Co 合金黏结相硬度与时效时间的关系

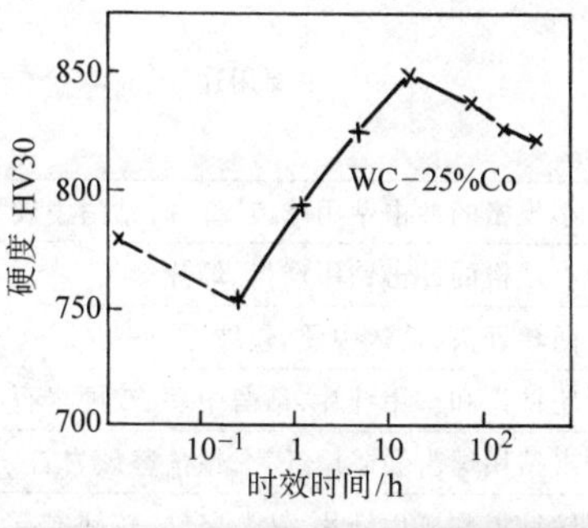

图 12-27　WC-Co 合金硬度与时效时间的关系

虽然硬质合金热处理后 α′（Co_3WC_x）分散相能使合金的硬度提高，但由于热处理时间较长，抗弯强度降低，在生产实践中一般不采用时效硬化方法来提高硬质合金的强度。

为了进一步提高硬质合金的耐磨性，可以在其表面气相沉积 TiC 或 TiN 涂层。表 12-42 列出有沉积层硬质合金牌号及推荐用途。

表 12-42　有沉积层硬质合金牌号及推荐用途

合金牌号[①]	基体材料牌号	涂层材料	推荐用途	相当的分类分组号
CN15	YW1	TiC+Ti(C,N)+TiN	钢件精加工	P05~P20/K05~K20
CN25	YW2	TiC+Ti(C,N)+TiN	钢件精加工和半精加工	M10~M20/K10~K30
CN35	YT5	TiC+Ti(C,N)+TiN	钢件粗加工	P20~P40/K20~K40
CN16	YG6	TiC+Ti(C,N)+TiN	铸铁、非铁金属及其合金精加工	M05~M20/K05~K20
CN26	YG8	TiC+Ti(C,N)+TiN	铸铁、非铁金属及其合金半精加工和粗加工	M10~M20/K20~K30
CA15	特制	$TiC+Al_2O_3$	铸铁、非铁金属及其合金精加工	M10~M30/K20~K30
CA25	特制	$TiC+Al_2O_3$	铸铁、非铁金属及其合金半精加工和粗加工	M10~M30/K20~K30

① 株洲硬质合金集团有限公司的牌号。

12.4.4　国外硬质合金牌号、性能和用途

引进瑞典 Sandvik 公司技术，我国生产的硬质合金牌号、性能和用途列于表 12-43~表 12-46。

表 12-43　硬质合金切削工具性能及用途

牌号			性能			推荐用途
国产	Sandvik	ISO	密度/(g/cm^3) ≥	硬度 HV3 ≥	抗弯强度/MPa ≥	
YC10	S1P	P05~P15	10.3	1550	1650	钢和铸铁的精加工和半精加工
YC20	S2	P20	11.7	1500	1750	钢和铸铁的精加工和半精加工
YC30	S4	P25~P35	11.4	1480	1850	钢和铸铁的中等载荷切削、重力切削
YC40	S6	P35~P45	13.1	1400	2200	钢和铸铁的重力切削，条件特别恶劣时的端面铣削
YD10.1	H10	K05~K10	14.9	1750	1700	铸铁的精加工、半精加工，可制作铰刀、刮刀等，是铣削铝材的理想牌号
YD10.2	H1P	K01~K20	12.9	1850	1700	铸铁、青铜、黄铜、锰钢、淬火钢的精加工、半精加工，可高速车削、粗车、铣削
YD20	H20	K20~K25	14.8	1500	1900	铸铁、钢、铜、轻合金的粗加工
YL10.1	H13A	K15~K25 M10~M30	14.9	1550	1900	铸铁、耐热合金的精车与铣削
YL10.2	H10F	K25~K35 M25~M40	14.5	1600	2200	低速粗车和铣削耐热合金、钛合金，也可加工玻璃钢
YM20	SH	M20	13.9	1580	1900	钢、铸铁、锰钢和长屑可锻铸铁的粗加工
SD15	HM	K14~K25	12.9	1680	1600	铣削低合金钢、铸钢的理想牌号
SC25	SMA	P15~P40	11.4	1550	2000	铣削钢和铸铁的理想牌号
SC30	SM30	P20~P40	12.9	1530	2000	铣削钢和铸铁的理想牌号

表 12-44　硬质合金矿用工具性能及用途

牌号		性能			主要用途
国产	Sandvik	密度/(g/cm^3) ≥	硬度 HV3 ≥	抗弯强度/MPa ≥	
YK05	40	14.9	1480	1900	中小规格的冲击钻用球齿、纤片，钻凿中硬岩石
YK10	38	14.7	1280	2000	中小规格的冲击钻用球齿、纤片
YK20.1	42	14.5	1200	2300	击回转纤头，钻凿中硬、较硬岩石
YK25.1	702	14.5	1200	2400	牙轮钻齿和矿用纤片，钻凿中硬、较硬岩石
YK30	11	14.4	1150	2400	冲击钻用球齿和矿用纤片，钻凿坚硬岩石
YK35	CB08	14.0	1000	2500	牙轮钻齿和矿用纤片，钻凿坚硬、较硬岩石

表 12-45　硬质合金模具和异形刀具性能及用途

牌号		性能			主要用途
国产	Sandvik	密度/(g/cm^3) ≥	硬度 HV3 ≥	抗弯强度/MPa ≥	
YL05	CS05	15.1	1800	1500	小规格拉丝模
YL10.1	H13A	14.9	1550	1900 2600①	成形为棒材，制作钻头、刃具
YL10.2	H10F	14.5	1600	2200 3000①	成形为棒材，制作小直径微型钻头、钟表加工刀具、整体铰刀等刃具和耐磨零件
YL15	CS10	14.9	1750	1700	制作人造金刚石用顶锤
YL15.1	H10	14.9	1750	1700 2500①	成形为棒材，制作小直径微型钻头、钟表加工刀具、整体铰刀等刃具和耐磨零件
YL20	CG20	14.9	1500	1900	中、小规格拉丝模
YL30	CG40	14.3	1250	2500	大规模拉丝模、人造金刚石用压缸
YL50	CG60	13.9	1150	2600	冲模、冲头和耐磨零件

① 经热等静压处理。

表 12-46　硬质合金涂层刀片牌号及用途

牌号		涂层材料	推荐用途
国产	Sandvik		
YB115 (YB21)	GC315	TiC	铸铁和其他短切屑材料的粗加工
YB125 (YB02)	GC1025	TiC	钢、铸钢、轧钢、锻造不锈钢、铸铁的精加工及半精加工
YB135 (YB11)	GC135	TiC	钢、铸钢、可锻铸铁、球墨铸铁及轧制和锻造奥氏体不锈钢的钻削
YB215 (YB01)	GC015	$TiC+Al_2O_3$	各种工程材料的精加工和半精加工
YB415 (YB03)	GC415	$TiC+Al_2O_3+TiN$	铸铁、钢、铸钢及轧制与锻造不锈钢的精加工及半精加工
YB435	GC435	$TiC+Al_2O_3+TiN$	钢和铸钢材料的中等粗加工和半精加工

参考文献

[1] 北京市粉末冶金研究所. 粉末冶金标准汇编：第一册［M］. 北京：冶金工业出版社，1984.

[2] 马莒生. 精密合金及粉末冶金材料［M］. 北京：机械工业出版社，1982.

[3] 北京市粉末冶金研究所. 粉末冶金国外标准汇编：第一册　国际标准部分［M］. 北京：冶金工业出版社，1981.

[4] 株洲硬质合金厂. 钢结硬质合金［M］. 北京：冶金工业出版社，1982.

[5] 《国外硬质合金》编写组. 国外硬质合金［M］. 北京：冶金工业出版社，1976.

[6] 羊建高. 硬质合金［M］. 长沙：中南大学出版社，2012.

[7] TOTTEN G E. Steel Heat Treatment Handbook［M］. New York：Marcel Dekker，Inc，1997.

[8] BRADBURG S. Powder Metallurgy Equipment Manual［M］. 3rd ed. Princeton：Metal Powder Industries Federation，1986.

[9] ASM. Metals Handbook：Vol 7 Powder Metal Technologies and Applications［M］. Ohio：ASM International，1998.

[10] MPIF Standard 35，Materials Standards for PM Structural Parts［S］. Princeton：Metal Powder Industries Federation，1994.

[11] Marshall J M. The role of tungsten in the Co binder：Effects on WC grain size and hcp-fcc Co in the binder phase［J］. Int J Refract Met H，2015，49：57-66.

[12] ZHANG L，WANG Z，CHEN S，et al. Binder phase strengthening of WC-Co alloy through post-sintering treat-

ment [J], Int J Refract Met H, 2013, 36: 31-36.

[13] ROA J J, JIMÉNEZ-PIQUÉ E, TARRAGÓ J M, et al. Berkovich nanoindentation and deformation mechanisms in a hardmetal binder-like cobalt alloy [J], Mater Sci Eng A, 2015, 621: 128-132.

[14] VERNICKAITE E, TSYNTSARU N, CESIULIS H. Electrochemical co-deposition of tungsten with cobalt and copper: Peculiarities of binary and ternary alloys coatings formation [J], Surf Coat Technol, 2016, 307: 1341-1349.

[15] XIE Z. Effect of Y_2O_3 doping on FCC to HCP phase transformation in cobalt produced by ball milling and spark plasma sintering [J]. Powder Technol, 2018, 324: 1-4.

第13章　功能合金的热处理

上海交通大学　张骥华

功能合金是指具有特殊功能或效应的金属材料，这里主要指精密机械、仪表、电器等工业中使用的，要求具有特殊物理、力学性能的精密合金，包括电性合金、磁性合金、膨胀合金、弹性合金和形状记忆合金等。这些合金的使用性能都与其化学成分和组织结构有极密切的关系，所以为了获得高性能，从炉料的选择，直到最后的加工和改性处理，都要进行较严格的控制，而热处理是其中的一个非常重要的环节。

13.1　磁性合金的热处理

13.1.1　软磁合金的热处理

软磁合金主要用于制造电力和电子工业中的信息变换、传递和存储元件等。对它的基本要求是矫顽力 H_c 小（磁滞损耗小，效率高），饱和磁感应强度 B_s 高（储能高），初始和最大磁导率 μ_i、μ_m 高（灵敏度高），以及性能的稳定性好。软磁合金的磁滞回线都很窄。在许多具体情况下，还要求合金具有较高的耐蚀性、耐磨性，一定的机械强度，给定的线膨胀特性等物理、化学、力学性能。

软磁合金的磁导率、矫顽力和磁滞损耗等是很强的组织敏感性能，对合金中的杂质和非金属夹杂、晶体结构、结构的择优取向、晶体缺陷、内应力等非常敏感，而上述各项又取决于合金的成分、加工方法和热处理制度。为了保证高的软磁性能，必须使合金的组织尽可能地趋近平衡状态，获得大晶粒，并消除各种晶体缺陷。最合适的软磁合金是纯铁族金属（特别是纯铁），以及铁基或其他铁磁金属基的单相合金，而热处理则主要是各种形式的退火操作。

主要的软磁合金有工业纯铁、硅钢、铁镍合金、铁铝合金及新发展起来的非晶态合金等。

1. 电工用纯铁

电工用纯铁有原料纯铁（DT1、DT2）、电磁纯铁（DT3、DT4、DT5、DT6）和电子管纯铁（DT7、DT8）等三种。它们的饱和磁感应强度高，磁导率高，矫顽力小，但电阻率低，铁损较大，是应用最早、易于加工和最便宜的软磁材料和原料。应用最广的为电磁纯铁，一般用于制造铁心、磁极、衔铁、磁屏等，它的成分、主要性能和应用特点见表13-1。

表13-1　电磁纯铁的牌号、成分、主要性能和应用特点

牌号	主要成分①（质量分数，%）≤					主要性能			应用特点
	C	Si	P	S	Al	H_c/(A/m) ≤	μ_m/(H/m) ≥	$B_{25}^{②}$/T ≥	
DT3 DT3A	0.04	0.20	0.020	0.020	0.50	96 72	7.5×10^{-3} 8.75×10^{-3}	1.62	不保证磁时效的一般电磁元件
DT4 DT4A DT4E DT4C	0.03	0.20	0.020	0.020	0.15~0.50	96 72 48 32	7.5×10^{-3} 8.75×10^{-3} 11.25×10^{-3} 15×10^{-3}	1.62	在一定时效工艺下，保证无时效的电磁元件
DT5 DT5A	0.04	0.20~0.50	0.020	0.020	0.30	96 72	7.5×10^{-3} 8.75×10^{-3}	1.62	不保证磁时效的一般电磁元件
DT6 DT6A DT6E DT6C	0.03	0.30~0.50	0.020	0.020	0.30	96 72 48 32	7.5×10^{-3} 8.75×10^{-3} 11.25×10^{-3} 15×10^{-3}	1.62	在一定时效工艺下，保证无时效，磁性范围较稳定的电磁元件

① 其余为Fe。

② 磁场强度为2500A/m时的磁感应强度。

纯铁的磁性能与纯度有关。纯度越高，则软磁性能越好。影响最大的有害杂质是碳。它使磁导率下降，矫顽力提高，铁损增大，磁化困难（见图13-1）。

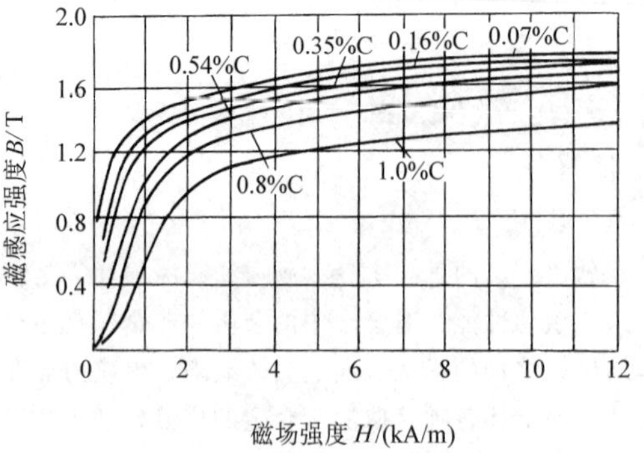

图 13-1　碳对纯铁磁化曲线的影响

注：图中的碳含量为质量分数。

碳、氧、硅、锰等降低铁的饱和磁感应强度（见图 13-2），溶解在纯铁的 α 相中时，间隙固溶杂质（如碳、氮、氧）的有害作用比置换固溶杂质（如硅、锰等）大。另外，碳、氮、氧还常以碳化物、氮化物、氧化物夹杂的形式出现在纯铁中。这时杂质对磁性能的影响，不仅与杂质的性质和数量有关，而且还与其颗粒大小、形状及分布有联系。杂质性质和基体差别越大，数量越多，颗粒越小，弥散度越大，呈针状或片状均匀分布时对纯铁磁性能的破坏作用越大。尤其当杂质颗粒大小与畴壁厚度相当时，由于能阻碍畴壁的移动，使铁的磁化困难，而更降低其软磁性能。

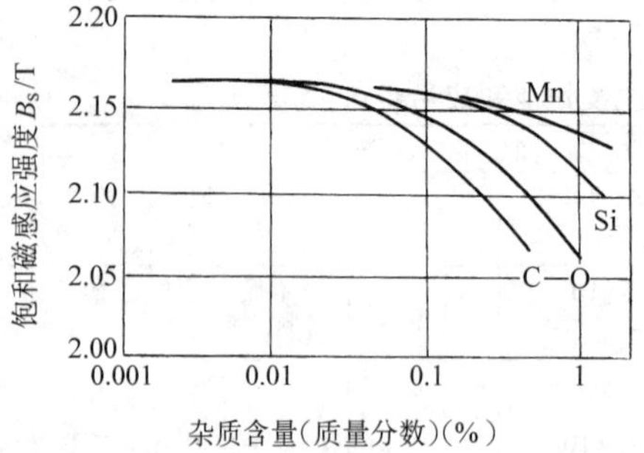

图 13-2　杂质对纯铁饱和磁感应强度的影响

纯铁的热处理有下述几种：

1）人工时效。电工用纯铁在常温或 150℃ 以下长期使用，特别是当温度较高时，超过溶解度的碳从 α 相中析出，形成细小弥散的弱磁性相 Fe_3C，使硬度提高，致使磁导率明显下降（30%～50%），铁损增大，矫顽力可能增大若干倍，这种现象叫作磁时效。氮和氧也能引起磁时效。为了避免发生磁时效，电工用纯铁在退火后，可以在 130℃ 保温 50h 后空冷，或在 100℃ 保温 100h 后炉冷，进行一次人工时效处理，使组织和性能稳定化。

2）高温净化退火。为了提高电工用纯铁的纯度，一方面冶炼时采用强烈的脱氧剂（如用 Al 或 Si 脱氧）真空去氧，以及真空重熔等先进工艺；另一方面在固态下在氢气中进行高温净化处理。在 1200～1500℃ 的高温下长时间保温时，溶解在金属内部的碳、氮、氧、硫等杂质原子扩散到表面而被清除，它们的夹杂物（Fe_3C、Fe_4N、FeO 和 FeS）也可被还原而减少。一些不与氢起作用的少数杂质（如硅、锰、铜、铝）则保留在固溶体内，发生不大的坏作用。采用高温真空退火处理，同样可得到净化效果。电工用纯铁经净化退火以后，由于杂质含量降低和晶粒粗化，软磁性能大大提高，最大磁导率可提高一个数量级。例如，纯铁在氢气中于 1480℃ 保温 18h 后，缓慢冷却到 880℃，再保温 12h 后缓慢冷至室温时，得到的磁导率 $\mu_i \approx 25 \times 10^{-3}$ H/m；$\mu_m \approx 300 \times 10^{-3}$ H/m。

3）去应力退火。冷加工造成纯铁内部多种晶体缺陷（位错、层错等），并引起内应力，增加磁畴壁运动的难度，使 H_c 增大，μ_m 值降低（见图 13-3）。为了消除这些不良影响，可以进行去应力退火或再结晶退火。退火温度对磁性能的影响如图 13-4 所示。退火温度高，晶粒粗大，对磁性能有利，所以去应力退火一般采用不发生 α⇌γ 相变的最高温度，避免冷却时发生相变使晶粒细化。因此，纯铁消除冷加工应力通常采用的再结晶退火工艺制度如下：在 600℃ 以下装炉，随炉升温至 800℃，再慢速加热到 860～930℃，保温 4h，然后以不大于 50℃/h 的冷速冷至 700℃，最后随炉冷到 500℃ 以下出炉。整个退火在氢气或真空中进行。退火工艺曲线如图 13-5 所示。

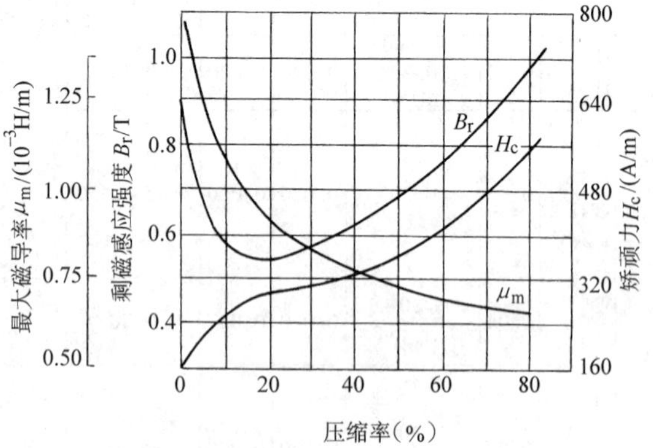

图 13-3　冷变形对工业纯铁磁性能的影响

2. 电工用硅钢

电工用硅钢实际上就是工业纯铁中 w(Si) = 1%～4.5%的铁硅合金。它在室温下具有含硅的单相铁素体组织。硅溶于铁中形成置换固溶体，引起晶格畸变，使电阻率增大，涡流损耗减少。晶格畸变也使矫

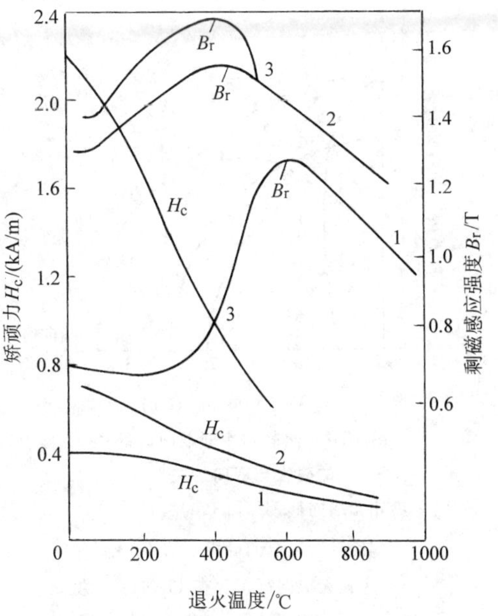

图 13-4　冷加工纯铁的退火温度对磁性能的影响

压缩率：1—45%　2—94%　3—99.9%

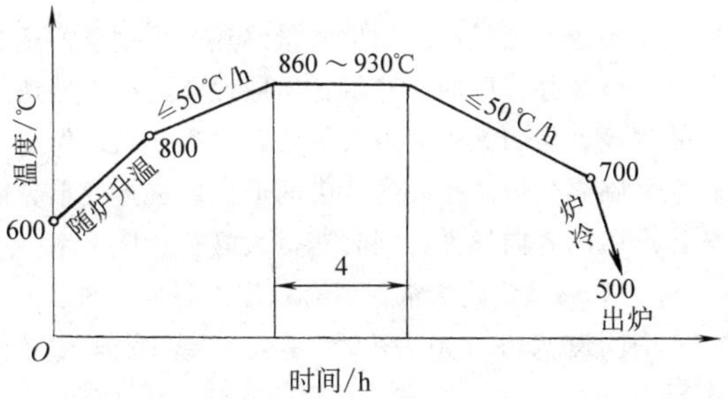

图 13-5　电工用纯铁的去应力退火工艺曲线

顽力增大，但因硅钢在高温下可获得粗大晶粒，且冷却时无相变引起的晶粒细化，所以总结果仍使矫顽力降低。另外，硅能促进碳的离析并与氧化合，减轻碳、氧在铁中间隙固溶的强烈有害作用，增大磁导率，使磁化变得比较容易，并降低磁滞损耗；同时因减小了磁时效倾向，也提高了磁性能的稳定性。硅含量对电工用硅钢磁性能的影响如图 13-6 所示。但硅的加入使钢的脆性增大，导热性降低，使材料的成形加工性能变坏，所以一般 $w(\mathrm{Si})\leqslant 4.5\%$。

电工用硅钢磁感应强度较高，铁损（包括磁滞损耗和涡流损耗）较小，加工性能良好，主要用于制造电机和变压器的铁心，因此也常称电机钢或变压器钢，是用量最大的一种软磁材料。

影响铁心硅钢片磁性能的主要因素，除了硅含量以外，还有成分中的杂质、结构的择优取向程度、应力状况和钢片厚度等。①硅钢中碳、氧、氮、硫等杂质的存在，均使磁性恶化，但少量磷的存在有利于获得粗晶，对磁性有益；②铁素体具有明显的磁晶各向异性，易磁化方向为〈100〉。当大多数晶粒的（110）面平行于硅钢片轧制时的轧面，［001］方向平行于轧向，形成高斯织构（110）［001］时，硅钢片沿轧向有良好的磁性，为单取向硅钢片；而当大多数晶粒的（100）面平行于轧向，一个［001］方向平行于轧向，另一个［010］方向垂直于轧向，形成立方织构（100）［001］时，则硅钢片沿轧向和垂直轧向均有良好的磁性，为双取向硅钢片；③磁性对应力比较敏感，加工过程中产生的任何应力均使磁性恶化；④硅钢片的厚度越大，涡流损耗也越大。所以，为了获得高磁性，硅钢片应该是杂质（特别是碳）少、晶粒大、取向度高的薄铁硅合金片。这就是硅钢片生产工艺安排的原则。

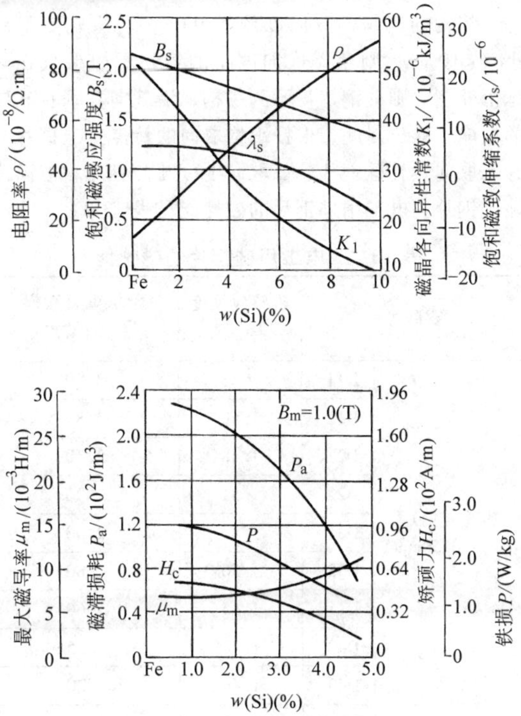

图 13-6　硅含量对电工用硅钢磁性能的影响

高性能硅钢片的生产工艺如下：冶炼出给定硅含量和最低碳含量［实际上一般 $w(\mathrm{C})\approx 0.05\%$］的钢坯，然后热轧成约 2.5mm 厚的钢带，最终冷轧为常用厚度 0.5～0.35mm 的薄钢片。冷轧之前要进行退火，并在此道工序中把 $w(\mathrm{C})$降到 0.02%以下；最后要进行成品的高温退火，以消除加工硬化和使晶粒粗化。这两种退火是硅钢片生产中最典型和最重要的热处理。如果冷轧变形度较大（45%～60%），得到的是有织构的组织，取向度约达 90%；若冷轧变形较小（<10%），则获得取向度小的组织。如果只在热态下轧制，则硅钢片得不到织构，沿轧向和垂直轧向的性能一样。因此，根据织构取向的特点，硅钢片分为无取向热轧硅钢片、低取向度冷轧硅钢片和取向冷轧硅钢片。电工用硅钢片的磁性能见表 13-2。

表 13-2　电工用硅钢片的磁性能

钢牌号		磁感应强度 B_{25}/T	单位重量铁损 $P_{10/50}^{①}$/(W/kg)
热轧硅钢片（厚度 0.50mm）	D11	1.53	3.20
	D12	1.50	2.80
	D21	1.48	2.50
	D22	1.51	2.20
	D31	1.46	2.00
	D32	1.50	1.80
	D41	1.45	1.60
	D42	1.45	1.35
	D43	1.44	1.20
低取向度冷轧硅钢片（厚度 0.50mm）	D1100	1.53	3.30
	D1200	1.53	2.80
	D1300	1.55	2.50
	D3100	1.50	1.70
	D3200	1.48	1.50
取向冷轧硅钢片（厚度 0.50/0.35mm）	D310	1.70/1.70	1.15/0.90
	D320	1.80/1.80	1.05/0.80
	D330	1.85/1.85	0.95/0.70

① 用 50 周波反复磁化到最大磁感应强度达 1T 时的单位重量铁损。

（1）热轧硅钢片的热处理　热轧无取向硅钢片是含硅的低碳镇静钢板坯经多次加热连续热轧或叠片热轧制成的，成品在连续式隧道炉、箱式炉或带钢连续炉中退火。退火温度和时间随硅钢片品种及生产工艺的不同，一般为 700～1200℃ 和保温一天到数天，炉内通保护气体，通过去除应力、脱碳和晶粒长大，使产品达到性能要求。

热轧无取向硅钢片的性能不如冷轧取向硅钢片（见图 13-7），有逐渐被后者取代的趋势。

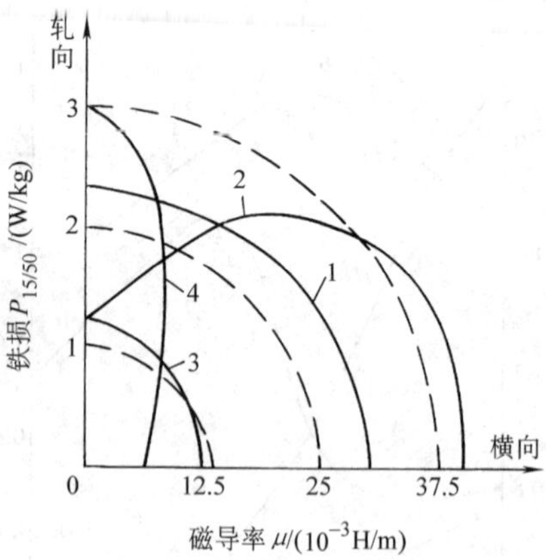

图 13-7　热轧和冷轧取向硅钢片的磁性与取向的关系

1—热轧无取向硅钢片[w(Si)=4%]的 $P_{15/50}$

2—冷轧单取向硅钢片的 $P_{15/50}$

3—热轧无取向硅钢片在 1T 时的 μ 值

4—冷轧单取向硅钢片在 1T 时的 μ 值

（2）冷轧无取向硅钢片的热处理　冷轧无取向实际上是低取向。冷轧硅钢片的磁性较高，厚度较均匀，表面质量较好。许多情况下（如电机用硅钢片）要求硅钢片磁各向同性，所以 20 世纪 50 年代以后出现了冷轧无取向硅钢片，并且发展很快。这种硅钢片目前一般采用一次冷轧或临界变形法生产，其工艺流程：冶炼→铸锭→初轧开坯→热轧→酸洗→冷轧（→中间退火→临界变形）→成品热处理。生产方法的基本思想是通过冷轧制度和最终热处理制度的适当配合，破坏择优取向，获得各向同性。一次冷轧法生产效率高，但因无中间退火的脱碳过程，难以保证高磁性。临界变形法是在冷轧中间退火后进行变形，破坏已产生的各向异性，同时获得大晶粒。压下率一般为 8%～10%，但此法常保留有一定的各向异性。

中间退火在 800～900℃ 干氢气或保护气氛中进行。

最终成品热处理有低温和高温退火两种。①在 900℃ 以下退火时，二次再结晶不能显著进行，磁各向异性不大，磁感应强度高；②最终退火温度高于 1100℃ 时，由于发生 α→γ 转变，破坏了晶粒的择优取向，使磁各向异性降低。最终退火均在氢气或保护气氛中进行，采用罩式炉或连续炉处理。

（3）冷轧取向硅钢片的热处理　为了获得高磁性的单取向硅钢片，钢中必须含有有利杂质。它们在 850℃ 以下呈细小颗粒弥散分布在钢内，稳定地抑制晶粒长大；但在 850℃ 以上能溶解于基体中，便于二次再结晶的进行，并可促进（110）[001] 取向的优先长大，而在高温下则易分解而被去除。常用杂质为硫化物、氮化物和碳化物，如 MnS、AlN、VC 等。

具有高斯织构的单取向冷轧硅钢片的典型生产流程：冶炼→铸锭→开坯→热轧（至厚约 2.2mm）→退火→酸洗→冷轧（至厚约 0.7mm）→中间退火→冷轧→（至最终厚度 0.35mm）→脱碳退火→成品退火→

涂层→拉伸回火→成品。在这个生产过程中，热处理对产品的生产和最终性能都有极重要的作用，各道热处理的目的和工艺说明如下。

1）黑退火。将杂质（有利杂质除外）含量较少的热轧钢带，在冷轧之前，于 760~780℃保温 8~15h，然后炉冷。目的是将钢中的 w(C)脱至 0.02%以下，以有利于以后促进获得高斯织构的杂质均匀析出，并获得细小的晶粒，为冷轧和后续工序做组织准备。

2）中间退火。经第一次冷轧后，钢带即成为最后的冷轧坯带，同时获得冷轧（变形）织构，为再结晶织构的形成创造条件。中间退火一般在 800~900℃进行，炉中通湿氢或分解氨，保温数分钟。目的是软化组织；为高斯织构的形成提供一定量的（110）[001] 取向晶粒和可变为此种取向的（111）[11$\bar{2}$] 取向晶粒；同时进一步脱碳，使 w(C)降低到约 0.01%。第二次冷轧后钢带达到最终尺寸，并获得更多更强的(111)[11$\bar{2}$]结构。

3）脱碳退火。退火温度为 780~830°C，一般采用连续炉通湿氢处理，使钢中 w(C)降低到 0.008%以下；利用有利杂质对晶粒长大的阻碍作用；获得细小的再结晶晶粒；并使（110）[001] 取向的晶粒增多，为二次再结晶生成高斯织构提供更多的晶核。

4）成品退火。通常在电热罩式炉中的氢气、保护气氛或在真空下进行，温度为 1150~1200℃或更高。在 950~1100℃范围内控制加热速度，使杂质的溶解速度与（110）[001] 取向晶粒的长大速度相适应，发生（110）[001] 的择优长大。通过这样的二次再结晶，获得完善的、高取向度的高斯织构，并在更高的温度下去除杂质，得到粗大晶粒。单取向硅钢片最终退火工艺曲线如图 13-8 所示。

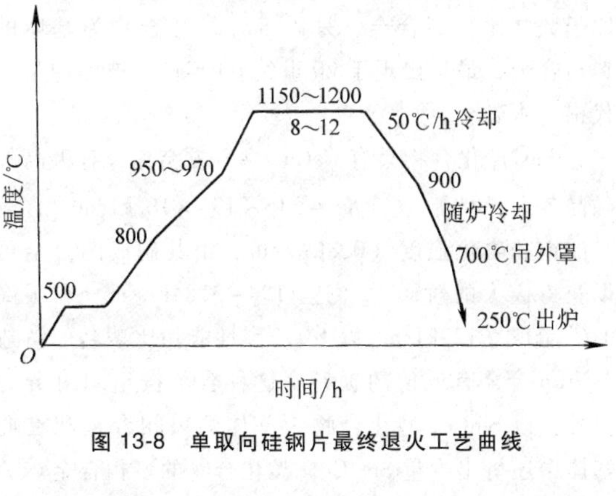

图 13-8　单取向硅钢片最终退火工艺曲线

5）拉伸回火。硅钢片涂绝缘层后要进行拉伸回火。回火温度为 700~750℃，氢气保护，拉伸应力不大于 10MPa，变形量不超过 0.2%。回火的目的是矫正钢卷在高温退火中产生的板面弯曲和轧制时的翘变，并可使铁损降低和磁感应改善。

除单取向外，还有具有立方织构的双取向硅钢片。其生产方法是，以高纯度单取向硅钢片为原料，采用两次冷轧（变形率为 60%~70%），在 1050℃进行中间退火，最终退火在 1150~1200℃进行，保温 7~10h。此法生产的成品取向度高，但厚度不能超过 0.20mm，大厚度双取向硅钢片采用柱状晶法生产。将坯带顺其柱晶轴向热轧，然后在高真空或干氢中进行长时间高温（1200~1300°C）退火，使 w(C)脱至约 0.002%，并以 40%的压下率冷轧。这种方法获得的立方织构的取向度较低。目前，双取向硅钢片应用还不多。

13.1.2　永磁合金的热处理

永磁合金又称硬磁合金，主要用于制造电动机、仪器、仪表中的永久磁铁。对它的基本要求是矫顽力 H_c 大，剩磁感应强度 B_r 高，最大磁能积（$(BH)_m$）大（因而磁滞回线宽，去磁曲线凸起系数大），性能的稳定性高。此外，还希望加工性良好。

永磁性能中最主要的是矫顽力。磁晶各向异性常数 K 和磁致伸缩系数 λ 大时，合金磁矩转动退磁的阻力大，矫顽力高。形成固溶体时矫顽力提高不多；而形成固溶体加第二相时可使矫顽力大大提高。第二相弥散度越大，矫顽力提高越多。加工硬化或相变引起的内应力、晶粒细化和导致合金组织偏离平衡状态的过程，都能阻碍畴壁的移动，显著地提高矫顽力。合金化和热处理淬火，是改善硬磁合金性能的主要方法。

1. 稀土钴合金

稀土钴合金是 20 世纪六七十年代出现的以稀土元素与钴金属形成的金属间化合物为基体的新型永磁合金。其磁化强度高，磁晶各向异性大，居里点高，磁能积的大小较传统的永磁合金有突破性的提高，被认为是比较理想的永磁材料。已应用于电子工业中的元器件，如制作雷达行波管内电子聚焦的周期永磁体阵列、微波器件和电子手表的永磁体，飞机及航天器电动机和仪表，限制器、隔离器和集成电路隔离器，磁泡储存器的永磁薄膜，以及微型马达、微型继电器、医疗器具等。我国稀土钴永磁合金的性能见表 13-3 和表 13-4，这类合金的发展并不有悖于我国的资源条件，但原材料较稀缺和昂贵仍然是存在的主要问题。

表 13-3　我国稀土钴永磁合金的磁性能

合金牌号	剩磁 B_r/T	磁感应矫顽力 H_{CB}/(kA/m)	内禀矫顽力 H_{CJ}/(kA/m)	最大磁能积 $(BH)_m$/(kJ/m³)
	≥			
XGS80/36	0.60	320	360	64~88
XGS96/40	0.70	360	400	88~104
XGS112/96	0.73	520	960	104~120
XGS128/120	0.78	560	1200	120~135
XGS144/120	0.84	600	1200	135~150
XGS160/96	0.88	640	960	150~183
XGS196/96	0.96	690	960	183~207
XGS196/40	0.98	380	400	183~200
XGS208/44	1.02	420	440	200~220
XGS240/46	1.07	440	460	220~250

表 13-4　我国稀土钴永磁合金的其他物理性能

合金牌号	磁感应温度系数 (0~100℃) α_B/10^{-4}℃	居里温度 T_c/℃	密度 d/(g/cm³)	相对回复磁导率 μ_{rec}	维氏硬度 HV	线胀系数 α/(10^{-6}/℃)	电阻率 ρ/Ω·m
XGS80/36	-9	450~500	7.8~8.0	1.10	450~500	10	5×10^{-6}
XGS96/40	-9	450~500	7.8~8.0	1.10	450~500	10	5×10^{-6}
XGS112/96	-5	700~750	8.0~8.3	1.05~1.10	450~500	10	5×10^{-6}
XGS128/120	-5	700~750	8.0~8.3	1.05~1.10	450~500	10	5×10^{-6}
XGS144/120	-5	700~750	8.0~8.3	1.05~1.10	450~500	10	5×10^{-6}
XGS160/96	-5	700~750	8.0~8.1	1.05~1.10	450~500	10	5×10^{-6}
XGS196/96	-5	700~750	8.1~8.3	1.05~1.10	450~500	10	5×10^{-6}
XGS196/40	-3	800~850	8.3~8.5	1.00~1.05	500~600	12.7	9×10^{-8}
XGS208/44	-3	800~850	8.3~8.5	1.00~1.05	500~600	12.7	9×10^{-8}
XGS240/46	-3	800~850	8.3~8.5	1.00~1.05	500~600	12.7	9×10^{-8}

钐钴合金是最基本的稀土钴合金，其相图如图 13-9 所示。Sm 与 Co 生成一系列金属间化合物，其中 $SmCo_5$ 和 Sm_2Co_{17} 最重要，分别构成两种钐钴合金的基础。目前，两种稀土永磁合金皆主要采用粉末冶金的方法生产，其工艺流程：原材料→冶炼→制粉→磁场取向与压力成形→真空烧结与热处理→机械加工→表面处理→检测。也可以采用还原扩散、树脂黏结、熔体急冷、铸造、机械合金化等方法进行生产，且各有其特点。

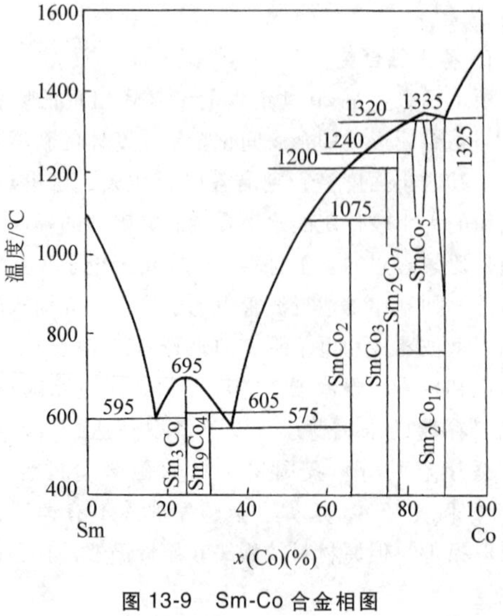

图 13-9　Sm-Co 合金相图

(1) SmCo5 型合金　简单表达为 1∶5（指两种原子数之比）型合金，是以 $SmCo_5$ 化合物为基体的钐钴合金，最早出现于 20 世纪 60 年代，被称为第一代稀土永磁合金。

$SmCo_5$ 化合物具有 $CaCu_5$ 型六方结构，有极高的磁晶各向异性常数［$K_1=(15\sim19)\times10^3$kJ/m³］，较高的饱和磁化强度（0.8kA/m），由其制成的合金可以获得极大的矫顽力（达 1194~3184kA/m）和很高的磁能积（127kJ/m³ 以上），磁性能相比著名的铸造 AlNiCo 合金有成倍的提升。这种合金按组织可分为两种：以 $SmCo_5$ 型化合物为基体的单相合金和在此基体中还析出少量 Sm_2Co_{17} 型化合物的多相合金。总体上，合金的矫顽力机制主要基于磁畴的形核和畴壁在晶界上的被钉扎，所以合金的晶粒要非常细小

（1~10μm），基本上为单磁畴粒子。

$SmCo_5$ 的化学计量成分（质量分数）是 33.8% Sm 和 66.2%Co。其中的钐和钴可相应用其他较便宜的和有特性的稀土元素 RE（包括混合稀土金属 Mm）和过渡族金属 TM 来取代，于是得到一系列新的合金。单相合金有 RECo5［例如 SmCo5、PrCo5、（Sm，Pr）Co5 等］、MmCo5 以及（Sm，Mm）Co5 等；多相合金主要是 Ce（Co，Cu，Fe）z（z=5~6）等。纯 SmCo5 合金的成分，Sm 的含量一般都略高于化学计量比［w(Sm)=37.2%］，以利于消除工艺过程中氧的影响，提高收缩率和磁性能。（Sm，Pr）Co5 合金中，用较经济的 Pr 取代部分 Sm，既使合金更便宜，又可提高磁化强度和磁性能的稳定性。Ce（Co，Cu，Fe）z 合金中，Ce 是资源丰富的元素，Cu 代 Co 可通过沉淀硬化提高矫顽力，而 Fe 的加入可提高磁化强度。所以合金的磁性能比较高，虽剩磁和磁能积有所下降，但成本大大降低。典型 SmCo5 型合金的主要磁性能见表 13-5。

表 13-5 典型 SmCo5 型合金的主要磁性能

合金	B_r/T	H_{CB}/(kA/m)	H_{CJ}/(kA/m)	$(BH)_m$/(kJ/m^3)
SmCo5	1.06	792	1360	224
(Sm0.4Pr0.6)Co5	1.03	804	1320	207
(Sm0.5Pr0.3Nd0.2)Co5	1.05	770	1150	210
(Sm0.5Mm0.5)Co5	0.88	660		140
PrCo5	0.76	313		95.8
Sm(Co0.76Cu0.14Fe0.10)5	1.04	500		210
Ce(Co0.72Cu0.14Fe0.14)5	0.72	398	421	99
Ce(Co0.73Cu0.14Fe0.13)5.2	0.74	358		94.7
Ce(Co0.74Cu0.13Fe0.13)5.4	0.68	310		79.6
Ce(Co0.75Cu0.13Fe0.12)5.6	0.76	318		95.5

SmCo5 型合金一般采用液相烧结法制备：在 $SmCo_5$ 基相粉末中添加富 Sm 成分［w(Sm)≈60%，w(Co)≈40%］合金的粉末，混合，球磨，得到细粉料（平均粒径为 1~10μm），在磁场中取向和预压，进行等静压成形，然后在真空中加热到 1100~1200℃ 烧结约 1h。烧结时，添加的富 Sm 合金粉末转变成液相，逐渐被固体基相粉末吸收，并以此加快基相的烧结过程，提高其致密度，且使磁性能改善。表 13-6 中的数据表明，烧结温度的提高能全面提高合金的磁性能，但超过 1150℃ 后，由于晶粒长大，晶界对畴壁钉扎的强度降低，矫顽力和磁能积显著下降。所以合金存在一个较合理的烧结温度。

表 13-6 SmCo5 合金经不同温度烧结后的磁性能

烧结温度/℃	B_r/T	H_{CB}/(kA/m)	$(BH)_m$/(kJ/m^3)
1120	0.790	597	120.2
1130	0.795	621	124.9
1140	0.820	625	129.7
1150	0.910	685	159.2
1160	0.905	581	143.3

为了改善矫顽力，SmCo5 型合金在烧结之后必须进行一种特殊的退火处理：直接从烧结温度缓慢（以不大于 3℃/min 的速度）冷却至 850~950℃，保温一定时间或不保温，然后以较快（不低于 50℃/min）的速度冷却至室温。合金的烧结-热处理工艺曲线如图 13-10 所示。必须注意，退火温度不能低于 800℃，并且冷却速度在 500~800℃ 范围内一定要很快（一般采取油冷），以免在 750℃ 左右 $SmCo_5$ 相分解或生成较粗大的第二相析出物，而使合金的矫顽力降低。

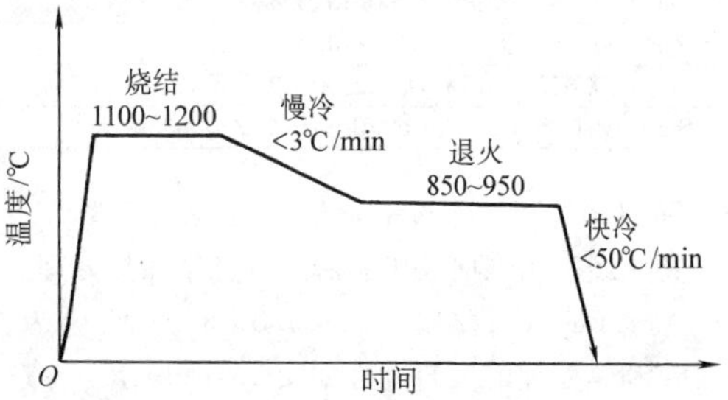

图 13-10 SmCo5 型合金的烧结-热处理工艺曲线

（2）Sm2Co17 型合金 亦简表为 2：17 型合金，是以 Sm_2Co_{17} 化合物为基体的钐钴合金，20 世纪 70 年代末出现，被称为第二代稀土永磁合金。

Sm_2Co_{17} 化合物在 1250℃ 以上具有 Th_2Ni_{17} 型六方结构，1250℃ 以下具有 Th_2Zn_{17} 型菱方结构。与 $SmCo_5$ 相比，磁晶各向异性较低（K_1 = 3.3 × 10^3kJ/m^3），但饱和磁化强度较高（0.95kA/m）。Sm_2Co_{17} 型合金按组织也分两种：以 Sm_2Co_{17} 型化合物为基体的单相合金和在其基体上还沉淀有 $SmCo_5$ 型化合物的多相合金。单相合金应用者较少，实际上 2：17 型合金基本上为沉淀硬化的多相合金。其矫顽力机制主要是基于沉淀相粒子在畴壁上的钉扎作用。因此要求合金组织中的沉淀相高度弥散分布和基体成分的高度微观不均匀性。

Sm_2Co_{17} 化合物中的 Sm 用其他稀土元素（例如 Pr，Nd）取代会降低磁晶各向异性，用 Mm（例如 CeLa 合金）取代会降低饱和磁化强度。所以在 RE2Co17 型合金中，Sm 是最重要的、难以完全取代的稀土元素。其他稀土元素之所以引入，主要是为了获得较便宜的合金。某些重稀土元素如 Er、Gd、Dy、Ho 等可部分取代 Sm，可制得低温度系数的 RE2TM17 永磁合金。一般 Sm2Co17 型合金中 Sm 的含量比化学计量比低 10%～20%（质量分数）。Sm_2Co_{17} 化合物的矫顽力偏低，难以制作实用的永磁合金。现在，合金在两个方面发展。一是用 Fe 取代部分 Co，提高合金的饱和磁感应强度，形成 Sm2(Co1-*x*Fe*x*)17 合金系。在其基础上加入 Mn、Cr 等来提高磁性能，已开发 Sm2(Co0.8-Fe0.05Mn0.15)17 和 Sm2(Co0.8Fe0.09Cr0.11) 17 两种。它们为单相合金，其矫顽力取决于反磁化畴的形核与长大的临界场。由于其磁性能的温度稳定性差，制造工艺较复杂，在工业上很少应用。二是加入 Cu，利用其沉淀硬化作用，形成 Sm-Co-Cu 系。Cu 含量的增加能急剧增大合金的矫顽力，但同时也使饱和磁感应强度很快下降，所以也难得到有实用价值的合金。于是再加入少量能提高饱和磁感应强度的 Fe，形成 Sm-Co-Cu-Fe 系。并且还进一步加入能提高磁晶各向异性的金属（例如 Zr、Ti、Hf 等），形成 Sm-Co-Cu-Fe-Zr 系等性能优异的永磁合金系列。部分 Sm2Co17 型合金的主要磁性能见表 13-7。

表 13-7　Sm2Co17 型合金的主要磁性能

合　金	B_r/T	H_{CB}/(kA/m)	H_{CJ}/(kA/m)	$(BH)_m$/(kJ/m³)
Sm2(Co0.8Fe0.09Cr0.11)17	1.10		579	238.8
Sm2(Co0.8Fe0.05Mn0.15)17	1.13		1066.6	222.8
Sm(Co0.8Cu0.15Fe0.05)7.0	0.93		496	163.5
Sm(Co0.75Cu0.14Fe0.11)7.0	1.00		796	161.5
Sm(Co0.73Cu0.14Fe0.13)7.1	0.98		573.1	185.4
Sm(Co0.68Cu0.1Fe0.21Zr0.01)7.4	1.10		520	240
Sm(Co0.73Cu0.05Fe0.20Zr0.02)7.5	1.07	760	1000	216
Sm(Co0.65Cu0.05Fe0.28Zr0.02)7.8	1.20		1110	263
Sm(Co0.672Cu0.08Fe0.22Zr0.028)8.35	0.85		760	132
Sm0.5Ce0.5(Co0.73Cu0.05Fe0.20Zr0.02)7.5	1.06	648	744	210

Sm2Co17 型合金的制备过程与 SmCo5 型合金相近。粉末经磁场取向及压制后进行烧结和热处理。以 Sm (Co, Cu, Fe, Zr) *z* (*z*=7.0～8.5) 合金为例，其烧结和热处理的工艺过程如图 13-11 所示。一般采用的烧结温度为 1190～1220℃，时间为 1～2h，得到致密的合金，接着慢冷至固溶处理温度 1130～1175℃，保温 0.5～10h，以获得均匀的单相固溶体，并经油淬或氩气流冷却，将固溶体组织保持到室温。然后为了提高矫顽力，将合金置于 750～850℃进行时效处理。时效的时间与合金的成分有关，Zr 含量低时为 20～40min，高时达 8～30h。时效之后不可快冷，采取控速冷却，冷速为 0.3～1.0℃/min，也可进行分级时效。合金经分级时效处理的矫顽力比经一次时效的要高得多（见图 13-12）。含 Zr 的合金大多实行分

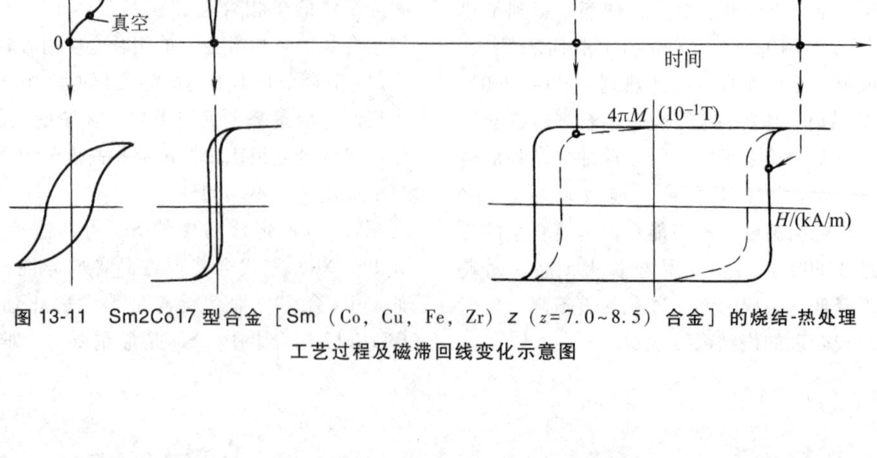

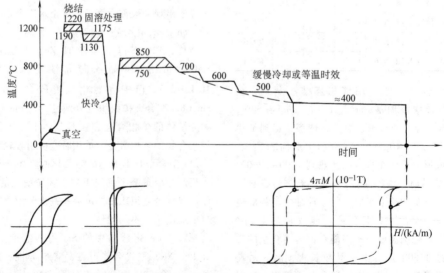

图 13-11　Sm2Co17 型合金［Sm (Co, Cu, Fe, Zr) *z* (*z*=7.0～8.5) 合金］的烧结-热处理工艺过程及磁滞回线变化示意图

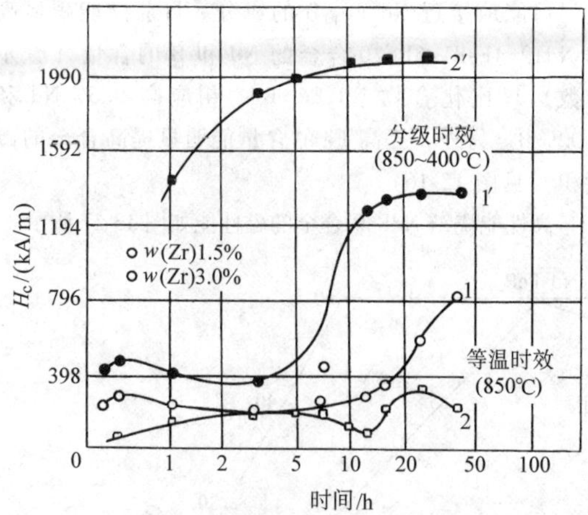

图 13-12　25.5SmCo6Cu15FeZr 合金一级时效和多级时效时矫顽力的变化

级时效，即再在 700℃保温 1h，600℃保温 2h，500℃保温 4h，400℃保温 8~10h，之后急冷至室温。Cr 含量较高的合金，如采用控速冷却至 400℃后，一定要在此温度再时效一些时间。在经过 750~850℃的时效处理后，合金的单相固溶体转变为两相的细胞状组织。胞粒为含 Fe、Zr 的 2∶17 型基体相，胞壁是富 Cu 的 1∶5 型沉淀相，它们之间保持一定的共格关系。合金的矫顽力就取决于沉淀相胞壁对畴壁的钉扎作用，而与两相的磁晶各向异性和畴壁能的差、胞径和胞壁宽度等有关。适当的多级时效可利用其所造成的两相成分及形态的差异的扩大，逐渐地、尽可能地提高合金的矫顽力。

2. 稀土铁合金

20 世纪 80 年代出现的以稀土元素（主要是钕）与铁（或铁硼）形成之金属间化合物为基体的最新型永磁合金，即钕铁硼合金，具有比稀土钴合金更大的剩磁（达 B_r = 1.48T）、更高的矫顽力（达 H_c = 684.6kA/m）和最大的磁能积［达 $(BH)_m$ = 407.6kJ/m^3］，为第三代稀土永磁合金，被誉称“磁王”。这类合金的力学性能也比第二代的好，不那么容易破碎，密度也比较小（约低 13%），因而更利于实现磁性元件的轻量化，薄型化，小型化和超小型化。另外，其最大的优点是原材料丰富且价格便宜，只相当于钐钴合金的 1/2 左右。所以钕铁硼合金得到了极大的重视，正在逐步取代钐钴合金和铝镍钴永磁合金。

NdFeB 合金以 $Nd_2Fe_{14}B$ 化合物为基体。$Nd_2Fe_{14}B$ 属四方晶体结构，为铁磁性多畴体相，具有很高的磁晶各向异性和优异的内禀磁参量。NdFeB 的磁性能主要是建立在 $Nd_2Fe_{14}B$ 的这些特性基础之上的，所以合金的成分基本上设计接近于此化合物的成分。但是，单相化合物的永磁性能并非很理想。试验证明，获得最好永磁性能的合金成分必须含有比化合物更多的一些 Nd 和 B，一般成分（质量分数）为约 36%Nd、约 63%Fe 和约 1%B。即合金的组织除了 $Nd_2Fe_{14}B$ 化合物基体相外，还含有一定量的富 Nd 相和富 B 相。后两种相基本上为非铁磁性物质，它们的合理含量完全由试验来确定。

图 13-13 所示为 Nd 含量对 NdFeB 合金磁性能的影响。随 Nd 含量的增加，富 Nd 相增多，有利于合金烧结，增大收缩量和致密度，使 B_r 急剧升高。但当 x(Nd) ≈ 12%时，因非铁磁性相增多，B_r 开始迅速下降。合金在 x(Nd) = 14% ~ 15%时获得最高的 B_r。在 Nd 含量增大时 H_{CJ} 一直是增长的，所以由 Nd 含量的控制可以调整合金的矫顽力。必须指出，Nd 含量太高会促进合金晶粒长大，反而使矫顽力下降。图 13-14 所示为 B 含量对 NdFeB 合金磁性能的影响。

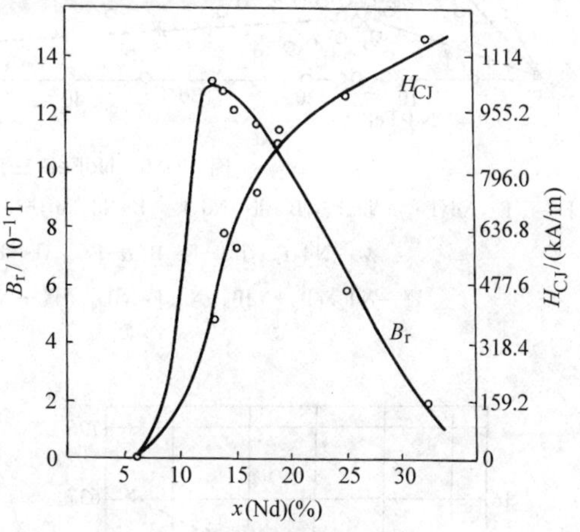

图 13-13　Nd 含量对 NdFeB 合金磁性能的影响

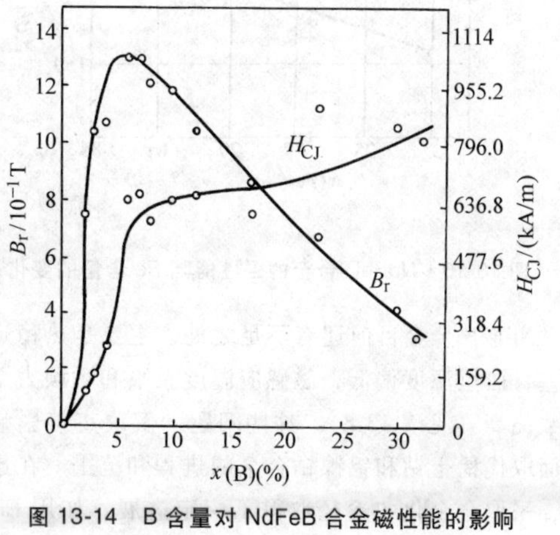

图 13-14　B 含量对 NdFeB 合金磁性能的影响

B 是促进 $Nd_2Fe_{14}B$ 相形成的关键元素，x(B)<5%时，合金处于 $Nd_2Fe_{14}B+Nd_2Fe_{17}+Nd$ 的三相区（见图 13-15）。其中 Nd_2Fe_{17} 是软磁相，所以合金的 H_{CJ} 和 B_r 都很低。在 x(B)=6%~7%时合金的 B_r 和 H_{CJ} 值最佳。B 过量后，过多的非磁性富 B 相使 B_r 降低。为了获得最大的磁能积，合金的 Nd、B 的含量还是应尽可能地接近 $Nd_2Fe_{14}B$ 的成分。目前磁能积最高的 Nd12.4Fe81.6B6.0 合金的 Nd 和 B 的含量（摩尔分数）只比化合物 $Nd_2Fe_{14}B$ 的相应高 0.6% Nd 和 0.02%B。另外，提高 Fe 的含量能明显提高合金的磁能积（见图 13-16）。

高性能烧结 NdFeB 合金的磁性能如图 13-17 所示。

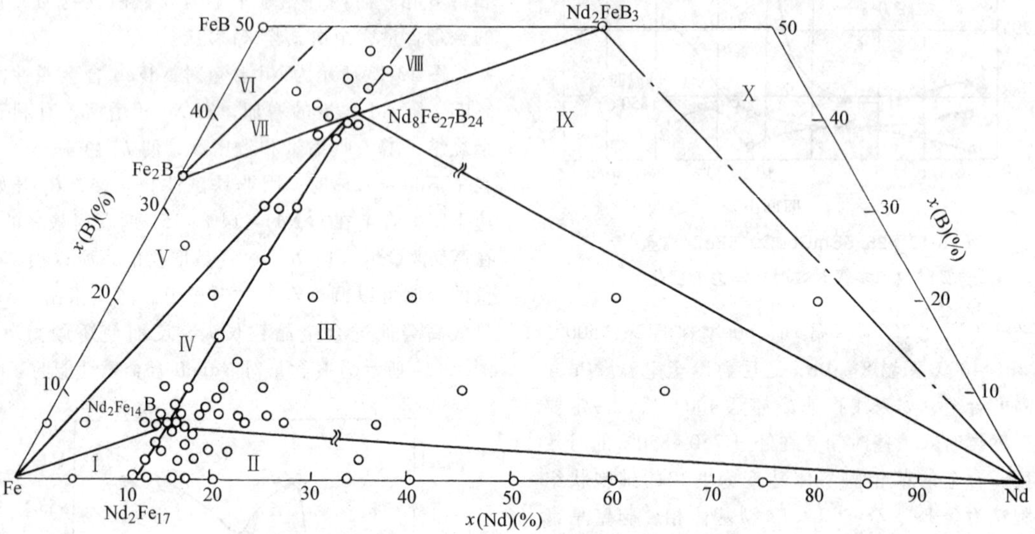

图 13-15　NdFeB 三元系［x(B)≤50%］室温截面图

Ⅰ—α-Fe+Nd_2Fe_{17}+$Nd_2Fe_{14}B$　Ⅱ—$Nd_2Fe_{14}B$+Nd_2Fe_{17}+Nd　Ⅲ—$Nd_2Fe_{14}B$+$Nd_8Fe_{27}B_{24}$+Nd　Ⅳ—$Nd_2Fe_{14}B$+$Nd_8Fe_{27}B_{24}$+α-Fe

Ⅴ—$Nd_8Fe_{27}B_{24}$+Fe_2B+α-Fe　Ⅵ—Fe_2B+FeB+NdB_4　Ⅶ—Fe_2B+$Nd_8Fe_{27}B_{24}$+NdB_4

Ⅷ—Nd_2FeB_3+NdB_4+$Nd_8Fe_{27}B_{24}$　Ⅸ—$Nd_8Fe_{27}B_{24}$+Nd_2FeB_3+Nd　Ⅹ—Nd+Nd_2FeB_3+Nd_2B_5

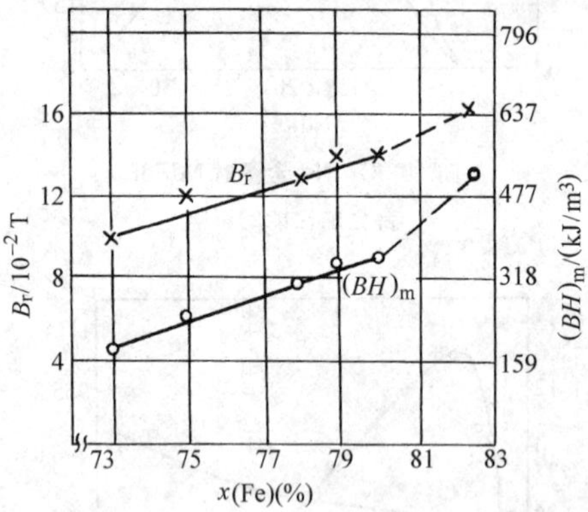

图 13-16　NdFeB 合金的磁性能随 Fe 含量的变化

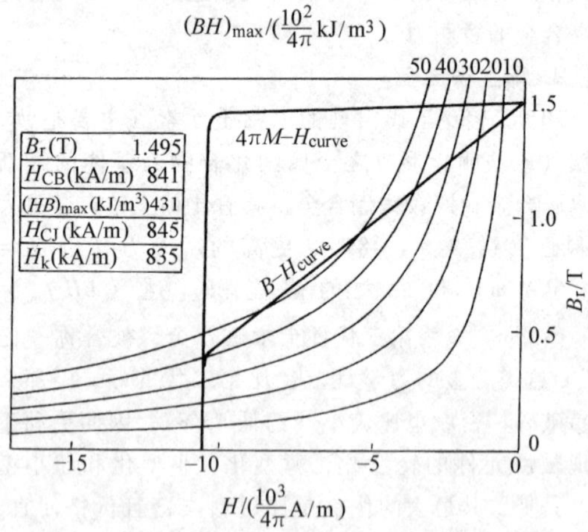

图 13-17　高性能烧结 NdFeB 合金的磁性能

NdFeB 合金目前还有不足之处。主要是热稳定性较差，居里温度偏低，磁感应温度系数和矫顽力温度系数偏高（见表 13-8）。这些问题的解决直接影响其全面取代稀土钴和铝镍钴合金的进程和范围。在这方面，采取合金化的途径取得了一定进展。如用 Co 取代部分 Fe，可提高居里温度，使磁感应温度系数降低，但矫顽力也有所降低。用 Dy 取代部分 Nd，可提高各向异性场和矫顽力，降低矫顽力温度系数，但会牺牲剩磁和磁能积。复合加入 Co 和 Al、Co 和 Dy 的综合效果较好。此外，少量加入 Ga 或 Nb，也可有效地提高矫顽力及其热稳定性。合金化 NdFeB 合金的磁性能见表 13-9。NdFeB 的另一个缺点是抗氧化和耐蚀性较差。因此必须采取表面防护，如蒸镀 Ni、Cr、Al 金属，镀 Al-Cr 或 Cu-Ni 合金薄膜，化学沉积 Ni-P 镀层，涂含氟树脂或环氧树脂等效果都很好。合金中添加 Al、Si、P 等元素，耐蚀性可以改善，而加入 V、Nb、Cr 时，除了改善耐蚀性外，还可提高磁性能。

表 13-8　钕铁硼合金与其他永磁合金温度特性的比较

合金	居里温度 T_c/℃	磁感应温度系数(20～100℃) $B_{r\alpha}/10^{-2}K^{-1}$	矫顽力温度系数(20～100℃) $H_{CJ\alpha}/10^{-2}K^{-1}$	最高工作温度/℃
SmCo5	720	-0.045	-(0.2～0.3)	250
Sm2Co17	820	-0.025	-(0.2～0.3)	350
NdFeB	310	-0.126	-(0.5～0.7)	100
AlNiCo	800	-0.02	-0.03	500
铁氧体	450	0.20	-0.40	300

表 13-9　合金化 NdFeB 合金的磁性能

合　金	B_r/T	H_{CB}/(kA/m)	H_{CJ}/(kA/m)	$(BH)_m$/(kJ/m³)	T_c/℃	$B_{r\alpha}$/$10^{-2}K^{-1}$	$H_{cJ\alpha}$/$10^{-2}K^{-1}$
Nd15Fe77B8	1.23	880	960	290	312	-0.126	-0.6
Nd15(Fe0.9Co0.1)77B8	1.23		800	290	398	-0.085	
Nd15Fe62.5Co16Al1.0B5.5	1.32		886	328	500	-0.071	
Nd12.3Dy3.1Fe72.8Co5.0B6.8	1.10	848	1862	236	380		
Nd14.5Fe60Co16Ga1.0B8.5	1.30		971	318	500	-0.07	-0.5
Nd3.45H0.96Dy1.95Fe79B6	0.70	557	1639	118		-0.029	
Nd7Fe75Ti10B8	1.22	864	960	256		-0.03	

NdFeB 合金一般采用与稀土钴合金类似的粉末冶金技术制备。典型工艺是将真空熔炼的铸锭破碎成平均粒度约 3μm 的粉末，在横向磁场中取向并压制成形，然后进行真空或氩气烧结和热处理。为了保证最好的磁性能，生产过程都采用无氧工艺，以最大限度地降低钕的氧化与损失，使合金中氧的质量分数不超过 0.15%，非磁性相的体积分数小于 1%。

合金的性能对烧结和热处理工艺参数特别敏感。烧结温度越高或粉末尺寸越大，则合金的晶粒越粗大而矫顽力越低。若烧结温度过低，则烧结不完全和合金的致密度低而性能不好。所以必须选定合理的烧结温度范围。一般来说，NdFeB 的烧结温度为 1060～1100℃，与稀土元素的种类和含量有关，如含 La、Ce 或混合稀土时，温度应当低些。烧结之后的冷却对性能有影响，以随炉冷却的结果为好。但生产上为了避免炉冷时炉料冷却不均匀而导致产品性能不同，通常在烧结之后采取快速冷却，然后再进行适当的热处理。

NdFeB 合金在烧结并快冷的状态下磁性能不高，但可用随后的回火处理来显著提高（见图 13-18）。采用一次（或一级）磁硬化回火时，一般是将烧结合金加热至 570～600℃，保温 1h，然后水冷，如图 13-19a 所示。效果较好、应用最多的是采用二级回火。其典型的回火工艺是，将烧结合金加热到 900℃，保温 2h，以 1.3℃/min 的速度控制冷却至室温，然后再加热至 550～700℃，保温 1h，接着水冷。二级回火也可在烧结之后不快冷至室温，而直接降温至第一级回火和第二级回火温度连续分级进行处理，如图 13-19b 所示。大量试验表明，获得最佳磁性能的第一级回火温度为 900℃，与合金成分的变化关系不大；第二级回火的最佳温度与合金的成分有一定关系，由试验来确定，但一般不超过 700℃。

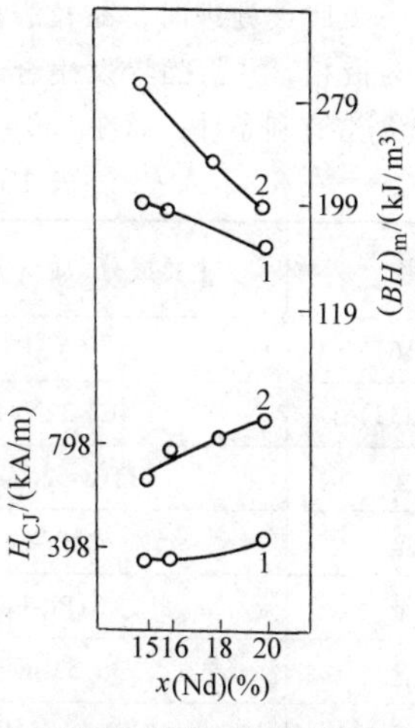

图 13-18　NdFeB 合金回火前后磁性能的变化

1—烧结态　2—回火态

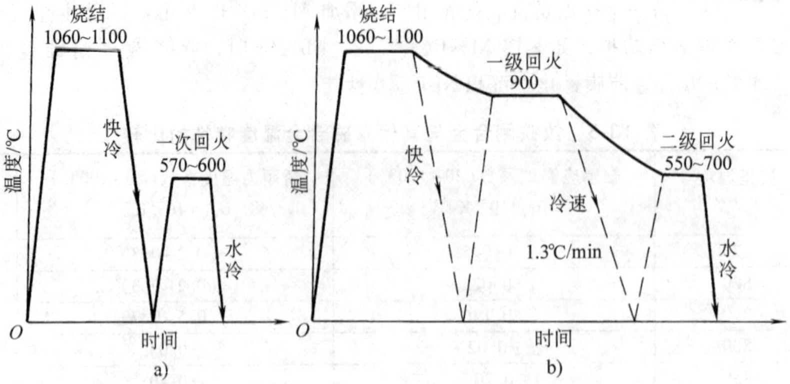

图 13-19　NdFeB 合金的烧结-热处理工艺曲线

a）一级回火　b）二级回火

NdFeB 合金在烧结状态下的显微组织主要为基体相 $Nd_2Fe_{14}B$ 的晶粒，其尺寸远大于其单畴粒子临界大小，晶内极少晶体缺陷，也不存在精细结构。富 Nd 相熔点较低，大多数以不同厚度膜片状的形式分布在基体晶界上和三叉晶界处，也有少量呈小块状和细粒状散落在基体的晶界上和晶粒内。富 B 相则大部分以多边形颗粒的形式存在于三叉晶界和一般晶界上，个别亦会出现在晶粒内。合金的组织中还可能存在少量氧化物（主要是 Nd_2O_3）、富 Fe 物（主要是 α-Fe）、外来杂质和烧结残留的空洞。热处理不会改变基体、富 B 相和其他杂质，热处理能改善合金的磁性能，只与其中富 Nd 相的形态、分布、数量等的变化有关系。关于 NdFeB 的矫顽力机制，多数观点认为，是反磁化畴的形核场起控制作用。富 Nd 相在基体晶界上合理分布能有效地减少反向畴的形核点，同时还可钉扎跨晶界的畴壁，阻碍畴壁运动。NdFeB 在 900℃ 的第一级回火处理时，晶粒表面缺陷减少，富 Nd 相转变为液相，并沿晶界发生合理的再分布，为随后的分解创造有利条件；而在 550~700℃ 下进行第二级回火时，富 Nd 液相分解，趋于三元共晶成分，形成有利的组织形态，并使晶界上特别是在与富 Nd 相相接触的基体相表面上存在的 BCC 相结构层消失，而使合金的矫顽力值大大提高。

13.2　膨胀合金的热处理

膨胀合金为在应用中要求具有特殊热膨胀特性的精密合金，主要用于制造电真空器件、精密仪器仪表元件和自动控制元件等。

13.2.1　低膨胀合金的热处理

低膨胀合金常称因瓦合金，是指在常温或低温范围内具有很低的膨胀系数的合金。其线胀系数 $\alpha_{20\sim100℃} \leqslant 1.8\times10^{-6}/℃$，主要用于制造精密仪器、仪表中要求尺寸不变的零件，例如标准量具、标准电容器、精密天平、大地测量尺、微波谐振腔、热双金属的被动层、液态气体容器等。几种低膨胀合金的成分和性能见表 13-10。目前获得广泛应用的是因瓦和超因瓦合金。

表 13-10　几种低膨胀合金的成分和性能

合金名称	主要成分(质量分数,%)	线胀系数 $\alpha/(10^{-6}/℃)$	居里温度 $T_c/℃$	$\gamma\rightarrow\alpha$ 相变温度/℃
因瓦(4J36)	36Ni-Fe	1.2	232	-120
超因瓦(4J32)	4Co-32Ni-Fe	0.0	230	-100
不锈因瓦	11Cr-52Co-Fe	0.0	117	—
铁铂合金	25Pt-Fe	-30	80	-70
铁钯合金	31Pd-Fe	0.0	340	—
锰钯合金	35.5Mn-Pd	1.5	—	—
无磁因瓦	5.5Fe-0.5Mn-Cr	≈0.0	T_N① ~50	—

① 奈尔点。

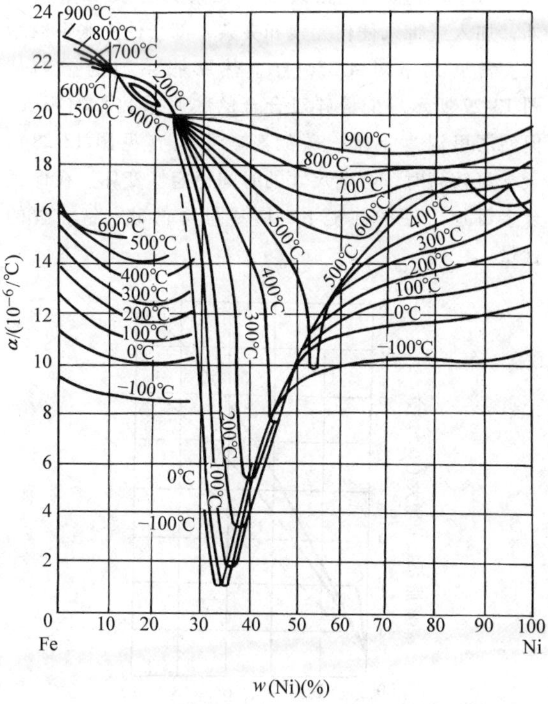

图 13-20 铁镍合金在不同温度下的热膨胀系数

1. 因瓦合金

(1) 因瓦合金的成分和性能 $w(Ni)=36\%$ 的铁镍合金在 230℃ 以下（低至 -253℃）具有极低的热膨胀系数（见图 13-20），为最典型的因瓦合金，我国牌号为 4J336。4J336 合金试样在保护气氛或真空中加热到 850 ~ 900℃，保温 60min，以 ≤300℃/h 的冷速冷至 200℃ 以下出炉，线胀系数 $\alpha_{20\sim100℃} \leq 1.8\times10^{-6}/℃$。其膨胀曲线如图 13-21 所示，化学成分和线胀系数见表 13-11。

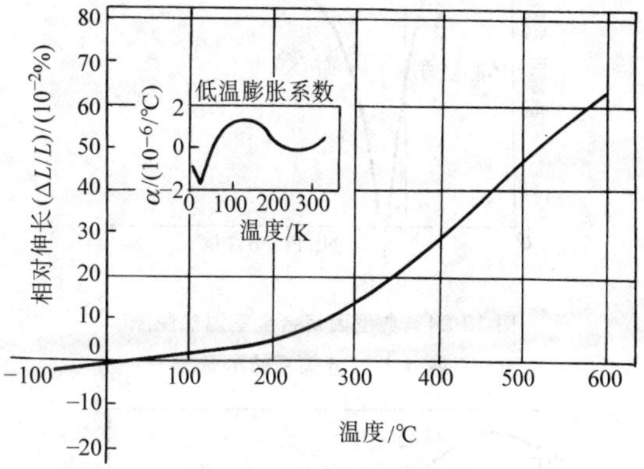

图 13-21 4J336 合金的膨胀曲线

表 13-11 4J336 合金的化学成分和线胀系数

化学成分	C	P	S	Mn	Si	Ni	Fe
（质量分数,%）	≤0.05	≤0.02	≤0.02	≤0.6	≤0.3	35.0~37.0	余量
线胀系数	-129~18℃	-40~21℃	0~21℃	21~100℃	21~200℃	21~300℃	21~400℃
$\alpha/(10^{-6}/℃)$	1.98	1.75	1.58	1.40	2.45	5.16	7.80

图 13-22 所示为铁镍合金的热导率 λ 和比热容 c 的变化，图 13-23 所示为铁镍合金的电阻率 ρ 和电阻温度系数 α_R 的变化。

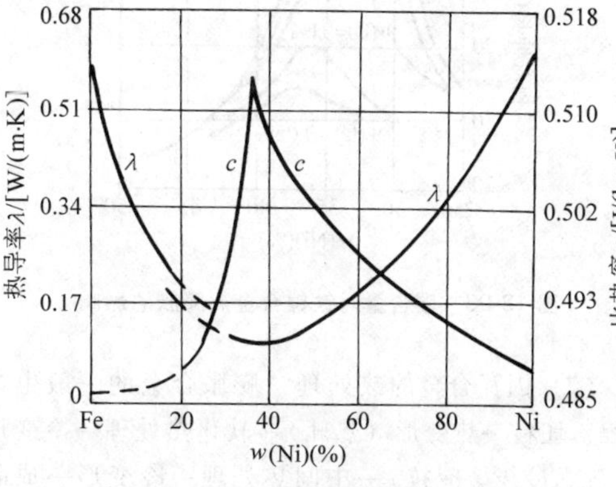

图 13-22 铁镍合金的热导率 λ 和比热容 c 的变化

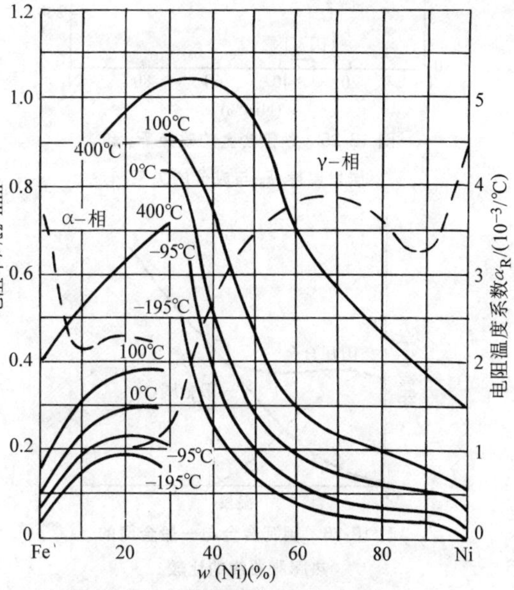

图 13-23 铁镍合金的电阻率 ρ（实线）和电阻温度系数 α_R（虚线）的变化

因瓦合金成分接近于面心与体心的相界（见图 13-24），相当于磁矩开始急剧下降与较低居里温度所对应的成分（见图 13-25）。图 13-26 表明，在居里温度以上，因瓦合金的膨胀系数与一般金属类似，而在居里温度以下膨胀系数特小，室温时接近零值。因瓦合金这种反常的小热膨胀，是由于在居里温度以下铁磁性改变所引起的本征体积磁致伸缩导致的收缩，抵消了正常的热膨胀。

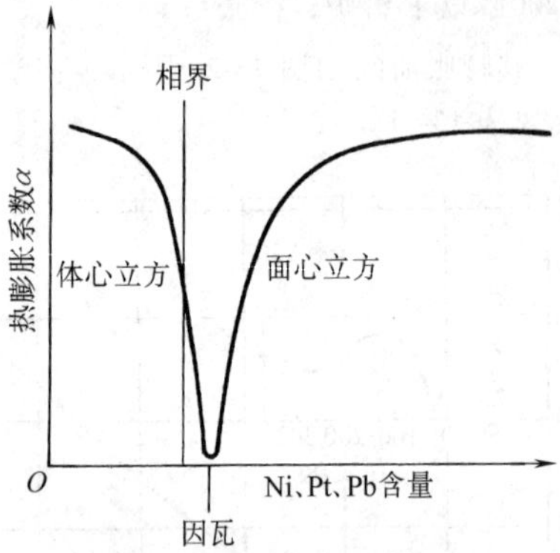

图 13-24　典型因瓦合金室温热膨胀系数 α 与成分关系的示意图

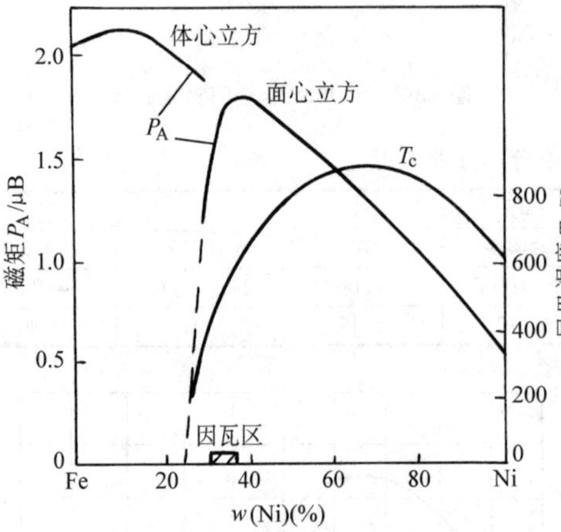

图 13-25　铁镍合金的磁矩 P_A 和居里温度 T_c 与成分的关系

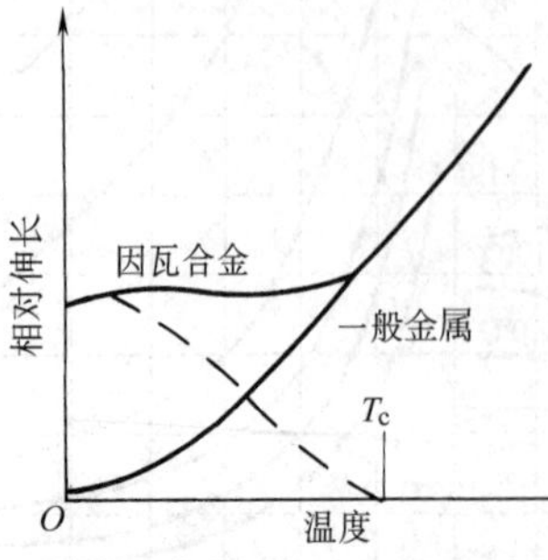

图 13-26　因瓦合金与一般金属的热膨胀曲线的比较

注：虚线表示在 T_c 以下因瓦合金因铁磁性降低而产生的相对收缩。

4J336 合金中，除铁磁性元素钴等及少量铜以外，加入或带入任何元素和夹杂，都会使膨胀系数增大。常见元素对 4J336 合金热膨胀系数的影响如图 13-27 所示。少量硅对合金的膨胀系数影响不大，但使居里温度下降。碳的影响很大（见图 13-28）。碳含量较高时，合金尺寸的时间稳定性变坏。在保证合金可加工性的前提下，应尽量降低硅、锰、碳的含量。

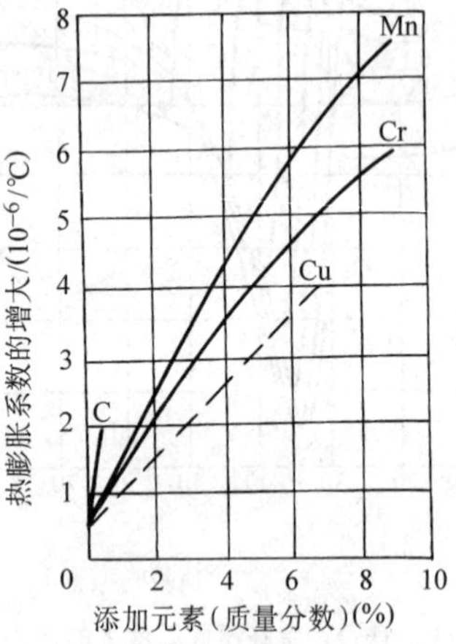

图 13-27　常见元素对 4J336 合金热膨胀系数的影响

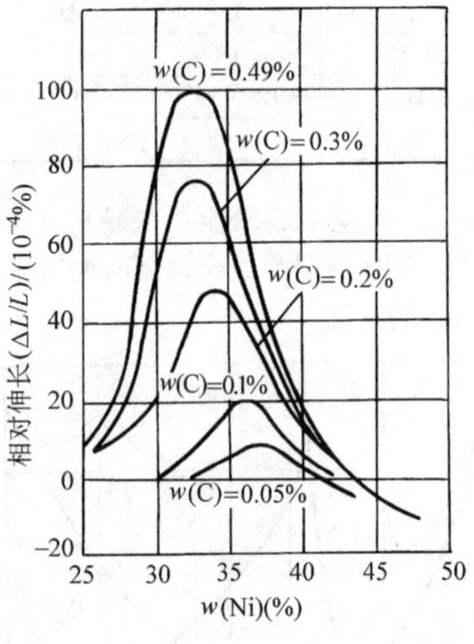

图 13-28　碳含量对铁镍合金热膨胀的影响

（2）因瓦合金的热处理　膨胀合金的一般生产流程：坯料→热变形（热轧）→软化热处理→冷变形（冷轧、冷拔、冷拉）→中间热处理→冷变形→成品热处理。因此，因瓦合金的热处理主要包括坯料和成品的热处理两方面。

1）坯料的热加工和热处理。铁镍膨胀合金的导热性很差，热加工的加热速度不宜过快，热锻温度一般为 1150~1240℃；热轧温度约 1120℃。加热时间不应过长，以免晶粒长大和晶界粗化，使机械加工性能降低。加热时应控制气氛中的硫、碳等有害元素。合金的冷变形抗力不大，很容易冷加工，但冷变形量不要超过 60%，以免形成变形织构，或再结晶织构。要避免产生表面缺陷。

冷变形前和两次冷变形之间，为了提高或恢复合金的塑性，必须进行软化退火和中间退火。退火都在还原（不得含硫）或保护气氛中进行，加热温度为 830~880℃，可炉冷或空冷。

冷加工或变形之后，为了消除应力，在 530~550℃退火。

2）成品热处理。铁镍合金形成均匀的 γ 固溶体，但在 900℃以下，由于在因瓦成分［w（Ni）= 36%］以内 γ⇌α 相变热滞很严重，实际上起作用的是图 13-29 所示的亚稳态相图。由图可知，热处理不能改变 4J336 合金的组织（始终为 γ 相），不能使其强化。合金的强化只能依靠冷变形，但热处理和冷变形都会改变合金的膨胀性能。

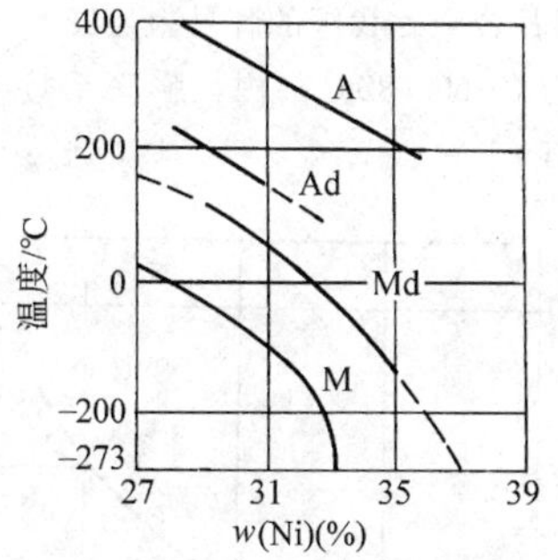

图 13-29　因瓦成分区铁镍合金的亚稳态相图

表 13-12 中给出了因瓦合金经不同热处理和不同变形量冷拔后的热膨胀系数。固溶处理能使合金的热膨胀系数减小，而固溶处理后继之以回火，或固溶加热后慢冷时，热膨胀系数回升甚至增大。冷变形时，随变形量的增大，热膨胀系数一直减小，甚至变为负值。固溶处理和冷变形的作用在于它们带来了晶体缺陷（空位、位错等），破坏了原子的短程有序度，影响了合金的自发磁化强度，因而降低了合金的热膨胀能力。此外，温度升高时内应力松弛，或可能有马氏体逆转变，都会导致体积的收缩，减小实际热膨胀量。显然，冷变形的作用比热处理更有效。但是，靠冷变形获得低热膨胀系数并不可取，因为效果不稳定，随时间和温度的变化，热膨胀系数会增大。所以，成品在冷变形之后必须进行热处理。

表 13-12　热处理和冷变形对 Ni36 合金热膨胀系数的影响

热处理和冷变形条件		$\alpha/(10^{-6}/℃)$	
		17~100℃	17~250℃
热锻后		1.66	3.11
850℃固溶处理		0.64	2.53
850℃固溶处理再时效		1.02	2.43
由 850℃经 19h 冷至室温		2.01	2.89
850℃退火		1.709	
冷拔	变形量 30%	0.126	
	变形量 47.2%	-0.233	
	变形量 57.2%	-0.33	
	变形量 65.5%	-0.36	

成品的热处理大致分以下几种情况。

① 一般进行三段热处理：先固溶处理，在空气中加热到 830℃，保温 20min，淬火，使合金成分均匀化；再回火，在空气中加热到 315℃，保温 60min，消除固溶处理的应力；最后稳定化处理，加热到 95℃，保温 48h，使组织和尺寸趋于稳定。

② 对于形状复杂或尺寸稳定性要求高的产品，采用加热到 850~870℃，保温 30min，以 40~50℃/h 的冷速冷却的退火工艺；或加热到 850~870℃，保温 30min，空冷，再在 315℃回火的工艺。有时回火要交替进行多次。

③ 对于冷加工或机械加工的高精度零件，采用的热处理制度是，先进行消除应力回火，加热到 315~370℃，保温约 60min 后空冷；再进行稳定化处理，加热到略高于使用温度，缓冷到稍低于使用温度，再缓慢加热到略高于使用温度，缓冷到室温。为了改善稳定性，在居里温度附近的冷却要极其缓慢地进行。

④ 在特殊情况下，例如用于大地测量和计量的器具，除化学成分和冶炼方法要求严格之外，还要采取特殊的处理方法，如机械加工后，先进行去应力退火，然后进行快速时效。快速加热至 150℃，保温 24h，按每 24h 降低 25℃的冷却速度冷至室温。

3）低温用因瓦合金的热处理。在低温和超低温条件下使用的容器、管道及其他装置，除了要求低膨胀系数外，常常还希望有较高的强度和韧性。为此，在因瓦合金的基础上，添加一些铬、铜等元素。较重要的低温用因瓦合金有 Ni36Cr、Ni36Cu、Ni39 等。它们的化学成分见表 13-13。Ni36Cr 主要用于 20K 以下的低温装置；Ni39 主要用于-269~300℃温度范围内使用的结构和管道。

Ni36Cr 合金的热处理是，加热到 830~850℃，保温 15min 后水冷；再加热到 315℃，保温 60min 后空冷。Ni39 合金的热处理是，加热到 850~900℃ 保温 15min 后空冷。

Ni36Cr 合金在不同热处理状态下的低温膨胀性能见表 13-14。Ni36Cr 和 Ni39 合金经 950℃ 加热，5min 保温和水冷处理后，低温下的力学性能见表 13-15。

表 13-13　几种低温因瓦合金的成分

牌号	化学成分(质量分数,%)						
	Ni	Mn	Si	C	Cu	Cr	Fe
Ni36Cr	36	0.45	0.3	0.05	0.25	0.5	余量
Ni36Cu	36	0.5	<0.5	<0.15	<0.5	—	余量
Ni39	39	0.4	0.25	0.05	—	—	余量

表 13-14　Ni36Cr 合金的低温膨胀性能

状态及热处理制度	线胀系数 α/(10^{-6}/℃)									
	−269℃	−253℃	−248℃	−223℃	−196℃	−173℃	−123℃	−73℃	−23℃	27℃
63%冷变形	−0.4	−2.0	−2.3	−0.8	0.5	1.2	1.3	0.8	0.4	0.6
淬水	—	—	—	—	1.0	1.4	1.6	1.2	0.7	0.9
淬水+315℃,1h 回火	—	—	—	—	1.0	1.5	1.9	1.4	0.9	1.1
950℃空冷	—	—	—	—	1.0	1.7	2.1	1.6	1.3	1.5
950℃炉冷	—	—	—	—	0.9	1.6	2.2	1.8	1.5	1.8
600℃,5h 退火,冷到 100℃,保温 90h	—	−1.5	−1.8	0.3	1.5	2.1	2.6	2.5	2.2	2.5

表 13-15　Ni36Cr 和 Ni39 合金的低温力学性能

牌号	试验温度/℃	R_m/MPa	$R_{p0.2}$/MPa	A(%)	Z(%)	a_K/(J/cm^2)
Ni36Cr	27	430	260	50	83	280
	−196	850	570	43	72	260
	−253	970	690	50	68	230
Ni39	27	480	340	—	—	240
	−196	890	620	—	—	230
	−253	1030	650	—	—	180

2. 超因瓦合金

（1）超因瓦合金的成分和性能　由图 13-30 和表 13-16 可知，在 Ni36 合金中，镍含量约为 32%（质量分数），钴含量约为 4%（质量分数）（即 Ni32Co4 合金），线胀系数 $\alpha_{20\sim100℃}$ 接近零值。与 Ni36 合金相比，Ni32Co4 合金的居里温度与其相同，马氏体点 Ms 略高，但膨胀系数低得多。这个合金一般叫作超因瓦合金，我国的牌号为 4J332。它在大气温度变化范围（−60~80℃）内，膨胀系数差不多只有 4J336 的一半。

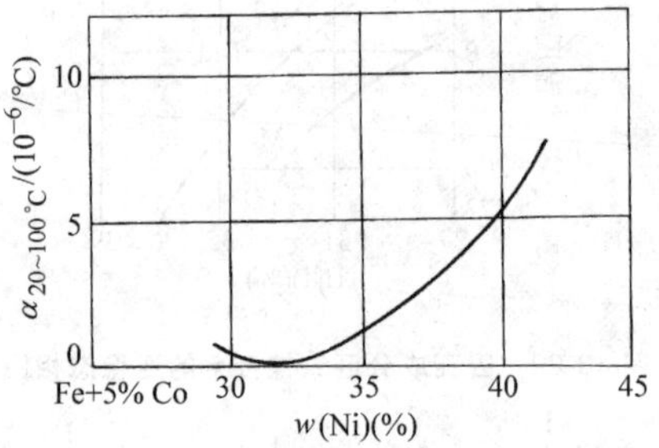

图 13-30　Ni31Co5 合金中镍含量对膨胀系数的影响

4J332 合金的化学成分和线胀系数见表 13-17。根据对试样热膨胀系数的要求，规定采用两种热处理工艺。

表 13-16　铁镍钴合金中不同镍、钴含量时的线胀系数

合金成分(质量分数,%)										
	Co	0	3.5	4	4	4	5	5	6	6
	Ni	36.5	34	32.5	33	33.5	31.5	32.5	30.5	31.5
	Co+Ni	36.5	37.5	36.5	37	37.5	36.5	37.5	36.5	37.5
$\alpha_{20\sim100℃}$/(10^{-6}/℃)		1.2	0.3	≈0	0.4	0.5	≈0	0.5	≈0	0.1

表 13-17　4J332 合金的化学成分和线胀系数

化学成分	C	P	S	Si	Mn	Ni	Co	Cu	Fe
(质量分数,%)	0.020	0.003	0.004	0.08	0.27	32.2	3.7	0.62	余量
线胀系数 α/	−60~20℃	−20~20℃	0~20℃	16~100℃	16~200℃	16~300℃	16~400℃	16~500℃	16~600℃
(10^{-6}/℃)	−0.92	−0.69	−0.74	0.86	2.01	4.88	7.70	9.61	10.80

1）在保护气氛或真空中加热到 850~900℃，保温 60min，以小于 300℃/h 的冷速冷却至 200℃以下出炉，$\alpha_{室温\sim100℃} \leqslant 1.5\times10^{-6}/℃$。

2）在保护气氛中加热到 850~900℃，保温 90min 后淬火；然后加热到 300~320℃，保温 4h，以小于 80℃/h 的冷速冷却至 80℃以下出炉，$\alpha_{室温\sim200℃} \leqslant 1.2\times10^{-6}/℃$。

4J332 合金的膨胀曲线如图 13-31 所示。

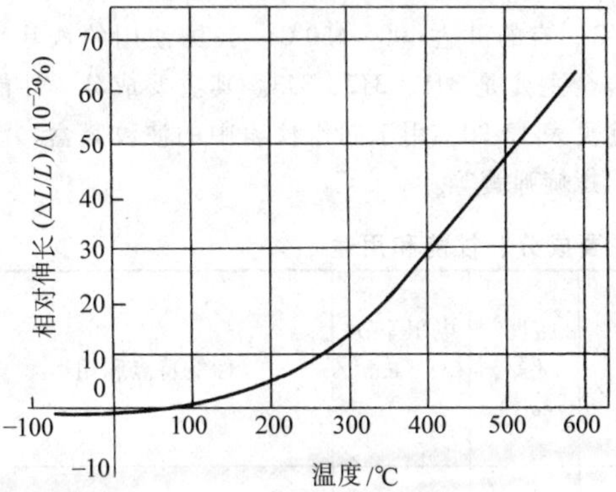

图 13-31　4J332 合金的膨胀曲线

（2）超因瓦合金的热处理　4J332 合金的组织为单相奥氏体，加工性能与 4J336 合金相似，很容易变形，也不能用热处理强化。热处理工艺有以下几种：

1）去应力退火，加热温度为 530~550℃。

2）冷加工后恢复塑性的退火，加热温度为 830~880℃。

3）尺寸稳定化处理：先在空气中加热到约 830℃，保温 20min 以后水淬；再在还原性气氛或空气中（表面保护）加热到 315℃，保温 60min 后空冷；最后在 95℃保温 48h。

热处理制度对热膨胀系数影响很大。同 4J336 合金一样，4J332 合金在 850℃以上温度退火时，热膨胀系数较大；冷却速度快时，热膨胀系数减小。退火和淬火状态下的热膨胀系数 α 见表 13-18。

表 13-18　4J332 合金退火和淬火状态下的热膨胀系数 α

（单位：$10^{-6}/℃$）

温度范围/℃	*A*		*B*		*C*	
	退火	淬火	退火	淬火	退火	淬火
室温~50	0.83	0.22	0.94	0.31	0.86	0.25
室温~100	1.09	0.43	1.19	0.47	1.04	0.41
室温~150	1.44	0.80	1.57	0.87	1.31	0.80
室温~200	2.07	1.44	2.01	1.47	1.78	1.25

注：退火、淬火加热温度均为 830℃。

13.2.2　高膨胀合金的热处理

高膨胀合金是指在一定温度范围内具有较高热膨胀系数的合金，其线胀系数 $\alpha_{20\sim400℃} \geqslant 12\times10^{-6}/℃$。主要用作热双金属的主动层和控温敏感元件。

热双金属以冷轧带材的形式供应，冷轧变形量一般为 30%~60%。由带材制成热敏感元件，然后进行装配。在生产过程中，元件中要产生内应力，为了保证和稳定元件的热敏感度和尺寸，热双金属元件（热敏感元件）一定要进行低温（280~450℃）稳定化热处理，使内应力松弛，发生回复过程，并使组织稳定化。

稳定化处理的温度一般规定在使用温度以上 50~100℃。弥散硬化型合金的热处理温度约为 630℃，升温速度不宜太快，保温时间为 1~3h。冷却速度不规定，但最好是在静止空气中冷却。加热均在真空或保护气氛中进行，元件间应保留足够的间隙，以免受热弯曲时相碰。进行多次（3 次以上）的循环处理，可以得到较佳的稳定化效果。热双金属元件常用稳定化热处理规范见表 13-19，应注意以下问题：

表 13-19　热双金属元件常用稳定化热处理规范

牌号	热处理规范		
	加热温度/℃	保温时间/h	冷却方式
5J20110	260~280	1~2	空冷
5J15120	260~280	1~2	空冷
5J1580	300~350	1~2	空冷
5J1480	300~350	1~2	空冷
5J1380	300~350	1~2	空冷
5J1070	380~400	1~2	空冷
5J1017	300~350	1~2	空冷
5J0756	400~420	1~2	空冷
5J1417A	230~250	1~2	空冷

1）具体稳定化热处理温度，应根据热双金属的组合层合金成分、元件的热敏感度和使用特点，由试验确定。元件工作的最高温度低于表中推荐温度时，采用推荐温度；高于推荐温度时，处理温度应略高于最高工件温度。

2）形状简单的、厚的板形元件，保温时间要长些，循环处理的次数不能多。螺旋形等易变形的薄小件，以及动作频繁、精度高的元件，处理温度不宜太高，保温时间不宜太长，循环次数多些可获得较好的效果。

3）稳定性要求高的元件，应在恰当的热处理温度下保持足够的时间并增加循环处理的次数。除了元件热处理外，元件装配后还应进行部件整体热处理。处理温度与使用温度相同。元件直接或间接加热，并循环多次。

4）经常在低温下工作的元件，应增加冷处理工序，提高其在低温下工作的稳定性。

5）在潮湿条件下工作的元件，应采用表面防护措施，包括涂层（温度低时）、电镀（温度高时）或化学热处理（效果较好）。

13.3 高弹性合金的热处理

高弹性合金要求具有较高的弹性模量、弹性极限和疲劳强度，较低的弹性后效和线胀系数，一般还希望有较好的非磁性和耐蚀性。其广泛用于制造航空和热工仪表中的膜片、膜盒、波纹管、继电装置中的接点弹簧片，钟表和仪表中的游丝、张丝、发条、螺旋弹簧等。

13.3.1 铁基高弹性合金

1. 合金的特性

弹簧钢是制作弹簧等应用最广的铁基弹性合金，但其耐蚀性较差，性能不稳定。加入大量镍、铬的铁基合金或铁镍铬合金，具有良好的弹性、较小的弹性后效，同时也有较好的耐蚀性、弱磁性和良好的热稳定性，焊接性能也较好。使用温度一般为150~200℃，有的可达400~450℃。我国使用的铁基高弹性合金主要是3J1、3J2、3J3。其主要成分、性能和用途见表13-20。用于制作仪表中的波纹膜盒、波纹管、螺旋弹簧等。

表13-20 铁镍铬高弹性合金的主要成分、性能和用途

合金①	主要化学成分(质量分数)(%)②					最高工作温度/℃	线胀系数 α/(10^{-6}/℃)	密度/(g/cm^3)	电阻率 ρ/(Ω · mm^2/m)	性能特点和用途
	Ni	Cr	Ti	Al	Mo					
Ni36CrTiAl (3J1)	34.5~36.5	11.5~13.5	2.8~3.2	0.9~1.2	—	200	12~14	7.9	0.9~1.0	热处理后弹性良好，耐蚀性和工艺性能较好，用于膜片(盒)波纹管、弹簧管、螺旋弹簧及压力传感器的传送杆、转子发动机刮片弹簧等
Ni36CrTiAlMo5 (3J2)	34.5~36.5	11.5~13.5	2.8~3.2	0.9~1.2	5.4~6.5	300	12~14	8.0	1.0~1.1	耐热性较好、从室温到300℃，强度下降不超过4%，其他同3J1
Ni36CrTiAlMo8(3J3)	34.5~36.5	11.5~13.5	2.8~3.2	0.9~1.2	7.5~8.5	350	12~14	8.3	1.0~1.1	耐热性更好，从室温到500℃，强度下降不超过11%，其他同3J1

① 括号内为我国牌号。

② 其余成分为Fe。

合金在真空感应炉中冶炼，或进行电渣重熔。热加工的锻轧温度一般控制在1150~1180℃，停锻温度不低于900℃。冷变形前轧坯要进行固溶处理，各道冷变形之间须进行中间软化处理。变形量以50%~70%为宜。软化处理的温度为950~1250℃，成品元件在650~800℃进行时效强化处理。

合金中镍的作用在于保证冷却至-196℃时仍为γ相组织，以保持良好的塑性和韧性。铬的作用是，提高耐蚀性，保证无磁性（降低居里温度），从而提高强度和弹性模量。钛、铝的作用是形成强化相，提高弹性和强度。钼可提高合金的弹性和热稳定性，使用温度达到400~450℃。碳是不利元素，其含量应控制在0.05%（质量分数）左右。

2. 合金的热处理

（1）淬火、回火处理 铁镍铬合金的淬火和回火，特别是薄件的热处理，都在真空或保护气氛中进行。

3J1等合金在室温下的平衡组织为γ相基体和少量Ni_3(Ti, Al)、Ni_3Ti及TiC、TiN等第二相。为了提高塑性便于冷变形，或适于时效后获得较高的力学性能，将合金加热到900℃以上，保温后水冷，得到单相γ固溶体。

图13-32所示为3J1合金淬火加热温度对性能及晶粒的影响。在900~950℃范围内淬火，可完成再结晶，其晶粒细小，强度和硬度缓慢降低，而塑性、晶格常数和电阻率继续显著增大。温度超过1000℃后，晶粒过分长大，塑性加工性能降低。

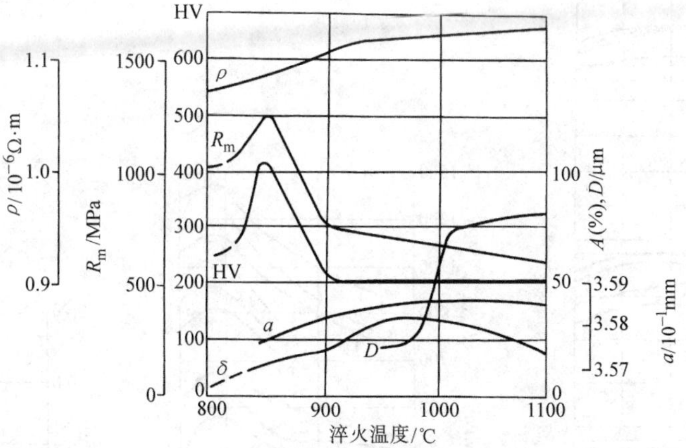

图 13-32　3J1 合金淬火加热温度对性能及晶粒的影响

a—晶格常数　D—晶粒尺寸

注：淬火保温 2min，水冷。

3J1 合金淬火和回火处理时淬火加热温度对力学性能的影响如图 13-33 所示。在 700℃×4h 回火时，淬火加热温度约 950℃时强度最高；而在 950～975℃时塑性最好。

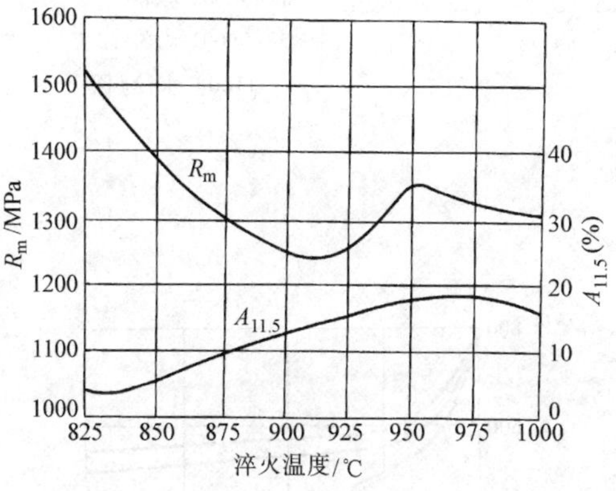

图 13-33　3J1 合金淬火和回火处理时淬火加热温度对力学性能的影响

注：回火温度为 700℃，保温 4h。

淬火后的组织为过饱和 γ 固溶体。回火的目的是使过剩相弥散析出，提高合金的强度和弹性。回火处理决定合金的最终性能。图 13-34 所示为 3J1 合金经不同温度淬火后力学性能与回火温度的关系。合金于不同温度淬火后，回火温度超过 550℃后硬度即迅速提高，塑性显著下降。在 650℃左右达到或接近极限值。700℃以后，强度开始快速降低。一般最佳回火温度为 600～700℃，这时析出相的尺寸和分布情况最佳。

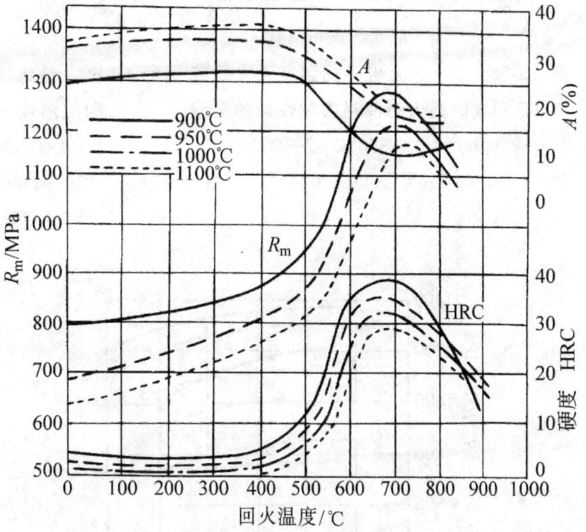

图 13-34　3J1 合金经不同温度淬火后力学性能与回火温度的关系

3J1 合金经不同温度淬火后在 700℃回火时回火时间对力学性能的影响如图 13-35 所示。强度和弹性的变化符合一般的时效规律，并有一个时效硬化峰值的最佳时间范围。超过此范围时，强化相聚集粗化，合金强度降低。这个时间范围大约为 2～3h。

在铁镍铬合金中加入钼，可提高弹性和热稳定性。铁镍铬合金淬火后力学性能与回火温度的关系如图 13-36 所示。含钼的合金的强度普遍较高，回火时的强度峰值温度向高温方向移动，同时屈强比也较高(见图 13-37)。钼还提高合金在较高温度下的强度与松弛抗力，如图 13-38 和图 13-39 所示。

几种不同钼含量的铁镍铬高弹性合金的热处理和力学性能见表 13-21。

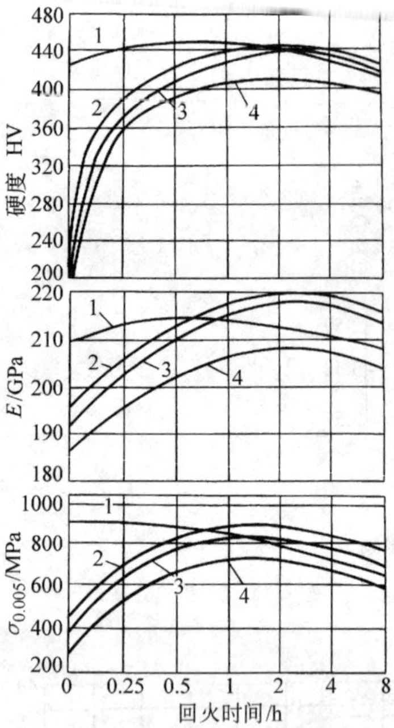

图 13-35　3J1 合金经不同温度淬火后在700℃回火时回火时间对力学性能的影响

淬火温度：1—850℃　2—900℃

3—950℃　4—1100℃

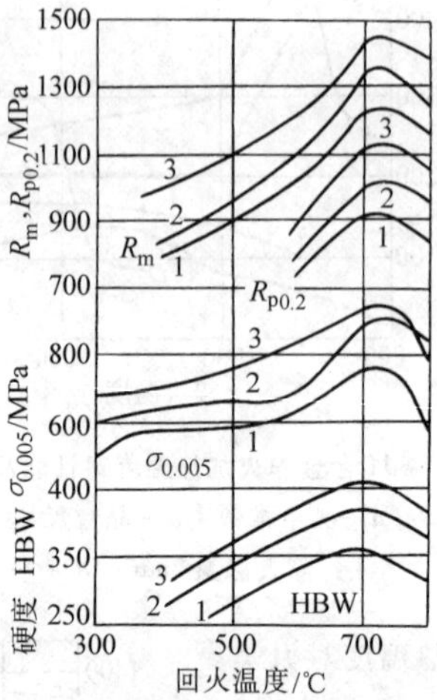

图 13-36　铁镍铬合金淬火后力学性能与回火温度（保温 4h）的关系

1—Ni36CrTiAl（3J1）

2—Ni36CrTiAlMo5（3J2）

3—Ni36CrTiAlMo8（3J3）

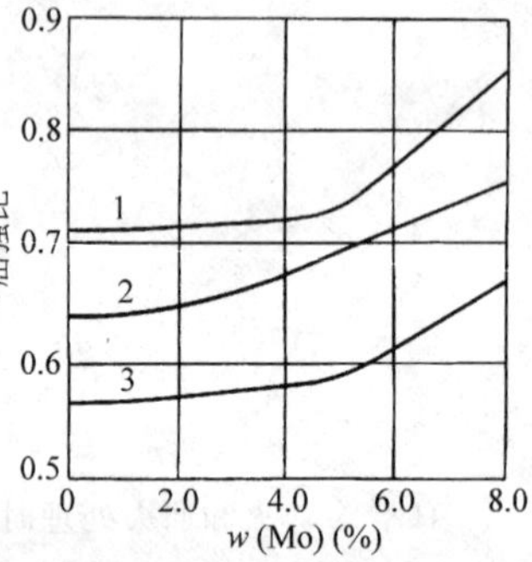

图 13-37　钼含量对铁镍铬合金在不同温度淬火和 700℃回火后的屈强比的影响

1—900℃水淬+回火

2—950℃水淬+回火

3—1100℃水淬+回火

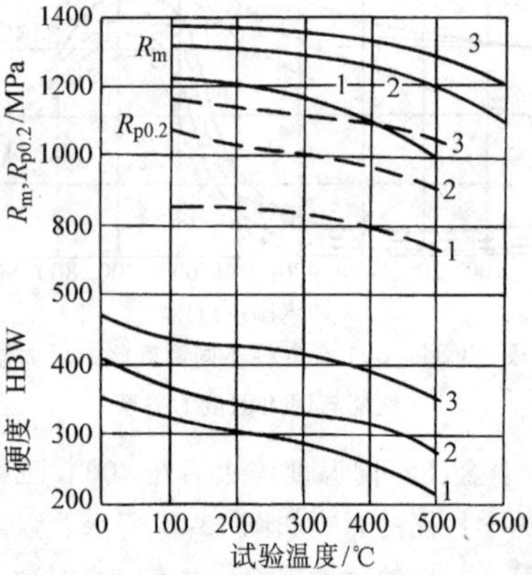

图 13-38　铁镍铬合金在不同试验温度下的强度和硬度

1—Ni36CrTiAl　2—Ni36CrTiAlMo5

3—Ni36CrTiAlMo8

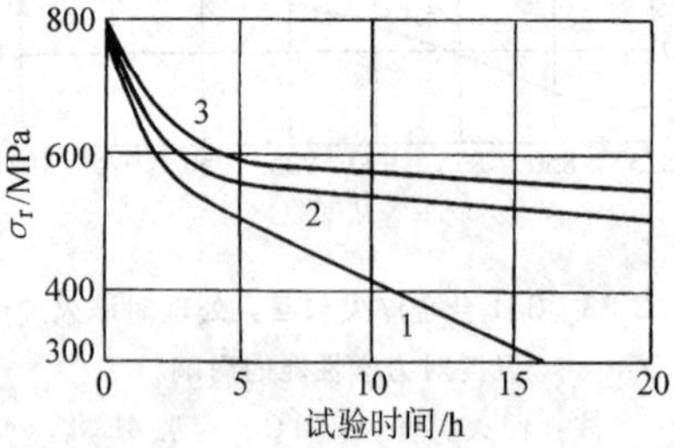

图 13-39　铁镍铬合金在 500℃下的松弛抗力

1—Ni36CrTiAl　2—Ni36CrTiAlMo5

3—Ni36CrTiAlMo8

表 13-21　铁镍铬高弹性合金的热处理和力学性能

合金	推荐的热处理工艺	抗拉强度 R_m/MPa	伸长率 A（%）	规定塑性延伸强度 $R_{p0.2}$/MPa	弹性极限 σ_e/MPa	弹性模量 E/GPa	弹性模量温度系数 β/(10^{-6}/℃)	硬度 HV
Ni36CrTiAl（3J1）	淬火：920~980℃，水冷	750~800	35~40	250~400			100	150~180
	软回火：650~720℃，2~4h	>1200	>8	850~1100	800[1]	175~215		340~360
	硬回火：600~650℃，2~4h	>1400	>5	1300	900[1]	180~220		360

（续）

合金	推荐的热处理工艺	抗拉强度 R_m/MPa	伸长率 A（%）	规定塑性延伸强度 $R_{p0.2}$/MPa	弹性极限 σ_e/MPa	弹性模量 E/GPa	弹性模量温度系数 β/(10^{-6}/℃)	硬度 HV
Ni36CrTiAlMo5（3J2）	淬火：980～1000℃，水冷	850～900	30～35	500～600	50	190	100	200～215
	软回火：750℃，2～4h	1250～1400	8～10	900～1100				420～450
	硬回火：700℃，2～4h	1400	5	1300				450
Ni36CrTiAlMo8（3J3）	淬火：980～1050℃，水冷	900～950	20～25	600～650	950	210	100	200～230
	软回火：750℃，2～4h	1400～1450	6～7	1100～1150				485～495
	硬回火：700℃，2～4h	1400	5	1300				495

① 为弯曲弹性极限。

（2）形变热处理　淬火后进行冷变形，能促进随后回火过程中强化相高度弥散析出，提高合金的强度和弹性。三种合金经不同程度冷变形后的硬度与回火温度的关系如图 13-40 所示。随变形度的增大，合金回火后的硬度提高；硬度曲线的峰值向低温方向移动。但变形度超过 70%时，硬度不再提高，而塑性有所下降。较合适的变形度为 50%～60%。

冷变形的强化作用，对含钼的合金的影响更为强烈。表 13-22 中给出了冷变形铁镍铬合金回火后的力学性能。铁镍铬合金经冷变形后，较佳的回火工艺见表 13-23。

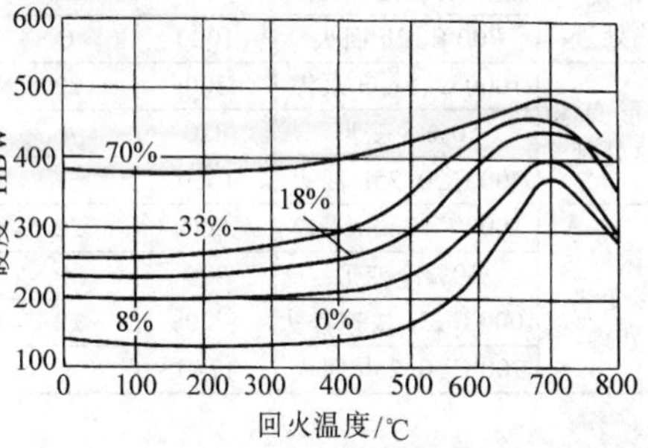

a)

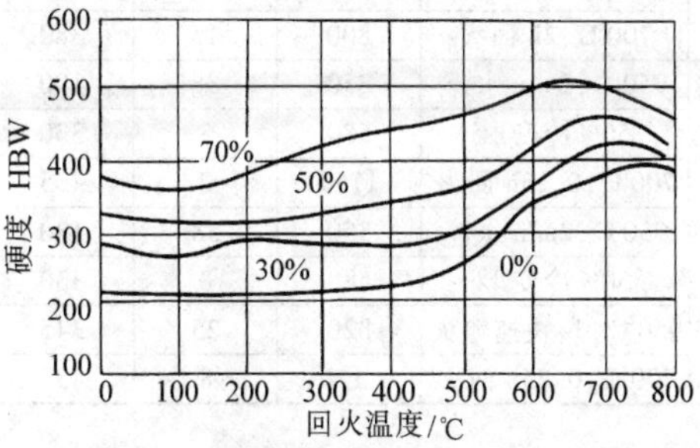

b)

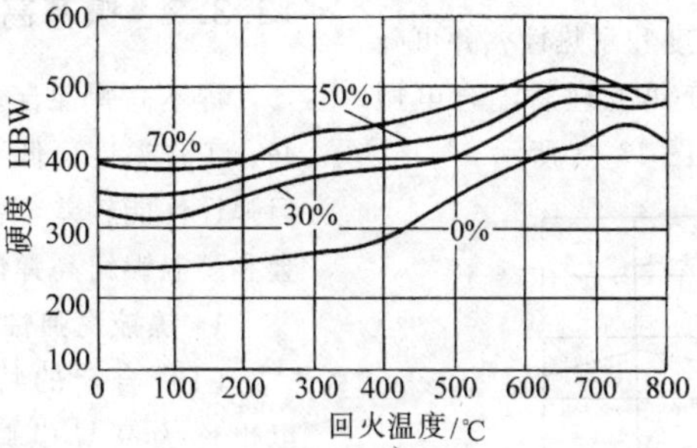

c)

图 13-40　铁镍铬高弹性合金经不同程度冷变形后的硬度与回火温度的关系

a）Ni36CrTiAl　b）Ni36CrTiAlMo5　c）Ni36CrTiAlMo8

表 13-22　冷变形铁镍铬合金回火后的力学性能

合金	热处理规范	R_m/MPa	R_{eL}/MPa	$\sigma_{0.005}$/MPa	A(%)	硬度 HBW
Ni36CrTiAl（3J1）	950℃，水淬 >50%冷变形 700℃，2h 回火	1400～1650	1300～1450	1120①	8～12	330～350
Ni36CrTiAlMo5（3J2）	980℃，水淬 >50%冷变形 750℃，4h 回火	1400～1750	1300～1600		5～10	400～420
Ni36CrTiAlMo8（3J3）	1000℃，水淬 >50%冷变形 750℃，4h 回火	1400～1900	1300～1600	1300②	5～10	420～450

① 50%冷变形，700℃回火 0.5h。
② 50%冷变形，750℃回火 0.25h。

表 13-23　冷变形铁镍铬高弹性合金较佳的回火工艺

合金	合金状态	回火工艺
Ni36CrTiAl	淬火带材	650~700℃，2~4h
	淬火后冷轧带材	600~650℃，2~4h
	淬火后冷拔丝材	600~650℃，2~4h
Ni36CrTiAlMo5 和 Ni36CrTiAlMo8	淬火合金	700~750℃，4h
	淬火后冷变形合金	650~700℃，4h

淬火和冷变形后，再进行一次快速淬火而后回火时，由于快速淬火的加热能使冷变形造成的缺陷重新均匀分布（不是消失），其微塑性变形抗力和松弛性能可以得到提高。表 13-24 中的结果说明，这种两次淬火形变热处理，具有与一次淬火形变热处理相近的弹性极限，但使伸长率成倍提高。在两次淬火形变热处理中，快速淬火的加热时间对合金的性能影响极大，也最敏感。加热时间延长时，强度降低而塑性提高。

表 13-24　铁镍铬合金经各种热处理后的性能

Ni36CrTiAl 合金					Ni36CrTiAlMo8 合金				
热处理规范		$\sigma_{0.002}$/MPa	A（%）	硬度 HV	热处理规范		$\sigma_{0.002}$/MPa	A（%）	硬度 HV
常规热处理	950℃，2min 水淬	350	38	180	常规热处理	1000℃，2min 水淬	500	22	220
	700℃，2h 回火	800	15	380		700℃，2h 回火	1000	6	430
形变热处理	950℃，2min 水淬	350	38	180	形变热处理	1000℃，2min 水淬	500	22	220
	50%冷变形	580	8	330		50%冷变形	820	4	380
	700℃，0.25h 回火	1150	2	435		700℃，0.25h 回火	1300	3	540
二次淬火形变热处理	950℃，2min 水淬	350	38	180	二次淬火形变热处理	1000℃，2min 水淬	500	22	220
	50%冷变形	580	8	330		50%冷变形	820	4	380
	950℃，3s 快速淬火	820	25	345		1000℃，3s 快速淬火	920	22	450
	700℃，0.25h 回火	1120	8	430		700℃，0.25h 回火	1240	8	560

合金的表面状态对性能的影响很大。用电抛光除去有缺陷的表层，可提高表面强度和耐热性，并可降低其弹性滞后。所以，合金形变热处理后配合电抛光，能明显地提高弹性极限，如图 13-41 所示。

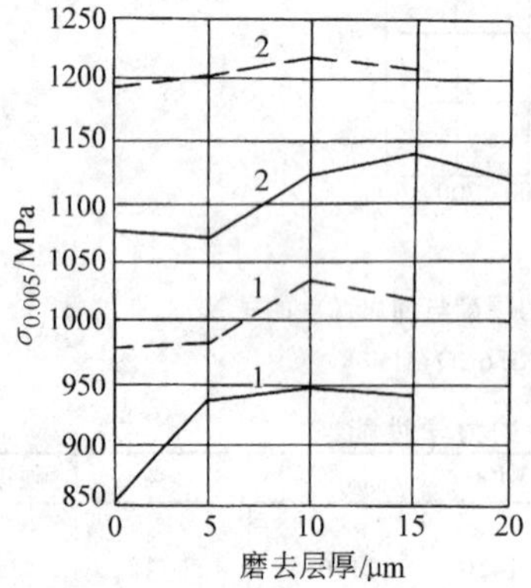

图 13-41　形变热处理和电抛光对铁镍铬合金弹性极限的影响

1—Ni36CrTiAl　实线：950℃水淬，700℃回火 2h；虚线：950℃水淬，20%变形，700℃回火 2h

2—Ni36CrTiAlMo8　实线：1020℃水淬，750℃回火 2h；虚线：1020℃水淬，20%变形，750℃回火 2h

13.3.2　镍基高弹性合金

镍基高弹性合金的主要特点是耐热性和低温韧性好，工作温度可低于 0℃或高于 180℃；耐蚀性较好，但弹性性能较差。合金主要有高导电性镍铍高弹性合金和高温镍铬高弹性合金两类。

1. 镍铍高弹性合金

（1）合金的特性　合金有很高的导电性（所以也称为高导电弹性合金），同时还具有高的强度、弹性和疲劳极限，高的抗氧化性能和耐蚀性，但有磁性。由于耐热性较好，一般可用作在较高温度下工作的导电弹性材料，并可取代铍青铜制造导电弹性元件，如航空仪表中的导电弹性敏感元件，仪表用膜盒、膜片和内燃机用的各种阀门弹簧等。

典型的合金为 NiBe2。铍含量超过 2%（质量分数）以后，合金的热加工性能变坏。加入 B、Co、Mo、W 可提高耐热性，且降低电阻温度系数。镍铍高弹性合金的成分、性能和用途见表 13-25。

（2）合金的热处理　镍铍高弹性合金在淬火状态下为单相固溶体，塑性很好，容易加工成元件。为

表 13-25 镍铍高弹性合金的成分、性能和用途

合金的主要成分（质量分数,%）	最高工作温度/℃	线胀系数 $\alpha/(10^{-6}/℃)$	密度/（g/cm^3）	电阻率 ρ/（$\Omega \cdot mm^2/m$）	主要特点和用途
NiBe2（Be2,Ni 余量）	250	13.5（硬回火）		0.35（软态） 0.10（硬回火）	室温和高温弹性优于 3J1。用于微动开关接触簧片和高温下工作的特殊弹簧等
NiBe2Ti（Be2,Ti0.5,Ni 余量）	250		8.84		合金中加入钛后,疲劳抗力和耐蚀性更好。用于微动开关接触簧片和高温下工作的特殊弹簧等
NiBe2Co3W6（Be1.7,Co3,W6,Ni 余量）	400			0.35	耐热性优于 NiBe2,电阻温度系数较低。用于微动开关接触簧片和高温下工作的特殊弹簧等
NiBe2Co3W8（Be1.7,Co3,W8,Ni 余量）	450			0.52	耐热性更高,用于微动开关接触簧片和高温下工作的特殊弹簧等

了提高弹性和导电性，合金必须回火。图 13-42 所示为 NiBe2 合金经不同温度淬火后在 550℃时的回火曲线。回火过程中 β 相（NiBe）沉淀析出造成硬化。表 13-26 中给出了镍铍高弹性合金的热处理工艺和力学性能。

2. 镍铬高弹性合金

（1）合金的特性　镍铬高弹性合金主要是镍铬铌合金，有很高的热强性、热稳定性、耐蚀性（在浓硝酸溶液中）和高温松弛抗力，所以被称为耐热、耐蚀高弹性合金或高温高弹性合金。在淬火状态下，合金为单相过饱和 γ 固溶体，塑性很好，可用冷变形制造形状复杂的弹性元件。回火后，由于弥散析出 Ni_3Nb 型的 γ′和 γ″相，合金的强度和弹性极限大大提高，松弛抗力的稳定性温度达到 500~550℃。制造形状不复杂的弹性元件时，采用形变热处理可进一步提高强度水平及在 550~650℃下的松弛抗力。这类合金有 Ni70CrNbMoAl、Ni70CrNbMoWAl、Ni60CrNbMoWAl 等，其成分见表 13-27。

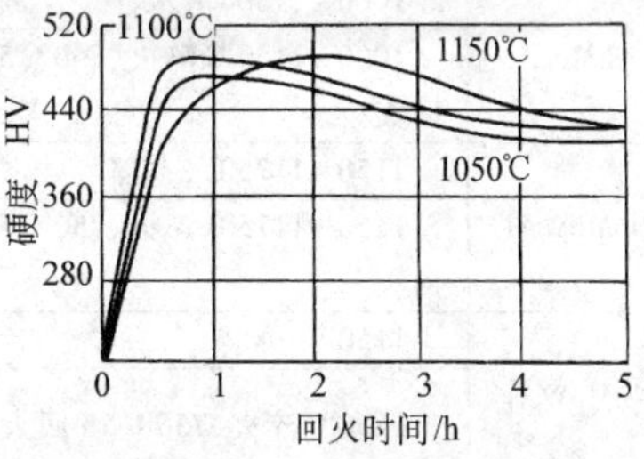

图 13-42 NiBe2 合金经不同温度淬火后在 550℃时的回火曲线

表 13-26 镍铍高弹性合金的热处理工艺和力学性能

合金	热处理工艺	抗拉强度 R_m/MPa	伸长率 A（%）	规定塑性延伸强度 $R_{p0.2}$/MPa	弹性极限 σ_e/MPa	弹性模量 E/GPa	硬度 HV
NiBe2	软化:1020~1050℃,水冷	<850	>2.5	<450			<250
	软回火:500~520℃,2~3h	1700~1830	3.5~7.5	1400~1500		200	500
	硬回火:480~500℃,2~3h①	>1700	>3	>1450	>1200	210	>470
NiBe2Ti	软化:1020~1050℃,水冷	1600		1400	850	200	225
	硬回火:500℃,2~3h						500
NiBe2Co3W6	软化:1060℃,水冷	1750		1700	1640	200~210	165~185
	硬回火:600℃,45min						430~560
NiBe2Co3W8	软化:1060℃,水冷	1750		1720	1650	200~210	190~220
	硬回火:600℃,45min						540~590

① 以高导电性为主要指标时，热处理温度可提高至 530℃。

表 13-27 镍铬铌高弹性合金的化学成分（质量分数） （%）

合金	C	Cr	Nb	Mo	W	Al	Ni
Ni70CrNbMoAl	≤0.06	14~16	9.5~10.5	4~6	—	1.0~1.5	余量
Ni70CrNbMoWAl	≤0.06	14~16	9~10	3~4	1.7~2.3	0.6~1.1	余量
Ni60CrNbMoWAl	≤0.06	24~26	8~9	3~4	1.7~2.3	0.6~1.1	余量

（2）合金的热处理　通常，Ni70CrNbMoAl 合金的最佳淬火温度为 1100 ~ 1150℃。含钨的 Ni70CrNbMoWAl 以及 Ni60CrNbMoWAl 合金的淬火温度约为 1150℃。图 13-43 所示为两种含钨合金 1150℃淬火后的回火曲线。它们获得最高强度和弹性极限的最佳回火温度在 750℃左右。三种镍铬铌高弹性合金的热处理工艺和力学性能见表 13-28，应力松弛曲线如图 13-44 所示。它们的松弛抗力都很好，在较高温度（550 ~ 600℃）下，以 Ni70CrNbMoWAl 合金为最佳。

回火前的冷变形（20% ~ 30%）可提高合金的强度和松弛抗力（见图 13-45 和图 13-46），并使回火曲线的峰值温度提前到 650~700℃。

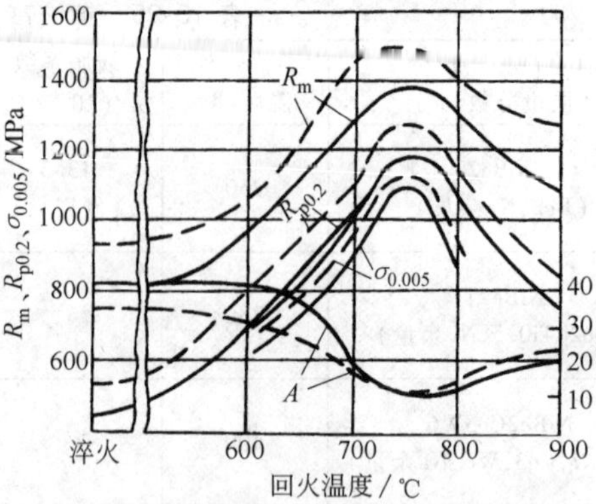

图 13-43　Ni70CrNbMoWAl（虚线）和 Ni60CrNbMoWAl（实线）合金 1150℃淬火后的回火（保温 5h）曲线

表 13-28　三种镍铬铌高弹性合金的热处理工艺和力学性能

合金	热处理工艺	R_m/MPa	$R_{p0.2}$/MPa	$\sigma_{0.005}$/MPa	$\sigma_{0.002}$/MPa	A（%）	硬度 HRB
Ni70CrNbMoAl	1000~1150℃，水淬	580~840	420~620	—	—	32~40	93~99
	1000~1150℃淬火，750℃ 5h 回火	1350~1600	1200~1350	1100~1200	—	8~13	45~48HRC
Ni70CrNbMoWAl	1150~1175℃，水淬	770~1000	450~540	—	—	30~39	95
	1150~1175℃淬火，750℃ 5h 回火	1500~1700	1240~1460	1100~1200	950~1120	10~12	48HRC
Ni60CrNbMoWAl	1150℃，水淬	500~940	370~450	—	—	36~42	93
	1150℃淬火，750℃ 5h 回火	1350~1470	1150~1340	1100~1200	950~1070	7~12	45~46HRC

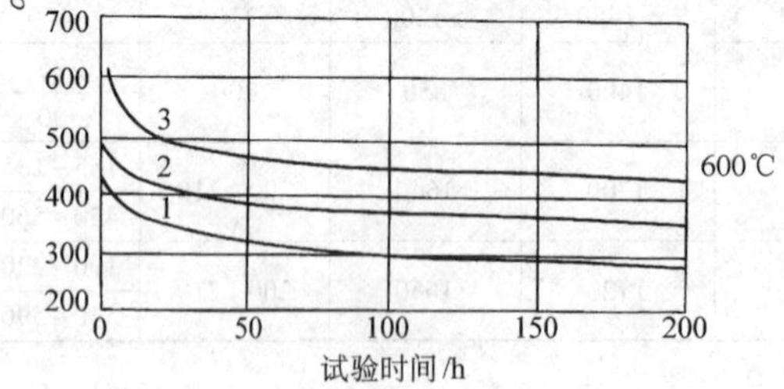

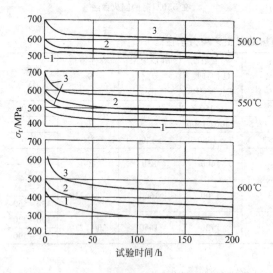

图 13-44　三种镍铬铌高弹性合金在 500℃、550℃和 600℃的应力松弛曲线

1—Ni70CrNbMoWAl　2—Ni60CrNbMoWAl　3—Ni70CrNbMoAl

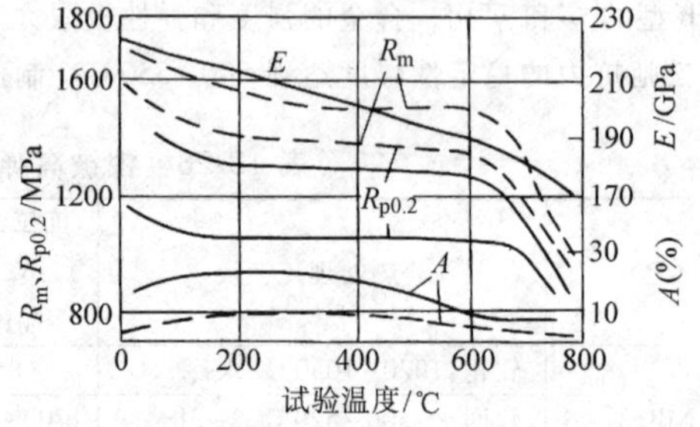

图 13-45　Ni70CrNbMoAl 合金的力学性能与温度的关系

实线—淬火+回火　虚线—淬火+冷变形+回火

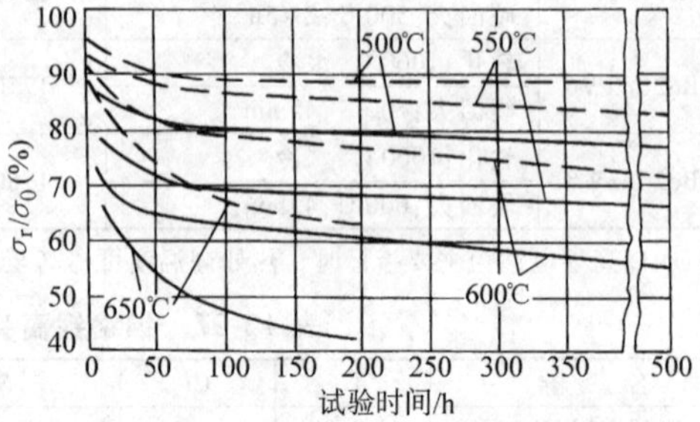

图 13-46　Ni70CrNbMoAl 合金在不同温度下的应力松弛率（R_m = 540~600MPa）

实线—淬火+回火　虚线—淬火+冷变形+回火

合金在氧化性浸蚀条件下的耐蚀性很高，其中以 Ni60CrNbMoWAl 最好。它在形变热处理（淬火+冷变形+回火）状态下的腐蚀速度（0.00005mm/年），比一般热处理（淬火+回火）状态下的腐蚀速度（0.00057mm/年）低很多。

Ni70CrNbMoWAl 和 Ni60CrNbMoWAl 合金，经 1150℃淬火、冲压和 750℃回火 5h 后，具有高的承受高温循环载荷的能力和高温蠕变抗力，适于制造工作温度达 550℃的膜片型弹性敏感元件。

13.4 形状记忆合金及其定形热处理

通常，弹性是指金属卸载后恢复原来形状、不残留永久变形的能力，它反映金属原子之间结合力的大小。由于原子间的结合力较大，金属的弹性变形都比较小，一般只有 0.1%～1.0%，且与应力保持直线的、严格单值的和完全可逆的关系。但是，有许多合金，在一定的状态下受载时，可以发生很大的弹性变形甚至塑性变形，当去除载荷或去除载荷再稍加热之后，也能够完全恢复到原来的形状。金属合金的这种非线性的大变形弹性性能，是金属合金的一种特殊的超弹性现象。例如，弹性储能最好的仪器仪表弹簧材料 Cu-Be 合金的弹性变形量最大达 0.5%，而 Cu-Al-Ni 合金弹簧材料，经过一定的变形和热处理后，可以获得 10%～15%以上的超弹性变形量，把金属合金的弹性变形能力提高了一个数量级以上。所以，具有超弹性的和形状回复（或记忆）效应的合金是一类新的功能材料，在工程上特别是高新技术领域将有很好的应用前景。

13.4.1 钛镍形状记忆合金

1. 钛镍合金的相图与结构

（1）钛镍合金相图 Ti-Ni 二元合金相图如图 13-47 所示。从图中可见合金有三种重要的金属间化合物：Ti_2Ni、TiNi 和 $TiNi_3$。

Ti_2Ni 相是在 1025℃由包晶反应 $L+TiNi \rightleftharpoons Ti_2Ni$ 生成的，为面心立方晶体。$TiNi_3$ 相的熔点为 1378℃，具有六方晶格。最重要的 TiNi 相的熔点为 1240℃，在高温下为 B2 型体心立方结构的 β 相。

图 13-47 中，β 相区范围上宽下窄，在 1000℃时 $x(Ni)=48\%\sim54\%$；在 800℃时 $x(Ni)=51\%\sim52.5\%$；在 500℃以下时 $x(Ni)\approx51\%$。β 相在约 1090℃时发生有序转变，转变为有序的 B2 结构的 β_2 相。

Ti-Ni 合金在 625℃有一个包析反应 $\beta+TiNi_3\rightarrow Ti_{42}Ni_{58}$，生成的 $Ti_{42}Ni_{58}$ 是亚稳定相，可分解生成

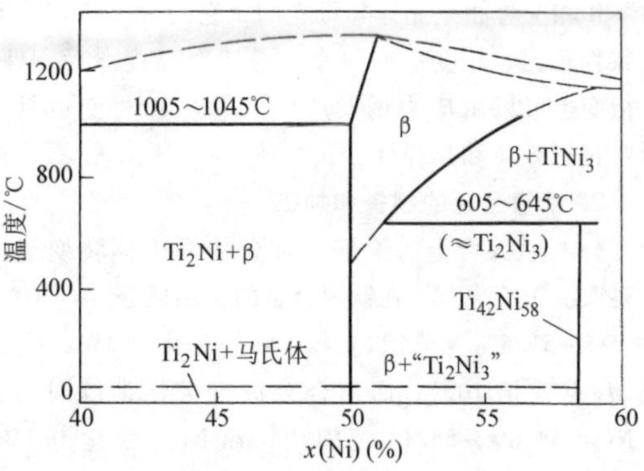

图 13-47 Ti-Ni 二元合金相图

$TiNi_3$；同时，在温度由 625℃下降至约 400℃的过程中，合金中还析出 $Ti_{11}Ni_{14}$ 相，此相也为亚稳定相（但对合金的形状记忆效应很有影响）。所以，在高温有很大溶解度的 β 相冷却时，依次析出 $TiNi_3$、$Ti_{42}Ni_{58}$、$Ti_{11}Ni_{14}$。

（2）钛镍合金的结构 具有形状记忆效应的钛镍合金的 Ti、Ni 原子数很相近，为 1∶1 左右，质量比为 Ti∶Ni=45∶55。钛镍合金在低温下，以切变机制由 B2 结构的 β 母相转变为单斜结构的马氏体。试验证明，钛镍合金发生马氏体相变时，在母相和马氏体相之间存在有中间相变过程。图 13-48 所示为马氏体正逆转变时的电阻-温度曲线与相结构。B2 结构的母相冷却至电阻开始升高的温度时，首先生成 IC 相（无公度相），相变只有很少的原子变位，晶格不发生变化。冷却约 10℃，在 T_R 温度形成菱形结构的 R 相，使相的形状变化但不大，只有马氏体相变变形量的 1/10。继续冷至 *Ms* 点形成马氏体，而到 *Mf* 点时马氏体转变结束。反过来，加热时从 *As* 点开始逆转变，*Af* 点后完全转变为 R 相，再经 IC 相回复到 B2 结构的母相。

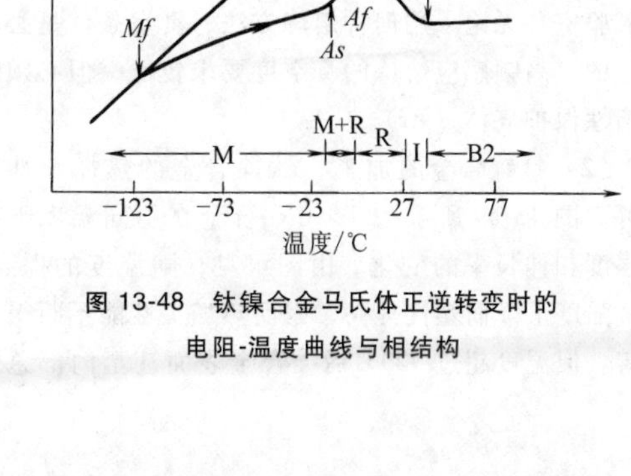

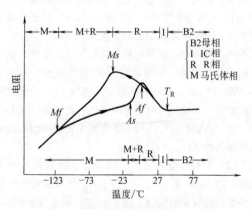

图 13-48 钛镍合金马氏体正逆转变时的电阻-温度曲线与相结构

R 相与母相是晶体学可逆的，它的最大特点是重复特性稳定，相变应变很小，逆转变温度滞后很小。R 相变也可以由应力诱发产生，所以 R 相变也具有形状记忆效应和超弹性。

2. 钛镍合金的制备和加工

（1）钛镍合金的熔炼　合金的马氏体转变温度主要取决于其成分。在钛镍合金的实用成分［x(Ni)=49.5%～51.5%］范围内，x(Ni) 变化 0.1%，会造成 Ms 点变化 10℃；而当合金进行记忆训练时，在 x(Ni)=54.6%～55.1%范围内，x(Ni) 变化 0.1%，Af 点的变化可达 10～20℃。因此，对合金成分及其均匀性的控制十分重要。

另外，熔炼过程中存在活性元素 C、N、O 等，可能与 Ti 形成 TiC、Ti_4Ni_2O 等夹杂物，使合金的力学性能恶化，降低其加工性能，因此必须考虑熔炼的气氛和坩埚材料。一般皆采用真空熔炼并使用水冷铜结晶器或石墨坩埚。表 13-29 列出钛镍合金各种熔炼方法的比较。

表 13-29　钛镍合金各种熔炼方法的比较

项目	电子束熔炼	电弧熔炼	等离子体熔炼	高频熔炼
气氛	真空	真空	不活性气体、真空	不活性气体、真空
坩埚	水冷铜	水冷铜	水冷铜	石墨坩埚
成分的控制	差	合格	好	很好
成分的均匀性	合格	好	好	很好
夹杂物情况	合格	很好	很好	合格

工业规模的生产多采用高频感应和等离子体熔炼法。高频感应在熔炼中有良好的电磁搅拌作用，铸锭的成分特别均匀；使用石墨坩埚能减少氧的混入，可使 x(O)控制在 0.045%～0.06%范围内。可能有微量碳混入，但能控制在 x(C)<0.05%。等离子体熔炼也能生产出杂质少、成分比较均匀的铸锭。生产上也可采用联合熔炼法，如高频感应-电弧熔炼法、等离子体-电弧熔炼法等。电子束熔炼法成本高，目前只用于实验室。无论采用何种熔炼方法，真空条件是必须保证的。高频感应熔炼的真空度要求较低，但必须充以惰性保护气体（Ar）。

（2）钛镍合金的加工　钛镍合金的热加工性能很好。图 13-49 所示为 Ti-50Ni 合金在不同温度下抗拉强度和伸长率的变化。由图可见，随温度的提高，合金强度下降而塑性提高，因而热加工性能不断得到改善。但温度超过 900℃后，合金表面甚至内部急剧氧化，容易造成热裂，所以热成形温度一般以 700～850℃为最合适。为使合金中非平衡相充分溶解，加工前的加热应有足够长时间的保温。只要加热温度及其均匀性控制恰当，热轧、热压、热锻等热塑性加工是不难进行的。

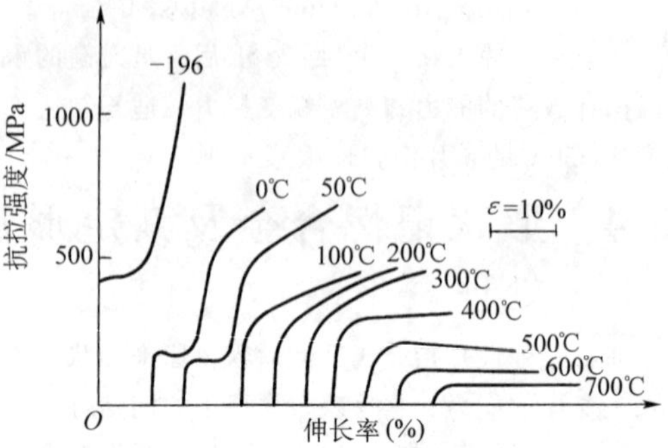

图 13-49　Ti-50Ni 合金在不同温度下抗拉强度和伸长率的变化

钛镍合金是可冷加工的金属间化合物，但实际上冷加工很困难，因为冷加工必须在屈服强度最低的温度下即 Ms 点附近进行，而这个温度约为-50℃；并且一旦开始加工，产生的热量使合金温度升高，屈服强度就会立即大幅度提高；加工时要迅速发生加工硬化，如图 13-50 所示。所以，冷塑性加工必须依靠多次的中间退火来反复地进行。退火温度要随变形率的不同而变化。变形率为 10%～20%时，适宜的退火工艺为 700～850℃，5～10min。还必须注意，每次退火时都应考虑形状回复效应对尺寸的影响。

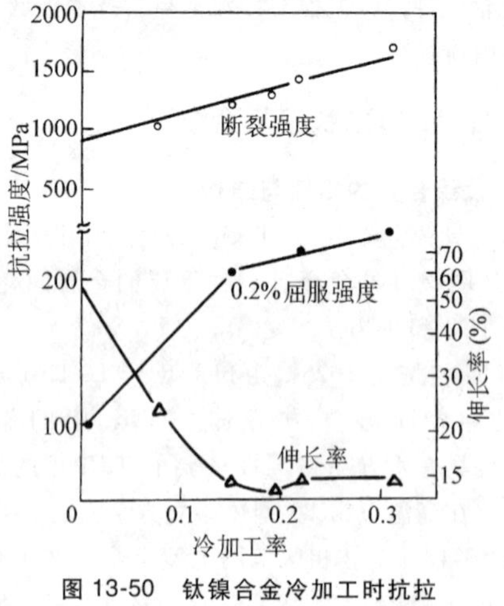

图 13-50　钛镍合金冷加工时抗拉强度和伸长率的变化

钛镍合金的切削加工非常困难，特别是对管件，加工热引起硬化，且形状回复效应造成管径收缩。钻孔也很困难，高速钢钻头使用寿命很短，一般使用硬质合金刀具，并采用合适的切削规范。

3. 钛镍合金的形状记忆热处理

使合金记住成形后的形状的热处理叫作形状记忆热处理或记忆训练。单程和双程形状记忆热处理的工艺不一样。

（1）单程形状记忆热处理　一般有三种方法。

1）中温处理。使经轧制、拉拔等冷加工并充分硬化的成形合金，在 400~500℃温度下保温若干分钟到数小时，将既成形状固定（或记忆）下来。图 13-51 和图 13-52 所示分别为 Ti-49. 8Ni 合金在 400℃和 500℃经 1h 热处理后、在各种温度下的系列应力-应变曲线。由两图中曲线比较可见：①400℃和 500℃两种温度的热处理都得到了很好的形状记忆效应和超弹性；②高温阶段表现出超弹性的曲线的下侧部所反映的回复力，400℃处理的比 500℃的大得多，差值相当于给合金加热时的回复力；③500℃处理的合金在

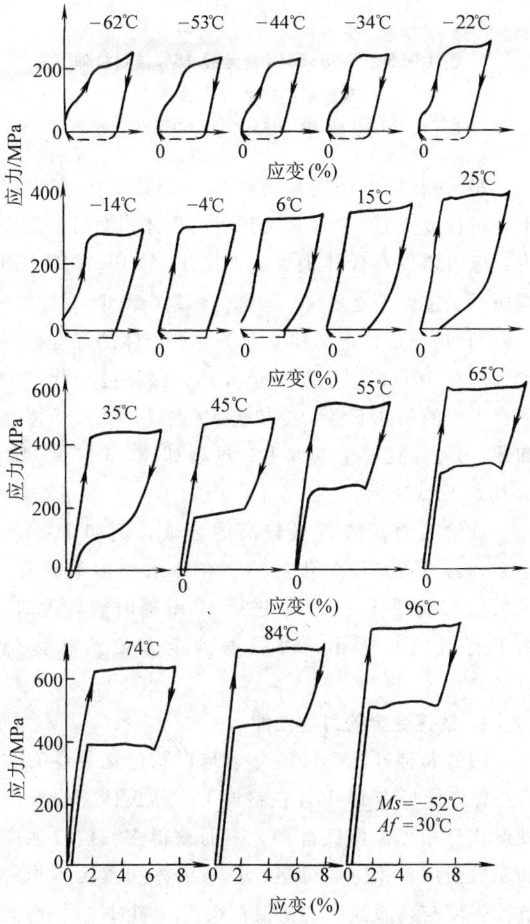

图 13-51　Ti-49. 8Ni 合金经 400℃记忆热处理后在各种温度下的系列应力-应变曲线

注：虚线表示加热可以回复的应变量。

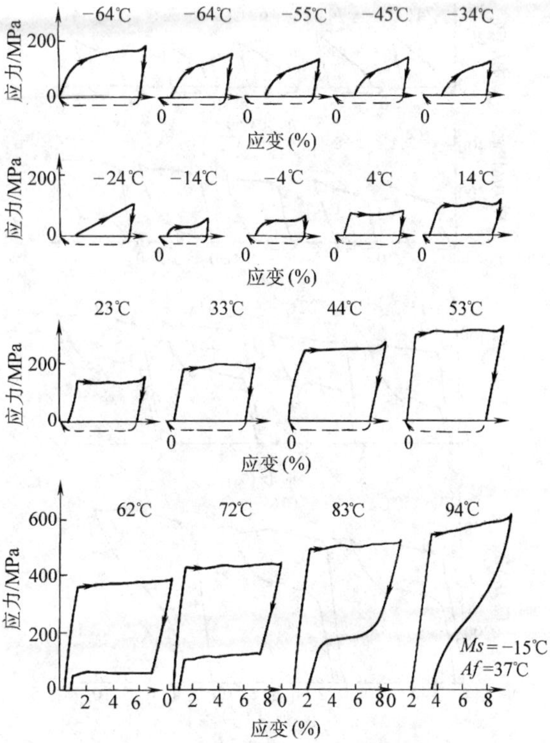

图 13-52　Ti-49. 8Ni 合金经 500℃记忆热处理后在各种温度下的系列应力-应变曲线

Ms 点附近屈服应力很小。所以从使用性能和寿命考虑，合金的处理温度选定为 400~500℃最合理。

2）低温处理。使经 800℃以上温度完全退火、在室温加工成形的合金，在 200~300℃温度区间保温数分钟至数十分钟，进行定形处理。经完全退火的合金十分柔软，非常易于加工成形状复杂、曲率半径很小的产品。低温处理的合金的形状记忆功能，特别是受反复作用时的疲劳寿命，皆比中温处理的低。

3）时效处理。使经 800~1000℃均匀加热后急冷的固溶处理合金，在约 400℃温度下时效处理数小时，进行定形记忆处理。利用合金较高的 Ni 含量，析出金属间化合物造成硬化，不仅能提高滑移变形的临界应力，还可能引起 R 相变，减小逆转变的温度滞后。图 13-53 所示为 Ti-50. 6Ni 合金经 1000℃加热、冰水淬火后，在 400℃时效处理 1h 后的一组应力-应变曲线，可见形状记忆特性与中温处理得很相近（与图 13-51 和图 13-52 比较）。但时效记忆处理只适用于 x(Ni)＞50. 5%的钛镍合金。另外，工艺也比较复杂些。

（2）双程形状记忆热处理　双程形状记忆热处理的目的是使合金在反复多次的升温降温过程中可逆

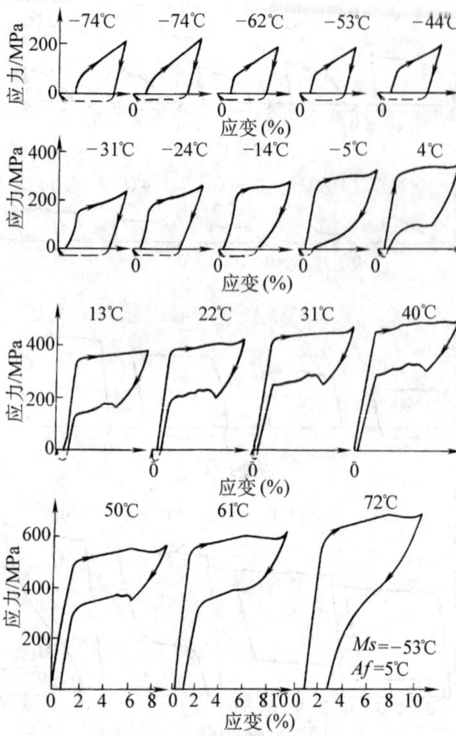

图 13-53　Ti-50.6Ni 合金经固溶处理再在 400℃时效处理后的应力-应变曲线

地发生形状变化：加热升温时合金回复高温时的形状；冷却降温时合金回复低温时的形状。双程记忆处理的训练方法有三种，如图 13-54 所示。

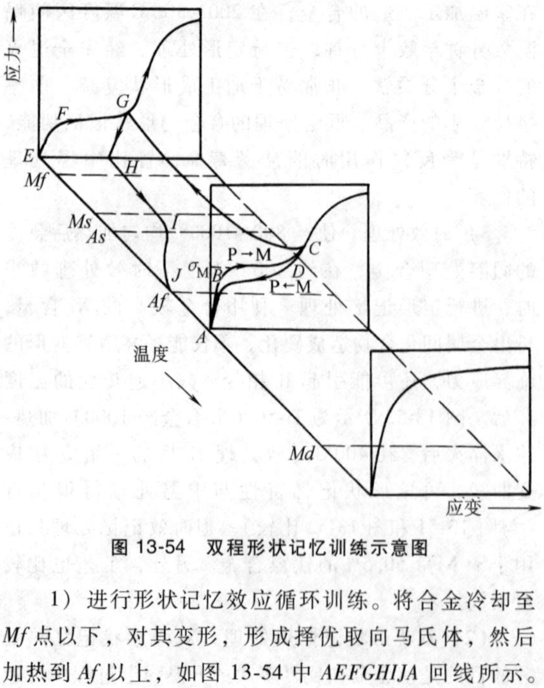

图 13-54　双程形状记忆训练示意图

1）进行形状记忆效应循环训练。将合金冷却至 *Mf* 点以下，对其变形，形成择优取向马氏体，然后加热到 *Af* 以上，如图 13-54 中 *AEFGHIJA* 回线所示。此过程重复多次（20 次），合金记忆趋于稳定。

图 13-55 所示为经 950℃×1h 真空退火的 Ti-49.85Ni 合金，受 15%强制拉伸变形后的热膨胀曲线。第一次循环加热时，合金在 90℃附近即发生很大的收缩，第二次及以后的循环加热皆在 0℃时伸长、40℃时收缩，已形成很好的双程形状回复效应。

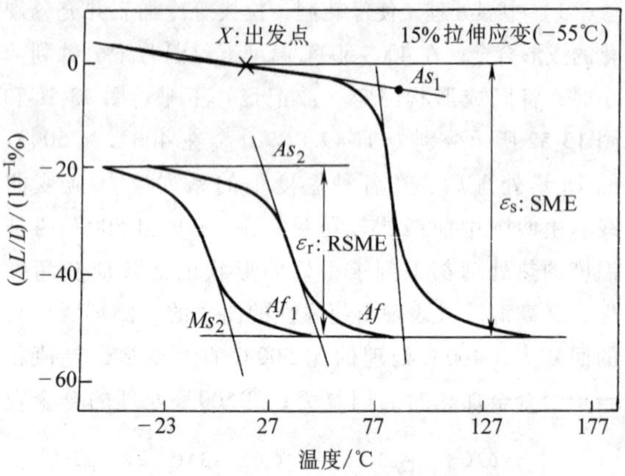

图 13-55　Ti-49.85Ni 合金经 15%强制拉伸变形后的热膨胀曲线

SME—形状记忆效应　RSME—双程形状记忆效应

2）进行应力诱发马氏体循环训练。在 *Af* 点以上，对合金变形，产生应力诱发马氏体，然后去除应力，应力诱发马氏体消失，如图 13-54 中 *ABCDA* 回线所示。过程重复多次，记忆位移趋于稳定。

3）进行形状记忆和应力诱发马氏体的综合循环训练。在 *Af* 点以上，对合金变形，保持已变化了的形状不变的条件下将其冷却至 *Mf* 点以下，然后逐渐卸载，并加热到 *Af* 点以上，过程如图 13-54 中 *ABCGHIJA* 回线所示。

试验表明，Ni 含量较高的合金，例如 Ti-51Ni 合金，经 800℃均匀化加热，在冷水中固溶处理，然后约束成圆状在 400℃进行 100h 的时效处理时，由于有沉淀相析出，可以得到全方位形状记忆效应。

4. 钛镍合金的力学性能

（1）拉伸性能　钛镍合金与形状记忆特性有关的拉伸性能见表 13-30。在室温下，马氏体相合金的硬度比母相奥氏体低得多，因而软得多，抗拉强度和屈服强度也相应低得多；且马氏体和奥氏体相的抗拉强度与屈服强度的比值都很高（超过 3），而前者的更高，因而马氏体相具有更大的塑性储备，塑性更好。这是钛镍形状记忆合金重要的力学性能特点。

表 13-30　钛镍合金与形状记忆特性有关的拉伸性能

硬度　HV	180~200(马氏体相) 200~350(奥氏体相)
抗拉强度/MPa	700~1100(热处理后) 1300~2000(未热处理)
形状记忆合金屈服强度①/MPa	50~200(马氏体相) 100~600(奥氏体相)
超弹性合金屈服强度②/MPa	100~600(加载时) 0~300(卸载时)
伸长率(%)	20~60③

① 随使用温度与相变温度之差的不同而有变化。

② 随使用温度不同而有变化。

③ 随热处理条件不同而有变化。

大部分力学性能实际上与温度有关。图 13-56 所示为不同温度下 Ti-50Ni 合金的拉伸应力-应变曲线，其中应变量均为 5%。由图可见，合金在 66℃附近屈服强度最低，在 66℃以上随温度的升高屈服强度增长较快，而在 66℃以下随温度下降屈服强度增长缓慢。

（2）疲劳性能　合金在使用过程中，形状记忆效应反复发生，热循环和应力循环的稳定性缓慢变化，使形状记忆特性逐渐减弱以至消失，引起疲劳甚至断裂。

图 13-57 所示为 Ti-50.8Ni 合金冷加工后经 400℃退火的拉伸疲劳曲线。图中曲线 1 是固定应变为 6.0%，由改变试验温度来控制应力而测得的，其曲线分为两个不同斜率的直线段。斜率小但寿命长的线段对应于合金在马氏体状态的弹性变形阶段，斜率大但寿命低的线段对应于超弹性状态。图中曲线 2、3、4 为固定温度而改变应力来测得的疲劳寿命曲线，也分为两段直线，长寿命段对应弹性变形状态，而低寿命段与超弹性状态有关。根据研究，超弹性状态合金的寿命低，原因是在发生马氏体转变和逆转变的循环中可能产生位错，位错的堆积促进疲劳裂纹形成。

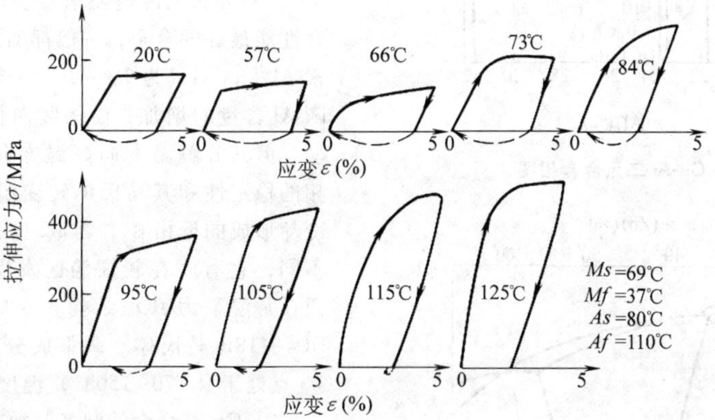

图 13-56　不同温度下 Ti-50Ni 合金的拉伸应力-应变曲线

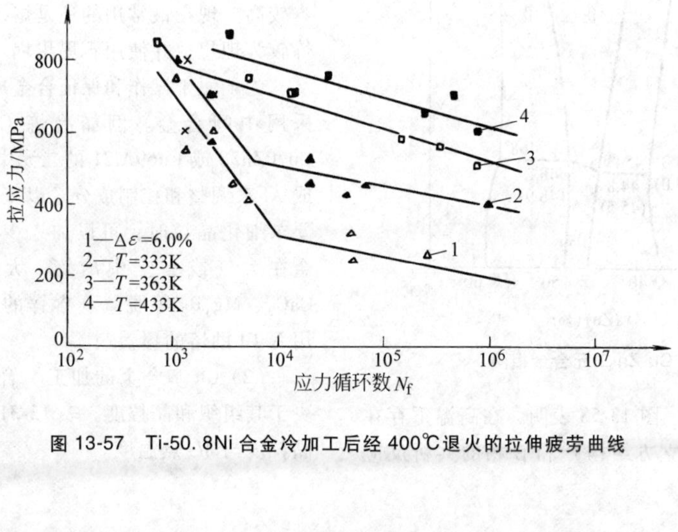

图 13-57　Ti-50.8Ni 合金冷加工后经 400℃退火的拉伸疲劳曲线

13.4.2　铜基形状记忆合金

已发现的形状记忆合金中，铜基合金的数量最多，性能虽不如钛镍合金，但较便宜。目前，最有实用价值的主要是 CuZnAl 和 CuAlNi 合金两种。

1. Cu 基合金的相图与结构

CuAlNi 合金和 CuZnAl 合金的基础是 Cu-Al 和 Cu-Zn 二元合金，图 13-58、图 13-59 所示为它们的相图。

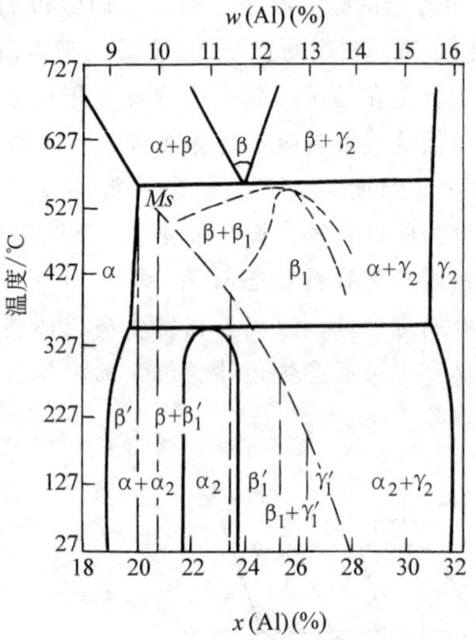

图 13-58　Cu-Al 二元合金相图

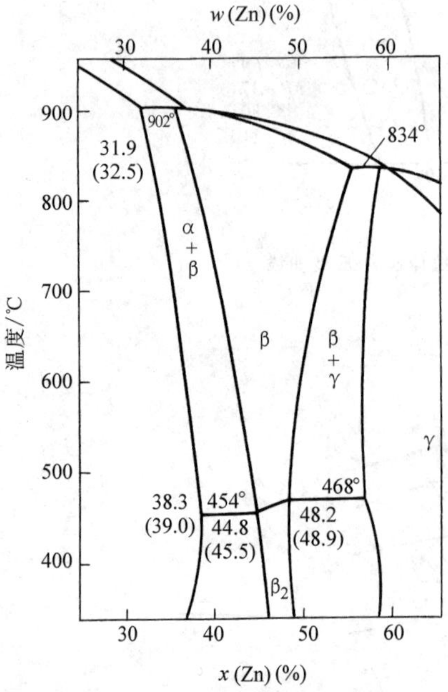

图 13-59　Cu-Zn 二元合金相图

（1）CuAlNi 合金　图 13-58 表明，在高温下存在一个 β 单相区（体心立方结构）和 β 相的共析反应线。w(Al) = 9.4% ~ 15.6%的合金缓冷时，838℃左右共析分解为 α 相（面心立方结构）和 γ_2 相（γ 黄铜结构）；急冷淬火时，β 相转变为有序化 β_1 相（DO_3 型有序结构），并在图中下部所示的 *Ms* 点转变为马氏体。马氏体相的结构与成分有关，随 Al 含量的增加，形成的马氏体依次为 β′、β_1'、γ_1'相。β′相为无序结构，淬火时不发生有序转变；而 β_1'和 γ_1'相均为有序结构，冷却时在 t_c 温度发生有序化转变，即使快冷也难以抑制。因此，为了使合金获得形状记忆效应，必须在 β 相区进行淬火，其 *Ms* 点的位置则由成分的变化来调节。然而当 w(Al) > 14%时，快冷也不易使合金获得马氏体。为了提高 β 相的稳定性，可加入 4%（质量分数）的 Ni。所以在 Cu-Al 合金的基础上提出了实用的 CuAlNi 三元合金。

（2）CuZnAl 合金　由图 13-59 可见，x(Zn) = 40% ~ 50%的黄铜在高温固态下有一个较大的 β 相区。无序体心立方结构的 β 相淬火时，在约 447℃转变为有序结构的 β_2 相，冷却到低温时发生马氏体相变。Cu-Zn 二元合金的马氏体转变温度过低（0℃以下），且淬火的冷速要求较快。所以真正获得实用综合性能最好的合金，一般都加入效果特别好的第三元素 Al［w(Al) 为 2% ~ 8%］，得到 CuZnAl 三元合金。随 Al 含量的增加，β 相区向低 Zn 含量方面大幅移动，但其分解温度向高温方向扩大，因此提高了 β 相的稳定性和其马氏体转变温度。CuZnAl 三元合金冷却形成的母相 β_2，为 B2 型有序结构。根据成分的不同，它有时在较高温区发生 B2 $\rightleftharpoons$ DO_3 有序转变，而在常温下为 DO_3 结构。冷却时，B2→9R 马氏体；DO_3→18R 马氏体。调整成分，可使 CuZnAl 合金的 *Ms* 点处于（-70 ~ 150℃）温度范围。

2. Cu 基合金的制备、加工和热处理

（1）Cu 基合金的熔炼　粉末冶金法可以制备出成分准确、晶粒细小、性能和功能很好的合金，但成本较高。现在最常用的还是熔炼法，以采用感应炉冶炼较为理想，并使用石墨坩埚。

为了便于操作和保证合金成分的均匀性，原料多采用中间合金。例如冶炼 CuZnAl 合金时，使用 Cu70Zn30 或 Cu69Al31 的二元中间合金，然后添加 Zn 或 Al 来调整和控制成分，以获得相变点满意的合金。要求细化晶粒时，可以加入少量 Ti、Zr 等元素。合金在大气或真空中冶炼，大气中冶炼时使用 C、CaC_2、Mg_3B_2 等脱氧（含锌的合金可不用脱氧剂），用 NaCl 助熔的覆盖剂。

（2）Cu 基合金的加工　合金的成形加工性能取决于其组织和晶粒度。表 13-31 列出几种铜基合金的晶粒度与 *Ms* 点温度。

表 13-31　几种铜基合金的晶粒度和 *Ms* 点温度

序号	合金成分(质量分数,%)					*Ms*/℃	晶粒大小/mm	制备方法
	Al	Zn	Ni	Ti	Cu			
1	5.96	20.6	—	—	余量	39	1.2	熔炼法
2	4.04	25.9	—	—	余量	40	2.0	熔炼法
3	4.32	27.7	—	—	余量	-129	1.3	熔炼法
4	13.66	—	3.44	—	余量	51	0.75	熔炼法
5	13.40	—	4.03	—	余量	40	0.60	熔炼法
6	13.66	—	3.37	—	余量	40	0.08	粉末冶金法
7	14.10	—	3.58	—	余量	-76	0.55	熔炼法
8	13.80	—	3.66	0.56	余量	26	0.15	熔炼法
9	14.86	—	3.26	0.45	余量	-92	0.15	熔炼法

注：合金均在 β 相区固溶加热 10~30min 后水冷。

CuAlNi 合金的 β 相晶粒比较粗大，其淬火组织很硬，并常常存在有很脆的 γ_2 相，所以成形加工性能很差，冷成形几乎不可能。但加入 Ti 后晶粒细化，冷热成形加工性能得到改善，合金在 300℃下可压缩变形 20%；在 350℃以上可拉伸变形，650℃时的伸长率可达 300%左右，显示出超塑性特性。合金本没有冷变形能力（伸长率为 0），加 Ti 后可进行变形度达 10%的冷轧或冷拔成形，如果再加入 Mn，变形量可达 32%。

CuZnAl 合金处于 β 相状态时晶粒粗大，其性能较脆，不易成形；组织中有脆性 γ 相时更难加工。若采用少量 V 或 Nb 使晶粒细化，单相的 β 相合金塑性明显提高，可显著改善其冷成形性能。试验表明（见表 13-32），采取在 500~600℃退火，使合金获得 α+β 两相组织之后，其冷加工性能大大改善（这只有在 Al 和 Zn 的含量都相对较低时才可能）。一次退火后的冷加工变形度即可达 35%，经反复退火、加工，能将合金冷塑性加工成薄板或细丝。另外，两相状态下合金的热塑性加工性能更好，实际上可以产生超塑性效应，能够较容易地进行形状复杂的产品的成形加工。所以，CuZnAl 合金的冷、热成形性能都很好。

表 13-32　Cu25.06Zn4.50Al 合金的退火温度对组织力学性能和冷塑性加工性能的影响

退火条件	组织	抗拉强度/MPa	伸长率(%)	冷塑性加工度①(%)
500℃×30min	α+β	726	13.8	35
600℃×30min	α+β	751	9.0	36
700℃×30min	β	595	4.8	12
800℃×30min	β	585	4.3	13

① 直至材料断裂为止的变形度。

（3）Cu 基合金的形状记忆热处理

1）单程形状记忆热处理。Cu 基形状记忆合金的单程形状记忆热处理就是将成形后的合金（元件）进行 β 化处理和淬火处理（包括直接淬火和分级淬火）。

① β 化处理。将合金加热到 β 相区并保温，获得均匀的 β 单相组织。在此状态下固定合金的形状，然后在保持既得形状的条件下进行淬火处理。表 13-33 列出 CuZnAl 合金的 β 化处理温度与相变温度。在 700℃以下，合金处于 α+β 两相状态，冷却后组织不发生变化，合金无热弹性马氏体转变。在 750℃以上，合金进入 β 单相区，淬火后能发生热弹性马氏体转变，且随 β 化处理温度的提高，合金相变点升高。CuZnAl 合金的 β 化加热温度以 800~850℃为适宜，保温时间一般约为 10min。温度过高，加热和保温时间过长，易造成晶粒粗化，从而使性能降低。

表 13-33　CuZnAl 合金的 β 化处理温度与相变温度

β 化处理条件	*Ms*/℃	*Mf*/℃	*As*/℃	*Af*/℃
650℃保温 10min 后淬入室温水中	—	—	—	—
700℃保温 10min 后淬入室温水中	—	—	—	—
750℃保温 10min 后淬入室温水中	8	-32	-21	16
800℃保温 10min 后淬入室温水中	19	2	8	23
850℃保温 10min 后淬入室温水中	8	-11	8	22
900℃保温 10min 后淬入室温水中	15	-4	5	22
950℃保温 10min 后淬入室温水中	25	0	0	28

② 直接淬火。将 β 化加热的合金直接淬入水中或冰水中，元件尺寸较大时淬入冷却能力更大的介质（例如 KOH 淬火冷却介质）中。冷却速度不能慢，否则会析出 α 相，使合金中 β 相含量降低和 β 相中 Al、Zn 含量增大，导致 *Ms* 点下降，而形状记忆效应降低。一般情况下，淬火冷却介质温度较低时（低于 *Ms* 点），直接淬火都会形成稳定化的马氏体，这种马氏体加热时难以回复转变为母相，而使形状记忆特性变坏。因此必须将淬火得到的 β_1 相立即投入 100℃左右的温度中，保持适当时间进行时效或稳定化处理，以使热弹性马氏体形成。随 β_1 相时效时间的增长，马氏体转变温度和可逆转变量逐渐趋于固定。β_1 相经过充分时效的合金，在随后的加热循环中将具有较稳定的马氏体正逆转变特性。

直接淬火中，合金发生的相变是，无序 β→有序 B2→9R 马氏体。由于冷却很快，在 337℃附近 B2→DO_3 的转变来不及进行，部分 B2 相直接转变为 9R 马氏体，剩余部分 B2 母相最终转变成有序的 DO_3 相。9R 马氏体与 DO_3 母相不共格，所以有时直接淬火后合金完全不具有热弹性；有时虽开始阶段表现出热弹性，但很容易发生马氏体的稳定化，并随时间的推移逐渐失去热弹性，而使形状记忆效应恶化。因此，淬火冷却介质的温度一定要控制在 *Af* 点以上。

③ 分级淬火。将 β 化加热的合金淬入一定温度的油，保温一定时间，然后再淬入室温水。表 13-34 和表 13-35 列出 Cu-26.77Zn-4.04Al 合金经 800℃ β 化后，分别淬入不同温度的油中，保温 5min 后再淬入水中和合金先淬入 150℃油中，保温不同时间后再淬入水中的试验结果。由此可见，只有在一定温度区间的油中分级淬火，合金才发生较完全的热弹性马氏体转变，而以 150℃分级淬火时的 *Ms* 点温度最高，在此温度保温 5min 后，可获得完全的形状记忆效应。相变温度则随保温时间的增长而升高。

CuZnAl 合金在分级淬火中的相变过程：无序 β→有序 B2→有序 DO_3→18R 马氏体。由于 B2→DO_3 的转变充分，18R 和 DO_3 母相共格，所以合金表现出很好的热弹性。

表 13-34　Cu-26.77Zn-4.04Al 合金经 800℃ β 化、在不同温度油中分级淬火后的相变温度

分级温度/℃	70	90	110	130	150	170	190	210	230	250
Ms	—	71	73	81	85	76	78	74	82	—
Mf	—	65	67	69	72	63	65	57	73	—
As	—	112	108	97	98	95	108	85	119	—
Af	—	124	115	107	112	108	126	102	142	—

表 13-35　Cu-26.77Zn-4.04Al 合金经 800℃β 化、淬入 150℃油中、保温不同时间后的相变温度

保温时间/s	5	20	60	120	300	1200
Ms	—	66	86	88	88	90
Mf	—	55	79	72	73	71
As	—	116	104	105	106	106
Af	—	130	127	117	117	120
φ（马氏体量）(%)	—	25	75	90	100	100

2）双程形状记忆热处理。Cu 基合金的双程形状记忆处理方法与 TiNi 合金的相同，也可采用强制变形法、约束加热法或训练法。Cu 基合金比较容易获得双程记忆效应。目前，工业上 Cu 基形状记忆合金的制备主要采用训练法，如图 13-60 所示。将形状记忆合金弹簧与偏压弹簧组合起来。在低温的马氏体状态下，偏压弹簧的弹力大，使形状记忆合金弹簧处于压紧状态。加热后，形状记忆合金发生马氏体逆转变，回复到 β 相状态，由单程形状记忆效应产生的回复力克服偏压弹簧施给的压力而得以伸长。反复多次地加热、冷却，形状记忆合金弹簧受到多次的伸长、压缩训练。经过若干反复后，去掉偏压弹簧再加热、冷却，形状记忆合金弹簧即会自动地在热循环中作伸长和收缩的可逆动作。

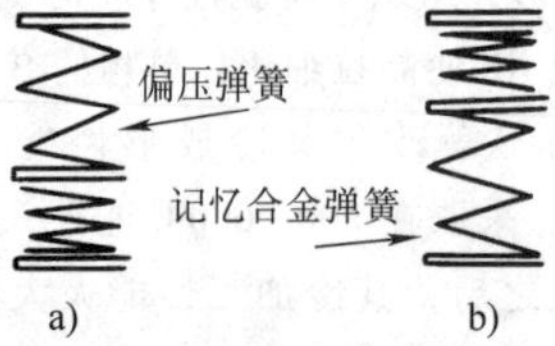

图 13-60　双程铜基形状记忆合金的加载热处理训练法

a）低温（M 相）　b）高温（β 相）

13.4.3　铁基形状记忆合金

1. 铁基合金的马氏体形态

铁基形状记忆合金与 Ni-Ti 形状记忆合金相比，其优点是原料价格便宜、加工性能好、实用性高等；其缺点是形状记忆效应和超弹性较差。目前，能够商业化使用的铁基形状记忆合金仅为 Fe-Mn-Si 系形状记忆合金，大量用作管道接头等。因此，优化铁基形状记忆合金的制备工艺，改善合金的形状记忆性能是铁基形状记忆合金的研究重点和难点。

常见的 Fe 基合金的马氏体形态主要有板条马氏体、透镜马氏体、蝴蝶状马氏体和薄片马氏体等，如图 13-61 所示。其中，只有薄片状的马氏体具有热弹性特征。影响铁基合金马氏体形态的因素比较多，如合金成分、奥氏体化温度、时效热处理温度和时间，以及马氏体相变温度等。

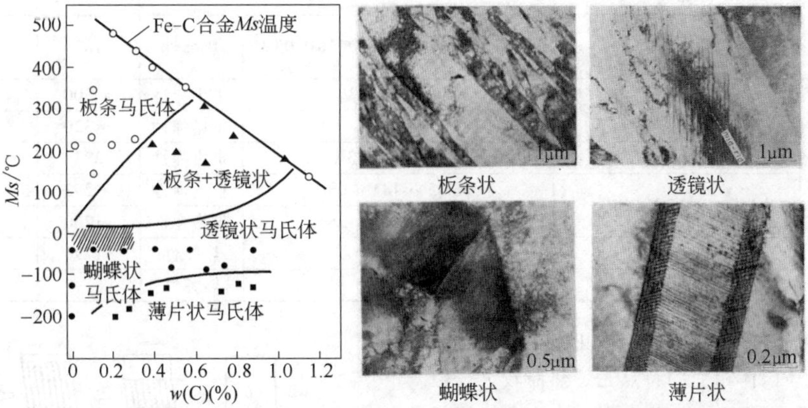

图 13-61　Fe-Ni-C 合金中的马氏体形态与马氏体相变温度及合金碳含量的关系及 TEM 形貌

如 Fe-Ni 合金中的马氏体相形态随 Ni 含量的增加而变化。当 Ni 含量为 29%～33%时，马氏体的形态为具有中脊的透镜状；随 Ni 含量的增加，透镜状马氏体中脊处的孪晶区域扩展，马氏体-奥氏体界面为直线型界面。当合金的成分相同时，马氏体的形态取决于奥氏体化温度。随奥氏体温度的增加，马氏体的形态变化规律为，孪晶马氏体→透镜马氏体（无中脊）→透镜马氏体（有中脊）。同一成分的合金，奥氏体化温度相同，时效热处理工艺不同，其马氏体形态也发生改变。随时效时间的增加，马氏体形态的变化趋势为孪晶马氏体→透镜马氏体。

总的来说，在 Fe-Ni 合金中，合金成分的变化、奥氏体温度的高低、热处理温度和时间的变化都会影响合金的马氏体相变温度，随马氏体相变温度的升高，马氏体的形态由孪晶型向位错型演变：孪晶马氏体→透镜马氏体（无中脊）→透镜马氏体（有中脊）→板条马氏体（有孪晶亚结构）→板条马氏体（无孪晶亚结构）。

从热滞的大小来看，热滞由大到小的马氏体形态为，板条状→透镜状→蝴蝶状→薄片状。其中，板条状和透镜状马氏体为位错型马氏体，马氏体-奥氏体界面和马氏体内部具有大量位错，通常不具备形状记忆效应。目前发现具有形状记忆效应的铁基形状记忆合金的马氏体形态为薄片状马氏体，其内部亚结构为孪晶，马氏体-奥氏体界面为共格型界面，界面具有可逆牵动性。

2. 铁基形状记忆合金

（1）铁基形状记忆合金分类　铁基形状记忆合金可分三类：一类由面心立方（fcc）γ⇌体心正方（四角，bcc/bct）α′（薄片状马氏体）驱动，如 Fe-Ni-C、Fe-Ni-Co-Ti 和 Fe-25%（摩尔分数）Pt（母相有序）；一类经面心立方（fcc）γ⇌密排六方（hcp）ε 马氏体呈现形状记忆效应；如 Fe-Cr-Ni 和 Fe-Mn-Si 基合金；另一类通过面心立方 γ⇌面心正方（四角，fct）马氏体（薄片状）呈现，如 Fe-Pd 和 Fe-Pt。

常见的铁基形状记忆合金见表 13-36。对于具有 fcc→bcc/bct 马氏体相变的铁基形状记忆合金来说，改善其形状记忆效应和超弹性的方法主要有奥氏体形变、奥氏体有序化，以及奥氏体时效热处理等。

表 13-36　常见的铁基形状记忆合金

马氏体晶体结构	合金	成分(摩尔分数,%)	相变特征	*Ms*/K	*Af*/K	*Af*-*Ms*/K
bcc/bct (α′)	Fe-Pt(有序 γ)	≈25Pt	热弹性	131	148	17
	Fe-Ni-Co-Ti (奥氏体时效 γ)	23Ni-10Co-10Ti	—	173	≈443	≈270
		33Ni-10Co-4Ti	热弹性	146	219	73
		31Ni-10Co-3Ti	非热弹性	193	508	315
	Fe-Ni-C(奥氏体形变 γ)	31Ni-0.4C	非热弹性	<77	≈400	>323
	Fe-Ni-Nb(奥氏体时效 γ)	31Ni-7Nb	非热弹性	≈160	—	—
	Fe-Ni-Co-Al-Ti-B (奥氏体时效 γ)	30Ni-15Co-10Al-2.5Ti-0.05B	热弹性	238	269	31

（续）

马氏体晶体结构	合金	成分(摩尔分数,%)	相变特征	*Ms*/K	*Af*/K	*Af*-*Ms*/K
bcc/bct (α′)	Fe-Ni-Co-Al-Nb-B (奥氏体时效 γ)	28Ni-17Co-10.5Al-2.5Nb-0.05B	热弹性	≈197	≈217	20
	Fe-Ni-Co-Al-Ta-B (奥氏体时效 γ)	28Ni-17Co-11.5Al-2.5Ta-0.05B	热弹性	187	211	24
hcp (ε)	Fe-Mn-Si	30Mn-1Si(单晶)	非热弹性	≈300	—	—
		(28~33)Mn-(4~6)Si	非热弹性	≈320	≈450	≈130
	Fe-Mn-Si-C	17Mn-6Si-0.3C	非热弹性	323	494	171
	Fe-Cr-Ni-Mn-Si	9Cr-5Ni-14Mn-6Si	非热弹性	≈293	≈573	≈280
		8Cr-5Ni-16Mn-5Si	非热弹性	≈260	<573	<313
fct	Fe-Pd	≈30Pd	热弹性	179	183	4
	Fe-Pt	≈25Pt	热弹性	—	300	—

（2）铁基合金的热弹性马氏体相变　铁基合金 fcc→hcp 热弹性马氏体相变的特点是，热滞较大，但马氏体-奥氏体界面具有可逆牵动性，具备形状记忆特征；而 fcc→bcc/bct 的热弹性马氏体相变特征是热滞较小，马氏体-奥氏体界面为孪晶型界面。目前的研究表明，后者可以通过奥氏体有序化、奥氏体时效热处理来调控马氏体的相变热滞，使这类铁基合金具有形状记忆效应。Dunne 等人对 Fe-Pt 合金进行了奥氏体有序化处理，研究结果发现奥氏体的有序度增加有利于合金发生热弹性马氏体相变。认为奥氏体有序化并不影响 Fe-Pt 合金的马氏体相变晶体学，而是增加了基体的弹性极限，减小了相变的化学自由能变化。Maki 等人对 Fe-33Ni-10Co-4Ti 合金进行奥氏体时效处理，并成功得到了热弹性马氏体相变。研究结果表明，γ′析出相的时效析出强化了奥氏体基体、增加了马氏体的正方度，有利于合金发生热弹性马氏体相变。Koval 等人对 Fe-Ni-Nb 铁基合金进行奥氏体时效处理，引入 γ″有序析出相，析出相引起马氏体形变不均匀，导致马氏体的正方度变化，使合金发生热弹性马氏体相变。

（3）铁基合金形状记忆效应的机制　对形状记忆合金外加应力时，存在三种形变模式（见图 13-62）。在图 13-62a 中马氏体随外加应力而形成，并随应力增加而增厚。当加热时，奥氏体-马氏体界面逆向运动而恢复原来的形状。在图 13-62b 中，冷至马氏体相变结束温度（*Mf*）以下，一种自协作马氏体随外加应力产生并长大，同时消耗其他变体。在加热过程中，这种择优生长马氏体回复至原来母相，因而样品恢复原状。在图 13-62c 中，外加应力时，形成不同层数的长周期结构并随应力增加而增厚，如果从图 13-62b 的情况开始，总的形状改变很大，当加热时，马氏体（M2）恢复到图 13-62b 中的母相 P，因而原来的形状恢复。

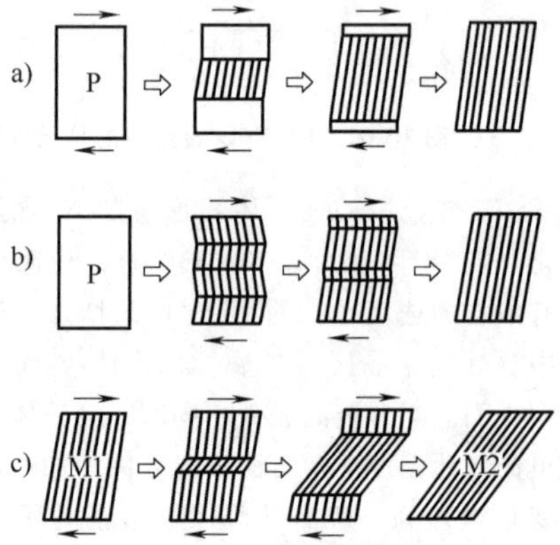

图 13-62　形状记忆合金三种形变模式

a）应力诱发马氏体及其增厚

b）马氏体变体之间的界面迁动

c）应力诱发马氏体（M1）形成另一种长周期结构的马氏体片（M2）

在大多数非铁基形状记忆合金中，以上三种情况的混合形变模式都可以观察到。然而，在铁基形状记忆合金中，除了一些特殊情况，仅图 13-62a 形变模式能实现形状记忆效应，称为应力诱发马氏体相变及其逆相变。很明显，要实现这种形状记忆机制，奥氏体-马氏体界面的可逆运动是最重要的前提，虽然有很多铁基合金能进行从 fcc 到 bcc 或 bct 马氏体相变，仅一小部分符合以上条件。

进行 fcc 到 hcp 马氏体相变的铁基合金中，马氏体常以薄片状存在，这可能是因为奥氏体-马氏体界面有很低的界面能。众所周知，hcp 马氏体在奥氏体的｛111｝面形成，界面在原子尺度是完全共格的。在这种相变体系中，形状记忆效应（SME）是建立在当外加应力时形成的非常薄的马氏体片（见图 13-63）上的，当加热时，这些薄片的尖端往回移动。虽然这个相变模式最终导致了奥氏体-马氏体界面逆运动，它仍然应归类于另一种机制。因为有前途的 Fe-Mn-Si 基形状记忆合金属于此类。对于上述涉及的两种形变模式来说，奥氏体强度必须足够大，当外加应力时可以阻止塑性变形。

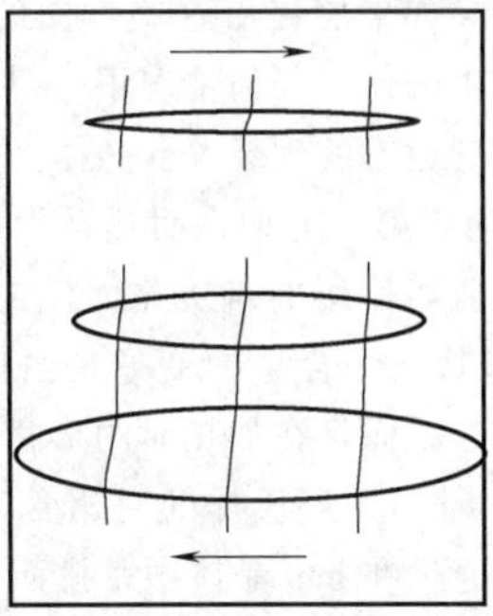

图 13-63　fcc/hcp 马氏体相变中形成同一变体的一组薄片马氏体

(4) fcc/bct 相变相关的形状记忆效应

1) 奥氏体-马氏体界面的可逆移动和逆相变奥氏体中的位错。进行 fcc/bct 马氏体相变同时具有完全或接近完全形状记忆效应的合金系仅有三种：Fe-Pt，Fe-Ni-Co-Ti 和 Fe-Ni-C。奥氏体-马氏体界面可逆运动的充分必要条件是在马氏体中存在贯穿奥氏体-马氏体界面一端到另一端的精细相变孪晶。在逆相变的奥氏体中大多数位错的两端在奥氏体-马氏体界面上。在逆相变奥氏体中的位错结构只在具有较大相变热滞的逆相变中才会形成。对诸如 Fe-Pt 合金这类有序合金的情况，逆相变奥氏体中几乎不产生位错。在这种情况下，马氏体相变变成热弹性，可以得到好的形状记忆效应。了解在有较大热滞的逆相变中这些位错的形成机制是非常重要的。

2) 逆相变中位错形成的机制。1997 年，Kajiwara 和 Owen 提出了从孪晶马氏体 bct 到奥氏体 fcc 逆相变中奥氏体-马氏体界面后退，位错形成的模型。他们设想奥氏体-马氏体界面包含位错列。马氏体 1 和马氏体 2 以 $(112)_b$ 孪晶面孪生相关，其厚度由根据唯象论以得到平均无扭曲的奥氏体-马氏体界面所决定。虽然这些应变随孪晶宽度的减小而减小，但由于孪晶界能有一有限值而使孪晶厚度不能无限变小，这些奥氏体-马氏体界面上的残余应变可以设想通过孪生相关马氏体片之间的滑移而释放，从而得到位错列。已经证实，如果这些位错在 $(112)_b$ 孪晶面，它们的柏氏矢量平行于孪晶剪切方向 $[-1\text{-}11]_b$，奥氏体-马氏体界面上应变可以有效释放。（马氏体 1 和 2 中位错的柏氏矢量必须是反向的）。因为 $(112)_b$ 面与惯习面 (3 15 10) 相交，和孪晶剪切方向有一 22° 夹角，这些在奥氏体-马氏体界面上的位错是具有较大螺型位错分量的混合型。

如果马氏体中孪晶宽度足够小以至于在孪生马氏体片中不需要引入额外的位错，那么，在逆相变中，奥氏体-马氏体界面将会很容易逆向运动。这对应于 Kajiwara 和 Owen 报道的，有序 Fe-Pt 合金热弹性相变中逆相变奥氏体中几乎没有位错生成。因此，在马氏体中产生非常薄的相变孪晶是在铁基合金中产生热弹性马氏体相变的一个重要因素。

3) 影响马氏体中相变孪晶宽度的因素。要得到小的相变孪晶宽度，马氏体的孪晶界面能必须小。除此以外，马氏体高的临界滑移应力也是需要的，它将阻止在马氏体中甚至在大孪晶界能情况下的滑移。最终导致奥氏体-马氏体界面没有残留位错。bcc 比 fcc 的孪晶界能要大，一个主要原因是穿过界面的最邻近原子间距比晶体内部最邻近原子间距小。如果结构不是立方而是四方，也就是 bct，那么孪晶界能会显著降低。

对于合金马氏体相变小的热滞来说，具有可逆迁动奥氏体-马氏体界面需要三个条件：马氏体结构必须是正方；合金最好是有序的；在马氏体形成温度，马氏体临界滑移应力必须大。Fe-Ni-C 合金、盐卤淬火 Fe-Pt 和 Fe-Ni-Co-Ti 合金仅部分符合这些条件，Fe-Ni-C 合金不会发生原子有序，但马氏体结构是 bct，因为在马氏体八面体间隙位置碳原子的优先占据，特别对高 Ni 合金，马氏体在低温形成，它的正方度大。Fe-31Ni-31C 和 Fe-28Ni-0.6C，$c/a \approx 1.05 \sim 1.08$。Fe-Ni-C 合金临界滑移应力高。特别在低温时，TEM 观察到孪晶宽度随 Fe-Ni-C 合金碳含量的增加而减小。对盐卤淬火 Fe-Pt 合金，马氏体结构是 bct，在盐卤淬火奥氏体样品中可以观察到很弱的超点阵斑点。对盐卤淬火 Fe-Ni-Co-Ti 合金，马氏体 bct 结构的 $c/a = 1.023$，表明淬火过程中形成部分有序沉淀 ($L1_2$ 型)。在所有这些情况中，奥氏体-马氏体界面迁动均是可逆的，但热滞大。因为孪晶界能不足够低，马氏体相变孪晶宽度不能变成足够小以产生没有位错的界面。Maki 和 Wayman 在 Fe-Ni-C 合金中发现，当马氏体孪晶宽度很小时，奥氏体-马氏体附近逆相变奥氏体区域没有位错。Kajiwara 和 Kikuchi 报道，当在逆相变奥氏体中只有少量位错时，Fe-Ni-C 合金中奥氏体-马氏体界面逆向迁动更大的距离。最后，在表 13-37 中列出不同热处理条件下，bct 马氏体的正方度 c/a、穿过界面的最邻近原子间距与晶体内部最近邻原子间距比 R 和相变热滞 ΔT、相变温度 Ms 以及它们之间的联系。

表 13-63　不同热处理条件下，c/a、R 和 ΔT、Ms 以及它们之间的联系

合金	c/a	R	热滞/K	Ms/K
Fe-Pt	1.1 -1.0	0.969 0.943	20~40 150	170~200 140
Fe-Ni-Co-Ti	1.1 10.25	0.969 0.950	10~50 300	150~200 80
Fe-Ni-C	1.045~ 1.075	0.956~ 0.964	400~500	120

4）相变热滞较大合金的形状记忆效应。因为奥氏体-马氏体界面可逆向运动，对相变热滞较大的上述合金也有形状记忆效应。图 13-64 所示为对 Fe-31Ni-0.4C 奥氏体化，通过 25%或 50%的冷轧进行奥氏体形变热处理，在不同奥氏体条件下形状记忆测试的结果。试样在 77K 弯曲或拉伸变形后加热至 Af 温度以上（这种合金的马氏体相变开始温度略低于 77K，Af 温度接近 600K）。由图 13-64 可知，对弯曲情况，至 2%变形，几乎有 100%的形状回复。在拉伸试验中，甚至对 5%拉伸量也获得 50%的形变回复。值得注意的是，奥氏体化样品和奥氏体形变热处理样品的形状记忆效应没有明显区别，后者可以得到略好的形状回复，这是因为奥氏体形变热处理显著提高奥氏体硬度，即对于 25%或 50%冷轧的样品分别为 316VHN 和 384VHN，而原奥氏体的硬度仅为 187VHN。奥氏体形变热处理强化了奥化体，由此将增加诱发马氏体相变的临界应力。

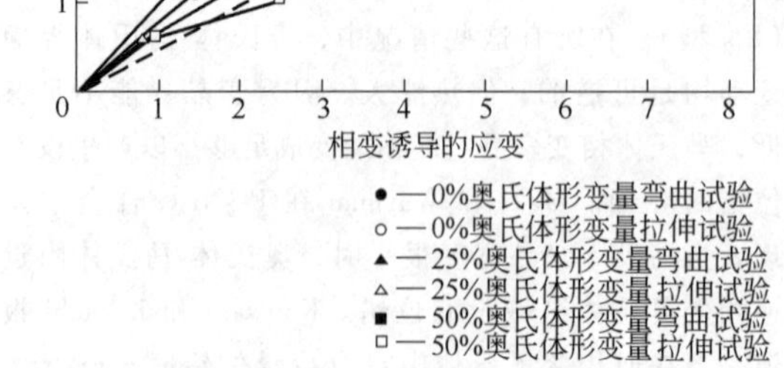

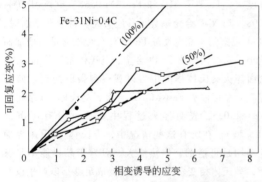

图 13-64　Fe-31Ni-0.4C 钢形状记忆测试的结果

（5）fcc/hcp 转变的形状记忆效应

1）形状记忆效应的基本机制。从 fcc 到 hcp 的马氏体相变，会引起在（111）晶面族上每隔两层形成堆垛层错。在给定的一个（111）上，这一层错有三种可能的位移方向，如（111）面上 1/6[-1-12]、1/6[-2-1 1] 或 1/6[-1-2 1] 方向，形成 hcp 晶体。如果位移矢量全部相同，造成的剪切为 $8^{-1/2}$ 即大约 0.35，而如果三个位移矢量的层错可能性相同，则不会有宏观剪切。如果层错沿这些方向的可能性不同，则可得到一个中间值。任何情况下，只要每两层发生层错就可以得到通常的理想 hcp 晶体。内应力引发的 hcp 马氏体倾向于第一类型，而热诱发即冷却得到的马氏体，由于剪切作用的自协作而倾向于第二类型。fcc/hcp 相变形状记忆合金的变形是由应力诱发的马氏体相变引起的，而且在加热时的形状回复，伴随着 hcp 马氏体到母相 fcc 奥氏体的逆相变。hcp 到 fcc 的相变，也可以通过在 hcp 晶体中密排面上每两层引入堆垛层错得到。当然，这里的层错也有三个可能的位移矢量，即 hcp 晶体中（0001）面上 1/3［10 -10］、1/3［-1 100］或 1/3［0-110］方向。因此，即使变形完全是由应力诱发马氏体相变引起的，其中的规则层错仅含有一个位移矢量，形状回复的程度也强烈依赖于逆相变中的位移矢量类型。可从以下三方面考虑：

① 如果逆相变仅由层错引起，且它的方向与正相变中的方向反向平行，那就可以得到完全的形状回复。

② 如果引起逆相变的层错，在三个方向的可能性相同，则不会有任何形状回复。

③ 如果层错在除①中方向外的其他方向上可能性较小，则可得到中间的形状回复量。

在所有上述三种情况下，理想的同向 fcc 母相都会回复，虽然在情况②和③中逆相变后的形状与原来不同。这一点是基于 fcc/hcp 相变的形状记忆合金的最大特征，在其他形状记忆合金中很少发生。值得一提的是，即使应力诱发马氏体相变不是由同一方向层错引起，而是由多个方向但可能性不等的层错所引起的。如果伴随着逆相变的层错方向与相中的刚好相反，同样可以得到完全的形状记忆效应，然而这种情况下的形状回复应变比上述第一种情况要小，因为有应力诱发马氏体相变引起的总应变比第一种情况要小。

如果我们用位错理论来描述上述相变模式，外应力引起的 0.35 的最大剪切应变，只有当 Shockley 不全位错具有三个可能的 1/6〈112〉柏氏矢量之一，且在一个（111）面上每隔层移动才能得到。最近这一模式被称为单变体，意味着相变中仅有一种不全位错形成。如果具有单变体的马氏体片，在加热时由于不全位错的回复运动发生逆相变，则可以得到最大回

复应变的理想形状记忆效应。如果逆相变中发生不同柏氏矢量的 Shockley 不全位错，那么形状记忆效应是不完整的。因此，实现良好的形状记忆效应的关键如下：首先，用内应力使 fcc 奥氏体转变成单变体 hcp 马氏体；其次，在加热马氏体的逆相变中，要使正相变中产生的 Shockley 不全位错逆运动。

2）应力诱发马氏体的微结构。通过“训练”进行形变热处理以提高形状记忆效应。如 Fe-14Mn-6Si-9Cr-5Ni 在室温时轧制及随后加热到 970K 保温 10min，应力诱发马氏体可在许多薄片中形成。

应力诱发马氏体片的宽度越小，由 Shockley 不全位错引起的逆相变越容易，从而得到更好的形状记忆效应。在形变热处理样品中，虽然这些很薄的马氏体片开始时随机分布，但随着形变的增加，他们聚集成 100~200nm 宽的带状。高分辨电子显微镜研究表明，形变热处理样品中的这些带是由 1~10nm 宽的薄片结构的 fcc 相和 hcp 相组成，在未经形变热处理的样品中，虽然含有高密度的堆垛层错，但在这些带中只观察到 hcp 相。用原子力显微镜（AFM）和扫描隧道显微镜（STM）检测表明，所有马氏体薄片都是相同的变体。

3）薄片马氏体的形成。通过外应力生成单变体马氏体薄片，这些马氏体片，通过正相变中形成的 Shockley 不全位错的逆运动，逆相变成 fcc 母相。在这一合金体系中，堆垛层错能很低，特别是在 *Ms* 附近。

形变热处理试样，因为奥氏体中有大量堆垛层错，马氏体带在原先堆垛层错的地方形成。在这个带中，除了马氏体片外，也会在奥氏体中造成单堆垛层错（单堆垛层错实际上是一个两层宽度的 hcp 层）。奥氏体中的单堆垛层错并不是原来存在的那些，而是由外加应力后来形成的。马氏体片的单变体特性由外力的 Schmid 因子决定，也就是在原先的堆垛层错区生成不全位错环以形成 hcp 马氏体，他们具有相同的柏氏矢量和最大的 Schmid 因子。而且，随后在附近生成的马氏体薄片也具有相同的柏氏矢量以适应相变应变。因此，形变热处理样品中形成的所有马氏体片，似乎属于同一类型的单变体。

未经形变热处理试样，在奥氏体中几乎没有堆垛层错，转变初始应力实质上要比形变热处理样品高，例如 Fe-32Mn-6Si，前者大约是后者的 1.3 倍。因为这一合金体 fcc/hcp 相变中的 Shockley 不全位错，可通过热激活运动越过一些小范围障碍。这一外应力的提高可使位错运动从热激活型变成非热型。因此，一旦应力达到某一临界值，具有相当大宽度的马氏体片几乎瞬间就会出现。伴随这一相变的剪切应变调节，可通过同一｛111｝关系面上其他马氏体变体的形成来实现，他们具有不同的不全位错柏氏矢量。这种情况下很少有机会通过单变体形成马氏体薄片。

4）良好形状记忆效应的条件。当马氏体片极薄时，其尖端就可停留在形变试样的一个晶粒内，与点阵达到热弹性平衡。这些马氏体片的厚度大约是 6 个密排层，其最远端在两种情况下都只有两层厚。在这些层的尖端周围，存在大的弹性应变场。这些尖端在加热时很容易往回运动。另一方面，当马氏体片厚度相当大时，在尖端周围会造成大的应变区，因此，这些尖端不能停留在晶粒内，而是达到晶界处并通过滑移缓解奥氏体中的应变区。在这种情况下，正相变中产生的 Shockley 不全位错，在加热时要往回运动将是很困难的，因此不可能有好的形状记忆效应。在马氏体片很薄的情况下，奥氏体-马氏体界面处的 Shockley 不全位错明显具有很强的逆运动趋势。最近，Morioka 等人指出，在 Fe-32Mn-6Si 合金中，未经形变热处理试样实质上没有回复强度，而形变热处理试样的恢复强度大约为 90MPa。既然形变热处理样品中马氏体薄片要多得多，我们可以合理地假设，在薄片马氏体情况下，存在于奥氏体-马氏体界面处的 Shockley 不全位错，即使在相当高的载荷下也可以往回运动。

为了在 fcc/hcp 相变形状记忆合金中获得良好的形状记忆效应，奥氏体必须含有高密度的堆垛层错，并在原始滑移系中整齐分布。

（6）铁基形状记忆合金良好形状记忆效应的条件　铁基良好的形状记忆效应必须满足下列条件：在 fcc/bct 相变情况下，bct 马氏体的正方度一定要大，这样才能降低马氏体中的孪晶界能，使完全扩展的相变孪晶作为晶格不变平面，很容易引入应变。较低的孪晶界能，可大大减少马氏体中相变孪晶的宽度，因此在奥氏体-马氏体界面处，为了减少界面应变存在的位错数量变得很有限。奥氏体-马氏体界面位错密度的减少，使奥氏体-马氏体界面具有小热滞可逆运动成为可能，结果就可获热弹性相变。马氏体中滑移屈服应力的提高，也可降低奥氏体-马氏体界面处的位错密度。对那些正方度较小的 bct 马氏体合金，只要马氏体滑移形变的屈服应力较高，由奥氏体-马氏体界面逆运动引起的相变还是可能的。在这种情况下，逆相变的发生有较大的热滞，但如果形变完全是由应力诱发马氏体相变引起的，同样可以获得理想的形状记忆效应。

在 fcc/hcp 相变情况下，当外力使形状改变时，高密度整齐分布的堆垛层错必须预先存在于奥氏体的原始滑移系上。这些堆垛层错通常可由“训练”引入，对于在外力下形成马氏薄片是不可缺少的。对这些马氏体薄片，加热时的逆相变可通过位于奥氏体-马氏体界面处的Shockley不全位错的逆运动得到，原理上可获得100%的形状回复。为获得良好的形状记忆效应，诱发马氏体的应力必须比奥氏体的滑移屈服应力小得多，但这对于提高形状记忆效应来说只是必要条件而非充分条件 。

对fcc/bct相变形状记忆合金，我们必须找到一种合金，其中的片状马氏体含有在室温附近外应力形成的完全扩展的相变孪晶，但它的奥氏体逆转变结束温度不是很高，至少低于700K。因为室温下马氏体的滑移屈服应力并不高，必须依靠bct马氏体的高正方度来形成片状马氏体。为了形成高正方度马氏体，奥氏体必须具有$L1_2$结构高度原子有序化，或者含有大量如C、N等间隙原子。奥氏体中形成的金属间化合物共格沉淀，也可以制造高正方度的马氏体。Kikuchi和Kajiawara试图在Fe-22Ni-6Al-4Co-0.6C合金中，应用奥氏体中生成的钙钛矿型共格沉淀来制造这样的马氏体。虽然他们成功地在室温附近（Ms=223K）制成了片状马氏体，但它的As温度高达1070K，可能与稳定沉淀物有关。这一事实意味着，要得到好的形状记忆效应，与fcc奥氏体一起进行马氏体相变的共格沉淀结构，在高温下也必须不稳定。要发现具有这样特性的合适的沉淀物是一项艰巨的任务，但最近相图的计算机辅助计算对此有很大帮助。值得一提的是，Kajiwara和Kikuchi指出，碳化物沉淀本身并不是对奥氏体-马氏体逆运动的大障碍。

对fcc/hcp相变的形状记忆合金，最有希望进入实际应用的是许多研究人员经常提到的Fe-Mn-Si基合金。事实上，一些大口径（200~300mm）管道的接头已使用这种合金制造。一些在有关接头上用这类合金的成功例子，更促使人们进一步继续对这一合金体系的研究。但因这类管道接头也需要“训练”，会提高费用，必须发展不需“训练”就起作用的形状记忆合金。为达到这一目的，建议先使Fe-Mn-Si合金奥氏体中形成非常细小的共格沉淀。这些沉淀可作为hcp马氏体的形核点，然后在外应力下形变时，就可得到整齐分布的马氏体薄片。这样就不需“训练”，也可以造成与“训练”样品相同的形变结构。

3. 铁基形状记忆合金的热处理

（1）Fe-Ni-Co-Ti（Al）合金

1）γ→体心正方（四角）α′（薄片状马氏体）相变。铁基合金中形成完全孪晶和弹性协调的薄片状马氏体的条件有四种：高强度奥氏体；小的相变体积改变和小的相变应变；低的Ms温度；马氏体有高的正方度，高正方度对应小的孪生切变、小的相变应变和低的孪晶界面能。

Fe-30Ni-0.39C合金（Ms=133K），γ⇔α′相变热滞（As-Ms）达600K。增加奥氏体强度和提高马氏体的正方度，有利于减薄孪晶厚度而减小热滞。如有序Fe-Pt合金和经过适当时效的Fe-Ni-Co-Ti呈现热弹性马氏体相变。Fe-Pt中母相有序化引起强化。Fe-Ni-Co-Ti合金时效时析出γ′相（Ni_3Ti，具有Cu_3Au型fcc结构）提高Ms点并强化奥氏体。经一定时间时效后，γ′与基体共格，在马氏体相变时γ′与基体一起变成马氏体，马氏体内测不出沉淀相γ′的结构，马氏体的c/a值较大。当同一合金经“过时效”后，γ′于基体不共格，在马氏体相变时并不一同经受切变，马氏体中继承了母相中的γ′相的结构，能检测到fcc的γ′，马氏体的正方度c/a值极小，以致相变孪晶的产生被显著压制。

2）合金成分及时效对热滞的影响。Fe-Ni-Ti合金经时效常呈透镜状马氏体，加Co后由于Invar效应，使相变体积变化减小，经时效很容易产生薄片状马氏体。加Co又使γ′相析出量增加，促使奥氏体强度增加。

Fe-31Ni-10Co-3Ti合金经1473K固溶处理及在873K时效3.6ks后，其Ms、As和Af分别为193K、343K和508K，其热滞较大（$As-Ms$=150K，$Af-Ms$=315K）；而Fe-33Ni-10Co-4Ti合金经973K时效10.8ks后，其Ms、As和Af分别为131K、107K和133K，其热滞较小（$Af-Ms$=2K）；在973K时效18ks后，其Ms、As和Af分别为146K、122K和153K，其热滞也较小（$Af-Ms$=7K）。由于时效温度较高和时效时间的延长，可能γ′相析出较多（但仍弥散、共格），使奥氏体强度提高，以致Ms下降（虽然基体中Ni和Ti的含量减少），在基体中由于析出较多量的γ′，相对Co含量提高，因此热滞减小。

Fe-33Ni-10Co-4Ti合金在973K时效超过10ks后，Ms等略有上升，热滞也略为增加；如在973K时效“过时效”36ks，Ms升至室温以上，热滞（As-Ms）高达700K以上，如图13-65所示。金相观察揭示，这类合金在973K时效25.2ks以下，形成正常的薄片状马氏体，经时效36ks后，出现亚结构为部分孪晶，或几乎为位错型的反常薄片状马氏体，时效在25.2~36ks范围内，则两类马氏体共存。

Fe-33.1Ni-10.1Co-3.5Ti-1.5Al合金，经973K时效3.6ks后，其Ms、As和Af分别为155K、126K和

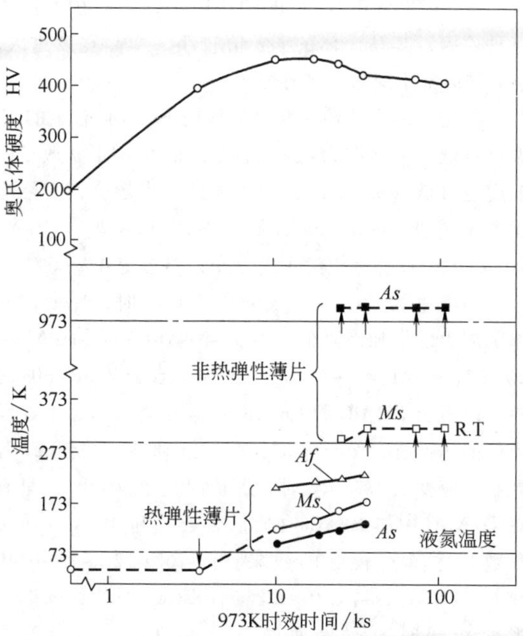

图 13-65 Fe-33Ni-10Co-4Ti 合金在 973K 时效不同时间对奥氏体硬度及相变温度的影响

204K，热滞较小（$Af-Ms=9K$）。看来，合金元素 Co、Al 以及适当提高时效温度有利于促使 γ′相（Ni_3Ti）的析出和减小热滞。

3）Fe-Ni-Co-Ti（-Al）合金的形状记忆效应。经 873K×3.6ks 时效后，合金 Fe-31Ni-10Co-3Ti 的相变热滞较大，但逆相变时，马氏体收缩，冷却时马氏体加厚，呈现相界面的可迁动性。图 13-66 所示为合金时效后不同温度形变（弯曲）对形状记忆效应的影响。可见在 *Ms* 得到温度附近形变后，可得到形状回复率达 100%的完全的形状记忆效应（SME）；即使在 77K 形变，也有 83%的形状回复率。

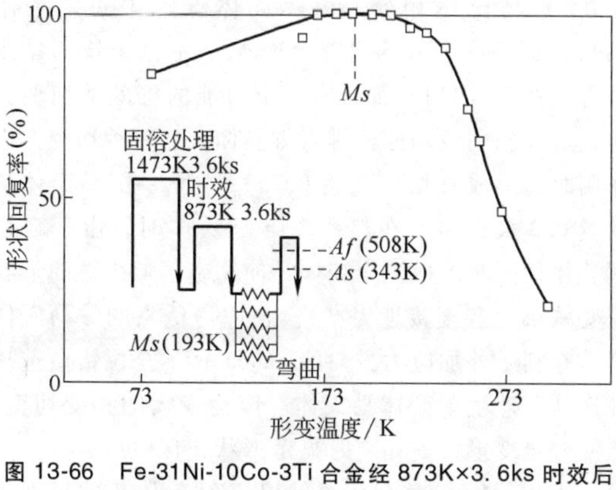

图 13-66 Fe-31Ni-10Co-3Ti 合金经 873K×3.6ks 时效后在不同温度形变后的形状记忆效应

研究发现，此合金经时效后，奥氏体在室温的屈服强度达 612MPa。在 *Ms* 附近形变，应力诱发薄片状 α′，而在奥氏体 γ 中不发生滑移。在加热时，应力马氏体收缩，形状可完全恢复。在室温形变时，诱发的马氏体易发生滑移，因此 SME 下降；在高温形变时，诱发马氏所需应力大，主要进行滑移，SME 剧烈降低。

在 77K 形变时，此时已有 70%热变马氏体，热变马氏体受形变而加厚（诱发马氏体），γ-α′界面扩展，马氏体内孪晶界迁移（再取向），其形变形式和铜基形状记忆合金相同。当此合金时效后先经液氮处理，再在 *As* 以下（即在室温）形变，则不诱发新的马氏体，而是热变马氏体加厚，加厚所需的应力较低，一般低于奥氏体的屈服强度，以致不发生滑移，可得 85%的 SME。只是在 *As* 附近形变时，应力诱发逆相变，而奥氏体在马氏体内部形成，SME 降至 65%。将经 *As* 附近形变的试样冷至 77K 时，这部分诱发的奥氏体又回复成原始的马氏体形态。

可见这类合金和铜基热弹性合金有相同之处，即 α′界面可作逆运动和 α′能再取向，但不同的是，经逆变形成的奥氏体内存在很细的位错（和 Fe-Ni-C 相似），并且应力诱发逆变的奥氏体会在马氏体内形成。

经 973K 时效 18ks 的 Fe-33Ni-10Co-4Ti 合金在 173K 形变（弯曲）呈现伪弹性，在去应力后部分形变回复；而在 77K 形变（弯曲）后升温至室温呈现形状记忆效应。

Fe-33.1Ni-10.1Co-3.5Ti-1.5Al 合金经 973K×3.6ks 时效，在 *Ms* 温度附近形变，诱发热弹性薄片状马氏体；在 *Ms* 附近形变，诱发热弹性薄片状马氏体；在室温形变，则诱发稳定的薄片状马氏体（储存能较低），其 *As* 升至约 700K，*Af* 升至约 1000K，加热逆相变时，应力诱发马氏体仍能收缩，显示良好的 SME。在 155K 和 253K 形变诱发上述两类马氏体。

由图 13-67 可见，经 77K 形变后，经加热至室温，合金显示完全的 SME；经在室温形变，需加热至 1000K 才显示接近完全的 SME；当合金在 *Ms* 和 257K 之间形变后，则加热至室温仅出现部分的 SME，继续加热至 1000K 时，由另一类（稳定的）马氏体显示 SME；呈现高、低稳的形状回复动作，也许对特殊条件的情况可以应用。

对 Fe-25.1Ni-20Co-3.9Ti 和 Fe-32Ni-12Co-3.8Ti 合金施加特定的形变热处理，包括在 1150℃ 热轧后水淬、600℃时效（析出 γ′小于一定尺寸时与基体共格，与马氏体同受切变，使储存弹性能较高、*As* 较低）淬水，可得热滞小、具有单程和双程形状记忆

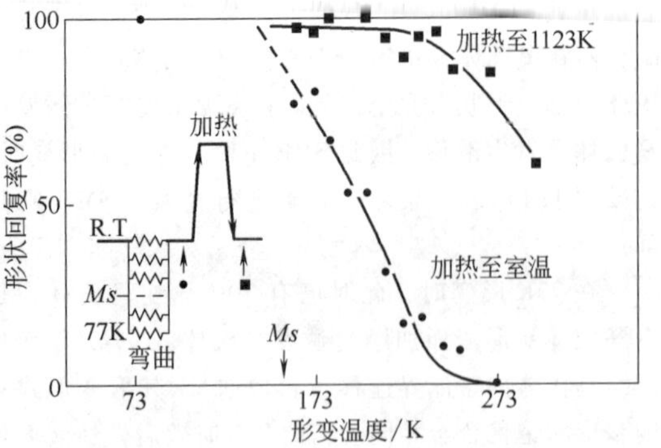

图 13-67　Fe-33.1Ni-10.1Co-3.5Ti-1.5Al 合金经 973K×3.6ks 后形变（弯曲）温度对形状记忆回复率的影响

效应的薄片马氏体。Fe-25.1Ni-20Co-3.9Ti 合金在奥氏体状态和马氏体状态，经形变 0.5%，都能获得 100%的单程 SME。经过多次热循环（热疲劳），位错密度增高，部分马氏体不能回复，至 2500 周次后，马氏体才不能完全回复。

（2） Fe-Ni-C、Fe-Ni-Co-Al 和 Fe-Ni-Nb 形状记忆合金　由于马氏体相变特征，在铁基合金中，逆相变后奥氏体的位向能完全回复；在 Ni 含量高的 Fe-Ni 合金中，即使是透镜状马氏体，也具有不完全的 SME。母相无序的 Fe-Pt 合金在 fcc-bcc 相变中 γ-α′界面呈明显可逆迁动。在 Fe-Ni-C 中，薄片状 Fe-Ni-C 马氏体即使出现碳化物，在加热回复过程中 γ-α′界面仍能越过碳化物而迁动，马氏体的形状应变完全回复，但马氏体经弯曲后只能得到不完全的 SME。为避免形状改变时发生范性形变，将 Fe-31Ni0.4C 和 Fe-27Ni-0.8C 合金（它们的 *Ms* 均略低于液氮温度）经 1470K 奥氏体化 3.6ks，盐水淬后，在室温轧压 0%、25%和 50%来强化，然后在 77K 弯曲（1%~2%应变），再在盐浴很快加热至 770~1070K，测量其形状回复率，其 SME 分别为 75%、95%和 82%。可见经适当形变使奥氏体强化（0.4C 合金奥氏体经 25%轧制，其硬度由 287HV 增至 315HV；0.8C 合金由 324HV 增至 378HV），可获得接近完全的 SME。显示 Fe-Ni-C 合金中的薄片状马氏体只要在形状改变时不发生范性形变（不出现位错），就会达到接近完全的 SME。

测量 Fe-Ni-C 中 γ-α′界面的迁动速度发现，随加热的进行，界面有时出现突然收缩，然后以一定的速度收缩，界面迁动速度和碳含量［w(C)= 0.1%~0.8%］无关，且较 Cu-Zn-Al 小 3 个数量级；可能是在逆相变的同时产生了位错，而不是由于碳化物的原因。在 Fe-33Ni-0.1C 和 Fe-32Ni-0.2C 合金中，由于某种原因，其马氏体的 c/a 值较小、孪晶宽度过大，γ-α′界面常不能做可逆迁动。

但是，能得到薄片状马氏体的 Fe-Ni-C 合金的 *Ms* 温度过低，为使在 *Ms* 进行形变以诱发 α′形状改变的温度也过低（如 77K），并且须经预先形变，实际应用上不方便。Kajiwara 曾研究 8 种 Fe-(20~31)Ni-(0.4~0.8)C 合金，经预先形变，再形变 4%~6%时，应变回复率为 50%，在加载应力加热时，应变回复率随应力的增加而降低。对 Fe-Ni-Al-Co-C［w(Ni)= 20~22，w(Al)= 4~6，w(Co)= 4］合金 770K×30s 时效，以析出 Ni_3AlC 和 Co_3AlC 来强化奥氏体，增加马氏体的 c/a 值，保证 γ-α′界面的迁动性，并使 *Ms* 升高，在应变为 1%~2%时，形状回复率仅 60%。只有在 Fe-Ni-C 中加 10%Co（质量分数）和 4%Al（质量分数）才具有较好的效果。Fe-26Ni-12Co-4Al-0.4C 和 Fe-28Ni-12Co-4Al-0.4C 经 770K×30s 时效，以 TEM 观察冷却时 γ-α′界面的迁动性良好，预示能改善 SME。

Fe-Ni-C、Fe-Ni-Co-Al-C 合金 γ-α′的界面可迁动，但有时因加热产生位错而不能迁动，归属于半热弹性马氏体相变。后来发现，Fe30%~31%Ni-3%~4.5%Ni-3%~4.5%Nb（摩尔分数）合金，相变热滞大至 500~550K，具有部分 SME，但经 923K 时效，热滞降至 230K，*Ms* 也有所下降，得到完全的 SME。合金经时效 6~25s，在晶内析出 γ″(Ni_3Nb)，在晶界析出粗粒 Fe_2Nb（Laves 相）；γ″相在马氏体相变时与基体同时切变，形成弹性场，使形状记忆效应得以改善。

（3） Fe-Mn-Si 形状记忆合金

1） Fe-Mn-Si 基合金中面心立方 fcc(γ)→密排六方 hcp(ε) 马氏体相变。面心立方 fcc(γ)→密排六方 hcp(ε) 马氏体相变，由奥氏体点阵中每隔一层（111）面经一个 $a/6$<112>Shockley 不全位错移动来进行。在每（111）面上有三个可能的等效的切变方向，形成相同位相的密排六方晶体，当一种切变方向作用时，形成总切变量达 0.353，比 γ→α′马氏体切变量 0.2 大得多。在热诱发 ε 马氏体时，由于自协调，往往同时形成三个变体，使相变区域内总的形状应变减小（甚至接近为零）。在应力诱发的 ε 马氏体时，有利于外加应力方向的 Shockley 不全位错做选择性迁动，产生单变体马氏体。产生较大的相变切变，致使合金变形，逆相变时显示形状记忆效应。

① Fe-Mn-Si 基合金中母相 γ/马氏体 ε 的界面因 Shockley 不全位错可逆运动而移动，其相变热滞高达 100K；这类合金的 γ⇌ε 马氏体相变属半热弹性马氏

体相变。

② 内耗测量显示在 γ→ε 相变时，母相的弹性模量并不显著下降，奥氏体的晶粒大小对 Ms 无显著影响。

③ 在层错能较低的合金中，ε 马氏体借助层错重叠形核，不借助极轴机制。

④ 层错能在相变临界驱动力在占较大的份额。

⑤ 淬火空位促使形成层错和 Shockley 不全位错，从而使珠光体转变温度 Ps 及 γ→ε 的 Ms 增高。

⑥ 反铁磁相变压抑 Fe-Mn-Si 基合金的 γ→ε 马氏体相变。但在反铁磁转变温度 T_N 以下马氏体相变仍可进行，仅使马氏体的形成量减少，并把相变完成推迟至更低的温度。T_N 在 Ms 温度以下有利于马氏体的形成。

⑦ Fe-Mn-Si 基合金应力诱发马氏体的自协作性较差，As 温度常低于热诱发马氏体的 As，外加应力除诱发相变外，尚存在的剩余应力场可提供逆相变的驱动力，外加应力越高，As 越低，但 Af 相应增高，以致相变温度范围变宽。As 还因形变温度的降低而下降。

⑧ 内耗测量显示逆相变时未见弹性模量有急剧下降，未显示局部软化；内耗变化和模量变化同步，γ→ε 层错形核、Shockley 不全位错移动与马氏体长大方式不同。逆相变时可能存在 Shockley 不全位错单向逆运动和 ε 马氏体内层错重新形核。

2）影响 Fe-Mn-Si 基合金形状记忆效应的因素。降低层错能和 T_N 有利 ε 马氏体形成，进行适当的奥氏体预应变、适当的热-力学处理（训练）以及适当温度和应变量的马氏体形变处理工艺，可以得到尽量多的单变体马氏体，是保证获得完全的形状记忆效应的关键。强化奥氏体使之不易引起永久滑移，形成位错。避免产生 α′马氏体以及各种中间相是避免形状记忆阻力有效措施。

① 合金元素的影响。Si 降低奥氏体的层错能和 T_N，提高奥氏体的屈服强度，有利于 Shockley 不全位错的可逆运动，保证晶体学的可逆性。$w(\mathrm{Mn}) < 20\%$时，易产生 α′马氏体，ε 和 α′马氏体混合，使原子运动不可逆，将降低形状回复率；同时升高 T_N（顺磁→反铁磁使 γ 稳定化，不易形成 ε 马氏体）。Mn 含量升高使 T_N 升高，Ms、As 和 Af 降低，Mn 含量不宜超过 36%（质量分数）。Ms 过高，在较高的温度下形变，易产生滑移，又易发生自发马氏体相变，阻碍应力诱发马氏体，而 Ms 又不宜低于 T_N，因此选择合适的 Mn 和 Si，如 30Mn-(4～6) Si，使 Ms 在室温以下，能经室温施加应力，诱发 ε 马氏体。

Cr 和 Ni 降低 T_N，加 Cr 和 Ni 使合金在室温可形变诱发 ε 马氏体，不受反铁磁相变的干扰，可获得较多的 ε 马氏体，因此显示出较好的记忆效应。Cr 和 Ni 又强化奥氏体，提高滑移的临界应力，但略为降低诱发 ε 马氏体所需的应力，因此施加应力时能诱发 ε 马氏体而不产生滑移的范围加宽，有利于形状记忆效应，易定量的 Cr 和 Ni 又可使合金提高耐蚀性。

Co 也降低奥氏体的层错能和 T_N，但不强化奥氏体。据报道，Fe-14Mn-6Si-5Ni-9Co 经 1.5%应变，其回复应变约 1.4%（应变大于 1.5%时可回复应变不再增加，而永久应变仍继续增加）；Fe-25.6Mn-5.1Si-4.1Ni-1.8Co 经多次训练（应变 2%）后，形状回复率达 90%以上。而 Fe-15Mn-5Cr-3Si-5Co 合金却容易出现 α′马氏体，而较难获得理想的形状记忆效应。

Al 使奥氏体出现较多的 $a/2\langle110\rangle$全位错和很少量较狭的 $a/6\langle112\rangle$不全位错，增高合金的层错能，降低 Ms。

稀土元素会降低 Fe-Mn-Si 合金的层错能，增加热诱发和应力诱发马氏体量，降低 T_N 并强化奥氏体，能显著提高合金的形状记忆效应。

间隙原子 C 和 N 能有力强化 Fe-Mn-Si 合金奥氏体，提高形状记忆效应。N 含量（质量分数）在 0.15%～0.30%以下，升高合金的层错能；在 0.15%～0.30%以上，将降低合金的层错能。

② 再结晶、奥氏体化、热循环、奥氏体形变、时效及马氏体形变对形状记忆效应的影响。

1000K 以上高温退火使母相再结晶，有利于位错运动，能增加可回复应变；适当强化 γ，使 γ→ε 时不易产生滑移；高温退火使 As 下降，γ 相应变使 As 略有上升。由于淬火空位有利于层错的形成，合金经较高温度、较快淬火（水淬）后，其层错概率及 Ms 均高于较低温度淬火或缓慢冷却（如炉冷）。

热循环促使 Fe-Mn-Si 发生 ε 马氏体相变：如 Fe-24Mn-6Si 经 273K 至 573K 热循环 10 次，ε 马氏体由固溶处理后冷却的 30%增至 40%，经 9 次热循环后，γ 中还很少见到位错，且 ε 马氏体能“重复”形成，即具有记忆性。热循环至更高温度（873K），则 ε 马氏体量并不增加，γ 强化较弱，ε 马氏体形成的记忆性很差，这是因为高温热循环使位错重排，失去运动的可逆性。

奥氏体形变固溶强化增进形状记忆效应，对 Fe-17Mn-6Si-0.3C、Fe-33Mn-6Si、Fe-14Mn-6Si-9Cr-6Ni、Fe-17Mn-0.3C、Fe-25Mn-3Mo 合金在奥氏体状态形变，显示固溶强化，增进形状记忆效应，并揭示形状回复率随室温（296K此时马氏体量为零或很少）诱发马氏体的拉伸形变量的增加而下降；可回复应变在室温应变量3%~4%范围内达最大，以后变化不大或略有下降。在400K以下合金的屈服应力是引发滑移的临界应力，随形变温度的升高而增加，至400K达最大，随后随温度升高而下降。

时效及马氏体形变条件对形状记忆效应的影响：Fe-28Mn-6Si-5Cr和Fe-13Mn-5Si-12Cr-6Ni合金在*Ms*附近温度形变，形状记忆效应最佳；在*Ms*以上形变，诱发马氏体所需要的驱动力随温度的升高而增高；在*Ms*以下形变，温度越低，不同变体的热诱发马氏体量越多，越不利于形状记忆效应。

奥氏体在*Md*温度（应变诱发马氏体的最高温度）以上形变，产生加工硬化可提高形状记忆效应。

Fe-24Mn-5Si-8Co-4Mo合金经适当时效，使在奥氏体母相中析出Fe_2Mo引起奥氏体强化，并减低诱发ε马氏体所需的临界应力，可提高形状记忆效应。

③ 热-机械（力学）训练对形状记忆效应的影响。Fe-32Mn-6Si合金在室温应变2.5%，加热至600℃，如次往返循环数次，显著提高合金的形状记忆效应。

训练使母相中形成层错，减少诱发ε马氏体所需的临界应力，因此增加热诱发或应力诱发马氏体的量。训练提高加工硬化因子，提高层错概率。促进单变体ε马氏体形成。

Fe-14Mn-6Si-9Cr-5Ni在经训练后，含有fcc和hcp相的混合组织，呈层状（1~10nm），而未经训练的母相中仅存在hcp相。薄片fcc相可作为加热逆相变时的核心，使逆相变进行得完全。还发现有极细（宽度1~2nm）的ε马氏体，细马氏体形成时所产生的形状应变可由母相基体的弹性协作。马氏体-母相间界面的弹性能可作为逆相变的部分驱动力，有利于形状记忆效应。

训练使奥氏体强化，Fe-33Mn-6Si合金在573K时（*Af*以上）的条件屈服强度$R_{p0.2}$由固溶处理后的127MPa，经1次训练后增至158MPa，4次训练后增至192MPa，有利于形状记忆效应的提高。但在施加较大的应变，以及多次（5、6次以上）训练后，可能引入位错而使形状记忆效应下降。

训练使逆变马氏体（接近单变体）量显著增加，提高形状记忆效应。

13.5 阻尼合金

随着近代各种机械的功率、速度不断增加，振动造成的有害噪声也随之增长。有害的振动导致材料疲劳，并降低机械部件的工作可靠性。潜艇发动机振动噪声沿艇体的传播和发射不但干扰导航仪器的正常工作，而且将自己暴露给敌人；音像系统中的机械振动将不可避免地调制成背景噪声，降低信噪比，影响图像的声音和质量。噪声在恶化劳动条件的同时还刺激人体中枢神经和血管系统，造成严重的环境污染，可见噪声污染不可忽视。环境允许的噪声水平见表13-38。

表13-38　环境允许的噪声水平

（单位：dB）

时间/(h/天)	8	6	4	3	2	1.5	1	0.5	0.25
噪声水平	90	92	95	97	100	102	105	110	115

通过系统减振、结构减振和材料减振可以降低机械振动噪声。采用合理的设计或附加隔音装置等结构减振，势必使机器大型化、重量增加、提高成本。对工作在动力状况下的机械与结构零件，采用具有大内耗的高阻尼合金对减小有害振动和噪声、阻碍其传播以及降低共振峰值应力等方面是有效的，在许多情况下甚至是唯一可采用的方法。由于这种合金存在大的内耗，结构的自由振动很快地衰减，在共振状况下受迫振动的振幅大大降低，在自由度大的结构中脉冲应力显著降低而且在动态应力集中的地方发生松弛。利用阻尼合金达到减振有三大优点：防止和减少振动，防止和减少噪声，增加材料的疲劳寿命。

13.5.1　材料阻尼的概念和度量

1. 内耗和阻尼

固体对振动的衰减，是弹性波与固体内的各种缺陷（点缺陷，位错，界面）或声子、电子、磁子等元激发相互作用，而使机械能消耗的现象，其属于一种力学损耗。

一个自由振动的固体，即使与外界完全隔离，它的机械能也会转换成热能，从而使振动逐渐停止。如果一个机械系统处于强迫振动，则必须不断从外界供给能量才能维持振动。这种由于材料内部的原因而使机械能消耗的现象称为内耗或称阻尼。高阻尼合金就是利用金属材料内部的各种相应阻尼（内耗）机制，吸收机械振动能并将振动能转换成热能而耗散，从而达到对机械、仪器仪表等的减振或降噪功效。众所周知，对于完全弹性体来说，应变能够单一地为每一瞬间的应力所确定，即应力和应变间存在着单值函数关系。这样的固体在加载和去载时，应变总是瞬时达到其平衡值；在发生振动时，应力和应变始终保持同位相，而且呈线性关系，称为弹性，不会产生内耗，如图13-68a所示。实际固体则不同，当加载和去载时，其应变不是瞬时达到平衡值。当振动时应变的位相总是落后于应力，存在一个相位 ϕ，这就使得应力和应变不是单值函数，称为滞弹性。显然，在远低于引起范性形变的应力下能观察到内耗（阻尼）现象。这一事实表明，实际固体没有一个真正的“弹性区”。这些非弹性行为在应力-应变图上出现滞后回线，振动时就要产生内耗，其内耗的大小取决于回线所包围的面积，如图 13-68b 所示。可见内耗是与实际固体的非弹性行为相联系的现象。

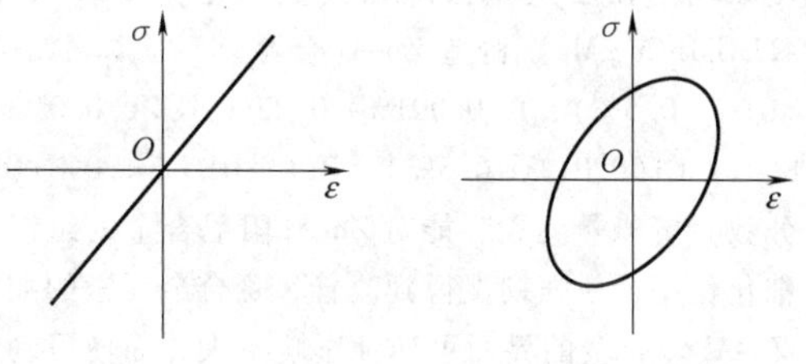

a)　　　　b)

图 13-68　交变载荷下完全弹性体和实际固体的应力-应变（σ-ε）曲线图

a）完全弹性体　b）实际固体

若用 W 表示总振动能量，ΔW 表示固体振动一周的能量损耗，则可用 $\Delta W/W$ 来衡量内耗的大小，而物理学上为了与阻尼的电磁回路相对应，常采用 Q^{-1} 来表示内耗，这里 Q 是振动系统的品质因子。类似于电磁回路中品质因子的定义：

$$Q^{-1}=\frac{1}{2\pi}\frac{\Delta W}{W}$$

目前有多种量度内耗的方法，它们随测量方法或振动模式而不同，但相互间存在一定的关系，可以转换。

2. 内耗和阻尼的度量

（1）自由衰减法　图 13-69 是一自由振动振幅的衰减曲线，材料在最初受外力激发及去除外力后，其振动的振幅随时间衰减。阻尼大的材料，衰减速率快。采用振幅的对数缩减量 δ 来量度内耗的大小，这里 δ 表示相邻两次振动中振幅比的自然对数，即取第一次的振幅 A_1 和第 $n+1$ 次的振幅的对数值计算内耗 Q^{-1}：

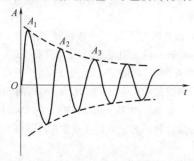

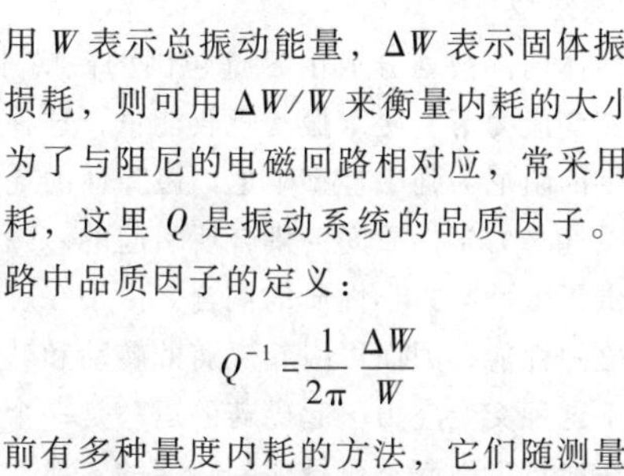

图 13-69　自由振动振幅 A 随时间 t 的衰减曲线

$$Q^{-1}=\tan\phi=\frac{1}{\pi}\delta=\frac{1}{\pi}\ln\frac{A_n}{A_{n+1}}=\frac{1}{n\pi}\ln\frac{A_1}{A_{n+1}}$$

（2）强迫共振法　当试样做强迫振动时，根据振动方程求解可以得到应变振幅随角频率变化的共振曲线表示式，由此可求得内耗：

$$Q^{-1}=\tan\phi=\frac{\omega_2-\omega_1}{\omega_r}$$

$$Q^{-1}=\tan\phi=\frac{\omega_2-\omega_1}{\sqrt{3}\omega_r}$$

式中　ϕ——应变落后于应力的相位角；

ω_r——共振角频率；

ω_2 和 ω_1——振幅下降到最大值的 $1/\sqrt{2}$ 时的角频率（见图 13-70）。

可见，只要在实验中测得共振曲线即可求出内耗。显然，当采用共振法时，内耗测量的精度随 $\Delta\omega=\omega_1-\omega_2$ 的增加而提高，因此在高阻尼情况下采用共振法是较为合理的。振动频率与试样的几何尺寸有关，圆柱试样的扭振动和纵振动模式的频率主要决定于试样的长度，其频率范围一般为 $10^4\sim10^6$Hz。横振动模式的频率在 $3\times10^2\sim10^4$Hz，取决于试样的长度和直径或横截面。

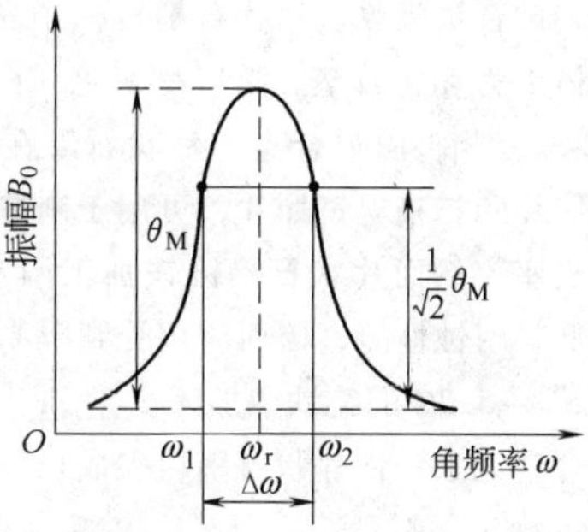

图 13-70　共振曲线

（3）比阻尼　工程上使用固有衰减能力（比阻尼）（Specific Damping Capacity，SDC）来定义：

$$SDC=\frac{A_n^2-A_{n+1}^2}{A_n^2}\times100\%$$

式中　A_n——第 n 个振幅和 A_{n+1} 是第 $n+1$ 振幅。

（4）SDC 和 Q^{-1} 的关系　衰减能可用 Q^{-1} 或 δ 表示，但在衰减能大时，一般采用 SDC，二者的关系为

$$Q^{-1}=\frac{\delta}{\pi}=\frac{SDC}{200\pi}$$

SDC 值超过 20% 的材料定义为高阻尼材料，

表 13-39 按 SDC 值的高低列出了一些金属材料在室温时的阻尼特性。

表 13-39　一些金属材料在室温时的阻尼特性

材　料	比阻尼性能 SDC(%)	屈服强度/MPa	密度/(g/cm^3)
镁(精锻)	49	180	1.74
Cu-Mn(Incramute,Sonoston)	40	310	7.50
Ni-Ti(Nitinol)	40	172	6.45
Fe-Cr-Al(Silentalloy)	40	276	7.40
高碳铸铁	19	172	7.70
纯镍	18	62	8.90
纯铁	16	69	7.86
马氏体不锈钢	8	526	7.70
灰铸铁	6	172	7.80
SAP(铝粉)	5	138	2.55
低碳钢	4	345	7.86
铁素体不锈钢	3	310	7.75
球墨铸铁	2	345	7.80
中碳钢	1	413	7.86
奥氏体不锈钢	1	240	7.80

13.5.2　阻尼合金的分类

1. 复相型

（1）石墨铸铁　在强韧的基体中，如有软的第二相析出，则在基体和第二相的界面上，容易发生弹性流动或黏性流动，外界的振动或声波可以在这些流动中消耗，声音被吸收。片状石墨铸铁中 75%~90% 的碳在基体中为片状石墨，断口呈灰色。图 13-71 所示为 Fe-C-Si 复相型阻尼合金的片状石墨在基体中分布的金相照片和扫描电镜照片，可用于制造机床底座和电动机机座。然而片状石墨铸铁加工困难、质脆、机械强度低、耐蚀性差，因而应用受到限制。如在碳当量为 4.5%~5.2%的铸铁中加入少量 Zr，或加入其他少量的合金元素，使片状石墨粗大成长，可提高铸铁的衰减系数。

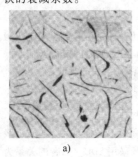

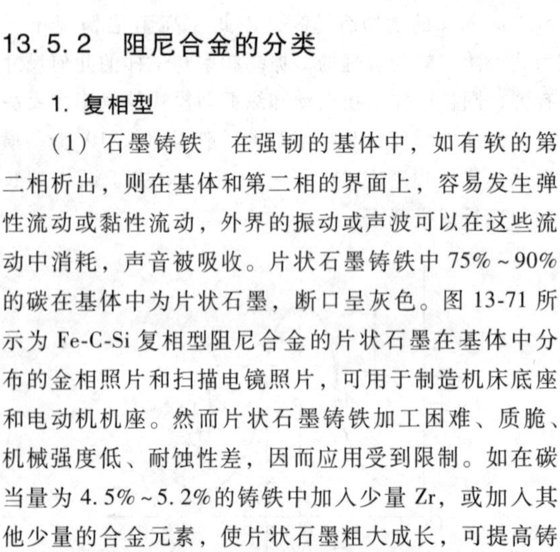

a)　　b)

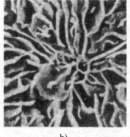

图 13-71　Fe-C-Si 复相型阻尼合金的片状石墨在基体中分布

a）金相照片　b）扫描电镜照片

（2）Al-Zn 系合金　另一复合型阻尼合金为 Al-Zn(SPZ)，Al-40% Zn 和 Al-78% Zn 合金经固溶化处理，随后经 150℃ 时间时效，在晶界有 Zn 的不连续析出物形成。合金的衰减能随温度增高而上升，在 50℃ 附近可获得高的衰减系数 SDC = 30%，这是最早报道的高阻尼合金。由于这种合金具有坚固、便宜、轻巧和易于加工等特点，被用来制作唱机的转盘，它能吸收马达的微振动，使唱针免受干扰而确保音质清晰。用这种材料制造发动机的部分机械，能使噪声大幅度减弱。在新型减振降噪（高阻尼）ZDAl（Zn-18-27AlMnCuSiMg）铸造 Zn-Al 合金基础上，添加 Ti（0.01%~0.5%），B(0.001%~0.22%)，Zr(0.01%~0.8%)，Gr(0.01%~0.5%)，Re(0.01%~1.0%)(质量分数）等微量元素，能对 Zn-Al 阻尼合金的组织进行细化作用，使强韧性得到改善，且合金元素的加入对 Zn-Al 母合金的界面可动性影响不大，而使可动界面的数量增加，阻尼性能得到相应的提高。多元素共加的作用效果较之单元素显著，多元素优化配比共同添加可使强度上升 14%左右，伸长率上升 30%，其阻尼性能（内耗）可提高 30%以上。

2. 铁磁型

磁性体内部被划分成由磁壁包围的磁畴小单元，在外加交变应力下，磁壁振动吸收能量，这种能量的损耗产生的阻尼为强磁性型阻尼。磁弹性内耗是铁磁材料中磁性与力学性质间的耦合所引起的。磁致伸缩现象提供了磁性与力学性质的耦合。由于在应力作用下存在磁弹性能，因而可引起磁畴的转动和畴壁的推移。由于这种交变应力引起磁畴的运动是一个不可逆过程，在能量上引起从机械能到热能的转换。磁弹性内耗一般可分为三类：宏观涡流损耗；微观涡流损耗；与磁机械滞后有关的损耗。通常前两种损耗数值不大，而磁机械损耗则要大得多，故对于创造高阻尼合金具有实际意义。这一类的阻尼合金是铁基阻尼合金，例如 12Cr13 类型铁素体钢的阻尼性能大约比奥氏体不锈钢高一个数量级。在要求较高强度和耐热的条件下，钴镍基合金的比阻尼性能又比铁素体铬钢要高好几倍。

（1）铁基阻尼合金　一般的铁基合金，阻尼能力很小。中碳钢的比阻尼能力 SDC 只有 1%，低碳钢的 SDC 只有 4%，即使在 20 世纪 50 年代美国工程界竞相试验研究的 403 钢（Fe-12C-0.5Ni）的 SDC 值也不足 10%。但是，对 Fe-Cr、Fe-Mo、Fe-Co、Fe-W 系合金成分的合理匹配，可以大幅度提高铁基合金的阻尼性能。

w(Cr) = 12%~14%的 Fe-Cr 合金，其 SDC 值高达

80%，对 Fe-Mo 两元合金的研究结果表明：当 w(Mo)= 0~16%时，随着 Mo 含量增加，Fe-Mo 合金的机械强度也增加，但是，共阻尼性能则在 Mo 含量为 6%时，达到最佳值。

然而，两元合金的强度太低，实用价值不大。为了提高强度，又在两元系基础上，添加其他合金元素，形成多元高阻尼合金。研究结果发现：在 Fe-Cr-Al 三元系合金的等温退火截面上，存在着高阻尼区，在 Fe-12Cr 基础上，再添 2.5%Mo，虽然可以维持高阻尼能力，提高强度，但使塑性大大下降；在 Fe-12Cr-2.5Mo 基础上，再添 1%Cu，则不仅进一步提高阻尼性能和强度，塑性也得到了改善。而在 Fe-12Cr 基础上，添加 3%Al，其 SDC 值达到 60%，同时，具有高的强度和良好的塑性。

然而，大部分铁基高阻尼合金尽管内耗大、强度高、加工性能好，但韧性水平很低。同时，由于铁基高阻尼合金一般为单相铁素体组织，难以通过热处理调整力学性能。为克服这些缺点，以双相组织为其特点。在热处理时，将钢加热到奥氏体和铁素体两相温度区，并保温一定时间，使钢中形成奥氏体和铁素体两相，冷却时，钢中奥氏体转变为马氏体。然后，在高于 400℃而又低于相变点温度区回火，形成铁素体和回火马氏体组织。这样，就可以通过控制回火马氏体的数量调整合金的综合性能。表 13-40 是 Fe-Cr 基合金 1100℃回火后的力学性能和阻尼性能。

表 13-40　Fe-Cr 基合金 1100℃回火后的力学性能和阻尼性能

	硬度 HV	σ/MPa	$R_{p0.2}$/MPa	A(%)	E/MPa	SDC
Fe-10Cr	144				206	13
Fe-12Cr	123	268	157	26	177	39
Fe-14Cr	132	287	149	20	176	35
Fe-16Cr	137	310	144	24	173	35
Fe-12Cr-2.5Mo	165	329	257	10	185	37
Fe-12Cr-2.5Mo-2.5Ti	180	402	276	5	188	11
Fe-12Cr-2.5Mo-1Cu	201	430	319	18	180	42
Fe-16Cr-2.5Ti	182	450	288	8	193	14
Fe-16Cr-2.5Ti-2.5Mo	201	392	346	2	224	<4
Fe-16Cr-2.5Ti-1Cu	210	460	388	4	195	15
Fe-12Cr-3Al	183	394	306	22	197	60

1）影响铁基合金阻尼性能的冶金因素。

① 碳、氮、氧间隙原子含量阻碍畴壁的运动，从而损害阻尼性能。因此，尽量减小这些元素的含量是改善阻尼能力的根本措施之一。如美国的 Fe-Cr-Al 和 Fe-Cr-Mo 合金，其 w(C)<0.007%，w(N)<0.0012%，w(O)<0.021%，在日本专利中，往往要求 w(C)<0.003%。

② 在热处理工艺上，一般退火温度越高，阻尼性能越好；冷却速度越慢，阻尼性能越好。高的退火温度，可获得大的晶粒；慢的冷却速度，可减小内应力。所有这些，都有利于畴壁的运动。

③ 在微观组织上，以单相铁素体组织为佳。组织中出现第二相，尤其是非铁磁性相，都将损害阻尼性能。因此，在成分设计上，往往要保证在室温是单相铁素体。

④ 冷变形后，合金内部内应力增大，位错增多，阻碍磁畴的运动，从而使合金阻尼能力下降。一般来说，当冷变形量达到 5%时，磁机械阻尼已基本消失。但是，通过退火处理，可恢复合金原有的阻尼能力。

2）铁基合金阻尼性能与外界条件的关系。

① 应变振幅。应变振幅是影响铁基合金阻尼性能的最敏感因素之一。众多的研究结果表明：在合金材料的阻尼能力-应变振幅关系曲线上，有一阻尼峰，但阻尼能力按什么函数关系随应变振幅增大而增大或减小，实验结果并不完全一致。通过合金化和热处理，可改变此阻尼峰的位置以及形态，这依然是值得进一步研究的问题，对于铁基高阻尼合金的应用具有重要意义。

② 振动频率。理论分析与实验结果表明：当频率超过某个临界值时，阻尼性能会急剧恶化。这个临界值，称 Barkhausen 跳动频率，约为 300kHz，超过此临界频率时，磁畴的运动赶不上振动应力的变化，磁机械阻尼机制失效，阻尼能力急剧下降。在此临界值以下的声频范围内，频率对阻尼性能的影响不大。

③ 工作温度。由于铁基高阻尼合金的组织为单相铁素体，铁磁性消失的居里温度约为 700℃，因此在高温时也具有高阻尼能力。

④ 磁场。铁基高阻尼合金的高阻尼性能主要源于磁-机械滞后效应。因此，施加外磁场后，将影响合金的阻尼能力。当磁场强度大于矫顽力后，阻尼能力一般随磁场强度增大而减小。如合金磁化到饱和时，磁机械阻尼也就消失。

⑤ 静应力。静应力对阻尼性能的影响倾向与磁场相似，一般来说，施加静应力后，将损害阻尼性能；施加的静应力越大，阻尼能力的损失也越大。由于施加静应力后，合金内部磁化状态要改变，故当施加的应力足以使内部磁化饱和时，磁机械阻尼机制就不再起作用了。

⑥ 交变应力。在交变应力下，当平均应力增大时，合金的阻尼性能迅速恶化。试验结果表明：当平均应力为 29.4～68.6MPa 时，即使循环次数达到 10^5，SIA 合金的阻尼能力也不发生改变；当平均应力达到 98～196MPa 时，随循环次数的增加，合金阻尼能力下降。因此，合金只有在小于某一平均应力条件下应用才会有效。

（2） Fe-Mn 合金

1） Fe-Mn 基合金的阻尼机制。目前，关于 Fe-Mn 基合金的阻尼机制还存在争议。该合金层错能低，具有 γ(fcc)→ε(hcp) 的相变过程。所以学者们一致认为其阻尼源与 ε 马氏体以及层错有关，弹性变形范围内 Fe-Mn 基合金在周期应力的作用下 ε 马氏体的层错与界面会发生相对滑动而产生内耗，将振动能转化为热能耗散掉，因而具有阻尼性能。把 Fe-Mn 基合金的阻尼源归结为 4 种界面间的移动：①γ-ε 相界面的移动；②ε 马氏体可变界面的移动；③奥氏体中堆垛层错的运动；④ε 马氏体中堆垛层错的移动。但是，这些界面在本质上是如何移动进而产生内耗的还不清楚。

Granato 和 Luck 认为位错线在力的作用下会克服杂质原子或空位的钉扎而运动产生内耗（见图 13-72）。当施加应力时合金内既有弹性应变又有位错应变，应力较小时，弱钉扎点间（L_d）的位错线沿应力（τ）方向形变（*a*-*b*），当应力达到某一值时，位错线便摆脱钉扎。在由 *b* 到 *c* 的过程中，位错应变增加。脱钉后卸掉应力，位错线又回到原始位置被钉扎（*c*-*d*）。通过 *a*-*b*-*c*-*d* 这样的变化过程，在应力应变曲线上便形成了个内耗区域（图 13-72 中的阴影部分）。阻尼源的各种界面部属于层错界面，Shockley 不全位错是合金的主要阻尼源。在周期应力的作用下 Shockley 不全位错运动而产生内耗。位错运动有 2 种模式：弓出和脱钉。振幅小时弓出是主要阻尼机制，属于滞弹性阻尼；振幅大时脱钉是主要阻尼机制，属于静滞后型阻尼。但是，这种运动方式在本质上如何产生阻尼仍缺乏物理模型的支持。

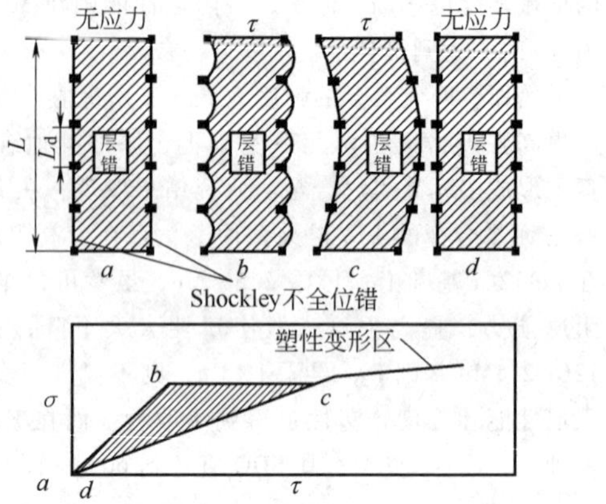

图 13-72　Shockley 不全位错脱钉产生内耗的机理

相对于复合钢、Fe-Al 铁磁合金、碳钢和片状石墨铸铁，Fe-Mn 系合金的阻尼性能在应变振幅为 10^{-6}～10^{-3}m 范围内，随着振幅的增加而几乎呈线性增加。在不同温度和应变条件下测试 Fe-17Mn 合金的阻尼性能，发现合金在低温低应变振幅下表现出反常振幅效应，在高温高应变振幅下出现振幅内耗峰。这一发现对今后 Fe-Mn 合金的应用环境有着很大的指导意义。

2） Fe-Mn 基阻尼合金的阻尼性能。

① Mn 含量对 Fe-Mn 系合金阻尼性能的影响。随着 Mn 含量的增加，合金的 *Ms* 点相继下降，而 γ 的层错能（stacking fault energy，SFE）随着 Mn 含量增加呈下降趋势。当 Mn 含量为 13%时，SFE 最小，随后又随着 Mn 含量的增大而增大；而在 *w*(Mn)= 0～12%内，发生 γ→α′马氏体转变；在 *w*(Mn)= 12%～16.5%内，发生 γ→ε→α′ 马氏体转变；在 *w*(Mn)= 16.5%～26% 范围内发生 γ→ε 转变，因此，Fe-16.5Mn 的阻尼性能最好。

Fe-Mn 合金的阻尼性能与应变量呈近似的线性关系，即在大的外加载荷条件下减振效果更好。*w*(Mn)= 17%时，阻尼性能最好，对数衰减率可达 0.15。

② 第三元素对 Fe-Mn 系合金阻尼性能的影响。第三元素对 Fe-Mn 系合金阻尼性能的影响主要在于其对层错能、*Ms* 温度和 Shockley 不全位错可动性的影响。

C、N 和 Nb 等具有弥散强化作用的元素易生成沉淀碳化物，阻止 Shockley 不全位错运动而降低合金的内耗。Si、Co、Mo、Ni 和 Cr 都降低合金的层错能，增加了合金中的层错概率，造成较大的晶格畸变，可使 Shockley 不全位错运动困难，不同程度地降低了合金的内耗。而复合稀土能细化晶粒，使马氏体板条变得细薄，增加单位体积内阻尼界面的总面积，可显著提高合金的内耗。

③ 预变形对 Fe-Mn 系合金阻尼性能的影响。Fe-19Mn 合金预变形量小于 10%时，合金中马氏体含量（体积分数）都在 95%左右，变形量对马氏体含量的影响较小，但变形量较小时，层错概率增大，层错数量和 Shockley 不全位错数量增加而改善合金的阻尼性能，但过大的变形量会使马氏体分割成小节，增大位错脱钉难度，对合金阻尼性能不利。

3. 位错型

格拉那托-鲁依柯（Granato-Lucke）的位错钉扎模型如图 13-73 所示，通常情况下，位错被杂质原子钉扎（见图 13-73a），随外应力加大位错突出成弧形如图 13-73b、c，当应力继续增大，位错可从钉扎处脱开如图 13-73d～f，最后形成位错环。当应力减小时，位错沿图 13-73f 到图 13-73e 再到图 13-73d，之后不经过图 13-73c、b 而直接回到图 13-73a。

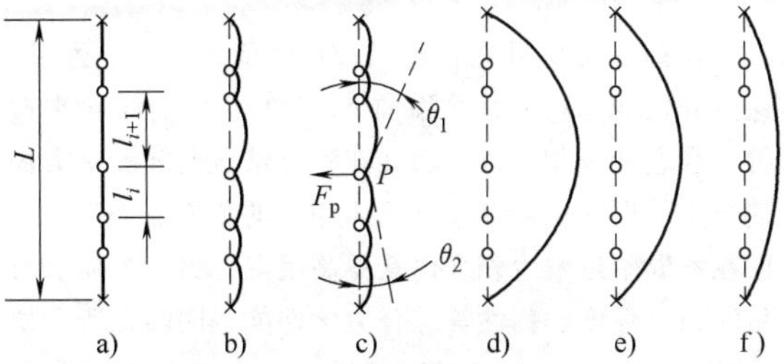

图 13-73　位错钉扎模型
a）模型 1　b）模型 2　c）模型 3
d）模型 4　e）模型 5　f）模型 6

这类合金具有最大的衰减系数，铸造 Mg 合金的衰减系数可达 60%，由于它的强度大，密度小（1.74g/cm³），能承受大的冲击负荷，对碱、石油、苯和矿物油等有较高化学稳定性，所以 Mg 合金（Mg-0.6%Zr 的 KIXI 合金）已被用在火箭的姿态控制盘和陀螺仪的安装架等精密装置上。这种合金最适合在航天和运输工业上作为减振材料应用。

4. 孪晶型

孪晶是晶体中的面缺陷，以孪晶面为对称面，孪晶面两边的晶体结构呈镜面对称。孪晶面在外应力下的易动性和弛豫过程，造成对振动能的吸收。1948 年，C. Zener 发现 Mn-12%Cu 合金经 925℃ 时效几小时后水冷，在室温附近具有很高的内耗，他指出该内耗是由于（101）和（011）孪晶面的应力感生运动引起的。F. Worrell 采用电磁激发共振棒法证实在频率 700Hz 和 0℃附近，该合金存在一个 10^{-2} 数量级的内耗峰与该合金强烈形成孪晶的性质相对应，并首先用金相腐蚀方法观察到了该孪晶组织。在退火过程中随着孪晶的不断消失，内耗峰也逐渐降低。近年来的工作表明，Mn-Cu 合金这一内耗峰和模量亏损的对应关系可以确定属于弛豫型内耗。改变频率（0.1Hz、0.5Hz）测量内耗与模量（或频率）的变化，可以看到弛豫峰随频率升高向高温方向移动，而更高温度的相变峰却不随频率变化而移动。

（1）高锰［w(Mn)>70%］的锰钢二元高阻尼合金　Mn-12%Cu 的合金内耗和弹性模量随温度的变化情况如图 13-74 所示。试样经均匀化退火处理后，在 850℃或 900℃固溶处理 2h，然后迅速淬入 10% KOH（质量分数）溶液中。在声频横振动下的内耗温度谱，试样有两个明显的内耗峰：低温峰（主峰，0℃附近）为孪晶界的弛豫峰，峰高可达 10^{-1} 数量级；高温峰（副峰）为马氏体相变峰，该峰温处伴随弹性模量的软化：随着试样中 Mn 含量的降低，马氏体相变峰向低温侧移动，当 w(Mn)<74%时，不再有孪晶峰和马氏体相变峰。

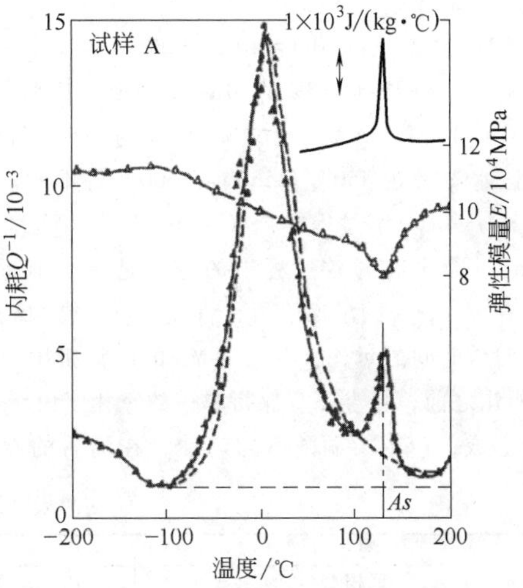

图 13-74　Mn-12%Cu 的合金内耗和弹性模量随温度的变化情况

Mn-Cu 合金中顺磁→反铁磁转变与 fcc-fct 马氏体相变是两个相互独立的相变。磁转变导致 fcc 晶体的四方畸变，这为 fcc-fct 马氏体转变奠定了基础，并由此触发了 fcc-fct 转变。由磁性转变造成的四方畸变度（10^{-6} 数量级）及 fcc-fct 马氏体转变造成的四方畸变度（10^{-2} 数量级）产生的内应力，都因孪晶的形成而得到释放，但由于这两个转变温度非常接近，因此通常认为，在某一温度，顺磁 fcc 高温相转变为反铁磁 fct 低温相。Mn-Cu 合金的高阻尼便来源于反铁磁马氏体孪晶在外力作用下的弛豫运动及再取向，即马氏体相变为锰铜合金获得高阻尼的必要条件，图 13-75 所示为 Mn-Cu 合金孪晶的金相照片。但当合金中 w(Mn)<70%时，由于 T_N 点和 Ms 点远低于室温，因此不能在室温附近发生上述相变，为了在室温获得高阻尼，通常需要在 400~600℃时效来使合金的相变点升高至室温以上。

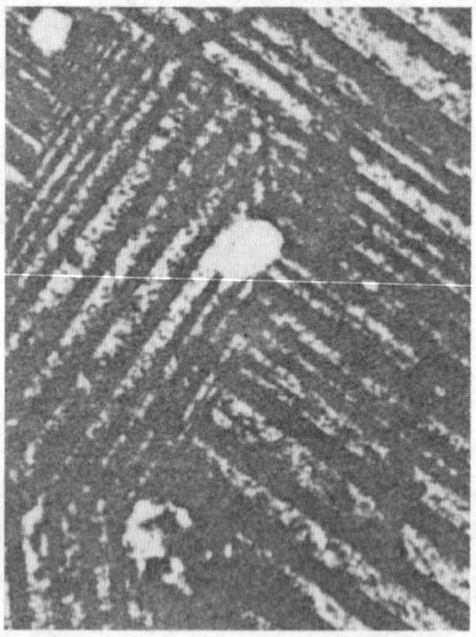

图 13-75　Mn-Cu 合金孪晶的金相照片

(2) 中锰［w(Mn)= 40%~60%］的锰铜多元高阻尼合金　x(Mn)>30%的 Mn-Cu 合金，其平衡组织为 (α+γ) 相。x(Mn)= 60%~95%的 Mn-Cu 合金从 γ 相区水淬后在 450℃、550℃、600℃等不同温度时效，γ→γ+α 分解过程中，T_N 点和 Ms 点均明显升高，γ-Mn-Cu 合金在时效过程中的分解是一个渐近的过程。在 γ→γ+α 的早期阶段，将优先形成富 Mn 区域，随着时效时间的延长，将有 α-Mn 的沉淀析出。在 α-Mn 析出之前，合金一直保持单一的 γ 相。由于富 Mn 区的形成，产生了显微不均匀性，在随后的冷却过程中，这些富 Mn 微区所发生的反铁磁转变和 fcc-fct 马氏体相变（形成反铁磁的 fct 结构）与高 Mn 的 Mn-Cu 合金从高温 γ 相淬火冷却过程中的转变类似，因此，中 Mn 的 Mn-Cu 合金，淬火后再经 400~600℃时效处理，可使其转变温度升高，从而在室温附近发生相变获得高阻尼。通常认为 γ-Mn-Cu 合金在亚稳混溶区内时效所发生的分解为亚稳态 Spinodal 分解，随后冷却所形成的花呢状马氏体孪晶为高阻尼的内耗源。图 13-76 所示为这种分解的调幅组织结构，其形貌类似粗花呢织物。

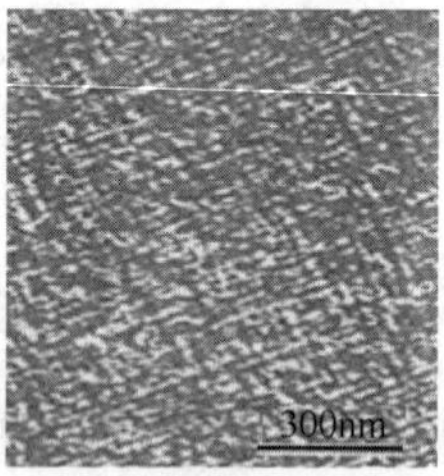

图 13-76　调幅组织结构

锰铜二元高阻尼合金因 Mn 含量高，耐蚀性差，通过降低 Mn 含量，并添加 Ni、Al 等合金元素来改善。合金从 γ 相区淬火后在亚稳互溶区时效，一方面使合金的反铁磁转变及马氏体相变的相变点升高，从而在室温附近发生相变以获得高阻尼，另一方面兼具耐腐蚀、强度、韧性等综合力学性能。国际铜研究协会开发的 Incramute（45Mn-53Cu-2Al）早已取得商业应用。其典型热处理工艺：700~800℃（γ 相区）固溶处理后水淬，400℃时效 8~16h（控制一定的时效时间，避免 α-Mn 析出降低阻尼性能）后冷至室温。目前阻尼实用合金列于表 13-41。

表 13-41　阻尼实用合金

类型	合金系	实用合金
复相型 （应力缓和型）	Fe-C-Si	片状石墨铸铁
	Ai-Zn	SPZ
铁磁型 （磁滞型）	Fe-Ni	TDNi
	Fe-Cr	12%铬钢
	Fe-Cr-Al	Silentalloy（消音合金）
	Fe-Cr-Ai-Mg	Tranqalloy
	Fe-Cr-Mo	Gentalloy
	Co-Ni	NIVCO-10
Fe-Mn （层错型）	Fe-17Mn、Fe-14Mn-5Ni 和 Fc-14Mn-0.2C	
位错型 （磁滞型）	Mg-Zr	KIXI
	$Mg-Mg_2Ni$	
孪晶型 （* 磁滞型-形状记忆合金） （无 * 为应力缓和型）	Mn-Cu	Sonoston
	Mn-Cu-Al	Incramute
	Cu-Al-Ni *	
	Cu-Zn-Al *	
	Ni-Ti *	Nitinol

13.5.3　阻尼合金的特性

1. 合金阻尼与强度的关系

James 总结了各种金属材料的衰减系数与强度的关系，如图 13-77 所示，各种材料的衰减系数的大小基本上与强度成反比倾向。图上没有指出的金属材料大部分的衰减系数在 0.1% 以下。图中 α 为强度与衰减系数的乘积，$\alpha=10$、$\alpha=100$、$\alpha=1000$ 三条直线表示了强度与衰减系数之间的关系倾向。非铁金属材料，以衰减系数大、强度极低的铅为出发点，沿 $\alpha=10$ 的直线随强度增高衰减系数降低。常用主要钢铁材料，沿 $\alpha=100$ 的直线降低衰减系数。图中用黑点表示的六种高阻尼合金接近 $\alpha=1000$ 的直线，其强度与衰减系数二者都优于其他材料。在相同的强度下，其衰减系数比其他材料约大 10 倍到 100 倍。

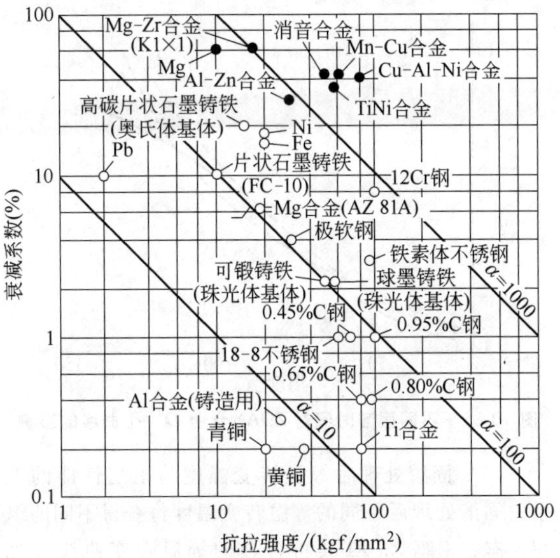

图 13-77　各种金属材料的衰减系数与强度的关系

注：1kgf = 9.81N。

2. 阻尼特性与温度的关系

阻尼材料的阻尼机制不同，它们与温度的依赖关系也明显不同。孪晶型合金虽然在室温的阻尼性能很高，但由于马氏体相变温度的限制，使其使用温度不得超过 80℃。铁磁型合金具有很好的高温阻尼性能，在 380℃ 以下，除合金的阻尼性能不变之外，这类合金还具有高于低碳钢的抗拉强度和与铁素体不锈钢相当的耐蚀性和焊接性，以及良好的热加工、切削性能。可以看出，这类合金在最大切应变振幅下都有很高的内耗，比普通低合金钢高几百倍。实验表明，典型的铁磁型 Fe-Cr-Al 合金具有与普碳钢相同的强度和物理性能，而且阻尼性能与木材相当。目前，强度大于 588MPa 的高阻尼合金能满足某些工业所提出的高强、高温、高阻尼的要求。

3. 阻尼特性与振幅的关系

各类高阻尼合金的阻尼特性或大或小地依赖于应变（或应力）振幅，复相型合金受振幅影响较小，孪晶型和位错型较大，铁磁型最大。一般来说，应变振幅越大，阻尼越大。根据阻尼机制的不同，阻尼特性与振幅的依赖关系有两种形式：一种是随振幅增加而阻尼增加；另一种是阻尼性能开始随振幅增加而增加，在达到饱和值后，有时会随振幅增加而下降。考虑铁磁型合金对应变（或应力）振幅的这种强烈依赖关系，在设计使用时应充分加以利用，使振源的振幅落在阻尼最大的区域内，以达到最佳的减振降噪效果。此外，在使用铁磁型合金时，注意不要在强磁场下工作。当外磁场大于 20Oe（1Oe = 79.58A/m）时，其阻尼性能急剧下降。另需注意的是，也不要在冷加工态（或内应力很大时）使用，这将妨碍磁畴壁的运动，从而降低阻尼性能。总之，铁磁型合金使用的最佳态是低磁场、低应力而大应变幅的横振动场合以致扬长避短，充分发挥材料的作用。

4. 阻尼特性与频率的关系

高阻尼合金之所以具有高的内耗，是因为它在接受外界的振动能量的同时，通过内部某种微观结构的运动，对外来能量加以消耗。这种内部微观结构的运动有两种：一种是只与振动的振幅有关而与频率无关，称之为静滞后型内耗，是铁磁型、孪晶型、位错型合金的阻尼特性类型；另一种是当内部微观结构的运动频率与外界振动频率一致时，内耗达到最大值，从而使内耗对频率有明显的依赖关系，而与振幅无关，称之为弛豫型内耗，如复相型合金，其阻尼性能随频率的升高而下降（在低应力幅时）。

另外，晶粒大小、晶界的敏化程度，微结构的体积分数等冶金因素，对某些高阻尼合金的阻尼特性也有影响。出于阻尼特性将影响材料的使用，近年来已逐步将它作为材料的基本特性加以考核。当然，阻尼合金的耐磨性、耐蚀性、刚性、抗时效性、可焊性和加工性等都因合金成分、阻尼机制的不同而不同，在合金研制与使用时，要区别情况，分别对待。

13.5.4　阻尼合金的热处理

1. 复相型 Zn-Al 合金

（1）ZDA1 和 ZDA2 合金组织　ZDA1 和 ZDA2 合金成分均处二元 Zn-Al 系的共析成分，其差别在于为适应应用要求而调整某些物理性能，添加不同的 Cu、Mg、Mo、Si 等元素含量，但其相变过程基本相近，故热处理工艺可一并考虑。从图 13-78 可见，该类合金室温的平衡组织是完全的共析复相组织。

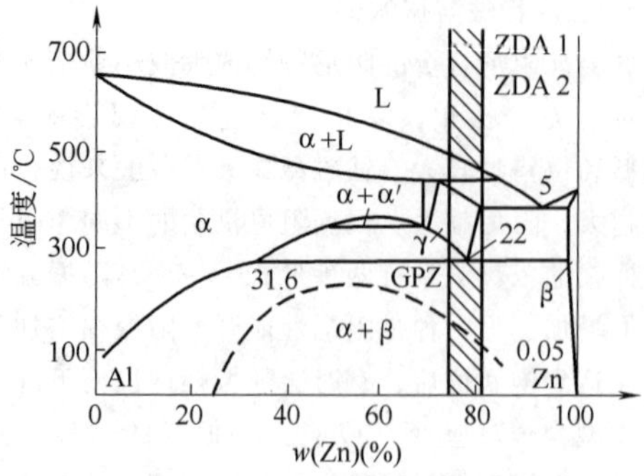

图 13-78　Zn-Al 二元相图

由于结晶范围很宽，结晶时枝晶偏析较为显著，枝晶中心与外沿的成分差异可达到 30%~40%，导致非平衡共晶组织出现，非平衡凝固时的共晶线由 Al 含量（质量分数）17.2% 延长到 50% 以上。复相型高阻尼 Zn-Al 合金的阻尼性能是结构敏感性的，取决于二相界面的可动性和可动界面的总面积，二相可动界面越多，阻尼性能越好。所以热处理的目的便是获得微细晶粒状的共析（α+β）复相组织，同时改善合金的均匀性以提高它的强韧性。ZDA1 和 ZDA2 合金的铸态（F）和热处理态（HT）的阻尼性能的差异如图 13-79 所示。

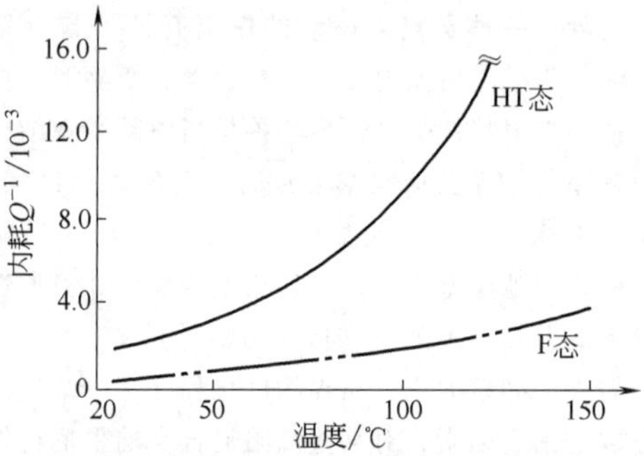

图 13-79　铸态（F）和热处理态（HT）的阻尼性能的差异

（2）固溶热处理温度与阻尼性能　固溶热处理温度应在 γ 区域，下限温度应高于共析转变温度，上限温度控制在共晶线以下，在 275~410℃ 范围，低中高三个温度（Ⅰ，Ⅱ，Ⅲ）固溶 1 小时，Ⅰ和Ⅱ温度在低温段（70℃）以下，内耗相当，超过 70℃，Ⅱ温度内耗超过Ⅰ温度，且随温度上升增长幅度增大，处理温度取Ⅲ上限时，由于晶粒粗化，使内耗下降（见图 13-80）。

（3）固溶处理时间与阻尼性能　在一定的固溶温度下，固溶处理时间既要保证原子充分扩散迁移，

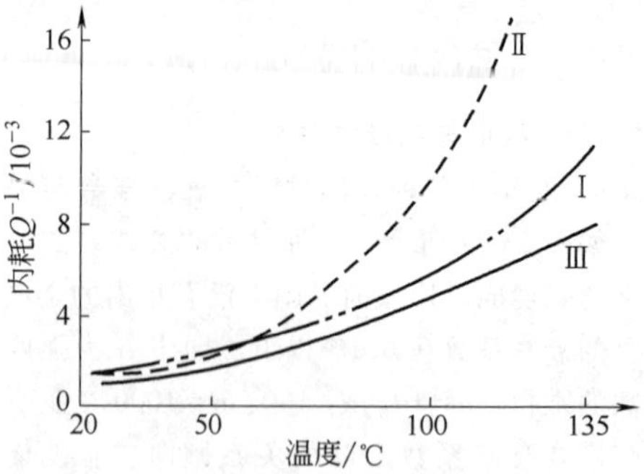

图 13-80　ZDA1 合金不同固溶温度下的 Q^{-1}-T 曲线

又不可过长，过长使晶粒长大不利内耗，反之亦然。由图 13-81 可见，在所取的 0.5~5h（t_1，t_2，t_3）内三个时间，中间时间阻尼略高，但比较来看，在合适的固溶时间范围内，时间对内耗的影响不如温度显著。

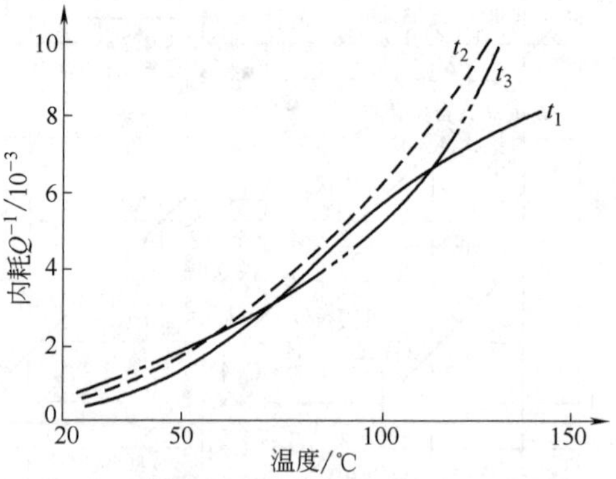

图 13-81　不同固溶时间对 ZDA1 合金 Q^{-1}-T 曲线的影响

（4）固溶处理后等温转变温度与阻尼性能的关系　固溶处理后不同的等温转变温度将获得不同的组织形态，根据 Zn-Al 共析合金的等温转变曲线（见图 13-82），固溶冷却后等温转变温度保持在 100℃ 以上得到富 Al 固溶体 α 相和富 Zn 固溶体 β 相的片状共析分解组织，转变温度越高，所得组织越粗。在低于 50℃ 以下等温，分解产物为微细粒状（≤0.5μm）。在中间温度范围，将是片状和粒状共析混合组织。

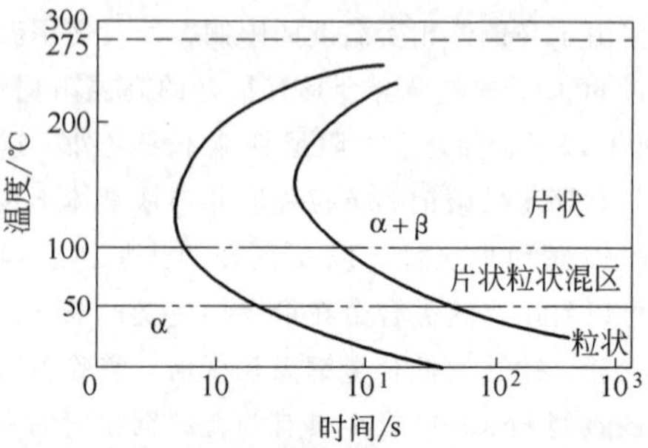

图 13-82　Zn-Al 共析合金的等温转变曲线

采用 0.24℃/min（A）、11.5℃/min（B）和 500℃/min(C) 三种冷却速度（对应不同的等温转变温度范围）得到的结果如图 13-83 所示。B 冷却产物为粗大片状（α+β），α 相和 β 相间存在共格相界。C 冷却速度大，相变温度低，结构呈微细粒状（α+β），为非共格界面。由于共格界面结合力强，不易动；而非共格界面的粒状相界的可动性大，且 C 速度得到的组织细微，总界面的面积大，故内耗也大。

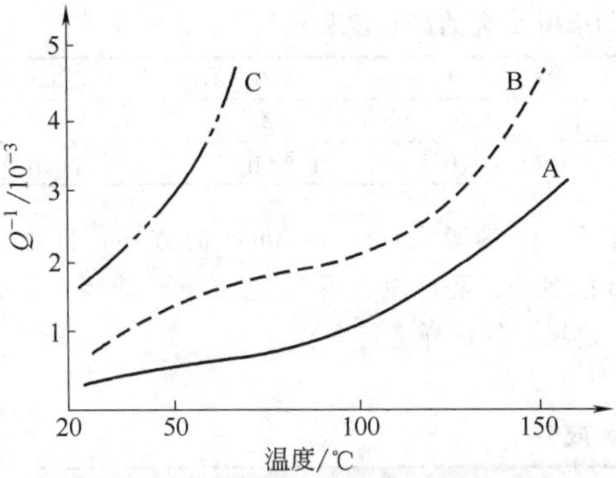

图 13-83　不同冷却速度下 DZA2 合金 Q^{-1}-T 曲线

（5）固溶处理对合金力学性能的影响　热处理使 ZDA1 和 ZDA2 合金组织均匀，消除枝晶偏析和非平衡共晶等的脆弱，从而改善合金的力学性能。热处理后合金的抗拉强度和韧性都有大幅度的提高（见表 13-42）。随固溶处理时间的延长，伸长率略有下降。

表 13-42　热处理对铸态合金力学性能的改善

状态	抗拉强度 R_m/MPa	伸长率 A_e(%)	硬度　HBW
铸态	294	1.75	85.9
热处理态	341	3.0	96.0

（6）时效对合金阻尼性能和力学性能的影响　Zn-Al 共析合金（ZDA1，ZDA2）固溶处理后急冷为 γ 相的过饱相的过饱和固溶体，在过冷后的一段时间内，无序的过饱和固溶体稳定度下降，点阵失稳，发生固态分解反应，向稳定相转变，组织和性能产生相应的变化。

1）短期自然时效。急冷后 1min 内就开始，10min 内完成。Cu、Mg、Mn、Si 等元素有抑止或延缓分解的作用，有的加入后半月才完成分解。转变初期可按调幅分解机理进行，产生极小范围的成分起伏（GP 区），形成后续共析反应核心，通过 GP 亚稳区，形成共格 GP 区，继续转变到非共格的过渡相，同时调整成分，最后形成 α+β 复相共析组织。表 13-43 列出 ZDA2 合金短期自然时效对其力学性能的影响。

表 13-43　ZDA2 合金短期自然时效对其力学性能的影响

时效时间/天	R_m/MPa	$R_{p0.2}$/MPa	A_e(%)	HBW
1	380		1.7	90.7
4	312	125	4.7	87.4
13	322	180	5.7	97.0

由表 13-43 可见，自然时效 1 天，合金强度较高，但伸长率低。随时间延长，强度降低，伸长率提高。显示合金急冷后须经一定的时效后才能有较好的强度和伸长率的配合。阻尼性能也须经一定时间后才能出现较高值。

2）长时自然时效。ZDA2 合金经半个月，共析组织随时间延长，有粗化长大趋势，也即借以消耗振动能量的活动界面面积减少，合金的共析分解完成。在初期强度下降，韧性提高，但经 3 个月后合金性能趋于稳定，阻尼性能下降趋势减缓，趋于平稳，显示 DZA 合金有较好的阻尼耐久性。

3）高温时效。高温时效将加速合金共析组织的长大粗化，对阻尼性能和力学性能的稳定有调整作用，可按需酌情处理。表 13-44 所列为 ZDA2 合金固溶处理后，急冷到 250℃时效的情况。

表 13-44　ZDA2 合金固溶处理后，急冷到 250℃时效的情况

时效时间/h	R_m/MPa	$R_{p0.2}$/MPa	A_e(%)	HBW	$Q^{-1}/10^{-3}$	
0.5	373	150	2.3	91.8	3.94	5.78①
1.5	339	163	3.0	87.0	3.04	5.41①

① 100℃时效。

（7）ZDA1 和 ZDA2 的一般热处理工艺　固溶处理→急冷→自然时效（或称人工时效）。

1）合适的处理制度可以提高 ZDA 系列高阻尼合金的内耗和力学强度和韧性。其影响主要是通过控制合金基体组织及其固态相变析出相的数量、形状尺寸和分布而起作用的。

2）热处理工艺对 ZDA1 和 ZDA2 高阻尼合金的韧性和内耗具有决定性的作用。热处理可使其在内耗提高一个数量级的同时，抗拉强度上升 10%～30%，伸长率提高 70%以上。

3）ZDA1 和 ZDA2 高阻尼合金在 275～410℃经 0.5～5h 时效的范围内进行适当固溶处理能获得单一的 γ 相基体组织，可增加固态相变析出相的数量，提高阻尼性能和力学性能。固溶温度比固溶时间对性能的影响更显著。固溶处理后不同的冷却方式对固态共

析转变组织的数量、形态及分布具有重大影响，适当加大冷却速度可以获得微细、粒状、均匀分布的（α+β）共析分解组织，大幅度提高合金的内耗和力学性能。

4）时效对合金性能具有一定的影响，自然时效的前一个月左右，合金的内耗和机械强度略有下降，约在2~3个月后趋于稳定。时效使合金韧性有进一步提高，合金的内耗及力学性能耐久性良好。

2. 铁磁型 Fe-Cr 系合金和 Fe-Mn 阻尼合金

（1）Fe-12Cr-3Al 锻件不同热处理温度下的晶粒尺寸和内耗　阻尼性能与畴壁磁的移动有关，磁畴移动越大阻尼越大，当热处理温度提高到1000℃以上时，使夹杂和质点熔化，促使晶粒长大，晶界的阻碍作用降低，畴壁磁的运动阻力减少，可大大提高合金的阻尼性能。表13-45给出不同热处理退火温度Fe-12Cr-3Al 合金的晶粒度和内耗。

表13-45　不同热处理退火温度 Fe-12Cr-3Al 合金的晶粒度和内耗

温度℃	700	800	900	1000	1100	1200
晶粒/级	7	6.5	6	4.5	2	1.5
内耗 Q^{-1}		8.6×10^{-4}	8.5×10^{-4}	1.7×10^{-3}	1.8×10^{-3}	2.1×10^{-3}

（2）Fe-Cr-Al、Fe-Cr-Co、Fe-Cr-Si-Mo 铁磁合金　Fe-Cr-Al、Fe-Cr-Co、Fe-Cr-Si-Mo 铁磁合金的实验合金成分见表13-46。

合金用真空感应炉熔炼并浇铸成100mm×100mm的锭子，经热锻成40mm×40mm的方坯，再热轧成8mm的盘条，随后冷拔得到直径5mm的棒料，剪切成一定尺寸的试样进行实验。

表13-46　实验合金成分

	C	Si	Mn	P	S	Cr	Ni	Mo	Co	Al	Nb	Fe
Fe-Cr-Al	0.033	0.37	<0.1	1	1	24.57	1	1	1	4.65	痕量	余量
Fe-Cr-Co	<0.07	1.19	<0.1	1	1	24.71	1	<0.02	12.23	—	—	余量
Fe-Cr-Si-Mo	—	2	—	—	—	17	—	2	—	—	—	余量

选择750~1150℃为退火温度研究范围，每隔50℃保温30min后随炉冷，测内耗和其他性能，研究退火温度等因素对Fe-Cr-Al、Fe-Cr-Co、Fe-Cr-Si-Mo 铁磁合金阻尼性能的影响。

1）退火温度对实验合金内耗的影响。由图13-84可见，三种合金经高温退火都有较高的内耗，如Fe-Cr-Al 合金1500℃，Q^{-1} 最高可达 9.56×10^{-3}；Fe-Cr-Co 合金经1050℃退火 Q^{-1} 最高达 9.82×10^{-3}；Fe-Cr-Si-Mo 合金经850℃退火，Q^{-1} 最高可达 9.53×10^{-3}。铁磁性合金的阻尼机制是在受到外界的交变振动时，合金中的磁畴壁发生非可逆移动，形成磁机械滞后作用，从而在应力应变曲线上出现滞后回线，造成能量耗散，形成对振动的衰减阻尼作用。因此，凡影响磁畴壁不可逆移动的因素均会使合金的内耗发生变化。三种实验合金在加工成试样时都经过了约60%的冷变形，试样中残存了很大的内应力，内耗都较低，这样的冷变形试样在退火时，随退火温度的升高，阻碍畴壁不可逆移动的内应力逐渐减小或消失，加之位错组态的变化和再结晶晶粒的增大，均使合金的矫顽力降低，内耗升高。也有人认为，合金的内耗随退火温度增高呈单调上升趋势，而在该实验研究的三条曲线上却出现了内耗峰值，说明合金内耗随退火温度增加至某一定值时将呈下降趋势，根据内应力作用下畴壁不可逆移动磁化理论，可对这一现象做如下解释：在一定的外应力作用下，通过磁致伸缩的逆效应即力致伸缩可产生壁移磁化，而磁化的阻力来源于畴壁能密度对位置 x 的变化率（$\mathrm{d}r/\mathrm{d}x$），其大小取决于不同位置的应力情况，畴壁能密度的能垒处于内应力高的位置，当力致伸缩产生的磁化强度超过第一个阻力峰 $(\mathrm{d}r/\mathrm{d}x)_{max}$ 所对应的临界磁场强度时，发生不可逆壁移，而临界场强正比于内应力的大小，一般认为，临界场强即是矫顽力，因此矫顽力也正比于内应力的大小。在一定外应力下，使磁畴发生不可逆移动造成的磁致损耗最大（即磁滞回线面积最大），此时对应着一个适当的矫顽力 H_c 和剩磁感应强度 B_r，而这些参数又对应着一定的内应力状态，也就是对应着一个确定的退火温度。

图13-84一并给出了经不同温度退火后试样声级的大小。虽然受系统噪声的影响，测量值有一定的偏差，但图中声级随退火温度的变化趋势与内耗的变化趋势基本吻合，即内耗高者声级低，减振性能好。

2）退火温度对力学性能的影响。图13-85显示了退火温度对合金抗拉强度和断面收缩率的影响。由于三种合金在前期加工时都经受了较大的冷变形（约60%），因此退火时会产生回复和再结晶而使合金强度降低，塑性增加。但也确有一些例外，如Fe-

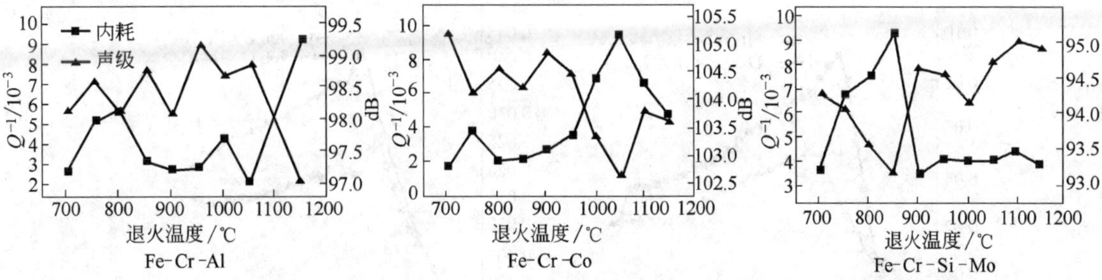

图 13-84　Fe-Cr-Al、Fe-Cr-Co、Fe-Cr-Si-Mo 合金退火温度对内耗和声级的影响

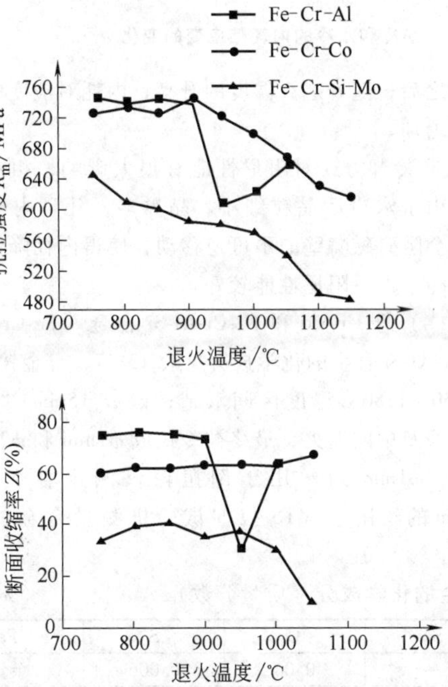

图 13-85　退火温度对合金抗拉强度和断面收缩率的影响

Cr-Al 在高于 900℃退火，Fe-Cr-Si-Mo 在高于 950℃退火时，出现了塑性的明显降低，且断口为典型的脆性断裂，结合合金的组织分析，这是再结晶晶粒过分粗大所致。因此，此二合金虽然经高温退火可得到高内耗，但综合考虑力学性能，这一退火温度是不可取的；而 Fe-Cr-Co 合金由于再结晶温度高，相应的最佳退火温度也较高，经 1000℃退火后既有较高的内耗又有较好的力学性能。

合金的内耗随温度的升高而增大，且在某温度下出现峰值的现象与产生内耗的其他机理有关，很可能是间隙原子扩散所造成的斯诺克（Snoek）内耗峰，通常该峰总是对应着较低的温度。在随后的升温过程中（至 200℃）内耗可保持较高值并呈缓慢下降趋势以后再升温，由磁机械滞后引起的内耗将明显下降直至消失。Fe-Cr-Al-Mo 合金 850℃退火后具高阻尼特性：$Q^{-1}=9.56\times10^{-3}$，同时兼具较好的力学性能：R_m = 588MPa，Z = 40.5%，E = 211MPa，使用温度不高于 150℃。Fe-Cr-Al 合金经 800℃退火后具较好的综合性能：$Q^{-1}=5.8\times10^{-3}$，R_m = 725MPa，Z = 76.5%，E = 210MPa，使用温度不高于 200℃。而 Fe-Cr-Co 合金 1000℃退火后具较好的阻尼和力学性能：$Q^{-1}=6.98\times10^{-3}$，R_m = 686MPa，Z = 63.5%，E = 208MPa，使用温度不高于 200℃。

（3）Fe-Cr-Mo 铁磁合金　铁磁性阻尼合金的内耗是由于磁畴壁的不可逆移动造成的，因此合金阻尼性能的强弱和磁畴壁的不可逆移动密切相关。根据铁磁学原理，磁畴壁不可逆移动能力的影响因素有内应力、磁畴壁厚度等，合金平均内应力越低，合金的阻尼性能越好，内耗越高。同时磁畴壁不可逆移动还受到晶界、缺陷的钉扎作用，从而使得内耗下降。

1）退火温度对合金内耗的影响。合金经 950~1150℃退火时阻尼性能（Q^{-1}）随退火温度的变化表明，在此退火温度范围内，内耗随退火温度升高而增大；在每个退火温度下，合金的内耗都随着应变增大呈现先增大后减小的趋势；随着退火温度的升高，内耗对应变敏感性增强。当合金分别在退火温度为 950℃、1050℃、1150℃下保温 1h 炉冷后，随着退火温度升高，晶界及晶粒内碳化物析出减少，缺陷也减少，导致内应力降低，内耗增加。当晶粒尺寸小、晶界数量多时，会限制磁畴壁的不可逆移动，起到钉扎作用，磁畴壁移动困难，能量消耗少，内耗随应变增加缓慢，对应变敏感度小，而在退火温度为 1150℃时，晶粒大，晶界数量少，析出相也减少，因而对磁畴壁的钉扎作用小，磁畴壁移动较容易，能量消耗多，内耗随应变增加快，对应变敏感度大。

2）冷却方式对阻尼性能的影响。热处理温度 1100℃保温 1h 炉冷和热处理温度 900℃保温 1h 条件下（见图 13-86），水冷和炉冷对应的内耗-应变曲线斜率相差不多，炉冷内耗对应变敏感性稍大些。而在热处理温度为 1100℃时，炉冷条件下的内耗-应变曲线斜率明显大于水冷的，即内耗对应变敏感程度较大。综合比较，炉冷条件下合金内耗较大，阻尼性能较好。

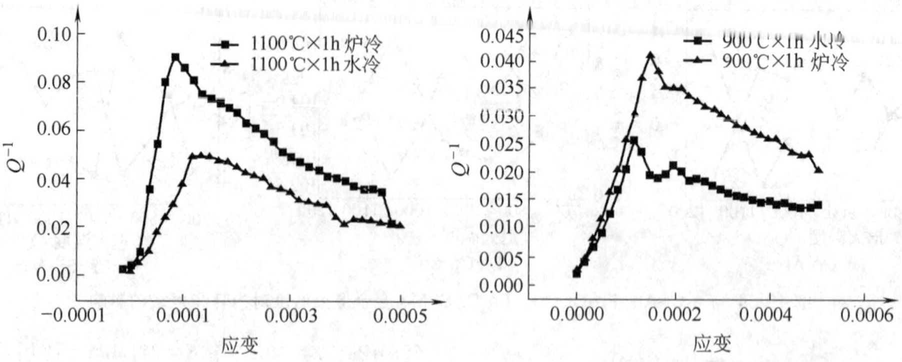

图 13-86　合金经 1100℃保温 1h 和经 900℃保温 1h 炉冷和水冷的内耗随应变的变化

当合金分别在热处理温度为 900℃、1000℃、1100℃下保温 1h 后水冷后表明，与炉冷条件下的组织相比，水冷后组织不均匀，内应力大，因而造成内耗降低，阻尼性能下降。相比之下，炉冷后的组织晶粒较大些，水冷的晶粒较为细小，晶界多，对磁畴壁钉扎作用强，畴壁移动困难，内耗小，并且随应变变化慢，所以水冷条件下合金内耗对应变敏感程度小一些。

① Fe-Cr-Mo 合金在退火温度 950～1150℃范围内保温时间 1h 后炉冷条件下，随着退火温度的升高，内耗增大，退火温度为 1150℃时，内耗峰值可达到 0.09。

② 原始态 Fe-Cr-Mo 合金对应变敏感性较差，热处理之后，随着退火温度的升高，内耗对应变的敏感程度增加。

③ 冷却方式对阻尼性能有很大影响，相对于炉冷，由于水冷后晶粒细小、晶界多，并且内应力较大，会阻碍磁畴壁的不可逆移动，使得内耗降低，因此炉冷条件下阻尼性能较好。

（4）Fe-Cr-Mo 和 Fe-Cr-Al-Si 合金　Fe-Cr-Mo 和 Fe-Cr-Al-Si 合金的化学成分见表 13-47。合金铸造后，经 850～1180℃温度区间锻造，锻成 15mm 的棒材，经旋锻及中间退火，最终被冷拔成 ϕ1mm 和 ϕ2mm 的丝材。ϕ1mm 的丝用于倒扭摆仪测定合金内耗，ϕ2mm 的丝用于 MTS 拉伸试验机测量合金的力学性能。

表 13-47　Fe-Cr-Mo 和 Fe-Cr-Al-Si 合金的化学成分（质量分数）　（%）

合金	Cr	Mo	Al	Si	C	S	Fe
Fe-Cr-Mo	12.98	2.49	—	—	0.04	0.006	余量
Fe-Cr-Al-Si	12.75	—	1.97	1.10	0.03	0.009	余量

1）热处理温度和冷却方式影响。

① Fe-Cr-Mo 合金。不同热处理温度保温 2h 后，水冷和炉冷对 Fe-Cr-Mo 合金的阻尼性能与应变的关系曲线如图 13-87 所示，水冷和炉冷的合金阻尼性能 δ 随应变振幅 γ 的变化规律基本相同，结果显示：

每一淬火温度合金的 δ-γ 曲线都出现内耗峰值，合金的阻尼性能随应变振幅的增大而逐渐增大，达到最大值后又逐渐减小。

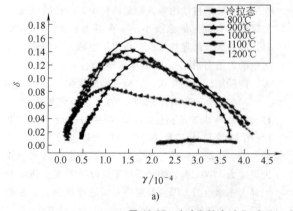

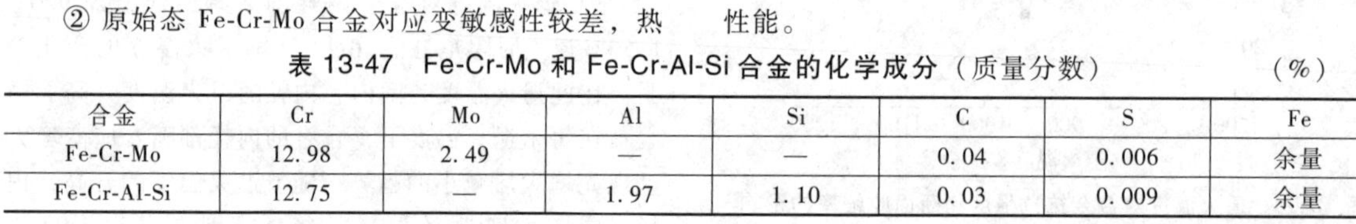

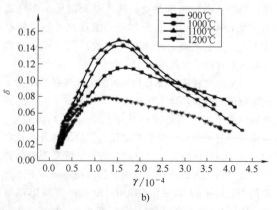

图 13-87　水冷和炉冷时 Fe-Cr-Mo 合金的阻尼性能与应变的关系曲线

水冷合金存在一个最佳淬火温度 900℃，此时合金的最大阻尼值 $\delta_m=0.161$。随淬火温度的升高，δ_m 逐渐升高，在 900℃ 时的 δ_m 达到最大，之后又随淬火温度的升高而逐渐下降。炉冷的合金阻尼性能最佳温度为 1100℃，此时 $\delta_m=0.151$，比 900℃ 淬火时稍低。

合金在冷拉态（未热处理）的阻尼性能非常低，δ 约为 0.013，不到 900℃时的 1/10。

合金的应变振幅 γ 随淬火温度的升高而逐渐减小，除冷拉态外，γ 都落在 $(1.0\sim2.0)\times10^{-4}$ 范围内。

② Fe-Cr-Al-Si 合金。图 13-88 所示为水冷和炉冷时 Fe-Cr-Al-Si 合金的阻尼性能与应变的关系曲线。其变化规律和 Fe-Cr-Mo 合金的变化规律类似。

每一淬火温度的合金 δ-γ 曲线都出现内耗峰，合金的阻尼性能随应变振幅的增大而逐渐增大，达到最大值后又逐渐减小。

与 Fe-Cr-Mo 合金不同，Fe-Cr-Al-Si 合金的最佳淬火温度为 800℃，此时的 $\delta=0.134$。合金的最大阻尼值 δ_m 随淬火温度逐渐升高，在 800℃时 δ_m 达到最大，之后又随淬火温度的升高而逐渐下降。Fe-Cr-Al-Si 合金在炉冷时内耗的变化规律与淬火时完全相同，只不过最佳温度是 950℃，此时最大值 $\delta_m=0.097$，比 Fe-Cr-Mo 合金低一些。

合金在冷拉态（未热处理）的阻尼性能非常低，$\delta\approx0.014$，只为 800℃时的 1/10。

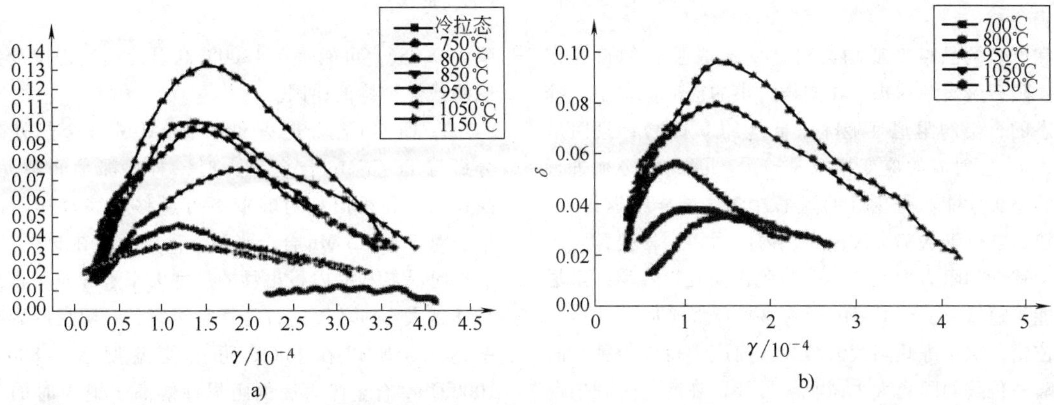

图 13-88　水冷和炉冷时 Fe-Cr-Al-Si 合金的阻尼性能与应变的关系曲线

出现这种规律是由于在 900℃ 附近出现析出物。尽管间隙杂质元素（如 C、N 等）以析出物存在和固溶原子存在都会阻碍畴壁的不可逆移动，但析出物比固溶原子的影响小一些。

热处理后的冷却速度对合金的阻尼有很大的影响。对于 Fe-Cr-Mo 合金，存在一个临界温度 1000℃，在这个温度以下，热处理后快冷态（水淬）的阻尼性能高于慢冷态（退火），而高于这个临界温度则正好相反。这是由于在 900℃ 附近都形成了析出物，而慢冷态（退火）的析出物尺寸大于快冷态（水淬）的，析出物尺寸大则对畴壁移动的阻碍也大，而它们的晶粒大小又差不多，所以慢冷态（退火）的阻尼性能低于快冷态（水淬）的阻尼性能；当高于临界温度后，析出物都重溶，但慢冷态（退火）的晶粒大于快冷态（水淬）的，晶粒大则对畴壁的阻碍小，所以慢冷态（退火）的阻尼性能略高于快冷态（水淬）的阻尼性能。

2）热处理保温时间对 Fe-Cr-Mo 合金阻尼性能的影响。热处理的保温时间对合金的阻尼性能也有很大的影响，图 13-89a 所示为在 1100℃ 保温不同时间水淬对 Fe-Cr-Mo 合金阻尼性能的影响。保温不同时间的每一热处理状态的 δ-γ 曲线都有峰值，并且随着热处理时间的增长，内耗峰逐渐降低，逐渐平坦，即 Fe-Cr-Mo 合金的阻尼性能随保温时间增长而逐渐减小。

图 13-89b 所示为在 1100℃ 时热处理时间对 Fe-Cr-Mo 合金最大阻尼性能的影响。合金的 δ_m 随热处理时间的增长而单调下降，0.5h 处理后合金的阻尼性能最高，δ_m 达到 0.170，随着时间的增长，阻尼性能逐渐下降。当热处理时间为 2h 后，δ_m 下降到热处理时间为 0.5h 的 75%左右；当热处理时间为 4h 后，δ_m 下降到 0.5h 的 50%左右。所以，在 1100℃下进行热处理时，对丝材样品，热处理时间一般不宜超过 2h。

热处理通过对 Fe-Cr-Mo 和 Fe-Cr-Al-Si 合金微观组织的变化影响合金阻尼性能，这种变化包括晶粒大小，析出物的形态、大小对合金阻尼影响的综合结果。由于冷加工引入的位错、孪晶界、形变带、内应

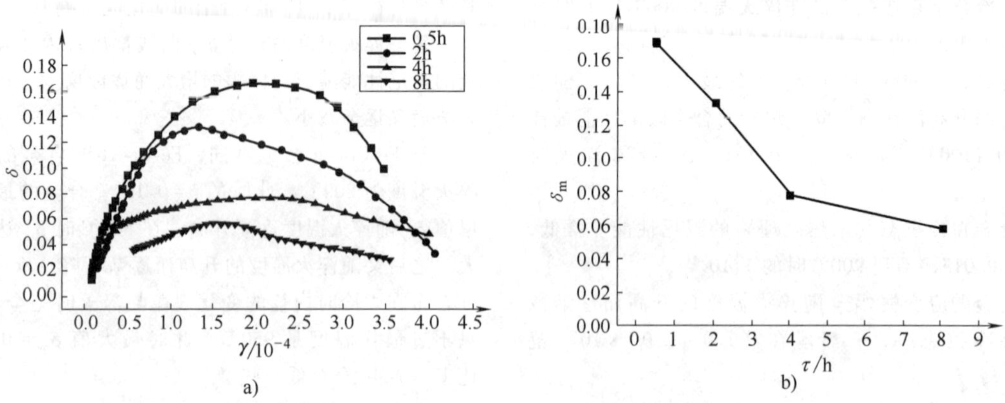

图 13-89　1100℃保温不同时间水淬对 Fe-Cr-Mo 合金最大阻尼性能的影响及在 1100℃时热处理时间对 Fe-Cr-Mo 合金最大阻尼性能的影响（水淬）

a）δ-γ 曲线　b）δ_m-τ 曲线

力和严重的晶格畸变均会对畴壁造成强烈的钉扎作用，阻碍磁畴壁移动，在同样大小的应变振幅下，冷拉态的合金的阻尼性能非常低（约 0.013），且阻尼最大值 δ_m 对应的应变振幅 γ 较大。因此，必须进行高温退火才能获得良好的阻尼性能。试样经退火后，位错、空位等缺陷大大减少，内应力得到松弛，阻碍畴壁移动的阻力大大减小，畴壁移动变得容易，阻尼性能迅速增大。Fe-Cr-Mo 合金 800℃水淬后，试样中的位错、空位等缺陷大大减少，内应力得以松弛，阻碍畴壁位移的阻力大大减小。另外，在冷却过程中形成的析出物大大少于原始态，虽然，由于一部分析出物溶入固溶体，增大了固溶体中间隙杂质的含量，增大了间隙杂质对畴壁移动的阻碍作用，但由于析出物的显著减少使合金阻尼增大的因素占主要地位，宏观上表现为较冷拉态的阻尼有较大幅度的提高，δ_m 升高到 0.133，比冷拉态（$\delta_m = 0.013$）高十几倍。当淬火温度进一步升高到 900℃后，试样中缺陷进一步减少，内应力进一步松弛，阻碍畴壁位移的阻力进一步减小；同时，由于间隙杂质元素碳以析出物形式出现，溶入固溶体的间隙杂质含量减小；另一方面，随着淬火温度的升高，合金的晶粒开始长大，畴壁移动变得容易，晶界和亚晶界的作用增大；尽管由于析出物的出现，以及由此产生的弹性应变增大，但宏观上表现为合金的阻尼性能进一步增加，δ_m 升高 0.161。当淬火温度上升到 1000℃、1100℃时，晶粒开始粗大，晶界总面积减少，同时析出物的重新固溶会使 δ_m 有所增大；另一方面，大量杂质元素重新溶入固溶体，固溶体间隙杂质含量增多，总的作用结果表现为合金阻尼略有下降，δ_m 降为 0.144（1000℃）和 0.134（1100℃）。当淬火温度升高到 1200℃后，δ_m 降为 0.086，可能是在 1200℃高温处理过程中产生了织构或亚结构的原因。

Fe-Cr-Mo 合金退火和 Fe-Cr-Al-Si 合金热处理的分析与 Fe-Cr-Mo 合金淬火时一样，都是间隙元素、晶粒大小和析出物对畴壁不可逆移动综合作用的结果。对于 Fe-Cr-Mo 合金来说，由于合金在 900℃附近退火时晶界和晶内析出物的尺寸大于水淬时，析出物尺寸越大，对畴壁的钉扎就越厉害，对阻尼的影响也就越大，所以在 900℃附近的温度区（800℃～1000℃），合金淬火后的阻尼性能高于退火时的阻尼性能；当热处理温度高于 1000℃时，此时合金都没有析出物，但退火时的晶粒尺寸比淬火时略大，对畴壁不可逆移动的影响相对小些，所以在这个温度区合金退火时的阻尼性能略高于淬火时的阻尼性能。

（5）Fe-Mn 系合金

1）时效温度及时间对 Fe-Mn 系合金阻尼性能的影响。当时效温度低于 *As* 点时，时效不会影响 ε 马氏体的量，但由于时效过程消除了大量的淬火空位，减少了对 Shockley 不全位错的钉扎，从而使阻尼性能提升。当时效温度高于 *As* 点时，会使部分 ε 马氏体粗化而使阻尼源的数量减少。对比在 130℃下进行不同时间的时效处理及固溶后水淬和空冷对 Fe-19Mn 合金阻尼性能的影响，发现时效前空冷和水淬这两种冷却方式对合金阻尼性能的影响相差不多。对空冷试样，随着时效时间的不断增加，阻尼性能由于溶质原子向不全位错偏聚而不断恶化。而对水淬试样，在时效 20min 前由于淬火空位快速大量的减少，阻尼性能迅速提高，但时效时间过长，会引起溶质原子在层错处的偏聚，从而引起阻尼性能的下降。通过 TEM 及 EDS，发现层错内的 C 元素数比层错外的高出 50%，更加证实了随着时效温度的增加，C 溶质原子易在层错内偏聚的事实。

2）热循环和热机械循环对 Fe-Mn 系合金阻尼性能的影响。Fe-17Mn 合金在低于 300℃ 热循环训练后发现，马氏体含量显著下降。Fe-19Mn 合金热循环温度在 *As* 点以下时发现，合金内部分淬火空位被消除，合金的阻尼性能有所提高，但循环温度在 *As* 和 *Af* 之间时，马氏体粗化严重，阻尼性能大幅降低。研究不同热循环温度对 Fe-20Mn 合金阻尼性能的影响，发现在高温下进行热循环时可得到优异的阻尼性能，循环效果主要影响的是晶粒尺寸；比较热循环和热机械循环对 Fe-20Mn 合金的阻尼性能的影响，发现通过热机械循环可得到更小的晶粒尺寸和更好的阻尼性能。

对 Fe-17Mn、Fe-14Mn-5Ni 和 Fc-14Mn-0.2C 的热处理工艺进行了优化，发现正火对合金阻尼性能的提高显著，而且正火后深冷处理的合金内耗得到进一步的改善。其中 Fe-14Mn-5Ni 合金经 900℃ 保温消除位错缺陷，深冷处理后，阻尼性能最好，对数衰减率高达 0.13。

3）晶粒尺寸对 Fe-Mn 系合金阻尼性能的影响。通过对 Fe-15Mn 的研究发现，细化 γ 晶粒，ε 马氏体的形成受到抑制，*Ms* 点也降低。当 γ 晶粒尺寸在一个临界尺寸以下时，只有一种 ε 马氏体变体能在 γ 晶粒出现，且当碰到 γ 晶界时停止长大。当 γ 晶粒尺寸在临界值以上时，ε 马氏体会从 γ 中的四个 {111} γ 上同时形成，最后形成四种变体 ε 马氏体板条的相互交割。研究高 Mn 钢的 γ 晶粒尺寸与层错能（SFE）的关系，发现随着 γ 晶粒尺寸的减小，SFE 会不断增大。这些结果都说明随着晶粒的细化，Fe-Mn 合金阻尼性能应该下降。但是，最新的研究发现，超细晶 Fe-17Mn 合金具有很好的阻尼性能，超细晶 Fe-17Mn 合金里的 γ→ε 马氏体相变受到抑制，ε 马氏体的含量减少。还发现超细晶 Fe-17Mn 具有好的阻尼性能的原因可能是由于晶界的滑移和在晶界处的原子团的混乱或重新排序引起的晶界松弛。

4）Fe-Mn 基阻尼合金的力学性能。

化学元素的影响：在 Mn 含量与合金力学性能的关系中，Fe-17Mn 力学性能最好。在 Mn 含量与 Fe-Mn 合金硬度的关系中，ε 马氏体的含量是决定合金硬度的主要因素。在 Fe-Mn 合金中加入 0.2%（质量分数）左右的 N 元素后，合金的抗拉强度从 550MPa 提高到 850MPa，伸长率降为 12%左右，但合金的抗硫酸腐蚀能力显著提高。在 Fe-Mn 合金中加入 6%（质量分数）的 Cr 元素，合金耐海水腐蚀的能力有所提高，可能是因为 Cr 元素在合金表面形成钝化膜所致。加入 Ni 和 Co 抗拉强度均在 800MPa 左右，但硬度从原来的 260HV 提高到 300HV。

冷热工艺的影响：冷轧变形为 30% 的 Fe-21Mn 合金进行淬火处理（700～1200℃ 保温 1h），在 1000℃ 固溶处理后淬火，合金的抗拉强度最大，为 650MPa。把 Fe-Mn 合金在 900℃ 固溶后淬火，力学性能见表 13-48。

表 13-48　Fe-Mn 合金的力学性能

合金成分	$R_{p0.2}$/MPa	R_m/MPa	伸长率(%)
Fe-14Mn	248	479	5.1
Fe-13.6Mn-0.1N	254	660	4.1
Fe-16.5Mn	≈395	456	3.3
Fe-16.5Mn-0.1N	≈395	567	12.4

冷加工易引入位错、形变带和晶格畸变，位错的大量增殖对合金起到强化作用；但随退火温度的升高，合金的强度降低，塑性升高。Fe-17Mn 合金（196～1100℃）固溶后水冷处理，测试合金的力学性能发现，在 500℃ 固溶后合金的强度最好，达到 95OMPa；对比研究了 Fe-Mn 合金的塑性发现，合金中加入 5%（质量分数）的 Ni 元素可大幅提高合金的塑性。

3. Mn-Cu 合金（Mn-48.1Cu-1.55Al 阻尼合金）

Mn-Cu 合金经 850℃×0.5h 固溶处理后以不同速度冷却，并经不同温度时效处理后发现，慢冷对合金的阻尼性能有利；固溶后再时效可大幅度提高水冷态 Mn-Cu 合金的阻尼性能，大约为时效前的 19.53 倍，这是由于，过饱和程度越高越有利于调幅分解的进行；测试不同温度时效后试样的维氏硬度，并结合阻尼性能，确定了亚稳互溶区内 Mn-Cu 合金发生调幅分解的最佳温度为 430℃。

水冷状态 Mn-Cu 合金经 430℃ 不同时间时效后的结果表明：随时效时间增加，合金的阻尼性能先增加后减小，4h 时效阻尼性能最佳（$Q^{-1}=0.1523$）。主要原因在于，时效过程中借助调幅分解形成的富 Mn 区 [x(Mn)>80%] 提高了 Mn-Cu 合金的马氏体相变开始转变温度（$Ms=82.5$℃），使合金形成了马氏体孪晶；过时效状态 α-Mn 的析出导致了合金阻尼性能下降。Mn-Cu 合金获得最佳阻尼性能的热处理工艺为 850℃×0.5h 淬火再进行 430℃×4h 时效处理；探究了环境温度对 Mn-Cu 合金阻尼性能的影响，随环境温度的升高，合金阻尼性能逐渐降低。原因在于较高的环境温度引起了马氏体的逆转变，使合金中孪晶数量减少。

叠层结构取得了良好的界面结合效果，铸锭底部的叠层结构界面形成了良好的冶金结合，界面抗剪强度达到 157.5MPa，抗拉强度达到 156.98MPa；靠近铸模型壁及铸锭顶部的叠层结构界面为冶金结合与机械结合共存；叠层结构包含了铁磁型和孪晶型两种阻尼机制；磁场环境和高的环境温度分别抑制了铁磁型阻尼和孪晶型阻尼；叠层结构可以在更宽的幅域和温域保持良好的阻尼性能，并且在磁场环境中仍具有良好的减振性能。但铁磁型阻尼在叠层结构中发挥的作用有限，其原因在于叠层结构的堆垛次序以及组元尺度和比例。表 13-49 列出典型 Mn-Cu 阻尼合金的阻尼性能及力学性能。

表 13-49　典型 Mn-Cu 阻尼合金的阻尼性能及力学性能

合金名称	力学性能						比阻尼 SDC(%)	熔点/℃
	R_{eL}/MPa	R_m/MPa	A(%)	E/GPa	KU/J	HBW		
Sonoston(英)	250～279	539～588	13～30	≥73.5	≥27	130～170	20～40	940～1080
Incramute(美)	294	490～600	15～30	≥74.5	≥36	140～160	24～40	—
Аьрора(俄)	254	490	20	≥78.4	—	—	10	900～1000
M2052(日)	300	540	32	≥65	≥100	136～148	40	1020～1040
2310(中)	235～304	539～608	23～40	≥84.5	≥29	132～169	20～37	960～1070

（1）Mn-Cu 阻尼合金的基本特性　Mn-Cu 合金属于典型的孪晶阻尼合金，在周期应力作用下，大量孪晶界面将发生移动重新排列，产生非弹性应变，从而耗散外界振动能。Mn-Cu 合金兼顾了良好的力学性能和阻尼性能。材料的强度直接体现材料可应用性，对于阻尼材料来说，阻尼性能和力学性能的综合指标才是考量阻尼材料可应用性的重要依据。Mn-Cu 合金抗拉强度 R_m = 540～600MPa，伸长率 A = 20%～40%，比阻尼 SDC = 20%～40%。

Mn-Cu 合金在很小的应变振幅下 SDC 可达到 30%～40%。但其阻尼机制决定了它的使用温度范围，只能在 Ms 点温度以下维持较好的减振性能，使用温度低于 1000℃。同时 Mn-Cu 合金在室温下阻尼性能的自然时效较为严重，存放时间越久，阻尼性能衰减越严重，室温环境下存放 8 年阻尼性能的衰减接近 50%，并且在高应变下表现尤为明显。此外，其抗海水腐蚀能力差，选择性脱溶及应力腐蚀开裂，作为潜艇螺旋桨使用时需加阳极保护。

高 Mn 含量的 Mn-Cu 合金虽具有良好的阻尼性能，但熔铸工艺性、耐蚀性、加工工艺性等都比较差。在合金铸造成型过程中，金属液流动性、凝固特性越好，铸件品质越好。这就要求合金具有较小的凝固温度区间。对于 Mn-Cu 合金来说，随着 Mn 含量增加，其凝固温度区间变宽。因此，当铸型的截面温度分布一定情况时，随合金 Mn 含量增加，合金的凝固方式逐渐从层状凝固向体积凝固过渡，导致补缩效果变差，铸造性能恶化。因此，实际应用的 Mn-Cu 阻尼合金都是中锰的 Mn-Cu 合金，并通过热处理手段来改善阻尼性能。

（2）Mn-Cu 合金的阻尼机理　C. Zoner 研究了 w(Mn) = 88%的 Mn-Cu 合金发现，水淬并时效后在室温附近该合金具有很高的阻尼值，他指出该阻尼是由于（101）和（011）面的应力感生运动引起的。F. Worrell 最先观察到了该合金孪晶组织，并通过 X 射线衍射确定出孪晶面为｛110｝，此后经过大量的研究，孪晶被公认为是 Mn-Cu 合金最重要的阻尼源。G E. Bacon 详细研究了富 Mn 的 γ-Mn-Cu 合金反铁磁转变，指出对 w(Mn) > 69%的高 Mn 合金，反铁磁转变总是伴随着晶格的四角畸变（fcc-fct）。K. Shimizu 进一步研究指出，Mn-Cu 合金中顺磁-反铁磁转变与 fcc-fct 马氏体相变是相互独立的。反铁磁转变所引起的四方畸变为 fcc-fct 马氏体转变奠定了基础，并促使 fcc-fct 转变。也就是四角畸变的内应力诱发了马氏体转变。张骥华等人也认为高 Mn 的 Mn-Cu 合金中的反铁磁转变和马氏体转变是两个相互独立的过程。但由于二者转变点非常接近，所以二者产生紧密耦合。相变引起了晶格畸变，前者引起的四方畸变度为 10^{-6} 数量级，后者为 10^{-2} 数量级。畸变增加了体系的能量，孪晶的产生能够降低体系应变能，也就是所谓的应变释放机制诱发了孪晶的产生。C. Zoner 的研究所提出的（101）和（011）面正是由于上述提到的两个转变过程产生的孪晶面。

反铁磁转变和马氏体转变造成较大的晶格畸变。在应变释放机制作用下孪晶择优取向以降低系统能量，导致大量孪晶生成。在外力作用下与热弹性马氏体有关的孪晶界面弛豫，再取向及界面相互作用引起外界的振动能被消耗。

反铁磁转变和马氏体转变的相变点随 Mn 含量增加而升高。低 Mn 含量［w(Mn) < 80%］的 Mn-Cu 合金，反铁磁转变点和马氏体转变点均低于室温，因此不会发生像高 Mn 合金中的转变并在应变释放机制作用下产生孪晶，基本不具备阻尼性能。一般需要在

400～600℃温域进行时效处理，以提高相变点改善阻尼性能。

（3）Mn-Cu 阻尼合金的相变

1）Mn-Cu 合金相图。如图 13-90 所示，Mn-Cu 合金的平衡相包括：872℃以上的液相 L；存在于 1100～1246℃温度范围，x(Mn)＝86.5%～100%的成分内存在立方固溶体 δ、立方固溶体终端 β 和体心固溶体 α，几乎都近似纯锰；面心立方固溶体 γ 存在于整个固溶体范围。

平衡凝固、热处理过程都是会发生相变的。Mn-Cu 合金热处理过程的相变分为两类：非扩散相变-反铁磁转变和 fcc-fct 马氏体转变；扩散相变-调幅分解。

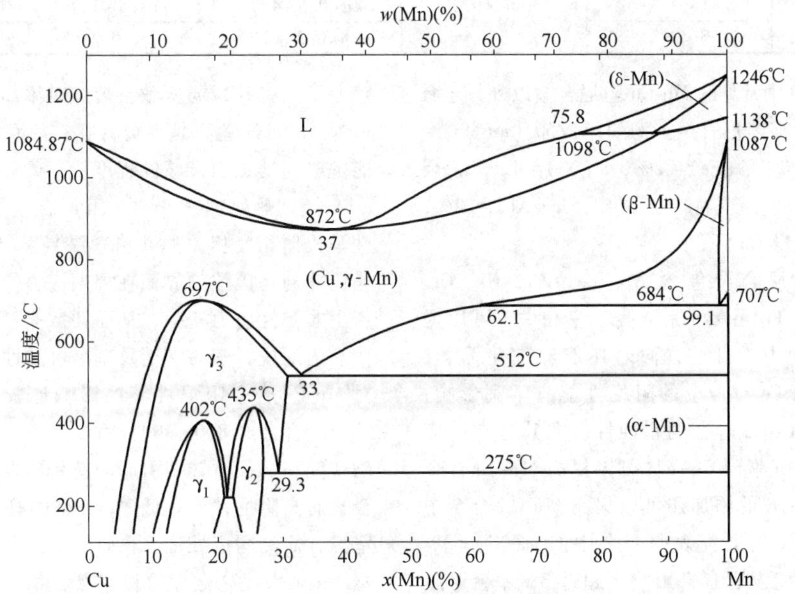

图 13-90　Mn-Cu 合金相图

2）Mn-Cu 合金的相变及孪晶形成。由 13-90 相图可知，w(Mn)＞80%的 Mn-Cu 合金在 γ 相区固溶处理。随后冷却过程中发生顺磁-反铁磁转变和 fcc-fct 马氏体转变。这两种相变的相变点均与 Mn 含量密切相关，Mn 含量增加，合金的 T_N、Ms 点也随之升高。高 Mn 含量的 Mn-Cu 合金，反铁磁转变温度与马氏体转变温度接近并稍高于马氏体转变温度。张骥华的研究表明，当 T_N 点和相变点 Ms 接近时，这两种相变会发生耦合，两者的耦合使得 Mn-Cu 合金的模量出现软化。反铁磁转变会引起晶格的四方畸变，当点阵畸变度大于 0.5%时，反铁磁转变会诱发 fcc-fct 的马氏体相变，并产生马氏体孪晶。

3）Mn-Cu 合金的调幅分解。当 w(Mn)＜80%时，上述两种相变的转变点温度均在室温以下。Mn-Cu 合金在 γ 相区固溶处理后并不具备阻尼性能。一般需要在 400～600℃范围内进行时效处理，借助调幅分解形成的富 Mn 区，将相变点提高到室温以上，获得较高的阻尼性能。

当 w(Mn)＜70%时，固溶后淬火得到的过饱和固溶体在亚稳互溶区进行时效处理会发生调幅分解，调幅分解区内合金处于亚稳态，γ 相以扩散的方式进行分解，同类原子的偏聚会降低系统自由能，其原理是由于同种原子（Mn-Mn、Cu-Cu）的结合力高于异种原子。在调幅分解早期，原子的偏聚形成富 Mn 微区并产生微观的不均匀。这就使得低和中锰型的 Mn-Cu 合金在局部微区达到了高 Mn 合金的 Mn 含量，相变点提高。随后的冷却过程中发生反铁磁转变、马氏体转变，在应变释放机制作用下产生孪晶，保证合金的高的阻尼性能。

（4）合金化对 Mn-Cu 合金阻尼性能的影响因素

高 Mn 含量的 Mn-Cu 合金虽具有良好的阻尼性能，但熔铸工艺性、耐蚀性等欠佳。通过成分及组织设计，合金元素添加可改善这些缺点。添加合金元素可降低 Mn 含量，再结合后处理工艺使合金的阻尼性能和其他性能取得平衡。现已商业化的 Mn-Cu 阻尼合金就是通过合金化的手段发展而来。表 13-50 列出一些典型 Mn-Cu 阻尼合金的主要成分。

表 13-50 一些典型 Mn-Cu 阻尼合金的主要成分（质量分数） （%）

元素	Sonoston(英)	Incramute(美)	Аьрора(俄)	2310(中)	M2052(日)
Mn	47~60	45~55	50~65	49~52	Bal
Cu	25~50	54~58	Bal	Bal	≈20
Al	2.5~6.0	<2.0	1.0~2.3	3.5~4.5	—
Fe	2.5~4.0	—	2.3~2.5	2.5~3.5	≈2
Ni	0.5~3.5	—	—	2.0~3.0	≈5
其他	Sn<2.0	Total<0.5	—	Cr0.4~0.8	—
	C<0.2		Zn<0.5~4.0	Zn1.5~3.0	—
	Si<0.2		Mo<0.3~0.9	Si<0.2	—

除了表 13-50 中常见的 Mn-Cu 阻尼合金以外，还有其他一些 Mn-Cu 高阻尼合金。例如，GZ50［w(Mn)= 50%，w(Al)= 3%，w(Fe)= 2%，w(Ni)= 1.5%，余量 Cu］；ZMnD-1J［w(Mn) = 50%，w(Al) = 2%，w(Zn)= 5%，余量 Cu］等。

Mn-Cu 高阻尼合金包含 Al、Fe、Zn、Ni、Cr、Mo 等合金元素。Fe 元素可完全溶于 γ 相中，可以提高 Mn-Cu 合金的力学性能，同时还能够细化晶粒。固溶于 γ 相中的 Fe 对合金的阻尼性能有不利影响；Cr 元素能改善 Mn-Cu 合金的耐蚀性，尤其是在抗应力腐蚀方面；Ni 元素同 Cr 一样可以提高 Mn-Cu 合金的耐蚀性，另外 Ni 的添加还可以提高 Mn-Cu 合金中孪晶界面的数量。有研究表明合金中的 w(Ni)<3% 时，其对阻尼性能没有有害影响，超过 3% 才会对阻尼性能有一定影响。Ni 使 γ 相变得稳定，不利于时效时形成富 Mn 区，削弱了时效对中 Mn 和低 Mn 型 Mn-Cu 合金阻尼性能的改善作用。Al、Zn 的添加能够改善 Mn-Cu 合金熔铸性、耐蚀性，还能强化合金。同时 Al、Zn 的添加能够提高 Mn-Cu 合金的马氏体转变点，增加马氏体相变的驱动力，使合金具有高阻尼性能。Al 的添加有助于提高 Mn-Cu 合金的自腐蚀电位。含 Al 元素的 Mn-Cu 合金的腐蚀层中的 Al_2O_3、Cu_2O 和 Mn_3O_4 协同作用减少了腐蚀孔隙，提高了 Mn-Cu 阻尼合金的耐蚀性。固溶于 γ 相中的 Zn 可以促进富 Mn 区的形成，提高面心正方晶体的正方度和数量。因此，合金的阻尼性能会大幅提高。总的来讲，合金元素的添加，可以改善 Mn-Cu 合金的力学性能，提高马氏体转变的相变点，增加马氏体相变驱动力，使合金中产生更多的马氏体孪晶，保证 Mn-Cu 合金的高阻尼性能，同时还能改善加工性和耐蚀性。

Mn-Cu 合金实际使用过程中存在着一个不利因素：合金的阻尼性能随使用时间的增加逐渐衰减，这严重阻碍了 Mn-Cu 阻尼合金的广泛应用。研究发现，这是由于马氏体孪晶界面的移动能力因杂质原子或间隙原子的钉扎减弱所致。熔炼时添加微量的稀土元素 Er 或 Ce 可避免孪晶界被钉扎，从而减弱合金阻尼性能随时间增加而衰减的程度。

（5）热处理 Mn-Cu 阻尼合金主要依靠与热弹性马氏体相变相关的共格孪晶界、母相与马氏体相、马氏体与马氏体的界面在周期应力作用下的重新排列产生非弹性应力松弛，从而耗散能量。热处理会影响孪晶的形成、孪晶密度及孪晶可动性。因此，热处理对 Mn-Cu 合金阻尼性能的影响比较突出。高 Mn 的 Mn-Cu 合金经 800~900℃ 固溶处理，冷却时，因反铁磁转变和马氏体转变引起的畸变诱发生成孪晶，使合金具有高阻尼性能。低 Mn 合金的马氏体相变点低于室温，需经固溶处理后再时效，借助调幅分解形成的富 Mn 区来提高合金的相变点。Mn-Cu 合金时效的平衡组织为 γ+α，通过调整时效温度和时间来保证形成富 Mn 区而不析出 α-Mn。这样不仅提高了 Mn-Cu 合金的马氏体相变点，有利于增加合金中的孪晶密度，而且避免 α-Mn 阻碍孪晶的移动，使 Mn-Cu 合金保持良好的阻尼性能。因此，固溶后再时效对改善中低 Mn 含量的 Mn-Cu 合金的阻尼性能意义重大。Mn-Cu 合金热处理促进了过饱和 Mn-Cu 时效时富 Mn 区的形成，这使 Mn-Cu 合金马氏体相变点提高，从而增加了相变驱动力。在随后的冷却过程中，合金发生反铁磁转变和马氏体转变，借助应变释放机制产生了马氏体孪晶。从而改善中、低 Mn 的 Mn-Cu 合金的阻尼性能。

1）固溶工艺。固溶温度一般为 $0.95T_m$（T_m 为合金熔点的绝对温度）。对 Mn-48.1Cu-1.55Al 合金，熔点为 911.6℃，固溶温度定为 850℃，Ar 气气氛，升温速率为 5℃/min，后炉冷、空冷和水冷。

2）时效工艺。经固溶后快冷处理的 Mn-Cu 合金并不具备阻尼性能，需进行时效处理。时效处理的目的是提高中锰 Mn-Cu 合金的阻尼性能。时效过程发生在 Mn-Cu 合金的互溶温度区间 400~600℃ 范围内。Mn-Cu 合金的互溶间隙温度范围与合金成分及合金元素添加有关。

图 13-91 所示为 Mn-Cu 合金经 850℃×0.5h 固溶处理后不同冷却速度下的微观组织，水冷状态下铸造的枝晶组织依旧存在。该成分的 Mn-Cu 合金的溶质再分配系数 $K>1$，铸造凝固时溶质再分配，先凝固的部分溶质含量高。因此，枝晶部分的锰含量较高，这与调幅分解形成的富 Mn 区不同。空冷状态下枝晶组织已经大部分消除，只留下一次枝晶方向上少量的枝晶颗粒。炉冷状态下则完全看不到枝晶组织，并且晶粒比较粗大。

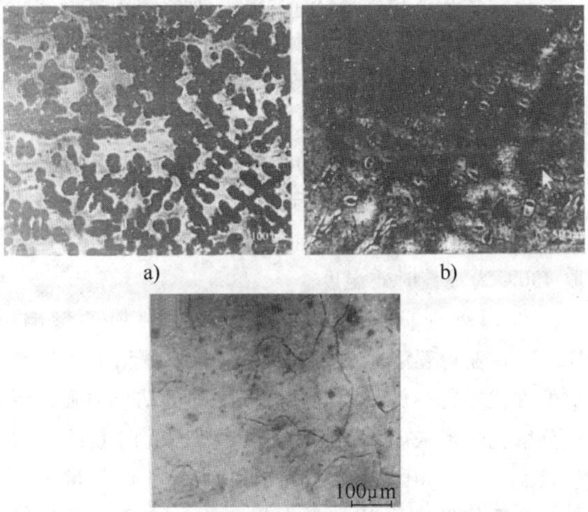

图 13-91 固溶后不同冷却速度下的微观组织

a）水冷 b）空冷 c）炉冷

图 13-92 所示为固溶水冷 Mn-Cu 合金经 430℃不同时间时效后的微观组织。与图 13-91a 相比，时效后枝晶组织完全消除。但都没有观察到孪晶组织。可能与合金中平均 Mn 含量偏低有关。时效过程调幅分解促使合金中形成了富 Mn 区，提高了合金的马氏体转变点，但是这些区域都在纳米尺度（5~20nm），即使时效后发生了 fcc-fct 转变，由于 fct 结构轴比 c/a 接近 1，fcc 与 fct 结构之间的取向差只有 1°左右，并且孪晶的尺度也在纳米级，二者之间的微小取向差导致光学显微镜下难以观察到孪晶。经 2h 和 4h 时效的组织比较接近，均不存在析出物。当时效时间超过 4h 时，可以看到平衡相的析出。8h 时效后晶内已经有弥散分布的析出物。随着时效时间的延长，析出物逐渐增加并且粗化。12h 时效后析出物数量明显增多。这些析出物可能就是 α-Mn。

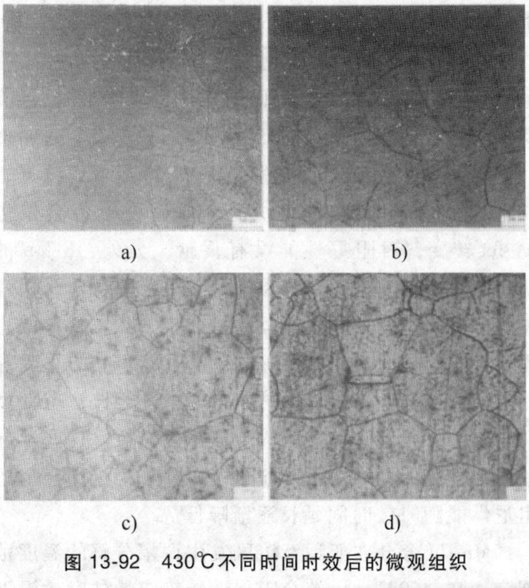

图 13-92 430℃不同时间时效后的微观组织

a）2h b）4h c）8h d）12h

（6）热处理对 Mn-Cu 合金的阻尼性能的影响

1）冷却速度对 Mn-Cu 合金阻尼性能的影响。水冷状态合金中存在枝晶，枝晶中 Mn 含量很高，但不同于时效形成的富 Mn 区，而是类似于 α-Mn，几乎接近纯 Mn。冷却时不会发生反铁磁转变和马氏体转变。因此，不能赋予 Mn-Cu 合金阻尼性能。固溶处理后快速冷却使组织内应力增加，同时伴随有晶格畸变和较多的位错。这对合金的阻尼性能有负面影响。热弹性马氏体相变主要是通过界面附近的弹性协调自适应进行的。较大的组织内应力不利于 Mn-Cu 合金热弹性马氏体相变的进行。同时枝晶聚集了大量的 Mn 元素，使合金中其他区域出现严重的贫 Mn，导致众多区域的马氏体转变点远低于室温。室温下合金依旧保持单相 γ 组织。因此，淬火的中锰 Mn-Cu 合金阻尼性能很低，与普通结构材料无异。

随着冷却速度降低，可改善合金的阻尼性能。空冷状态合金中的枝晶逐渐消除，使 γ 相中的 Mn 含量相对于快冷状态合金有所提高，同时组织内应力有所减小。但是，固溶后空冷状态合金只在低应变段阻尼性能较水冷状态有所改善，整体阻尼性能并无多大提升。

炉冷状态 Mn-Cu 合金阻尼性能得到大幅提升，慢冷更有利于富 Mn 区的形成。炉冷状态合金中 Mn 的成分分布范围相对于快冷时更宽，这就使 γ 相的某些区域达到较高的 Mn 含量。炉冷过程中当温度达到 400~600℃区间（大约持续 2h）时，Mn-Cu 合金发生调幅分解，进一步促进富 Mn 区的形成，这样不仅使合金中富 Mn 区的 Mn 含量较高，而且富 Mn 区的数量也增加。炉冷更有利于形成富 Mn 区，这提高了合金的相变点。合金马氏体相变点的提高会使相变驱动力增加，从而促进了 fcc-fct 转变，使合金中存在较多的孪晶。因此，炉冷状态的 Mn-Cu 合金阻尼性能较高。固溶慢冷对改善中低 Mn 含量的 Mn-Cu 合金阻尼性能大有裨益。

2）时效对 Mn-Cu 合金阻尼性能的影响。

①Mn-Cu 最佳时效温度。高 Mn 型 Mn-Cu 合金马氏体相变点高于室温，冷却时 γ 相发生 fcc-fct 转变，形成孪晶，使 Mn-Cu 合金具有良好的阻尼性能。中低 Mn 型 Mn-Cu 合金固溶处理后快速冷却阻尼性能很低。需要在 400～600℃ 时效或者以很慢的速度（0.025K/s）冷却，依赖 γ 相的调幅分解形成富 Mn 区来提高合金的相变点，从而使得冷却过程中合金发生 fcc-fct 转变，形成孪晶，改善中低 Mn 型 Mn-Cu 合金的阻尼性能。

Mn-Cu 合金的时效一般在亚稳互溶区（400～600℃）进行。亚稳互溶区是一个比较宽的温度区间，并且 Mn-Cu 二元合金中添加其他合金元素后，会引起其互溶间隙范围的改变。针对不同成分的 Mn-Cu 合金，必须选择合适的时效温度。在互溶间隙内时效，Mn-Cu 合金的硬度会随时效温度而变化。因此，在 Mn-Cu 合金的互溶间隙内选择多个温度进行时效，通过硬度的测量来估计 Mn-Cu 合金互溶间隙内发生调幅分解的温度范围。

水冷 Mn-Cu 合金经亚稳互溶区不同温度时效后在 400～450℃ 温度范围内出现硬度增加平台。合金的阻尼性能也比较高，并且在 430℃ 时效后合金的阻尼性能达到最大值（$Q^{-1}=0.128$）。成分为 Mn-48.1Cu-1.55Al 的 Mn-Cu 合金在 400～450℃ 时效时正好处在调幅分解Ⅱ区域内。在该区域内，合金按上坡扩散的偏聚机制，母相形核直接形成与母相结构相同而成分不同的溶质原子富区和贫区，由此产生了溶质原子浓度梯度。按照浓度梯度强化理论可知，当刃型位错的方向与浓度梯度一致、螺型位错与浓度梯度垂直时，浓度梯度对位错的附加阻力使合金强化。因此，该温度时效后出现了硬度升高的平台。调幅分解形成的浓度梯度就是富 Mn 区，富 Mn 区的形成提高了合金的马氏体相变点，使相变驱动力增加，冷却过程中发生 fcc-fct 转变促使更多的孪晶形成。这就是合金在 430℃ 时效后阻尼性能比较好的原因。

当时效温度高于 450℃ 时，合金的硬度明显增加，480℃ 时效后硬度达到最大值，阻尼性能则出现下降。随着时效温度的升高，浓度梯度会明显改变。固溶体发生调幅分解时，成分变化引起点阵常数变化，点阵保持共格，使点阵发生弹性畸变而引起应变能。梯度能和应变能都会减少扩散驱动力，使调幅分解受阻。因此，在高于 450℃ 时效时，该成分的合金处在共格固溶线以上的非共格固溶区，该区域合金不再是按照调幅分解的上坡扩散的偏聚机制分解，而是非共格亚稳相的形核长大。因此，形成富 Mn 区的数量有限，相对来说，合金的马氏体相变点要比 430℃ 时效时低，这会导致马氏体相变的驱动力减小，合金中的马氏体含量减少。因此，合金在高于 450℃ 温度时效时阻尼性能会下降。另一方面该温度下合金中会产生非共格析出，这阻碍了孪晶的移动，使合金的阻尼性能下降。水冷 Mn-Cu 合金经 480℃ 时效后硬度出现峰值，是由非共格弹性应力场强化和位错与第二相交互作用（切过和绕过机制）强化导致的。

由合金在亚稳互溶区不同温度时效后硬度的变化可知，最大硬度对应的温度在共格固溶线以上的非共格固溶区，调幅分解区域在此温度以下。因此，Mn-Cu 合金在亚稳互溶区时效时发生调幅分解的温度范围为 400～450℃。认为 Mn-Cu 合金时效时应优先选择亚稳互溶区的低温端，这样可以有效防止平衡相 α-Mn 的析出损害阻尼性能。结合阻尼性能，综合选取 430℃ 为最佳时效温度。

② 时效时间对 Mn-Cu 合金阻尼性能的影响。Mn-Cu 在亚稳互溶区内时效时，过饱和固溶原子以扩散的方式进行分解。因同种原子之间的结合力强，调幅分解优先形成富 Mn 区。对 430℃×2h 时效的欠时效状态，富 Mn 区 Mn 含量较低，富 Mn 区数量也较少，马氏体转变点比较低，相变驱动力小，并且富 Cu 区会成为相变阻力，需要较大的过冷度来克服相变阻力。处于欠时效状态的 Mn-Cu 合金 fcc-fct 转变是不完全的，随时效时间延长逐渐地从花呢结构向孪晶过渡。欠时效状态下马氏体的量比较少，引起的畸变度也小，合金中产生的孪晶数量较少，因而阻尼性能较峰值时效稍低。

当时效时间超过 4h 时，由于 α-Mn 的析出，阻尼性能下降主要源于长时间时效。8h 时效后已经有析出物存在。相对于欠时效和峰值时效状态，过时效状态下 α-Mn 析出逐渐取代了富 Mn 区形成，占据主导地位。α-Mn 为顺磁组织，冷却过程中不会发生 fcc-fct 转变，对阻尼性能没有贡献。另外，α-Mn 的析出使系统的有效富 Mn 区减少，不利于合金马氏体相变点的提高，使相变驱动力减小，导致马氏体的量也比较少。同时，α-Mn 的析出会阻碍孪晶的移动和再取向。在过时效状态下随时效时间延长，畸变度（$1-c/a$）减小，富 Mn 区 Mn 含量会降低。这些都导致阻尼性能下降。因此，过时效状态 Mn-Cu 合金的阻尼性能随时效时间延长逐渐降低。

Mn-Cu 合金在亚稳互溶区发生调幅分解的温度范围为 400～450℃，由综合阻尼性能确定最佳时效温度为 430℃。固溶处理后合金的过饱和度越大，时效后合金阻尼性能的提升幅度越大。

铸态 Mn-48.1Cu-1.55Al 合金的最佳热处理工艺为 850℃×0.5h 水冷后再进行 430℃×4h 的时效。随着固溶处理冷却速度的降低，Mn-Cu 合金的阻尼性能逐渐提高。热处理之后 Mn-Cu 合金中富 Mn 区的 Mn 含量达到 80%（摩尔分数）以上，马氏体相变点提高到室温以上（82.5℃），使合金可以形成更多的孪晶，保持较高的阻尼性能。过时效状态平衡相 α-Mn 的析出导致 Mn-Cu 合金阻尼性能的下降。

环境温度的升高引起了 Mn-Cu 合金的逆马氏体转变，使合金中的孪晶数量减少，导致阻尼性能随着环境温度的升高而逐渐衰减，环境温度高于 900℃时，阻尼性能衰减超过 90%。

Mn-Cu 合金以高强、高韧、良好的阻尼性能而被广泛关注。在高锰［$w(Mn)>70\%$］的二元合金的基础上，通过降低 Mn 含量，添加 Al、Ni 等合金元素可使合金的阻尼性能、工艺性、耐蚀性等性能相互协调，由此出现了 Mn-Cu-Al、Mn-Cu-Al-Fe-Ni 等一系列的锰基阻尼合金。

美国国际铜研究联合公司开发了 Incramute（45Mn-53Cu-2Al）合金，英国 Stone Manganese Marine 公司联合美国海军、加拿大海军研发了 Sonoston（Mn-37Cu-4.25Al-3Fe-1.5Ni）铸造合金，并成功地应用于潜艇的螺旋桨，并且实现了商业化。1975 年苏联开发 Аьрора（Mn-Cu-Al-Fe-Ni-Zn）合金，已实现了标准化。殷福星等人为日本开发了 M2052（Mn-20Cu-5Ni-2Fe）合金，在阻尼性能、强度和加工性能之间取得了平衡。我国在此领域的研究起步较晚，但是也取得了丰硕的成果，成功研制了大量的 Mn-Cu 合金，其中高阻尼 MC-77 合金和螺旋桨用 2310 高阻尼合金最具代表性。2310 高阻尼合金经实艇试验获得了明显的减振降噪效果。高阻尼 GZ50 合金和实用型 Mn-40Cu-3.5A1-3Fe-1.5Ni 合金具有良好的力学性能、焊接工艺性和阻尼性能。

参考文献

［1］ 功能材料及其应用手册编写组. 功能材料及其应用手册［M］. 北京：机械工业出版社，1991.

［2］ 工程材料实用手册编辑委员会. 工程材料实用手册：4 卷［M］. 北京：中国标准出版社，1989.

［3］ 常润. 电工手册［M］. 北京：北京出版社，1996.

［4］ 电工材料应用手册编委会. 电工材料应用手册［M］. 北京：机械工业出版社，1999.

［5］ 陈国钧，等. 金属软磁材料及其热处理［M］. 北京：机械工业出版社，1986.

［6］ 张骥华，施海瑜. 功能材料及其应用［M］. 北京：机械工业出版社，2017.

第 14 章　先进高强钢及其热处理

上海交通大学　戎詠华

先进高强钢（AHSS）在汽车工业对节能和环保需求的驱动下得到迅猛发展，与高强度低合金（HSLA）钢比较，在相同的塑性下具有更高的强度，以致在汽车同样设计要求下可有效减轻汽车部件的重量。统计表明：汽车自重下降 10%，则油耗下降 7%~8%，排放下降 4%。AHSS 是在低强钢和高强钢（HSS）的基础上发展起来的。低强钢的屈服强度不高于 210MPa，它包括无间隙（IF）钢、碳素钢；HSS 的屈服强度在 210~550MPa 范围内，它包括高强度 IF 钢、各向同性钢（IS）和 HSLA 钢；AHSS 的屈服强度大于 550MPa，它包括双相（DP）钢、相变诱发塑性（TRIP）钢、孪生诱发塑性（TWIP）钢、淬火和分配（Q&P）钢和淬火-分配-回火（Q-P-T）钢。汽车用钢呈现出很宽的强度谱，不同钢的强度可能存在重叠，但随强度的提高，塑性下降，因此 HSS 和 AHSS 主要用于汽车结构件，低强度钢呈现高的成形性，大多用于车身。

钢的强度和塑性通常是互相排斥的，即强度提高则塑性下降。为了评估钢的性能是否改善，通常采用强塑积（PSE）来评价。PSE 是抗拉强度乘以断后伸长率。根据 PSE，AHSS 分为三代钢：第一代 AHSS 是低合金钢，其 PSE<30GPa%，如 DP 钢和 TRIP 钢；第二代 AHSS 是高合金钢，其 PSE>50GPa%，如 TWIP 钢，轻质诱导塑性（L-IP）钢；第三代 AHSS 也是低合金钢，如 Q&P 钢、Q-P-T 钢，其 PSE 在上述两者之间。第一代 AHSS 是以体心立方（bcc）结构的铁素体为基体，第二代 AHSS 是以面心立方（fcc）结构的奥氏体为基体，第三代 AHSS 是以 bcc 马氏体基体+fcc 残留奥氏体构成的复相组织。第一代和第三代钢均是低合金钢，它们的钢成分相近，通过不同的工艺来获得不同需求的力学性能。

现在商业使用的 AHSS 是从 20 世纪 70 年代中期研发的 DP 钢开始的。DP 钢的命名用来描述铁素体-马氏体双相微观组织，但 DP 钢通常含有大于两相的组织，如残留奥氏体、贝氏体等。DP 钢基本是低碳钢，它们通过形变热处理后在相同的抗拉强度下比铁素体-珠光体钢呈现出更好的成形性。由于 DP 钢具有良好的强度-塑性结合，具有高的成形能力和良好的焊接性，并且工艺简单，因此，至今 DP 钢比上述其他的 AHSS 更广泛地应用在汽车上。

Zackay 等人在研究高 Cr、Ni、Mo 合金奥氏体钢时发现，在奥氏体钢中因马氏体相变引起了塑性增长，并将该现象命名为相变诱发塑性（TRIP）。TRIP 效应增强了加工硬化率，推迟了缩颈发生，由此改善了塑性和成形性。TRIP 钢最初在工业中使用于高合金钢，由于昂贵的价格和复杂的加工工艺限制了它的推广应用。鉴于上述高合金 TRIP 钢的缺点，Matsumura 等人在 1987 年研究了低合金 TRIP 钢（0.4C-1.5Si-0.8Mn），通过对该合金进行临界退火和随后的冷却，获得铁素体基体+贝氏体+残留奥氏体的复相组织，该 TRIP 钢的抗拉强度大于 980MPa，且断后伸长率大于 30%，开创了廉价高性能 TRIP 钢新的里程碑。TRIP 钢中的 Si 和 Mn 含量与 DP 钢相似，也高于铁素体-珠光体钢，高 Si 含量［w(Si)>1.0%］可以抑制脆性渗碳体从铁素体的析出，同时促进铁素体中的碳扩散到奥氏体中去，而高 Mn 的加入可以提高钢的淬透性。TRIP 钢中各组织含量（质量分数）为 50%~60%铁素体，25%~40%贝氏体，5%~15%残留奥氏体。近几年提出和研发了轻质 δ-TRIP 钢。δ-TRIP 钢在原有 TRIP 钢的基础上，通过增加 C 含量及高 Al 含量的合金元素配比，用高温 δ 铁素体代替 TRIP 钢中的 α 铁素体，δ 铁素体在熔化温度以下的任意温度稳定存在，其余的组织为贝氏体和比原有 TRIP 钢更多含量的残留奥氏体。因为残留奥氏体的存在，使 δ-TRIP 钢具有 TRIP 钢的特点，在不损失其强度的前提下，比原有 TRIP 钢更好地提高了钢的塑性，具有更好的强度和塑性的组合。在同等的强度下，TRIP 钢的瞬时加工硬化率迅速增长并超过 DP 钢，其成形性优于 DP 钢。此外，TRIP 钢具有比 DP 钢更好的深冲性能；TRIP 钢的深拉延性能类同于软钢。

20 世纪 50 年代初研究者发现，当 Hadfield 钢不存在 ε-马氏体时，其呈现出高的应变硬化。用光学显微镜观察到平面缺陷的存在，由此提出了机械（力学）孪生的存在。在 20 世纪 50 年代末，孪生的存在进一步被透射电子显微镜所证实。20 世纪 70 年代，具有比 Hadfield 钢高的 Mn 含量和低的 C 含量的合金开始出现，如 Fe-18/20Mn-0.5C 合金。这种合金特别适用于低温，例如 Fe-30Mn-5Al-0.5C 合金在 -196℃的抗拉强度为 1200MPa，伸长率高达 70%。尽管高锰奥氏体 TWIP 钢的发展历史可追溯到 1888 年，但真正被国际开始广泛关注和研究的时间是 21 世纪初。在 2000 年德国的 Grassel 等人在 *International Journal of Plasticity* 杂志发表的文章以及 2003 年 Frommeyer 等人在 *ISIJ International* 杂志发表的文章开启和引领了国际的 TWIP 钢的广泛研究。这两篇文章首次提出了 TWIP 效应/TWIP 钢的术语和 Fe-Mn-Al-Si 新的体系［典型的成分为，$w(\mathrm{Mn})=20\%\sim30\%$，$w(\mathrm{Al})=2\%\sim4\%$，$w(\mathrm{Si})=2\%\sim4\%$］，并报道了高强度 Fe-Mn-Al-Si TRIP/TWIP 钢的独特力学性能，包括低温强塑性、高能吸收和成形能力，最重要的是他们指出，层错能的大小支配着 TRIP 效应和 TWIP 效应，即低的层错能（$\mathrm{SFE}\leqslant20\mathrm{mJ/m^2}$）有利于在亚稳的奥氏体中发生 fcc-hcp 马氏体相变；而稍高的 SFE（$25\mathrm{mJ/m^2}$）在稳定的 fcc 奥氏体中诱发孪生，更高层错能的奥氏体在形变中仅产生位错的滑移。Mn、Si 降低奥氏体的层错能，Al、C 提高奥氏体的层错能。Mn 的减少，可使 TWIP 钢变成 TRIP/TWIP 钢，通过 TRIP 和 TWIP 效应可显著提高钢的强度，同时保持足够的塑性，由此发展了中锰钢（如 Fe-10Mn-0.45C-1Al）。TWIP 钢的加工硬化指数大于 0.4，远高于其他 AHSS。TWIP 钢有如此好的强塑性，但由于高合金导致价格较昂贵和加工较困难，由此限制了它们在汽车上的应用。因此，降低合金和工艺成本，提高 TWIP 钢的性价比是随后发展的方向。为此，降低 TWIP 钢的 Mn 含量形成了中锰钢［$w(\mathrm{Mn})=4\%\sim12\%$］，成为第三代 AHSS，它们兼顾了高的强度、良好的延展性以及较低的材料成本等优点。它们的微观组织通常由体心立方结构马氏体（基体）以及在临界退火后获得的残留奥氏体构成。

美国 Speer 等人于 2003 年提出了淬火-分配（Q&P）工艺，获得马氏体基体+残留奥氏体双相组织。低碳 Q&P 钢比同成分的淬火和回火（Q&T）钢（通常称为调质钢）具有更高的动态压缩伸长率和抗绝热剪切断裂能力，这是因为前者比后者具有更多的残留奥氏体。宝钢首先研究出抗拉强度分别为 980MPa 和 1180MPa 的低碳［$w(\mathrm{C})=0.15\%\sim0.3\%$］Q&P 钢，Q&P980 钢比等同强度的 DP980 钢呈现出更好的成形性和剪切断裂性能。

徐祖耀在美国 Speer 等人的 Q&P 工艺的基础上于 2007 年提出了淬火-分配-回火（Q-P-T）工艺，其目的是加入碳化物形成的元素（这是 Q&P 工艺的热力学条件所不允许的），以此增加马氏体钢的碳化物的析出强化效应。由于 Q-P-T 工艺吸收了 Q&P 的核心思想——碳的分配，故 Q-P-T 钢与 Q&P 钢相同，也能获得大量的残留奥氏体，Q-P-T 钢不仅强度高于 Q&P 钢，而且塑性不亚于 Q&P 钢，尤其与传统的 Q&T 钢相比，塑性显著提高。

AHSS 中除了高锰 TWIP 钢和中锰 TRIP/TWIP 钢外，其他 AHSS 的成分类似，无大差别，但工艺不同，可获得不同需求的性能。DP（铁素体基体+马氏体）钢以马氏体取代 HSLA（铁素体+珠光体）钢中的珠光体，克服了 HSLA 钢的屈服点延伸，呈现更好的强度-塑性的结合。TRIP 钢（铁素体基体+贝氏体+残留奥氏体）以贝氏体和残留奥氏体取代 DP 钢中的马氏体，在相同的强度下，具有更好的塑性。Q&P 钢（马氏体基体+残留奥氏体）以马氏体基体取代 DP 钢和 TRIP 钢中的铁素体基体，因此具有更高的强度，但仍然保持良好的塑性，因为有大量残留奥氏体存在。Q-P-T 钢（马氏体基体+残留奥氏体+碳化物）较 Q&P 钢增加了碳化物的析出强化效应，因此，Q-P-T 钢比 Q&P 钢具有更高的强度，仍保持良好的塑性。由此可见，每次新的工艺出现，都促进了钢的发展。另外，AHSS 的发展从 DP 钢、TRIP 钢、TWIP 钢、Q&P 钢、Q-P-T 钢到中锰钢，涵盖了钢中所有可能的相——铁素体、贝氏体、奥氏体、马氏体和碳化物。因此，不可能通过热处理和其他手段获得新的单相组织，仅仅可以通过热处理和/或其他手段（如形变）改变各种单相组织的含量、形貌、尺寸等，以最大化提高它们的综合性能，由此满足汽车用钢的各种性能要求，包括强塑性、韧性、成形性、焊接性和涂镀性等。即使如此，开发新型 AHSS 及其新工艺仍存在很大的发展空间。

14.1　双相钢

14.1.1　热处理工艺

双相（DP）钢的双相组织可以通过图 14-1 所示

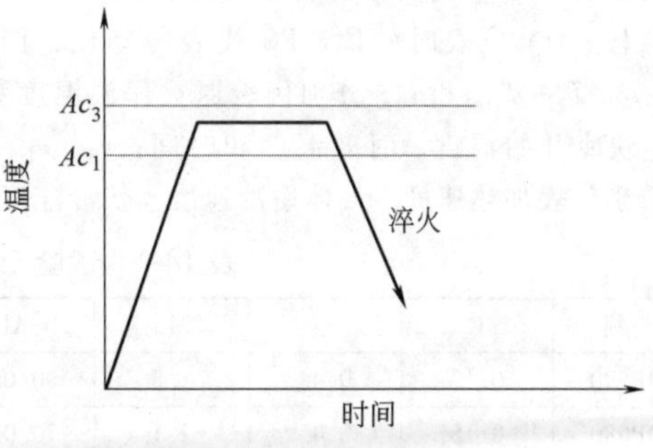

图 14-1　典型的 DP 钢热处理工艺

的工艺获得。生产 DP 钢的方法通常分为两种：连续退火工艺（也称临界退火工艺）和热轧工艺。

（1）连续退火工艺　具有三个显著特征：快速加热到 A_1 临界温度以上；在临界温度以上短时间保温；冷却到马氏体开始转变温度 *Ms* 以下。在连续退火前的微观组织大多由铁素体、珠光体和晶界铁碳化物构成。连续退火 DP 钢通常是低碳低合金钢，如空冷钢的名义成分（质量分数,%，下同）有 0.09C、0.92Si、0.97Mn、0.32Cr、0.12C、0.51Si、1.46Mn、0.11V，它们具有比微合金钢高的 Mn 含量和 Si 含量（微合金钢的 Mn 含量在 0.35 左右，Si 含量在 0.05 左右）。临界加热温度控制了铁素体和奥氏体的成分和体积分数，正如 Fe-C 相图所示。无合金化钢（如 0.07C、0.39Si、2.96Mn）通常需要水淬，而慢的冷速（如空冷）用于微合金钢。高的冷却速度将会引入大量的点阵缺陷和残余应力在基体中，从而稍降低塑性。但是，通过对钢的回火处理可以改善塑性。

（2）热轧工艺　钢在最后一道轧制后进入卷取机前，钢中 80%～90%的奥氏体转变成铁素体，剩下的 10%～20%奥氏体的转变在卷取的缓冷过程中发生。根据连续冷却转变图，钢的成分设计呈现如下特征：延长了铁素体曲线，即在宽的冷却速度范围可以形成大量的铁素体；抑制或推迟珠光体的形成，即保证在冷却到卷取前避免珠光体的形成；在珠光体和贝氏体区之间存在一个大的温度间隙，在这个间隙区内没有相变发生，以致提供充足的时间用于钢的卷取。大多的热轧是在 Fe-C 相图中的奥氏体单相区进行的，而终轧温度在临界温度区。正如以上所述，80%～90%奥氏体在输出轨道上已转变成铁素体，剩下的奥氏体在卷取冷却过程中转变。转变的产物类似连续退火中的产物。在卷取的冷却过程中，可能会发生马氏体的自回火和奥氏体的分解。

工业上通常采用连续退火工艺来生产冷轧 DP 钢。图 14-2 所示为典型的连续退火周期示意图。图中 PHS 代表连续退火炉中的预热段、RTHS 代表辐射管加热段、RTSS 代表辐射管保温段、GJC 代表气体冷却段、OA 代表时效段、FC 代表冷却段；同时，T_s、t_s、T_q、T_{OA} 和 t_{OA} 分别代表退火保温温度和时间、快冷开始温度、时效温度和时间；v_0、v_1、v_2、v_3 分别代表加热速度、气体慢冷速度、快冷速度和空冷速度。

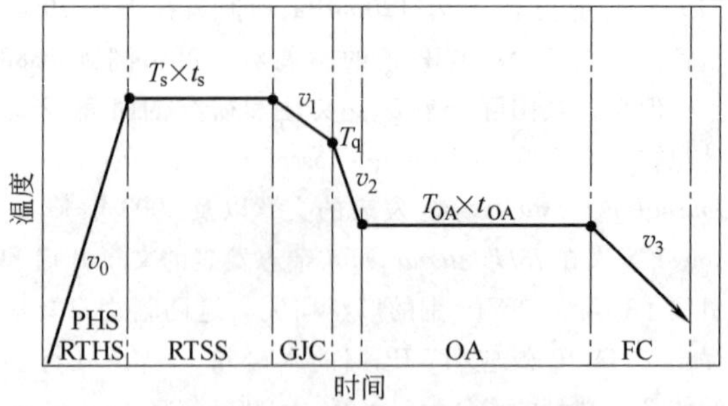

图 14-2　典型的连续退火周期示意图

14.1.2　成分设计

DP 钢中的合金元素主要从以下方面来影响 DP 钢的组织。

1）置换固溶强化，提高铁素体基体的强度。

2）清洁铁素体基体中的间隙固溶原子，从而取得净化 C、N 的铁素体。

3）提高马氏体的淬透能力。

4）扩大两相区以改善热处理工艺性能。

5）获得细晶组织。一般情况下，DP 钢中的合金元素主要包括 C、Mn、Si、Al、Cr 、Nb、Ni、V 等。合金元素对时间-温度-相转变图的影响如图 14-3 所示。

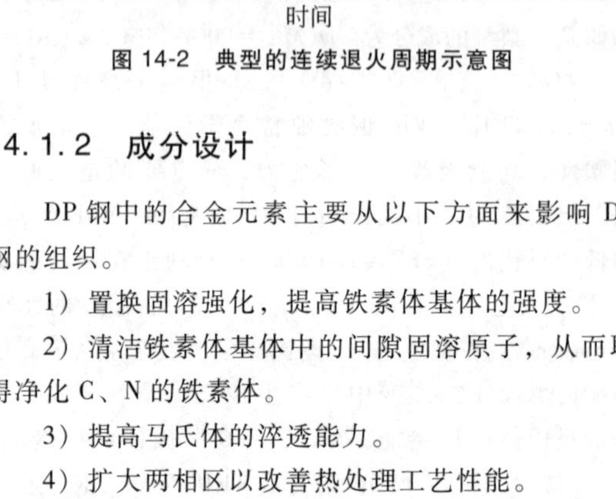

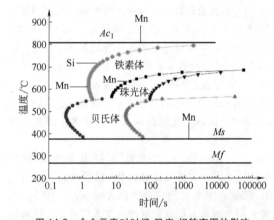

图 14-3　合金元素对时间-温度-相转变图的影响

表 14-1 列出抗拉强度分别为 590MPa 和 980MPa 级别的 DP590 和 DP980 试验 DP 钢的化学成分。表 14-2 列出不同强度级别 DP 钢的国家标准。

表 14-1　试验 DP 钢的化学成分（质量分数）　（%）

材料	C	Si	Mn	Al	P	Nb	Cr	Ni	Fe
DP590	0.12	0.44	1.8	0.05	0.021	—	0.26	0.016	余量
DP980	0.15	0.45	2.1	0.03	0.015	0.015	—	—	余量

表 14-2　不同强度级别 DP 钢的国家标准

材料	$R_{p0.2}$/MPa	R_m/MPa	A_{80}(%)
DP450	260~340	≥450	≥27
DP500	300~400	≥500	≥24
DP590	340~460	≥590	≥18
DP780	420~560	≥780	≥13
DP980	550~730	≥980	≥9

14.1.3　热处理工艺对组织与性能的影响

1. 不同临界退火温度对 DP 钢微观组织的影响

图 14-4 是 DP590 在 700℃、750℃ 和 800℃ 不同临界退火温度下保温 5min 后水淬样品经 Lepera 试剂腐蚀后的金相照片。通过软件对多组图片进行统计分析，可以得出不同临界退火温度下保温 5min 后水淬时样品中的马氏体体积分数 $\varphi(M)$，如图 14-5 所示。样品在 700℃ 下水淬得到的组织绝大部分为铁素体，只有极少量的马氏体。随临界退火温度的提高，马氏体体积分数明显提高。当样品在 700℃ 下保温后水淬时，马氏体体积分数仅为 1%；当临界退火温度提高到 750℃ 时，马氏体体积分数提高到 17.2%；当临界退火温度提高到 800℃ 时，马氏体体积分数提高到 44.4%。随着临界退火温度的提高，马氏体晶粒逐渐增大。在 700℃ 下保温后水淬时马氏体主要呈现为直径约为 2μm 的球状，当温度提高到 750℃ 时，马氏体呈现出长度为 5μm 左右的细条状，而当温度提高到 800℃ 时，马氏体呈现为直径 5μm 左右的岛状，如图 14-6 中扫描电子显微镜（SEM）照片所示。

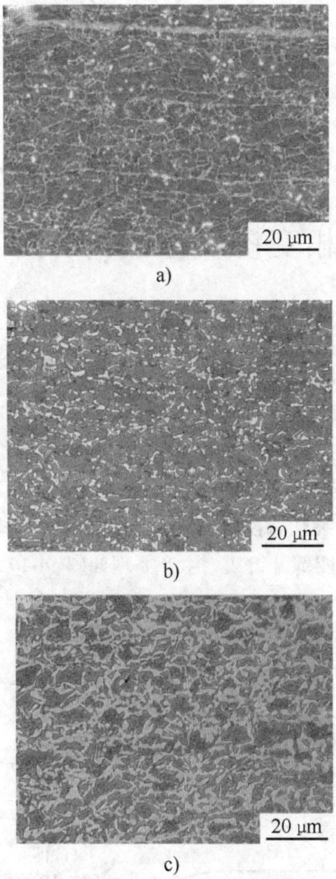

图 14-4　DP590 在不同临界退火温度下保温 5min 后水淬样品的微观组织

a）700℃　b）750℃　c）800℃

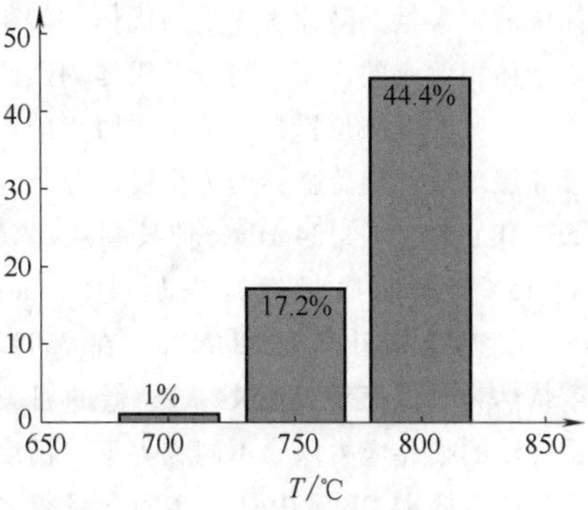

图 14-5　不同临界退火温度下保温 5min 对 DP 钢中马氏体体积分数的影响

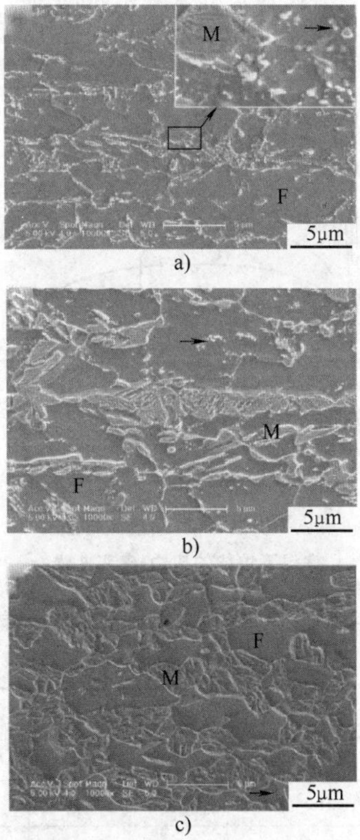

图 14-6　不同临界退火温度下保温 5min 的微观组织 SEM 照片

a）700℃　b）750℃　c）800℃

2. 不同临界退火温度下 DP 钢的力学性能

图 14-7 所示为 DP590 在不同临界退火温度下保温 5min 后水淬样品在室温下拉伸的应力-应变曲线，相应的力学性能列于表 14-3。由图可以看出，在 700℃ 保温 5min 后水淬样品在形变过程中出现了明显的屈服平台。这主要是此样品中含有极少的马氏体（体积分数仅为 1%），这些马氏体在相变中发生的体积效应不足以在铁素体中产生足够多的可动位错。当提高临界退火温度时，原始奥氏体的体积分数升高，奥氏体中的碳含量下降，水淬后马氏体的体积分数升高，由于体积效应的作用，使得马氏体周围的铁素体中产生了大量的可动位错，避免了屈服点的产生，呈现连续屈服现象。随着临界退火温度的提高，抗拉强度从 563MPa 提高到 1134MPa，伸长率从 37.9% 逐渐降低到 15%，而屈服强度则先从 415MPa 降低到 315MPa，然后重新升高到 684MPa，在 750℃ 时，屈服强度依然为最低值（见图 14-8），低的屈服强度表明位错开动的临界应力低。不同临界退火温度对抗拉强度的影响主要和 DP 钢中马氏体的含量相关。通过抗拉强度和屈服强度计算得到不同临界退火温度下样品的屈强比。从图 14-9 可知，屈强比随临界退火温度的升高是先降低后升高，在 700℃ 时达到最大值，0.74。

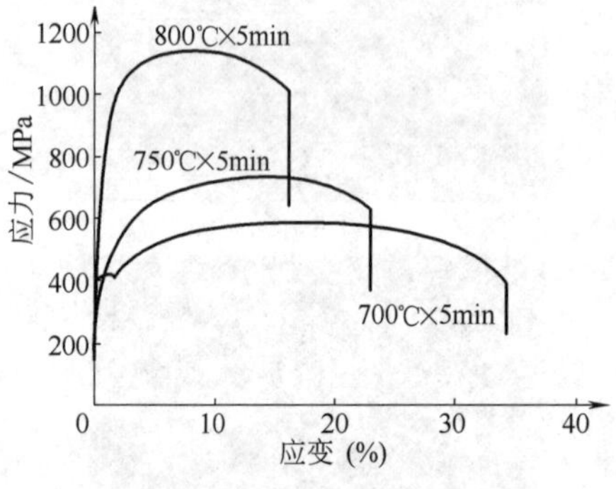

图 14-7　DP590 在不同临界退火温度下保温 5min 后水淬样品在室温下拉伸的应力-应变曲线

表 14-3　DP590 在不同临界退火温度下保温后水淬样品的力学性能

临界温度/℃	抗拉强度/MPa	屈服强度/MPa	断后伸长率（%）	屈强比
700	563	415	37.9	0.74
750	730	345	22.86	0.47
800	1134	684	15.0	0.6

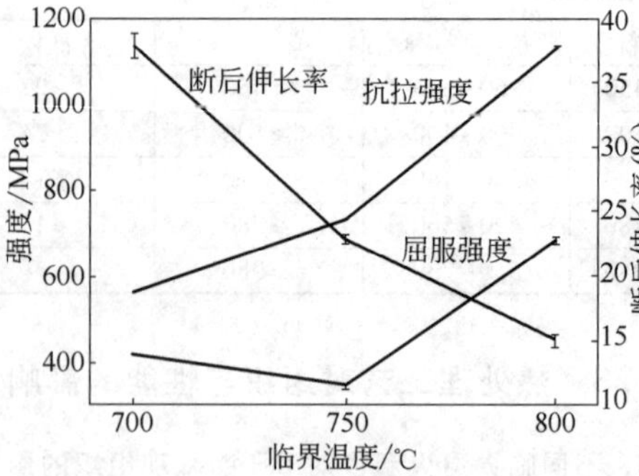

图 14-8　DP590 双相钢的抗拉强度、屈服强度和断后伸长率随临界退火温度的变化

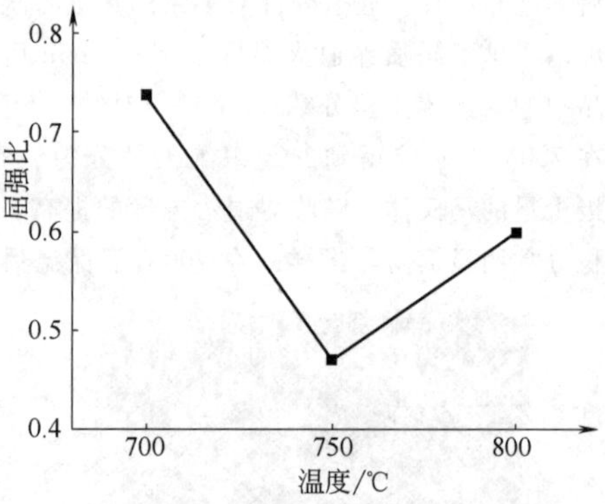

图 14-9　DP590 的屈强比随临界退火温度的变化

14.2　相变诱发塑性钢

14.2.1　热处理工艺

相变诱发塑性（TRIP）钢根据生产工艺路线的不同可分为形变热处理型的热轧 TRIP 钢和冷轧后退火型的冷轧 TRIP 两大类。

1. 热轧 TRIP 钢

采用在终轧后控制冷却和低温卷取的方式生产，其冷却模式由四部分组成，生产原理如图 14-10 所示。

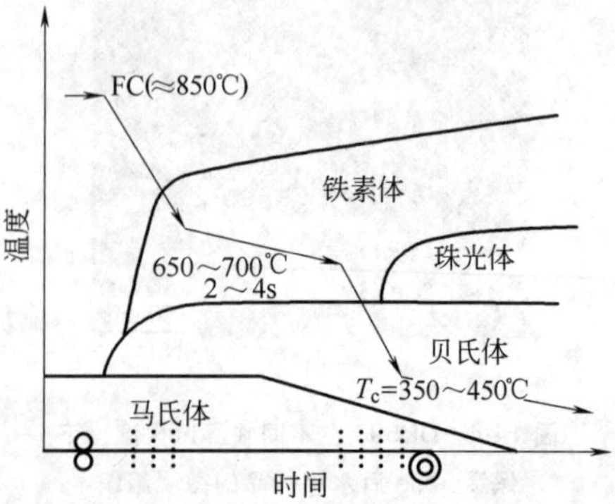

图 14-10　热轧 TRIP 钢生产原理

钢板在单相区终轧后从 850℃快速冷却（FC）到中间温度，加速铁素体的形成。在中间温度保持一段时间以获得足够的铁素体。保持时间和慢冷的温度以不形成珠光体为准，因为珠光体的形成将消耗大量的碳，从而减弱了碳在未转变奥氏体中的富集。然后再快速冷却到卷取温度，完成奥氏体向贝氏体的转变。卷取温度 T_c 控制在 500℃以下，抑制珠光体的形成，从卷取温度自然冷却到室温。热轧 TRIP 钢的生产关键是终轧后两段冷却的控制。

2. 冷轧 TRIP 钢

图 14-11 所示为生产冷轧 TRIP 钢的热处理工艺，高温下的形变热处理主要是细化奥氏体晶粒，改变相变动力学，即钢坯在 1200℃左右均匀化退火 1h，在 1150℃开始轧制，终轧温度在 850℃左右，中间经过 3 或 4 道轧制工艺，在 600℃卷取并空冷（AC）到室温，随后进行冷轧，达到所要求的钢板厚度，然后重新加热到奥氏体和铁素体两相区保温 1~5min，并快冷到贝氏体转变区进行贝氏体转变，最后油淬（OQ）到室温。

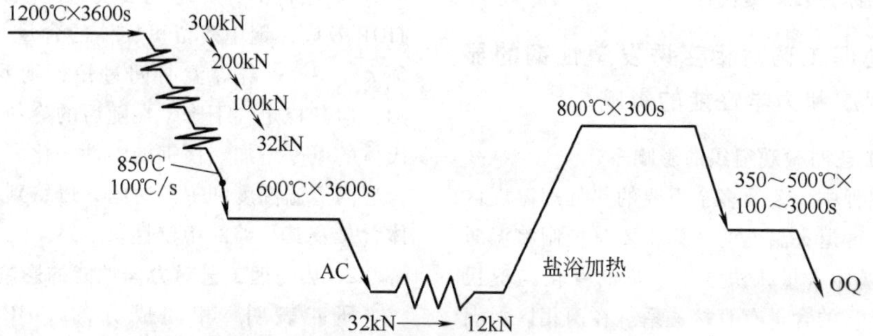

图 14-11　生产冷轧 TRIP 钢的热处理工艺

冷轧工艺较热轧工艺更容易控制所需的组织含量。以上热轧和冷轧 TRIP 钢的生产方法，为了提高亚稳奥氏体的稳定性，均需要较高的 Si 或 Al 含量来抑制渗碳体的析出。

14.2.2　成分设计

TRIP 钢的成分体系属于低碳低合金钢，一个重要的特征是含有非碳化物形成元素。其基本成分体系为 Fe-Mn-C-Si/Al 系，在此基础上，添加少量的其他合金元素。其他合金元素按照对奥氏体和铁素体的稳定化影响可分为以下两类：奥氏体稳定化元素——C、N、Mn、Ni、Cu、Cr；铁素体稳定化元素——Si、Al、P、Nb、Ti、Mo、V。

常用生产 TRIP 钢的成分体系有 0.20%C-1.5%Si-1.5%Mn 系列、0.20%C-0.30%Si-1.8%Mn-1.2%Al（低硅）系列、0.20%C-0.30%Si-1.8%Mn-0.06%P（低硅）系列。表 14-4 列出不同强度级别 TRIP 钢的国家标准。

表 14-4　不同强度级别 TRIP 钢的国家标准

材料	$R_{p0.2}$/MPa	R_m/MPa	A_{80mm}(%)	加工硬化指数 n
TRIP590	380~480	≥590	≥26	≥0.20
TRIP780	420~580	≥780	≥20	≥0.15
TRIP980	450~700	≥980	≥14	≥0.14

14.2.3　相变诱发塑性钢的显微组织

低碳 Si-Mn 系 TRIP 钢的显微组织主要是由铁素体、贝氏体、残留奥氏体和极少量的马氏体组成的。铁素体一般作为基体，呈等轴晶状分布；贝氏体呈条状或粒状分布于相界处；残留奥氏体主要分布于三个位置：呈岛状分布于铁素体晶粒内或晶界处；呈岛状分布于贝氏体铁素体（无碳化物贝氏体）晶界处；呈膜状或针状分布于贝氏体铁素体条间。极少量的马氏体主要是由在淬火冷却到室温的过程中稳定性相对较差的奥氏体转变而来，一般呈岛状分布。典型 TRIP 钢的微观组织如图 14-12 所示。

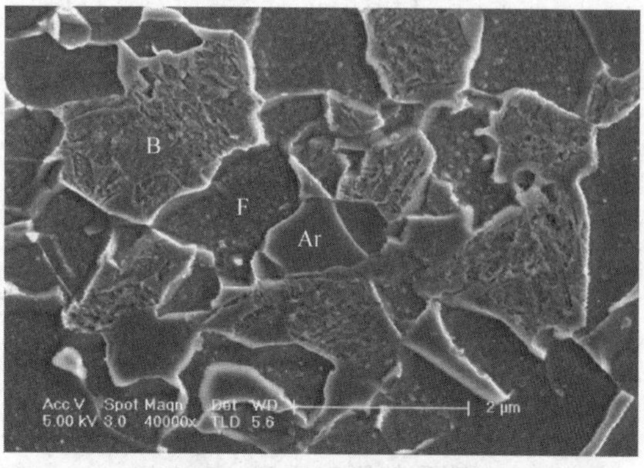

图 14-12　典型 TRIP 钢 F（铁素体）—B（贝氏体）—Ar（残留奥氏体）的微观组织

以冷轧 TRIP 钢为例，简单阐述 TRIP 钢中多相组织的形成机理。钢坯进行冷轧，达到所要求的钢板厚度后，重新加热到奥氏体和铁素体两相区保温 1~5min，期间通过碳从铁素体分配到奥氏体中，形成部分铁素体和奥氏体的两相平衡组织，随后快冷到贝氏体转变区进行贝氏体转变，该过程中碳从贝氏体分配到未转变的奥氏体中，过冷奥氏体将部分转变为贝氏体组织，其余部分中碳含量较少的奥氏体在最后快冷到室温时形成少量马氏体组织，而碳含量较高的奥氏体保留到室温，称为残留奥氏体。

14.2.4　热处理工艺对相变诱发塑性钢的显微组织和力学性能的影响

1. 热处理工艺对微观组织的影响

在热处理过程中，涉及多个重要的热处理温度区间和参数，两相区退火温度的选择主要是控制室温时 TRIP 钢中的铁素体含量，铁素体含量的变化与奥氏体中碳和合金元素的含量有直接关系。在两相区保温过程中，由于非碳化物形成元素，如 Si 或 Al 的存在，使奥氏体中的碳得到第一次富集，一般可达到钢中平均碳含量的两倍左右，为取得较好的 TRIP 效应需优化铁素体量，以便获得尽可能稳定的残留奥氏体。铁素体含量还直接影响最终组织中残留奥氏体的成分和形貌，进而影响残留奥氏体 TRIP 效应的发挥。一般选择在奥氏体和铁素体含量相等的温度进行保温；随后冷却到贝氏体转变区时需较高的冷速，以防止先共析铁素体和珠光体的形成。贝氏体区等温的目的主要是通过在贝氏体形成过程中碳在奥氏体的第二次富集，使残留奥氏体的稳定性进一步提高，并在随后的冷却过程中保留下来。贝氏体转变的等温温度和时间的选择对残留奥氏体的含量和稳定性都有重大影响。如果转变温度过高，碳向奥氏体中大量扩散，使得贝氏体铁素体晶粒过度长大，钢的强度降低；转变温度过低，尽管碳大部分固溶于贝氏体铁素体中，贝氏体铁素体晶粒较小，钢的强度较高，但残留奥氏体量降低，使钢的塑性不佳。如果等温时间过长，虽然残留奥氏体中的碳含量增加，其稳定性也大大增加，但贝氏体转变量增多，残留奥氏体含量减少，TRIP 效应将消失。研究表明，要在形变过程中产生 TRIP 效应，钢中残留奥氏体的含量（体积分数）必须大于 8%；若等温时间过短，则残留奥氏体量增加，但其稳定性下降，在随后的冷却过程中转变成马氏体的概率增加，使钢的塑性恶化。因此，必须选择合适的等温温度和等温时间，以得到合适的残留奥氏体含量及其足够的稳定性。

2. 热处理工艺对力学性能的影响

研究表明，相同成分的 TRIP 钢（Fe-0.19C-1.45Mn-0.7Si-0.89Al-0.11Ti-0.08V）经不同热处理工艺后水淬（WQ）至室温后（见图 14-13）获得不同基体组织的 TRIP 钢。该钢经三种不同热处理工艺处理后分别获得了铁素体基、贝氏体基和马氏体基 TRIP 钢，并且三种组织中分别含有 12.1%、13.4%、9.6%的残留奥氏体组织。拉伸结果表明，铁素体基 TRIP 钢的抗拉强度、断后伸长率和强塑积分别为 924MPa、23.2%和 21436MPa%，贝氏体基 TRIP 钢分别为 996MPa、30.7%和 30577MPa%，马氏体基 TRIP 钢分别为 1147MPa、15.9%和 18237MPa%，由此可见，贝氏体基 TRIP 钢具有最佳的综合性能。

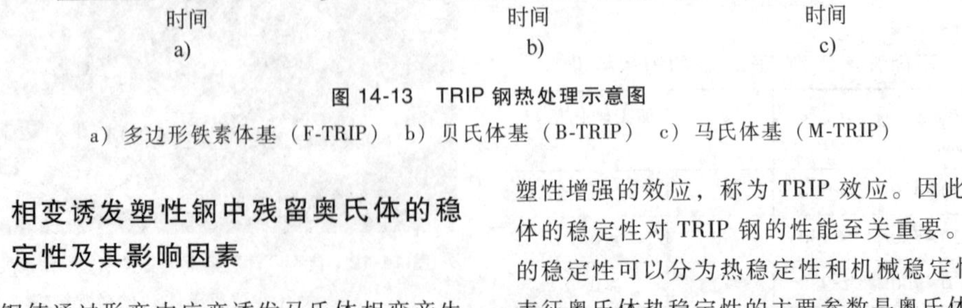

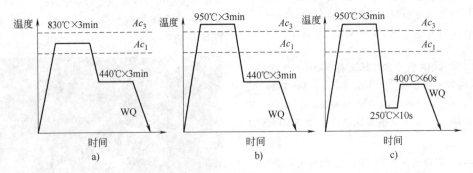

图 14-13　TRIP 钢热处理示意图

a）多边形铁素体基（F-TRIP）　b）贝氏体基（B-TRIP）　c）马氏体基（M-TRIP）

14.2.5　相变诱发塑性钢中残留奥氏体的稳定性及其影响因素

TRIP 钢使通过形变中应变诱发马氏体相变产生塑性增强的效应，称为 TRIP 效应。因此，残留奥氏体的稳定性对 TRIP 钢的性能至关重要。残留奥氏体的稳定性可以分为热稳定性和机械稳定性两个概念。表征奥氏体热稳定性的主要参数是奥氏体向马氏体转

变的开始温度 Ms。Ms 越低，奥氏体越稳定。计算 Ms 温度的经验公式为

$$Ms=550-361w(\mathrm{C})-39w(\mathrm{Mn})-35w(\mathrm{V})-20w(\mathrm{Cr})-17w(\mathrm{Ni})-10w(\mathrm{Cu})-5w(\mathrm{Mo+W})+15w(\mathrm{Co})+30w(\mathrm{Al})$$

用 Ms^{σ} 来表示残留奥氏体的机械（力学）稳定性。Ms^{σ} 表示应力诱发马氏体相变和应变诱发马氏体相变的转折温度（见图 14-14），即在某一应力状态下马氏体开始相变的温度。残留奥氏体的力学稳定性则取决于 Ms^{σ} 点的高低，故所有降低 Ms^{σ} 点的因素都能提高残留奥氏体的力学稳定性。由图可知，在 $Ms^{\sigma}\rightarrow Ms$ 温度区间，当外加应力小于屈服应力时，在弹性应力范围内就可诱发马氏体相变，称为应力诱发马氏体相变；随温度提高，在 Ms^{σ} 和 Md 温度之间，当外加应力高于屈服应力时，在产生塑性变形的过程中诱发马氏体相变，称为应变诱发马氏体相变。当温度继续升高至 Md 以上，应变诱发马氏体相变不能发生，该温度称为应变诱发马氏体相变的最高温度。值得指出的是，高于 Ms^{σ} 温度的应变诱发马氏体相变是有利于 TRIP 效应的，而低于该温度的应力诱发马氏体相变是不利于 TRIP 效应的。例如，采用在不同温度下的拉伸，观察试样从连续屈服到不连续屈服的温度范围，由此确定了 TRIP600 的 Ms^{σ} 为-10℃，表明 TRIP600 在该温度之下，在很小的外应力下（如钢板的搬运中）就产生快速的应力诱发马氏体相变，因此不能产生 TRIP 效应。Ms^{σ} 也可通过以下经验公式计算得到：

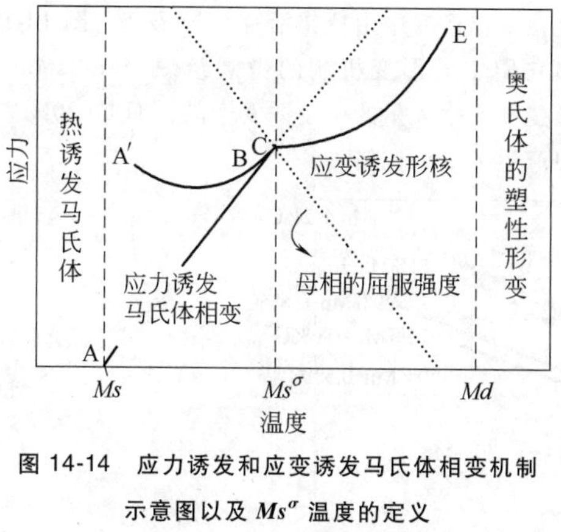

图 14-14　应力诱发和应变诱发马氏体相变机制示意图以及 Ms^{σ} 温度的定义

$$Ms^{\sigma}=[6.7891-33.45x(\mathrm{C})]^{-1}[A+5712.6-78224x(\mathrm{C})-21542x(\mathrm{Mn})+19976x(\mathrm{C})x(\mathrm{Mn})+\sigma_{y}(0.715+0.3206\sigma_{h}/\sigma_{m})]$$

$$A=\frac{2\alpha\gamma_{s}/\rho}{\ln\{-[\ln(1-f)]N_{v}^{0}V_{p}\}}$$

式中　$x(\mathrm{C})$——碳的摩尔分数；

$x(\mathrm{Mn})$——锰的摩尔分数；

σ_{y}——屈服应力；

σ_{h}/σ_{m}——水静压力与平均应力之比；

α——常数；

γ_{s}——马氏体核的比表面能；

ρ——密排面的原子密度；

f——发生相变的奥氏体体积；

N_{v}^{0}——所有可能的形核位置数；

V_{p}——奥氏体颗粒的平均体积。

上述公式中某些参数很难获得，因此采用实验测定较为简单。

14.3　孪生诱发塑性钢

14.3.1　热处理工艺

由于孪生诱发塑性（TWIP）钢的合金含量高、强度大，导致冶炼、连铸难度大，轧制和板形控制困难，因此实现 TWIP 钢的工业化生产是一个难题。目前国内企业已采用转炉冶炼—中薄板坯连铸连轧—酸洗冷轧—连续退火的生产工艺，实现了 980MPa 级 TWIP 钢的工业化生产，开发出中厚板、热轧卷板和冷轧卷板产品。其中连续退火工艺如图 14-15 所示。采用快速水淬是为了在冷却过程中防止渗碳体的析出和部分 fcc 奥氏体转变为 bcc 铁素体。如采用 Thermo-calc 软件计算的 TWIP 试验钢（Fe-0.4C-0.3Si-22Mn-0.003S-0.0015P-0.022N 高温和中温区间对应的相组分，如图 14-16 所示。由图 14-16a 可知，该 TWIP 试验钢的液相线温度为 1415℃，1415～1280℃区间处于液固相两相区，而在 1280℃以下处于固相区。由图 14-16b TWIP 试验钢的中温相图可知，TWIP 钢在中温区间的组织分别由 fcc（面心立方奥氏体）、fcc+cem（渗碳体）、fcc+bcc（体心立方铁素体）三类组织构成。640 ℃以上为单一的 fcc，640～475℃范围内为 fcc+cem，当温度降低到 475℃以下时，将形成 fcc 与 bcc 两相共存。

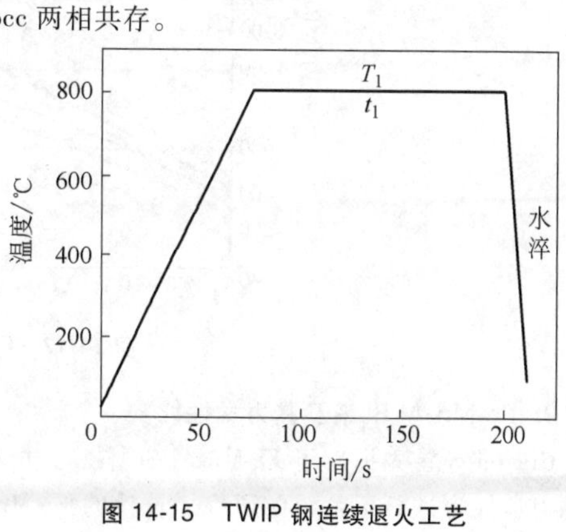

图 14-15　TWIP 钢连续退火工艺

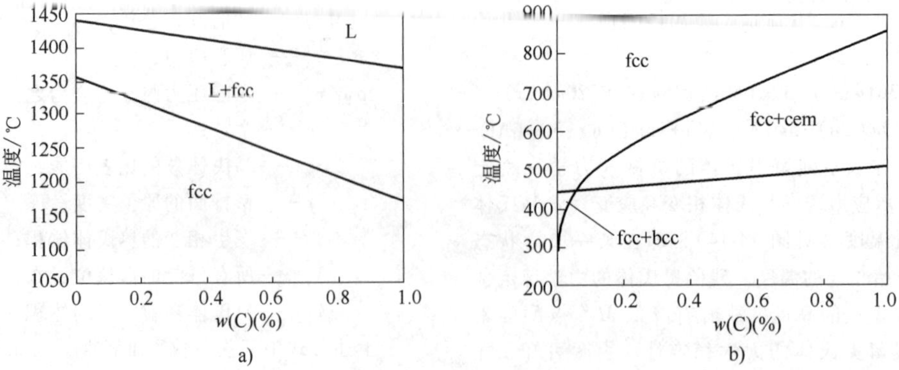

图 14-16　TWIP 试验钢高温和中温区间对应的相组分

a）高温　b）中温

14.3.2　两种体系的成分设计及其力学性能

国内外关于 TWIP 钢的研究主要集中于高锰 Fe-Mn-Al-Si 系和 Fe-Mn-C 系，其中 Fe-Mn-Al-Si 系 TWIP 钢的碳含量（质量分数）只有 0.05%左右，甚至更低；而 Fe-Mn-C 系 TWIP 钢的碳含量（质量分数）通常为 0.5%～0.7%。高锰奥氏体钢良好的力学性能源于不同塑性机制之间的竞争。位错滑移、应变诱发孪生和应变诱发马氏体相变，这三种塑性机制的启动受控于该合金层错能（SFE）的大小。层错能与成分和温度相关。对 Fe-22Mn-0.6C 计算得到的层错能（Γ），能够对不同温度下的变形机理进行预测：

$T=673\text{K} \rightarrow \Gamma=80\text{mJ/m}^2$→位错滑移

$T=293\text{K} \rightarrow \Gamma=19\text{mJ/m}^2$→机械孪生+位错滑移

$T=77\text{K} \rightarrow \Gamma=10\text{mJ/m}^2 \rightarrow \varepsilon$ 马氏体相变+位错滑移。

基本判据是，低的层错能（$\text{SFE}\leqslant 20\text{mJ/m}^2$）有利于在亚稳的奥氏体中发生 fcc-hcp 马氏体相变；而稍高的层错能（$\text{SFE}=25\text{mJ/m}^2$）在稳定的 fcc 奥氏体中诱发孪生。

因此，合金成分和形变温度下高 Mn 合金的层错能决定了它的形变机制和力学性能。

1. Fe-Mn-C 系及其力学性能

对不同 Mn 和 C 含量的 Fe-Mn-C 钢的室温拉伸性能进行了总结，如图 14-17 所示。为了突出 C 的作用，与无 C 的 Fe-30Mn 钢进行了比较。由图 14-17 可知，与 Fe-30Mn 相比，0.5%（质量分数）碳的加入不仅提高了强度，而且提高了塑性。图中所有通过冷轧和再结晶退火处理后得到的 Fe-Mn-C 钢均显示 TWIP 效应，没有马氏体相变发生。从图可知，Fe-30Mn 的力学行为明显不同于其他合金，这归因于该合金在室温形变中由位错滑移主导形变。图 14-18 显示出它们主导形变机制的微观组织，Fe-22Mn-0.6C 在形变中产生大量的应变诱发孪晶，而 Fe-30Mn 在形变中产生大量的位错。

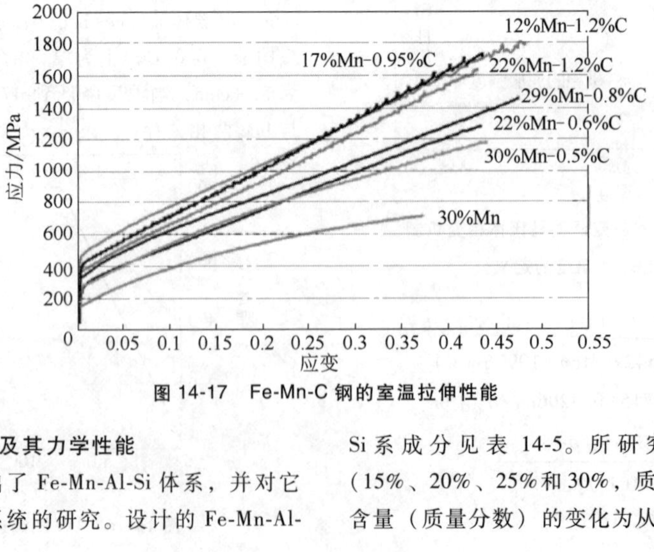

图 14-17　Fe-Mn-C 钢的室温拉伸性能

2. Fe-Mn-Al-Si 系及其力学性能

Grassel 等首先提出了 Fe-Mn-Al-Si 体系，并对它们的力学行为进行了系统的研究。设计的 Fe-Mn-Al-Si 系成分见表 14-5。所研究的钢根据 Mn 含量（15%、20%、25%和 30%，质量分数）分为四组。Si 含量（质量分数）的变化为从 4%至 2%，而 Al 含量

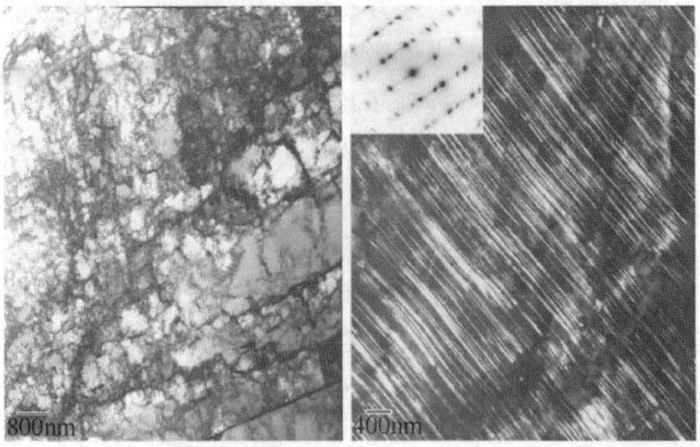

a)　　　b)

图 14-18　两种合金经 50%形变后的微观组织

a）Fe-30Mn　b）Fe-22Mn-0.6C

（质量分数）的变化为从 2%至 4%。由图 14-19 可知，随 Mn 含量的提高，抗拉强度 R_m 从（930±160）MPa 降到（630±100）MPa。

表 14-5　Fe-Mn-Al-Si 系成分（质量分数）

（%）

Fe-Mn-Al-Si 系	化学成分				
	Mn	Si	Al	C/10⁻⁴	Fe
Fe-15Mn-4Si-2Al	16.2	4.0	1.8	200	余量
Fe-15Mn-3Si-3Al	17.9	3.2	2.9	200	余量
Fe-15Mn-2Si-4Al	15.9	1.9	3.5	100	余量
Fe-20Mn-4Si-2Al	18.2	4.3	1.8	600	余量
Fe-20Mn-3Si-3Al	20.1	2.8	2.9	400	余量
Fe-20Mn-2Si-4Al	18.1	1.8	3.5	300	余量
Fe-25Mn-4Si-2Al	25.5	3.9	1.8	300	余量
Fe-25Mn-3Si-3Al	26.5	3.0	2.8	300	余量
Fe-25Mn-2Si-4Al	25.6	2.0	3.8	300	余量
Fe-30Mn-4Si-2Al	28.7	4.0	2.0	200	余量
Fe-30Mn-3Si-3Al	29.2	3.0	2.8	200	余量
Fe-30Mn-2Si-4Al	30.6	2.0	3.9	100	余量

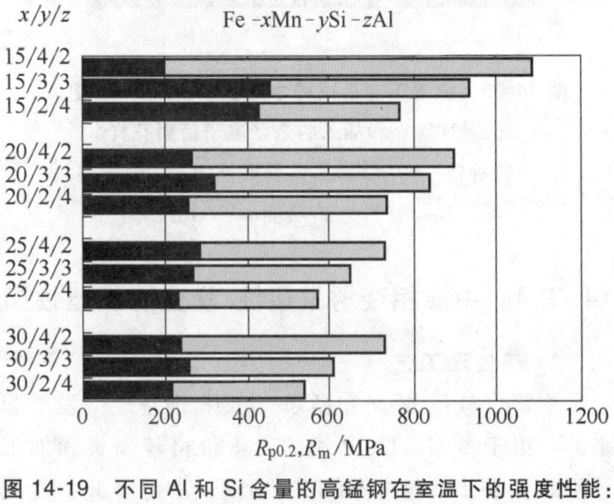

图 14-19　不同 Al 和 Si 含量的高锰钢在室温下的强度性能：屈服强度 $R_{p0.2}$（黑棒）和抗拉强度 R_m（灰棒）

注：应变率 $\dot{\varepsilon}=10^{-4}s^{-1}$。

图 14-20 显示出断后伸长率 A 随 Mn 含量的增加从 43%±4%提高到 80%±10%。当 Mn 含量（质量分数）大于 25%时，断后伸长率近似不变或稍增加。尤其是 Mn 含量恒定和具有不同 Si/Al 比的试样，它们的抗拉强度随 Si 含量的减少和 Al 含量的增加而降低。具有 3%Si 和 3%Al（质量分数）的 Fe-Mn 钢具有最高的伸长率。

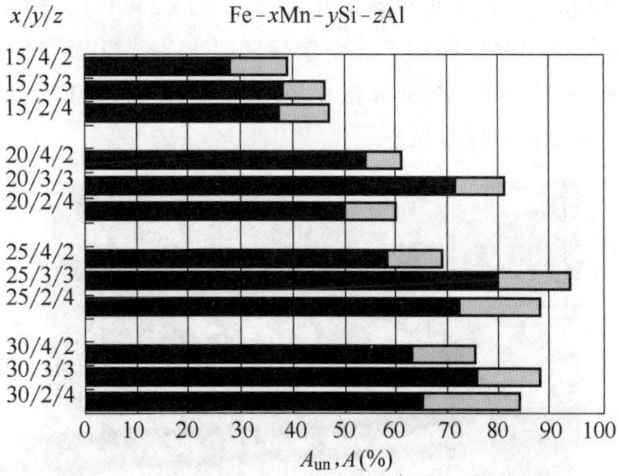

图 14-20　不同 Al 和 Si 含量的高锰钢在室温下的塑性：均匀伸长率 A_{un}（黑棒）和断后伸长率 A（灰棒）

注：应变率 $\dot{\varepsilon}=10^{-4}s^{-1}$。

14.3.3　形变温度对力学性能的影响

合金成分和形变温度控制高 Mn 钢的力学行为。对于某个合金，成分确定后，形变温度决定了合金的力学行为。下面以 Fe-25Mn-3Si-3Al TWIP 钢为例说明。

图 14-21 给出了准静态载荷下 Fe-25Mn-3Si-3Al TWIP 钢的屈服强度、抗拉强度、均匀伸长率和断后伸长率与形变温度的关系。由图可知，随着温度的降

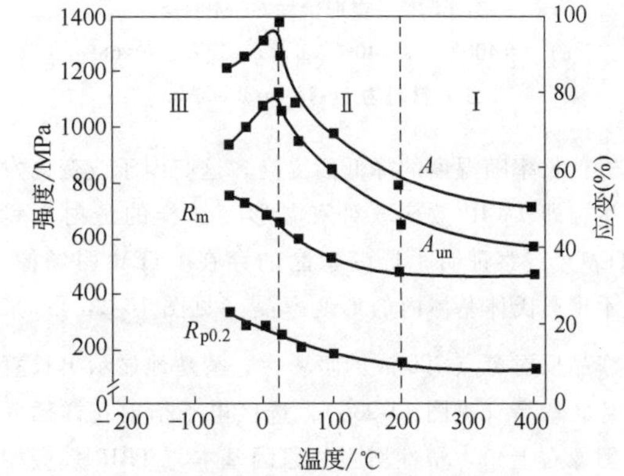

图 14-21　准静态载荷下 Fe-25Mn-3Si-3Al TWIP 钢屈服强度 $R_{p0.2}$、抗拉强度 R_m、均匀伸长率 A_{un} 和断后伸长率 A 与形变温度的关系

低，屈服强度和抗拉强度均增加。断后伸长率在400℃为 50%，在室温达到 90%的最大值，然后随温度的降低而减小。实验证明了该 TWIP 钢在形变前为全奥氏体组织，在奥氏体晶粒中存在退火孪晶（见图 14-22a）。而且图 14-21 中的温度可以分成三个区域。在温度区域Ⅰ中（200℃ < T < 400℃），既没有形变诱发马氏体相变，也没有形变诱发孪生，如图 14-22a 所示。在温度区域Ⅱ中（20℃ < T < 200℃），扫描电镜（SEM）揭示了形变孪晶随温度的降低而增加。图 14-22b 所示的 SEM 照片显示出试样在 50℃形变时产生大量形变孪晶。

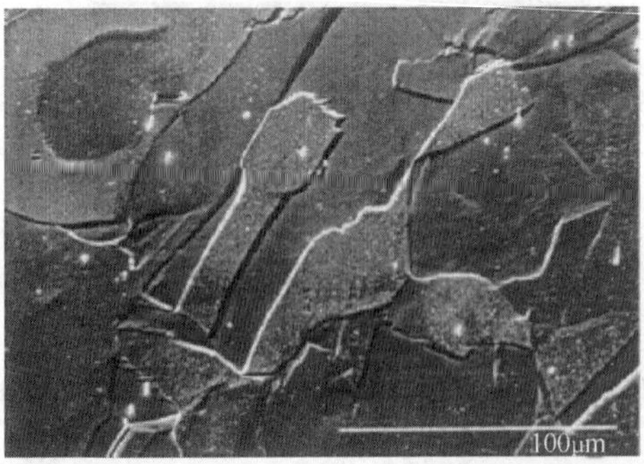

a)

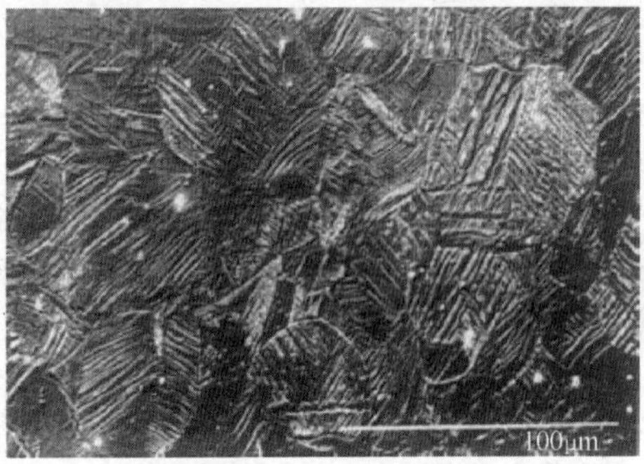

b)

图 14-22　变形试样 SEM 照片

a）T = 400℃，ε = 40%　b）T = 50℃，ε = 68%

注：材料为 Fe-25Mn-3Si-3Al。

伸长率随温度的降低而提高，这归因于应变诱发孪生，即 TWIP 效应。对室温形变试样的透射电镜（TEM）观察证明了形变孪晶的存在。TEM 明场像，显示出奥氏体基体内的形变孪晶（见图 14-23a）；采用孪晶反射斑点 $\bar{2}00$ 成的暗场像，清楚地显示出长直的片状孪晶（见图 14-23b），选区电子衍射花样插入在图像右上角。塑性增强的原因基本与 TRIP 效应相同。应变诱发孪生在局部形变区优先发生，由此形成的孪晶界成为随后位错运动的强烈障碍。当位错运动受阻时，应变诱发孪生使晶体位向转变，位错运动在其他有利晶体位向的地方发生，这种应变诱发孪生的逐渐发生，不断促进位错在有利位向下运动，推迟了试样缩颈的出现，提高了均匀伸长率，这与 TRIP 效应是相似的。在温度低于 20℃时（温度区域Ⅲ），伸长率随温度的降低而减小。XRD 衍射仪揭示了在该温度区内没有相变发生。形变孪生量随温度下降而急剧增加，由此导致伸长率的降低。这些结果表明，想要增加拉伸的伸长率，形变孪晶的逐渐形成而不是爆发产生是必须的。

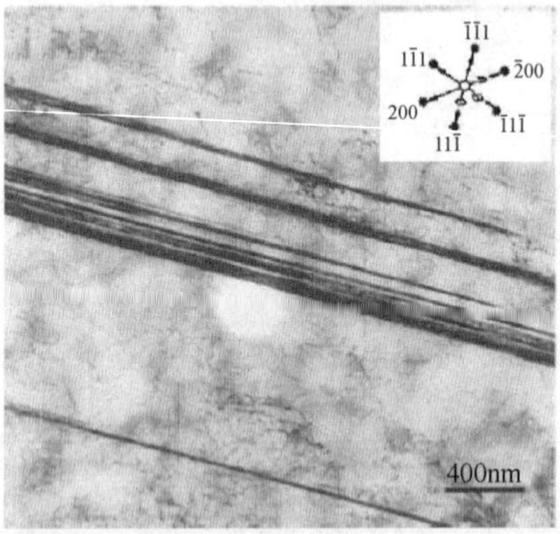

a)

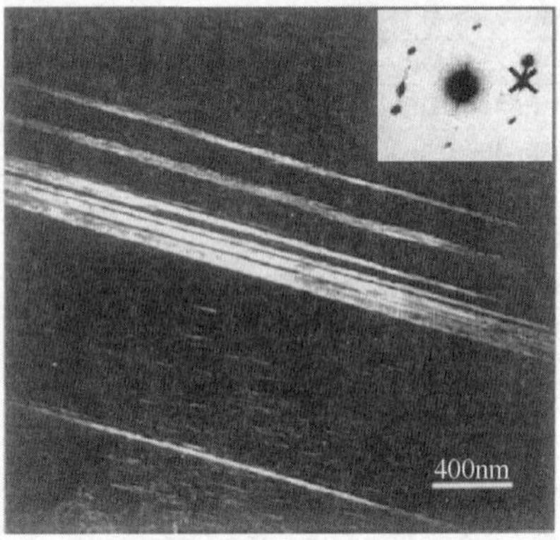

b)

图 14-23　室温下变形试样中形变孪晶的 TEM 图像（ε = 10%）和插入的选区电子衍射花样

a）明场像　b）暗场像［靠近（011）$_\gamma$ 晶带轴］

注：材料为 Fe-25Mn-3Si-3Al。

14.3.4　中锰相变诱发塑性/孪生诱发塑性钢

1. 热处理工艺

中锰（Mn）钢是在高 Mn TWIP 钢基础上发展起来的。由于高 Mn TWIP 钢的元素价格较昂贵和加工较困难，因此，通过降低 Mn 含量，由此降低合金成本和提高加工性能，形成了中 Mn 钢（4% ~ 12%，质量分数），成为第三代 AHSS，它们兼顾了高的强度、良好的延展性以及较低的材料成本等优点。与传统的 TRIP 钢相比，保留了更多具有良好力学稳定性的奥氏体，从而提高了 TRIP 效果。相比之下，在中 Mn 钢中大量的奥氏体通常需要在临界退火（IA）过程中进行马氏体逆向转变为奥氏体（称为奥氏体逆转变），这对残留奥氏体的数量和稳定性以及由此产生的拉伸性能至关重要。它们的微观组织通常由体心立方结构马氏体（基体）以及在临界退火后获得的大量的残留奥氏体组成。

中 Mn 钢板材均通过热轧获得。相对于 DP 钢和 TRIP 钢来说，高的 Mn 含量显著推迟了铁素体在两相区（IA）中的形成；但相对于高 Mn TWIP 钢来说，Mn 含量减少，奥氏体的热稳定有所降低，在热轧后冷却到室温的过程中，大部分奥氏体转变为马氏体，成为马氏体基体和残留奥氏体两相组织。IA 的起始组织对中 Mn 钢退火后的组织和拉伸性能都有很大的影响。热轧钢板可以直接进行 IA 处理，或者经冷轧后再经 IA 处理，两种组织和性能有较大差异。热轧钢经 IA 处理，通过奥氏体逆转变，产生许多在初始马氏体板条边界形核的奥氏体板条，而冷轧钢的 IA 主要产生较大的粒状奥氏体晶粒，因为在奥氏体逆转变之前经常发生形变马氏体的再结晶（形成细小的铁素体等轴晶）。而热轧过程中，由于热轧过程累积的驱动力远低于冷轧过程，变形马氏体基体只会发生部分再结晶。此时未再结晶的板条马氏体和再结晶铁素体晶粒在 IA 期间分别转变为板条奥氏体和粒状奥氏体晶粒，导致保留了两种形态的奥氏体晶粒。每种形态的比例取决于热轧和临界退火工艺。此外，奥氏体晶粒的宽频分布是再结晶核生长的不均匀驱动力。这种具有不同形貌和尺寸的奥氏体晶粒的混合物有望增强 TRIP 效应。因为它们具有一系列的力学稳定性，因此它们可以在变形过程中持续地转变为马氏体，而不是在很短的时间内爆发形成马氏体。这将使不同颗粒间的载荷分布更加均匀，从而提高拉伸性能。这种微观结构设计理念不同于以前的观点，即均匀尺寸的超细奥氏体晶粒被认为有利于中 Mn 钢的力学性能。

2. 成分设计

表 14-6 总结了最近开发的不同中 Mn 钢的主要化学成分。可以看出，C、Mn、Al、Si 是主要的合金元素。众所周知，较高的 C 含量导致奥氏体晶粒的稳定性增加，*Ms* 温度降低。但通常中 Mn 钢 $w(\mathrm{C})=0.1\%\sim0.6\%$，因为较高的 C 含量会导致焊接性差，在铸造过程中产生严重的碳偏析。Al 和 Si 都是铁素体稳定元素，它们的加入是为了防止碳化物的析出，使碳原子在临界退火时只能分配到奥氏体中去。溶质 Si 也增加 C 在铁素体中的活度，增强了 C 从铁素体到奥氏体的分配；但过量的 Si 会影响表面的均匀性，给连铸、焊接、表面镀锌等带来一定的困难。Al 的加入与 Si 的加入一样，可以通过提高渗碳体形成温度来抑制渗碳体的析出。然而，Al 的过量添加会导致凝固过程中形成 δ 铁素体，铸造后 δ 铁素体往往非常粗大，在热轧过程中难以细化。此外，Al 含量高也会给熔炼、二次精炼和铸造带来额外的困难。因此，Si 和 Al 的含量一般不超过 3%（质量分数），除非在低密度钢中有要求。Mn 作为主要的合金元素，对残留奥氏体晶粒的断裂和稳定性有很大影响，进而影响中 Mn 钢的力学性能。从表 14-6 可知，最大残留奥氏体（RA）的质量分数与 Mn 含量成正比。因此，锰含量越低，IA 后奥氏体的体积分数越小，马氏体的形成率越高。马氏体的形成导致强度高但塑性差；因此，$w(\mathrm{Mn})=5\%\sim7\%$的钢比 $w(\mathrm{Mn})=8\%\sim12\%$的钢具有更高的抗拉强度和更低的断后伸长率，如图 14-24 所示。

表 14-6　不同中 Mn 钢的主要化学成分（质量分数）（%）

C	Mn	Si	Al	Mo	V	RA
0.092	4.60	0.03				22.0
0.120	4.98	3.11	3.05	0.05		15.2
0.190	4.96	3.09	2.99	0.03		9.0
0.200	5.00					34.1
0.400	5.00					40.0
0.120	5.80	0.47	3.00			31.0
0.050	6.15	1.50				11.0
0.080	6.15	1.50	2.00		0.08	17.0
0.200	7.00					44.7
0.099	7.09	0.13	0.03			43.5
0.220	7.15	3.11	3.21	0.05		13.0
0.230	8.10	0.01	5.30			53.0
0.260	10.00		6.30			45.0
0.200	10.02	3.17	3.19	0.06		53.0
0.300	10.00	2.00	3.00			67.0
0.200	11.00		1.40			68.5
0.180	11.02		3.81			66.0
0.600	12.00					
0.200	12.40	0.90	5.20			71.0

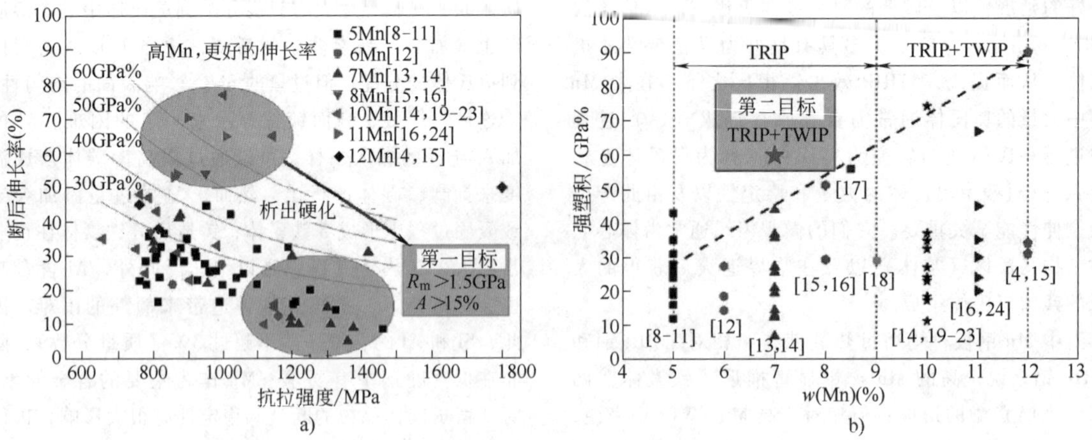

图 14-24 中 Mn 钢的抗拉强度、断后伸长率和已发表的中 Mn 钢的强塑积

a）断后伸长率-抗拉强度 b）强塑积-Mn 含量

14.4 淬火-分配钢

14.4.1 热处理工艺

基于 Mn-Si 成分 TRIP 钢在两相区退火过程中碳从铁素体分配至奥氏体和含 Si 无碳化物贝氏体钢空冷奥氏体富碳的两个证据，美国 Speer 等人设计和开发了淬火-分配（Q&P）工艺，并在含 Mn-Si 的 TRIP 钢基础上，将低碳和中碳含 Si 钢经奥氏体化后直接淬火到 *Ms* 和 *Mf* 之间的某一温度，形成一定量的马氏体（称为初生马氏体或新鲜马氏体）和未转变的奥氏体，然后在该淬火温度（称为一步法）或者以上（称为二步法）的某一温度进行等温，使碳原子由马氏体分配至未转变奥氏体，从而在室温下获得由马氏体基体和残留奥氏体两相组成的复相组织，强度高于 TRIP 钢，并保持良好的塑性。图 14-25 所示为 Q&P 工艺过程。从图 14-25 可知，当钢加热到单相奥氏体区时（Ac_3 温度以上），奥氏体中的 C 含量（C_γ）就等于钢中初始 C 含量（C_i），当钢淬火到 *Ms* 和 *Mf* 之间的某一温度（T_q）时，刚形成的马氏体中的 C 含量（C_m）和残留奥氏体中的 C 含量仍然等于钢中初始的 C 含量。但在淬火温度（T_q）或之上进行碳从马氏体分配（扩散）到残留奥氏体中去，此时 $C_\gamma>C_i$，而 $C_m<C_i$，因而大量富碳的残留奥氏体在随后冷却到室温的过程中保持其热稳定，但也有一部分残留奥氏体没有获得足够的碳含量，在随后冷却到室温的过程中不能保持其热稳定，从而转变成马氏体（称为二次马氏体），在图 14-25 中未显示出来。

Q&P 工艺奥氏体化分为全奥氏体化和部分奥氏体化，棒材和板材通常采用全奥氏体化，而冷轧薄板一般采用部分奥氏体化，目的是使 Q&P 组织中增加两相区形成的铁素体组织，提高冷轧薄板的成形性。

图 14-26 所示为生产中板卷 Q&P 过程非等温分配工艺示意。从图中可知，实际的分配并不是在恒定的温度下实现的，而是在 *Ms* 与 *Mf* 之间连续冷却完成的。这与实验室研究的分配工艺有明显差别，因此，理论计算与实际残留奥氏体含量和稳定性的结果会有明显的偏差。

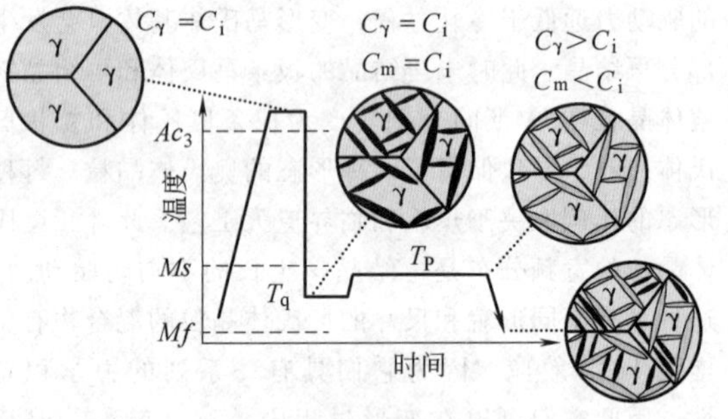

图 14-25 Q&P 工艺过程

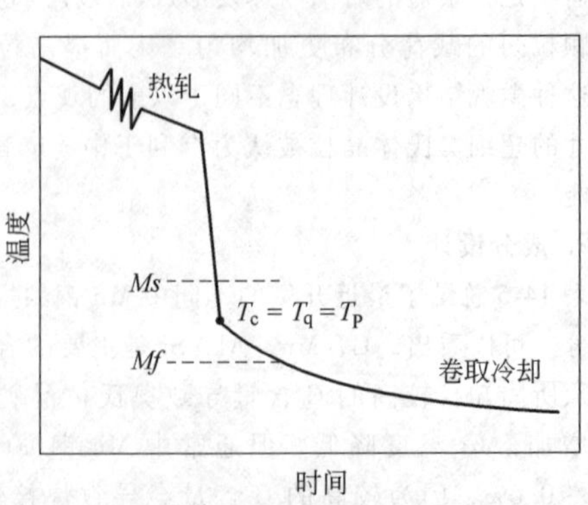

图 14-26 生产中板卷 Q&P 过程非等温分配工艺示意

T_c—冷却温度 T_q—淬火温度 T_P—分配温度

14.4.2　成分设计

Speer 等人提出的 Q&P 钢的成分中主要有 C、Mn、Si（Al）元素，并不含形成微合金化元素（如 V、Nb、Ti 等）。因为这些微合金化元素可以和碳元素结合形成碳化物，从而消耗碳元素，并阻碍碳从马氏体分配到奥氏体，这不利于残留奥氏体获得足够的碳含量从而在室温下稳定存在。他们提出 Q&P 工艺的碳约束准平衡理论：该模型假设碳自马氏体向奥氏体分配完成的全过程中，存在如下三个热力学条件：①碳在马氏体和奥氏体中不等的化学势是碳从马氏体向奥氏体分配的驱动力，碳在马氏体和奥氏体中的化学势相等的时候，就是碳由马氏体向奥氏体分配完成的时候；②在碳自马氏体向奥氏体分配完成的全过程中，马氏体和奥氏体的相界面保持不变（即相界面上的 Fe 或者 X 原子不进行短程扩散）；③在碳自马氏体向奥氏体分配完成的全过程中，不存在碳化物析出的，即所有的碳都用于提高奥氏体的稳定性。因此，Q&P 工艺是不允许碳化物析出的。在实际中，Si（或 Al）的加入可以抑制渗碳体（Fe_3C）的析出，但不能抑制过渡性碳化物（如 ε、η 碳化物等），例如，图 14-27 所示为 Fe-0.2C-1.53Si-1.46Mn Q&P 钢（T_q = 250℃，480℃ 碳分配时间 12s）的 TEM 照片。图 14-27a 显示 Q&P 钢基体由典型的位错型板条马氏体和片状的残留奥氏体组成。经 12s 碳分配后组织中出现过渡型 hcp ε-碳化物（见图 14-27b～d）。此外，在足够高的温度或足够长的分配时间的动力学条件下，界面将会迁移，即 Fe 和 X 置换原子将会扩散，这是因为当碳在马氏体和奥氏体中的化学势相等的时候，铁在两相中具有最大的化学势之差，即在热力学条件下具有最大的扩散驱动力。例如，图 14-28a、b 分别显示出上述 Q&P 钢在 480℃ 分配时间为 6s 和 80s 的 TEM 照片。分配 6s 的马氏体和残留奥氏体的界面几乎保持笔直，意味着界面没有迁移；而分配 80s 时，界面弯曲，表示界面迁移和铁原子的扩散。Q&P 钢在成分设计上类似于 TRIP 钢，需含有大于 1%（质量分数）的 Si（质量分数），以此促进碳从马氏体分配到残留奥氏体中去；Mn 含量（质量分数）需大于 1.5%，以提高奥氏体的热稳定性。当前 Q&P 钢的成分范围（质量分数）：0.15%～0.30%C，1.5%～2.0%Mn，1.0%～2.0%Si，0.02%～0.06%Al，P<0.015%，S<0.01%。

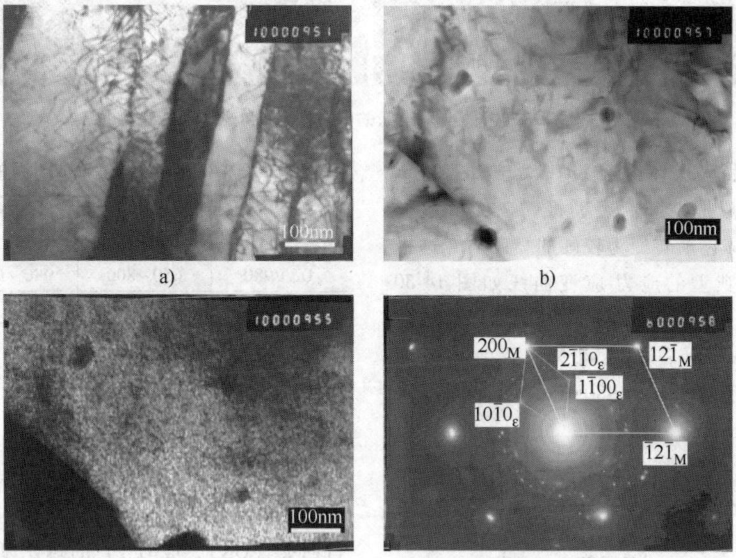

a)　b)　c)　d)

图 14-27　Fe-0.2C-1.53Si-1.46Mn Q&P 钢经碳分配 12s 的 TEM 照片

a）马氏体板条明场　b）基体和碳化物明场像

c）hcp ε-碳化物暗场像　d）相应的选区电子衍射花样

14.4.3　显微组织和力学性能

商业 Q&P 钢的显微组织主要由淬火过程中形成的马氏体（50%～80%）、缓冷过程由奥氏体转变的铁素体（20%～40%）以及在分配过程中残留的富碳奥氏体（5%～10%）组成。若要获得更高强度的 Q&P 钢，铁素体含量应该减少。典型的 SEM 照片和光学显微镜照片分别如图 14-29a 和 b 所示。

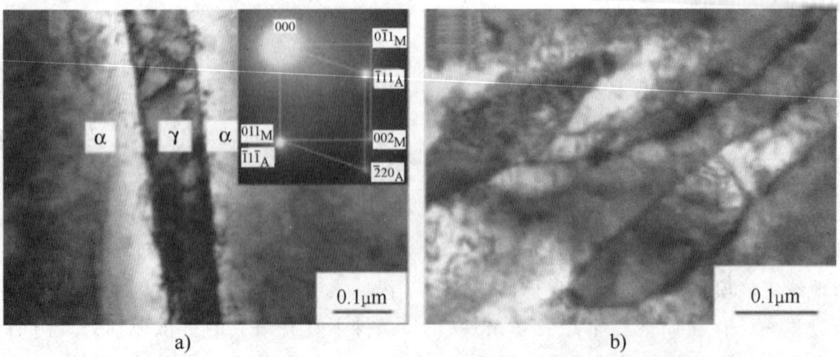

图 14-28　Fe-0.2C-1.53Si-1.46Mn Q&P 钢经淬火温度为 250℃和分配温度为 480℃时分配时间分别为 6s 和 80s 的 TEM 照片

a）分配时间 6s　b）分配时间 80s

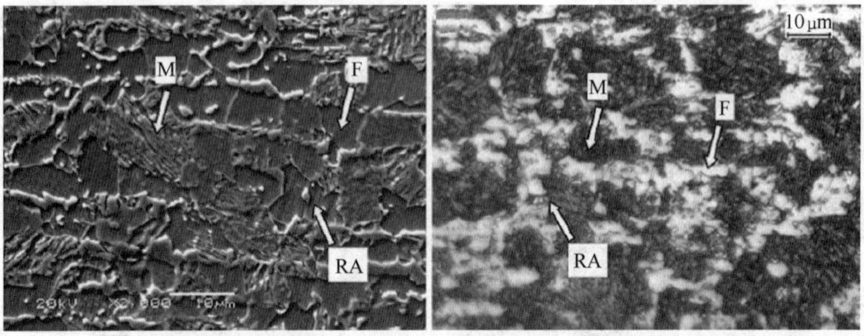

图 14-29　Q&P 钢的典型组织的 SEM 照片和光学显微镜照片

富碳亚稳的残留奥氏体由于 TRIP 效应，有益于形变、加工硬化、成形性和断裂韧性。在变形过程中，弥散残留奥氏体逐渐转变为较硬的马氏体，这提高了加工硬化率。典型的应力-应变曲线如图 14-30 所示。由此可见，抗拉强度为 980MPa，Q&P 钢的断后伸长率可达 20%。由表 14-7 可见，目前高强度 Q&P 钢的最低抗拉强度分别为 980MPa 和 1180MPa。

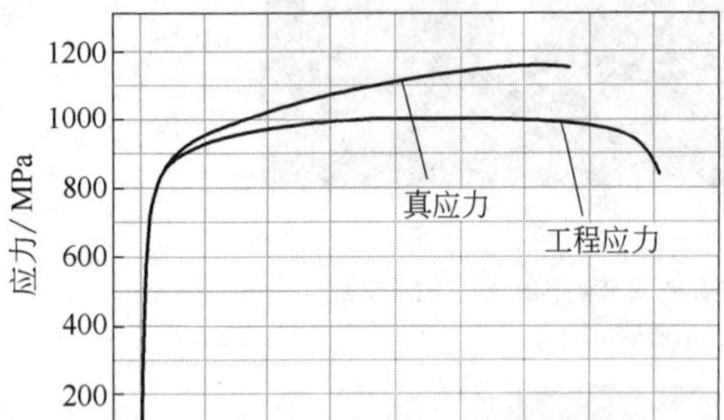

图 14-30　工业生产的 980MPa 级别 Q&P 钢典型的应力-应变曲线

表 14-7　高强度 Q&P 钢的力学性能

钢种	屈服强度/MPa	抗拉强度/MPa	断后伸长率(%)
Q&P980	650~800	980~1050	17~22
Q&P1180	950~1150	1180~1300	8~14

14.5　淬火-分配-回火钢

14.5.1　热处理工艺

人们对钢淬火至室温，然后在某个合适的温度进行回火（Q&T，或 Q-T）的热处理工艺（俗称为调质工艺）已十分熟悉。这种 Q&T 工艺强调的是碳化物的析出和消除淬火应力，而忽视残留奥氏体的作用。如何通过 Q&T 工艺在室温获得大量残留奥氏体一直是一个问题。2003 年美国的 Speer 等人提出将中碳高硅钢（0.35C-1.3Mn-0.74Si）进行淬火至马氏体开始转变温度和结束温度之间的某个温度（T_q），然后在该淬火温度等温（一步法）或高于该温度等温（二步法），碳由过饱和马氏体分配至残留奥氏体，因而比 Q&T 工艺（T_q=室温）远多的富碳残留奥氏体在室温存在，由此显著提高了钢的塑性和韧性，他们将新工艺命名为淬火分配（Quenching and Partitioning, Q&P）工艺，从而引起国际学者广泛的兴趣。徐祖耀鉴于 Q&P 工艺的 CCE 理论不允许碳化物在处理中析出，由此排除了析出强化效应，于 2007 年提出了淬火-分配-回火（Quenching-Partitioning-Tempering, Q-P-T）新工艺。Q-P-T 工艺吸收了 Q&P 工艺的核心思想——碳的分配，由此使 Q-P-T 钢像 Q&P 钢一样在室温获得大量富碳的残留奥氏体。Q-P-T 工艺与 Q&P 工艺的主要区别在于，Q&P 工艺的分配温度是随意的，故有一步法和二步法，而 Q-P-T 工艺要求碳的分配温度和时间不能随意，它必须以最有利于碳化物析出的温度和时间作为碳的分配温度和时间。

Q-P-T 热处理工艺的设计：较低的奥氏体化温度（获得细小的奥氏体晶粒尺寸），淬火至一定温度（T_Q）以获得合适的马氏体量和残留奥氏体的比例，这将是决定钢的最终强度和塑性的综合性能。在分配温度（T_P）下，马氏体中的碳扩散（分配）至邻近残留奥氏体。在回火温度（T_T）下，从马氏体中沉淀析出弥散的 ε（或 η）合金过渡碳化物或稳定合金碳化物，T_T 温度可在 T_P 温度较高或略低范围内，回火处理后水淬至室温。鉴于碳化物充分析出的时间远大于碳从马氏体分配到残留奥氏体中的时间，因此，碳化物合适的回火温度和时间就是碳分配的温度和时间，即 $T_T=T_P$，这样简化了 Q-P-T 工艺。

Q-P-T 工艺和传统的 Q&T（或 Q-T）工艺唯一的差别就在于淬火温度（T_q），前者远高于室温，后者为室温，这导致中、低碳 Q&T 钢几乎不存在残留奥氏体，因此 Q&T 钢是由马氏体基体和稳定碳化物组成的。

14.5.2　成分设计

钢中加入 1%~2%（质量分数）的 Mn 或（和）Ni 可降低钢的 *Ms* 点，其中 Ni 还可以降低钢的缺口敏感性；加入 1%~2%（质量分数）的 Si 可阻止渗碳体（Fe_3C）的析出，或加入 1%（质量分数）的 Al 代替；加入 0.02%（质量分数）的 Nb 或（和）0.2%（质量分数）的 Mo，使奥氏体晶粒细化和在回火时析出弥散的复杂合金碳化物。目前研究的 Q-P-T 钢中的 C 含量已进入高碳钢［w(C)>0.65%］范围，而 Nb 含量通常为 0.03%~0.08%。Q-P-T 钢设计的成分范围见表 14-8。

表 14-8　Q-P-T 钢设计的成分范围

合金元素	C	Mn	Si	Nb
质量分数(%)	<0.5	1~2	1~2	0.02

Q-P-T 工艺强调碳化物形成元素（如 Nb）的加入，以此通过析出强化和细晶强化提高 Q-P-T 钢的强度，这是从成分设计上有别于 Q&P 工艺的。

14.5.3　淬火-分配-回火钢显微组织预测的淬火-分配-回火局域平衡模型

Q&P 工艺的理论基础是碳约束平衡（CCE）热力学模型，它可以预测获得最大的残留奥氏体体积分数（V_{RA}）所对应的淬火温度（T_q），为 Q&P 工艺的设计提供理论基础。但由于其没有考虑马氏体/奥氏体的界面迁移（IM）和碳化物析出（CP），预测的 V_{RA} 约高于实验值的 50%。随后考虑 IM 的淬火和分配局域平衡（QP-LE）热/动力学模型提出，它比 CCE 模型更好地预测 Q&P 钢中 V_{RA} 和残留奥氏体中的碳含量（C_γ），但对于由大量碳化物析出的中碳和高碳 Q-P-T 钢的 V_{RA} 预测则远偏离实验值。最近，一个考虑 IM 和 CP 的碳化物/马氏体/奥氏体双界面迁移的淬火-分配-回火局域平衡（QPT-LE）模型被提出，如图 14-31 所示。QPT-LE 热/动力学模型所预测的 V_{RA} 和二次马氏体体积分数比 QP-LE 模型更接近实验值，而预测的 C_γ 与 QP-LE 模型相同，如图 14-32 所示。由此推断，IM 影响 C_γ，而 CP 影响 V_{RA}。QPT-LE 模型对微观组织（包括初始马氏体、二次马氏体、碳化物和残留奥氏体）体积分数和 C_γ 的预测均与实验值非常接近，而且当碳化物-马氏体界面处的碳含量设置为零时，QPT-LE 模型就蜕变为

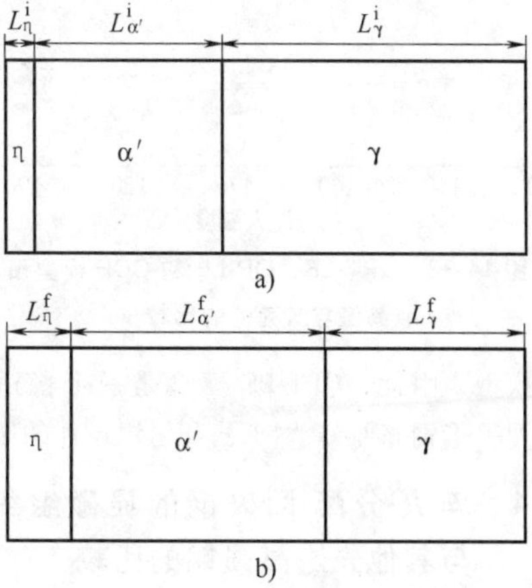

图 14-31　双界面迁移的 QPT-LE 模型

a）初态　b）终态

η—碳化物　α′—马氏体　γ—奥氏体

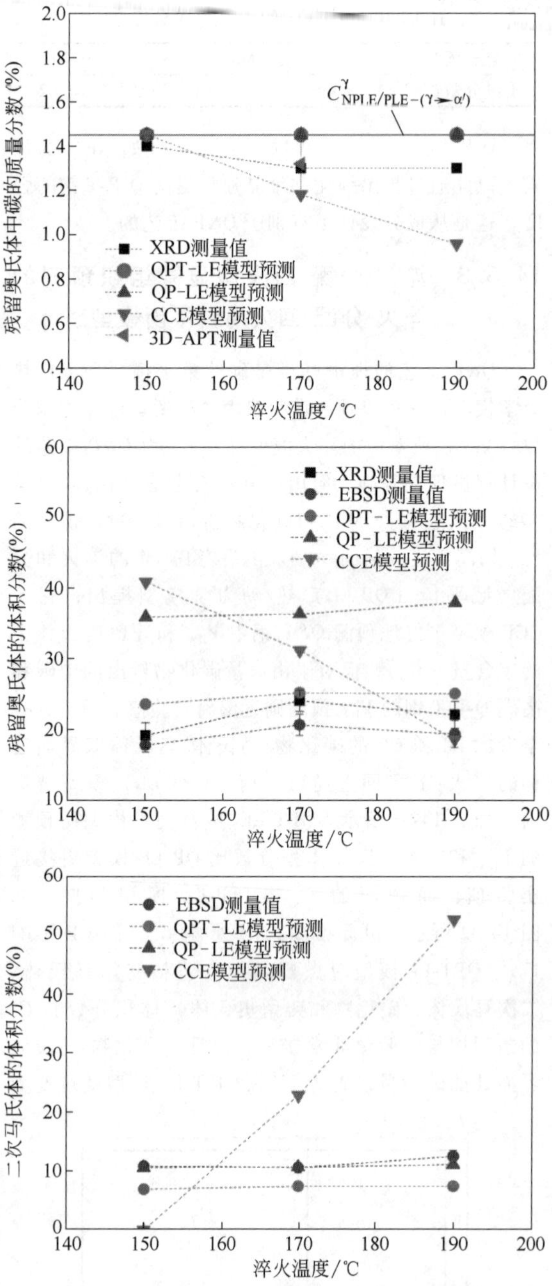

图 14-32　QPT-LE、QP-LE 和 CCE 模型预测值与实验值的比较

QP-LE 模型，因此，QPT-LE 模型是一个普适模型，它成为 Q-P-T 钢和 Q&P 钢工艺和组织设计的工具。

14.5.4　淬火-分配-回火钢的显微组织及其与其他先进高强钢的比较

Q-P-T 钢是由马氏体基体+残留奥氏体+碳化物构成的，其中碳化物在较低的回火温度下以过渡碳化物（ε，η）形式存在；在较高回火温度下，以稳定碳化物形式析出，如 NbC。图 14-33 所示为低碳钢（Fe-0.26C-1.20Si-1.48Mn-1.51Ni-0.05Nb）经 Q-P-T 工艺（T_q = 290℃，分配/回火 425℃×30s）后的微观组织 SEM 图像。由图可知，Q-P-T 钢是由板条马氏体（黑灰色）和相间的残留奥氏体（白亮色）构成的。从放大图像可看到板条马氏体中析出的碳化物。图 14-34a 是上述 Q-P-T 钢的 TEM 明场像。通过选取电子衍射（SAED）花样（见图 14-34c）确认了马氏体与残留奥氏体具有 K-S 和 N-W 取向关系；利用残留奥氏体的某个衍射斑点成暗场像，清楚地显示出残留奥氏体分布在马氏体条间（见图 14-34b）。在上述分配/回火温度和时间（425℃×30s）下，析出的碳化物为稳定的 MC（NbC），如图 14-35 所示。如果在较低的 325℃ 回火 30s，则析出 hcp ε 过渡碳化物，如图 14-36 所示。

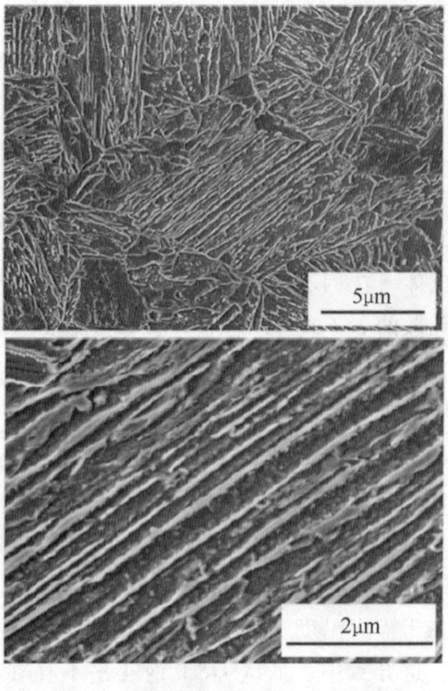

图 14-33　低碳钢经 Q-P-T 工艺后的微观组织 SEM 图像及放大图像

Q-P-T 钢与其他低合金先进高强钢的微观组织比较如图 14-37 所示。Q-P-T 钢和 Q&P 钢的基体均是马氏体，因此，它们的强度比基体为铁素体的 DP 钢和 TRIP 钢高。而 Q-P-T 钢由于碳化物合金元素的加入，呈现析出强化和细晶强化，因此，比 Q&P 钢具有更高的强度。Q-P-T 钢和 Q&P 钢不仅具有超高的强度，而且具有良好的塑性，因为大量残留奥氏体的存在，残留奥氏体经历 TRIP（1967 年提出）效应、阻挡裂纹扩展（BCP，1968 年提出）效应和残留奥氏体吸收位错（DARA，2011 年提出）效应，2021 年重新命名为位错越过马氏体-奥氏体界面（DAMAI）效应，显著提高了 Q-P-T 钢和 Q&P 钢的塑性。

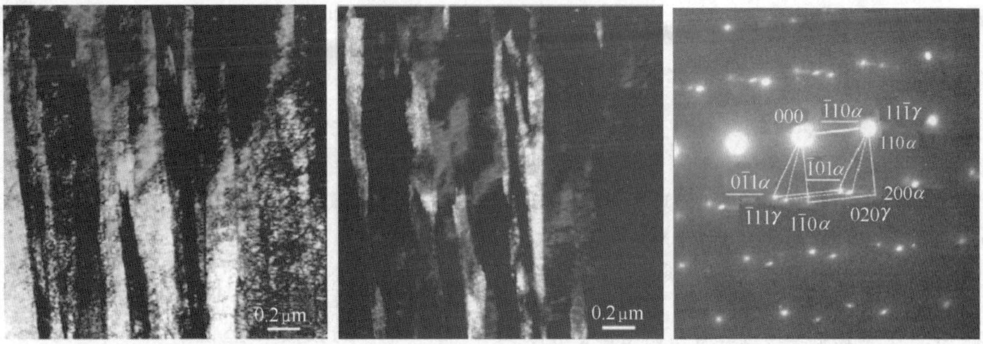

a)　b)　c)

图 14-34　低碳钢经 Q-P-T 工艺后的微观组织 TEM 图像

a）明场像　b）残留奥氏体的暗场像　c）SAED 花样

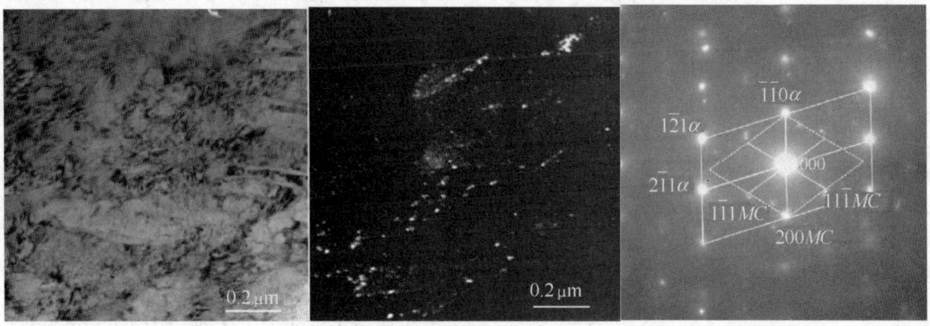

a)　b)　c)

图 14-35　低碳钢经 Q-P-T 工艺后的析出碳化物微观组织 TEM 图像

a）明场像　b）MC 碳化物的暗场像　c）MC 的 SAED 花样

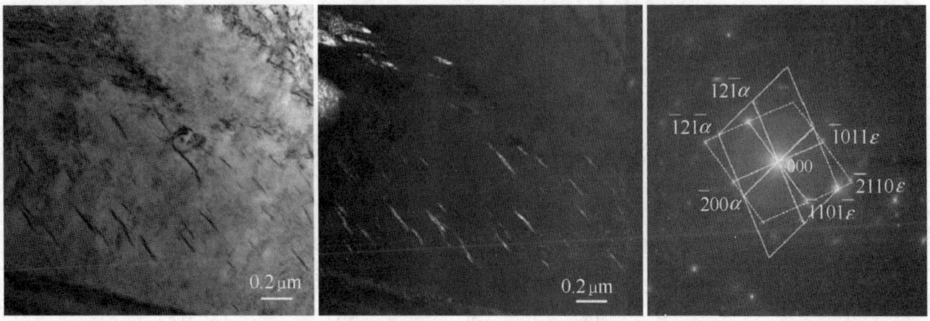

a)　b)　c)

图 14-36　低碳钢经 Q-P-T 工艺（325℃回火）后的析出碳化物微观组织 TEM 图像

a）明场像　b）hcp ε-碳化物的暗场像　c）ε-碳化物的 SAED 花样

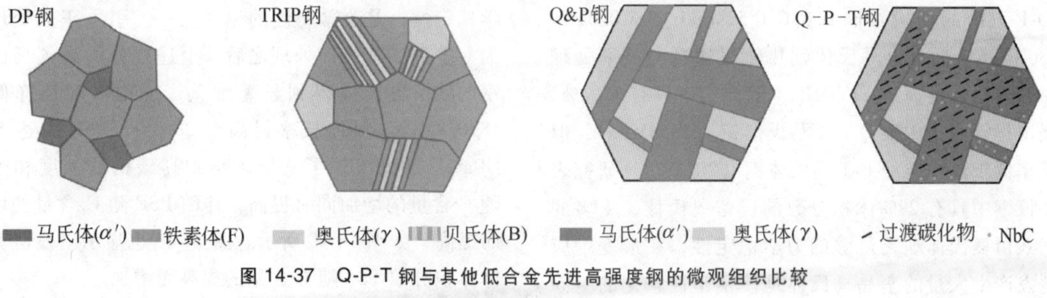

图 14-37　Q-P-T 钢与其他低合金先进高强度钢的微观组织比较

14.5.5 淬火-分配-回火钢与淬火-分配钢/淬火-回火钢力学性能的比较

为了对Q-P-T钢与Q&P钢及Q&T钢性能的比较进行研究，设计含Nb和不含Nb的两种低碳钢，即分别对Fe-0.20C-1.54Mn-1.58Si(Nb00)和Fe-0.19C-1.52Mn-1.57Si-0.029Nb(Nb03)进行Q-P-T（对不含Nb钢即为Q&P）和Q&T工艺处理，获得了其拉伸力学性能，如图14-38所示。结果表明，在同样工艺处理下，微Nb合金钢的强度（尤其是屈服强度）均高于无Nb钢。例如，Nb03 Q&T钢的屈服强度和抗拉强度分别为1227MPa和1337MPa，它们分别高于Nb00钢的1149MPa和1266MPa。对于同样工艺处理的Q-P-T和Q&P钢，Nb03 Q-P-T钢的屈服强度和抗拉强度分别为1146MPa和1247MPa，它们也分别高于Nb00 Q&P钢的1094MPa和1236MPa。此外，Nb03钢的伸长率均稍高于Nb00钢，如Nb03 Q&T的均匀伸长率和断后伸长率分别是4.0%和12.2%，它们稍高于Nb00 Q&T钢的3.8%和11.7%，而Nb03 Q-P-T钢的均匀伸长率和断后伸长率分别为6.0%和15.0%，它们分别稍高于Nb00 Q&P钢的5.4%和13.9%。因此，Q-P-T钢呈现出最高的强塑积(18.7GPa%)，其次是Q&P钢（17.2GPa%），随后是含Nb的Q&T钢（16.3GPa%），最低的是无Nb的Q&T钢。

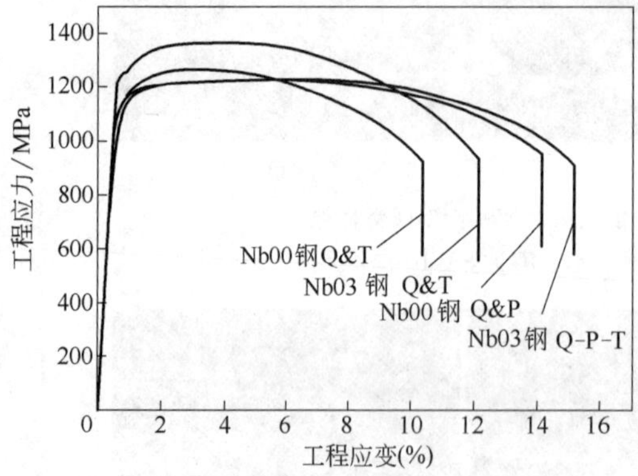

图14-38 分别进行Q-P-T、Q&P和Q&T处理的Nb00和Nb03钢的拉伸曲线

14.5.6 碳含量同时提高淬火-分配-回火钢的强度和塑性

AHSS从DP钢、TRIP钢、Q&P钢到Q-P-T钢的发展趋势是不断提高强度并保持足够的塑性。但钢的强度和塑性通常是相互排斥的，即强度的提高将导致塑性的下降。例如，Dashid报导了自20世纪初以来通过提高C含量来提高钢的强度，但塑性和其他力学性均随C含量的增加而恶化。Krauss报导了41××和43××系列马氏体钢也呈现随C含量的增加，强度提高但塑性下降的现象。通过廉价的C元素同时提高材料的强度和塑性，这是研究者的百年追求目标。

徐祖耀课题组首先实现了中碳Q-P-T钢的强度和塑性均高于低碳Q-P-T钢。表14-9给出了Fe-0.4C和Fe-0.2C钢的成分和Q-P-T工艺参数。图14-39给出了Fe-0.4C和Fe-0.2C的拉伸曲线。结果表明，随着C含量的增加，Q-P-T钢的屈服强度和抗拉强度随之增加的同时，其伸长率并未减小，反而有很大程度的提高。经Q-P-T工艺处理后，Fe-0.2C钢的抗拉强度为1222MPa，伸长率为15.2%，则强塑积（PSE）为18.574GPa%；Fe-0.4C钢的抗拉强度为1558MPa，伸长率为20.3%，则PSE达31.6GPa%，达到第三代AHSS的指标（≥30GPa%）。

表14-9 Fe-0.4C和Fe-0.2C钢的成分和Q-P-T工艺参数

材料	化学成分(质量分数,%)					淬火时间	分配时间
	Fe	C	Mn	Si	Nb	T_q×时间	T_{pt}×时间
Fe-0.2C	96.69	0.19	1.52	1.57	0.029	300℃×15s	450℃×30s
Fe-0.4C	96.51	0.42	1.46	1.58	0.028	200℃×15s	450℃×30s

随后课题组致力于高碳Q-P-T钢的强塑性优于中碳Q-P-T钢的研究。Fe-0.63C-1.52Mn-1.49Si-0.62Cr-0.036Nb高碳低合金马氏体钢热轧板通过Q-P-T处理后，其抗拉强度高达1950MPa，但伸长率只有12.4%，其强度尽管高于中碳Q-P-T马氏体钢（1558MPa），但伸长率低于该中碳Q-P-T马氏体钢（20.3%）。研究表明，该钢中具有29%体积分数的残留奥氏体，太多的块状残留奥氏体缺乏足够的力学稳定性，在形变中应变诱发产生大量的孪晶马氏体是使钢塑性恶化的主导原因。因此，细化残留奥氏体，提高残留奥氏体的力学稳定性，是改善塑性的途径之一。引入正火处理作为Q-P-T工艺的前处理之后，上述成分的高碳马氏体钢的残留奥氏体得到显著细化，抗拉强度稍降低为1890.8MPa，但伸长率提高至28.9%，PSE高达54.6GPa%。由此实现了从低碳钢到高碳钢的强度和塑性随C含量的增加同时提高，伴随PSE随C含量的增加而提高，如图14-40所示。图14-40也显示出残留奥氏体体积分数V_{RA}随C含量的提高而增加。

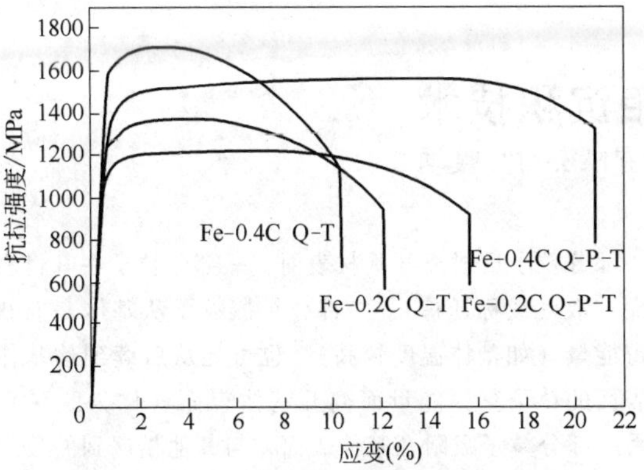

图 14-39　Fe-0. 4C 和 Fe-0. 2C 的拉伸曲线

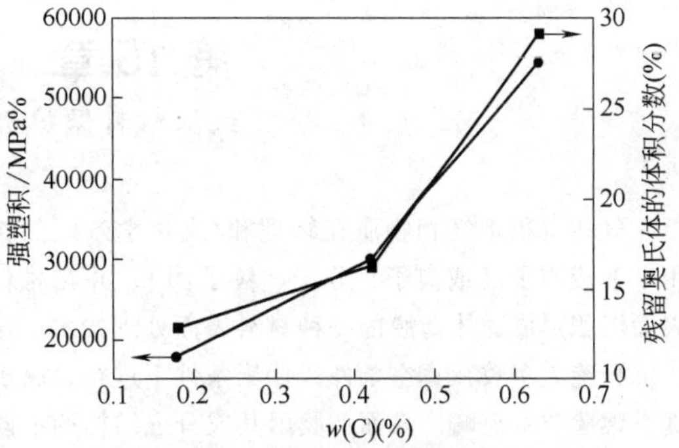

图 14-40　Q-P-T 马氏体钢的 PSE 和 V_{RA} 随 C 含量的提高而增加

参 考 文 献

[1] 戎咏华，陈乃录，金学军，等. 先进高强度钢及其工艺发展［M］. 北京：高等教育出版社，2019.

[2] 戎咏华. 先进超高强度-高塑性 Q-P-T 钢［J］. 金属学报，2011，47（12）：1483-1489.

[3] 王晓东. TRIP 钢微结构—性能的表征与设计［D］. 上海：上海交通大学，2006.

[4] 郭金宇，王旭，王科强，等. 鞍钢先进高强汽车用钢的研制开发［J］. 鞍钢技术，2013，384（6）：8-11，16.

[5] UENISHI A，KURIYAMA Y，TAKAHASHI M. High-strength steel sheets offering high impact energy-absorbing capacity［J］. Nippon steel report，2000，81：17-22.

[6] 刘仁东，王旭，郭金宇，等. 亚稳奥氏体和微合金元素对冷轧高强汽车钢性能的影响［J］. 鞍钢技术，2014（390）：1-7.

[7] 严玲，刘仁东，严平沅，等，汽车用轻质 TWIP 钢的组织演变规律研究［J］. 鞍钢技术，2010，361（1）：30-35.

[8] HU B，LUO H W，YANG F，et al. Recent progress in medium-Mn steels made with new designing strategies，a review［J］. Journal of Materials Science & Technology，2017，33（12）：1457-1464.

[9] WANG L，SPEER J G. Quenching and Partitioning Steel Heat Treatment［J］. Metallogr Microstruct Anal，2013（2）：268-281.

[10] ZHANG K，LIU P，LI W，et al. High Strength-Ductility Nb-microalloyed Low Martensitic Carbon Steel：Novel Process and Mechanism［J］. Acta metallurgica sinica（English letters），2015，28（10）：1264.

[11] WANG X D，ZHONG N，RONG Y H，et al. Novel ultrahigh-strength nanolath martensitic steel by quenching-partitioning-tempering process［J］. Journals of Materials Research Society，2009，24（1）：261.

[12] ZHONG N，WANG X D，RONG Y H，et al. Interface migration between martensite and austenite during quenching and partitioning（Q&P）process［J］. Journal of Materials Science & Technology，2006，22（6）：751.

[13] 张柯，许为宗，郭正洪，等. 新型 Q-P-T 和传统 Q-T 工艺对不同 C 含量马氏体钢组织和力学性能的影响.［J］. 金属学报，2011，47（4）：489.

[14] ZHANG K，ZHANG M，GUO Z，et al. A new effect of retained austenite on ductility enhancement in high-strength quenching-partitioning-tempering martensitic steel［J］. Materrials Science and Engineering A，2011，528：8486-8491.

[15] QIN S W，LIU Y，HAO Q G，et al. The Mechanism of High Ductility for Novel High-Carbon Quenching - Partitioning - Tempering Martensitic Steel［J］. Metallurgical and Materials Transactions A，2015，46：40-47.

[16] QIN S W，LIU Y，HAO Q G，et al. Ultrahigh Ductility，High-Carbon Martensitic Steel［J］. Metallurgical and Materials Transactions A，2016，47（10）：48-53.

[17] SPEER J G，MATLOCK D K，DE COOMAN B C，et al. Carbon partitioning into austenite after martensite transformation［J］. Acta Materialia，2003，51（9）：2611-2622.

[18] ZHANG J，CUI Y，ZUO X，et al. Dislocations across interphase enable plain steel with high strength-ductility［J］. Science Bulletin 2021，66（11）：1058-1062.

[19] DAI Z B，DING R，YANG Z G，et al. Elucidating the effect of Mn partitioning on interface migration and carbon partitioning during Quenching and Partitioning of the Fe-C-Mn-Si steels：modeling and experiments［J］. Acta Materialia，2018，144：666-678.

[20] ZHANG J，DAI Z，ZENG L. et al. Revealing carbide precipitation effects and their mechanisms during quenching-partitioning-tempering of a hight carbon steel：Experiments and Modeling［J］. Acta Materialia，2021，217：117176.

第15章　气相沉积技术

武汉材料保护研究所有限公司　吴勇

气相沉积是气相物质在物理和/或化学效应的作用下形成原子（或离子、分子、粒子团），并在材料表面沉积形成固体薄膜的一种材料表面处理技术，气相沉积绝大多数在真空条件或低压条件下进行，属于真空镀膜技术范畴。表面薄膜因其成分、结构的不同而呈现出优异的力学、化学、电学、磁学或光学性能。由于本手册主要面向装备制造业，因此本章重点讨论表面薄膜的力学和化学性能，即减摩、耐磨、耐蚀、抗高温氧化等性能，以及相应的薄膜制备技术，同时也兼顾讨论电学、磁学和光学等其他功能性薄膜。在装备制造业中，习惯将以提高力学性能、化学性能和装饰性能为目的的一类表面薄膜称为涂层。

15.1　气相沉积薄膜的形成过程

气相沉积薄膜的形成分大致可为三个过程：沉积原子（或离子、分子、粒子团，以下统称粒子）形成、沉积粒子输送和薄膜生长（见图15-1）。

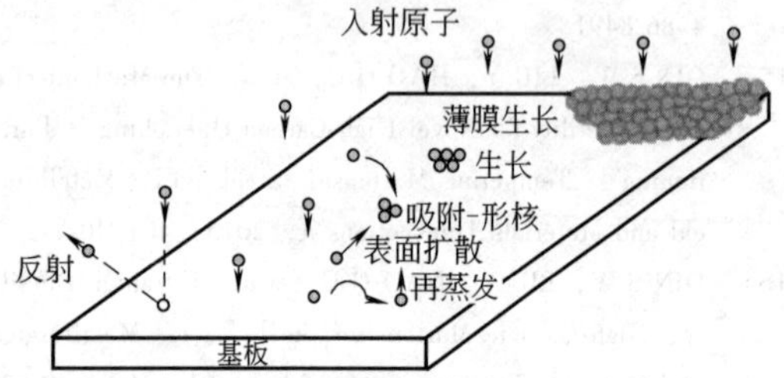

图15-1　气相沉积薄膜形成过程

1. 沉积粒子形成

沉积粒子可采用物理和化学两种方法形成：

（1）物理方法　以加热蒸发、荷能离子溅射或等离子体气化等物理效应作用于含沉积原子的涂覆材料（称为固体靶材），固体靶材的表面原子获得足够能量和动量逸出固体靶材表面形成沉积粒子。物理气相沉积一般采用这种方法。

（2）化学方法　以含沉积原子的气体与其他作用气体发生化学反应形成沉积粒子，化学气相沉积一般采用这种方法。如制备TiC薄膜的化学反应：

$$TiCl_4+CH_4\uparrow \rightarrow TiC\downarrow +4HCl\uparrow$$

2. 沉积粒子输送

沉积粒子输送是将形成的沉积粒子输送到被沉积材料（基材）表面的过程。粒子输入到基材表面后，一部分粒子反射离开基材表面，一部分粒子在基材表面扩散（或称迁移）。一部分扩散粒子从基体表面获得能量（如基体温度较高），也可能从后续到达基体表面的粒子获得能量而离开基体表面（称为脱附）。另一部分粒子吸附在基体表面，与其他相遇到的吸附粒子相互作用形成薄膜生长的核。

3. 薄膜生长

沉积粒子形核后以三种形式生长在基材表面形成连续薄膜：

1）岛状生长机制。当沉积粒子与基体原子的结合能大于与其他粒子的结合能时，薄膜核粒子各自长大形成孤立的岛，这些岛不断长大、合并形成连续的薄膜。

2）层状生长机制。薄膜形核后在成长的初期，沉积粒子即沿基体表面二维铺开，以一层叠加一层形式生长，形成完整的薄膜。

3）先层状后岛状生长机制。薄膜先以层状机制生长，后以岛状机制生长。这种机制形成的原因是形成的薄膜与基体之间的晶格常数不匹配，随着薄膜的生长，薄膜内应力逐渐增大，当薄膜生长到一定的厚度时呈岛状生长，可释放部分能量。

15.2　气相沉积技术分类

气相沉积技术按照气相反应作用原理分为物理气相沉积和化学气相沉积两大类。沉积粒子主要是由物理效应（通常为蒸发和溅射）作用产生的气相沉积技术称为物理气相沉积（physical vapor deposition, PVD），物理气相沉积技术中，又以形成沉积粒子的不同物理方法分为真空蒸镀、离子镀膜和溅射镀膜三大类。沉积粒子主要是由反应气体在一定的温度下（通常≥800℃）发生化学反应产生的气相沉积技术称为化学气相沉积（chemical vapor deposition, CVD）。化学气相沉积技术，又以化学反应获得能量的主要方法分为热化学气相沉积、激光化学气相沉积（LCVD），以化学气相沉积的压力可分为常压CVD、低压CVD等。将等离子技术与化学气相沉积相结合，形成了等离子增强化学气相沉积（PECVD）技术，按照等离子体的形成方式，可分为射频PECVD、直流PECVD、微波PECVD等。气相沉积技术分类如图15-2所示。

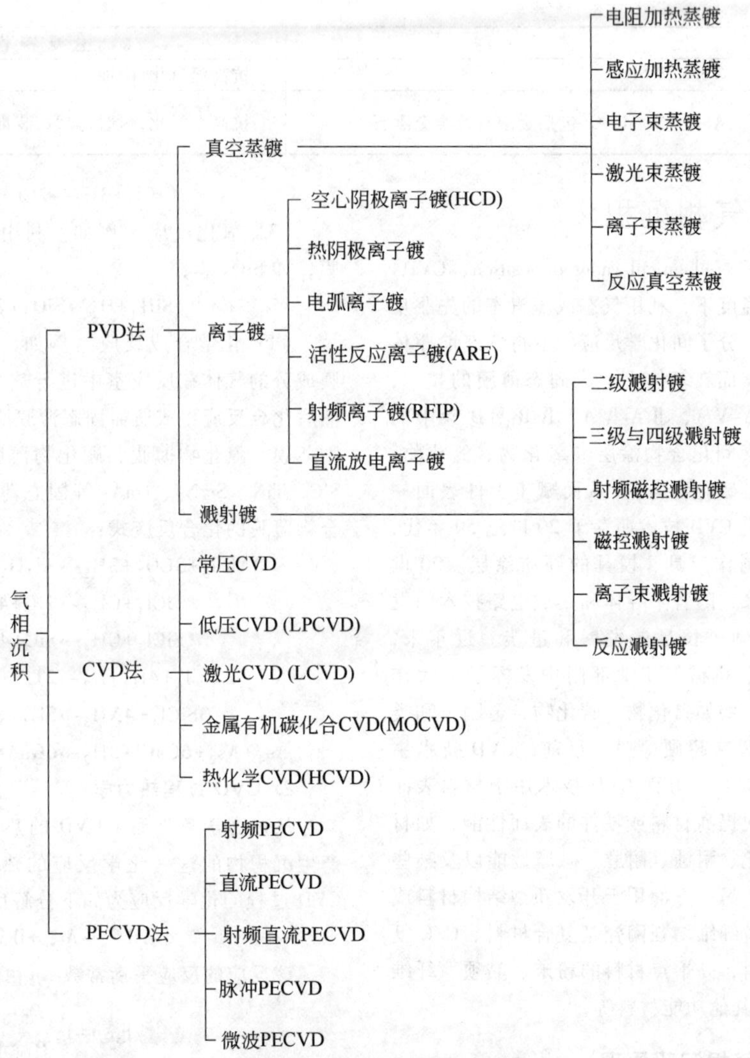

图 15-2　气相沉积技术分类

15.3　主要气相沉积薄膜及其特性

气相沉积薄膜因其成分、结构的不同而呈现出优异的力学、化学、电学、磁学或光学性能，被广泛地应用于机械零部件、电子器件、光学玻璃、半导体、太阳能电池、氢燃料电池、显示屏等领域。在装备制造业主要采用过渡族元素（Ti、V、Cr、W、Nb 等）的碳、氧、氮、硼化合物或单一的金属及非金属薄膜，以获得优异的耐磨、减摩、耐蚀、抗高温氧化性能，也有部分薄膜具有良好的装饰性，这一类薄膜的主要特性见表 15-1。

表 15-1　气相沉积薄膜的名称及其主要特性

类　别	薄 膜 名 称	主 要 特 性
碳化物	TiC、VC、W_2C、WC、MoC、Cr_3C_2、B_4C、TaC、NbC、ZrC、HfC、SiC	高硬度，高耐磨，部分碳化物（如碳化铬）耐蚀
氮化物	TiN、VN、BN、ZrN、NbN、HfN、Cr_2N、CrN、MoN、(Ti、Al)N、Si_3N_4	立方 BN、TiN、VN 等耐磨性能好；TiN 色泽如金且比镀金层耐磨，装饰性好
氧化物	Al_2O_3、TiO_2、ZrO_2、CuO、ZnO、SiO_2	耐磨，特殊光学性能，装饰性好
碳氮化合物	Ti(C、N)、Zr(C、N)	耐磨，装饰性好
硼化物	TiB_2、VB_2、Cr_2B、TaB、ZrB、HfB	耐磨

(续)

类 别	薄 膜 名 称	主 要 特 性
硅化物	$MoSi_2$、WSi_2	抗高温氧化，耐蚀
金属及非金属元素	Al、Cr、Ni、Mo、C（包括金刚石及类金刚石）	抗高温氧化，耐磨，减摩，装饰性，特殊光学性能

15.4 化学气相沉积

化学气相沉积（chemical vapor deposition，CVD）技术是在较高的温度下，利用气态或蒸汽态的先驱反应物，通过原子、分子间化学反应，使得气态前驱体中某些成分分解，而在基体上形成固态薄膜的技术，主要用于制备ⅢA-ⅤA、ⅡA-ⅣA、ⅣB-ⅥB 族中的二元或多元的元素间化合物涂层（氧化物、氮化物、碳化物、铝化物、硼化物等），从而赋予工件表面一些特殊性能。现代 CVD 技术萌芽于 20 世纪 50 年代，当时主要应用于制作刀具、模具的硬质涂层。20 世纪六七十年代以来，随着半导体和集成电路技术的发展，CVD 技术得到了长足的发展和进步。近年来，CVD 技术在电子、机械等工业部门中发挥了巨大作用，特别是沉积一些如氧化物、碳化物、金刚石和类金刚石等功能薄膜和超硬薄膜。目前，CVD 技术主要应用于两大方向：一方面 CVD 技术用于材料表面改性，从而赋予或提高材料或零件的表面性能，如材料或部件的抗氧化、耐蚀、耐磨、减摩性能以及某些电学、光学性能；另一方面用于开发新型结构材料或功能材料，如制备纤维增强陶瓷基复合材料、C/C 复合材料、纳米材料，高熔点材料的粉末、晶须、纤维（SiC，Bf），以及其他功能材料等。

15.4.1 化学气相沉积原理

1. CVD 过程中的化学反应

CVD 沉积过程要发生化学反应，属于气相化学生长过程，通常通入反应室的是气态源物质，但有些气态源物质在常温下有的是液体或固体，必须将原料气加热使之汽化然后由氢气等载气带入反应室，通过将多种原料气体导入反应室，使其相互间发生化学反应生成固态沉积物，最后沉积到基片体表面。

最常见的 CVD 反应类型有高温热分解反应、还原反应、氧化反应和化学合成反应等，通过以上 CVD 反应类型可以沉积出多种固态薄膜。

（1）高温热分解反应 例如，甲烷等氢化物加热分解，获得单晶硅薄膜或非晶硅膜：

$$SiH_4 \rightarrow Si+2H_2$$

（2）还原反应 例如，用氢或卤化物作为还原剂制备纯材料膜，如纯 Cr 膜：

$$2CrCl_3+3H_2 \rightarrow 2Cr+6HCl$$

（3）氧化反应 例如，利用氧气制备氧化物薄膜，如 SiO_2 膜：

$$SiH_4+O_2 \rightarrow SiO_2+2H_2$$

（4）化学合成反应 例如，利用含有化合物薄膜成分的气体在反应室中进行热分解得到活性原子，然后化合反应生成所需固态薄膜。一般用于沉积碳化物薄膜、氮化物薄膜、硼化物薄膜，如 Al_2O_3、TiC、SiC、TiN、Si_3N_4、GaAs 等固态薄膜。以下是一些化合物薄膜的化合反应式：

$$2AlCl_3+3CO_2+3H_2 \rightarrow Al_2O_3+3CO+6HCl$$

$$TiCl_4+CH_4 \rightarrow TiC+4HCl$$

$$SiCl_4+CH_4 \rightarrow SiC+4HCl$$

$$2TiCl_4+4H_2+N_2 \rightarrow 2TiN+8HCl$$

$$3SiCl_4+4NH_3 \rightarrow Si_3N_4+12HCl$$

$$As_4+As_2+6GaCl+3H_2 \rightarrow 6GaAs+6HCl$$

2. CVD 过程热力学

从热力学条件看，CVD 的热力学条件实质上是产生沉积物的这一化学反应的热力学条件。设参加 CVD 过程的化学反应为如下分解反应：

$$AB\uparrow \rightarrow A\downarrow +B\uparrow$$

该反应的反应平衡常数 Kp 由式（15-1）确定：

$$\lg Kp=\lg \frac{P_B}{P_{AB}} \tag{15-1}$$

一般 CVD 中要求 $\lg Kp>2$，即有大于 99%的 AB 分解。但 $\lg Kp$ 太大也无必要，如 $\lg Kp=4$，也仅仅多 0.99%AB 发生分解反应。

热力学平衡分析是了解和确定气相中活性物质及其反应途径的一种有效分析手段，相平衡的热力学研究能够为设计实验提供理论基础。CVD 反应的可行性可以由反应吉布斯自由能（ΔG_r）在给定温度和压强条件下确定，可表达为

$$\Delta G_f(T) = \Delta H_f^0(298) + \int_{298}^{T} c_p \mathrm{d}T - TS^0(298) - \int_{298}^{T} \frac{c_p}{T}\mathrm{d}T$$

$$\Delta G_r=\Delta G_f(\text{反应产物})-\Delta G_f(\text{反应物})$$

$$K=\exp\left(\frac{\Delta G_r}{RT}\right)=\frac{\text{活性反应产物分压}}{\text{活性反应物分压}}$$

式中 ΔG_f——吉布斯生成自由能；

ΔH_f^0——各组分的标准生成焓；

S^0——各组分的标准熵（298K）；

c_p——比定压热容，K 为平衡常数；

T——沉积反应发生的温度；

R——理想气体常数。

当 $\Delta G_r<0$ 时，表明该反应能够自发进行，反之当 $\Delta G_r>0$ 时，则说明该反应不能自发进行。

3. CVD 过程动力学

目前 CVD 动力学参数的获取非常困难，由此，提出了一种典型的、普适性的表达特定条件下化学反应的速率 R_{dep} 对反应系统温度 T 的函数关系式，即 Arrhenius 经验公式，CVD 过程中薄膜的沉积速率与反应温度间的函数关系可表示为

$$R_{dep}=A\exp\left(\frac{-E_a}{RT}\right)$$

式中　A——速率常数；

E_a——表观活化能；

R——理想气体常数；

T——沉积温度 T_{dep}(K)。

许多研究表明，当将 CVD 沉积物的生成速率与沉积温度的倒数作图，即表示成 Arrhenius 形式时，可以发现随着沉积温度的升高，而表现出两种不同的沉积机理（见图 15-3）。当沉积温度小于 T_a 时（范围Ⅰ），沉积速率随温度升高而呈指数增长，表明限制沉积速率的主要因素为表面化学反应的速率，如化学吸附、化学反应、表面输运、晶格匹配和解吸附等，这些过程主要受沉积温度的影响，一般活化能较大，属于化学反应控制机制（CRR）。当沉积温度在 T_a 和 T_b 之间时（范围Ⅱ），上述表面动力学过程的速率已经足够快了，以至于限制沉积速率的主要因素转变为活性基团在晶界扩散、迁移至沉积位点的速率，此时沉积温度对沉积速率的影响较小，属于表面输运控制机制（MTR）。随着沉积温度进一步升高（范围Ⅲ），沉积速率可能出现下降的趋势，引起该现象的原因有前驱体浓度降低和/或解吸附速率提高，另一种可能的原因是高温下 HCl 等副产物对沉积物的刻蚀作用。

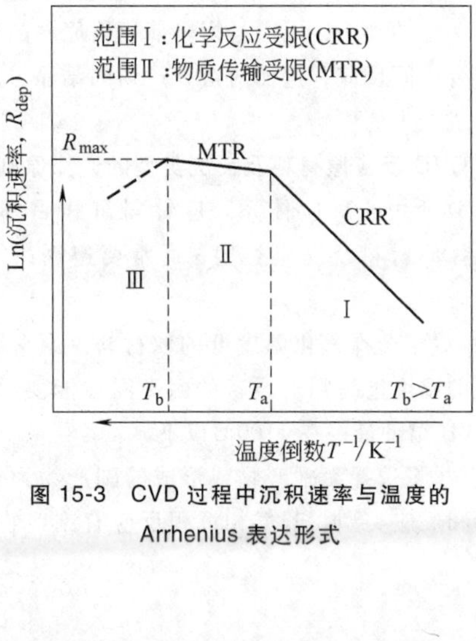

图 15-3　CVD 过程中沉积速率与温度的 Arrhenius 表达形式

由上述动力学分析可知，获得最大沉积速率的关键因素在于沉积温度 T，但是过高的沉积温度并不代表能获得更高的沉积速率。一般来说，在 CRR 区间，由于基板表面存在大量的中间产物（活性基团），从而气相中反应物浓度的局部变化较小，容易形成更均匀的涂层。当需要更高的沉积速率时，可在 MTR 区间沉积，但需要避免过高的沉积温度导致刻蚀速率加快，此时可能会由于反应物浓度的降低导致局部浓度不均匀，从而涂层厚度可能随之分布不均，一般可通过衬底的平移或旋转、多方位引入前驱体、制造温度梯度等方式实现涂层的均匀涂覆。

15.4.2　化学气相沉积涂层的技术分类及特点

1. CVD 涂层技术分类

CVD 涂层可根据其反应条件进行分类。

首先，根据 CVD 的加热方式，可以将 CVD 分为高温热壁和冷壁两种。冷壁 CVD 系统通过恒流源直接对导电衬底供电加热，腔壁和样品无直接接触，仅由于热辐射传导而略微升温，因此称为冷壁。它的优点是其降温速度可以通过所加的恒流源控制，能够在较大的范围内控制降温速率，但在基板容易形成较大的温度梯度，无法制备较大尺寸的样品。工业生产常用的化学气相沉积系统通常是高温热壁化学气相沉积（即热化学气相沉积），直接依靠炉体的升温对生长区进行加热。热壁化学气相沉积工艺相对更加成熟，制备成本较低，且在材料生长中表现出良好的可靠性，是 CVD 产业化生产的主要技术。

其次，根据反应压力来分类，如常压化学气相沉积（APCVD）、低压化学气相沉积（LPCVD）、超高真空化学气相沉积（UHVCVD）等，常压 CVD 能获得较高的生长速率，但前驱体的利用率低且制备需要较高的制备温度，能耗较大；低压 CVD 法制备薄膜时能改善薄膜材料质量，在半导体工业生产中应用较多。

近年来，随着工业生产要求的不断提高，CVD 的工艺及设备得到不断改进，在传统化学气相沉积技术的基础上，通过应用各种新型加热源发展出一些新技术，比如激光化学气相沉积（LCVD）、等离子体增强化学气相沉积（PECVD）等，充分利用等离子体、激光、电子束等辅助方法降低了反应温度。另

外，金属有机物化学气相沉积（MOCVD）、原子层沉积（ALD）技术等越来越广泛地应用于科学研究和实际生产。常见 CVD 技术主要特点及应用领域见表 15-2。

表 15-2　常见 CVD 技术主要特点及应用领域

CVD 种类	主要特点	应用领域
高温热化学气相沉积（HTCVD）	沉积温度高,沉积速率快,但是也会造成晶体组织疏松、晶粒粗大甚至会出现枝状结晶	碳化硅晶体、硬质合金涂层材料
激光化学气相沉积（LCVD）	大大降低衬底的温度,防止衬底中杂质分布截面受到破坏;可以避免高能粒子辐照在薄膜中造成损伤	制备晶体硅、金刚石、纳米碳管、超硬膜、介质膜、微电子薄膜
热丝化学气相沉积系统（HFCVD）	设备简单,工艺条件较易控制,金刚石膜生长速率比化学输运法快	多用于钻石的生产
常压化学气相沉积（APCVD）	成本较低,结构简单,生产效率高	制备多晶硅、二氧化硅、磷硅玻璃等
低压化学气相沉积（LPCVD）	提高了薄膜均匀性、电阻率均匀性,改善了沟槽覆盖填充能力	制备二氧化硅、氮化硅、多晶硅、磷硅玻璃、硼磷硅玻璃、掺杂多晶硅、石墨烯、碳纳米管等多种薄膜
等离子体化学气相沉积（PECVD）	反应温度低,提高了薄膜纯度与密度,节省能源,提高产能	浅槽隔离填充,侧壁隔离,金属连线介质隔离
原子层化学气相沉积（ALD）	生长温度较低,薄膜均匀性和致密性较好	晶体管栅极介电层和金属栅电极等半导体和纳米技术领域
有机金属化学气相沉积（MOCVD）	实现对孔隙和沟槽很好的台阶覆盖率	用于 GaN 系半导体材料的外延生长和蓝色、绿色或紫外发光 二极管芯片的制造
高密度等离子体化学气相沉积(HDPCVD)	改善 PECVD 薄膜的致密性、沟槽填充能力和生长速率	CMOS 集成电路的浅沟槽隔离
微波等离子气相沉积（MPCVD）	制备面积大、均匀性好、纯度高、结晶形态好	高质量硬质薄膜和晶体、大尺寸单晶金刚石

2. CVD 主要工艺参数及其对薄膜制备的影响

CVD 反应过程同时受热力学和动力学影响，CVD 法制备薄膜的主要工艺参数有以下几种。

（1）沉积温度　温度对 CVD 膜的生长速度有很大的影响。温度升高，化学反应速度加快，基材表面对气体分子或原子的吸附及它们的扩散加强，故成膜速度增加。在高温沉积过程中，沉积原子和基体原子之间往往伴随互扩散反应。

（2）前躯体供给和配比　CVD 的原料要选择常温下是气态的物质或具有高蒸气压的液体或固体，一般为氢化物、卤化物以及金属有机化合物。通入反应器的原料气体应与各种氧化剂、还原剂等按一定配比混合通入。气体组成比例会严重影响镀膜质量及生长率。

（3）沉积压强　反应器内压力与化学反应过程密切相关。压力将会影响反应器内热量、质量及动量传输，因此影响 CVD 反应效率、膜质量及膜厚度的均匀性。在常压水平反应器内，气体流动状态可以认为是层流；而在负压反应器内，由于气体扩散增强，可获质量好、厚度大及无针孔的薄膜。不同的压强导致了不同的成核密度以及最初的目标产物的晶粒尺寸。在常压下，成核模式为 3D，与低压相比，常压的二次成核的速率较大，因为其生长初期的成核密度较小。而在低压下，初始的成核密度较大，导致二次成核密度小以及表面比较平整。

（4）稀释气氛　稀释气体在 CVD 反应中不仅可以均匀稳定地控制反应腔体气体组成，避免前驱体流动出现不均造成薄膜沉积质量不一致的情况出现，还可以对前驱体的反应进程起到一定的催化作用。选择稀释气体种类不同，会对气体流动方式和温度场的分布产生一定的影响，同时会影响前驱体原料的分解和原子聚合中间反应，进而对沉积产物的结晶、形貌和组分形成较大的影响。

3. CVD 反应原材料及反应类型的选择原则

CVD 所用的反应体系，应针对沉积目标产物，合理选择原材料及反应类型，通常要遵循以下四项原则：

1）尽量选择汽化温度低的原材料。原材料挥发成气态的温度过高则对设备的耐高温性能要求较高，一般 CVD 温度最好在 1100℃ 以下。

2）尽量选择无副产物或形成的副产物为气体的原材料和反应类型，若气相沉积反应有副产物产生，在反应温度下副产物应易挥发为气态，易于排出或分离。

3）沉积目标产物，即被沉积的基体材料和沉积形成的薄膜材料，在沉积温度之下应该有较好的高温稳定性。

4）反应过程尽量简单易于控制。

4. CVD 技术的优点及局限性

CVD 技术之所以得到迅速的发展并获得广泛应用，是因为其如下优点：

1）沉积物种类多，可以沉积金属薄膜、非金属薄膜，也可以按要求制备多组分合金的薄膜，以及陶瓷或化合物层。

2）CVD 反应在常压或低真空进行，镀膜的绕射性好，对形状复杂的表面或工件的深孔、细孔都能均匀镀覆。

3）能得到纯度高、致密性好、残余应力小、结晶良好的薄膜镀层。由于反应气体、反应产物和基体的相互扩散，可以得到附着力好的膜层，这对表面钝化、耐蚀及耐磨等表面增强膜是很重要的。

4）由于薄膜生长的温度比膜材料的熔点低得多，由此可以得到纯度高、结晶完全的膜层，这是有些半导体膜层所必需的。

5）利用调节沉积的参数，可以有效地控制覆层的化学成分、形貌、晶体结构和晶粒度等。

6）设备简单、操作维修方便。

同时，CVD 技术存在一定的局限性或缺点：

1）反应温度太高。CVD 成膜温度要远高于 PVD 技术，一般要在 850~1100℃ 下进行，许多基体材料都耐受不住 CVD 的高温，如热处理强化的工具钢、模具钢等经过 CVD 后其强度会下降。采用等离子或激光辅助技术可以降低沉积温度。

2）CVD 沉积气体反应源和反应后的尾气存在易燃、易爆或有毒的问题，如甲烷、氢气、氯化氢气体等，因此需要采取安全环保措施。

3）CVD 沉积气体反应源和反应后的尾气，往往含有氯等卤族元素成分，设备腐蚀严重，高温更加剧了设备的损坏。

15.4.3　几种典型的化学气相沉积技术

如前所述，化学气相沉积的技术种类很多，目前应用最为广泛的仍然是热化学气相沉积技术，特别是装备制造行业的工模具和其他零部件。随着现代物理技术及装备的发展，多种新型热源的 CVD 技术也逐渐成熟并获得应用，如激光增强 CVD 等。近几年原子层沉积技术发展迅速，并在芯片制造领域获得应用。

1. 热化学气相沉积

热化学气相沉积（hot chemical vapor deposition，HCVD）技术是由气态物质在热能的激发下产生化学反应，在基体材料表面获得固态薄膜的技术。在高温下，反应气体在热能的作用下分解成活性原子和活性基团，在高温的工件表面沉积出固态薄膜。这是利用热能将气态物质源转换为固态物质的技术。整个反应过程是热激活、热分解、热化合的热平衡过程。可以在常压或低压下进行，HCVD 技术是其他加热源 CVD 沉积技术的基础。

目前，应用最典型的是垂直热壁式低压 CVD，也是目前使用最多且最成熟的设计方式。首先，这种构造能够给沉积反应提供更均匀的温度分布，以此提高原料的分解效率从而为薄膜材料的快速生成提供必要前提。其次，这种成熟的设计方式已经积累了大量的相关研究经验及成果，有利于满足后期工业化大规模生产的需求。以沉积 SiC 涂层为例，图 15-4 所示为沉积 SiC 涂层的 HCVD 装置示意，主要由前驱体原料供给单元、洁净真空反应室单元、加热单元、尾气处理单元组成，各单元的功能构造特性如下：

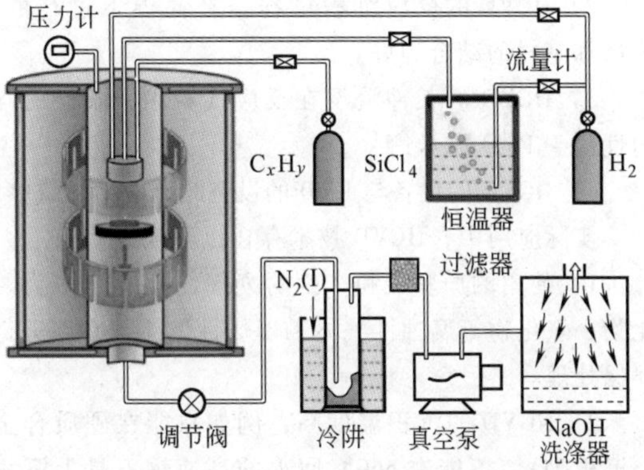

图 15-4　沉积 SiC 涂层的 HCVD 装置示意

1）前驱体原料供给单元，包含原料储存和输运管路、原料流量控制器等部件。当采用液态原料（$SiCl_4$）时，需储存在恒温挥发容器中，并以氢气（H_2）为其载流气体。前后均设置质量流量计（MFC）以精准、匀速控制 $SiCl_4$ 的通入量，气体和原料的输运管路均采用内抛光 316L 钢管或波纹管，并用 Swagelok VCR 方式连接，以避免空气等其他气体渗入导致的污染或腐蚀。

2）真空反应室单元，是原料分解、输运、反应和目标产物生长的空间，同时也扮演真空获取和热量供应功能的角色。当上述原料经过真空管路输运至反应室时，首先在反应室上方的进气组件内均匀混合、预热，随后到达沉积基板上方参与生成反应。

3）加热单元，供热系统包含电压转换器、电阻（石墨）加热片等部件，生长 SiC 的温度一般需要1000℃以上的高温，为获取更大范围的反应均温区空间，常规的金属电阻部件（如钨、钼和钽）难以满足条件，因此加热部件材料可采用高纯等静压石墨，且制成回旋式片层状。另外 HCVD 设备为热壁式设计，因此还配备有循环水冷单元以带走余热，保证反应室外壁的安全和稳定性。

4）尾气处理单元，主要功能为收集、处理未反应原料或反应副产物等对环境有污染的剩余气体，主要由液氮冷阱收集器、过滤收集器和 NaOH 喷淋塔组成。采用的硅源为 $SiCl_4$，其经过高温分解或与其他原料相互反应后会生成 HCl 和其他含 Cl 的腐蚀性、刺激性物质。这些气体首先经过液氮冷阱和过滤收集器冷凝收集，以降低对真空泵的腐蚀损害作用，接着在风机的带动下送入 NaOH 喷淋塔进行中和处理，从而将污染排放降低至最低限度。尾气处理设计对于工业化生产具有极其重要的技术意义。

HCVD 具有以下优势：

1）易于沉积多层膜。

2）HCVD 的反应沉积过程是在高温下进行的，膜层和基材的结合力好。

3）HCVD 的工件浸没在反应气氛中，膜层的均匀性优于 PVD 技术。

4）HCVD 的设备与 PVD 的设备相比，结构简单。

实际应用中，HCVD 技术存在以下缺点：

1）使用的原料气和产生的废气（尾气）多为氯化物、氢化物等腐蚀性气体和爆炸性气体，必须进行环保处理。

2）HCVD 的沉积温度高，例如只能在硬质合金上沉积 TiN，不能在560℃回火的高速钢刀具上沉积 TiN 等硬质涂层。

2. 激光化学气相沉积技术

激光化学气相沉积（laser chemical vapor deposition, LCVD）技术是利用激光束的光子能量激发和促进化学气相反应的沉积薄膜方法。根据激光在化学气相沉积过程中所起的作用不同，可以将 LCVD 分为光 LCVD 和热 LCVD，它们的反应机理也不尽相同。光 LCVD 是利用反应气体分子或催化分子对特定波长的激光共振吸收，反应分子气体收到激光加热被诱导发生离解的化学反应。光 LCVD 原理与常规 CVD 的主要不同在于激光参与了源分子的化学分解反应，反应区附近极陡的温度梯度可精确控制，能够制备组分可控、粒度可控的超微粒子。热 LCVD 主要利用基体吸收激光的能量后在表面形成一定的温度场，反应气体流经基体表面发生化学反应，从而在基体表面形成薄膜。热 LCVD 过程是一种急热急冷的成膜过程，基材发生固态相变时，快速加热会造成大量形核，激光辐照后，成膜区快速冷却，过冷度急剧增大，形核密度增大。同时，快速冷却使晶界的迁移率降低，反应时间缩短，可以形成细小的纳米晶粒。

LCVD 沉积设备装置通过在沉积腔通过窗口引入激光器，反应前驱体被聚焦激光束产生的热量分解，在基板上形成金属或者陶瓷沉积物，激光加热是局部进行的。LCVD 沉积装置一般包括进气单元、激光器加热和温度单元、真空反应单元和尾气处理单元。沉积温度采用热红外成像仪测定，反馈到温度控制系统，通过调节激光功率实现沉积温度控制。图 15-5 所示为沉积 SiC 薄膜所用到的 LCVD 沉积设备。

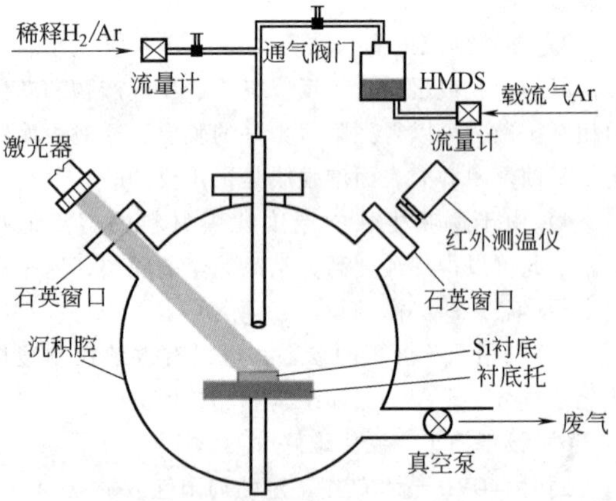

图 15-5 LCVD 沉积设备

LCVD 沉积过程可以分为以下五个阶段：

1）激光与前驱体作用，前驱体的预分解。

2）反应气体分子向激光作用区转移。

3）中间产物二次分解并向基体转移。

4）在基体表面沉积原子，原子成核长大生长汇聚成膜。

5）成膜过程中产生的气体离开激光光斑在基体表面的作用区。

LCVD 技术主要有以下优势：

1）前驱体利用率提高，利用激光的光热效应直接对前驱体进行加热，可大幅度提高前驱体的反应效率和利用率。

2）薄膜沉积速率提高，利用激光能量直接对基板加热不仅促进化学反应，可以大大降低基底温度，还可以对基板表面进行修饰，形成原子“捕获点”，可促进大量成核反应，使沉积速率高出传统 CVD 几个数量级。

3）形成特定形貌和择优取向，激光直接加热较之其他加热方式，能够在材料成核初期形成较大的温度梯度，有利于制备出以传统制备技术无法获得的薄膜形貌，且激光加热范围较为集中，与设备内其他部件的热交换较少，可高效利用激光能量，有利于制备出以传统制备技术无法获得的生长择优取向。

LCVD 技术主要应用于半导体薄膜材料、超硬薄膜、介质膜、微电子薄膜等领域。主要应用如下：

1）制备包括元素半导体、化学物半导体以及非晶态半导体在内的各类晶体薄膜，如多晶或单晶 Si、SiC 等。

2）沉积金刚石、TiN 等硬质薄膜。

3）绝缘膜、保护膜、抗损伤膜、增透膜等介质膜。

4）制备的 TiO_2 膜具有良好光学透射率和光导电性，广泛应用于微电子领域。

5）应用于纳米材料合成。

3. 金属有机化学气相沉积技术

金属有机化合物化学气相沉积（metal organic chemical vapor deposition，MOCVD）技术是一种利用金属有机化合物热分解反应进行气相外延生长的方法，主要用于化合物半导体气相生长。由于金属有机化合物化学气相沉积是利用热能来分解化合物的，因此作为有机化合物半导体元素的化合物原料必须满足以下条件：

1）在常温下较稳定且容易处理。

2）反应生成的副产物不应妨碍晶体的生长，不应污染生长层。

3）为适应气相生长，在室温左右应具有适当的蒸气压（≥10Pa）。

表 15-3 所列为部分元素周期表。此表粗线左侧元素具有强的金属性，而右侧元素具有强的非金属性。能满足上述条件的化合物原料要求的物质是周期表粗线右侧元素的氢化物。粗线左侧元素不能构成满足无机化合物原料，但其有机化合物特别是烷基化合物大多能满足作为原料的要求。另外，不仅金属烷基化合物，而且非金属烷基化合物都能用作 MOCVD 的原料。

表 15-3　部分元素周期表

周期	ⅡB 族	ⅢB 族	ⅣA 族	ⅤA 族	ⅥA 族
2		B	C	N	O
3		Al	Si	P	S
4	Zn	Ga	Ge	As	Se
5	Cd	In	Sn	Sb	Te
6	Hg		Pb		

周期表中的元素能用作原料化合物的相当多，它们对应于大多数化合物半导体晶体。例如 GaAs、$Ga_{1-x}Al_xAs$。作为 Ga、Al 的原料可选择 $(CH_3)_3Ga$（三甲基镓 TMG）、$(CH_3)_3Al$（三甲基铝 TMA）；作为 As 的原料可选择 AsH_3 气体。使这些原料在高温下发生热分解就能得到化合物半导体。例如 GaAs 可在 GaAs 基片上按式（15-2）反应完成外延生长：

$$(CH_3)_3Ga+AsH_3 \rightarrow GaAs+3CH_4 \qquad (15\text{-}2)$$

与其他方法相比，MOCVD 具有以下特点：

1）单一的生长温度范围是生长的必要条件，反应装置容易设计，较气相外延法简单。生长温度范围较宽，适合工业化大批量生产。

2）由于原料能以气体或蒸气状态进入反应室，容易实现导入气体量的精确控制，并可分别改变原料各组分量值。膜厚和电性质具有较好的再现性，能在较宽范围内实现控制。

3）能在蓝宝石、尖晶石基片上实现外延生长。

4）只改变原料就能容易地生长出各种成分的化合物晶体。

MOCVD 技术的主要缺点大部分均与其所采用的反应源有关。首先是所采用的金属有机化合物和氢化物源价格较为昂贵，其次是由于部分反应源易燃易爆或者有毒，因此有一定的危险性，反应后产物需要进行无害化处理，以避免造成环境污染。另外，由于所采用的源中包含其他元素（如 C、H 等），需要对反应过程进行仔细控制以避免引入非故意掺杂的杂质。

MOCVD 在半导体行业应用更广泛，如制备 GaN、AlN 等半导体薄膜，用于制备半导体器件、光学器件，同时广泛应用于超导薄膜材料、铁电薄膜、高介电材料等多种薄膜的制备。

4. 原子层沉积技术

原子层沉积（atomic layer deposition，ALD）技术一般在有机薄膜上沉积氧化物、氮化物、硫化物薄膜。

ALD 过程具有自限制性，即每个周期只生长一层化合物膜，确保在基底上长满一层致密的单原子层薄膜，以后才生长第二层薄膜。ALD 过程通常存在初始沉积和后续生长两个不同的沉积阶段，薄膜的生长模式分别表现为岛状生长和层状生长，其中初始沉积阶段对薄膜形态有着不可忽略的影响。改变工艺条件的结果表明薄膜粗糙度受前驱体温度、反应室真空度、基片温度等多种因素的影响。其中基片温度对初始沉积时间和生长速率的影响最为显著。在温度窗口内，基片温度越低，薄膜生长越缓慢，初始沉积时间越长，表面粗糙度越高，随着基片温度的升高，初始沉积过程越来越短暂，薄膜很快封闭，温度越高，生长速率越趋近于单分子层循环，表面粗糙度也越低。

ALD 技术每次只生长一层薄膜的自限制性致使

该技术对薄膜的成分和厚度具有出色的控制能力，主要具有以下优点：

1）膜层的厚度均匀。没有 PVD 镀膜过程中的遮挡造成的不均匀，所以保形性好。可以使半导体器件中的大深宽比的沟槽内的膜层厚度也有很好的均匀性。

2）膜层厚度可以精确控制。因为是长满了一层才能生长第二层膜，控制沉积的周期可以控制膜层的厚度。可以用计数器记录膜层生长的层数。能够生长出从几层到1000层以上的薄膜。

3）薄膜光滑度高。每次只生长一个原子层膜，具有原子级的薄膜光滑度。

ALD 技术一般应用于有机薄膜基底上的沉积氧化物（Al_2O_3，SiO_2，ZnO，MgO）、氮化物（Hf_3N_4，TaN）、硫化物（SnS，Cu_2S）薄膜等，用的基材多为有机薄膜，如聚乙烯（PE）、聚酯（PET）、聚偏二氯乙烯（PVDC）等。沉积前需要进行表面活化处理，提高有机薄膜的活性。

ALD 技术可以沉积阻隔膜、量子阱系统的电致发光器件、显示器件等。ALD 在沉积封装阻隔薄膜方面显示了巨大的潜力。封装阻隔薄膜的作用是提高材料的阻隔空气、水蒸气的能力。主要应用产品如下：

1）制备食品的贮存、运输时的保鲜薄膜

2）三维微纳结构器件中的功能薄膜材料。

3）柔性太阳能电池、锂电池、有机电子器件、柔性电路板的基底材料（有机物薄膜）需要的沉积高阻隔膜。

15.4.4 化学气相沉积技术在装备制造零部件中的典型应用

CVD 技术在装备零部件、微电子、太阳能、光纤通信、超导、新材料制备等许多方面得到广泛的应用。在装备制造业中，CVD 技术可制备硬质涂层，提高刀具、模具等零部件的耐磨性能，制备抗高温氧化、耐蚀涂层用于燃气轮机叶片等零部件的服役性能和使用寿命。

1. CVD 制备硬质涂层应用于刀具、模具

采用 CVD 技术制备碳化物、氮化物、氧化物等硬质涂层，可提升刀具和模具的加工性能，提高服役寿命。表 15-4 列出了常用 CVD 硬质涂层种类、沉积条件及硬度。

表 15-4 常用 CVD 硬质涂层种类、沉积条件及硬度

涂层名称	前驱体原料	沉积温度/℃	硬度/10^3HV
VC	$VCl_4/C_6H_5CH_3/H_2$	1500~2000	20~30
Si_3N_4	$SiCl_4/NH_3$	1200~1600	12~16
SiC	$SiHCl_3/CH_4/H_2$	1000~1400	25~40
	CH_3SiCl_2	1000~1400	25~40
TiC	$TiCl_4/CH_4/H_2$	800~1000	20~27
TiN	$TiCl_4/N_2/H_2$	650~1700	20~27
B_4C	$BCl_3/CH_4/H_2$	≈1300	30~35
Al_2O_3	$AlCl_3/H_2/CO_2$	800~1300	20~25
W_2C	$WF_6/C_6H_6/H_2$	320~600	20~25
WC	WCl_6/CH_4	900~1100	≈17
HfC	$HfCl_4/CH_4/H_2$	1000~1300	18~25

2. CVD 制备金刚石涂层

金刚石涂层具有高硬度、高热导率、低摩擦系数和低热膨胀系数等优异性能，接近或达到天然金刚石的性能。金刚石涂层刀具与天然金刚石相比，其制备工艺简单，成本较低，而且易于在形状复杂的刀具上制备涂层。目前金刚石涂层刀具，如钻头、铰刀和铣刀等，被用于加工陶瓷、石墨、金属基复合材料、高硅铝合金、碳-碳复合材料、高磨蚀材料等难加工材料。CVD 法制备金刚石薄膜的性能见表 15-5。

表 15-5 CVD 法制备金刚石薄膜的性能

性能	天然金刚石	金刚石薄膜	硬质合金
硬度/GPa	100	80~100	13~17
密度/(g/cm^3)	3.515	2.8~3.5	<14.7
熔点/℃	4000	≈4000	≈2800
杨氏模量/GPa	1200	1050	593
热导率/[W/(cm·K)]	20	≈20	0.29
热膨胀系数/(10^{-6}/K)	1.1~4.5	3.1	4.5~7.1
摩擦系数	0.09	≈0.09	0.4~1.0

按原料气体的激发方式可分为加热气体法和等离子体法两种，加热气体法包括热激发（热丝 CVD）和化学激发（燃烧火焰沉积），等离子体法包括电激发（如热阴极等离子体 CVD）和电磁激发（如电子回旋共振微波等离子体 CVD）两种。热丝 CVD 法是最早的沉积金刚石的方法之一，具有设备成本低、装置简单、设备易于大型化等特点。但是，与等离子体

方法相比，热丝 CVD 法制备的金刚石薄膜沉积速率较低，薄膜质量相对较差。尽管存在这些缺点，热丝 CVD 法仍然是当前工业化应用最为成熟的方法。

图 15-6 为热丝化学气相沉积（hot filament chemical vapor deposition，简称 HFCVD）装置简图。该装置通过电阻加热可将灯丝加热至约 2300℃的高温。利用灯丝产生的高温使含碳气体和氢气分解为活性基团，然后在下方的基板表面附着生长就可得到金刚石膜。

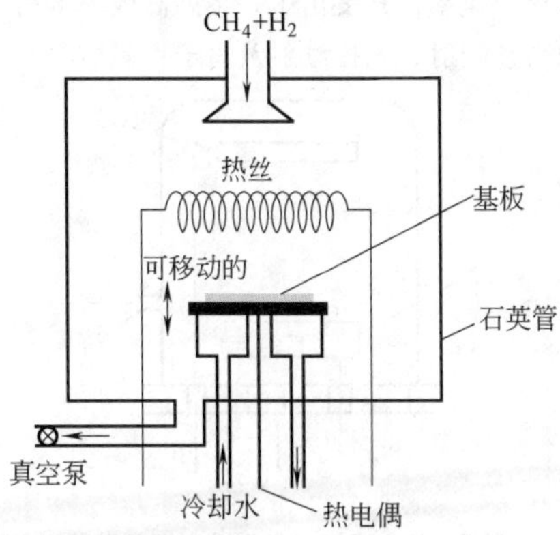

图 15-6　HFCVD 装置简图

3. CVD 法在燃气轮机空心叶片内孔制备耐高温铝化物涂层

空心叶片可实现航空发动机、燃气轮机叶片气膜冷却技术，降低叶片服役时的本体温度，但是空心叶片冷却内孔的服役温度仍然高达 900℃，内孔细小（≤0.5mm）狭长，在叶片内呈蛇形分布，常规的表面处理技术难以在内孔表面制备耐高温涂层。武汉材料保护研究所采用 CVD 法在燃气轮机叶片内孔表面制备钇改性铝化物涂层。叶片基体材料为 Inconel 718 镍基高温合金，CVD 温度为 950~1050℃，高温沉积的同时伴随着扩散反应，形成耐高温性能良好的 Al-Ni-Cr 涂层（见图 15-7、表 15-6）。加入钇改性元素能进一步提高涂层的抗高温氧化性能，试验结果表明，Al-Y 涂层的抗高温氧化性能较单一的 Al 涂层提高 1 倍以上，较无涂层的 Inconel 718 叶片提高 5 倍以上（见图 15-8）。

表 15-6　图 15-7 中各点的化学成分

（摩尔分数）　　（%）

图谱点	Al	Cr	Fe	Ni	Y	Nb	Mo
1	30.65	6.65	11.77	48.36	2.57	—	—
2	23.46	7.86	12.34	53.84	0.04	2.25	—
3	—	45.57	32.95	15.96	—	—	5.52

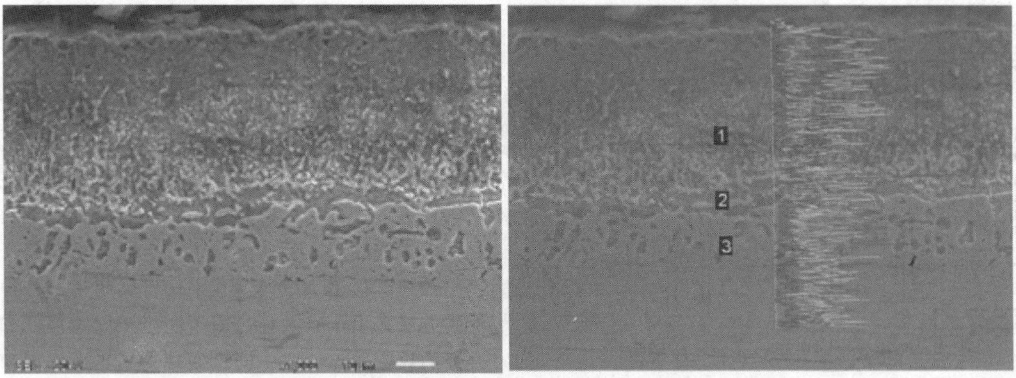

图 15-7　钇改性铝化物涂层及主要元素浓度分布

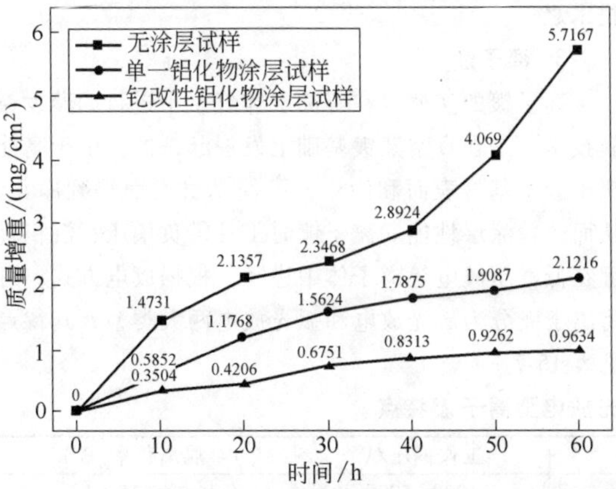

图 15-8　1100℃条件下无涂层 Inconel 718、单一铝化物涂层和钇改性铝化物涂层试样高温氧化动力学曲线

15.5　物理气相沉积

物理气相沉积是采用蒸发、溅射等物理效应作用于沉积物靶材，获得原子、离子、分子或离子簇等粒子，并在基体材料表面沉积的表面镀膜技术。物理气相沉积的温度一般不超过 600℃，沉积过程不会降低高速钢、模具钢一类淬火+回火强化材料的强度，适用于这类材料制造的刀具、模具和钻头等零件的表面强化。

15.5.1　物理气相沉积概述

物理气相沉积通常分为真空蒸镀、溅射沉积和离子镀三类。

1. 真空蒸镀

真空蒸镀是在 $1.33\times10^{-4}\sim1.33\times10^{-3}$Pa 的真空容器内用电阻、电子束、高频感应、激光加热涂覆材料，使原子蒸发从表面逸出。蒸发出的原子能量不超过 1eV，在真空条件下会与残余气体分子碰撞直接沉积到工件表面，形成膜层。图 15-9 为电阻加热式真空蒸镀系统简图。涂层材料一般放在坩埚中，或制成金属片放在钨丝上方，也可将难熔金属制成电阻丝直接加热蒸发。在蒸发源附近蒸发粒子浓度最大。向工件附近通入少量氩气或采用旋转夹具转动工件，可提高涂层的均匀性。在蒸发源与工件间设置适当强度的电场，能提高沉积速率。真空蒸镀具有方法简单、速度较快、镀层纯净的特点，但涂层的附着力较差、深孔内壁难以涂覆。由于难熔金属的熔点高，且蒸发产物的成分难以保持一致，不可能直接蒸发沉积难熔金属形成其碳化物、氮化物和氧化物涂层。目前真空蒸镀一般用于涂覆低熔点金属，如 Al、Zn、Mg 涂层等。

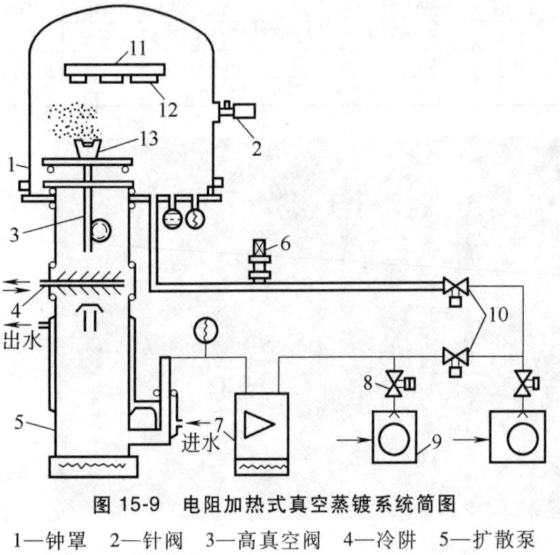

图 15-9　电阻加热式真空蒸镀系统简图

1—钟罩　2—针阀　3—高真空阀　4—冷阱　5—扩散泵　6—充气阀　7—增压泵　8—放气阀　9—机械泵　10—低真空阀　11—工件夹和加热器　12—工件　13—蒸发源与加热器

2. 溅射沉积

溅射沉积是利用离子轰击靶材溅射产生沉积物的粒子，在工件表面成膜的技术。轰击靶材的离子束来源于气体放电。用这种方法可获得金属合金、绝缘物、高熔点物质的覆层。溅射沉积时基材的温度一般为 260~540℃。

溅射沉积最简单的装置如图 15-10 所示，其原理是直流二极型溅射。沉积时，真空室内充以 0.133~1.33Pa 的氩气，阴阳极之间施加 3~4kV 的负高压，氩气电离产生辉光放电。在负高压的作用下，Ar^+ 离子以极高的速度轰击阴极靶材，靶材上溅射出的原子或分子又以足够高的速度轰击放在周围的工件，在其表面形成涂层。由于被溅射出的原子仍具有高达 10~35eV 的动能，形成的涂层具有较强的附着力。直流二极型溅射的涂覆速度太低，已很少在工业中应用。为提高涂覆速率，开发出了一系列高效率溅射沉积技术，如高频溅射、磁控溅射及离子束溅射等。

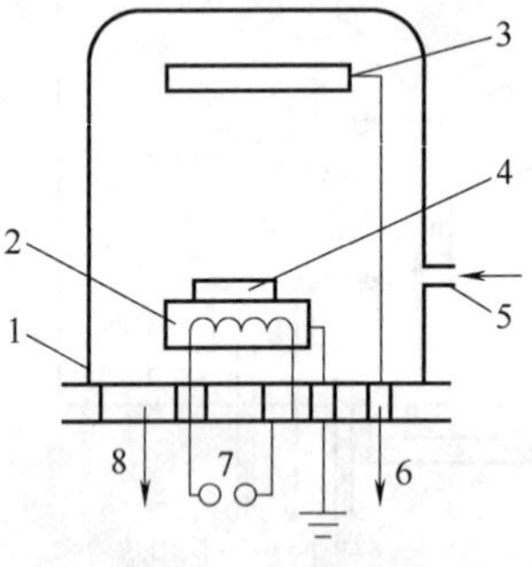

图 15-10　直流二极型溅射沉积装置

1—溅射室　2—加热片　3—阴极（靶）　4—基片　5—Ar 气入口　6—负高压　7—加热基片用电源　8—接真空泵

高频溅射法与直流溅射相似，其特点是在靶材上接入的是高频电源。施加高频电压后，靶材上产生自偏压、离子被加速并轰击靶材，出现溅射效应形成溅射沉积层。这种方法特别适用于制备石英、玻璃、氧化铝等绝缘涂层。

磁控溅射是 20 世纪 70 年代发展起来的一种溅射镀膜方法，由于有效地克服了阴极溅射速率低和基片升温的致命弱点，它一问世便获得了迅速发展和广泛应用，磁控溅射镀膜是目前应用最为广泛的薄膜制备技术之一。

3. 离子镀

离子镀的实质是在等离子体气氛中进行的蒸发镀膜技术，是在真空蒸镀基础上发展起来的。由于高能离子轰击基材表面和涂层，可使基材表面得到净化、从而改善涂层性能。离子镀时工件带负偏压，沉积过程在低气压放电等离子体中进行。根据放电方式，可将离子镀分为辉光放电和弧光放电两大类型，其特点见表 15-7。

表 15-7　辉光放电型和弧光放电型离子镀特点

离子镀类型	蒸发源电压/V	源电流/A	工作偏压/V	金属离化率(%)
辉光放电型	10000	<1	1000~5000	1~15
弧光放电型	20~70	20~200	20~200	20~90

辉光放电型离子镀的能量密度较低，金属离化率低，成膜效率低，几种辉光放电型离子镀及其技术特点见表 15-8。弧光放电型离子镀采用弧光放电蒸发源，其放电特性为低电压、大电流，金属离化率高，一般要比辉光放电型高 1~2 个数量级，成膜效率高，几种弧光放电型离子镀及其技术特点见表 15-9，其中电弧离子镀的应用最为广泛，在工业化设备中，往往在真空室内布置多个弧源，以提高产能，增加镀层的均匀性，称为多弧离子镀。

表 15-8 几种辉光放电型离子镀及其技术特点

离子镀类型	增强放电措施	工作偏压/kV	沉积气压/Pa	金属离化率(%)
直流二极型	直流辉光	1~3	1~10	<1
活性反应型	活性极吸引二次电子	1~3	10^{-1}~1	3~6
热阴极型	增加高能电子密度	1~3	10^{-1}~1	10~15
高频型	增长电子运动路程	1~3	10^{-1}~1	10~15
集团离子束型	热阴极和加速极	<1	10^{-2}~10^{-1}	<1
磁控溅射型	离子溅射	<1	10^{-3}~10^{-2}	

表 15-9 几种弧光放电型离子镀及其技术特点

离子镀类型	放电特点	金属蒸发来源	金属离化率(%)
空心阴极离子镀	热空心阴极放电	阳极坩埚熔池	20~40
冷空腔阴极离子镀	冷场致发射	阳极坩埚熔池	—
热灯丝等离子枪离子镀	非自持电子弧	阳极坩埚熔池	30~60
电弧离子镀	冷场致发射	阳极本身无熔池	60~90

真空蒸镀技术应用于装备制造业中，一般适合在零部件表面制备较低熔点的金属薄膜，如 Al、Zn、Mg 薄膜，目前主要应用于装饰镀膜。例如，在钢铁、陶瓷、塑料等材料上蒸镀一层铝薄膜，再对铝膜表面进行阳极氧化处理，获得装饰色彩。溅射沉积和离子镀的技术方法虽然很多，但是目前应用于机械零部件，如刀具、模具、钻头、轴承等，主要技术方法是磁控溅射和电弧离子镀。磁控溅射温度低、成膜精密、表面光滑，但是金属离化率低，膜基结合力相对较差，涂层易剥落失效。电弧离子镀金属离化率较高，膜基结合力好，但是表面较粗糙，电弧蒸发靶材时产生的“液滴”会在涂层中形成“大颗粒”，影响涂层的质量。近几年高离化率磁控溅射技术和复合物理气相沉积技术发展迅速，可综合发挥两者的优势。

15.5.2 磁控溅射镀膜

1. 磁控溅射镀膜原理

磁控溅射沉积是在直流二极溅射的基础上发展起来的技术。溅射沉积是由辉光放电形成的氩等离子体对靶材进行轰击，溅射出的中性靶原子和二次电子，靶原子沉积在基片（工件基体）表面形成薄膜，直流二极溅射的离化率很低，因此薄膜的沉积速率也很低，质量很差。另外产生的二次电子在电场的作用下加速飞向基片，其携带的能量使基片温度升高。这些问题限制了直流二极溅射沉积的工业化应用。磁控溅射技术平行于靶材配置磁场（见图 15-11），电磁场呈正交分布，二次电子在加速飞向基片时，受磁场的洛仑兹力作用，二次电子以摆线和螺旋线状的复合形式在靶材表面做圆周运动，被电磁场束缚在靠近靶表面的等离子体区域内，增加电子与氩原子碰撞的可能性，进一步电离溅射原子，增加了离子密度，提高了离化率和薄膜沉积速率。由于二次电子被约束在靶材表面，大大地减少了二次电子飞向基片产生的温升作用。此外较高的离化率可使后续放电在较低的工作气压和电压下进行。

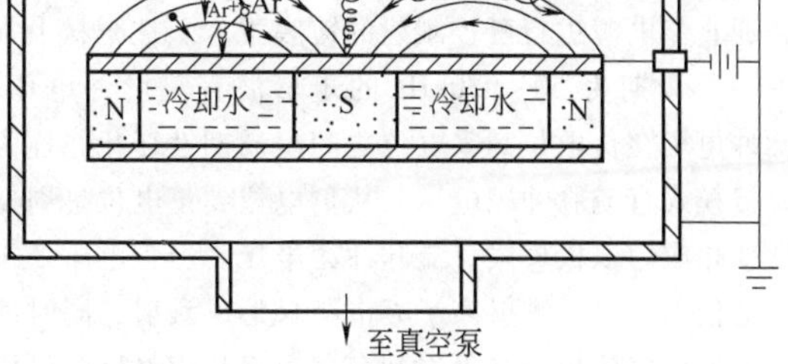

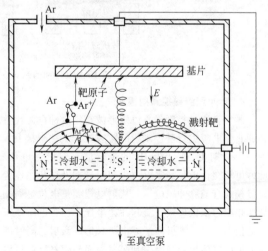

图 15-11 磁控溅射装置示意

2. 非平衡磁控溅射

传统磁控溅射离化率相对较低，磁控管靶将等离子体限制在靶附近，导致基底附近等离子体密度较低，基体离子电流密度远小于 $1mA/cm^2$，使薄膜易形成有孔隙或缺陷的微观结构，导致涂层质量不高。

非平衡磁控溅射配备了一个外部磁体（见图 15-12），该外部磁体被添加到直流磁控磁路中。外部磁体的极性与直流磁控的极性相反，并产生非平衡的磁场，该磁场可以扩展靶的放电并将等离子体传输到基底（见图 15-13）。等离子体区域中将会有更多离子沉积到基底上，使得基体离子电流密度大于 $2\sim10mA/cm^2$，基体上的入射离子所占比例远高于传统磁控溅射，沉积出更加致密无缺陷的涂层。目前装备制造业中普遍采用非平衡磁控溅射用于制备刀具、模具和耐磨零部件的硬质涂层。

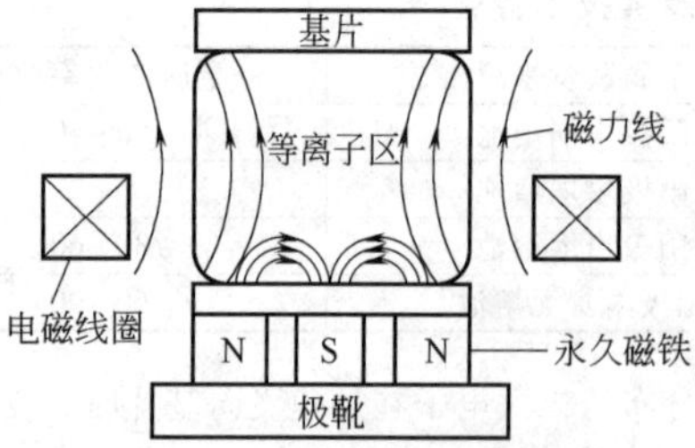

图 15-12　非平衡磁控溅射原理

3. 反应直流磁控溅射镀膜

早期的磁控溅射是在直流二极溅射的基础上发展起来的，采用恒压直流溅射电源，具有设备简单的优点。反应直流磁控溅射镀膜过程中，通入反应气体，如氮气、甲烷、氧气等，这些气体在辉光放电过程中被激活或离化，形成活性基团，活性基团在被沉积的工件基体表面沉积并与靶原子发生反应，形成相应的化合物薄膜。例如，采用直流磁控溅射反应法在高速钢刀具表面制备 TiN 涂层，以钛为靶材，通入氮气作为反应气，溅射出的钛原子与离化的氮原子在高速钢表面反应沉积形成 TiN 硬质涂层。反应直流磁控溅射法制备的薄膜纯度高，基体温度较低，设备相对简单，可控性好。

但是，直流磁控溅射反应镀膜过程中，反应气体也会与靶材反应在靶材表面，形成化合物，产生"靶中毒"现象。形成的化合物降低了靶的溅射率，降低了沉积速率。同时也降低了靶材表面的导电性，造成靶面正电荷富集，当积聚的正电荷达到一定程度时，会击穿化合物层产生弧光放电，影响溅射的稳定性。弧光放电造成靶材局部熔化和蒸发，形成的"液滴"粒子沉积到基体表面，影响涂层的质量。

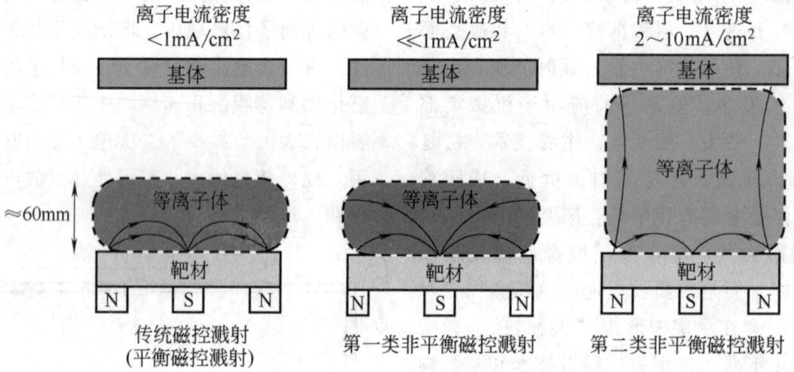

图 15-13　不同的外部叠加磁场对等离子体状态的影响

4. 脉冲直流磁控溅射镀膜

脉冲直流磁控溅射是以矩形波直流脉冲电源代替普通直流电源进行磁控溅射的镀膜技术。在靶材上加上一个周期为 50～250kHz 的矩形波直流脉冲电压。脉冲电压在负电位到零电位之间呈周期性变化，称为单极模式直流脉冲靶电压。从负电位到正电位呈周期性变化成为双极模式直流脉冲靶电压。当靶电压处于负电位周期时，溅射离子轰击靶材形成溅射，同时离化的反应气体也会被吸引到靶材表面与靶材反应形成化合物，靶材表面逐步形成正电荷富集。当靶电压处于正电位或零电位周期时，带负电荷的电子被吸引到靶材表面，与富集在靶材表面的正电荷中和，减少形成弧光放电。溅射放电时段占一个周期的比值称为占空比，占空比越小，弧光放电的趋势越小，但是沉积速率也越小。

5. 磁控溅射装备

磁控溅射装备主要由磁控靶、溅射电源、真空腔室、水冷系统和控制电动机等五部分组成，设备结构原理如图 15-14 所示。由图可知，磁控溅射靶材与工件平行，靶材在放电情况下形成等离子体，沉积至工件上。靶材形状通常为矩形靶、圆形靶和柱状靶（见图 15-15），制备方法为粉末冶金法和熔融铸造法。样品转台为常见的行星式，由外接步进电动机调整转速，便于实现多层或复杂形状工件的均匀生长。

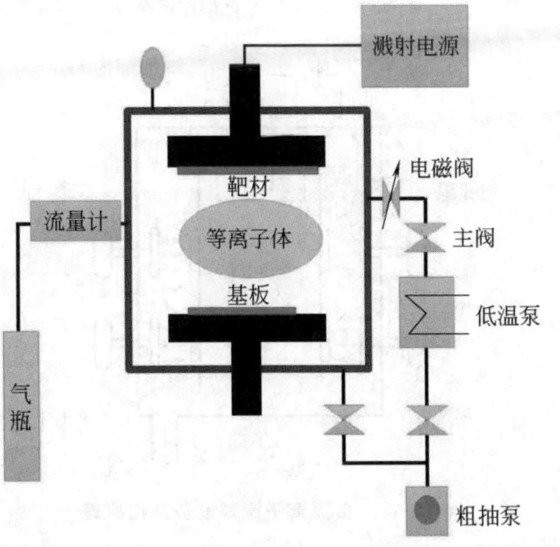

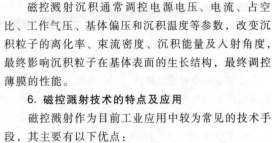

图 15-14　磁控溅射设备结构原理

磁控溅射沉积通常调控电源电压、电流、占空比、工作气压、基体偏压和沉积温度等参数，改变沉积粒子的离化率、束流密度、沉积能量及入射角度，最终影响沉积粒子在基体表面的生长结构，最终调控薄膜的性能。

6. 磁控溅射技术的特点及应用

磁控溅射作为目前工业应用中较为常见的技术手段，其主要有以下优点：

1）基材温升低、对膜层的损伤小。

2）对于大部分材料，只要能制成靶材，就可以实现溅射。

3）溅射所获得的薄膜纯度高、致密度好、成膜均匀性好。

4）溅射工艺可重复性好，可以在大面积基片上获得厚度均匀的薄膜。

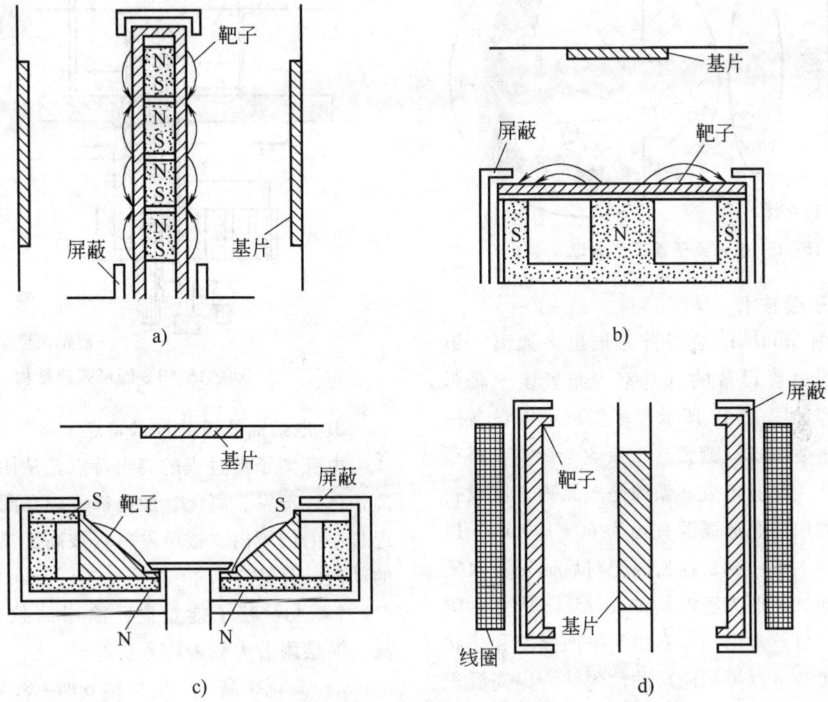

图 15-15　磁控溅射电极类型

a）同轴圆柱型　b）平板型　c）锥面型　d）圆柱空心型

5）能够控制镀层的厚度，同时可通过改变参数条件控制组成薄膜的颗粒大小。

6）不同的金属、合金、氧化物能够混合，同时溅射于基材上。

7）易于实现大规模工业化生产。

磁控溅射技术优势明显，是沉积各种工业上重要涂层的最常用的技术之一，可沉积包括硬质耐磨涂层、低摩擦涂层、耐腐蚀涂层、装饰性涂层和具有特定光学或电气特性的涂层。随着非平衡磁控管的发展，特别是非平衡磁控与多源封闭场的结合使这项技术的应用更为广泛。

15.5.3　电弧离子镀膜

1. 电弧离子镀原理

电弧离子镀是在真空蒸镀和真空溅射的基础上发展起来的一种涂层制备技术，也称为真空弧光蒸镀法，它把真空电弧放电用于电弧蒸发源。电弧离子镀技术的工作原理主要基于冷阴极真空弧光放电理论，也称为阴极电弧离子镀。图 15-16 所示为电弧离子镀工作原理，点燃真空电弧后，阴极靶材表面上出现一些不连续、大小和形状多样、明亮的斑点，它们在阴极表面迅速地做不规则的游动，一些斑点熄灭时又有些斑点在其他部位形成，维持电弧的燃烧。阴极斑点的电流密度达 $10^4 \sim 10^5 A/cm^2$，并且以 1000m/s 的速度发射金属蒸气，其中每发射 10 个电子就可发射 1 个金属原子，然后这些原子再被电离成能量很高的正离子（如 Ti^+），正离子在真空室内运行时与其他离子结合（如与 N^- 形成 TiN），沉积在工件表面形成涂层。

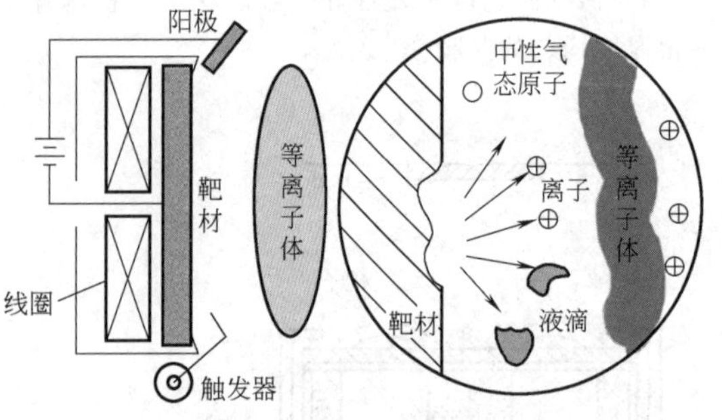

图 15-16　电弧离子镀工作原理

2. 多弧离子镀技术

1982 年美国 Multi-arc 公司首先推出多弧离子镀技术，即在阴极电弧设备的真空室内布置多个靶弧源，其结构原理如图 15-17 所示。多弧离子镀设备一般比较简单，主要由真空镀膜室、弧源、真空获得系统、偏压源等几大部分组成。弧源是多弧离子镀设备的重要部件，常用的圆形弧源直径为 60~100mm，厚度一般为直径的 1/4~1/2，在弧源靶材后面安装永磁体控制弧斑运动，圆形弧源结构如图 15-18 所示。除圆形弧源以外，目前常用的还有矩形平面弧源和柱状弧源。多个靶弧源可以提高涂层的均匀性，提高沉积效率。多弧离子镀保留了普通电弧离子镀的优点，入射粒子能量较高，获得的涂层硬度高、耐磨性好。另外，由于弧的蒸发速度在一定的气压范围内几乎恒定不变，离子电流与电弧电流能成正比，所以电弧离子镀的工艺参数控制简单，设备操作方便。多弧离子镀膜技术可以制备具有高硬度的 TiN、TiCN、AlTiN、AlTiSiN、CrN 和 DLC 涂层，也可以制备良好的热稳定性和化学稳定性的氧化铝涂层，目前仍然是 TiN、TiAlN 耐磨层和 TiN 仿金装饰涂层最主要的工业化制备技术之一。

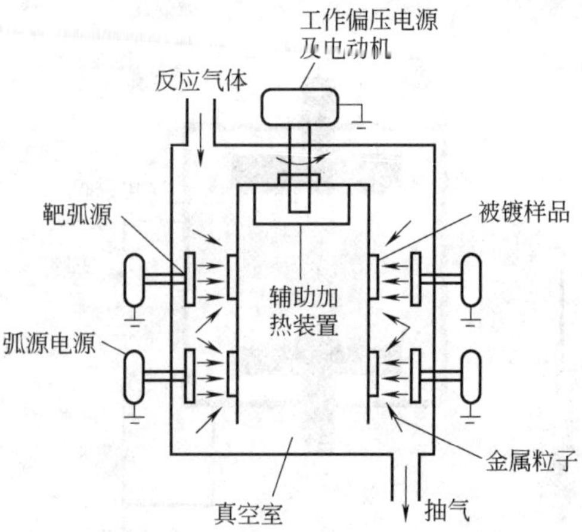

图 15-17　多弧离子镀膜设备结构原理

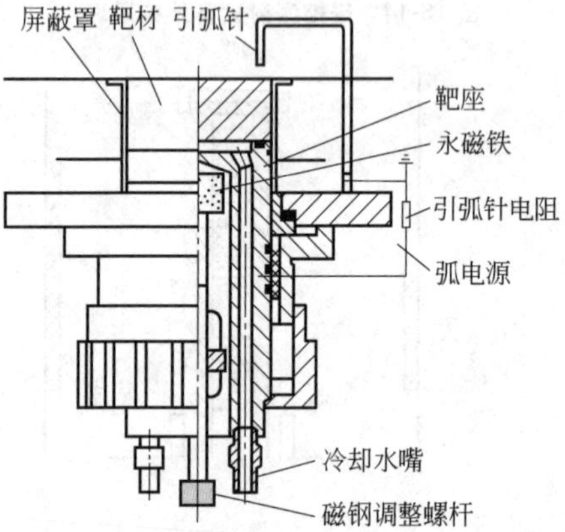

图 15-18　圆形弧源结构

3. 电弧离子镀的技术特点

电弧离子镀过程的突出特点是从阴极直接产生等离子体，蒸发、离化、加速都集中在阴极斑点及其附近很小的区域内。被蒸发材料被高度离化，具有很高的动能。其特点如下：

1）入射粒子能量高，涂层的致密度高、硬度高，涂层附着力较磁控溅射好。

2）离化率高，一般可达 60%~80%。

3）沉积速度快，绕镀性好。

4）设备较为简单，采用低电压电源工作比较安全。

5）一弧多用，电弧既是蒸发源和离化源，又是加热源和离子溅射清洗的离子源。

电弧离子镀存在的最大问题是“液滴”问题。阴极靶材在弧蒸发的过程中容易产生“液滴”，这些“液滴”沉积到被镀工件表面，在涂层内形成微米级的大颗粒，造成涂层表面粗糙，降低涂层的致密性，从而影响涂层的耐蚀抗磨性能。因此，如何减少和避免“液滴”，减少大颗粒对涂层的污染，一直是电弧离子镀中最为关注的问题，主要的解决方法如下：

1）外加磁场法。外加磁场并调整磁场的强度，可以改善电弧放电，使电弧细碎，细化涂层微粒，增加带电粒子的速率，并可以改善阴极靶面刻蚀的均匀性，提高靶材的利用率。是目前阴极电弧离子镀最常用的控制大颗粒“液滴”的方法之一。

2）脉冲偏压电弧离子镀。该技术是在被沉积基体上采用脉冲偏压电源代替传统的直流偏压电源进行电弧离子镀。增大脉冲偏压可明显降低大颗粒的尺寸和数量，降低占空比可降低基体的温度。脉冲偏压离子镀不仅可以提高涂层的质量，而且还降低了涂层的内应力，可制备厚度较大的涂层。

3）弯管型电磁偏转过滤离子镀。弯管型电磁偏转过滤法原理及装置如图 15-19 所示。从阴极电弧源发射出来的弧光等离子体中，金属离子能在磁场的作用下沿弯管偏转进入镀膜室成为沉积原子，而“液滴”大颗粒不带电，在弯管中只能直线运动，不能沿轨道偏转进入镀膜室而被“过滤”掉。这种方法能有效地减少甚至消除“液滴”效应，但是进入沉积室的原子数量也因此减少，降低了沉积效率，电弧离子镀技术优势因此扣减，而且设备也比较复杂。

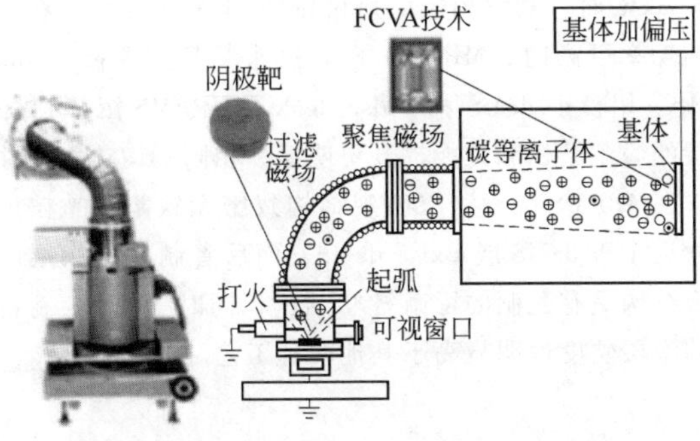

图 15-19　弯管型电磁偏转过滤法原理及装置

15.5.4　离子镀膜技术的进展

单一的电弧离子镀、磁控溅射 PVD 技术都存在各自的优缺点（见表 15-10），如何综合发挥两者的优势减少各自的缺点，一直是 PVD 技术的研究热点。

表 15-10　单一 PVD 技术的优缺点

技术名称	优点	缺点
电弧离子镀	靶材离化率高、膜基结合力好、沉积效率高	涂层平整性差、靶材选择范围较小、涂层残余应力大
磁控溅射	表面质量好、靶材限制较少、涂层成分可控、内应力较小	靶材离化率较低、膜基结合力较低，生产效率低、靶材易中毒

1. 高功率脉冲磁控溅射

高功率脉冲磁控溅射（high power pulsed magnetron sputtering，HPPMS）是在传统直流磁控溅射技术上发展起来的一种高离化率磁控溅射技术。高功率脉冲磁控溅射技术不同于普通的直流脉冲磁控溅射，其特点是极高的功率脉冲峰值（通常是比传统磁控溅射高 2~3 个数量级）和极低的放电占空比（放电时间 τ_{on} 仅为整个脉冲时间的百分之几）。高功率脉冲溅射出的靶材金属原子离子化，离子化的金属在磁场的作用下又对靶材产生溅射，提升了等离子体的密度，大大地提高了金属的离化率。低放电占空比避免了持续高功率溅射造成靶材温度过高，甚至产生靶材熔化的现象，也抑制了电弧的出现。图 15-20 所示为依据放电占空比和靶材表面峰值功率密度对放电模式的分类。传统直流磁控溅射（dcMS）或者脉冲直流磁控溅射（Pulsed dcMS）峰值功率密度小于 $0.05kW/cm^2$，同时占空比较高，甚至高达 100%。随着占空比降低，峰值功率密度大于 $0.05kW/cm^2$ 时属于 HPPMS，按照占空比和靶材峰值功率密度，HPPMS 具体又分为两种，分别为 HiPIMS（high power impulse magnetron sputtering）和 MPPMS（modulated pulsed power magnetron sputtering），HiPIMS 的占空比与 MPPMS 相比更低，功率密度也更高。

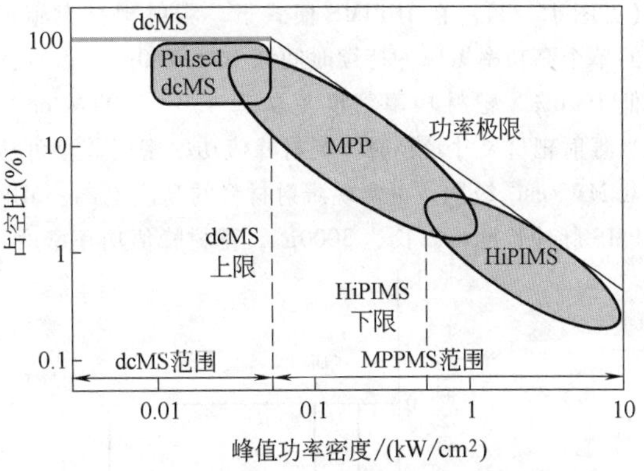

图 15-20　依据放电占空比和靶材表面峰值功率密度对放电模式的分类

HiPIMS 与常规直流磁控溅射相比金属离化率大大提高，如 Ti 靶电离程度最高可达 90%。可以通过施加电场和磁场控制等离子体中的带电物质，获得的涂层硬度更高、致密性更好，在形状复杂的工件上制备的涂层则更加均匀。与同样高电离度的阴极电弧蒸发技术相比，HiPIMS 的优势在于通过调控脉冲参数抑制电弧的出现，获得不含大颗粒且表面更加光滑的涂层，同时提高涂层的结合力和耐磨性。采用 HiPIMS 在切削刀具表面制备 TiAlN 涂层，其耐磨性能优于直流磁控溅射和脉冲直流磁控溅射等技术制备的TiAlN涂层（见图15-21）。但是由于占空比小，放电时间短暂，HiPIMS沉积速率较低。

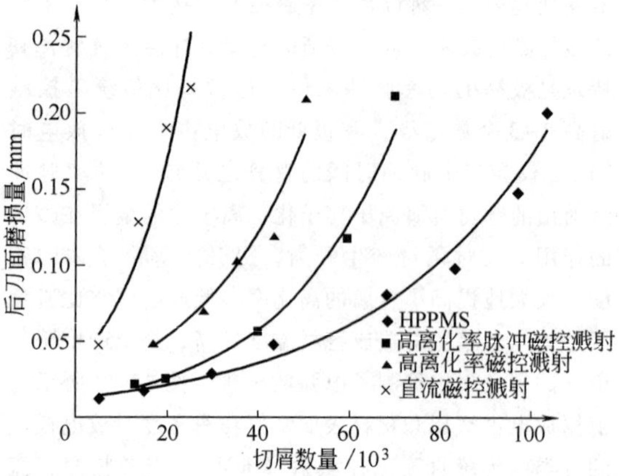

图15-21　采用不同PVD工艺沉积TiAlN涂层后刀具切削高强钢时后刀面磨损情况对比

2. 高功率调制脉冲磁控溅射（MPPMS）技术

高功率调制脉冲磁控溅射（modulated pulsed power magnetron sputtering，MPPMS）技术克服了HiPIMS沉积速率损失问题，同时又确保了溅射材料的高度电离。MPPMS和HiPIMS技术放电模式的差别主要体现在放电脉冲的幅度、持续时间和形状上（见图15-22）。在HiPIMS模式下，溅射靶材上施加的单个高功率短脉冲持续时间为100~150μs，占空比低于10%，靶材功率密度范围为1.0~3.0kW/cm²。当溅射靶材尺寸较小时，靶材峰值功率密度甚至可达几MW/cm²级别，可实现溅射材料的高度电离。MPPMS脉冲长度可以长达3000μs，靶材峰值功率密度通常在0.5~1.5kW/cm²范围内。在MPP放电模式中最大占空比为28%，脉冲放电频率一般在4~400Hz范围内。

MPPMS技术最重要的特点是可以将脉冲形状任意调整为多步脉冲。图15-23所示为典型的MPP脉冲周期（电压值为负）内的靶材放电电压、电流和功率波形。与HiPIMS中单一脉冲波形放电不同，MPPMS放电生成高密度等离子体的过程为，首先产生一个弱电离的等离子体，然后在同一个总脉冲内过渡到等离子体强电离阶段。弱电离脉冲阶段的目的在于放电初期形成低电流和低功率的等离子体，稳定放电状态。随即在靶材上施加高电流和高放电功率，产生一个强电离脉冲阶段。通过控制微脉冲内的电压“接通”时间（τ_{on}，微脉冲放电时长）和电压“关断”时间（τ_{off}，微脉冲之间的时间距离），可以控制任意脉冲的步长和形状。在单脉冲内创建多个微脉冲步长，调控每个步长中的放电电流和峰值功率，可及时抑制靶材表面产生电弧。

MPPMS离子密度远高于常规dcMS，并且离化率也明显提升。在相同的放电平均功率下，HiPIMS的沉积速率明显低于dcMS；在低平均功率时，MPPMS的沉积速率是dcMS的70%~80%，当平均功率提升至3kW时，其沉积速率则和dcMS的基本相同，在平均功率更高时，MPPMS的沉积速率甚至要高于dcMS。相较于dcMS和Pulse dcMS，MPPMS沉积对涂层的微观结构和性能提升更明显，相同平均功率条件下，MPPMS沉积涂层微观结构致密无缺陷，晶粒尺寸远小于dcMS或Pulse dcMS，而后者制备的涂层微观结构呈有孔洞的稀疏柱状结构，同时MPPMS制备的涂层硬度也明显高于其他两种工艺。

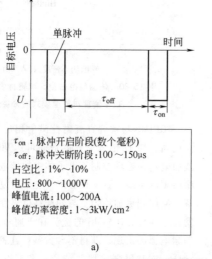

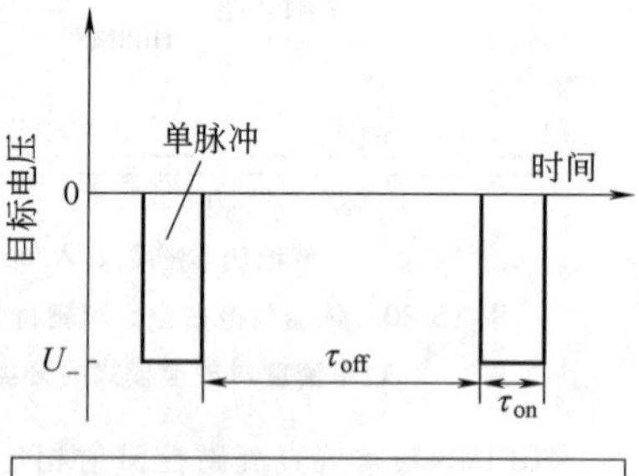

τ_{on}：脉冲开启阶段(数个毫秒)
τ_{off}：脉冲关断阶段：100～150μs
占空比：1%～10%
电压：800～1000V
峰值电流：100～200A
峰值功率密度：1～3kW/cm²

a)

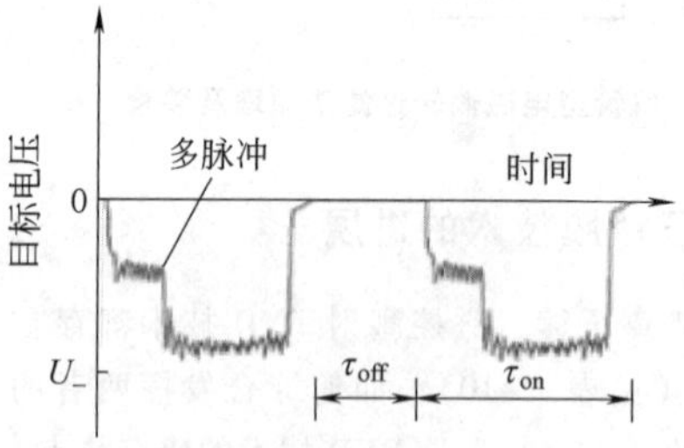

τ_{on}：脉冲开启阶段(数个毫秒)
τ_{off}：脉冲关断阶段：500～3000μs
占空比：10%～28%
电压：700～800V
峰值电流：100～300A
峰值功率密度：0.5～1.5kW/cm²

b)

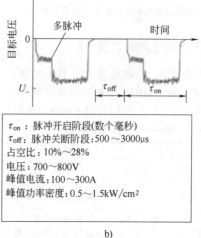

图15-22　两种典型的电压波形及放电参数
a）HiPIMS　b）MPPMS

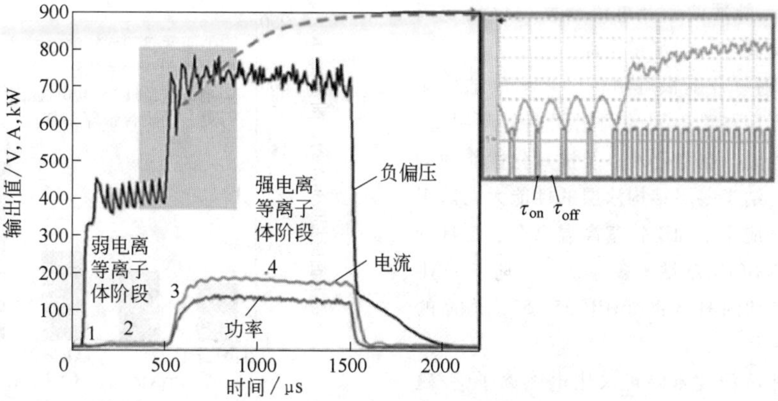

图 15-23　典型的 MPP 脉冲周期（电压值为负）内的靶材放电电压、电流及功率波形

3. 复合物理气相沉积技术

复合物理气相沉积技术是指将两种以上的物理气相沉积技术或将物理气相沉积技术与其他表面处理工艺相结合，发挥各自技术的优越性，最终获得理想涂层的方法。目前，常见的复合物理气相沉积技术有等离子氮化/物理气相沉积、等离子喷涂/物理气相沉积、电弧离子镀/磁控溅射等。其中，电弧离子镀与磁控溅射复合沉积工艺发展最为迅速。该技术的主要工作原理是利用磁控溅射靶材选择宽泛的优势，通过电弧/溅射复合沉积在传统电弧离子镀单一涂层中引入新的组元和结构来改善涂层性能，提升涂层在实际工况下的服役表现。

1990 年，荷兰 Hauzer 公司便将电弧离子镀与磁控溅射技术相复合，开发出 Hauzer 1000-4 ABS 涂层设备并工业化生产。设备结构如图 15-24 所示。设备采用电弧离子预轰击处理基体材料，利用溅射沉积涂层，综合电弧离子镀和磁控溅射的优点，可获得良好的膜基结合力以及可控的涂层残余应力。Hauzer ABS™ 涂层典型结构与工艺流程如图 15-25 所示。

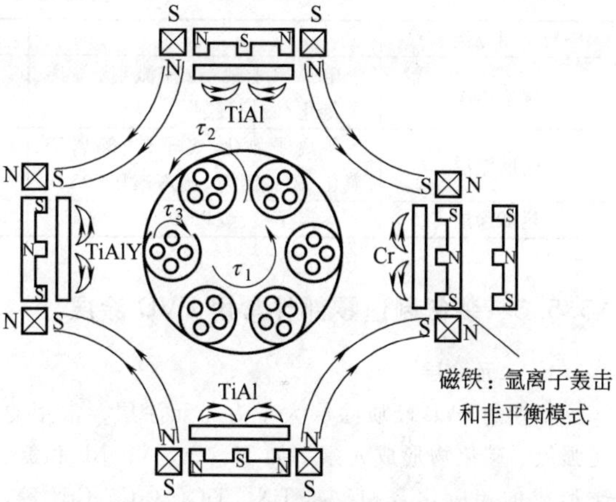

图 15-24　Hauzer 1000-4 ABS 设备结构

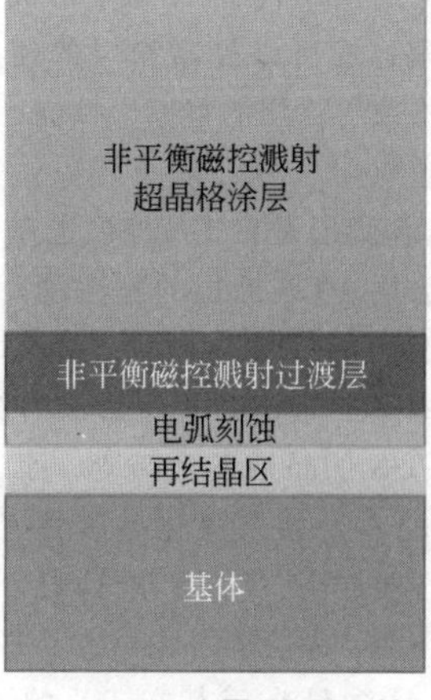

序号	生产工艺	主要参数
1	抽真空 并加热	真空度<2×10^{-3}Pa 温度：400℃
2	电弧刻蚀	偏压：−1200V 靶电流：80～100A 氩气压力：0.4Pa
3	非平衡磁控溅射 过渡层	厚度：200～300nm
4	非平衡磁控溅射 超晶格涂层	偏压：−120～−75V 总压强：0.3～0.35Pa 氩气压强：0.2～0.25Pa 氮气压强：0.1Pa 厚度：2～5μm
5	降温	无

图 15-25　Hauzer ABS™ 涂层典型结构与工艺流程

Oerlikon Balzers 开发电弧离子镀与高功率脉冲磁控溅射复合沉积技术，并已实现商业化生产。该技术通过结合两种沉积技术的优势，制备出表面光滑、结构致密、硬度高与结合力强的硬质涂层。同时由于

HiPIMS 脉冲宽度、脉冲波形及电流密度均可独立调节，所以该技术具有丰富的可拓展性。

采用电弧/溅射复合沉积可制备纳米多层结构涂层，通过优化电弧层与溅射层的调制周期与调制比，获得最佳的力学性能、热稳定性以及抗氧化性能的纳米多层结构涂层。纳米多层结构涂层的性能大大优于单层结构涂层，被应用于加工镍基高温合金、工具钢等难加工材料。TiAlCrN 基纳米多层涂层刀具与 TiAlCrN 单层涂层刀具切削 H13 钢（HRC55~57）寿命的对比如图 15-26 所示。

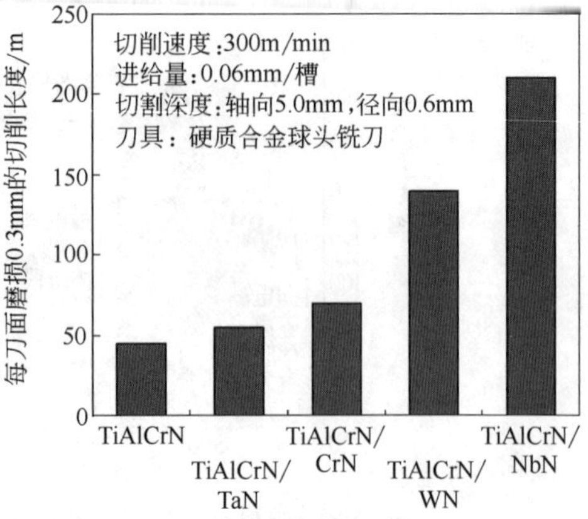

图 15-26　TiAlCrN 基纳米多层涂层刀具与 TiAlCrN 单层涂层刀具切削 H13 钢寿命的对比

复合物理气相沉积技术除可采用电弧离子镀/磁控溅射复合沉积外，还可采取等离子氮化/磁控溅射、等离子氮化/离子镀、等离子喷涂/PVD 等多种技术组合，物理气相沉积技术应用广泛，主要集中在机械、航空、医疗等领域，具体见表 15-11。

表 15-11　复合物理气相沉积技术及典型应用

应用分类	复合技术	用途	薄膜类型
硬质涂层	电弧离子镀/磁控溅射，等离子氮化/磁控溅射	刀具、模具、钻头	TiN、CrN、TiAlN
耐磨涂层	等离子氮化/离子镀、等离子氮化/磁控溅射、超声滚压/PVD	模具、钻头、医疗器具	TiN、CrN、TiAlN、TiCN
热障涂层	等离子喷涂/PVD	航空发动机叶片、涡轮发动机	NiCrAlY、AlTiN、Yb_2SiO_5

15.5.5　装备制造零部件常用 PVD 涂层

1. 二元涂层

早期的 PVD 硬质涂层大多为二元涂层，常用的是强氮、碳化物形成元素，如 Ti、Cr、V、Nb 和氮、碳形成的相应化合物，如 TiN、TiC、CrC、CrN 等，也包含氮碳化合物涂层，如 Ti(C,N)，另外 Al_2O 也有应用。其中，最为典型的是 TiN 涂层。TiN 涂层具有较高的硬度（2400HV），良好的耐磨性能，可采用磁控溅射、电弧离子镀等技术制备，工艺成熟，设备相对简单，是最早应用于工具、模具表面强化的涂层。但是 TiN 涂层的耐高温性能有限，500℃ 以上氧化形成疏松的 TiO_2，不具有高温防氧化性，难以满足更高性能切削刀具的要求。其他的二元氮化物、碳化物虽然在某些性能上有所改善，但是提升的程度有限。由于这些涂层技术成熟，相对成本较低，目前仍然是最为常用的硬质涂层技术，被广泛地用于一般用途的刀具、模具等产品。另外，TiN 色泽金黄，并具有一定的常温耐腐蚀性能，被用于仿金装饰和耐大气腐蚀涂层。

2. 多元涂层

二元涂层的性能有限，其硬度、抗高温氧化性和高温稳定性都无法满足加工技术和零部件性能的要求。随着靶材技术、现代电物理技术和控制技术的发展，使得多元物理气相沉积技术得到了发展。目前以 TiN 为基础加入 Al、Si 形成的三元、四元涂层得到充分的发展，并获得工业化应用，具有良好的综合性能。ⅣB 族（Zr、Hf）、ⅤB 族（V、Nb、Ta）、ⅥB 族（Cr、Mo、W）等元素，其原子半径与 Ti 相近，同时也是强氮化物形成元素，这些元素比较容易在 TiN 面心立方结构中代替 Ti 原子形成置换固溶体。添加这些元素，或可以提高涂层的硬度、抗高温氧化性能，或能改善涂层的摩擦学性能，因此成为掺杂元素研究的重点。

TiAlN 涂层是在 TiN 涂层的基础上发展起来的新型硬质涂层。TiN 涂层的脆性较大，耐高温性能、耐冲击性能较差。TiAlN 涂层是由 Al 原子替换 TiN 面心立方结构的中部分 Ti 原子形成的亚稳相置换固溶体。Al 使得 TiN 的晶格发生畸变，涂层硬度提高。TiAlN 涂层的 Al 在高温下氧化易形成 Al_2O_3 相，使涂层的耐氧化性能提高。TiAlN 中 Al 的含量不同呈现不同的结构和性能，涂层也因此表达为 $Ti_{1-X}Al_XN$。$Ti_{1-X}Al_XN$ 涂层中 Al 含量小于其在 TiN 的固溶度（$X=0.65\sim0.7$）时，涂层为单相立方结构；随着 Al 含量的增加，涂层转变为立方结构的 TiN 和六方结构的 AlN 双相结构，并最终向单相六方结构转化。一般认为，

$Ti_{1-X}Al_XN$ 涂层为单一的立方结构时，其力学和抗氧化性能随 Al 含量增加而提高。但是，当涂层中出现六方结构时，其力学和抗氧化性能下降。四种不同成分 $Ti_{1-X}Al_XN$ 涂层的力学性能和高温稳定性能对比如图 15-27 和图 15-28 所示。

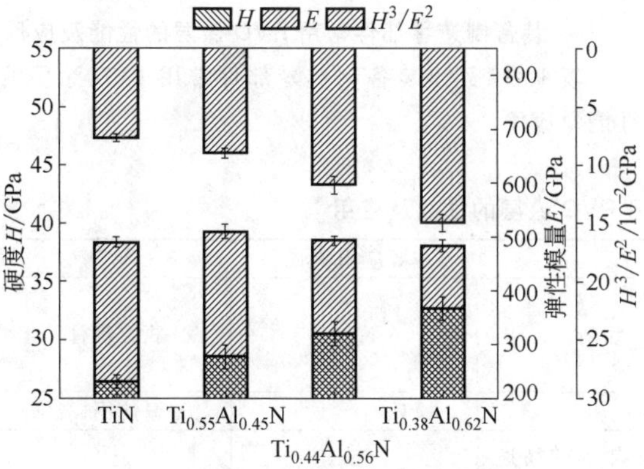

图 15-27　沉积在硬质合金上的 $Ti_{1-X}Al_XN$ 涂层的硬度、弹性模量以及 H^3/E^2

注：1GPa＝102.04HV。

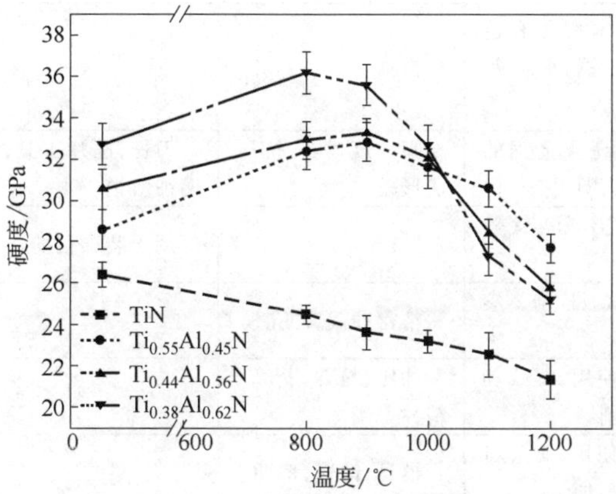

图 15-28　$Ti_{1-X}Al_XN$ 涂层在不同温度退火后的硬度值

TiAlSiN 涂层是在 TiAlN 涂层的基础上发展起来的。当掺入的 Si 含量较小时，Si 原子置换 TiN 中的 Ti 原子固溶于面心立方中，产生晶格畸变，使涂层硬度提高。当 Si 含量增大到约 5%（摩尔分数）时，形成非晶相，包裹在 TiAlN 晶包上，细化了 TiAlN 晶粒，提高了涂层的硬度，Si 含量对 TiAlSiN 涂层硬度的影响如图 15-29 所示。Si 原子还提高了 TiAlN 涂层的抗高温氧化性能和高温红硬性，将 TiAlN 涂层的最高使用温度由 800℃提高到 1000℃，甚至更高。TiAlSiN 涂层目前被大量地应用于高速切削和干式切削刀具。

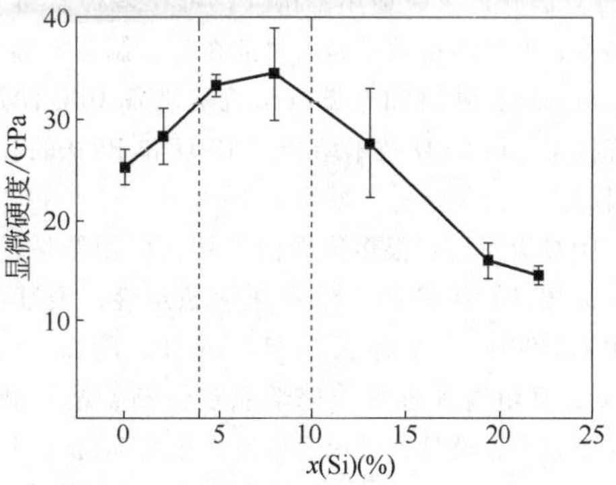

图 15-29　Si 含量对 TiAlSiN 涂层硬度的影响

3. 类金刚石涂层

类金刚石（diamond like carbon，DLC）涂层是目前受到广泛关注、应用较广、已获得工业化应用并在不断发展和完善的优异涂层。DLC 薄膜是碳膜的一种，碳按照其键合方式主要分为三种同素异构体——sp^1 键合（无定形碳）、sp^2 键合（石墨）和 sp^3 键合（金刚石）。类金刚石薄膜是一种非晶结构的碳材料，它包含一定比例的 sp^2 键和 sp^3 键，因此它是范围很广的一类碳膜的总称。由于其许多性能和金刚石薄膜比较近似，故称其为类金刚石薄膜。由于类金刚石薄膜中可能含有不同种类的碳氢键，故而将其进一步分为四类（见图 15-30）：非晶碳膜（amorphous carbon film，亦作 a-C），这种膜中含有相对高的 sp^2 键；含氢非晶碳膜（hydrogenated amorphous carbon film，亦作 a-C：H），膜中含有一定数量的氢元素；四面体非晶碳膜（tetrahedral amorphous carbon film，亦作 ta-C），这种薄膜中含有较高含量的 sp^3 键。类金刚石涂层因其不同的结构比例，呈现出不同的力学、化学、光学、电学等物理性能。

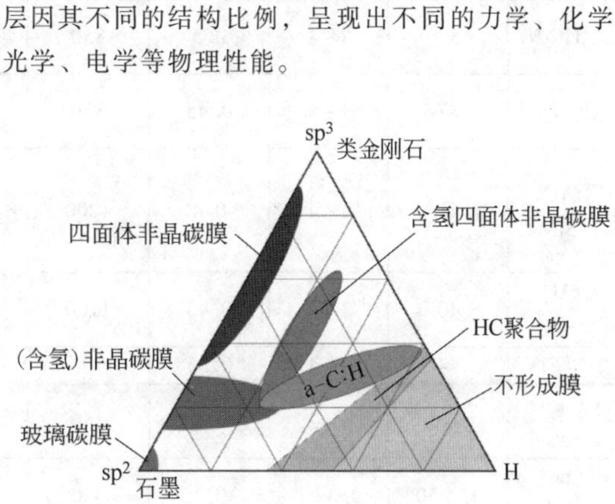

图 15-30　类金刚石碳的 sp^2、sp^3 和氢含量的三元相图

DLC 涂层可采用多种 CVD、PVD 方法制备，且各有优势。采用 CVD 法制备的涂层致密均匀、稳定性强，但是制备温度较高，对基体材料有所选择。采

用PVD法制备涂层适用范围广，可在多种基材上进行制备，而且制备效率高。目前在装备制造零部件制造领域，磁控溅射和电弧离子镀是制备DLC涂层的主流技术。PECVD技术结合了CVD和PVD的优点，正引起人们的关注并不断发展。

DLC涂层具有很多优异的性能，应用领域广泛。DLC涂层具有优异的力学和化学稳定性，硬度高达2000~5500HV，摩擦因数低于0.1，最高可耐受350℃，且耐腐蚀性好、化学稳定性高、结构致密，可用于刀具、模具、轴承，以及汽车发动机气门、凸轮、挺杆和曲轴等众多机械零部件；具有良好的红外及可见光透过性等光学性能，可用于手机的显示屏、汽车的风窗玻璃及后视镜、眼镜的保护膜；具有较低的介电常数等电学性能，可用于制造平面板场发射显示器的电子发射器；具有优异的生物介质稳定性，可用于制造人工关节、心脏支架。

4. 装备制造零部件常用PVD涂层的性能及应用

表15-12列出装备制造零部件常用PVD涂层的性能及应用。

表15-12 装备制造零部件常用PVD涂层的性能及应用

涂层	性能				主要应用领域		
	显微硬度/GPa	厚度/μm	摩擦系数	最高使用温度/℃	切削	成型	机器部件
TiN	26	1~7	0.4	600	普遍使用	模具	普遍使用，装饰
TiCN	38	1~4	0.25	400	带冷却剂的高速钢和硬质合金的攻螺纹、铣削	冲孔	
TiAlN	36	1~4	0.5	700	普遍使用，钻孔		
AlTiN	32	1~4	0.6	900	铣削，滚齿，高效加工		
CrN	20	1~7	0.5	700	切削木材和有色合金（如铜、低硅铝合金）	模具	
CrTiN	30	1~7	0.4	600	加工高合金钢的高速钢刀具	高硬度模具，挤压成形模	刀杆，医疗工具，腐蚀防护
ZrN	22	1~4	0.4	550	加工铝、镁、钛等合金		用于装饰目的
AlCrN	36	1~7	0.5	900	干式铣削，滚齿，锯	精密冲裁，冲孔模	
AlTiCrN	37	1~4	0.5	850	普遍使用，湿式和干式切削	冲压，拉深，折弯，精冲	
AlCrTiN	37	1~5	0.45	850	普遍使用，研磨材料的切削加工	模具，锻造，精冲	
TiAlN/SiN	41	1~4	0.4	1200	车削，稳定机床上的硬切削，钻孔，铰孔，切槽		
CrAlN/SiN	40	1~7	0.45	1100	高温合金的湿式切割，微型工具	摩擦焊接，挤压成形，压铸	
TiN/SiN	44	1~4	0.35	900	超硬切削		
C（ta-C≤50%）	>30	1~2	0.1	450			耐磨减摩零件
C（ta-C>50%）	45~50	0.3~1	0.1	450	刀具		

15.6 等离子体化学气相沉积

等离子体化学气相沉积（plasma enhanced chemical vapor deposition，PECVD）技术是介于CVD和PVD之间的一种处理方法，借助于气相辉光放电产生的低温等离子体来增强反应物质的化学活性，促进气体间的化学反应，从而能在较低的温度下沉积出所需的涂层。按照能量源方式可以分为直流辉光放电（DC-PECVD）、射频放电（RF-PECVD）、微波等离子体放电（MW-PECVD）、弧光 PECVD 等。RF-PECVD 放电过程为无电极放电，电极不发生腐蚀且无杂质污染，目前工业上应用最广泛。微波放电由于能产生长寿命自由基和高密度等离子体，在国内外引起了研究者们的广泛兴趣，但是很多技术尚处于研究阶段。

PECVD 通过各种形式的放电或感应加热产生等离子体。等离子体的作用是产生原子氢并产生含碳活性基团用于金刚石的生长。在等离子体中，分子氢的电子碰撞会解离产生原子氢，与热辅助 CVD 工艺相比，等离子体中原子氢的动能非常高。同时，电子的相互碰撞会形成含碳中性基团和离子自由基等，通常等离子体中 1%的分子会转化为中性基团，约 0.01%的分子会转化为离子，中性分子由于具有较高的吉布斯自由能，通常不参与金刚石的生长，因此，膜生长速率主要由中性自由基的浓度决定。原子氢和中性自由基的绝对浓度取决于等离子体的压力。在低压等离子体中，电子可从电场获得较高的动能，然而由于低压环境中平均自由程较高，电子不能将大量能量转移到分子基团上，导致气体温度相对较低，因此，原料分子仅能通过与高能电子的碰撞产生低浓度的原子氢和中性自由基；而在高压等离子体中，由于电子平均自由程较小，气体温度和电子温度大致相同，因此，原子氢和中性自由基的浓度要比在低压等离子体中的浓度高得多。

直流辉光放电 PECVD 是最早应用的 PECVD 技术，也是诸多气态物质源等离子体化学气相沉积技术的基础。常见的直流辉光放电 PECVD 装置在沉积室内安装工件，接直流电源的负极，沉积室接正极。可对等离子体发射源沉积区域进行多样化设计，以适应多种产品工艺。图 15-31 所示为 RF-PECVD 的沉积装置，RF-PECVD 目前主要用于沉积非晶硅太阳能电池的吸光层和串联硅电池。

相比传统 CVD 来说，PECVD 具有以下优势：

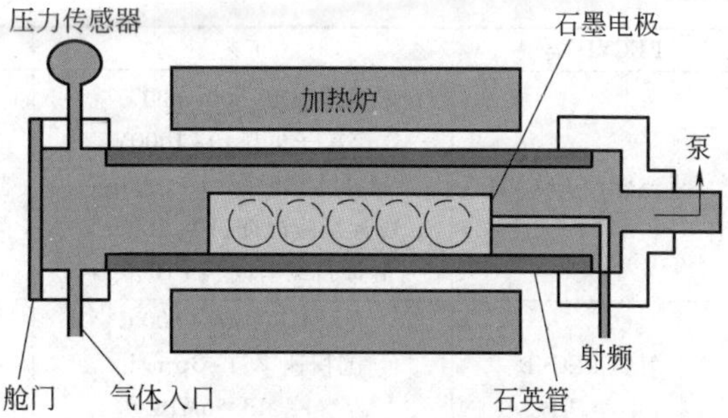

图 15-31　RF-PECVD 的沉积装置

1）PECVD 气相反应过程中存在大量高能量电子，可以间接地提供成膜过程所需要的活化能，因此成膜效率大大提升。

2）沉积温度低，对于大多数材料可在 500℃ 以下沉积，通过提高等离子体的发射频率可显著降低基体材料表面涂层成膜温度。以同样体系的 Si_3N_4 涂层为例，采用传统 CVD 方法的沉积温度为 900℃，而采用 PECVD 技术，沉积温度可下降至 300℃ 左右。表 15-13 列出了 HCVD 和 PECVD 沉积一些化合物的典型沉积温度。

表 15-13　HCVD 和 PECVD 沉积一些化合物的典型沉积温度

沉积薄膜	沉积温度/℃	
	HCVD	PECVD
多晶硅	650	200~400
Si_3N_4	900	300
SiO_2	800~1100	300
TiC	900~1100	500
TiN	900~1100	500
WC	1000	325~525

3）采用 PECVD 实现薄膜的低温沉积，可有效避免薄膜与衬底之间的扩散与反应、涂层的结构变化，以及薄膜中出现的较大热应力，从而避免涂层性能失效。

表 15-14 所列为几种 PECVD 技术的薄膜制备工艺及应用。

表 15-14　几种 PECVD 技术的薄膜制备工艺及应用

PECVD 类型	工艺	特点	可涂层材料
直流辉光放电 PECVD	沉积温度：300~600℃ 直流电压：0~4000V 直流电流：16~49A/m^2 真空度：200~1×10^{-2}Pa 沉积速率：2~3μm/h	涂层均匀，一致性好；设备相对简单，造价低	TiN、TiCN 等

（续）

PECVD 类型	工艺	特点	可涂层材料
直流脉冲 PECVD	沉积温度：300～600℃ 等离子电压：0～1000V 脉冲持续时间：4～1000μs 脉冲断续时间：10～1000μs 脉冲持续时间：4～1000μs	涂层均匀，一致性好；热、电工艺参数能独立控制。设备相对简单，适于工业化生产	TiN、TiCN、纳米膜 nc-TiN/α-Si_3N_4、金刚石等
射频 PECVD（电容耦合）	沉积温度：300～500℃ 沉积速率：1～3μm/h 频率：13.56MHz 射频功率：500W	涂层质量和重复性好，设备复杂	TiN、TiC、TiCN、β-C_3N_4 等
微波 PECVD	微波频率：2.45GHz 沉积速率：2～3μm/h	微波等离子体密度高，反应气体活化程度高；无电极放电，涂层质量好，设备复杂，造价高	Si_3N_4、β-C_3N_4 等
大气压辉光放电	介质阻挡放电， 大气压次辉光放电	大气压下辉光放电，表面改性、化合、聚合	有机膜改性纺织品等
等离子体增强 PEALD	等离子体增强原子层沉积	提高 ALD 高阻隔膜层质量	Al_2O_3-SiO_2
弧光 PECVD	热丝弧光放电， 等离子体弧柱电离气体	等离子体密度大，磁场搅拌	金刚石、类金刚石等

15.7　气相沉积技术的特点及典型应用

气相沉积技术在装备制造业中常被用于制备硬质涂层，与其他热处理表面硬化技术相比具有以下优点：

1）可用的表面改性元素多，选择范围宽。表 15-15 列举了部分气相沉积涂层的结构及物理性能。

表 15-15　部分气相沉积涂层的结构及物理性能

沉积层主要相	相结构	硬度 HV	密度/（g/cm³）	熔点/℃	热导率/[J/(m·℃)]	热膨胀系数/（10^{-6}/℃）	色泽
B_4C	六方	4900～5000	2.52	2350	0.29～0.84	4.5	灰黑色
B-SiC	闪锌矿结构	2800	3.21	2700	0.42	3.9	
TiC	面心立方	2980～3800	4.9	3180	0.17	7.61	亮灰色
VC	面心立方	2800	5.7	2830	0.38	6.5	
HfC	面心立方	2700	12.7	3890	0.21	6.73	
ZrC	面心立方	2600	6.5	3530	0.21	6.93	灰色
NbC	面心立方	2400	7.8	3480	0.14	6.84	亮褐
WC	六方	2000～2400	15.8	2730	0.45	6.2	灰色
TaC	面心六方	1800	14.5	3780	0.22	6.61	金褐
Mo_2C	六方	1800	9.2	2400	0.22	6.0	
CrC	正交	1300	6.7	1890	0.19	10.3	灰色
TiN	面心立方	2400	5.4	2930	0.29	9.4	金黄
VN	面心立方	1500	6.1	2050	0.11	8.1	金黄
HfN	面心立方	2000	14.0	2700	0.11	6.9	黄褐
ZrN	面心立方	1900	7.3	2980	0.11	6.0	亮黄
NbN	面心立方	1400	8.4	2300	0.29	10.1	
TaN	面心立方	1300	14.1	3090	0.09	3.6	灰色
C-BN	面心立方	4695～8600	3.48	1500（热解）		4.7	白色
Si_3N_4	六方	1720	3.19	1900	0.106	2.5	无色
$A1_2O_3$	菱方	1910	3.9	2015		8.3	白色
金刚石	面心立方	7000～10000	3.5	3550		1	无色
类金刚石	非晶态	4000～5000	2.3	3730			

2）表面性能更优异。可制备超高硬度涂层，如金刚石涂层的硬度（7000～10000HV）远高于渗碳、渗氮和渗金属（渗 V、渗 Cr）渗层，可制备出超低摩擦因数涂层，如类金刚石涂层（摩擦因数≤0.1）。

3）工艺方法更丰富，工艺可控性更好。普通的渗金属渗硼技术往往仅依靠电热为能量源，如 TD 法、粉末包埋法、膏剂法渗金属、渗硼，能量的获得和传导效率低。气相沉积技术采用等离子束、激光束和电子束等高密度能量源，不仅获得的能量密度高，工艺可控性好，而且 PVD 还可以降低反应温度，适用的基体材料更多（如高速钢），处理过程产生的变形量较小，尺寸精度更高。气相沉积技术与 TD 法制备硬质涂层的比较见表 15-16。

表 15-16　气相沉积技术与 TD 法制备硬质涂层的比较

比较项目	CVD	PVD	PECVD	TD 法
覆层化合物	TiC、TiN、Ti(C,N)	TiC、TiN、Ti(C,N)	TiC、TiN、Ti(C,N)	VC
反应类型	热化学反应	等离子反应	等离子与热化学反应	热化学反应(盐浴)
处理温度/℃	800～1000	200～600	300～600	950～1000
处理压力/Pa	6.7×10^3～10^5	10^{-3}～10	1.33～133	常压
膜基结合力	○	△	△	○
致密性	△	○	○	△
脱落脆性	○	△	○	○
尺寸精度	△	○	○	△
工作环境	△	○	○	△
运行成本	△	○	○	○

注：○—较好（有利）；△—较差（不利）。

4）操作条件、环境友好性更佳。熔盐 TD 法渗金属渗硼残盐清洗困难，粉末包埋法渗金属操作过程中粉尘污染严重，气相沉积在真空环境下进行，操作条件清洁，产生的有害尾气经处理后可无害化排放。

与其他热处理表面硬化技术相比较，气相沉积技术存在以下缺点和不足：

1）受限于设备的内部空间尺寸，气相沉积技术不适用于大型零部件。

2）气相沉积涂层较薄（通常不超过 10μm），不适用于重载荷和磨粒磨损环境下服役的零部件，这类零部件应采用渗碳、渗氮或渗硼处理。

3）磁控溅射制备的涂层与基体的结合力低于冶金结合的渗碳、渗氮、渗金属和渗硼层。

4）设备成本相对较高，如高功率脉冲磁控溅射等高端设备价格较高，采用卤化物气体作为反应气体的 CVD 设备，氯化氢等气体对设备腐蚀严重，设备使用寿命短。

气相沉积技术已用于机械、电子、电工、光学、航空航天、化工、轻纺及食品等各工业部门。它不仅能够沉积金属及合金薄膜，还能沉积多种化合物；不仅能够在金属基体上覆层，而且还可以在陶瓷、玻璃、塑料等基体上成膜。表 15-17 给出了气相沉积的一些典型应用。

表 15-17　气相沉积的一些典型应用

目的	覆层的种类	基体材料	应用举例
耐磨	TiN、ZrN、HfN、TaN、NbN、MoN、CrN、BN、Si_3N_4、TiC、ZrC、WC_2、SiC、TiB_2、BN、金刚石与类金刚石	高速钢、硬质合金、模具钢、碳钢、金属陶瓷	刀具、刃具、模具、超硬工具、机械零件
润滑	Au、Ag、Cu-Au、Pb-Sn、MoS_2、$MoSe_2$、WS_2、NbS、MoS_2-石墨	高温合金、结构金属、轴承钢	超高真空润滑；高温、超低温、无润滑条件下的润滑覆层。喷气发动机轴承、太空机构的轴承与滚动体、高温旋转件
耐热	AlW、Ti、Ta、Mo、Al_2O_3、Si_3N_4、W-Al_2O_3、Ni-Cr、BN	钢、耐热合金、钼合金、金属间化合物	排气管、耐火材料、发动机叶片、喷嘴、航天器件、核能耐热零件
耐蚀	Zn、Cd、Ta、Ti、Cr、Mo、Ir、Zr、TiC、TiN、NbC	碳钢、结构钢、不锈钢、有色金属	飞机、船舶、汽车、化工等零件、构件、标准件
装饰	TiN、TiC、TaN、ZrN、VN、Al、Ag、Ti、Au、Ni、Cr	钢、黄铜、铝、塑料、陶瓷、玻璃	首饰、钟表、日用零件、眼镜、五金、徽章、汽车零件

（续）

目的	覆层的种类	基体材料	应用举例
电子学	Ta-N、Ta-Al、Ta-Si、Ni-Cr	陶瓷、高分子基板、玻璃	薄膜电阻
	Au、Al、Cu、Ni、Cr、Al-Cu、Pb-Sn、Pb-In	硅片、半导体表面、柔性基板	电极、过渡膜
	W、Pt、Ag	塑料、合金	电接点材料
	Fe、Cr、Co、Ni	合金、塑料	金属磁带、磁碟
	SiO_2、Y_2O_3、Si_3N_4、Al_2O_3、类金刚石	电路板、集成电路	表面绝缘保护
光学	TiO_2、ZnO、In_2O_3	塑料、玻璃、陶瓷、晶体	保护膜、反射膜、增透膜、特殊光学薄膜

参考文献

[1] 方应翠，沈杰，解志强．真空镀膜原理与技术［M］．北京：科学出版社，2018.

[2] 郑顶恒．氯化物化学气相沉积法制备立方碳化硅涂层［D］．武汉：武汉理工大学，2017.

[3] ZHANG S，XU Q，TU R，et al. Growth Mechanism and Defects of <111>-Oriented β-SiC Films Deposited by Laser Chemical Vapor Deposition［J］. Journal of the American Ceramic Society，2015，98（1）：236-241.

[4] SUN Q，ZHU P，XU Q，et al. High-speed heteroepitaxial growth of 3C-SiC（111）thick films on Si（110）by laser chemical vapor deposition［J］. Journal of the American Ceramic Society，2018，101（3）：1048-1057.

[5] TU R，ZHENG D，SUN Q，et al. Ultra-Fast Fabrication of -Oriented β-SiC Wafers by Halide CVD［J］. Journal of the American Ceramic Society，2016，99（1）：84-88.

[6] 张磊，吴勇，顿易章，等．采用CVD法制备空心叶片内腔铝化物涂层［J］．金属热处理，2019，44（5）：124-128.

[7] 顿易章，吴勇，张磊．CVD法在镍基高温合金表面制备改性铝化物涂层的研究进展［J］．金属热处理，2018，43（3）：145-151.

[8] 赵化桥．等离子体化学与工艺［M］．合肥：中国科技大学出版社，1993.

[9] 黄亚洲，刘磊．原子层沉积二硫化钼的研究进展［J］．中国科学：材料科学（英文版），2019，62（7）：913-924.

[10] KALSS W，REITER A，DERFLINGER V，et al. Modern coatings in high performance cutting applications［J］. International Journal of Refractory Metals & Hard Materials，2006，24（5）：399-404.

[11] GUDMUNDSSON J T，BRENNING N，LUNDIN D，et al. High power impulse magnetron sputtering discharge［C］. IEEE International Conference on Plasma Science，2012：030801.

[12] BOBZIN K，BAGCIVAN N，IMMICH P，et al. Advantages of nanocomposite coatings deposited by high power pulse magnetron sputtering technology［J］. Journal of Materials Processing Technology，2009，209（1）：165-170.

[13] LIN J，SPROUL W D，MOORE J J，et al. Recent advances in modulated pulsed power magnetron sputtering for surface engineering［J］. JOM，2011，63（6）：48-58.

[14] LIN J，MOORE J J，SPROUL W D，et al. Ion energy and mass distributions of the plasma during modulated pulse power magnetron sputtering［J］. Surface & Coatings Technology，2009，203（24）：3676-3685.

[15] 王铁钢，张姣姣，阎兵．刀具涂层的研究进展及最新制备技术［J］．真空科学与技术学报，2017，37（7）：727-738.

[16] MÜNZ W D，HAUZER F J M，SCHULZE D，et al. A new concept for physical vapor deposition coating combining the methods of arc evaporation and unbalanced-magnetron sputtering［J］. Surface and Coatings Technology，1991，49（1）：161-167.

[17] VETTER J，KUBOTA K，ISAKA M，et al. Characterization of advanced coating architectures deposited by an arc-HiPIMS hybrid process［J］. Surface and Coatings Technology，2018，350：154-160.

[18] 张权，耿东森，许雨翔，等．电弧/溅射复合沉积技术的发展及其在刀具涂层中的应用［J］．表面技术，2021，50（5）：20-35.

[19] 王北川，陈利．Al含量对TiAlN涂层的结构及性能的影响［J］．表面技术，2022，51（2）：29-38.

[20] 彭笑，朱丽慧，VINEET KUMAR，刘一雄．PVD制备TiAlSiN涂层的研究进展［J］．材料导报，2014，28（3）：42-44，74.

第16章 喷丸强化

同济大学 高玉魁

16.1 喷丸强化原理

喷丸工艺是利用高硬度、高速度运动的弹丸冲击零件表面，在零件表面产生强烈塑性变形的过程中，在表层形成组织强化层和残余压应力层，从而提高零件的抗疲劳性能和耐应力腐蚀性能，延缓裂纹萌生扩展、氢致断裂并提高零件的抗磨削能力，实现零件寿命的提高。喷丸强化原理如图16-1所示。

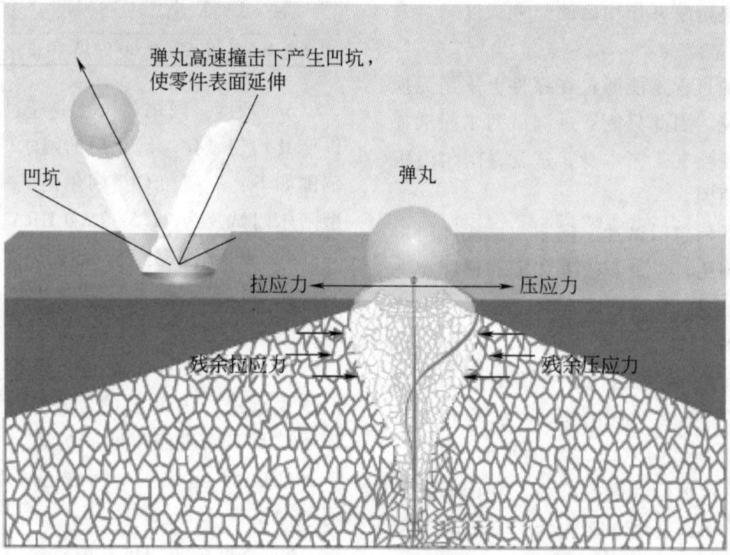

图16-1 喷丸强化原理

喷丸的强化因素：

1）强化层内形成较高的残余压应力。

2）强化层形成高密度位错，硬度增大，甚至发生相变。

喷丸的弱化因素：

1）表面粗糙度值增大。

2）组织损伤，有时会产生微裂纹。

当强化因素占主导时，喷丸能改善金属的抗疲劳等性能，并可能会改善摩擦性能。

喷丸引起的表面层内应变为一种循环应变。循环应变将导致表面应变层内的材料发生循环硬化或软化，取决于材料的循环特性。喷丸强化的主导因素之一就是在零件的表层引入了残余压应力。

残余应力对于零件的寿命具有重要的影响。过大的残余拉应力，或者过分不均匀的残余应力，可能导致零件发生变形或开裂，造成早期失效，甚至引发安全事故。

对轧辊、齿轮、轴承、弹簧、曲轴等承受交变应力的零部件，要考虑如何通过调整残余应力状态来提高零件的疲劳寿命。研究表明，就破坏而言，金属材料表面存在拉应力时比压应力要容易得多，金属材料对拉伸很敏感，这就是材料的抗拉强度比抗压强度低很多的原因，这也是金属材料一般用抗拉强度（屈服强度，抗拉强度）表示材料性能的原因。喷丸可以在零件表层引入残余压应力，提高材料的疲劳寿命。因此，对于容易疲劳断裂的零件通常采用喷丸形成表面压应力，提高产品寿命。喷丸残余应力沿材料深度分布如图16-2所示，残余应力分布曲线有五个

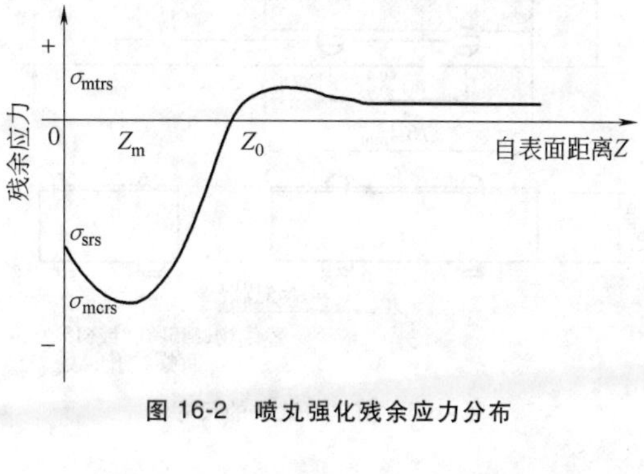

图16-2 喷丸强化残余应力分布

典型的特征值：表面残余应力 σ_{srs}，最大压缩残余应力 σ_{mcrs}，最大拉应力 σ_{mtrs}，残余应力趋于平衡的深度 Z_0，以及残余压应力最大值所在深度 Z_m。

16.2　喷丸强化的技术参数

16.2.1　喷丸强度

1. 定义

喷丸强度表征的是弹丸流击打零件的强弱程度。喷丸强化是将弹丸的动能转化为零件表面的势能，轰击零件的丸流动能决定喷丸作用区的喷丸强度。

2. 阿尔门用具

由于目前喷丸的过程不能通过在零件上采用无损检测的方法进行监控，因此只能通过测试阿尔门试片弧高值的方法来监控喷丸工艺本身，这就是阿尔门用具被发明和使用的原因。

阿尔门用具包括阿尔门试片、阿尔门试块和阿尔门测具。阿尔门系列用具是计算喷丸强度和检测喷丸强度的必不可少的工具。

（1）阿尔门试片

1）尺寸及平面度。阿尔门试片分为 N 型、A 型和 C 型，不同型号的阿尔门试片的尺寸如图 16-3 所示。采用阿尔门测具测试阿尔门试片的平面度误差，N 型阿尔门试片的原始平面度误差应小于 0.05mm，A 型阿尔门试片的原始平面度误差应小于 0.05mm，C 型阿尔门试片的原始平面度误差应小于 0.076mm。

2）化学成分。阿尔门试片的材料是冷轧弹簧钢，其化学成分见表 16-1。

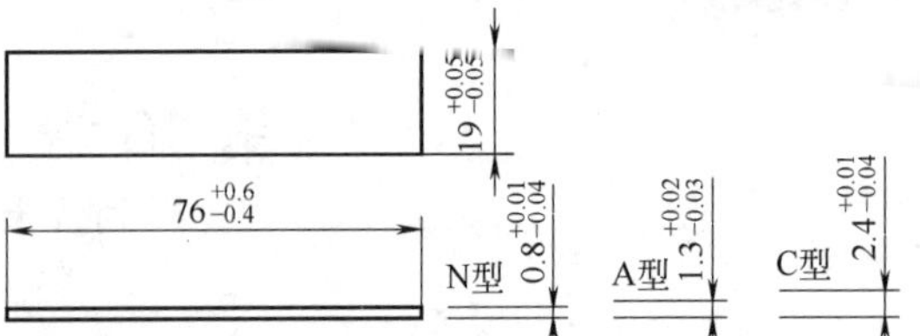

图 16-3　不同型号的阿尔门试片的尺寸

表 16-1　阿尔门试片的化学成分（质量分数）（%）

C	Mn	Si	P	S
0.65～0.75	0.60～0.90	0.15～0.35	≤0.030	≤0.050

3）硬度。阿尔门试片应经过高于 371℃ 的回火，以使其均匀硬化。硬化后的阿尔门试片的表面硬度的范围如下：A 型和 C 型阿尔门试片为 44～50 HRC，N 型阿尔门试片为 72.5～76.0 HRA。

4）表面脱碳处理。测试阿尔门试片表面和内部的硬度，以证明试片表面是否经过脱碳处理。选择一个未喷丸过的阿尔门试片，在该阿尔门试片的表面和内部各选择一个点进行硬度测试，每个点测试至少 4 个值。内部点的硬度应大于外部点的硬度，证明试片表面已经过脱碳处理，且硬度相差不能大于 2HRC（C 型和 A 型阿尔门试片）和 2HRA（N 型阿尔门试片）。

5）不同阿尔门试片的对应关系见表 16-2。

（2）阿尔门试块　阿尔门试块的尺寸如图 16-4 所示。

表 16-2　不同阿尔门试片的对应关系

试片类型	N 型阿尔门试片	A 型阿尔门试片	C 型阿尔门试片
对应关系	1mmN = 1/3mmA 1mmN = 1/10.5mmC	1mmA = 3mmN 1mmA = 1/3.5mmC	1mmC = 3.5mmA 1mmC = 10.5mmN
量程	适用于≤0.45mmN	适用于 0.10～0.60mmA	适用于≥0.05mmC

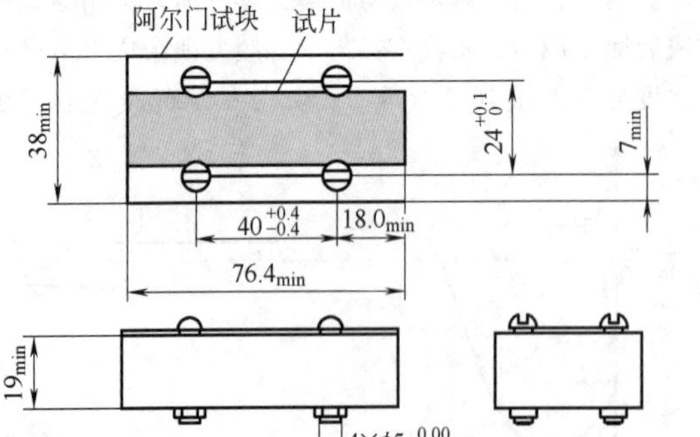

图 16-4　阿尔门试块的尺寸

阿尔门试块的材料可选用合金钢或碳钢，在至少 0.7mm 深度处的硬度应大于 57HRC。阿尔门试块与阿尔门试片接触区域的平面度误差不能大于 0.1mm。在客户或设计部门的允许下，在不影响阿尔门试片的正常使用的情况下，阿尔门试块可以选用其他材料或厚度。

（3）阿尔门测具

1）尺寸偏差：±0.5mm，除非有其他规定。阿尔门测具具体尺寸如图 16-5 所示。

2）4 个直径为 4.76mm 的支撑球安装在试片的定位基准上，支撑球应该在±0.05mm 的同一平面上（垂直于计量器杆）。

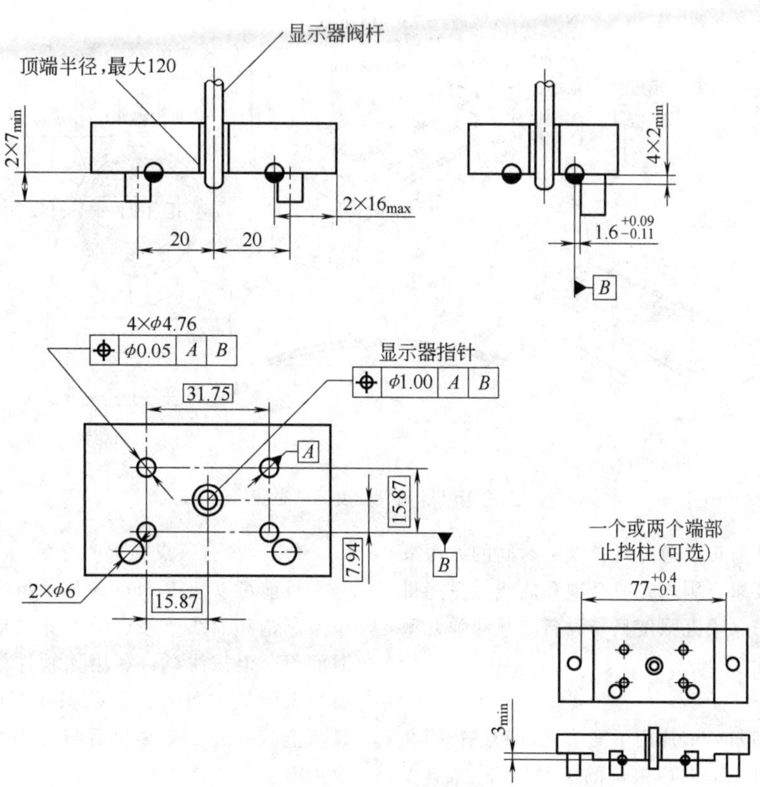

图 16-5　阿尔门测具具体尺寸

注：除另行说明外，尺寸极限偏差均为±0.5mm。

3）数字表的分辨率（最小）为 0.001mm（或者 0.0001in）。

4）优先使用有一个或两个限位的装置，因为通过确保阿尔门试片在测具上位置的一致性能促进检测结果的一致性。

（4）零校验块　零校验块用于设置阿尔门测具的零基准点，其表面的平面度误差应不大于 0.005mm。零校验块应能与阿尔门测具的四个支撑球接触。

（5）阿尔门用具使用注意事项

1）阿尔门试块应注意防水、防潮及防磕碰。如果长时间不使用，应涂防锈油以做防锈保护。应把阿尔门试片始终夹持在阿尔门试块上，以保护与阿尔门试片相接处的阿尔门试块表面区域。

2）需要每年对阿尔门测具的进行校验。校验内容包括数字表的计量，以及阿尔门测具上的定位球磨损后的尺寸和数字表探头磨损后的尺寸是否符合 SAE J442 的要求。

3）阿尔门试块上的螺钉应为 M5 有坡度的外径为 10mm 盘头螺钉。

4）阿尔门试片的使用需采用“Pre-bow”的方法，即在使用前记录阿尔门试片的原始弧高值，以喷丸后阿尔门试片的弧高值减去原始弧高值即为最终的弧高值。

5）避免阿尔门试片与试块之间夹杂丸料或任何其他异物，否则所测试的结果不准确。

6）注意阿尔门测具测试阿尔门试片的弧高值时，阿尔门测具上的数量计量器的接触头要与阿尔门试片未喷丸面相接触。

3. 测试方法

喷丸强度很难通过直接测试的方法计算，通用的方法是通过测量用同样参数进行喷丸强化的阿尔门试片的挠曲变形量间接得到。阿尔门试片固定在阿尔门试块上，经单面喷丸后，由于塑性变形和残余应力的作用，试片会发生凸向喷丸面的球面弯曲变形，用弧高仪检测数据，并通过绘制饱和曲线后获得喷丸强度值，测试过程如图 16-6 所示。

需要注意以下两点：

1）单个的试片弧高值不能计算出喷丸强度值，喷丸强度只能通过绘制饱和曲线的方法得出，饱和时间对应的弧高值才能称为喷丸强度。

2）延长喷丸时间可以得到比饱和强度更高的弧

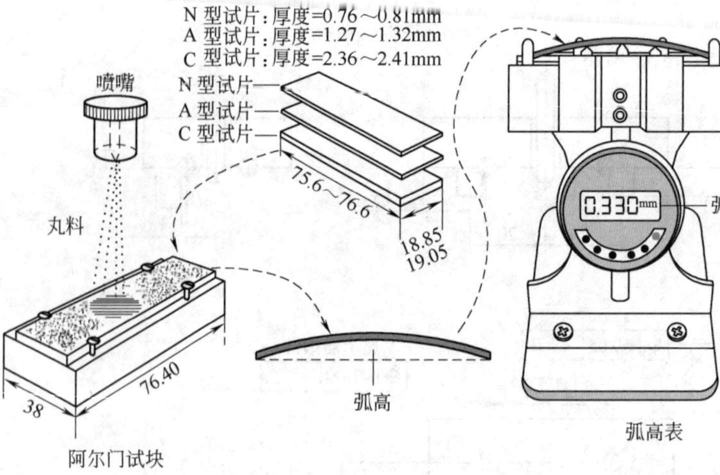

图 16-6　喷丸强度测试过程

高值，但这不意味着可以通过延长喷丸时间的方法来满足喷丸强度的要求，因为在一个饱和曲线上只能得到一个喷丸强度值，喷丸强度只与设备参数和弹丸型号有关，与时间无关。

4. 饱和曲线

通过对单个阿尔门试片用不同喷丸时间进行喷丸来生成曲线（喷丸时间对应弧高的关系）。除零点以外，需至少用四点绘制饱和曲线。第一次出现当喷丸时间 t_s 增加一倍至 $2t_s$ 时，所对应的弧高值的增加量正好为 10%，则证明时间 t_s 所对应的弧高值为喷丸强度，t_s 称之为饱和时间，如图 16-7 所示。阿尔门试片喷丸后一旦从阿尔门试块上卸下，则不允许重新在放入试块上重复使用。

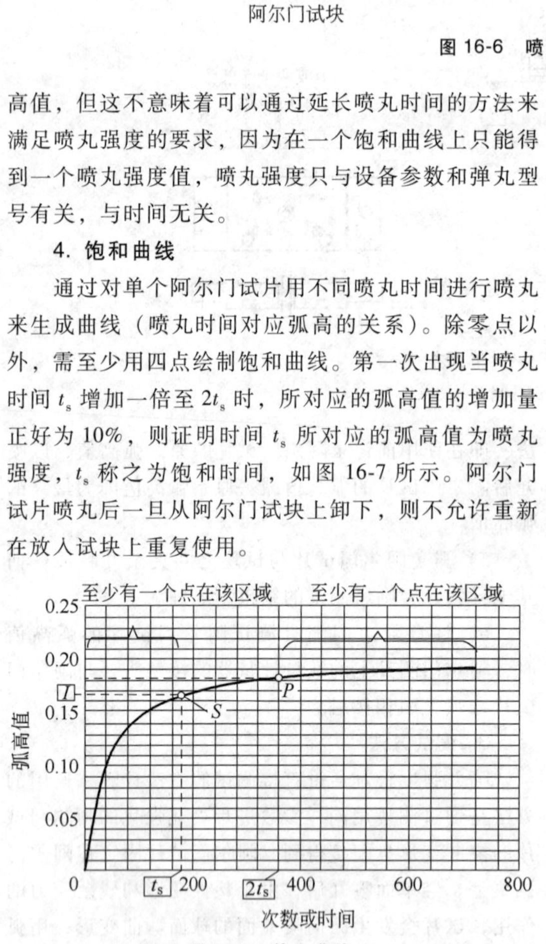

图 16-7　饱和曲线

t_s—饱和时间　$2t_s$—二倍饱和时间　I—喷丸强度值
S—饱和点　P—二倍饱和时间对应的饱和曲线上的点

理想的饱和曲线应具备以下几个特点：

1）在 S 点之前曲线有明显的变化。

2）除零点外至少有 4 点。

3）至少有一点在 S 点之前。

4）至少有一点在 P 点之后。

目前可以使用 Shot peener 组织设计的专用软件来绘制饱和曲线，并自动计算出饱和强度值和饱和时间值。但需注意，利用该软件绘制的饱和曲线需要与实际值进行对比，确保实际喷丸喷出的 $2t_s$ 的弧高值减去 t_s 的弧高值后与 t_s 的弧高值相比要小至少 10%。

5. 饱和曲线的绘制步骤

1）在使用之前，需要用零校验块使阿尔门测具归零，准备好符合 SAE J442 的阿尔门试片和阿尔门试块。

2）用阿尔门测具测试阿尔门试片的原始弧高值。

3）把阿尔门试片紧固在阿尔门试块上，避免接触表面中的夹杂丸料或其他异物。

4）设置好喷丸参数（空气压力/叶轮转速、丸流量、距离、角度、喷枪类型和直径、丸料型号等），在阿尔门试片表面上进行喷丸，记录下阿尔门试片的喷丸时间（或次数、速度的倒数）。

5）喷丸结束后，把阿尔门试片从阿尔门试块上卸下，并用阿尔门测具测试其弧高值，采用“Pre-bow”的方法测试阿尔门试片的最终弧高值。

6）采用同样的喷丸参数、不同的喷丸时间重复步骤 2）~5），至少做出 4 个阿尔门试片弧高值，以便绘制饱和曲线。

7）采用至少 4 个点的数据绘制饱和曲线，并计算出饱和强度值。

6. 影响喷丸强度的因素

弹丸的动能 E_k（$E_k=1/2mv^2$）越大，喷丸强度越大，因此弹丸动能的影响因素同时也影响喷丸强度。影响喷丸强度的因素见表 16-3。

表 16-3　影响喷丸强度的因素

因素	控制手段
1)弹丸的大小(质量 m)	钢丸供应商/设备筛选功能
2)弹丸的硬度	钢丸供应商
3)弹丸的初速度(v)	设备:空气压力/叶轮转速
4)弹丸的入射角度	设备:喷枪控制
5)单位时间内弹丸的数量	设备:丸流量控制装置

(1) 弹丸的大小对喷丸强度的影响　相同压力和丸流量的前提下，弹丸的尺寸（质量）越大，喷丸的强度越高，如图 16-8 所示。

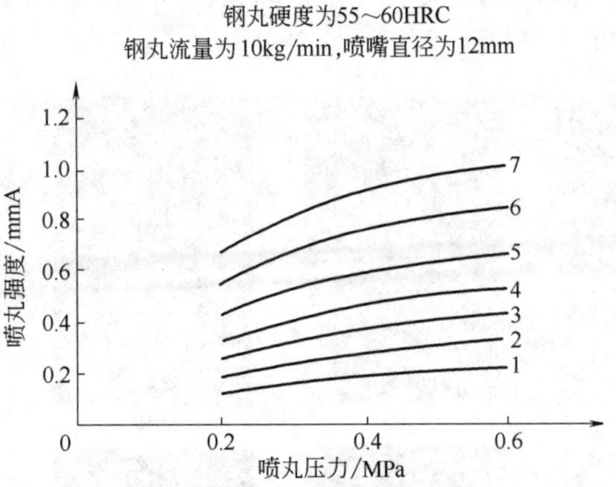

图 16-8　弹丸的大小与喷丸强度的关系

1—S70　2—S110　3—S170　4—S230
5—S330　6—S460　7—S660

(2) 弹丸的硬度对喷丸强度的影响　钢丸的硬度越高，喷丸的强度越大，体现在残余应力方面，弹丸的硬度越高，导入的残余压应力值越大而且越深，如图 16-9 所示。

对于渗碳齿轮喷丸强化，一般钢丸硬度要求要达到 60HRC。

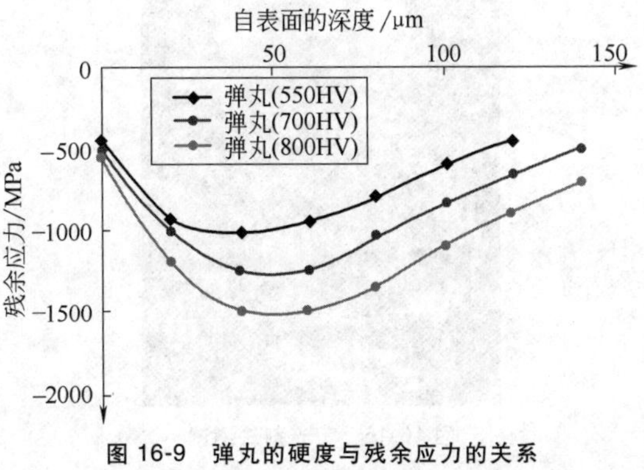

图 16-9　弹丸的硬度与残余应力的关系

(3) 弹丸的初速度对喷丸强度的影响　钢丸的初速度越大，喷丸的强度越高，如图 16-10 所示。

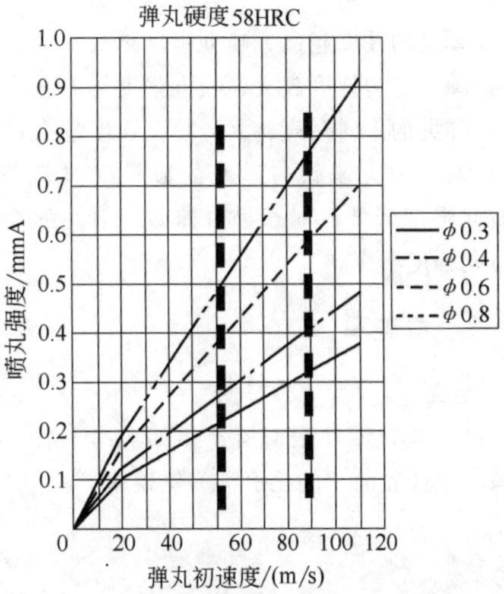

图 16-10　弹丸的初速度与喷丸强度的关系

(4) 弹丸的入射角度对喷丸强度的影响　弹丸的入射角度越大，喷丸强度越大，如图 16-11 和图 16-12 所示。理想的弹丸入射角度 $\alpha=90°$，这个时候喷丸的强度最大。一般情况下，要求喷丸的入射角度为 $90°>\alpha>45°$。

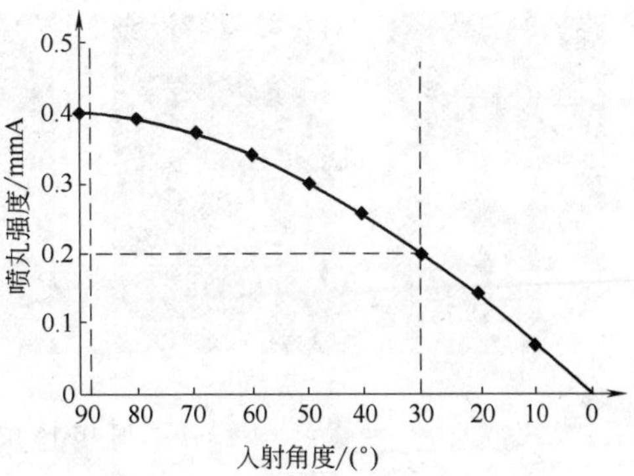

图 16-11　入射角度与喷丸强度的关系

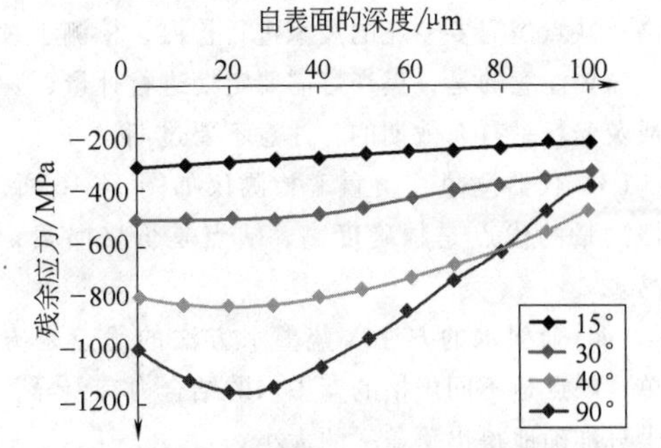

图 16-12　入射角度与残余应力的关系

其他条件不变的情况下，喷丸强度与各影响因素的关系如下：

1）弹丸尺寸越大，喷丸强度越大。

2）弹丸的硬度越高，喷丸强度越大。

3）弹丸的初速度越大，喷丸强度越大。

4）弹丸的入射角度越大，喷丸强度越大。

5）对于喷丸来说，弹丸的数量（丸流量）增加，喷丸强度降低；对于抛丸来说，弹丸的数量增加，喷丸强度不变。

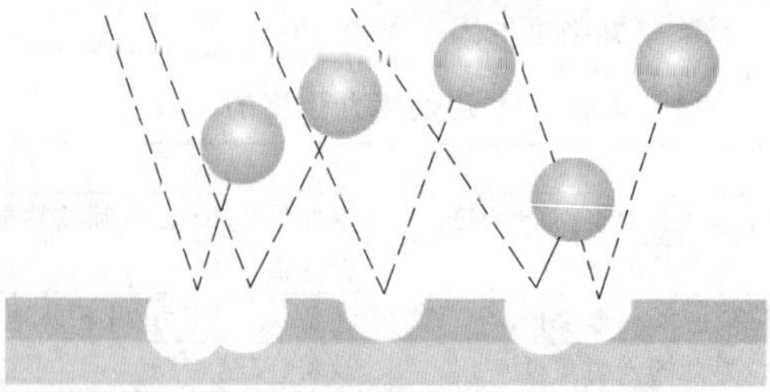

图 16-13 喷丸在零件表面产生的凹坑

16.2.2 覆盖率

1. 定义

经过喷丸后零件表面所产生凹坑（见图 16-13）的面积与全部表面积的比值称为覆盖率。

2. 测试方法

（1）光学法 光学法使用 10~30 倍放大镜。其优点是方便简单，缺点是不容易判断，检测需要经过严格培训的人员执行。光学法覆盖率参照照片如图 16-14 所示。

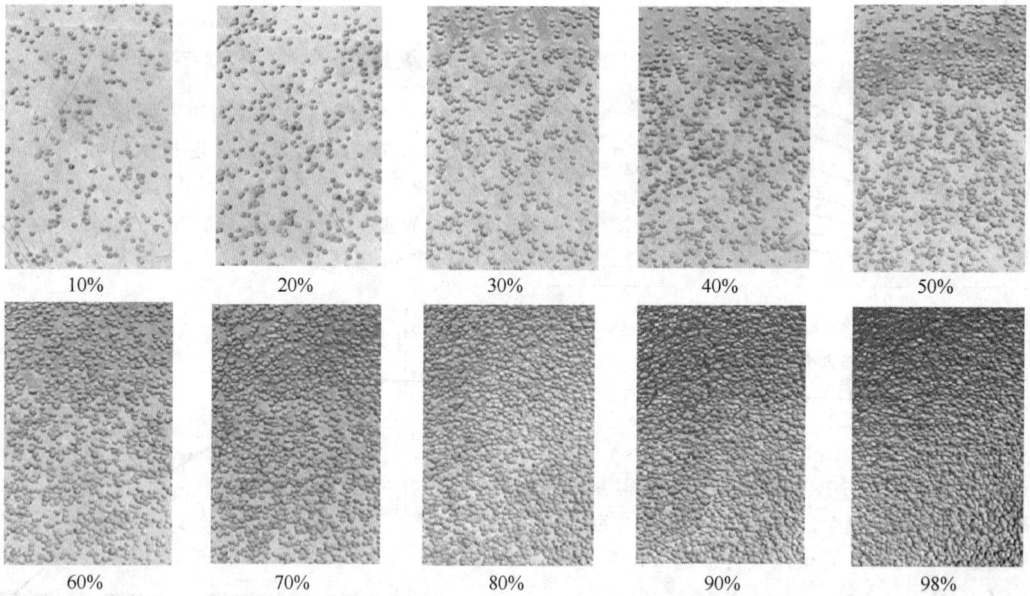

图 16-14 光学法覆盖率参照照片

（2）荧光剂法 使用专业的荧光剂，配合黑光灯观察，如图 16-15 所示。荧光剂法的优点是检测精度高；缺点是需要专业的厂家进行检测，检测手续复杂。需要注意的是，黑光灯需要定期进行计量，荧光剂或荧光粉是有有效期的，注意不要过期。

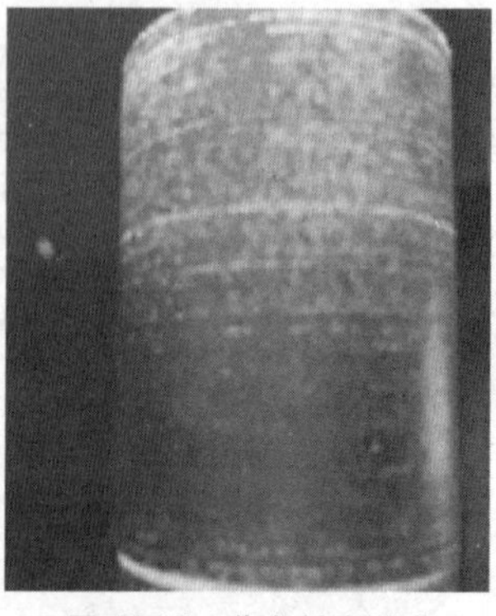

图 16-15 荧光剂法测试

（3）仪器测量 覆盖率检测仪如图 16-16 所示。仪器测量的优点是精确度高，缺点是价格昂贵，投资高。

（4）蓝墨水的方法 蓝墨水方法的优点是方便简单，缺点是不同规格的蓝墨水的结合力有差异，不能十分准确地得出覆盖率的大小。

3. 测试覆盖率的注意事项

1）覆盖率必须观察零件表面。

2）覆盖率是以百分比计算的。

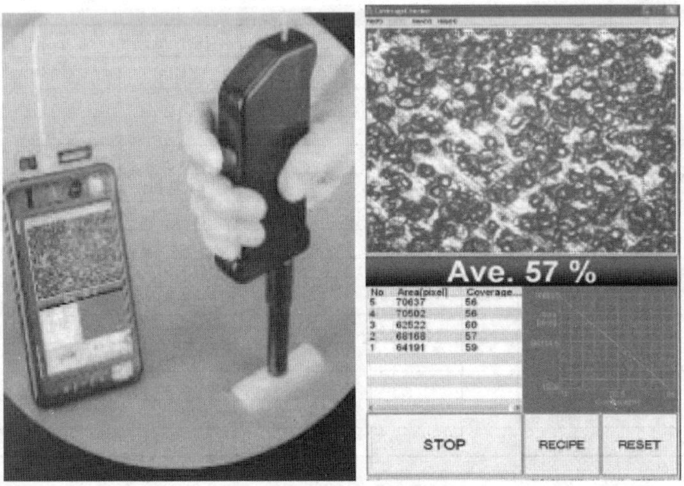

图 16-16 覆盖率检测仪

3）由 100%覆盖率升至 200%覆盖率需要 100%覆盖率 2 倍的时间，由 200%覆盖率升至 300%覆盖率需要 100%覆盖率 3 倍的时间，以此类推。

4）覆盖率随时间的上升曲线是一条饱和曲线，而不是直线。

5）随着百分率的上升，所需要的喷丸时间越来越长。

6）当零件表面覆盖率达到 98%时就定义为完全覆盖率。

4. 覆盖率的影响因素

1）丸流量增加，覆盖率增加。

2）喷丸时间或次数增加，覆盖率增加。

3）凹坑的尺寸增加，覆盖率增加。

4）零件的硬度增加，覆盖率增加。

需要注意的是，超高硬度零件喷丸后表面的凹坑可能不明显或者没有凹坑，则不适用采用光学法或者仪器测量的方法，可以采用荧光剂或蓝墨水的方法进行覆盖率的测试。

5. 覆盖率与喷丸强度的关系

1）在喷丸过程中，覆盖率和喷丸强度是两个彼此独立的因素。喷丸强度使用阿尔门用具和饱和曲线的方法进行测试，覆盖率则在零件上进行测试。

2）喷丸强度指的是喷丸过程中弹丸打击零件的力度，是瞬时性的参数，不会随着喷丸时间改变，即改变喷丸时间不会改变喷丸的强度。

3）在喷丸时，其他条件不变的情况下，改变丸流量，会同时影响覆盖率和喷丸强度；在抛丸时，其他条件不变的情况下，改变丸流量，影响覆盖率，不影响喷丸强度。

4）饱和时间与覆盖率 100%的时间没有必然联系，需要严格区分。

6. 覆盖率对零件寿命的影响

覆盖率不足带来的危害：

1）不能有效地消除残余拉应力。

2）不能有效地抵抗服役时的循环应力。

3）减少零件的服役时间。

覆盖率太高带来的危害：

1）可能会造成微折叠或微裂纹的缺陷，该缺陷为裂纹源。

2）减少零件的服役时间。

16.2.3 弹丸

1. 分类

弹丸按照形状分为球形和丝状等，按材料分为金属弹丸（包括铸钢丸和钢丝切割丸）、玻璃弹丸和陶瓷弹丸等。

2. 金属弹丸

1）符合 HB/Z 26 要求的铸钢丸的尺寸规格见表 16-4，符合 HB/Z 26 要求的钢丝切割丸尺寸规格及硬度见表 16-5。

表 16-4 铸钢丸的尺寸规格（HB/Z 26）

筛网目号	筛孔尺寸/mm	弹丸在相应筛网上允许存在的最高和最低比例							
		ZG140	ZG118	ZG100	ZG85	ZG60	ZG43	ZG30	ZG18
8	2.360	全通过							
10	2.000	最高 2%	全通过						

（续）

筛网目号	筛孔尺寸/mm	弹丸在相应筛网上允许存在的最高和最低比例							
		ZG140	ZG118	ZG100	ZG85	ZG60	ZG43	ZG30	ZG18
12	1.700	—	最高 2%	全通过					
14	1.400	最低 90%	—	最高 2%	全通过				
16	1.180	最低 98%	最低 90%	—	最高 2%				
18	1.000		最低 98%	最低 90%	—	全通过			
20	0.850			最低 98%	最低 90%	最高 2%			
25	0.710				最低 98%	—	全通过		
30	0.600					最低 90%	最高 2%		
35	0.500					最低 98%	—	全通过	
40	0.425						最低 90%	最高 2%	全通过
45	0.355						最低 98%	—	最高 2%
50	0.300							最低 90%	—
80	0.180							最低 98%	最低 90%
120	0.125								最低 98%

表 16-5　钢丝切割丸的尺寸规格及硬度（HB/Z 26）

弹丸型号	钢丝名义直径/mm	100 粒弹丸质量/g	最低显微硬度　HV
CW159	1.59	2.18～2.66	353
CW137	1.37	1.44～1.76	363
CW119	1.19	0.96～1.16	403
CW104	1.04	0.62～0.78	413
CW89	0.89	0.40～0.48	435
CW81	0.81	0.28～0.36	446
CW71	0.71	0.20～0.24	458
CW58	0.58	0.10～0.14	485
CW51	0.51	0.08～0.10	485
CW43	0.43	0.06～0.08	485
CW36	0.36	0.02～0.06353	485

2）符合 AMS 2431/1 要求的铸钢丸型号和对应的尺寸见表 16-6，铸钢丸的形状见表 16-7，铸钢丸的形状分类如图 16-17 所示 。符合 AMS 2431/4 要求的钝化后不锈钢钢丝切割丸的尺寸见表 16-8 和表 16-9，钝化后不锈钢钢丝切割丸的形状见表 16-10。

表 16-6　铸钢丸型号和对应的尺寸（AMS 2431/1）

丸料型号	最多 0%丸料留存筛网上的目数/目,尺寸/mm	最多 2%丸料留存筛网上的目数/目,尺寸/mm	最多 50%丸料累积留存在该筛网及以上筛网的目数/目,尺寸/mm	至少 90%累积留存在该筛网及以上筛网的目数/目,尺寸/mm	至少 98%累积留存在该筛网及以上筛网的目数/目,尺寸/mm
ASR930	5,4.000	6,3.350	7,2.800	8,2.360	10,2.000
ASR780	6,3.350	7,2.800	8,2.360	10,2.000	12,1.700
ASR660	7,2.800	8,2.360	10,2.000	12,1.700	14,1.400
ASR550	8,2.360	10,2.000	12,1.700	14,1.400	16,1.180
ASR460	10,2.000	12,1.700	14,1.400	16,1.180	18,1.000
ASR390	12,1.700	14,1.400	16,1.180	18,1.000	20,0.850
ASR330	14,1.400	16,1.180	18,1.000	20,0.850	25,0.710
ASR280	16,1.180	18,1.000	20,0.850	25,0.710	30,0.600
ASR230	18,1.000	20,0.850	25,0.710	30,0.600	35,0.500
ASR190	20,0.850	25,0.710	30,0.600	35,0.500	40,0.425
ASR170	25,0.710	30,0.600	35,0.500	40,0.425	45,0.355
ASR130	30,0.600	35,0.500	40,0.425	45,0.355	50,0.300
ASR110	35,0.500	40,0.425	45,0.355	50,0.300	80,0.180
ASR70	40,0.425	45,0.355	50,0.300	80,0.180	120,0.125

注：1. 筛网目数按照 ASTM E11 规范。

2. 铸钢丸的尺寸不是单一值，有一个分布范围，铸钢丸的名义尺寸=至少 90%累积留存在该筛网的尺寸，例如，ASR230 铸钢丸的名义尺寸是 0.0234in（0.594mm）。

表 16-7　铸钢丸的形状（AMS 2431/1）

丸料型号	每个视场面积/in^2(mm^2)	视场数量	最多临界颗粒数量①	最多不可接受颗粒数量②
ASR930	1(645)	1	8	2
ASR780	1(645)	1	12	2
ASR660	1(645)	1	16	3
ASR550	1(645)	1	20	4
ASR460	1(645)	1	28	5
ASR390	1(645)	1	39	7
ASR330	0.25(161)	1	14	3
ASR280	0.25(161)	1	20	4
ASR230	0.25(161)	1	14	5
ASR190	0.25(161)	1	20	7
ASR170	0.25(161)	1	28	10
ASR130	0.0625(40)	1	10	4
ASR110	0.0625(40)	1	14	5
ASR70	0.0625(40)	1	39	13

① 最多临界颗粒数量占观察颗粒总数量的比例，对 ASR70 到 ASR230 大约为 3%，对 ASR280 到 ASR550 为 6%，对 ASR660 到 ASR930 大约为 7%。

② 最多不可接受颗粒数量占观察颗粒总数量约 1%。

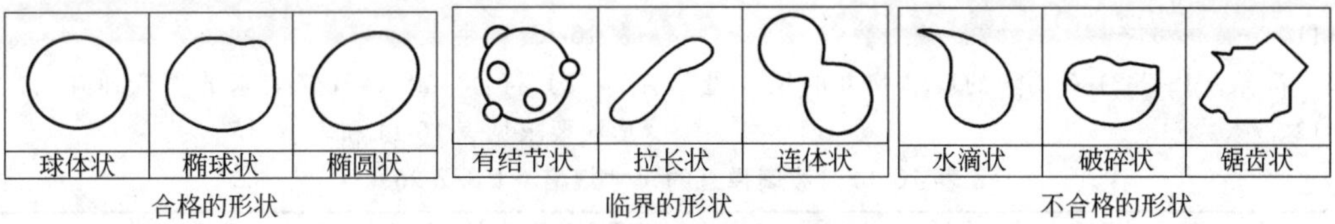

图 16-17　铸钢丸形状分类

表 16-8　钝化后的不锈钢钢丝切割丸的尺寸Ⅰ（AMS 2431/4）

丸料型号	直径/in	直径/mm	50 粒丸料质量/g
AWS 116	0.116±0.002	2.946±0.05	5.77~7.05
AWS 96	0.096±0.002	2.438±0.05	3.45~4.25
AWS 80	0.080±0.002	2.032±0.05	2.09~2.55
AWS 62	0.0625±0.002	1.588±0.05	0.98~1.20
AWS 54	0.054±0.002	1.37±0.05	0.65~0.79
AWS 47	0.047±0.002	1.19±0.05	0.43~0.52
AWS 41	0.041±0.002	1.04±0.05	0.28~0.35
AWS 35	0.035±0.001	0.89±0.025	0.18~0.22
AWS 32	0.032±0.001	0.81±0.025	0.12~0.16
AWS 28	0.028±0.001	0.71±0.025	0.09~0.11
AWS 23	0.023±0.001	0.58±0.025	0.045~0.060
AWS 20	0.020±0.001	0.51±0.025	0.035~0.045

表 16-9　钝化后的不锈钢钢丝切割丸的尺寸Ⅱ（AMS 2431/4）

弹丸尺寸	直径/in	直径/mm	100 粒丸料质量/g
AWS 17	0.117±0.001	0.43±0.025	0.040~0.055
AWS 14	0.014±0.001	0.36±0.025	0.015~0.030
AWS 12	0.012±0.001	0.30±0.025	0.010~0.020

表 16-10　钝化后的不锈钢钢丝切割丸形状（AMS 2431/4）

丸料型号	每个视场面积/in^2(mm^2)	视场数量	最多临界丸料数量①	最多不可接受丸料数量②
AWS 116	1(645)	3	7	2
AWS 96	1(645)	2	7	2

（续）

丸料型号	每个视场面积/in^2(mm^2)	视场数量	最多临界丸料数量①	最多不可接受丸料数量②
AWS 80	1(645)	2	10	2
AWS 62	1(645)	9	63	2
AWS 54	1(645)	7	66	2
AWS 47	1(645)	5	68	2
AWS 41	1(645)	4	70	2
AWS 35	0.25(161)	14	67	2
AWS 32	0.25(161)	12	60	2
AWS 28	0.25(161)	7	67	2
AWS 23	0.25(161)	5	70	2
AWS 20	0.25(161)	4	76	2
AWS 17	0.0625(40)	11	70	2
AWS 14	0.0625(40)	6	60	2
AWS 12	0.0625(40)	5	68	2

① 最多临界丸料数量占观察丸料总数量约3%。

② 最多不可接受丸料数量占观察丸料总数量约0.1%。

3. 玻璃弹丸

1）符合HB/Z 26要求的玻璃弹丸的尺寸规格见表16-11。

2）符合AMS 2431/6要求的玻璃弹丸的尺寸见表16-12。

4. 陶瓷弹丸

1）符合HB/Z 26要求的陶瓷弹丸的尺寸规格见表16-13。

2）符合AMS 2431/7要求的陶瓷弹丸的尺寸和形状要求见表16-14和表16-15。

表16-11　玻璃弹丸的尺寸规格（HB/Z 26）

筛网目号	筛孔尺寸/mm	弹丸在相应筛网上允许存在的最高和最低比例					
		BZ50	BZ35	BZ25	BZ20	BZ15	BZ10
25	0.710	全通过					
30	0.600	最高5%					
35	0.500	—	全通过				
40	0.425	最低90%	最高5%				
45	0.355	—	—	全通过			
50	0.300	最低95%	最低90%	最高5%	全通过		
60	0.250		—	—	最高5%		
70	0.212		最低95%	最低90%	—	全通过	
80	0.180			—	最低90%	最高5%	
100	0.150			最低95%	—	—	全通过
120	0.125				最低95%	最低90%	最高5%
140	0.106					—	—
170	0.090					最低95%	最低90%
200	0.075						—
230	0.063						—
270	0.053						最低95%

表16-12　玻璃弹丸的尺寸（AMS 2431/6）

丸料型号	最大直径/in(mm)	最小直径/in(mm)	最多0%丸料留存筛网上的目数/目	最小95%通过筛网的目数/目	最多15%通过筛网的目数/目	最多5%通过筛网的目数/目	真球形丸料的占比（最少,%）	带有尖锐边角的丸料的占比（最多,%）
AGB-200	0.094(2.39)	0.066(1.68)	7	8	12	14	80	0.5
AGB-170	0.079(2.01)	0.056(1.42)	8	10	14	16	80	0.5
AGB-150	0.066(1.68)	0.047(1.41)	10	12	14	20	80	0.5
AGB-100	0.0555(1.41)	0.0331(0.841)	12	14	20	30	65	3.0

（续）

丸料型号	最大直径/in(mm)	最小直径/in(mm)	最多 0%丸料留存筛网上的目数/目	最小 95%通过筛网的目数/目	最多 15%通过筛网的目数/目	最多 5%通过筛网的目数/目	真球形丸料的占比（最少,%）	带有尖锐边角的丸料的占比（最多,%）
AGB-70	0.0331(0.841)	0.0234(0.594)	18	20	30	40	65	3.0
AGB-50	0.0234(0.594)	0.0165(0.419)	25	30	40	45	70	3.0
AGB-35	0.0165(0.419)	0.0117(0.297)	35	40	50	60	70	3.0
AGB-30	0.0139(0.358)	0.0098(0.249)	40	45	60	70	70	3.0
AGB-25	0.0117(0.297)	0.0083(0.211)	45	50	70	80	80	3.0
AGB-20	0.0098(0.249)	0.0070(0.179)	50	60	80	100	80	3.0
AGB-18	0.0083(0.211)	0.0059(0.150)	60	70	100	120	80	3.0
AGB-15	0.0070(0.178)	0.0049(0.124)	70	80	120	140	80	3.0
AGB-12	0.0059(0.150)	0.0035(0.089)	80	100	170	200	85	3.0
AGB-10	0.0049(0.125)	0.0029(0.074)	100	120	200	230	90	3.0
AGB-9	0.0041(0.104)	0.0025(0.064)	120	140	230	325	90	3.0
AGB-6	0.0035(0.089)	0.0017(0.043)	140	170	325	400	90	3.0

注：1. 丸料的型号后面的数字乘以 10 代表了丸料的名义尺寸（单位为 μm），例如 AGB-35 的名义尺寸为 350μm，即 0.35mm。

2. 真球形的定义为丸料的最大直径和最小直径的比值为≤1.2∶1。

3. 带有尖锐边角的定义为破损的丸料或者有棱角。

4. AGB 前缀意味着玻璃弹丸符合 AMS2431/6。

5. 测试玻璃弹丸形状的方法为在三个视场中各数 100 粒玻璃弹丸在放大镜下检测，对三个视场检测的结果进行平均，然后根据表中数据进行对照。

表 16-13　陶瓷弹丸的尺寸规格（HB/Z 26）

筛网目号	筛孔尺寸/mm	弹丸在相应筛网上允许存在的最高和最低比例					
		CZ50	CZ35	CZ25	CZ20	CZ15	CZ10
25	0.710	全通过					
30	0.600	最高 5%					
35	0.500	—	全通过				
40	0.425	最低 90%	最高 5%				
45	0.355	—	—	全通过			
50	0.300	最低 95%	最低 90%	最高 5%	全通过		
60	0.250		—	—	最高 5%		
70	0.212		最低 95%	最低 90%	—	全通过	
80	0.180			—	最低 90%	最高 5%	
100	0.150			最低 95%	—	—	全通过
120	0.125				最低 95%	最低 90%	最高 5%
140	0.106					—	—
170	0.090					最低 95%	最低 90%
200	0.075						—
230	0.063						—
270	0.053						最低 95%

表 16-14　陶瓷弹丸的尺寸（AMS 2431/7）

名称	尺寸范围/mm	尺寸范围/目	筛孔尺寸（最多保留 0.5%）/mm	筛孔尺寸（最多保留 5%）/mm	筛孔尺寸（最多通过 10%）/mm	筛孔尺寸（最多通过 3%）/mm	真球形的最小比例（%）	球形度低于 0.5 的丸料最大数量/cm^2	破坏或有棱角存在的丸料的最大数量/cm^2
AZB850	0.850~1.180	16~20	1.400	1.180	0.850	0.710	65	4	2
AZB600	0.600~0.850	20~30	1.000	0.850	0.600	0.425	65	8	4
AZB425	0.425~0.600	30~40	0.710	0.600	0.425	0.300	70	14	8

（续）

名称	尺寸范围/mm	尺寸范围/目	筛孔尺寸（最多保留 0.5%）/mm	筛孔尺寸（最多保留 5%）/mm	筛孔尺寸（最多通过 10%）/mm	筛孔尺寸（最多通过 3%）/mm	真球形的最小比例（%）	球形度低于 0.5 的丸料最大数量/cm^2	破坏或有棱角存在的丸料的最大数量/cm^2
AZB300	0.300～0.425	40～50	0.500	0.425	0.300	0.250	70	27	15
AZB21	0.212～0.300	50～70	0.355	0.300	0.212	0.180	80	55	20
AZB150	0.150～0.212	70～100	0.250	0.212	0.150	0.125	80	300	65
AZB100	0.106～0.150	100～140	0.180	0.150	0.106	0.063	80	600	90

注：1. 真球形的定义为球形度（单个丸粒最大直径与最小直径的比值）高于 0.8 的形状。

2. 球形度（单个丸粒最大直径 d_{max} 与最小直径 d_{min} 的比值）低于 0.5 的形状可参考图 16-18。

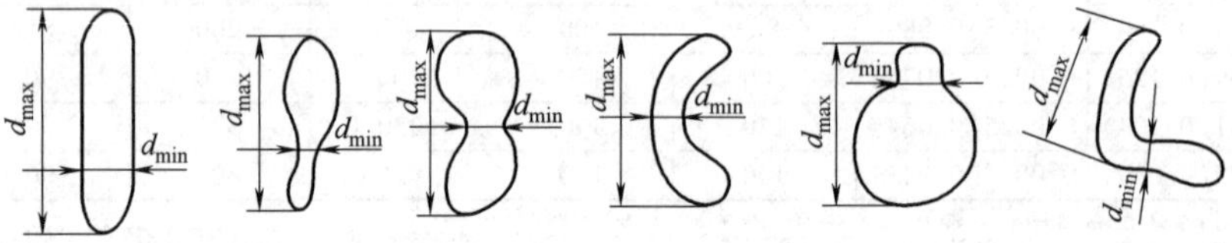

图 16-18　球形度低于 0.5 的形状

表 16-15　陶瓷弹丸的形状（AMS 2431/7）

名称	带有 1 个或 2 个卫星的陶瓷弹丸的最大数量/cm^2	带有 3 个或更多卫星的陶瓷弹丸的最大数量/cm^2
AZB850	8	3
AZB600	13	6
AZB425	38	12
AZB300	66	21
AZB210	125	40
AZB150	174	50
AZB100	348	100

注：带有卫星的陶瓷弹丸的形状如图 16-19 所示。

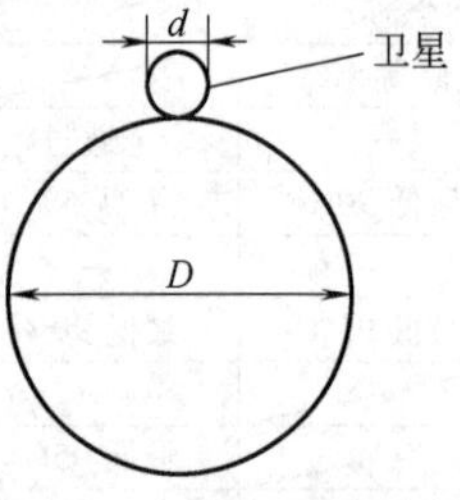

图 16-19　带有卫星的丸料

注：D—丸料的直径，d—卫星的直径

如果 $d \leqslant 0.25D$ 或 $d \geqslant 0.5mm$，则可以定义该颗丸料为带有卫星的丸料。

5. 弹丸的选择原则

应依据零件的材料、结构特征和喷丸强度等选择弹丸，主要原则如下：

1）对材料强度 $R_m \geqslant 1600MPa$ 的零件，宜采用硬度高于 55HRC 的弹丸。

2）对无污染要求的零件，可采用铸钢丸或钢丝切割丸。

3）对铝合金、钛合金、高温合金、铝基复合材料等零件，宜采用陶瓷弹丸或玻璃弹丸。若采用铸钢丸或钢丝切割丸，喷丸后应进行清理。

4）对薄壁低强度零件，宜采用玻璃弹丸或陶瓷弹丸。

5）对圆角的喷丸，弹丸直径尺寸应小于喷丸区内最小圆角半径的 1/2。

6）对键槽的喷丸，弹丸直径尺寸应小于键槽宽度的 1/4。

7）在达到同样喷丸强度要求的前提下，宜选用较大尺寸的弹丸。

6. 不同弹丸之间的对比

不同弹丸喷丸效果的对比见表 16-16。

表 16-16　不同弹丸喷丸效果的对比

弹丸类型	试片类型	喷丸强度	表面质量	铁污染
铸钢丸	N、A、C	低、中、高	不好	严重
不锈钢丝切割丸	N、A、C	低、中、高	好	中度
玻璃弹丸	N	低	好	无
陶瓷弹丸	N、A	低、中	好	无

7. 检测方法

（1）弹丸尺寸检测　使用旋转及敲击型振动机器，要求每分钟的旋转次数应为 270～300 次，每分钟的敲击次数应为 140～160 次。筛网振动器的下降手臂应装有振动吸收塞，以吸收敲击设备的撞击力。试验筛网应满足 ASTM E11 的要求。筛网直径应为 8in（203.2mm）或 200.0mm，高度为 1in（25.4mm）或 2in（50.8mm）。振筛机与试验筛如图 16-20 所示。

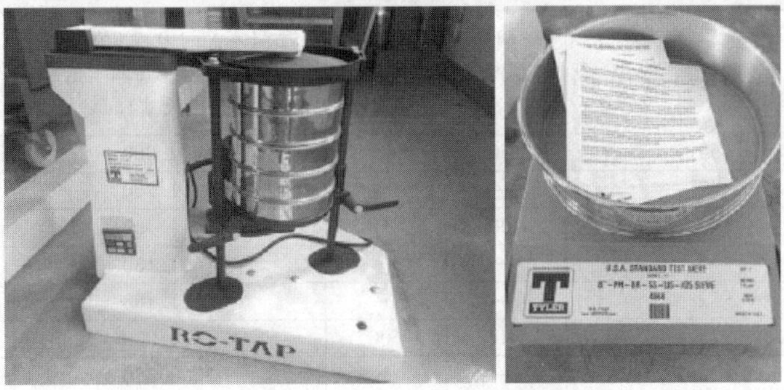

a)　　　　b)

图 16-20　振筛机与试验筛

a）振筛机　b）试验筛

（2）弹丸形状检测　弹丸尺寸的测具如图 16-21 所示。在平板上加工出表 16-7 和表 16-10 中所要求的尺寸，平板的底部为有黏性的胶带，把弹丸尽可能铺满所规定的面积以内。可采用双目放大镜检测弹丸的形状，如图 16-22 所示。一般情况下，放大倍率应该满足表 16-17 所列要求，并且应该有充足光照能清晰地识别。

图 16-21　弹丸尺寸的测具

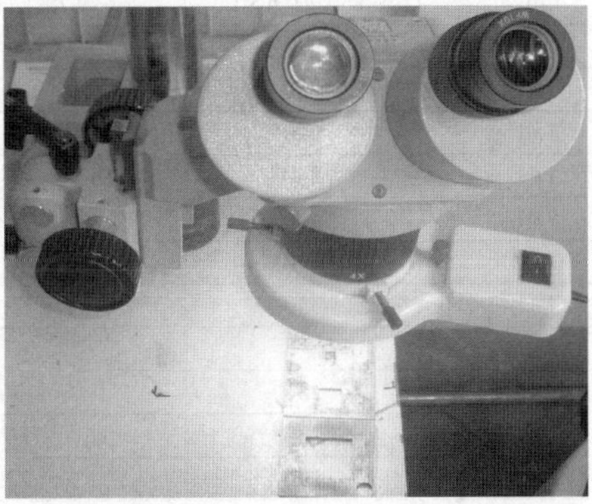

图 16-22　检测弹丸形状用双目放大镜

表 16-17　弹丸检测的放大倍率要求

丸料尺寸/目	放大倍率
以下尺寸或更小尺寸的弹丸:铸钢丸 70,切割丸 12,玻璃弹丸 AGB30,陶瓷弹丸 210	最小 30×
以下尺寸或更大尺寸的弹丸:铸钢丸 230,切割丸 28,玻璃弹丸 AGB 70,陶瓷弹丸 600	最小 10×
上述尺寸之间尺寸的弹丸	最小 20×

8. 弹丸的过程检测

弹丸在使用一段时间后尺寸和形状状态会变差，因此弹丸的使用过程检测和入厂检测的标准是不同的，一定要严格区分。弹丸过程检测的尺寸标准见表 16-18，金属弹丸过程检测的形状标准见表 16-19，非金属弹丸过程检测的形状标准见表 16-20，可接受的丸料形状如图 16-23 所示，生产过程中弹丸的检测频率要求见表 16-21。

表 16-18　弹丸过程检测的尺寸标准

铸丸尺寸（ASR 或 ASH）	切割丸尺寸（AWCR,AWS,AWCH）	玻璃丸尺寸（AGB）	陶瓷丸尺寸（AZB）	质量不超过 0.5%的丸料允许遗留在筛网上的目数,尺寸/mm	质量不超过 20%的丸料通过筛网上的目数,尺寸/mm
930	116	—	—	5,4.000	8,2.360
780	96	—	—	6,3.350	10,2.000
660	80	200	—	7,2.800	12,1.700
550	62	170	—	8,2.360	14,1.400

（续）

铸丸尺寸（ASR 或 ASH）	切割丸尺寸（AWCR，AWS，AWCH）	玻璃丸尺寸（AGB）	陶瓷丸尺寸（AZB）	质量不超过 0.5%的丸料允许遗留在筛网上的目数，尺寸/mm	质量不超过 20%的丸料通过筛网上的目数，尺寸/mm
460	54	150	—	10，2.000	16，1.180
390	47	—	—	12，1.700	18，1.000
330	41	100	850	14，1.400	20，0.850
—	35	—	—	16，1.180	25，0.710
280	32	—	—	16，1.180	25，0.710
230	28	70	600	18，1.000	30，0.600
190	23	—	—	20，0.850	35，0.500
170	20	50	425	25，0.710	40，0.425
130	17	—	—	30，0.600	45，0.355
110	14	35	300	35，0.500	50，0.300
—	—	30	—	40，0.425	60，0.250
—	—	25	210	45，0.355	70，0.212
70	12	—	—	40，0.425	80，0.180
—	—	20	—	60，0.250	80，0.180
—	—	18	150	60，0.250	100，0.150
—	—	15	—	70，0.212	120，0.125
—	—	—	100	80，0.180	230，0.063
—	—	12	—	100，0.150	170，0.090
—	—	10	—	120，0.125	200，0.075
—	—	9	—	140，0.106	230，0.063
—	—	6	—	170，0.090	325，0.045

注：筛网依据 ASTM E11。

表 16-19　金属弹丸过程检测的形状标准

样品尺寸/in	铸造丸尺寸（ASR 或 ASH）	铸造丸不可接受形状的最大允许数量	切割丸尺寸（AWCR，AWS，AWCH）	切割丸不可接受形状的最大允许数量
1×1	930	4	116	4
1×1	780	5	96	5
1×1	660	7	80	7
1×1	550	9	62	9
1×1	460	16	54	16
1×1	390	22	47	22
1/2×1/2	330	7	41	7
1/2×1/2	—	—	35	9
1/2×1/2	280	9	32	9
1/2×1/2	230	14	28	14
1/2×1/2	190	22	23	22
1/2×1/2	170	31	20	31
1/4×1/4	130	9	17	9
1/4×1/4	110	14	14	14
1/4×1/4	70	22	12	22

表 16-20　非金属弹丸过程检测的形状标准

样品尺寸/in	玻璃丸尺寸（AGB）	玻璃丸不可接受形状的最大允许数量	陶瓷丸尺寸（AZB）	陶瓷丸不可接受形状的最大允许数量
1×1	200	14	—	—
1×1	170	19	—	—
1×1	140	28	—	—

（续）

样品尺寸/in	玻璃丸尺寸（AGB）	玻璃丸不可接受形状的最大允许数量	陶瓷丸尺寸（AZB）	陶瓷丸不可接受形状的最大允许数量
1/2×1/2	100	14	850	14
1/2×1/2	70	28	600	28
1/4×1/4	50	14	425	14
1/4×1/4	35	28	300	28
1/4×1/4	30	40	—	—
1/8×1/8	25	14	210	14
1/8×1/8	18	28	150	28
1/8×1/8	15	40	—	—
1/8×1/8	12	57	100	57
1/8×1/8	9	122	—	—
1/8×1/8	6	240	—	—

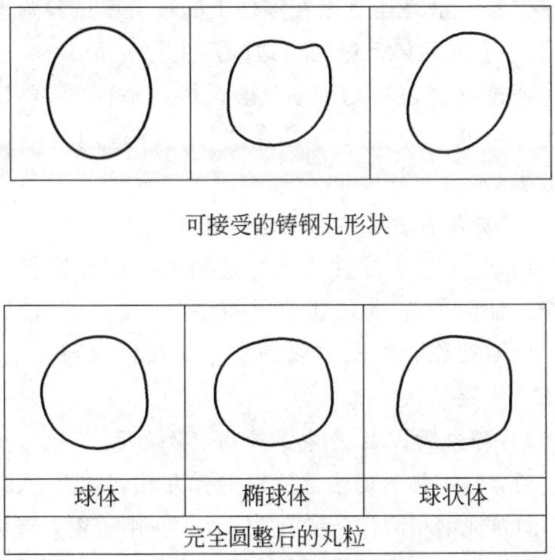

图 16-23　可接受的丸料形状

表 16-21　生产过程中弹丸的检测频率要求

弹丸类型	检测频率/h	
	带分离器机器	不带分离器的机器
AMS2431/1 常规铸钢丸	40	8
AMS2431/2 硬质铸钢丸	40	8
AMS2431/3 常规碳钢丝切割丸	80	16
AMS2431/4 不锈钢丝切割丸	120	24
AMS2431/5 喷丸球	20	4
AMS2431/6 玻璃弹丸	8	①
AMS2431/7 陶瓷弹丸	8	4
AMS2431/8 硬质碳钢丝切割丸	80	16

① 喷丸工作 2h 后应更换设备中所有的丸料，不要求对设备中的丸料进行检测。当使用湿喷丸时，整个浆料和丸料的混合物应在规定的时间进行更换，在更换的间隔中可添加新丸料以满足丸料的质量要求。

16.2.4　喷丸区域

喷丸区域可以分为必须喷丸区域、禁止喷丸区域和任意喷丸区域。规范或图样中指定的不可有任何喷丸加工痕迹的区域及其公差区域，应恰当地遮蔽或者采用其他的方法进行保护，使这些区域表面免受弹丸的冲击。不要求喷丸和不要求遮蔽的区域可随意处理。喷丸区域的保护可以使用胶带和保护工装等，如图 16-24 所示。

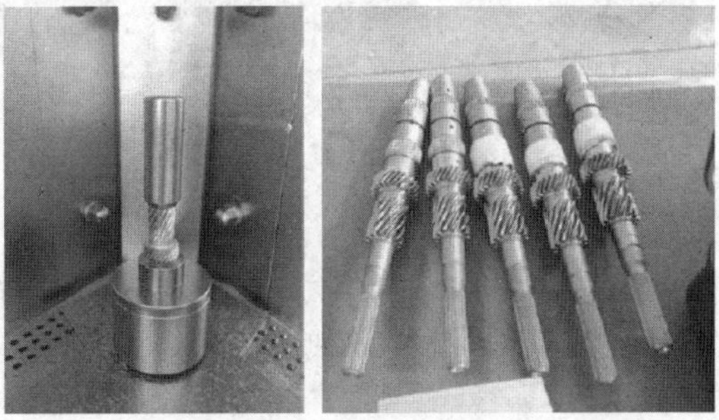

图 16-24　喷丸区域的保护

16.3　喷丸强化工艺与质量控制

16.3.1　喷丸工艺的实现

当根据零件喷丸的图样和规范进行喷丸工艺开发时，首先要求明确所需喷丸的弹丸类型和型号、喷丸强度、覆盖率，以及喷丸区域的要求。如果要求不明确，则需要与客户或者设计部门沟通，确认这些要求。

1. 喷丸夹具

（1）阿尔门试块夹具　阿尔门试块夹具（见图 16-25）可以由在报废零件或特定夹具上安装特定数量的阿尔门试块进行制作。阿尔门试块夹具应该能代表零件喷丸位置的特征。阿尔门试块夹具的设计应通过客户或设计部门的批准。阿尔门试块夹具应进行编号，并且在喷丸工艺单中体现，应用于后续的强度检验。

（2）零件夹持夹具　零件夹持夹具起到把零件稳定地固定在喷丸机中的作用，如图 16-26 所示。零

图 16-25　阿尔门试块夹具

件夹持夹具设计时应注意零件在喷丸加工中不能受到外部的载荷，否则容易引起零件的不规律变形，以及引入有害的拉应力。零件夹持夹具应该具有一定的刚性，避免零件在喷丸过程中发生任何不规律的位移。

图 16-26　零件夹持夹具

2. 喷丸强度

调整设备参数（压缩空气压力/叶轮转速、丸流量、距离、角度、喷枪类型和直径等），对阿尔门试块夹具上的阿尔门试片进行喷丸。对每个需要强度确认的位置建立饱和曲线，确认饱和强度是否在要求的范围以内，如果不在范围以内，则继续调整参数直到饱和强度合格为止。

如果图样或规范中只规定了一个最小强度，则其公差范围为最小强度的0~30%并四舍五入（例如规定为0.013inA的喷丸强度，则表示喷丸强度的范围为0.013~0.017inA的喷丸强度范围），但是决不能少于0.003in（A、C或者N）的范围（例如规定为0.006inA的喷丸强度，则表示喷丸强度的范围为0.006~0.009inA的弧线高度）。

3. 覆盖率

喷丸强度试验结束之后，需要在零件上采用以下步骤进行覆盖率试验：

1）对不需要喷丸的部位，采用专用胶带或保护工装进行遮蔽。

2）采用不同的喷丸时间对零件进行喷丸，喷丸后观察零件覆盖率，直到找到覆盖率刚好为100%（98%）所需的喷丸时间 t_1（或机械臂移动的速度）。

3）如果覆盖率的要求为≥100%（98%），则在零件上喷丸的时间至少为 t_1；如果覆盖率的要求为200%，则在零件上喷丸的时间为 $2t_1$；覆盖率要求为250%，则在零件上喷丸的时间为 $2.5t_1$。以此类推，即所需喷丸覆盖率 $=t/t_1\times100\%$，t 是零件实际的喷丸时间。

4）喷丸后，要仔细观察禁止喷丸的部位是否存在弹丸溅射痕迹，喷丸部位的覆盖率是否满足要求。

5）如果零件的形状比较复杂，则应按照特征区分零件不同部位，在不同的部位上进行覆盖率试验，直至所有部位的覆盖率均满足要求。

对于某些硬度和阿尔门试片硬度（40~50 HRC）相似的零件来说，饱和时间在一定程度上和覆盖率达到100%的时间相近，可以作为参考，但不能完全依照该方法，最终还是以在零件上的覆盖率试验为准。

4. 喷丸后如何避免卷边的产生

喷枪（丸流）与受喷丸表面尽量垂直。零件边缘的圆角半径 R 不能太小，在图样允许范围内尽量靠近上限。

5. 喷丸前后零件的清理方法

1）喷丸前，零件应经过适当的清理并进行目视检查，证明所需喷丸部位没有油脂、污垢、油、腐蚀、机械损伤，以及防腐蚀层，如阳极镀层、电镀、油漆或涂层。

2）喷丸后以及去除保护物（例如胶带或保护工装）后，从零件表面去除所有的弹丸和碎弹丸。由铝、镁、耐腐蚀钢和钛合金制造的零件，在用铸钢丸或钢切丸喷丸后应该清理去除所有铁污染物，可以采用玻璃弹丸的二次喷丸的方法去除钢丸喷丸带来的铁污染。

6. 喷丸后热处理的温度限制

如果图样或规范允许，则可对喷丸后的零件进行其他工艺的加工。为了减少对喷丸产生的残余压应力的影响，喷丸后的工序引起的零件温度不能超过限定，除非设计部门或客户允许。喷丸零件的温度限定见表16-22。

表 16-22　喷丸零件的温度限定

合金	温度/℉(℃)
钢,不包括不锈钢①	475(246)
不锈钢②	750(399)
铝合金	205(96)
钛合金	475(246)
镁合金	200(93)
镍钴合金	1000(538)

① 淬火硬化过程后，如果钢零件回火温度不超过475℉（246℃），则其喷丸后热处理温度的限制为300℉（149℃）。

② 对于PH和冷作300系列不锈钢，则其喷丸后热处理温度的限制为475℉（246℃）。

7. 喷丸变形的解决方法

1）当喷丸后表面状态或尺寸不符合图样要求时，经过客户或设计部门同意后，可在相应部位进行抛光修整（注意抛光后仍有喷丸弹坑可见），然后采用更低的喷丸强度进行二次喷丸补喷。

2）采用预变形的方法。如果喷丸参数稳定，则其喷丸强度稳定，由残余应力造成的零件变形在一定程度上是稳定的，因此可以采用预变形的方法解决零件的喷丸变形的问题。

8. 满足喷丸后残余应力的要求

在喷丸强度选择上可以考虑喷丸强度范围的上限，同时要考虑喷丸后的表面粗糙度是否满足要求的范围。

9. 满足喷丸后零件表面粗糙度的要求

1）在喷丸强度的选择上可以考虑喷丸强度范围的下限，同时要考虑喷丸后的残余应力是否满足要求的范围。

2）如果喷丸后需要通过研磨、抛光、磨光或其他材料去除的方式来降低表面粗糙度值，则去除的金属总量不应超过规定 A 型和 C 型强度范围中点值的 10%，不超过规定 N 型强度范围中点值的 3%。

3）高强度喷丸后，采用更小的强度进行喷丸，可以降低零件的表面粗糙度值。

10. 喷丸前的零件准备

1）所有为满足零件性能要求的热处理应该在喷丸之前完成。

2）所有需要喷丸的区域应明确。

3）当需要进行磁粉检测或荧光渗透检测时，应该在喷丸之前完成。

4）零件的尺寸和表面状态均应加工到位。

11. 喷丸强度检测不合格或者弹丸检测不合格的处理方式

（1）强度　如果有任意试片没有满足规定的强度检测的要求，则在该不合格试片处采用相同的设备、同样的弹丸（不添加新丸料），重新进行测试。后续的零件处置根据重新测试的结果来决定。如果附加试片没有满足规定的强度验证要求，则查找原因后重新进行喷丸强度的试验。

（2）弹丸　如果丸料形状测试或丸料尺寸测试没有满足要求，应停止喷丸，并进行矫正措施。如果形状测试没有满足要求，则用新弹丸代替所有的旧弹丸，然后在重新喷丸前进行形状和尺寸测试。如果尺寸测试没有满足要求，可以补充适量的新弹丸，然后在重新喷丸前进行形状和尺寸测试。

12. 待喷零件的要求

待喷零件应满足以下要求：

1）若无特殊要求，飞机零件喷丸前的表面粗糙度 Ra 最大允许值为 3.20μm，发动机零件喷丸前的表面粗糙度 Ra 最大允许值为 1.60μm。

2）表面应清洁干燥，无油污，无喷丸可能被遮盖的缺陷，无氧化皮、镀层、喷漆、磕碰伤等。

3）所有边角的修整和倒圆应符合表 16-23 要求，若图样有特殊要求，应符合图样要求。

表 16-23　锐边和棱角的倒圆要求

喷丸强度/mmA	喷丸区域零件厚度/mm	圆角半径 R/mm		
		钢	铝合金	钛合金
≤0.20	1~2	0.25~0.80	0.50~0.80	0.25~0.80
>0.20~0.36	2~3	0.25~1.00	0.50~1.00	0.25~1.00
	3~5	0.25~1.00	0.80~1.60	0.25~1.00
>0.36~0.60	3~4	0.50~1.60	1.00~1.60	0.50~1.60
	4~6	0.50~1.60	1.00~2.00	0.50~1.60
>0.60	5~6	0.50~1.60	1.00~2.20	0.50~1.60
	>7	0.50~1.60	1.20~2.20	0.50~1.60

注：设计无要求时，对厚度小于 1mm 的零件一般不采用喷丸方法进行表面强化，以避免零件产生变形。

13. 喷丸后处理要求

1）图样上无专门注明时，喷丸后的零件表面不允许以任何方式进行表面去层加工。

2）当喷丸后的零件表面因配合装配或表面处理工序等要求而需要进行表面切削加工时，只允许采用珩磨或研磨去层。去层深度不应超过残余压应力深度或喷丸强度的 1/10~1/5：对于铝合金、钛合金及抗拉强度低于 1400MPa 的结构钢，去层深度应不超过 1/5；对于高强度钢，去层深度应不超过 1/10；对于抗拉强度超过 1400MPa 的结构钢，去层深度应不超过 1/10；对于发动机叶片，只允许采用振动光饰去层。

3）对于高温合金零件（如压气机叶片、压气机盘、涡轮叶片、涡轮盘等），喷丸零件的加热温度不应超过该零件在服役条件下的工作温度。

4）不允许采用喷丸以外的其他机械方法对喷丸强化件进行矫形；当机械校形不可避免时，矫形后应重新喷丸。

5）零件的喷丸区内不允许做硬度试验。

6）精加工件在喷丸之后，应采取防护处理，以防表面损伤。

7）喷丸以后的工序中若需对喷丸件加热处理，则各种材料的最高加热温度上限应根据材料的特征和喷丸强化效果而定，除特殊规定外，加热上限温度不应超过表16-24中的规定。

表16-24 喷丸后材料的加热上限温度

材料种类	结构钢	不锈钢	铝合金	镁合金	钛合金	镍基/钴基高温合金	粉末高温合金
上限温度/℃	245	400	105	95	315	538	600

16.3.2 开发喷丸工艺的准则

根据AMS 2430，如果客户没有给出相关的喷丸技术条件，则应参考以下原则制定喷丸标准。

1. 选择合适喷丸强度的原则

（1）残余应力与喷丸强度的经验关系 如果要达到预想的残余应力层深，则可以大致找出需要的喷丸强度。不同材料的喷丸强度和应力层深的经验关系见表16-25。

（2）不同材料的喷丸强度选择指导 对不同材料不同厚度推荐的喷丸强度见表16-26。

2. 选择合适弹丸的原则

1）对不同材料不同厚度推荐的弹丸尺寸见表16-27。

表16-25 不同材料的喷丸强度和应力层深的经验关系

材料	喷丸强度/in(mm)		
	0.008N(0.20N)	0.008A(0.20A)	0.008C(0.20C)
	压应力深度/in(mm)		
铝合金	0.003(0.08)	0.010(0.25)	0.027(0.69)
钛合金	0.002(0.05)	0.007(0.18)	0.018(0.46)
抗拉强度小于200ksi(1379MPa)的钢	0.003(0.08)	0.008(0.20)	0.025(0.64)
抗拉强度大于或等于200ksi(1379MPa)的钢	0.002(0.05)	0.005(0.13)	0.015(0.38)
镍基合金	0.002(0.05)	0.006(0.15)	0.020(0.51)

表16-26 对不同材料不同厚度推荐的喷丸强度

材料	材料厚度0.090~0.375in(2.29~9.52mm)	材料厚度大于0.375in(9.52mm)
	喷丸强度/in(mm)	喷丸强度/in(mm)
钛合金	0.006~0.010A (0.15~0.25A)	0.006~0.010A (0.15~0.25A)
钢,抗拉强度小于200ksi (1379MPa)	0.008~0.012A (0.20~0.30A)	0.010~0.014A (0.25~0.36A)
钢,抗拉强度为200~260ksi (1379~1793MPa)	0.008~0.012A (0.20~0.30A)	0.012~0.016A (0.30~0.41A)
铝合金	0.006~0.010A (0.15~0.25A)	0.010~0.014A (0.25~0.36A)
孔洞:铝合金 直径小于0.750in(19.05mm)	0.010~0.015N (0.25~0.38N)	—
孔洞:除铝合金外的其他所有合金 直径小于0.750in(19.05mm)	0.010~0.015N (0.25~0.38N)	—

表16-27 对不同材料不同厚度推荐的弹丸尺寸

材料	材料厚度0.090~0.375in(2.29~9.52mm)	材料厚度大于0.375in(9.52mm)
	弹丸尺寸(ASR或ASH)	弹丸尺寸(ASR或ASH)
钛合金	110、170	110、170
钢,抗拉强度小于200ksi (1379MPa)	230、330	230、330

（续）

材料	材料厚度 0.090~0.375in(2.29~9.52mm)	材料厚度大于 0.375in(9.52mm)
	弹丸尺寸(ASR 或 ASH)	弹丸尺寸(ASR 或 ASH)
钢,抗拉强度为 200~260ksi(1379~1793MPa)	170、230	230、330
铝合金	170、230	230、330
孔洞:铝合金直径小于 0.750in(19.05mm)	70、130	—
孔洞:除铝合金外的其他所有合金直径小于 0.750in(19.05mm)	70、110	—

2）喷丸强度值对丸料的要求见表 16-28。

表 16-28　喷丸强度值对丸料的要求

喷丸强度/in(mm)	喷丸丸料
0.012A (0.30A)	ASR 或 ASH-280 AWCR,AWS,或 AWCH-28 AGB(0.039~0.028in,名义直径) AZB(0.033in,名义直径)
0.016A (0.40A)	ASR 或 ASH-390 AWCR,AWS,或 AWCH-41 AGB(0.056~0.039in,名义直径) AZB(0.046in,名义直径)
0.020A (0.50A)	ASR 或 ASH-550 AWCR,AWS,或 AWCH-54 AGB(0.039~0.028in,名义直径)

3）如果零件上的孔也需要喷丸，则要求弹丸名义直径不大于孔径宽度的 25%。

4）对零件的圆角半径进行喷丸时，丸料的名义直径应该不大于零件最小圆角半径的一半。

3. 选择喷丸区域的原则

1）一般情况下，应对零件在工作过程中需要承受交变应力的部位进行强化。

2）不需要喷丸的部位可以使用保护的方法。当不需要喷丸的部位无法进行保护时，可以考虑在该部位留有足够的余量，在喷丸后把该余量去除，最终也可以满足图样的尺寸需求。余量的控制需要列入喷丸后处理的工艺中。

3）对于尺寸小于 0.090in（2.29mm）的零件，应该避免高强度喷丸，因为高强度喷丸可能会导致变形和在内部产生较高的残余拉应力。对于较薄的零件，喷丸后的压应力层深不应超过零件厚度的 10%。

16.3.3　喷丸工艺过程

1. 喷丸前待喷零件的检查

1）检查待喷丸的零件，零件应符合 16.3.1 中的要求。

2）对于返修喷丸的零件，应在喷丸前退除镀层和漆层。必要时，可按相关技术条件规定对零件表面进行清洗。

2. 喷丸前的准备

1）喷丸前目视检查喷丸机的喷嘴，喷嘴不应堵塞，不应有腐蚀物、油脂等。必要时，应对其进行清洗和清除。

2）检查所使用的弹丸，弹丸应符合过程检测的要求，见 16.2.3 中 8。

3）检查喷丸机内的弹丸数量，其数量应满足连续喷丸的要求。对于钢弹丸或钢丝切割丸，往喷丸机内装入新弹丸（或在喷丸生产过程中需往喷丸机内补充新弹丸）的量超过机内总量的 10%时，在正式喷丸强化零件前应使全部弹丸在一块钢件上（40~45HRC）至少循环 3 次，然后才可用于生产中。

4）检查设备的弹丸筛选和分选装置、弹丸提升装置，均应处于正常状态。

5）检查零件夹具，应符合 16.3.1 中 1 的要求。

3. 喷丸前对非喷丸区的保护

对不要求喷丸的部位进行适当的保护（零件有加工余量除外）。一般对于面积较大的非喷丸区，可采用夹具进行遮蔽保护；对于面积较小的非喷丸区，可采用塑料薄膜、胶带或胶布等进行遮蔽保护。非喷丸区的界限偏差一般为 0~3mm 或按图样规定，特殊情况下可以保护到 5~6mm。

4. 喷丸工艺参数的确定

（1）概述　按图样要求，选择喷丸强化所采用的弹丸材料、弹丸硬度、弹丸规格、压缩空气压力或离心轮转速、喷丸距离、喷丸角度、零件受喷时间等参数，以获得指定的喷丸强度与受喷零件的表面覆盖率。

（2）零件喷丸区的确定　按图样要求，确定零件的喷丸区。

（3）表面覆盖率的确定

1）除图样上有专门规定外，图样给出的覆盖率应为最低值，所有受喷表面的覆盖率不应低于100%，应在零件上或与零件表面具有相同材料、相同硬度的试块上测定覆盖率。表面覆盖率的确定方法见16.2.2中2。

2）调整各工艺参数，直到覆盖率达到图样规定。

（4）喷丸强度的确定

1）选择喷丸强度所使用的弧高度试片，使其符合SAE J442和GSB A69001的要求，当喷丸强度低于0.15mmA时，应采用N试片；当喷丸强度在0.15~0.60mmA范围时，应使用A试片；当喷丸强度大于0.60mmA时，应采用C试片。

2）将试片夹具分别固定在图样规定的各个喷丸部位的模拟件上，再把试片固定在夹具上。

3）将模拟件放入喷丸室内，调整喷嘴（或离心轮）至各试片之间的距离与角度（喷嘴至试片的距离通常处于100~200mm的范围）进行喷丸。卸下试片以非喷丸面为基准面测量其弧高值。卸下的喷丸试片不应再次使用。用至少4片试片经不同时间（或喷丸次数）喷丸之后，获得一条弧高度曲线。

4）当按上述步骤测得的喷丸强度高于或低于图样规定值时，应调整工艺参数，使之达到图样规定值。

5. 模拟件的试喷

按调节好的工艺参数对模拟件进行试喷，观察喷丸过程中的工艺参数稳定性、喷丸过程零件与喷嘴的运动情况。若喷丸强度超过规定范围，则应重新调整喷丸强化工艺参数和试喷，直到满足喷丸强化的技术要求，并记录喷丸强化的工艺参数。

6. 零件的喷丸

除图样另有规定外，零件应在不受外力的自由状态下（预应力除外）进行喷丸。对于小孔，可采用旋片或小孔喷枪进行喷丸。

7. 喷丸后清理

1）撤去零件表面的保护物。

2）清除零件表面的弹丸及粉尘（清除方式可采用棉纱擦拭或压缩空气吹）。

3）需要时，可采用相应的清洗剂清洗零件表面。

参考文献

[1] 李国祥. 喷丸成形[M]. 北京：国防工业出版社，1982.

[2] 刘锁. 金属材料的疲劳性能与喷丸强化工艺[M]. 北京：国防工业出版社，1982.

[3] 李金桂，周师岳，胡业锋. 现代表面工程技术与应用[M]. 北京：化学工业出版社，2014.

[4] 高玉魁. 残余应力基础理论及应用[M]. 上海：上海科学技术出版社，2019.

[5] SAE. Test Strip, Holder, and Gage for Shot Peening: SAE J442[S]. Warrendale: SAE International, 2013.

[6] 中国航空综合技术研究所，北京航空材料研究院. 航空零件喷丸强化工艺：HB/Z 26—2011[S]. 北京：中国标准出版社，2011.

[7] SAE. Peening Media, General Requirements: AMS2431[S]. Warrendale: SAE International, 2017.

[8] ASTM. Standard Specification for Woven Wire Test Sieve Cloth and Test Sieve: ASTM E11[S]. West Conshohocken: ASTM International, 2016.

第 17 章　其他热处理技术

上海交通大学　戎詠华

17.1　磁场热处理

在热处理过程中，通过施加外加磁场以改变材料的组织及性能的热处理技术，称为磁场热处理。磁场热处理于 1959 年由美国 RDCA 公司的 Bassett 提出，故亦称为贝氏法。磁场作为一种冷物理场，其作用实质与温度场、应力场等传统的能量场类似，是一种能量传递过程，但其作用机制又与传统能量场不同，在热处理过程中，磁场通过影响物质中电子的运动状态使相变发生变化。

磁场热处理分为磁场退火、磁场淬火、磁场回火、磁场渗氮等。

17.1.1　磁场对材料固态相变的影响

相变过程取决于相变热力学和相变动力学。从热力学的角度分析，相的吉布斯自由能决定相的稳定性，吉布斯自由能越小，该相越稳定。不同相具有不同的磁化率及介电常数，因而磁场对某一具体相的自由能及其稳定性具有不同的影响。从动力学的角度分析，磁场通过影响位错和晶界而影响相变。

1. 磁场对固态相变影响的热力学分析

图 17-1 所示为在施加和未施加磁场条件下，铁基合金马氏体相变自由能随温度的变化。不加磁场时 ($H=0$)，母相（奥氏体）自由能（G_p）与马氏体自由能（G_m）相等的温度为 T_0，温度低于 T_0，$G_p>G_m$；温度高于 T_0，$G_m>G_p$，如图中实线所示。马氏体相变的开始温度为 *Ms*，相应的相变驱动力为两相自由能差 ΔG，在外加磁场作用下 ($H\neq0$)，马氏

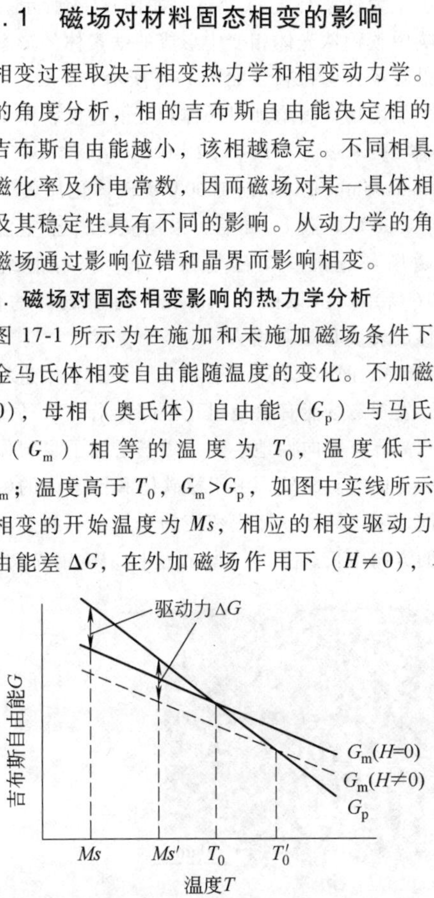

图 17-1　在施加磁场和未施加磁场条件下，铁基合金马氏体相变自由能随温度的变化

体自由能的降低如图中虚线所示。由于奥氏体为顺磁相，磁场对其自由能影响很小，可以忽略不计，因而两相自由能相等的温度由 T_0 升高至 T_0'，*Ms* 也相应增加到 *Ms′*。上述磁场对相变影响的基本原理也适用于铁素体相变和珠光体相变等高温扩散型相变。

基于吉布斯自由能的计算，外加磁场对 Fe-C 相图的影响如图 17-2 所示。施加磁场使 Fe-C 相图向上移动，使 Ac_1 和 Ac_3 温度升高，对 Ac_m 温度影响很小。在 12T 磁场作用下，钢的共析点碳含量（质量分数）由 0.76%增加到 0.795%，共析温度由 1000K 升高到 1012K，纯铁的 γ→α 转变温度由 1184K 升高到 1194K。上述理论计算得到了实验证实，如图 17-3 所示。

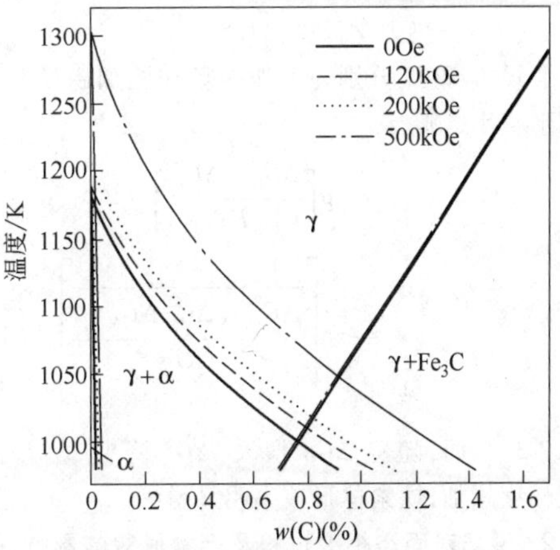

图 17-2　外加磁场对 Fe-C 相图的影响

注：1Oe = 79.5775A/m。

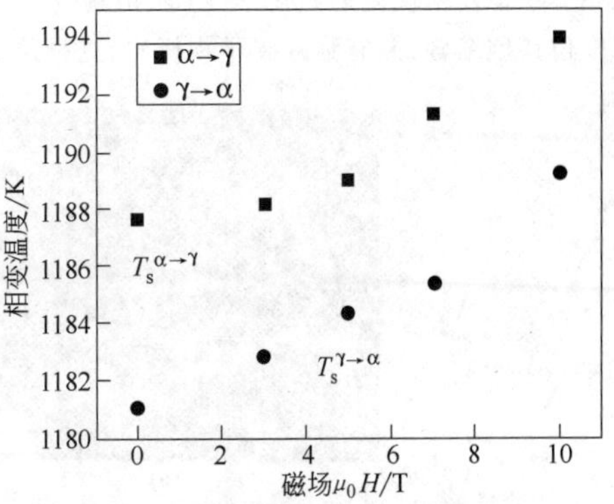

图 17-3　磁场强度对纯铁 α→γ 和 γ→α 相变温度的影响

磁场对低碳钢铁素体和珠光体相变的影响主要表现在：①提高相变温度；②增加形核率；③增大产物相的生长速率。与形变储存能的影响类似，磁场能的作用相当于增大了 $\gamma \to \alpha$ 相变自由能。在磁场作用下，铁素体相变的临界形核功 ΔG^* 为

$$\Delta G^* = \frac{8}{3}\pi V_\alpha^2 \frac{\sigma^3}{(\Delta G + \Delta G_M)^2} \tag{17-1}$$

式中　V_α——α-Fe 的摩尔体积；

σ——界面能；

ΔG——形成新相 α-Fe 时摩尔自由能变化值；

ΔG_M——磁场能。

式（17-1）表明，由于磁场的作用，使 ΔG^* 降低，铁素体形核率增大。

铁素体形核率 I 可表示为

$$I = K_V \exp\left[-\frac{\Delta G^*}{kT}\right] \exp\left[-\frac{Q}{kT}\right] \tag{17-2}$$

式中　K_V——形核常数；

k——玻耳兹曼常数，1.381×10^{-23} J/K；

T——热力学温度（K）。

假设 I_0 和 I_1 分别为不加磁场和施加磁场时铁素体的形核率，则有

$$\frac{I_1}{I_0} = \exp\left[\frac{\Delta G_0^* - \Delta G_1^*}{KT}\right] = \exp\left[\frac{\frac{1}{\Delta G^2} - \frac{1}{(\Delta G + \Delta G_M)^2}}{KT}\right] \tag{17-3}$$

式(17-3)表明，随着 ΔG_M 增大，ΔG^* 降低，I_1/I_0 呈指数大幅度增加，铁素体形核率明显增大。

2. 磁场对固态相变过程及产物形貌的影响

施加磁场能显著影响固态相变行为及相变产物的数量、形态、尺寸和分布。在交变强磁场作用下，高温顺磁相奥氏体发生反复的磁化形变(晶格畸变)，形成高密度位错胞结构，并有弥散碳化物析出，这种位错胞结构在淬火后被马氏体继承并限制了马氏体长大，细化了组织。在外加磁场作用下，由于 Ms 点的升高，当工件冷却到一定温度 T_q 时，磁场淬火比常规淬火具有更大的深冷程度 ΔT（$\Delta T = Ms - T_q$），导致马氏体转变量增加，残留奥氏体量减少，并有利于促进马氏体自回火。磁场性质、大小影响磁场淬火钢的组织。在直流磁场作用下，磁场淬火马氏体具有明显的方向性，而交流磁场淬火形成无方向性的马氏体组织。

在低碳锰铌钢奥氏体向铁素体与珠光体转变过程中施加稳恒磁场，使晶粒尺寸减小，在磁通密度为 1.5T 时，晶粒尺寸为不加磁场时的 60%。强磁场引起的钢高温辐射散热系数增大是导致晶粒细化的主要原因之一。由于在稳恒磁场中低碳钢磁导率大，磁场产生的晶粒细化作用使组织更加均匀。强磁场使 42CrMo 钢在铁素体珠光体相变中（$\gamma \to \alpha + P$），显著增加了 α-Fe 的数量，加速了珠光体相变。42CrMo 钢加热至 880℃ 保温 33min，以 46℃/min 冷却速度冷却，无磁场作用时，主要获得贝氏体，施加 14T 磁场时，组织为铁素体与珠光体，如图 17-4 所示。强磁场影响中碳钢珠光体相变中形成的铁素体的形态，铁素体沿磁场方向拉长，如图 17-5 所示。

外加磁场显著增加贝氏体相变的速度，但不影响贝氏体组织形态。Fe-0.52C-0.24Si-0.84Mn-1.76Ni-1.27Cr-0.35Mo-0.13V 钢 1000℃ 奥氏体化加热 10min，然后在 300℃ 等温 8min 后，采用氦冷却至室温，不施加磁场与施加 10T 磁场条件下，获得的组织如图 17-6 所示。由该图可以看出，由于磁场的作用，贝氏体的转变量显著增大。

42CrMo 钢淬火获得马氏体后，在磁场中进行高温回火，发现磁场能有效地阻止渗碳体沿片状马氏体晶界和孪晶界有方向性地生长。磁场增加了渗碳体和铁素体的界面能。此外，由于渗碳体和铁素体的磁致伸缩不同，磁场导致界面应变能的增加，不利于渗碳体沿界面方向生长。图 17-7 所示为 42CrMo 钢淬火 650℃

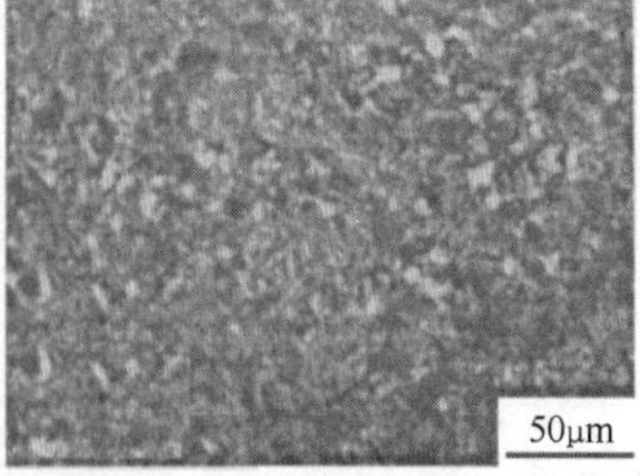

a)

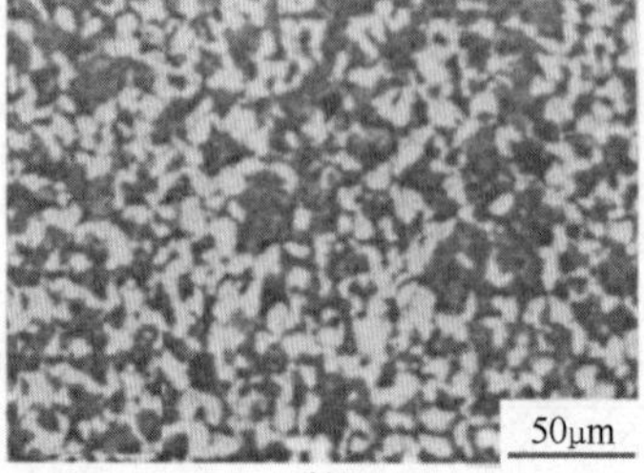

b)

图 17-4　42CrMo 钢的显微组织

a）不施加磁场　b）施加 14T 磁场

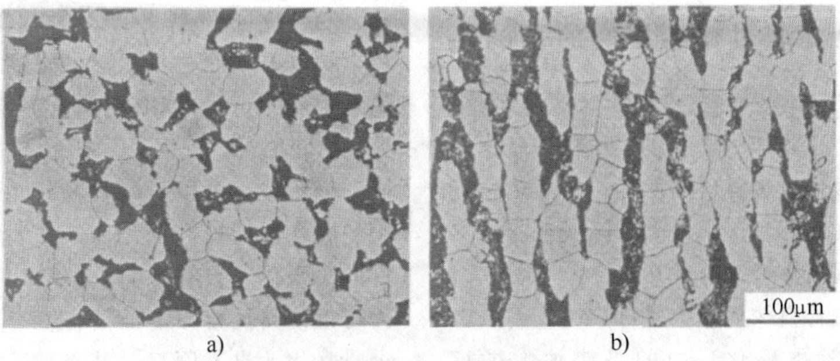

图 17-5　Fe-0.4%C 钢显微组织

a）不施加磁场　b）施加 10T 磁场

注：热处理工艺为 950℃加热 15min，以 0.5℃/min 冷却速度冷却至室温。

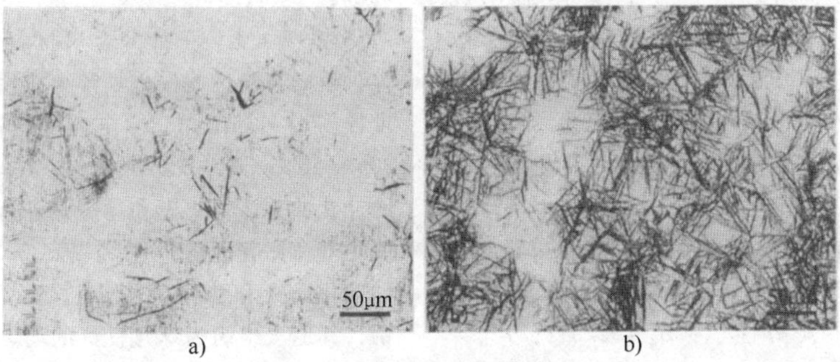

图 17-6　磁场对钢的贝氏体相变的影响

a）不施加磁场　b）施加 10T 磁场

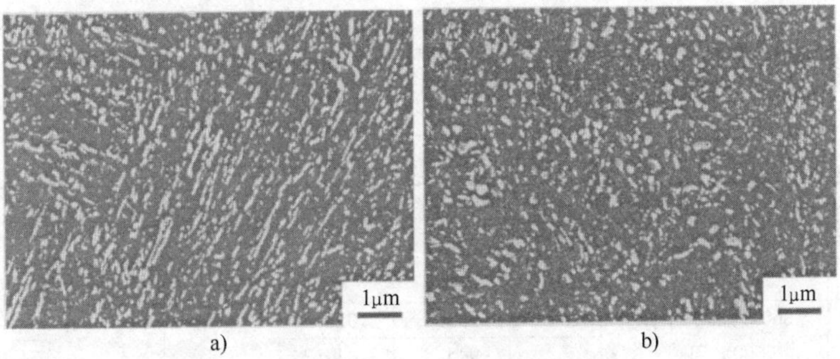

图 17-7　42CrMo 钢淬火 650℃回火的碳化物形貌

a）不施加磁场　b）施加 14T 磁场

回火的碳化物形貌。不加磁场时，碳化物呈条片状和粒状，大多数条片状碳化物平行排列；施加磁场时，碳化物为短棒状和粒状，但磁场对渗碳体的形核位置和数量无明显影响。

磁场能够延缓淬火 42CrMo 钢铁素体基体的回复和再结晶过程，这归因于磁有序化和磁畴壁影响了晶界的移动性。对冷轧的钛磁场退火研究表明，磁场的存在促进了晶粒生长。图 17-8 所示为不加磁场和施加 19T 的磁场条件下，变形量为 78%的纯钛于 530℃退火不同时间的平均晶粒尺寸，磁场退火的晶粒明显大于普通退火的晶粒。这与钢中情况不同，施加磁场增加了晶界的移动性和晶界移动的驱动力。

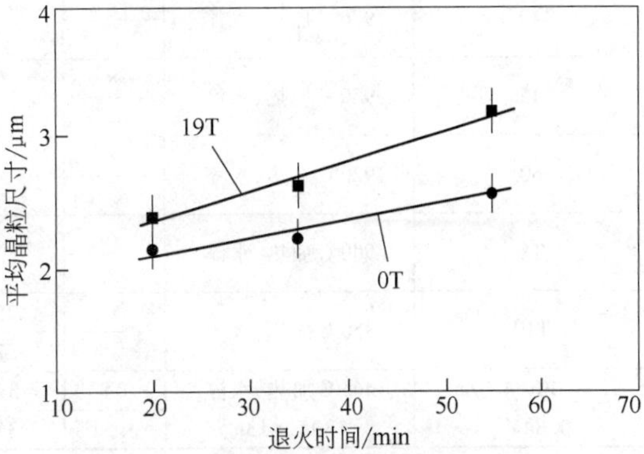

图 17-8　冷轧纯钛在 530℃磁场退火和普通退火的平均晶粒尺寸

17.1.2　磁场热处理对材料性能的影响及应用

在热处理过程中，施加磁场能改变材料的显微组织结构，因而能有效地改善材料的性能。磁场热处理能加速相变过程，在实际生产中，具有降低生产成本和缩短生产周期，提高生产率等优点。

磁场退火在软磁材料热处理中早已广泛应用。工业纯铁在螺旋管（通电磁化）内的马弗炉中进行700℃×2h 的磁场退火（在纵向磁场中退火比在横向磁场中退火能获得更高的性能），弹性极限可提高20%，抗拉强度提高 10%，可使铁素体细化成 10^{-4}mm 厚的薄片。Fe-50Co-2V 是一种高饱和磁感应软磁合金，广泛应用于高温、高性能磁性元件，典型材料牌号有 IJ22（中国）、49K2ΦA（俄罗斯）等。目前工程应用中，对这类软磁合金提出了苛刻的磁性能与力学性能要求，其中矫顽力要求降低 1/2～2/3，工件热处理后表面质量良好。对采用 49K2ΦA 合金制备的某零件在 VGQM-120 型真空磁场热处理炉中进行真空磁场退火后，其磁性能：B_4 = 2.05T，B_{10} = 2.16T，B_{25} = 2.23T，H_c = 23.87A/m；其规定塑性延伸强度 $R_{p0.2}$(纵向) = 343MPa，$R_{p0.2}$(横向) = 358MPa，性能满足产品技术条件的要求。优化后的真空磁场热处理工艺：真空度 ≤ 0.133Pa，加热速度为 300～400℃/h，温度为（760±10）℃，保温时间为 2.5～3h，随炉冷至 730℃，以 300～600℃/h 冷至 500℃后，再以炉冷方式冷却至室温；充磁电流为 330A，在保温终了前 15min，接通充磁电流，经过 20min 后，将充磁电流断开。

磁场淬火可以显著提高钢的强度，强化效果随钢中碳含量的提高而增大。直流磁场淬火时，磁化方向对强化效果有影响，CrWMn 钢在轴向磁场中淬火可以使其抗弯强度显著提高，而在径向磁场中淬火时强化效果不明显，甚至略有降低。交流磁场的强化效果大于直流磁场。磁场强度越大效果越好。磁场淬火可以在提高强度的同时，保持良好的塑性和韧性。

表 17-1 比较了部分金属材料经磁场淬火和普通淬火后的力学性能。磁场淬火能使低铬耐磨铸铁的硬度提高 1～1.5HRC，冲击韧度提高 16%，强度提高20%～50%。对 LD、W18Cr4V、9SiCr 等模具钢制造的冲孔冲头、切边模和顶针等进行磁场淬火，其平均使用寿命比普通淬火模具提高 0.5～2 倍。经脉冲电场球化退火和稳恒磁场等温淬火处理的 9SiCr 模具钢，其退火组织为球化良好的均匀球状珠光体，淬火组织为下贝氏体+马氏体+残留奥氏体+碳化物；硬度为 58～60HRC，无缺口冲击韧度为 51J/cm²；抗弯强度达 2860MPa。用该工艺处理的 9SiCr 钢制造的 M10 内六角凸模光冲，使用寿命比常规处理提高 3 倍以上。

表 17-1　部分金属材料经磁场淬火和普通淬火后的力学性能

材　料	热 处 理	磁场	力学性能					
			$R_{p0.2}$ /MPa	R_m /MPa	Z (%)	A (%)	a_K /(MJ/m²)	硬度 HV
42CrMo	860℃加热,水淬	×	935.3	1033.7			0.974	
	600℃回火	✓	945.3	1040.2			0.968	
20Cr	1050℃加热,水淬	×						370
		✓						380
40	920℃加热,水淬	×						546
		✓						500
45	950℃加热,水淬	×		765				
		✓		600				
60	920℃加热,水淬	×						768
		✓						778
T8	900℃加热,水淬	×						810
		✓						825
T10	950℃加热,水淬	×	755	1068	9.4	15.0		
		✓	873	1215	9.2	12.8		
Al-4.0Cu-4.0Zn-0.84Mg	465℃加热,水淬	0T	348	384	8.0			
	130℃×13h	3.5T	362	417	10.0			

注：×—未加磁场，✓—加磁场。

磁场回火通常采用交流磁场和脉冲磁场。W6Mo5Cr4V2 高速钢经 1225℃加热淬火后，分别进行常规回火和脉冲磁场回火处理，回火温度皆为 560℃，常规回火处理 3 次，每次 1.5h，磁场回火 2 次，每次 45min。力学性能测试结果表明，高速钢经两种工艺回火，其硬度相近，均为 65HRC。与常规回火相比，脉冲磁场回火的高速钢，其抗弯强度提高 40%，达 3500MPa；残余应力降低 64%，约为 100MPa；冲击韧度提高约 30%，达 $60J/cm^2$。磁场回火不仅能够大幅度提高钢的力学性能，还具有减少回火次数和回火时间，降低生产成本和缩短生产周期，提高生产率等优点。

磁场热处理能使钢的淬透性下降，改善钢的耐蚀性能。在 1.2T 的稳恒磁场中对 32CrMnNbV 钢进行热处理，结果发现，在连续冷却过程中加磁场，可以使铁素体转变的等温转变图左移，先共析铁素体量增多，淬透性下降；在奥氏体化加热过程中加磁场，会降低奥氏体的稳定性，造成冷却过程中等温转变图左移。磁场淬火获得的马氏体组织明显细化，随着磁场强度的增大，钢的耐蚀性增加，如图 17-9 所示。

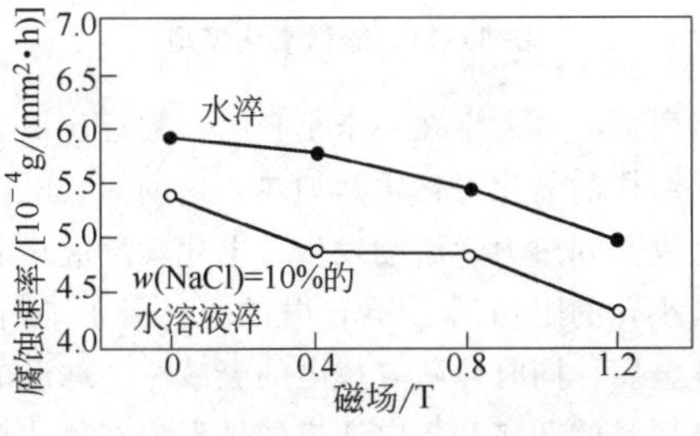

图 17-9　磁场淬火的 32CrMnNbV 钢腐蚀速率曲线

注：腐蚀介质为 10%（体积分数）硝酸乙醇溶液，腐蚀时间 1h。

17.1.3　磁场淬火设备及存在的问题

磁场热处理的效果取决于外加磁场的磁场强度和磁场性质。目前用于产生磁场的方法主要有以下几种：由直流电磁铁产生的恒磁场，通过调整磁极间距可产生不同的磁场强度。试验表明，适当调整磁极间的距离，磁场强度可达 1.6×10^6A/m；由正弦交变电流产生的交变磁场，采用磁链的独特方案设计的磁路可在电流较低的条件下获得高达 $(5.57\sim6.37)\times10^5$A/m 的磁场强度。目前要在一个比较大的空间范围内获得很强的磁场强度尚有一定困难，该技术的发展趋势是采用超导材料再加上液氮、液氦冷却来获得高强度磁场。限制磁场热处理应用的另一个问题是即使耗费了大量的电能和铜材，也难以获得实用的强磁场和大尺度的淬火槽。

17.2　微弧氧化

从 20 世纪 30 年代开始，在阳极氧化的基础上，发展起一项新的非铁金属表面氧化的高新技术，称为微弧氧化（micro-arc oxidation，MAO）。它是在材料表面原位生长陶瓷膜的一种方法。该技术突破了传统阳极氧化的诸多不足之处，通过对工艺过程进行控制，可以使生成的陶瓷薄膜具有优异的耐磨性和耐蚀性，以及较高的硬度和绝缘电阻。与其他同类技术相比，膜层的综合性能有了较大提高；而且该技术具有工艺简单、易操作、处理效率高、环保等诸多优点，故有着广阔的应用前景。

17.2.1　微弧氧化的发展过程

早在 20 世纪之前，Sluginov 就已经发现当金属浸入电解液中通电后，会产生火花放电的现象。

20 世纪 30 年代初期，Günterschulze 和 Betz 第一次报导了在高电场下，浸在液体里的金属表面出现火花放电现象，火花对氧化膜具有破坏作用。后来研究发现，利用此现象也可生成氧化膜。此技术最初采用直流模式，应用于镁合金的防腐，直到现在，镁合金火花放电阳极氧化技术仍在研究开发之中。约从 20 世纪 70 年代开始，美国伊利诺伊大学和德国开姆尼茨工业大学等单位用直流或单向脉冲电源开始研究 Al、Ti 等金属表面火花放电沉积膜，并分别命名为阳极火花沉积和火花放电阳极氧化。俄罗斯科学院无机化学研究所的研究人员 1977 年独立地发表了一篇论文，开始此技术的研究。他们采用交流电压模式，使用的电压比火花放电阳极氧化高，并称之为微弧氧化。从 20 世纪 90 年代以来，美、德、俄、日等国加快了微弧氧化或火花放电阳极氧化技术的研究开发工作。我国也从 20 世纪 90 年代初开始关注此技术。在世界范围内，各种电源模式同时并存，各研究单位工作也各具特色，但目前俄罗斯在研究规模和水平上占据优势。使用交流电源在铝合金表面生长的陶瓷氧化膜性能比直流电源高得多，交流模式是微弧氧化技术的重要发展方向。

17.2.2　微弧氧化基本原理

微弧氧化亦称为等离子体微弧氧化（plasma micro-arc oxidation，PMAO）、微等离子体氧化（micro-plasma oxidation，MPO）、阳极火花沉积（anodic sparkle deposition，ASD）或火花放电阳极氧化（anodic oxidation unter funkenentladung，ANOF)。它是一种直接在非铁金属表面原位生长陶瓷层的新技术。该技术是在阳极氧化的基础上发展而来的一种新方法。它的基本原理是利用电化学方法，将要微弧氧化的工件置于电解质溶液中，利用400~500V高压电源，从阳极氧化的法拉第区域进入高压放电区，使工件表面微孔中产生火花放电斑点，并使工件和电解液中的氧在瞬时高温下发生电、物理、化学反应生成三氧化二铝（Al_2O_3）的陶瓷薄层，牢固地生长附着在工件的表面，达到工件表面强化的目的。整个微弧氧化过程包含了以下基本过程：空间电荷在氧化物基体中形成；在氧化物孔中产生气体放电；膜层材料的局部熔化；热扩散；胶体微粒的沉积；带负电的胶体微粒迁移进入放电通道；等离子体化学和热化学反应。普通的阳极氧化在法拉第区进行，而微弧氧化则在弧光放电区进行（见图17-10)。

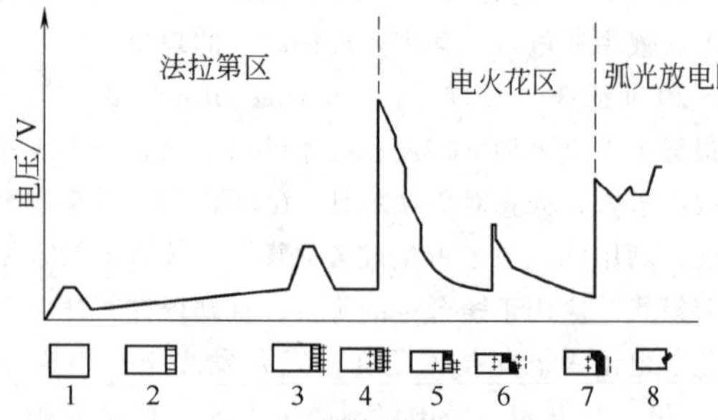

图17-10　膜层结构和电压间的关系模型

1—酸侵蚀过的表面　2—钝化膜的形成
3—局部氧化膜的形成　4—二次表面的形成
5—局部阳极上ANOF的形成　6—富孔的ANOF膜
7—热处理过的ANOF膜　8—被破坏的ANOF

Vijh和Yahalon在解释火花放电时认为，火花放电的同时伴随着剧烈的析氧，而析氧反应的完成主要是通过电子“雪崩”的途径来实现的。“雪崩”后产生的电子被注射到氧化膜/电解质的界面引起膜的击穿，产生等离子放电。Van等人精确测定了每次火花放电的电流密度的大小、放电持续时间，以及放电时产生的能量。分析指出，放电现象总是在常规氧化膜的薄弱部分先出现，也就是说，电子的“雪崩”总是在氧化膜最容易被击穿的区域先进行，而放电时产生的巨大的热应力则是产生电子“雪崩”的主要动力。1977年，Ikonopisov以Schottky的电子隧道效应机理解释了电子是如何被注入氧化膜的导电带中，从而产生火花放电的，首次提出膜的击穿电位的概念。他指出，击穿电位主要取决于基体金属的性质、电解液的组成及溶液的导电性，而电流密度、电极形状及升压方式的因素对击穿电位的影响较小。1984年，Alebella提出放电的高能电子来源于进入氧化膜的电解质的观点。电解质粒子进入氧化膜后，形成放电中心，产生等离子体放电，使氧离子、电解质离子与基体金属强烈结合，同时放出大量的热，使形成的氧化膜在基体表面熔融烧结，形成具有陶瓷结构的膜层。微弧氧化所得膜层均匀，空隙率较小。Krysmann认为，膜表面气泡与电解液液相界面为阴极，而气泡的另一端为阳极，它们之间的高电场强度导致火花放电，同时气液界面的形成使得极化变得均匀。Apelfeld和Bespalova等人利用离子背射技术对铝的微弧氧化涂层进行了研究，提出了图17-11所示的微弧氧化模型。

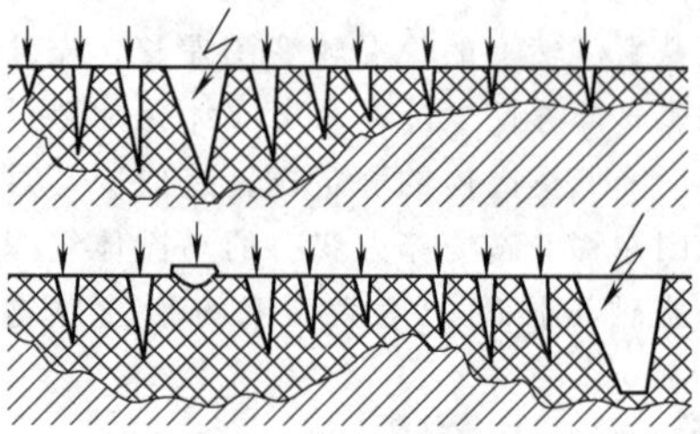

图17-11　微弧氧化模型

当微弧放电发生在一个小孔时，临近区域有着同样小孔结构的氧化层被强烈加热。这期间，电解液和基体金属受到热力学激励发生了电化学反应，通过底层包围小孔的阻挡层（不导电的氧化层）向下深入到基体金属，同时伴随着放电的衰减。半球形的，有凸透镜形状的凹穴和放电通道的轴形成在氧化层基片的边界。相邻的微孔成为半球形凸透镜形状微孔的轴。放电衰减后，小孔转化为通道，形状像火山嘴。形成火山嘴形状是因为氧化层和电解液的界面被热阳极半周期放电所影响。Van等人认为，这种火山嘴形状的坑表明，在火花放电中，当氧化层向坑中沉积时处于熔融状态，然后流向了外部表面。在到达外部表面非常短的时间内，氧化层急剧冷却到电解液的温度。这一过程持续的时间约为2×10^{-4}s。从熔融迹象这一点可以推断微弧区温度超过了Al_2O_3的熔点温度（2045℃），这与观察到的火花颜色相符合。

微弧氧化是从阳极氧化发展而来的，但在工艺上微弧氧化具有许多阳极氧化所不具备的优点。微弧氧化装置较简单，电解液大多为碱性，对环境污染小。溶液温度可变化范围较宽。微弧氧化的工艺流程较简单且处理效率高，对材料的适用性宽。两种技术的工艺特点比较见表17-2。

表 17-2　微弧氧化和阳极氧化的工艺特点比较

项目	微 弧 氧 化	阳 极 氧 化
电压、电流	高电压、强电流	低电压、电流密度小
工艺流程	脱脂 → 微弧氧化	碱洗→酸洗→机械性清理→阳极氧化→封孔
溶液性质	碱性	酸性
工作温度	常温	低温
处理效率	高	低
对材料适应性	宽（适用于 Al、Mg、Ti 等多种金属及其合金）	窄

但是，微弧氧化工艺仍存在一些不足之处，如生产过程中能耗较大，电解液冷却困难，生产过程有一定的噪声，以及在高压下的用电安全问题等，这些都需要进一步的改进和完善。

17.2.3　微弧氧化工艺及其装置

微弧氧化的一般工艺流程：脱脂→清洗→微弧氧化→清洗→后处理→成品检验。

根据所采用的电解液不同，微弧氧化又可分为酸性电解液法和碱性电解液法两种。酸性电解液法是研究初期采用的方法，常用浓硫酸或磷酸及其盐作为电解液组分，有时还加入一定的添加剂（如吡啶盐、含 F^- 的盐等）来改善微弧的生成条件和膜层性能。而在碱性电解液中，阳极反应生成的金属离子很容易转变成带负电的胶体粒子而被重新利用，溶液中的其他金属离子也容易转变成带负电的胶体粒子而进入膜层，调整和改变膜层的组成和微观结构而获得新的特性，所以微弧氧化电解液由初期的酸性发展到了现在的碱性，被研究者所广泛采用。

微弧氧化装置如图 17-12 所示，类似普通阳极氧化设备，主要由电源及调压控制系统、电解槽、搅拌系统和循环冷却系统组成。

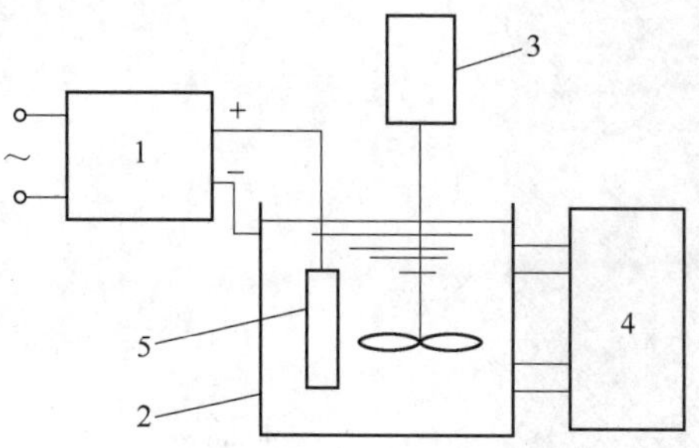

图 17-12　微弧氧化装置

1—电源及调压控制系统　2—电解槽

3—搅拌系统　4—循环冷却系统　5—工件

1）电源及调压控制系统。微弧氧化电源设备是一种高压大电流输出的特殊电源设备，可提供微弧氧化所需的高电压，有直流、交流或脉冲三种模式。研究表明，交流电源能量高且生成陶瓷膜的性能比直流电源的好，所以许多研究都是以交流电源模式为主。脉冲电源由于具有“针尖”作用，使局部阳极面积大幅下降，表面微孔相重叠而形成表面粗糙度值小、厚度均匀的陶瓷膜，也是研究发展的方向；输出电压范围一般为 0～600V，输出电流的容量视加工工件的表面积而定，一般要求 6～10A/dm^2。电源要设置恒电压和恒电流控制装置。

2）电解槽。电解槽用来盛装电解液，一般由不锈钢制成，具有一定的耐蚀性且可兼作阴极，工件微弧氧化处理过程就在此中进行。

3）循环冷却系统。由于微弧氧化过程中工件表面具有较高的氧化电压并通过较大的电解电流，使产生的热量大部分集中于膜层界面处，而影响所形成膜层的质量，因此微弧氧化必须使用配套的热交换制冷设备，可带走氧化过程产生的高热量，使电解液及时冷却，保证微弧氧化在设置的温度范围内进行。可将电解液采用循环对流冷却的方式进行，既能控制溶液温度，又达到了搅拌电解液的目的。

4）搅拌系统。搅拌系统能提高电解液中组分的均匀性，也有一定的冷却作用。

17.2.4　微弧氧化的应用实例

微弧氧化突破了传统的法拉第区域进行阳极氧化的框架，将阳极氧化的电压由几十伏提高到几百伏，由小电流发展成大电流，由直流发展到交流，导致基体表面出现电晕、辉光、微弧放电、火花斑等现象，从而能对氧化层进行微等离子体的高温高压处理，使非晶结构的氧化层发生相和结构上的变化。微弧氧化工艺以其技术简单、效率高、无污染、处理工件能力强等特点，具有广阔的应用前景。

1. 铝及其合金的微弧氧化

铝及其合金微弧氧化陶瓷膜的制备方法比较简单，其工艺流程一般分为表面清洗、微弧氧化、自来水冲洗、自然干燥等几个阶段。铝及其合金的微弧氧化电解液由最初的酸性而发展成现在广泛采用的碱性溶液。目前主要有氢氧化钠体系、硅酸盐体系、铝酸盐体系和磷酸盐体系四种。有时根据不同用途可向溶液中加入添加剂。微弧氧化膜层的性能主要受电解液的成分、酸碱度、极化形式和条件、氧化时间、电流密度及溶液的温度等工艺参数的影响，其工艺规范见表 17-3。

表 17-3　铝及其合金微弧氧化工艺规范

溶液组成与工艺条件		1	2	3
浓度/(g/L)	氢氧化钠(NaOH)	5		
	氢氧化钾(KOH)		2~3	
	四硼酸钠($Na_2B_4O_7 \cdot 10H_2O$)			13
	磷酸钠($Na_3PO_4 \cdot 12H_2O$)			25
	钨酸钠($Na_2WO_4 \cdot 2H_2O$)			2
	硅酸钠(Na_2SiO_3)		2~20	
电压/V				500~600
电流密度/(A/dm^2)			12~25	正 20~200 负 10~60
脉冲频率/Hz				425~1000
氧化时间/min		≈60	25~120	10~40
氧化膜厚度/μm		≈30	85~120	15~100

总之，铝及其合金微弧氧化操作简单，处理效率高，一般硬质阳极氧化获得 50μm 左右的膜层需要 1~2h，而微弧氧化只需 10~30min。

对铝及其合金微弧氧化陶瓷膜来讲，其膜层理论结构如图 17-13 所示。最外层为表面疏松层，可能是由微电弧溅射和电化学沉积物组成的，该层存在许多孔洞，孔隙较大，孔周围又有许多裂纹向内扩散直到致密层。第二层为致密层，晶粒较细小，含较多 α-Al_2O_3（刚玉），用 X 射线衍射（XRD）技术分析 6063 微弧氧化陶瓷膜可知，致密层中 α-Al_2O_3 和 γ-Al_2O_3 约各占一半。内层为过渡层，与第二层呈犬牙交错状，且与基体结合紧密，没有明显界限，这一点决定了微弧氧化陶瓷膜的高结合强度。

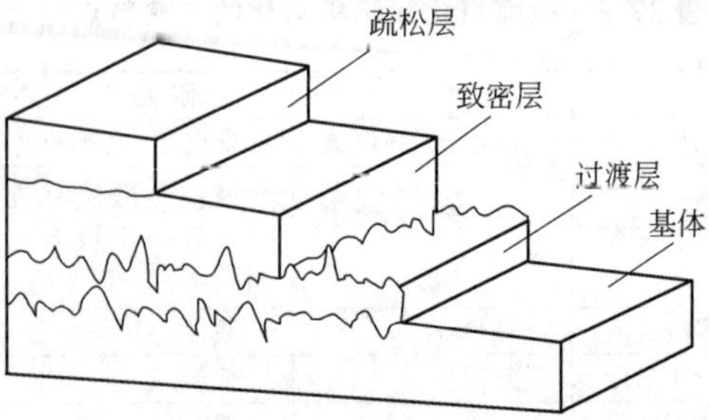

图 17-13　微弧氧化膜层理论结构

图 17-14 所示为 6063 微弧氧化膜层的断面形貌的 SEM 图像。由该图可见，两种不同孔隙率（10% 和 14%）的铝微弧氧化膜层表面分布有许多火山口形状的微孔，它们是微弧氧化过程中的放电通道，这使得膜层具有一定的孔隙率，孔隙率大小可通过氧化过程的电参数来调节。从膜层断面形貌中可以看到致密层和表面疏松层，中间过渡层不是很明显，膜层具有很好的结合状况。图 17-15 所示为 6063 微弧氧化膜层的 XRD 图。由该图可见，铝微弧氧化膜层主要由 α-Al_2O_3 和 γ-Al_2O_3 组成。

微弧氧化膜的优良结构及组成决定了它的优良性能。铝合金微弧氧化膜层性能与普通硬质阳极氧化膜相比较可知，铝合金表面微弧氧化膜层具有优良的综合性能（见表 17-4）：①膜层在基体表面原位生成，与基体结合牢靠，结合强度可达 2.04~3.06MPa，铝合金陶瓷膜与机体临界载荷大于 40N。②膜层中因为含高温转变相 α-Al_2O_3（刚玉），使其硬度高、耐磨性好，文献介绍其显微硬度可达到甚至超过 3000HV，耐磨性相当于硬质合金。③膜层较厚，可达 200~300μm，甚至可制得 400μm 的膜层。④膜层绝缘性能好，干燥空气中击穿电压为 3000~5000V，最高可达 6000V，绝缘电阻大于 100MΩ，北京师范大学薛文斌等人用微弧氧化法制备的氧化膜层绝缘电阻高达 600MΩ。⑤孔隙率低，可在 2%~50% 范围内调节，耐蚀性高，承受 5% 盐雾试验的能力在 1000h 以上。⑥热导率小，有良好的隔热能力，且能承受 2500℃ 热冲击。⑦外观装饰性能好，可按使用要求大面积地加工成各种不同颜色、不同花色的膜层，而且一次成形并保持原基体的表面粗糙度；经抛光处理后膜层的表面粗糙度 *Ra* 为 0.1~0.4μm，远优于原基体。

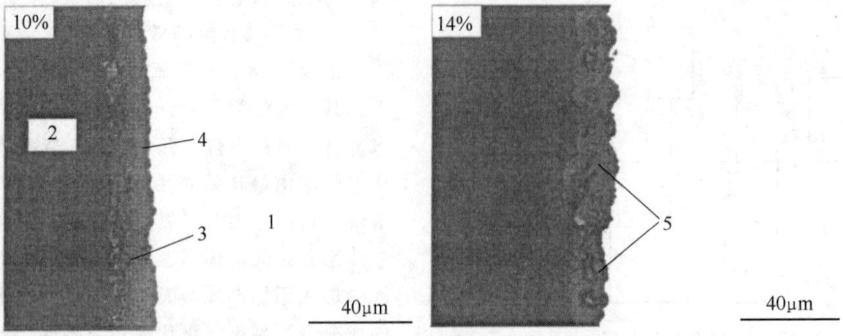

图 17-14　6063 微弧氧化膜层的断面形貌的 SEM 图像

1—基体　2—环氧树脂　3—致密层　4—疏松层　5—气孔

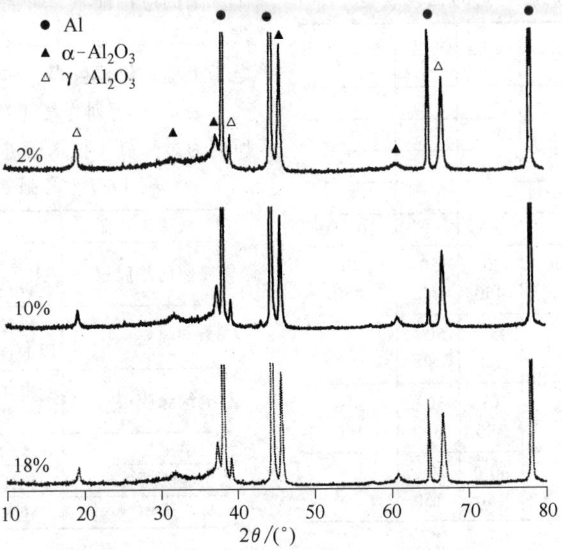

图 17-15　6063 微弧氧化膜层的 XRD 图

表 17-4　铝合金微弧氧化膜与硬质阳极氧化膜层的性能对比

项　　目	微弧氧化膜	硬质阳极氧化膜
最大厚度/μm	200~300	50~80
硬度　HV	1500~2500	300~500
孔隙率(%)	0~40	>40
5%盐雾试验/h	>1000	>300($K_2Cr_2O_3$ 封闭)
击穿电压/V	2000	低
耐磨性	磨损率 $10^{-7}mm^2/(N \cdot m)$ (摩擦副为 WC,干摩擦)	差
膜层均匀性	内外表面均匀	产生“尖边”缺陷
柔韧性	韧性好	膜层较脆
表面粗糙度 *Ra*	可加工至 0.037μm	一般
抗热震性	300℃→水淬,35 次无变化	好
抗热冲击能力	可承受 2500℃以下热冲击	差
膜的微观结构	含 α-Al_2O_3、γ-Al_2O_3 等晶相组织	非晶组织

2. 镁及其合金的微弧氧化

镁及其合金的微弧氧化工艺与铝及其合金的相似，膜层也分疏松层、致密层和界面层，只不过致密层主要由立方结构的 MgO 相构成，疏松层则由立方结构 MgO 和尖晶石型 $MgAl_2O_4$ 及少量非晶相所组成。镁及其合金微弧氧化工艺规范见表 17-5。

表 17-5　镁及其合金微弧氧化工艺规范

溶液组成与工艺条件		1	2
浓度/(g/L)	NaOH	5~20	
	$NaAlO_2$	5~20	10
	H_2O_2	5~20	
电流密度/(A/dm^2)		0.1~0.3	
氧化时间/min		10~120	120
氧化膜厚度/μm		8~16	100

3. 钛及其合金微弧氧化

钛及其合金微弧氧化的电解液主要为磷酸盐、硅酸盐和铝酸盐体系。钛及其合金微弧氧化膜也由疏松层（外层）和致密层（内层）组成。内层主要由金红石型 TiO_2 相和少量锐钛矿型 TiO_2 所组成，外层则由 Al_2TiO_5、少量的金红石型 TiO_2 及非晶 SiO_2 相组成。钛及其合金微弧氧化的工艺规范见表 17-6。

其他钽(Ta)、锆(Zr)、铌(Nb)等非铁金属或其合金的微弧氧化过程与上述的铝、镁、钛及其合金的工艺过程类似，这里不做过多阐述。

微弧氧化技术所生成的陶瓷膜具有良好的耐磨性、耐蚀性、耐热冲击性及电绝缘性等，这为它提供

表 17-6　钛及其合金微弧氧化的工艺规范

溶液组成与工艺条件		1	2	3
浓度/(g/L)	Na_2SO_4	5	3	
	$NaAlO_2$	3	3	
	H_2O_2	1.5		
	$Na_2B_4O_7$		2	
	$2Al_2O_3 \cdot B_2O_3 \cdot 5H_2O$		0.25	
	$Na_3PO_4 \cdot 12H_2O$			10~60
阳极电压/V		350~450	350~450	120~450
电流密度/(A/dm^2)		45~80	50~80	
氧化时间/min		30~300	30~300	10~100
氧化膜厚度/μm		30~150	30~150	≈50

了广阔的应用前景，目前已应用于航空、航天、船舶、汽车、军工兵器、轻工机械、化学工业、石油化工、电子工程、仪器仪表、纺织、医疗卫生、装饰等领域。

表 17-7 所列为微弧氧化膜及其适用范围，表 17-8 所列为微弧氧化技术已进入试用的领域。

表 17-7　微弧氧化膜及其适用范围

微弧氧化膜	适用范围
腐蚀防护膜层	化学化工设备、建筑材料、石油工业设备、机械设备、泵部件
耐磨膜层	机械、航空、航天、船舶、纺织等所用的传动部件、发动机部件、管道
电绝缘膜层	电子、仪器、化工、能源等工业的电气部件
光学膜层	精密仪器
功能膜层	化工材料、医疗材料、医疗设备
装饰膜层	建筑材料、仪器仪表

表 17-8　微弧氧化技术已进入试用的领域

应用领域	应用举例	选用材料	应用性能
航空、航天、机械	气动元件、密封件、叶片、轮箍	铝、镁合金	耐磨性、耐蚀性
石油、化工、船舶	管道、阀门、动态密封环	铝、钛合金	耐磨性、耐蚀性
医疗卫生	人工器官	钛合金	耐磨性、耐蚀性
轻工机械	压掌、滚筒、纺杯、传动元件	铝合金	耐磨性
仪器仪表	电气元件、探针、传感元件	铝、钛合金	电绝缘性
汽车、兵器	喷嘴、活塞、贮药仓	铝合金	耐磨性、耐热冲击性
日常用品	电熨斗、水龙头、铝锅	铝合金	耐磨性、耐蚀性
现代建筑材料	装饰材料	铝	装饰性

17.3　增材制造的热处理

增材制造（AM），通常被称为 3D 打印，在 ISO/ASTM 52900：2015 中，AM 可以定义为“从 3D 模型数据连接材料来制造零件的过程，通常是一层一层的，而不是减材制造和成形的制造方法”。3D 打印（three-dimensional printing，3DP）是一个快速发展的增材制造工艺，它将改变众多商品的生产方式。3DP 又称添加层制造，是一种快速成形技术在计算机辅助下生产实物的过程。第一个商业化的 3DP 技术在 20 世纪 80 年代中期推出。1986 年，立体光刻（stereolithography，SLA）的技术被开发出来，用于打印对象的 3DP 文件格式被命名为 STL［可由计算机辅助设计（CAD）软件取得］，由 Charles W. Hull 开发。选择性激光烧结（selective laser sintering，SLS）和熔融沉积建模（fused deposition modeling，FDM）是由 Carl Deckard 在 20 世纪 80 年代中期开发的。在过去的几十年中，无论是提高功能还是作为一种新的制造工艺，一些 3DP 技术已经得到发展并应用于许多领域。在 3DP 中，3D 对象是通过组合或沉积产生在基片上的材料层。这时 3D 对象使用 CAD 程序进行数字化设计并转换成一个 STL（standard tessellation language）文件。STL 文件是最常见的文件格式，包含关于三维物体表面几何的原始信息。3D 打印机软件将 STL 文件转换成 G-码文件（或取决于打印机的其他文件扩展名），STL 的原始信息被分为一系列层的具体厚度，这个过程使 3D 打印机能够打印层状的三维对象。首先，对于大多数的 3DP 技术来说，打印对象的基底是通过移动喷嘴在构建平台 X-Y 平面上沉积的第一层材料。然后，构建平台沿着 Z 轴向下移动，随后第二层被沉积在第一层上。这个过程遵循计算机绘图。3DP 技术可用于广泛的材料，如金属、粉末、膏体、固体、液体、陶瓷、聚合物、塑料，以及活组织，因为该方法为设计提供了前所未有的灵活性，它更适合产生几何上复杂的形状和结构。短短数年，这些 3DP 技术在众多领域获得了关注和应用，包括钢铁和有色金属工业、医疗等领域。

17.3.1　3DP 技术

3DP 是一项具有巨大潜力的新兴技术，3DP 简单和快速制造产品的方式将对制造业产生重大影响。各种 3DP 技术如图 17-16 所示。不同 3DP 技术之间的主要区别是各个材料层形成和组装来产生最终产品的过程不同。常用 3DP 技术的主要优缺点列于表 17-9。

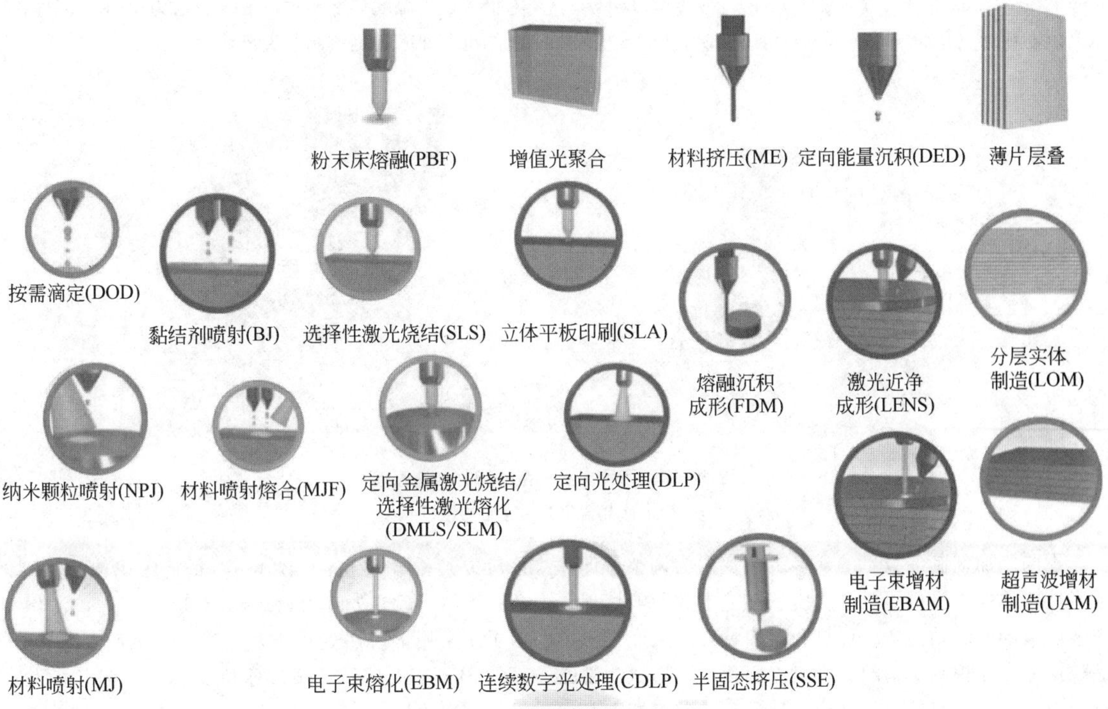

图 17-16　各种 3DP 技术

表 17-9　常用 3DP 技术的主要优缺点

3DP 技术	优　点	缺　点
材料喷射	通过沉积非常小的体积可获高空间分辨率	需要干燥步骤
黏结剂喷射	适用范围广泛的材料，室温的过程，能够产生高孔隙的基质	印刷后需干燥 需要专门的粉末设备
选择性激光烧结	制造具有可变空隙率和微观结构的简单物体	有限的烧结速度 高能可使材料降解 印刷后需要处理
立体平板印刷	高分辨率和高精度	印刷后需要固化 可用的树脂数量有限
熔融沉积成形	多变量，低成本，高均匀性	选择高分辨率，打印时间较长 需要提前生产灯丝 高温可能降解活性化合物
半固态挤压	可有高药量，单一的片剂生产多释放配置	打印后需要干燥或固化 药片性能可能会受到影响

17.3.2　增材制造的两种主要类型

基于熔合的增材制造技术利用高能量密度的光束（包括激光、电子束或电弧）作为热源，与间接和固态金属增材制造方法（如黏结剂喷射、熔融丝制造、冷喷涂增材制造和超声增材制造）相比，基于熔合的增材制造可以产生更复杂的热变化，由此可以生产出性能更好的组件。因此，它引起了学术界和工业界越来越多的关注。

这类技术可以分为粉末床熔融（powder bed fusion，PBF）和定向能量沉积（directed energy deposition，DED）两种，如图 17-17 所示。PBF 利用激光或电子束在预先铺好的粉末床中逐层熔化和烧结金属粉末，这包括选择性激光熔化（SLM）和电子束熔化（EBM）。在 DED 中，金属粉末或金属丝同轴输入高能光束（激光或电弧），依次在基片上形成熔化层。这些增材制造技术的不同程序为它们提供了不同的特性。例如，SLM 具有更小的光斑尺寸，因此可以制造精度更高的金属部件。EBM 配备高性能加热平台，可大大减少残余应力积累。激光近净成形（Laser engineered net shaping，LENS）采用多喷嘴，更适合多材料打印。电弧增材制造（wire and arc additive manufacturing，WAAM），由于熔化池尺寸更大，其温度梯度相对较平缓，约为 102K/s，具有较高的沉积速率，可以制备大尺寸件。

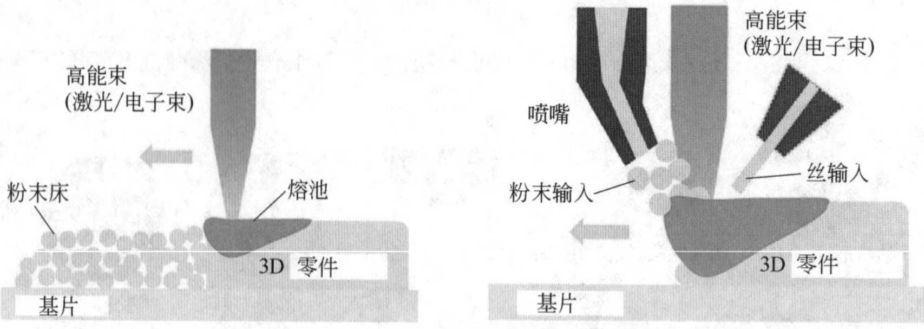

a)　　b)

图 17-17　两种主要类型的增材制造原理

a）粉末床熔融　b）定向能量沉积

不同添加剂制造技术的众多工艺变量为调整打印金属材料的性能提供了机会。由于工艺参数影响熔池中金属液的流动动力学、传热和凝固特性，从而导致晶粒尺寸、形貌和织构的显微组织变化。在增材制造过程中，金属材料的微观结构容易受到各种工艺参数的影响。这些参数可以根据它们的作用时间大致分为连续和不连续参数两类。连续参数负责逐点选择性熔化金属粉末，并在打印过程中提供连续的能量输入，它包括光束功率、扫描速度和光束直径。在增材制造的扫描过程中，不同的沉积线扫描和层扫描存在间隔时间。间隔时间取决于样本大小和扫描模式，范围为 0.1～100 s。因此，与线扫描和层扫描相关的参数，如填料间距、层厚和扫描策略，可视为不连续参数。不连续的过程参数保证了最终的三维组件在一个间歇的方式下构建。

17.3.3　金属增材制造的热处理

大量金属和合金被用于增材制造，如不锈钢、高温合金、钛合金和钢铁等。其中 Ti-6Al-4V（TC4）是应用最广泛的钛合金之一，它具有高强度、低密度、优异的耐蚀性和生物相容性，广泛应用于航空航天、生物医学和汽车工业。选择性激光熔化（SLM）已成为 Ti-6Al-4V 合金的一种常用的增材制造方法。通过 SLM 制造的 Ti-6Al-4V 的抗拉强度高于其形变的同类产品，但其断后伸长率小于 10%，其归因于 SLM 快的冷却速度导致产生了高的残余拉应力和脆性的针状 α′马氏体。因此，SLM 的后热处理工艺是提高断后伸长率所必需的。后热处理的思路是释放残余应力，利用 α(hcp)+β(bcc) 平衡组织取代脆性的 α′马氏体。后热处理可通过调节 SLM 工艺参数得到，但更多采用常规热处理方法。Xu 等人探索了一种创新的 SLM 工艺路线，通过原位分解将不需要的 α′马氏体转变为层状 α+β 组织。这种层状 α+β 组织具有优异的力学性能［超细层状（α+β)]，抗拉强度约为 1250 MPa，断后伸长率为 11%。更常见的后处理是常规的高温退火。Vrancken 等人研究了几种热处理方式对 SLM Ti-6Al-4V 组织和力学性能的影响，结果表明：850℃退火 2h（炉冷）试样的抗拉强度约为 1004MPa，断后伸长率约为 12.8%。为了进一步提高 SLM Ti-6Al-4V 的塑性和保持足够的强度，Xiao 等人提出了需要获得由等轴 hcp-α 晶粒和由 β 相转变的 α+β 片层组织组成的双峰组织，取代不需要的 α′马氏体的思路，他们提出了在 bcc-β 相变线下的 950℃退火工艺，并对其组织和力学性能进行了表征。为了揭示塑性改善和 α 相球化的原因，还对 800℃退火工艺进行了对比研究。图 17-18a 所示为 SLM 试样、800℃和 950℃退火试样的拉伸工程应力-应变曲线。SLM 试样的屈服强度、抗拉强度和断后伸长率分别为 1106MPa、1235MPa 和 11.2%，强塑积约为 13.8GPa%。950℃退火时，断后伸长率显著提高至 26.4%，屈服强度和抗拉强度分别为 893MPa 和 975MPa，强塑积约为 25.7GPa%，远高于 SLM 试样。800℃退火样品的屈服强度、抗拉强度和断后伸长率分别为 980MPa、1020MPa 和 18.6%，强塑积约为 19 GPa%，介于两者之间。三种试样的力学性能见表 17-10。

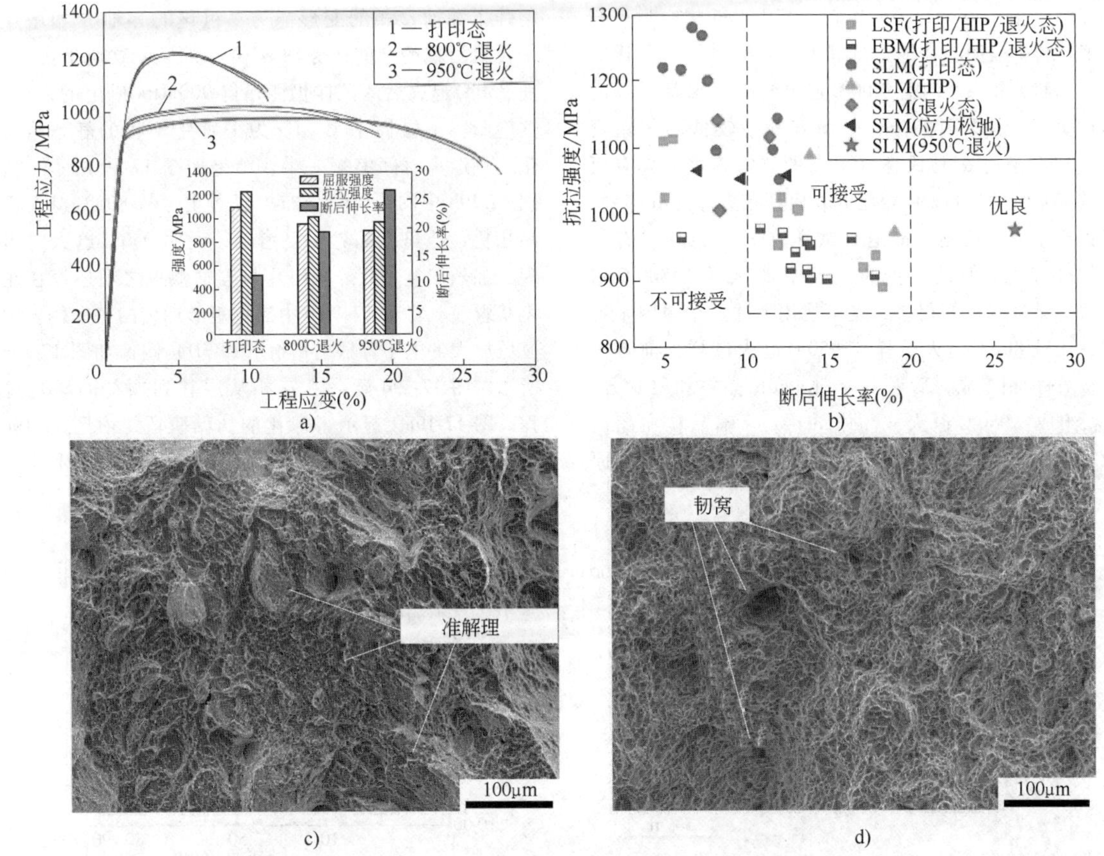

图 17-18　增材制造试样的拉伸性能及断口形貌

a) SLM 试样、800℃和 950℃退火试样的拉伸工程应力-应变曲线　b) 增材制造 Ti-6Al-4V 合金拉伸性能

c) SLM 试样的断口形貌　d) SLM950℃退火试样的断口形貌

表 17-10　SLM 试样和 800℃、950℃退火试样的力学性能

试样	SLM	800℃退火	950℃退火
断后伸长率(%)	11.2±0.3	18.6±0.6	26.4±0.7
抗拉强度/MPa	1235±9	1020±5	975±6
强塑积/GPa%	13.8	19.0	25.7

为了比较不同方法制备的 Ti-6Al-4V 的力学性能，采集了激光固体成形（LSF）、电子束熔化（EBM）、SLM 等增材制造方法所制备的样品的拉伸性能，如图 17-18b 所示，其中包括一些经热等静压（HIP）后处理或退火处理。根据样品的断后伸长率和强塑积将它们分为三个区域。断后伸长率和强塑积分别小于 10%和 15GPa%的被定义是“不可接受”范围，而断后伸长率和强塑积分别小于 20%和 20GPa%的被定义为“可接受”范围，断后伸长率和强塑积分别高于 20%和 25GPa%的被定义是“优良”范围。从图 17-18b 可以看出，仅 950℃退火的 SLM 试样力学性能处于“优良”范围，其强度和塑性均明显优于锻件。SLM 试样和 950℃退火后试样的拉伸断口形貌分别如图 17-18c、d 所示。SLM 试样断口（见图 17-18c）呈现大量的准解理面和少量韧窝，而 950℃退火断口（见图 17-18d）仅呈现韧窝，表现出比 SLM 试样断口更好的塑性特征。

为研究塑性提高的原因，分别对 3 个样品进行了微观结构表征。X 射线衍射（XRD）分析表明，在 SLM 样品中只有 hcp-α/α′相。在 800℃和 950℃退火时，除 hcp-α/α′相外，还能识别出较弱的 bcc-β 衍射峰。退火后，XRD 峰向较低的 2θ 角方向移动较小。这意味着晶格距离增加，平衡态恢复，这也代表了内应力的松弛，有助于提高塑性。

在 SLM 试样中没有 bcc-β 相，只有 hcp 相存在，而且由于 SLM 的快速冷却，hcp 相应该是非平衡的 α′马氏体。hcp 相的滑移系较少，导致 α′马氏体的塑性变形只能由基面滑移系和柱面滑移系进行。在

800℃和 950℃退火样品中，bcc β 相占少数，hcp 相占多数，由于退火的缓慢冷却，其中 hcp 相应为平衡 α 相。结果表明，在退火过程中，亚稳态的 α′马氏体分解为稳定的 α+β 相。800℃退火试样比 SLM 试样的塑性更好，其原因如下：平衡 α 相（较低的位错密度）比非平衡 α′马氏体（更高的位错密度）具有更好的变形能力；bcc-β 相比 hcp 相具有更多的滑移系；退火产生应力松弛，故退火试样较 SLM 试样具有较低的拉应力。但是，950℃退火后的试样比 800℃退火后的试样塑性好得多，这不能用上述三个原因来解释。比较 800℃退火试样与 950℃退火试样，前者由层状 α+β 相组成，后者由等轴 hcp-α 晶粒和层状 α+β 相组成。950℃退火样品中 hcp-α 等轴晶粒在超高的塑性中起主导作用。等轴 hcp-α 晶粒的塑性增强原因如下：950℃的高温退火使等轴 α 相位错密度降低，增强了等轴 α 相的变形能力；粗化的等轴 α 相增加了位错滑移的空间；等轴 α 相提高了裂纹萌生抗力。而 950℃退火后的试样仍能保持 900MPa 以上的强度，这应归因于层状 α+β 相。为了研究 α 相的静态球状化，将退火时间缩短一半，结果如图 17-19 所示。从图 17-19b 中的错向角分布可以看出，与 800℃退火样品相比，低角度晶界明显增加，说明 950℃退火时出现了强烈回复。此外，层片与等轴颗粒之间还存在花生状颗粒。将图 17-19 a 中黑色矩形标记的三个代表性区域放大的电子背散射衍射（EBSD）图像如图 17-19c 所示。图 17-19d 显示了 α 相从层状到颗粒的球化过程。图 17-19c①显示了球化的初始阶段，由图 17-19c①可知，在层状 α 相中出现了一个穿过整个层片的亚

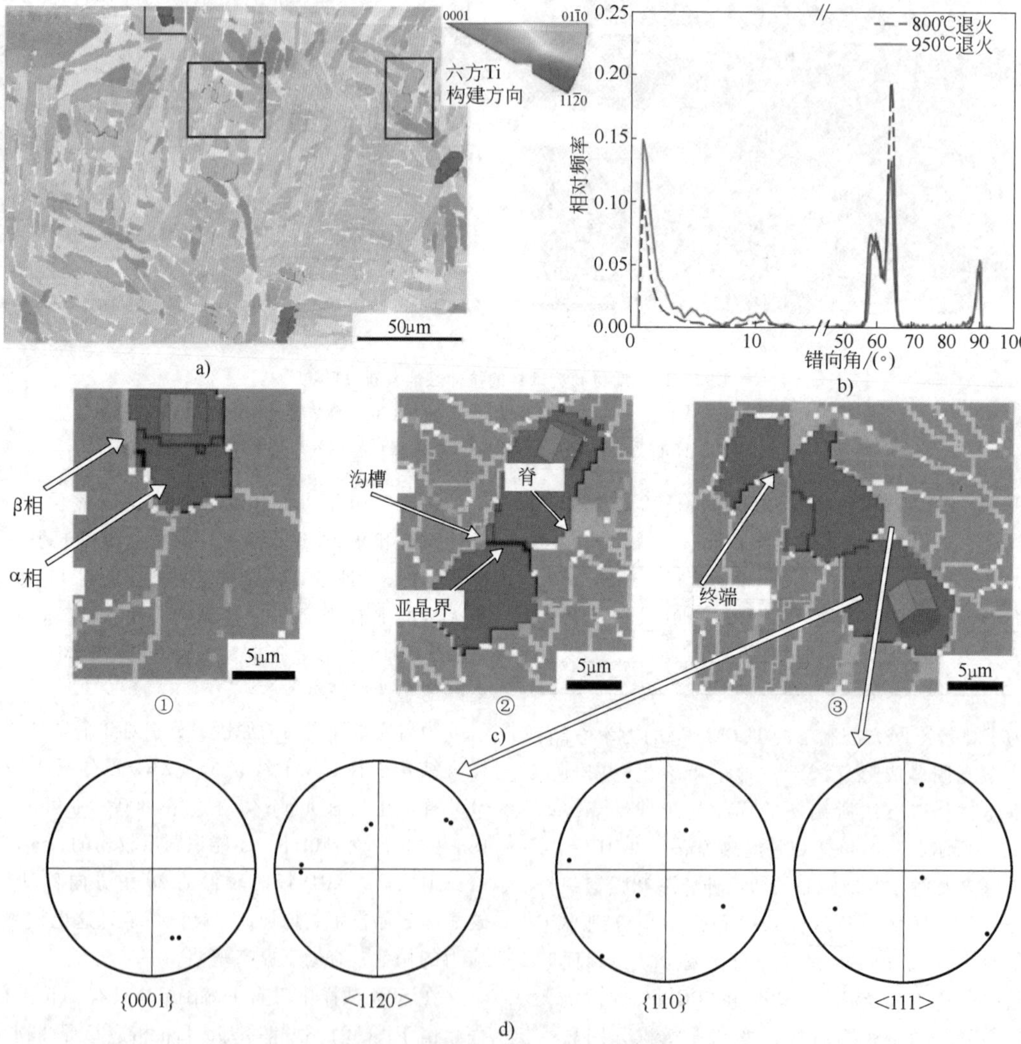

图 17-19　退火时间缩短一半的结果

a）950℃退火试样的 EBSD 图　b）错向角的分布　c）三个代表性区域放大的 EBSD 图像　d）α 相和 β 相的极图

晶界，并与相界相交，这破坏了层片的稳定性。当这种系统在高温下加热时，原子扩散促进沟槽的形成。图 17-19c②显示出一个明显的沟槽。随着物质从 α 片层向 β 片层的转移，沟槽沿亚晶界逐渐加深和发展。图 17-19c③显示了一个单独颗粒和接近分离晶粒形状变化的过程。这些研究结果进一步表明，在 800℃ 退火试样中亚晶界与界面的交点处形成了沟槽，但没有明显的沟槽深化，表明 800℃ 退火不足以产生显著的体扩散，由此促进片状组织的球化，因为显著的体扩散是一个球状化处理的必要条件。

电子束熔化（electron beam melting，EBM）是另一种常用的增材制造方法。电子束作为热源的 EBM 在增材制造中的冷却速度低于激光作为热源的 SLM，因此 EBM 制造的零件具有相对较低的残余拉应力和较多的 bcc-β 相，因而比 SLM 制造的零件的塑性好。尽管如此，但 EBM 制造的零件的塑性仍很低，其归因于大量的 hcp-α/α′的存在，因此，应通过后处理来提高塑性。EBM TC4 的抗拉强度、屈服强度和断后伸长率分别为 916MPa、817MPa 和 9.3%。方星晨等人研究了 EBM TC4 合金热处理后的显微组织和力学性能。结构表明，随退火温度的提高（从 700℃ 升至 1000℃），EBM TC4 钛合金晶粒内 α 相的取向差增大和粗化，β 相增多，针状 α 相减少；随退火温度的提高，EBM TC4 合金的强度和塑性均下降。但在固溶+时效处理中，随固溶温度的升高，合金的抗拉强度增加而塑性降低，960℃ 固溶处理+550℃ 时效的抗拉强度最高，可达 1167.2MPa，但断后伸长率仅为 6%。经 900℃×1h 水冷固溶处理，随后经 550℃×4h 时效处理后的抗拉强度和断后伸长率均佳，分别为 1075.7MPa 和 10%。

17.4　离子注入

离子注入包括将带电原子（弹体）引入材料（称靶体或靶材）和通过向它们传递足够的能量使它们进入表面区域之内。因此，弹体的能量明显不同于表面处理或沉积技术（等离子体、分子束）。注入技术得以普及，主要得益于半导体产业。离子注入确实是最常用的半导体掺杂方法。离子注入机中的大多数用于基于硅基集成电路的生产。在 20 世纪 70 年代的微电子器件制造技术中，离子注入取代扩散的方法就是为了调整金属氧化物半导体（MOS）晶体管的阈值电压。

17.4.1　离子注入的特点、设备与工艺参数

1. 离子注入的特点

离子注入的主要优点如下：

1）注入靶材中的元素不受限制，几乎所有固体材料及粉末都可以作为靶材。

2）注入过程不受温度限制，可以根据需要在高温、低温和室温下进行，这是许多冶金方法无法比拟的。

3）注入元素不受靶材的固溶度限制，也不受扩散系数和化学结合力的影响，因此可以获得许多合金相图上不存在的非平衡相，为研究新材料提供了新途径。

4）可以精确地控制离子的数量（注量）和穿透深度，离子注入量最低可达 5×10^{15} 个/cm^2，注入的位置深度可达亚微米级。

5）直接离子注入不改变工件尺寸，适合于精密机械零件的表面处理，如航空、航天产品等。

离子注入的主要缺点如下：

1）离子注入的直射性使得复杂形状的凹凸表面很难处理。

2）注入层很薄，最大深度约为 1μm。

3）处理大截面或大型工件有一定困难。

4）设备昂贵，加工成本较高。

5）由于离子的表面溅射效应，较重离子的注入很难得到高浓度。

2. 离子注入的设备

图 17-20 所示为离子注入设备。它主要由离子源、加速器、质量分离器和靶室等部分组成。注入元素进入离子源被离子化形成离子束，然后被加速器所加速，再由磁质量分离器滤去不需要的离子，最后射向靶室中的基片（靶体，工件）。靶室中附有静电场扫描离子束装置和基片移动机构，以保证离子在基片表面的均匀注入。离子束照射会使基体表面温度升高（尤其是在金属中、高束流强度时），故靶室中装有控温装置。

3. 离子注入的工艺参数及其对性能的影响

离子注入的工艺参数主要包括注入离子的能量、注入剂量、离子束流强度等。离子能量决定注入离子在基体中达到的深度。离子注入一般在约 1.3×10^{-4}Pa 的真空度下进行，加速电压为 $10^3\sim10^5$V，离子注入能量达数十至数百千电子伏，离子注入量为 $10^{16}\sim10^{18}$ 个/cm^2，注入深度一般为 0.01~0.5μm。

金属的表面处理一般是为了解决磨损、摩擦、硬度、疲劳、腐蚀和氧化等问题。离子注入是相对较新的表面处理技术，许多开创性工作源自 Dearnaley 和 Hartley 小组，其工作可分为显示直接工业效益的工作和用于开发新材料的更长期的工作。在后一种情况下，离子束提供了一种直接的方法来形成具有精确成分的

金属合金，而不受常规溶解度的限制。因此，人们可以探索新材料的性能，并选择在最佳的情况下进行"正常"冶金制备。在离子注入金属中，表面改性在物理尺寸上的变化可以忽略不计，注入表面硬化不会造成变形，因此在产品加工到最终公差后再应用于产品是理想的。注入离子的初始选择是 N^+，这主要考虑注入离子源的可获性和对传统金属处理中有益的影响。注入 N^+ 略优于渗氮处理，并具有几乎普遍适用的优势。其他常用的非金属注入离子有 C^+、B^+、O^+、S^+、P^+、Ar^+ 等，基材包括金属材料、陶瓷材料、粉末冶金材料、聚合物等。表 17-11 列出了部分材料的非金属离子注入工艺参数对硬度和摩擦性能的影响。

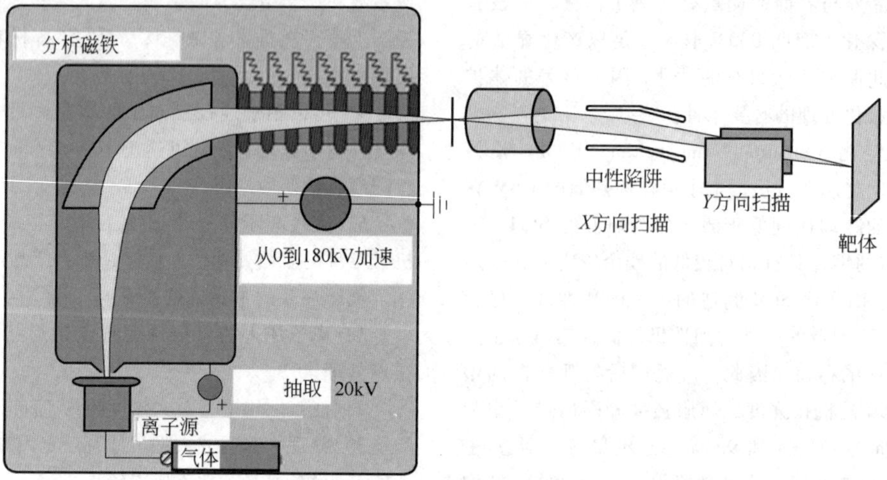

图 17-20　离子注入设备

表 17-11　非金属离子注入工艺参数对部分材料的硬度和摩擦性能的影响

材料	注入离子	能量/keV	离子注入量/(10^{17} 个/cm^2)	基本硬度 HV	注入层硬度 HV	摩擦副	摩擦因数		磨损率/[mm^3/(N·m)]	
							未注入	注入	未注入	注入
纯铁	N^+	90	3.5	—	1.8①	蓝宝石球	0.2	0.26	—	1~2①
En352	S^+	400	0.6	—	—	WC 球	0.25	0.2	—	
304 不锈钢	N^+	50	1.0	296	630	440C 球	0.42	0.17	$14×10^{-3}$	$1.3×10^{-3}$
304 不锈钢	B^+	40	1.0	296	410	440C 球	0.42	0.17	—	—
H13	N^+	75	5.0	—	1.4	AISI 1025 球	0.55	0.5	—	60~70①
H13	B^+	75	5.0	—	1.4①	AISI 1025 球	0.55	0.17	—	600①
Al	N^+	50	1.0	100	128	440C 钢笔	1.0	0.17	$2.5×10^{-5}$	$2×10^{-5}$
Al	B^+	40	1.0	100	131	440C 钢笔	1.0	1.20	$2.5×10^{-5}$	$7×10^{-6}$
Ti	N^+	50	1.0	230	300	440C 钢笔	0.7	0.87	$3.5×10^{-4}$	$4.5×10^{-4}$
Ti	B^+	40	1.0	230	330	440C 钢笔	0.7	0.85	$3.5×10^{-4}$	$4×10^{-4}$
Ti-6Al-4V	N^+	90	3.5	—	2①	蓝宝石球	0.48	0.15		300~500①
Ti-6Al-4V	N^+	40	2.0	370	440	WC 球	0.1	0.15	—	1.2①
Ti-6Al-4V	B^+	40	2.0	370	420	WC 球	0.1	0.08	—	无变化
Ti-6Al-4V	C^+	40	2.0	370	575	WC 球	0.1	0.08	—	1.2①
Ti-6Al-4V	O^+	40	2.0	370	500	WC 球	0.1	0.30	—	1.3①
WC-Co	N^+	100	4.0	—	1.1①	钢笔	0.22	0.10	—	8~9①
SiC	Ar^+	800	0.1	—	—	碳钢球	0.6	0.2	—	—
PTPE	N^+	92	1.0	—	—	SUJ2 钢	0.1	0.15	—	—
聚合物	N^+	92	1.0	270	325	SUJ2 钢	0.5	0.35	—	4
电镀硬铬	N^+	90	1.0	—	1.3①				—	—

① 表示增加倍数。

关于注入离子改善表面性能的物理过程，虽然存在各种机制，但尚无普遍共识。通常存在几种表面强化和改善性能的机制：氮阻碍位错运动、造成表面压实、形成新的金属化合物、反应在表面产生氧氮化合物或引发新的金属相。Hirvonen（1984 年）列举了通过氮注入改善磨损寿命的大约 30 个例子，通常磨损率可降低至原来的 1/4~1/2，但在特殊情况下可降低至原来的 1/1000~1/100。。Hubler 和 Smidt 于 1985 年报导了比较非金属 N 和金属 Ti 注入物在干燥和润滑试验中有不同的磨损寿命改善。在软钢的润滑磨损试验中，两个离子的磨损系数都约达到了 3。在铁素体和奥氏体不锈钢（铬含量低的除外）中，氮注入物的磨损减少了一半。氮注入使钛合金的显微硬度和耐磨性提高了 100 倍。传统关节的工作寿命不到 10 年，但离子注入的关节可以工作几百年，比病人的寿命还要长。

磨损率的测量在这一领域的前 10 年工作中占主导地位，原因很明显，它有直接的工业应用。与磨损减少相关的特征是摩擦减少，显微硬度增加和氧化速率的减小。即使碳化钨的机床刀尖也可以通过离子注入硬化，Burnett 和 Page（1986 年）的一个例子表明，最佳氮离子注入量约为 3×10^{17} 个 cm^2，可以提高 WC 的显微硬度约 20HV。改进后的机床产生意想不到的效果，例如，切削过程中的表面温度可能较低。Hirvonen（1984 年）给出了一个在印制电路板上钻孔的例子，注入钻的工作温度为 79℃，而普通钻的工作温度为 177℃。较低的工作温度可产生一个干净的平行边孔，还能减少钻孔过程中产生的有害气体。离子注入可以降低高达一半的摩擦力。形成的氧化物作用很重要，可抑制金属腐蚀，或稳定的硬氧化物（TiO_xN_y）单层可提供保护涂层。在所有情况下，人们都希望通过表面层的致密化来降低氧化速率，从而通过快速扩散来阻止位错线的腐蚀。在理想情况下，表面位错可以通过表层的非晶化来消除。

进行金属离子注入的元素主要有 Ti、Cr、Ta、Y、Sn、Mo、Ag、Co 等，注入离子可以通过固溶强化、晶界强化、位错强化和析出强化的多种方式，达到提高机械零件的耐磨性、疲劳强度和耐蚀性的目的。表 17-12 列出了不同能量 Ti^+ 离子注入 4Cr5MoSiV1 钢后硬度和摩擦学特性的变化。表 17-13 列出了 Mo^+、W^+离子注入 4Cr5MoSiV1 钢后硬度和摩擦学特性的变化。

表 17-12　不同能量 Ti^+离子注入 4Cr5MoSiV1 钢后硬度和摩擦学特性的变化

注入离子	束流密度/($\mu A/cm^2$)	能量/keV	离子注入量/(10^{17} 个/cm^2)	靶温/℃	硬度 HV		磨损率(%)	摩擦因数
					退火前	退火后		
	—	—	—	—	400	—	100	0.8
Ti^+	5.6	300	1.0	150	595	1166		
Ti^+	5.6	300	2.0	150	590	1166		
Ti^+	25	60	5.0	280	750		188	0.2
Ti^+	5.6	300	3.0	150	1525	1525	380	0.2
Ti^+	5.6	180	3.0	196	1166	1327	312	0.2
Ti^+	5.6	180	3.0	150	827	1327	208	0.2
Ti^+	5.6	180	3.0	400	1327	1327	1040	

表 17-13　Mo^+、W^+离子注入 4Cr5MoSiV1 钢后硬度和摩擦学特性的变化

注入离子	束流密度/($\mu A/cm^2$)	能量/keV	离子注入量/(10^{17} 个/cm^2)	磨损率(%)	硬度 HV
W^+	—	—	—	1.0	570
Mo^+	25	48	2.0	2.0	800
W^+	25	25	2.0	2.5	1000
Mo^+	47	48	2.0	0.83	500
Mo^+	68	48	2.0	0.58	420

注：磨损率=基体磨损截面/离子注入后磨损截面。

17.4.2　适用于工业化的两种离子注入方法

为了使离子注入技术更适用于工业化，研发了两种大量应用的离子注入方法：金属蒸气蒸发真空弧（metal vapor vacuum aarc，MEVVA）离子注入和等离子体浸没离子注入（plasma immersion ion implantation，PIII）。

（1）金属蒸气真空弧离子注入　这是 20 世纪 80 年代中期开发的一种全金属强束流离子注入技术，束流强度达到 100~300mA，束斑直径可达 50~100cm。金属蒸气真空弧离子注入装置原理如图 17-21 所示。将需注入的金属制成阳极放入放电室，通入氩气，压力为 1Pa。多孔的阴极上加负电压。当触发电极瞬间接触阳极时，触发器提供几十安的大电流，从而引起

触发电极与阳极间的弧光放电，导致阳极金属蒸发和放电室气体电离。起弧后的阳极表面形成高温弧斑点快速游动，以维持阳极表面金属连续不断地蒸发。金属正离子被负电位多孔引出，从而形成宽束金属离子源。该技术的特点：多电荷比例大，以双电荷比例最大，但对于 Ir、Th 和 Ta 而言，三电荷比例超过双电荷比例，即可用低的电压获得高的离子能量；离子源的结构简单；束斑宽，束斑直径可达 1m；可同时注入几种金属离子；离子寿命长。

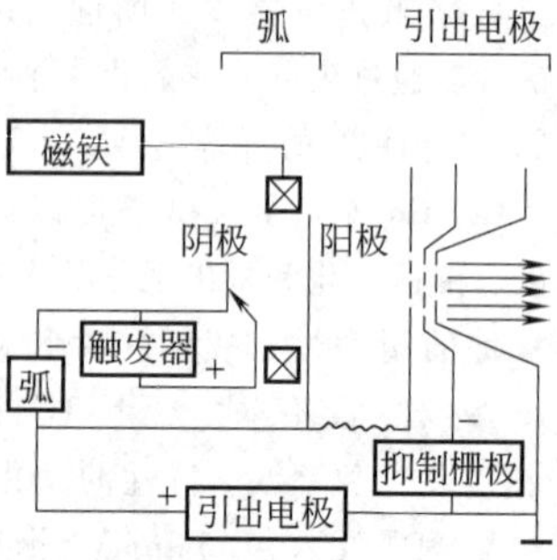

图 17-21　金属蒸气真空弧离子注入装置原理

（2）等离子体浸没离子注入　以上所述的离子注入工艺都是直进式注入法，即离子注入是以高能离子束斑直接入射零件或基片表面。对于机械零件的表面强化与防护来说，需要改性的面积比较大，因此必须采用束斑扫描技术或工件运动来实现。这样做不仅增加了加工成本，又无法对一些死角实现表面强化，制约了其在机械工业领域的应用。

等离子体浸没离子注入的装置原理如图 17-22 所示。它是由真空系统、供气系统、等离子体发生器、样品支架和脉冲高压源等主要元件组成的。工作时，真空室气压维持在 10^{-3}~10^{-1}Pa 并产生等离子体，工件上加有 1~100kV 的脉冲负高压。等离子体中的离子在负高压下加速，获得高能后被注入工件的表面内。

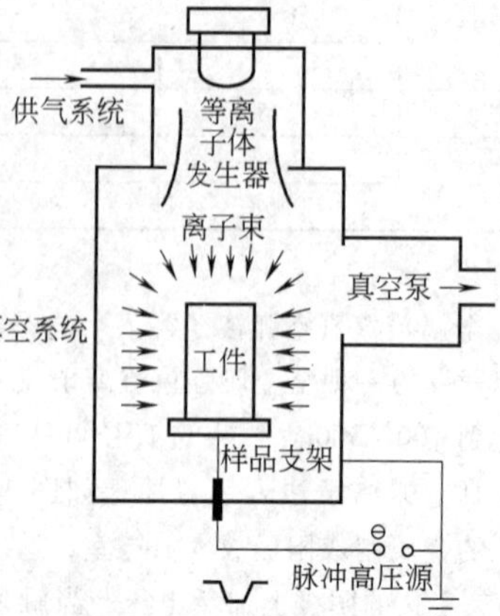

图 17-22　等离子体浸没离子注入的装置原理

等离子体浸没离子注入的优点是离子注入剂量大，可以从零件的各个方向同时注入离子（与支架接触的部分除外）；对三维零件，不需要工件运动或离子束扫描就可实现大面积注入，步骤显著简化，设备成本低。等离子体浸没离子注入的缺点是不能进行离子质谱分析，因此注入区域污染程度会增加；缺乏离子注入剂量的原位控制手段。

下面选取两个典型离子注入改性的研究，可清楚地了解研究的方法和离子注入的改性机理和应用背景。

17.4.3　离子注入对钢表面耐蚀性的影响

304 不锈钢 [w(C)≤0.07, w(Si)≤1.0, w(Mn)≤2.0, 17.0<w(Cr)<19.0, 8.0<w(Ni)<12.0, w(P)≤0.035, w(S)≤0.03] 具有良好的力学性能、耐蚀性与抗氧化性能，广泛应用于航空航天、化工机械、核电等领域。但是，在核电站强辐射、高温、高压特殊的环境下，304 不锈钢时常会发生局部腐蚀，如晶间腐蚀和点蚀等。因此，为适应各种环境所需的特殊要求，人们通常采用各种表面技术对普通的 304 不锈钢进行表面加工，以改变其表面性能，达到符合复杂环境下的性能要求。袁联雄等人采用离子注入技术对普通 304 不锈钢分别进行 N、Ti、Al 离子注入，对比研究了离子注入层的组织和电化学腐蚀行为。

以厚度为 3.7mm 的 304 不锈钢为试验基材，试验前将不锈钢板材加工成 50mm×50mm 工作面的试样。所有试样在离子注入前均经过砂纸粗磨、机械抛光，表面粗糙度 Ra≤0.05μm，然后在丙酮、蒸馏水和乙醇中进行超声波清洗，冷风烘干后，密封于密封袋中，并置于干燥箱中准备离子注入。在离子注入工艺中，注入能量和注入剂量是非常重要的参数。注入能量主要影响注入深度，注入能量越大，注入深度越大，但是过大的注入能量会导致表面粗糙度值迅速增大，从而影响实际注入零件的精度。因此，注入能量的选择原则是在保证一定注入深度的前提下，避免表面粗糙度值增加。袁联雄等人采取 60 kV 加速电压。注入剂量对材料表面强化效果影响较大，随注入剂量的增大，表面力学性能会改善。但是，高剂量的离子注入会引起表面起泡现象，形成多孔形貌，增加表面粗糙度值。他们选取两个梯度的离子注入量，分别为 3×10^{17}、5×10^{17} 个/cm^2，以满足强化效果和表面形貌的要求。同时为减少温度对实验的影响，在试验过程中，通过水冷却循环方法使得注入温度控制在 200℃ 以下。表 17-14 所列为不锈钢离子注入试验参数。

表 17-14　304 不锈钢离子注入试验参数

序号	离子种类	离子注入量 /(10^{17} 个/cm^2)
1#	N	5.0
2#	N	3.0
3#	Ti	5.0
4#	Ti	3.0
5#	Al	5.0
6#	Al	3.0

电化学腐蚀试验方案：从 1#、2#、3#、4#、5#、6#试样中分别切出 8mm×8mm 的试样，分别标号为 a#、b#、c#、d#、e#、f#。在试验中，用铜丝分别连接各试样，并用环氧树脂密封，只保留离子注入表面作为试验面。电化学试验在 CS3000 电化学工作站上进行，测定时采用三电极体系——工作电极为试样，饱和甘汞电极（SCE）为参比电极，铂电极为辅助电极。所用溶液为 1mol/L H_2SO_4 + 0.5mol/L NaCl + 0.01mol/L KSCN，温度为 30℃，动电位扫描速度为 0.5 mV/s。通过得出的极化曲线，分析各试样的耐蚀性。图 17-23 所示为经离子注入后各试样的表面微观形貌。其中，图 17-23a、d 是经离子注 N 试样的表面微观形貌图，离子注入量分别为 5.0×10^{17}、3.0×10^{17} 个/cm^2。图 17-23a 明显比图 17-23d 粗糙，且表面有明显的小孔。尽管图 17-23d 也有许多小孔，但小孔不是很明显，整体表面更加平整、致密。注入剂量对材料表面强化效果影响较大，随着注入剂量的增大，表面力学性能会改善，但是，高剂量的离子注入会引起表面起泡现象，形成多孔形貌。显然，图 17-23a 表面的多孔形貌恰好印证了这一观点。同样对于图 17-23b、e 和图 17-23c、f 也是相同原因。图 17-24 所示为离子注入 304 不锈钢经电化学腐蚀后的表面微观形貌。对比可看到，与图 17-23a 和 d 不同，表面有明显的褶皱，这是由于遭受到电化学腐蚀的作用，出现局部点蚀并进一步扩大，使表面组织遭到破坏而溶解，显得表面不平整，从而出现一道道沟壑。图 17-24b、e 和图 17-24c、f 同样也是这种情况。对于不同种离子注入的试样，除图 17-24d 表面沟壑不是很明显外，其他试样均出现明显的一道道沟壑。由于各试样经电化学腐蚀后，表面形貌均遭到一定程度的破坏，显然单从表面的微观形貌变化不足以判断哪种离子注入或者哪种注入剂量更耐腐蚀。

图 17-25 所示为 304 不锈钢各离子注入层的 XRD 图。由该图可知，各试样衍射峰相似，并且角度相同，相比 304 基材，经离子注入的各试样表面层物相有差异。除了都有奥氏体和铁素体外，发现 a#中还有含 N 相，c#中还有含 Ti 相，e#中还有含 Al 相，显然这与 a#、c#、e# 分别注入 N、Ti、Al 离子相符。

在电化学腐蚀中，腐蚀速率 $v_{失}$ 与腐蚀电流密度 i_{corr} 的关系为

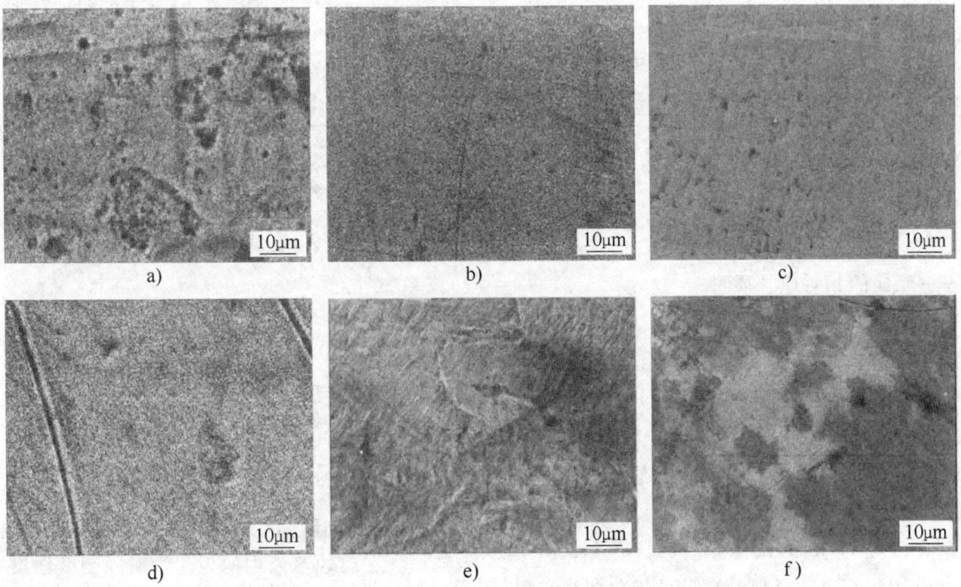

图 17-23　经 N、Ti、Al 离子注入后各试样的表面微观形貌

a）注入 N 离子，5.0×10^{17} 个/cm^2　b）注入 Ti 离子，5.0×10^{17} 个/cm^2

c）注入 Al 离子，5.0×10^{17} 个/cm^2　d）注入 N 离子，3.0×10^{17} 个/cm^2

e）注入 Ti 离子，3.0×10^{17} 个/cm^2　f）注入 Al 离子，3.0×10^{17} 个/cm^2

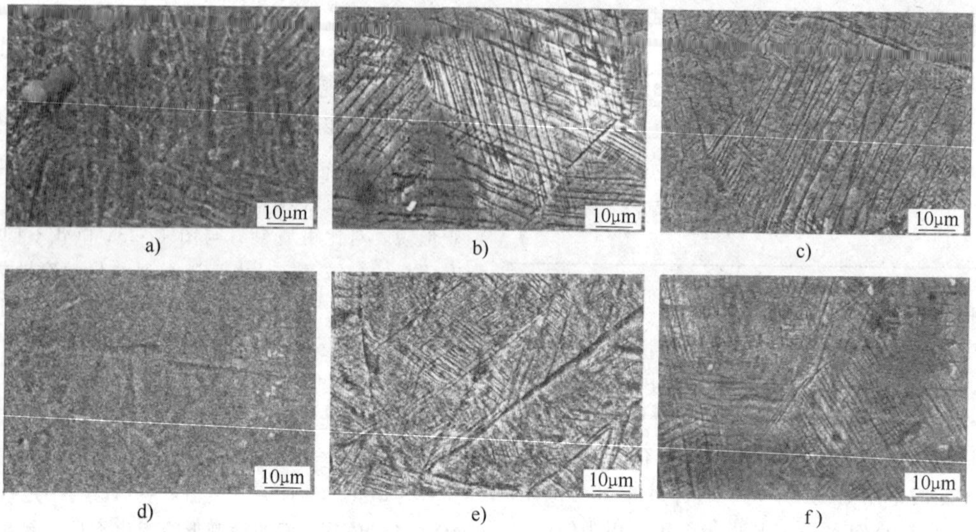

图 17-24　N、Ti、Al 离子注入 304 不锈钢经电化学腐蚀后的表面微观形貌

a）注入 N 离子，5.0×10^{17} 个/cm^2　b）注入 Ti 离子，5.0×10^{17} 个/cm^2

c）注入 Al 离子，5.0×10^{17} 个/cm^2　d）注入 N 离子，3.0×10^{17} 个/cm^2

e）注入 Ti 离子，3.0×10^{17} 个/cm^2　f）注入 Al 离子，3.0×10^{17} 个/cm^2

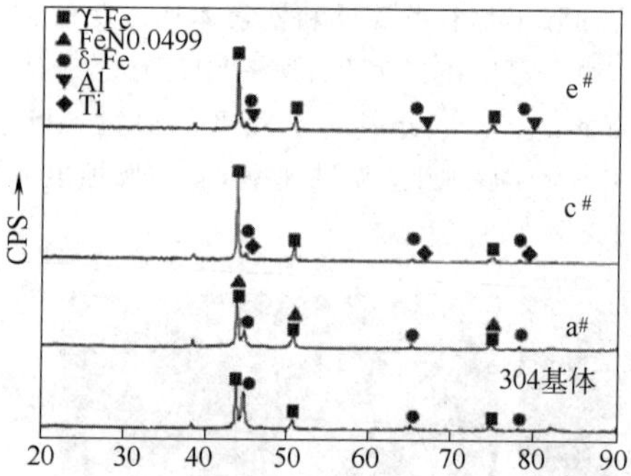

图 17-25　304 不锈钢各离子注入层的 XRD 图

$$v_{失}=A\frac{i_{corr}}{nF} \tag{17-4}$$

式中　A——元素的相对原子质量；

n——价数，即元素阳极反应方程式的电子数；

F——法拉第常数，即 96485C/mol 电子。

从式（17-4）可知，元素腐蚀速率 $v_{失}$ 与腐蚀电流密度 i_{corr} 成正比，因此腐蚀电流密度越小，材料腐蚀速率就越慢。

图 17-26 和表 17-15 为试样 a#、c#、e# 及 304 基材在腐蚀溶液中进行电化学腐蚀试验的极化曲线和测试结果。可看到，极化曲线都是比较平滑的，没有折返处，即各试样均没有发生明显的钝化现象。从表 17-15 可知，304 不锈钢基材的腐蚀电流密度和腐蚀速率都比 a#、c#、e# 试样大。也就是说，在这种腐蚀溶液中，相比 304 不锈钢基材，分别经离子注入 N、Ti、Al 离子的 304 不锈钢的耐蚀性均得到提高，而且对于注入 Ti 离子的 c# 试样，腐蚀速率最低，降低了约 72%，即耐蚀性提高了约 72%，其次为注入 N 离子的 a# 试样，腐蚀速率降低了约 59%，即耐蚀性提高了约 59%，而注入 Al 离子的耐蚀性提高最少，即注入 Ti 离子和注入 N 离子的 304 不锈钢耐蚀性更优于注入 Al 离子的 304 不锈钢。

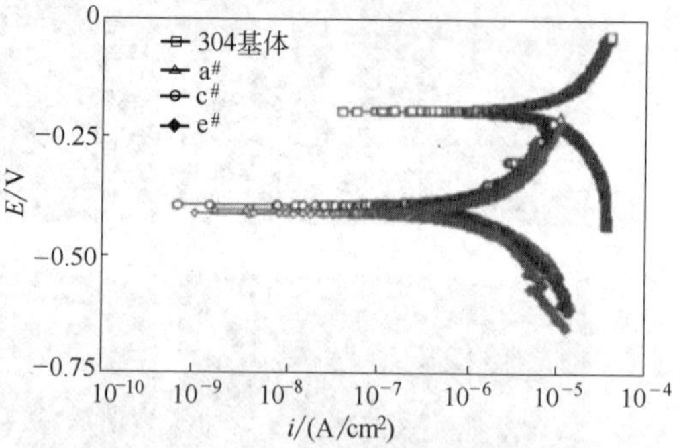

图 17-26　试样 a#、c#、e# 及 304 基材在腐蚀溶液中的极化曲线

表 17-15　试样 a#、c#、e# 及 304 基材在腐蚀溶液中的电化学腐蚀测试结果

试样	E_{corr}/V	i_{corr}/(A/cm^2)	腐蚀速率/(mm/年)
304	−0.19477	5.4226×10^{-5}	0.62736
a#	−0.40502	3.8303×10^{-6}	0.045052
c#	−0.39405	2.6099×10^{-6}	0.030697
e#	−0.41303	9.2981×10^{-6}	0.10937

通过以上分析可知，注入 Ti 离子和注入 N 离子的 304 不锈钢的耐蚀性明显提高。由于离子注入工艺的不同，对于离子注入的剂量对耐蚀性的影响，可通过对 c#、d#试样和 a#、b#试样实验结果进行对比研究。图 17-27 和表 17-16 为试样 c#、d#及 304 基材在腐蚀溶液中进行电化学腐蚀试验的极化曲线和测试结果。其中，c#、d#试样离子注入的均是 Ti 离子，注入量分别为 5.0×10^{17}、3.0×10^{17} 个/cm^2，从图 17-27 可看到，试样 c#、d#均无明显的钝化现象，都是均匀的溶解腐蚀。从表 17-16 可得出，c#试样的腐蚀电流密度和腐蚀速率均小于 d#试样，即增大 Ti 离子的注入剂量，对提高耐蚀性有明显效果，且腐蚀速率降低了约 45%，即耐蚀性提高了约 45%。

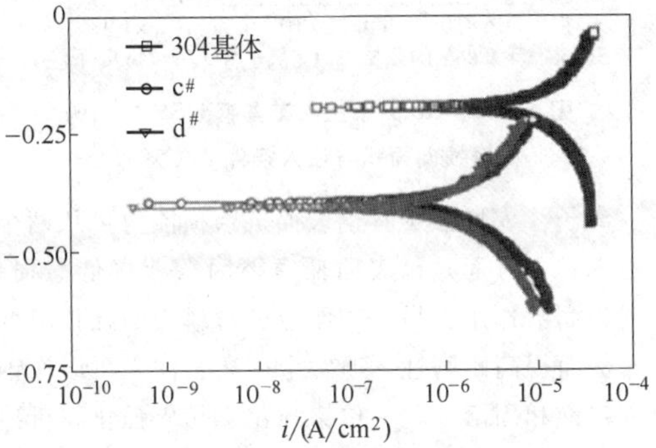

图 17-27 试样 c#、d#及 304 基材在腐蚀溶液中的极化曲线

表 17-16 试样 c#、d#及 304 基材在腐蚀溶液中的电化学腐蚀测试结果

试样	E_{corr}/V	i_{corr}/(A/cm^2)	腐蚀速率/(mm/年)
304	−0.19477	5.4226×10^{5}	0.62736
c#	−0.39405	2.6099×10^{-6}	0.030697
d#	−0.40686	4.7514×10^{-6}	0.055887

图 17-28 和表 17-17 为注入 N 离子的试样 a#、b#和 304 基材在腐蚀溶液中进行电化学腐蚀试验的极化曲线和测试结果。其中 a#试样的离子注入量为 5.0×10^{17} 个/cm^2，b#试样离子注入剂量为 3.0×10^{17} 个/cm^2。从图 17-28 可看到，各试样同样都无明显的钝化现象，都是均匀溶解腐蚀。从表 17-17 可知，a#试样的腐蚀电流密度和腐蚀速率均小于 b#试样，即证明提高 N 离子注入量有利于提高 304 不锈钢的耐蚀性，且腐蚀速率降低了约 27%，即耐蚀性提高了约 27%。

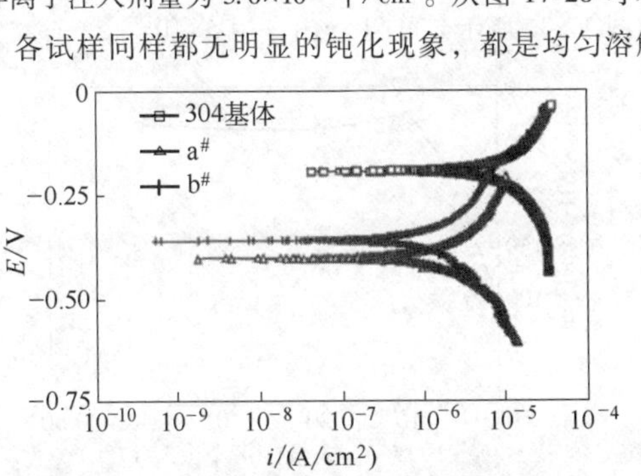

图 17-28 试样 a#、b#在腐蚀溶液中的极化曲线

表 17-17 试样 a#、b#及 304 基材在腐蚀溶液中的电化学腐蚀测试结果

试样	E_{corr}/V	i_{corr}/(A/cm^2)	腐蚀速率/(mm/年)
304	−0.19477	5.4226×10^{-5}	0.62736
a#	−0.40502	3.8303×10^{-6}	0.045052
b#	−0.36141	5.2613×10^{-6}	0.061884

通过上述的内容可得到以下结论：

1）不同离子注入 304 不锈钢，均能获得整体平整、致密，没有裂纹和孔的表面组织。随着注入剂量的增大，整体表面更加致密，但是高剂量的离子注入会引起表面粗糙度值增大，形成多孔形貌。

2）在适量的剂量范围内，随着各离子注入剂量的增大，其耐蚀性均进一步提高。

3）适量的、相同剂量的 N、Ti、Al 离子注入 304 不锈钢，均能获得较好的耐蚀性，相较而言，Ti 离子注入的效果最好，约提高了 72%（注入量为 5.0×10^{17} 个/cm^2），其次是注入 N 离子，约提高了 59%（注入量为 5.0×10^{17} 个/cm^2）。

17.4.4 离子注入对钢表面摩擦磨损性能及硬度的影响

离子注入材料进行表面改性是一种独具特色和很有发展前途的材料表面处理新技术，已经在许多精密、关键和高附加值的工模具及零部件的实际应用中取得了明显的进展。

由于氮在钢中热稳定性差，氮所能强化的钢种类有限，所以氮离子注入应用范围受到了很大限制。然而，MEVVA 强流金属源离子注入被誉为新一代的离子注入技术，它突破了氮离子注入的局限性，对离子注入材料表面改性研究与应用已经并正在发挥重要而深远的影响。离子注入种类、能量、剂量和束流密度等对不同钢的表面硬度、摩擦因数和耐磨性有很大的影响。张通和等人研究了金属离子注入 4Cr5MoSiV1 钢和高速工具钢（HSS）的表面摩擦学特性及抗磨损特性，进一步探索了金属离子注入工业化生产的技术关键。

注入的样品是 12mm×12mm 的方形 4Cr5MoSiV1 钢［w(C)＝0.35，w(Cr)＝5，w(Mo)＝1.5，w(V)＝1.0］和圆饼形工具钢（ϕ10mm×2mm）。注入前需经过金刚砂纸打磨并抛至镜面光亮，经过丙酮和乙醇清洗去油后再注入。在 MEVVA 源注入机上进行了金属离子注入。注入离子为 Ti、Mo、V 和 Co 离子。Ti 和

Co 离子束包含三种电荷态，而 V 和 Mo 离子束包含四种电荷态。注入时的加速电压为 40kV，离子注入量为 $1\times10^{17}\sim1.3\times10^{18}$ 个/cm^2。因此离子的最高能量分别为 120keV（Ti 和 Co）和 160keV（V 和 Mo），束流密度为 50～75μA/cm^2。退火是在真空中进行的，真空度为 1×10^{-3}Pa。用显微维氏硬度计测量了试样和钻头表面硬度；摩擦因数的测量是在 SRV 球盘摩擦磨损机上进行的。磨损试验时，首先以不同的载荷在划痕仪上划出一系列的划痕，然后在干涉显微镜上观察划痕形貌，测量划痕的宽度和深度，并对干涉条纹进行拍摄，以直观地比较和测量。

张通和等人对 Ti、Mo、Co 和 V 离子注入这两种钢的摩擦学特性和工业应用进行了研究。用 MEVVA 源离子注入机对 HSS 进行了 Co 离子注入，对注入样品进行了硬度、摩擦因数测量和磨损试验。Co 离子注入剂量为 2×10^{17} 个/cm^2、4×10^{17} 个/cm^2 和 6×10^{17} 个/cm^2，能量为 102keV。结果表明，不同剂量的离子注入均能有效地改善 HSS 的硬度和摩擦磨损特性，从而极大延长 HSS 的工作寿命，且随着注入剂量的增加，改善的效果进一步增强。另外，Co 离子注入有较好的润滑作用，能提高 HSS 表面的韧性和弹性，使其具有良好的自修复能力。Co 离子注入可明显地改善钢表面的热硬性，但利用以前常规离子源很难引出强流 Co 离子束，难于在生产中应用，其他元素的离子注入有类似的结果。

样品的摩擦因数与摩擦次数的关系如图 17-29 所示。由图 17-29 可知，未注入样品的摩擦因数约为 0.42，Co 离子注入使基底的摩擦因数下降了 65%左右，约为 0.14。随着 Co 离子注入剂量的增大，其低摩擦因数作用层的深度随之增加，可见 Co 离子注入能明显地改善钢表面的润滑特性和摩擦学特性。

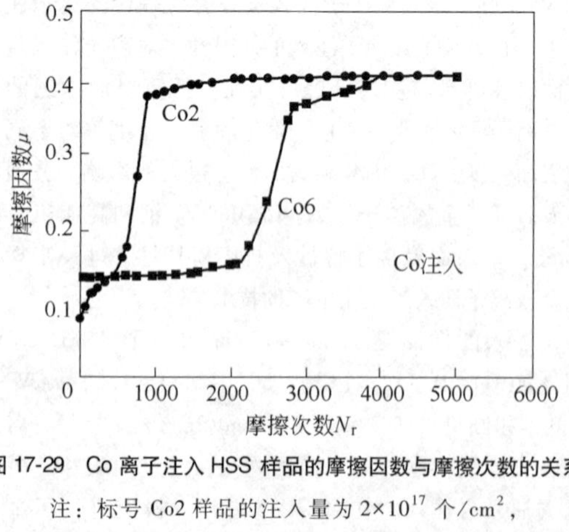

图 17-29　Co 离子注入 HSS 样品的摩擦因数与摩擦次数的关系

注：标号 Co2 样品的注入量为 2×10^{17} 个/cm^2，标号 Co6 样品的注入量为 6×10^{17} 个/cm^2。

样品表面的磨损特性可由磨损量来表征，而样品的磨损量与磨损截面积成正比。磨损量越大则磨损越严重，而磨损量的减小则意味着样品表面抗磨损能力提高。由图 17-30 可知，随 Co 的注入量增加，磨损截面积减小，表面抗磨损能力提高。

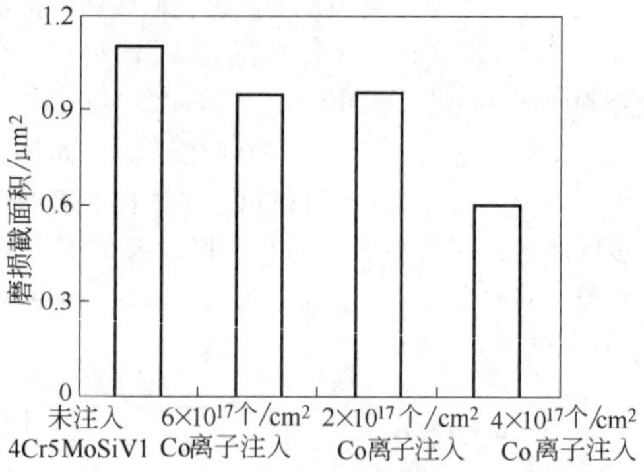

图 17-30　Co 离子注入工具钢 HSS 样品的磨损截面积与注入条件的关系

离子注入增强工具钢表面抗磨损能力可从两个方面考虑：一方面是以表面低摩擦因数获得低磨损率，表现为润滑作用；另一方面通过材料表面强化降低磨损，从而提高耐磨性。通常金属离子注入可以在钢中形成超饱和固溶强化、位错强化、晶界强化与析出相弥散强化，这种效果随注入量的增加而增强。在注入过程中自升温所引起的硬化相析出效果更好。随 Co 离子注入量增加效果增强。从摩擦因数测量结果可以看出，Co 有优良的润滑减磨作用；同时从磨痕变化可以看出，Co 离子注入有增强韧性的效果。因此，Co 离子注入在增加钢韧度的基础上大幅度地提高了钢表面的硬度，并降低了它的摩擦系数，最终使钢抗磨损能力提高。

张通和等人对注入 Co 离子改善钻头的使用寿命进行了研究。他们采用注入量分别为 5×10^{16} 个/cm^2、1×10^{17} 个/cm^2、2×10^{17} 个/cm^2 和 4×10^{17} 个/cm^2 的 Co 离子注入钻头，测量了钻头的表面硬度的提高率，如图 17-31 所示。可以看出，用 5×10^{16} 个/cm^2 注入

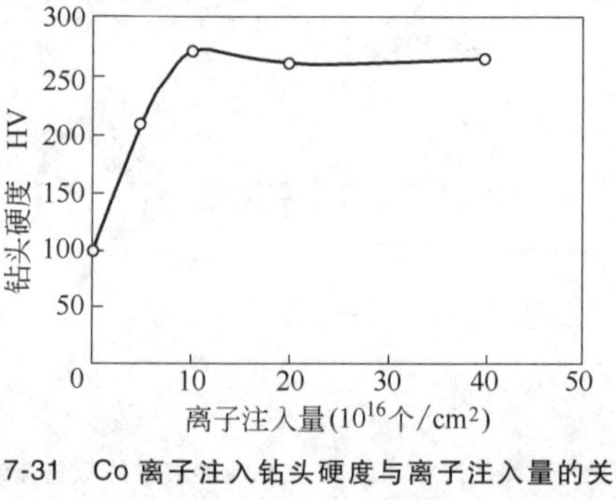

图 17-31　Co 离子注入钻头硬度与离子注入量的关系

钻头也能明显地提高钻头的表面硬度。当注入量达到 2×10^{17} 个/cm^2 时，表面硬度达到了饱和值。这说明较低的注入量注入已经能达到很好的改性效果。这一点对提高加工效率至关重要，因为用低注入量注入，可节省加工时间，从而提高了注入效率，节省了时间、人力和能源。他们的研究表明，注入 V 离子的硬度比注入 Co 离子的更高；注入的钻头热硬性好，加工效率高；离子注入可使钻头使用寿命延长 7 倍。

参 考 文 献

[1] 王西宁，陈铮，刘兵．磁场对材料固态相变影响的研究进展［J］．材料导报，2002，16（2）：25-27.

[2] 王亚南，廖代强，武战军．稳恒磁场对铁素体转变的影响［J］．材料热处理学报，2005，26（5）：105-108.

[3] 区定容，朱静，唐国翌，等．静磁场对 32CrMnNbV 淬透性及耐蚀性能的影响［J］．金属学报，2000，36（3）：275-278.

[4] 杨钢，冯光宏．稳恒磁场对低碳锰铌钢 $\gamma\rightarrow\alpha$ 相变的影响［J］．钢铁研究学报，2000，12（5）：31-35.

[5] 张善庆．软磁合金真空精密磁场热处理工艺研究（上）［J］．机械工人（热加工），2006（4）：27-30.

[6] 侯亚丽，刘忠德．微弧氧化技术的研究现状［J］．电镀与精饰，2005（3）：26-30.

[7] 钟涛生，蒋百灵，李均明．微弧氧化技术的特点、应用前景及其研究方向［J］．电镀与涂饰，2005（6）：51-54.

[8] 辛铁柱，赵万生，刘晋春．铝合金表面微弧氧化陶瓷膜的摩擦学性能及微观结构研究［J］．航天制造技术，2005（4）：8-11.

[9] 吴汉华，汪剑波，龙北玉，等．电流密度对铝合金微弧氧化膜物理化学特性的影响［J］．物理学报，2005（12）：233-239.

[10] 高引慧，李文芳，杜军，等．镁合金微弧氧化黄色陶瓷膜的制备和结构研究［J］．材料科学与工程学报，2005（4）：70-73.

[11] VITHANI K，GOYANES A，JANNIN V，et al．An Overview of 3D Printing Technologies for Soft Materials and Potential Opportunities for Lipid-based Drug Delivery Systems［J］．Pharm Res，2019，36：4.

[12] LEE J Y，AN J，CHUA C K．Fundamentals and applications of 3D printing for novel materials［J］．Applied Materials Today，2017，7：120-133.

[13] LIU Z Y，ZHAO D D，WANG P，et al．Additive manufacturing of metals：Microstructure evolution and multistage control［J］．Journal of Materials Science & Technology，2022，100：224-236.

[14] THI JS L．VERHAEGHE F，CRAEGHS T，et al．A study of the microstructural evolution during selective laser melting of Ti-6Al-4V［J］．Acta Mater，2010，58：3303-3312.

[15] XU W，BRANDT M，SUN S，et al．Additive manufacturing of strong and ductile Ti-6Al-4V by selective laser melting via in situ martensite decomposition［J］．Acta Materialia，2015，85：74-84.

[16] LAN L，JIN X Y，GAO S，et al．Microstructural evolution and stress state related to mechanical properties of electron beam melted Ti-6Al-4V alloy modified by laser shock peening［J］．Journal of Materials Science & Technology，2020，50：153-161.

[17] XIAO Y S，LAN L，GAO S，et al，Mechanism of ultrahigh ductility obtained by globularization of α for additive manufacturing Ti-6Al-4V［J］．Materials Science & Engineering A，2022（858）：144174.

[18] 方星晨，李忠文，于治水．电子束增材制造的 TC4 钛合金热处理后的显微组织和力学性能［J］．热处理，2021，36（4）：1-5.

[19] 袁联雄，唐德文，邹树梁，等．离子注入 304 不锈钢表面耐腐蚀性的研究［J］．热加工工艺，2017，46：170-174.

[20] 张通和，吴瑜光，马芙蓉．金属离子注入钢表面摩擦学特性及应用研究［J］．微细加工技术，2002（1）：18-21.